지적은 1895년 근대지적이 도입되어 100여 년의 세월이 경과하면서 비약적인 발전을 거듭해왔으며 토지에 대한 가장 최신의 정보를 내포하고 있는 공적 등록부로서의 역할을 묵묵히 다해왔습니다. 이러한 역사적 배경을 토대로 지적은 1970년대부터 본격적인 학문으로서의 서막을 열어 오늘날의 지적을 정립 및 발전시키게 되었습니다.

또한 21세기에 들어서면서 정보통신의 발달과 국토의 발전 등이 진전되어 그 어느 때보다도 지적에 대한 관심이 고조되고 있으며, 지적분야도 많은 변화와 발전을 이루었습니다. 하지만 우리는 미래를 준비해야 합니다. 현재 가장 이슈화되고 있는 것은 100여 년 전에 작성된 지적공부를 현대의 추세를 반영하여 미래지향적인 지적공부로 재탄생시키는 것과 지금까지 운영되던 지적정보를 복합지적정보로 제공하는 것입니다.

이를 위해 학계나 업계 모두 다각적인 노력을 경주하고 있으며, 지적 관련 학과의 많은 학생들이 지적직 공무원 및 지적산업 분야 등에서 자신의 꿈을 성취하고자 애쓰고 있습니다. 이런 시대적 흐름에 부응하여 지적 관련 자격을 취득하는 데 좋은 지침서를 만들고자 출간된 본서는 기존의 교재들을 좀 더 체계화하여 많은 수험생들이 합격이라는 영광을 누릴 수 있도록 다음과 같이 구성하였습니다.

먼저, 지적측량, 응용측량, 토지정보체계론, 지적학 및 공간정보의 구축 및 관리 등에 관한 법규의 순으로 각 과목마다 핵심내용을 이해하기 쉽도록 일목요연하게 정리하였습니다. 또한 각 편마다 예상문제를 실어 숙지한 내용들을 다시 한 번 확인하고 실전에서의 풀이능력을 향상시킬 수 있도록 하였습니다. 끝으로 최근출제문제와 함께 개정된 법규 내용을 반영한 풀이를 실어 시험을 앞두고 최종 정리를 하는 데 부족함이 없도록 구성하였습니다.

마지막으로 본서가 발간되기까지 도움을 주신 여러분들께 감사의 뜻을 전하며, 이 책을 보시는 모든 분들이 노력에 상응하는 값진 열매를 거두시기를 기원합니다.

저자 일동

직무분야	건설	중직무분야	토목	자격종목	지적산업기사	적용기간	2021.1.1.~2024.12.31.

직무내용 : 지적도면의 정리와 면적측정 및 도면작성과 지적측량을 수행하는 직무이다.

필기검정방법	객관식	문제수	100	시험시간	2시간 30분

필기과목명	문제수	주요항목	세부항목	세세항목
지적측량	20	1. 총론	1. 지적측량 개요	1. 지적측량의 목적과 대상 2. 각, 거리 측량 3. 좌표계 및 측량원점
			2. 오차론	1. 오차의 종류 2. 오차발생 원인 3. 오차보정
		2. 기초측량	1. 지적삼각 보조점 측량	1. 관측 및 계산 2. 측량성과 작성 및 관리
			2. 지적도근점 측량	1. 관측 및 계산 2. 오차와 배분 3. 측량성과 작성 및 관리
		3. 세부측량	1. 도해측량	1. 지적공부 정리를 위한 측량 2. 지적공부를 정리하지 않는 측량
		4. 면적측정 및 제도	1. 면적측정	1. 면적측정대상 2. 면적측정 방법과 기준 3. 면적오차의 허용범위 4. 면적의 배분 및 결정
			2. 제도	1. 제도의 기초이론 2. 제도기기 3. 지적공부의 제도방법
응용측량	20	1. 지상측량	1. 수준측량	1. 직접수준측량 2. 간접수준측량
			2. 지형측량	1. 지형표시 2. 지형측량 방법 3. 면적 및 체적 계산
			3. 노선측량	1. 노선측량 방법 2. 원곡선 및 완화곡선
		2. GNSS (위성측위) 및 사진측량	1. GNSS(위성측위) 측량	1. GNSS(위성측위) 일반 2. GNSS(위성측위) 응용
			2. 사진측량	1. 사진측량 일반 2. 사진측량 응용
		3. 지하공간정보 측량	1. 지하공간정보 측량	1. 관측 및 계산 2. 도면작성 및 대장정리

필기과목명	문제수	주요항목	세부항목	세세항목
토지정보 체계론	20	1. 토지정보체계 일반	1. 총론	1. 정의 및 구성요소 2. 관련 정보 체계
		2. 데이터의 처리	1. 데이터의 종류 및 구조	1. 속성정보 2. 도형정보
			2. 데이터 취득	1. 기존 자료를 이용하는 방법 2. 측량에 의한 방법
			3. 데이터의 처리	1. 데이터의 입력 2. 데이터의 수정 3. 데이터의 편집
			4. 데이터 분석 및 가공	1. 데이터의 분석 2. 데이터의 가공
		3. 데이터의 관리	1. 데이터베이스	1. 자료관리 2. 데이터의 표준화
		4. 토지정보체계의 운용 및 활용	1. 운용	1. 지적공부 전산화 2. 지적공부관리 시스템 3. 지적측량 시스템
			2. 활용	1. 토지 관련 행정 분야 2. 정책 통계 분야
지적학	20	1. 지적일반	1. 지적의 개념	1. 지적의 기본이념 2. 지적의 기본요소 3. 지적의 기능
		2. 지적제도	1. 지적제도의 발달	1. 우리나라의 지적제도 2. 외국의 지적제도
			2. 지적제도의 변천사	1. 토지조사사업 이전 2. 토지조사사업 이후
			3. 토지의 등록	1. 토지등록제도 2. 지적공부정리 3. 지적관련 조직
			4. 지적재조사	1. 지적재조사 일반 2. 지적재조사 기법
지적 관계 법규	20	1. 지적 관련 법규	1. 공간정보구축 및 관리 등에 관한 법률	1. 총칙 2. 지적 3. 보칙 및 벌칙 4. 지적측량시행규칙 5. 지적업무 처리규정
			2. 지적재조사에 관한 특별법령	1. 지적재조사에 관한 특별법 2. 지적재조사에 관한 특별법 시행령 3. 지적재조사에 관한 특별법 시행규칙
			3. 도로명주소법령	1. 도로명주소법 2. 도로명주소법 시행령 3. 도로명주소법 시행규칙

CBT 온라인 모의고사 이용 안내

- 인터넷에서 [예문사]를 검색하여 홈페이지에 접속합니다.
- PC, 휴대폰, 태블릿 등을 이용해 사용이 가능합니다.

STEP 1 회원가입 하기

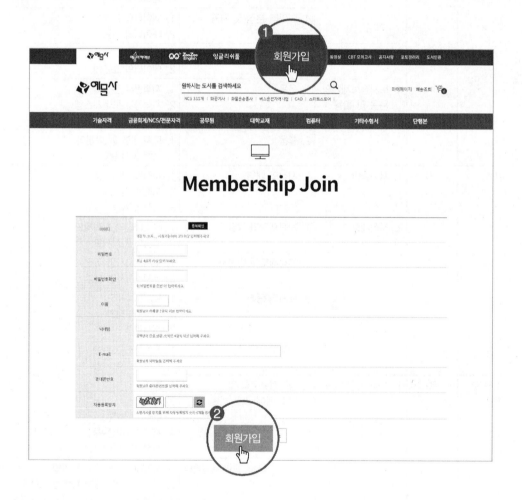

1. 메인 화면 상단의 [회원가입] 버튼을 누르면 가입 화면으로 이동합니다.
2. 입력을 완료하고 아래의 [회원가입] 버튼을 누르면 **인증절차 없이 바로 가입**이 됩니다.

시리얼번호			
B087	ZJ12	432M	I502

1. 로그인 후 메인 화면 상단의 [CBT 모의고사]를 누른 다음 **수강할 강좌를 선택**합니다.
2. 시리얼 등록 안내 팝업창이 뜨면 [확인]을 누른 뒤 **시리얼 번호를 입력**합니다.

STEP 3   등록 후 사용하기

1. 시리얼 번호 입력 후 [마이페이지]를 클릭합니다.
2. 등록된 CBT 모의고사는 [모의고사]에서 확인할 수 있습니다.

INDUSTRIAL ENGINEER CADASTRAL SURVEYING

이책의 차례

CHAPTER. 04 지형측량

CHAPTER. 05 노선측량

CHAPTER. 06 면적 및 체적측량

CHAPTER. 07 경관측량

CHAPTER. 08 하천측량

CONTENTS

제3편 토지정보체계론

제5편 지적관계법규

CHAPTER. 01 공간정보의 구축 및 관리 등에 관한 법률

CHAPTER. 02 국토의 계획 및 이용에 관한 법률

(CHAPTER. 03) **부동산등기법**

※ 지적산업기사는 2020년 4회 시험부터 CBT(Computer-Based Test)로 전면 시행되었습니다.

01

지적측량

朱子曰　勿謂今日不學而有來日하며　勿謂今年不學而有來年하라
日月逝矣나 歲不我延이니 嗚呼老矣라 是誰之愆고

주자가 말씀하기를
오늘 해야 될 공부를 내일로 미루지 말고, 금년에 배울 공부를 내
년으로 미루지 마라.
세월은 나를 기다려 주지 않고 흘러간다. 세월이 흘러간 뒤 후회해
도 소용없다. 내 탓이다.

CHAPTER 01 측량의 기초

▪▪ 1.1 측량의 정의

측량(測量)은 원래 생명(生命)의 근원(根源)인 광대한 우주(宇宙)와 우리 삶의 터전인 지구(地球)를 관측 (觀測)하고 그 이치를 헤아리는 측천양지(測天量地)의 기술(技術)과 원리(原理)를 다루는 지혜(智慧)의 학 문(學問)이다.

측량이란 측천양지의 준말로서 하늘을 재고 땅을 헤아린다는 뜻이다. 즉, 땅의 위치를 별자리에 의하여 정 하고 그 정해진 위치에 의하여 땅의 크기를 결정한다는 뜻이다.

지적측량(地籍測量)은 토지를 지적공부에 등록하거나 지적공부에 등록된 경계점을 지상에 복원하기 위하 여 「공간정보의 구축 및 관리 등에 관한 법률」 제21호에 따른 필지의 경계 또는 좌표와 면적을 정하는 측 량을 말하며, 지적확정측량 및 지적재조사 측량을 포함한다(제21호 "필지"란 대통령령으로 정하는 바에 따라 구획되는 토지의 등록 단위를 말한다). "지적확정측량"이란 제86조 제1항에 따른 사업이 끝나 토지 의 표시를 새로 정하기 위하여 실시하는 지적측량을 말한다. 제86조 제1항 「도시개발법」에 따른 도시개 발사업, 「농어촌정비법」에 따른 농어촌정비사업, 그 밖에 대통령령으로 정하는 토지개발사업, "지적재조 사측량"이란 「지적재조사에 관한 특별법」에 따른 지적재조사사업에 따라 토지의 표시를 새로 정하기 위하 여 실시하는 지적측량을 말한다.

- 측량의 3요소 : ㉮리, ㉫향, 높㉂
- 측량의 4요소 : ㉮리, ㉫향, 높㉂, ㉟간

▪▪ 1.2 측량의 분류

▼ 측량 면적에 의한 분류

분류	내용
측지측량 (Geodectic Surveying)	① 지구의 곡률을 고려한 정밀한 측량으로서 지구의 형상과 크기를 구하는 측량 ② 측량정밀도가 1/1,000,000일 경우 ③ 지구의 곡률반경이 11km 이상인 지역
	④ 면적이 약 400km² 이상인 지역 　㉠ 기하학적 측지학 : 지구 표면상에 있는 모든 점들 간의 상호 위치관계를 결정하는 것 　㉡ 물리학적 측지학 : 지구 내부의 특성, 지구의 형상 및 크기를 결정하는 것

분류	내용
평면측량 (Plane Surveying)	① 지구의 곡률을 고려하지 않은 측량 ② 거리측량의 허용정밀도가 1/1,000,000 이내인 범위 ③ 지구의 곡률반경이 11km 이내인 지역 ④ 면적이 약 400km² 이내인 지역을 평면으로 취급함 ㉠ 거리허용오차$(d-D) = \dfrac{D^3}{12 \cdot R^2}$ ㉡ 허용정밀도$\left(\dfrac{d-D}{D}\right) = \dfrac{D^2}{12 \cdot R^2} = \dfrac{1}{m} = M$ ㉢ 평면으로 간주할 수 있는 범위$(D) = \sqrt{\dfrac{12 \cdot R^2}{m}}$

여기서, D : 수평선(구면거리)
d : 지평선(평면거리)
M : 축척
θ : 중심각
R : 지구의 곡률반경
m : 축척의 분모 수
C : 현장(현길이)

┃지구곡률과 측량정밀도의 관계┃

예제문제 01

지구의 반지름 R이 6,370km이고 거리오차를 $\dfrac{1}{10^6}$ 까지 허용할 때 평면으로 볼 수 있는 반지름은?

풀이 평면으로 간주할 수 있는 범위$(D) = \sqrt{\dfrac{12 \cdot R^2}{M}} = \sqrt{\dfrac{12 \times 6,370^2}{1,000,000}} = 22\text{km}$

지름이 22km이므로 반지름 11km까지를 평면으로 보고 측량한다.

① 거리허용오차$(d-D) = \dfrac{D^3}{12 \cdot R^2} = \dfrac{22^3}{12 \times 6,370^2} = 0.000022\text{km} = 22\text{mm}$

② 허용정밀도$\left(\dfrac{d-D}{D}\right) = \dfrac{D^2}{12 \cdot R^2} = \dfrac{1}{m} = \dfrac{22^2}{12 \times 6,370^2} ≒ \dfrac{1}{1,000,000}$

··· 1.3 측량의 기준

1.3.1 타원체

가. 타원체 종류 앮게 회지준국

종류	정의
회전타원체	한 타원의 지축을 중심으로 회전하여 생기는 입체 타원체
지구타원체	부피와 모양이 실제의 지구와 가장 가까운 회전타원체를 지구의 형으로 규정한 타원체
준거타원체	어느 지역의 대지측량계의 기준이 되는 지구 타원체
국제타원체	전 세계적으로 대지측량계의 통일을 위해 IUGG(International Union of Geodesy and Geophysic, 국제측지학 및 지구물리학연합)에서 제정한 지구타원체

나. 타원체의 특징 앮게 물구타지수

타원체	지구의 형상은 물리적 지표면, 구, 타원체, 지오이드, 수학적 형상으로 대별되며 타원체는 회전, 지구, 준거, 국제타원체로 분류된다. 타원체는 지구를 표현하는 수학적 방법으로서 타원체면의 장축 또는 단축을 중심축으로 회전시켜 얻을 수 있는 모형이며 좌표를 표현하는 데 있어서 수학적 기준이 되는 모델이다.
특징	① 기하학적 타원체이므로 굴곡이 없는 매끈한 면 ② 지구의 반경, 면적, 표면적, 부피, 삼각측량, 경위도 결정, 지도 제작 등의 기준 ③ 타원체의 크기는 삼각측량 등의 실측이나 중력측정값을 토대로 정리로 이용 ④ 지구타원체의 크기는 세계 각 나라별로 다르며 우리나라의 경우 종래에는 ⒷⒺssel 의 타원체를 사용하였으나 최근 공간정보의 구축 및 관리 등에 관한 법률 제6조의 개정에 따라 GRS80 타원체로 그 값이 변경되었다. ⑤ 지구의 형태는 극을 연결하는 직경이 적도방향의 직경보다 약 42.6km가 짧은 회전타원체로 되어 있다. ⑥ 지구타원체는 지구를 표현하는 수학적 방법으로서 타원체면의 장축 또는 단축을 중심으로 회전시켜 얻을 수 있는 모형이다.

▌ 지구타원체와 지오이드의 관계 ▌

1.3.2 지오이드

가. 정의

정지된 해수면을 육지까지 연장하여 지구 전체를 둘러쌌다고 가상한 곡면을 지오이드(Geoid)라 한다. 지구타원체는 기하학적으로 정의한 데 비하여 지오이드는 중력장 이론에 따라 물리학적으로 정의한다.

나. 특징

① 지오이드면은 평균해수면과 일치하는 등포텐셜면으로 일종의 수면이다.
② 지오이드면은 대륙에서는 지각의 인력 때문에 지구타원체보다 높고 해양에서는 낮다.
③ 고저측량은 지오이드면을 표고 0으로 하여 관측한다.
④ 타원체의 법선과 지오이드 연직선의 불일치로 연직선 편차가 생긴다.
⑤ 지형의 영향 또는 지각밀도의 불균일로 인하여 타원체에 비하여 다소의 기복이 있는 불규칙한 면이다.
⑥ 지오이드는 어느 점에서나 표면을 통과하는 연직선이 중력방향에 수직이다.
⑦ 지오이드는 타원체 면에 대하여 다소 기복이 있는 불규칙한 면을 갖는다.
⑧ 높이가 0이므로 위치에너지도 0이다.

1.3.3 타원체와 지오이드의 비교

지오이드면은 대륙에서는 지각의 인력 때문에 지구타원체보다 높고 해양에서는 낮다. 타원체의 법선과 지오이드 연직선의 불일치로 연직선 편차가 생긴다. 임의점의 수직선을 기준으로 한 연직선의 차이를 연직선 편차(Deflection of Plumb Line), 반대로 연직선을 기준으로 한 수직선의 차이를 수직선 편차(Deflection of Vertical Line)라고 하며, 두 편차 간의 차이는 극히 미소하여 일반적으로 연직선 편차로 사용한다.

타원체	지오이드
① 기하학적으로 정의	① 물리학적으로 정의
② 굴곡이 없는 매끈한 면	② 불규칙한 면
③ 지구의 반경, 면적, 표면적, 부피, 삼각측량, 경위도 결정, 지도 제작 등의 기준	③ 고저(수준)측량은 지오이드면을 표고 0으로 하여 관측
④ 수직선(법선)	④ 연직선(법선)

1.3.4 높이의 종류와 기준

지구상의 위치는 지리학적 경·위도 및 평균해면으로부터의 높이로 표시한다. 표고는 타원체고와 정표고 및 지오이드고로 구분할 수 있는데 점의 위치에서 평면위치는 기준면의 기준 타원체에 근거해 결정되고, 높이는 타원체를 근거하여 결정하는 것이 곤란하므로 종래 평균해수면을 기준으로 높이를 결정하였다.

가. 높이의 종류

높이의 종류	내용
표고(標高, Elevation)	지오이드면, 즉 정지된 평균해수면과 물리적 지표면 사이의 고저차
정표고(正標高, Orthometric Height)	물리적 지표면에서 지오이드까지의 고저차
지오이드고(Geoidal Height)	타원체와 지오이드 사이의 고저차
타원체고(楕圓體高, Ellipsoidal Height)	준거 타원체상에서 물리적 지표면까지의 고저차. 지구를 이상적인 타원체로 가정한 타원체면으로부터 관측지점까지의 거리이며 실제 지구 표면은 울퉁불퉁한 기복을 가지므로 실제 높이(표고)는 타원체고가 아닌 평균해수면(지오이드)으로부터 연직선 거리임

‖ 표고·타원체고·지오이드고의 관계 ‖

나. 높이의 기준

높이의 기준	내용
육지표고기준	평균해수면(중등조위면, MSL ; Mean Sea Level)
해저수심, 간출암(干出岩)의 높이, 저조선(低潮線)	평균최저간조면(MLLW ; Mean Lowest Low Level)
해안선(海岸線)	해면이 평균 최고고조면(MHHW ; Mean Highest High Water Level)에 달하였을 때 육지와 해면의 경계로 표시한다.

▮ 해안선과 수심 ▮

··1.4 측량기준점

측량기준점은 다음 각 호의 구분에 따르며 측량기준점의 구분에 관한 세부 사항은 대통령령으로 정한다.

▼ **측량기준점의 구분**

구분	내용
국가기준점	측량의 정확도를 확보하고 효율성을 높이기 위하여 국토교통부장관이 전 국토를 대상으로 주요 지점마다 정한 측량의 기본이 되는 측량기준점
공공기준점	공공측량 시행자가 공공측량을 정확하고 효율적으로 시행하기 위하여 국가기준점을 기준으로 하여 따로 정하는 측량기준점
지적기준점	특별시장·광역시장·도지사 또는 특별자치도지사(이하 "시·도지사"라 한다.)나 지적소관청이 지적측량을 정확하고 효율적으로 시행하기 위하여 국가기준점을 기준으로 하여 따로 정하는 측량기준점

가. 국가기준점 ㉠ ㉯ ㉤ ㉢ ㉥ ㉦

구분	내용
㉢주측지 기준점	국가측지기준계를 정립하기 위하여 전 세계 초장거리 간섭계와 연결하여 정한 기준점
㉯성기준점	지리학적 경위도, 직각좌표 및 지구중심 직교좌표의 측정 기준으로 사용하기 위하여 대한민국 경위도원점을 기초로 정한 기준점
㉤합기준점	지리학적 경위도, 직각좌표, 지구중심 직교좌표, 높이 및 중력 측정의 기준으로 사용하기 위하여 위성기준점, 수준점 및 중력점을 기초로 정한 기준점
㉣력점	중력 측정의 기준으로 사용하기 위하여 정한 기준점
㉨자기점 (地磁氣點)	지구자기 측정의 기준으로 사용하기 위하여 정한 기준점
㉢준점	높이 측정의 기준으로 사용하기 위하여 대한민국 수준원점을 기초로 정한 기준점
㉭해기준점	우리나라의 영해를 획정(劃定)하기 위하여 정한 기준점 〈삭제 2021.2.9〉
㉢로기준점	수로조사 시 해양에서의 수평위치와 높이, 수심 측정 및 해안선 결정 기준으로 사용하기 위하여 위성기준점과 공간정보의 구축 및 관리 등에 관한 법률 제6조 제1항 제3호의 기본수준면을 기초로 정한 기준점으로서 수로측량기준점, 기본수준점, 해안선기준점으로 구분한다. 〈삭제 2021.2.9〉
㉢각점	지리학적 경위도, 직각좌표 및 지구중심 직교좌표 측정의 기준으로 사용하기 위하여 위성기준점 및 통합기준점을 기초로 정한 기준점

나. 공공기준점

구분	내용
공공삼각점	공공측량 시 수평위치의 기준으로 사용하기 위하여 국가기준점을 기초로 하여 정한 기준점
공공수준점	공공측량 시 높이의 기준으로 사용하기 위하여 국가기준점을 기초로 하여 정한 기준점

다. 지적기준점

구분	내용
지적삼각점 (地籍三角點)	지적측량 시 수평위치측량의 기준으로 사용하기 위하여 국가기준점을 기준으로 하여 정한 기준점
지적삼각 보조점	지적측량 시 수평위치측량의 기준으로 사용하기 위하여 국가기준점과 지적삼각점을 기준으로 하여 정한 기준점
지적도근점 (地籍圖根點)	지적측량 시 필지에 대한 수평위치측량의 기준으로 사용하기 위하여 국가기준점, 지적삼각점, 지적삼각보조점 및 다른 지적도근점을 기초로 하여 정한 기준점

▪▪ 1.5 측량의 원점 ㉐㉠ ㉓㉗㉖㉖

가. 평면직각좌표원점

1) 남북을 X축(X_N), 동서를 Y축(Y_E)으로 하고 있다.

2) 평면직각좌표의 원점

명칭	경도	위도	투영원점의 가산수치	원점의 축척계수
㉑부원점	동경 125°	북위 38°		
㉓부원점	동경 127°	북위 38°	$X_N : 600,000m$	
㉕부원점	동경 129°	북위 38°	$Y_E : 200,000m$	1.0000
㉕해원점	동경 131°	북위 38°		

3) 각 좌표에서의 직각좌표는 다음 조건에 따라 TM(Transvers Mercator) 방법으로 표시한다.
   ① X축은 좌표계원점의 자오선에 일치하여야 하고 진북방향을 정(+)으로 표시하고 Y축은 X축에 직교하는 축으로서 진동방향을 정(+)으로 표시한다.
   ② 세계측지계를 따르지 아니하는 지적측량의 경우에는 가우스상사 이중투영법으로 표시하되 직각좌표계 투영원점의 가산(可算)수치를 각각 종축좌표 X값을 38° N 이하에서도 음(−)의 값이 되지 않도록 하기 위해서 500,000m(제주도는 550,000m) 횡축좌표 Y값에는 200,000m로 하여 사용할 수 있다.

나. 경위도 원점

① 1981. 8.~1985. 10.까지 정밀천문측량을 실시하여 완료
② 경기도 수원시 영통구 월드컵로 92(원천동) 국토지리정보원 내에 설치
③ 경위도 원점은 2002년 1월 1일 관측하여 2003년 1월 1일 고시(재설치)
④ 원 방위각은 진북을 기준하여 우회로 측정한 원방위 기준점에 이르는 방위각임

구분	동경	북위	원방위각	원방위각 위치
변경 전	127°03′05.1453″ ±0.0950″	37°16′31.9031″ ±0.063″	170°58′18.190″ ±0.148″	동학산 2등삼각점
현재	127°03′14″.8913	37°16′33″.3659	165°03′44.538″	원점으로부터 진북을 기준으로 오른쪽 방향으로 측정한 우주측지관측센터에 있는 위성기준점 안테나 참조점 중앙
원점 소재지	국토지리정보원 내(경기도 수원시 영통구 월드컵로 92(원천동))			

다. 수준원점

험조장	㉓진, ㉛산, ㉱포, ㉽남포, ㉴천
위치	인천광역시 남구 용현동 253번지(인하대학교 내)
표고	인천만의 평균해수면으로부터 26.6871m

1963년에 인천에 설치되어 있는 것을 수준원점으로 하고 있다.

라. 기타 원점

1) 구(舊)소삼각원점 ㉧㉮ ㉤㉤㉦㉮㉣㉤ ㉩㉠ ㉨㉦㉪

경기도	㉦홍, ㉤동, ㉣포, ㉥천, ㉣화, ㉵위, ㉰산, ㉱성, ㉠원, ㉫인, ㉡양, ㉠진, ㉴성, ㉤산, ㉠주, ㉴천, ㉱지, ㉤천, ㉥평(19개 지역)			
경상북도	㉣구, ㉤령, ㉳도, 영㉤, ㉤풍, ㉧인, ㉨양, ㉵산(8개 지역)			
구(舊)소삼각원점	㉤산(間)	126°22′24″.596	37°43′07″.060	경기(강화)
	㉤양(間)	126°42′49″.124	37°33′01″.124	경기(부천, 김포, 인천)
	㉢본(m)	127°14′07″.397	37°26′35″.262	경기(성남, 광주)
	㉤리(間)	126°51′59″.430	37°25′30″.532	경기(안양, 인천, 시흥)
	㉤경(間)	126°51′32″.845	37°11′52″.885	경기(수원, 화성, 평택)
	㉤초(m)	127°14′41″.585	37°09′03″.530	경기(용인, 안성)
	㉠곡(m)	128°57′30″.916	35°57′21″.322	경북(영천, 경산)
	㉤창(m)	128°46′03″.947	35°51′46″.967	경북(경산, 대구)
	㉤암(間)	128°35′46″.186	35°51′30″.878	경북(대구, 달성)
	㉤산(間)	128°17′26″.070	35°43′46″.532	경북(고령)
	㉤라(m)	128°43′36″.841	35°39′58″.199	경북(청도)

㉢본원점 · ㉤초 · ㉠곡원점 · ㉤창원점 및 ㉤라원점의 평면직각종횡선수치의 단위는 미터로 하고, 망산원점 · 계양원점 · 가리원점 · 등경원점 · 구암원점 및 금산원점의 평면직각종횡선수치의 단위는 간(間)으로 한다. 이 경우 각각의 원점에 대한 평면직각종횡선수치는 0으로 한다.

2) 특별소삼각원점 ㉧㉮ ㉤! ㉤ ㉤㉤㉨㉤, ㉳㉣㉵㉤㉱㉦㉡ ㉱㉤㉠ ㉤㉳㉠

① 1910~1912년 임시토지조사국에서 시가지 지세를 급히 징수하여 재정 수요를 충당할 목적으로 실시하였다.

② 실시지역은 ㉤산, ㉤주, 전주, ㉤주, ㉣경, ㉳진, ㉤령, ㉵남포, ㉤흥, ㉤양, ㉦의주, ㉡주, ㉱포, ㉤산, ㉠릉도, ㉤남, ㉳성, ㉠산이며 지형상 대삼각측량으로 연결할 수 없는 울릉도에 독립된 원점을 정하였다.

③ 특별소삼각점의 원점은 그 측량지역의 서남단의 삼각점으로 하고 종횡선 수치의 종선에 1만 m, 횡선에 3만 m로 가정하였다.

•• 1.6 좌표계

1.6.1 지구좌표계

가. 평면직각좌표점

비교적 소규모 측량에서 널리 이용된다. 측량지역의 1점을 택하여 좌표원점을 정하고 그 평면상에서 원점을 지나는 자오선을 X축, 동서방향을 Y축으로 한다.

① 각 지점의 위치는 직각좌표값(x, y)으로 표시되며 경거, 위거라 한다.

② 원점에서 동서로 멀어질수록 자오선과 원점을 지나는 X^N(진북)과 평행한 $X^{N'}$(도북)이 서로 일치하지 않아 자오선수차(r)가 발생한다.

$$P_x = r\cos\theta, P_y = r\sin\theta$$

∎ 평면직각좌표 ∎

나. 경위도좌표(지리좌표)

1) 경도(Longitude)와 위도(Latitude) 암기 측천측천지환

경도	경도는 본초자오선과 적도의 교점을 원점(0, 0)으로 한다. 경도는 본초자오선으로부터 적도를 따라 그 지점의 자오선까지 잰 최소 각거리로 동서쪽으로 0°~180°까지 나타내며, 측지경도와 천문경도로 구분한다.	
	측지경도	본초자오선과 타원체상의 임의 자오선이 이루는 적도상 각거리를 말한다.
	천문경도	본초자오선과 지오이드상의 임의 자오선이 이루는 적도상 각거리를 말한다.

위도	위도(φ)란 지표면상의 한 점에서 세운 법선이 적도면을 0°로 하여 이루는 각으로서 남북위 0°~90°로 표시한다. 위도는 자오선을 따라 적도에서 어느 지점까지 관측한 최소 각거리로서 어느 지점의 연직선 또는 타원체의 법선이 적도면과 이루는 각으로 정의되고, 0°~90°까지 관측하며, 경도 1°에 대한 적도상 거리, 즉 위도 0°의 거리는 약 111km, 1′은 1.85km, 1″는 30.88m이다.
㉻지위도	지구상 한 점에서 회전타원체의 법선이 적도면과 이루는 각으로 측지분야에서 많이 사용한다.
㉖문위도	지구상 한 점에서 지오이드의 연직선(중력방향선)이 적도면과 이루는 각을 말한다.
㉘심위도	지구상 한 점과 지구 중심을 맺는 직선이 적도면과 이루는 각을 말한다.
㉴성위도	지구중심으로부터 장반경(a)을 반경으로 하는 원과 지구상 한 점을 지나는 종선의 연장선과 지구중심을 연결한 직선이 적도면과 이루는 각을 말한다.

2) 경위도 좌표계

(a) 측지위도(ϕg)

(b) 천문위도(ϕa)

(c) 지심위도(ϕc)

(d) 화성위도(ϕr)

❚ 위도의 종류 ❚

다. UTM 좌표(Universal Transverse Mercator Coordinate)

UTM 좌표는 국제횡메르카토르 투영법에 의하여 표현되는 좌표계이다. 적도를 횡축, 자오선을 종축으로 한다. 투영방식, 좌표변환식은 TM과 동일하나 원점에서 축척계수를 0.9996으로 하여 적용범위를 넓혔다.

① 지구 전체를 경도 6°씩 60개 구역으로 나누고, 각 종대의 중앙자오선과 적도의 교점을 원점으로 하여 원통도법인 횡메르카토르 투영법으로 등각투영한다.

② 각 종대는 180°W 자오선에서 동쪽으로 6° 간격으로 1~60까지 번호를 붙인다.

③ 중앙자오선에서의 축척계수는 0.9996m이다$\left(\text{축 척 계 수 : } \dfrac{\text{평 면 거 리}}{\text{구 면 거 리}} = \dfrac{s}{S} = 0.9996\right)$.

④ 종대에서 위도는 남북 80°까지만 포함시킨다.

⑤ 횡대는 8°씩 20개 구역으로 나누어 C(80°S~72°S)~X(72°N~80°N)까지(단, I, O는 제외) 20개의 알파벳 문자로 표현한다.

⑥ 결국 종대 및 횡대는 경도 6° × 위도 8°의 구형구역으로 구분된다.

라. UPS 좌표(Universal Polar Stereographic Coordinate)

위도 80° 이상의 양극지역 좌표를 표시하는 데 이용한다. UPS 좌표는 국제극심입체투영법에 의한 것이며 UTM 좌표의 상사투영법과 같은 특성을 지닌다.

① 양극을 원점으로 평면직각좌표계를 사용하며 거리좌표는 m로 표시한다.

② 종축은 경도 0° 및 180°인 자오선, 횡축은 90°E인 자오선이다.

③ 원점의 좌푯값은 (횡좌표 2,000,000mN, 종좌표 2,000,000mN)이다.

④ 도북은 북극을 지나는 180° 자오선(남극에서는 0° 자오선)과 일치한다.

마. WGS 84 좌표

WGS 84는 여러 관측장비를 가지고 전 세계적으로 측정해온 중력측량으로 중력장과 지구형상을 근거로 만들어진 지심좌표계이다.

① 지구의 질량중심에 위치한 좌표원점과 X, Y, Z축으로 정의되는 좌표계이다.

② Z축은 1984년 BIH(국제시보국)에서 채택한 지구자전축과 평행하다.

③ X축은 BIH에서 정의한 본초자오선과 평행한 평면이 지구 적도선과 교차하는 선이다.

④ Y축은 X축과 Z축이 이루는 평면에 동쪽으로 수직인 방향이다.

⑤ WGS 84 좌표계의 원점과 축은 WGS 84 타원체의 기하학적 중심과 X, Y, Z축으로 쓰인다.

1.6.2 천문좌표계 암기 지적황은

지평좌표 (방위각 – 고저각 좌표계)	① 관측자를 중심으로 천체의 위치를 가장 간략하게 표시하는 좌표계이다. ② 관측자의 위치에 따라 방위각(A), 고저각(h)이 변하는 단점이 있다.
적도좌표계	① 천구상 위치를 천구 도면을 기준으로 적경(α)과 적위(δ) 또는 시간각(H)과 적위(δ)로 나타내는 좌표계이다. ② 시간과 장소에 관계없이 좌표값이 일정하고, 정확도가 높아 가장 널리 이용된다. ③ 특별한 시설이 없으면 천체를 나타내지 못하는 단점이 있다.
황도좌표계	① 태양계 내의 천체의 운동을 설명하는 데 편리하다. ② 이는 태양계의 모든 천체의 궤도면이 지구의 궤도면과 거의 일치하며 천구상에서 황도 가까운 곳에 나타나기 때문이다(황도를 기준으로 함).
은하좌표	① 은하계의 중간 평면을 은하적도로 하여 은경, 은위로 위치 표현한다. ② 은하 적도는 천구적도에 비해 63° 기울어져 있다. ③ 은하계 내의 천구 위치나 은하계와 연관 있는 현상을 설명할 때 편리하다.

┃ 지평좌표계 ┃

┃ 황도좌표계 ┃

(a) 시간각 · 적위좌표

(b) 적경 · 적위좌표

┃ 적도좌표계 ┃

●● 1.7 시(時)

1.7.1 정의

시(時)는 지구의 자전 및 공전운동 때문에 관측자의 지구상 절대적 위치가 주기적으로 변화함을 표시하는 것으로 원래 하루의 길이는 지구의 자전, 1년은 지구의 공전, 주나 한 달은 달의 공전으로부터 정의된다. 시와 경도 사이에는 1시간＝15도의 관계가 있다.

1.7.2 시의 종류

가. 항성시(LST ; Local Sidereal Time)

항성일은 춘분점이 연속해서 같은 자오선을 두 번 통과하는 데 걸리는 시간이다(23시간 56분 4초). 이 항성일을 24등분하면 항성시가 된다. 즉 춘분점을 기준으로 관측된 시간을 항성시라 한다.

$$LST = Hv = a + H$$

항성시＝춘분점의 시간각＝적경＋시간각

나. 태양시(Solar Time)

지구에서의 시간법은 태양의 위치를 기준으로 한다.

1) 시태양시

춘분점 대신 시태양을 사용한 항성시이며 태양의 시간각에 12시간을 더한 것으로 하루의 기점은 자정이 된다.

시태양시＝태양의 시간각＋12시간

2) 평균태양시

시태양시의 불편을 없애기 위하여 천구적도 상을 1년간 일정한 평균각속도로 동쪽으로 운행하는 가상적인 태양, 즉 평균태양의 시간각으로 평균태양시를 정의하며 이것이 우리가 쓰는 상용시이다. 평균태양시＝평균태양의 시간각＋12시간인 관계가 있다.

3) 균시차

① 시태양시와 평균태양시 사이의 차를 균시차라 한다.

균시차＝시태양시－평균태양시

② 균시차가 생기는 이유
- 태양이 황도 상을 이동하는 속도가 일정치 않아 공전속도의 변동에 의한 경우
- 지구의 공전궤도가 타원인 경우
- 천구의 적도면이 황도면에 대해서 약 23.5도 경사져 있는 경우

다. 세계시(UT ; Universal Time)

1) 표준시

지방시를 직접 사용하면 불편하므로 이러한 곤란을 해결하기 위하여 경도 15도 간격으로 전세계에 24개의 시간대를 정하고 각 경도대 내의 모든 지점을 동일한 시간을 사용하도록 하는데 이를 표준시라 한다. 우리나라의 표준시는 동경 135도를 기준으로 하고 있다.

2) 세계시

표준시의 세계적인 표준시간대는 경도 0도인 영국의 그리니치를 중심으로 하며 그리니치 자오선에 대한 평균태양시를 세계시라 한다.(서경)

$$\mathrm{UT} = \mathrm{LST} - a_{m.s} + \lambda + 12^{h}$$

$$세계시 = 지방시 - 평균태양시적경 + 관측점의\ 경도 + 12시간$$

한편 지구의 자전운동은 극운동과 계절적 변화의 영향으로 향상 균일한 것은 아니다.
- UT0 : 이러한 영향을 고려하지 않는 세계시. 전 세계가 같은 시간이다.
- UT1 : 극운동을 고려한 세계시. 전 세계가 다른 시간이다.
- UT2 : UT1에 계절 변화를 고려한 것으로 전 세계가 다른 시각이다.

$$\mathrm{UT2} = \mathrm{UT1} + \varDelta_{S} = \mathrm{UT0} + \varDelta\lambda + \varDelta_{S}$$

라. 역표시(ET ; Ephemeris Time)

지구는 자전운동뿐만 아니라 공전운동도 불균일하므로 이러한 영향 $\varDelta\mathrm{T}$를 고려하여 균일하게 만들어 사용한 것을 역표시라 한다.

$$\mathrm{ET} = \mathrm{UT2} + \varDelta\mathrm{T}$$

① **중력포텐셜** : 중력장 내의 임의의 한 점에서 단위질량을 어떤 점까지 옮기는 데 필요한 일
② **등포텐셜** : 중력포텐셜이 일정한 값을 갖는 면

▪▪ 1.8 지구의 물리측량

1.8.1 지자기측량

지자기측량은 중력측량과 함께 지하측량에 많이 이용되는 측량으로, 중력측량은 지하물질의 밀도 차이가 원인이 되지만, 지자기측량은 지하물질의 자성의 차이가 원인이 된다.

▼ **지자기 3요소**

편각	수평분력 H가 진북과 이루는 각. 지자기의 방향과 자오선이 이루는 각
복각	전자장 F와 수평분력 H가 이루는 각. 지자기의 방향과 수평면과 이루는 각
수평분력	전자장 F의 수평성분. 수평면 내에서의 지자기장의 크기(지자기의 강도)를 말하며, 지자기의 강도를 전자력의 수평방향의 성분을 수평분력, 연직방향의 성분을 연직분력이라 한다.

여기서, F : 전자장
H : 수평분력
     (X : 진북방향 성분, Y : 동서방향 성분)
Z : 연직분력
D : 편각
I : 복각

1.8.2 탄성파(지진파)측량

자원측량을 위한 물리탐사법은 지각을 구성하고 있는 물질의 물리적 또는 화학적 성질과 지구 물리학적 현상을 이용해서 지질구조의 연구와 광물 및 지하수 등의 지하자원 측량에 이용된다.

가. 탄성파측량 방법

탄성파 측량은 자연지진이나 인공지진(화약에 의한 폭발로 발생)의 지진파로 지하구조를 탐사하는 것으로 굴절법과 반사법이 있다.
① 굴절법(Refraction) : 지표면으로부터 낮은 곳의 측정
② 반사법(Reflection) : 지표면으로부터 깊은 곳의 측정

나. 탄성파(지진파)의 종류

탄성파는 탄성체에 충격으로 급격한 변형을 주었을 때 생기는 파로 종파, 횡파, 표면파의 3종류가 있다. 지진이 일어났을 때 지진계에 기록되는 순서는 P파 → S파 → L파이다.

종류	진동방향	속도 및 도달시간	특징
P파(종파)	진행방향과 일치	① 속도 7~8km/sec ② 도달시간 0분	① 모든 물체에 전파 ② 아주 작은 폭
S파(횡파)	진행방향과 직각	① 속도 3~4km/sec ② 도달시간 8분	① 고체 내에서만 전파 ② 보통 폭
L파(표면파)	수평 및 수직	속도 3km/sec	① 지표면에 진동 ② 아주 큰 폭

1.8.3 중력측량

지구의 표면이나 주위에서 측량을 하는 경우 그 기기들은 여러 가지 물리적인 힘의 영향을 받는다. 지구의 표면에서 존재하는 것으로 가장 쉽게 느낄 수 있는 힘의 중력이며 지구상의 모든 물체는 중력에 의해 지구의 중심 방향으로 끌리고 있다. 즉, 표고를 알고 있는 지점(수준점)에서 중력에 의한 변화현상(길이 또는 시간)을 측정하는 것이다.

중력의 단위	$gal(cm/sec^2)$
중력기준점	㉠ 세계기준점 : 독일 포츠담(981.274gal) ㉡ 우리나라 기준점 : 국립지리원 내(979.943gal)

가. 중력의 보정(Gravity Correction) 암기 고지에 조위대 보계

중력보정	내용
㉠고도보정 (高度補正)	관측점 사이의 고도차가 중력에 미치는 영향을 제거하는 것
프리에어 보정 (Free – Air Correction)	물질의 인력을 고려하지 않고 고도차만을 고려하여 보정, 즉 관측값으로부터 기준면 사이의 질량을 무시하고 기준면으로부터 높이(또는 깊이)의 영향을 고려하는 보정
부게 보정 (Bouguer Correction)	관측점들의 고도차가 존재하는 물질의 인력이 중력에 미치는 영향을 보정하는 것, 즉 물질의 인력을 고려하는 보정. 측정점과 지오이드면 사이에 존재하는 물질이 중력에 미치는 영향에 대한 보정

중력보정	내용
㉜형보정 (Topographic 또는 Terrain Correction)	지형보정은 관측점과 기준면 사이에 일정한 밀도의 물질이 무한히 퍼져 있는 것으로 가정하여 보정하는 것이지만 실제 지형은 능선이나 계곡 등의 불규칙한 형태를 이루고 있으므로 이러한 지형 영향을 고려한 보정을 지형보정이라 한다. 지형보정은 측점 주위의 높음과 낮음에 관계없이 보정값을 관측값에 항상 +할 것
㉮트뵈스 보정 (Eötvös Correction)	선박이나 항공기 등의 이동체에서 중력을 관측하는 경우 이동체 속도의 동서방향 성분은 지구자전축에 대한 자전각속도의 상대적인 증감효과를 일으켜서 원심가속도의 변화를 가져온다. 이때 지구에 대한 이동체의 상대운동의 영향에 의한 중력효과를 보정하는 것
㉦석보정 (Earth Tide Correction)	달과 태양의 인력에 의하여 지구 자체가 주기적으로 변형하는 지구 조석현상은 중력값에도 영향을 주게 되는데 이것을 보정하는 것
㉯도보정 (Ltitude Correction)	지구의 적도반경과 극반경 차이에 의하여 적도에서 극으로 갈수록 중력이 커지므로 위도차에 의한 영향을 제거하는 것
㉝기보정 (Air – Mass Correction)	대기에 의한 중력의 영향 보정
지각균형㉫정 (Iostatic Correction)	지각 균형성에 의하면 밀도는 일정하지 않기 때문에 이를 보정하는 것
㉺기보정 (Drift Correction)	스프링 크리프 현상으로 생기는 중력의 시간에 따른 변화를 보정

| 지형보정과 부게보정의 비교 |

나. 중력이상(Gravity Anomaly)

중력이상이란 실제 관측중력값에서 표준중력식에 의해 계산한 중력값을 뺀 것이다.

중력이상	• 실측 중력값 − 표준(이론) 중력값 • 중력이상(+) : 질량이 여유인 지역으로 무거운 물질이 있다는 것을 의미한다. • 중력이상(−) : 질량이 부족한 지역으로 가벼운 물질이 있다는 것을 의미한다.
중력이상의 주요 원인과 특징	• 지하의 지질밀도가 고르게 분포되어 있지 않기 때문이다. • 밀도가 큰 물질이 지표 가까이 있을 때는 (+)값, 반대인 경우는 (−)값을 갖는다. • 중력이상에 의해 지표 밑의 상태를 측정할 수 있다.

CHAPTER 01 실전문제

01 지적측량에 사용되는 구소삼각지역의 직각좌표계 원점에 해당하지 않는 것은?　　12①기

① 계양원점　　　　② 칠곡원점
③ 현창원점　　　　④ 소라원점

◉해설

[별표 2] 직각좌표의 기준(제7조 제3항 관련)
가. 조본원점 · 고초원점 · 율곡원점 · 현창원점 및 소라원점의 평면직각종횡선수치의 단위는 미터로 하고, 망산원점 · 계양원점 · 가리원점 · 등경원점 · 구암원점 및 금산원점의 평면직각종횡선수치의 단위는 간(間)으로 한다. 이 경우 각각의 원점에 대한 평면직각종횡선수치는 0으로 한다.
나. 특별소삼각측량지역[전주, 강경, 마산, 진주, 광주(光州), 나주(羅州), 목포, 군산, 울릉도 등]에 분포된 소삼각측량지역은 별도의 원점을 사용할 수 있다.

02 경계점좌표등록부를 갖춰 두는 지역의 측량방법 및 기준이 옳지 않은 것은?　　12①기

① 각 필지의 경계점을 측정할 때에는 도선법 · 방사법 또는 교회법에 따라 좌표를 산출하여야 한다.
② 필지의 경계점이 지형 · 지물에 가로막혀 경위의를 사용할 수 없는 경우에는 간접적인 방법으로 경계점의 좌표를 산출할 수 있다.
③ 기존의 경계점좌표등록부를 갖춰 두는 지역의 경계점에 접속하여 경위의측량방법 등으로 지적확정측량을 하는 경우 동일한 경계점의 측량성과가 서로 다를 때에는 경계점좌표등록부에 등록된 좌표를 그 경계점의 좌표로 본다.
④ 각 필지의 경계점 측점번호는 오른쪽 위에서부터 왼쪽으로 경계를 따라 일련번호를 부여한다.

◉해설

지적측량 시행규칙 제23조(경계점좌표등록부를 갖춰 두는 지역의 측량)
① 경계점좌표등록부를 갖춰 두는 지역에 있는 각 필지의 경계점을 측정할 때에는 도선법 · 방사법 또는 교회법에 따라 좌표를 산출하여야 한다. 다만, 필지의 경계점이 지형 · 지물에 가로막혀 경위의를 사용할 수 없는 경우에는 간접적인 방법으로 경계점의 좌표를 산출할 수 있다.
② 제1항에 따른 각 필지의 경계점 측점번호는 왼쪽 위에서부터 오른쪽으로 경계를 따라 일련번호를 부여한다.
③ 기존의 경계점좌표등록부를 갖춰 두는 지역의 경계점에 접속하여 경위의측량방법 등으로 지적확정측량을 하는 경우 동일한 경계점의 측량성과가 서로 다를 때에는 경계점좌표등록부에 등록된 좌표를 그 경계점의 좌표로 본다. 이 경우 동일한 경계점의 측량성과의 차이는 제27조 제1항 제4호 가목의 허용범위 이내여야 한다.

03 오차의 성질에 관한 설명으로 옳지 않은 것은?　　12①기, 15③기

① 정오차는 측정횟수를 거듭할수록 누적된다.
② 우연오차에서는 같은 크기의 정(+) · 부(−)오차가 발생할 확률은 거의 같다고 가정한다.
③ 정오차는 발생 원인과 특성을 파악하면 제거할 수 있다.
④ 부정오차는 착오라고도 하며, 관측자의 부주의 또는 관측 잘못으로 발생하는 것이 대부분이다.

◉해설

과실 (착오, 과대오차 : Blunders, Mistakes	관측자의 미숙과 부주의에 의해 일어나는 오차로서 눈금 읽기나 야장 기입을 잘못한 경우를 포함하며 주의하면 방지할 수 있다.
정오차 (계통오차, 누차 : Constant, Systematic Error)	일정한 관측값이 일정한 조건하에서 같은 크기와 같은 방향으로 발생되는 오차를 말하며 관측횟수에 따라 오차가 누적되므로 누차라고도 한다. 이는 원인과 상태를 알면 제거할 수 있다. • 기계적 오차 : 관측에 사용되는 기계의 불안전성 때문에 생기는 오차 • 물리적 오차 : 관측 중 온도변화, 광선 굴절 등 자연현상에 의해 생기는 오차 • 개인적 오차 : 관측자 개인의 시각, 청각, 습관 등에 의해 생기는 오차

부정오차 (우연오차, 상차 : Random Error)	일어나는 원인이 확실치 않고 관측할 때 조건이 순간적으로 변화하기 때문에 원인을 찾기 힘들거나 알 수 없는 오차를 말한다. 때때로 서로 상쇄되므로 상차라고도 하며, 대체로 확률법칙에 의해 처리되는데 최소제곱법이 널리 이용된다.

04 다음 중 부정오차의 특성으로 가장 거리가 먼 내용은? 12②기

① 원인이 명확하지 않으며, 오차의 크기가 불규칙적이다.
② 관측과정에서 부분적으로는 상쇄되기도 한다.
③ 정오차와 유사한 특성을 갖는다.
④ 최소제곱법의 원리를 사용하여 처리하기도 한다.

◎해설

부정오차
• 발생오차 원인이 불분명한 오차
• 오차원인의 방향이 일정하지 않다.
• 서로 상쇄되기도 하므로 상차라고도 한다.
• 최소제곱법에 의한 확률법칙에 의해 처리가 가능하다.
• 원인을 알아도 소거가 불가능하다.

05 고초원점의 평면직각종횡선수치는 얼마인가? 12③기

① X=0m, Y=0m
② X=10,000m, Y=30,000m
③ X=500,000m, Y=200,000m
④ X=550,000m, Y=200,000m

◎해설

㉠ 구소삼각원점의 평면직각종횡선수치 : X=0m, Y=0m
㉡ 구소삼각원점(망계조가등과 율현구금소)의 단위
 • 조본, 고초, 율곡, 현창, 소라원점 : 미터(m)
 • 망산, 계양, 가리, 등경, 구암, 금산원점 : 간(間)

06 1910년대에 시행한 특별소삼각 측량지역에 해당하지 않는 것은? 13①기

① 신의주 ② 평양
③ 함흥 ④ 개성

◎해설

특별소삼각원점
1912년 시가지세를 조급하게 징수할 목적으로 대삼각측량을 생략하고 독립된 특별소삼각측량을 실시하였고 이를 일반 삼각점과 연결하는 방식을 취하였다. 그 시행지역은 19개 지역으로서 평양, 의주, 신의주, 진남포, 전주, 강경, 원산, 함흥, 청진, 경성, 나남, 회령, 마산, 진주, 나주, 광주, 목포, 군산 등 18개소와 울릉도에 독립된 원점을 설치하였다.
특별소삼각점의 원점은 종서 1만 m, 횡선 3만 m로 하였다. 원점은 기선의 한쪽 점에서 북극점 또는 태양의 고도관측에 의하여 방위각을 결정하였으며, 원점의 위치는 현재 성과표상에 나타나 있지 않고 있다.

07 지적측량에 대한 설명으로 옳은 것은? 13①기

① 일반적으로 공사를 하기 위한 측량이다.
② 영속적인 법적 효력을 갖는 측량이다.
③ 측량의 완료와 함께 측량성과는 불필요한 측량이다.
④ 측량학의 일반원칙에 의하여 개인이 실시하는 측량이다.

◎해설

지적측량의 특성

기속측량	지적측량은 토지표시사항 중 경계와 면적을 평면적으로 측정하는 측량으로 측량방법은 법률로서 정하고 법률로 정하여진 규정 속에서 국가가 시행하는 행정행위에 속한다.
준사법측량	국가가 토지에 대한 물권이 미치는 범위와 면적 등을 지적측량에 의하여 결정하고 지적공부에 등록·공시하면 법률적으로 확정된 것과 같은 효력을 지닌다.
측량성과의 영속성	지적측량의 성과는 토지에 대한 물권이 미치는 범위와 면적 등을 결정하여 지적공부에 등록하고 필요시 언제라도 이를 공개 또는 확인할 수 있도록 영구적으로 보존하여야 하는 특성을 지니고 있다.
평면측량	측량은 대상지역의 넓이 또는 면적과 지구곡률의 고려 여부에 따라 평면측량과 측지측량으로 구분하고 있다. 따라서 지적측량은 지구곡률을 고려하지 않고 측량대상지역이 반경 11km 이내이므로 평면측량으로 구분하고 있다.

08 삼각측량에 비해 계산된 측지방위각과 천문측량에 의해 측정된 값을 비교하여 그 차이를 조정함으로써 보다 정확한 위치를 결정하기 위해 이용하는 관계식은? 13①기

① 르장드르(Legendre) 정리
② 라플라스(Laplace) 정리
③ 가우스(Gauss) 정리
④ 리먼(Lehman) 정리

해설

라플라스(Laplace) 방정식

라플라스 방정식은 라플라스의 이름을 딴 편미분방정식으로서 기설된 1, 2등 삼각점에서 천문측량을 실시하여 삼각망 내 사방 50~100km마다 라플라스점을 설치하고 그 점에서 삼각측량에 의해 계산된 측지 방위각과 천문측량에 의해 관측된 값들을 라플라스 방정식에 적용하여 그 차이를 비교, 조정함으로써 삼각점 성과의 정확도를 확보할 수 있다.

측지학적인 경위도와 방위각이 정하여진 삼각점에 있어 천문학적 경위도와 방위각을 구하였을 경우, 관측오차가 없다고 가정하면, 천문방위각과 측지방위각과의 차는 천문경위도와 측지경위도와의 차에 측지경도의 sin 값을 곱한 것과 같다는 조건식을 라플라스 조건이라 한다.

천문방위각(A_a), 천문경도(λ_a), 측지경도(λ_g), 측지위도(ϕ)를 알면 타원체면상 계산에 필요한 측지 방위각 A_g를 구할 수 있는 방정식이다.

$$A_g = A_a - (\lambda_a - \lambda_g)\sin\phi$$

09 극좌표와 직각좌표의 관계식이 틀린 것은? 13②기

① $x = r \times \cos\theta$
② $y = r \times \sin\theta$
③ $\theta = \tan^{-1}\dfrac{x}{y}$
④ $r = \sqrt{x^2 + x^2}$

해설

$\tan\theta = \dfrac{y}{x}$에서 $\theta = \tan^{-1}\dfrac{y}{x}$

10 우리나라의 토지조사사업 당시에 적용된 측지학적 요소가 모두 옳게 나열된 것은? 13②기

① 원점축척계수 1.0000, 가우스상사 이중투영, 등각투영
② 원점축척계수 0.9996, 가우스크뤼거 투영, 등각투영
③ 원점축척계수 1.0000, 가우스상사 이중투영, 등적투영
④ 원점축척계수 0.9996, 가우스크뤼거 투영, 등적투영

해설

원점축척계수 1.0000, 가우스상사 이중투영, 등각투영

11 다음 중 고대 지적 및 측량사와 거리가 먼 것은? 13②기

① 테베(Thebes)의 고분벽화
② 고대 수메르(Sumer) 지방의 점토판
③ 고대 인도 타지마할 유적
④ 고대 이집트의 나일강변

해설

고대 지적

• 인류문화의 발상지인 나일강, 티그리스, 유프라테스 강의 농경 정착지에서 찾아볼 수 있는데 B.C 3000년경의 바빌론(Babylon)과 고대 이집트의 나일강가에서 경작하던 농경지에 홍수가 범람하여 토지의 경계가 유실됨에 따라 이를 정리하기 위한 목적으로 토지를 측량한 것이 측량의 시초라 할 수 있다.

• 고대 수메르(Sumer) 지방의 유적에서 발굴된 점토판(Clay Tablet)에는 B.C 1200년경 메소포타미아(Mesopotamia)에서의 토지과세 기록과 마을지도, 넓은 면적의 토지도면, 면적계산, 토지 소유권 및 경계분쟁 에 대한 법정 판결 등이 기록되어 있다.

• B.C 3000년경 고대문명의 발달과 더불어 시작된 것으로 추정하고 있다. 이는 고대 이집트 메나무덤의 고분벽화[테베(Thebes)의 고분벽화]에서 거리를 측정한 것으로 입증되고 있다.

12 우리나라 토지조사사업 당시 기선측량을 실시한 지역은?

13②기

① 7개소   ② 10개소

③ 13개소   ④ 19개소

해설

기선측량 당시 우리나라의 기선 위치와 길이

기선의 위치	설치 연도	기선 길이(m)
대전(大田)	1910.08	2500.39410
노량진(鷺梁津)	1910.11	3075.97442
안동(安東)	1911.04	2000.41516
하동(河東)	1911.06	2000.84321
의주(義州)	1911.10	2701.23491
평양(平壤)	1911.11	4625.47770
영산포(榮山浦)	1912.05	3400.89002
간성(杆城)	1912.07	3126.11155
함흥(咸興)	1912.09	4000.91794
길주(吉州)	1912.10	4226.45669
강계(江界)	1913.05	2524.33613
혜산진(惠山鎭)	1913.07	2175.31361
고건원(古乾原)	1913.09	3400.81838

13 우리나라 토지조사사업 당시 대삼각본점측량의 방법으로 틀린 것은?

13③기

① 관측은 기선망에서 12대회의 방향관측을 실시하였다.

② 전국 13개소에 기선을 설치하였다.

③ 대삼각점은 평균 점간거리 30km로 23개의 삼각망으로 구분하였다.

④ 대삼각점은 위도 20′, 경도 15′의 방안 내에 10점이 배치되도록 하였다.

해설

• 기선측량 : 우리나라의 기선측량은 1910년 6월 대전기선(大田基線)의 위치선정을 시작으로 하여 1913년 10월 함경북도 고건원기선측량(古乾原基線測量)을 끝으로 전국의 13개소의 기선측량(基線測量)을 실시하였다. 기선측량은 삼각측량에 있어서 최소한 삼각형의 한 변을 알 수 있기 때문에 기선측량은 삼각측량에서 필수조건이라 할 수 있다.

• 대삼각본점측량 : 1910년 경상남도를 시작하여 총 400점을 측정하였으며 본점망의 배치는 최종확대변을 기초로하여 경도 20분, 위도 15분의 방안 내 1개 점이 배치되도록 전국을 23개 삼각망으로 나누어 작업을 실시, 당초 구상으로는 경위도원점을 한국의 중앙부에 설치하려고 하였으나 시간과 경비 문제로 대마도의 유명산(有明山)과 어악(御嶽)의 1등 삼각점과 한국 남단의 거제도(巨濟島)와 절영도(絕影島)를 연결하여 자연적으로 남에서 북으로 삼각망 계산이 진행되게 되었다. 평균점간거리는 30km이다.

14 특별소삼각점 원점의 좌표(종·횡선 수치)는?

14①기

① (10,000m, 30,000m)

② (20,000m, 60,000m)

③ (200,000m, 600,000m)

④ (500,000m, 200,000m)

해설

문제 06번 해설 참고

15 세계측지계를 따르지 아니하는 지적측량은 어떤 투영법으로 표시함을 원칙으로 하는가?

14①기

① 크뤼거 투영법   ② 가우스상사 이중투영법

③ UTM 투영법   ④ Lambert 투영법

해설

문제 17번 해설 참고

16 제주도 지역의 경우 직각좌표계 투영 원점의 종·횡선 가산수치는 각각 얼마인가?

14①기

① 20만 m, 50만 m   ② 25만 m, 50만 m

③ 50만 m, 20만 m   ④ 55만 m, 20만 m

해설

문제 17번 해설 참고

정답   12 ③   13 ④   14 ①   15 ②   16 ④

17 지적측량에서는 지구의 표면을 평면으로 정하는 투영식을 어느 방법으로 표시함을 기준으로 하는가? 14②기

① 가우스법
② 가우스크뤼거법
③ 벳셀법
④ 가우스상사이중투영법

◆해설

공간정보의 구축 및 관리 등에 관한 법률 시행령 제7조(세계측지계 등)

직각좌표의 기준(제7조 제3항 관련)

1. 직각좌표계 원점

명칭	원점의 경위도	투영원점의 가산(加算)수치
서부 좌표계	• 경도 : 동경 125° 00′ • 위도 : 북위 38° 00′	• X(N) : 600,000m • Y(E) : 200,000m
중부 좌표계	• 경도 : 동경 127° 00′ • 위도 : 북위 38° 00′	• X(N) : 600,000m • Y(E) : 200,000m
동부 좌표계	• 경도 : 동경 129° 00′ • 위도 : 북위 38° 00′	• X(N) : 600,000m • Y(E) : 200,000m
동해 좌표계	• 경도 : 동경 131° 00′ • 위도 : 북위 38° 00′	• X(N) : 600,000m • Y(E) : 200,000m

명칭	원점축척계수	적용 구역
서부 좌표계	1.0000	동경 124~126°
중부 좌표계	1.0000	동경 126~128°
동부 좌표계	1.0000	동경 128~130°
동해 좌표계	1.0000	동경 130~132°

[비고]

가. 각 좌표계에서의 직각좌표는 다음의 조건에 따라 TM (Transverse Mercator, 횡단 머케이터) 방법으로 표시한다.
　　1) X축은 좌표계 원점의 자오선에 일치하여야 하고, 진북방향을 정(+)으로 표시하며, Y축은 X축에 직교하는 축으로서 진동방향을 정(+)으로 한다.
　　2) 세계측지계에 따르지 아니하는 지적측량의 경우에는 가우스상사이중투영법으로 표시하되, 직각좌표계 투영원점의 가산(加算)수치를 각각 X(N) 500,000미터 (제주도지역 550,000미터), Y(E) 200,000m로 하여 사용할 수 있다.
나. 국토교통부장관은 지리정보의 위치측정을 위하여 필요하다고 인정할 때에는 직각좌표의 기준을 따로 정할 수 있다. 이 경우 국토교통부장관은 그 내용을 고시하여야 한다.

18 다음 중 오차의 성격이 다른 하나는? 14②기

① 수준척(Staff) 눈금의 오독으로 인해 생기는 오차
② 기포의 둔감에서 생기는 오차
③ 각관측에서 시준점의 목표를 잘못 시준하여 생기는 오차
④ 야장의 기입 착오로 생각는 오차

◆해설

기포의 둔감에서 생기는 오차는 기계적 오차이며 눈금 오독, 착오기입 등은 개인적 오차이다.

19 다음 중 지번 및 지목의 제도에 대한 설명으로 옳지 않은 것은? 14③기

① 지번 및 지목은 경계에 닿지 않도록 필지의 중앙에 제도한다.
② 지번 및 지목을 제도할 때에는 지번 다음에 지목을 제도한다.
③ 지번 및 지목을 제도할 때에는 0.5~1mm 크기의 고딕체로 제도한다.
④ 지번 및 지목을 제도할 때에는 지번의 글자 간격은 글자크기의 1/4 정도 띄어서 제도한다.

◆해설

• 지번 및 지목은 경계에 닿지 않도록 필지의 중앙에 제도한다. 다만, 1필지의 토지가 형상이 좁고 길어서 필지의 중앙에 제도하기가 곤란한 때에는 가로쓰기가 되도록 도면을 왼쪽 또는 오른쪽으로 돌려서 제도할 수 있다.
• 지번 및 지목을 제도하는 때에는 지번 다음에 지목을 제도한다. 이 경우 명조체의 2mm 내지 3mm의 크기로, 지번의 글자 간격은 글자 크기의 1/4 정도, 지번과 지목의 글자간격은 글자 크기의 1/2 정도 띄어서 제도한다. 다만, 전산정보처리조직이나 레터링으로 작성하는 경우에는 고딕체로 할 수 있다.
• 1필지의 면적이 작아서 지번과 지목을 필지의 중앙에 제도할 수 없는 때에는 ㄱ, ㄴ, ㄷ, …, ㄱ¹, ㄴ¹, ㄷ¹, …, ㄱ², ㄴ², ㄷ², … 등으로 부호를 붙이고, 도곽선 밖에 그 부호 · 지번 및 지목을 제도한다. 이 경우 부호가 많아서 그 도면의 도곽선 밖에 제도할 수 없는 경우에는 별도로 부호도를 작성할 수 있다.

20 오차의 성질에 대한 설명 중 옳지 않은 것은?

14③기

① 숙련된 지적측량기술자도 착오는 일으킨다.
② 우연오차는 확률법칙에 따라 전파된다.
③ 정오차는 측정횟수를 거듭할수록 누적된다.
④ 값이 큰 오차일수록 발생확률도 높다.

●해설

오차의 법칙
측량에 있어서 미지량을 관측할 경우 부정오차가 일이날지 또는 일어나지 않을지가 확실하지 않을 때 이 오차가 일어날 가능성의 정도를 확률이라 한다. 이런 오차는 어떤 법칙을 갖고 분포하게 되며 분포 특성을 다음과 같이 정의할 수 있다.
• 큰 오차가 생길 확률은 작은 오차가 생길 확률보다 매우 작다.
• 같은 크기의 정(+) 오차와 부(−) 오차가 생길 확률은 같다.
• 매우 큰 오차는 거의 생기지 않는다.

21 미지점에서 평판을 세우고 기지점을 시준한 방향선의 교차에 의하여 그 점의 도상위치를 구할 때 사용하는 측량방법은?

15①기

① 전방교회법 ② 원호교회법
③ 측방교회법 ④ 후방교회법

●해설

• 전방교회법 : 전방교회법은 미지점에 대한 시준은 가능하나 장애물이 있어 직접 거리 측정이 곤란한 경우 2점 이상의 기준점을 측판점으로 하여 미지점의 위치를 결정하는 방법이다. 그러나 지적측량을 교회법에 의하여 시행할 때에는 기지점을 최소한 3개 이상 사용하는 것을 원칙으로 하고 있다. 그 이유는 두 방향선이 평행이 아니면 만나게 되므로 만나는 점을 구할 수 있으나 오차를 쉽게 발견하기 어렵기 때문이다. 전방교회법은 교회법 중에서 가장 정확한 결과를 얻을 수 있는 방법이다.
• 측방교회법 : 측방교회법은 전방교회법과 후방교회법을 혼합한 방법으로 두 점 또는 3점의 기지점 중 한 점의 기지점과 미지점에서만 기계를 세울 수 있을 때 사용하며 주로 소축척의 측량에 사용한다. 측방교회법은 정밀도 면에서 전방교회법보다 못하나 후방교회법보다는 정밀하다.
• 후방교회법 : 후방교회법은 구하고자 하는 소구점에 측판을 세우고 기지점의 방향선에 의하여 소구점을 결정하는 방법이다. 후방교회법은 지상의 기지점 어느 것에도 측판을 세울 필요가 없어 작업은 쉬우나 그 정밀도는 전방교회법이

나 측방교회법에 따르지 못한다. 후방교회법에는 2점법과 3점법에 의한 방법이 있다.

22 우리나라에서 지적도 제작에 사용한 투영 방식은?

15①기

① 가우스상사 이중투영 ② 가우스−퀴르거 투영
③ WGS−84 ④ UTM 투영

●해설

• 지적도 제작에 사용한 투영방식 : 가우스상사 이중투영
• 지형도 제작에 사용한 투영방식 : TM 투영

23 다음 중 온도에 따른 줄자의 신축을 팽창계수에 따라 보정한 오차의 조정과 관련이 있는 것은?

15①기

① 계통오차 ② 착오
③ 우연오차 ④ 과대오차

●해설

문제 03번 해설 참고

24 지적측량에 사용하는 좌표의 원점 중 서부원점의 위치는?

15①기

① 북위 38도선과 동경 123도선의 교차점
② 북위 38도선과 동경 125도선의 교차점
③ 북위 38도선과 동경 127도선의 교차점
④ 북위 38도선과 동경 129도선의 교차점

●해설

문제 17번 해설 참고

25 다음 중 측량의 목적에 의한 분류에 속하는 것은?

15②기

① 트랜싯측량 ② 컴퍼스측량
③ 육분의측량 ④ 지적측량

정답 20 ④ 21 ④ 22 ① 23 ① 24 ② 25 ④

⊙ 해설

- 측량 목적에 의한 분류 : 지적측량, 천문측량, 지형측량, 노선측량, 터널측량, 광산측량, 농지측량, 삼림측량, 건축측량, 토목측량 등
- 측량기계에 따른 분류 : 거리측량, 평판측량, 컴퍼스측량, 트랜싯측량, 레벨측량, 사진측량 등

26 우리나라에서 지적좌표계로 채택하고 있는 준거 타원체의 편평률은? 15②기

① 1/293.47 ② 1/297.00
③ 1/298.26 ④ 1/299.15

⊙ 해설

지구 타원체명	적도반경 (a)	극반경 (b)	편평도 $\left(\dfrac{a-b}{a}\right)$	사용 지역
Bessel (1841)	6377397.155	6356078.963	299.15	한국·일본
편평률 (P)	$P=\dfrac{a-b}{a}=\dfrac{6377397.155-6356078.963}{6377397.155}=\dfrac{1}{299.15}$			

27 다음 중 구면삼각법을 평면삼각법으로 간주하여 계산할 때 적용하는 이론은? 15③기

① 가우스(Gauss) 정리
② 르장드르(Legendre) 정리
③ 뫼스니에(Measnier) 정리
④ 가우스크뤼거(Gauss-Kruger) 정리

⊙ 해설

1. 구면삼각형
   - 구면 삼각형 : 세 변이 대원의 호로 된 삼각형이다.
   - 구면삼각형의 내각의 합은 180°보다 크다.
2. 구과량(Spherical Excess) : 구면삼각형 내각의 합은 180°보다 크며 이를 구과량, 또는 구면과량이라 한다.
3. 르장드르 정리 : 구면삼각형의 계산은 복잡하고 시간이 많이 걸리므로 평면삼각형의 공식을 사용하여 변 길이를 구하는 편법이 사용되는데 그중 Legendre 정리가 널리 사용된다.

28 지적기준점의 제도 방법이 틀린 것은? 12②산

① 1등 및 2등삼각점은 직경 1mm, 2mm, 3mm의 3중 원으로 제도한다. 이 경우 1등삼각점은 그 중심원 내부를 검은색으로 엷게 채색한다.
② 3등 및 4등삼각점은 직경 1mm, 2mm의 2중 원으로 제도한다. 이 경우 3등삼각점은 그 중심원 내부를 검은색으로 엷게 채색한다.
③ 지적삼각점 및 지적삼각보조점은 직경 3mm의 원으로 제도한다. 이 경우 지적삼각점은 원 안에 십자선을, 지적삼각보조점은 원 안에 검은색으로 엷게 채색한다.
④ 지적도근점 및 지적도근보조점은 직경 1mm의 원으로 제도한다.

⊙ 해설

지적업무처리규정 제46조(지적기준점 등의 제도)
① 삼각점 및 지적기준점(제5조에 따라 지적측량수행자가 설치하고, 그 지적기준점성과를 지적소관청이 인정한 지적기준점을 포함한다.)은 0.2밀리미터 폭의 선으로 다음 각 호와 같이 제도한다.

구분	종류	제도	방법
국가기준점	위성기준점		지적위성기준점은 직경 2밀리미터, 3밀리미터의 2중 원 안에 십자선을 표시하여 제도한다.
	1등삼각점		1등 및 2등삼각점은 직경 1밀리미터, 2밀리미터 및 3밀리미터의 3중 원으로 제도한다. 이 경우 1등삼각점은 그 중심원 내부를 검은색으로 엷게 채색한다.
	2등삼각점		
	3등삼각점		3등 및 4등삼각점은 직경 1밀리미터, 2밀리미터의 2중 원으로 제도한다. 이 경우 3등삼각점은 그 중심원 내부를 검은색으로 엷게 채색한다.
	4등삼각점		

구분	종류	제도	방법
지적기준점	지적삼각점	3mm ⊕	지적삼각점 및 지적삼각보조점은 직경 3밀리미터의 원으로 제도한다. 이 경우 지적삼각점은 원 안에 십자선을, 지적삼각보조점은 원 안에 검은색으로 엷게 채색한다.
	지적삼각보조점	3mm ●	
	지적도근점	2mm ○	지적도근점은 직경 2밀리미터의 원으로 다음과 같이 제도한다.
	명칭과 번호		지적측량기준점의 윗부분에 명조체의 2밀리미터 내지 3밀리미터의 크기로 제도한다. 다만, 레터링으로 작성하는 경우에는 고딕체로 할 수 있으며 경계에 닿는 경우에는 적당한 위치에 제도할 수 있다.
	폐기시		도면에 등록된 그 지적측량기준점 표시사항을 말소한다.

29 전파기 또는 광파기측량방법에 따라 다각망도선법으로 지적삼각보조점측량을 할 때 1도선의 거리는 얼마 이하로 하여야 하는가? 12②산

① 4km 이하
② 5km 이하
③ 6km 이하
④ 7km 이하

●해설
제10조(지적삼각보조점측량)
⑤ 전파기 또는 광파기측량방법에 따라 다각망도선법으로 지적삼각보조점측량을 할 때에는 다음 각 호의 기준에 따른다.
1. 3개 이상의 기지점을 포함한 결합다각방식에 따를 것
2. 1도선(기지점과 교점 간 또는 교점과 교점 간을 말한다)의 점의 수는 기지점과 교점을 포함하여 5개 이하로 할 것
3. 1도선의 거리(기지점과 교점 또는 교점과 교점 간의 점 간거리의 총합계를 말한다)는 4킬로미터 이하로 할 것
⑥ 지적삼각보조점성과 결정을 위한 관측 및 계산의 과정은 지적삼각보조점측량부에 적어야 한다.

30 우연오차에 대한 설명으로 틀린 것은? 12②산

① 오차의 발생 원인이 명확하지 않다.
② 확률에 근거하여 통계적으로 오차를 처리한다.
③ 우연오차는 부정오차(Random Error)라고도 한다.
④ 같은 크기의 (+)오차는 (−)오차보다 자주 발생한다.

●해설
부정오차(우연오차, 상차)
일어나는 원인이 확실치 않고 관측할 때 조건이 순간적으로 변화하기 때문에 원인을 알 수 없는 오차
[부정오차 가정조건]
• 극히 작은 오차는 발생하지 않는다.
• 작은 오차는 큰 오차보다 나타나는 빈도가 크다.
• 정오차(+)와 부오차(−)는 거의 같은 확률로 나타난다.
• 모든 오차들은 확률법칙을 따른다.

31 지적기준점성과의 관리에 관한 내용이 옳은 것은? 12③산

① 지적삼각점성과는 시·도지사가 관리한다.
② 지적삼각보조점성과는 시·도지사가 관리한다.
③ 지적도근점성과는 시·도지사가 관리한다.
④ 삼각점성과는 시·도지사가 관리한다.

●해설
지적측량 시행규칙 제3조(지적기준점성과의 관리 등)
법 제27조 제1항에 따른 지적기준점성과의 관리는 다음 각 호에 따른다.
1. 지적삼각점성과는 특별시장·광역시장·도지사 또는 특별자치도지사(이하 "시·도지사"라 한다)가 관리하고, 지적삼각보조점성과 및 지적도근점성과는 지적소관청이 관리할 것
2. 지적소관청이 지적삼각점을 설치하거나 변경하였을 때에는 그 측량성과를 시·도지사에게 통보할 것
3. 지적소관청은 지형·지물 등의 변동으로 인하여 지적삼각점성과가 다르게 된 때에는 지체 없이 그 측량성과를 수정하고 그 내용을 시·도지사에게 통보할 것

32 다음 중 지적측량의 성격으로 가장 타당한 것은?

12③산

① 법률적 규제를 받는 기속측량이다.
② 건축물의 관리를 위한 입체측량이다.
③ 토지이용을 규제하는 사법측량이다.
④ 공익사업의 수행을 위한 공공측량이다.

◉ 해설

지적측량의 구속력이란 지적측량의 내용에 대해 소관청 자신이나 소유자 및 이해관계인을 기속하는 효력으로서 지적측량은 완료와 동시에 구속력이 발생하여 측량결과에 대해 그것이 유효하게 존재하는 한 그 내용을 존중하고 복종해야 하며 결코 정당한 절차 없이 그 존재나 효력을 기피할 수 없다.

33 독립된 관측값의 정밀도를 나타내는 데 사용되는 것은?

12③산

① 정준오차   ② 허용공차
③ 표준편차   ④ 연결오차

◉ 해설

• 표준편차 : 독립 관측값의 정밀도
• 표준오차 : 조정 환산값의 정밀도

34 구소삼각측량에 의하여 설치한 고초원점의 평면직각 종횡선수치(X, Y)는 얼마로 하는가?

13①산

① (500000, 200000)   ③ (300000, 100000)
② (550000, 200000)   ④ (0, 0)

◉ 해설

공간정보의 구축 및 관리 등에 관한 법률 제6조(측량기준)
① 측량의 기준은 다음 각 호와 같다.
  ㉮ 조본원점 · 고초원점 · 율곡원점 · 현창원점 및 소라원점의 평면직각종횡선수치의 단위는 미터로 하고, 망산원점 · 계양원점 · 가리원점 · 등경원점 · 구암원점 및 금산원점의 평면직각종횡선수치의 단위는 간(間)으로 한다. 이 경우 각각의 원점에 대한 평면직각종횡선수치는 0으로 한다.
  ㉯ 특별소삼각측량지역[전주, 강경, 마산, 진주, 광주(光州), 나주(羅州), 목포, 군산, 울릉도 등]에 분포된 소삼각측량지역은 별도의 원점을 사용할 수 있다.

35 오차의 종류 중 아래와 같은 특징을 갖는 것은?

13①산

• 오차의 부호와 크기가 불규칙하게 발생한다.
• 오차의 발생원인이 명확하지 않다.
• 오차는 최소제곱법의 이론으로 접근하여 조정한다.

① 허용오차   ② 과대오차
③ 정오차   ④ 우연오차

◉ 해설

문제 03번 해설 참고

36 지상 경계를 새로 결정하려는 경우 그 기준이 틀린 것은?

13②산

① 연접되는 토지 간에 높낮이 차이가 있는 경우 그 구조물 등의 하단부
② 도로 · 구거 등의 토지에 절토된 부분이 있는 경우 그 경사면의 상단부
③ 토지가 해면 또는 수면에 접하는 경우 최대만조위 또는 최대만수위가 되는 선
④ 공유수면매립지의 토지 중 제방 등을 토지에 편입하여 등록하는 경우 안쪽 어깨 부분

◉ 해설

공간정보의 구축 및 관리 등에 관한 법률 시행령 제55조(지상 경계의 결정 등)
① 지상 경계를 새로 결정하려는 경우 그 기준은 다음 각 호의 구분에 따른다.
  1. 연접되는 토지 간에 높낮이 차이가 없는 경우 : 그 구조물 등의 중앙
  2. 연접되는 토지 간에 높낮이 차이가 있는 경우 : 그 구조물 등의 하단부
  3. 도로 · 구거 등의 토지에 절토(切土)된 부분이 있는 경우 : 그 경사면의 상단부
  4. 토지가 해면 또는 수면에 접하는 경우 : 최대만조위 또는 최대만수위가 되는 선
  5. 공유수면매립지의 토지 중 제방 등을 토지에 편입하여 등록하는 경우 : 바깥쪽 어깨 부분

정답 32 ① 33 ③ 34 ④ 35 ④ 36 ④

37 국가기준점에 해당하지 않는 것은? 13②산

① 위성기준점
② 지적삼각점
③ 통합기준점
④ 삼각점

◉해설

공간정보의 구축 및 관리 등에 관한 법률 시행령 제8조(측량기준점의 구분)
① 법 제7조 제1항에 따른 측량기준점은 다음 각 호의 구분에 따른다.
　1. 국가기준점
　　㉮ 위성기준점　　㉯ 수준점
　　㉰ 중력점　　　　㉱ 통합기준점
　　㉲ 삼각점　　　　㉳ 지자기점(地磁氣點)
　　㉴ 수로기준점　　㉵ 영해기준점
　2. 공공기준점
　　㉮ 공공삼각점　　㉯ 공공수준점
　3. 지적기준점
　　㉮ 지적삼각점(地籍三角點)
　　㉯ 지적삼각보조점
　　㉰ 지적도근점(地籍圖根點)

38 다음 오차의 종류 중 최소제곱법에 의하여 오차를 보정할 수 있는 것은? 13②산

① 누적오차
② 착오
③ 정오차
④ 우연오차

◉해설

문제 03번 해설 참고

39 지적측량의 절차를 순서대로 바르게 나열한 것은? 13②산

① 계획 수립 → 준비 및 답사 → 선점 및 조표 → 관측 및 계산과 성과표 작성
② 준비 및 답사 → 계획 수립 → 선점 및 조표 → 관측 및 계산과 성과표 작성
③ 준비 및 답사 → 계획 수립 → 관측 및 계산과 성과표 작성 → 선점 및 조표
④ 계획 수립 → 준비 및 답사 → 관측 및 계산과 성과표 작성 → 선점 및 조표

◉해설

지적측량 순서
계획 → 답사 → 선점 → 조표 → 관측 → 계산 → 성과표 작성

40 오차의 부호와 크기가 불규칙하게 발생하여 관측자가 아무리 주의하여도 소거할 수 없으며, 오차 원인의 방향이 일정하지 않은 것은? 13③산

① 착오
② 정오차
③ 우연오차
④ 누적 오차

◉해설

문제 03번 해설 참고

41 지적측량성과와 검사성과의 연결교차 허용범위 기준이 옳은 것은? 13③산

① 지적도근점(경계점좌표등록부 시행지역) : 0.20m 이내
② 경계점(경계점좌표등록부 시행지역) : 0.10m 이내
③ 지적삼각보조점 : 0.20m 이내
④ 지적삼각점 : 0.10m 이내

◉해설

지적삼각점	0.20m
지적삼각보조점	0.25m
지적도근점	수치 : 0.15m
	기타 : 0.25m
경계점	수치 : 0.10m
	기타 : $\frac{3}{10} \times M$(mm)

42 지적측량에 대한 설명으로 틀린 것은? 14①산

① 지적측량은 기속측량이다.
② 지적측량은 지형측량을 목적으로 한다.
③ 지적측량은 측량의 정확성과 명확성을 중시한다.
④ 지적측량의 성과는 영구적으로 보존·활용한다.

정답 ◢ 37 ② 38 ④ 39 ① 40 ③ 41 ② 42 ②

●해설

1. 지적측량 : "지적측량"이란 토지를 지적공부에 등록하거나 지적공부에 등록된 경계점을 지상에 복원하기 위하여 제21호에 따른 필지의 경계 또는 좌표와 면적을 정하는 측량을 말하며 측량의 정확성과 명확성을 중요시할 뿐 아니라 지적측량의 성과는 영구적으로 보존·활용한다.

2. 기속측량(羈束測量)
   • 지적측량은 그 절차와 방법 등을 법률에 정해진 바에 따라 행한다는 것을 말한다.
   • 지적측량 방법과 절차는 물론이고 측량성과의 작성에 따른 축척·점·선·문자·부호 등의 크기와 규격 등이 지적법령에 상세하게 규정되어 있어 이들 규정을 준수하여 측량을 실시하여야 하는 기속성 있는 측량이라고 할 수 있다.

43 지적측량 수행자가 시·도지사 또는 지적소관청으로부터 측량성과에 대한 검사를 받지 않을 수 있는 것은? 14①산

① 신규등록측량 ② 지적도근측량
③ 분할측량 ④ 경계복원측량

●해설

1. 공간정보의 구축 및 관리 등에 관한 법률 제25조(지적측량성과의 검사)
   ① 지적측량수행자가 제23조에 따라 지적측량을 하였으면 시·도지사, 대도시 시장(「지방자치법」 제3조 제3항에 따라 자치구가 아닌 구가 설치된 시의 시장을 말한다. 이하 같다.) 또는 지적소관청으로부터 측량성과에 대한 검사를 받아야 한다. 다만, 지적공부를 정리하지 아니하는 측량으로서 국토교통부령으로 정하는 측량의 경우에는 그러하지 아니하다.

2. 지적측량 시행규칙 제28조(지적측량성과의 검사방법 등)
   ① 법 제25조 제1항 단서에서 "국토교통부령으로 정하는 측량의 경우"란 경계복원측량 및 지적현황측량을 하는 경우를 말한다.

44 아래의 좌표를 지적측량에 사용하기 위해 환산한 값이 옳은 것은?(단, 제주도 지역이 아닌 경우이다.) 14①산

• X좌표 : −6,677.89m
• Y좌표 : +1,153.33m

① X=493,322.11m, Y=206,655.33m
② X=493,322.11m, Y=201,153.33m
③ X=543,322.11m, Y=251,153.33m
④ X=543,322.11m, Y=256,655.33m

●해설

$X(N) = 500,000 - 6,677.89 = 493,322.11m$
$Y(E) = 200,000 + 1,153.33 = 201,153.33m$

직각좌표의 기준
각 좌표계에서의 직각좌표는 다음의 조건에 따라 TM(Transverse Mercator, 횡단 머케이터) 방법으로 표시한다.
• X축은 좌표계 원점의 자오선에 일치하여야 하고, 진북방향을 정(+)으로 표시하며, Y축은 X축에 직교하는 축으로서 진동방향을 정(+)으로 한다.
• 세계측지계를 따르지 아니하는 지적측량의 경우에는 가우스상사 이중투영법으로 표시하되, 직각좌표계 투영원점의 가산(加算)수치를 각각 X(N) 500,000m(제주도지역 550,000m), Y(E) 200,000m로 하여 사용할 수 있다.

45 지상경계점을 설정하는 기준에 관한 설명으로 잘못된 것은? 14②산

① 고저차가 심한 곳은 그 토지의 하단부
② 절토된 도로에 있어서는 그 경사면의 상단부
③ 공유수면매립지의 제방 등을 토지에 편입하여 등록하는 경우에는 바깥쪽 어깨부분
④ 해면에 접한 토지는 평균 해수면

●해설

문제 36번 해설 참고

46 잔차의 제곱의 합이 최소가 되도록 수학적 · 통계적으로 조정함으로써 지적 측량의 정확도를 높이는 방법은? 14③산

① 확률 ② 경중률
③ 표준오차 ④ 최소제곱법

●해설

잔차의 제곱의 합이 최소가 되도록 수학적 · 통계적으로 조정함으로써 지적 측량의 정확도를 높이는 방법은 최소제곱법이다.

47 독립된 관측값의 정밀도를 나타내는 데 사용되는 것은? 15①산

① 정준오차 ② 허용공차
③ 표준편차 ④ 연결오차

●해설

표준편차 (Standard Deviation)	독립관측값의 정밀도의 척도 $\sigma = \pm\sqrt{\dfrac{[vv]}{n-1}}$
표준오차 (Standard Error)	조정환산값(평균값)의 정밀도의 척도 $\sigma = \pm\sqrt{\dfrac{[vv]}{n(n-1)}}$
확률오차 (Probable Error)	밀도함수의 50% $\gamma = \pm 0.6745\sqrt{\dfrac{[vv]}{n(n-1)}}$

48 다음의 평판측량 오차 중 평판이 수평이 되지 않고 경사질 때 발생하는 오차는? 15①산

① 정준오차 ② 시준오차
③ 구심오차 ④ 표정오차

●해설

정준	조준의를 기포관을 이용하여 측판 위에 올려놓고 측판을 수평으로 맞추는 작업을 말한다. 즉 측판 위에 조준의를 상하, 좌우 두 방향으로 위치하게 하여 조준의의 기포관 내에 있는 기포를 중앙에 위치하게 하는 작업
구심 (치심)	구심기와 추를 이용하여 측판 위에 있는 도상의 점과 지상에 있는 점을 동일 연직선상에 있도록 하는 작업
표정 (정향)	정심과 구심작업 완료 후 측판의 방향과 방위를 맞추는 작업

49 지적측량성과 검사방법을 설명한 것으로 틀린 것은? 15①산

① 지적삼각점측량은 신설된 점을 검사한다.
② 측량성과를 검사하는 때에는 측량자가 실시한 측량방법과 같은 방법으로 한다.
③ 지적도근점측량은 주요 도선별로 지적도근점을 검사한다.
④ 면적측정검사는 필지별로 한다.

●해실

측량성과의 검사방법(「지적측량 시행규칙」 제28조)

1. 측량성과를 검사하는 때에는 측량자가 실시한 측량방법과 다른 방법으로 한다. 다만, 부득이한 경우에는 그러하지 아니한다.
2. 지적삼각점측량 및 지적삼각보조점측량은 신설된 점을, 지적도근점측량은 주요 도선별로 지적도근점을 검사한다. 이 경우 후방교회법으로 검사할 수 있다. 다만, 구하고자 하는 지적기준점이 기지점과 같은 원주상에 있는 경우에는 그러하지 아니하다.
3. 세부측량결과를 검사할 때에는 새로 결정된 경계를 검사한다. 이 경우 측량성과 검사 시에 확인된 지역으로서 측량결과도만으로 그 측량성과가 정확하다고 인정되는 경우에는 현지측량검사를 하지 아니할 수 있다.
4. 면적측정검사는 필지별로 한다.
5. 측량성과 파일의 검사는 지적전산정보시스템(검사시스템을 포함한다)으로 한다.
6. 지적측량수행자와 동일한 전자측량시스템을 이용하여 세부측량 시 측량성과의 정확성을 검사할 수 있다.

CHAPTER 02 거리측량

2.1 개요

거리측량은 임의의 두 점 간의 거리를 직접 또는 간접으로 측량하는 것으로 측량에서 필요한 거리는 수평거리이나 일반적으로 관측한 거리는 경사거리이므로 기준면에 대한 수평거리로 환산하여 사용하여야 한다.

경사거리를 수평거리로 환산하는 방법	공식
L과 H를 관측한 경우	$D = \sqrt{L^2 - H^2}$
L과 α를 관측한 경우	$D = L \cdot \cos\alpha$

┃ 경사지 거리측량 ┃

여기서, D : 수평거리
L : 경사거리
H : 수직거리
α : 경사각

2.1.1 지도에 표현하기까지 거리 환산

| 경사거리 | 그림상의 (a)의 거리 |

• 경사보정

$$C_g = -\frac{h^2}{2L} \text{(고저차 관측 시)}$$

$$C_g = -2L\sin^2\frac{\theta}{2} \text{(경사각 관측 시)}$$

여기서, C_g : 경사보정량, h : 고저차
L : 경사거리, θ : 경사각

⇩

| 수평거리 | 그림상의 (b)의 거리 |

• 표고보정

$$C_n = -\frac{DH}{R}$$

여기서, C_n : 표고보정량, H : 평균표고
R : 지구반경, D : 임의 지역의 수평거리

⇩

| 기준면상 거리 | 그림상의 (c)의 거리 |

• 축척계수
$$s = \kappa S$$
여기서, s : 투영면상거리(d), S : 기준면상거리(c)
κ : 선확대율(축척계수)

⇩

| 지도투영면상 거리 | 그림상의 (d)의 거리 |

❙ 거리의 환산 ❙

경사거리(D) ── 1. 연직각에 의한 방법 ──

$$D \cdot \cos\frac{1}{2}(\alpha_1 + \alpha_2)$$

└── 2. 표고에 의한 방법 ── 1. 연직각에 의한 방법

$$D - \frac{(H_1' - H_2')^2}{2D}$$

$$S = D \cdot \cos\frac{1}{2}(\alpha_1 + \alpha_2) - \frac{D(H_1' + H_2')}{2R}$$

수평거리 ── 1. 연직각에 의한 방법 ── 2. 표고에 의한 방법

$$-\frac{D(H_1' + H_2')}{2R}$$

$$S = D - \frac{(H_1' - H_2')^2}{2D} - \frac{D(H_1' + H_2')}{2R}$$

└── 2. 표고에 의한 방법

$$-\frac{D(H_1' + H_2')}{2R}$$

기준면상의 거리(S) ── 1. 연직각에 의한 방법

$$D_0 = \left[D \cdot \cos\frac{1}{2}(\alpha_1 + \alpha_2) - \frac{D(H_1' + H_2')}{2R}\right] \times \left\{1 + \frac{(Y_1 + Y_2)^2}{8R^2}\right\}$$

└── 2. 표고에 의한 방법

$$D_0 = \left[D - \frac{(H_1' - H_2')^2}{2D} - \frac{D(H_1' + H_2')}{2R}\right] \times \left\{1 + \frac{(Y_1 + Y_2)^2}{8R^2}\right\}$$

지도투영면상
거리(평면거리)(D_0)

약도

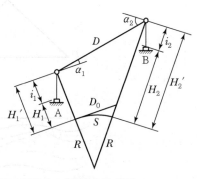

┃ 평면거리 계산 ┃

■■2.2 거리측량의 방법

측량방법		내용
직접거리 측량방법	정의	직접거리 측량방법은 보통 현장측량에서와 같이 큰 정밀도를 요하지 않는 일반적인 거리측량으로 줄자 등을 주로 사용하여 거리를 측정하는 방법이다.
	기계	① Tape ② Chain ③ Invar tape
간접거리 측량방법	정의	간접거리 측량방법은 구하려고 하는 거리를 직접적으로 측정하는 것이 아니고 거리와 각을 측정하여 기하학적인 관계로부터 소요되는 거리를 산출하는 방법이다.
	기계	① Transit ② Theodolite ③ 시거의(Tacheometer) ④ VLBI(초장기선간섭계) ⑤ EDM(전자기파 거리측정기)

■■2.3 장애물이 있을 경우 거리관측 방법

① 두 측점에 접근할 수 없을 때

$\triangle ABC \backsim \triangle CDE$이므로

$AB : DE = BC : CD$

$\therefore AB = \dfrac{DE}{CD} \times BC$

또는 $AB : DE = AC : CE$

$\therefore AB = \dfrac{AC}{CE} \times DE$

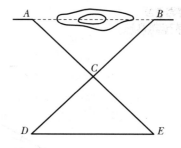

② 두 측점에 접근이 곤란한 경우

$AB : DE = AP : DP$

$\therefore AB = \dfrac{AP}{DP} \times DE$

또는 $AB : DE = BP : EP$

$\therefore AB = \dfrac{BP}{EP} \times DE$

③ 두 측점 중 한 측점에만 접근이 가능한 경우

$$\triangle ABC \infty \triangle BCD$$

$$AB : BC = BC : BD$$

$$\therefore BC^2 \fallingdotseq AB \times BD$$

$$\therefore AB = \frac{BC^2}{BD}$$

$$\triangle ABE \infty \triangle CDE$$

$$AB : CD = BE : CE$$

$$\therefore AB = \frac{BE}{CE} \times CD$$

··2.4 거리측량 기구

2.4.1 전자파거리측거기

전자파거리측거기(EDM ; Electronic Distance Meter)는 적외선, 레이저광선, 극초단파 등의 전자파(Electromagnetic Wave)를 이용하여 거리를 측정하는 방법이다.

전자파거리측거기에 일반적으로 반송파의 종류에 따라 전파측거기와 광파측거기로 나누어진다.

▼ 광파측거기와 전파측거기 비교

구분	광파측거기	전파측거기
반송파	적외선, 레이저광선, 가시광선	극초단파(Microwave)
장치구성	기계(Station), 반사경(Reflector)	주국(Master Station), 종국(Slave Station)
정밀도	$(1 \sim 2) \pm 2 \times 10^{-6} D(\mathrm{cm})$ 여기서, D : 관측거리(m)	$(3 \sim 5) \pm 4 \times 10^{-6} D(\mathrm{cm})$
최소 조작인원	1명(목표점에 반사경을 설치했을 때)	2명(주 · 종국 각 1명)
측정가능거리	짧다(근거리용 1m~1km).	길다.

구분	광파측거기	전파측거기
기상조건	안개, 비, 눈, 기타 기후의 영향을 받는다.	기후의 영향을 받지 않는다.
한 변 조작시간	짧다(10~20분).	길다(20~30분).
대표기종	Geodimeter	Tellurometer
장점	• 정확도가 높다. • 경량, 작업이 신속하다. • 지형이나 측점부근의 장애물의 영향을 받지 않는다.	• 장거리 관측에 적합하다. • 기상(안개, 가벼운 비)이나 지형의 시통성에 영향을 크게 받지 않는다.
단점	기상(안개, 비 등)이나 지형의 시통성에 영향을 받는다.	• 단거리 관측 시 정확도가 비교적 낮다. • 움직이는 장애물, 송전선 부근, 지면의 반사파 등의 간섭을 받는다.

2.4.2 토털스테이션(Total Station)

토털스테이션은 거리와 각을 동시에 관측할 수 있으며 관측된 데이터를 직접 저장하고 처리할 수 있다. 토털스테이션 시스템(Total Station System)에 의해 현장에서 즉시 좌표를 확인함으로써 측량계획에 맞추어 신속한 측량을 할 수 있는 최신 측량기계이다.

┃ 토털스테이션 ┃

▼ 토털스테이션의 특징

장점	단점
① 토털스테이션은 수평각, 고저각, 수평거리를 동시에 관측할 수 있다. ② 관측자료는 자동기록장치(전자평판)에서 직접 처리가 가능하다. ③ 관측데이터는 자동으로 저장장치에 저장할 수 있다. ④ 자동기록장치에 저장된 관측자료는 컴퓨터나 전자자동제어기 등의 처리시스템을 이용하여 도면 작성이나 관측데이터 계산 등의 후속처리를 할 수 있다.	① 기기가 무거워 휴대하기가 불편하다. ② 기계 조작이 경위의 측량방법보다 다소 복잡하다. ③ 수작업에 의한 기기 설치로 기계고나 관측자의 판단오류에 따른 오차가 발생할 수 있다. ④ 준비파일 자료에 대한 선행입력이 필요하다.

2.4.3 초장기선간섭계(VLBI ; Very Long Baseline Interferometry)

VLBI는 지구로부터 수억 광년 이상 떨어진 우주의 준성(Quaser)으로부터 발사되는 전파를 이용하여 거리를 결정하는 측량방법이다.

VLBI는 천체(1,000~10,000km)에서 복사되는 잡음전파를 2개의 안테나에서 동시에 수신하여 전파가 도달하는 시간차를 관측함으로써 안테나를 세운 두 점 사이의 거리를 관측하며 정확도는 ±수 cm 정도이다.

··· 2.5 거리측량의 오차보정

2.5.1 오차의 원인

오차의 원인	내용
정오차의 원인	① 테이프의 길이가 표준 길이와 다를 때(줄자의 특성값 보정) ② 측정 시의 온도가 표준 온도와 다를 때(온도 보정) ③ 측정 시의 장력이 표준 장력과 다를 때(장력 보정) ④ 강철 테이프를 사용할 경우, 측점과 측점 사이의 간격이 너무 멀어서 자중으로 처질 때(처짐 보정) ⑤ 줄자가 기준면상의 길이로 되어 있지 않을 경우(표고 보정) ⑥ 경사지를 측정할 때에 테이프가 수평이 되지 않을 때(경사 보정) ⑦ 테이프가 바람이나 초목에 걸려서 일직선이 되도록 당겨지지 못했을 때

오차의 원인	내용
우연오차의 원인	① 테이프의 눈금을 정확히 읽지 못하거나, 전수가 테이프의 눈금을 정확히 지상에 옮기지 못하였을 때(특히, 경사에서 오차가 크다.) ② 측정 중에 온도가 자주 변할 때 ③ 측정 중 장력을 일정하게 유지하지 못했을 때 ④ 눈금의 끝수를 정확히 읽을 수 없을 때
참오차의 원인	착오는 오독, 오기, 누락 등에 의하여 크기와 방향이 일정치 않고 예측이 불가하므로 신중한 업무 수행과 확인 작업으로 소거하여야 한다. ① 측침의 이동 ② 눈금의 오독 ③ 측정 횟수의 오차

2.5.2 정오차의 보정

정오차의 보정	보정량	정확한 길이(실제길이)	기호 설명
줄자의 길이가 표준 길이와 다를 경우 (테이프의 특성값)	$C_u = \pm L \times \dfrac{\Delta l}{l}$	$\begin{aligned} L_o &= L \pm C_u \\ &= L \pm \left(L \times \dfrac{\Delta l}{l} \right) \\ &\text{or)} \\ L_o &= L \times \left(1 \pm \dfrac{\Delta l}{l} \right) \end{aligned}$	L : 관측길이 l : Tape의 길이 Δl : Tape의 특성값(Tape의 늘어난($+$) 양과 줄어든($-$) 양)
온도에 대한 보정	$C_t = L \cdot a(t - t_o)$	$L_o = L \pm C_t$	L : 관측길이 a : Tape의 팽창계수 t_o : 표준온도($15\,^\circ\!\text{C}$) t : 관측 시의 온도
경사에 대한 보정	$C_i = -\dfrac{h^2}{2L}$	$\begin{aligned} L_o &= L \pm C_i \\ &= L - \dfrac{h^2}{2L} \end{aligned}$	L : 관측길이 h : 고저차
평균해수면에 대한 보정(표고보정)	$C_k = -\dfrac{L \cdot H}{R}$	$L_o = L - C_k$	R : 지구의 곡률반경 H : 표고 L : 관측길이
장력에 대한 보정	$C_p = \pm \dfrac{L}{A \cdot E}(P - P_o)$	$L_o = L \pm C_P$	L : 관측길이 A : 테이프 단면적(cm^2) P : 관측 시의 장력 P_o : 표준장력(10kg) E : 탄성계수(kg/cm^2)
처짐에 대한 보정	$C_s = -\dfrac{L}{24}\left(\dfrac{Wl}{P}\right)^2$	$L_o = L - C_S$	L : 관측길이 W : 테이프의 자중(cm^2) P : 장력(kg) l : 등간격 길이

·· 2.6 축척, 거리, 면적 관계

실제거리와 축척	$축척 = \dfrac{1}{m} = \dfrac{도상거리}{실제거리} = \dfrac{l}{L}$ 여기서, m : 축척분모수
실제면적과 축척	$(축척)^2 = \left(\dfrac{1}{m}\right)^2 = \left(\dfrac{도상거리}{실제거리}\right)^2 = \dfrac{도상면적(a)}{실제면적(A)}$
부정길이가 있을 경우	$실제면적 = 관측면적 \times \dfrac{(부정길이)^2}{(표준길이)^2}$
축척과 단위면적	$A_2 = \left(\dfrac{m_2}{m_1}\right)^2 \times A_1$ 여기서, A_1 : 주어진 단위면적 $\qquad A_2$: 구하고자 하는 단위면적 $\qquad m_1$: 주어진 단위면적의 축척분모 $\qquad m_2$: 구하고자 하는 단위면적의 축척분모
면적이 줄었을 때	$실제면적 = 측정면적 \times (1+\varepsilon)^2$ 여기서, ε : 신축된 양
면적이 늘었을 때	$실제면적 = 측정면적 \times (1-\varepsilon)^2$
축척과 정도	① 대축척 : 축척의 분모수가 작은 것 ② 소축척 : 축척의 분모수가 큰 것 ③ 정도가 좋다 : 축척의 분모수가 큰 것 ④ 정도가 나쁘다 : 축척의 분모수가 작은 것

01 표준장 100m에 대하여 테이프(Tape)의 길이가 100m인 강제권척을 검사한바 +0.052m이었을 때, 이 테이프(Tape)의 보정계수는 얼마인가?

12①기

① 0.00052
② 0.99948
③ 1.00052
④ 1.99948

●**해설**

100m의 강제권척을 검사한 결과 100.052가 나왔다.

보정계수는 $1 \pm \dfrac{\Delta l}{l} = 1 \pm \dfrac{0.052}{100} = 1.00052$

02 h의 거리는?(단, $\overline{OP} = \overline{OQ}$ 이다.)

12①기

① 3.960m
② 3.628m
③ 2.649m
④ 2.176m

●**해설**

$l = \overline{OP} = \overline{OQ}$ 의 거리는

$l = \dfrac{L}{2} \times \operatorname{cosec} \dfrac{\theta}{2}$

$l = \dfrac{5}{2} \times \operatorname{cosec} \dfrac{86° 57' 48''}{2}$

여기서, $\operatorname{cosec} = \dfrac{1}{\sin\theta}$

따라서

$l = \dfrac{5}{2} \times (1 \div \sin 43° 28' 54'')$

$l = 3.633074384m$

or)

$\sin \dfrac{\theta}{2} = \dfrac{\dfrac{L}{2}}{l}$

$l = \dfrac{2.5}{\sin \dfrac{86° 57' 48''}{2}}$

$= \dfrac{2.5}{\sin 43° 28' 54''}$

$= 3.633074384m$

h의 거리는

$\dfrac{3.633074384}{\sin 90°} = \dfrac{h}{\sin 86° 57' 48''}$

$h = \dfrac{3.633074384 \times \sin 86° 57' 48''}{\sin 90°}$

$= 3.628m$

[별해]

h의 계산은 △OPQ에서 ∠OPQ와 ∠OQP는 같고, 각을 ϕ 라고 하면

$2\phi = 180° - \theta$

$\phi = 90° - \dfrac{\theta}{2}$

$\therefore h = L \cdot \sin\left(90° - \dfrac{\theta}{2}\right)$

$= L \cdot \cos \dfrac{\theta}{2}$

$= 5 \times \cos \dfrac{86° 57' 48''}{2}$

$= 3.628m$

03 다음 그림에서 BC의 길이가 500m, $\angle BAC =$ 51도 00분 25초일 때 AB의 길이는 얼마인가?

12②기

① 800.39m
② 643.32m
③ 800.00m
④ 640.00m

해설

AB의 길이는 sin 법칙을 활용

$$\frac{500}{\sin A} = \frac{AB}{\sin C} \Rightarrow \frac{500}{\sin 51°00'25''} = \frac{AB}{\sin 90°}$$

$$AB = \frac{500 \times \sin 90°}{\sin 51°00'25''} = 643.3166m$$

$$AB = 643.32m$$

04 점 P에서 점 A를 지나며 방위각이 β인 직선까지의 수선장(d)을 산출하는 식으로 옳은 것은?

12②기

① $d = \Delta X \cos\beta - \Delta Y \sin\beta$

② $d = \Delta Y \cos\beta - \Delta X \sin\beta$

③ $d = \Delta X \sin\beta - \Delta Y \cos\beta$

④ $d = \Delta Y \sin\beta - \Delta t Y \cos\beta$

해설

$d = \Delta Y \cos\beta - \Delta X \sin\beta$

05 지상 경계의 구획을 형성하는 구조물 등의 소유자가 다른 경우 지상 경계를 새로이 결정하는 방법으로 옳은 것은?

12②기, 15②기

① 그 소유권에 따라 지상 경계를 결정한다.

② 면적이 넓은 쪽을 따라 지상 경계를 결정한다.

③ 그 구조물 등의 중앙을 따라 지상 경계를 결정한다.

④ 도상 경계에 따라 지상 경계를 결정한다.

해설

공간정보의 구축 및 관리 등에 관한 법률 시행령 제55조(지상 경계의 결정 등)

① 지상 경계를 새로 결정하려는 경우 그 기준은 다음 각 호의 구분에 따른다.

　1. 연접되는 토지 간에 높낮이가 없는 경우 : 그 구조물 등의 중앙

　2. 연접되는 토지 간에 높낮이 차이가 있는 경우 : 그 구조물 등의 하단부

　3. 도로 · 구거 등의 토지에 절토(切土)된 부분이 있는 경우 : 그 경사면의 상단부

　4. 토지가 해면 또는 수면에 접하는 경우 : 최대만조위 또는 최대만수위가 되는 선

　5. 공유수면매립지의 토지 중 제방 등을 토지에 편입하여 등록하는 경우 : 바깥쪽 어깨 부분

② 지상 경계의 구획을 형성하는 구조물 등의 소유자가 다른 경우에는 제1항 제1호부터 제3호까지의 규정에도 불구하고 그 소유권에 따라 지상 경계를 결정한다.

06 아래 그림에서 $\angle BAD = \angle BCE = 90°$이고 $AD = 35m$, $AC = 25m$, $CE = 44m$일 때 AB의 거리는 얼마인가?

12②기

① 65.50m

② 75.50m

③ 87.20m

④ 97.20m

해설

$x : 35 = 25 : (44 - 35)$

$$AB = \frac{AC \times AD}{CE - AD} = \frac{25 \times 35}{44 - 35} = \frac{875}{9}$$

$$= 97.222m = 97.20m$$

07 A점의 좌표가 $(1000.00,\ 1000.00)$이고 AP의 방위각이 $60°00'00''$, AP의 거리가 $3,000\text{m}$일 때 P점의 좌표는?(단, 좌표의 단위는 m이다.) 12③기

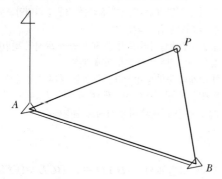

① $(1,500.00,\ 1,000.00)$
② $(2,476.89,\ 2,611.29)$
③ $(2,500.00,\ 3,598.08)$
④ $(3,611.28,\ 3,776.09)$

● **해설**

$\Delta x = 1,000 + 3,000 \times \cos 60° = 2,500.00\text{m}$
$\Delta y = 1,000 + 3,000 \times \sin 60° = 3598.08\text{m}$

08 그림과 같은 두 직선의 교차점 계산에서 S_1의 거리는 얼마인가?(단, $\Delta X_A^B = -9.79\text{m}$, $\Delta Y_A^B = +25.25\text{m}$, $\Delta \alpha = 79°\ 26'\ 18.9''$, $\angle \beta = 349°\ 25'\ 25.2''$) 12③기

① 14.2522m ② 20.2512m
③ 23.0241m ④ 32.8751m

● **해설**

$S_2 = \dfrac{(y_3 - y_1)\cos\alpha - (x_3 - x_1)\sin\alpha}{\sin(\alpha - \beta)}$

$S_1 = \dfrac{(y_3 - y_1)\cos\beta - (x_3 - x_1)\sin\beta}{\sin(\alpha - \beta)}$

$= \dfrac{(25)\cos 349°\ 25'\ 25.2'' - (-9.79)\sin 349°\ 25'\ 25.2''}{\sin(79°\ 26'\ 18.9'' - 349°\ 25'\ 25.2'')}$

$= 23.0241\text{m}$

09 표준치보다 0.075m가 짧은 60m짜리 줄자로 거리를 측정한 값이 140m이었을 때 실제거리는? 12③기

① 139.075m ② 139.825m
③ 140.075m ④ 140.175m

● **해설**

$실제거리 = \dfrac{부정거리}{실제거리} \times 관측거리$

$= \dfrac{(60 - 0.075)}{60} \times 140$

$= 139.825\text{m}$

10 $\overline{AD}$와 $\overline{BC}$가 평행하고 $\angle PQC = 90°$일 때, $\Box ABQP$의 면적이 800m^2가 되도록 $\overline{PQ}$로 분할하려면 $\overline{AP}$의 길이는 얼마이어야 하는가?(단, $\overline{AB} = 24.57\text{m}$, $\theta = 90°\ 56'\ 19.2''$이며 소수점 이하 2자리까지 산출한다.) 12③기

① 29.77m ② 30.77m
③ 31.77m ④ 32.77m

● **해설**

$\overline{AP} = \dfrac{F}{L \cdot \sin\overline{\beta}} - \dfrac{L \cdot \cos\beta}{2}$

$= \dfrac{800}{24.57 \times \sin 90°\ 56'\ 19.2''} - \dfrac{24.57 \times \cos 90°\ 56'\ 19.2''}{2}$

$= 32.56 - (-0.2)$

$= 32.77\text{m}$

정답 07 ③   08 ③   09 ②   10 ④

11 거리를 측정할 때 정오차가 발생할 수 있는 원인으로 거리가 먼 것은? 13②기

① 온도보정을 하지 않을 때
② 장력보정을 하지 않을 때
③ 처짐보정을 하지 않을 때
④ 표고보정을 하지 않을 때

> **해설**
>
> 거리측량 시 정오차 발생 원인
> • 권척을 수평으로 당기지 않고 측정했을 때
> • 권척이 표준장보다 늘어났을 때
> • 경사지를 측정하였을 때
> • 온도가 기준온도보다 높을 때

12 50m 줄자로 측정한 A, B점 간 거리가 250m이었다. 이 줄자가 표준줄자보다 5mm가 줄어 있었다면 정확한 거리는? 13③기

① 249.975m   ② 249.750m
③ 250.025m   ④ 250.250m

> **해설**
>
> $$정확한\ 거리 = \frac{부정거리}{실제거리} \times 관측거리$$
> $$= \frac{(50-0.005)}{50} \times 250 = 249.975m$$
>
> [별해]
> $$L_0 = L\left(1 \pm \frac{\Delta l}{l}\right) = 250 \times \left(1 \pm \frac{0.005}{50}\right)$$
> $$= 249.975m$$

13 다음과 같은 조건에서 수선장 $\overline{OB}$의 길이는 얼마인가?(단, O, P점의 좌표는 $\triangle X = -49.828$, $\triangle Y = 97.112$, $\alpha_0 = 315°58'13''$이다.) 13③기

① 28.1895
② 42.2074
③ 32.1864
④ 35.1895

> **해설**
>
> $$수선장(OB) = \triangle y \cdot \cos\alpha - \triangle x \cdot \sin\alpha$$
> $$= 97.112 \times \cos 315°58'13'' - $$
> $$(-49.828 \times \sin 315°58'13'')$$
> $$= 69.8215 - (34.6320)$$
> $$= 35.1895$$

14 30m의 스틸테이프를 사용하여 두 점의 거리를 측정한 결과 1.5km이었고, 스틸테이프는 표준 길이보다 20mm가 짧았다. 두 점의 실제 거리는 얼마인가? 14①기

① 1,486m   ② 1,489m
③ 1,494m   ④ 1,499m

> **해설**
>
> • $$실제길이 = 부정길이 \times \frac{관측길이}{표준길이}$$
> $$= (30-0.02) \times \frac{1,500}{30} = 1,499m$$
>
> • $$측정횟수 = \frac{측정거리}{줄자길이}$$
> $$\frac{1,500}{30} = 50회,\ 50회 \times 20 = 1,000mm = 1m$$
> 신축가감에 의해 $1,500-1 = 1,499m$

15 다음 그림에서 $\overline{BP}$의 계산식으로 옳은 것은? 14②기

① $\overline{BP} = \dfrac{a \cdot \sin\alpha}{\sin\gamma}$

② $\overline{BP} = \dfrac{a \cdot \sin\beta}{\sin\gamma}$

③ $\overline{BP} = \dfrac{a \cdot \sin\alpha}{\sin\beta}$

④ $\overline{BP} = \dfrac{a \cdot \sin\gamma}{\sin\beta}$

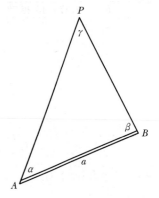

● 해설

사인 법칙 $\overline{BP} = \dfrac{\sin\alpha \times a}{\sin\gamma}$

16 아래 그림에서 l의 길이는 얼마인가?(단, $L = 10\text{m}$, $\theta = 75°45'26.7''$) 14②기

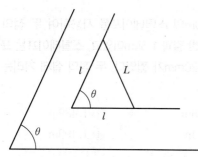

① 4.35m ② 6.29m

③ 10.32m ④ 9.42m

● 해설

$l = \dfrac{L}{2} \times \cos ec\dfrac{\theta}{2} = \dfrac{10}{2} \times \dfrac{1}{\dfrac{\sin 75°45'26.7''}{2}} = 10.32$

$\cos ec = \dfrac{1}{\sin}$

or)

$\sin\dfrac{\theta}{2} = \dfrac{\dfrac{L}{2}}{l}$

$l = \dfrac{\dfrac{L}{2}}{\sin\dfrac{\theta}{2}} = \dfrac{5}{\dfrac{\sin 75°45'26.7''}{2}} = 10.32$

17 점 P에서 방위각이 β인 직선 AB까지의 수선장 d를 구하는 식은? 14②기

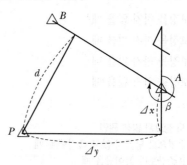

① $d = \triangle x \cdot \cos\beta - \triangle y \cdot \sin\beta$

② $d = \triangle y \cdot \cos\beta - \triangle x \cdot \sin\beta$

③ $d = \triangle x \cdot \sin\beta - \triangle y \cdot \cos\beta$

④ $d = \triangle y \cdot \sin\beta - \triangle x \cdot \cos\beta$

● 해설

$d = \triangle y \cdot \cos\beta - \triangle x \cdot \sin\beta$

18 두 점 간의 거리가 222m이고 두 점 간의 방위각이 $33°33'33''$일 때 횡선차는? 14③기

① 122.72m ② 212.55m

③ 196.48m ④ 185.00m

● 해설

$X = l \times \cos V = 222 \times \cos 33°33'33'' = 187.99\text{m}$
$Y = l \times \sin V = 222 \times \sin 33°33'33'' = 122.72\text{m}$

19 100m+4.96mm의 정수를 표시한 권척을 사용하여 500m를 측정하였을 경우 바른 길이는? 14③기

① 500.000m ② 500.050m

③ 500.025m ④ 500.043m

● 해설

$L_0 = L \pm \left(L \times \dfrac{\triangle l}{l} \right)$

$= 500 + \left(500 \times \dfrac{0.00496}{100} \right) = 500.0248\text{m}$

[별해]

$$실제거리 = \frac{부정거리}{실제거리} \times 관측거리$$

$$= \frac{100 + 0.00496}{100} \times 500$$

$$= 500.0248\text{m}$$

20 30m의 천줄자를 사용하여 A, B 두 점 간의 거리를 측정하였더니 1.6km였다. 이 천줄자를 표준 길이와 비교 검정한 결과 30m에 대하여 20mm가 짧았다. 올바른 거리는? 15①기

① 1,601m   ② 1,599m
③ 1,597m   ④ 1,596m

◉해설

$$정확한 거리 = \frac{부정길이}{표준길이} \times 관측길이$$

$$= \frac{(30 - 0.02)}{30} \times 1,600 = 1,598.9$$

$$\fallingdotseq 1,599\text{m}$$

21 50m 줄자를 사용하여 경계점 A, B의 거리를 측정한 결과 154.24m가 측정되었다. 50m 줄자를 점검하여 3.4mm가 늘어난 것이 확인된 경우 실제거리로 옳은 것은? 15②기

① 154.240m   ② 154.245m
③ 154.250m   ④ 154.255m

◉해설

$$실제거리 = \frac{부정거리}{표준거리} \times 관측거리$$

$$= \frac{50.0034}{50} \times 154.24 = 154.250\text{m}$$

22 다음 그림에서 BQ의 길이는?(단, $AD /\!/ BC$, $F = 600\text{m}^2$임) 15③기

① 23.46m   ② 25.78m
③ 27.47m   ④ 29.38m

◉해설

$$\overline{BQ} = \frac{F}{L \times \sin\beta} + \frac{L \times \cos\beta}{2}$$

$$= \frac{600}{24 \times \sin 80°} + \frac{24 \times \cos 80°}{2}$$

$$= 27.47\text{m}$$

23 다음 그림에서 수선장(E)은?(단, $\Delta x = +124.380$m, $\Delta y = +19.301$m, $\alpha_0 = 313°10'54''$, 그림은 개략도임) 15③기

① 101.3m   ② 103.9m
③ 124.4m   ④ 156.4m

◉해설

$$E = \Delta y \cdot \cos\alpha - \Delta x \cdot \sin\alpha$$

$$= 19.301 \times \cos 313°10'54''$$

$$- 124.38 \times \sin 313°10'54''$$

$$= 103.9\text{m}$$

24 점간거리 200m를 축척 1/500인 도상에 등록한 경우 점간거리의 도상길이는 얼마인가? 12③산

① 20cm
② 40cm
③ 50cm
④ 80cm

해설

$$축척 = \frac{실거리}{도상거리}$$

$$\therefore 도상기리 = \frac{실거리}{축척} = \frac{200}{500}$$

$$= 0.4m = 40cm$$

25 어느 측선의 방위가 S35°42′30″W이고 종선차($\triangle x$)가 −300m일 때 이 측선의 길이는? 13①산

① 295.82m
② 322.61m
③ 369.46m
④ 585.33m

해설

$$\tan\theta = \frac{\triangle y}{\triangle x}\ \text{에서}$$

$$\triangle y = \tan\theta \times \triangle x$$

$$= \tan35°42′30″ \times 300 = 215.638$$

$$\therefore 측선길이 = \sqrt{300^2 + 215.638^2} = 369.458m$$

26 $R=500$m 중심각(θ)이 60°인 경우 AB의 직선거리는? 13①산

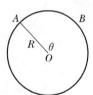

① 400m
② 500m
③ 600m
④ 700m

해설

삼각형 $\angle APO = 90°$, $\angle AOP = 30°$

$$\therefore \angle PAO = 60°$$

$$\therefore \triangle ABO\ \text{에서}$$

$$\angle PBO = 60°$$

$$\sin 법칙에서\ \frac{500}{\sin60°} = \frac{AB}{\sin60°}$$

$$\therefore AB = \frac{\sin60°}{\sin60°} \times 500 = 500m$$

or)

$$\frac{\overline{AP}}{\sin30°} = \frac{50°}{\sin90°}$$

$$AP = \frac{\sin30°}{\sin90°} \times 50° = 250$$

$$\therefore AB = \overline{AP} + \overline{PB} = 500m$$

27 점 $A(x_1,\ y_1)$를 지나고 방위각이 α인 직선과 점 $B(x_2,\ y_2)$를 지나고 방위각이 β인 직선이 점 P에서 교차하는 경우 $\overline{AP}$의 거리(S)를 구하는 식으로 옳은 것은? 13③산

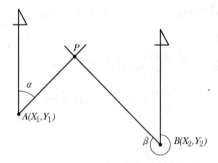

① $S = \dfrac{(Y_2 - Y_1)\cos\beta - (X_2 - X_1)\sin\beta}{\sin(\alpha - \beta)}$

② $S = \dfrac{(Y_2 - Y_1)\cos\beta + (X_2 - X_1)\sin\beta}{\sin(\alpha - \beta)}$

③ $S = \dfrac{(Y_2 - Y_1)\sin\beta - (X_2 - X_1)\cos\beta}{\sin(\alpha - \beta)}$

④ $S = \dfrac{(Y_2 - Y_1)\sin\beta + (X_2 - X_1)\cos\beta}{\sin(\alpha - \beta)}$

● 해설

• $\overline{AP}$의 거리

$$S = \dfrac{(Y_2 - Y_1)\cos\beta - (X_2 - X_1)\sin\beta}{\sin(\alpha - \beta)}$$

• $\overline{BP}$의 거리

$$S = \dfrac{(Y_2 - Y_1)\cos\alpha - (X_2 - X_1)\sin\alpha}{\sin(\alpha - \beta)}$$

28 강제권척이 기온의 상승으로 늘어났을 때 측정한 거리는 어떻게 보정해야 하는가? 14②산

① 측정치보다 적어지도록 보정한다.

② 보정을 필요로 하지 않는다.

③ 측정치보다 많아지도록 보정한다.

④ 가해도 좋고 감해도 좋다.

● 해설

신가축감의 원칙에 따라 기온의 상승으로 늘어난 경우 측정치보다 많아지도록 보정한다.

29 토털스테이션으로 측정한 경사거리가 150.23m, 연직각이 +3° 50′ 25″일 때 수평거리는? 14③산

① 138.56m

② 140.25m

③ 145.69m

④ 149.89m

● 해설

수평거리 $= \cos 3°50′25″ \times 150.23 = 149.89\text{m}$

30 하천을 낀 두 점 AB 간의 거리를 측정하기 위하여 측정한 $AC = 30\text{m}$, $AD = 29.6\text{m}$였을 때, AB 간의 거리는? 14③산

① 30.39m

② 26.51m

③ 20.39m

④ 13.51m

● 해설

$\triangle BAC \sim \triangle ACD$에서

$BA : AC = AC : AD$

$BA = \dfrac{AC^2}{AD} = \dfrac{30^2}{29.6} = 30.40\text{m}$

31 가구 정점 P의 좌표를 구하기 위한 길이 l은 얼마인가?(단, $AP = BP$, $L = 10\text{m}$, $\theta = 68°$) 14③산

① 8.94m ② 7.06m

③ 5.39m ④ 2.67m

● 해설

전제장$(l) = \dfrac{L}{2} \times \operatorname{cosec}\dfrac{\theta}{2}$에서

$$= \dfrac{10}{2} \times \operatorname{cosec}\dfrac{68°}{2}$$

$$= 5 \times \dfrac{1}{\sin 34°} = 8.94\text{m}$$

[함수(역수)]

• $\sin = \dfrac{1}{\operatorname{cosec}}$

• $\cos = \dfrac{1}{\sec}$

• $\tan = \dfrac{1}{\cot}$

or)

$$\sin\frac{\theta}{2} = \frac{\dfrac{L}{2}}{l}$$

$$l = \frac{\dfrac{L}{2}}{\sin\dfrac{\theta}{2}} = \frac{5}{\sin 34°} = 8.94\text{m}$$

32 강제권척(Steel Tape)으로 일정한 거리를 측정하여 96.98m를 얻었다. 강제권척을 검정한 바 100m에 35mm가 줄어 있음을 알았다. 보정된 실거리는?

15②산

① 97.01m ② 96.95m
③ 96.63m ④ 96.35m

●해설

$$실제거리 = \frac{부정거리}{표준거리} \times 관측거리$$
$$= \frac{99.965}{100} \times 96.98 = 96.95\text{m}$$

33 두 점 간의 수평거리가 148m이고 연직각이 −5° 10′00″일 때 두 점 간의 경사거리는?

15②산

① 145.18m ② 148.60m
③ 149.43m ④ 151.20m

●해설

$$\cos 5°10' = \frac{148}{경사거리}$$
$$\therefore 경사거리 = \frac{148}{\cos 5°10'} = 148.60\text{m}$$

34 교회법에 의한 지적삼각보조점측량에서 두 점 간의 종선차가 40.30m, 횡선차가 61.25m일 때 두 점 간의 연결교차는?

15②산

① 63.21m ② 69.49m
③ 71.33m ④ 73.32m

●해설

$$연결오차 = \sqrt{(종선차)^2 + (횡선차)^2}$$
$$= \sqrt{40.30^2 + 61.25^2} = 73.318\text{m}$$

35 평면직각 좌표 상의 두 점 A (354, 526)와 B (627, 835) 사이의 거리는?(단, 좌표의 단위는 m임)

15③산

① 412.32m ② 456.27m
③ 491.49m ④ 503.92m

●해설

$$\overline{AB} = \sqrt{\Delta x^2 + \Delta y^2}$$
$$= \sqrt{(627-354)^2 + (835-526)^2} = 412.32\text{m}$$

CHAPTER 03 각 측량

▪▪3.1 개요

각 측량이라 함은 어떤 점에서 본(시준) 2점 사이에 낀 각을 구하는 것을 말한다. 공간상 1점의 위치는 원점, 기준점, 기준선으로부터 방향과 거리로 결정한다.

각 측량은 트랜싯, 데오돌라이트, 토털스테이션 등을 이용하여 수평각과 연직각을 측정하게 되는데 최근에는 주로 데오돌라이트나 토털스테이션을 이용하여 정밀측량이 이루어지고 있다.

▪▪3.2 각의 단위

① 도(Degree) : 원주를 360등분하여 호에 대한 중심각을 1도(°), 1도를 60등분하여 1분(′), 1분을 다시 60등분하여 1초(″)라 한다.

② 그레이드(Grade) : 100진법을 사용하는 것으로 원주를 400등분하여 호에 대한 중심각을 1그레이드라 하고, 1그레이드를 100등분하여 1센티그레이드(c), 또 이것을 100등분하여 1센티센티그레이드(cc)라 한다.

도	그레이드
원=360°	원=400g
1°=60′	1g=100c
1직각=90°	1직각=100g
1′=60″	1c=100cc

▮ 도와 그레이드 ▮

③ 도와 그레이드의 상호관계

$\alpha° : \beta g = 90 : 100$ 이므로

$100\text{grade}(g) = 90°$

$1g = 100\text{centi grade}(c) = 0.9° = 54′$

$1c(센티그레이드) = 100\text{centi centi grade}(cc) = 0.54′ = 32.4″$

3.2.1 호도와 각도의 상호관계

반경 r인 원에서 호의 길이 L에 대한 중심각 θ는 $\theta = \dfrac{L}{r}$(라디안)

이것을 도, 분, 초로 고치면

$$\theta° = \frac{L}{r}\rho°$$

$$\theta' = \frac{L}{r}\rho'$$

$$\theta'' = \frac{L}{r}\rho''$$

1개의 원에 있어서 중심각과 그것에 대한 호의 길이는 서로 비례하므로 반경 r과 같은 길이의 호($\widehat{r}$)를 잡고 이것에 대한 중심각을 ρ로 하면

$$\frac{r}{2\pi r} = \frac{\rho°}{360°} \quad \therefore \ \rho° = \frac{180°}{\pi}$$

$$\rho° = \frac{180°}{\pi} = 57.29578°$$

$$\rho' = \rho° \times 60 = 3437.7468'$$

$$\rho'' = \rho' \times 60 = 206265''$$

∥ 각과 거리 ∥

∥ 라디안 ∥

3.2.2 라디안(Radian)

원의 반지름과 똑같은 호에 대한 1라디안이므로 원주는 2π 라디안이 된다.

3.2.3 스테라디안

구의 중심을 정점으로 하여 구의 표면에서 r의 반경(r)을 한 변으로 하는 정사각형의 면적(r^2)과 같은 면적의 원과 구의 중심이 이루는 입체각을 $1sr$(Steradian)로 한다.

구의 표면적 $= 4\pi r^2$이므로

구의 입체각 $= 4\pi r^2 \times \dfrac{1sr}{r^2} = 4\pi\,sr$가 된다.

··3.3 수평각 관측

수평각을 측정하는 방법에는 단측법, 배각법, 방향각법, 조합관측법 등이 있다. 우선 각측량기를 조작함에 있어 기본이 되는 용어로는 반전, 정위 그리고 반위가 있다.

반전은 망원경을 수평축 주위로 180° 회전시키는 것이다. 정위는 수평각 고정나사가 오른쪽에 있어 연직분도원이 왼쪽에 있는 상태로 수평각을 측정하는 것을 말하며, 반위는 정위로부터 180° 반전한 상태, 즉 수평각 고정나사가 왼쪽에 있고 연직분도원이 오른쪽에 있는 상태로 수평각을 측량하는 것을 의미한다.

3.3.1 단측법

관측방법	1개의 각을 1회 관측하는 방법으로 가장 간단하다.
관측각	종독(나중 읽음값) − 초독(처음 읽음값)
각 관측의 정도	방향각법과 동일하다.

ǀ 단측법 ǀ

3.3.2 배각법(반복법)

관측방법	1개의 각을 2회 이상 반복관측하여 그 평균값을 얻는 방법이다. 1회 최후의 B를 시준한 때의 눈금이 α_n이라 하면, $\angle AOB = \dfrac{\alpha_n - \alpha_0}{n}$
각 관측의 정도	① n배각 관측 시 1각에 포함되는 시준오차 $m_1 = \pm\sqrt{\dfrac{2\alpha^2}{n}}$ ② n배각 관측 시 1각에 포함되는 읽기오차 $m_2 = \pm\sqrt{\dfrac{2\beta^2}{n^2}}$ ③ 1각에 생기는 배각관측 오차 $m = \pm\sqrt{\dfrac{2}{n}\left(a^2 + \dfrac{\beta^2}{n}\right)}$ 　　여기서, α : 시준오차, β : 읽기오차, n : 관측횟수(배각수)

ǀ 배각법 ǀ

배각법의 특징	① 배각법은 방향 수가 적은 경우에는 편리하나 삼각측량과 같이 많은 방향이 있는 경우에는 적합하지 않다. ② 눈금의 부정에 의한 오차를 최소로 하기 위하여 n회의 반복결과가 360°에 가깝게 해야 한다. ③ 내축과 외축을 이용하므로 내축과 외축의 연직선에 대한 불일치에 의하여 오차가 생기는 경우가 있다. ④ 배각법은 방향각법과 비교하여 읽기오차의 영향을 적게 받는다. $\left(\text{읽음 오차가 } \dfrac{1}{n}\text{로 됨}\right)$

3.3.3 방향각법

관측방법	어떤 시준방향을 기준으로 한 측점 주위에 여러 개의 각이 있을 때 측정하는 방법	
방향각법 의 특징	반복법에 비하여 시간이 절약되며 3등 이하의 삼각측량에 이용된다.	**┃ 방향각법 ┃**
각 관측의 정도	① 1방향에 생기는 오차 $m_1 = \pm\sqrt{\alpha^2+\beta^2}$ ② 각 관측(2방향의 차)의 오차 $m_2 = \pm\sqrt{2(\alpha^2+\beta^2)}$ ③ n회 관측한 평균값에 있어서의 오차 $m = \pm\sqrt{\dfrac{2}{n}(\alpha^2+\beta^2)}$ 　　여기서, α : 시준오차, β : 읽기오차, n : 관측횟수	

3.3.4 각 관측법

관측방법	수평각 관측방법 중 가장 정확한 값을 얻을 수 있으며, 1등 삼각측량에 이용된다.	
관측각의 총수	관측각 총수 $= \dfrac{1}{2}S(S-1)$ 조건식 수 $= \dfrac{1}{2}(S-1)(S-2)$ 　여기서, S : 방향선수	**┃ 각 관측법 ┃**

··3.4 수평각 관측법에 의한 오차

3.4.1 단측법 및 방향각법의 각 관측오차

단측법에 의한 각 관측오차	$m_s = \pm\sqrt{\alpha^2 + \alpha^2 + \beta^2 + \beta^2} = \pm\sqrt{2(\alpha^2 + \beta^2)}$ 여기서, α : 시준오차, β : 읽음오차
일방향에 생기는 오차	$m_1 = \pm\sqrt{\alpha^2 + \beta^2}$
n회 관측평균치의 오차	$M = \dfrac{\sqrt{m_s^2 + m_s^2 + \cdots + m_s^2}}{n} = \pm\dfrac{\sqrt{n \cdot m_s^2}}{n}$ $= \pm\sqrt{\dfrac{2(\alpha^2 + \beta^2)}{n}}$

3.4.2 배각법의 각 관측오차

n배각 관측에 의한 일각에 포함되는 시준오차	$m_1 = \dfrac{\sqrt{2n} \cdot \alpha}{n} = \sqrt{\dfrac{2\alpha^2}{n}}$
n배각 관측에 의한 일각에 포함되는 읽음오차	$m_2 = \dfrac{\sqrt{2} \cdot \beta}{n} = \sqrt{\dfrac{2\beta^2}{n^2}}$
n배각 관측 시 일각에 생기는 배각법의 오차	$M = \pm\sqrt{m_1^2 + m_2^2} = \pm\sqrt{\dfrac{2}{n}\left(\alpha^2 + \dfrac{\beta^2}{n}\right)}$

··3.5 트랜싯의 조정

3.5.1 트랜싯의 조정 조건

① 기포관축과 연직축은 직교해야 한다. ($L \perp V$) : 1조정(연직축오차 : 평반기포관의 조정)

② 시준선과 수평축은 직교해야 한다. ($C \perp H$) : 2조정(시준축오차 : 십자종선의 조정)

③ 수평축과 연직축은 직교해야 한다. ($H \perp V$) : 3조정(수평축오차 : 수평축의 조정)

※ 트랜싯의 3축 : 연직축, 수평축, 시준축

▼ 트랜싯의 제6조정

수평각 측정	① 제1조정 : 평반기포관의 조정(평반기포관축⊥연직축) : 연직축오차
	② 제2조정 : 십자종선의 조정(십자종선⊥수평축) : 시준축오차
	③ 제3조정 : 수평축(지주)의 조정(수평축⊥연직축) : 수평축오차
연직각 측정	④ 제4조정 : 십자횡선의 조정(십자횡선//수평축)
	⑤ 제5조정 : 망원경 기포관의 조정(망원경 기포관축//시준선)
	⑥ 제6조정 : 연직분도원의 조정(망원경 기포관의 기포가 중앙에 있을 때 연직분도원 0°와 버니어의 0은 일치해야 한다.)

··3.6 각 측량의 오차보정

3.6.1 정오차의 원인과 처리방법

가. 조정이 완전하지 않기 때문에 생기는 오차

오차의 종류	원인	처리방법
시준축 오차	시준축과 수평축이 직교하지 않기 때문에 생기는 오차	망원경을 정·반위로 관측하여 평균을 취한다.
수평축 오차	수평축이 연직축에 직교하지 않기 때문에 생기는 오차	망원경을 정·반위로 관측하여 평균을 취한다.
연직축 오차	연직축이 연직되지 않기 때문에 생기는 오차	소거 불능

나. 기계의 구조상 결점에 따른 오차

오차의 종류	원인	처리방법
회전축의 편심오차 (내심오차)	기계의 수평회전축과 수평분도원의 중심이 불일치	180° 차이가 있는 2개(A, B)의 버니어의 읽음값을 평균한다.
시준선의 편심오차 (외심오차)	시준선이 기계의 중심을 통과하지 않기 때문에 생기는 오차	망원경을 정·반위로 관측하여 평균을 취한다.
분도원의 눈금오차	눈금 간격이 균일하지 않기 때문에 생기는 오차	버니어의 0의 위치를 $\frac{180°}{n}$ 씩 옮겨가면서 대회관측을 한다.

3.6.2 각의 최확치 및 조정

어느 일정한 각을 관측한 경우	$L_o(최확치) = \dfrac{[\alpha]}{n}$ 여기서, n : 관측횟수, $[\alpha]$: $\alpha_1 + \alpha_2 + \ldots + \alpha_n$
관측횟수(n)를 다르게 하였을 경우의 최확치	① 경중률은 관측횟수(n)에 비례($P \propto n$) ② $P_1 : P_2 : P_3 = n_1 : n_2 : n_3$ ③ $L_0(최확치) = \dfrac{[Pl]}{[P]}$

3.6.3 2개 이상의 각을 측정했을 경우의 최확치(조건부의 최확치)

가. 관측횟수를 같게 하였을 경우

성립조건	$\alpha + \beta = \gamma$	
오차(w)	$(\alpha + \beta) - \gamma$	
조정량(d)	$\dfrac{w}{n} = \dfrac{w}{3}$	
특징	$(\alpha + \beta)$와 γ를 비교하여 큰 쪽에는 $(-)$, 작은 쪽에는 $(+)$한다. 　여기서, w : 오차 　　　　　d : 조정량 　　　　　α, β, γ : 관측각 　　　　　n : 관측횟수	

나. 관측횟수를 다르게 하였을 경우

경중률	① 경중률은 관측횟수에 반비례$\left(P \propto \dfrac{1}{n}\right)$ ② 경중률 : $P_1 : P_2 : P_3 = \dfrac{1}{n_1} : \dfrac{1}{n_2} : \dfrac{1}{n_3}$
조정량	조정량$(d) = \dfrac{\text{오차}}{\text{경중률의 합}} \times$조정할 각의 경중률

CHAPTER 03 실전문제

01 다음에서 $E=32.7156$m이고 $R=200.00$m이면 ϕ는 얼마인가? 12①기

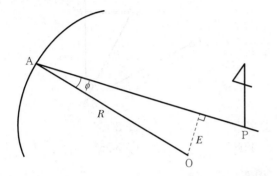

① 9°24′53″   ② 9°45′51″
③ 8°53′48″   ④ 8°35′42″

해설

$$\phi = \sin^{-1}\frac{E}{R}$$
$$= \sin^{-1}\frac{32.7156}{200}$$
$$= 9°24′52.7″$$

02 컴퍼스(Compass) 법칙에 대한 설명으로 옳은 것은? 12①기

① 측각 및 측정거리의 정도가 같다고 인정되는 때의 오차조정법
② 측각 정도가 측정거리의 정도보다 높다고 인정되는 때의 오차조정법
③ 측정거리의 정도가 측각 정도보다 높다고 인정되는 때의 오차조정법
④ 측정거리의 정도와 측각 정도가 비교할 수 없다고 인정되는 때의 오차조정법

해설

• 컴퍼스 법칙 : 각관측과 거리관측의 정밀도가 동일할 때 실시하는 방법으로 각 관측선 길이(다각변의 길이)에 비례하여 폐합오차를 배분한다.

• 트랜싯 법칙 : 각관측의 정밀도가 거리관측의 정밀도보다 높을 때 실시하는 방법으로 위거와 경거의 크기에 비례하여 폐합오차를 배분한다.

03 각의 측량에 있어서 A는 1회 관측으로 60°20′38″, B는 4회 관측으로 60°20′21″, C는 9회 관측으로 60°20′30″의 측정결과를 얻었을 때 최확값으로 옳은 것은?(단, 경중률이 일정한 경우이다.) 13①기

① 60°20′20″   ② 60°20′24″
③ 60°20′28″   ④ 60°20′32″

해설

어느 일정한 각을 관측 횟수를 다르게 했을 때의 경중률(P)은 관측 횟수(N)에 비례하므로
$$P_1 : P_2 : P_3 = N_1 : N_2 : N_3 = 1 : 4 : 9$$

최확치(L_0)
$$L_0 = \frac{P_1 l_1 + P_2 l_2 + P_3 l_3}{P_1 + P_2 + P_3}$$
$$= 60°20′ + \frac{(38″ \times 1) + (21″ \times 4) + (30″ \times 9)}{1 + 4 + 9}$$
$$= 60°20′ + 28″ = 60°20′28″$$

04 두 점의 좌표가 각각 $A(495674.32, 192899.25)$, $B(497845.81, 190256.39)$일 때 $A \rightarrow B$의 방위는? 13①기

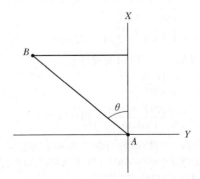

① N 50°35′31″W   ② S 50°35′31″E

③ N 39°24′29″W   ④ S 39°24′29″E

◉ 해설

$$\theta = \tan^{-1}\frac{\triangle y}{\triangle x}$$

$$= \tan^{-1}\frac{(190,256.39 - 192,899.25)}{(497,845.81 - 495,674.32)}$$

$$= \tan^{-1}\frac{-2,642.86}{2,171.49} = 50°35′31.09″ \text{(4상한)}$$

∴ 방위 = N50°35′31.09″W

05 삼각점 측정 시 O점에 기계를 세워 A점과 B점을 관측하려 하였으나 A점이 장애물로 인해 보이지 않아 AA'만큼 편심 관측한 결과 $\angle A'OB = 13°12′26.7″$이었다면 $\angle AOB$는 얼마인가?(단, $AA' = 2.34$m이고 삼각점 간의 거리는 1234.56m)   13①기

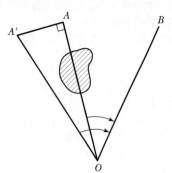

① 13°02′26.7″   ② 13°08′57.7″

③ 13°05′55.7″   ④ 13°10′57.7″

◉ 해설

1. OA'를 피타고라스의 정의에 의해 먼저 구한다.

$$OA' = \sqrt{OA^2 + AA'^2}$$

$$= \sqrt{1234.56^2 + 2.34^2} = 1234.56$$

2. 사인 법칙으로 $\angle A'OA$를 구한다.

$$\frac{AA'}{\sin x} = \frac{1234.56}{\sin 90°}$$

$$x = \sin^{-1}\frac{\sin 90° \times 2.34}{1234.56} = 0°06′30.96″$$

3. $\angle A'OB - \angle A'OA$를 하면 $\angle AOB$를 구할 수 있다.

$13°12′26.7″ - 0°06′30.96″ = 13°05′55.74″$

∴ $\angle AOB = 13°05′55.7″$

06 $\angle CAB$를 직접 관측할 수 없어 B'점을 시준하고 수평각 귀심계산을 하고자 할 때, 편심관측 보정량(x)은?(단, $\overline{BE} = 3.0$m, $D = 2.5$km)   13③기

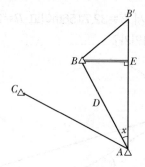

① 2′35″   ② 3′10″

③ 4′08″   ④ 5′25″

◉ 해설

$$\frac{3}{\sin x°} = \frac{2,500}{\sin 90°} \text{에서}$$

$$x° = \sin^{-1}\frac{\sin 90° \times 3}{2,500} = 0°04′7.52″$$

07 수평각 관측에서 망원경의 정위와 반위로 관측을 하는 목적은?   13③기

① 내심 오차를 제거하기 위하여

② 시준축 오차를 제거하기 위하여

③ 오독을 방지하기 위하여

④ 오기를 방지하기 위하여

◉ 해설

오차의 종류별 원인

종류		원인	오차 처리방법
조정 불완전	시준축 오차	시준축과 수평축이 직교하지 않기 때문에 생기는 오차	망원경을 정·반위로 관측하여 평균을 취한다.
	수평축 오차	수평축이 연직축에 직교하지 않기 때문에 생기는 오차	망원경을 정·반위로 관측하여 평균을 취한다.
	연직축 오차	연직축이 연직이 되지 않기 때문에 생기는 오차	소거 불능

종류		원인	오차 처리방법
기계 결함	내심오차 (분도반 외심오차)	기계의 수평회전축과 수평분도원의 중심이 불일지	180° 차이가 있는 2개(A, B)의 버니어의 읽음값을 평균한다.
	외심오차 (시준선 편심오차)	시준선이 기계의 중심을 통과하지 않기 때문에 생기는 오차	망원경을 정·반위로 관측하여 평균을 취한다.
	분도원눈금오차	눈금 간격이 균일하지 않기 때문에 생기는 오차	버니어의 0의 위치를 $\frac{180}{n}$씩 옮겨가면서 대회관측을 한다.

08 그림에서 $E_1 = 20m$, $\theta = 150°$일 때 S_1은?

14①기

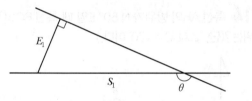

① 10.0m   ② 23.1m

③ 34.6m   ④ 40.0m

◉해설

$\theta = 150°$이므로 $180° - 150° = 30°$

sin 제1법칙에 의해

$$\frac{x}{\sin 90°} = \frac{20}{\sin 30°}$$

$$x = \frac{\sin 90° \times 20}{\sin 30°} = 40m$$

09 각 관측 시 발생하는 기계오차와 소거법에 대한 설명이 틀린 것은?

14①기

① 수평축오차는 수평축이 수직축과 직교하지 않기 때문에 생기는 오차로, 정위와 반위의 평균값으로 소거된다.

② 외심오차는 시준선에 편심이 나타나 발생하는 오차로 정위와 반위의 평균으로 소거된다.

③ 연직축오차란 수평축과 연직축이 직교하지 않아 생기는 오차로, 정·반위의 평균으로 소거된다.

④ 시준축오차는 시준선과 수평축이 직교하지 않아 생기는 오차로, 망원경의 정위와 반위로 측점하여 평균값을 취하면 소거된다.

◉해설

각 오차별 처리방법

종류	처리방법
시준축오차	망원경을 정·반위로 관측하여 평균을 취한다.
수평축오차	망원경을 정·반위로 관측하여 평균을 취한다.
외심오차	망원경을 정·반으로 취하여 평균값
연직축오차	연직축과 수평기포 관측과의 직교 조정(정·반으로 불가)
내심오차	180° 차이가 있는 2개의 버니어를 읽어 평균
분도원 눈금오차	분도원의 위치변화를 무수히 한다.
측점 또는 시준축편심에 의한 오차	편심보정

10 삼각형의 순서에 따라 산출하는 임의의 변의 길이는 계산 경로와 관계없이 모두 일치하도록 오차를 조정하여 배부하는 것은?

14②기

① 변규약   ② 삼각규약

③ 망규약   ④ 측참규약

◉해설

변규약은 기지변을 이용하여 각 삼각형의 측선을 계산하여 어느 방향으로 계산하여도 동일한 결과 값이 구하여져야 한다.

11 4상한의 θ각이 38°19′20″일 때 방위각은 얼마인가?

14②기

① 141°40′40″   ② 321°40′40″

③ 308°19′20″   ④ 338°19′20″

●해설

방위계산

상한	방위각	상한별 부호		상한 방위 (θ)
		종선차 (Δx)	횡선차 (Δy)	
I	0 ~90	+	+	$\theta = V$
II	90~180	−	+	$\theta = 180 - V$
III	180~270	−	−	$\theta = V - 180$
IV	270~360	+	−	$\theta = 360 - V$

4상한이므로 $360° - 38°19'20'' = 321°40'40''$

12 방위각 271°30′의 방위는? 15①기

① N 89°30′E
② N 1°30′W
③ N 88°30′W
④ N 90°W

●해설

방위계산

상한	방위각	상한별 부호		상한 방위 (θ)
		종선차 (Δx)	횡선차 (Δy)	
I	0 ~90	+	+	$\theta = V$
II	90~180	−	+	$\theta = 180 - V$
III	180~270	−	−	$\theta = V - 180$
IV	270~360	+	−	$\theta = 360 - V$

$\therefore 360° - 271°30' = 88°30'$(4상한)

N 88°30′W

13 O점에 기계를 세워서 점 A를 관측하려 하였으나 장애물로 점이 보이지 않아 부득이 AA′ 만큼 편심하여 측정하였더니 ∠A′OB＝14°12′26.7″이었다면, 실제 ∠AOB의 수평각은?(단, AA′＝2.34m, OA＝1234.56m이다.) 15②기

① 14°02′26.7″
② 14°02′57.7″
③ 14°05′55.7″
④ 14°08′57.7″

●해설

OA'를 피타고라스 정의에 의해

$OA' = \sqrt{(OA)^2 + (AA')^2}$
$= \sqrt{1234.56^2 + 2.34^2} = 1234.56$

$\dfrac{1,234.56}{\sin 90°} = \dfrac{2.34}{\sin x°}$ 에서

$x° = \sin^{-1} \dfrac{\sin 90° \times 2.34}{1234.56} = 0°6'30.96''$

혹은

$x'' = 206,265'' \times \dfrac{e}{s} \sin 90°$

$= 206,265'' \times \dfrac{2.34}{1,234.56} \times \sin 90°$

$= 0°6'30.96''$

$\therefore \angle AOB = \angle A'OB - x$
$= 14°12'26.7'' - 0°6'30.96'' = 14°5'55.74''$

14 측선 AB의 방위가 N 50° E일 때 측선 BC의 방위는?(단, ∠ABC＝120°이다.) 12③산

① N 70° E
② S 70° E
③ S 60° W
④ N 60° W

●해설

BC의 방위각은 $50° + 180° - 120° = 110°$
그러므로 BC의 방위는 2상한 $180° - 110° = $ S 70° E

15 지적도근점측량을 방위각법으로 실시하기 위한 출발기지점 A, B의 좌표가 아래와 같을 때 V_A^B(AB의 방위각)는? 12③산

점명	종선좌표(m)	횡선좌표(m)
A	443912.56	193542.23
B	441412.56	193542.23

① 0°
② 90°
③ 180°
④ 270°

정답 12 ③ 13 ③ 14 ② 15 ③

◉해설

종선차($\Delta X = X_b - X_a$)

횡선차($\Delta Y = Y_b - Y_a$)

종선차$=441,412.56-443,912.56=-2,500$m

횡선차$=193,542.23-193,542.13=0$

방위$=\tan^{-1}\dfrac{\Delta Y}{\Delta X}=\tan^{-1}\dfrac{0}{-2,500}=180°$

2상한이므로

방위각$=180°-0°=180°$

종선차	횡선차	방위각
0	+수	90°
−수	0	180°
0	−수	270°
+수	0	0°(360°)

16 2상한에 해당하는 방위각(S 30° E)의 산출식이 옳은 것은? 13①산

① 30°

② 180° − 30°

③ 360° − 30°

④ 180° + 30°

◉해설

상한	방위	상한별 부호		방위각(V)
		종선차(Δx)	횡선차(Δy)	
I	$N\theta_1 E$	+	+	$V=\theta_1$
II	$S\theta_2 E$	−	+	$V=180-\theta_2$
III	$S\theta_3 W$	−	−	$V=\theta_3-180$
IV	$N\theta_4 W$	+	−	$V=360-\theta_4$

17 평면직각좌표에서 임의의 두 점 A(500m, 1,200m)와 B(400m, 900m)를 연결하는 직선 AB의 방위각은? 13②산

① 70°33′54″

② 251°33′54″

③ 92°20′51″

④ 272°20′51″

◉해설

$\overline{AB}=\sqrt{(400-500)^2+(900-1200)^2}=316.23$m

$\theta=\tan^{-1}\dfrac{300}{100}=71°33'54.18''$(3상환)

$V_A^B=180°+71°33'54.18''=251°33'54.18''$

18 지적도의 도곽선 수치는 원점으로부터 각각 얼마를 가산하여 사용할 수 있는가?(단, 제주도 지역은 제외한다.) 13②산

① 종선 50만 미터, 횡선 20만 미터

② 종선 55만 미터, 횡선 20만 미터

③ 종선 20만 미터, 횡선 50만 미터

④ 종선 20만 미터, 횡선 55만 미터

◉해설

직각좌표의 기준(제7조 제3항 관련)

1. 직각좌표계 원점

명칭	원점의 경위도	투영원점의 가산(加算)수치
서부 좌표계	• 경도 : 동경 125° 00′ • 위도 : 북위 38° 00′	• X(N) : 600,000m • Y(E) : 200,000m
중부 좌표계	• 경도 : 동경 127° 00′ • 위도 : 북위 38° 00′	• X(N) : 600,000m • Y(E) : 200,000m
동부 좌표계	• 경도 : 동경 129° 00′ • 위도 : 북위 38° 00′	• X(N) : 600,000m • Y(E) : 200,000m
동해 좌표계	• 경도 : 동경 131° 00′ • 위도 : 북위 38° 00′	• X(N) : 600,000m • Y(E) : 200,000m

명칭	원점축척계수	적용 구역
서부 좌표계	1.0000	동경 124~126°
중부 좌표계	1.0000	동경 126~128°
동부 좌표계	1.0000	동경 128~130°
동해 좌표계	1.0000	동경 130~132°

[비고]

가. 각 좌표계에서의 직각좌표는 다음의 조건에 따라 TM

(Transverse Mercator, 횡단 머케이터) 방법으로 표시한다.

1) X축은 좌표계 원점의 자오선에 일치하여야 하고, 진북방향을 정(+)으로 표시하며, Y축은 X축에 직교하는 축으로서 진동방향을 정(+)으로 한다.

2) 세계측지계를 따르지 아니하는 지적측량의 경우에는 가우스상사 이중투영법으로 표시하되, 직각좌표계 투영원점의 가산(加算)수치를 각각 X(N) 500,000m(제주도지역 550,000m), Y(E) 200,000m로 하여 사용할 수 있다.

나. 국토교통부장관은 지리정보의 위치측정을 위하여 필요하다고 인정할 때에는 직각좌표의 기준을 따로 정할 수 있다. 이 경우 국토교통부장관은 그 내용을 고시하여야 한다.

19 그림과 같은 트래버스에서 V_A^B가 52°40′일 때, BC의 방위각은 얼마인가? 13③산

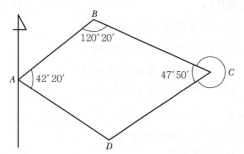

① 67°40′   ② 112°20′
③ 202°20′   ④ 292°20′

해설

$$V_B^C = V_A^B + 180° - \angle B$$
$$= 52°40′ + 180° - 120°20′ = 112°20′$$

20 측선의 방위각이 120°일 때, 그 측선의 방위표시가 옳은 것은? 14①산

① S 60° E   ② N 60° E
③ N 60° W   ④ S 60° W

해설

2상한이므로 $180° - \theta$
$180° - 120° = $ S 60°E

21 종선차의 부호가 (+), 횡선차의 부호가 (−)인 측선은 어느 상한에 위치하는가? 14③산

① 제1상한   ② 제2상한
③ 제3상한   ④ 제4상한

해설

방위계산

상한	방위각	상한별 부호		상한 방위 (θ)
		종선차 (Δx)	횡선차 (Δy)	
I	0~90	+	+	$\theta = V$
II	90~180	−	+	$\theta = 180 - V$
III	180~270	−	−	$\theta = V - 180$
IV	270~360	+	−	$\theta = 360 - V$

22 측선의 방위가 S 60° 20′ 30″ E일 때, 이 측선의 방위각은? 14③산

① 60°20′30″   ② 119°39′30″
③ 240°20′30″   ④ 229°39′30″

해설

상한	방위	상한별 부호		방위각 (V)
		종선차 (Δx)	횡선차 (Δy)	
I	$N\theta_1 E$	+	+	$V = \theta_1$
II	$S\theta_2 E$	−	+	$V = 180 - \theta_2$
III	$S\theta_3 W$	−	−	$V = \theta_3 - 180$
IV	$N\theta_4 W$	+	−	$V = 360 - \theta_4$

2상한이므로
$180°″″ - 60°20′30″ = 119°39′30″$

23 다각망도선법에 의한 1도선이 폐색변을 포함하여 6변이고, 각 측점의 각을 측정하여 합한 결과 936°55′10″이었다. 출발기지방위각(T_1)이 26°31′18″였다면 관측방위각(T_2)은? 15①산

① 63°26′28″   ② 150°23′52″
③ 203°26′28″   ④ 330°23′52″

●해설

$$T_2 = T_1 + \sum a - 180(n-1)$$
$$= 26°31′18″ + 936°55′10″ - 180(6-1)$$
$$= 63°26′28″$$

24 방위각법에 의한 지적도근점측량 시 관측방위각이 83°15′이고 기지방위각이 83°18′이었을 때 방위각 오차는? 15②산

① +6분   ② −6분
③ +3분   ④ −3분

●해설

방위각 오차＝관측방위각－기지방위각
$$= 83°15′ - 83°18′ = -3′$$

25 두 점의 좌표가 아래와 같을 때 방위각 V_A^B의 크기는 얼마인가? 15③산

점명	종선좌표(m)	횡선좌표(m)
A	395674.32	192899.25
B	397845.01	190256.39

① 50°36′08″   ② 61°36′08″
③ 309°23′52″   ④ 328°23′52″

●해설

$$\theta = \tan^{-1}\frac{\Delta Y}{\Delta X}$$
$$= \tan^{-1}\frac{190,256.39 - 192,899.25}{397,845.01 - 395,674.32} = \tan^{-1}\frac{-2,642.86}{+2,170.69}$$
$$= 50°36′8.37″ (4상한)$$
$$\therefore V_A^B = 360° - 50°36′8.37″ = 309°23′51.6″$$

26 동일한 관측각에 대해 갑을 3회 관측하여 100°36′50″을 측정하였으며, 을은 6회 관측하여 100°37′10″을 측정하였을 때 각 관측의 최확치는? 15③산

① 100°37′13″   ② 100°37′03″
③ 100°37′00″   ④ 100°36′55″

●해설

$$최확값 = \frac{p_1\alpha_1 + p_2\alpha_2}{p_1 + p_2}$$
$$= 100° + \frac{36′50″ \times 3 + 37′10″ \times 6}{3 + 6}$$
$$= 100°37′3.33″$$

CHAPTER 04 삼각측량

▪▪ 4.1 개요

지적삼각측량은 측량지역의 지형관계상 지적삼각점, 지적삼각보조점, 지적도근점의 설치 또는 재설치를 위하여 지적삼각점·지적삼각보조점 또는 지적위성기준점의 설치를 필요로 하는 경우와 세부측량의 시행상 지적삼각점의 설치를 필요로 하는 경우에 실시한다.

지적삼각측량은 위성기준점, 통합기준점, 삼각점 및 지적삼각점을 기초로 하여 경위의측량방법, 전파기 또는 광파기측량방법, 위성측량방법 및 국토교통부장관이 승인한 측량방법에 따르되, 그 계산은 평균계산법 또는 망평균계산법에 의한다.

▪▪ 4.2 지적삼각측량의 조건

① 지적삼각측량을 하는 때에는 미리 지적삼각점표지를 설치하여야 한다.
② 지적삼각점의 명칭은 측량지역이 소재하고 있는 시·도의 명칭 중 두 글자를 선택하고 시·도 단위로 일련번호를 붙여서 정한다.
③ 지적삼각점은 유심다각망·삽입망·사각망·삼각쇄 또는 삼각망으로 구성하여야 한다.
④ 삼각형의 각 내각은 30도 이상 120도 이하로 한다. 다만, 망평균계산법에 의하는 경우에는 그러하지 아니하다.
⑤ 점간거리는 2~5km 정도로 한다.

··4.3 지적삼각점측량의 원리

4.3.1 수평위치 결정

지적삼각측량에서 수평위치를 결정하기 위한 기본이론으로는 정현비례 법칙, 코사인 제2법칙 등이 있다.

가. 정현비례 법칙

지적삼각측량에서는 삼각형의 한 변과 세 내각을 측정하고 정현비례식(sin법칙)으로 나머지 두 변을 계산하여 삼각형 각 정점의 위치를 결정한다.

정현비례식	$\dfrac{a}{\sin\alpha}=\dfrac{b}{\sin\beta}=\dfrac{c}{\sin\gamma}$	
변장계산식	$a=\dfrac{\sin\alpha}{\sin\gamma}\cdot c$ $b=\dfrac{\sin\beta}{\sin\gamma}\cdot c$	

나. 코사인 제2법칙

삼변측량에서는 삼각형의 세 변을 측정하고 코사인 제2법칙을 이용하여 내각을 계산한다.

코사인 제2법칙	① $\cos A=\dfrac{b^2+c^2-a^2}{2bc}$ ② $\cos B=\dfrac{c^2+a^2-b^2}{2ca}$ ③ $\cos C=\dfrac{a^2+b^2-c^2}{2ab}$	

▪▪▪4.4 지적삼각점측량의 순서 ㉠㉮㉯㉰㉱㉲㉳㉴

4.4.1 순서

지적삼각점측량은 아래와 같이 실시한다.

| 지적삼각측량의 작업순서 |

▪▪▪4.5 지적삼각측량의 세부방법

4.5.1 측량 및 계산방법

측량방법	위성기준점·통합기준점·삼각점·지적삼각점을 기초로 하여 경위의측량방법, 전파기 또는 광파기 측량방법, 위성측량방법 및 국토교통부장관이 승인한 측량방법에 의한다. ※ 지적삼각점측량을 할 때에는 미리 지적삼각점표지를 설치하여야 한다.
계산방법	지적삼각점측량의 계산은 평균계산법 또는 망평균계산법에 의한다.

4.5.2 지적삼각점의 명칭

지적삼각점의 명칭은 측량지역이 소재하고 있는 특별시 · 광역시 · 도 또는 특별자치도(이하 "시 · 도"라 한다)의 명칭 중 두 글자를 선택하고 시 · 도 단위로 일련번호를 붙여서 정한다.

▼ 지적삼각점의 명칭

기관명	명칭	기관명	명칭	기관명	명칭
서울특별시	서울	울산광역시	울산	전라북도	전북
부산광역시	부산	경기도	경기	전라남도	전남
대구광역시	대구	강원도	강원	경상북도	경북
인천광역시	인천	충청북도	충북	경상남도	경남
광주광역시	광주	충청남도	충남	제주특별자치도	제주
대전광역시	대전	세종특별자치시	세종		

4.5.3 지적삼각점의 망구성

삼각쇄 (단열삼각망)	① 폭이 좁고 긴 지역에 적합하다. ② 노선 · 하천측량에 주로 이용한다. ③ 측량이 신속하고 경비가 절감되지만 정밀도가 낮다.	
유심다각망 (유심삼각망)	① 한 점을 중심으로 여러 개의 삼각형을 결합시킨 삼각망이다. ② 넓은 지역에 주로 이용한다. ③ 농지측량 및 평탄한 지역에 사용된다. ④ 정밀도는 비교적 높은 편이다.	
사각망 (사변형삼각망)	① 사각형의 각 정점을 연결하여 구성한 삼각망이다. ② 조건식의 수가 가장 많아 정밀도가 가장 높다.	
삽입망	삼각쇄와 유심다각망의 장점을 결합하여 구성한 삼각망으로, 지적삼각측량에서 가장 흔하게 사용한다.	
삼각망	두 개 이상의 기선을 이용하는 삼각망으로, 그 형태에 구애됨이 없이 최소제곱법의 원리에 따라 관측값을 정밀하게 조정한다.	

4.5.4 지적삼각형의 내각 및 점간거리

삼각형의 내각	삼각형의 각 내각은 30도 이상 120도 이하로 한다. 다만, 망평균계산법과 삼변측량에 따르는 경우에는 그러하지 아니하다.
점간거리	지적삼각점표지의 설치 시 점간거리는 평균 2km 내지 5km로 한다.
성과의 기재	지적삼각점 성과 결정을 위한 관측 및 계산의 과정은 지적삼각점측량부에 적어야 한다.

•••4.6 지적삼각점의 관측과 계산

4.6.1 경위의측량방법(수평각 관측)

관측	관측은 10초독 이상의 경위의를 사용한다.
수평각 관측	수평각 관측은 3대회(윤곽도는 0도, 60도, 120도로 한다)의 방향관측법에 의한다.

▼ 수평각의 측각공차

종별	1방향각	1측회의 폐색	삼각형 내각 관측치의 합과 180°의 차	기지각과의 차
공차	30초 이내	±30초 이내	±30초 이내	±40초 이내

4.6.2 전파기 또는 광파기측량방법(변장 관측)

관측	전파 또는 광파측거기는 표준편차가 ±(5mm+5ppm) 이상인 정밀측거기를 사용한다.
점간거리	점간거리는 5회 측정하여 그 측정치의 최대치와 최소치의 교차가 평균치의 10만분의 1 이하인 때에는 그 평균치를 측정거리로 하고, 원점에 투영된 평면거리에 의하여 계산한다.
삼각형의 내각	삼각형의 내각은 3변의 평면거리에 의하여 계산하며, 기지각과의 차는 ±40초 이내이어야 한다.

4.6.3 경위의측량방법(연직각 관측)

관측	각 측점에서 정반으로 각 2회 관측한다.
계산	관측치의 최대치와 최소치의 교차가 30초 이내인 때에는 그 평균치를 연직각으로 한다.
표고	2개의 기지점에서 소구점의 표고를 계산한 결과 그 교차가 $0.05m+0.05(S_1+S_2)m$ 이하인 때에는 그 평균치를 표고로 할 것. 이 경우 S_1과 S_2는 기지점에서 소구점까지의 평면거리로서 km 단위로 표시한 수를 말한다.

4.6.4 지적삼각점의 계산

종별	각	변의 길이	진수	좌표 또는 표고	경위도	자오선 수차
단위	초	cm	6자리 이상	cm	초 아래 3자리	초 아래 1자리

●● 4.7 지적삼각망 조정

지적삼각망을 형성하는 각 삼각형에서 각 측정을 다음 3가지 조건이 만족하여야 한다.

① 하나의 측점 주위에 있는 모든 각의 합은 $360°$가 되어야 한다.

② 삼각망 중 임의의 한 변의 길이는 계산 순서에 관계없이 어느 변에서 계산해도 같아야 한다.

③ 삼각망 중 삼각형 내각의 합은 $180°$가 되어야 한다. (다각형 내각의 합은 $(n-2) \times 180°$)

지적삼각망의 조정 조건은 아래와 같다.

4.7.1 삼각망조정 조건

각조건	각 다각형의 내각의 합은 $180(n-2)$이다. 각 조건식의 수 $= S - P + 1$ 　　여기서, S : 변의 총수, P : 삼각점의 수
측점조건 (점조건)	① 한 측점에서 측정한 여러 각의 합은 그들 각을 한 각으로 하여 측정한 값과 같다. ② 점방정식 : 한 측점 둘레에 있는 모든 각을 합한 값은 $360°$이다. 측점조건식의 수 $= w - l + 1$ 　　여기서, w : 한 점 주위의 각의 수, l : 한 측점에서 나간 변의 수
변조건	삼각망 중의 임의의 한 변의 길이는 계산해 가는 순서와 관계없이 같은 값이어야 한다. 변조건식의 수 $= B + S - 2P + 2$ 　　여기서, B : 기선의 수, S : 변의 총수, P : 삼각점의 수
조건식의 총수	조건식의 총수 $=$ 점조건 $+$ 각조건 $+$ 변조건 　　　　　　 $= B + \alpha - 2P + 3$ 　　여기서, B : 기선의 수, α : 관측각의 총수, P : 삼각점의 수

Reference 참고

	각조건	변조건	점조건	총조건
	$S-P+1$ $6-4+1=3$	$B+S-2P+2$ $1+6-2\times4+2=1$	$W-S'+1=0$	$a-2P+3+B$ $8-2\times4+3+1=4$
	$S-P+1$ $6-4+1=3$	$2+6-2\times4+2=2$	0	5
	$S-P+1$ $8-5+1=4$	$1\div8-2\times5+2=1$	$4-4+1=1$	6

각 : $S-P+1=19-11+1=9$

변 : $B+S-2P+2=2+19-2\times11+2=1$

점 : 0

총 : $a-2P+3+B=27-2\times11+3+2=10$

여기서, S : 변의 총수

$\quad\quad\quad P$: 삼각점 수

$\quad\quad\quad B$: 기선수(단, 검기선은 제외)

$\quad\quad\quad W$: 한 점주위의 각 수

$\quad\quad\quad a$: 관측각 총 수

$\quad\quad\quad w$: 한 점 주위의 각 수

$\quad\quad\quad S'$: 한 측점에서 나간 변의 수

4.8 삼각측량의 오차와 편심계산

4.8.1 편심(귀심)관측과 계산

가. 기계설치점의 편심계산

$\Delta P_1 CB$에 sin법칙 적용	$\dfrac{e}{\sin x_1} = \dfrac{S_1'}{\sin(360-\phi)}$ $\therefore\ x_1 = \dfrac{e}{S_1'}\sin(360-\phi)\rho''$
$\Delta P_2 CB$에 sin법칙 적용	$\dfrac{e}{\sin x_2} = \dfrac{S_2'}{\sin(360-\phi+t)}$ $\therefore\ x_2 = \dfrac{e}{S_2'}\sin(360-\phi+t)\rho''$
위에서 e는 S_1'와 S_2'에 비해 미소하므로 $S_1'=S_1,\ S_2'=S_2$ 가 된다.	$\therefore\ x_1'' = \dfrac{e}{S_1}\sin(360°-\phi)\rho''$ $\therefore\ x_2'' = \dfrac{e}{S_2}\sin(360°-\phi+t)\rho''$ $T+x_1''=t+x_2''$이므로 $\therefore\ T=t+x_2''-x_1''$

‖ 편심관측 ‖

나. 시준점의 편심계산

‖ 시준점의 편심관측 ‖

$$T = T' - x$$

$$\frac{e}{\sin x} = \frac{s}{\sin\phi}$$

$$\sin x = \frac{e}{s}\times\sin\phi$$

$$x'' = \sin^{-1}\frac{e}{s}\sin\phi$$

$$= \frac{e}{s}\cdot\sin\phi\cdot\rho''$$

다. 편심요소 : 귀심(편심)거리와 귀심(편심)각

••4.9 지적삼각점의 관리

4.9.1 지적삼각점의 관리

구분	설치 · 관리	성과관리	성과통보	열람 및 등본 교부
지적삼각점	소관청	시 · 도지사	시 · 도지사 → 국토교통부장관	시 · 도지사

4.9.2 지적삼각점 성과표 기록 · 관리

성과고시(공보 또는 인터넷 홈페이지에 기재)	성과표의 기록 · 관리
• ㉠㉥점의 명칭 및 번호 • 직각㉦표계의 원점명(지적기준점에 한정한다.) • 좌㉥ 및 표고 • ㉾㉤와 ㉴㉤ • ㉠㉥일, 소재지 및 표지의 재질 • 측량성과 ㉤㉦장소	• ㉡적삼각점의 명칭과 기준 원점명 • ㉦표 및 표고 • ㉰도 및 위도(필요한 경우로 한정한다.) • ㉼오선수차(子午線收差) • 시준점(視準點)의 ㉱칭, 방위각 및 거리 • ㉤재지와 측량연월일 • 그 밖의 참고사항

••4.10 삼각망 조정

4.10.1 사각망 조정계산

가. 조건식 수 계산

① 각 조건식 수 : $S - P + 1 = 6 - 4 + 1 = 3$

② 변 조건식 수 : $B + S - 2P + 2 = 1 + 6 - 24 + 2 = 1$

③ 점 조건식 수 : $W - l + 1 = 0$

④ 총 조건식 수 : $a - 2p + 3 + B = 8 - 24 + 3 + 1 = 4$

여기서, S : 변의 총수

P : 삼각점 수

B : 기선 수

W : 한 점 주위의 각 수

l : 한 점 주위의 변 수

a : 관측각 수

나. 기지점 역계산

거리	방위	방위각
거리 $= \sqrt{\Delta x^2 + \Delta y^2}$	방위 $= \theta = \tan^{-1} \dfrac{\Delta y}{\Delta x}$(상한)	방위각 $= \theta$(1상한) $= 180 - \theta$(2상한) $= 180 + \theta$(3상한) $= 360 - \theta$(4상한)

다. 각도방정식

1) 삼각규약(마주보는 삼각형 내각)

$(a_1 + b_4) - (a_3 + b_2) = e_1$	$(a_2 + b_1) - (a_4 + b_3) = e_2$

여기서 발생한 오차 e_1과 e_2는 각각 4개의 각이므로 오차배부는 $\dfrac{e_1}{4}$과 $\dfrac{e_2}{4}$가 된다.

e_1이 $-$일 경우	e_1이 $+$일 경우
a_1과 b_4에는 $+$로, a_3와 b_2에는 $-$로 배부하고,	a_1과 b_4에는 $-$로, a_3와 b_2에는 $+$로 배부한다.
e_2이 $-$일 경우	e_2이 $+$일 경우
a_2과 b_1에는 $+$로, a_4와 b_3에는 $-$로 배부하고,	a_2과 b_1에는 $-$로, a_4와 b_3에는 $+$로 배부한다.

2) 망규약

기하학에서 사각형의 내각의 합은 $(n-2)180°$로서 $360°$가 된다.

$a_1 + b_4 + a_2 + b_1 + a_3 + b_2 + a_4 + b_3 = 360°$

즉, $a_1 + b_4 + a_2 + b_1 + a_3 + b_2 + a_4 + b_3 - 360° = 0°$가 되어야 한다.

하지만, 장비·관측 등의 이유로 작은 오차 ε가 생기게 된다.

$$a_1 + b_4 + a_2 + b_1 + a_3 + b_2 + a_4 + b_3 - 360° = \varepsilon$$

$$\varepsilon = -\frac{\varepsilon}{8}$$

각 오차는 8개의 관측각에 각각 균등하게 배부한다.

라. 변방정식

사각망에서 기선 AB에서 시작하여 시계방향으로 계산, 다시 AB에 도착하면 기선의 길이는 일치하여야 한다.

$\triangle ABD$	$\dfrac{AD}{\sin a_1} = \dfrac{AB}{\sin b_1}$	$\therefore AD = \dfrac{\sin a_1 \times AB}{\sin b_1}$	
$\triangle ACD$	$\dfrac{CD}{\sin a_2} = \dfrac{AD}{\sin b_2}$	$\therefore CD = \dfrac{\sin a_2 \times AB}{\sin b_2} = \dfrac{\sin a_1 \cdot \sin a_2 \cdot AB}{\sin b_1 \cdot \sin b_2}$	
$\triangle DCB$	$\dfrac{BC}{\sin a_3} = \dfrac{CD}{\sin b_3}$	$\therefore BC = \dfrac{\sin a_3 \times CD}{\sin b_3} = \dfrac{\sin a_1 \cdot \sin a_2 \cdot \sin a_3 \cdot AB}{\sin b_1 \cdot \sin b_2 \cdot \sin b_3}$	
$\triangle ABC$	$\dfrac{AB}{\sin a_4} = \dfrac{BC}{\sin b_4}$	$\therefore AB = \dfrac{\sin a_4 \times BC}{\sin b_4} = \dfrac{\sin a_1 \cdot \sin a_2 \cdot \sin a_3 \cdot \sin a_4 \cdot AB}{\sin b_1 \cdot \sin b_2 \cdot \sin b_3 \cdot \sin b_4}$	

$$\therefore \frac{\sin a_1 \cdot \sin a_2 \cdot \sin a_3 \cdot \sin a_4}{\sin b_1 \cdot \sin b_2 \cdot \sin b_3 \cdot \sin b_4} = \frac{AB}{AB} = 1$$

다시 고쳐 쓰면 $\dfrac{\pi \sin a}{\pi \sin b} = 1$이 된다.

여기서 문자기호 π는 이집트 고대언어로 한 묶음으로 있는 숫자 또는 기호 등을 거듭(또는 계속)
곱한다는 뜻이다.

1) E_1과 E_2의 계산

$E_1 = \dfrac{\pi \sin a}{\pi \sin b} - 1$	각각의 sin 값을 계산한 후 변규약의 sin란에 기입한 후 sin a, sin b의 값을 모두 곱하여 E_1을 구한다.
$E_2 = \dfrac{\pi \sin a'}{\pi \sin b'} - 1$	sin 값의 초차 Δ는 $\sin a$와 $\sin b$에 대한 변규약 경정수 등을 산출하기 위한 sin 1″에 대한 변화량으로서 sin 1″값이 미소하므로 10″에 대한 값으로 계산한다.

2) Δa, Δb의 계산

$$\Delta a = \sin 10'' \times \cos a_1 = 48.4814 \times \cos a_1$$
$$\Delta b = \sin 10'' \times \cos b_1 = 48.4814 \times \cos b_1$$

여기서 $\sin$값의 초차 Δ는 $\sin a$와 $\sin b$에 대한 변규약 경정수 등을 산출하기 위
한 $\sin''$에 대한 변화량으로서 $\sin''$ 값이 미소하므로 10초에 대한 값으로 계산한
다($\sin 10'' = 48.4814$). 소수점 이하 6자리까지 구하기 위해 10^6을 곱한 값

$$\Delta a, \Delta b = 48.4814 \times \cos a \text{ 또는 } \cos b$$
$$\therefore \Delta a_1 = 48.4814 \times \cos a_1$$
$$\Delta b_1 = 48.4814 \times \cos b_1$$
$$\vdots \qquad \vdots \qquad \vdots$$

$\pi \sin a > \pi \sin b$ 이면 E_1값이 $(+)$이므로 $\sin a$에는 $-\Delta a$, $\sin b$에는 $+\Delta b$로 조정하여 $\sin a'$, $\sin b'$를 구한다.

3) 경정수계산

$$x_1'' = \frac{10'' \times E_1}{|E_1 - E_2|} \qquad\qquad x_2'' = \frac{10'' \times E_2}{|E_1 - E_2|}$$

$$검산 = |x_1'' - x_2''| = 10''$$

① E_1이 $(+)$일 경우 : a값에 $(-)x_1''$를, b값에 $(+)x_1''$를 보정한다.
② E_1이 $(-)$일 경우 : a값에 $(+)x_1''$를, b값에 $(-)x_1''$를 보정한다.

4.10.2. 유심다각망 조정계산

가. 계산순서

기지점 역계산
↓
각 조정(삼각규약, 망규약)
↓
변 조정
↓
소구변장계산
↓
소구방위각계산
↓
소구점 종횡선좌표계산

┃ 유심다각망 ┃

나. 기지점 역계산

서식의 오른쪽 점명란에 운길산과 남문산을 적고 종횡선좌표란에 각각 좌표를 기재한다.

운길산과 남문산에 대한 거리계산	거리 $= \sqrt{\Delta x^2 + \Delta y^2}$
운길산과 남문산에 대한 방위계산	$\theta = \tan^{-1} \dfrac{\Delta y}{\Delta x}$ (상한)
운길산과 남문산에 대한 방위각계산	• 1상한 : $V_a^b = \theta$ • 2상한 : $V_a^b = 180 - \theta$ • 3상한 : $V_a^b = 180 + \theta$ • 4상한 : $V_a^b = 360 - \theta$

다. 삼각규약

각 삼각형별 내각을 합산하여 180°와의 차를 산출한다.

- ①번 삼각형 : $\varepsilon_1 = \alpha_1 + \beta_1 + \gamma_1 - 180$
- ②번 삼각형 : $\varepsilon_2 = \alpha_2 + \beta_2 + \gamma_2 - 180$
- ③번 삼각형 : $\varepsilon_3 = \alpha_3 + \beta_3 + \gamma_3 - 180$
- ④번 삼각형 : $\varepsilon_4 = \alpha_4 + \beta_4 + \gamma_4 - 180$
- ⑤번 삼각형 : $\varepsilon_5 = \alpha_5 + \beta_5 + \gamma_5 - 180$
- ⑥번 삼각형 : $\varepsilon_6 = \alpha_6 + \beta_6 + \gamma_6 - 180$
- 오차합 : $\sum \varepsilon = \varepsilon_1 + \varepsilon_2 + \varepsilon_3 + \varepsilon_4 + \varepsilon_5 + \varepsilon_6$

라. 망규약[중심각의 합계($\sum r$)와 360°의 차(e)] 계산

유심다각망의 중심점에서 관측한 각의 합은 360°가 되어야 한다.

$$r_1 + r_2 + r_3 + r_4 + r_5 + r_6 = 360$$
$$r_1 + r_2 + r_3 + r_4 + r_5 + r_6 - 360° = 0$$

위의 식을 오차수반 공식으로 고쳐 쓰면

$$r_1 + r_2 + r_3 + r_4 + r_5 + r_6 - 360° = e$$
$$즉, \ \sum r - 360 = e$$

마. 오차배부

유심다각망의 중심각은 기지내각(360°)과 같아야 하고 r각을 합산한 것($\sum r$)이 360°이므로 기지각오차(e)는 0임을 알게 된다. 각 삼각형 내각오차의 합($\sum r$)을 구하여 망규약(II)과 삼각규약(I)을 계산한다.

1) 망규약$(II) = \dfrac{\sum \varepsilon - 3e}{2n}$ 　여기서, n : 삼각형 수

2) 삼각규약$(I) = \dfrac{-\varepsilon - (II)}{3}$

- ①번 삼각형 : $I = \dfrac{-\varepsilon_1 - (II)}{3}$
- ②번 삼각형 : $I = \dfrac{-\varepsilon_2 - (II)}{3}$
- ③번 삼각형 : $I = \dfrac{-\varepsilon_3 - (II)}{3}$
- ④번 삼각형 : $I = \dfrac{-\varepsilon_4 - (II)}{3}$
- ⑤번 삼각형 : $I = \dfrac{-\varepsilon_5 - (II)}{3}$
- ⑥번 삼각형 : $I = \dfrac{-\varepsilon_6 - (II)}{3}$

바. 변규약

진수에 의한 변조정의 계산이론은 각 관측치에 10″ 이내의 오차가 있을 수 있다는 전제로 한다.

1) sin값 및 초차(Δ)의 계산

앞서 설명한 바와 같이 Ⅰ 내각에서 ±10″ 정도의 오차가 발생한 것으로 보기 때문에 해당 각의 sin10″차를 산출하여 기재한다.

$$\sin 10'' \times 10^6 = 48.4814$$
$$\Delta a_1 = \cos a_1 \times 48.4814$$
$$\Delta a_1 = \cos b_1 \times 48.4814$$

①번 삼각형	$\sin a_1 = 0.000000$, $\Delta a_1 = \cos a_1 \times 48.4814 =$ $\sin b_1 = 0.000000$, $\Delta b_1 = \cos b_1 \times 48.4814 =$
②번 삼각형 ⋮	$\sin a_2 =$, $\Delta a_2 = \cos a_2 \times 48.4814 =$ $\sin b_2 =$, $\Delta b_2 = \cos b_2 \times 48.4814 =$

※ $\sin a$, $\sin b$ 값은 소수 6위로 한다.

2) E_1의 계산

1기지 변장에서 각 조정이 된 내각에 의하여 소구변장을 구하는 진행으로 2기지 변장과 일치되지 않는 것이 변규약의 오차인데 이를 소거하는 것은 α, β각을 보정하여 합치시키는 것이다. 즉, 각으로 보정하는 것이다.

1기지변을 출발하여 2기지변장에 도착하는 계산식은 다음과 같다.

$$\frac{\sin a_1 \cdot \sin a_2 \cdot \sin a_3 \cdot \sin a_4 \cdot \sin a_5 \cdot \sin a_6}{\sin b_1 \cdot \sin b_2 \cdot \sin b_3 \cdot \sin b_4 \cdot \sin b_5 \cdot \sin b_6} = 1$$
$$\text{즉, } \frac{\pi \sin a}{\pi \sin b} = 1$$

이 조건식에 부합시키기 위하여는 오차를 어떻게 소거할 것인가의 방법에 있다. 이 계산에는 점근 계산법(1차 계산, 2차 계산)을 택한다.

$$\text{즉, 1차 계산} = E_1 = \frac{\pi \sin a}{\pi \sin b} - 1$$

$\pi \sin a > \pi \sin b$이면 E_1값이 (+)이므로 $\sin a$는 −하고 $\sin b$는 +로 하여 $\sin a'$, $\sin b'$를 계산한다.

①번 삼각형 $\sin a' = \sin a_1 - \Delta a_1$

$\sin b' = \sin b_1 - \Delta b_1$

②번 삼각형 $\sin a' = \sin a_2 - \Delta a_2$

$\sin b' = \sin b_2 - \Delta b_2$

$\vdots \qquad \vdots \qquad \vdots$

3) E_2의 계산

각 규약 조정각으로 계산한 $\sin$ 값에 초차(Δ)를 더하여 $\sin a'$와 $\sin b'$를 구한 후 E_2의 값을 계산한다.

$$E_2 = \frac{\pi \sin a'}{\pi \sin b'} - 1$$

E_2의 값이 정수로 나와도 0.000000으로 소수의 6자리의 수이다.

4) x''의 계산

$$x_1'' = \frac{10'' \times E_1}{|E_1 - E_2|}$$

$$x_2'' = \frac{10'' \times E_2}{|E_1 - E_2|}$$

검산 $= |x_1'' - x_2''| = 10''$

5) 변조건식에 따른 각 오차의 배부

①번 삼각형 : $a_1 =$ 각 규약 조정각 $- x_1''$

$b_1 =$ 각 규약 조정각 $+ x_2''$

②번 삼각형 : $a_2 =$ 각 규약 조정각 $- x_1''$

$b_2 =$ 각 규약 조정각 $+ x_2''$

$\vdots \qquad \vdots \qquad \vdots$

4.10.3. 삽입망 조정

삽입망은 기지 삼각점 3개에 의하여 소구점 1개 또는 2개 이상의 좌표를 구하기 위한 조정 방법이다.

가. 기지점 역계산

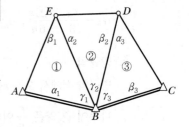

$A-B$에 대한 계산	$B-C$에 대한 계산
거리 $=\sqrt{\Delta X^2+\Delta Y^2}$	거리 $=\sqrt{\Delta X^2+\Delta Y^2}$
방위$(\theta)=\tan^{-1}\dfrac{\Delta Y}{\Delta X}$	방위$(\theta)=\tan^{-1}\dfrac{\Delta Y}{\Delta X}$
방위각 $V_a^b=\theta$(1상한)	방위각 $V_a^b=180-\theta$(2상한)
방위각 $V_a^b=180+\theta$(3상한)	방위각 $V_a^b=360-\theta$(4상한)

나. 각 조정

1) 삼각규약(조정)

①번 삼각형 $\varepsilon_1=\alpha_1+\beta_1+\gamma_1-180$

②번 삼각형 $\varepsilon_2=\alpha_2+\beta_2+\gamma_2-180$

③번 삼각형 $\varepsilon_3=\alpha_3+\beta_3+\gamma_3-180$

2) 망규약

위 그림에서 측점 B가 중심점으로 기지변 A, B와 기지변 B, C의 방위각에 의하여 내각 또는 외각을 산출할 수 있다.

이는 삼각점의 좌표 A, B, C점에 의하여 이미 기지점 방위각 및 거리 계산부에서 계산된 값에 의하여 내각이 계산되고 측점 B를 중심으로 각 삼각형의 r각의 합이 계산된다. 이를 공식으로 하면 다음과 같다.

$$(\angle ABC)$$
$$\sum r - 기지내각 = e$$

3) 오차배부(기본형)

① 삼각규약

한 개의 삼각형에서 생긴 오차를 없애기 위하여 각 내각에 동일한 조건으로 오차를 3등분하여 각각에 나누어 주고 다시 3개의 내각과 전체 오차의 합 관계를 형성하므로 이를 r각에 나누어 주고 나머지 α, β각에 1/2씩 나누어 준다.

$$\alpha_1 - \frac{\varepsilon_1}{3} - \frac{\sum \varepsilon}{6n}, \ \beta_1 - \frac{\varepsilon_1}{3} - \frac{\sum \varepsilon}{6n}, \ \gamma_1 - \frac{\varepsilon_1}{3} - \frac{\sum \varepsilon}{3n}$$

$$\alpha_2 - \frac{\varepsilon_2}{3} - \frac{\sum \varepsilon}{6n}, \ \beta_2 - \frac{\varepsilon_2}{3} - \frac{\sum \varepsilon}{6n}, \ \gamma_2 - \frac{\varepsilon_2}{3} + \frac{\sum \varepsilon}{3n}$$

$$\vdots \qquad\qquad \vdots \qquad\qquad \vdots$$

$$\alpha_n - \frac{\varepsilon_n}{3} - \frac{\sum \varepsilon}{6n}, \ \beta_n - \frac{\varepsilon_n}{3} - \frac{\sum \varepsilon}{6n}, \ \gamma_n - \frac{\varepsilon_n}{3} - \frac{\sum \varepsilon}{3n}$$

② 망규약

망규약 식에서 오차 ε를 나누어주는 것으로 이는 r각에만 해당되며 r각이 n개일 때 r각에 나누어 줄 양은 $\frac{e}{n}$이다.

따라서 r각에만 나누어주면 삼각규약에서 나누어줄 각이 충족되지 않게 되고 흐트러지므로 α, β각에 1/2씩 반대로 나누어준다.

삼각형이 n개일 때

$$\alpha = + \frac{e}{2n}$$

$$\beta = + \frac{e}{2n}$$

$$\gamma = - \frac{e}{n}$$

4) 각도 및 측정규약 배부 공식

① $\sum \varepsilon = \varepsilon_1 + \varepsilon_2 + \varepsilon_3$

② 각 삼각형 r각의 합과 기지내각의 차(e) 계산

(관측내각) $\sum r = r_1 + r_2 + r_3$

(기지내각) $V_a^b - V_b^c$

기지각 오차(e) = $\sum r$ - 기지내각

③ 각규약 조정식

$$(II) = \frac{\sum \varepsilon - 3e}{2n}, \ (I) = \frac{-\varepsilon - (II)}{3}$$

여기서, n : 삼각형 수

ε : 각 삼각형 내각의 합과 180°와의 차(삼각규약)

e : 각 삼각형 중심각의 합($\sum r$)과 기지내각의 차(망규약)

④ 오차의 배부

①번 삼각형 $I = \dfrac{-\varepsilon_1 - II}{3}$

②번 삼각형 $I = \dfrac{-\varepsilon_2 - II}{3}$

③번 삼각형 $I = \dfrac{-\varepsilon_3 - II}{3}$

※ 삼각형의 보정수의 합이 $\pm 0.1''$ 차가 있으면 $90°$에 가까운 값에 가감한다.

5) 오차배부(특수형)

┃삽입망(변형 1)┃

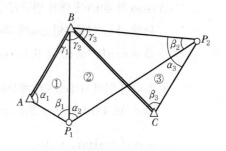

┃삽입망(변형 2)┃

기지각오차$(e) = (\gamma_{2-}\gamma_1) - $기지내각

$\gamma_1 + \gamma_2 - \gamma_3 = \angle CBA$

$\gamma_1 + \gamma_2 - \gamma_3 - \angle CBA = e$

(I)의 계산

①번 삼각형 $= \dfrac{-\varepsilon_1 - II}{3}$

②번 삼각형 $= \dfrac{-\varepsilon_2 + II}{3}$

(I)의 계산

①번 삼각형 $= \dfrac{-\varepsilon_1 + II}{3}$

②번 삼각형 $= \dfrac{-\varepsilon_2 + II}{3}$

③번 삼각형 $= \dfrac{-\varepsilon_3 + II}{3}$

다. 변규약 조정

$$\frac{\sin\alpha_1 \times \sin\alpha_2 \times \sin\alpha_3 \times \sin\alpha_4 \times \ell_1}{\sin\beta_1 \times \sin\beta_2 \times \sin\beta_3 \times \sin\beta_4 \times \ell_2} = 1$$

$$\frac{\Pi \sin\alpha \times \ell_1}{\Pi \sin\beta \times \ell_2} = 1$$

1) E_1의 계산

$$\frac{\Pi \sin\alpha \times \ell_1}{\Pi \sin\beta \times \ell_2} - 1 (\text{소수 6위 자리 수})$$

$\sin\alpha < \sin\beta$이면 $+\Delta\alpha,\ -\Delta\beta$로 하여 $\sin\alpha'$, $\sin\beta'$의 값을 산정한다.

2) E_2의 계산

$$E_2 = \frac{\Pi \sin\alpha' \times \ell_1}{\Pi \sin\beta' \times \ell_2} - 1$$

① $\sin\alpha$와 $\sin\beta$에 대한 변규약 경정수 등을 산출하기 위하여 $\sin10''$에 대한 삼각함수의 변화량 Δ는 여함수인 $\cos$에 의하여 계산한다.

$\Delta = \sin10'' \times \cos a$ 또는 $\cos\beta$

② 소수점 이하 6자리까지 계산하기 위하여 $\sin10''$값에 10^6을 곱한다.

$\Delta = 48.4814 \times \cos a$ 또는 $\cos\beta$

③ $\sin\alpha' = \sin\alpha_1 + \Delta\alpha_1$

$\sin\beta' = \sin\beta_1 + \Delta\beta_1$

$\vdots \qquad \vdots \qquad \vdots$

$\Delta\alpha$와 $\Delta\beta$의 부호는

E_1값이 $+$이면 $-\Delta\alpha,\ +\Delta\beta$

E_1값이 $-$이면 $+\Delta\alpha,\ -\Delta\beta$로 하여 계산한다.

3) 경정수(X_1'', X_2'')의 계산 및 검산

$$X_1'' = \frac{10'' \times E_1}{|E_1 - E_2|}$$

$$X_2'' = \frac{10'' \times E_2}{|E_1 - E_2|}$$

검산 $= X_1'' - X_2'' = 10''$

4.10.4. 삼각쇄 조정계산

가. 기지점 역계산

$A-B$에 대한 계산	$C-D$에 대한 계산
거리 $=\sqrt{\Delta X^2+\Delta Y^2}$ 방위$(\theta)=\tan^{-1}\dfrac{\Delta Y}{\Delta X}$	거리 $=\sqrt{\Delta X^2+\Delta Y^2}$ 방위$(\theta)=\tan^{-1}\dfrac{\Delta Y}{\Delta X}$

방위각 1상한 : $V_a^b=\theta$

방위각 2상한 : $V_a^b=180-\theta$

방위각 3상한 : $V_a^b=180+\theta$

방위각 4상한 : $V_a^b=360-\theta$

나. 각 규약 조정

삼각형 내각 오차	내각 오차 배부
①번 삼각형 $\varepsilon_1=\alpha_1+\beta_1+\gamma_1-180$	①번 삼각형 $=\varepsilon_1/3$
②번 삼각형 $\varepsilon_2=\alpha_2+\beta_2+\gamma_2-180$	②번 삼각형 $=\varepsilon_2/3$
③번 삼각형 $\varepsilon_3=\alpha_3+\beta_3+\gamma_3-180$	③번 삼각형 $=\varepsilon_3/3$
④번 삼각형 $\varepsilon_4=\alpha_4+\beta_4+\gamma_4-180$	④번 삼각형 $=\varepsilon_4/3$

삼각형에서 $0.1''$차가 생길 때는 가장 큰 각에 배부한다. 배부하지 않고 계산해도 좌표에는 영향이 없다.

1) 방위각 오차(q) 계산

출발점에서 시작하여 도착점에 폐색시켜 기지방위각의 차를 계산한다.

산출방위각 $=$ 기지출발방위각 $+r_1+180°-r_2+180°+r_3$

방위각 오차$(q)=$ 산출방위각 $-$ 도착기지방위각

2) 기지각 오차의 배부(각규약의 경정수)

②, ④번 삼각형의 r각이 좌측에 있을 때	①, ③번 삼각형의 r각이 우측에 있을 때
$\alpha=-\dfrac{q}{2n}$ $\beta=-\dfrac{q}{2n}$ $\gamma=+\dfrac{q}{n}$	$\alpha=+\dfrac{q}{2n}$ $\beta=+\dfrac{q}{2n}$ $\gamma=-\dfrac{q}{n}$

※ α에서 β를 기준해서 우측은 $(+)(+)(-)$, 좌측은 $(-)(-)(+)$

다. 변규약

각 조정(삼각규약, 망규약)이 완료된 조정 각에 의하여 변 조정을 실시하는 것은 삽입망, 유심다각망, 사각망 조정 계산 방법과 같다.

1) E_1의 계산

$$\frac{\sin\alpha_1 \times \sin\alpha_2 \times \sin\alpha_3 \times \sin\alpha_4 \times l_1}{\sin\beta_1 \times \sin\beta_2 \times \sin\beta_3 \times \sin\beta_4 \times l_2} = 1 \text{에서}$$

$$E_1 = \frac{\Pi\sin\alpha \times l_1}{\Pi\sin\beta \times l_2} - 1$$

2) $\Delta\alpha$, $\Delta\beta$의 계산

$$\Delta\alpha, \ \Delta\beta = \sin 10'' \times \cos a \ \text{또는} \cos\beta$$

$\sin 10'' = 48.4814$는 소수점 이하 6자리까지 계산하기 위하여 $\sin 10'' \times 10^6$한 것이다.

①번 삼각형	$\Delta\alpha_1 = 48.4814 \times \cos\alpha_1$ $\Delta\beta_1 = 48.4814 \times \cos\beta_1$
②번 삼각형	$\Delta\alpha_2 = 48.4814 \times \cos\alpha_2$ $\Delta\beta_2 = 48.4814 \times \cos\beta_2$

③, ④번 삼각형도 동일한 방법으로 계산한다.

※ $\Pi\sin\alpha \times l_1 > \Pi\sin\beta \times l_2$이면 E_1값이 (+)이므로 $\sin\alpha$에는 $-\Delta\alpha$, $\sin\beta$에는 $+\Delta\beta$로 조정하여, $\sin\alpha'$, $\sin\beta'$를 구한다.

3) E_2의 계산

$$E_2 = \frac{\Pi\sin\alpha' \times l_1}{\Pi\sin\beta' \times l_2} - 1$$

4) 경정수(X_1'', X_2'')의 계산 및 검산

$$X_1'' = \frac{10'' \times E_1}{|E_1 - E_2|}$$

$$X_2'' = \frac{10'' \times E_2}{|E_1 - E_2|}$$

$$\text{검산} = X_1'' - X_2'' = 10''$$

CHAPTER 04 실전문제

01 지적삼각점측량에서 방향관측법의 시행에 따른 윤곽도 산출식으로 옳은 것은?(단, n은 대회 수이다.)

12①기

① $\dfrac{90°}{n}$

② $\dfrac{180°}{n}$

③ $\dfrac{270°}{n}$

④ $\dfrac{360°}{n}$

● 해설

지적측량 시행규칙 제9조(지적삼각점측량의 관측 및 계산)
① 경위의측량방법에 따른 지적삼각점의 관측과 계산은 다음 각 호의 기준에 따른다.
 1. 관측은 10초독(秒讀) 이상의 경위의를 사용할 것
 2. 수평각 관측은 3대회(大回, 윤곽도는 0도, 60도, 120 도로 한다)의 방향관측법에 따를 것
 3. 수평각의 측각공차(測角公差)는 다음 표에 따를 것

종별	1방향 각	1측회의 폐색	삼각형 내각관측의 합과 180도와의 차	기지각과의 차
공차	30초 이내	±30초 이내	±30초 이내	±40초 이내

② 전파기 또는 광파기측량방법에 따른 지적삼각점의 관측과 계산은 다음 각 호의 기준에 따른다.
 1. 전파 또는 광파측거기(光波測距機)는 표준편차가 ±[5mm+5ppm] 이상인 정밀측거기를 사용할 것
 2. 점간거리는 5회 측정하여 그 측정치의 최대치와 최소치의 교차가 평균치의 10만분의 1 이하일 때에는 그 평균치를 측정거리로 하고, 원점에 투영된 평면거리에 따라 계산할 것
 3. 삼각형의 내각은 세 변의 평면거리에 따라 계산하며, 기지각과의 차(差)에 관하여는 제1항 제3호를 준용할 것

02 지적삼각망의 구성을 위한 수평각의 관측에서 정·반으로 관측하는 이유는?

12①기

① 구심오차를 소거하기 위하여
② 연직축 오차를 소거하기 위하여
③ 기계오차를 소거하기 위하여
④ 기상 영향력을 소거하기 위하여

● 해설

수평각의 관측에서 정·반으로 관측하는 가장 큰 이유는 기계조정에 의한 오차를 소거하기 위해서이며, 망원경을 정·반으로 하여 수평각을 관측하여도 연직축이 연직하지 않아 발생하는 연직축 오차는 소거되지 않는다.

03 대삼각(본점)측량에 관한 설명으로 옳지 않은 것은?

12①기

① 전국에 13개소의 기선을 설치하였다.
② 대삼각점을 평균 점간거리 20km의 20개 삼각망으로 구성하였다.
③ 르장드르(Legendre) 정리에 의하여 구과량을 계산하였다.
④ 기선망의 수평각은 12대회 각관측법으로 실시하였다.

● 해설

우리나라의 대삼각망 변장의 길이는 평균 약 30km이며 총 점수는 400점이다.

04 지적기준점측량의 절차가 바르게 나열된 것은?

12①기

① 준비 및 현지답사 → 선점 및 조표 → 계획의 수립 → 관측 및 계산과 성과표의 작성
② 계획의 수립 → 준비 및 현지답사 → 선점 및 조표 → 관측 및 계산과 성과표의 작성
③ 준비 및 현지답사 → 계획의 수립 → 선점 및 조표 → 관측 및 계산과 성과표의 작성
④ 계획의 수립 → 선점 및 조표 → 준비 및 현지답사 → 관측 및 계산과 성과표의 작성

● 해설

지적기준점측량의 절차
계획 → 답사 → 선점 → 조표 → 관측 → 계산 → 성과표의 작성

정답 **01** ② **02** ③ **03** ② **04** ②

05 지적삼각점측량에서 수평각의 측각공차 기준이 옳은 것은? 12①기

① 1측회의 폐색 : ±30초 이내
② 1방향각 : 40초 이내
③ 삼각형 내각관측의 합과 180°의 차 : ±40초 이내
④ 기지각과의 차 : ±30초 이내

▶ 해설

문제 01번 해설 참고

06 경위의측량방법에 따른 지적삼각점측량에서 수평각의 측각공차 중 기지각과의 차는 최대 얼마 이내이어야 하는가? 12②기

① ±30초 이내   ② ±40초 이내
③ ±50초 이내   ④ ±60초 이내

▶ 해설

문제 01번 해설 참고

07 지적삼각점의 계산과 관련한 아래의 설명에서 ( )에 들어갈 수 있는 내용으로 옳은 것은? 12②기

> 지적삼각점의 계산은 진수를 사용하여 각규약과 변규약에 따른 ( ) 또는 ( )에 따른다.

① 망평균계산법   ② 다각망도선법
③ 3방향 교회법   ④ 결합도선법

▶ 해설

지적측량 시행규칙 제9조(지적삼각점측량의 관측 및 계산)
④ 지적삼각점의 계산은 진수(眞數)를 사용하여 각규약(角規約)과 변규약(邊規約)에 따른 평균계산법 또는 망평균계산법에 따르며, 계산단위는 다음 표에 따른다.

종별	각	변의 길이	진수	좌표 또는 표고	경위도	자오선 수차
단위	초	센티미터	6자리 이상	센티미터	초 아래 3자리	초 아래 1자리

08 지적삼각점은 지적측량성과와 검사성과의 연결교차가 얼마 이내일 때에 측량성과로 결정하여야 하는가? 12②기

① 0.20m 이내   ② 0.25m 이내
③ 0.30m 이내   ④ 0.35m 이내

▶ 해설

측량성과와 검사성과의 연결교차 허용범위

지적 삼각점	0.20m 이내	
지적삼각 보조점	0.25m 이내	
지적 도근점	경계점좌표등록부 시행지역	0.15m 이내
	그 밖의 지역	0.25m 이내
세부측량 (경계점)	경계점좌표등록부 시행지역	0.10m 이내
	그 밖의 지역	$\frac{3}{10}$M(mm) 이내

09 시·도지사가 지적삼각점성과를 관리할 때 지적삼각점 성과표에 기록·관리하여야 하는 사항이 아닌 것은? 12③기

① 자오선수차   ② 좌표 및 표고
③ 소재지와 측량연월일   ④ 번호 및 위치의 약도

▶ 해설

제4조(지적기준점성과표의 기록·관리 등)
① 제3조에 따라 시·도지사가 지적삼각점성과를 관리할 때에는 다음 각 호의 사항을 지적삼각점성과표에 기록·관리하여야 한다.
  1. 지적삼각점의 명칭과 기준 원점명
  2. 좌표 및 표고
  3. 경도 및 위도(필요한 경우로 한정한다)
  4. 자오선수차(子午線收差)
  5. 시준점(視準點)의 명칭, 방위각 및 거리
  6. 소재지와 측량연월일
  7. 그 밖의 참고사항
② 제3조에 따라 지적소관청이 지적삼각보조점성과 및 지적도근점성과를 관리할 때에는 다음 각 호의 사항을 지적삼각보조점성과표 및 지적도근점성과표에 기록·관리하여야 한다.
  1. 번호 및 위치의 약도

2. 좌표와 직각좌표계 원점명
3. 경도와 위도(필요한 경우로 한정한다)
4. 표고(필요한 경우로 한정한다)
5. 소재지와 측량연월일
6. 도선등급 및 도선명
7. 표지의 재질
8. 도면번호
9. 설치기관
10. 조사연월일, 조사자의 직위·성명 및 조사 내용

③ 제2항 제10호에 따른 조사 내용은 지적삼각보조점 및 지적도근점표지의 멸실 유무, 사고 원인, 경계의 부합 여부 등을 적는다. 이 경우 경계와 부합되지 아니할 때에는 그 사유를 적는다.

10 경위의측량방법에 따른 지적삼각점의 수평각 관측을 3대회의 방향관측법에 의할 때 윤곽도가 옳은 것은? 12③기

① 0°, 90°, 180°   ② 0°, 60°, 120°
③ 0°, 180°, 270°   ④ 0°, 30°, 60°

◀해설▶

대회 윤곽도

$$\frac{180°}{n} = \frac{180}{3} = 60°$$

$$\therefore 0°, 60°, 120°$$

11 경위의측량방법에 따른 지적삼각점의 관측과 계산 기준이 틀린 것은? 12③기

① 관측은 10초독 이상의 경위의를 사용한다.
② 수평각 관측은 3대회의 방향관측법에 따른다.
③ 수평각의 측각공차에서 1방향각의 공차는 40초 이내로 한다.
④ 수평각의 측각공차에서 1측회의 폐색공차는 ±30초 이내로 한다.

◀해설▶

문제 01번 해설 참고

12 지적삼각측량의 방법 기준으로 옳지 않은 것은? 13①기

① 지적삼각점표지의 점간거리는 평균 2km 이상 5km 이하로 한다.
② 삼각형의 각 내각은 30° 이상 120° 이하로 한다. 다만, 망평균계산법과 삼변측량에 따르는 경우에는 그러하지 아니한다.
③ 미리 지적삼각점 표지를 설치하여야 한다.
④ 지적삼각점의 명칭은 측량 지역이 소재하고 있는 시·군의 명칭 중 한 글자를 선택하고, 시·군 단위로 일련번호를 붙여서 정한다.

◀해설▶

지적삼각측량

기초(기지)점	위성기준점, 통합기준점, 삼각점, 지적삼각점	
측량방법	경위의 측량방법	전파기 또는 광파기 측량방법
계산방법	평균계산법 또는 망평균계산법	
지적삼각점 명칭	측량지역이 소재하고 있는 특별시·광역시·도 명칭 중 2자를 채택하고 시·도단위로 일련번호를 붙여 정함	
지적삼각점 간 거리	2~5km	
지적삼각점의 망 구성	유심 다각망, 삽입망, 사각망, 삼각쇄, 삼각망	
삼각형 내각	각내각은 30°~120° 이하(망평균계산법에 의한 경우 제외)	
관측	10초독 이상의 경위의	표준편차±(5mm+5ppm) 이상의 정밀측거기

13 시·도지사가 지적삼각점성과표에 기록·관리하여야 하는 사항에 해당하지 않는 것은? 13②기

① 기준 원점명   ② 좌표 및 표고
③ 표지의 재질   ④ 자오선 수차

◀해설▶

문제 09번 해설 참고

14 지적삼각점측량의 계산에서 진수는 몇 자리 이상을 사용하는가? 13②기

① 6자리 이상　　　　② 7자리 이상
③ 8자리 이상　　　　④ 9자리 이상

● 해설

지적삼각점측량 시 계산단위

각	초
변장	cm
진수	6자리 이상
좌표 · 표고	cm
경위도	초 아래 3자리
자오선 수차	초 아래 1자리

15 경위의측량방법에 따른 지적삼각점의 수평각 관측 시 윤곽도로 옳은 것은? 13②기

① 0도, 60도, 120도　　② 0도, 45도, 90도
③ 0도, 90도, 180도　　④ 0도, 30도, 60도

● 해설

수평각관측
3대회 방향관측법(0°, 60°, 120°)

16 지적삼각점성과를 관리할 때 지적삼각점성과표에 기록 · 관리하여야 할 사항이 아닌 것은? 13③기

① 지적삼각점의 명칭　　② 좌표 및 표고
③ 직각좌표계 원점명　　④ 자오선수차

● 해설

문제 09번 해설 참고

17 지적삼각점측량 후 삼각망을 최소제곱법(엄밀조정법)으로 조정하고자 할 때, 이와 관련이 없는 것은? 13③기

① 표준방정식　　　　② 순차방정식
③ 상관방정식　　　　④ 동시조정

● 해설

최소제곱법(엄밀조정법)으로 조정
• 조건방정식
• 표준방정식
• 상관방정식

18 지적삼각점측량에서 원점에서부터 두 점 A, B까지의 횡선거리가 각각 16km와 20km일 때 축척계수(K)는 얼마인가?(단, R=6372.2km이다.) 13③기

① 1.00000399　　　　② 1.00000274
③ 1.00000177　　　　④ 1.00000072

● 해설

$$K = 1 + \frac{(Y_1 + Y_2)^2}{8R^2} = 1 + \frac{(16+20)^2}{8 \times 6,372.2^2} = 1.00000399$$

19 지적삼각점의 선점에 대한 설명이 틀린 것은? 13③기

① 사용이 편리하고 발견이 쉬운 장소가 좋다.
② 측량 지역의 측정 장소에 밀집하여 배치하도록 한다.
③ 지반이 견고하고, 가급적 시준선 상에 장애물이 없도록 한다.
④ 후속 측량에 편리하고 영구적으로 보존할 수 있는 위치이어야 한다.

● 해설

지적삼각점의 선점 시 유의사항
• 지반이 견고하고, 가급적 시준선 상에 장애물이 없도록 한다.
• 후속 측량에 편리하고 영구적으로 보존할 수 있는 위치이어야 한다.
• 사용이 편리하고 발견이 쉬운 장소가 좋다.
• 각 삼각점 간의 고저차와 거리차가 적도록 선점한다.
• 기차와 구차의 영향을 고려하여 높게 드러난 점으로 선점한다.

20 다음 중 지적삼각점성과를 관리하는 자는?

13③기

① 지적소관청
② 시 · 도지사
③ 국토교통부장관
④ 행정자치부장관

해설

지적측량 시행규칙 제3조(지적기준점성과의 관리 등)
법 제27조 제1항에 따른 지적기준점성과의 관리는 다음 각 호에 따른다.
1. 지적삼각점성과는 특별시장 · 광역시장 · 도지사 또는 특별자치도지사(이하 "시 · 도지사"라 한다)가 관리하고, 지적삼각보조점성과 및 지적도근점성과는 지적소관청이 관리할 것

21 지적기준점 등의 제도에 관한 설명으로 옳은 것은?

13③기

① 삼각점 및 지적기준점은 0.1mm 폭의 선으로 제도한다.
② 지적삼각점은 직경 3mm의 원으로 제도하고 원 안에 십자선을 표시한다.
③ 지적삼각보조점은 직경 2mm의 원으로 제도하고 원 안에 십자선을 표시한다.
④ 지적도근점은 직경 1mm, 2mm의 2중 원으로 제도한다.

해설

지적기준점

구분	종류	제도	방법
국가기준점	위성기준점	3mm 2mm ⊕	지적위성기준점은 직경 2mm, 3mm의 2중 원 안에 십자선을 표시하여 제도한다.
	1등삼각점	3mm 2mm 1mm ◉	1등 및 2등 삼각점은 직경 1mm, 2mm 및 3밀리미터의 3중 원으로 제도한다. 이 경우 1등 삼각점은 그 중심원 내부를 검은색으로 옅게 채색한다.
	2등삼각점	3mm 2mm 1mm ◎	

구분	종류	제도	방법
국가기준점	3등삼각점	2mm 1mm ●	3등 및 4등 삼각점은 직경 1mm, 2mm의 2중 원으로 제도한다. 이 경우 3등삼각점은 그 중심원 내부를 검은색으로 옅게 채색한다.
	4등삼각점	2mm 1mm ◎	
지적기준점	지적삼각점	3mm ⊕	지적삼각점 및 지적삼각보조점은 직경 3mm의 원으로 제도한다. 이 경우 지적삼각점은 원 안에 십자선을, 지적삼각보조점은 원 안에 검은색으로 옅게 채색한다.
	지적삼각보조점	3mm ●	
	지적도근점	2mm ○	지적도근점은 직경 2mm의 원으로 다음과 같이 제도한다.
	명칭과번호		지적측량기준점의 윗부분에 명조체의 2mm 내지 3mm의 크기로 제도한다. 다만, 레터링으로 작성하는 경우에는 고딕체로 할 수 있으며 경계에 닿는 경우에는 적당한 위치에 제도할 수 있다.
	폐기 시		도면에 등록된 그 지적측량기준점 표시사항을 말소한다.

22 지적삼각점의 선점 시 고려할 사항으로 틀린 것은?

14①기

① 측량 지역에 대하여 등밀도로 배정한다.
② 후속 측량에 편리하도록 땅이 무른 곳에 설치한다.
③ 삼각점의 상호 시통이 양호한 위치를 선정한다.
④ 삼각형의 내각은 60°에 가깝도록 한다.

해설

지적업무처리규정 제11조(지적기준점의 확인 및 선점 등)
① 지적삼각점측량 및 지적삼각보조점측량을 할 때에는 미리 사용하고자 하는 삼각점 · 지적삼각점 및 지적삼각보조점의 변동 유무를 확인하여야 한다. 이 경우 확인결과 기지

각과의 오차가 ±40초 이내인 경우에는 그 삼각점·지적삼각점 및 지적삼각보조점에 변동이 없는 것으로 본다.

② 지적기준점을 선점할 때에는 다음 각 호에 따른다.
1. 후속측량에 편리하고 영구적으로 보존할 수 있는 위치이어야 한다.
2. 지적도근점을 선점할 때에는 가급적 지적도근점 간의 거리를 동일하게 하되 측량대상지역의 후속측량에 지장이 없도록 하여야 한다.
3. 「지적측량 시행규칙」 제11조 제3항 및 제12조 제6항에 따라 다각망도선법으로 지적삼각보조점측량 및 지적도근점측량을 할 경우에 기지점 간 직선 상의 외부에 두는 지적삼각보조점 및 지적도근점과 기지점 직선과의 사이각은 30도 이내로 한다.

③ 암석·석재구조물·콘크리트구조물·맨홀 및 건축물 등 견고한 고정물에 지적기준점을 설치할 필요가 있는 경우에는 그 고정물에 각인하거나, 그 구조물에 고정하여 설치할 수 있다.

④ 지적삼각보조점의 규격과 재질은 규칙 제3조 제1항에 따른 지적기준점표지의 규격과 재질을 준용한다.

⑤ 지적삼각점 및 지적삼각보조점의 매설방법은 별표 1과 같다.

23 지적삼각점의 관측 및 계산에서 자오선 수차의 계산단위 기준은? 14①기

① 초 아래 1자리 ② 초 아래 2자리
③ 초 아래 3자리 ④ 초 아래 4자리

> 해설

지적측량 시행규칙 제9조(지적삼각점측량의 관측 및 계산)

종별	각	변의 길이	진수	좌표 또는 표고	경위도	자오선 수차
단위	초	센티 미터	6자리 이상	센티 미터	초 아래 3자리	초 아래 1자리

24 지적삼각점측량에서 점표가 기울어진 상단을 시준 관측하고 편심거리(l)를 측정한 결과 시준선에서 직각 방향으로 1.6m였다. 이로 인한 각도오차(θ)는 얼마인가?(단, 삼각점 간 거리(S)는 3km이다.) 14①기

① 0′34″ ② 1′34″
③ 1′50″ ④ 2′50″

> 해설

각도오차$(\theta) = \dfrac{1.6}{\sin x} = \dfrac{3{,}000}{\sin 90°}$ 에서

$x = \sin^{-1} \dfrac{1.6 \times \sin 90°}{3{,}000} = 0°1′50.01″$

25 지적삼각점성과표에 기록·관리하여야 하는 사항이 아닌 것은? 14①기

① 부호 및 위치의 약도
② 지적삼각점의 명칭과 기준 원점명
③ 소재지와 측량연월일
④ 시준점의 명칭, 방위각 및 거리

> 해설

제4조(지적기준점성과표의 기록·관리 등)
① 제3조에 따라 시·도지사가 지적삼각점성과를 관리할 때에는 다음 각 호의 사항을 지적삼각점성과표에 기록·관리하여야 한다.
1. 지적삼각점의 명칭과 기준 원점명
2. 좌표 및 표고
3. 경도 및 위도(필요한 경우로 한정한다)
4. 자오선수차(子午線收差)
5. 시준점(視準點)의 명칭, 방위각 및 거리
6. 소재지와 측량연월일
7. 그 밖의 참고사항

② 제3조에 따라 지적소관청이 지적삼각보조점성과 및 지적도근점성과를 관리할 때에는 다음 각 호의 사항을 지적삼각보조점성과표 및 지적도근점성과표에 기록·관리하여야 한다.
1. 번호 및 위치의 약도
2. 좌표와 직각좌표계 원점명
3. 경도와 위도(필요한 경우로 한정한다)
4. 표고(필요한 경우로 한정한다)
5. 소재지와 측량연월일
6. 도선등급 및 도선명
7. 표지의 재질
8. 도면번호
9. 설치기관
10. 조사연월일, 조사자의 직위·성명 및 조사 내용

③ 제2항 제10호에 따른 조사 내용은 지적삼각보조점 및 지적도근점표지의 멸실 유무, 사고 원인, 경계의 부합 여부 등을 적는다. 이 경우 경계와 부합되지 아니할 때에는 그 사유를 적는다.

26 지적삼각점측량의 기초가 되는 것으로만 나열된 것은? 14②기

① 삼각점, 지적삼각보조점
② 지적삼각점, 지적삼각보조점
③ 삼각점, 지적삼각점
④ 지적삼각보조점, 통합기준점

해설

지적측량 시행규칙 제7조(지적측량의 방법 등)
① 법 제23조 제2항에 따른 지적측량의 방법은 다음 각 호의 어느 하나에 따른다.
　1. 지적삼각점측량 : 위성기준점, 통합기준점, 삼각점 및 지적삼각점을 기초로 하여 경위의측량방법, 전파기 또는 광파기측량방법, 위성측량방법 및 국토교통부장관이 승인한 측량방법에 따르되, 그 계산은 평균계산법이나 망평균계산법에 따를 것

27 지적기준점 19점을 설치하여 측량하는 경우 측량기간으로 옳은 것은? 14③기

① 4일 　　　　② 5일
③ 6일 　　　　④ 7일

해설

지적기준점을 설치하여 측량 또는 측량검사를 하는 경우 지적기준점이 15점 이하인 경우에는 4일을, 15점을 초과하는 경우에는 4일에 15점을 초과하는 4점마다 1일을 가산한다. 〈개정 2010.06.17〉

구분	지적측량	기준점 설치 시	합의
측량기간	5일	• 15점 이하 : 4일 • 15점 초과 : 4일에 초과하는 4점마다 1일 가산	• 측량기간 : 3/4 • 검사기간 : 1/4
검사기간	4일		

28 측량성과와 검사성과의 연결교차에 대한 허용범위를 잘못 설명한 것은? 14③기

① 지적삼각점 : 0.10m 이내
② 지적삼각보조점 : 0.25m 이내

③ 지적도근점(경계점좌표등록부　시행지역) : 0.15m 이내
④ 경계점(경계점좌표등록부 시행지역) : 10m 이내

해설

측량성과와 검사성과의 연결교차 허용범위

지적삼각점	0.20m 이내	
지적삼각보조점	0.25m 이내	
지적도근점	경계점좌표등록부 시행지역	0.15m 이내
	그 밖의 지역	0.25m 이내
세부측량 (경계점)	경계점좌표등록부 시행지역	0.10m 이내
	그 밖의 지역	$\frac{3}{10}M(mm)$ 이내

29 지적삼각점의 관측과 계산에 대한 설명으로 맞는 것은? 14③기

① 수평각 관측은 3배각관측법에 의한다.
② 1방향각의 측각공차는 ±50초 이내이다
③ 기지각과의 측각공차는 ±40초 이내이다.
④ 연직각을 관측할 때에는 정반 1회 관측한다.

해설

지적측량 시행규칙 제9조(지적삼각점측량의 관측 및 계산)
① 경위의측량방법에 따른 지적삼각점의 관측과 계산은 다음 각 호의 기준에 따른다.
　1. 관측은 10초독(秒讀) 이상의 경위의를 사용할 것
　2. 수평각 관측은 3대회(大回, 윤곽도는 0도, 60도, 120도로 한다)의 방향관측법에 따를 것
　3. 수평각의 측각공차(測角公差)는 다음 표에 따를 것

종별	1방향각	1측회의 폐색	삼각형 내각관측의 합과 180도의 차	기지각과의 차
공차	30초 이내	±30초 이내	±30초 이내	±40초 이내

② 전파기 또는 광파기측량방법에 따른 지적삼각점의 관측과 계산은 다음 각 호의 기준에 따른다.
　1. 전파 또는 광파측거기(光波測距機)는 표준편차가 ±[5mm+5ppm] 이상인 정밀측거기를 사용할 것
　2. 점간거리는 5회 측정하여 그 측정치의 최대치와 최소치의 교차가 평균치의 10만분의 1 이하일 때에는 그 평균치를 측정거리로 하고, 원점에 투영된 평면거리에 따라 계산할 것

3. 삼각형의 내각은 세 변의 평면거리에 따라 계산하며, 기지각과의 차(差)에 관하여는 제1항 제3호를 준용할 것

30 사각망 조정계산에서 관측각이 다음과 같을 때 α_1의 각규약에 의한 조정량은?(단, $\alpha_1 = 48°31'50.3''$, $\beta_1 = 53°03'57.2''$, $\alpha_2 = 22°44'29.2''$, $\beta_2 = 27°16'36.9''$)   14③기

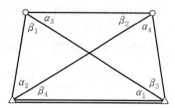

① $+0.2''$ ② $-0.2''$
③ $+0.4''$ ④ $-0.4''$

◆해설

삼각규약

$e_1 = (\alpha_1 + \beta_4) - (\alpha_3 + \beta_2)$에서

$\quad = (48°31'50.3'' + 27°16'36.9'')$
$\qquad - (22°44'29.2'' + 53°03'57.2'')$
$\quad = 0°0'0.8''$

$\therefore \dfrac{e_1}{4} = \dfrac{0.8}{4} = +0.2''$(큰 곳은 $-$, 작은 곳은 $+$)

$\therefore \alpha_1 = -0.2''$

31 사각망 조정계산에서 $(\alpha_1 + \beta_4) > (\alpha_3 \ \beta_2)$일 때 오차배부방법으로 옳은 것은?   15①기

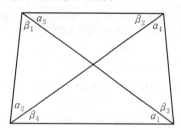

① α_1과 β에는 $+$로 배부하고 α_3와 β_2에는 $-$로 배부한다.

② α_1과 α_3에는 $-$로 배부하고 β_4와 β_2에는 $+$로 배부한다.

③ α_1과 β_4에는 $-$로 배부하고 α_3와 β_2에는 $+$로 배부한다.

④ α_1과 α_3에는 $+$로 배부하고 β_4와 β_2에는 $-$로 배부한다.

◆해설

삼각규약(미주보는 삼각형 내각)

$(\alpha_1 + \beta_4) - (\alpha_3 + \beta_2) = e_1$	$(\alpha_2 + \beta_1) - (\alpha_4 + \beta_3) = e_2$

여기서 발생한 오차 e_1과 e_2는 각각 4개의 각이므로 오차배부는 $\dfrac{e_1}{4}$과 $\dfrac{e_2}{4}$가 된다.

e_1이 $-$일 경우	e_1이 $+$일 경우
α_1과 β_4에는 $+$로, α_3와 β_2에는 $-$로	α_1과 β_4에는 $-$로, α_3와 β_2에는 $+$로 배부하고
e_2이 $-$일 경우	e_2이 $+$일 경우
α_2과 β_1에는 $+$로, α_4와 β_3에는 $-$로	α_2과 β_1에는 $-$로, α_4와 β_3에는 $+$로 배부한다.

32 지적삼각점측량을 할 때 사용하고자 하는 삼각점의 변동 유무를 확인하는 기준은?   15①기

① 기지각과의 오차가 ± 30초 이내
② 기지각과의 오차가 ± 40초 이내
③ 기지각과의 오차가 ± 50초 이내
④ 기지각과의 오차가 ± 1분 이내

◆해설

문제 29번 해설 참고

33 지적삼각점을 설치하기 위하여 연직각을 관측한 결과가 최대치는 $+25°42'37''$이고, 최소치는 $+25°42'32''$일 때 옳은 것은?   15①기

① 최대치를 연직각으로 한다.
② 평균치를 연직각으로 한다.
③ 최소치를 연직각으로 한다.
④ 연직각을 다시 관측하여야 한다.

정답 30 ② 31 ③ 32 ② 33 ②

◎해설

연직각

관측	각측점에서 정·반으로 2회 관측, 허용교차가 30초 이내인 경우 평균치를 연직각으로 함
표고	2개 기지점에서 소구점의 표고를 계산하여 교차가 0.05미터$+0.05(S_1+S_2)$미터 이하인 때에 평균치를 표고로 한다.$(S_1, S_2$: 기지점에서 소구점까지의 평면거리로서 km단위$)$

$25°42'37'' - 25°42'32'' = 5''$
그러므로 허용교차가 30초 이내인 경우 평균치를 연직각으로 한다.

34 지적삼각점표지의 점 간 평균거리는? 15②기

① 2km 이상 5km 이하 ② 3km 이상 10km 이하
③ 5km 이상 20km 이하 ④ 10km 이상 30km 이하

◎해설

점간거리

지적삼각측량	지적삼각보조측량		도근측량	
	교회법	다각망 도선법	도선법	다각망 도선법
2~5km	1~3km	0.5~1km 이하 1도선 거리 4km 이하	50~300m	평균 500m 이하

35 지적삼각점의 관측 및 계산에 있어서 옳지 않은 것은? 15②기

① 관측은 10초독 이상의 경위의를 사용한다.
② 수평각은 3대회의 방향관측법에 의한다.
③ 연직각은 정으로 2회 측정한다.
④ 계산은 진수를 사용하여 각 규약과 변규약에 따른 평균계산법 또는 망평균계산법에 따른다.

◎해설

문제 29번 해설 참고

36 지적기준점 등이 매설된 토지를 분할하는 경우 그 토지가 작아서 제도하기가 곤란한 때에는 그 도면의 여백에 그 축척의 몇 배로 확대하여 제도할 수 있는가? 15③기

① 5배 ② 10배
③ 15배 ④ 20배

◎해설

지적업무처리규정 제41조(경계의 제도)
① 경계는 0.1밀리미터 폭의 선으로 제도한다.
② 1필지의 경계가 도곽선에 걸쳐 등록되어 있으면 도곽선 밖의 여백에 경계를 제도하거나, 도곽선을 기준으로 다른 도면에 나머지 경계를 제도한다. 이 경우 다른 도면에 경계를 제도할 때에는 지번 및 지목은 붉은색으로 표시한다.
③ 규칙 제69조 제2항 제4호에 따른 경계점좌표등록부 등록지역의 도면(경계점 간 거리등록을 하지 아니한 도면을 제외한다)에 등록할 경계점 간 거리는 검은색의 1.5밀리미터 크기의 아라비아 숫자로 제도한다. 다만, 경계점 간 거리가 짧거나 경계가 원을 이루는 경우에는 거리를 등록하지 아니할 수 있다.
④ 지적기준점 등이 매설된 토지를 분할할 경우 그 토지가 작아서 제도하기가 곤란한 때에는 그 도면의 여백에 그 축척의 10배로 확대하여 제도할 수 있다.

37 지적삼각점측량에서 수평각의 측각공차 기준이 옳은 것은? 15③기

① 1측회의 폐색 : ±30초 이내
② 1방향각 : 40초 이내
③ 삼각형 내각 관측의 합과 180도의 차 : ±40초 이내
④ 기지각과의 차 : ±30초 이내

◎해설

문제 29번 해설 참고

38 토지조사사업 당시의 삼각측량에서 기선은 전국에 몇 개소를 설치하였는가? 12②산

① 7개소 ② 10개소
③ 13개소 ④ 16개소

정답 34 ① 35 ③ 36 ② 37 ① 38 ③

해설

기선측량은 1910년 6월에 대전기선을 시작으로 1913년 10월 고건원기선을 측량함으로써 13개소를 설치하였다(대전, 노량진, 안동, 하동, 의주, 평양, 영산포, 간성, 함흥, 길주, 강계, 혜산진, 고건원).

39 구소삼각점인 계양원점의 좌표가 옳은 것은?

12②산

① X=200,000m, Y=500,000m
② X=500,000m, Y=200,000m
③ X=20,000m, Y=50,000m
④ X=0m, Y=0m

해설

직각좌표의 기준(제7조 제3항 관련)
가. 조본원점·고초원점·율곡원점·현창원점 및 소라원점의 평면직각종횡선수치의 단위는 미터로 하고, 망산원점·계양원점·가리원점·등경원점·구암원점 및 금산원점의 평면직각종횡선수치의 단위는 간(間)으로 한다. 이 경우 각각의 원점에 대한 평면직각종횡선수치는 0으로 한다.
나. 특별소삼각측량지역[전주, 강경, 마산, 진주, 광주(光州), 나주(羅州), 목포, 군산, 울릉도 등]에 분포된 소삼각측량지역은 별도의 원점을 사용할 수 있다.

40 경위의측량방법과 교회법에 따른 지적삼각보조점의 관측에서 2개의 삼각형으로부터 계산한 위치가 연결교차가 얼마 이하이어야 그 평균치를 지적삼각보조점의 위치로 할 수 있는가?

12②산

① 0.30m 이하   ② 0.40m 이하
③ 0.50m 이하   ④ 0.60m 이하

해설

지적측량 시행규칙 제11조(지적삼각보조점의 관측 및 계산)
① 경위의측량방법과 교회법에 따른 지적삼각보조점의 관측 및 계산은 다음 각 호의 기준에 따른다.
  5. 2개의 삼각형으로부터 계산한 위치의 연결교차($\sqrt{종선교차^2 + 횡선교차^2}$ 을 말한다. 이하 같다)가 0.30미터 이하일 때에는 그 평균치를 지적삼각보조점의 위치로 할 것. 이 경우 기지점과 소구점 사이의 방위각 및 거리는 평균치에 따라 새로 계산하여 정한다.

정답 39 ④ 40 ①

CHAPTER 05 지적삼각보조측량

5.1 개요

지적삼각보조측량은 지형관계상 지적삼각보조점, 지적도근점의 설치 또는 재설치를 위하여 지적삼각보조점 또는 지적위성기준점의 설치를 필요로 하는 경우와 세부측량의 시행상 지적삼각 보조점의 설치를 필요로 하는 경우에 실시한다. 지적삼각보조측량은 위성기준점, 통합기준점, 삼각점, 지적삼각점 및 지적삼각보조점을 기초로 하여 경위의측량방법, 전파기 또는 광파기 측량방법, 위성측량방법 및 국토교통부장관이 승인한 측량방법에 의하되, 그 계산은 교회법 또는 다각망도선법에 의한다.

5.2 지적삼각보조측량의 조건

① 지적삼각보조측량을 하는 때 필요한 경우에는 미리 지적삼각보조점표지를 설치할 수 있다.
② 지적삼각보조점은 측량지역별로 설치순서에 따라 일련번호를 부여하되, 영구표지를 설치하는 경우에는 시·군·구별로 일련번호를 부여한다. 이 경우 지적삼각보조점의 일련번호 앞에 "보" 자를 붙인다.
③ 지적삼각보조점은 교회망 또는 교점다각망으로 구성하여야 한다.

··5.3 지적삼각점보조측량의 작업순서 암기 계답선조관계정

지적삼각점보조측량은 아래와 같이 실시한다.

계획

↓

답사

↓

선점 ─ • 각 삼각형의 협각은 30° 이상 120° 이하가 되도록 선점한다.
         • 기차와 구차의 영향을 고려하여 높게 드러난 점으로 선점한다.
         • 각 삼각점 간의 고저차와 거리차가 적도록 선점한다.
         • 삼각점 상호 간 시준이 양호하고 표지보존에 유리한 위치로 선점한다.

↓

조표

↓

관측 ─ { 경위의측량법
         전파기 또는 광파기측량법 }

↓

계산

↓

성과표정리

┃ 지적삼각점보조측량의 작업순서 ┃

··5.4 지적삼각점보조측량의 세부방법

5.4.1 측량방법 및 성과 기재

측량방법	위성기준점, 통합기준점, 삼각점과 지적삼각점 및 지적삼각보조점을 기초로 하여 경위의측량방법, 전파기 또는 광파기측량방법, 위성측량방법 및 국토교통부장관이 승인한 측량방법에 의한다. ※ 지적삼각보조점측량을 할 때에 필요한 경우에는 미리 지적삼각보조점표지를 설치하여야 한다.
계산방법	지적삼각보조점측량의 계산은 교회법 또는 다각망도선법에 의한다.
지적삼각보조점의 명칭	지적삼각보조점은 측량지역별로 설치순서에 따라 일련번호를 부여하되, 영구표지를 설치하는 경우에는 시·군·구별로 일련번호를 부여한다. 이 경우 지적삼각보조점의 일련번호 앞에 "보" 자를 붙인다.
지적삼각보조점의 망 구성	지적삼각보조점은 교회망 또는 교점다각망(交點多角網)으로 구성하여야 한다.

지적삼각보조점표지의 점간거리	지적삼각보조점 표지의 설치 시 점간거리는 평균 1km 내지 3km로 한다. 다만, 다각망 도선법에 의하는 때에는 평균 0.5km 이상 1km 이하로 한다.
성과의 기재	지적삼각보조점 성과 결정을 위한 관측 및 계산의 과정은 지적삼각보조점측량부에 적어야 한다.

5.4.2 지적삼각보조점측량의 기준

가. 경위의측량방법과 전파기 또는 광파기측량방법(교회법)

측량방법	3방향의 교회에 따를 것. 다만, 지형상 부득이하여 2방향의 교회에 의하여 결정하려는 경우에는 각 내각을 관측하여 각 내각의 관측치의 합계와 180도의 차가 ±40초 이내일 때에는 이를 각 내각에 고르게 배분하여 사용할 수 있다.
삼각형의 각 내각	삼각형의 각 내각은 30도 이상 120도 이하로 할 것

나. 전파기 또는 광파기측량방법(다각망도선법)

측량방법	3개 이상의 기지점을 포함한 결합다각방식에 따를 것
1도선의 점의 수	1도선의 점의 수는 기지점과 교점을 포함하여 5개 이하로 할 것 ※ 1도선이란 기지점과 교점 간 또는 교점과 교점 간을 말한다.
1도선의 거리	1도선의 거리는 4킬로미터 이하로 할 것 ※ 1도선의 거리는 기지점과 교점 또는 교점과 교점 간의 점간거리의 총합계를 말한다.

5.4.3 지적삼각보조점의 관측과 계산

가. 경위의측량방법과 교회법에 따른 관측과 계산

관측	관측은 20초독 이상의 경위의를 사용할 것
수평각 관측	수평각 관측은 2대회(윤곽도는 0도, 90도로 한다)의 방향관측법에 따를 것
수평각의 측각공차	1방향각은 40초 이내, 1측회의 폐색은 ±40초 이내, 삼각형의 내각관측치의 합과 180도의 차는 ±50초 이내, 기지각과의 차는 ±50초 이내로 한다. 이 경우 삼각형 내각의 관측치를 합한 값과 180도의 차는 내각을 전부 관측한 경우에 적용한다.

1) 수평각 측각 공차

종별	1방향각	1측회의 폐색	삼각형의 내각 관측치의 합과 180도의 차	기지각과의 차
공차	40초 이내	±40초 이내	±50초 이내	±50초 이내

2) 계산단위

각은 초, 변의 길이 및 좌표는 cm, 진수는 6자리 이상으로 한다.

종별	각	변의 길이 및 좌표	진수
단위	초	cm	6자리 이상

3) 위치의 연결교차

2개의 삼각형으로부터 계산한 위치의 연결교차[($\sqrt{\text{종선교차}^2 + \text{횡선교차}^2}$)을 말한다. 이하 같다]가 0.30미터 이하일 때에는 그 평균치를 지적삼각보조점의 위치로 할 것. 이 경우 기지점과 소구점 사이의 방위각 및 거리는 평균치에 따라 새로 계산하여 정한다.

나. 전파기 또는 광파기측량방법과 교회법에 따른 관측과 계산

1) 점간거리 측정

구분		내용
	관측	전파 또는 광파측거기는 표준편차가 ±(5mm+5ppm) 이상의 정밀측거기를 사용
	점간거리	5회 측정하여 그 측정치의 최대치와 최소치의 교차가 평균치의 10만분의 1 이하인 때에는 그 평균치를 측정거리로 하고, 원점에 투영된 평면거리에 따라 계산
삼각형	내각	세 변의 평면거리에 의하여 계산
	기지각과의 차	±50초 이내

2) 연직각의 관측과 계산

구분	내용
관측	각 측점에서 정·반으로 2회 관측
연직각 계산	관측치의 최대치와 최소치의 교차가 30초 이내인 때에는 그 평균치를 연직각으로 한다.
표고	2개의 기지점에서 소구점의 표고를 계산한 결과 그 교차가 0.05미터 + 0.05$(S_1 + S_2)$미터 이하인 때에는 그 평균치를 표고로 한다.(S_1, S_2는 기지점에서 소구점까지의 평면거리로서 킬로미터 단위로 표시한 수)

3) 기지각과의 차

±50초 이내이어야 한다.

4) 계산단위

각은 초, 변의 길이 및 좌표는 cm, 진수는 6자리 이상으로 한다.

종별	각	변의 길이 및 좌표	진수
단위	초	cm	6자리 이상

5) 위치의 연결교차

2개의 삼각형으로부터 계산한 위치의 연결교차[($\sqrt{종선교차^2 + 횡선교차^2}$)를 말한다]가 0.30미터 이하인 때에 그 평균치를 지적삼각보조점의 위치로 한다. 이 경우 기지점과 소구점 사이의 방위각 및 거리는 평균치에 의하여 새로이 계산하여 정한다.

다. 경위의측량방법, 전파기 또는 광파기측량방법과 다각망도선법에 따른 관측과 계산

1) 관측

관측은 20초독 이상의 경위의를 사용할 것

2) 수평각 관측

① 수평각 관측은 2대회(윤곽도는 0도, 90도로 한다)의 방향관측법에 따를 것
② 수평각 관측은 다음 기준에 의한 배각법(倍角法)에 따를 수 있으며, 1회 측정각과 3회 측정각의 평균치에 대한 교차는 30초 이내로 한다.

종별	각	측정횟수	거리	진수	좌표
배각법	초	3회	cm	5자리 이상	cm

③ 수평각의 측각공차

수평각의 측각공차는 다음 표에 따를 것. 이 경우 삼각형 내각의 관측치를 합한 값과 180도의 차는 내각을 전부 관측한 때에 적용한다.

종별	1방향각	1측회의 폐색	삼각형의 내각 관측치의 합과 180°의 차	기지각과의 차
공차	40초 이내	±40초 이내	±50초 이내	±50초 이내

④ 계산단위

각은 초, 변의 길이 및 좌표는 cm, 진수는 6자리 이상으로 한다.

종별	각	변의 길이 및 좌표	진수
단위	초	cm	6자리 이상

⑤ 점간거리 측정

구분		내용
관측		전파 또는 광파측거기는 표준편차가 ±(5mm+5ppm) 이상인 정밀측거기를 사용
점간거리		5회 측정하여 그 측정치의 최대치와 최소치의 교차가 평균치의 10만분의 1 이하인 때에는 그 평균치를 측정거리로 하고, 원점에 투영된 평면거리에 의하여 계산
삼각형	내각	세 변의 평면거리에 의하여 계산
	기지각과의 차	±50초 이내

⑥ 연직각의 관측과 계산

구분	내용
관측	각 측점에서 정·반으로 2회 관측
연직각 계산	관측치의 최대치와 최소치의 교차가 30초 이내인 때에는 그 평균치를 연직각으로 한다.
표고	2개의 기지점에서 소구점의 표고를 계산한 결과 그 교차가 0.05미터+0.05(S_1+S_2)미터 이하인 때에는 그 평균치를 표고로 한다.(S_1, S_2는 기지점에서 소구점까지의 평면거리로서 킬로미터 단위로 표시한 수)

⑦ 도선별 평균방위각과 관측방위각의 폐색오차 및 종·횡선오차 배분

도선별 평균방위각과 관측방위각의 폐색오차	±10$\sqrt{n}$ 초 이내로 한다. (n은 폐색변을 포함한 변의 수)
도선별 연결오차	0.05×S미터 이하로 할 것(S는 도선의 거리를 1천으로 나눈 수)
측각오차의 배분	측선장에 반비례하여 각 측선의 관측각에 배분한다. $$K=-\frac{e}{R}\times r$$ 여기서, K : 각 측선에 배부할 초단위의 각도 e : 초단위의 오차 R : 폐색변을 포함한 각 측선장 반수의 총합계 r : 각 측선장의 반수. 이 경우 반수는 측선장 1미터에 대하여 1천을 기준으로 한 수

종선오차 및 횡선오차의 배분	각 측선의 종선차 또는 횡선차 길이에 비례하여 배분한다. $$T=-\frac{e}{L}\times l$$ 여기서, T : 각 측선의 종선차 또는 횡선차에 배부할 센티미터 단위 의 수치 e : 종선오차 또는 횡선오차 L : 종선차 또는 횡선차의 절대치의 합계 l : 각 측선의 종선차 또는 횡선차

··5.5 지적삼각보조점의 관리

5.5.1 지적삼각보조점의 관리

구분	설치 · 관리	성과관리	성과통보	열람 및 등본 교부
지적삼각보조점	소관청	소관청	소관청 → 국토교통부장관	시 · 도지사

5.5.2 성과고시 및 성과표의 기록 · 관리 ㉘㉮ ㉖준㉰㉱ 경㉴도 설㉲ 보㉚ ㉴㉱도 ㉱㉳도 ㉳도 ㉚㉠

성과고시 (공보 또는 인터넷 홈페이지에 기재)	성과표의 기록 · 관리
• ㉮㉳점의 명칭 및 번호 • 직각㉱표계의 원점명 (지적기준점에 한정한다.) • 좌㉰ 및 표고 • ㉓도와 ㉴㉲ • ㉽㉳일, 소재지 및 표지의 재질 • 측량성과 ㉘㉚장소	• 번호 및 ㉴치의 약도 • 좌㉰와 직각좌표계 원점명 • 경㉲와 위도(필요한 경우로 한정한다.) • ㉱고(필요한 경우로 한정한다.) • 소재㉓와 측량연월일 • ㉲선등급 및 도선명 • 표㉓의 재질 • ㉲면번호 • 설치기㉫ • 조㉛연월일, 조사자의 직위 · 성명 및 조사내용

조사 내용은 지적삼각보조점 및 지적도근점표지의 멸실 유무, 사고 원인, 경계의 부합 여부 등을 적는다. 이 경우 경계와 부합되지 아니할 때에는 그 사유를 적는다.

01 경위의측량방법과 다각망도선법에 의한 지적삼각보조점의 관측시 도선별 평균방위각과 관측방위각의 폐색오차는 얼마 이내로 하여야 하는가?(단, 폐색변을 포함한 변의 수는 4이다.) 12①기

① ±10초 이내　　② ±20초 이내
③ ±30초 이내　　④ ±40초 이내

●해설

$\pm 10\sqrt{4} = \pm 20$

지적측량 시행규칙 제11조(지적삼각보조점의 관측 및 계산)
③ 경위의측량방법, 전파기 또는 광파기측량방법과 다각망도선법에 따른 지적삼각보조점의 관측 및 계산은 다음 각 호의 기준에 따른다.
　2. 도선별 평균방위각과 관측방위각의 폐색오차(閉塞誤差)는 ±10$\sqrt{n}$ 초 이내로 할 것. 이 경우 n은 폐색변을 포함한 변의 수를 말한다.
　3. 도선별 연결오차는 0.05×S미터 이하로 할 것. 이 경우 S는 도선의 거리를 1천으로 나눈 수를 말한다.

02 지적삼각보조점의 수평각을 관측하는 방법 기준이 옳은 것은? 12①기

① 도선법에 따른다.
② 2대회의 방향관측법에 따른다.
③ 3대회의 방향관측법에 따른다.
④ 관측지역에 따라 방위각법과 배각법을 혼용한다.

●해설

지적측량 시행규칙 제11조(지적삼각보조점의 관측 및 계산)
① 경위의측량방법과 교회법에 따른 지적삼각보조점의 관측 및 계산은 다음 각 호의 기준에 따른다.
　1. 관측은 20초독 이상의 경위의를 사용할 것
　2. 수평각 관측은 2대회(윤곽도는 0도, 90도로 한다)의 방향관측법에 따를 것
　3. 수평각의 측각공차는 다음 표에 따를 것. 이 경우 삼각형 내각의 관측치를 합한 값과 180도의 차는 내각을 전부 관측한 경우에 적용한다.

종별	1방향각	1측회의 폐색	삼각형 내각관측의 합과 180도의 차	기지각과의 차
공차	40초 이내	±40초 이내	±50초 이내	±50초 이내

03 다각망도선법으로 지적삼각보조점측량을 할 때 1도선의 거리는 얼마 이하로 하여야 하는가? 12②기

① 3km　　② 4km
③ 5km　　④ 6km

●해설

지적측량 시행규칙 제10조(지적삼각보조점측량)
⑤ 전파기 또는 광파기측량방법에 따라 다각망도선법으로 지적삼각보조점측량을 할 때에는 다음 각 호의 기준에 따른다.
　1. 3개 이상의 기지점을 포함한 결합다각방식에 따를 것
　2. 1도선(기지점과 교점 간 또는 교점과 교점 간을 말한다)의 점의 수는 기지점과 교점을 포함하여 5개 이하로 할 것
　3. 1도선의 거리(기지점과 교점 또는 교점과 교점 간의 점 간거리의 총합계를 말한다)는 4킬로미터 이하로 할 것

04 다각망도선법에 따른 지적삼각보조점의 관측에서 도선별 연결오차는 얼마 이하로 하여야 하는가?(단, 도선의 거리는 2893.25m이다.) 12②기

① 0.09m 이하　　② 1.95m 이하
③ 1.49m 이하　　④ 0.15m 이하

●해설

문제 01번 해설 참고
$0.05 \times (2893.25 \div 1,000) = 0.15m$

정답　01 ②　02 ②　03 ②　04 ④

05 교회법에 따른 지적삼각보조점의 수평각 관측방법으로 옳은 것은? 12②기

① 3배각법에 따른다.
② 3대회의 방향관측법에 따른다.
③ 2대회의 방향관측법에 따른다.
④ 각 관측법에 따른다.

●해설

문제 02번 해설 참고

06 전파기 또는 광파기측량방법에 따라 다각망도선법으로 지적삼각보조점측량을 할 때의 기준이 틀린 것은? 12③기

① 삼각형의 각 내각은 30도 이상 150도 이하로 한다.
② 1도선의 점의 수는 기지점과 교점을 포함하여 5개 이하로 한다.
③ 1도선의 거리는 4km 이하로 한다.
④ 3개 이상의 기지점을 포함한 결합다각방식에 따른다.

●해설

제10조(지적삼각보조점측량)
⑤ 전파기 또는 광파기측량방법에 따라 다각망도선법으로 지적삼각보조점측량을 할 때에는 다음 각 호의 기준에 따른다.
 1. 3개 이상의 기지점을 포함한 결합다각방식에 따를 것
 2. 1도선(기지점과 교점간 또는 교점과 교점 간을 말한다)의 점의 수는 기지점과 교점을 포함하여 5개 이하로 할 것
 3. 1도선의 거리(기지점과 교점 또는 교점과 교점 간의 점간거리의 총합계를 말한다)는 4킬로미터 이하로 할 것
⑥ 지적삼각보조점성과 결정을 위한 관측 및 계산의 과정은 지적삼각보조점측량부에 적어야 한다.

07 경위의측량방법에 따라 교회법으로 지적삼각보조점측량을 하는 기준으로 틀린 것은? 13①기

① 관측은 20초독 이상의 경위의를 사용한다.
② 수평각 관측은 2대회의 방향관측법에 따른다.
③ 2개의 삼각형으로부터 계산한 위치의 연결교차가 0.50m 이하일 때에는 그 평균치를 지적삼각보조점의 위치로 한다.

④ 삼각형의 각 내각은 30° 이상 120° 이하로 한다.

●해설

경위의측량방법과 교회법에 따른 관측과 계산

관측	관측은 20초독 이상의 경위의를 사용할 것
수평각 관측	수평각 관측은 2대회(윤곽도는 0°, 90°로 한다.)의 방향관측법에 따를 것
수평각의 측각공차	1방향각은 40초 이내, 1측회의 폐색은 ±40초 이내, 삼각형의 내각관측치의 합과 180도의 차는 ±50초 이내, 기지각과의 차는 ±50초 이내로 한다. 이 경우 삼각형 내각의 관측치를 합한 값과 180도의 차는 내각을 전부 관측한 경우에 적용한다.

08 지적삼각보조점의 망 구성으로 옳은 것은? 13①기

① 유심다각망 또는 삽입망
② 삽입망 또는 사각망
③ 사각망 또는 교회망
④ 교회망 또는 교점다각망

●해설

지적삼각보조측량
지적삼각보조점 망구성 : 교회망, 교점다각망

09 전파기측량방법에 따라 다각망도선법으로 지적삼각보조점측량을 할 때 1도선의 거리는 얼마 이하로 하여야 하는가? 13②기

① 0.5km 이하　② 1km 이하
③ 3km 이하　④ 4km 이하

●해설

지적삼각보조측량
1도선의 거리 : 4km 이하

10 지적삼각보조점측량을 Y망으로 실시하여, (1) 도선의 거리의 합계가 1654.15m이었을 때, 연결오차는 최대 얼마 이하로 하여야 하는가? 13②기

① 0.02m 이하　② 0.04m 이하
③ 0.06m 이하　④ 0.08m 이하

해설

연결오차=$0.05 \times S$미터 이하

여기서, S : 도선 거리/1,000

$\therefore 0.05 \times \dfrac{1,654.15}{1,000} = 0.08\text{m}$

11 전파기측량방법에 따라 다각망도선법으로 지적삼각보조점측량을 할 때 1도선의 점의 수는 기지점과 교점을 포함하여 최대 얼마 이하로 하여야 하는가? 13③기

① 5개　　　　② 10개
③ 15개　　　　④ 20개

해설

지적삼각보조점측량
• 1도선의 점의 수 : 기지점과 교점을 포함하여 5개 이하
• 1도선의 거리 : 4km 이하

12 경위의측량방법과 교회법에 따른 지적삼각보조점측량의 수평각 관측에서 1측회의 폐색에 대한 측각공차로 옳은 것은? 13③기

① ±30″ 이내　　　　② ±40″ 이내
③ ±50″ 이내　　　　④ ±60″ 이내

해설

관측		20초독 이상의 경위의	표준편차가 ±(5mm+5PPm)이상의 정밀측거기	20초독 이상의 경위의
수평각 관측		2대회의 방향관측법 (윤곽도 0°, 90°)		2대회의 방향관측법 (윤곽도 0°, 90°)
수평각의측각공차	1방향각	40초 이내	40초 이내	40초 이내
	1측회 폐색	±40초 이내	±40초 이내	±40초 이내
	삼각형 내각 관측치의 합과 180도의 차	±50초 이내 (2방향 ±40초)	±50초 이내	±50초 이내
	기지각과의 차	±50초 이내		

13 지적측량성과와 검사성과의 연결교차가 아래와 같을 때 측량성과로 결정할 수 없는 것은? 13③기

① 지적삼각점 : 0.15미터
② 지적삼각보조점 : 0.30미터
③ 지적도근점(경계점좌표등록부 시행지역) : 0.10미터
④ 경계점(경계점좌표등록부 시행지역) : 0.05미터

해설

지적측량성과와 검사성과의 연결교차

지적삼각점		0.20m 이내
지적삼각보조점		0.25m 이내
지적도근점	경계점좌표등록부 시행지역	0.15m이내
	그 밖의 지역	0.25m이내
경계점	경계점좌표등록부 시행지역	0.10m이내
	그 밖의 지역	$\dfrac{3}{10}$M(mm)이내

14 지적삼각보조점측량을 다각망도선법으로 시행할 경우 1도선의 거리는 얼마 이하로 하여야 하는가? 14①기

① 1km　　　　② 2km
③ 3km　　　　④ 4km

해설

지적측량 시행규칙 제10조(지적삼각보조점측량)
⑤ 전파기 또는 광파기측량방법에 따라 다각망도선법으로 지적삼각보조점측량을 할 때에는 다음 각 호의 기준에 따른다.
1. 3개 이상의 기지점을 포함한 결합다각방식에 따를 것
2. 1도선(기지점과 교점간 또는 교점과 교점간을 말한다)의 점의 수는 기지점과 교점을 포함하여 5개 이하로 할 것
3. 1도선의 거리(기지점과 교점 또는 교점과 교점 간의 점간 거리의 총 합계를 말한다)는 4킬로미터 이하로 할 것

정답　11 ①　12 ②　13 ②　14 ④

15 경위의측량방법과 전파기측량방법에 따라 교회법으로 지적삼각보조점측량을 하는 기준이 틀린 것은? 14①기

① 수평각 관측은 2대회의 방향관측법에 의한다.
② 지적삼각보조표지의 점간거리는 평균 1km 이상 3km 이하로 한다.
③ 반드시 2방향의 교회에 따른다.
④ 삼각형의 각 내각은 30° 이상 120° 이하로 한다.

●해설

지적측량 시행규칙 제10조(지적삼각보조점측량)
④ 경위의측량방법과 전파기 또는 광파기측량방법에 따라 교회법으로 지적삼각보조점측량을 할 때에는 다음 각 호의 기준에 따른다.
　1. 3방향의 교회에 따를 것. 다만, 지형상 부득이하여 2방향의 교회에 의하여 결정하려는 경우에는 각 내각을 관측하여 각 내각의 관측치의 합계와 180도의 차가 ±40초 이내일 때에는 이를 각 내각에 고르게 배분하여 사용할 수 있다.
　2. 삼각형의 각 내각은 30도 이상 120도 이하로 할 것

제11조(지적삼각보조점의 관측 및 계산)
① 경위의측량방법과 교회법에 따른 지적삼각보조점의 관측 및 계산은 다음 각 호의 기준에 따른다.
　1. 관측은 20초독 이상의 경위의를 사용할 것
　2. 수평각 관측은 2대회(윤곽도는 0도, 90도로 한다)의 방향관측법에 따를 것
　3. 수평각의 측각공차는 다음 표에 따를 것. 이 경우 삼각형 내각의 관측치를 합한 값과 180도의 차는 내각을 전부 관측한 경우에 적용한다.

종별	1방향각	1측회의 폐색	삼각형 내각관측의 합과 180도의 차	기지각과의 차
공차	40초 이내	±40초 이내	±50초 이내	±50초 이내

16 지적측량성과와 검사성과의 연결교차 허용범위 기준이 틀린 것은? 14②기

① 지적삼각점 : 0.20m
② 지적삼각보조점 : 0.50m
③ 지적도근점(경계점좌표등록부 시행지역) : 0.15m 이내
④ 경계점(경계점좌표등록부 시행지역) : 0.10m 이내

●해설

문제 13번 해설 참고

17 지적삼각보조점측량을 다각망도선법에 의할 경우 폐색오차를 구하는 식으로 맞는 것은?(단, n은 폐색변을 포함한 변수임) 14③기

① $\pm 10\sqrt{n}$ 초 이내　　② $\pm 20\sqrt{n}$ 초 이내
③ $\pm 30\sqrt{n}$ 초 이내　　④ $\pm 40\sqrt{n}$ 초 이내

●해설

도선별 평균방위각과 관측방위각의 폐색오차	$\pm 10\sqrt{n}$ 초 이내로 한다. (n은 폐색변을 포함한 변의 수)
도선별 연결오차	$0.05 \times S$미터 이하로 할 것 (S는 도선의 거리를 1천으로 나눈 수)

18 전파기측량방법에 따라 다각망도선법으로 지적삼각보조점측량을 할 때의 기준으로 옳은 것은? 14③기

① 1도선의 거리는 4km 이하로 한다.
② 3점 이상의 기지점을 포함한 폐합다각방식에 의한다.
③ 1도선의 점의 수는 기지점을 제외하고 5점 이하로 한다.
④ 1도선은 기지점과 기지점, 교점과 교점 간의 거리이다.

●해설

지적삼각보조측량

기초(기지)점	삼각점, 지적삼각점	
측량방법	경위의측량방법	전파기 또는 광파기 측량방법
계산방법	교회법, 다각망도선법	
지적삼각보조점 명칭	측량지역별로 설치순서에 따라 부여하되, 영구표지를 설치하는 경우에는 시·군·구별로 일련번호 부여한다. 이 경우 일련번호 앞에는 "보" 자를 붙인다.	
지적삼각보조점 간 거리	1~3km(다각망도선법에 의하여 하는 때에는 0.5~1km 이하)	
지적삼각보조점 망 구성	교회망, 교점다각망	

19 교회법에 의하여 지적삼각보조점측량을 실시할 경우 수평각관측의 윤곽도는? 15①기

① 0°, 45°, 90°　　　② 0°, 60°, 120°

③ 0°, 90°　　　　　④ 0°, 120°

◉ 해설

지적삼각보조점측량

기초 (기지)점	위성기준점 · 통합기준점 · 삼각점 · 지적삼각점 · 시석삼각보조점
수평각 관측	2대회의 방향관측법 (윤곽도 0°, 90°)

20 다각망도선법에 의한 지적삼각보조점측량을 시행할 때의 설명으로 옳은 것은? 15②기

① 결합도선에 의하고 부득이한 때에는 왕복도선에 의할 수 있다.

② 3점 이상의 기지점을 포함한 결합다각방식에 의한다.

③ 1도선의 거리는 3킬로미터 이상 5킬로미터 이하로 한다.

④ 1도선의 점의 수는 기지점과 교점을 제외하고 5점 이하로 한다.

◉ 해설

문제 14번 해설 참고

21 다음 중 광파기측량방법과 다각망도선법에 따른 지적삼각보조점의 관측 및 계산에서 도선별 연결오차의 기준으로 옳은 것은?(단, S는 도선의 거리를 1천으로 나눈 수를 말한다.) 15②기

① $(0.05 \times S)$m 이하　　② $(0.10 \times S)$m 이하

③ $(0.5 \times S)$m 이하　　④ $(1.0 \times S)$m 이하

◉ 해설

문제 01번 해설 참고

22 지적삼각보조점의 수평각 관측에 대한 설명으로 옳은 것은? 15③기

① 각 관측방법에 따른다.

② 방위각 측정방법에 따른다.

③ 방향관측법에 따른다.

④ 방위각법과 배각법에 따른다.

◉ 해설

지적측량 시행규칙 제11조(지적삼각보조점의 관측 및 계산)

① 경위의측량방법과 교회법에 따른 지적삼각보조점의 관측 및 계산은 다음 각 호의 기준에 따른다.

　1. 관측은 20초독 이상의 경위의를 사용할 것

　2. 수평각 관측은 2대회(윤곽도는 0도, 90도로 한다)의 방향관측법에 따를 것

　3. 수평각의 측각공차는 다음 표에 따를 것. 이 경우 삼각형 내각의 관측치를 합한 값과 180도의 차는 내각을 전부 관측한 경우에 적용한다.

종별	1방향 각	1측회의 폐색	삼각형 내각관측의 합과 180도의 차	기지각과의 차
공차	40초 이내	±40초 이내	±50초 이내	±50초 이내

23 전파기측량방법에 의하여 교회법으로 지적삼각보조점 측량을 하는 기준에 관한 아래 설명 중 ( ) 안에 알맞은 것은? 15③기

> 지형상 부득이하여 2방향의 교회에 의하여 결정하고자 하는 경우 각 내각을 관측하여 각 내각의 관측치의 합계와 180도의 차가 ( ) 이내일 때에는 이를 각 내각에 고르게 배분하여 사용할 수 있다.

① ±20초　　　　② ±30초

③ ±40초　　　　④ ±50초

해설

지적삼각보조점측량

측량방법	경위의측량방법		전파기 또는 광파기 측량방법
계산방법	교회법, 다각망도선법		
측량 및 계산방법 의 구분	경위의측량방 법과 교회법	전·광파기 측량방법과 교회법	경위의 및 전·광파기 측량방법과 다각망도선법
측량방법	3방향 교회, 부득이한 경우 2방 향 교회. 이 경우 각 내각을 관측 하여 각 내각의 관측치의 합계와 180도의 차가 ±40초 이내인 때 이를 각 내각에 배분하여 사용		3점 이상의 기지점을 포함한 결 합다각방식

24 경위의 측량 방법과 교회법에 따른 지적삼각보조점의 관측에서 1방향각에 대한 수평각의 측각 공차는 최대 얼마 이내이어야 하는가? 12①산

① 20초 ② 30초
③ 40초 ④ 50초

해설

문제 22번 해설 참고

25 광파기측량방법에 따라 다각망도선법으로 지적삼각보조점 측량을 하는 경우 1도선의 거리는 최대 얼마 이하로 하여야 하는가? 12①산

① 1km ② 2km
③ 3km ④ 4km

해설

지적측량 시행규칙 제10조(지적삼각보조점측량)
⑤ 전파기 또는 광파기측량방법에 따라 다각망도선법으로 지적삼각보조점측량을 할 때에는 다음 각 호의 기준에 따른다.
  1. 3개 이상의 기지점을 포함한 결합다각방식에 따를 것
  2. 1도선(기지점과 교점 간 또는 교점과 교점 간을 말한다)의 점의 수는 기지점과 교점을 포함하여 5개 이하로 할 것
  3. 1도선의 거리(기지점과 교점 또는 교점과 교점 간의 점 간거리의 총합계를 말한다)는 4킬로미터 이하로 할 것

26 경위의측량방법과 교회법에 따른 지적삼각보조점의 관측 및 계산 기준이 틀린 것은? 12②산

① 관측은 20초독 이상의 경위의를 사용한다.
② 수평각 관측은 3대회의 각관측법에 따른다.
③ 기지각과의 차는 ±50초 이내이어야 한다.
④ 삼각형 내각관측의 합과 180도의 차는 ±50초 이내이어야 한다.

해설

문제 22번 해설 참고

27 광파기측량방법에 따라 다각망도선법으로 지적삼각보조점의 관측 및 계산 기준이 옳지 않은 것은?(단, n은 폐색변을 포함한 변의 수를 말한다.) 12③산

① 도선별 평균방위각과 관측방위각의 폐색오차는 $\pm 10\sqrt{n}$초 이내로 하여야 한다.
② 3개 이상의 기지점을 포함한 결합다각방식에 따른다.
③ 1도선의 점의 수는 교점을 제외한 기지점이 5개 이하가 되도록 한다.
④ 1도선의 거리는 4킬로미터 이하로 한다.

해설

지적측량 시행규칙 제10조(지적삼각보조점측량)
⑤ 전파기 또는 광파기측량방법에 따라 다각망도선법으로 지적삼각보조점측량을 할 때에는 다음 각 호의 기준에 따른다.
  1. 3개 이상의 기지점을 포함한 결합다각방식에 따를 것
  2. 1도선(기지점과 교점 간 또는 교점과 교점 간을 말한다)의 점의 수는 기지점과 교점을 포함하여 5개 이하로 할 것
  3. 1도선의 거리(기지점과 교점 또는 교점과 교점 간의 점간거리의 총합계를 말한다)는 4킬로미터 이하로 할 것
⑥ 지적삼각보조점성과 결정을 위한 관측 및 계산의 과정은 지적삼각보조점측량부에 적어야 한다.

지적측량 시행규칙 제11조(지적삼각보조점의 관측 및 계산)
③ 경위의측량방법, 전파기 또는 광파기측량방법과 다각망도선법에 따른 지적삼각보조점의 관측 및 계산은 다음 각 호의 기준에 따른다.
  1. 관측과 계산방법에 관하여는 제1항 제1호부터 제4호까

지의 규정을 준용하고, 점간거리 및 연직각의 관측방법에 관하여는 제9조 제2항 및 제3항을 준용할 것. 다만, 다각망도선법에 따른 지적삼각보조점의 수평각관측은 제13조 제3호에 따른 배각법(倍角法)에 따를 수 있으며, 1회 측정각과 3회 측정각의 평균치에 대한 교차는 30초 이내로 한다.

2. 도선별 평균방위각과 관측방위각의 폐색오차(閉塞誤差)는 $\pm 10\sqrt{n}$ 초 이내로 할 것. 이 경우 n은 폐색변을 포함한 변의 수를 말한다.

3. 도선별 연결오차는 $0.05 \times S$ 미터 이하로 할 것. 이 경우 S는 도선의 거리를 1천으로 나눈 수를 말한다.

---

28 지적삼각보조점의 계산 단위 기준이 옳지 않은 것은?

12③산

① 각−초
② 좌표−cm
③ 변의 길이−m
④ 진수−6자리 이상

해설

지적측량 시행규칙 제11조(지적삼각보조점의 관측 및 계산)
4. 계산단위는 다음 표에 따를 것

종별	각	변의 길이	진수	좌표
공차	초	센티미터	6자리 이상	센티미터

---

29 경위의측량방법과 교회법에 따른 지적삼각보조점의 관측 및 계산 기준이 옳은 것은?

13①산

① 기지각과의 차는 ±40초 이내이어야 한다.
② 1방향각은 30초 이내이어야 한다.
③ 수평각 관측은 2대회의 방향관측법에 따른다.
④ 삼각형 내각관측의 합과 180도의 차는 ±30초 이내이어야 한다.

해설

문제 22번 해설 참고

---

30 다음 중 지적측량의 방법이 아닌 것은?

13①산

① 사진측량방법
② 광파기측량방법
③ 위성측량방법
④ 수준측량방법

해설

기초측량	세부측량의 기초로 사용하는 기준점인 위치를 결정하는 골조측량으로 주로 경위의측량방법과 전자파측거기측량방법 및 사진측량방법, 위성측량방법으로 실시한다.
세부측량	• 필지의 위치, 경계, 면적 등의 세부사항을 결정하는 측량으로 주로 측판측량방법과 경위의측량방법 및 사진측량방법, 위성측량방법으로 실시한다. • 지적확정측량과 시지역의 축척변경측량은 경위의측량방법, 전파기 또는 광파기측량방법으로 실시한다. • 농지개발사업 등으로 농지가 협소할 때에는 측판측량방법이나 사진측량방법으로 할 수 있다.

---

31 지적삼각보조점측량에 대한 설명이 틀린 것은?

13①산

① 지적삼각보조점측량을 할 때에 필요한 경우에는 미리 지적삼각보조점표지를 설치하여야 한다.
② 지적삼각보조점의 일련번호 앞에는 "보" 자를 붙인다.
③ 영구표지를 설치하는 경우에는 시·군·구별로 일련번호를 부여한다.
④ 지적삼각보조점은 교회망, 유심다각망 또는 삽입망으로 구성하여야 한다.

해설

기초(기지)점	위성기준점, 통합기준점 삼각점, 지적삼각점	
측량방법	경위의측량방법	전파기 또는 광파기 측량방법
계산방법	교회법, 다각망도선법	
지적삼각보조점 명칭	측량지역별로 설치순서에 따라 부여하되, 영구표지를 설치하는 경우에는 시·군·구별로 일련번호 부여한다. 이 경우 일련번호 앞에는 "보" 자를 붙인다.	
지적삼각보조점 간 거리	1~3km(다각망도선법에 의하여 하는 때에는 0.5~1km 이하)	
지적삼각보조점 망 구성	교회망, 교점다각망	

---

32 지적측량 시 지적삼각보조점을 정하는 기준이 모두 옳은 것은? 13②산

① 삼각점과 지적삼각보조점
② 지적삼각점과 지적삼각보조점
③ 삼각점과 지적삼각점
④ 지적삼각보조점과 지적도근점

해설

기초 및 세부측량	기초(기지)점
지적 삼각측량	위성기준점 · 통합기준점 · 삼각점, 지적삼각점
지적 삼각보조측량	위성기준점 · 통합기준점, 삼각점, 지적삼각점, 지적삼각보조점
지적 도근측량	위성기준점 · 통합기준점, 삼각점, 지적삼각점, 지적삼각보조점, 도근점
세부측량	위성기준점 · 통합기준점, 삼각점, 지적삼각점, 지적삼각보조점, 도근점, 경계점

33 경위의측량방법과 교회법에 따른 지적삼각보조점의 관측과 계산에서 1방향각의 측각공차는 최대 얼마 이내이어야 하는가? 13②산

① 20초 이내　　② 30초 이내
③ 40초 이내　　④ 50초 이내

해설

문제 22번 해설 참고

34 지적삼각보조점측량의 방법 기준이 틀린 것은?(단, 지형상 부득이한 경우는 고려하지 않는다.) 13②산

① 지적삼각보조점은 교회망 또는 교점다각망으로 구성하여야 한다.
② 광파기 측량방법에 따라 교회법으로 지적삼각보조점측량하는 경우 3방향의 교회에 따른다.
③ 전파 기측량방법에 따라 다각망도선법으로 지적삼각보조점측량을 하는 경우 3개 이상의 기지점을 포

함한 결합다각방식에 따른다.
④ 경위의측량방법과 교회법에 따른 지적삼각보조점의 수평각 관측은 3대회의 방향관측법에 따른다.

해설

문제 15번 해설 참고

35 지적삼각보조점의 관측을 위한 광파측거기의 표준편차 기준으로 옳은 것은? 13③산

① ±(15mm+5ppm) 이상
② ±(5mm+15ppm) 이상
③ ±(5mm+5ppm) 이상
④ ±(5mm+10ppm) 이상

해설

삼각형의 각내각	30°~120° 이하		
관측	20초독 이상의 경위의	표준편차가 ±(5mm+5ppm) 이상의 정밀 측거기	20초독 이상의 경위의

36 광파기 측량방법으로 지적삼각보조점의 점 간 거리를 5회 측정한 결과 평균치가 2,420m였다. 이때 평균치를 측정거리로 하기 위한 측정치의 최대치와 최소치의 교차는 얼마 이하이어야 하는가? 13③산

① 0.2m　　② 0.02m
③ 0.1m　　④ 2.4m

해설

$$5회 측정 허용교차 = \frac{1}{100,000}m$$
$$= \frac{2,420}{100,000}$$
$$= 0.024m$$

37 전파기 또는 광파기측량방법과 교회법에 따른 지적삼각보조점의 점간거리 및 연직각의 측정 시 전파 또는 광파측거기는 표준편차가 얼마 이상인 정밀측거기를 사용하여야 하는가? 14①산

① ±(5mm+5ppm) ② ±(10mm+5ppm)
③ ±(15mm+5ppm) ④ ±(20mm+5ppm)

●해설
지적측량 시행규칙 제9조(지적삼각점측량의 관측 및 계산)
② 전파기 또는 광파기측량방법에 따른 지적삼각점의 관측과 계산은 다음 각 호의 기준에 따른다.
　1. 전파 또는 광파측거기(光波測距機)는 표준편차가 ±[5mm+5ppm] 이상인 정밀측거기를 사용할 것

38 적삼각보조점표지를 설치할 경우 점간거리 기준은? 15①산

① 평균 300미터 이하
② 평균 500미터 이하
③ 평균 1킬로미터 이상 3킬로미터 이하
④ 평균 2킬로미터 이상 5킬로미터 이하

●해설
지적삼각보조점 간 거리
1~3km(다각망도선법에 의하여 하는 때에는 0.5~1km 이하)

39 다각망도선법으로 지적삼각보조측량을 실시할 경우 폐색변을 포함한 변의 수가 4개일 때 도선별 평균방위각과 관측방위각의 폐색오차는? 15①산

① ±5초 이내 ② ±10초 이내
③ ±15초 이내 ④ ±20초 이내

●해설
폐색오차 : $\pm 10\sqrt{n}$ 초 이내
　　여기서, n : 폐색변을 포함한 변수

$\therefore \pm 10\sqrt{4} = \pm 20$초 이내

CHAPTER 06 지적도근측량

·· 6.1 개요

지적도근측량은 측선의 거리와 그 측선들이 만나서 이루는 각을 측정하여 각 측선의 X, Y축의 거리와 방위각을 산출하여 지적 기초점의 좌표를 구하는 편리하고 신속한 측량방법이다. 지적도근측량은 비교적 작은 규모의 지역에서 시준 거리가 짧은 경우 세부 측량의 골조를 구성하는 기초점으로서 삼각점 간에 보다 조밀한 기초점 배치가 필요한 경우에 사용된다.

6.1.1 대상지역

① 축척변경측량을 위하여 지적확정측량을 하는 경우
② 도시개발사업 등으로 인하여 지적확정측량을 하는 경우
③ 도시지역 및 준도시지역에서 세부측량을 하는 경우
④ 측량지역의 면적이 당해 지적도 1장에 해당하는 면적 이상인 경우
⑤ 세부측량 시행상 특히 필요한 경우

6.1.2 측량방법

- 도선법
  - 결합도선
  - 폐합도선
  - 왕복도선
- 지적도근측량방법
  - 교회법
    - 전방교회법
    - 측방교회법
  - 다각망법
    - 1교점다각망 : X형, Y형
    - 2교점다각망 : A형, H형

▪▪ 6.2 지적도근측량의 조건

① 지적도근측량을 하는 때에는 미리 지적도근점표지를 설치하여야 한다.
② 지적도근점의 번호는 영구표지를 설치하는 경우에는 시ㆍ군ㆍ구별로, 영구표지를 설치하지 아니하는 경우에는 시행지역별로 설치순서에 따라 일련번호를 부여한다. 이 경우 각 도선의 교점은 지적도근점의 번호 앞에 "교" 자를 붙인다.
③ 각 관측은 시가지지역, 축척변경지역과 경계점좌표등록부 시행지역은 배각법에 의하고, 그 밖의 지역은 배각법과 방위각법을 혼용한다.

▪▪ 6.3 지적도근측량의 순서 ㉠㉠ ㉾㉹㉷㉺㉴㉹㉿

6.3.1 순서

- 후속측량에 이용가치가 높을 것
- 지반이 견고하고 기계 설치에 편리할 것
- 상호 간의 시준이 잘 될 것
- 교통의 방해가 적고, 표지 보존에 유리할 것

••• 6.4 지적도근측량의 세부방법

6.4.1 측량방법 및 계산방법

측량방법	지적도근점측량은 위성기준점, 통합기준점, 삼각점, 지적삼각점 · 지적삼각보조점 및 지적도근점을 기초로 하여 경위의측량방법 · 전파기 또는 광파기측량방법, 위성측량방법 및 국토교통부장관이 승인한 측량방법에 의한다. ※ 지적도근점측량을 할 때에는 미리 지적도근점표지를 설치하여야 한다.
계산방법	지적도근점측량의 계산은 도선법 · 교회법 또는 다각망 도선법에 의한다.

6.4.2 지적도근점의 번호

구분	도근점 번호	각 도선의 교점
영구표지를 설치하는 경우	시 · 군 · 구별로 설치순서에 따라 일련번호를 부여	지적도근점의 번호 앞에 "교" 자를 붙인다.
영구표지를 설치하지 아니하는 경우	시행지역별로 설치순서에 따라 일련번호를 부여	

6.4.3 도선의 구분 및 도선명

도선	구분	도선명 표기
1등도선	위성기준점, 통합기준점, 삼각점, 지적삼각점 및 지적삼각보조점의 상호 간을 연결하는 도선 또는 다각망도선으로 할 것	가 · 나 · 다 순으로 표기
2등도선	위성기준점, 통합기준점, 삼각점, 지적삼각점 및 지적삼각보조점과 지적도근점을 연결하거나 지적도근점 상호 간을 연결하는 도선으로 할 것	ㄱ · ㄴ · ㄷ 순으로 표기

6.4.4 지적도근점의 도선 구성 및 점간거리

도선 구성	지적도근점은 결합도선 · 폐합도선(廢合道線) · 왕복도선 및 다각망도선으로 구성하여야 한다.
성과기재	지적도근점 성과결정을 위한 관측 및 계산의 과정은 그 내용을 지적도근점측량부에 적어야 한다.
점간거리	지적도근점 표지의 설치 시 점간거리는 평균 50m 내지 300m 이하로 한다. 다각망도선법에 의하는 때에는 평균 500m 이하로 한다.

▪▪ 6.5 지적도근측량의 기준

6.5.1 경위의측량방법(도선법)

① 도선은 위성기준점, 통합기준점, 삼각점, 지적삼각점, 지적삼각보조점 및 지적도근점의 상호 간을 연결하는 결합도선에 따를 것. 다만, 지형상 부득이한 경우에는 폐합도선 또는 왕복도선에 따를 수 있다.

② 1도선의 점의 수는 40점 이하로 할 것. 다만, 지형상 부득이한 경우에는 50점까지로 할 수 있다.

6.5.2 경위의측량방법이나 전파기 또는 광파기측량방법(다각망도선법)

① 3점 이상의 기지점을 포함한 결합다각방식에 따를 것
② 1도선의 점의 수는 20개 이하로 할 것

▪▪ 6.6 지적도근점의 관측 및 계산

경위의측량방법, 전파기 또는 광파기측량방법과 도선법 또는 다각망도선법에 따른 지적도근점의 관측과 계산은 다음의 기준에 따른다.

6.6.1 수평각 관측

지역	관측방법	관측
시가지지역, 축척변경지역 경계점좌표등록부 시행지역	배각법	20초독 이상의 경위의를 사용할 것
그 밖의 지역	배각법과 방위각법을 혼용	

6.6.2 관측과 계산

관측과 계산은 다음 표에 의한다.

종별	각	측정횟수	거리	진수	좌표
배각법	초	3회	cm	5자리 이상	cm
방위각법	분	1회	cm	5자리 이상	cm

6.6.3 점간거리의 측정 및 연직각 관측

점간거리 측정	2회 측정하여 그 측정치의 교차가 평균치의 3천분의 1 이하일 때에는 그 평균치를 점간거리로 할 것. 이 경우 점간거리가 경사(傾斜)거리일 때에는 수평거리로 계산하여야 한다.
연직각 관측	올려본 각과 내려본 각을 관측하여 그 교차가 90초 이내일 때에는 그 평균치를 연직각으로 할 것

••• 6.7 지적도근점의 각도관측에서 폐색오차의 허용범위

도선법과 다각망도선법에 따른 지적도근점의 각도관측을 할 때의 폐색오차의 허용범위는 다음의 기준에 따른다.

6.7.1 배각법에 따르는 경우

① 1회 측정각과 3회 측정각의 평균값에 대한 교차는 30초 이내로 한다.
② 1도선의 기지방위각 또는 평균방위각과 관측방위각의 폐색오차

구분	1도선의 폐색오차	비고
1등도선	$\pm 20\sqrt{n}$ 초 이내	n은 폐색변을 포함한 변의 수를 말한다.
2등도선	$\pm 30\sqrt{n}$ 초 이내	

6.7.2 방위각법에 따르는 경우

도선	1도선의 폐색오차	비고
1등도선	$\pm \sqrt{n}$ 분 이내	n은 폐색변을 포함한 변수임
2등도선	$\pm 1.5\sqrt{n}$ 분 이내	

··6.8 지적도근점의 각도관측을 할 때 측각오차의 배분

각도의 측정결과가 허용범위 이내인 경우 그 오차의 배분은 다음의 기준에 따른다.

6.8.1 배각법에 따르는 경우

다음의 계산식에 따라 측신장(測線長)에 반비례하여 각 측선의 관측각에 배분할 것

$$K = -\frac{e}{R} \times r$$

K는 각 측선에 배분할 초단위의 각도, e는 초단위의 오차, R은 폐색변을 포함한 각 측선장의 반수의 총합계, r은 각 측선장의 반수. 이 경우 반수는 측선장 1미터에 대하여 1천을 기준으로 한 수를 말한다.

6.8.2 방위각법에 따르는 경우

다음의 산식에 따라 변의 수에 비례하여 각 측선의 방위각에 배분할 것

$$K_n = -\frac{e}{S} \times s$$

K_n은 각 측선의 순서대로 배분할 분단위의 각도, e는 분단위의 오차, S는 폐색변을 포함한 변의 수, s는 각 측선의 순서를 말한다.

▼ 지적도근측량의 측각오차의 배분

도선	측각오차의 배분 산식	배분기준
배각법	$K = -\dfrac{e}{R} \times r$	측선장에 반비례하여 각 측선의 관측각에 배분
방위각법	$K_n = -\dfrac{e}{S} \times s$	변의 수에 비례하여 각 측선의 방위각에 배분

6.9 지적도근점측량에서의 연결오차 허용범위

6.9.1 연결오차의 허용범위

지적도근점측량에서 연결오차의 허용범위는 다음의 기준에 따른다.

도선	연결오차의 허용범위	비고
1등도선	해당 지역 축척분모의 $\frac{1}{100}\sqrt{n}$ 센티미터 이하로 할 것	n은 각 측선의 수평거리의 총합계를 100으로 나눈 수임
2등도선	해당 지역 축척분모의 $\frac{1.5}{100}\sqrt{n}$ 센티미터 이하로 할 것	

6.9.2 축척분모의 적용 예외

1등도선과 2등도선에 대한 연결오차 허용범위를 적용함에 있어서 경계점좌표등록부를 갖춰 두는 지역의 축척분모는 500으로 하고, 축척이 6천분의 1인 지역의 축척분모는 3천으로 할 것. 이 경우 하나의 도선에 속하여 있는 지역의 축척이 2 이상일 때에는 대축척의 축척분모에 따른다.

6.10 지적도근점측량에서 종선 및 횡선차의 배분

지적도근점측량에 따라 계산된 연결오차가 허용범위 이내인 경우 종선 및 횡선오차의 배분은 다음의 기준에 따른다.

6.10.1 배각법에 따르는 경우

다음의 계산식에 따라 각 측선의 종선차 또는 횡선차 길이에 비례하여 배분할 것

$$T = -\frac{e}{L} \times l$$

T는 각 측선의 종선차 또는 횡선차에 배분할 센티미터 단위의 수치, e는 종선오차 또는 횡선오차, L은 종선차 또는 횡선차의 절대치의 합계, l은 각 측선의 종선차 또는 횡선차를 말한다.

6.10.2 방위각법에 따르는 경우

다음의 계산식에 따라 각 측선장에 비례하여 배분할 것

$$C = -\frac{e}{L} \times l$$

C는 각 측선의 종선차 또는 횡선차에 배분할 센티미터 단위의 수치, e는 종선오차 또는 횡선오차, L은 각 측선장의 총합계, l은 각 측선의 측선장을 말한다.

6.10.3 종선 또는 횡선의 오차가 매우 작아 이를 배분하기 곤란할 때

배각법에서는 종선차 및 횡선차가 긴 것부터, 방위각법에서는 측선장이 긴 것부터 차례로 배분하여 종선 및 횡선의 수치를 결정할 수 있다.

▼ 지적도근측량에 있어서 종선 및 횡선차의 배분

도선	종선 및 횡선차의 배분 산식	배분기준	종선 또는 횡선의 오차가 매우 작아 배분하기 곤란한 때
배각법	$T = -\dfrac{e}{L} \times l$	각 측선의 종선차 또는 횡선차 길이에 비례하여 배분	종선차 및 횡선차가 긴 것부터 배분
방위각법	$C = -\dfrac{e}{L} \times l$	각 측선장에 비례하여 배분	측선장이 긴 것부터 순차로 배분

▪▪ 6.11 지적도근측량의 방법

6.11.1 도선법과 작업순서

▼ 도선법

도선의 편성	① 도선은 지적측량기준점을 연결하는 결합도선에 의한다. 다만, 지형상 부득이한 때에는 폐합도선 또는 왕복도선에 의할 수 있다. ② 1도선의 점의 수는 40점 이하로 한다. 다만, 지형상 부득이한 때에는 50점까지로 할 수 있다. ③ 지적도근점은 결합도선·폐합도선·왕복도선 및 다각망도선으로 구성하여야 한다.

도선의 등급	① 1등도선은 삼각점·지적삼각점 및 지적삼각보조점의 상호 간을 연결하는 도선 또는 다각망도선으로 한다. ② 2등도선은 삼각점·지적삼각점 또는 지적삼각보조점과 지적도근점을 연결하거나 지적도근점 상호 간을 연결하는 도선으로 한다. ③ 1등도선은 가·나·다순으로, 2등도선은 ㄱ·ㄴ·ㄷ순으로 표기한다.

‖ 작업 순서 ‖

6.11.2 배각법에 의한 각관측

가. 폐색오차의 허용범위 및 배분

폐색 오차 (각오차 계산)	$E = T_1 + \sum$관측값$ - 180(n-1) - T_2$ 여기서, T_1 : 출발기지 방위각 T_2 : 도착기지 방위각 n : 폐색변을 포함한 변의 수 측각오차 계산 ① $T_1 < 180°$, $T_2 > 180°$이면 각오차 $= \sum a - 180(n-3) + T_1 - T_2$ ② $T_1 > 180°$, $T_2 > 180°$ 　$T_1 < 180°$, $T_2 < 180°$이면 각오차 $= \sum a - 180(n-1) + T_1 - T_2$ ③ $T_1 > 180°$, $T_2 < 180°$이면 각오차 $= \sum a - 180(n+1) + T_1 - T_2$
폐색오차의 허용범위 (공차)	1등도선은 $\pm 20\sqrt{n}$초 이내 2등도선은 $\pm 30\sqrt{n}$초 이내

반수(r)	$$\text{반수} = \frac{1,000}{L}$$ 여기서, L : 측선장 * 반수는 소수 이하 2, 3자리까지 구하여 계산하여도 측각오차 배부량에는 차이가 발생하지 않는다. 따라서 보통은 2자리까지 구하는 경우도 있으나, 공간정보의 구축 및 관리 등에 관한 법률 규정에 의거하여 반수는 소수 이하 2자리에서 사사오입하여 산출한다. * 폐색변의 반수도 산출하는 것이 원칙이나, 폐색변의 길이가 길어 반수의 값이 아주 적은 경우에는 배부량이 없으므로 반수계산을 생략하여도 된다.
측각오차의 배분	$$K = -\frac{e}{R} \times r$$ 여기서, K : 각 측선에 배분할 초단위의 각도 　　　 e : 초단위의 오차 　　　 R : 폐색변을 포함한 각 측선장의 반수의 총합계 　　　 r : 각 측선장의 반수 　　　　 (반수는 측선장 1m에 대하여 1,000을 기준으로 한 수) * 배부할 때에는 오차가 +이면 배부수는 −가 되며, 배부량의 합계가 측각오차와 ±1″ 정도의 차이가 있는 때에는 계산의 단수처리를 확인하여 0.5에 가장 가까운 수에서 가감하여 조정하여야 한다.

나. 방위각 및 방위 계산

① 방위각 계산

$$V_1 = T_1 + \alpha_1$$
$$V_2 = (V_1 \pm 180°) + \alpha_2$$
$$V_3 = (V_2 \pm 180°) + \alpha_3$$
$$\vdots \qquad \vdots \qquad \vdots$$
$$V_{10} = (V_9 \pm 180°) + \alpha_{10}$$

각도를 합산하여 방위각을 계산한 결과 360°를 초과하는 때에는 360°를 감한 값이 방위각이 된다.

② 방위 계산

상한	방위각	상한별 부호		상한 방위(θ)
		종선차(Δx)	횡선차(Δy)	
I	0~90	+	+	$\theta = V$
II	90~180	−	+	$\theta = 180 - V$
III	180~270	−	−	$\theta = V - 180$
IV	270~360	+	−	$\theta = 360 - V$

다. 종 · 횡선오차 및 공차의 계산

각측선의 종 · 횡선차의 계산	① $\Delta X = L \times \cos V$ ② $\Delta Y = L \times \sin V$ 각 측선의 종선차(ΔX) 및 횡선차(ΔY)는 당해 측선의 수평거리(L)와 방위각(V)에 의하여 다음의 공식으로 계산한다.
기지 종 · 횡선차의 계산	기지종선차 = 도착점의 X좌표 − 출발점의 X좌표 기지횡선차 = 도착점의 Y좌표 − 출발점의 Y좌표 각 측선의 종선차 및 횡선차의 합계를 관측 종횡선차와 출발점과 도착점 간의 기지종횡선차는 일치되어야 하나, 각도 및 거리의 관측에서 발생한 오차로 인하여 오차가 발생하므로 기지종횡선차의 계산은 위와 같이 한다.
종 · 횡선오차의 계산	종선오차(f_x) = 종선차의 합계($\Sigma \Delta x$) − 종선오차(f_x) 횡선오차(f_y) = 횡선차의 합계($\Sigma \Delta y$) − 횡선오차(f_y)
연결오차	연결오차 = $\sqrt{f_x^2 + f_y^2}$
연결오차의 허용범위(공차)	1등도선 : $M \times \dfrac{1}{100} \sqrt{n}$ cm 이내 2등도선 : $M \times \dfrac{1.5}{100} \sqrt{n}$ cm 이내 여기서, M : 축척분모 $\qquad\quad n$: 수평거리의 합을 100으로 나눈 수

라. 종 · 횡선오차의 배분

배각법	$T = -\dfrac{e}{L} \times l$ 여기서, T : 각 측선의 종 · 횡선차에 배분할 센티미터 단위의 수치 $\qquad\quad e$: 종선오차 또는 횡선오차 $\qquad\quad L$: 종선차 또는 횡선차의 절대치의 합계 $\qquad\quad l$: 각 측선의 종선차 또는 횡선차
특징	배각법(트랜싯 법칙)은 거리측정보다 각측정의 정밀도가 높다는 원리로 오차의 배부는 이 원리에 근거를 두고 배부하는 방법이다. 지적도근측량에 의하여 계산된 연결오차가 허용범위 이내인 경우 위의 산식에 따라 각 측선장에 비례하여 배분하며 종선 또는 횡선의 오차가 매우 작아 이를 배분하기 곤란한 때에는 배각법에서는 종선차 및 횡선차가 긴 것부터 배분하여 종선 및 횡선의 수치를 결정할 수 있다.

마. 종 · 횡선좌표 계산

종 · 횡선의 좌표는 출발점의 기지점좌표의 종선에는 종선차와 보정치를 순차적으로 더하고, 횡선에는 횡선차와 보정치를 각각 순차적으로 더하여 도착점의 기지좌표와 일치하면 계산을 완료한다.

종선좌표	① 종선좌표 $= X_1 =$ 출발기지종선좌표 $+$ 보정치 $+ \Delta X_1$ $X_2 = X_1 +$ 보정치 $+ \Delta X_2$ $\vdots \quad \vdots \quad \vdots \quad \vdots$ $X_n = X_n - 1 +$ 보정치 $+ \Delta X_n$
횡선좌표	② 횡선좌표 $= Y_1 =$ 출발기지횡선좌표 $+$ 보정치 $+ \Delta Y_1$ $Y_2 = Y_1 +$ 보정치 $+ \Delta Y_2$ $\vdots \quad \vdots \quad \vdots \quad \vdots$ $Y_n = Y_n - 1 +$ 보정치 $+ \Delta Y_n$

6.11.3 방위각법에 의한 각관측

가. 폐색오차의 허용범위 및 배분

폐색오차	$E =$ 관측방위각 $-$ 기지방위각
폐색오차의 허용범위 (공차)	1등도선은 $\pm \sqrt{n}$ 분 이내 2등도선은 $\pm 1.5 \sqrt{n}$ 분 이내
측각오차의 배분	$K_n = -\dfrac{e}{S} \times s$ 여기서, K_n : 각 측선의 순서대로 배분할 분단위의 각도 $\quad\quad e$: 분단위의 오차 $\quad\quad S$: 폐색변을 포함한 변의 수 $\quad\quad s$: 각 측선의 순서

나. 개정 방위각 산출 및 수평거리

개정 방위각	방위각오차의 보정치를 관측 방위각에 보정한 후 개정 방위각에 기재한다.
수평거리	$L = l \times \cos \theta$ 여기서, L : 수평거리 $\quad\quad l$: 경사거리 $\quad\quad \theta$: 방위

다. 종 · 횡선의 좌표계산

종 · 횡선차의 계산	종선차$(\Delta x) = L \times \cos v$ 횡선차$(\Delta y) = L \times \sin v$ 여기서, L : 수평거리, v : 개정 방위각
기지 종 · 횡선차의 계산	기지종선차=도착점의 X좌표-출발점의 X좌표 기지횡선차=도착점의 Y좌표-출발점의 Y좌표
종 · 횡선오차의 계산	종선오차(f_x)=실측종선차의 합계$(\sum \Delta x)$-기지종선차(f_x) 횡선오차(f_y)=실측횡선차의 합계$(\sum \Delta y)$-기지횡선차(f_y)
연결오차	연결오차$= \sqrt{f_x^2 + f_y^2}$
연결오차의 허용범위 (공차)	1등도선 : $M \times \dfrac{1}{100} \sqrt{n}$ cm 이내 2등도선 : $M \times \dfrac{1.5}{100} \sqrt{n}$ cm 이내 여기서, M : 축척분모 n : 측선장(m → cm)의 합을 100으로 나눈 수 • 경계점좌표등록부 비치지역(시행지역)은 $\dfrac{1}{500}$ 을 적용하고, $\dfrac{1}{3,000}$ 이상의 지역은 $\dfrac{1}{3,000}$ 을 적용한다. • 연결오차가 공차범위를 벗어나면 처음부터 재측정하여야 된다.

라. 종 · 횡선오차의 배분

공식	$C = -\dfrac{e}{L} \times l$ 여기서, C : 각 측선의 종 · 횡선차에 배분할 수치 e : 종 · 횡선오차 L : 측선장의 총합계 l : 각 측선의 측선장
특징	① 연결오차가 공차 이내이면 식 $C=-\dfrac{e}{L} \times l$을 적용, 계산하여 각각 배분한다. 이 방법은 측각과 거리측정의 정도가 같다고 보는 경우로서 오차를 각 측선장에 비례배부하는 컴퍼스 법칙이라 한다. 이때, 종선과 횡선의 오차가 극소하여 위의 식에 의해 배부하기가 곤란한 때는 측선장이 긴 것부터 순차로 1cm씩 배부하여 오차와 배부 수 합계가 같게 한다. ② 오차배부가 완료되면 배부 수를 합하여 확인한 결과, 보정치 배부 수의 합이 오차보다 초과배부되었을 때에는 가장 작은 배부 수에서 빼주고, 반대로 보정치배부의 합이 오차보다 작게 배부되었을 때에는 버림수 중 가장 큰 배부 수에서 더해 준다.

마. 종·횡선좌표 계산

종·횡선오차의 보정치 배부를 마치면 출발점의 기지점좌표의 종선에는 종선차와 보정치를 각각 순차적으로 더하고, 횡선에는 횡선차와 보정치를 각각 순차적으로 더하여 지적도근점의 좌표를 계산하고, 폐합점인 기지점의 좌표와 일치하면 계산을 완료한다.

종·횡선좌표	종선좌표＝앞측점의 종선좌표＋종선차＋보정치 횡선좌표＝앞측점의 횡선좌표＋종선차＋보정치

6.11.4. 교회법

가. 계산

1) 종·횡선차(ΔX, ΔY)의 계산

$A \rightarrow B$	$\Delta X = B$점의 종선좌표 － A점의 종선좌표 $\Delta Y = B$점의 횡선좌표 － A점의 횡선좌표
$B \rightarrow C$	$\Delta X = C$점의 종선좌표 － B점의 종선좌표 $\Delta Y = C$점의 횡선좌표 － B점의 횡선좌표
$A \rightarrow C$	$\Delta X = C$점의 종선좌표 － A점의 종선좌표 $\Delta Y = C$점의 횡선좌표 － A점의 횡선좌표

계산의 편의상 만단위 이상은 생략하여도 무방하다.

2) 방위각(V_a^b, V_b^c)의 계산

Δx, Δy에 의하여 θ각을 산출하고 θ각 계산은 절대치로 계산하여 상한에 따라 방위각을 계산한다.

θ 계산	$\tan \theta = \dfrac{\Delta y}{\Delta x}$
	$\theta = \tan^{-1}\dfrac{\Delta y}{\Delta x}$ (상한)

θ 가 구해지면 방위각을 구하고자 하는 점 간의 Δx, Δy 의 부호에 의하여 상한을 결정하고 상한에 의하여 방위각을 구한다.

상한	종횡선차 부호		방위각계산
	Δx	Δy	
1상한	+	+	$V = \theta$
2상한	−	+	$V = 180 - \theta$
3상한	−	−	$V = \theta + 180$
4상한	+	−	$V = 360 - \theta$

3) 거리 계산

① $\overline{AB}$: $a = \sqrt{\Delta x^2 + \Delta y^2}$

② $\overline{BC}$: $b = \sqrt{\Delta x^2 + \Delta y^2}$

4) 삼각형 내각 계산

$\triangle ABP$의 경우	$\triangle BCP$의 경우
$\alpha = V_a^b - V_a$	$\alpha' = V_c - (V_b^c \pm 180°)$
$\beta = V_b - (V_a^b \pm 180°)$	$\beta' = V_b^c - V_b$
$\gamma = V_a - V_b$	$\gamma' = V_b - V_c$

내각을 계산 후에 삼각형 내각의 합(180°)과 일치 여부를 확인한다.

5) 종 · 횡선차 계산

$A \to P$	$\Delta X_1 = \dfrac{a \times \sin\beta}{\sin\gamma} \times \cos V_a$
	$\Delta Y_1 = \dfrac{a \times \sin\beta}{\sin\gamma} \times \sin V_a$
$C \to P$	$\Delta X_3 = \dfrac{b \times \sin\beta'}{\sin\gamma'} \times \cos V_c$
	$\Delta Y_3 = \dfrac{b \times \sin\beta'}{\sin\gamma'} \times \sin V_c$

6) 종 · 횡선좌표 계산

$A \rightarrow P$	$C \rightarrow P$	(소구점)P의 좌표
$X_{P1} = X_A + \Delta X_1$	$X_{P2} = X_C + \Delta X_2$	$X = (X_{P1} + X_{P2}) \div 2$
$Y_{P1} = Y_A + \Delta Y_1$	$Y_{P2} = Y_C + \Delta Y_2$	$Y = (Y_{P1} + Y_{P2}) \div 2$

7) 교차 및 공차의 계산

교차	종선교차 $= X_{P1} - X_{P2}$ 횡선교차 $= Y_{P1} - Y_{P2}$ 연결교차 $= \sqrt{종선교차^2 + 횡선교차^2}$ * 부호는 의미 없음
공차	0.30m

6.11.5 다각망도선법

가. 망의 구성

기존 도선법에서는 하나의 도선으로 결합도선을 만들어 오차발생의 조건식이 하나만 있어, 이 하나만을 간단히 없애는 계산으로 끝냈으나, 여러 개의 도선이 교차하는 형태로 만들 때는 오차발생의 조건식을 여러 개 만들 수 있으며, 이 여러 개의 오차를 함께 없애는 조정계산을 하여야 한다. 이러한 망을 구성할 때에는 3점 이상의 기지점을 포함한 결합다각방식에 의하고, 1도선(기지점과 교점, 교점과 교점 간)의 점의 수는 20점 이하로 한다. 그리고 측선장(점간거리)은 50m를 기준으로 하며 500m 이하로 한다.

망의 유형	오차 방정식	비 고
(1) (4) III (2) II (3)	$O = (1) - (2) + W_1$ $O = (2) - (3) + W_2$ $O = (3) - (4) + W_3$ $O = -(1) + (4) + W_4$	원형에 가까운 지구의 망 구성에 적합한 형태로 조건식 수는 3개만 만족시키면 된다. (r = 4 - 1 = 3)
(1) (3) I II (2)	$O = (1) - (2) + W_1$ $O = (2) - (3) + W_2$ $O = -(1) + (3) + W_3$	가장 단순한 망으로 최대조건식 수는 3개지만 조건식 수는 2개만 만족시키면 된다. (r = 3 - 1 = 2)

망의 유형	오차 방정식	비 고
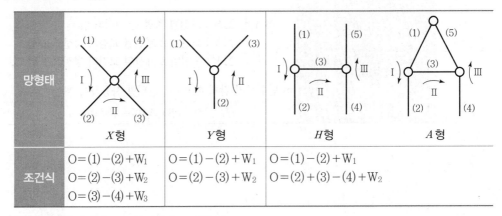	$O = (1) - (2) + W_1$ $O = (2) + (3) - (4) + W_2$ $O = (4) - (5) + W_3$ $O = (1) - (3) + (5) + W_4$	H, A망형의 경우, 최대조건식 수는 4개이지만, 3개만 만족시키면 된다. $(r = 5 - 2 = 3)$

나. 계산

1) 조건식 수의 계산

망형태	X형	Y형	H형	A형
조건식	$O = (1) - (2) + W_1$ $O = (2) - (3) + W_2$ $O = (3) - (4) + W_3$	$O = (1) - (2) + W_1$ $O = (2) - (3) + W_2$	$O = (1) - (2) + W_1$ $O = (2) + (3) - (4) + W_2$	

최소조건식 수$(r) =$ 도선 수$(n) -$ 교점 수

2) 평균방위각의 계산 및 평균 종횡선 좌표의 보정

평균방위각	평균방위각 $= \dfrac{\left[\dfrac{\sum a}{\sum N}\right]}{\left[\dfrac{1}{\sum N}\right]}$ 여기서, $\sum N$: 도선별 측점 수의 합 $\sum a$: 도선별 관측방위각의 합 계산 시(방위각) 도, 분 단위를 같게 하고 초단위만을 사용
평균방위각 보정	평균방위각 − 관측방위각
종 · 횡선좌표의 평균계산	종선좌표의 평균값 $= \dfrac{\dfrac{\sum X}{\sum S}}{\dfrac{1}{\sum S}}$ 횡선좌표의 평균값 $= \dfrac{\dfrac{\sum Y}{\sum S}}{\dfrac{1}{\sum S}}$ 여기서, $\sum S$: 도선별 측점 간 거리의 합 $\sum X$: 도선별로 계산된 교점의 종선좌표 합 $\sum Y$: 도선별로 계산된 교점의 횡선좌표 합 m 단위까지 같게 하고 cm 단위만 사용하여 계산
평균 종 · 횡선좌표의 보정	평균좌표 − 관측좌표

CHAPTER 06 실전문제

01 광파기측량방법에 따라 다각망도선법으로 지적도근점측량을 할 때에 최소 몇 점 이상의 기지점을 포함한 결합다각방식에 의하여야 하는가? 12①기

① 2점 이상
② 3점 이상
③ 5점 이상
④ 7점 이상

◉ 해설

지적측량 시행규칙 제12조(지적도근점측량)
⑥ 경위의측량방법이나 전파기 또는 광파기측량방법에 따라 다각망도선법으로 지적도근점측량을 할 때에는 다음 각 호의 기준에 따른다.
　1. 3점 이상의 기지점을 포함한 결합다각방식에 따를 것
　2. 1도선의 점의 수는 20개 이하로 할 것

02 지적도근점측량에 따라 계산된 연결오차가 허용범위 이내인 경우 그 오차의 배분방법이 옳은 것은? 12①기

① 배각법에 따르는 경우 각 측선장에 비례하여 배분한다.
② 방위각법에 따르는 경우 각 측선장에 반비례하여 배분한다.
③ 배각법에 따르는 경우 각 측선의 종선차 또는 횡선차 길이에 비례하여 배분한다.
④ 방위각법에 따르는 경우 각 측선의 종선차 또는 횡선차 길이에 반비례하여 배분한다.

◉ 해설

지적측량 시행규칙 제15조(지적도근점측량에서의 연결오차의 허용범위와 종선 및 횡선오차의 배분)
② 지적도근점측량에 따라 계산된 연결오차가 제1항에 따른 허용범위 이내인 경우 그 오차의 배분은 다음 각 호의 기준에 따른다.
　1. 배각법에 따르는 경우 : 계산식에 따라 각 측선의 종선차 또는 횡선차 길이에 비례하여 배분할 것
　2. 방위각법에 따르는 경우 : 계산식에 따라 각 측선장에 비례하여 배분할 것
③ 제2항의 경우 종선 또는 횡선의 오차가 매우 작아 이를 배분하기 곤란할 때에는 배각법에서는 종선차 및 횡선차가 긴 것부터, 방위각법에서는 측선장이 긴 것부터 차례로 배분하여 종선 및 횡선의 수치를 결정할 수 있다.

03 다음 중 지적도근점측량의 도선에 대한 설명으로 옳지 않은 것은? 12②기

① 1등도선은 위성기준점, 통합기준점, 삼각점, 지적삼각점 및 지적삼각보조점의 상호간을 연결하는 도선 또는 다각망도선으로 한다.
② 2등도선은 위성기준점, 통합기준점, 삼각점, 지적삼각점 및 지적삼각보조점과 지적도근점을 연결하거나 지적도근점 상호간을 연결하는 도선으로 한다.
③ 1등도선은 가 · 나 · 다 순으로 표기하고, 2등도선은 ㄱ · ㄴ · ㄷ 순으로 표기한다.
④ 지적도근점은 개방도선, 왕복도선, 폐합도선 및 다각망 도선으로 구성한다.

◉ 해설

지적측량 시행규칙 제12조(지적도근점측량)
① 지적도근점측량을 할 때에는 미리 지적도근점표지를 설치하여야 한다.
② 지적도근점의 번호는 영구표지를 설치하는 경우에는 시 · 군 · 구별로, 영구표지를 설치하지 아니하는 경우에는 시행지역별로 설치순서에 따라 일련번호를 부여한다. 이 경우 각 도선의 교점은 지적도근점의 번호 앞에 "교" 자를 붙인다.
③ 지적도근점측량의 도선은 다음 각 호의 기준에 따라 1등도선과 2등도선으로 구분한다.
　1. 1등도선은 위성기준점, 통합기준점, 삼각점, 지적삼각점 및 지적삼각보조점의 상호 간을 연결하는 도선 또는 다각망도선으로 할 것
　2. 2등도선은 위성기준점, 통합기준점, 삼각점, 지적삼각점 및 지적삼각보조점과 지적도근점을 연결하거나 지적도근점 상호 간을 연결하는 도선으로 할 것
　3. 1등도선은 가 · 나 · 다 순으로 표기하고, 2등도선은 ㄱ · ㄴ · ㄷ 순으로 표기할 것
④ 지적도근점은 결합도선 · 폐합도선(廢合道線) · 왕복도선 및 다각망도선으로 구성하여야 한다.

정답 01 ② 02 ③ 03 ④

04 지적도근점측량에서 연결오차의 허용범위 기준을 결정하는 경우, 경계점좌표등록부를 갖춰 두는 지역의 축척 분모는 얼마로 하여야 하는가? 12②기

① 3,000　　　　　② 1,200
③ 500　　　　　④ 600

●해설

문제 16번 해설 참고

05 도선법과 다각망도선법에 따른 지적도근점의 각도 관측에서 도선별 폐색오차의 허용범위 기준이 틀린 것은?(단, n은 폐색변을 포함한 변의 수를 말한다.) 12③기

① 방위각법에 따르는 경우 : 2등도선 $\pm 2\sqrt{n}$ 분 이내
② 배각법에 따르는 경우 : 2등도선 $\pm 30\sqrt{n}$ 초 이내
③ 방위각법에 따르는 경우 : 1등도선 $\pm \sqrt{n}$ 분 이내
④ 배각법에 따르는 경우 : 1등도선 $\pm 20\sqrt{n}$ 초 이내

●해설

배각법	1등	$\pm 20\sqrt{n}$(초)
	2등	$\pm 30\sqrt{n}$(초)
방위각법	1등	$\pm \sqrt{n}$(분)
	2등	$\pm 1.5\sqrt{n}$(분)

06 경계점좌표등록부 시행지역에서 지적도근점측량의 성과와 검사 성과의 연결교차는 얼마 이내이어야 하는가? 12③기

① 0.10m 이내　　　② 0.15m 이내
③ 0.20m 이내　　　④ 0.25m 이내

●해설

문제 13번 해설 참고

07 다각망 도선법에 따른 지적도근점측량에 대한 설명이 옳은 것은? 13①기

① 각 도선의 교점은 지적도근점의 번호 앞에 "교점" 자를 붙인다.
② 3점 이상의 기지점을 포함한 결합다각방식에 따른다.
③ 영구표지를 설치하지 않는 경우, 지적도근점의 번호는 시·군·구별로 부여한다.
④ 1도선의 점의 수는 40개 이하로 한다.

●해설

지적도근측량

		영구표지를 설치한 경우	영구표지를 설치하지 않은 경우
지적도근점의 번호		시·군·구별로 설치순서에 따라 일련번호 부여	시행지역별로 설치순서에 따라 일련번호 부여
		이 경우 각도선의 교점은 지적도근점 번호 앞에 "교" 자를 붙인다.	
측량 및 계산 방법	구분	경위의측량방법에 의한 도선법	경위의측량방법·전파기 또는 광파기측량방법에 의한 다각망도선법
	도선구성	결합도선(지형상 부득이한 경우 폐합도선·왕복도선)	3점 이상의 기지점을 포함한 결합다각방식
	1도선의 점의 수	40점 이하(지형상 부득이한 경우 50점)	20점 이하

08 다각망도선법에 따라 지적도근점측량을 실시하는 경우 지적도근점표지의 점간거리는 평균 얼마 이하로 하여야 하는가? 13①기

① 50m 이하　　　② 200m 이하
③ 300m 이하　　　④ 500m 이하

●해설

지적도근측량
지적도근점 간 거리 : 평균 50m 내지 300m 이하, 다각망도선법에 의한 경우 500m 이하

09 다각망도선법에 따른 지적도근점의 각도관측을 배각법에 따르는 경우, 1등도선의 변의 수가 폐색변을 포함하여 16변일 때 폐색오차는 얼마 이내이어야 하는가? 13②기

① ±60초 이내
② ±80초 이내
③ ±100초 이내
④ ±120초 이내

◉**해설**

폐색오차의 허용범위

배각법		방위각법	
1등도선	2등도선	1등도선	2등도선
$\pm 20\sqrt{n}$(초)	$\pm 30\sqrt{n}$(초)	$\pm\sqrt{n}$(분)	$\pm 1.5\sqrt{n}$(분)

n은 폐색변을 포함한 변수임

$\therefore \pm 20\sqrt{16} = 80$초 이내

10 지적도근점측량을 배각법에 따르는 경우 연결오차의 배분방법으로 옳은 것은? 13③기

① 각 측선의 측선장에 비례하여 배분한다.
② 각 측선의 측선장에 반비례하여 배분한다.
③ 각 측선의 종·횡선차 길이에 비례하여 배분한다.
④ 각 측선의 종·횡선차 길이에 반비례하여 배분한다.

◉**해설**

문제 02번 해설 참고

11 지적도근점측량에 대한 내용으로 틀린 것은? 13③기

① 1등도선은 가·나·다 순으로, 2등도선은 ㄱ·ㄴ·ㄷ 순으로 표기한다.
② 경위의측량방법에 따라 다각망도선법으로 할 때에는 3점 이상의 기지점을 포함한 결합다각방식에 따른다.
③ 경위의측량방법에 따라 도선법으로 할 때에는 왕복도선에 따르며 지형상 부득이한 경우 개방도선에 따를 수 있다.
④ 경위의측량방법에 따라 도선법으로 할 때에 1도선의 점의 수는 부득이한 경우 50점까지로 할 수 있다.

◉**해설**

문제 03번 해설 참고

12 지적도근점 두 점 A, B 간의 종선차 $\Delta X_a^b = 345.67$m이고 횡선차 $\Delta Y_a^b = -456.78$m일 때 V_a^b는? 14①기

① 52°38′24″
② 37°07′00″
③ 52°53′00″
④ 307°07′00″

◉**해설**

$$방위 = \tan^{-1}\frac{\Delta Y}{\Delta X} = \tan^{-1}\frac{456.78}{345.67}$$
$$= 52°52′59.69″$$

4상한이므로
방위각은 $360° - 52°52′59.69″ = 307°7′0.31″$

13 경계점좌표등록부 시행지역에서 지적도근점의 측량성과와 검사성과의 연결교차는 얼마 이내이어야 하는가? 14①기

① 0.15m 이내
② 0.20m 이내
③ 0.25m 이내
④ 0.30m 이내

◉**해설**

지적측량 시행규칙 제27조(지적측량성과의 결정)
① 지적측량성과와 검사 성과의 연결교차가 다음 각 호의 허용범위 이내일 때에는 그 지적측량성과에 관하여 다른 입증을 할 수 있는 경우를 제외하고는 그 측량성과로 결정하여야 한다.
  1. 지적삼각점 : 0.20미터
  2. 지적삼각보조점 : 0.25미터
  3. 지적도근점
    가. 경계점좌표등록부 시행지역 : 0.15미터
    나. 그 밖의 지역 : 0.25미터
  4. 경계점
    가. 경계점좌표등록부 시행지역 : 0.10미터
    나. 그 밖의 지역 : 10분의 3M밀리미터(M은 축척분모)
② 지적측량성과를 전자계산기기로 계산하였을 때에는 그 계산성과자료를 측량부 및 면적측정부로 본다.

정답 **09** ② **10** ③ **11** ③ **12** ④ **13** ①

14 도면에 등록하는 사항의 제도방법 기준이 옳은 것은? 14①⑰

① 경계는 0.1mm 폭의 선으로 제도한다
② 지적기준점은 0.3mm 폭의 선으로 제도한다.
③ 도면에 등록하는 도곽선은 0.2mm의 폭으로 제도한다.
④ 동·리의 행정구역선은 0.4mm 폭으로 한다.

●해설

지적업무처리규정 제43조(도곽선의 제도)
⑤ 도면에 등록하는 도곽선은 0.1밀리미터의 폭으로, 도곽선의 수치는 도곽선 왼쪽 아래부분과 오른쪽 윗부분의 종횡선교차점 바깥쪽에 2밀리미터 크기의 아라비아 숫자로 제도한다.

제44조(경계의 제도)
① 경계는 0.1밀리미터 폭의 선으로 제도한다.

제46조(지적기준점 등의 제도)
① 삼각점 및 지적기준점(제5조에 따라 지적측량수행자가 설치하고, 그 지적기준점성과를 지적소관청이 인정한 지적기준점을 포함한다.)은 0.2밀리미터 폭의 선으로 다음 각 호와 같이 제도한다.

제47조(행정구역선의 제도)
5. 동·리계는 실선 3밀리미터와 허선 1밀리미터로 연결하여 제도한다.

15 경위의측량방법과 다각망도선법에 따른 지적도근점의 관측에서 시가지지역, 축척변경지역 및 경계점좌표등록부 시행지역의 수평각 관측방법은? 14②⑰

① 방향각법   ② 교회법
③ 방위각법   ④ 배각법

●해설

지적측량 시행규칙 제13조(지적도근점의 관측 및 계산)
경위의측량방법, 전파기 또는 광파기측량방법과 도선법 또는 다각망도선법에 따른 지적도근점의 관측과 계산은 다음 각 호의 기준에 따른다.
1. 수평각의 관측은 시가지지역, 축척변경지역 및 경계점좌표등록부 시행지역에 대하여는 배각법에 따르고, 그 밖의 지역에 대하여는 배각법과 방위각법을 혼용할 것

16 지적도근점측량에서 측정한 각 측선의 수평거리의 총 합계가 1,550m일 때, 연결오차의 허용범위 기준은 얼마인가?(단, 경계점좌표등록부를 갖춰 두는 지역이며 2등 도선이다.) 14②⑰

① 19cm 이하   ② 29cm 이하
③ 39cm 이하   ④ 59cm 이하

●해설

$$500 \times \frac{1.5}{100} \sqrt{15.5} = 29cm$$

지적측량 시행규칙 제15조(지적도근점측량에서의 연결오차의 허용범위와 종선 및 횡선오차의 배분)
① 지적도근점측량에서 연결오차의 허용범위는 다음 각 호의 기준에 따른다. 이 경우 n은 각 측선의 수평거리의 총합계를 100으로 나눈 수를 말한다.

1. 1등도선은 해당 지역 축척분모의 $\frac{1}{100}\sqrt{n}$ 센티미터 이하로 할 것
2. 2등도선은 해당 지역 축척분모의 $\frac{1.5}{100}\sqrt{n}$ 센티미터 이하로 할 것
3. 제1호 및 제2호를 적용하는 경우 경계점좌표등록부를 갖춰 두는 지역의 축척분모는 500으로 하고, 축척이 6천분의 1인 지역의 축척분모는 3천으로 할 것. 이 경우 하나의 도선에 속하여 있는 지역의 축척이 2 이상일 때에는 대축척의 축척분모에 따른다.

17 지적도근점측량 중 배각법에 의한 도선의 계산 순서를 옳게 나열한 것은? 14③⑰

⊙ 관측성과 등의 이기
ⓒ 측각 오차 계산
ⓒ 방위각 계산
ⓔ 관측각의 합계 계산
ⓜ 각 관측선의 종·횡선 오차 계산
ⓗ 각 측점의 좌표 계산

① ⊙ → ⓒ → ⓒ → ⓔ → ⓜ → ⓗ
② ⊙ → ⓒ → ⓔ → ⓒ → ⓗ → ⓜ
③ ⊙ → ⓔ → ⓒ → ⓒ → ⓜ → ⓗ
④ ⊙ → ⓒ → ⓔ → ⓒ → ⓗ → ⓜ

◗해설┠

관측성과 등의 이기 → 폐색변을 포함한 변수 계산 → 관측각의 합계 계산 → 측각오차 및 공차의 계산과 배부 → 방위각 계산 → 각 측선의 종횡선 오차 계산 및 배부 → 각측점의 좌표 계산

18 다각망도선법에 의한 지적도근점측량을 할 때 1도선의 점의 수는 몇 점 이하로 제한되는가? 14③기

① 10점   ② 20점
③ 30점   ④ 40점

◗해설┠

문제 07번 해설 참고

19 배각법에 의한 지적도근점의 각도 관측 시, 측각오차의 배분방법으로 옳은 것은? 15①기

① 측선장에 비례하여 각 측선의 관측각에 배분한다.
② 측선장에 반비례하여 각 측선의 관측각에 배분한다.
③ 변의 수에 비례하여 각 측선의 관측각에 배분한다.
④ 변의 수에 반비례하여 각 측선의 관측각에 배분한다.

◗해설┠

측각오차의 배부

$$K = -\frac{e}{R} \times r$$

여기서, K : 각 측선에 배분할 초단위의 각도
　　　　e : 초단위의 각오차
　　　　R : 폐색변을 포함한 각 측선장 반수의 총합계
　　　　r : 각 측선장의 반수(반수는 측선장 1m에 대하여 1,000을 기준으로 한 수)

※ 배부할 때 오차가 +이면 배부수는 -가 되며, 배부량의 합계가 측각오차와 ±1″ 정도 차이가 날 경우 계산의 단수 처리를 확인하여 0.5에 가장 가까운 수에서 가감하여 조정하여야 한다.

20 지적도근점측량의 배각법에서 종횡선 오차는 다음 중 어느 방법으로 배부하여야 하는가? 15①기

① 컴퍼스 법칙   ② 트랜싯 법칙
③ 해론의 법칙   ④ 오사오입 법칙

◗해설┠

• 종횡선 오차의 공차 계산 : 방위각법에서는 컴퍼스 법칙에 의하여 수평거리에 비례하여 배부하였으나, 배각법에서는 트랜싯 법칙에 의해 각 측선의 종횡선차에 비례 배부하게 된다.

• 종횡선 오차의 배부 : 배각법(트랜싯 법칙)은 거리측정보다 각측정의 정밀도가 높다는 원리에 근거를 두고 배부하는 방법으로, 배각법에 의한 종선오차 및 횡선오차의 배부는 다음 식에 의한다. 지적도근측량에 의하여 계산된 연결오차가 허용범위 이내인 때에 다음의 산식에 따라 각 측선장에 비례하여 배분한다. 종선 또는 횡선의 오차가 매우 작아 이를 배분하기 곤란할 경우 배각법에서는 종선차 및 횡선차가 긴 것부터 배분하여 종선 및 횡선의 수치를 결정할 수 있다.

$$T = -\frac{e}{|L|} \times n$$

여기서, T : 각 측선의 종·횡선차에 배부할 센티미터 단위의 수치
　　　　e : 종선오차 또는 횡선오차의 센티미터 단위
　　　　$|L|$: 종선차 또는 횡선차 절대치의 합계
　　　　n : 종선차 또는 횡선차

21 다음 중 지적도근점측량을 반드시 시행하여야 하는 지역은? 15①기

① 축척변경시행지역   ② 대단위 합병지역
③ 토지분할지역   ④ 소규모 등록전환지역

◗해설┠

지적도근점측량

지적도근점측량은 측선의 거리와 그 측선들이 만나서 이루는 각을 측정하고 각 측선의 X, Y축의 거리와 방위각을 산출하여 지적 기초점의 좌표를 구하는 편리하고 신속한 측량방법이다. 지적도근점측량은 비교적 작은 규모의 지역에서 시준 거리가 짧은 경우 세부 측량의 골조를 구성하는 기초점으로서 삼각점 간에 보다 조밀한 기초점 배치가 필요한 경우에 사용된다.

대상지역은 다음과 같다.
• 축척변경측량을 위하여 지적확정측량을 하는 경우
• 도시개발사업 등으로 인하여 지적확정측량을 하는 경우
• 도시지역 및 준도시지역에서 세부측량을 하는 경우
• 측량지역의 면적이 당해 지적도 1장에 해당하는 면적 이상인 경우
• 세부측량 시행상 특히 필요한 경우

22 지적도근점측량에 의하여 계산된 연결오차가 허용범위 이내인 때에 연결오차의 배분 방법이 옳은 것은?(단, 방위각법에 의하는 경우를 기준으로 한다.)

15②기

① 각 방위각의 크기에 비례하여 배분한다.
② 각 측선의 종횡선차 길이에 비례하여 배분한다.
③ 각 측선장에 비례하여 배분한다.
④ 각 측선장의 반수에 비례하여 배분한다.

●해설

지적도근점측량에 있어 종선 및 횡선차의 배분

도선	배각법	방위각법
종선 및 횡선차의 배분 산식	$T=-\dfrac{e}{L}\times l$ (T는 각 측선의 종선차 또는 횡선차에 배분할 센티미터 단위의 수치, e는 종선오차 또는 횡선오차, L은 종선차 또는 횡선차의 절대치의 합계, l은 각 측선의 종선차 또는 횡선차를 말한다.)	$C=-\dfrac{e}{L}\times l$ (C는 각 측선의 종선차 또는 횡선차에 배분할 센티미터 단위의 수치, e는 종선오차 또는 횡선오차, L은 각 측선장의 총합계, l은 각 측선의 측선장을 말한다.)
배분기준	각 측선의 종선차 또는 횡선차 길이에 비례하여 배분	각 측선장에 비례하여 배분
종선 또는 횡선의 오차가 매우 작아 배분하기 곤란한 때	종선차 및 횡선차가 긴 것부터 배분	측선장이 긴 것부터 순차로 배분

23 도곽선의 제도에 대한 설명 중 틀린 것은?

15②기

① 도면의 위 방향은 항상 북쪽이 되어야 한다.
② 이미 사용하고 있는 도면의 도곽 크기는 종전에 구획되어 있는 도곽과 그 수치로 한다.
③ 도면에 등록하는 도곽선은 0.1mm의 폭으로 제도한다.
④ 도곽선 수치는 왼쪽 윗부분과 오른쪽 아랫부분에 제도한다.

●해설

도곽선의 제도
• 도면의 윗방향은 항상 북쪽이 되어야 한다.
• 지적도의 도곽 크기는 가로 40cm, 세로 30cm의 직사각형으로 한다.
• 도곽의 구획은 좌표의 원점을 기준으로 하여 정하되, 그 도곽의 종횡선수치는 좌표의 원점으로부터 기산하여 종횡선수치를 각각 가산한다.
• 이미 사용하고 있는 도면의 두곽 크기는 제2항이 규정에 불구하고 종전에 구획되어 있는 도곽과 그 수치로 한다.
• 도면에 등록하는 도곽선은 0.1mm의 폭으로, 도곽선의 수치는 도곽선 왼쪽 아랫부분과 오른쪽 윗부분의 종횡선교차점 바깥쪽에 2mm 크기의 아라비아 숫자로 제도한다.

24 다각망도선법에 따르는 경우, 지적도근점표지의 점간거리는 평균 몇 m 이하로 하여야 하는가?

15②기

① 300m　　② 500m
③ 1,000m　　④ 2,000m

●해설

도근측량

종별	각	측정횟수	거리	진수	좌표
배각법	초	3회	cm	5자리 이상	cm
방위각법	분	1회	cm	5자리 이상	cm

경위의측량방법에 의한 도선법	경위의측량방법·전파기 또는 광파기 측량방법에 의한 다각망 도선법

2회 측정 허용교차 1/3,000m
올려본 각과 내려본 각을 관측하여 그 교차가 90초 이내
20초독 이상

50~300m	평균 500m 이하

25 다음 중 지적도근점측량에 대한 설명으로 옳은 것은? 15③기

① 지적도근점측량의 도선은 A도선과 B도선으로 구분한다.
② 광파기측량방법과 도선법에 따른 지적도근점의 수평각 관측 시 경계점좌표등록부 시행 지역에 대하여는 배각법에 따른다.
③ 다각망도선법으로 지적도근점측량을 할 때에 1도선의 점의 수는 40개 이하로 한다.
④ 교회망 또는 교점다각망으로 구성하여야 한다.

해설

문제 07번 해설 참고

26 축척 1/600 지역에서 지적도근점측량을 실시하여 측정한 수평거리의 총합계가 1,600m이었을 때 연결오차의 허용범위는?(단, 1등도선인 경우이다.) 15③기

① 21cm 이하　　② 24cm 이하
③ 27cm 이하　　④ 30cm 이하

해설

지적도근점측량

연결오차 $= \dfrac{M}{100}\sqrt{n} = \dfrac{600}{100}\sqrt{\dfrac{1,600}{100}} = 24\text{cm}$

27 축척 1/1,200 지역의 지적도근점 측량에서 각 측선의 수평거리의 총 합계가 2,500m인 경우, 2등도선의 연결오차는 최대 얼마 이하로 하여야 하는가? 12①산

① 0.6m　　② 0.70m
③ 0.80m　　④ 0.90m

해설

연결오차 $= 1,200 \times \dfrac{1.5}{100}\sqrt{25} = 90\text{cm} = 0.9\text{m}$

28 지적도근점의 각도 관측 시 배각법을 따르는 경우 오차의 배분방법으로 옳은 것은? 12①산, 15③산

① 측선장에 비례하여 각 측선의 관측각에 배분한다.
② 변의 수에 비례하여 각 측선의 관측각에 배분한다.
③ 측선장에 반비례하여 각 측선의 관측각에 배분한다.
④ 변의 수에 반비례하여 각 측선의 관측각에 배분한다.

해설

지적측량 시행규칙 제14조(지적도근점의 각도관측을 할 때의 폐색오차의 허용범위 및 측각오차의 배분)
1. 배각법에 따르는 경우 : 계산식에 따라 측선장(測線長)에 반비례하여 각 측선의 관측각에 배분할 것
2. 방위각법에 따르는 경우 : 계산식에 따라 변의 수에 비례하여 각 측선의 방위각에 배분할 것

폐색오차의 허용범위 및 배분(배각법에 의한 각 관측)

폐색오차의 허용범위 (공차)	1등도선은 $\pm 20\sqrt{n}$ 초 이내 2등도선은 $\pm 30\sqrt{n}$ 초 이내
측각오차의 배분	$K = -\dfrac{e}{R} \times r$ 여기서, K : 각 측선에 배분할 초단위의 각도 e : 초단위의 오차 R : 폐색변을 포함한 각 측선장의 반수의 총합계 r : 각 측선장의 반수(반수는 측선장 1m에 대하여 1,000을 기준으로 한 수)

29 지적도근점성과표에 기록 · 관리하여야 할 사항에 해당하지 않는 것은? 12②산

① 좌표　　② 도선등급
③ 표지의 재질　　④ 자오선수차

해설

지적측량 시행규칙 제4조(지적기준점성과의 기록 · 관리 등)
② 제3조에 따라 지적소관청이 지적삼각보조점성과 및 지적도근점성과를 관리할 때에는 다음 각 호의 사항을 지적삼각보조점성과표 및 지적도근점성과표에 기록 · 관리하여야 한다.
1. 번호 및 위치의 약도
2. 좌표와 직각좌표계 원점명
3. 경도와 위도(필요한 경우로 한정한다)

정답 25 ② 26 ② 27 ④ 28 ③ 29 ④

4. 표고(필요한 경우로 한정한다)
5. 소재지와 측량연월일
6. 도선등급 및 도선명
7. 표지의 재질
8. 도면번호
9. 설치기관
10. 조사연월일, 조사자의 직위 · 성명 및 조사 내용

③ 제2항 제10호에 따른 조사 내용은 지적삼각보조점 및 지적도근점표지의 멸실 유무, 사고 원인, 경계의 부합 여부 등을 석는다. 이 경우 경계와 부합되지 아니할 때에는 그 사유를 적는다.

30 지적도근점측량의 도선에 관한 설명으로 틀린 것은? 12②산

① 삼각점 및 지적삼각보조점의 상호 간을 연결하는 도선은 1등도선이다.
② 지적삼각점 및 지적삼각보조점의 상호 간을 연결하는 다각망도선은 1등도선이다.
③ 지적도근점 상호 간을 연결하는 도선은 2등도선이다.
④ 2등도선은 삼각점을 기준으로 한 개방도선이다.

● 해설

지적측량 시행규칙 제12조(지적도근점측량)
③ 지적도근점측량의 도선은 다음 각 호의 기준에 따라 1등도선과 2등도선으로 구분한다.
  1. 1등도선은 위성기준점, 통합기준점, 삼각점, 지적삼각점 및 지적삼각보조점의 상호 간을 연결하는 도선 또는 다각망도선으로 할 것
  2. 2등도선은 위성기준점, 통합기준점, 삼각점, 지적삼각점 및 지적삼각보조점과 지적도근점을 연결하거나 지적도근점 상호 간을 연결하는 도선으로 할 것
  3. 1등도선은 가 · 나 · 다 순으로 표기하고, 2등도선은 ㄱ · ㄴ · ㄷ 순으로 표기할 것

31 지적도근점의 망 구성형태가 아닌 것은? 12③산

① 결합도선
② 폐합도선
③ 다각망도선
④ 개방도선

● 해설

지적측량 시행규칙 제12조(지적도근점측량)
④ 지적도근점은 결합도선 · 폐합도선(廢合道線) · 왕복도선 및 다각망도선으로 구성하여야 한다.

32 지적도근점측량을 방위각법으로 실시하여 종선오차가 −0.15m 발생하였다. 각 측선장의 총합계가 1725.49m일 경우, 76.25m인 측선장에 배분할 종선오차 배부량은? 12③산

① −0.02m
② −0.01m
③ +0.01m
④ +0.20m

● 해설

$$C = -\frac{-0.15}{1725.49} \times 76.25 = 0.006 = 0.01m$$

33 지적도근점측량을 방위각법으로 실시하기 위한 출발기지점 A, B의 좌표가 아래와 같을 때 $V_A{}^B$ (AB의 방위각)는? 12③산

점명	종선좌표(m)	횡선좌표(m)
A	443912.56	193542.23
B	441412.56	193542.23

① 0°
② 90°
③ 180°
④ 270°

● 해설

종선차($\Delta X = X_b - X_a$)
횡선차($\Delta Y = Y_b - Y_a$)
종선차 = 44,142.56 − 443,912.56 = −2,500m
횡선차 = 193,542.23 − 193,542.13 = 0
방위 = $\tan^{-1} \dfrac{\Delta Y}{\Delta X} = 0°$
2상한이므로
방위간 = 180° − 0° = 180°

종선차	횡선차	방위각
0	+수	90°
−수	0	180°
0	−수	270°
+수	0	0°(360°)

34 경위의측량방법에 따라 도선법으로 지적도근점측량을 할 때에 1도선의 점의 수는 최대 얼마 이하로 하여야 하는가?(단, 지형상 부득이한 경우는 고려하지 않는다.) 13①산

① 10점
② 20점
③ 30점
④ 40점

해설

지적측량 시행규칙 제12조(지적도근점측량)
⑤ 경위의측량방법에 따라 도선법으로 지적도근점측량을 할 때에는 다음 각 호의 기준에 따른다.
　1. 도선은 위성기준점, 통합기준점, 삼각점, 지적삼각점, 지적삼각보조점 및 지적도근점의 상호 간을 연결하는 결합도선에 따를 것. 다만, 지형상 부득이한 경우에는 폐합도선 또는 왕복도선에 따를 수 있다.
　2. 1도선의 점의 수는 40점 이하로 할 것. 다만, 지형상 부득이한 경우에는 50점까지로 할 수 있다.

35 축척이 1/1,000인 지적도 시행 지역에서 지적도근점측량을 1등 도선으로 측정한 각 측선의 수평거리의 총 합계가 700m이었을 때, 연결오차의 허용범위 기준은? 13①산

① 20cm 이하
② 26cm 이하
③ 35cm 이하
④ 40cm 이하

해설

연결오차의 허용범위

1등 도선	2등도선
당해 지역 축척분모의 $\frac{1}{100}\sqrt{n}$ 센티미터 이하	당해 지역 축척분모의 $\frac{1.5}{100}\sqrt{n}$ 센티미터 이하

n은 각 측선의 수평거리의 총합계를 100으로 나눈 수, 축척분모는 경계점좌표등록부 비치지역은 1/500, 1/6,000 지역은 1/3,000로, 축척이 2 이상인 때는 대축척

$$연결오차 = 1,000 \times \frac{1}{100}\sqrt{\frac{700}{100}} = 26cm$$

36 지적도근점측량에서 지적도근점을 구성하는 기준 도선에 해당하지 않는 것은? 13①산

① 개방도선
② 폐합도선
③ 결합도선
④ 왕복도선

해설

지적측량 시행규칙 제12조(지적도근점측량)
① 지적도근점측량을 할 때에는 미리 지적도근점표지를 설치하여야 한다.
② 지적도근점의 번호는 영구표지를 설치하는 경우에는 시·군·구별로, 영구표지를 설치하지 아니하는 경우에는 시행 지역별로 설치순서에 따라 일련번호를 부여한다. 이 경우 각 도선의 교점은 지적도근점의 번호 앞에 "교" 자를 붙인다.
③ 지적도근점측량의 도선은 다음 각 호의 기준에 따라 1등도선과 2등도선으로 구분한다.
　1. 1등도선은 위성기준점, 통합기준점, 삼각점, 지적삼각점 및 지적삼각보조점의 상호 간을 연결하는 도선 또는 다각망도선으로 할 것
　2. 2등도선은 위성기준점, 통합기준점, 삼각점, 지적삼각점 및 지적삼각보조점과 지적도근점을 연결하거나 지적도근점 상호 간을 연결하는 도선으로 할 것
　3. 1등도선은 가·나·다 순으로 표기하고, 2등도선은 ㄱ·ㄴ·ㄷ 순으로 표기할 것
④ 지적도근점은 결합도선·폐합도선(廢合道線)·왕복도선 및 다각망도선으로 구성하여야 한다.

37 지적도근점측량의 방법 기준이 틀린 것은? 13②산

① 경위의측량방법에 따라 도선법으로 지적도근점측량을 할 때 1도선의 점의 수는 30점 이하로 한다.
② 지적도근점측량의 도선은 1등도선과 2등도선으로 구분한다.
③ 경위의측량방법에 따라 다각망도선법으로 지적도근점 측량을 할 때 1도선의 점의 수는 20점 이하로 한다.
④ 경위의측량방법과 도선법에 따르는 지적도근점의 관측은 20초독 이상의 경위의를 사용한다.

정답 34 ④ 35 ② 36 ① 37 ①

◎해설

측량 및 계산 방법	구분	경위의측량방법에 의한 도선법	경위의측량방법·전파기 또는 광파기 측량방법에 의한 다각망도선법
	도선 구성	결합도선(지형상 부득이한 경우 폐합도선·왕복도선)	3점 이상의 기지점을 포함한 결합다각방식
	1도선의 점의 수	40점 이하(지형상 부득이한 경우 50점)	20점 이하
수평각	구분	시가지·축척변경·경계점좌표등록부시 행지역	그 밖의 지역
	방법	배각법	배각법과 방위각법 혼용
	관측	20초독 이상의 경위의 사용	

38 지적도근점성과표에 기록·관리하여야 할 사항이 아닌 것은? 13②산

① 표고 및 방위각
② 소재지와 측량 연월일
③ 직각좌표계 원점명
④ 번호 및 위치의 약도

◎해설

지적삼각보조점성과표 및 지적도근점성과표 성과고시 및 성과표의 기록·관리

성과고시(공보에 게재)	성과표의 기록·관리
• 지점삼각보조점의 명칭 및 번호 • 좌표 • 소재지와 측량 연월일 • 측량성과 보관장소	• 번호 및 위치의 약도 • 좌표 • 소재지와 측량 연월일 • 도선등급 및 도선명 • 표지의 재질 • 도면번호 • 조사 연월일, 조사자의 직위·성명 및 조사내용

39 다각망도선법에 따르는 경우 지적도근점표지의 점간거리는 평균 얼마 이하로 하여야 하는가? 13②산

① 500m
② 300m
③ 100m
④ 50m

◎해설

지적도 근점 간 거리	평균 50m 내지 300m 이하, 다각망도선법에 의한 경우 500m 이하
지적도 근점의 구성	결합도선·폐합도선·왕복도선·다각망도선

40 축척이 600분의 1인 지역의 지적도근점측량에서 각 측선의 수평거리의 총합계가 1,800m일 때, 1등도선 연결오차의 허용범위는? 13③산

① 25cm 이하
② 38cm 이하
③ 42cm 이하
④ 63cm 이하

◎해설

$$1등도선 = M \times \frac{1}{100} \times \sqrt{n}$$

$$= \frac{600}{100} \times \sqrt{\frac{1,800}{100}} = 25.45\text{cm}$$

41 배각법에 의한 지적도근점측량에서 측선장의 합계가 1858.67m이고, 종선오차가 −0.30m, 종선차의 절대치의 합이 268.29m일 때, 종선차 +50.35m에 배부할 보정량은? 13③산

① +2cm
② −2cm
③ +6cm
④ −6cm

◎해설

$$K = -\frac{e}{L} \times l = \frac{-0.3}{268.29} \times 50.35 = 0.056\text{m} = 6\text{cm}$$

42 경위의측량방법과 도선법에 따른 지적도근점의 관측시 시가지 지역에서 수평각을 관측하는 방법으로 옳은 것은? 14①산

① 배각법
② 방위각법
③ 각관측법
④ 편각법

해설

수평각 관측법

구분	시가지 · 축척변경 · 경계점좌표등록부시행지역	그 밖의 지역
방법	배각법	배각법과 방위각법 혼용
관측	20초독 이상의 경위의 사용	

43 배각법에 의한 지적도근점측량 시행 시 계산된 연결오차의 배분 방법은? 14①산

① 각 측선의 측선장에 비례하여 배분한다.
② 각 측선의 종선차 또는 횡선차 길이에 반비례하여 배분한다.
③ 각 측선의 종선차 또는 횡선차 길이에 비례하여 배분한다.
④ 각 측선의 측선장에 반비례하여 배분한다.

해설

지적측량 시행규칙 제15조(지적도근점측량에서의 연결오차의 허용범위와 종선 및 횡선오차의 배분)

② 지적도근점측량에 따라 계산된 연결오차가 제1항에 따른 허용범위 이내인 경우 그 오차의 배분은 다음 각 호의 기준에 따른다.
　1. 배각법에 따르는 경우 : 계산식에 따라 각 측선의 종선차 또는 횡선차 길이에 비례하여 배분할 것
　2. 방위각법에 따르는 경우 : 계산식에 따라 각 측선장에 비례하여 배분할 것
③ 제2항의 경우 종선 또는 횡선의 오차가 매우 작아 이를 배분하기 곤란할 때에는 배각법에서는 종선차 및 횡선차가 긴 것부터, 방위각법에서는 측선장이 긴 것부터 차례로 배분하여 종선 및 횡선의 수치를 결정할 수 있다.

44 배각법에 의해 도근측량을 실시하여 종선차의 합이 −140.10m, 종선차의 기지값이 −140.30m, 횡선차의 합이 320.20m, 횡선차의 기지값이 320.25m일 때 연결오차는? 14②산

① 0.21m
② 0.30m
③ 0.25m
④ 0.31m

해설

- 종선오차＝종선차의 합−기지종선차
$$= -140.10 - (-140.30) = 0.20m$$
- 횡선오차＝횡선차의 합−기지횡선차
$$= +320.20 - 320.25 = -0.05$$
$$\therefore 연결오차 = \sqrt{(종선오차)^2 + (횡선오차)^2}$$
$$= \sqrt{0.20^2 + (-0.05)^2} = 0.206m$$

45 다각망도선법에 의하여 지적도근점 측량을 실시하는 방법으로 옳은 것은? 14②산

① 개방도선식으로 망을 구성한다.
② 왕복도선식으로 망을 구성한다.
③ 폐합도선방식으로 망을 구성한다.
④ 결합다각방식으로 망을 구성한다.

해설

다각망도선법에 의하여 지적도근점 측량을 실시하는 방법으로 3점 이상의 기지점을 포함한 결합다각방식으로 망을 구성한다.

46 지적삼각보조점성과표 및 지적도근점성과표에 기록 · 관리하여야 하는 사항에 해당하지 않는 것은? 14③산

① 번호 및 위치의 약도
② 소재지와 측량 연월일
③ 도선등급 및 도선명
④ 측량성과 보관장소

해설

문제 38번 해설 참고

47 지적도근점측량에서 도선의 표기방법이 옳은 것은? 14③산

① 1등도선은 A, B, C 순으로 표기한다.
② 1등도선은 가, 나, 다 순으로 표기한다.
③ 2등도선은 (1), (2), (3) 순으로 표기한다.
④ 2등도선은 1, 2, 3 순으로 표기한다.

정답 43 ③　44 ①　45 ④　46 ④　47 ②

해설

지적도근점측량에서 도선의 표기방법

1. 도선의 편성
   - 도선은 지적측량기준점을 연결하는 결합도선에 의한다. 다만, 지형상 부득이한 때에는 폐합도선 또는 왕복도선에 의할 수 있다.
   - 1도선의 점의 수는 40점 이하로 한다. 다만, 지형상 부득이한 때에는 50점까지로 할 수 있다.
   - 지적도근점은 결합도선 · 폐합도선 · 왕복도선 및 다각망도선으로 구성하여야 한다.

2. 도선의 등급
   - 1등도선은 삼각점 · 지적삼각점 및 지적삼각보조점의 상호 간을 연결하는 도선 또는 다각망도선으로 한다.
   - 2등도선은 삼각점 · 지적삼각점 또는 지적삼각보조점과 지적도근점을 연결하거나 지적도근점 상호 간을 연결하는 도선으로 한다.
   - 1등도선은 가 · 나 · 다 순으로, 2등도선은 ㄱ · ㄴ · ㄷ 순으로 표기한다.

48 축척 1/500 지적도에서 도곽선의 신축량이 $\Delta X = +1.5\text{mm}$, $\Delta Y = +1.5\text{mm}$일 때 보정계수는?　14③산

① 0.9913　　　　　② 0.9825

③ 0.9923　　　　　④ 0.8299

해설

1. 도상길이로 계산
   $$\text{보정계수} = \frac{X \cdot Y}{\Delta X \cdot \Delta Y} = \frac{300 \times 400}{301.5 \times 401.5} = 0.9913$$

2. 지상길이로 환산
   1.5mm를 지상거리로 환산
   - 축척 = $\dfrac{\text{도상거리}}{\text{실제거리}} \Rightarrow \dfrac{1}{500} = \dfrac{1.5}{\text{실제거리}}$
   - 실제거리 = $500 \times 1.5 = 750\text{mm} = 0.75\text{m}$
   - 보정계수 = $\dfrac{X \cdot Y}{\Delta X \cdot \Delta Y}$
     $= \dfrac{150 \times 200}{150.75 \times 200.75} = 0.9913$

49 다음 중 지상 500m²를 도면 상에 5cm²로 나타낼 수 있는 도면의 축척은 얼마인가?　15①산

① 1/500　　　　　② 1/600

③ 1/1,000　　　　④ 1/1,200

해설

$$\left(\frac{1}{m}\right)^2 = \frac{\text{도상면적}}{\text{실제면적}}$$
$$\frac{1}{m} = \sqrt{\frac{0.0005}{500}} = \frac{1}{1,000}$$
$$M = \left(\frac{1}{m}\right)^2 = \left(\frac{l}{L}\right)^2 = \frac{a}{A}$$
$$\therefore \frac{1}{m} = \sqrt{\frac{a}{A}} = \sqrt{\frac{0.0005}{500}} = \frac{1}{1,000}$$

50 경계점좌표등록부 시행지역에서 배각법에 의하여 도근측량을 실시하였다. 폐색변을 포함하여 17변일 때 1등도선의 폐색오차의 허용범위는?　15②산

① ±75초 이내　　　② ±79초 이내

③ ±82초 이내　　　④ ±95초 이내

해설

폐색오차 허용범위 1등 도선
$$\pm 20\sqrt{n}\,(\text{초}) = \pm 20\sqrt{17} = \pm 82\text{초}$$

51 방위각법에 의한 지적도근점측량 시 관측 방위각이 83°15′이고 기지방위각이 83°18′이었을 때 방위각 오차는?　15②산

① +6분　　　　　② −6분

③ +3분　　　　　④ −3분

해설

방위각오차 = 관측방위각 − 기지방위각
$$= 83°15′ - 83°18′ = -3′$$

52 방위각법에 의한 지적도근점측량 계산에서 종횡선오차는 어떻게 배분하는가?(단, 연결오차가 허용범위 이내인 경우) 15②산

① 측선장에 역비례 배분한다.
② 종횡선차에 역비례 배분한다.
③ 측선장에 비례 배분한다.
④ 종횡선차에 비례 배분한다.

해설

종선오차, 횡선오차의 배부
종횡선오차의 배부는 측선장에 비례하여 배부하도록 규정되어 있으므로 다음 식으로 산출한다.

$$C = -\frac{e}{L} \times l$$

여기서, C : 각 측선의 종선차 또는는 횡선차에 배부할 센티미터 단위의 수치
e : 종선오차 또는 횡선오차
L : 각 측선장의 총합계
l : 각 측선의 측선장

53 지적도근점의 각도 관측에 있어서 배각법에 의할 때 1도선(1등도선)의 기지방위각 또는 평균방위각과 관측방위각의 폐색오차 허용범위는? 15③산

① $\pm\sqrt{n}$ 초 이내 ② $\pm10\sqrt{n}$ 초 이내
③ $\pm20\sqrt{n}$ 초 이내 ④ $\pm30\sqrt{n}$ 초 이내

해설

지적도근측량

패색오차의 허용범위	배각법		방위각법	
	1등도선	2등도선	1등도선	2등도선
	$\pm20\sqrt{n}$ (초)	$\pm30\sqrt{n}$ (초)	$\pm\sqrt{n}$ (분)	$\pm1.5\sqrt{n}$ (분)
	n은 폐색변을 포함한 변수임			

CHAPTER 07 지적세부측량

••7.1 개요

세부측량은 위성기준점, 통합기준점, 지적기준점 및 경계점을 기초로 하여 경위의측량방법, 평판측량방법, 위성측량방법 및 전자평판측량방법에 의하여 1필지의 경계와 행정 구역선 등을 지적공부에 등록하기 위하여 실시하는 측량을 말한다. 이러한 세부측량은 '세밀한 부분의 측량'이라는 뜻을 지니고 있으며, 이 말을 줄여 세부측량이라고 하고, 일필지별로 세밀한 사항을 측정한다고 하여 '일필지측량'이라고도 한다.

••7.2 세부측량의 종류

7.2.1 신규등록측량

공유수면매립 등으로 인하여 새로이 조성된 토지와 토지는 존재하나 현재 지적공부에 등록이 누락된 토지를 지적공부에 등록하기 위하여 실시하는 측량을 말한다.

측량대상	① 공유수면매립준공 등으로 인하여 지적공부에 새로이 등록할 토지가 생성된 경우 ② 기존의 지적공부에 등록이 누락된 미등록 공공용 토지(도로, 하천, 구거 등)를 지적공부에 등록하고자 할 경우
측량기준	① 기존의 지적공부에 등록이 누락된 토지를 신규등록하는 경우의 경계는 기 등록된 인접 토지의 경계를 기준으로 등록한다. ② 지적공부의 정밀도 향상을 위하여 임야대장에는 신규등록을 하지 않는다.

7.2.2 등록전환측량

임야대장 및 임야도에 등록된 토지를 토지대장 및 지적도에 옮겨 등록하기 위하여 실시하는 측량을 등록전환측량이라 한다. 즉, 산림의 형질변경허가·개간허가 등의 준공에 따라 임야대장과 임야도에 등록된 사항을 말소하고 이를 토지대장과 지적도에 옮겨 등록하기 위해 실시하는 측량을 말한다.

측량대상	① 관계법령에 의거 토지의 형질변경·개간·건축물의 사용검사 등으로 인하여 지목이 변경되어야 할 토지로서 임야대장 및 임야도로부터 토지대장 및 지적도에 옮겨 등록하고자 할 경우 ② 동일한 임야도 내에 있는 대부분의 토지가 등록전환되어 나머지 토지를 계속 임야도에 존치하는 것이 불합리하거나, 임야도에 등록된 토지가 실지로 형질변경되었으나 지목변경을 할 수 없는 경우 임야대장에 등록된 지목으로 지적도에 옮겨 등록할 경우
측량기준	지적공부의 정밀도 향상을 위하여 토지대장 및 지적도에 등록된 토지를 임야대장 및 임야도로 옮겨 등록하는 것은 불가하다.

7.2.3 분할측량

지적공부에 등록된 1필지를 2필지 이상으로 나누어 등록하기 위하여 실시하는 측량을 말한다.

측량대상	① 1필지의 일부가 형질변경 등으로 용도가 다르게 된 경우 ② 1필지의 일부가 소유자가 다르게 되거나 토지소유자가 소유권 이전, 매매 등을 위하여 필요로 한 경우 ③ 소유자가 필요로 하는 경우 ④ 토지이용상 불합리한 지상경계를 시정하기 위한 경우
측량기준	분할하고자 하는 토지는 토지의 구획이 되는 지형 지물 또는 지상구조물을 기준으로 분할경계를 설정하여야 하며, 지상구조물이 없는 경우에는 규정에 의한 경계점 표지를 설치한 후 분할측량을 하여야 한다.

7.2.4 지적확정측량

지적공부에 기등록된 토지가 도시개발사업·농어촌정비사업 등에 의하여 새로이 토지의 소재·지번·지목·경계 또는 좌표와 면적 등을 지적공부에 등록하기 위하여 실시하는 측량을 말하는 것으로 세부측량 중에서 가장 정밀하게 실시되는 측량이다.

측량대상	도시개발사업 등의 공사가 준공된 경우로서 토지의 표시사항을 지적공부에 새로이 등록하기 위한 경우 ① 도시개발사업에 의한 도시개발사업 ② 농어촌정비법에 의한 농어촌정비사업 ③ 주택법에 의한 주택건설사업 ④ 택지개발촉진법에 의한 택지개발사업 ⑤ 산업입지 및 개발에 관한 법률에 의한 산업단지조성사업 ⑥ 도시 및 주거환경정비법에 의한 정비사업 ⑦ 지역균형개발 및 중소기업육성에 관한 법률에 의한 지역개발사업
측량기준	지적확정측량은 경위의측량법, 전파기 또는 광파기측량방법을 원칙으로 한다. 다만, 농지개량사업에 따른 지적확정측량을 함에 있어 그 농지의 면적이 적거나 협장하여 지적공부 관리상 경위의측량법, 전파기 또는 광파기측량방법으로 하는 것이 적합하지 아니할 경우 측판측량방법으로 할 수 있다.

7.2.5 축척변경측량 및 복구측량 등

축척변경 측량	지적도나 임야도의 정밀도를 높이기 위하여 소축척을 대축척으로 변경하기 위하여 실시하는 측량을 말한다. 축척변경측량 대상은 다음과 같다. ① 토지의 빈번한 이동으로 인하여 소축척의 도면으로는 측량성과를 정밀하게 등록하거나 결정하기 곤란할 때 ② 동일한 지번부여지역 안에 상이한 축척이 병존하여 측량성과의 통일성이 결여된 때 등
복구측량	천재(天災)·지변(地變) 등에 의하여 멸실된 지적공부를 멸실 이전의 상태대로 복구하기 위하여 필요시 실시하는 측량을 말하는 것으로, 현재 경기도·강원도 일원에 6·25전쟁 등으로 멸실된 지적공부가 많아 복구측량이 이루어지고 있다.
경계정정 측량	지적공부에 착오 또는 실수 등으로 잘못 등록된 경계를 바르게 정정하여 등록하기 위하여 실시하는 측량을 말한다. 즉, 현지의 경계는 변동이 없는데 지적공부에 등록된 토지의 경계가 잘못 등록되어 있을 경우 또는 경계점좌표등록부에 등록된 좌표에 오류가 있을 때 도면 또는 좌표를 정정하기 위하여 실시하는 측량을 말한다.
경계복원 측량	지적공부에 등록된 경계를 지표상에 복원(표시)하기 위하여 실시하는 측량을 말하는 것으로 1975년 12월 31일 지적법 개정(법률 제2801호) 시 법령화하였으며 1976. 4. 1.부터 시행되었다.
현황측량	지상구조물 또는 지형·지물이 점유하는 위치현황을 실측하여 지적도 또는 임야도에 등록된 경계와 대비하여 표시하고자 할 때 실시하는 측량을 말한다.

••7.3 평판측량

7.3.1 평판측량의 장단점

장점	단점
① 기계의 조작이 간단하다. ② 현장에서 직접 작도되어 결측이나 재측량을 할 필요가 없고, 내업에서 시간이 절약된다. ③ 야장이 필요 없다. ④ 현장에서 측량이 잘못된 곳을 발견하기 쉽다.	① 기후의 영향을 많이 받는다. ② 다른 측량에 비해 정밀도가 낮다. ③ 습기가 많은 날씨에는 도지의 신축에 의해 오차가 많이 생긴다. ④ 외업에 많은 시간이 소요된다.

7.3.2 앨리데이드

앨리데이드는 폭 약 4cm, 두께 약 1.5cm, 길이 약 22~27cm 자의 형이며 윗면 중앙에는 곡률반경 1.0~1.5m 정도의 기포관과 옆면에는 축척의 잣눈이 있다.

축척의 눈금은 보통 mm 단위의 것을 고정했으나 필요에 따라 적당한 축척으로 바꿀 수가 있다. 전·후시준판의 안쪽 면에는 두 시준판이 고정된 안쪽 간격의 1/100에 해당하는 눈금이 새겨져 있으며 이를 이용하여 수평거리와 고저차를 구할 수 있다.

① 인출판   ② 후시준판   ③ 전시준판
④ 기포관   ⑤ 정준간   ⑥ 밑면자

▌앨리데이드 ▌

7.3.3 평판의 설치법

평판을 측정점에 세울 때에는 측각에 고정시키고 정준(수평), 구심(치심), 표정(방향)을 하는데, 이를 측판의 3요소라 한다.

평판의 3요소	내용
정준(수평)	앨리데이드의 기포관을 이용하여 평판을 수평으로 하는 작업
구심(치심)	지상점과 도상점을 일치시키는 작업
표정(방향)	방향선에 따라 평판의 위치를 고정시키는 작업으로, 표정의 오차가 측판측량에 가장 큰 영향을 미친다.

7.3.4 평판측량의 방법

평판측량에 의한 세부 측량방법은 교회법, 도선법, 방사법에 의하여 실시한다.

교회법		
교회법은 방향선의 교회로서 점의 위치를 결정하는 방법으로 전방교회법, 측방교회법, 후방교회법으로 구분하며 전방교회법은 방향선법과 원호교회법으로 구분하고 원호교회법은 지상원호교회법과 도상원호교회법으로 나눈다.		
	전방교회법 (기지점)	장애물이 있어 직접 거리측량이 곤란할 때 2개 이상의 기지점을 측점으로 하여 미지점의 위치를 결정하는 방법이다.
	후방교회법 (미지점)	지상의 기지점 3개에 대하여 구하고자 하는 임의의 점에 평판을 세우고 도상의 점에 각각 측침을 꽂고 앨리데이드로 시준하여 2개 이상의 방향선이 교차되는 도상의 점을 구하는 방법이다.
	측방교회법 (기지+미지점)	측방교회법은 전방교회법과 후방교회법을 병용한 방법으로 기지점 2점 중 한 점에 접근하기 곤란한 기지의 2점을 이용하여 미지점을 구하는 방법이다.

도선법 (전진법)	측량하고자 하는 구역 내에 장애물이 많아서 방사법으로 불가능할 때 사용하는 방법이며 정확히 성과와 오차를 발견할 수 있으나 많은 시간과 노력이 필요하다. 도선법은 기지점에서 출발하여 다른 기지점에 폐색하는 결합도선과 출발기지점에 복귀시키는 회귀도선이 있는데 모두 다각선을 경유하여 각 변의 방향과 거리로서 순차로 점의 위치를 결정하는 방법이다.
방사법 (광선법)	방사법은 간단하고 정확한 방법이나 한 측점으로부터 많은 점을 시준할 수 있어야 하고 점들까지의 거리는 직접 측정하여야 하기 때문에 시준이 잘 되는 기지점을 측판점으로 하여 그 근방에 있는 점의 위치를 결정하는 방법으로 측판점으로부터 방향선상에 직접 거리를 표시하는 방법이다.

7.3.5 측량준비 파일의 작성

가. 평판측량방법으로 세부측량을 할 때

측량준비도	① 측량대상 토지의 경계선 · 지번 및 지목 ② 인근 토지의 경계선 · 지번 및 지목 ③ 임야도를 갖춰 두는 지역에서 인근 지적도의 축척으로 측량을 할 때에는 임야도에 표시된 경계점의 좌표를 구하여 지적도에 전개(展開)한 경계선. 다만, 임야도에 표시된 경계점의 좌표를 구할 수 없거나 그 좌표에 따라 확대하여 그리는 것이 부적당한 경우에는 축척비율에 따라 확대한 경계선을 말한다. ④ 행정구역선과 그 명칭 ⑤ 지적기준점 및 그 번호와 지적기준점 간의 거리, 지적기준점의 좌표, 그 밖에 측량의 기점이 될 수 있는 기지점 ⑥ 도곽선(圖廓線)과 그 수치 ⑦ 도곽선의 신축이 0.5밀리미터 이상일 때에는 그 신축량 및 보정(補正) 계수 ⑧ 그 밖에 국토교통부장관이 정하는 사항

나. 경위의측량방법으로 세부측량을 할 때

측량준비도	① 측량대상 토지의 경계와 경계점의 좌표 및 부호도 · 지번 · 지목 ② 인근 토지의 경계와 경계점의 좌표 및 부호도 · 지번 · 지목 ③ 행정구역선과 그 명칭 ④ 지적기준점 및 그 번호와 지적기준점 간의 방위각 및 그 거리 ⑤ 경계점 간 계산거리 ⑥ 도곽선과 그 수치 ⑦ 그 밖에 국토교통부장관이 정하는 사항

다. 지적측량성과의 연혁 자료 요청

지적측량수행자는 측량준비 파일로 지적측량성과를 결정할 수 없는 경우에는 지적소관청에 지적측량성과의 연혁 자료를 요청할 수 있다.

··7.4 측판측량의 기준 및 방법

7.4.1 평판측량방법의 기준

평판측량방법에 따른 세부측량은 다음의 기준에 따른다.

거리측정 단위	지적도를 갖춰 두는 지역에서는 5센티미터 임야도를 갖춰 두는 지역에서는 50센티미터로 한다.
측량결과도	측량결과도는 그 토지가 등록된 도면과 동일한 축척으로 작성할 것
세부측량의 기준	세부측량의 기준이 되는 위성기준점, 통합기준점, 삼각점, 지적삼각점, 지적삼각보조점, 지적도근점 및 기지점이 부족한 경우에는 측량상 필요한 위치에 보조점을 설치하여 활용할 것
경계점의 부합 여부 확인	경계점은 기지점을 기준으로 하여 지상경계선과 도상경계선의 부합 여부를 현형법(現形法)·도상원호(圖上圓弧)교회법·지상원호(地上圓弧)교회법 또는 거리비교확인법 등으로 확인하여 정할 것
관측방법	평판측량방법에 따른 세부측량은 교회법·도선법 및 방사법(放射法)에 따른다.

7.4.2 평판측량방법에 따른 세부측량

교회법	평판측량방법에 따른 세부측량을 교회법으로 하는 경우에는 다음의 기준에 따른다. ① 전방교회법 또는 측방교회법에 따를 것 ② 3방향 이상의 교회에 따를 것 ③ 방향각의 교각은 30도 이상 150도 이하로 할 것 ④ 방향선의 도상길이는 평판의 방위표정(方位標定)에 사용한 방향선의 도상길이 이하로서 10센티미터 이하로 할 것. 다만, 광파조준의(光波照準儀) 또는 광파측거기를 사용하는 경우에는 30센티미터 이하로 할 수 있다. ⑤ 측량결과 시오(示誤)삼각형이 생긴 경우 내접원의 지름이 1밀리미터 이하일 때에는 그 중심을 점의 위치로 할 것
도선법	평판측량방법에 따른 세부측량을 도선법으로 하는 경우에는 다음의 기준에 따른다. ① 위성기준점, 통합기준점, 삼각점, 지적삼각점, 지적삼각보조점 및 지적도근점, 그 밖에 명확한 기지점 사이를 서로 연결할 것 ② 도선의 측선장은 도상길이 8센티미터 이하로 할 것. 다만, 광파조준의 또는 광파측거기를 사용할 때에는 30센티미터 이하로 할 수 있다. ③ 도선의 변은 20개 이하로 할 것

도선법	④ 도선의 폐색오차가 도상길이 $\dfrac{\sqrt{N}}{3}$밀리미터 이하인 경우 그 오차는 다음의 계산식에 따라 이를 각 점에 배분하여 그 점의 위치로 할 것 $M_n = \dfrac{e}{N} \times n$ 여기서, M_n : 각 점에 순서대로 배분할 밀리미터 단위의 도상길이 　　　　e : 밀리미터 단위의 오차 　　　　N : 변의 수 　　　　n : 변의 순서
방사법	평판측량방법에 따른 세부측량을 방사법으로 하는 경우에는 1방향선의 도상길이는 10센티미터 이하로 한다. 다만, 광파조준의 또는 광파측거기를 사용할 때에는 30센티미터 이하로 할 수 있다.

7.4.3 도곽신축에 따른 거리보정

평판측량방법으로 거리를 측정하는 경우 도곽선의 신축량이 0.5밀리미터 이상일 때에는 다음의 계산식에 따른 보정량을 산출하여 도곽선이 늘어난 경우에는 실측거리에 보정량을 더하고, 줄어든 경우에는 실측거리에서 보정량을 뺀다.

$$\text{보정량} = \frac{\text{신축량(지상)} \times 4}{\text{도곽선길이 합계(지상)}} \times \text{실측거리}$$

7.4.4 수평거리의 계산

평판측량방법에 따라 경사거리를 측정하는 경우의 수평거리 계산은 다음의 기준에 따른다.

조준의[앨리데이드(alidade)]를 사용한 경우	망원경조준의(망원경 앨리데이드)를 사용한 경우
$D = l\dfrac{1}{\sqrt{1 + \left(\dfrac{n}{100}\right)^2}}$ 여기서, D : 수평거리 　　　　l : 경사거리 　　　　n : 경사분획	$D = l\cos\theta$ 또는 $l\sin\alpha$ 여기서, D : 수평거리 　　　　l : 경사거리 　　　　θ : 연직각 　　　　α : 천정각 또는 천저각

7.4.5 평판측량방법에 있어 도상에 영향을 미치지 아니하는 지상거리의 축척별 허용범위

$$\frac{M}{10}\text{밀리미터}(M\text{은 축척분모})$$

··7.5 경위의측량

7.5.1 경위의측량방법의 기준

경위의측량방법에 따른 세부측량은 다음의 기준에 따른다.

거리측정 단위	거리측정단위는 1센티미터로 할 것
측량결과도 작성	① 측량결과도는 그 토지의 지적도와 동일한 축척으로 작성할 것 ② 도시개발사업 등의 시행지역(농지의 구획정리지역은 제외한다)과 축척변경 시행지역은 500분의 1로 한다. ③ 농지의 구획정리 시행지역은 1천분의 1로 하되, 필요한 경우에는 미리 시·도지사의 승인을 받아 6천분의 1까지 작성할 수 있다.
곡선경계	토지의 경계가 곡선인 경우에는 가급적 현재 상태와 다르게 되지 아니하도록 경계점을 측정하여 연결할 것. 이 경우 직선으로 연결하는 곡선의 중앙종거(中央縱距)의 길이는 5센티미터 이상 10센티미터 이하로 한다.

7.5.2 경위의측량방법에 의한 세부측량의 관측 및 계산

경위의측량방법에 따른 세부측량의 관측 및 계산은 다음의 기준에 따른다.

가. 경계점표지 설치 및 연직각 관측

경계점표지 설치	미리 각 경계점에 표지를 설치하여야 한다. 다만, 부득이한 경우에는 그러하지 아니하다.
관측방법	도선법 또는 방사법에 따를 것
관측 시 사용기계	관측은 20초독 이상의 경위의를 사용할 것
수평각관측	수평각의 관측은 1대회의 방향관측법이나 2배각의 배각법에 따를 것. 다만, 방향관측법인 경우에는 1측회의 폐색을 하지 아니할 수 있다.
연직각 관측	연직각의 관측은 정반으로 1회 관측하여 그 교차가 5분 이내일 때에는 그 평균치를 연직각으로 하되, 분단위로 독정(讀定)할 것

나. 수평각의 측각공차

종별	1방향각	1회 측정각과 2회 측정각의 평균값에 대한 교차
공차	60초 이내	40초 이내

다. 경계점의 거리측정

점간거리를 측정하는 경우에는 2회 측정하여 그 측정치의 교차가 평균치의 3천분의 1 이하일 때에는 그 평균치를 점간거리로 할 것. 이 경우 점간거리가 경사(傾斜)거리일 때에는 수평거리로 계산하여야 한다.

라. 계산방법

각은 초, 변의 길이 및 좌표는 cm, 진수는 5자리 이상으로 한다.

종별	각	변의 길이 및 좌표	진수
단위	초	cm	5자리 이상

··7.6 전자평판측량

전자평판측량에 따른 세부측량은 다음의 기준에 따른다.

가. 전자평판 측량방법

측량결과도	측량결과도는 그 토지가 등록된 도면과 동일한 축척으로 작성할 것
보조점 설치	세부측량의 기준이 되는 위성기준점, 통합기준점, 삼각점, 지적삼각점, 지적삼각보조점, 지적도근점 및 기지점이 부족한 경우에는 측량상 필요한 위치에 보조점을 설치하여 활용할 것
경계점의 부합 여부 확인	경계점은 기지점을 기준으로 하여 지상경계선과 도상경계선의 부합 여부를 현형법(現形法)·도상원호(圖上圓弧)교회법·지상원호(地上圓弧)교회법 또는 거리비교 확인법 등으로 확인하여 정할 것
관측방법	전자평판측량방법에 따른 세부측량은 교회법·도선법 및 방사법(放射法)에 따른다.

나. 전자평판측량방법에 따른 세부측량

교회법	전자평판측량방법에 따른 세부측량을 교회법으로 하는 경우에는 다음의 기준에 따른다. ① 전방교회법 또는 측방교회법에 따를 것 ② 3방향 이상의 교회에 따를 것 ③ 방향각의 교각은 30도 이상 150도 이하로 할 것 ④ 방향선의 도상길이는 평판의 방위표정(方位標定)에 사용한 방향선의 도상길이 이하로서 10센티미터 이하로 할 것. 다만, 광파조준의(光波照準儀) 또는 광파측거기를 사용하는 경우에는 30센티미터 이하로 할 수 있다. ⑤ 측량결과 시오(示誤)삼각형이 생긴 경우 내접원의 지름이 1밀리미터 이하일 때에는 그 중심을 점의 위치로 할 것
도선법	전자평판측량방법에 따른 세부측량을 도선법으로 하는 경우에는 다음의 기준에 따른다. ① 위성기준점, 통합기준점, 삼각점, 지적삼각점, 지적삼각보조점 및 지적도근점, 그 밖에 명확한 기지점 사이를 서로 연결할 것 ② 도선의 측선장은 도상길이가 8센티미터 이하로 할 것. 다만, 광파조준의 또는 광파측거기를 사용할 때에는 30센티미터 이하로 할 수 있다. ③ 도선의 변은 20개 이하로 할 것 ④ 도선의 폐색오차가 도상길이 $\frac{\sqrt{N}}{3}$ 밀리미터 이하인 경우 그 오차는 다음의 계산식에 따라 이를 각 점에 배분하여 그 점의 위치로 할 것 $$M_n = \frac{e}{N} \times n$$ 여기서, M_n: 각 점에 순서대로 배분할 밀리미터 단위의 도상길이 　　　　e : 밀리미터 단위의 오차 　　　　N : 변의 수 　　　　n : 변의 순서
방사법	전자평판측량방법에 따른 세부측량을 방사법으로 하는 경우에는 1방향선의 도상길이는 10센티미터 이하로 한다. 다만, 광파조준의 또는 광파측거기를 사용할 때에는 30센티미터 이하로 할 수 있다.

다. 도상에 영향을 미치지 아니하는 지상거리의 축척별 허용범위

$$\frac{M}{10} \text{밀리미터}(M\text{은 축척분모})$$

▪▪ 7.7 기타 세부측량

7.7.1 임야도를 갖춰 두는 지역의 세부측량

임야도를 갖춰 두는 지역	① 임야도를 갖춰 두는 지역의 세부측량은 위성기준점, 통합기준점, 삼각점, 지적삼각점, 지적삼각보조점 및 지적도근점에 따른다.
	② 다만, 다음의 어느 하나에 해당하는 경우에는 위성기준점, 통합기준점, 삼각점, 지적삼각점, 지적삼각보조점 및 지적도근점에 따라 측량하지 아니하고 지적도의 축척으로 측량한 후 그 성과에 따라 임야측량결과도를 작성할 수 있다. 가. 측량대상토지가 지적도를 갖춰 두는 지역에 인접하여 있고 지적도의 기지점이 정확하다고 인정되는 경우 나. 임야도에 도곽선이 없는 경우
지적도의 축척으로 측량하고자 하는 경우	① 임야도상의 경계는 임야도에 표시된 경계점의 좌표를 구하여 지적도에 전개한 경계선. 다만, 임야도에 표시된 경계점의 좌표를 구할 수 없거나 그 좌표에 의하여 확대하여 그리는 것이 부적당한 때에는 축척비율에 따라 확대한 경계선에 의하여야 한다.
	② 지적도의 축척으로 측량할 때에는 임야도상의 경계는 임야도에 표시된 경계점의 좌표를 구하여 지적도에 전개(展開)한 경계에 따라야 하며, 지적도의 축척에 따른 측량성과를 임야도의 축척으로 측량결과도에 표시할 때에는 지적도의 축척에 따른 측량결과도에 표시된 경계점의 좌표를 구하여 임야측량결과도에 전개하여야 한다. 다만, 다음의 어느 하나에 해당하는 경우에는 축척비율에 따라 줄여서 임야측량결과도를 작성한다. 가. 경계점의 좌표를 구할 수 없는 경우 나. 경계점의 좌표에 따라 줄여서 그리는 것이 부적당한 경우

7.7.2 지적확정측량

① 지적확정측량을 하는 경우 필지별 경계점은 위성기준점, 통합기준점, 삼각점, 지적삼각점, 지적삼각보조점 및 지적도근점에 따라 측정하여야 한다.

② 지적확정측량을 할 때에는 미리 사업계획도와 도면을 대조하여 각 필지의 위치 등을 확인하여야 한다.

③ 도시개발사업 등으로 지적확정측량을 하려는 지역에 임야도를 갖춰 두는 지역의 토지가 있는 경우에는 등록전환을 하지 아니할 수 있다.

7.7.3 경계점좌표등록부를 갖춰 두는 지역의 측량

경계점 측정방법	경계점좌표등록부를 갖춰 두는 지역에 있는 각 필지의 경계점을 측정할 때에는 도선법·방사법 또는 교회법에 따라 좌표를 산출하여야 한다. 다만, 필지의 경계점이 지형·지물에 가로막혀 경위의를 사용할 수 없는 경우에는 간접적인 방법으로 경계점의 좌표를 산출할 수 있다.
경계점 측점번호	각 필지의 경계점 측점번호는 왼쪽 위에서부터 오른쪽으로 경계를 따라 일련번호를 부여한다.
동일한 경계점의 측량성과	기존의 경계점좌표등록부를 갖춰 두는 지역의 경계점에 접속하여 경위의측량방법 등으로 지적확정측량을 하는 경우 동일한 경계점의 측량성과가 서로 다를 때에는 경계점좌표등록부에 등록된 좌표를 그 경계점의 좌표로 본다. 이 경우 동일한 경계점의 측량성과의 차이는 0.10미터 이내여야 한다.

▪▪7.8 세부측량 성과의 작성 ㉑⑦ ㉕㉓㉔㉹㉓㉺⓪.⑤㉕㉕㉺ ㉛㉬ ㉐㉥ ㉓㉚

7.8.1 평판측량방법

가. 측량결과도의 기재사항

평판측량방법으로 세부측량을 한 경우 측량결과도에 다음의 사항을 적어야 한다. 다만, 1년 이내에 작성된 경계복원측량 또는 지적현황측량결과도와 지적도, 임야도의 도곽신축 차이가 0.5밀리미터 이하인 경우에는 종전의 측량결과도에 함께 작성할 수 있다.

① 측량준비파일의 사항

가. ㉕량대상 토지의 경계선·지번 및 지목

나. 인㉱ 토지의 경계선·지번 및 지목

다. 임야㉲를 갖춰 두는 지역에서 인근 지적도의 축척으로 측량을 할 때에는 임야도에 표시된 경계점의 좌표를 구하여 지적도에 전개(展開)한 경계선. 다만, 임야도에 표시된 경계점의 좌표를 구할 수 없거나 그 좌표에 따라 확대하여 그리는 것이 부적당한 경우에는 축척비율에 따라 확대한 경계선을 말한다.

라. ㉯정구역선과 그 명칭

마. 지㉿기준점 및 그 번호와 지적기준점 간의 거리, 지적기준점의 좌표, 그 밖에 측량의 기점이 될 수 있는 기지점

바. ㉱곽선(圖廓線)과 그 수치

사. 도곽선의 신축이 ⓪.⑤밀리미터 이상일 때에는 그 신축량 및 보정(補正) 계수

아. 그 밖에 국토교통부장관이 정하는 사항

② ㉕정점의 위치, 측량기하적 및 지상에서 측정한 거리

③ 측㉱대상 토지의 토지이동 전의 지번과 지목(2개의 붉은 선으로 말소한다)

④ 측량결과⑤의 제명 및 번호(연도별로 붙인다)와 도면번호

⑤ ⑤⑤등록 또는 등록전환하려는 경계선 및 분할경계선

⑥ 측량대⑤ 토지의 점유현황선

⑦ 측량 및 검사의 연월일, 측량자 및 ⑥⑤자의 성명 · 소속 및 자격등급

7.8.2 경위의측량방법 ⑤⑦ ⑤⑤⑥⑥⑥⑤⑤⑥⑤⑤ ⑤⑤ ⑥⑤

가. 측량결과도의 기재사항

경위의측량방법으로 세부측량을 하였을 때에는 측량결과도 및 측량계산부에 그 성과를 적되, 측량결과도에는 다음의 사항을 적어야 한다.

① 측량준비파일의 사항

　가. ⑤량대상 토지의 경계와 경계점의 좌표 및 부호도 · 지번 · 지목

　나. 인⑤ 토지의 경계와 경계점의 좌표 및 부호도 · 지번 · 지목

　다. ⑥정구역선과 그 명칭

　라. 지⑥기준점 및 그 번호와 지적기준점 간의 방위각 및 그 거리

　마. ⑥계점 간 계산거리

　바. 도곽⑤(圖廓線)과 그 수치

　사. 그 밖에 국토교통부장관이 정하는 사항

② ⑤정점의 위치(측량계산부의 좌표를 전개하여 적는다), 지상에서 측정한 거리 및 방위각

③ 측⑥대상 토지의 경계점 간 실측거리

④ 측량⑥상 토지의 토지이동 전의 지번과 지목(2개의 붉은색으로 말소한다)

⑤ 측량대⑤ 토지의 점유현황선

⑥ 측량결과⑤의 제명 및 번호(연도별로 붙인다)와 지적도의 도면번호

⑦ ⑤⑤등록 또는 등록전환하려는 경계선 및 분할경계선

⑧ 측량 및 ⑥⑤의 연월일, 측량자 및 검사자의 성명 · 소속 및 자격등급

나. 경계점 간 실측거리와 계산거리의 교차

"측량대상 토지의 경계점 간 실측거리"와 경계점의 좌표에 따라 계산한 거리의 교차는 $3 + \dfrac{L}{10}$ 센티미터 이내여야 한다. 이 경우 L은 실측거리로서 미터단위로 표시한 수치를 말한다.

··7.9 면적측정

7.9.1 면적측정 대상 및 제외

면적측정 대상	세부측량을 하는 경우 다음의 어느 하나에 해당하면 필지마다 면적을 측정하여야 한다. ① 지적공부의 복구·신규등록·등록전환·분할 및 축척변경을 하는 경우 ② 면적 또는 경계를 정정하는 경우 ③ 도시개발사업 등으로 인한 토지의 이동에 따라 토지의 표시를 새로 결정하는 경우 ④ 경계복원측량 및 지적현황측량에 면적측정이 수반되는 경우
면적측정 대상 제외	① 경계복원측량과 지적현황측량을 하는 경우에는 필지마다 면적을 측정하지 아니한다. ② 토지이동 중 합병·지번변경·지목변경 등은 지적측량을 수반하지 않으므로 면적측정대상에서 제외된다.

7.9.2 면적측정방법과 기준

가. 면적측정방법

좌표면적계산법 또는 전자면적측정기에 의한다.

면적측정방법	대상지역	측량방법
좌표면적계산법	경계점좌표등록부 등록지	경위의측량
전자면적측정기	지적도·임야도 등록지	측판측량

나. 면적측정기준

좌표 면적 계산법	대상지역	경위의측량방법으로 세부측량을 한 지역
	필지별 면적측정	경계점 좌표에 따를 것
	산출면적 단위	1천분의 1제곱미터까지 계산하여 10분의 1제곱미터 단위로 정할 것
전자 면적 측정기	측정방법	도상에서 2회 측정하여 그 교차가 다음 계산식에 따른 허용면적 이하일 때에는 그 평균치를 측정면적으로 할 것 $$A = 0.023^2 M\sqrt{F}$$ 여기서, A : 허용면적 　　　　M : 축척분모 　　　　F : 2회 측정한 면적의 합계를 2로 나눈 수
	측정면적 단위	측정면적은 1천분의 1제곱미터까지 계산하여 10분의 1제곱미터 단위로 정할 것

다. 도곽신축에 따른 면적보정

면적을 측정하는 경우 도곽선의 길이에 0.5밀리미터 이상의 신축이 있을 때에는 이를 보정하여
야 한다. 이 경우 도곽선의 신축량 및 보정계수의 계산은 다음의 계산식에 따른다.

도곽선의 신축량 계산	$S = \dfrac{\Delta X_1 + \Delta X_2 + \Delta Y_1 + \Delta Y_2}{4}$ 여기서, S : 신축량 $\quad\quad\quad \Delta X_1$: 왼쪽 종선의 신축된 차 $\quad\quad\quad \Delta X_2$: 오른쪽 종선의 신축된 차 $\quad\quad\quad \Delta Y_1$: 위쪽 횡선의 신축된 차 $\quad\quad\quad \Delta Y_2$: 아래쪽 횡선의 신축된 차 이 경우 신축된 차(밀리미터) $= \dfrac{1,000(L - L_o)}{M}$ 여기서, L : 신축된 도곽선지상길이 $\quad\quad\quad L_o$: 도곽선지상길이 $\quad\quad\quad M$: 축척분모
도곽선의 보정계수 계산	$Z = \dfrac{X \cdot Y}{\Delta X \cdot \Delta Y}$ 여기서, Z : 보정계수 $\quad\quad\quad X$: 도곽선종선길이 $\quad\quad\quad Y$: 도곽선횡선길이 $\quad\quad\quad \Delta X$: 신축된 도곽선종선길이의 합/2 $\quad\quad\quad \Delta Y$: 신축된 도곽선횡선길이의 합/2

··· **7.10** 측판측량의 응용

7.10.1 수평거리 측정방법

시준판의 눈금과 폴의 높이를 측정	$D : H = 100 : (n_1 - n_2)$ 이므로
	
	$D = \dfrac{100}{n_1 - n_2} H$
	
	여기서, D : 수평거리
	        $n_1,\ n_2$: 시준판의 눈금
	        H : 상하 측표의 간격
	          (폴의 길이)	

경사거리 l을 재고 수평거리를 구할 때	$D : l = 100 : \sqrt{100^2 + n^2}$ 이므로
	
	$D = \dfrac{100l}{\sqrt{100^2 + n^2}}$
	
	$\quad = \dfrac{1}{\sqrt{1 + \left(\dfrac{n}{100}\right)^2}} \times l$
	
	여기서, D : 수평거리
	        l : 경사거리
	        n : 시준판의 눈금	

망원경 조준의 사용	$D = l \cos \theta$ 또는 $l \sin \alpha$
	    여기서, D : 수평거리
	        l : 경사거리
	        θ : 연직각
	        α : 천정각 또는 천저각	

7.10.2 수준측량 방법

$$H_B = H_A + I + H - h$$

$$H = \dfrac{nD}{100}$$

01 경위의측량방법에 따른 세부측량의 기준이 옳은 것은? 14②기

① 거리측정단위는 0.01cm로 한다.
② 관측은 30초독 이상의 경위를 사용한다.
③ 수평각의 관측은 1대회의 방향관측법이나 2배각의 배각법에 따른다.
④ 경계점의 점간거리는 1회 측정한다.

●해설

지적측량 시행규칙 제18조(세부측량의 기준 및 방법 등)
⑨ 경위의측량방법에 따른 세부측량은 다음 각 호의 기준에 따른다.
　1. 거리측정단위는 1센티미터로 할 것
　2. 측량결과도는 그 토지의 지적도와 동일한 축척으로 작성할 것. 다만, 법 제86조에 따른 도시개발사업 등의 시행지역(농지의 구획정리지역은 제외한다)과 축척변경 시행지역은 500분의 1로 하고, 농지의 구획정리 시행지역은 1천분의 1로 하되, 필요한 경우에는 미리 시·도지사의 승인을 받아 6천분의 1까지 작성할 수 있다.
　3. 토지의 경계가 곡선인 경우에는 가급적 현재 상태와 다르게 되지 아니하도록 경계점을 측정하여 연결할 것. 이 경우 직선으로 연결하는 곡선의 중앙종거(中央縱距)의 길이는 5센티미터 이상 10센티미터 이하로 한다.
⑩ 경위의측량방법에 따른 세부측량의 관측 및 계산은 다음 각 호의 기준에 따른다.
　1. 미리 각 경계점에 표지를 설치하여야 한다. 다만, 부득이한 경우에는 그러하지 아니하다.
　2. 도선법 또는 방사법에 따를 것
　3. 관측은 20초독 이상의 경위의를 사용할 것
　4. 수평각의 관측은 1대회의 방향관측법이나 2배각의 배각법에 따를 것. 다만, 방향관측법인 경우에는 1측회의 폐색을 하지 아니할 수 있다.
　5. 연직각의 관측은 정반으로 1회 관측하여 그 교차가 5분 이내일 때에는 그 평균치를 연직각으로 하되, 분단위로 독정(讀定)할 것

02 토털스테이션을 이용한 작업의 장점으로 가장 거리가 먼 것은? 14②기

① 각과 거리를 동시에 측정할 수 있다.
② 전자기록장치를 사용할 수 있어 작업 효율이 높다.
③ 날씨나 장애물의 영향을 받지 않아 항상 작업이 가능하다.
④ 측정에 있어 사용자에 따른 눈금읽기 오차로 인한 실수를 피할 수 있다.

●해설

토털스테이션은 날씨나 장애물의 영향을 받는다.

03 평판측량방법에 따른 세부측량을 방사법으로 하는 경우, 광파조준의를 사용할 때에는 1방향선의 도상길이를 얼마 이하로 할 수 있는가? 14②기

① 10cm　　　　② 15cm
③ 20cm　　　　④ 30cm

●해설

지적측량 시행규칙 제18조(세부측량의 기준 및 방법 등)
⑤ 평판측량방법에 따른 세부측량을 방사법으로 하는 경우에는 1방향선의 도상길이는 10센티미터 이하로 한다. 다만, 광파조준의 또는 광파측거기를 사용할 때에는 30센티미터 이하로 할 수 있다.

04 평판을 세운 점에서 목표물까지의 경사거리가 72m일 때 조준의[앨리데이드(Alidade)]의 경사분획이 25이면 평판에서 목표물까지의 수평거리는? 14③기

① 50m　　　　② 60m
③ 65m　　　　④ 70m

●해설

$$D = \frac{l}{\sqrt{1 + \left(\frac{n}{100}\right)^2}} = \frac{72}{\sqrt{1 + \left(\frac{25}{100}\right)^2}} = 69.85 = 70\text{m}$$

정답 　01 ③　02 ③　03 ④　04 ④

05 경위의측량방법으로 세부측량을 실시한 경우 측량결과도에 기재할 사항이 아닌 것은? 14③기

① 지상에서 측정한 거리 및 방위각
② 측량대상 토지의 경계점 간 실측거리
③ 측량대상 토지의 점유현황선
④ 측량기하적 및 지상에서 측정한 거리

해설

문제 08번 해설 참고

06 세부측량을 실시한 경우 지적소관청이 검사하는 항목이 아닌 것은? 14③기

① 면적 측정의 정확 여부
② 지적기준점설치망 구성의 적정 여부
③ 측량준비도 및 측량결과도 작성의 적정 여부
④ 경계점 간 계산거리(도상거리)와 실측거리의 부합 여부

해설

지적업무처리규정 제30조(지적측량성과의 검사항목)
「지적측량 시행규칙」 제28조 제2항에 따른 지적측량성과검사를 할 때에는 다음 각 호의 사항을 검사하여야 한다.
1. 기초측량
   가. 기지점 사용의 적정 여부
   나. 지적기준점설치망 구성의 적정 여부
   다. 관측각 및 거리측정의 정확 여부
   라. 계산의 정확 여부
   마. 지적기준점 선점 및 표지설치의 정확 여부
   바. 지적기준점성과와 기지경계선과의 부합 여부
2. 세부측량
   가. 기지점 사용의 적정 여부
   나. 측량준비도 및 측량결과도 작성의 적정 여부
   다. 기지점과 지상경계와의 부합 여부
   라. 경계점 간 계산거리(도상거리)와 실측거리의 부합 여부
   마. 면적측정의 정확 여부
   바. 관계법령의 분할제한 등의 저촉 여부(다만, 제23조 제3항은 제외한다.)

07 광파기측량방법으로 지적삼각점을 관측할 경우 기계의 표준편차는 얼마 이상이어야 하는가? 14③기

① ±(3mm+5ppm) 이상
② ±(5mm+5ppm) 이상
③ ±(3mm+10ppm) 이상
④ ±(5mm+10ppm) 이상

해설

지적삼각측량

기초(기지)점	위성기준점, 통합기준점, 삼각점, 지적삼각점	
측량방법	경위의측량방법	전파기 또는 광파기 측량방법
계산방법	평균계산법 또는 망평균계산법	
지적삼각점 명칭	측량지역이 소재하고 있는 특별시·광역시·도 명칭 중 2자를 채택하고 시·도단위로 일련번호를 붙여 정함	
지적삼각점 간거리	2~5km	
지적삼각점의 망구성	유심다각망, 삽입망, 사각망, 삼각쇄, 삼각망	
삼각형 내각	각내각은 30°~120° 이하 (망평균계산법에 의한 경우 제외)	
관측	10초독 이상의 경위의	표준편차±(5mm+5ppm) 이상의 정밀측거기

08 다음 중 경위의측량방법과 평판측량방법으로 세부측량을 할 때 측량준비 파일 작성에 공통적으로 포함하는 사항이 아닌 것은? 15①기

① 도곽선과 그 수치
② 행정구역선과 그 명칭
③ 측량대상 토지의 지번 및 지목
④ 인근 토지의 경계점의 좌표 및 경계선

해설

1. 평판측량 측량준비도의 기재사항
   평판측량방법으로 세부측량을 한 경우 측량결과도에 다음의 사항을 적어야 한다. 다만, 1년 이내에 작성된 경계복원측량 또는 지적현황측량결과도와 지적도, 임야도의 도곽신축 차이가 0.5밀리미터 이하인 경우에는 종전의 측량결과도에 함께 작성할 수 있다.

㉠ 측량준비 파일의 사항
- 측량대상 토지의 경계선 · 지번 및 지목
- 인근 토지의 경계선 · 지번 및 지목
- 임야도를 갖춰 두는 지역에서 인근 지적도의 축척으로 측량을 할 때에는 임야도에 표시된 경계점의 좌표를 구하여 지적도에 전개(展開)한 경계선. 다만, 임야도에 표시된 경계점의 좌표를 구할 수 없거나 그 좌표에 따라 확대하여 그리는 것이 부적당한 경우에는 축척비율에 따라 확대한 경계선을 말한다.
- 행정구역선과 그 명칭
- 지적기준점 및 그 번호와 지적기준점 간의 거리, 지적기준점의 좌표, 그 밖에 측량의 기점이 될 수 있는 기지점
- 도곽선(圖廓線)과 그 수치
- 도곽선의 신축이 0.5밀리미터 이상일 때에는 그 신축량 및 보정(補正) 계수
- 그 밖에 국토교통부장관이 정하는 사항

㉡ 측정점의 위치, 측량기하적 및 지상에서 측정한 거리
㉢ 측량 대상 토지의 토지이동 전의 지번과 지목(2개의 붉은 선으로 말소한다)
㉣ 측량결과도의 제명 및 번호(연도별로 붙인다)와 도면번호
㉤ 신규등록 또는 등록 전환하려는 경계선 및 분할경계선
㉥ 측량 대상 토지의 점유현황선
㉦ 측량 및 검사 연월일, 측량자 및 검사자의 성명 · 소속 및 자격등급

2. 경위의 측량 측량준비도 및 결과도의 기재사항

경위의측량방법으로 세부측량을 하였을 때에는 측량결과도 및 측량계산부에 그 성과를 적되, 측량결과도에는 다음의 사항을 적어야 한다.

㉠ 측량준비 파일의 사항
- 측량 대상 토지의 경계와 경계점의 좌표 및 부호도 · 지번 · 지목
- 인근 토지의 경계와 경계점의 좌표 및 부호도 · 지번 · 지목
- 행정구역선과 그 명칭
- 지적기준점 및 그 번호와 지적기준점 간의 방위각 및 그 거리
- 경계점 간 계산거리
- 도곽선(圖廓線)과 그 수치
- 그 밖에 국토교통부장관이 정하는 사항

㉡ 측정점의 위치(측량계산부의 좌표를 전개하여 적는다), 지상에서 측정한 거리 및 방위각
㉢ 측량 대상 토지의 경계점 간 실측거리
㉣ 측량 대상 토지의 토지이동 전의 지번과 지목(2개의 붉은 색으로 말소한다)
㉤ 측량 대상 토지의 점유현황선

㉥ 측량결과도의 제명 및 번호(연도별로 붙인다)와 지적도의 도면번호
㉦ 신규등록 또는 등록전환하려는 경계선 및 분할경계선
㉧ 측량 및 검사 연월일, 측량자 및 검사자의 성명 · 소속 및 자격등급

09 평판측량방법으로 세부측량 시 측량기하적을 표시할 때, 측정점의 방향선 길이로 옳은 것은? 15②기

① 측정점을 중심으로 약 1cm로 표시한다.
② 측정점을 중심으로 약 3cm로 표시한다.
③ 측정점을 중심으로 약 5cm로 표시한다.
④ 측정점을 중심으로 약 10cm로 표시한다.

●해설

측량기하적
- 평판측량방법으로 세부측량을 하는 때에는 측량준비도에 측량한 기하적을 연필로 표시한다.
- 평판점 · 측정점 및 방위표정에 사용한 기지점 등에는 방향선을 긋고 실측한 거리를 기재한다.
- 측정점의 방향선의 길이는 측정점을 중심으로 약 1cm로 표시한다.
- 평판점 및 측정점의 표시는 측량자는 직경 1.5~3mm의 원으로 표시하고, 검사자는 1변의 길이가 2~4mm의 삼각형으로 표시한다.
- 평판점의 표시는 그 옆에 평판이동순서에 따라 不1, 不2, … 으로 표시한다.
- 평판점의 결정 및 방위표정에 사용한 기지점은 측량자는 직경 1mm와 2mm의 2중 원으로 표시하고, 검사자는 1변의 길이가 2mm와 3mm의 2중 삼각형으로 표시한다.
- 평판점과 기지점 사이의 도상거리와 실측거리를 방향선상에 측량자의 경우 $\dfrac{(도상거리)}{실측거리}$, 검사자는 $\dfrac{\Delta(도상거리)}{\Delta 실측거리}$와 같이 기재한다.
- 측량 대상토지에 지상구조물 등이 있는 경우와 새로이 설정하는 경계에 지상건물 등이 걸리는 경우에는 그 위치 현황을 표시하여야 한다.
- 평판측량방법에서 거리를 측정하는 경우 도곽선에 0.5mm 이상의 신 · 축이 있는 때에는 이를 보정하여야 한다.
- 산출한 보정량을 도곽선이 늘어난 경우에는 실측거리에 더하고, 줄어든 경우에는 뺀다.
- 보정량 산출

$$보정량 = \dfrac{신축량(지상)}{도곽선상의 총화(지상)} \times 실측거리$$

10 다음 중 평판측량방법에 따른 세부측량을 교회법으로 하는 경우의 기준 및 방법에 대한 설명으로 옳지 않은 것은? 15②기

① 전방교회법 또는 측방교회법에 따른다.
② 방향각의 교각은 30° 이상 150° 이하로 한다.
③ 3방향 이상의 교회에 따른다.
④ 측량 결과 시오삼각형이 생긴 경우 내접원의 지름이 2mm 이하일 때에는 그 중심을 점의 위치로 한다.

▶해설

교회법
평판측량방법에 따른 세부측량을 교회법으로 하는 경우에는 다음의 기준에 따른다.
• 전방교회법 또는 측방교회법에 따를 것
• 3방향 이상의 교회에 따를 것
• 방향각의 교각은 30도 이상 150도 이하로 할 것
• 방향선의 도상길이는 평판의 방위표정(方位標定)에 사용한 방향선의 도상길이 이하로서 10센티미터 이하로 할 것. 다만, 광파조준의(光波照準儀) 또는 광파측거기를 사용하는 경우에는 30센티미터 이하로 할 수 있다.
• 측량결과 시오(示誤)삼각형이 생긴 경우 내접원의 지름이 1밀리미터 이하일 때에는 그 중심을 점의 위치로 할 것

11 경위의측량방법에 의한 세부측량의 관측 및 계산에 관한 기준으로 틀린 것은? 15②기

① 미리 각 경계점에 표지를 설치한다.
② 관측은 20초독 이상의 경위의를 사용한다.
③ 도선법 또는 방사법에 의한다.
④ 연직각의 관측은 교차가 30초 이내인 때 그 평균치를 연직각으로 한다.

▶해설

경위의측량방법에 의한 세부측량의 관측 및 계산

경계점표지 설치	미리 각 경계점에 표지를 설치하여야 한다. 다만, 부득이한 경우에는 그러하지 아니하다.
관측방법	도선법 또는 방사법에 따를 것
관측 시 사용기계	관측은 20초독 이상의 경위의를 사용할 것

수평각 관측	수평각의 관측은 1대회의 방향관측법이나 2배각의 배각법에 따를 것. 다만, 방향관측법인 경우에는 1측회의 폐색을 하지 아니할 수 있다.
연직각 관측	연직각의 관측은 정반으로 1회 관측하여 그 교차가 5분 이내일 때에는 그 평균치를 연직각으로 하되, 분단위로 독정(讀定)할 것

12 경위의측량방법으로 세부측량을 한 지역의 필지별 면적측정 방법은? 15③기

① 전자면적측정기법
② 좌표면적계산법
③ 도상삼변법
④ 방사법

▶해설

좌표면적계산법

대상지역	경위의측량방법으로 세부측량을 한 지역
필지별 면적측정	경계점 좌표에 따를 것
산출면적단위	1천분의 1제곱미터까지 계산하여 10분의 1제곱미터 단위로 정할 것

13 계점좌표등록부를 갖춰 두는 지역의 측량방법 및 기준으로 옳지 않은 것은? 15③기

① 각 필지의 경계점을 측정할 때에는 도선법·방사법 또는 교회법에 따라 좌표를 산출하여야 한다.
② 필지의 경계점이 지형·지물에 가로막혀 경위의를 사용할 수 없는 경우에는 간접적인 방법으로 경계점의 좌표를 산출할 수 있다.
③ 기존의 경계점좌표등록부를 갖춰 두는 지역의 경계점에 접속하여 경위의측량방법 등으로 지적확정측량을 하는 경우 동일한 경계점의 측량성과가 서로 다를 때에는 경계점좌표등록부에 등록된 좌표를 그 경계점을 좌표로 본다.
④ 각 필지의 경계점 측점번호는 오른쪽 위에서부터 왼쪽으로 경계를 따라 일련번호를 부여한다.

●해설

지적측량 시행규칙 제23조(경계점좌표등록부를 갖춰 두는 지역의 측량)

① 경계점좌표등록부를 갖춰 두는 지역에 있는 각 필지의 경계점을 측정할 때에는 도선법·방사법 또는 교회법에 따라 좌표를 산출하여야 한다. 다만, 필지의 경계점이 지형·지물에 가로막혀 경위의를 사용할 수 없는 경우에는 간접적인 방법으로 경계점의 좌표를 산출할 수 있다.

② 제1항에 따른 각 필지의 경계점 측점번호는 왼쪽 위에서부터 오른쪽으로 경계를 따라 일련번호를 부여한다.

③ 기존의 경계점좌표등록부를 갖춰 두는 지역의 경계점에 접속하여 경위의측량방법 등으로 지적확정측량을 하는 경우 동일한 경계점의 측량성과가 서로 다를 때에는 경계점좌표등록부에 등록된 좌표를 그 경계점의 좌표로 본다. 이 경우 동일한 경계점의 측량성과의 차이는 제27조 제1항 제4호 가목의 허용범위 이내여야 한다.

14 다음 중 경위의측량방법에 따른 세부측량에서 연직각의 관측은 정반으로 1회 관측하여 그 교차가 얼마 이내에 그 평균치를 연직각으로 하는가? 15③기

① 2분 이내　　② 3분 이내
③ 4분 이내　　④ 5분 이내

●해설

문제 11번 해설 참고

15 평판측량방법에 따른 세부측량에서 지상경계선과 도상경계선의 부합 여부를 확인하는 방법으로 옳지 않은 것은? 15③기

① 도상원호교회법　　② 지상원호교회법
③ 현형법　　④ 거리비교교회법

●해설

지적측량 시행규칙 제18조(세부측량의 기준 및 방법 등)

① 평판측량방법에 따른 세부측량은 다음 각 호의 기준에 따른다.
1. 거리측정단위는 지적도를 갖춰 두는 지역에서는 5센티미터로 하고, 임야도를 갖춰 두는 지역에서는 50센티미터로 할 것
2. 측량결과도는 그 토지가 등록된 도면과 동일한 축척으로 작성할 것

3. 세부측량의 기준이 되는 위성기준점, 통합기준점, 삼각점, 지적삼각점, 지적삼각보조점, 지적도근점 및 기지점이 부족한 경우에는 측량상 필요한 위치에 보조점을 설치하여 활용할 것
4. 경계점은 기지점을 기준으로 하여 지상경계선과 도상경계선의 부합 여부를 현형법(現形法)·도상원호(圖上圓弧)교회법·지상원호(地上圓弧)교회법 또는 거리비교확인법 등으로 확인하여 정할 것

② 평판측량방법에 따른 세부측량은 교회법·도선법 및 방사법(放射法)에 따른다.

16 평판측량방법에 따른 세부측량을 도선법으로 한 결과 도선의 폐색 오차가 0.7mm 발생하였다. 변의 수가 10개일 때 제6변에 배분한 오차는 얼마인가? 12①산

① 0.4mm　　② 0.5mm
③ 0.6mm　　④ 허용오차 초과

●해설

$$M_n = \frac{e}{N} \times n = \frac{0.7}{10} \times 6 = 0.42\,\text{mm}$$

여기서, M_n : 각 점에 순서대로 배분할 밀리미터 단위의 도상길이
　　　　e : 밀리미터 단위의 오차
　　　　N : 변의 수
　　　　n : 변의 순서

평판측량에 따른 세부측량을 도선법으로 하는 경우 도선의 폐색오차는 변의 순서에 비례하여 배분한다.

17 평판측량방법으로 거리를 측정하여 도곽선이 줄어든 경우 실측거리의 보정방법으로 옳은 것은? 12②산

① 실측거리에서 보정량을 더한다.
② 실측거리에서 보정량을 뺀다.
③ 실측거리에서 보정량을 곱한다.
④ 실측거리에서 보정량을 나눈다.

정답 14 ④　15 ④　16 ①　17 ②

◀해설▶

지적측량 시행규칙 제18조(세부측량의 기준 및 방법 등)

⑥ 평판측량방법으로 거리를 측정하는 경우 도곽선의 신축량이 0.5밀리미터 이상일 때에는 다음의 계산식에 따른 보정량을 산출하여 도곽선이 늘어난 경우에는 실측거리에 보정량을 더하고, 줄어든 경우에는 실측거리에서 보정량을 뺀다.

$$보정량 = \frac{신축량(지상) \times 4}{도곽선길이\ 합계(지상)} \times 실측거리$$

18 평판측량방법에 따라 조준의를 사용하여 측정한 두 점 간의 경사거리가 60m이었을 때 수평거리는 얼마인가?(단, 경사분획은 25이다.) 12①산

① 53.67m   ② 57.43m

③ 58.21m   ④ 59.93m

◀해설▶

$\theta = \tan^{-1}\theta$

$\tan^{-1}\frac{25}{100} = 14°2'10.48''$

수평거리 $= 60 \times \cos 14°2'10.48''$

$\qquad\qquad = 58.208m = 58.21m$

[별해]

$D = \dfrac{1}{\sqrt{1+\left(\dfrac{n}{100}\right)^2}} \times l = \dfrac{1}{\sqrt{1+\left(\dfrac{25}{100}\right)^2}} \times 60$

$\quad = 58.21m$

19 다음 중 경위의측량방법에 따른 세부측량의 기준 및 방법에 대한 설명으로 옳은 것은? 12①산

① 측량결과도는 항상 축척 1,000분의 1로 작성한다.

② 거리측정 단위는 1mm로 한다.

③ 토지의 경계가 곡선인 경우 직선으로 연결하는 곡선의 중앙종거의 길이는 5cm 이상 10cm 이하로 한다.

④ 농지의 구획정리지역의 측량결과도는 500분의 1로 작성한다.

◀해설▶

지적측량 시행규칙 제18조(세부측량의 기준 및 방법 등)

⑨ 경위의측량방법에 따른 세부측량은 다음 각 호의 기준에 따른다.

1. 거리측정단위는 1cm로 할 것

2. 측량결과도는 그 토지의 지적도와 동일한 축척으로 작성할 것. 다만, 법 제86조에 따른 도시개발사업 등의 시행지역(농지의 구획정리지역은 제외한다)과 축척변경 시행지역은 500분의 1로 하고, 농지의 구획정리 시행지역은 1천분의 1로 하되, 필요한 경우에는 미리 시·도지사의 승인을 받아 6천분의 1까지 작성할 수 있다.

3. 토지의 경계가 곡선인 경우에는 가급적 현재 상태와 다르게 되지 아니하도록 경계점을 측정하여 연결할 것. 이 경우 직선으로 연결하는 곡선의 중앙종거(中央縱距)의 길이는 5cm 이상 10cm 이하로 한다.

20 경위의측량방법에 따른 세부측량에서 경계점 간거리를 2회 측정한 결과 124.19m, 124.21m이었을 때, 교차가 최대 얼마 이하일 때에 그 평균치를 경계점간거리로 할 수 있는가? 12①산

① 3cm   ② 4cm

③ 5cm   ④ 6cm

◀해설▶

점간거리를 측정하는 경우에는 2회 측정하여 2측정치의 교차가 평균의 3,000분의 1 이하인 때에는 그 평균치를 점간거리로 한다.

$\left(\dfrac{124.19 + 124.21}{2}\right) \times \dfrac{1}{3,000} = 0.04m = 4.1cm$

21 다음 중 평판측량방법에 따른 세부측량을 도선법으로 하는 경우의 기준으로 옳지 않은 것은?(단, N은 변의 수를 말한다.) 12①산

① 도선의 변은 20개 이하로 한다.

② 도선의 측선장은 도상길이 10센티미터 이하로 한다.

③ 도선의 폐색오차가 도상길이의 $\dfrac{\sqrt{N}}{3}$ mm 이하인 경우 오차를 각 점에 배분한다.

④ 위성기준점, 통합기준점, 삼각점, 지적삼각점, 지적삼각보조점 및 지적도근점, 그밖에 명확한 기지점 사이를 서로 연결한다.

정답 18 ③   19 ③   20 ②   21 ②

해설

지적측량 시행규칙 제18조(세부측량의 기준 및 방법 등)

④ 평판측량방법에 따른 세부측량을 도선법으로 하는 경우에는 다음 각 호의 기준에 따른다.

1. 위성기준점, 통합기준점, 삼각점, 지적삼각점, 지적삼각보조점 및 지적도근점, 그밖에 명확한 기지점 사이를 서로 연결할 것

2. 도선의 측선장은 도상길이 8센티미터 이하로 할 것. 다만, 광파조준의 또는 광파측거기를 사용할 때에는 30센티미터 이하로 할 수 있다.

3. 도선의 변은 20개 이하로 할 것

4. 도선의 폐색오차가 도상길이 $\frac{\sqrt{N}}{3}$ 밀리미터 이하인 경우 그 오차는 다음의 계산식에 따라 이를 각 점에 배분하여 그 점의 위치로 할 것

$$Mn = \frac{e}{N} \times n$$

(Mn은 각 점에 순서대로 배분할 밀리미터 단위의 도상길이, e는 밀리미터 단위의 오차, N은 변의 수, n은 변의 순서를 말한다.)

22 평판측량방법으로 거리를 측정하여 도곽선이 줄어든 경우 실측거리의 보정방법으로 옳은 것은?

12②산

① 실측거리에서 보정량을 더한다.
② 실측거리에서 보정량을 뺀다.
③ 실측거리에서 보정량을 곱한다.
④ 실측거리에서 보정량을 나눈다.

해설

지적측량 시행규칙 제18조(세부측량의 기준 및 방법 등)

⑥ 평판측량방법으로 거리를 측정하는 경우 도곽선의 신축량이 0.5밀리미터 이상일 때에는 다음의 계산식에 따른 보정량을 산출하여 도곽선이 늘어난 경우에는 실측거리에 보정량을 더하고, 줄어든 경우에는 실측거리에서 보정량을 뺀다.

$$보정량 = \frac{신축량(지상) \times 4}{도곽선길이~합계(지상)} \times 실측거리$$

23 평판측량방법에 따른 세부측량에서 지적도를 갖춰 두는 지역에서의 거리측정단위는 얼마로 하여야 하는가?

12②산

① 1cm   ② 5cm
③ 10cm   ④ 50cm

해설

지적측량 시행규칙 제18조(세부측량의 기준 및 방법 등)

① 평판측량방법에 따른 세부측량은 다음 각 호의 기준에 따른다.

1. 거리측정단위는 지적도를 갖춰 두는 지역에서는 5센티미터로 하고, 임야도를 갖춰 두는 지역에서는 50센티미터로 할 것

24 경계점좌표등록부를 갖춰 두는 지역에 있는 각 필지의 경계점을 측정할 때에 좌표를 산출하는 방법 기준에 해당하지 않는 것은?(단, 필지의 경계점이 지형지물에 가로막혀 경위의를 사용할 수 없는 경우는 고려하지 않는다.)

12③산

① 도선법   ② 방사법
③ 교회법   ④ 현형법

해설

지적측량 시행규칙 제23조(경계점좌표등록부를 갖춰 두는 지역의 측량)

① 경계점좌표등록부를 갖춰 두는 지역에 있는 각 필지의 경계점을 측정할 때에는 도선법·방사법 또는 교회법에 따라 좌표를 산출하여야 한다. 다만, 필지의 경계점이 지형·지물에 가로막혀 경위의를 사용할 수 없는 경우에는 간접적인 방법으로 경계점의 좌표를 산출할 수 있다.

25 평판측량의 장점으로 옳지 않은 것은? 12③산

① 내업이 적어 작업이 신속하다.
② 고저 측량이 용이하게 이루어진다.
③ 측량장비가 간편하고 사용이 편리하다.
④ 측량 결과를 현장에서 즉시 작도(作圖)할 수 있다.

◉해설

평판측량의 장점
1. 현지에서 직접 측량결과를 제도하므로 필요한 사항을 관측하는 중에 빠뜨리는 일이 없다.
2. 측량의 과실을 발견하기 쉽다.
3. 측량방법이 간단하며 계산이나 제도 등의 내업이 적으므로 작업이 신속히 행하여진다.

26 평판측량방법으로 세부측량을 할 때에 지적도에 따라 측량준비 파일에 포함하여야 할 사항이 아닌 것은? 12③산

① 인근 토지의 지번 및 지목
② 측량대상 토지의 경계선
③ 도곽선과 그 수치
④ 경계점 간 계산거리

◉해설

문제 08번 해설 참고

27 경위의측량방법에 따른 세부측량의 관측 및 계산에서 준수하여야 할 사항(기준)을 잘못 적용한 것은? 13①산

① 토지의 경계가 곡선인 경우 직선으로 연결하는 곡선의 중앙종거의 길이는 15cm로 하였다.
② 미리 각 경계점에 표지를 설치하였다.
③ 관측에 10초독짜리 경위의를 사용하였다.
④ 수평각의 관측은 1대회의 방향관측법에 의하였다.

◉해설

측량	구분	경위의측량법	
	방법	도선법	방사법
	관측	20초독 이상의 경위의	
거리측정단위		1cm	
점간거리 측정		2회, 1/3,000 이하 경사거리인 경우 수평거리로 계산	
수평각관측		1대회 방향관측법(폐색 불요) 또는 2배각의 배각법	
중앙종거의 길이		직선으로 연결하는 곡선의 중앙종거의 길이는 5~10cm로 한다.	

28 세부측량을 하는 경우 필지마다 면적을 측정하여야 하는 경우가 아닌 것은? 13②산

① 축척변경을 하는 경우
② 경계를 정정하는 경우
③ 합병을 하는 경우
④ 지적공부를 복구하는 경우

◉해설

공간정보의 구축 및 관리 등에 관한 법률 제80조(합병 신청)
① 토지소유자는 토지를 합병하려면 대통령령으로 정하는 바에 따라 지적소관청에 합병을 신청하여야 한다.
② 토지소유자는 「주택법」에 따른 공동주택의 부지, 도로, 제방, 하천, 구거, 유지, 그 밖에 대통령령으로 정하는 토지로서 합병하여야 할 토지가 있으면 그 사유가 발생한 날부터 60일 이내에 지적소관청에 합병을 신청하여야 한다. 합병은 법률에 의한 조건만 갖추면 면적을 측정하여야 하는 경우가 아니다.

29 앨리데이드를 이용하여 측정한 두 점 간의 경사거리는 80m, 경사분획이 +15.5일 때, 두 점 간의 수평거리는? 13②산

① 약 78.0m
② 약 79.0m
③ 약 79.5m
④ 약 78.5m

◉해설

지적측량 시행규칙 제18조(세부측량의 기준 및 방법 등)
⑦ 평판측량방법에 따라 경사거리를 측정하는 경우의 수평거리의 계산은 다음 각 호의 기준에 따른다.
1. 조준의[앨리데이드(Alidade)]를 사용한 경우

$$D = l \frac{1}{\sqrt{1 + \left(\dfrac{n}{100}\right)^2}}$$

여기서, D : 수평거리
l : 경사거리
n : 경사분획

$$\therefore D = 80 \times \frac{1}{\sqrt{1 + \left(\dfrac{15.5}{100}\right)^2}} = 79.2m$$

30 경계점좌표등록부 시행지역 외의 지역에서 경계점에 대한 지적측량성과와 검사성과의 연결교차 허용범위는 얼마인가?(단, 축척이 1/3,000인 지역이다.) 13②산

① 0.30m 이내 ② 0.60m 이내
③ 0.90m 이내 ④ 1.20m 이내

● 해설

측량성과와 검사성과의 연결교차

경계점좌표등록부 시행지역	그 밖의 지역
0.10m 이내	$\frac{3}{10}M$mm 이내

$$\therefore \frac{3}{10}M = \frac{3 \times 3,000}{10} = 900\text{mm} = 0.9\text{m}$$

31 경위의측량방법에 따른 세부측량의 관측 및 계산 기준이 틀린 것은? 13②산

① 방사법 또는 교회법에 따른다.
② 수평각의 관측 시 방향관측법에 따를 때 1대회에 의한다.
③ 수평각의 관측 시 배각법에 따를 때 2배각에 의한다.
④ 미리 각 경계점에 표지를 설치하여야 한다.

● 해설

세부측량

기초 (기지)점		삼각점, 지적삼각점, 지적삼각보조점, 도근점, 경계점			
측량	구분	경위의측량법		측판측량법	
	방법	도선법	방사법	교회법	도선법	방사법
	관측	20초독 이상의 경위의		측판		

32 평판측량방법에 따라 측정한 경사거리가 30m, 앨리데이드의 경사분획이 +15이었다면 수평거리는 얼마인가? 13③산

① 28.0m ② 29.7m
③ 30.6m ④ 31.6m

● 해설

$$D = \frac{30}{\sqrt{1 + \left(\frac{15}{100}\right)^2}} = 29.67\text{m}$$

[별해]

$$\theta = \tan^{-1}\frac{15}{100} = 8°31'50.76''$$

수평거리 = 거리 × $\cos\theta$
$$= 30 \times \cos8°31'50.76'' = 29.668\text{m}$$

33 다음 평판측량에 의한 오차 중 기계적 오차에 해당하는 것은? 13③산

① 방향선의 변위에 의한 오차
② 평판의 방향 표정 불완전에 의한 오차
③ 평판의 경사에 의한 오차
④ 시준선의 경사에 의한 오차

● 해설

기계적인 오차	• 조준의의 외심오차 • 조준의의 시준오차
표정오차	• 측판의 기울기오차 • 구심오차 • 표정오차
측량오차	• 방사법에 의한 오차 • 도선법에 의한 오차 • 교회법에 의한 오차

34 조준의(앨리데이드)가 갖추어야 할 조건으로 틀린 것은? 13③산

① 자의 밑면은 평면이어야 한다.
② 기포관 축은 자의 밑면과 평행이어야 한다.
③ 시준판의 눈금은 정확해야 한다.
④ 시준면은 자의 밑면과 평행하여야 한다.

● 해설

조준의의 조건
• 기포관의 감도가 적당할 것
• 전후 시준판의 눈금이 적당할 것
• 3개 시준공은 같은 시준면에 있을 것
• 양시준판이 앨리데이드에 대하여 전후 좌우로 경사되지 말 것

정답 30 ③ 31 ① 32 ② 33 ④ 34 ④

· 기포관축은 시준선에 수평일 것
· 시준공과 시준사의 지름과 두께가 적당할 것

35 평판측량방법으로 세부측량을 하는 경우 1/1,200 지역에서 도상에 영향을 미치지 않는 지상 거리의 허용 범위는? 14①산

① 5cm   ② 12cm
③ 15cm   ④ 20cm

◉ 해설

지적측량 시행규칙 제18조(세부측량의 기준 및 방법 등)
⑧ 평판측량방법에 있어서 도상에 영향을 미치지 아니하는 지상거리의 축척별 허용범위는 $\frac{M}{10}$ 밀리미터로 한다. 이 경우 M은 축척분모를 말한다.

$$\frac{1,200}{10} = 120mm \ \therefore \ 12cm$$

36 평판측량방법에 따른 세부측량을 방사법으로 하는 경우 1방향선의 도상길이는 최대 얼마 이하로 하여야 하는가?(단, 광파조준의 또는 광파측거기를 사용하는 경우는 고려하지 않는다.) 14①산

① 10cm 이하   ② 12cm 이하
③ 15cm 이하   ④ 20cm 이하

◉ 해설

지적측량시 행규칙 제18조(세부측량의 기준 및 방법 등)
⑤ 평판측량방법에 따른 세부측량을 방사법으로 하는 경우에는 1방향선의 도상길이는 10센티미터 이하로 한다. 다만, 광파조준의 또는 광파측거기를 사용할 때에는 30센티미터 이하로 할 수 있다.

37 평판측량의 앨리데이드로 비탈진 거리를 관측하는 경우 전후 시준판 안쪽에 새겨진 한 눈금의 간격은 전후 시준판 간격의 어느 정도인가? 14②산

① 1/100   ② 1/50
③ 1/200   ④ 1/150

◉ 해설

문제 29번 해설 참고

38 평판측량법으로 세부측량을 시행하는 경우의 기준으로 틀린 것은? 14②산

① 지적도 시행지역의 거리 측정단위는 10cm로 한다.
② 임야도 시행지역의 거리측정단위는 50cm로 한다.
③ 세부측량의 기준이 되는 기지점이 부족할 때는 보조점을 설치할 수 있다.
④ 지상경계선과 도상경계선의 부합 여부를 현형법 등으로 결정한다.

◉ 해설

지적측량 시행규칙 제18조(세부측량의 기준 및 방법 등)
① 평판측량방법에 따른 세부측량은 다음 각 호의 기준에 따른다.
  1. 거리측정단위는 지적도를 갖춰 두는 지역에서는 5센티미터로 하고, 임야도를 갖춰 두는 지역에서는 50센티미터로 할 것
  2. 측량결과도는 그 토지가 등록된 도면과 동일한 축척으로 작성할 것
  3. 세부측량의 기준이 되는 위성기준점, 통합기준점, 삼각점, 지적삼각점, 지적삼각보조점, 지적도근점 및 기지점이 부족한 경우에는 측량상 필요한 위치에 보조점을 설치하여 활용할 것
  4. 경계점은 기지점을 기준으로 하여 지상경계선과 도상경계선의 부합 여부를 현형법(現形法)·도상원호(圖上圓弧)교회법·지상원호(地上圓弧)교회법 또는 거리비교확인법 등으로 확인하여 정할 것

39 평판측량에서 앨리데이드(Alidade)를 통하여 그림과 같이 관측했을 때 AB 간의 수평거리 D와 고저차 H의 값이 옳은 것은?(여기서, 기계고 $I = 0.8$m)

14②산

① $D = 20.0$m, $H = 10.5$m
② $D = 50.0$m, $H = 10.0$m
③ $D = 50.0$m, $H = 12.0$m
④ $D = 12.5$m, $H = 50.0$m

◉해설

$$D = \frac{100}{n_1 - n_2}h = \frac{100}{25 - 20} \times (3.30 - 0.80) = 50\text{m}$$

$$D : H = 100 : (n_1 - n_2)$$

$$\therefore H_2 = \frac{D \times n_1}{100} = \frac{50 \times 20}{100} = 10\text{m}$$

$$H_1 = \frac{D \times n_2}{100} = \frac{50 \times 25}{100} = 12.5\text{m}$$

40 평판측량방법에 따른 지적세부측량을 교회법으로 실시한 결과, 시오삼각형이 발생한 경우 내접원의 지름이 최대 얼마 이하인 때에 그 중심을 점의 위치로 하는가?

14②산

① 1mm
② 2mm
③ 3mm
④ 4mm

◉해설

시오삼각형의 크기가 공차를 넘을 때에는 그 원인을 밝히기 위하여 재측량을 하여야 한다. 그러나 시오삼각형의 내접원의 지름이 도상 1mm 이내일 때는 그 중심을 구하고자 하는 점(소구점)의 위치로 한다.

41 평판측량방법에 따른 세부측량을 교회법으로 하는 경우 방향각의 교각 범위는?

14③산

① 45° 이상 90° 이하
② 30° 이상 120° 이하
③ 30° 이상 150° 이하
④ 0° 이상 180° 이하

◉해설

세부측량

기초 (기지)점		위성기준점, 통합기준점, 삼각점, 지적삼각점, 지적삼각보조점, 도근점, 경계점				
측량	구분	경위의측량법		측판측량법		
	방법	도선법	방사법	교회법	도선법	방사법
	관측	20초독 이상의 경위의		측판		
방향선의 교각				30~ 150° 이하		

42 다음 중 시오삼각형이 발생할 수 있는 세부측량방법은?

15①산

① 방사법
② 현형법
③ 교회법
④ 도선법

◉해설

교회법

교회법은 방향선의 교회로서 점의 위치를 결정하는 방법으로 전방교회법, 측방교회법, 후방교회법으로 구분하며 전방교회법은 방향선법과 원호교회법으로 구분하고 원호교회법은 지상원호교회법과 도상원호교회법으로 나눈다.

전방 교회법 (기지점)	장애물이 있어 직접거리측량이 곤란할 때 2개 이상의 기지점을 측점으로 하여 미지점의 위 치를 결정하는 방법이다.
후방 교회법 (미지점)	지상의 기지점 3개에 대하여 구하고자 하는 임의의 점에 평판을 세우고 도상의 점에 각각 측침을 꽂고 앨리데이드로 시준하여 2개 이상 의 방향선이 교차되는 도상의 점을 구하는 방 법이다.
측방 교회법 (기지+ 미지점)	측방교회법은 전방교회법과 후방교회법을 병 용한 방법으로 기지점 2점 중 한 점에 접근하 기 곤란한 기지의 2점을 이용하여 미지점을 구하는 방법이다.

43 다음의 평판측량 오차 중 평판이 수평이 되지 않고 경사질 때 발생하는 오차는? 15①산

① 정준오차　　　　② 시준오차
③ 구심오차　　　　④ 표정오차

해설

정준	조준의를 기포관을 이용하여 측판 위에 올려 놓고 측판을 수평으로 맞추는 작업을 말한다. 즉 측판 위에 조준의를 상하, 좌우 두 방향으로 위치하게 하여 조준의의 기포관 내에 있는 기포를 중앙에 위치하게 하는 작업
구심 (치심)	구심기와 추를 이용하여 측판 위에 있는 도상의 점과 지상에 있는 점을 동일 연직선상에 있도록 하는 작업을 말한다.
표정 (정향)	정심과 구심작업 완료 후 측판의 방향과 방위를 맞추는 작업을 말한다.

44 1/600 지적도 시행지역에서 평판측량의 도선법으로 세부측량을 실시하는 경우에는 측선의 길이를 얼마 이하로 정하여야 하는가? 15①산

① 72m 이하　　　　② 60m 이하
③ 54m 이하　　　　④ 48m 이하

해설

측량	구분	경위의측량법		평판측량법		
	방법	도선법	방사법	교회법	도선법	방사법
	관측	20초독 이상의 경위의		측판		
방향선의 도상길이 도선의 측선장 (도선법)				10cm 이하, 광파 30cm 이하	8cm 이하, 광파 30cm 이하	10cm 이하, 광파 30cm 이하

$\dfrac{1}{m} = \dfrac{l}{L}$ 에서

$L = m \cdot l = 600 \times 8\text{cm} = 4,800\text{cm} = 48\text{m}$

45 다음 중 평판측량방법에 따른 세부측량을 교회법으로 하는 경우의 기준으로 옳지 않은 것은? 15①산
① 3방향 이상의 교회에 따른다.

② 방향각의 교각은 30도 이상 150도 이하로 한다.
③ 전방교회법 또는 후방교회법에 의한다.
④ 광파조준의를 사용하는 경우 방향선의 도상길이는 30cm 이하로 할 수 있다.

해설

세부측량

기초 (기지)점		위성기준점, 통합기준점 삼각점, 지적삼각점, 지적삼각보조점, 도근점, 경계점				
측량	구분	경위의측량법		평판측량법		
	방법	도선법	방사법	교회법	도선법	방사법
	관측	20초독 이상의 경위의		측판		
거리측정 단위		1cm		• 지적도를 비치하는 지역 : 5cm • 임야도를 비치하는 지역 : 50cm		
측량결과도 작성				측량대상토지가 등록된 도면과 동일한 축척		
경계점 부합 여부 확인				현형법 · 도상 & 지상원호교회법 · 거리비교확인법		
성과산출				전방교회법 또는 측방교회법	지적측량 기준점 · 기지점 상호연결	
방향선의 교각				30~150° 이하		
방향선의 도상길이 도선의 측선장 (도선법)				10cm 이하, 광파 30cm 이하	8cm 이하, 광파 30cm 이하	10cm 이하, 광파 30cm 이하
도선의 변수				20변 이하		

46 평판측량방법에 의한 세부측량을 도선법으로 하는 경우 도선의 변은 몇 개 이하로 제한하는가? 15②산

① 10개　　　　② 15개
③ 20개　　　　④ 25개

해설

문제 45번 해설 참고

정답　43 ①　44 ④　45 ③　46 ③

47 평판측량법으로 세부측량을 하는 경우의 기준으로서 옳지 않은 것은? 15②산

① 거리측정 단위는 지적도 시행지역에서는 5센티미터, 임야도 시행지역에서는 10센티미터로 한다.
② 세부측량의 기준이 되는 기초점 또는 기지점이 부족할 때에는 측량상 필요한 위치에 보조점을 설치할 수 있다.
③ 경계점은 기지점을 기준으로 하여 지상경계선과 도상경계선의 부합 여부를 현형법, 도상원호교회법, 지상원호교회법, 거리비교확인법 등으로 확인하여 정한다.
④ 측량결과도는 그 토지가 등록된 도면과 동일한 축척으로 작성한다.

해설

문제 45번 해설 참고

48 지적도 축척이 1/1,200인 지역에서 평판측량방법으로 세부측량을 시행할 경우 도상에 영향을 미치지 아니하는 지상거리의 허용범위는? 15②산

① 12mm 이하
② 60mm 이하
③ 100mm 이하
④ 120mm 이하

해설

도상에 영향을 미치지 않는 지상거리의 축척

한계 : $\frac{M}{10}\,\mathrm{mm} = \frac{1,200}{10} = 120\,\mathrm{mm}$

49 경사거리가 28.80m이고 하시준공으로 관측한 앨리데이드(Alidade)의 경사분획이 +15분획이었다면 이때 보정한 수평거리는 얼마인가? 15②산

① 28.48m
② 28.50m
③ 28.60m
④ 28.71m

해설

$D : l = 100 : \sqrt{100^2 + n^2}$

$D = \frac{100 \cdot l}{\sqrt{100^2 + n^2}} = \frac{1}{\sqrt{1 + \left(\frac{n}{100}\right)^2}} \times l$

$= \frac{28.8}{\sqrt{1 + \left(\frac{15}{100}\right)^2}} = 28.48\mathrm{m}$

50 평판측량방법에 의한 세부측량으로 사용할 수 없는 것은? 15②산

① 교회법
② 도선법
③ 방사법
④ 시거법

해설

문제 45번 해설 참고

51 경위의측량방법에 따른 세부측량을 실시하는 경우의 설명으로 옳지 않은 것은? 15②산

① 농지의 구획정리 시행지역의 측량결과도는 1천분의 1로 작성한다.
② 축척변경 시행지역의 측량결과도는 600분의 1로 작성한다.
③ 거리측정단위는 1센티미터로 한다.
④ 직선으로 연결하는 곡선의 중앙종거(中央縱距)의 길이는 5센티미터 이상 10센티미터 이하로 한다.

해설

측량 결과도
당해 토지의 지적도와 동일한 축척으로 작성
• 도시개발사업시행지역과 축척변경시행지역 1/500
• 농지구획정리사업 : 1/1,000
• 필요한 경우 미리 시·도지사의 승인을 얻어 : 1/6,000 → 직선으로 연결하는 부분에 해당하는 곡선의 중앙종거 길이 : 5~10cm으로 한다.

52 다음 중 트랜싯(Transit)이 갖추어야 할 3축의 조건으로 옳지 않은 것은? 15②산

① 시준축 ⊥ 수평축
② 수평축 // 시준축
③ 수직축 ⊥ 기포관축
④ 수평축 ⊥ 수직축

● 해설

트랜싯의 3축 : 수평축, 연직축, 시준축
• 수평축과 시준선은 직교($H \perp C$)
• 수평축과 연직축은 직교($H \perp V$)
• 연직축과 시준선은 직교($V \perp L$)

53 평판측량방법으로 세부측량을 하고자 할 때 측량준비 파일의 포함사항으로 틀린 것은? 15③산

① 인근토지의 경계선 · 지번 및 지목
② 도곽선과 그 수치
③ 행정구역선과 그 명칭
④ 당해 지적도의 주요 지형 · 지물

● 해설

문제 08번 해설 참고

54 경위의측량방법에 따른 세부측량을 행하는 경우에 수평각의 측각공차는 1회각과 2회각의 평균값에 대한 교차를 얼마까지 허용하는가? 15③산

① 40초 이내 ② 30초 이내
③ 20초 이내 ④ 10초 이내

● 해설

세부측량

기초(기지)점	위성기준점, 통합기준점, 삼각점, 지적삼각점, 지적삼각보조점, 도근점, 경계점				
측량	구분	경위의측량법		측판측량법	
	방법	도선법	방사법	교회법	도선법	방사법
	관측	20초독 이상의 경위의		측판		
수평각의 측각공차	1 방향각	60초 이내				
	1회 측정값과 2회 측정값의 평균값에 대한 교차	40초 이내				

55 평판측량방법에 따른 세부측량 시 일반적인 방향선 또는 측선장의 도상길이로 옳지 않은 것은? 15③산

① 교회법은 10센티미터 이하
② 도선법은 10센티미터 이하
③ 광파조준의에 의한 도선법은 30센티미터 이하
④ 광파조준의에 의한 교회법은 30센티미터 이하

● 해설

문제 45번 해설 참고

56 지적측량수행자가 지적세부측량을 실시할 때 지적측량성과의 검사항목에 해당되지 않는 것은? 15③산

① 면적측정의 정확 여부
② 기지점과 지상경계와의 부합 여부
③ 측량준비도 및 측량결과도 작성의 적정 여부
④ 경계점 간 계산거리(도상거리)와 실측거리의 부합 여부

● 해설

문제 06번 해설 참고

CHAPTER 08 면적측정

•• 8.1 면적측정의 개요

토지의 면적은 수평면인 것과 구면 또는 경사면인 것이 있으나 지적법상의 면적은 지적측량에 의하여 지적공부에 등록된 수평면적을 말한다. 면적측정이라 함은 지적공부에 등록된 필지의 경계점 또는 좌표에 의하여 도면상의 면적을 구하는 것을 말한다.

•• 8.2 면적의 단위

토지조사사업 및 임야조사사업 당시부터 1975. 12. 31. 법률 제2801호에 의한 지적법 전면 개정 이전까지는 척관법(尺貫法)에 의하여 토지대장에는 평(坪)으로, 임야대장에는 정(町), 단(段), 무(畝), 보(步)로 등록하여 사용하였으나 1975. 12. 31. 지적법 개정 이후부터 현재까지는 미터법에 의한 제곱미터(m^2)를 면적단위로 하고 있다.

8.2.1 미터법 계열

기본 단위	척관법 단위와의 관계
$1m^2 = 1m \times 1m$	$1m^2 = 0.3025$평
$1km^2 = 1km \times 1km$	$1a = 30.25$평
$1a = 100m^2$	$1ha = 1.0083$정보 $= 3025$평
$1ha = 100a = 10,000m^2$	$1km^2 = 100.83$정보 $= 302,500$평
$1km^2 = 100ha = 10,000a$	

8.2.2 척관법 계열

기본 단위	미터법 단위와의 관계
1평 = 6척 × 6척 = 1간 × 1간 1홉 = $\frac{1}{10}$평(1평 = 10홉 1홉 = 10작) 1보 = 1평 1무 = 30평 1단 = 300평 = 10무 1정 = 3,000평 = 100무 = 10단	1평(보) = 3.3057851m^2 1무 = 99.1735530m^2 1정보 = 9, 917m^2 = 0.99174ha = 0.00992km^2 1평 = 6척 × 6척 = 1간 × 1간 1m^2 = (0.55간)^2 = 0.3025평 양변에 400을 곱하면 400m^2 = 121평 환산식 1평 × $\frac{400}{121}$ = m^2 1m^2 × $\frac{121}{400}$ = 평

8.2.3 축척, 거리와 면적의 관계

축척과 거리의 관계	축척과 면적의 관계	면적과 평의 관계
$\frac{1}{m} = \frac{도상거리}{지상거리}$	$\left(\frac{1}{m}\right)^2 = \frac{도상면적}{지상면적}$	• $\frac{400}{121}$ × 평 = m^2 • $\frac{121}{400}$ × m^2 = 평

8.2.4 면적단위의 변천

구분	1910∼1975. 12. 30.	1975. 12. 31.∼현재
토지대장	평(坪)	제곱미터(m^2)
임야대장	정, 단, 묘, 무, 보	

8.2.5 면적환산

지적공부에 등록된 척관법에 의한 면적(평 또는 정·단·무·보)을 현재 사용하고 있는 미터법에 의한 제곱미터(m^2)로 환산하거나 미터법에 의한 제곱미터(m^2)를 평으로 환산하는 방법은 다음과 같다.

평 또는 보 → 제곱미터(m²)	평(坪) 또는 보(步)$\times\dfrac{400}{121}$= 제곱미터(m²)
제곱미터(m²) → 평	제곱미터(m²) $\times\dfrac{121}{400}$=평(坪) 또는 보(步)
면적환산의 근거 (평 → m²)	지적법 시행규칙(1976년 5월 7일 내무부령 제208호) 부칙 제3항에 "영부칙 제4조의 규정에 의하여 면적단위를 환산 등록하는 경우의 환산기준은 다음에 의한다."라고 규정되어 있으며 이 공식의 산출근거는 다음과 같다.

$1m=0.55$간

$2m=1.1$간

$20m=11$간

($\because$ 수를 배가시켜 정수를 산출한 것은 계산의 편익을 위함임)

$400 : m^2=121 : $평

$m^2=\dfrac{400}{121}\times$평$(坪)$

평$(坪)=\dfrac{121}{400}\times m^2$

••8.3 면적측정의 대상

면적측정 대상	면적측정 대상 제외
① 지적 공부를 복구하는 경우 ② 신규 등록을 하는 경우 ③ 등록 전환을 하는 경우 ④ 분할을 하는 경우 ⑤ 도시개발사업 등으로 새로이 경계를 확정하는 경우 ⑥ 축척 변경이 필요하다고 인정될 경우 ⑦ 지적 공부의 등록사항에 오류가 있음을 발견하여 정정하는 경우 ⑧ 경계 복원 측량 및 지적 현황 측량 등에 의하여 면적 측정을 필요로 하는 경우	① 경계복원측량 ② 지적현황측량 ③ 지목변경 ④ 지번변경 ⑤ 합병

···8.4 면적측정 방법과 기준

8.4.1 면적측정 방법

면적측정 방법	대상지역	측량방법
좌표면적계산법	경계점좌표등록부 등록지	경위의측량
전자면적측정기	지적도·임야도 등록지	평판측량

8.4.2 면적측정 기준

가. 좌표에 의한 방법

대상지역	경위의측량방법으로 세부측량을 실시한 경우, 즉 경계점좌표등록부가 비치된 지역에서의 면적은 필지의 좌표를 이용하여 면적을 측정하여야 한다.
필지별 면적측정	경계점 좌표에 따를 것
산출면적 단위	산출면적은 $\dfrac{1}{1,000}\,\mathrm{m}^2$까지 계산하여 $\dfrac{1}{10}\,\mathrm{m}^2$ 단위로 정한다.

나. 전자면적 측정기법

측정면적	전자식 구적기라고도 하며, 도상에서 2회 측정하여 그 교차가 다음 산식에 의한 허용면적 이하인 때에는 그 평균치를 측정면적으로 한다. $A = 0.023^2 M\sqrt{F}$ 여기서, A : 허용면적 M : 축척분모 F : 2회 측정한 면적의 합계를 2로 나눈 수
계산	측정면적은 $\dfrac{1}{1,000}\,\mathrm{m}^2$까지 계산
단위	$\dfrac{1}{10}\,\mathrm{m}^2$ 단위로 정한다.

••8.5 도곽신축에 따른 면적측정

8.5.1 면적보정

면적을 측정하는 경우 도곽선의 길이에 0.5밀리미터 이상의 신축이 있는 때에는 이를 보정하여야 한다.

▼ 도면의 도곽 크기

축척	도상거리		지상거리	
	세로(cm)	가로(cm)	세로(m)	가로(m)
1/500	30	40	150	200
1/1,000	30	40	300	400
1/600	33.3333	41.6667	200	250
1/1,200	33.3333	41.6667	400	500
1/2,400	33.3333	41.6667	800	1000
1/3,000	40	50	1,200	1,500
1/6,000	40	50	2,400	3,000

8.5.2 도곽선의 신축량 및 보정량 계산

도곽선의 신축량 계산	$S = \dfrac{\Delta X_1 + \Delta X_2 + \Delta Y_1 + \Delta Y_2}{4}$ 여기서, S : 신축량 ΔX_1 : 왼쪽 종선의 신축된 차 ΔX_2 : 오른쪽 종선의 신축된 차 ΔY_1 : 횡선의 신축된 차 ΔY_2 : 아래쪽 횡선의 신축된 차 이 경우 신축된 차(mm) $= \dfrac{1,000(L - L_0)}{M}$ 여기서, L : 신축된 도곽선 지상길이 L_0 : 도곽선 지상길이 M : 축척분모
도곽선의 보정계수 계산	$Z = \dfrac{X \cdot Y}{\Delta X \cdot \Delta Y}$ (Z는 보정계수, X는 도곽선 종선길이, Y는 도곽선 횡선길이, ΔX는 신축된 도곽선 종선길이의 합÷2, ΔY는 신축된 도곽선 횡선길이의 합÷2)

••• 8.6 삼사법

8.6.1 도상삼사법

측판측량에 의하여 작성된 지적도, 임야도에서 면적을 산정할 때 이용되는 방법으로, 필지를 삼각형으로 분할하여 각 측선의 거리를 측정하고 삼사법을 이용하여 면적을 산정하는 방법이다.

삼사법	$A = \dfrac{1}{2}ah$	
이변법	$A = \dfrac{1}{2}ab\sin\gamma$ $= \dfrac{1}{2}ac\sin\beta$ $= \dfrac{1}{2}bc\sin\alpha$	
삼변법 (헤론의 공식)	$A = \sqrt{s(s-a)(s-b)(s-c)}$ 여기서, $s = \dfrac{1}{2}(a+b+c)$	

8.6.2 축척과 거리, 단위면적의 관계

가. 실제거리, 도상거리, 축적, 면적의 관계

축척과 단위면적	$a_2 = \left(\dfrac{m_2}{m_1}\right)^2 \cdot a_1$
축척과 거리	$\dfrac{1}{m} = \dfrac{도상거리}{실제거리}$
축척과 면적	$\left(\dfrac{1}{m}\right)^2 = \dfrac{(도상거리)^2}{(실제거리)^2} = \dfrac{도상면적}{실제면적}$
부정길이로 측정한 면적과 실제면적의 관계	$실제면적 = \dfrac{(부정길이)^2}{(표준길이)^2} \times 관측면적$
면적과 평	• $\mathrm{m}^2 = \dfrac{400}{121} \times 평$ • $평 = \dfrac{121}{400} \times \mathrm{m}^2$

나. 관측면적 및 체적의 정확도

① 관측면적의 정확도

거리관측이 동일한 정도가 아닌 경우
• 면적$(A) = x \cdot y$ • 면적오차$(dA) = y \cdot dx + x \cdot dy$ • 면적의 정도$\left(\dfrac{dA}{A}\right) = \dfrac{y \cdot dx + x \cdot dy}{x \cdot y} = \dfrac{dx}{x} + \dfrac{dy}{y}$ (면적의 정도는 거리 정도의 합이다.)

거리관측이 동일한 경우(정방형)
$\dfrac{dx}{x} = \dfrac{dy}{y} = \dfrac{dl}{l}$ 일 때 면적의 정도 $\dfrac{dA}{A} = 2 \cdot \dfrac{dl}{l}$ (면적의 정도는 거리 관측 정도 2배이다.)

② 체적의 정확도

$$\frac{dv}{V} = \frac{dz}{Z} + \frac{dy}{Y} + \frac{dx}{X}$$

$$\left(\frac{dz}{Z} = \frac{dy}{Y} = \frac{dx}{X} = \frac{dl}{L}\text{이라고 할 때}\right)$$

체적의 정도 $\dfrac{dV}{V} = 3 \cdot \dfrac{dl}{l}$

여기서, V : 체적

dV : 체적오차

$\dfrac{dl}{l}$: 거리관측 허용 정확도

(체적의 정도는 거리 관측 정도의 3배가 된다.)

··· 8.7 면적의 분할

8.7.1 1변에 평행한 직선에 따른 분할

$\triangle ADE : DBCE = m : n$으로 분할

$$\frac{\triangle ADE}{\triangle ABC} = \frac{m}{m+n}$$

$$= \left(\frac{DE}{BC}\right)^2 = \left(\frac{AD}{AB}\right)^2 = \left(\frac{AE}{AC}\right)^2$$

$$\therefore AD = AB\sqrt{\frac{m}{m+n}}$$

$$\therefore AE = AC\sqrt{\frac{m}{m+n}}$$

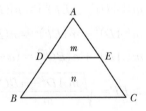

8.7.2 변상의 정점을 통하는 분할

$\triangle ABC : \triangle ADP = (m+n) : m$으로 분할

$$\frac{\triangle ADP}{\triangle ABC} = \frac{m}{m+n} = \frac{AP \times AD}{AB \times AC}$$

$$\therefore AD = \frac{AB \times AC}{AP} \cdot \frac{m}{m+n}$$

8.7.3 삼각형이 정점(꼭짓점)을 통하는 분할

$\triangle ABC : \triangle ABP = (m+n) : m$으로 분할

$$\frac{\triangle ABP}{\triangle ABC} = \frac{m}{m+n} = \frac{BP}{BC}$$

$$\therefore BP = \frac{m}{m+n} \cdot BC$$

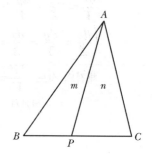

8.7.4 사변형의 분할(밑변의 평행 분할)

$$S_1 : S_2 : S_3 = (AD)^2 : (EF)^2 : (BC)^2$$

$$\frac{S_1}{(AD)^2} = \frac{S_2}{(EF)^2} = \frac{S_3}{(BC)^2} = K$$

$$(S_1 = (AD)^2 K,\ S_2 = (EF)^2 K,\ S_3 = (BC)^2 K)$$

$$A_1 = S_1 - S_2 = K[(AD)^2 - (EF)^2]$$

$$A_2 = S_2 - S_3 = K[(EF)^2 - (BC)^2]$$

$$A_1 : A_2 = n : m = (AD)^2 - (EF)^2 : (EF)^2 - (BC)^2$$

$$m[(AD)^2 - (EF)^2] = n[(EF)^2 - (BC)^2]$$

$$m(AD)^2 - m(EF)^2 = n(EF)^2 - n(BC)^2$$

$$m(AD)^2 + n(BC)^2 = (n+m)(EF)^2$$

$$\therefore EF = \sqrt{\frac{mAD^2 + nBC^2}{m+n}}$$

$$AE : R = AB : L$$

$$\therefore AE = AB \cdot \frac{AD - EF}{AD - BC}$$

CHAPTER 08 실전문제

01 축척이 1/600인 지역에서 원면적이 564m²인 토지를 분할하고자 하는 경우, 분할 후의 면적의 합계와 분할 전 면적과의 오차의 허용범위는 얼마 이내이어야 하는가? 12②기

① 9.6m²
② 10.7m²
③ 16.0m²
④ 19.0m²

●해설

$A = 0.026^2 \times 600 \times \sqrt{564} = 9.63\text{m}^2 = 9.6\text{m}^2$

제19조(등록전환이나 분할에 따른 면적 오차의 허용범위 및 배분 등)

1. 등록전환을 하는 경우
   가. 임야대장의 면적과 등록전환될 면적의 오차 허용범위는 다음의 계산식에 따른다. 이 경우 오차의 허용범위를 계산할 때 축척이 3천분의 1인 지역의 축척분모는 6천으로 한다.
   $A = 0.026^2 M\sqrt{F}$
   (A는 오차 허용면적, M은 임야도 축척분모, F는 등록전환될 면적)

02 지적도의 축척이 1/600인 지역의 면적결정방법이 옳은 것은? 12③기

① 산출면적이 123.15m²일 때는 123.2m²로 한다.
② 산출면적이 125.55m²일 때는 126m²로 한다.
③ 산출면적이 135.25m²일 때는 135.3m²로 한다.
④ 산출면적이 146.55m²일 때는 145.5m²로 한다.

●해설

제60조(면적의 결정 및 측량계산의 끝수처리)
① 면적의 결정은 다음 각 호의 방법에 따른다.
   1. 토지의 면적에 1제곱미터 미만의 끝수가 있는 경우 0.5제곱미터 미만일 때에는 버리고 0.5제곱미터를 초과하는 때에는 올리며, 0.5제곱미터일 때에는 구하려는 끝자리의 숫자가 0 또는 짝수이면 버리고 홀수이면 올린다. 다만, 1필지의 면적이 1제곱미터 미만일 때에는 1제곱미터로 한다.

2. 지적도의 축척이 600분의 1인 지역과 경계점좌표등록부에 등록하는 지역의 토지 면적은 제1호에도 불구하고 제곱미터 이하 한 자리 단위로 하되, 0.1제곱미터 미만의 끝수가 있는 경우 0.05제곱미터 미만일 때에는 버리고 0.05제곱미터를 초과할 때에는 올리며, 0.05제곱미터일 때에는 구하려는 끝자리의 숫자가 0 또는 짝수이면 버리고 홀수이면 올린다. 다만, 1필지의 면적이 0.1제곱미터 미만일 때에는 0.1제곱미터로 한다.
② 방위각의 각치(角値), 종횡선의 수치 또는 거리를 계산하는 경우 구하려는 끝자리의 다음 숫자가 5 미만일 때에는 버리고 5를 초과할 때에는 올리며, 5일 때에는 구하려는 끝자리의 숫자가 0 또는 짝수이면 버리고 홀수이면 올린다. 다만, 전자계산조직을 이용하여 연산할 때에는 최종수치에만 이를 적용한다.

03 축척변경 시행지역에서 경위의측량방법에 따른 세부측량을 실시할 경우, 측량결과도는 얼마의 축척으로 작성하여야 하는가?(단, 시·도지사의 승인을 얻는 경우는 고려하지 않는다.) 12③기

① 1/500
② 1/1,000
③ 1/3,000
④ 1/6,000

●해설

측량결과도 작성
• 당해 토지의 지적도와 동일한 축척으로 작성
• 도시개발사업시행지역과 축척변경시행지역 : $\dfrac{1}{500}$
• 농지구획정리사업 : $\dfrac{1}{1,000}$
• 필요한 경우 미리 시·도지사의 승인을 얻어 : $\dfrac{1}{6,000}$

04 분할 후의 각 필지의 면적의 합계와 분할 전 면적과의 오차의 허용범위를 구하는 식으로 옳은 것은? (단, A : 오차허용면적, M : 축척분모, F : 원면적)

12③기

① $A = 0.023^2 \cdot M\sqrt{F}$
② $A = 0.026^2 \cdot M\sqrt{F}$
③ $A = 0.023 \cdot M\sqrt{F}$
④ $A = 0.026 \cdot M\sqrt{F}$

● 해설

문제 01번 해설 참고

05 지적확정측량결과도 작성 시 포함하여야 할 사항으로 거리가 먼 것은?

13②기

① 경계점 간 계산거리 및 실측거리
② 경계에 지상구조물 등이 걸리는 경우에는 그 위치현황
③ 확정된 필지의 경계(경계점좌표를 전개하여 연결한 선) 및 면적
④ 지적기준점 및 그 번호와 지적기준점 간 방위각 및 거리

● 해설

제23조(지적확정측량결과도의 작성)
① 지적확정측량결과도에는 다음 각 호의 사항이 포함되어야 한다.
　1. 측량결과도의 제명 · 축척 및 색인도
　2. 확정된 필지의 경계(경계점좌표를 전개하여 연결한 선) · 지번 및 지목
　3. 경계점 간 계산거리 및 실측거리. 다만, 농지의 경지정리지역에서는 실측거리 기재를 아니할 수 있다.
　　$\dfrac{(계산거리)}{실측거리}$
　4. 지적기준점 및 그 번호와 지적기준점 간 방위각 및 거리
　5. 행정구역선과 그 명칭
　6. 도곽선과 그 수치
　7. 지상구조물이 있거나 경계에 지상구조물 등이 걸리는 경우에는 그 위치현황
　8. 측량 및 검사연월일, 측량자 및 검사자의 성명 · 소속 · 자격등급
② 제1항에 따라 지적확정측량결과도를 작성하는 때에는 제1항 제1호 · 제2호, 제4호 중 지적기준점 및 그 번호 · 제5호와 제8호는 검은색으로, 제1항 제4호 중 지적기준점 간 방위각 및 거리와 제6호는 붉은색으로, 그 밖의 사항은 검은색으로 표시한다.

06 그림과 같이 $\overline{AD} \, \mathbin{/\mkern-5mu/} \, \overline{BC}$인 □$ABCD$를 $\overline{BC}$에 수직인 직선 $\overline{PQ}$로 분할하여 □$ABPQ$의 면적이 $2,200m^2$가 되도록 하는 $\overline{BP}$의 길이는?(단, $\overline{AB}(l) = 20m$, $\angle ABP(\beta) = 120°$)

13②기

① $117.15m$
② $122.02m$
③ $228.66m$
④ $249.03m$

● 해설

$$\overline{BP} = \frac{F}{L \cdot \sin\beta} - \frac{L \cdot \cos\beta}{2}$$
$$= \frac{2,200}{20 \times \sin120°} - \frac{20 \cdot \cos120°}{2}$$
$$= 122.02m$$

07 좌표면적계산법에 따른 면적측정을 하는 경우 면적을 정하는 단위 기준으로 옳은 것은?

13②기

① 10분의 1제곱미터 단위로 정한다.
② 100분의 1제곱미터 단위로 정한다.
③ 1,000분의 1제곱미터 단위로 정한다.
④ 10,000분의 1제곱미터 단위로 정한다.

● 해설

지적측량 시행규칙 제20조(면적측정의 방법 등)
① 좌표면적계산법에 따른 면적측정은 다음 각 호의 기준에 따른다.
　1. 경위의측량방법으로 세부측량을 한 지역의 필지별 면적측정은 경계점 좌표에 따를 것
　2. 산출면적은 1천분의 1제곱미터까지 계산하여 10분의 1제곱미터 단위로 정할 것
② 전자면적측정기에 따른 면적측정은 다음 각 호의 기준에 따른다.
　1. 도상에서 2회 측정하여 그 교차가 다음 계산식에 따른 허용면적 이하일 때에는 그 평균치를 측정면적으로 할 것

정답 **04** ② **05** ③ **06** ② **07** ①

$A = 0.023^2 M\sqrt{F}$
(A : 허용면적, M : 축척분모, F : 2회 측정한 면적의 합계를 2로 나눈 수)
2. 측정면적은 1천분의 1제곱미터까지 계산하여 10분의 1제곱미터 단위로 정할 것

08 좌표면적계산법에 따른 면적 측정 시 산출면적의 결정기준이 옳은 것은? 13③기

① 10분의 $1m^2$까지 계산하여 $1m^2$ 단위로 정한다.
② 100분의 $1m^2$까지 계산하여 $1m^2$ 단위로 정한다.
③ 100분의 $1m^2$까지 계산하여 10분의 $1m^2$ 단위로 정한다.
④ 1,000분의 $1m^2$까지 계산하여 10분의 $1m^2$ 단위로 정한다.

해설

좌표에 의한 방법

대상지역	경위의측량방법으로 세부측량을 실시한 경우, 즉 경계점좌표등록부가 비치된 지역에서의 면적은 필지의 좌표를 이용하여 면적을 측정하여야 한다.
필지별 면적측정	경계점 좌표에 따를 것
산출면적 단위	산출면적은 $\frac{1}{1,000}m^2$까지 계산하여 $\frac{1}{10}m^2$ 단위로 정한다.

09 아래의 토지에서 $\overline{AD} \parallel \overline{BC}$, $\overline{AB} \parallel \overline{PQ}$ 이고, $\overline{AP} = \overline{BQ}$가 되도록 □$ABQP$의 면적($F$)을 지정하는 경우, $\overline{AP}$의 길이를 구하는 식으로 옳은 것은?(단, L : $\overline{AB}$의 길이) 13③기

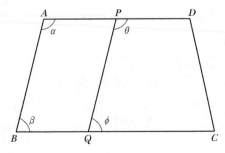

① $\dfrac{F}{L \times \sin\beta}$ ② $\dfrac{F}{L - \sin\beta}$

③ $\dfrac{F}{L + \sin\beta}$ ④ $\dfrac{F}{L \div \sin\beta}$

해설

$\overline{AP} = \overline{BQ} = \dfrac{F}{L \times \sin\beta}$

10 축척 1/1,200 지역에서 원면적 1,600m²인 토지를 분할하고자 할 때 분할 후 각 필지의 면적의 합계와 분할 전 면적과의 오차의 허용범위는? 14①기

① 32m² ② 47m²
③ 52m² ④ 63m²

해설

$A = 0.026^2 \times 1,200 \sqrt{1,600}$
$A = 32.488$
$A = 32m^2$

11 다음 도형의 면적은 얼마인가?(단, $\alpha = 58° 40' 50''$, $AC = 64.85m$, $BD = 59.60m$) 14②기

① 2,005.4m² ② 1,650.9m²
③ 1,805.4m² ④ 1,959.9m²

해설

$ABCD$의 면적(A)
$= \dfrac{1}{2} \times \overline{AC} \times \overline{BD} \times \sin\alpha$
$= \dfrac{1}{2} \times 64.85 \times 59.60 \times \sin 58° 40' 50''$
$= 1,650.9m^2$

정답 08 ④ 09 ① 10 ① 11 ②

12 축척 1/1,200 지역 토지의 면적을 전자면적계로 2회 측정한 결과가 각 138,232m², 138,347m²였을 때 처리방법으로 옳은 것은?   14②기

① 작은 면적을 측정면적으로 한다.
② 큰 면적을 측정면적으로 한다.
③ 평균치를 측정면적으로 한다.
④ 재측량하여야 한다.

● 해설

교차가 허용면적 이하이므로 평균치를 측정면적으로 한다.
교차 $= 138,347 - 138,232 = 115$
$A = 0.023^2 \times 1,200 \times \sqrt{138,289.5} = 236.06$

13 실제면적이 900m²일 때 1/600 축척에서의 도상면적은?   14②기

① 17cm²
② 25cm²
③ 54cm²
④ 90cm²

● 해설

$\left(\dfrac{1}{m}\right)^2 = \dfrac{도상면적}{실제면적}$

$도상면적 = \dfrac{실제면적}{m^2} = \dfrac{900}{600^2} = 0.0025\text{m}^2 = 25\text{cm}^2$

14 지적도의 축척이 1/600인 지역에서 토지를 분할하는 경우 면적측정부의 원면적이 4,529m²이고, 보정면적합계가 4,550m²일 때 어느 필지의 보정면적이 2,033m²였다면 이 필지의 산출면적은 얼마인가?   14③기

① 2,019.8m²
② 2,023.6m²
③ 2,024.4m²
④ 2,028.2m²

● 해설

$r = \dfrac{F}{A}a = \dfrac{4,529}{4,550} \times 2,033 = 2,023.6\text{m}^2$

15 축척이 3천분의 1인 지역에서 등록전환을 하는 경우 면적이 2,500m²일 때 등록전환에 따른 오차의 허용범위로 옳은 것은?   15①기

① 79.35m²
② 101.40m²
③ 158.70m²
④ 202.80m²

● 해설

$A = 0.026^2 M \sqrt{F} = 0.026^2 \times 6,000 \sqrt{2,500} = 202.8\text{m}^2$

16 토지의 면적측정을 좌표면적계산법에 의하여 시행할 경우 맞는 것은?   15①기

① 도곽에 1.0밀리미터 이상의 신축이 있을 경우 보정하여야 한다.
② 평판측량방법으로 세부측량을 시행한 지역의 면적측정방법이다.
③ 산출면적은 100분의 1제곱미터까지 계산하여 10분의 1제곱미터 단위로 정한다.
④ 경위의측량방법으로 세부측량을 한 지역의 필지별 면적측정은 경계점 좌표에 의하여 산출하여야 한다.

● 해설

문제 08번 해설 참고

17 어느 토지의 경계점간거리가 다음과 같을 때 토지의 면적은?   15②기

① 31.65m²
② 31.76m²
③ 32.45m²
④ 32.73m²

● 해설

$A = \sqrt{s(s-a)(s-b)(s-c)}$
$\quad = \sqrt{17(17-8)(17-10)(17-16)}$
$\quad = 32.73\text{m}^2$
$s = \dfrac{1}{2}(a+b+c) = \dfrac{8+10+16}{2} = 17$

18 1/500 도곽선에 신축량이 1.8mm 줄었을 경우 면적의 보정계수는? 15②기

① 1.0106
② 1.0101
③ 0.9899
④ 0.9894

●해설

• 면적보정계수 계산(도상길이로 계산)

$$Z = \frac{X \cdot Y}{\Delta X \cdot \Delta Y} = \frac{300 \times 400}{298.2 \times 398.2} = 1.0106$$

• 지상길이로 환산
  1.8mm를 지상거리로 환산

$$축척 = \frac{도상거리}{실제거리} \Rightarrow \frac{1}{500} = \frac{1.8}{실제거리}$$

  실제거리 $= 500 \times 1.8 = 900mm = 0.9m$

$$보정계수 = \frac{X \cdot Y}{\Delta X \cdot \Delta Y} = \frac{150 \times 200}{149.1 \times 199.1} = 1.0106$$

19 좌표면적계산법으로 면적측정을 하는 경우 산출면적은 얼마까지 계산하는가? 15②기

① $1/10m^2$
② $1/100m^2$
③ $1/1,000m^2$
④ $1/10,000m^2$

●해설

문제 08번 해설 참고

20 지적도의 축척이 1/600 지역에서 산출면적이 327.55m²일 때 결정면적은? 15②기

① $327m^2$
② $327.5m^2$
③ $327.6m^2$
④ $328m^2$

●해설

문제 02번 해설 참고

21 면적측정의 방법으로 틀린 것은? 15③기

① 경위의측량방법으로 세부측량을 한 지역의 필지별 면적측정은 경계점좌표에 의한다.
② 좌표면적계산법에 의한 산출면적은 1,000분의 1m² 까지 계산하여 100분의 1m² 단위로 정한다.

③ 전자면적측정기에 의한 면적측정은 도상에서 2회 측정하여 그 교차가 허용면적 이하일 때에는 그 평균치를 측정면적으로 한다.
④ 전자면적측정기에 의한 측정면적은 1,000분의 1m² 까지 계산하여 10분의 1m² 단위로 정한다.

●해설

	대상지역	경위의측량방법으로 세부측량을 한 지역
좌표 면적 계산법	필지별 면적측정	경계점 좌표에 따를 것
	산출면적 단위	1천분의 1제곱미터까지 계산하여 10분의 1 제곱미터 단위로 정할 것
전자 면적 측정기	측정 방법	도상에서 2회 측정하여 그 교차가 다음 계산식에 따른 허용면적 이하일 때에는 그 평균치를 측정면적으로 할 것 $A = 0.023^2 M\sqrt{F}$ 여기서, A : 허용면적 M : 축척분모 F : 2회 측정한 면적의 합계를 2로 나눈 수
	측정면적 단위	측정면적은 1천분의 1제곱미터까지 계산하여 10분의 1제곱미터 단위로 정할 것

22 도면의 축척이 1/600인 지역을 1/1,200으로 잘못 판단하여 면적을 측정한 결과가 900m²이었을 때, 올바른 면적은 얼마인가? 12①산

① $225m^2$
② $450m^2$
③ $1,800m^2$
④ $3,600m^2$

●해설

$$A = \left(\frac{600}{1,200}\right)^2 \times 900 = 225m^2$$

23 축척이 1/600인 지역에서 분할 필지의 측정면적이 135.65m²일 경우 면적의 결정은 얼마로 하여야 하는가? 12①산

① $135m^2$
② $135.6m^2$
③ $135.7m^2$
④ $136m^2$

●해설

문제 02번 해설 참고

24 축척 1/1,200 지적도 시행지역에서 전자면적측정기로 도상에서 2회 측정한 값이 270.5m², 275.5m²이었을 때 그 교차는 얼마 이하이어야 하는가? 12②산

① 10.4m²
② 13.4m²
③ 17.3m²
④ 24.3m²

●해설

2회 측정한 값이 270.5m², 275.5m²이었을 때 그 교차는 5m²이다.
허용면적 $= 0.023^2 \times 1,200 \times \sqrt{273} = 10.4m^2$
교차가 허용면적 이하이므로 평균치를 측정면적으로 한다.

25 좌표면적계산법에 따른 면적측정에서 산출면적은 얼마의 단위까지 계산하여야 하는가? 12②산

① 10,000분의 1제곱미터
② 1,000분의 1제곱미터
③ 100분의 1제곱미터
④ 10분의 1제곱미터

●해설

지적측량 시행규칙 제20조(면적측정의 방법 등)
① 좌표면적계산법에 따른 면적측정은 다음 각 호의 기준에 따른다.
  1. 경위의측량방법으로 세부측량을 한 지역의 필지별 면적측정은 경계점 좌표에 따를 것
  2. 산출면적은 1천분의 1제곱미터까지 계산하여 10분의 1제곱미터 단위로 정할 것

26 축척 1/3,000지역에서 등록전환될 면적이 350m²일 때 임야대장의 면적과의 오차 허용범위는? 12③산

① ±18m²
② ±37m²
③ ±56m²
④ ±75m²

●해설

$A = 0.026^2 M\sqrt{F}$
$= 0.026^2 \times 6,000 \times \sqrt{350}$
$= \pm 75.88m^2$

27 지적도의 축척이 1/600인 지역에 필지의 면적이 50.55m²일 때 지적 공부에 등록하는 결정면적은? 13①산

① 50m²
② 50m²
③ 50.6m²
④ 51m²

●해설

문제 02번 해설 참고

28 좌표면적계산법에 따른 면적 측정에서 산출면적은 얼마의 단위까지 계산하여야 하는가? 13①산

① 1m²까지 계산
② $\frac{1}{10}$m²까지 계산
③ $\frac{1}{100}$m²까지 계산
④ $\frac{1}{1,000}$m²까지 계산

●해설

문제 25번 해설 참고

29 분할 후 각 필지 면적의 합계와 분할 전 면적과의 오차 허용범위를 산출하는 식으로 옳은 것은?(단, M : 축척분모, F : 원면적) 13①산

① $0.023^2 M\sqrt{F}$
② $0.026^2 M\sqrt{F}$
③ $0.023^2 M\sqrt{\dfrac{F}{100}}$
④ $0.026^2 M\sqrt{\dfrac{F}{100}}$

●해설

제19조(등록전환이나 분할에 따른 면적 오차의 허용범위 및 배분 등)
1. 등록전환을 하는 경우
  가. 임야대장의 면적과 등록전환될 면적의 오차 허용범위는 다음 계산식에 따른다. 이 경우 오차의 허용범위를 계산할 때 축척이 3천분의 1인 지역의 축척분모는 6천으로 한다.
  $A = 0.026^2 M\sqrt{F}$
  (A는 오차 허용면적, M은 임야도 축척분모, F는 등록전환될 면적)

정답 24 ① 25 ② 26 ④ 27 ③ 28 ④ 29 ②

30 도면의 축척이 1,200분의 1인 지역에서 1필지의 산출면적이 48.38m²일 경우 결정 면적은? 13③산

① 48m² ② 48.3m²
③ 48.4m² ④ 49.0m²

◀해설▶

문제 02번 해설 참고

31 좌표면적계산법에 따른 면적측정에서 산출면적은 얼마의 단위까지 계산하여 10분의 1m² 단위로 정하는가? 14①산

① 0.1m² ② 0.01m²
③ 0.001m² ④ 0.0001m²

◀해설▶

문제 25번 해설 참고

32 축척 1/1,200 지역에서 원면적이 1,097m²인 필지를 분할측량하여 산출한 보정면적이 아래와 같을 때 35−1의 결정면적은 얼마인가? 14①산

지번	보정면적
35	453.9m²
35−1	621.3m²

① 637m² ② 634m²
③ 631m² ④ 621m²

◀해설▶

$$\frac{1,097}{1,075.2} \times 621.3 = 634\text{m}^2$$

공간정보의 구축 및 관리 등에 관한 법률 시행령 제19조(등록전환이나 분할에 따른 면적 오차의 허용범위 및 배분 등)

① 법 제26조 제2항에 따른 등록전환이나 분할을 위하여 면적을 정할 때에 발생하는 오차의 허용범위 및 처리방법은 다음 각 호와 같다.

2. 토지를 분할하는 경우

다. 분할 전후 면적의 차이를 배분한 산출면적은 다음의 계산식에 따라 필요한 자리까지 계산하고, 결정면적은 원면적과 일치하도록 산출면적의 구하려는

끝자리의 다음 숫자가 큰 것부터 순차로 올려서 정하되, 구하려는 끝자리의 다음 숫자가 서로 같을 때에는 산출면적이 큰 것을 올려서 정한다.

$$r = \frac{F}{A} \times a$$

(여기서, r은 각 필지의 산출면적, F는 원면적, A는 측정면적 합계 또는 보정면적 합계, a는 각 필지의 측정면적 또는 보정면적)

33 다음과 같은 삼각형 모형 토지의 면적(F)은? 14①산

① 200m² ② 250m²
③ 450m² ④ 500m²

◀해설▶

$$A = \frac{1}{2} \times a \times b \times \sin\alpha = \frac{1}{2} \times 40 \times 25 \times \sin 30°$$
$$= 250\text{m}^2$$

34 등록전환 시 임야대장상 말소면적과 토지대장상 등록면적과의 허용오차 산출식은?(단, M은 축척분모, F는 원면적) 14②산

① $A = 0.026^2 M \cdot \sqrt{F}$ ② $A = 0.026 M \cdot F$
③ $A = 0.026^2 M \cdot F$ ④ $A = 0.026 M \cdot \sqrt{F}$

◀해설▶

문제 29번 해설 참고

정답 **30** ① **31** ③ **32** ② **33** ② **34** ①

35 다음 그림과 같은 도형의 넓이는?

14② 산

① $1,015\text{m}^2$　　　　② $1,100\text{m}^2$

③ $1,169\text{m}^2$　　　　④ $1,272\text{m}^2$

●해설

$$A = \frac{1}{2} \times a \times b \times \sin\alpha$$

$$= \frac{1}{2} \times 60 \times 45 \times \sin 60° = 1,169\text{m}$$

36 축척 100분의 1 지역에서 면적을 계산할 경우 각 필지의 산출면적을 구하는 식은?(단, R : 각 필지의 산출면적, F : 원면적, A : 보정면적의 합계, a : 각 필지의 보정면적)

14③ 산

① $R = \left(\dfrac{F}{A}\right) \times a$　　② $R = \left(\dfrac{a}{F}\right) \times A$

③ $R = \left(\dfrac{F}{A}\right) + a$　　④ $R = \left(\dfrac{A}{F}\right) - a$

●해설

$$\text{산출면적} = \frac{\text{원면적}}{\text{보정면적의 합계}} \times \text{필지별 보정면적}$$

37 지적도의 축척 1/600에 등록된 토지의 면적이 70.65m²로 산출되었다. 지적공부에 등록하는 결정 면적은?

15② 산

① 70m^2　　　　② 70.6m^2

③ 70.7m^2　　　　④ 71m^2

●해설

토지의 면적에 1제곱미터 미만의 끝수가 있는 경우 0.5제곱미터 미만일 때에는 버리고 0.5제곱미터를 초과하는 때에는 올리며, 0.5제곱미터일 때에는 구하려는 끝자리의 숫자가 0

또는 짝수이면 버리고 홀수이면 올린다. 다만, 1필지의 면적이 1제곱미터 미만일 때에는 1제곱미터로 한다.

CHAPTER 09 지적 제도

··· 9.1 개요

경위의측량방법이나 측판측량방법으로 세부측량을 실시할 경우 그 성과를 측량원도에 등재하여야 하며, 이렇게 지상에서 측도한 원도나 관측계산에 의해서 작성된 원도는 규정에 따라서 착묵과 주기를 하여 이를 완성하게 된다. 지적도에는 신규등록, 등록전환, 분할토지의 등록, 합병에 따른 지적도상 변동사항을 가제 정리하여야 하며, 이를 바탕으로 일람도도 함께 가제 정정을 하여야 한다.

··· 9.2 도면의 축척 및 표시사항

지적도란 토지대장에 등록된 토지의 필지별 경계선을 등록한 평면도를 말하며 지적도의 색인과 활용을 용이하게 하기 위하여 일람도와 지번색인표를 별도로 작성 비치하고 있다. 임야도는 임야대장에 등록된 토지의 필지별 경계선을 등록한 평면도를 말하며 필요 시에는 지적도와 동일하게 일람도와 지번색인표를 작성 비치하여야 한다.

9.2.1 축척

지적·임야도에 등록된 도상거리와 실제 지상거리와의 비례를 말하는 것으로 지적도 축척의 구분은 측량의 정도에 따라 다음과 같이 구분할 수 있다.

구분	축척	도상길이(cm)		지상길이(m)	
		종선	횡선	종선	횡선
토지대장등록지 (지적도)	1/500	30	40	150	200
	1/600	41.666	33.333	200	250
	1/1,000	30	40	300	400
	1/1,200	41.666	33.333	400	500
	1/2,400	41.666	33.333	800	1,000
	1/3,000	40	50	1,200	1,500
	1/6,000	40	50	2,400	3,000
임야대장등록지 (임야도)	1/3,000	40	50	1,200	1,500
	1/6,000	40	50	2,400	3,000

9.2.2 지적(임야)도의 방향

지적도의 방향은 북쪽이 도면의 위쪽이 되도록 작성하며, 평면직각좌표의 원점으로 기산하여 구획된 도곽선에 의하여 방향을 나타낸다.

9.2.3 선의 종류 및 색

0.1mm 선	경계선을 그릴 때 사용
0.2mm 선	기초점을 그릴 때 사용
0.4mm 선	행정구역선을 그릴 때 사용(단, 리, 동 경계는 0.2mm)
검은색	별도로 색별 지정을 하지 않을 경우에는 검은색으로 한다.
붉은색	도곽선, 도곽선수치, 말소선 등에 사용한다. 또 2도면 이상에 걸친 토지로서 그 일부가 다른 도면에 등록된 토지의 지번 및 지목 주기에도 사용한다.

9.2.4 지적(임야)도에 표시사항

표시사항	내용
토지의 소재	지번부여지역인 법정 동·리 단위까지 기재한다.
지번	지번은 본번 또는 본번과 부번으로 구성하고 아라비아 숫자로 표기. 임야도에 등록하는 지번은 본번 앞에 "산" 자를 붙여 표기한다.
지목	지목을 도면에 표기할 때에는 부호로 표기한다.
경계	지적도·임야도(도해지역)에서는 경계점을 직선으로 연결한 선으로, 경계점좌표등록부(수치지역)에서는 좌표의 연결로 경계를 등록한다.
도면의 색인도	인접도면의 연결순서를 표시하기 위하여 기재한 도표와 번호를 말하는 것으로 도곽선 왼쪽 윗부분 여백 중앙에 가로 7mm, 세로 6mm 크기의 직사각형을 중앙에 두고 그의 4변에 접하여 동일 규격의 직사각형 4개를 그려 표기한다.
도면의 제명 및 축척	제명이라 함은 도곽선 윗부분 여백의 중앙에 "시군구·읍면·리동 지적(임야)도 ○○장 중 제○○호 축척 ○○분의 1"이라 횡서로 표기하는 것을 말하며 수치측량 시행지역의 도면은 제명의 "지적도" 다음에 "(좌표)"라 표기한다.

⑥ 도곽선은 0.1mm의 폭으로 붉은색, 도곽선의 수치는 도곽선 왼쪽 아랫부분과 오른쪽 윗부분의 종횡선교차점 바깥쪽에 2mm 크기의 붉은색으로 아라비아 숫자로 제도한다.

⑦ 도곽선의 수치는 해당 지적도에 등록된 토지가 위치하는 좌표, 즉 당해 지적도에 표시된 토지와 원점까지의 거리를 말한다. 도곽선의 수치는 일반원점으로부터 계산하여 종선수치에 600,000 미터, 횡선수치에 200,000미터를 각각 가산하여 언제나 정수가 되도록 하여 도면별 도곽의 북동쪽과 남서쪽의 모서리에 등록하여야 한다.

⑧ 세계측지계에 따르지 아니하는 지적측량의 경우에는 가우스상사이중투영법으로 표시하되, 직각 좌표계 투영원점의 가산(加算)수치를 각각 X(N) 500,000미터(제주도지역 550,000미터), Y(E) 200,000미터로 하여 사용할 수 있다.

9.3.4 지번, 지목의 제도

① 지번 및 지목은 경계에 닿지 않도록 필지의 중앙에 제도한다. 다만, 1필지의 토지가 형상이 좁고 길어서 필지의 중앙에 제도하기가 곤란한 때에는 가로쓰기가 되도록 도면을 왼쪽 또는 오른쪽으로 돌려서 제도할 수 있다.

② 지번 및 지목을 제도하는 때에는 지번 다음에 지목을 제도한다. 이 경우 명조체의 2mm 내지 3mm의 크기로, 지번의 글자 간격은 글자 크기의 1/4 정도, 지번과 지목의 글자간격은 글자 크기의 1/2 정도 띄어 제도한다. 다만, 전산정보처리조직이나 레터링으로 작성하는 경우에는 고딕체로 할 수 있다.

③ 1필지의 면적이 작아서 지번과 지목을 필지의 중앙에 제도할 수 없는 때에는 ㄱ, ㄴ, ㄷ, …, ㄱ¹, ㄴ¹, ㄷ¹, …, ㄱ², ㄴ², ㄷ², … 등으로 부호를 붙이고, 도곽선 밖에 그 부호·지번 및 지목을 제도한다. 이 경우 부호가 많아서 그 도면의 도곽선 밖에 제도할 수 없는 경우에는 별도로 부호도를 작성할 수 있다.

④ 지목의 종류

지목을 지적도 및 임야도에 등록하는 때에는 다음의 부호로 표기하여야 한다.

지목	부호	지목	부호	지목	부호	지목	부호
전	전	대	대	철도용지	철	공원	공
답	답	공장용지	장	제방	제	체육용지	체
과수원	과	학교용지	학	하천	천	유원지	원
목장용지	목	주차장	차	구거	구	종교용지	종
임야	임	주유소용지	주	유지	유	사적지	사
광천지	광	창고용지	창	양어장	양	묘지	묘
염전	염	도로	도	수도용지	수	잡종지	잡

9.3.5 경계의 제도

① 경계는 0.1mm 폭으로 제도한다.

② 1필지의 경계가 도곽선에 걸쳐 등록되어 있는 경우에는 도곽선 밖의 여백에 경계를 제도하거나, 도곽선을 기준으로 다른 도면에 나머지 경계를 제도한다. 이 경우 다른 도면에 경계를 제도하는 때에는 지번 및 지목은 붉은색으로 한다.

③ 경계점좌표등록부 시행지역의 도면(경계점간거리등록을 하지 아니한 도면을 제외한다)에 등록하는 경계점간거리는 검은색으로 1.5mm 크기의 아라비아 숫자로 제도한다. 다만, 경계점간거리가 짧거나 경계가 원을 이루는 경우에는 거리를 등록하지 아니할 수 있다.

④ 지적측량기준점 등이 매설된 토지를 분할하는 경우 그 토지가 작아서 제도하기가 곤란한 경우에는 그 도면의 여백에 그 축척의 10배로 확대하여 제도할 수 있다.

9.3.6 지적측량기준점 등의 제도

① 삼각점 및 지적측량기준점은 0.2mm 폭의 선으로 다음 각 호와 같이 제도한다. 이 경우 공사가 설치하고 그 지적측량기준점성과를 소관청이 인정한 지적측량기준점을 포함한다.

구분	종류	제도	방법
국가 기준점	위성기준점	3mm 2mm	지적위성기준점은 직경 2밀리미터, 3밀리미터의 2중 원 안에 십자선을 표시하여 제도한다.
	1등삼각점	3mm 2mm 1mm	1등 및 2등삼각점은 직경 1밀리미터, 2밀리미터 및 3밀리미터의 3중 원으로 제도한다. 이 경우 1등삼각점은 그 중심원 내부를 검은색으로 엷게 채색한다.
	2등삼각점	3mm 2mm 1mm	

구분	종류	제도	방법
국가 기준점	3등삼각점	2mm 1mm	3등 및 4등삼각점은 직경 1밀리미터, 2밀리미터의 2중원으로 제도한다. 이 경우 3등삼각점은 그 중심원 내부를 검은색으로 엷게 채색한다.
	4등삼각점	2mm 1mm	
지적 기준점	지적삼각점	3mm	지적삼각점 및 지적삼각보조점은 직경 3밀리미터의 원으로 제도한다. 이 경우 지적삼각점은 원안에 십자선을, 지적삼각보조점은 원 안에 검은색으로 엷게 채색한다.
	지적삼각 보조점	3mm	
	지적도근점	2mm	지적도근점은 직경 2밀리미터의 원으로 제도한다.
	명칭과 번호	지적측량기준점의 명칭과 번호는 그 지적측량기준점의 윗부분에 명조체의 2mm 내지 3mm의 크기로 제도한다. 다만, 레터링으로 작성하는 경우에는 고딕체로 할 수 있으며 경계에 닿는 경우에는 적당한 위치에 제도할 수 있다.	

9.3.7 행정구역선의 제도

도면에 등록하는 행정구역선은 0.4mm 폭으로 다음 각 호와 같이 제도한다. 다만, 동·리의 행정구역선은 0.2mm 폭으로 한다.

국계		실선 4mm와 허선 3mm로 연결하고 실선 중앙에 1mm로 교차하며, 허선에 직경 0.3mm의 점 2개를 제도한다.
시·도계		실선 4mm와 허선 2mm로 연결하고 실선 중앙에 1mm로 교차하며, 허선에 직경 0.3mm의 점 1개를 제도한다.
시·군계		실선과 허선을 각각 3mm로 연결하고, 허선에 0.3mm의 점 2개를 제도한다.
읍·면·구계		실선 3mm와 허선 2mm로 연결하고, 허선에 0.3mm의 점 1개를 제도한다.
동·리계		실선 3mm와 허선 1mm로 연결하여 제도한다.
행정구역선		행정구역선은 경계에서 약간 띄워서 그 외부에 제도한다.
행정구역선이 2종 이상 겹칠 때		행정구역선이 2종 이상 겹치는 경우에는 최상급 행정구역선만 제도한다.
행정구역의 명칭		도면 여백의 대소에 따라 4 내지 6mm의 크기로 경계 및 지적측량기준점 등을 피하여 같은 간격으로 띄어 제도한다.
도로·철도·하천·유지 등의 고유명칭		3~4mm의 크기로 같은 간격으로 띄어 제도한다.

···9.4 일람도 및 지번색인표의 제도

지적소관청은 지적도면의 관리에 필요한 경우에는 지번부여지역마다 일람도와 지번색인표를 작성하여 갖춰 둘 수 있다.

9.4.1 일람도

일람도란 지적도나 임야도의 배치와 관리 및 토지가 등록된 도호를 쉽게 알 수 있도록 하기 위하여 작성한 도면을 말한다.

가. 일람도의 작성 · 비치 및 등재사항

일람도의 작성 · 비치	① 일람도는 도면축척의 10분의 1로 작성하는 것이 원칙이며 도면의 수가 4장 미만의 경우에는 작성을 생략할 수 있다. ② 일람도와 지번색인표는 지번부여지역별로 도면순으로 보관하되, 각 장별로 보호대에 넣어야 한다.
일람도의 등재사항	① 지번부여지역의 경계 및 인접지역의 행정구역 명칭 ② 도면의 제명 및 축척 ③ 도곽선 및 도곽선수치 ④ 도면번호 ⑤ 하천 · 도로 · 철도 · 유지 · 취락 등 주요 지형 · 지물의 표시

나. 일람도의 제도기준

일람도의 축척	그 도면축척의 10분의 1로 한다. 다만, 도면의 장수가 많아서 1장에 작성할 수 없는 경우에는 축척을 줄여서 작성할 수 있으며, 도면의 장수가 4장 미만인 경우에는 일람도의 작성을 하지 아니할 수 있다.
제명 및 축척	일람도 윗부분에 "○○시 · 도 ○○시 · 군 · 구 ○○읍 · 면 ○○동 · 리 일람도 축척 ○○○○분의 1"이라 제도한다. 이 경우 경계점좌표등록부 시행지역은 제명 중 일람도 다음에 "(좌표)"라 기재하며, 그 제도방법은 다음과 같다. • 글자의 크기는 9밀리미터로 하고 글자 사이의 간격은 글자 크기의 2분의 1 정도 띄운다. • 축척은 제명 끝에 20밀리미터를 띄운다.
도면번호	지번부여지역 · 축척 및 지적도 · 임야도 · 경계점좌표등록부등록지별로 일련번호를 부여한다. 이 경우 신규등록 및 등록전환으로 새로이 도면을 작성하는 경우의 도면번호는 그 지역 마지막 도면번호의 다음 번호부터 새로이 부여한다. 다만, 도면과 확정측량결과도의 도곽선 차이가 0.5밀리미터 이상인 경우에는 확정측량결과도에 의하여 새로이 도면을 작성하는 경우에는 종전 도면번호에 "−1"과 같이 부호를 부여한다.

다. 일람도의 제도방법

도곽선	도곽선은 0.1밀리미터의 폭으로, 도곽선의 수치는 도곽선 왼쪽 아랫부분과 오른쪽 윗부분의 종횡선교차점 바깥쪽에 2밀리미터 크기의 아라비아 숫자로 제도한다.
도면번호	도면번호는 3밀리미터의 크기로 한다.
동·리 명칭	인접 동·리 명칭은 4밀리미터, 그 밖의 행정구역 명칭은 5밀리미터의 크기로 한다.
지방도로	지방도로 이상은 검은색 0.2밀리미터 폭의 2선으로, 그 밖의 도로는 0.1밀리미터의 폭으로 제도한다.
철도용지	철도용지는 붉은색 0.2밀리미터 폭의 2선으로 제도한다.
수도용지	수도용지 중 선로는 남색 0.1밀리미터 폭의 2선으로 제도한다.
하천·구거·유지	하천·구거·유지는 남색 0.1밀리미터의 폭으로 제도하고 그 내부를 남색으로 엷게 채색한다. 다만, 적은 양의 물이 흐르는 하천 및 구거는 남색 선으로 제도한다.
취락지·건물	취락지·건물 등은 0.1밀리미터의 폭으로 제도하고 그 내부를 검은색으로 엷게 채색한다.
삼각점 및 지적기준점	삼각점 및 지적기준점의 제도는 지적도면에서의 삼각점 및 지적기준점의 제도에 관한 방법에 의한다.
도시개발사업·축척변경	도시개발사업·축척변경 등이 완료된 때에는 지구경계를 붉은색 0.1밀리미터의 폭으로 제도한 후 지구 안을 붉은색으로 엷게 채색하고 그 중앙에 사업명 및 사업 연도를 기재한다.

9.4.2 지번색인표

지번색인표란 필지별 당해 토지가 등록된 도면을 용이하게 알 수 있도록 작성해 놓은 도표를 말한다.

가. 지번색인표의 등재사항 및 제도

등재사항	① 제명 ② 지번 ③ 도면번호 ④ 결번
제 도	① 제명은 지번색인표 윗부분에 9밀리미터의 크기로 "○○시·도 ○○시·군·구 ○○읍·면 ○○동·리 지번색인표"라 제도한다. ② 지번색인표에는 도면번호별로 그 도면에 등록된 지번을, 토지의 이동으로 결번이 생긴 때에는 결번란에 그 지번을 제도한다.

·· **9.5** 도곽선 구획방법

9.5.1 일반원점(동부, 중부, 서부원점)

새로운 도곽선을 구획하고자 할 경우 원점을 기준으로 구획한다.

구획방법	전개하고자 하는 기초점의 좌표 : (종선좌표＝457,457.88m, 횡선좌표＝212,873.3) 도면의 축척을 1/1,000(종선＝300m, 횡선＝400m)이라고 가정할 경우
종선좌표(X)	① 원점의 종선좌표(500,000)으로부터 얼마나 떨어져 있는지를 확인 500,0000 − 457,457.88 ＝ 42,542.12m ② 원점으로부터의 거리를 이용하여 몇 도곽이 되는지를 계산 425,42.12 ÷ 300 ＝ 141.8도곽 ∴ 141도곽선에 좌표를 구하여야 함 ③ 원점에서 도곽선까지 거리로 환산 141 × 300 ＝ 42,300m ④ 원점좌표로부터 도곽선까지의 거리를 계산하여 도곽선 상부종선좌표 산출 500,000 − 42,300 ＝ 457,700m ⑤ 상부종선좌표를 이용하여 하부종선좌표 산출 457,700 − 300 ＝ 457,400m
횡선좌표(Y)	① 원점의 횡선좌표(200,000)로부터 얼마나 떨어져 있는지를 확인 200,0000 − 212,873.39 ＝ 12,873.39m ② 원점으로부터의 거리를 이용하여 몇 도곽이 되는지를 계산 12,873.39 ÷ 400 ＝ 32.1837…도곽 ∴ 32번째 도곽선에 좌표를 구하여야 함 ③ 원점에서 도곽선까지 거리로 환산 32도곽 × 400m ＝ 12,800m ④ 원점좌표로부터 도곽선까지의 거리를 계산하여 도곽선 좌측횡선좌표 산출 200,000 + 12,800 ＝ 212,800m ⑤ 좌측횡선좌표를 이용하여 우측횡선좌표 산출 212,800 + 400 ＝ 213,200m

9.5.2 기타 원점(구소삼각점, 특별소삼각점)

새로운 도곽선을 구획하고자 할 경우 당해 지역의 원점(0,0)을 기준으로 구획

구획방법	전개하고자 하는 기초점의 좌표 : (종선좌표=−42,170.84m, 횡선좌표=5,016.65m) 도면의 축척을 1/1,000(종선=300m, 횡선=400m)이라고 가정할 경우
종선좌표(X)	① 원점으로부터의 거리를 이용하여 몇 도곽이 되는지를 계산 −42,170.84÷300=−140.5694667도곽 ∴ 140도곽선의 좌표를 구하여야 함 ② 원점에서 도곽선까지를 거리로 환산 140×300=−42,000m(종선상부좌표) −42,000+(−300)=−42,300(종선하부좌표) ┌ 종선좌표가 +이면 하부종선좌표 └ 종선좌표가 −이면 상부종선좌표
횡선좌표(Y)	① 원점으로부터의 거리를 이용하여 몇 도곽이 되는지를 계산 5,016.65÷400=12.541625도곽 ∴ 12번째 도곽선에 좌표를 구하여야 함 ② 원점에서 도곽선까지를 거리로 환산 12도곽×400m=4,800m(횡선좌측좌표) 4,800+(+400)=5,200(횡선우측좌표) ┌ 횡선좌표가 +이면 좌측횡선좌표 └ 횡선좌표가 −이면 우측횡선좌표

CHAPTER 09 실전문제

01 지적도의 축척이 600분의 1인 지역에서 면적을 측정한 결과 3,250.25m²이었다면 결정면적은 얼마인가? 12②기

① 3,250.00m² ② 3,250.25m²
③ 3,250.2m² ④ 3,250.3m²

◉ 해설

공간정보의 구축 및 관리 등에 관한 법률 시행령 제60조(면적의 결정 및 측량계산의 끝수처리)

① 면적의 결정은 다음 각 호의 방법에 따른다.

1. 토지의 면적에 1제곱미터 미만의 끝수가 있는 경우 0.5제곱미터 미만일 때에는 버리고 0.5제곱미터를 초과하는 때에는 올리며, 0.5제곱미터일 때에는 구하려는 끝자리의 숫자가 0 또는 짝수이면 버리고 홀수이면 올린다. 다만, 1필지의 면적이 1제곱미터 미만일 때에는 1제곱미터로 한다.

2. 지적도의 축척이 600분의 1인 지역과 경계점좌표등록부에 등록하는 지역의 토지 면적은 제1호에도 불구하고 제곱미터 이하 한 자리 단위로 하되, 0.1제곱미터 미만의 끝수가 있는 경우 0.05제곱미터 미만일 때에는 버리고 0.05제곱미터를 초과할 때에는 올리며, 0.05제곱미터일 때에는 구하려는 끝자리의 숫자가 0 또는 짝수이면 버리고 홀수이면 올린다. 다만, 1필지의 면적이 0.1제곱미터 미만일 때에는 0.1제곱미터로 한다.

② 방위각의 각치(角値), 종횡선의 수치 또는 거리를 계산하는 경우 구하려는 끝자리의 다음 숫자가 5 미만일 때에는 버리고 5를 초과할 때에는 올리며, 5일 때에는 구하려는 끝자리의 숫자가 0 또는 짝수이면 버리고 홀수이면 올린다. 다만, 전자계산조직을 이용하여 연산할 때에는 최종수치에만 이를 적용한다.

02 다음 중 색인도의 제도와 관련한 아래의 설명에서 (1)과 (2)에 들어갈 말이 모두 옳은 것은? 12②기

> 가로 (1), 세로 (2) 크기의 직사각형을 중앙에 두고 그의 4변에 접하여 같은 규격으로 4개를 제도한다.

① (1) 5mm (2) 4mm ② (1) 5mm (2) 5mm
③ (1) 7mm (2) 6mm ④ (1) 7mm (2) 7mm

◉ 해설

지적업무처리규정 제48조(색인도 등의 제도)

① 색인도는 도곽선의 왼쪽 윗부분 여백의 중앙에 다음 각 호와 같이 제도한다.

1. 가로 7밀리미터, 세로 6밀리미터 크기의 직사각형을 중앙에 두고 그의 4변에 접하여 같은 규격으로 4개의 직사각형을 제도한다.

2. 1장의 도면을 중앙으로 하여 동일 지번부여지역 안 위쪽·아래쪽·왼쪽 및 오른쪽의 인접 도면번호를 각각 3밀리미터의 크기로 제도한다.

03 도곽선의 제도에 대한 설명으로 틀린 것은? 12③기

① 도면의 윗방향은 항상 북쪽이 되어야 한다.

② 지적도의 도곽 크기는 가로 40cm, 세로 30cm의 직사각형으로 한다.

③ 도곽의 구획은 지적 관련 법령에서 정한 좌표의 원점을 기준으로 하여 정한다.

④ 도면에 등록하는 도곽선의 수치는 1mm 크기의 아라비아 숫자로 제도한다.

◉ 해설

제43조(도곽선의 제도)

① 도면의 윗방향은 항상 북쪽이 되어야 한다.

② 지적도의 도곽크기는 가로 40센티미터, 세로 30센티미터의 직사각형으로 한다.

③ 도곽의 구획은 영 제7조 제3항 각 호에서 정한 좌표의 원점을 기준으로 하여 정하되, 그 도곽의 종횡선수치는 좌표의 원점으로부터 기산하여 영 제7조 제3항에서 정한 종횡선수치를 각각 가산한다.

④ 이미 사용하고 있는 도면의 도곽크기는 제2항에도 불구하고 종전에 구획되어 있는 도곽과 그 수치로 한다.

⑤ 도면에 등록하는 도곽선은 0.1밀리미터의 폭으로, 도곽선의 수치는 도곽선 왼쪽 아랫부분과 오른쪽 윗부분의 종횡선교차점 바깥쪽에 2밀리미터 크기의 아라비아 숫자로 제도한다.

정답 01 ③ 02 ③ 03 ④

04 실선과 허선을 각각 3mm로 연결하고 허선에 0.3mm의 점 2개를 제도하는 행정구역선은? 13①기

① 국계
② 시 · 도계
③ 시 · 군계
④ 동 · 리계

● 해설

행정구역선의 제도

도면에 등록하는 행정구역선은 0.4mm 폭으로 다음 각 호와 같이 제도한다. 다만, 동 · 리의 행정구역선은 0.2mm 폭으로 한다.

행정 구역	제도 방법	내용
국계		실선 4mm와 허선 3mm로 연결하고 실선 중앙에 실선과 직각으로 교차하는 1mm의 실선을 긋고, 허선에 직경 0.3mm의 점 2개를 제도한다.
시 · 도계		실선 4mm와 허선 2mm로 연결하고 실선 중앙에 실선과 직각으로 교차하는 1mm의 실선을 긋고, 허선에 직경 0.3mm의 점 1개를 제도한다.
시 · 군계		실선과 허선을 각각 3mm로 연결하고, 허선에 0.3mm의 점 2개를 제도한다.
읍 · 면 · 구계		실선 3mm와 허선 2mm로 연결하고, 허선에 0.3mm의 점 1개를 제도한다.
동 · 리계		실선 3mm와 허선 1mm로 연결하여 제도한다.
행정구역선	행정구역선은 경계에서 약간 띄어 그 외부에 제도한다.	
행정구역선이 2종 이상 겹칠 때	행정구역선이 2종 이상 겹치는 경우에는 최상급 행정구역선만 제도한다.	
행정구역의 명칭	도면 여백의 대소에 따라 4~6mm의 크기로 경계 및 지적기준점 등을 피하여 같은 간격으로 띄어 제도한다.	
도로 · 철도 · 하천 · 유지 등의 고유명칭	도로 · 철도 · 하천 · 유지 등의 고유명칭은 3~4mm의 크기로 같은 간격으로 띄워서 제도한다.	

05 지상 1km²의 면적을 도상 4cm²로 표시한 도면의 축척은? 14①기

① 1/2,500
② 1/5,000
③ 1/25,000
④ 1/50,000

● 해설

$\left(\dfrac{1}{m}\right)^2 = \dfrac{도상면적}{실제면적} = \dfrac{0.02 \times 0.02}{1,000 \times 1,000}$ 에서

$\dfrac{1}{m} = \dfrac{0.02}{1,000}$ 이므로, $\dfrac{1}{50,000}$

or) $\dfrac{1}{m} = \sqrt{\dfrac{0.02 \times 0.02}{1,000 \times 1,000}} = \dfrac{1}{50,000}$

06 종선좌표(X)=454,600.37m, 횡선좌표(Y)=192,033.25m인 지적도근점을 포용하는 축척 1/600인 지적도의 좌측 하단부 도곽선의 수치는? 15①기

① X=454,300m, Y=192,000m
② X=454,400m, Y=191,750m
③ X=454,600m, Y=192,000m
④ X=454,600m, Y=191,750m

● 해설

일반 원점지역에 종선좌표 50만, 횡선좌표 20만의 가상수치를 부여했을 경우

종선 좌표 결정	종선좌표에서 500,000을 빼준다.	원점에서 종선까지 떨어진 거리
	떨어진 거리를 도곽선 종선의 길이로 나눈다.	종선의 길이로 나누어 몇 개인가 확인(정수)
	도곽선 종선길이로 나눈 정수를 곱한다.	원점에서의 거리
	원점에서의 거리에 500,000를 더한다.	종선의 상부좌표
	종선의 상부좌표에서 도곽선 종선길이를 빼준다.	종선의 하부좌표
횡선 좌표 결정	횡선좌표에서 200,000을 빼준다.	원점에서 횡선까지 떨어진 거리
	떨어진 거리를 도곽선 횡선의 길이로 나눈다.	횡선의 길이로 나누어 몇 개인가 확인(정수)
	도곽선 횡선길이로 나눈 정수를 도곽선 횡선길이로 곱한다.	원점에서의 거리

횡선 좌표 결정	원점에서의 거리에 200,000을 더한다.	횡선좌표가 200,000을 기준으로 넘었을 때는 좌측 횡선좌표, 200,000 이하일 때는 우측 횡선좌표
	결정된 좌측, 우측 횡선좌표에 따라 도곽길이를 구한다.	
특징	횡선길이가 200,000을 기준으로 넘을 때에는 좌측 횡선좌표가 먼저 나오고 200,000보다 적을 때에는 우측 횡선좌표가 먼저 나온다는 것에 주의해야 한다.	

$$454,600.37 - 500,000 = -45,399.63$$
$$-45,399.63 \div 200 = -226.99815$$
$$-226 \times 200 = -45,200$$
$$-45,200 + 500,000 = 454,800 (종선의 상부좌표)$$
$$454,800 - 200 = 454,600 (종선의 하부좌표)$$

$$192,033.25 - 200,000 = -7,966.75$$
$$-7,966.75 \div 250 = -31.867$$
$$-31 \times 250 = -7,750$$
$$-7,750 + 200,000 = 192,250 (우측 횡선좌표)$$
(단, 횡선좌표가 200,000을 넘으면 좌측 횡선좌표임)
$$192,250 - 250 = 192,000 (좌측 횡선좌표)$$

07 지적도 및 임야도에 등록하는 도곽선의 용도가 아닌 것은? 15①기

① 토지경계의 측정기준
② 인접도면과의 접합기준
③ 도곽신축량의 측정기준
④ 지적측량 기준점 전개 시의 기준

● 해설

도곽선의 용도
• 지적기준점의 전개 시 기준
• 방위
• 인접도면과의 접합기준
• 도곽의 신축보정

08 임야도 작성 시 구계(區界)와 동계(洞界)가 겹치는 경우에는 어떻게 하는가? 15②기

① 구계만 그린다.
② 동계만 그린다.
③ 구계와 동계를 겹쳐 그린다.
④ 필지 경계만 그린다.

● 해설

행정구역선이 2종 이상 겹치는 경우에는 최상급 행정구역선만 제도한다. 행정구역선은 경계에서 약간 띄어 제도한다.

09 지적소관청은 지적도면의 관리에 필요한 경우에는 지번부여지역마다 일람도와 지번색인표를 작성하여 갖춰둘 수 있다. 이때 일람도를 작성하지 아니할 수 있는 경우는 도면이 몇 장 미만일 때인가? 15③기

① 4장 ② 5장
③ 6장 ④ 7장

● 해설

일람도의 작성 · 비치	• 일람도는 도면축척의 10분의 1로 작성하는 것이 원칙이며 도면의 수가 4장 미만의 경우에는 작성을 생략할 수 있다. • 일람도와 지번색인표는 지번부여지역별로 도면순으로 보관하되, 각 장별로 보호대에 넣어야 한다.
일람도의 등재사항	• 지번부여지역의 경계 및 인접지역의 행정구역 명칭 • 도면의 제명 및 축척 • 도곽선 및 도곽선 수치 • 도면번호 • 하천 · 도로 · 철도 · 유지 · 취락 등 주요 지형 · 지물의 표시

10 도곽선의 제도에 대한 설명 중 틀린 것은?

15③기

① 도면의 위 방향은 항상 북쪽이 되어야 한다.
② 지적도의 도곽 크기는 가로 40cm, 세로 30cm의 직사각형으로 한다.
③ 도곽의 구획은 지적 관련 법령에서 정한 좌표의 원점을 기준으로 하여 정한다.
④ 도면에 등록하는 도곽선의 수치는 1mm 크기의 아라비아 숫자로 제도한다.

◉ 해설

도곽선의 제도

• 도곽선은 지적기준점의 전개, 방위, 인접도면과의 접합, 도곽의 신축보정 등에 따른 기준선으로의 역할을 하기 때문에 모든 지적도와 임야도에 도곽선을 등록하여야 한다.
• 도면의 윗방향은 항상 북쪽이 되어야 한다.(도북방향)
• 지적도의 도곽의 크기는 가로 40cm, 세로 30cm의 직사각형으로 한다.
• 도곽의 구획은 좌표의 원점을 기준으로 하여 정하되, 그 도곽의 종·횡선 수치는 좌표의 원점으로부터 기산하여 종·횡선 수치를 각각 가산한다.
• 이미 사용하고 있는 도면의 도곽 크기는 제4항의 규정에 불구하고 종전에 구획되어 있는 도곽과 그 수치로 한다.
• 도곽선은 0.1mm의 폭으로 붉은색, 도곽선의 수치는 도곽선 왼쪽 아랫부분과 오른쪽 윗 부분의 종·횡선교차점 바깥쪽에 2mm 크기의 붉은색으로 아라비아 숫자로 제도한다.
• 도곽선의 수치는 해당 지적도에 등록된 토지가 위치하는 좌표, 즉 당해 지적도에 표시된 토지와 원점까지의 거리를 말한다. 도곽선의 수치는 일반원점으로부터 계산하여 종선수치에 600,000미터, 횡선수치에 200,000미터를 각각 가산하여 언제나 정수가 되도록 하여 도면별 도곽의 북동쪽과 남서쪽의 모서리에 등록하여야 한다.
• 세계측지계에 따르지 아니하는 지적측량의 경우에는 가우스상사 이중투영법으로 표시하되, 직각좌표계 투영원점의 가산(加算) 수치를 각각 X(N) 500,000미터(제주도지역 550,000미터), Y(E) 200,000미터로 하여 사용할 수 있다.

11 축척 1/1,200 지적도 지역에서 도곽신축량이 $\Delta X_1 = 0.4$mm, $\Delta X_2 = -1.0$mm, $\Delta Y_1 = -0.8$mm, $\Delta Y_2 = -0.6$mm일 경우 도곽선의 보정계수는?

15③기

① 1.0026 　　　　② 1.0032
③ 1.0038 　　　　④ 1.0044

◉ 해설

• 지상길이로 계산

$$Z = \frac{X \cdot Y}{\Delta X \cdot \Delta Y} = \frac{400 \times 500}{(400 - 0.84) \times (500 - 0.84)}$$
$$= 1.0038$$
$$\Delta x = \frac{0.4 + 1.0}{2} = 0.7\text{mm}$$
$$\Delta y = \frac{0.8 + 0.6}{2} = 0.7\text{mm}$$

지상거리로 환산

$$축척 = \frac{도상거리}{실제거리}$$
$$\frac{1}{1,200} = \frac{0.7}{실제거리}$$
$$\therefore 실제거리 = 0.7 \times 1,200 = 840\text{mm} = 0.84\text{m}$$

• 도상거리로 계산

$$Z = \frac{X \cdot Y}{\Delta X \cdot \Delta Y}$$
$$= \frac{333.333 \times 416.667}{(333.333 - 0.7) \times (416.667 - 0.7)} = 1.0038$$

12 일람도의 제도에 대한 설명 중 틀린 것은?

15③기

① 고속도로는 검은색 0.4mm의 2선으로 제도한다.
② 철도용지는 붉은색 0.2mm의 2선으로 제도한다.
③ 수도선로는 남색 0.1mm의 2선으로 제도한다.
④ 도면번호는 3mm의 크기로 한다.

◉ 해설

일람도의 제도방법

• 도면번호 3mm 크기
• 인접 동·리 명칭은 4mm, 기타 행정구역 명칭은 5mm
• 지방도로 이상은 검은색 0.2mm의 2선으로, 기타 도로는 0.1mm의 선으로 제도

- 철도용지는 붉은색 0.2mm의 2선
- 수도용지 중 선로는 남색 0.1mm 2선
- 하천 · 구거 · 유지는 남색 0.1mm 선으로 제도하고 내부를 남색으로 채색한다. 다만 적은 양의 물이 흐르는 하천 및 구거는 남색선으로 제도
- 취락지, 건물 등은 0.1mm 선으로 제도하고 내부를 검은색으로 채색
- 도시개발사업 · 축척변경 등이 완료된 때에는 지구 경계를 붉은색 0.1mm의 선으로 제도한 후 지구 안을 붉은색으로 엷게 채색하고 중앙에 사업명 및 사업완료연도를 기재한다.

13 다음 중 일람도의 작성을 하지 아니할 수 있는 경우 기준으로 옳은 것은? 12①산

① 도면의 장수가 2장 미만인 경우
② 도면의 장수가 3장 미만인 경우
③ 도면의 장수가 4장 미만인 경우
④ 도면의 장수가 5장 미만인 경우

◉해설

지적사무처리규정 제9조(일람도의 제도)
① 규칙 제10조 제4항의 규정에 의하여 일람도를 작성하는 경우 일람도의 축척은 그 도면축척의 10분의 1로 한다. 다만, 도면의 장수가 많아서 1장에 작성할 수 없는 경우에는 축척을 줄여서 작성할 수 있으며, 도면의 장수가 4장 미만인 경우에는 일람도의 작성을 하지 아니할 수 있다.

14 다음 중 도면에 등록하는 도곽선의 제도 방법에 대한 설명으로 옳지 않은 것은? 12①산

① 도곽선은 0.1mm의 폭으로 제도한다.
② 도곽선의 수치는 2mm의 크기로 제도한다.
③ 지적도의 도곽 크기는 가로 30cm, 세로 40cm로 한다.
④ 도곽선의 수치는 도곽선 왼쪽 아래 부분과 오른쪽 윗부분의 종 · 횡선교차점 바깥쪽에 제도한다.

◉해설

지적사무처리규정 제11조(도곽선의 제도)
① 도면의 윗방향은 항상 북쪽이 되어야 한다.
② 지적도의 도곽 크기는 가로 40센티미터, 세로 30센티미터의 직사각형으로 한다.

③ 도곽의 구획은 법 제33조 제1항 각호에서 정한 좌표의 원점을 기준으로 하여 정하되, 그 도곽의 종횡선수치는 좌표의 원점으로부터 기산하여 영 제36조 제1항에서 정한 종횡선수치를 각각 가산한다.
④ 이미 사용하고 있는 도면의 도곽 크기는 제2항의 규정에 불구하고 종전에 구획되어 있는 도곽과 그 수치로 한다.
⑤ 도면에 등록하는 도곽선은 0.1밀리미터의 폭으로, 도곽선의 수치는 도곽선 왼쪽 아랫부분과 오른쪽 윗부분의 종횡선교차점 바깥쪽에 2밀리미터 크기의 아라비아 숫자로 제도한다.

15 도곽선의 신축량을 알기 위해 산출하는 신축된 차(mm)의 계산식으로 옳은 것은?(단, L : 신축된 도곽선 지상길이, L_0 : 도곽선 지상길이, M : 축척분모) 13①산

① $\dfrac{(L-L_0)}{100M}$ ② $\dfrac{100(L-L_0)}{M}$

③ $\dfrac{(L-L_0)}{1,000M}$ ④ $\dfrac{1,000(L-L_0)}{M}$

◉해설

지적측량 시행규칙 제20조(면적측정의 방법 등)
① 좌표면적계산법에 따른 면적측정은 다음 각 호의 기준에 따른다.
③ 면적을 측정하는 경우 도곽선의 길이에 0.5밀리미터 이상의 신축이 있을 때에는 이를 보정하여야 한다. 이 경우 도곽선의 신축량 및 보정계수의 계산은 다음 각 호의 계산식에 따른다.
1. 도곽선의 신축량 계산

$$S = \dfrac{\triangle X_1 + \triangle X_2 + \triangle Y_1 + \triangle Y_2}{4}$$

여기서, S : 신축량
$\triangle X_1$: 왼쪽 종선의 신축된 차
$\triangle X_2$: 오른쪽 종선의 신축된 차
$\triangle Y_1$: 윗쪽 횡선의 신축된 차
$\triangle Y_2$: 아래쪽 횡선의 신축된 차
이 경우 신축된 차(밀리미터)

$$= \dfrac{1,000(L-L_0)}{M}$$

여기서, L : 신축된 도곽선 지상길이
L_0 : 도곽선 지상길이
M : 축척분모

2. 도곽선의 보정계수 계산

$$Z = \frac{X \cdot Y}{\triangle X \cdot \triangle Y}$$

여기서, Z : 보정계수
X : 도곽선 종선길이
Y : 도곽선 횡선길이
$\triangle X$: 신축된 도곽선 종선길이의 합/2
$\triangle Y$: 신축된 도곽선 횡선길이의 합/2

16 지적도를 제도하는 경계 및 행정구역선의 폭 기준이 모두 옳은 것은?(단, 동·리의 행정구역선의 경우는 제외한다.) 14①산

① 0.1mm, 0.4mm　　② 0.15mm, 0.5mm
③ 0.2mm, 0.5mm　　④ 0.25mm, 0.4mm

해설

지적업무처리규정 제44조(경계의 제도)
① 경계는 0.1밀리미터 폭의 선으로 제도한다.

제47조(행정구역선의 제도)
① 도면에 등록할 행정구역선은 0.4밀리미터 폭으로 다음 각 호와 같이 제도한다. 다만, 동·리의 행정구역선은 0.2밀리미터 폭으로 한다.

17 일반지역에서 축척이 1/6,000인 임야도의 지상 도곽선규격(종선×횡선)으로 옳은 것은? 14①산

① 500m×400m　　② 1,200m×1,000m
③ 1,250m×1,500m　　④ 2,400m×3,000m

해설

축척	도곽선 크기(m)	1도곽 내 포용면적(m²)
1/500	150×200	30,000
1/600	200×250	50,000
1/1,000	300×400	120,000
1/1,200	400×500	200,000
1/2,400	800×1,000	800,000
1/3,000	1,200×1,500	1,800,000
1/6,000	2,400×3,000	7,200,000

18 지적도의 제도에 관한 다음 설명 중 틀린 것은? 14②산

① 도곽선은 폭 0.1mm로 제도한다.
② 지번과 지목은 2~3mm의 크기로 제도한다.
③ 도곽선 수치는 2mm의 아라비아 숫자로 주기한다.
④ 도근점은 직경 3mm의 원으로 제도한다.

해설

지적업무처리규정 제45조(지번 및 지목의 제도)
② 지번 및 지목을 제도할 때에는 지번 다음에 지목을 제도한다. 이 경우 2밀리미터 이상 3밀리미터 이하 크기의 명조체로 하고, 지번의 글자 간격은 글자크기의 4분의 1 정도, 지번과 지목의 글자 간격은 글자크기의 2분의 1 정도 띄어서 제도한다. 다만, 지적전산정보시스템이나 레터링으로 작성할 경우에는 고딕체로 할 수 있다.

제43조(도곽선의 제도)
⑤ 도면에 등록하는 도곽선은 0.1밀리미터의 폭으로, 도곽선의 수치는 도곽선 왼쪽 아랫부분과 오른쪽 윗부분의 종횡선교차점 바깥쪽에 2밀리미터 크기의 아라비아 숫자로 제도한다.

제45조(지번 및 지목의 제도)
5. 지적도근점은 직경 2밀리미터의 원으로 다음과 같이 제도한다.

19 일람도의 제도방법으로 틀린 것은? 14③산

① 도면번호는 3mm의 크기로 한다.
② 철도용지는 검은색 0.2mm의 폭의 선으로 제도한다.
③ 수도용지 중 선로는 남색 0.1mm 폭의 2선으로 제도한다.
④ 건물은 검은색 0.1mm의 폭으로 제도하고 그 내부를 검은색으로 엷게 채색한다.

해설

일람도의 제도방법은 다음과 같다.
• 도면번호 3mm 크기
• 인접 동·리 명칭은 4mm, 기타 행정구역 명칭은 5mm

정답 16 ① 17 ④ 18 ④ 19 ②

- 지방도로 이상은 검은색 0.2mm의 2선으로, 기타 도로는 0.1mm의 선으로 제도
- 철도용지는 붉은색 0.2mm의 2선
- 수도용지 중 선로는 남색 0.1mm 2선
- 하천 · 구거 · 유지는 남색 0.1mm 선으로 제도하고 내부를 남색으로 채색한다. 다만 적은 양의 물이 흐르는 하천 및 구거는 남색 선으로 제도
- 취락지, 건물 등은 0.1mm 선으로 제도하고 내부를 검은색으로 채색
- 도시개발사업 · 축척변경 등이 완료된 때에는 지구경계를 붉은색 0.1mm의 선으로 제도한 후 지구안을 붉은색으로 엷게 채색하고 중앙에 사업명 및 사업완료연도를 기재한다.

20 지번과 지목의 제도방법에 대한 설명으로 옳지 않은 것은? 15①산

① 지번과 지목의 글자간격은 글자크기의 1/3 정도 띄어서 제도한다.
② 지번의 글자간격은 글자크기의 1/4 정도가 되도록 제도한다.
③ 지번과 지목은 2mm 이상 3mm 이하의 크기로 제도한다.
④ 지번과 지목이 경계에 닿지 않도록 필지의 중앙에 제도한다.

해설

지번 · 지목의 제도
- 지번 및 지목은 경계에 닿지 않도록 필지의 중앙에 제도한다. 다만, 1필지의 토지가 형상이 좁고 길어서 필지의 중앙에 제도하기가 곤란한 때에는 가로쓰기가 되도록 도면을 왼쪽 또는 오른쪽으로 돌려서 제도할 수 있다.
- 지번 및 지목을 제도하는 때에는 지번 다음에 지목을 제도한다. 이 경우 명조체의 2mm 내지 3mm의 크기로, 지번의 글자간격은 글자크기의 1/4 정도, 지번과 지목의 글자간격은 글자크기의 1/2 정도 띄어서 제도한다. 다만, 전산정보처리조직이나 레터링으로 작성하는 경우에는 고딕체로 할 수 있다.
- 1필지의 면적이 작아서 지번과 지목을 필지의 중앙에 제도할 수 없는 때에는 ㄱ, ㄴ, ㄷ, …, $ㄱ^1$, $ㄴ^1$, $ㄷ^1$, … $ㄱ^2$, $ㄴ^2$, $ㄷ^2$, … 등으로 부호를 붙이고, 도곽선 밖에 그 부호 · 지번 및 지목을 제도한다. 이 경우 부호가 많아서 그 도면의 도곽선 밖에 제도할 수 없는 경우에는 별도로 부호도를 작성할 수 있다.

21 좌표면적계산법에 의한 산출면적은 $1/1,000m^2$ 까지 계산해 ( ) 단위로 정한다. ( ) 안에 들어갈 면적단위는? 15①산

① $1/1,000m^2$
② $1/100m^2$
③ $1/10m^2$
④ $1m^2$

해설

좌표에 의한 방법

대상지역	경위의측량방법으로 세부측량을 실시한 경우, 즉 경계점좌표등록부가 비치된 지역에서의 면적은 필지의 좌표를 이용하여 면적을 측정하여야 한다.
필지별 면적측정	경계점 좌표에 따를 것
산출면적 단위	산출면적은 $\dfrac{1}{1,000}m^2$까지 계산하여 $\dfrac{1}{10}m^2$ 단위로 정한다.

22 지번 및 지목을 제도하는 때에 지번과 지목의 글자간격은 글자크기의 어느 정도를 띄어서 제도하는가? 15②산

① 글자크기의 1/2
② 글자크기의 1/3
③ 글자크기의 1/4
④ 글자크기의 1/5

해설

문제 20번 해설 참고

23 축적 1/1,200 도해지역에서 도상오차를 0.2mm 까지 허용할 때 구심점이 일치하지 않는 것을 허용할 수 있는 정도는? 15③산

① 10cm
② 12cm
③ 14cm
④ 16cm

해설

도상에 영향을 미치지 않는 축척 한계

$$\dfrac{M}{10}(mm)$$

$$\therefore \dfrac{1,200}{10} = 120\,mm = 12cm$$

02

응용측량

少年은 易老하고 學難成하니 一寸光陰이라도 不可輕하라
未覺池塘에 春草夢인대 階前梧葉이 已秋聲이라.

젊은 시절은 금방 지나가고 학문은 이루기 어려우니 시간을 아껴라.
연못가 풀들은 봄꿈에 젖어있는데 섬돌 앞 오동나무 잎은 가을을 알린다.
* (잎이 큰 오동나무는 일찍 단풍이 들고 마른 잎은 바람이 불면 바스락거린다. 마른 오동나무 잎이 바람에 바스락 거리는 소리=가을 소리)

CHAPTER 01 사진측량

¨¨ 1.1 정의

사진측량(Photogrammetry)은 사진영상을 이용하여 피사체에 대한 정량적(위치, 형상, 크기 등의 결정) 및 정성적(자원과 환경현상의 특성 조사 및 분석) 해석을 하는 학문이다.

① 정량적 해석 : 위치, 형상, 크기 등의 결정
② 정성적 해석 : 자원과 환경현상의 특성 조사 및 분석

¨¨ 1.2 사진측량의 장단점

장점	단점
① 정량적 및 정성적 측정이 가능하다. ② 정확도가 균일하다. 　㉠ 평면(X, Y) 정도 　　$(10{\sim}30)\mu \times$ 촬영축척의 분모수(m) ㉡ 높이(H) 정도 : 　$\left(\dfrac{1}{10,000} \sim \dfrac{2}{10,000}\right) \times$ 촬영고도(H) 　여기서, $1\mu = \dfrac{1}{1,000}$ (mm) 　　　m : 촬영축척의 분모수 　　　H : 촬영고도 ③ 동체측정에 의한 현상보존이 가능하다. ④ 접근하기 어려운 대상물의 측정도 가능하다. ⑤ 축척변경도 가능하다. ⑥ 분업화로 작업을 능률적으로 할 수 있다. ⑦ 경제성이 높다. ⑧ 4차원의 측정이 가능하다. ⑨ 비지형 측량이 가능하다.	① 좁은 지역에서는 비경제적이다. ② 기자재가 고가이다.(시설 비용이 많이 든다.) ③ 피사체에 대한 식별의 난해가 있다.(지명, 행정경제 건물명, 음영에 의하여 분별하기 힘든 곳 등의 측정은 현장의 작업으로 보충측량이 요구된다.) ④ 기상조건에 영향을 받는다. ⑤ 태양고도 등에 영향을 받는다.

•• 1.3 사진측량의 분류

1.3.1 촬영방향에 의한 분류

분류	특징
수직사진	① 광축이 연직선과 거의 일치하도록 카메라의 경사가 3° 이내의 기울기로 촬영된 사진 ② 항공사진 측량에 의한 지형도 제작 시에는 거의 수직사진에 의한 촬영
경사사진	광축이 연직선 또는 수평선에 경사지도록 촬영한 경사각 3° 이상의 사진으로 지평선이 사진에 나타나는 고각도 경사사진과 사진이 나타나지 않는 저각도 경사사진이 있다. ① 고각도 경사사진 : 3° 이상으로 지평선이 나타난다. ② 저각도 경사사진 : 3° 이상으로 지평선이 나타나지 않는다.
수평사진	광축이 수평선에 거의 일치하도록 지상에서 촬영한 사진

(a) 수직사진   (b) 저각도 경사사진   (c) 고각도 경사사진   (d) 수평사진

❚ 촬영방향에 의한 분류 ❚

1.3.2 사용 카메라의 의한 분류

종류	렌즈의 화각	화면크기(cm)	용도	비고
초광각사진	120°	23×23	소축척도화용	완전평지에 이용
광각사진	90°	23×23	일반도화, 사진판독용	경제적 일반도화
보통각사진	60°	18×18	산림조사용	산악지대 도심지촬영 정면도 제작
협각사진	약 60° 이하		특수한 대축척 도화용	특수한 평면도 제작

1.3.3 측량방법에 의한 분류

분류	특징
항공사진측량 (Aerial Photogrammerty)	지형도 작성 및 판독에 주로 이용되며 항공기 및 기구 등에 탑재된 측량용 사진기로 중복하여 연속촬영된 사진을 정성적 분석 및 정량적 분석을 하는 측량방법이다.
지상사진측량 (Terrestrial Photogrammerty)	지상사진측량은 지상에서 촬영한 사진을 이용하여 건조물이나 시설물의 형태 및 변위계측과 고산지대의 지형을 해석한다.(건물의 정면도, 입면도 제작에 주로 이용된다.)
수중사진측량 (Underwater Photogrammerty)	수중사진기에 의해 얻어진 영상을 해석함으로써 수중자원 및 환경을 조사하는 것으로 플랑크톤량, 수질조사, 해저의 기복상태, 해저의 유물조사, 수중식물의 활력도에 주로 이용된다.
원격탐측 (Remote Sensing)	원격탐측은 지상에서 반사 또는 방사하는 각종 파장의 전자기파를 수집처리하여 환경 및 자원문제에 이용하는 사진측량의 새로운 기법 중의 하나이다.
비지형 사진측량 (Non – Topography Photogrammerty)	지도 작성 이외의 목적으로 X선, 모아래사진, 홀로그래픽(레이저 사진) 등을 이용하여 의학, 고고학, 문화재 조사에 주로 이용된다.

1.3.4 촬영축척에 의한 분류

분류	특징
대축척 도화사진	촬영고도 800m(저공촬영) 이내에서 얻어진 사진을 도화 $\left(축척\ \dfrac{1}{500} \sim \dfrac{1}{3,000} \right)$
중축척 도화사진	촬영고도 800~3,000m(중공촬영) 이내에서 얻어진 사진을 도화 $\left(축척\ \dfrac{1}{5,000} \sim \dfrac{1}{25,000} \right)$
소축척 도화사진	촬영고도 3,000m(고공촬영) 이상에서 얻어진 사진을 도화 $\left(축척\ \dfrac{1}{50,000} \sim \dfrac{1}{100,000} \right)$

1.3.5 필름에 의한 분류

분류	특징
팬크로 사진	일반적으로 가장 많이 사용되는 흑백사진이며 가시광선($0.4\mu \sim 0.75\mu$)에 해당하는 전자파로 이루어진 사진
적외선 사진	지도작성 · 지질 · 토양 · 수자원 및 산림조사 등의 판독에 이용
위색 사진	식물의 잎은 적색, 그 외는 청색으로 나타나며 생물 및 식물의 연구조사 등에 이용
팬인플러 사진	팬크로 사진과 적외선 사진 중간에 속하며 적외선용 필름과 황색 필터를 사용
천연색 사진	조사, 판독용

••1.4 사진의 일반성

1.4.1 측량용 및 디지털 사진기와 촬영용 항공기의 특징

분류	특징	
측량용 사진기	① 초점길이가 길다.	② 화각이 크다.
	③ 렌즈 지름이 크다.	④ 거대하고 중량이 크다.
	⑤ 해상력과 선명도가 높다.	⑥ 셔터의 속도는 1/100~1/1,000초이다.
	⑦ 파인더로 사진의 중복도를 조정한다.	
	⑧ 수차가 극히 적으며 왜곡수차가 있더라도 보정판을 이용하여 수차를 제거한다.	
디지털 사진기	① 필름을 사용하지 않는다.	
	② 현상비용이나 시간이 절감된다.	
	③ 오차발생 방지(필름에서 영상 획득하기 위해 스캐닝 과정 생략)	
	④ 보관과 유지관리가 편리하다.	
	⑤ 영상의 품질관리가 용이하다.	
	⑥ 신속한 결과물을 이용할 수 있다.	
	⑦ 재난재해분야, 사회간접자본시설, RS 응용분야, GIS 분야 등에 활용성이 높다.	
촬영용 항공기	① 안정성이 좋을 것	② 조작성이 좋을 것
	③ 시계가 좋을 것	④ 항공거리가 길 것
	⑤ 이륙거리가 짧을 것	⑥ 상승속도가 클 것
	⑦ 상승한계가 높을 것	⑧ 요구되는 속도를 얻을 수 있을 것

1.4.2 촬영보조 기계

종류	특징
수평선 사진기 (Horizontal Camera)	주사진기의 광축에 직각방향으로 광축이 향하도록 부착시킨 소형 사진기이다.
고도차계 (Statoscope)	고도차계는 U자 관을 이용하여 촬영점 간의 기압차 관측에 의하여 촬영점 간의 고차를 환산기록하는 것이다.
APR (Airborne Profile Recorder)	APR은 비행고도자동기록계라고도 하며 항공기에서 바로 밑으로 전파를 보내고 지상에서 반사되어 돌아오는 전파를 수신하여 촬영비행 중의 대지촬영고도를 연속적으로 기록하는 것이다.
항공망원경 (Navigation Telescope)	접안격자판에 비행방향, 횡중복도가 30%인 경우의 유효폭 및 인접촬영경로, 연직점 위치 등이 새겨져 있어서, 예정촬영경로에서 항공기가 이탈되지 않고 항로를 유지하는 데 이용된다.
FMC (Forward Motion Compensation) : 떨림방지기구	FMC는 Imagemotion Compensator라고도 하며 항공사진기에 부착되어 영상을 취득하는 동안 비행기의 흔들림이나 움직이는 물체의 촬영 등으로 인해 발생되는 Shifting 현상을 제거하는 장치이다.
자이로스코프 (Gyroscope) : 자동평형경	회전체의 역학적인 운동을 관찰하는 실험기구로 회전의라고도 한다. 이를 이용하여 지구가 자전하는 것을 실험적으로 증명할 수 있다. 한편 로켓의 관성유도장치로 사용되는 자이로스코프, 이 원리를 응용한 나침반인 자이로 컴퍼스, 선박의 안전장치로 사용되는 자이로 안정기, 비행기의 동요 등이 카메라에 주는 영향을 막기 위하여 이용되는 등 넓은 의미에서 응용되고 있다.

1.4.3 항공사진의 보조자료

종류	특징
촬영고도	사진측량의 정확한 축척 결정에 이용된다.
초점거리	축척 결정이나 도화에 중요한 요소로 이용된다.
고도차	앞 고도와의 차를 기록한다.
수준기	촬영 시 카메라의 경사상태를 알아보기 위해 부착한다.
지표	여러 형태로 표시되어 있으며 필름 신축 보정 시 이용한다.
촬영시간	셔터를 누르는 순간 시각을 표시한다.
사진번호	촬영순서를 구분하는 데 이용한다.

1.4.4 Sensor(탐측기)

탐측기는 전자기파(Electromagnetic Wave)를 수집하는 장비로서 수동적 탐측기와 능동적 탐측기로 대별된다. 수동방식(Passive Sensor)은 태양광의 반사 또는 대상물에서 복사되는 전자파를 수집하는 방식이고, 능동방식(Active Sensor)은 대상물에 전자파를 쏘아 그 대상물에서 반사되어 오는 전자파를 수집하는 방식이다.

수동적 탐측기	비주사 방식	비영상방식	지자기측량		
			중력측량		
			기타		
		영상방식	단일사진기	흑백사진	
				천연색사진	
				적외사진	
				적외컬러사진	
				기타 사진	
			다중파장대 사진기	단일렌즈	단일필름
					다중필름
				다중렌즈	단일필름
					다중필름
	주사 방식	영상면 주사방식	TV사진기(Vidicon 사진기)		
			고체 주사기		
	주사 방식	대상물면 주사방식	다중파장대 주사기	Analogue 방식	
				Digital 방식	MSS
					TM
					HRV
			극초단파주사기(Microwave Radiometer)		
능동적 탐측기	비주사방식	Laser Spectrometer			
		Laser 거리측량기			
	주사 방식	레이더			
		SLAR	RAR(Rear Aperture Radar)		
			SAR(Synthetic Aperture Radar)		

가. LIDAR(Light Detection and Ranging)

레이저에 의한 대상물 위치 결정방법으로 기상 조건에 좌우되지 않고 산림이나 수목지대에서도 투과율이 높다.

나. SLAR(Side Looking Airborne Radar)

능동적 탐측기는 극초단파를 이용하여 극초단파 중 레이더파를 지표면에 주사하여 반사파로부터 2차원을 얻는 탐측기를 SLAR이라 한다. SLAR에는 RAR과 SAR 등이 있다.

··· 1.5 사진촬영 계획

1.5.1 사진축척

기준면에 대한 축척	$M = \dfrac{1}{m} = \dfrac{f}{H} = \dfrac{l}{L}$ 여기서, M : 축척분모수 H : 촬영고도 f : 초점거리
비고가 있을 경우 축척	$M = \dfrac{1}{m} = \left(\dfrac{f}{H \pm h} \right)$

┃기준면에 대한 축척┃

1.5.2 중복도

종중복도 (End Lap)	촬영진행방향에 따라 중복시키는 것으로 보통 60%, 최소한 50% 이상 중복을 주어야 한다. 종중복도$(p) = \dfrac{p_1 m_1 + m_1 m_2 + m_2 p_2}{a} \times 100\,(\%)$ 여기서, $p_1 m_1 = p_1 m_2 - m_1 m_2$ m_1, m_2 : 주점기선 길이(b_0) a : 화면크기(사진크기)
횡중복도 (Side Lap)	촬영진행방향에 직각으로 중복시키며 보통 30%, 최소한 5% 이상 중복을 주어 촬영한다. 산악지역(사진상에 고저차가 촬영고도의 10% 이상인 지역)이나 고층빌딩이 밀접한 시가지는 10~20% 이상 중복도를 높여서 촬영하거나 2단 촬영을 한다. (사각부분을 없애기 위함)

┃중복도┃

1.5.3 촬영기선장

하나의 촬영코스 중에 하나의 촬영점(셔터를 누른 점)으로부터 다음 촬영점까지의 거리를 촬영기선장이라 한다.

$$주점기선장 \ b_0 = a\left(1 - \frac{p}{100}\right)$$

$$촬영종기선길이 \ B = m \cdot b_0 = m \cdot a\left(1 - \frac{p}{100}\right)$$

$$촬영횡기선길이 \ C = m \cdot a\left(1 - \frac{q}{100}\right)$$

여기서, a : 화면크기
p : 종중복도
q : 횡중복도
m : 축척분모수

1.5.4 촬영고도

$$H = C \times \Delta h$$

여기서, H : 촬영고도
C : C계수(도화기의 성능과 정도를 표시하는 상수)
Δh : 최소 등고선의 간격

1.5.5 촬영코스

① 촬영코스는 촬영지역을 완전히 덮고 코스 사이의 중복도를 고려하여 결정한다.
② 일반적으로 넓은 지역을 촬영할 경우에는 동서방향으로 직선코스를 취하여 계획한다.
③ 도로, 하천과 같은 선형 물체를 촬영할 때는 이것에 따른 직선코스를 조합하여 촬영한다.
④ 지역이 남북으로 긴 경우는 남북방향으로 촬영코스를 계획하며 일반적으로 코스 길이의 연장은 보통 30km를 한도로 한다.

1.5.6 표정점 배치(Distribution of Points)

일반적으로 대지표정(절대표정)에 필요로 하는 최소 표정점은 삼각점(x, y) 2점과 수준점(z) 3점이며, 스트립 항공삼각측량인 경우 표정점은 각 코스 최초의 모델(중복부)에 4점, 최후의 모델이 최소한 2점, 중간에 4~5모델째마다 1점을 둔다.

1.5.7 촬영일시

촬영은 구름이 없는 쾌청일의 오전 10시부터 오후 2시경까지의 태양각이 45° 이상인 경우에 최적이며 계절별로는 늦가을부터 초봄까지가 최적기이다. 우리나라의 연평균 쾌청일수는 80일이다.

1.5.8 촬영카메라 선정

동일촬영고도의 경우 광각 사진기 쪽이 축척은 작지만 촬영면적이 넓고 또한 일정한 구역을 촬영하기 위한 코스 수나 사진매수가 적게 되어 경제적이다.

1.5.9 촬영계획도 작성

기존의 소축척지도 $\left(일반적으로 \dfrac{1}{50,000} 지형도\right)$ 상에 촬영계획도를 작성하고 축척은 촬영 축척의 $\dfrac{1}{2}$ 정도 지형도로 택하는 것이 적당하다.

1.5.10 사진 및 모델의 매수

실제면적		$A = (m \times a)(m \times a) = m^2 a^2 = (ma)^2 = \dfrac{a^2 H^2}{f^2}$ 여기서, A : 1매 사진의 크기$(a \times a)$ 상에 나타나 있는 면적 m : 축척의 분모수 a : 사진의 크기	사진면적
유효면적의 계산	단코스의 경우	$A_0 = (ma)^2 \left(1 - \dfrac{p}{100}\right)$	
	복코스의 경우	$A_0 = (ma)^2 \left(1 - \dfrac{p}{100}\right)\left(1 - \dfrac{q}{100}\right)$	
사진의 매수	① 촬영지역의 면적에 의한 사진의 매수	사진의 매수 $N = \dfrac{F}{A_0}$ 여기서, F : 촬영대상지역의 면적, A_0 : 촬영유효면적	
	② 안전율을 고려할 때 사진의 매수	$N = \dfrac{F}{A_0} \times (1 + 안전율)$	
	③ 모델수에 의한 사진의 매수	종모델수 $= \dfrac{코스길이}{종기선길이} = \dfrac{S_1}{B} = \dfrac{S_1}{ma\left(1 - \dfrac{p}{100}\right)}$ 횡모델수 $= \dfrac{코스횡길이}{횡기선길이} = \dfrac{S_2}{C_0} = \dfrac{S_2}{ma\left(1 - \dfrac{q}{100}\right)}$	
	④ 총모델수	종모델수$\times$횡모델수	
	⑤ 사진의 매수	(종모델수$+1)\times$횡모델수	
	⑥ 삼각점수	총모델수$\times 2$	
	⑦ 수준측량 총거리	$\begin{bmatrix} 촬영경로의 종방향길이 \times \{2(촬영경로의 수)+1\} \\ + \{촬영경로의 횡방향길이 \times 2\} \end{bmatrix}$ km	

●● 1.6 사진촬영

사진촬영 시 고려사항	① 높은 고도에서 촬영할 경우는 고속기를 이용하는 것이 좋다. ② 낮은 고도에서의 촬영에서는 노출 중의 편류에 의한 촬영에 주의할 필요가 있다. ③ 촬영은 지정된 촬영경로에서 촬영경로 간격의 10% 이상 차이가 없도록 한다. ④ 고도는 지정고도에서 5% 이상 낮게 혹은 10% 이상 높게 진동하지 않도록 직선상에서 일정한 거리를 유지하면서 촬영한다. ⑤ 앞뒤 사진 간의 회전각(편류각)은 5° 이내, 촬영 시의 사진기 경사(Tilt)는 3° 이내로 한다.
노출시간	① $T_l = \dfrac{\Delta S \cdot m}{V}$ ② $T_s = \dfrac{B}{V}$	여기서, T_l : 최장노출시간(sec), ΔS : 흔들림의 양(mm) 　　　　V : 항공기의 초속 　　　　B : 촬영기선 길이$(B) = ma\left(1 - \dfrac{p}{100}\right)$ 　　　　m : 축척분모수, T_s : 최소노출시간 　　　　P : 종중복, a : 사진의 크기

1.6.1 촬영사진의 성과 검사

항공사진이 사진측정학용으로 적당한지 여부를 판정하는 데는 중복도 이외에 사진의 경사, 편류, 축척, 구름의 유무 등에 대하여 검사하고 부적당하다고 판단되면 전부 또는 일부를 재촬영해야 한다.

재촬영하여야 할 경우	① 촬영 대상 구역의 일부분이라도 촬영범위 외에 있는 경우 ② 종중복도가 50% 이하인 경우 ③ 횡중복도가 5% 이하인 경우 ④ 스모그(Smog), 수증기 등으로 사진상이 선명하지 못한 경우 ⑤ 구름 또는 구름의 그림자, 산의 그림자 등으로 지표면이 밝게 찍혀 있지 않은 부분이 상당히 많은 경우 ⑥ 적설 등으로 지표면의 상태가 명료하지 않은 경우
양호한 사진이 갖추어야 할 조건	① 촬영사진기가 조정검사되어 있을 것 ② 사진기 렌즈는 왜곡이 작을 것 ③ 노출시간이 짧을 것 ④ 필름은 신축, 변질의 위험성이 없을 것 ⑤ 도화하는 부분이 공백부가 없고 사진의 입체부분으로 찍혀 있을 것 ⑥ 구름이나 구름의 그림자가 찍혀 있지 않을 것 ⑦ 적설, 홍수 등의 이상상태일 때의 사진이 아닐 것 ⑧ 촬영고도가 거의 일정할 것 ⑨ 중복도가 지정된 값에 가깝고 촬영경로 사이에 공백부가 없을 것 ⑩ 헐레이션이 없을 것

···1.7 사진의 특성

1.7.1 중심투영과 정사투영 ⑭⑦ ㉝㉵㉖㉿

항공사진과 지도는 지표면이 평탄한 곳에서는 지도와 사진은 같으나 지표면의 높낮이가 있는 경우에는 사진의 형상이 다르다. 항공㉕진은 ㉿심투영이고 ㉼도는 ㉿사투영이다.

중심투영 (Central Projection)	사진의 상은 피사체로부터 반사된 광이 렌즈 중심을 직진하여 평면인 필름면에 투영되어 나타나는 것을 말하며 사진을 제작할 때 사용(사진측량의 원리)	
정사투영 (Orthoprojetcion)	항공사진과 지형도를 비교하면 같으나, 지표면의 높낮이가 있는 경우에는 평탄한 곳은 같으나 평탄치 않은 곳은 사진의 형상이 다르다. 정사투영은 지도를 제작할 때 사용	▌정사투영과 중심투영의 비교▐
왜곡수차 (Distorion)	① 이론적인 중심투영에 의하여 만들어진 점과 실제 점의 변위 ② 왜곡수차의 보정방법 　　㉠ 포로-코페(Porro Koppe)의 방법 : 촬영카메라와 동일 렌즈를 갖춘 투영기를 사용하는 방법 　　㉡ 보정판을 사용하는 방법 : 양화건판과 투영렌즈 사이에 렌즈(보정판)를 넣는 방법 　　㉢ 화면거리를 변화시키는 방법 : 연속적으로 화면거리를 움직이는 방법		

1.7.2 항공사진의 특수 3점 ㉑㉮ ㉰㉯㉲

특수 3점	특징
㉰점 (Principal Point)	주점은 사진의 중심점이라고도 한다. 주점은 렌즈 중심으로부터 화면(사진면)에 내린 수선의 발을 말하며 렌즈의 광축과 화면이 교차하는 점이다.
㉯직점 (Nadir Point)	① 렌즈 중심으로부터 지표면에 내린 수선의 발을 말하고 N을 지상연직점(피사체 연직점), 그 선을 연장하여 화면(사진면)과 만나는 점을 화면연직점(n)이라 한다. ② 수점에서 연직점까지의 거리(mm) $= f \tan i$
㉲각점 (Isocenter)	① 주점과 연직점이 이루는 각을 2등분한 점으로 또한 사진면과 지표면에서 교차되는 점을 말한다. ② 주점에서 등각점까지의 거리(mm) $= f \tan \dfrac{i}{2}$

‖ 항공사진의 특수 3점 ‖

1.7.3 기복변위

대상물에 기복이 있는 경우 연직으로 촬영하여도 축척은 동일하지 않되, 사진면에서 연직점을 중심으로 방사상의 변위가 발생하는데 이를 기복변위라 한다.

가. 변위량

$$\Delta r = \frac{h}{H} r$$

나. 최대변위량

$$\Delta r_{\max} = \frac{h}{H} \cdot r_{\max}$$

$$단, \ r_{\max} = \frac{\sqrt{2}}{2} \cdot a$$

‖ 기복변위 ‖

⬛⬛ 1.8 입체사진측량

중복사진을 명시거리에서 왼쪽의 사진을 왼쪽 눈, 오른쪽의 사진을 오른쪽 눈으로 보면 좌우의 상이 하나로 융합되면서 입체감을 얻게 된다. 이것을 입체시 또는 정입체시라 한다.

정입체시	어느 대상물을 택하여 찍은 중복 사진을 명시거리(약 25cm 정도)에서 왼쪽 사진을 왼쪽 눈으로, 오른쪽 사진을 오른쪽 눈으로 보면 좌우의 상이 하나로 융합되면서 입체감을 얻게 되는데 이 현상을 입체시 또는 정입체시라 한다.
역입체시	입체시 과정에서 높은 것이 낮게, 낮은 것이 높게 보이는 현상이다. ① 정입체시 할 수 있는 사진을 오른쪽과 왼쪽위치를 바꿔 놓을 때 ② 여색입체사진을 청색과 적색의 색안경을 좌우로 바꿔서 볼 때 ③ 멀티 플렉스의 모델을 좌우의 색안경을 교환해서 입체시 할 때
여색입체시	여색입체사진이 오른쪽은 적색, 왼쪽은 청색으로 인쇄되었을 때 왼쪽에 적색, 오른쪽에 청색의 안경으로 보아야 바른 입체시가 된다.

1.8.1 입체사진의 조건

① 1쌍의 사진을 촬영한 카메라의 광축은 거의 동일 평면 내에 있어야 한다.
② 2매의 사진축척은 거의 같아야 한다.
③ 기선고도비가 적당해야 한다.

$$\text{기선고도비} = \frac{B}{H} = \frac{m \cdot a \left(1 - \dfrac{p}{100}\right)}{m \cdot f}$$

1.8.2 육안에 의한 입체시의 방법

손가락에 의한 방법, 스테레오그램에 의한 방법

1.8.3 기구에 의한 입체시

가. 입체경

렌즈식 입체경과 반사식 입체경이 있다.

나. 여색입체시

왼쪽에 적색, 오른쪽에 청색의 안경으로 보면 입체감을 얻는다.

1.8.4 입체상의 변화

렌즈의 초점거리 변화에 의한 변화	렌즈의 초점거리가 긴 사진이 짧은 사진보다 더 낮게 보인다.
촬영기선의 변화에 의한 변화	촬영기선이 긴 경우 짧은 때보다 높게 보인다.
촬영고도의 차에 의한 변화	촬영고도가 낮은 사진이 높은 사진보다 더 높게 보인다.
눈을 옆으로 돌렸을 때의 변화	눈을 좌우로 움직여 옆에서 바라볼 때 항공기의 방향선상에서 움직이면 눈이 움직이는 쪽으로 기울어져 보인다.
눈의 높이에 따른 변화	눈의 위치가 높아짐에 따라 입체상은 더 높게 보인다.

1.8.5 시차

장의 연속된 사진에서 발생하는 동일지점의 사진상의 변위를 시차라 한다.

시차차에 의한 변위량	$h : H = \triangle P : P_a$ $h = \dfrac{H}{P_a}\triangle P = \dfrac{H}{P_r + \triangle P}\triangle P$ 여기서, H : 비행고도 P_r : 기준면의 시차차 h : 시차(굴뚝의 높이) $\triangle P$(시차차) : $P_a - \triangle P$ P_a : 건물정상의 시차
$\triangle p$가 p_r보다 무시할 정도로 작을 때($p_r = b_0$)	$h = \dfrac{H}{P_r} \cdot \triangle P = \dfrac{H}{bo} \cdot \triangle P$ $\therefore \triangle P = \dfrac{h}{H} \cdot P_r = \dfrac{h}{H} \cdot bo$
주점 기선장 대신 기준면의 시차를 적용할 경우	$h = \dfrac{H}{P_r + \triangle P}\triangle P = \dfrac{H}{P_a}\triangle p$

(a) 시차

(b) 시차공식

┃시차┃

••• 1.9 표정

사진상 임의의 점과 대응되는 땅의 점과의 상호관계를 정하는 방법으로 지형의 정확한 입체모델을 기하학적으로 재현하는 과정을 말한다.

1.9.1 표정의 순서

내부표정 → 상호표정 → 절대표정 → 접합표정

종류	특징
내부표정	내부표정이란 도화기의 투영기에 촬영 당시와 똑같은 상태로 양화건판을 정착시키는 작업이다. ① 주점의 위치결정 ② 화면거리(f)의 조정 ③ 건판의 신축측정, 대기굴절, 지구곡률보정, 렌즈수차보정
상호표정	지상과의 관계는 고려하지 않고 좌우사진의 양투영기에서 나오는 광속이 촬영 당시 촬영면에 이루어지는 종시차(ϕ)를 소거하여 목표 지형물의 상대위치를 맞추는 작업 ① 비행기의 수평회전을 재현해 주는 $(k,\ b_y)$ ② 비행기의 전후 기울기를 재현해 주는 $(\phi,\ b_z)$ ③ 비행기의 좌우 기울기를 재현해 주는 (ω) ④ 과잉수정계수$(o,\ c,\ f)=\dfrac{1}{2}\left(\dfrac{h^2}{d^2}-1\right)$ ⑤ 상호표정인자 : $\left(k,\ \phi,\ w,\ b_y,\ b_z\right)$ k_1의 작용 $\quad+\quad$ k_2의 작용 $\quad=\quad$ b_y의 작용 φ_1의 작용 $\quad+\quad$ φ_2의 작용 $\quad=\quad$ b_z의 작용 ‖인자의 운동‖

종류	특징
절대표정	상호표정이 끝난 입체모델을 지상 기준점(피사체 기준점)을 이용하여 지상좌표(피사체좌표계)와 일치하도록 하는 작업 ① 축척의 결정 ② 수준면(표고, 경사)의 결정 ③ 위치(방위)의 결정 ④ 절대표정인자 : λ, ϕ, ω, k, b_x, b_y, b_z(7개의 인자로 구성)
접합표정	한 쌍의 입체사진 내에서 한쪽의 표정인자는 전혀 움직이지 않고 다른 한쪽만을 움직여 그 다른 쪽에 접합시키는 표정법을 말하며, 삼각측정에 사용한다. ① 7개의 표정인자 결정(λ, k, ω, ϕ, c_x, c_y, c_z) ② 모델 간, 스트립 간의 접합요소 결정(축척, 미소변위, 위치 및 방위)

▪▪ 1.10 사진판독

사진판독은 사진면으로부터 얻어진 여러 가지 피사체(대상물)의 정보 중 특성을 목적에 따라 적절히 해석하는 기술로서 이것을 기초로 하여 대상체를 종합분석함으로써 피사체(대상물) 또는 지표면의 형상, 지질, 식생, 토양 등의 연구수단으로 이용하고 있다.

1.10.1 사진판독 요소 ⑭⑦ ⑪⑪⑪⑪⑦⑧ ⑪⑭

요소	분류	특징
주요소	⑪조	피사체(대상물)가 갖는 빛의 반사에 의한 것으로 수목의 종류를 판독하는 것을 말한다.
	⑪양	피사체(대상물)의 배열상황에 의하여 판별하는 것으로 사진상에서 볼 수 있는 식생, 지형 또는 지표상의 색조 등을 말한다.
	⑪감	색조, 형상, 크기, 음영 등의 여러 요소의 조합으로 구성된 조밀, 거칠음, 세밀함 등으로 표현하며 초목 및 식물의 구분을 나타낸다.
	⑱상	개체나 목표물의 구성, 배치 및 일반적인 형태를 나타낸다.
	⑪기	어느 피사체(대상물)가 갖는 입체적, 평면적인 넓이와 길이를 나타낸다.
	⑪영	판독 시 빛의 방향과 촬영 시 빛의 방향을 일치시키는 것이 입체감을 얻는 데 용이하다.
보조요소	⑪호위치관계	어떤 사진상이 주위의 사진상과 어떠한 관계가 있는가 파악하는 것으로 주위의 사진상과 연관되어 성립되는 것이 일반적인 경우이다.
	⑪고감	과고감은 지표면의 기복을 과장하여 나타낸 것으로 낮고 평평한 지역에서의 지형판독에 도움이 되는 반면 경사면의 경사는 실제보다 급하게 보이므로 오판에 주의해야 한다.

1.10.2 음영효과(陰影效果)

사진판독에서 음영(Shadow)은 수직사진에 있어서 수직인 피사체의 크기 및 형태를 식별하는 데 중요한 역할을 하게 된다. 공중사진은 태양의 각도가 가장 높은 정오를 중심으로 한 시간에 촬영되어 음영이 가장 적다. 태양각도가 낮은 조석에 촬영하면 음영이 지표면에 크게 나타나게 되어 작은 토지의 기복 혹은 지질조건에 의한 미세한 식물의 성정차가 명확히 기록된다. 이와 같이 음영에 의한 효과를 음영효과(陰影效果)라 부르며 이와 같이 강조된 음영을 음영 마크(Shadow Mark), 식물성장의 적합차에 기인해서 사진상에 색조의 차위(差違) 혹은 그 차로 되어 기록된 경우에는 토양 마크(Soil Mark) 혹은 식물 마크(Plant Mark)라 한다.

공중 사진으로 판독 시 고고학 분야에서도 이용되었다. 미대륙에서 발견된 인디언의 토굴의 흔적, 이란에서는 기원전 200년경에 만들어진 수로의 흔적, 남미의 대초원지대에 산재한 유적 등 세계적으로 실례는 수없이 많다.

지표에 노출되어 있는 것은 별문제라 하더라도 지하에 매몰되어 있는 유적은 인간의 육안으로는 판별하기 곤란할 때가 많다. 이것을 어떻게 공중사진으로 발견하는 가는 필름과 필터의 매직(Magic)에 의한 것이라고 한다. 유적이 발견되는 데는 다음의 몇 가지 경우에 의해서다.

가. 섀도우 마크(Shadow Mark : 음영(陰影) 마크)

유적이 매몰되어 있는 장소에 극히 적은 기복이라도 남아 있다면 태양각도가 낮은 조석에 촬영하면 낮에는 거의 눈에 보이지 않는 그림자가 지면에 길게 나타나 유적 전체의 윤곽을 파악할 수가 있다. 이것을 섀도우 마크라 한다.

나. 소일 마크(Soil Mark : 토양 마크)

지표면의 형태와는 하등 관계없는 경우라도 유적의 형태 주위는 사진 색조의 농도가 변화되어 나타날 때가 있다. 이것은 유적이 흙에 묻혀 있을 때 그 유적을 덮고 있는 흙의 두께가 각각 다르기 때문에 건조(乾燥)에 의해 토양에 함유되어 있는 수분의 비율도 달라 사진상에는 각각의 색조로 나타난다. 이와 같은 현상을 소일 마크(Soil Mark)라 한다.

다. 플랜트 마크(Plant Mark : 식물(植物) 마크)

또 이 위에 식물이 있을 때는 토양에 함유되어 있는 수분의 양에 의해 식물의 생장상태가 다르게 된다. 수호(水濠)나 구(溝)가 있었던 곳에서는 식물의 생장이 눈에 띄게 좋으며, 돌이나 점토 등으로 덮인 데서는 그 성장이 나쁘다. 이것을 공중사진으로 관찰하면 이 성장의 차가 섀도우 마크로 나타나는 경우도 있으나, 성장의 차 때문에 색깔의 변화로 색조가 달라지는 경우도 있다. 이와 같은 현상을 플랜트 마크(Plant Mark)라 한다.

1.10.3 Sun Spot과 Shadow Spot

사진 판독은 사진화면으로부터 얻어진 여러 가지 정보를 목적에 따라 적절히 해석하는 기술을 말한다. 태양고도 즉 태양반사광에 의해 사진에서는 희게 혹은 검게 찍히는 경우가 있다. 이것은 토양 등의 색깔에 의한 것이 아니고 태양반사광에 의한 광휘작용(光輝作用)이라는 것을 알 수 있다. 강한 태양광선에 의해 선 스폿이나 섀도우 스폿 현상이 나타난다.

가. 선 스폿(Sun Spot)

태양광선의 반사지점에 연못이나 논과 같이 반사능이 강한 수면이 있으면 그 부근이 희게 반짝이는 광휘작용(光輝作用 : Halation)이 생긴다. 이와 같은 작용을 선 스폿이라 한다. 즉 사진상에서 태양광선의 반사에 의해 주위보다 밝게 촬영되는 부분을 말한다.

나. 섀도우 스폿(Shadow Spot)

사진기의 그림자가 찍혀지는 지점에 높은 수목 등이 있으면 그 부근의 원형 부분이 주위보다 밝게 된다. 이것은 마치 만월(滿月)이 가장 밝게 보이는 것과 같은 이유인 것으로 이 부근에서는 태양광선을 받아 밝은 부분만이 찍히게 되고 어두운 부분은 감추어지기 때문이다. 이와 같은 현상을 섀도우 스폿이라 한다.

∥ 선 스폿과 섀도우 스폿 ∥

1.10.4 사진판독의 장단점

장점	① 단시간에 넓은 지역의 정보를 얻을 수 있다. ② 대상지역의 여러 가지 정보를 종합적으로 획득할 수 있다. ③ 현지에 직접 들어가기 곤란한 경우도 정보 취득이 가능하다. ④ 정보가 사진에 의해 정확히 기록·보존된다.
단점	① 상대적인 판별이 불가능하다. ② 직접적으로 표면 또는 표면 근처에 있는 정보취득이 불가능하다. ③ 색조, 모양, 입체감 등이 나타나지 않는 지역의 판독이 불가능하다. ④ 항공사진의 경우는 항공기를 사용하므로 기후 및 태양고도에 좌우된다.

1.10.5 판독의 응용

① 토지이용 및 도시계획조사
② 지형 및 지질 판독
③ 환경오염 및 재해 판독

1.11 편위수정과 사진지도

1.11.1 편위수정(Rectification)

편위수정은 비행기로 사진을 촬영할 때 항공기의 동요나 경사로 인하여 사진상의 약간의 변위가 생기는 현상과 축척이 일정하지 않은 경사와 축척을 수정하여 변위량이 없는 수직사진으로 작성한 작업을 말한다. 즉 항공사진의 음화를 촬영할 때와 똑같은 상태(경사각과 촬영고도)로 놓고 지면과 평행한 면에 이것을 투영함으로써 수정할 수 있으며 기하학적 조건, 광학적 조건, 샤임플러그조건이 필요하다.

가. 편위수정의 원리

편위수정기는 매우 정확한 대형기계로서 배율(축척)을 변화시킬 수 있을 뿐만 아니라 원판과 투영판의 경사도 자유로이 변화시킬 수 있도록 되어 있으며 보통 4개의 표정점이 필요하다. 편위수정기의 원리는 렌즈, 투영면, 화면(필름면)의 3가지 요소에서 항상 선명한 상을 갖도록 하는 조건을 만족시키는 방밥이다.

나. 편위수정을 하기 위한 조건

기하학적 조건 (소실점 조건)	필름을 경사지게 하면 필름의 중심과 편위수정기의 렌즈 중심은 달라지므로 이것을 바로잡기 위하여 필름을 움직여 주지 않으면 안 된다. 이것을 소실점 조건이라 한다.
광학적 조건 (Newton의 조건)	광학적 경사보정은 경사편위수정기(Rectifier)라는 특수한 장비를 사용하여 확대배율을 변경하여도 항상 예민한 영상을 얻을수 있도록 $1/a + 1/b + 1/f$의 관계를 가지도록 하는 조건을 말하며 Newton의 조건이라고도 한다.
샤임플러그 조건 (Scheimpflug)	편위수정기는 사진면과 투영면이 나란하지 않으면 선명한 상을 맺지 못하는 것으로 이것을 수정하여 화면과 렌즈주점과 투영면의 연장이 항상 한 선에서 일치하도록 하면 선명하게 상을 맺는다. 이것을 샤임플러그 조건이라 한다.

다. 편위수정방법

정밀수치편위수정은 직접법과 간접법으로 구분되는데, 인공위성이나 항공사진에서 수집된 영상자료와 수치고도모형자료를 이용하여 정사투영사진을 생성하는 방법이다.

직접법 (Direct Rectification)	인공위성이나 항공사진에서 수집된 영상자료를 관측하여 각각의 출력영상소의 위치를 결정하는 방법이다.
간접법 (Indirect Rectification)	수치고도모형자료에 의해 출력영상소의 위치가 이미 결정되어 있으므로 입력영상에서 밝기값을 찾아 출력영상소 위치에 나타내는 방법으로 항공사진을 이용하여 정사투영 영상을 생성할 때 주로 이용된다.

1.11.2 사진지도

가. 사진지도의 종류

종류	특징
약조정집성사진지도	카메라의 경사에 의한 변위, 지표면의 비고에 의한 변위를 수정하지 않고 사진 그대로 접합한 지도
반조정집성사진지도	일부만 수정한 지도
조정집성사진지도	카메라의 경사에 의한 변위를 수정하고 축척도 조정한 지도
정사투영사진지도	카메라의 경사, 지표면의 비고를 수정하고 등고선도 삽입된 지도

나. 사진지도의 장단점

장점	① 넓은 지역을 한눈에 알 수 있다. ② 조사하는 데 편리하다. ③ 지표면에 있는 단속적인 징후도 경사로 되어 연속으로 보인다. ④ 지형, 지질이 다른 것을 사진상에서 추적할 수 있다.
단점	① 산지와 평지에서는 지형이 일치하지 않는다. ② 운반하는 데 불편하다. ③ 사진의 색조가 다르므로 오판할 경우가 많다. ④ 산의 사면이 실제보다 깊게 찍혀 있다.

▪▪ 1.12 수치사진측량

1.12.1 개요

수치사진측량은 아날로그 형태의 해석사진에서 컴퓨터프로그래밍의 급속한 발달과 함께 발전적으로 변화되어가는 사진측량기술로서 컴퓨터비전, 컴퓨터그래픽, 영상처리 등 다양한 학문과 연계되어 있으며, 수치영상을 이용하므로 기존 사진측량의 많은 작업공정을 자동으로 처리할 수 있는 많은 가능성을 제시하고 있다. 수치사진측량이 새로운 사진측량의 한 분야로 개발된 배경은 다양한 수치영상이 이용가능하며, 컴퓨터 하드웨어 및 소프트웨어의 발전, 실시간 처리 및 비용 절감에 대한 필요성 때문이다.

1.12.2 수치사진측량의 연혁

① 1970년대 중반부터 수치적 편위수정방법에 의해 수치정사투영 영상을 생성하기 위한 연구가 시작
② 1979년 Konecny에 의해 구체적 방법 제시
③ 1980년대 말 수치영상자료의 정량적 위치결정에 활발한 연구(영상처리, 영상정합)
④ 1990년대 들어 입체영상의 동일점을 탐색하기 위한 영상정합 및 수치영상처리기법 등에 많은 연구

1.12.3 수치사진측량의 특징

수치사진측량은 기존 사진측량과 비교하면 다음과 같은 특징이 있다.
① 다양한 수치 영상처리과정(Digital Image Processing)에 이용되므로 자료에 대한 처리 범위가 넓다.
② 기존 아날로그 형태의 자료보다 취급이 용이하다.
③ 기존 해석사진측량에서 처리가 곤란했던 광범위한 형태의 영상을 생성한다.
④ 수치 형태로 자료가 처리되므로 지형공간정보체계에 쉽게 적용할 수 있다.
⑤ 기존 해석사진측량보다 경제적이며 효율적이다.
⑥ 자료의 교환 및 유지관리가 용이하다.

1.12.4 수치사진측량의 자료취득방법

① 인공위성 센서에 의한 직접 취득 방법
② 기존 사진을 주사(Scanning)하는 간접 취득 방법

1.12.5 사진의 기하학적 특성

수치사진측량의 기하학적 특성은 기존 사진측량과 동일하며 본문에서는 공선조건, 공명조건, 에피폴라 기하학을 중심으로 기술하고자 한다.

가. 공선조건(Collinearity Condition)

정의	사진상의 한 점(x, y)과 사진기의 투영중심(촬영중심)(X_o, Y_o, Z_o) 및 대응하는 공간상(지상)의 한 점(X_p, Y_p, Z_p)이 동일 직선상에 존재하는 조건을 공선조건이라 한다.
특징	① 사진측량의 가장 기본이 되는 원리로서 대상물과 영상 사이의 수학적 관계를 말한다. ② 공선조건에는 사진기의 6개 자유도를 내포 : 세 개의 평행이동과 세 개의 회전 ③ 중심투영에서 벗어나는 상태는 공선조건의 계통적 오차로 모델링된다.

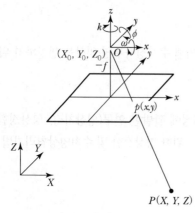

여기서, y : 객체공간(지상좌표계)에서 대상물까지의 벡터

c : 객체공간(지상좌표계)에서 사진투영중심까지의 벡터

l : 축척

R : 3차원 회전 직교행렬

x : 영상공간(영상좌표계)에서 영상점까지의 벡터

‖ 공선조건 ‖

나. 공면조건(Coplanarity Condition)

정의	한 쌍의 입체사진이 촬영된 시점과 상대적으로 동일한 공간적 관계를 재현하는 것을 공면조건이라고 하며, 대응하는 빛 묶음은 교회하여 입체상(Model)을 형성한다. 3차원 공간상에서 평면의 일반식은 $Ax+By+Cz+D=0$이며, 두 개의 투영중심 $O_1(X_{O_1}, Y_{O_1}, Z_{O_1})$ $O_2(X_{O_2}, Y_{O_2}, Z_{O_2})$과 공간상 임의점 p의 두 상점 $P_1(X_{p_1}, Y_{p_1}, Z_{p_1})(X_{p_1}, Y_{p_1}, Z_{p_1})$ $P_2(X_{p_2}, Y_{p_2}, Z_{p_2})$이 동일 평면상에 있기 위한 조건을 공면조건이라 한다.
특징	① 한 쌍의 중복사진에 있어서 그 사진의 투영중심과 대응되는 상점이 동일 평면 내에 있기 위한 필요충분조건이다. ② 이때 공유하는 평면을 공역 평면(Epipolar Plane)이라 한다. ③ 공액평면이 사진평면을 절단하여 얻어지는 선을 공역선(Epipolar Line)이라 한다.

‖ 공면조건 ‖

다. 에피폴라 기하(Epipolar Geometry)

최근 수치사진측량기술이 발달함에 따라 입체사진에서 공액점을 찾는 공정은 점차 자동화되어가고 있으며 공액요소 결정에 에피폴라 기하(Epipolar Geometry)를 이용한다.

Epipolar Line	① 공액요소에 대한 중요한 제약은 에피폴라선이다. ② 에피폴라선(e', e'')은 영상평면과 에피폴라 평면의 교차점이다. ③ 에피폴라선은 탐색공간을 많이 감소시킨다. ④ 공액점은 에피폴라선상에 반드시 있어야 한다. ⑤ 에피폴라선은 주로 사진좌표계의 X축에 평행하지 않다.
Epipolar Plane	① 에피폴라선과 에피폴라 평면은 공액요소 결정에 이용된다. ② 에피폴라 평면은 투영중심 O_1, O_2와 지상점 P에 의해 정의된다. ③ 공액점 결정에 적용하기 위해서는 수치영상의 행(Row)과 에피폴라선이 평행이 되도록 하는데, 이러한 입체상(Stereo Pairs)을 정규화 영상(Normalized Images)이라고 한다.

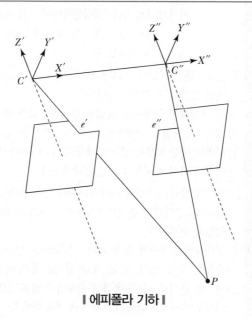

‖ 에피폴라 기하 ‖

1.12.6 영상정합(Image Matching)

영상정합은 입체 영상 중 한 영상의 한 위치에 해당하는 실제의 대상물이 다른 영상의 어느 위치에 형성되었는가를 발견하는 작업으로서 상응하는 위치를 발견하기 위해서 유사성 관측을 이용한다. 이는 사진측정학이나 로봇비전(Robot Vision) 등에서 3차원 정보를 추출하기 위해 필요한 주요 기술이며 수치사진측량학에서는 입체 영상에서 수치표고모형을 생성하거나 항공삼각측량에서 점 이사(Point Transfer)를 위해 적용된다.

가. 영상정합방법

	영역기준정합에서는 오른쪽 사진의 일정한 구역을 기준영역으로 설정한 후 이에 해당하는 왼쪽 사진의 동일 구역을 일정한 범위 내에서 이동시키면서 찾아내는 원리를 이용하는 기법으로 밝기값 상관법과 최소제곱정합법이 있다.
영역기준정합 (Area Based Matching)	① 밝기값 상관법(Gray Value Corelation) 　한 영상에서 정의된 대상영역(Target Area)을 다른 영상의 검색(탐색)영역(Search Area)상에서 한 점씩 이동하면서 모든 점들에 대해 통계적 유사성 관측값(상관계수)을 계산하는 방법이다. 입체정합을 수행하기 전에 두 영상에 대해 에피폴라 정렬을 수행하여 검색(탐색)영역을 크게 줄임으로써 정합의 효율성을 높일 수 있다. ② 최소제곱정합법(Least Square Matching) 　최소제곱정합법은 탐색영역에서 대응점의 위치(x_s, y_s)를 대상영상 G_t와 탐색영역 G_s의 밝기값들의 함수로 정의하는 것이다. 　$G_t(x_t\ y_t) = G_s(x_s\ y_s) + n(x\ y)$ 　　　여기서, $(x_t\ y_t)$: 대상영역에 주어진 좌표 　　　　　　　$(x_s\ y_s)$: 찾고자 하는 대응점의 좌표 　　　　　　　n : 노이즈
형상기준정합 (Feature Matching)	① 형상기준정합에서는 대응점을 발견하기 위한 기본자료로서 특징(점, 선, 영역, 경계)적인 인자를 추출하는 기법이다. ② 두 영상에서 대응하는 특징을 발견함으로써 대응점을 찾아낸다. ③ 형상기준정합을 수행하기 위해서는 먼저 두 영상에서 모두 특징을 추출해야 한다. ④ 이러한 특징 정보는 영상의 형태로 이루어지며 대응특징을 찾기 위한 탐색영역을 줄이기 위하여 에피폴라 정렬을 수행한다.
관계형 정합 (Relation Matching)	① 관계형 정합은 영상에 나타나는 특징들을 선이나 영역 등의 부호적 표현을 이용하여 묘사하고, 이러한 관계대상들뿐만 아니라 관계대상들끼리의 관계까지도 포함하여 정합을 수행한다. ② 점(Point), 희미한 것(Blobs), 선(Lines), 면 또는 영역(Region) 등과 같은 구성요소들은 길이, 면적, 형상, 평균 밝기값 등의 속성을 이용하여 표현된다. ③ 이러한 구성요소들은 공간적 관계에 의해 도형으로 구성되며 두 영상에서 구성되는 그래프의 구성요소들의 속성들을 이용하여 두 영상을 정합한다. ④ 관계형 정합은 아직 연구개발 초기단계에 있으며 앞으로 많은 발전이 있어야만 실제 상황에서의 적용이 가능할 것이다.

┃ 영상정합 ┃

1.12.7 응용

① 3차원 위치결정
② 자동 항공삼각측량에 응용
③ 자동수치 표고모형에 응용
④ 수치정사투영 영상 생성에 응용
⑤ 실시간 3차원 측량에 응용
⑥ 각종 주제도 작성에 응용

▪▪ 1.13 지상사진측량

사진측량은 전자기파를 이용하여 대상물에 대한 위치, 형상(정량적 해석) 및 특성(정성적 해석)을 해석하는 측량방법으로 측량방법에 의한 분류상 항공사진측량, 지상사진측량, 수중사진측량, 원격탐측, 비지형사진측량으로 분류되며 이 중 지상사진측량은 촬영한 사진을 이용하여 건축모양, 시설물로의 형태 및 변위관측을 위한 측량방법이다.

1.13.1 지상사진측량의 특징

항공사진측량	지상사진측량
• 후방교회법	• 전방교회법
• 감광도에 중점을 둔다.	• 렌즈수차만 작으면 된다.
• 광각사진이 경제적이다.	• 보통각이 좋다.
• 대규모 지역이 경제적이다.	• 소규모 지역이 경제적이다.
• 지상 전역에 걸쳐 찍을 수 있다.	• 보충촬영이 필요하다.
• 축척변경이 용이하다.	• 축척변경이 용이하지 않다.
• 평면위치는 정확도가 높다.	• 평면위치는 정확도가 떨어진다.
• 높이의 정도는 낮다.	• 높이의 정도는 좋다.

1.13.2 지상측량방법

구분	특징
직각수평촬영	① 양사진기의 광축이 촬영기선 b에 대해 수평 또는 직각 방향으로 향하게 하여 평면(수평) 촬영하는 방법 ② 기선길이는 대상물까지의 거리에 대하여 $\frac{1}{5} \sim \frac{1}{20}$ 정도로 택함

구분	특징
편각수평촬영	① 양사진기의 촬영축이 촬영기에 대하여 일정한 각도만큼 좌 또는 우로 수평편차하며 촬영하는 방법 ② 즉 사진기축을 특정한 각도만큼 좌·우로 움직여 평행 촬영을 하는 방법 ③ 종래 댐 및 교량지점의 지상 사진 측량에 자주 사용했던 방법 ④ 초광각과 같은 렌즈 효과를 얻을 수 있음
수렴수평촬영	서로 사진기의 광축을 교차시켜 촬영하는 방법

∥ 지상사진의 촬영방법 ∥

··1.14 원격탐측(Remote Sensing)

1.14.1 개요

원격탐측(Remote Sensing)이란 원거리에서 직접 접촉하지 않고 대상물에서 반사(Reflection) 또는 방사(Emission)되는 각종 파장의 전자기파를 수집, 처리하여 대상물의 성질이나 환경을 분석하는 기법을 말한다. 이때 전자파를 감지하는 장치를 센서(Sensor)라 하고 센서를 탑재한 이동체를 플랫폼(Platform)이라 한다. 통상 플랫폼에는 항공기나 인공위성이 사용된다.

1.14.2 역사

가. 연도별

① 1960년대 미국에서 원격탐사(RS)라는 명칭 출현

② 1972년대 최초의 지구관측위성인 Randsat-1호가 미국에서 발사됨

③ 1978년대 NOAA Series 시작(미국)

④ 1978년대 최초의 SAR위성 SEASAT 발사(미국)

⑤ 1982년대 Randsat-4호에 30m 해상도의 Thematic Mapper(TM)가 탑재

⑥ 1986년대 SPOT-1호 발사(프랑스)

⑦ 1987년대 일본의 해양관측위성(MOS-1)을 발사

⑧ 1988년대 인도가 인디안 리모트센싱위성(IRS-1)을 발사

⑨ 1991년대 유럽우주국(ESA)이 레이더가 탑재된 ERS를 발사

⑩ 1992년대 국내 최초의 실험위성 KITSAT(한국), JERS-1(일본) 발사

⑪ 1995년대 캐나다가 RADARSAT위성 발사

⑫ 1999년대 최초의 상업용 고해상도 지구관측위성(IKONOS-1) 발사(미국)

⑬ 1999년대 KOMPSAT-1 위성발사(한국)

⑭ 2000년대 Quick Bird-1 위성발사(미국)

나. 세대별

세대	연대	특징
제1세대	1972~1985	• 미국 주도 · 실험 또는 연구적 이용 • Landsat-1(1972), Landsat-2(1975) • Landsat-3(1978), Landsat-4(1982) • Landsat-5(1984) • 해상도 : MSS(80m), TM(30m)
제2세대	1986~1997	• 국제화 · 실용화 모색 • SPOT-1(86 : 프), MOS-1(87 : 일) • JERS-1(92 : 일), IRS(88 : 인) • Radarsat(96 : 캐) • 해상도 : IRS-1C/1D 5.8m PAN
제3세대	1998~	• 민간기업 참여 · 상업화 개시 • IKONOS(99 : 미) 등 • 해상도 : 1m PAN, 4m MSS

1.14.3 특징 및 활용분야

가. 특징

① 짧은 시간에 넓은 지역을 동시에 측정할 수 있으며 반복측정이 가능하다.

② 다중파장대에 의한 지구표면 정보 획득이 용이하며 측정자료가 기록되어 판독이 자동적이고 정량화가 가능하다.

③ 회전주기가 일정하므로 원하는 지점 및 시기에 관측하기가 어렵다.

④ 관측이 좁은 시야각으로 얻어진 영상은 정사투영에 가깝다.

⑤ 탐사된 자료가 즉시 이용될 수 있으므로 재해, 환경문제 해결에 편리하다.

⑥ 다중파장대 영상으로 지구표면 정조 획득 및 경관분석 등 다양한 분야에 활용
⑦ GIS와의 연계로 다양한 공간분석이 가능
⑧ 972년 미국에서 최초의 지구관측위성(Landsat-1)을 발사한 후 급속히 발전
⑨ 모든 물체는 종류, 환경조건이 달라지면 서로 다른 고유한 전자파를 반사·방사한다는 원리에
기초한다.

나. 활용분야

농림, 지질, 수문, 해양, 기상, 환경 등 많은 분야에서 활용되고 있다.

1.14.4 전자파

전자파의 원래 명칭은 전기자기파로서 이것을 줄여서 전자파라고 부른다.
전기 및 자기의 흐름에서 발생하는 일종의 전기기에너지로서 전기장과 자기장이 반복하여 파도처럼
퍼져나가기 때문에 전자파라 부른다.

가. 전자파의 분류

1.14.5 전자파의 파장에 따른 분류

리모트센싱은 이용하는 전자파의 스펙트럼 밴드에 따라 가시·반사적외 리모트센싱·열적외 리모트센싱, 마이크로파 리모트센싱 등으로 분류할 수 있다.

가. 파장대별 RS의 분류

구분	가시·반사적외 RS	열적외 RS	마이크로파(초단파) RS	
전자파의 복사원	태양	대상물	대상물(수동)	레이다(능동)
자료는 지표대상물	반사율	열복사	마이크로파복사	후방산란계수
분광복사휘도	$0.5\mu m$에서 반사	$10\mu m$ 대상물복사		
전자파스펙트럼	가시광선	열적외선	마이크로파	
센스	카메라	검지소자	마이크로파센스	

1.14.6 원격탐측의 순서 (암기) (자)(기)(전) (처)(리) (해)(석) (응)(용)

(자)료수집	(기)록	영상(전)송
• 인공위성센서(MSS, TM, HRV, SAR, ······) • 수동적 센서 • 능동적 센서	• 필름과 필터 • 필름의 AD 변환 • 필름의 DA 변환	• 전송 • 변조 • 변환

영상(처)(리)	영상(해)(석)	(응)(용)
• 영상 보정 • 영상 강조	• 영상판독 • 파장대해석 • 영상 강조	• 각종 지도 제작 • 환경조사 • 재해조사 • 농업·수자원관리

1.14.7 기록 방법

영상의 형을 기록하는 방식으로는 Hard Copy 방식과 Soft Copy 방식으로 분류되며, Hard Copy 방식은 사진과 같이 손으로 들거나 만질 수 있고, 장기간 보관이 가능한 방식이다. 또한, Soft Copy 방식은 영상으로 처리되어 손으로 들거나 만질 수 없고 장기간 보관이 불가능하다.

필름의 AD 변환	① AD 변환은 영상과 같은 기계적 정보를 수치정보로 변환하는 것을 말한다. ② 필름에 찍힌 영상을 수치화하여 처리할 경우 Digitizer를 이용하여 필름영상을 AD로 변환한다.
필름의 DA 변환	① DA 변환은 수치적 자료를 영상정보로 변환하는 것을 말한다. ② 수치적으로 처리된 자료를 Hard Copy 방식으로 영상화하기 위해서는 Recorder를 이용하는 DA 변환을 하여야 한다.

1.14.8 영상의 전송

영상의 형성, 기록 및 이 과정의 반복을 영상의 전송이라 하며, 전송되는 영상은 항상 최적화되지 않으므로 각 단계에서 발생하는 오차와 노이즈(Noise)를 정확히 파악하는 것이 매우 중요하다. 영상 전송에는 전송, 변조, 변환 등이 있다.

전송(Transfer)	원영상이 그대로 전송되는 것
변조(Modulation)	원영상과 비슷하지만 점 또는 선 등에 의해 분해되어 전송되는 것
변환(Transformation)	원영상이 그대로 전송되지 않고 다른 형태로 전송되는 것

1.14.9 영상처리

원격 탐측에 의한 자료는 대부분 화상자료로 취급할 수 있으며 자료처리에 있어서도 디지털화상처리계에 의해 영상을 해석한다.

가. 영상처리순서

나. 관측자료의 입력

수집자료에는 아날로그 자료와 디지털 자료 2종류가 있다. 사진과 같은 아날로그 자료의 경우,
처리계에 입력하기 위해 필름 스캐너 등으로 A/D 변환이 필요하다. 디지털 자료의 경우, 일반적
으로 고밀도 디지털 레코더(HDDT 등)에 기록되어 있는 경우가 많기 때문에, 일반적인 디지털 컴
퓨터로도 읽어낼 수 있는 CCT(Computer Compatible Tape) 등의 범용적인 미디어로 변환할
필요가 있다.

필름의 AD 변환 (Analogue/Digital)	AD 변환은 영상과 같은 기계적 정보를 수치정보로 변환하는 것을 말한다. 필름에 찍혀진 영상을 수치화하여 처리할 경우 Digitizer를 이용하여 필름 영상을 AD로 변환한다.
필름의 DA 변환	DA 변환은 수치적 자료를 아날로그 정보로 변환하는 것을 말한다. 수치적으로 처리된 자료를 Hard Copy 방식으로 영상화하기 위해서는 Recorder를 이용하여 DA 변환을 하여야 한다.

다. 전처리

방사량 왜곡 및 기하학적 왜곡을 보정하는 공정을 전처리(Pre-processing)라고 한다. 방사량
보정은 태양고도, 지형경사에 따른 그림자, 대기의 불안정 등으로 인한 보정을 하는 것이고 기하
학적 보정이란 센서의 기하특성에 의한 내부 왜곡의 보정, 플랫폼 자세에 의한 보정, 지구의 형상
에 의한 외부 왜곡에 대한 보정을 말한다.

라. 변환처리

농담이나 색을 변환하는 이른바 영상강조(Image Enhancement)를 함으로써 판독하기 쉬운 영
상을 작성하거나 데이터를 압축하는 과정을 말한다.

마. 분류처리

분류는 영상의 특징을 추출 및 분류하여 원하는 정보를 추출하는 공정이다. 분류처리의 결과는
주제도(토지이용도, 지질도, 산림도 등)의 형태를 취하는 경우가 많다.

바. 처리결과의 출력

처리결과는 D/A 변환되어 표시장치나 필름에 아날로그 자료로 출력되는 경우와 지리정보시스템
등 다른 처리계의 입력자료로 활용하도록 디지털 자료로 출력되는 경우가 있다.

1.14.10 위성영상의 해상도

다양한 위성영상 데이터가 가지는 특징들은 해상도(Resolution)라는 기준을 사용하여 구분이 가능하다. 위성영상 해상도는 공간해상도, 분광해상도, 시간 또는 주기 해상도, 반사 또는 복사해상도로 분류된다.

가. 공간해상도(Spatial Resolution or Geomatric Resolution)

① Spatial Resolution이라고도 한다.
② 인공위성영상을 통해 모양이나 배열의 식별이 가능한 하나의 영상소의 최소 지상면적을 뜻한다.
③ 일반적으로 한 영상소의 실제 크기로 표현된다.
④ 센서에 의해 하나의 화소(pixel)가 나타낼 수 있는 지상면적 또는 물체의 크기를 의미하는 개념으로서 공간해상도의 값이 작을수록 지형 지물의 세밀한 모습까지 확인이 가능하고 이경우 해상도는 높다고 할 수 있다.
⑤ 예를 들어 1m 해상도란 이미지의 한 pixel이 1m×1m의 가로·세로 길이를 표현한다는 의미로 1m 정도 크기의 지상물체가 식별 가능함을 나타낸다.
⑥ 따라서 숫자가 작아질수록 지형지물의 판독성이 향상됨을 의미한다.

나. 분광해상도(Spectral Resolution)

① 가시광선에서 근적외선까지 구분할 수 있는 능력으로서 스펙트럼 내에서 센서가 반응하는 특정 전자기파장대의 수와 이 파장대의 크기를 말한다.
② 센서가 감지하는 파장대의 수와 크기를 나타내는 말로서 좀 더 많은 밴드를 통해 물체에 대한 다양한 정보를 획득할수록 분광해상도가 높다라고 표현된다.
③ 즉 인공위성에 탑재된 영상수집 센서가 얼마나 다양한 분광파장영역을 수집할 수 있는가를 나타낸다.

다. 방사 또는 복사해상도(Radiometric Resolution)

① 인공위성 관측센서에서 수집한 영상이 얼마나 다양한 값을 표현할 수 있는가를 나타낸다.
② 예를 들어 한 픽셀을 8bit로 표현하는 경우 그 픽셀이 내재하고 있는 정보를 총 256개로 분류할 수 있다는 의미가 된다.
③ 즉 그 픽셀이 표현하는 지상물체가 물인지, 나무인지, 건축물인지 256개의 성질로 분류할 수 있다는 것이다.
④ 반면에 한 픽셀을 11bit로 표현한다면 그 픽셀이 내재하고 있는 정보를 총 2,048개로 분류할 수 있다는 것이므로 8bit인 경우 단순히 나무로 분류된 픽셀이 침엽수인지, 활엽수인지, 건강한지, 병충해가 있는지 등으로 자세하게 분류할 수 있다는 것이다.

⑤ 따라서 방사해상도가 높으면 위성영상의 분석정밀도가 높다는 의미이다.

라. 시간 또는 주기해상도(Temporal Resolution)

① 지구상 특정 지역을 얼마만큼 자주 촬영 가능한지를 나타낸다. 어떤 위성은 동일한 지역을 촬영하기 위해 돌아오는 데 16일이 걸리고 어떤 위성은 4일이 걸리기도 한다.

② 주기 해상도가 짧을수록 지형 변이 양상을 주기적이고 빠르게 파악할 수 있으므로 데이터베이스 축적을 통해 향휴의 예측을 위한 좋은 모델링 자료를 제공한다고 할 수 있다.

실전문제

01 사진측량에서 사진의 특수 3점에 관한 설명으로 옳지 않은 것은? 12①기

① 연직점을 중심으로 방사상의 변위가 발생하는 현상을 기복변위라 한다.
② 등각점은 사진면에 직교되는 광선과 연직선이 이루는 각을 2등분하는 점이다.
③ 연직점은 렌즈의 중심으로부터 사진에 내린 수직선이 만나는 점이다.
④ 등각점에서는 경사각에 관계없이 수직사진의 축척과 같다.

○해설

사진의 특수 3점

1. 주점(Principal Point) : 주점은 사진의 중심점이라고도 한다. 주점은 렌즈 중심으로부터 화면(사진면)에 내린 수선의 발을 말하며 렌즈의 광축과 화면이 교차하는 점이다.

2. 연직점(Nadir Point)
   • 렌즈 중심으로부터 지표면에 내린 수선의 발을 말하고 N을 지상연직점(피사체연직점), 그 선을 연장하여 화면(사진면)과 만나는 점을 화면 연직점(n)이라 한다.
   • 주점에서 연직점까지의 거리(mm) $= f \tan i$

3. 등각점(Isocenter)
   • 주점과 연직점이 이루는 각을 2등분한 점으로 또한 사진면과 지표면에서 교차되는 점을 말한다.
   • 등각점의 위치는 주점으로부터 최대경사 방향선상으로 $mj = \dfrac{f \tan i}{2}$ 만큼 떨어져 있다.

02 항공사진의 특수 3점 중 기복변위의 중심점이 되는 것은? 15③기

① 연직점 ② 주점
③ 등각점 ④ 표정점

○해설

문제 01번 해설 참고

03 항공사진의 판독요소 중 개체의 목표물의 윤곽, 구조, 배열 및 일반적인 형태 판독에 사용되는 요소로 옳은 것은? 12②기

① 색조 ② 형태
③ 질감 ④ 크기

○해설

문제 04번 해설 참고

04 사진의 판독요소로 천연색 사진이 판독범위가 넓으며 천연색 사진에서 밭, 논, 수면 등을 판독할 때 가장 중요한 요소는? 15①기

① 색조 ② 형상
③ 음영 ④ 질감

○해설

사진판독 요소

요소	분류	특징
주 요소	색조	피사체(대상물)가 갖는 빛의 반사에 의한 것으로 수목의 종류를 판독하는 것을 말한다.
	모양	피사체(대상물)의 배열상황에 의하여 판별하는 것으로 사진 상에서 볼 수 있는 식생, 지형 또는 지표 상의 색조 등을 말한다.
	질감	색조, 형상, 크기, 음영 등의 여러 요소의 조합으로 구성된 조밀, 거칠음, 세밀함 등으로 표현하며 초목 및 식물의 구분을 나타낸다.
	형상	개체나 목표물의 구성, 배치 및 일반적인 형태를 나타낸다.
	크기	어느 피사체(대상물)가 갖는 입체적, 평면적인 넓이와 길이를 나타낸다.
	음영	판독 시 빛의 방향과 촬영 시의 빛의 방향을 일치시키는 것이 입체감을 얻는 데 용이하다.
보조 요소	상호 위치 관계	어떤 사진상이 주위의 사진상과 어떠한 관계가 있는가 파악하는 것으로 주위의 사진상과 연관되어 성립되는 것이 일반적인 경우이다.
	과고감	과고감은 지표면의 기복을 과장하여 나타낸 것으로 낮고 평평한 지역에서의 지형판독에 도움이 되는 반면 경사면의 경사는 실제보다 급하게 보이므로 오판에 주의해야 한다.

정답 01 ③ 02 ① 03 ② 04 ①

05 항공사진측량의 장점으로 틀린 것은? 14②산

① 일부 외업 외에 분업화로 작업능률성이 높다.
② 동일 모델 내에서 정확도는 균일하다.
③ 대축척일수록 경제적이다.
④ 축척변경이 용이하다.

●해설

1. 사진측량의 장점
   ㉠ 정량적 및 정성적 측량이 가능하다.
      • 정량적 : 피사체에 대한 위치와 형상해석
      • 정성적 : 환경 및 자원문제를 조사·분석, 처리하는 특성해석
   ㉡ 정확도의 균일성이 있다.
      • 평면(X, Y) 정도
      $(10\sim30)\mu.m$(촬영축척의 분모수)
      $=\left(\dfrac{10}{1,000}\sim\dfrac{30}{1,000}\right)mm\cdot m$
      $(1\mu : \dfrac{1}{1,000}mm$, 도화축척인 경우 촬영축척분모수의 5배)
      • 높이(H) 정도
      $\left(\dfrac{1}{10,000}\sim\dfrac{1}{10,000}\right)\times$촬영고도$(H)$
   ㉢ 동체 관측에 의한 보존 이용이 가능하다.
   ㉣ 관측대상에 접근하지 않고도 관측이 가능하다.
   ㉤ 광역(廣域)일수록 경제성이 있다.
   ㉥ 분업화에 의한 작업능률성이 높다.
   ㉦ 축척변경이 용이하다.
   ㉧ 4차원 측량이 가능하다.
   ㉨ 소축척일수록 경제적이다.(대축척은 보다 높은 정확도를 요구하므로 소축척에 비해 지형도 제작이 고가이다)

2. 사진측량의 단점
   • 사진기, 센서, 항공기, 정밀도화기, 편위수정기 등 고가의 장비가 필요하므로 많은 경비가 소요되어 소규모의 대상물에 적용 시에는 비경제적이다.
   • 사진에 나타나지 않는 피사체는 식별이 난해한 경우도 있다.
   • 항공사진 촬영 시는 기상조건 및 태양고도 등에 영향을 받는다.

06 다음 중 주점과 연직점이 일치하는 경우는? 12②기

① 엄밀수직사진　② 엄밀수평사진
③ 고경사사진　④ 저경사사진

●해설

항공사진의 종류는 촬영각도, 촬영카메라의 화면각, 렌즈의 종류 등에 의하여 구분할 수 있으나 일반적으로 촬영각도에 의하여 분류한다. 항공사진을 촬영각도에 의하여 구분하면 수직사진과 경사사진, 수평사진 등으로 구분된다.

1. 수직사진(垂直寫眞, Vertical Photography)
   ㉠ 수직사진은 카메라의 중심축이 지표면과 직교되는 상태에서 촬영된 사진
   ㉡ 엄밀수직사진 : 카메라의 축이 연직선과 일치하도록 촬영한 사진
   ㉢ 근사수직사진
      • 카메라의 축을 연직선과 일치시켜 촬영하는 것은 현실적으로 불가능하다. 따라서 일반적으로 ±I 5grade 이내의 사진
      • 항공사진 측량에 의한 지형도 제작 시에는 보통 근사수직사진에 의한 촬영이다.

2. 경사사진(傾斜寫眞 : Oblique Photography)
   • 경사사진은 촬영 시 카메라의 중심축이 직교하지 않고 경사된 상태에서 촬영된 사진
   • 광축이 연직선 또는 수평선에 경사지도록 촬영한 경사각 3° 이상의 사진으로 지평선이 사진에 나타나는 고각도 경사사진과 사진이 나타나지 않는 저각도 경사사진이 있다.
   • 저각도 경사사진 : 카메라의 중심축이 지면과 이루는 각이 60°보다 큰 상태에서 촬영한 사진
   • 고각도 경사사진 : 60°보다 큰 상태에서 촬영한 사진

3. 수평사진(水平寫眞 : Horizontal Photography) : 수평사진측량은 광축이 수평선에 거의 일치하도록 지상에서 촬영한 사진

07 20km×10km의 지형을 1/40,000의 항공사진으로 촬영할 때 사진매수는?(단, 종중복도=60%, 횡중복도=30%, 안전율=1.3, 사진크기=23cm×23cm) 12③기

① 9장　② 11장
③ 18장　④ 25장

● 해설

사진매수

$$= \frac{F}{A_0}(1 + 안전율)$$

$$= \frac{20 \times 10}{(40,000 \times 0.23)^2 \times \left(1 - \frac{60}{100}\right)\left(1 - \frac{30}{100}\right)} \times (1.3)$$

$$= \frac{260}{23.7} = 10.9 = 11매$$

08 25km×10km의 토지를 종중복(P) 60%, 횡중복(Q) 30%, 사진축척 1 : 5,000으로 촬영하였을 때의 입체모델 수는?(단, 사진의 크기는 23cm×23cm이다.)　　　13③기

① 356매　　　　　② 534매
③ 625매　　　　　④ 715매

● 해설

종모델 수 $= \dfrac{S_1}{B}$

$$= \frac{S_1}{ma\left(1 - \dfrac{p}{100}\right)}$$

$$= \frac{25,000}{5,000 \times 0.23\left(1 - \dfrac{60}{100}\right)}$$

$$= 54.35 = 55\text{model}$$

횡모델 수 $= \dfrac{S_2}{C}$

$$= \frac{S_2}{ma\left(1 - \dfrac{q}{100}\right)}$$

$$= \frac{10,000}{5,000 \times 0.23\left(1 - \dfrac{30}{100}\right)}$$

$$= 12.4 = 13\text{model}$$

∴ 모델 수 $= 55 \times 13 = 715$

09 항공사진의 촬영비행조건으로 옳은 것은?

① 태양고도가 산지에서는 30°, 평지에서는 25° 이상일 때 행한다.
② 태양고도가 산지에서는 25°, 평지에서는 30° 이상일 때 행한다.
③ 태양고도가 산지에서는 30°, 평지에서는 15° 이상일 때 행한다.
④ 태양고도가 산지에서는 15°, 평지에서는 30° 이상일 때 행한다.

● 해설

항공사진측량작업규정 제21조(촬영비행조건)
촬영비행은 다음 각 호의 정하는 바에 의한다.
1. 촬영비행은 시정이 양호하고 구름 및 구름의 그림자가 사진에 나타나지 않도록 맑은 날씨에 하는 것을 원칙으로 한다.
2. 촬영비행은 태양고도가 산지에서는 30° 평지에서는 25° 이상일 때 행하며 험준한 지형에서는 음영부에 관계없이 영상이 잘 나타나는 태양고도의 시간에 행하여야 한다.
3. 촬영비행은 예정 촬영고도에서 가급적 일정한 높이로 직선이 되도록 한다.
4. 계획촬영 코스로부터 수평이탈은 계획촬영고도의 15% 이내로 한하고 계획고도로부터의 수직이탈은 5% 이내로 한다. 단, 사진축척이 1/5,000 이상일 경우에는 수직이탈 10% 이내로 할 수 있다.
5. GPS/INS 장비를 이용하여 촬영하는 경우 GPS 기준국은 촬영대상지역 내 GPS 상시관측소를 이용하고, 작업반경 30km 이내에 GPS 상시관측소가 없을 경우 별도의 지상 GPS 기준국을 설치하여 한다.
6. GPS 기준국은 GPS 상시관측소를 이용하는 경우를 제외하고, 다음에 유의하여 설치 및 관측을 하여야 한다.
　가. 수신 앙각(angle of elevation)이 15도 이상인 상공시야 확보
　나. 수신간격은 항공기용 GPS와 동일하게 1초 이하의 데이터 취득
　다. 수신하는 GPS 위성의 수는 5개 이상, GPS 위성의 PDOP(Positional Dilution of Precision)는 3.5 이하
7. GPS 기준국의 최종 측량성과 산출은 국토지리정보원에 설치한 국가기준점과 GPS상시관측소를 고정점으로 사용하여야 한다.

10 촬영고도 3,000m에서 촬영된 항공사진에 나타난 굴뚝정상의 시차를 측정하였더니 17.32mm이고, 밑 부분의 시차를 측정하였더니 15.85mm이었다면 이 굴뚝의 높이는? 12①기

① 224.6m ② 232.8m
③ 248.8m ④ 254.6m

▶ 해설

$$h = \frac{H}{P_r + \Delta p} \times \Delta p = \frac{H \times (P_a - P_r)}{P_r + (P_a - P_r)}$$
$$= \frac{3,000 \times 1,000 \times (17.32 - 15.85)}{15.85 + (17.32 - 15.85)}$$
$$= 254,618.9 \text{mm}$$
$$= 254.6 \text{m}$$

11 대공표지는 일반적으로 사진상에서 어느 정도 크기로 표시되어야 하는가? 12①기

① $10\mu m$ ② $30\mu m$
③ 10mm ④ 30mm

▶ 해설

대공표지의 형상 및 크기
• 사진상에 명확하게 보이기 위해서는 주위의 색상과 대조가 좋은 것을 사용하여야 한다. 즉, 주위가 황색이나 흰 경우는 짙은 녹색이나 검은색, 주위가 녹색이거나 검을 경우는 회백색 등으로 무광택 색이어야 한다. 대공표지판에 그림자가 생기지 않도록 지면에서 약간 높게 설치하는 것이 가장 적합하다.
• 상공은 45° 이상의 각도로 열어 두어야 한다.
• 사진상에 크기는 대공표지가 촬영 후 사진상에서 $30\mu m$ 정도로 나타나야 한다.

12 사진측량에서 높이가 220m인 탑의 변위가 16mm, 이 탑의 윗부분에서 연직점까지의 거리가 48mm로 사진 상에 나타났다. 이 사진에서 굴뚝의 변위가 9mm이고, 굴뚝의 윗부분이 연직점으로부터 72mm 떨어져 있었다면 이 굴뚝의 높이는? 12③기

① 80m ② 83m
③ 85m ④ 90m

▶ 해설

$\Delta r = \frac{h}{H}r$ 에서
$$H = \frac{r}{\Delta r}h = \frac{48}{16} \times 220 = 660\text{m}$$
$$\therefore h = \frac{\Delta r}{r}H = \frac{9}{72} \times 660 = 82.5 = 83\text{mm}$$

13 카메론 효과에 대한 설명으로 옳은 것은? 12①산

① 입체사진에서 물체와 인접한 호수나 바다의 반사하는 빛으로 그 물체가 뜨거나 가라앉아 보이는 효과
② 입체사진에서 이동하는 물체를 입체시하면 그 운동에 의해서 물체가 뜨거나 가라앉아 보이는 효과
③ 입체사진에서 안개, 연기 등에 의한 태양 빛의 퍼짐으로 사진 상에 나타난 물체가 높게 보이는 효과
④ 입체사진에서 안개, 연기 등에 의한 태양 빛의 퍼짐으로 사진 상에 나타난 물체가 낮게 보이는 효과

▶ 해설

카메론 효과란 입체사진 위에서 이동한 사물을 실체시하면 입체시에 의한 과고감으로 입체상의 변화를 나타내는 시차가 발생하고, 그 운동이 기선방향이면 물체가 뜨거나 가라앉아 보이는 현상

14 축척 1 : 30,000으로 촬영한 카메라의 초점거리가 15cm, 사진의 크기는 23cm×23cm, 종중복도 60%일 때 이 사진의 기선고도비는? 12①산

① 0.61 ② 0.45
③ 0.37 ④ 0.26

▶ 해설

기선고도비 $= \frac{B}{H}$
$$B = m \cdot a\left(1 - \frac{p}{100}\right)$$
$$= 30,000 \times 0.23 \times \left(1 - \frac{60}{100}\right) = 2,760\text{m}$$
$$H = m \cdot f = 30,000 \times 0.23 = 4,500\text{m}$$
따라서 $\frac{B}{H} = \frac{2,760}{4,500} = 0.61$

정답 10 ④ 11 ② 12 ② 13 ② 14 ①

15 인접사진으로부터 측정한 굴뚝의 시차차가 3.5mm일 때 지상에서의 실제 높이로 옳은 것은?(단, 사진크기＝23cm×23cm, 초점거리＝153mm, 촬영고도＝750m, 사진주점 기선장＝10cm) 12①산

① 75.00m
② 30.62m
③ 26.25m
④ 15.75m

●해설

$$\Delta P = \frac{h}{H} \times b_0 \quad h = \frac{\Delta PH}{b_0}$$

$$0.0035 \times \frac{750}{0.1} = 26.25\text{m}$$

16 항공사진의 촬영고도 13,000m, 초점거리 250mm, 사진크기 18cm×18cm에 포함되는 실면적은? 12②산

① 87.6km²
② 88.6km²
③ 89.6km²
④ 90.6km²

●해설

사진의 실제면적계산
사진 한 매의 경우
$$A = a^2 \cdot m^2$$
$$= 0.18^2 \times 52,000^2 = 87,609,600\text{m}^2 = 87.6\text{km}^2$$

여기서, 축척(M)$= \frac{1}{m} = \frac{f}{H}$에서

$$= \frac{0.25}{13,000} = 52,000\text{m}$$

17 항공사진의 입체시에서 나타나는 과고감에 대한 설명으로 옳지 않은 것은? 12②산

① 인공적인 입체시에서 과장되어 보이는 정도를 말한다.
② 실제모형보다 산이 약간 낮게 보인다.
③ 평면축척에 비해 수직축척이 크게 되기 때문이다.
④ 기선고도비가 커지면 과고감도 커진다.

●해설

과고감은 인공입체시하는 경우 과장되어 보이는 정도이다. 항공사진을 입체시하여 보면 수평축척에 대하여 수직축척이 크게 되기 때문에 실제 모형보다 산이 더 높게 보인다.

18 항공사진의 기복 변위와 관계없는 것은? 13①산

① 촬영고도
② 중심투영
③ 지형지물의 높이
④ 정사투영

●해설

$$\Delta r = \frac{h}{H} r$$

여기서, Δr : 변위량
  h : 비고
  H : : 촬영고도
  r : 화면 연직점에서의 거리

19 아날로그 사진측량에서 표정의 일반적인 순서로 옳은 것은? 12①기

① 내부표정 → 절대표정 → 상호표정
② 내부표정 → 상호표정 → 절대표정
③ 절대표정 → 상호표정 → 내부표정
④ 절대표정 → 내부표정 → 상호표정

●해설

표정은 가상값으로부터 소요로 하는 최확값을 구하는 단계적인 해석 및 작업을 말하며 아날로그 사진측량에서의 표정의 일반적 순서는 내부표정 → 외부표정(상호표정 → 접합표정 → 절대표정)

20 사진의 주점을 맞추고, 자구의 곡률 등을 보정하는 표정은? 13①기

① 접합표정
② 내부표정
③ 대지표정
④ 상호표정

●해설

문제 23번 해설 참고

21 절대표정에 대한 설명으로 틀린 것은? 12③산

① 사진의 축척을 결정한다.
② 주점의 위치를 결정한다.
③ 모델당 7개의 표정인자가 필요하다.
④ 최소한 3개의 표정점이 필요하다.

정답 ▶ **15** ③ **16** ① **17** ② **18** ④ **19** ② **20** ② **21** ②

해설

문제 23번 해설 참고

22 사진측량에서 표정 중, 촬영 당시의 광속의 기하 상태를 재현하는 작업으로 기준점 위치, 렌즈의 왜곡, 사진기의 초점거리와 사진의 주점을 결정하는 작업은?　13①산

① 내부표정　　　　　② 상호표정
③ 절대표정　　　　　④ 접합표정

해설

문제 23번 해설 참고

23 내부표정과 거리가 먼 것은?　13③산

① 지구곡률 보정　　　② 초점거리의 조정
③ 렌즈왜곡 보정　　　④ 종시차의 소거

해설

내부표정	내부표정이란 도화기의 투영기에 촬영 당시와 똑같은 상태로 양화건판을 정착시키는 작업이다. • 주점의 위치결정 • 화면거리(f)의 조정 • 건판의 신축측정, 대기굴절, 지구곡률보정, 렌즈수차 보정
상호표정	지상과의 관계는 고려하지 않고 좌우사진의 양투영기에서 나오는 광속이 촬영 당시 촬영면에 이루어지는 종시차(ϕ)를 소거하여 목표 지형물의 상대위치를 맞추는 작업
절대표정	상호표정이 끝난 입체모델을 지상 기준점(피사체 기준점)을 이용하여 지상좌표에(피사체 좌표계)와 일치하도록 하는 작업 • 축척의 결정 • 수준면(표고, 경사)의 결정 • 위치(방위)의 결정 • 절대표정인자 : λ, ϕ, ω, Vk, b_x, b_y, b_z(7개의 인자로 구성)
접합표정	한 쌍의 입체사진 내에서 한쪽의 표정인자는 전혀 움직이지 않고 다른 한쪽만을 움직여 그 다른 쪽에 접합시키는 표정법을 말하며, 삼각측정에 사용한다. • 7개의 표정인자 결정(λ, k, ω, $V\phi$, c_x, c_y, c_z) • 모델 간, 스트립 간의 접합요소 결정(축척, 미소변위, 위치 및 방위)

24 항공사진의 촬영에서 재촬영하여야 할 판정기준으로 옳지 않은 것은?　14③기

① 구름이 사진에 나타날 때
② 항공기의 고도가 계획촬영 고도의 5% 이상 벗어날 때
③ 인접 코스 간의 중복도가 표고의 최고점에서 5% 미만일 때
④ 촬영 진행방향의 중복도가 53% 미만인 경우가 전 코스 사진 매수의 1/4 이상일 때

해설

1. 재촬영하여야 할 경우
   • 영 대상 구역의 일부분이라도 촬영범위 외에 있는 경우
   • 종중복도가 50% 이하인 경우
   • 횡중복도가 5% 이하인 경우
   • 스모그(Smog), 수증기 등으로 사진상이 선명하지 못한 경우
   • 구름 또는 구름의 그림자, 산의 그림자 등으로 지표면이 밝게 찍히지 않은 부분이 상당히 많은 경우
   • 적설 등으로 지표면의 상태가 명료하지 않은 경우

2. 양호한 사진이 갖추어야 할 조건
   • 촬영사진기가 조정검사되어 있을 것
   • 사진기 렌즈는 왜곡이 작을 것
   • 노출시간이 짧을 것
   • 필름은 신축, 변질의 위험성이 없을 것
   • 도화하는 부분이 공백부가 없고 사진의 입체부분으로 찍혀 있을 것
   • 구름이나 구름의 그림자가 찍혀 있지 않을 것
   • 적설, 홍수 등의 이상상태일 때의 사진이 아닐 것
   • 촬영고도가 거의 일정할 것
   • 중복도가 지정된 값에 가깝고 촬영경로 사이에 공백부가 없을 것
   • 헐레이션이 없을 것

25 사진판독의 요소에 해당되지 않는 것은?　12②산

① 형태　　　　　　　② 색조
③ 음영　　　　　　　④ 지질

해설

문제 04번 해설 참고

정답　22 ①　23 ④　24 ②　25 ④

26 사진판독 후 현지조사를 하여야 정확한 판독을 할 수 있는 것은? 12②산

① 철도나 도로
② 수로
③ 건물의 종류
④ 논과 밭

해설

• 사진판독 후 현지조사를 하여야 정확한 판독을 할 수 있는 것 : 수목 중의 소도로, 건물의 종류, 행정경계
• 논과 밭의 구분은 사진에서는 대체로 명료(明瞭)하므로 현지조사는 여력(餘力)이 있을 때 행하는 정도를 한다.

27 사진측량에서의 사진판독 순서로 옳은 것은? 13②산

① 촬영계획 및 촬영 → 판독기준 작성 → 판독 → 현지조사 → 정리
② 촬영계획 및 촬영 → 판독기준 작성 → 현지조사 → 정리 → 판독
③ 판독기준 작성 → 촬영계획 및 촬영 → 판독 → 정리 → 현지조사
④ 판독기준 작성 → 촬영계획 및 촬영 → 현지조사 → 판독 → 정리

해설

촬영계획 → 촬영과 사진의 작성 → 판독기준의 작성 → 판독 → 지리(현지)조사 → 정리

28 사진 판독에 있어 주요 판독 요소가 아닌 것은? 14①산

① 형상(Shape)
② 크기(Size)
③ 질감(Texture)
④ 정의(Definition)

해설

사진 판독 요소
색조, 모양, 질감, 형상, 크기, 음영, 상호위치관계, 과고감

29 항공사진판독에 대한 설명으로 틀린 것은? 14②산

① 사진판독은 단시간에 넓은 지역을 판독할 수 있다.
② 색조, 모양, 입체감 등이 나타나지 않는 지역은 판독에 어려움이 있다.
③ 수목의 종류를 판독하는 주요 요소는 음영이다.
④ 근적외선 영상은 식물과 물을 판독하는 데 유용히다.

해설

문제 04번 해설 참고

30 축척 1 : 10,000으로 촬영된 수직사진을 이용하여 판독할 때 가장 구별하기 어려운 것은? 14③산

① 하천과 도로
② 농로와 용수로
③ 우체국과 구청
④ 등대와 고압송전선의 철탑

해설

판독(判讀)의 난이(難易)
• 판독 불가능한 것 : 지명, 시·읍·면·리 경계, 건물의 기능(우체국, 파출소, 작은 공장 등)
• 판독이 매우 곤란한 것 : 건물 기호의 대부분(학교, 대공장 제외), 기준점(대공표식 제외), 작은 담, 묘석 등 작은 소물체
• 판독이 곤란한 것 : 작은 묘지, 문, 기념비, 입상(立像), 작은 굴뚝, 뽕나무 밭, 물 밑의 공작물 등
• 판독이 쉬운 것 : 가옥, 특수건물, 학교, 큰 병원, 큰 공장, 큰 묘지와 공지, 대공표식(對空標識), 소물체이나 큰 것(철탑, 독립수, 큰 굴뚝, 큰 터널, 등대, 송전선 등), 채광지, 항구, 비행장, 도로, 철도, 하천, 지형 등

31 사진지도 중 사진의 경사, 지표면의 비고를 수정하였을 뿐만 아니라 등고선이 삽입된 지도는? 12①산

① 약조정집성사진지도
② 반조정집성사진지도
③ 조정집성사진지도
④ 정사투영사진지도

해설

편위수정과 사진지도와의 관계
- 약조정집성사진지도 : 사진기의 경사에 의한 변위, 지표면의 비고에 의한 변위를 수정하지 않고 사진을 그대로 집성한 사진지도
- 반조정집성사진지도 : 일부 수정만을 거친 사진지도
- 조정집성사진지도 : 사진기의 경사에 의한 변위를 수정하고 축척도 조정된 사진지도
- 정사투영사진지도 : 사진기의 경사, 지표면의 비고를 수정하고 등고선이 삽입된 지도

32 사진의 크기가 23cm×23cm이고 두 사진의 주점기선의 길이가 10cm이었다면 이때의 종중복도는? 12①기

① 약 43%
② 약 57%
③ 약 64%
④ 약 78%

해설

주점기선길이$(b_0) = a\left(1 - \dfrac{p}{100}\right)$

$p = \dfrac{23 - 10}{23} = 0.565$

따라서, 종중복도$(p) = 57\%$

33 축척 1/5,000, 초점거리 150mm인 카메라로 촬영한 수직사진에서 사진의 크기 23cm×23cm, 종중복도 60%인 경우에 기선고도비는? 12②기

① 0.92
② 0.61
③ 0.50
④ 0.25

해설

$H = f \times m$

$H = 0.15 \times 5,000 = 750\text{m}$

$B = am\left(1 - \dfrac{P}{100}\right)$

$B = 0.23 \times 5,000\left(1 - \dfrac{60}{100}\right) = 460\text{m}$

따라서, 기선고도비는

$\dfrac{B}{H} = \dfrac{460}{750} = 0.61$

34 비행고도 3,450m에서 촬영한 연직사진의 크기가 23cm×23cm이고 이 사진의 촬영면적이 48km²이라면 초점거리는? 12②기

① 8.5cm
② 11.5cm
③ 15.0cm
④ 21.0cm

해설

$A = (ma)^2$에서

$48,000,000 \times \left(\dfrac{3,450}{f} \times 0.23\right)^2$

$f = \dfrac{(3,450 \times 0.23)^2}{48,000,000} = \sqrt{0.013} = 0.1145\text{m}$

$f = 11.5\text{cm}$

(예 안전율 30%이면 1 + 안전율. 여기서는 1.3으로 주어졌기 때문에 1.3 적용)

35 실거리가 500m인 도로구간에 대해 항공사진측량을 실시하여 고도 1km 상공에서 촬영을 하였다면 사진에 나타난 도로의 길이는?(단, 카메라 초점거리는 150mm이다.) 13②기

① 5.0cm
② 7.5cm
③ 13.3cm
④ 30.0cm

해설

$M = \dfrac{1}{m} = \dfrac{f}{H} = \dfrac{l}{L}$에서 $\dfrac{0.15}{1,000} = \dfrac{l}{500}$

$l = \dfrac{0.15 \times 500}{100} = 0.075\text{m} = 7.5\text{cm}$

36 초점거리가 150mm, 사진크기가 23×23cm, 비행고도가 7500m인 항공사진의 실체모델 하나의 유효면적은?(단, 종중복도는 60%, 횡중복도는 30%이다.) 13②기

① 37.03km²
② 41.03km²
③ 49.03km²
④ 60.23km²

정답 32 ② 33 ② 34 ② 35 ② 36 ①

●해설

$$A_0 = (ma)^2 \left(1 - \frac{p}{100}\right)\left(1 - \frac{q}{100}\right)$$

$$\frac{1}{m} = \frac{f}{H} = \frac{0.15}{7,500} = \frac{1}{50,000}$$

$$A_0 = (50,000 \times 0.23)^2 \times \left(1 - \frac{60}{100}\right)\left(1 - \frac{30}{100}\right)$$
$$= 37,030,000\text{m}^2 = 37.03\text{km}^2$$

37 사진크기 23cm×23cm, 초점거리 15cm, 촬영고도 780m일 때 사진의 실제 포괄면적은? 13③기

① 14.3km²
② 5.2km²
③ 1.5km²
④ 1.43km²

●해설

$$M = \frac{1}{m} = \frac{f}{H} = \frac{l}{L} = \frac{0.15}{780} = \frac{1}{5,200}$$

$$A = (ma)^2$$
$$= (5,200 \times 0.23)^2$$
$$= 1,430,416\text{m}^2 = 1.43\text{km}^2$$

38 사진축척이 1 : 10,000이고 종중복도가 60%일 때 촬영종기선의 길이는?(단, 사진크기는 23cm×23cm이다.) 14③기

① 460m
② 690m
③ 920m
④ 1,150m

●해설

$$B = ma\left(1 - \frac{p}{100}\right)$$
$$= 10,000 \times 0.23\left(1 - \frac{60}{100}\right)$$
$$= 920\text{m}$$

39 사진의 크기가 23cm×23cm인 카메라로 평탄한 지역을 비행고도 2,000m로 촬영하여 연직사진을 얻었을 경우 촬영면적이 21.16km²이면 이 카메라의 초점거리는? 14③기

① 10cm
② 27cm
③ 25cm
④ 20cm

●해설

$$A = (ma)^2 = \frac{H^2}{f^2}a^2 \text{에서}$$

$$f = \sqrt{\frac{H^2}{A} \times a^2}$$
$$= \sqrt{\frac{2,000^2 \times 0.23^2}{21,160,000}} = 0.1\text{m} = 10\text{cm}$$

40 비행고도가 3,400m이고 초점거리가 15cm인 사진기로 촬영한 수직사진에서 50m 교량의 도상길이는? 12②산

① 1.2mm
② 2.2mm
③ 2.5mm
④ 3.0mm

●해설

$$M = \frac{1}{m} = \frac{l}{L} = \frac{f}{H} = \frac{0.15}{3,400} = \frac{l}{50}$$

$$l = \frac{015 \times 50}{3,400} = 0.0022\text{m} = 2.2\text{mm}$$

41 촬영고도 750m에서 촬영한 사진 상의 철탑의 상단이 주점으로부터 80mm 떨어져 나타나 있으며, 철탑의 기복변위가 7.15mm일 때 철탑의 높이는? 12②산

① 57.15m
② 63.12m
③ 67.03m
④ 71.25m

●해설

기복변위를 이용하여 구하는 공식은 $\Delta r = \frac{h}{H} \times r$이다.

여기서, Δr : 변위량
h : 비고(실제 높이)
H : 비행고도
r : 연직점까지의 거리

$$\therefore 0.00715 = \frac{h}{750} \times 0.08$$

그러므로 $h = 0.00715 \times 750 \div 0.08 = 67.03\text{m}$

정답 37 ④ 38 ③ 39 ① 40 ② 41 ③

42 초점거리 20cm인 카메라로 경사 40°로 촬영된 사진 상에 연직점과 등각점 간의 거리로 옳은 것은? 12②산

① 62.8mm ② 72.8mm
③ 82.8mm ④ 92.8mm

해설

$$nj = f\tan\frac{i}{2}$$
$$= 0.2 \times \tan\frac{40}{2}$$
$$= 0.07279\text{m} = 72.8\text{mm}$$

43 축척 1 : 10,000의 항공사진에서 건물의 시차를 측정하니 옥상이 21.51mm, 아랫부분이 16.21mm이었다. 건물의 높이는?(단, 촬영고도는 1,000m, 촬영기선길이 850m이다.) 13①산

① 61.35m ② 62.35m
③ 62.55m ④ 63.34m

해설

$$h = \frac{H}{b_0}\Delta p = \frac{1,000}{850} \times 53 = 62.35\text{m}$$

여기서,
$10,000 \times 21.51 = 215,100\text{mm} = 215.1\text{m}$
$10,000 \times 16.21 = 162100\text{mm} = 162.1\text{m}$
$\Delta p = 215.1 - 162.1 = 53\text{m}$

44 촬영고도 1,500m에서 촬영한 항공사진의 연직점으로부터 10cm 떨어진 위치에 찍힌 굴뚝의 변위가 2mm이었다면 굴뚝의 실제높이는? 13②산

① 20m ③ 25m
③ 30m ④ 35m

해설

$$\Delta r = \frac{h}{H}r \text{에서}$$
$$h = \frac{H \cdot \Delta r}{r} = \frac{1,500 \times 0.002}{0.1} = 30\text{m}$$

45 고도 5,000m의 높이에서 촬영한 공중사진이 있다. 주점기선장이 10cm, 철탑 시차차가 2mm라면 이 철탑의 높이는? 13②산

① 80m ② 90m
③ 100m ④ 110m

해설

$$h = \frac{H}{b_0} \cdot \Delta P = \frac{5,000}{0.1} \times 0.002 = 100\text{m}$$

46 초점거리가 180mm인 카메라로 비고 750m 지점의 전망대를 연직 촬영하여 축척 1 : 25,000의 연직사진을 얻었다면 촬영고도는? 13②산

① 4,550m ② 4,800m
③ 5,000m ④ 5,250m

해설

$$\frac{1}{m} = \frac{f}{H \pm h} = \frac{l}{L}$$
$$H - h = mf = (25,000 \times 0.18) + 750 = 5,250\text{m}$$

47 축척 1 : 25,000의 항공사진에서 200km/h의 속도로 촬영할 경우에 허용 흔들림 양을 사진에서 0.01mm로 한다면 최장 노출시간은? 13②산

① $\frac{1}{182}$ ② $\frac{1}{192}$
③ $\frac{1}{212}$ ④ $\frac{1}{222}$

해설

$$T_l = \frac{\Delta S \times m}{V} = \frac{0.01 \times 25,000}{200 \times 1,000,000 \times \frac{1}{3,600}} = \frac{1}{222.22}$$

48 축척 1 : 5,000의 항공사진을 50m/s로 촬영하려고 한다. 허용 흔들림량을 사진상에서 0.01mm로 한다면 최장 노출시간은? 14①산

① 0.02초 ② 0.01초
③ 0.002초 ④ 0.001초

정답 42 ② 43 ② 44 ③ 45 ③ 46 ④ 47 ④ 48 ④

해설

최장노출시간$(T_l) = \dfrac{\Delta S \cdot m}{V}$

$= \dfrac{0.01 \times 5,000}{50 \times 1000/1} = 0.001$초

단위를 통일하는 것이 중요, 흔들림 양과 속도를 mm단위로 맞추면 0.001초가 나온다.

49 50m 높이의 굴뚝을 촬영고도 2,000m의 높이에서 촬영한 항공사진이 있고 이 사진의 주점기선장이 10cm였다면 이 굴뚝의 시차차는 약 얼마인가?

14②산

① 1.5mm ② 2.5mm
③ 3.5mm ④ 4.5mm

해설

$\Delta P = \dfrac{b_0}{H} h$

$\Delta P = \dfrac{0.1}{2,000} \times 50 = 0.0025\text{m} = 2.5\text{mm}$

50 촬영고도 2,000m, 초점거리 152.7mm 사진기로 촬영한 항공사진에서 30m 교량의 길이는? 14②산

① 3.0mm ② 2.3mm
③ 2.0mm ④ 1.5mm

해설

$M = \dfrac{l}{L} = \dfrac{f}{H} = \dfrac{0.1527}{2,000} = \dfrac{l}{30}$

$\therefore l = 0.00229\text{m} \fallingdotseq 2.3\text{mm}$

51 평균 표고 500m인 평탄지를 비행고도 3,000m에서 초점거리 200mm인 카메라로 촬영한 사진의 축척과 사진의 크기가 23cm×23cm일 때의 유효면적은? 14③산

① 1 : 12,500, 9.27km² ② 1 : 12,500, 8.27km²
③ 1 : 20,000, 9.27km² ④ 1 : 20,000, 8.27km²

해설

$A = (ma)^2 = \dfrac{a^2 H^2}{f^2} = \dfrac{0.23^2 \times (3,000-500)^2}{0.2^2}$

$= 8,265,625\text{m}^2 = 8.27\text{km}^2$

$M = \dfrac{1}{m} = \dfrac{f}{H}$

$m = \dfrac{H}{f} = 12,500$

52 촬영고도 1,250m에서 촬영한 항공사진의 주점에서 12cm 떨어진 위치에 투영된 어느 산정(山頂)의 높이가 150m라면 이 산정의 사진에서의 기복 변위량은? 14③산

① 4mm ② 8mm
③ 11mm ④ 14mm

해설

$\Delta r = \dfrac{h}{H} r = \dfrac{150}{1,250} \times 0.12 = 0.0144\text{m} = 14.4\text{mm}$

53 비행고도가 2,700m이고 초점거리가 15cm인 사진기로 촬영한 수직사진에서 50m 교량의 도상길이는? 14③산

① 1.8mm ② 2.3mm
③ 2.8mm ④ 3.2mm

해설

(축척) $M = \dfrac{1}{m} = \dfrac{f}{H} = \dfrac{l}{L}$

$\dfrac{1}{m} = \dfrac{f}{H} = \dfrac{0.15}{2,700} = \dfrac{1}{18,000}$

$\therefore l = \dfrac{L}{m} = \dfrac{50,000}{18,000} = 2.77\text{mm}$

54 원격탐사에 관한 설명으로 옳지 않은 것은?

13②기

① 항공기나 인공위성을 주로 이용한다.
② 탐사 센서에는 수동적 센서와 능동적 센서가 있다.

정답 49 ② 50 ② 51 ② 52 ④ 53 ③ 54 ③

③ 전자파의 많은 파장대 중 가시광선을 이용하는 것만을 의미한다.

④ 관측자료가 수치로 기록되어 판독이 자동적이고 정량화가 가능하다.

◎해설

원격탐측(Remote Sensing)

1. 정의 : 원거리에서 직접 접촉하지 않고 대상물에서 반사(Reflection) 또는 방사(Emission)되는 각종 파장의 전자기파를 수집, 처리하여 대상물의 성질이나 환경을 분석하는 기법을 말한다. 이때 전자파를 감지하는 장치를 센서(Sensor)라 하고 센서를 탑재한 이동체를 플랫폼(Platform)이라 한다. 통상 플랫폼에는 항공기나 인공위성이 사용된다.

2. 특징
   - 짧은 시간에 넓은 지역을 동시에 측정할 수 있으며 반복측정이 가능하다.
   - 다중파장대에 의한 지구표면 정보 획득이 용이하며 측정자료가 기록되어 판독이 자동적이고 정량화가 가능하다.
   - 회전주기가 일정하므로 원하는 지점 및 시기에 관측하기가 어렵다.
   - 관측이 좁은 시야각으로 얻어진 영상은 정사투영에 가깝다.
   - 탐사된 자료가 즉시 이용될 수 있으므로 재해, 환경문제해결에 편리하다.
   - 다중파장대 영상으로 지구표면 정조 획득 및 경관분석등 다양한 분야에 활용
   - GIS와의 연계로 다양한 공간분석이 가능
   - 1972년 미국에서 최초의 지구관측위성(Landsat-1)을 발사한 후 급속히 발전
   - 모든 물체는 종류, 환경조건이 달라지면 서로 다른 고유한 전자파를 반사·방사한다는 원리에 기초한다.

55 입체영상을 얻을 수 있는 위성은? 12①산

① SPOT ② COSMOS
③ Landsat ④ NOAA

◎해설

SPOT 위성에는 HRV Sensor가 탑재되었으며 흑백영상과 다중분광영상의 기능을 갖고 있다.

SPOT 위성은 두 개의 위성궤도로부터 완전한 입체사진을 제공한다. 관측주기를 4~5일로 단축할 수 있으며, 입체시 관측이 가능하여 지형도 제작에 이용할 수 있다.

56 다음 중 해상력이 가장 좋은 관측 위성은? 12③산

① IKONOS ② SPOT
③ NOAA ④ LANDSAT

◎해설

IKONOS 위성의 장점은 고해상도와 높은 위치 정확도에 있으며 흑백영상은 1m이고, 컬러영상의 지상해상도는 4m이다.

1. IKONOS
   Space Imaging 사의 CARTERRA Product 중에서 1m급의 고해상도 영상을 제공하는 IKONOS는 1999년 4월에 처음 1호가 발사되었으나 궤도진입에 실패하였고, 곧바로 IKONOS-2호를 1999년 9월에 발사하여 궤도 진입에 성공하였다. IKONOS-2는 최초의 상업용 고해상도 위성으로 1m 해상도의 Panchromatic 센서와 4m 해상도의 Multispectral 센서를 탑재하였다. IKONOS는 "image"라는 뜻의 그리스어로부터 유래된 말로 센서와 위성체의 회전이 가능하여 원하는 지역을 최고의 해상도로 취득할 수 있다. 또한 Panchromatic과 Multispectral 영상을 사용하여 1m Pan-Sharpened 영상을 만들 수 있다. IKONOS 위성에 탑재된 센서는 초점거리 10m의 Kodak 디지털카메라로서 전정색 영상을 위한 13,500개의 선형 CCD array와 다중분광영상을 위한 3,375개의 선형 photodiode array로 구성되어 있다.
   - 다중분광영상의 밴드는 LANDSAT 위성의 TM 센서 밴드 1~4와 같다.
   - 정밀한 GCP(RMSE : 20cm(수평), 60cm (수직))를 사용하여 정확한 위치 정보와 DEM, Map 제작에 가장 적합한 영상으로 농업, 지도제작, 각 지방자치단체의 업무, 기름 및 가스탐사, 시설물 관리, 응급대응, 자원관리, 통신, 관광, 국가방위, 보험, 뉴스 수집 등 많은 분야에서 활용되고 있다.

2. LANDSAT
   - LANDSAT은 지구관측을 위한 최초의 민간목적 원격탐사위성으로 1972년에 1호 위성이 발사되었으며 그 이후 LANDSAT 2, 3, 4, 5호가 차례로 발사에 성공했으나 LANDSAT 6호는 궤도 진입에 실패하였다. 최근에는 LANDSAT 7호가 1999년 4월에 발사되었으며, 현재 1, 2, 3, 4호는 임무를 끝내고 운영이 중단되었고, 현재는 5, 7호만 운용 중에 있다.
   - LANDSAT 시리즈는 20여 년 동안 Thematic Mapper(TM), Multispectral Scanner(MSS)를 탑재하여 오랜 시간 동안의 지구 환경의 변화된 모습을 볼 수 있다.
   - LANDSAT 7호는 LANDSAT Series의 일환으로 발사되어 현재 지구 관측을 하고 있으며 TM 센서를 보다 발

전시킨 ETM+(Enhanced Thermal Mapper Plus) 센서를 탑재하고 있는데 TM과 비교할 때 Thermal Band의 해상도가 120m에서 60m로 향상되어 보다 정밀한 지구 관측이 용이해졌고 15m 해상도의 Panchromatic Band
(전파장 영역)가 추가되어 다양한 방법에 의한 지구 관측이 용이하고 더 좋은 영상을 제공할 수 있게 되었다.

3. SPOT
- SPOT 위성은 프랑스 CNES(Centre National d'Etudes Spatiales) 주도 하에 1, 2, 3, 4, 5호가 발사되었으며, 이 중 1, 2, 4, 5호가 운용 중이지만 지상관제센터에서 관제할 수 있는 위성의 수가 3대이기 때문에 영상은 2, 4, 5호의 영상만을 획득하고 있다.
- SPOT 1, 2, 3호에는 HRV(High Resolution Visible) 센서가 2대씩 탑재되어 10m의 해상도로 지구관측을 하기 때문에 주로 지도제작을 주목적으로 하고 있다.
- 그리고 20m의 Multi-Spectral 센서도 탑재하여 3Band의 다중분광모드로 지구관측을 할 수 있다.
- SPOT 4호는 이전의 SPOT과 제원은 비슷하나 다중분광모드에 중적외선 밴드를 추가한 HRVIR(High Resolution Visible and InfraRed) 센서 2대가 탑재되었으며, 농작물 및 환경변화를 매일 관측하기 위한 목적으로 Vegetation 센서가 추가되었다.
- SPOT 5호는 2002년 5월에 발사되어 운영 중이며, SPOT 5호는 공간해상력을 향상시킨 HRG(High Resolution Geometry) 센서 2대를 탑재하여 5m의 공간해상도와 Resampling을 할 경우 2.5m의 해상도를 가지고, Multi-Spectral에서는 가시광선 및 근적외선의 3밴드에서 10m, 중적외선 밴드는 20m의 공간해상도의 영상을 공급하고 있다.

4. NOAA : NOAA 위성의 해상력은 1km(직하방), 6km(가장자리), IFOV=1.4m rad이며 오늘날 두 개의 위성이 운용되고 있다.

57 탑재기(Platform)에 실린 감지기(Sensor)를 사용하여 지표의 대상물에서 반사 또는 방사된 전자 스펙트럼을 관측하고, 이들 자료를 이용하여 대상물이나 현상에 대한 정보를 획득하는 기법은? 12③산

① 항공사진측량　　② GPS측량
③ GIS　　④ 원격탐사

● 해설

원격탐측이란 지상이나 항공기 및 인공위성 등의 탑재기에 설치된 센서를 이용하여 지표, 지상, 지하, 대기권 및 우주공간의 대상물에서 반사 혹은 방사되는 전자기파를 이용하여 대상을 관측하고 탐측함으로써 이들 자료로부터 토지, 환경 및 자원에 대한 정보를 얻어 이를 해석하고 유지관리에 활용하는 기법이다.

58 원격탐사(Remote Sensing) 위성과 거리가 먼 것은? 13③산

① VLBI　　② LANDSAT
③ SPOT　　④ COSMOS

● 해설

초장기선 간섭계(VLBI ; Very Long Baseline Interferometry)
VLBI는 지구로부터 수억 광년 이상 떨어진 우주의 준성(Quaser)으로부터 발사되는 전파를 이용하여 거리를 결정하는 측량방법이다.
VLBI는 천체(1,000~10,000km)에서 복사되는 잡음전파를 2개의 안테나에서 동시에 수신하여 전파가 도달하는 시간차를 관측함으로써 안테나를 세운 두 점 사이의 거리를 관측하며 정확도는 ±수 cm 정도이다.

59 수치사진측량에서 수치영상을 취득하는 방법과 거리가 먼 것은? 14②산

① 항공사진 디지타이징　　② 디지털센서의 이용
③ 항공사진필름 제작　　④ 항공사진 스캐닝

● 해설

수치영상을 취득하는 방법
Sensor(탐측기) 감지기는 전자기파(Electromagnetic Wave)를 수집하는 장비로서 수동적 감지기와 능동적 감지기로 대별된다.

Passive Sensor	수동방식(受動方式, Passive Sensor)은 태양광의 반사 또는 대상물에서 복사되는 전자파를 수집하는 방식 예 사진기, 스캐너
Active Sensor	능동방식(能動方式, Active Sensor)은 대상물에 전자파를 쏘아 그대상물에서 반사되어 오는 전자파를 수집하는 방식 예 레이더, 레이저

CHAPTER 02 GPS(Global Positioning System)

2.1 GPS의 개요

2.1.1 GPS의 정의

GPS는 인공위성을 이용한 범세계적 위치결정체계로 정확한 위치를 알고 있는 위성에서 발사한 전파를 수신하여 관측점까지의 소요시간을 관측함으로써 관측점의 위치를 구하는 체계이다. 즉, GPS측량은 위치가 알려진 다수의 위성을 기지점으로 하여 수신기를 설치한 미지점의 위치를 결정하는 후방교회법(Resection Method)에 의한 측량방법이다.

2.1.2 GPS 측량의 장단점

장점	단점
① 관측의 정밀도가 높다.	① 장비가 고가이다.
② 기준점 간 시통이 필요하지 않다.	② 위성의 궤도정보가 필요하다.
③ 장거리를 신속하게 측량할 수 있다.	③ 전리층 및 대류권에 대한 정보가 필요하다.
④ 주야간 관측이 가능하고 기상조건에 영향을 받지 않는다.	④ 도심지의 고층건물 등에 의한 오차발생 확률이 높다.
⑤ 측량의 소요시간이 기존 방법보다 효율적이다.	⑤ 수목이나 건물 등에 의한 상공장애가 발생하면
⑥ 3차원 측정 및 동체측정이 가능하다.	관측의 정밀도가 낮다.

2.1.3 GPS의 구성

구성요소		특징
우주부문 (Space Segment)	구성	31개의 GPS 위성
	기능	측위용전파 상시 방송, 위성궤도정보, 시각신호 등 측위계산에 필요한 정보 방송 ① 궤도형상 : 원궤도 ② 궤도면 수 : 6개면 ③ 위성 수 : 1궤도면에 4개 위성(24개＋보조위성 7개)＝31개 ④ 궤도경사각 : 55° ⑤ 궤도고도 : 20,183km ⑥ 사용좌표계 : WGS84

구성요소		특징
우주부문 (Space Segment)	기능	⑦ 회전주기 : 11시간 58분(0.5 항성일) : 1항성일은 23시간 56분 4초 ⑧ 궤도간이격 : 60도 ⑨ 기준발진기 : 10.23MHz : 세슘원자시계 2대, 류비듐원자시계 2대
제어부문 (Control Segment)	구성	1개의 주제어국, 5개의 추적국 및 3개의 지상안테나(Up Link 안테나 : 전송국)
	기능	주제어국 : 추적국에서 전송된 정보를 사용하여 궤도요소를 분석한 후 신규궤도 요소, 시계보정, 항법메시지 및 컨트롤명령정보, 전리층 및 대류층의 주기적 모형회 등을 지상안테나를 통해 위성으로 전송함
		추적국 : GPS위성의 신호를 수신하고 위성의 추적 및 작동상태를 감독하여 위성 에 대한 정보를 주제어국으로 전송함
		전송국 : 주관제소에서 계산된 결과치로서 시각보정값, 궤도보정치를 사용자에 게 전달할 메시지 등을 위성에 송신하는 역할

		① 주제어국 : 콜로라도 스프링스(Colorad Springs) – 미국 콜로라도주
		② 추적국
		    • 어세션(Ascension Is) – 대서양
		    • 디에고 가르시아(Diego Garcia) – 인도양
		    • 쿠에제린(Kwajalein Is) – 태평양
		    • 하와이(Hawaii) – 태평양
		③ 3개의 지상안테나(전송국) : 갱신자료 송신

사용자부문 (User Segment)	구성	GPS 수신기 및 자료처리 S/W

	기능	위성으로부터 전파를 수신하여 수신점의 좌표나 수신점 간의 상대적인 위치관계
		를 구한다.
		사용자부문은 위성으로부터 전송되는 신호정보를 수신할 수 있는 GPS 수신기와
		자료처리를 위한 소프트웨어로서 위성으로부터 전송되는 시간과 위치정보를 처
		리하여 정확한 위치와 속도를 구한다.
		① GPS 수신기 : 위성으로부터 수신한 항법데이터를 사용하여 사용자 위치/속
		    도를 계산한다.
		② 수신기에 연결되는 GPS 안테나 : GPS 위성신호를 추적하며 하나의 위성신
		    호만 추적하고 그 위성으로부터 다른 위성들의 상대적인 위치에 관한 정보를
		    얻을 수 있다.

- 1태양일 : 지구가 태양을 중심으로 한 번 자전하는 시간 24시간
- 1항성일 : 지구가 항성을 중심으로 한 번 자전하는 시간 23시간 56분 4초

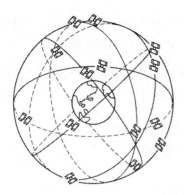

- 궤도 : 대략 원궤도
- 궤도수 : 6개
- 위성수 : 24개
- 궤도경사각 : 55°
- 높이 : 20,000km
- 사용좌표계 : WGS-84

‖ GPS 위성궤도 ‖

2.1.4 GPS 신호

GPS 신호는 C/A코드, P코드 및 항법메시지 등의 측위 계산용 신호가 각기 다른 주파수를 가진 L_1 및 L_2 파의 2개 전파에 실려 지상으로 방송이 되며 L_1/L_2파는 코드신호 및 항법메시지를 운반한다고 하여 반송파(Carrier Wave)라 한다.

신호	구분	내용
반송파 (Carrier)	L_1	• 주파수 1,575.42MHz(154×10.23MHz), 파장 19cm • C/A Code와 P Code 변조 가능
	L_2	• 주파수 1,227.60MHz(120×10.23MHz), 파장 24cm • P Code만 변조 가능
코드 (Code)	P code	• 반복주기 7일인 PRN Code(Pseudo Random Noise Code) • 주파수 10.23MHz, 파장 30m(29.3m)
	C/A code	• 반복주기 : 1ms(Milli-Second)로 1.023Mbps로 구성된 PPN code • 주파수 1.023MHz, 파장 300m(293m)
Navigation Message		GPS 위성의 궤도, 시간, 기타 System Parameter들을 포함하는 Data bit
		① 측위계산에 필요한 정보 • 위성탑재 원자시계 및 전리층 보정을 위한 Parameter 값 • 위성궤도정보 • 타 위성의 항법메시지 등을 포함
		② 위성궤도정보에는 평균근점각, 이심률, 궤도장반경, 승교점적경, 궤도경사각, 근지점 인수 등 기본적 인량 및 보정항이 포함

가. GPS 위성의 코드형태와 항법 메시지 정리

구분 코드	C/A	P(Y)	항법데이터
전송률	1.023Mbps	10.23Mbps	50bps
펄스당 길이	293m	29.3m	5,950km
반복	1ms	1주	N/A
코드의 형태	Gold	Pseudo Random	N/A
반송파	L_1	L_1, L_2	L_1, L_2
특징	포착하기가 용이함	정확한 위치추적, 고장률이 적음	시간, 위치 추산표

2.1.5 GPS 측위 원리

GPS를 이용한 측위방법에는 코드신호 측정방식과 반송파신호 측정방식이 있다. 코드신호에 의한 방법은 위성과 수신기 간의 전파 도달 시간차를 이용하여 위성과 수신기 간의 거리를 구하며, 반송파 신호에 의한 방법은 위성으로부터 수신기에 도달되는 전파의 위상을 측정하는 간섭법을 이용하여 거리를 구한다.

구분		특징
코드신호 측정방식	의의	위성에서 발사한 코드와 수신기에서 미리 복사된 코드를 비교하여 두 코드가 완전히 일치할 때까지 걸리는 시간을 관측하여 여기에 전파속도를 곱하여 거리를 구하는데 이때 시간에 오차가 포함되어 있으므로 의사거리(Pseudo Range)라 한다.
	공식	$R = [(X_R - X_S)^2 + (Y_R - Y_S)^2 + (Z_R - Z_S)^2]^{1/2} + \delta t \cdot C$ 여기서, R : 위성과 수신기 사이의 거리 X_S, Y_S, Z_S : 위성의 좌푯값 X_R, X_R, Z_R : 수신기의 좌푯값 δt : GPS와 수신기 간의 시각 동기오차 C : 전파속도

구분		특징
코드신호 측정방식	특징	① 동시에 4개 이상의 위성신호를 수신해야 함 ② 단독측위(1점측위, 절대측위)에 사용되며, 이때 허용오차는 5~15m ③ 2대 이상의 GPS를 사용하는 상대측위 중 코드 신호만을 해석하여 측정하는 DGPS(Differential GPS) 측위 시 사용되며 허용오차는 약 1m 내외임
반송파신호 측정방식	의의	위성에서 보낸 파장과 지상에서 수신된 파장의 위상차를 관측하여 거리를 계산한다.
	공식	$R = \left(N + \dfrac{\phi}{2\pi}\right) \cdot \lambda + C(dT + dt)$ 여기서, R : 위성과 수신기 사이의 거리 λ : 반송파의 파장 N : 위성과 수신기 간의 반송파의 개수 ϕ : 위상각 C : 전파속도 $dT + dt$: 위성과 수신기의 시계오차
	특징	① 반송파신호측정방식은 일명 간섭측위라 하여 전파의 위상차를 관측하는 방식 인데 수신기에 마지막으로 수신되는 파장의 위상을 정확히 알 수 없으므로 이 를 모호정수(Ambiguity) 또는 정수치편기(Bias)라고 한다. ② 본 방식은 위상차를 정확히 계산하는 방법이 매우 중요한데 그 방법으로 1중 차, 2중차, 3중차의 단계를 거친다. ③ 일반적으로 수신기 1대만으로는 정확한 Ambiguity를 결정할 수 없으며 최소 2대 이상의 수신기로부터 정확한 위상차를 관측한다. ④ 후처리용 정밀기준점 측량 및 RTK법과 같은 실시간이동측량에 사용된다.

‖ 의사거리를 이용한 위치해석 방법 ‖

$$R = n\lambda + \frac{\phi}{2\pi} \cdot \lambda$$

ϕ: 위성
R: 거리

‖ 반송파에 의한 위성과 수신기 간 거리측정 ‖

2.1.6 궤도 정보(Ephemeris : 위성력)

궤도정보는 GPS측위정확도를 좌우하는 중요한 사항으로서 크게 방송력과 정밀력으로 구분되며 Almanac(달력, 역서, 연감)과 같은 뜻이다. 위성력은 시간에 따른 천체의 궤적을 기록한 것으로 각각의 GPS위성으로부터 송신되는 항법메시지에는 앞으로의 궤도에 대한 예측치가 들어 있다. 형식은 30초마다 기록되어 있으며 Keplerian Element로 구성되어 있다.

구분	특징
방송력 (Broadcast Ephemeris) : 방송궤도정보	① GPS위성이 타 정보와 마찬가지로 지상으로 송신하는 궤도 정보임 ② GPS위성은 주관제국에서 예측한 궤도력, 즉 방송궤도력을 항법메시지의 형태로 사용자에게 전달하는데, 이 방송궤도력은 1996년 당시 약 3m의 예측에 의한 오차가 포함되어 있었음 ③ 사전에 계산되어 위성에 입력한 예보궤도로서 실제운행궤도에 비해 정확도가 떨어짐 ④ 향후의 궤도에 대한 예측치가 들어 있으며 형식은 매 30초마다 기록되어 있으며 16개의 Keplerian element로 구성되어 있음 ⑤ 위성전파를 수신하지 않고 획득 가능하며 수신하는 순간부터도 사용이 가능하므로 측위결과를 신속히 알 수 있음 ⑥ 방송궤도력을 적용하면 정밀궤도력을 적용하는 것보다 기선결정의 정밀도가 떨어지지만 위성전파를 수신하지 않고도 획득 가능하며 수신하는 순간부터도 사용이 가능하므로 측위 결과를 신속하고 간편하게 알 수 있음
정밀력 (Precise Ephemeris) : 정밀궤도정보	① 실제 위성의 궤적으로서 지상추적국에서 위성전파를 수신하여 계산된 궤도정보임 ② 방송력에 비해 정확도가 높으며 위성관측 후에 정보를 취득하므로 주로 후처리 방식의 정밀기준점측량 시 적용됨 ③ 방송궤도력은 GPS수신기에서 곧바로 취득이 되지만, 정밀궤도력은 별도의 컴퓨터 네트워크를 통하여 IGS(GPS관측망)로부터 수집하여야 하고 약 11일 정도 기다려야 함 ④ GPS위성의 정밀궤도력을 산출하기 위한 국제적인 공동연구가 활발히 진행 중임 ⑤ 전 세계 약 110개 관측소가 참여하고 있는 국제 GPS관측망(IGS)이 1994년 1월 발족하여 GPS 위성의 정밀 궤도력을 산출하여 공급하고 있음 ⑥ 대덕연구단지 내 천문대 GPS관측소와 국토지리정보원 내 GPS관측소가 IGS 관측소로 공식 지정되어 우리나라 대표로 활동함

2.1.7 간섭측위에 의한 위상차 측정

정적간섭측위(Static Positioning)를 통하여 기선해석을 하는 데 사용하는 방법으로서 두 개의 기지점에 GPS 수신기를 설치하고 위상차를 측정하여 기선의 길이와 방향을 3차원 백터량으로 결정하는데 다음과 같은 위상차 차분기법을 통하여 기선해석 품질을 높인다.

구분	특징
일중위상차 (Single Phace Difference)	① 한 개의 위성과 두 대의 수신기를 이용한 위성과 수신기 간의 거리측정차(행로차) ② 동일 위성에 대한 측정치이므로 위성의 궤도오차와 원자시계에 의한 오차가 소거된 상태 ③ 그러나 수신기의 시계오차는 포함되어 있는 상태임
이중이상차 (Double Phace Difference)	① 두 개의 위성과 두 대의 수신기를 이용하여 각각의 위성에 대한 수신기 간 1중차끼리의 차이값 ② 두 개의 위성에 대하여 두 대의 수신기로 관측함으로써 같은 양으로 존재하는 수신기의 시계오차를 소거한 상태 ③ 일반적으로 최소 4개의 위성을 관측하여 3회의 이중차를 측정하여 기선해석을 하는 것이 통례임
삼중위상차 (Triple Phace Difference)	① 한 개의 위성에 대하여 어떤 시각의 위상적산치(측정치)와 다음 시각의 적산치와의 차이값을 적분위상차라고도 함 ② 반송파의 모호정수(불명확상수)를 소거하기 위하여 일정시간 간격으로 이중차의 차이값을 측정하는 것을 말함 ③ 즉, 일정시간 동안의 위성거리 변화를 뜻하며 파장의 정수배의 불명확을 해결하는 방법으로 이용됨

·· 2.2 선점 및 측량

2.2.1 선점 및 관측

가. 관측준비

지적위성측량 작업 착수 전에 GNSS 관측을 위하여 다음 각 호를 고려하여야 한다.
1. GNSS 측량기 대수, 투입인력, 위성기준점 및 기지점 분포현황 조사
2. GNSS 개략 궤도력 정보를 이용하여 위성배치상태가 최적인 시간대 선정
3. 관측점은 기지점 및 소구점으로 구성

4. 관측망은 기지점과 소구점을 결합한 폐합다각형이 되도록 구성하고 지적위성측량 관측계획
   망도 작성

5. 세션구성은 삼각형, 사각형 또는 혼합형으로 2세션 이상일 경우 인접 세션과 최소 한 변 이상
   이 중복되도록 구성

나. 소구점의 선점

① 소구점은 인위적인 전파장애, 지형·지물 등의 영향을 받지 않도록 다음 각 호의 상소를 피하
   여 선점하여야 한다.

   1. 건물 내부, 산림 속, 고층건물이 밀집한 시가지, 교량 아래 등 상공시계 확보가 어려운 곳
   2. 초고압 송전선, 고속철도 등의 전차경로 등 전기불꽃의 영향을 받는 곳
   3. 레이더안테나, TV중계탑, 방송국, 우주통신국 등 강력한 전파의 영향을 받는 곳

② 후속작업으로 토털스테이션 이용 등을 고려하여 1방향 이상의 기지점 또는 소구점 시통이 가
   능하도록 선점하여야 한다.

다. 관측 시 위성의 조건과 주의사항

위성의 조건	1. 관측점으로부터 위성에 대한 고도각이 15° 이상에 위치할 것 2. 위성의 작동상태가 정상일 것 3. 관측점에서 동시에 수신 가능한 위성 수는 정지측량에 의하는 경우에는 4개 이상, 이동측량에 의하는 경우에는 5개 이상일 것
주의사항	1. 안테나 주위의 10미터 이내에는 자동차 등의 접근을 피할 것 2. 관측 중에는 무전기 등 전파발신기의 사용을 금한다. 다만, 부득이한 경우에는 안테나로부터 100미터 이상의 거리에서 사용할 것 3. 발전기를 사용하는 경우에는 안테나로부터 20미터 이상 떨어진 곳에서 사용할 것 4. 관측 중에는 수신기 표시장치 등을 통하여 관측상태를 수시로 확인하고 이상 발생 시에는 재관측을 실시할 것

2.2.2 측량방법

가. 정지측량

GNSS측량기를 사용하여 정지측량방법으로 기초측량 또는 세부측량을 하고자 하는 때에는 다음
각 호의 기준에 의한다.

1. 기지점과 소구점에 GNSS측량기를 동시에 설치하여 세션단위로 실시할 것
2. 관측성과의 기선벡터 점검을 위하여 다른 세션에 속하는 관측망과 한 변 이상이 중복되게 관측
   할 것

3. 관측시간

구분	지적삼각측량	지적삼각보조측량	지적도근측량	세부측량
기지점과의 거리	10km 미만	5km 미만	2km 미만	1km 미만
세션 관측시간	60분 이상	30분 이상	10분 이상	5분 이상
데이터 취득간격	30초 이하	30초 이하	15초 이하	15초 이하

나. 이동측량

① GNSS측량기를 사용하여 지적도근측량 또는 세부측량을 하고자 하는 경우에는 단일기준국 실시간 이동측량 또는 다중기준국 실시간 이동측량에 의한다.

② 단일기준국 실시간 이동측량(Single-RTK) 및 다중기준국 실시간 이동측량(Network-RTK)으로 실시할 경우 기준은 다음 각 호와 같다.

　1. 관측 전 이동국 GNSS측량기의 초기화 작업을 완료할 것

　2. 관측 중 위성신호의 단절 또는 통신장치의 이상으로 보정정보를 안정적으로 수신할 수 없는 경우 이동국 GNSS측량기를 재초기화할 것

　3. GNSS측량기 안테나를 기준으로 고도각 15° 이상에 정상 작동 중인 GNSS위성이 5개 이상일 것

　4. GNSS측량기에 표시하는 PDOP가 3 이상이거나 위치정밀도가 수평 ±3cm 이상 또는 수직 ±5cm 이상인 경우 관측을 중지할 것

　5. 1, 2회의 관측치가 제5항 제4호의 오차 이내일 경우에는 1회 관측치를 기준으로 결과부를 작성할 것

　6. 지역좌표를 구하고자 할 경우에는 GNSS측량기에서 제공하는 소프트웨어를 이용하여 좌표변환 계산방법에 의할 것

　7. 관측시간 및 관측횟수는 다음 표에 따른다. 다만, 단일기준국 실시간 이동측량(Single-RTK 측량) 시 기선거리는 5km 이내로 한다.

구분	관측횟수	관측 간격	관측시간 (고정해)	데이터 취득 간격
도근측량	2회	60분 이상	60초 이상	1초
세부측량	2회	60분 이상	15초 이상	1초

③ 단일기준국 실시간 이동측량(Single-RTK 측량)에 의한 방법은 다음 각 호와 같다.

　1. 기지점에 기준국을 설치하고 위치를 결정하고자 하는 지적도근점이나 경계점 등을 이동국으로 하여 GNSS측량기를 순차적으로 설치하여 이동하며 관측을 실시할 것

　2. 관측 노선(단위)을 포함하도록 기준국을 달리하여 2회 관측할 것

④ 다중기준국 실시간 이동측량(Network-RTK 측량)에 의한 방법은 다음 각 호와 같다.

1. 이동국은 보정정보 생성에 사용되는 상시관측소 네트워크 내부에 있을 것. 다만 부득이한 경우 네트워크 외부에서 10km 이내일 것

2. 통신장치를 이용하여 위성기준점 네트워크 보정신호를 수신하여 고정해를 얻고 이동국을 순차로 이동하면서 관측을 실시할 것

⑤ 단일기준국 실시간 이동측량(Single-RTK) 및 다중기준국 실시간 이동측량(Network-RTK)에 의한 경우 제2항 세1호부터 제4호까지의 조건을 만족하지 못하거나 다음 각 호의 경우에는 측량방법을 달리하여 실시한다.

1. 초기화 시간이 3회 이상 3분을 초과하는 경우

2. 보정정보의 송수신이 불안정한 경우

3. 보정정보 지연시간이 5초 이상인 경우

4. 세션 간 측량성과의 오차가 5.0cm를 초과하는 경우

다. GNSS데이터 관리

① GNSS측량기로부터 수신된 원시 데이터는 GNSS 공통 포맷인 라이넥스(Rinex) 파일로 변환하여 원시데이터와 함께 관리하여야 한다.

② 라이넥스(Rinex) 변환은 GNSS측량기 장비사에서 제공하는 소프트웨어 또는 공통변환 소프트웨어를 사용하여야 하며 후속작업에 활용할 수 있도록 관리하여야 한다.

③ 라이넥스(Rinex) 변환 시에는 GNSS측량기 장비사의 안테나 모델, 안테나 기준위치로부터 위상중심변동 보정값, 안테나고 등의 변수를 안테나 모델에 적합하게 설정하여야 한다.

2.2.3 성과계산

가. 기선해석

지적위성측량에 의한 기선해석은 다음 각 호의 기준에 의한다.

1. 당해 관측지역의 가장 가까운 위성기준점(최소 2점 이상) 또는 세계좌표를 이미 알고 있는 측량기준점을 기점으로 하여 인접하는 기지점 또는 소구점을 순차적으로 각 성분의 교차($\triangle X$, $\triangle Y$, $\triangle Z$)를 해석할 것

2. 기지점과 소구점 간의 거리가 50킬로미터를 초과하는 경우에는 정밀궤도력에 의하고 기타는 방송궤도력을 이용할 수 있음

3. 제2호의 기준에도 불구하고 고정밀 자료처리 소프트웨어를 사용할 경우에는 초신속 또는 신속궤도력을 이용할 수 있음

4. 기선해석의 방법은 세션별로 실시하되 단일기선해석방법에 의할 것

5. 기선해석시에 사용되는 단위는 미터단위로 하고 계산은 소수점 이하 셋째 자리까지 할 것

6. 2주파 이상의 관측데이터를 이용하여 처리할 경우에는 전리층 보정을 할 것
7. 기선해석의 결과는 고정해에 의하며, 그 결과를 기초로 소프트웨어에서 제공하는 형식으로 기선해석계산부를 작성할 것

나. 기선해석의 점검

① 서로 다른 세션에 속하는 중복기선으로 최소변수의 폐합다각형을 구성하여 기선벡터 각 성분($\triangle X$, $\triangle Y$, $\triangle Z$)의 폐합차를 계산한다.
② 제1항에 의한 폐합차의 허용범위는 다음 표에 의하며, 그 기준을 초과하는 경우에는 다시 관측을 하여야 한다.

폐합기선장의 총합	$\triangle X$, $\triangle Y$, $\triangle Z$의 폐합차	비고
10km 미만	3cm 이내	
10km 이상	2cm + 1ppm × D 이내	D : 기선장(km)

다. 망조정

GNSS 데이터의 망조정은 자유망조정으로 처리하여 기지점들의 성과를 점검 후 다점고정망으로 모든 기지점을 고정하여 처리하며 다음 각 호의 기준에 의한다.

1. 자유망조정은 기지점 중 한 점을 고정하고 기지점들을 처리하며, 기지점들 간의 성과부합 여부를 확인할 것
2. 자유망조정 결과 기지점들에 이상이 없을 때 모든 기지점을 고정하여 다점고정망조정으로 처리할 것
3. 고정밀 자료처리 소프트웨어를 사용할 경우에는 기지점 및 소구점을 동시에 조정하여 처리할 수 있음

2.2.4 지적좌표계산

가. 세계좌표의 계산

관측점의 세계좌표는 제10조의 규정에 의한 기선해석성과를 기준으로 조정계산에 의해 결정하되, 조정계산은 다음 각 호의 기준에 의한다.

1. 고정점은 위성기준점, 통합기준점 또는 정확한 세계좌표를 알고 있는 지적측량기준점으로 할 것
2. 계산방법은 기선해석에 사용하는 소프트웨어에서 정한 방법에 의할 것

나. 지역좌표의 계산

① 제13조의 규정에 의거 세계좌표를 지역좌표로 변환하는 때에는 좌표변환계산방법 또는 조정 계산방법에 의한다.

② 제1항의 규정에 의한 좌표변환계산방법은 다음 각 호에 의한다.

   1. 당해 관측지역에서 측정한 모든 기지점을 점검하여 변환계수 산출에 사용할 3점 이상의 양 호한 점을 결정할 것

   2. 제1호의 규정에 의한 기지점의 지역좌표와 그 기지점을 좌표변환계산에 의하여 산출한 지 역좌표간의 수평성분교차($\triangle X$, $\triangle Y$)의 허용범위는 다음 표에 의하며, 그 기준을 초과하 는 경우에는 조정계산에 의할 것

측량 범위	수평성분교차	비고
2km×2km 이내	6cm+2cm×$\sqrt{N}$ 이내	N : 좌표변환 시 사용한 기지점수
5km×5km 이내	10cm+4cm×$\sqrt{N}$ 이내	
10km×10km 이내	15cm+4cm×$\sqrt{N}$ 이내	

   3. 제1호의 규정에 의하여 결정한 기지점을 이용하여 변환계수를 산출하고 이를 모든 관측점 에 적용하여 지역좌표를 산출할 것. 다만, 좌표변환계수가 결정되어 있는 지역에는 그 값 을 적용할 것

   4. 좌표변환계산의 단위 및 자릿수는 다음 표에 의할 것

구분	단위	계산 자릿수	자릿수
평면직각 종·횡선수치	m	소수점 이하 3자리	소수점 이하 2자리
경위도	도, 분, 초	소수점 이하 4자리	소수점 이하 4자리
표고	m	소수점 이하 3자리	소수점 이하 3자리

③ 제1항의 규정에 의한 조정계산방법은 다음 각 호에 의한다.

   1. 당해 관측지역에서 측정한 모든 기지점을 대상으로 기지점 성과를 점검하고 조정계산에 사 용할 2점 이상의 고정점을 결정할 것

   2. 제1호의 규정에 의하여 결정한 고정점을 이용하여 지역좌표를 산출할 것

2.2.5 표고의 계산

① 지적기준점의 표고 산출은 직접·간접수준측량 또는 지적위성측량에 의한다.

② 지적위성측량에 의한 표고결정은 정지측량 또는 이동측량에 의하며, 통합기준점, 수준점 및 표고가 등록된 지적기준점 등을 기지점으로 하여야 한다.

③ 지적위성측량에 의한 표고결정은 다음 각 호의 기준에 의한다.

1. 3점 이상의 표고점의 지오이드고를 내삽하여 소구점의 지오이드고를 산출하여 그 값과 타원체고와의 차이를 표고로 하며, 다음 산식에 의하여 계산할 것

소구점표고＝소구점타원체고 − 소구점지오이드고(평균)

2. 소구점으로부터 2km 이내에 표고점이 있는 경우에는 소구점과 표고점 간의 타원체고의 차이를 표고차로 하며, 다음 산식에 의하여 계산할 것

소구점표고＝표고점표고＋(표고점타원체고 − 소구점타원체고)

3. 국가 지오이드모델을 이용하는 경우에는 다음 기준에 의할 것

기지점에서 지오이드모델로부터 구한 지오이드고에서 고시된 지오이드고 차이를 계산하고 소구점 지오이드고에 감하여 보정지오이드고를 산출하고 그 값과 타원체고와의 차이를 표고로 하며, 다음 산식에 의하여 계산할 것

- 보정지오이드고＝소구점 지오이드모델 지오이드고－(기지점 지오이드 모델 지오이드고－고시 지오이드고)
- 소구점표고＝소구점타원체고－보정지오이드고

2.2.6 성과작성

지적위성측량의 성과 및 측량기록은 관측데이터파일, 지적위성측량부, 지적위성측량성과검사부 등에 정리한다.

2.2.7 성과검사

지적위성측량의 성과검사는 다음 각 호의 방법에 의한다.

1. 지적위성측량관측표, 지적위성측량관측망도 등에 근거하여 관측환경, 세션 및 관측망 구성 등이 적합한지 검사할 것
2. 지적위성측량관측기록부 등에 근거하여 위성측량기의 설치 및 입력 요소 등의 설정이 적합한지 검사할 것
3. 기선해석계산부, 기선벡터점검계산부, 기선벡터점검계산망도 등에 근거하여 제10조 및 제11조의 기준에 따라 기선해석이 되었는지 검사할 것
4. 좌표변환계산부, 점간거리계산부 등에 의해 기지점 좌표의 부합 등을 확인하고 제14조에 의한 지역좌표의 산출이 이루어졌는지 검사할 것

5. 지적위성측량성과표의 기재사항과 관측데이터의 관리 상태를 점검할 것
6. 지적위성측량성과의 결정은 「지적측량시행규칙」 제27조의 규정에 의할 것

2.2.8 GNSS측량기

가. GNSS측량기 기준

지적위성측량에 사용하는 GPS측량기는 수신기, 안테나, 소프트웨어 및 부대장비로 구성되며, 다음 각 호의 기준에 의한다.

1. 측량방법에 따른 GNSS측량기의 성능은 다음 표의 기준에 의할 것

구분	기선거리 측정 정도
정지측량	±(5mm+1ppm×기선거리) 이내
이동측량	±(20mm+2ppm×기선거리) 이내

2. 안테나는 위성의 전파를 수신하여 수신기에 전달할 수 있어야 하며, 측점에 정확하게 정치할 수 있는 구심 기능과 수평조정 기능을 갖는 장치가 있을 것
3. 소프트웨어는 지적위성측량의 사전 계획수립을 위한 위성에 관련된 정보획득과 관측데이터의 점검, 기선해석, 조정계산 및 좌표변환 등의 기능을 가질 것

나. GNSS측량기의 점검

① 지적위성측량(측량검사를 포함한다)을 하는 때에는 GNSS측량기에 대한 기능점검을 하여 사용하고 측량 중에도 이상 유무를 확인하여야 한다.
② 기능점검은 다음 각 호의 기준에 의한다.
  1. 안테나 장착을 위한 광학구심장치, 각종 케이블 및 접속부분, 전원장치 등이 정상일 것
  2. 안테나 및 수신기가 정상적으로 작동할 것
③ 제1호에 의한 점검을 한 때에는 지적위성측량기점검기록부를 작성하여야 한다.

다. 소프트웨어의 제한

① 지적위성측량의 성과계산에 사용되는 소프트웨어는 GNSS측량기에 부속된 소프트웨어 또는 동등 이상의 기능을 가져야 한다.
② 기선해석 소프트웨어는 서로 다른 GNSS측량기에서 관측한 데이터의 조합에 의한 처리가 가능하여야 한다. 이 경우 관측한 데이터는 GNSS측량기 공통변환형식(RINEX 파일)으로 변환하여 사용할 수 있다.

••2.3 GPS의 오차

2.3.1 구조적인 오차

종류	특징
위성시계오차	GPS 위성에 내장되어 있는 시계의 부정확성으로 인해 발생
위성궤도오차	위성궤도정보의 부정확성으로 인해 발생
대기권전파지연	위성신호의 전리층, 대류권 통과 시 전파지연오차(약 2m)
전파적 잡음	수신기 자체에서 발생하며 PRN 코드잡음과 수신기 잡음이 합쳐져서 발생
다중경로 (Multipath)	다중경로오차는 GPS 위성으로 직접 수신된 전파 이외에 부가적으로 주위의 지형, 지물에 의한 반사된 전파로 인해 발생하는 오차로서 측위에 영향을 미친다. ① 다중경로는 금속제 건물·구조물과 같은 커다란 반사적 표면이 있을 때 일어난다. ② 다중경로의 결과로서 수신된 GPS 신호는 처리될 때 GPS 위치의 부정확성을 제공 ③ 다중경로가 일어나는 경우를 최소화하기 위하여 미션설정, 수신기, 안테나 설계 시에 고려한다면 다중경로의 영향을 최소화할 수 있다. ④ GPS 신호시간의 기간을 평균하는 것도 다중경로의 영향을 감소시킨다. ⑤ 가장 이상적인 방법은 다중경로의 원인이 되는 장애물에서 멀리 떨어져서 관측하는 방법이다.

2.3.2 위성의 배치상태에 따른 오차

가. 정밀도 저하율(DOP ; Dilution of Precision)

GPS 관측지역의 상공을 지나는 위성의 기하학적 배치상태에 따라 측위의 정확도가 달라지는데 이를 DOP(Dilution of Precision)라 한다.

종류	특징
① GDOP : 기하학적 정밀도 저하율 ② PDOP : 위치 정밀도 저하율 ③ HDOP : 수평 정밀도 저하율 ④ VDOP : 수직 정밀도 저하율 ⑤ RDOP : 상대 정밀도 저하율 ⑥ TDOP : 시간 정밀도 저하율	① 3차원 위치의 정확도는 PDOP에 따라 달라지는데 PDOP은 4개의 관측위성들이 이루는 사면체의 체적이 최대일 때 가장 정확도가 좋으며 이때는 관측자의 머리 위에 다른 3개의 위성이 각각 120°를 이룰 때이다. ② DOP은 값이 작을수록 정확한데 1이 가장 정확하고 5까지는 실용상 지장이 없다.

2.3.3 선택적 가용성에 따른 오차(SA ; Selective Abailability / AS ; Anti-Spoofing)

미국방성의 정책적 판단에 의해 인위적으로 GPS 측량의 정확도를 저하시키기 위한 조치로 위성의 시각정보 및 궤도정보 등에 임의의 오차를 부여하거나 송신, 신호형태를 임의 변경하는 것을 SA라 하며, 군사적 목적으로 P코드를 암호하는 것을 AS라 한다.

SA의 해제	2000년 5월 1일 해제
AS(Anti Spoofing : 코드의 암호화, 신호차단)	군사목적의 P코드를 적의교란으로부터 방지하기 위하여 암호화시키는 기법

2.3.4 Cycle Slip

사이클 슬립은 GPS반송파위상 추적회로에서 반송파위상치의 값을 순간적으로 놓침으로 인해 발생하는 오차, 사이클 슬립은 반송파 위상데이터를 사용하는 정밀위치측정분야에서는 매우 큰 영향을 미칠 수 있으므로 사이클 슬립의 검출은 매우 중요하다.

원인	처리
① GPS안테나 주위의 지형지물에 의한 신호단절 ② 높은 신호 잡음 ③ 낮은 신호 강도 ④ 낮은 위성의 고도각 ⑤ 사이클 슬립은 이동측량에서 많이 발생	① 수신회로의 특성에 의해 파장의 정수배만큼 점프하는 특성 ② 데이터 전처리 단계에서 사이클 슬립을 발견, 편집 가능 ③ 기선해석 소프트웨어에서 자동처리

·· 2.4 측량에 이용되는 위성측위시스템

2.4.1 위성항법시스템의 종류

가. 전지구위성항법시스템(GNSS ; Global Navigation Satellite System)

지구 전체를 서비스 대상 범위로 하는 위성항법시스템 중궤도(2만 km 내외)를 선회하는 20~30기의 항법 위성이 필요
① 미국의 GPS(Global Positioning System)
② EU의 Galileo
③ 러시아의 GLONASS(GLObal Navigation Satellite System)

나. 지역위성항법시스템(RNSS ; Regional Navigation Satellite System)

특정 지역을 서비스 대상으로 하는 위성항법시스템
① 중국의 북두(COMPASS/Beidou)
② 일본의 준천정위성(QZSS ; Quasi−Zenith Satellite System)
③ 인도의 IRNSS(Indian Regional Navigation Satellite System)

2.4.2 위성항법시스템 구축 현황

▼ 전 세계 위성항법시스템 현황

구분	시스템 명	목적	운용 연도	운용궤도	위성 수
미국	GPS	전지구위성항법	1995	중궤도	31기 운용 중
러시아	GLONASS	전지구위성항법	2011	중궤도	24
EU	Galileo	전지구위성항법	2012	중궤도	30
중국	COMPASS (Beidou)	전지구위성항법 (중국 지역위성항법)	2011	중궤도 정지궤도	30 5
일본	QZSS	일본 주변 지역위성항법	2010	고타원궤도	3
인도	IRNSS	인도 주변 지역위성항법	2010	정지궤도 고타원궤도	3 4

2.4.3 보강시스템 구축 현황

가. 위성기반 보강시스템(SBAS ; Satellite−Based Augmentation System)

항공항법용 보정정보 제공을 주된 목적으로 미국, 유럽 등 다수 국가가 구축 · 운용

▼ 국가별 위성기반 보강시스템 구축 · 운용 현황

국 가	구축 시스템	용도 및 제공정보	구축비용	운용연도
미국	WAAS(Wide Area Augmentation System)	항공항법용 GPS 보정정보 방송	약 2조 원	2007
EU	EGNOS(European Geostationary Navigation Overlay Service)	항공항법용 GPS, GLONASS 보정정보 방송	미공개	2008
일본	MSAS(Multi−functional Satellite−based Augmentation System)	항공항법용 GPS 보정정보 방송	약 2조 원	2005
인도	GAGAN(GPS and Geo Augmented Navigation system)	항공항법용 GPS 보정정보 방송	미공개	2010
캐나다	CWAAS(Canada Wide Area Augmentation System)	항공항법용 GPS 보정정보 방송	미공개	미정

나. 지상기반 보강시스템(GBAS ; Ground-Based Augmentation System)

1) 해양용 보강시스템

국제해사기구(IMO ; International Maritime Organization)의 해상항법 권고에 따라 GPS 보정정보를 제공하는 시스템으로서 현재 40여 개국 이상이 구축 · 운용

2) 항공용 보강시스템

국제민간항공기구(ICAO ; International Civil Aviation Organization)의 권고로 각국이 항공용 항로비행(GRAS) 및 이착륙(GBAS)을 위한 보강시스템 개발 중

① GRAS ; Ground-based Regional Augmentation System

② GBAS ; Ground Based Augmentation System

·· 2.5 GPS의 활용

① 측지측량분야

② 해상측량분야

③ 교통분야

④ 지도제작분야(GPS-VAN)

⑤ 항공분야

⑥ 우주분야

⑦ 레저스포츠분야

⑧ 군사용

⑨ GSIS의 DB 구축

⑩ 기타 : 구조물 변위 계측, GPS를 시각동기장치로 이용 등

CHAPTER 02 실전문제

01 GPS에서 위도, 경도, 고도, 시간에 대한 차분해 (Differential Solution)를 얻기 위해서는 최소 몇 개의 위성이 필요한가? 12①기

① 1
② 2
③ 4
④ 8

● 해설

차량용 내비게이션은 단일측위이므로 1개의 위성, 측량용으로 사용하려면 최소 4개 이상 위성이 필요하다.

02 GPS위성의 궤도 주기로 옳은 것은? 12①기

① 약 6시간
② 약 10시간
③ 약 12시간
④ 약 18시간

● 해설

공전주기를 11시간 58분으로 하여 위성이 하루에 지구를 두 번씩 돌도록 하여 지상의 어느 위치에서나 항상 동시에 5개에서 최대 8개까지 위성을 볼 수 있도록 하기 위해 배치되어 있다.

03 GPS를 이용하여 위치를 결정할 때 보정계산에 필요한 데이터와 거리가 먼 것은? 12②기

① 측지좌표변환 파라미터
② 대류권 데이터
③ 전파성 데이터
④ 전리층 데이터

● 해설

보정계산에 필요한 데이터는 위성시계, 위성궤도, 전리층, 대류권, 측지좌표변환 파라미터 등이다.

04 GPS측량에서 구조적 요인에 의한 오차에 해당하지 않는 것은? 12②기

① 전리층 오차
② 대류층 오차
③ S/A 오차
④ 위성궤도오차 및 시계오차

● 해설

GPS 구조적 원인에 의한 오차
1. 위성시계오차
   • 위성에 장착된 정밀한 원자시계의 미세한 오차
   • 위성시계오차로서 잘못된 시간에 신호를 송신함으로써 오차발생
2. 위성궤도오차
   • 항법메시지에 의한 예상궤도, 실제궤도의 불일치
   • 위성의 예상위치를 사용하는 실시간 위치결정에 의한 영향
3. 전리층과 대류권의 전파지연
   • 전리층 : 지표면에서 70~1,000km 사이의 충전된 입자들이 포함된 층
   • 대류권 : 지표면상 10km까지 이르는 것으로 지구의 기후형태에 의한 층
   • 전리층, 대류권에서 위성신호의 전파속도 지연과 경로의 굴절오차
4. 수신기에서 발생하는 오차
   ㉠ 전파적 잡음 : 한정되어 있는 시간 차이를 측정하는 GPS 수신기의 능력과 관련된 다양한 오차를 포함한다.
   ㉡ 다중경로오차 : GPS 위성으로부터 직접 수신된 전파 이외에 부가적으로 주의의 지형, 지물에 의한 반사된 전파로 인해 발생하는 오차
      • 다중경로는 보통 금속제 건물, 구조물과 같은 커다란 반사적 표면이 있을 때 일어난다.
      • 다중경로의 결과로서 수신된 GPS의 신호는 처리될 때 GPS 위치의 부정확성을 제공한다.

05 GPS 스태틱 측량을 실시한 결과 거리오차의 크기가 0.05m이고 PDOP이 4일 경우 측위오차의 크기는? 12③기

① 0.2m ② 0.5m
③ 1.0m ④ 1.5m

해설

측위오차 = 거리오차(Range Error)
　　　　 × PDOP(Position Dilution of Precision)
0.2m = 0.05m × 4
측위 시 이용되는 위성들의 배치상황에 따라 오차가 증가하게 되는데, 이는 육상에서 독도법으로 위치를 측정할 때와 마찬가지로 적당한 간격의 물표를 선택하여 독도법을 실시하면 오차 삼각형이 작아져서 위치가 정확해지고, 몰려있는 물표를 이용하는 경우 오차삼각형이 커져서 위치가 부정확해진다. 마찬가지로 위성 역시 적당히 배치되어 있는 경우에 위치의 오차가 작아진다.(출처 : 혼합항법에 의한 차량용 내비게이션 자차위치 취득방안)

06 GPS의 구성요소 중 위성을 추적하여 위성의 궤도와 정밀시간을 유지하고 관련 정보를 송신하는 역할을 담당하는 부문은? 12③기

① 우주부문 ② 제어부문
③ 수신부문 ④ 사용자부문

해설

제어부문은 궤도와 시각결정을 위한 위성의 추적, 전리층 및 대류층의 주기적 모형화, 위성시간의 동일화 및 위성으로의 자료전송 등을 주 임무로 한다.

07 GPS 관측에 대한 설명으로 옳지 않은 것은? 12③기

① C/A코드 및 P코드로 의사거리를 측정하여 관측점의 위치를 계산한다.
② L_1주파의 위상(L_1 Carrier Phase) 측정자료로 이용 정수파수의 정수치(Integer Number)를 구함으로써 mm 또는 cm 정도의 정밀한 기선벡터를 계산할 수 있다.

③ L_1주파의 위상(L_1 Carrier Phase) 측점자료만으로 전리층 오차를 보정할 수 있다.
④ L_1, L_2 2주파의 위상측정자료를 이용하면 L_1 1주파만 이용할 때보다 정수파수의 정수치(Integer Number)를 정확히 얻을 수 있다.

해설

2개의 주파수로 방송되는 이유는 위성궤도와 지표면 중간에 있는 전리층의 영향을 보정하기 위함이다.

08 다음 중 GPS의 구성체계에 포함되지 않는 부분은? 13①기

① 우주 부문 ② 사용자 부문
③ 제어 부문 ④ 탐사 부문

해설

GPS의 구성요소
• 우주 부문
• 제어 부문
• 사용자 부문

09 GPS 측량방법 중 후처리 방식이 아닌 것은? 13②기

① Statric 방법
② Kinematic 방법
③ Pseudo-Kinematic 방법
④ Real-Time Kinematic 방법

해설

GPS 측량방법
• 후처리방법 : 정적간섭측위(Static Survey), 키네마틱 측위(Kinematic Survey)
• 실시간 처리방법 : RTK 측위법(Real-Time Kinematic Survey)

정답　05 ①　06 ②　07 ③　08 ④　09 ④

10 GPS 측량에서 사이클슬립(Cycle Slip)의 주된 원인은? 13②기

① 높은 위성의 고도
② 높은 신호강도
③ 낮은 신호잡음
④ 지형 · 지물에 의한 신호단절

●해설

사이클 슬립(Cycle Slip)
사이클 슬립은 GPS 반송파위상 추적회로에서 반송파위상치의 값을 순간적으로 놓침으로 인해 발생하는 오차, 사이클 슬립은 반송파 위상데이터를 사용하는 정밀위치측정분야에서는 매우 큰 영향을 미칠 수 있으므로 사이클 슬립의 검출은 매우 중요하다.

원인	• GPS 안테나 주위의 지형 · 지물에 의한 신호단절 • 높은 신호 잡음 • 낮은 신호 강도 • 낮은 위성의 고도각 • 사이클 슬립은 이동측량에서 많이 발생
처리	• 수신회로의 특성에 의해 파장의 정수배만큼 점프하는 특성 • 데이터 전처리 단계에서 사이클 슬립을 발견, 편집 가능 • 기선해석 소프트웨어에서 자동처리

11 위성측량에서 GPS에 의하여 위치를 결정하는 기하학적인 원리는? 14①기

① 위성에 의한 평균계산법
② 무선항법에 의한 후방교회법
③ 수신기에 의하여 처리하는 자료해석법
④ GPS에 의한 폐합 도선법

●해설

GPS 측량은 위치가 알려진 다수의 위성을 기지점으로 하여 수신기를 설치한 미지점의 위치를 결정하는 후방교회법(Resection Method)에 의한 측량방법이다.

12 GPS에서 이중차분법(Double Differencing)에 대한 설명으로 옳은 것은? 14②기

① 이중차는 2개의 단일차의 합이다.
② 이중차는 여러 에포크에서 2개의 수신기로 추적되는 1개의 위성을 포함한다.
③ 이중차는 여러 에포크에서 1개의 수신기로 추적되는 2개의 위성을 포함한다.
④ 동시에 2개 위성을 추적하는 2개의 수신기는 이중차 관측이다.

●해설

이중차(이중위상차, Double Phase Difference)
• 2개의 위성을 2개의 수신기를 이용하여 관측한 반송파의 위상차를 말한다.
• 위성 간 혹은 수신기 간 일중위상차의 차를 구하여 위성시계오차와 수신기시계오차를 동시에 소거한다.
• 일반적으로 기선 해석 시 이중위상차를 이용한다.

13 GPS를 구성하는 위성의 궤도 주기로 옳은 것은? 14②기

① 약 6시간   ② 약 12시간
③ 약 18시간   ④ 약 24시간

●해설

• GPS 측위기술이 발달됨에 따라 세계 공통의 경도, 위도를 정의하게 되어 전 세계적으로 공통의 측지계 사용이 가능한 지구 질량의 중심점을 좌표계의 원점으로 정해 전 세계에 하나의 통일된 좌표계(기준계)를 사용한다.
• 관측점좌표(X, Y, Z)와 시간(T)의 4차원 좌표 결정방식으로 4개 이상의 위성에서 전파를 수신하여 관측점의 위치를 구한다.
• L_1파와 L_2파 2개의 주파수로 방송되는 이유는 위성궤도와 지표면 중간에 있는 전리층의 영향을 보정하기 위함이다.
• 궤도주기는 약 11시간 58분이다.(약 0.5항성일이다.)

14 GPS 시스템의 구성요소에 해당되지 않는 것은? 14③기

① 위성에 대한 우주 부문
② 지상관제소에서의 제어 부문
③ 경영활동을 위한 영업 부문
④ 측량용 수신기에 대한 사용자 부문

정답 10 ④ 11 ② 12 ④ 13 ② 14 ③

③ 지상측량 및 측지측량기준망 설정
④ 지형공간정보 및 시설물 관리

해설

터널 내 중심선 측량은 GPS의 직접적인 활용분야와 거리가 멀다.

17 위성과 수신기 사이의 의사거리를 구하는 데 보정되는 오차로 옳지 않은 것은? 14③기

① 전리층오차 　② 위성시계오차

③ 대기오차 　④ 상대오차

해설

문제 04번 해설 참고

18 GPS의 오차요인 중에서 DGPS 기법으로 상쇄되는 오차가 아닌 것은?

① 위성의 궤도 정보 오차
② 전리층에 의한 신호지연
③ 대류권에 의한 신호지연
④ 전파의 혼신

해설

정확도 개선 원리
DGPS를 적용하면 정확도가 좋아지는 이유는 기지점과 미지점에서 측정한 결과로부터 공통오차를 상쇄시킬 수 있기 때문이다.
상쇄되는 오차는
• GPS위성의 궤도 정보 오차
• 전리층에 의한 신호지연
• 대류권에 의한 신호지연
• SA에 의해 코드에 부영된 오차(2000년 이전)

19 GPS측량에서 C/A 코드에 인위적으로 궤도오차 및 시계오차를 추가하여 민간 사용의 정확도를 저하시켰던 정책은?

① DoD 　② SA
③ DSCS 　④ MCS

해설

GPS 시스템의 구성요소

1. 우주 부문(Space Segment)
• 연속적 다중위치 결정체계
• GPS는 55° 궤도 경사각, 위도 60°의 6개 궤도
• 고도 20,183km에서 약 12시간 주기로 운행
• 3차원 후방교회법으로 위치 결정

2. 제어부문(Control Segment)
• 궤도와 시각 결정을 위한 위성의 추척
• 전리층 및 대류층의 주기적 모형화(방송궤도력)
• 위성시간의 동일화
• 위성으로의 자료 전송

3. 사용자부문(User Segment)
• 위성으로부터 보내진 전파를 수신해 원하는 위치
• 또는 두 점 사이의 거리를 계산

15 GPS 관측에 대한 설명으로 옳지 않은 것은? 15①기

① C/A코드 및 P코드로 의사거리를 관측하여 관측점의 위치를 계산한다.
② L_1 주파의 위상(L_1 Carrier Phase) 관측자료를 이용, 정수파수의 정수치(Integer Number)를 구함으로써 mm 또는 cm 정도의 정밀한 기선 벡터를 계산할 수 있다.
③ L_1 주파의 위상(L_1 Carrier Phase) 관측자료만으로 전리층 오차를 보정할 수 있다.
④ L_1, L_2 2주파의 위상관측자료를 이용하면 L_1주파만 이용할 때보다 정수파수의 정수치(Integer Number)를 정확히 얻을 수 있다.

해설

문제 07번 해설 참고

16 GPS의 직접적인 활용분야와 가장 거리가 먼 것은? 15②기

① 긴급구조 및 방재
② 터널 내 중심선 측량

해설

선택적 가용성에 따른 오차
(SA ; Selective AbaiIability/AS ; Anti-Spoofing)
미국방성의 정책적 판단에 의해 인위적으로 GPS 측량의정확
도를 저하시키기 위한 조치로 위성의시각정보 및 궤도정보 등
에 임의의 오차를 부여하거나 송신·신호형태를 임의 변경하
는 것을 SA라 하며, 군사적목적으로 P코드를 암호하는 것을
AS라 한다.

SA의 해제	2000년 5월 1일 해제
AS(Anti Spoofing : 코드의 암호화, 신호차단)	군사목적의 P코드를 적의교란으로부터 방지하기 위하여 암호화시키는 기법

20 GNSS 반송파 상대측위기법에 대한 설명 중 옳지 않은 것은?

① 전파의 위상차를 관측하는 방식으로서 정밀측량에
주로 사용된다.
② 오차 보정을 위하여 단일차분, 이중차분, 삼중차분
의 기법을 적용할 수 있다.
③ 기준국 없이 수신기 1대를 사용하여 모호 정수를 구
한 뒤 측위를 실시한다.
④ 위성과 수신기간 전파의 파장 개수를 측정하여 거리
를 계산한다.

해설

반송파 신호측정방식

의의	위성에서 보낸 파장과 지상에서 수신된 파장의 위상차를 관측하여 거리를 계산한다.
특징	• 반송파신호측정방식은 일명 간섭측위라 하여 전파의 위상차를 관측하는 방식인데 수신기에 마지막으로 수신되는 파장의 위상을 정확히 알 수 없으므로 이를 모호정수(Ambiguity) 또는 정수치편기(bias)라고 한다. • 본방식은 위상차를 정확히 계산하는 방법이 매우 중요한데 그 방법으로 1중차, 2중차, 3중차의 단계를 거친다. • 일반적으로 수신기 1 대만으로는 정확한 Ambiguity를 결정할수 없으며, 최소 2대 이상의 수신기로부터 정확한 위상차를 관측한다. • 후처리용 정밀기준점 측량 및 RTK법과 같은 실시간 이동측량에 사용된다.

21 GNSS 측량 시 고려해야 할 사항에 대한 설명으로 옳지 않은 것은?

① 3차원 위치결정을 위해서는 4개 이상의 위성신호를
관측하여야 한다.
② 임계 고도각(앙각)은 15° 이상을 유지하는 것이 좋다.
③ DOP 값이 3 이하인 경우는 관측을 하지 않는 것이
좋다.
④ 철탑이나 대형 구조물, 고압선의 아래 지점에서는
관측을 피하여야 한다.

해설

GPS에 의한 기준점 측량 작업규정 제12조(관측의 실시)
GPS 측량은 다음과 같은 관측 조건으로 실시한다.

22 GPS 위성의 신호 구성요소가 아닌 것은?

15③산

① P 코드　　　　　② C/A 코드
③ RINEX　　　　　④ 항법메시지

해설

GPS 신호

신호	구분	내용
반송파 (Carrier)	L₁	• 주파수 1,575.42MHz(154×10.23MHz), 파장 19cm • C/A code와 P code 변조 가능
	L₂	• 주파수 1,227.60MHz(120×10.23MHz), 파장 24cm • P code만 변조 가능
코드 (Code)	P code	• 반복주기 7일인 PRN code(Pseudo Random Noise code) • 주파수 10.23MHz, 파장 30m(29.3m)
	C/A code	• 반복주기 : 1ms(milli-second)로 1.023Mbps로 구성된 PPN code • 주파수 1.023MHz, 파장 300m(293m)
Navigation Message		GPS위성의 궤도, 시간, 기타 System Parameter 들을 포함하는 Data bit 측위계산에 필요한 정보 • 위성 탑재 원자시계 및 전리층 보정을 위한 Para-meter 값 • 위성궤도정보 • 타 위성의 항법메시지 등을 포함

신호	내용
Navigation Message	위성궤도정보에는 평균근점각, 이심률, 궤도장 반경, 승교점직경, 궤도경사각, 근지점 인수 등 기본적인 량 및 보정항이 포함

23 사이클 슬립(Cycle Slip)의 발생 원인이 아닌 것은?

① 장애물에 의해 위성신호의 수신이 방해를 받은 경우
② 전리층 상태의 불량으로 낮은 신호-잡음비가 발생하는 경우
③ 단일주파수 수신기를 사용하는 경우
④ 수신기에 급격한 이동이 있는 경우

◉해설

문제 10번 해설 참고

24 위성의 배치에 따른 정확도의 영향을 DOP라는 수치로 나타낸다. DOP의 종류에 대한 설명으로 옳지 않은 것은? 16②산

① GDOP : 중력 정확도 저하율
② VDOP : 수직 정확도 저하율
③ HDOP : 수평 정확도 저하율
④ TDOP : 시각 정확도 저하율

◉해설

문제 47번 해설 참고

25 GNSS 측량으로 측점의 타원체고(h) 15m를 관측하였다. 동일 지점의 지오이드고(N)가 5m일 때, (정)표고는? 16②산

① 10m
② 15m
③ 20m
④ 75m

◉해설

정표고=타원체고-지오이드고
$\quad$ =15-5=10m

26 기종이 서로 다른 GPS 수신기를 혼용하여 기준망 측량을 실시하였을 때, 획득한 GPS 관측데이터의 기선해석을 용이하도록 만든 GPS 데이터 표준자료형식은? 16②산

① DXF
② RTCM
③ NMEA
④ RINEX

◉해설

RINEX는 기종이 서로 다른 GPS 수신기를 혼용하여 기준망 측량을 실시하였을 때, 획득한 GPS 관측데이터의 기선해석을 용이하도록 만든 GPS 데이터 표준자료형식으로 1996년부터 GPS의 공통포맷으로 사용하고 있다. 여기서 만들어지는 공통적인 자료로는 의사거리, 위상자료, 도플러자료 등이다.

27 정확한 위치에 기준국을 두고 GPS 위성신호를 받아 기준국 주위에서 움직이는 사용자에게 위성신호를 넘겨주어 정확한 위치를 계산하는 방법은? 12①산

① DOP
② DGPS
③ SPS
④ S/A

◉해설

DGPS는 이미 알고 있는 기지점 좌표를 이용하여 오차를 최대한 줄여서 이용하기 위한 상대측위방식의 위치결정방식으로 기지점에 기준국용 GPS 수신기를 설치하고 위성을 관측하여 각 위성의 의사거리 보정값을 구한 뒤 이를 이용하여 이동국용 GPS 수신기의 위치결정 오차를 개선하는 위치결정형태이다.

28 GPS 측량에서 의사거리 결정에 영향을 주는 오차의 원인으로 가장 거리가 먼 것은? 12①산

① 위성의 궤도오차
② 위성의 시계오차
③ 안테나의 구심오차
④ 지상의 기상오차

◉해설

GPS 측량의 오차는 위성의 시계오차, 위성의 궤도오차, 대기 조건에 의한 오차, 수신기오차 순으로 그 중요성이 요구된다.
GPS의 구조적인 오차
• 대기층 지연오차 • 위성의 궤도오차
• 위성의 시계오차 • 전파적 잡음, 다중경로오차

정답 23 ③ 24 ① 25 ① 26 ④ 27 ② 28 ④

29 지적삼각점의 신설을 위한 가장 적합한 GPS 측량방법은? 12①산

① 정지측량방식(Static)
② DGPS(Differential GPS)
③ Stop & Go 방식
④ RTK(Real Time Kinematic)

● 해설

정지측량(Static Survey)
• 가장 일반적인 방법으로 하나의 GPS기선을 두 개의 수신기로 측정하는 방법이다.
• 측점 간의 좌표 차이는 WGS84 지심좌표계에 기초한 3차원 X, Y, Z를 사용하여 계산되며, 지역 좌표계에 맞추기 위하여 변환하여야 한다.
• 수신기 중 한 대는 기지점에 설치, 나머지 한 대는 미지점에 설치하여 위성신호를 동시에 수신하여야 하는데 관측시간은 관측조건과 요구 정밀도에 달려 있다.
• 관측시간이 최저 45분 이상 소요되고 10km ± 2ppm 정도의 측량정밀도를 가지고 있으며 적어도 4개 이상의 관측위성이 동시에 관측될 수 있어야 한다.
• 장거리 기선장의 정밀측량 및 기준점 측량에 주로 이용된다.
• 정지측량에서는 반송파의 위상을 이용하여 관측점 간의 기선벡터를 계산한다.
• 장시간의 관측을 하여야 하며 장거리 정밀측정에 정확도가 높고 효과적이다.

30 위성신호를 연속적으로 받지 못하는 것으로 신호의 점프 또는 신호의 단절이라 하는 것은? 12②산

① Selective Availability
② Dilution of Precision
③ Anti Spoofing
④ Cycle Slip

● 해설

문제 10번 해설 참고

31 GPS의 자료 교환에 사용되는 표준형식으로 서로 다른 기종 간의 기선해석이 가능하도록 한 것은? 12②산

① RINEX   ② SDTS
③ DXF   ④ IGES

● 해설

GPS로 관측된 자료의 처리 S/W는 장비마다 다르므로 이를 호환하여 사용이 가능하도록 RINEX라는 명칭의 프로그램이 개발되었다.

32 GPS에서 PDOP와 가장 밀접한 관계가 있는 것은? 12③산

① 위성의 배치   ② 지상 수신기
③ 선택적 이용성   ④ 전리층 영향

● 해설

문제 47번 해설 참고

33 GPS 측량에 의한 위치결정 시 최소 4대 이상의 위성에서 동시 관측해야 하는 이유로 옳은 것은? 12③산

① 수신기의 위치와 궤도오차를 구하기 위하여
② 수신기 위치와 다중경로오차를 구하기 위하여
③ 수신기 위치와 시계오차를 구하기 위하여
④ 수신기 위치와 전리층오차를 구하기 위하여

● 해설

GPS 측량은 위성에서 발사한 코드와 수신기에서 미리 복사된 코드를 비교하여 두 코드가 완전히 일치할 때까지 걸리는 시간을 관측하여 여기에 전파속도를 곱하여 거리를 구하는데 여기에는 시간오차가 포함되어 있으므로 4개 이상의 위성을 관측하여 원하는 수신기의 위치와 시각동기오차를 결정하고 항법, 근사적인 위치결정, 실시간 위치결정 등에 이용된다.

34 우주부분에 대한 설명으로 옳지 않은 것은?

12③산

① 각 궤도에는 4개의 위성과 예비 위성으로 운영되고 있다.
② 위성은 0.5항성일 주기로 지구 주위를 돌고 있다.
③ 위성은 모두 6개의 궤도로 구성되어 있다.
④ 위성은 고도 약 1000km의 상공에 있다.

◀해설▶

우주부문은 24개의 위성과 3개의 예비위성으로 구성되어 전파신호를 보내는 역할을 담당한다. GPS위성은 적도면과 55°의 궤도경사를 이루는 6개의 궤도면으로 이루어져 있으며 궤도 간 이격은 60°이다. 고도는 약 20,200km(장반경 26,000km)에서 궤도면에 4개의 위성이 배치하고 있다. 공전주기를 11시간 58분으로 하여 위성이 하루에 지구를 두 번씩 돌도록 하여 지상의 어느 위치에서나 항상 동시에 5개에서 최대 8개까지 위성을 볼 수 있도록 하기 위해 배치되어 있다.

35 GPS 측량을 위한 관측계획을 세울 때 유의할 사항에 해당하지 않는 것은?

13①산

① 측정점 간의 시통은 잘 되는가?
② 측정점에서 공중에 대한 시야는 확보되어 있는가?
③ 측정시간대의 인공위성 배치는 양호한가?
④ 측정점 가까이 강한 전파를 발사하는 송신탑이나 고압선은 없는가?

◀해설▶

• 고도각은 원칙적으로 15° 이상일 것
• 위성의 작동 상태가 정상일 것
• 동시 수신 위성수는 4개 이상일 것
• 측정점 가까이 강한 전파를 발사하는 송신탑이나 고압선은 피한다.

36 GPS측량의 반송파 위상측정에서 일반적으로 고려하지 않는 사항은?

13①산

① 위성시계의 오차
② 측점에서의 시계오차
③ 측점에서의 기상조건
④ 대류권과 이온층에서의 신호전파의 영향

◀해설▶

GPS측량의 반송파 위상측정에서 일반적으로 고려할 사항
• 위성시계의 오차
• 측점에서의 시계오차
• 위성의 궤도오차
• 대류권과 이온층에서의 신호전파의 영향
• 전파적 잡음
• 다중경로 오차

37 GPS 측량의 관측과 관련하여 불필요한 사항은?

13②산

① 관측 시의 온도는 반드시 측정하여 기록한다.
② 관측 개시 후 문제가 발생하였을 경우 상대측점에 즉시 연락을 취한다.
③ 측정점 선정에서 그 주위에 송신탑이나 고압선이 있는 곳은 피한다.
④ 작업 전에 배터리는 충분하게 충전하여 작업에 지장이 없도록 한다.

◀해설▶

선점 및 관측
1. 소구점 선점
   소구점은 인위적인 전파장애, 지형·지물 등의 영향을 받지 않도록 다음 각호의 장소를 피하여 선점하여야 한다.
   • 건물 내부, 산림 속, 고층건물이 밀집한 시가지, 교량 아래 등 상공시계 확보가 어려운 곳
   • 초고압송전선, 고속철도 등의 전차경로 등 전기불꽃의 영향을 받는 곳
   • 레이더안테나, TV탑, 방송국, 우주통신국 등 강력한 전파의 영향을 받는 곳
   • 관측망은 기지점과 소구점이 폐합다각형이 되도록 구성하여야 한다.

2. 관측 시 위성의 조건과 주의사항

위성의 조건	• 관측점으로부터 위성에 대한 고도각이 15° 이상에 위치할 것 • 위성의 작동상태가 정상일 것 • 관측점에서 동시에 수신 가능한 위성수는 정지측량에 의하는 경우에는 4개 이상, 이동측량에 의하는 경우에는 5개 이상일 것
주의 사항	• 안테나 주위의 10미터 이내에는 자동차 등의 접근을 피할 것 • 관측 중에는 무전기 등 전파발신기의 사용을 금한다. 다만, 부득이한 경우에는 안테나로부터 100미터 이상의 거리에서 사용할 것 • 발전기를 사용하는 경우에는 안테나로부터 20미터 이상 떨어진 곳에서 사용할 것 • 관측 중에는 수신기 표시장치 등을 통하여 관측상태를 수시로 확인하고 이상 발생 시에는 재관측을 실시할 것

38 GPS에 이용되는 좌표체계인 WGS 84의 원점은?

13②산

① 평균해수면
② 평균최고만조면
③ 지구질량중심
④ 지오이드면

해설

공간정보의 구축 및 관리 등에 관한 법률 시행령 제7조(세계측지계 등)

① 법 제6조제1항에 따른 세계측지계(世界測地系)는 지구를 편평한 회전타원체로 상정하여 실시하는 위치측정의 기준으로서 다음 각 호의 요건을 갖춘 것을 말한다.
  1. 회전타원체의 장반경(張半徑) 및 편평률(扁平率)은 다음 각 목과 같을 것
    ㉮ 장반경 : 6,378,137미터
    ㉯ 편평률 : 298.257222101분의 1
  2. 회전타원체의 중심이 지구의 질량중심과 일치할 것
  3. 회전타원체의 단축(短軸)이 지구의 자전축과 일치할 것

39 GPS의 제어부분에 대한 설명으로 옳지 않은 것은?

13③산

① GPS 위성과 궤도정보를 송신한다.
② GPS 위성 관제국은 5개의 감시국(Monitor Station)과 주 관제국 1개소 등으로 구성된다.

③ GPS 위성의 유지 관리가 이루어지는 부분이다.
④ 위성으로부터 수신된 신호로부터 수신기 위치를 결정하며, 이를 위한 다양한 장치를 포함한다.

해설

제어부문

구성	1개의 주제어국, 5개의 추적국 및 3개의 지상안테나 (Up Link 안테나 : 전송국)
기능	• 주제어국 : 추적국에서 전송된 정보를 사용하여 궤도요소를 분석한 후 신규궤도요소, 시계보정, 항법메시지 및 컨트롤명령정보, 전리층 및 대류층의 주기적 모형화 등을 지상안테나를 통해 위성으로 전송함 • 추적국 : GPS 위성의 신호를 수신하고 위성의 추적 및 작동상태를 감독하여 위성에 대한 정보를 주제어국으로 전송함 • 전송국 : 주관제소에서 계산된 결과치로서 시각보정값, 궤도보정치를 사용자에게 전달할 메시지 등을 위성에 송신하는 역할

	• 주제어국 : 콜로라도 스프링스(Colorado Springs) – 미국 콜로라도주
	• 추적국 : 어센션섬(Ascension Is) – 대서양
	  : 디에고 가르시아(Diego Garcia) – 인도양
	  : 크와자레인섬(Kwajalein Is) – 태평양
	  : 하와이(Hawaii) – 태평양
	• 3개의 지상안테나 (전송국) : 갱신자료 송신

40 GPS 측량에서 이동국 수신기를 설치하는 순간 그 지점의 보정 데이터를 기지국에 송신하여 상대적인 방법으로 위치를 결정하는 방법은?

14①산

① Static 방법
② Kinematic 방법
③ Pseudo–Kinematic 방법
④ Real Time Kinematic 방법

해설

1. 정지측량(Static Surveying)
  정지측량은 2대 이상의 GPS 수신기를 이용하여 1대는 고정점에, 다른 1대는 미지점에 동시에 수신기를 설치하여 관측하는 기법이다.
  • 3대 이상의 수신기를 이용하여 기지점과 미지점을 동시에 관측한다.(세션 관측)
  • 각 수신기의 데이터 수신시간은 최소 30분 이상 관측한다.
  • 정밀 기준점측량에 사용하며, 오차의 크기는 수 cm 정도이다.

정답 38 ③ 39 ④ 40 ④

2. 신속 정지측량(Rapid Static Surveying)
- 2주파 수신기를 이용하며 정지측량과 같은 방식으로 관측시간은 5~10분 정도로서 짧은 시간에 위치측정이 가능하다.
- 일반적으로 저급의 기준점측량에 사용한다.

3. 이동측량(Kinematic Surveying)
정지측량의 관측에 소요되는 긴 시간을 해결하기 위하여 2대 이상의 GPS수신기를 이용하여 한 대는 고정점에, 다른 한 대는 미지점을 옮겨가며 방사형으로 관측하는 기법이며 Stop And Go방식이라고도 한다.
- 2대 이상의 수신기를 이용하여 기지점과 미지점을 관측한다.
- 각 수신기의 데이터 수신은 수분, 수초 관측한다.
- 정확도가 수 cm 정도로서 기본 설계측량 등 비교적 정밀도가 낮은 기준점측량이나 지형측량에 사용한다.

4. 실시간 이동측량(RTK ; Realtime Kinematic Surveying)
- 2대 이상의 GPS 수신기를 이용하여 한 대는 고정점에, 다른 한 대는 이동국인 미지점에 동시에 수신기를 설치하여 관측하는 기법이다.
- 이동국에서 위성에 의한 관측치와 기준국으로부터의 위치보정량을 실시간으로 계산하여 관측장소에서 바로 위치값을 결정한다.
- 허용오차를 수 cm 정도 얻을 수 있다.

41 GPS 측량의 특징에 대한 설명으로 틀린 것은?
14①산

① 기상상태와 관계없이 신호의 수신이 가능하다.
② 하루 24시간 어느 시간에서나 이용이 가능하다.
③ 측량거리에 비하여 상대적으로 높은 정확도를 지니고 있다.
④ 열대우림지방과 시가지 고층건물이 있는 지역은 관측에 적합하다.

● 해설

GPS 측량시스템은 인공위성을 이용한 범지구위치측정시스템으로 정확한 위치를 알고 있는 위성에서 발사한 전파를 수신하여 관측점까지 소요시간을 측정하여 위치를 구하며 GPS의 특징은 다음과 같다.
- 기상상태와 관계없이 관측의 수행이 가능하다.
- 지형여건과 관계없으며, 또한 측점 간 상호 시통이 되지 않아도 관계없다.
- 관측작업이 신속하게 이루어진다.
- 측점에서 모든 데이터 취득이 가능해진다.

42 GPS 측량의 특성에 대한 설명으로 틀린 것은?
14②산

① 측점 간 시통이 요구된다.
② 야간 관측이 가능하다.
③ 날씨에 영향을 거의 받지 않는다.
④ 전리층 영향에 대한 보정이 필요하다.

● 해설

GPS의 장점
- 주·야간 및 기상상태와 관계없이 관측이 가능하다.
- 기준점 간 시통이 되지 않는 장거리 측량이 가능하다.
- 측량의 소요시간이 기존 방법보다 효율적이다.
- 관측의 정밀도가 높다.

43 GPS 측량에서 발생하는 오차가 아닌 것은?
14②산

① 위성시계오차 ② 위성궤도오차
③ 대기권 굴절오차 ④ 시차(視差)

● 해설

GPS 구조적 원인에 의한 오차
1. 위성시계오차
- 위성에 장착된 정밀한 원자시계의 미세한 오차
- 위성시계오차로서 잘못된 시간에 신호를 송신함으로써 오차발생
2. 위성궤도오차
- 항법메시지에 의한 예상궤도, 실제궤도의 불일치
- 위성의 예상위치를 사용하는 실시간 위치결정에 의한 영향
3. 전리층과 대류권의 전파지연
- 전리층 : 지표면에서 70~1,000km 사이의 충전된 입자들이 포함된 층
- 대류권 : 지표면상 10km까지 이르는 것으로 지구의 기후형태에 의한 층
- 전리층, 대류권에서 위성신호의 전파속도 지연과 경로의 굴절오차
4. 수신기에서 발생하는 오차
  ㉠ 전파적 잡음 : 한정되어 있는 시간 차이를 측정하는 GPS 수신기의 능력과 관련된 다양한 오차를 포함한다.
  ㉡ 다중경로오차 : GPS 위성으로부터 직접 수신된 전파 이외에 부가적으로 주위의 지형, 지물에 의한 반사된 전파로 인해 발생하는 오차

- 다중경로는 보통 금속제 건물, 구조물과 같은 커다란 반사적 표면이 있을 때 일어난다.
- 다중경로의 결과로서 수신된 GPS의 신호는 처리될 때 GPS 위치의 부정확성을 제공한다.

44 GPS 측량에서 제어부문에서의 주임무로 틀린 것은?   14③산

① 위성시각의 동기화
② 위성으로의 자료전송
③ 위성의 궤도 모니터링
④ 신호정보를 이용한 위치결정 및 시각 비교

▶해설

제어부문

구성	1개의 주제어국, 5개의 추적국 및 3개의 지상안테나 (Up Link 안테나 : 전송국)
기능	• 주제어국 : 추적국에서 전송된 정보를 사용하여 궤도요소를 분석한 후 신규궤도요소, 시계보정, 항법메시지 및 컨트롤명령정보, 전리층 및 대류층의 주기적 모형화 등을 지상안테나를 통해 위성으로 전송함 • 추적국 : GPS 위성의 신호를 수신하고 위성의 추적 및 작동상태를 감독하여 위성에 대한 정보를 주제어국으로 전송함 • 전송국 : 주관제소에서 계산된 결과치로서 시각보정값, 궤도보정치를 사용자에게 전달할 메시지 등을 위성에 송신하는 역할

	• 주제어국 : 콜로라도 스프링스(Colorado Springs) – 미국 콜로라도주
	• 추적국 : 어센션섬(Ascension Is) – 대서양
	  : 디에고 가르시아(Diego Garcia) – 인도양
	  : 크와자레인섬(Kwajalein Is) – 태평양
	  : 하와이(Hawaii) – 태평양
	• 3개의 지상안테나 (전송국) : 갱신자료 송신

45 GPS 측량에서 사용하고 있는 측지 기준계로 옳은 것은?   14③산

① WGS72   ② WGS84
③ Bessel 1841   ④ Hayford 1924

▶해설

GPS 위성궤도

- 궤도 : 대략 원궤도
- 궤도 수 : 6개
- 위성 수 : 24대
- 궤도경사각 : 56°
- 높이 : 20,000km
- 사용좌표계 : WGS-84

46 GPS측량을 위해 위성에서 발사하는 신호 요소가 아닌 것은?   15①산

① 반송파(Carrier)   ② P-코드
③ C/A-코드   ④ 키네마틱(Kinematic)

▶해설

신호	구분	내용
반송파 (Carrier)	L_1	• 주파수 1,575.42MHz(154×10.23MHz), 파장 19cm • C/A code와 P code 변조 가능
	L_2	• 주파수 1,227.60MHz(120×10.23MHz), 파장 24cm • P code만 변조 가능
코드 (Code)	P code	• 반복주기 7일인 PRN code(Pseudo Random Noise code) • 주파수 10.23MHz, 파장 30m(29.3m)
	C/A code	• 반복주기 : 1ms(milli-second)로 1,023 Mbps로 구성된 PPN code • 주파수 1.023MHz, 파장 300m(293m)

47 GPS 측량에서 GDOP에 관한 설명으로 옳은 것은? 15①산

① 위성의 수치적인 평면의 함수 값이다.
② 수신기의 기하학적인 높이의 함수 값이다.
③ 위성의 신호 강도와 관련된 오차로서 그 값이 크면 정밀도가 낮다.
④ 위성의 기하학적인 배열과 관련된 함수 값이다.

해설

정밀도 저하율(DOP ; Dilution of Precision)
GPS 관측지역의 상공을 지나는 위성의 기하학적 배치상태에 따라 측위의 정확도가 달라지는데 이를 DOP(Dilution of Precision)이라 한다(정밀도 저하율).

종류	• GDOP : 기하학적 정밀도 저하율 • PDOP : 위치 정밀도 저하율 • HDOP : 수평 정밀도 저하율 • VDOP : 수직 정밀도 저하율 • RDOP : 상대 정밀도 저하율 • TDOP : 시간 정밀도 저하율
특징	• 3차원 위치의 정확도는 PDOP에 따라 달라지는데 PDOP은 4개의 관측위성들이 이루는 사면체의 체적이 최대일 때 가장 정확도가 좋으며 이때는 관측자의 머리 위에 다른 3개의 위성이 각각 120°를 이룰 때이다. • DOP은 값이 작을수록 정확한데 1이 가장 정확하고 5까지는 실용상 지장이 없다.

48 GPS 측량에서 지적기준점 측량과 같이 높은 정밀도를 필요로 할 때 사용하는 관측방법은? 15②산

① 실시간 키네마틱(Realtime Kinematic) 관측
② 키네마틱(Kinematic) 측량
③ 스태틱(Static) 측량
④ 1점 측위관측

해설

문제 29번 해설 참고

49 GPS의 활용분야가 아닌 것은? 15③산

① 측지측량의 기준망 설치
② 시설물의 유지관리
③ 선박의 운항 체계
④ 지상의 온도 관측

해설

GPS의 활용
• 측지측량 분야
• 해상측량 분야
• 교통분야
• 지도제작분야(GPS-VAN)
• 항공 분야
• 우주 분야
• 레저 스포츠 분야
• 군사용
• GSIS의 DB구축
• 기타 : 구조물 변위 계측, GPS를 시각동기장치로 이용 등

정답 47 ④ 48 ③ 49 ④

CHAPTER 03 수준측량

수준측량의 정의 및 용어

3.1.1 정의

수준측량(Leveling)이란 지구상에 있는 여러 점들 사이의 고저차를 관측하는 것으로 고저측량이라고도 한다.

3.1.2 용어 설명

수직선 (Vertical line)	지표 위 어느 점으로부터 지구의 중심에 이르는 선. 즉, 타원체면에 수직한 선으로 삼각(트래버스)측량에 이용된다.
연직선 (Plumb line)	천체 측량에 의한 측지좌표의 결정은 지오이드면에 수직한 연직선을 기준으로 하여 얻어진다.
수평면 (Level surface)	모든 점에서 연직방향과 수직인 면으로 수평면은 곡면이며 회전타원체와 유사하다. 정지하고 있는 해수면 또는 지오이드면은 수평면의 좋은 예이다.
수평선(Level line)	수평면 안에 있는 하나의 선으로 곡선을 이룬다.
지평면 (Horizontal plane)	어느 점에서 수평면에 접하는 평면 또는 연직선에 직교하는 평면
지평선 (Horizontal Line)	지평면 위에 있는 한 선을 말하며 지평선은 어느 한 점에서 수평선과 접하는 직선이며 연직선과 직교한다.
기준면 (Datum)	표고의 기준이 되는 수평면을 기준면이라 하며 표고는 0으로 정한다. 기준면은 계산을 위한 가상면이며 평균해면을 기준면으로 한다.
평균해면 (Mean Sea Level)	여러 해 동안 관측한 해수면의 평균값

지오이드(Geoid)	평균해수면으로 전 지구를 덮었다고 가정한 곡면
수준원점(OBM ; Original Bench Mark)	수준측량의 기준이 되는 기준면으로부터 정확한 높이를 측정하여 기준이 되는 점
수준점 (BM ; Bench Mark)	수준원점을 기점으로 하여 전국 주요지점에 수준표석을 설치한 점 ① 1등 수준점 : 4km마다 설치 ② 2등 수준점 : 2 km마다 설치
표고(Elevation)	국가 수준기준면으로부터 그 점까지의 연직거리
전시(Fore Sight)	표고를 알고자 하는 점(미지점)에 세운 표척의 읽음 값
후시(Back Sight)	표고를 알고 있는 점(기지점)에 세운 표척의 읽음 값
기계고 (Instrument Height)	기준면에서 망원경 시준선까지의 높이
이기점(Turning Point)	기계를 옮길 때 한 점에서 전시와 후시를 함께 취하는 점
중간점 (Intermediate Point)	표척을 세운 점의 표고만을 구하고자 전시만 취하는 점

┃ 직접수준측량의 원리 ① ┃

··· 3.2 수준측량의 분류

3.2.1 측량방법에 의한 분류

직접수준측량(Direct Leveling)		Level을 사용하여 두 점에 세운 표척의 눈금차로부터 직접고저차를 구하는 측량
간접수준측량 (Indirect Leveling)	삼각수준측량 (Trigonometrical Leveling)	두 점 간의 연직각과 수평거리 또는 경사거리를 측정하여 삼각법에 의하여 고저차를 구하는 측량
	스타디아수준측량 (Stadia Leveling)	스타디아측량으로 고저차를 구하는 방법

간접 수준측량 (Indirect Leveling)	기압수준측량 (Barometric Leveling)	기압계나 그 외의 물리적 방법으로 기압차에 따라 고저차를 구하는 방법
	공중사진수준측량 (Aerial Photographic Leveling)	공중사진의 실체시에 의하여 고저차를 구하는 방법
교호수준측량(Reciprocal Leveling)		하천이나 장애물 등이 있을 때 두 점 간의 고저차를 직접 또 는 간접으로 구하는 방법
약 수준측량(Approximate Leveling)		간단한 기구로서 고저차를 구하는 방법

3.2.2 목적에 의한 분류

고저수준측량(Differential Leveling)	두 점 간의 표고차를 직접 수준측량에 의하여 구한다.
종단수준측량(Profile Leveling)	도로, 철도 등의 중심선 측량과 같이 노선의 중심에 따라 각 측점의 표고차를 측정하여 종단면에 대한 지형의 형태를 알 고자 하는 측량
횡단수준측량(Cross Leveling)	종단선의 직각방향으로 고저차를 측량하여 횡단면도를 작성 하기 위한 측량

··3.3 직접수준측량

3.3.1 수준측량 방법

기계고(IH)		$IH = GH + BS$
지반고(GH)		$GH = IH - FS$
고저차 (H)	고차식	$H = \sum BS - \sum FS$
	기고식 승강식	$H = \sum BS - \sum TP$

‖ 직접수준측량의 원리 ② ‖

3.3.2 야장기입방법

고차식	가장 간단한 방법으로 B.S와 F.S만 있으면 된다.
기고식	가장 많이 사용하며, 중간점이 많을 경우 편리하나 완전한 검산을 할 수 없는 것이 결점이다.
승강식	완전한 검사로 정밀 측량에 적당하나, 중간점이 많으면 계산이 복잡하고, 시간과 비용이 많이 소요된다.

가. 고차식 야장기입법

이 야장기입법은 가장 간단한 것으로서 2단식이라고도 하며 후시(B.S)와 전시(F.S)의 난만 있으면 되기 때문에 고차 수준측량에 이용되며 측정이 끝난 다음에 후시의 합계와 전시의 합계의 차로서 고저차를 산출한다.

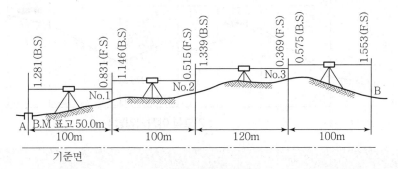

┃ 고차식 야장기입법 ┃

측점	후시(B.S)	전시(F.S)	지반고(G.H)	비고
A	1.281		50.0000	
No.1	1.146	0.831		
No.2	1.339	0.515		
No.3	0.575	0.369		
B		1.553	51.073	
계	4.341	3.268		

[검산]

$\Sigma B.S - \Sigma F.S =$ 지반고차

$\Delta H = \Sigma B.S - \Sigma F.S = 4.341 - 3.268 = 1.073$

$\Delta H = 50.000 - 51.073 = 1.073$ $\therefore O.K.$

나. 기고식 야장기입법

이 방법은 기지점의 표고에 그 점의 후시(B.S)를 더한 기계고(I.H)를 얻고 여기에서 표고를 알고자 하는 점의 전시(F.S)를 빼서 그 점의 표고를 얻는다. 단, 수준측량과 같이 중간점이 많은 경우에 편리하다.

① 후시가 있으면 그 측점에 기계고가 있다.
② 이기점(T.P)이 있으면 그 측점에 후시(B.S)가 있다.
③ 기계고(I.H)=G.H+B.S
④ 지반고(G.H)=I.H−F.S

▌기고식 야장기입법 ▌

측점	거리 D(m)	후시 (B.S)	기계고 (I.H)	전시(F.S) T.P	전시(F.S) I.P	지반고 (G.H)	비고
BM.		3.520	8.520			5.000	B.M=5m
No.1	20				1.700	6.820	
No.2	20				2.520	6.000	
No.2+5	5				2.250	6.270	
No.3	15	3.450	8.720	3.250		5.270	
No.4	20				1.750	6.970	
No.5	20			1.670		7.050	
계	100	6.970		4.920			

[검산]

$\sum B.S - \sum F.S(T.P) =$ 지반고차

$\Delta H = 6.970 - 4.920 = 2.05$

$\Delta H = 5.000 - 7.050 = 2.05 \quad \therefore O.K.$

다. 승강식 야장기입법

전시에서 후시를 뺀 값이 고저차가 되므로 승, 강의 난을 따로 만들어 B.S>F.S이면 +(승), B.S <F.S이면 −(강)난에 차를 기입한다.

승, 강의 총합을 구하면 전·후시의 읽음수의 차와 비교하여 계산 결과를 검사할 수 있고 임의의 점의 표고를 구하기에 편리하나 중간점이 많을 때에는 계산이 복잡해진다.

측점	거리 D(m)	후시 (B.S)	전시 (F.S)	승	강	지반고 (G.H)	비고
BM.A	20	1.281				50.000	
No.1	20	1.146	0.831	0.450		50.450	
No.2	20	1.339	0.515	0.631		51.081	
No.3	20	0.575	0.369	0.970		52.051	
B	20		1.553		0.978	51.073	
계		4.341	3.268	2.051	0.978		

[검산]

$\sum B.S - \sum F.S(T.P) = $ 지반고차 $= 4.341 - 3.268 = 1.073$

$\sum 승(T.P) - \sum 강 = $ 지반고차 $= 2.051 - 0.978 = 1.073 \quad \therefore O.K.$

3.3.3 전시와 후시의 거리를 같게 함으로써 제거되는 오차

① 레벨의 조정이 불완전(시준선이 기포관축과 평행하지 않을 때)할 때 발생하는 오차를 제거한다.
   (시준축오차 : 오차가 가장 크다.)
② 지구의 곡률오차(구차)와 빛의 굴절오차(기차)를 제거한다.
③ 초점나사를 움직이는 오차가 없으므로 그로 인해 생기는 오차를 제거한다.

3.3.4 직접수준측량의 주의사항

① 수준측량은 반드시 왕복측량을 원칙으로 하며, 노선은 다르게 한다.
② 정확도를 높이기 위하여 전시와 후시의 거리는 같게 한다.
③ 이기점(T. P)은 1mm까지, 그 밖의 점에서는 5mm 또는 1cm 단위까지 읽는 것이 보통이다.
④ 직접수준측량의 시준거리
   ㉠ 적당한 시준거리 : 40~60m(60m가 표준)
   ㉡ 최단거리는 3m이며, 최장거리는 100~180m 정도이다.

⑤ 눈금오차(영점오차) 발생 시 소거방법

　ⓐ 기계를 세운 표척이 짝수가 되도록 한다.

　ⓑ 이기점(T. P)이 홀수가 되도록 한다.

　ⓒ 출발점에 세운 표척을 도착점에 세운다.

▪▪▪ 3.4 간접수준측량

3.4.1 앨리데이드에 의한 수준측량

H_A : A점의 표고

H_B : B점의 표고

$H : \dfrac{n}{100}D$

I : 기계고

h : 시준고

기준면(±0m)

❚ 앨리데이드에 의한 수준측량 ❚

① $H_B = H_A + I + H - h$(전시인 경우)

② 두 지점의 고저차$(H_B - H_A) = I + H - h$(전시인 경우)

3.4.2 교호수준측량

전시와 후시를 같게 취하는 것이 원칙이나 2점 간에 강·호수·하천 등이 있으면 중앙에 기계를 세울 수 없을 때 양 지점에 세운 표척을 읽어 고저차를 2회 산출하여 평균하며 높은 정밀도를 필요로 할 경우에 이용된다.

가. 교호 수준측량을 할 경우 소거되는 오차

① 레벨의 기계오차(시준축 오차)

② 관측자의 읽기오차

③ 지구의 곡률에 의한 오차(구차)

④ 광선의 굴절에 의한 오차(기차)

나. 두 점의 고저차

$$H = \frac{(a_1 - b_1) + (a_2 - b_2)}{2}$$
$$= \frac{(a_1 - b_2) + (a_1 - b_2)}{2}$$

‖ 교호수준측량 ‖

다. 임의점(B점)의 지반고

$$H_B = H_A \pm H$$

▪▪3.5 삼각수준측량

삼각수준측량은 트랜싯 등을 사용하여 두 점 사이의 연직각을 측정하여 삼각법을 이용하여 고저차를 구하는 것으로 보통 삼각측량에 속하게 된다. 직접수준측량에 비하여 비용 및 시간이 절약되지만 정확도는 떨어진다. 이것은 주로 대기 중에서 광선의 굴절, 기온, 기압 등 기상이 지역 및 시간에 따라 다르기 때문이다. 따라서 연직각의 측정은 낮이나 밤이 좋으며 아침, 저녁에는 광선의 굴절이 심하기 때문에 좋지 않다.

3.5.1 양차

수평거리 D, 고도각이 α인 점의 높이 h는 $D\tan\alpha$로서 구해지지만 거리가 멀어지면 지표면은 구면이라고 생각되며 또한 대기의 굴절도 고려하여야만 된다. 전자를 구차, 후자를 기차라고 말하며 이것을 합하여 양차라고 말한다.

$$\Delta E = \frac{(1 - K)S^2}{2R}$$

3.5.2 구차(Correction of Curvature)

① 지구의 곡률에 의한 오차로서 이 오차만큼 높게 조절한다.

② 지구표면은 구면이므로 지구표면과 연직면과의 교선, 즉 수평선은 원호라고 생각할 수가 있다. 그러므로 넓은 지역에서는 수평면에 대한 높이와 지평면에 대한 높이가 다르다. 이 차를 구차라고 말한다.

$$E_c \fallingdotseq + \frac{S^2}{2R}$$

3.5.3 기차(Correction of Refraction)

① 지표면에 가까울수록 대기의 밀도가 커지므로 생기는 오차(굴절오차)로서 이 오차만큼 낮게 조정한다.

② 지구를 둘러싸고 있는 공기의 층은 위로 올라갈수록 밀도가 희박해지고 대기 중을 통과하는 광선은 직진하지 않고 구부러진다.

③ 지구상의 대기의 밀도는 지표면에 가까울수록 커지고 멀어질수록 작아진다. 따라서 이를 통과하는 광선은 공기 밀도 차이로 인하여 굴절하는데 그 크기를 기차라 한다. 이는 굴절오차라고도 하며, 수준측량에 영향을 미친다.

$$E_\gamma = - \frac{KS^2}{2R}$$

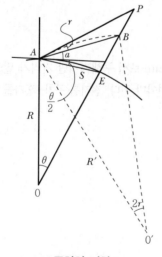

여기서, E_c : 구차

E_γ : 기차

ΔE : 양차

R : 지구반경

S : 수평거리(바닷가에서 바라볼 수 있는 수평선 거리)

K : 빛의 굴절계수(0.12~0.14)

┃ 구차와 기차 ┃

••3.6 레벨의 구조

3.6.1 망원경

대물렌즈	목표물의 상은 망원경 통 속에 맺어야 하고, 합성렌즈를 사용하여 구면수차와 색수차를 제거 ① 구면수차 : 광선의 굴절 때문에 광선이 한 점에서 만나지 않아 상이 선명하게 되지 않는 현상 ② 색수차 : 조준할 때 조정에 따라 여러 색(청색, 적색)이 나타나는 현상
접안렌즈	십자선 위에 와 있는 물체의 상을 확대하여 측정자의 눈에 선명하게 보이게 하는 역할을 한다.
망원경 배율	배율(확대율) $= \dfrac{\text{대물렌즈의 초점거리}}{\text{접안렌즈의 초점거리}}$ (망원경의 배율은 20~30배)

3.6.2 기포관

기포관의 구조	알코올이나 에테르와 같은 액체를 넣어서 기포를 남기고 양단을 막은 것
기포관의 감도	감도란 기포 한 눈금(2mm)이 움직이는 데 대한 중심각을 말하며, 중심각이 작을수록 감도 는 좋다.
기포관이 구비해야 할 조건	① 곡률반지름이 클 것 ② 관의 곡률이 일정해야 하고, 관의 내면이 매끈해야 함 ③ 액체의 점성 및 표면장력이 작을 것 ④ 기포의 길이가 클 것

가. 감도 측정

$$\theta'' = \frac{l}{nD}\rho''$$

$$l = \frac{\theta'' nD}{\rho''}$$

$$R = \frac{d}{\theta''}\rho''$$

❙ 기포관의 감도 ❙

여기서, D : 수평거리 d : 기포 한 눈금의 크기(2mm)
        R : 기포관의 곡률반경 ρ'' : 1라디안초수(206265'')
        θ'' : 감도(측각오차) l : 위치오차($l_2 - l_1$)
        n : 기포의 이동눈금수 m : 축척의 분모수

3.6.3 레벨의 조정

가. 가장 엄밀해야 할 것(가장 중요시해야 할 것)

① 기포관축 ∥ 시준선

② 기포관축 ∥ 시준선＝시준축오차(전시와 후시의 거리를
  같게 취함으로써 소거)

━━━━━ 시준축

━┬━ 기포관축

----- 연직축

▌레벨조건 ▌

나. 기포관을 조정해야 하는 이유

기포관축을 연직축에 직각으로 할 것

다. 항정법(레벨의 조정량)

기포관이 중앙에 있을 때 시준선을 수평으로 하는 것(시준선 ∥ 기포관축)

$$조정량(d) = \frac{D+e}{D}(a_1 - b_1) - (a_2 - b_2)$$

$$정확한\ 읽음값 = b_2 \pm d$$

▌항정법(말뚝조정법) ▌

·· 3.7 수준측량의 오차와 정밀도

3.7.1 오차의 분류

정오차	부정오차
① 표척눈금부정에 의한 오차	① 레벨 조정 불완전(표척의 읽음 오차)
② 지구곡률에 의한 오차(구차)	② 시차에 의한 오차
③ 광선굴절에 의한 오차(기차)	③ 기상 변화에 의한 오차
④ 레벨 및 표척의 침하에 의한 오차	④ 기포관의 둔감
⑤ 표척의 영눈금(0점) 오차	⑤ 기포관의 곡률의 부등
⑥ 온도 변화에 대한 표척의 신축	⑥ 진동, 지진에 의한 오차
⑦ 표척의 기울기에 의한 오차	⑦ 대물경의 출입에 의한 오차

3.7.2 우리나라 기본 수준측량의 오차 허용범위

구분	1등 수준측량	2등 수준측량	비고
왕복차	$2.5\text{mm}\sqrt{L}$	$5.0\text{mm}\sqrt{L}$	왕복했을 때 L은
환폐합차	$2.0\text{mm}\sqrt{L}$	$5.0\text{mm}\sqrt{L}$	노선거리(km)

3.7.3 하천측량

4km에 대한 오차허용범위	• 유조부 : 10mm • 무조부 : 15mm • 급류부 : 20mm

3.7.4 정밀도

오차는 노선거리의 제곱근에 비례한다.

$$E = C\sqrt{L}$$

$$C = \frac{E}{\sqrt{L}}$$

여기서, E : 수준측량 오차의 합
C : 1km에 대한 오차
L : 노선거리(km)

3.7.5 직접수준측량의 오차조정

가. 동일 기지점의 왕복관측 또는 다른 표고기준점에 폐합한 경우

① 각 측점 간의 거리에 비례하여 배분한다.

② 각 측점의 조정량

$$= \frac{조정할\ 측면까지의\ 추가거리}{총거리\,(\Sigma L)} \times 폐합오차$$

③ 각 측점의 최확값 = 각 측점의 관측값 ± 조정량

‖ 환폐합의 수준측량 ‖

나. 두 점 간의 직접수준측량의 오차조정 → 거리측량 참조

두 점 간의 거리를 2개 이상의 다른 노선을 따라 측량한 경우에는 경중률을 고려한 최확값을 산정한다.

① 경중률(P)은 거리에 반비례한다.

$$P_1 : P_2 : P_3 = \frac{1}{S_1} : \frac{1}{S_2} : \frac{1}{S_3}$$

② P점 표고의 최확값

$$(L_o) = \frac{P_1 H_1 + P_2 H_2 + P_3 H_3}{P_1 + P_2 + P_3} = \frac{\Sigma P \cdot H}{\Sigma P}$$

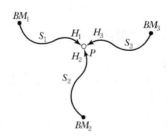

CHAPTER 03 실전문제

01 계산과정에서 완전한 검산을 할 수 있어 정밀한 측량에 이용되나 중간점이 많을 때는 계산이 복잡한 야장기입법은? 12①기

① 고차식 ② 기고식
③ 횡단식 ④ 승강식

◉**해설**

문제 06번 해설 참고

02 수준측량에서 굴절오차와 거리의 관계를 설명한 것으로 옳은 것은? 12②기

① 거리의 제곱근에 비례한다.
② 거리의 제곱에 비례한다.
③ 거리의 제곱에 반비례한다.
④ 거리의 제곱근에 반비례한다.

◉**해설**

굴절오차

굴절오차란 광선이 대기 중을 진행할 때는 밀도가 다른 공기층을 통과하면서 일종의 곡선을 그린다. 그러므로 물체는 이 곡선의 접선방향에 서서 보면 이 시준방향과 진행방향과는 다소 다르게 되는 것을 알 수 있다. 이 차를 굴절오차라 말하며 굴절오차는 거리의 제곱에 비례한다.

$$굴절오차(기차) = +\frac{S^2}{2R}$$

03 수준기의 감도가 30초인 레벨로 80m 전방의 표척을 시준하였더니 기포관의 눈금이 1개 이동되었다. 이때 생기는 위치 오차는? 12②기

① 0.012m ② 0.014m
③ 0.016m ④ 0.020m

◉**해설**

감도 $\theta'' = \dfrac{l}{nD} \times \rho''$

$$l = \frac{n\theta''D}{\rho''}$$

여기서, l : 오차
n : 눈금수
D : 거리

$$l = \frac{1 \times 30'' \times 80}{206265''} ≒ 0.0116\text{m} = 0.012\text{m}$$

04 수준기의 감도가 5″인 레벨(Level)을 사용하여 50m 떨어진 표척을 시준할 때 발생하는 시준 값의 차이는? 12③기

① ±0.5mm ② ±1.2mm
③ ±7.3mm ④ ±10.5mm

◉**해설**

감도
$\theta'' = \dfrac{l}{nD}\rho''$ 에서

$$l = \frac{\theta'' nD}{\rho''} = \frac{5 \times 50}{206,265} = 0.0012 = 1.2\text{mm}$$

05 그림과 같이 측점 A의 밑에 기계를 세워 천장에 설치된 측점 A, B를 관측하였을 때 두 점의 높이차(H)는? 12③기

① 41.5m ② 43.5m
③ 74.6m ④ 77.6m

◉**해설**

$\sin 30° = \dfrac{h}{85}$ 에서

$h = 85 \times \sin 30° = 42.5\text{m}$

$= 2.5 + 42.5 - 1.5 = 43.5\text{m}$

06 수준측량에서 중간시가 많을 경우 가장 편리한 야장기입법은?

12③기

① 승강식 ② 고차식

③ 기고식 ④ 하강식

해설

야장기입법

1. 고차식 야장기입법
   - 가장 간단한 것으로 2단식이라고도 하며, 후시와 전시 칸만 있으면 된다.
   - 측정이 끝난 다음 후시의 합계와 전시의 합계의 차로 고 저차를 산출

2. 기고식 야장기입법
   - 기지점의 표고에 그 점의 후시를 더한 기계고를 얻고 표 고를 알고자 하는 점의 전시를 빼서 표고를 얻는다.
   - 단, 수준측량과 같이 중간점이 많은 경우에 편리

3. 승강식 야장기입법
   - 전시에서 후시를 뺀 값이 고저차가 되므로 승, 강의 난을 따 로 만들어 후시가 크면(승), 전시가 크면(강)란에 차를 기입
   - 승, 강의 총합을 구하면 전·후시의 읽음수의 차와 비교 하여 계산결과를 검사할 수 있다.
   - 임의의 점의 표고를 구하기에 편리하나 중간점이 많을 때 에는 계산이 복잡하다.

07 평판을 이용하여 측량한 결과가 그림과 같이 $n = 13$, $D = 75\text{m}$, $S = 1.24\text{m}$, $I = 1.30\text{m}$ $H_A = 50.00\text{m}$ 일 때 B점의 표고(H_B)는?

13①기

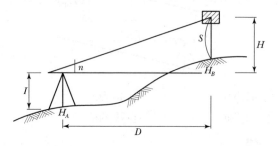

① 58.8m ② 59.8m

③ 60.8m ④ 61.8m

해설

$$H_B = H_A + I + \left(\frac{n}{100} = \frac{H}{D} \right) - S$$

$$= H_A + I + \left(H = \frac{nD}{100} \right) - S$$

$$= 50 + 1.3 + \left(\frac{13 \times 75}{100} \right) - 1.24 = 59.81\text{m}$$

08 수준측량에서 발생하는 오차 중에서 기계적 원인으로 발생하는 오차가 아닌 것은?

13②기

① 시준 시 기포가 정중앙에 있지 않다.

② 기포관의 곡률이 균일하지 않다.

③ 레벨의 조정이 불완전하다.

④ 기포가 둔감하다.

해설

정오차	• 표척눈금부정에 의한 오차 • 지구곡률에 의한 오차(구차) • 광선굴절에 의한 오차(기차) • 레벨 및 표척의 침하에 의한 오차 • 표척의 영눈금(0점) 오차 • 온도 변화에 대하 표척의 신축 • 표척의 기울기에 의한 오차
부정오차	• 레벨 조정 불완전(표척의 읽음 오차) • 시차에 의한 오차 • 기상 변화에 의한 오차 • 기포관의 둔감 • 기포관의 곡률의 부등 • 진동, 지진에 의한 오차 • 대물경의 출입에 의한 오차

09 A점의 표고가 100.56m이고, A와 B점의 지 표에 세운 표척의 관측값이 각각 $a = +5.5\text{m}$, $b = +2.3\text{m}$라 할 때 B점의 표고는?

13③기

① 97.36m ② 101.46m

③ 103.76m ④ 108.36m

해설

B점의 표고 = $100.56 + 5.5 - 2.3 = 103.76\text{m}$

기계고 (Instrument Height)	기준면에서 망원경 시준선까지의 높이
이기점 (Turning Point)	기계를 옮길 때 한 점에서 전시와 후시를 함께 취하는 점
중간점 (Intermediate Point)	표척을 세운 점의 표고만을 구하고자 전시만 취하는 점

10 수준측량에서 전 · 후시 거리를 같게 함으로써 소거되지 않는 오차는? 13③기

① 지구의 곡률오차
② 표척눈금 부정에 의한 오차
③ 광선의 굴절오차
④ 시준축 오차

해설

전시와 후시의 거리를 같게 함으로써 제거되는 오차
• 레벨의 조정이 불완전(시준선이 기포관축과 평행하지 않을 때)할 때(시준축오차 : 오차가 가장 크다.)
• 지구의 곡률오차(구차)와 빛의 굴절오차(기차)를 제거한다.
• 초점나사를 움직이는 오차가 없으므로 그로 인해 생기는 오차를 제거한다.

11 수준측량에서 전시(F.S ; Fore Sight)에 대한 설명으로 옳은 것은? 13③기

① 미지점에 세운 표척의 눈금을 읽는 것
② 기지점에 세운 표척의 눈금을 읽는 것
③ 앞의 점에 세운 표척의 눈금을 읽는 것
④ 지반고를 알고 있는 점에 세운 표척의 눈금을 읽는 것

해설

수준점 (BM ; Bench Mark)	수준원점을 기점으로 하여 전국 주요 지점에 수표석을 설치한 점 • 1등 수준점 : 4km마다 설치 • 2등 수준점 : 2 km마다 설치
표고 (Elevation)	국가 수준 기준면으로부터 그 점까지의 연직거리
전시 (Fore Sight)	표고를 알고자 하는 점(미지점)에 세운 표척의 읽음값
후시 (Back Sight)	표고를 알고 있는 점(기지점)에 세운 표척의 읽음값

12 수준측량에서 표척(수준척)을 세우는 횟수를 짝수로 하는 주된 이유는? 14①기

① 표척의 영점오차 소거
② 시준축에 의한 오차의 소거
③ 구차의 소거
④ 기차의 소거

해설

표척의 영눈금 오차는 오랜 기간 동안 사용하였기 때문에 표척의 밑부분이 마모하여 제로선이 올바르게 제로로 표시하지 않으므로 관측결과에 생기는 오차이다. 이 영눈금의 오차는 레벨의 거치를 짝수화하여 출발점에 세운 표척을 도착점에 세우면 소거할 수 있다.

13 수준점 A, B, C에서 수준측량을 한 결과가 표와 같을 때 P점의 최확값은? 14①기

수준점	표고(m)	고저차 관측값(m)		노선거리(km)
A	19.332	$A \rightarrow P$	$+1.533$	2
B	20.933	$B \rightarrow P$	-0.074	4
C	18.852	$C \rightarrow P$	$+1.986$	3

① 20.839m
② 20.842m
③ 20.855m
④ 20.869m

해설

$P_A = 19.332 + 1.533 = 20.865$
$P_B = 20.933 - 0.074 = 20.859$
$P_C = 18.852 + 1.986 = 20.838$
경중률은 노선거리에 반비례한다.

$$P_A : P_B : P_C = \frac{1}{2} : \frac{1}{4} : \frac{1}{3} = 6 : 3 : 4$$

$$H_P = 20 + \frac{6 \times 0.865 + 3 \times 0.859 + 4 \times 0.838}{6+3+4}$$
$$= 20.855\text{m}$$

14 수준측량에서 발생하는 오차 중 정오차인 것은?

14①기

① 시차에 의한 오차
② 태양의 직사광선에 의한 오차
③ 표척을 잘못 읽어 생기는 오차
④ 지구곡률에 의한 오차

◆해설

오차의 종류별 원인

정오차	• 표척눈금 부정에 의한 오차 • 지구곡률에 의한 오차(구차) • 광선굴절에 의한 오차(기차) • 레벨 및 표척의 침하에 의한 오차 • 표척의 영눈금(0점) 오차 • 온도 변화에 대한 표척의 신축 • 표척의 기울기에 의한 오차
부정오차	• 레벨 조정 불완전(표척의 읽음 오차) • 시차에 의한 오차 • 기상 변화에 의한 오차 • 기포관의 둔감 • 기포관의 곡률의 부등 • 진동, 지진에 의한 오차 • 대물경의 출입에 의한 오차

15 직접수준측량에서 2km를 왕복하는 데 오차가 ±4mm 발생하였다면 이와 같은 정밀도로 하여 4.5km를 왕복했을 때의 오차는?

14②기

① ±5.0mm
② ±5.5mm
③ ±6.0mm
④ ±6.5mm

◆해설

직접수준측량의 오차는 노선왕복거리(s)의 평방근($\sqrt{s}$)에 비례하므로
$$\sqrt{4}\,\text{km} : 4\text{mm} = \sqrt{9}\,\text{km} : x$$
$$x = \frac{\sqrt{9}}{\sqrt{4}} \times 4 = \pm 6.0\text{mm}$$

16 경사면 AB, BC에 따라 거리를 측정하여 AB = 21.562m, BC = 28.064m를 얻었다. 1측점에서 레벨을 설치하고 A, B, C상에 표척을 세워 아래와 같이 얻었을 때 AC의 수평거리는?

14②기

① 49.6m
② 50.1m
③ 59.6m
④ 60.1m

◆해설

AC의 고저차는 $3.29 - 1.15 = 2.14$m
AC의 거리 $21.562 + 28.064 = 49.626$m
경사(i) = $\frac{고저차(h)}{수평거리(D)}$ 에서
$$경사 = \frac{2.14}{49.626} = 0.043122556\text{m}$$
$$수평거리 = \frac{2.14}{0.043122556} = 49.62\text{m}$$

17 현장에서 수준측량을 정확하게 수행하기 위해서 고려해야 할 사항이 아닌 것은?

14②기

① 전시와 후시의 거리를 동일하게 한다.
② 기포가 중앙에 있을 때 읽는다.
③ 표척이 연직으로 세워졌는지 확인한다.
④ 레벨의 설치 횟수가 홀수회로 끝나도록 한다.

◆해설

④ 표척은 1~2개를 쓰고 출발점에 세워둔 표척은 필히 도착점에 세워둔다. 이를 위한 레벨의 설치 횟수가 짝수회로 끝나도록 한다.

18 수준측량에 대한 설명으로 옳지 않은 것은?

14③기

① 표고는 2점 사이의 높이차를 의미한다.
② 어느 지점의 높이는 기준면으로부터 연직거리로 표시한다.
③ 기포관의 감도는 기포 1눈금에 대한 중심각의 변화를 의미한다.
④ 기준면으로부터 정확한 높이를 측정하여 수준 측량의 기준이 되는 점으로 정해 놓은 점을 수준 원점이라 한다.

해설

수준측량

기준면 (Datum)	표고의 기준이 되는 수평면을 기준면이라 하며 표고는 0으로 정한다. 기준면은 계산을 위한 가상면이며 평균해면을 기준면으로 한다.
평균해면 (Mean Sea Level)	여러 해 동안 관측한 해수면의 평균값
지오이드 (Geoid)	평균해수면으로 전 지구를 덮었다고 가정한 곡면
수준원점 (OBM ; Original Bench Mark)	수준측량의 기준이 되는 기준면으로부터 정확한 높이를 측정하여 기준이 되는 점
수준점 (BM ; Bench Mark)	수준원점을 기점으로 하여 전국 주요지점에 수준표석을 설치한 점 • 1등 수준점 : 4km마다 설치 • 2등 수준점 : 2 km마다 설치
표고 (Elevation)	국가 수준기준면으로부터 그 점까지의 연직거리

19 수준측량에서의 오차 중 우연오차에 해당되는 것은?

15②기

① 지구의 곡률에 의한 오차
② 빛의 굴절에 의한 오차
③ 표척의 눈금이 표준(검정)길이와 달라 발생하는 오차
④ 십자선의 굵기 때문에 생기는 읽음 오차

해설

1. 정오차
   • 표척눈금부정에 의한 오차
   • 지구곡률에 의한 오차(구차)
   • 광선굴절에 의한 오차(기차)
   • 레벨 및 표척의 침하에 의한 오차
   • 표척의 영눈금(0점) 오차
   • 온도 변화에 대한 표척의 신축
   • 표척의 기울기에 의한 오차

2. 부정오차
   • 레벨 조정 불완전(표척의 읽음 오차)
   • 시차에 의한 오차
   • 기상 변화에 의한 오차
   • 기포관의 둔감
   • 기포관의 곡률의 부등
   • 진동, 지진에 의한 오차
   • 대물경의 출입에 의한 오차
   • 십자선의 굵기 때문에 생기는 읽음 오차

20 평판을 이용하여 측량한 결과가 그림과 같이 $n=13$, $D=75$m, $S=1.25$m, $I=1.30$m, $H_A=50.00$m일 때 B점의 표고(H_B)는?

15③기

① 58.8m
② 59.8m
③ 60.8m
④ 61.8m

해설

$$D : H = 100 : n$$

$$H = \frac{D \times n}{100}$$

$$H_B = H_A + I + \frac{75 \times 13}{100} - S$$

$$= 50 + 1.30 + \frac{75 \times 13}{100} - 1.25$$

$$= 59.8\text{m}$$

21 A, B 두 지점 간 지반고의 차를 구하기 위하여 왕복 측정한 결과 그림과 같은 측정값을 얻었을 때 최확값은? 12①가

① 62.324m ② 62.330m

③ 62.333m ④ 62.341m

● 해설

$$P_1 : P_2 = \frac{1}{S_1} : \frac{2}{S_2} = \frac{1}{5} : \frac{1}{4} = 4 : 5$$

최확값$(H_B) = \dfrac{P_1 h_1 + P_2 h_2}{P_1 + P_2}$

$$= \frac{4 \times 62.324 + 5 \times 62.341}{4 + 5}$$

$$= 62.333\text{m}$$

22 수준측량의 오차에 대한 설명으로 옳은 것은?

12①산

① 정오차는 발생하나 부정오차는 발생하지 않는다.

② 주로 기상의 영향으로 발생한다.

③ 오차는 노선거리의 제곱근에 비례한다.

④ 오차배분 시 경중률은 노선길이의 제곱근에 반비례 한다.

● 해설

직접수준측량에서 오차는 노선거리(S)의 제곱근 $\sqrt{S}$ 에 비례 한다. 직접수준측량에서 경중률은 노선거리(S)에 반비례한다.

23 수준측량 시 레벨의 불완전 조정에 의한 오차를 제거하는 데 가장 적합한 방법은? 12①산

① 왕복 측정하여 평균을 취한다.

② 시준거리를 짧게 한다.

③ 관측 시 기포가 항상 중앙에 오게 한다.

④ 전시와 후시의 거리를 같게 취한다.

● 해설

전시와 후시의 거리를 같게 함으로써 제거되는 오차

• 시준축오차 : 시준선이 기포관축과 평행하지 않을 때

• 구차 : 지구의 곡률오차

• 기차 : 빛의 굴절오차

• 초점나사를 움직이는 오차가 없음으로 인해 생기는 오차를 제거한다.

24 기포관의 감도가 20초인 레벨에서 기계로부터 50m 떨어진 곳에 세운 표척을 시준할 때 기포관에서 2눈금의 오차가 있었다면 수준오차는? 12①산

① 1.2mm ② 2.4mm

③ 4.8mm ④ 9.7mm

● 해설

감도 $\theta'' = \dfrac{l}{nD} \times \rho''$

따라서, $l = \dfrac{n\theta'' D}{\rho''}$

여기서, l : 오차, n : 눈금수, D : 거리

$l = \dfrac{2 \times 20'' \times 50}{206,265''} ≒ 0.00969\text{m}$

따라서 9.7mm

25 수준측량 시 등시준거리에 의해 소거되지 않는 것은? 12②산

① 레벨 조정 불완전 오차 ② 지구의 곡률오차

③ 빛의 굴절오차 ④ 시차에 의한 오차

● 해설

문제 47번 해설 참고

26 폭이 120m이고 양안의 고저차가 1.5m 정도인 하천을 횡단하여 정밀하게 고저측량을 실시할 때 양안의 고저차를 관측하는 방법으로 가장 적합한 것은? 12②산

① 교호 고저 측량
② 직접 고저 측량
③ 간접 고저 측량
④ 약 고저 측량

◦해설

교호수준측량은 강 또는 바다 등으로 인하여 접근이 곤란한 2점 간의 고저차를 직접 또는 간접수준측량에 의하여 구하는 방법으로 높은 정밀도를 필요로 할 경우에는 양안의 고저차를 관측한다.

27 교각 $I=80°$, 곡선반지름 $R=140$m인 단곡선의 교점($I.P$)의 추가거리가 1427.25m일 때 곡선의 시점($B.C$)의 추가거리는? 12③산

① 633.27m
② 982.87m
③ 1309.78m
④ 1567.25m

◦해설

$$B.C = I.P - T.L$$
$$= 1,427.25 - 140 \times \tan\frac{80°}{2}$$
$$= 1,309.78\text{m}$$

28 수준측량 오차 중 레벨(Level)을 양표척의 중앙에 세우고 관측함으로써 그 영향을 줄일 수 있는 것은? 12③산

① 레벨의 시준선 오차
② 레벨의 정치(整置) 불완전에 의한 오차
③ 지반침하에 의한 오차
④ 표척의 경사로 인한 오차

◦해설

전·후시를 같게 하여 제거되는 오차
• 레벨의 조정이 불완전하여 시준선이 기포관축과 평행하지 않을 때
• 지구의 곡률오차와 빛의 굴절오차를 제거
• 초점나사를 움직일 필요가 없으므로 그로 인해 생기는 오차 제거

29 B점에 기계를 세우고 표고가 61.5m인 P점을 시준하여 0.85m를 관측하였을 때 표고 60m에 세운 A점을 시준한 표척의 관측 값으로 옳은 것은? 12③산

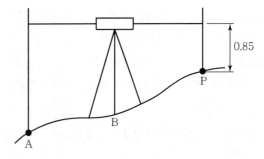

① 1.53m
② 1.75m
③ 2.35m
④ 2.53m

◦해설

A점의 관측값은
A점의 지반고 + 전시 - 후시 = 61.5m에서
후시 = 60 + 전시 - 0.85 = 61.5m
전시 = 61.5 + 0.85 - 60 = 2.35m

30 측량목적에 따라 수준측량을 분류한 것은? 12③산

① 교호수준측량
② 공공수준측량
③ 정밀수준측량
④ 단면수준측량

◦해설

1. 측량방법에 의한 분류
   • 직접고저측량
   • 간접고저측량
   • 교호고저측량
   • 약고저측량
2. 측량목적에 의한 분류
   • 고저측량
   • 단면고저측량

31 다음 수준측량 오차 중 시준거리의 제곱에 비례하여 변화하는 것은? 13①산

① 지구의 곡률에 의한 오차
② 표척의 경사에 의한 오차
③ 관측자의 오독으로 인한 오차
④ 레벨의 불완전조정에 의한 오차

● 해설

• 구차(球差) : 지구의 곡률에 의한 오차로서 +보정(높게)한다.

$$h_1 = + \frac{D^2}{2R}$$

• 기차(氣差) : 광선(빛)의 굴절에 따른 오차로서 −보정(낮게)한다.

$$h_1 = - \frac{KD^2}{2R}$$

• 양차 : 구차와 기차를 합한 것

$$h = h_1 + h_2 = \frac{(1-K)}{2R} D^2$$

여기서, R : 지구반경
K : 빛의 굴절계수(0.12~0.14)

32 2km에 대한 수준측량의 왕복오차를 ±15mm로 제한한다면 3km 노선을 왕복 수준측량을 하였을 경우에 제한 오차는? 13①산

① ±15mm   ② ±16mm
③ ±17mm   ④ ±18mm

● 해설

직접수준측량의 오차는 노선왕복거리(s)의 평방근($\sqrt{s}$)에 비례하므로

$\sqrt{2 \times 2} : 15 = \sqrt{3 \times 2} : x$ 에서

$x = \dfrac{\sqrt{3 \times 2}}{\sqrt{2 \times 2}} \times 15 = 18.37$mm

33 축척 1 : 25,000 지형도 상의 어느 산정에서 산 밑까지 거리를 관측하여 4cm이었다. 이 산정의 표고가 750m, 산 밑의 표고는 500m라면 산 밑에서 산정까지 등경사지라고 할 때, 두 지점의 사면거리는? 13①산

① 1030.78m   ② 1125.46m
③ 1236.87m   ④ 1363.78m

● 해설

사거리 $= \sqrt{1,000^2 + 250^2}$
$= 1,030.78$m

34 그림과 같이 교호수준측량을 실시하여 구한 B 점의 표고는?(단, $H_A = 20$m이다.) 13②산

① 19.34m   ② 20.65m
③ 20.67m   ④ 20.75m

● 해설

$H_B = H_A + h$

$= 20 + \dfrac{(1.87 + 0.74) - (1.24 + 0.07)}{2}$

$= 20 + 0.65$

$= 20.65$m

35 측점1에서 측점5까지 직접 고저측량을 실시하여 후시의 총합이 3.627m, 전시의 총합이 6.809m이었고, 측점1의 후시가 0.682m, 측점5의 전시가 2.039m이었다면, 측점1에 대한 측점5의 표고는?

13②산

① 3.182m 높다.　　② 3.182m 낮다.
③ 4.539m 높다.　　④ 4.539m 낮다.

해설

$\sum BS - \sum FS = 3.627 - 6.809 = -3.182m$

36 1등수준측량에서 왕복관측값의 교차에 대한 허용범위로 옳은 것은?(단, S : 관측거리(편도) km)

13③산

① $0.5mm \sqrt{S}$ 이하　　② $2.5mm \sqrt{S}$ 이하
③ $5.0mm \sqrt{S}$ 이하　　④ $15mm \sqrt{S}$ 이하

해설

1등 수준측량	2km 왕복 관측 시 $E = \pm 2.5\sqrt{L}(mm)$	여기서, L : 노선거리(km) E : 허용오차(mm)
2등 수준측량	2km 왕복 관측 시 $E = \pm 5.0\sqrt{L}(mm)$	

37 우리나라 수준 원점의 표고는?

13③산

① 36.8971m　　② 26.6871m
③ 16.564m　　④ 0.0m

해설

수준원점
• 높이의 기준으로 평균해수면을 알기 위하여 토지조사 당시 검조장 설치(1911년)
• 검조장 설치위치 : 청진, 원산, 목포, 진남포, 인천(5개소)
• 1963년 일등수준점을 신설하여 현재 사용
• 위치 : 인천광역시 남구 용현동 253번지(인하대학교 교정)
• 표고 : 인천만의 평균해수면으로부터 26.6871m

38 지반고 40.20m인 기지점에서의 후시는 3.21m, 구하고자 하는 점의 전시 1.85m를 관측하였다면 구하고자 하는 점의 지반고는?

14①산

① 35.50m　　② 41.56m
③ 45.60m　　④ 53.52m

해설

구하고자 하는 점의 지반고
= 기지점의 지반고 + 후시 − 전시
= 40.20 + 3.21 − 1.85 = 41.56m

39 레벨(Level)의 중심에서 40m 떨어진 지점에 표척을 세우고 기포가 중앙에 있을 때 1.248m, 기포가 2눈금 움직였을 때 1.223m를 각각 읽은 경우 이 레벨의 기포관 곡률 반지름은?(단, 기포관 1눈금 간격은 2mm다.)

14①산

① 5.0m　　② 5.7m
③ 6.4m　　④ 8.0m

해설

$$a'' = \frac{l}{n \times d}\rho''$$
$$= \frac{1.248 - 1.223}{2 \times 40} \times 206,265'' = 0°1'4.46''$$
$$R = d\frac{\rho''}{a''}$$
$$= 2 \times \frac{206,265''}{0°1'4.46''} = 6,399.78mm = 6.4m$$

40 수준측량의 왕복거리 2km에 대하여 허용오차가 ±3mm라면 왕복거리 4km에 대한 허용 오차는?

14②산

① ±4.24mm　　② ±5.24mm
③ ±7.24mm　　④ ±6.24mm

● 해설

오차는 노선거리의 제곱근에 비례(여기서 거리는 왕복거리)

$$\sqrt{2} : 3 = \sqrt{4} : x$$

$$\therefore x = \frac{\sqrt{4}}{\sqrt{2}} \times 3$$

$$= \pm 4.24 \text{mm}$$

41 그림에서 A, B 두 개의 수준점으로부터 수준측량을 하여 구한 P점의 최확 표고는?(단, $A \rightarrow P$: 31.363m, $B \rightarrow P$: 31.375m) 14②산

① 31.364
② 31.366
③ 31.369
④ 31.372

● 해설

P점의 최확값은

$$P_1 : P_2 = \frac{1}{S_1} : \frac{1}{S_2} = \frac{1}{2} : \frac{1}{5} = 5 : 2$$

$$L_0 = \frac{P_1 l_1 + P_2 l_2}{P_1 + P_2}$$

$$= \frac{(5 \times 31.363) + (2 \times 31.375)}{5 + 2} = 31.366 \text{m}$$

42 그림과 같이 교호수준측량을 시행한 경우 A점의 표고가 50m라면 D점의 표고는? 14②산

① 50.06
② 50.37
③ 50.58
④ 50.89

● 해설

B와 C의 고저차(h) $= \frac{1}{2}(1.22 + 1.52) - (0.95 + 1.27)$

$$= 0.26$$

B점의 표고 $= 50 + 0.82 - 1.22 = 49.6 \text{m}$
C점의 표고 $= 49.6 + 0.26 = 49.86 \text{m}$
D점의 표고 $= 49.86 + 1.27 - 0.55 = 50.58 \text{m}$

43 수준측량에서 시점의 지반고가 100m이고, 전시의 총합은 107m, 후시의 총합은 125m일 때 종점의 지반고는? 14③산

① 332m
② 232m
③ 118m
④ 82m

● 해설

종점의 지반고
$=$ 시점의 지반고$+$후시의 총합$-$전시의 총합
$= 100 + 125 - 107 = 118 \text{m}$

44 A, B점의 표고가 각각 125m, 153m이고, 두 점 간의 수평거리가 250m일 때, AB 선상의 표고 140m인 C점에 대한 A, C점 간의 수평거리는?(단, A, B 간은 등경사이다.) 14③산

① 132.93m
② 133.93m
③ 134.93m
④ 135.93m

● 해설

$250 : 28 = x : 15$

$$\therefore x = \frac{250 \times 15}{28}$$

$$= 133.928 \text{m}$$

45 2km 왕복 직접수준측량에 ±10mm 오차를 허용한다면 동일한 정확도로 측량하여 4km를 왕복 측량할 때 허용오차는? 14③산

① ±8mm
② ±14mm
③ ±20mm
④ ±24mm

해설

직접수준측량의 오차는 노선왕복거리(s)의 평방근($\sqrt{s}$)에 비례하므로

$\sqrt{2 \times 2} : 10 = \sqrt{4 \times 2} : x$에서

$x = \dfrac{\sqrt{4 \times 2}}{\sqrt{2 \times 2}} \times 10 = \pm 14 \text{mm}$

46 표고 100m인 A 점에서 표고 120m인 B 점을 관측하여 경사각 25°를 구했다면 A, B점 간의 수평거리는?(단, A 점의 기계고와 B점의 시준고는 같다.) 15①산

① 42.26m
② 42.89m
③ 47.32m
④ 50.71m

해설

$\tan 25° = \dfrac{높이(h)}{수평거리(D)}$에서

$D = \dfrac{20}{\tan 25°} = 42.89\text{m}$

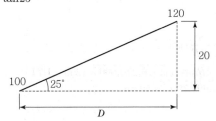

47 수준측량에서 전시와 후시의 거리를 같게 측량함으로써 제거되는 오차가 아닌 것은? 15②산

① 시준축 오차
② 표척의 0눈금 오차
③ 광선의 굴절에 의한 오차
④ 지구의 곡률에 의한 오차

해설

1. 전시와 후시의 거리를 같게 함으로써 제거되는 오차
   • 레벨의 조정이 불완전(시준선이 기포관축과 평행하지 않을 때)할 때(시준축오차 : 오차가 가장 크다.)
   • 지구의 곡률오차(구차)와 빛의 굴절오차(기차)를 제거한다.
   • 초점나사를 움직이는 오차가 없으므로 그로 인해 생기는 오차를 제거한다.
2. 눈금오차(영점오차) 발생 시 소거방법
   • 기계를 세운 표척이 짝수가 되도록 한다.
   • 이기점(T.P)이 홀수가 되도록 한다.
   • 출발점에 세운 표척을 도착점에 세운다.

48 삼각수준측량에서 연직각 $\alpha = 20°$, 두 점 사이의 수평거리 $D = 400$m, 기계 높이 $i = 1.70$m, 표척의 높이 $Z = 2.50$m이면 두 점 간의 고저차는?(단, 대기오차와 지구의 곡률 오차는 고려하지 않는다.) 15②산

① 130.11m
② 140.25m
③ 144.79m
④ 146.39m

해설

$H = i + D \cdot \tan\alpha$
$\quad = 1.70 + 400 \times \tan 20°$
$\quad = 147.29\text{m}$

$Z = 2.50\text{m}$

∴ 두 점의 고저차 $h = H - Z$
$\qquad\qquad\qquad = 147.29 - 2.50$
$\qquad\qquad\qquad = 144.79\text{m}$

정답 45 ② 46 ② 47 ② 48 ③

49

A 점의 표고 100.65m, B 점의 표고 104.25m 일 때, 레벨을 사용하여 A 점에 세운 표척의 읽음값이 5.23m였다면 B점에 세운 표척의 읽음값은?

15②산

① 0.78m
② 0.98m
③ 1.52m
④ 1.63m

해설

$H_A +$ 후시 $-$ 전시 $= H_B$

$100.65 + 5.23 -$ 전시 $= 104.25$

$\therefore$ 전시 $= 100.65 + 5.23 - 104.25 = 1.63$m

50

그림과 같이 2개의 수준점 A, B를 기준으로 임의의 점 P의 표고를 측량한 결과 A 점을 기준으로 42.375m와 B점을 기준으로 42.363m를 관측하였다. 이때 P점의 표고는?

15③산

① 42.367m
② 42.369m
③ 42.371m
④ 42.373m

해설

경중률(P)은 거리에 반비례한다.

$P_1 : P_2 : P_3 = \dfrac{1}{S_1} : \dfrac{1}{S_2} : \dfrac{1}{S_3} = \dfrac{1}{1} : \dfrac{1}{2} = 2 : 1$

$L_o = \dfrac{P_1 H_1 + P_2 H_2 + P_3 H_3}{P_1 + P_2 + P_3}$

$= \dfrac{2 \times 42.375 + 1 \times 42.363}{2 + 1} = 42.371$m

51

굴뚝의 높이를 관측하기 위하여 굴뚝과 동일 지반고상의 A, B점에서 굴뚝 꼭대기까지의 연직각을 관측한 결과 A에서는 30°, B에서는 45°이었다. AB 간의 수평거리가 50m라고 하면, 이 굴뚝의 높이는?(단, A, B점의 기계고 : 1.5m로 동일) 15③산

① 42.4m
② 52.4m
③ 68.3m
④ 69.8m

해설

1. 내각 계산

$180° - \{30° + (180° - 45°)\} = 15°$

2. $\dfrac{50}{\sin 15°} = \dfrac{b}{\sin 30°}$

$b = \dfrac{\sin 30°}{\sin 15°} \times 50 = 96.6$m

3. $\dfrac{h}{\sin 45°} = \dfrac{96.6}{\sin 90°}$

$h = \dfrac{\sin 45°}{\sin 90°} \times 96.6 = 68.3$m

4. 굴뚝의 높이

$68.3 + IH = 68.3 + 1.5 = 69.8$m

52

키가 1.7m인 사람이 표고 200m의 산정에서 볼 수 있는 수평거리는?(단, 지구를 곡률반지름이 6,370km인 구(球)로 가정) 15③산

① 약 4km
② 약 10km
③ 약 25km
④ 약 50km

해설

$h_1 = + \dfrac{S^2}{2R}$ 에서

$S = \sqrt{2Rh} = \sqrt{2 \times 6,370,000 \times (200 + 1.7)}$

$= 50,691.79$m $\fallingdotseq 50$km

CHAPTER 04 지형측량

4.1 개요

4.1.1 정의

지표면상의 자연 및 인공적인 지물·지모의 형태와 수평, 수직의 위치관계를 측정하여 일정한 축척과 도식으로 표현한 지도를 지형도(Topographic map)라 하며 지형도를 작성하기 위한 측량을 지형측량(Topographic Surveying)이라 한다.

4.1.2 지형의 구분

지물(地物)	지표면 위의 인공적인 시설물(즉, 교량, 도로, 철도, 하천, 호수, 건축물 등)
지모(地貌)	지표면 위의 자연적인 토지의 기복상태(즉, 산정, 구릉, 계곡, 평야 등)

4.1.3 지도의 종류

일반도 (General Map)	인문·자연·사회 사항을 정확하고 상세하게 표현한 지도 ① 국토기본도 : 1/5,000, 1/10,000, 1/25,000, 1/50,000 　우리나라의 대표적인 국토기본도는 1/50,000(위도차 15′, 경도차 15′) ② 토지이용도 : 1/25,000 ③ 지세도 : 1/250,000 ④ 대한민국전도 : 1/1,000,000
주제도 (Thematic Map)	① 어느 특정한 주제를 강조하여 표현한 지도로서 일반도를 기초로 한다. ② 도시계획도, 토지이용도, 지질도, 토양도, 산림도, 관광도, 교통도, 통계도, 국토개발 계획도 등이 있다.
특수도 (Specifc Map)	특수한 목적에 사용되는 지도 ① 지도표현 방법에 의한 분류 : 사진지도, 입체모형지도, 지적도, 대권항법도, 항공도, 해도, 천기도 등이 있다. ② 지도제작방법에 따른 분류 : 실측도, 편집도, 집성도로 구분

▶ 공간정보의 구축 및 관리 등에 관한 법률 제2조 및 시행령 제4조

지도 (地圖)	측량 결과에 따라 공간상의 위치와 지형 및 지명 등 여러 공간정보를 일정한 축척에 따라 기호나 문자 등으로 표시한 것을 말한다. 정보처리시스템을 이용하여 분석, 편집 및 입력·출력할 수 있도록 제작된 수치지형도[항공기나 인공위성 등을 통하여 얻은 영상정보를 이용하여 제작하는 정사영상지도(正射映像地圖)를 포함한다]와 이를 이용하여 특정한 주제에 관하여 제작된 지하시설물도·토지이용현황도 등 대통령령으로 정하는 수치주제도(數值主題圖)를 포함한다.		
수치주제도 (數值主題圖)	㉤지이용현황도	㉠하시설물도	㉡시계획도	
	㉢토이용계획도	㉤지적성도	㉤로망도	
	㉠하수맥도	㉥천현황도	㉮계도	㉑림이용기본도
	㉩연공원현황도	㉧태·자연도	㉨질도	
	㉪광지도	㉫수해보험관리지도	㉤해지도	㉭정구역도
	㉤양도	㉮상도	㉤지피복지도	㉧생도
	제1호부터 제21호까지에 규정된 것과 유사한 수치주제도 중 관련 법령상 정보유통 및 활용을 위하여 정확도의 확보가 필수적이거나 공공목적상 정확도의 확보가 필수적인 것으로서 국토교통부장관이 정하여 고시하는 수치주제도		

•• 4.2 지형의 표시법

4.2.1 지형도에 의한 지형표시법

자연적 도법	영선법 (우모법, Hatching)	"게바"라 하는 단선상(短線上)의 선으로 지표의 기본을 나타내는 것으로 게바의 사이, 굵기, 방향 등에 의하여 지표를 표시하는 방법
	음영법 (명암법, Shading)	태양광선이 서북 쪽에서 45°로 비친다고 가정하여 지표의 기복을 도상에서 2~3색 이상으로 채색하여 지형을 표시하는 방법으로 지형의 입체감이 가장 잘 나타남
부호적 도법	점고법 (Spot Height System)	지표면상의 표고 또는 수심을 숫자에 의하여 지표를 나타내는 방법으로 하천, 항만, 해양 등에 주로 이용
	등고선법 (Contour System)	동일표고의 점을 연결한 것으로 등고선에 의하여 지표를 표시하는 방법으로 토목공사용으로 가장 널리 사용
	채색법 (Layer System)	같은 등고선의 지대를 같은 색으로 채색하여 높을수록 진하게, 낮을수록 연하게 칠하여 높이의 변화를 나타내며 지리관계의 지도에 주로 사용

┃ 영선법(우모법) ┃

┃ 음영법(명암법) ┃

┃ 점고법 ┃

┃ 등고선법 ┃

··4.3 등고선(Contour Line)

4.3.1 등고선의 종류와 성질

가. 등고선의 종류

주곡선	지형을 표시하는 데 가장 기본이 되는 곡선으로 가는 실선으로 표시
간곡선	주곡선 간격의 $\frac{1}{2}$ 간격으로 그리는 곡선으로 완경사지나 주곡선만으로 지모를 명시하기 곤란한 장소에 가는 파선으로 표시
조곡선	간곡선 간격의 $\frac{1}{2}$ 간격으로 그리는 곡선으로 불규칙한 지형을 표시 $\left(주곡선\ 간격의\ \frac{1}{4}\ 간격으로\ 그리는\ 곡선\right)$
계곡선	주곡선 5개마다 1개씩 그리는 곡선으로 표고의 읽음을 쉽게 하고 지모의 상태를 명시하기 위해 굵은 실선으로 표시

나. 등고선의 간격

등고선 종류	기호	축척			
		1/5,000	1/10,000	1/25,000	1/50,000
주곡선	가는 실선	5	5	10	20
간곡선	가는 파선	2.5	2.5	5	10
조곡선 (보조곡선)	가는 점선	1.25	1.25	2.5	5
계곡선	굵은 실선	25	25	50	100

4.3.2 등고선의 성질

① 동일 등고선 상에 있는 모든 점은 같은 높이이다.

② 등고선은 반드시 도면 안이나 밖에서 서로 폐합한다.[그림 (a)]

③ 지도의 도면 내에서 폐합되면 가장 가운데 부분이 산꼭대기(산정) 또는 凹지(요지)가 된다.[그림 (b)]

④ 등고선은 도중에 없어지거나, 엇갈리거나[그림 (c)], 합쳐지거나[그림 (d)], 갈라지지 않는다.[그림 (e)]

⑤ 높이가 다른 두 등고선은 동굴이나 절벽의 지형이 아닌 곳에서는 교차하지 않는다.

⑥ 등고선은 경사가 급한 곳에서는 간격이 좁고 완만한 경사에서는 넓다.[그림 (g)]

⑦ 최대경사의 방향은 등고선과 직각으로 교차한다.[그림 (h)]

⑧ 분수선(능선)과 곡선(유하선)은 등고선과 직각으로 만난다.

⑨ 2쌍의 등고선의 볼록부가 상대할 때는 볼록부를 나타낸다.

⑩ 동등한 경사의 지표에서 양 등고선의 수평거리는 같다.

⑪ 같은 경사의 평면일 때는 나란한 직선이 된다.

⑫ 등고선이 능선을 직각방향으로 횡단한 다음 능선 다른 쪽을 따라 거슬러 올라간다.

⑬ 등고선의 수평거리는 산꼭대기 및 산 밑에서는 크고 산중턱에서는 작다.

(a)   (b)   (c)   (d)

| (e) | (f) | (g) | (h) |

‖ 등고선의 성질 ‖

4.3.3 등고선도의 이용

① 노선의 도상 설정　　　　　② 성토, 절토의 범위 결정
③ 집수면적의 측정　　　　　　④ 산의 체적
⑤ 댐의 유수량　　　　　　　　⑥ 지형의 경사

4.3.4 지성선(Topographical Line)

지표는 많은 凸선, 凹선, 경사변환선, 최대경사선으로 이루어졌다고 생각할 때 이 평면의 접합부, 즉 접선을 말하며 지세선이라고도 한다.

능선(凸선), 분수선	지표면의 높은 곳을 연결한 선으로 빗물이 이것을 경계로 좌우로 흐르게 되므로 분수선 또는 능선이라 한다.
계곡선(凹선), 합수선	지표면이 낮거나 움푹 패인 점을 연결한 선으로 합수선 또는 합곡선이라 한다.
경사변환선	동일 방향의 경사면에서 경사의 크기가 다른 두 면의 접합선을 경사변환선이라 한다.(등고선 수평간격이 뚜렷하게 달라지는 경계선)
최대경사선	지표의 임의의 한 점에 있어서 그 경사가 최대로 되는 방향을 표시한 선으로 등고선에 직각으로 교차하며 물이 흐르는 방향이라는 의미에서 유하선이라고도 한다.

‖ 능선과 계곡선 ‖　　　　　‖ 경사변환선 ‖

4.3.5 등고선에 의한 지형도 식별

산배(山背) · 산능(山稜)	산꼭대기와 산꼭대기 사이의 제일 높은 점을 이은 선으로 미근(尾根)이라 한다.
안부(鞍部)	서로 인접한 두 개의 산꼭대기가 서로 만나는 곳으로 좋은 교통로가 되는 고개 부분을 말한다.
계곡(溪谷)	계곡은 凹(요)선(곡선)으로 표시되며 계곡의 종단면은 상류가 급하고 하류가 완만하게 되므로 상류가 좁고 하류가 넓게 된다.
凹(요)지와 산정(山頂)	최대경사선의 방향에 화살표를 붙여서 표시한다.
대지(臺地)	대지에서 산꼭대기는 평탄하고 사면의 경사는 급하게 되므로 등고선 간격은 상부에서는 넓고 하부에선 좁다.
선상지(扇狀地)	산간부로부터 흐른 아래의 하천이 평지에 나타나면 급한 하천경사가 완만하게 되며 그곳에 모래를 많이 쌓아두며 원추상(圓錐狀)의 경사지(傾斜地), 즉 삼각주를 구성하는 것을 말한다.
산급(山級)	산꼭대기 부근이나 凸선(능선) 상에서 표시한 바와 같이 대지상(臺地狀)으로 되어 있는 것을 말하며 산급은 지형상의 요소로 기준선을 설치하기에 적당하다.
단구(段丘)	하안단구, 해안단구와 같이 계단상을 이룬 좁은 평지의 부분에서는 등고선 간격이 크게 된다. 단구는 여러 단으로 되어 있으나 급경사면과의 경계를 밝혀 식별되도록 등고선을 그린다.

‖ 산배(산능) ‖ ‖ 산배선과 곡선 ‖

‖ 안부 ‖ ‖ 계곡 ‖

| 오지와 산정 |　　| 대지 |

| 선상지 |　　| 산급 |　　| 단구 |

▪▪▪4.4 등고선의 측정방법 및 지형도의 이용

4.4.1 지형측량의 작업순서

측량계획 → 답사 및 선점 → 기준점(골조) 측량 → 세부측량 → 측량원도 작성 → 지도편집

4.4.2 측량계획, 답사 및 선점 시 유의사항

① 측량범위, 축척, 도식 등을 결정한다.
② 지형도 작성을 위해서 가능한 자료를 수집한다.
③ 작업의 용이성, 시간, 비용, 정밀도 등을 고려하여 선점한다.
④ 날씨 등의 외적 조건의 변화를 고려하여 여유 있는 작업 일지를 취한다.
⑤ 측량의 순서, 측량 지역의 배분 및 연결방법 등에 대해 작업원 상호의 사전조정을 한다.
⑥ 가능한 한 초기에 오차를 발견할 수 있는 작업방법과 계산방법을 택한다.

4.4.3 등고선의 측정방법

가. 기지점의 표고를 이용한 계산법

기지점의 표고를 이용한 계산법	$D : H = d_1 : h_1$ $\therefore d_1 = \dfrac{D}{H} \times h_1$ $D : H = d_2 : h_2$ $\therefore d_2 = \dfrac{D}{H} \times h_2$ $D : H = d_3 : h_3$ $\therefore d_3 = \dfrac{D}{H} \times h_3$	
목측에 의한 방법	현장에서 목측에 의해 점의 위치를 대충 결정하여 그리는 방법으로, 1/10,000 이하의 소축척의 지형 측량에 이용되며 많은 경험이 필요하다.	
방안법 (좌표점고법)	각 교점의 표고를 측정하고 그 결과로부터 등고선을 그리는 방법으로, 지형이 복잡한 곳에 이용한다.	
종단점법	지형상 중요한 지성선 위의 여러 개의 측선에 대하여 거리와 표고를 측정하여 등고선을 그리는 방법으로, 비교적 소축척의 산지 등의 측량에 이용한다.	
횡단점법	노선측량의 평면도에 등고선을 삽입할 경우에 이용되며 횡단측량의 결과를 이용하여 등고선을 그리는 방법이다.	

4.4.4 지형도의 이용 ⑭⑦ ⑲⑭❀⑦ ⑪⑭⑭

① ⑭향 결정
② ⑭치 결정
③ ⑭사 결정(구배계산)
   ⑤ 경사$(i) = \dfrac{H}{D} \times 100\,(\%)$

   ⑥ 경사각$(\theta) = \tan^{-1} \dfrac{H}{D}$

④ ⑭리 결정
⑤ ⑭면도 제작
⑥ ⑭적계산
⑦ ⑭적계산(토공량 산정)

| 등경사선의 계산 |

·· 4.5 등고선의 오차

최대수직위치오차 $\Delta H = dh + dl \cdot \tan\theta$

최대수평위치오차 $\Delta D = dh \cdot \cot\theta + dl$

┃ 등고선의 오차 ┃

4.5.1 적당한 등고선 간격

거리(dl) 및 높이(dh) 오차가 클 경우 인접하는 등고선이 서로 겹치게 되므로 이를 방지하기 위하여 도상에서 관측한 표고오차의 최댓값은 등고선 간격의 1/2을 초과하지 않도록 규정한다.

적당한 등고선 간격	$H \geq 2(dh + dl \cdot \tan\theta)$	여기서, dh : 높이관측오차 dl : 수평위치오차(도상위치오차×m) θ : 토지의 경사
등고선의 최소간격	$d = 0.25M(\text{mm})$	

CHAPTER 04 실전문제

01 등고선 측량방법 중 표고를 알고 있는 기지점에서 중요한 지성선을 따라 측선을 설치하고, 측선을 따라 여러 점의 표고와 거리를 측량하여 등고선을 측량하는 방법은?

① 방안법 　　　　② 횡단점법
③ 반향곡선 　　　④ 종단점법

●해설

등고선의 측정방법

방안법 (좌표점고법)	각교점의 표고를 측정하고 그 결과로부터 등고선을 그리는 방법으로 지형이 복잡한 곳에 이용한다.
종단점법	지형상 중요한 지성선 위의 여러 개의 측선에 대하여 거리와 표고를 측정하여 등고선을 그리는 방법으로 비교적 소축척의 산지 등의 측량에 이용
횡단점법	노선측량의 평면도에 등고선을 삽입할 경우에 이용되며 횡단측량의 결과를 이용하여 등고선을 그리는 방법이다.

02 지형도를 이용하여 작성할 수 있는 자료에 해당되지 않는 것은? 　12①기

① 종·횡단면도 작성
② 표고에 의한 평균유속 측정
③ 절토 및 성토범위의 결정
④ 등고선에 의한 체적 계산

●해설

표고에 의한 평균유속 측정은 지형도를 이용하여 작성할 수 없다.

지형도의 이용
• 저수량, 토공량 산정
• 노선의 도면상 선정
• 면적의 도상 측정
• 연직단면의 작성

03 축척 1/50,000 지형도에서 등고선 간격을 20m로 할 때 도상에서 표시될 수 있는 최소 간격을 0.45mm로 할 경우 등고선으로 표현할 수 있는 최대 경사각은? 　12①기

① 40.1° 　　　② 41.6°
③ 44.6° 　　　④ 46.1°

●해설

실제거리 = 50,000 × 0.00045 = 22.5m

경사각 = $\tan^{-1}\dfrac{20}{22.5}$ = 41.6°

04 다음 중 지형측량의 지성선에 해당되지 않는 것은? 　12②기

① 계곡선(합수선) 　　② 능선(분수선)
③ 경사변환선 　　　④ 주곡선

●해설

지성선은 지표면이 다수의 평면으로 이루어졌다고 생각할 때 이 평면의 접합부, 즉 접선을 말하며 지세선이라도 하며 능선(분수선), 합수선(합곡선), 경사변환선, 최대경사선으로 나뉘며 최대경사선(유하선)은 지표의 임의의 한 점에 있어서 그 경사가 최대로 되는 방향을 표시한 선을 말하며, 등고선에 직각으로 교차한다.

05 지형을 표시하는 일반적인 방법으로 옳지 않은 것은? 　12②기

① 음영법 　　　② 영선법
③ 등고선법 　　④ 조감도법

해설

지형도에 의한 지형표시법

자연적 도법	영선법 (우모법 Hatching)	"게바"라 하는 단선상(短線上)의 선으로 지표의 기본을 나타내는 것으로 게바의 사이, 굵기, 방향 등에 의하여 지표를 표시하는 방법
	음영법 (명암법 Shading)	태양광선이 서북 쪽에서 45°로 비친다고 가정하여 지표의 기복을 도상에서 2~3색 이상으로 채색하여 지형을 표시하는 방법으로 지형의 입체감이 가장 잘 나타나는 방법
부호적 도법	점고법 (Spot Height System)	지표면상의 표고 또는 수심의 숫자에 의하여 지표를 나타내는 방법으로 하천, 항만, 해양 등에 주로 이용
	등고선법 (Contour System)	동일 표고의 점을 연결한 것으로 등고선에 의하여 지표를 표시하는 방법으로 토목공사용으로 가장 널리 사용
	채색법 (Layer System)	같은 등고선의 지대를 같은 색으로 채색하여 높을수록 진하게, 낮을수록 연하게 칠하여 높이의 변화를 나타내며 지리관계의 지도에 주로 사용

06 축척 1/50,000의 지형도에서 A의 표고가 235m이고, B의 표고가 563m일 때 지형도 상에 주곡선의 간격으로 등고선을 몇 개 삽입할 수 있는가? 12②기

① 13 ② 15
③ 17 ④ 19

해설

등고선의 간격 중 축척 1/50,000의 주곡선 간격은 20m이므로 두 점의 표고차는

$$\frac{560-240}{20}+1=17개$$

07 그림과 같이 2개의 산꼭대기가 서로 만나는 곳으로 좋은 교통로가 되는 고개 부분을 무엇이라 하는가? 12③기

① 요지 ② 능선
③ 안부 ④ 경사변환점

해설

안부란 산악능선이 낮아져서 말안장 모양으로 된 곳을 말하며 곡두침식이 양쪽에서 일어나 능선이 낮아진 데서 생긴다. 산을 넘는 교통로는 대체로 이 부분을 이용하며 "고개"라고 부른다.

08 지도 작성 측량 시 해안선의 기준이 되는 것은?
12③기

① 측정 당시 수면 ② 평균 해수면
③ 최고 저조면 ④ 최고 고조면

해설

표고의 기준
• 육지표고기준 : 평균해수면(중등조위면, MSL ; Mean Sea Level)
• 海底水深, 干出岩의 높이, 低潮線 : 평균최저간조면(MLLW ; Mean Lowest Low Water Level)
• 海岸線 : 해면이 평균 최고고조면(MHHW ; Mean Highest High Water Level)에 달하였을 때 육지와 해면의 경계로 표시한다.

09 등고선에 대한 설명으로 옳지 않은 것은?
12③기

① 계곡선 간격이 100m이면 주곡선 간격은 20m이다.
② 계곡선은 주곡선보다 굵은 실선으로 그린다.
③ 주곡선 간격이 10m이면 1 : 10,000 지형도이다.
④ 간곡선 간격이 2.5m이면 주곡선 간격은 5m이다.

해설

1. 축척별 등고선의 간격(단위 : m)

등고선	기호	1/10,000	1/25,000	1/50,000
주곡선	가는 실선	5	10	20
간곡선	가는 파선	2.5	5	10
조곡선	가는 점선	1.25	2.5	5
계곡선	굵은 실선	25	50	100

2. 등고선의 성질
- 동일 등고선상에 있는 모든 점은 같은 높이다.
- 등고선은 도면 내외에서 폐합하는 폐곡선이다.
- 지도의 도면 내에서 폐합하는 경우 등고선의 내부에 산정 또는 분지가 있다.
- 두 쌍의 등고선의 볼록부가 상대할 때는 볼록부를 나타낸다.
- 높이가 다른 두 등고선은 동굴이나 절벽의 지형이 아닌 곳에서는 교차하지 않으며, 동굴이나 절벽은 반드시 두 점에서 교차한다.

10 다음 중 지형도의 이용과 거리가 먼 것은?

13②기

① 연직단면의 작성　② 저수용량, 토공량의 산정
③ 면적의 도상 측정　④ 지적도 작성

◉해설

지형도의 이용
- 방향 결정
- 위치 결정 : 경·위도 결정, 표고 결정
- 경사 결정 : 지표경사 결정, 등경사선의 결정, 최대경사선 결정
- 거리 결정 : 직선·곡선수평거리, 직선·곡선경사거리
- 단면도 작성 : 단면도·종단면도 작성
- 면적계산 : 수평면적, 유역면적, 담수면적
- 체적계산 : 등고선에 의한 방법, 계획면이 수평일 때, 계획면이 경사진 경우

11 등고선 측정방법 중 지성선 상의 중요한 지점의 위치와 표고를 측정하여 이 점들을 기준으로 하여 등고선을 삽입하는 방법은?

13②기

① 횡단점법　② 종단점법
③ 지형점법　④ 방안점법

◉해설

문제 01번 해설 참고

12 지형측량에서 독립표고(Spot Height)를 나타내어야 하는 곳으로 적당하지 않은 것은?

13③기

① 독립건물 앞
② 도로교차점
③ 조곡선상
④ 경사가 급히 변하는 지점

◉해설

조곡선상은 독립표고(Spot Height)를 나타내어야 하는 곳으로 적당하지 않다.

13 지형측량에 관한 설명으로 틀린 것은?

13③기

① 지형의 표시방법에는 자연적 도법(영선법, 음영법)과 부호적 도법(등고선법, 단채법)이 있다.
② 지성선은 지형을 묘사하기 위한 중요한 선으로 능선, 최대경사선, 계곡선 등이 있다.
③ 축척 1 : 50,000, 1 : 2,5000, 1 : 5,000 지형도의 주곡선 간격은 각각 20m, 10m, 2m이다.
④ 등고선 중 간곡선 간격은 조곡선 간격의 2배이다.

◉해설

축척별 등고선의 간격

(단위 : m)

등고선 종류	기호	축척			
		$\frac{1}{5,000}$	$\frac{1}{10,000}$	$\frac{1}{25,000}$	$\frac{1}{50,000}$
주곡선	가는 실선	5	5	10	20
간곡선	가는 파선	2.5	2.5	5	10
조곡선 (보조곡선)	가는 점선	1.25	1.25	2.5	5
계곡선	굵은 실선	25	25	50	100

14 하천, 호수, 항만 등의 수심을 나타내기에 가장 적합한 지형표시방법은?

14③기

① 단채법　② 점고법
③ 영선법　④ 채색법

◉해설

문제 05번 해설 참고

15 지형도에 의한 댐의 저수량 측정에 사용할 방법으로 적당한 것은? 15①기

① 영선법 ② 채색법
③ 음영법 ④ 등고선법

◀해설▶

문제 05번 해설 참고

16 우리나라 1 : 50,000 지형도의 간곡선 간격으로 옳은 것은? 12①산

① 5m ② 10m
③ 20m ④ 25m

◀해설▶

문제 13번 해설 참고

17 지형의 표시방법 중 태양 광선이 서북쪽에서 경사 45도의 각도로 비친다고 가정하여 지표의 기복에 대하여 그 명암을 2~3색 이상으로 도면에 채색해 기복의 모양을 표시하는 방법은? 12①산

① 음영법 ② 점고법
③ 등고선법 ④ 채색법

◀해설▶

문제 05번 해설 참고

18 캔트를 계산하여 C를 얻었다. 같은 조건에서 곡선 반지름을 4배로 할 때 변화된 캔트(C′)는? 12①산

① C/4 ② C/2
③ 2C ④ 4C

◀해설▶

완화곡선에서 곡선반경의 증가율은 캔트의 감소율과 동률(다른 부호)이므로 반지름이 4배가 되면 캔트는 1/4배가 된다.

19 등고선의 종류에 대한 설명으로 옳지 않은 것은? 12②산

① 지형을 표시하는 데 기본이 되는 곡선을 주곡선이라 한다.
② 간곡선은 주곡선 간격의 1/2의 간격으로 표시한다.
③ 조곡선은 간곡선 간격의 1/2의 간격으로 표시한다.
④ 계곡선은 주곡선 간격의 1/2의 간격으로 표시한다.

◀해설▶

문제 13번 해설 참고

20 등고선의 성질에 대한 설명으로 옳지 않은 것은? 12②산

① 동일 등고선상의 모든 점들은 같은 높이에 있다.
② 경사가 급하면 간격이 넓고 경사가 완만하면 간격이 좁다.
③ 능선 또는 계곡선과 직각으로 만나다.
④ 도면 내외에서 폐합하는 폐곡선이다.

◀해설▶

문제 26번 해설 참고

21 그림과 같은 지형표시법을 무엇이라고 하는가? 12③산

① 영선법 ② 음영법
③ 채색법 ④ 등고선법

◀해설▶

문제 05번 해설 참고

22 축척이 m인 지형도에서 주곡선의 간격을 l이라 할 때, 간곡선의 간격은? 12③산

① $l/2$ ② $2l$
③ m/4 ④ 2m

해설
문제 13번 해설 참고

23 등고선에 관한 설명 중 틀린 것은? 13①산

① 주곡선은 등고선 간격의 기준이 되는 선이다.
② 간곡선은 주곡선 간격의 1/2마다 표시한다.
③ 조곡선은 간곡선 간격의 1/4마다 표시한다.
④ 계곡선원 주곡선 5개마다 굵게 표시한다.

해설
문제 13번 해설 참고

24 등고선도로 알 수 없는 것은? 13①산

① 산의 체적 ② 댐의 유수량
③ 연직선 편차 ④ 지형의 경사

해설
1. 등고선도의 이용
 • 노선의 도상 선정
 • 성토, 절토의 범위 결정
 • 집수면적의 측정
 • 산의 체적
 • 댐의 유수량
 • 지형의 경사
2. 연직선편차 : 지구상 어느 한 점에서 타원체의 법선(수직선)과 지오이드의 법선(연직선)과의 차이

25 지형표시법 중 지표의 같은 높이의 점을 연결한 곡선을 이용하여 지표면의 형태를 표시하는 방법으로 지형도 작성에서 가장 널리 쓰이는 방법은? 13②산

① 점고법 ② 단채법
③ 영선법 ④ 등고선법

해설
문제 05번 해설 참고

26 지형도의 등고선에 대한 설명으로 옳지 않은 것은? 13②산

① 등고선의 표고수치는 평균해수면을 기준으로 힌다.
② 한 장의 지형도에서 주곡선의 등고선 간격은 일정하다.
③ 등고선은 수준점 높이와 같은 정도의 정밀도가 있어야 한다.
④ 계곡선은 도면의 안팎에서 반드시 폐합한다.

해설
등고선의 성질
• 동일 등고선상에 있는 모든 점은 같은 높이이다.
• 등고선은 반드시 도면 안이나 밖에서 서로가 폐합한다.
• 지도의 도면 내에서 폐합되면 가장 가운데 부분은 산꼭대기(산정) 또는 凹지(요지)가 된다.
• 등고선은 도중에 없어지거나, 엇갈리거나, 합쳐지거나, 갈라지지 않는다.
• 높이가 다른 두 등고선은 동굴이나 절벽의 지형이 아닌 곳에서는 교차하지 않는다.
• 등고선은 경사가 급한 곳에서는 간격이 좁고 완만한 경사에서는 넓다.
• 최대경사의 방향은 등고선과 직각으로 교차한다.
• 분수선(능선)과 곡선(유하선)은 등고선과 직각으로 만난다.
• 2쌍의 등고선의 볼록부가 상대할 때는 볼록부를 나타낸다.
• 동등한 경사의 지표에서 양 등고선의 수평거리는 같다.
• 같은 경사의 평면일 때는 나란한 직선이 된다.
• 등고선이 능선을 직각방향으로 횡단한 다음 능선 다른 쪽을 따라 거슬러 올라간다.
• 등고선의 수평거리는 산꼭대기 및 산 밑에서는 크고 산중턱에서는 작다.

27 1 : 50,000 지형도 상에서 두 점 간의 거리를 측정하니 4cm이었다. 축척이 다른 지형도에서 동일한 두 점 간의 거리가 10cm이었다면 이 지형도의 축척은? 13③산

① 1 : 5,000 ② 1 : 10,000
③ 1 : 20,000 ④ 1 : 25,000

해설

$$\frac{1}{50,000} : 4 = \frac{1}{m} : 10$$

$$\frac{4}{m} = \frac{10}{50,000}$$

$$\therefore m = \frac{4 \times 50,000}{10} = \frac{1}{20,000}$$

28 지형도에서 소축척인 경우 등고선 주곡선의 일반적인 간격은? 13③산

① 축척분모의 약 1/500   ② 축척분모의 약 1/1,000

③ 축척분모의 약 1/2,500 ④ 축척분모의 약 1/4,000

해설

축척별 등고선의 간격

(단위 : m)

구분	기호	$\frac{1}{5,000}$	$\frac{1}{10,000}$	$\frac{1}{25,000}$	$\frac{1}{50,000}$
주곡선	가는 실선	5	5	10	20
간곡선	가는 파선	2.5	2.5	5	10
조곡선 (보조곡선)	가는 점선	1.25	1.25	2.5	5
계곡선	굵은 실선	25	25	50	100

등고선 간격은 일반적으로 축척분모수의 $\frac{1}{2,000} \sim \frac{1}{2,500}$ 이다.

29 노선의 결정에 고려하여야 할 사항으로 옳지 않은 것은? 13③산

① 가능한 경사가 완만할 것

② 절토의 운반거리가 짧을 것

③ 배수가 완전할 것

④ 가능한 곡선으로 할 것

해설

노선 선정 조건
• 건설비와 유지비가 적게 드는 노선이어야 한다.
• 절토와 성토가 균형을 이루어야 한다.
• 가급적 급경사 노선은 피한다.
• 배수가 원활해야 한다.
• 교통성이 좋아야 한다.

30 축척 1 : 25,000 지형도에서 A, B지점 간의 경사각은?(단, AB 간의 도상거리는 4cm이다.) 14①산

① 0° 01′ 41″

② 1° 08′ 45″

③ 1° 43′ 06″

④ 2° 12′ 26″

해설

먼저 수평거리를 구하면
실제거리 = 축척 × 도상거리
= $25,000 \times 4cm = 100,000cm = 1,000m$

경사각$(\theta) = \tan^{-1}\frac{20}{1,000} = 1°8′44.75″$

31 지형도의 이용에 관한 설명으로 틀린 것은? 14①산

① 토량의 계산   ② 저수량의 측정

③ 하천유역면적의 측정   ④ 일필지 면적의 측정

해설

지형도의 이용
1. 방향결정
2. 위치결정
3. 경사결정(구배계산)

• 경사$(i) = \frac{H}{D} \times 100(\%)$

• 경사각$(\theta) = \tan^{-1}\frac{H}{D}$

4. 거리결정
5. 단면도 제작
6. 면적계산
7. 체적계산(토공량 산정)

32 반지름 500m인 원곡선에서 편각법에 의하여 곡선을 설치하려 한다. 중심말뚝 간격 20m에 대한 편각은? 14①산

① 1° 08′ 45″   ② 1° 10′ 45″

③ 1° 12′ 45″   ④ 1° 14′ 45″

◉해설

편각 $\delta = \dfrac{l}{R} \times \dfrac{90°}{\pi}$

$\quad = 1,718.87' \dfrac{l}{R} = 1,718.87' \times \dfrac{20}{500}$

$\quad = 1°8'45.29''$

33 등고신의 성질에 대한 설명으로 옳은 것은?

14①산

① 급경사지에서는 등고선의 간격이 넓고 완경사지에서는 좁아진다.
② 같은 경사면인 지표에서는 표고가 높아짐에 따라 간격이 좁아진다.
③ 높이가 다른 등고선은 반드시 교차하거나 합쳐지지 않는다.
④ 등고선은 도면 안 또는 밖에서 반드시 폐합한다.

◉해설

문제 26번 해설 참고

34 등고선의 성질에 대한 설명으로 틀린 것은?

14②산

① 등고선은 등경사지에서는 등간격이다.
② 높이가 다른 등고선은 절대로 서로 만나지 않는다.
③ 동일 등고선 상에 있는 모든 점은 같은 높이이다.
④ 등고선 간의 최단거리의 방향은 그 지표면의 최대경사의 방향을 가리킨다.

◉해설

문제 26번 해설 참고

35 등고선에 직각이며 물이 흐르는 방향을 의미하는 지성선은?

14②산

① 분수선
② 합수선
③ 경사변환선
④ 최대경사선

◉해설

지성선

지표는 많은 凸선, 凹선, 경사변환선, 최대 경사선으로 이루어졌다고 생각할 때 이 평면의 접합부, 즉 접선을 말하며 지세선이라고도 한다.

1. 능선(凸선), 분수선 : 지표면의 높은 곳을 연결한 선으로 빗물이 이것을 경계로 좌우로 흐르게 되므로 V자형으로 표시
2. 계곡선(凹선), 합수선 : 지표면이 낮거나 움푹 패인 점을 연결한 선으로 A Y자형으로 표시
3. 경사변환선 : 동일 방향의 경사면에서 경사의 크기가 다른 두 면의 접합선(등고선 수평간격이 뚜렷하게 달라지는 경계선)
4. 최대경사선
   • 지표의 임의의 한 점에 있어서 그 경사가 최대로 되는 방향을 표시한 선
   • 등고선에 직각으로 교차한다.
   • 물이 흐르는 방향이라는 의미에서 유하선이라고도 한다.

36 우리나라의 1 : 25,000 지형도에서 계곡선의 간격은?

14②산

① 10m
② 20m
③ 50m
④ 100m

◉해설

문제 13번 해설 참고

37 지형측량에서 기설 삼각점만으로 세부측량을 실시하기에 부족할 경우 새로운 기준점을 추가적으로 설치하는데 이 점을 무엇이라고 하는가?

14③산

① 경사변환점
② 방향변환점
③ 도근점
④ 이기점

◉해설

지형측량에서 기설 삼각점만으로 세부측량을 실시하기에 부족할 경우 새로운 기준점을 추가적으로 설치하는 점을 도근점이라 한다.

정답 33 ④ 34 ② 35 ④ 36 ③ 37 ③

38 건설현장 중 부지의 정지작업을 위한 토량 산정 또는 저수지의 용량 등을 측정하는 데 주로 사용되는 방법은? 14③산

① 영선법 ② 음영법
③ 채색법 ④ 등고선법

● 해설

지형도에 의한 지형표시법

자연적 도법	영선법 (우모법 Hatching)	"게바"라 하는 단선상(短線上)의 선으로 지표의 기본을 나타내는 것으로 게바의 사이, 굵기, 방향 등에 의하여 지표를 표시하는 방법
	음영법 (명암법 Shading)	태양광선이 서북 쪽에서 45°로 비친다고 가정하여 지표의 기복을 도상에서 2~3색 이상으로 채색하여 지형을 표시하는 방법으로 지형의 입체감이 가장 잘 나타나는 방법
부호적 도법	점고법 (Spot Height System)	지표면상의 표고 또는 수심을 숫자에 의하여 지표를 나타내는 방법으로 하천, 항만, 해양 등에 주로 이용
	등고선법 (Contour System)	동일 표고의 점을 연결한 것으로 등고선에 의하여 지표를 표시하는 방법으로 토목공사용으로 가장 널리 사용
	채색법 (Layer System)	같은 등고선의 지대를 같은 색으로 채색하여 높을수록 진하게 낮을수록 연하게 칠하여 높이의 변화를 나타내며 지리관계의 지도에 주로 사용

39 축척 1 : 25,000 지형도에서 간곡선의 간격은? 14③산

① 1.25m ② 2.5m
③ 5m ④ 10m

● 해설

문제 42번 해설 참고

40 지형의 표시법 중 급경사는 굵고 짧게, 완경사는 가늘고 길게 표시하는 방법은? 15①산

① 음영법 ② 영선법
③ 채색법 ④ 등고선법

● 해설

문제 38번 해설 참고

41 측점 A 의 횡단면적이 32m, 측점 B 의 횡단면적이 48m^{2}이고, 두 측점 간 거리가 20m일 때 토공량은? 15①산

① 640m^3 ② 780m^3
③ 800m^3 ④ 960m^3

● 해설

양단면 평균법

$$V = \left(\frac{A_1 + A_2}{2}\right) \times l = \frac{32 + 48}{2} \times 20 = 800\text{m}^3$$

42 축척 1 : 25,000 지형도에서 4% 기울기의 노선 선정 시 계곡선 사이에 취하여야 할 도상 수평거리는? 15①산

① 5mm ② 10mm
③ 50mm ④ 100mm

● 해설

축척별 등고선의 간격

(단위 : m)

구분	기호	$\frac{1}{5,000}$	$\frac{1}{10,000}$	$\frac{1}{25,000}$	$\frac{1}{50,000}$
주곡선	가는 실선	5	5	10	20
간곡선	가는 파선	2.5	2.5	5	10
조곡선 (보조곡선)	가는 점선	1.25	1.25	2.5	5
계곡선	굵은 실선	25	25	50	100

경사$(i) = \dfrac{h}{D}$ 에서 $D = \dfrac{h}{i} = \dfrac{50}{0.04} = 1,250$m

실제거리＝도상거리×m

도상거리＝$\dfrac{실제거리}{m} = \dfrac{1,250}{25,000} = 0.05\text{m} = 50\text{mm}$

43 등고선에 대한 설명으로 틀린 것은? 15②산

① 주곡선은 지형을 표시하는 데 기본이 되는 선이다.
② 계곡선은 주곡선 10개마다 굵게 표시한다.
③ 간곡선은 주곡선 간격의 1/2이다.
④ 조곡선은 간곡선 간격의 1/2이다.

정답 **38** ④ **39** ③ **40** ② **41** ③ **42** ③ **43** ②

◯해설

문제 13번 해설 참고

44 1 : 50,000 지형도에서 A점은 140m 등고선 위에, B점은 180m 등고선 위에 있다. 두 점 사이의 경사가 15%일 때 수평거리는? 15②산

① 255.56m   ② 266.67m

③ 277.78m   ④ 288.89m

◯해설

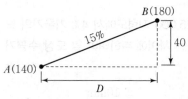

$i = \dfrac{h}{D} \cdot 100$ 에서

$D = \dfrac{100}{i} h = \dfrac{100}{15} \times 40$

$\quad = 266.67\text{m}$

45 지형도는 지표면 상의 자연 및 지물(地物), 지모(地貌)를 표현하게 되는데, 다음 항목 중에서 지모(地貌)에 해당되지 않는 것은? 15②산

① 도로   ② 계곡

③ 평야   ④ 구릉

◯해설

• 지물(地物) : 지표면 위의 인공적인 시설물(예 교량, 도로, 철도, 하천, 호수, 건축물 등)
• 지모(地貌) : 지표면 위의 자연적인 토지의 기복상태(예 산정, 구릉, 계곡, 평야 등)

46 등고선 간 최소거리의 방향이 의미하는 것은? 15②산

① 최대 경사 방향   ② 최소 경사 방향

③ 하향 경사 방향   ④ 상향 결사 방향

◯해설

등고선의 성질
• 동일 등고선 상에 있는 모든 점은 같은 높이이다.
• 등고선은 반드시 도면 안이나 밖에서 서로 폐합한다.
• 지도의 도면 내에서 폐합되면 가장 가운데 부분은 산꼭대기(산정) 또는 凹지(요지)가 된다.
• 등고선은 도중에 없어지거나 엇갈리거나 합쳐지거나 갈라지지 않는다.
• 높이가 다른 두 등고선은 동굴이나 절벽의 지형이 아닌 곳에서는 교차하지 않는다.
• 등고선은 경사가 급한 곳에서는 간격이 좁고, 완만한 경사에서는 넓다.
• 최대경사의 방향은 등고선과 직각으로 교차한다.
• 분수선(능선)과 곡선(유하선)은 등고선과 직각으로 만난다.
• 2쌍의 등고선의 볼록부가 상대할 때는 볼록부를 나타낸다.
• 동등한 경사의 지표에서 양 등고선의 수평거리는 같다.
• 같은 경사의 평면일 때는 나란한 직선이 된다.
• 등고선이 능선을 직각방향으로 횡단한 다음 능선 다른 쪽을 따라 거슬러 올라간다.
• 등고선의 수평거리는 산꼭대기 및 산밑에서는 크고 산중턱에서는 작다.

47 지형측량의 요소가 아닌 것은? 15③산

① 지성선   ② 경사변환점

③ 경사변환선   ④ 토지의 경계점

◯해설

문제 35번 해설 참고

48 등고선의 성질에 대한 설명으로 틀린 것은? 15③산

① 분수선과 평행하다.

② 절벽에서 서로 만난다.

③ 최대경사선과 직교한다.

④ 도면의 안 또는 밖에서 반드시 폐합한다.

◯해설

문제 46번 해설 참고

정답   44 ②   45 ①   46 ①   47 ④   48 ①

CHAPTER 05 노선측량

·· 5.1 정의

도로, 철도, 운하 등의 교통로의 측량, 수력발전의 도수로 측량, 상하수도의 도수관의 부설에 따른 측량 등 폭이 좁고 길이가 긴 구역의 측량을 말한다. 그러므로 노선의 목적과 종류에 따라 측량도 약간 다르게 된다. 삼각측량 또는 다각측량에 의하여 골조를 정하고 이를 기본으로 지형도를 작성하고 종횡단면도 작성, 토량 등도 계산하게 되는 것이다.

·· 5.2 분류

••5.3 순서

① 지형측량 → ② 중심선측량 → ③ 종단측량 → ④ 횡단측량 → ⑤ 용지측량 → ⑥ 시공측량

••5.4 단곡선의 각부 명칭 및 공식

5.4.1 단곡선의 각부 명칭

B.C	곡선시점(Biginning of Curve)
E.C	곡선종점(End of Curve)
S.P	곡선중점(Secant Point)
I.P	교점(Intersection Point)
I	교각(Intersetion Angle)
∠AOB	중심각(Central Angl) : I
R	곡선반경(Radius of Curve)
$\widehat{AB}$	곡선장(Curve Length) : C.L
AB	현장(Long Chord) : C
T.L	접선장(Tangent Length) : AD, BD
M	중앙종거(Middle Ordinate)
E	외할(External Secant)
δ	편각(Deflection Angle) : $\angle VAG$

┃ 단곡선의 명칭 ┃

5.4.2 공식

접선장 (Tangent Length)	$\tan\dfrac{I}{2} = \dfrac{TL}{R}$ 에서 $TL = R \cdot \tan\dfrac{I}{2}$

곡선장 (Curve Length)	• 원둘레 : $2\pi R$ • 중심각 $1°$에 대한 원둘레의 길이 : $\dfrac{2\pi R}{360°}$ • $2\pi R : CL = 360° : I$ $\therefore CL = \dfrac{\pi}{180°} \cdot R \cdot I = 0.01745RI$	
외할 (External Secant)	$\sec\dfrac{I}{2} = \dfrac{l}{R}$ 에서 $l = R \cdot \sec\dfrac{I}{2}$ $E = l - R$ $\quad = R \cdot \sec\dfrac{I}{2} - R$ $\quad = R\left(\sec\dfrac{I}{2} - 1\right)$	
중앙종거 (Middle Ordinate)	$\cos\dfrac{I}{2} = \dfrac{x}{R}$ 에서 $x = R \cdot \cos\dfrac{I}{2}$ $M = R - x$ $\quad = R - R \cdot \cos\dfrac{I}{2}$ $\quad = R\left(1 - \cos\dfrac{I}{2}\right)$	
현장 (Long Chord)	$\sin\dfrac{I}{2} = \dfrac{\dfrac{C}{2}}{R} = \dfrac{C}{2R}$ $\therefore C = 2R \cdot \sin\dfrac{I}{2}$	
편각 (Deflection Angle)	$\delta = \dfrac{l}{2R} \times \dfrac{180°}{\pi} = \dfrac{l}{R} \times \dfrac{90°}{\pi} = 1,718.87' \times \dfrac{l}{R}\,(\pi : 3.1415926)$	
곡선시점	$B.C = I.P - T.L$	
곡선종점	$E.C = B.C + C.L$	
시단현	$l_1 = B.C$ 점부터 $B.C$ 다음 말뚝까지의 거리	
종단현	$l_2 = E.C$ 점부터 $E.C$ 바로 앞 말뚝까지의 거리	
호길이(L)와 현길이(l)의 차	$l = L - \dfrac{L^3}{24R^2}$, $\quad L - l = \dfrac{L^3}{24R^2}$	
중앙종거와 곡률반경의 관계	$R^2 - \left(\dfrac{L}{2}\right)^2 = (R - M)^2 \qquad R = \dfrac{L^2}{8M} + \dfrac{M}{2}$ (여기서, $\dfrac{M}{2}$ 은 미세하여 무시해도 됨)	

Example 01

반경 150m인 원곡선을 설치하려고 한다. 도로의 시점으로부터 740.25m에 있는 교점 I.P점에 장애물이 있어 그림과 같이 $\angle A$, $\angle B$를 관측하였을 때 다음 요소들을 계산하시오.

1) 교각
2) TL(접선장)
3) CL(곡선장)
4) C(징현)
5) M(중앙종거)
6) BC의 측점번호, EC의 측점번호
7) 시단현, 종단현 길이
8) 시단현 편각, 종단현 편각

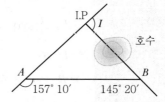

해설 및 정답

1) 교각

① $\angle A = 180 - 157°10' = 22°50'$

② $\angle B = 180 - 145°20' = 34°40'$

③ 교각$(I) = 22°50' + 34°40' = 57°30'$

2)
$$TL = R \cdot \tan\frac{I}{2} = 150 \cdot \tan\frac{57°30'}{2} = 82.3\text{m}$$

3)
$$CL = 0.01745R \cdot I = 0.01745 \times 150 \times 57°30' = 150.51\text{m}$$

4)
$$C = 2R \cdot \sin\frac{I}{2} = 2 \times 150 \times \sin\frac{57°30'}{2} = 144.30\text{m}$$

5)
$$M = R\left(1 - \cos\frac{I}{2}\right) = 150\left(1 - \cos\frac{57°30'}{2}\right) = 18.49\text{m}$$

6) BC의 측점번호, EC의 측점번호

$BC = IP - TL = 740.25 - 82.3 = 657.95\text{m}$

$NO32 + 17.95 = 17.95$

$EC = BC + CL = 657.95 + 150.51 = 808.46\text{m}$

$NO40 + 8.46 = 8.46\text{m}$

7) 시단현, 종단현 길이

$L_1 = 660 - 657.95 = 2.05\text{m}$

$L_2 = 808.46 - 800 = 8.46\text{m}$

8) 시단현 편각, 종단현 편각

① 20m에 대한 편각
$$\delta = 1718.87' \times \frac{20}{150} = 3°49'11''$$

② 시단현에 대한 편각
$$\delta_1 = 1718.87' \times \frac{2.05}{150} = 0°23'29.47''$$

③ 종단현에 대한 편각
$$\delta_2 = 1718.87' \times \frac{8.46}{150} = 1°36'56.66''$$

Example 02

다음과 같은 단곡선에서 AC 및 BD 사이의 거리를 편각법을 설치하고자 한다. 그러나 중간에 장애물이 있어 CD의 거리 및 α, β를 측정하여 $CD = 200$m, $\alpha = 50°$, $\beta = 40°$를 얻었다. C점의 위치가 도로 시점(No.0)으로부터 150.40m이고 C를 곡선의 시점으로 할 때 다음 요소들을 구하시오 (단, 거리는 소수 첫째 자리, 각은 1″단위 계산)

1) 접선장(TL)
2) 곡선방경(R)
3) 곡선장(CL)
4) 중앙종거(M)
5) 외할(E)
6) 도로시점(BC)에서 곡선종점까지 추가거리
7) 시단현, 종단현 길이
8) 편각(δ_1, δ_2)

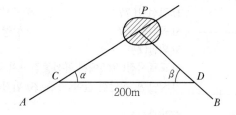

해설 및 정답

1) 접선장(TL)

$$TL = \frac{TL}{\sin 40} = \frac{200}{\sin 90}$$

$$TL = \frac{\sin 40 \times 200}{\sin 90} = 128.56 = 128.6\text{m}$$

2) 곡선반경(R)

$$TL = R \cdot \tan\frac{I}{2}$$

$$128.6 = R \cdot \tan\frac{90°}{2}$$

$$R = 128.6\text{m}$$

3) 곡선장(CL)

$$CL = 0.01745R \cdot I = 0.01745 \times 128.6 \times 90° = 202.0$$

4) 중앙종거(M)

$$M = R\left(1 - \cos\frac{I}{2}\right) = 128.6\left(1 - \cos\frac{90°}{2}\right) = 37.7\text{m}$$

5) 외할(E)

$$E = R\left(\sec\frac{I}{2} - 1\right) = 128.6\left(\sec\frac{90°}{2} - 1\right) = 53.3\text{m}$$

6) 도로시점(BC)에서 곡선종점까지 추가거리

$$EC = BC + CL = 150.40 + 202.0 = 352.4\text{m}$$

7) 시단현, 종단현 길이

① $l_1 = 160 - 150.40 = 9.6$m

② $l_2 = 352.4 - 340 = 12.4$m

8) 시단현 편각(δ_1), 종단현 편각(δ_2) 길이

① $\delta_1 = 1718.87'\dfrac{l_1}{R} = 1718.87' \times \dfrac{9.6}{128.6} = 2°8'18''$

② $\delta_2 = 1718.87'\dfrac{l_2}{R} = 1718.87' \times \dfrac{12.4}{128.6} = 2°45'44''$

Example 03

다음의 그림과 같이 A와 B노선 사이에 노선을 계획할 때 P점에 장애물이 있어 C와 D점에서 $\angle C$, $\angle D$ 및 $\overline{CD}$의 거리를 측정하여 아래의 조건으로 단곡선을 설치하고자 한다. 다음 요소들을 계산하시오. (곡선반경 $R = 100$m, $\overline{CD} = 100$m, $\angle C = 30°$, $\angle D = 80°$, $\overline{AC}$의 거리는 453.02m이고 중심말뚝 간격은 20m 소수 첫째 자리, 각은 초 단위)

1) 접선장(TL)
2) 곡선방경(R)
3) 곡선장(CL)
4) 중앙종거(M)
5) 외할(E)
6) 도로시점(BC)에서 곡선종점까지 추가거리
7) 시단현, 종단현 길이
8) 편각(δ_1, δ_2)

해설 및 정답

1) 교각(I)

$\angle C + \angle D = 30° + 80° = 110°$

2) 접선장(TL)

$TL = R \cdot \tan\dfrac{I}{2} = 100 \cdot \tan\dfrac{110°}{2} = 142.8$m

3) 곡선장(CL)

$CL = 0.01745R \cdot I = 0.01745 \times 100 \times 110° = 192.0$m

4) 곡선부시점(BC) 곡선부 종점(EC)

① $\overline{CP}$ 거리 $= \dfrac{100}{\sin\angle P} = \dfrac{\overline{CP}}{\sin\angle D}$

$\overline{CP} = \dfrac{100 \times \sin 80°}{\sin 70°} = 104.80$m

② BC계산

총거리 $- TL = (453.02 + 104.80) - 142.8 = 415.02$m

(NO20 + 15.02m)

③ EC계산

$BC + CL = 415.02 + 192.0 = 607.02$m

(NO30 + 7.02m)

5) 시단현, 종단현 길이

$L_1 = 20 - 15.02 = 4.98$m

$L_2 = (\text{NO30})600 + 7.02 = 7.02$m

6) 시단편각, 종단편각

① 시단현에 대한 편각 : $\delta_1 = 1,718.87' \times \dfrac{4.98}{100} = 1°25'35.98''$

② 종단현에 대한 편각 : $\delta_2 = 1,718.87' \times \dfrac{7.02}{100} = 2°0'40''$

7) 20m에 대한 편각

$\delta = 1,718.87' \times \dfrac{20}{100} = 5°43'46''$

••• 5.5 단곡선(Simple Curve) 설치방법

5.5.1 편각 설치법

철도, 도로 등의 곡선 설치에 가장 일반적인 방법이며, 다른 방법에 비해 정확하나 반경이 적을 때 오차가 많이 발생한다.

시단현 편각

$$\delta_1 = \frac{l_1}{R} \times \frac{90°}{\pi} = 1718.87' \times \frac{l_1}{R}$$

종단현 편각

$$\delta_2 = \frac{l_2}{R} \times \frac{90°}{\pi} = 1718.87' \times \frac{l_2}{R}$$

말뚝간격에 대한 편각

$$\delta = \frac{l}{R} \times \frac{90°}{\pi} = 1718.87' \times \frac{l}{R}$$

┃ 편각법에 의한 곡선 설치 ┃

5.5.2 중앙종거법

곡선반경이 작은 도심지 곡선 설치에 유리하며 기설곡선의 검사나 정정에 편리하다. 일반적으로 1/4법이라고도 한다.

$$M_1 = R\left(1 - \cos\frac{I}{2}\right)$$

$$M_2 = R\left(1 - \cos\frac{I}{4}\right)$$

$$M_3 = R\left(1 - \cos\frac{I}{8}\right)$$

$$M_4 = R\left(1 - \cos\frac{I}{16}\right)$$

$$\therefore M_1 = 4M_2$$

┃ 중앙종거법 ┃

5.5.3 접선편거 및 현편거법

트랜싯을 사용하지 못할 때 폴과 테이프로 설치하는 방법으로 지방도로에 이용되며 정밀도는 다른 방법에 비해 낮다.

현편거(d) $d = \dfrac{l^2}{R}$

접선편거(t) $t = \dfrac{d}{2} = \dfrac{l^2}{2R}$

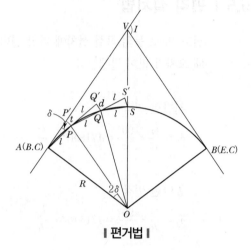

▮ 편거법 ▮

5.5.4 접선에서 지거를 이용하는 방법

양접선에 지거를 내려 곡선을 설치하는 방법으로 터널 내의 곡선설치와 산림지에서 벌채량을 줄일 경우에 적당한 방법이다.

① 편각 $\delta = \dfrac{l}{R} \times \dfrac{90°}{\pi}$

② 현장 $l = 2R\sin\delta (\fallingdotseq$ 호장 $l)$

③ $x = l\cos\delta = 2R\sin\delta\cos\delta = R\sin2\delta$

④ $y = l\sin\delta = 2R\sin^2\delta = R(1 - \cos2\delta)$

▮ 접선에서의 지거법 ▮

5.5.5 복심곡선 및 반향곡선 · 배향곡선

복심곡선 (Compound Curve)	반경이 다른 2개의 원곡선이 1개의 공통접선을 갖고 접선의 같은 쪽에서 연결하는 곡선을 말한다. 복심곡선을 사용하면 그 접속점에서 곡률이 급격히 변화하므로 될 수 있는 한 피하는 것이 좋다.
반향곡선 (Reverse Curve)	반경이 같지 않은 2개의 원곡선이 1개의 공통접선의 양쪽에 서로 곡선중심을 가지고 연결한 곡선이다. 반향곡선을 사용하면 접속점에서 핸들의 급격한 회전이 생기므로 가급적 피하는 것이 좋다.
배향곡선 (Hairpin Curve)	반향곡선을 연속시켜 머리핀 같은 형태의 곡선으로 된 것을 말한다. 산지에서 기울기를 낮추기 위해 쓰이므로 철도에서 Switch Back에 적합하여 산허리를 누비듯이 나아가는 노선에 적용한다.

| 복심곡선 | | 반향곡선 |

···5.6 완화곡선(Transition Curve)

완화곡선(Transition Curve)은 차량의 급격한 회전 시 원심력에 의한 횡방향 힘의 작용으로 인해 발생하는 차량운행의 불안정과 승객의 불쾌감을 줄이는 목적으로 곡률을 0에서 조금씩 증가시켜 일정한 값에 이르게 하기 위해 직선부와 곡선부 사이에 넣는 매끄러운 곡선을 말한다.

5.6.1 완화곡선의 성질

완화곡선의 특징	① 곡선반경은 완화곡선의 시점에서 무한대, 종점에서 원곡선 R로 된다. ② 완화곡선의 접선은 시점에서 직선에, 종점에서 원호에 접한다. ③ 완화곡선에 연한 곡선반경의 감소율은 캔트의 증가율과 같다. ④ 완화곡선 종점의 캔트와 원곡선 시점의 캔트는 같다. ⑤ 완화곡선은 이정의 중앙을 통과한다.
완화곡선의 길이	$$L = \frac{N}{1,000} \cdot C = \frac{N}{1,000} \cdot \frac{SV^2}{gR}$$ 여기서, C : Cant 　　　　　 g : 중력가속도 　　　　S : 궤간 거리 　　　 N : 완화곡선과 캔트의 비 　　　　V : 열차의 속도
이정(f)	$$f = \frac{L^2}{24R}$$
완화곡선의 접선길이	$$TL = \frac{L}{2} + (R+f)\tan\frac{I}{2}$$
완화곡선의 종류	① 클로소이드 : 고속도로에 많이 사용된다. ② 렘니스케이트 : 시가지 철도에 많이 사용된다. ③ 3차 포물선 : 철도에 많이 사용된다. ④ 반파장 sine 체감곡선 : 고속철도에 많이 사용된다. 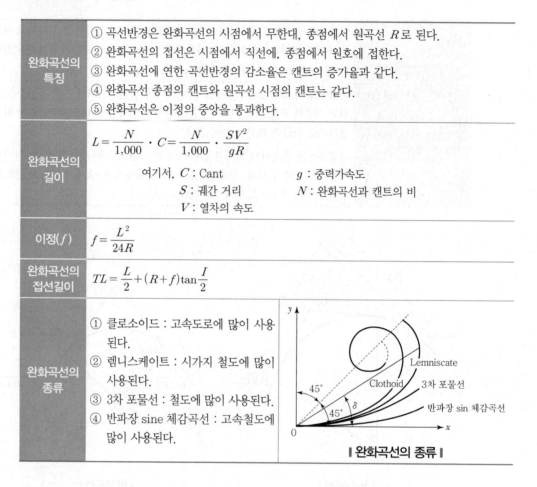 ┃완화곡선의 종류┃

5.6.2 캔트(Cant)와 확폭(Slack)

가. 캔트

곡선부를 통과하는 차량이 원심력이 발생하여 접선방향으로 탈선하려는 것을 방지하기 위해 바깥쪽 노면을 안쪽 노면보다 높이는 정도를 말하며 편경사라고 한다.

나. 슬랙

차량과 레일이 꼭 끼어서 서로 힘을 입게 되면 때로는 탈선의 위험도 생긴다. 이러한 위험을 막기 위하여 레일 안쪽을 움직여 곡선부에서는 궤간을 넓힐 필요가 있는데, 이 넓힌 치수를 말한다. 확폭이라고도 한다.

$$캔트 : C = \frac{SV^2}{Rg}$$

여기서, C : 캔트
 S : 궤간
 V : 차량속도
 R : 곡선반경
 g : 중력가속도

‖ 슬랙 ‖

$$슬랙 : \varepsilon = \frac{L^2}{2R}$$

여기서, ε : 확폭량
 L : 차량 앞바퀴에서 뒷바퀴까지의 거리
 R : 차선 중심선의 반경

‖ 확폭 ‖

▪▪5.7 클로소이드(Clothoid) 곡선

곡률이 곡선장에 비례하는 곡선을 클로소이드 곡선이라 한다.

5.7.1 클로소이드 공식

매개변수(A)	$A = \sqrt{RL} = l \cdot R = L \cdot r = \dfrac{L}{\sqrt{2\tau}} = \sqrt{2\tau} \cdot R, \quad A^2 = RL = \dfrac{L^2}{2\tau} = 2\tau R^2$
곡률반경(R)	$R = \dfrac{A^2}{L} = \dfrac{A}{l} = \dfrac{L}{2\tau} = \dfrac{A}{2\tau}$
곡선장(L)	$L = \dfrac{A^2}{R} = \dfrac{A}{r} = 2\tau R = A\sqrt{2\tau}$
접선각(τ)	$\tau = \dfrac{L}{2R} = \dfrac{L^2}{2A^2} = \dfrac{A^2}{2R^2}$

5.7.2 클로소이드 성질

① 클로소이드는 나선의 일종이다.
② 모든 클로소이드는 닮은꼴이다.(상사성이다.) 즉, Clothoid의 형은 하나밖에 없지만 매개변수 A를 바꾸면 크기가 다른 무수한 클로소이드를 만들 수 있다.
③ 단위가 있는 것도 있고 없는 것도 있다.
④ τ는 30°가 적당하다.
⑤ 확대율을 가지고 있다.
⑥ τ는 라디안으로 구한다.

5.7.3 클로소이드 형식

기본형	직선, 클로소이드, 원곡선 순으로 나란히 설치되어 있는 것	▌기본형▌
S형	반향곡선의 사이에 클로소이드를 삽입한 것	▌S형▌
난형	복심곡선의 사이에 클로소이드를 삽입한 것	▌난형▌
凸형	같은 방향으로 구부러진 2개 이상의 클로소이드를 직선적으로 삽입한 것	▌凸형▌
복합형	같은 방향으로 구부러진 2개 이상의 클로소이드를 이은 것으로 모든 접합부에서 곡률은 같다.	▌복합형▌

5.7.4 클로소이드 설치법

직각좌표에 의한 방법	• 주접선에서 직각좌표에 의한 설치법 • 현에서 직각좌표에 의한 설치법 • 접선으로부터 직각좌표에 의한 설치법
극좌표에 의한 방법	• 극각 동경법에 의한 설치법 • 극각 현장법에 의한 설치법 • 현각 현장법에 의한 설치법
기타에 의한 방법	• 2/8법에 의한 설치법 • 현다각으로부터의 설치법

···5.8 종단곡선(수직곡선)

노선의 종단구배가 변하는 곳에 충격을 완화하고 충분한 시거를 확보해 줄 목적으로 적당한 곡선을 설치하여 차량이 원활하게 주행할 수 있도록 설치한 곡선을 말한다.

5.8.1 원곡선에 의한 종단곡선

$$(l_1) = \frac{R}{2}(m-n) = \frac{R}{2}\left(\frac{m}{1,000} - \frac{n}{1,000}\right)$$

$$l = l_1 + l_2 = R(m \pm n)$$

여기서, m, n : 종단경사(‰)
  (상향경사(+), 하향경사(−))
 l : 종곡선길이
 l_1 : 교점에서 곡선의 시점까지의 거리

$$곡선시점에서 \; x만큼 \; 떨어진 \; 곳의 \; 종거(y) = \frac{x^2}{2R}$$

▎ 종단곡선(원곡선) ▎

5.8.2 2차 포물선에 의한 종단곡선

$$종곡선길이(L) = \frac{m-n}{3.6}V^2$$

여기서, V : 속도(km/h)

$$종거(y) = \frac{(m-n)}{2L}x^2$$

여기서, y : 종거, x : 횡거

$$계획고(H) = H' - y(H' = H_0 + mx)$$

여기서, H' : 제1경사선 $\overline{AF}$ 위의 점 P' 의 표고
H_0 : 종단곡선시점 A의 표고
H : 점 A에서 x 만큼 떨어져서 있는 중단곡
선 위의 점 P의 계획고

▌종단곡선(2차 포물선) ▌

CHAPTER 05 실전문제

01 노선측량의 작업 단계를 A~E와 같이 나눌 때, 일반적인 작업순서로 옳은 것은? 13①기

```
A : 실시설계측량
B : 계획조사측량
C : 노선 선정
D : 용지 및 공사 측량
E : 세부측량
```

① A → C → D → E → B
② A → C → B → D → E
③ C → A → D → B → E
④ C → B → A → E → D

해설

노선측량의 순서

노선 선정(路線線定) → 계획조사측량(計劃調査測量) → 실시설계측량(實施設計測量) → 세부측량(細部測量) → 용지측량(用地測量) → 공사측량(工事測量)

02 다음 노선측량 중 공사측량에 속하지 않는 것은? 14②기

① 용지측량
② 토공의 기준틀측량
③ 주요 말뚝의 인조점 설치 측량
④ 중심말뚝의 검측

해설

노선측량의 순서 및 방법

1. 노선선정
   • 도상선정   • 현지답사
2. 계획조사측량
   • 지형도 작성   • 비교선의 선정
   • 종단면도 작성   • 횡단면도 작성
   • 개략적 노선의 결정
3. 실시설계측량 : 지형도 작성, 중심선 선정, 중심선 설치(도상), 다각측량, 중심선 설치(현장), 고저측량 순서에 의한다.

4. 용지측량 : 횡단면도에 계획단면을 기입하여 용지 폭 결정 후 용지도 작성
5. 공사측량 : 현지에 고저기준점과 중심말뚝의 검측을 실시한다. 중요한 보조 말뚝의 외측에 인조점을 설치하고, 토공의 기준틀, 콘크리트 구조물의 형간의 위치측량 등을 실시한다.

03 다음 중 원곡선의 종류가 아닌 것은? 12②기

① 방향곡선   ② 단곡선
③ 렘니스케이트 곡선   ④ 복심곡선

해설

1. 복심곡선 : 반경이 다른 2개의 단곡선이 그 접속점에서 공통 접선을 갖고 곡선의 중심이 공통 접선과 같은 방향에 있을 때 이것을 복곡선이라 한다.
2. 반향곡선 : 반경이 같지 않은 2개의 단곡선이 공통 접선을 갖고 곡선의 중심이 공통 곡선의 반대쪽에 있는 곡선
3. 곡선의 종류
   • 원곡선 : 단곡선, 복심곡선, 반향곡선, 배향곡선
   • 완화곡선 : 클로소이드, 3차 포물선, 렘니스케이트, sine 체감곡선
   • 수직곡선 : 종곡선(원곡선, 2차 포물선), 횡단곡선

04 완화곡선에 대한 설명으로 틀린 것은? 12②기

① 반지름은 그 시작점에서 무한대이고, 종점에서는 원곡선의 반지름과 같다.
② 접선은 시점에서는 직선에, 종점에서는 원호에 접한다.
③ 완화곡선 중 클로소이드 곡선은 철도에 주로 이용된다.
④ 완화곡선에 연한 곡선반지름의 감소율은 캔트의 증가율과 같다.

해설

완화곡선의 특징
• 곡선반경은 완화곡선의 시점에서 무한대, 종점에서 원곡선의 반지름과 같다.
• 완화곡선의 접선은 시점에서 직선에, 종점에서 원호에 접한다.

정답 01 ④ 02 ① 03 ③ 04 ③

• 완화곡선에 연한 곡선반경의 감소율은 캔트의 증가율과 같다.
• 완화곡선의 종점의 캔트와 원곡선 시점의 캔트는 같다.

곡선(Curve)
1. 수평곡선(Horizontal Curve)
　ㄱ 원곡선(Circular Curve)
　　• 단곡선(Simple Curve)
　　• 복심곡선(Compound Curve)
　　• 반향곡선(Reverse Curve)
　　• 배향곡선(Hairpin Curvc)
　ㄴ 완화곡선(Transition Curve)
　　• 클로소이드(Clothoid) : 도로
　　• 렘니스케이트(Lemniscate) : 시가지 지하철
　　• 3차 포물선(Cubic Curve) : 철도
　　• Sim 체감곡선 : 고속철도
2. 종곡선(Vertical Curve)
　• 원곡선(Circular Curve) : 철도
　• 2차 포물선(Pararbola) : 도로

05 완화곡선의 극각(σ)이 45°일 때 클로소이드 곡선, 렘니스케이트 곡선, 3차 포물선 중 가장 곡률이 큰 곡선은? 13②기

① 클로소이드 곡선
② 렘니스케이트 곡선
③ 3차 포물선
④ 완화곡선은 종류에 상관없이 곡률이 모두 같다.

◀해설▶

클로소이드 곡선의 곡률이 가장 크다.

완화곡선의 종류

• 클로소이드 : 곡률반경이 곡선길이에 반비례, 도로에 사용
• 렘니스케이트 : 곡률반경이 현의 길이에 반비례, 지하철에 사용
• 3차 포물선 : 곡률반경이 현의 길이에 반비례, 철도에 사용

06 노선측량에서 곡선을 설치할 때 가장 먼저 결정하여야 할 것은? 13②기

① T.L.(접선길이)　　② C.L.(곡선길이)
③ B.C.(곡선시점)　　④ R(곡선반지름)

◀해설▶

단곡선 설치 순서
• 단곡선의 반경(R), 접선(2방향), 교서점(D), 교각(I)을 정한다.
• 단곡선의 반경(R)과 교각(I)으로부터 접선길이(TL), 곡선 길이(CL), 외할(E) 등을 계산하여 단곡선시점(BC), 곡선중 점(SP)의 위치를 결정한다.
• 시단현(l_1)과 종단현(l_2)의 길이를 구하고 중심말뚝의 위치를 정한다.

07 도로의 종단면도에 기입하는 사항이 아닌 것은? 13②기

① 추가말뚝의 추가거리, 측점 간의 거리
② 계획고, 지반고
③ 절·성토고, 계획선의 경사
④ 절·성토 단면적, 절·성토량

◀해설▶

종단면도 기입하는 사항
• 관측점 위치
• 관측점 간의 수평거리
• 각 관측점의 기점에서의 누가거리
• 각 관측점의 지반고 및 고저기준점의 높이
• 관측점에서의 계획고
• 지반고와 계획고의 차(성토, 절토별)
• 계획선의 경사

08 노선측량에서 일반적으로 종단면도에 기입되는 항목이 아닌 것은? 13②기

① 관측점 간 수평거리　② 절토 및 성토량
③ 계획선의 경사　　　④ 관측점의 지반고

◀해설▶

종단면도에 기입되는 항목
• 측점위치
• 측점 간의 수평거리

- 각 측점의 기점에서의 누가거리
- 각 측점의 지반고 및 고저기준점(B.M)의 높이
- 측점에서의 계획고
- 지반고와 계획고의 차(성토, 절토별)
- 계획선의 경사

09 원심력에 의한 곡선부의 차량 탈선을 방지하기 위하여 곡선부의 횡단 노면 외측부를 높여주는 것은? 14②기

① 확폭   ② 캔트
③ 종거   ④ 완화구간

◉해설

캔트
곡선부를 통과하는 차량이 원심력이 발생하여 접선방향으로 탈선하려는 것을 방지하기 위해 바깥쪽 노면을 안쪽 노면보다 높이는 정도를 말하며 편경사라고도 한다.

$$C = \frac{SV^2}{Rg}$$

여기서, C : 캔트, S : 궤간, V : 차량속도
R : 곡선반경, g : 중력가속도

10 곡선설치법에서 원곡선의 종류가 아닌 것은? 13①기

① 복심곡선   ② 렘니스케이트
③ 반향곡선   ④ 단곡선

◉해설

11 원곡선 설치를 위한 조건이 다음과 같을 경우 원곡선 시점(B.C)으로부터 원곡선상 처음 중심점(P1)까지의 편각은? 13②기

측정위치	X(m)	Y(m)
원곡선시점(B.C.)	117.441	117.441
교점(I.P.)	150.000	150.000
원곡선상 처음 중심점(P1)	123.030	124.452

① 3°26′20″   ⑤ 6°26′20″
③ 45°00′00″   ④ 51°26′20″

◉해설

$$V_{BC}^{IP} = \tan^{-1}\frac{\triangle y}{\triangle x} = \tan^{-1}\frac{150,000 - 117,441}{150,000 - 117,441}$$
$$= 45°(1상한)$$
$$V_{BC}^{P1} = \tan^{-1}\frac{\triangle y}{\triangle x} = \tan^{-1}\frac{124,452 - 117,441}{123,030 - 117,441}$$
$$= 51°26′20.37″(1상한)$$
$$\therefore 편각 = V_{BC}^{P1} - V_{BC}^{IP} = 51°26′20.37″ - 45°$$
$$= 6°26′20.37″$$

12 터널측량에서 측점의 위치가 표와 같을 경우 터널 내 곡선의 교각은? 14①기

측정위치	N(m)	E(m)
터널내원곡선 시점	100.000	100.000
터널내원곡선 종점	100.000	350.000
교점	120.000	225.000

① 18°10′50″   ② 28°15′45″
③ 48°10′50″   ④ 71°50′10″

◉해설

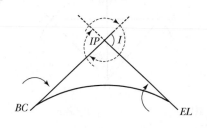

정답 09 ②   10 ②   11 ②   12 ①

$$V_{BC}^{IP} = \tan^{-1}\frac{\Delta y}{\Delta x} = \tan^{-1}\frac{225-100}{120-100} = 80°54'35''$$

$$V_{EC}^{IP} = \tan^{-1}\frac{225-350}{120-100} = \tan^{-1}\frac{-125}{20}$$

$$= 80°54'35''(4상한)$$

$$= 360° - 80°54'35'' = 279°05'25''$$

$$\therefore 교각 = V_{EC}^{IP} - V_{BC}^{IP} + 180°$$

$$= 279°05'25'' - 80°54'35'' + 180°$$

$$= 18°10'50''$$

13 종곡선이 상향기울기 $m = 2.5/1,000$, 하향 기울기 $n = -40/1,000$일 때 곡선반지름이 2,000m이면 곡선장(L)은? 13②기

① 85m
② 45.2m
③ 42.5m
④ 35.2m

▶ 해설

$$l = \frac{R}{2}\left(\frac{m}{1,000} - \frac{n}{1,000}\right) = \frac{2,000}{2}\left(\frac{2.5}{1,000} - \frac{-40}{1,000}\right)$$

$$= 42.5\text{m}$$

$$L = l_1 + l_2 = R\left(\frac{m}{1,000} - \frac{n}{1,000}\right)$$

$$= 2,000\left(\frac{2.5}{1,000} - \frac{-40}{1,000}\right) = 85\text{m}$$

14 노선측량에서 그림과 같은 단곡선을 설치할 때 $\overline{CD}$의 거리는?(단, 곡선 반지름(R)=50m, α=20°) 12②기

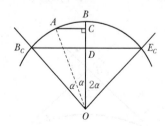

① 17.10m
② 8.68m
③ 8.55m
④ 4.34m

▶ 해설

$$\frac{50}{\sin 90°} = \frac{\overline{CO}}{\sin 70°}$$

$$\overline{CO} = \frac{\sin 70°}{\sin 90°} \times 50 = 46.98\text{m}$$

$$M = R\left(1 - \cos\frac{I}{2}\right) = 50 \times \left(1 - \cos\frac{80°}{2}\right) = 11.70\text{m}$$

$$\overline{BC} = R - \overline{CO} = 50 - 46.98 = 3.02\text{m}$$

$OR,$

$$\overline{BC} = M' = R\left(1 - \cos\frac{I}{4}\right) = 50 \times \left(1 - \cos\frac{80°}{4}\right) = 3.02\text{m}$$

$$\therefore \overline{CD} = 11.70 - 3.02 = 8.68\text{m}$$

$$I = \alpha + \alpha + 2\alpha = 80°$$

15 곡선시점의 위치가 No.120+12.50m이고, 반지름이 350m인 단곡선상 No.122 중심말뚝에 대한 편각은?(단, 중심말뚝 간의 거리는 20m이다.) 12①기

① 0°36'50''
② 1°38'13''
③ 2°15'03''
④ 3°53'16''

▶ 해설

$$\delta_1 = 1718.87' \times \frac{l_1}{R} = 1718.87' \times \frac{7.5}{350} = 0°36'49.98''$$

$$\delta = 1718.87' \times \frac{l}{R} = 1718.87' \times \frac{20}{350} = 1°38'13.27''$$

$$\therefore \text{No.122에 대한 편각} = \delta_1 + \delta$$

$$= 0°36'49.98'' + 1°38'13.27''$$

$$= 2°15'03''$$

16 그림과 같은 단곡선에서 곡선반지름(R)=50m, AI의 방위=N79°49'32''E, BI의 방위=N50°10'28''W일 때 $\overline{AB}$의 거리는? 14①기

정답 13 ① 14 ② 15 ③ 16 ③

① 34.20m   ② 28.36m

③ 42.26m   ⑤ 10.81m

해설

$V_A^I = 79°49'32''$

$V_B^I = 309°49'32''$

$\theta = V_A^I - V_B^I$

$\quad = 79°49'32'' - 309°49'32'' + 360° = 130°$

$I = 180° - 130° = 50°$

$\therefore \; L = 2R\sin\dfrac{I}{2} = 2 \times 50 \times \sin\dfrac{50}{2} = 42.26m$

17 원곡선으로 곡선을 설치할 때 교각 50°, 반지름 100m, 곡선시점의 위치 No.10+12.5m일 때 도로 기점으로부터 곡선종점까지의 거리는?(단, 중심말 뚝 간의 거리는 20m이다.)   14①기

① 299.77m   ② 399.77m

③ 421.91m   ④ 521.91m

해설

$CL = 0.01745RI$

$\quad = 0.017453288 \times 100 \times 50 = 87.27m$

$EC = BC + CL$

$\quad = 212.5 + 87.27 = 299.77m$

18 단곡선 설치에 있어 도로기점으로부터 교점 (I.P)까지의 거리가 515.32m, 곡선반지름이 300m, 교각이 31°00'일 때 시단현에 대한 편각은?(단, 중심 말뚝의 간격은 20m이다.)   13③기

① 30'03''   ② 38'43''

③ 45'08''   ④ 48'01''

해설

$T.L = R\tan\dfrac{I}{2} = 300 \times \tan\dfrac{31°00'}{2} = 83.20m$

$B.C = 총연장 - T.L$

$\quad = 515.32 - 83.20 = 432.12m$

$\quad = No21 + 12.12m$

시단현의 길이 $= 20 - 12.12 = 7.88m$

시단현 편각 $= \dfrac{l_1}{2R}$ (라디안) $= \dfrac{7.88}{2 \times 300} \times 206265'$

$\qquad\qquad\qquad = 00°45'8.95''$

or)

$l_1\delta_1 = 1,718.87' \times \dfrac{7.88}{300} = 0°45'8.95''$

19 그림과 같이 $R=150m$, $I=85°$인 원곡선의 곡 선시점 A와 교각의 크기를 유지($I = I'$)한 상태에서 교점(P')을 접선 AP를 따라 20m 이동하여 노선을 변경하고자 할 때, 새로운 원곡선의 반지름 R'은?   13③기

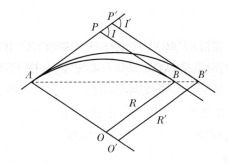

① 171.9m   ② 200.4m

③ 226.1m   ④ 232.3m

해설

접선길이 $T.L = R\tan\dfrac{I}{2} = 150 \times \tan\dfrac{85°}{2} = 137.45m$에서

신접선장 $TL = R'\tan\dfrac{I'}{2}$

$R' = \dfrac{137.45 + 20}{\tan42.5°} = 171.83m$

20 그림과 같이 두 직선의 교점에 장애물이 있어 C, D 측점에서 방향각(a)을 관측하였다. 교각(I)은?(단, $a_{CA} = 228°30'$, $a_{CD} = 82°00'$, $a_{DB} = 136°30'$)

15①기

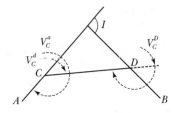

① 54도 30분

② 88도 00분

③ 92도 00분

④ 146도 30분

● 해설

$\angle C = V_c^d - (V_C^A - 180°) = 33°30'$

$\angle D° = (V_C^D + 180°) - a_{DB} = 125°30'$

$\therefore \angle D = 180° - 125°30' = 54°30'$

($\angle AIB$)교각(I) = $180° - (\angle C + \angle D) = 92°$

$\therefore$ 교각(I) = $180° - 92° = 88°00'$

21 교점($I.P$)의 위치가 공사 기점으로부터 325.00m, 곡선반지름(R) 200m, 교각(I) 45°인 단곡선을 편각법으로 설계할 때 시단현의 편각은?

15①기

① 2°33′21″

② 1°56′11″

③ 1°22′28″

④ 0°37′05″

● 해설

$TL = R\tan\dfrac{I}{2} = 200 \times \tan\dfrac{45°}{2} = 82.843\text{m}$

$BC = 총연장 - TL = 325.00\text{m} - 82.843\text{m} = 242.157\text{m}$

No12 + 2.157m

시단현 길이(l_1) = $20 - 2.157 = 17.843\text{m}$

시단현 편각(δ) = $1718.87' \times \dfrac{l_1}{R}$

$= 2°33′20.94″ = 1718.87' \times \dfrac{17.843}{200}$

22 설계속도 100km/h의 도로건설에 있어서 직선부와 원곡선부 사이에 완화곡선 설치 여부를 이정량의 크기에 의해 판단하고자 한다. 이정량이 0.2m 이하일 때 완화곡선을 생략할 수 있다면 원곡선의 최소 반지름은?(단, 완화곡선은 클로소이드 곡선으로 설치하고, 완화곡선 길이는 설계속도로 2초간 주행하는 거리로 가정한다.)

15②기

① 315m

② 417m

③ 643m

④ 920m

● 해설

이정(f) = $\dfrac{L^2}{24R}$에서

$R = \dfrac{L^2}{24f} = \dfrac{55.5556^2}{24 \times 0.2} = 643\text{m}$

곡선길이(L)는 설계속도 2초간 주행하는 거리이므로

초당거리 = $\dfrac{100 \times 10^3}{60 \times 60} = 27.7777$

2초는 $27.777 \times 2 = 55.5556$

23 3차 포물선 형상의 완화곡선에서 교각 $I = 90°$, 원곡선의 곡선반지름 $R = 500\text{m}$, 완화곡선의 횡거 $X = 160\text{m}$일 경우 완화곡선 종점에서의 접선각은?

15②기

① 9°10′19″

② 16°48′05″

③ 20°48′05″

④ 21°48′05″

● 해설

배개변수(A^2) = $RL = \dfrac{L^2}{2\tau}$에서

접선각(τ) = $\dfrac{L^2}{2RL} = \dfrac{L}{2R}$

$= \dfrac{160^2}{2 \times 500 \times 160} = 0.16\text{Rad}$

라디안을 각으로 환산하면

$\dfrac{0.16R}{2\pi R} = \dfrac{x°}{360°}$

$\therefore x = \dfrac{360}{2\pi} \times 0.16 = 9°10′19″$

24 원곡선으로 곡선을 설치할 때 교각 60°, 반지름 200m, 곡선시점의 위치 No.20＋12.5m일 때 곡선종점의 위치는?(단, 중심말뚝 간의 거리는 20m이다.) 12③기

① 821.9m ② 621.9m

③ 521.9m ④ 421.9m

●해설

CL＝0.01745RI＝0.01745×200×60°＝209.4m
곡선종점의 위치＝209.4＋412.5＝621.9m

25 도로시점으로부터($I.P$)까지의 거리가 850m이고 접선장($T.L$)이 185m인 원곡선의 시단현 길이는? 12②기

① 20m ② 15m

③ 10m ④ 5m

●해설

$B.C$위치＝총연장－$T.L$
　　　　＝850－185＝665(m)
No.33＋5(m)
사단현의 길이($l1$)＝20－5＝15(m)

26 원곡선에서 현의 길이가 100m이고, 이 현의 길이에 대한 중심각이 1°라고 할 때, 이 원곡선의 반지름은 약 얼마인가? 13①산

① 5,730m ② 5,440m

③ 4,865m ④ 4,500m

●해설

$L=2R\sin\dfrac{I}{2}$ 에서

$R=\dfrac{L}{2\sin\dfrac{I}{2}}=\dfrac{100}{2\sin\dfrac{1}{2}}=5729.7\text{m}$

27 그림과 같이 교각 I＝60°, 곡선 반지름 R＝100m의 원곡선에서 제1접선(AP)을 움직이지 아니하고 교점(P)을 중심으로 30°만큼 더 회전하여 접선길이(AP)와 곡선시점(A)을 같이 하는 새로운 원곡선의 반지름은? 14③기

① 47.75m ② 57.74m

③ 74.57m ④ 77.45m

●해설

$TL=R\tan\dfrac{I}{2}=100\cdot\tan\dfrac{60}{2}=57.74\text{m}$

$57.74=R\cdot\tan\dfrac{I}{2}=R\cdot\tan\dfrac{90}{2}$

$\therefore R=\dfrac{57.74}{\tan 45}=57.74\text{m}$

28 교각 I＝60°, 곡선반지름 R＝80m인 단곡선의 교점($I.P$)의 추가거리가 1,152.52m일 때 곡선의 종점($E.C$)의 추가거리는? 15①기

① 750.35m ② 1,106.34m

③ 1,190.11m ④ 1,415.34m

●해설

$TL=R\times\tan\dfrac{I}{2}=80\times\tan\dfrac{60}{2}=46.188\text{m}$

$1,152.52-46.188=1,106.332\text{m}$
$CL=0.01745RI=0.01745\times80\times60=83.76\text{m}$
$\therefore EC=1,106.332+83.76=1,190.092\text{m}$

29 교각 I＝90°, 곡선반지름 R＝300m인 원곡선을 설치하고자 할 때 장현에 대한 중앙종거(M)는? 16①기

① 512.132m ② 87.868m

③ 22.836m ④ 5.764m

●해설

$$M = R\left(1 - \cos\frac{I}{2}\right) = 300\left(1 - \cos\frac{90}{2}\right) = 87.868\text{m}$$

30 교각이 60°일 때 교점($I.P$)으로부터 원곡선의 중점까지 거리(E)를 30m로 하는 곡선의 곡선 반지름은? 16①기

① 115.7m ② 70.6m
③ 193.9m ④ 94.1m

●해설

외할(E) = $R \cdot \left(\sec\frac{I}{2} - 1\right)$ 에서

$$R = \frac{E}{\sec\dfrac{I}{2} - 1}$$

$$= \frac{30}{\sec 30° - 1}$$

$$= \frac{30}{\dfrac{1}{\cos 30°} - 1} = 193.92\text{m}$$

31 현편거법에 의하여 터널 내 곡선설치를 할 때 SQ의 크기는? 16②기

① $\dfrac{2l^2}{R}$

② $\dfrac{l^2}{R}$

③ $\dfrac{l^2}{2R}$

④ $\dfrac{l}{R}$

●해설

• 절선횡거(AY) = $\sqrt{l^2 - t^2}$ 에서
$$= \frac{l}{2R}\sqrt{(2R+l)(2R-l)}$$

• 절선편거(YP) = $\dfrac{l^2}{2R}$

• 현편거(SQ) = $\dfrac{l^2}{R}$

32 교각이 50°30′이고 곡선반지름이 300m일 때 단곡선을 중앙종거에 의하여 설치하고자 한다. 세 번째 중앙종거 M_3는? 16②기

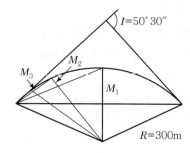

① 28.663m ② 7.254m
③ 1.819m ④ 0.456m

●해설

$$M_1 = R\left(1 - \cos\frac{I}{2}\right)$$

$$M_2 = R\left(1 - \cos\frac{I}{4}\right)$$

$$M_3 = R\left(1 - \cos\frac{I}{8}\right)$$

$$\therefore M_1 = 4M_2$$

$$M_3 = R\left(1 - \cos\frac{I}{8}\right)$$

$$= 300 \times \left(1 - \cos\frac{50°30′}{8}\right) = 1.8189\text{m}$$

33 단곡선을 설치하기 위한 조건 중 곡선시점($B.C$)의 좌표가 X_{BC}=1000.500m Y_{BC}=200.400m이고, 곡선반지름(R)이 300m, 교각(I)이 70°일 때, 곡선시점($B.C$)으로부터 교점($I.P$)에 이르는 방위각이 123°13′12″일 경우 원곡선 종점($E.C$)의 좌표는? 16③기

① X_{EC}=680.921m, Y_{EC}=328.093m
② X_{EC}=328.093m, Y_{EC}=828.093m
③ X_{EC}=1233.966m, Y_{EC}=433.766m
④ X_{EC}=1344.666m, Y_{EC}=544.546m

해설

$$TL = R\tan\frac{I}{2} = 300 \cdot \tan\frac{70}{2} = 210.06$$

$$X_{IP} = 1000.5 + 210.06 \times \cos 123°13'12'' = 885.42$$

$$Y_{IP} = 200.4 + 210.06 \times \sin 123°13'12'' = 376.13$$

$$\therefore X_{EC} = 885.42 + 210.06 \times \cos 193°13'12'' = 680.93\text{m}$$

$$Y_{EC.} = 376.13 + 210.06 \times \sin 193°13'12'' = 328.09\text{m}$$

34 교점의 위치가 기점으로부터 330.543m, 곡선 반지름 $R = 250$m, 교각 $I = 43°25'30''$인 단곡선을 편각법으로 측설하고자 할 때 시단현에 대한 편각은?(단, 중심말뚝의 간격=20m) 13②기

① 1°10′26″
② 1°0′52″
③ 1°1′56″
④ 1°15′35″

해설

$$TL = R\tan\frac{I}{2} = 250 \times \tan\frac{43°25'30''}{2} = 99.55$$

$$BC = 330.543 - 99.55 = 230.993$$

No.11 + 10.993

시단현 길이 = 20 - 10.993 = 9.007 = 9.01

시단현 편각(l_1) = $1718.87' \times \dfrac{9.01}{250} = 1°1'56.88''$

35 단곡선 설치에서 교각(I)을 측정하지 못하여 그림과 같이 $\angle a$, $\angle b$를 관측하여, $\angle a = 100°$, $\angle b = 130°$이었다면 교각(I)은? 13②산

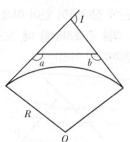

① 50°
② 100°
③ 130°
④ 230°

해설

교각(I) = $(180° - 100°) + (180° - 130°) = 130°$

36 그림과 같이 단곡선의 첫 번째 측점 P를 측설하기 위하여 $E.C$에서 관측할 각도($\delta°$)는?(단, 교각 $I = 60°$, 곡선 반지름 $R = 100$m, 중심말뚝 간격=20m, 시단현의 거리=13.96m) 13③산

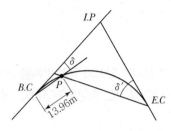

① 24°
② 25°
③ 26°
④ 27°

해설

$$CL = 0.01745RI = 0.01745 \times 100 \times 60 = 104.7\text{m}$$

$$104.7 - 13.96 = 90.74$$

$$\therefore 종단형(\delta_2) = \frac{l_2}{R} \times \frac{90°}{\pi}$$

$$= \frac{90.74}{100} \times 1718.87' = 25°59'42.16''$$

37 노선의 중심점 간 길이가 20m이고 단곡선의 반지름 $R = 100$m일 때 1체인(20m)에 대한 편각은? 13③기

① 5°40′
② 5°20′
③ 5°44′
④ 5°54′

해설

$$\delta = \frac{l}{R} \times \frac{90°}{\pi}$$

$$= \frac{20}{100} \times 1718.87' = 5°43'46.44''$$

38 편각법으로 원곡선을 설치할 때 기점으로부터 교점까지의 거리=123.45m, 교각(I)=40°20′, 곡선반지름(R)=100m일 때 시단현의 길이는?(단, 중심말뚝의 간격은 20m이다.) 13③산

① 4.18m
② 6.72m
③ 14.18m
④ 13.28m

◉해설

$$TL = R\tan\frac{I}{2} = 100 \times \tan\frac{40°20'}{2} = 36.73$$
$$BC = 123.45 - 36.73 = 86.72$$
No.4 + 6.72
시단현길이 20 − 6.72 = 13.28m

39 원곡선 설치에 있어서 곡선 반지름 R =250m, 교각 A =130°일 때, 중앙종거(M)와 곡선 길이($C.L$)는? 14②기

① M = 144.35m, $C.L$ = 567.23m
② M = 144.35m, $C.L$ = 570.25m
③ M = 143.55m, $C.L$ = 570.25m
④ M = 143.55m, $C.L$ = 567.23m

◉해설

중앙종거$(M) = R\left(1 - \cos\frac{I}{2}\right) = 144.345$m

$$
\begin{aligned}
곡선장(C.L) &= 0.01745RI \\
&= 0.0174533 \times 250 \times 130 \\
&= 567.23m
\end{aligned}
$$

40 그림과 같은 중단곡선을 2차 포물선으로 설치하고자 할때, B점의 계획고는?(단, A점의 계획고는 78.63m이다.) 11①기

① 81.63m
② 80.73m
③ 79.33m
④ 78.23m

◉해설

$$y = \frac{m \pm n}{2L}x^2 = \frac{0.05 + 0.03}{2 \times 160} \times 60^2 = 0.9m$$
$$78.63 + \frac{5}{100} \times 60 = 81.63 - 0.9 = 80.73m$$

41 원곡선의 반지름이 100m일 때 중심말뚝간격 20m에 대한 현의 길이와 호의 길이의 차는? 11①기

① 3.3cm
② 5.5cm
③ 6.7cm
④ 9.2cm

◉해설

$$호와 현길이의 차 = C - l ≒ \frac{C^3}{24R^2} = \frac{20^3}{24 \times 100^2}$$
$$= \frac{8,000}{240,000} = 0.0333m = 3.3cm$$

42 곡선을 편각법으로 설치할 때, 교각 I =44°, 곡선장($C.L$)이 120m인 경우, 30m에 대한 편각은? 11②기

① 3°40′
② 5°30′
③ 6°30′
④ 7°9′

◉해설

$$C.L = 0.0174533 \times R \times 44° = 120$$
$$R = \frac{120}{0.0174533 \times 44} = 156.26$$
$$(\sigma) = 1,718.87'\frac{i}{R} = 1,718.87'\frac{30}{156.26}$$
$$= 5°30'0.12''$$

43 곡선반지름이 200m인 원곡선을 설치하고자 한다. 도로의 지점에서 교점까지의 거리는 324.5m이며 교점 부근에 장애물이 있어 아래 그림과 같이 A, B에서의 각을 관측하였을 때, 도로시점으로부터 원곡선 시점까지의 거리는? 11②기

① 184.3m
② 251.7m
③ 157.8m
④ 286.4m

해설

$I = \angle A + \angle B = 10 + 30 = 40°$

$TL = R\tan\dfrac{I}{2} = 200 \times \tan\dfrac{40}{2} = 72.8\text{m}$

$BC = 총거리 - TL = 324.5 - 72.8 = 251.7\text{m}$

44 단곡선 설치에서 곡선반지름이 100m이고 교각이 60°이다. 곡선시점의 말뚝위치가 No10+2m일 때 곡선의 종점 위치까지의 거리는?(단, 중심 말뚝 간격은 20m이다.)   11③기

① 104.72m   ② 157.08m

③ 306.72m   ④ 359.08m

해설

$C.L = 0.01745RI$

     $= 0.0174533 \times 100 \times 60$

     $= 104.72\text{m}$

말뚝위치 No10+2 = 202m

따라서 104.72 + 202 = 306.72m

45 그림과 같이 중앙종거(M)가 20m, 곡선반지름(R)이 100m일 때, 원곡선의 교각은 얼마인가?   11③기

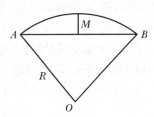

① 36°52′12″   ② 73°44′23″

③ 110°36′35″   ④ 147°28′46″

해설

중앙종거

$(M) = R\left(1 - \cos\dfrac{I}{2}\right)$

$20 = 100 \times \left(1 - \cos\dfrac{?}{2}\right)$

$\cos\dfrac{I}{2} = 1 - \dfrac{20}{100}$

$\cos\dfrac{I}{2} = 0.8$

$I = 2 \times \cos^{-1}0.8$

$I = 73°44'23.26''$

46 원곡선에서 교각 $I = 60°$, 곡선반지름 $R = 200\text{m}$, 곡선시점 $B.C = \text{No.8}+15\text{m}$일 때 노선기점에서부터 곡선종점 $E.C$까지의 거리는?(단, 중심말뚝 간격은 20m이다.)   12①기

① 209.4m   ② 275.4m

③ 309.4m   ④ 384.4m

해설

곡선종점 $E.C$까지의 거리

= 곡선종점의 위치($B.C$의 추가거리) + ($C.L$)

중심말뚝 간격이 20cm이므로

$E.C = 175\text{m} + C.L$

     $= 175 + (0.01745 \times 200 \times 60°)$

     $= 384.4\text{m}$

47 곡선의 반지름이 200m, 교각 80도 20분의 원곡선을 설치하려고 한다. 시단현에 대한 편각이 2도 10분이라면 시단현의 길이는?   12②기

① 13.96m   ② 15.13m

③ 16.29m   ④ 17.76m

해설

시단현의 편각$(\sigma) = 1{,}718.87'\dfrac{l}{R}$

                   $= 1{,}718.87'\dfrac{l}{200} = 2°10'00''$

                   $= 2°10'00''$

시단현의 길이$(l) = \dfrac{200 \times 2°10'00''}{1{,}718.87'} = 15.126\text{m}$

48 곡선반지름 $R=2,500$m, 캔트(Cant) 80mm인 철도 선로를 설계할 때, 적합한 설계 속도는 약 몇 m/s인가?(단, 레일 간격은 1m로 가정한다.) 12②기

① 44
② 50
③ 55
④ 60

● 해설

$$c = \frac{S \cdot V^2}{g \cdot R}$$

$$V = \sqrt{\frac{c \cdot g \cdot R}{S}} = \sqrt{\frac{0.08 \times 9.8 \times 2,500}{1}} = 44\text{m/sec}$$

49 곡선장이 104.7m이고, 곡선반지름 $R=100$일 때 곡선시점과 곡선종점 간의 곡선거리(호장)와 직선거리(현장)의 차이는? 13②기

① 4.7m
② 6.5m
③ 10.9m
④ 18.1m

● 해설

$$L-l = \frac{L^3}{24R^2} = \frac{104.7^3}{24 \times 100^2} = 4.7\text{m}$$

50 노선측량에서 단곡선을 설치할 때 교각(I)= 45°30′, 반지름=130m인 경우 옳은 것은? 13③기

① 중앙종거=10.11m
② 접선길이=57.95m
③ 곡선길이=114.33m
④ 장현길이=109.89m

● 해설

$$TL = R\tan\frac{I}{2} = 130 \times \tan\frac{45°30′}{2} = 54.5\text{m}$$

$$M = R\left(1 - \cos\frac{I}{2}\right)$$
$$= 130 \times \left(1 - \cos\frac{45°30′}{2}\right) = 10.11\text{m}$$

$$CL = 0.01745RI$$
$$= 0.01745 \times 130 \times 45°30′ = 130.21\text{m}$$

$$C = 2R\sin\frac{I}{2}$$
$$= 2 \times 130 \times \sin\frac{45°30′}{2} = 100.54\text{m}$$

51 그림과 같이 곡선중점(E)을 E'로 이동하여 교각의 변화 없이 신곡선을 설치하고자 한다. 신곡선의 반지름은? 14②기

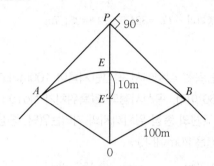

① 68m
② 90m
③ 124m
④ 200m

● 해설

외할(E) $= R\left(\sec\frac{I}{2} - 1\right)$ 에서

$$10 = R\left(\sec\frac{90°}{2} - 1\right)$$

$$R = \frac{10}{\sec\frac{90°}{2} - 1} = 24.1\text{m}$$

신곡선(R) $= 100 + 24 = 124$m

52 그림의 AB 간에 곡선을 설치하고자 하였으나 교점(P)에 접근할 수 없어 $\angle ACD = 140°$, $\angle CDB = 90°$ 및 $CD = 200$m를 관측하였다. C점에서 출발점($B.C$)까지의 거리는?(단, 곡선반지름 R은 300m 이다.) 14③기

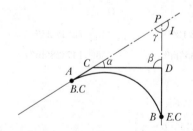

① 643.35m
② 261.68m
③ 382.27m
④ 288.66m

해설

$$TL = R\tan\frac{I}{2} = 300 \times \tan\frac{130}{2} = 643.35\text{m}$$

$$\frac{CP}{\sin90°} = \frac{200}{\sin50°} \text{ 에서}$$

$$CP = \frac{\sin90° \times 200}{\sin50°} = 261.08\text{m}$$

$$\therefore \overline{AC} = 643.35 - 261.08 = 382.27\text{m}$$

53 그림과 같이 중심을 0으로 하는 반지름 100m, 교각 60°인 기존의 원곡선에서 교각과 접선을 공통으로 하고 외할의 길이를 10m 증가시켜 신규 원곡선을 설치하고자 할 때, 두 원곡선의 길이의 차는? 14③기

① 59.50m   ② 63.80m

③ 67.69m   ④ 71.10m

해설

• $CL_1 = 0.01745RI$
  $\quad = 0.01745 \times 100 \times 60 = 104.7\text{m}$

• $E = R\left(\sec\frac{I}{2} - 1\right) = 100\left(\frac{1}{\cos30} - 1\right) = 15.47\text{m}$

• $E_1 = 15.47 + 10 = 25.47\text{m}$

• $R = \dfrac{E}{\sec\dfrac{I}{2} - 1}$

  $\quad = \dfrac{25.47}{\sec30 - 1} = \dfrac{25.47}{\dfrac{1}{\cos30} - 1} = 164.64\text{m}$

• $CL_2 = 0.01745RI$
  $\quad = 0.01745 \times 164.64 \times 60 = 172.38\text{m}$

$\therefore 172.38 - 104.70 = 67.68\text{m}$

54 교각 55°, 곡선반지름 285m인 단곡선이 설치된 도로의 기점에서 교점(IP)까지의 추가거리가 423.87m일 때 시단현의 편각은?(단, 말뚝 간의 중심거리는 20m이다.) 15①기

① 0°27′05″   ② 0°11′24″

③ 1°45′16″   ④ 1°45′20″

해설

$$TL = R\tan\frac{I}{2} = 285 \times \tan\frac{55°}{2} = 148.36\text{m}$$

$$BC = IP - TL = 423.87 - 148.36 = 275.51\text{m}$$

$$l_1 = 280 - 275.51 = 4.49\text{m}$$

$$\delta_1 = 1718.87' \frac{l_1}{R} = 1718.87' \times \frac{4.49}{285}$$

$$= 0°27'4.78''$$

$$\fallingdotseq 0°27'05''$$

55 편각법에 의한 단곡선 설치에서 외할 250m, 교각 120°일 때 곡선반지름은? 15②기

① 38.7m   ② 125m

③ 250m   ④ 750m

해설

$$E = R\left(\sec\frac{I}{2} - 1\right)$$

$$R = \frac{E}{\sec\dfrac{I}{2} - 1} = \frac{250}{\sec60 - 1}$$

$$= \frac{250}{\dfrac{1}{\cos60°} - 1} = 250\text{m}$$

56 캔트가 C인 노선의 곡선부에서 속도와 반지름을 모두 2배로 할 때 변화된 캔트는? 15②기

① C   ② 2C

③ C/2   ④ C/4

해설

$$C = \frac{S \cdot V^2}{g \cdot R} = \frac{S \cdot (2V)^2}{g \cdot (2R)}$$

$$= \frac{4SV^2}{2gR} = 2\frac{SV^2}{gR}$$

∴ 2배로 증가된다.

여기서, C : 캔트
S : 제간
V : 차량속도
R : 곡선반경
g : 중력가속도

57 설계속도 65km/h, 곡선반지름 550m인 곡선을 설계할 때, 필요한 편경사는? 15②산

① 6%　　　　　② 5%
③ 4%　　　　　④ 3%

해설

$$C = \frac{V^2 S}{gR} = \frac{\left(65 \times 1,000 \times \frac{1}{3,600}\right)^2 S}{9.8 \times 550} = 0.0604 = 6\%$$

58 곡선반지름이 500m인 원곡선을 70km/h로 주행하려면 캔트(Cant)는?(단, 궤간(b)은 1,067mm이다.) 15②산

① 82.3mm　　　　② 106.3mm
③ 107.3mm　　　④ 110.0mm

해설

$$C = \frac{SV^2}{gR} = \frac{\left(70 \times \frac{1,000}{3,600}\right)^2 \times 1067}{9.8 \times 500} = 82.3\text{mm}$$

59 상향기울기 25/1,000, 하향기울기 −50/1,000일 때 곡선반지름이 1,000m이면 원곡선에 의한 종곡선장은? 15③기

① 85m　　　　　② 75m
③ 65m　　　　　④ 55m

해설

종곡선장

$$L = l_1 + l_2 = R\left(\frac{m}{1,000} - \frac{n}{1,000}\right)$$

$$= 1,000\left(\frac{25}{1,000} - \frac{-50}{1,000}\right)$$

$$= 1,000 \times \frac{75}{1,000} = 75\text{m}$$

60 종단곡선의 설치에서 상향기울기가 5/1,000, 하향기울기가 30/1,000, 반지름 2,000m인 원곡선을 설치할 때 교점에서 곡선시점까지의 거리는? 15③기

① 35m　　　　　② 55m
③ 60m　　　　　④ 65m

해설

$$(l) = \frac{R}{2}(m-n) = \frac{R}{2}\left(\frac{m}{1,000} - \frac{n}{1,000}\right) \text{에서}$$

$$= \frac{2,000}{2}\left(\frac{5}{1,000} - \frac{-30}{1,000}\right)$$

$$= 35\text{m}$$

61 그림과 같이 원곡선으로 종단곡선을 설치할 때, $i_1 = 0\%$, $i_2 = 7\%$, $A = \text{No.25} + 8.5\text{m}$, $C = \text{No.26} + 8.5\text{m}$, $B = \text{No.27} + 8.5$,m이라고 하면 No.27에서의 종거 y_3의 값은?(단, 측점 간 거리는 20m로 한다.) 15③기

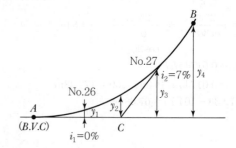

① 0.116m　　　　② 0.35m
③ 0.868m　　　　④ 1.40m

해설

$y = \dfrac{ix^2}{200l}$ 에서

$= \dfrac{7.0 \times 31.5^2}{200 \times 40} = 0.868\text{m}$

$x = \text{NO.27} - A점$

$\quad = 540 - 508.5 = 31.5\text{m}$

---

62 원곡선에 의한 종단곡선에서 반지름 3,000m 의 종단곡선을 설치할 경우 종단곡선 시점으로부터 수평거리 40m인 지점에서 경사선(접선)과 종단곡선 간의 수직거리(종거)는?　12①기

① 0.14m　　　　　② 0.27m

③ 0.53m　　　　　④ 0.58m

해설

$y = \dfrac{x^2}{2R} = \dfrac{40^2}{2 \times 3,000} = 0.2666\text{m}$

---

63 도로의 중심선을 따라 20m 간격으로 종단 측 량을 행한 결과가 표와 같다. 측정 No. 1의 도로 계획 고를 표고 21.50m로 하고 2%의 상향기울기의 도로 를 설치하기 위한 No.5의 절취고는?　12①기

측점	No.1	No.2	No.3	No.4	No.5
지반고 (m)	20.30	21.80	23.45	26.10	28.20

① 4.70m　　　　　② 5.10m

③ 5.90m　　　　　④ 6.10m

해설

측점	거리	지반고	경사	절취고 (−)	성토고 (+)
No.1	0	20.30			1.2
No.2	20	21.80			0.1
No.3	40	23.45	$\dfrac{2}{100}$	1.15	
No.4	60	26.10		3.4	
No.5	80	28.20		5.1	

No.1 : $21.50 + 0 - 20.30 = +1.2$

No.2 : $\left(21.5 + \dfrac{20 \times 2}{100}\right) - 21.8 = +0.1$

No.3 : $\left(21.5 + \dfrac{40 \times 2}{100}\right) - 23.45 = -1.15$

No.4 : $\left(21.5 + \dfrac{60 \times 2}{100}\right) - 26.10 = -3.4$

No.5 : $\left(21.5 + \dfrac{80 \times 2}{100}\right) - 28.20 = -5.1$

---

64 노선의 곡선에서 수평곡선으로 사용하지 않는 곡선은?　12①산

① 복심곡선　　　　② 단곡선

③ 2차곡선　　　　④ 반향곡선

해설

곡선 {
　수평곡선 {
　　원곡선(단곡선, 복심곡선, 반향곡선, 배 향곡선)
　　완화곡선(클로소이드, 렘니스케이트, 3차포물선, 사인체감곡선)
　}
　종곡선(원곡선, 2차포물선)
}

---

65 노선측량의 일반적 작업순서로 옳은 것은?　12②산

(1) 지형측량	(2) 중심선측량
(3) 공사측량	(4) 노선선정

① $(4) \rightarrow (1) \rightarrow (2) \rightarrow (3)$

② $(1) \rightarrow (3) \rightarrow (2) \rightarrow (4)$

③ $(4) \rightarrow (3) \rightarrow (2) \rightarrow (1)$

④ $(2) \rightarrow (1) \rightarrow (3) \rightarrow (4)$

해설

노선측량의 순서

노선선정 → 지형측량 → 중심선측량 → 공사측량

---

66 상향경사 2%, 하향경사 2%인 종단곡선 길이 (l) 50m인 종단곡선 상에서 종단곡선 끝단의 종거 (y)는?(단, 종거 $y = \dfrac{i}{2l}x^2$)　　　12③산

① 0.5m　　　　　　② 1m
③ 1.5m　　　　　　④ 2m

◉해설

$$y = \frac{(m-n)}{200L}x^2$$
$$= \frac{(2-(-2))}{200 \times 50} \times 50^2 = 1\text{m}$$

[별해]

$$y = \frac{\left(\dfrac{2}{100} - \left(-\dfrac{2}{100}\right)\right)}{2 \times 50} \times 50^2 = 1\text{m}$$

67 철도, 도로, 수로, 등과 같이 폭이 좁고 길이가 긴 시설물을 현지에 설치하기 위한 노선측량에서 원곡선 설치에 대한 설명으로 틀린 것은?　　　14③산

① 철도, 도로 등에는 차량의 운전에 편리하도록 단곡선보다는 복심곡선을 많이 설치하는 것이 좋다.
② 교통안전상의 관점에서 반향곡선은 가능하면 사용하지 않는 것이 좋고 불가피한 경우에는 두 곡선 사이에 충분한 길이의 완화곡선은 설치한다.
③ 두 원의 중심이 같은 쪽에 있고 반지름이 각기 다른 두 개의 원곡선을 설치하는 경우에는 완화곡선을 넣어 곡선이 점차로 변하도록 해야 한다.
④ 고속주행하는 차량의 통과를 위하여 직선부와 원곡선 사이나 큰 원과 작은 원 사이에는 곡률반지름이 점차 변화하는 곡선부를 설치하는 것이 좋다.

◉해설

복심곡선 (Compound Curve)	반경이 다른 2개의 원곡선이 1개의 공통접선을 갖고 접선의 같은 쪽에서 연결하는 곡선을 말한다. 복심곡선을 사용하면 그 접속점에서 곡률이 급격히 변화하므로 될 수 있는 한 피하는 것이 좋다.

반향곡선 (Reverse Curve)	반경이 같지 않은 2개의 원곡선이 1개의 공통접선의 양쪽에 서로 곡선 중심을 가지고 연결한 곡선이다. 반향곡선을 사용하면 접속점에서 핸들의 급격한 회전이 생기므로 가급적 피하는 것이 좋다.
배향곡선 (Hairpin Curve)	반향곡선을 연속시켜 머리핀 같은 형태의 곡선으로 된 것을 말한다. 산지에서 기울기를 낮추기 위해 쓰이므로 철도에서 Switch Back에 적합하여 산허리를 누비듯이 나아가는 노선에 적용한다.

68 클로소이드의 조합형식 중 반향곡선 사이에 클로소이드를 삽입한 형식은?　　　15①산

① 기본형　　　　　　② 난형
③ 복합형　　　　　　④ S형

◉해설

기 본 형	직선, 클로소이드, 원곡선 순으로 나란히 설치되어 있는 것	
S 형	반향곡선의 사이에 클로소이드를 삽입한 것	
난 형	복심곡선의 사이에 클로소이드를 삽입한 것	
凸 형	같은 방향으로 구부러진 2개 이상의 클로소이드를 직선적으로 삽입한 것	
복 합 형	같은 방향으로 구부러진 2개 이상의 클로소이드를 이은 것으로 모든 접합부에서 곡률은 같다.	

69 곡선장 및 횡거 등에 의해 캔트를 직선적으로 체감하는 완화곡선이 아닌 것은? 15①산

① 3차 포물선
② 클로소이드 곡선
③ 렘니스케이트 곡선
④ 반파장 정현 곡선

◉ 해설

완화곡선의 종류
• 클로소이드 : 고속도로
• 렘니스케이트 : 시가지 철도
• 3차 포물선 : 철도
• sine 체감곡선 : 고속철도

70 원곡선 설치 시 교각 60°, 반지름 200m, 곡선 시점의 위치가 No.20+12.5m일 때 곡선종점의 위치는?(단, 측점 간 거리는 20m) 15①산

① 421.94m
② 521.94m
③ 621.94m
④ 821.94m

◉ 해설

$CL = 0.01745RI$
$\quad = 0.01745 \times 200 \times 60°$
$\quad = 209.4m$
$\therefore EC = BC + CL$
$\quad\quad = 412.5 + 209.4 = 621.9m$

71 곡선반지름이나 곡선길이가 작은 시가지의 곡선설치나 철도, 도로 등의 기설곡선의 검사 또는 개정에 편리한 노선측량 방법은? 15②산

① 접선편거와 현편거에 의한 방법
② 중앙종거에 의한 방법
③ 접선에 대한 지거법
④ 편각에 의한 방법

◉ 해설

편각 설치법	철도, 도로 등의 곡선 설치에 가장 일반적인 방법이며, 다른 방법에 비해 정확하나 반경이 작을 때 오차가 많이 발생한다.
중앙 종거법	곡선반경이 작은 도심지 곡선 설치에 유리하며 기설곡선의 검사나 정정에 편리하다. 일반적으로 1/4법이라고도 한다.
접선 편거 및 현편거법	트랜싯을 사용하지 못할 때 폴과 테이프로 설치하는 방법으로 지방도로에 이용되며 정밀도는 다른 방법에 비해 낮다.

72 그림에서 여유 폭을 고려한 단면용지의 폭은? (단, 여유 폭은 0.5m로 한다.) 15②산

① 10m
② 11m
③ 12m
④ 13m

◉ 해설

단면용지 폭
$= 0.5 + 3.4 \times 0.5 + 6 + 6.6 \times 0.5 + 0.5$
$= 12m$

CHAPTER 06 면적 및 체적측량

··6.1 경계선이 직선으로 된 경우의 면적계산

삼사법	밑변과 높이를 관측하여 면적을 구하는 방법	$A = \dfrac{1}{2}ah$	
이변법	두 변의 길이와 그 사잇각(협각)을 관측하여 면적을 구하는 방법	$A = \dfrac{1}{2}ab\sin\gamma$ $= \dfrac{1}{2}ac\sin\beta$ $= \dfrac{1}{2}bc\sin\alpha$	
삼변법	삼각변의 3변 a, b, c를 관측하여 면적을 구하는 방법	$A = \sqrt{S(S-a)(S-b)(S-c)}$ $S = \dfrac{1}{2}(a+b+c)$	

좌표법	합위거(X)	합경거(Y)	$(X_{i+1}-x_{i-1}) \times y$	배면적	
	X_1	Y_1	$(x_2-x_4) \times y_1 =$		
	X_2	Y_2	$(x_3-x_1) \times y_2 =$		
	X_3	Y_3	$(x_4-x_2) \times y_3 =$		
	X_4	Y_4	$(x_1-x_3) \times y_4 =$		

$$A = \frac{1}{2}\Sigma y_i (x_{i+1}-x_{i-1}) = \frac{1}{2}\Sigma x_i (y_{i+1}-y_{i-1})$$

‖ 좌표에 의한 방법 ‖

··6.2 경계선이 곡선으로 된 경우의 면적계산

심프슨 제1법칙	① 지거간격을 2개씩 1개조로 하여 경계선을 2차 포물선으로 간주 ② $A = $ 사다리꼴(ABCD) + 포물선(BCD) $\quad = \dfrac{d}{3}\{y_0 + y_n + 4(y_1 + y_3 + \cdots + y_{n-1})$ $\qquad + 2(y_2 + y_4 + \cdots + y_{n-2})\}$ $\quad = \dfrac{d}{3}\{y_0 + y_n + 4(\sum_y 홀수) + 2(\sum_y 짝수)\}$ $\quad = \dfrac{d}{3}\{y_1 + y_n + 4(\sum_y 짝수) + 2(\sum_y 홀수)\}$ ③ n(지거의 수)은 짝수여야 하며, 홀수인 경우 끝의 것은 사다리꼴 공식으로 계산하여 합산	 ‖ 심프슨 제1법칙 ‖
심프슨 제2법칙	① 지거간격을 3개씩 1개조로 하여 경계선을 3차 포물선으로 간주 ② $A = \dfrac{3}{8}d\{y_0 + y_n + 3(y_1 + y_2 + y_4 + y_5 + \cdots$ $\qquad + y_{n-2} + y_{n-1}) + 2(y_3 + y_6 + \cdots + y_{n-3})\}$ ③ $n-1$이 3배수여야 하며, 3배수를 넘을 때에는 나머지는 사다리꼴 공식으로 계산하여 합산	 ‖ 심프슨 제2법칙 ‖
지거법	① 경계선을 직선으로 간주 $A = d_1\left(\dfrac{y_1 + y_2}{2}\right) + d_2\left(\dfrac{y_2 + y_3}{2}\right) + \cdots$ $\qquad + d_{n-1}\left(\dfrac{y_{n-1} + y_n}{2}\right)$ $\therefore \ A = d\left[\dfrac{y_0 + y_n}{2} + y_1 + y_2 + y_3 + \cdots + y_{n-1}\right]$	 ‖ 지거법 ‖

••6.3 구적기(Planimeter)에 의한 면적계산

등고선과 같이 경계선이 매우 불규칙한 도형의 면적을 신속하고, 간단하게 구할 수 있어 건설공사에 매우 활용도가 높으며 극식과 무극식이 있다.

도면의 종(M_1) · 횡(M_2) 축척이 같을 경우$(M_1 = M_2)$	$A = \left(\dfrac{M}{m}\right)^2 \cdot C \cdot n$	여기서, M : 도면의 축척 분모수
도면의 종(M_1) · 횡(M_2) 축척이 다른 경우$(M_1 \neq M_2)$	$A = \left(\dfrac{M_1 \times M_2}{m^2}\right) \cdot C \cdot n$	m : 구적기의 축척 분모수 C : 구적기의 계수 n : 회전 눈금수
도면의 축척과 구적기의 축척이 같은 경우$(M=m)$	$A = C \cdot n = C(a_1 - a_2)$	(시계방향 : 제2읽기 − 제1읽기, 반시계방향 : 제1읽기 − 제2읽기) n_0 : 영원(Zero Circle)의 면적

∥ 플래니미터의 구조(극식) ∥

••6.4 축척과 단위면적의 관계

$$m_1^2 : a_1 = m_2^2 : a_2 \quad \therefore a_2 = \left(\dfrac{m_2}{m_1}\right)^2 a_1$$

여기서, a_1 : 축척 $\dfrac{1}{m_1}$ 인 도면의 단위면적

a_2 : 축척 $\dfrac{1}{m_2}$ 인 도면의 단위면적

$$a = \dfrac{m^2}{1,000} d\pi l \qquad \therefore l = \dfrac{1,000 \cdot a}{m^2 d\pi}$$

여기서, a : 축척 $\dfrac{1}{m}$ 인 경우의 단위면적

d : 측륜의 직경

l : 측간의 길이

$\dfrac{d\pi}{1,000}$: 측륜 한 눈금의 크기

··· 6.5 횡단면적 측정법

6.5.1 수평 단면(지반이 수평인 경우)

① 방법 1

$$d_1 = d_2 = \frac{w}{2} + sh$$

$$A = c(w + sh)$$

② 방법 2

사다리꼴 공식   여기서, $\therefore$ s : 경사

6.5.2 같은 경사 단면(양 측점의 높이가 다르고 그 사이가 일정한 경사로 되어 있는 경우)

$$d_1 = \left(c + \frac{w}{2s}\right)\left(\frac{ns}{n+s}\right)$$

$$d_2 = \left(c + \frac{w}{2s}\right)\left(\frac{ns}{n-s}\right)$$

$$A = \frac{d_1 d_2}{s} - \frac{w^2}{4s} = sh_1 h_2 + \frac{w}{2}(h_1 + h_2)$$

6.5.3 세 점의 높이가 다른 단면(3점의 높이가 주어진 경우)

① 방법 1

$$d_1 = \left(c + \frac{w}{2s}\right)\left(\frac{n_1 s}{n_1 + s}\right), \quad d_2 = \left(c + \frac{w}{2s}\right)\left(\frac{n_2 s}{n_2 - s}\right)$$

$$A = \frac{d_1 + d_2}{2} \cdot \left(c + \frac{w}{2s}\right) - \frac{w^2}{4s}$$

$$= \frac{c(d_1 + d_2)}{2} + \frac{w}{4}(h_1 + h_2)$$

② 방법 2

• 좌측 면적$(A_1) = \left(\frac{h_1 + C}{2} \cdot d_1\right) - \triangle$ 면적

• 우측 면적$(A_2) = \left(\frac{h_2 + C}{2} \cdot d_2\right) - \triangle$ 면적

$$\therefore A = A_1 + A_2$$

▪▪ 6.6 면적분할법

6.6.1 한 변에 평행한 직선에 따른 분할

$\triangle ADE : DBCE = m : n$ 으로 분할

$$\frac{\triangle ADE}{\triangle ABC} = \frac{m}{m+n} = \left(\frac{DE}{BC}\right)^2 = \left(\frac{AD}{AB}\right)^2 = \left(\frac{AE}{AC}\right)^2$$

$$\therefore AD = AB\sqrt{\frac{m}{m+n}}$$

$$\therefore AE = AC\sqrt{\frac{m}{m+n}}$$

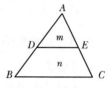

6.6.2 변 상의 정점을 통하는 분할

$\triangle ABC : \triangle ADP = (m+n) : m$ 으로 분할

$$\frac{\triangle ADP}{\triangle ABC} = \frac{m}{m+n} = \frac{AP \times AD}{AB \times AC}$$

$$\therefore AD = \frac{AB \times AC}{AP} \cdot \frac{m}{m+n}$$

6.6.3 삼각형이 정점(꼭짓점)을 통하는 분할

$\triangle ABC : \triangle ABP = (m+n) : m$ 으로 분할

$$\frac{\triangle ABP}{\triangle ABC} = \frac{m}{m+n} = \frac{BP}{BC}$$

$$\therefore BP = \frac{m}{m+n} \cdot BC$$

6.6.4 사변형의 분할(밑변의 평행 분할)

$$S_1 : S_2 : S_3 = (AD)^2 : (EF)^2 : (BC)^2$$

$$\frac{S_1}{(AD)^2} = \frac{S_2}{(EF)^2} = \frac{S_3}{(BC)^2} = K$$

$$(S_1 = (AD)^2 K, \ S_2 = (EF)^2 K, \ S_3 = (BC)^2 K)$$

$$A_1 = S_1 - S_2 = K[(AD)^2 - (EF)^2]$$

$$A_2 = S_2 - S_3 = K[(EF)^2 - (BC)^2]$$

$$A_1 : A_2 = n : m = (AD)^2 - (EF)^2 : (EF)^2 - (BC)^2$$

$$m[(AD)^2 - (EF)^2] = n[(EF)^2 - (BC)^2]$$

$$m(AD)^2 - m(EF)^2 = n(EF)^2 - n(BC)^2$$

$$m(AD)^2 + n(BC)^2 = (n+m)(EF)^2$$

$$\therefore EF = \frac{\sqrt{mAD^2 + nBC^2}}{m+n}$$

$$AE : R = AB : L$$

$$\therefore \ AE = AB \cdot \frac{AD - EF}{AD - BC}$$

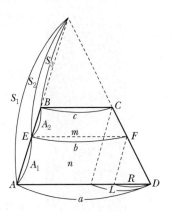

••6.7 체적측량

6.7.1 단면법

양단면평균법 (End Area Formula)	$V = \dfrac{1}{2}(A_1 + A_2) \cdot l$ 여기서, $A_1 \cdot A_2$: 양끝 단면적 　　　　A_m : 중앙단면적 　　　　l : A_1에서 A_2까지의 길이	
중앙단면법 (Middle Area Formula)	$V = A_m \cdot l$	▮ 단면법 ▮
각주공식 (Prismoidal Formula)	$V = \dfrac{l}{6}(A_1 + 4A_m + A_2)$	

6.7.2 점고법

직사각형으로 분할하는 경우	① 토량 $V = \dfrac{A}{4}(\sum h_1 + 2\sum h_2 + 3\sum h_3 + 4\sum h_4)$ (단, $A = a \times b$) ② 계획고 $h = \dfrac{V_0}{nA}$ (단, n : 사각형의 분할개수)	‖ 점고법(직사각형) ‖
삼각형으로 분할하는 경우	① 토량 $V_0 = \dfrac{A}{3}(\sum h_1 + 2\sum h_2 + 3\sum h_3 + 4\sum h_4$ $\quad + 5\sum h_5 + 6\sum h_6 + 7\sum h_7 + 8\sum h_8)$ (단, $A = \dfrac{1}{2}a \times b$) ② 계획고 $h = \dfrac{V_0}{nA}$	‖ 점고법(삼각형) ‖

6.7.3 등고선법

토량 산정, Dam과 저수지의 저수량 산정

$$V_0 = \frac{h}{3}\{A_0 + A_n + 4(A_1 + A_3) + 2(A_2 + A_4)\}$$

‖ 등고선법 ‖

여기서, $A_0 \cdot A_1 \cdot A_2 \cdots$: 각 등고선 높이에 따른 면적

n : 등고선 간격

••6.8 관측면적 및 체적의 정확도

6.8.1 관측면적의 정확도

① 거리관측이 동일한 정도가 아닌 경우

- 면적$(A) = x \cdot y$
- 면적오차 $(dA) = y \cdot dx + x \cdot dy$
- 면적의 정도 $\left(\dfrac{dA}{A}\right) = \dfrac{y \cdot dx + x \cdot dy}{x \cdot y} = \dfrac{dx}{x} + \dfrac{dy}{y}$

(면적의 정도는 거리 정도의 합이다.)

② 거리관측이 동일한 경우(정방형)

$\dfrac{dx}{x} = \dfrac{dy}{y} = \dfrac{dl}{l}$ 일 때

면적의 정도 $\dfrac{dA}{A} = 2 \cdot \dfrac{dl}{l}$

(면적의 정도는 거리관측 정도의 2배이다.)

6.8.2 체적의 정확도

$\dfrac{dv}{V} = \dfrac{dz}{Z} + \dfrac{dy}{Y} + \dfrac{dx}{X}$

$(\dfrac{dz}{Z} = \dfrac{dy}{Y} = \dfrac{dx}{X} = \dfrac{dl}{L}$ 이라고 할 때)

체적의 정도 $\dfrac{dV}{V} = 3 \cdot \dfrac{dl}{l}$

여기서, V : 체적

dV : 체적오차

$\dfrac{dl}{l}$: 거리관측 허용 정확도

(체적의 정도는 거리관측 정도의 3배이다.)

CHAPTER 06 실전문제

01 그림과 같은 노선횡단면의 면적은? 13①기

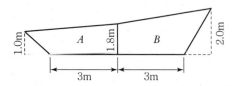

① $15.95m^2$ ② $14.95m^2$

③ $13.95m^2$ ④ $12.95m^2$

◆해설

$A = \dfrac{1+1.8}{2} \times 4.5 - \dfrac{1}{2} \times 1.5 \times 1 = 5.55$

$B = \dfrac{1.8+2.0}{2} \times 6 - \dfrac{1}{2} \times 3 \times 2 = 8.4$

$\therefore A + B = 5.55 + 8.4 = 13.95m^2$

　여기서, (A) 밑변은 $1.5 \times 1 + 3 = 4.5m$
　　　　　(B) 밑변은 $2 \times 1.5 + 3 = 6.0m$

02 그림과 같이 경사지에 폭 6.0m의 도로를 만들고 자 한다. 절토 기울기 1 : 0.7, 절토고 2.0m, 성토기울 기 1 : 1, 성토고 5m일 때 필요한 용지폭$(x_1 + x_2)$ 은?(단, 여유폭 a는 1.50m로 한다.) 13③기

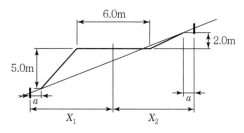

① 15.4m   ② 11.5m

③ 11.8m   ④ 7.9m

◆해설

용지폭 $= 1.5 + (1 \times 5) + 6 + (0.7 \times 2) + 1.5$
　　　　$= 15.4m$

03 그림과 같은 사다리꼴 토지를 AB와 나란한 선 XY로 면적을 $m : n = 3 : 2$로 분할하고자 한다. AB $= 40m$, $AD = 60m$, $CD = 50m$일 때에 AX는? 13③기

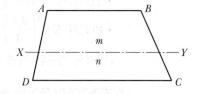

① 46.26m

② 24.00m

③ 36.00m

④ 37.56m

◆해설

$DX : R = AD : L$

$DX = \dfrac{R}{L} \times AD$

　$= \dfrac{DC - XY}{DC - AB} \times AD = \dfrac{50 - 46.26}{50 - 40} \times 60 = 22.44m$

여기서, $XY = \sqrt{\dfrac{m \cdot (DC)^2 + n \cdot (AB)^2}{m+n}}$

　　　　$= \sqrt{\dfrac{(3 \times 50^2) + (2 \times 40^2)}{3+2}} = 46.26$

04 그림과 같은 단면의 면적은? 12①기

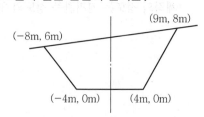

① $78m^2$ ② $80m^2$

③ $87m^2$ ④ $90m^2$

해설

합위거 (x)	합경거 (y)	$(X_{i+1}-x_{i-1})\times y$	배면적
$X_1(-8)$	$Y_1(6)$	$(x_2-x_4)\times y_1$	$(9-(-4))\times 6 = 78$
$X_2(9)$	$Y_2(8)$	$(x_3-x_1)\times y_2$	$(4-(-8))\times 8 = 96$
$X_3(4)$	$Y_3(0)$	$(x_4-x_2)\times y_3$	$(-4-9)\times 0 = 0$
$X_4(-4)$	$Y_4(0)$	$(x_1-x_3)\times y_4$	$(-8-4)\times 0 = 0$
			배면적 = 174
			면적 $= \dfrac{174}{2} = 87\text{m}^2$

05 그림과 같은 지역을 점고법에 의해 구한 토량은?

12①기

① $1,000\text{m}^3$
② $1,250\text{m}^3$
③ $1,500\text{m}^3$
④ $2,000\text{m}^3$

해설

• 사각형 체적(V_1) $= \dfrac{A}{4}(\sum h_1 + 2\sum h_2)$

$= \dfrac{10\times 20}{4}(2+3+2+3) = 500\text{m}^3$

• 삼각형 체적(V_2) $= \dfrac{A}{3}(\sum h_1 + 2\sum h_2)$

$= \dfrac{\frac{10\times 20}{2}}{3}(4+3+2) = 300\text{m}^3$

• 삼각형 체적(V_3) $= \dfrac{A}{3}(\sum h_1)$

$= \dfrac{\frac{200}{2}}{3}(3+2+1) = 200\text{m}^3$

$\therefore\ V = V_1 + V_2 + V_3 = 1,000\text{m}^3$

06 그림과 같은 댐 상류의 등고선에서 저수면의 높이를 140m로 한다면 저수량은?(단, 등고선 간격은 10m, 각주공식을 이용하고 바닥은 편평하다.)

12②기

60m 등고선 안의 면적 : 100m²
80m 등고선 안의 면적 : 200m²
100m 등고선 안의 면적 : 600m²
120m 등고선 안의 면적 : 1,000m²
140m 등고선 안의 면적 : 1,200m²

(단위 : m)

① $41,467\text{m}^3$
② $41,334\text{m}^3$
③ $24,333\text{m}^3$
④ $20,667\text{m}^3$

해설

$V = \dfrac{h}{3}\{A_0 + A_4 + 4(A_1 + A_3) + 2(A_2)\}$

$= \dfrac{10}{3}\{100 + 1,200 + 4(200 + 1,000) + 2(600)\}$

$= 24,333\text{m}^3$

07 그림과 같이 곡선과 직선인 경계선에 쌓여 있는 면적을 심프슨(Simpson)의 제1법칙으로 구한 값은?(단, $h_0 = 3.2\text{m}$, $h_1 = 10.4\text{m}$, $h_2 = 12.8\text{m}$, $h_3 = 11.2\text{m}$, $h_4 = 4.4\text{m}$이고 지거의 간격은 $d = 5\text{m}$이다.)

12②기

① 190m^2
② 194m^2
③ 197m^2
④ 199m^2

◉해설
심프슨 제1법칙

$$(A_1) = \frac{5}{3} \times \{3.2 + 4.4 + 4(10.4 + 11.2) + (2 \times 12.8)\}$$
$$= 199.33 \text{m}^2$$

08 그림과 같은 구릉지가 있다. 간격 5m의 등고선에 쌓인 부분의 단면적이 A_1=3,800m², A_2=2,000m², A_3=1,800m², A_4=900m², A_5=200m²라고 할 때 각주공식에 의한 이 구릉지의 토량은? 13①기

① 56,000m³
② 48,000m³
③ 38,000m³
④ 32,000m³

◉해설

$$V = \frac{h}{3}\{A_0 + A_n + 4\sum A_{\text{홀수}} + 2\sum A_{\text{나머지짝수}}\}$$
$$V = \frac{5}{3}\{3,800 + 200 + 4 \times (2,000 + 900) + 2 \times (1,800)\}$$
$$V = 32,000 \text{m}^2$$

09 정방형 토지의 면적을 구하기 위하여 30m 줄자로 변의 길이를 관측하고 면적을 계산한 결과 1,024m²이었다. 그러나 줄자가 기준자와 비교하여 3cm 늘어나 있었다면 이 토지의 실제 면적은? 13①기

① 1025.05m²
② 1026.05m²
③ 1027.05m²
④ 1028.05m²

◉해설

$$\text{실제면적} = \frac{(\text{부정길이})^2 \times \text{관측면적}}{(\text{표준길이})^2}$$
$$= \frac{(30.03)^2 \times 1024}{(30)^2}$$
$$= 1,026.049 \text{m}^2$$
$$= 1,026.05 \text{m}^2$$

10 2,500m²의 정사각형 면적을 0.2m²까지 정확히 구하기 위한 필요 충분한 한 변의 측정거리 단위는? 13②기

① 2mm
② 4mm
③ 5mm
④ 10mm

◉해설

$$\frac{dA}{A} = 2\frac{dl}{A} \text{에서}$$
$$\frac{0.2}{2,500} = 2 \times \frac{dl}{50}$$
$$dl = \frac{0.2 \times 50}{2 \times 2,500} = 0.002 \text{m} = 2 \text{mm}$$

11 100m²인 정사각형의 토지를 0.1m²까지 정확히 구하기 위하여 요구되는 1변의 길이는 어느 정도까지 정확하게 관측하여야 하는가? 13②기

① 4mm
② 5mm
③ 10mm
④ 12mm

◉해설

$A = l^2$에 미분하면 $dA = 2l\,dl$
$$\frac{dA}{A} = 2\frac{dl}{l}$$
$$dl = \frac{l}{2} \cdot \frac{dA}{A} = \frac{10 \times 0.1}{2 \times 100} = 0.005 \text{m} = 5 \text{mm}$$

12 100m²의 정4각형 토지의 면적을 1m²까지 정확하게 구하기 위한 필요 충분한 1변의 길이 측정의 단위는? 13③기

① 5mm
② 1cm
③ 5cm
④ 10cm

◉해설

정사각형의 면적을 A, 한 변의 길이를 l이라 하면
$$A = l \times l = l^2$$
$$\therefore l = \sqrt{A} = \sqrt{100} = 10 \text{m}$$
$$\frac{dA}{A} = 2\frac{dl}{l} \text{에서}$$
$$dl = \frac{dA \cdot l}{2A} = \frac{1 \times 10}{2 \times 100} = 0.05 \text{m} = 5 \text{cm}$$

13 그림과 같은 사각형 $ABCD$의 면적은? 13③기

① 95.2m^2 ② 105.2m^2

③ 111.2m^2 ④ 117.3m^2

● 해설

$$A_1 = \frac{1}{2}(ab\sin\theta)$$

$$A_1 = \frac{1}{2}(8 \times 22 \times \sin 30°) = 44\text{m}^2$$

$$A_2 = \sqrt{S(S-a)(S-b)(S-c)}$$

여기서, $S = \frac{1}{2}(a+b+c)$

$$S = \frac{1}{2}(10+22+16) = 24\text{m}$$

$$A_2 = \sqrt{24(24-10) \times (24-22) \times (24-16)} = 73.3\text{m}^2$$

따라서 사각형 $ABCD$의 면적은

$$A = A_1 + A_2 = 44\text{m}^2 + 73.3\text{m}^2 = 117.3\text{m}^2$$

14 그림과 같이 계곡에 댐을 만들어 저수하고자 한다. 댐의 저수위를 170m로 할 때의 저수량은 약 얼마인가?(단, 등고선 간격은 10m이고 각 등고선으로 둘러싸인 면적은 130m → 460m², 140m → 580m², 150m → 740m², 160m → 920m², 170m → 1,240m², 바닥은 편평한 것으로 가정한다.) 14①기

① $20,600\text{m}^3$ ② $25,500\text{m}^3$

③ $30,600\text{m}^3$ ④ $35,500\text{m}^3$

● 해설

$$V = \frac{h}{3}\{A_0 + A_4 + 4(A_1+A_3) + 2(A_2)\}$$

$$= \frac{10}{3}\{460 + 1,240 + 4(580+920) + 2(740)\}$$

$$= \frac{10}{3}\{460 + 1,240 + 6,000 + 1,480\}$$

$$= 30,600\text{m}^3$$

15 3개의 꼭짓점 좌표가 아래와 같은 삼각형의 면적은 얼마인가? 14②기

A(123.56m, 189.40m)
B(324.32m, 224.74m)
C(154.70m, 390.42m)

① $19,628.1\text{m}^2$ ② $19,638.1\text{m}^2$

③ $19,648.1\text{m}^2$ ④ $19,658.1\text{m}^2$

● 해설

$$\overline{AB} = \sqrt{(324.32-123.56)^2 + (224.74-189.40)^2}$$
$$= 203.85\text{m}$$

$$\overline{BC} = \sqrt{(154.70-324.32)^2 + (390.42-224.74)^2}$$
$$= 237.12\text{m}$$

$$\overline{CA} = \sqrt{(154.70-123.56)^2 + (390.42-189.40)^2}$$
$$= 203.42\text{m}$$

$\triangle ABC$(헤론의 공식)

$$S = \frac{\overline{AB} + \overline{BC} + \overline{CA}}{2}$$

$$= \frac{203.85 + 237.12 + 203.42}{2} = 322.195\text{m}$$

$$A = \sqrt{S(S-a)(S-b)(S-c)}$$

$$= \sqrt{322.195(322.195-203.85)(322.195-237.12)}$$
$$\overline{(322.195-203.42)}$$

$$= 19,628.98\text{m}^2$$

정답   13 ④   14 ③   15 ①

16 축척 1 : 1,200 지도상의 면적을 측정할 때, 이 축척을 1 : 600으로 잘못 알고 측정하였더니 10,000m² 가 나왔다면 실제면적은? 14①기

① 40,000m²
② 20,000m²
③ 10,000m²
④ 2,500m²

● 해설

$$\frac{A_1}{m_1{}^2} = \frac{A_2}{m_2{}^2}$$

$$A_1 = \left(\frac{m_1}{m_2}\right)^2 \cdot A_2 = \left(\frac{1,200}{600}\right)^2 \times 10,000 = 40,000\text{m}^2$$

17 축척 1/5,000 도상에서의 면적이 40.52cm²이었다면 실제 면적은? 14③기

① 0.01km²
② 0.1km²
③ 1.0km²
④ 10.0km²

● 해설

$$\left(\frac{1}{m}\right)^2 = \frac{\text{도상면적}}{\text{실제면적}} \text{에서}$$

$$\begin{aligned}
\text{실제면적} &= \text{도상면적} \times m^2 \\
&= 40.52 \times 5,000^2 \\
&= 1,013,000,000\text{cm}^2 \\
&= 101,300\text{m}^2 \\
&= 0.1\text{km}^2
\end{aligned}$$

18 그림과 같은 삼각형 ABC 토지의 한 변 AC 상의 점 D와 BC상의 점 E를 연결하고 직선 DE에 의해 삼각형 ABC의 면적을 2등분하고자 할 때 CE의 길이는?(단, $AB=40$m, $AC=75$m, $BC=70$, $AD=8$m) 14③기

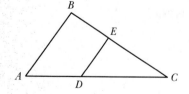

① 36.15m
② 39.18m
③ 41.15m
④ 45.18m

● 해설

$\triangle ABC : \triangle DCE : m+n : n$으로 분할

$$\frac{\triangle DCE}{\triangle ABC} = \frac{n}{m+n} = \frac{DC \times EC}{AC \times BC}$$

$$\begin{aligned}
\therefore \overline{CE} &= \frac{\overline{BC} \times \overline{AC}}{\overline{CD}} \times \frac{n}{m+n} \\
&= \frac{70 \times 75}{67} \times \frac{1}{2} = 39.18\text{m}
\end{aligned}$$

19 운동장 예정부지를 측량한 결과 5m 격자점의 표고가 그림과 같았다. 계획고를 15.0m로 할 경우의 토량은? 14③산

① 절토 6.25m³
② 성토 6.25m³
③ 절토 12.5m³
④ 성토 12.5m³

● 해설

$$V = \frac{A}{4}(\sum h_1 + 2\sum h_2 + 3\sum h_3 + 4\sum h_4)$$

$$\begin{aligned}
&= \frac{5 \times 5}{4}\{(14+16+15+15+16) \\
&\quad + (2 \times (14+15)) + (3 \times 15)\} \\
&= 1,118.75\text{m}^3
\end{aligned}$$

계획고를 15m로 할 경우

$$\begin{aligned}
&= \frac{5 \times 5}{4}\{(15+15+15+15+15) \\
&\quad + (2 \times (15+15)) +)(3 \times 15)\} \\
&= 1,125\text{m}^3
\end{aligned}$$

따라서

$1,125 - 1,118.75 = 6.25\text{m}^3$

계획고를 15m로 할 경우 6.25m^3만큼 성토해야 한다.

20 그림과 같은 측량 결과를 얻었다면 이 지역의 계획고를 3m로 하기 위하여 필요한 토량은? 14③기

① 1.5m^3 ② 3.2m^3

③ 3.8m^3 ④ 4.2m^3

◦ 해설

$$V = \frac{A}{4}\left(\sum h_1 + 2\sum h_2 + 3\sum h_3 + 4\sum h_4\right)$$

$$= \frac{2 \times 2}{4}\{(18.3) + (2 \times 10.7) + (3 \times 5.9) + (4 \times 2.7)\}$$

$$= 68.2\text{m}^3$$

$\sum h_1 = 2.4 + 3.0 + 3.2 + 3.2 + 3.5 + 3.0 = 18.3$

$\sum h_2 = 2.5 + 2.8 + 2.8 + 2.6 = 10.7$

$\sum h_3 = 3.0 + 2.9 = 5.9$

$\sum h_4 = 2.7$

계획고를 3m로 할 경우

$$= \frac{2 \times 2}{4}\{(18) + (2 \times 12) +)(3 \times 6) + (4 \times 3)\}$$

$$= 72\text{m}^3$$

따라서

$68.2 - 72 = -3.8\text{m}^3$

계획고를 3m로 할 경우 3.8m^3 만큼 성토를 해야 한다.

21 그림과 같은 사각형 $ABCD$의 면적은?(단, 단위는 m²) 15①기

① $1,361.85\text{m}^2$

② $1,362.85\text{m}^2$

③ $1,363.85\text{m}^2$

④ $1,364.85\text{m}^2$

◦ 해설

x의 계산

$x = \sqrt{30^2 + 40^2} = 50\text{m}$

$A_1 = \frac{1}{2}(ab\sin\theta)$

$\quad = \frac{1}{2}(30 \times 40 \times \sin 90°) = 600\text{m}^2$

$A_2 = \sqrt{S(S-a)(S-b)(S-c)}$

$\quad$ 여기서, $S = \frac{1}{2}(a+b+c)$

$S = \frac{1}{2}(50 + 35 + 45) = 65\text{m}$

$A_2 = \sqrt{65(65-50)\times(65-35)\times(65-45)} = 764.85\text{m}^2$

따라서 사각형 $ABCD$의 면적은

$A = A_1 + A_2 = 600\text{m}^2 + 764.85\text{m}^2 = 1,364.85\text{m}^2$

22 그림과 같은 다각형의 토량을 양단면평균법, 각주공식 및 중앙단면법으로 계산하여 토량의 크기를 비교한 것으로 옳은 것은?(단, A_1=300m², A_m=200m², A_2=100m²이고 상호 간에 평행하며 h=20m, 측면은 평면이다.) 15①기

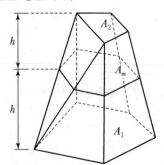

① 양단면평균법 < 각주공식 < 중앙단면법
② 양단면평균법 > 각주공식 > 중앙단면법
③ 양단면평균법 = 각주공식 = 중앙단면법
④ 양단면평균법 < 각주공식 = 중앙단면법

◆해설

단면법에 의해 구해진 토량은 일반적으로 양단면평균법(과다) > 각주공식(정확) > 중앙단면법(과소)을 갖는다.

• 중앙단면법 : $V = A_m \cdot h$(가장 직다.)

• 양단면 평균법 : $V = \dfrac{A_1 + A_2}{2} \times h$(가장 크다.)

• 각주의 공식 : $V = \dfrac{h}{6}(A_1 + 4A_m + A_2)$(가장 적합하다.)

$$V = 200 \times 40 = 8,000 \text{m}^3$$

$$V = \frac{300 + 100}{2} \times 40 = 8,000 \text{m}^3$$

$$V = \frac{40}{6}\{300 + (4 \times 200) + 100\} = 8,000 \text{m}^3$$

23 그림과 같은 토지의 1변 BC에 평행하게 면적을 $m : n = 1 : 3$의 비율로 분할하고자 할 경우, AB의 길이가 90m라면 AX는 얼마인가? 15②기

① 22.5m
② 30m
③ 45m
④ 52m

◆해설

$$AB^2 : AX^2 = m + n : m$$

$$AX = AB\sqrt{\frac{m}{m+n}} = 90\sqrt{\frac{1}{4}} = 45\text{m}$$

24 그림과 같은 단면의 면적은? 15②기

① 55m²
② 85m²
③ 130m²
④ 160m²

◆해설

밑변 : $(5 \times 2) + 4 + (10 \times 2) = 34$

$$A = \frac{5 + 10}{2} \times 34 = 255$$

삼각형 $A1 = \dfrac{10 \times 5}{2} = 25$

$$A2 = \frac{20 \times 10}{2} = 100$$

∴ 단면적 = $255 - (25 + 100) = 130$m²

25 택지(宅地)를 조성하기 위하여 한 변의 길이가 10m인 정사각형으로 분할한 후, 각 모서리점의 높이를 수준측량하여 각 점의 지반고를 그림과 같이 얻었다. 성토 및 절토량이 같도록 하려면 계획고를 몇 m로 해야 하는가?(단, 토량변화는 생각하지 않는다.) 13②기

30.26	31.33	34.62	32.12
29.45	30.16	33.22	34.38
28.23	34.82	32.67	[단위 : m]

① 30.25m
② 31.12m
③ 31.92m
④ 32.67m

해설

$$V = \frac{A}{4}(\sum h_1 + 2\sum h_2 + 3\sum h_3 + 4\sum h_4)$$

$$= \frac{10 \times 10}{4}(157.66 + 260.44 + 99.66 + 120.64)$$

$$= 15,960\text{m}^3$$

$$h = \frac{V}{nA} = \frac{15,960}{5 \times 10 \times 10} = 31.92\text{m}$$

26 정사각형의 구역을 30m 테이프를 사용하여 측정한 결과 900m²을 얻었다. 이때 테이프가 실제보다 5cm가 늘어나 있었다면 실제면적은? 13②기

① 897.0m²
② 898.5m²
③ 901.5m²
④ 903.0m²

해설

$$실제면적 = \frac{(부정길이)^2}{(표준길이)^2} \times 총면적$$

$$= \frac{30.05^2}{30^2} \times 900 = 903.0\text{m}^2$$

27 그림은 축척 1/400로 측량하여 얻은 결과이다. 실제의 면적은? 12①기

① 225.94m²
② 275.34m²
③ 325.62m²
④ 402.02m²

해설

삼각형 내각 $= 180 - (47°32' + 105°16') = 27°12'$

$$(도상면적)A = \frac{1}{2}ab \cdot \sin\alpha$$

$$= \frac{1}{2} \times 9.02 \times 6.85 \times \sin 27°12'$$

$$= 14.121\text{cm}^2$$

$$\left(\frac{1}{m}\right)^2 = \frac{도상면적}{실제면적}$$

$$\therefore 실제면적 = 도상면적 \times m^2$$

$$= 14.12 \times 400^2$$

$$= 2,259,360\text{cm}^2 = 225.94\text{m}^2$$

28 그림과 같은 성토단면을 갖는 도로 50m를 건설하기 위한 성토량은?(단, 성토면의 높이(h)=3m) 12①기

① 1,500m³
② 2,300m³
③ 2,900m³
④ 3,900m³

해설

밑변 계산 : $(2 \times 3) + 20 + (2 \times 3) = 32$

성토량(A) $= \left(\frac{20 + 32}{2} \times 3\right) \times 50 = 3,900\text{m}^3$

29 그림과 같은 삼각형 ABC의 면적이 80.0m²일 때, 삼각형 ABD의 면적을 50.0m²로 분할하려고 한다. BD의 거리는?(단, BC의 거리는 12.0m임) 13②산

① 4.5m
② 4.8m
③ 7.2m
④ 7.5m

해설

$$\triangle ABC : \triangle ABD = 80 : 50 = 12 : BD$$

$$BD = \frac{50 \times 12}{80} = 7.5\text{m}$$

정답 26 ④ 27 ① 28 ④ 29 ④

30 삼각형의 면적을 구하기 위하여 두 변의 길이를 측정한 결과, 길이가 30m, 20m이고 그 사이에 낀 각이 120°이었다면 삼각형의 면적은? 12②산

① 259.9m²
② 300.00m²
③ 400.81m²
④ 519.62m²

● 해설

이변법 : 두 변의 길이와 그 사잇각(협각)을 관측하여 면적을 구하는 방법

$$A = \frac{1}{2}ab\sin\alpha$$
$$= \frac{1}{2} \times 30 \times 20 \times \sin 120°$$
$$= 259.807\text{m}^2$$

31 세 꼭짓점의 평면좌표가 표와 같은 삼각형의 면적을 3 : 2로 분할하는 점 M의 좌표는? 16①기

구분	X(m)	Y(m)
A	493.69	555.27
B	777.54	734.82
C	642.32	876.12

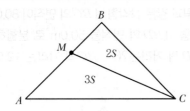

① $X = 666.0$m, $Y = 665.0$m
② $X = 664.0$m, $Y = 663.0$m
③ $X = 662.0$m, $Y = 661.0$m
④ $X = 660.0$m, $Y = 659.0$m

● 해설

내분점의 좌표

$$x = \frac{mx_2 + nx_1}{m+n}$$
$$= \frac{(3 \times 777.54) + (2 \times 493.69)}{3+2} = 664.0\text{m}$$

$$y = \frac{my_2 + ny_1}{m+n}$$
$$= \frac{(3 \times 734.82) + (2 \times 555.27)}{3+2} = 663.0\text{m}$$

32 그림과 같은 삼각형 모양의 지역의 면적은? 16②산

① 130.9m²
② 160.0m²
③ 256.3m²
④ 320.0m²

● 해설

$$S = \frac{20 + 16 + 32}{2} = 34$$
$$A = \sqrt{34(34-20)(34-16)(34-32)} = 130.9\text{m}^2$$

33 100m² 정방형 토지의 면적을 0.1m²까지 정확하게 구하기 위해 요구되는 한 변의 길이의 관측에 대한 설명으로 옳은 것은? 16①산

① 한 변의 길이를 1cm까지 정확하게 읽어야 한다.
② 한 변의 길이를 1mm까지 정확하게 읽어야 한다.
③ 한 변의 길이를 5cm까지 정확하게 읽어야 한다.
④ 한 변의 길이를 5mm까지 정확하게 읽어야 한다.

● 해설

$$\frac{dA}{A} = 2\frac{dl}{l} \text{에서}$$
$$dl = \frac{dA \times l}{2A} = \frac{0.1 \times 10}{2 \times 100}$$
$$= 0.005\text{m}$$
$$= 5\text{mm}$$
여기서, $l = \sqrt{100} = 10\text{m}$

34 그림과 같이 삼각형의 정점 A에서 직선 AP, AQ로 $\triangle ABC$의 면적을 $1:2:4$로 분할하려면 BP, BQ의 길이를 각각 얼마로 하면 되는가?

16②기

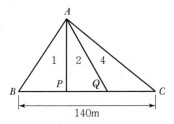

① 10m, 30m
② 10m, 60m
③ 20m, 40m
④ 20m, 60m

●해설

$$BP = \frac{m}{m+n} \times BC = \frac{1}{1+6} \times 140 = 20\text{m}$$
$$BQ = \frac{m}{m+n} \times BC = \frac{3}{3+4} \times 140 = 60\text{m}$$

35 그림의 삼각형 토지를 $1:4$의 면적비로 분할하기 위한 BP의 거리는?(단, BC의 거리=15m)

13②기

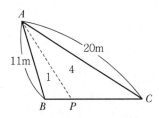

① 1m
② 2m
③ 3m
④ 5m

●해설

$$BP = \frac{m}{m+n} \cdot BC$$
$$= \frac{1}{1+4} \times 15 = 3\text{m}$$

36 그림과 같은 $\triangle ABC$에서 $\overline{AD}$로 $\triangle ABD : \triangle ABC = 1:3$으로 분할하려고 할 때, $\overline{BD}$의 거리는?(단, $\overline{BC}$=42.6m)

16①산

① 2.66m
② 4.73m
③ 10.65m
④ 14.20m

●해설

$\triangle ABC : \triangle ABD = (m+n) : m$으로 분할

$$\frac{\triangle ABD}{\triangle ABC} = \frac{m}{m+n} = \frac{BD}{BC}$$
$$\therefore BD = \frac{m}{m+n} \cdot BC$$
$$= \frac{1}{1+2} \times 42.6 = 14.20\text{m}$$

37 그림과 같은 면적을 심프슨의 제1법칙과 사다리꼴 법칙에 의하여 계산하였다. 이때 2개의 법칙에 의하여 구한 면적의 차이는?(단, L=5m)

16①기

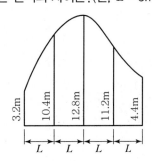

① 12m²
② 10m²
③ 8m²
④ 6m²

●해설

- 심프슨 제1법칙

$$A = \frac{d}{3}(y_0 + y_n + 4\sum 홀수 + 2\sum 짝수)$$

$$= \frac{5}{3}(3.2 + 4.4 + 4(10.4 + 11.2) + 2 \times 12.8)$$

$$= 199.33\text{m}^2$$

- 사다리꼴 법칙

$$A = d\left(\frac{y_0 + y_n}{2} + y_1 + y_2 + \cdots + y_{n-1}\right)$$

$$= 5\left(\frac{3.2 + 4.4}{2} + 10.4 + 12.8 + 11.2\right)$$

$$= 191\text{m}^2$$

∴ 면적 차이 = 199.33 - 191 = 8.33m²

CHAPTER 07 경관측량

7.1 개요

경관의 해석을 위해서는 시각적 측면과 시각현상에 잠재되어 있는 의미적 특성을 동시에 고려하여야 한다. 이를 위하여 시각특성, 경관주체와 대상, 경관유형, 경관평가지표 및 경관표현방법 등을 통하여 경관의 정량화를 이루어 쾌적하고 미려한 생활공간 창출하여야 하는데, 이를 위한 활동을 경관측량이라 한다. 경관측량은 인간과 물적 대상의 양 요소에 대한 경관도의 정량화 및 표현에 관한 평가를 하는 데 의의를 두고 있다.

7.2 경관의 분류

7.2.1 인식대상(認識對象)의 주체(主體)에 관한 분류

자연경관 (Natural Viewscape)	인공이 가해지지 않은 경치로서 산, 하천, 바다, 자연녹지 등
인공경관 (Artificial Viewscape)	① 조경 : 인공요소를 가한 경치(정원, 공원, 인공녹지, 도시경관, 시설물경관 등) ② 장식경 : 대상물에 미의식을 강조시켜 생활공간을 미화하는 실내외 장식
생태경관 (Ecological Viewscape)	① 생태경 : 자연생태 그대로의 경관 ② 관상경 : 인공적 요소를 더한 경관[관상수(觀賞樹), 관상견(觀賞犬)]

7.2.2 경관구성요소(景觀構成要素)에 의한 분류

대상계(對象系)	인식의 대상이 되는 사물로서 사물의 규모, 상태, 형상, 배치 등
경관장계(京觀場系)	대상을 둘러싼 환경으로 전경(前景), 중경(中景), 배경(背景)에 의한 규모와 상태
시점계(視點系)	인식의 주체가 되는 것으로 생육환경, 건강상태, 연령 및 직업에 관한 시점의 성격
상호성계(相互性系)	대상계, 경관장계 및 시점계를 구성하는 요인과 성격에 관한 상호성을 규명하는 것

7.2.3 시각적 요소(視覺的要素)에 의한 분류

위치(位置)	고저, 원근, 방향
크기	대소
색(色)과 색감(色感)	명암, 흑백, 적청(赤青)
형태(形態)	생김새
선(線)	곡선 및 직선
질감(質感)	거칠음, 섬세하고 아름다움
농담(濃淡)	투명과 불투명

7.2.4 개성적 요소(個性的要素)에 의한 분류

천연적 경관(天然的景觀)	산속의 기암절벽
파노라믹한 경관	넓은 초원이나 바다의 풍경
포위(包圍)된 경관	수목으로 둘러싸인 호수나 들
초점적 경관(焦點的景觀)	계곡, 도로 및 강물
터널적 경관	하늘을 가린 가로수 도로
세부적 경관(細部的景觀)	대상물의 부분적인 것으로 나뭇잎, 꽃잎의 생김새
순간적 경관(瞬間的景觀)	안개, 아침이나 저녁노을 등

7.3 경관 예측방법

7.3.1 경관 평가요인의 정량화

가. 관점과 주시대상물의 위치 관계에 기인하는 요인

1) 수평시각(θH)에 의한 방법

$0° \leq \theta H \leq 10°$	주위 환경과 일체가 되고 경관의 주체로서 대상에서 벗어난다.
$10° < \theta H \leq 30°$	시설물의 전체 형상을 인식할 수 있고 경관의 주제로서 적당하다.
$30° < \theta H \leq 60°$	시설물의 시계 중에 차지하는 비율은 크고 강조된 경관을 얻는다.
$60° < \theta H$	시설물 자체가 시야의 대부분을 차지하게 되고 시설물에 대한 압박감을 느끼기 시작한다.

2) 수직시각(θv)에 의한 방법

$0° \leq \theta v \leq 15°$	시설물이 경관의 주제가 되고 쾌적한 경관으로 인식된다.
$15° < \theta v$	압박감을 느끼고 쾌적한 경관으로 인식되지 못한다.

3) 시설물 1점을 시준할 때 시준축과 시설물축선이 이루는 각(α)에 의한 방법

$0° \leq \alpha \leq 10°$	특이한 시설물 경관을 얻고 시점이 높게 된다.
$10° < \alpha \leq 30°$	입체감이 있는 계획이 잘된 경관이 된다.
$30° < \alpha \leq 90°$	입체감이 없는 평면적인 경관이 된다.

4) 기준점에 대한 시점의 높이에 의한 방법

시점의 위치가 낮은 경우	활동적인 인상을 받는다.
시점의 위치가 높은 경우	정적인 인상을 받는다.

5) 시설물과 시점 사이의 거리에 의한 방법

시점이 시설물에 가까울 경우	상세하게 인식되지만 경관의 주제는 시설물의 국부적인 구성부재가 되어 시설물 전체의 형상은 영향이 없다.
시점이 멀어질 경우	시설물 전체가 경관의 주제가 된다.

01 경관측량에서 고정적인 시점에서 얻을 수 있는 경관은?

① 이동경관   ② 지점경관
③ 장의경관   ④ 변천경관

해설

고정적인 시점에서 얻을 수 있는 경관은 지점경관이다.

02 다음 중 경관구성요소에 의한 분류(시점과 대상과의 관계에 의한 분류)에 속하지 않는 것은?

① 대상계   ② 경관장계
③ 상호성계   ④ 인공계

해설

경관구성요소에 의한 분류
• 대상계 : 인식의 대상이 되는 사물(규모, 상태, 형상 및 배치)-교량
• 경관장계 : 대상을 둘러싼 환경(전경, 중경, 원경에 의한 규모와 상태)
• 시점계 : 인간의 개인차(환경, 건강, 연령, 작업)에 의해 느껴지는 시점의 성격
• 상호성계 : 대상계, 경관장계 및 시점계를 구성하는 요인과 성격에 관한 상호성을 규명하는 것

03 경관의 구성요소에 해당하지 않는 것은?

① 대상계   ② 경관장계
③ 상호성계   ④ 입체계

해설

문제 02번 해설 참고

04 경관을 분류할 때 경관구성요소에 의한 분류기준 중 인식의 주체가 되는 계는 무엇인가?

① 대상계   ② 경관장계
③ 시점계   ④ 상호성계

해설

시점계
인식의 주체가 되는 것으로 생육환경, 건강상태, 연령 및 직업에 관한 시점의 성격

05 경관표현방법에 의한 정량화 방법이 아닌 것은?

① 정사투영도에 의한 방법
② 투시도에 의한 방법
③ 평면도에 의한 방법
④ 영상(Image) 처리에 의한 방법

해설

경관의 정량화 방법
• 정사투영도에 의한 방법
• 스케치 및 회화에 의한 방법
• 투시도에 의한 방법
• 몽타주에 의한 방법
• 색채모의관측에 의한 방법
• 비디오 영상에 의한 방법

06 경관평가에서 수평시각(θ_H)이 $60° < \theta_H$일 때에 대한 설명으로 가장 알맞은 것은?

① 시설물의 전체 형상을 인식할 수 있고 경관의 주체로서 적당하다.
② 시설물이 시계 중에 차지하는 비율이 크고 강조된 경관을 얻는다.
③ 시설물에 대한 압박감을 느끼기 시작한다.
④ 시설물은 주위 환경과 일체가 되고 경관의 주체로서 대상에서 벗어난다.

● 해설

관점과 대상물의 위치관계에 의한 정량화

1. 시설물 전체의 수평시각(θ_H)에 의한 방법
   - $0' \leq \theta_H \leq 10'$: 주위 환경과 일체가 되고 경관의 주제로 서 대상에서 벗어남
   - $10' < \theta_H \leq 30'$: 시설물의 전체 형상 인식, 경관의 주제 로서 적당
   - $30' < \theta_H \leq 60'$: 시설물의 시계 중에 차지하는 비율이 크고 강조된 경관을 말함
   - $60' < \theta_H$: 시설물 자체가 시야의 대부분을 차지하며, 압 박감을 느낌

2. 시설물 전체의 수직시각(θ_V)에 의한 방법
   - $0' \leq \theta_V \leq 15'$: 쾌적한 경관, 시설물의 경관의 주제
   - $15' < \theta_V$: 압박감, 쾌적하지 못한 경관

3. 시설물 1점의 시준축과 시설물축선이 이루는 각(α)에 의 한 방법
   - $0' \leq \alpha \leq 10'$: 특이한 시설물 경관을 얻고 시점이 높게 됨
   - $10' < \alpha \leq 30'$: 입체감이 좋은 경관
   - $30' < \alpha \leq 90'$: 입체감이 없는 평면적인 경관

4. 기준점에 대한 시점의 높이에 의한 방법
   - 시점의 위치가 낮은 경우 : 활동적인 인상
   - 시점의 위치가 높은 경우 : 정적인 인상

5. 시점과 시설물의 거리에 의한 방법
   - 시점이 가까울 때 : 상세하게 인식되지만 경관의 주제는 시설물의 국부적인 부재가 됨
   - 시점이 멀어질 경우 : 시설물 전체가 경관의 주제가 됨

07 각과 위치에 의한 경관도의 정량화에서 실시물 의 1점을 시준할 때 시준선과 시설물 축선이 이루는 각 α는 크기에 따라 입체감에 변화를 주는데, 다음 중 입체감 있게 계획이 잘 된 경관을 얻을 수 있는 범 위로 가장 적합한 것은?

① $10° < \alpha \leq 30°$ ② $30° < \alpha \leq 50°$
③ $40° < \alpha \leq 60°$ ④ $50° < \alpha \leq 70°$

● 해설

문제 06번 해설 참고

08 경관측량에서 인식대상의 주체에 대하여 경관 을 자연경관, 인공경관, 생태경관으로 분류할 때 자 연경관에 해당되지 않는 것은?

① 산 ② 정원
③ 하천 ④ 바다

● 해설

1. 자연경관 : 산, 하천, 바다와 같은 자연경치

2. 인공경관
   - 조경 : 공원, 정원, 인공녹지 등의 인공요소를 가한 경치
   - 장식경 : 실내외 장식과 같이 대상물의 인공요소만을 주 체로 한 경치

3. 생태경관
   - 생태경 : 자연상태 그대로의 생태경관
   - 관상경 : 관상수(觀賞樹), 관상견(觀賞犬)과 같이 인공 요소를 더한 경관

09 경관 예측 시 시설물을 보는 각도에 대한 설명 으로 옳지 않은 것은?

① $10° \leq$ 수평시각 $\leq 30°$에서 시설물의 전체 형상을 인 식할 수 있고 경관의 주제로서 적당하다.
② 수평시각이 $60°$보다 크면 시설물에 대한 압박감을 느끼기 시작한다.
③ $0° \leq$ 수직시각 $\leq 15°$에서 시설물이 경관의 주제가 되 고 쾌적한 경관으로 인식된다.
④ 시계에서 차지하는 비율이 커져 압박감을 느끼기 시 작하는 수직시각은 $50°$보다 클 경우이다.

● 해설

1. 시설물 전체의 수평시각(θ_H)에 의한 방법
   - $0° \leq \theta_H \leq 10°$: 주위 환경과 일체가 되고 경관의 주제로 서 대상에서 벗어남
   - $10° < \theta_H \leq 30°$: 시설물의 전체 형상 인식, 경관의 주제 로서 적당
   - $30° < \theta_H \leq 60°$: 시설물의 시계 중에 차지하는 비율이 크고 강조된 경관을 말함
   - $60° < \theta_H$: 시설물 자체가 시야의 대부분을 차지하며 압 박감을 느낌

2. 시설물 전체의 수직시각(θ_V)에 의한 방법
   - $0° \leq \theta_V \leq 15°$: 쾌적한 경관, 시설물의 경관의 주제
   - $15° < \theta_V$: 압박감. 쾌적하지 못한 경관

10 도로의 경관 계획 시 고려사항이 아닌 것은?

① 자연환경의 손상을 최대한 억제하도록 한다.
② 도로선형의 부드러움을 위해 곡선을 많이 삽입한다.
③ 지역 경관과의 조화를 이루도록 한다.
④ 내부경관과 외부경관을 동시에 고려하여야 한다.

● 해설

도로의 곡선을 많이 삽입하면 공사비, 시간, 교통사고 등 문제점이 많이 발생하여 도로의 경관 계획 시 고려사항이 아니다.

11 시설물의 경관을 수직시각(θ_V)에 의하여 평가하는 경우, 시설물이 경관의 주제가 되고 쾌적한 경관으로 인식되는 수직시각의 범위로 가장 적합한 것은?

① $0° \leq \theta_V \leq 15°$　② $15° \leq \theta_V \leq 30°$
③ $30° \leq \theta_V \leq 45°$　④ $45° \leq \theta_V \leq 60°$

● 해설

1. 관점과 대상물의 위치관계에 의한 정량화
   ㉠ 시설물 전체의 수평시각(θ_H)에 의한 방법
   - $0° \leq \theta_H \leq 10°$: 주위 환경과 일체가 되고 경관의 주제로서 대상에서 벗어남
   - $10° < \theta_H \leq 30°$: 시설물의 전체 형상 인식, 경관의 주제로서 적당
   - $30° < \theta_H \leq 60°$: 시설물의 시계 중에 차지하는 비율이 크고 강조된 경관을 말함
   - $60° < \theta_H$: 시설물 자체가 시야의 대부분을 차지하며 압박감을 느낌
   ㉡ 시설물 전체의 수직시각(θ_V)에 의한 방법
   - $0° \leq \theta_V \leq 15°$: 쾌적한 경관, 시설물의 경관의 주제
   - $15° < \theta_V$: 압박감. 쾌적하지 못한 경관
   ㉢ 시설물 1점의 시준축과 시설물축선이 이루는 각(α)에 의한 방법
   - $0° \leq \alpha \leq 10°$: 특이한 시설물경관을 얻고 시점이 높게 됨
   - $10° < \alpha \leq 30°$: 입체감이 좋은 경관

- $30° < \alpha \leq 90°$: 입체감이 없는 평면적인 경관
   ㉣ 기준점에 대한 시점의 높이에 의한 방법
   - 시점의 위치가 낮은 경우 : 활동적인 인상
   - 시점의 위치가 높은 경우 : 정적인 인상
   ㉤ 시점과 시설물의 거리에 의한 방법
   - 시점이 가까울 때 : 상세하게 인식되지만 경관의 주제는 시설물의 국부적인 부재가 됨
   - 시점이 멀어질 경우 : 시설물 전체가 경관의 주제가 됨

2. 시점과 배경의 위치관계에 의한 정량화
   ㉠ 배경의 다양성으로 심리적 영향에 따라 인상이 크게 변화하므로 정량적 분석이 곤란함
   ㉡ 배경과 경관도의 관계 추출
   - 시점의 상태
   - 배경과 대상물의 위치관계
   - 시점과 배경의 위치관계
   - 배경의 상태
   - 기상조건에 따른 영향을 고려하여 추출

3. 배경의 경관도 규정 : 입지조건, 시준율, 대상시설물의 시준범위, 시점과 배경과의 거리, 하향각(부각), 상향각(앙각), 육해공의 비율, 배경의 시준범위 및 기상조건 고려

12 경관 평가요인을 정량화하기 위하여 수평시각을 관측한 결과 $30° \leq \theta \leq 60°$의 값을 얻었다. 시설물에 대한 느낌으로 적절한 것은?

① 시설물은 주위와 일체가 되고 경관의 주제로서 대상에서 벗어난다.
② 시설물의 전체 형상을 인식할 수 있고 경관의 주제로 적합하다.
③ 시설물이 시계 중에 차지하는 비율이 크고 강조된 경관으로 인식된다.
④ 시설물에 대한 압박감을 느낀다.

● 해설

- $0' \leq \theta_H \leq 10'$: 주위 환경과 일체가 되고 경관의 주제로서 대상에서 벗어남
- $10' < \theta_H \leq 30'$: 시설물의 전체형상 인식, 경관의 주제로서 적당함
- $30' < \theta_H \leq 60'$: 시설물의 시계 중에 차지하는 비율이 크고 강조된 경관을 말함
- $60' < \theta_H$: 시설물 자체가 시야의 대부분을 차지하며, 압박감을 느낌

정답 **10** ② **11** ① **12** ③

13 다음 중 경관의 3요소와 거리가 먼 것은?

① 경제성　　　　　② 조화감
③ 순화감　　　　　④ 미의식의 상승

◎해설

경관의 3요소는 조화감, 순화감, 미의식의 상승이다.

14 구조물 경관예측을 위한 사전 조사항목으로 가장 거리가 먼 것은?

① 식생　　　　　② 지형
③ 현황사진　　　　④ 지하배관

◎해설

지하배관은 경관예측을 위한 사전조사 항목에 들지 않는다.

15 경관표현방법 중 몽타주가 비교적 용이하고 장관도(Panorama)경관 및 이동경관 등 시야가 연속적으로 변화하는 동경관을 처리할 수 있는 방법은?

① 투시도에 의한 방법
② 색채모의 관측에 의한 방법
③ 비디오영상에 의한 방법
④ 사진몽타주에 의한 방법

◎해설

경관표현방법
- 정사투영도에 의한 방법
- 스케치 및 회화에 의한 방법
- 투시도에 의한 방법
- 사진몽타주에 의한 방법
- 색채시뮬레이션에 의한 방법
- 비디오 영상에 의한 방법
- 영상처리에 의한 방법
- 모형에 의한 방법이 있다.

16 시설물의 계획 설계 시 경관상 검토되는 위치 결정에 필요한 측량은?

① 공공측량　　　　② 자원측량
③ 공사측량　　　　④ 경관측량

◎해설

경관측량이란 인간과 물적 대상의 양 요소에 대한 경관도의 정량화 및 표현에 관한 평가를 하는 것을 말한다. 즉, 대상군을 전체로 보는 인간의 심적 현상으로 경치, 눈에 보이는 경색, 풍경의 지리학적 특선과 특색 있는 풍경 형태를 가진 일정한 지역을 말한다.

17 도로경관에서 시점에 대한 특징이 아닌 것은?

① 도로에서의 시점은 이동한다.
② 풍경이 변화하고 속도가 커짐에 따라 시야가 넓어진다.
③ 시축이 한 방향으로 한정된다.
④ 시점을 내부에 두는 내부경관과 도로 밖에 두는 외부경관으로 나누어진다.

◎해설

시점의 특징
- 도로에서의 시점은 이동한다.
- 풍경이 변화하고 속도가 커짐에 따라 시야가 좁아진다.
- 시축이 한 방향으로 한정된다.
- 시점을 내부에 두는 내부경관과 도로 밖에 두는 외부경관으로 나누어진다.

18 경관구성요소에 의한 구분에서 설명이 잘못된 것은?

① 인식대상이 되는 대상계
② 대상을 둘러싸고 있는 경관장계
③ 인식의 주체인 시점계
④ 전경, 중경, 배경의 상대적 효과인 상대성계

◎해설

경관구성요소에 의한 분류
- 대상계 : 인식의 대상이 되는 사물(규모, 상태, 형상 및 배치) · 교량
- 경관장계 : 대상을 둘러싼 환경(전경, 중경, 원경에 의한 규모와 상태)
- 시점계 : 인간의 개인차(환경, 건강, 연령, 작업)에 의해 느껴지는 시점의 성격
- 상호성계 : 대상계, 경관장계 및 시점계를 구성하는 요인과 성격에 관한 상호성을 규명하는 것

정답 13 ① 　 14 ④ 　 15 ③ 　 16 ④ 　 17 ② 　 18 ④

19 경관분석의 기초인자로 사용하기에 적합하지 않은 것은?

① 인간의 시 · 지각 특성
② 지점과 대상과의 관계
③ 식생상태와 기상과의 관계
④ 대상의 시각 속성

●해설

경관분석의 기초인자
• 인간의 시 · 지각 특성
• 지점과 대상과의 관계
• 대상의 시각 속성

20 경관의 개성적 분류에 대한 설명으로 옳지 않은 것은?

① 산속의 기암절벽은 천연적 경관에 속한다.
② 넓은 초원이나 바다의 풍경은 파노라믹한 경관에 속한다.
③ 수목으로 쌓인 호수나 들은 터널적 경관이다.
④ 안개, 아침이나 저녁노을 등은 순간적 경관이다.

●해설

개성적 요소에 의한 분류
• 천연적 경관 : 산속의 기암 절벽
• 파노라믹한 경관 : 넓은 초원이나 바다의 풍경
• 포위된 경관 : 수목으로 둘러싸인 호수나 들
• 세부적 경관 : 대상물의 부분적인 것으로 나뭇잎, 꽃잎의 생김새
• 순간적 경관 : 안개, 아침이나 저녁노을 등
• 초점적 경관 : 계곡, 도로 및 강물
• 터널적 경관 : 하늘을 가린 가로수도로

21 경관을 일반적으로 경관구성 요소에 의하여 시점계, 대상계, 경관장계, 상호계로 구분할 때 경관장계에 대한 설명으로 옳은 것은?

① 인식의 주체
② 인식대상이 되는 사물
③ 대상을 둘러싸고 있는 환경
④ 각 구성요인과 성격 사이에 존재하는 관계

●해설

경관 구성 요소에 의한 분류
• 대상계(對象系) : 인식의 대상이 되는 사물로서 사물의 규모, 상태, 형상 및 배치
• 경관장계(京觀場系) : 대상을 둘러싼 환경으로서 전경(前景), 중경(中景), 배경(背景)에 의한 규모와 상태를 고려할 뿐 아니라 기후, 태양광선, 공기의 투명도 등 기상조건도 참작한다.
• 시점계(視點系) : 인식의 주체가 되는 것으로 생육환경, 건강상태, 연령 및 직업에 관한 인간의 속성과 입지조건, 표고 및 파노라마도 등에 관한 시점의 성격을 고려하여야 한다.
• 상호성계(相互性系) : 대상계, 경관장계, 시점계를 구성하는 요인과 성격에 관한 상호성을 규명하는 것

22 시설물을 보는 각도에서 압박감을 느끼는 수평시각(θ_H)과 수직시각(θ_V)은?

① $(\theta_H)>60°$, $(\theta_V)>15°$ ② $(\theta_H)>60°$, $(\theta_V)>10°$
③ $(\theta_H)>50°$, $(\theta_V)>15°$ ④ $(\theta_H)>50°$, $(\theta_V)>10°$

●해설

1. 시설물 전체의 수평시각(θ_H)에 의한 방법
• $0°\leq\theta_H\geq10°$: 주위 환경과 일체가 되고 경관의 주제로서 대상에서 벗어남
• $10°<\theta_H\leq30°$: 시설물의 전체 형상 인식, 경관의 주제로서 적당함
• $30°<\theta_H\leq60°$: 시설물의 시계 중에 차지하는 비율이 크고 강조된 경관을 얻음
• $60°<\theta_H$: 시설물 자체가 시야의 대부분을 차지, 시설물에 대한 압박감을 느낌
2. 시설물 전체의 수직시각(θ_V)에 의한 방법
• $0°\leq\theta_V\leq15°$: 쾌적한 경관, 시설물이 경관의 주제가 됨
• $15°<\theta_V$: 압박감, 쾌적하지 못한 경관
3. 시설물 1전의 시준축과 시설물 축선이 이루는 각(α)에 의한 방법
• $0°\leq\alpha\leq10°$: 특이한 시설물 경관을 얻고 시점이 높게 됨
• $10°<\alpha\leq30°$: 입체감이 있는 좋은 경관

정답 19 ③ 20 ③ 21 ③ 22 ①

CHAPTER 08 하천측량

8.1 정의

하천측량은 하천의 형상, 수위, 단면 구배 등을 관측하여 하천의 평면도, 종횡단면도를 작성함과 동시에 유속, 유량 기타 구조물을 조사하여 각종 수공설계 및 시공에 필요한 자료를 얻기 위한 것이다.

8.2 순서

도상조사	유로상황, 지역면적, 지형지물, 토지이용현황, 교통·통신시설 상황조사 등
자료조사	홍수피해, 수리권 문제, 물의 이용상황 등 제반 자료를 모아 조사
현지조사	도상·자료조사를 기초로 하여 실시하는 측량으로, 답사 및 선점을 말함
평면측량	다각·삼각측량에 의해 세부측량의 기준이 되는 골조측량을 실시하고 평판측량에 의해 세부측량을 실시하여 평면도를 제작
수준측량	거리표를 이용하여 종·횡단면도를 실시하고, 유수부(流水部)는 심천측량에 의해 종·횡단면도를 제작
유량측량	각 관측점에서 수위·유속·심천측량에 의해 유량 및 유량곡선을 제작
기타측량	필요에 따라서 강우량측량 및 하천구조물 조사를 실시

8.3 평면측량(平面測量)

8.3.1 평면측량 범위

유제부	제외지 범위 전부와 제내지의 300m 이내
무제부	홍수가 영향을 주는 구역보다 약간 넓게 측량한다(홍수 시에 물이 흐르는 맨 옆에서 100m까지).
홍수방지공사가 목적인 하천공사	하구에서부터 상류의 홍수피해가 미치는 지점까지

사방공사	수원지까지
선박운행을 위한 하천 계수가 목적일 때	하류는 하구까지

‖ 유제부의 측량 구역(하천의 단면도) ‖

8.3.2 측량방법

가. 골조측량

삼각측량	① 삼각점은 기본 삼각점을 이용하여 2~3km마다 설치하며, 삼각망은 단열삼각망을 이용한다. ② 측각은 배각(반복)법으로 관측한다. ③ 협각은 40~100°(대삼각), 30~120°(소삼각)로 한다.
트래버스(다각) 측량	① 결합다각형의 폐합차는 3′ 이내로 한다. ② 폐합비는 $\dfrac{1}{1,000}$ 이내로 한다.

‖ 하천 골조측량 ‖

나. 세부측량

하천유역에 있는 모든 것(하천의 형태, 제방, 방파제, 행정구획상 경계, 하천공사물, 양수표, 각종 측량표)을 측량한다.

수애선(水涯線) 측량	① 수애선은 수면과 하안의 경계선이다. ② 수애선은 하천수위의 변화에 따라 변동하는 것으로 평수위에 의해 정해진다.
평면도의 축척	① 하폭 50m 이하일 때 표준 : $\dfrac{1}{1,000}$ ② 기본도 : $\dfrac{1}{2,500}$ 또는 $\dfrac{1}{10,000}$ ③ 국부적인 상세도 : $\dfrac{1}{500} \sim \dfrac{1}{1,000}$

••• 8.4 수준(고저)측량

하천측량에서 고저측량은 거리표 설치, 종횡단측량, 심천측량을 총칭하여 말한다.

거리표(距離標) 설치		① 하천의 중심에서 직각방향으로 설치한다. ② 하천의 한쪽 하안에 따라 하구 또는 하천의 합류점으로부터 100 또는 200m마다 설치한다. ③ 표석은 1km마다 매립한다.
종단측량 (縱斷測量)		① 수준기표 : 5km마다 암반에 설치한다. ② 허용오차 : 4km 왕복에서 유조부 10mm, 무조부 15mm, 급류부 20mm ③ 축척 : 종(높이) $\dfrac{1}{100}$, 횡(거리) $\dfrac{1}{1,000}$
횡단측량 (橫斷測量)		① 200m마다의 거리표를 기준으로 하며, 간격은 소하천 5m, 대하천 10~20m마다 좌안을 기준으로 측량을 실시한다. ② 축척 : 종(높이) $\dfrac{1}{100}$, 횡(폭) $\dfrac{1}{1,000}$ ③ 좌안 : 물이 흐르는 방향에서 볼 때 좌측
심천측량 (深淺測量)		하천의 수심 및 유수 부분의 하저상황을 조사하고 횡단면도를 제작하는 측량
	사용되는 기계·기구	① 로드(측간) : 수심이 얕은(5m 이내) 곳에서 사용(1~2m의 경우에 효과적)한다. ② 레드(측추) : 유속이 그리 크지 않은 곳에서 사용하며 로프 끝부분에 3~5kg(최대 13kg)의 은 등의 추를 붙여서 사용하고, 5m 이상 시 사용한다. ③ 음향측심기(수압측심기) : 수심이 깊고, 유속이 빠른 장소로 보통 30m 되는 곳에서 사용하며, 오차는 0.5% 정도 생긴다. 레드(측추)로 관측이 불가능한 경우에 사용하며 최근 전자기술의 발달에 의하여 아주 높은 정확도를 얻을 수 있다. ④ 배(측량선) : 하천폭이 넓고, 수심이 깊은 경우에 사용한다.

심천측량 (深淺測量)	하천의 심천측량	① 하천폭이 넓고 수심이 얕은 경우 　양안 거리표를 시준한 선상에 수면말뚝을 박고 와이어로 길이 5~10m마다 수심을 관측한다. ② 하천폭이 넓고 수심이 깊은 경우 　• B점에서 트랜싯으로 관측한 경우(전방교회법) 　　$\overline{AP_1} = AB \cdot \tan\alpha_1$ 　　$\overline{AP_2} = AB \cdot \tan\alpha_2$ 　• P(배)에서 육분의(Sextant)로 관측한 경우(후방교회법) 　　$AP_1 = AB \cdot \cot\beta_1$ 　　$AP_2 = AB \cdot \cot\beta_2$

| 거리표 설치 |

| 로드와 레드 |

| 하천심천측량 |

| 측량선(배)에 의한 하천측량 |

···8.5 수위 관측

8.5.1 하천의 수위

최고수위(HWL), 최저수위(LWL)	어떤 기간에 있어서의 최고·최저 수위로 연단위 혹은 월단위의 최고, 최저로 구한다.
평균최고수위(NHWL), 평균최저수위(NLWL)	연과 월에 있어서의 최고·최저의 평균수위로, 평균최고수위는 제방, 교량, 배수 등의 치수 목적에 사용하며 평균최저수위는 수운, 선항, 수력발전의 수리 목적에 사용한다.
평균수위(MWL)	어떤 기간의 관측수위의 총합을 관측횟수로 나누어 평균치를 구한 수위
평균고수위(MHWL), 평균저수위(MLWL)	어떤 기간에서의 평균수위 이상 수위들이 평균수위 및 어떤 기간에서의 평균수위 이하 수위들의 평균수위
최다수위 (Most Frequent Water Level)	일정기간 중 제일 많이 발생한 수위
평수위(OWL)	어느 기간의 수위 중 이것보다 높은 수위와 낮은 수위의 관측수가 똑같은 수위로 일반적으로 평균수위보다 약간 낮은 수위. 1년을 통해 185일은 이보다 저하하지 않는 수위
저수위	1년을 통해 275일은 이보다 저하하지 않는 수위
갈수위	1년을 통해 355일은 이보다 저하하지 않는 수위
고수위	2~3회 이상 이보다 적어지지 않는 수위
지정수위	홍수 시에 매시 관측하는 수위
통보수위	지정된 통보를 개시하는 수위
경계수위	수방(水防)요원의 출동을 필요로 하는 수위

8.5.2 수위관측소와 양수표 설치 장소

① 하안(河岸)과 하상(河床)이 안전하고 세굴이나 퇴적이 되지 않은 장소
② 상하류의 길이 약 100m 정도의 직선일 것
③ 유속의 변화가 크지 않을 것
④ 수위가 교각이나 기타 구조물에 영향을 받지 않는 장소
⑤ 홍수 시 관측소가 유실, 이동 및 파손될 염려가 없는 장소
⑥ 평시는 홍수 때보다 수위표를 쉽게 읽을 수 있는 장소
⑦ 지천의 합류점 및 분류점으로 수위의 변화가 생기지 않은 장소
⑧ 양수표의 영점위치는 최저수위 밑에 있고, 양수표 눈금의 최고위는 최고홍수위보다 높은 장소
⑨ 양수표는 평균해수면의 표고를 측정

⑩ 어떠한 갈수 시에도 양수표가 노출되지 않는 장소

⑪ 수위가 급변하지 않는 장소

⑫ 양수표는 하천에 연하여 5~10km마다 배치

▪▪8.6 평균유속 관측

유속 관측에는 유속계(Current Meter)와 부자(Float) 등이 가장 많이 이용된다. 유속을 직접 관측할 수 없을 때는 하천구배를 관측하여 평균유속을 구하는 방법을 이용한다.

8.6.1 부자에 의한 방법

표면부자	① 나무, 코르크, 병, 죽통 등을 이용하여 가운데에 작은 돌이나 모래를 넣은 후 이를 추로 하여 부자고 0.8~0.9를 흘수선(吃水線)으로 한다.
	 ② 주로 홍수 시 사용되며 투하지점은 10m 이상, $\dfrac{B}{3}$ 이상, 20초 이상(약 30초)으로 한다.(여기서, B : 하폭)
	 ③ $V_m = (0.8 \sim 0.9)v$
	 여기서, V_m : 평균유속
	        v : 유속
	        0.8 : 작은 하천에서의 부자고
	        0.9 : 큰 하천에서의 부자고

이중부자	① 표면부자에 실이나 가는 쇠줄을 수중부자와 연결하여 측정한다. ② 수중부자는 수면에서 수심의 $\dfrac{3}{5}$ 인 곳에 가라앉혀서 직접평균유속을 구할 때 사용한다. ③ 아주 정확한 값은 얻을 수 없다.
막대(봉)부자	죽통(竹筒)이나 파이프(관)의 하단에 추를 넣고 연직으로 세워 하천에 흘려보내 평균유속을 직접 구하는 방법으로 종평균유속 측정에 사용한다.
부자의 유하거리	① 하천 폭의 2~3배로서 1~2분 흐를 수 있는 거리 ② 제1단면과 제2단면의 간격 • 큰 하천 : 100~200m • 작은 하천 : 20~50m ③ 부자에 의한 평균유속 : $V_m = \dfrac{L}{t}$

┃ 표면부자 ┃

┃ 이중부자 ┃

┃ 봉부자 ┃

┃ 유하거리 ┃

8.6.2 평균유속을 구하는 방법

1점법	수면으로부터 수심 0.6H 되는 곳의 유속 $V_m = V_{0.6}$	
2점법	수심 0.2H, 0.8H 되는 곳의 유속 $V_m = \dfrac{1}{2}(V_{0.2} + V_{0.38})$	
3점법	수심 0.2H, 0.6H, 0.8H 되는 곳의 유속 $V_m = \dfrac{1}{4}(V_{0.2} + 2V_{0.6} + V_{0.8})$	
4점법	수심 1.0m 내외의 장소에서 적당하다. $V_m = \dfrac{1}{5}\left\{(V_{0.2} + V_{0.4} + V_{0.6} + V_{0.8}) + \dfrac{1}{2}\left(V_{0.2} + \dfrac{V_{0.8}}{2}\right)\right\}$	

▪▪ 8.7 유량 관측

유량 관측은 하천과 기타 수로의 각종 수위에 대하여 유속을 관측하고, 이것에 기인하여 각 수위에 대한 유량을 계산하며 수위와 유량의 관계를 정리하여 하천계획과 Dam 기타 계획 등 기초자료를 작성하는 데 목적이 있다.

▼ 유량의 계산

Chezy 공식	$Q = A \cdot V$, $V = C\sqrt{RS}$, $C = \dfrac{1}{n} R^{\frac{1}{6}}$ 여기서, C : 유속계수 $\qquad R$: 유로의 경심 $\qquad S$: 단면의 구배
Kutter 공식	$Q = A \cdot V$
Manning 공식	$Q = A \cdot V$ $V = \dfrac{1}{n} R^{\frac{2}{3}} I^{\frac{1}{2}}$

CHAPTER 08 실전문제

01 다음 중 유량을 측정할 때 좋은 장소의 선정에 대한 설명으로 옳지 않은 것은?

① 작업하기 쉽고 하저의 변화가 없는 곳
② 유선이 직선이고 균일한 단면으로 되어 있는 곳
③ 와류, 역류가 없고 유수의 상태가 균일한 곳
④ 상 · 하류 횡단면의 형상에 차이가 있는 곳

해설

유량측정 장소
• 측수작업(測水作業)이 쉽고 하저(河底)의 변화가 없는 곳
• 잠류(潛流)와 역류(逆流)가 없고, 유수의 상태가 균일한 곳
• 윤변(潤邊)의 성질이 균일하고 상 · 하류를 통하여 횡단면의 형상에 차(差)가 없는 곳
• 유수방향이 최대방향과 일정한 곳
• 비교적 유신(流身)이 직선이고 갈수류(渴水流)가 없는 곳

02 다음 중 하천측량에서의 고저측량에 포함되는 내용이 아닌 것은?

① 골조측량
② 거리표 설치
③ 종횡단 측량
④ 심천측량

해설

하천측량에서 고저측량 순서
수준기표 설치 → 거리표 설치 → 종단측량 → 횡단측량 → 수심측량

하천측량의 수준측량
• 수준기표(Bench Mark) 설치 : 견고한 장소를 선정하여 양안 5km마다 설치
• 거리표(Distance Mark) 설치 : 하천 중심에 직각으로 설치, 하구나 하천 합류점 100~200m마다 설치
• 종 · 횡단 측량
• 수심측량 : 5m 구간으로 나누어 실시

03 하천측량에서 수위에 관련한 다음 용어 중 잘못된 것은?

① 최고수위(H.W.L) : 어떤 기간에 있어서 최고의 수위
② 평균수위(M.W.L) : 어떤 기간의 관측수위 합계를 관측횟수로 나누어 평균값을 구한 수위
③ 평수위 : 어떤 기간의 수위 중 이것보다 높은 수위와 낮은 수위의 관측횟수가 똑같은 수위
④ 경계수위 : 지정된 통보를 개시하는 수위

해설

• 최고수위(H.W.L) 최저수위(L.W.L) : 어떤 기간에 있어서 최고 · 최저의 수위로 연단위나 월단위의 최고 · 최저로 구분한다.
• 평균최고수위(N.H.W.L) 및 평균최저수위(N.L.W.L) : 연과 월의 최고 · 최저의 평균을 나타낸다. 최고는 제방, 교량 배수 등의 치수목적 등에 이용되고 최저는 수운, 선항, 수력발전 등 하천의 수리목적에 이용된다.
• 평균수위(M.W.L) : 어떤 기간의 관측수위 합계를 관측횟수로 나누어 평균치를 구한다.
• 평균고수위(M.H.W.L), 평균저수위(M.L.W.L) : 어떤 기간에의 평균수위 이상, 평균수위 이하의 수위를 평균한 것
• 평수위(O.W.L) : 어느 기간의 수위 중 이것보다 높은 수위와 낮은 수위의 관측횟수가 똑 같은 수위로 일반적으로 평수위 보다 약간 낮은 수위(1년을 통하여 185일은 이것보다 내려가지 않는 수위)
• 저수위 : 1년을 통하여 275일은 이것보다 내려가지 않는 수위
• 갈수위 : 1년을 통하여 355일은 이것보다 내려가지 않는 수위
• 고수위 : 2~3회 이상 이보다 적어지지 않는 수위
• 최다수위(Most Frequent Water Level) : 일정기간 중 제일 많이 증가한 수위
• 지정수위 : 홍수 시에 매시 수위를 관측하는 수위
• 경계수위 : 수방(水防)요원의 출동을 요하는 수위
• 통보수위 : 지정된 통보를 개시하는 수위

04 다음 중 하천측량의 일반적인 작업 순서로서 옳은 것은?

① 자료조사 → 현지조사 → 평면측량 → 수준측량 → 유량측량

② 자료조사 → 수준측량 → 평면측량 → 현지조사 → 유량측량

③ 현지조사 → 유량측량 → 자료조사 → 평면측량 → 수준측량

④ 현지조사 → 자료조사 → 유량측량 → 수준측량 → 평면측량

●**해설**

작업순서	조사 및 측량 내용
도상조사	유로상황, 지역면적, 지형지물, 토지이용현황, 교통·통신시설 상황조사 등
자료조사	홍수피해, 수리권 문제, 물의 이용상황 등 제반 자료를 모아 조사
현지조사	도상·자료조사를 기초로 하여 실시하는 측량으로, 답사 및 선점을 말함
평면측량	다각·삼각측량에 의해 세부측량의 기준이 되는 골조측량을 실시하고 평판측량에 의해 세부측량을 실시하여 평면도를 제작
수준측량	거리표를 이용하여 종·횡단면도를 실시하고, 유수부(流水部)는 심천측량에 의해 종·횡단면도를 제작
유량측량	각 관측점에서 수위·유속·심천 측량에 의해 유량 및 유량곡선을 제작
기타측량	필요에 따라서 강우량 측량 및 하천구조물의 조사를 실시

05 다음 하천측량에 대한 설명 중 옳지 않은 것은?

① 평면측량의 범위는 유제부에서 제외지의 30m 정도와 홍수가 영향을 주는 구역보다 약간 넓게 측량한다.

② 1점법에 의한 평균유속은 수면으로부터 수심의 0.6H 되는 곳의 유속을 말하며, 5% 정도의 오차가 발생한다.

③ 수심이 깊고 유속이 빠른 장소에는 음향측심기와 수압측심기를 사용하며, 음향측심기는 30m의 깊이를 0.5% 정도의 오차로 측정이 가능하다.

④ 하천측량의 목적은 하천공작물의 계획, 설계, 시공에 필요한 자료를 얻기 위함이다.

●**해설**

하천측량에서의 범위
- 무제부 : 홍수가 영향을 주는 구역보다 넓게, 즉 홍수 시에 물이 흐르는 맨 옆에서 100m까지 측량한다.
- 유제부 : 제외지의 전부와 제내지의 300m 이내를 측량한다.
- 하천공사의 경우 : 하구에서 상류의 홍수피해가 미지는 시점까지 측량한다.
- 사방공사의 경우 : 수원지까지 측량한다.
- 해운을 위한 하천개수공사 : 하구까지 측량한다.

06 하천측량에서 수면으로부터 수심(H)의 0.2H, 0.6H, 0.8H 되는 곳의 유속이 각각 0.55m/sec, 0.66m/sec, 0.37m/sec였다. 다음 중 2점법(V_2) 및 3점법(V_3)에 의하여 산출한 평균 유속이 맞는 것은?

① $V_2 = 0.46\text{m/sec}, \quad V_3 = 0.65\text{m/sec}$

② $V_2 = 0.46\text{m/sec}, \quad V_3 = 0.56\text{m/sec}$

③ $V_2 = 0.48\text{m/sec}, \quad V_3 = 0.65\text{m/sec}$

④ $V_2 = 0.48\text{m/sec}, \quad V_3 = 0.56\text{m/sec}$

●**해설**

- 1점법(V_m) : 수면으로부터 수심 0.6H
- 2점법(V_m) : $\dfrac{V_{0.2} + V_{0.8}}{2}$
- 3점법(V_m) : $\dfrac{V_{0.2} + 2V_{0.6} + V_{0.8}}{4}$
- 4점법(V_m) : $\dfrac{1}{5}\left\{ V_{0.2} + V_{0.4} + V_{0.6} + V_{0.8} + \dfrac{1}{2}\left(V_{0.2} + \dfrac{1}{2}V_{0.8} \right) \right\}$
- 2점법(V_2) = $\dfrac{V_{0.2} + V_{0.8}}{2} = \dfrac{0.55 + 0.37}{2} = 0.46\text{m/sec}$
- 3점법(V_3) = $\dfrac{V_{0.2} + 2V_{0.6} + V_{0.8}}{4}$

  $= \dfrac{0.55 + (2 \times 0.66) + 0.37}{4}$

  $= 0.56\text{m/sec}$

07 하천측량에서 가장 많이 사용하는 삼각망의 형태는?

① 사변형망   ② 단열삼각망
③ 유심삼각망   ④ 복합삼각망

●해설

- 단열삼각망 : 폭이 좁고 긴 지역에 적합하다.(도로, 하천, 철도 등)
- 유심삼각망 : 측점수에 비해 포함 면적이 넓어 평야지에 많이 이용된다.
- 사변형 삼각망 : 조건수식이 많아 높은 정확도를 얻을 수 있다.(기선삼각망에 이용)

08 수심 H인 하천의 유속측정에서 수면으로부터 0.2H, 0.6H, 0.8H에서 유속이 각각 0.5m/sec, 0.45 m/sec, 0.3m/sec일 때 3점법에 의한 평균유속은?

① 0.425m/sec   ② 0.525m/sec
③ 0.625m/sec   ④ 0.725m/sec

●해설

평균유속 구하는 방법

$$V_m = \frac{(V_{0.2} + 2V_{0.6} + V_{0.8})}{4} = \frac{0.5 + 2 \times 0.45 + 0.3}{4}$$
$$= 0.425\,\text{m/sec}$$

09 하천수위의 갈수위에 대한 설명으로 옳은 것은?

① 1년을 통하여 275일간은 이것보다 내려가지 않는 수위
② 1년을 통하여 355일간은 이것보다 내려가지 않는 수위
③ 1년을 통하여 185일간은 이것보다 내려가지 않는 수위
④ 1년을 통하여 125일간은 이것보다 내려가지 않는 수위

●해설

문제 03번 해설 참고

10 하천측량에서 수위관측소의 설치장소에 대한 조건으로 옳지 않은 것은?

① 하상과 하안이 안전하고 세굴이나 퇴적이 생기지 않는 장소일 것
② 상·하류 약 100m 정도의 직선의 장소일 것
③ 하저의 변화가 뚜렷한 장소일 것
④ 와류 및 역류가 없는 장소일 것

●해설

수위관측소 설치장소

- 하상과 하안이 세굴, 퇴적이 안 되는 곳
- 상·하류가 100m 가량 직선인 곳
- 수위가 교각 등 구조물의 영향을 받지 않는 곳
- 홍수 때에도 쉽게 양수표를 읽을 수 있는 곳
- 홍수 때 관측소가 유실, 파손될 염려가 없는 곳
- 지천의 합류점과 같이 불규칙한 변화가 없는 곳
- 양수표 : 5~10km마다 배치

11 하천의 수면구배를 정하기 위해 100m의 간격으로 동시 수위를 측정하여 다음과 같은 결과를 얻었다. 이 결과로부터 구한 이 구간의 평균수면구배는?

측 점	수면의 표고(m)
A	73.63
B	73.45
C	73.23
D	73.02
E	72.83

① 1/500   ② 1/750
③ 1/1,000   ④ 1/1,250

●해설

1. 각 측점 간 높이 차
   A−B=73.63−73.45=0.18
   B−C=73.45−73.23=0.22
   C−D=73.23−73.02=0.21
   D−E=73.02−73.83=0.19

2. 평균 표고 : $\dfrac{0.18 + 0.22 + 0.21 + 0.19}{4} = 0.2$

3. 평균 구배 : $\dfrac{\text{높이}}{\text{수평거리}} = \dfrac{0.2}{100} = \dfrac{1}{500}$

정답 07 ②   08 ①   09 ②   10 ③   11 ①

12 다음 중 하천 수위의 변화에 따라 변동하는 것으로 평수위에 의해 결정되는 것은?

① 수애선   ② 지평선
③ 수평선   ④ 평균수위(M.W.L)

◉해설

수애선은 수면과 하안과의 경계선을 말하며, 평수위에 의해 정해진다.

13 하천측량에서 평균유속을 구하는 식으로 3점법을 사용할 때의 공식은?(단, V_m=평균유속, $V_{0.2}$, $V_{0.4}$, $V_{0.6}$, $V_{0.8}$=수면에서 수심의 20%, 40%, 60%, 80% 되는 곳의 유속)

① $V_m = \dfrac{V_{0.2} + V_{0.6} + V_{0.8}}{3}$

② $V_m = \dfrac{V_{0.2} + V_{0.4} + V_{0.8}}{3}$

③ $V_m = \dfrac{V_{0.2} + 2V_{0.6} + V_{0.8}}{4}$

④ $V_m = \dfrac{V_{0.4} + 2V_{0.6} + V_{0.8}}{4}$

◉해설

문제 06번 해설 참고

14 하천의 평균유속을 구하기 위하여 두 점을 사용할 경우 수면으로 수심(h) 어느 지점의 유속을 측정하여 평균하여야 하는가?

① $0.4h$와 $0.6h$

② $0.3h$와 $0.7h$

③ $0.2h$와 $0.8h$

④ $0.1h$와 $0.9h$

◉해설

문제 06번 해설 참고

15 하천의 고저측량 시 설치하는 거리표의 간격 표준으로 가장 적합한 것은?

① 100m   ② 200m
③ 300m   ④ 400m

◉해설

수준측량

1. 거리표 설치 : 하천의 합류점에서 100~200m마다 설치
2. 종단측량
   - 수준기점은 양안 5km마다 설치
   - 삼각점 2~3km
   - 표석 : 1km마다 매립
   - 종단 축척은 종 : $\dfrac{1}{100}$, 횡 : $\dfrac{1}{1,000}$
3. 심천측량의 기계·기구
   - 로드 : 수심이 얕은 곳(5m 이하)
   - 음향깊이 관측기 : 수심이 깊고 유속이 큰 장소(정확도가 높음)
   - 배(측량선) : 하천폭이 넓고 수심이 깊은 경우
4. 하천심천측량
   - $BP = AB \tan\alpha$
   - sin 법칙 이용

16 하천의 유속측정에서 수면으로 다음 깊이의 유속을 측정하였을 때 평균유속은?(단, 수심 2/10에서의 유속이 0.687m/sec, 수심 6/10에서의 유속이 0.528m/sec, 수심 8/10에서의 유속이 0.382m/sec이다.)

① 0.63m/sec

② 0.53m/sec

③ 0.43m/sec

④ 0.33m/sec

◉해설

평균유속 구하는 방법

$$V_m = \frac{V_{0.2} + 2V_{0.6} + V_{0.8}}{4} = \frac{0.687 + 2 \times 0.528 + 0.382}{4}$$
$$= 0.53\,\text{m/sec}$$

정답   12 ①   13 ③   14 ③   15 ②   16 ②

17 다음 중 하천측량에서 수준측량작업과 거리가 먼 것은?

① 거리표 설치
② 종단 및 횡단측량
③ 심천측량
④ 유속측량

해설

하천측량의 수준측량
- 수준기표(Bench Mark) 설치 : 견고한 장소 선정하여 양안 5km마다 설치
- 거리표(Distance Mark) 설치 : 하천 중심에 직각으로 설치, 하구나 하천 합류점 100~200m마다 설치
- 종 · 횡단 측량
- 수심측량 : 5m 구간으로 나누어 실시

18 부자에 의한 유속관측을 하고 있다. 부자를 띄운 뒤 1분 후에 하류 120m 지점에서 관측되었다면 이때의 표면유속은?

① 1m/sec
② 2m/sec
③ 3m/sec
④ 4m/sec

해설

$$V_S = \frac{l}{t} = \frac{120\text{m}}{60\text{sec}} = 2\text{m/sec}$$

19 하천의 유속측정에 있어서 최소유속, 최대유속, 평균유속, 표면유속의 4가지 유속은 크기가 다르게 나타난다. 이 4가지 유속을 하천의 표면에서부터 하저에 이르기까지 일반적으로 나타나는 순서대로 옳게 열거한 것은?

① 표면유속 → 최대유속 → 최소유속 → 평균유속
② 표면유속 → 평균유속 → 최대유속 → 최소유속
③ 표면유속 → 최대유속 → 평균유속 → 최소유속
④ 표면유속 → 최소유속 → 평균유속 → 최대유속

해설

표면에서부터 하저로 나타나는 순서
표면유속 → 최대유속 → 평균유속 → 최소유속
- 표면유속 : 수표면에서의 유속
- 평균유속 : 일정한 물길에서, 서로 다른 크기의 단면으로 된 곳들에서의 유속을 평균한 속도

20 하천측량에서 관측한 수위에 대한 설명으로 옳지 않은 것은?

① 최고수위는 어떤 기간에 있어서 가장 높은 수위를 말한다.
② 평균수위는 어떤 기간의 관측수위를 합계하여 관측 횟수로 나눈 것을 말한다.
③ 갈수위는 하천의 수위 중에서 1년을 통하여 355일간 이보다 내려가지 않는 수위를 말한다.
④ 평수위는 어떤 기간에 있어서의 관측수위가 일정하게 유지되는 최대 기간의 수위로 평균수위보다 약간 높다.

해설

문제 03번 해설 참고

21 하천측량에서 평면측량의 범위에 대한 설명으로 옳지 않은 것은?

① 유제부에서는 제외지 전부와 제내지의 300m이다.
② 무제부에서는 홍수가 영향을 주는 구역까지만을 범위로 한다.
③ 하천공사에서는 하구에서부터 상류의 홍수피해가 미치는 지점까지 한다.
④ 사방공사의 경우에는 수원지까지를 범위로 한다.

해설

하천측량에서의 범위
- 무제부 : 홍수가 영향을 주는 구역보다 넓게, 즉 홍수 시에 물이 흐르는 맨 옆에서 100m까지 측량한다.
- 유제부 : 제외지의 전부와 제내지의 300m 이내를 측량한다.
- 하천공사의 경우 : 하구에서 상류의 홍수피해가 미치는 지점까지 측량한다.
- 사방공사의 경우 : 수원지까지 측량한다.
- 해운을 위한 하천개수공사 : 하구까지 측량한다.

정답 17 ④ 18 ② 19 ③ 20 ④ 21 ②

22 하천의 어느 지점에서 유량측정을 위하여 필요한 직접적인 관측사항이 아닌 것은?

① 강우량 측정　　② 유속 측정
③ 심천측량　　　④ 유수단면적 측정

●해설

심천측량은 하천의 수심 및 유수 부분의 하저상황을 조사하여 횡단면도를 제작하는 측량이다. 유수의 실태를 파악하기 위해 하상의 물질을 동시에 채취(採取)하는 것이 보통이다.
$Q = A \cdot V$
여기서, Q : 유량
A : 단면적
V : 유속

23 하천측량에서 수면으로부터 수심(h)의 $0.2h$, $0.6h$, $0.8h$ 되는 곳에서 유속을 측정한 결과 각각 0.684m/sec, 0.607m/sec, 0.522m/sec이었다. 3점법에 의한 평균유속은?

① 0.603m/sec　　② 0.605m/sec
③ 0.607m/sec　　④ 0.609m/sec

●해설

$V_m = \dfrac{1}{4}(V_{0.2} + 2V_{0.6} + V_{0.8})$
$= \dfrac{1}{4}(0.684 + 2 \times 0.607 + 0.522)$
$= 0.605\,\text{m/sec}$

24 하천의 유량조사는 고수위와 저수위 공사에 대한 하도(河道)를 계획하는 데 필요한 조사로 관측점의 선점에 특히 주의를 요하는데, 선점 시의 주의 사항에 대한 설명으로 옳지 않은 것은?

① 관측에 편리하며 무리가 없는 곳이 좋고 특히 교량의 교각 부근이 좋다.
② 유로(流路)는 편평하고 고른 곳이 좋으며, 수로가 직선이고, 항상 급한 변동이 없는 곳이 좋다.

③ 수위의 변화에 따라 단면의 형태가 급변하지 않는 곳이 좋다.
④ 초목이나 그 외의 장애물 때문에 유속이 방해되지 않는 곳이 좋다.

●해설

양수표(수위관측소)의 설치장소
• 하상과 하안이 세굴, 퇴적이 안 되는 곳
• 상 · 하류가 100m 가량 직선인 곳
• 수위가 교각 등 구조물의 영향을 받지 않는 곳
• 홍수 때에도 쉽게 양수표를 읽을 수 있는 곳
• 홍수 때 관측소가 유실, 파손될 염려가 없는 곳
• 지천의 합류점과 같이 불규칙한 변화가 없는 곳
• 양수표 : 5~10km마다 배치

25 하천의 평균유속 측정법 중 2점법에 대한 설명으로 옳은 것은?

① 수면과 수저의 유속을 측정 후 평균한다.
② 수면으로부터 수심의 40%, 60% 지점의 유속을 측정 후 평균한다.
③ 수면으로부터 수심의 20%, 80% 지점의 유속을 측정 후 평균한다.
④ 수면으로부터 수심의 10%, 90% 지점의 유속을 측정 후 평균한다.

●해설

문제 06번 해설 참고

26 하천측량에서 저수위란 1년을 통하여 며칠간 이보다 내려가지 않는 수위를 의미하는가?

① 95일　　　② 135일
③ 185일　　　④ 275일

●해설

문제 03번 해설 참고

27 유량조사를 목적으로 하는 수위관측소의 설치장소 선정에 있어서 고려해야 할 조건으로 옳지 않은 것은?

① 홍수 때에 관측소의 유실·이동의 염려가 없을 것
② 하상이 안정하고 세굴이나 퇴적이 생기지 않을 것
③ 교각 등의 영향에 의한 불규칙한 수위변화가 없을 것
④ 하도의 만곡부로 수면 폭이 좁을 것

● 해설

문제 24번 해설 참고

28 하천측량에서 평면측량의 범위 및 거리에 대한 설명으로 옳지 않은 것은?

① 유제부에서의 측량범위는 제외지 전부와 제내지 300m 이내로 한다.
② 무제부에서의 측량범위는 홍수가 영향을 주는 구역보다 하천중심방향으로 약간 안쪽으로 측량한다.
③ 홍수 방지 공사가 목적인 하천공사에서는 하구에서부터 상류의 홍수 피해가 미치는 지점까지로 한다.
④ 선박 운행을 위한 하천 개수가 목적일 때 하류는 하구까지로 한다.

● 해설

평면측량 범위
• 무제부 : 홍수가 영향을 주는 곳에서 100m 더한다.
• 유제부 : 제외지 전부와 제내지의 300m 정도를 측량한다.
• 하천공사의 경우 : 하구에서 상류의 홍수피해가 미치는 지점까지 측량한다.
• 사방공사의 경우 : 수원지까지 측량한다.
• 해운을 위한 하천개수공사 : 하구까지 측량한다.

29 음향측심기를 사용하여 수심측량을 실시한 결과, 송신음파와 수신음파의 도달시간 차가 4초이고 수중음속이 1,000m/sec라 하면 수심은?

① 1,000m　　② 2,000m
③ 3,000m　　④ 4,000m

● 해설

$$H = \frac{V \cdot t}{2} = \frac{1,000 \times 4}{2} = 2,000\,\text{m}$$

30 하천이나 항만 등에서 심천측량을 한 결과에 따라 수심을 표시하는 방법으로 가장 적합한 것은?

① 점고법　　② 지모법
③ 등고선법　　④ 음영법

● 해설

점고법
하천이나 항만, 해안 등을 심천측량하여 측점에 숫자를 기입하여 그 높이를 표시하는 방법으로 하천, 해양 등의 수심표시에 주로 이용한다.

31 그림과 같은 하천 단면에 평균 유속 2.0m/sec로 물이 흐를 때 유량(m³/sec)은?

① 10m³/sec　　② 20m³/sec
③ 30m³/sec　　④ 40m³/sec

● 해설

$$Q = A \cdot V$$
$$= \left\{ \frac{(2 \times 1.5) + 2 + (2 \times 1.5) + 2}{2} \times 2 \right\} \times 2.0\,\text{m/sec}$$
$$= 20\,\text{m}^3/\text{sec}$$

32 하천측량에서 심천측량과 가장 관계가 깊은 것은?

① 횡단측량 ② 기준점측량
③ 평면측량 ④ 유속측량

● 해설

심천측량은 하천의 수심 및 유수부분의 하저사항을 조사하고, "횡단면도"를 제작하는 측량을 말한다.

33 각 구간의 평균유속이 표와 같은 때, 그림과 같은 단면을 갖는 하천의 유량은?

단면	A-B	B-C	C-D	D-E
평균유속(m/s)	0.05	0.3	0.35	0.06

① $4.38\text{m}^3/\text{sec}$ ② $4.83\text{m}^3/\text{sec}$
③ $5.38\text{m}^3/\text{sec}$ ④ $5.83\text{m}^3/\text{sec}$

● 해설

$Q = A \cdot V_m$
$= (2.5 \times 0.05) + (6 \times 0.3) + (6.5 \times 0.35) + (3 \times 0.06)$
$= 4.38\text{m}^3/\text{sec}$

[참고]
$2.5 = 10 \times 0.5 \div 2$
$6 = 0.5 + 0.7 \times 10 \div 2$
$6.5 = 0.7 + 0.6 \times 10 \div 2$
$3 = 10 \times 0.6 \div 2$

34 하천측량의 일반적인 측량범위에 대한 설명으로 옳지 않은 것은?

① 제방이 없는 하천의 경우는 과거 홍수에 영향을 받았던 구역보다 약간 좁게 한다.

② 제방이 있는 경우는 제외지 전부와 제내지 300m 이내로 한다.

③ 종방향 범위는 하류의 경우에는 바다와 접하는 하구까지로 한다.

④ 종방향 범위의 상류는 홍수피해가 미치는 지점까지 또는 수원지까지 측량한다.

● 해설

문제 28번 해설 참고

35 수위관측소의 설치장소 선정을 위한 고려사항으로 옳지 않은 것은?

① 상 · 하류 최소 100m 정도 곡선이 유지되는 장소

② 수위가 교각 및 그 밖의 구조물로부터 영향을 받지 않는 곳

③ 홍수 시 유실 또는 이동의 염려가 없는 곳

④ 평상 시는 물론 홍수 시에도 쉽게 양수표를 읽을 수 있는 장소

● 해설

문제 24번 해설 참고

36 하천측량에서 평면측량의 일반적인 범위는?

① 유제부에서 제외지 및 제내지 300m 이내, 무제부에서는 홍수가 영향을 주는 구역보다 약간 넓게 한다.

② 유제부에서 제내지 및 제외지 200m 이내, 무제부에서는 홍수가 영향을 주는 구역보다 약간 좁게 한다.

③ 유제부에서 제내지 및 제외지 200m 이내, 무제부에서는 홍수가 영향을 주는 구역보다 약간 넓게 한다.

④ 유제부에서 제내지 및 제외지 300m 이내, 무제부에서는 홍수가 영향을 주는 구역보다 약간 좁게 한다.

● 해설

문제 28번 해설 참고

정답 32 ① 33 ① 34 ① 35 ① 36 ①

37 하천측량을 실시하는 가장 중요한 목적은 무엇인가?

① 하천의 계획, 유지관리, 보존, 개발을 위한 설계 및 시공에 필요한 자료를 얻기 위하여
② 하천공사의 공사 비용을 정확히 산출하기 위하여
③ 하천의 평면도, 종단면도를 작성하기 위하여
④ 하천의 수위, 기울기, 단면을 알기 위하여

■해설

하천측량은 하천의 형상, 수위, 단면, 구배 등을 관측하여 하천의 평면도, 종횡단면도를 작성함과 동시에 유속, 유량, 기타 구조물을 조사하여 각종 수공설계·시공에 필요한 자료를 얻기 위해 실시한다.

38 하천측량에서 유속관측에 관한 설명으로 옳지 않은 것은?

① 유속관측에 따르면 같은 단면 내에서는 수심이나 위치에 상관없이 유속의 분포는 일정하다.
② 유속계 방법은 주로 평상시에 이용하고 부자 방법은 홍수 시에 많이 이용된다.
③ 보통 하천이나 수로의 유속은 경사, 유로의 형태, 크기와 수량, 풍향 등에 의해 변한다.
④ 유속관측은 유속계와 부자에 의한 관측 및 하천기울기를 이용하는 공식을 사용할 수 있다.

■해설

유속관측
• 유속관측 장소는 직선부가 좋다.
• 유속관측에서는 유속계와 부자 등이 가장 많이 이용된다.
• 유속을 직접 관측할 수 없을 때는 하천구배를 관측하여 평균유속을 구하는 방법을 이용한다.

39 하천측량에서 유속관측에 관한 설명으로 적당하지 않은 것은?

① 유속관측은 유속계와 같은 기계관측과 부자(浮子)에 의한 관측 등이 있다.
② 같은 단면 내에서는 수심이나 위치에는 상관없이 유속의 분포는 일정하다.

③ 유속계의 방법은 주로 평수위 시가 좋고 부자의 방법은 홍수 시에 많이 이용된다.
④ 일반적으로 하천이나 수로의 유속은 기울기, 크기, 수량, 유로의 형태, 풍향 등에 따라 변한다.

■해설

유속관측에는 유속계(Current Meter)와 부자(Float) 등이 가장 많이 이용된다. 유속을 직접 관측할 수 없을 때는 하천구배를 관측하여 평균유속을 구하는 방법을 이용한다.

40 다음 중 하천측량을 실시한 후 종단면도를 작성할 때 높이(준), 거리(청)의 축척으로 알맞은 것은?

① 높이는 1/100, 거리는 1/1,000
② 높이는 1/200, 거리는 1/200
③ 높이는 1/500, 거리는 1/200
④ 높이는 1/500, 거리는 1/500

■해설

• 횡단면도 : 종(높이) $\dfrac{1}{100}$, 횡(거리) $\dfrac{1}{1,000}$

• 종단면도 : 종(높이) $\dfrac{1}{100}$, 횡(거리) $\dfrac{1}{1,000}$

41 하천측량에 대한 설명으로 맞지 않는 것은?

① 하천의 만곡부의 수면경사를 측정할 때 반드시 양안에서 하고 그 평균을 가장 중심의 수면으로 본다.
② 하천 횡단면 직선 내 평균 유속을 구하는 데 2점법을 사용하는 경우 수면으로부터 수심의 2/10, 8/10점의 유속을 측정 평균한다.
③ 하천측량에 수준측량을 할 때의 거리표는 하천의 중심에 직각의 방향으로 설치하는 것을 원칙으로 한다.
④ 수위관측소의 위치는 지천의 합류점 및 분류점으로 수위의 변화가 일어나기 쉬운 곳이 적당하다.

■해설

• 동일 단면 내에서 위치나 수심에 따라 유속의 분포는 일정하지 않다.
• 수위관측소는 합류점이나 분류점에서 수위의 변화가 생기지 않는 장소가 적당하다.

정답 37 ① 38 ① 39 ② 40 ① 41 ④

42 하천의 횡단면 연직선 내의 평균유속을 1점법으로 구하는 식으로 옳은 것은?(단, V_m =평균유속, V_d =수면으로부터 수심(H)의 dH인 지점의 유속)

① $V_m = V_{0.2}$　　　　② $V_m = V_{0.4}$

③ $V_m = V_{0.6}$　　　　④ $V_m = V_{0.8}$

해설

• 1점법(V_m) : 수면으로부터 수심 0.6H

• 2점법(V_m) : $\dfrac{V_{0.2} + V_{0.8}}{2}$

• 3점법(V_m) : $\dfrac{V_{0.2} + 2V_{0.6} + V_{0.8}}{4}$

• 4점법(V_m) : $\dfrac{1}{5}\left\{ V_{0.2} + V_{0.4} + V_{0.6} + V_{0.8} \right.$
$\left. + \dfrac{1}{2}\left(V_{0.2} + \dfrac{1}{2}V_{0.8} \right) \right\}$

43 부자를 사용하여 유속을 측정하고자 할 때 일반적으로 사용되는 부자가 아닌 것은?

① 표면부자　　　　② 이중부자

③ 봉부자　　　　　④ 거리표부자

해설

유속 측정 시 일반적으로 사용하는 부자로는 표면부자, 이중부자, 봉부자 등이 있다.

44 유량측정장소의 선정 조건에 해당되지 않는 것은?

① 교량, 그 밖의 구조물에 의한 영향을 받지 않는 곳
② 와류와 역류가 생기지 않는 곳
③ 유수방향이 최다방향으로 나누어지는 곳
④ 합류에 의하여 불규칙한 영향을 받지 않는 곳

해설

유량측정 장소 선정
• 측수작업(測水作業)이 쉽고 하저(河底)의 변화가 없는 곳
• 잠류(潛流)와 역류(逆流)가 없고, 유수의 상태가 균일한 곳
• 윤변(潤邊)의 성질이 균일하고 상·하류를 통하여 횡단면의 형상이 차(差)가 없는 곳

• 유수방향이 최다방향과 일정한 곳
• 비교적 유신(流身)이 직선이고 갈수류(渴水流)가 없는 곳

45 하천측량 시 유제부에서 평면측량의 범위로 가장 적당한 것은?

① 제외지 이내
② 제외지 및 제내지에서 100m 이내
③ 제외지 및 제내지에서 300m 이내
④ 제내지 400m 이내

해설

평면측량 범위
• 유제부 : 제외지 전부와 제내지의 300m 이내
• 무제부 : 홍수가 영향을 주는 구역보다 약간 넓게 측량(홍수 시에 물이 흐르는 맨 옆에서 100m까지)

46 하천의 어느 지점에서 유량측정을 위하여 필요한 직접적인 관측사항이 아닌 것은?

① 강우량 측정　　　　② 유속 측정
③ 심천측량　　　　　④ 유수단면적 측정

해설

• 심천측량 : 하천의 수심 및 유수 부분의 하저상황을 조사하고 횡단면도를 제작하는 측량
• 유량관측 : 하천이나 수로 내의 어떤 점의 횡단면을 단위시간에 흐르는 수량을 관측하는 것이며, 유량은 평균유속에 단면적을 곱한 것이므로 유량관측은 유속관측과 횡단면측량으로 나눌 수 있다.

47 하천의 ㉠ 이수목적(利水目的)과 ㉡ 치수목적(治水目的)에 이용되는 각각의 수위는?

① ㉠ 평균 최저 수위, ㉡ 평균 최고 수위
② ㉠ 평균 최저 수위, ㉡ 평균 최저 수위
③ ㉠ 평균 최고 수위, ㉡ 평균 최저 수위
④ ㉠ 평균 최고 수위, ㉡ 평균 최고 수위

◎해설

- 최고수위(H.W.L) 최저수위(L.W.L) : 어떤 기간에 있어서 최고 · 최저의 수위로 연단위나 월단위의 최고 · 최저로 구분한다.
- 평균최고수위(N.H.W.L) 및 평균최저수위(N.L.W.L) : 연과 월에 있어서의 최고 · 최저의 평균을 나타낸다. 최고는 제방, 교량 배수 등의 치수목적 등에 이용되고 최저는 수운, 선항, 수력발전 등 하천의 수리목적에 이용된다.
- 평균수위(M.W.L) : 어떤 기간의 관측수위를 합계하여 관측횟수로 나누어 평균치를 구한다.
- 평균고수위(M.H.W.L), 평균저수위(M.L.W.L) : 어떤 기간에 있어서의 평균수위 이상, 평균수위 이하의 수위를 평균한 것
- 평수위(O.W.L) : 어느 기간의 수위 중 이것보다 높은 수위와 낮은 수위의 관측횟수가 똑 같은 수위로 일반적으로 평수위보다 약간 낮은 수위(1년을 통하여 185일은 이것보다 내려가지 않는 수위)
- 저수위 : 1년을 통하여 275일은 이것보다 내려가지 않는 수위
- 갈수위 : 1년을 통하여 355일은 이것보다 내려가지 않는 수위
- 고수위 : 2~3회 이상 이보다 적어지지 않는 수위
- 최다수위(Most Frequent Water Level) : 일정 기간 중 제일 많이 증가한 수위
- 지정수위 : 홍수 시에 매시 수위를 관측하는 수위
- 경계수위 : 수방(水防)요원의 출동을 요하는 수위
- 통보수위 : 지정된 통보를 개시하는 수위
- 치수 : 강우에 의한 유출을 제어하고 홍수를 방지하기 위한 공학적 행위(물을 다스리는 것, 홍수를 안 나게 하는 것)
  예 강남 홍수는 치수가 안 된 것
- 이수 : 물을 하나의 자원으로서 효율적으로 이용하기 위한 공학적 행위(물을 이용하는 것, 댐에서 물을 받아 놓고 가뭄에 쓰는 것)
  예 가뭄에 흉작은 이수가 안 된 것

48 다음 중 유량 및 유속측정을 위한 관측장소로서 고려하여야 할 사항으로 적합하지 않은 것은?

① 직류부로서 흐름이 일정하고 하상의 요철이 적으며 하상 경사가 일정한 곳
② 수위의 변화에 의해 하천 횡단면 형상이 급변하고 와류가 일어나는 곳
③ 관측장소 상 · 하류의 유로가 일정한 단면을 갖는 곳
④ 관측이 편리한 곳

◎해설

문제 24번 해설 참고

49 하천측량에서 골조측량은 보통 어떤 형으로 구성하는가?

① 격자망
② 유심다각형망
③ 결합다각형망
④ 단열삼각망

◎해설

- 단열삼각망 : 폭이 좁고 긴 지역에 적합하다.(도로, 하천, 철도 등)
- 유심삼각망 : 측점수에 비해 포함 면적이 넓어 평야지에 많이 이용된다.
- 사변형 삼각망 : 조건수식이 많아 높은 정확도를 얻을 수 있다.(기선삼각망에 이용)

50 하천측량에서 거리표 설치 시 유의할 사항 중 틀린 것은?

① 유심선에 직각으로 1km 거리마다 양안에 설치하는 것을 표준으로 한다.
② 양안의 거리표를 시준하는 선은 유심선에 직교되어야 한다.
③ 굴착면의 변위 발생으로 설치한 기준점의 변형이 일어나기 쉽다.
④ 후시의 경우 거리가 짧고 예각 발생의 경우가 많아 오차가 자주 발생한다.

◎해설

거리측정의 기준이 되는 거리표는 하천 중심에 직각으로 설치하여 하구 또는 하천의 합류점으로부터 100m 또는 200m마다 설치한다.

51 다음 중에서 하천의 유량관측방법이 아닌 것은?

① 수로 중에 둑을 설치하고 월류량의 공식을 이용하여 유량을 구하는 방법
② 수위유량곡선을 미리 만들어 소요 수위에 대한 유량을 구하는 방법
③ 유속계로 직접 유속을 측정하여 평균유속을 구하고 단면적을 측정하여 유량을 구하는 방법
④ 유출계수와 강우강도를 구하여 유량을 구하는 방법

해설

유량관측방법
• 수로 중에 둑을 설치하고 월류량의 공식을 이용하여 유량을 구하는 방법
• 수위유량곡선을 미리 만들어 소요 수위에 대한 유량을 구하는 방법
• 유속계로 직접 유속을 측정하여 평균유속을 구하고 단면적을 측정하여 유량을 구하는 방법

52 하천의 수심 및 유수부분의 하저상황을 조사하고 횡단면도를 제작하기 위한 측량은?

① 육분의측량　　② 심천측량
③ 후방교회측량　　④ 전방교회측량

해설

하천측량에서의 수심측량은 하천의 수면으로부터 하저까지의 깊이를 구하는 측량으로 횡단측량과 같이 실시하며, 수위의 변동이 적을 때에 수면 말뚝을 기준으로 수면 횡방향 5~10m마다 수심을 측정하고, 하저의 토질, 자갈의 굵기 등도 조사한다.

53 하천에서 표면부자에 의하여 유속을 측정한 경우 평균유속과 수면유속의 관계에 대한 설명으로 가장 적합한 것은?

① 평균유속은 수면유속의 50~60%이다.
② 평균유속은 수면유속의 80~90%이다.
③ 평균유속은 수면유속의 110~120%이다.
④ 평균유속은 수면유속의 140~150%이다.

해설

평균유속은 수면유속의 80~90%이다.

54 다음의 하천 수위 중 제방의 축조, 교량의 건설 또는 배수공사 등 치수목적으로 주로 이용되는 수위는?

① 최저수위　　② 평균최고수위
③ 평균수위　　④ 최다수위

해설

제방의 축설, 교량의 가설, 배수 등의 치수 목적에 사용되는 수위는 평균최고수위이며 어떤 기간 중 연 또는 월의 최고수위의 평균값을 말한다.

55 하천측량의 횡단측량에 대한 설명으로 옳지 않은 것은?

① 200m마다의 거리표를 기준으로 고저측량하는 것으로 좌안(左岸)을 기준으로 한다.
② 고저차의 관측은 지면이 평탄한 경우에도 5~10m 간격으로 측량한다.
③ 경사변환점에서는 필히 높이를 관측한다.
④ 횡단면도는 좌안을 우측으로 하여 제도한다.

해설

하천의 횡단측량 특징
• 200m마다의 거리표를 기준으로 고저측량하는 것으로, 좌안(左岸)을 기준으로 한다.
• 고저차의 관측은 지면이 평탄한 경우에도 5~10m 간격으로 측량한다.
• 경사변환점에서는 필히 높이를 관측한다.
• 하천의 횡단면도는 좌안을 기준으로 하여 제도한다.

56 하천의 유량을 간접적으로 알아내기 위해 평균유속공식을 사용할 경우 반드시 알아야 할 사항은?

① 수면기울기, 하상기울기, 단면적, 최고유속
② 단면적, 하상기울기, 윤변, 최고유속
③ 수면기울기, 조도계수, 단면적, 윤변
④ 단면적, 조도계수, 경심, 윤변

정답 51 ④　52 ②　53 ②　54 ②　55 ④　56 ③

해설

$$Q = A \cdot V$$
$$V = C\sqrt{RS}$$
$$C = \frac{1}{n}R^{\frac{1}{6}}$$

여기서, C : 유속계수
R : 유로의 경심
S : 단면의 구배

---

57 표면부자에 의한 유속관측 방법에 대한 설명으로 옳지 않은 것은?

① 유속은 (거리/시간)으로 구한다.
② 시점과 종점의 거리는 하천 폭의 약 2~3배 이상으로 한다.
③ 표면유속이므로 평균 유속으로 환산하면 표면유속의 60% 정도가 된다.
④ 하천에 표면부자를 이용하여 시점과 종점 간의 거리와 시간을 측정한다.

해설

표면부자
하천의 유속을 관측하는 데 사용되는 부자(浮子)의 일종이다. 부자 일부분이 수면 밖으로 나오게 한 것으로 나무, 코르크 등 가벼운 것으로 만들어 유하시켜 표면유속을 관측한다. 이 표면 부자는 바람이나 소용돌이 등의 영향을 받지 않도록 주의해야 하며, 답사나 홍수 시 급히 유속을 결정해야 할 때 많이 사용된다.

---

58 하천에서 부자를 이용하여 유속을 측정하고자 할 때 유하거리는 보통 얼마 정도로 하는가?

① 100~200m
② 500~1,000m
③ 1~2km
④ 하폭의 5배 이상

해설

부자의 유하거리는 하천폭의 2~3배로 1~2분 흐를 수 있는 거리(큰 하천 : 100~200m, 소 하천 20~50m)

---

59 하천이나 항만 등에서 수심측량을 하여 지형을 나타내고자 할 때 가장 알맞은 방법은?

① 채색법
② 점고법
③ 영선법
④ 등고선법

해설

하천이나 항만 등에서 수심측량을 하여 지형을 나타내고자 할 때 가장 알맞은 방법은 점고법이다.

---

60 하천공사에서 폭이 좁은(50m 이하) 하천의 평면도 작성에 주로 사용되는 축척은?

① 1 : 1,000
② 1 : 2,500
③ 1 : 5,000
④ 1 : 10,000

해설

1. 평면도
   • 보통 1/2,500
   • 하폭 50m 이하 1/10,000
   • 하천대장 평면도는 1/2,500. 상황에 따라 1/5,000 이상이 사용된다.
2. 종단면도
   • 종 1/100~1/200, 횡 1/1,000~1/10,000
   • 종 1/100, 횡 1/1,000을 표준으로 하지만 경사가 급한 경우에는 종축척을 1/200로 한다.
3. 횡단면도 : 축척은 횡 1/1,000, 종 1/100

---

61 하천측량을 통해 유속(V)과 유적(A)를 관측하여 유량(Q)을 계산하는 공식은?

① $Q = \sqrt{A \cdot V}$
② $Q = A \cdot V$
③ $Q = A^2 \cdot V$
④ $Q = \dfrac{A^2}{V}$

해설

유량계산

• Chezy 공식 $Q = A \cdot V$, $V = C\sqrt{RS}$, $c = \dfrac{1}{n}R^{\frac{1}{6}}$

• Kutter 공식 $Q = A \cdot V$

• Manning 공식 $Q = A \cdot V$, $V = \dfrac{1}{n}R^{\frac{2}{3}}I^{\frac{1}{2}}$

  여기서, C : 유속계수, R : 유로의 경심, S : 단면의 구배

---

62 수심 h인 하천의 유속 측정을 한 결과가 표와 같다. 1점법, 2점법, 3점법으로 구한 평균 유속의 크기를 각각 V_1, V_2, V_3라 할 때 이들을 비교한 것으로 옳은 것은?

수심	유속(m/sec)
0.2h	0.52
0.4h	0.58
0.6h	0.50
0.8h	0.48

① $V_1 = V_2 = V_3$ ② $V_1 > V_2 > V_3$
③ $V_3 > V_2 > V_1$ ④ $V_2 > V_1 > V_3$

●해설

- 1점법(V_m) : 수면으로부터 수심 $0.6H = 0.50$
- 2점법(V_m) : $\dfrac{V_{0.2} + V_{0.8}}{2} = \dfrac{0.52 + 0.48}{2} = 0.50$
- 3점법(V_m) : $\dfrac{V_{0.2} + 2V_{0.6} + V_{0.8}}{4}$
  $= \dfrac{0.52 + 2 \times 0.50 + 0.48}{4} = 0.50$
- 4점법(V_m) : $\dfrac{1}{5}\left\{ V_{0.2} + V_{0.4} + V_{0.6} + V_{0.8} + \dfrac{1}{2}\left(V_{0.2} + \dfrac{1}{2}V_{0.8}\right)\right\}$

63 다음 중 수애선의 측량에 관한 설명 중 틀린 것은?

① 수면과 하안과의 경계선으로 하천수위의 변화에 따라 다르며 평균고수위에 의하여 결정한다.
② 심천측량에 의하여 횡단면도를 만들고 그 도면에서 수위의 관계로부터 평수위의 수위를 구한다.
③ 감조부의 하천에서는 하구의 기준면인 평균 해수면을 사용하는 경우도 있다.
④ 같은 시각에 많은 횡단측량을 하여 횡단면도를 작성하고 수애선의 위치를 구한다.

●해설

수애선은 수면과 하안과의 경계선을 말하며, 평수위에 의해 정해진다.

64 음향측심기를 사용하여 수심측량을 실시한 결과, 송신음파와 수신음파의 도달시간차가 4초이고 수중음속이 1,000m/sec라 하면 수심은?

① 1,000m   ② 2,000m
③ 3,000m   ④ 4,000m

●해설

$$H = \frac{V \cdot t}{2} = \frac{1,000 \times 4}{2} = 2,000\text{m}$$

65 부자에 의한 유속관측을 하고 있다. 부자를 띄운 뒤 1분 후에 하류 120m 지점에서 관측되었다면 이 때의 표면유속은?

① 1m/sec   ② 2m/sec
③ 3m/sec   ④ 4m/sec

●해설

$$V_S = \frac{l}{t} = \frac{120\text{m}}{60\text{sec}} = 2\text{m/sec}$$

66 유속계로 1회 관측 시 회전수(N)가 2.6일 때 유속(V)이 0.9m/sec이었고, 2회 관측 시 회전수(N)가 3.8일 때 유속(V)이 1.2m/sec이었다. 유속계의 상수 a, b는 얼마인가?(단, $V = aN + b$이다.)

① $V = 0.25N + 0.25$
② $V = 0.35N + 0.35$
③ $V = 0.25N + 0.45$
④ $V = 0.35N + 0.55$

●해설

측정횟수	N	V
1회	2.6	0.9
2회	3.8	1.2

$V = aN + b$에서
$0.9 = 2.6a + b$ ⟶ ㉠
$1.2 = 3.8a + b$ ⟶ ㉡

식 ㈀에서
$0.9 - 2.6a = b$
고로 b값은 $0.9 - 2.6a$

식 ㈁에 b값을 대입
$1.2 = 3.8a + (0.9 - 2.6a)$
$1.2 = 3.8a - 2.6a + 0.9$
$1.2 = 1.2a + 0.9$
$1.2 - 0.9 = 1.2a$
$0.3 = 1.2a$
$a = \dfrac{0.3}{1.2} = 0.25$

본식에 대입하면
$0.9 = (2.6 \times 0.25) + b$
$0.9 = 0.65 + b$
$b = 0.9 - 0.65 = 0.25$

67 음향측심기를 이용하여 수심을 측정하였다. 수심 측정값으로 옳은 것은?(단, 수중음속 1,510m/s, 음파송수신시간 0.2초)

① 151m
② 302m
③ 604m
④ 7,550m

●해설

$d = \dfrac{1}{2} Vt = \dfrac{1}{2} \times 1,510 \times 0.2 = 151\text{m}$

68 수심을 관측하기 위하여 음향측심기를 이용한 관측값이 음파송신수신시간 0.3초, 수중음속 1,520m/s 이었다면 수심은?

① 151m
② 228m
③ 456m
④ 755m

●해설

$\text{수심}(D) = \dfrac{1}{2} V \cdot t = \dfrac{1}{2} \times 1,520 \times 0.3 = 228\text{m}$

69 어떤 하천에서 직선 BC에 따라 그림과 같이 심천측량을 실시할 때 P점에서 관측장비를 이용하여 ∠APB를 관측하여 39°20′을 얻었다. BP의 거리는?(단, $AB = 73$m)

① 96.30m
② 115.17m
③ 125.13m
④ 155.80m

●해설

sin 법칙에 의해
$\dfrac{73}{\sin 39°20'} = \dfrac{BP}{\sin 90°}$

$BP = \dfrac{73 \times \sin 90°}{\sin 39°20'} = 115.1726\text{m}$

70 수심인 H인 하천에서 수면으로부터 0.2H, 0.4H, 0.6H, 0.8H 되는 지점의 관측 유속(m/sec)이 0.57, 0.55, 0.50, 0.49였다. 4점법의 평균 유속 공식에 의한 평균유속은?

① 0.532m/sec
② 0.527m/sec
③ 0.504m/sec
④ 0.497m/sec

●해설

• 4점법(V_m) : $\dfrac{1}{5}\left\{ V_{0.2} + V_{0.4} + V_{0.6} + V_{0.8} \right.$
$\left. + \dfrac{1}{2}\left(V_{0.2} + \dfrac{1}{2} V_{0.8}\right)\right\}$

$\dfrac{1}{5}\left\{0.57 + 0.55 + 0.50 + 0.49 + \dfrac{1}{2}\left(0.57 + \dfrac{1}{2}0.49\right)\right\} = 0.5035$

따라서, 0.504m/sec

71 하천측량에서 유제부에 대한 평면측량의 범위는?

① 제외지 전부와 제내지 200m 이내
② 제내지 전부와 제외지 200m 이내

③ 제외지 전부와 제내지 300m 이내

④ 제내지 전부와 제외지 300m 이내

▶해설

평면측량 범위

유제부	제외지 범위 전부와 제내지의 300m 이내
무제부	홍수가 영향을 주는 구역보다 약간 넓게 측량한다.(홍수 시에 물이 흐르는 맨 옆에서 100m까지)
홍수방지공사가 목적인 하천공사	하구에서부터 상류의 홍수피해가 미치는 지점까지
사방공사	수원지까지
선박운행을 위한 하천 계수가 목적일 때	하류는 하구까지

유제부의 측량구역(하천의 단면도)

72 그림과 같이 200mm 하수관을 묻었을 때 측점 A의 관저계획고는 53.16m이고, AB구간의 설치 기울기는 1/200, BC 구간의 설치기울기는 1/250일 때, 측점 C의 관저계획고는?

① 54.35m

② 54.48m

③ 54.51m

④ 54.54m

▶해설

거리 = 구배 × (계획고(B) − 계획고(A))

∴ B(계획고) = $\dfrac{거리}{구배}$ + A = $\dfrac{120}{200}$ + 53.16 = 53.76m

∴ C(계획고) = $\dfrac{180}{250}$ + 53.76 = 54.48m

73 하천의 유속측정을 위하여 그림과 같이 표면부 자를 수면에 띄우고 A 점을 출발하여 B점을 통과하는 데 소요되는 시간은 2분 20초였다. AB 두 점 사이의 거리가 20.5m일 때 유속은?(단, 큰 하천에 대한 보정계수는 0.9임)

① 0.113m/s

② 0.132m/s

③ 0.146m/s

④ 0.163m/s

▶해설

실제유속(V_S) = m/sec = 20.5/140 = 0.146m/sec

부자고가 0.9이므로

V_m = 0.9 × V_s = 0.9 × 0.146 = 0.1314m/sec

74 다음과 같은 500mm 하수관 공사에서 A점의 관저 계획고는 50.15m이고, B점의 관저 계획고는 50.45m, 하수관의 구배가 1/250일 때 AB 간의 거리는?

① 60m

② 75m

③ 120m

④ 150m

▶해설

x = 0.3 × 250 = 75m

거리 = 구배 × (계획고(B) − 계획고(A))

= 250 × (50.45 − 50.15)

= 75m

CHAPTER 09 지하시설물측량

••9.1 개요

지하시설물측량이란 지하에 설치/매설된 시설물을 효율적이고 체계적으로 유지/관리하기 위하여 지하시설물에 대한 조사, 탐사 및 위치측량과 이에 따른 도면 제작 및 데이터베이스 구축까지를 말한다.

••9.2 정의

지하시설물	"지하시설물(이하 "시설물"이라 한다)"이란 도로 및 도로부대시설물과 다음 각 목의 시설물을 말한다. 가. 도로법 제2조에 따른 도로 및 부속시설물 나. 수도법 제3조에 따른 상수관로 및 부속시설물 다. 하수도법 제2조에 따른 하수관로 및 부속시설물 라. 도시가스사업법 제2조에 따른 가스관로 및 부속시설물 마. 전기통신기본법 제2조에 따른 통신관로 및 부속시설물 바. 전기사업법 제2조에 따른 전력관로 및 부속시설물 사. 송유관안전관리법 제2조에 따른 송유관로 및 부속시설물 아. 집단에너지사업법 제2조에 따른 난방열관로 및 부속시설물 자. 그 밖의 신호 및 가로등과 관련된 지하시설, 지하철 및 ITS 관련 지하시설, 지하에 설치된 케이블TV 및 유선선로, 공동구, 지하도 및 지하상가 시설 등과 같이 공공의 이해관계가 있는 지하시설물
지하시설물 측량	"지하시설물측량"이란 시설물을 조사, 탐사하고 위치를 측량(시설물의 위치를 육안으로 확인할 수 있는 상태에서 측량하는 것을 포함한다)하여 도면 및 수치로 표현하고 데이터베이스로 구축하는 것을 말한다.
지하시설물도	"지하시설물도"란 지하시설물 기본도를 기초로 일정한 기호와 축척으로 표시한 도면을 말한다.
조사	"조사"란 시설물의 제원과 속성을 직접 현장에서 확인하는 것을 말한다.
탐사	"탐사"란 지하에 매설된 시설물의 위치와 깊은 정도(이하 "심도"라 한다)를 탐사기기로 측정하는 것을 말한다.
지하시설물 기본도	"지하시설물 기본도(이하 "기본도"라 한다)"란 지하시설물도 작성에 기초가 되는 축척 1/1,000, 1/2,500의 수치지도 또는 이미 제작된 지하시설물도를 말한다. 다만, 축척 1/1,000 수치지도와 1/2,500 수치지도가 없는 지역에는 국토지리정보원장이 간행한 수치지도 중 가장 큰 축척의 수치지도를 말한다.
정위치편집	"정위치편집"이란 시설물의 측량결과를 표준코드 등을 이용하여 편집하거나, 시설물에 대한 현지조사 결과를 이용하여 이미 제작된 지하시설물도를 수정·보완하는 작업을 말한다.
구조화편집	"구조화편집"이란 데이터 간 상호관계를 파악하기 위하여 정위치편집된 지하시설물도를 기하학적·논리적 형태로 구성하는 작업을 말한다.

도면 제작편집	"도면제작편집"이란 지도형식의 도면으로 출력하기 위하여 정위치편집된 성과를 「지도도식규칙」 및 표준도식에 따라 편집하는 작업을 말한다.
탐사 불가구간	"탐사불가구간(이하 "불탐"이라 한다)"이란 탐사가 불가능한 지역으로서 지하시설물도에 탐사불가 로 명시하는 구간을 말한다. 이 규정에서 정하지 아니한 사항에 대하여는 「수치지도작성작업규칙」 또는 「지도도식규칙」을 적용한다.
밀폐공간	"밀폐공간"이란 산소결핍, 유해가스로 인한 화재·폭발 등의 위험이 있는 장소로서 「산업안전보건 기준에 관한 규칙」 제618조 제1호에 따른 장소 중 지하시설물 측량과 관련된 것을 말한다.
산소결핍	"산소결핍"이란 공기 중의 산소농도가 18퍼센트 미만인 상태로서 「산업안전보건기준에 관한 규칙」 제618조 제4호에서 정한 것을 말한다.
유해가스	"유해가스"란 밀폐공간에서 탄산가스·황화수소 등의 유해물질이 가스 상태로 공기 중에 발생하는 것으로서 「산업안전보건기준에 관한 규칙」 제618조 제2호에서 정한 것을 말한다.
적정공기	"적정공기"란 산소농도의 범위가 18퍼센트 이상 23.5퍼센트 미만, 탄산가스의 농도가 1.5퍼센트 미만, 황화수소의 농도가 10피피엠 미만인 수준의 공기로 「산업안전보건기준에 관한 규칙」 제618 조 제3호에서 정한 것을 말한다.

••9.3 지하시설물 측량 절차

••9.4 지하시설물 측량기법

전자유도 측량기법	지표로부터 매설된 금속관로 및 케이블 관측과 탐침을 이용하여 공관로나 비금속관로를 관측할 수 있는 방법으로, 장비가 저렴하고 조작이 용이하며 운반이 간편하여 지하시설물 측량기법 중 가장 널리 이용되는 방법이다.
지중레이더 측량기법	지중레이더 측량기법은 전자파의 반사 성질을 이용하여 지하시설물을 측량하는 방법이다.
음파 측량기법	전자유도 측량방법으로 측량이 불가능한 비금속 지하시설물에 이용한다. 물이 흐르는 관 내부에 음파 신호를 보내면 관 내부에 음파가 발생된다. 이때 수신기를 이용하여 발생된 음파를 측량하는 기법이다.

··9.5 지하시설물 탐사의 정확도

금속관로의 경우	매설깊이가 3.0m 이하인 경우에 한하여 평면위치 20cm, 깊이 30cm 이내이어야 하며, 매설 깊이가 3.0m를 초과하는 경우에는 별도로 정하여 사용할 수 있다.
비금속관로의 경우	매설깊이가 3.0m 이하인 경우에 한하여 평면위치 20cm, 깊이 40cm 이내이어야 하며, 매설깊이가 3.0m를 초과하는 경우에는 별도로 정하여 사용할 수 있다.

	기기	성능	판독범위
지하시설물 측량기기 (탐사기기)	금속관로 탐지기	평면위치 20cm, 깊이 30cm	관경 80mm 이상, 깊이 3m 이내의 관로를 기준으로 한 것
	비금속관로 탐지기	평면위치 20cm, 깊이 40cm	
	맨홀 탐지기	매몰된 맨홀의 탐지 50cm 이상	

··9.6 지하시설물도에의 입력

지하시설물도에 표시하는 지하시설물의 종류별 기본색상은 다음 각 호의 구분에 의한다.

1. 상수도시설 : 청색
2. 하수도시설 : 보라색

   ① 오수관로 : ———•———

   ② 우수관로 : ———••———

3. 가스시설 : 황색
4. 통신시설 : 녹색
5. 전기시설 : 적색
6. 송유관시설 : 갈색
7. 난방열관시설 : 주황색

01 지하시설물 측량의 순서로 옳은 것은? 12①기

① 작업계획 → 자료수집 → 지하시설물 탐사 → 지하시설물 원도 작성 → 작업조서 작성

② 자료수집 → 작업계획 → 지하시설물 탐사 → 작업조서 작성 → 지하시설물 원도 작성

③ 작업계획 → 지하시설물 탐사 → 자료수집 → 지하시설물 원도 작성 → 작업조서 작성

④ 자료수집 → 지하시설물 탐사 → 작업계획 → 작업조서 작성 → 지하시설물 원도 작성

●해설

지하시설물 측량의 순서
1. 작업계획 수립
2. 자료의 수집 및 편집
3. 지표면상에 노출된 지하시설물에 대한 조사
4. 관로조사 등 지하매설물에 대한 탐사
5. 지하시설물 원도 작성
6. 작업조서의 작성

02 지하시설물 측량을 지하시설물의 조사, 관측, 해석 및 유지관리로 구분할 때, 지하시설물 해석의 내용과 거리가 먼 것은? 13①기

① 관측을 통하여 수집된 관측 자료를 분석한다.

② 구조화 편집을 통하여 최종자료 기반화를 완성한다.

③ 지하시설물의 변동사항 갱신과 지하시설물의 특성에 따른 모니터링 체계를 통합한다.

④ 관측을 통하여 수집된 지하시설물원도와 대장조서를 이용하여 대장입력과 도면제작 편집을 수행한다.

●해설

• 지하시설물의 해석 : 지하시설물의 해석은 지하시설물 관측자료의 분석, 편집 및 자료기반화이다. 관측을 통하여 수집된 지하시설물원도와 대장조서를 이용하여 대장 입력과 도면제작 편집을 수행하게 되며 구조화 편집(위상 및 속성자료연결)을 통하여 최종자료 기반화를 완성하게 된다.

• 유지관리 : 지하시설물의 유지관리를 위해서는 자료구축 이후의 지속적이며 표준화된 갱신이 이루어져야 한다. 단순한 지하시설물의 변동사항 갱신뿐만 아니라 각각의 지하시설물의 특성에 따른 모니터링 체계를 통합함으로써 보다 효율적인 관리가 이루어질 수 있으며 일관성 있는 자료의 유지관리를 추구함으로써 과학적이고 합리적인 예측을 통한 의사결정을 수행할 수 있을 것이다.

03 지하시설물의 탐사방법으로 수도관로 중 PVC 또는 플라스틱 관을 찾는 데 주로 이용되는 방법은? 14①기

① 전자탐사법   ② 자기탐사법
③ 음파탐사법   ④ 전기탐사법

●해설

지하시설물의 탐사방법

자장 관측법	전자유도방식의 원리는 지하시설물관이나 케이블에 교류전류를 흐르게 하여 그 주변에 교류자장을 발생시켜 지표면에서 발생된 교류자장을 수신기의 관측 코일의 감도 방향성에 이용하여 수평위치를 관측하고 지표면으로부터 전위경도에 대해 수직위치를 관측한다.
지중 레이더 관측법	지하를 단층촬영하여 시설물 위치를 판독하는 방법으로 지상의 안테나에서 지하에 전자기파를 발사시켜 대상물에서 반사 또는 방사되는 전자기파를 수신하는데, 이것은 반사강도에 따라 8가지 색상으로 표시되고, 이를 분석하여 수평 및 수직위치를 관측한다.
음파 관측법	음파관측법은 원래 누수를 찾기 위한 기술이었는데 현재는 이 기술을 이용하여 수도관로 중 PVC 또는 플라스틱 관을 찾는 데 이용되고 있다. 이 기술의 원리는 물이 가득히 흐르는 관로에 음파신호를 보내 수신기로 하여금 관 내에 발생된 음파를 관측하는 방법으로 비금속 수도관로 관측에 유용하나 음파신호를 보낼 수 있는 소화전이나 수도 미터기 등이 반드시 필요하다.
전기 관측법	전기관측법은 지반 중에 전류를 흘려보내어 그 전류에 의한 전압 강하를 관측함으로써 지반 내의 비저항값의 분포를 구하는 것이다. 전류를 흘려보내는 순간의 전류전극과 전압 강하를 관측한다. 이는 문화 유적지 조사 등에 적합하다.

전자 관측법	전자관측법은 지반의 전자유도현상을 이용한 관측법으로 지반의 도전율을 관측함으로써 지하구조와 고도 전체의 위치를 파악하는 것이다. 전자관측장비에는 관측심도가 수천 미터에서 지표근접 수 미터를 대상으로 하는 것까지 다양하게 있지만, 시설물 조사에는 층을 조사할 수 있는 간단한 것이 사용되고 있다.
자기 관측법	지구자장의 변화를 관측하여 자성체의 분포를 알아내는 것이다. 조사구역을 적당한 격자 간격으로 분할하여 그 격자점에 대한 자력값을 관측함으로써 조사구역 내의 자장 변화를 확인하여 지하의 자성체의 분포를 추정할 수 있다.

04 지하시설물 측량의 순서로 옳은 것은? 15②기

① 작업계획 → 자료수집 → 지하시설물 탐사 → 지하시설물 원도 작성 → 작업조서 작성

② 자료수집 → 작업계획 → 지하시설물 탐사 → 작업조서 작성 → 지하시설물 원도 작성

③ 작업계획 → 지하시설물 탐사 → 자료수집 → 지하시설물 원도 작성 → 작업조서 작성

④ 자료수집 → 지하시설물 탐사 → 작업계획 → 작업조서 작성 → 지하시설물 원도 작성

해설

작업계획의 수립 ⇒ 자료의 수집 및 편집 ⇒

지표면 상에 노출된 지하시설물에 대한 조사 ⇒ 관로조사 등 지하시설물에 대한 탐사 ⇒

지하시설물 원도의 작성 ⇒ 작업조서 작성 ⇒

05 지하시설물 측량방법 중 수도관의 누수를 찾기 위한 방법으로 비금속(PVC 등) 수도관을 탐사하는 데 유용한 것은? 15③기

① 음파탐사기법
② 전기탐사기법
③ 자장탐사기법
④ 지중레이터 탐사기법

해설

전자유도 측량방법	지표로부터 매설된 금속관로 및 케이블 관측과 탐침을 이용하여 공관로나 비금속관로를 관측할 수 있는 방법으로, 장비가 저렴하고 조작이 용이하며 운반이 간편하여 지하시설물 측량기법 중 가장 널리 이용되는 방법이다.
지중레이더 측량기법	지중레이더 측량기법은 전자파의 반사의 성질을 이용하여 지하시설물을 측량하는 방법이다.
음파 측량기법	전자유도 측량방법으로 측량이 불가능한 비금속 지하시설물에 이용하는 방법으로 물이 흐르는 관 내부에 음파 신호를 보내면 관 내부에 음파가 발생된다. 이때 수신기를 이용하여 발생된 음파를 측량하는 기법이다.

06 지하시설물의 관측방법 중 지구자장의 변화를 관측하여 자성체의 분포를 알아내는 방법은? 14①산

① 전자관측법
② 자기관측법
③ 전기관측법
④ 탄성파관측법

해설

지구자장의 변화를 관측 자성체의 분포를 측정하는 방법으로 자기관측법이 있다.

07 지하시설물 관측방법 중에서 지하를 단층 촬영하여 시설물의 위치를 탐사하는 방법은? 14③산

① 전기탐사법
② 자정탐사법
③ 전자탐사법
④ 지중레이더탐사법

해설

문제 05번 해설 참고

08 지하시설물 도면을 작성할 경우 시설물과 색상이 바르게 연결되지 않은 것은? 15③산

① 상수도시설 – 청색
② 전기시설 – 적색
③ 통신시설 – 갈색
④ 가스시설 – 황색

해설

지하시설물도작성작업규칙 제15조(지하시설물도에의 입력 등)

① 지하시설물도에 표시하는 지하시설물의 종류별 기본색상은 다음 각호의 구분에 의한다.
  1. 상수도시설 : 청색
  2. 하수도시설 : 보라색
  3. 가스시설 : 황색
  4. 통신시설 : 녹색
  5. 전기시설 : 적색
  6. 송유관시설 : 갈색
  7. 난방열관시설 : 주황색

② 정위치 편집은 표준코드 및 기호(심벌)를 사용하여 도엽단위로 하여야 하며, 정위치 편집이 완료된 파일은 이를 별도로 보관하여야 한다.

③ 구조화 편집은 정위치 편집된 지하시설물도에 대하여 필요한 대상을 점·선·면의 기하학적인 형태로 편집하여야 하며, 그에 관한 설명서가 작성되어야 한다.

④ 지하시설물도에는 현지조사 및 탐사를 통하여 수집된 속성자료와 관계법령에 의하여 작성된 지하시설물 관리대장상의 항목 중 필요한 사항이 입력되어야 한다. 이 경우 속성자료는 도형자료와 서로 연계될 수 있도록 입력되어야 한다.

⑤ 지하시설물도에의 입력과 표현방법에 관한 세부적인 사항은 국립지리원장이 따로 정한다.

CHAPTER 10 터널측량

·· 10.1 개요

터널측량이란 도로, 철도 및 수로 등을 지형 및 경제적 조건에 따라 산악의 지하나 수저를 관통시키고자 터널의 위치선정 및 시공을 하기 위한 측량을 말하며, 갱외측량과 갱내측량으로 구분한다.

·· 10.2 터널측량 작업순서

답 사	터널측량의 계획을 세우고 현지를 답사하여 지질조사 및 터널의 위치를 선정한다.
예 측	지표에 중심선을 미리 표시하고, 다시 도면상의 터널위치를 검토한다.
갱외측량	기준점측량
	중심점측량
갱내외 연결측량	한 개의 수직갱에 의한 방법
	두 개의 수직갱에 의한 방법
갱내측량	갱내 중심선측량 → 도벨(Dowel) 설치
	→ 갱내 곡선 설치
	갱내 고저측량
계 측	내공변위, 천담침하, 경사계

•• 10.3 터널측량 작업

•• 10.4 터널측량의 세부

지형측량 (地形測量)	항공사진측량, 기준점측량, 평판측량 등으로 터널의 노선 선정이나 지형의 경사 등을 조사하는 측량이다.
갱외기준점측량 (坑外基準點測量)	삼각 또는 다각측량 및 수준측량에 의해 굴삭을 위한 측량의 기준점 설치 및 중심선 방향의 설치를 하는 측량이다.
세부측량 (細部測量)	평판측량과 수준측량으로 갱구 및 터널 가설설계에 필요한 상세한 지형도 작성을 위한 측량이다.
갱내측량 (坑內測量)	다각측량과 수준측량에 의한 설계중심선의 갱내에의 설정 및 굴삭, 지보공(支保工), 형틀 설치 등을 위한 측량이다.
작업갱측량 (作業坑測量)	갱내기준점 설치를 위한 측량이다.
준공측량 (竣工測量)	도로, 철도, 수로 등 터널 사용목적에 따라 터널 형상을 제작하기 위한 측량이다.

ᐧᐧ 10.5 갱외(지상)측량

10.5.1 지표 중심선 측량

직접측설법	거리가 짧고 장애물이 없는 곳에서 Pole 또는 트랜싯으로 중심선을 측설한 후 Steel Tape 에 의해 직접 재는 방법
트래버스에 의한 방법	장애물이 있을 때 갱내 양단의 점을 연결하는 Traverse를 만들어 좌표를 구하고, 좌표로부터 거리 및 방향을 계산하는 방법 ① $\overline{AB}$ 거리 $= \sqrt{(\Sigma L)^2+(\Sigma D)^2}$ 　또는 $\overline{AB} = \sqrt{(X_B-X_A)^2+(Y_B-Y_A)^2}$ ② AB 방위각$(\theta) = \tan^{-1}\dfrac{\Sigma D}{\Sigma L}$ 　또는 $\tan^{-1}\dfrac{Y_B-Y_A}{X_B-X_A}$	‖ 트래버스에 의한 중심선 설치 ‖
삼각측량에 의한 방법	터널길이가 길 때, 장애물로 인하여 위의 방법이 불가능할 때 사용

ᐧᐧ 10.6 갱내(지하)측량

10.6.1 지하측량과 지상측량의 차이점

구분	지하측량	지상측량
정밀도	낮다.	높다.
측점 설치	천정	지표면
조 명	필요	불필요

10.6.2 터널측량용 트랜싯의 구비조건

① 이심장치를 가지고 있고 상·하 어느 측점에도 빠르게 구심시킬 수 있어야 한다.
② 연직분도원은 전원일 것
③ 상반·하반 고정나사의 모양을 바꾸어 어두운 갱내에서도 촉감으로 구별할 수 있어야 한다.
④ 주망원경의 위 또는 옆에 보조망원경(정위망원경, 측위망원경)을 달 수 있도록 되어 있어야 한다.
⑤ 수평분도원은 0~360°까지 한 방향으로 명확하게 새겨져 있어야 한다.

10.6.3 정위망원경과 측위망원경의 비교

정위 망원경	$x = \sin^{-1}\dfrac{BC}{AB}$ $\therefore V = V' - x$ 여기서, V : 측정치 V' : 정위망원경으로 측정한 값 x : 보정치 BC : 2시준선 간 거리 AB : 망원경 수평축에서 시준점까지의 거리	
측위 망원경	$\angle D = \angle H + \angle \alpha = \angle H' + \angle \beta$ $\therefore H = H' + \beta - \alpha$ 여기서, O : 기계 중심 C : 측위망원경 중심	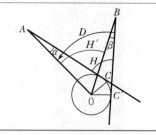

10.6.4 갱내 수준측량

직접 수준 측량	레벨과 표척을 이용하여 직접고저차를 측정하는 방법	표척 전시 / 후시 표고=후시점의 표고+후시+전시
간접 수준 측량	갱내에서 고저측량을 할 때 갱내의 경사가 급할 경우 경사거리와 연직각을 측정하여 트랜싯으로 삼각고저측량을 한다.	$\triangle H = l \cdot \sin a + h_1 - H_i$

··10.7 갱내외의 연결측량

10.7.1 목적

① 공사계획이 부적당할 때 그 계획을 변경하기 위하여
② 갱내외의 측점의 위치관계를 명확히 해두기 위해서
③ 갱내에서 재변이 일어났을 때 갱외에서 그 위치를 알기 위해서

10.7.2 방법

한 개의 수직갱에 의한 방법	두 개의 수직갱에 의한 방법
1개의 수직갱으로 연결할 경우에는 수직갱에 2개의 추를 매달아서 이것에 의해 연직면을 정하고 그 방위각을 지상에서 관측하여 지하의 측량을 연결한다.	2개의 수갱구에 각각 1개씩 수선 AE를 정한다. 이 AE를 기정 및 폐합점으로 하고 지상에서는 A, 6, 7, 8, E, 갱내에서는 A, 1, 2, 3, 4, E의 다각측량을 실시한다.

깊은 수갱	얕은 수갱
① 피아노선(강선) ② 추의 중량 : 50~60kg	① 철선, 동선, 황동선 ② 추의 중량 : 5kg

① 수갱 밑에 물 또는 기름을 넣은 탱크를 설치하고 그 속에 추를 넣어 진동하는 것을 막는다.
② 추가 진동하므로 직각방향으로 수선 진동의 위치를 10회 이상 관측해서 평균값을 정지점으로 한다.
③ 하나의 수갱(Shuft)에서 두 개의 추를 달아 이것에 의하여 연직면을 결정하고 그 방위각을 지상에서 측정하여 지하의 측량에 연결하는 것이다.

01 일반적으로 터널을 설치하는 것이 유리한 경우로 옳지 않은 것은? 14②기

① 절취깊이가 10m 미만인 경우
② 지질이 좋시 못하여 절취면의 유지가 곤란한 경우
③ 경제적 여건을 고려하여 터널의 설치가 유리한 경우
④ 지질이 좋지 않아 절취면의 보수작업이 곤란한 경우

> ● 해설
>
> 흔히 도로 등을 개설할 때 산을 절개하여 개설하는 경우 절취면의 지질이 좋지 않아 절취면의 유지·보수가 곤란하거나 경제적 여건 등을 고려하여 터널의 설치가 유리한 경우 산 중앙부를 절취하여 도로를 개설하지 않고 터널을 설치한다.

02 터널측량에 대한 설명으로 옳지 않은 것은? 14③기

① 터널측량은 터널 내 측량, 터널 외 측량, 터널 내외 연결측량으로 구분된다.
② 터널 내의 측점은 천장에 설치하는 것이 유리하다.
③ 터널 내 측량에서는 망원경의 십자선 및 표척에 조명이 필요하다.
④ 터널 내에서의 곡선 설치는 중앙종거법을 사용하는 것이 가장 유리하다.

> ● 해설
>
> 터널 곡선부의 측설법으로 적당한 방법은 절선편거법과 현편거법이나 트래버스 측량에 의한다.

03 터널 내 중심선 측량 시 도벨을 설치하는 주된 이유는? 15①기

① 중심말뚝 간 시통이 잘 되도록 하기 위하여
② 차량 등에 의한 기준점 파손을 막기 위하여
③ 후속작업을 위해 쉽게 제거할 수 있도록 하기 위하여
④ 측량 시 쉽게 발견할 수 있도록 하기 위하여

> ● 해설
>
> 갱내에서 차량 등에 의하여 파손되지 않도록 콘크리트 등을 이용하여 만든 기준점을 도벨(Dowel)이라 한다.

04 터널 레벨측량의 특징에 대한 설명으로 옳은 것은? 15①기

① 지상에서의 수준측량 방법과 장비 모두 동일하다.
② 수준점의 위치는 바닥레일의 중심점을 이용한다.
③ 이동식 답판을 주로 이용해야 안정성이 있다.
④ 수준점은 천정에 주로 설치한다.

> ● 해설
>
> 터널 내 기준점 측량에서 기준점을 천정에 설치하는 이유
> • 운반이나 기타 작업에 장애가 되지 않게 하기 위하여
> • 발견하기 쉽게 하기 위하여
> • 파손될 염려가 적기 때문에

05 터널 내 측량에서 고저의 변동, 중심선의 이동을 기록하여 두고 수회 관측하여도 틀릴 경우의 원인 조사 사항과 거리가 먼 것은? 14①기

① 측량기계의 이상 여부
② 터널 내에 설치한 도벨 상태의 이상 여부
③ 지산이 움직이고 있는가의 여부
④ 삼각측량 결과 오차점검의 여부

> ● 해설
>
> 터널 내 측량에서 고저의 변동, 중심선의 이동을 기록하여 두고 수회 관측하여도 틀릴 경우의 원인조사 사항은 다음과 같다.
> • 갱구 부근에 설치한 갱외의 기준점이 움직였는지의 여부
> • 갱내의 도벨이 나쁜가의 여부
> • 측량기계가 나쁜가의 여부
> • 지산(地山)이 움직이고 있는가의 여부

정답 ❯ 01 ① 02 ④ 03 ② 04 ④ 05 ④

06 수직터널에 의하여 지상과 지하의 측량을 연결할 때의 수선측량에 대한 설명으로 틀린 것은?

12③기

① 깊은 수직 터널에는 강선에 50~60kg 정도의 추를 매단다.
② 추를 드리울 때, 깊은 수직 터널에서는 보통 피아노선이 이용된다.
③ 수직 터널 밑에는 물이나 기름을 담은 물통을 설치하고 내린 추가 그 물통 속에서 동요하지 않게 한다.
④ 수직 터널 밑에서 수선의 위치를 결정하는 데는 수선이 완전 정지하는 것을 기다린 후 1회 관측 값으로 결정한다.

해설

지상과 지하의 측량을 연결할 때의 수선측량
• 얕은 수직갱 : 철선, 동선, 황동선 등 사용
• 깊은 수직갱에서는 피아노선을 이용
• 추의 중량은 얕은 수직갱은 5kg 이하, 깊은 수직갱에서는 50~60kg 사용
• 수직갱의 바닥에는 물 또는 기름을 넣은 탱크를 설치하고 그 속에 추를 넣어 진동하는 것을 방지한다.

07 터널측량에 대한 설명 중 옳지 않은 것은?

13①기

① 터널측량은 크게 터널 내 측량, 터널 외 측량, 터널 내외 연결측량으로 나누어진다.
② 터널 내 측량에서는 망원경의 십자선 및 표척에 조명이 필요하다.
③ 터널의 길이방향은 주로 트래버스 측량으로 행한다.
④ 터널 내의 곡선 설치는 일반적으로 지상에서와 같이 편각법을 주로 사용한다.

해설

터널 내의 곡선설치법은 현편거법, 내접 다각형법, 외접 다각형법이 있다.

08 터널의 준공을 위한 변형조사측량에 해당되지 않는 것은?

13②기

① 중심측량　　② 고저측량
③ 단면측량　　④ 삼각측량

해설

터널의 준공을 위한 변형조사측량
터널 완성 후의 측량에는 준공검사의 측량과 터널이 변형을 일으킨 경우의 조사측량이 있는데 방법은 동일하다.
• 중심선측량(中心線測量)
• 고저측량(高低測量)
• 단면의 관측(斷面의 觀測)

09 터널측량의 작업 순서 중 선정한 중심선을 현지에 정확히 설치하고 터널의 입구나 수직터널의 위치를 결정하며 터널의 길이를 측량하는 작업은?

13③기

① 답사　　② 예측
③ 지표 설치　　④ 지하 설치

해설

터널측량 작업 과정

답사(踏査)	미리 실내에서 개략적인 계획을 세우고 현장 부근의 지형이나 지질을 조사하여 터널의 위치를 예정한다.
예측(豫測)	답사의 결과에 따라 터널위치를 약측에 의하여 지표에 중심선을 미리 표시하고 다시 도면상에 터널을 설치할 위치를 검토한다.
지표 설치(地表設置)	예측의 결과 정한 중심선을 현지의 지표에 정확히 설정하고 이때 갱문이나 수갱의 위치를 결정하고 터널의 연장도 정밀히 관측한다.
지하 설치(地下設置)	지표에 설치된 중심선을 기준으로 하고 갱문에서 굴삭을 시작하며 굴삭이 진행함에 따라 갱 내의 중심선을 설정하는 작업을 한다.

10 터널공사에서 터널 내의 기준점 설치에 주로 사용되는 방법으로 연결된 것은?

12①기

① 삼각측량 - 평판측량
② 평판측량 - 트래버스측량
③ 트래버스측량 - 수준측량
④ 수준측량 - 삼각측량

● **해설**

터널측량 순서

구분	시간	목적
지형측량	조사단계	터널의 노선선정, 선형, 구배의 설계
갱외 기준점 측량	설계완료 후 (시공 전)	굴착을 위한 측량의 기준점 설치
세부측량	갱외 기준점 설치 후 (시공 전)	갱구 및 터널 가설계획에 필요한 상세한 지형도 작성
갱내측량	시공 중	설계중심선의 갱내 측설, 굴착 지지항 및 거푸집 설치
작업갱의 측량	작업갱 완성 후	작업갱으로부터 중심선 및 수준의 도입
준공측량	공사 완성 후	터널사용 목적에 따른 준공측량을 한다.

11 터널을 만들기 위하여 A, B 두 점의 좌표를 측정한 결과 A 점은 X_A =1,000.00m, Y_A =250.00m, B 점은 X_B =1,500.00m, Y_B =1,000.00m이면 AB 의 방위각은? 12①기

① 56°18′36″
② 33°41′24″
③ 232°25′53″
④ 322°25′53″

● **해설**

종선차$(\Delta X) = (X_B - X_A)$
횡선차$(\Delta Y) = (Y_B - Y_A)$
종선차$= 1,500.00 - 1,000.00 = 500$m
횡선차$= 1,000.00 - 250.00 = 750$m
방위$= \tan^{-1}\dfrac{\Delta Y}{\Delta X} = \tan^{-1}\dfrac{750}{500} = 56°18′35.76″$
1상한이므로 $56°18′36″$

12 터널측량 시 터널 입구를 결정하기 위하여 측점 A, B, C, D 순으로 트래버스 측량한 결과가 아래와 같을 때, AD 간의 거리는? 12②기

[측정결과]
AB의 거리 = 30m, $V_A^B = 30°$
BC의 거리 = 35m, $V_B^C = 120°$
CD의 거리 = 40m, $V_C^D = 210°$

① 34.5m
② 35.4m
③ 35.9m
④ 36.4m

● **해설**

측선	거리	방위각	위거	경거	합위거	합경거
A–B	30	30	25.981	15	000.000	000.000
B–C	35	120	−17.5	30.311	25.981	15
C–D	40	210	−34.641	−20	8.481	45.311
D–A					−26.16	25.311

1. 위거의 계산
   • $30 \times \cos 30° = 25.981$m
   • $35 \times \cos 120° = -175.5$m
   • $40 \times \cos 210° = -34.641$m

2. 경거의 계산
   • $30 \times \sin 30° = 15$m
   • $35 \times \sin 120° = 30.311$m
   • $40 \times \sin 210° = -20$m

3. 합위거 계산
   • A점의 합위거 = 000.000m
   • B점의 합위거 = 000.000 + 25.981 = 25.981m
   • C의 합위거 = 25.981 + (−17.5) = 8.481m
   • D점의 합위거 = 8.481 + (−34.641) = −26.16m

4. 합경거 계산
   • A점의 합경거 = 000.000m
   • B점의 합경거 = 000.000 + 15 = 15m
   • C점의 합경거 = 15 + 30.311 = 45.311m
   • D점의 합경거 = 45.311 + (20) = 25.311m

5. AD 간 계산
$$= \sqrt{(X_D - X_A)^2 + (Y_D - Y_A)^2}$$
$$= \sqrt{(-26.16 - 000.000)^2 + (25.311 - 000.000)^2}$$
$$= 36.40\text{m}$$

13 터널 안에서 A 점의 좌표가 (1749.0m, 1134.0m, 126.9m), B 점의 좌표가 (2419.0m, 967.0m, 149.4m) 일 때 A, B점을 연결하는 터널이 굴진하는 경우 이 터널의 경사거리는? 13①기

① 685.94m ② 686.19m

③ 686.31m ④ 686.57m

● 해설

$$경사거리 = \sqrt{(2419.0 - 1749.0)^2 + (987.0 - }$$
$$\overline{\sqrt{1134.0)^2 + (149.4 - 126.9)^2}}$$
$$= \sqrt{670^2 + 147^2 + 22.5^2} = 686.31m$$

14 터널 내에서 A점의 좌표 및 표고가 (1328, 810, 86), B점의 좌표 및 표고가 (1734, 589, 112)일 때 A, B점을 연결하는 터널을 굴진할 경우 이 터널의 경사거리는?(단, 좌표의 단위는 m이다.) 13②기

① 341.5m ② 363.1m

③ 421.6m ④ 463.0m

● 해설

경사거리
$$= \sqrt{(1734 - 1328)^2 + (589 - 810)^2 + (112 - 86)^2}$$
$$= 462.98m$$

15 터널 내에서의 수준측량 결과가 아래와 같을 때 B점의 지반고는? 13③기

측점	B.S	F.S	지반고
No. A	2.40		110.00
1	−1.20	−3.30	
2	−0.40	−0.20	
B		2.10	

① 112.20m ② 114.70m

③ 115.70m ④ 116.20m

● 해설

측점	지반고
1	$110 + 2.4 - (-3.3) = 115.7m$
2	$115.7 + (-1.2) - (-0.20) = 114.7m$
B	$114.7 + (-0.40) - (2.10) = 112.20m$

16 경사 터널의 고저차를 구하기 위해 그림과 같이 관측하여 I.H=1.15m, H.P=1.56m, 경사거리=31.00m, 고저각 $\alpha = +30°$의 결과를 얻었을 때 AB의 고저차는? 14①기

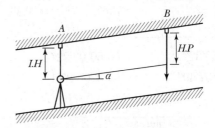

① 15.91m ② 16.93m

③ 17.95m ④ 18.97m

● 해설

$$고저차 = l\sin\alpha + H.P - I.H$$
$$= 31 \times \sin 30 + 1.56 - 1.15 = 15.91m$$

17 터널의 시점(P)과 종점(Q)의 좌표가 P (1200, 800, 75), Q(1600, 600, 100)로 터널을 굴진할 경우 경사각은? 14②기

① 2°11′59″ ② 2°13′19″

③ 3°11′59″ ④ 3°13′19″

● 해설

$$PQ \ 수평거리 = \sqrt{(\Sigma L)^2 + (\Sigma D)^2}$$
$$또는 \ PQ = \sqrt{(X_B - X_A)^2 (Y_B - Y_A)^2}$$

• PQ의 수평거리
$$= \sqrt{(1,600 - 1,200)^2 + (800 - 600)^2} = 447.21m$$
• PQ 수직거리 $= 100 - 75 = 25m$

정답 13 ③ 14 ④ 15 ① 16 ① 17 ③

• 경사각 계산

$$\tan\theta = \frac{고저차}{수평거리} = \frac{25}{447.21} = 0.0559$$

$$\theta = \tan^{-1}0.0559$$

$$\theta = 3°11'59''$$

$$\Delta y = Y_B - Y_A = 50 - 250 = -200$$

$$\theta = \tan^{-1}\frac{\Delta y}{\Delta x} = \tan^{-1}\frac{200}{500}$$

$$= 21°48'5.07''(4상한)$$

$$V_A^B = 360° - 21°48'5.07'' = 338°11'54.9''$$

18 직선 터널을 뚫기 위해 트래버스측량을 실시하여 표와 같은 값을 얻었다. 터널 중심선 AB의 방위각은? 14③기

측선	위거(m)	경거(m)
A-1	+26.65	-19.95
1-2	-24.85	+30.40
2-B	+40.95	+25.35

① 39°56'37″ ② 50°03'22″
③ 219°57'49″ ④ 320°02'11″

●해설

측선	위거		경거	
	N	S	E	W
A-1	+26.65			-19.95
1-2		-24.85	+30.40	
2-B	+40.95		+25.35	
계	67.6	-24.85	55.75	-19.95
	42.72		35.8	

$$\therefore AB의 방위각(\theta) = \tan^{-1}\frac{경거}{위거}$$

$$= \tan^{-1}\frac{35.8}{42.75} = 39°56'37''$$

19 터널을 만들기 위하여 A, B 두 점의 좌표를 측정한 결과 A점은 $N(X)a = 1000.00$m, $E(Y)a = 250.00$m, B점은 $N(X)b = 1500.00$m, $E(Y)b = 50.00$m였다면 AB의 방위각은? 15②기

① 21°48'05″ ② 158°11'55″
③ 201°48'05″ ④ 338°11'55″

●해설

$$\Delta x = X_B - X_A = 1,500 - 1,000 = 500$$

20 터널공사에서 터널 내의 기준섬 설치에 주로 사용되는 방법으로 연결된 것은? 15②기

① 삼각측량 – 평판측량
② 평판측량 – 트래버스측량
③ 트래버스측량 – 수준측량
④ 수준측량 – 삼각측량

●해설

터널공사에서 터널 내의 기준점 설치에 주로 사용되는 방법은 트래버스 측량과 고저측량으로 이루어진다.

트래버스에 의한 법
장애물이 있을 때 갱내의 양단의 점을 연결하는 Traverse를 만들어 좌표를 구하고, 좌표로부터 거리 및 방향을 계산하는 방법

• $\overline{AB}$ 거리 $= \sqrt{(\Sigma L)^2 + (\Sigma D)^2}$

  또는 $\overline{AB} = \sqrt{(X_B - X_A)^2 + (Y_B - Y_A)^2}$

• AB 방위각$(\theta) = \tan^{-1}\dfrac{\Sigma D}{\Sigma L}$

  또는 $\tan^{-1}\dfrac{Y_B - Y_A}{X_B - X_A}$

21 두 개의 수직터널에 의하여 깊이 700m의 터널 내외를 연결하는 경우에 지상에서의 수직터널 간 거리가 500m라면 두 수직터널 간 터널 내외에서의 거리 차이는?(단, 지구반지름 $R = 6,370$km이다.) 15③기

① 4.5m ② 5.5m
③ 4.5cm ④ 5.5cm

●해설

$$C_n = \frac{DH}{R} = \frac{500 \times 700}{6,370,000} = 0.055m = 5.5cm$$

22 터널측량에서 지표 중심선 측량방법과 직접적으로 관련이 없는 것은? 15③기

① 토털스테이션에 의한 직접측량법
② 트래버스 측량에 의한 측설법
③ 삼각측량에 의한 측설법
④ 레벨에 의한 측설법

해설
고저측량은 기준점의 평면좌표가 구해지면 다음에는 표고를 구해야 한다.

23 터널 내 측량에 대한 설명으로 옳은 것은? 12①산

① 지상측량보다 작업이 용이하다.
② 터널 내의 기준점은 터널 외의 기준점과 연결될 필요가 없다.
③ 기준점은 보통 천정에 설치한다.
④ 지상측량에 비하여 터널 내에서는 시통이 좋아서 측점 간의 거리를 멀리한다.

해설
터널 측량시 기준점을 바닥에 설치할 경우 작업장비 등으로 망실될 위험성이 크므로 보통 천정에 설치한다.

24 두 터널 입구의 좌표가 각각 A(4273.60, 2736.20), B(3564.50, 1683.20)이고 높이 차가 123.40m인 경우 이 터널의 경사거리는?(단, 좌표의 단위 : m) 12③산

① 1,269.52m   ② 1,271.50m
③ 1,275.48m   ④ 1,277.38m

해설
$$\overline{AB} = \sqrt{(Xb-Xa)^2 + (Yb-Ya)^2 + (Zb-Za)^2}$$
$$= \sqrt{\frac{(3,564.50-4,273.60)^2}{+(1,683.20-2,736.20)^2 + (123.4)^2}}$$
$$= 1,275.484m$$

25 다음 중 터널에서 중심선 측량의 가장 중요한 목적은? 13①산

① 도벨 간 정확한 거리 판정
② 인조점의 바른 매설
③ 터널입구 형상의 측정
④ 정확한 방향과 거리 측정

해설
터널의 중심선측량(中心線測量)은 양갱구(兩坑口)의 중심선 상에 기준점을 설치하고 이 두 점의 좌표를 구하여 터널을 굴진(掘進)하기 위한 방향을 줌과 동시에 정확한 거리를 찾아내는 것이 목적이다. 터널에 있어서는 방향과 고저, 특히 방향의 오차는 영향이 크므로 되도록 직접 구하여 터널을 굴진하기 위한 방향을 구하는 것과 동시에 정확한 거리를 찾아내는 것이 목적이다.

26 터널측량의 조사단계인 지형측량에서 실시하는 내용이 아닌 것은? 13①산

① 항공사진측량   ② 거리측량
③ 변형측량   ④ 기준점측량

해설
터널측량의 세분

지형측량 (地形測量)	항공사진측량, 기준점측량, 평판측량 등으로 터널의 노선선정이나 지형의 경사 등을 조사하는 측량이다.
갱외기준점측량 (坑外基準點測量)	삼각 또는 다각측량 및 수준측량에 의해 굴삭을 위한 측량의 기준점 설치 및 중심선 방향의 설치를 하는 측량이다.
세부측량 (細部測量)	평판측량과 수준측량으로 갱구 및 터널 가설설계에 필요한 상세한 지형도작성을 위한 측량이다.
갱내측량 (坑內測量)	다각측량과 수준측량에 의해 설계중심선의 갱내에의 설정 및 굴삭, 지보공(支保工), 형틀설치 등을 위한 측량이다.
작업갱측량 (作業坑測量)	갱내 기준점 설치를 위한 측량이다.
준공측량 (竣工測量)	도로, 철도, 수로 등 터널 사용목적에 따라 터널 형상을 제작하기 위한 측량이다.

정답 22 ④ 23 ③ 24 ③ 25 ④ 26 ③

27 그림과 같이 터널 내 수준측량을 하였을 경우 A 점의 표고가 156.632m라면 B 점의 표고 H_B는?

13①산

[단위 : m]

① 156.869m
② 157.233m
③ 157.781m
④ 158.401m

해설

$H_B = H_A - 0.456 + 0.875 - 0.584 + 0.766$
$= 157.233\text{m}$
$H_B = H_A - (0.456 + 0.584) + (0.875 + 0.766)$
$= 157.233\text{m}$

28 터널이 곡선의 경우 터널 내에 원곡선 설치방법으로 옳지 않은 것은?

13②산

① 현편거법
② 편각법
③ 내접 다각형법
④ 외접 다각형법

해설

터널 내에 원곡선 설치방법
• 현편거법(弦偏距法)
• 접선편거법(接線偏距法)
• 내접다각형법(內接多角形法)
• 외접다각형법(外接多角形法)

29 터널의 중심선을 천정에 설치하여 터널 내 수준측량을 실시하였다. 기계를 세운 A 점의 후시는 -1.00m, 표척을 세운 B점의 전시는 -1.50m, 사거리 50m, 연직각 $+15°$일 때 두 점 간의 고저차는?

13③산

① 12.44m
② 13.44m
③ 47.80m
④ 48.80m

해설

$\triangle H = (경사거리 \times \sin15° + 전시) - 후시$
$= (\sin15° \times 50 + 1.5) - 1.0 = 13.44\text{m}$

30 터널 양쪽 터널 입구를 연결하는 트래버스측량을 시행하여 합위거($\sum L$)$=-123.72$m, 합경거($\sum D$)$=223.46$m를 얻었다. 터널 진행방향의 방위각은?

13③산

① 61°01′43″
② 118°58′17″
③ 151°58′17″
④ 241°01′43″

해설

$\theta = \tan^{-1}\dfrac{\sum D}{\sum L}$
$= \tan^{-1}\dfrac{223.46}{123.72} = 61°01′43.05″(2상한)$
$\therefore$ 방위각 $= 180° - 61°01′43.05″$
$= 118°58′16.9″$

31 터널 측량에서 지상의 측량좌표와 지하의 측량좌표를 같게 하는 측량은?

14①산

① 지상(터널 외)측량
② 지하(터널 내)측량
③ 터널 내외 연결측량
④ 지하 관통측량

해설

내외 연결측량
• 깊은 수갱은 피아노 강선이 사용되며 50~60kg의 무게이다.
• 하나의 수갱에서 두 개의 추를 달아 이것에 의하여 연직면을 결정하고 그 방위각을 지상에서 측정하여 지하의 측량에 연결하는 것
• 추는 얕은 수갱일 경우 철선, 동선 등이 사용되며 무게는 5kg 이하이다.
• 추가 진동하므로 직각방향으로 추선 진동의 위치를 10회 이상 관측해서 평균값을 정지점으로 한다.
• 수갱 밑바닥에는 물 또는 기름을 넣은 통을 놓고 추의 진동을 감소시킨다.

32 터널측량에서 지상측량의 좌표와 지하측량의 좌표를 점검하는 측량으로 맞는 것은? 14②산

① 지하중심선 설치측량 ② 터널 내·외 연결측량
③ 지표중심선측량 ④ 단면측량

●해설
갱내외 연결측량은 지상측량의 좌표와 지하측량의 좌표를 같게 하는 측량이다.

33 터널측량에 관한 설명 중 틀린 것은? 14②산

① 터널측량은 터널 외 측량, 터널 내 측량, 터널 내외 연결측량으로 구분할 수 있다.
② 터널 내 측량에서는 기계의 십자선 및 표척 등에 조명이 필요하다.
③ 터널의 길이방향 측량은 삼각 또는 트래버스측량으로 한다.
④ 터널굴착이 끝난 구간에는 기준점을 주로 바닥에 설치한다.

●해설
터널굴착이 끝난 후일지라도 작업차량 등에 의하여 파괴되는 경우가 많으며 적당한 장소를 찾지 못할 때 지보공의 천단에 중심점을 만든다. 그러나 장기간에 걸쳐 사용하는 중심점을 지보공으로 잡는 것은 부적당하며 빠른 시기에 도벨(Dowel)을 설치하는 것이 좋다.
무지보공(無支保工) 또는 지보공(支保工)이 있어도 괘시판(掛矢板)에 간격이 있을 때는 천단(天端)의 암반(岩盤)에 구멍을 뚫고 목편(木片)을 끼워 그것에 중심정(中心釘)을 박는 것도 있다. 이 천정(天井)의 도벨(Dowel)은 터널의 굴삭(掘削)이 완료된 구간 또는 복공(覆工)이 완성된 구간 중 하부에 설치할 수 없는 경우에 사용되며 트랜싯과 측량자의 측량장소를 따로 만든다.

34 지표면에서 거리가 500m인 두 수직터널의 깊이가 모두 800m라고 하면 두 수직터널 간 지표면에서의 거리와 깊이 800m에서의 거리에 대한 차는?(단, 지구는 구로 가정하고 곡률반지름은 6,370km이며 지구중심방향으로 각 800m씩 굴착한다.) 14③산

① 6.3cm ② 7.3cm
③ 8.3cm ④ 9.3cm

●해설
표고보정량
$$C_{n1} = -\frac{DH}{R} = \frac{800 \times 800}{6,370 \times 1,000} = 0.10\text{m} = 10\text{cm}$$
$$C_{n2} = -\frac{DH}{R} = \frac{300 \times 800}{6,370 \times 1,000} = 0.037\text{m} = 3.7\text{cm}$$
∴ 거리에 대한 차 = 10 − 3.7 = 6.3cm
　　여기서, D : 임의지역의 수평거리
　　　　　　H : 평균표고
　　　　　　R : 지구반경

35 터널측량의 구분 중 터널 외 측량의 작업공정으로 틀린 것은? 15①산

① 두 터널 입구 부근의 수준점 설치
② 두 터널 입구 부근의 지형측량
③ 중심선에 따른 터널의 방향 및 거리측량
④ 줄자에 의한 수직 터널의 심도측정

●해설
터널 외 측량은 착공 전에 행하는 측량으로 지형측량, 터널의 기준점 측량, 중심선 측량, 수준측량 등이 있다.

36 좌표(X , Y, Z)가 각각 A(810, 328, 86.3), B(589, 734, 112.4)인 두 점 A , B를 연결하는 터널의 경사각은?(단, 좌표의 단위는 m이다.) 15①산

① 2°13′54″ ② 3°13′54″
③ 23°13′54″ ④ 86°45′48″

●해설
$$\overline{AB} = \sqrt{(589-810)^2 + (734-328)^2} = 462.25\text{m}$$
$$\text{경사각}(\theta) = \tan^{-1}\frac{\text{높이}}{\text{수평거리}}$$
$$= \tan^{-1}\frac{112.4-86.3}{462.25} = 3°13′54″$$

정답 32 ② 33 ④ 34 ① 35 ④ 36 ②

37 다음 중 깊이 50m, 직경 5m인 수직 터널에 의해 터널 내외를 연결하는 측량방법으로 가장 적합한 것은? 15②산

① 삼각 구분법
② 레벨과 함척에 의한 방법
③ 폴과 지거법에 의한 방법
④ 데오돌라이트와 추선에 의한 방법

●해설

수직터널에 의해 터널 내외를 연결하는 측량으로서는 데오돌라이트와 추선에 의한 방법에 의한다.

38 터널측량에서 터널 입구 A와 출구 B를 트래버스측량하여 위거의 합 50.4m, 경거의 합 81.2m를 얻었다면 AB의 거리는? 15③산

① 95.6m   ② 90.6m
③ 85.6m   ④ 75.6m

●해설

$$AB = \sqrt{(X_B - X_A)^2 + (Y_B - Y_A)^2}$$
$$= \sqrt{50.4^2 + 81.2^2} = 95.6m$$

03

토지정보
체계론

陶淵明詩에 云盛年은 不重來하고 一日은 難再晨이니
及時當勉勵하라 歲月은 不待人이니라

도연명의 시에 적혀 있는 바
꽃다운 청춘은 두 번 오지 않고 매일 오는 새벽도 똑같은 날들이
아니다. 세월은 기다려 주지 않으니 총기(聰氣) 있는 젊은 시절에
학문에 힘써라.
* 도연명(365~427) : 중국 東晉과 宋代의 시인

CHAPTER 01 총론

···1.1 토지정보체계의 기초이론

1.1.1 토지정보체계의 정의

토지정보체계(LIS ; Land Information System)란 인간생활에 필요한 토지정보의 효율적 이용과 관리, 활용을 목적으로 각종 토지 관련 자료를 체계적이고 종합적으로 수집·관리하여 토지에 관련된 활동과 정책을 집행하기 위한 정보시스템을 말한다. 즉 토지정보시스템이란 인간의 의사결정 능력의 지원과 활용에 필요한 토지정보의 관측 및 수집에서부터 보존과 분석 출력에 이르기까지 일련의 조작을 위한 정보시스템을 의미한다.

이러한 토지정보시스템은 인간의 생활과 밀접한 관련이 있는 각종 토지 관련 자료를 광범위하게 취급하므로 활용범위가 매우 넓다. 토지정보시스템의 활용범위는 지적관리를 기본으로 하여 토지이용, 국토 및 도시계획, 부동산관리, 건축물관리 등 지상구조물관리, 가스·전기·상하수 등의 지하시설물관리 등에 이르기까지 다양한 분야를 포함한다.

1.1.2 토지정보와 토지정보시스템

정보	정보(Information)에 대한 개념은 직관적으로 친숙감이 있지만 개별적으로는 전달과정이나 응용상황을 정의하기란 쉽지 않다. 일반적으로 정보는 지식이나 지혜를 전달하며 이를 활용하는 사람에게 의미있는 형태로 처리된 데이터로서 현재나 장래의 결정에 있어서 가치가 인식되는 자료이다. 즉 자료는 정보시스템을 위한 재료로 볼 수 있으며 여러 단계의 처리과정을 거치며 특별한 목적을 위하여 이용자에게 공급·처리될 때 정보가 생성되는 것이다. 정보처리체계를 거치기 이전의 원재료는 자료에 해당되고 정보처리체계를 거쳐 어떤 이용자가 활용할 수 있도록 변환되었을 때 이를 정보라고 할 수 있다.
토지정보	토지정보는 토지의 효율적인 이용과 관리를 목적으로 각종 토지관련자료를 체계적이고 종합적으로 수집·관리하여 토지에 관련된 활동과 정책을 집행하기 위하여 신속·정확하게 제공하는 데 그 의미를 둘 수 있다.

토지정보 시스템	토지정보시스템에 대한 국제측량사연맹의 정의는 다음과 같다. "토지정보시스템은 법률적 · 행정적 · 경제적인 정책결정과 한정된 지역에 대하여 국가 좌표계에 기초한 토지 관련 데이터의 데이터베이스와 다른 한편으로는 데이터의 체계적인 수집, 갱신, 처리, 분석을 위한 절차나 기법이 포함되고 토지정보시스템의 기초는 다른 토지 관련 데이터와 연계가 용이한 데이터의 체계적인 통합이다." 즉, 토지정보시스템은 법률적 · 행정적 · 경제적인 활용을 위해 국가기준좌표계하에서 토지 및 토지 관련 데이터를 체계적이고 종합적으로 수집, 저장, 조회, 분석하여 현행 토지 관련 문제를 해결하고 향후 토지개발 및 토지정책 등을 위한 의사결정을 지원하는 정보시스템으로 볼 수 있다.

1.1.3 지리정보의 역사

50~60년대	① 1950년대 미국워싱턴 대학에서 연구 시작 ② 1960년대 캐나다의 CGIS(Canadian GIS)가 자원관리를 목적으로 개발 ③ 격자방식의 자료처리 시스템으로 활용
70년대	① 컴퓨터 기술과 그래픽 처리기술 발달 ② GIS 전문회사 설립 ③ 격자방식의 자원관리와 백터방식 위주의 토지나 공공시설의 관리가 확대 ④ 수평방향의 개발 시기로 여러 기관에서 개발계획 수행
80년대	① GIS 급성장기를 맞아 개발도상국의 GIS 도입과 구축이 활발히 진행 ② 위상정보 구축 가능 및 관계형 데이터베이스 기술 발전 ③ 컴퓨터 하드웨어의 가격인하로 워크스테이션 도입 · 운영
90년대	① 컴퓨터 하드웨어 급성장으로 퍼스널 컴퓨터에 의한 GIS 보급 가능 ② 멀티미디어 기술발달과 다양한 형태의 정보제공으로 GIS 효용성 향상 ③ 중앙 집중형 데이터베이스 관리에서 분산형 데이터베이스의 구축 발달 ④ Web-GIS와 같은 통신망을 이용한 범세계적인 GIS 자료의 공동사용을 위한 노력과 함께 GIS 자료의 호환성을 극대화하기 위한 표준화작업도 활발히 진행

1.1.4 토지정보체계의 필요성 및 기대효과

필요성	구축효과
① 토지정책자료의 다목적 활용	① 지적통계와 정책의 정확성과 신속성
② 수작업 오류 방지	② 지적서고 팽창 방지
③ 토지 관련 과세자료로 이용	③ 지적업무의 이중성 배제
④ 공공기관 간의 토지정보 공유	④ 체계적이고 과학적인 지적 실현
⑤ 지적민원의 신속 정확한 처리	⑤ 지적업무 처리의 능률성과 정확도 향상
⑥ 도면과 대장의 통합 관리	⑥ 민원인의 편의 증진
⑦ 지방행정 전산화의 획기적 계기	⑦ 시스템 간의 인터페이스 확보
⑧ 지적공부의 노후화	⑧ 지적도면 관리의 전산화 기초 확립

1.1.5 토지정보의 분류

지적정보	공간정보의 구축 및 관리 등에 관한 법률에 의거하여 작성하며 소관청에서 관리하는 지적공부에 토지표지사항인 토지소재, 지번, 지목, 면적, 경계와 소유자 등이 등록되어 있는 정보를 말한다.
등기정보	부동산등기법에 의거하여 등기소에서 토지대장과 임야대장의 등록사항을 기초로 하여 작성·관리하는 토지등기부에 등기되어 있는 정보를 말한다.
토지평가 정보	부동산가격 공시 및 감정평가에 관한 법률에 의거 국토교통부는 매년 1월 1일을 기준으로 전국 50만 표준지의 공시지가를 공시한다. 약 3,000만 필지(표준지 포함)의 지가 및 토지특성에 관한 정보를 말하며 토지평가는 지적공부에 등록한 토지에 한하여 이루어진다.
토지과세 정보	① 국세청에서 부과하는 토지초과이득세, 양도소득세, 상속세, 증여세 등의 신고 및 납부계산서에 수록되어 있는 토지에 관한 국세정보 ② 시/도에서 부과하는 취득세 및 등록세의 신고서 또는 납부서에 수록되어 있는 토지취득에 관한 도세정보 ③ 시/군/구에서 부과하는 종합토지세, 도시계획세, 농지세 등의 과세대장에 수록되어 있는 시/군세 정보

토지과세 정보	국세	양도소득세, 상속세, 증여세, 토지초과이득세 등
	지방세	취득세, 등록세, 재산세, 종합토지세 등

토지거래 정보	토지거래허가대장, 토지거래신고대장, 부동산검인대장 등에 수록되어 있는 토지거래에 관한 정보를 말하며 토지거래는 지적공부에 등록된 토지표시사항과 등기부에 등재된 소유권 및 기타 권리관계를 기초로 하여 거래가 이루어지고 있다.

토지이용정보	토지이용계획확인원, 도시계획도면, 국토이용계획도면 등에 등록되어 있는 토지이용에 관한 정보로서 각종 토지이용계획은 지적공부에 등록된 토지표시사항을 기초자료로 활용하고 있다.
건축물정보	건축물대장, 지적도, 항측도 등에 수록되어 있는 건축물에 관한 정보를 말한다.
지하시설물정보	상하수도, 전기, 전화, 가스, 통신 등의 관련 장부 및 도면에 등록된 정보를 말한다.
기타 정보	행정구역도, 지역도, 도로망도 등에 등록된 정보를 말한다.

1.1.6 토지정보의 기능

토지등기의 기초 (선등록 후등기)	지적공부에 토지표시사항인 토지소재, 지번, 지목, 면적, 경계와 소유자 등이 등록되면 이를 기초로 토지소유자가 등기소에 소유권 보존등기를 신청함으로써 토지등기부가 생성된다. 즉, 토지표시사항은 토지등기부의 표제부에, 소유자는 갑구에 등록한다.
토지평가의 기초 (선등록 후평가)	토지평가는 지적공부에 등록한 토지에 한하여 이루어지며 평가는 지적공부에 등록된 토지표시사항을 기초자료로 이용하고 있다.
토지과세의 기준 (선등록 후과세)	토지에 대한 각종 국세와 지방세는 지적공부에 등록된 필지를 단위로 면적과 지목 등 기초자료를 이용하여 결정한 개별 공시지가를 과세기준으로 하고 있다.
토지거래의 기초 (선등록 후거래)	토지거래는 지적공부에 등록된 필지단위로 이루어지며, 지적공부에 등록된 토지표시사항과 등기부에 등재된 소유권 및 기타 권리관계를 기초로 하여 거래가 이루어지고 있다.
토지이용계획의 기초(선등록 후계획)	각종 토지이용계획은 지적공부에 등록된 토지표시사항을 기초자료로 활용하고 있다.
주소표기의 기초 (선등록 후설정)	민법에서의 주소, 호적법에서의 본적 및 주소, 주민등록법에서의 거주지, 지번, 본적, 인감증명법에서의 주소와 기타 법령에 의한 주소, 거주지, 지번은 모두 지적공부에 등록된 토지소재와 지번을 기초로 하고 있다.

1.2 토지정보체계의 구성요소

인간의 생활에 필요한 토지정보를 효율적으로 활용하기 위한 토지정보체계는 자료의 입력과 확인, 자료의 저장에 필요한 하드웨어, 소프트웨어, 데이터베이스, 조직과 인력으로 구성된다.

하드웨어 (Hardware)			토지정보체계를 운용하는 데 필요한 컴퓨터와 각종 입/출력장치 및 자료관리장치를 말하며 하드웨어의 범주에는 데스크톱 PC, 워크스테이션뿐만 아니라 스캐너, 프린터, 플로터, 디지타이저를 비롯한 각종 주변 장치들을 포함한다.
	입력장치		도면이나 종이지도 또는 문자정보를 컴퓨터에서 이용할 수 있도록 디지털화하는 장비로 디지타이저, 스캐너, 키보드 등이 있다.
		디지타이저	디지타이저는 입력원본의 좌표를 판독하여 컴퓨터의 설계도면이나 도형을 입력하는 데 사용하는 정교한 입력장치로 주로 새로운 이미지를 스케치하거나 이전의 이미지를 트레이싱하는 데 사용하는 장치이다.
	저장장치		디지털화된 자료를 저장하기 위한 장비로 개인용 컴퓨터와 워커스테이션을 이용하여 데이터 분석 등을 하는 연산장비로 자기디스크, 자기테이프(Magnetic Tape), 개인용 컴퓨터, 워크스테이션 등이 있다.
		워크스테이션 (Workstation)	공학적 용도(CAD/CAM)나 소프트웨어 개발, 그래픽 디자인 등 연산능력과 뛰어난 그래픽 능력을 필요로 하는 일에 주로 사용되는 고성능의 컴퓨터로서 일반 컴퓨터보다 성능이 월등히 높고 처리속도가 빠른 반면에 가격은 비싼 편이다.
		자기디스크	대용량의 보조기억장치
		개인용 컴퓨터	퍼스널컴퓨터, 퍼스컴
	출력장치		분석결과를 출력하기 위한 장비로 플로터, 프린터, 모니터 등이 있다.
소프트웨어 (Software)			토지정보체계의 자료를 입력, 출력, 관리하기 위해 프로그램인 소프트웨어가 반드시 필요하며 자료 입력 및 검색을 위한 입력소프트웨어, 입력된 각종 정보를 저장 및 관리하는 관리소프트웨어 그리고 데이터베이스의 분석결과를 출력할 수 있는 출력소프트웨어로 구성된다. 각종 정보를 저장/분석/출력할 수 있는 기능을 지원하는 도구로서 정보의 입력 및 중첩기능, 데이터베이스 관리기능, 질의 분석, 시각화 기능 등의 주요 기능을 갖는다.
데이터베이스 (Database)			토지정보체계는 많은 자료를 입력하거나 관리하는 것으로 이루어지며 입력된 자료를 활용하여 토지정보체계의 응용시스템을 구축할 수 있으며 이러한 자료들은 속성정보(각종 공부와 대장)와 도형정보(지적도, 임야도, 지하시설물도, 도시계획도 등)로 분류된다.
인적 자원 (Man Power)			전문인력은 토지정보체계의 구성요소 중에서 가장 중요한 요소로서 데이터(Data)를 구축하고 실제 업무에 활용하는 사람으로 전문적인 기술을 필요로 하므로 이에 전념할 수 있는 숙련된 전담요원과 기관을 필요로 하며 시스템을 설계하고 관리하는 전문인력과 일상 업무에 토지정보체계를 활용하는 사용자 모두가 포함된다.

Reference 참고

➤ **데이터베이스의 구성요소**
- 개체(Entity) : 파일 처리 방식의 파일에서 레코드
- 속성(Attribute) : 파일 처리 방식에서 필드(항목), 개체의 성질
- 관계(Relationship) : 개체와 개체 또는 개체와 속성 간의 관계

••• 1.3 토지정보체계의 자료처리체계

지형공간정보체계의 자료처리는 크게 자료입력, 자료처리, 자료출력의 3단계로 구분할 수 있다.

1.3.1 자료입력(Date Input)

가. GIS의 정보

나. 자료입력

구분	Digitizer(수동방식)	Scanner(자동방식)
정의	전기적으로 민감한 테이블을 사용하여 종이로 제작된 지도 자료를 컴퓨터에 의하여 사용할 수 있는 수치자료로 변환하는 데 사용되는 장비로서 도형자료(도표, 그림, 설계도면)를 수치화하거나 수치화하고 난 후 즉시 자료를 검토할 때와 이미 수치화된 자료를 도형적으로 기록하는 데 쓰이는 장비를 말한다.	위성이나 항공기에서 자료를 직접 기록하거나 지도 및 영상을 수치로 변환시키는 장치로서 사진 등과 같이 종이에 나타나 있는 정보를 그래픽 형태로 읽어들여 컴퓨터에 전달하는 입력장치를 말한다.
장점	• 수동식이므로 정확도가 높음 • 필요한 정보를 선택 추출 가능 • 내용이 다소 불분명한 도면이라도 입력 가능	• 작업시간의 단축 • 자동화된 작업과정 • 자동화로 인한 인건비 절감

구분	Digitizer(수동방식)	Scanner(자동방식)
단점	• 작업시간이 많이 걸림 • 인건비 증가로 인한 비용 증대	• 저가의 장비 사용 시 에러 발생 • 벡터구조로의 변환 필수 • 변환 소프트웨어 필요

▼ Digitizer와 Scanner의 비교

구분	Digitizer	Scanner
입력방식	수동방식	자동방식
결과물	벡터	래스터
비용	저렴	고가
시간	시간이 많이 소요	신속
도면상태	영향을 적게 받음	영향을 받음

다. 부호화(Encoding)

입력	내용
Vector Coding	객체의 지리적 위치와 형상을 좌표와 크기의 방향으로 나타내며 점, 선, 면(폴리곤)으로 공간형상을 표현한다. 벡터데이터는 위상구조를 가진 것과 위상구조를 갖지 않는 것으로 나누어진다.
Raster Coding	래스터데이터는 같은 모양과 크기의 화소(Pixel) 또는 셀이라고 부르는 연속적인 이산형(離散形)의 기본요소로서 행과 열을 이루어 격자 또는 배열형태의 집합으로 대상물을 나타내는 자료구조이다.

1.3.2 자료처리(Data Operations)

가. 자료정비

① 지형공간 정보체계의 효율적 작업의 성공 여부에 매우 중요
② 모든 자료의 등록, 저장, 재행 및 유지에 관련된 일련의 프로그램으로 구성

나. 조작처리(Manipulative Operations)

조작처리	내용
표면분석 (Surface Analysis)	하나의 자료층상(Data Plane)에 있는 변량들 간의 관계분석에 적용
중첩분석 (Overlay Analysis)	① 둘 이상의 자료층에 있는 변량들 간의 관계분석에 적용 ② 중첩에 의한 정량적 해석은 각각 정성적 변량에 관한 수치지표를 부여하여 수행한다. ③ 변량들의 상대적 중요도에 따라 경중률을 부가하여 정밀한 중첩분석을 실행한다.

1.3.3 자료출력(Data Output)

구분	내용
자료출력 (Data Output)	① 도면, 도표, 지도 등 다양한 형태로 검색 및 출력할 수 있다. ② Hard Copy(인쇄복사) : 펜도화기(Pen Plotter), 정전기적 도화기, 사진장치 등 ③ Soft Copy(영상복사) : 모니터에 전기적인 영상을 표시

‖토지정보체계의 흐름‖

1.3.4 토지정보체계의 오차

입력자료의 질에 따른 오차	Database 구축시 발생하는 오차
① 위치정확도에 따른 오차 ② 속성정확도에 따른 오차 ③ 논리적 일관성에 따른 오차 ④ 완결성에 따른 오차 ⑤ 자료변천과정에 따른 오차	① 절대위치자료 생성 시 기준점의 오차 ② 위치자료 생성 시 발생되는 항공사진 및 위성영상의 정확도에 따른 오차 ③ 자료처리 시 발생되는 오차 ④ 디지타이징 시 발생되는 점양식, 흐름양식에 의해 발생되는 오차 ⑤ 좌표변환 시 투영법에 따른 오차 ⑥ 사회자료 부정확성에 따른 오차

01 다목적지적에 대한 설명으로 옳지 않은 것은?

12①산

① 다양한 일필지의 정보를 기록 · 유지 · 관리하고 제공하기 위한 시스템이다.
② 물리적 형상의 위치를 보여주는 도형정보와 토지표시사항을 알 수 있는 속성정보로 구성되어 있다.
③ 다목적지적의 구성은 토지에 관한 종합적인 정보를 필지별로 지속적으로 지원하게 되는 토지정보체계로 각 나라의 사정에 따라 다양하게 구성되고 있다.
④ 종래의 제한적인 방식을 이용하여 토지의 위치정보를 단순하게 정리한 토지정보체계이다.

● 해설

다목적지적
각 나라의 사정에 따라 다양하게 구성되어 있으나 기본적인 토지표시사항과 권리관계를 바탕으로 하여 건물이나 식생, 토양의 성질, 지하시설물, 지가와 입목 등 필요한 정보를 망라하여 등록, 관리하고 있다.

02 토지정보의 기초가 되었던 지적전산화가 처음 계획된 시기는?

12①산

① 1960년대   ② 1970년대
③ 1980년대   ④ 1990년대

● 해설

지적전산화의 목적
토지 관련 정책 자료를 다목적으로 활용하여 체계적이고 과학적인 지적사무와 지적행정의 실현을 위해 전국적으로 통일된 시스템을 활용하여 최신의 자료를 확보함으로써 지적통계와 정책정보의 정확성 제고 및 전국적인 등본 열람을 가능하게 하여 민원인의 편의를 증진하고 지적정보화의 기초를 확립하는 데 목적을 두고 있다.

03 토지기록 전산화의 추진을 위한 준비 단계의 내용으로 옳은 것은?

13①산

① 지적도 · 임야도의 카드화
② 토지소유자 주민등록번호 등재 · 정리
③ 면적을 평단위로 환산 등록
④ 조사 · 위성측량을 통한 새로운 데이터 취득

● 해설

토지기록전산화 추진과정

구분		기간	추진현황
준비단계		1975~1978	토지(임야)대장 카드화
		1979~1980	소유자 주민등록번호 등재 · 관리
		1981~1984	면적표시단위와 미터법 환산 정리
		1985~1986	기존 자료 정비
구축단계	1단계	1982~1984	시 · 도 및 중앙전산기 도입
			토지(임야)대장 3,200만 필 입력
	2단계	1985~1990	전산 조직 확보
			전산통신망 구축
			S/W 개발 및 자료 정비
응용단계	1단계	1990~1998	전국 온라인 운영
			토지(임야)대장 카드 정리 폐지
			신규 프로그램 작성과 응용 S/W 기능 보완
	2단계	1999~현재	주 전산기 교체(타이콤 → 국산 주전산기4)
			시 · 군 · 구 행정종합전산망에 따라 대장자료 시 · 군 · 구 설치
			시 · 군 · 구 자료변환(C-ISAM → RDBMS)

04 다음 중 다목적 지적제도의 구성요소가 아닌 것은? 14①산

① 지적중첩도 ② 주민등록부
③ 필지식별자 ④ 측지기준망

● 해설

• 다목적 지적의 3대 구성요소 : 측지기준망, 기본도, 지적중첩도
• 다목적 지적의 5대 구성요소 : 측지기준망, 기본도, 지적중첩도, 필지식별번호, 토지자료파일

05 속성정보로 보기 어려운 것은? 14②산

① 공유지연명부의 등록사항인 토지의 소재
② 임야도의 등록사항인 경계
③ 대지권등록부의 등록사항인 대지권 비율
④ 경계점좌표등록부의 등록사항인 지번

● 해설

1. 위치정보
   • 절대위치정보(Absolute Positional Infor – mation) : 실제공간에서의 위치(예 : 경도, 위도, 좌표, 표고)정보를 말하며 지상, 지하, 해양, 공중 등의 지구공간 또는 우주공간에서의 위치기준이 된다.
   • 상대위치정보(Relative Positional Infor – mation) : 모형공간(Model Space)에서의 위치(임의의 기준으로부터 결정되는 위치 – 예 : 설계도)정보를 말하는 것으로서 상대적 위치 또는 위상관계를 부여하는 기준이 된다.
2. 특성정보
   • 도형정보(圖形情報, Graphic Information) : 지도의 특정한 지도요소를 의미한다. GIS에서는 이러한 도형정보를 컴퓨터의 모니터나 종이 등에 나타내는 도면으로 표현하기 위해 사용한다. 도형정보는 점, 선, 면 등의 형태나 영상소, 격자셀 등의 격자형, 그리고 기호 또는 주석과 같은 형태로 입력되고 표현된다.
   • 영상정보(Image Information) : 센서(Scanner, Lidar, Laser, 항공사진기 등)에 의해 취득된 사진 등으로 인공위성에서 직접 얻어진 수치영상이나 항공기를 통하여 얻어진 항공사진상의 정보를 수치화하여 컴퓨터에 입력한 정보를 말한다.
   • 속성정보(Attribute Information) : 지도상의 특성이나 질, 지형, 지물의 관계 등을 나타내는 정보로서 문자와 숫자가 조합된 구조로 행렬의 형태로 저장된다.

06 표면모델링에 대한 설명 중 틀린 것은? 14③산

① 수집되는 데이터의 특성과 표현방법에 따라 완전한 표면과 불완전한 표면으로 구분된다.
② 불완전한 표면은 격자의 x, y좌표가 알려져 있고 z 좌푯값만 입력하면 된다.
③ 선형으로 나타나는 불완전한 표면의 대표적인 것은 등고선 또는 등치선이다.
④ 완전한 표면은 관심대상지역이 분할되어 있고 각각의 분할된 구역에 다양한 z값을 가지고 있다.

● 해설

표면모델링
지표면 상에 연속적으로 나타나는 현상들의 경우 점 · 선 또는 면적으로 나타내기는 매우 어려우며, 일반적으로 표면(Surface)으로 나타낸다. 표면이란 일련의 (x, y)좌표로 위치한 관심 대상지역에서 z값(높이)의 변이를 가지고 연속적으로 분포되어 나타나는 현상을 말한다. 표면모델링(Surface Modeling)이란 주어진 지역에서 연속적으로 분포되어 표면으로 나타나는 현상을 컴퓨터상에서 표현하기 위한 방법을 말한다.

1. 표면모델링에서 표현되는 현상
   ㉠ 자연적 표면(Physical Surface)모델링
      • 지형이나 지질과 같이 표면의 고도를 실제로 관찰할 수 있는 자연적 표면모델링
      • 대표적인 지형모델은 수문학적 분석, 토목공학, 토양분석, 경관의 시각화 등 다양한 분야에서 사용된다.
   ㉡ 추상적 표면(Abstract Surface)모델링
      • 주어진 지역에서 나타나는 비가시적인 현상을 통계수치를 통해 표면으로 나타내는 추상적 표면모델링
      • 인구밀도나 소득분포 등과 같은 사회 · 경제분야에서 활용된다.
2. 표면을 나타내는 방법
   수집되는 데이터의 특성과 표현방법에 따라 완전한 표면과 불완전한 표면으로 구분된다.
   ㉠ 완전한 표면
      완전한 표면은 관심 대상지역이 분할되어 있고 분할된 각 구역별로 하나의 z값을 갖고 있거나, 수학적인 함수에 의해 대상지역의 모든 지점들이 z값을 갖고 있는 경우에 표현되는 표면이라고 볼 수 있다. 완전한 표면이라도 표현하는 방법과 수집되는 데이터의 유형에 따라 불연속인 표면과 연속적인 표면으로 구분된다.
      • 연속적 표면 : 점 데이터를 보간법에 의해 생성되는 표면
      • 불연속인 표면 : 불연속인 표면의 대표적인 유형

정답 04 ② 05 ② 06 ④

은 구역으로 분할된 폴리곤에 의해 나타나는 표면으로 구역 간 경계가 급격하게 변하거나 각 구역이 명목적 범주를 갖고 있는 경우이다. 이때 단계구분도나 범주형 지도로 표현되는 경우와 주로 토양도나 지질도, 토지이용의 경우 불규칙한 폴리곤으로 나타나는 불연속적 표면이라 볼 수 있다.

ⓛ 불완전한 표면

수집되는 데이터 자체가 관측지점에서 실측한 데이터이거나 야외에서 표본지점의 추출을 통해 측정된 데이터로 표현되는 경우로 점 표본 표면과 선 표본 표면으로 구분된다.

- 점 표본 표면 : 점표본으로 나타난 불완전한 표면은 규칙적인 그리드에 의해 나타나며 격자간격과 (x, y) 좌표는 알려져 있으므로 각 지점에 대한 z값만 기록되면 된다.
- 선 표본 표면 : 선형으로 나타나는 불완전한 표면은 등고선과 등치선에 의해 표현되며 이들은 대부분 규칙적이거나 불규칙적인 점 표본으로부터 보간법에 의해 수동 혹은 자동으로 생성된다. 또 다른 선형의 불완전한 표면은 산등선이나 계곡, 경사 등과 같은 구조적인 선(Structure Line)으로 나타나는 경우이다.

07 다음을 Run-length 코드 방식으로 표현하면 어떻게 되는가?

14③산

A	A	A	B
B	B	B	B
B	C	C	A
A	A	B	B

① 3A6B2C3A2B
② 1A2B2A1B1C2A1B1C3B1A1B
③ 1B3A4B1A2C3B2A
④ 2B1A1B1A1B1C1B1A1B1C2A2B1A

해설

압축방법

1. Run-length 코드기법
   - 각 행마다 왼쪽에서 오른쪽으로 진행하면서 동일한 수치를 갖는 셀들을 묶어 압축시키는 방법
   - Run이란 하나의 행에서 동일한 속성값을 갖는 격자를 말한다.
   - 동일한 속성값을 개별적으로 저장하는 대신 하나의 Run에 해당되는 속성값이 한 번만 저장되고 Run의 길이와 위치가 저장되는 방식이다.

2. 사지수형(Quadtree) 기법
   - Run-length 코드기법과 함께 많이 쓰이는 자료압축기법이다.
   - 크기가 다른 정사각형을 이용하여 Run-length 코드보다 더 많은 자료의 압축이 가능하다.
   - 전체 대상지역에 대하여 하나 이상의 속성이 존재할 경우 전체 지도는 4개의 동일한 면적으로 나누어지는데 이를 Quadrant라 한다.

3. 블록코드(Block Code) 기법
   - Run-length 코드기법에 기반을 둔 것으로 정사각형으로 전체 객체의 형상을 나누어 데이터를 구축하는 방법
   - 자료구조는 원점으로부터의 좌표 및 정사각형 한 변의 길이로 구성되는 세 개의 숫자만으로 표시 가능

4. 체인코드(Chain Code) 기법
   - 대상지역에 해당하는 격자들의 연속적인 연결상태를 파악하여 동일한 지역의 정보를 제공하는 방법
   - 자료의 시작점에서 동서남북으로 방향을 이동하는 단위거리를 통해서 표현하는 기법

완전한 표면
├ 연속적 표면
│ ├ 전역적 ─┬ 푸리에 시리즈
│ │   └ 다차다항식
│ └ 국지적 ─┬ 패치스플라인
│   └ TIN
└ 불연속적 표면 ─┬ 규칙적인 그리드셀
                └ 불규칙적 단계구분도

불완전한 표면
├ 선 표본 ─┬ 등고선
│   └ 구주선
└ 점 표본 ─┬ 그리드
           └ 불규칙한 점

08 SDTS(Spatial Data Transfer Standard)를 통한 데이터 변환에 있어 최소 단위의 체적으로 표현되는 3차원 객체의 정의는? 14③산

① GT−ring
② Voxel
③ 2D−Manifold
④ Chain

해설

1. Voxel(Volume Pixel)

   보셀은 3차원 공간에서 한 점을 정의하는 그래픽 정보의 단위이다. 픽셀은 2차원 평면에서 한 점을 정의하기 때문에 x와 y좌표가 필요하지만, 보셀은 z라는 좌표가 하나 더 필요하다. 3차원 공간에서, 좌표 각각은 그것의 위치, 색상 및 밀도의 형태로 정의된다. 한 입방체를 생각해보면, 바깥면 위에 있는 어떤 점은 x, y좌표로 표현되며, 세 번째 좌표인 z는 그 면으로부터 입방체 내의 위치, 밀도 및 색상을 정의한다. 이러한 정보와 3차원 렌더링 소프트웨어를 이용하면, 그 이미지의 2차원 모습이 컴퓨터에 의해 다양한 각도로 보여질 수 있다.

   개업의사들이나 연구원들은 이제 보셀에 의해 정의된 이미지와 3차원 소프트웨어를 이용하여, X선 촬영이나, 음극선 검사, MRI 검사 등의 결과를 다양한 각도에서, 신체 내부를 외부로부터 사실상 들여다볼 수 있다. 지질학자들은 음향 메아리에 근거한 대지의 윤곽을 3차원 모습을 만들 수 있다. 기술자들은 취약부분을 찾아내기 위해 복잡한 기계 장치와 재료 구조물을 볼 수 있다.

2. 2D−Manifold(다양체)

   2D 다양체 모델로 곡면의 모든 점이 2차원으로 되어 있으며, 모든 점은 2차원 디스크인 호모모픽(Homomorphic)한 근방을 가진다.

09 측량성과작성시스템에서 해당 파일의 확장자가 잘못 연결된 것은? 15①산

① 도형데이터 수출파일 : *.cif
② 토지이동정리파일 : *.dat
③ 측량관측파일 : *.svy
④ 측량성과파일 : *.ser

해설

KLIS(Korea Information System)의 파일확장자 구분 ㉮㉠ ㉑ⓢ㉭ⓈⓀ㉑에서 ㉛㉣㉑ⓢ㉭	
측량준비도 추출파일(*.ⓒⓘf) (Cadastral Information File)	소관청의 지적공부관리시스템에서 측량지역의 도형 및 속성정보를 저장한 파일
일필지속성정보 파일(*.ⓢⓔbu) (세부 측량을 영어로 표현)	측량성과작성시스템에서 속성을 작성하는 일필지속성정보 파일
측량관측 파일(*.svy)(Ⓢurvey)	토털스테이션에서 측량한 값을 좌표로 등록하여 작성된 파일
측량계산 파일(*.ⓚsp) (KCSC Survey Project)	지적측량계산시스템에서 작업한 경계점결선 경계점 등록, 교차점 계산 등의 결과를 관리하는 파일
세부측량계산 파일(*.ⓢⓔⓡ) (Survey Evidence Relation File)	측량계산시스템에서 교차점 계산 및 면적지정계산을 하여 경계점좌표등록부 시행 지역의 출력에 필요한 파일
측량성과 파일(*.ⓘsg)	측량성과작성시스템에서 측량성과 작성을 위한 파일
토지이동정리 (측량결과) 파일 (*.ⓓⓐt)(Data)	측량성과작성시스템에서 소관청의 측량검사, 도면검사 등에 이용되는 파일
측량성과검사요청서 파일(*.ⓢⓘf)	지적측량 접수 프로그램을 이용하여 작성하며 iuf 파일과 함께 작성되는 파일
측량성과검사결과 파일(*.ⓢⓡf)	측량결과 파일을 측량업무관리부에 등록하고 성과검사 정상 완료 시 지적소관청에서 측량수행자에게 송부하는 파일
정보이용승인신청서 파일(*.ⓘⓤf)	지적측량 업무 접수 시 지적소관청 지적도면자료의 이용승인요청 파일

10 다음 중 기존 공간 사상의 위치, 모양, 방향 등에 기초하여 공간 형상의 둘레에 특정한 폭을 가진 구역을 구축하는 공간분석 기법은? 15①산

① Buffer
② Classification
③ Dissolve
④ Interpolation

해설

버퍼분석

- 버퍼분석(Buffer Analysis)은 공간적 근접성(Spatial Proximity)을 정의할 때 이용되는 것으로서 점, 선, 면 또는 면 주변에 지정된 범위의 면사상으로 구성
- 버퍼분석을 위해서는 먼저 버퍼 존(Buffer Zone)의 정의가 필요
- 버퍼 존은 입력사상과 버퍼를 위한 거리(Buffer Distance)를 지정한 이후 생성
- 일반적으로 거리는 단순한 직선거리인 유클리디언 거리(Euclidian Distance) 이용
- 즉, 입력된 자료의 점으로부터 직선거리를 계산하여 이를 버퍼 존으로 표현하는데, 다음과 같은 유클리디언 거리 계산공식에 의해 버퍼 존 형성

  두 점 사이의 거리 $= \sqrt{(x_1 - x_2)^2 + (y_1 + y_2)^2}$

- 버퍼 존은 입력사상별로 원형, 선형, 면형 등 다양한 형태로 표현 가능
- 점사상 주변에 버퍼 존을 형성하는 경우 점사상의 중심에서부터 동일한 거리에 있는 지역을 버퍼 존으로 설정
- 면사상 주변에 버퍼 존을 형성하는 경우 면사상의 중심이 아니라 면사상의 경계에서부터 지정된 거리에 있는 지점을 면형으로 연결하여 버퍼 존으로 설정

11 다음 중 지도데이터의 표준화를 위하여 미국의 국가위원회에서 분류한 1차원의 공간 객체에 해당하지 않는 것은? 15①산

① 선(Line)
② 면적(Area)
③ 스트링(String)
④ 아크(Arc)

해설

점(Point)	점은 차원이 존재하지 않으며 대상물에 지점 및 장소를 나타내고 기호를 이용하여 공간형상을 표현한다.
선(Line)	선은 가장 간단한 형태로 1차원 대상물은 두 점을 연결한 직선이다. 대축척(면사상), 소축척(선사상)으로 지적도, 임야도의 경계선을 나타내는 데 효과적이다. Arc, String, Chain이라는 다양한 용어로도 사용된다. • Arc : 곡선을 형성하는 점들의 자치를 의미한다. • String : 연속적인 Line Segments를 의미한다. • Chain : 시작노드와 끝노드에 대한 위상정보를 가지며 자치꼬임이 허용되지 않은 위상기본요소를 의미한다.

면	면은 2차원적으로 표현되며 경계선 내의 영역을 정의하고 면적을 가지며 호수, 삼림을 나타내고 지적도의 필지, 행정구역이 대표적이다.

12 공간정보에서 지도투영법의 분류에 속하지 않는 것은? 15①산

① 등거투영법
② 등시투영법
③ 등적투영법
④ 등각투영법

해설

공간정보의 지도투영법
등거투영법, 등적투영법, 등각투영법

13 운영체제(O/S)의 종류가 아닌 것은? 15②산

① Unix
② GEOS
③ Windows 7
④ OGC

해설

- 운영체제(OS) : GIS를 운영하기 위해 필요한 컴퓨터의 운영프로그램(Windows95, WindowsNT, UNIX 등)
- OGC(OpenGIS Consortium) : 1994년 8월 설립되었으며, GIS 관련 기관과 업체를 중심으로 하는 비영리 단체이다. Principal, Associate, Strategic, Technical, University 회원으로 구분된다. 대부분의 GIS 관련 소프트웨어, 하드웨어 업계와 다수의 대학이 참여하고 있다.(ORACLE, SUN, ESRI, Microsoft, USGS, NIMA 등)

실무 조직 구성
기술위원회(Technical Committee)에 Core Task Force, Domain Task Force, Revision Task Force 등 3개의 태스크 포스(Task Force)가 있다. 이곳에서 OpenGIS 추상명세와 구현명세의 RFP 개발 및 검토 그리고 최종 명세서 개발 작업을 담당하고 있다.

14 다음 중 개방형 지리정보시스템(Open GIS)에 대한 설명으로 옳지 않은 것은? 12①산

① 시스템 상호 간의 접속에 대한 용이성과 분산처리 기술을 확보하여야 한다.

② 국가 공간정보 유통기구를 통해 유통할 경우 개방형 GIS 구축이 필수적이다.

③ 서로 다른 GIS 데이터의 혼용을 막기 위하여 같은 종류의 데이터만 교환이 가능하도록 해야 한다.

④ 정보의 교환 및 시스템의 통합과 다양한 분야에서 공유할 수 있어야 한다.

● 해설

개방형 GIS(Open GIS)

국가 GIS 사업을 통하여 구축된 지리정보의 유통을 위하여 필요하며 범용 웹브라우저를 이용한 지리정보의 접근과 검색을 위한 표준과 관련 기술이 등장했으며, 현재 정보의 검색뿐만 아니라 정보의 처리가 제한된 범위까지 사용 가능해졌다.

15 다목적 지적의 3대 기본요소만으로 옳게 나열된 것은? 12③산

① 보조중첩도, 기초점, 지적도

② 측지기준망, 기본도, 지적도

③ 대장, 도면, 수치

④ 지적도, 임야도, 기초점

● 해설

- 지적의 3대 구성요소 : 토지, 등록, 공부
- 다목적 지적의 3대 구성요소 : 측지기준망, 기본도, 지적중첩도
- 다목적 지적의 5대 구성요소 : 측지기준망, 기본도, 지적중첩도, 필지식별번호, 토지자료파일

16 토지정보체계 구축을 위한 장비와 그 용도가 잘못 연결된 것은? 13①산

① 디지타이저 – 지적도면 좌표취득 장비

② 스캐너 – 지적도면 입력장비

③ CAD – 지적도면 좌표 취득 및 편집용 소프트웨어

④ 라우터 – 서버 S/W 장비

● 해설

네트워크 간의 연결점에서 패킷에 담긴 정보를 분석하여 적절한 통신 경로를 선택하고 전달해 주는 장치. 라우터는 단순히 제2계층 네트워크를 연결해 주는 브리지 기능에 추가하여 제

2계층 프로토콜이 서로 다른 네트워크도 인식하고, 가장 효율적인 경로를 선택하며, 흐름을 제어하고, 네트워크 내부에 여러 보조 네트워크를 구성하는 등의 다양한 네트워크 관리 기능을 수행한다.

토큰 고리형 망 라우터   라우터 이더넷 망

17 토지정보시스템의 주된 구성요소로 가장 거리가 먼 것은? 13②산

① 조사 · 측량

② 하드웨어

③ 조직과 인력

④ 소프트웨어

● 해설

토지정보체계의 구성요소

- 하드웨어 : 입력장치(디지타이저, 마우스, 스캐너, 키보드), 저장장치(자기디스크, 자기테이프, CD, DVD, 기타 기억장치), 출력장치(플로터, 프린터, 모니터)
- 소프트웨어 : 토지정보의 입력, 출력, 검색, 추출, 분석 등을 위한 컴퓨터 프로그램의 집합체를 나타낸다.
- 데이터베이스 : LIS에서 사용되는 도형과 속성자료를 합친 모든 정보를 입력하여 보관하는 정보 저장소이다.
- 조직과 인력 : 운영할 수 있는 조직 및 기술인력

18 다목적지적제도의 3대 구성 요소에 해당하지 않는 것은? 13③산

① 측지기준망

② 기본도

③ 중첩도

④ 토지소유자

● 해설

문제 15번 해설 참고

19 토지정보시스템의 구성요소에 해당하지 않는 것은? 14②산

① 하드웨어

② ITS 정보망

③ 소프트웨어

④ 인적자원

해설

GIS의 구성요소

- 하드웨어
- 소프트웨어
- 데이터베이스
- 인적 자원
- 방법

20 토지정보체계와 관련된 정보체계의 연결이 틀린 것은?　14③산

① 도시정보체계 – UIS
② 시설물관리체계 – FM
③ 환경정보체계 – EIS
④ 자원정보체계 – BIS

해설

도시정보체계 (UIS ; Urban Information System)	도시현황 파악, 도시계획, 도시 정비, 도시기반시설 관리, 도시행정, 도시방재 등의 분야에 활용
토지정보체계 (LIS ; Land Information System)	다목적 국토정보, 토지이용계획 수립, 지형분석 및 경관정보 추출, 토지부동산 관리, 지적정보 구축에 활용
교통정보시스템 (TIS ; Transportation Information System)	육상·해상, 항공교통의 관리, 교통계획 및 교통영향평가 등에 활용
환경정보시스템 (EIS ; Environmental Information System)	대기, 수질, 폐기물 관련 정보 관리에 활용
자원정보시스템 (RIS ; Resource Information System)	농수산자원, 삼림자원, 수자원, 에너지자원을 관리하는 데 활용
해양정보체계 (MIS ; Marine Information System)	해저영상 수집, 해저지형정보, 해저지질정보, 해양에너지조사에 활용
기상정보시스템 (MIS ; Meteorological Information System)	기상변동 추적 및 일기예보, 기상정보의 실시간 처리, 태풍경로 추적 및 피해예측 등에 활용
국방정보체계 (NDIS ; Nation Defence Information System)	DTM(Digital Terrain Modeling)을 활용한 가시도 분석, 국방행정 관련 정보자료 기반, 작전정보 구축 등에 활용

21 발전단계에 따른 지적제도 중 토지정보체계의 기초가 되는 것은?　14③산

① 과세지적
② 법지적
③ 소유지적
④ 다목적지적

해설

토지정보체계

토지정보체계는 지형분석, 토지의 이용, 개발, 행정, 다목적지적 등 토지자원에 관련된 문제 해결을 위한 정보분석체계이다. 즉 토지정보체계(Land Information System)는 토지(Land), 정보(Information), 그리고 체계(System)라는 개념이 합성된 용어로서 토지정보를 활용하기 위한 시스템의 한 형태이다.

22 토지정보체계의 데이터 모델 생성과 관련된 개체(Entity)와 객체(Object)에 대한 설명이 틀린 것은?　15②산

① 개체는 서로 다른 개체들과의 관계성을 가지고 구성된다.
② 개체는 데이터 모델을 이용하여 정량적인 정보를 갖게 된다.
③ 객체는 컴퓨터에 입력된 이후 개체로 불린다.
④ 객체는 도형과 속성정보 이외에도 위상정보를 갖게 된다.

해설

- 객체(object) : 최근의 프로그래밍은 예전의 구조적 방식에서 탈피하여 '객체 지향적 프로그래밍(OOP ; Object Oriented Programming)'이 주를 이루고 있다. 여기에는 최근에 인기를 끄는 Visual C^{++}, $C^{\#}$, Java 언어 등이 대표적이다. 즉 객체지향 언어는 모듈(하나의 작은 단위)을 객체 단위로 하여 작성하기 쉽도록 하여, 객체 간의 인터페이스와 상속 기능을 통하여 객체 단위를 효율적으로 재사용할 수 있는 체계를 제공한다. 객체지향 프로그래밍에서 객체는, 프로그램 설계 단계에서 최초로 생각해야 할 부분이다.
  각각의 객체는 특정 클래스 또는 그 클래스의 자체 메소드나 프로시저, 데이터 변수를 가지고 있는 서브클래스가 실제로 구현된 것으로 '인스턴스(Instance)'가 된다. 결과적으로 객체(Object)는 실제로 컴퓨터 내에서 수행되는 모든 것을 의미한다.

• 개체(Entity) : 관계형 데이터베이스에서 개체(Entity)는 표현하려는 유형, 무형의 실체로서 서로 구별되는 것을 의미한다. 하나의 개체는 하나 이상의 속성(Attribute)으로 구성되고 각 속성은 그 개체의 특성이나 상태를 설명한다. 학생(Student) 테이블을 살펴보자.

관계형 데이터베이스에서는 테이블의 관계를 릴레이션(Relation)이라 한다.
속성(Attribute)은 데이터의 가장 작은 논리적 단위로 학번, 이름, 학년, 전공이 해당하고 개체가 가질 수 있는 특성을 나타내며 필드(Field)라고도 한다. 또한 레코드는 튜플(Tuple)이라 한다.
학생 테이블에서 가질 수 있는 실질적인 값을 개체 인스턴스(Entity Instance)라고 하고 이것들의 집합을 개체 집합(Entity Set)이라 한다.

23 토지정보체계에 있어 기반이 되는 것으로 가장 알맞은 것은?
15②산

① 필지
② 지번
③ 지목
④ 소유자

◎해설

지적정보란 "필지를 기반으로 한 토지의 모든 정보"라고 말할 수 있으며 국가의 통치권이 미치는 모든 영토를 필지단위로 구획하여, 토지에 대한 물리적 현황과 법적 권리관계 등을 등록·공시하고, 영속적으로 등록관리하기 위해 기록되는 공적 장부 및 그 내용을 지적정보라고 한다.

24 토지정보시스템 구축의 목적으로 거리가 먼 것은?
15③산

① 토지관계 정책 자료의 다목적 활용
② 토지 관련 과세 자료의 이용

③ 지적민원사항의 신속한 처리
④ 전산자원 및 지적도 DB 단독 활용

◎해설

필지중심 토지정보시스템
필지중심 토지정보시스템은 지적공부관리 시스템, 지적측량 시스템, 지적측량성과작성시스템으로 구성되어 있으며, 지적 측량성과작성시스템은 지적측량수행자가 사용하고, 지적측량성과업무에 이용된다. 이 시스템은 지적측량을 위한 준비도 작성과 성과도의 입력 등으로 지적측량업무를 지원하며, 측량성과를 데이터베이스로 저장하여, 지적업무에 효율성을 높일 수 있다.

1. 필지중심 토지정보시스템(PBLIS)의 시스템 구성체계
   • 지적공부관리시스템
   • 지적측량시스템
   • 지적측량성과 작성시스템

2. 필지중심 토지정보시스템(PBLIS)의 개발 목적
   • 도면관리의 문제점 및 다양한 축척의 도면으로 인한 불일치 사항 해소
   • 대장 및 도면 등록정보의 다양화로 국민의 정보욕구 충족
   • 정확한 데이터를 관리할 수 있어 국가정보로서의 공신력 향상

CHAPTER 02 데이터의 생성

⋯2.1 데이터의 종류

2.1.1 데이터와 정보

데이터 (Data)	관측을 통하여 현실세계로부터 획득되는 사실이나 값을 말한다. 이런 사실이나 값은 숫자 또는 문자로 표현된다. 정보(Information)는 데이터 처리과정을 통해 얻어진 의미 있는 결과로서 어떤 의사결정을 하는 데 유용한 지식이 될 수 있다. 훌륭한 정보는 양질의 데이터로부터 만들어진다.
정보	양질의 데이터를 기반으로 효과적인 처리과정을 거침으로써 얻을 수 있는데, 저장된 데이터를 필요에 따라 처리하여 의사결정에 도움이 되는 정보를 생성하는 시스템을 정보시스템이라고 말한다.

2.1.2 토지정보체계의 정보

토지정보체계의 정보는 크게 위치정보와 특성정보로 나눌 수 있으며, 위치정보는 절대 위치정보와 상대 위치정보로 세분되고, 특성정보는 다시 도형정보, 영상정보, 그리고 속성정보로 세분된다.

위치 정보	절대위치정보 (Absolute Positional Information)	실제공간에서의 위치(예 : 경도, 위도, 좌표, 표고)정보를 말하며 지상, 지하, 해양, 공중 등의 지구공간 또는 우주공간에서의 위치기준이 된다.
	상대위치정보 (Relative Positional Information)	모형공간(Model Space)에서의 위치(임의의 기준으로부터 결정되는 위치-예 : 설계도)정보를 말하는 것으로서 상대적 위치 또는 위상관계 를 부여하는 기준이 된다.
특성 정보	도형정보 (Graphic Information)	도형정보(圖形情報, Graphic Formation)는 지도에 표현되는 수치직 설명으로 지도의 특정한 지도요소를 의미한다. GIS에서는 이러한 도형 정보를 컴퓨터의 모니터나 종이 등에 나타내는 도면으로 표현하기 위해 사용한다. 도형정보는 점, 선, 면 등의 형태나 영상소, 격자셀 등의 격 자형, 그리고 기호 또는 주석과 같은 형태로 입력되고 표현된다.
	영상정보 (Image Information)	영상정보는 인공위성에서 직접 획득한 수치영상과 항공사진측량에서 획득된 사진을 디지타이징 또는 스캐닝하여 컴퓨터에 적합하도록 변환 된 정보를 말한다. 인공위성에서 전송된 영상은 영상소 단위로 형성되 어 격자형으로 자료가 처리 · 조작되며 영상에 나타난 대상물의 정확한 위치관계와 그 특성을 해석한다.
	속성정보 (Attribute Information)	지도상의 특성이나 질, 지형, 지물의 관계 등을 나타내는 정보로서 문 자형태로서 격자형으로 처리된다.

▼ 도형정보의 6가지 도형요소

점(Point)	• 기하학적 위치를 나타내는 0차원 또는 무차원 정보 • 절점(Node)은 점의 특수한 형태로 0차원이고 위상적 연결이나 끝점을 나타낸다. • 최근린방법 : 점 사이의 물리적 거리를 관측 • 사지수(Quadrat)방법 : 대상영역의 하부 면적에 존재하는 점의 변이를 분석
선(Line)	• 1차원 표현으로 두 점 사이 최단거리를 의미 • 형태 : 문자열(String), 호(Arc), 사슬(Chain) 등이 있다. • 호(Arc) : 수학적 함수로 정의되는 곡선을 형성하는 점의 궤적 • 사슬(Chain) : 각 끝점이나 호가 상관성이 없을 경우 직접적인 연결
면(Area)	• 면(面, Area) 또는 면적(面積)은 한정되고 연속적인 2차원적 표현 • 모든 면적은 다각형으로 표현
영상소 (Pixel)	• 영상을 구성하는 가장 기분적인 구조단위 • 해상도가 높을수록 대상물을 정교히 표현
격자셀 (Grid Cell)	• 연속적인 면의 단위 셀을 나타내는 2차원적 표현
기호 · 주석 (Symbol & Annotation)	• 기호(Symbol) : 지도 위에 점의 특성을 나타내는 도형요소 • 주석(Annotation) : 지도상 도형적으로 나타난 이름으로 도로명, 지명, 고유번호, 차원 등을 기록한다.

점　선분　연속선　호　체인　면적　영상소　격자셀

2.1.3 지적정보의 종류

지적정보란 "필지를 기반으로 한 토지의 모든 정보"라고 말할 수 있으며 국가의 통치권이 미치는 모든 영토를 필지단위로 구획하여, 토지에 대한 물리적 현황과 법적 권리관계 등을 등록·공시하고, 영속적으로 등록·관리하기 위해 기록되는 공적 장부 및 그 내용을 지적정보라고 한다.

▮ 지적공부의 종류 ▮

┈┈2.2 지적정보(데이터)의 취득방법

속성정보	도형정보
① 현지 조사에 의한 방법	① 기존 도면을 이용한 경우
② 민원인 신청에 의한 방법	② 지상측량에 의한 방법
③ 공무원의 직권에 의한 방법	③ 항공사진측량에 의한 방법
④ 관계기관의 통보에 의한 방법	④ GPS 측량에 의한 경우
	⑤ 원격탐측에 의한 경우

··2.3 데이터 입력

2.3.1 디지타이저(좌표독취기)와 스캐너의 특징

구분	Digitizer(수동방식)	Scanner(자동방식)
정의	전기적으로 민감한 테이블을 사용하여 종이로 제작된 지도자료를 컴퓨터에 의하여 사용할 수 있는 수치자료로 변환하는 데 사용되는 장비로서 도형자료(도표, 그림, 설계도면)를 수치화하거나 수치화하고 난 후 즉시 자료를 검토할 때와 이미 수치화된 자료를 도형적으로 기록하는 데 쓰이는 장비를 말한다.	위성이나 항공기에서 자료를 직접 기록하거나 지도 및 영상을 수치로 변환시키는 장치로서 사진 등과 같이 종이에 나타나 있는 정보를 그래픽 형태로 읽어들여 컴퓨터에 전달하는 입력장치를 말한다.
장점	• 수동식이므로 정확도가 높다. • 필요한 정보의 선택 추출이 가능하다. • 레이어별로 입력할 수 있어 효과적이다. • 내용이 다소 불분명한 도면이라도 입력이 가능하다. • 결과물은 벡터자료로 입력된다.	• 작업 시간을 단축할 수 있다. • 자동화된 작업과정이다. • 자동화로 인해 인건비 절감이 가능하다. • 이미지상에서 삭제·수정 등을 할 수 있다. • 컬러필터를 사용하면 컬러영상을 얻을 수 있다.
단점	• 작업시간이 많이 걸린다. • 작업자의 숙련도를 요한다. • 인건비 증가로 인해 비용이 증대된다. • 입력 시 누락이 발생할 수 있다. • 복잡한 경계선은 정확히 입력이 어렵다.	• 저가의 장비 사용 시 에러가 발생한다. • 벡터구조로의 변환이 필수적이다. • 변환 소프트웨어가 필요하다. • 가격이 비싸다. • 훼손된 도면은 입력이 어렵다.

2.3.2 Digitizer와 Scanner의 비교

구분	Digitizer	Scanner
입력방식	수동방식	자동방식
결과물	벡터	래스터
비용	저렴	고가
시간	시간이 많이 소요	신속
도면상태	영향을 적게 받음	영향을 받음

2.3.3 Digitizer 입력에 따른 오차

구분	내용
Undershoot(못미침)	교차점이 만나지 못하고 선이 끝나는 것
Overshoot(튀어나옴)	교차점을 지나 선이 끝나는 것
Spike(스파이크)	교차점에서 두 개의 선분이 만나는 과정에서 생기는 것
Sliver Polygon (슬리버 폴리곤)	두 개 이상의 Coverage에 대한 오버레이로 인해 Polygon의 경계에 흔히 생기는 작은 영역의 Feature
Overlapping(점, 선의 중복)	점, 선이 이중으로 입력되어 있는 상태
Dangling Node (매달림, 연결선)	한 쪽 끝이 다른 연결점이나 절점에 완전히 연결되지 않은 상태의 연결선

‖ 디지타이징 및 벡터 편집과정의 오류 ‖

2.3.4 자료변환

가. 래스터라이징과 벡터라이징

래스터라이징 (벡터자료 → 래스터)	전체의 벡터구조를 일정 크기의 격자로 나눈 다음 동일 폴리곤에 속하는 모든 격자들은 해당 폴리곤의 속성값을 격자에 저장하는 방식이다.
벡터라이징 (래스터 → 벡터자료)	각각의 격자가 가지는 속성을 확인한 후 동일한 속성을 갖는 격자들로서 폴리곤을 형성한 다음 해당 폴리곤에 속성값을 부여한다. 래스터 이미지를 벡터화하는 방법은 다음과 같으며 현행 지적도면 수치화 벡터라이징 기법은 작업자의 육안에 의한 수동기법(스크린 디지타이징)을 사용하고 있다.

나. 벡터라이징 종류별 특징

구분		특징
자동 입력 방식	내용	① 스캐닝과 자동 벡터라이징에 의해 이루어짐 ② 도면을 스캐닝하여 컴퓨터에 입력하고 벡터라이징 소프트웨어를 이용해 벡터자료 추출 ③ 정확도의 불안정성을 고려하여 완전 자동보다는 반자동 벡터라이징 방식을 많이 사용 ④ 디지타이징을 통해 작성한 벡터자료는 상당한 오류 수정작업을 필요로 하며 자동 디지타이징에 의한 자료는 더욱 세심한 관찰과 수정을 요구 ⑤ 자동입력방식 사용을 위해서는 컴퓨터에 입력할 원본데이터에 대하여 수정 및 보완 필요
	순서	래스터 정보 취득(스캔) ➡ 컴퓨터에 정보 입력 ➡ 세선화 등 취득대상 보정 ➡ 선추척방식의 전체 자동 디지타이징 ➡ 벡터데이터 생성
반자동 입력 방식	내용	① 간단한 직선이나 확실한 굴곡 등은 컴퓨터가 인식하여 자동 수행 ② 복잡한 부분 및 부정확한 자료(심한 굴곡, 잡영에 의한 왜곡지역, 대상물의 중첩지역 등)는 사용자가 지속적으로 개입하여 처리 ③ 속도와 정확도의 확보가 가능하며, 효과적인 정보 취득 가능
	순서	래스터 정보 취득(스캔) ➡ 컴퓨터에 정보 입력 ➡ 세선화 등 취득대상 보정 ➡ 자동취득 제외부분을 수동으로 정보 취득 ➡ 벡터데이터 생성
수동 입력 방식	내용	① 좌표독취기를 이용하여 대상물의 X, Y좌표를 취득 ② 작업자의 성격, 숙련도, 주변 환경에 따라 결과의 차이 발생 ③ 좌표취득 원본의 변질, 변형 등에 따라 결과값이 상이 ④ 데이터 취득에 많은 시간과 비용 소요(소규모 정보 취득에 효과적)
	순서	정보 취득 대상 확인 및 압착 ➡ 좌표독취기를 이용한 정보 취득 ➡ 생성정보 컴퓨터 등 입력장치에 입력 ➡ 취득정보 점검 및 확인 ➡ 벡터데이터 생성
스크린 디지 타이징	내용	① 수동 입력 방식 중의 하나 ② 스캐닝한 원본 데이터(래스터)를 컴퓨터에 입력하고 화면에 띄워 놓고 마우스나 전자펜 등으로 벡터의 특이점을 표시하는 방식 ③ 원본데이터의 변형이 없으며, 원본 데이터의 품질에 따라 작업량 증감 발생 ④ 데이터 취득에 많은 시간과 비용 소요(소규모 정보 취득에 효과적) ⑤ 작업자의 성격, 숙련도, 주변 환경에 따라 결과의 차이 발생
	순서	래스터 정보 취득(스캔) ➡ 컴퓨터에 정보 입력 ➡ 세선화 등 취득대상 보정 ➡ 수동디지타이징 (스크린, S/W) ➡ 벡터데이터 생성

실전문제

01 메타데이터(Metadata)에 대한 설명이 옳지 않은 것은?
12①산

① 메타데이터는 정보의 공유를 극대화하기 위하여 데이터를 목록화한다.

② 메타데이터는 캐드자료를 다른 그래픽 체계로 변환하기 위한 자료파일이다.

③ 메타데이터는 공간참조정보 등 자료에 대한 소개가 포함된다.

④ 메타데이터는 일관성을 유지하기 위한 데이터 체계를 가지고 있다.

해설

메타데이터(Metadata)

- Metadata란 데이터베이스, 레이어, 속성, 공간 현상 등과 관련된 정보를 제공하는 것으로, 데이터에 대한 데이터를 의미한다.
- 데이터의 기본체계를 유지하게 함으로써 일정한 시간이 지나도 일관성 있는 데이터를 이용자에게 제공할 수 있다.
- 메타데이터란 자료에 대한 이력서로서 데이터에 대한 구체적인 정보를 기록하여 실 데이터가 가지고 있는 정보의 목록을 제공하기 위한 것으로, 이를 통해 그 자료가 가지고 있는 이력이나 데이터 체계 등을 제공하여 사용자의 이해를 높이기 위함이다. 특히 사용자의 편의를 위해 자료의 내용, 논리적인 관계와 특징, 기초자료의 정확도, 경계 등을 포함한 자료의 특성을 설명하는 자료로 방대한 데이터의 공유 및 사용을 원활하게 하는 것을 목적으로 한다.

02 표준 데이터베이스 질의언어인 SQL의 데이터 정의어(DDL)에 해당하지 않는 것은?
13①산

① DROP ② ALTER
③ CREATE ④ INSERT

해설

데이터 언어

1. DDL(데이터 정의어) : 데이터의 구조를 정의하며 새로운 테이블을 만들고, 기존의 테이블을 변경·삭제하는 등의 데이터를 정의하는 역할을 한다.

- CREATE : 새로운 테이블을 생성한다.
- ALTER : 기존의 테이블을 변경한다.
- DROP : 기존의 테이블을 삭제한다.
- RENAME : 테이블의 이름을 변경한다.
- TURNCATE : 테이블을 잘라낸다.

2. DML(데이터 조작어) : 데이터를 조회하거나 변경하며 새로운 데이터를 삽입·변경·삭제하는 등의 데이터를 조작하는 역할을 한다.
- INSERT : 새로운 데이터를 삽입한다.
- UPDATE : 기존의 데이터를 변경한다.
- DELETE : 기존의 데이터를 삭제한다.

3. DCL(데이터 제어어) : 데이터베이스 사용자에게 부여된 권한을 정의하며 데이터 접근권한을 다루는 역할을 한다.
- GRANT : 권한을 준다.
- REVOKE : 권한을 제거한다.

03 다음 중 다목적지적의 3대 기본요소에 해당하지 않는 것은?
14③산

① 측지기본망 ② 필지식별자
③ 기본도 ④ 지적중첩도

해설

- 다목적지적의 3대 구성요소 : 측지기본망, 기본도, 지적중첩도
- 다목적지적의 5대 구성요소 : 측지기본망, 기본도, 지적중첩도, 필지식별자, 토지자료화일

04 토지정보시스템의 데이터 중 도형정보의 벡터 데이터를 구성하는 표현요소에 해당하지 않는 것은?
12①산

① 점 ② 선
③ 픽셀 ④ 면

해설

벡터데이터

- 디지타이저를 사용하여 입력한 자료는 벡터구조로 저장된다.
- 벡터 자료구조는 점, 선, 면을 이용하여 형상을 표현한다.

정답 01 ② 02 ④ 03 ② 04 ③

05 다음 중 속성 정보를 컴퓨터에 입력하는 장비로 가장 적당한 것은?   12①산

① 스캐너
② 키보드
③ 플로터
④ 디지타이저

▶ 해설

키보드를 제외한 나머지는 도형자료의 입력 방법이다.

06 부정확한 디지타이징 때문에 발생하는 위상오차로 한쪽 끝이 다른 연결점이나 결절점(Node)에 완전히 연결되지 않은 상태의 연결선을 무엇이라 하는가?   13②산

① Dangle
② Sliver
③ Edge
④ Topology

▶ 해설

디지타이징 입력에 따른 오류 유형
벡터데이터의 편집과정에는 오버슈터, 언더슈터, 슬리버, 노드 등의 오류가 부재, 선의 중복, 불필요한 노드 등의 오류가 발생한다.
• Undershoot(못미침) : 교차점이 만나지 못하고 선이 끝나는 것
• Overshoot(튀어나옴) : 교차점을 지나 선이 끝나는 것
• Spike(스파이크) : 교차점에서 두 개의 선분이 만나는 과정에서 생기는 것
• Sliver polygon(슬리버 폴리곤) : 두 개 이상의 Coverage에 대한 오버레이로 인해 polygon의 경계에 흔히 생기는 작은 영역의 Feature
• Overlapping(점, 선의 중복) : 점, 선이 이중으로 입력되어 있는 상태
• 폐곡되지 않은 폴리곤
• Dangling Node(매달림, 연결선)

07 디지타이징에 의한 도형정보 입력의 장점으로 거리가 먼 것은?   13②산

① 내용이 다소 불분명한 도면이라도 입력이 가능하다.
② 불필요한 도형 주기는 입력하지 않을 수 있다.
③ 레이어별로 나누어 입력할 수 있다.
④ 작업자의 개인차에 따라 속도와 정확도에 영향을 받지 않는다.

▶ 해설

구분	디지타이징	스캐너
장점	• 내용이 다소 불분명한 도면이라도 입력 가능 • 불필요한 도형, 주기는 입력되지 않는다. • 레이어별로 나뉘어져 입력되므로 소요비용이 저렴	• 도형인식(지적선)이 가능하다. • 이미지상에서 삭제, 수정할 수 있어 능률이 높다. • 입력정도가 디지타이저보다 높다. • 복잡한 도면 입력시 작업시간이 단축된다.
단점	• 단순도형의 입력이 비능률적 • 입력오차가 발생하며 입력정도가 스캐너보다 낮다. • 디지타이저의 정밀도 및 작업자의 개인차에 따라 속도와 정확도가 다르다.	• 손상된 도면을 입력하기 어렵다. • 벡터화가 불완전한 부분들의 인식, 점검이 필요하다. • 래스터/벡터 자료 편집용 소프트웨어가 필요하다. • 스캐너의 정밀도에 따라 이미지 자료의 변형이 발생 • 벡터라이징 과정에서 자료를 선택적으로 분리하기 어려워진다.

08 도면으로부터 공간자료를 입력하는 데 많이 쓰이는 점(Point) 입력방식의 장비는 어느 것인가?   13②산

① 스캐너
② 프린터
③ 디지타이저
④ 플로터

▶ 해설

벡터데이터
• 디지타이저를 사용하여 입력한 자료는 벡터구조로 저장된다.
• 벡터 자료구조는 점, 선, 면을 이용하여 형상을 표현한다.

09 데이터베이스에서 자료가 실제로 저장되는 방법을 기술한 물리적인 데이터의 구조를 무엇이라 하는가?   13③산

① 개념스키마
② 내부스키마
③ 외부스키마
④ 논리스키마

해설

데이터 시스템 언어 회의(CODASYL)에서 데이터베이스를 기술하기 위해 사용하기 시작한 개념. 데이터베이스의 구조에 관해서 이용자가 보았을 때의 논리 구조와 컴퓨터가 보았을 때의 물리구조에 대해 기술하고 있다. 데이터 전체의 구조를 정의하는 개념 스키마, 실제로 이용자가 취급하는 데이터 구조를 정의하는 외부 스키마 및 데이터 구조의 형식을 구체적으로 정의하는 내부 스키마가 있다.

외부 스키마	외부 스키마는 전체적인 데이터베이스 구조인 개념 스키마의 요구사항과 일치하며, 결국 외부 스키마는 개념 스키마의 부분집합에 해당한다. 즉 외부 스키마는 주로 외부의 응용프로그램에 위치하는 데이터 추상화 작업의 첫 번째 단계로서 전체적인 데이터베이스의 부분적인 기술이다.
개념 스키마	개념 스키마는 외부 사용자 그룹으로부터 요구되는 전체적인 데이터베이스 구조를 기술하는 것으로서, 데이터베이스의 물리적 저장구조 기술을 피하고, 개체(Entity), 데이터 유형, 관계, 사용자 연산, 제약조건 등의 기술에 집중한다. 즉 여러 개의 외부 스키마를 통합한 논리적인 데이터베이스의 전체 구조로서 데이터베이스 파일에 저장되어 있는 데이터 형태를 그림으로 나타낸 도표라고 할 수 있다.
내부 스키마	내부 스키마는 물리적 저장장치에서의 전체적인 데이터베이스 구조를 기술한 것으로, 데이터베이스 정의어(DDL)에 의한 실질적인 데이터베이스의 자료 저장 구조(자료구조와 크기)이자 접근 경로의 완전하고 상세한 표현이다. 내부 스키마는 시스템 프로그래머나 시스템 설계자가 바라는 데이터베이스 관점이므로, 시스템의 효율성을 고려한 데이터의 저장 위치, 자료구조, 보안대책 등을 결정한다.

10 디지타이징이나 스캐닝에 의해 도형정보파일을 생성할 경우 발생할 수 있는 오차에 대한 설명이 틀린 것은? 13③산

① 도곽의 신축이 있는 도면의 경우 부분적인 오차만 발생하므로 정확한 독취 자료를 얻을 수 있다.
② 입력도면이 평탄하지 않은 경우 오차 발생을 유발한다.
③ 디지타이저에 의한 도면 독취 시 작업자의 숙련도에 따라 오차가 발생할 수 있다.
④ 스캐너로 읽은 래스터 자료를 벡터 자료로 변환할 때, 오차가 발생한다.

해설

도곽의 신축이 있는 도면의 경우 부분적인 오차만 발생하므로 정확한 독취 자료를 얻을 수 없다.

11 지적속성자료를 입력하는 장치는? 14①산

① 스캐너　② 키보드
③ 디지타이저　④ 플로터

해설

• 키보드 · 디지타이저 : 도형자료 입력방법
• 플로터 : 출력장비

12 디지타이징과 비교하여 스캐닝 작업이 갖는 특징에 대한 설명으로 옳은 것은? 14①산

① 스캐너로 입력한 자료는 벡터자료로서 벡터라이징 작업이 필요하지 않다.
② 디지타이징은 스캐닝 방법에 비해 자동으로 작업할 수 있으므로 작업속도가 빠르다.
③ 스캐너는 장치운영방법이 복잡하며 위상에 관한 정보가 제공된다.
④ 스캐너로 읽은 자료는 디지털카메라로 촬영하여 얻은 자료와 유사하다.

해설

1. Digitizing(수동방식)
디지타이저라는 테이블에 컴퓨터와 연결된 마우스를 이용하여 필요한 주제의 형태를 컴퓨터에 입력시키는 방법으로 수동으로 도면을 입력하는 경우 모든 절점의 좌표가 절대좌표로 입력될 수 있다.

㉠ 장점
• 자료입력 형태는 벡터형식이다.
• 레이어별로 나누어 입력할 수 있어 효과적이다.
• 불필요한 도형이나 주기를 선별적으로 입력할 수 있다.
• 지도의 보관상태에 대한 영향을 적게 받는다.
• 작업과정이 간단하고 가격이 저렴하다.
• 작업자가 입력내용을 판단할 수 있어 다소 훼손된 도면도 입력할 수 있다.

㉡ 단점
• 수동방식이므로 많은 시간과 노력이 필요하다.

• 작업자의 숙련도와 사용되는 소프트웨어의 성능에 좌우된다.
• 입력 시 누락이 발생할 수 있다.
• 단순도형 입력 시에는 비효율적이다.
• 복잡한 도형은 입력하기가 어렵다.

2. Scanning(자동방식)

레이저 광선을 지도에 주사하고 반사되는 값에 수치값을 부여하여 컴퓨터에 저장시킴으로써 기존의 지도, 사진 또는 중첩자료 등의 아날로그 사료형식을 컴퓨터에 의해 수치형식(영상)으로 입력하는 방법이다.

㉠ 장점
  • 자료입력 형태는 격자형식이다.
  • 이미지상에서 삭제 · 수정 등을 할 수 있다.
  • 스캐너의 성능에 따라 해상도를 조절할 수 있다.
  • 컬러 필터를 사용하면 컬러 영상을 얻을 수 있다.

㉡ 단점
  • 훼손된 도면은 입력이 어렵다.
  • 격자의 크기가 작아지면 정밀하지만 자료의 양이 방대해진다.
  • 문자나 그래픽 심벌과 같은 부수적인 정보를 많이 포함한 도면을 입력하는 데 부적합하다.
  • 스캐너를 사용하여 입력한 자료는 디지털카메라로 촬영하여 얻은 자료와 유사하다.

13 데이터 모델링 작업 진행 순서의 3단계로 옳은 것은?
14③산

① 개념적 모델링 → 논리적 모델링 → 물리적 모델링
② 개념적 모델링 → 물리적 모델링 → 논리적 모델링
③ 논리적 모델링 → 개념적 모델링 → 물리적 모델링
④ 논리적 모델링 → 물리적 모델링 → 개념적 모델링

해설

데이터 모델이란 실세계를 추상화시켜 표현하는 것으로, 데이터 모델링은 실세계를 추상화시키는 일련의 과정이라고 볼 수 있다. 실세계의 지리공간을 GIS의 데이터베이스로 구축하는 과정은 추상화 수준에 따라 개념적 모델링 → 논리적 모델링 → 물리적 모델링의 3단계로 나누어질 수 있다.

14 토지정보체계의 도형정보자료 취득방법으로 거리가 먼 것은?
15①산

① 지상측량에 의한 경우
② 원격탐측에 의한 경우
③ 관계기관의 통보에 의한 경우
④ GPS 측량에 의한 경우

해설

토지정보체계의 도형정보자료 취득방법
• 지상측량에 의한 경우
• 원격탐측에 의한 경우
• 항공사진측량에 의한 경우
• GPS 측량에 의한 경우
• 토털스테이션에 의한 경우

CHAPTER 03 데이터의 구조

PART 01 PART 02 PART 03 PART 04 PART 05 PART 06

···3.1 벡터 자료 구조

벡터 자료 구조는 기호, 도형, 문자 등으로 인식할 수 있는 형태를 말하며 객체들의 지리적 위치를 크기와 방향으로 나타낸다.

3.1.1 기본요소

가. 점(Point)

점은 차원이 존재하지 않으며 대상물의 지점 및 장소를 나타내고 기호를 이용하여 공간형상을 표현한다.

나. 선(Line)

선은 가장 간단한 형태로 1차원 대상물은 두 점을 연결한 직선이다. 대축척(면사상)·소축척(선사상)으로 지적도, 임야도의 경계선을 나타내는 데 효과적이다. Arc, String, Chain이라는 다양한 용어로도 사용된다.

Arc	곡선을 형상하는 점들의 자치를 의미한다.
String	연속적인 Line Segments를 의미한다.
Chain	시작노드와 끝노드에 대한 위상정보를 가지며 자치 꼬임이 허용되지 않은 위상기본요소를 의미한다.
Line Segment	두 점을 연결한 선, 두 점들 사이에 존재하는 직선으로서의 표현을 말한다.

다. 면(Area)

면은 경계선 내의 영역을 정의하고 면적을 가지며, 호수·삼림을 나타내고 지적도의 필지, 행정구역이 대표적이다.

▼ 벡터구조의 기본요소

구분	내용
Point	• 기하학적 위치를 나타내는 0차원 또는 무차원 정보 • 절점(Node)은 점의 특수한 형태로 0차원이고 위상적 연결이나 끝점을 나타낸다. • 최근린방법 : 점 사이의 물리적 거리를 관측 • 사지수(Quadrat)방법 : 대상영역의 하부면적에 존재하는 점의 변이를 분석
Line	• 1차원 표현으로 두 점 사이 최단거리를 의미 • 형태 : 문자열(String), 호(Arc), 사슬(Chain) 등이 있다. • 문자열(String) : 연속적인 Line Segment를 의미한다. • 호(Arc) : 수학적 함수로 정의되는 곡선을 형성하는 점의 궤적 • 사슬(Chain) : 각 끝점이나 호가 상관성이 없을 경우 직접적인 연결
Area	• 면(面, Area) 또는 면적(面積)은 한정되고 연속적인 2차원적 표현 • 모든 면적은 다각형으로 표현

(a) 점(0차원 공간객체)   (b) 선(1차원 공간객체)   (c) 면(2차원 공간객체)

‖ 공간객체 ‖

3.1.2 저장방법

가. 스파게티 자료구조

정의	객체들 간에 정보를 갖지 못하고 국수가락처럼 좌표들이 길게 연결되어 있어 스파게티 자료구조라고 한다.
특징	① 상호 연관성에 관한 정보가 없어 인접한 객체들의 특징과 관련성, 연결성을 파악하기가 힘들다. ② 객체가 좌표에 의한 그래픽 형태(점, 선, 면적)로 저장되며 위상관계를 정의하지 않는다. ③ 경계선을 다각형으로 구축할 경우에는 각각 구분되어 입력되므로 중복되어 기록된다. ④ 스파게티 자료구조는 하나의 점(X, Y좌표)을 기본으로 하고 있어 구조가 간단하다. ⑤ 자료구조가 단순하여 파일의 용량이 작은 장점이 있다. ⑥ 객체들 간의 공간관계가 설정되지 않아 공간 분석에 비효율적이다.

나. 위상구조

정의	위상이란 도형 간의 공간상의 상관관계를 의미하는데 위상은 특정 변화에 의해 불변으로 남는 기하학적 속성을 다루는 수학의 한 분야로 위상모델의 전제조건으로는 모든 선의 연결성과 폐합성이 필요하다.

특징	① 지리정보시스템에서 매우 유용한 데이터 구조로서 점·선·면으로 객체 간의 공간관계를 파악할 수 있다.
	② 벡터데이터의 기본적인 구조로 점으로 표현되며 객체들은 점들을 직선으로 연결하여 표현할 수 있다.
	③ 토폴로지는 폴리곤 토폴로지, 아크 토폴로지, 노드 토폴로지로 구분된다.

Arc	일련의 점으로 구성된 선형의 도형을 말하며 시작점과 끝점이 노드로 되어 있다.
Node	둘 이상의 선이 교차하여 만드는 점이나 아크의 시작이나 끝이 되는 특정한 의미를 가진 점을 말한다.
Topology	인접한 도형들 간의 공간적 위치관계를 수학적으로 표현한 것을 말한다.

	④ 점·선·폴리곤으로 나타낸 객체들이 위상구조를 갖게 되면 주변객체들 간의 공간상에서의 관계를 인식할 수 있다.
	⑤ 폴리곤 구조는 형상과 인접성, 계급성의 세 가지 특성을 지닌다.
	⑥ 관계형 데이터베이스를 이용하여 다량의 속성자료를 공간객체와 연결할 수 있으며 용이한 자료의 검색 또한 가능하다.
	⑦ 공간객체의 인접성과 연결성에 관한 정보는 많은 분야에서 위상정보를 바탕으로 분석이 이루어진다.

분석	각 공간객체 사이의 관계가 인접성, 연결성, 포함성 등의 관점에서 묘사되며, 스파게티 모델에 비해 다양한 공간분석이 가능하다.

인접성 (Adjacency)	관심 대상 사상의 좌측과 우측에 어떤 사상이 있는지를 정의하고 두 개의 객체가 서로 인접하는지를 판단한다.
연결성 (Connectivity)	특정 사상이 어떤 사상과 연결되어 있는지를 정의하고 두 개 이상의 객체가 연결되어 있는지를 파악한다.
포함성 (Containment)	특정 사상이 다른 사상의 내부에 포함되느냐 혹은 다른 사상을 포함하느냐를 정의한다.

3.1.3 위상구조의 장단점

장점	① 좌표 데이터를 사용하지 않고도 인접성·연결성 분석과 같은 공간분석 가능
	② 공간적인 관계를 구현하는 데 필요한 처리시간을 줄일 수 있다.
	③ 입력된 도형정보에 대하여 일단 위상과 관련되는 정보를 정리하여 공간 데이터베이스에 저장하여 둔다.
	④ 저장된 위상정보는 추후 위상을 필요로 하는 많은 분석이 빠르고 용이하게 이루어지도록 할 수 있다.
단점	① 컴퓨터 같은 장비구입비용이 많이 소요된다.
	② 위상을 구축하는 과정이 반복되므로 컴퓨터 프로그램의 사용이 필수적이다.
	③ 컴퓨터 프로그램이나 하드웨어의 성능에 따라서 소요되는 시간에는 많은 차이가 있다.
	④ 위상을 정립하는 과정은 기본적으로 선의 연결이 끊어지지 않도록 하고 폐합된 도형의 형태를 갖도록 하는 시간이 많이 소요되는 편집과정이 선행되어야 한다.

3.1.4 벡터 자료구조의 장단점

장점	① 래스터 자료에 비하여 훨씬 압축되어 간결한 형태이다. ② 위상관계를 입력하기가 용이하여 위상관계정보를 요구하는 분석에 효과적이다. ③ 수작업에 의하여 완성된 도면과 거의 비슷한 형태의 도형을 제작하는 데 적합하다. ④ 지형학적 자료를 필요로 하는 경우 망조직 분석에 매우 효과적이다.
단점	① 격자형보다 훨씬 복잡한 구조를 가지고 있다. ② 중첩기능을 수행하기가 어렵고 공간적 편의를 나타내기가 비효율적이다. ③ 수치 이미지 조작이 비효율적이다. ④ 자료의 조작과 영상의 질을 향상시키는 데 효과적이지 못하다.

3.1.5 벡터 자료의 파일형식

수치화된 벡터 자료는 자료의 출력과 분석을 위해 다양한 소프트웨어에 따라 특정한 파일형식으로 컴퓨터에 저장된다.

파일형식	특징 ㉺㉮ⓣⓥⓢⓗⓒⓞⓒⓐⓓⓐⓡⓒ
ⓣIGER	① Topologically Integrated Geographic Encoding and Referencing System 의 약자이다. ② U.S. Census Bureau에서 인구조사를 위해 개발한 벡터형 파일 형식이다.
ⓥPF	① Vector Product Format의 약자이다. ② 미 국방성의 NIMA(National Imagery and Mapping Agency)에서 개발한 군사적 목적의 벡터형 파일 형식이다.
ⓢⓗape	① ESRI사의 Arcview에서 사용되는 자료 형식이다. ② Shape파일은 비위상적 위치정보와 속성정보를 포함한다.
ⓒⓞverage	① ESRI사의 Arc/Info에서 사용되는 자료 형식이다. ② Coverage 파일은 위상모델을 적용하여 각 사상 간 관계를 적용하는 구조이다.
ⓒⓐD	① Autodesk사의 AutoCAD 소프트웨어에서는 DWG와 DXF 등의 파일 형식을 사용한다. ② DXF 파일 형식은 GIS 관련 소프트웨어뿐만 아니라 원격탐사 소프트웨어에서도 사용할 수 있다.
ⓓLG	① Digital Line Graph의 약자로서 U.S. Geological Survey에서 지도학적 정보를 표현하기 위해 고안한 디지털 벡터 파일 형식이다. ② DLG는 ASCII 문자 형식으로 구성된다.
ⓐⓡcInfo E00	ArcInfo의 익스포트 포맷
ⓒGM	① Computer Graphics Metafile 의 약자 ② PC기반의 컴퓨터그래픽 응용분야에 사용되는 벡터데이터 포맷의 ISO표준

··· 3.2 래스터 자료 구조

래스터 자료구조는 매우 간단하며 일정한 격자간격의 셀이 데이터의 위치와 그 값을 표현하므로 격자데이터라고도 하며 도면을 스캐닝하여 취득한 자료와 위상영상자료들에 의하여 구성된다. 래스터 구조는 구현의 용이성과 단순한 파일구조에도 불구하고 정밀도가 셀의 크기에 따라 좌우되며 해상력을 높이면 자료의 크기가 방대해진다. 각 셀들의 크기에 따라 데이터의 해상도와 저장크기가 달라지게 되는데 셀 크기가 작으면 작을수록 보다 정밀한 공간현상을 잘 표현할 수 있다.

3.2.1 래스터 자료의 장단점 암기 간첩이 자수공 사지선상

장점	① 간단한 자료구조를 가지고 있으며 중첩에 대한 조작이 용이하여 매우 효과적이다. ② 자료의 조작과정이 매우 효과적이고 수치영상의 질을 향상시키는 데 매우 효과적이다. ③ 수치이미지 조작이 효율적이다. ④ 다양한 공간적 편의가 격자형태로 나타난다.
단점	① 압축되어 사용되는 경우가 드물며 지형관계를 나타내기가 훨씬 어렵다. ② 주로 격자형의 네모난 형태를 가지고 있기 때문에 수작업에 의해서 그려진 완화된 선에 비해서 미관상 매끄럽지 못하다. ③ 위상적인 관계 설정이 어렵다. ④ 데이터의 용량이 크다.

3.2.2 압축방법

가. Run-Length 코드기법(연속분할부호)

① 각 행마다 왼쪽에서 오른쪽으로 진행하면서 동일한 수치를 갖는 셀들을 묶어 압축시키는 방법
② Run이란 하나의 행에서 동일한 속성값을 갖는 격자를 말한다.
③ 동일한 속성값을 개별적으로 저장하는 대신 하나의 Run에 해당되는 속성값이 한 번만 저장되고 Run의 길이와 위치가 저장되는 방식이다.
④ 각 행에 대해서 왼쪽에서 오른쪽으로 시작 셀과 끝 셀을 표시한다.

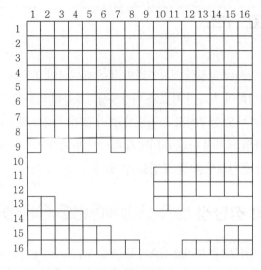

9행 : 2,3 6,6 8,10
10행 : 1,10
11행 : 1,9
12행 : 1,9
13행 : 3,9, 12,16
14행 : 5,16
15행 : 7,14
16행 : 9,11

| 연속분할부호 |

나. Quadtree 기법(사지수형 : 四枝樹型)

① Quadtree 기법은 Run-Length 코드기법과 함께 많이 쓰이는 자료압축기법이다.

② 크기가 다른 정사각형을 이용하여 Run-Length 코드보다 더 많은 자료의 압축이 가능하다.

③ 전체 대상지역에 대하여 하나 이상의 속성이 존재할 경우 전체 지도는 4개의 동일한 면적으로 나뉘어지는데 이를 Quadrant라 한다.

④ $2^n \times 2^n$ 점의 전체배열은 사지수의 중심절점(Root Node)이고 나무의 최대높이는 n단계이다.

⑤ 각절점은 NW(북서), NE(북동), SW(남서), SE(남동) 4개의 가지를 갖는다.

⑥ 잎질점(Leaf Node)은 더 이상 작게 분할할 수 없는 4분할을 가리킨다.

⑦ 각절점은 2비터로 표현하는데 이것은 끝이 안(↑↓)인지 밖(↓↑)인지 혹은 현재 위치의 절점이 안(↑↓)인지 혹은 밖(↓↑)인지를 정의한다.

1		2		3		4	
5		6		7		8	

9	10	11	12	13	14	15	16	17	18	
20	21	22	23	24	25	26	27			19
28		29		30		31		11 12 / 22 23	34	

37	11 12 / 48 49	40	41	42 43 44 45 / 50 51 52 53	46	47
54	55	56	57 58 / 64 65	59	60 61 62 63 / 66 67 68 69	70

| 사지수형 |

Reference 참고

➤ **트리(Tree) 개념 정리**

- **트리(Tree)** : 루트를 포함하고 노드 간에 유일하고 단순한 경로가 존재하는 그래프입니다.
- **노드(Node)** : 트리를 구성하는 정점입니다.
- **루트(Root)** : 트리의 가장 높은 곳에 위치한 정점입니다.
- **부모 노드(Parent Node)** : 어떤 노드의 한 단계 상위 노드입니다.
- **자식 노드(Child Node)** : 어떤 노드의 한 단계 하위 노드입니다.
- **형제 노드(Sibling Node)** : 같은 단계에 있으면서 부모가 같은 노드입니다.
- **잎 노드(Leaf Node)** : 자식 노드가 없는 노드입니다.
- **중간 노드(Internal Node)** : 루트 노드나 잎 노드가 아닌 노드입니다.
- **조상 노드(Ancestor Node)** : 루트 노드에서 어떤 노드에 이르는 경로에 포함된 모든 노드입니다.
- **자손 노드(Descendant Node)** : 어떤 노드에서 잎 노드에 이르는 경로에 포함된 모든 노드입니다.
- **차수(Degree)** : 어떤 노드에 포함된 자식 노드의 개수입니다.
- **레벨(Level)** : 루트 노드를 0으로 시작해 자식 노드로 내려갈 때마다 하나씩 증가하는 노드입니다.
- **트리의 높이(Height)** : 트리가 가지는 최대 레벨입니다.
- **숲(Forest)** : 루트를 제거하고 얻은 서브 트리의 집합입니다.

다. Block 코드기법

① Run-Length 코드기법에 기반을 둔 것으로 정사각형으로 전체 객체의 형상을 나누어 데이터를 구축하는 방법이다.

② 자료구조는 원점으로부터의 좌표 및 정사각형의 한 변의 길이로 구성되는 세 개의 숫자만으로 표시가 가능하다.

③ 원점(중심부나 좌측 하단)의 XY좌표와 정사각형의 기준거리로 표시한다.

④ 그림에 나타난 영역은 16단위의 셀 한 개로 이루어진 정사각형과 9개의 4단위 정사각형, 17개의 1단위 정사각형으로 저장된다.

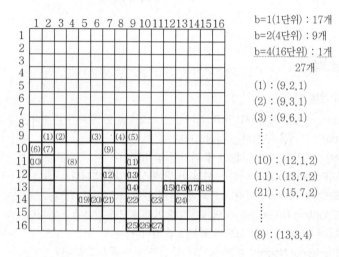

b=1(1단위) : 17개
b=2(4단위) : 9개
b=4(16단위) : 1개
　　　　27개

(1) : (9,2,1)
(2) : (9,3,1)
(3) : (9,6,1)
⋮
(10) : (12,1,2)
(11) : (13,7,2)
(21) : (15,7,2)
⋮
(8) : (13,3,4)

라. Chain 코드기법(사슬부호)

① Chain 코드기법은 대상지역에 해당하는 격자들의 연속적인 연결상태를 파악하여 동일한 지역의 정보를 제공하는 방법이다.

② 자료의 시작점에서 동서남북으로 방향을 이동하는 단위거리를 통해서 표현하는 기법이다.

③ 각방향은 동쪽은 0, 북쪽은 1, 서쪽은 2, 남쪽은 3 등 숫자로 방향을 정의한다.

④ 픽셀 수는 상첨자로 표시한다.

⑤ 10행 1열인 셀에서 시작할 때 영역의 경계선은 시계방향으로 다음과 같이 입력한다.

$0, 1, 0^2, 3, 0^2, 1, 0, 3, 0, 1, 0^3, 3^2, 2, 3^3, 0^2, 1, 0^5, 3^2, 2^2, 3, 2^33, 2^3, 1, 2^2, 1, 2^2,$
$1, 2^2, 1, 2^2$

‖ 사슬부호 ‖

3.2.3 래스터자료의 파일형식

파일형식	특징 ㉤㉮ ㉠ ㉢ Ⓖⓔ ⒷⓉ ⒤Ⓟ ⒢ⓘ Ⓟ Ⓑ Ⓟ
ⓉⒾFF(Tagged Image File Format)	① 태그(꼬리표) 붙은 화상 파일 형식이라는 뜻이다. ② 미국의 앨더스사(현재의 어도비 시스템사에 흡수 합병)와 마이크로소프트사가 공동 개발한 래스터 화상 파일 형식이다. ③ TIFF는 흑백 또는 중간 계조의 정지 화상을 주사(走査, Scane)하여 저장하거나 교환하는 데 널리 사용되는 표준 파일 형식이다. ④ 화상 데이터의 속성을 태그 정보로서 규정하고 있는 것이 특징이다.

Ⓖ eoTiff	① 파일헤더에 거리참조를 가지고 있는 TIFF파일의 확장포맷이다. ② TIFF의 래스터지리데이터를 플랫폼 공동이용 표준과 공동이용을 제공하기 위해 데이터사용자, 상업용 데이터 공급자, GIS 소프트웨어 개발자가 합의하여 개발되고 유지됨
Ⓑ ⅡF(Basic Image Interchange Format)	BIIF는 FGDC(Federal Geographic Data Committee)에서 발행한 국제표준영상 처리와 영상데이터 표준이다. 이 포맷은 미국의 국무부에 의하여 개발되고 NATO에 의해 채택된 NITFS(National Imagery Transmission Format Standard)를 기초로 제작되었다.
Ⓙ ⒫EG(Joint Photographic Experts Group)	JPEG는 컬러 이미지를 위한 국제적인 압축표준으로 국제전신전화자문(CCITT : Consultative Committee International Telegraph and Telephone)와 ISO (International Organization for Standard : 국제표준기구)에서 인정하고 있다.
Ⓖ ⒤F(Graphics Interchange Format)	① 미국의 컴퓨서브(Compuserve)사가 1987년에 개발한 화상 파일 형식이다. ② GIF는 인터넷에서 래스터 화상을 전송하는 데 널리 사용되는 파일 형식이다. ③ 최대 256가지 색이 사용될 수 있는데 실제로 사용되는 색의 수에 따라 파일의 크기가 결정된다.
Ⓟ CX	① PCX는 ZSoft가 자사의 초기 DOS 기반의 그래픽 프로그램 PC 페인터 브러시용으로 개발한 그래픽 포맷이다. ② 윈도 이전까지 사실상 비트맵 그래픽의 표준이었다. ③ PCX는 그래픽 압축 시 런-렝스 코드(Run-length Code)를 쓰기 때문에 디스크 공간 활용이 윈도 표준 BMP보다 효율적이다.
Ⓑ MP(Microsoft Windows Device Independent Bitmap)	① 윈도 또는 OS/2 환경에서 사용되는 비트맵 데이터를 표현하기 위하여 마이크로소프트에서 정의하고 있는 비트맵 그래픽 파일이다. ② 그래픽 파일 저장 형식 중에 가장 단순한 구조를 가지고 있다. ③ 압축 알고리즘이 원시적이어서 같은 이미지를 저장할 때 다른 형식으로 저장하는 경우에 비해 파일 크기가 매우 크다.
Ⓟ NG(Portable Network Graphic)	독립적인 GIF 포맷을 대치할 목적의 특허가 없는 자유로운 래스터 포맷
BIL(Band Interleaved by Line) : 라인별 영상	한 개 라인 속에 한 밴드 분광값을 나열한 것을 밴드순으로 정렬하고 그것을 전체 라인에 대해 반복하며 {[(픽셀 번호순), 밴드순], 라인 번호순}이다. 즉, 각 행(row)에 대한 픽셀자료를 밴드별로 저장한다. 주어진 선에 대한 모든 자료의 파장대를 연속적으로 파일 내에 저장하는 형식이다. BIL 형식에 있어 파일 내의 각 기록은 단일 파장대에 대해 열의 형태인 자료의 격자형 입력선을 포함하고 있다.
BSQ(Band Se Quential) : 밴드별 영상	밴드별로 이차원 영상 데이터를 나열한 것으로 {[(픽셀(화소) 번호순), 라인 번호순], 밴드순}이다. 각 파장대는 분리된 파일을 포함하여 단일 파장대가 쉽게 읽히고 보일 수 있으며, 다중파장대는 목적에 따라 불러올 수 있다. 한번에 한 밴드의 영상을 저장하는 방식

BIP(Band Interleaved by Pixel) : 픽셀별 영상	한 개 라인 중의 하나의 화소 분광값을 나열한 것을 그 라인의 전체 화소에 대해 정렬하고 그것을 전체 라인에 대해 반복하며 [(밴드순, 픽셀 번호순), 라인 번호순]이다. 각 파장대의 값들이 주어진 영상소 내에서 순서적으로 배열되며 영상소는 저장장치에 연속적으로 배열된다. 구형이므로 거의 사용되지 않는다. 각 열(column)에 대한 픽셀자료를 밴드별로 저장한다.

3.2.4 벡터와 래스터 자료의 비교

구분	벡터 자료	래스터 자료
장점	• 복잡한 현실세계의 묘사가 가능하다. • 보다 압축된 자료구조를 제공하며 따라서 데이터 용량의 축소가 용이하다. • 위상에 관한 정보가 제공되므로 관망분석과 같은 다양한 공간분석이 가능하다. • 그래픽의 정확도가 높다. • 그래픽과 관련된 속성정보의 추출 및 일반화, 갱신 등이 용이하다.	• 간단한 자료구조를 가지고 있다. • 중첩에 대한 조작이 용이하여 매우 효과적이다. • 자료의 조작과정이 효과적이다. • 수치이미지 조작이 효율적이다. • 다양한 공간적 편의가 격자형태로 나타난다.
단점	• 자료구조가 복잡하다. • 여러 레이어의 중첩이나 분석에 기술적으로 어려움이 수반된다. • 각각의 그래픽 구성요소는 각기 다른 위상구조를 가지므로 분석에 어려움이 크다. • 그래픽의 정확도가 높은 관계로 도식과 출력에 비싼 장비가 요구된다. • 일반적으로 값비싼 하드웨어와 소프트웨어가 요구되므로 초기비용이 많이 든다.	• 압축된 자료구조를 제공하지 못하며 따라서 그래픽자료의 양이 방대하다. • 격자의 크기를 늘리면 자료의 양은 줄일 수 있으나 상대적으로 정보의 손실을 초래한다. • 격자구조인 만큼 시각적인 효과가 떨어지며 이를 개선하기 위하여 작은 격자를 사용할 때에는 자료의 양이 급격히 늘어나므로 효율적이지 못하다. • 위상정보의 제공이 불가능하므로 관망해석과 같은 분석기능이 이루어질 수 없다. • 좌표 변환을 위한 시간이 많이 소요된다.
데이터 입력	디지타이저	스캐너
출력	매우 느리다.	매우 빠르다.
데이터 활용	여러 응용업무에 기본데이터로 활용	• 이미지변환 외 별다른 기능 없음 • 환경모델 평가 용이
데이터 저장	좌푯값으로 저장하므로 작은 용량	대형의 보조장치 필요

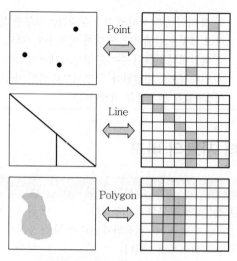

▎벡터 구조와 래스터 구조의 비교 ▎

▼ 래스터데이터와 벡터데이터의 특성 비교

비교항목		래스터 자료	벡터 자료
특징	데이터 형식	일정한 모양	임의로 가능
	정밀도	격자간격에 의존	기본도에 의존
	도형 표현 방법	면(화소, 셀)으로 표현	점, 선, 영역(면)으로 표현
	속성데이터	속성 데이터를 화소값으로 표현	점, 선, 영역(면) 각각의 공간데이터와 속성데이터를 연결
	도형처리기능	면을 이용한 도형처리. 화소는 작은 면이며, 전체가 큰 면을 형성한다.	점, 선, 영역(면)을 이용한 도형처리
데이터	데이터 구조	단순한 데이터 구조	복잡한 데이터 구조
	데이터량	• 일반적으로 데이터량이 많다. • 해상도의 제곱에 비례한다.	• 데이터량이 적은 편이다. • 객체 수에 비례한다.
	입력시간	빠른 데이터 입력 가능	초기 데이터 입력에 시간과 인력이 많이 소요됨
	입력장비	스캐너, 디지털 카메라, 위성영상	디지타이저, 마우스와 키보드
지도 표현	시각적 표현	벡터데이터와 비교하면 거칠게 된다.	정확히 표현할 수 있다.
	지도축척	지도를 확대하면 격자가 커지기 때문에 형상을 인식하기에 나쁘다.	지도를 확대하여 형상이 변하지 않는다.

가공 처리	중첩분석	각 단위의 형태와 크기가 균일하여 중첩분석 및 조합이 쉽다.	중첩분석 및 조합은 나쁘다.
	시뮬레이션	각 단위의 형태와 크기가 균일하여 시뮬레이션이 쉽다.	시뮬레이션을 위한 처리가 복잡하다.
	네트워크 분석	네트워크 연결과 분석은 곤란	네트워크 연결에 의한 지리적 요소의 연결을 표현하고 분석할 수 있다.
	자료 편집	화소단위와 영역단위로 이루어짐	객체단위로 이루어짐
활용성		• 필지단위의 토지정보체계 구축에는 부적합하다. • 소축척으로 지형분석, 환경분석 등을 하는 데 적합하다.	• 필지단위의 토지정보체계 구축에 적 합하다. • 대축척이나 소축척에 관계없다. • 점, 선, 영역단위로 자료관리를 하는 데 적합하다.

··3.3 데이터의 공간분석(Spatial Analysis)

GIS 공간자료 분석은 지리적 현상의 공간적 변화과정과 이동과정을 분석하고 이를 바탕으로 지리적 현상의 공간조직·공간구조 및 공간시스템을 분석하는 다양한 방법론을 공간구조 분석이라 한다. 공간분석은 의사결정을 도와주거나 복잡한 공간문제를 해결하는 데 있어 지리자료를 이용하여 수행되는 과정의 일부이다.

3.3.1 형태에 따른 분석

표면분석	하나의 자료층상에 있는 변량들 간의 관계분석 적용
중첩분석	둘 이상의 자료층에 있는 변량들 간의 관계분석을 적용하는 분석방법으로 중첩에 의한 정량적 해석 및 예측모델에 의한 분석을 수행한다.

> **Reference 참고**

> ➤ **중첩(Overlay)**
> ① 두 지도를 겹쳐 통합적인 정보를 갖는 지도를 생성하는 것
> ② 도형과 속성자료가 각기 구축된 레이어를 중첩시켜 새로운 형태의 도형과 속성레이어를 생성하는 기능
>   ㉠ 다각형 안에 점의 중첩
>   ㉡ 다각형 위의 선의 중첩
>   ㉢ 다각형과 다각형의 중첩
> ③ 새로운 자료나 커버리지를 만들어내기 위해 두 개 이상의 GIS 커버리지를 결합하거나 중첩(공통된 좌표체계에 의해 데이터베이스에 등록된다)한 것
>   예 식생, 토양, 경사도 레이어를 중첩하여 침식가능구역도 등을 만들어 냄

3.3.2 공간분석을 위한 연산

공간질의에 이용되는 연산은 일반적으로 논리연산, 산술연산, 기하연산, 통계연산 등으로 범주화 가능

구분	내용
논리연산 (Logic Operation)	① 논리연산은 개체 사이의 크기나 관계를 비교하는 연산으로서 일반적으로 논리연산자 또는 불리언연산자를 통해 처리 ② 논리연산자 : 개체 사이의 크기를 비교할 수 있는 연산자로 '=', '>', '<', '≥', '≤' 등이 있음 ③ 불리언연산자 : 개체 사이의 관계를 비교하여 참과 거짓의 결과를 도출하는 연산자로서 'AND', 'OR', 'NOR', 'NOT' 등이 있음
산술연산 (Arithmetic Operation)	① 산술연산은 속성자료뿐 아니라 위치자료에도 적용 가능 ② 산술연산자에는 일반적인 사칙연산자, 즉 '+', '−', '*', '/' 등과 지수승, 삼각함수 연산자 등이 있음
기하연산 (Geometric Operation)	위치자료에 기반하여 거리, 면적, 부피, 방향, 면형객체의 중심점(Centroid) 등을 계산하는 연산
통계연산 (Statistical Operation)	① 주로 속성자료를 이용하여 수행되는 연산 ② 통계연산자 : 합(Sum), 최댓값(Maximum Value), 최솟값(Minimum Value), 평균(Average), 표준편차(Standard Deviation) 등의 일반적인 통계치를 산출

3.3.3 공간분석기법

구분	특징
중첩분석	① GIS가 일반화되기 이전의 중첩분석 : 많은 기준을 동시에 만족시키는 장소를 찾기 위해 불이 비치는 탁자 위에 투명한 중첩 지도를 겹치는 작업을 통해 수행 ② 중첩을 통해 다양한 자료원을 통합하는 것은 GIS의 중요한 분석능력 ③ 이러한 중첩분석은 벡터 자료뿐 아니라 래스터 자료도 이용할 수 있는데, 일반적으로 벡터 자료를 이용한 중첩분석은 면형자료를 기반으로 수행 ④ 다양한 공간객체를 표현하고 있는 레이어를 중첩하기 위해서는 좌표체계의 동일성이 전제되어야 함
버퍼 분석	① 버퍼분석(Buffer Analysis)은 공간적 근접성(Spatial Proximity)을 정의할 때 이용되는 것으로서 점, 선, 면 또는 면 주변에 지정된 범위의 면사상으로 구성 ② 버퍼분석을 위해서는 먼저 버퍼 존(Buffer Zone)의 정의가 필요 ③ 버퍼 존은 입력사상과 버퍼를 위한 거리(Buffer Distance)를 지정한 이후 생성 ④ 일반적으로 거리는 단순한 직선거리인 유클리디언 거리(Euclidian Distance) 이용 ⑤ 즉, 입력된 자료의 점으로부터 직선거리를 계산하여 이를 버퍼 존으로 표현하는데, 다음과 같은 유클리디언 거리 계산공식에 의해 버퍼 존 형성 • 두 점 사이의 거리 $= \sqrt{(x_1 - x_2)^2 + (y_1 - y_2)^2}$ ⑥ 버퍼 존은 입력사상별로 원형, 선형, 면형 등 다양한 형태로 표현 가능 • 점사상 주변에 버퍼 존을 형성하는 경우 점사상의 중심에서부터 동일한 거리에 있는 지역을 버퍼 존으로 설정 • 면사상 주변에 버퍼 존을 형성하는 경우 면사상의 중심이 아니라 면사상의 경계에서부터 지정된 거리에 있는 지점을 면형으로 연결하여 버퍼 존으로 설정
네트워크 분석	① 현실세계에는 사람, 에너지, 물자, 정보 등의 흐름을 가능하게 하는 도로, 케이블, 파이프라인 등의 하부구조(Infrastructure)가 존재하는데, 이러한 하부구조는 GIS 분석과정에서 네트워크(Network)로 모델링 가능 ② 네트워크형 벡터자료는 특정 사물의 이동성 또는 흐름의 방향성(Flow Direction)을 제공 ③ 대부분의 GIS 시스템은 위상모델로 표현된 벡터자료의 연결된 선사상인 네트워크 분석을 지원 ④ 이러한 네트워크 분석은 크게 시설물 네트워크(Utility Network)와 교통 네트워크(Transportation Network)로 구분 가능 ⑤ 일반적으로 네트워크는 점사상인 노드와 선사상인 링크로 구성 • 노드에는 도로의 교차점, 퓨즈, 스위치, 하천의 합류점 등이 포함될 수 있음 • 링크에는 도로, 전송라인(Transmission Line), 파이프, 하천 등이 포함될 수 있음

⑥ 네트워크 분석을 통해
- 최단경로(Shortest Route) : 주어진 기원지와 목적지를 잇는 최단거리의 경로 분석
- 최소비용경로(Least Cost Route) : 기원지와 목적지를 연결하는 네트워크상에서 최소의 비용으로 이동하기 위한 경로를 탐색할 수 있음

⑦ 이외에 차량경로 탐색과 교통량 할당(Traffic Allocation) 문제 등 다양한 분야에서 이용될 수 있음

CHAPTER 03 실전문제

01 래스터 데이터를 각 행마다 왼쪽에서 오른쪽으로 진행해가면서 처음 시작하는 셀과 끝나는 셀까지 동일한 수치 값을 가지는 셀들을 묶어 표현하는 압축방법은? 12①산

① 블록코드(Block code) 방법
② 런렝스(Run-length code) 방법
③ 사지수형(Quad-tree code)
④ 체인코드(Chain codes) 방법

해설

래스터 데이터 압축방법
1. 런렝스(Run-length)코드 기법
   - 각 행마다 왼쪽에서 오른쪽으로 진행하면서 동일한 수치를 갖는 셀들을 묶어 압축시키는 방법이다.
   - 런(Run)이란 하나의 행에서 동일한 속성값을 갖는 격자를 말한다.
   - 동일한 속성값을 개별적으로 저장하는 대신 하나의 런에 해당되는 속성값이 한 번만 저장되고 런의 길이와 위치가 저장되는 방식이다.
2. 사지수형(Quadtree) 기법
   - 사지수형(Quadtree) 기법은 런렝스코드 기법과 함께 많이 쓰이는 자료압축기법이다.
   - 크기가 다른 정사각형을 이용하여 런렝스코드보다 더 많은 자료의 압축이 가능하다.
   - 전체 대상지역에 대하여 하나 이상의 속성이 존재할 경우 전체 지도는 4개의 동일한 면적으로 나누어지는데 이를 사지수형(Quadrant)이라 한다.
3. 블록코드(Block Code) 기법
   - 런렝스(Run-length)코드 기법에 기반을 둔 것으로 정사각형으로 전체 객체의 형상을 나누어 데이터를 구축하는 방법
   - 자료구조는 원점으로부터의 좌표 및 정사각형 한 변의 길이로 구성되는 세 개의 숫자만으로 표시 가능
4. 체인코드(Chain Code) 기법
   - 대상지역에 해당하는 격자들의 연속적인 연결상태를 파악하여 동일한 지역의 정보를 제공하는 방법
   - 자료의 시작점에서 동서남북으로 방향을 이동하는 단위거리를 통해서 표현하는 기법

02 임야도를 스캐닝하여 구축한 도형자료는 벡터라이징 과정에 의해 필요한 수보다 많은 좌표의 값이 저장된다. 이때 임야도의 필지(폴리곤) 형태를 유지하면서 좌표의 수를 줄이는 것을 무엇이라 하는가? 12①산

① 좌표 삭감(Line Coordinate Thinning)
② 경계의 부합(Edge Matching)
③ 지도의 결합(Map Join)
④ 면적의 분할(Tiling)

해설

- Line Coordinate Thinning(좌표세선화) : 동일 경계를 나타내는 선의 모양이 변화하지 않는 범위 내에서 각각의 선에 포함된 좌표를 최대한 줄임으로써 양을 줄이는 방식을 말한다.
- Edge Matching(경계선정합, 인접처리) : 인접한 지도들의 경계에서 지형 표현 시 위치나 내용의 불일치를 제거하는 처리방법. 2장 이상의 지도를 하나의 공간상에 연결된 지도로 작성하기 위해 경계면을 서로 일치시켜 주는 기능을 제공하는 것을 말한다.
- Map Join(지도정합, 지도합성) : 인접한 두 지도를 하나의 지도로 접합하는 과정. GIS에서는 대상지역의 도형자료가 하나의 파일로 존재하여야 한다. 이를 종이와 비교한다면 전 지역의 지도가 여러 도엽으로 존재하는 것이 아니라 한 장의 지면에 있어야 한다. 즉, 연속지도(Continuous Map)로 존재하여야만 GIS의 기능을 발휘할 수 있다. 따라서 여러 지도 각각을 한 장의 지도로 연결시켜 연속지도를 만드는 작업으로 기 입력된 모든 자료들을 1개의 파일로 만드는 작업. 즉 각 파일의 인접조사 및 수정·병합을 실시하는 것을 말한다.

03 공간자료 교환포맷인 SDTS에 관한 설명이 옳지 않은 것은? 12①산

① 공간자료 간의 자료 독립성 확보를 목적으로 한다.
② 다양한 공간데이터의 교환 및 공유를 가능하게 한다.
③ 다양한 공간 현상들을 효과적이고 수치화된 지도의 형태로 표현 가능하게 한다.
④ 공간자료의 가치 확대에 중요한 역할을 한다.

정답 01 ② 02 ① 03 ①

해설

SDTS(Spatial Data Transfer Standard)란 지리공간에 관한 위상벡터자료 형식을 서로 교환 및 전달하고자 하는 것으로 "공간자료 교환표준"이라 한다. 미국 연방정부에서 1992년에 9년간의 연구 끝에 서로 다른 하드웨어, 소프트웨어, 운영체제들 간의 지리공간자료의 공유를 교환표준 승인하였다. 이를 오스트레일리아, 뉴질랜드, 한국에서 국가표준으로 정하고 있다.

특징
• 3개의 부분으로 구성(공간자료 교환, 정의모형 제공, 일반적인 자료교환표준)
• 모든 유형의 지형공간자료가 교환, 전환이 가능하도록 구성
• SDTS는 서로 다른 체계 간의 자료공유를 위하여 최상위 레벨의 개념적 모형화에서 최하위 레벨의 구체적인 물리적 인코딩까지 표준화하고 있음

04 디지타이징 방식과 스캐닝 방식을 이용하여 도형정보를 취득하는 것에 대한 설명이 옳지 않은 것은? 12①산

① 디지타이저와 스캐너 장비는 기계적인 오차가 존재한다.
② 자동으로 래스터자료를 벡터자료로 변환할 경우 오차가 발생할 수 있다.
③ 디지타이저를 이용하여 작업자가 수동으로 도면을 독취하는 경우 작업자의 숙련도가 오차에 영향을 준다.
④ 디지타이저를 이용하여 도면을 입력할 때 기준점이나 지적도의 좌표를 잘못 지정하더라도 독취자료의 일부분에만 오차가 발생한다.

해설

스캐닝할 때 발생한 왜곡 또는 변형을 벡터라이징할 때 회복할 수 있도록 스캐닝 시에 4개 이상의 기준점을 표시해 둔다.

05 벡터자료의 구조에 관한 설명으로 가장 거리가 먼 것은? 12①산

① 복잡한 현실세계의 묘사가 가능하다.
② 래스터자료보다 자료구조가 단순하여 중첩분석이 쉽다.
③ 좌표계를 이용하여 공간정보를 기록한다.
④ 위상 관련 정보가 제공되어 네트워크 분석이 가능하다.

해설

벡터자료와 래스터자료의 장단점

구분	벡터자료	래스터자료
장점	• 래스터보다 압축되어 간결하다. • 위상관계에 대한 부호 입력이 용이한 경우일 때, 지형학적 자료를 필요로 하는 망조직 분석에 효과적이다. • 수작업에 의해서 완성된 지도와 거의 비슷한 도형 제작에 적합하다. • 위상관계를 입력하기 용이하므로 위상관계정보를 요구하는 분석에 효과적이다.	• 간단한 자료구조를 가지고 있다. • 중첩에 대한 조작이 용이하여 매우 효과적이다. • 자료의 조작과정이 효과적이다. • 수치이미지 조작이 효율적이다. • 다양한 공간적 편의가 격자형태로 나타난다.
단점	• 자료구조가 복잡하다. • 중첩기능을 수행하기가 어렵다. • 자료의 조작과정이 비효과적이다. • 영상의 질을 향상시키는 데 비효과적이다. • 공간적 편의를 나타내는 데 비효과적이다.	• 압축되어 사용되는 경우가 드물다. • 지형관계를 나타내기가 훨씬 어렵다. • 미관상 선이 매끄럽지 못하다. • 위상관계 설정이 어렵다.

06 다음 중 위상(Topology)관계를 가진 폴리곤 구조의 특징과 가장 거리가 먼 것은? 12②산

① 다의성(Ambiguity)
② 계급성(Hierarchy)
③ 인접성(Neighborhood)
④ 형상(Shape)

◉해설

위상이란 도형 간의 공간상의 상관관계를 의미하는데, 위상은 특정 변화에 의해 불변으로 남는 기하학적 속성으로 다루는 수학의 한 분야로 위상모델의 전제조건으로는 모든 선의 연결성과 폐합성이 필요하다.

위상구조의 특징
• 점, 선, 면으로 객체 간의 공간관계를 파악할 수 있다.
• 벡터구조의 기본적인 구조로 점으로 표현되며 객체들은 점들을 직선으로 연결하여 표현할 수 있다.
• 토폴로지는 폴리곤토폴로지, 아크토폴로지, 노드토폴로지로 구분된다.
• 점, 선, 폴리곤으로 나타낸 객체들이 위상구조를 갖게 되면 주변객체들 간의 공간상에서의 관계를 인식할 수 있다.
• 폴리곤 구조는 형상과 인접성, 계급성의 세 가지 특성을 지닌다.

07 다음 중 벡터데이터의 위상구조에 대한 설명으로 옳지 않은 것은? 12②산

① 지형·지물들 간의 공간관계를 인식할 수 있다.
② 다양한 공간분석을 가능하게 해주는 구조다.
③ 다중연결을 통하여 각 지형·지물은 다른 지형·지물과 연결될 수 있다.
④ 데이터의 갱신 시 위상구조는 신경 쓰지 않아도 된다.

◉해설

위상구조를 가진 벡터데이터 모델
• 위상자료는 공간 객체 간의 위상정보를 저장하는 데 가장 일반적으로 사용하는 방식이다.
• 객체들은 점들을 직선으로 연결하여 정확하게 표현할 수 있다.
• 위상모형의 가장 큰 장점은 관계된 점의 좌표를 사용하지 않고 공간분석이 가능하다는 것이다.
• 객체들이 위상구조를 갖게 되면 주변 객체들과 공간상에서의 관계를 인식할 수 있다.

08 다음 중 래스터데이터 구조에 비하여 벡터데이터 구조가 갖는 장점으로 옳지 않은 것은? 12②산

① 복잡한 현실세계에 대한 세밀한 묘사를 할 수 있다.
② 자료구조가 단순하다.

③ 위상자료구조를 가질 수 있다.
④ 세밀한 묘사에 비해 데이터 용량이 상대적으로 작다.

◉해설

문제 05번 해설 참고

09 다음 중 편집지적도의 일필지 경계 좌표를 디지타이저로 처리한 자료 형태에 해당하는 것은? 12②산

① 래스터데이터
② ITRF 데이터
③ 벡터데이터
④ PIXEL 데이터

◉해설

디지타이징은 디지타이저라는 판 위에 도면을 올리고 컴퓨터를 이용하여 필요한 주제의 형태에서 작업자가 좌표를 독취하는 방법이며, 스캐닝과 비교하여 지도의 보관상태가 좋지 않은 경우에도 입력이 가능하고 결과물은 벡터구조를 갖게 된다.

10 토지정보의 입력 시 스캐닝에 의한 방법에 대한 설명으로 틀린 것은? 12③산

① 지적도면 자료를 입력하는 방법이다.
② 지도상의 정보를 신속하게 입력할 수 있다.
③ 디지타이저를 이용한 입력방법보다 편리하다.
④ 벡터 방식의 입력방법이다.

◉해설

스크린 디지타이징
스캐너 기능을 이용하여 스캔한 이미지를 불러서 스크린상에서 디지타이징을 수행하는 기법으로, 스캐닝은 래스터 입력방법이다.

11 벡터자료를 래스터자료로 변환하는 것을 무엇이라 하는가? 12③산

① 벡터라이징
② 래스터라이징
③ 필터링
④ 섹션화

정답 07 ④ 08 ② 09 ③ 10 ④ 11 ②

◉해설

1. 스크린 디지타이징(Screen Digitizing) 방법
   • 현행 지적도면 수치화 벡터라이징 기법으로 주로 사용
   • 스캐너 기능을 이용하여 스캔한 이미지를 불러서 스크린 상에서 디지타이징을 수행하는 기법
2. 스캐닝 방식은 스캐너를 이용하여 도면상의 도형 및 문자 등의 정보를 컴퓨터에 입력하는 것으로 도면을 흡착하고 광학 주사기를 이용하여 레이저 광선을 두면에 주사하여 반사되는 값에 수치값을 부여하여 데이터의 영상자료를 만드는 것이다. 이 영상자료는 GIS 소프트웨어를 이용하여 벡터라이징을 통해 수치지도로 제작된다.
3. 벡터라이징은 래스터자료를 벡터자료로 변환하는 것이다.

12 벡터데이터에 비해 래스터데이터가 갖는 장점으로 틀린 것은?
12③산

① 자료구조가 단순하다.
② 객체의 크기와 방향성에 정보를 가지고 있다.
③ 스캐닝이나 위성영상, 디지털 카메라에 의해 쉽게 자료를 취득할 수 있다.
④ 격자의 크기 및 형태가 동일하므로 시뮬레이션에는 용이하다.

◉해설

문제 05번 해설 참고

13 래스터이미지를 벡터화하는 과정에서 셀에 대상물의 속성값을 입력하는 방법 중 셀의 50% 이상을 차지하는 대상물이 그 셀 값에 부여되는 방법은?
12③산

① 현존 유 · 무(Presence/Absence) 방법
② 중심 셀(Centroid of Cell) 방법
③ 지배적 유형(Dominant Type) 방법
④ 과반수(Half Type) 방법

◉해설

1. 현존 유 · 무(Presence/Absence) 방법 : 주어진 셀 내에 대상물이 있는지 없는지를 결정하는 방법. 이 방법의 장점은 셀에 값을 부여하는 결정이 비교적 쉬우며 별도의 측정 필요 없음. 특히 셀의 상당한 부분을 차지하지 않는 점과

선을 벡터화에 유용. 예를 들면 도로가 셀을 통과하여 지나가면 셀에 값(1)을 부여하고, 지나가지 않으면 값을 부여하지 않는 방법

2. 중심 셀(Centroid of Cell) 방법 : 셀의 중심점을 차지하고 있는 대상물에 대해 셀 값 부여. 각 셀의 중심점을 정하고 그 중심점에 해당되는 대상물을 인식하는 데 상당한 시간이 요구됨. 점과 선은 주어진 셀의 중심을 직접 지나가는 경우에만 인식되어 선과 점의 벡터화에는 부적절하며 다각형의 벡터화에는 매우 효과적

3. 지배적 유형(Dominant Type) 방법 : 폴리곤 벡터화에 가장 보편적으로 사용. 셀의 50% 이상을 차지하는 대상물이 그 셀 값에 부여됨. 합리적인 방법이며 각 셀들이 하나의 범주 값만으로 부여되는 경우 매우 논리적. 그러나 이 방법은 아주 불규칙하고 긴 폴리곤이나 강과 같이 길고 구불구불한 형상과 같이 셀을 적게 차지하는 형상을 벡터화할 때는 부적합

• 현존 유 · 무 : 셀 면적의 대부분을 차지하지 않는 점, 선들에 대한 좋은 방법

• 중심 셀 : 점, 선에 대해서는 좋지 않은 방법이나 면적 데이터에 대해서는 좋음

• 폴리곤을 나타내는 경우에 좋은 방법이나 점, 선에는 부적정

14 벡터데이터의 기본 요소가 아닌 것은?
13①산

① 점　　　　　　② 선
③ 행렬　　　　　④ 면

해설

- 점은 (x, y) 또는 (x, y, z)와 같은 한 쌍의 좌표로써 공간상에 위치를 표현하며 범위를 갖지 않는 0차원 공간객체이다.
- 선은 연속되는 점의 연결로서 공간상에 그 위치와 형상을 표현하는 1차원의 길이를 갖는 공간객체이다.
- 영역은 선에 의해 폐합된 형태로서 범위를 갖는 2차원 공간객체이다.

15 래스터 자료의 압축방법에 해당하지 않는 것은?

13①산

① 블록 코드(Block Code) 기법
② 체인 코드(Chain Code) 기법
③ 연속분할 코드(Run−Length Code) 기법
④ 포인트 코드(Point Code) 기법

해설

문제 01번 해설 참고

16 래스터데이터의 단점으로 볼 수 없는 것은?

13①산

① 해상도를 높이면 자료의 양이 크게 늘어난다.
② 자료의 이동, 삭제, 입력 등 편집이 어렵다.
③ 위상구조를 부여하지 못하므로 공간적 관계를 다루는 분석이 불가능하다.
④ 중첩기능을 수행하기가 불편하다.

해설

문제 05번 해설 참고

17 경계선의 이중입력으로 서로 다른 폴리곤이 중첩되어 발생하는 불필요한 폴리곤을 무엇이라고 하는가?

13②산

① 오버슈트(Overshoot)   ② 노드 중복(Over Lap)
③ 슬리버(Sliver)   ④ 스파이크(Spike)

해설

디지타이징 및 벡터 편집에서의 오류 유형

- Undershoot(못 미침) : 교차점을 만나지 못하고 선이 끝나는 것
- Overshoot(튀어나옴) : 교차점을 지나 선이 끝나는 것
- Spike(스파이크) : 교차점에서 두 개의 선분이 만나는 과정에서 생기는 것
- Sliver Polygon(슬리버 폴리곤) : 두 개 이상의 Coverage에 대한 오버레이로 인해 Polygon의 경계에 흔히 생기는 작은 영역의 Feature
- Overlapping(점, 선의 중복) : 점, 선이 이중으로 입력되어 있는 상태

18 래스터데이터와 벡터데이터에 대한 설명으로 틀린 것은?

13②산

① 래스터데이터는 데이터 구조가 단순하고 레이어의 중첩분석이 편리하다.
② 벡터데이터를 래스터데이터로 변환하는 방법으로 Transit Code, Run−Length Code, Lot Code, Quadtree 기법이 있다.
③ 벡터데이터는 좌표계를 이용하여 공간정보를 기록하므로 자료를 보다 정확히 표현할 수 있다.
④ 벡터데이터는 객체들의 지리적 위치를 크기와 방향으로 나타낸다.

해설

문제 05번 해설 참고

19 벡터데이터의 장점이 아닌 것은?

13③산

① 위상에 관한 정보가 제공된다.
② 원격탐사 자료와의 연계처리가 용이하다.
③ 객체별로 선택할 수 있다.
④ 자료 갱신과 유지관리가 편리하다.

해설

문제 05번 해설 참고

정답 15 ④ 16 ④ 17 ③ 18 ② 19 ②

20 규칙적인 셀(Cell)의 격자에 의하여 형상을 묘사하는 자료구조는?   13③산

① 속성자료구조   ② 벡터 자료구조
③ 래스터 자료구조   ④ 필지자료구조

해설

래스터 자료구조는 매우 간단하며 일정한 격자간격의 셀이 데이터의 위치와 그 값을 표현하므로 격자데이터라고도 하며 도면을 스캐닝하여 취득한 자료와 위상영상자료들에 의하여 구성된다. 래스터 구조는 구현의 용이성과 단순한 파일구조에도 불구하고 정밀도가 셀의 크기에 따라 좌우되며 해상력을 높이면 자료의 크기가 방대해진다. 각 셀들의 크기에 따라 데이터의 해상도와 저장크기가 달라지게 되는데 셀 크기가 작으면 작을수록 보다 정밀한 공간현상을 잘 표현할 수 있다.

21 크기가 다른 정사각형을 이용하며, 공간을 4개의 동일한 면적으로 분할하는 작업을 하나의 속성값이 존재할 때까지 반복하는 래스터자료 압축방법은?   14①산

① 런렝스코드(Run-length Code) 기법
② 체인코드(Chain Code) 기법
③ 블록코드(Block Code) 기법
④ 사지수형(Quadtree) 기법

해설

문제 01번 해설 참고

22 벡터데이터의 위상구조를 이용하여 분석 가능한 내용이 아닌 것은?   14①산

① 분리성   ② 포함성
③ 인접성   ④ 연결성

해설

• 방향성(Sequence) : 지리정보자료는 하나의 개체에 대해 순서가 주어짐으로써 사용자가 원하는 사실적인 형상이 나타나고 전후좌우에 어떠한 개체가 존재하는지 표현할 수 있기 때문에 순서를 순차적으로 기록하지 않으면 안 된다.

• 인접성(Adjacency) : 사용자를 중심으로 하는 개체의 형상 좌우에 어떤 개체가 인접하고 그 존재 무엇인지를 나타내는 것이며 이러한 인접성으로 인해 지리정보의 중요한 상대적인 거리나 포함 여부를 알 수 있게 된다.

• 포함성(Containment) : 특정한 폴리곤에 또 다른 폴리곤이 존재할 때 이를 어떻게 표현할지는 중요한 지리정보 분석기능 중 하나이며, 특정 지역을 분석할 때, 특정 지역에 포함된 다른 지역을 분석할 때 중요하다.

• 연결성(Connectivity) : 지리정보의 3가지 요소의 하나인 선(Line)이 연결되어 각 개체를 표현할 때 노드(Node)를 중심으로 다른 체인과 어떻게 연결되는지를 표현한다.

23 래스터데이터의 구성 요소가 아닌 것은?   14②산

① 그리드(Grid)   ② 점(Point)
③ 화소(Pixel)   ④ 셀(Cell)

해설

벡터구조의 기본요소

1. Point
   • 기하학적 위치를 나타내는 0차원 또는 무차원 정보
   • 절점(Node)은 점의 특수한 형태로 0차원이고, 위상적 연결이나 끝점을 나타낸다.
   • 최근린방법 : 점 사이의 물리적 거리를 관측
   • 사지수(Quadrat)방법 : 대상영역의 하부 면적에 존재하는 점의 변이를 분석

2. Line
   • 1차원 표현으로 두 점 사이 최단거리를 의미
   • 형태 : 문자열(String), 호(Arc), 사슬(Chain) 등이 있다.
   • 문자열(String) : 연속적인 라인 세그먼트(Line Segment)를 의미한다.
   • 호(Arc) : 수학적 함수로 정의되는 곡선을 형성하는 점의 궤적
   • 사슬(Chain) : 각 끝점이나 호가 상관성이 없을 경우 직접적인 연결

3. Area
   • 면(面, Area) 또는 면적(面積)은 한정되는 연속적인 2차원적 표현
   • 모든 면적은 다각형으로 표현

24 스캐너에 의한 반자동 입력방식의 작업과정을 순서대로 나열한 것은? 14③산

① 준비 → 래스터데이터 취득 → 벡터화 및 도형인식 → 편집 → 출력 및 저장
② 준비 → 벡터화 및 도형인식 → 편집 → 래스터데이터 취득 → 출력 및 저장
③ 준비 → 편집 → 벡터화 및 도형인식 → 래스터데이터 취득 → 출력 및 저장
④ 준비 → 편집 → 래스터데이터 취득 → 벡터화 및 도형인식 → 출력 및 저장

해설

준비 → 도면을 고정(평평하게 펼치기 위해 진공압착) → 래스트데이트 취득 → tif 파일생성 → 벡터화 및 도형인식 → 편집 → 출력 및 저장

25 도형정보의 입력방법 중 디지타이징 방식에 비하여 스캐닝 방식이 갖는 특징으로 옳지 않은 것은? 14③산

① 손상된 도면의 경우 스캐닝에 의한 인식이 원활하지 못할 수 있다.
② 복잡한 도면을 입력할 경우에 작업시간이 단축된다.
③ 레이어별로 나뉘어져 입력되므로 비용이 저렴하다.
④ 특정 주제만을 선택하여 입력시킬 수 없다.

해설

1. 스캐너
   • 밀착스캔이 가능한 최선의 스캐너를 선정하여야 한다.
   • 스캐닝 방법에 의하여 작업할 도면은 보존상태가 양호한 도면을 대상으로 하여야 한다.
   • 스캐닝 작업을 할 경우에는 스캐너를 충분히 예열하여야 한다.
   • 벡터라이징 작업을 할 경우에는 경계점 간 연결되는 선의 굵기가 0.1mm가 되도록 환경을 설정하여야 한다.
   • 벡터라이징은 반드시 수동으로 하여야 하며 경계점을 명확히 구분할 수 있도록 확대한 후 작업을 실시하여야 한다.
2. 디지타이저
   • 도면이 훼손 · 마멸되어 스캐닝 작업으로 경계의 식별이 곤란할 경우 또는 도면의 상태가 양호하더라도 도곽 내

에 필지 수가 적어 스캐닝 작업이 비효율적인 도면은 디지타이징 방법으로 작업을 할 수 있다.
   • 디지타이징 작업을 할 경우에는 데이터 취득이 완료될 때까지 도면을 움직이거나 제거하여서는 아니 된다.

26 다음 중 대표적인 벡터 자료 파일 형식이 아닌 것은? 14③산

① Coverage 파일 포맷
② CAD 파일 포맷
③ Shape 파일 포맷
④ TIFF 파일 포맷

해설

1. Shape 파일형식
   • ESRI 사의 Arcview에서 사용되는 자료형식
   • Shape 파일은 비위상적 위치정보와 속성정보를 포함
2. Coverage 파일형식
   • ESRI 사의 Arc/Info에서 사용되는 자료형식
   • Coverage 파일은 위상모델을 적용하여 각 사상 간 관계를 적용하는 구조임
3. CAD 파일형식
   • Autodesk 사의 AutoCAD 소프트웨어에서는 DWG와 DXF 등의 파일형식을 사용
   • DXF 파일형식은 GIS 관련 소프트웨어뿐만 아니라 원격탐사 소프트웨어에서도 사용할 수 있음
4. DLG 파일형식
   • Digital Line Graph의 약자로서 U.S. Geological Survey에서 지도학적 정보를 표현하기 위해 고안한 디지털벡터파일 형식
   • DLG는 ASCII 문자형식으로 구성
5. VPF 파일형식
   • Vector Product Format의 약자
   • 미 국방성의 NIMA(National Imagery and Mapping Agency)에서 개발한 군사적 목적의 벡터형 파일형식
6. TIGER 파일형식
   • Topologically Integrated Geographic Encoding and Referencing System의 약자
   • U.S. Census Bureau에서 인구조사를 위해 개발한 벡터형 파일형식

정답 24 ① 25 ③ 26 ④

27 벡터자료에 대한 설명으로 틀린 것은? 14③산

① 그래픽의 정확도가 높다.

② 위치와 속성의 검색, 갱신, 일반화가 가능하다.

③ 래스터자료보다 자료구조가 단순하다.

④ 현상적 자료구조를 잘 표현할 수 있고 축약되어 있다.

●해설

문제 05번 해설 참고

28 벡터자료의 저장모형 중 위상(Topology) 모형에 대한 설명으로 옳지 않은 것은? 14③산

① 공간 객체 간의 위상정보를 저장하는 데 보편적으로 사용되는 방식이다.

② 좌표데이터만을 사용할 때보다 다양한 공간분석이 가능하다.

③ 인접한 폴리곤 간의 공통 경계는 각각의 폴리곤에 대하여 한 번씩 반드시 두 번 기록되어야 한다.

④ 다양형의 형상(Shape), 인접성(Neighbor hood), 계급성(Hirearchy)을 묘사할 수 있는 정보를 제공한다.

●해설

위상구조의 장단점

1. 장점
   • 좌표 데이터를 사용하지 않고도 인접성, 연결성 분석과 같은 공간분석이 가능하다.
   • 공간적인 관계를 구현하는 데 필요한 처리시간을 줄일 수 있다.
   • 입력된 도형정보에 대하여 일단 위상과 관련되는 정보를 정리하여 공간 데이터베이스에 저장하여 둔다.
   • 저장된 위상정보는 추후 위상을 필요로 하는 많은 정보의 분석이 빠르고 용이하게 이루어지도록 할 수 있다.

2. 단점
   • 컴퓨터 같은 장비 구입비용이 많이 소요된다.
   • 위상을 구축하는 과정이 반복되므로 컴퓨터 프로그램의 사용이 필수적이다.
   • 컴퓨터 프로그램이나 하드웨어의 성능에 따라서 소요되는 시간에는 많은 차이가 있다.
   • 위상을 정립하는 과정은 기본적으로 선의 연결이 끊어지지 않도록 하고 폐합된 도형의 형태를 갖도록 하는 시간이 많이 소요되는 편집과정이 선행되어야 한다.

29 디지타이징 입력에 의한 도면의 오류를 수정하는 방법으로 틀린 것은? 14③산

① 선의 중복 : 중복된 두 선을 제거함으로써 쉽게 오류를 수정할 수 있다.

② 라벨 오류 : 잘못된 라벨을 선택하여 수정하거나 제 위치에 옮겨주면 된다.

③ Undershoot and Overshoot : 누 선이 목표지점을 벗어나거나 못 미치는 오류를 수정하기 위해서는 선분의 길이를 늘려주거나 줄여야 한다.

④ Sliver 폴리곤 : 폴리곤이 겹치지 않게 적절하게 위치를 이동시킴으로써 제거될 수 있는 경우도 있고, 폴리곤을 형성하고 있는 부정확하게 입력된 선분을 만든 버틱스들을 제거함으로써 수정될 수도 있다.

●해설

디지타이징 입력에 따른 오류 유형

Overshoot (기준선 초과 오류)	교차점을 지나서 연결선이나 절점이 끝나기 때문에 발생하는 오류. 이런 경우 편집 소프트웨어에서 Trim과 같이 튀어나온 부분을 삭제하는 명령을 사용하여 수정한다.
Undershoot (기준선 미달 오류)	교차점에 미치지 못하는 연결선이나 절점으로 발생하는 오류. 이런 경우 편집소프트웨어에서 Extend와 같은 완전연결을 해주는 명령을 사용하여 수정한다.
Spike (스파이크)	교차점에서 두 개의 선분이 만나는 과정에서 잘못된 좌표가 입력되어 발생하는 오차. 이런 경우 엉뚱한 좌표가 입력된 점을 제거하고 적절한 좌푯값을 가진 점을 입력한다.
Sliver Polygon (슬리버 폴리곤)	하나의 선으로 입력되어야 할 곳에 두 개의 선으로 약간 어긋나게 입력되어 가늘고 긴 불편한 폴리곤을 형성한 상태의 오차(선 사이의 틈). 폴리곤 생성을 부정확하게 만든 선을 제거하여 폴리곤 생성을 새로 한다.
Overlapping (점, 선 중복)	주로 영역의 경계선에서 점, 선이 이중으로 입력되어 발생하는 오차로 중복되어 있는 점, 선을 제거함으로써 수정할 수 있다.
Dangle (댕글)	매달린 노드의 형태로 발생하는 오류로 오버슈트나 언더슈트와 같은 형태로 한쪽 끝이 다른 연결선이나 절점에 연결되지 않는 상태의 오차. 이것은 폴리곤이 폐합되어야 할 곳에서 Undershoot되어 발생하는 것이므로 이런 부분을 찾아서 수정해 주어야 한다.

정답 27 ③ 28 ③ 29 ①

30 기존의 지적도면 전산화에 적용한 방법으로 맞는 것은?

15①산

① 디지타이징 방식
② 조사 · 측량 방식
③ 자동벡터화 방식
④ 원격탐측방식

해설

기존의 지적도면 전산화 적용방법
• 디지타이징 방식
• 스캐너 방식

31 벡터 구조와 래스터 구조 간의 자료 변환에 관한 설명으로 옳은 것은?

15①산

① 벡터로의 변환이 래스터로의 변환보다 기술적인 난이도가 높다.
② 동일한 데이터 사용 시 알고리즘이 달라도 결과물은 항상 일정하다.
③ 벡터 데이터와 래스터 데이터를 서로 중첩시키는 것은 불가능하다.
④ 래스터 데이터에서 벡터 데이터로 변환 시 결과물의 품질이 항상 향상된다.

해설

자료변환

부호화(Coding)는 각종 도형 자료를 컴퓨터 언어로 변환시켜 컴퓨터가 직접 조정할 수 있는 형태로 바꾸어 준 형태를 의미하는 것으로 벡터 방식의 자료와 격자 방식의 자료가 있다.
• 벡터화(Vectorization) : 벡터 자료는 선추적방식이라 부르는 지역단위의 경계선을 수치부호화하여 저장하는 방식으로 래스터 자료에 비해 정확하게 경계선 설정이 가능하기 때문에 망이나 등고선과 같은 선형 자료 입력에 주로 이용하는 방식이다. 격자에서 벡터 구조로 변환하는 것으로 동일한 수치값을 갖는 격자들은 하나의 폴리곤을 이루게 되며, 격자가 갖는 수치값은 해당 폴리곤의 속성으로 저장한다. 벡터화 과정은 크게 전처리 단계(Pre-Processing), 벡터화 단계(Raster to Vector Conversion), 후처리 단계(Post-Processing)로 나눌 수 있다. 전처리 과정은 불필요한 요소들을 제거하는 필터링 단계(Filtering)와 격자의 골격을 형성하는 세선화 단계(Thinning)로 이루어진다.
• 격자화(Rasterization) : 래스터 자료는 격자방식 또는 격자방안방식이라 부르고 하나의 셀 또는 격자 내에 자료 형태의 상대적인 양을 기록함으로써 표현한다. 각 격자들을 조

합하여 자료가 형성되며 격자의 크기를 작게 하면 세밀하고 효과적인 모델링이 가능하지만 자료의 양은 기하학적으로 증가한다. 벡터에서 격자 구조로 변환하는 것으로 벡터 구조를 일정한 크기로 나눈 다음, 동일한 폴리곤에 속하는 모든 격자들은 해당 폴리곤의 속성값으로 격자에 저장한다.

32 다음 중 래스터 자료 포맷에 해당하지 않는 것은?

15②산

① BSQ(Band SeQuential)
② BIA(Band Inerleaved by Area)
③ BIL(Band Inerleaved by Line)
④ BIP(Band Inerleaved by Pixel)

해설

• BIL(Band Interleaved by Line) : 라인별 영상. 주어진 선에 대한 모든 자료의 파장대를 연속적으로 파일 내에 저장하는 형식이다. BIL 형식에 있어 파일 내의 각 기록은 단일 파장대에 대해 열의 형태인 자료의 격자형 입력선을 포함하고 있다.
• BSQ(Band Se Quential) : 밴드별 영상. 각 파장대는 분리된 파일을 포함하여 단일 파장대가 쉽게 읽히고 보일 수 있으며 다중 파장대는 목적에 따라 불러올 수 있다.
• BIP(Band Interleaved by Pixel) : 픽셀별 영상. 각 파장대의 값들이 주어진 영상소 내에서 순서적으로 배열되며 영상소는 저장장치에 연속적으로 배열된다. 구형이므로 거의 사용되지 않는다.

33 현실세계의 객체 및 객체와 관련되는 모든 형상의 점, 선, 면을 이용하여 마치 지도상에 나타내는 것과 같이 표현되는 자료는?

15②산

① 벡터 자료
② 래스터 자료
③ 속성 자료
④ 단위 자료

해설

• 벡터 자료모델(Vector Data Model) : 점, 선, 면의 세 가지 객체 타입으로 실세계의 지리정보를 표현하는 방식으로서 개별 위치마다 객체의 존재에 따라 공간이 표현된다.
• 래스터 자료모델(Raster Data Model) : 자료의 속성이 위치에 따라 점차적으로 변할 때 해당 지역에 대해 일정한 간격으로 자료를 취득할 수 있는데 이러한 방법으로 취득한 자료를 일정한 격자 또는 배열형태로 표현한 것을 래스터 자료 구조라고 한다.

34 다음 중 지적도면을 전산화함에 있어 정비하여야 할 사항과 가장 거리가 먼 것은? 15③산

① 도면번호 정비 ② 도곽선 정비
③ 소유자 정비 ④ 경계 정비

● 해설

지적도면은 도형정보에 속하며 소유자와 관련된 내용은 속성정보이다.

35 다음 문장에서 ( ) 안에 들어갈 용어가 순서대로 바르게 배열된 것은? 15③산

> 수치지도는 영어로 Digital Map, Layer, Digital Layer라고 일컬어지며, 일반적으로 레이어라는 표현이 사용된다. 좀 더 명확한 의미에서는 도형자료만을 수치로 나타낸 것을 ( )라 하고, 도형자료와 관련 속성을 함께 지닌 수치지도를 ( )라고 칭한다.

① 레이어, 커버리지 ② 레전드, 레이어
③ 레전드, 커버리지 ④ 커버리지, 레이어

● 해설

도형자료만을 수치로 나타내면 Layer라고 하고 도형자료와 관련 속성을 함께 지닌 수치지도는 커버리지(Coverage)라 한다.

1. 커버리지(Coverage)
   • ArcInfo에서 벡터자료 저장의 기본단위를 이루는 수치지도. 커버리지는 그래픽 요소(점·선·면)인 3개의 기본 형식으로 지도자료를 저장한다.
   • 지리적인 데이터베이스에서 자료(예를 들면, 흙, 토지피복, 도로, 도시지역)의 한 개의 주제 또는 레이어
2. 레이어(layer) : 특별한 주제와 관계된 자료를 포함하고 있는 지리 데이터베이스의 부분 집합

36 오버슈트, 슬리버는 다음 중 어떤 자료를 편집하는 중에 발생하는 오류인가? 15③산

① 항공사진의 영상처리
② 위성영상으로부터 정사영상 제작
③ 벡터데이터 입력 및 편집
④ 래스터 데이터의 편집

● 해설

문제 29번 해설 참고

37 다음 중 점, 선, 면으로 표현된 객체들 간의 공간관계를 설정하여 각 객체들 간의 인접성, 연결성, 포함성 등에 관한 정보를 파악하기 쉬우며, 다양한 공간분석을 효율적으로 수행할 수 있는 자료구조는? 12①산

① 스파게티(Spaghetti) 구조
② 래스터(Raster) 구조
③ 위상(Topology) 구조
④ 그리드(Grid) 구조

● 해설

1. 위상구조를 가진 벡터데이터 모델
   • 위상자료는 공간 객체 간의 위상정보를 저장하는 데 가장 일반적으로 사용하는 방식이다.
   • 객체들은 점들을 직선으로 연결하여 정확하게 표현할 수 있다.
   • 위상모형의 가장 큰 장점은 관계된 점의 좌표를 사용하지 않고 공간분석이 가능하다는 것이다.
   • 객체들이 위상구조를 갖게 되면 주변 객체들과 공간상에서의 관계를 인식할 수 있다.
2. 위상구조를 이용하여 가능한 분석
   • 연결성 : 두 개 이상의 객체가 연결되어 있는지를 판단한다.
   • 인접성 : 두 개의 객체가 서로 인접하는지를 판단한다.
   • 포함성 : 특정 영역 내에 무엇이 포함되었는지를 판단한다.

38 다음 중 다양한 응용프로그램과 데이터베이스가 서로 인터페이스할 수 있는 방법을 제공하는 DBMS의 기능은? 12①산

① 저장기능 ② 정의기능
③ 제어기능 ④ 조작기능

● 해설

DBMS에서 사용하는 언어에는 스키마를 정의하거나 수정하는 언어인 데이터 정의언어(DDL)와 데이터를 조작하는 언어인 데이터 조작언어(DML)가 있다.

정답 34 ③ 35 ① 36 ③ 37 ③ 38 ②

데이터 언어

1. DDL(데이터 정의어) : 데이터의 구조를 정의하며 새로운 테이블을 만들고, 기존의 테이블을 변경/삭제하는 등의 역할을 한다.
   - CREATE : 새로운 테이블을 생성한다.
   - ALTER : 기존의 테이블을 변경한다.
   - DROP : 기존의 테이블을 삭제한다.
   - RENAME : 테이블의 이름을 변경한다.
   - TURNCATE : 테이블을 잘라낸다.
2. DML(데이터 조작어) : 데이터를 조회하거나 변경하며 새로운 데이터를 삽입/변경/삭제하는 등의 역할을 한다.
   - INSERT : 새로운 데이터를 삽입한다.
   - UPDATE : 기존의 데이터를 변경한다.
   - DELETE : 기존의 데이터를 삭제한다.
3. DCL(데이터제어어) : 데이터베이스 사용자에게 부여된 권한을 정의하며 데이터 접근 권한을 다루는 역할을 한다.
   - GRANT : 권한을 준다.
   - REVOKE : 권한을 제거한다.

39 벡터데이터의 형상에 대한 기본요소가 아닌 것은? 12②산

① 면　　　　　　② 선
③ 셀　　　　　　④ 점

해설

벡터 자료구조는 점, 선, 면을 이용하여 형상을 표현한다.

40 다음 중 지도를 스캐닝하여 얻어지는 도형자료의 유형은? 12③산

① 지적데이터　　　② 속성데이터
③ 래스터데이터　　④ 벡터데이터

해설

- 스캐닝 작업 : 래스터
- 디지타이저 : 벡터

41 벡터데이터에 대한 설명으로 틀린 것은? 12③산

① 벡터데이터는 점, 선, 면의 형태로 구성되어 있다.
② 주로 좌표를 가지고 있는 형태로 구성된다.

③ 시설물의 위치, 측량기준점의 위치는 한 쌍의 X · Y 좌푯값을 갖는 점으로 표시한다.
④ 선은 X · Y 좌표로 표시함으로써 길이나 면적은 표현되지 않는다.

해설

- 점 : 기하학적 위치를 결정, 지적측량기준점이 대표적임
- 선 : 가장 간단한 형태의 1차원 대상물은 두 점을 연결한 직선, 지적(임야)도의 경계선이 대표적임
- 면 : 경계선 내의 영역을 정의하며 면적을 가짐. 필지, 행정구역이 대표적임

42 데이터베이스 모형 중 SQL을 이용한 일관된 query 기법을 통합한 형태의 모형은? 12③산

① 계층형　　　　② 객체지향형
③ 관계형　　　　④ 네트워크형

해설

관계형 데이터베이스 관리시스템은 데이터 검색 시에 사용자들에게 융통성을 제공하며, SQL과 같은 표준 질의어를 사용하여 복잡한 질의를 간단하게 표현할 수 있다.

43 래스터데이터의 특징으로 틀린 것은? 13①산

① 점, 선, 영역으로 표현한다.
② 구현이 용이하고 파일구조가 단순한 편이다.
③ 정밀도는 격자의 크기에 의존한다.
④ 면(화소, 셀)으로 구성된다.

해설

문제 05번 해설 참고

44 관계형 데이터베이스에 대한 설명으로 옳은 것은? 13①산

① 트리 형태의 계층구조로 데이터를 구성한다.
② 정의된 데이터 테이블의 갱신이 어려운 편이다.
③ 데이터를 2차원의 테이블 형태로 저장한다.
④ 필요한 정보를 추출하기 위한 질의의 형태에 많은 제한을 받는다.

정답　39 ③　40 ③　41 ④　42 ③　43 ①　44 ③

● 해설

데이터베이스 모델
• 평면파일구조 : 모든 기록들이 같은 자료 항목을 가지며 검색자에 의해 정해지는 자료 항목에 따라 순차적으로 배열된다.
• 계층형구조 : 여러 자료 항목이 하나의 기록에 포함되고, 파일 내의 각각의 기록은 각기 다른 파일 내의 상위 계층의 기록과 연관을 갖는 구조로 이루어져 있다.
• 망구조 : 다른 파일 내에 있는 기록에 접근하는 경로가 다양하고 기록들 사이에 다양한 연관이 있더라도 반복하여 자료 항목을 생성하지 않아도 된다는 것이 장점이다.
• 관계구조 : 자료 항목들은 표(Table)라고 불리는 서로 다른 평면구조(2차원)의 파일에 저장되고 표 내에 있는 각각의 사상(Entity)은 반복되는 영역이 없는 하나의 자료 항목 구조를 갖는다.

45 벡터데이터에 대한 설명이 틀린 것은? 13①산

① 지도와 비슷하고 시각적 효과가 높으며 실세계의 묘사가 가능하다.
② 디자타이징에 의해 입력된 자료가 해당된다.
③ 벡터데이터는 상대적으로 자료구조가 단순하며 체인코드 블록코드 등의 방법에 의한 자료의 압축효율이 우수하다.
④ 위상에 관한 정보가 제공되므로 관망분석과 같은 다양한 공간분석이 가능하다.

● 해설

문제 05번 해설 참고

46 다음 중 표현되는 벡터데이터의 종류가 다른 하나는? 13②산

① 행정구역선   ② 필지
③ 호수   ④ 저수지

● 해설

• 점 : 기하학적 위치를 결정, 지적측량기준점이 대표적임
• 선 : 가장 간단한 형태의 1차원 대상물은 두 점을 연결한 직선, 지적(임야)도의 경계선이 대표적임
• 면 : 경계선 내의 영역을 정의하며 면적을 가짐. 필지, 행정구역이 대표적임

47 래스터 데이터에 대한 설명으로 틀린 것은? 13③산

① 일정한 격자모양의 셀이 데이터의 위치와 값을 표현한다.
② 해상력을 높이면 자료의 크기가 커진다.
③ 격자의 크기를 확대할 경우 상대적으로 정보의 손실을 초래한다.
④ 네트워크와 연계된 구현이 용이하여 좌표변환이 편리하다.

● 해설

격자화(Rasterization)
래스터 자료는 격자방식 또는 격자방안방식이라 부르고 하나의 셀 또는 격자 내에 자료형태의 상대적인 양을 기록함으로써 표현하며 각 격자들을 조합하여 자료가 형성되고 격자의 크기를 작게 하면 세밀하고 효과적인 모델링이 가능하지만 자료의 양은 기하학적으로 증가한다. 벡터에서 격자구조로 변환하는 것으로 벡터구조를 일정한 크기로 나눈 다음, 동일한 폴리곤에 속하는 모든 격자들은 해당 폴리곤의 속성 값으로 격자에 저장한다.

48 벡터데이터의 구조에 대한 설명으로 틀린 것은? 13③산

① 점은 하나의 좌표로 구성된다.
② 선은 순서가 있는 여러 개의 점으로 구성된다.
③ 면은 선에 의해 포위된다.
④ 점·선·면의 형태를 이용한 지리적 객체는 4차원의 지도 형태이다.

● 해설

문제 05번 해설 참고

49 데이터베이스 관리시스템의 장점으로 틀린 것은? 13③산

① 자료구조의 단순성
② 데이터의 독립성
③ 데이터 중복 저장의 감소
④ 데이터의 보안 보장

정답 45 ③ 46 ① 47 ④ 48 ④ 49 ①

해설

DBMS 방식의 장점

- 자료의 검색 및 수정이 자체적으로 제어되므로 중앙제어장치로 운영될 수 있다.
- DB 내의 자료는 다른 사용자와 함께 호환이 자유롭게 되므로 효율적이다.
- 저장된 자료의 형태와는 관계없이 자료에 독립성을 부여할 수 있다.
- 새로운 응용프로그램의 개발이 용이하고 독특한 데이터의 검색기능을 편리하게 구현할 수 있다.
- 직접적으로 사용자와 연계를 위한 기능을 제공함으로써 복잡하고 높은 수준의 분석이 가능하다.
- 데이터베이스의 신뢰도를 보호하고 일관성을 유지하기 위한 기능과 공정을 제공할 수 있다.
- 중복된 자료를 최대한 감소시킴으로써 경제적이고 효율성 높은 방안을 제시할 수 있다.
- 사용자 요구에 부합하도록 적절한 양식을 제공함으로써 자료의 중복을 최대한 줄일 수 있다.

50 래스터데이터에 해당하지 않는 것은?   14②산

① 위치좌표데이터 　　② 위성영상데이터
③ 항공사진데이터 　　④ 이미지데이터

해설

래스터데이터(Raster Data)

래스터데이터의 유형은 실세계 공간 형상을 일련의 Cell들의 집합으로 정의, 표현. 즉 격자형의 영역에서 X, Y 축을 따라 일련의 셀들이 존재하며, 각 셀들은 속성값을 가지므로 이들 값에 따라 셀들을 분류하거나 다향하게 표현할 수 있다. 각 셀들의 크기에 따라 데이터의 해상도와 저장 크기가 달라지게 되는 데 셀 크기가 작으면 작을수록 보다 정밀한 공간 현상을 잘 표현할 수 있다. 대표적인 래스터 데이터 유형으로는 인공위성에 의한 이미지, 항공사진에 의한 이미지 등이 있으며 또한 스캐닝을 통해 얻어진 이미지 데이터를 좌표정보를 가진 이미지(Geo Referenced Image)로 바꿈으로써 얻어질 수 있다.

51 래스터자료에 해당되는 것은?   14②산

① SHP 파일 　　② DWG 파일
③ TIF 파일 　　④ DGN 파일

해설

래스터 형식의 자료

- pcx
- jpg
- bmp
- tiff : Tagged-image File Format(지리기준정보 포함)

52 벡터자료 형식이 아닌 것은?   14③산

① TIFF 파일 　　② Shape 파일
③ DLG 파일 　　④ TIGER 파일

해설

문제 26번 해설 참고

53 데이터베이스 관리시스템이 파일시스템에 비하여 갖는 단점은?   15①산

① 자료의 일관성이 확보되지 않는다.
② 자료의 중복성을 피할 수 없다.
③ 사용자별 자료 접근에 대한 권한을 부여할 수 없다.
④ 일반적으로 시스템 도입비용이 비싸다.

해설

DBMS의 장점

1. 장점
   - 중복의 최소화
   - 데이터의 독립성 향상
   - 데이터의 일관성 유지
   - 데이터의 무결성 유지
   - 시스템 개발비용 감소
   - 보안 향상
   - 표준화
2. 단점
   - 운영비의 증대 : 컴퓨터 하드웨어와 소프트웨어의 비용이 상대적으로 많이 소요된다.
   - 시스템 구성의 복잡성 : 파일처리방식에 비하여 시스템의 구성이 복잡하므로 이로 인한 자료의 손실가능성이 높다.

정답 50 ① 　51 ③ 　52 ① 　53 ④

CHAPTER 04 데이터 관리

···4.1 데이터의 관리

토지정보시스템에서 사용되는 자료는 컴퓨터 시스템에서 일반적으로 사용되는 자료의 유형과는 차이가 있다. 우선 X, Y 좌표를 기준으로 하는 도형자료와 문자 위주의 속성자료를 가지고 있으며, 이 두 가지 자료의 유형은 밀접한 관계를 가지고 지리적 공간에 존재하는 수많은 공간객체에 관한 사항을 표현한다. 자료의 관리를 위하여 데이터베이스를 기반으로 보다 효율적인 자료의 관리와 자료의 중복을 방지하기 위하여 데이터베이스 관리시스템(DBMS ; Database Management System)이 도입되었으며, 최근 위치 정보를 기반으로 하는 공간자료의 관리를 중심으로 하므로 기존의데이터베이스와 비교하여 보다 효율적인 위치정보의 조작이 중요시된다. 따라서 공간데이터베이스(SDB ; Spatial Database)라는 새로운 용어가 사용되고 있다.

4.1.1 데이터베이스(Database)의 특징

데이터베이스는 서로 연관성이 있는 특별한 의미를 갖는 자료의 모임을 의미하며, 즉 하나의 조직 안에서 다수의 사용자들이 공동으로 사용할 수 있도록 통합 및 저장되어 있는 운용자료의 집합을 의미한다.

장점	단점
① 자료를 한곳에 저장할 수 있다.	① 관련 전문가를 필요로 한다.
② 자료가 표준화되고 구조적으로 저장될 수 있다.	② 초기 구축비용과 유지 및 관리비용이 고가이다.
③ 서로 원천이 다른 데이터끼리 데이터베이스 내에서 연결되어 함께 사용할 수 있다.	③ 제공되는 정보의 가격이 고가이다.
④ 자료의 검색과 정보의 추출을 빠르고 용이하게 할 수 있다.	④ 사용자는 데이터베이스의 구축을 위하여 정해진 자료의 효율성과 구성을 갖추어야 한다.
⑤ 많은 사용자가 자료를 동시에 공유하여 함께 사용할 수 있다.	⑤ 자료의 분실이나 망실에 대비한 보안조치가 갖추어져야 한다.
⑥ 다양한 응용프로그램에서 서로 다른 목적으로 편집되고 저장된 데이터가 사용될 수 있다.	
⑦ 자료의 효율적 관리 및 중복을 방지할 수 있다.	

4.1.2 데이터베이스 모델

구분	내용
평면파일구조	모든 기록들이 같은 자료 항목을 가지며 검색자에 의해 정해지는 자료 항목에 따라 순차적으로 배열된다.
계층형 구조	여러 자료 항목이 하나의 기록에 포함되고, 파일 내의 각각의 기록은 각기 다른 파일 내의 상위 계층의 기록과 연관을 갖는 구조로 이루어져 있다.
망구조	다른 파일 내에 있는 기록에 접근하는 경로가 다양하고 기록들 사이에 다양한 연관이 있더라도 반복하여 자료항목을 생성하지 않아도 된다는 것이 장점이다.
관계구조	자료 항목들은 표(Table)라고 불리는 서로 다른 평면구조의 파일에 저장되고 표 내에 있는 각각의 사상(Entity)은 반복되는 영역이 없는 하나의 자료항목 구조를 갖는다.

4.1.3 파일 처리방식

파일(File)은 기본적으로 유사한 성질이나 관계를 가진 자료의 집합으로, 데이터 파일은 Record, Field, Key의 세 가지로 구성된다.

가. 구성

데이터 파일은 기록(Record), 영역(Field), 검색자(Key)의 세 가지로 구성된다.

구성	내용
기록 (Record)	하나의 주제에 관한 자료를 저장한다. 기록은 아래 표에서 행(Row)이라고 하며 학생 개개인에 관한 정보를 보여주고 성명, 학년, 전공, 학점의 네 개 필드로 구성되어 있다.
필드 (Field)	레코드를 구성하는 각각의 항목에 관한 것을 의미한다. 필드는 성명, 학년, 전공, 학점의 네 개 필드로 구성되어 있다.
키(Key)	파일에서 정보를 추출할 때 쓰이는 필드로서 키로써 사용되는 필드를 키필드라 한다. 표에서는 이름을 검색자로 볼 수 있으며 그 외의 영역들은 속성영역(Attribute Field)이라고 한다.

	성명	학년	전공	학점
레코드 1	김 영 찬	2	지적부동산학	3.5
레코드 2	이 해 창	3	측지정보과	4.3
레코드 3	최 영 창	1	지적정보과	3.9
레코드 4	박 동 규	4	부동산학	4.1

‖ 데이터파일의 레코드 구성 ‖

나. 특징

① 파일처리방식은 GIS에서 필요한 자료 추출을 위해 각각의 파일에 대하여 자세한 정보가 필요한데 이는 많은 양의 중복작업을 유발시킨다.

② 자료에 수정이 이루어질 경우 해당 자료를 필요로 하는 각 응용프로그램에 이를 상기시켜야 한다.

③ 관련 데이터를 여러 응용프로그램에서 사용할 때 동시 사용을 위한 조정과 자료수정에 관한 전반적인 제어기능이 불가능하다.

④ 즉 누구에 의하여 어떠한 유형의 자료는 수정이 가능하다는 등의 통제가 데이터베이스에 적용될 수 없다는 단점이 있다.

4.1.4 DBMS(DataBase Management System)

가. 필수기능

정의 기능	데이터의 유형(Type)과 구조에 대한 정의, 이용방식, 제약조건 등 데이터베이스의 저장에 대한 내용을 명시하는 기능이다.
조작 기능	사용자의 요구에 따라 검색, 갱신, 삽입, 삭제 등을 지원하는 기능으로 체계적으로 처리하기 위해 사용자와 DBMS 사이의 인터페이스를 위한 수단을 제공하는 기능이다.
제어 기능	데이터베이스의 내용에 대해 무결성, 보안 및 권한 검사, 병행 수행 제어 등 정확성과 안전성을 유지할 수 있는 제어기능을 가지고 있어야 한다.

나. 데이터 언어 (암기) CAD RE TURN SE IN UP DEL GR RE CO ROLL

DDL (데이터 정의어)	데이터의 구조를 정의하며 새로운 테이블을 만들고, 기존의 테이블을 변경/삭제하는 등의 역할을 한다.	
	CREATE	새로운 테이블을 생성한다.
	ALTER	기존의 테이블을 변경한다.
	DROP	기존의 테이블을 삭제한다.
	RENAME	테이블의 이름을 변경한다.
	TURNCATE	테이블을 잘라낸다.
DML (데이터 조작어)	데이터를 조회하거나 변경하며 새로운 데이터를 삽입/변경/삭제하는 등의 데이터 조작 역할을 한다.	
	SELECT	기존의 데이터를 검색한다.
	INSERT	새로운 데이터를 삽입한다.
	UPDATE	기존의 데이터를 변경한다.
	DELETE	기존의 데이터를 삭제한다.
DCL (데이터 제어어)	데이터베이스 사용자에게 부여된 권한을 정의하며 데이터 접근 권한을 다루는 역할을 한다.	
	GRANT	권한을 준다.
	REVOKE	권한을 제거한다.
	COMMIT	데이터 변경 완료
	ROLLBACK	데이터 변경 취소

다. DBMS의 장단점

장점	단점
① 중앙제어기능 ② 효율적인 자료의 호환 ③ 데이터의 독립성 ④ 새로운 응용프로그램 개발의 용이성 ⑤ 직접적인 사용자 접근 가능 ⑥ 자료 중복 방지 ⑦ 다양한 양식의 자료 제공	① 장비가 고가 ② 시스템의 복잡성 ③ 중앙집약적인 위험 부담

라. 데이터의 저장방법

데이터 시스템 언어 회의(CODASYL)에서 데이터베이스를 기술하기 위해 사용하기 시작한 개념. 데이터베이스의 구조에 관해서 이용자가 보았을 때의 논리 구조와 컴퓨터가 보았을 때의 물리 구조에 대해 기술하고 있다. 데이터 전체의 구조를 정의하는 개념 스키마, 실제로 이용자가 취급하는 데이터 구조를 정의하는 외부 스키마 및 데이터 구조의 형식을 구체적으로 정의하는 내부 스키마가 있다.

외부 스키마	외부 스키마는 전체적인 데이터베이스 구조인 개념 스키마의 요구사항과 일치하며, 결국 외부 스키마는 개념 스키마의 부분집합에 해당한다. 즉, 외부 스키마는 주로 외부의 응용프로그램에 위치하는 데이터 추상화 작업의 첫 번째 단계로서 전체적인 데이터베이스의 부분적인 기술이다.
개념 스키마	개념 스키마는 외부 사용자 그룹으로부터 요구되는 전체적인 데이터베이스 구조를 기술하는 것으로서, 데이터베이스의 물리적 저장구조 기술을 피하고, 개체(Entity), 데이터 유형, 관계, 사용자 연산, 제약조건 등의 기술에 집중한다. 즉, 여러 개의 외부 스키마를 통합한 논리적인 데이터베이스의 전체 구조로서 데이터베이스 파일에 저장되어 있는 데이터 형태를 그림으로 나타낸 도표라고 할 수 있다.
내부 스키마	내부 스키마는 물리적 저장장치에서의 전체적인 데이터베이스 구조를 기술한 것으로, 데이터베이스 정의어(DDL)에 의한 실질적인 데이터베이스의 자료 저장 구조(자료구조와 크기)이자 접근 경로의 완전하고 상세한 표현이다. 내부 스키마는 시스템 프로그래머나 시스템 설계자가 바라는 데이터베이스 관점이므로, 시스템의 효율성을 고려한 데이터의 저장 위치, 자료구조, 보안대책 등을 결정한다.

마. 종류

계층형 데이터베이스관리체계 (HDBMS ; Hierarchical DataBase Management System)	• 계층구조 내의 자료들이 논리적으로 관련이 있는 영역으로 나누어지며 하나의 주된 영역 밑에 나머지 영역들이 나뭇가지와 같은 형태로 배열되는 형태로서 데이터베이스를 구성하는 각 레코드가 계층구조 또는 트리구조를 이루는 구조이다. • 모든 레코드는 부모(상위) 레코드와 자식(하위) 레코드를 가지고 있으며, 각각의 객체는 단 하나만의 부모(상위) 레코드를 가지고 있다.
관망형 데이터베이스관리체계 (NDBMS ; Network DataBase Management System)	• 계층형 DBMS의 단점을 보완한 것으로 망구조 데이터베이스관리시스템은 계층형과 유사하지만 망을 형성하는 것처럼 파일 사이에 다양한 연결이 존재한다는 점에서 계층형과 차이가 있다. • 각각의 객체는 여러 개의 부모 레코드와 자식 레코드를 가질 수 있다.
관계형 데이터베이스관리체계 (RDBMS ; Relationship DataBase Management System)	• 영역들이 갖는 계층구조를 제거하여 시스템의 유연성을 높이기 위해서 만들어진 구조이다 • 데이터의 무결성, 보안, 권한, 록킹(Locking) 등 이전의 응용분야에서 처리해야 했던 많은 기능들을 지원한다. • 상이한 정보 간 검색, 결합, 비교, 자료 가감 등이 용이하다.
객체지향형 데이터베이스 관리체계(OODBMS ; Object Oriented DataBase Management System)	객체지향(Object Oriented)에 기반을 둔 논리적 구조를 가지고 개발된 관리시스템으로 자료를 다루는 방식을 하나로 묶어 객체(Object)라는 개념을 사용하여 실세계를 표현하고 모델링하는 구조이다.
객체관계형 데이터베이스 관리체계(ORDBMS ; Object Relational DataBase Management System)	관계형과 객체지향형의 장점을 수용하여 개발한 데이터베이스 관리시스템으로 관계형 체계에 새로운 객체 저장능력을 추가하고 있어 기존의 RDBMS를 기반으로 하는 많은 DB 시스템과의 호환이 가능하다는 장점이 있다.

4.1.5 데이터의 표준화

GIS의 구축에 있어서 초기에 대부분의 비용과 인력을 차지하는 것은 자료구축으로서 자료와 관련된 사항을 표준화함으로써 보다 경제적·효율적인 자료구축을 할 수 있다. 표준화는 자료구축을 위한 비용 감소는 물론 보다 많은 사용자의 편의를 돕게 하며 표준화를 통하여 서로 다른 하드웨어나 소프트웨어를 기반으로 구축된 공간데이터베이스라 할지라도 자료의 호환을 통해 데이터 구축의 중복성을 방지할 수 있다.

가. 데이터 표준화의 추진 목적

① 각종 수치지형도 및 속성자료에 대한 구축, 유통·관리·활용분야의 체계적이고 미래지향적인 표준개발

② 고도의 정보화 사회에 대비하여 국가 차원에서 GIS 활용기반과 여건을 성숙시켜 국토관리, 국가중요시설관리, 재해관리 등 국가정책 및 행정, 공공분야 등에 활용

나. 국제표준 관련 기관

국제 기관	ISO/TC211 (국제표준화기구 및 기술위원회 211)	1994년 국제표준기구에서 구성
	CEN/TC287 (유럽표준화 및 기술위원회 287)	1991년 유럽표준화 기구는 TC287이라는 기술위원회를 설립하였는데 유럽 모든 국가에 적용할 수 있는 지리정보의 표준화 작업을 위한 것이다.
	OGC(Open Gis Consortium)	1994년에 설립하였으며, GIS 관련 기관과 업체 중심의 비영리단체를 말한다.
국내 기관	KS(국가표준)	산업자원부기술표준원
	KICS(정보통신표준)	정보통신부
	TTA(단체표준)	한국정보통신기술협회

다. 메타데이터(Meta Data)

수록된 데이터의 내용, 품질, 조건 및 특징 등을 저장한 데이터로서 데이터에 관한 데이터, 즉 데이터의 이력서라 할 수 있다. 메타데이터는 작성한 실무자가 바뀌더라도 변함없는 데이터의 기본 체계를 유지함으로써 시간이 지나도 일관성 있는 데이터를 사용자에게 제공 가능하며, 데이터를 목록화하기 때문에 사용상의 편리성을 도모한다. 따라서 메타데이터는 정보의 공유를 극대화하며 데이터의 원활한 교환을 지원하기 위한 프레임을 제공한다.

1) 메타데이터의 기본요소

개요 및 자료소개 (Identification)	수록된 데이터의 명칭, 개발자, 지리적 영역 및 내용, 다른 이용자의 이용가능성, 가능한 데이터의 획득방법 등
자료품질(Quality)	자료가 가진 위치 및 속성의 정확도, 완전성, 일관성, 정보의 출처, 자료의 생성방법 등
자료의 구성 (Organization)	자료의 코드화에 이용된 데이터 모형(벡터나 래스터 등), 공간상의 위치 표시방법에 대한 정보
공간참조를 위한 정보(Spatial Reference)	사용된 지도 투영법, 변수, 좌표계에 관련된 제반 정보
형상 및 속성정보(Entity &Attribute Information)	수록된 공간정보 및 속성정보
정보 획득방법	정보의 획득과 관련된 기관, 획득 형태, 정보의 가격에 대한 정보
참조정보 (Metadata Reference)	메타데이터의 작성자, 일시 등

2) 메타데이터의 특징

① 데이터를 목록화하기 때문에 사용에 편리한 정보를 제공한다.

② 정보공유의 극대화를 도모하며 데이터의 교환을 원활히 지원하기 위한 틀을 제공한다.

③ 데이터의 기본체계를 유지함으로써 일관성 있는 데이터를 제공할 수 있다.

④ 메타데이터는 내부 메타데이터와 외부 메타데이터로 구분된다.

⑤ 내부 메타데이터는 자료구축과정에 대한 정보를 관리하고 외부메타데이터는 구축한 자료를 외부에 공개한다.

⑥ 최근에는 데이터에 대한 목록을 체계적이고 표준화된 방식으로 제공함으로써 자료의 공유회를 촉진시킨다.

⑦ 데이터의 특성과 내용을 설명하는 일종의 데이터로서 데이터의 양이 방대하다.

⑧ 대용량의 공간 데이터를 구축하는 데 비용과 시간을 절감할 수 있다.

라. 공간데이터 교환형식

국가지리정보체계(NGIS)를 구성함에 있어 지리정보시스템 간 위상벡터데이터 형식의 지리정보 교환을 위한 공통데이터 교환 포맷을 공간데이터 교환형식(SDTS)이라 한다.

1) SDTS

SDTS(Spatial Data Transfer Standard)는 자료를 교환하기위한 포맷이라기보다는 광범위한 자료의 호환을 위한 규약으로서 자료에 관한 정보를 상호 간 전달하기 위한 언어이다. 서로 다른 하드웨어, 소프트웨어, 운영체계를 사용하는 응용시스템들 사이에서 지리정보를 공유하고자 하는 목적으로 개발된 정보교환 매개체로 미국 연방정부에 의하여 개발되었다. 우리나라의 경우 국가지리정보시스템사업의 일환으로 정보통신부에서는 표준화분과위원회를 구성하여 한국표준으로 제정하고 있다.

SDTS의 자료 모델	공간현상모델	실세계의 다양한 공간현상을 모델화
	공간객체모델	다양한 공간현상을 수치적 · 물리적으로 표현
	공간지형지물모델	실세계 공간현상과 수치적인 공간객체의 관계를 규정
SDTS의 특징	① SDTS는 모든 유형의 공간자료를 교환하는 것이 가능하도록 구성되고 서로 다른 체계들 간의 자료공유를 위해 개발되었다. ② SDTS는 공간 데이터에 관한 정보를 상호 간에 전달하는 언어이며 서로 다른 하드웨어, 소프트웨어 운영체계의 표준을 말한다. ③ 공간자료의 가치를 무한히 확대시키는 데 중요한 역할을 한다. ④ SDTS는 NGIS의 데이터 교환 표준화로 제정되었다. ⑤ SDTS를 통해 다양한 공간데이터의 교환 및 공유가 가능하다. ⑥ 공간현상들을 수치적으로 표현하는 공간객체를 정의하여 체계적이고 구조적으로 자료모델을 정의하고 있다. ⑦ SDTS는 일반적으로 자료교환 표준 ISO/ANSI 8211을 사용하여 논리적인 규약을 물리적 수준으로 전환 가능하도록 규정한다.	

01 데이터베이스 관리시스템의 필수 기능에 포함되지 않는 것은? 12①산

① 정의 　　　　　② 설계
③ 조작 　　　　　④ 제어

해설

필수기능은 조작기능, 제어기능, 정의기능이다.

구분	SQL 명령
데이터 제어어 (Control Language)	GRANT, DENT
데이터 조작어 (Manipulation Language)	SELECT, INSERT, DELETE, UPDATE
데이터 정의어 (Definition Language)	CREATE, ALTER, DROP

02 지적도면을 수치파일로 작성하는 경우 레이어로 지정할 수 없는 데이터는? 12①산

① 필지경계 　　　　　② 지번
③ 도곽선 　　　　　④ 소유자

해설

지적도면(필지경계, 지번, 도곽선)은 도형정보이며 소유자는 속성정보로서 레이어로 지정할 수 없다.

03 기존의 파일시스템에 비하여 데이터베이스관리시스템(DBMS)이 갖는 장점이 아닌 것은? 12①산

① 데이터의 중복성 　　　　　② 중앙제어 기능
③ 직접적인 사용자 연계 　　④ 효율적인 자료호환

해설

DBMS 방식의 장단점
1. 장점
   • 자료의 검색 및 수정이 자체적으로 제어되므로 중앙제어 장치로 운영될 수 있다.
   • DB 내의 자료는 다른 사용자와 함께 호환이 자유로우므로 효율적이다.

• 저장된 자료의 형태와는 관계없이 자료에 독립성을 부여할 수 있다.
• 새로운 응용프로그램의 개발이 용이하고 독특한 데이터의 검색기능을 편리하게 구현할 수 있다.
• 직접적으로 사용자와의 연계를 위한 기능을 제공함으로써 복잡하고 높은 수준의 분석이 가능하다.
• 데이터베이스의 신뢰도를 보호하고 일관성을 유지하기 위한 기능과 공정을 제공할 수 있다.
• 중복된 자료를 최대한 감소시킴으로써 경제적이고 효율성 높은 방안을 제시할 수 있다.
• 사용자 요구에 부합하도록 적절한 양식을 제공함으로써 자료의 중복을 최대한 줄일 수 있다.
2. 단점
   • 운영비의 증대 : 컴퓨터 하드웨어와 소프트웨어의 비용이 상대적으로 많이 소요된다.
   • 시스템 구성의 복잡성 : 파일 처리방식에 비하여 시스템의 구성이 복잡하므로 이로 인한 자료의 손실 가능성이 높다.

04 다음 중 관계형 DBMS의 질의어는? 12①산

① SQL 　　　　　② DLL
③ DLG 　　　　　④ COGO

해설

관계형 데이터베이스시스템(RDBMS)은 데이터 검색 시에 사용자들에게 융통성을 제공하며, SQL과 같은 표준적인 질의 언어사용으로 복잡한 질의도 간단하게 표현할 수 있다.

05 다음 중 원격탐사를 통해 수집된 위성영상자료의 전자파 소음을 제거하고 오류를 바로잡아 올바른 좌표정보와 좌표체계 정보 등을 이미지 데이터에 교정하여 저장함으로써 자료를 순화시키는 과정은? 12②산

① 전처리과정 　　　　　② 강조처리
③ 주제별 분석 　　　　　④ 후처리과정

● 해설

전처리

방사량 왜곡 및 기하학적 왜곡을 보정하는 공정을 전처리(Pre −processing)라고 한다. 방사량 보정은 태양고도, 지형경사에 따른 그림자, 대기의 불안정 등으로 인한 보정을 하는 것이고 기하학적 보정이란 센서의 기하특성에 의한 내부 왜곡의 보정, 플랫폼 자세에 의한 보정, 지구의 형상에 의한 외부 왜곡에 대한 보정을 말한다.

06 다음 중 복잡하기는 하지만 동질성을 가지고 구성되어 있는 현실세계의 객체들을 보다 정확히 묘사함으로써 기존의 데이터베이스 모형이 가지는 문제점들의 극복이 가능하며 클래스의 주요한 특성으로 계승 또는 상속성의 구조를 갖는 것은? 12②산

① 계급형 데이터베이스
② 객체지향형 데이터베이스
③ 네트워크형 데이터베이스
④ 관계형 데이터베이스

● 해설

객체지향형 데이터베이스 관리시스템(OODBMS)
• 관계형 데이터베이스 관리시스템을 보완하기 위해 등장했으며 멀티미디어 데이터의 지원이 가능하다.
• 특정 객체 간에는 데이터와 그 조작방법을 공유할 수 있다.
• 캡슐화(Encapsulation), 계승(유전, Inheritance Hierar−chy), 폴리모피즘(다형성, Polymorphism) 등 프로그래밍에 도움을 주는 특성을 보유한다.
• 레코드와 레코드 사이의 데이터 검색이나 작업이 포인터(Pointer)에 의하여 이루어지므로 성능 문제가 대두되지 않는다.
• 객체지향형 데이터모델은 CAD와 GIS 등의 분야에서 데이터베이스를 구축할 때 사용할 수 있다.
• 상용 DBMS 대부분이 아직 개발자들을 위한 충분한 개발지원도구와 이기종의 시스템이나 운영체제 및 호환을 위한 인터페이스를 갖추고 있지 못하다.

07 SQL 언어 중 데이터조작어(DML)에 해당하지 않는 것은? 12③산

① INSERT
② UPDATE
③ DELETE
④ DROP

● 해설

DBMS에서 사용하는 언어에는 스키마를 정의하거나 수정하는 언어인 데이터 정의언어(DDL)와 데이터를 조작하는 언어인 데이터 조작언어(DML), 데이터 제어언어(DCL)가 있다.

데이터 언어
1. DDL(데이터 정의어) : 데이터의 구조를 정의하며 새로운 테이블을 만들고, 기존의 테이블을 변경/삭제하는 등의 역할을 한다.
   • CREATE : 새로운 테이블을 생성한다.
   • ALTER : 기존의 테이블을 변경한다.
   • DROP : 기존의 테이블을 삭제한다.
   • RENAME : 테이블의 이름을 변경한다.
   • TURNCATE : 테이블을 잘라낸다.
2. DML(데이터 조작어) : 데이터를 조회하거나 변경하며 새로운 데이터를 삽입/변경/삭제 하는 등의 데이터 조작 역할을 한다.
   • INSERT : 새로운 데이터를 삽입한다.
   • UPDATE : 기존의 데이터를 변경한다.
   • DELETE : 기존의 데이터를 삭제한다.
3. DCL(데이터 제어어) : 데이터베이스 사용자에게 부여된 권한을 정의하며 데이터 접근 권한을 다루는 역할을 한다.
   • GRANT : 권한을 준다.
   • REVOKE : 권한을 제거한다.

08 다음 중 래스터데이터의 자료압축방법이 아닌 것은? 12③산

① 런렝스코드방법
② 체인코드방법
③ 블록코드방법
④ 트랜스코드방법

● 해설

래스터데이터 자료의 압축방법
• Run−length code 기법 : 각 행마다 왼쪽에서 오른쪽으로 진행하면서 동일한 수치를 갖는 셀들을 묶어 압축시키는 방법
• Quadtree 기법 : 공간을 4개의 정사각형으로 계층적으로 분할하는 위계적인 데이터 구조
• Chain code 기법 : 셀들의 연속적인 연결 상태를 파악하여 이를 압축시키는 방법
• Block code 기법 : 2차원의 정방형 블록으로 분할하여 객체에 대한 데이터를 구축하는 방법

정답 06 ② 07 ④ 08 ④

09 농지정리사업시행지역의 확정측량작업을 완료하고 행정구역도면을 출력할 때의 출력장비로 옳은 것은? 12③산

① USB
② 스캐너
③ 디지타이저
④ 플로터

해설

- 플로터 : 컴퓨터에 기록된 지적도를 출력한다.
- 디지타이저 : 2차원적 도면상 좌표 입력장치이다.
- 스캐너 : 항공사진을 래스터로 읽어들이는 장치이다.

10 공간데이터의 수집 절차로 옳은 것은? 13①산

① 데이터 획득 → 수집계획 → 데이터 검증
② 수집계획 → 데이터 검증 → 데이터 획득
③ 수집계획 → 데이터 획득 → 데이터 검증
④ 데이터 검증 → 데이터 획득 → 수집 계획

해설

공간데이터의 수집 절차
수집계획 → 데이터 획득 → 데이터 검증

11 데이터베이스 관리시스템(DBMS)의 단점이 아닌 것은? 13①산

① 초기 구축비용과 유지비용이 고가
② 시스템의 자료구조가 복잡
③ 통제의 집중화에 따른 위험 존재
④ 데이터의 중복성 발생

해설

문제 03번 해설 참고

12 객체지향형 데이터베이스 관리체계(DBMS)의 특징으로 옳지 않은 것은? 13①산

① 데이터베이스의 관리와 수정이 불편하면 단순한 형태의 데이터만을 저장할 수 있다.

② 관계형 데이터 모델의 단점을 보완할 수 있는 것으로 등장하였다.
③ 객체지향프로그래밍 언어를 데이터베이스시스템에 적용시킨 것이다.
④ 특정 객체 간에는 데이터와 그 조작방법을 공유할 수 있다.

해설

DBMS(Data Base Management System)

1. 정의
   자료기반관리체계는 자료의 중복성을 제외하고 다른 특징들 중 무결성·일관성·유용성을 보장하기 위한 자료를 관리하는 소프트웨어체계를 말한다.

2. DBMS 모형의 종류
   ㉠ H-DBMS(Hierachical-DBMS, 계급형 DBMS)
   트리 구조의 모형으로서 가장 위의 계급을 Root(근원)라 한다. Root 역시 레코드 형태를 가지며 모든 레코드는 1 : 1 또는 1 : n의 관계를 갖는다.
   ⓐ 장점
   - 이해와 갱신이 쉽다.
   - 다량의 자료에서 필요한 정보를 신속하게 추출할 수 있다.
   ⓑ 단점
   - 각각의 객체는 단 하나만의 근본 레코드를 갖는다.
   - 키필드가 아닌 필드에서는 검색이 불가능하다.
   ㉡ R-DBMS(Relation-DBMS, 관계형 DBMS)
   각각의 항목과 그 속성이 다른 모든 항목 및 그의 속성과 연결될 수 있도록 구성된 자료구조
   ⓐ 장점
   - 테이블 내의 자료구성에 제한을 막지 않는다.
   - 수학적으로 안정적이다.
   - 수학적 논리성이 적용된다.
   - 모형의 구성이 단순하다.
   ⓑ 단점
   - 기술적 난해도가 높다.
   - 레코드 간의 관계 정립 시 시간이 많이 소요된다.
   - 전반적인 시스템의 처리속도가 늦다.
   ㉢ OO-DBMS(ObjectOrientation-DBMS, 객체지향형 DBMS)
   각각의 데이터를 유형별로 모듈화시켜 복잡한 데이터를 쉽게 처리하는 최초의 자료기반관리체계
   ⓐ 장점 : 복잡한 데이터를 쉽게 처리 가능
   ⓑ 단점 : 자료 간의 관계성 처리능력 감소

정답 09 ④ 10 ③ 11 ④ 12 ①

② OR-DBMS(Object Relation-DBMS, 객체지향관계형 DBMS)

관계형 자료기반은 자료 간의 복잡한 관계를 잘 정리해 주긴 하지만 멀티미디어 자료를 처리하는 데 어려움이 있고 반면에 객체지향자료기반은 복잡한 자료를 쉽게 처리해주는 대신 자료 간의 관계 처리에 있어서는 단점을 가지고 있다. 따라서 각각이 갖는 단점을 보완하고 장점을 부각시킨 자료기반이 필요하게 되는데 이러한 자료기반, 즉 객체지향 자료기반과 관계형 자료기반을 통합시킨 차세대 자료기반을 OR-DBMS라 한다.

13 메타데이터의 역할을 가장 옳게 설명한 것은? 13①⬭

① 이질적인 자료 간의 결합을 촉진한다.
② 데이터의 기본체계를 유지하여 일관성 있는 데이터를 제공한다.
③ 자료에 대한 접근현황을 실시간으로 보여준다.
④ 자료의 다양한 공간분석기준을 제시해 준다.

●해설

메타데이터(Meta Data)

메타데이터란 자료에 대한 이력서로서 실제 자료는 아니지만 자료에 따라 유용한 정보를 목록화하여 제공함으로써 지리정보에 대한 이해를 높이고 정보의 활용을 촉진하는 중요한 기능을 담당하고 있다. 사용자가 자료의 획득 및 사용에 도움을 주기 위한 자료의 내용, 논리적인 관계와 특징, 기초자료의 정확도, 경계 등을 포함한 자료의 특성을 설명하는 자료로 방대한 데이터의 공유 및 사용을 원활하게 하는 것을 목적으로 한다.(Index의 역할)

1. 메타데이터의 기본요소
   • 개요 및 자료 소개 : 데이터 명칭, 개발자, 지리적 영역 및 내용 등
   • 자료 품질 : 위치 및 속성의 정확도, 완전성, 일관성 등
   • 자료의 구성 : 자료의 코드화에 이용된 데이터 모형
   • 공간 참조를 위한 정보 : 사용된 지도 투영법, 변수, 좌표계 등
   • 형상 및 속성정보 : 지리정보와 수록방식
   • 정보 획득 방법 : 관련 기관, 획득 형태, 정보의 가격 등
   • 참조 정보 : 작성자, 일시 등

2. 메타데이터의 필요성
   각기 다른 목적으로 구축된 다양한 자료에 대한 접근의 용이성을 최대화하기 위해서는 참조된 모든 자료의 특성을

표현할 수 있는 메타데이터의 체계가 필요
   • 시간과 비용의 낭비를 제거
   • 공간 정보 유통의 효율성

3. 메타데이터의 역할
   • 사용 가능성
   • 교환 가능성
   • 관리정보

14 아래와 같은 특징을 갖는 논리적인 데이터베이스 모델은? 13②⬭

• 다른 모델과 달리 각 개체는 각 레코드(Record)를 대표하는 기본 키(Primary Key)를 갖는다.
• 다른 모델에 비하여 관련 데이터 필드가 존재하는 한 필요한 정보를 추출하기 위한 질의 형태에 제한이 없다.
• 데이터의 갱신이 용이하고 융통성을 증대시킨다.

① 계층형 모델　　② 네트워크형 모델
③ 관계형 모델　　④ 객체지향형 모델

●해설

문제 12번 해설 참고

15 데이터베이스의 스키마를 정의하거나 수정하는 데 사용하는 데이터 언어는? 13②⬭

① DDL　　② DBL
③ DML　　④ DCL

●해설

문제 07번 해설 참고

16 실세계의 지리공간을 GIS의 데이터베이스로 구축하는 과정을 추상화 수준에 따라 낮은 수준부터 높은 수준의 순서로 바르게 나열한 것은? 13②⬭

① 논리적 모델 → 개념적 모델 → 물리적 모델
② 개념적 모델 → 논리적 모델 → 물리적 모델
③ 개념적 모델 → 물리적 모델 → 논리적 모델
④ 논리적 모델 → 물리적 모델 → 개념적 모델

해설

데이터베이스로 구축하는 과정
개념적 모델 → 논리적 모델 → 물리적 모델

17 거의 모든 주요 DBMS에서 채택하고 있는 표준 데이터베이스 질의어는? 13②산

① COBOL
② DIGEST
③ SQL
④ DELPHI

해설

관계형 데이터베이스시스템(RDBMS)은 데이터 검색 시에 사용자들에게 융통성을 제공하며, SQL과 같은 표준적인 질의 언어 사용으로 복잡한 질의도 간단하게 표현할 수 있다.

18 기존의 자료저장방식에 비하여 데이터베이스 방식이 갖는 장점으로 옳지 않은 것은? 13②산

① 초기의 구축 비용이 적게 든다.
② 저장된 자료를 공동으로 이용할 수 있다.
③ 데이터의 무결성을 유지할 수 있다.
④ 데이터 중복을 피할 수 있다.

해설

데이터베이스의 장점
• 자료의 효율적 관리(데이터의 표준화)
• 자료의 집중화(데이터의 공통사용, 일관성 유지)
• 데이터 보안기능(사용자권한에 적합한 권한 부여)
• 사용자의 목적에 따른 데이터의 편집 및 가공 용이
• 자료 구축의 중복투자 방지
• 자료검색의 신속화
• PID를 이용하여 타 D/B와 연결 가능

19 관계형 데이터베이스모델(Relational Model)의 기본 구조 요소와 거리가 먼 것은? 13③산

① 소트(Sort)
② 속성(Attribute)
③ 행(Record)
④ 테이블(Table)

해설

1. 관계형 데이터베이스의 릴레이션 구조

학번 (NO)	이름 (NAME)	학년 (YEAR)	전공 (MAJOR)
89072	이순신	3	CD
89073	홍길동	2	CD
89074	임꺽정	4	ID
89075	장보고	2	ED

릴레이션은 표로 표현한 것으로 릴레이션 스키마와 릴레이션 인스턴스로 구성된다. 학번, 이름, 학년, 전공은 각각 속성이라 하고 전체를 릴레이션 스키마라 한다. 속성 아래의 모든 데이터를 튜플이라 하고 전체를 릴레이션 인스턴스라 한다. 릴레이션 스키마와 릴레이션 인스턴스를 릴레이션이라 한다.

2. 관계형 데이터베이스의 기본 구조

일반적 개념	모델링	DB객체
데이터집합(Relation), 관계집합 (Relationship set)	개체집합 (Entity Set)	테이블 (Table)
관계집합 중 어떤 행 (Row)	튜플(Tuple), 엔티티(Entity)	레코드 (Record)
관계집합 중 어떤 열(Column)	속성(Attribute)	필드(Field)

3. 관계·속성·튜플의 특징

관계 (Relationship)	• 모든 엔트리(Entry)는 단일값을 가짐 • 각 열(Column)은 유일한 이름을 가지며 순서 무의미 • 테이블의 모든 행(Row=Tuple)은 동일하지 않으며 순서 무의미
속성 (Attribute)	• 테이블의 열(Column)을 나타냄 • 자료의 이름을 가진 최소 논리적 단위 : 객체의 성질, 상태 기술 • 일반 File의 항목(Item, Field)에 해당 • 엔티티의 특성과 상태 기술 • 속성의 이름은 달라야 함
튜플 (Tuple) =엔티티 (Entity)	• 테이블의 행(Row) • 연관된 몇 개의 속성으로 구성 • 개념 정보 단위 • 일반 File의 레코드(Record)에 해당 • 튜플변수(Tuple Variable) : 튜플을 가리키는 변수, 모든 튜플의 집합을 도메인으로 하는 변수

도메인 (Domain)	• 각 속성이 가질 수 있도록 허용된 값들의 집합 • 속성 명과 도메인 명이 반드시 동일할 필요는 없음 • 모든 릴레이션에서 모든 속성들의 도메인은 원자적(Atomac)이어야 함 • 원적도메인 : 도메인의 원소가 더 이상 나누어질 수 없는 단일체를 나타냄
릴레이션 (Relation)	• 파일 시스템에서 파일과 같은 개념 • 중복된 튜플을 포함하지 않음 • 릴레이션＝튜플(엔티티)의 집합 • 속성(Attribute) 간에는 순서가 없음 • Relation Scheme＝속성들의 집합 　(Attribute Set)

20 DBMS의 "정의" 기능에 대한 설명이 아닌 것은?

13③산

① 데이터의 물리적 구조를 명세한다.
② 데이터베이스의 논리적 구조와 그 특성을 데이터 모델에 따라 명세한다.
③ 데이터베이스를 공용하는 사용자의 요구에 따라 체계적으로 접근하고 조작할 수 있다.
④ 데이터의 논리적 구조와 물리적 구조 사이의 변환이 가능하도록 한다.

해설

DBMS는 자료의 저장, 조작, 검색, 변화를 처리하는 특별한 소프트웨어를 사용하는 컴퓨터 프로그램의 일종으로 정보의 저장과 관리와 같은 정보관리를 목적으로 하는 프로그램이다. 파일처리방식의 단점을 보완하기 위해 도입되었으며 자료의 중복을 최소화하여 검색시간을 단축시키며 작업의 효율성을 향상시키게 된다.

DBMS의 필수기능

정의 기능	데이터의 유형(Type)과 구조에 대한 정의, 이용 방식, 제약 조건 등 데이터베이스의 저장에 대한 내용을 명시하는 기능이다.
조작 기능	사용자의 요구에 따라 검색, 갱신, 삽입, 삭제 등을 지원하는 기능으로 체계적으로 처리하기 위해 사용자와 DBMS 사이의 인터페이스를 위한 수단을 제공하는 기능이다.
제어 기능	데이터베이스의 내용에 대해 무결성, 보안 및 권한 검사, 병행 수행 제어 등 정확성과 안전성을 유지할 수 있는 제어 기능을 가지고 있어야 한다.

21 지형공간체계(GSIS)의 자료 기반 구축에 대한 설명이 틀린 것은?

13③산

① 도면이나 대장, 보고서 등이 이용된다.
② 래스터 방식과 벡터 방식을 이용할 수 있으며 수치지도는 래스터 방식에 적합하다.
③ GPS에 의해 측량된 지형정보자료를 이용하여 구축할 수 있다.
④ SPOT 위성영상에 의해 얻어진 지형정보자료를 이용하여 구축할 수 있다.

해설

지형공간체계(GSIS)의 자료 기반 구축
• 기존 도면이나 대장, 보고서 등
• GPS에 의해 측량된 지형정보자료
• SPOT 위성영상에 의해 얻어진 지형정보자료
• 항공사진측량에 의한 지형정보자료

22 데이터베이스관리시스템(DBMS ; Database Management System)에 대한 설명으로 틀린 것은?

14①산

① DBMS는 데이터베이스를 생성 · 관리 · 제공하는 집합이라고 할 수 있다.
② 파일처리방식에 비하여 시스템 구성이 단순하여 자료의 손실 가능성이 적다.
③ 데이터를 저장하고 정보를 추출하는 데 효율적이고 편리한 방법을 사용자에게 제공하는 데 목적이 있다.
④ 데이터를 안정적으로 관리하고 효율적인 검색 및 데이터베이스의 질의 언어를 지원하는 것이 주요 기능이다.

해설

문제 03번 해설 참고

23 데이터베이스의 구축과정 중 파일의 위치, 색인(Index) 방법과 같은 물리적 구조를 설계하는 단계는? 14②산

① 데이터베이스 정의 단계
② 데이터베이스 생성 계획을 수립하는 단계
③ 데이터베이스를 관리하고 조작하는 단계
④ 데이터베이스를 저장하는 방법에 대해 정의하는 단계

● 해설

데이터베이스 구축과정 3단계
• 첫 단계 : 데이터베이스를 정의하는 단계로 데이터베이스의 개념과 논리적 조직과 더불어 데이터베이스를 계획하는 것이다.
• 두 번째 단계 : 데이터베이스를 저장하는 방법에 대해 정의하는 것이다. 즉, 데이터 베이스의 물리적 구조기술, 예를 들어 파일의 위치와 색인(Index) 방법을 설계하는 것이다.
• 세 번째 단계 : 데이터베이스를 관리하고 조작하는 것으로 데이터베이스로부터 데이터를 추가하고 수정하며, 갱신·삭제하는 일을 수행하는 것이다.

24 계급형(Hierarchical) 데이터베이스 모델에 관한 설명으로 틀린 것은? 14②산

① 이해와 갱신이 용이하다.
② 각각의 객체는 여러 개의 부모 레코드를 갖는다.
③ 모든 레코드는 일대일(1 : 1) 혹은 일 대 다수(1 : n)의 관계를 갖는다.
④ 키필드가 아닌 필드에서는 검색이 불가능하다.

● 해설

문제 12번 해설 참고

25 데이터베이스에서 데이터의 표준 유형을 분류할 때 기능 측면의 분류에 해당하지 않는 것은? 14②산

① 데이터 표준   ② 프로세스 표준
③ 기술 표준   ④ 메타데이터 표준

● 해설

1. 데이터 표준화
   ㉠ 내용적 측면
     • 데이터 모델 표준
     • 데이터 내용 표준
     • 메타데이터 표준
   ㉡ 외부적 측면
     • 데이터 품질 표준
     • 데이터 수집 표준
     • 위치참조 표준
2. 데이터의 표준 유형 – 기능적 측면
   • 응용 표준(Application Standard)
   • 데이터 표준(Date Standard)
   • 기술 표준(Technologe Standard)
   • 전문적인 실무 표준(Professional Practice Standard)

26 다음 중 데이터베이스 관리 시스템(DBMS)의 기본 기능에 해당되지 않는 것은? 14③산

① 정의기능   ② 분석기능
③ 제어기능   ④ 조작기능

● 해설

문제 07번 해설 참고

27 토지정보체계에서 차원이 다른 공간객체는? 14③산

① 체인   ② 링크
③ 야크   ④ 노드

● 해설

선(Line)
선은 가장 간단한 형태로 1차원 대상물은 두 점을 연결한 직선이다. 대축척(면사상), 소축척(선사상)으로 지적도, 임야도의 경계선을 나타내는 데 효과적이다. Arc, String, Chain이라는 다양한 용어로도 사용된다.
• 아크 : 곡선을 형성하는 점들의 자치를 의미한다.
• 스트링 : 연속적인 Line segments를 의미한다.
• 체인 : 시작노드와 끝노드에 대한 위상정보를 가지며 자치 꼬임이 허용되지 않은 위상기본요소를 의미한다.
※ Node : 둘 이상의 선이 교차하여 만드는 점이나 아크의 시작이나 끝이 되는 특정한 의미를 가진 점을 말한다.

정답 23 ④ 24 ② 25 ④ 26 ② 27 ④

28 토지정보를 비롯한 공간정보를 관리하기 위한 데이터 모델로서 현재 가장 보편적으로 쓰이며 데이터의 독립성이 높고, 높은 수준의 데이터 조작언어를 사용하는 것은? 14③산

① 파일시스템 모델　　② 계층형 데이터 모델
③ 관계형 데이터 모델　④ 네트워크형 데이터 모델

● 해설

문제 12번 해설 참고

29 DEM(수치표고모형)과 TIN(불규칙삼각망) 모델을 선택할 때 고려해야 되는 기준이 아닌 것은? 15①산

① 지형의 특성　　　② 데이터의 수명
③ 특정한 응용의 필요성　④ 데이터 획득방법

● 해설

DEM과 TIN 모델 선택 시 고려사항
• 지형의 특성
• 데이터의 획득방법
• 특정한 응용의 필요성

30 기존의 파일시스템에 비하여 데이터베이스관리시스템(DBMS)이 갖는 장점이 아닌 것은? 15①산

① 시스템의 단순성　　② 중앙제어 기능
③ 데이터의 독립성　　④ 효율적인 자료호환

● 해설

DBMS(Date Base Management System, 데이터베이스 관리시스템)
DBMS는 자료의 저장, 조작, 검색, 변화를 처리하는 특별한 소프트웨어를 사용하는 컴퓨터 프로그램의 일종으로 정보의 저장과 관리와 같은 정보관리를 목적으로 하는 프로그램이다. 파일처리방식의 단점을 보완하기 위해 도입되었으며 자료의 중복을 최소화하여 검색시간을 단축시키며 작업의 효율성을 향상시키게 된다.

장점	단점
• 중앙제어기능 • 효율적인 자료의 호환 • 데이터의 독립성 • 새로운 응용프로그램 개발의 용이성 • 직접적인 사용자 접근 가능 • 자료 중복 방지 • 다양한 양식의 자료 제공	• 장비가 고가 • 시스템의 복잡성 • 중앙집약적인 위험 부담

31 데이터 취득 시 다중분광영상을 영상처리를 통하여 래스터데이터로서 결과를 얻는 방법은? 15①산

① 원격탐사　　　　② GPS 측량
③ 항공사진측량　　④ 디지타이저

● 해설

원격탐측(Remote Sensing)
원격탐측이란 지상이나 항공기 및 인공위성 등의 탑재기(Platform)에 설치된 탐측기(Sensor)를 이용하여 지표, 지상, 지하, 대기권 및 우주공간의 대상들에서 반사 혹은 방사되는 전자기파를 탐지하고 이들 자료로부터 토지, 환경 및 자원에 대한 정보를 얻어 이를 해석하는 기법이다.

32 데이터 정의어(Data Definition Language) 중에서 이미 설정된 테이블의 정의를 수정하는 명령어는? 15①산

① DROP TABLE　　② CHANGE TABLE
③ ALTER TABLE　　④ MOVE TABLE

● 해설

문제 07번 해설 참고

33 전산화 관련 자료의 구조 중 하나의 조직 안에서 다수의 사용자들이 공통으로 자료를 사용할 수 있도록 통합 저장되어 있는 운용자료의 집합을 무엇이라고 하는가? 15②산

① Database　　　　② Geocode
③ DMS　　　　　　④ Expert System

Database(DB)

여러 사람들이 공유하고 사용할 목적으로 통합 관리되는 정보의 집합이다. 논리적으로 연관된 하나 이상의 자료의 모음으로 그 내용을 고도로 구조화함으로써 검색과 갱신의 효율화를 꾀한 것이다. 즉, 몇 개의 자료 파일을 조직적으로 통합하여 자료 항목의 중복을 없애고 자료를 구조화하여 기억시켜 놓은 자료의 집합체라고 할 수 있다.

34 데이터베이스의 조직과 구조에 대해 전반적으로 기술한 것을 의미하는 것은? 15②산

① 스키마(Schema)　　② 관계
③ 속성　　　　　　　④ 메소드(Method)

스키마

데이터 시스템 언어 회의(CODASYL)에서 데이터베이스를 기술하기 위해 사용하기 시작한 개념. 데이터베이스의 구조에 관해서 이용자가 보았을 때의 논리구조와 컴퓨터가 보았을 때의 물리구조에 대해 기술하고 있다. 데이터 전체의 구조를 정의하는 개념 스키마, 실제로 이용자가 취급하는 데이터 구조를 정의하는 외부 스키마 및 데이터 구조의 형식을 구체적으로 정의하는 내부 스키마가 있다.

외부 스키마	외부 스키마는 전체적인 데이터베이스 구조인 개념 스키마의 요구사항과 일치하며, 결국 외부 스키마는 개념 스키마의 부분집합에 해당한다. 즉, 외부 스키마는 주로 외부의 응용프로그램에 위치하는 데이터 추상화 작업의 첫 번째 단계로서 전체적인 데이터베이스의 부분적인 기술이다.
개념 스키마	개념 스키마는 외부 사용자 그룹으로부터 요구되는 전체적인 데이터베이스 구조를 기술하는 것으로서, 데이터베이스의 물리적 저장구조 기술을 피하고, 개체(Entity), 데이터 유형, 관계, 사용자 연산, 제약조건 등의 기술에 집중한다. 즉, 여러 개의 외부 스키마를 통합한 논리적인 데이터베이스의 전체 구조로서 데이터베이스 파일에 저장되어 있는 데이터 형태를 그림으로 나타낸 도표라고 할 수 있다.
내부 스키마	내부 스키마는 물리적 저장장치에서의 전체적인 데이터베이스 구조를 기술한 것으로, 데이터베이스 정의어(DDL)에 의한 실질적인 데이터베이스의 자료 저장 구조(자료구조와 크기)이자 접근 경로의 완전하고 상세한 표현이다. 내부 스키마는 시스템 프로그래머나 시스템 설계자가 바라는 데이터베이스 관점이므로, 시스템의 효율성을 고려한 데이터의 저장 위치, 자료구조, 보안대책 등을 결정한다.

35 데이터 처리 시 대상물이 두 개의 유사한 색조나 색깔을 가지고 있는 경우 소프트웨어적으로 구별하기 어려워서 발생되는 오류는? 15②산

① 불분명한 경계　　　② 주기와 대상물의 혼돈
③ 방향의 혼돈　　　　④ 선의 단절

데이터 처리 시 대상물이 두 개의 유사한 색조나 색깔을 가지고 있는 경우 소프트웨어적으로 구별하기 어려워서 발생되는 오류는 불분명한 경계이다.

36 다음 중 우리나라의 메타데이터에 대한 설명으로 옳지 않은 것은? 15②산

① 국가 기본도 및 공통 데이터 교환 포맷 표준안을 확정하여 국가 표준으로 제정하고 있다.
② NGIS에서 수행하고 있는 표준화 내용은 기본 모델 연구, 정보구축표준정보활용 표준화, 관련 기술표준화이다.
③ 메타데이터는 현재 지적정보체계에서만 사용하고 있다.
④ 1995년 12월 우리나라 NGIS 데이터 교환 표준으로 SDTS가 채택되었다.

문제 13번 해설 참고

37 다음 중 데이터 표준화의 내용에 해당하지 않는 것은? 15②산

① 데이터 교환의 표준화
② 데이터 품질의 표준화
③ 데이터 분석의 표준화
④ 데이터 위치참조의 표준화

◉ 해설

표준화

표준이란 개별적으로 얻어질 수 없는 것들을 공통적인 특성을 바탕으로 일반화하여 다수의 동의를 얻어 규정하는 것으로 GIS 표준은 다양하게 변화하는 GIS 데이터를 정의하고 만들거나 응용하는 데 있어서 발생되는 문제점을 해결하기 위해 정의되었다. GIS 표준화는 보통 다음의 7가지 영역으로 분류될 수 있다.

표준화 요소

- Data Model의 표준화 : 공간데이터의 개념적이고 논리적인 틀이 정의된다.
- Data Content의 표준화 : 다양한 공간 현상에 대하여 데이터 교환에 대해 필요한 데이터를 얻기 위한 공간 현상과 관련 속성 자료들이 정의된다.
- Data Collection의 표준화 : 공간데이터를 수집하기 위한 방법을 정의한다.
- Location Reference의 표준화 : 공간데이터의 정확성, 의미, 공간적 관계 등이 객관적인 기준(좌표 체계, 투영법, 기준점등)에 의해 정의된다.
- Data Quality의 표준화 : 만들어진 공간데이터가 얼마나 유용하고 정확한지, 의미가 있는지에 대한 검증 과정으로 정의된다.
- Meta data의 표준화 : 사용되는 공간 데이터의 의미, 맥락, 내외부적 관계 등에 대한 정보로 정의된다.
- Data Exchange의 표준화 : 만들어진 공간데이터가 Exchange 또는 Transfer되기 위한 데이터 모델구조, 전환방식 등으로 정의된다.

38 다음 중 복잡하기는 하지만 동질성을 가지고 구성되어 있는 현실세계의 객체들을 보다 정확히 묘사함으로써 기존의 데이터베이스 모형이 가지는 문제점들의 극복이 가능하며 클래스의 주요한 특성으로 계승 또는 상속성의 구조를 갖는 것은? 15③산

① 계급형 데이터베이스
② 객체지향형 데이터베이스
③ 네트워크형 데이터베이스
④ 관계형 데이터베이스

◉ 해설

문제 12번 해설 참고

39 현재 사용 중인 토지대장 데이터베이스 관리시스템은? 15③산

① RDBMS(Relational DBMS)
② Access Database
③ C-ISAM
④ Infor Database

◉ 해설

문제 12번 해설 참고

40 다음 중 테이블을 삭제하는 SQL 명령어로 옳은 것은? 15③산

① DROP TABLE   ② DELETE TABLE
③ ALTER TABLE   ④ ERASE TABLE

◉ 해설

DDL(Data Definition Language, 데이터정의어)
데이터의 구조를 정의하며 새로운 테이블을 만들고, 기존의 테이블을 변경·삭제하는 등의 역할을 한다.

언어	종류	내용
DDL	CREATE	새로운 테이블을 생성한다.
	ALTER	기존의 테이블을 변경한다.
	DROP	기존의 테이블을 삭제한다.
	RENAME	테이블의 이름을 변경한다.
	TURNCATE	테이블을 잘라낸다.

41 DBMS 방식에 의한 데이터 관리에 대한 설명이 틀린 것은? 12②산

① 자료의 중복을 감소시켜 준다.
② 파일처리방식에 비하여 진보된 방식이다.
③ GIS 프로그램과 데이터 파일 간의 직접연결방식이다.
④ 파일처리방식에 비하여 상대적으로 시스템 구성이 복잡하다.

정답 38 ② 39 ① 40 ① 41 ③

해설

DBMS 방식의 장단점

1. 장점
   - 일관성을 유지하기 위한 기능과 공정을 제어할 수 있다.
   - 자료의 검색 및 수정이 DBMS 내에서 제어되므로 중앙 제어 기능으로 운영될 수 있다.
   - 저장된 자료의 물리적인 형태와는 무관하게 자료에 독립성을 부여할 수 있다.
   - 독특한 데이터의 검색기능이 손쉽게 구현될 수 있다.
   - 적절한 양식을 제공함으로써 자료의 중복 출력을 최대한 줄일 수 있다.

2. 단점
   - 시스템 구성에 필요한 H/W와 S/W의 설치비용이 많이 소요된다.
   - 자료의 취득과 관리에 있어서 추가적인 비용부담을 초래한다.
   - 시스템 구성이 복잡하여 자료의 손실 가능성이 높으며 시스템 복구가 어렵다.

42 데이터에 대한 정보로서 데이터의 내용, 품질, 조건 및 기타 특성에 대한 정보를 포함하는 정보의 이력서라고도 할 수 있는 것은? 12③산

① Vita
② Resume
③ Metadata
④ Life History

해설

수록된 데이터의 내용, 품질, 조건 및 특징 등을 저장한 데이터로서 데이터에 관한, 즉 데이터의 이력서라 할 수 있다. 메타데이터는 작성한 실무자가 바뀌더라도 변함 없는 데이터의 기본체계를 유지하게 함으로써 시간이 지나도 일관성 있는 데이터를 사용자에게 제공 가능하도록 하며, 데이터를 목록화하기 때문에 사용상의 편리성을 도모한다. 따라서 메타데이터는 정보의 공유를 극대화하며 데이터의 원활한 교환을 지원하기 위한 프레임을 제공한다.

43 파일처리방식과 비교하여 데이터베이스 관리시스템(DBMS) 구축의 장점으로 옳은 것은? 12③산

① 하드웨어 및 소프트웨어의 초기 비용이 저렴하다.
② 시스템의 부가적인 복잡성이 완전히 제거된다.
③ 집중화된 통제에 따른 위험이 완전히 제거된다.
④ 자료의 중복을 방지하고 일관성을 유지할 수 있다.

해설

문제 46번 해설 참고

44 다음의 데이터 언어 중 데이터 정의어(DDL)에 해당하는 것은? 12③산

① 생성 : CREATE
② 검색 : SELECT
③ 삽입 : INSERT
④ 갱신 : UPDATE

해설

데이터 정의어 (DDL: Data Definiton Language)	ⓒREATE	새로운 테이블을 생성한다.
	ⓐLTER	기존의 테이블을 변경한다.
	ⓓROP	기존의 테이블을 삭제한다.
	ⓡENAME	테이블의 이름을 변경한다.
	ⓣⓤⓡⓝCATE	테이블을 잘라낸다.
데이터 조작어 (DML: Data Manipulation Language)	ⓢⓔLECT	기존의 데이터를 검색한다.
	ⓘⓝSERT	새로운 데이터를 삽입한다.
	ⓤPDATE	기존의 데이터를 갱신한다.
	ⓓⓔⓛETE	기존의 데이터를 삭제한다.
데이터 제어어 (DCL : Data Control Language)	ⓖRANT	권한을 준다.(권한 부여)
	ⓡEVOKE	권한을 제거한다. (권한 해제)
	ⓒOMMIT	데이터 변경 완료
	ⓡⓞⓛⓛBACK	데이터 변경 취소

45 관계형 데이터베이스에 대한 설명으로 옳은 것은? 13①산

① 트리형태의 계층구조로 데이터들을 구성한다.
② 정의된 데이터 테이블의 갱신이 어려운 편이다.
③ 데이터를 2차원의 테이블 형태로 저장한다.
④ 필요한 정보를 추출하기 위한 질의의 형태에 많은 제한을 받는다.

해설

데이터베이스 모델
- 평면파일구조 : 모든 기록들이 같은 자료항목을 가지며 검색자에 의해 정해지는 자료 항목에 따라 순차적으로 배열된다.
- 계층형 구조 : 여러 자료 항목이 하나의 기록에 포함되고,

파일 내의 각각의 기록은 각기 다른 파일 내의 상위 계층의 기록과 연관을 갖는 구조로 이루어져 있다.

• 망구조 : 다른 파일 내에 있는 기록에 접근하는 경로가 다양하고 기록들 사이에 다양한 연관이 있더라도 반복하여 자료 항목을 생성하지 않아도 된다는 것이 장점이다.

• 관계구조 : 자료 항목들은 표(Table)라고 불리는 서로 다른 평면구조(2차원)의 파일에 저장되고 표 내에 있는 각각의 사상(Entity)은 반복되는 영역이 없는 하나의 자료 항목 구조를 갖는다.

46 파일처리시스템에 비해 데이터베이스관리시스템(DBMS)이 갖는 장점이 아닌 것은? 13①산

① 중앙 제어 가능　　② 시스템의 간단성
③ 데이터의 중복 제거　　④ 데이터 공유 가능

● 해설

1. 파일처리방식의 특징
   • 파일처리방식은 GIS에서 필요한 자료 추출을 위해 각각의 파일에 대하여 자세한 정보가 필요한데 이는 많은 양의 중복작업을 유발시킨다.
   • 자료에 수정이 이루어질 경우 해당 자료를 필요로 하는 각 응용프로그램에 이를 상기시켜야 한다.
   • 관련 데이터를 여러 응용프로그램에서 사용할 때 동시 사용을 위한 조정과 자료 수정에 관한 전반적인 제어 기능이 불가능하다.
   • 즉, 누구에 의하여 어떠한 유형의 자료는 수정이 가능하다는 등의 통제가 데이터베이스에 적용될 수 없다는 단점이 있다.
2. 데이터베이스관리시스템의 특징
   ㉠ 장점
     • 중앙제어기능
     • 효율적인 자료의 호환
     • 데이터의 독립성
     • 새로운 응용프로그램 개발의 용이성
     • 직접적인 사용자 접근 가능
     • 자료 중복 방지
     • 다양한 양식의 자료 제공
   ㉡ 단점
     • 장비가 고가
     • 시스템의 복잡성
     • 중앙집약적인 위험 부담

47 사용자로 하여금 데이터베이스에 접근하여 데이터를 처리할 수 있도록 검색, 삽입, 삭제, 갱신 등의 역할을 하는 데이터 언어는? 13②산

① DDL　　② DML
③ DCL　　④ DNL

● 해설

문제 07번 해설 참고

48 속성정보에 대한 설명으로 틀린 것은? 13③산

① 지도의 특정한 지도요소가 속성정보에 해당한다.
② 지도상의 특성이나 질, 형상·지물의 관계를 나타낸다.
③ 도형정보와 연결이 되는 관계로 정확성을 유지하는 데에 어려움이 많다.
④ 속성정보는 도형요소에 의해 나타난 성질을 문자나 숫자로도 설명한다.

● 해설

Data Base 자료의 형태
1. 도형자료의 형태
   • 도형자료는 점, 선, 면적의 형태로 구성되었으며 주로 그림과 같은 속성으로 구성된다.
   • 점의 경우에는 시설물의 위치, 측량기준점의 위치를 한 쌍의 X, Y 좌표로 표시함으로써 길이나 면적은 표현되지 않는다.
   • 선의 경우에는 도로, 하천, 전력선, 경계, 상·하수도선, 통신관로 등으로 시작점과 끝나는 점을 표시하는 형태로 구성되어 있으며 면적은 없고 길이만 표현된다.
   • 면적의 경우에는 행정구역, 건물, 토지의 형태와 시설물의 형태를 표시하는 방법으로 폐합된 선들로 구성된 일련의 좌표로 이루어졌으며 대부분 폐합된 다각형으로 면적과 선을 표시하고 있다.
2. 속성자료의 형태
   • 속성자료는 통계자료, 보고서, 관측자료, 범례 등의 형태로 구성되며 주로 글자나 숫자의 형태로 표현되는 자료이다.
   • 통계자료는 각종 정책적·경제적·행정적인 자료를 말하며 글자와 숫자로 구성되어 있다.
   • 보고서의 경우에는 사업계획서, 법규집, 일반보고서 등의 자료를 말하며 글자와 숫자 또는 텍스트로 구성되어 있다.

- 관측 자료는 토지이용도 및 좌표, 수치영상 등으로 숫자와 영상자료로 구성되어 있다.
- 범례는 주로 도형자료의 속성을 설명하기 위한 자료로서 도로명, 심벌, 주기 등으로 글자, 숫자, 기호, 색상으로 구성되어 있다.

49 데이터베이스에서 자료가 실제로 저장되는 방법을 기술한 물리적인 데이터의 구조를 무엇이라 하는가? 13③산

① 개념스키마 ② 내부스키마
③ 외부스키마 ④ 논리스키마

● 해설

문제 34번 해설 참고

50 데이터베이스관리시스템의 장점으로 틀린 것은? 13③산

① 자료구조의 단순성
② 데이터의 독립성
③ 데이터 중복 저장의 감소
④ 데이터의 보안 보장

● 해설

문제 03번 해설 참고

51 데이터베이스관리시스템이 파일시스템에 비하여 갖는 단점은? 15①산

① 자료의 일관성이 확보되지 않는다.
② 자료의 중복성을 피할 수 없다.
③ 사용자별 자료 접근에 대한 권한을 부여할 수 없다.
④ 일반적으로 시스템 도입비용이 비싸다.

● 해설

문제 03번 해설 참고

52 다음 중 메타데이터(Metadata)에 대한 설명으로 옳은 것은? 15①산

① 데이터의 내용, 논리적 관계, 기초자료의 정확도, 경계 등 자료의 특성을 설명하는 정보의 이력서이다.
② 수학적으로 데이터의 모형을 정의하는 데 필요한 구성요소다.
③ 여러 개의 변수 사이에 함수관계를 설정하기 위하여 사용되는 매개 데이터를 말한다.
④ 토지정보시스템에 사용되는 GPS, 사진측량 등에서 얻어진 위치자료를 데이터베이스화한 자료를 말한다.

● 해설

메타데이터(Metadata)
메타데이터란 데이터에 관한 데이터로서 데이터의 구축과 이용 확대에 따른 상호 이해와 호환의 폭을 넓히기 위하여 고안된 개념이다. 메타데이터는 데이터에 관한 다양한 측면을 서술하는 매우 중요한 자료로서 이에 관하여 표준화가 활발히 진행되고 있다.
미국 연방지리정보위원회(FGDC)에서는 디지털 지형공간 메타데이터에 관한 논리적 구조와 내용표준(Content Standard for Digital Geospatial Metadata)을 정하고 있다. 총 11개의 장으로 구성되어 있으며 7개의 주요장(Main Section)과 3개의 보조장(Supporting Section)으로 이루어져 있다. 이 중 제1장(개요)과 제7장(메타데이터 참조정보)은 반드시 포함토록 하고 있으며 나머지 장들은 권고사항으로 되어 있다.

53 지적측량성과작성시스템에서 사용하는 파일의 설명이 옳은 것은? 15①산

① 정보이용승인신청서 파일 : *.ksp
② 측량결과 파일 : *.iuf
③ 측량계산 파일 : *.dat
④ 측량성과 파일 : *.jsg

● 해설

KLIS(Korea Information System)의 파일확장자 구분	
측량준비도 추출파일(*.cif) (Cadastral Information File)	소관청의 지적공부관리시스템에서 측량지역의 도형 및 속성정보를 저장한 파일

정답 49 ② 50 ① 51 ④ 52 ① 53 ④

일필지속성정보 파일(*.ⓢⓔbu) (세부 측량을 영어로 표현)	측량성과작성시스템에서 속성을 작성 하는 일필지속성정보 파일
측량관측 파일(*.svy)(Ⓢurvey)	토털스테이션에서 측량한 값을 좌표 로 등록하여 작성된 파일
측량계산 파일(*.ⓚsp) (KCSC Survey Project)	지적측량계산시스템에서 작업한 경계 점결선 경계점 등록, 교차점 계산 등 의 결과를 관리하는 파일
세부측량계산 파일(*.ⓢⓔⓡ) (Survey Evidence Relation File)	측량계산시스템에서 교차점 계산 및 면적지정계산을 하여 경계점좌표등 록부 시행 지역의 출력에 필요한 파일
측량성과 파일(*.ⓘsg)	측량성과작성시스템에서 측량성과 작 성을 위한 파일
토지이동정리 (측량결과) 파일 (*.ⓓⓐt)(Data)	측량성과작성시스템에서 소관청의 측 량검사, 도면검사 등에 이용되는 파일
측량성과검사요청서 파일(*.ⓢⓘf)	지적측량 접수 프로그램을 이용하여 작성하며 iuf 파일과 함께 작성되는 파일
측량성과검사결과 파일(*.ⓢⓡⓕ)	측량결과 파일을 측량업무관리부에 등록하고 성과검사 정상 완료 시 지적 소관청에서 측량수행자에게 송부하는 파일
정보이용승인신청서 파일(*.ⓘⓤf)	지적측량 업무 접수 시 지적소관청 지 적도면자료의 이용승인요청 파일

54 소프트웨어의 주요 기능 유형 중 데이터 입력과 관련이 없는 것은?   15①산

① 데이터 검색
② 공간 데이터 입력
③ 데이터 통합
④ 구조화 편집

◖해설▸

데이터 검색은 소프트웨어의 주요 기능 유형 중 데이터 입력과 관련이 없다.

55 모든 데이터들을 테이블과 같은 형태로 나타내는 것으로 데이터 구조를 릴레이션으로 표현하는 모델은?   15②산

① 계층형 데이터베이스
② 네트워크형 데이터베이스
③ 관계형 데이터베이스
④ 객체지향형 데이터베이스

◖해설▸

문제 12번 해설 참고

56 데이터베이스의 데이터 언어 중 데이터 조작어가 아닌 것은?   15①산

① SELECT문
② UPDATE문
③ CREATE문
④ DELETE문

◖해설▸

데이터조작어(DML ; Data Mainpulation Language)
데이터를 조회하거나 변경하며 새로운 데이터를 삽입, 변경, 삭제하는 등의 역할을 한다.

언어	해당 SQL	내용
DML	SELECT	기존의 데이터를 검색한다.
	INSERT	새로운 데이터를 삽입한다.
	UPDATE	기존의 데이터를 갱신한다.
	DELETE	기존의 데이터를 삭제한다.

CHAPTER 05 토지정보체계의 운용 및 활용

··5.1 NGIS(National Geographic Information System)

5.1.1 NGIS의 개념과 추진과정

NGIS의 개념	국가지리정보체계(NGIS)는 국가주도하에 지리정보체계를 개발하는 것이다. 국가지리정보체계는 국가경쟁력 강화와 행정생산성 제고 등에 기반이 되는 사회간접자본이라는 전제하에 국가 차원에서 국가표준을 설정하고, 기본공간정보 데이터베이스를 구축하며, GIS 관련 기술개발을 지원하여 GIS 활용기반과 여건을 성숙시켜 국토공간관리, 재해관리, 대민서비스 등 국가정책 및 행정 그리고 공공분야에서의 활용을 목적으로 한다.
계획의 필요성	① 급변하는 정보기술 발전과 지리정보 활용 여건 변화에 부응하는 새로운 전략 모색 ② NGIS 추진 실적을 평가하여 문제점 도출 후, 국가지리정보의 구축 및 활용 촉진을 위한 정책방향 제시 ③ 공공기관 간 지리정보 구축의 중복투자 방지 ④ 상호 연계를 통한 국가지리정보 활용가치 극대화
추진과정	국가 GIS 구축사업은 1995~2010년까지 15년간을 수행하되 제1단계(1995~2000) : GIS 기반조성단계, 제2단계(2001~2005) : GIS 활용 확산단계, 제3단계(2006~2010) : GIS 정착단계 등 3단계로 나누어 단계적으로 추진하게 된다.

추진과정		
	제1단계(1995~2000)	GIS 기반조성단계
	제2단계(2001~2005)	GIS 활용 확산단계
	제3단계(2006~2010)	GIS 정착단계
	디지털 국토 실현	

5.1.2 제1차 NGIS(1995~2000년) : 기반조성단계

가. 개요

제1단계 사업에서 정부는 GIS 시작이 활성화되지 않아 민간에 의한 GIS 기반 조성이 어려운 점을 감안하여 정부 주도로 투자 및 지원시책을 적극 추진하고 있다. 특히 GIS의 바탕이 되는 공간정보가 전혀 구축되지 않은 점을 감안하여 먼저 지형도, 지적도, 주제도, 지하시설물도 등을 전산화하여 초기수요를 창출하는 데 주력하고 있다. 또한 GIS 구축 초기단계에 이루어져야 하는 공간정보의 표준정립, 관련 제도 및 법규의 정비, GIS 기술개발, 전문인력 양성, 지원연구 등을 통해 GIS 기반조성사업을 수행하였다.

나. 제1차 국가지리정보체계 구축사업 추진체계

다. 분과별 추진사업

분과	추진사업
총괄분과	① GIS 구축사업 지원 연구 ② 공공부문의 GIS 활용체계 개발 ③ 지하시설물 관리체계 시범사업
기술개발분과	① GIS 전문인력 교육 및 양성 지원 ② GIS 관련 핵심기술의 도입 및 개발
표준화분과	공간정보 데이터베이스 구축을 위한 표준화 사업 수행
지리정보분과	① 지형도 수치화 사업 ② 6개 주제도 수치화 사업(토지이용현황도, 지형지번도, 도시계획도, 국토이용계획도, 도로망도, 행정구역도) ③ 7개 지하시설물도 수치화 사업(상수도, 하수도, 가스, 통신, 전력, 소유관, 난방열관)
토지정보분과	지적도전산화 사업

5.1.3 제2단계(2001~2005) : GIS 활용 확산단계

가. 개요

제2단계에서는 지방자치단체와 민간의 참여를 적극 유도하여 GIS 활용을 확산시키고, 제1단계 사업에서 구축한 공간정보를 활용한 대국민 응용서비스를 개발하여 국민의 삶을 향상시킬 수 있는 방안을 모색하고 있다. 구축된 공간정보를 수정·보완하고 새로운 주제도를 제작하여 국가공간정보데이터베이스를 구축함으로써 GIS 활용을 위한 기반을 마련해야 한다. 또한 공간정보 유통체계를 확립하여 누구나 쉽게 공간정보에 접근할 수 있도록 하고, 차세대를 대상으로 하는 미래지향적 GIS 교육사업을 추진하여 전문인력양성기반을 넓히도록 해야 한다. 민간에서 공간정보를 활용하여 새로운 부가가치를 창출할 수 있도록 관련 법제를 정비하고, GIS 관련 기술개발사업에 민간의 투자확대를 유도해야 한다.

나. 제2차 국가지리정보체계 구축사업 추진체계

다. 분과별 주요 추진사업

분과	추진사업
총괄조정분과위	① 지원연구사업 추진 ② 불합리한 제도의 개선 및 보완
지리정보분과위	국가지리정보 수요자가 광범위하고 다양하게 GIS를 활용할 수 있도록 가장 기본이 되고 공통적으로 사용되는 기본 지리정보 구축·제공
지적정보분과위	전국 지적도면에 대한 전산화사업을 지속적으로 추진하여 대장·도면 통합 DB 구축 및 통합형태의 민원 서류 발급, 지적정보의 실시간 제공, 그리고 한국토지정보시스템 개발추진 및 통합운영 등을 담당하고 있다.
기술분과위	① 지리정보의 수집·처리·유통·활용 등과 관련된 다양한 분야 핵심 기반기술을 단계별로 개발 ② GIS 기술센터를 설립하고 센터와 연계된 산학연 합동의 브레인풀을 구성하여 분야별 공동기술개발 및 국가기술정보망을 구축·활용 ③ 국가 차원의 GIS 기술개발에 대한 지속적인 투자로 국가 GIS 사업의 성공과 해외기술 수출 원천을 제공
활용유통분과위	① 중앙부처와 지자체, 투자기관 등 공공기관에서 활용도가 높은 지하시설물, 지하자원, 환경, 농림, 수산, 해양, 통계 등 GIS 활용체계 구축 ② 구축된 지리정보를 인터넷 등 전자적 환경으로 수요자에게 신속·정확·편리하게 유통하는 21세기형 선진유통체계 구축

분과	추진사업
인력양성분과위	① GIS 교육 전문인력 양성기관의 다원화 및 GIS 교육 대상자의 특성에 맞는 교육 실시 ② 산·학·연 협동의 GIS 교육 네트워크를 통한 원격교육체계 구축 ③ 대국민 홍보강화로 일상생활에서 GIS의 이해와 활용을 촉진하고 생활의 정보수준을 제고
산업육성분과위	국토정보의 디지털화라는 국가 GIS 기본계획의 비전과 목표에 상응하는 GIS 산업의 육성
표준화분과위	① 자료·기술의 표준과 함께 지리정보생산·업무절차 및 지자체 GIS 활용 공통모델 개발 및 표준화 단계 추진 ② ISO, OGS 등 국제표준활동의 지속적 참여로 국제표준화 동향을 모니터링하고 국제표준을 국내표준에 반영

5.1.4 제3단계(2006~2010) : GIS 정착단계

가. 개요

제3단계는 언제 어디서나 필요한 공간정보를 편리하게 생산·유통·이용할 수 있는 고도의 GIS 활용단계에 진입하여 GIS 선진국으로 발돋음하는 시기이다. 이 기간 중에 정부와 지자체는 공공기관이 보유한 모든 지도와 공간정보의 전산화사업을 완료하고 유통체계를 통해 민간에 적극 공급하는 한편, 재정적으로도 완전히 자립할 수 있을 것이다. 이 시점에서는 민간의 활력과 창의를 바탕으로 산업부문과 개인생활 등에서 이용자들이 편리하게 이용할 수 있는 GIS 서비스를 극대화하고 GIS 활용의 보편화를 실현할 것으로 전망한다. 또한 축적된 공간정보를 활용한 새로운 부가가치산업이 창출되고, GIS 정보기술을 해외로 수출할 수 있는 수준에 도달할 것이다.

나. 국가 GIS의 비전 및 목표

다. 국가 GIS 추진전략

국가 GIS 기반 확대 및 내실화	① 기본지리정보, 표준, 기술 등 국가 GIS 기반을 여건 변화에 맞게 지속적으로 개발·확충 ② 국제적인 변화와 기술수준에 맞도록 국가 GIS 기반을 고도화하고 국가표준체계 확립 등 내실화
국가 GIS 활용가치 극대화	① 데이터 간 또는 시스템 간 연계·통합을 통한 국가지리정보체계 활용의 가치를 창출 ② 단순한 업무지원기능에서 정책과 의사결정을 지원할 수 있도록 시스템을 고도화 ③ 공공에서 구축된 지리정보를 누구나 쉽게 접근·활용할 수 있도록 하여 GIS 활용을 촉진
수요자 중심의 국가공간정보 구축	① 공공, 시민, 민간기업 등 수요자 입장에서 국가공간정보를 구축하여 지리정보의 활용도를 제고 ② 지리정보의 품질과 수준을 이용자에 적합하게 구축
국가정보화 사업과의 협력적 추진	① IT839전략(정보통신부), 전자정부사업·시군구행정정보화사업(행정자치부) 등 각 부처에서 추진하는 국가정보화사업과 협력 및 역할분담 ② 정보통신기술, GPS 기술, 센서기술 등 지리정보체계와 관련이 있는 유관기술과의 융합 발전

라. 국가 GIS 중점추진과제

지리정보 구축 확대 및 내실화	① 2010년까지 기본지리정보 100% 구축 완료 ② 기본지리정보의 갱신사업 실시 및 품질기준 마련
GIS의 활용 극대화	① GIS 응용시스템의 구축 확대 및 연계·통합 추진 ② GIS 활용 촉진 및 원스톱 통합포털 구축
GIS 핵심기술 개발 추진	① u-GIS를 선도하는 차세대 핵심기술 개발 추진 ② 기술개발을 통한 GIS 활용 고도화 및 부가가치 창출
국가 GIS 표준체계 확립	① 2010년까지 국가 GIS 기반표준의 확립 추진 ② GIS 표준의 제도화 및 홍보 강화로 상호 운용성(Interoperability) 확보
GIS 정책의 선진화	① GIS 산업·인력 육성을 위한 지원 강화 ② GIS 홍보 강화 및 평가·조정체계 내실화

5.1.5 제4차 국가공간정보정책

가. 개요

그동안 「국가지리정보체계 구축 및 활용 등에 관한 법률」이 폐지되고 2009. 8. 7부터 「국가공간정보에 관한 법률」이 제정됨에 따라, 기본계획은 "유비쿼터스 공간정보 사회 실현"이란 비전을 구현하기 위해 제4차 국가공간정보정책이 2010년부터 시작하게 되었다.

기본계획은 민관 협력적 관리 구축, 공간정보표준화를 통한 상호운용성 증대, 공간정보 기반통합 등의 중점과제를 기반으로 국가공간정보정책의 발전방향을 종합적으로 제시하였으며 녹색성장을 위한 그린 공간정보사회 실현이 슬로건으로 되어 있다.

나. 기본계획 및 추진 경위

1) 기본계획

제4차 국가공간정보정책 기본계획은 '녹색성장을 위한 그린공간정보사회 실현'이라는 비전으로 하고 있으며 3대 목표를 지니고 있다.

- 녹색성장의 기반이 되는 공간정보
- 어디서나 누구라도 활용 가능한 공간정보
- 개방 · 연계 · 융합 활용 가능한 공간정보

2) 추진경위

① 제1차('95~'00) : 국가 GIS 사업으로 국토정보화의 기반 준비

② 제2차('01~'05) : 국가공간정보기반을 확충하여 디지털 국토 실현

③ 제3차('06~'10) : 유비쿼터스 국토 실현을 위한 기반 조성

구분	제1차 NGIS('95~'00)	제2차 NGIS('01~'05)	제3차 NGIS('06~'10)
지리정보 구축	• 지형도, 지적도 전산화 • 토지이용현황도 등 주제도 구축	도로, 하천, 건물, 문화재 등 부문 기본지리정보 구축	국가/해양기본도, 국가기준접, 공간영상 등 구축
응용 시스템 구축	지하시설물도 구축 추진	토지이용, 지하, 환경, 농림, 해양 등 GIS 활용체계 구축 추진	3D 국토공간정보, KOPSS, 건물통합 활용체계 구축
표준화	• 국가기본도, 주제도 등 표준제정 • 지리정보교환, 유통표준 제정	기본지리정보, 유통, 응용 시스템 표준제정	지리정보표준화, GIS국가표준체계 확립 등 사업 추진
기술개발	매핑기술, DB Tool, GIS S/W	3D GIS, 고정밀 위성영상 처리 기술개발	지능형 국토정보기술 혁신사업을 통한 원천 기술 개발
유통	국가지리정보유통망 시범 사업 추진	국가지리정보 유통망 구축, 총 139종 약 70만 건 등록	국가지리정보 유통망 기능 개선 및 유지관리 사업 추진

다. 추진방향

상호협력적 거버넌스	① 공간자료 공유 및 플랫폼으로서의 공간정보 인프라 구축(공간자료, 인적 자원, 네트워크, 정책 및 제도) ② 정보 주도에서 민·관 협력적 거버넌스로 진행 ③ 정책지원연구를 통한 거버넌스 체계 확립과 공간정보인프라 지원
쉽고 편리한 공간정보 접근	① 개방적 공간정보 공유가 가능한 유통체계 구현 ② 공간정보 보급·활용을 촉진할 수 있는 정책 추진 ③ 공간정보의 원활한 유통을 위한 국가공간정보센터의 위상 정립
공간정보 상호운용	① 공간정보 표준시험·인증체계 운영으로 사업 간 연계 보장 ② 공간정보 표준을 기반으로 첨단 공간정보기술의 해외 경쟁력 강화
공간정보 기반 통합	① 현실성 있고 활용도 높은 기본공간정보 구축 및 갱신기반 확보·구축 ② 수요자 중심의 서비스 인프라 구축
공간정보기술 지능화	① 공간정보기술 지능화의 세계적 선도 ② 지능형 공간정보 활용의 범용화 모색 및 유용성 검증 ③ 공간정보 지능화의 기반이 되는 DB에 대한 지속적인 연구개발

라. 국가공간정보의 구성과 추진체계

1) 국가공간정보정책의 구성

국가공간정보정책의 구성은 국가공간정보기반(NSDI)과 이를 활용하기 위한 공공부문과 민간부문의 활용체계 및 공간정보산업으로 구성되어 있다.

2) 추진체계

「국가 공간정보에 관한 법률」에서 제4차 국가공간정보정책을 효율적으로 추진하기 위해 추진조직체계를 다음과 같이 명확히 하였다.

▌국가공간정보위원회 구성 ▌

마. 기대효과

1) 국가공간정보 유통 통합포탈서비스로 시공간에 구애됨이 없이 네트위크로 공간정보 활용

2) 녹색성장의 기본적인 실내외 공간정보 생산으로 U-Eco City 등 고부가 가치 지식 산업구조로 전환

① 온실가스 감축 등 국제 환경규제에서 글로벌 경쟁력 제고

② 중앙부처, 지자체 등 국제 환경규제에서 글로벌 경쟁력 제고

③ 공간정보산업, 측량부문 등의 상호연계로 국가정보 활용가치의 극대화

▪▪ 5.2 부동산종합공부시스템

5.2.1 목적 및 정의

가. 목적

이 규정은 「공간정보의 구축 및 관리 등에 관한 법률」, 같은 법 시행령, 같은 법 시행규칙, 「지적측량 시행규칙」과 「국가공간정보센터 운영세부규정」에 따라 지적공부 및 부동산종합공부를 정보관리체계에 따라 처리하는 방법과 절차 등에 관하여 필요한 사항을 규정함을 목적으로 한다.

나. 용어정의

구분	내용
부동산종합공부	"부동산종합공부"란 토지의 표시와 소유자에 관한 사항, 건축물의 표시와 소유자에 관한 사항, 토지의 이용 및 규제에 관한 사항, 부동산의 가격에 관한 사항 등 부동산에 관한 종합정보를 정보관리체계를 통하여 기록 · 저장한 것을 말한다.
정보관리체계	"정보관리체계"란 지적공부 및 부동산종합공부의 관리업무를 전자적으로 처리할 수 있도록 설치된 정보시스템으로서, 국토교통부가 운영하는 "국토정보시스템"과 지방자치단체가 운영하는 "부동산종합공부시스템"으로 구성된다.
국토정보시스템	"국토정보시스템"이란 국토교통부장관이 지적공부 및 부동산종합공부 정보를 전국 단위로 통합하여 관리 · 운영하는 시스템을 말한다.
부동산종합공부시스템	"부동산종합공부시스템"이란 지방자치단체가 지적공부 및 부동산종합공부 정보를 전자적으로 관리 · 운영하는 시스템을 말한다.

구분	내용
운영기관	"운영기관"이란 부동산종합공부시스템이 설치되어 이를 운영하고 유지관리의 책임을 지는 지방자치단체를 말하며, 영문표기는 "Korea Real Estate Administration Intelligence System"으로 "KRAS"로 약칭한다.
사용자	"사용자"란 부동산종합공부시스템을 이용하여 업무를 처리하는 업무담당자로서 부동산종합공부시스템에 사용자로 등록된 자를 말한다.
운영지침서	"운영지침서"란 국토교통부장관이 부동산종합공부시스템을 통한 업무처리의 절차 및 방법에 대하여 체계적으로 정한 지침으로서 '운영자 전산처리지침서'와 '사용자 업무처리 지침서'를 말한다.

5.2.2 역할분담 및 사용자 권한 부여

가. 역할분담

① 국토교통부장관은 정보관리체계의 총괄 책임자로서 부동산종합공부시스템의 원활한 운영·관리를 위하여 다음 각 호의 역할을 수행하여야 한다.
  1. 부동산종합공부시스템의 응용프로그램 관리
  2. 부동산종합공부시스템의 운영·관리에 관한 교육 및 지도·감독
  3. 그 밖에 정보관리체계 운영·관리의 개선을 위하여 필요한 조치
② 운영기관의 장은 부동산종합공부시스템의 원활한 운영·관리를 위하여 다음 각 호의 역할을 수행하여야 한다.
  1. 부동산종합공부시스템 전산자료의 입력·수정·갱신 및 백업
  2. 부동산종합공부시스템 전산장비의 증설·교체
  3 부동산종합공부시스템의 지속적인 유지·보수
  4. 부동산종합공부시스템의 장애사항에 대한 조치 및 보고

나. 사용자권한 부여

1) 사용자의 권한에 관한 부여기준은 별표 1과 같다. 이 경우 사용자권한을 부여받은 자는 개인별로 부여된 업무분장표에 따른 지정업무만을 처리할 수 있다.
2) 국토교통부장관 및 운영기관의 장은 사용자의 권한을 부여하거나 변경·해제하고자 하는 때에는 별지 제1호 서식의 사용자권한등록부를 작성하여야 한다.
3) 사용자의 권한관리에 대해서는 「행정기관 정보시스템 접근권한 관리 규정」(국무총리훈령 제601호)을 준용한다.

다. 사용자권한 신청

① 지적공부 관리 및 부동산종합증명서의 발급에 관한 권한을 부여받고자 할 경우에는「공간정보의 구축 및 관리 등에 관한 법률 시행규칙」(이하 "규칙"이라 한다) 제76조 제2항의 사용자권한 등록신청서를 제출하여야 한다.

② 부동산종합공부시스템의 용도지역·지구 등의 관리, 개별공시지가관리, 개별주택가격관리에 관련된 권한 및 부동산정보열람시스템의 권한을 등록 또는 사제하고자 히는 때에는 별지 제1호의 2 서식의 사용자권한 등록·삭제 신청서를 작성하여 운영기관의 장에게 신청하여야 한다.

▼ 사용자 권한 부여 기준

순번	권한구분	권한부여대상	세부업무 내용
4	지적전산코드의 입력·수정 및 삭제	국토교통부 지적업무담당자	각종 코드의 신규입력, 변경, 삭제
1	사용자의 권한관리	시·도, 시·군·구 업무담당과장	사용자별 부동산종합공부시스템 권한 부여 및 말소 관리
9	토지 관련 정책정보의 관리	시·도, 시·군·구 7급 이상 지적업무담당자 또는 담당부서장이 지정한 지적업무 담당자	국유재산 현황 등 타 부서와 관련된 각종 정책정보 처리
14	토지등급 및 기준수 확량등급 관리	시·군·구 7급 이상 지적업무담당자 또는 담당부서장이 지정한 지적업무 담당자	토지등급, 기준수확량 등급 등에 관한 정정
18	지적전산자료의 정비		오기정정, 지적전산자료정비, 변동자료정비, 지적도 객체편집, 지적도 객체속성편집
8	지적통계의 관리	시·도, 시·군·구 지적업무담당자	지적공부등록현황 등 각종 지적통계의 처리
5	지적전산코드의 조회		각종 코드의 자료조회
6	지적전산자료의 조회·추출		지적공부 등 각종 자료 조회·추출
7	지적 기본사항의 조회	시·도, 시·군·구 업무담당자	토지(임야)대장 등 지적공부 등재사항 조회
21	부동산 종합공부 조회·추출		부동산 종합공부 전산자료 조회·추출
24	용도지역지구 기본사항의 조회		토지이용계획확인서 등재사항 조회
25	용도지역지구 통계 조회		용도지역지구 관련 통계 조회

순번	권한구분	권한부여대상	세부업무 내용
27	부동산 가격 기본사항의 조회	시·도, 시·군·구 업무담당자	부동산 공시가격 및 주택가격 확인서 등재사항 조회
28	부동산 가격 전산자료의조회·추출		부동산 공시가격 및 주택가격 자료 조회·추출
29	부동산 가격 통계 조회		부동산 공시가격 및 주택가격 관련 통계 조회
30	건축물 기본사항의 조회		건축물대장 등재사항 조회
2	법인 아닌 사단·재단 등록번호의 업무관리	시·군·구 지적업무담당자	비법인 등록번호 조회, 부여 변동사항 정리, 증명서발급, 일일처리현황, 직권수정 등의 처리
10	토지이동신청의 접수		신규 등록, 분할, 합병 등의 토지이동 등에 관한 업무의 접수
11	토지이동의 정리		토지이동의 기접수 사항의 정리
12	토지소유자 변경의 관리		소유권이전, 보존 등 소유자 변경에 관한 사항
13	측량업무 관리		측량준비도 추출 및 토지이동 성과 관리
16	일반 지적업무의 관리		지적정리결과 통보서, 결재선 관리, 섬관리 등의 일반적인 업무사항 처리
17	일일마감관리		일일업무처리에 관한 결과의 정리 및 출력

순번	권한구분	권한부여대상	세부업무 내용
3	부동산등기용 등록번호 등록증명서 발급	시·군·구 업무담당자	부동산등기용 등록번호 등록증 명서 발급
15	지적공부의 열람 및 등본발급의 관리		등본, 열람, 민원처리 현황 등 창구민원처리
19	비밀번호의 변경		개인비밀번호 수정
20	부동산종합증명서 열람 및 발급		증명서 열람 및 발급, 부동산종 합공부 정보관리 등
22	연속지적도 관리		토지이동업무 발생 시 정보 관리, 지적도 등 변동사항 발생 시 정 보관리
23	용도지역지구도 관리		토지이용계획에 관한 신규 및 변동 사항에 대한 정보관리
26	개별공시지가 및 주택가격정보 관리		부동산 공시가격 및 주택가격 변동사항 관리
31	GIS 건물통합정보 관리		건축인허가 및 사용승인 시 건물 배치도를 기준으로 건물형상정 보 갱신

※ 부동산종합공부시스템 운영 및 관리규정[별표 제1호]

5.2.3 전산자료의 구축·운영 및 유지·관리 등

가. 전산자료의 관리·책임

부동산종합공부시스템의 전산자료는 다음 각 호의 사람(이하 "부서장"이라 한다)이 구축·운영한다.

1) 지적공부 및 부동산 종합공부는 지적업무를 처리하는 부서장
2) 연속지적도는 지적도면의 변동사항을 정리하는 부서장
3) 용도지역·지구도는 해당 용도지역지구에 대한 권한을 보유한 부서장(다만, 권한부서가 없는 경우에는 도시계획을 입안·결정 및 관리하는 부서장)
4) 개별공시지가 및 주택가격정보 등의 자료는 해당 업무를 수행하는 부서장
5) 그 밖의 건물통합정보 및 통계는 그 자료를 관리하는 부서장

나. 부동산 공시가격 관리

1) 운영기관의 장은 당해 연도 "개별공시지가 조사·산정지침"에 따라 조사·산정·검증·결정 및 공시가 이루어 질 수 있도록 필요한 조치를 하여야 한다.

2) 운영기관의 장은 당해 연도 "개별주택가격 조사·산정지침"에 따라 조사·산정·검증·결정 및 공시가 이루어 질수 있도록 필요한 조치를 하여야 한다.

다. 전산자료의 유지·관리

1) 운영기관의 장은 전산자료가 멸실 또는 훼손되지 않도록 관계법령의 규정에 따라 전산자료를 유지·관리하여야 한다.

2) 운영기관의 장은 제1항에 따른 전산자료의 유지·관리 업무를 원활히 수행하기 위하여 지적 업무 담당부서의 장을 전산자료관리 책임관으로 지정한다.

라. 전산자료 장애·오류의 정비

1) 운영기관의 장은 전산자료의 구축이나 관리과정에서 장애 또는 오류가 발생한 때에는 지체 없이 이를 정비하여야 한다.

2) 운영기관의 장은 제1항에 따른 장애 또는 오류가 발생한 경우에는 이를 국토교통부장관에게 보고하고, 그에 따른 필요한 조치를 요청할 수 있다.

3) 제2항에 따라 보고를 받은 국토교통부장관은 장애 또는 오류가 정비될 수 있도록 필요한 조치를 하여야 한다.

4) 운영기관의 장은 제1항에 따라 전산자료를 정비한 때에는 그 정비내역을 3년간 보존하여야 한다.

마. 전산자료의 일치성 확보

국토교통부장관 및 운영기관의 장은 국토정보시스템과 부동산종합공부시스템의 전산자료가 일치하도록 시스템 간 연계체계를 항상 유지·관리하여야 한다.

바. 전산자료의 제공

1) 부동산종합공부 전산자료를 제공받으려는 자는 별지 제2호 서식의 제공요청서를 작성하여 다음 각 호에 따라 해당하는 운영기관의 장에게 제출하여야 한다.

  1. 기초자치단체(시·군·구)의 범위에 속하는 자료 : 시·군·구(자치구가 아닌 구를 포함)의 장

  2. 시·도 단위의 자료 또는 2개 이상의 기초자치단체에 걸친 범위에 속하는 자료 : 시·도지사

  3. 전국단위의 자료 또는 2개 이상의 시·도에 걸친 범위에 속하는 자료 : 국토교통부장관

2) 제1항에 따른 요청을 받은 운영기관의 장은 요청내역, 요청목적, 근거법령 등을 검토하여 전산자료의 제공이 가능한 때에는 별지 제3호 서식의 전산자료 제공대장을 작성하여야 한다.

3) 제2항에 따라 전산자료를 제공받는 자는 별지 제4호 서식의 보안각서 및 별지 제5호 서식의 전산자료 수령증을 작성하여 운영기관의 장에게 제출하여야 한다.

4) 제2항에 따라 부동산종합정보시스템에서 제공할 수 있는 자료의 종류는 다음 각 호와 같다.

   1. 지적전산자료

   2. 용도지역 · 지구도, 건물통합정보 연속지적도 등의 공간자료

   3. 개별공시지가, 개별주택가격 등의 속성자료

5) 제4항 제1호의 지적전산자료를 포함하여 신청한 경우에는 「공간정보의 구축 및 관리 등에 관한 법률」(이하 "법"이라 한다)에 따른 지적전산자료를 신청한 것으로 본다.

사. 전산자료 수신자의 의무

1) 전산자료를 제공받은 자는 제공된 자료의 불법 복제 · 유출 방지를 위하여 관련 보안관리규정에 따라 보안대책을 수립 · 시행하여야 한다.

2) 전산자료를 제공받은 자는 해당 자료를 제공한 운영기관의 장과 사전 협의 없이 사용 목적 이외의 다른 용도로는 사용할 수 없다.

아. 전산자료의 연계

1) 부동산종합공부시스템과 외부 시스템 간 연계를 하려고 하는 자는 별지 제7호 서식의 부동산종합공부 전산자료 이용신청서를 국토교통부장관에게 제출하여야 하며, 세부항목 및 방식 등은 "부동산종합공부시스템 연계 지침서"에 따른다.

2) 제1항에 따른 "부동산종합공부시스템 연계 지침서"에서 정하는 방식 이외의 연계가 필요한 자는 그 사항을 구체적으로 명시하여 국토교통부장관에게 요청하여야 한다.

5.2.4 정보시스템의 관리 및 백업 · 복구 등

가. 정보시스템 관리

1) 국토교통부장관은 부동산종합공부시스템에 사용되는 프로그램의 목록을 작성하여 관리하고, 프로그램의 추가 · 변경 또는 폐기 등의 변동사항이 발생한 때에는 그에 관한 세부내역을 작성 · 관리하여야 한다.

2) 국토교통부장관은 부동산종합공부시스템이 단일한 버전의 프로그램으로 설치 및 운영되도록 총괄적으로 조정하여 이를 운영기관의 장에게 배포하여야 한다.

3) 부동산종합공부시스템에는 국토교통부장관의 승인을 받지 아니한 어떠한 형태의 원시프로그램과 이를 조작할 수 있는 도구 등을 개발 · 제작 · 저장 · 설치할 수 없다.

4) 운영기관에서 부동산종합공부시스템을 사용 또는 유지관리하던 중 발견된 프로그램의 문제점이나 개선사항에 대한 프로그램개발 · 개선 · 변경요청은 별지 제6호 서식에 따라 국토교통부장관에게 요청하여야 한다.

나. 단위업무

부동산종합공부시스템은 다음 각 호의 단위 업무를 포함한다. 앞㉠ 즉㉢㉤ ㉣㉥㉦ 통 ㉤①
㉨㉩ 섬㉪

1. 지적㉠량성과관리
2. 지적㉤부관리
3. ㉤속지적도 관리
4. 개별㉤시지가관리
5. 개별㉤택가격관리
6. 용도지역지㉤관리
7. ㉤합정보열람관리
8. ㉤①S건물통합정보관리
9. ㉤ · 도 통합정보열람관리
10. 통합㉤원발급관리
11. 섬관리
12. 일㉤편리포털 관리

다. 백업 및 복구

1) 운영기관의 장은 프로그램 및 전산자료의 멸실 · 훼손에 대비하여 정기적으로 관련 자료를 백업하여야 한다. 이 경우 백업 주기 · 방법 및 범위는 '운영자 지침서'에 따르며, 백업주기 및 백업방법을 따를 수 없는 경우에는 운영기관의 내부 규정 또는 방침에 따라 변경할 수 있다.

2) 운영기관의 장은 프로그램 및 전산자료가 멸실 · 훼손된 경우에는 국토교통부장관에게 그 사유를 통보한 후 지체 없이 복구하여야 한다.

3) 운영기관의 장은 백업자료를 전산매체에 기록하여 매년 2회 이상 다른 운영기관에 소산하여야 한다.

라. 전산장비의 설치 및 관리

1) 국토교통부장관은 부동산종합공부시스템을 운영하기 위하여 설치하는 전산장비의 표준을 정할 수 있다.

2) 운영기관의 장은 부동산종합공부시스템의 전산장비를 수시로 점검 · 관리하되, 월 1회 이상 정기점검을 하여야 한다.

5.2.5 일일마감 확인 및 연도마감

가. 일일마감

1) 규칙 제76조 제1항에 따른 사용자는 당일 업무가 끝났을 때에는 전산처리결과를 확인하고, 수작업으로 도면 열람 및 발급 등의 업무를 수행한 경우에는 이를 전산 입력하여야 한다.

2) 제1항에 따른 사용자는 전산처리결과의 확인과 수작업처리현황의 전산입력이 완료된 때에는 지적업무정리 상황자료를 처리하고, 다음 각 호의 전산처리결과를 부동산종합공부시스템을 통하여 전산자료관리책임관에게 확인을 받아야 한다.

① 토지이동 일일처리현황(미정리내역 포함)
② 토지이동 일일정리 결과
③ 소유권변동 일일처리현황
④ 토지ㆍ임야대장의 소유권변동 정리결과
⑤ 공유지연명부의 소유권변동 정리결과
⑥ 대지권등록부의 소유권변동 정리결과
⑦ 대지권등록부의 지분비율 정리결과
⑧ 오기정정처리 결과
⑨ 도면처리 일일처리내역
⑩ 개인정보 조회현황
⑪ 창구민원 처리현황
⑫ 지적민원수수료 수입현황
⑬ 등본교부 발급현황
⑭ 정보이용승인요청서 처리현황
⑮ 측량성과검사 현황

3) 일일마감 정리결과 잘못이 있는 경우에 다음 날 업무시작과 동시에 등록사항 정정의 방법으로 정정하여야 한다.

나. 연도마감

지적소관청에서는 매년 말 최종일일마감이 끝남과 동시에 모든 업무처리를 마감하고, 다음 연도 업무가 개시되는 데 지장이 없도록 하여야 한다.

다. 지적통계 작성

1) 지적소관청에서는 지적통계를 작성하기 위한 일일마감, 월마감, 연마감을 하여야 한다.
2) 국토교통부장관은 매년 시ㆍ군ㆍ구 자료를 취합하여 지적통계를 작성한다.
3) 부동산종합공부시스템에서 출력할 수 있는 통계의 종류는 별표 2와 같다.

▼ 통계의 종류

지적공부등록현황			
1	지적공부등록지 현황	14	경계점좌표등록부시행지(국유지)
2	토지대장등록지 총괄(수치시행지역 포함)	15	경계점좌표등록부시행지(민유지)
3	토지대장등록지 총괄(수치시행지역 제외)	16	지적공부 미복구지 현황
4	토지대장등록지(국유지, 수치시행지역 포함)	17	등록지 미복구지 총괄
5	토지대장등록지(국유지, 수치시행지역 제외)	18	지적공부등록 축척별 현황
6	토지대장등록지(민유지, 수치시행지역 포함)	19	지적공부등록 소유구분별 총괄
7	토지대장등록지(민유지, 수치시행지역 제외)	20	토지대장등록지 소유구분별 총괄
8	행정구역별 지목별 총괄	21	토지대장등록지 소유구분별 (수치시행지역 포함)
9	지목별 현황	22	토지대장등록지 소유구분별 (수치시행지역 제외)
10	임야대장등록지 총괄	23	임야대장등록지 소유구분별 총괄
11	임야대장등록지(국유지)	24	지적공부관리 현황(대장)
12	임야대장등록지(민유지)	25	지적공부관리 현황(도면)
13	경계점좌표등록부시행지 총괄		

※ 부동산종합공부시스템 운영 및 관리규정 [별표 제2호]

5.2.6 코드의 구성 및 행정구역코드의 변경

가. 코드의 구성

1) 규칙 제68조 제5항에 따른 고유번호는 행정구역코드 10자리(시·도 2, 시·군·구 3, 읍·면·동 3, 리 2), 대장구분 1자리, 본번 4자리, 부번 4자리를 합한 19자리로 구성한다.
2) 제1항에 따른 고유번호 이외에 사용하는 코드는 별표 3과 같다.
3) 제1항에 따른 행정구역코드 부여기준은 별표 4와 같다.

나. 행정구역코드의 변경

1) 행정구역의 명칭이 변경된 때에는 지적소관청은 시·도지사를 경유하여 국토교통부장관에게 행정구역변경일 10일 전까지 행정구역의 코드변경을 요청하여야 한다.
2) 제1항에 따른 행정구역의 코드변경 요청을 받은 국토교통부장관은 지체 없이 행정구역코드를 변경하고, 그 변경 내용을 행정자치부, 국세청 등 관련기관에 통지하여야 한다.

다. 용도지역·지구 등의 코드 변경

1) 운영기관의 장은 관련 법령 등의 신설·폐지·변경에 의하여 용도지역·지구 등의 레이어 변경이 필요한 경우에는 국토교통부장관(도시계획부서)에게 변경을 요청하여야 한다.

2) 용도지역 · 지구 등의 등재와 관련하여 지정권자의 추가 · 변경이 필요한 경우에는 운영기관의 장은 국토교통부장관(도시계획부서)에게 변경을 요청하여야 한다.

3) 제1항 및 제2항에 따른 요청을 받은 국토교통부장관(도시계획부서)은 관련 내용을 검토한 후 추가 · 변경이 필요한 경우에는 시스템 운영부서로 해당 내용을 통보하여야 한다.

라. 개인정보의 안전성 확보조치

1) 국토교통부장관은 「개인정보보호법」 제33조에 따른 부동산종합공부시스템의 개인정보 영향평가 및 위험도 분석을 실시하여 필요시 고유식별정보, 비밀번호, 바이오정보에 대한 암호화 기술 적용 또는 이에 상응하는 조치 등의 방안을 운영기관의 장에게 통보하여야 한다.

2) 운영기관의 장은 「개인정보보호법」 제29조, 같은 법 시행령 제30조 및 개인정보의 안전성 확보조치 기준 고시(행정자치부 고시)에 따라 개인정보의 안전성 확보에 필요한 관리적 · 기술적 조치를 취하여야 한다.

3) 부동산종합공부시스템을 운영하거나 이를 이용하는 자는 부동산종합공부시스템으로 인하여 국민의 사생활에 대한 권익이 침해받지 않도록 하여야 한다.

5.2.7 보안관리 및 교육 실시

가. 보안 관리

1) 국토교통부장관 및 운영기관의 장은 보안업무규정 등 관련 법령에 따라 관리적 · 기술적 대책을 강구하고 보안 관리를 철저히 하여야 한다.

2) 국토교통부장관 및 운영기관의 장은 부동산종합공부시스템의 유지보수를 용역사업으로 추진하는 경우에는 보안관리규정을 준용하여야 한다.

나. 운영지침서 등

1) 이 규정에서 정하지 아니한 사항은 운영자 지침서 및 사용자 지침서에 따른다.

2) 국토교통부장관은 부동산종합공부시스템을 개선한 때에는 지체 없이 운영자 지침서 및 사용자 지침서를 보완하여 시행하여야 한다.

3) 제1항에 따른 운영자 지침서 및 사용자 지침서는 부동산종합공부시스템의 도움말 기능으로 배포할 수 있다.

다. 교육실시

1) 국토교통부장관은 사용자가 정보관리체계를 이용하고 관리할 수 있도록 교육을 실시하여야 한다.

2) 운영기관의 장은 국토교통부장관이 제공하는 교육을 사용자가 받을 수 있도록 제반조치를 취하여 야 한다.

3) 국토교통부장관은 사용자 교육을 관련 기관에 위탁하여 실시할 수 있다.

라. 재검토 기한

국토교통부장관은 「훈령·예규 등의 발령 및 관리에 관한 규정」(대통령 훈령 334호)에 따라 이 훈령에 대하여 2017년 7월 1일 기준으로 매 3년이 되는 시점(매 3년째의 6월 30일까지를 말한 다)마다 그 타당성을 검토하여 개선 등의 조치를 하여야 한다.

··5.3 지적정보관리체계

5.3.1 담당자의 등록 절차(시행규칙 제76조)

① 국토교통부장관, 시·도지사 및 지적소관청(사용자권한 등록관리청)은 지적공부정리 등을 전 산정보처리시스템으로 처리하는 담당자(사용자)를 사용자권한 등록파일에 등록하여 관리하 여야 한다.

② 지적정보관리시스템을 설치한 기관의 장은 그 소속공무원을 사용자로 등록하려는 때에는 지 적정보관리시스템 사용자권한 등록신청서를 해당 사용자권한 등록관리청에 제출하여야 한다.

③ 신청을 받은 사용자권한 등록관리청은 신청 내용을 심사하여 사용자권한 등록파일에 사용자 의 이름 및 권한과 사용자번호 및 비밀번호를 등록하여야 한다.

④ 사용자권한 등록관리청은 사용자의 근무지 또는 직급이 변경되거나 사용자가 퇴직 등을 한 경 우에는 사용자권한 등록내용을 변경하여야 한다.

▼ 등록절차

지적정보관리시스템을 설치한 기관의 장	⇒ 신청	사용자권한등록관리청	⇒ 심사	사용자권한등록 파일
		• 국토교통부장관 • 시·도지사 • 지적소관청		• 사용자 이름 • 권한과 사용자 번호 • 비밀번호

5.3.2 사용자 번호 및 비밀번호

① 사용자권한 등록파일에 등록하는 사용자번호는 사용자권한 등록관리청별로 일련번호로 부여하여야 하며, 한 번 부여된 사용자번호는 변경할 수 없다.

② 사용자권한 등록관리청은 사용자가 다른 사용자권한 등록관리청으로 소속이 변경되거나 퇴직 등을 한 경우에는 사용자번호를 따로 관리하여 사용자의 책임을 명백히 할 수 있도록 하여야 한다.

③ 사용자의 비밀번호는 6~16자리까지의 범위에서 사용자가 정하여 사용한다.

④ 제3항에 따른 사용자의 비밀번호는 다른 사람에게 누설하여서는 아니 되며, 사용자는 비밀번호가 누설되거나 누설될 우려가 있는 때에는 즉시 이를 변경하여야 한다.

구분		내용
사용자 번호	사용자 번호	① 사용자권한 등록관리청별로 일련번호로 부여 ② 한 번 부여된 사용자번호는 변경할 수 없다.
	소속 변경 · 퇴직	① 사용자번호를 따로 관리 ② 사용자의 책임을 명백히 할 수 있도록 하여야 한다.
비밀번호	비밀번호	① 6~16자리까지의 범위에서 사용자가 정하여 사용한다.
	단속	① 비밀번호는 다른 사람에게 누설하여서는 아니 된다. ② 누설되거나 누설될 우려가 있는 때에는 즉시 이를 변경하여야 한다.

5.3.3 사용자권한 구분(시행규칙 제78조)

사용자권한 구분(등록파일에 등록하는 사용자의 권한)	
1. 사용자의 신규등록	12. 토지이동의 정리
2. 사용자 등록의 변경 및 삭제	13. 토지소유자 변경의 관리
3. 법인이 아닌 사단 · 재단 등록번호의 업무관리	14. 토지등급 및 기준수확량등급 변동의 관리
4. 법인이 아닌 사단 · 재단 등록번호의 직권수정	15. 지적공부의 열람 및 등본 발급의 관리
5. 개별공시지가 변동의 관리	15의2. 부동산종합공부의 열람 및 부동산종합증명
6. 지적전산코드의 입력 · 수정 및 삭제	서 발급의 관리
7. 지적전산코드의 조회	16. 일반 지적업무의 관리
8. 지적전산자료의 조회	17. 일일마감 관리
9. 지적통계의 관리	18. 지적전산자료의 정비
10. 토지 관련 정책정보의 관리	19. 개인별 토지소유현황의 조회
11. 토지이동 신청의 접수	20. 비밀번호의 변경

••5.4 지적정보 전담 관리기구

5.4.1 지적정보 전담 관리기구의 설치(법 제70조)

① 국토교통부장관은 지적공부의 효율적인 관리 및 활용을 위하여 지적정보 전담 관리기구를 설치 · 운영한다.

② 국토교통부장관은 지적공부를 과세나 부동산정책자료 등으로 활용하기 위하여 주민등록전산자료, 가족관계등록전산자료, 부동산등기전산자료 또는 공시지가전산자료 등을 관리하는 기관에 그 자료를 요청할 수 있으며 요청을 받은 관리기관의 장은 특별한 사정이 없는 한 이에 응하여야 한다.

③ 제1항에 따른 지적정보 전담 관리기구의 설치 · 운영에 관한 세부사항은 대통령령으로 정한다.

5.4.2 지적전산자료 이용 등(법 제76조)

구분	내용	
지적전산자료의 이용 등	① 지적공부에 관한 전산자료(연속지적도를 포함하며, 이하 "지적전산자료"라 한다)를 이용하거나 활용하려는 자는 다음 각 호의 구분에 따라 국토교통부장관, 시 · 도지사 또는 지적소관청에 지적전산자료를 신청하여야 한다. 〈개정 2017. 10. 24.〉	
	전국 단위의 지적전산자료	국토교통부장관, 시 · 도지사 또는 지적소관청
	시 · 도 단위의 지적전산자료	시 · 도지사 또는 지적소관청
	시 · 군 · 구(자치구가 아닌 구를 포함한다) 단위의 지적전산자료	지적소관청
	② 제1항에 따라 지적전산자료를 신청하려는 자는 대통령령으로 정하는 바에 따라 지적전산자료의 이용 또는 활용 목적 등에 관하여 미리 관계 중앙행정기관의 심사를 받아야 한다. 다만, 중앙행정기관의 장, 그 소속 기관의 장 또는 지방자치단체의 장이 신청하는 경우에는 그러하지 아니하다. 〈개정 2017. 10. 24.〉	
	③ 제2항에도 불구하고 다음 각 호의 어느 하나에 해당하는 경우에는 관계 중앙행정기관의 심사를 받지 아니할 수 있다. 〈개정 2017. 10. 24.〉	
	1. 토지소유자가 자기 토지에 대한 지적전산자료를 신청하는 경우 2. 토지소유자가 사망하여 그 상속인이 피상속인의 토지에 대한 지적전산자료를 신청하는 경우 3. 「개인정보 보호법」 제2조 제1호에 따른 개인정보를 제외한 지적전산자료를 신청하는 경우	
	④ 제1항 및 제3항에 따른 지적전산자료의 이용 또는 활용에 필요한 사항은 대통령령으로 정한다.	

••5.5 PBLIS 및 KLIS

5.5.1 PBLIS

가. 의의

필지중심토지정보시스템(PBLIS ; Parcel Based Land Information System)의 개발은 컴퓨터를 활용하여 일필지를 중심으로 건물, 도시계획 등 형상과 관련된 도면정보(Graphic Information)와 이들과 연결된 각종 속성정보(Nongraphic Information)를 효과적으로 저장·관리·처리할 수 있는 시스템으로 향후 시행될 지적재조사사업의 기반을 조성하는 사업이다.

전산화된 지적도면 수치파일을 데이터베이스화하여 이들 정보를 검색하고 관리하는 업무절차를 전산화함으로써 그간 수작업으로 처리했던 지적도면 정리를 자동화하고 토지 및 관련 정보를 국가 및 대국민에게 복합적이고 신속하게 제공하여 과학적 지적행정을 도모하고자 이에 대한 개발이 추진되었다.

나. 개발목적

```
        ┌─────────────────────────────┐
        │      PBLIS의 개발 목적은?       │
        └─────────────────────────────┘
```

```
┌──────────────────────────────────────────────────┐
│ ⇨ 대장 + 도면의 완전 전산화                            │
│    −다양한 토지 관련 정보 제공으로 대국민 서비스 강화        │
│    −지적재조사사업 기반 확보                            │
├──────────────────────────────────────────────────┤
│ ⇨ 토지 관련 정보의 통합관리                            │
│    −지적도, 건물, 시설물 등 각종 정보의 통합관리           │
│    −토지소유권 보호 및 공평과세 실현                     │
├──────────────────────────────────────────────────┤
│ ⇨ 정보화사회에 대비한 정보 인프라 구축                   │
│    −정보산업의 기술 향상과 초고속 통신망 활용성 증진        │
│    −행정처리단계 축소에 따른 예산 절감                    │
└──────────────────────────────────────────────────┘
```

다. 개발시스템 구성

정부는 소관청 지적업무를 구현하는 지적공부관리시스템과 더불어 지적공사에서 수행되는 지적측량의 준비와 결과를 작성하고, 소관청에서 직권업무처리 및 성과검사를 하기 위한 지적측량성과작성시스템과 측량 결과의 처리를 보조하는 지적측량시스템을 동시에 개발하여 각 시스템이 같은 도형정보관리시스템을 기반으로 구현될 수 있도록 함으로써 각 업무 간의 데이터 교환의 효율성과 편리성을 극대화하고자 하였다.

PBLIS	주요 기능	
지적공부관리 시스템	① 사용자권한관리	② 지적측량검사업무
	③ 토지이동관리	④ 지적일반업무 관리
	⑤ 창구민원업무	⑥ 토지기록자료조회 및 출력 등
지적측량시스템	① 지적삼각측량	② 지적삼각보조측량
	③ 도근측량	④ 세부측량 등
지적측량성과 작설시스템	① 토지이동지 조서 작성	② 측량준비도
	③ 측량결과도	④ 측량성과도 등

라. PBLIS 처리과정

마. PBLIS 기대효과

① 지적업무 처리의 획기적인 개선
② 지적정보 활용의 극대화
③ 정밀한 토지정보체계 구축 가능
④ 지적재조사 기반 조성
⑤ 국민편의 지향적이 서비스시스템

5.5.2 토지관리정보시스템(LMIS ; Land Management Information System)

가. LMIS 의의

국토교통부는 토지관리업무를 통합·관리하는 체계가 미흡하고, 중앙과 지방 간의 업무연계가 효율적으로 이루어지지 않으며, 토지정책 수립에 필요한 자료를 정확하고 신속하게 수집하기 어려움에 따라 1998년 2월부터 1998년 12월까지 대구광역시 남구를 대상으로 6개 토지관리업무에 대한 응용시스템 개발과 토지관리 데이터베이스를 구축하고, 관련 제도 정비방안을 마련하는 등 시범사업을 수행하여 현재 토지관리업무에 활용하고 있다.

나. LMIS 개발목적

토지관리정보체계 구축사업은 대구광역시 남구를 대상으로 수행한 토지관리정보체계 개발 시범사업에 이은 확대구축사업으로서 시범사업에서 개발한 토지관리정보체계를 전국 12개 시·군·구에 확산 보급하는 한편 최신의 정보기술을 도입한 차세대 토지관리정보체계 개발과 운영·관리방안을 제시하고, 특히 담당공무원의 정보화 마인드를 고취하여 토지관리정보체계 확산을 위한 기반환경 조성에 목적이 있다.

다. PBLIS와 LMIS의 비교

항목 〳 사업	PBLIS	LMIS
사업 명칭	필지중심토지정보시스템	토지관리정보체계
사업 목적	지적도와 시·군·구의 대장정보를 기반으로 하는 지적행정시스템과의 연계를 통한 각종 지적행정 업무를 수행	시·군·구의 지형도 및 지적도와 토지대장정보를 기반으로 각종 토지행정 업무를 수행
사업 추진 체계	• 행정자치부 → 지적공사 → 쌍용정보통신(시·군·구 행정종합정보시스템) • 행정자치부 → 시·군·구 → 삼성 SDS	국토교통부 → 국토연구원 → SKC&C

항목 \ 사업	PBLIS	LMIS
주요 업무 내용	① 지적공부관리 ② 지적측량업무관리 ③ 지적측량성과관리 (3개 분야 430개 세부업무)	① 토지거래 관리 ② 개발부담금 관리 ③ 부동산중개업 관리 ④ 공시지가 관리 ⑤ 용도지역지구관리 ⑥ 외국인 토지관리 (6개 분야 17개 업무, 90개 세부업무)
사업 수행기간	1996년 8월부터 6년	1998년 2월부터 8년
사용도면	지적도 · 임야도 · 수치지적부	지형지적도
사용 D/B	① 도형 : 지적(임야)도, 　　　　 수치지적부 ② 속성 : 토지(임야)대장	① 연속 · 편집 지적도 ② 국토이용계획도 ③ 용도지역지구도 ④ 지형프레임워크(건물 · 도로 등)
지적측량업무활용	직접 활용	활용할 수 없음(약도 가능)
데이터갱신 비용	① 지적측량으로 실시간 갱신 ② 추가투자비용 없음	① 지적정보 제공에 의한 주기적 필요에 　 따른 갱신 ② 갱신 비용이 필요함
D/B 사용 문제점	정확하게 구축된 도형 D/B 사용으로 민원 발생 저하	지적도를 편집 사용함에 따른 민원소지가 있음
특징	① 지적측량에서부터 변동자료처리, 　 유지관리 등 현행 지적업무처리의 일 　 체화된 전산화 ② 관계법령을 준수하고 정확, 신속한 　 대민 서비스를 최우선 목표로 함 ③ 최소한의 예산 투입으로 효과 극대화 　 추진방법 채택	① 기본 지적도 데이터를 편집하여 사용 ② 지적측량에 활용할 수 없는 지적도 　 데이터베이스를 기반으로 응용시스 　 템 개발 ③ 신속 · 정확한 대민 서비스보다는 개방 　 형 구조로 개발

5.5.3 한국토지정보체계(KLIS ; Korea Land Information System)

가. 개요

한국토지정보시스템은 행정자치부(구)의 필지중심토지정보시스템과 건설교통부(구)의 토지종합정보망을 보완하여 하나의 시스템으로 통합 구축한 후 기존 전산화사업을 통하여 구축 완료된 토지(임야)대장의 속성정보를 연계 활용하여 데이터 구축의 중복을 방지하고, 데이터 이중관리에서 오는 데이터 간의 이질감 등을 예방하는 데 목적이 있다.

나. 추진 배경

행정자치부(구)의 '필지중심토지정보시스템(PBLIS)과 건설교통부(구)의 토지종합정보망(LMIS)을 보완하여 하나의 시스템으로 통합구축하고, 토지대장의 문자(속성)정보를 연계 활용하는 방안을 강구'하라는 감사원 감사결과(2000년)에 따라 3계층 클라이언트/서버(3-Tiered client/server) 아키텍처를 기본구조로 개발하기로 합의하였다.

따라서, 국가적인 정보화 사업을 효율적으로 추진하기 위해 양 시스템을 연계 통합한 한국토지정보시스템의 개발업무를 수행하였다.

다. 추진 목적

① NGIS 2000년 국책사업 감사원 감사 시 PBLIS와 LMIS가 중복사업으로 지적
② 두 시스템을 하나의 시스템으로 통합 권고
③ PBLIS와 LMIS의 기능을 모두 포함하는 통합시스템 개발
④ 통합시스템은 3계층 구조로 구축(3Tier System)
⑤ 도형 DB 엔진 전면수용 개발(고딕, SDE, ZEUS 등)
⑥ 지적측량, 지적측량 성과 작성 업무도 포함
⑦ 실시간 민원처리 업무가 가능하도록 구축

라. 구성도

마. KLIS의 단위업무

한국토지정보시스템의 단위업무 ⑭⑦ ⑤⑧⑨ ⑧⑦⑦ ⑧⑦할 때 ⑤⑦⑧이나 ⑧⑦⑥가 해라

1. 지적⑤량성과관리
2. 지적⑧부관리
3. ⑨속편집도관리
4. 개별⑧시지가관리
5. 개별⑦택가격관리
6. 토지거래허⑦관리
7. ⑧합민원발급관리
8. 수치⑦형도관리
9. 용⑤지역지구관리
10. ⑦발부담금관리
11. 모바일현⑧지원
12. 부동산⑧개업관리
13. 부동산⑦발업관리
14. 공인중개⑥관리

바. KLIS의 파일확장자 구분

KLIS(Korea Information System)의 파일확장자 구분 ⑭⑦ ⑥⑧⑤⑧⑦에서 ⑧⑤⑥⑥⑧	
측량준비도 추출파일(*.ⓒⓘf) (Cadastral Information File)	소관청의 지적공부관리시스템에서 측량지역의 도형 및 속성정보를 저장한 파일
일필지속성정보 파일(*.ⓢⓔbu) (세부 측량을 영어로 표현)	측량성과작성시스템에서 속성을 작성하는 일필지속성정보 파일
측량관측 파일(*.svy)(Ⓢurvey)	토털스테이션에서 측량한 값을 좌표로 등록하여 작성된 파일
측량계산 파일(*.ⓚsp) (KCSC Survey Project)	지적측량계산시스템에서 작업한 경계점결선 경계점 등록, 교차점 계산 등의 결과를 관리하는 파일
세부측량계산 파일(*.ⓢⓔⓡ) (Survey Evidence Relation File)	측량계산시스템에서 교차점 계산 및 면적지정계산을 하여 경계점 좌표등록부 시행 지역의 출력에 필요한 파일
측량성과 파일(*.ⓘsg)	측량성과작성시스템에서 측량성과 작성을 위한 파일
토지이동정리(측량결과) 파일 (*.ⓓⓐt)(Data)	측량성과작성시스템에서 소관청의 측량검사, 도면검사 등에 이용되는 파일
측량성과검사요청서 파일(*.ⓢⓘf)	지적측량 접수 프로그램을 이용하여 작성하며 iuf 파일과 함께 작성되는 파일

측량성과검사결과 파일(*.ⓢⓡⓕ)	측량결과 파일을 측량업무관리부에 등록하고 성과검사 정상 완료 시 지적소관청에서 측량수행자에게 송부하는 파일
정보이용승인신청서 파일(*.ⓘⓤⓕ)	지적측량 업무 접수 시 지적소관청 지적도면자료의 이용승인요청 파일

▪▪ 5.6 지적재조사사업

5.6.1 개요

지적은 국가기관의 통치권이 미치는 모든 영토를 필지단위로 구획하여 토지에 대한 물리적 현황과 권리관계 등을 공적 장부에 등록하고 그 변경사항을 영속적으로 등록관리하는 국가 사무로서, 매우 중요한 행정부분이나 토지조사사업 당시의 오차와 도면의 신축 그리고 각종 오류 발생 원인으로 인해 지적제도 유지 자체가 힘들어지는 상황에까지 이르게 되었다. 이러한 문제점을 해결하고 KLIS 를 구축하여 다목적으로 지적을 이용하기 위한 지적재조사의 필요성이 강조되고 있으며 지적재조사 는 지적제도 정비를 위한 가장 이상적인 방법으로 평가되고 있다.

5.6.2 지적재조사의 필요성

① 전 국토를 동일한 좌표계로 측량하여 지적불부합 해결
② 수치적 방법으로 재조사하여 국민적 요구에 부응하고 도해지적의 문제점 해결
③ 토지 관련 정보의 종합관리와 계획의 용이성 제공
④ 부처 간 분산관리되고 있는 기준점의 통일로 업무능률 향상
⑤ 도면의 신축 등으로 인한 문제점 해결

5.6.3 지적불부합지

가. 의의

지적불부합이란 지적공부에 등록된 사항과 실제가 부합되지 못하는 지역을 말하며 그 한계는 지적세 부측량에서 도상에 영향을 미치는 축척별 오차의 범위를 초과하는 것을 말한다. 지적불부합의 폐단 은 사회적으로 토지분쟁 야기, 토지거래질서 문란, 권리행사의 지장 초래, 권리실체인정의 부실을 초래하여 행정적으로는 지적행정의 불신 초래, 증명발급의 곤란 등 많은 문제점을 드러내고 있다.

나. 발생원인

발생원인	내용
측량에 의한 불부합	① 잦은 토지이동으로 인해 발생된 오류 ② 측량 기준점, 즉 통일원점, 구소삼각원점 등의 통일성 결여 ③ 6·25 동란으로 망실된 지적삼각점의 복구과정에서 발생하는 오류 ④ 지적복구, 재작성 과정에서 발생하는 제도오차 ⑤ 세부측량에서 오차누적과 측량업무의 소홀로 인해 결정 과정에서 생긴 오류
지적도면에 의한 불부합	① 지적도면의 축척의 다양성 ② 지적도 관리 부실로 인한 도면의 신축 및 훼손 ③ 지적도 재작성 과정에서 오는 제도오차의 영향 ④ 신·축도 시 발생하는 개인오차 ⑤ 세분화에 따른 대축척 지적도 미비

다. 지적불부합지의 유형 암기 중공편불위경

유형	특징
중복형	① 원점지역의 접촉지역에서 많이 발생 ② 기존 등록된 경계선의 충분한 확인 없이 측량했을 때 발생 ③ 발견이 쉽지 않음 ④ 도상경계에는 이상이 없으나 현장에서 지상경계가 중복되는 형상
공백형	① 도상경계는 인접해 있으나 현장에서는 공간의 형상이 생기는 유형 ② 도선의 배열이 상이한 경우에 많이 발생 ③ 리·동 등 행정구역의 경계가 인접한 지역에서 많이 발생 ④ 측량상의 오류로 인해서도 발생
편위형	① 현형법을 이용하여 이동측량을 했을 때 많이 발생 ② 국지적인 현형을 이용하여 결정하는 과정에서 측판점의 위치오류로 인해 발생한 것이 많음 ③ 정정을 위한 행정처리가 복잡함
불규칙형	① 불부합의 형태가 일정하지 않고 산발적으로 발생한 형태 ② 경계의 위치 파악과 원인분석이 어려운 경우가 많음 ③ 토지조사사업 당시 발생한 오차가 누적된 것이 많음
위치 오류형	① 등록된 토지의 형상과 면적은 현지와 일치하나 지상의 위치가 전혀 다른 위치에 있는 유형을 말함 ② 산림 속의 경작지에서 많이 발생함 ③ 위치정정만 하면 되고 정정과정이 쉬움

경계 이외의 불부합	① 지적공부의 표시사항 오류 ② 대장과 등기부 간의 오류 ③ 지적공부의 정리 시에 발생하는 오류 ④ 불부합의 원인 중 가장 미비한 부분을 차지함

라. 지적불부합의 해결방안

해결방안	내용
부분적인 해결방안	① 축척변경사업의 확대 시행 ② 도시재개발사업 ③ 구획정리사업 시행 ④ 현황 위주로 확정하여 청산하는 방법
전면적인 해결방안	① 지적불부합지 정리를 위한 임시조치법의 제정 ② 수치지적제도 완성 ③ 지적재조사를 통한 전면적 개편

5.6.4 다목적 지적(Multipurpose Cadastre)

다목적 지적이라 함은 필지단위로 토지와 관련된 기본적인 정보를 집중 관리하고 계속하여 즉시 이용이 가능하도록 토지정보를 종합적으로 제공하여 주는 기본 골격이라 할 수 있으며 종합지적·통합지적이라고도 한다. 다목적 지적은 지리학적 위치측정의 기초이며, 토지와 관련된 기술적·법률적·재정 및 경제적 정보의 기본이다.

▼ 다목적 지적의 구성요소 ⑭⑦ ⑧⑦⑦⑦⑦⑦

구성요소	특징
⑧지기본망 (Geodetic Reference Network)	토지의 경계선과 측지측량이나 그 밖의 토지 및 토지 관련 자료와 지형 간의 상관관계를 형성하고 지상에 영구적으로 표시되어 지적도상에 등록된 경계선을 현지에 복원할 수 있는 정확도를 유지할 수 있는 기준점 표지의 연결망을 말하는데 서로 관련 있는 모든 지역의 기준점이 단일의 통합된 네트워크여야 한다.
⑦본도 (Base Map)	측지기본망을 기초로 하여 작성된 도면으로서 지도 작성에 기본적으로 필요한 정보를 일정한 축척의 도면 위에 등록한 것으로 변동사항과 자료를 수시로 정비하여 최신화시켜 사용될 수 있어야 한다.
⑦적중첩도 (Cadastral Overlay)	측지기본망과 기본도와 연계하여 활용할 수 있고 토지소유권에 관한 현재 상태의 경계를 식별할 수 있도록 일필지 단위로 등록한 지적도로 시설물, 토지이용, 지역구도 등을 결합한 상태의 도면을 말한다.

㉱지식별번호 (Unique Parcel Identification Number)	각 필지별 등록사항의 조직적인 저장과 수정을 용이하게 각 정보를 인식 · 선정 · 식별 · 조정하는 가변성이 없는 토지의 고유번호를 말하는데 지적도의 등록사항과 도면의 등록사항을 연결시켜 자료파일의 검색 등 색인번호의 역할을 한다. 이러한 필지식별번호는 토지평가, 토지의 과세, 토지의 거래, 토지이용계획 등에서 활용되고 있다.
㉲지자료파일 (Land Data File)	토지에 대한 정보검색이나 다른 자료철에 있는 정보를 연결시키기 위한 목적으로 만들어진 각 필지의 식별번호를 포함한 일련의 공부 또는 토지자료철을 말하는데 과세대장, 건축물대장, 천연자원기록, 토지이용, 도로, 시설물대장 등 토지 관련 자료를 등록한 대장을 뜻한다.

CHAPTER 05 실전문제

01 지적전산정보시스템에서 사용자권한 등록파일에 등록하는 사용자의 권한에 해당하지 않는 것은?

12①기

① 법인 아닌 사단·재단 등록번호의 식권 수정
② 지적전산코드의 입력·수정 및 삭제
③ 지적공부의 열람 및 등본 발급의 관리
④ 표준지 공시지가 변동의 관리

해설

공간정보의 구축 및 관리 등에 관한 법률 시행규칙 제78조(사용자의 권한구분 등)제76조 제1항에 따라 사용자권한 등록파일에 등록하는 사용자의 권한은 다음 각 호의 사항에 관한 권한으로 구분한다.
1. 사용자의 신규등록
2. 사용자 등록의 변경 및 삭제
3. 법인이 아닌 사단·재단 등록번호의 업무관리
4. 법인이 아닌 사단·재단 등록번호의 직권수정
5. 개별공시지가 변동의 관리
6. 지적전산코드의 입력·수정 및 삭제
7. 지적전산코드의 조회
8. 지적전산자료의 조회
9. 지적통계의 관리
10. 토지 관련 정책정보의 관리
11. 토지이동 신청의 접수
12. 토지이동의 정리
13. 토지소유자 변경의 관리
14. 토지등급 및 기준수확량등급 변동의 관리
15. 지적공부의 열람 및 등본 발급의 관리
15의2 부동산종합공부의 열람 및 부동산종합증명서 발급의 관리
16. 일반 지적업무의 관리
17. 일일마감 관리
18. 지적전산자료의 정비
19. 개인별 토지소유현황의 조회
20. 비밀번호의 변경

02 두 주제 간의 관계를 분석하고 이를 지도학적으로 통합하여 표현하는 공간 정보 분석 기능은?

12①기

① 중첩(Overlay) ② 레이어(Layer)
③ 위상(Topology) ④ 커버리지(Coverage)

해설

중첩(Overlay)
• 두 지도를 겹쳐 통합적인 정보를 갖는 지도를 생성하는 것
• 도형과 속성자료가 각기 구축된 레이어를 중첩시켜 새로운 형태의 도형과 속성 레이어를 생성하는 기능
• 새로운 자료나 커버리지를 만들어내기 위해 두 개 이상의 GIS 커버리지를 결합하거나 중첩(공통된 좌표체계에 의해 데이터베이스에 등록된다)한 것

03 지적전산자료를 이용·활용하는 데 따른 승인권자에 해당하는 자는?

12①산

① 국토지리정보원장 ② 국토교통부장관
③ 한국국토정보공사장 ④ 교육과학기술부장관

해설

공간정보의 구축 및 관리 등에 관한 법률 제76조(지적전산자료의 이용 등)
① 지적공부에 관한 전산자료(이하 "지적전산자료"라 한다)를 이용하거나 활용하려는 자는 다음 각 호의 구분에 따라 국토교통부장관, 시·도지사 또는 지적소관청의 승인을 받아야 한다.
1. 전국 단위의 지적전산자료 : 국토교통부장관, 시·도지사 또는 지적소관청
2. 시·도 단위의 지적전산자료 : 시·도지사 또는 지적소관청
3. 시·군·구(자치구가 아닌 구를 포함한다) 단위의 지적전산자료 : 지적소관청

정답 01 ④ 02 ① 03 ②

04 필지식별번호에 관한 설명으로 옳지 않은 것은?

12①산

① 각 필지의 등록사항의 저장과 수정 등을 용이하게 처리할 수 있는 고유번호를 말한다.
② 필지에 관련된 모든 자료의 공통적 색인번호의 역할을 한다.
③ 토지 관련 정보를 등록하고 있는 각종 대장과 파일 간의 정보를 연결하거나 검색하는 기능을 향상시킨다.
④ 필지의 등록사항 변경 및 수정에 따라 변화할 수 있도록 가변성이 있어야 한다.

● 해설

필지식별번호란 각 필지의 등록사항의 저장과 수정 등을 용이하게 처리할 수 있는 가변성이 없는 고유번호를 말한다.

05 지적정보 전담 관리기구로서 국가공간정보센터가 설치되어 있는 곳은?

12①산

① 국토교통부   ② 지역전산본부
③ 행정자치부   ④ 한국국토정보공사

● 해설

제4조(국가공간정보센터의 운영)
① 국가공간정보센터는 다음 각 호의 업무를 수행한다. 〈개정 2010.9.20., 2014.4.22., 2014.12.30., 2015.6.1.〉
  1. 공간정보의 수집·가공·제공 및 유통
  2. 「공간정보의 구축 및 관리 등에 관한 법률」 제2조 제19호에 따른 지적공부(地籍公簿)의 관리 및 활용
  3. 부동산관련자료의 조사·평가 및 이용
  4. 부동산 관련 정책정보와 통계의 생산
  5. 공간정보를 활용한 성공사례의 발굴 및 포상
  6. 공간정보의 활용 활성화를 위한 국내외 교육 및 세미나
  7. 그 밖에 국토교통부장관이 공간정보의 수집·가공·제공 및 유통 활성화와 지적공부의 관리 및 활용을 위하여 필요하다고 인정하는 업무
② 국토교통부장관은 제1항의 업무를 수행하기 위하여 필요한 전산시스템을 구축하여야 한다. 〈개정 2013.3.23.〉
③ 국토교통부장관은 제2항에 따른 전산시스템과 관련 중앙행정기관·지방자치단체 및 「공공기관의 운영에 관한 법률」 제4조에 따른 공공기관(이하 "공공기관"이라 한다)의 전산시스템과의 연계체계를 유지하여야 한다. 〈개정 2013. 3.23., 2014.12.30.〉

④ 국토교통부장관은 국가공간정보센터를 효율적으로 운영하기 위하여 관계 중앙행정기관·지방자치단체 소속 공무원 또는 공공기관의 임직원의 파견을 요청할 수 있다. 〈신설 2014.12.30.〉

06 다음 중 필지중심토지정보시스템(PBLIS)의 업무 및 시스템개발 내용과 가장 거리가 먼 것은?

12②기

① 지적공부관리업무
② 지적소유권관리업무
③ 지적측량업무
④ 지적측량성과작성업무

● 해설

필지중심토지정보시스템(PBLIS)
양질의 다양한 토지 관련 정보를 국민에게 제공하고 국토의 효율적인 이용과 정책결정, 의사 결정 및 분석을 하기 위하여 국가차원의 종합토지정보시스템을 구축하여야 한다. 이를 위해서 가장 대축척이고 정확도가 높으며, 항상 변동사항에 대한 갱신이 가능한 지적도면을 기본 도로하고 필지별로 지상 및 지하시설물 등 각종 토지 관련 도형 및 속성자료를 통합하여 관리·분석·정책·의사결정을 할 수 있는 필지 중심 종합토지정보시스템을 구축하게 되었다.

1. 개발목적
   • 다양한 토지 관련 정보를 정부기관이나 국민에게 제공
   • 지적정보 및 각종 시설물 등의 부가정보의 효율적 통합관리
   • 토지 소유권의 보호와 다양한 토지 관련 서비스 제공
   • 지적재조사사업을 위한 기반확보
2. 업무내용 : 지적공부관리, 지적측량업무, 지적측량성과작성업무 등 3개 분야 430개 세부업무를 추진하였다.

07 다음 중 토지정보시스템을 구성하는 데 필요한 내용으로 가장 관련이 적은 것은?

12②기

① 기하학적 토지측량자료
② 소유권에 관한 법률자료
③ 산업별 생산품 수요자료
④ 필지별 도면자료

◉해설

토지정보체계의 정의
토지정보체계는 토지의 효율적인 이용과 관리를 목적으로 각종 토지 관련 자료를 체계적이고 종합적으로 데이터베이스화하여 토지에 관련된 정보를 사용자에게 신속, 정확하게 제공하는 체계이다.
• 토지정보를 데이터베이스화한 것
• 특정 지역의 토지정보를 수집
• 토지의 법적, 경제적 정보를 관리

08 다음 중 우리나라 국가지리정보체계(NGIS)의 제3차 사업 추진계획의 기간과 주요 내용으로 옳은 것은? 12②산

① 1996~2000년, GIS 초기단계
② 2001~2005년, GIS 확장단계
③ 2001~2005년, GIS 운영 및 구축단계
④ 2006~2010년, GIS 정착단계

◉해설

국가지리정보체계 구축사업은 1995년부터 5년 단위로 2010년까지 1차, 2차, 3차 계획을 작성하여 추진하였는데 그중 3차 계획은 2006~2010년까지이며 GIS 정착단계로 추진하고 있다.

단계별 추진현황
• 1단계(1995~2000) : 지형도, 공통주제도, 지하시설물도 및 지적도 등을 수치지도화 하고, 데이터베이스를 구축하는 사업 등 국가공간정보의 기초가 되는 국가기본도 전산화에 주력
• 2단계(2001~2005) : 1단계에서 구축한 공간정보를 활용하여 다양한 응용시스템을 구축·활용하는 데 주력
• 3단계(2006~2010) : 부분별, 기관별로 구축된 데이터와 응용시스템을 연계·통합하여 시너지 효과를 제고하는 데 주력

09 사용자권한 등록파일에 등록하는 사용자번호 및 비밀번호 등에 대한 설명으로 옳은 것은? 12③산

① 사용자의 비밀번호가 누설될 우려가 있는 때에는 즉시 이를 변경하여야 한다.
② 사용자의 비밀번호는 6~10자리까지의 범위에서 지적소관청별로 일괄 부여한다.

③ 사용자번호는 전국적으로 일련번호를 부여한다.
④ 다른 사용자권한 등록관리청으로 소속이 변경된 경우 사용자번호를 변경된 관리청으로 이관하여 관리한다.

◉해설

공간정보의 구축 및 관리 등에 관한 법률 시행규칙 제77조(사용자번호 및 비밀번호 등)
① 사용자권한 등록파일에 등록하는 사용자번호는 사용자권한 등록관리청별로 일련번호로 부여하여야 하며, 한 번 부여된 사용자번호는 변경할 수 없다.
② 사용자권한 등록관리청은 사용자가 다른 사용자권한 등록관리청으로 소속이 변경되거나 퇴직 등을 한 경우에는 사용자번호를 따로 관리하여 사용자의 책임을 명백히 할 수 있도록 하여야 한다.
③ 사용자의 비밀번호는 6~16자리까지의 범위에서 사용자가 정하여 사용한다.
④ 제3항에 따른 사용자의 비밀번호는 다른 사람에게 누설하여서는 아니 되며, 사용자는 비밀번호가 누설되거나 누설될 우려가 있는 때에는 즉시 이를 변경하여야 한다.

10 스캐닝 방식을 이용하여 지적전산 파일을 생성하고자 한다. 이때 스캐너의 해상도를 표현하는 단위로 맞는 것은? 12③산

① CELL
② DOP
③ DPI
④ RADIAN

◉해설

해상도(Resolution)
이미지의 형상(Sharpness) 기준은 보통 "도트 퍼 인치(DPI)" 또는 실제 구획 크기(Pixel Size)를 마이크론(μ) 단위로 표현한다.

11 토지정보시스템의 도형자료 입력에 주로 사용하는 방식이 아닌 것은? 12③산

① 레이아웃(Layout) 방식
② 스캐닝(Scanning) 방식
③ COGO(Coordinate Geometry) 방식
④ 디지타이징(Digitizing) 방식

해설

- COGO 방식은 현장에서 토탈스테이션이나 GPS와 같은 측량기구를 이용하여 토지분할 및 분배, 시설물 설계에 필요한 토목 및 측량에 필요한 기능을 제공하는 기하좌표의 입력과 관리체계이다.
- 스캐닝 방식은 스캐너를 이용하여 도면상의 도형 및 문자 등의 정보를 컴퓨터에 입력하는 것으로, 도면을 흡착하고 광학 주사기를 이용하여 레이저 광선을 도면에 주사하여 반사되는 값에 수치값을 부여하여 데이터의 영상자료를 만드는 것이다. 이 영상자료는 GIS 소프트웨어를 이용하여 벡터라이징을 통해 수치지도로 제작된다.
- 디지타이징은 디지타이저라고 하는 판 위에 도면을 올리고 컴퓨터를 이용하여 필요한 주제의 형태에서 작업자가 좌표를 독취하는 방법이다.

12 PBLIS와 NGIS의 연계로 인한 장점으로 거리가 먼 것은? 13①산

① 유사한 정보시스템의 개발로 인한 중복 투자 방지
② 토지의 효율적인 이용 증진과 체계적 국토개발
③ 토지 관련 자료의 원활한 교류와 공동 활용
④ 지적측량과 일반측량의 업무 통합에 따른 효율성 증대

해설

PBLIS와 NGIS의 연계에 따른 장점
- 다양한 토지 관련 정보를 필요로 하는 정부나 국민에게 정확한 지적정보를 제공하고, 지적재조사사업을 위한 기반 확보
- 지적정보 및 각종 시설물 등의 부가정보를 효율적으로 통합 관리하며, 이를 기반으로 소유권 보호와 다양한 토지 관련 서비스 제공
- 기존의 정보통신 인프라를 적극 활용할 수 있는 전자정부 실현에 일조할 콘텐츠를 개발하고, 행정처리 단계를 획기적으로 축소하여 그에 따른 비용과 시간 절감

13 토지정보체계에 대한 설명으로 틀린 것은? 13②산

① 토지정보체계는 토지에 관한 정보를 제공함으로써 토지관리를 지원한다.
② 토지정보체계의 유용성은 토지자료의 유연성과 획일성에 중점을 두고 있다.
③ 토지정보체계의 운영은 자료의 수집 및 자료의 처리·유지·검색·분석·보급 등도 포함한다.
④ 토지정보체계는 토지이용계획, 토지 관련 정책자료 등에 다목적으로 활용이 가능하다.

해설

토지정보체계
- 토지정보체계(LIS ; Land Information System)란 인간생활에 필요한 토지정보의 효율적인 이용과 관리, 활용을 목적으로 각종 토지 관련 자료를 체계적이고 종합적으로 수집, 관리하여 토지에 관련된 활동과 정책을 집행하기 위한 정보시스템을 말한다.
- 즉, 토지정보시스템이란 인간의 의사결정능력의 지원과 활용에 필요한 토지정보의 관측 및 수집에서부터 보존과 분석 출력에 이르기까지 일련의 조작을 위한 정보시스템을 의미한다.
- 이러한 토지정보시스템은 인간의 생활과 밀접한 관련이 있는 각종 토지 관련 자료를 광범위하게 취급하므로 활용범위가 매우 넓다.
- 토지정보시스템의 활용범위는 지적관리를 기본으로 하여 토지이용, 국토 및 도시계획, 부동산관리, 건축물관리 등 지상구조물관리, 가스·전기·상하수 등의 지하시설물관리 등에 이르기까지 다양한 분야를 포함한다.

14 필지 중심 토지정보시스템(PBLIS)에 관한 설명으로 틀린 것은? 13②산

① 수치지형도를 도형데이터의 기반으로 하여 구축한 토지정보시스템이다.
② 지적공부관리, 지적측량, 지적측량 성과작성 시스템으로 구성되어 있다.
③ PBLIS와 LMIS를 통합하여 제공하는 시스템이 한국토지정보시스템(KLIS)이다.
④ 다른 시스템과의 정보 공유로 통합된 토지 관련 민원 서비스를 제공할 수 있다.

해설

PBLIS는 지적공부관리, 지적측량업무, 지적측량성과 작성업무 등 3개 분야에 430개 세부업무를 추진하였다.
- 지적공부관리 시스템 : 사용자권한관리, 지적측량검사업무, 토지이동관리, 지적일반업무관리, 창구민원관리, 토지기록

자료조회 및 출력, 지적통계관리, 정책정보관리
- 지적측량 시스템 : 지적삼각측량, 지적삼각보조측량, 도근측량, 세부측량 등
- 지적측량 성과작성 시스템 : 토지이동지 조서작성, 측량준비도, 측량결과도, 측량성과도 등

15 토지정보체계를 구축할 경우, 도형데이터 자료를 좌표로 입력하는 원시자료로 가장 적합한 것은?

13②산

① 대지권등록부 자료
② 경계점좌표등록부 자료
③ 공유지연명부 자료
④ 토지대장 및 임야대장 자료

해설

지적업무처리규정 제2조(정의)
11. "한국토지정보시스템"이란 토지와 관련된 속성정보 및 공간정보를 전산화하여 통합적으로 관리하는 시스템을 말한다. 도형 데이터 자료를 좌표로 입력하는 원시자료로는 경계점좌표등록부 자료가 적합하다.

16 토지정보시스템의 원활한 자료 교환을 위한 표준화의 범위에 해당하지 않는 것은?

13③산

① 데이터 질의 표준화
② 위치좌표의 표준화
③ 데이터 가격의 표준화
④ 메타데이터의 표준화

해설

기능 측면에 따른 분류		• 데이터 표준 • 프로세스 표준	• 기술표준 • 조직표준
데이터 측면에 따른 분류	내적 요소	• 데이터 모델표준 • 데이터 내용표준 • 메타데이터 표준	
	외적 요소	• 데이터 품질 표준 • 데이터 수집 표준 • 위치참조 표준 • 데이터 교환 표준	
표준영역 측면에 따른 분류		• 국지적 표준 • 국가 간 범주	• 국가범주 • 국제 범주

17 구역의 명칭이 변경된 때에 지적소관청은 국토교통부장관에게 행정구역변경일 며칠 전까지 행정구역의 코드 변경을 요청하여야 하는가?

13③산

① 10일 전
② 20일 전
③ 30일 전
④ 60일 전

해설

부동산종합공부시스템 운영 및 관리규정 제20조(행정구역코드의 변경)
① 행정구역의 명칭이 변경된 때에는 소관청은 시·도지사를 경유하여 국토교통부장관에게 행정구역변경일 10일 전까지 행정구역의 코드 변경을 요청하여야 한다.
② 제1항의 규정에 의한 행정구역의 코드변경 요청을 받은 국토교통부장관은 지체 없이 행정구역코드를 변경하고, 그 변경 내용을 관련 기관에 통지하여야 한다.

18 사용자권한 등록파일에 등록하는 사용자의 비밀번호 설정기준으로 옳은 것은?

13③산

① 영문을 포함하여 3~12자리까지의 범위에서 사용자가 정하여 사용한다.
② 4~12자리까지의 범위에서 사용자가 정하여 사용한다.
③ 영문을 포함하여 5~16자리까지의 범위에서 사용자가 정하여 사용한다.
④ 6~16자리까지의 범위에서 사용자가 정하여 사용한다.

해설

구분		내용
사용자 번호	사용자 번호	• 사용자권한 등록관리청별로 일련번호로 부여 • 한 번 부여된 사용자번호는 변경할 수 없다.
	소속 변경·퇴직	• 사용자번호를 따로 관리 • 사용자의 책임을 명백히 할 수 있도록 하여야 한다.
비밀 번호	비밀 번호	• 6~16자리까지의 범위에서 사용자가 정하여 사용한다.
	단속	• 비밀번호는 다른 사람에게 누설하여서는 아니 된다. • 누설되거나 누설될 우려가 있는 때에는 즉시 이를 변경하여야 한다.

19 토지정보시스템(KLIS) 운영의 구성과 거리가 먼 것은? 13③산

① 지적공부의 정리 및 관리
② 지적측량성과 검사 지원
③ 지적기준점의 정리 및 관리
④ 지형도면의 정리 및 관리

● 해설

20 제2차 NGIS(국가 GIS) 사업에서의 주요 추진 전략에 해당하지 않는 것은? 13③기

① 기본지리정보 구축
② 지리정보 유통체계 구축
③ 지리정보의 통합
④ GIS 전문인력 양성

● 해설

구분	제1차 NGIS (1995~2000)	제2차 NGIS (2001~2005)	제3차 NGIS (2006~2010)
지리 정보 구축	• 지형도, 지적도 전산화 • 토지이용현황도 등 주제도 구축	도로, 하천, 건물, 문화재 등 부문 기본지리정보 구축	국가/해양기본도, 국가기준점, 공간영상 등 구축
응용 시스템 구축	지하시설물도 구축 추진	토지이용, 지하, 환경, 농림, 해양 등 GIS 활용체계 구축 추진	3D 국토공간 정보, KOPSS, 건물통합 활용체계 구축

구분	제1차 NGIS (1995~2000)	제2차 NGIS (2001~2005)	제3차 NGIS (2006~2010)
표준화	• 국가기본도, 주제 도 등 표준제정 • 지리정보교환, 유통표준 제정	기본지리정보, 유통, 응용시스템 표준제정	지리 정보 표준화, GIS국가표준체계 확립 등 사업 추진
기술 개발	매핑기술, DB Tool, GIS S/W	3D GIS, 고정밀위성영상 처리 기술개발	지능형 국토정보기술 혁신사업을 통한 원천 기술 개발
유통	국가지리정보 유통망 시범사업 추진	국가지리정보 유통망 구축, 총 139종 약 70만 건 등록	국가지리정보 유통망 기능 개선 및 유지관리 사업 추진

21 토지정보시스템의 집중형 하드웨어 시스템에 대한 설명으로 틀린 것은? 13③산

① 초기 도입비용이 저렴하다.
② 토지정보의 통합 관리로 전체적인 통제 및 유지가 가능하다.
③ 시스템 구성의 초기 단계에서 자원낭비의 우려가 있다.
④ 시스템 장애 시 전체적인 피해가 발생한다.

● 해설

토지정보시스템의 집중형 하드웨어 시스템 구축을 위한 S/W 및 전산장비의 도입비용이 높다.

22 GIS의 데이터모델을 공간데이터와 속성데이터로 구분할 때, 다음 중 공간데이터와 가장 거리가 먼 것은? 14①산

① 수치지적도
② 수치영상
③ 인공위성영상데이터
④ 토지가격데이터

● 해설

④ 토지가격데이터는 속성데이터에 해당된다.

GIS의 정보
• 도형정보 : 지적도, 임야도
• 속성정보 : 지적공부(대지권 등록부, 토지대장, 임야대장, 대지권등록부, 공유지연명부 등)

23 다음 중 과거 필지중심토지정보체계(PBLIS)의 개발 목적으로 옳지 않은 것은? 14①산

① 행정처리 단계 축소 및 비용 절감
② 지적정보 및 부가정보의 효율적 통합 관리
③ 지적재조사사업의 기반 확보
④ 대장과 도면정보 시스템의 분리 운영

● 해설

필지중심토지정보시스템(PBLIS)
지적도를 기반으로 각종 지적행정업무수행과 관련 부처 및 타 기관에 제공할 정책정보를 수행하는 시스템이다.
1. 개발목적
   • 다양한 토지 관련 정보를 정부기관이나 국민에게 제공
   • 지적정보 및 각종 시설물 등의 부가정보의 효율적 통합 관리
   • 토지 소유권의 보호와 다양한 토지 관련 서비스 제공
   • 지적재조사사업을 위한 기반 확보
2. 업무내용
   지적공부관리, 지적측량업무, 지적측량성과작성업무 등 3개 분야 430개 세부업무를 추진하였다.

24 OGC(Open GIS Consortium 또는 Open Geodata Consortium)에 대한 설명으로 틀린 것은? 14②산

① OGIS(Open GIS)를 개발하고 추진하는 데 필요한 합의된 절차를 정립할 목적으로 비영리협회 형태로 설립되었다.
② 지리정보를 활용하고 관련 응용분야를 주요 업무로 하고 있는 공공기관 및 민간기관으로 구성된 컨소시움이다.
③ 지리정보와 관련된 여러 처리방식에 대하여 개방형 시스템적인 접근을 시도하였다.
④ 지리정보를 객체지향적으로 정의하기 위한 명세서라 할 수 있다.

● 해설

OGC(Open GIS Consortium)
• 정의 : 1994년 8월에 설립되었으며, GIS 관련 기관과 업체를 중심으로 하는 비영리 단체이다. Principal, Associate, Strategic, Technical, University 회원으로 구분된다. 대부분의 GIS 관련 소프트웨어, 하드웨어 업계와 다수의 대학이 참여하고 있다.
   예 ORACLE, SUN, ESRI, Microsoft, USGS, NIMA 등
• 실무 조직 구성 : 기술위원회(Technical Committee)에 Core Task Force, Domain Task Force, Revision Task Force 등 3개의 테스크 포스(Task Force)가 있다. 이곳에서 Open GIS 추상명세와 구현명세의 RFP 개발 및 검토 그리고 최종 명세서 개발 작업을 담당하고 있다.

25 지적전산자료의 사용료에 관한 설명으로 옳은 것은? 14②산

① 지적소관청의 승인을 거쳐 지적전산자료를 이용할 때는 사용료를 모두 면제한다.
② 시·군·구 지적전산자료의 사용료는 현금으로만 납부한다.
③ 인쇄물로 이용하는 경우 1필지당 30원, 전산매체에 의한 이용의 경우 1필지당 20원의 사용료를 현금으로만 납부한다.
④ 행정자치부장관이 제공하는 지적전산자료의 사용료는 수입증지로 납부한다.

● 해설

공간정보의 구축 및 관리 등에 관한 법률 제106조(수수료 등)
⑥ 제5항에 따라 지적전산자료의 이용 또는 활용에 관한 승인을 받은 자는 국토교통부령으로 정하는 사용료를 내야 한다. 다만, 국가나 지방자치단체에 대해서는 사용료를 면제한다.

지적전산자료의 이용 또는 활용 신청

구분	금액	근거법
1. 자료를 인쇄물로 제공할 때	1필지당 30원	법 제106조 제1항 제14호
2. 자료를 자기디스크 등 전산매체로 제공할 때	1필지당 20원	

26 국가지리정보체계(NGIS) 구축 사업의 주요 추진전략이 아닌 것은? 14②산

① 범국가적 차원의 강력지원
② 국가공간정보기반의 확충 및 유통체계의 정비
③ 공급 주체인 국가 중심의 서비스 극대화
④ 국가와 민간시스템의 업무 간 상호 협력체계 강화

정답 23 ④ 24 ④ 25 ③ 26 ③

해설

국가지리정보체계

1. 개념 : 국가지리정보체계(NGIS)는 국가주도하에 지리정보체계를 개발하는 것이다. 국가지리정보체계는 국가경쟁력 강화와 행정생산성 제고 등에 기반이 되는 사회간접자본이라는 전제하에 국가 차원에서 국가표준을 설정하고, 기본공간정보 데이터베이스를 구축하며, GIS 관련 기술개발을 지원하여 GIS 활용기반과 여건을 성숙시켜 국토공간관리, 재해관리, 대민서비스 등 국가정책 및 행정 그리고 공공분야에서의 활용을 목적으로 한다.

2. 계획의 필요성
   • 급변하는 정보기술 발전과 지리정보 활용 여건 변화에 부응하는 새로운 전략 모색
   • NGIS 추진 실적을 평가하여 문제점 도출 후, 국가지리정보의 구축 및 활용 촉진을 위한 정책방향 제시
   • 공공기관 간 지리정보 구축의 중복투자 방지
   • 상호 연계를 통한 국가지리정보 활용가치 극대화

27 토지정보체계의 데이터베이스관리시스템을 구축하기 위한 논리적 데이터베이스 모형이 아닌 것은? 14②산

① 위상형(Topological) ② 관계형(Relational)
③ 네트워크형(Network) ④ 계층형(Hierarchical)

해설

논리적 데이터베이스 모델

개체−관계모델은 데이터베이스관리시스템을 구축하는 데 있어서 개념적 데이터 모델로 개발된 도구이며, 이러한 개체−관계모델로 정의된 데이터들은 내부적 또는 논리적 데이터 모델로 변환한다.
개념적 모델에서 정의된 데이터의 구성요소를 나타내기 위하여 사용되고 있는 논리적 데이터 모델은 계층적 데이터 모델, 네트워크형 데이터 모델, 관계형 데이터 모델, 객체지향형 모델로 분류될 수 있다.

28 토지정보체계에서 데이터베이스의 구축 시 발생하는 오차로 보기 어려운 것은? 14②산

① 데이터의 좌표 변환 시 사용하는 투영법에 따른 오차
② 원본 자료의 부정확성에 따른 오차
③ 자료의 논리적 일관성에 따른 오차
④ 데이터의 입력 과정에서 발생하는 오차

해설

1. 입력자료의 질에 따른 오차
   • 위치정확도에 따른 오차
   • 속성정확도에 따른 오차
   • 논리적 일관성에 따른 오차
   • 완결성에 따른 오차
   • 자료변천과정에 따른 오차
2. 데이터베이스 구축 시 발생하는 오차
   • 절대위치자료 생성 시 기준점의 오차
   • 위치자료 생성 시 발생되는 항공사진 및 위성영상의 정확도에 따른 오차
   • 점의 조정 시 정확도 불균등에 따른 오차
   • 디지타이징 시 발생되는 점양식, 흐름양식에 의해 발생되는 오차
   • 좌표변환 시 투영법에 따른 오차
   • 항공사진 판독 및 위성영상으로 분류되는 속성오차
   • 사회자료 부정확성에 따른 오차
   • 지형분할을 수행하는 과정에서 발생되는 편집오차
   • 자료처리 시 발생되는 오차

29 지적분야에서 토지정보시스템이 필요한 이유로 가장 옳은 것은? 14③산

① 지적삼각점의 관리 부실 개선
② 세계좌표계로의 변환에 대비
③ 지적 불부합에 의한 분쟁 해결
④ 토지 관련 정보의 효율적 관리 및 이용

해설

토지정보체계(LIS ; Land Information System)

토지정보체계는 지형분석, 토지의 이용, 개발, 행정, 다목적 등 토지자원에 관련된 문제해결을 위한 정보분석체계이다. 즉, 토지정보체계(Land Information System)는 토지(Land), 정보(Information), 그리고 체계(System)라는 개념이 합성된 용어로서 토지 관련 정보를 효율적으로 관리·활용하기 위한 시스템의 한 형태이다.
다목적 국토정보, 토지이용계획 수립, 지형분석 및 경관정보 추출, 토지부동산관리, 지적정보 구축에 활용된다.

30 다음 중 지형공간정보체계가 아닌 것은? 14③산

① 지적행정시스템 ② 토지정보시스템
③ 도시정보시스템 ④ 환경정보시스템

정답 27 ① 28 ③ 29 ④ 30 ①

◉ 해설

지형공간정보체계(GSIS)

토지정보체계 : LIS (Land Information System)	다목적 국토정보, 토지이용계획 수립, 지형분석 및 경관정보 추출, 토지부동산관리, 지적정보 구축에 활용
도시정보체계 : UIS (Urban Information System)	도시현황 파악, 도시계획, 도시정비, 도시기반시설 관리, 도시행정, 도시방재 등의 분야에 활용
지역정보시스템 : RIS (Regional Information System)	건설공사계획 수립을 위한 지질·지형자료의 구축, 각종 토지이용계획의 수립 및 관리에 활용
도면자동화및시설물관리 시스템 : AM/FM (Automated Mapping/Facility Management)	도면작성자동화, 상하수도시설관리, 통신시설관리 등에 활용
기상정보시스템 : MIS (Meteorological Information System)	기상변동 추적 및 일기예보, 기상정보의 실시간처리, 태풍경로추적 및 피해예측 등에 활용
수치지도제작및지도정보 시스템 : DM/MIS (Digital Mapping/Map Information System)	중소축척 지도 제작, 각종 주제도 제작에 활용
측량정보시스템 : SIS (Surveying Information System)	측량정보, 사진측량정보, 원격탐사정보를 체계화하는 데 활용
도형 및 영상정보체계 : GIIS (Graphic/Image Information System)	수치영상처리, 전산도형해석, 전산지원설계, 모의관측분야에 활용
환경정보시스템 : EIS (Environ mental Information System)	대기, 수질, 폐기물 관련 정보 관리에 활용
자원정보시스템 : RIS (Resource Information System)	농수산자원, 삼림자원, 수자원, 에너지자원을 관리하는 데 활용
재해정보체계 : DIS (Disaster Information System)	각종 자연재해방제, 대기오염경보, 해저지질정보, 해양에너지조사에 활용
해양정보체계 : MIS (Marine Information System)	해저영상 수집, 해저지형정보, 해저지질정보, 해양에너지조사에 활용
국방정보체계 : NDIS (Nation Defence Information System)	가시도분석, 국방정보자료기반, 작전정보 구축에 활용

31 토지정보시스템의 구성내용 중 법률적인 정보라 할 수 없는 것은? 15①산

① 소유권 정보　　② 지역권 정보
③ 지하시설물 정보　　④ 저당권 정보

◉ 해설

토지정보시스템의 법률적 정보
• 소유권 정보
• 지역권 정보
• 저당권 정보

32 토지기록전산화의 정책적·관리적 기대효과 중 관리적 기대효과에 해당하지 않는 것은? 15①산

① 건전한 토지거래 질서 확립
② 토지정보관리의 과학화
③ 주민편익 위주의 민원처리
④ 지방행정전산화의 기반 조성

◉ 해설

관리적 효과	㉠ 토지정보관리의 과학화 　• 정확한 토지정보관리 　• 토지정보의 신속처리 ㉡ 주민편익 위주의 민원쇄신 　• 민원의 신속정확 처리 　• 대정부 신뢰성 향상 ㉢ 지방행정 전산화 기반 조성 　• 전산요원 양성 및 기술 축적 　• 지방행정 정보관리능력 제고
정책적 효과	㉠ 토지정책정보의 공동이용 　• 토지정책정보의 신속 제공 　• 정책정보의 다목적 활용 ㉡ 건전한 토지거래질서 확립 　• 토지투기 방지효과 보완 　• 세무행정의 공정성 확보 ㉢ 국토의 효율적 이용·관리 　• 국토이용 현황의 정확 파악 　• 국·공유재산의 효율적 관리

33 한국토지정보시스템(KLIS)의 시스템 구현방향은 어떤 구조로 개발되었는가? 15①산

① 1계층(Tier) 구조　　② 2계층(Tier) 구조
③ 3계층(Tier) 구조　　④ 독립형(Tier) 구조

> **해설**

KLIS의 시스템 구현방향
- 통합시스템 아키텍처는 3 Tiered Client/Server를 기본으로 함
- (구)행정자치부와 건설교통부를 중심으로 한 협동으로 사업을 추진하되 각 업무 전문성이 저해되지 않도록 구분함
- 공동활용자료에 대한 DB 내용 표준화
- 통합시스템에 적합한 제도 정비

34 토지정보시스템 데이터의 질적 평가에서 고려해야 하는 요소가 아닌 것은? 15①산

① 데이터의 정확성　　② 데이터의 오차
③ 데이터의 완벽성　　④ 데이터의 정밀성

> **해설**

데이터의 질적 평가요소
- 데이터의 정확성
- 데이터의 정밀성
- 데이터의 오차
- 데이터의 불확실성

35 토지종합정보망 소프트웨어 구성에 관한 설명으로 틀린 것은? 15②산

① DB 서버 – 응용서버 – 클라이언트로 구성
② 미들웨어는 자료 제공자와 도면 생성자로 구분
③ 미들웨어는 클라이언트에 탑재
④ 자바(Java)로 구현하여 IT – 플랫폼에 관계없이 운영 가능

> **해설**

1. Java 기반 미들웨어(DP/EA) 운영
   '12년 KLIS 기능 고도화 사업으로 시·군·구에서 운영 중인 VisiBroker가 제거되고 KLIS 미들웨어(DP/EA*)가 Java 기반으로 개발됨
   - DP(DataProvider) : 공간데이터의 조회
   - EA(EditAgent) : 공간데이터의 추가/수정/삭제 및 트랜젝션 관리를 위해 사용되는 KLIS의 핵심 미들웨어
2. 시스템 구성 : 현재 KLIS시스템에서 사용 중인 상용제품인 VisiBroker를 제거하고, Corba 통신이 아닌 Java API를 사용하여 소켓 통신방식으로 개선

[참고]
- 미들웨어(Middleware) : 하드웨어와 소프트웨어의 중간 제품. 마이크로 코드 등을 말한다. 운영체제와 응용 프로그램 중간에 위치하는 소프트웨어. 주로 통신이나 트랜잭션 관리를 실행하며, 대표적인 미들웨어로는 CORBA와 DCOM이 있다. 이 소프트웨어는 클라이언트 프로그램과 데이터 베이스 사이에서 통신을 운용하는 데 쓰인다. 예를 들어, 데이터 베이스에 연결된 웹 서버가 미들웨어일 수 있다. 웹 서버는 클라이언트 프로그램(웹브라우저)과 데이터 베이스 사이에 있는 것이다. 미들웨어 때문에 데이터 베이스를 클라이언트 프로그램에 영향을 주지 않고 바꾸는 것이 가능하고 역시 클라이언트 프로그램을 데이터 베이스에 영향을 주지 않고 바꾸는 것 또한 가능하다.
- 클라이언트(Client) : 클라이언트/서버(Client/Server) 구성에서 사용자 측. 사용자가 서버에 접속했을 때 클라이언트는 사용자 자신을 지칭할 수도 있고, 사용자의 컴퓨터를 가리키기도 하며, 컴퓨터에서 동작하고 있는 프로그램이 될 수도 있다. 컴퓨터 시스템의 프로세스는 또 다른 컴퓨터 시스템의 프로세스를 요청할 수 있다. 네트워크에서는 네트워크 서버에 정보나 응용 프로그램을 요구할 수 있는 PC 등의 처리 기능이 있는 워크스테이션을 말하며 객체 연결 및 포함(OLE)에서는 서버 응용 프로그램이라는 다른 응용 프로그램에 데이터를 포함시켜 놓은 응용 프로그램을 말한다. 파일 서버로부터 파일의 내용을 요청하는 워크스테이션을 파일 서버의 클라이언트라 한다. 각각의 클라이언트 프로그램은 하나 또는 그 이상의 서버 프로그램에 의하여 자동 실행될 수 있도록 디자인되며, 또한 각각의 서버 프로그램은 특별한 종류의 클라이언트 프로그램이 필요하다.

36 전산으로 접수된 지적공부정리신청서의 검토사항에 해당되지 않는 것은? 15②산

① 신청사항과 지적전산자료의 일치 여부
② 첨부된 서류의 적정 여부
③ 지적측량성과 자료의 적정 여부
④ 신청인과 소유자의 일치 여부

> **해설**

지적업무처리규정 제51조(지적공부정리 접수 등)
① 지적소관청은 법 제77조부터 제82조까지, 법 제84조, 법 제86조 및 법 제87조에 따른 지적공부정리신청이 있는 때에는 지적업무정리부에 토지이동 종목별로 접수하여야 한다. 이 경우 지적전산정보시스템에서 부여된 접수번호를 토지의 이동신청서에 기재하여야 한다.

---

② 제1항에 따라 접수된 신청서는 다음 각 호 사항을 검토하여 정리하여야 한다.
　1. 신청사항과 지적전산자료의 일치 여부
　2. 첨부된 서류의 적정 여부
　3. 지적측량성과자료의 적정 여부
　4. 그 밖에 지적공부정리를 하기 위하여 필요한 사항

37 토지정보시스템에 있어 객체(Object)와 관련이 먼 것은?　15②산

① 공간상에 존재하는 일정 사물이나 특정 현상을 발생시키는 존재이다.
② 정보의 생성, 저장, 관리기능 일체를 의미한다.
③ 공간정보를 근간으로 구성된다.
④ 도로나 시설물 등도 해당된다.

해설

• 가장 간단한 구현으로서 객체(Object)는 저장공간에서 할당된 공간을 의미한다. 프로그래밍 언어는 변수를 이용해 객체에 접근하므로 객체와 변수라는 용어는 종종 함께 사용된다. 그러나 메모리가 할당되기 전까지 객체는 존재하지 않는다.
• 절차적 프로그래밍에서 하나의 객체는 자료나 명령을 포함할 수 있지만 두 가지를 동시에 포함하지는 않는다(명령은 프로시저나 함수의 형태를 가진다). 객체지향 프로그래밍에서 객체는 클래스의 인스턴스이다. 클래스 객체는 자료와 그 자료를 다루는 명령의 조합을 포함하여 객체가 메시지를 받고 자료를 처리하며 메시지를 다른 객체로 보낼 수 있도록 한다.
• 실세계의 유추로 설명하자면, 만약 어떤 사람이 집에서 살기를 원할 때, 그 집의 청사진(집의 사진)이나 축소 모형 따위는 전혀 필요가 없다. 필요한 것은 설계에 맞는 실제 집이다. 이 유추에서 청사진은 클래스를 나타내고 실제 집은 객체를 나타낸다.

38 데이터베이스 관리시스템의 필수 기능에 포함되지 않는 것은?　15③산

① 정의　　　　　② 설계
③ 조작　　　　　④ 제어

해설

데이터베이스 관리시스템의 필수 기능

정의 기능	데이터의 유형(Type)과 구조에 대한 정의, 이용 방식, 제약 조건 등 데이터베이스의 저장에 대한 내용을 명시하는 기능이다.
조작 기능	사용자의 요구에 따라 검색, 갱신, 삽입, 삭제 등을 지원하는 기능으로 체계적으로 처리하기 위해 사용자와 DBMS 사이의 인터페이스를 위한 수단을 제공하는 기능이다.
제어 기능	데이터베이스의 내용에 대해 무결성, 보안 및 권한 검사, 병행 수행 제어 등 정확성과 안전성을 유지할 수 있는 제어 기능을 가지고 있어야 한다.

39 다음 중 광범위한 자료의 호환을 위한 규약으로서, 국가 지리정보체계(NGIS)의 공간데이터 교환 포맷으로 하였던 것은?　12①산

① SDTS　　　　　② DIGST
③ SMS　　　　　④ SHP

해설

SDTS(Spatial Data Transfer Standard)란 지리공간에 관한 위상벡터자료 형식을 서로 교환 및 전달하고자 하는 것으로 "공간자료 교환표준"이라 한다. 미국 연방 정부에서 1992년에 9년간의 연구 끝에 서로 다른 하드웨어, 소프트웨어, 운영체제들 간의 지리공간자료의 공유를 교환표준 승인하였다. 오스트레일리아, 뉴질랜드, 한국에서 국가표준으로 정하고 있다.
[특징]
• 3개의 부분으로 구성(공간자료교환, 정의모형 제공, 일반적인 자료교환표준)
• 모든 유형의 지형공간자료가 교환, 전환이 가능하도록 구성
• SDTS는 서로 다른 체계 간의 자료공유를 위하여 최상위 레벨의 개념적 모형화에서 최하위 레벨의 구체적인 물리적 인코딩까지 표준화하고 있음

40 다음 중 일필지를 중심으로 한 토지정보시스템을 구축하고자 할 때 시스템의 구성요건으로 옳지 않은 것은?　12①산

① 파일처리방식을 이용하여 데이터관리를 설계한다.
② 확장성을 고려하여 설계한다.
③ 전국적으로 통일된 좌표계를 사용한다.
④ 개방적 구조를 고려하여 설계한다.

해설

필지중심토지정보시스템은 지적공부관리 시스템, 지적측량 시스템, 지적측량성과작성시스템으로 구성되어 있으며, 지적측량성과작성시스템은 지적측량수행자가 사용하고, 지적측량 성과업무에 이용된다. 이 시스템은 지적측량을 위한 준비도 작성과 성과도의 입력 등으로 지적측량업무를 지원하며, 측량성과를 데이터베이스로 저장하여, 지적업무의 효율성을 높일 수 있다.

1. 필지중심 토지정보시스템(PBLIS)의 시스템 구성체계
   • 지적공부관리시스템
   • 지적측량시스템
   • 지적측량성과 작성시스템

2. 필지중심 토지정보시스템(PBLIS)의 개발목적
   • 도면관리의 문제점 및 다양한 축척의 도면으로 인한 불일치 사항 해소
   • 대장 및 도면 등록정보의 다양화로 국민의 정보욕구 충족
   • 정확한 데이터를 관리할 수 있어 국가정보로서의 공신력 향상

41 지적전산자료의 이용 및 활용에 관한 승인 신청을 받은 국토교통부장관, 시·도지사 또는 지적소관청이 심사하여야 할 사항에 해당하지 않는 것은? 12②산

① 신청내용의 타당성, 적합성 및 공익성
② 지적전산자료의 이용·활용자의 사용료 납부 여부
③ 신청한 사항의 처리가 지적업무수행에 지장을 주지 않는지 여부
④ 신청한 사항의 처리가 전산정보처리조직으로 가능한지 여부

해설

공간정보의 구축 및 관리 등에 관한 법률 시행령 제62조(지적전산자료의 이용 등)

② 제1항에 따른 심사 신청을 받은 관계 중앙행정기관의 장은 다음 각 호의 사항을 심사한 후 그 결과를 신청인에게 통지하여야 한다.
   1. 신청 내용의 타당성, 적합성 및 공익성
   2. 개인의 사생활 침해 여부
   3. 자료의 목적 외 사용 방지 및 안전관리대책

42 다음 중 필지중심토지정보시스템(PBLIS)의 구성체계에 해당하지 않는 것은? 12②산

① 지적측량성과작성시스템
② 지적측량시스템
③ 토지거래관리시스템
④ 지적공부관리시스템

해설

• 지적공부관리시스템 : 사용자권한관리, 지적측량검사업무, 토지이동관리, 지적일반업무관리, 창구민원관리, 토지기록자료조회 및 출력, 지적통계관리, 정책정보관리
• 지적측량시스템 : 지적삼각측량, 지적삼각보조측량, 도근측량, 세부측량 등
• 지적측량성과작성시스템 : 토지이동지 조서작성, 측량준비도, 측량결과도, 측량성과도 등

43 필지중심토지정보시스템(PBLIS)에 해당하지 않는 것은? 12③산

① 지적측량시스템
② 부동산행정시스템
③ 지적공부관리시스템
④ 지적측량성과작성시스템

해설

필지중심토지정보시스템(PBLIS)

양질의 다양한 토지 관련 정보를 국민에게 제공하고 국토의 효율적인 이용과 정책결정, 의사결정 및 분석을 하기 위하여 국가차원의 종합토지정보시스템을 구축하여야 한다. 이를 위해서 가장 대축척이고 정확도가 높으며, 항상 변동사항에 대한 갱신이 가능한 지적도면을 기본도로 하고 필지별로 지상 및 지하시설물 등 각종 토지 관련 도형 및 속성자료를 통합하여 관리·분석·정책·의사결정을 할 수 있는 필지 중심 종합토지정보시스템을 구축하게 되었다.

1. 개발목적
   • 다양한 토지 관련 정보를 정부기관이나 국민에게 제공
   • 지적정보 및 각종 시설물 등 부가정보의 효율적 통합 관리
   • 토지 소유권의 보호와 다양한 토지 관련 서비스 제공
   • 지적재조사사업을 위한 기반 확보

2. 업무내용
   지적공부관리, 지적측량업무, 지적측량성과작성업무 등 3개 분야 430개 세부업무를 추진하였다.

정답 41 ② 42 ③ 43 ②

44 다음 중 토지정보시스템(LIS)과 가장 관련이 깊은 것은? 12③산

① 다목적지적
② 소유지적
③ 법지적
④ 세지적

● 해설

토지정보체계

토지정보체계는 토지의 효율적인 이용과 관리를 목적으로 각종 토지 관련 자료를 체계적이고 종합적으로 데이터베이스화하여 토지에 관련된 정보를 사용자에게 신속, 정확하게 제공하는 체계이다.

• 토지정보를 데이터베이스화한 것
• 특정 지역의 토지정보를 수집
• 토지의 법적 · 경제적 정보를 관리

45 개방형GIS(OGIS)에서 지리정보의 기본 최소단위로 실세계를 상징적으로 표현하는 것은? 12③산

① Feature
② Coverage
③ Quality
④ Metadata

● 해설

지리자료모델의 핵심 구성요소

1. Feature(실체＋현상) : Feature는 지리정보의 기본 최소단위로 실세계를 상징적으로 표현한 것이다. 지구상의 실체가 지리자료인 feature의 형태로 표현되기 위하여 OGIS에서는 9단계의 상징화 단계를 설정하고 있다.

〈상징화 9단계〉
• 1단계 : 있는 그대로의 세계인 "실세계"이다. 실세계는 모든 표현의 기본자원이다.
• 2단계 : "개념적 세계"로 각 사물에 대해 차별적으로 인식하는 것이다.
• 3단계 : "지리공간의 세계"로 인식된 사물이 지리공간의 범주에서 설명되는 것으로 GIS 분야 인터페이스를 매개로 한다.
• 4단계 : 인식된 사물에 차원을 부여한 "차원을 갖는 세계"이다. 이때 작용하는 인터페이스는 위치체계 인터페이스이다.
• 5단계 : "Project World(project 세계)"로 사물이 상징화된 세계이다.
• 6단계 : "OGIS 0차원 기하"의 세계이다. OGIS로 진입하는 것이다.
• 7단계 : "OGIS의 기하"이다. 이때는 상징화된 사물이 다차원의 기하를 갖는 것이다.

• 8단계 : "OGIS Feature"의 세계이다. Feature 세계는 차원을 갖는 상징물들이 완결된 구조와 의미를 부여받고 있는 세계로 feature 구조 인터페이스를 매개로 한다.
• 9단계 : "OGIS의 모든 feature 집합"의 세계로 feature들 간의 관계가 모두 설정된 세계이다. 이 세계는 프로젝트 구조 인터페이스를 매개로 형성된다.

상징화 9단계

2. Coverage
커버리지는 OGIS에서 시공간 영역 내에 존재하는 특정 데이터의 유형 또는 복합적 유형의 값을 갖는 점들의 연합체로 볼 수 있다. 다차원(n차원)적인 표현을 제공하므로 비디오 스크린을 통해 공간적인 형상을 보는 것처럼 실세계를 화상으로 표현한다. 커버리지는 feature의 하위 타입이며 5가지 구성요소와 11가지의 하위 구조를 갖는다.
• 5가지 구성요소 : 공간참조체계를 포함하는 project world, 커버리지 생성함수, 커버리지 정보, 스키마 매핑, 스키마 범주
• 11가지 하위구조 : Image, Polyhedral Surface Coverage, Topological Surface Coverage, Topological Solid Coverage, Other Coverage, Polygon Coverage, Gride Coverage, Point Coverage, Linestring Coverage, Tin Coverage, Map Coverage

3. 영상
영상은 커버리지의 하위유형으로 하나의 특별한 커버리지라 볼 수 있다. 그러므로 영상 모델의 구성도 커버리지모델과 유사한 특성을 갖는다.

46 GIS의 공간데이터에서 필지의 인접성 또는 도로의 연결성 등을 규정하는 것을 무엇이라 하는가? 12③산

① 위상관계
② 공간관계
③ 상호관계
④ 도형관계

정답 44 ① 45 ① 46 ①

해설

위상관계

- **방향성(Sequence)** : 지리정보자료는 하나의 개체에 대해 순서가 주어짐으로 인해 사용자가 원하는 사실적인 형상이 나타나고 전후좌우에 어떠한 개체가 존재하는지 표현할 수 있기 때문에 순서를 순차적으로 기록하지 않으면 안 된다.
- **인접성(Adjacency)** : 사용자가 중심으로 하는 개체의 형상 좌우에 어떤 개체가 인접하고 그 존재가 무엇인지를 나타내는 것이며 이러한 인접성으로 인해 지리정보의 중요한 상대적인 거리나 포함 여부를 알 수 있게 된다.
- **포함성(Containment)** : 특정한 폴리곤에 또 다른 폴리곤이 존재할 때 이를 어떻게 표현할지는 지리정보의 분석기능 중 중요한 하나이며, 특정 지역을 분석할 때 특정 지역에 포함된 다른 지역을 분석할 때 중요하다.
- **연결성(Connectivity)** : 지리정보의 3가지 요소의 하나인 선(Line)이 연결되어 각 개체를 표현할 때 노드(Node)를 중심으로 다른 체인과 어떻게 연결되는지를 표현한다.

47 지적재조사의 필요성으로 가장 거리가 먼 것은?

13①산

① 능률적인 지적관리체제로의 개선
② 부동산중개업무의 원활
③ 지적불부합지 문제 해소
④ 토지의 경계복원능력 향상

해설

1. 지적재조사에 관한 특별법 제2조(정의)
   이 법에서 사용하는 용어의 정의는 다음과 같다.
   ① "지적공부"란 「공간정보의 구축 및 관리 등에 관한 법률」 제2조 제19호에 따른 지적공부를 말한다.
   ② "지적재조사사업"이란 「공간정보의 구축 및 관리 등에 관한 법률」 제71조부터 제73조까지의 규정에 따른 지적공부의 등록사항을 조사·측량하여 기존의 지적공부를 디지털에 의한 새로운 지적공부로 대체함과 동시에 지적공부의 등록사항이 토지의 실제 현황과 일치하지 아니하는 경우 이를 바로 잡기 위하여 실시하는 국가사업을 말한다.
2. 지적재조사 사업의 목적
   ① 지적불부합지 문제 해소
   ② 토지의 경계복원력 향상
   ③ 일필지 표시를 명확히 하여 능률적인 지적관리체계 구축
   ④ 필지중심의 종합적인 토지정보시스템 구축

48 지적도와 시·군·구 대장 정보를 기반으로 하는 지적행정 시스템과의 연계를 통해 각종 지적 업무를 수행하기 위한 목적으로 과거 행정자치부에 의해 만들어진 정보시스템은?

13②산

① 필지중심토지정보시스템
② 지리정보시스템
③ 도시계획정보시스템
④ 시설물관리시스템

해설

필지중심토지정보시스템

필지중심토지정보시스템은 지적공부관리시스템, 지적측량시스템, 지적측량성과작성시스템으로 구성되어 있으며, 지적측량성과작성시스템은 지적측량수행자가 사용하며, 지적측량성과 업무에 이용된다. 이 시스템은 지적측량을 위한 준비도 작성과 성과도의 입력 등으로 지적측량업무를 지원하며, 측량성과를 데이터베이스로 저장하여, 지적업무에 효율성을 높일 수 있다.

1. 필지중심 토지정보시스템(PBLIS)의 시스템 구성체계
   - 지적공부관리시스템
   - 지적측량시스템
   - 지적측량성과 작성시스템
2. 필지중심 토지정보시스템(PBLIS)의 개발 목적
   - 도면관리의 문제점 및 다양한 축척의 도면으로 인한 불일치 사항 해소
   - 대장 및 도면 등록정보의 다양화로 국민의 정보욕구 충족
   - 정확한 데이터를 관리할 수 있어 국가정보로서의 공신력 향상

49 한국토지정보시스템(KLIS)에 대한 설명으로 옳은 것은?(단, 중앙 행정 부서의 명칭은 해당 시스템의 개발 당시 명칭을 기준으로 한다.)

13③산

① 행정자치부의 토지관리정보시스템과 행정자치부의 필지중심토지정보시스템을 통합한 시스템이다.
② 건설교통부의 토지관리정보시스템과 행정자치부의 시·군·구 지적행정시스템을 통합한 시스템이다.
③ 행정자치부의 시·군·구 지적행정시스템과 필지중심 토지정보시스템을 통합한 시스템이다.
④ 건설교통부의 토지관리정보시스템과 개별공시지가 관리시스템을 통합한 시스템이다.

해설

KLIS은 (구)행정자치부에서 운영하고 있는 PBLIS와 (구)건설교통부에서 운영하고 있는 LMIS를 통합한 시스템이다.

50 지적 행정에 웹 LIS를 도입함에 따른 기대효과로 거리가 먼 것은?   13③산

① 업무의 중앙 집중 · 통제 강화
② 정보와 자원의 공유 가능
③ 중복된 업무 배제
④ 시간과 거리에 의한 업무 제약 배제

● 해설

웹 기반의 토지정보체계의 효율성
• 시간과 거리의 제약을 받지 않음
• 신속하고도 효율적인 민원업무처리 가능
• 정보의 중앙집중화 실현

51 지적정보를 절대적 위치정보, 속성정보, 도형정보로 구분할 때 절대적 위치정보에 해당하는 것은?   14①산

① 경계점좌표   ② 토지의 소재
③ 지번.   ④ 대지권비율

● 해설

절대적 위치정보에 해당하는 것은 경계점 좌표 등록부이다.

• 상대위치자료 : 모형공간에서의 위치정보, 상대적 위치 또는 위상관계의 기준
• 절대위치자료 : 실제공간상의 위치정보, 지상, 지하, 해양 공중 등 또는 우주공간에서의 위치기준

52 도시개발사업에 따른 지구계 분할 시 지구계 구분코드 입력사항으로 알맞은 것은?   14②산

① 지구 내 0, 지구 외 2   ② 지구 내 0, 지구 외 1
③ 지구 내 1, 지구 외 0   ④ 지구 내 2, 지구 외 0

● 해설

지적업무처리규정 제59조(도시개발사업 등의 정리)
③ 지구계 분할을 하고자 하는 경우에는 지적전산정보시스템에 시행지 번호와 지구계 구분코드(지구 내 0, 지구 외 1)를 입력하여야 한다.

53 고유번호 4567891232−20002 0010인 토지에 대한 설명으로 틀린 것은?   14②산

① 45는 시, 도를 나타낸다.
② 912는 읍, 면, 동을 나타낸다.
③ 지번은 2−10이다.
④ 32는 리를 나타낸다.

● 해설

부동산종합공부시스템 운영 및 관리규정 제19조(코드의 구성)
① 규칙 제68조 제5항에 따른 고유번호는 행정구역코드 10자리(시 · 도 2, 시 · 군 · 구 3, 읍 · 면 · 동 3, 리 2), 대장구분 1자리, 본번 4자리, 부번 4자리를 합한 19자리로 구성한다.

54 한국토지정보체계(KLIS)의 토지민원발급시스템에 대한 설명이 옳지 않은 것은?   14②산

① 지역적 한계를 극복하고 전국을 네트워크로 연결하여 열람 및 발급이 가능하다.
② 시 · 군 · 구 또는 읍면동 사무소에서 즉시 지적공부의 열람 및 발급이 가능하다.
③ 토지민원발급시스템은 한국국토정보공사의 지사에서도 열람 및 발급이 가능하다.
④ 개별공시지가 확인서 및 지적기준점 확인원의 발급이 가능하다.

● 해설

한국토지정보시스템(KLIS)은 각 시 · 군 · 구청 소관청에서 사용할 수 있으며 한국국토정보공사에서는 사용할 수 없다.

한국토지정보시스템(KLIS)
• 한국토지정보시스템은 (구)행정자치부의 PBLIS와 (구)건설교통부의 LMIS 토지 관련 행정업무로 구성된 시스템이다.
• 민원처리 기간의 단축 및 민원서류의 전국 온라인 서비스 제

정답   50 ①   51 ①   52 ②   53 ③   54 ③

공이 가능하다.
- 정보인프라 조성으로 정보산업의 기술 향상 및 초고속통신망의 활용도가 높다.
- 지적정보의 전산화 및 각 부서 간의 활용으로 업무효율을 극대화할 수 있다.
- 탈세, 위법 또는 불법 토지거래 및 거래자의 철저한 관리로 토지거래질서를 확립할 수 있다.

55 한국토지정보시스템의 구축에 따른 기대효과로 가장 거리가 먼 것은?   14③산

① 다양하고 입체적인 토지정보를 제공할 수 있다.
② 민원처리 기간은 단축하고 온라인으로 서비스를 제공할 수 있다.
③ 각 부서 간의 다양한 토지 관련 정보를 공동으로 활용하여 업무의 효율을 높일 수 있다.
④ 건축물의 유지 및 보수 현황의 관리가 용이해진다.

해설

KLIS의 기대효과
- 행정자치부의 필지중심토지정보시스템과 국토교통부의 토지관리체계 등 양 시스템에서 정리하고 있는 토지이동 관련 업무의 통합으로 중복된 업무를 탈피
- 사용자의 능률성 배가 및 사용자 편리성을 지향하여 토지이동 관련 업무 담당자의 업무처리시간을 단축
- 통합시스템을 통한 업무의 능률성을 향상
- 3-Tire 개념을 적용한 아키텍처 구현으로 시스템 확장성을 향상
- 지적도 DB의 통합으로 데이터의 무결성을 확보하여 대민 서비스 개선
- 민원처리 절차의 간소화
- 지적측량 처리단계를 전산화함으로써 정확성을 확보하여 민원을 획기적으로 감소
- 종이도면의 신축 및 측량자의 주관적 판단에 의존하던 방법을 개량화하여 좀 더 객관적인 방법으로 성과 결정할 수 있도록 개선
- 지적도면에 건축물 및 구조물 등록에 관한 사항을 등록 관리하도록 개발
- 지형도상에 등록된 도로, 하천 및 도시계획사항 등을 동시 등록 관리하여 지적도시계획업무 담당자 등 일선업무에 많은 변화를 예고할 수 있음

56 GIS의 표준화 가운데 가장 큰 비중을 차지하고 있는 데이터 표준화의 유형과 가장 거리가 먼 것은?   15①산

① 데이터 모형 표준   ② 데이터 내용 표준
③ 데이터 수집 표준   ④ 데이터 정리 표준

해설

데이터 측면에 따른 분류

내적 측면	• 데이터 모델 표준화 • 데이터 내용 표준화 • 메타데이터 표준화
외부적 측면	• 데이터 품질 표준화 • 데이터 수집 표준화 • 위치참조 표준화

57 다음 중 광범위한 자료의 호환을 위한 규약으로서, 국가지리정보체계(NGIS)의 공간데이터 교환 포맷으로 하였던 것은?   15②산

① SDTS   ② DIGEST
③ SMS   ④ SHP

해설

공간자료교환표준(SDTS ; Spatial Date Transfer Standard)
공간자료교환표준(SDTS)은 서로 다른 컴퓨터 시스템 간에 정보의 누락 없이 공간자료를 주고받을 수 있게 해주는 방법이다. 이는 자료교환표준으로서 공간자료, 속성, 위치체계, 자료의 질, 자료 사전, 기타 메타데이터 등을 모두 포함하는 표준이다. SDTS는 미국 USGS를 중심으로 연구가 진행되어 90년대 초에 연방표준국(NIST ; National Institute of Standard Technology)에서 표준으로 채택하였다. 중립적인 규정이며 모듈화되어 있고, 지속적으로 갱신이 가능하며, 적용에 있어서 매우 탄력적인 일종의 "열린 시스템" 표준이다.

58 KLIS에 대한 설명과 관련이 없는 것은?   15③산

① PBLIS와 LMIS를 하나의 시스템으로 통합
② 3계층 클라이언트/서버 아키텍처
③ 지적도면수치파일화
④ 고딕, SDE, ZEUS

해설

한국토지정보시스템(KLIS)

한국토지정보시스템(KLIS)은 행정자치부의 필지중심토지정보시스템(PBLIS)과 국토교통부의 토지관리정보체계(LMIS)를 보완하여 하나의 시스템으로 통합구축하고, 토지대장의 문자(속성)정보를 연계 활용하여 토지와 관련한 각종 공간·속성·법률자료 등의 체계적 통합·관리의 목적을 가진 종합적 정보체계로 2006년 4월 전국 구축이 완료되었다.

1. 추진 배경

   행정자치부(구)의 '필지중심토지정보시스템(PBLIS)과 건설교통부(구)의 토지종합정보망(LMIS)을 보완하여 하나의 시스템으로 통합구축하고, 토지대장의 문자(속성)정보를 연계 활용하는 방안을 강구'하라는 감사원 감사결과(2000년)에 따라 3계층 클라이언트/서버(3-Tiered client/server) 아키텍처를 기본구조로 개발하기로 합의하였다. 따라서 국가적인 정보화 사업을 효율적으로 추진하기 위해 양 시스템을 연계 통합한 한국토지정보시스템의 개발 업무를 수행하였다.

2. 추진 목적
   - NGIS 2000년 국책사업 감사원 감사 시 PBLIS와 LMIS가 중복사업으로 지적
   - 두 시스템을 하나의 시스템으로 통합 권고
   - PBLIS와 LMIS의 기능을 모두 포함하는 통합시스템 개발
   - 통합시스템은 3계층 구조로 구축(3Tier System)
   - 도형 DB 엔진 전면수용 개발(고딕, SDE, ZEUS 등)
   - 지적측량, 지적측량 성과작성 업무도 포함
   - 실시간 민원처리 업무가 가능하도록 구축

정답

CHAPTER 06 토지정보 관련 정보체계

┇┇┇6.1 지형공간정보체계

인간 생활영역에 관련된 제반현상의 정보화를 시·공간적으로 해석하여 신속성, 정확성, 융통성, 완결성 있게 처리함으로써 모든 사항에 대한 의사결정, 편의제공 등을 극대화시키는 데 기여하는 정보체계를 지형공간정보체계(GSIS ; Geo-Spatial Information System)라 한다.

GSIS는 자원의 분포 현황 파악 및 효율적 유지관리, 또한 환경의 현황, 관찰, 감시 및 유지관리 등 지형 및 공간적 분석을 위해 활발한 연구가 진행 중이다.

- 용어해설
  Geo-Spatial : 인간의 총체적인 생활영역을 상징하는 땅(Geo)과 하늘(Space)의 합성어인 Geo-Space 의 형용사 Geo-Spatial이다.

6.1.1 기본구성요소

하드웨어	컴퓨터와 입출력장치(디지타이저, 스캐너, 플로터 등)
소프트웨어	Arc Info, Arc View, Map Info, Geo Media, Map Object
데이터베이스	공간데이터와 비공간 데이터로 나뉨
인적 자원	−

6.1.2 지형공간정보체계 자료구성

위치자료 (Positional Data)	절대위치	실제공간의 위치(예 경도, 위도, 좌표, 표고)
	상대위치	Model 공간의 위치, 임의의 기준으로부터 결정되는 위치(예 설계도)
특성자료 (Descriptive Data)	도형자료 (Graphic Data)	위치자료를 이용한 대상의 가시화
	영상자료 (Image Data)	센서(Scanner, Lidar, Laser, 항공사진기 등)에 의해 취득된 사진
	속성자료 (Attributive Data)	도형이나 영상 속의 내용

6.1.3 지형공간정보체계의 필요성 및 활용

필요성	국토계획 측면	① 통계자료 및 도형자료의 전산화 체계 정비 ② 공간적 · 시각적 분포의 기록, 보존 및 기능적 분석 ③ 시각적 표현 및 그 변천 추이 등에 관한 이해 증진
	도시정보 측면	① 관련 정보의 구조적 특성 분석 ② 관련 정보의 항목별 분류 및 정립 ③ 관련 법규를 활용한 자료의 표준화
활용		㉠ 수치지도 제작 ㉡ 시설물관리, 환경 및 자원의 분석과 관리 ㉢ 교통 및 관광분야, 유통 및 마케팅 분야에 활용 ㉣ 지역개발계획 수립을 위한 자료 제공 ㉤ 도시 및 지역관리 등의 행정지원에 유용

6.1.4 응용분야(소체계)

지역정보시스템 ; RIS (Regional Information System)	건설공사계획 수립을 위한 지질, 지형자료의 구축, 각종 토지이용계획의 수립 및 관리에 활용
도시정보체계 ; UIS (Urban Information System)	도시현황 파악, 도시계획, 도시정비, 도시기반시설 관리, 도시행정, 도시방재 등의 분야에 활용
토지정보체계 ; LIS (Land Information System)	다목적 국토정보, 토지이용계획 수립, 지형 분석 및 경관정보 추출, 토지부동산 관리, 지적정보 구축에 활용
교통정보시스템 ; TIS (Transportation Information System)	육상 · 해상 · 항공교통의 관리, 교통계획 및 교통영향평가 등에 활용
수치지도제작 및 지도정보시스템 ; DM/MIS(Digital Mapping/Map Information System)	중소축척 지도 제작, 각종 주제도 제작에 활용
도면자동화 및 시설물관리시스템 ; AM/FM(Automated Mapping and Facility Management)	도면작성 자동화, 상하수도시설 관리, 통신시설 관리 등에 활용
측량정보시스템 ; SIS (Surveying Information System)	측지정보, 사진측량정보, 원격탐사정보를 체계화하는 데 활용
도형 및 영상정보체계 ; GIIS (Graphic/Image Information System)	수치영상처리, 전산도형해석, 전산지원설계, 모의관측분야 등에 활용
환경정보시스템 ; EIS (Environ mental information System)	대기오염, 수질, 폐기물 관련 정보관리에 활용
자원정보시스템 ; RIS (Resource Information System)	농수산자원정보, 산림자원정보, 수자원정보, 에너지자원, 광물자원 등을 관리하는 데 활용

조경 및 경관정보시스템 ; LIS/VIS (Landscape and Viewscape Information System)	조경설계, 각종 경관분석, 자원경관과 경관개선대책의 수립 등에 활용
재해정보체계 ; DIS (Disaster Information System)	각종 자연재해방제, 대기오염경보 등의 분야에 활용
해양정보체계 ; MIS (Marine Information System)	해저영상 수집, 해저지형정보, 해저지질정보, 해양에너지조사에 활용
기상정보시스템 ; MIS (Meteorological Information System)	기상변동 추적 및 일기예보, 기상정보의 실시간처리, 태풍 경로 추적 및 피해 예측 등에 활용
국방정보체계 ; NDIS (Nation Defence Information System)	DTM(Digital Terrain Modelling)을 활용한 가시도분석, 국방행정 관련 정보자료 기반, 작전정보 구축 등에 활용

6.1.5 지형공간정보체계의 처리

지형공간정보체계의 자료처리는 크게 자료입력, 자료처리, 자료출력의 3단계로 구분할 수 있다.

자료입력	자료입력	• 자료의 입력방식에는 수동방식과 자동방식이 있음 • 기본의 투영법 및 축척 등에 맞도록 재편집
	부호화	• 점, 선, 면, 다각형 등에 포함되어 있는 변량을 부호화 • 부호화 방식에는 선추적방식(Vector Coding), 격자방식(Raster Coding)이 있음
자료처리	자료정비	• 지형공간정보체계의 효율적 작업의 성공 여부에 매우 중요 • 모든 자료의 등록, 저장, 재생 및 유지에 관련된 일련의 프로그램으로 구성
	조작처리	표면분석 : 나의 자료 층상에 있는 변량들 간의 관계분석에 적용
		중첩분석 : 둘 이상의 자료 층에 있는 변량들 간의 관계분석에 적용
자료출력	① 도면이나 도표의 형태로 검색 및 출력 ② 사진이나 필름기록으로 출력	

6.1.6 지형공간정보체계의 오차

입력자료의 질에 따른 오차	Database 구축 시 발생하는 오차
① 위치정확도에 따른 오차	① 절대위치자료 생성 시 기준점의 오차
② 속성정확도에 따른 오차	② 위치자료 생성 시 발생되는 항공사진 및 위성영상의 정확도에 따른 오차
③ 논리적 일관성에 따른 오차	③ 점의 조정 시 정확도 불균등에 따른 오차
④ 완결성에 따른 오차	④ 디지타이징 시 발생되는 점양식, 흐름양식에 의해 발생되는 오차
⑤ 자료변천과정에 따른 오차	⑤ 좌표변환 시 투영법에 따른 오차
	⑥ 항공사진 판독 및 위성영상으로 분류되는 속성오차
	⑦ 사회자료의 부정확성에 따른 오차
	⑧ 지형분할을 수행하는 과정에서 발생되는 편집오차
	⑨ 자료처리 시 발생되는 오차

▪▪ 6.2 지리정보체계(GIS ; Geographic Information System)

6.2.1 지리정보체계의 개념

지리정보체계(GIS ; Greographic Information System)는 지리적 · 공간적으로 분포하는 지형 지물에 관한 모든 유형의 정보를 효율적으로 취득하여 저장, 갱신, 관리, 분석 및 출력이 가능하도록 조직화된 컴퓨터 하드웨어, 소프트웨어, 지리자료 및 인적 자원의 집합체이다.

❙ 지리정보체계(GIS)의 개념도 ❙

6.2.2 지리정보체계의 구축과정

일반적으로 지리정보체계를 구축하기 위해서는 다음과 같은 구축과정을 거치고 궁극적으로 공간적 의사결정을 지원하는 정보를 제공함으로써 현실세계에 반영된다.

자료수집	필요한 자료를 수집한다.
자료저장	수집된 자료를 전산자료로 저장한다.
자료관리	다양한 자료를 데이터베이스로 통합하여 관리한다.
자료검색	구축된 자료 중에서 필요한 자료를 쉽게 찾을 수 있다.
자료변환	투영법이나 축척을 변환하여 자료를 유용하게 만든다.
자료분석	자료를 다양한 방법으로 처리하여 자료가 내포하는 의미를 찾아낸다.
자료모델링	복잡한 현실세계를 이해할 수 있도록 자료를 추상화하여 단순하게 한다.
자료출력	각종 방법으로 입력하거나 처리한 결과를 출력한다.

자료 : www.e-gis.or.kr

‖ 지리정보체계 구축과정 개요도 ‖

•• 6.3 도시정보체계(UIS ; Urban Information System)

6.3.1 도시정보체계의 개념

정의	도시정보체계는 지리정보체계의 한 응용분야로서 응용대상이 도시지역이며, 도시 관련 업무의 효율적인 수행이 업무목적이다. 이를 위하여 도시지역의 지리정보와 속성정보를 데이터베이스화하고 통일된 시스템 내에서 도시계획 및 도시화 현상에서 발생하는 인구, 자원 및 교통의 관리, 건물, 환경변화 등에 관한 자료의 체계적인 입력, 저장, 갱신, 편집, 검색, 그리고 분석 등을 통하여 도시계획, 도시정비, 도시기반시설의 관리 및 운영을 효과적으로 지원하는 종합정보시스템이다.

주요 기능	주요 기능으로는 도시안전체계 및 각종 재단에 대한 효율적 대응방안 수립, 행정업무의 전산화를 통한 시정업무 생산성 향상, 대민 행정서비스 개선과 신뢰성 확보, 각종 건축물 인허가 및 민원업무의 신속한 처리, 과학적 분석과 합리적인 의사결정에 따른 대민 설득력과 수용성 증대 등이 있다.

6.3.2 도시정보체계와 토지정보체계

상호관계	각 지방자치단체는 도시 행정업무를 신속하고 정확하게 처리하기 위하여 도시정보체계를 구축하게 되었다. 도시행정업무는 도로, 공원, 상하수도 등 도시시설관리와 도시계획, 시가지 정비계획 수립 등 업무분야와 업무량이 방대하다. 이러한 업무와 관련하여 필지의 분할 및 합병, 신규등록 등의 각종 토지이동이 발생하게 되는데, 이때 전산화된 토지정보체계와 연계하여 제공된 토지정보는 신속하고 정확한 업무처리에 필수적인 요소가 된다.
정보공유	도시정보체계와 토지정보체계의 원활한 연계와 정보공유는 도시정보체계의 개발 목적과도 부합된다. 그러므로 전기·통신·가스·도로 등 제반 도시정비상황을 파악하고 관리하기 위해서는 대축척 지적도를 기본으로 한 중첩도를 기본으로 하여 이와 관련된 수치 및 속성정보를 포괄하는 통합적인 데이터베이스를 구축하여야 한다.

▪▪ 6.4 자동지도작성 및 시설물관리(AM/FM ; Automated Mapping/Facility Management System)

6.4.1 AM/FM의 개념

자동지도작성 (AM)	자동지도작성(AM) 시스템은 수치적(Digital) 방법에 의한 지도제작공정의 자동화에 중점을 두는 것이며, 지형정보를 생성, 수정 및 합성할 수 있는 시스템이다. 이 시스템은 지상측량시스템과 항공사진측량에 의해 얻어진 수치자료를 편집하여 신규로 지도작성을 하거나 기존 지도를 수정하여 수치지도파일을 만들고 플로터를 통하여 출력할 수 있는 시스템이다. 이를 위해서는 데이터베이스 관리 기능이나 공간분석 기능보다 특히 측량자료를 입력하고 편집하며, 지도도식을 모두 표현하고 쉽게 편집할 수 있는 그래픽 기능이 요구된다.
시설물관리 (FM)	시설물관리(FM) 시스템은 수치지도를 바탕으로 건축, 전기, 설비, 통신, 가스, 도로 등을 그려 넣고 관련되는 속성자료를 입력하여 시설물에 대한 유지보수 활동을 효과적으로 지원할 수 있는 시스템이다. 자동지도작성(AM)에 비해 지도작성 기능은 비슷하게 요구되나 데이터베이스 관리 및 공간자료와 속성자료의 통합기능은 더 중요시된다.

··6.5 기타 정보체계

지하정보체계 (UGIS ; Under Ground Information System)	지하정보체계는 지하시설에 대한 정보의 관리를 주요 목적으로 도시 건축물, 교통시설, 도시 공급처리시설 등의 기본도를 가지고 불가시(不可視), 불균질 공간을 가시화시켜 시설물의 3차원 위치정보와 그 속성정보(지하상가, 지하철, 건축물기초, 공동구 등)를 분석하는 시스템이다.
측량정보체계 (SIS ; Surveying Information System)	측량정보체계는 측량에 의한 수치지형도 작성 및 수치표고모형 데이터베이스를 구축하는 측량 및 조사정보시스템, GPS 위성측량이나 그 밖의 측지측량에 의한 3차원 위치를 결정하는 측지정보시스템, 항공사진을 이용한 정밀지형도 작성을 할 수 있는 사진측량정보시스템 등을 포괄하여 일컫는 것이다. 각종 측량과 위성영상의 분석처리에 의해 자원탐사와 환경변화를 검출할 수 있는 원격탐사정보시스템 등을 지원한다.
자원정보체계 (RIS ; Resource Information System)	자원정보체계는 농산자원 정보, 산림자원 정보, 수자원 정보 등과 관련된 시스템으로서 위성영상과 지리정보시스템을 활용한 농작물 작황조사, 병충해 피해 조사 및 수확량 예측, 토질과 지표 특성을 고려한 산림자원 경영 및 관리대책의 수립 등을 수행할 수 있는 시스템이다.
환경정보체계 (EIS ; Environmental Information System)	환경정보체계는 동식물정보, 수질정보, 지질정보, 대기정보, 폐기물정보 등을 데이터베이스화한 후 각종 환경영향평가와 혐오시설의 입지선정 및 대형건설사업에 따른 환경변화예측 등에 활용하는 정보시스템이다. 주요 적용분야는 대기오염 분석시스템, 수질오염 분석시스템, 유해물 폐기물 관리시스템, 그리고 건설사업 등에 대한 환경영향 분석을 지원하는 시스템 등이 있다.
교통지리정보체계 (GIS–T)	교통지리정보체계는 GIS를 교통부문에 도입한 시스템으로 기존 교통분야의 교통계획, 교통운영, 교통공학을 다루는 교통정보시스템을 GIS와 연계시킨 것이다. 기존의 교통정보시스템에서는 다루기 힘들었던 네트워크 데이터의 처리 및 분석에 GIS 기능을 활용함으로써 교통개선계획, 도로건설 및 유지·보수, 교통시설물관리, 교통영향평가, 교통망해석 등 종합적인 도로관리 및 운영시스템을 비롯한 지능형 교통시스템(ITS)의 가장 중요한 부분인 교통정보 제공분야 등에 활용한다.

CHAPTER 06 실전문제

01 다음 중 유럽의 지형공간 데이터의 표준화 작업을 위한 기술위원회에 해당하는 것은? 12②산

① ISO/TC211
② OGC
③ FGDC
④ CEN/ : TC287

●해설●

민간부문에서 만들어진 OGC의 OGIS 국제표준화 기구인 ISO에서 지리정보 표준화로서 ISO/TC211유럽표준화 기구 CEN/ : TC287

- ISO/TC211은 지리정보분야의 각종 자료 및 시스템 등에 관한 표준화를 이루기 위한 유일한 국제기구로서 1994년 6월에 구성되어 전 세계 약 40여 개 국가가 정규 및 비정규회원으로 가입하여 활동하고 있다. 공식적인 정식명칭은 Geographic Information/Geomatics를 사용하며 지리적 위치와 관련이 있는 사물과 형상에 대해 정보표준규격을 수립하는 일을 하고 있다.
- 미국연방지리정보위원회(FGDC)에서 각 기관에서 구축된 자료를 공통적으로 이용하기 위해 공간자료표준(SDTS ; Spatial Transfer Standard)을 제정하였는데 기본적으로 정의된 자료의 기본형을 점(1차원), 선(2차원), 면(3차원)으로 구체화하여 표준을 정하였다.
- OGC의 개요 : 세계 각국의 산업계, 정부 및 학계가 주축이 되어 1994년 8월 지리정보를 상호 운용할 수 있도록 하기 위해 기술적 · 상업적인 접근을 촉진하고자 조직된 비영리 단체이다.

02 다음 중 OGC(Open GIS Consortium)에 관한 설명으로 옳지 않은 것은? 12②산

① OGIS(Open Geodata interoperability Speci-fiction)를 개발하고 추진하는 데 필요한 합의된 절차를 정립할 목적으로 설립되었다.
② 지리정보를 활용하고 관련 응용분야를 주요 업무로 하는 공공기관 및 민간기관들로 구성된 컨소시움이다.
③ ISO/TC21의 활동이 시작되기 이전에 미국의 표준화 기구를 중심으로 추진된 지리정보 표준화 기구이다.
④ 지리정보와 관련된 여러 처리방식에 대하여 개방형 시스템적인 접근을 시도하였다.

●해설●

- ISO/TC211은 지리정보분야의 각종 자료 및 시스템 등에 관한 표준화를 이루기 위한 유일한 국제기구로서 1994년 6월에 구성되어 전 세계 약 40여 개 국가가 정규 및 비정규 회원으로 가입하여 활동하고 있다. 공식적인 정식명칭은 Geographic Information/Geomatics를 사용하며 지리적 위치와 관련이 있는 사물과 형상에 대해 정보표준규격을 수립하는 일을 하고 있다.
- 미국연방지리정보위원회(FGDC)에서 각 기관에서 구축된 자료를 공통적으로 이용하기 위해 공간자료표준(SDTS ; Spatial Transfer Standard)을 제정하였는데 기본적으로 정의된 자료의 기본형을 점(1차원), 선(2차원), 면(3차원)으로 구체화하여 표준을 정하였다.

1. OGC의 개요 : 세계 각국의 산업계, 정부 및 학계가 주축이 되어 1994년 8월 지리정보를 상호 운용할 수 있도록 하기 위해 기술적 · 상업적인 접근을 촉진하고자 조직된 비영리 단체이다.

2. OGC의 표준화
   ㉠ 상호 운용이 가능한 컴포넌트를 개발할 수 있도록 개방형 인터페이스 사양을 제공한다.
   ㉡ GIS 산업계의 표준으로서 표준적인 명세를 통해 이기종 간의 상호 운용성 확보와 GIS 업계의 표준을 지향한다.
   - 개방형 지리자료모델 : 지구와 지표면의 현상을 수학적 · 개념적으로 수치화
   - GIS 서비스 모델 : 지리자료에 대한 관리, 조작, 접근, 표현 등의 공통사양모델 작성
   - 정보 커뮤니티 모델 : 기술적 · 제도적 상호 불운용성을 해결하기 위한 개방형 지리자료모델과 OGIS 서비스 모델
   ㉢ OGC의 표준화 사양
   - 추상사양
   - 구현사양

3. OGC의 전략 : ISO의 지리정보분과인 ISO/TC211이 OGC와 긴밀한 협력과 국가 간 표준 및 산업계의 표준을 위해 다음과 같은 역할을 증대하고 있다.
   - 공동의 목표
   - 유사한 작업
   - 상호 보완
   - 시너지 효과
   - 표준의 일치

정답 01 ④ 02 ③

03 다음 중 데이터 표준화의 내용에 해당하지 않는 것은? 12②산

① 데이터 교환의 표준화
② 데이터 품질의 표준화
③ 데이터 분석의 표준화
④ 데이터 위치참조의 표준화

해설

GIS 데이터의 표준화 유형은 데이터 모델(Data Model), 데이터 내용(Data Content), 데이터 수집(Data Collection), 위치참조(Location Reference), 데이터 질(Quality), 메타데이터(Matadata), 데이터 교환(Data Exchange)의 7가지 유형으로 분류한다.

데이터 표준화
1. 내용적 측면
   • 데이터 모델 표준
   • 데이터 내용 표준
   • 메타데이터 표준
2. 외부적 측면
   • 데이터 품질 표준
   • 데이터 수집 표준
   • 위치참조 표준

04 다음 중 지리현상의 공간적 분석에서 시간의 개념을 도입하여, 시간의 변화에 따른 공간변화를 이해하기 위한 방법과 가장 밀접한 관련이 있는 것은? 12②산

① Temporal GIS
② Embedded SW
③ Target Platform
④ Terminating Node

해설

Temporal GIS란 지리현상의 공간적 분석에서 시간의 개념을 도입하여, 시간의 변화에 따른 공간변화를 이해하기 위한 GIS이다.

05 LIS에서 DBMS의 개념을 적용함으로써 얻어지는 장점이 아닌 것은? 12③산

① 데이터의 중복성 배제
② 데이터의 일관성 유지
③ 데이터의 비표준화
④ 데이터의 보안성 유지

해설

데이터베이스 관리 시스템의 장점
• 데이터의 독립성
• 데이터의 중복성 배제
• 데이터의 공유화
• 데이터의 일관성 유지

06 GIS의 자료 분석 과정 중, 도형자료와 속성자료가 구축된 레이어 간의 정보를 합성하거나 수학적 변환기능을 이용하여 정보를 통합하는 분석방법은? 12③산

① 중첩분석
② 표면분석
③ 합성분석
④ 검색분석

해설

각각의 목적과 내용에 따라 구축된 레이어를 동일한 좌표체계를 적용하여 중첩하는 것으로 GIS 시스템에서 가장 많이 사용되는 공간분석방법 중의 하나이다.

1. 중첩의 종류
   • 다각형 안의 점의 중첩 : 일정한 지역범위 내에서의 전주, 시설물 등의 분석 등에 이용
   • 다각형 위의 선의 중첩 : 일정한 지역범위와 도로, 하천, 철도 등의 선형분석 등에 이용
   • 다각형과 다각형의 중첩 : 일정한 지역범위와 특정범위의 산림, 수계유역 등의 분석
2. 중첩의 예
   • 식생, 토양, 경사도 레이어나 커버리지를 활용하여 침식예상도 작성
   • 지형지물과 수계도를 중첩하여 침수예상도 작성

07 토지정보시스템(LIS)의 구축 목적으로 옳지 않은 것은? 12③산

① 다목적 지적정보체계 구축
② 지적 관련 민원의 신속·정확한 처리
③ 지적재조사의 기반 확보
④ 도시기반시설의 유지 및 관리

정답 03 ③ 04 ① 05 ③ 06 ① 07 ④

해설

토지정보시스템은 토지에 대한 관련 자료를 수집하여 토지데이터베이스를 구축하고 토지형태와 특성에 대한 지속적인 기록유지 및 집적관리를 통하여 토지에 대한 법적·행정적·경제적 문제를 발견하고 이에 대한 의사결정의 기초자료로 이용되는 체계로서 이를 위해 체계적인 데이터 수집, 최신화, 자료처리, 자료배분 등을 수행한다.

08 도로, 상하수도, 전기시설 등의 자료를 수치 지도화하고 시설물의 속성을 입력하여 데이터베이스를 구축함으로써 시설물 관리활동을 효율적으로 지원하는 시스템은? 12③산

① FM(Facility Management)
② LIS(Land Information System)
③ UIS(Urban Information System)
④ CAD(Computer – Aided Drafting)

해설

FM(시설물관리체계)
각종 시설물에 대한 지도의 위치 정보를 기초로 하여 전산적으로 체계화하고자 하는 것을 시설물관리(Facility Management)라 하며, 주요 시설물의 위치, 크기, 연계성 등의 내용을 도면 위에서 도형적 요소와 비도형적 요소의 결합에 의하여 표시, 분석하여 관리하는 체계를 시설물관리체계라 하고, 이는 지형공간정보체계의 한 분야이다.

09 위상관계의 특성과 관계가 먼 것은? 12③산

① 인접성
② 연결성
③ 단순성
④ 포함성

해설

공간의 관계를 정의하는 데 쓰이는 수학적 방법으로서 입력된 자료의 위치를 좌푯값으로 인식하고 각각의 자료 간의 정보를 상대적 위치로 저장하며, 선의 방향, 특성 간의 관계, 연결성, 인접성 등을 정의하는 것을 위상관계라고 한다.

10 지적 관련 전산시스템을 나타내는 용어의 표기가 틀린 것은? 13①산

① 토지관리정보체계 – LIMS
② 한국토지정보시스템 – KLIS
③ 필지중심토지정보시스템 – PBLIS
④ 지리정보시스템 – GIS

해설

지적 관련 전산시스템
• 토지정보체계(Land Information System) : 지형분석, 토지이용, 개발, 행정, 다목적지적 등 토지자원 관련 문제해결을 위한 정보분석체계
• 지리정보체계(Geographic Information System) : 지리에 관련된 위치 및 특성정보를 효율적으로 수집·저장·갱신·분석하기 위한 정보 분석체계
• 도시정보체계(Urban Information System) : 도시지역의 위치 및 특성 정보를 데이터베이스화하여 통일적으로 관리할 때 시정업무를 효율적으로 지원할 수 있는 전산체계
• 수치지도 제작 및 지도정보체계(DM/MIS)
• 도면자동화 및 시설물관리(AM/FM)
• 측량정보체계(SIS)
• 도형 및 영상정보체계(GIIS)
• 교통정보체계(Transportation IS)
• 환경정보체계(Environmental IS)
• 재해정보체계(Disaster IS)
• 지하정보체계(UGIS ; Underground IS)

11 토지정보시스템 구성 요소로 거리가 먼 것은? 13①산

① 하드웨어
② 기후자원
③ 인적 자원
④ 소프트웨어

해설

인간의 생활에 필요한 토지정보를 효율적으로 활용하기 위한 지형공간 정보체계는 자료의 입력과 확인, 자료의 저장에 필요한 하드웨어, 소프트웨어, 데이터베이스, 조직과 인력으로 구성된다.

12 도시정보시스템에 대한 설명으로 틀린 것은?

13②산

① UIS라고 하면 Urban Information System의 약어이다.
② 토지와 건물의 속성만을 입력할 수 있는 시스템이다.
③ 도시종합관리의 기반 시스템으로 시정 업무의 전반에 활용할 수 있도록 한다.
④ 도시 정책에 관한 정보관리가 용이하며 기초 정책통계를 이용한 각종 도시계획의 효율적·과학적 수립이 가능하다.

● 해설

도시정보체계(UIS ; Urban Information System)
도시지역의 지리정보와 속성정보를 데이터베이스화하고 통일된 시스템 내에서 도시계획 및 도시화 현상에서 발생하는 인구, 자원 및 교통의 관리, 건물, 환경변화 등에 관한 자료의 체계적인 입력, 저장, 갱신, 편집, 검색, 그리고 분석 등을 통하여 도시계획, 도시정비, 도시기반시설의 관리 및 운영을 효과적으로 지원하는 종합정보시스템이다.

13 다음 중 Internet GIS에 대한 설명으로 틀린 것은?

13②산

① 인터넷 기술을 GIS와 접목시켜 네트워크 환경에서 GIS 서비스를 제공할 수 있도록 구축한 시스템이다.
② 전문적인 GIS 개발자들이 특정 목적의 GIS 응용프로그램을 개발할 수 있도록 하는 개발지원도구이다.
③ 웹 브라우저를 통하여 공간데이터에 대한 검색 및 분석이 가능하다.
④ 사용자에게 적합한 내용을 가장 편리한 방식으로 제공함으로써 기존 사용자뿐 아니라 잠재적 사용자에게 편의를 제공할 수 있다.

● 해설

Enterprise GIS
조직 내 많은 부서가 공동으로 필요로 하는 다양한 지리정보를 취급할 수 있도록 클라이언트-서버기술을 바탕으로 시스템을 통합시키는 GIS 기술을 말한다.
• 인터넷 기술을 GIS와 접목시켜 네트워크 환경에서 GIS 서비스를 제공할 수 있도록 구축한 시스템이다.
• 웹 브라우저를 통하여 공간데이터에 대한 검색 및 분석이 가능하다.

• 사용자에게 적합한 내용을 가장 편리한 방식으로 제공함으로써 기존 사용자뿐 아니라 잠재적 사용자에게 편의를 제공할 수 있다.

14 3차원 지적정보를 구축할 때, 지상의 건축물의 권리관계등록과 가장 밀접한 관련성을 가지는 도형정보는?

14①산

① 수치지도　　　　　② 토지피복도
③ 토지이용계획도　　④ 층별권원도

● 해설

층별권원
층별권원이란 건물 일부에 대한 권리의 보증으로 토지의 이용이 집약화되고 토지의 재산으로서의 가치 증대로 건물의 수직적 이용이 증가되면서 건물 일부에 대한 소유권 등기 문제가 대두되었다. 일본, 유럽에서는 이러한 문제점 해결을 위해 건물소재도, 건물도면, 각종 평면도를 작성하여 부동산 등기목적으로 이용하고 있다.

1. 층별권원도 : 층별권원 규정을 위해 '층별도'라는 도면을 건물의 일부에 대한 권리의 보증을 위해 제작하였다.
2. 층별권원의 특징
   • 건물 일부에 대한 권리의 보증이며 건물 측량도의 일종이다.
   • 층별권원 규정을 위해 층별도를 작성하였다.
   • 층별도에는 층별 구조가 개략적으로 표시되고 벽은 단면도와 그 벽의 권리소속이 표현되어 있다.
3. 층별권원의 효과
   • 건물 일부분에 대한 소유권의 문제를 해결할 수 있다.
   • 지적도의 위치와 건물의 위치를 연계하여 다목적 지적제도를 구현할 수 있다.

15 토지정보시스템(LIS)에 관한 설명으로 옳은 것은?

14①산

① 토지와 관련된 공간정보를 수집·저장·처리·관리하기 위한 시스템이다.
② 도시기반시설에 관한 자료를 저장하여 효율적으로 관리하는 시스템이다.
③ 토지개발에 따른 투기현상을 방지하는 데 주목적을 두고 있다.

④ 토지와 관련된 등록부와 도면 작성을 위한 도해지적
　공부의 확보를 위한 것이다.

해설

토지정보시스템(LIS)
• 토지정보시스템은 토지에 대한 관련 자료를 수집하여 토지
데이터베이스를 구축하고 토지형태와 특성에 대한 지속적인
기록 유지 및 집적 관리를 통하여 토지에 대한 법적·행정
적·경제적 문제를 발견하고 이에 대한 의사결정의 기초자
료로 이용하는 체계로서 이를 위해 체계적인 데이터 수집,
최신화, 자료처리, 자료배분 등을 수행한다.
• 따라서 LIS는 등록자료의 통계, 추정, 검증, 분석이 가능한
프로그램에 의하여 컴퓨터시스템으로 운영할 때 가능한 종
합적 토지정보시스템인 다목적 지적에 가깝다.

16 실세계를(GIS)의 데이터베이스로 구축하는 과
정을 추상화 수준에 따라 분류할 때 이에 해당하지
않는 것은?　　　　14②산

① 개념적 모델　　　② 논리적 모델
③ 물리적 모델　　　④ 수리적 모델

해설

데이터모델이란 실세계를 추상화시켜 표현하는 것으로, 데이
터모델링은 실세계를 추상화시키는 일련의 과정이라고 볼 수
있다. 실세계의 지리공간을 GIS의 데이터베이스로 구축하는
과정은 추상화 수준에 따라 개념적 모델링→논리적 모델링→
물리적 모델링의 세 단계로 나누어질 수 있다.

• 개념적 모델링 : 개념적 모델이란 실세계에 대한 사람들의
인지를 나타낸 것으로, 이 단계에서 데이터의 추상화란 실세
계에 대한 사람들의 인지수준에 관한 정보를 담는 것이다.
개념적 모델링도 데이터베이스 디자인 과정의 일부이지만
컴퓨터에서의 실행 여부와는 관련이 없으며 데이터베이스와
도 독립적이다.
• 논리적 모델링 : 논리적 모델은 개념적 모델과는 달리 특정
한 소프트웨어에 의존적이다. 최근 논리적 모델의 하나로
등장한 대표적인 모델이 객체-지향모델이다. 논리적 모델
은 흔히 데이터베이스 모델 또는 수행모델(ImpleMenta-
tion Model)이라고 불린다.
• 물리적 모델링 : 물리적 데이터 모델은 컴퓨터에서 실제로
운영되는 형태의 모델로, 컴퓨터에서 데이터의 물리적 저장
을 의미한다. 즉, 데이터가 기록되는 포맷, 기록되는 순서,
접근경로 등을 나타내는 것으로 하드웨어와 소프트웨어에
의존적이다. 따라서 물리적 데이터 모델은 시스템프로그래
머나 데이터베이스관리자 들에 의해 의도된다.

17 웹 기반의 토지정보체계(웹 LIS)의 도입에 따른
기대 효과로 거리가 먼 것은?　　14②산

① 시간과 거리의 제약을 받지 않는다.
② 신속하고 거리의 제약을 받지 않는다.
③ 정보의 공유가 가능하다.
④ 정보의 중앙 집중화를 실현할 수 있다.

해설

웹 LIS
1. 필요성
• 토지정책자료의 다목적활용
• 수작업 오류 방지
• 토지 관련 과세 자료로 이용
• 공공기관 간의 토지정보 공유
• 지적민원의 신속 정확한 처리
• 도면과 대장의 통합 관리
• 지방행정 전산화의 획기적 계기
• 지적공부의 노후화
2. 구축효과
• 지적통계와 정책의 정확성·신속성
• 지적서고 팽창 방지
• 지적업무의 이중성 배제
• 체계적·과학적인 지적 실현
• 처리의 능률성과 정확도 향상
• 민원인의 편의 증진
• 시스템 간의 인터페이스 확보
• 지적도면 관리의 전산화 기초 확립

18 다음 중 지적행정에 웹 LIS를 도입함으로써 발
생하는 효과와 가장 거리가 먼 것은?　　14③산

① 정보와 자원을 공유할 수 있다.
② 업무별 분산처리를 실현할 수 있다.
③ 업무 처리에 있어 중복을 피할 수 있다.
④ 시간과 거리에 제한은 받으나 신속한 민원처리가 가
　능하다.

해설

도입효과
• 정보와 자원을 공유할 수 있다.
• 업무별 분산처리를 실현할 수 있다.
• 업무처리에 있어 중복을 피할 수 있다.
• 시간과 거리에 제한받지 않고 신속한 민원처리가 가능하다.

정답 16 ④　17 ④　18 ④

19 제1차 국가지리정보시스템 구축사업 중 주제도 전산화사업이 아닌 것은? 15②산

① 도로망도　　　　② 도시계획도
③ 지형지번도　　　④ 지적도

●해설

분과별 추진사업

분과	추진사업
총괄분과	• GIS 구축사업 지원 연구 • 공공부문의 GIS 활용체계 개발 • 지하시설물 관리체계 시범사업
기술개발 분과	• GIS 전문인력 교육 및 양성 지원 • GIS 관련 핵심기술의 도입 및 개발
표준화 분과	공간정보 데이터베이스 구축을 위한 표준화 사업 수행
지리정보 분과	• 지형도 수치화 사업 • 6개 주제도 수치화 사업(토지이용현황도, 지형 지번도, 도시계획도, 국토이용계획도, 도로망도, 행정구역도) • 7개 지하시설물도 수치화 사업(상수도, 하수도, 가스, 통신, 전력, 소유관, 난방열관)
토지정보 분과	지적도전산화 사업

20 토지정보시스템의 구성요소에 해당되지 않는 것은? 15③산

① 인력 및 조직　　　② 데이터베이스
③ 소프트웨어　　　　④ 정보이용자

●해설

LIS의 5대 구성요소
• Hardware(하드웨어)
• Software(소프트웨어)
• Database(데이터베이스)
• Man Power(인력 및 조직)
• Application(방법)

21 다음 중 개방형 지리정보시스템(Open GIS)에 대한 설명으로 옳지 않은 것은? 12①산

① 시스템 상호 간의 접속에 대한 용이성과 분산처리 기술을 확보하여야 한다.
② 국가 공간정보 유통기구를 통해 유통할 경우 개방형 GIS 구축이 필수적이다.
③ 서로 다른 GIS 데이터의 혼용을 막기 위하여 같은 종류의 데이터만 교환이 가능하도록 해야 한다.
④ 정보의 교환 및 시스템의 통합과 다양한 분야에서 공유할 수 있어야 한다.

●해설

개방형 GIS(Open GIS)
국가 GIS 사업을 통하여 구축된 지리정보의 유통을 위하여 필요하며 범용 웹브라우저를 이용한 지리정보의 접근과 검색을 위한 표준 및 관련 기술이 등장했으며, 현재 정보의 검색뿐만 아니라 정보의 처리가 제한된 범위까지 사용 가능해졌다.

22 다음 중 토지정보체계(LIS)의 필요성으로 가장 거리가 먼 것은? 12①산

① 토지관계정책 자료의 다목적 활용
② 여러 대장과 도면의 효율적 관리
③ 지적 민원의 신속, 정확한 처리
④ 토지 관련 정보의 보안 강화

●해설

토지 관련 정보의 보안 강화가 아니라 지적공개주의 원칙 등으로 국민 편익이 증대된다.

23 다음 중 상·하수도, 전기, 통신, 가스, 송유관, 열난방 등의 시설물을 관리·운영하기 위한 시스템은? 12①산

① 지하시설물관리시스템　② 도시정보시스템
③ 재난·재해관리시스템　④ 국가지리정보시스템

●해설

• 지하시설물관리시스템(Underground Facility Management System) : 상·하수도, 전기, 농신, 가스, 송유관, 지역난방 관망과 관련시설 등에 관한 기초자료를 GIS를 도입하여 전산

정답 19 ④　20 ④　21 ③　22 ④　23 ①

처리하고 이를 데이터베이스화한 후 지하시설물 유지·보수, 도로굴착, 긴급 재난방재 등에 활용할 수 있도록 구축된 시스템
• 시설물관리(FM ; Facilities Management) : 도로, 상하수도, 전기 등의 자료를 수치지도화하고 시설물의 속성을 입력하여 데이터베이스를 구축함으로써 시설물 관리활동을 효율적으로 지원하는 시스템

24 다음 중 중첩(Overlay)의 기능으로 옳지 않은 것은? 12①산

① 도형자료와 속성자료를 입력할 수 있게 한다.
② 각종 주제도를 통합 또는 분산관리할 수 있다.
③ 다양한 데이터베이스로부터 필요한 정보를 추출할 수 있다.
④ 새로운 가설이나 시뮬레이션을 통한 모델링 작업을 수행할 수 있게 한다.

● 해설

중첩(Overlay)
• 두 지도를 겹쳐 통합적인 정보를 갖는 지도를 생성하는 것
• 도형과 속성자료가 각기 구축된 레이어를 중첩시켜 새로운 형태의 도형과 속성 레이어를 생성하는 기능
• 새로운 자료나 커버리지를 만들어내기 위해 두 개 이상의 GIS 커버리지를 결합하거나 중첩(공통된 좌표체계에 의해 데이터베이스에 등록된다.)한 것

25 도지계획 및 도시화 현상에서 발생하는 인구, 자원 및 교통의 관리, 건물면적, 지명, 환경변화 등에 관한 자료를 다루는 체계로 도시현황 파악 및 도시계획, 도시정비, 도시기반시설 관리를 효과적으로 할 수 있는 체계를 무엇이라 하는가? 12②산

① GIS ② UIS
③ AM/FM ④ LIS

● 해설

문제 10번 해설 참고

26 도시정보체계를 구축할 경우의 기대효과와 거리가 먼 것은? 13①산

① 도시행정을 총괄적으로 관리할 수 있다.
② 각종 도시계획을 효율적이고 과학적으로 수립 가능하다.
③ 효율적인 도시 관리 및 행정서비스 향상의 정보 기반 구축으로 시설물을 입체적으로 관리할 수 있다.
④ 도시 내 건축물의 유지·보수를 위한 재원 확보와 조세 징수를 위해 최적화된 시스템을 이용할 수 있게 한다.

● 해설

도시정보체계는 도시계획 및 도시화 현상에서 발생하는 인구, 자원 및 교통의 관리, 건물면적, 지명, 환경변화 등에 관한 정보를 다루는 체계이다.

27 토지정보시스템에 대한 설명으로 가장 거리가 먼 것은? 13①산

① 법률적·행정적·경제적 기초하에 토지에 관한 자료를 체계적으로 수집한 시스템이다.
② 협의의 개념은 지적을 중심으로 지적공부에 표시된 사항을 근거로 하는 시스템이다.
③ 지상 및 지하의 공급시설에 대한 자료를 효율적으로 관리하는 시스템이다.
④ 토지 관련 문제의 해결과 토지정책의 의사결정을 보조하는 시스템이다.

● 해설

• 토지정보체계(Land Information System) : 지형분석, 토지이용, 개발, 행정, 다목적지적 등 토지자원 관련 문제 해결을 위한 정보분석체계
• FM(시설물관리체계) : 각종 시설물에 대한 지도의 위치 정보를 기초로 하여 전산적으로 체계화하고자 하는 것을 시설물관리(Facility Management)라 하고, 주요 시설물의 위치, 크기, 연계성 등의 내용을 도면 위에서 도형적 요소와 비도형적 요소의 결합에 의하여 표시, 분석하여 관리하는 체계를 시설물관리체계라 하며, 이는 지형공간정보체계의 한 분야이다.

28 토지정보체계와 관련된 정보체계의 연결이 틀린 것은? 14③산

① 도시정보체계 – UIS
② 시설물관리체계 – FM
③ 환경정보체계 – EIS
④ 자원정보체계 – BIS

해설

도시정보체계 : UIS (Urban Information System)	도시현황 파악, 도시계획, 도시정비, 도시기반시설관리, 도시행정, 도시방재 등의 분야에 활용
토지정보체계 : LIS (Land Information System)	다목적 국토정보, 토지이용계획 수립, 지형분석 및 경관정보 추출, 토지부동산관리, 지적정보 구축에 활용
교통정보시스템 : TIS (Transportation Information System)	육상·해상, 항공교통의 관리, 교통계획 및 교통영향평가 등에 활용
환경정보시스템 : EIS (Environmental Information System)	대기, 수질, 폐기물 관련 정보 관리에 활용
자원정보시스템 : RIS (Resource Information System)	농수산자원, 삼림자원, 수자원, 에너지자원을 관리하는 데 활용
해양정보체계 : MIS (Marine Information System)	해저영상 수집, 해저지형정보, 해저지질정보, 해양에너지조사에 활용
기상정보시스템 : MIS (Meteorological Information System)	기상변동 추적 및 일기예보, 기상정보의 실시간처리, 태풍경로 추적 및 피해예측 등에 활용
국방정보체계 : NDIS (Nation Defence Information System)	DTM(Digital Terrain Modeling)을 활용한 가시도 분석, 국방행정 관련 정보자료 기반, 작전정보 구축 등에 활용

29 지형공간정보체계가 아닌 것은? 15①산

① 도시정보시스템
② 토지정보시스템
③ 토지대장전산시스템
④ 지리정보시스템

해설

문제 28번 해설 참고

30 다음 중 개방형 지리정보시스템(Open GIS)에 대한 설명으로 옳지 않은 것은? 12①산

① 시스템 상호 간의 접속에 대한 용이성과 분산처리 기술을 확보하여야 한다.
② 국가 공간정보 유통기구를 통해 유통할 경우 개방형 GIS 구축이 필수적이다.
③ 서로 다른 GIS 데이터의 혼용을 막기 위하여 같은 종류의 데이터만 교환이 가능하도록 해야 한다.
④ 정보의 교환 및 시스템의 통합과 다양한 분야에서 공유할 수 있어야 한다.

해설

개방형 GIS(Open GIS)
국가 GIS 사업을 통하여 구축된 지리정보의 유통을 위하여 필요하며 범용 웹브라우저를 이용한 지리정보의 접근과 검색을 위한 표준과 관련 기술이 등장하였다. 현재 정보의 검색뿐만 아니라 정보의 처리가 제한된 범위까지 사용 가능해졌다.

31 다음 중 토지정보체계(LIS)의 필요성으로 가장 거리가 먼 것은? 12①산

① 토지관계정책 자료의 다목적 활용
② 여러 대장과 도면의 효율적 관리
③ 지적 민원의 신속, 정확한 처리
④ 토지 관련 정보의 보안 강화

해설

토지 관련 정보의 보안 강화가 아니라 지적공개주의 원칙 등으로 국민 편익이 증대된다.

04

지적학

荀子曰 不積蹞步면 無以至千里요 不積少流면 無以成江河니라

순자가 말씀하기를 천리 길도 한 걸음부터이고 작은 흐름이 모여
강과 바다가 되느니라.
* 열심히 배우고 공부하여 태산 같은, 강처럼 바다처럼 큰 사람이
  됩시다.

CHAPTER 01 지적학의 기초이론

제1절 지적의 개념

··· 1.1 지적의 어원

1.1.1 외국 학자별 지적의 유래에 대한 주장

지적(地籍, Cadastre)이란 용어가 어떻게 유래되었는지에 대하여는 확실치 않으나 그리스어 카타스티콘(Katastikhon)과 라틴어 캐피타스트럼(Capitastrum)에서 유래되었다고 하는 두 가지 학설이 지배적이다.

프랑스의 語源學者인 브론데임 (Blondheim)	地籍(Cadastre)이란 용어는 공책(空冊, Note book) 또는 상업기록(商業記錄, Business Record)이라는 뜻을 가진 그리스어 카타스티콘(Katastikhon)에서 유래된 것이라고 주장하였다.
스페인 국립농업연구소의 일머(Ilmoor D.) 교수	그리스어 카타스티콘(Katastikhon)에서 유래되었다고 주장하면서 카타(kata)는 "위에서 아래로"의 뜻을 가지고 있으며 스티콘(Stikhon)은 "부과"라는 뜻을 가지고 있는 복합어로서 지적(Katastikhon)은 "위의 군주(君主)가 아래의 신민(臣民)에 대하여 세금을 부과하는 제도"라는 의미로 풀이하였다.
미국 퍼듀대학의 맥엔트리(J.G. McEntyre) 교수	지적이란 2000년 전의 라틴어 카타스트럼(Catastrum)에서 그 근원이 유래되었다고 주장하면서 로마인의 인두세등록부(人頭稅登錄簿, Head Tax Register)를 의미하는 캐피타스트럼(Capitastrum) 혹은 카타스트럼(Catastrum)이란 용어에서 유래된 것이라고 주장하였다.
프랑스의 스테판 라비뉴(Stephane Lavigne) 교수	목록(List)을 의미하는 라틴어 카피트라스트라(Capitrastra)에서 유래하였다는 것과 그 외에 "토지 경계를 표시하는 데 사용된 돌" 또는 "지도처럼 사용된 편암조각"이라는 고대 언어에서 유래하였다고 보는 견해도 있다고 주장하였다.
공 통 점	학자들마다 차이는 있으나 그리스어인 카타스티콘(Katastikhon)과 라틴어인 캐피타스트럼(Capitastrum) 또는 카타스트럼(Catastrum)은 그 내용에 있어서 모두 세금(稅金) 부과(賦課)의 뜻을 내포하고 있는 것이 공통점이라고 할 수 있다. 지적이 무엇인가에 대한 연구는 국·내외적으로 매우 활발하게 진행되고 있으며 국가별·학자별로 다양한 이론들이 제기되고 있는 상황이다. 그러나 이러한 기존의 연구에 있어서 지적이 무엇인가에 대한 공통점은 "토지에 대한 기록"이며, "필지를 연구대상으로 한다"는 것이다.

1.1.2 우리나라 지적

① 우리나라의 경우 지적의 어원에 대해서는 유래를 확실하게 알 수 없지만, 『삼국유사』와 『고려사절
요』 등에서 삼국시대부터 백제의 도적(圖籍), 신라의 장적(帳籍), 고려의 전적(田籍) 등 오늘날의
지적(地籍)과 유사한 토지에 관한 기록이 있다는 것을 알 수 있다.

② 토지에 대한 호적이라는 의미로 사용된 것은 조선시대의 경국대전이다. 경국대전(經國大典)
제2권 호전(戶典)편의 양전(量田)에서 "전시(田地)는 6등급으로 구분하고 매 20년마다 측량하여
토지에 대한 적(籍)을 만들어 양안(量案, 현재의 토지대장)을 작성하고 호조(戶曹)와 도(本道)
및 고을(本邑)에 비치한다."라고 규정하고 있어 토지에 대한 적(籍)이 바로 지적(地籍)임을 알
수 있다.

③ 최초로 법령에 지적(地籍)이라는 용어가 사용된 것은 고종 32년에 반포된 내부관제(內部官
制)(1895년 3월 26일 칙령 제53호) 동령 제8조 판적국(版籍局)의 사무 제2항에 "판적국은 호구
적(戶口籍)과 地籍에 關한 事項"을 관장하도록 규정하고 있어 국내 최초로 공식적으로 지적이라
는 용어를 사용하였다.

④ 고종 32년(1895년 4월 5일) 반포된 각읍부세소장정(各邑賦稅所章程 : 칙령 제74호)에 "전제
(田制) 및 지적(地籍)에 관하는 사무를 처리하는 일"이라 규정하여 두 번째로 지적이란 용어를
사용하였다.

⑤ 이어서 공포된 내부분과규정(內部分課規程)은 총 17조로 구성되어 있으며, 제13조에 지적과에
관한 사무 분장과 동조 제1항에 지적에 관한 사항을 규정하고 있는 것이 세 번째라 할 수 있다.

⑥ 그리고 고종 32년(1895년) 11월 3일 공포된 향회조규(鄕會條規)는 의정부주본(議政府奏本)으
로 공표되어 근대적 의미에서 지방자치의 효시라 할 수 있으며, 제5조 제2항에서 "戶籍 及(또는)
地籍에 관한 事項"으로 규정하고 있어 법률 제1호(1898년)에 제정된 전당포규칙에 나타난 부동
산 용어보다 3년이 앞선 기록이다.

⑦ 또한 융희 2년(1908년 1월 21일 법률 제1호) 공포된 삼림법(森林法)은 전문 제22조로 되어
있으며, 제19조에 "삼림산야(森林山野)의 소유자는 본법 시행일로부터 3개년 이내에 삼림산야
의 지적(地積) 및 면적(面積)의 견취도(見取圖)(현재의 약도)를 첨부하여 농상공부대신에게 신고
하되 기간 내에 신고치 아니한 자는 총(總)히 국유로 견주(見做)함"이라고 규정하고 있다.

⑧ 1908년 1월 21일부터 1911년 1월 20일까지 3년간 "임야소유자가 측량수수료를 부담하고
측량을 실시하여 민유임야약도를 작성, 지적보고(地籍報告)서 제출"이라고 규정하고 있다.

⑨ 아울러 일제시대 토지조사령(1912년)은 토지대장과 지적도를 총칭하여 지적이라 하며, 토지소
유권조사의 주요 내용을 지적조사로 하여 일반적으로 사용하였다.

Reference 참고

➤ 판적국(版籍局)

1895년 칙령 제53호로 내부관제가 공포되었고 이에 주현국, 토목국, 판적국, 위생국, 회계국의 5국을 둔다고 하였다. 판적국은 "戶口籍에 관한 사항"과 "지적에 관한 사항"을 관장토록 하였는데 여기에서 지적이라는 용어가 처음 쓰이기 시작되었다.

1. 내부관제

① 주현국   ② 토목국 – 토지측량 및 토지수행에 관한 사무관장
③ 판적국 – 지적 및 관유지 처분에 대한 사무관장   ④ 위생국
⑤ 회계국

2. 판적국

(1) 기구
    ① 지적과 – 지적에 관한 사항 관장   ② 호적과 – 호구적에 관한 사항 관장

(2) 기능
    ① 양전사무를 맡았던 내무아문 내에 판적국이 설치되어 호구, 토지, 조세, 부역, 공물 따위의 일을 관장
    ② 갑오경장 뒤부터는 호적사무를 맡아보던 내무아문의 한 국으로서 판적국에 호적과와 지적과를 두었다.
    ③ 이 시기는 1893~1905년까지 지계제도와 가계제도가 시행되던 시기로, 우리나라에서 지적이란 용어가 최초로 사용되었다.

➤ 민유임야약도

대한제국은 1908년 1월 21일 삼림법(森林法)을 공포하였는데 그 제19조에 "모든 민유임야는 3년 안에 면적과 약도를 농상공부대신에게 신고하되 기한 안에 신고하지 않으면 국유로 한다."는 내용의 규정을 만들었다. 기한 내 신고치 않으면 국유로 된다고 하였으니 우리나라 국유가 아니라 통감부 소유, 즉 일본이 소유권을 갖게 된다는 뜻이다. 이러한 조사사업은 정부에서 예산을 세워 상당기간 기술자를 양성하고 측량을 하여 도부를 만들어야 하는데 아무런 대책도 없이 법률에 한 조항을 넣어 가만히 앉아서 민유임야를 파악하고 나머지는 국유로 처리하자는 수작이었다.

• 민유임야약도의 특징

① 민유임야 측량은 조직과 기획 없이 산발적으로 개인별로 시행되었고 일정한 수수료도 없었다.
② 대서업자와 계약하는 경우도 있고 직접 측량기사를 초빙하여 자기임야를 측량하여 민유임야약도를 만들어 지적보고를 작성하여 농상공부대신에게 우송하였다. 그러면 농상공부 식산국에서는 "접수증"을 보내온다.
③ 민유임야약도는 지번을 제외하고는 임야도의 모든 요소를 갖추었다.
④ 토지의 소재, 면적, 소유자, 축척, 도면과 사표(四標), 측량연월일, 북방표시, 측량자 이름과 날인이 되어 있다.
⑤ 측량연도는 대체로 융희를 썼고 1910년, 1911년은 메이지(明治)를 썼다.
⑥ 축척은 200분의 1, 300분의 1, 600분의 1, 1,000분의 1, 1,200분의 1, 2,400분의 1, 3,000분의 1,6,000분의 1 등 8종이다.
⑦ 일정한 기준이 없이 측량자는 임야의 크기에 따라 축척을 정한 것 같다.
⑧ 도면에는 없는 등고선과 토지표시가 있어 이채롭다.
⑨ 당시 민유임야측량이 얼마나 산만하고 무질서한가를 잘 지적하고 있다.

●● 1.2 지적의 정의

지적에 대한 표준적인 정의는 없으며, 확고한 정의를 정립시키지 못하고 있다. 그 이유는 시대별 혹은 학자별, 국가별 지적제도의 유형, 지적제도와 등기제도의 통합 여부 등에 따라 달라질 수 있기 때문이다. 이러한 이유로 각 국가는 지적이란 용어를 각기 다르게 해석함으로써 지적제도를 분석할 때 혼란을 초래하고 있다. 초기 지적의 정의는 과세부과라는 매우 단순하고 제한적이었으나, 오늘날처럼 토지에 대한 관심이 고조되고 토지가 복잡하고 다양한 용도로 제공되면서 이에 필요한 모든 자료를 제공하는 다목적으로 그 의미가 매우 포괄적으로 바뀌고 있다. 지적의 정의를 국내·외 학자, 전문기관 등으로 구분하여 정리하면 다음과 같다.

1.2.1 국내·외 학자

학자	정의
원영희 (1979)	국토의 전반에 걸쳐 일정한 사항을 국가 또는 국가의 위임을 받은 기관이 등록하여 이를 국가 또는 국가가 지정하는 기관에 비치하는 기록
강태석 (1984)	지표면·공간 또는 지하를 막론하고 재산적 가치가 있는 모든 부동산에 대한 물건을 지적측량에 의하여 체계적으로 등록하고 계속적으로 유지·관리하기 위한 국가의 관리행위
최용규 (1990)	자기영토의 토지 현상을 공적으로 조사하여 체계적으로 등록한 데이터로, 모든 토지 활동의 계획 및 관리에 이용되는 토지정보원
유병찬 (2002)	토지에 대한 물리적 현황과 법적 권리관계, 제한사항 및 의무사항 등을 등록 공시하는 필지 중심의 토지정보시스템
J.L.G. Henssen (1974)	국내의 모든 부동산에 관한 자료를 체계적으로 정리하여 등록하는 것으로, 어떤 국가나 지역에 있어서 소유권과 관계된 부동산에 관한 데이터를 체계적으로 정리하여 등록하는 것
S.R. Simpson (1976)	과세의 기초로 제공하기 위하여 한 국가 내의 부동산의 면적이나 소유권 및 그 가격을 등록하는 공부
J.G. McEntyre (1985)	토지에 대한 법률상 용어로서 세부과를 위한 부동산의 양·가치 및 소유권의 공적 등록
P. Dale (1988)	법적 측면에서는 필지에 대한 소유권의 등록이고, 조세 측면에서는 필지의 가치에 대한 재산권의 등록이며, 다목적 측면에서는 필지의 특성에 대한 등록
來璋 (1981)	토지의 위치, 경계, 종류, 면적, 권리상태 및 사용상태 등을 기재한 도책(圖冊)

1.2.2 전문기관

기관	정의
National Research Council(미국) (1983)	토지에 대한 이해관계의 기록이라고 정의할 수 있으며, 이는 이해관계의 종류와 범위를 모두 포함하는 것
FIG(국제측량사연맹) (1995)	통상적으로 토지에 대한 권리와 제한사항 및 의무사항 등 이해관계에 대한 기록을 포함한 필지 중심의 토지정보시스템

1.2.3 전문기관 발간 사전

사전	정의
ACSM(미국) (1994)	과세목적을 위한 기초로써 제공되는 부동산의 위치, 면적, 가격과 소유권 등의 공적인 등록부
SMG(독일) (1995)	동종의 부동산에 대한 목록과 도해적인 표시의 총칭

·· 1.3 지적의 기원과 발생

1.3.1 지적의 기원

고대 지적	고대의 지적은 이집트 역사학자들의 주장에 의하면 기원전 3,400년경에 이미 길이를 측정하기 시작하였고, 기원전 3,000년경에는 나일강 하류의 이집트에서 매년 일어나는 대홍수에 의하여 토지의 경계가 유실됨에 따라 이를 다시 복원하기 위하여 지적측량이 시작되고 토지 기록이 존재하고 있었다고 한다. 지적제도의 기원은 인류문명의 발상지인 유프라테스(Euphrates)·티그리스(Tigris)강 하류의 수메르(Sumer) 지방에서 발굴된 점토판에는 토지 과세 기록과 마을 지도 및 넓은 면적의 토지 도면과 같은 토지 기록들이 나타나고 있다.
중세 지적	중세의 지적은 노르만 영국(Norman England)의 윌리엄(William) 1세가 잉글랜드를 정복한 후 1085년과 1086년 사이에 전 영국의 토지에 대한 과세를 목적으로 시작한 대규모 토지조사사업의 성과에 의하여 작성된 둠스데이 북(Domes day Book)으로서 토지의 면적, 소유자, 소작인 등 주요사항을 등록한 일종의 지세대장(地稅臺帳, geld book) 또는 지적부(地籍簿)라고도 한다. 이 토지기록은 최초의 국토자원에 관한 목록으로 평가된다.
근대 지적	근대의 지적은 1720~1723년 동안에 있었던 이탈리아 밀라노의 축척 2,000분의 1 지적도 제작 사업이며, 프랑스의 나폴레옹(Napoleon) 1세가 1808~1850년까지 전 국토를 대상으로 작성한 지적은 또 다른 의미에서 근대 지적의 기원으로 평가된다.

1.3.2 우리나라 지적의 기원

천문측량		우리나라는 기원전 2900년에 천문측량이 시작되었으니 세계에서 가장 오래되었다.
측량기기	기원전 2087년	혼천의(渾天儀) 발명
	기원전 1836년	천문경(天文鏡), 측천기(測天器), 양해기(量海機) 발명하였으니 측량기기 제작은 세계최고이다.
측량		1391년 황운갑이 지남거(指南車) 제작. 수레를 이용한 최초의 측량이다.
지도	기원전 2229년	구정도(邱井圖) 제작
	기원전 1664년	논밭과 산야를 측량
	기원전 1341년	세계지도 제작
	기원전 680년	우문충(宇文忠)이 토지를 측량하여 지도를 제작하였으며 유성설(遊星設) 천문학을 저술하였다.
지적측량과 지적제도의 기원	상고시대 — 고조선(古朝鮮)	균형 있는 촌락의 설치와 토지 분급(分給) 및 수확량의 파악을 위해 정전제(井田制)가 시행되었다.
	상고시대 — 부여(扶餘)	행정구역제도로서 국도(國都)를 중심으로 영토를 사방으로 구획하는 사출도(四出道)란 토지구획방법을 시행하였다.
	상고시대 — 예(濊)	각 읍락(邑落) 사이에 토지의 구분소유 법속(法俗)이 행하고 있었다.
	상고시대 — 삼한(三韓)	부락공동체의 토지소유 형태를 취하여 공동경작과 공동분배가 행하여지고 산림과 제지(提池) 등도 공동소유에 속하였다.
	삼국시대 — 고구려(高句麗)	• 길이의 단위로 고구려의 자 • 면적의 단위로 경무법(頃畝法) • 면적측량법으로 구장산술(九章算術)
	삼국시대 — 백제(百濟)	국가재정은 내두좌평이 맡고 관할 아래 산학박사(算學博士)가 지적과 측량을, 관리면적계산은 두락제(斗落制)와 결부제(結負制) 사용으로 도적(圖籍)이 있었음
	삼국시대 — 신라(新羅)	• 토지세수는 6부 중 조부(調部)에서 파악 • 국학(國學)에 산학박사를 두어 토지측량과 면적측량에 종사, 면적계산은 결부제

1.3.3 지적의 발생

과세설(課稅說) (Taxation Theory)	국가가 과세를 목적으로 토지에 대한 각종 현상을 기록·관리하는 수단으로부터 출발했다고 보는 설로, 공동생활과 집단생활을 형성·유지하기 위해서는 경제적 수단으로 공동체에 제공해야 한다. 토지는 과세목적을 위해 측정되고 경계의 확정량에 따른 과세가 이루어졌으며, 고대에는 정복한 지역에서 공납물을 징수하는 수단으로 이용되었다. 정주생활에 따른 과세의 필요성에서 그 유래를 찾아볼 수 있고, 과세설의 증거자료로는 Domesday Book(영국의 토지대장), 신라의 장적문서(서원경 부근의 4개 촌락의 현·촌명 및 촌락의 영역, 호구(戸口) 수, 우마(牛馬) 수, 토지의 종목 및 면적, 뽕나무, 백자목, 추자목의 수량을 기록) 등이 있다.
치수설(治水說) (Flood Control Theory)	국가가 토지를 농업생산 수단으로 이용하기 위하여 관개시설 등을 측량하고 기록, 유지, 관리하는 데서 비롯되었다고 보는 설로 토지측량설(土地測量說, Land Survey Theory)이라고도 한다. 물을 다스려 보국안민을 이룬다는 데서 유래를 찾아볼 수 있고 주로 4대강 유역이 치수설을 뒷받침하고 있다. 즉 관개시설에 의한 농업적 용도에서 물을 다스릴 수 있는 토목과 측량술의 발달은 농경지의 생산성에 대한 합리적인 과세목적에서 토지기록이 이루어지게 된 것이다.
지배설(支配說) (Rule Theory)	국가가 토지를 다스리기 위한 영토의 보존과 통치수단으로 토지에 대한 각종 현황을 관리하는 데서 출발한다고 보는 설로, 지배설은 자국영토의 국경을 상징하는 경계표시를 만들어 객관적으로 표시하고 기록하는 과정에서 지적이 발생했다는 이론이다. 이러한 국가의 경계를 객관적으로 표시하고 기록하는 것은 자국민 생활의 안전을 보장하여 통치의 수단으로서 중요한 역할을 하였다. 국가 경계의 표시 및 기록은 영토 보존의 수단이며 통치의 수단으로 백성을 다스리는 근본을 토지에서 찾았던 고대에는 이러한 일련의 행위가 매우 중요하게 평가되었다. 고대세계의 성립과 발전, 그리고 중세봉건사회와 근대 절대왕정, 그리고 근대시민사회의 성립 등에서 지배설을 뒷받침하고 있다.
침략설(侵略說) (Aggression Theory)	국가가 영토확장 또는 침략상 우위를 확보하기 위해 상대국의 토지현황을 미리 조사·분석·연구하는 데서 비롯되었다는 학설

가. 둠즈데이북과 신라 장적문서

둠즈데이북 (Domesday Book)	둠즈데이북은 과세장부로서 Geld Book이라고도 하며 토지와 가축의 숫자까지 기록되었다. 둠즈데이북은 1066년 헤이스팅스 전투에서 덴마크 노르만족이 영국의 색슨족을 격퇴 후 20년이 지난 1086년 William 1세가 자기가 정복한 전 영국의 자원 목록으로 국토를 조직적으로 작성한 토지기록이며 토지대장인 것이다. 둠즈데이북은 William 1세가 자원목록을 정리하기 이전에 덴마크 침략자들의 약탈을 피하기 위해 시불되는 보호금인 Danegeld를 모으기 위해 영국에서 사용되어 왔던 과세장부였다. 영국의 런던 공문서보관소(Public Record Office)에 두 권의 책으로 보관되어 있다.
신라의 장적문서 (帳籍文書)	신라 말기의 것으로 추정되는 신라장적은 일정한 지방 촌단위의 경지 결부수와 함께 호구(戶口) 및 마전, 뽕나무, 잣나무, 호두나무 등 특산물의 통계가 들어 있는 지금의 청주 지방인 신라 서원경(西原京) 부근 4개 촌락의 장부문서로 신라장적(新羅帳籍) 또는 민정문서(民政文書), 촌락문서(村落文書)라고도 불리며, 우리나라의 지적기록 중 가장 오래된 자료이다. 그 내용은 현재의 청주지방인 신라 서원경(西原京) 부근의 4개 촌락에 대해 ① 현·촌명 및 촌락의 영역 ② 호구 수(戶口數) ③ 가축(소와 말) 수(牛馬數) ④ 토지의 종목(용도)·면적 ⑤ 뽕나무·栢子木·秋子木의 수량 등이 잘 기록되어 있다. 이것은 1950년대에 일본 황실의 창고인 쇼소인(정창원, 正倉院) 소장의 유물을 정리하다가 화엄경론(華嚴經論)의 질(帙) 속에서 발견되었으며, 현재는 일본의 쇼소인(正倉院)에 보관되어 있다.

┃둠즈데이북┃

나. 나폴레옹 지적

프랑스는 근대적인 지적제도의 발생 국가로서 오랜 역사와 전통을 자랑하고 있다. 특히 근대 지적제도의 출발점이라 할 수 있는 나폴레옹 지적이 발생한 나라로 나폴레옹 지적은 둠즈데이북 등과 세지적의 근거로 제시되고 있다. 현재 프랑스는 중앙정부, 시·도, 시·군 단위의 3단계 계층구조로 지적제도를 운영하고 있으며, 1900년대 중반 지적재조사사업을 실시하였고 지적 전산화가 비교적 잘 이루어진 나라이다.

1) 프랑스 지적제도의 창설

① 창설 주체 : 자국

② 창설 연대 : 1808~1850

③ 제도 수립 소요기간 : 약 40년

④ 지적의 역사 : 약 200년

⑤ 창설 목적 : 토지에 대한 과세목적

2) 나폴레옹 지적

① 시민혁명 후 초대황제로 등극한 나폴레옹에 의해 1807년 나폴레옹 지적법이 제정되었다.

② 1808~1850년까지 군인과 측량사를 동원하여 전국에 걸쳐 실시한 지적측량 성과에 의해 완성되었다.

③ 나폴레옹은 측량위원회를 발족시켜 전 국토에 대한 필지별 측량을 실시하고 생산량과 소유자를 조사하여 지적도와 지적부를 작성하여 근대적인 지적제도를 창설하였다.(측량위원회 위원장 : Delambre – 수학자이자 미터법의 창안자)

④ 세금 부과를 목적으로 하였다.

⑤ 이후 나폴레옹의 영토 확장으로 유럽 전역의 지적제도의 창설에 직접적인 영향을 미쳤다.

⑥ 도해적인 방법으로 이루어졌다.

제2절 지적의 내용

···2.1 지적의 성립

토지에 관한 기록이 지적으로 되기 위해서는 기록의 대상이 되는 토지와 기록을 작성하는 행위로서 등록이란 수단, 그리고 그 기록을 외부로 나타내기 위한 장소로서 공부라는 설비가 있어야 하므로 지적은 결국 토지·등록·공부의 세 가지를 기본 요소로 하여 성립되는 것이다.

···2.2 지적의 구성요소

2.2.1 협의의 지적

지적제도는 등록대상인 토지와, 토지에 대한 조사사항을 공적 장부에 기록하는 행위인 등록과, 조사사항을 등록하고 공시하기 위한 공부로 구성되며, 이것은 지적제도와 등기제도가 완벽하게 분리되어 있는 지적제도에서 협의의 지적 3요소라고 한다.

토지 (Land)	토지는 인간이 살아가는 터전이며 생활하는 데 필요한 물자를 얻는 자원이다. 지적제도는 이러한 토지를 대상으로 하여 성립한다. 그러므로 토지 없이는 등록객체가 없기 때문에 등록행위가 이루어질 수 없다. 따라서 지적제도 자체가 성립할 수 없다. 등록대상이 되는 토지는 국토의 개념과 같다. 이러한 토지는 국가의 통치권이 미치는 범위 내에 있는 모든 토지를 의미하며, 이를 구분 등록하기 위하여 토지를 인위적으로 구획한 "필지" 단위로 관리한다.
등록 (Registration)	토지는 물리적으로 연속하여 전개되는 영구성을 가진 지표라고 할 수 있다. 따라서 토지를 물권의 객체로 하기 위하여는 일정한 구획기준을 정하여 등록단위를 정하고 필요한 사항을 장부에 기록하는 법률 행위가 있어야 한다. 인위적으로 구획한 토지의 등록단위를 필지라 하고, 필지마다 토지소재, 지번, 지목, 경계(또는 좌표), 면적, 소유자 등 일정한 사항을 지적공부에 기록하는 행위를 등록이라 한다.
공부 (Records)	토지를 구획하여 일정한 사항(물리적 현황, 법적 권리관계)을 조사·측량한 후 그 내용을 기록한 공적 장부를 지적공부라고 한다. 지적공부는 일정한 형식과 규격을 법으로 정하여 일반국민이 필요하면 언제라도 활용할 수 있도록 항시 비치되어 있어야 한다. 등록된 내용(토지소재, 지번, 지목, 면적, 경계 또는 좌표)은 실제의 토지내용과 항상 일치하는 것을 이상으로 하고 있으므로 토지의 변동사항을 계속적으로 정리하여야 한다. 따라서 지적공부는 정적인 비치공부가 아니라 변화하는 토지이동 상황을 정리하여 신속하게 일반국민에게 제공되어야 하는 동적인 장부로 보아야 하며, 이는 일정한 장소 밖으로는 원칙적으로 반출을 금하고 있다.

2.2.2 광의의 지적

협의의 지적 3요소와는 달리 네덜란드의 헨센(J. L. G Henssen)은 지적과 등기를 통합한 광의의 개념으로 지적의 구성요소를 소유자, 권리, 필지로 구분하고 있다.

소유자 (Person)	소유자라 함은 토지를 소유할 수 있는 권리의 주체로서 법적으로 토지를 자유로이 사용 · 수익 · 처분할 수 있는 소유권을 갖거나 소유권 이외의 기타 권리를 갖는 자를 말한다. 권리의 주체는 주로 자연인을 말하나 국가, 지방자치단체, 법인, 법인 아닌 사단 · 재단, 외국인, 외국정부 또는 국제기관 등도 이에 포함된다. 일반적으로 위와 같은 권리의 주체인 소유자 또는 소유권 이외의 기타 권리를 갖는 자를 공시하기 위하여 지적공부에 등록하는 사항으로는 성명 또는 명칭, 주소, 등록번호, 생년월일, 성별, 결혼 여부, 직업, 국적 등이 있다.
권리 (Right)	권리라 함은 협의의 의미로서 토지를 소유할 수 있는 법적 권리를 말하며 광의의 의미로는 토지의 취득과 관리에 관련된 소유자들 사이에 특별하게 인식된 법적 관계를 포함한다. 이러한 권리는 토지에 대한 법적 소유형태와 권리관계를 나타내는 것으로 토지를 자유로이 사용 · 수익 · 처분할 수 있는 소유권과 소유권 이외의 기타 권리(저당권, 지역권, 사용권, 지상권, 임차권)로 구분한다. 이와 같은 토지에 대한 권리의 내용을 공시하기 위하여 지적공부에 등록하는 사항으로는 권리의 종류, 취득일자, 등록일자, 취득형태, 취득금액, 소유권지분 등이 있다.
필지 (Parcel)	필지라 함은 법적으로 물권이 미치는 권리의 객체를 말하는데, 소유자가 동일하고 지반이 연속된 동일 성질의 토지로서 지적공부에 등록하는 토지의 등록단위를 말한다. 토지는 자연적 상태에서는 연속하여 일체가 되어 있으나 이것을 인위적으로 구획하고 분할하여 각각 독립된 목적물인 권리의 객체로 할 수 있는데 이것을 필지라고 하며 토지거래의 기초단위가 된다. 일반적으로 권리의 객체인 필지를 공시하기 위하여 지적공부에 등록하는 사항으로는 토지의 소재, 지번, 지목, 경계, 면적, 토지이용계획, 토지가격, 지상 및 지하시설물, 환경 등이 있는데 이 중에서 토지의 물리적 현황을 나타내는 소재와 지번 · 지목 · 경계 · 면적 등을 필지를 구성하는 기본요소라고 할 수 있다.

▼ 광의의 지적 3요소

사람 (Man)	• 누가(Whose?) • 어떻게(How?)	• 성명 ・ 주소 • 주민등록번호 ・ 생년월일 • 직업 등
권리 (Right)	• 어디에(Where?) • 얼마만큼(How mouch?)	• 소유권 • 기타 권리 등
필지 (Parcel)	–	–

•• 2.3 지적제도의 유형

2.3.1 발전단계별 분류

세지적 (Fiscal Cadastre)	세지적이라 함은 토지에 대한 조세 부과 시 그 세액을 결정함이 가장 큰 목적인 지적제도로시 일명 과세시석이라고도 한다. 세지적은 국가 재정세입의 대부분을 토지세에 의존하던 **농경시대**에 개발된 최초의 지적제도로서, 각 필지에 대한 세액을 정확하게 산정하기 위하여 **면적단위**로 운영되는 지적제도이다. 따라서 각 필지의 측지학적 위치보다는 재산가치를 판단할 수 있는 면적을 정확하게 결정하여 등록하는 데 주력하였다. 세지적에서 지적공부의 등록사항은 필지에 대한 면적 · 규모 · 위치 · 사용권 · 규제사항 등에 관한 정보를 기입함으로써 토지에 대한 가치를 평가하기 위한 기초자료를 제공할 뿐만 아니라, 토지개량에 대한 정확하고 공평한 평가를 할 수 있는 수단을 제공해 주고 있다. 따라서 대부분의 국가에서 지적제도는 세지적에서 출발하였다는 것이 정설이다.
법지적 (Legal Cadastre)	법지적이라 함은 세지적에서 발달한 지적제도로서 토지에 대한 사유권이 인정되면서 토지과세는 물론 토지거래의 안전을 도모하고, 국민의 **토지소유권을 보호**할 목적으로 개발된 지적제도로 **소유지적**이라고도 한다. 이러한 법지적은 프랑스혁명 이전까지 토지의 소유가 인정되지 않았던 일반시민도 토지소유가 가능해졌기 때문에, 권리보호의 필요성에서 세지적 목적 이외에 토지소유권 보호라는 새로운 목적이 추가된 지적제도이다. 이것이 현대에서는 가장 일반적인 지적의 개념으로 소유지적 또는 경계지적으로 불리고 있다.
다목적지적 (Multi – purpose Cadastre)	다목적지적이라 함은 1필지 단위로 토지와 관련된 기본적인 정보를 집중 관리하고, 계속하여 즉시 이용이 가능하도록 토지정보를 종합적으로 제공하여 주는 지적제도라 할 수 있다. 이러한 다목적지적제도는 **종합지적, 통합지적, 유사지적, 경제지적, 정보지적**이라고도 한다. 다목적지적제도는 1필지를 단위로 토지 관련 정보를 종합적으로 등록하고, 그 변경사항을 항상 최신화하여 신속 · 정확하게 지속적으로 토지정보를 제공하는 데 주력하고 있다. 따라서 다목적지적은 일반적으로 토지에 관한 물리적 현황은 물론 법적 · 재정적 · 경제적 정보를 포괄하는 것으로 등록정보를 기준으로 하여 토지평가, 과세, 토지이용계획, 상 · 하수도, 전기, 전화, 가스 등 토지와 관련된 다양한 정보를 집중관리하거나 상호 연계하여 토지 관련정보를 신속 정확하게 공동으로 활용하기 위하여 최근에 개발된 이상적인 지적제도라 할 수 있다.

가. 다목적지적의 5대 구성요소

다목적 지적이라 함은 필지단위로 토지와 관련된 기본적인 정보를 집중 관리하고 계속하여 즉시 이용이 가능하도록 토지정보를 종합적으로 제공하여 주는 기본 골격이라 할 수 있으며 종합지적, 통합지적이라고도 한다.

측지기본망 (Geodetic Reference Network)	토지의 경계선과 관련 자료 및 지형 간에 상관관계를 맺어주고 지적도에 등록된 경계선을 현지에 복원할 수 있도록 정확도를 유지할 수 있는 기준점 표지의 연결망을 말하며 서로 관련 있는 모든 지역의 기준점이 단일의 통합된 네트워크여야 한다.
기본도 (Base Map)	측지기본망을 기초로 하여 작성된 지형도로서 지도 작성에 필요한 기본적인 정보를 일정한 축척의 지도에 등록한 도면을 말하는데, 변동사항과 자료를 수시로 정비하여 최신화시켜 사용될 수 있어야 한다.
지적중첩도 (Cadastral Overlay)	측지기본망과 기본도와 연계하여 활용할 수 있고 토지소유권에 대한 경계를 식별할 수 있도록 토지의 등록 단위인 필지를 확정하여 등록한 지적도와 시설물, 토지이용, 지역지구도 등을 결합한 상태의 도면을 말한다.
필지식별번호 (Parcel Identification Number)	필지 등록사항의 저장, 수정, 검색 등을 용이하게 처리할 수 있는 가변성이 없는 고유번호를 말하는데 지적도의 등록사항과 도면의 등록사항을 연결시켜 자료파일의 검색 등 색인번호의 역할을 한다. 이러한 필지식별번호는 토지평가, 토지의 과세, 토지의 거래, 토지이용계획 등에서 활용되고 있다.
토지자료파일 (Land Data File)	토지에 대한 정보검색이나 다른 자료철에 있는 정보를 연결시키기 위한 목적으로 만들어진 필지식별번호가 포함된 공부 및 토지 자료철을 말하는데 과세대장, 건축물대장, 천연자원기록, 토지이용, 도로·시설물 대장 등 토지 관련 자료를 등록한 대장을 뜻한다.
다목적지적제도의 3대 구성요소	① 측지기본 ② 지적중첩도 ③ 기본도

2.3.2 측량방법별 분류

도해지적 (Graphical Cadastre)	도해지적은 토지의 각 필지 경계점을 측량하여 지적도 및 임야도에 일정한 축척의 그림으로 묘화하는 것으로서 토지경계의 효력을 도면에 등록된 경계에 의존하는 제도이다.
수치지적 (Numerical Cadastre)	수치지적은 토지의 각 필지 경계점을 그림으로 묘화하지 않고 수학적인 평면 직각 종횡선 수치(X · Y좌표)의 형태로 표시하는 것으로서 도해지적보다 훨씬 정밀하게 경계를 등록할 수 있다.
계산지적 (Computational Cadastre)	계산지적은 경계점의 정확한 위치결정이 용이하도록 측량기준점과 연결하여 관측하는 지적제도를 말한다. 측량방법은 수치지적과 계산지적의 차이가 없으나 수치지적은 일부의 특정 지역이나 토지구획정리, 농업생산기반 정비 등 사업지구 단위로 국지적인 수치데이터에 의하여 측량을 실시하는 것을 의미한다. 계산지적은 국가의 통일된 기준좌표계에 의하여 각 경계상의 굴곡점을 좌표로 표시하는 지적제도로서 전국 단위로 수치데이터에 의거 체계적인 측량이 가능하다. 기술적 측면에서의 지적제도는 계산지적제도가 바람직한 지적제도라고 할 수 있으나 현행 우리나라 지적제도는 도해지적제도로 출발하여 수치지적으로 전환하는 과정에 있는 실정이다.

2.3.3 등록방법별 분류

2차원 지적	2차원 지적은 토지의 고저에 관계없이 수평면상의 투영만을 가상하여 각 필지의 경계를 등록 공시하는 제도로서 평면지적이라고도 한다.
3차원 지적	3차원 지적은 선과 면으로 구성되어 있는 2차원 지적에 높이를 추가하는 것으로서 입체지적이라고도 한다.
4차원 지적	지표 · 지상건축물 · 지하시설물 등을 효율적으로 등록 · 공시하거나 관리 · 지원할 수 있고, 등록사항의 변경내용을 정확하게 유지 · 관리할 수 있는 다목적지적제도로서 토지정보시스템이 구축되는 것을 전제(前提)로 한다.

2.3.4 등록의무에 따른 분류

적극적 지적	소극적 지적
① 직권등록주의(강제주의) ② 소유자의 신청 여부에 관계없이 국가는 직권으로 조사하여 등록할 의무를 가진다. ③ 토렌스 시스템 ④ 권리보험제도 불필요 ⑤ 실질적 심사주의(사실심사권) ⑥ 공신력 인정	① 신청주의 ② 토지소유자의 신청이 있는 때에만 등록의무를 가진다. ③ 리코딩시스템 ④ 권리보험제도 필요 ⑤ 형식적 심사주의 ⑥ 공신력 불인정

제3절 지적의 성격

3.1 지적제도의 필수요건

지적제도를 새로이 창설하거나 기존 제도의 잘못된 부분을 개선하기 위해서는 여러 가지 필요한 요건이 충족되어야 지적제도의 기능과 역할을 다할 수 있으며, 이러한 요건은 지적제도를 비교하는 기준이 될 수 있다. 지적제도는 국가마다 역사, 문화, 국민의식 등이 다를 뿐만 아니라 토지에 대한 관습적이고 전통적이며, 비공식적인 보유 혹은 토지소유제도가 서로 다르기 때문에 지적제도의 유형과 필요한 요건도 각각 다를 수 있다. 지적제도의 잠재적인 성공을 측정하는 기준이면서 지적제도의 특징 또는 지적제도의 필수요건이라 할 수 있다.

영국의 심프슨 (S.R. Simpson)	안전성(Security), 간편성(Simplicity), 정확성(Accuracy), 신속성(Expedition), 저렴성(Cheapness), 적합성(Suitability), 완전성(Completeness)
국제측량사연맹(FIG)에서 1995년에 발간한 지적에 관한 성명 (Statement on the Cadastre)	안전성(Security), 명확성(Clarity), 적시성(Timeliness), 공정성(Fairness), 접근성(Accessibility), 경제성(Cost), 지속성(Sustainability)
국내의 경우 (유병찬)	법적 측면에서는 안전성(Security), 행정적 측면에서는 공정성(Fairness), 기술적 측면에서는 정확성(Accuracy)을 충족시킬 수 있어야 하며, 기타 경제성(Cost) 등을 지적제도의 필수요건이라 하였다.

3.2 지적의 특성

안전성 (Security)	안전성(安全性)은 소유권 등록체계의 근본이며 토지의 소유자, 그로부터 토지를 사거나 임대받은 자, 토지를 담보로 그에게 돈을 빌려준 자, 주위 토지통행권 또는 전기수도 등의 시설권을 가진 인접 토지소유자, 토지를 통과하거나 그것에 배수로를 뚫을 권리를 지닌 이웃하는 토지소유자 등 모두가 안전함을 의미한다. 그들의 권리는 일단 등록되면 불가침의 영역이다.
간편성 (Simplicity)	간편성(簡便性)은 그 본질의 효율적 작용을 위해서만이 아니라 초기적 수용을 위해서 효과적이다. 소유권 등록은 단순한 형태로 사용되어야 하며 절차는 명확하고 확실해야 한다.
정확성 (Accuracy)	정확성(正確性)은 어떤 체계가 효과적이기 위해서 필요하다. 정확성에 대해서는 논할 필요가 없다. 왜냐하면 부정확한 등록은 유용하지 않다기보다는 해로울 것이기 때문이다.

신속성 (Expedition)	신속성(迅速性)은 신속함 또는 역으로 지연됨은 그 자체가 중요한 것으로 인식되지는 않는다. 다만, 등록이 너무 오래 걸린다는 불평이 정당화되고 그 체계에 대해 평판이 나빠지게 되면 그때 중요하게 인식된다.
저렴성 (Cheapness)	저렴성(低廉性)은 상대적인 것이고 다른 대안으로서 비교되어야만 평가할 수 있는 것이지만 효율적인 소유권 등록에 의해서 소유권을 입증하는 것보다 더 저렴한 방법은 없다. 왜냐하면 이것은 소급해서 권원(title)을 조사할 필요가 없기 때문이다.
적합성 (Suitability)	적합성(適合性)은 지금 존재하는 것과 미래에 발생할 것에 기초를 둔다. 그러나 상황이 어떻든 간에 결정적인 요소는 적당해야 할 것이며 이것은 비용, 인력, 전문적인 기술에 유용해야 한다.
등록의 완전성 (Completeness of the Record)	등록의 완전성(完全性)은 두 가지 방식으로 해석된다. 우선적으로 등록이란 모든 토지에 대하여 완전해야 된다. 그 이유는 등록되지 않은 구획토지는 등록된 토지와 중복되고 또 각각 적용되는 법률도 다르므로 소유권 행사에 여러 가지 제약을 받기 때문이다. 그 다음은 각각의 개별적인 구획토지의 등록은 실직적인 최근의 상황을 반영할 수 있도록 그 자체가 완전해야 한다.

••• 3.3 지적의 원리

현대지적의 원리는 공기능성의 원리, 민주성의 원리, 능률성의 원리, 정확성의 원리로 설명되고 있다.(박순표 외, 2003)

공기능성의 원리	지적은 국가가 국토에 대한 상황을 다수의 이익을 추구하기 위하여 기록·공시하는 국가의 공공업무이며, 국가고유의 사무이다. 현대지적은 일방적인 관리층의 필요에 의해 만들어져서는 안 되고, 제도권 내의 사람에게 수평성의 원리에서 공공관계가 이루어져야 한다. 따라서 모든 지적사항은 필요에 의해 공개되어야 한다.
민주성의 원리	현대지적에서 민주성이란, 제도의 운영주체와 객체가 내적인 면에서 행정의 인간화가 이루어지고, 외적인 면에서 주민의 뜻이 반영되는 지적행정이라 할 수 있다. 아울러 지적의 책임성은 지적법의 규정에 따라 공익을 증진하고 주민의 기대에 부응하도록 하는 데 있다.
능률성의 원리	실무활동의 능률성은 토지현상을 조사하여 지적공부를 만드는 과정에서의 능률을 의미하고, 이론개발 및 전달과정의 능률성은 주어진 여건과 실행과정의 개선을 의미한다. 지적활동을 능률화한다는 것은 지적문제의 해소를 뜻하며, 나아가서 지적활동의 과학화, 기술화 내지는 합리화, 근대화를 지칭하는 것이다.
정확성의 원리	지적의 구성을 토지현황조사, 기록과 도화, 관리와 운영으로 보았을 때, 토지현황조사에 있어 조사되는 지적정보의 정확성을 의미하며, 기록과 도화에 있어 토지등록요소의 정확한 명기와 함께 지적도의 대축척화, 경계점좌표등록부의 도입이 대표적인 예라 할 수 있다. 그리고 지적공부를 중심으로 한 관리·운영의 정확성은 지적기구의 조직과 업무의 분화와 관련됨이 크다. 결국 지적의 정확성은 지적불부합의 반대개념이다.

·· 3.4 지적의 성격

현대지적은 역사성과 영구성, 반복적 민원성, 전문성과 기술성, 서비스성과 윤리성, 정보원으로서의 성격을 갖는다.

역사성과 영구성	현재, 우리가 구분하고 있는 지적제도의 발전유형을 살펴보면 초기의 세지적에서 법지적으로 그리고 다목적지적을 지향하는 과정에 있다고 설명된다. 이는 지적의 출현에서부터 역사적인 과정을 통해 그 근간이 이어지고 있다. 지적은 토지에 대한 기록이다. 토지가 자연물로서 영속성을 지니고 있듯이 지적 또한 영구적이 아닐 수 없으며, 일단 정해진 기록은 영구히 존속되어야 한다.
반복적 민원성	지적은 행정의 관점에서 보면 토지등록업무라고 표현할 수 있으며, 토지등록업무는 다시 토지등록을 위한 업무와 토지등록 후의 관리업무로 구분되나, 대체로 시·군의 지적업무(공부 열람 및 등본, 토지이동 신청접수 및 정리 등)는 민원성을 띤다고 볼 수 있으며, 이들 지적민원업무는 필요에 따라 계속 반복되는 반복성을 띠게 되는 특징이 있다.
전문성과 기술성	지적공부의 보존 및 관리, 토지대장 등의 정리, 지적공부 및 등본교부 등은 행정적인 성격이 강한 전문적인 사무이며, 현지측량, 측량성과 검사, 기준점관리 등은 기술적인 성격이 강한 전문적인 사무라 할 수 있다. 또한 지적사무는 국가기술자격법에 의한 기술자에 한함으로써 전문성을 강조하는 것이다. 특히, 지적측량사는 토지에 관한 인간의 필요정보를 제공하여 제한된 지면에 기록, 도시하여 국가행정의 기초자료, 국민의 소유권 보호에 절대적인 영향을 미치므로 전문성을 확보한 법적 기술이 요구된다.
서비스성과 윤리성	지적소관청은 각종 지적민원의 처리과정을 통해 서비스를 제공하게 된다. 즉, 누구에게나 동일한 양과 질의 서비스를 공평하게 제공하여야 하며, 충분히 만족할 수 있는 서비스의 양적 조절에 힘써야 한다. 토지는 귀중한 국가와 국민의 재산이다. 따라서 현대지적은 토지의 중요성과 함께 공공정책으로서 큰 비중을 갖는 만큼 더욱 윤리성이 강조되는 것으로 보다 공정한 방향으로 인도하는 규범적 기준으로 공감대가 형성되어야 한다.
정보원	토지에 관한 중요성은 국가, 사회, 개인 할 것 없이 더욱 증대되고 있으며 토지활동의 수행에 따르는 기초자료가 지적공부에서 정보원으로 활용되는 것이다. 특히, 토지는 귀중한 자원으로서 정부의 각 부처를 비롯해서 기업과 개인 등 토지를 관리하지 않을 수 없는 입장에서 볼 때 현대지적은 중요한 정보원으로서의 성격을 띠고 있는 것이다. 토지에 대한 정보가 정확하고 체계화되어 지적공부에 표기됨으로써 이를 활용하는 주체는 확실한 기획과 집행을 하게 되어 목표달성이라는 최종결과에 도달하게 되는 것이다.

•• 3.5 지적제도의 기능

3.5.1 일반적 기능

사회적 기능		지적은 국가가 전국의 모든 토지를 필지별로 지적공부에 정확하게 등록하고 완전한 공시기능을 확립하여 공정한 토지거래를 위하여 실지의 토지와 지적공부가 일치하여야 할 때 사회적 기능을 발휘하여 사회적인 토지문제를 해결하는 데 중요한 기능을 수행한다.
법률적 기능	사법적 기능	토지에 관한 권리를 명확히 기록하기 위해서는 먼저 명확한 토지표시를 전제로 함으로써 거래당사자가 손해를 입지 않도록 거래의 안전성과 신속성을 보장하기 위한 중요한 기능을 한다.
	공법적 기능	국가는 지적법을 근거로 지적공부에 등록함으로써 법적 효력을 갖게 되고 그것은 공적인 자료가 되는데, 이처럼 적극적 등록주의에 의하여 모든 토지는 지적공부에 강제등록하도록 규정하고 있다. 공권력에 의해 결정함으로써 토지표시의 공신력과 국민의 재산권 보호 및 정확한 정보로서의 기능을 갖는다. 토지등록사항의 신뢰성은 거래자를 보호하고 등록사항을 공개함으로써 공적 기능의 역할을 한다.
행정적 기능		지적제도의 역사는 과세를 목적으로 시작되는 행정의 기본이 되었으며 토지와 관련된 과세를 위한 평가와 부과징수를 용이하게 하는 수단으로 이용된다. 지적은 공공기관 및 지방자치단체의 행정자료로서 공공계획 수립을 위한 기술적 자료로 활용된다. 최근에는 토지의 정책자료로서 다양한 정보를 제공할 수 있도록 토지정보시스템을 구성하고 있다.

3.5.2 실제적 기능

토지등기의 기초 (선등록 후등기)	지적공부에 토지표시사항인 토지소재, 지번, 지목, 면적, 경계와 소유자가 등록되면 이를 기초로 토지소유자가 등기소에 소유권보존등기를 신청함으로써 토지등기부가 생성된다. 즉 토지표시사항은 토지등기부의 표제부에, 소유자는 갑구에 등록한다.
토지평가의 기초 (선등록 후평가)	토지평가는 지적공부에 등록한 토지에 한하여 이루어지며, 지적공부에 등록된 토지표시사항을 기초자료로 이용하고 있다.
토지과세의 기초 (선등록 후과세)	토지에 대한 각종 국세와 지방세는 지적공부에 등록된 필지를 단위로 면적과 지목 등 기초자료를 이용하여 결정한 개별공시지가(지가공시 및 토지 등의 평가에 관한 법률)를 과세의 기초자료로 하고 있다.
토지거래의 기초 (선등록 후거래)	토지거래는 지적공부에 등록된 필지 단위로 이루어지며, 공부에 등록된 토지표시사항(소재, 지번, 지목, 면적, 경계등)과 등기부에 등재된 소유권 및 기타 권리관계를 기초로 하여 거래가 이루어지고 있다.

토지이용계획의 기초 (선등록 후계획)	각종 토지이용계획(국토계획, 도시관리계획, 도시개발, 도시재개발 등)은 지적공부에 등록된 토지표시사항을 기초자료로 활용하고 있다.
주소표기의 기초 (선등록 후설정)	민법에서의 주소, 호적법에서의 본적 및 주소, 주민등록법에서의 거주지·지번·본적, 인감증명법에서의 주소와 기타 법령에 의한 주소·거주지·지번은 모두 지적공부에 등록된 토지소재와 지번을 기초로 하고 있다.

+ **Reference 참고**

➤ **소유권보존등기**

등기되어 있지 않은 토지를 등기부에 기재하기 위하여 하는 최초의 등기를 말한다. 보존등기의 신청인은 지적공부의 토지(임야)대장상 최초의 소유자로 등재된 자만이 될 수 있다. 다만, 대장상 소유자로 등재된 자가 사망했다면 그 상속인이 보존등기를 신청할 수 있다.

➤ **토지 관련 국세와 지방세**
- 국세 – 양도소득세, 상속세, 증여세, 토지초과이득세 등
- 지방세 – 취득세, 등록세, 재산세, 종합토지세 등

▪▪ 3.6 지적제도와 등기제도

우리나라의 토지공시제도는 지적제도와 등기제도로 구분되어 있으며 지적제도는 토지에 대한 물리적인 현황을, 등기제도는 부동산(토지와 그 정착물)에 대한 소유권 및 기타 권리관계를 등록공시하고 있다.

3.6.1 지적제도

지적제도는 토지에 관한 물리적 현황, 즉 토지소재, 지번, 지목, 면적, 경계 또는 좌표 등 토지표시사항을 지적측량 등에 의하여 지적공부에 등록공시하고, 이를 관리하고 활용하는 제도로서 국토교통부에서 지적법에 의하여 업무를 관장하고 있다.

3.6.2 등기제도

가. 등기제도의 의의

부동산등기제도는 물권의 공시에 관한 제도로서 국가기관인 등기공무원이 등기부라고 불리는 공적장부에 부동산의 표시 또는 부동산에 관한 일정한 권리관계를 기재하는 것 또는 그러한 기재 자체를 부동산 등기라고 하며, 토지에 관한 등기와 건물에 관한 등기로 구분된다. 다시 말하면 등기제도는

등기라고 일컬어지는 특수한 방법으로 부동산에 관한 물권을 공시하는 제도로서 부동산물권에 관한 사항을 등기부에 기재하여 부동산의 현황과 물권관계를 공시함으로써 부동산에 관한 거래를 하는 자가 뜻하지 않은 손해를 입지 않도록 하고 나아가서는 거래의 안전을 기하는 중요한 제도이다.

나. 지적과 등기제도의 비교

구분	지적제도	등기제도
기능	토지표시사항(물리적 현황)을 등록공시	부동산에 대한 소유권 및 기타 법적권리관계를 등록공시
모법	지적법(1950. 12. 1. 법률 제165호)	부동산등기법(1960. 1. 1. 법률 제536호)
등록대상	토지 • 대장 : 고유번호, 토지소재, 지번, 지목, 면적, 소유자 성명 또는 명칭, 등록번호, 주소, 토지등급 • 도면 : 토지소재, 지번, 지목, 경계 등	토지와 건물 • 표제부 : 토지소재, 지번, 지목, 면적 등 • 갑구 : 소유권에 관한 사항(소유자 성명 또는 명칭, 등록번호, 주소 등) • 을구 : 소유권 이외의 권리에 관한 사항(지상권, 지역권, 전세권, 저당권, 임차권 등)
등록사항	토지소재, 지번, 지목, 면적, 경계 또는 좌표 등	소유권, 지상권, 지역권, 전세권, 저당권, 권리질권, 임차권 등
기본이념	• 국정주의 • 형식주의 • 공개주의 • 사실심사주의 • 직권등록주의	• 성립요건주의 • 형식적 심사주의 • 공개주의 • 당사자신청주의(소극적 등록주의)
등록심사	실질적 심사주의	형식적 심사주의
등록주체	국가(국정주의)	당사자(등기권리자 및 의무자)
신청방법	단독(소유자) 신청주의	공동(등기권리자 및 의무자) 신청주의
담당기관	국토교통부(시·도, 시·군·구)	사법부(대법원 법원행정처, 지방법원, 등기소·지방법원지원)

※ 토시표시사항은 지적공부에, 소유권 및 기타 권리관계에 관한 사항은 등기부에 등록된 사항을 우선으로 한다.

Reference 참고

➤ 등기대상의 제외

부동산등기의 대상은 토지와 건물로 하고 있으나 이들 중 사권(私權)의 대상이 되지 않는 하천법상의 하천부지, 공유수면하의 토지는 등기대상에서 제외된다.

CHAPTER 01 실전문제

01 지적의 어원과 관련이 없는 것은? 12②기

① capitastrum ② catastrum
③ capitalism   ④ katastikhon

해설

지적의 어원
1. katastikhon＝Kate＋Stikhon → Cadastre
   • 군주가 백성들에게 세금을 부과하는 제도
2. capitastrum 또는 catastrum에서 유래
   • 2000여년 전 라틴에서 유래되었다고 주장
   • 로마인의 인두세 등록부를 의미

02 다음 중 권원등록제도(Registration of Title)에 대한 설명으로 옳은 것은? 14②기

① 토지의 이익에 영향을 미치는 문서의 공적 등기를 보전하는 제도이다.
② 보험회사의 토지중개 거래제도이다.
③ 소유권 등록 이후에 이루어지는 거래의 유효성에 대하여 정부가 책임을 지는 제도이다.
④ 토지소유권의 공시보호제도다.

해설

• 날인증서 등록제도(捺印證書登錄制度) : 토지의 이익에 영향을 미치는 문서의 공적 등기를 보전하는 것을 날인증서등록제도(Registration of Deed)라고 한다. 기본적인 원칙은 등록된 문서가 등록되지 않은 문서 또는 뒤늦게 등록된 서류보다 우선권을 갖는다. 즉, 특정한 거래가 발생했다는 것은 나타나지만 그 관계자들이 법적으로 그 거래를 수행할 권리가 주어졌다는 것을 입증하지 못하므로 거래의 유효성을 증명하지 못한다. 그러므로 토지거래를 하려는 자는 매도인 등 토지에 대한 권원(Title) 조사가 필요하다.
• 권원등록제도(權原登錄制度) : 권원등록(Registration of Title)제도는 공적 기관에서 보존되는 특정한 사람에게 귀속된 명확히 한정된 단위의 토지에 대한 권리와 그러한 권리들이 존속되는 한계에 대한 권위 있는 등록이다. 소유권 등록은 언제나 최후의 권리이며 정부는 등록한 이후에 이루어지는 거래의 유효성에 대해 책임을 진다.

03 지적의 구성요소 중 외부요소에 해당되지 않는 것은? 14③기

① 환경적 요소 ② 법률적 요소
③ 사회적 요소 ④ 지리적 요소

해설

지적의 구성요소
1. 외부요소(External Factors)
   • 지리적 요소
   • 법률적 요소
   • 사회 · 정치 · 경제적 요소
2. 주요 구성요소(Central Components)
   • 토지
   • 경계설정과 측량
   • 등록
   • 지적공부

04 우리나라 지적관계법령이 제정된 연대순으로 옳게 나열된 것은? 15③기

① 토지조사령 → 지세령 → 조선임야조사령 → 지적법
② 토지조사령 → 조선임야조사령 → 지세령 → 지적법
③ 지세령 → 토지조사령 → 조선임야조사령 → 지적법
④ 조선임야조사령 → 토지조사령 → 지세령 → 지적법

해설

지적법의 변천 연혁
1. 토지조사법(1910.8.23. 법률 제7호)
2. 토지조사령(1912.8.13. 제령 제2호)
3. 지세령(1914.3.6. 제령 제1호)
4. 토지대장규칙(1914.4.25. 조선총독부령 제45호)
5. 조선임야조사령(1918.5.1. 제령 제5호)
6. 조선임야대장규칙(1920.8.23. 총독부령 제113호)
7. 토지측량규정(1921.3.18. 총독부훈령 제10호)
8. 임야측량규정(1935.6.12. 총독부훈령 제27호)
9. 조선지세령(1943.3.31. 제령 제6호)
10. 조선임야대장규칙(1943.3.31. 총독부령 제69호)
11. 지적법(1950.12.1. 법률 제165호)

12. 지적법시행령(1951.4.1. 대통령령 제497호)
13. 지적측량규정(1954.11.12. 대통령령 제951호)
14. 측량·수로조사 및 지적에 관한 법률(2009.6.9. 법률 제9774호)
15. 측량·수로조사 및 지적에 관한 법률 시행령(2009. 12.14. 대통령령 제21881호)
16. 측량·수로조사 및 지적에 관한 법률 시행규칙(2009. 12.14. 국토교통부령 제191호)
17. 지적측량 시행규칙(2009.12.14. 국토교통부령 제192호)
18. 공간정보의 구축 및 관리 등에 관한 법률 (2015.6.4. 법률 제12738호)
19. 공간정보의 구축 및 관리 등에 관한 법률 시행령(2015.6.4. 대통령령 제20302호)
20. 공간정보의 구축 및 관리 등에 관한 법률 시행규칙(2015.6.4. 국토교통부령 제209호)
21. 지적측량 시행규칙(2015.6.4. 국토교통부령 제198호)

05 다음 중 지적이론의 발생설로서 가장 지배적인 것으로, 아래의 기록들이 근거가 되는 학설은?

12①산

> • 3세기 말 디오클레티안(Diocletian) 황제의 로마제국 토지측량
> • 모세의 탈무드법에 규정된 십일조(Tithe)
> • 영국의 둠즈데이북(Domesday Book)

① 과세설　　　　　② 통치설
③ 치수설　　　　　④ 지배설

◉해설

• 과세설 : 국가가 과세를 목적으로 토지에 대한 각종 현상을 기록·관리하는 수단으로부터 출발했다는 설
• 치수설 : 국가가 토지를 농업생산수단으로 이용하기 위해서 관개시설 등을 측량하고 기록, 유지, 관리하는 데서 비롯되었다고 보는 설
• 지배설 : 국가가 토지를 다스리기 위한 통치수단으로 토지에 대한 각종 현황을 관리하는 데서 출발했다고 보는 설

06 다음 중 조선시대의 문기(文記)는 오늘날의 무엇에 해당하는가?

12①산

① 토지대장　　　　② 토지매매계약서
③ 토지증명규칙　　④ 토지징세대장

◉해설

1. 매매계약서(명문, 문권)
　• 양안 : 오늘 날의 토지대장
　• 입안 : 등기권리증
　• 가계 : 가옥소유권증명문서로 "가권"이라고도 한다.
　• 지계 : 전답의 소유에 대한 증명문서
　• 관계 : 관에서 발급하는 토지문서
2. 우리나라의 부동산등기제도
　㉠ 연혁
　　• 1기(조선 초~1893) : 입안제도
　　입안 : 소유권이전사실을 관청에 신고하는 공증제도
　　※ 이 당시 사용되었던 문기(文記, 명문, 문권)는 국가의 공시제도가 아니라 사적 증서로서 오늘날의 부동산 매매계약서와 유사한 것이다.
　㉡ 2기(1893~1905) : 지권제도
　　• 가계 : 가옥의 소유에 관한 관의 인증
　　• 지계 : 토지에 대한 관의 인증
　㉢ 3기(1906~1910) : 증명제도, 근대적 등기제도의 시초
　㉣ 4기(1910~1959) : 일본제도의 의용
　㉤ 5기(1960~) : 현행 부동산등기제도

07 다음 중 1910년대의 토지조사사업에 따른 일필지 조사의 업무 내용에 해당하지 않는 것은?

12①산

① 지번조사　　　　② 지주조사
③ 지목조사　　　　④ 역둔토조사

◉해설

일필지 조사는 준비조사와 도근측량에 뒤이어 일필지 측량과 아울러 시행하여 1916년 11월에 모두 완료하였는데 업무종목별로 나누어 보면 지주조사, 강계 및 지역의 조사, 지목의 조사, 지번의 조사, 증명 및 등기필지의 조사 등이 있다.

08 다음 중 토지조사사업의 주요 목적과 거리가 먼 것은? 12①산

① 토지소유의 증명제도 확립
② 조세수입체계 확립
③ 토지에 대한 면적단위의 통일성 확보
④ 전문 지적측량사의 양성

해설

1. 토지조사사업
   • 토지소유권조사는 지적제도와 부동산등기제도의 확립을 위한 것
   • 토지의 가격조사는 지세제도의 확립을 위한 것
   • 토지의 외모조사는 국토의 지리를 밝히는 것
2. 토지조사사업의 내용과 목적
   ㉠ 토지조사사업의 내용
      • 지적제도와 부동산등기제도의 확립을 위한 토지소유권 조사
      • 지세제도의 확립을 위한 토지의 가격조사
      • 국토의 지리를 밝히는 토지의 외모조사
   ㉡ 토지조사사업의 목적
      • 소유권증명제도 및 조세수입체제 확립
      • 총독부 소유지의 확보
      • 소작농의 노동인력 흡수로 토지소유형태의 합리화를 꾀함
      • 면적단위의 통일성 확보
      • 일본 상업자본(고리대금업 등)의 토지점유를 보장하는 법률적 제도 확립
      • 식량 및 원료의 반출을 위한 토지이용제도의 정비

09 다음 지번의 진행방향에 따른 분류 중 도로를 중심으로 한쪽은 홀수로, 반대쪽은 짝수로 지번을 부여하는 방법은? 12①산

① 기우식   ② 사행식
③ 단지식   ④ 혼합식

해설

진행방향에 따른 지번부여방법
1. 사행식
   • 필지의 배열이 불규칙한 지역에서 진행순서에 따라 지번을 부여하는 방법
   • 진행방향에 따라 지번이 순차적으로 연속된다.
   • 농촌지역에 적합하나, 상하좌우로 볼 때 어느 방향에서

는 지번을 뛰어넘는 단점이 있다.
2. 기우식(또는 교호식)
   • 도로를 중심으로 하여 한쪽은 홀수인 기수로, 그 반대쪽은 짝수인 우수로 지번을 부여하는 방법으로서 교호식이라고도 한다.
   • 시가지 지역의 지번 설정에 적합하다.
3. 단지식(또는 Block식)
   • 1단지마다 하나의 지번을 부여하고 단지 내 필지들은 부번을 부여하는 방법으로서 블록식이라고도 한다.
   • 토지구획정리사업 및 농지개량사업시행지역에 적합하다.
4. 절충식 : 사행식, 기우식 등을 적당히 혼합선택하여 지번을 부여하는 방식

10 다음 중 토지조사사업에서의 사정 결과를 바탕으로 작성한 토지대장을 기초로 등기부가 작성되어 최초로 전국에 등기령을 시행하게 된 시기는? 12①산

① 1910년   ② 1918년
③ 1924년   ④ 1930년

해설

지적법이 제정되기까지의 지적법령의 주요 변천 연혁
• 토지조사법 : 융희 4년(1910) 8월 24일 법률 제7호
• 토지조사령 : 1912. 8. 13. 제령 제2호
• 지세령 : 1914. 3. 16. 제령 제1호
• 조선임야조사령 : 1918. 5. 1. 제령 제5호
• 조선지세령 : 1943. 3. 31. 제령 제6호
• 지적법 : 1950. 12. 1. 법률 제165호

11 다음 중 지압조사(地押調査)의 목적으로 알맞은 것은? 12①산

① 토지분할신청을 확인하는 것
② 무신고 이동지를 발견하는 것
③ 지적측량을 검사하기 위한 것
④ 신고된 토지등급을 확인하는 것

해설

지압조사
토지의 이동이 있는 경우에 토지소유자는 관계법령에 따라 소관청에 신고하여야 하나, 이것이 잘 시행되지 못할 경우에 무신고 이동지를 발견할 목적으로 현지조사를 실시하는 것

12 다음 중 토지의 정확한 파악을 위하여 지번(자호)제도를 창설시킨 고려 말기의 토지제도는?

12①산

① 과전법　　　　　② 직전법
③ 경무법　　　　　④ 정전법

해설

과전법은 오늘날의 지번설정과 같은 자호제도를 창설하였으며 고려 말에 실시하였다.
- 길이단위 : 척단위를 사용하였으며 양전척, 수등이척, 지척
- 면적단위 : 결부제, 경묘법
- 토지장부 : 전적, 전안, 양전장적, 양전도장, 도전장, 도전정
- 측량방식 : 구장산술(방전, 직전, 구고전, 규전, 제전, 원전, 호전, 환전)
- 토지담당 : 고려전기–호부, 고려후기–판도사, 지방–향리 담당
- 토지제도 : 양전(양전사), 전시과제도, 공전, 사전구분

13 다음 중 임야조사사업 당시 도지사가 사정한 경계 및 소유자에 대해 불복이 있을 경우사정 내용을 번복하기 위해 필요하였던 처분은?

12①산

① 임시토지조사국장의 재사정
② 임야심사위원회의 재결
③ 관할 고등법원의 확정판결
④ 고등토지조사위원회의 재결

해설

구분	토지조사사업	임야조사사업
기간	1910~1918	1916~1924
사정기관	임시토지조사국장	도지사
재결기관	고등토지조사위원회	임야조사위원회
측량기관	임시토지조사국	부와 면

14 토지조사사업 당시 지목 중 면세지에 포함되지 않는 것은?

12②산

① 사사지　　　　　② 철도용지
③ 잡종지　　　　　④ 공원지

해설

- 과세지, 면세지, 비과세지 : 18개 지목
- 과세지 : 전, 답, 대, 지소, 임야, 잡종지
- 면세지 : 사사지, 분묘지, 공원지, 철도용지, 수도용지
- 비과세지 : 도로, 하천, 구거, 제방, 성첩, 철도선로, 수도선로

15 지적에 관련된 행정조직으로 중앙에 주부(主簿)라는 직책을 두어 전부(田簿)에 관한 사항을 관장하게 하고 토지측량 단위로 경무법을 사용한 국가는?

12②산

① 백제　　　　　② 신라
③ 고구려　　　　　④ 고려

해설

삼국시대 지적제도의 비교

구분	고구려	백제	신라
길이 단위	척(尺) 단위를 사용 • 고구려척	척(尺) 단위를 사용 • 백제척 • 후한척 • 남조척 • 당척	척(尺) 단위를 사용 • 흥아발주척 • 녹아발주척 • 백아척 • 목척
면적 단위	경무법 (頃畝法)	두락제(斗落制)와 결부제(結負制)	결부제 (結負制)
토지 장부	봉역도(封域圖) 및 요동성총도 (遼東城冢圖)	도적(圖籍) 일본에 전래, 근강국 수소촌 간전도 (近江國 水沼村 墾田圖)	장적(방전, 직전, 제전, 규전, 구고전, 원전, 호전, 환전)
측량 방식	구장산술	구장산술	구장산술
토지 담당 (부서 · 조직)	• 부서 : 　주부(主簿) • 실무조직 : 　사자(使者)	• 내두좌평 　(內頭佐平), 　산학박사 : 　지적·측량 담당 • 화사 : 도면작성 • 산사 : 측량시행	• 조부 : 　토지세수 파악 • 산학박사 : 　토지측량 및 　면적측정
토지 제도	토지국유제 원칙	토지국유제 원칙	토지국유제 원칙

정답 | 12 ① | 13 ② | 14 ③ | 15 ③

16 통일신라시대 촌락단위의 토지 관리를 위한 장부로 조세의 징수와 부역(賦役) 징발을 위한 기초자료로 활용하기 위한 문서는? 12②산

① 결수연명부
② 장적문서
③ 지세명기장
④ 양안

해설

신라의 장적문서는 국가 세금 징수를 목적으로 작성된 장부이며, 지적공부 중 토지대장의 성격을 가지고 있는 현존하는 가장 오래된 문서 자료이다.

장적문서

1. 장적문서는 1933년 일본에서 처음 발견되었는데 이 장부의 명칭은 장적문서, 민정문서, 장적, 촌락문서, 촌락장적 등 다양하게 불리고 있다.
2. 장적문서는 촌민지배 및 과세를 위하여 촌 내의 사정을 자세히 파악하여 문서로 작성하는 치밀성을 보이고 있다.
3. 장적문서의 작성은 매 3년마다 일정한 방식에 의하여 기록하였고 현재 신라 서원경 부근 4개 촌락에 대하여 촌락단위의 호주, 토지, 우마, 수목 등을 집계한 당시의 종합정보 대장이었다.
4. 기재사항
   • 촌명 및 촌락영역
   • 호구수 및 우마수
   • 토지종목 및 면적
   • 뽕나무, 백자목, 추자목(호두나무)의 수량
   • 호구의 감소, 우마의 감소, 수목의 감소 등을 기록

17 경국대전의 매매한에 따르면 토지와 가옥의 매매 시 얼마 이내에 입안을 받아야 한다고 규정하고 있는가? 12②산

① 1개월
② 3개월
③ 100일
④ 150일

해설

1. 입안 : 토지매매를 증명하는 문서로 재산권이나 상속권을 주장하는 데 절대적인 근거가 되었다. 고려시대에도 이 제도가 있었으나 조선시대의 실물이 많이 전하여진다.
   • "경국대전"에는 토지, 가옥, 노비는 매매 계약 후 100일, 상속 후 1년 이내에 입안을 받도록 되어 있었다. 또 하나의 의미로 황무지 개간에 관한 인 · 허가서를 말한다.

• 입안 : 입안은 토지가옥의 매매를 국가에서 증명하는 제도로서, 현재의 등기권리증과 같다.
2. 문기 : 문기란 토지가옥의 매매 시에 매도인과 매수인의 합의 외에도 대가의 수수, 목적물 인도 시에 서면으로 작성하는 계약서로서, 문기 또는 명문문권이라 한다.

18 조선시대의 토지등록 장부인 양안을 새로이 작성하기 위해 양전을 실시한 원칙적인 주기는? 12②산

① 10년
② 15년
③ 20년
④ 25년

해설

• 양안은 고려시대부터 사용된 토지장부이며 오늘날의 지적공부로 토지대장과 지적도 등의 내용을 사록하고 있었으며 전적이라고 부르기도 하였다.
• 토지실태와 징세 파악 및 소유자 확정 등의 토지과세대장으로 경국대전에는 20년에 한 번씩 양전을 실시하여 양안을 작성토록 한 기록이 있다.
• 조선시대의 양안에는 논밭의 소재지, 천자문의 자호, 지번, 영전방향, 토지형태, 지목, 사표, 장광척, 면적, 등급, 결부속, 소유자 등을 기재하였다.

19 양안에 토지를 표시함에 있어 양전의 순서에 따라 1필지마다 천자문(千字文)의 자(字)번호를 부여하였던 제도는? 12②산

① 수등이척제
② 결부법
③ 일자오결제
④ 집결제

해설

일자오결제도

• 양안에 토지를 표시함에 있어서 양전의 순서에 의하여 1필지마다 천자문(千字文)의 자번호를 부여하였다. 자번호(字番號)는 자(字)와 번호(番號)로서 천자문의 1자는 폐경전, 기경전을 막론하고 5결이 되면 부여하였다. 이때, 1결의 크기는 1등전의 경우 사방 1만 척으로 정하였다.
• 양전 후 새로 개간된 토지가 있는 경우 그 인접지 자번호의 지번을 붙였으니 조선시대에 이미 지번제도가 실시되었음을 알 수 있다.

20 정약용이 목민심서를 통해 주장한 양전개정론의 내용이 아닌 것은? 12②산

① 망척제의 시행　　② 어린도의 제작
③ 경무법의 시행　　④ 방량법의 시행

●해설

양전개정론
19세기를 전후로 해서 양전법 개정에 대하여 방안을 제시한 사람은 정약용, 서유구, 이기 등이다.

[정약용의 주장]
정약용은 그의 저서 "목민심서"를 통하여 양전법 개정을 위한 새로운 양전 방안으로 정전제의 시행을 전제로 하는 방량법과 어린도법의 시행을 주장하였다.
• 결부제 하의 양전법의 결함이 전지를 측도하기 어려우므로 경무법으로 고칠 것
• 일자오결법이나 사표법의 부정확성을 시정하기 위해 어린도를 작성할 것
• 진기를 정확히 파악하기 위해서 어린도를 참고하면 부정을 방지할 수 있을 것

21 다음 중 토지조사사업과 임야조사사업 당시에 작성하였던 지적도 또는 임야도의 축척에 해당하지 않는 것은? 12②산

① 1/1,000　　② 1/1,200
③ 1/2,400　　④ 1/3,000

●해설

토지조사사업, 임야조사사업의 결과물인 지적도 축척은 1 : 600, 1 : 1,200, 1 : 2,400, 임야도 축척은 1 : 3,000, 1 : 6,000이었다.

22 다음 중 고려시대의 지적관리 기구에 해당하지 않는 것은? 12③산

① 판적사　　② 정치도감
③ 급전도감　　④ 절급도감

●해설

고려시대의 지적업무는 전기에는 호부, 후기에는 판도사에서 담당하였으며 지적 관련 임시부서로는 급전도감, 방고감전도감, 정치도감, 화자거집전민추고도감, 절급도감 등이 있었다.

23 고구려시대에 작성된 평면도로서 도로, 하천, 건축물 등이 그려진 도면이며 우리나라에 실물로 현재하는 도시 평면도로서 가장 오래된 것은? 13①산

① 요동성총도　　② 방위도
③ 지안도　　④ 어린도

●해설

요동성총도의 고분벽화에는 요동성의 지형, 성시(城市)의 구조와 시설, 도로, 성벽과 그 시설, 건축물, 산, 하천, 도로 등이 그려져 있고, 적·청·보라·백색 등의 색상을 사용한 우리나라에서 실존한 가장 오래된 도시 평면도로서 회화적으로 표현하였다.

24 양입지에 대한 설명으로 틀린 것은? 13①산

① 주된 용도의 토지에 접속되거나 주된 용도의 토지로 둘러싸인 다른 용도로 사용되고 있는 토지는 양입지로 할 수 있다.
② 종된 용도의 토지면적이 주된 용도의 토지면적의 33%를 초과하는 경우에는 양입지로 할 수 없다.
③ 주된 용도의 토지의 편의를 위하여 설치된 도로, 구거 부지는 양입지로 할 수 있다.
④ 주된 용도의 토지에 편입되어 1필지로 획정되는 종된 토지를 양입지라고 한다.

●해설

공간정보의 구축 및 관리 등에 관한 법률 시행령 제5조(1필지로 정할 수 있는 기준)
① 법 제2조 제21호에 따라 지번부여지역의 토지로서 소유자와 용도가 같고 지반이 연속된 토지는 1필지로 할 수 있다.
② 제1항에도 불구하고 다음 각 호의 어느 하나에 해당하는 토지는 주된 용도의 토지에 편입하여 1필지로 할 수 있다. 다만, 종된 용도의 토지의 지목(地目)이 "대"(垈)인 경우와 종된 용도의 토지 면적이 주된 용도의 토지 면적의 10퍼센트를 초과하거나 330제곱미터를 초과하는 경우에는 그러하지 아니하다.
　1. 주된 용도의 토지의 편의를 위하여 설치된 도로·구거 (溝渠, 도랑) 등의 부지
　2. 주된 용도의 토지에 접속되거나 주된 용도의 토지로 둘러싸인 토지로서 다른 용도로 사용되고 있는 토지

양입지
일필지 조사 중 강계 및 지역의 조사를 함에 있어 본 토지에 둘

정답 20 ①　21 ①　22 ①　23 ①　24 ②

러싸여 있거나 접속하여 있는 지목이 다른 토지로서 그 면적이 작은 것은 본 토지에 병합하고 도로, 하천, 구거에 접속되어 있는 작은 면적의 죽림 초생지 등은 대개 이를 그 접속하는 토지에 병합하였다. 이처럼 다른 지목에 병합하여 조사할 토지를 "양입지"라 한다.

• 소유자와 지목이 동일하고 지반이 연속된 토지를 1필지로 할 수 있다.
• 종된 토지의 면적이 주된 토지 면적의 10%를 초과하거나 330m²를 초과하는 경우에는 별필로 한다.

25 지압조사(地押調査)에 대한 설명으로 가장 적합한 것은? 13①산

① 지목변경의 신청이 있을 때에 그를 확인하고자 지적소관청이 현지조사를 시행하는 것이다.
② 토지소유자를 입회시키는 일체의 토지검사이다.
③ 도면에 의하여 측량 성과를 확인하는 토지검사이다.
④ 신고가 없는 이동지를 조사, 발견할 목적으로 국가가 자진하여 현지조사를 하는 것이다.

해설

지압조사방법
• 지압조사는 지적약도 및 임야도를 현장에 휴대하여 면, 리, 동의 단위로 시행하였다.
• 지압조사 대상지역의 지적(임야)약도에 대하여 미리 이동정리 적부를 조사하여 누락된 부분은 보완조치하였다.
• 지적소관청은 지압조사에 의하여 무신고 이동지의 조사를 위해서는 그 집행계획서를 미리 수리조합과 지적협회 등에 통지하여 협력을 요구하였다.
• 무신고이동지정리부에 조사결과 발견된 무신고 이동토지를 등재함으로써 정리의 만전을 기하였다.
• 지번의 순서에 따라 실지와 도면의 대조를 통하여 이동의 유무를 조사하는 것을 원칙으로 하였다.
• 업무의 통일, 직원의 훈련 등에 필요할 경우에는 본조사 전에 모범조사를 실시하도록 하였다.

26 토지조사사업의 주요 내용에 해당되지 않는 것은? 13②산

① 토지소유권 조사
② 토지가격 조사
③ 지형 · 지모 조사
④ 역둔토 조사

해설

문제 08번 해설 참고

27 거리측량을 정확하게 측정할 수 있도록 고안된 거리측정기구인 기리고차의 구조를 기록한 저자와 저서가 바르게 연결된 것은? 13②산

① 홍대용의 주해수용
② 이기의 해학유서
③ 유형원의 반계수록
④ 정약용의 경세유표

해설

기리고차(記里鼓車)
세종 23년(1441)에 고안된 거리측정기구로 10리를 가면 북이 1번씩 울리도록 고안된 거리측정용 수레로 평지 사용에 유리하였고, 산지 · 험지에는 노끈으로 만든 보수척을 사용하였다.

1. 측정 원리
• 기리고차 수레바퀴의 둘레 길이가 10자이며 12회전하면 두 번째 바퀴가 한 번 회전한다.
• 두 번째 바퀴가 15회전하면 세 번째 바퀴가 한 번 회전한다.
• 세 번째 바퀴가 10회전하면 네 번째 바퀴가 한 번 회전한다.
• 네 번째 바퀴가 1회전하면 18,000자를 측정하게 된다.

2. 특징
• 세종 23년(1441년) 장영실이 거리측량을 위해 제작하였다.
• 문종시대에 제방공사에서 기리고차를 사용하였다.
• 수레가 반 리를 가면 종을 한 번 치게 하고 수레가 1리를 갈 때는 종이 여러 번 울리게 하였으며, 수레가 5리를 가면 북을 울리게 하고 10리를 갈 때는 북이 여러 번 울렸다.
• 홍대용(洪大容, 1731~1783)의 주해수용(籌解需用)에 기리고차의 구조가 자세히 기록되어 있다.
• 기리고차는 평지에서 유리하고 산지 등 험지에서는 보수척(步數尺) 사용
• 기리고차로 경도 1도의 거리를 측정 시 108킬로미터라고 하였으니 현재 기구로 측량시 110.95킬로미터이므로 측정값의 오차는 3% 미만이다.

28 다음 중 고려시대의 토지소유제도와 관계가 없는 것은? 13②산

① 전시과(田柴科)
② 과전(科田)
③ 사원전(寺院田)
④ 전품제(田品制)

해설

고려시대의 토지소유제도

- 역분전(役分田) : 역분전이란 직역(職役)의 분수(分數)에 의한 급전(給田)이란 뜻으로 태조 23년(940)에 실시하였으며 각 공신(功臣)들에게 공훈의 차등에 따라 일정한 면적의 토지를 나누어 주던 제도로서 후일 공훈전(功勳田)을 거쳐 결국 전시과(田柴科)로 발전하였다.
- 전시과(田柴科) : 전시과라 함은 전은 농지, 시는 임야, 과는 관리의 등급을 말하는 것으로 문무백관(文武百官)으로부터 말단의 부병(府兵)·한인(閑人)에 이르기까지 국가의 관직에 복무하거나 직역(職役)을 부담하는 자에게 그들의 관품과 인품을 병용하여 지위에 따라 응분의 전토(田土)와 시지(柴地)를 지급하는 제도를 말한다. 전시과제도는 경종 원년(976년)에 창설되어 세 차례에 걸쳐 개정되었는데 경종 원년에 시정전시과(976), 목종 원년에 개정전시과(998), 목종 원년(1076)에 경정전시과로 개정하여 사실상 종료되면서 녹과전(1257)과 조선 개국을 위한 토지제도로서 고려의 마지막 토지제도인 과전법(科田法)을 실시하였다.
- 녹과전 : 원나라의 침입으로 전시과 제도가 사실상 붕괴되면서 국고 부족으로 인한 녹봉의 지급이 불가능하게 되어 고종은 토지를 분급해 녹봉에 대신하는 분전대록의 원칙을 마련한 제도로서 급전도감을 세워 경기도(강화)토지를 관리에게 지급하였다.
- 과전법(科田法) : 전국의 토지를 국가 수조지로 편성한 후 수조권을 정부 각처와 양압 직역자에게 분급하고 사전과 공전으로 구분하여 사전은 경기도에 한하여 현직·전직관리의 고하에 따라 지급하였으며 그 대신 자신에게만 제한하여 세습이 불가능하였다.
- 사전과 공전

구분		토지이용	비고(현 지목)
공전 (公田)	민전 (民田)	농민의 사유지	학전(학교용지, 學敎用地)을 제외한 대부분이 전(田), 답(畓), 대(垈), 목(牧), 장용지(場用地), 임야(林野)로 볼 수 있다.
	내장전 (內庄田)	왕실 직속 소유지	
	공해전	각 관청에 분급한 수조지(收租地)와 시지(柴地)	
	둔전 (屯田)	진수군(鎭戍軍)이 경작, 수확하여 군량(軍糧)에 충당하는 토지	
	학전 (學田)	각 학교(學校) 운영경비 조달을 위한 토지	
	적전 (籍田)	신농(神農), 후직(后稷)을 제사지내기 위한 토지	

구분		토지이용	비고(현 지목)
사전 (私田)	양반전 (兩班田)	문무량반에 재직(在職) 중인 관료(官僚)에게 지급한 토지	사원지(종교용지, 宗敎用地)를 제외한 대부분이 전(田), 답(畓), 임야(林野)로 볼 수 있다.
	공음전 (功蔭田)	특별한 공훈(功勳)을 세운 자에게 수여한 전시(田柴)	
	궁원전 (宮院田)	궁전(宮殿)에 부속된 토지, 궁원 등 왕의 기번이 지배하는 토지	
	사원전 (寺院田)	불교사원(佛敎寺院)에 소속되는 전장 기타의 토지	
	한인전 (閑人田)	육품(六品) 이하 하급 양반의 자손(子孫)을 위한 토지	
	구분전 (口分田)	자손이 없는 하급관리와 군인 유가족에게 지급되는 토지	
	향리전 (鄕吏田)	지방향리에게 지급한 토지	
	군인전 (軍人田)	경군(京軍) 소속의 군인에게 지급한 토지	
	투화전 (投化田)	외국인(外國人)에게 지급한 토지	

29 지목의 설정에서 우리나라가 채택하지 않는 원칙은?

13②산

① 지목법정주의
② 복식지목주의
③ 주지목추종주의
④ 일필일목주의

해설

지목설정의 원칙

- 1필 1지목의 원칙 : 1필의 토지에는 1개의 지목만을 설정하는 원칙
- 주지목추종의 원칙 : 주된 토지의 편익을 위해 설치된 소면적의 도로, 구거 등의 지목은 이를 따로 정하지 않고 주된 토지의 사용목적 및 용도에 따라 지목을 설정하는 원칙
- 등록선후의 원칙 : 도로, 철도용지, 하천, 제방, 구거, 수도용지 등의 지목이 중복되는 경우에는 먼저 등록된 토지의 사용목적·용도에 따라 지번을 설정하는 원칙
- 용도경중의 원칙 : 도로, 철도용지, 하천, 제방, 구거, 수도용지 등의 지목이 중복되는 경우에는 중요 토지의 사용목적 및 용도에 따라 지목을 설정하는 원칙

• 일시변경불가의 원칙 : 임시적 · 일시적 용도의 변경 시 등록전환 또는 지목변경불가의 원칙
• 사용목적추종의 원칙 : 도시계획사업, 토지구획정리사업, 농지개량사업 등의 완료에 따라 조성된 토지는 사용목적에 따라 지목을 설정하여야 한다는 원칙

30 고구려에서 토지측량단위로 면적계산에 사용한 제도는? 13③산

① 결부법
② 두락제
③ 경무법
④ 정전제

해설

문제 15번 해설 참고

31 양전의 순서에 따라 1필지마다 천자문의 자번호(字番號)를 부여하였던 제도는? 13③산

① 수등이척제
② 일자오결제
③ 지번지역제
④ 동적이척제

해설

• 수등이척제(隨等異尺制) : 고려말기에서 조선시대의 토지 측량제도인 양전법에 전품을 상 · 중 · 하의 3등급 또는 1~6등까지의 6등급으로 나눠 각 토지를 등급에 따라 길이가 다른 양전척(量田尺)을 사용하여 타량하는 면적을 계산하던 제도를 말한다.
• 일자오결제도(一字五結制度) : 양안에 토지를 표시함에 있어서 양전의 순서에 의하여 1필지마다 천자문(千字文)의 자번호를 부여하였다. 자번호(字番號)는 자(字)와 번호(番號)로서 천자문의 1字는 폐경전, 기경전을 막론하고 5결이 되면 부여하였다. 이때 1결의 크기는 1등전의 경우 사방 1만 척으로 정하였다.

32 다음 중 토지조사사업의 주요 내용이 아닌 것은? 13③산

① 토지 소유권 조사
② 토지가격 조사
③ 지형 · 지모 조사
④ 지질 조사

해설

준비조사	행정구역인 리(里) · 동(洞)의 명칭과 구역 · 경계의 혼선을 정리하고, 지명의 통일과 강계(疆界)의 조사
일필지조사	토지소유권을 확실히 하기 위해 필지(筆地) 단위로 지주 · 강계 · 지목 · 지번 조사
분쟁지조사	불분명한 국유지와 민유지, 미정리된 역둔토, 소유권이 불확실한 미개간지 정리
지위등급조사	토지의 지목에 따라 수익성의 차이에 근거하여 지력의 우월을 구별

33 고려시대의 토지대장 중 타량성책(打量成冊)의 초안 또는 각 관아에 비치된 결세대장에 해당하는 것은? 13③산

① 도전장(都田帳)
② 전적(田籍)
③ 양전장적(量田帳籍)
④ 도행장(導行帳)

해설

시대별 토지도면 및 대장

고구려	봉역도(封域圖), 요동성총도(遼東城塚圖)
백제	도적(圖籍)
신라	신라장적(新羅帳籍)
고려	도행(導行), 전적(田籍)
조선	양안(量案) • 구양안(舊量案) : 1720년부터 광무양안(光武量案) 이전 • 신양안(新量案) : 광무양안으로 측량하여 작성된 토지대장 • 야초책 · 중초책 · 정서책 등 3단계를 걸쳐 양안이 완성된다.
일제	토지대장, 임야대장

34 1910년 대한제국의 탁지부에서 근대적인 지적제도를 창설하기 위하여 전 국토에 대한 토지조사사업을 추진할 목적으로 제정 · 공포한 것은? 13③산

① 토지조사법
② 토지조사령
③ 지세령
④ 토지측량규칙

● 해설

① 토지조사법(土地調査法) : 현행과 같은 근대적 지적에 관한 법률의 체제는 1910년 8월 23일(대한제국시대) 법률 제7호로 제정·공포된 토지조사법에서 그 기원을 찾아 볼 수 있으나, 1910년 8월 29일 한일합방에 의한 국권피탈로 대한제국이 멸망한 이후 실질적인 효력이 상실되었다.

② 토지조사령(土地調査令) : 그 후 대한제국을 강점한 일본은 토지소유권 제도의 확립이라는 명분하에 토지 찬탈과 토지과세를 위하여 토지조사사업을 실시하였으며 이를 위하여 토지조사령(1912. 8. 13. 제령 제2호)을 공포하고 시행하였다.

③ 지세령(地稅令) : 1914년에 지세령(1914. 3. 6. 제령 제1호)과 토지대장규칙(1914. 4. 25. 조선총독부령 제45호) 및 토지측량표규칙(1915. 1. 15. 조선총독부령 제1호)을 제정하여 토지조사사업의 성과를 담은 토지대장과 지적도의 등록사항과 변경·정리방법 등을 규정하였다.

④ 토지대장규칙(土地臺帳規則) : 1914년 4월 25일 조선총독부령 제45호로 전문 8조로 구성되어 있으며 이는 1914년 3월 16일 제령 제1호로 공포된 지세령 제5항에 규정된 토지대장에 관한 사항을 규정하는 데 그 목적이 있었다. 1923년 10월 15일 조선총독부령 제120호로 토지대장규칙은 일부 개정되어 제3조에 "따로 고시하는 지역에서는 토지대장에 등록한 토지에 대하여 임야도로서 지적도로 간주함"이라고 추가함으로써 우리나라에 "별책토지대장, 을호토지대장"이라는 용어가 탄생하게 되었다.

35 경국대전에 기록된 조선시대의 토지대장은?

14①산

① 문기(文記)
② 백문(白文)
③ 정전(井田)
④ 양안(量案)

● 해설

경국대전에는 20년마다 한 번씩 양전을 실시하여 새로이 양안을 작성하도록 규정하였으나 실제로는 규정대로 시행되지 못하고 수십 년 내지 백여 년이 지난 뒤에야 다시 양전을 실시할 수 있었다.

36 "토지 등록이 토지의 권리를 아주 정확하게 반영하나 인간의 과실로 착오가 발생하는 경우에 피해보상에 관한 한 법률적으로 선의의 제3자와 동등한 입장에 놓여야만 된다."는 토렌스 시스템의 기본이론은?

14①산

① 공개이론
② 커튼이론
③ 거울이론
④ 보험이론

● 해설

토렌스 시스템의 3개 기본이론

• 거울이론(Mirror Principle) : 소유권에 관한 현재의 법적 상태는 오직 등기부에 의해서만 이론의 여지없이 완벽하게 보여진다는 원리이다.

• 커튼이론(Curtain Principle) : 소유권의 법적 상태와 관련한 확실성을 보장하기 위하여 단지 현재의 등기부에 등기된 사항만 논의되어야 한다는 이론이다.

• 보험이론(Insurance Principle) : 토지등록이 토지의 권리를 아주 정확하게 반영한 것이나 인간의 과실로 인하여 착오가 발생하는 경우에 피해를 입은 사람은 누구나 피해보상에 관한 한 법률적으로 선의의 제3자와 동등한 입장에 놓여야만 된다는 이론이다.

37 고려시대에 토지업무를 담당하던 기관과 관리에 관한 설명으로 틀린 것은?

14①산

① 정치도감은 전지를 개량하기 위하여 설치된 임시관청이었다.

② 토지측량업무는 이조에서 관장하였으며, 이를 관리하는 사람을 양인 전민계정사(田民計定使)라 하였다.

③ 찰리변위도감은 전국의 토지분급에 따른 공부 등에 관한 불법을 규찰하는 기구였다.

④ 급전도감은 고려 초 전시과를 시행할 때 전지 분급과 이에 따른 토지측량을 담당하는 기관이었다.

● 해설

고려시대 특별관서(임시부서)

• 급전도감(給田都監) : 토지분급 및 토지측량을 담당

• 방고감전별감(房庫監傳別監) : 전지공안(田地公案, 토지에 대한 공식문서)과 별고 소속의 노비전적(奴婢錢籍, 노비문서)을 담당

• 찰리변위도감(拶理辨違都監) : 찰리(拶理)는 왕이 친히 지어 붙인 것으로 세력 있는 자들이 비합법적으로 차지하였다.

- 정치도감(整治都監) : 여러 도에 파견되어 전지를 측량
- 절급도감(折給都監) : 토지를 분급하여 균전(均田)을 만듦
- 화자거집전민추고도감(火者據執田民推考都監) : 토지소유자 조사를 통한 원소유자에게 환원하는 일을 담당

38 통일신라시대의 신라장적에 기록된 지목과 관계없는 것은? 14①산

① 전
② 수전
③ 답
④ 마전

해설

일본 정창원에서 발견된 것으로 통일신라시대 서원경 지방의 네 마을에 있었던 토지 등 재산목록으로 3년마다 일정한 방식으로 기록하였는데, 그 내용은 촌명(村名), 마을의 둘레, 호수의 넓이, 인구 수, 논과 밭의 넓이, 과실나무의 수, 마전, 소와 말의 수 등이며 과세를 위한 기초문서이다. 신라 민정문서라고도 한다.

39 토지조사사업 당시 사정사항에 불복하여 재결을 받은 때의 효력 발생일은? 14①산

① 재결신청일
② 사정일
③ 재결접수일
④ 사정 후 30일

해설

사정의 절차
1. 사정의 대상은 토지소유자와 토지강계이다.
2. 사정은 30일간 공시하고 불복하는 자는 60일 이내에 고등토지조사위원회에 재결을 요청하였으며 재결 시 효력발생일은 사정일로 소급하였다.
3. 토지소유자는 자연인, 법인, 서원, 종중 등을 인정하였다.
4. 토지의 강계는 강계선만이 사정의 대상이 되었고 지역선은 제외되었다.

40 지적의 어원을 'Katastikhon', 'Capitastrum'에서 찾고 있는 견해의 주요 쟁점이 되는 의미는? 14①산

① 토지측량
② 지형도
③ 지적공부
④ 세금부과

해설

지적(地籍, Cadastre)이란 용어가 어떻게 유래되었는지에 대하여는 확실치 않으나 그리스어 카타스티콘(Katastikhon)과 라틴어 캐피타스트럼(Capitastrum)에서 유래되었다고 하는 두 가지 학설이 지배적이라고 할 수 있다.

지적의 어원에 관한 학자들의 주장을 살펴보면 그리스어인 카타스티콘(Katastikhon)과 라틴어인 캐피타스트럼(capitastrum) 또는 카타스트럼(catastrum)은 그 내용에 있어서 모두 세금(稅金) 부과(賦課)의 뜻을 내포하고 있는 것이 공통점이라고 할 수 있다. 지적이 무엇인가에 대한 연구는 국내외적으로 매우 활발하게 연구되고 있으며 국가별·학자별로 다양한 이론들이 제기되고 있는 상황이다. 이러한 기존의 연구에 있어서 지적이 무엇인가라는 질문에 대한 공통점은 "토지에 대한 기록"이며, "필지를 연구대상"으로 한다는 것이다.

41 대한제국시대에 부동산 거래질서가 문란하여 토지소유권 이전을 국가가 통제할 수 있도록, 입안 대신 채택한 것은? 14①산

① 양안제도
② 문기제도
③ 지계제도
④ 가계제도

해설

양지아문과 지계아문
양지아문은 광무 2년(1898년) 7월에 칙령 제25호로 양지아문 직원 및 처무규정을 공포하여 비로소 독립관청으로 양전사업을 위하여 설치되었다. 양전사업에 종사하는 실무진으로는 양무감리, 양무위원, 조사위원 및 기술진이 있었다.

양전 과정은 측량과 양안 작성 과정으로 나누어지는데 양안 작성 과정은 야초책(野草冊)을 작성하는 1단계, 중초책을 작성하는 2단계, 정서책으로 완성시키는 3단계로 나누어 진행하였으나 광무 5년(1901년)에 이르러 전국적인 대흉년으로 중단하게 되었다.

소유권 이전을 국가가 통제할 수 있는 장치로서 조선시대 시행하였던 입안(立案)에 대신하여 지계를 발행하는 제도를 채택하였다.

지계아문의 사업은 성격상 양지아문과 밀접한 관계가 있었고 지계발행 사업의 방대함에 비추어 지계아문만이 전국의 지계사업을 전담하기에는 벅찼기에 1902년 3월에 지계아문과 양지아문을 통합하였다. 즉 지계가 발행되기 위해서는 토지대장에 의한 토지 소유권자의 확인이 필요하여 양전의 시행은 지계의 시행과 병행되어야 했다. 기구의 통합과 업무의 통합도 이루게 되어 지계발행과 양전을 새 통합기구인 지계아문에서 수행하게 되었다.

노일전쟁에 의한 일본 군대의 주둔과 제1차 한일협약을 강요당하게 되어 지계 발행은 물론 양전사업마저도 중단되고 말았으며, 새로 탁지부에 양지국을 신설하여 양전 업무를 담당시키고 지계 발행업무는 그 업무의 완료와 함께 당해 군으로 인계하여 1904년 4월 19일 지계아문은 폐지되었다.

42 정전제(丁田制)를 주장한 학자가 아닌 것은?

14②산

① 한백경(韓白鏡)　　② 서명응(徐命膺)
③ 이기(李沂)　　　④ 세키야

◎해설

조선시대의 양전 개정론

구분	정약용 (丁若鏞)	서유구 (徐有榘)	이기 (李沂)	유길준 (俞吉濬)
양전 방안	결부제 폐지 후 경무법으로 개혁 양전법안 개정		수등이척제 에 대한 개선책으로 망척제를 주장	전 국토를 리 단위로 한 전통제(田統 制)를 주장
특징	• 어린도 작성 • 정전제 강조 • 전을 정방향 으로 구분 • 휴도 : 방량법의 일환으로 어린도의 가장최소 단위로 작성된 지적도	• 어린도 작성 • 구고삼각법 에 의한 양전수법인 십오제를 마련	• 도면의 필요성을 강조 • 정방형의 눈들을 가진 그물눈금 을 사용하 여 면적 산 출(망척제)	• 양전 후 지권을 발행 • 리 단위의 지적도 작성 (전통도)
저서	목민심서	의상경계책	해학유서	서유견문

43 토지등록제도에 있어서 권리의 객체로서 모든 토지를 반드시 특정적이면서도 단순하고 명확한 방법에 의하여 인식될 수 있도록 개별화함을 의미하는 토지 등록 원칙은?

14②산

① 공신의 원칙　　② 특정화의 원칙
③ 신청의 원칙　　④ 등록의 원칙

◎해설

• 등록의 원칙 : 토지에 관한 모든 표시사항은 지적공부에 반드시 등록해야 한다.
• 신청의 원칙 : 지적정리는 신청에 의함을 원칙으로 한다.
• 특정화의 원칙 : 모든 토지는 명확히 인식될 수 있도록 개별화되어야 한다.
• 국정주의 및 직권주의 : 국정주의(Principle of National Decision)는 지적공부의 등록사항인 토지의 지번, 지목, 경계, 좌표, 면적의 결정은 국가의 공권력에 의하여 국가만이 결정할 수 있는 원칙이다. 직권주의는 모든 필지는 필지단위로 구획하여 국가기관인 소관청이 직권으로 조사·정리하여 지적공부에 등록 공시하여야 한다는 원칙이다.
• 공시의 원칙 : 토지 이동이나 물권의 변동은 반드시 외부에 알려져야 한다는 원칙
• 공신의 원칙 : 공시된 대로 권리가 존재하는 것으로 서로 공신하는 것이며 토지등록제도 운영의 출발점이다.

44 밤나무숲을 측량한 지적도로 탁지부 임시재산정리국 측량과에서 실시한 측량원도의 명칭으로 옳은 것은?

14③산

① 관저원도　　② 율림기지원도
③ 산록도　　　④ 궁채전도

◎해설

대한제국시대의 도면

1908년 임시재산정리국에 측량과를 두어 토지와 건물에 대한 업무를 보게 하여 측량한 지적도가 규장각이나 부산 정부기록보존소에 있다. 산록도, 전원도, 건물원도, 가옥원도, 궁채전도, 관리원도 등 주제에 따라 제작한 지적도가 다수 존재한다.

• 율림기지원도(栗林基地原圖) : 탁지부 임시재산정리국 측량과에서 1908년도에 세부측량을 한 측량원도가 서울대학교 규장각에 한양 9점, 밀양 3점이 남아 있다. 밀양 영남루 남천강(南川江)의 건너편 수월비동의 밤나무숲을 측량한 지적도로 기지원도(基址原圖)라고 표기하여 군사기지라고도 생각할 수 있으나 지적도상에 소율연(小栗烟, 작은밤나무밭)이라고 쓴 것으로 보아 밤나무 숲으로 추측된다.

• 산록도(山麓圖) : 융희 2년(1908) 3~6월 사이에 정리국 측량과에서 제작한 산록도가 서울대학 규장각에 6매 보존되어 있다. 산록도란 주로 구한말 동(洞)의 뒷산을 실측한 지도이다. 지도명인 동부숭신방신설계동후산록지도(東部崇信坊新設契洞後山麓之圖)는 동부 숭신방 신설계동의 뒤쪽에 있는 산록지도란 뜻이다.

정답 42 ③　43 ②　44 ②

- 전원도(田原圖) : 서울대 규장각에 서서용산방(西署龍山坊) 청파4계동(靑坡四契洞) 소재 전원도(田原圖)가 있다. 전원도란 일종의 농경지만을 나타낸 지적도이다.
- 궁채전도(宮菜田圖) : 궁채전도는 내수사(內需司) 등 7궁 소속의 토지 가운데 채소밭을 실측한 지도이다.
- 관저원도(官邸原圖) : 대한제국기 고위관리의 관저를 실측한 원도이다.

45 일본의 국토에 대한 기초조사로 실시한 국토조사사업에 해당되지 않는 것은? 14③산

① 임야수종조사
② 토지분류조사
③ 지적조사
④ 수조사(水調査)

해설

일본에서 실시하는 국토조사사업은 토지분류조사, 수조사, 기본조사를 말한다.

- 토지분류조사 : 토지이용현황, 토성, 기타 토양의 물리적, 화학적 성질, 침식상황, 자연적 요소 및 생산력을 조사하여 결과를 도면이나 장부를 작성하는 것
- 수 조사 : 기상, 내륙의 유량, 수질 및 모래의 흐름 상황, 취수량, 용수량, 배수량 및 수리관해 등을 조사하여 지도 및 장부에 기록하는 것
- 기본조사 : 토지분류조사, 수주사 및 지적조사의 기초로 하기 위해 실시하는 토지 및 수면의 측량과 토지분류조사 및 수조사의 기준을 설정하기 위해 조사를 실시하고 그 결과로 지도나 장부를 작성하는 것

46 다음 중 근대적 세지적의 완성과 소유권제도의 확립을 위한 지적제도 성립의 전환점으로 평가되는 역사적인 사건은? 14③산

① 윌리엄 1세의 영국 둠스데이 측량 시행
② 나폴레옹 1세의 프랑스 토지관리법 시행
③ 솔리만 1세의 오스만제국 토지법 시행
④ 디오클레시안 황제의 로마제국 토지측량 시행

해설

프랑스는 근대적인 지적제도의 발생국가로서 오랜 역사와 전통을 자랑하고 있다. 특히 근대 지적제도의 출발점이라 할 수 있는 나폴레옹 지적은 둠즈데이북과 세지적의 근거로 제시되고 있다. 현재 프랑스는 중앙정부, 시·도, 시·군 단위의 3단계 계층구조로 지적제도를 운영하고 있으며, 1900년대 중반 지적재조사사업을 실시하였고 지적전산화가 비교적 잘 이루어졌다.

47 물권 설정 측면에서 지적의 3요소로 볼 수 없는 것은? 14③산

① 토지
② 등록
③ 공부
④ 국가

해설

- 토지(Land) : 토지는 인간이 살아가는 터전이며 생활하는 데 필요한 물자를 얻는 자원이다. 지적제도는 이러한 토지를 대상으로 하여 성립한다. 등록대상이 되는 토지는 국토의 개념과 같다. 이러한 토지는 국가의 통치권이 미치는 범위 내에 있는 모든 토지를 의미하며, 이를 구분 등록하기 위하여 토지를 인위적으로 구획한 "필지" 단위로 관리한다.
- 등록(Registration) : 토지는 물리적으로 연속하여 전개되는 영구성을 가진 지표라고 할 수 있다. 따라서 토지를 물권의 객체로 하기 위해서는 일정한 구획기준을 정하여 등록단위를 정하고 필요한 사항을 장부에 기록하는 법률 행위가 있어야 한다. 인위적으로 구획한 토지의 등록단위를 필지라 하고, 필지마다 토지소재, 지번, 지목, 경계(또는 좌표), 면적, 소유자 등 일정한 사항을 지적공부에 기록하는 행위를 등록이라 한다.
- 공부(Records) : 토지를 구획하여 일정한 사항(물리적 현황, 법적 권리관계)을 조사·측량한 후 그 내용을 기록한 공적장부를 지적공부라고 한다. 지적공부는 일정한 형식과 규격을 법으로 정하여 일반국민이 필요하면 언제라도 활용할 수 있도록 항시 비치되어 있어야 한다. 등록된 내용(토지소재, 지번, 지목, 면적, 경계 또는 좌표)은 실제의 토지내용과 항상 일치하는 것을 이상으로 하고 있으므로 토지의 변동사항을 계속적으로 정리하여야 한다.

48 조선시대 양전의 개혁을 주장한 학자가 아닌 사람은? 14③산

① 서유구
② 이기
③ 정약용
④ 김응원

해설

문제 42번 해설 참고

정답 45 ① 46 ② 47 ④ 48 ④

49 토지사정선의 설명 중 가장 옳은 것은? 14③산

① 시장, 군수가 측량한 모든 경계선이다.
② 임시토지조사국에서 측량한 모든 경계선이다.
③ 강계선(彊界線)은 모두 사정선이다.
④ 토지의 분할선 또는 경계 감정선이다.

● 해설

강계선(彊界線), 지역선(地域線), 경계선(境界線)
강계선은 사정선이라고도 하며 토지조사 당시 확정된 소유자가 다른 토지 간의 사정된 경계선 또는 토지조사령에 의하여 임시토지조사국장의 사정을 거친 경계선을 말하고, 강계는 지적도에 등록된 토지의 경계선인 강계선이 대상이었다. 토지조사 당시에는 강계선(사정선)으로 불렸으며 임야조사 당시에는 사정한 선(線)도 경계선이라 불렀다.

* 강계선(彊界線) : 소유권에 대한 경계를 확정하는 역할을 하며 반드시 사정을 거친 경계선을 말하고, 토지소유자 및 지목이 동일하고 지반이 연속된 토지를 1필지로 함을 원칙으로 한다. 강계선과 인접한 토지의 소유자는 반드시 다르다는 원칙이 성립되며 조선임야조사사업 당시 도장관의 사정에 의한 임야도면상의 경계는 경계선이라 하였고 강계선의 경우는 분쟁지에 대한 사정으로 생긴 경계선이라 할 수 있다.

* 지역선(地域線) : 지역선이라 함은 토지조사 당시 사정을 하지 않는 경계선을 말하며 동일인이 소유하는 토지일 경우에도 지반의 고저가 심하여 별필로 하는 경우의 경계선을 말한다. 지역선에 인접하는 토지의 소유자는 동일인일 수도 있고 다를 수도 있다. 지역선은 경계분쟁의 대상에서 제외되었으며 동일인의 소유지라도 지목이 상이하여 별필로 하는 경우의 경계선을 말한다. 즉, 지목이 다른 일필지를 표시하는 것을 말한다.

* 경계선(境界線) : 지적도상의 구획선을 경계라 지칭하고 강계선과 지역선으로 구분하였다. 강계선은 사정선이라고 하였으며 임야조사 당시의 사정선은 경계선이라고 했다. 최근 경계선의 의미는 강계선이나 지역선에 관계없이 2개의 인접한 토지 사이의 구획선을 말한다. 도해지적에서는 지적도나 임야도에 그려진 토지의 구획선을 말하는데, 물론 지상에 있는 논둑, 밭둑, 표항 따위를 말하는 것은 아니다. 경계점좌표시행지역에서 경계선이라고 할 때에는 어떤 점의 좌표(우리나라 지적분야에서는 평면직각종횡선수치와 그 이웃하는 점의 좌표와의 연결을 말한다.)의 연결을 말한다. 경계선의 종류에는 시대 및 등록방법에 따라 다르게 부르기도 하였다는데, 일반경계, 고정경계, 자연경계, 인공경계 등으로 사용처에 따라 다르게 부르기도 한다.

50 다음 중 토지조사사업 당시 불복신립 및 재결을 행하는 토지소유권의 확정에 관한 최고의 심의기관은? 14③산

① 도지사
② 임시토지조사국장
③ 고등토지조사위원회
④ 임야조사위원회

● 해설

토지조사사업 당시 토지소유자와 강계를 사정하는 일이 중요한 업무 중의 하나로서 토지조사기간 중에 임시토지조사국장으로부터 지방토지조사위원회의 자문을 얻어 사정하도록 하였으며 이때 사정은 반드시 공시하도록 하였다. 만약 사정에 불복이 있는 자는 일정기간을 두어 고등토지조사위원회에 재결을 청구할 수 있도록 하였다.

51 지적제도상 효율적인 소유권 보호의 목적을 실현하기 위한 기능으로 가장 대표적인 것은? 14③산

① 필지의 획정(劃定)
② 주소로서 지번 설정
③ 등기통지서의 정리
④ 신규등록지 소유권 설정

● 해설

지적법은 국가의 통치권이 미치는 모든 영토를 필지별로 구획해 각 필지별 토지소재, 지번, 지목, 경계, 면적 등 물리적 현황과 소유권 등 법적 권리관계를 등록 · 공시하기 위한 기본법으로 국정주의 · 형식주의 · 공개주의 · 실질적심사주의 · 직권등록주의의 5대 기본이념으로 제정 · 시행되고 있다.

52 경국대전에서 매 20년마다 토지를 개량하여 작성했던 양안의 역할은? 14③산

① 가옥규모 파악
② 세금징수
③ 상시 소유자 변경 등재
④ 토지거래

● 해설

양안은 고려시대부터 사용된 토지장부로서 오늘날의 지적공부로 토지대장과 지적도 등의 내용을 수록하고 있었으며 "전적"이라 부르기도 하였다. 토지실태와 징세 파악 및 소유자 확정 등을 위한 토지과세대장으로 경국대전에는 20년에 한 번씩 양전을 실시하여 양안을 작성토록 한 기록이 있다.

53 초기에 부여된 지목명칭의 변경을 잘못 연결한 것은? 14③산

① 공원지 → 공원
② 사사지 → 사적지
③ 분묘지 → 묘지
④ 운동장 → 체육용지

해설

명칭 변경
• 공원지 → 공원
• 사사지 → 종교용지
• 성첩 → 사적지
• 분묘지 → 묘지
• 운동장 → 체육용지

54 매매계약이 성립되기 위해 매수인, 매도인 쌍방의 합의 외에 대가의 수수목적물의 인도 시에 서면으로 작성한 계약서를 무엇이라 하는가? 15①산

① 문기
② 양안
③ 입안
④ 가계

해설

• 문기(文記) : 문기는 조선시대의 토지·가옥·노비와 기타 재산의 소유·매매·양도·차용 등 매매계약이 성립하기 위하여 매수인, 매도인 쌍방의 합의 외에 대가의 수수목적물의 인도 시에 서면으로 작성한 계약서로 문권(文券)·문계(文契)라고도 한다. 주로 사적인 문서에 문계라는 용어를 쓰고, 공문서는 공문·관문서·문서라고 표현했다. 문권·문계는 중국·일본에서도 사용한 용어이지만 문기는 우리나라에서만 사용한 독특한 용어이다.

• 입안(立案) : 재산권이나 상속권을 주장하는 데 절대적인 근거가 되었다. 고려시대에도 이 제도가 있었으나 조선시대의 실물이 많이 전하여진다. '경국대전'에는 토지·가옥·노비는 매매계약 후 100일, 상속 후 1년 이내에 입안을 받도록 되어 있었다. 또 하나의 의미로 황무지 개간에 관한 인허가서를 말한다.

• 양안(量案) : 양안은 고려시대부터 사용된 토지장부로서 오늘날의 지적공부로 토지대장과 지적도 등의 내용을 수록하고 있었으며 '전적'이라고 부르기도 하였다. 토지실태와 징세 파악 및 소유자 확정 등을 위한 토지과세대장으로 경국대전에는 20년에 한 번씩 양전을 실시하여 양안을 작성토록 한 기록이 있다.

55 지압조사(地押調査)를 가장 잘 설명하고 있는 것은? 15①산

① 측량성과검사의 일종이다.
② 소유권의 변동사항에 주안을 둔다.
③ 신청이 없는 경우의 직권에 의한 이동지 조사다.
④ 소유자의 동의하에 현지를 확인해야 효력이 있다.

해설

지압조사(地押調査)
토지검사는 토지이동 사실 여부 확인을 위한 지압조사와 과세 징수를 목적으로 한 토지검사로 분류되며 매년 6~9월 사이에 하는 것을 원칙으로 하였고 필요한 경우 임시로 할 수 있게 하였다. 지세관계법령의 규정에 따라 세무관리는 토지의 검사를 할 수 있도록 지세관계법령에 규정하였다.

1. 지압조사방법
   • 지압조사는 지적약도 및 임야도를 현장에 휴대하여 정, 리, 동의 단위로 시행하였다.
   • 지압조사 대상지역의 지적(임야)약도에 대하여 미리 이동 정리 적부를 조사하여 누락된 부분은 보완조치하였다.
   • 지적소관청은 지압조사에 의하여 무신고 이동지의 조사를 위해서는 그 집행계획서를 미리 수리조합과 지적협회 등에 통지하여 협력을 요구하였다.
   • 무신고이동지정리부에 조사결과 발견된 무신고 이동토지를 등재함으로써 정리의 만전을 기하였다.
   • 지번의 순서에 따라 실지와 도면의 대조를 통하여 이동의 유무를 조사하는 것을 원칙으로 하였다.
   • 업무의 통일, 직원의 훈련 등에 필요할 경우는 본조사 전에 모범조사를 실시하도록 하였다.

56 토지조사사업 당시 분쟁지 조사를 하였던 분쟁의 원인으로 가장 거리가 먼 것은? 15①산

① 토지 소속의 불명확
② 권리증명의 불분명
③ 역둔토 정리의 미비
④ 지적측량의 미숙

해설

분쟁지 조사
조선 후기 양반이나 권문세족의 수탈을 피하기 위하여 궁방토에 투탁하는 경우가 많았는데 이로 인하여 역둔토조사나 토지조사사업 당시 국유지에 대한 소유권 분쟁과 민유지에 대한 권문세족과의 분쟁이 빈번하였다. 또한 토지의 경계에 대하여도 명확한 지형지물이 없는 경우 분쟁이 있었다. 토지소유권에 관한 다툼이 있을 경우 일단 화해를 유도하고, 화해가 이루어지지 않은 경우에는 분쟁지로 처리하여 분쟁지 심사위원회에서 그 소유권을 결정하였다.

※ 외업조사, 내업조사, 분쟁지심사위원회 심사

57 다음 중 정약용과 서유구가 주장한 양전개정론의 내용이 아닌 것은? 15①산

① 경무법 시행 　　② 결부제 폐지

③ 어린도법 시행 　　④ 수등이척제 개선

> **해설**

문제 42번 해설 참고

58 양안에 토지를 표시함에 있어 양전의 순서에 따라 1필지마다 천자문(千字文)의 자(字)번호를 부여하였던 제도는? 15①산

① 수등이척제 　　② 결부법

③ 일자오결제 　　④ 집결제

> **해설**

1. 일자오결제도(一字五結制度)

   양안에 토지를 표시함에 있어서 양전의 순서에 의하여 1필지마다 천자문(千字文)의 자번호를 부여하였다. 자번호(字番號)는 자(字)와 번호(番號)로서 천자문의 1字는 폐경전, 기경전을 막론하고 5결이 되면 부여하였다. 이때 1결의 크기는 1등전의 경우 사방 1만 척으로 정하였다.

2. 자호부번의 원칙

   • 양전의 순서에 의하여 1필지마다 천자문 자번호 부여
   • 천자문의 1자는 폐경전, 기경전을 막론하고 5결이 되면 부여
   • 1결의 크기는 1등전의 경우 사방 1만 척으로 정하였다.
   • 자호는 구역을 천자문이 시작하여 끝나는 지역은 지번지역을, 번호는 지번을 표시한다고 볼 수 있다.
   • 개량할 때 그 자호는 변경하지 않는 것을 원칙으로 한다.
   • 양전 후 새로 개간된 토지가 있는 경우 그 인접지의 자번호 지번을 붙였으니 조선시대에 이미 부번제도가 실시되었다.

59 행정구역제도로 국도를 중심으로 영토를 사방으로 구획하는 사출도란 토지구획방법을 시행하였던 나라는? 15①산

① 고구려 　　② 부여

③ 백제 　　④ 조선

> **해설**

부여(夫餘)(남북 부족국가시대)

부여에는 수렵 · 목축과 아울러 일찍이 농업이 성행하였으며 또 독특하게 영토를 구획하고 있었다. 국도(國都)를 중심으로 영토를 사방으로 구획하여 이를 사출도(四出道)라고 하였다. 국왕은 중앙에서 사출도를 각각 맡은 4가(加)를 통솔하고 제가(馬, 牛, 猪, 狗加)는 일종의 행정구역인 사출도를 관할하였다. 부여에는 최고통치자로서 왕이 있고 그 아래로 육축관명(六畜官名)의 귀족관료와 대사(大使), 대사자(大使者), 사자(使者) 등의 직이 왕을 보좌하고 있었다. 그래서 이들 행정관료들은 부여 사회의 각 읍락공동체를 통치하였다.

60 우리나라의 지적에 수치지적이 시행되기 시작한 연대는? 15②산

① 1950년 　　② 1976년

③ 1980년 　　④ 1986년

> **해설**

1. 지적법 제정(1950.12.1. 법률 제165호)

2. 지적법 제1차 개정(1961.12.8. 법률 제829호)

개정	• 지적공부를 비치기관을 「세무서」에서 「서울특별시 또는 시 · 군」으로 개정 • 「토지에 대한 지세」를 「재산세, 농지세」로 개정
삭제	토지대장의 등록사항 중 「질권자의 주소 · 성명 · 명칭 등」의 등록규정을 삭제
시행	이 법은 1962년 1월 1일부터 시행한다.

3. 지적법 제2차 전문개정(1975.12.31. 법률 제2801호)

규정	• 지적법의 입법목적을 규정 • 지적공부 · 소관청 · 필지 · 지번 · 지번지역 · 지목 등 지적에 관한 용어의 정의를 규정 • 시 · 군 · 구에 토지대장, 지적도, 임야대장, 임야도 및 수치지적도를 비치 · 관리하도록 하고 그 등록사항을 규정 • 동과 군의 읍 · 면에 토지대장 부본 및 지적약도와 임야대장 부본 및 임야약도를 작성 · 비치하도록 규정 • 토지소유자의 등록번호를 등록하도록 규정 • 경계복원측량 · 현황측량 등을 지적측량으로 규정 • 지적측량업무의 일부를 지적측량을 주된 업무로 하여 설립된 비영리법인에게 대행시킬 수 있도록 규정

정답 57 ④　58 ③　59 ②　60 ②

61 지적의 원리 중 지적활동의 정확도를 설명한 것으로 옳지 않은 것은? 15②산

① 토지현황조사의 정확성 – 일필지 조사
② 기록과 도면의 정확성 – 측량의 정확도
③ 서비스의 정확성 – 기술의 정확도
④ 관리 · 운영의 정확성 – 지적조직의 업무분화 정확도

▶ 해설

지적의 원리

현대지적의 원리는 공기능성의 원리, 민주성의 원리, 능률성의 원리, 정확성의 원리로 설명되고 있다(박순표 외, 2003).

공기능성의 원리	지적은 국가가 국토에 대한 상황을 다수의 이익을 추구하기 위하여 기록 · 공시하는 국가의 공공업무이며, 국가고유의 사무이다. 현대지적은 일방적인 관리층의 필요에 의해 만들어져서는 안 되고, 제도권 내의 사람에게 수평성의 원리에서 공공관계가 이루어져야 한다. 따라서 모든 지적사항은 필요에 의해 공개되어야 한다.
민주성의 원리	현대지적에서 민주성이란, 제도의 운영주체와 객체가 내적인 면에서 행정의 인간화가 이루어지고, 외적인 면에서 주민의 뜻이 반영되는 지적행정이라 할 수 있다. 아울러 지적의 책임성은 지적법의 규정에 따라 공익을 증진하고 주민의 기대에 부응하도록 하는 데 있다.
능률성의 원리	실무활동의 능률성은 토지현상을 조사하여 지적공부를 만드는 과정에서의 능률을 의미하고, 이론개발 및 전달과정의 능률성은 주어진 여건과 실행과정의 개선을 의미한다. 지적활동을 능률화한다는 것은 지적문제의 해소를 뜻하며, 나아가서 지적활동의 과학화, 기술화 내지는 합리화, 근대화를 지칭하는 것이다.
정확성의 원리	지적의 구성을 토지현황조사, 기록과 도면, 관리와 운영으로 보았을 때, 토지현황조사에 있어 조사되는 지적정보의 정확성을 의미하며, 기록과 도면에 있어 토지등록요소의 정확한 명기와 함께 지적도의 대축척화, 경계점좌표등록부의 도입이 대표적인 예라 할 수 있다. 그리고 지적공부를 중심으로 한 관리 · 운영의 정확성은 지적기구의 조직과 업무의 분화와 관련됨이 크다. 결국 지적의 정확성은 지적불부합의 반대개념이다.

62 공훈의 차등에 따라 공신들에게 일정한 면적의 토지를 나누어 준 것으로, 고려시대 토지제도 정비의 효시가 된 것은? 15②산

① 관료전   ② 공신전
③ 역분전   ④ 정전

▶ 해설

1. 역분전(役分田) : 고려 태조 왕건 23년(940)에 공신들에게 공훈의 차등에 따라 일정한 토지를 나누어 준 제도이다. 역분전이란 "직역(職役)의 분수(分數)에 의한 급전(給田)"이란 뜻으로 후일 공훈전으로 발전하였으며 고려 전기 토지제도의 근간을 이룬 전시과(田柴科)의 선구가 되었다.

2. 고려의 토지제도

역분전 (役分田)		고려 개국에 공을 세운 조신(朝臣), 군사(軍士)에게 관계(官階, 직급)를 논하지 않고 공신에게 선악과 공로의 대소에 따라 토지를 지급
전시과	시정전시과 (始定田柴科)	관계와 인품을 고려하여 개별적 관료들에 대한 수조지급여(收租地給與)는 감소시키고 각종 관료성원들에 대하여 수조지분권(收租地分權)을 확보하기 위한 제도
	개정전시과 (改定田柴科)	전시급여자의 관등을 18과로 나누어 전시수급액을 규정하여 지급하고 인품이라는 기준은 지양하고 관직에 따라 토지를 분급하였다.
	경정전시과 (更定田柴科)	18등급에 따라 현직문무양반관료(現職文武兩班官僚)들에 대한 수조지 분급량을 줄이고 개별적 문무산관(文武散官)들에 대한 수조지(收租地)를 격감시켰다. 다른 편으로는 마군(馬軍), 보군(步軍) 등 군인의 수조지를 증가시켰다.
녹과전 (祿科田)		전민변정사업과 전시과 체제에서 수급자의 편리와 토지겸병의 토지를 보호하고 문무 관리의 봉록에 충당하는 토지제도이다.
과전법 (科田法)		대규모의 토지를 권문세족들이 소유하고 있으면서 세금을 내지 않아 국고가 부족하여 만든 과전법은 사전과 공전으로 구분하여 사전은 경기도에 한하여 현직, 전직관리의 고하에 따라 토지를 지급

63 경계의 결정원칙 중 경계불가분의 원칙과 관련이 없는 것은?

15②산

① 토지의 경계는 인접 토지에 공통으로 작용한다.
② 토지의 경계는 유일무이하다.
③ 경계선은 위치와 길이만 있고 너비가 없다.
④ 축척이 큰 도면의 경계를 따른다.

●**해설**

경계의 결정원칙

경계국정주의의 원칙	지적공부에 등록하는 경계는 국가가 조사·측량하여 결정한다는 원칙
경계불가분의 원칙	경계는 유일무이한 것으로 이를 분리할 수 없다는 원칙
등록선후의 원칙	동일한 경계가 축척이 서로 다른 도면에 각각 등록되어 있는 경우로서 경계가 상호 일치하지 않는 경우에는 경계에 잘못이 있는 경우를 제외하고 등록시기가 빠른 토지의 경계를 따른다는 원칙
축척종대의 원칙	동일한 경계가 축척이 서로 다른 도면에 각각 등록되어 있는 경우로서 경계가 상호 일치하지 않는 경우에는 경계에 잘못이 있는 경우를 제외하고 축척이 큰 것에 등록된 경계를 따른다는 원칙
경계직선주의	지적공부에 등록하는 경계는 직선으로 한다는 원칙

64 궁장토 관리조직의 변천과정으로 옳은 것은?

15②산

① 제실제도국 → 제실재정회의 → 임시재산정리국 → 제실재산정리국
② 제실재정회의 → 제실제도국 → 제실재산정리국 → 임시재산정리국
③ 제실제도국 → 임시재산정리국 → 제실재산정리국 → 제실재정회의
④ 임시재산정리국 → 제실재정회의 → 제실제도국 → 제실재산정리국

●**해설**

궁장토 관리조직의 변천과정

1. 1905.12.(제실제정회의 제도 마련)
   [경(卿)]
   ㉠ 정의 : 1895년 4월 이후 궁내부 소속 각 원(院)의 장관급 관직
   ㉡ 개설 : 1894년 7월 궁내부가 처음 설치될 때에는 이전의 각 관청을 궁내부 소속으로 개편하는 차원이었으므로, 궁내부 소속관청과 관직은 이전의 명칭을 크게 바꾸지 않았다.
   1895년 4월 궁내부 체제가 대폭 개편되면서 장례원(掌禮院)·시종원(侍從院)·규장원(奎章院)·회계원(會計院)·내장원(內藏院)·제용원(濟用院) 등 6개의 원이 설치되었다. 그리고 각 원 아래에 고유 업무를 수행하는 관청들을 부속시켰다.
   장례원·시종원·규장원에는 경을 두고, 회계원·내장원·제용원에는 장(長)을 두었다. 이후 궁내부 관제 개정이 여러 차례 있으면서 각 원 명칭의 개칭과 치폐, 새로운 원의 신설 등이 복잡하게 전개되었다.
   ㉢ 경의 변천 과정을 정리하면 다음과 같다.
   • 1895년 11월에 있었던 관제개혁 때 비서원(秘書院)·종정원(宗正院)·귀족원(貴族院)·회계원의 장을 경으로 하였다.
   • 1896년 1월 규장원을 규장각으로 개칭하면서 경을 학사(學士)로, 경연원을 홍문관으로 개칭하면서 경을 태학사로, 전의사를 태의원으로 승격시키고 장·부장(副長)을 도제조(都提調 : 議政 또는 궁내부 대신이 겸직)·경·소경(小卿)으로 각각 개칭하였다.
   • 1899년 8월 내장사(內藏司)를 내장원으로 개칭하면서 경을 두었다.
   • 1900년 12월 귀족원이 돈녕원(敦寧院)으로 개편되면서 경이 영사(領事)로 개칭되었다.
   • 1904년 5월 어공원(御供院) 신설과 함께 경·소경을 두었으나 7월에 폐지하였다.
   • 1905년 3월 일본 제국주의 침략이 노골화되면서 궁내부 체제가 대폭 개편되는데, 시종원·비서감(秘書監)·예식원(禮式院 : 1900년 12월에 신설되었으나 그때는 장례원과 별도의 기구였는데, 여기에서는 장례원이 폐지된다. 관직도 예식경·부경·장례경 등을 둔다.)·태의원·경리원(신설 이전의 내장원을 내장사와 경리원의 두 기구로 분리)·주전원 등에 경·부경(副卿)을 두었다.
   • 1906년 8월 예식원을 폐지하고 장례원을 다시 설치, 경과 부경을 두었다.
   • 1907년 11월 시종원·장례원·내장원(경리원 폐

지, 내장사를 개칭)·주전원·제실회계감사원(신설) 등에 경을 두었다.

경은 칙임관으로 소관 사무를 관장하고 소속 직원을 감독하는 대신급 관리로서, 일제가 황실재산을 침탈하는 과정에서는 특수한 기능이 주어지기도 하였다. 즉 1905년 12월에는 제실재정회의 제도가 마련되었고, 그 의원 중에 경리원경·주전원경·예식원예식경이 포함되었다. 1906년 1월에 신설된 제도국에는 제실제도 정리, 제정을 위해 의정관(議定官)을 두었는데, 1907년 6월부터는 의정관에 장례원경·경리원경·주전원경이 포함되었다. → 궁내부

2. 1907(제실제도국(帝室制度整理局))
  ㉠ 정의 : 조선 말기 제실제도의 정리를 위하여 설치되었던 관청
  ㉡ 내용 : 1904년 10월 5일 「제실제도정리국직무장정」이 제정되었으며, 1905년 1월 23일부터 활동을 시작하였다. 직원은 칙임관인 총재(總裁) 1인, 칙임관대우의 의정관(議定官) 6인(궁내부대신과 고문은 당연직으로 정원 외), 주임관대우의 비서(秘書) 2인, 판임관대우의 기사(記事) 3인으로 구성되어 있었다. 1906년 1월 30일 폐지될 때까지 약 1년간 궁내부 관제의 전면개정, 경리원(經理院)의 독립 저지, 황실재정 정리를 위하여 「제실재정회의장정」·「제실회계심사국직무장정」·「제실회계규칙」 등 7개 법령의 제정, 1906년도 황실 및 궁내부예산안 작성 등의 일을 하였다. 총재는 이재극(李載克)이었으나 법령 초안 작성을 비롯한 모든 사무는 궁내부 고문 일본인 가토(加藤增雄)가 취급하였다. 1906년 1월 30일 궁내부 관제 개정으로 궁내부에 제도국(制度局)이 설치되어 그 사무를 이관하였다.
  1907년 궁내부 제도국 안에 임시정리부를 두었다가 7월에는 "임시제실유 및 국유재산조사국(臨時帝室有 及 國有財産調査局)"을 설치하고 국유재산과 제실재산을 분할하여 조사하는 기관으로 삼았다.

3. 1907.11.27.(내장원 분과규정 및 제실재산정리국관제제정) : 궁내부령 제7호로 내장원 분과규정을 제정하였다(측량 및 제도에 관한 사항 제5조 제5항). 제실재산정리국 관제를 제정하여 제실재산정리국에 농림과, 측량과, 주계과를 두고(제1조) 측량과에서는 제실유 토지, 삼림·원야 등 측량과 제도, 경계답사, 지적정리사항을 관장하였다(시행일 12월 1일). 궁내부령 제8호로 궁내부 대신 이윤용은 제실재산정리국 분과규정을 제정하였다.

4. 1908.7.23.(임시재산정리국관제 공포) : 내각총리대신 이완용과 탁지부대신 임선준은 임시재산정리국관제를 공포하였다.

65 다음 중 지적의 일반적 기능 및 역할로 옳지 않은 것은? 15②산

① 토지의 물리적 현황을 등록한 토지대장은 등기부를 정리하기 위한 보조적 기능을 한다.
② 지적공부에 등록된 정보는 토지평가의 기초자료로 활용된다.
③ 지적공부에 등록된 정보는 토지거래의 기초자료로 활용된다.
④ 토지정보를 필요로 하는 분야에 종합 정보원으로서의 기능을 한다.

해설

지적의 기능

토지 등기의 기초 (선등록 후등기)	지적공부에 토지표시사항인 토지소재, 지번, 지목, 면적, 경계와 소유자가 등록되면 이를 기초로 토지소유자가 등기소에 소유권보존등기를 신청함으로써 토지등기부가 생성된다. 즉, 토지표시사항은 토지등기부의 표제부에, 소유자는 갑구에 등록한다.
토지평가의 기초 (선등록 후평가)	토지평가는 지적공부에 등록한 토지에 한하여 이루어지며, 평가는 지적공부에 등록된 토지표시사항을 기초자료로 이용하고 있다.
토지 과세의 기초 (선등록 후과세)	토지에 대한 각종 국세와 지방세는 지적공부에 등록된 필지를 단위로 면적과 지목 등 기초자료를 이용하여 결정한 개별공시지가(지가공시 및 토지등의 평가에 관한 법률)를 과세의 기초자료로 하고 있다.
토지 거래의 기초 (선등록 후거래)	토지거래는 지적공부에 등록된 필지 단위로 이루어지며, 공부에 등록된 토지표시사항(소재, 지번, 지목, 면적, 경계등)과 등기부에 등재된 소유권 및 기타 권리관계를 기초로 하여 거래가 이루어지고 있다.
토지이용 계획의 기초 (선등록 후계획)	각종 토지이용계획(국토계획, 도시관리계획, 도시개발, 도시재개발 등)은 지적공부에 등록된 토지표시사항을 기초자료로 활용하고 있다.
주소 표기의 기초 (선등록 후설정)	민법에서의 주소, 호적법에서의 본적 및 주소, 주민등록법에서의 거주지·지번·본적, 인감증명법에서의 주소와 기타 법령에 의한 주소·거주지·지번은 모두 지적공부에 등록된 토지소재와 지번을 기초로 하고 있다.

66 토지를 등록하는 지적공부를 크게 토지대장 등록지와 임야대장 등록지로 구분하고 있는 직접적인 원인은? 15②산

① 조사사업별 구분　② 토지지목별 구분
③ 과세세목별 구분　④ 도면축척별 구분

해설

• 토지조사사업 : 대한제국 정부는 당시의 분란하였던 토지제도를 바로 잡자는 취지에서 1898~1903년 사이에 123개 지역의 토지조사사업을 실시하였고 1910년 토지조사국 관제와 토지조사법을 제정·공포하여 토지조사 및 측량에 착수하였으나 한일합방으로 일제는 1910년 10월 조선총독부 산하에 임시토지조사국을 설치하여 본격적인 토지조사사업을 전담토록 하였다. 1912년 8월 13일 제령 제2호로 토지조사령(土地調査令)과 토지조사령시행규칙(土地調査令施行規則 : 조선총독부령 제6호)을 제정·공포하고 전국에 토지조사사업을 위한 측량을 실시하고 1914년 3월 6일 제령 제1호로 지세령(地稅令), 1914년 4월 25일 조선총독부령 제45호 토지대장규칙(土地臺帳規則) 및 1915년 1월 15일 조선총독부령 제1호 토지측량표규칙(土地測量標規則)에 의하여 그 성과인 토지대장과 지적도를 작성함으로써 근대적인 지적제도가 창설되었다.

• 임야조사사업 : 임야조사사업은 토지조사사업에서 제외된 임야와 임야 및 기 임야에 개재(介在)되어 있는 임야 이외의 토지를 조사 대상으로 하였으며, 사업목적은 첫째, 국민생활 및 일반경제 거래상 부동산 표시에 필요한 지번의 창설, 둘째, 임야의 위치 및 형상을 도면에 묘화하여 경계의 명확화, 셋째, 임야의 귀속 및 판명의 결여로 임정의 진흥 저해와 산야의 황폐, 각종 분규 등의 해결을 위한 소유권의 법적 확정, 넷째, 토지조사와 함께 전국토에 대한 지적제도 확립, 다섯째, 각종 임야 정책의 기초자료 제공 등이다. 한편, 조사 및 측량기관은 부(府)나 면(面)이 되고 사정(査定)기관은 도지사가 되며 도지사의 산하에 임야심사위원회를 두어 분쟁지에 대한 재결 사무를 관장하게 하였다.

67 지목의 설정원칙이 아닌 것은? 15②산

① 지목변경불변의 원칙　② 사용목적추종의 원칙
③ 용도경중의 원칙　④ 등록선후의 원칙

해설

지목의 결정원칙

지목 국정주의 원칙	토지의 주된 용도를 조사하여 지목을 결정하는 것이 국가라는 원칙, 즉 국가만이 지목을 정할 수 있다는 원칙
지목 법정주의 원칙	지목의 종류 및 명칭을 법률로 규정한다는 원칙
1필지 1지목 원칙	1필지에는 하나의 지목을 설정한다는 원칙
주지목 추종의 원칙	주된 토지의 편익을 위해 설치된 소면적의 도로, 구거 등의 지목은 이를 따로 정하지 않고 주된 토지의 사용목적 및 용도에 따라 지목을 설정하는 원칙
등록 선후의 원칙	도로, 철도용지, 하천, 제방, 구거, 수도용지 등의 지목이 중복되는 경우에는 먼저 등록된 토지의 사용목적. 용도에 따라 지번을 설정하는 원칙
용도 경중의 원칙	1필지의 일부가 용도가 다른 용도로 사용되는 경우로서 주된 용도의 토지에 편입할 수 있는 토지는 주된 토지의 용도에 따라 지목을 설정한다는 원칙
일시변경 불변의 원칙	토지의 주된 용도의 변경이 아닌, 임시적이고 일시적인 변경은 지목변경을 할 수 없다는 원칙
사용목적 추종의 원칙	도시계획사업, 토지구획정리사업, 농지개량사업 등의 완료에 따라 조성된 토지는 사용 목적에 따라 지목을 설정하여야 한다는 원칙

68 다음 중 조선시대 토지제도인 양전법에서 규정한 전형(田形, 토지의 모양) 5가지에 해당되지 않는 것은? 15②산

① 방전(方田)　② 원전(圓田)
③ 직전(直田)　④ 규전(圭田)

해설

• 조선시대 토지의 형태 : 조선시대의 토지 형태는 5가지 형태로 기록하였는데 광무 2년(1898년)에는 양지아문의 양전사목에 의해 "5형 이외에 원형(圓形), 타원형(橢圓形), 호시형(弧矢形), 삼각형(三角形), 미형(眉形)을 더하고 이 10형에 합당하지 않으면 곧장 변의 모양을 가지고 이름을 정하여 등변, 부등변을 논할 것 없이 4변, 5변 변형에서부터 다변형 타협에 이르기까지 명명하다."라고 규정하였다.

• 토지의 형태

방전 (方田)	사각형의 토지로 장(長)과 광(廣)을 측량	
직전 (直田)	직사각형의 토지로 장(長)과 평(平)을 측량	
구고전 (句股田)	삼각형의 토지로 구(句)와 고(股)를 측량	
규전 (圭田)	이등변삼각형의 토지로 장(長)과 광(廣)을 측량	
제전 (梯田)	사다리꼴의 토지로 장(長)과 동활(東闊), 서활(西闊)을 측량	

69 고려시대 토지를 기록하는 대장에 해당되지 않는 것은?

15②산

① 도전장
② 양전도장
③ 도전정
④ 구양안

해설

고려시대 지적제도

지적관리 기구로는 중앙에 호부(戶部)와 특별관서로 급전도감(給田都監), 정치도감, 절급도감, 찰리변위도감(拶理辨違都監) 등을 설치하여 운영하였으나 역분전(役分田)을 제외하고는 뚜렷하게 창안된 제도가 없었으며 경종 원년(976)에 전시과(田柴科)를 창설하여 시행하였다. 토지대장의 명칭은 도전장(都田帳), 양전도장(量田都帳), 양전장적(量田帳籍), 도행(導行), 작(作), 도전정(導田丁), 전적(田籍), 전부(田簿), 적(籍), 안(案), 원적(元籍) 등으로 다양하였다.

70 조선시대 경국대전 호전(戶典)에 의한 양전은 몇 년마다 실시하였는가?

15③산

① 5년
② 10년
③ 15년
④ 20년

해설

조선시대·양안(量案)

양안은 고려시대부터 사용된 토지장부로서 오늘날의 지적공부로 토지대장과 지적도 등의 내용을 수록하고 있었으며 '전적'이라고 부르기도 하였다. 토지실태와 징세 파악 및 소유자 확정 등을 위한 토지과세대장으로 경국대전에는 20년에 한 번씩 양전을 실시하여 양안을 작성토록 한 기록이 있다.

[양안 작성의 근거]
• 경국대전 호전(戶典) 양전조(量田條)에는 "모든 전지는 6등급으로 구분하고 20년마다 다시 측량하여 장부를 만들어 호조(戶曹)와 그 도(道), 그 읍(邑)에 비치한다."고 기록하고 있다.
• 3부씩 작성하여 호조, 본도, 본읍에 보관

71 1필지의 설명 중 옳지 않은 것은?

15③산

① 1필의 토지
② 1지번의 토지
③ 자연적인 토지 단위
④ 법적인 토지 단위

해설

1. 필지의 특성
• 토지의 소유권이 미치는 범위와 한계를 나타낸다.
• 지형·지물에 의한 경계가 아니고 토지소유권의 구분에 의하여 인위적으로 구획된 것이다.
• 도면(지적도·임야도)에서는 경계점을 직선으로 연결한 선, 경계점좌표등록부에서는 경계점(평면직각종횡선수치)의 연결로 표시되며 폐합된 다각형으로 구획된다.
• 대장(토지대장·임야대장)에서는 하나의 지번에 의거하여 작성된 1장의 대장을 근거로 하여 필지를 구분한다.

2. 1필지로 정할 수 있는 기준 : 토지의 등록단위인 1필지를 정하기 위해서는 다음의 기준에 적합하여야 한다.

| 지번
부여
지역의
동일 | 1필지로 확정하고자 하는 토지는 지번부여지역(행정구역인 법정 동·리 또는 이에 준하는 지역)이 같아야 한다. 따라서 1필지의 토지에 동·리 및 이에 준하는 지역이 다른 경우 1필지로 획정할 수 없다. |
| 토지
소유자
동일 | 1필지로 확정하고자 하는 토지는 소유자가 동일하여야 한다. 따라서 1필지로 확정하고자 하는 토지의 소유자가 각각 다른 경우에는 1필지로 획정할 수 없다. 또한 소유권 이외의 권리관계까지도 동일하여야 한다. |

용도의 동일	1필지로 획정하고자 하는 토지는 지목이 동일 하여야 한다. 따라서 1필지 내 토지의 일부가 주된 사용목적 또는 용도가 다른 경우에는 1필 지로 획정할 수 없다. 다만, 주된 토지에 편입 할 수 있는 토지의 경우에는 필지 내 토지의 일 부가 지목이 다른 경우라도 주지목추정의 원칙 에 의하여 1필지로 획정할 수 있다.
지반이 연속	1필지로 획정하고자 하는 토지는 지형·지물 (도로, 구거, 하천, 계곡, 능선) 등에 의하여 지 반이 끊기지 않고 연속되어야 한다. 즉 1필지 로 하고자 하는 토지는 지반이 연속되지 않은 토지가 있을 경우 별필지로 획정하여야 한다.

72 각 시대별 지적제도의 연결이 옳지 않은 것은?

15③산

① 고려 – 수등이척제
② 조선 – 수등이척제
③ 구한말 – 지계아문(地契衙門)
④ 고구려 – 두락제(斗落制)

● 해설

문제 30번 해설 참고

73 고조선시대에 균형 있는 촌락의 설치와 토지분급 및 수확량의 파악을 위해 시행된 것은?

15③산

① 정전제(井田制)　　② 결부제(結負制)
③ 두락제(斗落制)　　④ 경무법(頃畝法)

● 해설

정전제(井田制)

상고시대의 이상적인 토지제도를 말한다. 중국 고대 사상가 맹자(孟子)가 설(說)한 것이 가장 오래된 것으로 그는 이미 정전제가 소멸됐음을 한탄하면서, 정전제로의 복귀를 통해 유교정치의 이상(인의정치(仁義政治))을 실현하고자 하였다. 토지를 정(井) 자 모양으로 구획하여 백성들에게 분급하고 세금을 부과하여 부조리가 없게 하고자 수확 실정에 따라 소득의 9분의 1을 세금으로 거둬들였다. 고조선시대에 균형 있는 촌락의 설치와 토지분급 및 수확량의 파악을 위해 시행되었던 조세제도로 당시 납세의 의무를 지도록 하여 소득의 9분의 1을 조공으로 바치게 하는 제도이다.

CHAPTER 02 지적제도의 발달

제1절 우리나라의 지적제도

··· 1.1 상고시대

1.1.1 고조선

우리나라의 지적제도의 기원은 상고시대에서부터 찾아볼 수 있다. 고조선시대의 정전제(井田制)로서 균형 있는 촌락의 설치와 토지분급 및 수확량 파악을 위해 시행되었던 지적제도로서 백성들에게 농사일에 힘쓰도록 독려했으며 납세의 의무를 지게 하여 소득의 9분의 1을 조공으로 바치게 하였다. 또한 수장격인 풍백(風伯)의 지휘를 받아 봉가(鳳加)가 지적을 담당하였고 측량실무는 오경박사가 시행하여 국토와 산야를 측량하여 조세율을 개정했으며 한편 오경박사(五經博士) 우문충(宇文忠)이 토지를 측량하고 지도를 제작하였으며 유성설(遊星說)을 저술하였다.

단군조선의 지적적 방식은 측량술에 의하여 실시된 듯하다. 『단기고사』에 의하면 제14대 고불(古弗) 58년 전토와 산야를 측량하여 조세율을 개정했다 하고, 제36대 매륵(買勒) 25년에 오경박사(五經博士) 우문충(宇文忠)이 토지를 측량하여 지도를 제작하였다고 한다. 정전법을 시행했다는 내용으로는 『단기고사』에는 제1대 서여 원년에 미서(微西)를 명하여 정전법을 열고 백성으로 하여금 납세의 의무를 알게 하여 소득의 9분의 1을 받았다는 내용이 있다.

정전제 방법	정전제의 의의	정전제 명칭
• 1방리의 토지를 정자형으로 구획하여 정이라 함 • 1정은 900묘로써 구획함 • 중앙의 100묘를 공전으로 주고 주위의 800묘는 사전으로 함 • 중앙의 100묘는 공동으로 경작하여 조공으로 바치게 함 • 개인의 8가구에 100묘씩 나누어 주어 농사를 짓게 함	• 측량을 수반한 것으로 추정 • 왕도사상의 기반을 둔 제도 • 공동체 형성이 기본사상 • 국가세수 확보 • 토지계량제도 확립	• 중국 : 방리제 • 북한 : 리방제 • 한국 : 조리제, 정전제 • 일본 : 조방제

➤ 정전제(井田制)

상고시대의 이상적인 토지제도를 말한다. 중국 고대 사상가 맹자(孟子)가 설(說)한 것이 가장 오래된 것으로 그는 이미 정전제가 소멸됐음을 한탄하면서, 정전제로의 복귀를 통해 유교정치의 이상(인의정치(仁義政治))을 실현하고자 하였다. 토지를 정(井) 자 모양으로 구획하여 백성들에게 분급하고 세금을 부과하여 부조리가 없게 하고자 수확실정에 따라 소득의 9분의 1을 세금으로 거둬들였다. 고조선시대에 균형 있는 촌락의 설치와 토지분급 및 수확량의 파악을 위해 시행되었던 조세제도로, 당시 납세의 의무를 지도록 하여 소득의 9분의 1을 조공으로 바치게 하는 제도이다.

기준

정전이란 평탄한 곳에 토지를 구획하여 井을 만들고 법을 정했다.
6尺을 1步, 100步를 1畝, 100畝를 1夫, 3夫를 1파, 3파를 1井으로 한다.

| 정전제의 여러 형태 |

1.1.2 부여(夫餘, 남북 부족국가시대)

부여에는 수렵·목축과 아울러 일찍이 농업이 성행하였으며 또 독특하게 영토를 구획하고 있었다. 국도(國都)를 중심으로 영토를 사방으로 구획하여 이를 사출도(四出道)라고 하였다. 국왕은 중앙에서 사출도를 맡은 4가(加)를 통솔하고 제가(馬, 牛, 猪, 狗加)는 일종의 행정구역인 사출도를 관할하였다. 부여에는 최고통치자로서 왕이 있고 그 아래로 육축관명(六畜官名)의 귀족관료와 대사(大使), 대사자(大使者), 사자(使者) 등의 직이 왕을 보좌하고 있었다. 그래서 이들 행정관료들은 부여 사회의 각 읍락공동체를 통치하였다.

Reference 참고

➤ **사출도(四出道)**

부여는 전국을 5개 지역으로 나누어 통치하였다. 수도(首都)를 중심으로 동·서·남·북의 방위에 따라 지방을 4개 구역으로 나누었으며 그것을 사출도(四出道)라고 하였다. 수도(首都)가 있는 중앙지역에는 가장 강력한 부족(部族)이 있고, 이 중앙부족을 중심으로 사방(四方)에는 그 지방에 있는 우세한 부족들이 각각 사출도의 한 도를 장악하고, 중앙부족이 이를 인정하여 부족연맹을 형성하였다.

사출도는 부족장인 제가(諸加)가 관할하였다. 큰 부족으로는 가축의 이름을 딴 마가(馬加)·우가(牛加)·저가(猪加)·구가(狗加) 등이 있다. 처음에 제가는 부족의 대표적인 역할만 했으나 점차 귀족화되며 국가의 지배신분층이 되었다. 제가는 세력의 크기에 따라 수천 가(家) 또는 수백 가의 호(戶)를 지배하였다.

··1.2 삼국시대

1.2.1 지적제도

고구려	지적 관련 부서로는 위지(魏志)의 주부(主簿), 주서(周書)의 조졸(鳥拙), 수서(隨書)의 조졸(鳥拙), 당서(唐書)의 울절(鬱折), 한원(翰苑)의 울절(鬱折)이라는 직책을 두어 도부(圖簿) 등을 관장케 하였으며, 지적사무는 사자(使者)가 담당하였다. 국토를 조사·수록한 **봉역도**(封域圖)란 지도와 1953년 평남 순천군(順天郡)에서 **요동성총도**(遼東城塚圖)라는 고구려 고분벽화가 있었다. 토지를 측량하는 데 사용한 자(尺)로서는 **고구려척**(尺)을 사용하였고, 토지의 면적단위로는 **경묘법**(頃畝法)을 사용하였으며 **구장산술**(九章算術)에 의한 **방전장**(方田章)과 **구고장**(句股章)등의 면적측량법을 이용하였다.
백제	백제의 지적 관련 부서로는 6좌평(佐平) 중 내두좌평(內頭佐平)으로 하여금 국가의 재정을 맡도록 하였으며, 측량은 **산학박사**(算學博士)인 전문가로 하여금 기술사무에 종사토록 하였다. 또한 **산사**(算師)와 **화사**(畵師) 등의 전문직이 있어 토지 측량과 도면 제작에 참여하였다. 토지 측량에 의하여 오늘날의 지적공부와 같은 **도적**(圖籍)을 가지고 있었으며, 길이의 단위로 척(尺)을 사용하였으며 토지의 면적은 **두락제**(斗落制) 및 **결부제**(結負制)를 사용하였고 **구장산술**(九章算術)에 의한 면적측량법을 사용했던 것으로 추정된다.
	특히 토지도면으로 **천평승보**(天平勝宝) 3(751)년에 작성된 **근강국 수소촌 간전도**(近江國 水沼村 墾田圖)와 함께 24점의 동대사령(東大寺領)의 **간전도**(墾田圖), **개전도**(開田圖)가 나라(奈良)에 있는 국립박물관에 소장되어(正倉院 어물로서) 1,200여 년 동안 보존되어 왔는데 이것은 일본뿐 아니라 세계 최고(最古)의 지적도로 인정되고 있다. 이런 사실은 1971년 7월 충남 공주에서 백제 무령왕릉(武寧王陵)이 발굴되고 거기에서 지석(誌石) 2개가 나왔다. 하나의 지석(甲 : 523년 제작) 뒷면에는 방위도(方位圖) 즉 **능역도**(陵域圖 : 地積圖)와 신과의 묘지매매에 관한 문기(文記)가 있는데 묘지한계의 표시로 **방위간지**(方位干支)를 사용하고 있다는 것으로 알 수 있다.

신라	신라는 6부 중 조부(調部)에서 토지세를 파악토록 하였으며, 국학에 산학박사를 두어 토지 측량과 면적계산에 관계된 지적실무에 종사하였다. 양전장적(量田帳籍)이라는 장부를 가지고 있었으며, 토지측량에 사용된 구장산술의 방전장은 방전(方田), 직전(直田), 규전(圭田), 제전(梯田), 원전(圓田), 호전(弧田), 환전(環田), 구고전(句股田) 등의 몇 가지 형태로 구분하고 있다. 길이단위로 척(尺)을 사용하였으며 토지면적은 사방 1보(步)가 되는 넓이를 1파(把), 10파를 1속(束)으로 하고, 사방 10보(步), 즉 10속(束)을 1부(負)로 하고, 10부를 1총(總), 사방 100보(10總)를 1결(結)로 하는 결부제(結負制) 10진법을 사용하였다.

▼ 삼국시대의 지적제도 비교

구분	고구려	백제	신라
길이단위	척(尺) 단위를 사용하였으며 고구려척	척(尺) 단위를 사용하였으며 백제척, 후한척, 남조척, 당척	척(尺) 단위를 사용하였으며 흥아발주척, 녹아발주척, 백아척, 목척
면적단위	경무법(頃畝法)	두락제(斗落制)와 결부제(結負制)	결부제(結負制)
토지장부	봉역도(封域圖) 및 요동성총도(遼東城塚圖)	도적(圖籍)을 일본에 전래 (근강국 수소촌 간전도, 近江國 水沼村 墾田圖)	장적(방전, 직전, 제전, 규전, 구고전, 원전, 호전, 환전)
측량방식	구장산술	구장산술	구장산술
토지담당 (부서·조직)	• 부서 : 주부(主簿) • 실무조직 : 사자(使者)	• 내두좌평(內頭佐平) 산학박사 : 지적, 측량 담당 • 화사 : 도면 작성 • 산사 : 측량 시행	• 조부 : 토지세수 파악 • 산학박사 : 토지측량 및 면적 측정
토지제도	토지국유제 원칙	토지국유제 원칙	토지국유제 원칙

가. 산학박사(算學博士)

백제와 신라시대 때 지적관리기관인 상대등(上大等), 조부(調部), 창부(倉部) 등에서 국가재정을 맡았던 관리(官吏)로 고도의 수학지식을 지니고서 토지에 대한 측량과 면적 측정 사무에 종사하였다. 고려시대 산학박사는 국자감에 소속되어 산학을 가르치던 교수직 및 각 관청에서 회계사무를 담당한 관직이었다.

나. 산사와 화사

백제의 지적 관련 부서 내두좌평(內頭佐平) 관할하에 실무담당자로 산학박사를 두어 지적과 측량을 관리하도록 하였으며 또 산사(算師)와 화사(畵師)의 직을 두어 토지측량과 도면을 작성하였다. 산사는 구장산술의 토지측량방식을 이용하여 지형을 당시 측량술로 측량하기 쉬운 형태로 구획하는 측량을 수행하였으며 화사는 회화적으로 지도나 지적도 등을 만들었다.

다. 신라장적(新羅帳籍)

일본 정창원에서 발견된 것으로 통일신라시대 서원경 지방의 네 마을에 있었던 토지 등 재산목록으로 3년마다 일정한 방식으로 기록하였는데, 그 내용은 촌명(村名), 마을의 둘레, 호수의 넓이, 인구수, 논과 밭의 넓이, 과실나무의 수, 마전, 소와 말의 수 등이며 과세를 위한 기초문서이다. 신라 민정문서라고도 한다.

1) 시대별 토지도면 및 대장

고구려	봉역도(封域圖), 요동성총도(遼東城塚圖)
백제	도적(圖籍)
신라	신라장적(新羅帳籍)
고려	도행(導行), 전적(田籍)
조선	양안(量案) ① 구양안(舊量案) : 1720년부터 광무양안(光武量案) 이전 ② 신양안(新量案) : 광무양안으로 측량하여 작성된 토지대장 ③ 야초책 · 중초책 · 정서책 등 3단계를 거쳐 양안이 완성된다.
일제	토지대장, 임야대장

2) 신라장적의 특징 및 내용

특징	① 지금의 청주지방인 신라 서원경 부근 4개 촌락에 해당되는 문서이다. ② 일본의 동대사 정창원에서 발견되었다. ③ 3년간의 사망 · 이동 등 변동내용을 반영하여 3년마다 기록한 것으로 추정된다. ④ 현존하는 가장 오래된 지적공부 ⑤ 국가의 각종 수확의 기초가 되는 장부
기록내용	① 촌명(村名), 마을의 둘레, 호수의 넓이 등 ② 인구수, 논과 밭의 넓이, 과실나무의 수, 뽕나무의 수, 마전, 소와 말의 수

1.2.2 면적의 단위

가. 결부법(結負法)

토지면적을 표시하는 말로 신라시대부터 사용되어 오랜 세월이 흐르는 동안 뜻이 변화되었다. 일정한 토지에서 생산되는 수확량을 나타내는 뜻으로 사용되었으나 일정량의 수확을 올리는 토지면적으로 바뀌었다. 결부에 따라 세액을 정하므로 세율을 표시하는 말로도 사용된다.

1) 기준

① 1척 제곱은 1파(把), 10파는 1속(束), 10속은 1부(負 또는 卜), 100부는 1결(結)을 말한다.

② 1등전의 1결을 100으로 하여 2등전은 85, 3등전은 70, 4등전은 55, 5등전은 40, 6등전은 25의 비율로 결의 면적을 환산하였다.

③ 1결의 면적에 대해서는 17,000~18,000평 정도로 보는 설, 4,500평으로 보는 설, 6,800여 평으로 보는 설 등이 있다.

나. 경묘법(頃畝法)

전지 면적의 단위로 6척 사방을 보(步), 백보를 묘(畝), 백묘를 경(頃)이라고 하며 중국에서 전래된 면적단위이다. 농지의 광협을 통해서 그 면적을 파악하고 경무(頃畝)에 따라 과세하므로 매경(每頃)의 세(稅)는 경중에 따라 세금의 총액은 해마다 일정치 않지만 국가는 전국의 농지를 그 실수대로 정확히 파악할 수 있는 방법이다.

1) 기준과 특징

기준	사방 6尺 → 1步, 100步 → 1畝, 100畝 → 1頃으로 하였다.
특징	① 농지의 광협에 따라 면적 파악과 과세 산정 ② 매경의 세는 경중에 따라 부과 ③ 세금의 총액은 일정치 않으나 국가는 전국의 농지 파악이 용이하다. ④ 정약용과 서유구가 주장하였다. ⑤ 토지의 수확량뿐만 아니라 그만한 수확량을 낼 수 있는 토지의 면적을 산정하는 결부법과 대립되는 면적단위이다.

다. 두락제(斗落制)

전답에 뿌리는 씨앗의 수량으로 면적을 표시하는 것으로 백제, 고려시대 토지의 면적을 산정하고 이에 대한 결과를 도적에 기록하였다.

1) 기준과 특징

기준	① 1석(20두)의 씨앗을 뿌리는 면적을 1석락(石落)이라 한다. ② 표준에 의하여 하두락(何斗落), 하승락(何升落), 하합락(何合落)이라 한다. ③ 대체로 1두락의 면적은 120평 또는 180평이다.
특징	① 전답에 뿌리는 씨앗의 수량으로 면적을 표시하는 방식이다. ② 구한말은 각 도·군·면마다 넓이가 일정하지 않았다. ③ 대한제국시대 전국의 아문둔전과 역토 등이 왕실의 소유로 편입될 시 두락으로 사정하고 두락 단위로 도조가 책정되었다. ④ 조선총독부시대 1911년 결수연명부 규칙을 제정하여 각 부·군·면마다 작성하여 비치토록 하였다. 이때 토지의 면적은 실제 면적이 아닌 두락제에 의한 수확량 또는 파종량을 기준으로 하는 결(結)·속(束)·부(負) 등의 단위를 사용하였다.

▼ 결부법 · 경묘법 · 두락제의 비교

구분	결부법	경묘법	두락제
면적기준	• 1결(結)은 100부 • 1부(負 또는 卜)는 10속 • 1속(束)은 10파(把) • 1파(把)는 1척 제곱	• 1頃 → 100畝 • 1畝 → 100步 • 1步 → 사방 6尺	• 하두락(何斗落) • 하승락(何升落) • 하합락(何合落) • 1두락의 면적은 120평 또는 180평
부과기준	농지의 비옥도에 따라 (주관적인 방법)	농지의 광협에 따라 (객관적인 방법)	구한말은 각 도·군·면마다 넓이가 일정하지 않았다.
부과원칙	세가 동일하게 부과	세가 경중에 따라 부과	–
세금총액	해마다 일정하게 산정	해마다 다르게 산정	–
농지파악	부정 등으로 인하여 전국농지의 정확한 파악불가	전국농지의 정확한 파악	전답에 뿌리는 씨앗의 수량으로 면적을 표시
도입주장	삼국시대부터 사용	삼국시대부터 사용 (정약용, 서유구)	–

▼ 면적의 단위

경무법	• 1경=100무, 1무=100보, 1보=6척 • 1경 1무 1보 1척=60,607척 • 1경=100무=10,000보=60,000척
결부제	• 1결 1총 1부 1속 1파=11,111파 • 10,000파(척)=1,000속=100부=10총=1결
두락제	백제시대 토지의 면적 산정을 위한 측량의 기준을 정한 제도로, 이에 의한 결과는 도적(圖籍)에 기록되었다. 이는 전답에 뿌리는 씨앗의 수량으로 면적으로 표시하는 것으로, 1석(石, 20두)의 씨앗을 뿌리는 면적을 1석락(石落)이라고 하였다. 이 기준에 의하면 하두락, 하승락, 하합락이라고 하며 1두락의 면적은 120평 또는 180평이다.

※ 삼국시대 및 고려시대, 조선시대에도 적용

1.2.3 면적 측정방법

가. 구장산술

현재 남아 있는 중국의 고대 수학서는 10종류로서 『산경십서(算徑十書)』라 하는데, 그중에서 가장 큰 것이 『구장산술』로서, 10종류 중 2번째로 오래 되었다. 가장 오래된 『주비산경』은 천문학에 관한 수학서이다.

구장산술의 저자 및 편찬연대는 정확히 알 수 없으나 중국에서 들여와 삼국시대부터, 조선을 거쳐 일본에까지 커다란 영향을 미쳤다.

삼국시대는 지형을 측량하기 쉬운 형태로 구분하여 화사(畵師)가 회화적으로 지도나 지적도 등을 만들었으며, 방전·직전·구고전·규전·제전·원전·호전·환전 등의 형태를 설정하였다.

1) 구장산술의 형태(전의 형태)

방전(方田)	사방의 길이가 같은 정사각형 모양의 전답으로 장(長)과 광(廣)을 측량
직전(直田)	긴 네모꼴의 전답으로 장(長)과 평(平)을 측량
구고전(句股田)	직삼각형으로 된 전답으로 구(句)와 고(股)를 측량. 신라시대 천문수학의 교재인 주비산경 제1편에 주(밑변)를 3, 고(높이)를 4라고 할 때 현(빗변)은 5가 된다고 하였다. 이 원리는 중국에서 기원전 1,000년경에 제시되었으며 피타고라스의 발견보다 무려 500여 년이 앞선다.
규전(圭田)	이등변삼각형의 전답으로 장(長)과 광(廣)을 측량(밑변×높이×1/2)
제전(梯田)	사다리꼴 모양의 전답으로 장(長)과 동활(東闊), 서활(西闊)을 측량
원전(圓田)	원과 같은 모양의 전답으로 주(周)와 경(經)을 측량
호전(弧田)	활꼴 모양의 전답으로 현장(弦長)과 시활(矢闊)을 측량
환전(環田)	두 동심원에 둘러싸인 모양, 즉 도넛 모양의 전답으로 내주(內周)와 외주(外周)를 측량

(a) 方田　(b) 直田　(c) 句股田　(d) 圭田

(e) 梯田(邪田)　(f) 圓田　(g) 弧田　(h) 環田

‖ 전의 형태 ‖

1.2.4 삼국시대의 토지제도

삼국시대의 지적제도는 부족국가의 사회로 출발하여 정치체제와 법령이 정비되어 감에 따라 통치수단으로 토지제도에 맞추어 관제를 정비하였다.

삼국시대에는 토지국유제를 원칙으로 토지를 경영하고 수취와 생산관계에 따라 토지를 분류하면 국가직영지(國家直營地), 왕실직속지(王室直屬地), 사전(賜田), 식읍(食邑), 사원전(寺院田), 국가수조지(國家收租地), 관료전(官僚田), 정전(丁田) 등으로 나누어진다.

가. 정전제(丁田制)

통일신라의 토지제도는 고구려와 백제의 영토 편입으로 국유지가 증가함에 따라 관료전과 정전제 등을 시행하게 되었다. 관료전은 문무 관료들에게 직위에 맞는 전(田)을 지급하는 제도이며, 정전제는 일반백성에게 정전(丁田)을 분급하고 모든 부역(賦役)과 전조(田租)를 국가에 바치게 한 제도이다.

▼ 정전제의 특징과 주장

특징	① 20세 이상 50세 이하의 남자에게 지급하였다. ② 성덕왕 21년(722년) 백성에게 정전을 급여하였다는 기록이 있다. ③ 중남과 정남에게 100무를 지급하고 그중 20무는 영업전으로 자손에게 상속할 수 있으며 나머지 80무는 구분전으로 본인 사망 후 국가에 반납하였다. ④ 정전을 지급받은 자는 수확의 일부를 세금으로 국가에 납부하고 나머지를 자기의 수입으로 하였으며 60세가 되면 정전을 국가에 반환하였다.
조선시대 정전론 주장	① 16세기 이후 한태동, 정약용, 이항로, 김평묵 등이 주장하였다. ② 정약용은 〈경세유표〉를 통해 토지, 농업, 조세문제의 궁극적 해결방안을 제시하였다. ③ 조선의 특성상 산악이 많아 정(井)자 형태의 토지를 만들어 분급하기 어려우므로 토지에 기반하지 않고 인간에 기반한 정전제를 주장하였다. ④ 각자가 소유하고 있는 사전(私田) 8결과 국가가 소유한 공전 1결의 형식을 취하며 제도를 운용하는 것 ⑤ 토지 소유지주에 대한 근본적인 해결방안 없이 농민들에게 토지의 경작권을 주는 등 현실적 한계성이 있는 주장이 다소 있다.

나. 관료전(官僚田)

관료전은 직전수수(直田授受)의 법을 제정한 것으로 문무 관료들에게 직위에 따라 차등을 두어 녹봉 대신에 전(田)을 지급하는 제도로 687년(신문왕 7년)에 녹읍(祿邑)제를 대신하여 지급하였으나 757년(경덕왕 16년)에 녹읍제의 부활로 없어진 제도이다. 고려시대의 전시과(田柴科), 과전법(科田法), 직전법(職田法)의 효시가 된 제도이다.

다. 녹읍(祿邑)

신라시대에 국가가 관료들에게 직무의 대가로 지급한 토지로서 관료귀족이 소유한 일정한 지역의 토지로 조세를 수취할 수 있는 수조권(收租權) 및 그 토지에 딸린 노동력과 공물[貢物 : 조정(朝廷)에 바치는 물건(物件)]을 모두 수취할 수 있는 특권이 부여된 토지를 말한다.

•••1.3 고려(高麗)시대

고려 태조 왕건(王建)은 즉위와 동시에 신라의 멸망 원인 중 가장 중요한 것이 토지제도의 문란임을 알고 창업 후 전제개혁에 착수하였고 이의 정비에는 당나라의 토지제도를 모방하였다. 경종 때에 이르러 본격적인 전제개혁에 착수하였고 현종, 덕종을 거쳐 문종 때에 이르러 전지측량(田地測量)을 단행함으로써 토지제도와 지적제도를 정비하기에 이르렀다.

급여하는 토지에 대하여는 전품에 따라 등급을 붙이고 보수로서 토지를 측량하며, 이렇게 측량된 토지는 토지대장에 등록하여 토지분급에 따르는 자료로 활용되었다.

1.3.1 고려시대 지적제도

가. 지적 관련 부서

지적관리기구로는 중앙에 호부(戶部)와 특별관서로 급전도감(給田都監), 정치도감, 절급도감, 찰리변위도감(拶理辨違都監) 등을 설치하여 운영하였으나 역분전(役分田)을 제외하고는 뚜렷하게 창안된 제도가 없었으며 경종 원년(976)에 전시과(田柴科)를 창설하여 시행하였다. 토지대장의 명칭은 도전장(都田帳), 양전도장(量田都帳), 양전장적(量田帳籍), 도행(導行), 작(作), 도전정(導田丁), 전적(田籍), 전부(田簿), 적(籍), 안(案), 원적(元籍) 등으로 다양하였다.

┌─ Reference 참고

> ➤ **판도사(版圖司)**
> 판도사는 고려시대 충렬왕, 공민왕 때 호구(戶口), 공부(貢賦), 전량(錢糧)의 행정을 맡아 본 관청을 말하며 시대에 따라 민관(民官), 상서호부(尙書戶部), 판도사(版圖司), 민조(民曹), 민부(民部), 호부(戶部), 호조(戶曹) 등으로 개칭하기도 하였다.
>
> ➤ **역분전(役分田)**
> 태조 23년(940)에 각 공신(功臣)들에게 공훈의 차등에 따라 일정한 면적의 토지를 나누어 주던 제도로서 후일 공훈전(功勳田)으로 발전하였다. 역분전이란 직역(職役)의 분수(分數)에 의한 급전(給田)을 말한다.
>
> ➤ **전시과(田柴科)**
> 경종(景宗) 원년(976)에 당나라의 반전제도(班田制度)를 본 따서 창설한 제도로서 문무백관(文武百官)으로부터 말단의 부병(府兵), 한인(閑人)에 이르기까지 국가의 관직에 복무하거나 직역(職役)을 부담하는 자에게 그들의 지위에 따라 응분의 전토(田土)와 시지(柴地)를 분급하는 제도이다.

나. 길이 및 면적의 단위

고려시대에는 길이의 단위로 척(尺)을, 면적단위로 경무법(頃畝法)과 결부제(結負制)를 사용하였다. 토지측량에 사용된 양전척(量田尺)은 문종 23년의 기록 원문에 보면 척도의 단위로 기록이 되어 있는데, 1결의 면적은 양전척으로 사방 33보를 취하였다. 길이의 단위로는 보(步), 척(尺), 푼(分), 촌(寸)의 순서로 단위를 정하고 1보의 길이를 6척으로 하고 1척의 길이를 10푼, 1푼의 길이를 6촌(치)으로 하였다. 고려 초기나 중기에는 양전척으로 단일척을 쓰고 후기에는 토지등급에 따라 척수를 각각 다르게 계산하는 수등이척제(隨等異尺制)를 사용하였다.

1) 수등이척제(隨等異尺制)

고려말기에서 조선시대의 토지측량제도인 양전법에 전품을 상·중·하의 3등급 또는 1등부터 6등까지의 6등급으로 각 토지를 등급에 따라 나눠 길이가 다른 양전척(量田尺)을 사용하여 타량하는 면적을 계산하던 제도를 말한다.

연혁	고려 말기	전품의 등급을 상·중·하의 3등급으로 구분
	조선 세종	전을 6등급으로 나누어 각 등급마다 척수를 다르게 타량
	조선 효종 4년	1등급의 양전척 길이로 통일하여 양전
특징		(1) 양전법의 전품을 상·중·하 3등급으로 나누어 척수를 달리 계산 　① 상등전 : 농부수 20지(指) 　② 중등전 : 농부수 25지(指) 　③ 하등전 : 농부수 30지(指)로 등급에 따라 타량하였다. (2) 세종 때는 전제정비를 위한 임시관청으로 전제상정소를 설치하여 타량 (3) 효종 때는 수등이척의 양전제를 고쳐서 1등급의 양전척 길이로 통일 (4) 면적계산은 결부제를 사용하였으며, 계지척(計指尺)이라고도 함 (5) 방전, 직전, 제전, 규전, 구고전의 5가지 전형으로만 계산 (6) 수등이척제의 개선방안으로 이기는 "해학유서"에서 "망척제"를 주장
전의 형태		(1) 방전(方田) : 정사각형 모양의 전답으로 장(長)과 광(廣)을 측량 (2) 직전(直田) : 긴 네모꼴의 전답으로 장과 평(平)을 측량 (3) 제전(梯田) : 사다리꼴 모양의 전답으로 장과 동활(東闊)·서활(西闊)을 측량 (4) 규전(圭田) : 이등변삼각형의 전답으로 장과 광을 측량 (5) 구고전(句股田) : 직삼각형으로 된 전답으로 구(句)와 고(股)를 측량

(a) 방전　　　　(b) 직전　　　　(c) 제전　　　　(d) 규전　　　　(e) 구고전

2) 경무법과 결부제

경무법 (경묘법 – 초기)	전지 면적의 단위로 6척 사방을 보(步), 백보를 묘(畝), 백묘를 경(頃)이라고 하며 중국에서 전래된 면적단위이다. 농지의 광협을 통해서 그 면적을 파악하는 객관적인 방법으로서 경무에 따라 집세하므로 매경의 세는 경중에 따라서 비록 세금의 총액은 해마다 일정치 않지만 국가는 전국의 농지를 그 실수대로 정확히 파악할 수 있는 방법이다. 이 법에서 사방 6척은 1보(步), 100보는 1무(畝), 100무는 1경(頃)으로 하였다.
결부제	토지의 면적을 표시하는 방법으로 신라시대부터 사용되어 오면서 뜻이 변화되었다. 당초에는 일정한 토지에서 생산되는 수확량을 나타냈으나 그 후 일정량의 수확량을 올리는 "토지면적"으로 변화되었다. 1결의 면적 : 사방 33보 전(田)의 1척(尺)을 1파(把), 10파를 1속(束), 10속을 1부(負), 100부를 1결(結)로 하여 계산하였다. 전의 형태에는 방전(方田), 직전(直田), 구고전(句股田), 규전(圭田), 제전(梯田)이 있었다.

다. 양전사업

고려의 토지조사는 경계와 면적을 정하여 소유권 관계를 명확히 하고 이를 토대로 조세체계를 확립시켰다. 양전사업은 중앙에서 산사(算使)를 대동한 양전사(量田使)가 파견되고 지방관이 기초조사를 통하여 수행하였다. 고려시대 양전사업 결과로 토지대장의 명칭은 도전장(都田帳), 양전도장(量田都帳), 양전장적(量田帳籍), 도행(導行), 작(作), 도전정(導田丁), 전적(田籍), 전부(田簿), 적(籍), 안(案), 원적(元籍) 등으로 다양하였다.

토지대장의 형식과 기재내용은 비교적 『淨兜寺 石塔 造成記』에 잘 나타나 있다.

代下田 長卅七步方卅步 北能召田 南東 西葛頸寺田 承孔伍百肆拾 結得肆拾玖 負肆束
同寺位同土 犯南田 長拾玖步東三步 三方渠 西文達代 承孔百四 結得玖負 五束

라. 토지기록부

고려시대의 토지대장인 양안(量案)이 완전한 형태로 지금까지 남아 있는 것은 없으나 고려 초기 사원이 소유한 토지에 대한 토지대장의 형식과 기재내용은 사원에 있는 석탑의 내용에 나타나 있다. 이를 보면 토지소재지와 면적, 지목, 경작 유무, 사표(동서남북의 토지에 대한 기초적인 정보를 제공하는 표식) 등 현대의 토지대장의 내용과 비슷함을 알 수 있다.

고려 말기에 와서는 과전법이 실시되어 양안도 초기나 중기의 것과는 전혀 다른 과전법에 적합한 양식으로 고쳐지고 토지의 정확한 파악을 위하여 지번(자호)제도를 창설하게 되었다. 이 지번(자호)제도는 조선에 와서 일자오결제도(一字五結制度)의 계기가 되었으며, 조선에서 이는 천자답(天字畓), 지자답(地字畓) 등으로 바뀌었다.

- 양안 : 토지의 소유주, 지목, 면적, 등급, 형상, 사표 등이 기록됨
- 도행 : 송량경이 정두사의 전지를 측량하여 도행이라는 토지대장 작성
- 작 : 양전사 전수창부경 예언, 하전 봉휴, 산사천달 등이 **송량경**의 도행을 기초로 작이라는 토지대장을 만듦
- 자호제도 시행(최초)

1.3.2 고려시대 토지제도

가. 전시과 제도(田柴科 制度)

고려의 토지제도는 전시과(田柴科)를 중심으로 편성하여 전시과 제도는 고려 전기 토지제도의 근간을 이루었다. 전시과란 문무백관으로부터 부병(府兵), 한인(閑人)에 이르기까지 국가의 관직이나 직역을 담당하는 사람들에게 그들의 지위에 따라 전토(田土)와 시지(柴地)를 차등하여 나누어 준 토지제도를 말한다.

1) 역분전(役分田)

고려 태조 왕건 23년(940)이 공신들에게 공훈의 차등에 따라 일정한 토지를 나누어 준 것으로 역분전이란 "직역(職役)의 분수(分數)에 의한 급전(給田)"이란 뜻으로 후일 공훈전으로 발전하였으며 고려 전기 토지제도의 근간을 이룬 전시과(田柴科)의 선구가 되었다.

2) 전시과(田柴科)

당나라의 반전제도(班田制度)를 본떠서 전시과를 정하고 그에 따라 구분전, 공음전, 공해전, 녹과전, 둔전 등을 두었으나 모두를 공전으로 하여 이 토지를 받은 자는 수익만을 차지할 뿐 그 토지를 임의로 처분할 수 없었는데 이것이 전시의 효시가 되었다.

관직이나 직역을 담당한 사람들에게 직위와 역할에 따라 전지와 시지를 차등 지급한 고려의 토지제도로 전시과의 수조권은 개인의 소유지인 민전 위에 설정되었다. 민전은 지배층도 소유하고 있었으나 대부분 백정 농민들이 조상 대대로 상속하여 온 소유지였다. 양반전, 공음전, 한인전, 구분전, 외역전, 군인전 등의 사전과 공해전, 사원전, 궁원전 등의 공전으로 구분하였다.

① 시정 전시과 : 경종 때 역분전을 근간으로 관직의 고하 및 인품까지 고려하여 지급하였다.

② 개정 전시과 : 목종 때 문무 직산관에 18등급에 따라 170~17결이 지급되었으며 문신과 현직을 우대하였다. 종래의 인품이라는 막연한 기준이 지양되고 관직에 따른 토지를 분급한 것은 관료체제의 확립을 의미하는 것이다.

③ 경정 전시과 : 문종 30년 18등급에 따라 현직문무양반관료(現職文武兩班官僚)들에 대한 수조지 분급량을 줄이고 개별적 문무산관(文武散官)들에 대한 수조지(收租地)를 격감시켰다. 다른 편으로는 마군(馬軍), 보군(步軍) 등 군인의 수조지를 증가시켰다.

3) 녹과전(祿科田)

전민변정사업과 전시과체제에서 수급자의 편리와 토지겸병의 토지를 보호하려는 것과 문무 관리의 봉록에 충당하는 토지제도이다.

4) 과전법

고려 공양왕(1391년) 때 토지국유제를 위하여 국가재정의 기초를 확고히 안정시키기 위하여 전제 개혁을 시도한 것으로 고려시대의 토지제도이다. 대규모의 토지를 권문세족들이 소유하고 있으면서 세금을 내지 않아 국고가 부족하여 만든 과전법은 사전과 공전으로 구분하여 사전은 경기도에 한하여 현직, 전직관리의 고하에 따라 토지를 지급하되 세습은 불가하였다.

▼ **과전법의 내용 및 특징**

내용	① 전 · 현직 관료에게 분배함으로써 왕조개창에 반대를 하지 않는 자에게 토지분배의 혜택을 주었다. ② 사망한 관료의 처자에게도 토지를 지급하여 혁명에 반대한 사대부를 새 왕조의 구조 속으로 끌어안고자 하였다. ③ 수조율을 1/10로 하였으며 병작반수제를 금지하여 농민확보책을 강구하였다.
특징	① 국유원칙 ② 공전과 사전으로 구분 ③ 수조권(收租權) 부여
결과	① 국가재정 확보 ② 구 귀족의 몰락 ③ 공전체제 확립 ④ 지주적 성격의 강화 ⑤ 직전법의 실시 ⑥ 녹봉제의 실시

나. 토지제도의 유형

고려시대의 토지는 공전(公田)과 사전(私田)으로 구분할 수 있는데 공전은 왕실, 국가와 국가기관의 직접 소유하는 공해지이거나 혹은 그 조가 왕실, 국고 기타 공적 기관에 귀속하는 토지로서 둔전, 학전, 적전 등이 있고 사전은 오늘날의 사유지와 사인수조지(군인전, 식읍전은 그 명칭이 공전 같으나 사전임에 유의)로 왕족이나 공신에게 사패(賜牌)와 같이 하사한 전지로 사패전이라 불린다. 이는 고려~조선시대에 걸쳐 이루어졌으며 수조권으로서 지급되던 사전의 소유권은 1대 한과 3대 세습의 2종류가 있어 사패에 '가전영세'라는 문구가 있으면 3대 세습, 없으면 1대 후에 모두 국가로 반환하도록 하였다.

1) 투화전(投化田)

고려는 국초부터 발해 · 중국 · 여진 · 거란 · 일본 등으로부터 많은 사람들이 투화하였는데, 조정에서는 귀화한 이 외국인의 사회적 지위에 따라 상층인 관료층에게는 투화전을 지급하였고, 투화전 지급기준에 이르지 못하는 일반 백성층은 공한지(空閑地)를 개척시켜 농업에 종사시키고 편호(編戶)로 만들었다.

① 귀화한 외국인의 사회적 지위에 따라 상층인 관료층에게 지급

② 고려의 관인층에게 지급하였던 양반전(兩班田)과 그 성격이 비슷한 수조지(收租地)

③ 일반 백성층은 공한지(空閑地)를 개척시켜 농업에 종사시키고 편호(編戶)로 만들었다.

④ 편호로 만들어진 투화민들은 본국의 민호(民戶)와 같은 대우를 받고 조세 부담 등에 있어서도 같은 의무를 부담하도록 하였다.

⑤ 고려초 태조는 대량으로 래투한 발해의 세자 대광현 이하의 귀족, 군사에 대하여 아래와 같은 조치를 취하였다.
   • 귀화인에게 종신에 한하여 지급하는 토지로 사후 환공한다.
   • 단, 관직에 있으면서 구분전(口分田)을 받는 자는 이를 허락하지 아니한다.

2) 등과전(登科田)

① 과거제도에 응시자가 적어 이를 장려하기 위하여 급제자에게 지급한 전지로, 품계에 따라 지급하는 양과 기간을 달리하고 있다.

② 등과자는 관료가 될 후보이므로 특별한 대우를 행한 것임

③ 문종 30년(1076년) 술(製述) · 명경(明經) · 명법(明法) · 명서(明書) · 명산(明算) 출신자로서 그해에 제술갑과(製述甲科) 합격자에게는 전(田) 20결(結), 그 밖의 사람에게는 17결을 지급

④ 하론업(何論業) 출신자에게는 그 다음 해에 전지를 지급

⑤ 수품잡사(手品雜事) 출신자는 합격된 지 4년 후에 전지를 지급

⑥ 의(醫) · 복(卜) · 지리업(地理業) 출신자에게도 명법 · 명서의 예에 따라 전지를 분급(分給)하였다.

⑦ 지방의 학문을 장려하기 위하여 과거 합격자를 내지 못한 주(州) · 군(郡)에서 30년 또는 40, 50년 만에 제술 · 명경과 급제자가 나오는 경우 전지 17결을 주고, 100년 만에 합격자가 나오면 20결을 주었다.

3) 둔전[屯田, 둔토(屯土)]

고려 · 조선시대 군수(軍需)나 지방관청의 운영경비를 조달하기 위해 설정했던 토지를 말한다. 둔전은 고려 초기의 영토확장 과정에서 군량을 확보하기 위해 변경지대에 처음 설치되었으며, 방수군(防戍軍)에 의해 직접 경작되거나 이주민으로 편성된 둔전군(屯田軍)에 의해 경작되기도 했다. 후자의 경우에는 토지를 분급해주고 일정량의 생산물을 수취했다.

① 둔전의 종류

군둔전 (軍屯田)	① 군대의 소요경비에 충당하기 위한 둔전 ② 이후 훈련도감둔전에 병합되어 영아문 둔전의 기초가 되었다. ③ 군수둔전이라고도 한다.
관둔전 (官屯田)	① 지방관청의 경비를 충당하기 위한 둔전 ② 이후 농장의 발달과 토지겸병이 진행되어 기능이 상실되었다. ③ 주현둔전이라고도 한다.

② 둔전 대상 및 특징

둔전 대상	① 황무지 또는 진폐전을 개간한 것 ② 둔전으로 하기 위하여 관청에서 매수(買收)한 것 ③ 타 관청 소관의 국유지를 이관한 것 ④ 국사범으로부터 몰수하여 국유화한 것 ⑤ 민유지의 결세(結稅)를 수세(收稅)하게 한 것
특징	①『경국대전』에 국둔전과 관둔전의 2종류가 수록되었다. ② 개간을 통하여 국가나 관아가 확보하고, 군인이나 공노비를 시켜 경작하는 국·공유지로서 '자경무세지(自耕無稅地)'였다. ③ 둔전의 소출은 전부 그 소유기관의 수입이 될 수 있어 수익성이 매우 높은 토지였다.

••1.4 조선시대

1.4.1 조선시대의 지적제도

가. 개요

조선시대의 토지제도는 고려 말의 전제개혁(田制改革)을 승계한 과전법의 실시를 기본으로 하였다. 과전법의 취지는 국가가 토지의 회수, 지급의 기능을 계속 보유하여 토지의 사유가 인정되어서는 안 된다는 것이며 국가재정의 가장 중요한 원인인 공전이 확보되어 규정된 공조율이 유지되도록 하였다. 따라서 조선시대의 토지등록제도는 고려시대의 양전제도가 보다 구체적으로 보완 정비된 것으로 종래의 토지제도가 국유 왕토사상에서부터 농민의 토지보유권의 성장과 보유지 처분권의 확립 등 소유관계의 발전적 변화가 일어나면서 경국대전(經國大典) 등 국가 법령에 양전에 관한 조문이 공식화되고 양안의 작성과 토지 변동사항의 파악을 위한 개량 및 토지거래를 위한 문기와 이의 실질적 심사권을 행사한 입안절차 등을 통하여 공신력을 부여받도록 노력하였으며 후에 토지제도가 문란해지자 정약용의 목민심서(牧民心書), 서유구의 의상경계책(擬上經界

策), 이기의 해학유사(海鶴遺事) 등을 통하여 양전법 개정론이 제기되었으며 후일 조선토지조사 사업에도 영향을 미치게 되었다.

조선시대의 토지등록제도는 초기부터 약 500년간에는 징세를 위한 양안과 토지매매를 증명한 입 안제도로 운용하여 형식상으로는 지금과 같이 지적과 등기가 이원적 형태였으나 입안제도는 활 용이 미약하였으므로 오히려 양안에 등재된 소유자에 의하여 권리를 확인하는 경향이 있었다(최 초로 양안이 작성된 후에는 매매에 따른 소유권 변동정리를 하지 않았음). 조선 후기인 1893년 이후 13년간은 새로운 토지등록제도인 지계제도가 시행되어 근대적 토지공시제도의 과도기가 형성되었다.

▼ 조선시대의 지적제도

길이 단위	면적 단위	측량방식	토지기록부	담당조직
척(尺)	결부제 (結負制)	구장산술 (九章算術)	• 전안(田案) • 성책(成册) • 양안등서책(量案謄書册) • 전답타량안(田畓打量案) • 양전도행장(量田道行帳) ※ 시대, 사용처, 비치에 따라 　 명칭이 다양함	• 한성부 : 5부 • 호조 : 판적사 • 임시 : 전제상정소

나. 지적 관련 부서

지적관리기구로는 조선시대 최고지적행정기구로 의정부(議政府)가 있고 산하 실제 정무를 담당한 6조(曹)(이조, 병조, 호조, 형조, 예조, 공조)가 있었다. 이 6조 중 호조는 지적 관련 부서로 밀접하게 연계되어 있으며 호구, 공물과 부세(賦稅), 전지와 양곡, 경제관계의 정사를 관장하였고 호조에는 3사(판적사, 회계사, 경비사)가 있었는데 이 중에서 판적사(版籍司)가 호구, 토지, 부역, 공납이라 든지 농사와 양잠의 장려 등 양전을 담당하였다. 세종 25년에는 토지조세제도의 조사 · 연구와 새로 운 법의 제정을 위하여 임시 관청인 전제상정소(田制詳定所)를 설치하여 운영하였다.

1) 전제상정소(田制詳定所)

조선 세종 25년(1441.1.3.) 토지 및 조세 제도의 연구와 공법(貢法) 제정을 위하여 설치하였 던 임시 관청. 세종 12년(1430) 과전법(科田法)에서 규정한 삼등전품제(三等田品制)와 답험 손실법(踏驗損失法)의 폐단을 시정하기 위해 세법 개정에 착수하여, 동왕 25년(1441.1.3.) 경묘법(頃畝法) · 오등전품제(五等田品制) · 연분구등제(年分九等制)를 골격으로 하는 공법 (貢法)을 제정하였다. 그리고 새로 마련한 공법의 구체적 절목을 만들고 그 시행을 추진할 기 구로서 같은 해(1441.1.3 11.)월 전제상정소를 설치하였다. 다음 해인 동왕 26년(1441.1.4.) 6월 전제상정소는 **전분 6등법**과 그것을 위한 6등의 양전척(量田尺), **연분 9등**과 세율 1/20에 의한 1결당 20두~4두의 수세량, 정전(正田)과 속전(續田)의 구분 및 재상전(災傷田)의 감면 규정 등을 골격으로 하는 새로운 공법수세제(貢法收稅制)를 제정하였다. 그 뒤 다시 검토를 거쳐 같은 해(1441.1.4.) 11월에 새 법으로 확정하였으며, 세종 32년(1450)인 문종 즉위년 전라도를 시작으로 하여 성종 20년(1489)에는 전국에 실시하였다. 성종 6년(1471.1.5.) 8월 이후부터 전제상정소의 존치 여부는 확인되지 않으나, 이때 제정한 세법은 조선시대 전 시기를 통한 기본법이 되었다.

① 목적 및 역할

목적	① 세제 개혁안 마련 ② 토지를 측량하여 토지 등급 책정
역할	세제 개혁안을 여러 지역에 적용하여 1444년 비옥도에 따라 6등급으로 분류하는 전분육등법(田分六等法)과 수확량을 기준으로 등급의 면적을 결정하는 결부제를 채택하는 원칙을 마련하였다.
연분구등법 (年分九等法)	조선시대 농작의 풍흉을 9등급으로 구분하여 수세의 단위로 편성한 기준으로 1444년(세종 26)부터 실시한 조세 부과의 기준이다. 조선시대의 공법전세제(貢法田稅制)에서 농작의 풍흉을 9등급으로 나누어 지역 단위로 수세하던 법으로, 일종의 정액세법(定額稅法)이다.
전분육등법 (田分六等法)	1444년(세종 26)에 새로운 전세제도(田稅制度)로 확정된 공법수세제(貢法收稅制)는 전품(田品)을 토지의 질에 따라 6등급으로 구분하여, 각 등급에 따라 전지의 결(結)·부(負)의 실적에 차등을 두는 수세 단위로 편성하였다.
전제상정소 준수조화 (田制詳定所 遵守條畫)	① 효종(1653년)은 양전의 원칙을 정리하기 위해 호조에서 간행·반포하였다. ② 전제상정소준수조화(측량법규)라는 한국 최초의 독자적 양전법규를 1653년 효종 때 만들었다. ③ 개정된 양전법의 내용 수록(수등이척제 폐지 → 1등급 양전척으로 척도의 기준 통일) ④ 토지의 등급을 나누는 방법 및 양안의 개정방식, 다양한 토지 모양의 측량방법, 등급에 따른 면적 산출방법, 영조척·주척·포백척 등의 척도양식 규정 등 ⑤ 현재 목판본 1책이 규장각에 소장되어 있다.

2) 양전청(量田廳)

조선 시대에, 조세 기준이 되는 땅의 면적을 조사하기 위하여 둔 임시 관아로서 20년에 한 번씩 토지조사를 하였다. 숙종 43년(1717) 땅의 면적을 조사하기 위하여 양전청을 설치하고 1719년부터 양전을 실시한 측량중앙관청으로 최초의 독립관청으로 볼 수 있다. 양전청에서는 양전, 양안 작성을 하였다.

3) 양전척(量田尺)

고대에는 어른 농부의 오른손 네 손가락의 폭을 4촌으로 보고 10촌을 1척으로 한 지척(指尺)을 사용하였다. 조선시대 토지대장인 양안을 작성하기 위하여 실시된 양전사업에 쓰인 척도로서 양전척(量田尺) 또는 양안척이라고도 한다.

주척 (周尺)	조선 초에는 송나라 주의(朱薏)의 가례에 기록된 석각(石刻)을 표준으로 하여 제작하였다. 세종 때 나무로 주척을 만들어 각 지방에 보내어 사용토록 하였다. 주척이란 세종주척을 말한 것이며 주로 도로의 거리 측정, 천문의기의 제작에 사용되었다.
영조척 (營造尺)	① 영조척은 부피의 측정, 병기(兵器), 형구(刑具), 교량, 도로, 건축, 선박, 조선 및 성곽의 축조 등에 사용되었다. ② 조선시대 여러 자의 종류 중에서 가장 많이 쓰인 것이 주척과 영조척이다. ③ 세종 26년 설치된 전제상정소(田制詳定所)에서 새로운 양전법(量田法)을 실시하기 위하여 만들어진 『전제상전준수조획』이라는 책에 영조척과 주척, 포백척의 3종의 척도가 기록되어 있다. ④ 세종 28년 9월에는 황종관의 길이를 기준으로 영조척을 만들고 그에 따라 황종척, 예기척, 주척, 포백척 등을 구리(청동 또는 놋쇠)로 주조하여 각 지방관청에 보내서 표준척으로 삼게 했다.
포백척 (布帛尺)	포백척은 직물류와 의류를 측정하는 데 사용되었고 세종 26년 이후에는 1등전척의 길이를 표시하는 기준척으로 한강수위를 측정하는 수위계에도 사용되었다.
조례기척 (造禮器尺)	조례기척은 문묘 및 종묘 제례의 제도기준척이었으며 인용척(印用尺)으로도 알려져 있다. 단위는 다른 척도와 같이 10진위 단위제로 되어 있으나 척 이상의 단위는 사용되지 않았다.
황종척 (黃鐘尺)	세종 12년에 박연이 국악의 기본음을 중국음악과 일치시키기 위해서 만든 척도로서 국악의 기본음인 황종음을 낼 수 있는 황종율관의 길이를 결정하는 데 쓰이게 되었다. 세종 이후 모든 척도의 기본척이 되었던 척도이다.

4) 양전기구

① 기리고차(記里鼓車)

세종 23년(1441)에 고안된 거리측정기구. 10리를 가면 북이 1번씩 울리도록 고안된 거리측정용 수레로 평지 사용에 유리하였고, 산지·험지에서는 노끈으로 만든 보수척을 사용하였다.

원리	① 기리고차 수레바퀴의 둘레 길이가 10자이며 12회전하면 두 번째 바퀴가 한 번 회전한다. ② 두 번째 바퀴가 15회전하면 세 번째 바퀴가 한 번 회전한다. ③ 세 번째 바퀴가 10회전하면 네 번째 바퀴가 한 번 회전한다. ④ 네 번째 바퀴가 1회전하면 18,000자를 측정하게 된다.
특징	① 세종 23년(1441년) 장영실이 거리측량을 위해 제작하였다. ② 문종시대에 제방공사에서 기리고차를 사용하였다. ③ 수레가 반 리를 가면 종이 한 번 울리게 하고 수레가 1리를 갔을 때는 종이 여러 번 울리게 하였으며, 수레가 5리를 가면 북이 한 번 울리게 하고 10리를 갔을 때는 여러 번 울리게 하였다. ④ 홍대용의 주해수용(籌解需用)에 기리고차의 구조가 자세히 기록되어 있다. ⑤ 기리고차는 평지에서 유리하고 산지 등 험지에서는 보수척을 사용하였다. ⑥ 기리고차로 경도 1도의 거리를 측정 시 108킬로미터라고 하였으니 현재 기구로 측량 시 110.95킬로미터이므로 측정값의 오차는 3% 미만이다.

② 인지의(印地義)

세조 12년(1466)에 제작된 땅의 원근을 측량하는 평판측량기구(일명 규형(窺衡))로 규형과 방향판의 두 부분으로 이루어져 삼각형의 비례관계를 응용한 측량기구이다.

┃인지의┃

원리	① 구리로 그릇(수평눈금판)을 만들어 24방위(方位)를 새겼다. ② 그릇 중간을 보이게 하고 가운데 동주(銅柱)를 세워 구멍을 뚫었다. ③ 동형(銅衡)을 그 위에 끼워 높였다 낮추었다 하여 측량한다. ④ 약 7° 정도의 정확도로 방위 측정이 가능하다.
특징	① 세조 12년에 제작된 평판측량기구 ② 규형인지의 또는 규형이라고도 한다. ③ 세조 때 영릉에서 인지의를 사용하여 측량하였다. ④ 자북침이 고정되어 있어 기계를 정향할 수 있다. ⑤ 일종의 망원경이 없는 트랜싯으로 평판측량과 각도를 측정할 수 있으며 약 7° 정도의 정확도로 방위 측정이 가능하다. ⑥ 현존하는 실물이 없어 크기와 구조를 자세히 알 수 없다.

③ 보수척(步數尺)

세종 23년(1441)에 고안된 거리측정기구로 기리고차로 측정이 어려운 산지 · 험지에는 노끈으로 만든 측정기구로서 보수척을 사용하였다.

다. 양전사업(量田事業)

무신양전(1428), 을유양전(1429), 삼남양전(1613), 갑술양전(1634)

1) 목적

고려 · 조선시대 토지의 실제 경작상황을 파악하기 위해 실시한 토지측량제도. 전국의 전결수(田結數)를 정확히 파악하고, 양안(量案, 토지대장)에 누락된 토지를 적발하여 탈세를 방지하며, 토지경작상황의 변동을 조사하여 국가 재정의 기본을 이루는 전세(田稅)의 징수에 충실을 기함에 실시 목적을 두었다.

2) 토지 구분

『경국대전』에는 모든 토지를 아래와 같이 6등급으로 나누어 20년마다 한 번씩 양전을 실시하고 그 결과를 양안에 기록하며, 양전을 할 때는 균전사(均田使)를 파견하여 이를 감독하고, 수령 · 실무자의 위법사례를 적발 · 처리하도록 하였다.

정전(正田)	항상 경작하는 토지
속전(續田)	땅이 메말라 계속 농사짓기 어려워 경작할 때만 과세하는 토지
강등전(降等田)	토질이 점점 떨어져 본래의 田品, 즉 등급을 유지하지 못하여 세율을 감해야 하는 토지
강속전(降續田)	강등을 하고도 농사짓지 못하여 경작한 때만 과세하는 토지
가경전(加耕田)	새로 개간하여 세율도 새로 정하여야 하는 토지
화전(火田)	나무를 불태워 경작하는 토지로, 경작지에 포함시키지 않는 토지

3) 양전 실시

인력 · 경비 등이 막대하게 소요되는 대사업이라 규정대로는 실시하지 못하여 수십 년, 혹은 백 년이 더 지난 뒤에 실시하기도 하여, 고려 말인 1391년(공양왕 3년) 전제개혁(田制改革) 때와 조선의 태종 · 세종 때에 전국적인 양전이 실시되었고, 성종 때 하삼도(下三道 : 경상 · 전라 · 충청)에 부분적으로 실시한 것과 임진왜란 이후 황폐화한 국토를 정리하기 위하여 지역별로 차례로 시행된 일이 있다.

고려 말 1389년에 조선왕조의 건국 주도세력들이 토지제도 개혁을 위해 양전을 실시하여 78만 여 결의 토지를 파악했으며, 이후 계속적인 양전사업을 통해 총 171만 여 결의 토지를 파악했다. 조선 전기까지는 대체로 규정에 따라 양전을 실시했다. 그러나 7년간에 걸친 왜란으로 말미암아 전결(田結)은 황폐해지고 토지대장은 흩어졌으며 대부분의 토지는 개간되지 않은 채 버려져 있었다. 이전의 150~170만 여 결에 이르던 8도(八道)의 전결이 전쟁 후에는 시기전 결(時起田結)이 30만 여 결에 불과했다. 1593(선조 36)~1594년에 걸쳐 전국적인 규모로 실시된 계묘양전(癸卯量田), 1634년(인조 12)의 갑술양전(甲戌量田), 1719~1720년의 경자양전(기해(己亥)·庚子量田)) 등이 양란 이후에 실시된 대표적인 양전이었다. 숙종 때까지의 양전은 대개 도 단위 이상에서 행해지는 등 전국적인 양전이 이루어지기도 했으나, 영조 이후에는 전정의 문란이 심한 지역의 각 군현을 중심으로 진전에 대한 조사를 행하는 부분양전이 주로 이루어졌다.

4) 토지의 형태

조선시대의 토지형태는 5가지로 기록하였는데 광무 2년(1898년)에는 양지아문의 양전사목에 의해 "5형 이외에 원형(圓形), 타원형(橢圓形), 호시형(弧矢形), 삼각형(三角形), 미형(眉形)을 더하고 이 10형에 합당하지 않으면 곧장 변의 모양을 가지고 이름을 정하여 등변, 부등변을 논할 것 없이 4변, 5변 변형에서부터 다변형 타협에 이르기까지 명명하다."라고 규정하였다.

| 양전사목에 의해 추가된 전형 |

5) 시대별 변천과정

신라시대의 양전	신라촌락장적 등의 문서를 통하여 양전사업이 실시되었을 것으로 추측

고려시대의 양전	① 신라시대부터 고려 중엽까지 경무제(頃畝制)와 결부제(結負制) 사용
	② 3등급을 동일한 量尺으로 사용
	③ 고려문종 때 전품을 3등급으로 분류
	  • 불역전(不易田) – 세액을 1결로 납부
	  • 일역전(一易田) – 세액을 2결로 납부
	  • 재역전(再易田) – 세액을 3결로 납부
	④ 20지 농부의 수지의 폭을 이용하여 토지의 비옥도에 따라 3등급으로 나누고 있다.
	⑤ **수등이척법**을 제정하고 계지척에 의한 등급을 하강하는 데 따라 척의 길이를 추가하여 1결당 면적을 크게 하였다.

조선시대의 양전	① 세조 6년에 편찬한 경국대전(經國大典) 호조(戶曹) 편에는 20년에 1회씩 양전을 실시하여 논과 밭의 소재, 자호, 위치, 등급, 형상, 면적, 사표, 소유자 등을 기록하는 양안을 작성하도록 하였다. ② 세종 26년 전제상정소(田制詳定所)를 설치하고 3등의 전품을 6등으로 개정 ③ 6가지 양척을 정하여 파(杷), 속(束), 부(負), 결(結)로 면적 산출 ④ 효종 4년 종래의 수등이척법을 폐지하고 1종의 양전척으로 양전을 실시, 전제상정소준수조화 반포 ⑤ 1717년 숙종은 균전청을 모방한 양전청 설치 ⑥ 방전(方田), 직전(直田), 제전(梯田), 규전(圭田), 구고전(句股田) 등의 5종의 전형을 사용하였다.
구한국시대 (대한제국) 의 양전	① 1895년 갑오경장부터 호적사무를 맡아보던 **내부관제** 판적국 설치 ② 광무 2년(1898) 토지측량사무를 관장하는 **양지아문**을 설치하고 미국인 측량사 크럼을 초빙하여 측량교육을 실시하였다. ③ 광무 6년(1901. 1. 1.) **지계아문(地契衙門)**을 설치. 기전토에 대해서는 지계(地契)를 발급 ④ 광무 8년(1904. 4. 19.) 지계아문이 폐지됨에 따라 양안과 지계는 한 번도 사용해 보지 못하였다.

+ Reference 참고

> ➤ 행정기관

> ① 1443년 세종 – 전제상정소(임시관청) – 1653년 효종 : 전제상정소준수조화(측량법규)
> ② 1717년 숙종 – 양전청(측량중앙관청으로 최초의 독립관청)
> ③ 1895년 고종 – 내부관제에 판적국 설치
> ④ 1898년 고종 – 양지아문(지적중앙관서) – 양지아문직원 및 처무규정
> ⑤ 1901년 고종 – 지계아문(지적중앙관서) – 지계아문직원 및 처무규정
> ⑥ 1904년 고종 – 양지국(탁지부 하위기관)

라. 조선시대 양안(量案)

양안은 고려시대부터 사용된 토지장부로서 오늘날의 지적공부로 토지대장과 지적도 등의 내용을 수록하고 있었으며 '전적'이라고 부르기도 하였다. 토지실태와 징세 파악 및 소유자 확정 등의 토지과세대장으로 경국대전에는 20년에 한 번씩 양전을 실시하여 양안을 작성토록 한 기록이 있다.

1) 양안 작성의 근거

① 경국대전 호전(戶典) 양전조(量田條)에는 "모든 전지는 6등급으로 구분하고 20년마다 다시 측량하여 장부를 만들어 호조(戶曹)와 그 도(道) 그 읍(邑)에 비치한다."고 기록하고 있다.
② 3부씩 작성하여 호조, 본도, 본읍에 보관

2) 양안의 명칭 및 구분

일반적 명칭	양안, 양안등서책(量案謄書冊), 전안(田案), 전답안(田畓案), 성책(成冊), 양명등서차(量名謄書次), 전답결대장(田畓結大帳), 전답결타량정안(田畓結打量正案), 전답타량책(田畓打量冊), 전답타량안(田畓打量案), 전답결정안(田畓結正案), 전답양안(田畓量案), 전답행심(田畓行審), 양전도행장(量田導行審)
조제연도	구양안, 신양안(광무양안)
국왕의 열람	어람양안(御覽量案)
행정기관별	군양안, 목양안, 면양안, 리양안, 각 궁의 궁타량성책, 아문둔전의 양안성책
소유권	모택양안(某宅量案), 노비타량성책(奴婢打量成冊), 연둔토, 목양토, 사전(寺田)

3) 양안의 등재 내용

고려시대	지목, 전형(토지형태), 토지소유자, 양전방향, 사표, 결수, 총결수
조선시대	논밭의 소재지, 지목, 면적, 자호, 전형(토지형태), 토지소유자, 양전방향, 사표, 장광척, 등급, 결부수, 경작 여부 등

4) 신양안

1898년 7월 6일 양지아문이 창설된 때부터 1904년 4월 19일 지계아문이 폐지된 기간에 시행한 양전사업(광무연간양전(光武年間量田))을 통해 만들어진 양안

야초책 (野草冊)	• 1필마다 토지측량을 행한 결과를 최초로 기록하는 장부 • 전답과 초가 · 외가의 구별 · 배미 · 양전방향 · 전답 도형과 사표 · 실적(實積) · 등급 · 결부 · 전답주 및 소작인 기록
중초책 (中草冊)	• 야초작업이 끝난 후 만든 양안의 초안 • 서사(書使) 1명, 산사(算師) 3명이 종사하고 면도감(面都監)이 감독
정서책 (正書冊)	광무양안 때 3단계 작업으로 완성한 양안으로 면에서 중초책을 완성하면 읍에서 취합하여 작성, 완성하는 정안(正案)이다. 정안은 3부를 작성하여 1부는 양지아문에, 1부는 도(道)의 감영(監營)에, 1부는 읍(邑)에 보관하였다.

5) 양안의 특징

① 오늘날의 지적공부와 동일한 역할로 토지대장과 지적도 등 내용 수록

② 토지소재, 위치, 형상, 면적, 등급, 자호 등을 기재하여 경작면적과 소유자 파악 용이(과세 기초자료)

③ 사회 · 경제적 문란으로 인한 토지문제를 해결하는 역할

④ 토지과세 및 토지소유자의 공시적 기능

⑤ 토지거래의 기초자료 및 편리성 제공

⑥ 20년마다 양전을 실시하여 양안을 작성하도록 규정되어 있으나, 양전에 따른 막대한 비용 과 인력이 소요되기 때문에 전국 규모의 양전은 거의 없고, 지역마다 필요에 따라 실시하여 양안을 부분적으로 작성하였다.

⑦ 현존하는 것으로 경자양안과 광무양안이 있다.

┃고종시대 양안┃

※ 내용 : 자호, 번호, 등급, 전형, 각 변의 길이, 면적, 사표, 소유자가 기록되어 있음

Reference **참고**

➤ **경자양안**

1719~1920년(숙종)에 작성된 것으로 경상도, 전라도의 것만 규장각에 보관되어 있음

➤ **광무양안**

• 1899~1901년에 양지아문에서 124군의 양전 실시

• 1902~1903년에 지계아문에서 94군을 실시하여 만든 양안

1.4.2 조선시대의 토지제도

가. 개요

조선시대의 토지제도는 고려 말의 전제개혁을 승계한 과전법(科田法)의 실시를 기본으로 하였다. 과전법의 취지는 국가가 토지의 회수, 지급의 기능을 계속 보유하여 토지의 사유가 인정되어서는 안 된다는 것이며 국가재정의 가장 중요한 주원인인 공전이 확보되어 규정된 공조율이 유지되도록 하였다. 따라서 조선시대의 토지등록제도는 고려시대의 양전제도가 보다 구체적으로 보완·정비되었으며 종래의 토지제도가 국유 왕토사상에서부터 농민의 토지보유권의 성장과 보유지 처분권의 확립 등 소유에 관한 조문이 공식화되고 양안의 작성과 토지 변동사항의 파악을 위한 개량 및 토지거래를 위한 문기와 이의 실질적 심사권을 행사한 입안절차 등을 통하여 공신력을 부여받도록 노력하였으며 후에 토지제도가 문란해지자 정약용, 서유구, 이이 등은 양전법 개정론을 제기하였으나 공론에 그치고 말았다.

고려 공양왕(고려 말기, 1391)에 발표된 과전법은 조선조 전제의 기본법으로 되었다.

나. 과전법(科田法)

고려 말과 조선 초기에 전국에 전답을 국유화하여 백성에게 경작케 하고, 관리들에게 등급에 따라 조세를 받아들일 수 있는 권리를 주던 제도(소유권이 아닌 수조권 지급)이다.

개인관료에게 분급규정, 1~9품까지 유품관리에서 산직에 이르는 각 관리들을 18과(科)로 나누어 최고 150결에서 10결까지의 과전을 지급하였다. 사전의 지급은 원칙적으로 1대에 한하였으나, 관리가 사인한 뒤 그 처가 재가하지 않는 경우 수신전, 관리와 그 처가 모두 사망하고 유약한 자녀만이 남게 되는 경우 휼양전(恤養田)이란 명목으로 사실상 세습화를 초래하였다.

1) 변천과정

과전법 → 직전법(直田法 : 세조 11년(1461.1.6.) → 관수관급제(官收官給制 : 성종)

직접법	시관(時官)과 산관(散官)의 문무관료(文武官僚)에게 모두 토지를 주어 점차로 세습화된 과전(科田)을 폐지하고 그 대신 산관을 제외한 현직 관료인 시관들에게만 수조지(收租地)를 절급(折給)하기 위한 제도
관수관급제	관리에게 전지를 지급하되 그들이 직접 수조하지 못하게 수조권을 주지 않았다. 조세는 관부에서 징수하여 세액을 빼고 관리에게 지급하여 관리들이 급여로 받은 토지를 직접 지배할 수 없도록 하였다.

다. 토지의 유형

조선시대의 토지제도는 공전과 사전으로 구분할 수 있다. 토지에 부과하는 조(組)의 귀속을 기준으로 국가 또는 공공기관이 수조하는 토지는 공전, 개인 또는 사적인 기관에서 수조하는 토지는 사전으로 구분하였다.

라. 조선시대 토지거래

1) 문기(文記)

문기는 조선시대의 토지·가옥·노비와 기타 재산의 소유·매매·양도·차용 등 매매계약이 성립하기 위하여 매수인, 매도인 쌍방의 합의 외에 대가의 수수목적물의 인도 시에 서면으로 작성한 계약서로 문권(文券)·문계(文契)라고도 한다. 주로 사적인 문서에 문계라는 용어를 쓰고, 공문서는 공문·관문서·문서라고 표현했다. 문권·문계는 중국·일본에서도 사용한 용어이지만 문기는 우리나라에서만 사용한 독특한 용어이다.

① 문기의 내용

토지소재지, 사표, 증인, 입회인, 매도 연월일, 매수인, 매매 사유, 매매대금의 수취 여부, 담보문언, 권리전승의 유래 등을 기재

② 문기의 작성

- 문기는 당사자들 간에 작성하는 것이 보통이지만 몇 가지는 관의 공증을 거쳐야 했다.
- 고려 말·조선 초에 토지와 노비 분쟁이 심해지자 조선 초기에 이들에 대한 공증제도를 강화했다.
- 노비문기의 경우 반드시 매매사유, 노비의 전래처를 기록해야 하며, 족친 중에서 현관(顯官)이 아닌 자와 또는 현관이면서 족친이 아닌 자, 이웃 2~3명이 증필(證筆)해 4년 안에 신고하고 입안(立案)을 받아야 했다.
- 토지는 100일 이내에 해야 하며 매매자·매수자·증인은 모두 화압(花押 : 손도장의 일종)을 했다.
- 토지거래 관련 문기를 작성할 때 양반은 직접 참여하지 않고 노비에게 위임해 노비의 이름으로 문기를 작성했다.

③ 문기의 특징

- 문기는 당사자들 간에 작성하는 것이 보통이지만 몇 가지는 관의 공증을 거쳐야 하는데 이를 관서(官署) 문기라고 한다.(반대말은 白文記임)
- 토지 또는 노비의 매매계약 성립요건으로 매매 사실의 사적 공지수단과 증명수단으로 볼 수 있다.
- 매매자·매수자·증인은 모두 화압(花押 : 손도장의 일종)을 하므로 입안 청구 및 소송에 있어서 유일한 증거로 제출될 수 있었다.
- 토지의 전매(매매)내역을 파악할 수 있었다.
  - 새문기 작성에 의해 거래시 신문기 작성뿐만 아니라 이전에 작성한 문기(구문기)도 함께 양도하였다.
  - 전매할 때마다 문기가 추가되어 한 토지의 문기가 10통 이상 묶여 있는 경우도 많았다.

2) 입안(立案)

재산권이나 상속권을 주장하는 데 절대적인 근거가 되었다. 고려시대에도 이 제도가 있었으나 조선시대의 실물이 많이 전하여진다. 『경국대전』에는 토지·가옥·노비는 매매계약 후 100일, 상속 후 1년 이내에 입안을 받도록 되어 있었다. 또 하나의 의미로 황무지 개간에 관한 인허가서를 말한다.

① 근거기록

경국대전	토지·가옥·노비는 매매계약 후 100일, 상속 후 1년 이내에 입안을 받도록 되어 있었다.(매매에 관한 증서)
속대전(續大典)	한광지처(閒曠之處)에는 기간자(起墾者)로서 주인을 삼는다. 미리 입안(立案)을 얻은 자가 스스로 이를 기간하지 않고 타인의 기간지를 빼앗은 자 및 입안을 사사로이 매매하는 자는 침전전택률로서 논한다.(개간지 허가에 관한 증서)

② 입안의 문서 형식

ㄱ 발급 날짜   ㄴ 입안 관서
ㄷ 증명할 내용 기록   ㄹ 입안 사실을 명기
ㅁ 담당관서의 실무자와 책임자 서명   ㅂ 입안 발급을 요청하는 소지(所志)
ㅅ 관계 문서   ㅇ 관계인과 증인의 진술

③ 입안의 내용

- 매매나 상속으로 인한 토지·가옥·노비 및 기타 재산의 소유권 이전
- 재판 결과(決訟) : 재판의 승소자는 소송사실과 승소내용을 밝힌 입안을 받았다.
- 양자 입적(立後) : 양자를 들였을 경우 예조에 요청하여 그 사실을 증명받아야 했다.

④ 개간허가에 관한 입안

- 속대전(續大典)에 근거 기록이 있음
- 황무지(한광지(閒曠地))의 개간에 실지로 노력을 들인 자를 보호하여 소유권을 취득시키는 것을 원칙으로 하였다.
- 개간권리(입안)를 받아 남몰래 매매하는 사례도 있었다.
- 미리 개간허가만 받아놓고 그냥 내버려 두었다가 타인이 이를 개간하면 그때 비로소 자기가 개간허가를 받았다는 구실로 그 개간지를 빼앗은 예도 적지 않았다.

3) 백문매매(白文賣買)

토지거래증서는 동서양을 막론하고 고대에서부터 작성되어 활용되어 왔으며 우리나라의 경우 현존하는 서류로 "신라장적문서"가 있다. 조선시대까지의 토지거래증서로서는 양안, 입안,

문기가 있으며 문기는 상속 및 증여 소송 등의 문서로서 권리변동의 효력을 발생하며 확정적 효력을 가진 권리자임을 증명하는 권원증서이다. 백문매매는 문기의 일종으로 입안을 받지 않는 매매계약서를 일컫는 말이다.

① 문기의 내용

ㄱ 매수인   ㄴ 매도의 연월일

ㄷ 매매의 이유   ㄹ 매매대금의 수취 여부

ㅁ 사표   ㅂ 토지소재지

ㅅ 권리전승의 유래   ㅇ 담보문언

ㅈ 입회인   ㅊ 증인 등 기재

② 문기의 작성

- 매수인, 매도인 쌍방의 합의 외에 대가의 수수목적물의 인도 시에 서면으로 계약서를 작성한다.
- 문기의 작성은 매매 당사자와 증인, 집필인이 작성한다.
- 구두에 의한 계약의 경우도 후에 문기를 작성한다.
- 구문기를 분실 또는 오손한 경우에는 그 사실을 증명하는 관의 입안 또는 입지를 성급받아 문기를 작성한다.

③ 특징

- 숙종 16년에는 토지매매문기에 입안을 받지 않는 문기로 효력이 인정되지 않았다.
- 매매 계약의 성립요건이며 공시수단임과 동시에 증명수단으로 볼 수 있다.
- 문기는 입안 청구 및 소송에서 유일한 증거로 활용되었다.

마. 양전개정론(量田改正論)

1) 정약용[丁若鏞(1762~1836), 목민심서(牧民心書)]

① 양전법 개정을 위해 정전제(井田制)의 시행을 전제로 하는 방량법과 어린도법의 시행을 주장

② 결부제를 경무법으로 고칠 것

③ 일자오결법, 사표법의 부정확성을 시정하기 위한 어린도 작성

④ 기를 정확히 파악하기 위해 정전제나 어린도와 같은 국토의 조직적인 관리가 필요

⑤ 연사의 풍흉을 조사하는 데는 어린도를 세고하면 부정 방지할 수 있을 것

⑥ 나라 안의 전을 정방형으로 구분하여 사방이 백척으로 된 정방형의 1결의 형태로 작성

2) 서유구[徐有榘(1764~1845), 의상경계책(擬上經界策)]

① 결부제 폐지, 어린도 작성, 구고삼각법에 의한 양전수법십오제 마련

② 양전법을 방량법과 어린도법으로 개정되어야 한다고 주장

③ 양전을 조직적, 하나의 원칙으로(전 국토를) 시행하기 위해 양전사업 전담하는 전문 관사 설치 주장

3) 이기[李沂(1848~1909), 해학유서(海鶴遺書)]

① 수등이척법(隨等異尺法)에 대한 개선으로 망척제(網尺制) 주장

② 도면의 필요성 강조, 성 방향의 눈들을 가진 그물을 사용(망척제)

③ 전형(방전, 직전, 구고전, 규전, 제전)에 구애됨 없이 그물 한눈 한눈에 들어오는 것을 계산하도록 함

4) 유길준[俞吉濬(1856~1914), 서유견문(西遊見聞)]

① 양전 후 지권을 발행 리 단위 지적도 작성[전통도(田統圖)]

② 재정개혁을 위한 방안으로 지조개정을 주장하였으나 시행되지 못함

③ 면장 밑에 호통장과 지통장을 두어 호통장이 호구, 지통장이 전제를 관장케 하고, 군에는 군감 밑에 호통감과 지통감을 두어 지통감이 양전업무를 관장케 하라고 주장

④ 측량을 하여 전국의 지적도를 마련한 후 지방관들이 매년 이를 조사하고 주에서는 5년에 한 번씩 개정, 호부에서는 10년에 한 번씩 개정

Reference 참고

➤ 이익의 균전론

실학자 이익(성호)이 주장한 토지개혁론으로, 국가에서 한집에 필요한 평수를 정하여 농사를 짓도록 토지를 나누어주던 제도

구분	정약용(丁若鏞)	서유구(徐有榘)	이기(李沂)	유길준(俞吉濬)
양전방안	• 결부제 폐지 경무법으로 개혁 • 양전법안 개정		수등이척제에 대한 개선책으로 망척제를 주장	전국토를 리 단위로 한 田統制(전통제)를 주장
특징	• 어린도 작성 • 정전제 강조 • 전을 정방향으로 구분 • 휴도 : 방량법의 일환으로 어린도의 가장 최소단위로 작성된 지적도	• 어린도 작성 • 구고삼각법에 의한 양전수법십오제를 마련	• 도면의 필요성을 강조 • 정방형의 눈들을 가진 그물눈금을 사용하여 면적 산출(망척제)	• 양전 후 지권을 발행 • 리 단위의 지적도 작성(전통도)
저서	목민심서(牧民心書)	의상경계책(擬上經界策)	해학유서(海鶴遺書)	서유견문(西遊見聞)

···**1.5** 구한국정부시대(대한제국시대)

광무(光武) 원년(1897년)에 고종은 광무라는 원호를 사용하여 국호를 대한제국으로 고쳐 즉위하고 양전.
관계발급사업을 실시하였다. 광무 2년(1898년) 7월에 칙령 제25호로 양지아문 직원 및 처무규정을 공포
하여 비로소 독립관청으로 양전사업을 위하여 양지아문을 설치하여 지적업무는 판적국에서 실시하고 지
적이란 용어가 최초로 사용되었다.

1.5.1 양지아문(量地衙門)

양지아문은 광무 2년(1898년) 7월에 칙령 제25호로 양지아문 직원 및 처무규정을 공포하여 비로소
독립관청으로 양전사업을 위하여 설치되었다. 양전사업에 종사하는 실무진으로는 양무감리, 양무
위원, 조사위원 및 기술진이 있었다.

양전과정은 측량과 양안 작성 과정으로 나누어지는데 양안 작성 과정은 야초책(野草冊)을 작성하는
1단계, 중초책을 작성하는 2단계, 정서책으로 완성시키는 3단계로 나누어 진행하였으나 광무 5년
(1901년)에 이르러 전국적인 대흉년으로 일단 중단하게 되었다.

소유권 이전을 국가가 통제할 수 있는 장치로서 조선시대에 시행하였던 입안(立案)에 대신하여
지계를 발행하는 제도를 채택하였다.

▼ **양안 작성 과정**

야초책(野草冊)	• 1필마다 토지측량을 행한 결과를 최초로 기록하는 장부 • 전답과 초가 · 외가의 구별 · 배미 · 양전방향 · 전답 도형과 사표 · 실적(實積) · 등급 · 결부 · 전답주 및 소작인 기록
중초책(中草冊)	• 야초작업이 끝난 후 만든 양안의 초안 • 서사(書使) 1명, 산사(算師) 3명이 종사하고 면도감(面都監)이 감독

정서책(正書冊)	• 광무양안 때 3단계 작업으로 완성한 양안으로 면에서 중초책을 완성하면 읍에서
	  취합하여 작성, 완성하는 정안(正案)이다.
	• 정안은 3부를 작성하여 1부는 양지아문에, 1부는 도(道)의 감영(監營)에, 1부는
	  읍(邑)에 보관하였다.

가. 양지아문의 특징

① 양안에 기록된 전답도형 표기법은 토지실상을 한층 효과적으로 파악
② 전답도형을 설정하여 전답형상과 위치를 쉽게 알 수 있도록 함
③ 각 토지에 실적수를 기입하여 절대면적을 표시
④ 매 필지마다 토지면적을 확정

나. 양지아문의 대상

① 각 도에 양무감리를 두었으며 양무위원을 각 군에 파견, 견습생을 대동하여 양전 실시
② 전국에 전, 답, 화전, 가사, 염전까지 조사
③ 국세조사와 소유권에 대한 국가관리라는 차원에서 소유자 파악 시도
④ 무지주 없이 전국 부동산에 대한 소유자 파악

다. 양지아문의 토지측량

① 개별 토지측량 후 소유권과 가사, 국가가 추인하는 사정과정을 절차로 함
② 개별 토지의 모습과 경계를 가능한 정확히 파악하여 장부에 등재
③ 근대적 토지측량제도를 도입, 전국의 토지를 측량하는 사업추진
④ 양무감리는 각도에, 양무위원은 각 군에 파견, 견습생을 대동하여 측량
⑤ 종래의 자호 지전제도를 그대로 적용
⑥ 토지파악 단위는 결부제 채용
⑦ 양안은 격자양전 당시의 전답형 표기, 방형, 직형, 제형, 규형, 구고형 등 11가지 전답 도형을 사용하여 적용

1.5.2 지계아문(地契衙門)

지계아문의 사업은 성격상 양지아문과 밀접한 관계가 있었고 지계발행사업의 방대함에 비추어 지계아문만이 전국의 지계사업을 전담하기에 벅찼다. 그래서 1902년 3월에 지계아문과 양지아문을 통합하였다. 즉, 지계가 발행되기 위해서는 토지대장에 의한 토지 소유권자의 확인이 필요하여 양전의 시행은 지계의 시행과 병행되어야 했다. 기구의 통합과 업무의 통합도 이루게 되어 지계발행과 양전을 새 통합기구인 지계아문에서 수행하게 되었다.

노일전쟁에 의한 일본 군대의 주둔과 제1차 한일협약을 강요당하게 되어 지계 발행은 물론 양전사업마저도 중단되고 말았으며, 새로 탁지부에 양지국을 신설하여 양전 업무를 담당시키고 지계 발행업무는 그 업무의 완료와 함께 당해 군으로 인계하여 1904년 4월 19일 지계아문은 폐지되었다.

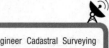

가. 목적

① 국가의 부동산에 대한 관리체계 확립

② 지가제도 도입

③ 지주납세제 실현

④ 일본인의 토지 잠매 방지

나. 업무

① 지권(地券)의 발행과 양지 사무를 담당하는 지적중앙관서

② 관찰사가 지계감독사 겸임

③ 각도에 지계감리를 1명씩 파견하여 지계발행의 모든 사무 관장

④ 1905년 을사조약 체결 이후 "토지가옥 증명규칙"에 의거 실질심사주의를 채택하여 토지가옥의 매매, 교환, 증여 시 "토지가옥 증명대장"에 기재하여 공시하였다.

⑤ 양안을 기본대장으로 사정을 거쳐 관계(官契)를 발급했다.

다. 토지측량

① 지계아문의 사업은 강원도, 충청도, 경기도 지역에서 시행

② 양전과 관계사업은 대개 지계위원 혹은 사무원을 동원하여 실시

③ 토지형상은 실제농지형태와 부합되게 다양한 형태로 양안에 등록

④ 대한민국전답관계(大韓民國田畓官契)라는 지권 발급

⑤ 종전 양안의 자호순서, 필지 수, 양전방향 등을 그대로 준수

라. 관계(官契) 발급

① 1901년 지계아문을 설치하여 각 도에 지계감리를 두고 "대한제국전답관계"라는 지계 발급

② 지계발급 대상은 전, 답, 산림, 천택, 가사의 소유권자는 의무적으로 관계 발급

③ 전답의 소유주가 매매, 양여한 경우 관계(官契) 발급

④ 구권인 매매문기를 강제적으로 회수하고 국가가 공인하는 계권 발급

⑤ 관계의 발행은 매매 혹은 양여 시에 해당되며 전질(典質)의 경우에도 관의 허가를 받도록 함

⑥ 지계는 양면 모두 인쇄된 것으로 이면에는 8개 항의 규칙을 기록함

⑦ 가계는 가옥의 소유에 대한 관의 인증, 지계는 전답의 소유에 대한 관의 인증으로 입안의 근대화로 볼 수 있다.

⑧ 충남, 강원도 일부에서 시행하다 토지조사의 미비, 인식부족 등으로 중지되었다.

⑨ 1904년 탁지부 양지국으로 흡수 축소되고 지계아문은 폐지되었다.

⑩ 가계는 지계보다 10년 앞서 시행하였는데 지계와 같이 앞면에 가계문언이 인쇄되고 끝부분에 담당관, 매매당사자, 증인들의 서명, 당상관의 화압이 기재되었으며, 뒷면에는 가계제도의 규칙이 인쇄되었다.

⑪ 1905년 을사조약 체결 이후 "토지가옥증명규칙"에 의거하여 토지가옥의 매매 · 교환 · 증여 시에 토지가옥증명대장에 기재 · 공시하는 실질심사주의를 채택하였다.

1.5.3 양지국과 양지과

1904년 4월 19일 칙령 제11호로 탁지부 양지국 관제가 공포되었다. 이 양지국은 지계아문의 양전 기능과 기구만을 계승하여 상설기구로 설치된 것이며, 활발한 업무처리 없이 지계아문이 하던 일의 뒷마무리 처리에 불과했던 것으로 국내 토지측량에 관한 사항, 전답, 가사, 산림, 천택(川澤) 등에 관한 업무를 취급하였다. 설치 후 1년 뒤인 1905년 2월 탁지부 사세국에 양지과가 설치되어 흡수되었다.

탁지부 사세국 양지과에서 1908년 서울의 용산 시가지를, 1907년에는 대구 시내를, 1908년에는 평양시내와 전주 부근의 일부를 측량하였으며, 토지조사의 경험을 얻을 목적으로 경기도 부평군 일부지역에서 1909년 11월 17일부터 1910년 2월 4일까지는 예비조사를 실시하고 1909년 11월 20일부터 1910년 2월 20일까지는 측량을 실시하였다.

1.5.4 토지조사국

구한국 정부는 1910년 3월 15일 토지조사국을 설치하고 토지조사 및 측량에 관한 사항을 취급토록 하였다. 토지조사사업의 계획은 7년 8개월의 계속 사업으로 추진하고 측량업무는 대삼각측량, 소삼 각측량, 도근측량, 세부측량의 4종으로 세분하여 추진하였다. 본 사업의 사무원 및 기술원 양성을 위하여 한성고등학교, 한성외국어학교 및 대구, 평양, 전주, 함흥의 각 도립 실업학교에 별과를 특설하여 기술원을 양성하였다. 토지조사국은 설치한 이래 6개월 반 만인 1910년 8월 29일 일제에 의한 국권 피탈(被奪)로 별다른 실적을 거두지 못하고 조선 총독부 소속으로 개편되었다.

1.5.5 가계(家契)와 지계제도(地契制度)

가. 가계제도(家契制度)

가계는 가옥 소유에 대한 관의 인증이며 즉 가옥 소유권 증명문서로 가권이라고도 하였다. 가옥 을 매매 등으로 양도할 때에 발급하고 고종 30년에 한성부에서 처음으로 발급된 이래 개항지, 개 시지(開市地)에서도 발급하였다. 가계제도는 소유권의 증명을 위한 근대적 제도였다.

① 1893년 서울에서 최초로 발급하여 점차 다른 도시로 파급되었다.

② 가옥 매매 시 구권을 반납하고 신권을 발급하도록 하였다.

③ 개항 시 개시지(開市地)에서도 발급하였다.

④ 1906년 가계발급규칙을 정하고 서울·개성·인천·수원·평양·대구·전주 등에서 시행하였으며, 토지가옥증명규칙 발효로 가계제도는 폐지되었다.

나. 지계제도(地契制度)

지계는 전답의 소유에 대한 관의 인증으로 입안의 근대화로 볼 수 있으며 1901년 대한제국에서 과도기적으로 시행한 제도로 지계아문을 설치하고 각 도에 지계감리를 두어 "대한제국전답관계(大韓帝國田畓官契)"라는 지계를 발급하였다.

① 1883년 〈인천항 일본거류지 차입약서〉에 지권을 교부토록 하였으니 이것이 지계의 효시이다.

② 지계아문에서 토지의 측량과 지계 발급을 하였다.

③ 지계는 과거 입안과 같은 공증제도로 전답의 소유에 대한 관의 인증을 실시하였다.

④ 지계발급의 3단계

제1단계	양전사업
제2단계	양전 당시 양안에 게재된 소유자와 현재 실소유자의 일치 여부 확인과정(사정)
제3단계	사정의 내용에 기초하여 관계 발급

⑤ 지계에는 양면이 모두 인쇄되고 8개항 규칙이 기록됨

Reference 참고

➤ **대한제국전답관계(大韓帝國田畓官契)**

대한제국은 국가 세원 확보와 토지소유자 파악을 위하여 갑오개혁 이후로 양전사업을 위한 기관의 설치·폐쇄를 거듭하였는데 1901년 지계아문을 설치하여 지권(地券)의 발행 및 양지 사무를 하도록 하였다. 지계아문의 지권인 대한제국전답관계(大韓帝國田畓官契)는 토지문서로서 강원도, 충청도, 경기도지역에서 시행하였다.

지권의 발행 주장

① 유길준은 1891년 그의 저서 『지제의(地制議)』에서 지권 발행을 주장하였다.

② 양식인 〈전지문권도식〉까지 제시하였으나 조정에서 수용하지 않았다.

제2절 외국의 지적제도

▼ 외국의 지적제도

구분	일본	프랑스	독일	스위스	네델란드	대만
기본법	국토조사법 부동산등기법	민법 지적법	측량 및 지적법	지적공부에 의한 법률	민법 지적법	토지법
창설기간	1876~1888	1807	1870~1900	1911	1811~1832	1897~1914
지적공부	지적부 지적도 토지등기부 건물등기부	토지대장 건물대장 지적도 도엽기록부 색인도	부동산지적부 부동산지적도 수치지적부	부동산등록부 소유자별 대장지적도 수치지적부	위치대장 부동산등록부 지적도	토지등록부 건축물개량 등기부 지적도
지적 · 등기	일원화(1966)	일원화	이원화	일원화	일원화	일원화
토지대장 편성	물적 편성주의	연대적 편성주의	물적 · 인적 편성주의	물적 · 인적 편성주의	인적 편성주의	물적 편성주의
등록의무	적극적 등록주의	소극적 등록주의	–	적극적 등록주의	소극적 등록주의	적극적 등록주의
지적재조사사업	1951~현재	1930~1950	–	1923~2000	1928~1975	1976~현재

CHAPTER 02 실전문제

01 조선시대의 속대전(續大典)에 따르면 양안(量案)에서 토지의 위치로서 동, 서, 남, 북의 경계를 표시한 것을 무엇이라고 하였는가?

12①기

① 자번호   ② 사주(四柱)

③ 사표(四標)   ④ 주명(主名)

해설

사표란 고려 및 조선시대의 토지대장인 양안에 수록된 사항으로서 토지의 경계를 표시한 것이며 그 위치로 동, 서, 남, 북의 인접지에 대한 지목, 자호, 주명(소유자)을 표시하였고 양안에 기록하거나 도면을 작성하였다.

02 다음 중 고조선시대의 토지제도로 옳은 것은?

12①기

① 두락제   ② 수등이척제

③ 과전법   ④ 정전제

해설

정전제(井田制)

정전제란 고조선시대의 토지구획방법으로 균형 있는 촌락의 설치와 토지의 분급 및 수확량을 파악하기 위하여 시행되었던 지적제도로서 당시 납세의 의무로 소득의 1/9을 조공으로 바치게 하였다.

03 다음 중 양안을 기본대장으로 하여 소유권자를 확인하는 사정 과정을 거쳐 관계를 발급하였던 기관은?

12①기

① 양지아문   ② 지계아문

③ 양전국   ④ 탁지부

해설

1. 구한말의 토지제도 관리관청의 변천
   ㉠ 내부 판적국
   • 1985년 내부 관제가 공포되어 주현국, 토목국, 판적국 등 5국을 둠

• 판적국은 "호구적에 관한 사항"과 "지적에 관한 사항"을 관장토록 하였는데 여기에서 "지적"이라는 용어가 처음 쓰이기 시작하였다.

2. 양지아문
   • 1898. 6 내부대신 박정양과 농공부대신 이도재가 토지측량에 관한 청의서를 제출
   • 1898. 11 양지아문을 설치, 전국의 양전업무를 관장토록 하여 양전 독립기구 탄생
   • 1901년 지계아문이 설치되어 양전업무를 이관한 후 1902년에 양지아문이 폐지됨
   • 미국인 레이몬드 크럼을 초빙하여 서울 시내를 측량하고 견습생을 교육하였으며 전국에 양전을 실시하였다.
   • 민영환의 홍화학교 등 국내의 100여 개 학교에서도 측량교육을 실시함
   • 각 도에 양무감을 두고, 각 군에 양무위원을 파견하여 견습생을 대동하고 양전함
   • 전국 토지의 약 1/3가량 양전하였으나 국내의 사정으로 중지됨

3. 지계아문
   • 1901년 지계아문을 설치하여 각 도에 지계감리를 두어 "대한제국전답관계"라는 지계를 발급
   • 전답의 매매, 양여시 소유주는 반드시 "관계"를 받도록 함
   • 지계는 양면 모두 인쇄된 것으로 이면에는 8개 항의 규칙을 기록함
   • 가계는 가옥의 소유에 대한 관의 인증, 지계는 전답의 소유에 대한 관의 인증으로 입안의 근대화로 볼 수 있음
   • 충남, 강원도 일부에서 시행하다 토지조사의 미비, 인식 부족 등으로 중지되었음
   • 1904년 탁지부 양지국으로 흡수 축소되고 지계아문은 폐지됨
   • 가계는 지계보다 10년 앞서 시행하였는데 지계와 같이 앞면에 가계문언이 인쇄되고 끝부분에 담당관, 매매당사자, 증인들의 서명, 당상관의 화압이 기재되었으며, 뒷면에는 가계제도의 규칙이 인쇄되었음
   • 1905년 을사조약 체결 이후 "토지가옥증명규칙"에 의거하여 토지가옥의 매매·교환·증여 시에 토지가옥증명대장에 기재 및 공시하는 실질심사주의를 채택하였음

4. 탁지부 양지국과 양지과
   • 1904년 탁지부 양지국에 양전업무를 이관함

• 1905년 양지국이 사세국 양지과로 축소되었으며, 일본인 기사를 채용하여 한국인 약간명에게 측량기술을 강습하였다.

04 다음 중 광무양전(光武量田)에 대한 설명으로 옳지 않은 것은?

12①기

① 등급별 결부산출(結負産出) 능의 개선은 있었으나 면적을 척수(尺數)로 표준화하지 않았다.

② 양무위원 외에 조사위원을 두었다.

③ 정확한 측량을 위하여 외국인 기사를 고용하였다.

④ 양안의 기재는 전답(田畓)의 도형(圖形)을 기입하게 하였다.

◀해설▶

1898~1904년 추진된 광무양전사업(光武量田事業)은 근대적 토지제도와 지세제도를 수립하고자 전국적 차원에서 추진되었다. 사업의 실제 과정을 보면 양지아문(量地衙門)이 주도한 양전사업과 지계아문(地契衙門)의 양전·관계(官契) 발급사업으로 전개되었다. 이때의 양안은 고종황제 집권 시에 작성되었기 때문에 일명 '광무양안(光武量案)'으로 불리는데, 광무양안은 그 이전의 양안과 형식 및 내용에 있어 큰 차이가 있었다. 우선 완전히 새롭게 토지를 측량해서 지번(地番)을 매겼기 때문에, 같은 토지의 지번이 과거의 경자양안(1720년 작성)의 지번과 완전히 달라지게 되었다. 또 경자양안과는 달리 광무양안에서는 지형을 도시(圖示)하였다. 또 면적을 척수(尺數)로써 표시하고, 등급에 따라 결부수(結負數)를 산출하여 기록하였다. 또 지주·소작관계가 이루어지고 있는 토지는 시주(時主: 지주)와 시작(時作: 소작인)의 성명을 기록하였다. 뿐만 아니라 가대지(家垈地)의 경우 가옥의 주인과 협호인(挾戶人)의 성명을 함께 기록하기도 하였다. 시작인의 성명 등을 기록한 것은 지세(地稅) 납부자가 시작인인 경우가 있었기 때문이다.

05 다음의 설명에 해당하는 학자는?

12①기

• 해학유서에서 망척제를 주장하였다.
• 전안을 작성하는 데는 반드시 도면과 지적이 있어야 비로소 자세하게 갖추어진 것이다.

① 정약용   ② 유진억
③ 이기   ④ 서유구

◀해설▶

이기의 주장

이기는 저서 [해학유서]에서 수등이척제에 대한 개선방안으로 망척제를 주장하였다. 망척제는 전지의 형태와 관계없이 그물 형태의 정방형으로 면적을 계산하는 방법이다.

06 지적의 발생설을 토지측량과 밀접하게 관련지어 이해할 수 있는 이론은?

12①기

① 과세설   ② 치수설
③ 지배설   ④ 역사설

◀해설▶

• 과세설 : 국가가 과세를 목적으로 토지에 대한 각종 현상을 기록·관리하는 수단으로부터 출발했다는 설
• 치수설 : 국가가 토지를 농업생산수단으로 이용하기 위해서 관개시설 등을 측량하고 기록, 유지, 관리하는 데서 비롯되었다고 보는 설
• 지배설 : 국가가 토지를 다스리기 위한 통치수단으로 토지에 대한 각종 현황을 관리하는 데서 출발한다고 보는 설

07 다음 중 적극적 등록제도와 거리가 먼 것은?

12①기

① 토렌스 시스템
② 영국, 프랑스, 네덜란드
③ 토지등록의 효력은 정부에 의해 보장된다.
④ 지적공부에 등록된 토지만이 권리가 인정된다.

◀해설▶

1. 적극적 등록제도
   • 등록은 일필지의 개념으로 법적인 권리보장이 인증되고 정부에 의해서 그러한 합법성과 효력이 발생
   • 지적공부에 등록되지 않는 토지는 어떠한 권리도 인정될 수 없고 등록은 강제되고 의무적이며 공적인 지적측량이 시행되지 않는 한 토지등기도 허가되지 않는다는 이론이 지배적이다.
   • 적극적 등록제도의 발달된 형태로 유명한 것은 토렌스 시스템이 있다.

2. 소극적 등록제도
   • 일필지의 소유권이 거래되면서 발생하는 거래증서를 변경·등록하는 제도이다.

정답   04 ①   05 ③   06 ②   07 ②

- 거래행위에 따른 토지등록은 사유재산 양도증서의 작성, 거래증서의 작성으로 구분되며 등록의무는 없고 신청에 의한다.
- 토지등록부는 거래사항의 기록일 뿐 권리 자체의 등록과 보장을 의미하지는 않는다.
- 거래증서의 등록은 정부에 의해서 수행되지만 서류의 합법성 또는 유용성에 대한 사실조사가 이루어지는 것은 아니다.
- 양도증서의 작성은 사인 간의 계약에 의하여 발생하고 거래증서의 등록은 법률가에 의해 취급된다.
- 이 제도는 지적측량과 측량도면을 필요로 한다.
- 네덜란드, 영국, 프랑스, 미국의 일부 주에서 시행되며 오늘날 나라마다 보완되어 다양하게 변환된 형태로 나타난다.

08 지적제도와 등기제도가 통합된 넓은 의미의 지적제도에서의 3요소이며, 네덜란드의 J.L.G. Henssen 교수가 구분한 지적의 3요소로만 나열된 것은?

12②기

① 소유자, 권리, 필지
② 필지, 측량, 지적공부
③ 권리, 지적도, 토지대장
④ 측량, 필지, 지적파일

해설

지적제도의 구성 3요소
지적제도의 구성3요소는 지적의 정의에 따라 협의적 개념과 광의적 개념으로 구분된다.
- 협의적 개념의 지적제도 구성 3요소는 토지, 등록, 공부를 말한다.
- 광의적 개념의 구성 3요소는 소유자, 권리, 필지를 말한다.

09 신라시대 장적문서(帳籍文書)에 대한 설명으로 틀린 것은?

12②기

① 현·촌명 및 촌락의 영역과 토지의 종목·면적 등이 기록되어 있다.
② 뽕나무, 백자목(柏子木), 추자목(楸子木) 등의 수량이 기록되어 있다.

③ 우리나라의 지적기록 중 가장 오래된 자료이지만 현존하지 않는다.
④ 장적문서의 기록에 남아 있는 지역은 지금의 청주 지방인 서원경 부근의 4개 촌락이다.

해설

신라장적은 현존하는 최초의 우리나라 지적기록으로 신라 말기 지금의 청주지역인 서원경 부근 4개 촌락의 장적문서이다. 신라장적(新羅帳籍)은 신라 때 서원경(西原京 : 청주) 지방 4개 촌의 장적(帳籍)으로, 당시 촌락의 경제 상황과 국가의 세무 행정을 알 수 있는 자료이다. 신라 민정문서 또는 신라 촌락문서, 정창원 문서(正倉院文書)라고도 부른다. 신라의 율령 정치는 물론 신라 사회의 구조를 구성하는 데 대단히 귀중한 자료이다.

10 신라시대에 시행한 토지측량 방식으로 토지를 여러 형태로 구분하여 측량하기 쉽도록 하였던 것은?

12③기

① 경무법
② 연산법
③ 결부제
④ 구장산술

해설

구장산술
1. 구장산술의 특징
   - 저자 및 편찬연대 미상인 동양 최고의 수학서적
   - 시초는 중국으로 원, 명, 청, 조선을 거쳐 일본에까지 영향을 미침
   - 삼국시대부터 산학 관리의 시험 문제집으로 사용
   - 수학의 내용을 제1장 방전부터 제9장 구고장까지 분류함
   - 고대 농경사회의 수확량 측정 및 토지를 측량하여 세금 부과에 이용
   - 특히 제9장 구고장은 토지의 면적계산과 측량술에 밀접한 관련이 있음
   - 고대 중국의 일상적인 계산법이 망라된 중국수학의 결과물
2. 우리나라의 구장산술
   삼국시대부터 구장산술을 이용하여 토지를 측량하였으며 화사(畵使)가 회화적으로 지도나 도면을 만들었다.

11 조선지세령(朝鮮地稅令)에 관한 내용으로 틀린 것은? 12③기

① 1943년에 제정·공포되어 조선총독부 시대에 시행되었다.
② 지적에 관한 사항과 지세에 관한 사항을 동시에 규정하였다.
③ 조선임야조사령이 제정되기 전까지 과도직으로 적용되었다.
④ 전문 7장과 부칙을 포함한 95개 조문으로 되어있다.

해설

지적법령 변천 연혁의 순서는 토지조사령 → 지세령 → 임야조사령 → 조선지세령 → 지적법이다.

12 고려 초기의 기록상으로 남아 있는 우리나라 최초의 토지조사측량자는? 12③기

① 송량경   ② 봉휴
③ 산사   ④ 판도사

해설

정두사 조성형지기의 내용은 토지의 조사, 토지대장의 작성, 그의 보관 등에 관한 일련의 토지측(양전) 과정을 보여 주는 것으로 고려 초기의 귀중한 자료이다. 탑지의 내용과 같이 2회에 걸친 조사에서 알 수 있는 것은 산사(천달)를 대동한 양전사의 중앙에서의 파견은 이미 고려 초기부터 양전이 엄격히 실시되고 있었다는 것을 보여 주고 있다.

∥ 정두사 5층 석탑에서 나온 조성형지기 ∥

여기에는 또 실제 토지조사와 측량에 참가한 사람의 직과 이름이 기재되어 있는데 기록상으로는 광종 6년 송량경이 우리나라 최초의 토지조사측량자였으며 1년 후인 광종 7년에는 양전사 예언, 하전 봉휴, 산사 천달 등이 토지의 측량에 참가하였던 것을 알 수 있다.

13 아래와 같은 특징을 갖는 지적제도를 시행한 시대는? 12③기

• 토지대장은 양전도장, 양전장적, 전적 등 다양한 명칭으로 호칭되었다.
• 과전법의 실시와 함께 자호제도가 창설되어 정단위로 자호를 붙여 대장에 기록하였다.
• 수등이척제를 측량의 척도로 사용하였다.

① 고구려   ② 백제
③ 조선   ④ 고려

해설

구분	고려 초	고려 말
길이단위	척(尺)	상중하 수등이척제 실시
면적단위	경무법	두락제, 결부제
담당조직	호부(戶部)	판도사(版圖司)
토지제도	• 태조 : 당나라 제도 모방 • 경종 : 전제개혁(田制改革) 착수 • 문종 : 전지측량(田地測量) 단행	• 과전법 실시 • 자호제도 창설 : 조선시대 일자오결제도의 계기가 됨

14 조선시대 매매에 따른 일종의 공증제도로 토지를 매매할 때 소유권 이전에 관하여 관에서 공적으로 증명하여 발급한 서류는? 12③기

① 명문(明文)   ② 문권(文券)
③ 입안(立案)   ④ 문기(文記)

해설

• 문기(文記) : 문기란 토지·가옥의 매매 시에 매도인과 매수인의 합의 외에도 대가의 수수 목적물 인도 시에 서면으로 작성하는 계약서로서, 문기 또는 명문문권이라 한다.
• 입안(立案) : 입안은 토지·가옥의 매매를 국가에서 증명하는 제도로서, 현재의 등기권리증과 같은 지적의 명의변경절차이다.

15 고려시대에 양전을 담당한 중앙기구로서의 특별관서가 아닌 것은? 12③기

① 급전도감   ② 정치도감
③ 절급도감   ④ 사출도감

정답 11 ③ 12 ① 13 ④ 14 ③ 15 ④

해설

고려시대의 지적업무는 전기에는 호부, 후기에는 판도사에서 담당하였으며 지적 관련 임시부서로는 급전도감, 방고감전도감, 정치도감, 화자거집, 전민추고도감 등이 있었다.

고려시대 토지제도의 특징

- 고려시대 길이의 단위는 척이며 면적의 단위는 경무법(초기), 결부제(후기)를 사용
- 고려 초기, 중기에는 양전척을 사용
- 고려 말에는 전품을 상중하의 3등급으로 척수로 다르게 수등이척제를 사용
- 전지측량을 단행함으로써 토지제도와 지적제도("도행"이나 "작"이라는 토지대장)를 정비
- 지적 관리 기구로는 중앙에 호부(戶部)와 특별 관서로 급전도감, 정치도감 등을 두었다.
- 양안과 입안제도를 실시하였고 사표제도가 있었다.

16 백문매매(白文賣買)에 대한 설명으로 옳은 것은?
12③기

① 오늘날의 토지대장에 해당한다.
② 입안을 받지 않은 계약서를 말한다.
③ 조선건국 초기에 성행되었던 토지등기제도의 일종이다.
④ 구문기에서 소유자란이 없는 것을 뜻한다.

해설

백문매매는 입안을 받지 않은 매매계약서를 말한다.

17 스위스, 네덜란드에서 채택하고 있는 지번 표기의 유형으로 지번의 완전한 변경 내용을 알 수 있는 보조장부의 보존이 필요한 것은?
12③기

① 순차식 지번제도
② 자유식 지번제도
③ 분수식 지번제도
④ 복합식 지번제도

해설

스위스, 호주, 네덜란드 등에서는 자유식 지번제도를 채택하고 있다.

18 조세, 토지관리 및 지적사무를 담당하였던 백제의 지적 담당기관은?
12③기

① 조부
② 내두좌평
③ 공부
④ 호조

해설

- 백제의 지적사무 담당 : 내두좌평 직할하에
- 산학박사 : 지적과 측량 담당
- 산사 : 측량법 시행
- 화사 : 지적도면 작성

19 일본의 지적 관련 법령으로 옳은 것은? 12③기

① 지적법
② 부동산등기법
③ 국토기본법
④ 지가공시법

해설

외국의 지적제도

구분	일본	프랑스	독일	스위스	네델란드	대만
기본법	국토조사법 부동산등기법	민법 지적법	측량 및 지적법	지적공부에 의한 법률	민법 지적법	토지법
창설기간	1876~1888	1807	1870~1900	1911	1811~1832	1897~1914
지적·등기	일원화(1966)	일원화	이원화	일원화	일원화	일원화
담당기구	법무성	재무경제성	내무성 : 지방국지적과	법무국	주택도시계획 및 환경성	내정부 지적국

20 이기가 해학유서에서 수등이척제에 대한 개선으로 주장한 제도로서 전지(田地)를 측량할 때 정방형의 눈들을 가진 그물을 사용하여 면적을 산출하는 방법은?
12③기

① 일자오결제
② 망척제
③ 결부제
④ 방전제

해설

문제 05번 해설 참고

21 대한제국시대에 양전사업을 전담하기 위해 설치한 최초의 독립 기관은? 13①끼

① 탁지부 ② 임시토지조사국

③ 양지아문 ④ 지계아문

● 해설

문제 03번 해설 참고

22 왕이나 왕족의 사냥터 보호, 군사훈련지역 등 일정한 지역을 보호할 목적으로 자연암석 · 나무 · 비석 등에 경계를 표시하여 세운 것은? 13①끼

① 금표(金表) ② 장생표(長栍標)

③ 사표(四標) ④ 이정표(里程標)

● 해설

• 금표(禁標) : 왕이나 왕족의 사냥, 유흥과 군사훈련, 산림보호의 목적으로 일정한 구역을 설정하고 이를 표시하기 위하여 세운 목책(木柵) 또는 석비(石碑)를 말한다. 산림보호를 위한 것은 강원도 원주 치악산에 남아 있는 금표와 고양시 서오릉(西五陵)에 구전되어 있는 금천(禁川)으로 오늘의 개발제한 구역 표지석과 같다. 왕실의 사냥과 유흥을 위한 것은 고양시 대자동에 남아 있는 금표가 있다. 연산군은 이 금표 안에서 사냥도 하고 궁녀 천여 명을 데리고 가서 주연을 베풀고 즐겼으며 길가에서 간음도 하였다. 금표 안의 인가는 모두 철거시키고 논밭의 경작도 금하며 이를 어기면 처벌하였다. 그러나 백성들은 금표 밖에서 굶어죽거나 안에서 처형되거나 죽기는 마찬가지라고 생각하여 농사를 짓기 위해 출입하였다.

• 장생표(長栍標) : 조선시대의 장승은 한자로 후(候), 장생(長栍), 장승(長丞) 등으로 불렸다. 장승은 나무나 돌로 만든 기둥 모양의 몸통 위쪽에 신이나 장군의 얼굴을 새기고 몸통에는 천하대장군, 지하여장군 등 역할을 나타내는 글을 써서 길가에 세우는 신상으로 부락수호, 방위수호, 산천비보, 경계표, 노표, 금표, 성문수호, 기자 등의 다양한 기능으로 사용되었다.

23 현대지적의 원리 중 지적행정을 수행함에 있어 국민의사의 우월적 가치가 인정되며, 국민에 대한 충실한 봉사, 국민에 대한 행정책임 등의 확보를 목적으로 하는 것은? 13①끼

① 민주성의 원리 ② 공기능성의 원리

③ 정확성의 원리 ④ 능률성의 원리

● 해설

현대지적의 원리

• 공기능성 : 공기능성은 개인 위주의 목적이 아닌 집단에서 대다수의 개인에게 적용되는 이해나 목적을 가지며 이러한 맥락에서 지적을 토지의 공적장부로 보는 것은 공기능성에 입각한 논리이다. 이는 토지에 대한 자료가 공공성을 요구하며 토지의 필요사항이 표시되고 기록되기 때문에 지적국정주의와도 일치된다.

• 능률성 : 과거의 도해지적이나 지적자료가 수작업에 의해서 처리되었지만 이는 정보통신의 발달에 상당한 제약요소가 되어 능률면에서 극대화되지 못했다. 이를 해소하는 데는 지적의 전산화와 함께 수치지적제도가 정착되어 지적의 능률성을 향상시키는 효과를 기대할 수 있다.

• 정확성 : 지적정보로 기록 및 저장되는 사항은 과학적인 수단과 방법을 통해 오류가 없이 정확히 처리되어야 한다. 이는 결국 국민의 토지소유권 권리를 강화하는 효과로 나타난다.

• 민주성 : 지적행정제도의 주체와 객체가 내부적으로는 행정의 인간성이 근간을 이루고 있고, 외부적으로는 국민 대다수의 의지가 퍼져 있는 국민의 행정이기 때문에 나타나는 원리이다.

24 다음 중 지적제도와 등기제도를 처음부터 일원화하여 운영한 국가는? 13①끼

① 독일 ② 네덜란드

③ 일본 ④ 대만

● 해설

• 지적제도와 등기제도를 처음부터 일원화하여 운영하는 국가 : 네델란드, 버마

• 지적제도와 등기제도가 창설 당시 이원체제였으나 현재는 일원화하여 운영하는 국가 : 일본, 중국, 터키, 인도네시아

• 지적제도와 등기제도가 창설당시부터 이원화되어 운영되는 국가 : 한국, 독일

25 자한도(字限圖)에 대한 설명으로 옳은 것은?

13①기

① 고려시대에 작성된 지적도이다.
② 대만의 구지적도이다.
③ 조선시대에 작성된 지적도이다.
④ 일본의 구 지적도이다.

해설

자한도(字限圖)

일본의 구 지적도로서 자한도에서 "자(字)"는 촌(村), 정(町) 가운데의 한 구획의 이름으로 대자(大字, 오아사), 소자(小字, 고아사)가 있다. 우리나라의 리(里) 정도 크기에 해당되는 구획이다. 자(字)마다 하나의 지적도를 만들면 그것이 자한도가 되는 것이다. 자한도의 별칭은 굉장히 많아서 일자한도(一字限圖), 자절도(字切圖), 자절회도(字切繪圖), 자도(字圖), 자분절회도(字分切繪圖) 등으로 불렀다.

26 조선시대의 문기(文記)에 관한 설명이 틀린 것은?

13①기

① 오늘날의 부동산 매매계약서와 같은 것이다.
② 당사자, 증인, 그리고 집필인이 작성하였다.
③ 문기는 입안을 청구하는 경우는 물론 소송의 유일한 증거로 제출되었다.
④ 상속, 증여, 임대차의 경우는 작성하지 않았다.

해설

문기(文記)

1. 문기의 개념 : 조선시대에 토지 및 가옥을 매수 또는 매도할 때 작성한 매매계약서를 말하며 '명문 문권'이라고도 하였다. 토지 매매 시에 매도인은 신문기는 물론 그 토지의 전리전승 유래를 증명하는 구문기도 함께 인도해야 하는 요식 행위였다.

2. 문기의 작성
   • 매수인과 매도인 쌍방의 합의 외에 대가의 수수 목적물의 인도 시에 서면으로 계약서를 작성한다.
   • 양 당사자와 증인, 집필인이 작성한다.
   • 또한 구두계약일 경우에는 후에 문기를 작성하였다.
   • 구문기를 분실하였을 경우에도 그 사실을 증명하는 관의 입안 또는 입지를 발급받아 구문기를 대신하였다.

3. 문기의 작성내용 및 기록순서
   • 매도 연월일

• 매수인
• 매매의 이유
• 권리전승의 유래
• 소재지
• 사표
• 매매대금의 수취 여부
• 담보문헌
• 매도인, 증인 또는 입회인 필집이 기명화함

4. 문기의 효력
   • 신문기의 작성과 구문기, 기타 증거서류의 인도는 토지, 가옥 매매계약의 성립요건이며 매매사실의 사적 공시수단 및 증명수단이다.
   • 상속, 증여, 소송 등의 증거가 되고, 입안 청구 시 증거가 된다.
   • 따라서 문기는 확정적 효력을 가지며 소유자의 권원증서이다.

5. 문기의 종류 : 신문기, 구문기, 명문문권, 매매문기, 매려문기 등 약 11개 종의 문기가 있으며 '백문매매'란 입안을 받지 않은 매매계약서를 말한다.

27 대한제국시대에 삼림법에 의거하여 작성한 민유산야약도에 대한 설명이 틀린 것은?

13①기

① 최초로 임야측량이 실시되었다는 점에서 중요한 의미가 있다.
② 민유임야측량은 조직과 계획 없이 개인별로 시행되었고 일정한 수수료도 없었다.
③ 토지 등급을 상세하게 정리하여 세금을 공평하게 징수할 수 있도록 작성된 도면이다.
④ 민유산야약도의 경우에는 지번을 기재하지 않았다.

해설

대한제국은 1908년 1월 21일 삼림법(森林法)을 공포하였는데 그 제19조에 "모든 민유임야는 3년 안에 면적과 약도를 농상공부대신에게 신고하되 기한 안에 신고하지 않으면 국유로 한다."는 내용의 규정을 만들었다. 기한 내 신고치 않으면 국유로 된다고 하였으니 우리나라 국유가 아니라 통감부 소유, 즉 일본이 소유권을 갖게 된다는 뜻이다. 이러한 조사사업은 정부에서 예산을 세워 상당기간 기술자를 양성하고 측량을 하여 도부를 만들어야 하는데 아무런 대책도 없이 법률에 한 조항을 넣어 가만히 앉아서 민유 임야를 파악하고 나머지는 국유로 처리하자는 수작이었다.

민유임야약도

- 민유임야 측량은 조직과 기획 없이 산발적으로 개인별로 시행되었고 일정한 수수료도 없었다.
- 대서업자와 계약하는 경우도 있고 직접 측량기사를 초빙하여 자기임야를 측량하여 민유임야약도를 만들어 지적보고를 작성하여 농상공부대신에게 우송하였다. 그러면 농상공부 식산국에서는 "접수증"을 보내 왔다.
- 민유임야약도는 지번을 제외하고는 임야도의 모든 요소를 갖추었다.
- 토지의 소재, 면적, 소유자, 축척, 도면과 사표(四標), 측량 연월일, 북방표시, 측량자 이름과 날인이 되어 있다.
- 측량연도는 대체로 융희를 썼고 1910~1911년에는 메이지(明治)를 썼다.
- 축척은 200분의 1,300분의 1,600분의 1, 1,000분의 1, 1,200분의 1, 2,400분의 1, 3,000분의 1, 6,000분의 1 등 8종이다.
- 일정한 기준이 없이 측량자는 임야의 크기에 따라 축척을 정한 것 같다.
- 도면에는 없는 등고선과 토지표시가 있어 이채롭다.
- 당시 민유임야측량이 얼마나 산만하고 무질서한가를 잘 지적하고 있다.

28 조선시대의 양전법에서 구분한 직각삼각형 형태의 토지를 무엇이라 하는가? 13①기

① 방전
② 제전
③ 구고전
④ 규전

해설

1. 조선시대의 토지측량
   ㉠ 양전법의 구분
     - 대거양전 : 도 단위, 전체 읍 대상
     - 추생양전 : 몇 개의 읍 대상, 시기전 또는 진전만을 양전
   ㉡ 양전법의 변천
     - 조선 초기 : 전품(田品)을 상, 중, 하 3등급으로 구분하여 척수를 각각 다르게 하여 계산하는 수등이척제를 사용(상전지 : 농부手 20指, 중전지 : 농부手 25指, 하전지 : 농부手 30指)
     - 세종 26년 : 전토를 6등급으로 구분하여 타량
     - 인조 12년 : 새 양전척인 갑술척(甲戌尺)을 만들어 양전
     - 효종 4년 : 1등 양전척 하나만으로 양전
   ㉢ 면적 계산 : 결부제 사용
   ㉣ 길이 단위 : 척(尺)

㉤ 양전부서 : 호조

2. 전의 형태 : 방전(方田), 직전(直田), 제전(梯田), 규전(圭田), 구고전(句股田)

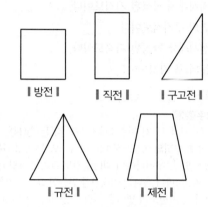

| 방전 | 직전 | 구고전 |

| 규전 | 제전 |

- 방전 : 정사각형의 토지로 장과 광을 측량
- 직전 : 직사각형의 토지로 장과 평을 측량
- 구고전 : 직삼각형의 토지로 구와 고를 측량
- 규전 : 이등변삼각형의 토지로 장과 광을 측량
- 제전 : 사다리꼴의 토지로 장과 동활, 서활을 측량

29 매 20년마다 양전을 실시하여 작성토록 경국 대전에 규정한 것은? 13①기

① 양안(量案)
② 입안(立案)
③ 양전대장(量田臺帳)
④ 문권(文券)

해설

양안(量案)

1. 양안의 개념 : 양안은 전적이라고도 하였으며 고려와 조선시대에 양전을 실시하여 작성된 장부로서 오늘날 지적공부인 토지대장과 같은 역할을 하였고 일제 초기 토지조사측량 때까지 사용하였다.
2. 양안의 작성 : 경국대전에 20년마다 양전을 실시하여 새로이 양안을 작성하고 호조, 본도, 본읍에 보관토록 규정하였으나 제대로 실행되지 못하였다.
3. 양안의 특징
   - 조선왕조의 사회적·경제적 문란으로 인한 토지문제를 해결하는 기능을 가짐
   - 사유토지 거래에 있어 용이성 제공
   - 토지의 파악과 세금 징수에 사용
   - 토지소유자 확정의 기능
4. 양안의 작성 3단계
   - 1단계(야초책) : 실제로 측량하여 작성

- 2단계(중초책) : 관아에서 이를 모아 편집하여 작성
- 3단계(정서본) : 양지아문에서 이를 정리하여 완성

5. 양안의 기재사항 : 소유자, 토지의 소재, 위치, 자호, 지번, 면적, 등급, 사표, 장관척, 결부속, 양전방향 등

6. 양안의 종류
- 시대, 용도, 보존 장소 : 양안, 전적, 전안, 전답안, 양안 등서책, 성책
- 작성 시기 : 신양안, 구양안
- 군, 면, 동 구획 : 군양안, 목양안, 면양안, 리양안 등
- 왕의 열람을 경유한 것 : 어람양안

30 고구려의 토지 면적 측정에 관한 사항으로 틀린 것은?

13②기

① 구고장은 측량에 따른 계산에 관한 문제를 다루었다.
② 면적의 단위로 '정, 단, 무, 보'를 사용하였다.
③ 방전장은 주로 논이나 밭의 넓이를 계산하였다.
④ 토지의 면적 단위는 경무법을 사용하였다.

해설

삼국시대의 지적제도 비교

구분	고구려	백제	신라
길이 단위	척(尺) 단위를 사용하였으며 고구려척	척(尺) 단위를 사용하였으며 백제척, 후한척, 남조척, 당척	척(尺) 단위를 사용하였으며 흥아발주척, 녹아발주척, 백아척, 목척
면적 단위	경무법(頃畝法)	두락제(斗落制)와 결부제(結負制)	결부제(結負制)
토지 장부	봉역도(封域圖) 및 요동성총도(遼東城塚圖)	도적(圖籍) 일본에 전래(근강국 수소촌 간전도, 近江國水沼村 墾田圖)	장적(방전, 직전, 제전, 규전, 구고전, 원전, 호전, 환전)
측량 방식	구장산술	구장산술	구장산술
토지 담당 (부서 조직)	• 부서 : 주부(主簿) • 실무조직 : 사자(使者)	• 내두좌평(內頭佐平) 산학박사 : 지적·측량 담당 • 화사 : 도면 작성 • 산사 : 측량 시행	• 조부 : 토지세수 파악 • 산학박사 : 토지 측량 및 면적 측정
토지 제도	토지국유제 원칙	토지국유제 원칙	토지국유제 원칙

결부법·경묘법·두락제의 비교

구분	결부법	경묘법	두락제
면적 기준	• 1결(結)은 100부 • 1부(負 또는 卜)는 10속 • 1속(束)은 10파 • 1파(把)는 1척 제곱	• 1頃 → 100畝 • 1畝 → 100步 • 1步 → 사방 6尺	• 하두락(何斗落) • 하승락(何升落) • 하합락(何合落) 1두락의 면적은 120평 또는 180평
부과 기준	농지의 비옥도에 따라 (주관적인 방법)	농지의 광협에 따라 (객관적인 방법)	구한말은 각 도·군·면마다 넓이가 일정하지 않았다.
부과 원칙	세가 동일하게 부과	세가 경중에 따라 부과	—
세금 총액	해마다 일정하게 산정	해마다 다르게 산정	—
농지 파악	부정 등으로 인하여 전국 농지의 정확한 파악 불가	전국 농지의 정확한 파악	전답에 뿌리는 씨앗의 수량으로 면적을 표시
도입 주장	삼국시대부터 사용	• 삼국시대부터 사용 • 정약용, 서유구	—

31 다음 중 현존하는 우리나라의 지적자료 중 가장 오래된 것은?

13②기

① 신라장적   ② 경자양안
③ 광무양안   ④ 결수연명부

해설

신라촌락장적(新羅村落帳籍)

일본 정창원에서 발견된 것으로 통일신라시대 서원경 지방의 네 마을에 있었던 토지 등재산목록으로 3년마다 일정한 방식으로 기록하였는데, 그 내용은 촌명(村名), 마을의 둘레, 호수의 넓이, 인구수, 논과 밭의 넓이, 과실나무의 수, 마전, 소와 말의 수 등이며 과세를 위한 기초문서이다. 신라 민정문서라고도 한다.

32 부여의 행정구역제도로서 국도를 중심으로 영토를 사방으로 구획하는 토지구획방법은 무엇인가?

13③기

① 사출도   ② 사표도
③ 계면도   ④ 휴도

◯ 해설

부여에는 수렵·목축과 아울러 일찍이 농업이 성행하였으며 또 독특하게 영토를 구획하였다. 국도(國都)를 중심으로 영토를 사방으로 구획하여 이를 사출도(四出道)라고 하였는데 국왕은 중앙에서 사출도를 각각 맡은 4가(加)를 통솔하고 제가(馬, 牛, 猪, 狗加)는 일종의 행정구역인 사출도를 관할하였다.

33 우리나라 토지조사사업 당시 조사·측량기관은?

13③기

① 부(府)와 면(面)
② 임야조사위원회
③ 임시토지조사국
④ 토지조사위원회

◯ 해설

토지조사사업과 임야조사사업의 비교

구분	토지조사사업	임야조사사업
근거법령	토지조사령 (1912. 8. 13. 제령 제2호)	조선임야조사령 (1918. 5. 1 제령 제5호)
조사기간	1910~1918 (8년 10개월)	1916~1924 (9개년)
측량기관	임시토지조사국	부(府)와 면(面)
사정기관	임시토지조사국장	도지사
재결기관	고등토지조사위원회	임야심사위원회
조사내용	토지소유권, 토지가격, 지형·지모	토지소유권, 토지가격, 지형·지모
조사대상	전국에 걸친 평야부 토지, 낙산임야	토지조사에서 제외된 토지, 산림 내 개재지(토지)
도면축척	1/600, 1/1200, 1/2400	1/3000, 1/6000
기선측량	13개소	–

34 조선시대 초기에는 없었으나 임진왜란 후에 설치된 것으로, 내수사와 왕실의 일부 또는 왕실의 경비를 충당하기 위하여 설정한 토지는?

13③기

① 역토 ② 궁장토
③ 둔토 ④ 마토

◯ 해설

궁장토(宮庄土), 궁방토(宮房土)

정의	조선시대에 왕실의 일부인 궁실(宮室)과 왕실에서 분가(分家) 독립한 궁가(宮家)에 급여한 전토(田土)를 말하며 유토면세와 무토면세로 구분한다.
연혁	• 고려 : 공해전(公廨田) • 조선 전기 : 사전(賜田)·직전 • 임진왜란 이후 : 궁방전 • 대한제국 : 국유지 편입
구분	• 유토면세(有土免稅) : 일정한 토지의 관할권과 수조권(收租權)을 소유한 공전(公田) • 무토면세(無土免稅) : 일정한 땅의 수조권만을 가진 것으로 사전(私田)이었으나 둘 다 면세임

35 고려의 전시과(田柴科)와 조선의 과전법 및 직전법의 효시가 된 신라시대의 토지제도는? 13③기

① 정전제 ② 결부제
③ 역분전 ④ 관료전

◯ 해설

관료전(官僚田)

관료전은 직전수수(直田授受)의 법을 제정한 것으로 문무 관료들에게 직위에 따라 차등을 두어 녹봉 대신에 전(田)을 지급하는 제도로, 687년(신문왕 7년)에 녹읍(祿邑)제를 대신하여 지급하였으나 757년(경덕왕16년)에 녹읍제의 부활로 없어진 제도이다. 고려시대의 전시과(田柴科), 과전법(科田法), 직전법(職田法)의 효시가 된 제도이다.

36 조선시대의 토지대장인 양안(量案)에 대한 설명으로 틀린 것은? 13③기

① 지적과 측량을 관리하는 산학박사(算學博士)를 두어 양안을 관리하였다.
② 일명 전적(田籍)이라고도 하는 양안의 명칭은 시대와 사용처, 비치처에 따라 달랐다.
③ 양안의 기록사항은 소재지, 지번, 토지등급, 지목, 면적, 토지형태, 사표(四標), 소유자 등이다.
④ 양안에 토지를 표시함에 있어서 양전의 순서에 의하여 1필지마다 천자문의 자번호(字番戶)를 부여하였다.

해설

조선시대 양안(量案)

양안은 고려시대부터 사용된 토지장부로서 오늘날의 지적공부로 토지대장과 지적도 등의 내용을 수록하고 있었으며 '전적'이라고 부르기도 하였다. 토지실태와 징세 파악 및 소유자 확정 등의 토지과세대장으로 경국대전에는 20년에 한 번씩 양전을 실시하여 양안을 작성토록 한 기록이 있다.

1. **양안의 특징**
   • 오늘날의 지적공부와 동일한 역할로 토지대장과 지적도 등 내용 수록
   • 토지소재, 위치, 형상, 면적, 등급, 자호 등을 기재하여 경작면적과 소유자 파악 용이(과세 기초자료)
   • 사회·경제적 문란으로 인한 토지문제를 해결하는 역할
   • 토지과세 및 토지소유자의 공시적 기능
   • 토지거래의 기초자료 및 편리성 제공
   • 20년마다 양전을 실시하여 양안을 작성하도록 규정되어 있으나, 양전에 따른 막대한 비용과 인력이 소요되기 때문에 전국 규모의 양전은 거의 없고, 지역마다 필요에 따라 실시하여 양안을 부분적으로 작성하였다.
   • 현존하는 것으로 경자양안과 광무양안이 있다.

2. **산학박사(算學博士)**
   백제와 신라시대 때 지적관리기관[상대등(上大等), 조부(調部), 창부(倉部) 등]에서 국가재정을 맡았던 관리(官吏)로 고도의 수학 지식을 지니고서 토지에 대한 측량과 면적 측정 사무에 종사하였다. 고려시대 산학박사는 국자감에 소속되어 산학을 가르치던 교수직 및 각 관청에서 회계사무를 담당한 관직이었다.

37 신라의 토지측량에 사용된 구장산술의 방전장의 내용에 속하지 않는 토지형태는? 14①기

① 직전
② 양전
③ 환전
④ 구고전

해설

구장산술의 형태(전의 형태)
• 방전(方田) : 사방의 길이가 같은 정사각형 모양의 전답으로 장(長)과 광(廣)을 측량
• 직전(直田) : 긴 네모꼴의 전답으로 장(長)과 평(平)을 측량
• 구고전(句股田) : 직삼각형으로 된 전답으로 구(句)와 고(股)를 측량. 신라시대 천문수학의 교재인 주비산경 제1편에 주(밑변)를 3, 고(높이)를 4라고 할 때 현(빗변)은 5가 된다고 하였다. 이 원리는 중국에서 기원전 1,000년경에 나왔으며 피타고라스의 발견보다 무려 500여 년이 앞선다.

• 규전(圭田) : 이등변삼각형의 전답으로 장(長)과 광(廣)을 측량 → 밑변×높이×1/2
• 제전(梯田) : 사다리꼴 모양의 전답으로 장(長)과 동활(東闊), 서활(西闊)을 측량
• 원전(圓田) : 원과 같은 모양의 전답으로 주(周)와 경(經)을 측량
• 호전(弧田) : 활꼴모양의 전답으로 현장(弦長)과 시활(矢闊)을 측량
• 환전(環田) : 두 동심원에 둘러싸인 모양, 즉 도넛 모양의 전답으로 내주(內周)와 외주(外周)를 측량

(a) 방전(方田) (b) 직전(直田) (c) 구조전(句股田) (d) 규전(圭田)

(e) 제전(梯田, 邪田) (f) 원전(圓田) (g) 호전(弧田) (h) 환전(環田)

‖ 전의 형태 ‖

38 우리나라에서 자호제도가 처음 사용된 시기는? 14①기

① 고려
② 백제
③ 신라
④ 조선

해설

고려의 토지기록부

고려시대의 토지대장인 양안(量案)이 완전한 형태로 지금까지 남아 있는 것은 없으나 고려 초기 사원이 소유한 토지에 대한 토지대장의 형식과 기재내용은 사원에 있는 석탑의 내용에 나타나 있다. 이를 보면 토지소재지와 면적, 지목, 경작 유무, 사표(동서남북의 토지에 대한 기초적인 정보를 제공하는 표식) 등 현대의 토지대장의 내용과 비슷함을 알 수 있다.

고려 말기에 와서는 과전법이 실시되어 양안도 초기나 중기의 것과는 전혀 다른 과전법에 적합한 양식으로 고쳐지고 토지의 정확한 파악을 위하여 지번(자호)제도를 창설하게 되었다. 이 지번(자호)제도는 조선에 와서 일자오결제도(一字五結制度)의 계기가 되었으며, 조선에서는 천자답(天字畓), 지자답(地字畓) 등으로 바뀌었다.

정답 37 ② 38 ①

• 양안 : 토지의 소유주, 지목, 면적, 등급, 형상, 사표 등이 기록됨
• 도행 : 송량경이 정두사의 전지를 측량하여 도행이라는 토지대장 작성
• 작 : 양전사 전수창부경 예언, 하전 봉휴, 산사천달 등이 송량경의 도행을 기초로 작이라는 토지대장을 만듦
• 자호제도 시행(최초)
• 과전법 : 고려 말과 조선 초기에 전제개혁을 통해 전국의 전답을 국유화하여 공선을 확보함으로써 국가재정의 기초를 다지기 위한 목적으로 시행하였으며 경작자는 백성이지만 등급에 따라 관리들에게 조세를 납부하였고 토지의 정확한 파악을 위하여 지번(자호)제도를 도입하였다.

39 탁지부 양지국에 관한 설명으로 틀린 것은?

14①기

① 1904년 탁지부 양지국관제가 공포되면서 상설 기구로 설치되었다.
② 공문서류의 편찬 및 조사에 관한 사항을 담당하였다.
③ 관습조사(慣習調査) 사항을 담당하였다.
④ 토지측량에 관한 사항을 담당하였다.

● 해설

양지국과 양지과
1904년 4월 19일 칙령 제11호로 탁지부 양지국 관제가 공포되었다. 이 양지국은 지계아문의 양전기능과 기구만을 계승하여 상설기구로 설치된 것이며, 활발한 업무처리 없이 지계아문이 하던 일의 뒷마무리 처리에 불과했던 것으로 국내 토지측량에 관한 사항, 전답, 가사, 산림, 천택(川澤) 등에 관한 업무를 취급하였다. 설치 후 1년 뒤인 1905년 2월 탁지부 사세국에 양지과가 설치되어 흡수되었다.
탁지부 사세국 양지과에서 1908년 서울의 용산 시가지를, 1907년에는 대구 시내를, 1908년에는 평양 시내와 전주 부근의 일부를 측량하였으며, 토지 조사의 경험을 얻을 목적으로 경기도 부평군 일부지역에서 1909년 11월 17일~1910년 2월 4일까지는 예비조사를 실시하고 1909년 11월 20일~1910년 2월 20일까지는 측량을 실시하였다.

40 고구려의 토지 면적단위체계로 사용된 것은?

14①기

① 경무법 　　　② 두락법
③ 경부법 　　　④ 수등이척법

● 해설

고구려의 토지체계
• 길이단위 : 척 단위를 사용(고구려 척)
• 면적단위 : 경무법(경묘법)
• 토지장부 : 봉역도 및 요동성총도
• 측량방식 : 구장산술
• 토지담당(부서, 조직) : 주부, 사자
• 토지제도 : 토지국유제 원칙

41 다음 중 근대적 지적제도가 가장 빨리 시작된 나라는?

14②기

① 프랑스 　　　② 독일
③ 일본 　　　④ 대만

● 해설

프랑스는 근대적인 지적제도의 발생국가로서 오랜 역사와 전통을 자랑하고 있다. 특히 근대 지적제도의 출발점이라 할 수 있는 나폴레옹지적이 발생한 나라로 나폴레옹지적은 둠즈데이북과 세지적의 근거로 제시되고 있다. 현재 프랑스는 중앙정부/시 · 도/시 · 군 단위의 3단계 계층구조로 지적제도를 운영하고 있으며 1900년대 중반 지적재조사사업을 실시하였고 지적 전산화가 비교적 잘 이루어진 나라이다.

42 조선시대의 토지제도에 대한 설명 중 옳지 않은 것은?

14②기

① 사표(四標)는 토지의 위치로서 동 · 서 · 남 · 북의 경계를 표시한 것이다.
② 조선시대의 양전은 원칙적으로 20년마다 한번씩 실시하여 새로이 양안을 작성하게 되어 있다.
③ 양안의 내용 중 시주(時主)는 토지의 소유자이고, 시작(時作)은 소작인을 나타낸다.
④ 조선시대의 지번설정제도에 부번제도가 없었다.

● 해설

문제 36번 해설 참고

정답 ▸ 39 ③ 40 ① 41 ① 42 ④

43 현존하는 지적기록 중 가장 오래된 것은?

15①기

① 신라장적
② 매향비
③ 경국대전
④ 해학유서

● 해설

둠즈데이북 (Domesday Book)	둠즈데이북은 과세장부로서 Geld Book이라고도 하며 토지와 가축의 숫자까지 기록되었다. 둠즈데이북은 1066년 헤이스팅스 전투에서 덴마크 노르만족이 영국의 색슨족을 격퇴 후 20년이 지난 1086년 윌리엄(William) 1세가 자기가 정복한 전 영국의 자원 목록으로 국토를 조직적으로 작성한 토지기록이며 토지대장인 것이다. 둠즈데이북은 윌리엄(William) 1세가 자원목록을 정리하기 이전에 덴마크 침략자들의 약탈을 피하기 위해 지불되는 보호금인 Danegeld를 모으기 위해 영국에서 사용되어 왔던 과세장부였다. 영국의 런던 공문서보관소(Public Record Office)에 두 권의 책으로 보관되어 있다.
신라의 장적문서 (帳籍文書)	신라 말기의 것으로 추정되는 신라장적에는 일정한 지방 촌단위의 경지 결부수와 함께 호구(戶口) 및 마전, 뽕나무, 잣나무, 호두나무 등 특산물의 통계가 들어 있는 지금의 청주 지방인 신라 서원경(西原京) 부근 4개 촌락의 장부문서로 신라장적(新羅帳籍) 또는 민정문서(民政文書), 촌락문서(村落文書)라고도 불리며, 우리나라의 지적기록 중 가장 오래된 자료이다. 문서에는 현재의 청주지방인 신라 서원경(西原京) 부근의 4개 촌락에 대해 잘 기록되어 있다. • 현·촌명 및 촌락의 영역 • 호구수(戶口數) • 가축(소와 말) 수(牛馬數) • 토지의 종목(용도)·면적 • 뽕나무·잣나무(栢子木)·호두나무(秋子木)의 수량 등 이것은 1950년대에 일본 황실의 창고인 쇼소인(정창원, 正倉院) 소장의 유물을 정리하다가 화엄경론(華嚴經論)의 질(帙) 속에서 발견되었으며, 현재는 일본의 쇼오인(正倉院)에 보관되어 있다.

44 고려 말기 토지대장의 편제를 인적 편성주의에서 물적 편성주의로 바꾸게 된 주요 제도는? 15①기

① 자호제도
② 결부제도
③ 전시과제도
④ 일자오결제도

● 해설

구분	고려 초	고려 말
길이단위	척(尺)	상중하 수등이척제 실시
면적단위	경무법	두락제, 결부제
담당조직	호부(戶部)	판도사(版圖司)
토지제도	• 태조 : 당나라 제도 모방 • 경종 : 전제개혁(田制改革) 착수 • 문종 : 전지측량(田地測量) 단행	• 과전법 실시 • 자호제도 창설 : 조선시대 일자오결제도의 계기가 됨

45 조선시대의 양안(量案)은 다음 중 오늘날의 무엇과 같은가? 15①기

① 지적도
② 임야도
③ 토지대장
④ 부동산등기부

● 해설

문제 36번 해설 참고

46 조선시대의 속대전(續大典)에 따르면 양안(量案)에서 토지의 위치로서 동, 서, 남, 북의 경계를 표시한 것을 무엇이라고 하였는가? 15②기

① 자번호
② 사주(四柱)
③ 사표(四標)
④ 주명(主名)

● 해설

사표란 고려 및 조선시대의 토지대장인 양안에 수록된 사항으로서 토지의 경계를 표시한 것이며 그 위치로 동, 서, 남, 북의 인접지에 대한 지목, 자호, 주명(소유자)을 표시하였고 양안에 기록하거나 도면을 작성하여 놓은 것이다.

47 근대 유럽 지적제도의 효시를 이루는 데 공헌한 국가는? 15②기

① 독일
② 네덜란드
③ 스위스
④ 프랑스

● 해설

나폴레옹 1세가 1808~1850년까지 프랑스 전 국토를 대상으로 한 나폴레옹 지적이 근대 지적의 기원으로 평가되고 있다.

CHAPTER 03 지적관리

제1절 토지의 등록

··1.1 토지등록의 의의

1.1.1 토지의 정의

토지는 인간의 힘이 작용함이 없이 자연에 의하여 공급된 것으로 국가 형성의 기초이며 국민생활의
기본조건이다. 토지 소유권의 객체인 토지에 대하여 민법 제99조 제1항은 "토지 및 그 정착물은
부동산이다."라고 하여 부동산으로 규정하고 있다. 이에 대하여 토지를 "인위적으로 구획된 지면에
사회 관념상 지표의 지배에 필요하고 충분한 범위 내에서 그 상하를 포함시킨 것" 또는 "일정한
범위에 걸친 지면에 정당한 이익이 있는 범위 내에서 수직의 상하를 포함시킨 것"으로 정의한다.

1.1.2 토지등록의 필요성

토지등록이 소유권과 조세를 위한 목적만이 아니고 인구의 증가와 도시화, 산업화에 따라 고도로
분화하는 사회구조의 안정관리를 위한 각종 토지정보를 제공하는 데 그 중요성이 있는 것이다.
토지를 국토의 전반에 걸쳐서 일정한 사항을 등록한 공부는 국가의 재정적·행정적인 목적 달성을
위한 공적 장부로서의 역할과 국민 개개인의 이익과 관련되어 토지 소유자의 권리를 확실히 해주고
토지 거래를 안전하고 신속하게 해주는 사법상의 장부로서 역할을 수행하기 위하여 필요하다.

··1.2 토지의 조사·등록 등

1.2.1 등록주최 및 등록사항

국토교통부장관(국가)은 모든 토지에 대하여 필지별로 소재·지번·지목·면적·경계 또는 좌표
등을 조사·측량하여 지적공부에 등록하여야 한다.

1.2.2 등록신청 및 등록사항의 결정

신청에 의한 경우	지적공부에 등록하는 지번·지목·면적·경계 또는 좌표는 토지의 이동이 있을 때 토지소유자(법인이 아닌 사단이나 재단의 경우에는 그 대표자나 관리인을 말한다. 이하 같다.)의 신청을 받아 지적소관청이 결정한다.
직권에 의한 경우	신청이 없으면 지적소관청이 직권으로 조사·측량하여 결정할 수 있다.

1.2.3 직권에 의한 등록사항의 정리

토지이동현황 조사계획 수립	① 지적소관청은 토지의 이동현황을 직권으로 조사·측량하여 토지의 지번·지목·면적·경계 또는 좌표를 결정하려는 때에는 토지이동현황 조사계획을 수립하여야 한다. ② 토지이동현황 조사계획은 시·군·구별로 수립하되, 부득이한 사유가 있는 때에는 읍·면·동별로 수립할 수 있다.
토지이동조사부 작성	지적소관청은 토지이동현황 조사계획에 따라 토지의 이동현황을 조사한 때에는 토지이동조사부에 토지의 이동현황을 적어야 한다.
토지이동정리결의서 작성	지적소관청은 지적공부를 정리하려는 때에는 토지이동조사부를 근거로 토지이동조서를 작성하여 토지이동정리 결의서에 첨부하여야 하며, 토지이동조서의 아랫부분 여백에 "「공간정보의 구축 및 관리 등에 관한 법률」 제64조 제2항 단서에 따른 직권정리"라고 적어야 한다.
지적공부정리	지적소관청은 토지이동현황 조사 결과에 따라 토지의 지번·지목·면적·경계 또는 좌표를 결정한 때에는 이에 따라 지적공부를 정리하여야 한다.

••• 1.3 토지등록의 효력

토지등록과 그 공시 내용의 법률적 효력은 일반적으로 행정처분에 의한 구속력, 공정력, 확정력, 강제력이 있다.

행정처분의 구속력 (拘束力)	행정처분의 구속력은 행정행위가 법정요건을 갖추어 행하여진 경우에는 그 내용에 따라 상대방과 행정청을 구속하는 효력, 즉 토지등록의 행정처분이 유효하는 한 정당한 절차 없이 그 존재를 부정하거나 효력을 기피할 수 없다는 효력을 말한다.
토지등록의 공정력 (公正力)	공정력은 토지 등록에 있어서의 행정처분이 유효하게 성립하기 위한 요건을 완전히 갖추지 못하여 하자가 있다고 인정될 때라도 절대 무효인 경우를 제외하고는 그 효력을 부인할 수 없는 것으로서 무하자 추정 또는 적법성이 추정되는 것으로 일단 권한 있는 기관에 의하여 취소되기 전에는 상대방 또는 제3자도 이에 구속되고 그 효력을 부정하지 못함을 의미한다.

토지등록의 확정력 (確定力)	확정력이란 행정행위의 불가쟁력(不可爭力)이라고도 하는데 확정력은 일단 유효하게 등록된 사항은 일정한 기간이 경과한 뒤에는 그 상대방이나 이해관계인이 그 효력을 다툴 수 없을 뿐만 아니라 소관청 자신도 특별한 사유가 없는 한 그 처분행위를 다룰 수 없는 것이다.
토지등록의 강제력 (强制力)	강제력은 지적 측량이나 토지 등록 사항에 대하여 사법권의 힘을 빌릴 것이 없이 행정청 자체의 명의로써 자력으로 집행할 수 있는 강력한 효력으로 강제집행력(强制執行力)이라고도 한다.

••1.4 토지등록의 원칙

토지의 등록(Land Registration)은 국가기관인 소관청이 토지등록사항의 공시를 위해 토지에 관한 공부를 비치하고 소유자나 이해관계인에게 필요한 정보를 제공하기 위한 행정행위이다. 세계적으로 볼 때 토지등록은 지적과 등기를 의미하나 우리나라에서는 지적만을 토지의 등록이라 보며 이러한 토지등록의 제 원칙은 발전과정, 전통, 관습에 따라 여러 가지로 분류된다. 토지등록제도의 제 원칙은 등록, 신청, 특정화, 국정주의, 직권주의, 공시, 공신의 원칙으로 구분할 수 있다.

1.4.1 토지등록의 원칙(土地登錄의 原則)

등록의 원칙 (登錄의 原則)	토지에 관한 모든 표시사항을 지적공부에 반드시 등록하여야 하며 토지의 이동이 이루어지려면 지적공부에 그 변동사항을 등록하여야 한다는 토지등록의 원칙으로 토지표시의 등록주의(登錄主義 : book-ing principle)라고 할 수 있다. 적극적 등록제도(positive system)와 법지적(legal cadastre)을 채택하고 있는 나라에서 적용하고 있는 원리로서 토지의 모든 권리의 행사는 토지대장 또는 토지등록부에 등록하지 않고는 모든 법률상의 효력을 갖지 못하는 원칙으로 형식주의(principle of formality)규정이라고 할 수 있다.
신청의 원칙 (申請의 原則)	토지의 등록은 토지소유자의 신청을 전제로 하되 신청이 없을 때는 직권으로 직접 조사하거나 측량하여 처리하도록 규정하고 있다.
특정화의 원칙 (特定化의 原則)	토지등록제도에 있어서 특정화의 원칙(principle of speciality)은 권리의 객체로서 모든 토지는 반드시 특정적이면서도 단순하며 명확한 방법에 의하여 인식될 수 있도록 개별화함을 의미하는데 이 원칙이 실제적으로 지적과 등기와의 관련성을 성취시켜 주는 열쇠가 된다.
국정주의 및 직권주의 (國定主義 및 職權主義)	국정주의(principle of national decision)는 지적공부의 등록사항인 토지의 지번, 지목, 경계, 좌표, 면적의 결정은 국가의 공권력에 의하여 국가만이 결정할 수 있는 원칙이다. 직권주의는 모든 필지는 필지단위로 구획하여 국가기관인 소관청이 직권으로 조사·정리하여 지적공부에 등록 공시하여야 한다는 원칙이다.

공시의 원칙, 공개주의 (公示의 原則, 公開主義)	토지등록의 법적 지위에 있어서 토지이동이나 물권의 변동은 반드시 외부에 알려야 한다는 원칙을 공시의 원칙(principle of public notification) 또는 공개주의(principle of publicity)라고 한다. 토지에 관한 등록사항을 지적공부에 등록하여 일반인에게 공시하여 토지소유자는 물론 이해관계자 및 기타 누구나 이용할 수 있도록 하는 것이다.
공신의 원칙 (公信의 原則)	공신의 원칙(principle of public confidence)은 물권의 존재를 추측케 하는 표상, 즉 공시방법을 신뢰하여 거래한 자는 비록 그 공시방법이 진실한 권리관계에 일치하고 있지 않더라도 그 공시된 대로의 권리를 인정하여 이를 보호하여야 한다는 것이 공신의 원칙이다. 즉, 공신의 원칙은 선의의 거래자를 보호하여 진실로 그러한 등기 내용과 같은 권리관계가 존재한 것처럼 법률효과를 인정하려는 법률법칙을 말한다.

··· 1.5 토지등록제도의 유형

토지의 등록(Land Registration)이란 주권이 미치는 국토를 공적 장부에 기록·보관·공시하는 것을 말하는 것으로 세계 지적학적 관점으로 볼 때는 지적과 등기를 모두 포함하는 개념이나 우리나라에서는 지적만을 의미한다고 할 수 있다. 이러한 토지제도는 각 나라마다 적합한 제도를 채택하고 있으며 우리나라는 적극적 등록제도를 채택, 운영하고 있다.

1.5.1 토지등록제도의 유형

날인증서 등록제도 (捺印證書 登錄制度)	토지의 이익에 영향을 미치는 문서의 공적 등기를 보전하는 것을 날인증서 등록제도(registration of deed)라고 한다. 기본적인 원칙은 등록된 문서가 등록되지 않은 문서 또는 뒤늦게 등록된 서류보다 우선권을 갖는다. 즉 특정한 거래가 발생했다는 것은 나타나지만 그 관계자들이 법적으로, 그 거래를 수행할 권리가 주어졌다는 것을 입증하지 못하므로 거래의 유효성을 증명하지 못한다. 그러므로 토지거래를 하려는 자는 매도인 등의 토지에 대한 권원(title) 조사가 필요하다.
권원등록제도 (權原登錄制度)	권원등록(Registration of Title)제도는 공적 기관에서 보존되는 특정한 사람에게 귀속된 명확히 한정된 단위의 토지에 대한 권리와 그러한 권리들이 존속되는 한계에 대한 권위 있는 등록이다. 소유권 등록은 언제나 최후의 권리이며 정부는 등록한 이후에 이루어지는 거래의 유효성에 대해 책임을 진다.
소극적 등록제도 (消極的登錄制度)	소극적 등록제도(Negative System)는 기본적으로 거래와 그에 관한 거래증서의 변경기록을 수행하는 것이며, 일필지의 소유권이 거래되면서 발생되는 거래증서를 변경 등록하는 것이다. 네덜란드, 영국, 프랑스, 이탈리아, 미국의 일부 주 및 캐나다 등에서 시행되고 있다.

적극적 등록제도 (積極的登錄制度)	적극적 등록제도(Positive System)하에서의 토지등록은 일필지의 개념으로 법적인 권리보장이 인증되고 정부에 의해서 그러한 합법성과 효력이 발생한다. 이 제도의 기본원칙은 지적공부에 등록되지 아니한 토지는 그 토지에 대한 어떠한 권리도 인정될 수 없고 등록은 강제 · 의무적이며 공적인 지적측량이 시행되지 않는 한 토지등기도 허가되지 않는다는 이론이 지배적이다. 적극적 등록제도의 발달된 형태는 토렌스 시스템이다.	
토렌스 시스템 (Torrens System)	오스트레일리아 로버트 토렌스(Robert Torrens) 경에 의해 창안된 토렌스 시스템은 토지의 권원(權原, title)을 명확히 하고 토지거래에 따른 변동사항 정리를 용이하게 하여 권리증서의 발행을 편리하게 하는 것이 목적이다. 이 제도의 기본원리는 법률적으로 토지의 권리를 확인하는 대신에 토지의 권원을 등록하는 행위이다.	
	거울이론 (Mirror Principle)	토지권리증서의 등록은 토지의 거래사실을 완벽하게 반영하는 거울과 같다는 입장의 이론이다. 소유권에 관한 현재의 법적 상태는 오직 등기부에 의해서만 이론의 여지없이 완벽하게 보여진다는 원리이며 주 정부에 의하여 적법성을 보장받는다.
	커튼이론 (Curtain Principle)	토지등록 업무가 커튼 뒤에 놓인 공정성과 신빙성에 대하여 관여할 필요도 없고 관여해서도 안 되는 매입신청자를 위한 유일한 정보의 이론이다. 토렌스제도에 의해 한 번 권리증명서가 발급되면 당해 토지의 과거 이해관계에 대하여 모두 무효화시키고 현재의 소유권을 되돌아볼 필요가 없다는 것이다.
	보험이론 (Insurance Principle)	토지등록이 인간의 과실로 인하여 착오가 발생한 경우 피해를 입은 사람은 피해보상에 대하여 법률적으로 선의의 제3자와 동등한 입장이 되어야 한다는 이론으로 권원증명서에 등기된 모든 정보는 정부에 의하여 보장된다는 원리이다.

1.5.2 지적공부의 등록방법

토지소유자의 신청 여부 또는 등록시점에 따라 분산등록제도와 일괄등록제도로 구분하고 있다.

분산등록제도 (Sporadic System)	지적공부 등록방법에 따른 분류로 토지의 매매가 이루어지거나 소유자가 등록을 요구하는 경우 필요시에 한하여 토지를 지적공부에 등록하는 제도를 말한다. ① 국토면적이 넓으나 비교적 인구가 적고 도시지역에 집중하여 거주하고 있는 국가에서 채택하고 있다(미국, 호주). ② 국토관리를 지형도에 의존하는 경향이 있으며 전국적인 지적도가 작성되어 있지 아니하기 때문에 지형도를 기본도(Base Map)로 활용한다. ③ 토지의 등록이 점진적으로 이루어지며 도시지역만 지적도를 작성하고 산간, 사막지역은 지적도를 작성하지 않는다. ④ 일시에 많은 예산이 소요되지 않는 장점이 있지만 지적공부 등록에 대한 예측이 불가능해진다.

일괄등록제도 (Systematic System)	지적공부 등록방법에 따른 분류로 일정 지역 내의 모든 필지를 일시에 체계적으로 조사 · 측량하여 한꺼번에 지적공부에 등록하는 제도를 말한다.
	① 비교적 국토면적이 좁고 인구가 많은 국가에서 채택하며 동시에 지적공부에 등록하여 관리한다. ② 초기에 많은 예산이 소요되나 분산등록제도에 비해 소유권의 안전한 보호와 국토의 체계적 이용 · 관리가 가능하다. ③ 지형도보다 상대적으로 정확도가 높은 지적도를 기본도(Base Map)로 사용하여 국토관리를 하고 있으며 우리나라와 대만에서 채택하고 있다.

··· 1.6 토지등록의 편성

토지등록의 편성은 편성방법에 따라 물적, 인적, 연대적, 물적 · 인적 편성주의 등과 같이 다양한 방법을 적용할 수 있다.

물적 편성주의 (物的 編成主義)	물적 편성주의(System Des Realfoliums)란 개개의 토지를 중심으로 등록부를 편성하는 것으로서 1토지에 1용지를 두는 경우이다. 등록객체인 토지를 필지로 구획하고 이를 등록단위로 하므로 토지의 이용, 관리, 개발 측면에서는 편리하나 권리주체인 소유자별 파악이 곤란하다.
인적 편성주의 (人的 編成主義)	인적 편성주의(System Des Personalfoliums)란 개개의 토지 소유자를 중심으로 등록부를 편성하는 것으로 토지대장이나 등기부를 소유자별로 작성하여 동일 소유자에 속하는 모든 토지는 당해 소유자의 대장에 기록하는 방식이다.
연대적 편성주의 (年代的 編成主義)	연대적 편성주의(Chronologisches System)란 당사자 신청의 순서에 따라 순차로 등록부에 기록하는 것으로 프랑스의 등기부와 미국에서 일부 사용되는 리코딩 시스템(Recoding System)이 이에 속한다. 등기부의 편성방법으로서는 유효하나 공시의 작용을 하지 못하는 단점이 있다.
물적 · 인적 편성주의 (物的 · 人的 編成主義)	물적 · 인적 편성주의(System Der Real Personalfolien)란 물적 편성주의를 기본으로 등록부를 편성하되 인적 편성주의의 요소를 가미한 것이다. 즉, 소유자별 토지등록부를 동시에 설치함으로써 효과적인 토지행정을 수행하는 방법이다.

제2절 토지의 등록 정보

··2.1 필지

필지란 지번부여지역 안의 토지로서 소유자와 용도가 동일하고 지반이 연속된 토지를 기준으로 구획되는 토지의 등록단위를 말한다.

2.1.1 필지의 특성

① 토지의 소유권이 미치는 범위와 한계를 나타낸다.
② 지형 · 지물에 의한 경계가 아니고 토지소유권의 구분에 의하여 인위적으로 구획된 것이다.
③ 도면(지적도 · 임야도)에서는 경계점을 직선으로 연결한 선, 경계점좌표등록부에서는 경계점(평면직각종횡선수치)의 연결로 표시되며 폐합된 다각형으로 구획된다.
④ 대장(토지대장 · 임야대장)에서는 하나의 지번에 의거하여 작성된 1장의 대장에 의거하여 필지를 구분한다.

2.1.2 1필지로 정할 수 있는 기준

토지의 등록단위인 1필지를 정하기 위하여는 다음의 기준에 적합하여야 한다.

지번부여지역의 동일	1필지로 획정하고자 하는 토지는 지번부여지역(행정구역인 법정 동 · 리 또는 이에 준하는 지역)이 같아야 한다. 따라서 1필지의 토지에 동 · 리 및 이에 준하는 지역이 다른 경우 1필지로 획정할 수 없다.
토지소유자 동일	1필지로 획정하고자 하는 토지는 소유자가 동일하여야 한다. 따라서 1필지로 획정하고자 하는 토지의 소유자가 각각 다른 경우에는 1필지로 획정할 수 없다. 또한 소유권 이외의 권리관계까지도 동일하여야 한다.
용도의 동일	1필지로 획정하고자 하는 토지는 지목이 동일하여야 한다. 따라서 1필지 내 토지의 일부가 주된 사용목적 또는 용도가 다른 경우에는 1필지로 획정할 수 없다. 다만, 주된 토지에 편입할 수 있는 토지의 경우에는 필지 내 토지의 일부가 지목이 다른 경우라도 주지목추정의 원칙에 의하여 1필지로 획정할 수 있다.
지반이 연속	1필지로 획정하고자 하는 토지는 지형 · 지물(도로, 구거, 하천, 계곡, 능선) 등에 의하여 지반이 끊기지 않고 연속되어야 한다. 즉, 1필지로 하고자 하는 토지는 지반이 연속되지 않은 토지가 있을 경우 별필지로 획정하여야 한다.

2.1.3 주된 용도의 토지에 편입할 수 있는 토지(양입지)

지번부여지역 및 소유자·용도가 동일하고 지반이 연속된 경우 등 1필지로 정할 수 있는 기준에 적합하나 토지의 일부분의 용도가 다른 경우 주지목추종의 원칙에 의하여 주된 용도의 토지에 편입하여 1필지로 정할 수 있다.

대상토지	① 주된 용도의 토지 편의를 위하여 설치된 도로·구거(溝渠, 도랑) 등의 부지 ② 주된 용도의 토지에 접속하거나 주된 용도의 토지로 둘러싸인 토지로서 다른 용도로 사용되고 있는 토지
주된 용도의 토지에 편입할 수 없는 토지	① 종된 토지의 지목이 대인 경우 ② 종된 용도의 토지 면적이 주된 용도의 토지면적의 10%를 초과하는 경우 ③ 종된 용도의 토지 면적이 330제곱미터를 초과하는 경우

(a) 대인 경우   (b) 10%를 초과하는 경우   (c) 330m²를 초과하는 경우

❙ 주된 용지의 토지에 편입할 수 없는 토지 ❙

▪▪ 2.2 지번

2.2.1 지번의 정의

지번(Parcel Number or Lot Number)이라 함은 필지에 부여하여 지적공부에 등록한 번호로서 국가(지적소관청)가 인위적으로 구획된 1필지별로 1지번을 부여하여 지적공부에 등록하는 것으로 토지의 고정성과 개별성을 확보하기 위하여 지적소관청이 지번부여지역인 법정 동·리 단위로 기번하여 필지마다 아라비아 숫자로 순차적으로 연속하여 부여한 번호를 말한다.

2.2.2 지번의 특성

지번은 특정성, 동질성, 종속성, 불가분성, 연속성을 가지고 있다. 지번부여지역에 속한 필지들은 지번에 의해 개별성을 보장받게 되기 때문에 지번은 특정성을 지니게 되며, 성질상 부번이 없는 단식 지번이 복식 지번보다 우세한 것 같지만 지번으로서의 역할에는 하등과 우열의 경중이 없으므로 지번은 유형과 크기에 관계없이 동질성을 지니게 된다. 또한 지번은 부여지역 및 이미 설정된 지번

등에 의해 형성되기 때문에 종속성을 지니게 된다. 지번은 물권변동 또는 설정에 따른 각 권리에 의해 분리되지 않는 불가분성을 지니게 된다.

2.2.3 지번의 기능

① 필지를 구별하는 개별성과 특정성의 기능을 갖는다.
② 거주지 또는 주소표기의 기준으로 이용된다.
③ 위치파악의 기준으로 이용된다.
④ 각종 토지 관련 정보시스템에서 검색키(식별자・색인키)로서의 기능을 갖는다.

2.2.4 지번의 구성 및 부여방법

가. 지번의 구성

① 지번(地番)은 아라비아 숫자로 표기하되, 임야대장 및 임야도에 등록하는 토지의 지번은 숫자 앞에 "산" 자를 붙인다.
② 지번은 본번(本番)과 부번(副番)으로 구성하되, 본번과 부번 사이에 "－" 표시로 연결한다. 이 경우 "－" 표시는 "의"라고 읽는다.

▼ 지번의 구성

구 분	본번으로 구성	본번과 부번으로 구성
토지대장(지적도)	1, 2, 3, 4, … 9, 10	1－1, 1－2, 1－3, … 1－10
임야대장(임야도)	산1, 산2, 산3, … 산10	산1－1, 산1－2, … 산1－10

나. 지번부여 기준

① 지번은 지적소관청이 지번부여지역별로 차례대로 부여한다.
② 지번은 북서에서 남동으로 순차적으로 부여한다.

‖ 지번부여지역에 의한 지번부여(지역단위법) ‖

‖ 기번위치에 따른 지번부여(북서남동기번법) ‖

다. 지번부여방법

① 신규등록 및 등록전환의 경우 부여방법

　㉠ 지번부여지역 안의 인접 토지의 본번에 부번을 붙여서 지번을 부여

　㉡ 이미 등록된 토지와 떨어져 있거나 당해 지번부여지역 안 최종 지번의 토지에 인접되어 있는 경우는 최종 지번 다음 번호로 부여한다.

② 합병에 따른 지번 부여

　㉠ 합병 전의 지번 중에서 순서가 제일 빠른 선순위의 지번을 부여

　㉡ 합병 전의 지번 중 본번과 부번으로 된 지번이 혼합되어 있을 경우에는 본번만으로 된 지번 중 선순위의 지번으로 부여한다.

　㉢ 토지소유자가 특정 지번을 요청할 경우에는 심사하여 지번을 부여할 수 있다.

③ 도시개발사업 시행지역의 지번부여방법

　㉠ 사업시행지역 내의 각 필지의 지번 중 토지이동이 되지 않은 본번만으로 된 지번을 부여한다.

　㉡ 편입되는 종전 토지의 본번지번수가 새로이 정할 지번수보다 적을 때에는 최종 본번의 다음 번호부터 본번을 부여하여 순차적으로 부여할 수 있다.

　㉢ 종전의 본번이 도시개발사업 시행지역의 경계에 걸쳐 있을 때에는 그 본번을 사용할 수 없다.

2.2.5 지번의 부여체계 및 방법

가. 지번의 부여체계

계층형	계층형 지번부여체계(Hierarchical Identification Systems)라 함은 일정한 계층에 따라 지번을 부여하는 제도로서 권과 쪽, 도면번호와 구획번호, 자치단체 · 블록 · 서브블록 · 필지번호, 자치단체와 가로명 등의 방법으로 구분할 수 있다.
격자형	격자형 지번부여체계(Grid Identification Systems)라 함은 격자(Grid)를 사용하여 지번을 부여하는 제도를 말하며, 격자는 어떠한 점과 선에 대한 좌표체계의 기준으로 사용되며 지도상에 동일한 정사각형을 형성해 주는 수평과 수직선으로 구성되어 있다.
혼합형	혼합형 지번부여체계(Hybrid Hierarchial/Grid Identifiers)라 함은 계층형 지번부여체계와 격자형 지번부여체계를 혼용해서 지번을 부여하는 제도를 말한다. 예를 들면 지방과 시 · 군은 명칭 또는 번호로서 구별하고, 필지에 대한 더 자세한 구별은 격자 체계를 따르도록 지번을 부여할 수 있다.

, 지적산업기사 이론 및 문제해설

나. 지번의 부여방법

진행방법	사행식	필지의 배열이 불규칙한 지역에서 진행순서에 따라 지번을 부여하는 방법으로 농촌지역의 지번부여에 적합하며 우리나라 토지의 대부분은 사행식에 의해 부여하며 지번 부여가 일정하지 않고 상하좌우로 분산되어 부여되는 결점이 있다.
	기우식	도로를 중심으로 한쪽은 홀수인 기수, 다른 쪽은 짝수인 우수로 지번을 부여하는 방법으로 리·동·도·가 등의 시가지 지역의 지번부여방법으로 적합하고 교호식이라고도 한다.
	단지식	단지마다 하나의 지번을 부여하고 단지 내 필지마다 부번을 부여하는 방법으로 단지식은 블록식이라고도 하며 도시개발사업 및 농지개량사업 시행지역 등의 지번부여에 적합하다.
부여단위	지역단위법	1개의 지번부여지역 전체를 대상으로 순차적으로 부여하고 지역이 작거나 지적도나 임야도의 장수가 많지 않은 지역의 지번 부여 시 적합하다. 토지의 구획이 잘된 시가지 등에서 노선의 권장이 비교적 긴 지역에 적합하다.
	도엽단위법	1개의 지번부여지역을 지적도 또는 임야도의 도엽단위로 세분하여 도엽의 순서에 따라 순차적으로 지번을 부여하는 방법으로 지번부여지역이 넓거나 지적도 또는 임야도의 장수가 많은 지역에 적합하다.
	단지단위법	1개의 지번부여지역을 단지단위로 세분하여 단지의 순서에 따라 순차적으로 지번을 부여하는 방법으로 토지의 위치를 쉽고 편리하게 이용하는 데 가장 큰 목적이 있다. 특히 소규모 단지로 구성된 토지구획정리 및 농지개량사업 시행지역 등에 적합하다.
기번위치	북동기번법	북동쪽에서 기번하여 남서쪽으로 순차적으로 지번을 부여하는 방법으로 한자로 지번을 부여하는 지역에 적합하다.
	북서기번법	북서쪽에서 기번하여 남동쪽으로 순차적으로 지번을 부여하는 방법으로 아라비아 숫자로 지번을 부여하는 지역에 적합하다.
일반적	분수식 지번제도 (Fraction System)	본번을 분자로 부번을 분모로 한 분수형태의 지번을 부여하는 제도로 본번을 변경하지 않고 부여하는 방법이다. 분할 후의 지번이 어느 지번에서 파생되었는지 그 유래 파악이 곤란하고 지번을 주소로 활용할 수 없다는 단점이 있다. 예를 들면 237번지가 3필지로 분할되면 237/1, 237/2, 237/3, 237/4로 표시된다. 그리고 최종 부번이 237의 5번지이고 237/2을 2필지로 분할할 경우 237/2번지는 소멸되고 237/6, 237/7로 표시된다.
	기번제도 (Filiation System)	237번지를 4필지로 분할할 때 분할지번은 237a, 237b, 237c, 237d로 표시한다. 다시 237c를 3필지로 분할할 경우는 237c1, 237c2, 237c3으로 표시한다. 인접지번 또는 지번의 자릿수와 함께 본번의 번호로 구성되어 지번의 발생근거를 쉽게 파악할 수 있으며 사정지번이 본번지로 편철 보존될 수 있다. 또한 지번의 이동내역의 연혁을 파악하기 용이하고 여러 차례 분할될 경우 지번 배열이 혼잡할 수 있다. 벨기에 등에서 채택하고 있다.

682 • PART 04. 지적학

일반적	자유부번 (Free Numbering System)	237번지, 238번지, 239번지로 표시되고 인접지에 등록전환이나 신규등록이 발생되어 지번을 부여할 경우 최종지번이 240번지이면 241번지로 표시된다. 분할하여 새로이 발생되는 241번지, 242번지로 표시된다. 새로운 경계를 부여하기까지의 모든 절차상의 번호가 영원히 소멸하고 토지등록구역에서 사용되지 않는 최종 지번 다음 번호로 바뀐다. 분할 후에는 종전지번을 사용하지 않고 지번부여구역 내 최종 지번의 다음 지번으로 부여하는 제도로 부번이 없기 때문에 지번을 표기하는 데 용이하며 분할의 유래를 파악하기 위해서는 별도의 보고장부나 전산화가 필요하다. 그러나 지번을 주소로 사용할 수 없는 단점이 있다.

••2.3 지목

2.3.1 지목의 정의

지목(land category)은 토지의 주된 용도에 따라 토지의 종류를 분류한 유형으로서 필지를 구성하는 하나의 요소이다. 토지관리의 효율화를 위하여 필지마다 지형, 토성 또는 용도 등 토지의 현상에 따라 구분된 토지의 종류에 붙이는 법률상의 명칭이다.

2.3.2 지목의 분류

토지 현황	지형지목	지표면의 형태, 토지의 고저, 수륙의 분포상태 등 땅이 생긴 모양에 따라 지목을 결정하는 것을 지형지목이라 한다. 지형은 주로 그 형성과정에 따라 하식지(河蝕地), 빙하기, 해안지, 분지, 습곡지, 화산지 등으로 구분한다.
	토성지목	토지의 성질(토성, 토질)인 지층이나 암석 또는 토양의 종류 등에 따라 결정한 지목을 토성지목이라고 한다. 토성은 암석지, 조사지(租沙地), 점토(粘土地), 사토지(砂土地), 양토(壤土地), 식토지(植土地) 등으로 구분한다.
	용도지목	토지의 용도에 따라 결정하는 지목을 용도지목이라고 한다. 우리나라에서 채택하고 있으며 지형 및 토양 등과 관계없이 토지의 현실적 용도를 주로 하기 때문에 일상생활과 가장 밀접한 관계를 맺게 된다.
소재 지역	농촌형 지목	농어촌 소재에 형성된 지목을 농촌형 지목이라고 한다. 임야, 전, 답, 과수원, 목장용지 등을 말한다.
	도시형 지목	도시지역에 형성된 지목을 도시형 지목이라고 한다(대, 공장용지, 수도용지, 학교용지도로, 공원, 체육용지 등).

산업별	1차 산업형 지목	농업 및 어업 위주의 용도로 이용되고 있는 지목을 말한다.
	2차 산업형 지목	토지의 용도가 제조업 중심으로 이용되고 있는 지목을 말한다.
	3차 산업형 지목	토지의 용도가 서비스 산업 위주로 이용되는 것으로 도시형 지목이 해당된다.
국가 발전	후진국형 지목	토지기 1차 산업의 핵심과 농·어업에 수로 이용되는 지목을 말한다.
	선진국형 지목	토지이용 형태가 3차 산업, 서비스업 형태의 토지 이용에 관련된 지목을 말한다.
구성 내용	단식 지목	하나의 필지에 하나의 기준으로 분류한 지목을 단식지목이라 한다. 토지의 현황은 지형, 토성, 용도별로 분류할 수 있기 때문에 지목도 이들 기준으로 분류할 수 있다. 우리나라에서 채택하고 있다.
	복식 지목	일필지 토지에 둘 이상의 기준에 따라 분류하는 지목을 복식지목이라 한다. 복식지목은 토지의 이용이 다목적인 지역에 적합하며, 독일의 영구녹지대 중 녹지대라는 것은 용도지목이면서 다른 기준인 토성까지 더하여 표시하기 때문에 복식지목의 유형에 속한다.

2.3.3 지목의 설정원칙

일필일지목의 원칙	일필지의 토지에는 1개의 지목만을 설정하여야 한다는 원칙
주지목 추정의 원칙	주된 토지의 사용목적 또는 용도에 따라 지목을 정하여야 한다는 원칙
등록 선후의 원칙	지목이 서로 중복될 때는 먼저 등록된 토지의 사용목적 또는 용도에 따라 지목을 설정하여야 한다는 원칙
용도 경중의 원칙	지목이 중복될 때는 중요한 토지의 사용목적 또는 용도에 따라 지목을 설정해야 한다는 원칙
일시변경 불변의 원칙	임시적이고 일시적인 용도의 변경이 있는 경우에는 등록전환을 하거나 지목변경이 불가능하다는 원칙
사용목적 추종의 원칙	도시계획사업 등의 완료로 인하여 조성된 토지는 사용목적에 따라 지목을 설정하여야 한다는 원칙

2.3.4 지목의 표현방법

현행 우리나라에서는 지적도, 임야도의 도면에는 부호로 지목을 표기하며 토지대장과 임야대장에는 지목명칭 전체를 표시하고 있다. 따라서 같은 필지의 표현방법이 대장과 도면이 불일치하고 있어 혼란이 오는 경우도 있다. 또한 지목의 표현방법은 지목 명칭의 첫 번째 문자를 지목 표기의 부호로 사용하는 지목으로서「전, 답, 과, 목, 임, 광, 염, 대, 학, 주, 창, 도, 철, 제, 구, 유, 양, 수, 공, 체, 종, 사, 묘, 잡」등 24개 지목이 두문자 표기 지목이며 지목 명칭의 두 번째 문자를 지목 표기의 부호로 사용하는 지목으로서 「장, 차, 천, 원」 등이 차문자 표기지목이다.

지목	부호	지목	부호	지목	부호	지목	부호
전	전	대	대	철도용지	철	공원	공
답	답	공장용지	장	제방	제	체육용지	체
과수원	과	학교용지	학	하천	천	유원지	원
목장용지	목	주차장	차	구거	구	종교용지	종
임야	임	주유소용지	주	유지	유	사적지	사
광천지	광	창고용지	창	양어장	양	묘지	묘
염전	염	도로	도	수도용지	수	잡종지	잡

2.3.5 지목의 구분

전 (田)	물을 상시적으로 이용하지 않고 곡물 · 원예작물(과수류는 제외한다) · 약초 · 뽕나무 · 닥나무 · 묘목 · 관상수 등의 식물을 주로 재배하는 토지와 식용(食用)으로 죽순을 재배하는 토지
답 (畓)	물을 상시적으로 직접 이용하여 벼 · 연(蓮) · 미나리 · 왕골 등의 식물을 주로 재배하는 토지
과수원 (果樹園)	사과 · 배 · 밤 · 호두 · 귤나무 등 과수류를 집단적으로 재배하는 토지와 이에 접속된 저장고 등 부속시설물의 부지. 다만, 주거용 건축물의 부지는 "대"로 한다.
목장용지 (牧場用地)	다음의 토지. 다만, 주거용 건축물의 부지는 "대"로 한다. ① 축산업 및 낙농업을 하기 위하여 초지를 조성한 토지 ② 「축산법」 제2조 제1호에 따른 가축을 사육하는 축사 등의 부지 ③ ① 및 ②의 토지와 접속된 부속시설물의 부지
임야 (林野)	산림 및 원야(原野)를 이루고 있는 수림지(樹林地) · 죽림지 · 암석지 · 자갈땅 · 모래땅 · 습지 · 황무지 등의 토지
광천지 (鑛泉地)	지하에서 온수 · 약수 · 석유류 등이 용출되는 용출구(湧出口)와 그 유지(維持)에 사용되는 부지. 다만, 온수 · 약수 · 석유류 등을 일정한 장소로 운송하는 송수관 · 송유관 및 저장시설의 부지는 제외한다.
염전 (鹽田)	바닷물을 끌어들여 소금을 채취하기 위하여 조성된 토지와 이에 접속된 제염장(製鹽場) 등 부속시설물의 부지. 다만, 천일제염 방식으로 하지 아니하고 동력으로 바닷물을 끌어들여 소금을 제조하는 공장시설물의 부지는 제외한다.
대 (垈)	다음의 토지는 "대"로 한다. ① 영구적 건축물 중 주거 · 사무실 · 점포와 박물관 · 극장 · 미술관 등 문화시설과 이에 접속된 정원 및 부속시설물의 부지 ② 「국토의 계획 및 이용에 관한 법률」 등 관계 법령에 따른 택지조성공사가 준공된 토지

공장용지 (工場用地)	다음의 토지는 "공장용지"로 한다. ① 제조업을 하고 있는 공장시설물의 부지 ② 「산업집적활성화 및 공장설립에 관한 법률」 등 관계 법령에 따른 공장부지 조성공사 　가 준공된 토지 ③ ① 및 ②의 토지와 같은 구역에 있는 의료시설 등 부속시설물의 부지
학교용지 (學敎用地)	학교의 교사(校舍)와 이에 접속된 체육장 등 부속시설물의 부지
주차장 (駐車場)	자동차 등의 주차에 필요한 독립적인 시설을 갖춘 부지와 주차전용 건축물 및 이에 접속 된 부속시설물의 부지. 다만, 다음의 어느 하나에 해당하는 시설의 부지는 제외한다. ① 「주차장법」 제2조 제1호 가목 및 다목에 따른 노상주차장 및 부설주차장(「주차장 　법」 제19조 제4항에 따라 시설물의 부지 인근에 설치된 부설주차장은 제외한다) ② 자동차 등의 판매 목적으로 설치된 물류장 및 야외전시장
주유소용지 (注油所用地)	다음의 토지는 "주유소용지"로 한다. 다만, 자동차 · 선박 · 기차 등의 제작 또는 정비 공장 안에 설치된 급유 · 송유시설 등의 부지는 제외한다. ① 석유 · 석유제품 또는 액화석유가스 등의 판매를 위하여 일정한 설비를 갖춘 시설물 　의 부지 ② 저유소(貯油所) 및 원유저장소의 부지와 이에 접속된 부속시설물의 부지
창고용지 (倉庫用地)	물건 등을 보관하거나 저장하기 위하여 독립적으로 설치된 보관시설물의 부지와 이에 접 속된 부속시설물의 부지
도로(道路)	다음의 토지는 "도로"로 한다. 다만, 아파트 · 공장 등 단일 용도의 일정한 단지 안에 설 치된 통로 등은 제외한다. ① 일반 공중(公衆)의 교통 운수를 위하여 보행이나 차량운행에 필요한 일정한 설비 또 　는 형태를 갖추어 이용되는 토지 ② 「도로법」 등 관계 법령에 따라 도로로 개설된 토지 ③ 고속도로의 휴게소 부지 ④ 2필지 이상에 진입하는 통로로 이용되는 토지
철도용지 (鐵道用地)	교통 운수를 위하여 일정한 궤도 등의 설비와 형태를 갖추어 이용되는 토지와 이에 접속 된 역사(驛舍) · 차고 · 발전시설 및 공작창(工作廠) 등 부속시설물의 부지
제방 (堤防)	조수 · 자연유수(自然流水) · 모래 · 바람 등을 막기 위하여 설치된 방조제 · 방수제 · 방사제 · 방파제 등의 부지
하천 (河川)	자연의 유수(流水)가 있거나 있을 것으로 예상되는 토지
구거 (溝渠)	용수(用水) 또는 배수(排水)를 위하여 일정한 형태를 갖춘 인공적인 수로 · 둑 및 그 부속 시설물의 부지와 자연의 유수(流水)가 있거나 있을 것으로 예상되는 소규모 수로부지
유지 (溜地)	물이 고이거나 상시적으로 물을 저장하고 있는 댐 · 저수지 · 소류지 · 호수 · 연못 등의 토지와 연 · 왕골 등이 자생하는 배수가 잘 되지 아니하는 토지는 "유지"로 한다.
양어장 (養魚場)	육상에 인공으로 조성된 수산생물의 번식 또는 양식을 위한 시설을 갖춘 부지와 이에 접 속된 부속시설물의 부지

수도용지 (水道用地)	물을 정수하여 공급하기 위한 취수 · 저수 · 도수(導水) · 정수 · 송수 및 배수 시설의 부지 및 이에 접속된 부속시설물의 부지
공원 (公園)	일반 공중의 보건 · 휴양 및 정서생활에 이용하기 위한 시설을 갖춘 토지로서 「국토의 계획 및 이용에 관한 법률」에 따라 공원 또는 녹지로 결정 · 고시된 토지
체육용지 (體育用地)	국민의 건강 증진 등을 위한 체육활동에 적합한 시설과 형태를 갖춘 종합운동장 · 실내체육관 · 야구장 · 골프장 · 스키장 · 승마장 · 경륜장 등 체육시설의 토지와 이에 접속된 부속시설물의 부지. 다만, 체육시설로서의 영속성과 독립성이 미흡한 정구장 · 골프연습장 · 실내수영장 및 체육도장, 유수(流水)를 이용한 요트장 및 카누장, 산림 안의 야영장 등의 토지는 제외한다.
유원지 (遊園地)	일반 공중의 위락 · 휴양 등에 적합한 시설물을 종합적으로 갖춘 수영장 · 유선장(遊船場) · 낚시터 · 어린이놀이터 · 동물원 · 식물원 · 민속촌 · 경마장 등의 토지와 이에 접속된 부속시설물의 부지. 다만, 이들 시설과의 거리 등으로 보아 독립적인 것으로 인정되는 숙식시설 및 유기장(遊技場)의 부지와 하천 · 구거 또는 유지[공유(公有)인 것으로 한정한다]로 분류되는 것은 제외한다.
종교용지 (宗敎用地)	일반 공중의 종교의식을 위하여 예배 · 법요 · 설교 · 제사 등을 하기 위한 교회 · 사찰 · 향교 등 건축물의 부지와 이에 접속된 부속시설물의 부지
사적지 (史蹟地)	문화재로 지정된 역사적인 유적 · 고적 · 기념물 등을 보존하기 위하여 구획된 토지. 다만, 학교용지 · 공원 · 종교용지 등 다른 지목으로 된 토지에 있는 유적 · 고적 · 기념물 등을 보호하기 위하여 구획된 토지는 제외한다.
묘지 (墓地)	사람의 시체나 유골이 매장된 토지, 「도시공원 및 녹지 등에 관한 법률」에 따른 묘지공원으로 결정 · 고시된 토지 및 「장사 등에 관한 법률」 제2조 제9호에 따른 봉안시설과 이에 접속된 부속시설물의 부지. 다만, 묘지의 관리를 위한 건축물의 부지는 "대"로 한다.
잡종지 (雜種地)	다음의 토지는 "잡종지"로 한다. 다만, 원상회복을 조건으로 돌을 캐내는 곳 또는 흙을 파내는 곳으로 허가된 토지는 제외한다. ① 갈대밭, 실외에 물건을 쌓아두는 곳, 돌을 캐내는 곳, 흙을 파내는 곳, 야외시장, 비행장, 공동우물 ② 영구적 건축물 중 변전소, 송신소, 수신소, 송유시설, 도축장, 자동차운전학원, 쓰레기 및 오물처리장 등의 부지 ③ 다른 지목에 속하지 아니하는 토지

··2.4 경계

2.4.1 토지경계의 개념

토지의 경계는 한 지역과 다른 지역을 구분하는 외적표시이며 토지의 소유권 등 사법상의 권리의 범위를 표시하는 구획선이다. 두 인접한 토지를 분할하는 선 또는 경계를 표시하는 가상의 선으로서 지적도에 등록된 것을 법률적으로 유효한 경계로 본다.

2.4.2 경계의 구분

경계특성	일반 경계	일반경계(General Boundary 또는 Unfixed Boundary)라 함은 특정 토지에 대한 소유권이 오랜 기간 동안 존속하였기 때문에 담장·울타리·구거·제방·도로 등 자연적 또는 인위적 형태의 지형·지물을 필지별 경계로 인식하는 것이다.
	고정 경계	고정경계(Fixed Boundary)라 함은 특정 토지에 대한 경계점의 지상에 석주·철주·말뚝 등의 경계표지를 설치하거나 또는 이를 정확하게 측량하여 지적도상에 등록 관리하는 경계이다.
	보증 경계	지적측량사에 의하여 정밀 지적측량이 행해지고 지적 관리청의 사정(査定)에 의하여 행정처리가 완료되어 측정된 토지경계를 의미한다.
물리적	자연적 경계	자연적 경계란 토지의 경계가 지상에서 계곡, 산등선, 하천, 호수, 해안, 구거 등 자연적 지형, 지물에 의하여 경계로 인식될 수 있는 경계로서 지상경계이며 관습법상 인정되는 경계를 말한다.
	인공적 경계	인공적 경계란 담장, 울타리, 철조망, 운하, 철도선로, 경계석, 경계표지 등을 이용하여 인위적으로 설정된 경계로 지상경계이며 사람에 의해 설정된 경계를 말한다.
법률적	공간정보의 구축 및 관리 등에 관한 법률	공간정보의 구축 및 관리 등에 관한 법상 경계란 소관청이 자연적 또는 인위적인 사유로 항상 변하고 있는 지표상의 경계를 지적측량을 실시하여 소유권이 미치는 범위와 면적 등을 정하여 지적도 또는 임야도에 등록 공시한 구획선 또는 경계점좌표등록부에 등록된 좌표의 연결을 말한다(법 제2조).
	민법상 경계	민법상의 경계란 실제 토지 위에 설치한 담장이나 전·답 등의 구획된 둑 또는 주요 지형·지형에 의하여 구획된 구거 등을 말하는 것으로 일반적으로 지표상의 경계를 말한다(민법 제237조·제239조).
	형법상 경계	형법상의 경계란 소유권·지상권·임차권 등 토지에 관한 사법상의 권리의 범위를 표시하는 지상의 경계(권리의 장소적 한계를 나타내는 지표)뿐만 아니라 도·시·군·읍·면·동·리의 경계 등 공법상의 관계에 있는 토지의 지상경계도 포함된다(형법 제370조).

일반적	지상경계	지상경계란 도상경계를 지상에 복원한 경계를 말한다.
	도상경계	도상경계란 지적도나 임야도의 도면상에 표시된 경계이며 공부상 경계라고도 한다.
	법정경계	법정경계란 공간정보의 구축 및 관리 등에 관한 법률상 도상경계와 법원이 인정하는 경계확정의 판결에 의한 경계를 말한다.
	사실경계	사실경계란 사실상, 현실상의 경계이며 인접한 필지의 소유자 간에 존재하는 경계를 말한다.

2.4.3 현지 경계의 결정 방법

점유설 (占有說)	현재 점유하고 있는 구획선이 하나일 경우에는 그를 양지(兩地)의 경계로 결정하는 방법이다. 토지소유권의 경계는 불명하지만 양지(兩地)의 소유자가 각자 점유하는 지역이 명확한 하나의 선으로서 구분되어 있을 때에는 이 하나의 선을 소유지의 경계로 하여야 할 것이다. 우리나라 민법에도 "점유자는 소유의 의사로 선의·평온·공연하게 점유한 것으로 추정한다."라고 명백히 규정하고 있다(민법 제197조 참조).
평분설 (平分說)	점유상태를 확정할 수 없을 경우에 분쟁지를 이등분하여 각각 양지(兩地)에 소속시키는 방법이다. 경계가 불명하고 또 점유상태까지 확정할 수 없는 경우에는 분쟁지를 물리적으로 평분하여 쌍방토지에 소속시켜야 할 것이다. 이는 분쟁당사자를 대등한 입장에서 자기의 점유 경계선을 상대방과는 다르게 주장하기 때문에 이에 대한 해결은 마땅히 평등 배분하는 것이 합리적이기 때문이다.
보완설 (補完說)	새로이 결정한 경계가 다른 확정한 자료에 비추어 볼 때 형평에 어긋날 때에는 상당한 보완을 하여 경계를 경정하는 방법이다. 현 점유설에 의하거나 혹은 평분하여 경계를 결정하고자 할 때 그 새로이 결정되는 경계가 이미 조사된 신빙성 있는 다른 자료와 일치하지 않을 경우에는 이 자료를 감안하여 공평하고도 적당한 방법에 따라 그 경계를 보완하여야 할 것이다.

2.4.4 경계의 결정 원칙

경계국정주의의 원칙	지적공부에 등록하는 경계는 국가가 조사·측량하여 결정한다는 원칙
경계불가분의 원칙	경계는 유일무이한 것으로 이를 분리할 수 없다는 원칙
등록선후의 원칙	동일한 경계가 축척이 서로 다른 도면에 각각 등록되어 있는 경우로서 경계가 상호 일치하지 않는 경우에는 경계에 잘못이 있는 경우를 제외하고 등록시기가 빠른 토지의 경계를 따른다는 원칙
축척종대의 원칙	동일한 경계가 축척이 서로 다른 도면에 각각 등록되어 있는 경우로서 경계가 상호 일치하지 않는 경우에는 경계에 잘못이 있는 경우를 제외하고 축척이 큰 것에 등록된 경계를 따른다는 원칙
경계직선주의	지적공부에 등록하는 경계는 직선으로 한다는 원칙

2.4.5 경계의 설정 기준

가. 지상경계의 위치표시

토지의 지상 경계는 둑, 담장이나 그 밖에 구획의 목표가 될 만한 구조물 및 경계점표지 등으로 표시한다.

나. 지상경계점 등록부

1) 지적소관청은 토지의 이동(異動)에 따라 지상경계를 새로 정한 경우에는 지상경계점 등록부를 작성·관리하여야 한다.

2) 지상경계점 등록부 등록사항

지적소관청이 지상경계점을 등록하려는 때에는 지상경계점 등록부에 다음의 사항을 등록하여야 한다.
① 토지의 소재
② 지번
③ 경계점 좌표(경계점좌표등록부 시행지역에 한정한다.)
④ 경계점 위치 설명도
⑤ 경계점의 사진 파일

다. 지상경계의 결정

1) 지상경계를 새로이 결정하려는 경우

① 연접되는 토지 사이에 고저가 없는 경우 그 지물 또는 구조물 등의 중앙
② 연접되는 토지 사이에 고저가 있는 경우 그 지물 또는 구조물 등의 하단부
③ 토지가 해면 또는 수면에 접하는 경우에는 최대만조위 또는 최대만수위가 되는 선
④ 도로·구거 등의 토지에 절토된 부분이 있는 경우에는 그 경사면의 상단부
⑤ 공유수면매립지의 토지 중 제방 등을 토지에 편입하여 등록하는 경우에는 바깥쪽 어깨 부분

2) 지상 경계의 구획을 형성하는 구조물 등의 소유자가 다른 경우

지상 경계의 구획을 형성하는 구조물 등의 소유자가 다른 경우에는 1)의 ①~③까지의 규정에도 불구하고 그 소유권에 따라 지상 경계를 결정한다.

라. 지상경계점에 경계점표지를 설치한 후 측량할 수 있는 경우

① 도시개발사업 등의 사업시행자가 사업지구의 경계를 결정하기 위하여 토지를 분할하려는 경우

② 공공사업 등에 따라 학교용지 · 도로 · 철도용지 · 제방 · 하천 · 구거 · 유지 · 수도용지 등의 지목으로 되는 토지의 경우에는 그 사업시행자, 국가 또는 지방자치단체가 취득하는 토지의 경우에는 그 토지를 관리하는 국가기관 또는 지방자치단체의 장이 토지를 취득하기 위하여 분할하려는 경우

③ 국토의 계획 및 이용에 관한 법률에 따른 도시관리계획 결정고시와 지형도면 고시가 된 지역의 도시관리계획선에 따라 토지를 분할하려는 경우

④ 소유권이전, 매매 등을 위하여 필요한 경우와 토지이용상 불합리한 지상경계를 시정하기 위한 경우에 분할하려는 경우

⑤ 관계법령에 따라 인가 · 허가 등을 받아 토지를 분할하려는 경우

마. 분할에 따른 지상경계의 결정

분할에 따른 지상경계는 지상건축물을 걸리게 결정해서는 아니 된다.

바. 지상경계가 지상건축물에 걸려도 분할할 수 있는 경우

① 법원의 확정판결이 있는 경우

② 공공사업 등에 따라 학교용지 · 도로 · 철도용지 · 제방 · 하천 · 구거 · 유지 · 수도용지 등의 지목으로 되는 토지를 분할하는 경우

③ 도시개발사업 등의 사업시행자가 사업지구의 경계를 결정하기 위하여 토지를 분할하려는 경우

④ 국토의 계획 및 이용에 관한 법률에 따른 도시관리계획 결정고시와 지형도면 고시가 된 지역의 도시관리계획선에 따라 토지를 분할하려는 경우

사. 지적확정측량 시 경계 결정

도시개발사업 등이 완료되어 실시하는 지적확정측량의 경계는 공사가 완료된 현황대로 결정하되, 공사가 완료된 현황이 사업계획도와 다를 때에는 미리 사업시행자에게 그 사실을 통지하여야 한다.

2.4.6 등록경계의 특징

① 도곽별로 전개된 도근점 또는 보조점에서 직접 측정한 각 경계점들 위치측정의 정밀도는 도근점 또는 보조점 단위로 각각 다르게 나타날 수 있다.

② 확정측량 경계의 위치는 도곽별로 전개된 도근점에서 직접측정방법으로 각 가구의 가각점, 외곽선상 구분점, 필지경계점을 결정하였기 때문에 각 경계점들 위치측정의 정밀도는 가구 단위로 각각 다르게 나타날 수가 있다.

③ 신규등록 및 분할 등 광대지측량의 시행지구별로 도근점을 배치하고 직접측정방법으로 각 필지의

•• 지적산업기사 이론 및 문제해설

경계점을 측정하였기 때문에 각 경계점의 정밀도는 도근점 단위로 각각 다르게 나타날 수 있다.

④ 일반 이동지측량의 경우 주로 해당 필지 주변의 기지 경계점들과의 상대위치를 비교 확인하는 확률적인 방법으로 각 필지의 경계점을 측정하였기 때문에 각 경계점의 정밀도는 사용된 기지 경계점들 단위로 각각 다르게 나타날 수 있다.

⑤ 도로부지 분할 및 지구계 분할과 같은 연속지 측량의 경우 전체 시설이나 구획선의 형상보다는 이미 등록이 되어 있는 필지위치와 형상 위주로 각 필지의 분할경계를 결정하였기 때문에 등록된 분할경계의 직선상에 요철이 나타날 수가 있다.

⑥ 등록전환에 따라 임야도에 등록된 필지를 분할하는 이동측량의 성과를 기초로 임야도에 등록된 경계는 등록전환이 될 지적도의 축척으로 측량을 한 성과를 축소하여 분할경계를 결정하였기 때문에 임야도에 등록되어 있는 다른 경계와의 상대위치가 불부합하는 현상이 나타날 수가 있다.

•• 2.5 면적

2.5.1 면적의 개념

면적이라 함은 지적공부에 등록된 필지의 수평면상의 넓이를 말한다. 면적은 토지조사사업 이후부터 1975년 지적법 전문개정 전까지는 척관법에 따라 평(坪)과 보(步)를 단위로 한 지적(地積)이라 하였으며 제2차 지적법 개정 시 지적(地籍)과 혼동되어 면적(面積)으로 개정하였다.

2.5.2 면적 결정 기준

① 면적은 지적측량에 의하여 결정한다.
② 다만, 합병에 따른 면적은 지적측량을 실시하지 않고 합병 전의 각 필지의 면적을 합산하여 결정한다.

2.5.3 면적측정 대상

① 지적공부를 복구하는 경우
② 신규등록을 하는 경우
③ 등록전환을 하는 경우
④ 분할을 하는 경우
⑤ 도시개발사업 등으로 새로이 경계를 확정하는 경우
⑥ 축척변경을 하는 경우

692 • PART 04. 지적학

⑦ 등록사항(면적 또는 경계)을 정정하는 경우

⑧ 경계복원측량 및 지적현황측량 등에 의하여 면적 측정을 필요로 하는 경우

2.5.4 면적의 단위와 결정방법

가. 면적의 단위

면적의 단위는 제곱미터로 한다.

나. 면적의 결정

1) 제곱미터

지적도 또는 임야도의 축척이 1/1,000, 1/1,200, 1/2,400, 1/3,000, 1/6,000인 지역에 한하여 면적의 단위는 제곱미터(m^2)로 한다.

2) 제곱미터 이하 1자리

지적도의 축척이 600분의 1인 지역과 경계점좌표등록부에 등록하는 지역의 토지 면적은 제곱미터 이하 한 자리 단위($0.1m^2$)로 한다.

다. 측량계산의 끝수 처리

1) 제곱미터 단위로 면적을 결정할 때

토지의 면적에 1제곱미터 미만의 끝수가 있는 경우 0.5제곱미터 미만일 때에는 버리고, 0.5제곱미터를 초과하는 때에는 올리며, 0.5제곱미터일 때에는 구하려는 끝자리의 숫자가 0 또는 짝수이면 버리고 홀수이면 올린다. 다만, 1필지의 면적이 1제곱미터 미만일 때에는 1제곱미터로 한다.

2) 제곱미터 이하 1자리 단위로 면적을 결정할 때

0.1제곱미터 미만의 끝수가 있는 경우 0.05제곱미터 미만일 때에는 버리고, 0.05제곱미터를 초과할 때에는 올리며, 0.05제곱미터일 때에는 구하려는 끝자리의 숫자가 0 또는 짝수이면 버리고 홀수이면 올린다. 다만, 1필지의 면적이 0.1제곱미터 미만일 때에는 0.1제곱미터로 한다.

▼ 면적의 단위와 끝수 처리

축척	경계점좌표등록부 시행지역, 1/600	그 이외의 지역
등록단위	$0.1m^2$	$1m^2$
최소등록단위	$0.1m^2$	$1m^2$
끝수처리	반올림하되 등록하고자 하는 자릿수의 다음 수가 5인 경우에 한하여 5사5입(五捨五入)법을 적용한다.	

라. 측량계산의 끝수 처리

1) 대상

① 방위각의 각치(角値)

② 종횡선의 수치

③ 거리를 계산

2) 끝수 처리방법

구하려는 끝자리의 다음 숫자가

① 5 미만일 때 : 버린다.

② 5를 초과할 때 : 올린다.

③ 5일 때 : 구하려는 끝자리의 숫자가 0 또는 짝수이면 버리고 홀수이면 올린다.

▼ 면적의 끝수 처리(예)

경계점좌표등록부 시행지역, 1/600		기타 축척	
산출면적(m^2)	결정면적(m^2)	산출면적(m^2)	결정면적(m^2)
123.44	123.4	123.4	123
123.46	123.5	123.6	124
123.45	123.4	123.5	124
123.55	123.6	124.5	124
123.451	123.5	124.51	125

3) 예외규정

전자계산조직을 이용하여 연산할 때에는 최종 수치에만 끝수 처리방법을 적용한다.

2.5.5 면적 측정방법

가. 좌표면적계산법

경위의측량방법으로 세부측량을 실시하여 필지의 경계를 경계점좌표등록부에 등록하는 지역에 사용되며, 면적은 좌표에 의하여 수학적 계산에 의하여 산출한다.

나. 전자면적측정기

측판측량방법으로 세부측량을 실시하여 필지의 경계를 지적도 또는 임야도에 등록하는 지역에 사용되며, 면적은 전자식 면적측정기에 의하여 산출한다. → 지적법 시행령 개정(2002. 1. 26.) 에 따라 삼사법과 프라니미터법에 의한 면적측정방법에서 제외되었다.

2.5.6 면적의 단위

면적의 단위는 제곱미터(m^2)이다. 면적의 단위는 토지조사사업 당시에는 토지대장 등록지에는 평 (坪), 임야대장 등록지는 정, 단, 무, 보를 사용하였다. 그러나 1975년 12월 31일 지적법 전면개정 시 제곱미터(m^2)를 사용하도록 규정하였으며 현재에 이르고 있다.

▼ 면적의 단위

구분	1910 ~ 1975. 12. 30.	1975. 12. 31 ~ 현재
토지대장	평(坪)	제곱미터(m^2)
임야대장	정, 단, 무(묘), 보	

※ 1정은 3,000평, 1단은 300평, 1무는 30평, 1보는 1평

2.5.7 면적 환산

가. 평 또는 보 → 제곱미터(m^2)

$$평(坪) \; 또는 \; 보(步) \times \frac{400}{121} = 제곱미터(m^2)$$

나. 제곱미터(m^2) → 평

$$제곱미터(m^2) \times \frac{121}{400} = 평(坪) \; 또는 \; 보(步)$$

다. 면적환산의 근거(평 → m^2)

지적법 시행규칙(1976년 5월 7일, 내무부령 제208호) 부칙 제3항에 "영부칙 제4조의 규정에 의하여 면적단위를 환산 등록하는 경우의 환산기준은 다음에 의한다."라고 규정되어 있으며, 이 공식의 산출근거는 다음과 같다.

$$1간 \begin{array}{|c|} \hline 1坪 \\ (1步) \\ \hline \end{array}$$

1간

$$1평=1보, \quad 1m=0.55간, \quad 2m=1.1간, \quad 20m=11간$$

$$20m \begin{array}{|c|} \hline m^2 \\ \hline \end{array} \quad = \quad 11간 \begin{array}{|c|} \hline 평(坪) \\ \hline \end{array}$$

20m   11간

$$400m^2 \quad = \quad 121평$$

Reference 참고

➤ **척관법의 면적단위**

기본단위 : 1평(坪)=6척×6척=1간×1간
1합(合)(합 또는 홉)=1/10평
1보(步)=1평=10홉
1무(畝)(무 또는 묘)=30평
1단(段)=300坪=10畝
1정(町)=3,000坪=100무(畝)=10단(段)

CHAPTER 03 실전문제

01
다음 중 토지등록업무가 공정성과 신빙성에 관여할 필요도 없고 관여해서는 안 되는 구매자를 위한 유일한 정보의 기초라고 하는 토렌스 시스템의 기본이론은? 12①기

① 거울이론　　　　　② 커튼이론
③ 보험이론　　　　　④ 공신이론

해설

토렌스 시스템의 3대 기본원칙
런던 왕립등기소장 T.B. Ruoff 씨가 주장하여 캐나다의 Magwood 씨가 구체화한 기본이론이다.

1. 거울이론(Mirror Principle)
   - 소유권에 관한 현재의 법적 상태는 오직 등기부에 의해서만 이론의 여지없이 완벽하게 보여진다는 원리이다.
   - 토지권리증서의 등록은 토지거래의 사실을 이론의 여지 없이 완벽하게 반영하는 거울과 같다는 이론이다.
   - 소유권증서와 관련된 모든 현재의 사실이 소유권의 원본에 확실히 반영된다는 원칙이다.

2. 커튼이론(Curtain Principle)
   - 소유권의 법적 상태와 관련한 확실성을 보장하기 위하여 단지 현재의 등기부에 등기된 사항만 논의되어야 한다는 이론이다.
   - 현재의 소유권증서는 완전한 것이며 이전의 증서나 왕실 증여를 추적할 필요가 없다는 것이다.
   - 토렌스제도에 의해 한 번 권리증명서가 발급되면 당해 토지에 대한 이전의 모든 이해관계는 무효가 되며 현재의 소유권을 되돌아볼 필요가 없다는 것이다.

3. 보험이론(Insurance Principle)
   - 권원증명서에 등기된 모든 정보는 정부에 의하여 보장된다는 원리이다.
   - 토지등록이 토지의 권리를 아주 정확하게 반영한 것이나 인간의 과실로 인하여 착오가 발생하는 경우에 피해를 입은 사람은 누구나 피해보상에 관한 한 법률적으로 선의의 제3자와 동등한 입장에 놓여야만 된다는 이론이다.
   - 토지의 등록을 뒷받침하며 어떠한 경로로 인한 소유자의 손실을 방지하기 위하여 수정될 수 있다는 이론이다.
   - 금전적 보상을 위한 이론이며 손실된 토지의 복구를 의미하는 것은 아니다.

02
다음 중 토지조사사업의 조사내용에 해당하지 않는 것은? 12①기

① 지가의 조사　　　② 토지소유권의 조사
③ 지압의 조사　　　④ 지형·지모의 조사

해설

토지조사사업의 내용과 목적
1. 토지조사사업의 내용
   - 지적제도와 부동산등기제도의 확립을 위한 토지소유권 조사
   - 지세제도의 확립을 위한 토지의 가격조사
   - 국토의 지리를 밝히는 토지의 외모조사

2. 토지조사사업의 목적
   - 소유권증명제도 및 조세수입체제 확립
   - 총독부 소유지의 확보
   - 소작농의 노동인력 흡수로 토지소유형태의 합리화를 꾀함
   - 면적단위의 통일성 확보
   - 일본 상업자본(고리대금업 등)의 토지점유를 보장하는 법률적 제도 확립
   - 식량 및 원료의 반출을 위한 토지이용제도의 정비

03
다음 중 토지조사사업 당시 비과세지에 해당하지 않는 것은? 12①기

① 도로　　　　　　　② 구거
③ 성첩　　　　　　　④ 분묘지

해설

사정 당시의 지목
- 과세지 : 전, 답, 대, 지소, 임야, 잡종지
- 공공용지 : 사사지, 분묘지, 공원지, 철도용지, 수도용지
- 비과세지 : 도로, 하천, 구거, 제방, 성첩, 철도선로, 수도선로

정답 01 ② 02 ③ 03 ④

04 토지조사사업 초기의 임야도 표기방식에 대한 설명으로 틀린 것은? 13③기

① 임야 내 미등록 도로는 양홍색으로 표시한다.
② 임야 경계와 토지 소재, 지번, 지목을 등록하였다.
③ 모든 국유 임야는 1/6,000 지형도를 임야도로 간주하여 적용하였다.
④ 임야도 그기는 남북 1척 3촌 2리(40cm), 동서 1척 6촌 5리(50cm)이다.

해설

토지조사사업 초기의 임야도
• 도곽은 남북으로 1척 3촌 2리(40cm), 동서는 1척 6촌 5리(50cm)로 하였다.
• 등록사항은 임야경계와 토지소재, 지번, 지목, 지적도 시행 지역은 담홍색, 하천은 청색, 임야 내 미등록 도로는 양홍색으로 묘화하였다.
• 면적이 아주 넓은 국유 · 임야 등에 대하여는 1 : 50,000 지형도에 등록하여 임야도로 간주하였다.

05 토지조사사업 당시의 지목 중 면세지에 해당하지 않는 것은? 13③기

① 사사지   ② 분묘지
③ 철도용지   ④ 수도선로

해설

토지조사사업 당시의 지목
• 지목은 총 18종이다.
• 과세대상 : 전 · 답 · 대(垈) · 지소(池沼) · 임야 · 잡종지
• 면세지 : 사사지 · 분묘지 · 공원지, 철도용지, 수도용지
• 비과세지 : 도로 · 하천 · 구거 · 제방 · 성첩 · 철도선로 · 수도선로

06 다음 중 토지조사사업 당시의 재결기관으로 옳은 것은? 14②기

① 지방토지조사위원회   ② 임시토지조사국장
③ 고등토지조사위원회   ④ 도지사

해설

토지조사사업과 임야조사사업의 비교

구분	토지조사사업	임야조사사업
근거법령	토지조사령 (1912.8.13. 제령 제2호)	조선임야조사령 (1918.5.1. 제령 제5호)
조사기간	1910~1918 (8년 10개월)	1916~1924 (9개년)
측량기관	임시토지조사국	부(府)와 면(面)
사정기관	임시토지조사국장	도지사
재결기관	고등토지조사위원회	임야심사위원회
조사내용	토지소유권, 토지가격, 지형 · 지모	토지소유권, 토지가격, 지형 · 지모
조사대상	전국에 걸친 평야부 토지 낙산 임야	토지조사에서 제외된 토지 산림 내 개재지(토지)
도면축척	1/600, 1/1,200, 1/2,400	1/3,000, 1/6,000

07 토지조사사업 당시 소유자는 같으나 지목이 상이하여 별필(別筆)로 해야 하는 토지들의 경계선과 소유자를 알 수 없는 토지와의 구획선을 무엇이라 하는가? 14③기

① 강계선(疆界線)   ② 경계선(境界線)
③ 지역선(地域線)   ④ 지세선(地勢線)

해설

강계선(疆界線), 지역선(地域線), 경계선(境界線)
강계선은 사정선이라고도 하며 토지조사 당시 확정된 소유자가 다른 토지 간의 사정된 경계선 또는 토지조사령에 의하여 임시토지조사국장의 사정을 거친 경계선을 말하며 강계는 지적도에 등록된 토지의 경계선인 강계선이 대상이었다. 토지조사 당시에는 강계선(사정선)으로 불렀으며 임야조사 당시에는 사정한 선도 경계선이라 불렀다.
• 강계선(疆界線) : 소유권에 대한 경계를 확정하는 역할을 하며 반드시 사정을 거친 경계선을 말하고 토지소유자 및 지목이 동일하고 지반이 연속된 토지를 1필지로 함을 원칙으로 한다. 강계선과 인접한 토지의 소유자는 반드시 다르다는 원칙이 성립되며 조선임야조사사업 당시 도장관의 사정에 의한 임야도면상의 경계는 경계선이라 하였고 강계선의 경우는 분쟁지에 대한 사정으로 생긴 경계선이라 할 수 있다.
• 지역선(地域線) : 지역선이라 함은 토지조사 당시 사정을 하지 않는 경계선을 말하며 동일인이 소유하는 토지일 경우에도 지반의 고저가 심하여 별필로 하는 경우의 경계선을 말

한다. 지역선에 인접하는 토지의 소유자는 동일인일 수도 있고 다를 수도 있다. 지역선은 경계분쟁의 대상에서 제외되었으며 동일인의 소유지라도 지목이 상이하여 별필로 하는 경우의 경계선을 말한다. 즉, 지목이 다른 일필지를 표시하는 것을 말한다.

• 경계선(境界線) : 지적도상의 구획선을 경계라 지칭하고 강계선과 지역선으로 구분하며 강계선은 사정선이라고 하였으며 임야조사 당시의 사정선은 경계선이라고 했다. 최근 경계선의 의미는 강계선이나 지역선에 관계없이 2개의 인접한 토지 사이의 구획선을 말한다. 도해지적에서는 지적도나 임야도에 그려진 토지의 구획선을 말하는데 물론 지상에 있는 논둑, 밭둑, 표항 따위를 말하는 것은 아니다. 경계점좌표시행지역에서 경계선이라고 할 때에는 어떤 점의 좌표(우리나라 지적분야에서는 평면직각종횡선수치와 그 이웃하는 점의 좌표와의 연결을 말한다.)의 연결을 말한다.
경계선의 종류는 시대 및 등록방법에 따라 다르게 부르기도 하였으며, 경계는 일반경계, 고정경계, 자연경계, 인공경계 등으로 사용처에 따라 다르게 부르기도 한다.

08 토지조사사업에서 지목은 모두 몇 종류로 구분하였는가? 15③기

① 15종
② 18종
③ 21종
④ 24종

해설

지목
지목은 과세지, 면세지, 비과세지 등 18종으로 구별하였다.

과세지	전, 답, 대, 지소, 임야, 잡종지
공공용지에 속하는 면세지	사사지, 분묘지, 공원지, 철도용지, 수도용지
비과세지	도로, 하천, 구거, 제방, 성첩, 철도선로, 수도선로

09 다음 중 지적공부에 등록하는 경계의 특성으로서 경계불가분의 원칙이 적용되는 가장 적합한 이유는? 12①산

① 경계는 경계점을 직선으로 연결한 선이기 때문이다.
② 경계는 위치만 존재하기 때문이다.
③ 각 필지의 면적이 다르기 때문이다.
④ 경계를 설치한 사람의 소속이 다르기 때문이다.

해설

토지의 경계는 유일무이한 것으로 위치와 길이만 있을 뿐 넓이는 없는 것으로 기하학상의 선과 동일한 성질을 갖고 있다.
※ 경계불가분의 원칙 : 같은 토지에 2개 이상의 경계가 있을 수 없으며 양 필지 사이에 공통적으로 작용한다.

10 다음 중 지압조사(地押調査)의 목적으로 알맞은 것은? 12①산

① 토지분할신청을 확인하는 것
② 무신고 이동지를 발견하는 것
③ 지적측량을 검사하기 위한 것
④ 신고된 토지등급을 확인하는 것

해설

지압조사
토지의 이동이 있는 경우에 토지소유자는 관계법령에 따라 소관청에 신고하여야 하나, 이것이 잘 시행되지 못할 경우에 무신고 이동지를 발견할 목적으로 현지조사를 실시하는 것

11 임야조사사업의 조사 및 측량 기관은? 12②산

① 임시토지조사국
② 도지사
③ 부(府), 면(面)
④ 임야심사위원회

해설

• 1916~1924년 시행된 임야조사사업의 조사측량기관은 부나 면이며 소유자와 경계에 대한 사정권자는 도지사이다.
• 한편 1910~1918년 시행된 토지조사사업의 조사측량기관은 임시토지조사국이며 토지소유자와 강계에 대한 사정권자는 임시토지조사국장이다.

12 다음 중 지목이 종교용지에 해당하지 않는 것은 12②산

① 교회
② 사찰
③ 향교
④ 묘지

해설

공간정보의 구축 및 관리 등에 관한 법률 시행령 제58조(지목의 구분)

법 제67조 제1항에 따른 지목의 구분은 다음 각 호의 기준에 따른다.

25. 종교용지

일반 공중의 종교의식을 위하여 예배·법요·설교·제사 등을 하기 위한 교회·사찰·향교 등 건축물의 부지와 이에 접속된 부속시설물의 부지

13 토지현황에 의한 지목 분류에 해당하지 않는 것은? 12②산

① 지형지목   ② 단식지목

③ 용도지목   ④ 토성지목

해설

토지현황에 의한 지목의 분류
• 지형지목 : 토지에 대한 지표면의 형태, 토지의 고저 등 토지의 생긴 모양에 따라 지목을 결정하는 것을 의미한다.
• 토성지목 : 토지의 성질에 따라 결정하는 지목
• 용도지목 : 토지의 용도에 따라 결정하는 지목으로 우리나라에서 채택하고 있다.

14 토지의 표시사항 중 토지를 특정화시킬 수 있는 가장 단순하고 명확한 토지식별자는? 12②산

① 경제   ② 지목

③ 소유자   ④ 지번

해설

지번이라 함은 토지의 특성화를 위하여 지번부여지역별로 필지마다 하나씩 부여하여 지적공부에 등록한 번호를 말한다. 지번은 토지의 지리적 위치의 고정성과 개별성을 확보하기 위하여 소관청이 지번부여지역인 법정 리, 동별로 필지마다 아라비아 숫자로 순차적으로 부여한다.
지번은 물권객체 단위, 필지의 구분, 위치추정 등에 이용된다.

15 다음 중 토지조사사업과 임야조사사업 당시에 작성하였던 지적도 또는 임야도의 축척에 해당하지 않는 것은? 12②산

① 1/1,000   ② 1/1,200

③ 1/2,400   ④ 1/3,000

해설

토지조사사업, 임야조사사업의 결과물인 지적도 축척은 1 : 600, 1 : 1,200, 1 : 2,400, 임야도 축척은 1 : 3,000, 1 : 6,000이었다.

16 우리나라에서 지번 부여방법으로 가장 많이 사용된 것은? 12③산

① 단지식   ② 절충식

③ 사행식   ④ 기우식

해설

사행식 지번부여방법
• 필지의 배열이 불규칙한 지역에서 진행순서에 따라 지번을 부여하는 방법
• 농촌지역의 지번부여에 적합
• 우리나라 토지의 대부분
• 지번부여가 일정하지 않고 상하좌우로 분산되어 부여되는 단점이 있음

17 경계의 특징에 대한 설명이 틀린 것은? 12③산

① 필지 사이에는 1개의 경계가 존재한다.

② 경계는 크기가 없는 기하학적인 의미를 갖는다.

③ 경계는 면적을 갖고 있으므로 분할이 가능하다.

④ 경계는 경계점 사이를 직선으로 연결한 것이다.

해설

경계의 특성
• 인접한 필지 간에 성립한다.
• 각종 공사 등에서 거리를 재는 기준선이 된다.
• 필지 간의 이질성을 구분하는 구분선의 역할을 한다.
• 인위적으로 만든 인공선이다.
• 위치와 길이는 있으나 면적과 넓이는 없다.

18 지목의 결정 원칙으로 옳은 것은? 12③산

① 1필지에 2지목을 설정할 수 있다.
② 1필지에 2 이상의 지목이 중복될 때에 해당 필지의 지목은 설정하지 않는다.
③ 지목은 주된 사용 목적과 용도에 따라 정한다.
④ 양어장의 지목은 '지소'이다.

해설

공간정보의 구축 및 관리 등에 관한 법률 시행령 제59조(지목의 설정방법 등)
① 법 제67조 제1항에 따른 지목의 설정은 다음 각 호의 방법에 따른다.
　1. 필지마다 하나의 지목을 설정할 것
　2. 1필지가 둘 이상의 용도로 활용되는 경우에는 주된 용도에 따라 지목을 설정할 것
② 토지가 일시적 또는 임시적인 용도로 사용될 때에는 지목을 변경하지 아니한다.

19 지적불부합지가 주는 영향이 아닌 것은? 13①산

① 토지에 대한 권리행사에 지장을 초래한다.
② 행정적으로 지적행정의 불신을 초래한다.
③ 정확한 토지이용계획을 수립할 수 있게 한다.
④ 공공사업의 수행에 지장을 준다.

해설

"지적불부합지"라 함은 지적공부상의 등록사항(경계·면적·위치)이 실제 현황과 일치하지 아니하는 10필지 이상의 집단적인 지역을 말한다.
지적불부합지가 주는 영향
• 토지에 대한 권리행사에 지장을 초래한다.
• 행정적으로 지적행정의 불신을 초래한다.
• 공공사업의 수행에 지장을 준다.

20 양입지에 대한 설명으로 틀린 것은? 13①산

① 주된 용도의 토지에 접속되거나 주된 용도의 토지로 둘러싸인 다른 용도로 사용되고 있는 토지는 양입지로 할 수 있다.

② 종된 용도의 토지면적이 주된 용도의 토지면적의 33%를 초과하는 경우에는 양입지로 할 수 없다.
③ 주된 용도의 토지의 편의를 위하여 설치된 도로, 구거부지는 양입지로 할 수 있다.
④ 주된 용도의 토지에 편입되어 1필지로 획정되는 종된 토지를 양입지라고 한다.

해설

공간정보의 구축 및 관리 등에 관한 법률 시행령 제5조(1필지로 정할 수 있는 기준)
① 법 제2조 제21호에 따라 지번부여지역의 토지로서 소유자와 용도가 같고 지반이 연속된 토지는 1필지로 할 수 있다.
② 제1항에도 불구하고 다음 각 호의 어느 하나에 해당하는 토지는 주된 용도의 토지에 편입하여 1필지로 할 수 있다. 다만, 종된 용도의 토지의 지목(地目)이 "대"(垈)인 경우와 종된 용도의 토지 면적이 주된 용도의 토지 면적의 10퍼센트를 초과하거나 330제곱미터를 초과하는 경우에는 그러하지 아니하다.
　1. 주된 용도의 토지의 편의를 위하여 설치된 도로·구거(溝渠, 도랑) 등의 부지
　2. 주된 용도의 토지에 접속되거나 주된 용도의 토지로 둘러싸인 토지로서 다른 용도로 사용되고 있는 토지
　　1) 양입지
　　　일필지 조사 중 강계 및 지역의 조사를 함에 있어 본 토지에 둘러싸여 있거나 접속하여 있는 지목이 다른 토지로서 그 면적이 작은 것은 본 토지에 병합하고 도로, 하천, 구거에 접속되어 있는 작은 면적의 죽림 초생지 등은 대개 이를 그 접속하는 토지에 병합하였다. 이처럼 다른 지목에 병합하여 조사할 토지를 "양입지"라 한다.
③ 소유자와 지목이 동일하고 지반이 연속된 토지를 1필지로 할 수 있다.
④ 종된 토지의 면적이 주된 토지 면적의 10%를 초과하거나 330m²를 초과하는 경우에는 별필로 한다.

21 토지대장에 등록되어 있는 토지의 속성 자료를 가지고 판단하기 어려운 것은? 13①산

① 토지의 소재　　② 토지의 크기
③ 토지의 형태　　④ 토지의 용도

해설

지번 (地番)	"지번"이란 필지에 부여하여 지적공부에 등록한 번호를 말한다.
면적 (面積)	"면적"이란 지적공부에 등록한 필지의 수평면상 넓이를 말한다.
지목 (地目)	"지목"이란 토지의 주된 용도에 따라 토지의 종류를 구분하여 지적공부에 등록한 것을 말한다.

22 지목의 부호 표시가 각각 '유'와 '장'인 것은?

13①산

① 유원지, 공장용지   ② 유원지, 공원지

③ 유지, 공장용지   ④ 유지, 목장용지

해설

지목	부호	지목	부호	지목	부호	지목	부호
전	전	대	대	철도 용지	철	공원	공
답	답	공장 용지	장	제방	제	체육 용지	체
과수원	과	학교 용지	학	하천	천	유원지	원
목장용 지	목	주차장	차	구거	구	종교 용지	종
임야	임	주유소 용지	주	유지	유	사적지	사
광천지	광	창고 용지	창	양어장	양	묘지	묘
염전	염	도로	도	수도 용지	수	잡종지	잡

23 토지의 지번, 지목, 경계 및 면적을 등록하는 주체는?

13①산

① 지적소관청   ② 등기소

③ 토지 소유자   ④ 지적직 공무원

해설

공간정보의 구축 및 관리 등에 관한 법률 제2조(정의)

18. "지적소관청"이란 지적공부를 관리하는 시장(「제주특별자치도 설치 및 국제자유도시 조성을 위한 특별법」 제15조 제2항에 따른 행정시의 시장을 포함하며, 「지방자치법」 제3조 제3항에 따라 자치구가 아닌 구를 두는 시의 시장은 제외한다)·군수 또는 구청장(자치구가 아닌 구의 구청장을 포함한다)을 말한다.

24 다음 중 지목이 임야에 해당하지 않는 것은?

13①산

① 죽림지   ② 암석지

③ 자갈땅   ④ 갈대밭

해설

공간정보의 구축 및 관리 등에 관한 법률 시행령 제58조(지목의 구분)

법 제67조 제1항에 따른 지목의 구분은 다음 각 호의 기준에 따른다.

5. 임야

산림 및 원야(原野)를 이루고 있는 수림지(樹林地)·죽림지·암석지·자갈땅·모래땅·습지·황무지 등의 토지

28. 잡종지

다음 각 목의 토지. 다만, 원상회복을 조건으로 돌을 캐내는 곳 또는 흙을 파내는 곳으로 허가된 토지는 제외한다.

㉮ 갈대밭, 실외에 물건을 쌓아두는 곳, 돌을 캐내는 곳, 흙을 파내는 곳, 야외시장, 비행장, 공동우물

㉯ 영구적 건축물 중 변전소, 송신소, 수신소, 송유시설, 도축장, 자동차운전학원, 쓰레기 및 오물처리장 등의 부지

㉰ 다른 지목에 속하지 않는 토지

25 다음 중 일반적으로 지번을 부여하는 방법이 아닌 것은?

13②산

① 분수식   ② 기번식

③ 자유부번식   ④ 문장식

해설

진행방법에 따른 분류	부여단위에 따른 분류	기번위치에 따른 분류	일반적 지번 부여방법
• 사행식 • 기우식 • 단지식	• 지역단위법 • 도엽단위법 • 단지단위법	• 북동기번법 • 북서기번법	• 분수식 지번제도 • 기번제도 • 자유부번

26 일필지에 대한 설명으로 옳지 않은 것은?

13②산

① 지형·지물에 의한 지리학적 등록 단위이다.

② 하나의 지번을 붙이는 토지등록 단위이다.

③ 물권이 미치는 법적인 토지등록 단위이다.

④ 굴곡점을 직선으로 연결한 폐합 다각형으로 구성된다.

해설

공간정보의 구축 및 관리 등에 관한 법률 시행령 제5조(1필지로 정할 수 있는 기준)

① 법 제2조 제21호에 따라 지번부여지역의 토지로서 소유자와 용도가 같고 지반이 연속된 토지는 1필지로 할 수 있다.

② 제1항에도 불구하고 다음 각 호의 어느 하나에 해당하는 토지는 주된 용도의 토지에 편입하여 1필지로 할 수 있다. 다만, 종된 용도의 토지의 지목(地目)이 "대"(垈)인 경우와 종된 용도의 토지 면적이 주된 용도의 토지 면적의 10퍼센트를 초과하거나 330제곱미터를 초과하는 경우에는 그러하지 아니하다.

1. 주된 용도의 토지의 편의를 위하여 설치된 도로 · 구거(溝渠, 도랑) 등의 부지

2. 주된 용도의 토지에 접속되거나 주된 용도의 토지로 둘러싸인 토지로서 다른 용도로 사용되고 있는 토지

27 토지의 경계가 도로, 벽, 담장, 울타리, 도랑, 개천, 해안선 등으로 이루어진 경우를 의미하며 영국 토지거래법 등에서 사례를 찾아볼 수 있는 경계의 유형은? 13②산

① 고정경계　　② 일반경계

③ 보증경계　　④ 인정경계

해설

특성에 따른 경계의 분류

1. 일반경계
   • 1875년 영국의 토지등록제도에서 규정되었다.
   • 토지의 경계가 도로, 하천, 해안선, 담, 울타리, 도랑 등의 자연적인 지형지물로 이루어진 경우이다.
   • 지가가 저렴한 농촌지역 등에서 토지등록방법으로 이용된다.

2. 고정경계
   • 특별히 정밀지적측량에 의하여 결정된 경계이다.
   • 법률적 효력은 일반경계와 유사하나 그 정확도가 높다.
   • 경계선에 대한 정부의 보증이 인정되지는 않는다.

3. 보증경계
   • 토지측량사에 의하여 정밀지적측량이 시행된 경계이다.
   • 토지소관청의 사정이 완료되어 확정된 경계를 말한다.

28 지목의 설정에서 우리나라가 채택하지 않는 원칙은? 13②산

① 지목법정주의　　② 복식지목주의

③ 주지목추종주의　　④ 일필일목주의

해설

지목설정의 원칙

• 1필 1지목의 원칙 : 1필의 토지에는 1개의 지목만을 설정하는 원칙

• 주지목 추종의 원칙 : 주된 토지의 편익을 위해 설치된 소면적의 도로, 구거 등의 지목은 이를 따로 정하지 않고 주된 토지의 사용목적 및 용도에 따라 지목을 설정하는 원칙

• 등록선후의 원칙 : 도로, 철도용지, 하천, 제방, 구거, 수도용지 등의 지목이 중복되는 경우에는 먼저 등록된 토지의 사용목적 · 용도에 따라 지번을 설정하는 원칙

• 용도경중의 원칙 : 도로, 철도용지, 하천, 제방, 구거, 수도용지 등의 지목이 중복되는 경우에는 중요 토지의 사용목적 및 용도에 따라 지목을 설정하는 원칙

• 일시변경불가의 원칙 : 임시적 · 일시적 용도의 변경 시 등록전환 또는 지목변경불가의 원칙

• 사용목적추종의 원칙 : 도시계획사업, 토지구획정리사업, 농지개량사업 등의 완료에 따라 조성된 토지는 사용목적에 따라 지목을 설정하여야 한다는 원칙

29 토지의 성질, 즉 지질이나 토질에 따라 지목을 분류하는 것은? 13②산

① 단식지목　　② 토성지목

③ 용도지목　　④ 지형지목

해설

토지현황에 의한 지목의 분류

• 지형지목 : 토지에 대한 지표면의 형태, 토지의 고저 등 토지의 생긴 모양에 따라 지목을 결정하는 것을 의미한다.

• 토성지목 : 토지의 성질에 따라 결정하는 지목

• 용도지목 : 토지의 용도에 따라 결정하는 지목으로 우리나라에서 채택하고 있다.

정답 27 ② 28 ② 29 ②

30 동일한 경계가 축척이 다른 두 도면에 각각 등록된 경우 경계 결정에서 적용할 수 있는 원칙은?

13산③

① 일필일목의 원칙 ② 축척종대의 원칙
③ 경계불가분의 원칙 ④ 주지목추종의 원칙

●해설

경계의 결정 원칙
• 경계국정주의의 원칙 : 지적공부에 등록하는 경계는 국가가 조사·측량하여 결정한다는 원칙
• 경계불가분의 원칙 : 경계는 유일무이한 것으로 이를 분리할 수 없다는 원칙
• 등록선후의 원칙 : 동일한 경계가 축척이 서로 다른 도면에 각각 등록되어 있는 경우로서 경계가 상호 일치하지 않는 경우에는 경계에 잘못이 있는 경우를 제외하고 등록시기가 빠른 토지의 경계를 따른다는 원칙
• 축척종대의 원칙 : 동일한 경계가 축척이 서로 다른 도면에 각각 등록되어 있는 경우로서 경계가 상호 일치하지 않는 경우에는 경계에 잘못이 있는 경우를 제외하고 축척이 큰 것에 등록된 경계를 따른다는 원칙
• 경계직선주의 : 지적공부에 등록하는 경계는 직선으로 한다는 원칙

31 지번을 부여하는 단위지역으로 가장 옳은 것은?

14①산

① 자연부락은 모두 지번부여지역이다.
② 읍·면은 모두 지번부여지역으로 한다.
③ 동·리 및 이에 준할 만한 지역은 지번부여지역으로 한다.
④ 자연부락단위로 한다.

●해설

공간정보의 구축 및 관리 등에 관한 법률 제2조(정의)
이 법에서 사용하는 용어의 뜻은 다음과 같다.
23. "지번부여지역"이란 지번을 부여하는 단위지역으로서 동·리 또는 이에 준하는 지역을 말한다.

32 지번의 부여 단위에 따른 분류 중 해당 지번설정지역의 면적이 비교적 넓고 지적도의 매수가 많을 때 흔히 채택하는 방법은?

14①산

① 지역단위법 ② 도엽단위법
③ 단지단위법 ④ 기우단위법

●해설

지번부여 단위에 의한 분류
하나의 지번부여지역을 여러 개의 구역으로 세분하여 지번을 부여할 수 있는 바, 이러한 방법에 따른 분류로서 지역단위법과 도엽단위법, 단지단위법이 있다.
• 지역단위법 : 지번부여지역 전체를 대상으로 하여 순차적으로 지번을 부여하는 방식으로서 지번부여지역이 협소하거나 도면의 매수가 많지 않은 지역의 경우에 적합한 방법이다.
• 도엽단위법 : 지번부여지역을 도면의 도엽별로 세분하여 도엽의 순서에 따라 순차적으로 지번을 붙이는 방법으로, 지번부여지역이 광대하거나 도면의 매수가 많은 경우에 편리한 방법이다.
• 단지단위법 : 지번부여지역을 단지별로 세분하여 단지의 순서에 따라 순차적으로 지번을 부여하는 방법으로서 다수의 소규모 단지로 구성된 도시개발사업지구, 경지정리사업지구 등에 편리한 방법이다.

33 지번의 설정이유(역할)와 가장 거리가 먼 것은?

14①산

① 토지의 개별화 ② 토지이용의 효율화
③ 토지의 특정화 ④ 토지의 위치 확인

●해설

지번(Parcel Number)이라 함은 토지의 특정화를 위하여 지번 부여 지역별로 지번하여 필지마다 하나씩 붙이는 번호를 말하며 지번은 필지를 개별화·특정화시키며 토지의 식별과 위치의 확인에 활용된다.

34 우리나라 지적제도에서 채택하고 있는 지목유형은?

14②산

① 토성(土性)지목 ② 용도(用途)지목
③ 지형(地形)지목 ④ 신청(申請)지목

해설

토지현황에 의한 지목의 분류

- 지형지목 : 토지에 대한 지표면의 형태, 토지의 고저 등 토지의 생긴 모양에 따라 지목을 결정하는 것을 의미한다.
- 토성지목 : 토지의 성질에 따라 결정하는 지목
- 용도지목 : 토지의 용도에 따라 결정하는 지목으로 우리나라에서 채택하고 있다.

35 다음 중 축척이 다른 2개의 도면에 동일한 필지의 경계가 각각 등록되어 있을 때 토지의 경계를 결정하는 원칙으로 옳은 것은? 14②산

① 토지소유자에게 유리한 쪽에 따른다.
② 축척이 작은 것에 따른다.
③ 축척이 큰 것에 따른다.
④ 축척의 평균치에 따른다.

해설

- 경계불가분의 원칙 : 토지의 경계는 유일무이한 것으로 위치와 길이만 있을 뿐 넓이는 없는 것으로 기하학상의 선과 동일한 성질을 갖고 있다.
- 축척종대의 원칙 : 경계가 축척이 다른 도면에 각각 등록되어 있을 때에는 그 경계는 축척이 큰 도면에 따라야 한다는 것을 말한다.

36 토지등록제도에 있어서 권리의 객체로서 모든 토지를 반드시 특정적이면서도 단순하고 명확한 방법에 의하여 인식될 수 있도록 개별화함을 의미하는 토지 등록 원칙은? 14②산

① 공신의 원칙 　　　② 특정화의 원칙
③ 신청의 원칙 　　　④ 등록의 원칙

해설

- 등록의 원칙 : 토지에 관한 모든 표시사항은 지적공부에 반드시 등록해야 한다.
- 신청의 원칙 : 지적정리는 신청에 의함을 원칙으로 한다.
- 특정화의 원칙 : 모든 토지는 명확히 인식될 수 있도록 개별화되어야 한다.
- 국정주의 및 직권주의 : 국정주의(Principle of National Decision)는 지적공부의 등록사항인 토지의 지번, 지목, 경계, 좌표, 면적의 결정은 국가의 공권력에 의하여 국가만이

결정할 수 있는 원칙이다. 직권주의는 모든 필지는 필지단위로 구획하여 국가기관인 소관청이 직권으로 조사·정리하여 지적공부에 등록 공시하여야 한다는 원칙이다.
- 공시의 원칙 : 토지 이동이나 물권의 변동은 반드시 외부에 알려져야 한다는 원칙
- 공신의 원칙 : 공시된 대로 권리가 존재하는 것으로 서로 공신하는 것이며 토지등록제도 운영의 출발점

37 1980년 이후 현재 지번부여원칙으로 옳은 것은? 14③산

① 북서에서 남동으로 순차적으로 부여
② 남서에서 북동으로 순차적으로 부여
③ 북동에서 남서로 순차적으로 부여
④ 남동에서 북서로 순차적으로 부여

해설

공간정보의 구축 및 관리 등에 관한 법 시행령 제56조(지번의 구성 및 부여방법 등)

① 지번(地番)은 아라비아숫자로 표기하되, 임야대장 및 임야도에 등록하는 토지의 지번은 숫자 앞에 "산" 자를 붙인다.
② 지번은 본번(本番)과 부번(副番)으로 구성하되, 본번과 부번 사이에 "-" 표시로 연결한다. 이 경우 "-" 표시는 "의"라고 읽는다.
③ 법 제66조에 따른 지번의 부여방법은 다음 각 호와 같다.
　1. 지번은 북서에서 남동으로 순차적으로 부여할 것

38 지번의 부여방법 중 진행방향에 따른 분류가 아닌 것은? 14③산

① 절충식 　　　② 오결식
③ 사행식 　　　④ 기우식

해설

진행방향에 따른 지번 부여방법

1. 사행식
  - 필지의 배열이 불규칙한 지역에서 진행순서에 따라 지번을 부여하는 방법
  - 진행방향에 따라 지번이 순차적으로 연속된다.
  - 농촌지역에 적합하나 상하좌우로 볼 때 어느 방향에서는 지번을 뛰어넘는 단점이 있다.
2. 기우식(또는 교호식)
  - 도로를 중심으로 하여 한쪽은 홀수인 기수로, 그 반대쪽

정답 35 ③ 　36 ② 　37 ① 　38 ②

은 짝수인 우수로 지번을 부여하는 방법으로서 교호식이라고도 한다.
• 시가지 지역의 지번 설정에 적합하다.
3. 단지식(또는 Block식)
• 1단지마다 하나의 지번을 부여하고 단지 내 필지들은 부번을 부여하는 방법으로서 블록식이라고도 한다.
• 토지구획정리사업 및 농지개량사업시행지역에 적합하다.
4. 절충식 : 사행식, 기우식 등을 적당히 혼합선택하여 지번을 부여하는 방식

39 지목부호는 다음 중 어느 공부에 표기하는가?
14③산

① 토지대장　② 지적도
③ 임야대장　④ 경계점좌표등록부

● 해설

지목의 표현방법
현행 우리나라에서는 지적도, 임야도의 도면에는 부호로 지목을 표기하며 토지대장과 임야대장에는 지목명칭 전체를 표시하고 있다. 따라서 같은 필지의 표현방법이 대장과 도면이 불일치하고 있어 혼란이 오는 경우도 있다. 또한 지목의 표현방법은 지목 명칭의 첫 번째 문자를 지목 표기의 부호로 사용하는 지목으로서「전, 답, 과, 목, 임, 광, 염, 대, 학, 주, 창, 도, 철, 제, 구, 유, 양, 수, 공, 체, 종, 사, 묘, 잡」등 24개 지목이 두문자 표기 지목이며 지목 명칭의 두 번째 문자를 지목 표기의 부호로 사용하는 지목으로서「장, 차, 천, 원」등이 차문자 표기지목이다.

지목	부호	지목	부호	지목	부호	지목	부호
전	전	대	대	철도용지	철	공원	공
답	답	공장용지	장	제방	제	체육용지	체
과수원	과	학교용지	학	하천	천	유원지	원
목장용지	목	주차장	차	구거	구	종교용지	종
임야	임	주유소용지	주	유지	유	사적지	사
광천지	광	창고용지	창	양어장	양	묘지	묘
염전	염	도로	도	수도용지	수	잡종지	잡

40 토지사정선의 설명 중 가장 옳은 것은? 14③산

① 시장, 군수가 측량한 모든 경계선이다.
② 임시토지조사국에서 측량한 모든 경계선이다.
③ 강계선(彊界線)은 모두 사정선이다.
④ 토지의 분할선 또는 경계 감정선이다.

● 해설

문제 07번 해설 참고

41 우리나라의 지목 결정 원칙과 거리가 먼 것은?
15①산

① 용도 경중의 원칙　② 1필 1지목의 원칙
③ 주지목 추종의 원칙　④ 지형지목의 원칙

● 해설

지목의 설정원칙

1필 1지목의 원칙	1필지의 토지에는 1개의 지목만을 설정하여야 한다는 원칙
주지목 추정의 원칙	주된 토지의 사용목적 또는 용도에 따라 지목을 정하여야 한다는 원칙
등록 선후의 원칙	지목이 서로 중복될 때는 먼저 등록된 토지의 사용목적 또는 용도에 따라 지목을 설정하여야 한다는 원칙
용도 경중의 원칙	지목이 중복될 때는 중요한 토지의 사용목적 또는 용도에 따라 지목을 설정해야 한다는 원칙
일시변경 불변의 원칙	임시적이고 일시적인 용도의 변경이 있는 경우에는 등록전환을 하거나 지목변경을 할 수 없다는 원칙
사용목적 추종의 원칙	도시계획사업 등의 완료로 인하여 조성된 토지는 사용목적에 따라 지목을 설정하여야 한다는 원칙

42 대부분의 일반 농촌지역에서 주로 사용되며, 토지의 배열이 불규칙한 경우 인접해 있는 필지로 진행방향에 따라 연속적으로 지번을 부여하는 방식은?
15①산

① 사행식(蛇行式)　② 기우식(奇偶式)
③ 교호식(交互式)　④ 단지식(團地式)

◎해설

진행방법

사행식	필지의 배열이 불규칙한 지역에서 진행순서에 따라 지번을 부여하는 방법으로 농촌지역의 지번 부여에 적합하며 우리나라 토지의 대부분은 사행식에 의해 부여한다. 지번 부여가 일정하지 않고 상하좌우로 분산되어 부여되는 결점이 있다.
기우식	도로를 중심으로 한쪽은 홀수인 기수, 다른 쪽은 짝수인 우수로 지번을 부여하는 방법으로 리·동·도·가 등의 시가지 지역의 지번부여방법으로 적합하고 교호식이라고도 한다.
단지식	단지마다 하나의 지번을 부여하고 단지 내 필지마다 부번을 부여하는 방법으로 단지식은 블록식이라고도 하며 도시개발사업 및 농지개량사업 시행지역 등의 지번 부여에 적합하다.
절충식	사행식·기우식·단지식 등을 적당히 취사선택(取捨選擇)하여 부번(附番)하는 방식

43 1필지로 정할 수 있는 기준에 해당하지 않는 것은?

15①산

① 지번부여지역 안의 토지로 소유자가 동일한 토지
② 지번부여지역 안의 토지로 용도가 동일한 토지
③ 지번부여지역 안의 토지로 지가가 동일한 토지
④ 지번부여지역 안의 토지로 지반이 연속된 토지

◎해설

1필지로 정할 수 있는 기준
• 지번부여지역의 동일
• 토지소유자 동일
• 용도의 동일
• 지반이 연속

44 지적에서 토지의 경계라고 할 때 무엇을 의미하는가?

15①산

① 지상(地上)의 경계를 의미한다.
② 도면상(圖面上)의 경계를 의미한다.
③ 소유자가 다른 토지 사이의 경계를 의미한다.
④ 지목이 같은 토지 사이의 경계를 의미한다.

◎해설

토지경계의 개념

토지의 경계는 한 지역과 다른 지역을 구분하는 외적 표시이며 토지의 소유권 등 사법상의 권리의 범위를 표시하는 구획선이다. 두 인접한 토지를 분할하는 선 또는 경계를 표시하는 가상의 선으로서 지적도에 등록된 것을 법률적으로 유효한 경계로 본다.

45 다음 지목 중 잡종지에서 분리된 지목에 해당하는 것은?

15②산

① 지소   ② 유지
③ 염전   ④ 공원

◎해설

잡종지에서 분리 → 잡종지, 염전, 광천지

염전(鹽田)	바닷물을 끌어들여 소금을 채취하기 위하여 조성된 토지와 이에 접속된 제염장(製鹽場) 등 부속시설물의 부지. 다만, 천일제염 방식으로 하지 아니하고 동력으로 바닷물을 끌어들여 소금을 제조하는 공장시설물의 부지는 제외한다.
유지(溜地)	물이 고이거나 상시적으로 물을 저장하고 있는 댐·저수지·소류지·호수·연못 등의 토지와 연·왕골 등이 자생하는 배수가 잘 되지 아니하는 토지는 "유지"로 한다. 호(湖)는 이를 "호수"라고도 하며 육지가 오목하게 패이고 물이 고인 곳인데 "지(池)"나 "소(沼)"보다는 훨씬 그 규모가 크고 깊은 것이 특색이다. "지"는 당을 파서 물을 고이게 하여 두는 곳, 또는 자연의 지형에 따라 물이 고인 곳을 말한다. "소"는 육지의 후미진 곳에 물이 고여 호수와 비슷하지만 토상의 수심이 5m 이하이며 중앙부까지 수초가 자라고 있는 곳을 말한다. "지"와 "소"의 두 가지를 합쳐서 지소라고 부른다.
공원(公園)	일반 공중의 보건·휴양 및 정서생활에 이용하기 위한 시설을 갖춘 토지로서 「국토의 계획 및 이용에 관한 법률」에 따라 공원 또는 녹지로 결정·고시된 토지

46 경계의 결정 원칙 중 경계불가분의 원칙과 관련이 없는 것은?

15②산

① 토지의 경계는 인접 토지에 공통으로 작용한다.
② 토지의 경계는 유일무이하다.
③ 경계선은 위치와 길이만 있고 너비가 없다.
④ 축척이 큰 도면의 경계를 따른다.

●해설

경계의 결정 원칙

경계국정 주의의 원칙	지적공부에 등록하는 경계는 국가가 조사·측량하여 결정한다는 원칙
경계불가분의 원칙	경계는 유일무이한 것으로 이를 분리할 수 없다는 원칙
등록선후의 원칙	동일한 경계가 축척이 서로 다른 도면에 각각 등록되어 있는 경우로서 경계가 상호 일치하지 않는 경우에는 경계에 잘못이 있는 경우를 제외하고 등록시기가 빠른 토지의 경계를 따른다는 원칙
축척종대의 원칙	동일한 경계가 축척이 서로 다른 도면에 각각 등록되어 있는 경우로서 경계가 상호 일치하지 않는 경우에는 경계에 잘못이 있는 경우를 제외하고 축척이 큰 것에 등록된 경계를 따른다는 원칙
경계직선 주의	지적공부에 등록하는 경계는 직선으로 한다는 원칙

47 다음 중 지적도와 임야도의 등록사항이 아닌 것은? 15②산

① 면적 ② 지번
③ 경계 ④ 지목

●해설

등록사항 지적공부		도면		경계점 좌표 등록부
		지적도	임야도	
토 지 표 시 사 항	토지의 소재	○	○	○
	지번	○	○	○
	지목	○	○	×
	면적	×	×	×
	토지의 이동 사유	×	×	×
	경계	○	○	×
	좌표	×	×	○
	경계점 간 거리	○(좌표)	×	×

48 1필지의 설명 중 옳지 않은 것은? 15③산

① 1필의 토지 ② 1지번의 토지
③ 자연적인 토지 단위 ④ 법적인 토지 단위

●해설

1. 필지의 특성
   • 토지의 소유권이 미치는 범위와 한계를 나타낸다.
   • 지형·지물에 의한 경계가 아니고 토지소유권의 구분에 의하여 인위적으로 구획된 것이다.
   • 도면(지적도·임야도)에서는 경계점을 직선으로 연결한 선, 경계점좌표등록부에서는 경계점(평면직각종횡선수치)의 연결로 표시되며 폐합된 다각형으로 구획된다.
   • 대장(토지대장·임야대장)에서는 하나의 지번에 의거하여 작성된 1장의 대장을 근거로 하여 필지를 구분한다.

2. 1필지로 정할 수 있는 기준
   토지의 등록단위인 1필지를 정하기 위하여는 다음의 기준에 적합하여야 한다.

지번 부여 지역의 동일	1필지로 획정하고자 하는 토지는 지번부여지역(행정구역인 법정 동·리 또는 이에 준하는 지역)이 같아야 한다. 따라서 1필지의 토지에 동·리 및 이에 준하는 지역이 다른 경우 1필지로 획정할 수 없다.
토지 소유자 동일	1필지로 획정하고자 하는 토지는 소유자가 동일하여야 한다. 따라서 1필지로 획정하고자 하는 토지의 소유자가 각각 다른 경우에는 1필지로 획정할 수 없다. 또한 소유권이외의 권리관계까지도 동일하여야 한다.
용도의 동일	1필지로 획정하고자 하는 토지는 지목이 동일하여야 한다. 따라서 1필지 내 토지의 일부가 주된 목적의 사용목적 또는 용도가 다른 경우에는 1필지로 획정할 수 없다. 다만, 주된 토지에 편입할 수 있는 토지의 경우에는 필지 내 토지의 일부가 지목이 다른 경우라도 주지목추정의 원칙에 의하여 1필지로 획정할 수 있다.
지반이 연속	1필지로 획정하고자 하는 토지는 지형·지물(도로, 구거, 하천, 계곡, 능선) 등에 의하여 지반이 끊기지 않고 연속되어야 한다. 즉 1필지로 하고자 하는 토지는 지반이 연속되지 않은 토지가 있을 경우 별필지로 획정하여야 한다.

49 경계점 표지의 특성이 아닌 것은? 15③산

① 영구성 ② 안전성
③ 유동성 ④ 명확성

●해설

경계점 표지의 특성
• 영구성
• 안전성
• 명확성

CHAPTER 04 지적공부 및 지적적산

제1절 지적공부

⋯1.1 개요

지적공부란 토지에 대한 물리적 현황과 소유자 등을 조사 · 측량하여 결정한 성과를 최종적으로 등록하여 토지에 대한 물권이 미치는 한계와 그 내용을 공시하는 국가의 공적 장부이다.

⋯1.2 지적공부의 종류

••1.3 지적공부의 변천과정

구분	190~1924	1925~1975	1976~1990	1991~2001	2002~현재
변천	• 토지대장 • 임야대장 • 지적도 • 임야도	• 토지대장 • 임야대장 • 지적도 • 임야도	• 토지대장 • 임야대장 • 지적도 • 임야도 • 수치지적부	• 토지대장 • 임야대장 • 지적도 • 임야도 • 수치지적부 • 지적파일	• 토지대장 • 임야대장 • 공유지연명부 • 대지권등록부 • 지적도 • 임야도 • 경계점좌표등록부 • 지적파일
대장형식	부책식 대장	부책식 대장	카드식 대장	카드식 대장 전산파일	지적파일
도면형식	종이도면	종이도면	종이도면	전산파일	지적파일

••1.4 지적·임야도의 도곽

축척	도상(cm)		지상(m)		도곽면적 (m²)
	세로	가로	세로	가로	
1 : 500	30	40	150	200	30,000
1 : 600	33.3333	41.6667	200	250	50,000
1 : 1,000	30	40	300	400	120,000
1 : 1,200	33.3333	41.6667	400	500	200,000
1 : 2,400	33.3333	41.6667	800	1,000	800,000
1 : 3,000	40	50	1,200	1,500	1,800,000
1 : 6,000	40	50	2,400	3,000	7,200,000

‥1.5 지적공부의 등록사항

지적공부 / 등록사항	장			도면			경계점좌표 등록부
	토지 대장	임야 대장	공유지 연명부	대지권 등록부	지적도	임야도	
토지 표시 사항 토지의 소재	O	O	O	O	O	O	O
지번	O	O	O	O	O	O	O
지목	O	O	X	X	O	O	X
면적	O	O	X	X	X	X	X
토지의 이동 사유	O	O	X	X	X	X	X
경계	X	X	X	X	O	O	X
좌표	X	X	X	X	X	X	O
경계점 간 거리	X	X	X	X	O(좌표)	X	X
소유권 표시 사항 소유자가 변경된 날과 그 원인	O	O	O	O	X	X	X
성명	O	O	O	O	X	X	X
주소	O	O	O	O	X	X	X
주민등록번호	O	O	O	O	X	X	X
소유권 지분	X	X	O	O	X	X	X
대지권 비율	X	X	X	O	X	X	X
건물의 명칭	X	X	X	O	X	X	X
전유구분의 건물 표시	X	X	X	O	X	X	X
기타 표시 사항 토지등급사항	O	O	X	X	X	X	X
개별공시지가와 그 기준일	O	O	X	X	X	X	X
고유번호	O	O	O	O	X	X	O
필지별 대장의 장번호	O	O	O	O	X	X	X
도면의 제명	X	X	X	X	O	O	X
도면번호	O	O	X	X	O	O	O
도면의 색인도	X	X	X	X	O	O	X
필지별 장번호	O	O	X	X	X	X	O
축척	O	O	X	X	O	O	X
도곽선 및 수치	X	X	X	X	O	O	X
부호도	X	X	X	X	X	X	O

지적공부 등록사항		장			도면			경계점좌표 등록부
		토지 대장	임야 대장	공유지 연명부	대지권 등록부	지적도	임야도	
기 타 표 시 사 항	삼각점 및 지적 측량 기준점의 위치	×	×	×	×	○	○	×
	건축물 및 구조물의 위치	×	×	×	×	○	○	×
	직인	○	○	×	×	○	○	○
	직인날인번호	○	○	×	×	×	×	○

※ ○ 등록, × 미등록, △ 참고사항

••1.6 일람도

일람도란 지적도나 임야도의 배치와 관리 및 토지가 등록된 도호를 쉽게 알 수 있도록 하기 위하여 작성한 도면을 말한다.

1.6.1 일람도의 작성

① 일람도는 도면축척의 10분의 1로 작성하는 것이 원칙이며 도면의 수가 4장 미만인 경우에는 작성을 생략할 수 있다.
② 일람도와 지번색인표는 지번부여지역별로 도면 순으로 보관하되, 각 장별로 보호대에 넣어야 한다.

1.6.2 일람도의 등재사항

① 지번부여지역의 경계 및 인접지역의 행정구역 명칭
② 도면의 제명 및 축척
③ 도곽선 및 도곽선 수치
④ 도면번호
⑤ 하천 · 도로 · 철도 · 유지 · 취락 등 주요 지형 · 지물의 표시

1.6.3 일람도의 제도 기준

가. 일람도의 축척

그 도면 축척의 10분의 1로 한다. 다만, 도면의 장수가 많아서 1장에 작성할 수 없는 경우에는

축척을 줄여서 작성할 수 있으며, 도면의 장수가 4장 미만인 경우에는 일람도를 작성하지 아니할 수 있다.

나. 제명 및 축척

일람도 윗부분에 "○○시 · 도 ○○시 · 군 · 구 ○○읍 · 면 ○○동 · 리 일람도 축척 ○○○○ 분의 1"이라 제도한다. 이 경우 경계점좌표등록부시행지역은 제명 중 일람도 다음에 "(좌표)"라 기재하며, 그 제도방법은 다음과 같다.

- 글자 크기는 9밀리미터로 하고 글자 사이의 간격은 글자크기의 2분의 1 정도 띄운다.
- 축척은 제명 끝에 20밀리미터를 띄운다.

다. 도면번호

지번부여지역 · 축척 및 지적도 · 임야도 · 경계점 좌표등록부 등록지별로 일련번호를 부여한다. 이 경우 신규등록 및 등록전환으로 새로이 도면을 작성하는 경우의 도면번호는 그 지역 마지막 도면번호의 다음 번호부터 새로이 부여한다. 다만, 도면과 확정측량결과도의 도곽선 차이가 0.5밀리미터 이상인 경우에는 확정측량 결과도에 의하여 새로이 도면을 작성할 때 종전 도면번호에 "-1"과 같이 부호를 부여한다.

라. 일람도의 제도방법

① 도곽선은 0.1밀리미터의 폭으로, 도곽선의 수치는 도곽선 왼쪽 아랫부분과 오른쪽 윗부분의 종횡선 교차점 바깥쪽에 2밀리미터 크기의 아라비아숫자로 제도한다.
② 도면번호는 3밀리미터의 크기로 한다.
③ 인접 동 · 리 명칭은 4밀리미터, 그 밖의 행정구역 명칭은 5밀리미터의 크기로 한다.
④ 지방도로 이상은 검은색 0.2밀리미터 폭의 2선으로, 그 밖의 도로는 0.1밀리미터의 폭으로 제도한다.
⑤ 철도용지는 붉은색 0.2밀리미터 폭의 2선으로 제도한다.
⑥ 수도용지 중 선로는 남색 0.1밀리미터 폭의 2선으로 제도한다.
⑦ 하천 · 구거 · 유지는 남색 0.1밀리미터의 폭으로 제도하고 그 내부를 남색으로 엷게 채색한다. 다만, 적은 양의 물이 흐르는 하천 및 구거는 남색 선으로 제도한다.
⑧ 취락지 · 건물 등은 0.1밀리미터의 폭으로 제도하고 그 내부를 검은색으로 엷게 채색한다.
⑨ 삼각점 및 지적기준점의 제도는 지적도면에서의 삼각점 및 지적기준점의 제도에 관한 방법에 의한다.
⑩ 도시개발사업 · 축척 변경 등이 완료된 때에는 지구경계를 붉은색 0.1밀리미터의 폭으로 제도한 후 지구 안을 붉은색으로 엷게 채색하고 그 중앙에 사업명 및 사업 연도를 기재한다.

••• 1.7 지번색인표

지번색인표란 필지별당해 토지가 등록된 도면을 용이하게 알 수 있도록 작성해 놓은 도표를 말한다.

1.7.1 지번색인표의 등재사항

① 제명
② 지번
③ 도면번호
④ 결번

1.7.2 지번색인표의 제도

① 제명은 지번색인표 윗부분에 9밀리미터의 크기로 "○○시·도 ○○시·군·구 ○○읍·면 ○○동·리 지번색인표"라 제도한다.
② 지번색인표에는 도면번호별로 그 도면에 등록된 지번을, 토지의 이동으로 결번이 생긴 때에는 결번 난에 그 지번을 제도한다.

••• 1.8 지적정보 전담 관리기구의 설치

1.8.1 국토교통부장관은 지적공부의 효율적인 관리 및 활용을 위하여 지적정보 전담 관리기구를 설치·운영한다. (국가공간정보센터 운영규정 – 국가공간정보센터 운영 세부지침)

1.8.2 국토교통부장관은 지적공부를 과세나 부동산정책자료 등으로 활용하기 위하여 주민등록 전산자료, 가족관계등록 전산자료, 부동산등기 전산자료 또는 공시지가 전산자료 등을 관리하는 기관에 그 자료를 요청할 수 있으며 요청을 받은 관리기관의 장은 특별한 사정이 없는 한 이에 응하여야 한다.

제2절 지적공부의 복구

··· 2.1 개요

지적공부의 전부 또는 일부가 천재 · 지변이나 그 밖의 재난으로 인하여 멸실 · 훼손된 때에는 자료조사를 토대로 하여 멸실 당시의 지적공부를 다시 복원하는 것을 말한다.

··· 2.2 복구방법

지적소관청(정보처리 시스템에 따른 지적공부의 경우에는 시 · 도지사, 시장 · 군수 또는 구청장)은 지적공부의 전부 또는 일부가 멸실되거나 훼손된 경우에는 지체 없이 이를 복구하여야 한다.

2.2.1. 토지의 표시에 관한 사항

지적소관청이 지적공부를 복구할 때에는 멸실 · 훼손 당시의 지적공부와 가장 부합된다고 인정되는 관계 자료에 따라 토지의 표시에 관한 사항을 복구하여야 한다.

2.2.2. 소유자에 관한 사항

부동산등기부나 법원의 확정판결에 따라 복구하여야 한다.

··· 2.3 지적공부의 복구자료

지적공부의 복구에 관한 관계 자료(이하 "복구자료"라 한다)는 다음과 같다.
① 지적공부의 등본
② 측량결과도
③ 토지이동정리결의서
④ 부동산등기부등본 등 등기사실을 증명하는 서류
⑤ 지적소관청이 작성하거나 발행한 지적공부의 등록내용을 증명하는 서류
⑥ 지적공부를 복제하여 관리하는 시스템에서 복제된 지적공부
⑦ 법원의 확정판결서 정본 또는 사본

제3절 지적공부의 열람 및 등본 발급

▪▪3.1 열람 및 등본교부 신청

① 지적공부를 열람하거나 그 등본을 교부받고자 하는 자는 해당 지적소관청에 신청하여야 한다.

② 정보처리시스템을 통하여 기록·저장된 지적공부(지적도 및 임야도는 제외한다)를 열람하거나 그 등본을 발급받으려는 경우에는 시장·군수 또는 구청장이나 읍·면·동의 장에게 신청할 수 있다.

③ 지적공부를 열람하거나 그 등본을 발급받으려는 자는 지적공부 열람·등본발급신청서를 지적소관청에 제출하여야 한다.

▪▪3.2 지적공부의 열람 및 등본교부 수수료

3.2.1 수수료 납부

① 지적공부를 열람하거나 그 등본을 교부받고자 하는 자는 수수료를 그 지방자치단체의 수입증지 또는 현금으로 납부하여야 한다.

② 국토교통부장관, 국토지리정보원장, 국립해양조사원장, 시·도지사 및 지적소관청은 ①에도 불구하고 정보통신망을 이용하여 전자화폐·전자결제 등의 방법으로 수수료를 납부하게 할 수 있다.

3.2.2 수수료 면제

① 국가 또는 지방자치단체가 업무수행에 필요하여 지적공부의 열람 및 등본발급을 신청하는 경우에는 수수료를 면제한다.

② 지적측량업무에 종사하는 측량기술자가 그 업무와 관련하여 지적공부를 열람(복사하기 위하여 열람하는 것을 포함한다)하는 경우에는 수수료를 면제한다.

3.2.3 열람 및 등본수수료

가. 대장 및 경계점좌표등록부의 열람 및 등본교부 수수료

토지(임야)대장 및 경계점좌표등록부의 열람 및 등본발급 수수료는 1필지를 기준으로 하되, 1필지당 1장을 초과하는 경우에는 초과하는 매 1장당 100원을 가산한다.

나. 도면등본의 크기가 기본단위를 초과하는 경우

지적(임야)도면 등본의 크기가 기본단위(가로 21센티미터, 세로 30센티미터)를 초과하는 경우에는 기본단위당 700원을 가산한다.

다. 도면등본을 제도방법으로 작성 · 교부하는 경우(연필에 의한 제도방법은 제외)

지적(임야)도면등본을 제도방법(연필로 하는 제도방법은 제외한다)으로 작성 · 교부하는 경우 그 등본교부 수수료는 기본단위당 5필지를 기준하여 2천400원으로 하되, 5필지를 초과하는 경우에는 초과하는 매 1필지당 150원을 가산하며, 도면 등본의 크기가 기본단위를 초과하는 경우에는 기본단위당 500원을 가산한다.

▼ 지적공부 열람 · 등본 교부 수수료

구 분	종 별	단 위	수수료
열람	토지대장	1필지당	300원
	임야대장	1필지당	300원
	지 적 도	1장당	400원
	임 야 도	1장당	400원
	경계점좌표등록부	1필지당	300원
등본 교부	토지대장	1필지당	500원
	임야대장	1필지당	500원
	지 적 도	(가로 21센티미터, 세로 30센티미터)	700원
	임 야 도	(가로 21센티미터, 세로 30센티미터)	700원
	경계점좌표등록부	1필지당	500원

제4절 지적전산자료의 이용 및 처리

4.1 지적전산자료의 이용

4.1.1 지적전산자료의 승인 범위

지적공부에 관한 전산자료(연속지적도를 포함하며, 이하 "지적전산자료"라 한다)를 이용하거나 활용하려는 자는 다음 구분에 따라 국토교통부장관, 시·도지사 또는 지적소관청의 승인을 받아야 한다.

구분	승인자
전국 단위의 지적전산자료	국토교통부장관, 시·도지사 또는 지적소관청
시·도 단위의 지적전산자료	시·도지사 또는 지적소관청
시·군·구(자치구가 아닌 구를 포함한다) 단위의 지적전산자료	지적소관청

4.1.2 이용방법 및 절차

가. 관계중앙행정기관의 심사신청

지적전산자료를 이용하거나 활용하려는 자는 다음의 사항을 적은 신청서를 관계 중앙행정기관의 장에게 제출하여 심사를 신청하여야 한다. 다만, 중앙행정기관의 장, 그 소속 기관의 장 또는 지방자치단체의 장이 승인을 신청하는 경우에는 그러하지 아니하다.

① 자료의 이용 또는 활용 목적 및 근거
② 자료의 범위 및 내용
③ 자료의 제공방식, 보관 기관 및 안전관리대책 등

나. 중앙행정기관의 장의 심사 및 심사결과 통지

심사 신청을 받은 관계 중앙행정기관의 장은 다음의 사항을 심사한 후 그 결과를 신청인에게 통지하여야 한다.

① 신청 내용의 타당성·적합성 및 공익성
② 개인의 사생활 침해 여부
③ 자료의 목적 외 사용 방지 및 안전관리대책

다. 지적전산자료 승인신청

지적전산자료의 이용 또는 활용에 관한 승인을 받으려는 자는 승인신청을 할 때에 심사 결과를 제출하여야 한다. 다만, 중앙행정기관의 장이 승인을 신청하는 경우에는 심사 결과를 제출하지 아니할 수 있다.

라. 승인신청 심사

승인신청을 받은 국토교통부장관, 시·도지사 또는 지적소관청은 다음의 사항을 심사하여야 한다.
① 신청 내용의 타당성·적합성 및 공익성
② 개인의 사생활 침해 여부
③ 자료의 목적 외 사용 방지 및 안전관리대책
④ 신청한 사항의 처리가 전산정보처리조직으로 가능한지의 여부
⑤ 신청한 사항의 처리가 지적업무수행에 지장을 주지 않는지의 여부

마. 승인 및 자료제공

국토교통부장관, 시·도지사 또는 지적소관청은 심사를 거쳐 지적전산자료의 이용 또는 활용을 승인하였을 때에는 지적전산자료 이용·활용 승인대장에 그 내용을 기록·관리하고 승인한 자료를 제공하여야 한다.

바. 사용료 납부

지적전산자료의 이용 또는 활용에 관한 승인을 받은 자는 사용료를 납부해야 한다. 다만, 국가나 지방자치단체에 대해서는 사용료를 면제한다.

4.1.3 지적전산자료의 사용료

가. 지적전산자료의 사용료

지적전산자료 제공방법	수수료
자료를 인쇄물로 제공할 때	1필지당 30원
자료를 자기디스크 등 전산매체로 제공할 때	1필지당 20원

나. 사용료 납부방법

① 수수료는 수입인지, 수입증지 또는 현금으로 국토교통부장관, 시·도지사 및 지적소관청에 납부해야 한다.

② 앞의 규정에도 불구하고 정보통신망을 이용하여 전자화폐·전자결제 등의 방법으로 수수료를 납부하게 할 수 있다.

▼ 지적전산자료의 사용료 납부방법

지적전산자료 제공	납부수단 및 방법	
국토교통부장관이 제공하는 경우	수입인지	현금, 전자화폐·전자결제 등
시·도지사 또는 지적소관청이 재공하는 경우	그 지방자치단체의 수입증지	
국가 또는 지방자치단체	사용료 면제	

••• 4.2 지적정보관리체계

4.2.1 담당자의 등록

① 국토교통부장관, 시·도지사 및 지적소관청("사용자권한 등록관리청"이라 한다)은 지적공부정리 등을 전산정보처리시스템으로 처리하는 담당자("사용자"라 한다)를 사용자권한 등록파일에 등록하여 관리하여야 한다.

② 지적정보관리시스템을 설치한 기관의 장은 그 소속공무원을 사용자로 등록하려는 때에는 지적정보관리시스템 사용자권한 등록신청서를 해당 사용자권한 등록관리청에 제출하여야 한다.

③ 신청을 받은 사용자권한 등록관리청은 신청 내용을 심사하여 사용자권한 등록파일에 사용자의 이름 및 권한과 사용자번호 및 비밀번호를 등록하여야 한다.

④ 사용자권한 등록관리청은 사용자의 근무지 또는 직급이 변경되거나 사용자가 퇴직 등을 한 경우에는 사용자권한 등록내용을 변경하여야 한다. 이 경우 사용자권한 등록변경절차에 관하여는 ② 및 ③을 준용한다.

4.2.2 사용자번호

① 사용자권한 등록파일에 등록하는 사용자번호는 사용자권한 등록관리청별로 일련번호로 부여하여야 하며, 한 번 부여된 사용자번호는 변경할 수 없다.

② 사용자권한 등록관리청은 사용자가 다른 사용자권한 등록관리청으로 소속이 변경되거나 퇴직 등을 한 경우에는 사용자번호를 따로 관리하여 사용자의 책임을 명백히 할 수 있도록 하여야 한다.

4.2.3 비밀번호

① 사용자의 비밀번호는 6~16자리까지의 범위에서 사용자가 정하여 사용한다.
② 사용자의 비밀번호는 다른 사람에게 누설하여서는 아니 되며, 사용자는 비밀번호가 누설되거나 누설될 우려가 있는 때에는 즉시 이를 변경하여야 한다.

4.2.4 사용자의 권한구분 등

사용자권한 등록파일에 등록하는 사용자의 권한은 다음의 사항에 관한 권한으로 구분한다.
① 사용자의 신규등록
② 사용자 등록의 변경 및 삭제
③ 법인이 아닌 사단 · 재단 등록번호의 업무관리
④ 법인이 아닌 사단 · 재단 등록번호의 직권수정
⑤ 개별공시지가 변동의 관리
⑥ 지적전산코드의 입력 · 수정 및 삭제
⑦ 지적전산코드의 조회
⑧ 지적전산자료의 조회
⑨ 지적통계의 관리
⑩ 토지 관련 정책정보의 관리
⑪ 토지이동 신청의 접수
⑫ 토지이동의 정리
⑬ 토지소유자 변경의 관리
⑭ 토지등급 및 기준수확량등급 변동의 관리
⑮ 지적공부의 열람 및 등본 발급의 관리
⑯ 일반 지적업무의 관리
⑰ 일일마감 관리
⑱ 지적전산자료의 정비
⑲ 개인별 토지소유현황의 조회
⑳ 비밀번호의 변경

4.2.5 지적전산시스템의 운영방법

지적전산업무의 처리, 지적전산프로그램의 관리 등 지적전산시스템의 관리 · 운영 등에 필요한 사항은 국토교통부장관이 정한다.

CHAPTER 04 실전문제

01 다음 중 토지조사사업 당시의 재결기관은?

12①기

① 고등토지조사위원회 ② 도지사
③ 임야심사위원회 ④ 임시토지조사국장

● 해설

구분	토지조사사업	임야조사사업
기간	1910~1918년	1916~1924년
사정기관	임시토지조사국장	도지사
재결기관	고등토지조사위원회	임야조사위원회
측량기관	임시토지조사조사국	부와 면

02 임야조사사업의 특징에 대한 설명이 틀린 것은?

12②기

① 임야는 토지에 비하여 경제적 가치가 높지 않아 분쟁이 적었다.
② 면적이 넓어 많은 예산을 투입하여 사업을 완성하였다.
③ 토지조사사업에 비해 적은 인원으로 업무를 수행하였다.
④ 토지조사사업을 시행하면서 축적된 기술을 이용하여 사업을 완성하였다.

● 해설

• 임야조사사업은 토지조사사업에 비하여 면적은 넓으나 투입경비는 적었다.
• 임야조사사업의 실시는 1916~1922년도에 이르는 6년 동안에 전 사업을 완성하도록 하는 계획을 수립하였으나 2년 연장하게 되어 1924년에 사업을 완료하도록 계획을 변경하였으며 본 사업의 완료를 보게 되었다.
• 조사대상에 있어서도 토지조사에서 제외된 임야 및 임야 내 개재지된 임야 이외의 토지로 되어 있었다.

03 경계의 표시방법에 따른 지적제도의 분류가 옳은 것은?

13②기

① 세지적, 법지적, 다목직지적
② 2차원 지적, 3차원 지적
③ 수평지적, 입체지적
④ 도해지적, 수치지적

● 해설

지적제도의 분류
• 발전과정에 의한 분류 : 세지적, 법지적, 다목적지적
• 측량방법에 의한 분류 : 도해지적, 수치지적, 계산지적
• 등록방법에 의한 분류 : 2차원 지적, 3차원 지적, 4차원 지적

04 토지조사사업 당시 일부 지목에 대하여 지번을 부여하지 않았던 이유로 가장 옳은 것은?

13②기

① 소유자 확인 불명 ② 측량조사작업의 어려움
③ 경계선의 구분 곤란 ④ 과세적 가치의 희소

● 해설

지목에 대하여 지번을 부여하지 않았던 이유
지번조사는 번지별 · 필지별로 지번을 부과하는 작업으로 1개 리 · 동 단위로 일필지마다 순차로 부여하고 북동에서 순차적으로 부여하였으나 도로, 구거, 하천 등은 과세적 가치의 희소로 지번을 부여하지 않았다.

05 임야조사사업의 목적에 해당하지 않는 것은?

13②기

① 소유권을 법적으로 확정
② 임야정책 및 산업건설의 기초자료 제공
③ 지세부담의 균형 조정
④ 지방재정의 기초 확립

● 해설

임야조사사업의 목적
• 부동산표시에 필요한 지번 창설

정답 01 ① 02 ② 03 ④ 04 ④ 05 ④

- 위치와 형상을 도면에 표시하여 경계를 명확히 함
- 권리관계로 분쟁이 심한 임야의 소유권을 법적으로 확정
- 임야에 대한 토지이용과 거래에 필요한 기본자료 제공
- 토지조사와 함께 지세부담의 균형을 조정하여 국가제정의 기초 확립

06 토지조사사업 당시 지권(地券)을 발행한 이유로 거리가 먼 것은?
13②기

① 토지의 소유권 보호를 위해서
② 토지로부터 수확량을 측정하기 위해서
③ 토지를 매매할 때 소유권 이전에 관하여 공적 소유권 증서로 이용하기 위해서
④ 토지의 상품화가 이루어지면서 발생하는 토지거래의 문란을 방지하기 위해서

해설

1. 전답관계(田畓官契) : 대한제국은 국가 세원 확보와 토지 소유자 파악을 위하여 갑오개혁 이후로 양전사업을 위한 기관의 설치·폐쇄를 거듭하였는데 1901년 지계아문을 설치하여 지권(地券)의 발행 및 양지 사무를 하도록 하였다. 지계아문은 지권인 대한제국전답관계(大韓帝國田畓官契)를 토지문서로서 강원도, 충청도, 경기도지역에서 시행하였다.
2. 토지거래증서
   - 지계 : 전답의 소유권을 증명하는 관문서로 지권(地券)이라고도 함
   - 가계 : 가옥의 소유권을 증명하는 관문서로 가권(家券)이라고도 함
   - 관계 : 관에서 발행하는 토지문서

07 수치지적과 도해지적에 관한 설명으로 틀린 것은?
13③기

① 수치지적은 비교적 비용이 저렴하고 고도의 기술을 요구하지 않는다.
② 수치지적은 도해지적보다 정밀하게 경계를 표시할 수 있다.
③ 도해지적은 대상 필지의 형태를 시각적으로 용이하게 파악할 수 있다.

④ 도해지적은 토지의 경계를 도면에 일정한 축척의 그림으로 그리는 것이다.

해설

도해지적과 수치지적의 비교

도해지적 (Graphical Cadastre)	토지의 각 필지 경계점을 측량하여 지적도 및 임야도에 일정한 축척의 그림으로 묘화하는 것으로서 토지 경계의 효력을 도면에 등록된 경계에 의존하는 제도이다.
수치지적 (Numerical Cadastre)	토지의 각 필지 경계점을 그림으로 묘화하지 않고 수학적인 평면 직각 종횡선 수치($X \cdot Y$좌표)의 형태로 표시하는 것으로서 도해 지적보다 훨씬 정밀하게 경계를 등록할 수 있다.

08 임야조사사업 당시 사정기관은?
14①기

① 임야심사위원회
② 토지조사위원회
③ 도지사
④ 법원

해설

토지조사사업과 임야조사사업의 비교

구분	토지조사사업	임야조사사업
근거법령	토지조사령 (1912.8.13. 제령 제2호)	조선임야조사령 (1918.5.1. 제령 제5호)
조사기간	1910~1918 (8년 10개월)	1916~1924 (9개년)
측량기관	임시토지조사국	부(府)와 면(面)
사정기관	임시토지조사국장	도지사
재결기관	고등토지조사위원회	임야심사위원회
조사내용	• 토지소유권 • 토지가격 • 지형·지모	• 토지소유권 • 토지가격 • 지형·지모
조사대상	• 전국에 걸친 평야부 토지 • 낙산 임야	• 토지조사에서 제외된 토지 • 산림 내 개재지(토지)
도면축척	1/600, 1/1,200, 1/2,400	1/3,000, 1/6,000
기선측량	13개소	-

구분		토지조사사업	임야조사사업
측량기준점 설치	측량기준점	34,447점	
	삼각점	1등삼각점 : 400점	
		2등삼각점 : 2,401점	
		3등삼각점 : 6,297점	
		4등삼각점 : 25,349점	—
	도근점	3,551,606점	
	수준점	2,823점 (선로장 : 6,693km)	
	험조장	5개소 (청진, 원산, 진남포, 목포, 인천)	

09 지적공부에 대한 설명으로 옳은 것은? 14②기

① 토지대장은 국가가 작성하여 비치하는 공적장부를 말한다.

② 지적공부 중 대장에 해당되는 것은 토지대장, 임야대장만을 말한다.

③ 지적공부 중 도면에 해당되는 것은 지적도, 임야도, 도시계획도를 말한다.

④ 경계점좌표등록부는 지적공부에 해당되지 않는다.

◉해설

10 토지조사사업 시 일필지측량의 결과로 작성한 도부(개황도)의 축척에 해당되지 않는 것은? 15①기

① 1/600
② 1/1,200
③ 1/2,400
④ 1/3,000

◉해설

문제 08번 해설 참고

11 토지조사사업에서 측량에 관계되는 사항을 구분한 7가지 항목에 해당하지 않는 것은? 15①기

① 삼각측량
② 천문측량
③ 지형측량
④ 이동지측량

◉해설

토지조사사업 업무

소유권 및 지가 조사	준비조사	행정구역인 리(里) · 동(洞)의 명칭과 구역 · 경계의 혼선을 정리하고, 지명의 통일과 강계(疆界)의 조사
	일필지조사	토지소유권을 확실히 하기 위해 필지(筆地) 단위로 지주 · 강계 · 지목 · 지번 조사
	분쟁지조사	불분명한 국유지와 민유지, 미정리된 역둔토, 소유권이 불확실한 미개간지 정리
	지위등급조사	토지의 지목에 따라 수익성의 차이에 근거하여 지력의 우월을 구별
	장부조제	토지조사부 · 토지대장 · 토지대장 집계부 · 지세명기장(地稅名寄帳)
	지방토지조사 위원회	토지조사령에 의해 설치된 기관으로 임시토지조사국장의 요구에 따른 소유자 및 강계의 사정에 대한 자문기관
	고등토지조사 위원회	토지의 사정에 대하여 불복이 있는 경우에는 사정공고기간(30) 만료 후 60일 이내에 불복 신립하거나 재결이 있는 날로부터 3년 이내에 사정의 확정 또는 재결이 체벌받을 만한 행위에 근거하여 재심의 재결을 하는 토지소유권의 확정에 관한 최고의 심의기관
	사정	토지조사부 및 지적도에 의하여 토지소유자 및 그 강계를 확정하는 행정처분으로 사정권자는 임시토지조사국장이 되고 지방토지조사위원회의 자문에 의하여 사정하였다.
	이동지정리	토지소유권을 비롯한 강계의 확정에 대하여 토지신고 이후의 각종 변동사항을 정리
측량	• 삼각측량 • 세부측량 • 지적도 작성 • 지형측량	• 도근측량 • 면적측량 • 이동지측량

12 다음 중 임야조사사업 당시의 사정(査定) 기관으로 옳은 것은? 15②기

① 임시토지조사국장 ② 도지사
③ 임야조사위원회 ④ 읍·면장

해설

문제 08번 해설 참고

13 토지조사사업 당시 토지의 사정에 대하여 불복이 있는 경우 이의 재결기관은? 15③기

① 임시토시조사국장 ② 지방토지조사위원회
③ 도지사 ④ 고등토지조사위원회

해설

문제 08번 해설 참고

14 다음 중 수치지적이 갖는 특징이 아닌 것은? 15③기

① 도해지적보다 정밀하게 경계를 등록할 수 있다.
② 도면제작과정이 복잡하고 고가의 정밀 장비가 필요하며 초기에 투자경비가 많이 소요된다.
③ 정도를 높이고 전산조직에 의한 자료처리 및 관리가 가능하다.
④ 기하학적으로 폐합된 다각형의 형태로 표시하여 등록한다.

해설

문제 07번 해설 참고

15 다음 중 토지조사사업에서의 사정 결과를 바탕으로 작성한 토지대장을 기초로 등기부가 작성되어 최초로 전국에 등기령을 시행하게 된 시기는? 12①산

① 1910년 ② 1918년
③ 1924년 ④ 1930년

해설

지적법이 제정되기까지 지적법령의 주요 변천 연혁
1. 토지조사법 : 융희 4년(1910) 8월 24일 법률 제7호
2. 토지조사령 : 1912. 8. 13. 제령 제2호
3. 지세령 : 1914. 3. 16. 제령 제1호
4. 조선임야조사령 : 1918. 5. 1. 제령 제5호
5. 조선지세령 : 1943. 3. 31. 제령 제6호
6. 지적법 : 1950. 12. 1. 법률 제165호

16 다음 중 지적도 도곽선의 역할로 거리가 먼 것은? 12③산

① 인접 도면과의 접합 기준선
② 중복된 경계선 결정의 기준
③ 지적기준점 전개의 기준
④ 도면 신축량 측정의 기준선

해설

도곽선의 역할
• 인접 도면의 접합 기준선
• 도북방위선의 표시
• 지적측량기준점의 전개 기준선
• 도곽신축량 측정의 기준
• 실지경계와의 부합 여부 기준

17 다음 중 임야조사사업 당시 도지사가 사정한 경계 및 소유자에 대해 불복이 있을 경우사정 내용을 번복하기 위해 필요하였던 처분은? 12①산

① 임시토지조사국장의 재사정
② 임야심사위원회의 재결
③ 관할 고등법원의 확정판결
④ 고등토지조사위원회의 재결

해설

문제 08번 해설 참고

18 토지조사사업 당시 지목 중 면세지에 포함되지 않는 것은?

12②산

① 사사지　　　　　② 철도용지
③ 잡종지　　　　　④ 공원지

●해설

• 과세지, 면세지, 비과세지 : 18개 지목
• 괴세지 : 진, 답, 대, 지소, 임야, 삽종지
• 면세지 : 사사지, 분묘지, 공원지, 철도용지, 수도용지
• 비과세지 : 도로, 하천, 구거, 제방, 성첩, 철도선로, 수도선로

19 지적도의 축척에 관한 설명으로 틀린 것은?

12③산

① 축척이 분수로 표현될 때에 분자가 같으면 분모가 큰 것이 축척이 크다.
② 일반적으로 축척이 크면 정밀도가 높다.
③ 지도상에서의 거리와 지표상에서의 거리의 관계를 나타내는 것이다.
④ 지적도의 축척 표시는 분수식 방법을 사용하고 있다.

●해설

축척의 분모는 작을수록 대축척이다.

20 임야조사사업에서 실시한 일필지의 경계 측량에서 그 경계를 측정하는 방법으로 사용되지 않았던 것은?

12③산

① 도선법　　　　　② 지거법
③ 교회법　　　　　④ 광선법

●해설

측량방법은 측판측량으로 실시하고, 지역별로 교회법, 도선법, 광선법 또는 종횡법 등에 의해서 일필지측량을 실시하였다.

21 토지조사사업에서 지목을 설정할 때 소유자 조사를 실시한 것은?

12③산

① 구거　　　　　② 성첩
③ 지소　　　　　④ 철도선로

●해설

토지조사사업 당시 불조사지

1. 불조사의 원인
   • 예산, 인원 등에 비추어 경제가치가 없는 토지는 조사대상에서 제외
   • 기타 특수한 사정에 의하여 조사대상에서 제외

2. 불조사 토지의 종류
   조사하지 않은 임야 속에 존재하거나 혹은 이에 접속되어 조사의 필요성이 없는 경우
   • 도로, 하천, 구거, 제방, 성첩, 철도선로, 수도선로
   • 일시적인 시험경작으로 인정되는 전, 답
   • 경사 30° 이상의 화전(火田)

[사정 당시의 지목]

• 과세지 : 전, 답, 대, 지소, 임야, 잡종지
• 공공용지 : 사사지, 분묘지, 공원지, 철도용지, 수도용지
• 비과세지 : 도로, 하천, 구거, 제방, 성첩, 철도선로, 수도선로

22 우리나라 임야조사사업 당시의 재결기관은?

12③산

① 고등토지조사위원회　　② 임시토지조사국
③ 도지사　　　　　　　　④ 임야심사위원회

●해설

임야조사사업의 권리구제방안

• 임야조사사업 당시 사정에 대하여 불복이 있는 자는 공시기간 만료 후 60일 이내에 임야조사위원회에 신청을 하여 재결을 구할 수 있도록 하였다.
• 사정으로 확정되거나 재결을 거친 사항이라도 처벌받은 행위로 사정 또는 재결이 되었을 때, 증빙문서가 위조 또는 변조하여 처벌될 행위로 결정되었을 때, 형사소수의 개시 또는 실행이 되었을 때의 경우에는 사정이나 재결이 되었더라도 3년 내에 임야조사위원회에 재심을 신청할 수 있도록 하였다.

정답　18 ③　19 ①　20 ②　21 ③　22 ④

23 다음 중 지적공부에 등록하는 토지의 물리적 현황과 거리가 먼 것은? 13①산

① 지번과 지목 ② 등급과 소유자
③ 경계와 좌표 ④ 토지소재와 면적

해설

공간정보의 구축 및 관리 등에 관한 법률 제2조(정의)

19. "지적공부"란 토지대장, 임야대장, 공유지연명부, 대지권등록부, 지적도, 임야도 및 경계점좌표등록부 등 지적측량 등을 통하여 조사된 토지의 표시와 해당 토지의 소유자 등을 기록한 대장 및 도면(정보처리시스템을 통하여 기록·저장된 것을 포함한다)을 말한다.
20. "토지의 표시"란 지적공부에 토지의 소재·지번(地番)·지목(地目)·면적·경계 또는 좌표를 등록한 것을 말한다.

24 지압조사(地押調査)에 대한 설명으로 가장 적합한 것은? 13①산

① 지목변경의 신청이 있을 때에 그를 확인하고자 지적소관청이 현지조사를 시행하는 것이다.
② 토지소유자를 입회시키는 일체의 토지검사이다.
③ 도면에 의하여 측량 성과를 확인하는 토지검사이다.
④ 신고가 없는 이동지를 조사, 발견할 목적으로 국가가 자진하여 현지조사를 하는 것이다.

해설

지압조사방법
• 지압조사는 지적약도 및 임야도를 현장에 휴대하여 면, 리, 동의 단위로 시행하였다.
• 지압조사 대상지역의 지적(임야)약도에 대하여 미리 이동정리 적부를 조사하여 누락된 부분은 보완조치하였다.
• 지적소관청은 지압조사에 의하여 무신고 이동지의 조사를 위해서는 그 집행계획서를 미리 수리조합과 지적협회 등에 통지하여 협력을 요구하였다.
• 무신고이동지정리부에 조사결과 발견된 무신고 이동토지를 등재함으로써 정리의 만전을 기하였다.
• 지번의 순서에 따라 실지와 도면의 대조를 통하여 이동의 유무를 조사하는 것을 원칙으로 하였다.
• 업무의 통일, 직원의 훈련 등에 필요할 경우는 본조사 전에 모범조사를 실시하도록 하였다.

25 우리나라 현행 토지대장의 특성으로 거리가 먼 것은? 13①산

① 물권객체의 공시기능을 갖는다.
② 물적 편성주의를 채택하고 있다.
③ 등록내용은 법률적 효력을 갖지는 않는다.
④ 전산파일로도 등록, 처리한다.

해설

• 토지등록부는 국가에 따라 물적 편성주의, 인적 편성주의, 연대적 편성주의, 물적·인적 편성주의를 채택하며 우리나라는 지번순에 따라 공부를 정리하는 물적 편성주의를 채택하고 있다.
• 등록의 원칙 : 토지에 관한 모든 표시사항은 반드시 등록하여야 한다는 원칙으로서, 토지의 모든 권리는 토지대장에 등록하지 않고는 법률상의 효력을 가질 수 없다.

26 다음 중 토지조사사업 당시의 비과세 지목이 아닌 것은? 13①산

① 성첩 ② 하천
③ 잡종지 ④ 제방

해설

• 과세 지목 : 전, 답, 대, 지소, 임야, 잡종지 등
• 비과세 지목 : 사사지, 분묘지, 공원지, 철도용지, 수도용지, 도로, 하천, 구거, 제방, 성첩, 철도선로, 수도선로 등이다.

27 토지조사사업 당시 일필지측량에서 특별측량을 실시하였던 지역이 아닌 곳은? 13①산

① 시가지 지역 ② 섬지역
③ 서북선 지방 ④ 농경지역

해설

특별측량은 시가지 지역, 섬지역, 서북선 지방에서 실시하였다.

28 우리나라 임야조사사업 당시의 재결기관으로 옳은 것은? 13①산

① 고등토지조사위원회 ② 세부측량검사위원회
③ 임야조사위원회 ④ 도지사

정답 23 ② 24 ④ 25 ③ 26 ③ 27 ④ 28 ③

해설

문제 08번 해설 참고

29 우리나라 임야조사사업 당시의 재결기관으로 옳은 것은? 13②산

① 고등토지조사위원회　② 세부측량검사위원회
③ 임야조사위원회　　　④ 도지사

해설

문제 08번 해설 참고

30 우리나라 지적 관련 법령의 변천 연혁을 순서대로 옳게 나열한 것은? 13②산

① 토지조사령 → 조선임야조사령 → 지세령 → 조선지세령 → 지적법
② 토지조사령 → 지세령 → 조선임야조사령 → 조선지세령 → 지적법
③ 토지조사령 → 조선지세령 → 조선임야조사령 → 지세령 → 지적법
④ 조선임야조사령 → 토지조사령 → 지세령 → 조선지세령 → 지적법

해설

1. 토지조사법(1910. 08. 23.)
2. 토지조사령(1912. 08. 13.)
3. 지세령(1914. 03. 16.)
4. 토지대장규칙(1914. 04. 25.)
5. 조선임야조사령(1918. 05. 01.)
6. 임야대장규칙(1920. 08. 23.)
7. 토지측량규정(1921. 06. 16.)
8. 임야측량규정(1935. 06. 12.)
9. 조선지세령(1943. 03. 31.)
10. 조선임야대장규칙(1943. 03. 31.)
11. 지세법(1950. 12. 01.)
12. 지적법(1950. 12. 01.)
13. 지적법시행령(1951. 04. 01.)
14. 지적측량규정(1954. 11. 12.)
15. 지적측량사규정(1960. 12. 31.)

31 토지조사사업의 주요 내용에 해당되지 않는 것은? 13②산

① 토지소유권 조사　② 토지가격 조사
③ 지형·지모조사　　④ 역둔토 조사

해설

1. 토지조사사업
  • 토지소유권조사는 지적제도와 부동산등기제도의 확립을 위한 것
  • 토지의 가격조사는 지세제도의 확립을 위한 것
  • 토지의 외모조사는 국토의 지리를 밝히는 것
2. 토지조사사업의 내용과 목적
  ㉠ 토지조사사업의 내용
    • 지적제도와 부동산등기제도의 확립을 위한 토지소유권 조사
    • 지세제도의 확립을 위한 토지의 가격조사
    • 국토의 지리를 밝히는 토지의 외모조사
  ㉡ 토지조사사업의 목적
    • 소유권증명제도 및 조세수입체제 확립
    • 총독부 소유지의 확보
    • 소작농의 노동인력 흡수로 토지소유형태의 합리화를 꾀함
    • 면적단위의 통일성 확보
    • 일본 상업자본(고리대금업 등)의 토지점유를 보장하는 법률적 제도 확립
    • 식량 및 원료의 반출을 위한 토지이용제도의 정비

32 토지조사사업 당시 토지에 관한 사정(査定)권자는? 13②산

① 토지조사국장　　② 임시토지조사국장
③ 시장·군수　　　④ 도지사

해설

문제 08번 해설 참고

33 다음 중 토지조사사업의 주요 내용이 아닌 것은? 13③산

① 토지 소유권 조사　② 토지 가격 조사
③ 지형·지모 조사　　④ 지질 조사

해설

문제 11번 해설 참고

34 토지조사사업 당시 도로, 하천, 구거, 제방, 성첩, 철도, 선로, 수도선로를 조사 대상에서 제외한 주된 이유는? 13③산

① 측량작업의 난이
② 소유자 확인 불명
③ 강계선 구분 불가능
④ 경제적 가치의 희소

해설

조사 대상지와 제외지

조사 대상지	전, 답, 대, 잡종지, 임야, 공원지, 분묘지, 수도용 지, 철도용지, 도로, 구거, 하천, 사사지, 지소, 제 방, 선로, 성첩
제외된 지역	조사하지 않은 임야 속에 잠재 또는 접속되어 조사 의 필요를 느끼지 않는 지역 또는 도서로서 조사하지 않은 지역

35 임야조사사업 당시 토지의 사정권자는? 13③산

① 임야조사위원회
② 임시토지조사국장
③ 도지사
④ 면장

해설

문제 08번 해설 참고

36 토지조사사업 당시 면적이 10평 이하인 협소한 토지의 면적 측정방법으로 옳은 것은? 13③산

① 푸라니미터법
② 계적기법
③ 전자면적측정기법
④ 삼사법

37 토지조사사업 당시 지역선의 대상이 아닌 것은? 13③산

① 소유자가 다른 토지 간의 사정된 경계선
② 소유자가 같은 토지와의 구획선
③ 토지조사 시행지와 미시행지의 지계선
④ 소유자를 알 수 없는 토지와의 구획선

해설

강계선 (疆界線)	소유권에 대한 경계를 확정하는 역할을 하며 반 드시 사정을 거친 경계선을 말하며 토지소유자 및 지목이 동일하고 지반이 연속된 토지를 1필 지로 함을 원칙으로 한다. 강계선과 인접한 토지 의 소유자는 반드시 다르다는 원칙이 성립되며 조선임야조사사업 당시 도장관의 사정에 의한 임야도면상의 경계는 경계선이라 하였고 강계선 의 경우는 분쟁지에 대한 사정으로 생긴 경계선 이라 할 수 있다.
지역선 (地域線)	지역선이라 함은 토지조사 당시 사정을 하지 않 는 경계선을 말하며 동일인이 소유하는 토지일 경우에도 지반의 고저가 심하여 별필로 하는 경 우의 경계선을 말한다. 지역선에 인접하는 토지 의 소유자는 동일인일 수도 있고 다를 수도 있 다. 지역선은 경계분쟁의 대상에서 제외되었으 며 동일인의 소유라도 지목이 상이하여 별필 로 하는 경우의 경계선을 말한다. 즉, 지목이 다 른 일필지를 표시하는 것을 말한다.
경계선 (境界線)	지적도상의 구획선을 경계라 지칭하고 강계선과 지역선으로 구분하며 강계선은 사정선이라고 하 였으며 임야조사 당시의 사정선은 경계선이라고 했다. 최근 경계선의 의미는 강계선이나 지역선 에 관계없이 2개의 인접한 토지 사이의 구획선 을 말한다. 도해지적에서는 지적도나 임야도에 그려진 토지의 구획선을 말하는데 물론 지상에 있는 논둑, 밭둑, 표항 따위를 말하는 것은 아니 다. 경계점좌표시행지역에서 경계선이라고 할 때에는 어떤 점의 좌표(우리나라 지적분야에서 는 평면직각종횡선수치와 그 이웃하는 점의 좌 표와의 연결을 말한다.)의 연결을 말한다. 경계선의 종류는 시대 및 등록방법에 따라 다르 게 부르기도 하였으며, 경계는 일반경계, 고정경 계, 자연경계, 인공경계 등으로 사용처에 따라 다르게 부르기도 한다.

38 토지조사사업 당시 사정사항에 불복하여 재결을 받은 때의 효력 발생일은? 14①산

① 재결신청일
② 사정일
③ 재결접수일
④ 사정 후 30일

해설

사정의 절차

1. 사정의 대상은 토지소유자와 토지강계이다.
2. 사정은 30일간 공시하고 불복하는 자는 60일 이내에 고등
토지조사위원회에 재결을 요청하였으며 재결 시 효력발생

일은 사정일로 소급하였다.
3. 토지소유자는 자연인, 법인, 서원, 종중 등을 인정하였다.
4. 토지의 강계는 강계선만이 사정의 대상이 되었고 지역선은 제외되었다.

39 토지조사사업에서 조사한 내용이 아닌 것은?

14①산

① 토지의 소유권　　② 토지의 가격
③ 토지의 지질　　　④ 토지의 외모(外貌)

해설

토지조사사업
1. 사업기간 : 1909년 6월(역둔토실조사) 및 11월(경기도 부천 시험측량)~1918년 11월 완료
2. 토지조사사업의 내용
   • 토지의 소유권 조사
   • 토지의 가격 및 외모조사
3. 사업시행기관
   • 조사 및 측량기관 : 임시토지조사국
   • 사정기관 : 토지조사국장
   • 분쟁지 재결기관 : 고등토지조사위원회
4. 토지조사사업 내용
   • 토지등기제도, 지적제도에 대한 체계적인 증명제도 확립
   • 지세수입을 증대하기 위한 조세수입체제 확립
   • 국유지를 조사하여 조선총독부의 소유지를 확보
   • 토지의 지형, 지모를 조사하여 식량 수출증대정책에 대응하는 토지조사를 실시하기 위한 것
   • 토지의 가격조사는 지세세제도의 확립을 위한 것
   • 토지의 외모조사는 국토의 지리를 밝히는 것 등으로 분류
   • 토지의 소유권 조사는 지적제도와 부동산 등기제도의 확립을 위한 것

40 토지조사사업 당시 일필지의 강계(疆界)를 결정하기 위한 직접적인 목적과 조건을 설명한 것으로 옳지 않은 것은?

14②산

① 소유권 분계(分界)를 확정하기 위한 목적이 있었다.
② 분쟁지를 해결하기 위한 목적이 있었다.
③ 토지소유자가 동일해야 한다.
④ 지목이 동일하고 연속된 토지이어야 한다.

해설

일필지의 강계
• 강계란 지목구별 및 소유권 분계의 확정을 위한 것으로서 토지의 소유자 및 지목이 동일하고 연속된 토지를 1필로 하는 것을 원칙으로 하였다.
• 강계선은 사정선으로서, 토지조사 당시 확정된 소유자가 다른 토지 간의 경계선이며 강계선의 상대는 소유자와 지목이 다르다는 원칙이 성립된다.
• 강계의 결정과 분쟁지의 해결은 상관성이 없다.

41 다음 중 토지조사사업 당시 불복신립 및 재결을 행하는 토지소유권의 확정에 관한 최고의 심의기관은?

14③산

① 도지사　　　　　② 임시토지조사국장
③ 고등토지조사위원회　④ 임야조사위원회

해설

토지조사사업 당시 토지소유자와 강계를 사정하는 일이 중요한 업무 중의 하나로서 토지조사기간 중에 임시토지조사국장으로부터 지방토지조사위원회의 자문을 얻어 사정하도록 하였으며 이때 사정은 반드시 공시하도록 하였다. 만약 사정에 불복이 있는 자는 일정기간을 두어 고등토지조사위원회에 재결을 청구할 수 있도록 하였다.

42 토지조사사업 당시 분쟁지 조사를 하였던 분쟁의 원인으로 가장 거리가 먼 것은?

15①산

① 토지 소속의 불명확　② 권리증명의 불분명
③ 역둔토 정리의 미비　④ 지적측량의 미숙

해설

분쟁지 조사
조선 후기 양반이나 권문세족의 수탈을 피하기 위하여 궁방토에 투탁하는 경우가 많았는데 이로 인하여 역둔토조사나 토지조사사업 당시 국유지에 대한 소유권 분쟁과 민유지에 대하여도 권문세족과의 분쟁이 빈번하였다. 또한 토지의 경계에 대하여도 명확한 지형지물이 없는 경우 분쟁이 있었다. 토지소유권에 관한 다툼이 있을 경우 일단 화해를 유도하고, 화해가 이루어지지 않은 경우에는 분쟁지로 처리하여 분쟁지 심사위원회에서 그 소유권을 결정하였다.
※ 외업조사, 내업조사, 분쟁지심사위원회 심사

정답 39 ③　40 ②　41 ③　42 ④

43 다음 중 토지조사사업에서 사정(査定)하였던 사항은? 15①산

① 토지소유자
② 지번
③ 지목
④ 면적

해설

사정(査定)

임시토지조사국은 토지조사법, 토지조사령 등에 의하여 토지조사사업을 시행하고 토지소유자와 경계를 확정하였는데 이를 사정이라 한다. 임시토지조사국장의 사정은 이전의 권리와 무관한 창설적·확정적 효력을 갖는 가장 중요한 업무라 할 수 있다. 임야조사사업에 있어서는 조선임야조사령에 의거 사정을 하였다.

査定과 裁決의 법적 근거

• 사정은 공시되었고 공시기간 만료 후 60일 이내에 고등토지조사위원회(高等土地調査委員會)에 이의를 제출할 수 있도록 되었다(토지조사령 제11조).
• 토지조사령은 "토지소유자의 권리는 사정의 확정 또는 재결에 의하여 확정한다."고 규정하였다(제15조).
• 그 확정의 효력 발생시기는 신고 또는 국유통지의 당일로 소급되었다(제10조).

44 토지를 등록하는 지적공부를 크게 토지대장 등록지와 임야대장 등록지로 구분하고 있는 직접적인 원인은? 15②산

① 조사사업별 구분
② 토지지목별 구분
③ 과세세목별 구분
④ 도면축척별 구분

해설

• **토지조사사업** : 대한제국 정부는 당시의 문란하였던 토지제도를 바로 잡자는 취지에서 1898~1903년 사이에 123개 지역의 토지조사사업을 실시하였고 1910년 토지조사국 관제와 토지조사법을 제정·공포하여 토지조사 및 측량에 착수하였으나 한일합방으로 일제는 1910년 10월 조선총독부 산하에 임시토지조사국을 설치하여 본격적인 토지조사사업을 전담토록 하였다. 1912년 8월 13일 제령 제2호로 토지조사령(土地調査令)과 토지조사령시행규칙(土地調査令施行規則 : 조선총독부령 제6호)을 제정·공포하고 전국에 토지조사사업을 위한 측량을 실시하고 1914년 3월 6일 제령 제1호로 지세령(地稅令), 1914년 4월 25일 조선총독부령 제45호 토지대장규칙(土地臺帳規則) 및 1915년 1월 15일 조선총독부령 제1호 토지측량표규칙(土地測量標規則)

에 의하여 그 성과인 토지대장과 지적도를 작성함으로써 근대적인 지적제도가 창설되었다.

• **임야조사사업** : 임야조사사업은 토지조사사업에서 제외된 임야와 임야 및 기 임야에 개재(介在)되어 있는 임야 이외의 토지를 조사 대상으로 하였으며, 사업목적으로는 첫째, 국민생활 및 일반경제 거래상 부동산 표시에 필요한 지번의 창설, 둘째, 임야의 위치 및 형상을 도면에 묘화하여 경계의 명확화, 셋째, 임야의 귀속 및 판명의 결여로 임정의 진흥 저해와 산야의 황폐, 각종 분규 등의 해결을 위한 소유권의 법적 확정, 넷째, 토지조사와 함께 전국토에 대한 지적제도 확립, 다섯째, 각종 임야 정책의 기초자료 제공 등이다. 한편, 조사 및 측량기관은 부(府)나 면(面)이 되고 사정(査定)기관은 도지사가 되며 도지사의 산하에 임야심사위원회를 두어 분쟁지에 대한 재결 사무를 관장하게 하였다.

45 토지조사사업 당시 토지에 대한 사정(査定)사항은? 15③산

① 강계
② 면적
③ 지번
④ 지목

해설

문제 43번 해설 참고

46 토지조사사업 시 사정한 소유자에 불복하여 사정내용과 다르게 고등토지조사위원회의 재결을 받은 경우 그 소유자의 효력 발생시기는? 15③산

① 사정일로 소급
② 재결일
③ 재결서 접수일
④ 재결 확정일

해설

문제 43번 해설 참고

05

지적관계법규

紫虛元君誠諭心文曰 福生於淸儉하고 德生於卑退하고
道生於安靜하고 命生於和暢하고

〈자허원군 성유심문(紫虛元君誠諭心文)〉에 이르기를, 복은 청렴
과 검소함에서 생기고, 덕은 (자기를) 낮추고 물러서는 데서 생기
며, 도는 안정에서 생기고, 생명은 화창하에서 생긴다.

CHAPTER 01 공간정보의 구축 및 관리 등에 관한 법률

제1절 총론

··· 1.1 공간정보의 구축 및 관리 등에 관한 법률의 연혁

1.1.1 지적에 관한 법률의 연혁

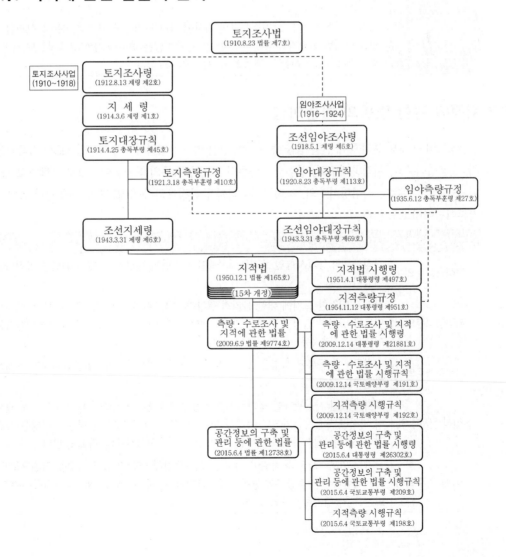

1.1.2 지적에 관한 법률의 성격

토지의 등록공시에 관한 기본법	지적에 관한 법률에 의하여 지적공부에 토지표시사항이 등록·공시되어야 등기부가 창설되므로 토지의 등록공시에 관한 기본법이라 할 수 있다. 토지공시법은 공간정보의 구축 및 관리 등에 관한 법과 부동산등기법이 있다.
사법적 성격을 지닌 토지공법	지적에 관한 법률은 효율적인 토지관리와 소유권 보호에 기여함을 목적으로 하고 있으므로 토지소유권 보호라는 사법적 성격과 효율적인 토지관리를 위한 공법적 성격을 함께 나타내고 있다.
실체법적 성격을 지닌 절차법	지적에 관한 법률은 토지와 관련된 정보를 조사·측량하여 지적공부에 등록·관리하고, 등록된 정보를 제공하는 데 있어 필요한 절차와 방법을 규정하고 있으므로 절차법적 성격을 지니고 있으며, 국가기관의 장인 시장·군수·구청장 및 토지소유자가 하여야 할 행위와 의무 등에 관한 사항도 규정하고 있으므로 실체법적 성격을 지니고 있다.
임의법적 성격을 지닌 강행법	지적에 관한 법률은 토지소유자의 의사에 따라 토지등록 및 토지이동을 신청할 수 있는 임의법적 성격과 일정한 기한 내 신청이 없는 경우 국가가 강제적으로 지적공부에 등록·공시하는 강행법적 성격을 지니고 있다.

1.1.3 지적에 관한 법률의 기본이념

공간정보의 구축 및 관리 등에 관한 법률 중 지적에 관한 법률은 지적사무의 기본법으로서 지적국정주의, 지적형식주의, 지적공개주의, 실질적심사주의, 직권등록주의를 기본이념으로 채택하고 있다. 이 중 지적국정주의, 지적형식주의, 지적공개주의를 공간정보의 구축 및 관리 등에 관한 법의 3대 기본이념이라고도 한다.

기본이념	내용
지적국정주의	지적공부의 등록사항인 토지표시사항을 국가만이 결정할 수 있는 권한을 가진다는 이념이다.
지적형식주의	국가가 결정한 토지에 대한 물리적 현황과 법적 권리관계 등을 외부에서 인식할 수 있도록 일정한 법정의 형식을 갖추어 지적공부에 등록하여야만 효력이 발생한다는 이념으로 「지적등록주의」라고도 한다.
지적공개주의	지적공부에 등록된 사항을 토지소유자나 이해관계인은 물론 일반인에게도 공개한다는 이념이다.
실질적 심사주의	토지에 대한 사실관계를 정확하게 지적공부에 등록·공시하기 위하여 토지를 새로이 지적공부에 등록하거나 등록된 사항을 변경 등록하고자 할 경우 소관청은 실질적인 심사를 실시하여야 한다는 이념으로서 「사실심사주의」라고도 한다.
직권등록주의	국가는 의무적으로 통치권이 미치는 모든 토지에 대한 일정한 사항을 직권으로 조사·측량하여 지적공부에 등록·공시하여야 한다는 이념으로서 「적극적등록주의」 또는 「등록강제주의」라고도 한다.

1.1.4 공간정보의 구축 및 관리 등에 관한 법률의 체계와 구성

체계	공간정보의 구축 및 관리 등에 관한 법률은 법률, 법률 시행령, 법률 시행규칙, 지적측량 시행규칙의 체계로 이루어져 있다.
구성	공간정보의 구축 및 관리 등에 관한 법률은 5개의 장과 부칙으로 구성되고 총 111개의 조문으로 이루어져 있다.

▼ 공간정보의 구축 및 관리 등에 관한 법률의 구성 및 주요 내용

구분	제목	주요 내용
제1장	총칙	법의 목적, 용어의 정의, 다른 법률과의 관계, 적용범위
제2장	측량 및 수로조사	측량기본계획, 측량기준, 측량기준점, 기본측량, 공공측량, 지적측량, 수로조사, 측량기술자 및 수로기술자, 측량업 및 수로사업, 협회, 한국국토정보공사
제3장	지적	토지의 등록, 지적공부, 토지의 이동신청 및 지적정리 등
제4장	보칙	지명의 결정, 측량기기의 검사, 성능검사대행자, 토지 등에의 출입, 권한의 위임 · 위탁, 수수료
제5장	벌칙	벌칙, 양벌규정, 과태료
부칙		법 시행일, 다른 법률의 폐지, 측량기준에 관한 경과조치

제2절 총칙

··2.1 공간정보의 구축 및 관리 등에 관한 법률의 목적

이 법률은 측량 및 수로조사의 기준 및 절차와 지적공부(地籍公簿) · 부산종합공부(不動産綜合公簿)의 작성 및 관리 등에 관한 사항을 규정함으로써 국토의 효율적 관리와 해상교통의 안전 및 국민의 소유권 보호에 기여함을 목적으로 한다.

▼ 공간정보의 구축 및 관리 등에 관한 법률의 목적

규정사항	목적
측량 및 수로조사의 기준 및 절차	국토의 효율적인 관리와 해상교통의 안전 및 국민의 소유권 보호에 기여
지적공부의 작성 및 관리 등	

2.1.1 지적공부

구분	종류	내용	비고
대장	• 토지대장 • 임야대장	토지에 대한 물리적 현황 및 법적 권리관계 등을 등록하는 공부	가시적인 지적공부 (유형)
	공유지연명부	토지대장 또는 임야대장에 등록하는 토지소유자가 2인 이상인 때 공유자와 지분 등을 등록하는 공부	
	대지권등록부	토지대장 또는 임야대장에 등록하는 토지가 부동산등기법에 의하여 대지권등기가 된 때 전유부분의 건물의 표시ㆍ건물의 명칭ㆍ대지권의 지분 등을 등록하는 공부	
도면	• 지적도 • 임야도	토지에 대한 소유권 등 물권이 미치는 범위를 나타내는 경계를 선의 연결로 나타내는 공부	
대장 및 도면	• 경계점좌표 • 등록부	토지의 경계를 평면직각종횡선수치로 등록하는 공부로서 형태는 대장의 모습을, 등록내용은 도면의 성격을 지니고 있다.	
전산	지적파일	정보처리시스템을 통하여 기록ㆍ저장된 것	비가시적 지적공부 (무형)

2.1.2 토지의 표시

구분	내용
지번	필지에 부여하여 지적공부에 등록한 번호
지목	토지의 주된 용도에 따라 토지의 종류를 구분하여 지적공부에 등록한 것
면적	지적공부에 등록된 필지의 수평면상의 넓이
경계	필지별로 경계점 간을 직선으로 연결하여 지적공부에 등록한 선
좌표	지적측량기준점 또는 경계점의 위치를 평면직각종횡선수치로 표시한 것

2.1.3 토지의 이동

구분	내용
신규등록	새로 조성된 토지와 지적공부에 등록되어 있지 아니한 토지를 지적공부에 등록하는 것
등록전환	임야대장 및 임야도에 등록된 토지를 토지대장 및 지적도에 옮겨 등록하는 것
분할	지적공부에 등록된 1필지를 2필지 이상으로 나누어 등록하는 것
합병	지적공부에 등록된 2필지 이상을 1필지로 합하여 등록하는 것
지목변경	지적공부에 등록된 지목을 다른 지목으로 바꾸어 등록하는 것
축척변경	지적도에 등록된 경계점의 정밀도를 높이기 위하여 작은 축척을 큰 축척으로 변경하여 등록하는 것

▪▪ 2.2 다른 법률과의 관계

이 법 시행 당시 다른 법령에서 종전의「측량·수로조사 및 지적에 관한 법률」또는 그 규정을 인용한 경우
이 법 중 그에 해당하는 규정이 있는 때에는 이 법 또는 이 법의 해당 조항을 인용한 것으로 본다.

▪▪ 2.3 적용 범위

다음의 어느 하나에 해당하는 측량이나 수로조사로서 국토교통부장관이 고시하는 측량이나 수로조사에
대하여는 이 법을 적용하지 아니한다.

① 국지적 측량(지적측량은 제외한다)
② 고도의 정확도가 필요하지 아니한 측량
③ 순수 학술 연구나 군사 활동을 위한 측량 또는 수로조사
④「해저광물자원 개발법」에 따른 탐사를 위한 수로조사

▼ 공간정보의 구축 및 관리 등에 관한 법률에 적용받지 아니하는 측량

국지적 측량	① 채광 및 지질조사측량, 송수관·송전선로·송전탑·광산시설의 보수 측량 ② 건축사업에 관련되는 택지조성, 설계, 시공을 위한 측량 중 좌표기준점측량을 제외한 측량
고도의 정확도가 필요하지 않은 측량	① 항공사진측량용 카메라가 아닌 카메라로 촬영된 사진 　※ 항공사진측량용 카메라라 함은 그 렌즈가 정격이 되고, 수차 수정표가 첨부되고 그 수 　　차가 $7\mu m$ 이하일 것 ② 국가기본도(수치지형도 및 지형도) 등 기제작된 지도를 사용하지 않고 거리, 방향, 축척의 　개념이 없는 지도의 제작 ③ 기타 공공측량 및 일반측량으로서 활용 가치가 없다고 인정되는 측량
순수학술 연구나 군사 활동을 위한 측량	① 교육법에 의한 각종 초·중·고등학교, 전문대학, 대학교, 대학원 또는 양성기관에서 시행 　하는 실습측량 ② 연구개발 보고서 작성 등을 목적으로 실시하는 측량 ③ 군용목적을 위하여 군 기관에서 실시하는 측량 및 지도 제작

제3절 측량 일반

▪▪ 3.1 측량기술자

3.1.1 측량기술자(법 제39조)

측량을 할 수 있는 자	측량(수로측량은 제외한다)은 측량기술자가 아니면 할 수 없다.	
측량기술자의 자격기준과 등급	1. 측량기술자는 다음 각 호의 어느 하나에 해당하는 자로서 대통령령으로 정하는 자격기준에 해당하는 자이어야 하며, 대통령령으로 정하는 바에 따라 그 등급을 나눌 수 있다. ① 「국가기술자격법」에 따른 측량 및 지형공간정보, 지적, 측량, 지도 제작, 도화(圖畵) 또는 항공사진 분야의 기술자격 취득자 ② 측량, 지형공간정보, 지적, 지도 제작, 도화 또는 항공사진 분야의 일정한 학력 또는 경력을 가진 자 2. 측량기술자는 전문분야를 측량분야와 지적분야로 구분한다.	
측량도서의 실명화	측량기술자는 그가 작성한 측량도서에 서명 및 날인하여야 한다.	
	서명날인 시 기재사항	측량기술자가 측량도서에 서명 및 날인을 할 때에는 소속 기관 또는 소속 업체명, 업체등록번호 및 국가기술자격번호 또는 학력·경력자 관리번호를 함께 적어야 한다.

3.1.2 측량기술자의 신고 등(법 제40조)

측량 업무에 종사하는 측량기술자(「건설기술진흥법」 제2조 제8호에 따른 건설기술자인 측량기술자와 「기술사법」 제2조에 따른 기술사는 제외한다. 이하 이 조에서 같다)는 국토교통부령 또는 해양수산부령으로 정하는 바에 따라 근무처·경력·학력 및 자격 등(이하 "근무처 및 경력 등"이라 한다)을 관리하는 데에 필요한 사항을 국토교통부장관 또는 해양수산부장관에게 신고할 수 있다. 신고사항의 변경이 있는 경우에도 같다.

가. 신고 시 첨부서류

신고 또는 변경신고를 하려는 측량기술자는 측량기술자 경력신고서 또는 측량기술자 경력변경신고서에 다음의 서류를 첨부하여 공간정보산업협회에 제출하여야 한다.

① 측량기술자 경력확인서[사용자(대표자) 또는 발주자의 확인을 받은 것만 해당한다]

② 국가기술자격증 사본(해당자만 첨부한다)

③ 졸업증명서(해당자만 첨부한다)

④ 사진(3×4센티미터) 1장(경력신고의 경우만 해당한다)
⑤ 경력 또는 경력변경사항을 증명할 수 있는 서류

나. 측량기술자의 기록관리 및 신고사항

측량 기술자 기록 관리	① 국토교통부장관 또는 해양수산부장관은 신고를 받았으면 측량기술자의 근무처 및 경력 등에 관한 기록을 유지·관리하여야 한다. ② 국토교통부장관 또는 해양수산부장관은 측량기술자가 신청하면 근무처 및 경력 등에 관한 증명서(이하 "측량기술경력증"이라 한다)를 발급할 수 있다.
관리에 관한 위탁	① 공간정보산업협회는 측량기술경력증을 발급한 때에는 측량기술경력증 발급대장에 기록하고 관리하여야 한다. ② 측량기술자가 측량기술경력증을 발급, 갱신 또는 재발급받으려는 경우에는 측량기술경력증 발급(신규·갱신·재발급) 신청서를 공간정보산업협회에 제출하여야 한다. ③ 공간정보산업협회는 측량기술경력증을 발급, 갱신 또는 재발급하거나 측량기술자 경력증명서 및 측량기술자 보유증명서를 발급하는 때에는 그 신청인으로부터 실비의 범위에서 수수료를 받을 수 있다.
신고 사항 확인	① 국토교통부장관 또는 해양수산부장관은 신고를 받은 내용을 확인하기 위하여 필요한 경우에는 중앙행정기관, 지방자치단체, 「초·중등교육법」 제2조 및 「고등교육법」 제2조의 학교, 신고를 한 측량기술자가 소속된 측량 관련 업체 등 관련 기관의 장에게 관련 자료를 제출하도록 요청할 수 있다. 이 경우 그 요청을 받은 기관의 장은 특별한 사유가 없으면 요청에 따라야 한다. ② 이 법이나 그 밖의 관계 법률에 따른 인가·허가·등록·면허 등을 하려는 행정기관의 장은 측량기술자의 근무처 및 경력 등을 확인할 필요가 있는 경우에는 국토교통부장관 또는 해양수산부장관의 확인을 받아야 한다. ③ 공간정보산업협회는 신고 또는 변경신고를 받은 경우에는 관련 기관에 그 신고내용을 확인하여야 한다. ④ 측량기술자의 근무처 및 경력 등의 확인은 측량기술자 경력증명서 및 측량기술자 보유증명서에 따른다.

3.1.3 측량기술자의 의무(법 제41조)

① 측량기술자는 신의와 성실로써 공정하게 측량을 하여야 하며, 정당한 사유 없이 측량을 거부하여서는 아니 된다.
② 측량기술자는 정당한 사유 없이 그 업무상 알게 된 비밀을 누설하여서는 아니 된다.
③ 측량기술자는 둘 이상의 측량업자에게 소속될 수 없다.
④ 측량기술자는 다른 사람에게 측량기술경력증을 빌려 주거나 자기의 성명을 사용하여 측량 업무를 수행하게 하여서는 아니 된다.

3.1.4 측량기술자의 업무정지 등(법 제42조)

국토교통부장관은 측량기술자(「건설기술진흥법」 제2조 제8호에 따른 건설기술자인 측량기술자는 제외한다)가 업무정지 사유에 해당하는 경우에는 측량업무의 수행을 정지시킬 수 있다.

업무정지사유	① 근무처 및 경력 등의 신고 또는 변경신고를 거짓으로 한 경우 ② 다른 사람에게 측량기술경력증을 빌려 주거나 자기의 성명을 사용하여 측량 업무를 수행하게 한 경우
업무정지기간	1년 이내(지적기술자의 경우에는 2년)
측량기술자에 대한 업무정지기준	① 근무처 및 경력 등의 신고 또는 변경신고를 거짓으로 한 경우 : 1년 ② 다른 사람에게 측량기술경력증을 빌려 주거나 자기의 성명을 사용하여 측량업무를 수행하게 한 경우 : 1년
업무정지 경감기준	국토지리정보원장은 위반행위의 동기 및 횟수 등을 고려하여 다음의 구분에 따라 업무정지의 기간을 줄일 수 있다. ① 최근 2년 이내에 업무정지처분을 받은 사실이 없는 경우 : 4분의 1 경감 ② 해당 위반행위가 과실 또는 상당한 이유에 의한 것으로서 보완이 가능한 경우 : 4분의 1 경감 ③ ①과 ② 모두에 해당할 경우 : 2분의 1 경감

▪▪ 3.2 측량업

3.2.1 지적측량수행자의 성실의무 등(법 제50조)

① 지적측량수행자(소속 지적기술자를 포함한다)는 신의와 성실로써 공정하게 지적측량을 하여야 하며, 정당한 사유 없이 지적측량 신청을 거부하여서는 아니 된다.
② 지적측량수행자는 본인, 배우자 또는 직계 존속·비속이 소유한 토지에 대한 지적측량을 하여서는 아니 된다.
③ 지적측량수행자는 지적측량수수료 외에는 어떠한 명목으로도 그 업무와 관련된 대가를 받으면 아니 된다.

3.2.2 손해배상책임의 보장

지적측량수행자가 타인의 의뢰에 의하여 지적측량을 함에 있어서 고의 또는 과실로 지적측량을 부실하게 함으로써 지적측량의뢰인이나 제3자에게 재산상의 손해를 발생하게 한 때에는 지적측량수행자는 그 손해를 배상할 책임이 있다.

가. 보증보험 가입

지적측량수행자는 법 제51조 제2항에 따라 손해배상책임을 보장하기 위하여 다음 각 호의 구분에 따라 보증보험에 가입하거나 공간정보산업협회가 운영하는 보증 또는 공제에 가입하는 방법으로 보증설정(이하 "보증설정"이라 한다)을 하여야 한다. 〈개정 2017.1.10.〉

보증보험 가입금액	① 지적측량업자 : 보장기간 10년 이상 및 보증금액 1억 원 이상 ② 「국가공간정보 기본법」 제12조에 따라 설립된 한국국토정보공사(이하 "한국국토정보공사"라 한다) : 보증금액 20억 원 이상
보증보험의 가입	지적측량업자는 지적측량업등록증을 발급받은 날부터 10일 이내에 제1항 제1호의 기준에 따라 보증설정을 하여야 하며, 보증설정을 하였을 때에는 이를 증명하는 서류를 등록한 시·도지사에게 제출하여야 한다. 〈개정 2017.1.10.〉

나. 보험의 변경 및 보험금의 지급(시행령 제42조(보증설정의 변경))

보험의 변경	① 법 제51조에 따라 보증설정을 한 지적측량수행자는 그 보증설정을 다른 보증설정으로 변경하려는 경우에는 해당 보증설정의 효력이 있는 기간 중에 다른 보증설정을 하고 그 사실을 증명하는 서류를 제35조 제1항에 따라 등록한 시·도지사에게 제출하여야 한다. ② 보증설정을 한 지적측량수행자는 보증기간의 만료로 인하여 다시 보증설정을 하려는 경우에는 그 보증기간 만료일까지 다시 보증설정을 하고 그 사실을 증명하는 서류를 제35조 제1항에 따라 등록한 시·도지사에게 제출하여야 한다.
보험금의 지급	① 지적측량의뢰인은 법 제51조 제1항에 따른 손해배상으로 보험금·보증금 또는 공제금을 지급받으려면 다음 각 호의 어느 하나에 해당하는 서류를 첨부하여 보험회사 또는 공간정보산업협회에 손해배상금 지급을 청구하여야 한다. 〈개정 2017.1.10.〉 1. 지적측량의뢰인과 지적측량수행자 간의 손해배상합의서 또는 화해조서 2. 확정된 법원의 판결문 사본 3. 제1호 또는 제2호에 준하는 효력이 있는 서류 ② 지적측량수행자는 보험금·보증금 또는 공제금으로 손해배상을 하였을 때에는 지체 없이 다시 보증설정을 하고 그 사실을 증명하는 서류를 제35조 제1항에 따라 등록한 시·도지사에게 제출하여야 한다. 〈개정 2017.1.10.〉 ③ 지적소관청은 제1항에 따라 지적측량수행자가 지급하는 손해배상금의 일부를 지적소관청의 지적측량 성과검사 과실로 인하여 지급하여야 하는 경우에 대비하여 공제에 가입할 수 있다. 〈신설 2014.1.17.〉

3.2.3 지적기술자의 업무정지 기준(규칙 제44조 제3항)

1. 일반기준

   국토교통부장관은 다음 각 목의 구분에 따라 업무정지의 기간을 줄일 수 있다.

   가. 최근 2년 이내에 업무정지 처분을 받은 사실이 없는 경우 : 4분의 1 경감

   나. 해당 위반행위가 과실 또는 상당한 이유에 의한 것으로서 보완이 가능한 경우 : 4분의 1 경감

   다. 가목과 나목 모두에 해당하는 경우 : 2분의 1 경감

2. 개별기준

위반사항	해당 법조문	행정처분기준
가. 법 제40조 제1항에 따른 근무처 및 경력 등의 신고 또는 변경 신고를 거짓으로 한 경우	법 제42조 제1항 제1호	1년
나. 법 제41조 제4항을 위반하여 다른 사람에게 측량기술경력증을 빌려주거나 자기의 성명을 사용하여 측량업무를 수행하게 한 경우	법 제42조 제1항 제2호	1년
다. 법 제50조 제1항을 위반하여 신의와 성실로써 공정하게 지적측량을 하지 아니한 경우	법 제42조 제1항 제3호	
1) 지적측량수행자 소속 지적기술자가 영업정지기간 중에 이를 알고도 지적측량업무를 행한 경우		2년
2) 지적측량수행자 소속 지적기술자가 법 제45조에 따른 업무범위를 위반하여 지적측량을 한 경우		2년
라. 고의 또는 중과실로 지적측량을 잘못하여 다른 사람에게 손해를 입힌 경우	법 제42조 제1항 제3호	
1) 다른 사람에게 손해를 입혀 금고 이상의 형을 선고받고 그 형이 확정된 경우		2년
2) 다른 사람에게 손해를 입혀 벌금 이하의 형을 선고받고 그 형이 확정된 경우		1년 6개월
3) 그 밖에 고의 또는 중대한 과실로 지적측량을 잘못하여 다른 사람에게 손해를 입힌 경우		1년
마. 지적기술자가 법 제50조 제1항을 위반하여 정당한 사유 없이 지적측량 신청을 거부한 경우	법 제42조 제1항 제4호	3개월

제4절 지적측량

··4.1 지적위원회

4.1.1 지적위원회

지적측량에 대한 적부심사(適否審査) 청구사항을 심의·의결하기 위하여 국토교통부에 중앙지적위원회를 두고, 특별시·광역시·도 또는 특별자치도(이하 "시·도"라 한다)에 지방지적위원회를 둔다.

가. 위원회의 구성

① 중앙 및 지방지적위원회는 각각 위원장 1명과 부위원장 1명을 포함하여 5명 이상 10명 이하의 위원으로 구성한다.
② 중앙지적위원회 위원장은 국토교통부의 지적업무 담당 국장이, 부위원장은 국토교통부의 지적업무 담당 과장이 된다.
③ 지방지적위원회 위원장은 시·도의 지적업무 담당 국장이, 부위원장은 시·도의 지적업무 담당 과장이 된다.

▼ 지적위원회의 구성

구분	위원수	위원장	부위원장	위원임기	위원임명
중앙지적위원회	5명 이상 10명 이하 (위원장, 부위원장 포함)	국토교통부 지적업무 담당국장	국토교통부 지적업무 담당과장	2년(위원장, 부위원장 제외)	국토교통부 장관
지방지적위원회	5인 이상 10인 이내 (위원장, 부위원장 포함)	시·도 지적업무 담당국장	시·도 지적업무 담당과장	2년(위원장, 부위원장 제외)	시·도지사

나. 위원 및 간사

위원	① 중앙지적위원회는 국토교통부장관이, 지방지적위원회 위원은 특별시장·광역시장·도지사 또는 특별자치도지사(이하 "시·도지사"라 한다)가 지적에 관한 학식과 경험이 풍부한 자 중에서 임명 또는 위촉한다. ② 중앙 및 지방지적위원회의 위원에게는 예산의 범위에서 출석수당과 여비, 그 밖의 실비를 지급할 수 있다. 다만, 공무원인 위원이 그 소관 업무와 직접적으로 관련되어 출석하는 경우에는 그러하지 아니하다.
간사	① 중앙지적위원회의 간사는 국토교통부의 지적업무 담당 공무원 중에서 국토교통부장관이 임명한다. ② 지방지적위원회의 간사는 시·도의 지적업무 담당 공무원 중에서 시·도지사가 임명한다. ③ 간사는 회의 준비, 회의록 작성 및 회의 결과에 따른 업무 등 지적위원회의 서무를 담당한다.

다. 위원회의 회의 등

위원회 소집	① 중앙지적위원회위원장은 중앙지적위원회의 회의를 소집하고 그 의장이 되며, 지방지적위원회위원장은 지방지적위원회의 회의를 소집하고 그 의장이 된다. ② 위원장이 부득이한 사유로 직무를 수행할 수 없을 때에는 부위원장이 그 직무를 대행하고, 위원장 및 부위원장이 모두 부득이한 사유로 직무를 수행할 수 없을 때에는 위원장이 미리 지명한 위원이 그 직무를 대행한다. ③ 위원장이 위원회의 회의를 소집할 때에는 회의 일시·장소 및 심의 안건을 회의 5일 전까지 각 위원에게 서면으로 통지하여야 한다.
회의 개의 및 의결	위원회의 회의는 재적위원 과반수의 출석으로 개의(開議)하고, 출석위원 과반수의 찬성으로 의결한다.
의견조회 및 현지조사	① 위원회는 관계인을 출석하게 하여 의견을 들을 수 있으며, 필요하면 현지조사를 할 수 있다. ② 위원회가 현지조사를 하려는 경우에는 관계 공무원을 지정하여 지적측량 및 자료조사 등 현지조사를 하고 그 결과를 보고하게 할 수 있으며, 필요할 때에는 지적측량업의 등록을 한 자나 한국국토정보공사의 어느 하나에 해당하는 자(이하 "지적측량수행자"라 한다)에게 그 소속 지적기술자를 참여시키도록 요청할 수 있다.
심의 및 의결 불가대상	위원이 중앙지적위원회는 지적측량적부심재심사, 지방지적위원회는 지적측량적부심사 시 그 측량 사안에 관하여 관련이 있는 경우에는 그 안건의 심의 또는 의결에 참석할 수 없다.

4.1.2 지적측량적부심사(법률 제29조)

토지소유자, 이해관계인 또는 지적측량수행자는 지적측량성과에 대하여 다툼이 있는 경우에는 대통령령으로 정하는 바에 따라 관할 시·도지사를 거쳐 지방지적위원회에 지적측량 적부심사를 청구할 수 있다.

가. 지적측량적부심사 절차

지적측량 적부심사 청구	지적측량 적부심사(適否審査)를 청구하려는 토지소유자, 이해관계인 또는 지적측량수행자는 지적측량을 신청하여 측량을 실시한 후 심사청구서에 그 측량성과와 심사청구 경위서를 첨부하여 시·도지사에게 제출하여야 한다.
지방지적위원회 회부	지적측량 적부심사청구를 받은 시·도지사는 30일 이내에 다음의 사항을 조사하여 지방지적위원회에 회부하여야 한다. ① 다툼이 되는 지적측량의 경위 및 그 성과 ② 해당 토지에 대한 토지이동 및 소유권 변동 연혁 ③ 해당 토지 주변의 측량기준점, 경계, 주요 구조물 등 현황 실측도
현지 조사자의 지정	시·도지사는 조사측량성과를 작성하기 위하여 필요한 경우에는 관계 공무원을 지정하여 지적측량을 하게 할 수 있으며, 필요하면 지적측량수행자에게 그 소속 지적기술자를 참여시키도록 요청할 수 있다.
심의 및 의결	① 지적측량 적부심사청구를 회부받은 지방지적위원회는 그 심사청구를 회부받은 날부터 60일 이내에 심의·의결하여야 한다. 다만, 부득이한 경우에는 그 심의기간을 해당 지적위원회의 의결을 거쳐 30일 이내에서 한 번만 연장할 수 있다. ② 지방지적위원회는 지적측량 적부심사를 의결하였으면 위원장과 참석위원 전원이 서명 및 날인한 지적측량 적부심사 의결서를 지체 없이 시·도지사에게 송부하여야 한다.
적부심사 청구인 및 이해관계인에게 통지	① 시·도지사는 의결서를 받은 날부터 7일 이내에 지적측량 적부심사 청구인 및 이해관계인에게 그 의결서를 통지하여야 한다. ② 시·도지사가 지적측량 적부심사 의결서를 지적측량 적부심사 청구인 및 이해관계인에게 통지할 때에는 재심사를 청구할 수 있음을 서면으로 알려야 한다. ③ 의결서를 받은 자가 지방지적위원회의 의결에 불복하는 경우에는 그 의결서를 받은 날부터 90일 이내에 국토교통부장관에게 재심사를 청구할 수 있다.
의결서 사본을 지적소관청에 송부	시·도지사는 지방지적위원회의 의결서를 받은 후 해당 지적측량 적부심사 청구인 및 이해관계인이 90일 이내에 재심사를 청구하지 아니하면 그 의결서 사본을 지적소관청에 보내야 하며, 중앙지적위원회의 의결서를 받은 경우에는 그 의결서 사본에 지방지적위원회의 의결서 사본을 첨부하여 지적소관청에 보내야 한다.
지적공부의 등록사항정정· 측량성과 수정	지방지적위원회의 의결서 사본을 받은 지적소관청은 그 내용에 따라 지적공부의 등록사항을 정정하거나 측량성과를 수정하여야 한다.

나. 재심사 절차

재심사청구	① 지적측량적부심사의결서를 통지받은 자가 지방지적위원회의 의결에 불복하는 때에는 의결서를 통지받은 날부터 90일 이내에 국토교통부장관을 거쳐 중앙지적위원회에 재심사를 청구할 수 있다. ② 지적측량 적부심사의 재심사 청구를 하려는 자는 재심사청구서에 지방지적위원회의 지적측량적부심사 의결서 사본을 첨부하여 국토교통부장관을 거쳐 중앙지직위원회에 제출하여야 한다.
중앙지적위원회 회부	① 지적측량적부심사청구서를 받은 국토교통부장관은 30일 이내에 다음 사항을 조사하여 중앙지적위원회에 회부하여야 한다. 　가. 측량자별 측량경위 및 측량성과 　나. 당해 토지에 대한 토지이동연혁 · 소유권변동연혁 및 조사측량성과 ② 국토교통부장관은 조사측량성과를 작성하기 위하여 필요한 경우 관계 공무원이나 지적측량업의 등록을 한 자나 한국국토정보공사의 어느 하나에게 그 소속 지적기술자를 참여시키도록 요청할 수 있다.
심의 및 의결	① 지적측량적부심사청구서를 회부받은 중앙지적위원회는 그 날로부터 60일 이내에 심의 · 의결하여야 한다. 다만, 부득이한 경우 1차에 한하여 당해 중앙지적위원회의 의결로써 30일을 넘지 아니하는 범위 안에서 그 기간을 연장할 수 있다. ② 중앙지적위원회가 재심사를 의결하였을 때에는 위원장과 참석위원 전원이 서명 및 날인한 의결서를 지체 없이 국토교통부장관에게 송부하여야 한다.
적부심사 청구인 및 이해관계인 등의 통지	① 국토교통부장관은 의결서를 송부받은 날부터 7일 이내에 적부재심사청구인 및 이해관계인에게 통지하여야 한다. ② 중앙지적위원회로부터 의결서를 받은 국토교통부장관은 그 의결서를 관할 시 · 도지사에게 송부하여야 한다.
의결서 사본을 지적소관청에 송부	시 · 도지사는 당해 지적측량적부심사청구인 또는 이해관계인이 재심사청구를 한 때에는 송부받은 중앙지적위원회의 의결서 사본에 지방지적위원회의결서 사본을 첨부하여 지적소관청에 송부하여야 한다.
지적공부의 등록사항정정 · 측량성과 수정	중앙지적위원회의 의결서 사본을 받은 지적소관청은 그 내용에 따라 지적공부의 등록사항을 정정하거나 측량성과를 수정하여야 한다.

다. 청구 금지

지방지적위원회의 의결이 있은 후 90일 이내에 재심사를 청구하지 아니하거나 중앙지적위원회의 의결이 있는 경우에는 해당 지적측량성과에 대하여 다시 지적측량 적부심사청구를 할 수 없다.

| 지적측량적부심사 및 재심사 절차 |

••4.2 한국국토정보공사〈신설 2014.6.3.〉

4.2.1 한국국토정보공사의 설립(국가공간정보 기본법 제12조)

공간정보체계의 구축 지원, 공간정보와 지적제도에 관한 연구, 기술 개발 및 지적측량 등을 수행하기 위하여 한국국토정보공사(이하 이 장에서 "공사"라 한다)를 설립한다.

공사의 성격	공사는 법인으로 한다.
설립등기	① 공사는 그 주된 사무소의 소재지에서 설립등기를 함으로써 성립한다. ② 공사의 설립등기에 필요한 사항은 대통령령으로 정한다.
설립등기사항	1. 목적 2. 명칭 3. 주된 사무소의 소재지 4. 이사 및 감사의 성명과 주소 5. 자산에 관한 사항 6. 공고의 방법

4.2.2 공사의 정관 등(법 제13조)

공사정관 기재사항	1. 목적 2. 명칭 3. 주된 사무소의 소재지 4. 조직 및 기구에 관한 사항 5. 업무 및 그 집행에 관한 사항 6. 이사회에 관한 사항 7. 임직원에 관한 사항 8. 재산 및 회계에 관한 사항 9. 정관의 변경에 관한 사항 10. 공고의 방법에 관한 사항 11. 규정의 제정, 개정 및 폐지에 관한 사항 12. 해산에 관한 사항
정관의 변경	공사는 정관을 변경하려면 미리 국토교통부장관의 인가를 받아야 한다.

4.2.3 공사의 사업(법 제14조)

공사사업	1. 다음 각 목을 제외한 공간정보체계 구축 지원에 관한 사업으로서 대통령령으로 정하는 사업 　가. 「공간정보의 구축 및 관리 등에 관한 법률」에 따른 측량업(지적측량업은 제외한다)의 범위에 해당하는 사업 　나. 「중소기업제품 구매촉진 및 판로지원에 관한 법률」에 따른 중소기업자간 경쟁 제품에 해당하는 사업 2. 공간정보 · 지적제도에 관한 연구, 기술 개발, 표준화 및 교육사업 3. 공간정보 · 지적제도에 관한 외국 기술의 도입, 국제 교류 · 협력 및 국외 진출 사업 4. 「공간정보의 구축 및 관리 등에 관한 법률」 제23조 제1항 제1호 및 제3호부터 제5호까지의 어느 하나에 해당하는 사유로 실시하는 지적측량 5. 「지적재조사에 관한 특별법」에 따른 지적재조사사업 6. 다른 법률에 따라 공사가 수행할 수 있는 사업 7. 그 밖에 공사의 설립 목적을 달성하기 위하여 필요한 사업으로서 정관으로 정하는 사업 법 제14조 제1호 각 목 외의 부분에서 "대통령령으로 정하는 사업"이란 다음 각 호의 사업을 말한다. 1. 국가공간정보체계 구축 및 활용 관련 계획수립에 관한 지원 2. 국가공간정보체계 구축 및 활용에 관한 지원 3. 공간정보체계 구축과 관련한 출자(出資) 및 출연(出捐)
공사임원	① 공사에는 임원으로 사장 1명과 부사장 1명을 포함한 11명 이내의 이사와 감사 1명을 두며, 이사는 정관으로 정하는 바에 따라 상임이사와 비상임이사로 구분한다. ② 사장은 공사를 대표하고 공사의 사무를 총괄한다. ③ 감사는 공사의 회계와 업무를 감사한다.
공사에 대한 감독	① 국토교통부장관은 공사의 사업 중 다음 각 호의 사항에 대하여 지도 · 감독한다. 　1. 사업실적 및 결산에 관한 사항 　2. 제14조(공사의 사업)에 따른 사업의 적절한 수행에 관한 사항 　3. 그 밖에 관계 법령에서 정하는 사항 ② 국토교통부장관은 제1항에 따른 감독 결과 위법 또는 부당한 사항이 발견된 경우 공사에 그 시정을 명하거나 필요한 조치를 취할 수 있다.
다른 법률의 준용	공사에 관하여는 이 법 및 「공공기관의 운영에 관한 법률」에서 규정한 사항을 제외하고는 「민법」 중 재단법인에 관한 규정을 준용한다.

제5절 지적공부

••5.1 지적공부의 개요

5.1.1 지적공부

가. 개요

지적공부란 토지에 대한 물리적 현황과 소유자 등을 조사·측량하여 결정한 성과를 최종적으로 등록하여 토지에 대한 물권이 미치는 한계와 그 내용을 공시하는 국가의 공적장부이다.

나. 지적공부의 종류

① 토지대장·임야대장
② 공유지연명부·대지권등록부
③ 지적도·임야도
④ 경계점좌표등록부
⑤ 지적파일

｜ 지적공부의 종류 ｜

▼ 지적공부의 변천내용과 형식

구분	1910~1924	1925~1975	1976~1990	1991~2001	2002~현재
지적공부의 변천	토지대장 임야대장 지적도 임야도	토지대장 임야대장 지적도 임야도	토지대장 임야대장 지적도 임야도 수치지적부	토지대장 임야대장 지적도 임야도 수치지적부 지적파일	토지대장 임야대장 공유지연명부 대지권등록부 지적도 임야도 경계점좌표등록부 지적파일
대장형식	부책식 대장	부책식 대장	카드식 대장	카드식 대장 전산파일	지적파일
도면형식	종이도면	종이도면	종이도면	전산파일	지적파일

▼ 지적공부의 등록사항

	지적공부	대 장				도 면		경계점좌표등록부
등록사항		토지대장	임야대장	공유지연명부	대지권등록부	지적도	임야도	
토지표시사항	토지의 소재	O	O	O	O	O	O	O
	지번	O	O	O	O	O	O	O
	지목	O	O	×	×	O	O	×
	면적	O	O	×	×	×	×	×
	토지의 이동 사유	O	O	×	×	×	×	×
	경계	×	×	×	×	O	O	×
	좌표	×	×	×	×	×	×	O
	경계점 간 거리	×	×	×	×	O (좌표)	×	×

지적공부 / 등록사항	대 장				도 면		경계점좌표등록부
	토지대장	임야대장	공유지연명부	대지권등록부	지적도	임야도	
소유권 표시사항 소유자가 변경된 날과 그 원인	○	○	○	○	×	×	×
성명	○	○	○	○	×	×	×
주소	○	○	○	○	×	×	×
주민등록번호	○	○	○	○	×	×	×
소유권 지분	×	×	○	○	×	×	×
대지권 비율	×	×	×	○	×	×	×
건물의 명칭	×	×	×	○	×	×	×
전유구분의 건물 표시	×	×	×	○	×	×	×
기타 표시사항 토지등급사항	○	○	×	×	×	×	×
개별공시지가와 그 기준일	○	○	×	×	×	×	×
고유번호	○	○	○	○	×	×	○
필지별 대장의 장번호	○	○	○	○	×	×	×
도면의 제명	×	×	×	×	○	○	×
도면번호	○	○	×	×	○	○	○
도면의 색인도	×	×	×	×	○	○	×
필지별 장번호	○	○	×	×	×	×	○
축척	○	○	×	×	○	○	×
도곽선 및 수치	×	×	×	×	○	○	×
부호도	×	×	×	×	×	×	○
삼각점 및 지적 측량 기준점의 위치	×	×	×	×	○	○	×
건축물 및 구조물의 위치	×	×	×	×	○	○	×
직인	○	○	×	×	○	○	○
직인날인번호	○	○	×	×	×	×	○

※ ○ 등록, × 미등록, △ 참고사항

••• 5.2 지적공부의 보존

5.2.1 지적공부 보존

① 지적소관청은 해당 청사에 지적서고를 설치하고 그곳에 지적공부(정보처리시스템을 통하여 기록·저장한 경우는 제외한다. 이하 이 항에서 같다)를 영구히 보존하여야 하며, 다음 각 호의 어느 하나에 해당하는 경우 외에는 해당 청사 밖으로 지적공부를 반출할 수 없다.

    1. 천재지변이나 그 밖에 이에 준하는 재난을 피하기 위하여 필요한 경우

    2. 관할 시·도지사 또는 대도시 시장의 승인을 받은 경우

② 지적공부를 정보처리시스템을 통하여 기록·저장한 경우 관할 시·도지사, 시장·군수 또는 구청장은 그 지적공부를 지적 전산정보시스템에 영구히 보존하여야 한다.

③ 국토교통부장관은 제2항에 따라 보존하여야 하는 지적공부가 멸실되거나 훼손될 경우를 대비하여 지적공부를 복제하여 관리하는 시스템을 구축하여야 한다.

④ 지적서고의 설치기준, 지적공부의 보관방법 및 반출승인 절차 등에 필요한 사항은 국토교통부령으로 정한다.

5.2.2 지적서고 설치기준

지적서고는 지적사무를 처리하는 사무실과 연접(連接)하여 설치하여야 한다.

가. 지적서고 구조

서고구조	1. 골조는 철근콘크리트 이상의 강질로 할 것 2. 지적서고의 면적은 기준면적에 따를 것 3. 바닥과 벽은 2중으로 하고 영구적인 방수설비를 할 것 4. 창문과 출입문은 2중으로 하되, 바깥쪽 문은 반드시 철제로 하고 안쪽 문은 곤충·쥐 등의 침입을 막을 수 있도록 철망 등을 설치할 것 5. 온도 및 습도 자동조절장치를 설치하고, 연중 평균온도는 섭씨 20±5도를, 연중 평균습도는 65±5퍼센트를 유지할 것 6. 전기시설을 설치하는 때에는 단독퓨즈를 설치하고 소화장비를 갖춰 둘 것 7. 열과 습도의 영향을 받지 아니하도록 내부공간을 넓게 하고 천장을 높게 설치할 것
관리기준	1. 지적서고는 제한구역으로 지정하고, 출입자를 지적사무담당공무원으로 한정할 것 2. 지적서고에는 인화물질의 반입을 금지하며 지적공부, 지적 관계 서류 및 지적측량장비만 보관할 것
보관상자	지적공부 보관상자는 벽으로부터 15센티미터 이상 띄워야 하며, 높이 10센티미터 이상의 깔판 위에 올려놓아야 한다.

나. 지적서고의 관리자 및 보관방법

관리자	① 지적소관청은 지적부서 실·과장을 지적공부 보관 정책임자로, 지적업무담당을 부책임자로 지정하여 관리한다. ② 지적서고의 자물쇠는 바깥쪽문과 안쪽문에 각각 설치하고 열쇠는 2조를 마련하되, 1조는 지적소관청이 봉인하여 관리하고, 다른 1조는 지적부서 실·과장이 관리한다. ③ 지적서고의 출입문이 자동으로 개폐되는 경우에는 보안관리의 책임자는 지적부서 실·과장이 되고 담당자는 보안관리 책임자가 별도로 지정한다.
보관 방법	① 부책(簿册)으로 된 토지대장·임야대장 및 공유지연명부는 지적공부 보관상자에 넣어 보관하고, 카드로 된 토지대장·임야대장·공유지연명부·대지권등록부 및 경계점좌표등록부는 100장 단위로 바인더(Binder)에 넣어 보관하여야 한다. ② 일람도·지번색인표 및 지적도면은 지번부여지역별로 도면번호순으로 보관하되, 각 장별로 보호대에 넣어야 한다. ③ 지적공부를 정보처리시스템을 통하여 기록·보존하는 때에는 그 지적공부를「공공기관의 기록물 관리에 관한 법률」에 따라 기록물관리기관에 이관할 수 있다.
반출 승인	① 지적소관청이 지적공부를 그 시·군·구의 청사 밖으로 반출하려는 경우에는 시·도지사 또는 대도시 시장(법 제25조 제1항의 대도시 시장을 말한다. 이하 같다)에게 지적공부 반출사유를 적은 승인신청서를 제출하여야 한다. ② 신청을 받은 시·도지사 또는 대도시 시장은 지적공부 반출사유 등을 심사한 후 그 승인여부를 지적소관청에 통지하여야 한다.

다. 지적서고의 기준면적

등록필지수	기준면적	등록필지수	기준면적
10만 필지 이하	80제곱미터	30만 필지 초과 40만 필지 이하	150제곱미터
10만 필지 초과 20만 필지 이하	110제곱미터	40만 필지 초과 50만 필지 이하	165제곱미터
20만 필지 초과 30만 필지 이하	130제곱미터	50만 필지 초과	180제곱미터에 60만 필지를 초과하는 10만 필지마다 10제곱미터를 가산한 면적

··· 5.3 지적공부의 복구

5.3.1 개요

지적공부의 전부 또는 일부가 천재 · 지변이나 그 밖의 재난으로 인하여 멸실 · 훼손된 때에는 자료조사를 토대로 하여 멸실 당시의 지적공부를 다시 복원하는 것을 말한다.

5.3.2 복구방법 및 복구자료

지적소관청(정보처리시스템에 따른 지적공부의 경우에는 시 · 도지사, 시장 · 군수 또는 구청장)은 지적공부의 전부 또는 일부가 멸실되거나 훼손된 경우에는 지체 없이 이를 복구하여야 한다.

토지의 표시에 관한 사항	지적소관청이 지적공부를 복구할 때에는 멸실 · 훼손 당시의 지적공부와 가장 부합된다고 인정되는 관계 자료에 따라 토지의 표시에 관한 사항을 복구하여야 한다.
소유자에 관한 사항	부동산등기부나 법원의 확정판결에 따라 복구하여야 한다.
지적공부의 복구자료	지적공부의 복구에 관한 관계 자료(이하 "복구자료"라 한다)는 다음과 같다. ① 지적공부의 등본 ② 측량결과도 ③ 토지이동정리결의서 ④ 부동산등기부등본 등 등기사실을 증명하는 서류 ⑤ 지적소관청이 작성하거나 발행한 지적공부의 등록내용을 증명하는 서류 ⑥ 지적공부를 복제하여 관리하는 시스템에서 복제된 지적공부 ⑦ 법원의 확정판결서 정본 또는 사본

5.3.3 복구절차

복구 관련 자료 조사	지적소관청은 지적공부를 복구하려는 경우에는 복구자료를 조사하여야 한다.
지적복구자료조사서 및 복구자료도 작성	지적소관청은 조사된 복구자료 중 토지대장 · 임야대장 및 공유지연명부의 등록 내용을 증명하는 서류 등에 따라 지적복구자료 조사서를 작성하고, 지적도면의 등록 내용을 증명하는 서류 등에 따라 복구자료도를 작성하여야 한다.
복구측량	작성된 복구자료도에 따라 측정한 면적과 지적복구자료 조사서의 조사된 면적의 증감이 $A=0.026^2M\sqrt{F}$에 따른 허용범위를 초과하거나 복구자료도를 작성할 복구자료가 없는 경우에는 복구측량을 하여야 한다.(이 경우 같은 A는 오차허용면적, M은 축척분모, F는 조사된 면적을 말한다.)

복구면적 결정	지적복구자료 조사서의 조사된 면적이 $0.026^2M\sqrt{F}$에 따른 허용범위 이내인 경우에는 그 면적을 복구면적으로 결정하여야 한다.
경계 · 면적의 조정	복구측량을 한 결과가 복구자료와 부합하지 아니하는 때에는 토지소유자 및 이해관계인의 동의를 받아 경계 또는 면적 등을 조정할 수 있다. 이 경우 경계를 조정한 때에는 경계점표지를 설치하여야 한다.
토지표시의 게시	지적소관청은 복구자료의 조사 또는 복구측량 등이 완료되어 지적공부를 복구하려는 경우에는 복구하려는 토지의 표시 등을 시 · 군 · 구 게시판 및 인터넷 홈페이지에 15일 이상 게시하여야 한다.
이의신청	복구하려는 토지의 표시 등에 이의가 있는 자는 위 토지표시의 게시기간 내에 지적소관청에 이의신청을 할 수 있다. 이 경우 이의신청을 받은 지적소관청은 이의사유를 검토하여 이유가 있다고 인정되는 때에는 그 시정에 필요한 조치를 하여야 한다.
대장과 도면의 복구	① 지적소관청은 토지표시의 게시 및 이의신청에 따른 절차를 이행한 때에는 지적복구자료 조사서, 복구 자료도 또는 복구측량 결과도 등에 따라 토지대장 · 임야대장 · 공유지연명부 또는 지적도면을 복구하여야 한다. ② 토지대장 · 임야대장 또는 공유지연명부는 복구되고 지적도면이 복구되지 아니한 토지가 축척변경 시행지역이나 도시개발사업 등의 시행지역에 편입된 때에는 지적도면을 복구하지 아니할 수 있다.

| 지적복구 업무처리 절차 |

··5.4 지적공부의 열람 및 등본 발급

5.4.1 열람 및 등본교부 신청

① 지적공부를 열람하거나 그 등본을 교부받고자 하는 자는 해당 지적소관청에 신청하여야 한다.

② 정보처리시스템을 통하여 기록 · 저장된 지적공부(지적도 및 임야도는 제외한다)를 열람하거나 그 등본을 발급받으려는 경우에는 시장 · 군수 또는 구청장이나 읍 · 면 · 동의 장에게 신청할 수 있다.

③ 지적공부를 열람하거나 그 등본을 발급받으려는 자는 지적공부 열람 · 등본발급신청서를 지적소관청에 제출하여야 한다.

5.4.2 지적공부의 열람 및 등본 교부 수수료

수수료 납부	① 지적공부를 열람하거나 그 등본을 교부받고자 하는 자는 수수료를 그 지방자치단체의 수입증지 또는 현금으로 납부하여야 한다. ② 국토교통부장관, 국토지리정보원장, 국립해양조사원장, 시 · 도지사 및 지적소관청은 ①에도 불구하고 정보통신망을 이용하여 전자화폐 · 전자결제 등의 방법으로 수수료를 내게 할 수 있다.
수수료 면제	① 국가 또는 지방자치단체가 업무수행에 필요하여 지적공부의 열람 및 등본발급을 신청하는 경우에는 수수료를 면제한다. ② 지적측량업무에 종사하는 측량기술자가 그 업무와 관련하여 지적공부를 열람(복사하기 위하여 열람하는 것을 포함한다)하는 경우에는 수수료를 면제한다.

▼ 열람 및 등본수수료

대장 및 경계점좌표등록부의 열람 및 등본 교부 수수료	토지(임야)대장 및 경계점좌표등록부의 열람 및 등본 발급 수수료는 1필지를 기준으로 하되, 1필지당 1장을 초과하는 경우에는 초과하는 매 1장당 100원을 가산한다.
도면등본의 크기가 기본단위를 초과하는 경우	지적(임야)도면 등본의 크기가 기본단위(가로 21센티미터, 세로 30센티미터)를 초과하는 경우에는 기본단위당 700원을 가산한다.
도면등본을 제도방법으로 작성 · 교부하는 경우(연필에 의한 제도방법은 제외)	지적(임야)도면 등본을 제도방법(연필로 하는 제도방법은 제외한다)으로 작성 · 교부하는 경우 그 등본교부 수수료는 기본단위당 5필지를 기준하여 2천400원으로 하되, 5필지를 초과하는 경우에는 초과하는 매 1필지당 150원을 가산하며, 도면 등본의 크기가 기본단위를 초과하는 경우에는 기본단위당 500원을 가산한다.

▼ 지적공부 열람 및 등본 교부 수수료

구분	종별	단위	수수료
열람	토지대장	1필지당	300원
	임야대장	1필지당	300원
	지 적 도	1장당	400원
	임 야 도	1장당	400원
	경계점좌표등록부	1필지당	300원
등본 교부	토지대장	1필지당	500원
	임야대장	1필지당	500원
	지 적 도	(가로 21센티미터, 세로 30센티미터)	700원
	임 야 도	(가로 21센티미터, 세로 30센티미터)	700원
	경계점좌표등록부	1필지당	500원

5.4.3 지적공부의 열람 및 등본 작성방법 등

지적공부의 열람	지적공부의 열람 및 등본교부신청은 신청자가 대상토지의 지번을 제시한 경우에 한한다.
지적소관청	지적소관청은 지적공부의 열람신청이 있는 때에는 신청필지수와 수수료금액을 확인하여 신청서에 첨부된 수입증지를 소인한 후 유리로 격리된 열람대 또는 모니터에 의하여 담당공무원의 참여하에 지적공부를 열람시킨다.
열람자	열람자가 보기 쉬운 장소에 다음과 같이 열람 시의 유의사항을 게시하여야 한다. ① 지정한 장소에서 열람하여 주십시오. ② 담배를 피우거나 인화물질을 휴대하여서는 안 됩니다.
지적공부의 등본작성	지적공부의 등본작성은 지적공부를 복사 · 제도하거나 전산정보처리조직에 의하여 작성한다. 이 경우 대장등본은 작성일 현재의 최종사유를 기준으로 작성한다. 다만, 신청인의 요구가 있는 때에는 그러하지 아니하다.
도면등본의 복사	도면등본을 복사에 의하여 작성 · 발급하는 때에는 윗부분과 아랫부분에 도면등본 문안을 날인한다.
도면등본을 제도에 의하여 작성 · 발급	도면등본을 제도에 의하여 작성 · 발급하는 때에는 다음에 의한다. ① 토지합병 · 지목변경 등으로 말소된 부분은 제도하지 아니하고, 등본작성일 현재의 최종 등록사항만을 제도한다. ② 작성된 도면등본은 작성자와 작성자의 차상급 공무원 또는 그 사무담당이 도면과 대조확인한 후 날인한다. ③ 도면등본 날인문안 및 규격은 위의 규정을 준용한다.
등본	등본에는 수입증지를 첨부하여 소인한 후 지적소관청의 직인을 날인하여야 한다. 이 경우 등본이 1장을 초과하는 경우에는 첫 장에만 직인을 날인하고 다음 장부터는 천공 또는 간인하여 발급한다.

대장등본을 복사에 의하여 작성·발급	대장등본을 복사에 의하여 작성·발급하는 때에는 다음에 의한다. ① 대장의 앞면과 뒷면을 각각 복사하여 기재사항 끝부분에 다음과 같이 날인한다. ② 대장등록사항이 적어서 앞면만으로 등본발급이 가능한 경우에는 앞면에 보조용지를 부착하거나 날인하고 등급표시사항을 기재할 수 있다.
등본은 유료와 무료	등본은 유료와 무료로 구분하여 처리하되, 무료로 발급하는 경우에는 등본 앞면 여백에 붉은색으로 "무료"라 기재한다.
폐쇄 또는 말소	폐쇄 또는 말소된 지적공부의 등본을 작성하는 때에는 "폐쇄 또는 말소된 ○○○○에 의하여 작성한 등본입니다."라고 붉은색으로 기재한다.

> **Reference 참고**
>
> ① 직접자사법 : 지적도 조제용지 위에 측량원도를 올려놓고 직접 경계점을 자사하여 지적도를 작성하는 방법
> ② 간접자사법 : 측량원도를 등사한 등사도를 지적도 조제용지 위에 올려놓고 경계점을 자사하여 지적도를 작성하는 방법
> ③ 전자자동제도법 : 측량원도의 경계점을 스캐닝 또는 디지타이징하여 컴퓨터에 입력하고 그 데이터를 이용하여 플로터 등을 통하여 지적도를 작성하는 방법

··5.5 지적전산자료의 이용 및 처리

5.5.1 지적전산자료의 이용

가. 지적전산자료의 승인 범위

지적공부에 관한 전산자료(이하 "지적전산자료"라 한다)를 이용하거나 활용하려는 자는 다음 구분에 따라 국토교통부장관, 시·도지사 또는 지적소관청의 승인을 받아야 한다.

① 전국 단위의 지적전산자료 : 국토교통부장관, 시·도지사 또는 지적소관청
② 시·도 단위의 지적전산자료 : 시·도지사 또는 지적소관청
③ 시·군·구(자치구가 아닌 구를 포함한다) 단위의 지적전산자료 : 지적소관청

▼ 지적전산자료의 승인 범위

구분	승인자
전국단위의 지적전산자료	국토교통부장관, 시·도지사 또는 지적소관청
시·도 단위의 지적전산자료	시·도지사 또는 지적소관청
시·군·구(자치구가 아닌 구를 포함한다) 단위의 지적전산자료	지적소관청

나. 이용방법 및 절차

관계중앙행정기관의 심사신청	지적전산자료를 이용하거나 활용하려는 자는 다음의 사항을 적은 신청서를 관계 중앙행정기관의 장에게 제출하여 심사를 신청하여야 한다. 다만, 중앙행정기관의 장, 그 소속 기관의 장 또는 지방자치단체의 장이 승인을 신청하는 경우에는 그러하지 아니하다. ① 자료의 이용 또는 활용 목적 및 근거 ② 자료의 범위 및 내용 ③ 자료의 제공 방식, 보관 기관 및 안전관리대책 등
중앙행정기관의 장의 심사 및 심사결과 통지	심사 신청을 받은 관계 중앙행정기관의 장은 다음의 사항을 심사한 후 그 결과를 신청인에게 통지하여야 한다. ① 신청 내용의 타당성·적합성 및 공익성 ② 개인의 사생활 침해 여부 ③ 자료의 목적 외 사용 방지 및 안전관리대책
지적전산자료 승인신청	지적전산자료의 이용 또는 활용에 관한 승인을 받으려는 자는 승인신청을 할 때에 심사 결과를 제출하여야 한다. 다만, 중앙행정기관의 장이 승인을 신청하는 경우에는 심사 결과를 제출하지 아니할 수 있다.
승인신청 심사	승인신청을 받은 국토교통부장관, 시·도지사 또는 지적소관청은 다음의 사항을 심사하여야 한다. ① 신청 내용의 타당성·적합성 및 공익성 ② 개인의 사생활 침해 여부 ③ 자료의 목적 외 사용 방지 및 안전관리대책 ④ 신청한 사항의 처리가 전산정보처리조직으로 가능한지 여부 ⑤ 신청한 사항의 처리가 지적업무수행에 지장을 주지 않는지 여부
승인 및 자료 제공	국토교통부장관, 시·도지사 또는 지적소관청은 심사를 거쳐 지적전산자료의 이용 또는 활용을 승인하였을 때에는 지적전산자료 이용·활용 승인대장에 그 내용을 기록·관리하고 승인한 자료를 제공하여야 한다.
사용료 납부	지적전산자료의 이용 또는 활용에 관한 승인을 받은 자는 사용료를 내야 한다. 다만, 국가 나 지방자치단체에 대해서는 사용료를 면제한다.

‖ 지적전산자료의 이용 · 활용절차 ‖

다. 지적전산자료의 사용료

① 지적전산자료의 사용료

지적전산자료 제공방법	수수료
자료를 인쇄물로 제공할 때	1필지당 30원
자료를 자기디스크 등 전산매체로 제공할 때	1필지당 20원

② 사용료 납부방법

　㉠ 수수료는 수입인지, 수입증지 또는 현금으로 국토교통부장관, 시 · 도지사 및 지적소관청에 내야 한다.

　㉡ 위의 규정에도 불구하고 정보통신망을 이용하여 전자화폐 · 전자결제 등의 방법으로 수수료를 내게 할 수 있다.

▼ 지적전산자료의 사용료 납부방법

지적전산자료 제공	납부수단 및 방법	
국토교통부장관이 제공하는 경우	수입인지	현금, 전자화폐 · 전자결제 등
시 · 도지사 또는 지적소관청이 제공하는 경우	그 지방자치단체의 수입증지	
국가 또는 지방자치단체	사용료 면제	

5.5.2 지적전산정보시스템

지적전산 정보 시스템 담당자의 등록	① 국토교통부장관, 시·도지사 및 지적소관청("사용자권한 등록관리청"이라 한다)은 지적공부정리 등을 전산정보처리시스템으로 처리하는 담당자("사용자"라 한다)를 사용자권한 등록파일에 등록 하여 관리하여야 한다. ② 지적전산처리용 단말기를 설치한 기관의 장은 그 소속공무원을 사용자로 등록하려는 때에는 지적 전산시스템 사용자권한 등록신청서를 해당 사용자권한 등록관리청에 제출하여야 한다. ③ 신청을 받은 사용자권한 등록관리청은 신청 내용을 심사하여 사용자권한 등록파일에 사용자의 이 름 및 권한과 사용자번호 및 비밀번호를 등록하여야 한다. ④ 사용자권한 등록관리청은 사용자의 근무지 또는 직급이 변경되거나 사용자가 퇴직 등을 한 경우 에는 사용자권한 등록내용을 변경하여야 한다. 이 경우 사용자권한 등록변경절차에 관하여는 ② 및 ③을 준용한다.
사용자 번호	① 사용자권한 등록파일에 등록하는 사용자번호는 사용자권한 등록관리청별로 일련번호로 부여하여야 하며, 한 번 부여된 사용자번호는 변경할 수 없다. ② 사용자권한 등록관리청은 사용자가 다른 사용자권한 등록관리청으로 소속이 변경되거나 퇴직 등 을 한 경우에는 사용자번호를 따로 관리하여 사용자의 책임을 명백히 할 수 있도록 하여야 한다.
비밀번호	① 사용자의 비밀번호는 6~16자리까지의 범위에서 사용자가 정하여 사용한다. ② 사용자의 비밀번호는 다른 사람에게 누설하여서는 아니 되며, 사용자는 비밀번호가 누설되거나 누설될 우려가 있는 때에는 즉시 이를 변경하여야 한다.
사용자의 권한 구분 등	사용자권한 등록파일에 등록하는 사용자의 권한은 다음의 사항에 관한 권한으로 구분한다. ① 사용자의 신규등록 　　　　　② 사용자 등록의 변경 및 삭제 ③ 법인이 아닌 사단·재단 등록번호의 업무관리 　　④ 법인이 아닌 사단·재단 등록번호의 직권수정 ⑤ 개별공시지가 변동의 관리 　　⑥ 지적전산코드의 입력·수정 및 삭제 ⑦ 지적전산코드의 조회 　　　　⑧ 지적전산자료의 조회 ⑨ 지적통계의 관리 　　　　　　⑩ 토지 관련 정책정보의 관리 ⑪ 토지이동 신청의 접수 　　　　⑫ 토지이동의 정리 ⑬ 토지소유자 변경의 관리 　　　⑭ 토지등급 및 기준수확량등급 변동의 관리 ⑮ 지적공부의 열람 및 등본 발급의 관리 ⑮의2 부동산종합공부의 열람 및 부동산종합증명서 발급의 관리 ⑯ 일반 지적업무의 관리 　　　　⑰ 일일마감 관리 ⑱ 지적전산자료의 정비 　　　　⑲ 개인별 토지소유현황의 조회 ⑳ 비밀번호의 변경
지적전산 시스템의 운영방법	지적전산업무의 처리, 지적전산프로그램의 관리 등 지적전산시스템의 관리·운영 등에 필요한 사항 은 국토교통부장관이 정한다.

제6절 토지의 이동 신청 및 지적정리 등

6.1 토지의 이동

6.1.1 개요

토지의 이동이란 토지의 표시를 새로이 정하거나 변경 또는 말소하는 것을 말한다.

6.1.2 토지이동의 종류

신규등록, 등록전환, 분할, 합병, 지목변경, 축척변경, 도시개발사업 등의 신고 등

▼ 토지이용처리절차

6.1.3 토지이동의 신청 및 토지표시사항 결정권자

신청권자	토지소유자, 사업시행자, 대위 신청자
결정권자	국가(지적소관청)가 토지이동에 따른 토지표시사항을 결정한다.

▪▪ 6.2 토지이동의 내용

6.2.1 신규등록

개요	새로이 조성된 토지 및 등록이 누락되어 있는 토지를 지적공부에 등록하는 것을 말한다.
대상토지	① 공유수면매립준공 토지 ② 미등록 공공용 토지(도로 · 구거 · 하천 등) ③ 기타 미등록토지
신청기한	신규등록 사유발생일로부터 60일 이내에 지적소관청에 신청
신청 및 첨부서류	신규등록을 신청하고자 하는 때에는 신규등록사유를 기재한 신청서에 다음의 서류를 첨부하여 지적소관청에 제출하여야 한다. ① 소유권에 관한 서류 • 법원의 확정판결서 정본 또는 사본 • 「공유수면매립법」에 따른 준공검사확인증 사본 • 법률 제6389호 지적법 개정법률 부칙 제5조에 따라 도시계획구역의 토지를 그 지방자치단체의 명의로 등록하는 때에는 기획재정부장관과 협의한 문서의 사본 • 그 밖에 소유권을 증명할 수 있는 서류의 사본 ② 위에 해당하는 서류를 해당 지적소관청이 관리하는 경우에는 지적소관청의 확인으로 그 서류의 제출을 갈음할 수 있다.
등록 및 정리방법	① 토지표시사항(소재 · 지번 · 지목 · 면적 · 경계 또는 좌표) 및 소유자는 지적소관청이 조사 · 측량하여 지적공부에 등록한다. ② 소유자는 법원의 확정판결 또는 관계법령에 의하여 소유권을 취득한 자로 등록한다. ③ 소유권에 관한 증빙 서류가 없는 무주(無主)의 부동산은 "국"으로 소유자를 등록한다. ④ 도면의 축척은 신규등록대상토지의 인접토지와 동일한 축척으로 한다. ⑤ 공유수면매립에 의한 신규등록의 경우 소유권변동일자는 공유수면매립준공일자로 한다. ⑥ 지번은 지번부여지역 안의 인접 토지 본번에 부번을 붙여 부여하는 것을 원칙으로 한다.

6.2.2 등록전환

개요	임야대장 및 임야도에 등록된 토지를 토지대장 및 지적도에 옮겨 등록하는 것을 말한다.
목적	등록전환은 도면의 정밀도를 높이는 데 목적이 있다.
대상토지	① 토지의 형질변경 또는 건축물의 사용승인 등에 의한 경우 　등록전환을 신청할 수 있는 토지는 「산지관리법」, 「건축법」 등 관계 법령에 따른 토지의 형질변경 또는 건축물의 사용승인 등으로 인하여 지목을 변경하여야 할 토지로 한다. ② 지목변경 없이 등록전환할 수 있는 경우 　• 대부분의 토지가 등록전환되어 나머지 토지를 임야도에 계속 존치하는 것이 불합리한 경우 　• 임야도에 등록된 토지가 사실상 형질변경되었으나 지목변경을 할 수 없는 경우 ③ 도시관리계획선에 따라 토지를 분할하는 경우
신청기한	등록전환 사유발생일로부터 60일 이내에 지적소관청에 신청
신청 및 첨부서류	① 등록전환을 신청하고자 하는 때에는 등록전환 사유를 기재한 신청서에 다음의 서류를 첨부하여 지적소관청에 제출하여야 한다. 　• 관계 법령에 따라 토지의 형질변경 등의 공사가 준공되었음을 증명하는 서류의 사본 ② 위의 서류를 그 지적소관청이 관리하는 경우에는 지적소관청의 확인으로 그 서류의 제출을 갈음할 수 있다.
등록 및 정리방법	① 도면의 축척은 등록전환될 지역의 인접토지와 동일한 축적으로 등록한다. ② 지적측량에 의하여 경계와 면적을 결정한다. ③ 임야대장과 임야도의 등록사항은 말소하되, 소유권에 관한 사항은 토지대장에 옮겨 등록한다. ④ 지번은 지번부여지역 안의 인접 토지 본번에 부번을 붙여 부여하는 것을 원칙으로 한다.

6.2.3 분할

개요	분할이란 지적공부에 등록된 1필지를 2필지 이상으로 나누어 등록하는 것을 말한다.
대상토지	① 1필지의 일부가 형질변경 등으로 용도가 변경된 경우 ② 소유권 이전, 매매 등을 위하여 필요한 경우 ③ 토지이용상 불합리한 지상 경계를 시정하기 위한 경우

	1필지의 일부가 소유자가 다르게 된 것으로 보는 경우
대상토지	① 소유권이 공유로 되어 있는 토지의 소유자가 분할에 합의한 경우 ② 토지거래규제지역으로 고시된 지역에 있어서 토지거래계약허가 또는 신고가 된 경우 ③ 토지를 매수하기 위하여 매매계약을 체결한 경우 ④ 기타 1필지의 일부 소유권이 변경되었음을 증명하는 경우
신청기한	1필지의 일부가 형질변경 등으로 용도가 변경된 날로부터 60일 이내에 지적소관청에 분할을 신청
신청 및 첨부서류	① 토지의 분할을 신청하고자 하는 때에는 분할사유를 기재한 신청서에 다음의 서류를 첨부하여 지적소관청에 제출하여야 한다. 　＜분할사유에 관한 서류＞ 　• 분할 허가 대상인 토지의 경우에는 그 허가서 사본 　• 법원의 확정판결에 따라 토지를 분할하는 경우에는 확정판결서 정본 또는 사본 ② 1필지의 일부가 형질변경 등으로 용도가 변경되어 분할을 신청할 때에는 지목변경 신청서를 함께 제출하여야 한다. ③ 위에 해당하는 서류를 해당 지적소관청이 관리하는 경우에는 지적소관청의 확인으로 그 서류의 제출을 갈음할 수 있다.
등록 및 정리방법	① 분할측량성과도를 토대로 대장을 작성하고 도면을 정리한다. ② 소유권에 관한 사항은 분할 전과 동일하다. ③ 지번은 분할 후의 필지 중 1필지의 지번은 분할 전의 지번으로 하고, 나머지 필지의 지번은 본번에 최종 부번의 다음 순번으로 순차적으로 부여함을 원칙으로 한다. ④ 면적의 결정에 있어서는 분할 후의 필지별 면적 합계와 분할 전의 면적이 같아야 한다.

가. 분할을 제한하는 법령

국토의 계획 및 이용에 관한 법률, 건축법, 개발제한구역의 지정 및 관리에 관한 특별조치법, 도시개발법, 농지법, 민법, 집합건물의 소유 및 관리에 관한 법률, 임시 행정수도 건설을 위한 특별조치법 등에 의하여 토지분할의 제한을 받는다.

▼ 토지분할을 제한하는 법률과 내용

구분	제한 내용
국토의 계획 및 이용에 관한 법률	도시지역에서 다음의 경우 허가를 받아야 분할 가능함(법§ 56①) ① 녹지지역 안에서 관계 법령에 의한 허가 · 인가 등을 받지 아니하고 행하는 토지의 분할 ② 건축법 제49조 제1항의 규정에 의한 분할제한면적 미만으로의 토지의 분할 ③ 관계법령에 의한 허가 · 인가 등을 받지 아니하고 행하는 너비 5미터 이하로의 토지의 분할
건축법	건축물이 있는 대지는 다음 기준에 미달되게 분할할 수 없음(법§ 49①) ① 분할제한면적, 대지와 도로와의 관계, 건폐율의 제한, 용적률의 제한, 건축물의 높이제한 등
개발제한구역의 지정 및 관리에 관한 특별조치법	개발제한구역 안에서 다음의 경우 허가를 받아 분할 가능함(법§ 11①) ① 분할 후 각필지의 면적 200m² 이상(대인 경우 330m² 이상)
도시개발법	도시개발구역 안에서 허가를 받아야 분할 가능함(법§ 9⑤)
농지법	농어촌정비법에 의한 농업생산기반정비사업이 시행된 농지는 다음의 경우에만 분할 가능함(법§ 21②) ① 도시지역의 주거 · 상업 · 공업지역 및 도시계획시설 부지 ② 농지전용으로 허가 · 신고된 농지 ③ 2,000m² 초과 분할 ④ 농지의 개량 · 교환 · 분합
민법	① 공유토지는 공유자 전원의 동의 또는 공유물분할의 소에 의한 확정판결이 있는 경우에 한하여 분할을 할 수 있음(법§ 268①, § 269①) ② 합유토지는 합유관계가 종료되지 아니하면 분할을 청구할 수 없음(법§ 273②) ③ 상속재산인 경우 유언으로 5년 범위 안에서 분할을 금지할 수 있음(법§ 1012)
집합건물의 소유 및 관리에 관한 법률	집합건물의 사용에 필요한 범위 내의 대지에 대하여는 분할을 청구하지 못함(법§ 8)
임시행정수도건설을 위한 특별조치법	임시행정수도건설지역에서는 일정면적 이하의 토지분할은 허가를 받도록 규정되어 있음(법§ 5①)

6.2.4 합병

개요	지적공부에 등록된 2필지 이상을 1필지로 합하여 등록하는 것을 말한다.
대상 토지	① 「주택법」에 따른 공동주택의 부지 ② 도로, 제방, 하천, 구거, 유지, 공장용지, 학교용지, 철도용지, 수도용지, 공원, 체육용지 등 다른 지목의 토지로서 연접하여 있으나 구획 내에 2필지 이상으로 등록된 토지
합병 신청을 할 수 없는 경우	① 합병하려는 토지의 지번부여지역, 지목 또는 소유자기 서로 다른 경우 ② 합병하려는 토지에 다음의 등기 외의 등기가 있는 경우 　가. 소유권 · 지상권 · 전세권 또는 임차권의 등기 　나. 승역지(承役地)에 대한 지역권의 등기 　다. 합병하려는 토지 전부에 대한 등기원인(登記原因) 및 그 연월일과 접수번호가 같은 저당권의 등기 ③ 그 밖에 합병하려는 토지의 지적도 및 임야도의 축척이 서로 다른 경우 등 　가. 합병하려는 토지의 지적도 및 임야도의 축척이 서로 다른 경우 　나. 합병하려는 각 필지의 지반이 연속되지 아니한 경우 　다. 합병하려는 토지가 등기된 토지와 등기되지 아니한 토지인 경우 　라. 합병하려는 각 필지의 지목은 같으나 일부 토지의 용도가 다르게 되어 분할대상 토지인 경우. 다만, 합병 신청과 동시에 토지의 용도에 따라 분할 신청을 하는 경우는 제외한다. 　마. 합병하려는 토지의 소유자별 공유지분이 다르거나 소유자의 주소가 서로 다른 경우 　바. 합병하려는 토지가 구획정리, 경지정리 또는 축척변경을 시행하고 있는 지역의 토지와 그 지역 밖의 토지인 경우
신청 기한	① 토지소유자가 필요로 하는 합병신청은 신청기한이 없다. ② 토지소유자는 「주택법」에 따른 공동주택의 부지, 도로, 제방, 하천, 구거, 유지, 공장용지, 학교용지, 철도용지, 수도용지, 공원, 체육용지 등 다른 지목의 토지로서 합병하여야 할 토지가 있으면 그 사유가 발생한 날부터 60일 이내에 지적소관청에 합병을 신청하여야 한다.
신청 및 첨부 서류	① 토지소유자는 토지의 합병을 신청할 때에는 합병 사유를 적은 신청서를 지적소관청에 제출하여야 한다. ② 합병은 첨부서류가 없다. ③ 토지등기부등본 또는 토지등기권리증 등이 필요하나 지적소관청에서 토지등기부를 열람하고 합병 여부를 판단한다.
등록 및 정리 방법	① 합병신청 한 신청서의 서류가 합병요건을 충족시키는지 여부를 확인하고 현지 출장하여 토지이동에 따른 조사를 실시한다. ② 합병요건이 적합할 경우 토지이동정리결의서를 작성하고, 이를 근거로 지적공부를 정리한다. ③ 지번은 합병대상 지번 중 선순위의 지번을 그 지번으로 하되 본번으로 된 지번이 있는 때에는 본번 중 선순위의 지번을 합병 후의 지번으로 하는 것을 원칙으로 한다.

6.2.5 지목변경

개요	지적공부에 등록된 지목을 다른 지목으로 바꾸어 등록하는 것을 말한다.
지목변경 대상	① 「국토의 계획 및 이용에 관한 법률」 등 관계법령에 따른 토지의 형질변경 등의 공사가 준공된 경우 ② 토지나 건축물의 용도가 변경된 경우 ③ 도시개발사업 등의 원활한 추진을 위하여 사업시행자가 공사 준공 전에 토지의 합병을 신청하는 경우
신청기한	지목변경 사유발생일로부터 60일 이내에 지적소관청에 신청
신청 및 첨부서류	① 토지소유자는 지목변경을 신청할 때에는 지목변경 사유를 적은 신청서에 다음의 서류를 첨부하여 지적소관청에 제출하여야 한다. • 관계법령에 따라 토지의 형질변경 등의 공사가 준공되었음을 증명하는 서류의 사본 • 국유지 · 공유지의 경우에는 용도폐지되었거나 사실상 공공용으로 사용되고 있지 아니함을 증명하는 서류의 사본 • 토지 또는 건축물의 용도가 변경되었음을 증명하는 서류의 사본 ② 개발행위허가 · 농지전용허가 · 보전산지전용허가 등 지목변경과 관련된 규제를 받지 아니하는 토지의 지목변경이나 전 · 답 · 과수원 상호 간의 지목변경인 경우에는 서류의 첨부를 생략할 수 있다. ③ 위에 해당하는 서류를 해당 지적소관청이 관리하는 경우에는 지적소관청의 확인으로 그 서류의 제출을 갈음할 수 있다.
등록 및 정리방법	① 지목변경을 하기 위해서는 지적측량이 필요 없다. ② 지목변경에 대한 사실을 확인하기 위하여 토지이동조사를 실시하여야 한다. 다만, 서류상으로 명백한 경우에는 실지이동조사를 생략할 수 있다. ③ 일시적이고 임시적인 사용목적의 변경은 토지이동으로 볼 수 없기 때문에 지목변경이 불가능하다. ④ 지목변경시 지번 · 면적 · 경계 및 소유권의 변경사항은 없다. ⑤ 등록전환을 하여야 할 토지 중 목장용지 · 과수원 등 일단의 면적이 크거나 토지대장 등록지로부터 거리가 멀어서 등록전환하는 것이 부적당하다고 인정되는 경우에는 임야대장등록지에 지목변경을 할 수 있다. ⑥ 관계법령 시행 이전에 건축 · 개간 및 형질변경 등이 된 경우에는 담당공무원의 조사 복명에 의하여 토지의 용도에 부합되도록 지목변경을 할 수 있다.

6.2.6 바다로 된 토지의 등록말소 및 회복

개요	등록말소	바다로 된 토지의 등록말소는 지적공부에 등록된 토지가 지형의 변화 등으로 바다로 된 경우로서 원상으로 회복할 수 없거나 다른 지목의 토지로 될 가능성이 없는 토지를 말소하는 것을 말한다.
	회복	등록 말소된 토지가 다시 토지로 회복된 경우 지적공부를 회복하는 것을 말한다.
신청기한		① 지적소관청은 지적공부에 등록된 토지가 지형의 변화 등으로 바다로 된 경우로서 원상(原狀)으로 회복될 수 없거나 다른 지목의 토지로 될 가능성이 없는 경우에는 지적공부에 등록된 토지소유자에게 지적공부의 등록말소 신청을 하도록 통지하여야 한다. ② 지적소관청은 토지소유자가 통지를 받은 날부터 90일 이내에 등록말소 신청을 하지 아니하면 등록을 말소한다. ③ 지적소관청은 말소한 토지가 지형의 변화 등으로 다시 토지가 된 경우에는 회복등록을 할 수 있다.
정리방법		① 토지소유자가 등록말소 신청을 하지 아니하면 지적소관청이 직권으로 그 지적공부의 등록사항을 말소하여야 한다. ② 지적소관청은 회복등록을 하려면 그 지적측량성과 및 등록말소 당시의 지적공부 등 관계 자료에 따라야 한다. ③ 지적공부의 등록사항을 말소하거나 회복 등록하였을 때에는 그 정리 결과를 토지소유자 및 해당 공유수면의 관리청에 통지하여야 한다.

6.2.7 축척변경

가. 개요

지적도에 등록된 경계점의 정밀도를 높이기 위하여 작은 축척을 큰 축척으로 변경하여 등록하는 것을 말한다.

나. 축척변경의 시행

축척변경 시행자	지적소관청이 시행한다.
축척변경 위원회	축척변경에 관한 사항을 심의·의결하기 위하여 지적소관청에 축척변경위원회를 둔다.
축척변경 대상(사유)	지적소관청은 지적도가 다음의 어느 하나에 해당하는 경우에는 토지소유자의 신청 또는 지적소관청의 직권으로 일정한 지역을 정하여 그 지역의 축척을 변경할 수 있다.

축척변경 대상(사유)	① 잦은 토지의 이동으로 1필지의 규모가 작아서 소축척으로는 지적측량성과의 결정이나 토지의 이동에 따른 정리를 하기가 곤란한 경우 ② 하나의 지번부여지역에 서로 다른 축척의 지적도가 있는 경우 ③ 그 밖에 지적공부를 관리하기 위하여 필요하다고 인정되는 경우
축척변경 승인	지적소관청은 축척변경을 하려면 축척변경 시행지역의 토지소유자 3분의 2 이상의 동의를 받아 축척변경위원회의 의결을 거친 후 시·도지사 또는 대도시 시장의 승인을 받아야 한다.
축척변경위원회의 의결 및 시·도지사의 승인을 거치지 않는 경우	다음의 어느 하나에 해당하는 경우에는 축척변경위원회의 의결 및 시·도지사 또는 대도시 시장의 승인 없이 축척변경을 할 수 있다. ① 합병하려는 토지가 축척이 다른 지적도에 각각 등록되어 있어 축척변경을 하는 경우 ② 도시개발사업 등의 시행지역에 있는 토지로서 그 사업 시행에서 제외된 토지의 축척변경을 하는 경우

다. 축척변경 시행절차

㉠ 토지소유자의 신청 등

토지소유자의 신청	축척변경을 신청하는 토지소유자는 다음의 서류를 첨부하여 지적소관청에 제출하여야 한다. ① 축척변경 사유를 적은 신청서 ② 토지소유자 3분의 2 이상의 동의서
토지소유자의 동의	지적소관청이 축척변경을 하고자 하는 때에는 축척변경시행지역 안의 토지소유자 3분의 2 이상의 동의를 얻어야 한다.
축척변경위원회 의결	5인 이상 10인 이내로 구성된 축척변경위원회의 의결을 거쳐야 한다.
축척변경 승인신청	지적소관청이 축척변경을 할 때에는 축척변경사유를 적은 승인신청서에 다음의 서류를 첨부하여 시·도지사 또는 대도시 시장에게 제출하여야 한다. ① 축척변경의 사유 ② 지적도 사본 〈삭제 2010.11.2〉 ③ 지번등 명세 ④ 토지소유자의 동의서(축척변경시행지역 안의 토지소유자 3분의 2 이상) ⑤ 축척변경위원회의 의결서 사본 ⑥ 축척변경 승인을 위하여 시·도지사 또는 대도시 시장이 필요하다고 인정하는 서류
지적소관청 통지	신청을 받은 시·도지사 또는 대도시 시장은 축척변경 사유 등을 심사한 후 그 승인 여부를 지적소관청에 통지하여야 한다.

축척변경시 행 공고	① 시행공고 　가. 지적소관청은 시·도지사 또는 대도시 시장으로부터 축척변경 승인을 받았을 때에는 지체 없이 다음의 공고내용을 20일 이상 공고하여야 한다. 　나. 시행공고는 시·군·구(자치구가 아닌 구를 포함한다) 및 축척변경 시행지역 동·리의 게시판에 주민이 볼 수 있도록 게시하여야 한다. ② 공고내용 　가. 축척변경의 목적, 시행지역 및 시행기간 　나. 축척변경의 시행에 관한 세부계획 　다. 축척변경의 시행에 따른 청산방법 　라. 축척변경의 시행에 따른 토지소유자 등의 협조에 관한 사항
경계점표지 설치	축척변경 시행지역의 토지소유자 또는 점유자는 시행공고가 된 날(이하 "시행공고일"이라 한다)부터 30일 이내에 시행공고일 현재 점유하고 있는 경계에 경계점표지를 설치하여야 한다.
토지의 표시사항의 결정	① 지적소관청은 축척변경 시행지역의 각 필지별 지번·지목·면적·경계 또는 좌표를 새로 정하여야 한다. ② 지적소관청이 축척변경을 위한 측량을 할 때에는 토지소유자 또는 점유자가 설치한 경계점표지를 기준으로 새로운 축척에 따라 면적·경계 또는 좌표를 정하여야 한다. ③ 위의 축척변경위원회의 의결 및 시·도지사의 승인을 거치지 않는 경우에 해당되어 축척을 변경할 때에는 ①에도 불구하고 각 필지별 지번·지목 및 경계는 종전의 지적공부에 따르고 면적만 새로 정하여야 한다. ④ 면적을 새로 정하는 때에는 축척변경 측량결과도에 따라야 한다. ⑤ 축척변경 측량 결과도에 따라 면적을 측정한 결과 축척변경 전의 면적과 축척변경 후의 면적의 오차가 $0.026^2 M\sqrt{F}$ 에 따른 허용범위 이내인 경우에는 축척변경 전의 면적을 결정 면적으로 하고, 허용면적을 초과하는 경우에는 축척변경 후의 면적을 결정 면적으로 한다.(A는 오차 허용면적, M은 축척이 변경될 지적도의 축척분모, F는 축척변경 전의 면적) ⑥ 경계점좌표등록부를 갖춰 두지 아니하는 지역을 경계점좌표등록부를 갖춰 두는 지역으로 축척변경을 하는 경우에는 그 필지의 경계점을 평판(平板) 측량방법이나 전자평판(電子平板) 측량방법으로 지상에 복원시킨 후 경위의(經緯儀) 측량방법 등으로 경계점좌표를 구하여야 한다. 이 경우 면적은 경계점좌표에 따라 결정하여야 한다.
지번별 조서의 작성	지적소관청은 축척변경에 관한 측량을 완료하였을 때에는 시행공고일 현재의 지적공부상의 면적과 측량 후의 면적을 비교하여 그 변동사항을 표시한 축척변경 지번별 조서를 작성하여야 한다.

ⓛ 청산

지적소관청은 축척변경에 관한 측량을 한 결과 측량 전에 비하여 면적의 증감이 있는 경우에는 그 증감면적에 대하여 청산을 하여야 한다.

청산금의 산정 및 공고	① 증감면적에 대한 청산을 할 때에는 축척변경위원회의 의결을 거쳐 지번별로 제곱미터당 금액(이하 "지번별 제곱미터당 금액"이라 한다)을 정하여야 한다. 이 경우 지적소관청은 시행공고일 현재를 기준으로 그 축척변경 시행지역의 토지에 대하여 지번별 제곱미터당 금액을 미리 조사하여 축척변경위원회에 제출하여야 한다. ② 청산금은 축척변경 지번별 조서의 필지별 증감면적에 지번별 제곱미터당 금액을 곱하여 산정한다. ③ 지적소관청은 청산금을 산정하였을 때에는 청산금 조서(축척변경 지번별 조서에 필지별 청산금 명세를 적은 것을 말한다)를 작성하고, 청산금이 결정되었다는 뜻을 15일 이상 공고하여 일반인이 열람할 수 있게 하여야 한다.
청산금의 초과액과 부족액의 부담	청산금을 산정한 결과 증가된 면적에 대한 청산금의 합계와 감소된 면적에 대한 청산금의 합계에 차액이 생긴 경우 ① 초과액은 그 지방자치단체의 수입으로 한다. ② 부족액은 그 지방자치단체가 부담한다.
청산금의 산정 제외	① 필지별 증감면적이 $0.026^2 M\sqrt{F}$에 따른 허용범위 이내인 경우. 다만, 축척변경위원회의 의결이 있는 경우는 청산금을 산정한다. ② 토지소유자 전원이 청산하지 아니하기로 합의하여 서면으로 제출한 경우
청산금의 납부고지 및 수령통지	① 지적소관청은 청산금의 결정을 공고한 날부터 20일 이내에 토지소유자에게 청산금의 납부고지 또는 수령통지를 하여야 한다. ② 납부고지를 받은 자는 그 고지를 받은 날부터 6개월 이내에 청산금을 지적소관청에 내야 한다. 〈개정 2017.1.10.〉 ③ 지적소관청은 수령통지를 한 날부터 6개월 이내에 청산금을 지급하여야 한다. ④ 지적소관청은 청산금을 지급받을 자가 행방불명 등으로 받을 수 없거나 받기를 거부할 때에는 그 청산금을 공탁할 수 있다.
이의신청	납부 고지되거나 수령 통지된 청산금에 관하여 이의가 있는 자는 납부고지 또는 수령통지를 받은 날부터 1개월 이내에 지적소관청에 이의신청을 할 수 있다.
이의신청 심의ㆍ의결	이의신청을 받은 지적소관청은 1개월 이내에 축척변경위원회의 심의ㆍ의결을 거쳐 그 인용(認容) 여부를 결정한 후 지체 없이 그 내용을 이의신청인에게 통지하여야 한다.
청산금 미납부 시 조치	지적소관청은 청산금을 내야 하는 자가 1월 이내에 청산금에 관한 이의신청을 하지 아니하고, 3월 이내에 청산금을 내지 아니하면 지방세 체납처분의 예에 따라 징수할 수 있다.

ⓒ 축척변경의 확정공고

청산금의 납부 및 지급이 완료되었을 때에는 지적소관청은 지체 없이 축척변경의 확정공고를 하여야 한다.

확정공고 내용	축척변경의 확정공고에는 다음의 사항이 포함되어야 한다. ① 토지의 소재 및 지역명 ② 축척변경 전·후의 면적을 대비한 축척변경 지번별 조서 ③ 청산금조서 ④ 지적도의 축척
지적공부정리 및 등기촉탁	① 지적소관청은 확정공고를 하였을 때에는 지체 없이 축척변경에 따라 확정된 사항을 지적공부에 등록하여야 하며, 관할등기소에 토지표시변경 등기촉탁을 하여야 한다. ② 지적공부에 등록하는 때에는 다음의 기준에 따라야 한다. 　가. 토지대장은 확정 공고된 축척변경 지번별 조서에 따를 것 　나. 지적도는 확정측량 결과도 또는 경계점좌표에 따를 것
토지의 이동	축척변경 시행지역의 토지는 확정공고일에 토지의 이동이 있는 것으로 본다.

라. 지적공부정리 등의 정지

지적소관청은 축척변경 시행기간 중에는 축척변경 시행지역의 지적공부정리와 경계복원측량(경계점표지의 설치를 위한 경계복원측량은 제외한다)을 축척변경 확정공고일까지 정지하여야 한다. 다만, 축척변경위원회의 의결이 있는 경우에는 그러하지 아니하다.

| 토지 소유자의 동의 | ----- | 토지소유자 2/3 이상 |

| 축척변경위원회 의결 | ----- | 재적위원 과반수 출석
출석위원 과반수 찬성
으로 의결 |

| 축척변경 승인신청 | ----- | 지적소관청→시·도지사
또는 대도시시장 |

| 심사결과 통지 | ----- | 시·도지사 또는→지적
대도시시장 소관청 |

| 축척변경 시행공고 | ----- | 20일 이상 공고
(시·군·구 및 축척변경시
행지역 안 동·리 게시판) |

| 경계점표지 설치 | ----- | 시행공고일부터
30일 이내 |

| 토지의 표시사항 결정 |

| 지번별 조서 작성 |

| 청산금 산정 | ----- | 축척변경위원회의 의결
(m^2당 금액) |

| 청산금 공고 | ----- | 15일 이상 공고
(시·군·구 및 축척변경시
행지역안 동·리 게시판) |

| 청산금 납부고지
및 수령 통지 | ----- | 결정공고일부터
20일 이내 |

청산금 납부
수령통지받은 날부터
6개월 이내

청산금 지급
수령통지한 날부터
6개월 이내

이의 신청
납부고지 또는 수령통지
받은 날로부터 1개월 이내에
지적소관청에 신청

이의신청 심의·의결
이의신청이 있는 날로부터
1개월 이내에 축척변경
위원회에서 심의·의결

| 확정공고 | ----- | 청산금의 납부 및
지금 완료 시 |

• 지적공부정리
• 등기촉탁

┃ 축척변경 시행절차 ┃

마. 축척변경위원회

개요		축척변경에 관한 사항을 심의·의결하는 위원회이다.
구성	인원	① 5명 이상 10명 이하의 위원으로 구성한다. ② 위원의 2분의 1 이상을 토지소유자로 하여야 한다. 이 경우 그 축척변경 시행지역의 토지소유자가 5명 이하일 때에는 토지소유자 전원을 위원으로 위촉하여야 한다.
	위원장	위원장은 위원 중에서 지적소관청이 지명한다.
	위원	위원은 다음의 사람 중에서 지적소관청이 위촉한다. ① 해당 축척변경 시행지역의 토지소유자로서 지역 사정에 정통한 사람 ② 지적에 관하여 전문지식을 가진 사람
기능		축척변경위원회는 지적소관청이 회부하는 다음의 사항을 심의·의결한다. ① 축척변경 시행계획에 관한 사항 ② 지번별 제곱미터당 금액의 결정과 청산금의 산정에 관한 사항 ③ 청산금의 이의신청에 관한 사항 ④ 그 밖에 축척변경과 관련하여 지적소관청이 회의에 부치는 사항
회의		① 축척변경위원회의 회의는 지적소관청이 위 "기능"의 어느 하나에 해당하는 사항을 축척변경위원회에 회부하거나 위원장이 필요하다고 인정할 때에 위원장이 소집한다. ② 축척변경위원회의 회의는 위원장을 포함한 재적위원 과반수의 출석으로 개의(開議)하고, 출석위원 과반수의 찬성으로 의결한다. ③ 위원장은 축척변경위원회의 회의를 소집할 때에는 회의일시·장소 및 심의안건을 회의 개최 5일 전까지 각 위원에게 서면으로 통지하여야 한다.
위원의 출석수당과 여비 등		① 축척변경위원회의 위원에게는 예산의 범위에서 출석수당과 여비, 그 밖의 실비를 지급할 수 있다. ② 공무원인 위원이 그 소관 업무와 직접적으로 관련되어 출석하는 경우에는 출석수당과 여비 등을 지급하지 않는다.

6.2.8 등록사항 정정

가. 개요 및 지적측량의 금지

개요	지적공부에 등록된 사항에 오류가 있을 경우 지적소관청의 직권 또는 소유자의 신청에 의하여 등록사항을 정정하는 것을 말한다.
토지소유자의 신청	토지소유자는 지적공부의 등록사항에 잘못이 있음을 발견하면 지적소관청에 그 정정을 신청할 수 있다.

지적소관청의 직권 정정	지적소관청은 지적공부의 등록사항에 잘못이 있음을 발견하면 직권으로 조사·측량하여 정정할 수 있다. 직권으로 조사·측량하여 정정할 수 있는 경우는 다음과 같다. ① 토지이동정리 결의서의 내용과 다르게 정리된 경우 ② 지적도 및 임야도에 등록된 필지가 면적의 증감 없이 경계의 위치만 잘못된 경우 ③ 1필지가 각각 다른 지적도나 임야도에 등록되어 있는 경우로서 지적공부에 등록된 면적과 측량한 실제면적은 일치하지만 지적도나 임야도에 등록된 경계가 서로 접합되지 않아 지적도나 임야도에 등록된 경계를 지상의 경계에 맞추어 정정하여야 하는 토지가 발견된 경우 ④ 지적공부의 작성 또는 재작성 당시 잘못 정리된 경우 ⑤ 지적측량성과와 다르게 정리된 경우 ⑥ 지적위원회의 의결에 의하여 지적공부의 등록사항을 정정하여야 하는 경우 ⑦ 지적공부의 등록사항이 잘못 입력된 경우 ⑧ 「부동산등기법」에 따른 통지가 있는 경우 ⑨ 법률 제2801호 지적법 개정법률 부칙 제3조에 따른 면적 환산이 잘못된 경우 지적소관청은 위의 어느 하나에 해당하는 토지가 있을 때에는 지체 없이 관계 서류에 따라 지적공부의 등록사항을 정정하여야 한다.
신청 및 첨부서류	토지소유자는 지적공부의 등록사항에 대한 정정을 신청할 때에는 정정사유를 적은 신청서에 다음의 구분에 따른 서류를 첨부하여 지적소관청에 제출하여야 한다. ① 경계 또는 면적의 변경을 가져오는 경우 : 등록사항 정정 측량성과도 ② 그 밖의 등록사항을 정정하는 경우 : 변경사항을 확인할 수 있는 서류
토지의 경계 변경시	토지소유자의 신청에 의한 등록사항의 정정으로 인접 토지의 경계가 변경되는 경우에는 다음의 어느 하나에 해당하는 서류를 지적소관청에 제출하여야 한다.
토지의 경계 변경시	① 인접 토지소유자의 승낙서 ② 인접 토지소유자가 승낙하지 아니하는 경우에는 이에 대항할 수 있는 확정판결서 정본(正本)
등록사항정정대상토지의 관리 등	① 지적소관청은 토지의 표시가 잘못되었음을 발견하였을 때에는 지체 없이 등록사항 정정에 필요한 서류와 등록사항 정정 측량성과도를 작성하고, 토지이동정리 결의서를 작성한 후 대장의 사유란에 "등록사항정정 대상토지"라고 적고, 토지소유자에게 등록사항 정정 신청을 할 수 있도록 그 사유를 통지하여야 한다. 다만, 지적소관청이 직권으로 정정할 수 있는 경우에는 토지소유자에게 통지를 하지 아니할 수 있다. ② 등록사항 정정 대상토지에 대한 대장을 열람하게 하거나 등본을 발급하는 때에는 "등록사항 정정 대상토지"라고 적은 부분을 흑백의 반전(反轉)으로 표시하거나 붉은색으로 적어야 한다.
지적측량의 금지	지적공부의 등록사항 중 경계나 면적 등 측량을 수반하는 토지의 표시가 잘못된 경우에는 지적소관청은 그 정정이 완료될 때까지 지적측량을 정지시킬 수 있다. 다만, 잘못 표시된 사항의 정정을 위한 지적측량은 그러하지 아니하다.

나. 토지소유자에 관한 등록사항 정정

① 지적소관청이 등록사항을 정정할 때 그 정정사항이 토지소유자에 관한 사항인 경우에는 등기 필증, 등기부 등본·초본 또는 등기관서에서 제공한 등기전산정보자료에 따라 정정하여야 한다.

② 다만, 미등기 토지에 대하여 토지소유자의 성명 또는 명칭, 주민등록번호, 주소 등에 관한 사항의 정정을 신청한 경우로서 그 등록사항이 명백히 잘못된 경우에는 가족관계 기록사항에 관한 증명서에 따라 정정하여야 한다.

미등기토지의 소유자 정정 적용 대상토지	• 미등기토지로서 소유자의 정정에 관한 사항과 토지조사 당시에 사정 또는 재결 등에 의하여 대장에 소유자는 등록하였으나, 소유자의 주소가 등록되어 있지 아니한 토지 • 종전 지적법 시행령(대통령령 제497호 1951년 4월 1일 제정) 제3조 제4호의 규정에 의하여 국유지를 매각·교환 또는 양여에 의하여 취득한 토지(이하 "국유지의 취득"이라 한다)의 소유자주소가 대장에 등록되어 있지 아니한 미등기 토지로 한다. • 소유권확인청구의 소에 의한 확정판결이 있었거나, 이에 관한 소송이 법원에 진행 중인 토지를 제외한다.
조사·등록	미등기토지의 소유자주소를 대장에 등록하고자 하는 때에는 사정·재결 또는 국유지의 취득 당시 최초 주소를 조사하여 등록한다.
확인·조사 처리.	미등기토지의 소유자정정 등에 관한 신청이 있는 때에는 14일 이내에 다음 사항을 확인하여 처리한다. • 적용대상토지 여부 • 대장상 소유자와 가족관계기록사항에 관한 증명서에 등재된 자와의 동일인 여부 • 적용대상토지에 대한 확정판결이나 소송의 진행 여부 • 첨부서류의 적합 여부 • 그 밖에 지적소관청이 필요하다고 인정되는 사항
자료의 제출 또는 보완	지적소관청은 미등기토지의 소유자정정을 위한 조사를 하는 때에는 기간을 정하여 신청인에게 필요한 자료의 제출 또는 보완을 요구할 수 있다.
결과 통지	지적소관청은 대장에 소유자의 주소 등을 등록한 때에는 지체 없이 신청인에게 그 내용을 통지하여야 한다.

6.2.9 행정구역의 명칭변경

개요	행정구역의 명칭이 변경되었으면 지적공부에 등록된 토지의 소재는 새로운 행정구역의 명칭으로 변경된 것으로 본다.
일부변경	지번부여지역의 일부가 행정구역의 개편으로 다른 지번부여지역에 속하게 되었으면 지적소관청은 새로 속하게 된 지번부여지역의 지번을 부여하여야 한다.

6.2.10 도시개발사업 등 시행지역의 토지이동신청에 관한 특례

가. 개요 및 신고기한

개요	① 「도시개발법」에 따른 도시개발사업, 「농어촌정비법」에 따른 농어촌정비사업, 그 밖에 대통령령으로 정하는 토지개발사업의 시행자는 그 사업의 착수·변경 및 완료 사실을 지적소관청에 신고하여야 한다. ② 도시개발사업 등과 관련하여 토지의 이동이 필요한 경우에는 해당 사업의 시행자가 지적소관청에 토지의 이동을 신청하여야 한다. ③ 도시개발사업 등에 따른 토지의 이동은 토지의 형질변경 등의 공사가 준공된 때에 이루어진 것으로 본다. ④ 도시개발사업 등에 따라 사업의 착수 또는 변경의 신고가 된 토지의 소유자가 해당 토지의 이동을 원하는 경우에는 해당 사업의 시행자에게 그 토지의 이동을 신청하도록 요청하여야 하며, 요청을 받은 시행자는 해당 사업에 지장이 없다고 판단되면 지적소관청에 그 이동을 신청하여야 한다.
대상 토지	① 「도시개발법」에 따른 도시개발사업 ② 「농어촌정비법」에 따른 농어촌정비사업 ③ 「주택법」에 따른 주택건설사업 ④ 「택지개발촉진법」에 따른 택지개발사업 ⑤ 「산업입지 및 개발에 관한 법률」에 따른 산업단지개발사업 ⑥ 「도시 및 주거환경정비법」에 따른 정비사업 ⑦ 「지역균형개발 및 지방중소기업 육성에 관한 법률」에 따른 지역개발사업 ⑧ 「체육시설의 설치·이용에 관한 법률」에 따른 체육시설 설치를 위한 토지개발사업 ⑨ 「관광진흥법」에 따른 관광단지 개발사업 ⑩ 「공유수면관리 및 매립에 관한 법률」에 따른 매립사업 ⑪ 「항만법」 및 「신항만건설촉진법」에 따른 항만개발사업 ⑫ 「보금자리주택건설 등에 관한 특별법」에 따른 보금자리주택지구 조성사업 ⑬ 「물류시설의 개발 및 운영에 관한 법률」 및 「경제자유구역의 지정 및 운영에 관한 특별법」에 따른 개발사업 ⑭ 그 밖에 위의 사업과 유사한 경우로서 국토교통부장관이 인정하는 토지개발사업
신청자	① 사업과 관련하여 토지의 이동이 필요한 경우에는 해당 사업의 시행자가 지적소관청에 토지의 이동을 신청하여야 한다. ② 「주택법」에 따른 주택건설사업의 시행자가 파산 등의 이유로 토지의 이동 신청을 할 수 없을 때에는 그 주택의 시공을 보증한 자 또는 입주예정자 등이 신청할 수 있다.
신고 기한	도시개발사업 등의 착수·변경 또는 완료 사실의 신고는 그 사유가 발생한 날부터 15일 이내에 하여야 한다.

나. 신고 및 첨부서류

사업의 착수 · 변경신고	도시개발사업 등의 착수 또는 변경의 신고를 하려는 도시개발사업 등의 착수(시행) · 변경 · 완료 신고서에 다음의 서류를 첨부하여야 한다. ① 사업인가서　　② 지번별조서　　③ 사업계획도 ▶ 변경신고의 경우에는 변경된 부분으로 한정한다.
사업의 완료신고	도시개발사업 등의 완료 신고를 하려는 자는 신청서에 다음의 서류를 첨부하여야 한다. 이 경우 지적측량수행자가 지적소관청에 측량검사를 의뢰하면서 미리 제출한 서류는 첨부하지 아니할 수 있다. ① 확정될 토지의 지번별 조서 및 종전 토지의 지번별 조서 ② 환지처분과 같은 효력이 있는 고시된 환지계획서. 다만, 환지를 수반하지 아니하는 사업인 경우에는 사업의 완료를 증명하는 서류

다. 착수 또는 변경신고의 처리

첨부서류의 확인	① 지번별 조서와 지적공부등록사항과의 부합 여부 ② 지번별 조서와 사업계획도와의 부합 여부 ③ 착수 전 각종 집계의 정확 여부
지적공부 정리	첨부서류의 확인이 완료된 때에는 지체 없이 지적공부에 그 사유를 정리하여야 한다.

라. 완료신고의 처리

첨부서류의 확인	① 확정될 토지의 지번별 조서와 면적측정부 및 환지계획서의 부합 여부 ② 종전토지의 지번별 조서와 지적공부등록사항 및 환지계획서의 부합 여부 ③ 측량결과도 또는 경계점좌표와 새로이 작성된 지적도와의 부합 여부 ④ 그 밖에 필요한 사항
지적공부 정리	첨부서류의 확인이 완료된 때에는 확정될 토지의 지번별 조서에 의하여 토지대장을, 측량성과에 의하여 경계점좌표등록부 등을 작성한다. ① 토지대장에 등록하는 소유자의 성명 또는 명칭과 등록번호 및 주소는 환지 계획서에 의한다. ② 소유자변동일자 : 환지처분 또는 사업 준공 인가일자(환지처분을 아니하는 경우에 한한다) ③ 소유자변동원인 : 환지 또는 종전토지의 최종변동원인(환지처분을 아니하는 경우에 한한다)
확정시행 게시	지적공부의 작성이 완료된 때에는 새로이 지적공부가 확정 시행된다는 뜻을 7일 이상 시(구를 두는 특별시 · 광역시 및 시에 있어서는 구를 말한다) · 군의 게시판 또는 홈페이지 등에 게시한다.
폐쇄지적공부 보관	도시개발사업 등의 완료로 인하여 폐쇄되는 지적공부는 폐쇄사유를 그 지적공부에 정리하고 이를 별도로 영구 보관한다.

마. 지적공부정리 신청제한 및 토지이동시기

지적 공부정리 신청제한	사업의 착수 또는 변경의 신고가 된 토지의 소유자가 해당 토지의 이동을 원하는 경우에는 해당 사업의 시행자에게 그 토지의 이동을 신청하도록 요청하여야 하며, 요청을 받은 시행자는 해당 사업에 지장이 없다고 판단되면 지적소관청에 그 이동을 신청하여야 한다.
토지 이동시기	도시개발사업 등으로 인한 토지의 이동은 토지의 형질변경 등의 공사가 준공된 때에 이루어진 것으로 본다.

6.2.11 토지이동 신청의 대위신청 등

토지이동의 신청특례	다음의 어느 하나에 해당하는 자는 이 법에 따라 토지소유자가 하여야 하는 신청을 대신할 수 있다. ① 공공사업 등에 따라 학교용지 · 도로 · 철도용지 · 제방 · 하천 · 구거 · 유지 · 수도용지 등의 지목으로 되는 토지인 경우 • 해당 사업의 시행자 ② 국가나 지방자치단체가 취득하는 토지인 경우 • 해당 토지를 관리하는 행정기관의 장 또는 지방자치단체의 장 ③ 「주택법」에 따른 공동주택의 부지인 경우 •「집합건물의 소유 및 관리에 관한 법률」에 따른 관리인(관리인이 없는 경우에는 공유자가 선임한 대표자) 또는 해당 사업의 시행자 ④ 「민법」 제404조에 따른 채권자
상속 등의 토지에 대한 지적공부정리 신청	상속, 공용징수, 판결, 경매 등 「민법」 제187조의 규정에 의거 등기를 요하지 아니하는 토지를 취득한 자는 지적공부정리신청을 할 수 있다. 이 경우 토지소유자를 증명하는 서류를 첨부하여야 한다.
등록사항정정 대위신청	등록사항 정정을 대위신청하는 경우에는 인접 토지소유자의 승낙서 또는 이에 대항할 수 있는 확정판결서정본을 첨부하여야 한다.

6.2.12 토지소유자의 정리

가. 지적공부에 등록된 토지소유자의 변경사항 등(법률 제88조)

지적공부에 등록된 토지소유자의 변경사항	지적공부에 등록된 토지소유자의 변경사항은 등기관서에서 등기한 것을 증명하는 등기필증, 등기완료통지서, 등기사항증명서 또는 등기관서에서 제공한 등기전산정보자료에 따라 정리한다. 다만, 신규등록하는 토지의 소유자는 지적소관청이 직접 조사하여 등록한다.
지적공부에 소유자가 등록되지 아니한 경우	「국유재산법」 제2조 제10호에 따른 총괄청이나 같은 조 제11호에 따른 중앙관서의 장이 같은 법 제12조 제3항에 따라 소유자 없는 부동산에 대한 소유자 등록을 신청하는 경우 지적소관청은 지적공부에 해당 토지의 소유자가 등록되지 아니한 경우에만 등록할 수 있다.
등기부에 기재된 토지의 표시가 지적공부와 부합하지 아니하는 때	등기부에 적혀 있는 토지의 표시가 지적공부와 일치하지 아니하면 제1항에 따라 토지소유자를 정리할 수 없다. 이 경우 토지의 표시와 지적공부가 일치하지 아니하다는 사실을 관할 등기관서에 통지하여야 한다.
지적공부와 부동산등기부의 부합 여부 조사 · 확인	지적소관청은 필요하다고 인정하는 경우에는 관할 등기관서의 등기부를 열람하여 지적공부와 부동산등기부가 일치하는지 여부를 조사 · 확인하여야 하며, 일치하지 아니하는 사항을 발견하면 등기사항증명서 또는 등기관서에서 제공한 등기전산정보자료에 따라 지적공부를 직권으로 정리하거나, 토지소유자나 그 밖의 이해관계인에게 그 지적공부와 부동산등기부가 일치하게 하는 데에 필요한 신청 등을 하도록 요구할 수 있다.
등기부 열람 및 등 · 초본의 교부 신청 시 수수료	지적소관청 소속 공무원이 지적공부와 부동산등기부의 부합 여부를 확인하기 위하여 등기부를 열람하거나, 등기사항증명서의 발급을 신청하거나, 등기전산정보자료의 제공을 요청하는 경우 그 수수료는 무료로 한다.

나. 대장의 소유자 정리(지적업무처리규정 제60조)

소유자변동일자	① 등기필증 · 등기필통지서 · 등기부 등본 · 초본 또는 등기관서에서 제공한 등기전산정보자료의 경우 : 등기접수일자 ② 미등기토지 소유자에 관한 정정신청의 경우와 지적공부에 소유자가 등록되어 있지 않은 토지를 국유재산법에 의한 총괄청 또는 관리청이 소유자 등록신청하는 경우 : 소유자정리결의일자 ③ 공유수면 매립준공에 의한 신규등록의 경우 : 매립준공일자
소유권 이전 등이 같은 날짜에 등기가 된 경우	주소 · 성명 · 명칭의 변경 또는 경정 및 소유권 이전 등이 같은 날짜에 등기가 된 경우의 지적공부정리는 등기접수 순서에 따라 모두 정리하여야 한다.
소유자의 주소가 토지소재지와 같은 경우	등기부와 일치하게 정리한다.
지적소관청의 등기부 열람에 의한 경우	지적소관청이 등기부를 열람하여 소유자에 관한 사항이 대장과 부합되지 아니하는 토지의 소유자 정리에 관하여는 소유자정리결의서 작성 후 상기 의 규정을 준용한다.

등기전산정보자료에 의하여 정리하는 경우	등기관서에서 제공한 등기전산정보자료에 의하여 정리하는 경우에는 등기전산정보자료에 의한다.
법인 또는 재외국민의 부동산등기용등록번호 정정통보가 있는 때	① 국토교통부장관은 등기관서로부터 법인 또는 재외국민의 부동산등기용등록번호 정정통보가 있는 때에는 정정 전 등록번호에 의거 토지소재를 조사하여 시·도지사에게 그 내용을 통지하여야 한다. ② 시·도지사는 지체 없이 그 내용을 당해 지적소관청에 통지하여야 한다.

6.2.13 지적공부의 정리 및 정리시기

가. 지적공부의 정리

지적공부의 정리대상	지적소관청은 지적공부가 다음의 어느 하나에 해당하는 경우에는 지적공부를 정리하여야 한다. 이 경우 이미 작성된 지적공부에 정리할 수 없을 때에는 새로 작성하여야 한다. ① 지번을 변경하는 경우 ② 지적공부를 복구하는 경우 ③ 신규등록·등록전환·분할·합병·지목변경 등 토지의 이동이 있는 경우
토지이동에 따른 지적공부 정리방법	① 지적소관청은 토지의 이동이 있는 경우에는 토지이동정리 결의서를 작성하여야 한다. ② 토지소유자의 변동 등에 따라 지적공부를 정리하려는 경우에는 소유자정리 결의서를 작성하여야 한다. ③ 토지이동정리 결의서의 작성은 토지대장·임야대장 또는 경계점좌표등록부별로 구분하여 작성한다. ④ 토지이동정리 결의서에는 토지이동신청서 또는 도시개발사업 등의 완료신고서 등을 첨부하여야 한다. ⑤ 소유자정리 결의서의 작성은 등기필증, 등기부 등본 또는 그 밖에 토지소유자가 변경되었음을 증명하는 서류를 첨부하여야 한다. 다만, 「전자정부법」 제21조 제1항에 따른 행정정보의 공동이용을 통하여 첨부서류에 대한 정보를 확인할 수 있는 경우에는 그 확인으로 첨부서류를 갈음할 수 있다.
토지이동 정리결의서 작성	① 지적공부정리종목은 토지이동종목별로 구분하여 기재한다. ② 토지소재·이동 전·이동 후 및 증감란은 읍·면·동 단위로 지목별로 작성한다. ③ 신규등록은 이동후란에 지목·면적 및 지번수를, 증감란에는 면적 및 지번수를 기재한다. ④ 등록전환은 이동전란에 임야대장에 등록된 지목·면적 및 지번수를, 이동후란에 토지대장에 등록될 지목·면적 및 지번수를, 증감란에는 면적을 기재한다. 이 경우 등록전환에 따른 임야대장 및 임야도의 말소정리는 등록전환결의서에 의한다. ⑤ 분할 및 합병은 이동전·후란에 지목 및 지번수를, 증감란에 지번수를 기재한다.

토지이동 성리결의서 작성	⑥ 지목변경은 이동전란에 변경 전의 지목·면적 및 지번수를, 이동후란에 변경 후의 지목·면적 및 지번수를 기재한다.
	⑦ 지적공부등록말소는 이동전·증감란에 지목·면적 및 지번수를 기재한다.
	⑧ 축척변경은 이동전란에 축척변경 시행 전 토지의 지목·면적 및 지번수를, 이동후란에 축척이 변경된 토지의 지목·면적 및 지번수를 기재한다. 이 경우 축척변경완료에 따른 종전 지적공부의 폐쇄정리는 축척변경결의서에 의한다.
	⑨ 등록사항 정정은 이동전란에 정정전의 지목·면적 및 지번수를, 이동후란에 정정 후의 지목·면적 및 지번수를, 증감 란에는 면적 및 지번수를 기재한다.
	⑩ 도시개발사업 등은 이동전란에 사업 시행 전 토지의 지목·면적 및 지번수를, 이동후란에 확정된 토지의 지목·면적 및 지번수를 기재한다. 이 경우 도시개발사업 등의 완료에 따른 종전 지적공부의 폐쇄정리는 도시개발사업 등 결의서에 의한다.
	⑪ 이동전, 이동후란이 2란 이상 기재된 경우에는 다음 란에 읍·면·동별, 지목별로 면적과 지번수를 합하여 기재한다.
	⑫ 토지이동정리결의서의 증감란의 면적과 지번 수는 늘어난 경우에는 (+)로, 줄어든 경우에는 (−)로 기재한다.
소유자정리 결의서 작성	① 토지소재·소유권보존·소유권 이전 및 기타란은 읍·면·동별로 기재한다.
	② 정리일자는 소유자정리 결의일부터 정리완료일까지 기재한다.
	③ 정리자 및 확인자는 담당자와 그 사무담당으로 한다.
	④ 접수·정리·기정리 및 불부합통지는 소유자정리결과에 의하여 구분 기재한다.

나. 지적공부의 정리시기 및 절차

지적공부의 정리시기	① 토지에 이동에 따른 지적공부정리는 이동사유가 완성되기 이전에는 할 수 없다.
	② 이동사유가 토지의 형질변경을 수반하는 경우에는 형질변경의 원인이 되는 공사 등이 준공된 때에 그 사유가 완성된 것으로 본다.
지적공부의 정리절차	① 지적소관청은 토지의 이동 또는 소유자의 변경 등으로 지적공부를 정리하고자 하는 때에는 지적사무정리부와 소유자정리부에 그 처리내용을 기재하여야 한다.
	② 지적사무정리부는 토지의 이동 종목별로, 소유자정리부는 소유권보존·이전 및 기타로 구분하여 기재한다.
지적공부 등의 정리	① 지적공부 등의 정리에 사용하는 문자, 기호 및 경계는 따로 규정을 둔 사항을 제외하고 정리사항은 검은색, 도곽선과 그 수치 및 말소는 붉은색으로 한다.
	② 지적확정측량·축척변경 및 지번변경에 따른 토지이동의 경우를 제외하고는 폐쇄 또는 말소된 지번은 다시 사용할 수 없다.
	③ 지적공부에 등록된 사항은 칼로 긁거나 덮어서 고쳐 정리하여서는 아니 된다.
	④ 지적공부 등을 전산정보처리조직에 의하여 정리하는 경우의 프로그램작성은 정리방법과 서식을 준용한다.
	⑤ 토지의 이동에 따른 도면정리는 도면정리 예시에 의한다. 이 경우 정보처리시스템을 이용하여 저장된 도면을 이용하여 지적측량을 한 때에는 지적측량성과를 저장한 파일(이하 "지적측량성과파일"이라 한다)에 의하여 지적공부를 정리할 수 있다.

▼ 토지이동 대상 토지 및 첨부서류 등

구분	대상 토지	신청기한	첨부서류
신규 등록	① 공유수면매립준공 토지 ② 미등록 공공용 토지(도로·구거·하천 등) ③ 기타 미등록토지	60일	① 신규등록측량성과도 ② 소유권에 관한 서류 • 법원의 확정판결정본 또는 사본 • 공유수면매립법에 의한 준공인가필증 사본 • 도시계획구역의 토지를 지방자치단체의 명의로 등록하는 때에는 기획재정부장관과 협의한 문서의 사본 • 그 밖에 소유권을 증명할 수 있는 서류의 사본
등록 전환	① 산지관리법·건축법 등 관계법령에 따른 토지의 형질변경 또는 건축물의 사용검사 등으로 인하여 지목을 변경하여야 할 토지 ② 대부분의 토지가 등록전환되어 나머지 토지를 계속 임야도에 존치하는 것이 불합리한 경우-지목변경 없이 등록전환 ③ 임야도에 등록된 토지가 사실상 형질변경되었으나 지목변경을 할 수 없는 경우-지목변경 없이 등록전환 ④ 도시관리계획선에 따라 토지를 분할하는 경우-지목변경 없이 등록전환	60일	① 등록전환측량성과도 ② 관계법령에 따라 토지의 형질변경등의 공사가 준공되었음을 증명하는 서류의 사본
분할	① 1필지의 일부가 형질변경 등으로 용도가 변경된 경우 ② 소유권 이전, 매매 등을 위하여 필요한 경우 ③ 토지이용상 불합리한 지상경계를 시정하기 위한 경우	60일	① 분할측량성과도 ② 분할사유에 관한 서류 • 분할허가대상인 토지의 경우에는 그 허가서 사본 • 법원의 확정판결에 따라 분할하는 경우에는 확정판결서 정본 또는 사본
합병	①「주택법」에 따른 공동주택의 부지 ② 도로·하천·제방·구거·유지·공장용지·학교용지·철도용지·수도용지·공원·체육용지 등 다른 지목의 토지로서 연접하여 있으나 구획 내에 2필지 이상으로 등록된 토지	60일	첨부서류 없음

구분	대상 토지	신청기한	첨부서류
지목 변경	① 국토의 계획 및 이용에 관한 법률 등 관계법령에 따른 토지의 형질변경 등의 공사가 준공된 경우 ② 토지나 건축물의 용도가 변경된 경우 ③ 도시개발사업 등의 원활한 추진을 위하여 사업시행자가 공사 준공 전에 토지의 합병을 신청하는 경우	60일	① 관계법령에 따라 토지의 형질변경 등의 공사가 준공되었음을 증명하는 서류의 사본 ② 국유지·공유지의 경우에는 용도폐지 되었거나 사실상 공공용으로 사용되고 있지 아니함을 증명하는 서류의 사본 ③ 토지 또는 건축물의 용도가 변경되었음을 증명하는 서류의 사본
등록 사항 정정	① 지적공부의 등록사항에 잘못이 있는 토지 ② 지적소관청이 직권으로 정정 　가. 토지이동정리결의서의 내용과 다르게 정리된 경우 　나. 지적도 및 임야도에 등록된 필지가 면적의 증감 없이 경계의 위치만 잘못된 경우 　다. 1필지가 각각 다른 지적도나 임야도에 등록되어 있는 경우로서 지적공부에 등록된 면적과 측량한 실제 면적은 일치하지만 지적도나 임야도에 등록된 경계가 서로 접합되지 않아 지적도나 임야도에 등록된 경계를 지상의 경계에 맞추어 정정하여야 하는 토지가 발견된 경우 　라. 지적공부의 작성 또는 재작성 당시 잘못 정리된 경우 　마. 지적측량성과와 다르게 정리된 경우 　바. 지적위원회의 의결에 의하여 지적공부의 등록사항을 정정하여야 하는 경우 　사. 지적공부의 등록사항이 잘못 입력된 경우 　아. 부동산등기법에 따른 통지가 있는 경우 　자. 면적 환산 시 잘못된 경우	신청기한 없음	① 경계 또는 면적의 변경을 가져오는 경우 　• 등록사항정정측량성과도 ② 그 밖의 등록사항을 정정하는 경우 　• 변경사항을 확인할 수 있는 서류

구분	대상 토지	신청기한	첨부서류
도시 개발 사업 등	① 「도시개발법」에 따른 도시개발사업 ② 「농어촌정비법」에 따른 농어촌정비사업 ③ 「주택법」에 따른 주택건설사업 ④ 「택지개발촉진법」에 따른 택지개발사업 ⑤ 「산업입지 및 개발에 관한 법률」에 따른 산업단지개발사업 ⑥ 「도시 및 주거환경정비법」에 따른 정비 사업 ⑦ 「지역균형개발 및 지방중소기업 육성에 관한 법률」에 따른 지역개발사업 ⑧ 「체육시설의 설치·이용에 관한 법률」에 따른 체육시설 설치를 위한 토지개발사업 ⑨ 「관광진흥법」에 따른 관광단지 개발사업 ⑩ 「공유수면매립법」에 따른 매립사업 ⑪ 「항만법」 및 「신항만건설촉진법」에 따른 항만개발사업 ⑫ 「보금자리주택건설 등에 관한 특별법」에 따른 보금자리주택지구 조성사업 ⑬ 「물류시설의 개발 및 운영에 관한 법률」 및 「경제자유구역의 지정 및 운영에 관한 특별법」에 따른 개발사업 ⑭ 그 밖에 위의 사업과 유사한 경우로서 국토교통부장관이 인정하는 토지개발사업	15일	① 사업의 착수·변경신고 　• 사업인가서 　• 지번별조서 　• 사업계획도 ② 사업의 완료신고 　• 확정될 토지의 지번별조서 및 종전토지의 지번별조서 　• 환지처분과 같은 효력이 있는 고시된 환지계획서. 다만, 환지를 수반하지 아니하는 사업인 경우에는 사업의 완료를 증명하는 서류 　• 측량부, 측량결과도, 면적측정부등 측량성과 　• 기타 부대서류

▼ 토지이동 등에 따른 경계 · 면적 · 소유자 등의 결정방법

구분	결정사항	소유자	측량 여부
신규등록	지번 · 지목 · 면적 · 경계 또는 좌표	지적소관청이 조사 결정	측량수반
등록전환	지번 · 지목 · 면적 · 경계 또는 좌표	변동 없음	측량수반
분할	지번(분할 후 필지) · 지목 · 면적 · 경계 또는 좌표	변동 없음	측량수반
합병	지번(종전 토지지번 중 선지번) · 지목 · 면적 · 경계 또는 좌표	변동 없음	측량미수반
지목변경	지목	변동 없음	측량미수반
토지구획 정리	지번 · 지목 · 면적 · 경계 또는 좌표	변동 없음 변동 있음 (환지수반)	측량수반
축척변경	지번 · 지목 · 면적 · 경계 또는 좌표	변동 없음	측량수반

6.2.14 등기촉탁

개요	등기촉탁이라 함은 지적공부의 토지의 표시사항(토지의 소재 · 지번 · 지목 · 면적 · 경계 등)을 변경 정리한 경우 토지소유자를 대신하여 지적소관청이 관할등기소에 등기 신청하는 것을 말한다. ▶ 등기촉탁은 국가가 자기를 위하여 하는 등기로 본다.
등기촉탁 대상	① 지적공부의 등록된 토지의 표시사항(토지의 소재 · 지번 · 지목 · 면적 · 경계 등)을 변경 정리한 경우 ② 지번을 변경한 때 ③ 바다로 된 토지를 등록말소한 때 ④ 축척을 변경한 때 ⑤ 행정구역의 개편으로 새로이 지번을 정할 때 ⑥ 직권으로 등록사항을 정정한 때 ▶ 등기촉탁대상 제외 : 신규등록은 토지소유자가 보존등기를 하여야 하므로 등기촉탁의 대상에서 제외된다.
등기촉탁	① 지적소관청은 토지의 표시 변경에 관한 등기를 할 필요가 있는 경우에는 지체 없이 관할 등기관서에 그 등기를 촉탁하여야 한다. 이 경우 등기촉탁은 국가가 국가를 위하여 하는 등기로 본다. ② 지적소관청은 등기관서에 토지표시의 변경에 관한 등기를 촉탁하려는 때에는 토지표시 변경등기 촉탁서에 그 취지를 적고 토지대장 등본 또는 임야대장 등본을 첨부하여야 한다. 다만, 다음의 경우에는 그러하지 아니하다. 　가. 토지대장 등본 또는 임야대장 등본이 필요하지 아니한 경우 　나. 「전자정부법」 제21조 제1항에 따른 행정정보의 공동이용을 통하여 첨부서류에 대한 정보를 확인할 수 있는 경우 ③ 토지표시의 변경에 관한 등기를 촉탁한 때에는 토지표시변경등기 촉탁대장에 그 내용을 적어야 한다.

6.2.15 지적정리 등의 통지

통지대상	지적소관청이 지적공부에 등록하거나 지적공부를 복구 또는 말소하거나 등기촉탁을 하였으면 해당 토지소유자에게 통지하여야 한다. ① 지적소관청이 직권으로 조사 · 측량하여 등록하는 경우 ② 지번 변경 시 ③ 지적공부의 복구 시 ④ 바다로 된 토지를 등록 말소하는 경우 ⑤ 지적소관청의 직권으로 등록사항을 정정하는 경우 ⑥ 행정구역 개편으로 지적소관청이 새로이 지번을 부여한 경우 ⑦ 도시개발사업 등의 신고가 있는 경우 ⑧ 토지소유자가 하여야 하는 신청을 대위한 경우 ⑨ 등기촉탁을 한 때
통지받을 자의 주소나 거소를 알 수 없는 경우	일간신문, 해당 시 · 군 · 구의 공보 또는 인터넷 홈페이지에 공고하여야 한다.
토지소유자에게 지적정리 등을 통지하여야 하는 시기	① 토지의 표시에 관한 변경등기가 필요한 경우 : 그 등기완료의 통지서를 접수한 날부터 15일 이내 ② 토지의 표시에 관한 변경등기가 필요하지 아니한 경우 : 지적공부에 등록한 날부터 7일 이내

제7절 보칙

··7.1 연구·개발의 추진

7.1.1 제도 발전을 위한 시책

국토교통부장관은 공간정보의 구축 및 관리 등 제도의 발전을 위한 다음의 시책을 추진하여야 한다.

① 수치지형, 지적 및 수로정보에 관한 정보화와 표준화

② 정밀측량기기와 조사장비의 개발 또는 검사·교정

③ 지도제작기술의 개발 및 자동화

④ 우주 측지(測地) 기술의 도입 및 활용

⑤ 해양환경과 해저지형의 변화에 관한 조사 및 연구

⑥ 그 밖에 측량, 수로조사 및 지적제도의 발전을 위하여 필요한 사항으로서 국토교통부장관이 정하여 고시하는 사항

7.1.2 연구

연구 기관	국토교통부장관은 시책에 관한 연구·기술개발 및 교육 등의 업무를 수행하는 연구기관을 설립하거나 다음의 전문기관에 해당 업무를 수행하게 할 수 있다. ① 「정부출연연구기관 등의 설립·운영 및 육성에 관한 법률」 제8조에 따른 정부출연연구기관 및 「과학기술분야 정부출연연구기관 등의 설립·운영 및 육성에 관한 법률」 제8조에 따른 과학기술분야 정부출연연구기관 ② 「고등교육법」에 따라 설립된 대학의 부설연구소 ③ 공간정보산업협회 ④ 해양조사협회 ⑤ 한국국토정보공사
예산 지원	국토교통부장관은 연구기관 또는 관련 전문기관에 예산의 범위에서 연구·기술개발 및 교육 등의 업무를 수행하는 데에 필요한 비용의 전부 또는 일부를 지원할 수 있다.
국제 협력	국토교통부장관은 공간정보의 구축 및 관리 등에 관한 정보 생산과 서비스 기술을 향상시키기 위하여 관련 국제기구 및 국가 간 협력 활동을 추진하여야 한다.

···7.2 측량 및 수로조사 분야 종사자의 교육훈련

국토교통부장관은 측량업무 수행능력의 향상을 위하여 측량기술자, 수로기술자, 그 밖에 측량 또는 수로 분야와 관련된 업무에 종사하는 자에 대하여 교육훈련을 실시할 수 있다.

···7.3 보고 및 조사

① 국토교통부장관, 시·도지사 또는 지적소관청은 다음의 어느 하나에 해당하는 경우에는 그 사유를 명시하여 해당 각 호의 자에게 필요한 보고를 하게 하거나 소속 공무원으로 하여금 조사를 하게 할 수 있다.

ⓐ 측량업자, 지적측량수행자 또는 수로사업자가 고의나 중대한 과실로 측량 또는 수로조사를 부실하게 하여 민원을 발생하게 한 경우

ⓑ 판매대행업자가 지정요건을 갖추지 못하였다고 인정되거나 아래 사항을 위반한 경우
   • 판매대행업자는 수로도서지 판매 가격을 준수하고, 최신 항행통보에 따라 수정하여 수로도서지를 보급하여야 한다.

ⓒ 측량업자 또는 수로사업자가 측량업의 등록기준 또는 수로사업의 등록기준에 미달된다고 인정되는 경우

ⓓ 성능검사대행업자가 성능검사를 부실하게 하거나 등록기준에 미달된다고 인정되는 경우

② 위 ①에 따라 조사를 하는 경우에는 조사 3일 전까지 조사 일시·목적·내용 등에 관한 계획을 조사 대상자에게 알려야 한다. 다만, 긴급한 경우나 사전에 조사계획이 알려지면 조사 목적을 달성할 수 없다고 인정하는 경우에는 그러하지 아니하다.

③ 위 ①에 따라 조사를 하는 공무원은 그 권한을 표시하는 증표(현지 조사자 증표)를 지니고 관계인에게 이를 내보여야 한다.

···7.4 청문

국토교통부장관 또는 시·도지사는 다음의 어느 하나에 해당하는 처분을 하려는 경우에는 청문을 하여야 한다.
① 판매대행업자의 지정취소

② 측량업의 등록취소
③ 수로사업의 등록취소
④ 성능검사대행자의 등록취소

‥7.5 토지 등에의 출입 등

토지 등에의 출입 등	이 법에 따라 측량을 하거나, 측량기준점을 설치하거나, 토지의 이동을 조사하는 자는 그 측량 또는 조사 등에 필요한 경우에는 타인의 토지·건물·공유수면 등(이하 "토지 등"이라 한다)에 출입하거나 일시 사용할 수 있으며, 특히 필요한 경우에는 나무, 흙, 돌, 그 밖의 장애물(이하 "장애물"이라 한다)을 변경하거나 제거할 수 있다.
타인 토지의 출입조건	타인의 토지 등에 출입하려는 자는 관할 특별자치도지사, 시장·군수 또는 구청장의 허가를 받아야 하며, 출입하려는 날의 3일 전까지 해당 토지 등의 소유자·점유자 또는 관리인에게 그 일시와 장소를 통지하여야 한다. 다만, 행정청인 자는 허가를 받지 아니하고 타인의 토지 등을 출입할 수 있다.
타인 토지의 일시적 사용 및 장애물의 제거 등	타인의 토지 등을 일시 사용하거나 장애물을 변경 또는 제거하려는 자는 그 소유자·점유자 또는 관리인의 동의를 받아야 한다. 다만, 소유자·점유자 또는 관리인의 동의를 받을 수 없는 경우 행정청인 자는 관할 특별자치도지사, 시장·군수 또는 구청장에게 그 사실을 통지하여야 하며, 행정청이 아닌 자는 미리 관할 특별자치도지사, 시장·군수 또는 구청장의 허가를 받아야 한다.
타인 토지의 출입허가	특별자치도지사, 시장·군수 또는 구청장은 허가를 하려면 미리 그 소유자·점유자 또는 관리인의 의견을 들어야 한다.
타인 토지의 출입통지	토지 등 일시 사용하거나 장애물을 변경 또는 제거하려는 자는 토지 등 사용하려는 날이나 장애물을 변경 또는 제거하려는 날의 3일 전까지 그 소유자·점유자 또는 관리인에게 통지하여야 한다. 다만, 토지 등 소유자·점유자 또는 관리인이 현장에 없거나 주소 또는 거소가 분명하지 아니할 때에는 관할 특별자치도지사, 시장·군수 또는 구청장에게 통지하여야 한다.
타인 토지의 출입제한	해 뜨기 전이나 해가 진 후에는 그 토지 등의 점유자의 승낙 없이 택지나 담장 또는 울타리로 둘러싸인 타인의 토지에 출입할 수 없다.
토지소유자의 수인의무	토지 등의 점유자는 정당한 사유 없이 토지출입에 따른 행위를 방해하거나 거부하지 못한다.
증표 제시	• 토지출입에 따른 행위를 하려는 자는 그 권한을 표시하는 증표(측량·수로조사자 신분증표)와 허가증(측량·수로조사 허가증)을 지니고 관계인에게 이를 내보여야 한다. • 증표와 허가증의 발급 • 증표와 허가증은 각각 관할 특별자치도지사, 시장·군수 또는 구청장이 발급한다.

···7.6 토지 등의 출입에 따른 손실보상

7.6.1 손실보상 대상 및 범위

손실보상 대상	다음 행위로 손실을 받은 자가 있으면 그 행위를 한 자는 그 손실을 보상하여야 한다. ① 타인의 토지·건축물 또는 구조물 등에 측량기준점 표지를 설치한 경우 ② 측량 또는 수로조사를 하거나, 측량기준점을 설치하거나, 토지의 이동을 조사하는 자가 그 측량 또는 조사 등에 필요한 경우에는 타인의 토지 등에 출입·일시적인 사용·필요한 경우로서 나무, 흙, 돌, 그 밖의 장애물(이하 "장애물"이라 한다)을 변경하거나 제거한 경우
손실 보상자	손실을 받은 자가 있으면 그 행위를 한 자는 그 손실을 보상해야 한다.
손실보상 범위	손실보상은 토지, 건물, 나무, 그 밖의 공작물 등의 임대료·거래가격·수익성 등을 고려한 적정 가격으로 하여야 한다.

7.6.2 손실보상액 결정 및 이의신청 등

보상액 결정	손실보상에 관하여는 손실을 보상할 자와 손실을 받은 자가 협의하여야 한다.
협의가 성립되지 않은 경우	손실을 보상할 자 또는 손실을 받은 자는 협의가 성립되지 아니하거나 협의를 할 수 없는 경우에는 관할 토지수용위원회에 재결(裁決)을 신청할 수 있다.
재결 신청	재결을 신청하려는 자는 다음의 사항을 적은 재결신청서를 관할 토지수용위원회에 제출하여야 한다. ① 재결의 신청자와 상대방의 성명 및 주소 ② 측량의 종류 ③ 손실 발생 사실 ④ 보상받으려는 손실액과 그 명세 ⑤ 협의의 내용
재결에 관한 사항	관할 토지수용위원회의 재결에 관하여는 「공익사업을 위한 토지 등의 취득 및 보상에 관한 법률」 제84조부터 제88조까지의 규정을 준용한다.
재결의 불복	재결에 불복하는 자는 재결서 정본(正本)을 송달받은 날부터 30일 이내에 중앙토지수용위원회에 이의를 신청할 수 있다. 이 경우 그 이의신청은 해당 지방토지수용위원회를 거쳐야 한다.

···7.7 토지의 수용 또는 사용

① 국토교통부장관은 기본측량을 실시하기 위하여 필요하다고 인정하는 경우에는 토지, 건물, 나무, 그 밖의 공작물을 수용하거나 사용할 수 있다.
② 수용 또는 사용 및 이에 따른 손실보상에 관하여는 「공익사업을 위한 토지 등의 취득 및 보상에 관한 법률」을 적용한다.

···7.8 수수료

다음의 어느 하나에 해당하는 신청 등을 하는 자는 국토교통부령으로 정하는 바에 따라 수수료를 내야 한다.

7.8.1 수수료 면제

다음의 경우에는 수수료를 면제할 수 있다. 다만, 다음 ③의 경우에는 협정에서 정하는 바에 따라 면제 또는 경감한다.
① 다음의 신청자가 국가, 지방자치단체 또는 지적측량수행자인 경우
　　가. 지적공부의 열람 및 등본 발급 신청
② 다음의 신청자가 국가 또는 지방자치단체인 경우
　　가. 신규등록 신청, 등록전환 신청, 분할 신청, 합병 신청, 지목변경 신청, 바다로 된 토지의 등록말소 신청, 축척변경 신청, 등록사항의 정정 신청 또는 도시개발사업 등 시행지역의 토지이동 신청
③ 신청자가 우리나라 정부와 협정을 체결한 외국정부인 경우

7.8.2 수수료 납부방법

① 수수료는 수입인지, 수입증지 또는 현금으로 내야 한다. 다만, 성능검사대행자가 하는 성능검사 수수료와 공간정보산업협회 등에 위탁된 업무의 수수료는 현금으로 내야 한다.
② 국토교통부장관, 국토지리정보원장, 국립해양조사원장, 시·도지사 및 지적소관청은 정보통신망을 이용하여 전자화폐·전자결제 등의 방법으로 수수료를 내게 할 수 있다.

7.8.3 지적측량수수료

지적측량을 의뢰하는 자는 국토교통부령으로 정하는 바에 따라 지적측량수행자에게 지적측량수수료를 내야 한다.

지적측량수수료의 고시	지적측량수수료는 국토교통부장관이 매년 12월 말일까지 고시하여야 한다. ▶ 지적측량수수료 고시(국토교통부)
지적측량수수료의 산정기준	① 지적측량수수료는 국토교통부장관이 고시하는 표준품셈 중 지적측량품에 지적기술자의 정부노임단가를 적용하여 산정한다. ② 지적측량 종목별 지적측량수수료의 세부 산정기준 등에 필요한 사항은 국토교통부장관이 정한다. ▶ 지적측량수수료 산정기준 등에 관한 규정
지적측량수수료의 징수	① 지적소관청이 직권으로 조사·측량하여 지적공부를 정리한 경우에는 그 조사·측량에 들어간 비용을 토지소유자로부터 징수한다. 다만, 지적공부를 등록말소한 경우에는 그러하지 아니하다. ② 수수료는 지적공부를 정리한 날부터 30일 내에 내야 한다.
미납 시 수수료 징수	수수료를 정하는 기간 내에 내지 아니하면 국세 또는 지방세 체납처분의 예에 따라 징수한다.

▪▪7.9 측량기기 성능검사

7.9.1 측량기기의 검사

① 측량업자는 트랜싯, 레벨, 그 밖에 대통령령으로 정하는 측량기기에 대하여 5년의 범위에서 대통령령으로 정하는 기간마다 국토교통부장관이 실시하는 성능검사를 받아야 한다. 다만, 「국가표준기본법」에 따라 국가교정업무 진담기관의 교정검사를 받은 측량기기로서 국토교통부장관이 성능검사 기준에 적합하다고 인정한 경우에는 성능검사를 받은 것으로 본다.

② 한국국토정보공사는 성능검사를 위한 적합한 시설과 장비를 갖추고 자체적으로 검사를 실시하여야 한다.

③ 성능검사대행자로 등록한 자는 국토교통부장관의 성능검사업무를 대행할 수 있다.

④ 성능검사의 기준, 방법 및 절차 등에 필요한 사항은 국토교통부령으로 정한다.

7.9.2 성능검사의 대상 및 주기

검사 대상	검사주기
트랜싯(데오돌라이트)	3년
레벨	
거리측정기	
토털 스테이션	
지피에스(GPS) 수신기	
금속관로 탐지기	

• 성능검사(신규 성능검사는 제외한다)는 성능검사 유효기간 만료일 2개월 전부터 유효기간 만료일까지의 기간에 받아야 한다.

• 성능검사의 유효기간은 종전 유효기간 만료일의 다음 날부터 기산(起算)한다. 다만, 기간 외의 기간에 성능검사를 받은 경우에는 그 검사를 받은 날의 다음 날부터 기산한다.

제8절 벌칙

••• 8.1 벌칙(법률 제109조)

3년 이하의 징역 또는 3천만 원 이하의 벌금	측량업자로서 속임수, 위력(威力), 그 밖의 방법으로 측량업과 관련된 입찰의 공정성을 해친 자는 3년 이하의 징역 또는 3천만 원 이하의 벌금에 처한다.
2년 이하의 징역 또는 2천만 원 이하의 벌금	다음의 어느 하나에 해당하는 자는 2년 이하의 징역 또는 2천만 원 이하의 벌금에 처한다. ① 측량기준점표지를 이전 또는 파손하거나 그 효용을 해치는 행위를 한 자 ② 고의로 측량성과를 사실과 다르게 한 자 ③ 측량성과를 국외로 반출한 자 ④ 측량업의 등록을 하지 아니하거나 거짓이나 그 밖의 부정한 방법으로 측량업의 등록을 하고 측량업을 한 자 ⑤ 성능검사를 부정하게 한 성능검사대행자 ⑥ 성능검사대행자의 등록을 하지 아니하거나 거짓이나 그 밖의 부정한 방법으로 성능검사대행자의 등록을 하고 성능검사업무를 한 자
1년 이하의 징역 또는 1천만 원 이하의 벌금	다음의 어느 하나에 해당하는 자는 1년 이하의 징역 또는 1천만 원 이하의 벌금에 처한다. ① 무단으로 측량성과 또는 측량기록을 복제한 자 ② 심사를 받지 아니하고 지도 등을 간행하여 판매하거나 배포한 자 ③ 측량기술자가 아님에도 불구하고 측량을 한 자 ④ 업무상 알게 된 비밀을 누설한 측량기술자 ⑤ 둘 이상의 측량업자에게 소속된 측량기술자 ⑥ 다른 사람에게 측량업등록증 또는 측량업등록수첩을 빌려주거나 자기의 성명 또는 상호를 사용하여 측량업무를 하게 한 자 ⑦ 다른 사람의 측량업등록증 또는 측량업등록수첩을 빌려서 사용하거나 다른 사람의 성명 또는 상호를 사용하여 측량업무를 한 자 ⑧ 지적측량수수료 외의 대가를 받은 지적측량기술자 ⑨ 거짓으로 다음의 신청을 한 자 　가. 신규등록 신청　　　　　나. 등록전환 신청 　다. 분할 신청　　　　　　　라. 바다로 된 토지의 등록말소 합병 신청 　마. 지목변경 신청　　　　　바. 바다로 된 토지의 등록말소 신청 　사. 축척변경 신청　　　　　아. 등록사항의 정정 신청 　자. 도시개발사업 등 시행지역의 토지이동 신청 ⑩ 다른 사람에게 자기의 성능검사대행자 등록증을 빌려 주거나 자기의 성명 또는 상호를 사용하여 성능검사대행업무를 수행하게 한 자 ⑪ 다른 사람의 성능검사대행자 등록증을 빌려서 사용하거나 다른 사람의 성명 또는 상호를 사용하여 성능검사대행업무를 수행한 자

양벌규정	법인의 대표자나 법인 또는 개인의 대리인, 사용인, 그 밖의 종업원이 그 법인 또는 개인의 업무에 관하여 벌칙의 어느 하나에 해당하는 위반행위를 하면 그 행위자를 벌하는 외에 그 법인 또는 개인에게도 해당 조문의 벌금형을 과(科)한다. 다만, 법인 또는 개인이 그 위반행위를 방지하기 위하여 해당 업무에 관하여 상당한 주의와 감독을 게을리하지 아니한 경우에는 그러하지 아니하다.

••8.2 과태료(영 제105조)

8.2.1 과태료(법률 제111조(과태료))

① 다음 각 호의 어느 하나에 해당하는 자에게는 300만원 이하의 과태료를 부과한다. 〈개정 2013.3.23.〉

1. 정당한 사유 없이 측량을 방해한 자
2. 제13조 제4항을 위반하여 고시된 측량성과에 어긋나는 측량성과를 사용한 자
3. 제31조 제2항을 위반하여 수로조사를 하지 아니한 자
4. 정당한 사유 없이 해양수산부장관이 제32조에 따라 공고한 수로조사를 방해한 자
5. 정당한 사유 없이 제33조 제1항을 위반하여 수로조사성과를 제출하지 아니한 자
6. 제35조 제5항을 위반하여 판매가격을 준수하지 아니하고 수로도서지를 판매하거나 최신 항행통보에 따라 수정되지 아니한 수로도서지를 보급한 자
7. 제40조 제1항(제43조 제3항에 따라 준용되는 경우를 포함한다)을 위반하여 거짓으로 측량기술자 또는 수로기술자의 신고를 한 자
8. 제44조 제4항을 위반하여 측량업 등록사항의 변경신고를 하지 아니한 자
9. 제46조 제2항(제54조 제6항에 따라 준용되는 경우를 포함한다)을 위반하여 측량업자 또는 수로사업자의 지위 승계 신고를 하지 아니한 자
10. 제48조(제54조 제6항에 따라 준용되는 경우를 포함한다)를 위반하여 측량업 또는 수로사업의 휴업·폐업 등의 신고를 하지 아니하거나 거짓으로 신고한 자
11. 제50조 제2항을 위반하여 본인, 배우자 또는 직계 존속·비속이 소유한 토지에 대한 지적측량을 한 자
12. 제54조 제4항을 위반하여 수로사업 등록사항의 변경신고를 하지 아니한 자
13. 제92조 제1항을 위반하여 측량기기에 대한 성능검사를 받지 아니하거나 부정한 방법으로 성능검사를 받은 자
14. 제93조 제1항을 위반하여 성능검사대행자의 등록사항 변경을 신고하지 아니한 자
15. 제93조 제3항을 위반하여 성능검사대행업무의 폐업신고를 하지 아니한 자

16. 정당한 사유 없이 제99조 제1항에 따른 보고를 하지 아니하거나 거짓으로 보고를 한 자

17. 정당한 사유 없이 제99조 제1항에 따른 조사를 거부 · 방해 또는 기피한 자

18. 정당한 사유 없이 제101조 제7항을 위반하여 토지 등에의 출입 등을 방해하거나 거부한 자

② 제1항에 따른 과태료는 대통령령으로 정하는 바에 따라 국토교통부장관, 해양수산부장관, 시 · 도지사 또는 지적소관청이 부과 · 징수한다. 〈개정 2013.3.23.〉

8.2.2 과태료 기준

1. 일반기준

   가. 위반행위의 횟수에 따른 과태료의 부과기준은 최근 5년간 같은 위반행위로 과태료를 부과받은 경우에 적용한다. 이 경우 위반횟수는 같은 위반행위에 대하여 과태료를 부과받은 날과 다시 같은 위반행위로 적발된 날을 기준으로 하여 계산한다.

   나. 하나의 위반행위가 둘 이상의 과태료 부과기준에 해당하는 경우에는 그중 금액이 큰 과태료 부과기준을 적용한다.

   다. 부과권자는 다음의 어느 하나에 해당하는 경우에는 위반행위의 정도, 위반행위의 동기와 그 결과 등을 고려하여 제2호에 따른 과태료 금액의 2분의 1의 범위에서 그 금액을 줄일 수 있다. 다만, 과태료를 체납하고 있는 위반행위자에 대해서는 그러하지 아니하다.

      1) 위반행위자가 「질서위반행위규제법 시행령」 제2조의2 제1항 각 호의 어느 하나에 해당하는 경우

      2) 위반행위가 사소한 부주의나 오류로 인한 것으로 인정되는 경우

      3) 위반행위자가 법 위반상태를 시정하거나 해소하기 위하여 노력한 것이 인정되는 경우

      4) 그 밖에 위반행위의 정도, 위반행위의 동기와 그 결과 등을 고려하여 그 금액을 줄일 필요가 있다고 인정되는 경우

   라. 부과권자는 다음의 어느 하나에 해당하는 경우에는 제2호에 따른 과태료 금액의 2분의 1 범위에서 그 금액을 늘릴 수 있다. 다만, 늘리는 경우에도 과태료의 총액은 법 제111조 제1항에 따른 과태료 금액의 상한을 넘을 수 없다.

      1) 위반의 내용 · 정도가 중대하여 이해관계인 등에게 미치는 피해가 크다고 인정되는 경우

      2) 법 위반상태의 기간이 6개월 이상인 경우

2. 개별 기준

▼ 과태료의 부과기준

(단위 : 만 원)

위반행위	근거 법조문	과태료 금액		
		1차	2차	3차 이상
가. 정당한 사유 없이 측량을 방해한 경우	법 제111조 제1항 제1호	25	50	100
나. 법 제13조 제4항을 위반하여 고시된 측량성과에 어긋나는 측량성과를 사용한 경우	법 제111조 제1항 제2호	37	75	150
다. 법 제31조 제2항을 위반하여 수로조사를 하지 않은 경우	법 제111조 제1항 제3호	75	150	300
라. 정당한 사유 없이 해양수산부장관이 법 제32조에 따라 공고한 수로조사를 방해한 경우	법 제111조 제1항 제4호	50	100	200
마. 정당한 사유 없이 법 제33조 제1항을 위반하여 수로조사성과를 제출하지 않은 경우	법 제111조 제1항 제5호	25	50	100
바. 법 제35조 제5항을 위반하여 판매가격을 준수하지 않고 수로도서지를 판매하거나 최신 항행통보에 따라 수정되지 않은 수로도서지를 보급한 경우	법 제111조 제1항 제6호	25	50	100
사. 법 제40조 제1항(법 제43조 제3항에 따라 준용되는 경우를 포함한다)을 위반하여 거짓으로 측량기술자 또는 수로기술자의 신고를 한 경우	법 제111조 제1항 제7호	6	12	25
아. 법 제44조 제4항을 위반하여 측량업 등록사항의 변경신고를 하지 않은 경우	법 제111조 제1항 제8호	7	15	30
자. 법 제46조 제2항(법 제54조 제6항에 따라 준용되는 경우를 포함한다)을 위반하여 측량업 또는 수로사업자의 지위 승계 신고를 하지 않은 경우	법 제111조 제1항 제9호		50	
차. 법 제48조(법 제54조 제6항에 따라 준용되는 경우를 포함한다)를 위반하여 측량업 또는 수로사업의 휴업·폐업 등의 신고를 하지 않거나 거짓으로 신고한 경우	법 제111조 제1항 제10호		30	
카. 법 제50조 제2항을 위반하여 본인, 배우자 또는 직계 존속·비속이 소유한 토지에 대한 지적측량을 한 경우	법 제111조 제1항 제11호	10	20	40
타. 법 제54조 제4항을 위반하여 수로사업 등록사항의 변경신고를 하지 않은 경우	법 제111조 제1항 제12호	7	15	30

위반행위	근거 법조문	과태료 금액		
		1차	2차	3차 이상
파. 법 제92조 제1항을 위반하여 측량기기에 대한 성능검사를 받지 않거나 부정한 방법으로 성능검사를 받은 경우	법 제111조 제1항 제13호	25	50	100
하. 법 제93조 제1항을 위반하여 성능검사대행자의 등록사항 변경을 신고하지 않은 경우	법 제111조 제1항 제14호	6	12	25
거. 법 제93조 제3항을 위반하여 성능검사대행 업무의 폐업신고를 하지 않은 경우	법 제111조 제1항 제15호	25		
너. 정당한 사유 없이 법 제99조 제1항에 따른 보고를 하지 않거나 거짓으로 보고를 한 경우	법 제111조 제1항 제16호	25	50	100
더. 정당한 사유 없이 법 제99조 제1항에 따른 조사를 거부 · 방해 또는 기피한 경우	법 제111조 제1항 제17호	25	50	100
러. 정당한 사유 없이 법 제101조 제7항을 위반하여 토지 등에의 출입 등을 방해하거나 거부한 경우	법 제111조 제1항 제18호	25	50	100

01 지적측량업의 등록을 위한 지적측량업자의 결격사유에 해당되는 것은? 15①산

① 파산자라서 복권된 자

② 지적측량업의 등록이 취소된 후 2년이 경과되지 않은 자

③ 형의 집행유예 선고를 받고 그 유예기간이 경과된 자

④ 금고 이상의 실형을 선고받고 그 집행이 면제된 날부터 3년이 경과된 자

●해설

공간정보의 구축 및 관리 등에 관한 법률 제47조(측량업등록의 결격사유)

다음 각 호의 어느 하나에 해당하는 자는 측량업의 등록을 할수 없다.

1. 피성년후견인 또는 피한정후견인

2. 이 법이나 「국가보안법」 또는 「형법」 제87조부터 제104조까지의 규정을 위반하여 금고 이상의 실형을 선고받고 그 집행이 끝나거나(집행이 끝난 것으로 보는 경우를 포함한다) 집행이 면제된 날부터 2년이 지나지 아니한 자

3. 이 법이나 「국가보안법」 또는 「형법」 제87조부터 제104조까지의 규정을 위반하여 금고 이상의 형의 집행유예를 선고받고 그 집행유예기간 중에 있는 자

4. 제52조에 따라 측량업의 등록이 취소된 후 2년이 지나지 아니한 자

5. 임원 중에 제1호부터 제4호까지의 어느 하나에 해당하는 자가 있는 법인

02 도시개발사업 등의 완료신고가 있는 때의 처리사항으로 틀린 것은? 15①산

① 첨부서류인 종전토지의 지번별조서와 면적측정부 및 환지계획서의 부합 여부를 확인하여야 한다.

② 완료신고에 대한 서류의 확인이 완료된 때에는 확정될 토지의 지번별조서에 의하여 토지대장을 작성하여야 한다.

③ 완료신고에 대한 서류의 확인이 완료된 때에는 토지대장에 등록하는 소유자의 성명 또는 명칭과 등록번

호 및 주소는 환지계획서에 의하여야 한다.

④ 첨부서류인 측량결과도 또는 경계점좌표와 새로이 작성된 지적도의 부합 여부를 확인하여야 한다.

●해설

도시개발사업 등 시행지역의 토지이동신청에 관한 특례

첨부서류의 확인	• 확정될 토지의 지번별 조서와 면적측정부 및 환지계획서의 부합 여부 • 종전토지의 지번별 조서와 지적공부등록사항 및 환지계획서의 부합 여부 • 측량결과도 또는 경계점좌표와 새로이 작성된 지적도와의 부합 여부 • 그 밖에 필요한 사항
지적공부 정리	첨부서류의 확인이 완료된 때에는 확정될 토지의 지번별 조서에 의하여 토지대장을, 측량성과에 의하여 경계점좌표등록부 등을 작성한다. • 토지대장에 등록하는 소유자의 성명 또는 명칭과 등록번호 및 주소는 환지계획서에 의한다. • 소유자변동일자 : 환지처분 또는 사업 준공인가일자(환지처분을 아니하는 경우에 한한다) • 소유자변동원인 : 환지 또는 종전토지의 최종변동원인(환지처분을 아니하는 경우에 한한다)
확정시행 게시	지적공부의 작성이 완료된 때에는 새로이 지적공부가 확정 시행된다는 뜻을 7일 이상 시(구를 두는 특별시 · 광역시 및 시에 있어서는 구를 말한다) · 군의 게시판 또는 홈페이지 등에 게시한다.
폐쇄지적공부 보관	도시개발사업 등의 완료로 인하여 폐쇄되는 지적공부는 폐쇄사유를 그 지적공부에 정리하고 이를 별도로 영구 보관한다.

03 사용자권한 등록파일에 등록하는 사용자번호 및 비밀번호에 대한 설명으로 틀린 것은? 15①산

① 사용자번호는 사용자권한 등록관리청별로 일련번호로 부여하여야 하며, 수시로 사용자번호를 변경하며 관리하여야 한다.

② 사용자권한 등록관리청은 사용자가 다른 사용권한 등록관리청으로 소속이 변경되거나 퇴직 등을 한 경우에는 사용자번호를 따로 관리하여 사용자의 책임을 명백히 할 수 있도록 하여야 한다.

③ 사용자의 비밀번호는 6~16자리까지의 범위에서 사용자가 정하여 사용한다.

④ 사용자의 비밀번호는 다른 사람에게 누설하여서는 아니 되며, 사용자는 비밀번호가 누설되거나 누설될 우려가 있는 때에는 즉시 이를 변경하여야 한다.

◉해설

지적전산 정보 시스템 담당자의 등록	① 국토교통부장관, 시·도지사 및 지적소관청("사용자권한 등록관리청"이라 한다)은 지적공부정리 등을 전산정보처리시스템으로 처리하는 담당자("사용자"라 한다)를 사용자권한 등록파일에 등록하여 관리하여야 한다. ② 지적전산처리용 단말기를 설치한 기관의 장은 그 소속공무원을 사용자로 등록하려는 때에는 지적전산시스템 사용자권한 등록신청서를 해당 사용자권한 등록관리청에 제출하여야 한다. ③ 신청을 받은 사용자권한 등록관리청은 신청 내용을 심사하여 사용자권한 등록파일에 사용자의 이름 및 권한과 사용자번호 및 비밀번호를 등록하여야 한다. ④ 사용자권한 등록관리청은 사용자의 근무지 또는 직급이 변경되거나 사용자가 퇴직 등을 한 경우에는 사용자권한 등록내용을 변경하여야 한다. 이 경우 사용자권한 등록변경절차에 관하여는 ② 및 ③을 준용한다.
사용자 번호	① 사용자권한 등록파일에 등록하는 사용자번호는 사용자권한 등록관리청별로 일련번호로 부여하여야 하며, 한 번 부여된 사용자번호는 변경할 수 없다. ② 사용자권한 등록관리청은 사용자가 다른 사용자권한 등록관리청으로 소속이 변경되거나 퇴직 등을 한 경우에는 사용자번호를 따로 관리하여 사용자의 책임을 명백히 할 수 있도록 하여야 한다.
비밀번호	① 사용자의 비밀번호는 6~16자리까지의 범위에서 사용자가 정하여 사용한다. ② 사용자의 비밀번호는 다른 사람에게 누설하여서는 아니 되며, 사용자는 비밀번호가 누설되거나 누설될 우려가 있는 때에는 즉시 이를 변경하여야 한다.

04 1필지 획정에 있어 주된 토지에 편입할 수 있는 토지에 관한 설명 중 옳지 않은 것은? 15①산

① 종된 토지의 지목이 '대'이어야 한다.

② 종된 토지의 면적이 주된 토지의 면적이 10% 이내여야 한다.

③ 종된 토지의 면적이 330m² 이하여야 한다.

④ 주된 토지의 편의를 위하여 설치된 도로·구거는 주된 용도의 토지에 편입하여 1필지로 할 수 있다.

◉해설

주된 용도의 토지에 편입할 수 있는 토지(양입지)

지번부여지역 및 소유자·용도가 동일하고 지반이 연속된 경우 등 1필지로 정할 수 있는 기준에 적합하나 토지의 일부분의 용도가 다른 경우 주지목추종의 원칙에 의하여 주된 용도의 토지에 편입하여 1필지로 정할 수 있다.

대상토지	• 주된 용도의 토지 편의를 위하여 설치된 도로·구거(溝渠 : 도랑) 등의 부지 • 주된 용도의 토지에 접속하거나 주된 용도의 토지로 둘러싸인 토지로서 다른 용도로 사용되고 있는 토지
주된용도의 토지에 편입할 수 없는 토지	• 종된 토지의 지목이 대인 경우 • 종된 용도의 토지 면적이 주된 용도의 토지 면적의 10%를 초과하는 경우 • 종된 용도의 토지 면적이 330제곱미터를 초과하는 경우

05 다음 중 축척변경에 대한 설명으로 틀린 것은? 15①산

① 축척변경위원회는 청산금의 이의신청에 관한 사항 등을 심의·의결한다.

② 작은 축척을 큰 축척으로 변경하여 등록하는 것을 말한다.

③ 임야도 축척에서 지적도 축척으로 옮겨 등록하는 것을 의미한다.

④ 축척변경을 시행하고자 할 경우에는 시·도지사의 승인을 받아야 한다.

◉해설

축척변경

지적도에 등록된 경계점의 정밀도를 높이기 위하여 작은 축척을 큰 축척으로 변경하여 등록하는 것을 말한다.

축척변경 시행자	지적소관청이 시행한다.
축척변경 위원회	축척변경에 관한 사항을 심의·의결하기 위하여 지적소관청에 축척변경위원회를 둔다.
축척변경 대상 (사유)	지적소관청은 지적도가 다음의 어느 하나에 해당하는 경우에는 토지소유자의 신청 또는 지적소관청의 직권으로 일정한 지역을 정하여 그 지역의 축척을 변경할 수 있다. • 잦은 토지의 이동으로 1필지의 규모가 작아서 소축척으로는 지적측량성과의 결정이나 토지의 이동에 따른 정리를 하기가 곤란한 경우 • 하나의 지번부여지역에 서로 다른 축척의 지적도가 있는 경우 • 그 밖에 지적공부를 관리하기 위하여 필요하다고 인정되는 경우
축척변경 승인	지적소관청은 축척변경을 하려면 축척변경 시행지역의 토지소유자 3분의 2 이상의 동의를 받아 축척변경위원회의 의결을 거친 후 시·도지사 또는 대도시 시장의 승인을 받아야 한다.

06 현행 공간정보의 구축 및 관리 등에 관한 법령에 규정된 지번의 부여방법에 대한 설명으로 틀린 것은?

15①산

① 지번은 북서에서 남동으로 순차적으로 부여한다.
② 등록전환의 경우에는 그 지번부여지역에서 인접토지의 본번에 부번을 붙여서 설정한다.
③ 분할의 경우에는 분할 전 필지의 지번은 말소하고 분할 후의 필지는 분할 전 지번의 본번에 부번을 붙여 부여한다.
④ 합병의 경우에는 합병 전 지번 중 선순위의 것을 그 지번으로 하되, 합병 전 지번 중 본번만으로 된 지번이 있을 때에는 본번 중 선순위의 것을 그 지번으로 한다.

◀해설▶

지번부여 기준
• 지번은 지적소관청이 지번부여지역별로 차례대로 부여한다.
• 지번은 북서에서 남동으로 순차적으로 부여한다.
• 분할 후의 필지 중 1필지의 지번은 분할 전의 지번으로 하고, 나머지 필지의 지번은 본번의 최종 부번 다음 순번으로 부번을 부여한다.

• 합병 대상 지번 중 선순위의 지번을 그 지번으로 하되, 본번으로 된 지번이 있을 때에는 본번 중 선순위의 지번을 합병 후의 지번으로 한다.
• 신규등록·등록전환의 경우 지번부여지역에서 인접토지의 본번에 부번을 붙여서 지번을 부여하여야 한다.

07 지적소관청이 등록사항을 정정할 때 토지소유자에 관한 사항은 다음 중 무엇에 의하여 정정하여야 하는가?

15②산

① 등기필증
② 지적공부등본
③ 법원의 확정판결서
④ 지적공부정리결의서

◀해설▶

공간정보의 구축 및 관리 등에 관한 법률 제84조(등록사항의 정정)
① 토지소유자는 지적공부의 등록사항에 잘못이 있음을 발견하면 지적소관청에 그 정정을 신청할 수 있다.
② 지적소관청은 지적공부의 등록사항에 잘못이 있음을 발견하면 대통령령으로 정하는 바에 따라 직권으로 조사·측량하여 정정할 수 있다.
③ 제1항에 따른 정정으로 인접 토지의 경계가 변경되는 경우에는 다음 각 호의 어느 하나에 해당하는 서류를 지적소관청에 제출하여야 한다.
  1. 인접 토지소유자의 승낙서
  2. 인접 토지소유자가 승낙하지 아니하는 경우에는 이에 대항할 수 있는 확정판결서 정본(正本)
④ 지적소관청이 제1항 또는 제2항에 따라 등록사항을 정정할 때 그 정정사항이 토지소유자에 관한 사항인 경우에는 등기필증, 등기완료통지서, 등기사항증명서 또는 등기관서에서 제공한 등기전산정보자료에 따라 정정하여야 한다. 다만, 제1항에 따라 미등기 토지에 대하여 토지소유자의 성명 또는 명칭, 주민등록번호, 주소 등에 관한 사항의 정정을 신청한 경우로서 그 등록사항이 명백히 잘못된 경우에는 가족관계 기록사항에 관한 증명서에 따라 정정하여야 한다. 〈개정 2011.4.12〉

08 중앙지적위원회의 설명으로 옳은 것은? 15②산

① 중앙지적위원회 위원장은 국토교통부 지적업무 담당 국장이다.
② 중앙지적위원회 위원 수는 5명 이상 20명 이하이다.
③ 중앙지적위원회는 위원장 1명과 부위원장 2명을 포함하여야 한다.
④ 중앙지적위원회의 위원을 위촉할 수 있는 자는 중앙지적위원회 위원장이다.

● 해설

공간정보의 구축 및 관리 등에 관한 법률 시행령 제20조(중앙지적위원회의 구성 등)
① 법 제28조 제1항에 따른 중앙지적위원회는 위원장 1명과 부위원장 1명을 포함하여 5명 이상 10명 이하의 위원으로 구성한다.
② 위원장은 국토교통부의 지적업무 담당 국장이, 부위원장은 국토교통부의 지적업무 담당 과장이 된다.
③ 위원은 지적에 관한 학식과 경험이 풍부한 사람 중에서 국토교통부장관이 임명하거나 위촉한다.
④ 위원장 및 부위원장을 제외한 위원의 임기는 2년으로 한다.
⑤ 중앙지적위원회의 간사는 국토교통부의 지적업무 담당 공무원 중에서 국토교통부장관이 임명하며, 회의 준비, 회의록 작성 및 회의 결과에 따른 업무 등 중앙지적위원회의 서무를 담당한다.
⑥ 중앙지적위원회의 위원에게는 예산의 범위에서 출석수당과 여비, 그 밖의 실비를 지급할 수 있다. 다만, 공무원인 위원이 그 소관 업무와 직접적으로 관련되어 출석하는 경우에는 그러하지 아니하다.

09 축척 변경 시 면적 증감에 따른 청산에 관한 설명 중 틀린 것은? 15②산

① 청산금은 축척변경위원회에서 결정한다.
② 청산금 납부고지는 축척변경위원회에서 한다.
③ 청산금은 납부고지를 받은 날로부터 6개월 이내에 납부해야 한다.
④ 면적 증감에 따른 청산금 차액은 지방자치단체 수입 또는 부담으로 한다.

● 해설

공간정보의 구축 및 관리 등에 관한 법률 시행령 제76조(청산금의 납부고지 등)
① 지적소관청은 제75조 제4항에 따라 청산금의 결정을 공고한 날부터 20일 이내에 토지소유자에게 청산금의 납부고지 또는 수령통지를 하여야 한다.
② 제1항에 따른 납부고지를 받은 자는 그 고지를 받은 날부터 6개월 이내에 청산금을 지적소관청에 내야 한다.
③ 지적소관청은 제1항에 따른 수령통지를 한 날부터 6개월 이내에 청산금을 지급하여야 한다.
④ 지적소관청은 청산금을 지급받을 자가 행방불명 등으로 받을 수 없거나 받기를 거부할 때에는 그 청산금을 공탁할 수 있다.
⑤ 지적소관청은 청산금을 내야 하는 자가 제77조 제1항에 따른 기간 내에 청산금에 관한 이의신청을 하지 아니하고 제2항에 따른 기간 내에 청산금을 내지 아니하면 지방세 체납처분의 예에 따라 징수할 수 있다.

10 도시개발법에 따른 도시개발사업으로 인하여 토지의 이동이 필요한 경우, 토지의 이동은 언제 이루어진 것으로 보는가? 15②산

① 토지의 형질변경 등의 공사가 허가된 때
② 토지의 형질변경 등의 공사가 착수된 때
③ 토지의 형질변경 등의 공사가 준공된 때
④ 토지의 형질변경 등의 공사가 완료된 때

● 해설

공간정보의 구축 및 관리 등에 관한 법률 제86조(도시개발사업 등 시행지역의 토지이동 신청에 관한 특례)
① 「도시개발법」에 따른 도시개발사업, 「농어촌정비법」에 따른 농어촌정비사업, 그 밖에 대통령령으로 정하는 토지개발사업의 시행자는 대통령령으로 정하는 바에 따라 그 사업의 착수·변경 및 완료 사실을 지적소관청에 신고하여야 한다.
② 제1항에 따른 사업과 관련하여 토지의 이동이 필요한 경우에는 해당 사업의 시행자가 지적소관청에 토지의 이동을 신청하여야 한다.
③ 제2항에 따른 토지의 이동은 토지의 형질변경 등의 공사가 준공된 때에 이루어진 것으로 본다.
④ 제1항에 따라 사업의 착수 또는 변경의 신고가 된 토지의 소유자가 해당 토지의 이동을 원하는 경우에는 해당 사업의 시행자에게 그 토지의 이동을 신청하도록 요청하여야 하며, 요청을 받은 시행자는 해당 사업에 지장이 없다고 판단되면 지적소관청에 그 이동을 신청하여야 한다.

11 공간정보의 구축 및 관리 등에 관한 법령상 지적공부의 복구 자료이면서 신규등록 신청 시 첨부하여야 할 공통적인 서류에 해당하는 것은? 15②산

① 측량결과도
② 토지이동정리결의서
③ 법원의 확정판결서 정본 또는 사본
④ 부동산등기부등본 등 등기사실을 증명하는 서류

●해설

공간정보의 구축 및 관리 등에 관한 법률 시행규칙 제81조(신규등록 신청)
① 영 제63조에서 "국토교통부령으로 정하는 서류"란 다음 각 호의 어느 하나에 해당하는 서류를 말한다.
  1. 법원의 확정판결서 정본 또는 사본
  2. 「공유수면 관리 및 매립에 관한 법률」에 따른 준공검사확인증 사본 〈개정 2010.10.15.〉
  3. 법률 제6389호 지적법 개정법률 부칙 제5조에 따라 도시계획구역의 토지를 그 지방자치단체의 명의로 등록하는 때에는 기획재정부장관과 협의한 문서의 사본
  4. 그 밖에 소유권을 증명할 수 있는 서류의 사본
② 제1항 각 호의 어느 하나에 해당하는 서류를 해당 지적소관청이 관리하는 경우에는 지적소관청의 확인으로 그 서류의 제출을 갈음할 수 있다.

12 다음 중 등기촉탁 대상으로 틀린 것은? 15②산

① 지번변경에 따른 토지의 표시 변경
② 신규등록에 따른 토지의 표시 변경
③ 축척변경에 따른 토지의 표시 변경
④ 지적공부 등록사항의 정정에 따른 토지의 표시 변경

●해설

공간정보의 구축 및 관리 등에 관한 법률 제89조(등기촉탁)
① 지적소관청은 제64조 제2항(신규등록은 제외한다), 제66조 제2항, 제82조, 제83조 제2항, 제84조 제2항 또는 제85조 제2항에 따른 사유로 토지의 표시 변경에 관한 등기를 할 필요가 있는 경우에는 지체 없이 관할 등기관서에 그 등기를 촉탁하여야 한다. 이 경우 등기촉탁은 국가가 국가를 위하여 하는 등기로 본다.
② 제1항에 따른 등기촉탁에 필요한 사항은 국토교통부령으로 정한다. 〈2013.3.23 본항 개정〉

13 다음 중 지목이 '잡종지'에 해당하지 않는 것은? 15③산

① 비행장
② 죽림지
③ 갈대밭
④ 야외시장

●해설

1. 잡종지 : 다음의 토지는 "잡종지"로 한다. 다만, 원상회복을 조건으로 돌을 캐내는 곳 또는 흙을 파내는 곳으로 허가된 토지는 제외한다.
  ① 갈대밭, 실외에 물건을 쌓아두는 곳, 돌을 캐내는 곳, 흙을 파내는 곳, 야외시장, 비행장, 공동우물
  ② 영구적 건축물 중 변전소, 송신소, 수신소, 송유시설, 도축장, 자동차운전학원, 쓰레기 및 오물처리장 등의 부지
  ③ 다른 지목에 속하지 아니하는 토지
2. 임야 : 산림 및 원야(原野)를 이루고 있는 수림지(樹林地)·죽림지·암석지·자갈땅·모래땅·습지·황무지 등의 토지

14 토지소유자가 해야 할 신청을 대신할 수 없는 자는? 15③산

① 토지점유자
② 채권을 보전하기 위한 채권자
③ 학교용지, 도로, 수도용지 등의 지목으로 될 토지는 그 해당 사업의 시행자
④ 지방자치단체가 취득하는 토지의 경우에는 해당 토지를 관리하는 지방자치단체의 장

●해설

공간정보의 구축 및 관리 등에 관한 법률 제87조(신청의 대위)
다음 각 호의 어느 하나에 해당하는 자는 이 법에 따라 토지소유자가 하여야 하는 신청을 대신할 수 있다. 다만, 제84조에 따른 등록사항 정정 대상토지는 제외한다. 〈개정 2014.6.3.〉
1. 공공사업 등에 따라 학교용지·도로·철도용지·제방·하천·구거·유지·수도용지 등의 지목으로 되는 토지인 경우 : 해당 사업의 시행자
2. 국가나 지방자치단체가 취득하는 토지인 경우 : 해당 토지를 관리하는 행정기관의 장 또는 지방자치단체의 장
3. 「주택법」에 따른 공동주택의 부지인 경우 : 「집합건물의 소유 및 관리에 관한 법률」에 따른 관리인(관리인이 없는 경우에는 공유자가 선임한 대표자) 또는 해당 사업의 시행자
4. 「민법」 제404조에 따른 채권자

정답 11 ③ 12 ② 13 ② 14 ①

15 지적측량업의 등록취소 및 영업정지에 관한 설명으로 옳지 않은 것은? 15③산

① 거짓이나 그 밖의 부정한 방법으로 지적측량업을 등록한 경우 등록을 취소하여야 한다.
② 타인에게 자기의 등록증을 대여해 준 경우 등록취소 사유가 된다.
③ 영업정지기간 중에 지적측량업을 영위한 경우 등록취소가 아닌 재차의 영업정지 명령이 내려질 수 있다.
④ 지적측량업자가 법 규정에 의한 지적측량수수료보다 과소하게 받은 경우도 등록 취소 또는 영업정지 처분의 대상이 된다.

●해설

공간정보의 구축 및 관리 등에 관한 법률 제52조(측량업의 등록취소 등)
① 국토교통부장관, 해양수산부장관 또는 시 · 도지사는 측량업자가 다음 각 호의 어느 하나에 해당하는 경우에는 측량업의 등록을 취소하거나 1년 이내의 기간을 정하여 영업의 정지를 명할 수 있다. 다만, 제2호 · 제4호 · 제7호 · 제8호 · 제11호 또는 제14호에 해당하는 경우에는 측량업의 등록을 취소하여야 한다. 〈개정 2013.3.23., 2014.6.3.〉
1. 고의 또는 과실로 측량을 부정확하게 한 경우
2. 거짓이나 그 밖의 부정한 방법으로 측량업의 등록을 한 경우
3. 정당한 사유 없이 측량업의 등록을 한 날부터 1년 이내에 영업을 시작하지 아니하거나 계속하여 1년 이상 휴업한 경우
4. 제44조 제2항에 따른 등록기준에 미달하게 된 경우. 다만, 일시적으로 등록기준에 미달되는 등 대통령령으로 정하는 경우는 제외한다.
5. 제44조 제4항을 위반하여 측량업 등록사항의 변경신고를 하지 아니한 경우
6. 지적측량업자가 제45조에 따른 업무 범위를 위반하여 지적측량을 한 경우
7. 제47조 각 호의 어느 하나에 해당하게 된 경우
8. 제49조 제1항을 위반하여 다른 사람에게 자기의 측량업등록증 또는 측량업등록수첩을 빌려 주거나 자기의 성명 또는 상호를 사용하여 측량업무를 하게 한 경우
9. 지적측량업자가 제50조를 위반한 경우
10. 제51조를 위반하여 보험가입 등 필요한 조치를 하지 아니한 경우
11. 영업정지기간 중에 계속하여 영업을 한 경우
12. 지적측량업자가 제106조 제2항에 따른 지적측량수수

료를 같은 조 제3항에 따라 고시한 금액보다 과다 또는 과소하게 받은 경우
13. 다른 행정기관이 관계 법령에 따라 등록취소 또는 영업정지를 요구한 경우
14. 「국가기술자격법」 제15조 제2항을 위반하여 측량업자가 측량기술자의 국가기술자격증을 대여받은 사실이 확인된 경우

16 토지 등의 출입 등에 따른 손실보상에 관하여 손실을 보상할 자와 손실을 받은 자의 협의가 성립되지 않거나 협의를 할 수 없는 경우 재결을 신청할 수 있는 곳은? 15③산

① 지적소관청
② 중앙지적위원회
③ 지방지적위원회
④ 관할 토지수용위원회

●해설

공간정보의 구축 및 관리 등에 관한 법률 제102조(토지등의 출입 등에 따른 손실보상)
① 제101조 제1항에 따른 행위로 손실을 받은 자가 있으면 그 행위를 한 자는 그 손실을 보상하여야 한다.
② 제1항에 따른 손실보상에 관하여는 손실을 보상할 자와 손실을 받은 자가 협의하여야 한다.
③ 손실을 보상할 자 또는 손실을 받은 자는 제2항에 따른 협의가 성립되지 아니하거나 협의를 할 수 없는 경우에는 관할 토지수용위원회에 재결(裁決)을 신청할 수 있다.

17 다음 중 지적공부의 복구 사유에 해당하는 것은? 15③산

① 축척변경을 한 때
② 지목변경을 한 때
③ 도시계획사업을 완료한 때
④ 지적공부의 일부가 훼손된 때

●해설

공간정보의 구축 및 관리 등에 관한 법률 제74조(지적공부의 복구)
지적소관청(제69조 제2항에 따른 지적공부의 경우에는 시 · 도지사, 시장 · 군수 또는 구청장)은 지적공부의 전부 또는 일부가 멸실되거나 훼손된 경우에는 대통령령으로 정하는 바에 따라 지체 없이 이를 복구하여야 한다.

18 다음 중 바다로 된 토지의 등록말소 및 회복에 관한 설명으로 옳지 않은 것은? 15③산

① 토지소유자는 지적공부의 등록말소 신청을 하도록 통지를 받은 날부터 90일 이내에 등록말소 신청을 하여야 한다.

② 토지소유자가 기간 내에 등록말소신청을 하지 않은 경우 공유수면 관리청이 신청을 대신할 수 있다.

③ 지적소관청은 지적공부의 등록사항을 말소하거나 회복등록하였을 때에는 그 정리 결과를 토지소유자 및 해당 공유수면의 관리청에 통지하여야 한다.

④ 지적소관청이 회복등록을 하려면 그 지적측량성과 및 등록말소 당시의 지적공부 등 관계 자료에 따라야 한다.

●해설

공간정보의 구축 및 관리 등에 관한 법률 제82조(바다로 된 토지의 등록말소 신청)

① 지적소관청은 지적공부에 등록된 토지가 지형의 변화 등으로 바다로 된 경우로서 원상(原狀)으로 회복될 수 없거나 다른 지목의 토지로 될 가능성이 없는 경우에는 지적공부에 등록된 토지소유자에게 지적공부의 등록말소 신청을 하도록 통지하여야 한다.

② 지적소관청은 제1항에 따른 토지소유자가 통지를 받은 날부터 90일 이내에 등록말소 신청을 하지 아니하면 대통령령으로 정하는 바에 따라 등록을 말소한다.

③ 지적소관청은 제2항에 따라 말소한 토지가 지형의 변화 등으로 다시 토지가 된 경우에는 대통령령으로 정하는 바에 따라 토지로 회복등록을 할 수 있다.

19 축척변경위원회의 구성인원으로 옳은 것은? 15③산

① 5명 이상 10명 이하

② 10명 이상 15명 이하

③ 5명 이상 20명 이하

④ 축척변경시행지역안의 토지소유자의 5분의 1

●해설

공간정보의 구축 및 관리 등에 관한 법률 시행령 제79조(축척변경위원회의 구성 등)

① 축척변경위원회는 5명 이상 10명 이하의 위원으로 구성하되, 위원의 2분의 1 이상을 토지소유자로 하여야 한다. 이 경우 그 축척변경 시행지역의 토지소유자가 5명 이하일 때에는 토지소유자 전원을 위원으로 위촉하여야 한다.

② 위원장은 위원 중에서 지적소관청이 지명한다.

③ 위원은 다음 각 호의 사람 중에서 지적소관청이 위촉한다.
   1. 해당 축척변경 시행지역의 토지소유자로서 지역 사정에 정통한 사람
   2. 지적에 관하여 전문지식을 가진 사람

④ 축척변경위원회의 위원에게는 예산의 범위에서 출석수당과 여비, 그 밖의 실비를 지급할 수 있다. 다만, 공무원인 위원이 그 소관 업무와 직접적으로 관련되어 출석하는 경우에는 그러하지 아니하다.

20 지적공부의 복구에 관한 관계자료에 해당하지 않는 것은? 14①산

① 지적공부의 등본   ② 토지이동계획확인서

③ 토지이동정리 결의서   ④ 측량 결과도

●해설

공간정보의 구축 및 관리 등에 관한 법률 시행규칙제72조(지적공부의 복구자료)

영 제61조 제1항에 따른 지적공부의 복구에 관한 관계 자료(이하 "복구자료"라 한다)는 다음 각 호와 같다.
1. 지적공부의 등본
2. 측량 결과도
3. 토지이동정리 결의서
4. 부동산등기부 등본 등 등기사실을 증명하는 서류
5. 지적소관청이 작성하거나 발행한 지적공부의 등록내용을 증명하는 서류
6. 법 제69조 제3항에 따라 복제된 지적공부
7. 법원의 확정판결서 정본 또는 사본

21 토지 등의 출입 등에 따라 손실이 발생하였으나, 손실을 보상할 자 또는 손실을 받은 자가 협의가 성립되지 아니한 경우 재결을 신청할 수 있는 기관은? 14①산

① 시 · 도지사   ② 국토교통부장관

③ 안전행정부장관   ④ 관할 토지수용위원회

해설

공간정보의 구축 및 관리 등에 관한 법률 제102조(토지 등의 출입 등에 따른 손실보상)

① 제101조 제1항에 따른 행위로 손실을 받은 자가 있으면 그 행위를 한 자는 그 손실을 보상하여야 한다.

② 제1항에 따른 손실보상에 관하여는 손실을 보상할 자와 손실을 받은 자가 협의하여야 한다.

③ 손실을 보상할 자 또는 손실을 받은 자는 제2항에 따른 협의가 성립되지 아니하거나 협의를 할 수 없는 경우에는 관할 토지수용위원회에 재결(裁決)을 신청할 수 있다.

22 측량업의 등록을 하려는 자가 신청서에 첨부하여 제출하여야 할 서류가 아닌 것은? 14①산

① 보유하고 있는 측량기술자의 명단

② 보유한 인력에 대한 측량기술 경력증명서

③ 보유하고 있는 장비의 명세서

④ 등기부등본

해설

공간정보의 구축 및 관리 등에 관한 법률 시행령 제35조(측량업의 등록 등)

② 제1항에 따라 측량업의 등록을 하려는 자는 국토교통부령으로 정하는 신청서(전자문서로 된 신청서를 포함한다)에 다음 각 호의 서류(전자문서를 포함한다)를 첨부하여 국토교통부장관 또는 시·도지사에게 제출하여야 한다.

　1. 별표 8에 따른 기술능력을 갖춘 사실을 증명하기 위한 다음 각 호의 서류
　　가. 보유하고 있는 측량기술자의 명단
　　나. 가목의 인력에 대한 측량기술 경력증명서

　2. 별표 8에 따른 장비를 갖춘 사실을 증명하기 위한 다음 각 호의 서류
　　가. 보유하고 있는 장비의 명세서
　　나. 가목의 장비의 성능검사서 사본

23 지적공부에 등록된 토지가 지형의 변화로 바다로 된 경우, 토지소유자는 지적소관청으로부터 등록말소 신청을 하도록 통지를 받은 날부터 최대 며칠 이내에 등록말소 신청을 하여야 하는가? 14①산

① 10일 이내　　　② 30일 이내

③ 60일 이내　　　④ 90일 이내

해설

공간정보의 구축 및 관리 등에 관한 법률 제82조(바다로 된 토지의 등록말소 신청)

① 지적소관청은 지적공부에 등록된 토지가 지형의 변화 등으로 바다로 된 경우로서 원상(原狀)으로 회복될 수 없거나 다른 지목의 토지로 될 가능성이 없는 경우에는 지적공부에 등록된 토지소유자에게 지적공부의 등록말소 신청을 하도록 통지하여야 한다.

② 지적소관청은 제1항에 따른 토지소유자가 통지를 받은 날부터 90일 이내에 등록말소 신청을 하지 아니하면 대통령령으로 정하는 바에 따라 등록을 말소한다.

24 (1)과 (2)에 들어갈 수치가 모두 옳은 것은? 14①산

> 지적공부 보관상자는 벽으로부터 (1) 이상 띄워야 하며, 높이 (2) 이상의 깔판 위에 올려놓아야 한다.

① 10cm, 10cm　　　② 10cm, 15cm

③ 15cm, 10cm　　　④ 15cm, 15cm

해설

공간정보의 구축 및 관리 등에 관한 법률 시행규칙 제65조(지적서고의 설치기준)

④ 지적공부 보관상자는 벽으로부터 15센티미터 이상 띄워야 하며, 높이 10센티미터 이상의 깔판 위에 올려놓아야 한다.

25 축척변경위원회의 심의, 의결사항에 해당하지 않는 것은? 14①산

① 축척변경 시행계획에 관한 사항

② 측량성과 검사에 관한 사항

③ 지번별 제곱미터당 금액의 결정과 청산금의 산정에 관한 사항

④ 청산금의 이의신청에 관한 사항

해설

공간정보의 구축 및 관리 등에 관한 법률 시행령 제80조(축척변경위원회의 기능)

축척변경위원회는 지적소관청이 회부하는 다음 각 호의 사항을 심의·의결한다.

1. 축척변경 시행계획에 관한 사항

2. 지번별 제곱미터당 금액의 결정과 청산금의 산정에 관한 사항
3. 청산금의 이의신청에 관한 사항
4. 그 밖에 축척변경과 관련하여 지적소관청이 회의에 부치는 사항

26 지적소관청이 해당 토지소유자에게 지적정리 등의 통지를 하여야 하는 경우가 아닌 것은?

14①산

① 지적소관청이 지적공부를 복구하는 경우
② 지적소관청이 지번부여지역의 전부 또는 일부에 대하여 지번을 새로 부여한 경우
③ 지적소관청이 측량성과를 검사하는 경우
④ 지적소관청이 직권으로 조사, 측량하여 지적공부의 등록사항을 결정하는 경우

● 해설

공간정보의 구축 및 관리 등에 관한 법률 제90조(지적정리 등의 통지)
제64조 제2항 단서, 제66조 제2항, 제74조, 제82조 제2항, 제84조 제2항, 제85조 제2항, 제86조 제2항, 제87조 또는 제89조에 따라 지적소관청이 지적공부에 등록하거나 지적공부를 복구 또는 말소하거나 등기촉탁을 하였으면 대통령령으로 정하는 바에 따라 해당 토지소유자에게 통지하여야 한다. 다만, 통지받을 자의 주소나 거소를 알 수 없는 경우에는 국토교통부령으로 정하는 바에 따라 일간신문, 해당 시·군·구의 공보 또는 인터넷 홈페이지에 공고하여야 한다.

27 축척변경에 따른 청산금 납부고지 또는 수령토지 시기는?

14②산

① 축척변경확정공고한 날부터 30일 이내
② 축척변경승인 때부터 30일 이내
③ 청산금의 결정을 공고한 날부터 20일 이내
④ 청산금의 이의신청이 있는 날부터 20일 이내

● 해설

공간정보의 구축 및 관리 등에 관한 법률 시행령 제76조(청산금의 납부고지 등)
① 지적소관청은 제75조 제4항에 따라 청산금의 결정을 공고한 날부터 20일 이내에 토지소유자에게 청산금의 납부고지 또는 수령통지를 하여야 한다.

28 토지에 대해 합병신청을 할 수 없는 경우에 해당하는 것은?

14②산

① 합병하고자 하는 각 필지의 지반이 연속되어 있는 경우
② 합병하고자 하는 각 필지의 지적도 및 임야도의 축척이 서로 다른 경우
③ 합병하고자 하는 토지의 소유자가 동일한 경우
④ 합병하고자 하는 각 필지의 지목이 동일한 경우

● 해설

공간정보의 구축 및 관리 등에 관한 법률 제80조(합병 신청)
③ 다음 각 호의 어느 하나에 해당하는 경우에는 합병 신청을 할 수 없다.
1. 합병하려는 토지의 지번부여지역, 지목 또는 소유자가 서로 다른 경우
2. 합병하려는 토지에 다음 각 목의 등기 외의 등기가 있는 경우
   가. 소유권·지상권·전세권 또는 임차권의 등기
   나. 승역지(承役地)에 대한 지역권의 등기
   다. 합병하려는 토지 전부에 대한 등기원인(登記原因) 및 그 연월일과 접수번호가 같은 저당권의 등기
3. 그 밖에 합병하려는 토지의 지적도 및 임야도의 축척이 서로 다른 경우 등 대통령령으로 정하는 경우

29 유적, 고적, 기념물 등의 보존용 토지를 사적지로 보지 않는 경우로 틀린 것은?

14②산

① 잡종지 구역 안에 있는 경우
② 학교용지 구역 안에 있는 경우
③ 종교용지 구역 안에 있는 경우
④ 공원 구역 안에 있는 경우

● 해설

공간정보의 구축 및 관리 등에 관한 법률 시행령 제58조(지목의 구분)
법 제67조 제1항에 따른 지목의 구분은 다음 각 호의 기준에 따른다.
26. 사적지
    문화재로 지정된 역사적인 유적·고적·기념물 등을 보존하기 위하여 구획된 토지. 다만, 학교용지·공원·종교용지 등 다른 지목으로 된 토지에 있는 유적·고적·기념물 등을 보호하기 위하여 구획된 토지는 제외한다.

정답 26 ③ 27 ③ 28 ② 29 ①

30 공유수면 매립으로 신규등록을 할 경우 지번부여방법으로 틀린 것은? 14②산

① 인접토지의 본번에 부번을 붙여서 지번을 부여한다.
② 종전 지번의 수에서 결번을 찾아서 새로이 부여한다.
③ 신규등록 토지가 여러 필지로 되어 있는 경우는 최종 본번 다음 번호로 부여한다.
④ 최종 지번의 토지에 인접되어 있는 경우는 최종 본번 다음 번호로 부여한다.

● 해설

공간정보의 구축 및 관리 등에 관한 법률 시행령 제56조(지번의 구성 및 부여방법 등)
③ 법 제66조에 따른 지번의 부여방법은 다음 각 호와 같다.
　1. 지번은 북서에서 남동으로 순차적으로 부여할 것
　2. 신규등록 및 등록전환의 경우에는 그 지번부여지역에서 인접토지의 본번에 부번을 붙여서 지번을 부여할 것. 다만, 다음 각 목의 어느 하나에 해당하는 경우에는 그 지번부여지역의 최종 본번의 다음 순번부터 본번으로 하여 순차적으로 지번을 부여할 수 있다.
　　가. 대상토지가 그 지번부여지역의 최종 지번의 토지에 인접하여 있는 경우
　　나. 대상토지가 이미 등록된 토지와 멀리 떨어져 있어서 등록된 토지의 본번에 부번을 부여하는 것이 불합리한 경우
　　다. 대상토지가 여러 필지로 되어 있는 경우

31 대장의 고유번호 중 폐쇄된 임야대장은 몇 번으로 표기되는가? 14②산

① 6　　　　　　　② 7
③ 8　　　　　　　④ 9

● 해설

지적업무처리규정 제65조(코드의 구성)
① 규칙 제68조 제5항에 따른 고유번호는 행정구역코드 10자리(시 · 도 2, 시 · 군 · 구 3, 읍 · 면 · 동 3, 리 2), 대장구분 1자리, 본번 4자리, 부번 4자리를 합한 19자리로 구성한다.
② 제1항에 따른 고유번호 이외에 사용하는 코드는 별표 11과 같다.

[별표 11] 코드일람표
2) 대장구분

코드체계	* 숫자 1자리로 구성		
코드	내용	코드	내용
1	토지대장		
2	임야대장		
8	토지대장(폐쇄)		
9	임야대장(폐쇄)		

32 지적공부에 등록하는 경계(境界)의 결정권자는 누구인가? 14②산

① 국토교통부장관　　② 안전행정부장관
③ 지적소관청　　　　④ 시 · 도지사

● 해설

공간정보의 구축 및 관리 등에 관한 법률 제64조(토지의 조사 · 등록 등)
① 국토교통부장관은 모든 토지에 대하여 필지별로 소재 · 지번 · 지목 · 면적 · 경계 또는 좌표 등을 조사 · 측량하여 지적공부에 등록하여야 한다.
② 지적공부에 등록하는 지번 · 지목 · 면적 · 경계 또는 좌표는 토지의 이동이 있을 때 토지소유자(법인이 아닌 사단이나 재단의 경우에는 그 대표자나 관리인을 말한다. 이하 같다.)의 신청을 받아 지적소관청이 결정한다. 다만, 신청이 없으면 지적소관청이 직권으로 조사 · 측량하여 결정할 수 있다.
③ 제2항 단서에 따른 조사 · 측량의 절차 등에 필요한 사항은 국토교통부령으로 정한다.

33 도시계획구역의 토지를 그 지방자치단체의 명의로 등록할 경우 기획재정부장관과 협의한 문서의 사본이 필요한 토지이동 신청으로 옳은 것은? 14②산

① 신규등록신청　　　② 축척변경신청
③ 토지분할신청　　　④ 등록전환신청

해설

공간정보의 구축 및 관리 등에 관한 법률 시행규칙 제81조(신규 등록 신청)

① 영 제63조에서 "국토교통부령으로 정하는 서류"란 다음 각 호의 어느 하나에 해당하는 서류를 말한다.

1. 법원의 확정판결서 정본 또는 사본
2. 「공유수면 관리 및 매립에 관한 법률」에 따른 준공검사 확인증 사본 〈개정 2010.10.15〉
3. 법률 제6389호 지적법 개정법률 부칙 제5조에 따라 도시계획구역의 토지를 그 지방자치단체의 명의로 등록하는 때에는 기획재정부장관과 협의한 문서의 사본
4. 그 밖에 소유권을 증명할 수 있는 서류의 사본

34 지적공부의 등록사항 중 토지소유자에 관한 사항을 정정할 경우 다음 중 어느 것을 근거로 정정하여야 하는가?   14②산

① 등기사항증명서   ② 매매 계약서
③ 토지 대장   ④ 등기 신청서

해설

공간정보의 구축 및 관리 등에 관한 법률 제84조(등록사항의 정정)

④ 지적소관청이 제1항 또는 제2항에 따라 등록사항을 정정할 때 그 정정사항이 토지소유자에 관한 사항인 경우에는 등기필증, 등기완료통지서, 등기사항증명서 또는 등기관서에서 제공한 등기전산정보자료에 따라 정정하여야 한다. 다만, 제1항에 따라 미등기 토지에 대하여 토지소유자의 성명 또는 명칭, 주민등록번호, 주소 등에 관한 사항의 정정을 신청한 경우로서 그 등록사항이 명백히 잘못된 경우에는 가족관계 기록사항에 관한 증명서에 따라 정정하여야 한다.

35 지적소관청은 지번에 결번이 생긴 때 그 사유를 어디에 적어 영구히 보존하여야 하는가?   14③산

① 결번대장   ② 토지대장
③ 집계부   ④ 지적공부정리 결의서

해설

결번대장의 비치

지적소관청은 행정구역의 변경, 도시개발사업의 시행, 지번변경, 축척변경, 지번정정 등의 사유로 지번에 결번이 생긴 때에는 지체 없이 그 사유를 결번대장에 적어 영구히 보존하여야 한다.

36 지적측량 적부심사청구를 받은 시·도지사가 지방지적위원회에 회부할 때 조사하여야 하는 사항이 아닌 것은?   14③산

① 지적측량자의 의견서
② 다툼이 되는 지적 측량의 경위 및 그 성과
③ 해당 토지에 대한 토지이동 및 소유권 변동 연혁
④ 해당 토지 주변의 측량기준점, 경계, 주요 구조물 등 현황 실측도

해설

지방지적위원회 회부

지적측량 적부심사청구를 받은 시·도지사는 30일 이내에 다음의 사항을 조사하여 지방지적위원회에 회부하여야 한다.

• 다툼이 되는 지적측량의 경위 및 그 성과
• 해당 토지에 대한 토지이동 및 소유권 변동 연혁
• 해당 토지 주변의 측량기준점, 경계, 주요 구조물 등 현황 실측도

37 사용자권한 등록관리청에 해당하지 않는 것은?   14③산

① 국토교통부장관   ② 지적소관청
③ 시·도지사   ④ 한국국토정보공사장

해설

공간정보의 구축 및 관리 등에 관한 법률 시행규칙 제76조(지적전산정보시스템 담당자의 등록 등)

① 국토교통부장관, 시·도지사 및 지적소관청(이하 이 조 및 제77조에서 "사용자권한 등록관리청"이라 한다)은 지적공부정리 등을 전산정보처리시스템으로 처리하는 담당자(이하 이 조와 제77조 및 제78조에서 "사용자"라 한다)를 사용자권한 등록파일에 등록하여 관리하여야 한다.

38 보증보험에 가입한 지적측량 수행자가 보증보험기간의 만료로 인하여 다시 보증보험에 가입하려는 경우 그 기준은?   14③산

① 그 보증기간 만료일까지 가입하여야 한다.
② 그 보증기간 만료일 30일 전까지 가입하여야 한다.
③ 그 보증기간 만료일 후 30일 이내에 가입하여야 한다.
④ 그 보증기간 만료일 전후 10일 이내에 가입하여야 한다.

정답   34 ①   35 ①   36 ①   37 ④   38 ①

3. 국토교통부장관은 제2항에 따라 보존하여야 하는 지적공부가 멸실되거나 훼손될 경우를 대비하여 지적공부를 복제하여 관리하는 시스템을 구축하여야 한다.

4. 지적서고의 설치기준, 지적공부의 보관방법 및 반출승인 절차 등에 필요한 사항은 국토교통부령으로 정한다.

40 축척변경에 따른 청산금 산출 시 지적소관청은 언제를 기준으로 그 축척변경 시행지역의 토지에 대한 지번별 제곱미터당 금액을 미리 조사하여야 하는가? 14③산

① 형질변경 조서작성 완료일 현재
② 축척변경 시행공고일 현재
③ 축척변경 측량완료일 현재
④ 경계점표지 설치일 현재

◉ 해설

청산금의 산정 및 공고

• 증감면적에 대한 청산을 할 때에는 축척변경위원회의 의결을 거쳐 지번별로 제곱미터당 금액(이하 "지번별 제곱미터당 금액"이라 한다)을 정하여야 한다. 이 경우 지적소관청은 시행공고일 현재를 기준으로 그 축척변경 시행지역의 토지에 대하여 지번별 제곱미터당 금액을 미리 조사하여 축척변경위원회에 제출하여야 한다.

• 청산금은 축척변경 지번별 조서의 필지별 증감면적에 지번별 제곱미터당 금액을 곱하여 산정한다.

• 지적소관청은 청산금을 산정하였을 때에는 청산금 조서(축척변경 지번별 조서에 필지별 청산금 명세를 적은 것을 말한다.)를 작성하고, 청산금이 결정되었다는 뜻을 15일 이상 공고하여 일반인이 열람할 수 있게 하여야 한다.

◉ 해설

공간정보구축 및 관리에 관한 **법률 시행령** 제42조(보증설정의 변경)

① 법 제51조에 따라 보증설정을 한 지적측량수행자는 그 보증설정을 다른 보증설정으로 변경하려는 경우에는 해당 보증설정의 효력이 있는 기간 중에 다른 보증설정을 하고 그 사실을 증명하는 서류를 제35조 제1항에 따라 등록한 시 · 도지사에게 제출하여야 한다.

② 보증설정을 한 지적측량수행자는 보증기간의 만료로 인하여 다시 보증설정을 하려는 경우에는 그 보증기간 만료일까지 다시 보증설정을 하고 그 사실을 증명하는 서류를 제35조 제1항에 따라 등록한 시 · 도지사에게 제출하여야 한다.

39 지적공부의 보존 등에 관한 설명으로 틀린 것은? 14③산

① 지적소관청은 해당 청사에 지적서고를 설치하고 지적공부를 영구히 보존하여야 한다.

② 천재지변이나 그 밖에 이에 준하는 재난을 피하기 위하여 필요한 경우 해당 청사 밖으로 지적공부를 반출할 수 있다.

③ 지적서고의 설치기준, 지적공부의 보관방법 및 반출승인절차 등에 필요한 사항은 지적소관청이 정한다.

④ 국토교통부장관은 보존하여야 하는 지적공부가 멸실될 경우를 대비하여 지적공부를 복제하여 관리하는 시스템을 구축하여야 한다.

◉ 해설

지적공부 보존

1. 지적소관청은 해당 청사에 지적서고를 설치하고 그 곳에 지적공부(정보처리시스템을 통하여 기록 · 저장한 경우는 제외한다. 이하 이 항에서 같다.)를 영구히 보존하여야 하며, 다음 각 호의 어느 하나에 해당하는 경우 외에는 해당 청사 밖으로 지적공부를 반출할 수 없다.
   • 천재지변이나 그 밖에 이에 준하는 재난을 피하기 위하여 필요한 경우
   • 관할 시 · 도지사 또는 대도시 시장의 승인을 받은 경우

2. 지적공부를 정보처리시스템을 통하여 기록 · 저장한 경우 관할 시 · 도지사, 시장 · 군수 또는 구청장은 그 지적공부를 지적 전산정보시스템에 영구히 보존하여야 한다.

41 지적소관청이 지적공부의 등록사항에 잘못이 있는지를 직권으로 조사 · 측량하여 정정할 수 없는 경우는? 14③산

① 지적공부의 등록사항이 잘못 입력된 경우
② 지적공부의 작성 또는 재작성 당시 잘못 정리된 경우
③ 임야도에 등록된 필지의 면적이 증가하고 경계의 위치가 잘못된 경우
④ 토지이동정리 결의서의 내용과 다르게 정리된 경우

해설

공간정보의 구축 및 관리 등에 관한 법 시행령 제82조(등록사항의 직권정정 등)

① 지적소관청이 법 제84조 제2항에 따라 지적공부의 등록사항에 잘못이 있는지를 직권으로 조사·측량하여 정정할 수 있는 경우는 다음 각 호와 같다.

1. 제84조 제2항에 따른 토지이동정리 결의서의 내용과 다르게 정리된 경우
2. 지적도 및 임야도에 등록된 필지가 면적의 증감 없이 경계의 위치만 잘못된 경우
3. 1필지가 각각 다른 지적도나 임야도에 등록되어 있는 경우로서 지적공부에 등록된 면적과 측량한 실제면적은 일치하지만 지적도나 임야도에 등록된 경계가 서로 접합되지 않아 지적도나 임야도에 등록된 경계를 지상의 경계에 맞추어 정정하여야 하는 토지가 발견된 경우
4. 지적공부의 작성 또는 재작성 당시 잘못 정리된 경우
5. 지적측량성과와 다르게 정리된 경우
6. 법 제29조 제10항에 따라 지적공부의 등록사항을 정정하여야 하는 경우
7. 지적공부의 등록사항이 잘못 입력된 경우
8. 「부동산등기법」 제90조의3 제2항에 따른 통지가 있는 경우
9. 법률 제2801호 지적법 개정법률 부칙 제3조에 따른 면적 환산이 잘못된 경우

42 다음 중 합병 신청을 할 수 있는 것은? 14③산

① 합병하려는 토지가 축척변경을 시행하고 있는 지역의 토지와 그 지역 밖의 토지인 경우
② 합병하려는 각 필지의 지반이 연속되지 아니한 경우
③ 합병하려는 토지의 지적도 및 임야도의 축척이 서로 다른 경우
④ 합병하려는 토지의 소유 형태가 공동소유인 경우

해설

공간정보의 구축 및 관리 등에 관한 법률 제80조(합병 신청)

① 토지소유자는 토지를 합병하려면 대통령령으로 정하는 바에 따라 지적소관청에 합병을 신청하여야 한다.
② 토지소유자는 「주택법」에 따른 공동주택의 부지, 도로, 제방, 하천, 구거, 유지, 그 밖에 대통령령으로 정하는 토지로서 합병하여야 할 토지가 있으면 그 사유가 발생한 날부터 60일 이내에 지적소관청에 합병을 신청하여야 한다.

③ 다음 각 호의 어느 하나에 해당하는 경우에는 합병 신청을 할 수 없다.

1. 합병하려는 토지의 지번부여지역, 지목 또는 소유자가 서로 다른 경우
2. 합병하려는 토지에 다음 각 목의 등기 외의 등기가 있는 경우
   가. 소유권·지상권·전세권 또는 임차권의 등기
   나. 승역지(承役地)에 대한 지역권의 등기
   다. 합병하려는 토지 전부에 대한 등기원인(登記原因) 및 그 연월일과 접수번호가 같은 저당권의 등기
3. 그 밖에 합병하려는 토지의 지적도 및 임야도의 축척이 서로 다른 경우 등 대통령령으로 정하는 경우

43 지적소관청에서 1필지에 대한 경계점좌표등록부의 열람신청과 등본 발급 신청 시 납부해야 할 수수료는? 14③산

① 열람 : 200원, 등본 발급 : 300원
② 열람 : 300원, 등본 발급 : 500원
③ 열람 : 500원, 등본 발급 : 700원
④ 열람 : 무료, 등본 발급 : 무료

해설

지적공부 열람·등본 교부 수수료

구분	종별	단위	수수료
열람	토지대장	1필지당	300원
	임야대장	1필지당	300원
	지적도	1장당	400원
	임야도	1장당	400원
	경계점좌표등록부	1필지당	300원
등본 교부	토지대장	1필지당	500원
	임야대장	1필지당	500원
	지적도	가로 21cm, 세로 30cm	700원
	임야도	가로 21cm, 세로 30cm	700원
	경계점좌표등록부	1필지당	500원

44 주된 용도의 토지에 편입하여 1필지로 할 수 있는 경우는?

14③산

① 주된 용도의 토지의 편의를 위하여 설치된 구거 부지
② 종된 용도의 토지의 지목이 "대"인 경우
③ 주된 용도의 토지 면적의 10%를 초과하는 종된 토지
④ 종된 용도의 토지 면적이 330m²를 초과한 경우

해설

공간정보의 구축 및 관리 등에 관한 법률 시행령 제5조(1필지로 정할 수 있는 기준)

① 법 제2조 제21호에 따라 지번부여지역의 토지로서 소유자와 용도가 같고 지반이 연속된 토지는 1필지로 할 수 있다.
② 제1항에도 불구하고 다음 각 호의 어느 하나에 해당하는 토지는 주된 용도의 토지에 편입하여 1필지로 할 수 있다. 다만, 종된 용도의 토지의 지목(地目)이 "대"(垈)인 경우와 종된 용도의 토지 면적이 주된 용도의 토지 면적의 10퍼센트를 초과하거나 330제곱미터를 초과하는 경우에는 그러하지 아니하다.

1. 주된 용도의 토지의 편의를 위하여 설치된 도로·구거 (溝渠 : 도랑) 등의 부지
2. 주된 용도의 토지에 접속되거나 주된 용도의 토지로 둘러싸인 토지로서 다른 용도로 사용되고 있는 토지

45 지적측량업의 영업 정지대상이 되는 위반행위가 아닌 것은?

14③산

① 고의 또는 과실로 측량을 부정확하게 한 경우
② 정당한 사유 없이 측량업의 등록을 한 날부터 계속하여 1년 이상 휴업한 경우
③ 지적측량업자가 법에서 규정한 업무 범위를 위반하여 지적측량을 한 경우
④ 거짓이나 그 밖의 부정한 방법으로 지적측량업의 등록을 한 경우

해설

공간정보의 구축 및 관리 등에 관한 법률 제52조(측량업의 등록취소 등)

① 국토교통부장관 또는 시·도지사는 측량업자가 다음 각 호의 어느 하나에 해당하는 경우에는 측량업의 등록을 취소하거나 1년 이내의 기간을 정하여 영업의 정지를 명할 수 있다. 다만, 제2호·제4호·제7호·제8호 또는 제11호에 해당하는 경우에는 측량업의 등록을 취소하여야 한다.

1. 고의 또는 과실로 측량을 부정확하게 한 경우
2. 거짓이나 그 밖의 부정한 방법으로 측량업의 등록을 한 경우
3. 정당한 사유 없이 측량업의 등록을 한 날부터 1년 이내에 영업을 시작하지 아니하거나 계속하여 1년 이상 휴업한 경우
4. 제44조 제2항에 따른 등록기준에 미달하게 된 경우. 다만, 일시적으로 등록기준에 미달되는 등 대통령령으로 정하는 경우는 제외한다.
5. 제44조 제4항을 위반하여 측량업 등록사항의 변경신고를 하지 아니한 경우
6. 지적측량업자가 제45조에 따른 업무 범위를 위반하여 지적측량을 한 경우
7. 제47조 각 호의 어느 하나에 해당하게 된 경우
8. 제49조 제1항을 위반하여 다른 사람에게 자기의 측량업등록증 또는 측량업등록수첩을 빌려 주거나 자기의 성명 또는 상호를 사용하여 측량업무를 하게 한 경우
9. 지적측량업자가 제50조를 위반한 경우
10. 제51조를 위반하여 보험가입 등 필요한 조치를 하지 아니한 경우
11. 영업정지기간 중에 계속하여 영업을 한 경우
12. 지적측량업자가 제106조 제2항에 따른 지적측량수수료를 같은 조 제3항에 따라 고시한 금액보다 과다 또는 과소하게 받은 경우
13. 다른 행정기관이 관계 법령에 따라 등록취소 또는 영업정지를 요구한 경우

46 지목의 설정에 대한 내용으로 틀린 것은?

14③산

① 영구적 건축물 중 자동차운전학원의 부지는 "잡종지"로 한다.
② 교통운수를 위하여 일정한 궤도 설비와 형태를 갖추어 이용되는 역사(驛舍)의 부지는 "대"로 한다.
③ 일반 공중의 위락·휴양 등에 적합한 시설물을 종합적으로 갖춘 어린이 놀이터는 "유원지"로 한다.
④ 육상에 인공으로 조성된 수산생물의 번식 또는 양식을 위한 시설을 갖춘 부지는 "양어장"으로 한다.

해설

교통운수를 위하여 일정한 궤도 등의 설비와 형태를 갖추어 이용되는 토지와 이에 접속된 역사(驛舍)·차고·발전시설 및 공작창(工作廠) 등의 부속시설물의 부지는 철도용지(鐵道用地)로 한다.

47 다음 중 중앙지적위원회의 위원을 임명하거나 위촉하는 자는? 15①산

① 한국국토정보공사 ② 행정자치부장관
③ 국토지리정보원장 ④ 국토교통부장관

●해설

위원	• 중앙지적위원회는 국토교통부장관이, 지방지적위원회 위원은 특별시장·광역시장·도지사 또는 특별자치도지사(이하 "시·도지사"라 한다)가 지적에 관한 학식과 경험이 풍부한 자 중에서 임명 또는 위촉한다. • 중앙 및 지방지적위원회의 위원에게는 예산의 범위에서 출석수당과 여비, 그 밖의 실비를 지급할 수 있다. 다만, 공무원인 위원이 그 소관 업무와 직접적으로 관련되어 출석하는 경우에는 그러하지 아니하다.
간사	• 중앙지적위원회의 간사는 국토교통부의 지적업무 담당 공무원 중에서 국토교통부장관이 임명한다. • 지방지적위원회의 간사는 시·도의 지적업무 담당 공무원 중에서 시·도지사가 임명한다. • 간사는 회의 준비, 회의록 작성 및 회의 결과에 따른 업무 등 지적위원회의 서무를 담당한다.

48 다음 중 지번부여지역의 정의로 옳은 것은? 15①산

① 지번을 부여하는 단위지역으로서 동·리 또는 이에 준하는 지역
② 지번을 부여하는 단위지역으로서 읍·면 또는 이에 준하는 지역
③ 지번을 부여하는 단위지역으로서 시·군 또는 이에 준하는 지역
④ 지번을 부여하는 단위지역으로서 시·도 또는 이에 준하는 지역

●해설

지번

지번이란 필지에 부여하여 지적공부에 등록한 번호로서 국가(지적소관청)가 인위적으로 구획된 1필지별로 1지번을 부여하여 지적공부에 등록하는 것으로 토지의 고정성과 개별성을 확보하기 위하여 지적소관청이 지번부여지역인 법정 동·리 단위로 기번하여 필지마다 아라비아 숫자로 순차적으로 연속하여 부여한 번호를 말한다.

지번의 기능	• 필지를 구별하는 개별성과 특정성의 기능을 갖는다. • 거주지 또는 주소 표기의 기준으로 이용된다. • 위치파악의 기준으로 이용된다. • 각종 토지 관련 정보시스템에서 검색키(식별자·색인키)로서의 기능을 갖는다.
지번의 구성	• 지번(地番)은 아라비아 숫자로 표기하되, 임야대장 및 임야도에 등록하는 토지의 지번은 숫자 앞에 "산" 자를 붙인다. • 지번은 본번(本番)과 부번(副番)으로 구성하되, 본번과 부번 사이에 "-" 표시로 연결한다. 이 경우 "-" 표시는 "의"라고 읽는다.

49 수원으로 이용되고 있는 1,000m² 면적의 토지에 지목이 대(垈)인 30m² 면적의 토지가 포함되어 있을 경우 필지의 결정방법으로 옳은 것은?(단, 토지의 소유자는 동일하다.) 15①산

① 종된 용도의 토지 면적이 주된 용도의 토지면적의 10% 미만이므로 전체를 1필지로 한다.
② 종된 용도의 토지의 지목이 대(垈)이므로 1필지로 할 수 없다.
③ 지목이 대(垈)인 토지의 지가가 더 높으므로 전체를 1필지로 한다.
④ 1필지로 하거나 필지를 달리하여도 무방하다.

●해설

주된 용도의 토지에 편입할 수 있는 토지(양입지)

지번부여지역 및 소유자·용도가 동일하고 지반이 연속된 경우 등 1필지로 정할 수 있는 기준에 적합하나 토지의 일부분의 용도가 다른 경우 주지목 추종의 원칙에 의하여 주된 용도의 토지에 편입하여 1필지로 정할 수 있다.

대상토지	• 주된 용도의 토지 편의를 위하여 설치된 도로·구거(溝渠 : 도랑) 등의 부지 • 주된 용도의 토지에 접속하거나 주된 용도의 토지로 둘러싸인 토지로서 다른 용도로 사용되고 있는 토지
주된 용도의 토지에 편입할 수 없는 토지	• 종된 토지의 지목이 대인 경우 • 종된 토지의 면적이 주된 용도의 토지 면적의 10%를 초과하는 경우 • 종된 토지의 면적이 330제곱미터를 초과하는 경우

정답 47 ④ 48 ① 49 ②

50 ㉠과 ㉡에 들어갈 내용이 모두 옳은 것은?

15①산

경계점좌표등록부를 갖춰 두는 지역에 있는 각 필지의 경계점을 측정할 때, 각 필지의 경계점 측점번호는 (㉠)부터 (㉡)으로 경계를 따라 일련번호를 부여한다.

① ㉠ 왼쪽 위에서　　㉡ 오른쪽
② ㉠ 왼쪽 아래에서　㉡ 오른쪽
③ ㉠ 오른쪽 위에서　㉡ 왼쪽
④ ㉠ 오른쪽 아래에서　㉡ 왼쪽

● 해설

경계점좌표등록부 정리

부호도 각 필지의 경계점부호	• 왼쪽 위에서부터 오른쪽으로 경계를 따라 아라비아 숫자로 연속하여 부여한다. • 토지의 빈번한 이동정리로 부호도가 복잡한 경우에는 아래 여백에 새로이 정리할 수 있다.

51 지적공부의 등록을 말소시켜야 하는 경우는?

15①산

① 홍수로 인하여 하천이 범람하여 토지가 매몰된 경우
② 토지가 지형의 변화 등으로 바다로 된 경우로서 원상회복이 불가능한 경우
③ 토지에 형질 변경의 사유가 생길 경우
④ 대규모 화재로 건물이 전소한 경우

● 해설

공간정보의 구축 및 관리 등에 관한 법률 제82조(바다로 된 토지의 등록말소 신청)
① 지적소관청은 지적공부에 등록된 토지가 지형의 변화 등으로 바다로 된 경우로서 원상(原狀)으로 회복될 수 없거나 다른 지목의 토지로 될 가능성이 없는 경우에는 지적공부에 등록된 토지소유자에게 지적공부의 등록말소 신청을 하도록 통지하여야 한다.
② 지적소관청은 제1항에 따른 토지소유자가 통지를 받은 날부터 90일 이내에 등록말소 신청을 하지 아니하면 대통령령으로 정하는 바에 따라 등록을 말소한다.
③ 지적소관청은 제2항에 따라 말소한 토지가 지형의 변화 등으로 다시 토지가 된 경우에는 대통령령으로 정하는 바에 따라 토지로 회복등록을 할 수 있다.

52 지적소관청이 관할등기소에 토지의 표시 변경에 관한 등기를 할 필요가 있는 사유가 아닌 것은?

15①산

① 지적공부를 관리하기 위하여 필요하다고 인정되어 지적소관청이 직권으로 일정한 지역을 정하여 그 지역의 축척을 변경한 경우
② 지적소관청이 지적공부의 등록사항에 잘못이 있음을 발견하여 이를 직권으로 조사·측량하여 정정한 경우
③ 지번부여지역의 일부가 행정구역의 개편으로 다른 지번부여지역에 속하게 되어 지적소관청이 새로 속하게 된 지번부여지역의 지번을 부여한 경우
④ 토지소유자의 신청을 받아 지적소관청이 신규등록한 경우

● 해설

공간정보의 구축 및 관리 등에 관한 법률 제89조(등기촉탁)
① 지적소관청은 제64조 제2항(신규등록은 제외한다), 제66조 제2항, 제82조, 제83조 제2항, 제84조 제2항 또는 제85조 제2항에 따른 사유로 토지의 표시 변경에 관한 등기를 할 필요가 있는 경우에는 지체 없이 관할 등기관서에 그 등기를 촉탁하여야 한다. 이 경우 등기촉탁은 국가가 국가를 위하여 하는 등기로 본다.
② 제1항에 따른 등기촉탁에 필요한 사항은 국토교통부령으로 정한다.

53 1필지의 일부가 형질변경 등으로 용도가 변경되어 토지소유자가 소관청에 분할을 신청하는 경우 함께 제출할 신청서로서 옳은 것은?

15①산

① 신규등록 신청서
② 지목변경 신청서
③ 토지합병 신청서
④ 용도전용 신청서

● 해설

공간정보의 구축 및 관리 등에 관한 법률 제79조(분할 신청)
① 토지소유자는 토지를 분할하려면 대통령령으로 정하는 바에 따라 지적소관청에 분할을 신청하여야 한다.
② 토지소유자는 지적공부에 등록된 1필지의 일부가 형질변경 등으로 용도가 변경된 경우에는 대통령령으로 정하는 바에 따라 용도가 변경된 날부터 60일 이내에 지적소관청에 토지의 분할을 신청하여야 한다.

공간정보의 구축 및 관리 등에 관한 법률 시행령 제65조(분할 신청)

① 법 제79조제1항에 따라 분할을 신청할 수 있는 경우는 다음 각 호와 같다.

1. 소유권 이전, 매매 등을 위하여 필요한 경우
2. 토지이용상 불합리한 지상 경계를 시정하기 위한 경우

② 토지소유자는 법 제79조에 따라 토지의 분할을 신청할 때에는 분할 사유를 적은 신청서에 국토교통부령으로 정하는 서류를 첨부하여 지적소관청에 제출하여야 한다. 이 경우 법 제79조 제2항에 따라 1필지의 일부가 형질변경 등으로 용도가 변경되어 분할을 신청할 때에는 제67조 제2항에 따른 지목변경 신청서를 함께 제출하여야 한다.

54 축척변경에 관하여 도지사의 승인을 얻은 후 지체 없이 공고해야 할 사항이 아닌 것은? 15①산

① 축척변경의 시행에 관한 세부계획
② 축척변경의 시행에 따른 청산방법
③ 축척변경의 시행에 따른 토지소유자의 협조에 관한 사항
④ 축척변경의 시행에 따른 이의 신청방법에 관한 사항

해설

축척변경시행 공고

1. 시행공고
   • 지적소관청은 시·도지사 또는 대도시 시장으로부터 축척변경 승인을 받았을 때에는 지체 없이 다음의 공고내용을 20일 이상 공고하여야 한다.
   • 시행공고는 시·군·구(자치구가 아닌 구를 포함한다) 및 축척변경 시행지역 동·리의 게시판에 주민이 볼 수 있도록 게시하여야 한다.

2. 공고내용
   • 축척변경의 목적, 시행지역 및 시행기간
   • 축척변경의 시행에 관한 세부계획
   • 축척변경의 시행에 따른 청산방법
   • 축척변경의 시행에 따른 토지소유자 등의 협조에 관한 사항

55 음 중 축척변경에 따른 청산금 산정에 대한 설명이 옳지 않은 것은? 15①산

① 지적소관청은 축척변경에 관한 측량을 한 결과 측량 전에 비하여 면적의 증감이 있는 경우에는 그 증감면적에 대하여 청산을 하여야 한다.

② 토지소유자 전원이 청산하지 아니하기로 합의하여 서면을 제출한 경우에도 지적소관청은 축척변경에 따른 증감면적에 대하여 청산을 하여야 한다.

③ 지적소관청이 축척변경에 따른 증감면적에 대하여 청산하는 경우 축척변경위원회의 의결을 거쳐 지번별 제곱미터당 금액을 정하여야 한다.

④ 지적소관청은 청산금을 산정하였을 때에는 청산금 조서를 작성하고, 청산금이 결정되었다는 뜻을 15일 이상 공고하여 일반인이 열람할 수 있게 하여야 한다.

해설

청산금의 산정 및 공고	• 증감면적에 대한 청산을 할 때에는 축척변경위원회의 의결을 거쳐 지번별로 제곱미터당 금액(이하 "지번별 제곱미터당 금액"이라 한다)을 정하여야 한다. 이 경우 지적소관청은 시행공고일 현재를 기준으로 그 축척변경 시행지역의 토지에 대하여 지번별 제곱미터당 금액을 미리 조사하여 축척변경위원회에 제출하여야 한다. • 청산금은 축척변경 지번별 조서의 필지별 증감면적에 지번별 제곱미터당 금액을 곱하여 산정한다. • 지적소관청은 청산금을 산정하였을 때에는 청산금 조서(축척변경 지번별 조서에 필지별 청산금 명세를 적은 것을 말한다)를 작성하고, 청산금이 결정되었다는 뜻을 15일 이상 공고하여 일반인이 열람할 수 있게 하여야 한다.
청산금의 초과액과 부족액의 부담	청산금을 산정한 결과 증가된 면적에 대한 청산금의 합계와 감소된 면적에 대한 청산금의 합계에 차액이 생긴 경우 • 초과액은 그 지방자치단체의 수입으로 한다. • 부족액은 그 지방자치단체가 부담한다.
청산금의 산정 제외	• 필지별 증감면적이 $0.026^2 M\sqrt{F}$에 따른 허용범위 이내인 경우. 다만, 축척변경위원회의 의결이 있는 경우는 청산금을 산정한다. • 토지소유자 전원이 청산하지 아니하기로 합의하여 서면으로 제출한 경우

49조 제12항에 따라 도면을 작성할 경우에는 종전 도면번호에 "-1"과 같이 부호를 부여한다.

56 도시개발사업 등의 신고에 관한 설명 중 옳지 않은 것은? 15①산

① 시행자는 사업의 착수·변경 및 완료사실을 지적소관청에 신고하여야 한다.
② 사업의 착수신고는 그 신고사유가 발생한 날로부터 15일 이내에 하여야 한다.
③ 사업의 완료신고는 그 신고사유가 발생한 날로부터 30일 이내에 하여야 한다.
④ 사업의 착수신고서에는 반드시 사업계획도가 첨부되어야 한다.

해설

신고기한
도시개발사업 등의 착수·변경 또는 완료 사실의 신고는 그 사유가 발생한 날부터 15일 이내에 하여야 한다.

57 다음 중 일람도를 작성하는 축척 기준으로 옳은 것은?(단, 도면의 장수가 많아서 1장에 작성할 수 없는 경우는 고려하지 않는다.) 15②산

① 도면축척의 2분의 1 ② 도면축척의 5분의 1
③ 도면축척의 10분의 1 ④ 도면축척의 20분의 1

해설

지적업무처리규정 제41조(일람도의 제도)
① 규칙 제69조 제5항에 따라 일람도를 작성할 경우 일람도의 축척은 그 도면축척의 10분의 1로 한다. 다만, 도면의 장수가 많아서 한 장에 작성할 수 없는 경우에는 축척을 줄여서 작성할 수 있으며, 도면의 장수가 4장 미만인 경우에는 일람도의 작성을 하지 아니할 수 있다.
② 제명 및 축척은 일람도 윗부분에 "○○시·도 ○○시·군·구 ○○읍·면 ○○동·리 일람도 축척 ○○○○분의 1"이라 제도한다. 이 경우 경계점좌표등록부시행지역은 제명 중 일람도 다음에 "(좌표)"라 기재하며, 그 제도방법은 다음 각 호와 같다.
 1. 글자의 크기는 9밀리미터로 하고 글자사이의 간격은 글자크기의 2분의 1 정도 띄운다.
 2. 제명의 일람도와 축척 사이는 20밀리미터를 띄운다.
③ 도면번호는 지번부여지역·축척 및 지적도·임야도·경계점좌표등록부 시행지별로 일련번호를 부여한다. 이 경우 신규등록 및 등록전환으로 새로 도면을 작성할 경우의 도면번호는 그 지역 마지막 도면번호의 다음 번호로 부여한다. 다만, 제

58 다음 중 합병의 금지사유가 아닌 것은? 15②산

① 합병하려는 토지의 지목이 서로 다른 경우
② 합병하려는 토지의 지적도 및 임야도의 축척이 서로 다른 경우
③ 합병하려는 각 필지의 지반이 연속되지 아니한 경우
④ 합병하려는 각 필지의 토지가 등기된 토지인 경우

해설

공간정보의 구축 및 관리 등에 관한 법률 제80조(합병 신청)
① 토지소유자는 토지를 합병하려면 대통령령으로 정하는 바에 따라 지적소관청에 합병을 신청하여야 한다.
② 토지소유자는 「주택법」에 따른 공동주택의 부지, 도로, 제방, 하천, 구거, 유지, 그 밖에 대통령령으로 정하는 토지로서 합병하여야 할 토지가 있으면 그 사유가 발생한 날부터 60일 이내에 지적소관청에 합병을 신청하여야 한다.
③ 다음 각 호의 어느 하나에 해당하는 경우에는 합병 신청을 할 수 없다.
 1. 합병하려는 토지의 지번부여지역, 지목 또는 소유자가 서로 다른 경우
 2. 합병하려는 토지에 다음 각 목의 등기 외의 등기가 있는 경우
  가. 소유권·지상권·전세권 또는 임차권의 등기
  나. 승역지(承役地)에 대한 지역권의 등기
  다. 합병하려는 토지 전부에 대한 등기원인(登記原因) 및 그 연월일과 접수번호가 같은 저당권의 등기
 3. 그 밖에 합병하려는 토지의 지적도 및 임야도의 축척이 서로 다른 경우 등 대통령령으로 정하는 경우

59 축척변경 시행공고 시 기재해야 할 사항이 아닌 것은? 15②산

① 축척변경의 변경절차 및 면적결정방법
② 축척변경의 시행에 따른 청산방법
③ 축척변경의 시행에 관한 세부계획
④ 축척변경의 목적, 시행지역 및 시행기간

◯해설

공간정보의 구축 및 관리 등에 관한 법률 시행령 제71조(축척변경 시행공고 등)

① 지적소관청은 법 제83조 제3항에 따라 시·도지사 또는 대도시 시장으로부터 축척변경 승인을 받았을 때에는 지체 없이 다음 각 호의 사항을 20일 이상 공고하여야 한다.
1. 축척변경의 목적, 시행지역 및 시행기간
2. 축척변경의 시행에 관한 세부계획
3. 축척변경의 시행에 따른 청산방법
4. 축척변경의 시행에 따른 토지소유자 등의 협조에 관한 사항

② 제1항에 따른 시행공고는 시·군·구(자치구가 아닌 구를 포함한다) 및 축척변경 시행지역 동·리의 게시판에 주민이 볼 수 있도록 게시하여야 한다.

③ 축척변경 시행지역의 토지소유자 또는 점유자는 시행공고가 된 날(이하 "시행공고일"이라 한다)부터 30일 이내에 시행공고일 현재 점유하고 있는 경계에 국토교통부령으로 정하는 경계점표지를 설치하여야 한다.

60 다음 중 지적측량업의 등록기준으로 옳지 않은 것은? 15②산

① 토털스테이션 1대 이상 ② 출력장치 1대 이상
③ 초급기술자 2명 이상 ④ 고급기술자 2명 이상

◯해설

지적측량업 등록기준

기술인력	장비
• 특급기술자 1명 또는 고급 기술자 2명 이상 • 중급기술자 2명 이상 • 초급기술자 1명 이상 • 지적 분야의 초급기능사 1명 이상	• 토털스테이션 1대 이상 • 자동제도장치 1대 이상

61 지적전산자료의 이용·활용에 대한 승인권자가 아닌 자는? 15②산

① 국토교통부장관 ② 국가정보원장
③ 시·도지사 ④ 지적소관청

◯해설

공간정보의 구축 및 관리 등에 관한 법률 제76조(지적전산자료의 이용 등)

① 지적공부에 관한 전산자료(연속지적도를 포함하며, 이하 "지적전산자료"라 한다)를 이용하거나 활용하려는 자는 다음 각 호의 구분에 따라 국토교통부장관, 시·도지사 또는 지적소관청의 승인을 받아야 한다. 〈2013. 3. 23., 2013. 7. 17 본항 개정〉
1. 전국 단위의 지적전산자료 : 국토교통부장관, 시·도지사 또는 지적소관청
2. 시·도 단위의 지적전산자료 : 시·도지사 또는 지적소관청
3. 시·군·구(자치구가 아닌 구를 포함한다) 단위의 지적전산자료 : 지적소관청

② 제1항에 따른 승인을 신청하려는 자는 대통령령으로 정하는 바에 따라 지적전산자료의 이용 또는 활용 목적 등에 관하여 미리 관계 중앙행정기관의 심사를 받아야 한다. 다만, 중앙행정기관의 장, 그 소속 기관의 장 또는 지방자치단체의 장이 승인을 신청하는 경우에는 그러하지 아니하다.

62 축척변경에 대한 확정공고의 시기로 옳은 것은? 15②산

① 공사완료 시
② 청산금의 납부 및 지급의 완료 시
③ 축척변경 등기촉탁 완료 시
④ 청산금 징수 공고 시

◯해설

공간정보의 구축 및 관리 등에 관한 법률 시행령 제78조(축척변경의 확정공고)

① 청산금의 납부 및 지급이 완료되었을 때에는 지적소관청은 지체 없이 축척변경의 확정공고를 하여야 한다.

② 지적소관청은 제1항에 따른 확정공고를 하였을 때에는 지체 없이 축척변경에 따라 확정된 사항을 지적공부에 등록하여야 한다.

③ 축척변경 시행지역의 토지는 제1항에 따른 확정공고일에 토지의 이동이 있는 것으로 본다.

63 지적공부를 복구하려는 경우에는 복구하려는 토지의 표시 등을 시·군·구 게시판 및 인터넷 홈페이지에 며칠 이상 게시하여야 하는가? 15②산

① 15일 이상 ② 20일 이상
③ 25일 이상 ④ 30일 이상

해설

공간정보의 구축 및 관리 등에 관한 법률 시행규칙 제73조(지적공부의 복구절차 등)

① 지적소관청은 법 제74조 및 영 제61조 제1항에 따라 지적공부를 복구하려는 경우에는 제72조 각 호의 복구자료를 조사하여야 한다.

② 지적소관청은 제1항에 따라 조사된 복구자료 중 토지대장·임야대장 및 공유지연명부의 등록 내용을 증명하는 서류 등에 따라 지적복구자료 조사서를 작성하고, 지적도면의 등록 내용을 증명하는 서류 등에 따라 복구자료도를 작성하여야 한다.

⑥ 지적소관청은 제1항부터 제5항까지의 규정에 따른 복구자료의 조사 또는 복구측량 등이 완료되어 지적공부를 복구하려는 경우에는 복구하려는 토지의 표시 등을 시·군·구 게시판 및 인터넷 홈페이지에 15일 이상 게시하여야 한다.

64 다음 중 지적공부를 청사 밖으로 반출할 수 없는 경우는? 15②산

① 지적측량검사를 위하여 필요한 경우
② 천재지변을 피하기 위하여 필요한 경우
③ 관할 시·도지사의 승인을 받은 경우
④ 화재로 지적공부의 소실 우려가 있는 경우

해설

공간정보의 구축 및 관리 등에 관한 법률 제69조(지적공부의 보존 등)

① 지적소관청은 해당 청사에 지적서고를 설치하고 그곳에 지적공부(정보처리시스템을 통하여 기록·저장한 경우는 제외한다. 이하 이 항에서 같다)를 영구히 보존하여야 하며, 다음 각 호의 어느 하나에 해당하는 경우 외에는 해당 청사 밖으로 지적공부를 반출할 수 없다.

1. 천재지변이나 그 밖에 이에 준하는 재난을 피하기 위하여 필요한 경우
2. 관할 시·도지사 또는 대도시 시장의 승인을 받은 경우

65 토지소유자가 지적공부의 등록사항에 대한 정정을 신청할 때 등록사항 정정 측량성과도의 첨부가 필요한 경우는? 15③산

① 분할 신청
② 등록전환 신청
③ 지목변경 신청
④ 경계 또는 면적의 변경 신청

해설

공간정보의 구축 및 관리 등에 관한 법률 시행규칙 제93조(등록사항의 정정 신청)

① 토지소유자는 법 제84조 제1항에 따라 지적공부의 등록사항에 대한 정정을 신청할 때에는 정정사유를 적은 신청서에 다음 각 호의 구분에 따른 서류를 첨부하여 지적소관청에 제출하여야 한다. 〈개정 2014.1.17.〉

1. 경계 또는 면적의 변경을 가져오는 경우 : 등록사항 정정 측량성과도
2. 그 밖의 등록사항을 정정하는 경우 : 변경사항을 확인할 수 있는 서류

② 제1항에 따른 서류를 해당 지적소관청이 관리하는 경우에는 지적소관청의 확인으로 해당 서류의 제출을 갈음할 수 있다.

66 1필지로 정할 수 있는 기준 중 주된 용도의 토지에 편입하지 않고 다른 필지로 할 수 있는 토지면적의 기준으로 옳은 것은? 15③산

① $135m^2$를 초과한 때 ② $220m^2$를 초과한 때
③ $250m^2$를 초과한 때 ④ $330m^2$를 초과한 때

해설

공간정보의 구축 및 관리 등에 관한 법률 시행령 제5조(1필지로 정할 수 있는 기준)

① 법 제2조 제21호에 따라 지번부여지역의 토지로서 소유자와 용도가 같고 지반이 연속된 토지는 1필지로 할 수 있다.

② 제1항에도 불구하고 다음 각 호의 어느 하나에 해당하는 토지는 주된 용도의 토지에 편입하여 1필지로 할 수 있다. 다만, 종된 용도의 토지의 지목(地目)이 "대(垈)"인 경우와 종된 용도의 토지 면적이 주된 용도의 토지 면적의 10퍼센트를 초과하거나 330제곱미터를 초과하는 경우에는 그러하지 아니하다.

1. 주된 용도의 토지의 편의를 위하여 설치된 도로·구거(溝渠 : 도랑) 등의 부지

2. 주된 용도의 토지에 접속되거나 주된 용도의 토지로 둘러싸인 토지로서 다른 용도로 사용되고 있는 토지

67 지적공부를 복구하려는 경우 토지의 표시 등을 시·군·구 게시판 및 인터넷 홈페이지에 게시하도록 한다. 이때 이의가 있는 자가 이의신청을 할 수 있는 기간은? 15③산

① 게시기간(15일 이상) 내
② 게시기간(20일 이상) 내
③ 게시기간 종료 후 15일 이내
④ 게시기간 종료 후 20일 이내

● 해설

공간정보의 구축 및 관리 등에 관한 법률 시행규칙 제73조(지적공부의 복구절차 등)
① 지적소관청은 법 제74조 및 영 제61조 제1항에 따라 지적공부를 복구하려는 경우에는 제72조 각 호의 복구자료를 조사하여야 한다.
⑥ 지적소관청은 제1항부터 제5항까지의 규정에 따른 복구자료의 조사 또는 복구측량 등이 완료되어 지적공부를 복구하려는 경우에는 복구하려는 토지의 표시 등을 시·군·구 게시판 및 인터넷 홈페이지에 15일 이상 게시하여야 한다.
⑦ 복구하려는 토지의 표시 등에 이의가 있는 자는 게시기간(제6항) 내에 지적소관청에 이의신청을 할 수 있다.

68 다음 중 해당 토지소유자에게 지적정리 등을 통지하여야 하는 경우가 아닌 것은? 15③산

① 지적공부를 복구한 경우
② 지적공부를 재작성한 경우
③ 지번부여지역의 일부에 대하여 지번을 새로이 부여한 경우
④ 지적소관청이 직권으로 면적, 경계를 조사·측량하여 결정한 경우

● 해설

공간정보의 구축 및 관리 등에 관한 법률 제90조(지적정리 등의 통지)
제64조 제2항 단서, 제66조 제2항, 제74조, 제82조 제2항, 제84조 제2항, 제85조 제2항, 제86조 제2항, 제87조 또는 제89조에 따라 지적소관청이 지적공부에 등록하거나 지적공부를 복구 또는 말소하거나 등기촉탁을 하였으면 대통령령으로 정하는 바에 따라 해당 토지소유자에게 통지하여야 한다. 다만, 통지받을 자의 주소나 거소를 알 수 없는 경우에는 국토교통부령으로 정하는 바에 따라 일간신문, 해당 시·군·구의 공보 또는 인터넷 홈페이지에 공고하여야 한다.

69 다음 중 축척변경위원회의 심의·의결사항에 해당하는 것은? 15③산

① 지적측량 적부심사에 관한 사항
② 지적기술자의 징계에 관한 사항
③ 지적기술자의 양성방안에 관한 사항
④ 지번별 제곱미터당 금액의 결정에 관한 사항

● 해설

공간정보의 구축 및 관리 등에 관한 법률 시행령 제80조(축척변경위원회의 기능)
축척변경위원회는 지적소관청이 회부하는 다음 각 호의 사항을 심의·의결한다.
1. 축척변경 시행계획에 관한 사항
2. 지번별 제곱미터당 금액의 결정과 청산금의 산정에 관한 사항
3. 청산금의 이의신청에 관한 사항
4. 그 밖에 축척변경과 관련하여 지적소관청이 회의에 부치는 사항

70 다음 중 지적도의 축척이 1,200분의 1이고 토지의 면적이 제곱미터 미만의 끝수가 있는 경우 면적결정 방법으로 옳지 않은 것은? 15③산

① 제곱미터 미만의 끝수가 0.5제곱미터 미만인 때에는 버린다.
② 제곱미터 미만의 끝수가 0.5제곱미터를 초과하는 때에는 올린다.
③ 1필지의 면적이 1제곱미터 미만인 때에는 1제곱미터로 한다.
④ 제곱미터 미만의 끝수가 0.5제곱미터인 때에는 구하고자 하는 끝자리의 숫자가 홀수이면 버리고 0 또는 짝수이면 올린다.

해설

측량계산의 끝수 처리

- 제곱미터 단위로 면적을 결정할 때 : 토지의 면적에 1제곱미터 미만의 끝수가 있는 경우 0.5제곱미터 미만일 때에는 버리고, 0.5제곱미터를 초과하는 때에는 올리며, 0.5제곱미터일 때에는 구하려는 끝자리의 숫자가 0 또는 짝수이면 버리고 홀수이면 올린다. 다만, 1필지의 면적이 1제곱미터 미만일 때에는 1제곱미터로 한다.
- 제곱미터 이하 1자리 단위로 면적을 결정할 때 0.1제곱미터 미만의 끝수가 있는 경우 0.05제곱미터 미만일 때에는 버리고, 0.05제곱미터를 초과할 때에는 올리며, 0.05제곱미터일 때에는 구하려는 끝자리의 숫자가 0 또는 짝수이면 버리고 홀수이면 올린다. 다만, 1필지의 면적이 0.1제곱미터 미만일 때에는 0.1제곱미터로 한다.
- 면적의 단위와 끝수 처리

축척	경계점좌표등록부 시행지역	1/600	그 이외의 지역
등록단위	$0.1m^2$		$1m^2$
최소등록 단위	$0.1m^2$		$1m^2$
끝수처리	반올림하되 등록하고자 하는 자릿수의 다음 수가 5인 경우에 한하여 5사5입(五捨五入)법을 적용한다.		

71 도시개발사업 등으로 인한 토지이동 시 언제 이동이 있는 것으로 보는가? 15③산

① 공사가 착공된 때
② 공사가 준공된 때
③ 공사의 중간검사 완료 시
④ 사업의 시행이 결정된 때

해설

공간정보의 구축 및 관리 등에 관한 법률 제86조(도시개발사업 등 시행지역의 토지이동 신청에 관한 특례)

① 「도시개발법」에 따른 도시개발사업, 「농어촌정비법」에 따른 농어촌정비사업, 그 밖에 대통령령으로 정하는 토지 개발사업의 시행자는 대통령령으로 정하는 바에 따라 그 사업의 착수 · 변경 및 완료 사실을 지적소관청에 신고하여야 한다.
② 제1항에 따른 사업과 관련하여 토지의 이동이 필요한 경우에는 해당 사업의 시행자가 지적소관청에 토지의 이동을 신청하여야 한다.

③ 제2항에 따른 토지의 이동은 토지의 형질변경 등의 공사가 준공된 때에 이루어진 것으로 본다.

72 축척변경 승인신청서에 첨부되는 서류가 아닌 것은? 15③산

① 축척변경의 사유
② 지번등 명세
③ 토지대장사본
④ 토지소유자 동의서

해설

공간정보의 구축 및 관리 등에 관한 법률 시행령 제70조(축척변경 승인신청)

① 지적소관청은 법 제83조 제2항에 따라 축척변경을 할 때에는 축척변경 사유를 적은 승인신청서에 다음 각 호의 서류를 첨부하여 시 · 도지사 또는 대도시 시장에게 제출하여야 한다. 이 경우 시 · 도지사 또는 대도시 시장은 「전자정부법」 제36조 제1항에 따른 행정정보의 공동이용을 통하여 축척변경 대상지역의 지적도를 확인하여야 한다. 〈개정 2010.11.2.〉
  1. 축척변경의 사유
  2. 삭제 〈2010.11.2.〉
  3. 지번등 명세
  4. 법 제83조 제3항에 따른 토지소유자의 동의서
  5. 법 제83조 제1항에 따른 축척변경위원회(이하 "축척변경위원회"라 한다)의 의결서 사본
  6. 그 밖에 축척변경 승인을 위하여 시 · 도지사 또는 대도시 시장이 필요하다고 인정하는 서류
② 제1항에 따른 신청을 받은 시 · 도지사 또는 대도시 시장은 축척변경 사유 등을 심사한 후 그 승인 여부를 지적소관청에 통지하여야 한다.

73 도시계획구역의 토지를 그 지방자치단체의 명의로 신규등록을 신청할 때 신청서에 첨부해야 할 서류로서 옳은 것은? 15③산

① 국토교통부장관과 협의한 문서의 사본
② 기획재정부장관과 협의한 문서의 사본
③ 행정자치부장관과 협의한 문서의 사본
④ 공정거래위원회위원장과 협의한 문서의 사본

● 해설

공간정보의 구축 및 관리 등에 관한 법률 시행규칙 제81조(신규등록 신청)

① 영 제63조에서 "국토교통부령으로 정하는 서류"란 다음 각 호의 어느 하나에 해당하는 서류를 말한다.
　1. 법원의 확정판결서 정본 또는 사본
　2. 「공유수면 관리 및 매립에 관한 법률」에 따른 준공검사 확인증 사본
　3. 법률 제6389호 지적법 개정법률 부칙 제5조에 따라 도시계획구역의 토지를 그 지방자치단체의 명의로 등록하는 때에는 기획재정부장관과 협의한 문서의 사본
　4. 그 밖에 소유권을 증명할 수 있는 서류의 사본

② 제1항 각 호의 어느 하나에 해당하는 서류를 해당 지적소관청이 관리하는 경우에는 지적소관청의 확인으로 그 서류의 제출을 갈음할 수 있다.

74 다음 중 지목에 관한 해설을 바르게 한 것은?

15③산

① 온천수의 송수관 부지는 광천지로 한다.
② 밤나무를 집단적으로 재배하는 토지는 과수원으로 한다.
③ 원상회복을 조건으로 토취장을 허가한 토지는 잡종지로 한다.
④ 국토의 계획 및 이용에 관한 법률에 따라 결정·고시된 녹지는 임야로 한다.

● 해설

1. 과수원 : 사과·배·밤·호두·귤나무 등 과수류를 집단적으로 재배하는 토지와 이에 접속된 저장고 등 부속시설물의 부지. 다만, 주거용 건축물의 부지는 "대"로 한다.
2. 광천지 : 지하에서 온수·약수·석유류 등이 용출되는 용출구(湧出口)와 그 유지(維持)에 사용되는 부지. 다만, 온수·약수·석유류 등을 일정한 장소로 운송하는 송수관·송유관 및 저장시설의 부지는 제외한다.
3. 잡종지 : 다음의 토지는 "잡종지"로 한다. 다만, 원상회복을 조건으로 돌을 캐내는 곳 또는 흙을 파내는 곳으로 허가된 토지는 제외한다.
　• 갈대밭, 실외에 물건을 쌓아두는 곳, 돌을 캐내는 곳, 흙을 파내는 곳, 야외시장, 비행장, 공동우물
　• 영구적 건축물 중 변전소, 송신소, 수신소, 송유시설, 도축장, 자동차운전학원, 쓰레기 및 오물처리장 등의 부지

　• 다른 지목에 속하지 아니하는 토지
4. 임야 : 산림 및 원야(原野)를 이루고 있는 수림지(樹林地)·죽림지·암석지·자갈땅·모래땅·습지·황무지 등의 토지

75 지목변경에 관한 설명으로 옳지 않은 것은?

15③산

① 건축물의 용도가 변경된 경우에 지목변경을 할 수 있다.
② 토지의 형질변경 등의 공사가 준공된 경우에 지목변경을 할 수 있다.
③ 토지이용상 불합리한 지상경계를 시정하기 위한 경우에 지목변경을 할 수 있다.
④ 지목변경의 사유가 발생한 날부터 60일 이내에 지적소관청에 신청하여야 한다.

● 해설

공간정보의 구축 및 관리 등에 관한 법률 제81조(지목변경 신청)
토지소유자는 지목변경을 할 토지가 있으면 대통령령으로 정하는 바에 따라 그 사유가 발생한 날부터 60일 이내에 지적소관청에 지목변경을 신청하여야 한다.

공간정보의 구축 및 관리 등에 관한 법률 시행령 제67조(지목변경 신청)

① 법 제81조에 따라 지목변경을 신청할 수 있는 경우는 다음 각 호와 같다.
　1. 「국토의 계획 및 이용에 관한 법률」 등 관계 법령에 따른 토지의 형질변경 등의 공사가 준공된 경우
　2. 토지나 건축물의 용도가 변경된 경우
　3. 법 제86조에 따른 도시개발사업 등의 원활한 추진을 위하여 사업시행자가 공사 준공 전에 토지의 합병을 신청하는 경우

② 토지소유자는 법 제81조에 따라 지목변경을 신청할 때에는 지목변경 사유를 적은 신청서에 국토교통부령으로 정하는 서류를 첨부하여 지적소관청에 제출하여야 한다.

지번은 본번(本番)과 부번(副番)으로 구성하되, 본번과 부번 사이에 "－" 표시로 연결한다. 이 경우 "－" 표시는 "의"라고 읽는다.

76 지적공부의 등록사항 중 토지소유자에 관한 사항이 불일치할 경우 지적공부의 정정에 필요한 서류가 아닌 것은? 15③산

① 등기필증
② 토지대장등본
③ 등기완료통지서
④ 등기관서에서 제공한 등기전산정보자료

●**해설**

공간정보의 구축 및 관리 등에 관한 법률 제88조(토지소유자의 정리)

① 지적공부에 등록된 토지소유자의 변경사항은 등기관서에서 등기한 것을 증명하는 등기필증, 등기완료통지서, 등기사항증명서 또는 등기관서에서 제공한 등기전산정보자료에 따라 정리한다. 다만, 신규등록하는 토지의 소유자는 지적소관청이 직접 조사하여 등록한다. 〈개정 2011.4.12.〉

공간정보의 구축 및 관리 등에 관한 법률 제84조(등록사항의 정정)

① 토지소유자는 지적공부의 등록사항에 잘못이 있음을 발견하면 지적소관청에 그 정정을 신청할 수 있다.

② 지적소관청은 지적공부의 등록사항에 잘못이 있음을 발견하면 대통령령으로 정하는 바에 따라 직권으로 조사·측량하여 정정할 수 있다.

③ 제1항에 따른 정정으로 인접 토지의 경계가 변경되는 경우에는 다음 각 호의 어느 하나에 해당하는 서류를 지적소관청에 제출하여야 한다.

1. 인접 토지소유자의 승낙서

2. 인접 토지소유자가 승낙하지 아니하는 경우에는 이에 대항할 수 있는 확정판결서 정본(正本)

CHAPTER 02 국토의 계획 및 이용에 관한 법률

제1절 총칙

···1.1 제정 목적

이 법은 국토의 이용·개발과 보전을 위한 계획의 수립 및 집행 등에 필요한 사항을 정하여 공공복리를 증진시키고 국민의 삶의 질을 향상시키는 것을 목적으로 한다.

···1.2 용어의 정의

광역도시계획	지정된 광역계획권의 장기발전방향을 제시하는 계획을 말한다.
도시·군 계획	특별시·광역시·특별자치시·특별자치도·시 또는 군(광역시의 관할 구역에 있는 군은 제외한다. 이하 같다)의 관할 구역에 대하여 수립하는 공간구조와 발전방향에 대한 계획으로서 도시·군기본계획과 도시·군관리계획으로 구분한다.
도시·군 기본계획	특별시·광역시·특별자치시·특별자치도·시 또는 군의 관할 구역에 대하여 기본적인 공간구조와 장기발전방향을 제시하는 종합계획으로서 도시·군관리계획 수립의 지침이 되는 계획을 말한다.
도시·군 관리계획	특별시·광역시·특별자치시·특별자치도·시 또는 군의 개발·정비 및 보전을 위하여 수립하는 토지 이용, 교통, 환경, 경관, 안전, 산업, 정보통신, 보건, 복지, 안보, 문화 등에 관한 다음 각 목의 계획을 말한다. 가. 용도지역·용도지구의 지정 또는 변경에 관한 계획 나. 개발제한구역, 도시자연공원구역, 시가화조정구역(市街化調整區域), 수산자원보호구역의 지정 또는 변경에 관한 계획 다. 기반시설의 설치·정비 또는 개량에 관한 계획 라. 도시개발사업이나 정비사업에 관한 계획 마. 지구단위계획구역의 지정 또는 변경에 관한 계획과 지구단위계획
지구단위 계획	도시·군계획 수립 대상지역의 일부에 대하여 토지 이용을 합리화하고 그 기능을 증진시키며 미관을 개선하고 양호한 환경을 확보하며, 그 지역을 체계적·계획적으로 관리하기 위하여 수립하는 도시·군관리계획을 말한다.

기반시설	다음 각 목의 시설로서 대통령령으로 정하는 시설을 말한다. 가. 도로 · 철도 · 항만 · 공항 · 주차장 등 교통시설 나. 광장 · 공원 · 녹지 등 공간시설 다. 유통업무설비, 수도 · 전기 · 가스공급설비, 방송 · 통신시설, 공동구 등 유통 · 공급시설 라. 학교 · 운동장 · 공공청사 · 문화시설 · 체육시설 등 공공 · 문화체육시설 마. 하천 · 유수지(遊水池) · 방화설비 등 방재시설 바. 화장시설 · 공동묘지 · 봉안시설 등 보건위생시설 사. 하수도 · 폐기물처리시설 등 환경기초시설
도시 · 군 계획시설	기반시설 중 도시 · 군관리계획으로 결정된 시설을 말한다.
광역시설	기반시설 중 광역적인 정비체계가 필요한 다음 각 목의 시설로서 대통령령으로 정하는 시설을 말한다. 가. 둘 이상의 특별시 · 광역시 · 특별자치시 · 특별자치도 · 시 또는 군의 관할 구역에 걸쳐 있는 시설 나. 둘 이상의 특별시 · 광역시 · 특별자치시 · 특별자치도 · 시 또는 군이 공동으로 이용하는 시설
공동구	전기 · 가스 · 수도 등의 공급설비, 통신시설, 하수도시설 등 지하매설물을 공동 수용함으로써 미관의 개선, 도로구조의 보전 및 교통의 원활한 소통을 위하여 지하에 설치하는 시설물을 말한다.
도시 · 군 계획시설사업	도시 · 군계획시설을 설치 · 정비 또는 개량하는 사업을 말한다.
도시 · 군 계획사업	도시 · 군관리계획을 시행하기 위한 다음 각 목의 사업을 말한다. 가. 도시 · 군계획시설사업 나. 「도시개발법」에 따른 도시개발사업 다. 「도시 및 주거환경정비법」에 따른 정비사업
도시 · 군계획 사업시행자	이 법 또는 다른 법률에 따라 도시 · 군계획사업을 하는 자를 말한다.
공공시설	도로 · 공원 · 철도 · 수도, 그 밖에 대통령령으로 정하는 공공용 시설을 말한다.
국가계획	중앙행정기관이 법률에 따라 수립하거나 국가의 정책적인 목적을 이루기 위하여 수립하는 계획 중 제19조 제1항 제1호부터 제9호까지에 규정된 사항이나 도시 · 군관리계획으로 결정하여야 할 사항이 포함된 계획을 말한다. 제19조(도시 · 군기본계획의 내용) ① 도시 · 군기본계획에는 다음 각 호의 사항에 대한 정책방향이 포함되어야 한다. 〈개정 2011. 4. 14.〉 1. 지역적 특성 및 계획의 방향 · 목표에 관한 사항 2. 공간구조, 생활권의 설정 및 인구의 배분에 관한 사항 3. 토지의 이용 및 개발에 관한 사항 4. 토지의 용도별 수요 및 공급에 관한 사항 5. 환경의 보전 및 관리에 관한 사항 6. 기반시설에 관한 사항 7. 공원 · 녹지에 관한 사항

국가계획	8. 경관에 관한 사항 　8의2. 기후변화 대응 및 에너지절약에 관한 사항 　8의3. 방재 및 안전에 관한 사항 9. 제2호부터 제8호까지, 제8호의2 및 제8호의3에 규정된 사항의 단계별 추진에 관한 사항
용도지역	토지의 이용 및 건축물의 용도, 건폐율(「건축법」 제55조의 건폐율을 말한다. 이하 같다), 용적률(「건축법」 제56조의 용적률을 말한다. 이하 같다), 높이 등을 제한함으로써 토지를 경제적 · 효율적으로 이용하고 공공복리의 증진을 도모하기 위하여 서로 중복되지 아니하게 도시 · 군관리계획으로 결정하는 지역을 말한다.
용도지구	토지의 이용 및 건축물의 용도 · 건폐율 · 용적률 · 높이 등에 대한 용도지역의 제한을 강화하거나 완화하여 적용함으로써 용도지역의 기능을 증진시키고 미관 · 경관 · 안전 등을 도모하기 위하여 도시 · 군관리계획으로 결정하는 지역을 말한다.
용도구역	토지의 이용 및 건축물의 용도 · 건폐율 · 용적률 · 높이 등에 대한 용도지역 및 용도지구의 제한을 강화하거나 완화하여 따로 정함으로써 시가지의 무질서한 확산방지, 계획적이고 단계적인 토지이용의 도모, 토지이용의 종합적 조정 · 관리 등을 위하여 도시 · 군관리계획으로 결정하는 지역을 말한다.
개발밀도 관리구역	개발로 인하여 기반시설이 부족할 것으로 예상되나 기반시설을 설치하기 곤란한 지역을 대상으로 건폐율이나 용적률을 강화하여 적용하기 위하여 제66조에 따라 지정하는 구역을 말한다. 제66조(개발밀도관리구역) ① 특별시장 · 광역시장 · 특별자치시장 · 특별자치도지사 · 시장 또는 군수는 주거 · 상업 또는 공업지역에서의 개발행위로 기반시설(도시 · 군계획시설을 포함한다)의 처리 · 공급 또는 수용능력이 부족할 것으로 예상되는 지역 중 기반시설의 설치가 곤란한 지역을 개발밀도관리구역으로 지정할 수 있다. 〈개정 2011. 4. 14.〉 ② 특별시장 · 광역시장 · 특별자치시장 · 특별자치도지사 · 시장 또는 군수는 개발밀도관리구역에서는 대통령령으로 정하는 범위에서 제77조나 제78조에 따른 건폐율 또는 용적률을 강화하여 적용한다. 〈개정 2011. 4. 14.〉 ③ 특별시장 · 광역시장 · 특별자치시장 · 특별자치도지사 · 시장 또는 군수는 제1항에 따라 개발밀도관리구역을 지정하거나 변경하려면 다음 각 호의 사항을 포함하여 해당 지방자치단체에 설치된 지방도시계획위원회의 심의를 거쳐야 한다. 〈개정 2011. 4. 14.〉 　1. 개발밀도관리구역의 명칭 　2. 개발밀도관리구역의 범위 　3. 제77조나 제78조에 따른 건폐율 또는 용적률의 강화 범위 ④ 특별시장 · 광역시장 · 특별자치시장 · 특별자치도지사 · 시장 또는 군수는 제1항에 따라 개발밀도관리구역을 지정하거나 변경한 경우에는 그 사실을 대통령령으로 정하는 바에 따라 고시하여야 한다. 〈개정 2011. 4. 14.〉 ⑤ 개발밀도관리구역의 지정기준, 개발밀도관리구역의 관리 등에 관하여 필요한 사항은 대통령령으로 정하는 바에 따라 국토교통부장관이 정한다.
기반시설 부담구역	개발밀도관리구역 외의 지역으로서 개발로 인하여 도로, 공원, 녹지 등 대통령령으로 정하는 기반시설의 설치가 필요한 지역을 대상으로 기반시설을 설치하거나 그에 필요한 용지를 확보하게 하기 위하여 제67조에 따라 지정 · 고시하는 구역을 말한다.
기반시설 설치비용	단독주택 및 숙박시설 등 대통령령으로 정하는 시설의 신 · 증축 행위로 인하여 유발되는 기반시설을 설치하거나 그에 필요한 용지를 확보하기 위하여 제69조에 따라 부과 · 징수하는 금액을 말한다.

••1.3 국토 이용 및 관리의 기본원칙

국토는 자연환경의 보전과 자원의 효율적 활용을 통하여 환경적으로 건전하고 지속가능한 발전을 이루기 위하여 다음 각 호의 목적을 이룰 수 있도록 이용되고 관리되어야 한다.

> 1. 국민생활과 경제활동에 필요한 토지 및 각종 시설물의 효율적 이용과 원활한 공급
> 2. 자연환경 및 경관의 보전과 훼손된 자연환경 및 경관의 개선 및 복원
> 3. 교통·수자원·에너지 등 국민생활에 필요한 각종 기초 서비스 제공
> 4. 주거 등 생활환경 개선을 통한 국민의 삶의 질 향상
> 5. 지역의 정체성과 문화유산의 보전
> 6. 지역 간 협력 및 균형발전을 통한 공동번영의 추구
> 7. 지역경제의 발전과 지역 및 지역 내 적절한 기능 배분을 통한 사회적 비용의 최소화
> 8. 기후변화에 대한 대응 및 풍수해 저감을 통한 국민의 생명과 재산의 보호

••1.4 국토의 용도 구분

국토는 토지의 이용실태 및 특성, 장래의 토지 이용 방향 등을 고려하여 다음과 같은 용도지역으로 구분한다.

도시지역	인구와 산업이 밀집되어 있거나 밀집이 예상되어 그 지역에 대하여 체계적인 개발·정비·관리·보전 등이 필요한 지역
관리지역	도시지역의 인구와 산업을 수용하기 위하여 도시지역에 준하여 체계적으로 관리하거나 농림업의 진흥, 자연환경 또는 산림의 보전을 위하여 농림지역 또는 자연환경보전지역에 준하여 관리할 필요가 있는 지역
농림지역	도시지역에 속하지 아니하는 「농지법」에 따른 농업진흥지역 또는 「산지관리법」에 따른 보전산지 등으로서 농림업을 진흥시키고 산림을 보전하기 위하여 필요한 지역
자연환경 보전지역	자연환경·수자원·해안·생태계·상수원 및 문화재의 보전과 수산자원의 보호·육성 등을 위하여 필요한 지역

•• 1.5 용도지역별 관리 의무

국가나 지방자치단체는 제6조에 따라 정하여진 용도지역의 효율적인 이용 및 관리를 위하여 다음 각 호에서 정하는 바에 따라 그 용도지역에 관한 개발 · 정비 및 보전에 필요한 조치를 마련하여야 한다.

도시지역	이 법 또는 관계 법률에서 정하는 바에 따라 그 지역이 체계적이고 효율적으로 개발 · 정비 · 보전될 수 있도록 미리 계획을 수립하고 그 계획을 시행하여야 한다.
관리지역	이 법 또는 관계 법률에서 정하는 바에 따라 필요한 보전조치를 취하고 개발이 필요한 지역에 대하여는 계획적인 이용과 개발을 도모하여야 한다.
농림지역	이 법 또는 관계 법률에서 정하는 바에 따라 농림업의 진흥과 산림의 보전 · 육성에 필요한 조사와 대책을 마련하여야 한다.
자연환경 보전지역	이 법 또는 관계 법률에서 정하는 바에 따라 환경오염 방지, 자연환경 · 수질 · 수자원 · 해안 · 생태계 및 문화재의 보전과 수산자원의 보호 · 육성을 위하여 필요한 조사와 대책을 마련하여야 한다.

제2절 광역도시계획

•• 2.1 광역계획권의 지정

2.1.1 광역계획권의 지정권자

국토교통부장관 또는 도지사는 둘 이상의 특별시 · 광역시 · 특별자치시 · 특별자치도 · 시 또는 군의 공간구조 및 기능을 상호 연계시키고 환경을 보전하며 광역시설을 체계적으로 정비하기 위하여 필요한 경우에는 다음 각 호의 구분에 따라 인접한 둘 이상의 특별시 · 광역시 · 특별자치시 · 특별자치도 · 시 또는 군의 관할 구역 전부 또는 일부를 대통령령으로 정하는 바에 따라 광역계획권으로 지정할 수 있다.

1) 광역계획권이 둘 이상의 특별시 · 광역시 · 특별자치시 · 도 또는 특별자치도(이하 "시 · 도"라 한다)의 관할 구역에 걸쳐 있는 경우 : 국토교통부장관이 지정
2) 광역계획권이 도의 관할 구역에 속하여 있는 경우 : 도지사가 지정

2.1.2 광역도시계획의 수립권자

1) 국토교통부장관, 시·도지사, 시장 또는 군수는 다음 각 호의 구분에 따라 광역도시계획을 수립하여야 한다.
   ① 광역계획권이 같은 도의 관할 구역에 속하여 있는 경우 : 관할 시장 또는 군수가 공동으로 수립
   ② 광역계획권이 둘 이상의 시·도의 관할 구역에 걸쳐 있는 경우 : 관할 시·도지사가 공동으로 수립
   ③ 광역계획권을 지정한 날부터 3년이 지날 때까지 관할 시장 또는 군수로부터 제16조제1항에 따른 광역도시계획의 승인 신청이 없는 경우 : 관할 도지사가 수립
   ④ 국가계획과 관련된 광역도시계획의 수립이 필요한 경우나 광역계획권을 지정한 날부터 3년이 지날 때까지 관할 시·도지사로부터 제16조 제1항에 따른 광역도시계획의 승인 신청이 없는 경우 : 국토교통부장관이 수립
2) 국토교통부장관은 시·도지사가 요청하는 경우와 그 밖에 필요하다고 인정되는 경우에는 제1항에도 불구하고 관할 시·도지사와 공동으로 광역도시계획을 수립할 수 있다.
3) 도지사는 시장 또는 군수가 요청하는 경우와 그 밖에 필요하다고 인정하는 경우에는 제1항에도 불구하고 관할 시장 또는 군수와 공동으로 광역도시계획을 수립할 수 있으며, 시장 또는 군수가 협의를 거쳐 요청하는 경우에는 단독으로 광역도시계획을 수립할 수 있다.

··2.2 광역도시계획의 수립

기초조사	① 국토교통부장관, 시·도지사, 시장 또는 군수는 광역도시계획을 수립하거나 변경하려면 미리 인구, 경제, 사회, 문화, 토지 이용, 환경, 교통, 주택, 그 밖에 대통령령으로 정하는 사항 중 그 광역도시계획의 수립 또는 변경에 필요한 사항을 대통령령으로 정하는 바에 따라 조사하거나 측량하여야 한다. ② 국토교통부장관, 시·도지사, 시장 또는 군수는 관계 행정기관의 장에게 제1항에 따른 조사 또는 측량에 필요한 자료를 제출하도록 요청할 수 있다. 이 경우 요청을 받은 관계 행정기관의 장은 특별한 사유가 없으면 그 요청에 따라야 한다. ③ 국토교통부장관, 시·도지사, 시장 또는 군수는 효율적인 조사 또는 측량을 위하여 필요하면 제1항이나 제2항에 따른 조사 또는 측량을 전문기관에 의뢰할 수 있다.

공청회의 개최	① 국토교통부장관, 시·도지사, 시장 또는 군수는 광역도시계획을 수립하거나 변경하려면 미리 공청회를 열어 주민과 관계 전문가 등으로부터 의견을 들어야 하며, 공청회에서 제시된 의견이 타당하다고 인정하면 광역도시계획에 반영하여야 한다. ② 제1항에 따른 공청회의 개최에 필요한 사항은 대통령령으로 정한다. ③ 국토교통부장관, 시·도지사, 시장 또는 군수는 법 제1항에 따라 공청회를 개최하려면 다음 각 호의 사항을 해당 광역계획권에 속하는 특별시·광역시·특별자치시·특별자치도·시 또는 군의 지역을 주된 보급지역으로 하는 일간신문에 공청회 개최예정일 14일 전까지 1회 이상 공고하여야 한다.
지방 자치단체의 의견 청취	① 시·도지사, 시장 또는 군수는 광역도시계획을 수립하거나 변경하려면 미리 관계 시·도, 시 또는 군의 의회와 관계 시장 또는 군수의 의견을 들어야 한다. ② 시·도, 시 또는 군의 의회와 관계 시장 또는 군수는 특별한 사유가 없으면 30일 이내에 시·도지사, 시장 또는 군수에게 의견을 제시하여야 한다.
승인	① 시·도지사는 광역도시계획을 수립하거나 변경하려면 국토교통부장관의 승인을 받아야 한다. 다만, 도지사가 수립하는 광역도시계획은 그러하지 아니하다. ② 시장 또는 군수는 광역도시계획을 수립하거나 변경하려면 도지사의 승인을 받아야 한다.
심의	② 국토교통부장관은 제1항에 따라 광역도시계획을 승인하거나 직접 광역도시계획을 수립 또는 변경(시·도지사와 공동으로 수립하거나 변경하는 경우를 포함한다)하려면 관계 중앙행정기관과 협의한 후 중앙도시계획위원회의 심의를 거쳐야 한다. ② 관계 중앙행정기관의 장은 특별한 사유가 없는 한 그 요청을 받은 날부터 30일 이내에 국토교통부장관에게 의견을 제시하여야 한다.
송부	국토교통부장관은 직접 광역도시계획을 수립 또는 변경하거나 승인하였을 때에는 관계 중앙행정기관의 장과 시·도지사에게 관계 서류를 송부하여야 하며, 관계 서류를 받은 시·도지사는 대통령령으로 정하는 바에 따라 그 내용을 공고하고 일반이 열람할 수 있도록 하여야 한다.
공고	관계 서류를 받은 시·도지사는 대통령령으로 정하는 바에 따라 그 내용을 공고하고 일반이 (법 제16조 제4항)에 따른 광역도시계획의 공고는 해당 시·도의 공보에, 관계 서류를 받은 시장·군수는(법 제16조 제6항)에 따른 광역도시계획의 공고는 해당 시·군의 공보에 게재하는 방법에 의하며, 관계 서류의 열람기간은 30일 이상으로 하여야 한다.

제3절 도시 · 군기본계획

■■ 3.1 도시 · 군기본계획의 수립권자와 대상지역

1. 특별시장 · 광역시장 · 특별자치시장 · 특별자치도지사 · 시장 또는 군수는 관할 구역에 대하여 도시 · 군기본계획을 수립하여야 한다. 다만, 시 또는 군의 위치, 인구의 규모, 인구감소율 등을 고려하여 대통령령으로 정하는 시 또는 군은 도시 · 군기본계획을 수립하지 아니할 수 있다.
2. 특별시장 · 광역시장 · 특별자치시장 · 특별자치도지사 · 시장 또는 군수는 지역여건상 필요하다고 인정되면 인접한 특별시 · 광역시 · 특별자치시 · 특별자치도 · 시 또는 군의 관할 구역 전부 또는 일부를 포함하여 도시 · 군기본계획을 수립할 수 있다.
3. 특별시장 · 광역시장 · 특별자치시장 · 특별자치도지사 · 시장 또는 군수는 제2항에 따라 인접한 특별시 · 광역시 · 특별자치시 · 특별자치도 · 시 또는 군의 관할 구역을 포함하여 도시 · 군기본계획을 수립하려면 미리 그 특별시장 · 광역시장 · 특별자치시장 · 특별자치도지사 · 시장 또는 군수와 협의하여야 한다.

■■ 3.2 도시 · 군기본계획 수립 절차

기초조사	특별시장, 광역시장 · 특별자치시장 · 특별자치도지사 · 시장 또는 군수는 인구, 경제, 사회, 문화, 토지 이용, 환경, 교통, 주택, 그 밖에 대통령령으로 정하는 사항을 대통령령으로 정하는 바에 따라 조사하거나 측량하여야 한다.
공청회	특별시장, 광역시장 · 특별자치시장 · 특별자치도지사. 시장 또는 군수는 도시 · 군기본계획을 수립하거나 변경하려면 미리 공청회를 열어 주민과 관계 전문가 등으로부터 의견을 들어야 하며, 공청회에서 제시된 의견이 타당하다고 인정하면 도시 · 군기본계획에 반영하여야 한다.
지방자치 단체의 의견 청취	① 시 · 도지사, 시장 또는 군수는 광역도시계획을 수립하거나 변경하려면 미리 관계 시 · 도, 시 또는 군의 의회와 관계 시장 또는 군수의 의견을 들어야 한다. ② 국토교통부장관은 광역도시계획을 수립하거나 변경하려면 관계 시 · 도지사에게 광역도시계획안을 송부하여야 하며, 관계 시 · 도지사는 그 광역도시계획안에 대하여 그 시 · 도의 의회와 관계 시장 또는 군수의 의견을 들은 후 그 결과를 국토교통부장관에게 제출하여야 한다. ③ 제1항과 제2항에 따른 시 · 도, 시 또는 군의 의회와 관계 시장 또는 군수는 특별한 사유가 없으면 30일 이내에 시 · 도지사, 시장 또는 군수에게 의견을 제시하여야 한다.

수립 및 승인 신청	특별시·광역시·특별자치시·특별자치도의 도시·군기본계획의 확정 ① 특별시장·광역시장·특별자치시장 또는 특별자치도지사는 도시·군기본계획을 수립하거나 변경하려면 관계 행정기관의 장(국토교통부장관을 포함한다.)과 협의한 후 지방도시계획위원회의 심의를 거쳐야 한다. ② 협의 요청을 받은 관계 행정기관의 장은 특별한 사유가 없으면 그 요청을 받은 날부터 30일 이내에 특별시장·광역시장·특별자치시장 또는 특별자치도지사에게 의견을 제시하여야 한다.
	시·군 도시·군기본계획의 승인 ① 시장 또는 군수는 도시·군기본계획을 수립하거나 변경하려면 대통령령으로 정하는 바에 따라 도지사의 승인을 받아야 한다. ② 도지사는 제1항에 따라 도시·군기본계획을 승인하려면 관계 행정기관의 장과 협의한 후 지방도시계획위원회의 심의를 거쳐야 한다.
공고 및 열람	① 특별시장·광역시장·특별자치시장 또는 특별자치도지사는 도시·군기본계획을 수립하거나 변경한 경우에는 관계 행정기관의 장에게 관계 서류를 송부하여야 하며, 대통령령으로 정하는 바에 따라 그 계획을 공고하고 일반인이 열람할 수 있도록 하여야 한다. ② 광역시·특별자치시·특별자치도 도시·군기본계획의 공고는 해당 특별시·광역시·특별자치시·특별자치도의 공보에 게재하는 방법으로 하며, 관계 서류의 열람기간은 30일 이상으로 하여야 한다.

제4절 도시·군관리계획

⁝⁝4.1 입안권자

1. 특별시장·광역시장·특별자치시장·특별자치도지사·시장 또는 군수는 관할 구역에 대하여 도시·군관리계획을 입안하여야 한다.
2. 국토교통부장관이 도시·군관리계획을 입안할 수 있는 경우
   1) 국가계획과 관련된 경우
   2) 둘 이상의 시·도에 걸쳐 지정되는 용도지역·용도지구 또는 용도구역과 둘 이상의 시·도에 걸쳐 이루어지는 사업의 계획 중 도시·군관리계획으로 결정하여야 할 사항이 있는 경우
   3) 특별시장·광역시장·특별자치시장·특별자치도지사·시장 또는 군수가 법에 따른 기한까지 국토교통부장관의 도시·군관리계획 조정 요구에 따라 도시·군관리계획을 정비하지 아니하는 경우
3. 도지사가 도시·군관리계획을 입안할 수 있는 경우

1) 둘 이상의 시·군에 걸쳐 지정되는 용도지역·용도지구 또는 용도구역과 둘 이상의 시·군에 걸쳐 이루어지는 사업의 계획 중 도시·군관리계획으로 결정하여야 할 사항이 포함되어 있는 경우
2) 도지사가 직접 수립하는 사업의 계획으로서 도시·군관리계획으로 결정하여야 할 사항이 포함되어 있는 경우

···4.2 도시·군관리계획의 결정권자

1. 도시·군관리계획은 시·도지사가 직접 또는 시장·군수의 신청에 따라 결정한다. 다만, 「지방자치법」 제175조에 따른 서울특별시와 광역시 및 특별자치시를 제외한 인구 50만 이상의 대도시(이하 "대도시"라 한다)의 경우에는 해당 시장(이하 "대도시 시장"이라 한다)이 직접 결정한다.
2. 제1항에도 불구하고 다음 각 호의 도시·군관리계획은 국토교통부장관이 결정한다. 다만, 제4호의 도시·군관리계획은 농림수산식품부장관이 결정한다.
   ① 국토교통부장관이 입안한 도시·군관리계획
   ② 개발제한구역의 지정 및 변경에 관한 도시·군관리계획
   ③ 시가화조정구역의 지정 및 변경에 관한 도시·군관리계획
   ④ 수산자원보호구역의 지정 및 변경에 관한 도시·군관리계획

···4.3 입안·결정 절차

4.3.1 입안절차

기초조사	① 도시·군관리계획을 입안하는 경우에는 미리 인구, 경제, 사회, 문화, 토지 이용, 환경, 교통, 주택, 그 밖에 대통령령으로 정하는 사항 중 그 광역도시계획의 수립 또는 변경에 필요한 사항을 대통령령으로 정하는 바에 따라 조사하거나 측량하여야 한다. 다만, 대통령령으로 정하는 경미한 사항을 입안하는 경우에는 그러하지 아니하다. ② 기초조사의 내용에 도시·군관리계획이 환경에 미치는 영향 등에 대한 환경성 검토를 포함하여야 한다. ③ 지구단위계획구역으로 지정하려는 구역이나 지구단위계획을 입안하는 구역이 도심지에 위치하거나 개발이 끝나 나대지가 없는 등 대통령령으로 정하는 요건에 해당하면 법정된 규정에 따른 기초조사, 환경성 검토 또는 토지의 적성에 대한 평가를 하지 아니할 수 있다.

주민과 지방의회의 의견 청취	① 도시 · 군관리계획을 입안할 때에는 주민의 의견을 들어야 하며, 그 의견이 타당하다고 인정되면 도시 · 군관리계획안에 반영하여야 한다. 다만, 국방상 또는 국가안전보장상 기밀을 지켜야 할 필요가 있는 사항(관계 중앙행정기관의 장이 요청하는 것만 해당한다)이거나 대통령령으로 정하는 경미한 사항인 경우에는 그러하지 아니하다. ② 도시 · 군관리계획을 입안할 때에는 2 이상의 일간신문과 해당 특별시 · 광역시 · 특별자치시 · 특별자치도 · 시 또는 군의 인터넷 홈페이지 등에 공고하고 도시 · 군관리계획안을 14일 이상 일반이 열람할 수 있도록 하여야 한다. ③ 공고된 도시 · 군관리계획안의 내용에 대하여 의견이 있는 자는 열람기간 내에 특별시장 · 광역시장 · 특별자치시장 · 특별자치도지사 · 시장 또는 군수에게 의견서를 제출할 수 있다. ④ 국토교통부장관, 시 · 도지사, 시장 또는 군수는 제3항의 규정에 의하여 제출된 의견을 도시 · 군관리계획안에 반영할 것인지 여부를 검토하여 그 결과를 열람기간이 종료된 날부터 60일 이내에 당해 의견을 제출한 자에게 통보하여야 한다.
도시 · 군 관리계획의 결정협의	① 시 · 도지사는 도시 · 군관리계획을 결정하려면 관계 행정기관의 장과 미리 협의하여야 하며, 국토교통부장관(제40조에 따른 수산자원보호구역의 경우 농림수산식품부장관을 말한다. 이하 이 조에서 같다)이 도시 · 군관리계획을 결정하려면 관계 중앙행정기관의 장과 미리 협의하여야 한다. 이 경우 협의 요청을 받은 기관의 장은 특별한 사유가 없으면 그 요청을 받은 날부터 30일 이내에 의견을 제시하여야 한다. ② 시 · 도지사는 국토교통부장관이 입안하여 결정한 도시 · 군관리계획을 변경하거나 그 밖에 대통령령으로 정하는 중요한 사항에 관한 도시 · 군관리계획을 결정하려면 미리 국토교통부장관과 협의하여야 한다. ③ 국토교통부장관이나 시 · 도지사는 국방상 또는 국가안전보장상 기밀을 지켜야 할 필요가 있다고 인정되면(관계 중앙행정기관의 장이 요청할 때만 해당된다) 그 도시 · 군관리계획의 전부 또는 일부에 대하여 협의 절차를 생략할 수 있다.
도시 · 군 관리계획의 결정심의	① 국토교통부장관은 도시 · 군관리계획을 결정하려면 중앙도시계획위원회의 심의를 거쳐야 한다. ② 시 · 도지사가 도시 · 군관리계획을 결정하려면 시 · 도도시계획위원회의 심의를 거쳐야 한다. ③ 국토교통부장관이나 시 · 도지사는 국방상 또는 국가안전보장상 기밀을 지켜야 할 필요가 있다고 인정되면(관계 중앙행정기관의 장이 요청할 때만 해당된다) 그 도시 · 군관리계획의 전부 또는 일부에 대하여 심의 절차를 생략할 수 있다.
결정 · 고시 및 송부 · 열람	① 국토교통부장관이나 시 · 도지사는 도시 · 군관리계획을 결정하면 대통령령으로 정하는 바에 따라 그 결정을 고시한다. ② 국토교통부장관이나 도지사는 관계 서류를 관계 특별시장 · 광역시장 · 특별자치시장 · 특별자치도지사 · 시장 또는 군수에게 송부하여 일반이 열람할 수 있도록 하여야 한다. ③ 특별시장 · 광역시장 · 특별자치시장 · 특별자치도지사는 관계 서류를 일반이 열람할 수 있도록 하여야 한다.
도시 · 군 관리 계획 결정의 효력	도시 · 군관리계획 결정은 고시가 된 날부터 5일 후에 그 효력이 발생한다.

제5절 용도지역 · 용도지구 · 용도구역

▪▪5.1 용도지역

국토교통부장관, 시 · 도지사 또는 대도시 시장은 다음 각 호의 어느 하나에 해당하는 용도지역의 지정 또는 변경을 도시 · 군관리계획으로 결정한다.

5.1.1 용도지역의 종류

1) 다음 각 목의 어느 하나로 구분하여 지정한다.

도시 지역	주거지역	거주의 안녕과 건전한 생활환경의 보호를 위하여 필요한 지역
	상업지역	상업이나 그 밖의 업무의 편익을 증진하기 위하여 필요한 지역
	공업지역	공업의 편익을 증진하기 위하여 필요한 지역
	녹지지역	자연환경 · 농지 및 산림의 보호, 보건위생, 보안과 도시의 무질서한 확산을 방지하기 위하여 녹지의 보전이 필요한 지역
관리 지역	보전관리지역	자연환경 보호, 산림 보호, 수질오염 방지, 녹지공간 확보 및 생태계 보전 등을 위하여 보전이 필요하나, 주변 용도지역과의 관계 등을 고려할 때 자연환경보전지역으로 지정하여 관리하기가 곤란한 지역
	생산관리지역	농업 · 임업 · 어업 생산 등을 위하여 관리가 필요하나, 주변 용도지역과의 관계 등을 고려할 때 농림지역으로 지정하여 관리하기가 곤란한 지역
	계획관리지역	도시지역으로의 편입이 예상되는 지역이나 자연환경을 고려하여 제한적인 이용 · 개발을 하려는 지역으로서 계획적 · 체계적인 관리가 필요한 지역
농림지역		도시지역에 속하지 아니하는 농업진흥지역 또는 보전산지 등으로서 농림업의 진흥과 산림의 보전을 위한 지역
자연환경 보전지역		자연환경, 수자원, 해안, 생태계, 상수원 및 문화재의 보전과 수산자원의 보호 · 육성 등을 위하여 필요한 지역

2) 국토교통부장관, 시 · 도지사 또는 대도시 시장은 대통령령으로 정하는 바에 따라 제1항 각 호 및 같은 항 각 호 각 목의 용도지역을 도시 · 군관리계획결정으로 다시 세분하여 지정하거나 변경할 수 있다.

5.1.2 용도지역의 세분

국토교통부장관, 시·도지사 또는 대도시 시장은 법에 따라 도시·군관리계획결정으로 주거지역·상업지역·공업지역 및 녹지지역을 다음 각 호와 같이 세분하여 지정할 수 있다.

주거 지역	전용주거지역	제1종 전용주거지역 : 단독주택 중심의 양호한 주거환경을 보호하기 위하여 필요한 지역
		제2종 전용주거지역 : 공동주택 중심의 양호한 주거환경을 보호하기 위하여 필요한 지역
	일반주거지역	제1종 일반주거지역 : 저층 주택을 중심으로 편리한 주거환경을 조성하기 위하여 필요한 지역
		제2종 일반주거지역 : 중층 주택을 중심으로 편리한 주거환경을 조성하기 위하여 필요한 지역
		제3종 일반주거지역 : 중고층 주택을 중심으로 편리한 주거환경을 조성하기 위하여 필요한 지역
	준주거지역	주거기능을 위주로 이를 지원하는 일부 상업기능 및 업무기능을 보완하기 위하여 필요한 지역
상업 지역	중심상업지역	도심·부도심의 상업기능 및 업무기능의 확충을 위하여 필요한 지역
	일반상업지역	일반적인 상업기능 및 업무기능을 담당하게 하기 위하여 필요한 지역
	근린상업지역	근린지역에서의 일용품 및 서비스의 공급을 위하여 필요한 지역
	유통상업지역	도시 내 및 지역 간 유통기능의 증진을 위하여 필요한 지역
공업 지역	전용공업지역	주로 중화학공업, 공해성 공업 등을 수용하기 위하여 필요한 지역
	일반공업지역	환경을 저해하지 아니하는 공업의 배치를 위하여 필요한 지역
	준공업지역	경공업, 그 밖의 공업을 수용하되, 주거기능·상업기능 및 업무기능의 보완이 필요한 지역
녹지 지역	보전녹지지역	도시의 자연환경·경관·산림 및 녹지공간을 보전할 필요가 있는 지역
	생산녹지지역	주로 농업적 생산을 위하여 개발을 유보할 필요가 있는 지역
	자연녹지지역	도시의 녹지공간의 확보, 도시확산의 방지, 장래 도시용지의 공급 등을 위하여 보전할 필요가 있는 지역으로서 불가피한 경우에 한하여 제한적인 개발이 허용되는 지역

5.1.3 용도지역의 건폐율

용도지역에서 건폐율의 최대한도는 관할 구역의 면적과 인구 규모, 용도지역의 특성 등을 고려하여 다음 각 호의 범위에서 대통령령으로 정하는 기준에 따라 특별시 · 광역시 · 특별자치시 · 특별자치도 · 시 또는 군의 조례로 정한다.

용도지역		건폐율	용적률
도시지역	주거지역	70퍼센트 이하	500퍼센트 이하
	상업지역	90퍼센트 이하	1천500퍼센트 이하
	공업지역	70퍼센트 이하	400퍼센트 이하
	녹지지역	20퍼센트 이하	100퍼센트 이하
관리지역	보전관리지역	20퍼센트 이하	80퍼센트 이하
	생산관리지역	20퍼센트 이하	80퍼센트 이하
	계획관리지역	40퍼센트 이하	100퍼센트 이하
농림지역		20퍼센트 이하	80퍼센트 이하
자연환경보전지역		20퍼센트 이하	80퍼센트 이하

세분된 용도지역에서의 건폐율에 관한 기준은 제1항 각 호의 범위에서 대통령령으로 따로 정한다.

용도지역			건폐율	용적률
도시지역	주거지역	제1종 전용주거지역	50퍼센트 이하	50퍼센트 이상 100퍼센트 이하
		제2종 전용주거지역	50퍼센트 이하	100퍼센트 이상 150퍼센트 이하
		제1종 일반주거지역	60퍼센트 이하	100퍼센트 이상 200퍼센트 이하
		제2종 일반주거지역	60퍼센트 이하	150퍼센트 이상 250퍼센트 이하
		제3종 일반주거지역	50퍼센트 이하	200퍼센트 이상 300퍼센트 이하
		준주거지역	70퍼센트 이하	200퍼센트 이상 500퍼센트 이하
	상업지역	중심상업지역	90퍼센트 이하	400퍼센트 이상 1천500퍼센트 이하
		일반상업지역	80퍼센트 이하	300퍼센트 이상 1천300퍼센트 이하
		근린상업지역	70퍼센트 이하	200퍼센트 이상 900퍼센트 이하
		유통상업지역	80퍼센트 이하	200퍼센트 이상 1천100퍼센트 이하
	공업지역	전용공업지역	70퍼센트 이하	150퍼센트 이상 300퍼센트 이하
		일반공업지역		200퍼센트 이상 350퍼센트 이하
		준공업지역		200퍼센트 이상 400퍼센트 이하
	녹지지역	보전녹지지역	20퍼센트 이하	50퍼센트 이상 80퍼센트 이하
		생산녹지지역		50퍼센트 이상 100퍼센트 이하
		자연녹지지역		50퍼센트 이상 100퍼센트 이하

용도지역		건폐율	용적률
관리 지역	보전관리지역	20퍼센트 이하	50퍼센트 이상 80퍼센트 이하
	생산관리지역	20퍼센트 이하	50퍼센트 이상 80퍼센트 이하
	계획관리지역	40퍼센트 이하	50퍼센트 이상 100퍼센트 이하
농림지역		20퍼센트 이하	50퍼센트 이상 80퍼센트 이하
자연환경보전지역		20퍼센트 이하	50퍼센트 이상 80퍼센트 이하

▪▪ 5.2 용도지구

5.2.1 용도지구의 종류

1) 국토교통부장관, 시·도지사 또는 대도시 시장은 다음 각 호의 어느 하나에 해당하는 용도지구의 지정 또는 변경을 도시·군관리계획으로 결정한다.

경관지구	경관을 보호·형성하기 위하여 필요한 지구
미관지구	미관을 유지하기 위하여 필요한 지구
고도지구	쾌적한 환경 조성 및 토지의 효율적 이용을 위하여 건축물 높이의 최저한도 또는 최고한도를 규제할 필요가 있는 지구
방화지구	화재의 위험을 예방하기 위하여 필요한 지구
방재지구	풍수해, 산사태, 지반의 붕괴, 그 밖의 재해를 예방하기 위하여 필요한 지구
보존지구	문화재, 중요 시설물 및 문화적·생태적으로 보존가치가 큰 지역의 보호와 보존을 위하여 필요한 지구
시설보호 지구	학교시설·공용시설·항만 또는 공항의 보호, 업무기능의 효율화, 항공기의 안전운항 등을 위하여 필요한 지구
취락지구	녹지지역·관리지역·농림지역·자연환경보전지역·개발제한구역 또는 도시자연공원구역의 취락을 정비하기 위한 지구
개발진흥 지구	주거기능·상업기능·공업기능·유통물류기능·관광기능·휴양기능 등을 집중적으로 개발·정비할 필요가 있는 지구
특정용도 제한지구	주거기능 보호나 청소년 보호 등의 목적으로 청소년 유해시설 등 특정시설의 입지를 제한할 필요가 있는 지구
그 밖에 대통령령으로 정하는 지구	

2) 국토교통부장관, 시·도지사 또는 대도시 시장은 필요하다고 인정되면 대통령령으로 정하는 바에 따라 제1항 각 호의 용도지구를 도시·군관리계획결정으로 다시 세분하여 지정하거나 변경할 수 있다.

3) 시·도지사 또는 대도시 시장은 지역여건상 필요하면 대통령령으로 정하는 기준에 따라 그 시·도 또는 대도시의 조례로 용도지구의 명칭 및 지정목적, 건축이나 그 밖의 행위의 금지 및 제한에 관한 사항 등을 정하여 제1항 각 호의 용도지구 외의 용도지구의 지정 또는 변경을 도시·군관리계획으로 결정할 수 있다.

5.2.2 용도지구의 세분

1) 국토교통부장관, 시·도지사 또는 대도시 시장은 법에 따라 도시·군관리계획결정으로 경관지구·미관지구·고도지구·보존지구·시설보호지구·취락지구 및 개발진흥지구를 다음 각 호와 같이 세분하여 지정할 수 있다.

경관 지구	자연경관지구	산지·구릉지 등 자연경관의 보호 또는 도시의 자연풍치를 유지하기 위하여 필요한 지구
	수변경관지구	지역내 주요 수계의 수변 자연경관을 보호·유지하기 위하여 필요한 지구
	시가지경관지구	주거지역의 양호한 환경조성과 시가지의 도시경관을 보호하기 위하여 필요한 지구
미관 지구	중심지미관지구	토지의 이용도가 높은 지역의 미관을 유지·관리하기 위하여 필요한 지구
	역사문화미관지구	문화재와 문화적으로 보존가치가 큰 건축물 등의 미관을 유지·관리하기 위하여 필요한 지구
	일반미관지구	중심지미관지구 및 역사문화미관지구외의 지역으로서 미관을 유지·관리하기 위하여 필요한 지구
고도 지구	최고고도지구	환경과 경관을 보호하고 과밀을 방지하기 위하여 건축물 높이의 최고한도를 정할 필요가 있는 지구
	최저고도지구	토지이용을 고도화하고 경관을 보호하기 위하여 건축물 높이의 최저한도를 정할 필요가 있는 지구
보존 지구	역사문화환경 보존지구	문화재·전통사찰 등 역사·문화적으로 보존가치가 큰 시설 및 지역의 보호와 보존을 위하여 필요한 지구
	중요시설물 보존지구	국방상 또는 안보상 중요한 시설물의 보호와 보존을 위하여 필요한 지구
	생태계보존지구	야생동식물서식처 등 생태적으로 보존가치가 큰 지역의 보호와 보존을 위하여 필요한 지구
시설 보호 지구	학교시설 보호지구	학교의 교육환경을 보호·유지하기 위하여 필요한 지구
	공용시설 보호지구	공용시설을 보호하고 공공업무기능을 효율화하기 위하여 필요한 지구
	항만시설 보호지구	항만기능을 효율화하고 항만시설을 관리·운영하기 위하여 필요한 지구
	공항시설 보호지구	공항시설의 보호와 항공기의 안전운항을 위하여 필요한 지구

취락 지구	자연취락지구	녹지지역 · 관리지역 · 농림지역 또는 자연환경보전지역 안의 취락을 정비하기 위하여 필요한 지구
	집단취락지구	개발제한구역 안의 취락을 정비하기 위하여 필요한 지구
개발 진흥 지구	주거개발 진흥지구	주거기능을 중심으로 개발 · 정비할 필요가 있는 지구
	산업 · 유통개발 진흥지구	공업기능 및 유통 · 물류기능을 중심으로 개발 · 정비할 필요가 있는 지구
	관광 · 휴양개발 진흥지구	관광 · 휴양기능을 중심으로 개발 · 정비할 필요가 있는 지구
	복합개발 진흥지구	주거기능, 공업기능, 유통 · 물류기능 및 관광 · 휴양기능 중 2 이상의 기능을 중심으로 개발 · 정비할 필요가 있는 지구
	특정개발 진흥지구	주거기능, 공업기능, 유통 · 물류기능 및 관광 · 휴양기능 외의 기능을 중심으로 특정한 목적을 위하여 개발 · 정비할 필요가 있는 지구

·· 5.3 용도구역

개발 제한구역	① 국토교통부장관은 도시의 무질서한 확산을 방지하고 도시 주변의 자연환경을 보전하여 도시민의 건전한 생활환경을 확보하기 위하여 도시의 개발을 제한할 필요가 있거나 국방부장관의 요청이 있어 보안상 도시의 개발을 제한할 필요가 있다고 인정되면 개발제한구역의 지정 또는 변경을 도시 · 군관리계획으로 결정할 수 있다. ② 개발제한구역의 지정 또는 변경에 필요한 사항은 따로 법률로 정한다.
도시 자연공원 구역	① 시 · 도지사 또는 대도시 시장은 도시의 자연환경 및 경관을 보호하고 도시민에게 건전한 여가 · 휴식공간을 제공하기 위하여 도시지역 안에서 식생(植生)이 양호한 산지(山地)의 개발을 제한할 필요가 있다고 인정하면 도시자연공원구역의 지정 또는 변경을 도시 · 군관리계획으로 결정할 수 있다. ② 도시자연공원구역의 지정 또는 변경에 필요한 사항은 따로 법률로 정한다.
시가화 조정구역	① 국토교통부장관은 직접 또는 관계 행정기관의 장의 요청을 받아 도시지역과 그 주변지역의 무질서한 시가화를 방지하고 계획적 · 단계적인 개발을 도모하기 위하여 대통령령으로 정하는 기간 동안 시가화를 유보할 필요가 있다고 인정되면 시가화조정구역의 지정 또는 변경을 도시 · 군관리계획으로 결정할 수 있다. ② 시가화조정구역의 지정에 관한 도시 · 군관리계획의 결정은 제1항에 따른 시가화 유보기간이 끝난 날의 다음날부터 그 효력을 잃는다. 이 경우 국토교통부장관은 대통령령으로 정하는 바에 따라 그 사실을 고시하여야 한다.
수산자원 보호구역	농림축산식품부장관은 직접 또는 관계 행정기관의 장의 요청을 받아 수산자원을 보호 · 육성하기 위하여 필요한 공유수면이나 그에 인접한 토지에 대한 수산자원보호구역의 지정 또는 변경을 도시 · 군관리계획으로 결정할 수 있다.

제6절 도시 · 군계획시설

···6.1 도시·군계획시설의 설치·관리

1. 지상 · 수상 · 공중 · 수중 또는 지하에 기반시설을 설치하려면 그 시설의 종류 · 명칭 · 위치 · 규모 등을 미리 도시 · 군관리계획으로 결정하여야 한다. 다만, 용도지역 · 기반시설의 특성 등을 고려하여 대통령령으로 정하는 경우에는 그러하지 아니하다.
2. "대통령령이 정하는 경우"라 함은 다음 각 호의 경우를 말한다.
   ① 도시지역 또는 지구단위계획구역에서 다음 각 목의 기반시설을 설치하고자 하는 경우
      가. 자동차 및 건설기계검사시설, 자동차 및 건설기계운전학원, 공공공지, 열공급설비, 방송 · 통신시설, 시장 · 공공청사 · 문화시설 · 체육시설 · 도서관 · 연구시설 · 사회복지시설 · 공공직업 훈련시설 · 청소년수련시설 · 저수지 · 방화설비 · 방풍설비 · 방수설비 · 사방설비 · 방조설비 · 장례식장 · 종합의료시설 · 폐차장
      나. 「도시공원 및 녹지 등에 관한 법률」의 규정에 의하여 점용허가대상이 되는 공원 안의 기반시설
      다. 그 밖에 국토교통부령이 정하는 시설
3. 도시 · 군계획시설의 관리에 관하여 이 법 또는 다른 법률에 특별한 규정이 있는 경우 외에는 국가가 관리하는 경우에는 대통령령으로, 지방자치단체가 관리하는 경우에는 그 지방자치단체의 조례로 도시 · 군계획시설의 관리에 관한 사항을 정한다.

···6.2 공동구의 설치

6.2.1 공동구 설치

다음 각 호에 해당하는 지역 · 지구 · 구역 등(이하 이 항에서 "지역등"이라 한다)이 대통령령으로 정하는 규모를 초과하는 경우에는 해당 지역 등에서 개발사업을 시행하는 자(이하 이 조에서 "사업시행자"라 한다)는 공동구를 설치하여야 한다.
1) 「도시개발법」 제2조 제1항에 따른 도시개발구역
2) 「택지개발촉진법」 제2조 제3호에 따른 택지개발지구
3) 「경제자유구역의 지정 및 운영에 관한 특별법」 제2조 제1호에 따른 경제자유구역
4) 「도시 및 주거환경정비법」 제2조 제1호에 따른 정비구역
5) 그 밖에 대통령령으로 정하는 지역

6.2.2 공동구에 수용하여야 하는 시설

공동구가 설치된 경우에는 제1호부터 제6호까지의 시설을 공동구에 수용하여야 하며, 제7호 및
제8호의 시설은 공동구협의회(이하 "공동구협의회"라 한다)의 심의를 거쳐 수용할 수 있다.

1. 전선로
2. 통신선로
3. 수도관
4. 열수송관
5. 중수도관
6. 쓰레기수송관
7. 가스관
8. 하수도관, 그 밖의 시설

6.2.3 공동구의 설치비용

공동구 점용예정자가 부담하여야 하는 공동구 설치비용은 해당 시설을 개별적으로 매설할 때 필요한
비용으로 하되, 특별시장 · 광역시장 · 특별자치시장 · 특별자치도지사 · 시장 또는 군수(이하 제39조
및 제39조의3에서 "공동구관리자"라 한다)가 공동구협의회의 심의를 거쳐 해당 공동구의 위치, 규모
및 주변 여건 등을 고려하여 정한다.

6.2.4 공동구의 관리 · 운영

1) 공동구는 특별시장 · 광역시장 · 특별자치시장 · 특별자치도지사 · 시장 또는 군수(이하 이 조 및
   제44조의3에서 "공동구관리자"라 한다)가 관리한다. 다만, 공동구의 효율적인 관리 · 운영을 위하여
   필요하다고 인정하는 경우에는 대통령령으로 정하는 기관에 그 관리 · 운영을 위탁할 수 있다.
2) 공동구관리자는 5년마다 해당 공동구의 안전 및 유지관리계획을 대통령령으로 정하는 바에 따라
   수립 · 시행하여야 한다.
3) 공동구관리자는 대통령령으로 정하는 바에 따라 1년에 1회 이상 공동구의 안전점검을 실시하여야
   하며, 안전점검결과 이상이 있다고 인정되는 때에는 지체 없이 정밀안전진단 · 보수 · 보강 등
   필요한 조치를 하여야 한다.
4) 공동구관리자는 공동구의 설치 · 관리에 관한 주요 사항의 심의 또는 자문을 하게 하기 위하여 공동구
   협의회를 둘 수 있다. 이 경우 공동구협의회의 구성 · 운영 등에 필요한 사항은 대통령령으로
   정한다.
5) 국토교통부장관은 공동구의 관리에 필요한 사항을 정할 수 있다.

••• 6.3 광역시설의 설치·관리

1. 광역시설의 설치 및 관리는 제43조(도시·군계획시설의 설치·관리)에 따른다.
2. 관계 특별시장·광역시장·특별자치시장·특별자치도지사·시장 또는 군수는 협약을 체결하거나 협의회 등을 구성하여 광역시설을 설치·관리할 수 있다. 다만, 협약의 체결이나 협의회 등의 구성이 이루어지지 아니하는 경우 그 시 또는 군이 같은 도에 속할 때에는 관할 도지사가 광역시설을 설치·관리할 수 있다.
3. 국가계획으로 설치하는 광역시설은 그 광역시설의 설치·관리를 사업목적 또는 사업종목으로 하여 다른 법률에 따라 설립된 법인이 설치·관리할 수 있다.
4. 지방자치단체는 환경오염이 심하게 발생하거나 해당 지역의 개발이 현저하게 위축될 우려가 있는 광역시설을 다른 지방자치단체의 관할 구역에 설치할 때에는 대통령령으로 정하는 바에 따라 환경오염 방지를 위한 사업이나 해당 지역 주민의 편익을 증진시키기 위한 사업을 해당 지방자치단체와 함께 시행하거나 이에 필요한 자금을 해당 지방자치단체에 지원하여야 한다. 다만, 다른 법률에 특별한 규정이 있는 경우에는 그 법률에 따른다.

제7절 지구단위계획

••• 7.1 지구단위계획의 수립

1. 지구단위계획은 다음 각 호의 사항을 고려하여 수립한다.
   1) 도시의 정비·관리·보전·개발 등 지구단위계획구역의 지정 목적
   2) 주거·산업·유통·관광휴양·복합 등 지구단위계획구역의 중심기능
   3) 해당 용도지역의 특성
   4) 그 밖에 대통령령으로 정하는 사항
2. 지구단위계획의 수립기준 등은 대통령령으로 정하는 바에 따라 국토교통부장관이 정한다.

▪▪ 7.2 지구단위계획구역 및 지구단위계획의 결정

지구단위계획구역 및 지구단위계획은 도시 · 군관리계획으로 결정한다.

▪▪ 7.3 지구단위계획구역의 지정

1. 국토교통부장관, 시 · 도지사 또는 대도시 시장은 다음 각 호의 어느 하나에 해당하는 지역의 전부 또는 일부에 대하여 지구단위계획구역을 지정할 수 있다.
    1) 용도지구
    2) 도시개발구역
    3) 정비구역
    4) 택지개발지구
    5) 대지조성사업지구
    6) 산업단지
    7) 관광특구
    8) 개발제한구역 · 도시자연공원구역 · 시가화조정구역 또는 공원에서 해제되는 구역, 녹지지역에서 주거 · 상업 · 공업지역으로 변경되는 구역과 새로 도시지역으로 편입되는 구역 중 계획적인 개발 또는 관리가 필요한 지역
    9) 도시지역 내 주거 · 상업 · 업무 등의 기능을 결합하는 등 복합적인 토지 이용을 증진시킬 필요가 있는 지역으로서 대통령령으로 정하는 요건에 해당하는 지역
    10) 도시지역 내 유휴토지를 효율적으로 개발하거나 교정시설, 군사시설, 그 밖에 대통령령으로 정하는 시설을 이전 또는 재배치하여 토지 이용을 합리화하고, 그 기능을 증진시키기 위하여 집중적으로 정비가 필요한 지역으로서 대통령령으로 정하는 요건에 해당하는 지역
    11) 도시지역의 체계적 · 계획적인 관리 또는 개발이 필요한 지역
    12) 그 밖에 양호한 환경의 확보나 기능 및 미관의 증진 등을 위하여 필요한 지역으로서 대통령령으로 정하는 지역
2. 국토교통부장관, 시 · 도지사 또는 대도시 시장은 다음 각 호의 어느 하나에 해당하는 지역은 지구단위계획구역으로 지정하여야 한다. 다만, 관계 법률에 따라 그 지역에 토지 이용과 건축에 관한 계획이 수립되어 있는 경우에는 그러하지 아니하다.
    1) 정비구역 · 택지개발지구 등에서 시행되는 사업이 끝난 후 10년이 지난 지역
    2) 제1항 각 호 중 체계적 · 계획적인 개발 또는 관리가 필요한 지역으로서 대통령령으로 정하는 지역

···7.4 지구단위계획의 내용

지구단위계획구역의 지정목적을 이루기 위하여 지구단위계획에는 다음 각 호의 사항 중 제3호와 제4호의 사항을 포함한 둘 이상의 사항이 포함되어야 한다.

1) 용도지역이나 용도지구를 대통령령으로 정하는 범위에서 세분하거나 변경하는 사항
2) 기존의 용도지구를 폐지하고 그 용도지구에서의 건축물이나 그 밖의 시설의 용도·종류 및 규모 등의 제한을 대체하는 사항
3) 대통령령으로 정하는 기반시설의 배치와 규모
4) 도로로 둘러싸인 일단의 지역 또는 계획적인 개발·정비를 위하여 구획된 일단의 토지의 규모와 조성계획
5) 건축물의 용도제한, 건축물의 건폐율 또는 용적률, 건축물 높이의 최고한도 또는 최저한도
6) 건축물의 배치·형태·색채 또는 건축선에 관한 계획
7) 환경관리계획 또는 경관계획
8) 교통처리계획
9) 그 밖에 토지 이용의 합리화, 도시나 농·산·어촌의 기능 증진 등에 필요한 사항으로서 대통령령으로 정하는 사항

···7.5 지구단위계획의 수립기준

국토교통부장관이 지구단위계획의 수립기준을 정하는 경우 일정한 사항을 고려하여야 한다.

···7.6 지구단위계획구역의 지정에 관한 도시·군관리계획결정의 실효

1. 지구단위계획구역의 지정에 관한 도시·군관리계획결정의 고시일부터 3년 이내에 그 지구단위계획구역에 관한 지구단위계획이 결정·고시되지 아니하면 그 3년이 되는 날의 다음 날에 그 지구단위계획구역의 지정에 관한 도시·군관리계획결정은 효력을 잃는다. 다만, 다른 법률에서 지구단위계획의 결정(결정된 것으로 보는 경우를 포함한다)에 관하여 따로 정한 경우에는 그 법률에 따라 지구단위계획을 결정할 때까지 지구단위계획구역의 지정은 그 효력을 유지한다.
2. 국토교통부장관, 시·도지사 또는 대도시 시장은 제1항에 따라 지구단위계획구역 지정이 효력을 잃으면 대통령령으로 정하는 바에 따라 지체 없이 그 사실을 고시하여야 한다.

▪▪▪ 7.7 지구단위계획구역에서의 건축 제한

지구단위계획구역에서 건축물을 건축하거나 건축물의 용도를 변경하려면 그 지구단위계획에 맞게 건축하거나 용도를 변경하여야 한다. 다만, 지구단위계획이 수립되어 있지 아니한 경우와 지구단위계획의 범위에서 시차를 두어 단계적으로 건축물을 건축하는 경우에는 그러하지 아니하다.

제8절 개발행위의 허가

▪▪▪ 8.1 허가 및 인가

8.1.1 허가권자

다음 각 호의 어느 하나에 해당하는 행위로서 대통령령으로 정하는 행위(이하 "개발행위"라 한다)를 하려는 자는 특별시장 · 광역시장 · 특별자치시장 · 특별자치도지사 · 시장 또는 군수의 허가(이하 "개발행위허가"라 한다)를 받아야 한다. 다만, 도시 · 군계획사업에 의한 행위는 그러하지 아니하다.

8.1.2 허가대상

1) 건축물의 건축 또는 공작물의 설치
2) 토지의 형질 변경(경작을 위한 경우로서 대통령령으로 정하는 토지의 형질 변경은 제외한다)
3) 토석의 채취
4) 토지 분할(건축물이 있는 대지의 분할은 제외한다)
5) 녹지지역 · 관리지역 또는 자연환경보전지역에 물건을 1개월 이상 쌓아놓는 행위

8.1.3 허가 없이 할 수 있는 개발행위

1. 재해복구나 재난 수습을 위한 응급조치
   단, 1개월 이내에 특별시장 · 광역시장 · 특별자치시장 · 특별자치도지사 · 시장 또는 군수에게 신고하여야 한다.

2. 「건축법」에 따라 신고하고 설치할 수 있는 건축물의 개축 · 증축 또는 재축과 이에 필요한 범위에서의 토지의 형질 변경(도시 · 군계획시설사업이 시행되지 아니하고 있는 도시 · 군계획시설의 부지인 경우만 가능하다)

3. 그 밖에 대통령령으로 정하는 경미한 행위

8.1.4 허가 절차

신청서 제출	① 개발행위를 하려는 자는 그 개발행위에 따른 기반시설의 설치나 그에 필요한 용지의 확보, 위해(危害) 방지, 환경오염 방지, 경관, 조경 등에 관한 계획서를 첨부한 신청서를 개발행위허가권자에게 제출하여야 한다. ② 특별시장 · 광역시장 · 특별자치시장 · 특별자치도지사 · 시장 또는 군수는 제1항에 따른 개발행위허가의 신청에 대하여 특별한 사유가 없으면 대통령령으로 정하는 기간 이내에 허가 또는 불허가의 처분을 하여야 한다.
허가 기간	"대통령령이 정하는 기간"이라 함은 15일(도시계획위원회의 심의를 거쳐야 하거나 관계 행정기관의 장과 협의를 하여야 하는 경우에는 심의 또는 협의기간을 제외한다)을 말한다.
이행 보증금 예치	특별시장 · 광역시장 · 특별자치시장 · 특별자치도지사 · 시장 또는 군수는 기반시설의 설치나 그에 필요한 용지의 확보, 위해 방지, 환경오염 방지, 경관, 조경 등을 위하여 필요하다고 인정되는 경우로서 대통령령으로 정하는 경우에는 이의 이행을 보증하기 위하여 개발행위 허가를 받는 자로 하여금 이행보증금을 예치하게 할 수 있다. 다만, 다음 각 호의 어느 하나에 해당하는 경우에는 그러하지 아니하다. 1. 국가나 지방자치단체가 시행하는 개발행위 2. 「공공기관의 운영에 관한 법률」에 따른 공공기관(이하 "공공기관"이라 한다) 중 대통령령으로 정하는 기관이 시행하는 개발행위 3. 그 밖에 해당 지방자치단체의 조례로 정하는 공공단체가 시행하는 개발행위

8.1.5 개발행위허가의 제한

1) 국토교통부장관, 시 · 도지사, 시장 또는 군수는 다음 각 호의 어느 하나에 해당되는 지역으로서 도시 · 군관리계획상 특히 필요하다고 인정되는 지역에 대하여는 대통령령으로 정하는 바에 따라 중앙도시계획위원회나 지방도시계획위원회의 심의를 거쳐 1회에 한하여 3년 이내의 기간 동안 개발행위허가를 제한할 수 있다.

다만, 제3호부터 제5호까지에 해당하는 지역에 대하여는 1회에 한하여 2년 이내의 기간 동안 개발행위 허가의 제한을 연장할 수 있다.

① 녹지지역이나 계획관리지역으로서 수목이 집단적으로 자라고 있거나 조수류 등이 집단적으로 서식하고 있는 지역 또는 우량 농지 등으로 보전할 필요가 있는 지역

② 개발행위로 인하여 주변의 환경 · 경관 · 미관 · 문화재 등이 크게 오염되거나 손상될 우려가 있는 지역

③ 도시 · 군기본계획이나 도시 · 군관리계획을 수립하고 있는 지역으로서 그 도시 · 군기본계획
이나 도시 · 군관리계획이 결정될 경우 용도지역 · 용도지구 또는 용도구역의 변경이 예상되
고 그에 따라 개발행위허가의 기준이 크게 달라질 것으로 예상되는 지역

④ 지구단위계획구역으로 지정된 지역

⑤ 기반시설부담구역으로 지정된 지역

2) 국토교통부장관, 시 · 도지사, 시장 또는 군수는 제1항에 따라 개발행위허가를 제한하려면 대통
령령으로 정하는 바에 따라 제한지역 · 제한사유 · 제한대상행위 및 제한기간을 미리 고시하여야
한다.

8.1.6 도시 · 군계획시설 부지에서의 개발행위

(1) 개발행위 규제

1) 특별시장 · 광역시장 · 특별자치시장 · 특별자치도지사 · 시장 또는 군수는 도시 · 군계획
시설의 설치 장소로 결정된 지상 · 수상 · 공중 · 수중 또는 지하는 그 도시 · 군계획시설이
아닌 건축물의 건축이나 공작물의 설치를 허가하여서는 아니 된다. 다만, 대통령령으로 정하
는 경우에는 그러하지 아니하다.

2) 특별시장 · 광역시장 · 특별자치시장 · 특별자치도지사 · 시장 또는 군수는 도시 · 군계획
시설결정의 고시일부터 2년이 지날 때까지 그 시설의 설치에 관한 사업이 시행되지 아니한
도시 · 군계획시설 중 단계별 집행계획이 수립되지 아니하거나 단계별 집행계획에서 제1단
계 집행계획(단계별 집행계획을 변경한 경우에는 최초의 단계별 집행계획을 말한다)에 포함
되지 아니한 도시 · 군계획시설의 부지에 대하여는 다음 각 호의 개발행위를 허가할 수 있다.

① 가설건축물의 건축과 이에 필요한 범위에서의 토지의 형질 변경

② 도시 · 군계획시설의 설치에 지장이 없는 공작물의 설치와 이에 필요한 범위에서의 토지의
형질 변경

③ 건축물의 개축 또는 재축과 이에 필요한 범위에서의 토지의 형질 변경(제56조 제4항 제2호
에 해당하는 경우는 제외한다)

제9절 개발행위에 따른 기반시설의 설치

···9.1 개발밀도관리구역

1. 특별시장·광역시장·특별자치시장·특별자치도지사·시장 또는 군수는 주거·상업 또는 공업지역에서의 개발행위로 기반시설(도시·군계획시설을 포함한다)의 처리·공급 또는 수용능력이 부족할 것으로 예상되는 지역 중 기반시설의 설치가 곤란한 지역을 개발밀도관리구역으로 지정할 수 있다.

2. 특별시장·광역시장·특별자치시장·특별자치도지사·시장 또는 군수는 개발밀도관리구역에서는 대통령령으로 정하는 범위에서 건폐율 또는 용적률을 강화하여 적용한다.

3. 특별시장·광역시장·특별자치시장·특별자치도지사·시장 또는 군수는 제1항에 따라 개발밀도관리구역을 지정하거나 변경하려면 다음 각 호의 사항을 포함하여 해당 지방자치단체에 설치된 지방도시계획위원회의 심의를 거쳐야 한다.
   1) 개발밀도관리구역의 명칭
   2) 개발밀도관리구역의 범위
   3) 건폐율 또는 용적률의 강화 범위

4. 특별시장·광역시장·특별자치시장·특별자치도지사·시장 또는 군수는 제1항에 따라 개발밀도관리구역을 지정하거나 변경한 경우에는 그 사실을 대통령령으로 정하는 바에 따라 고시하여야 한다.

5. 개발밀도관리구역의 지정기준, 개발밀도관리구역의 관리 등에 관하여 필요한 사항은 대통령령으로 정하는 바에 따라 국토교통부장관이 정한다.

···9.2 기반시설부담구역의 지정

1. 특별시장·광역시장·특별자치시장·특별자치도지사·시장 또는 군수는 다음 각 호의 어느 하나에 해당하는 지역에 대하여는 기반시설부담구역으로 지정하여야 한다. 다만, 개발행위가 집중되어 특별시장·광역시장·특별자치시장·특별자치도지사·시장 또는 군수가 해당 지역의 계획적 관리를 위하여 필요하다고 인정하면 다음 각 호에 해당하지 아니하는 경우라도 기반시설부담구역으로 지정할 수 있다.
   1) 이 법 또는 다른 법령의 제정·개정으로 인하여 행위 제한이 완화되거나 해제되는 지역
   2) 이 법 또는 다른 법령에 따라 지정된 용도지역 등이 변경되거나 해제되어 행위 제한이 완화되는 지역
   3) 개발행위허가 현황 및 인구증가율 등을 고려하여 대통령령으로 정하는 지역

2. 특별시장·광역시장·특별자치시장·특별자치도지사·시장 또는 군수는 기반시설부담구역을 지정 또는 변경하려면 주민의 의견을 들어야 하며, 해당 지방자치단체에 설치된 지방도시계획위원회의 심의 를 거쳐 대통령령으로 정하는 바에 따라 이를 고시하여야 한다.

3. 특별시장·광역시장·특별자치시장·특별자치도지사·시장 또는 군수는 제2항에 따라 기반시설부 담구역이 지정되면 대통령령으로 정하는 바에 따라 기반시설설치계획을 수립하여야 하며, 이를 도 시·군관리계획에 반영하여야 한다.

4. 기반시설부담구역의 지정기준 등에 관하여 필요한 사항은 대통령령으로 정하는 바에 따라 국토교통부장 관이 정한다.

제10절 도시·군계획시설사업의 시행

▪▪ 10.1 단계별 집행계획의 수립

10.1.1 수립권자

① 특별시장·광역시장·특별자치시장·특별자치도지사·시장 또는 군수는 도시·군계획시설 에 대하여 도시·군계획시설결정의 고시일부터 2년 이내에 대통령령으로 정하는 바에 따라 재원 조달계획, 보상계획 등을 포함하는 단계별 집행계획을 수립하여야 한다.

② 국토교통부장관이나 도지사가 직접 입안한 도시·군관리계획인 경우 국토교통부장관이나 도지 사는 단계별 집행계획을 수립하여 해당 특별시장·광역시장·특별자치시장·특별자치도지 사·시장 또는 군수에게 송부할 수 있다.

10.1.2 수립절차

① 특별시장·광역시장·특별자치시장·특별자치도지사·시장 또는 군수는 법 규정에 의하여 단계별 집행계획을 수립하고자 하는 때에는 미리 관계 행정기관의 장과 협의하여야 한다.

② 특별시장·광역시장·특별자치시장·특별자치도지사·시장 또는 군수는 단계별 집행계획 을 수립하거나 받은 때에는 대통령령으로 정하는 바에 따라 지체 없이 그 사실을 공고하여야 한다.

10.1.3 단계별집행계획

단계별 집행계획은 제1단계 집행계획과 제2단계 집행계획으로 구분하여 수립하되, 3년 이내에 시행하는 도시 · 군계획시설사업은 제1단계 집행계획에, 3년 후에 시행하는 도시 · 군계획시설사업은 제2단계 집행계획에 포함되도록 하여야 한다.

·· 10.2 도시 · 군계획시설사업의 시행자

10.2.1 시행자

① 특별시장 · 광역시장 · 특별자치시장 · 특별자치도지사 · 시장 또는 군수는 이 법 또는 다른 법률에 특별한 규정이 있는 경우 외에는 관할 구역의 도시 · 군계획시설사업을 시행한다.

② 도시 · 군계획시설사업이 둘 이상의 특별시 · 광역시 · 특별자치시 · 특별자치도 · 시 또는 군의 관할 구역에 걸쳐 시행되게 되는 경우에는 관계 특별시장 · 광역시장 · 특별자치시장 · 특별자치도지사 · 시장 또는 군수가 서로 협의하여 시행자를 정한다.

③ 국토교통부장관은 국가계획과 관련되거나 그 밖에 특히 필요하다고 인정되는 경우에는 관계 특별시장 · 광역시장 · 특별자치시장 · 특별자치도지사 · 시장 또는 군수의 의견을 들어 직접 도시 · 군계획시설사업을 시행할 수 있으며, 도지사는 광역도시계획과 관련되거나 특히 필요하다고 인정되는 경우에는 관계 시장 또는 군수의 의견을 들어 직접 도시 · 군계획시설사업을 시행할 수 있다.

·· 10.3 실시계획

10.3.1 작성자 및 인가

① 도시 · 군계획시설사업의 시행자는 대통령령으로 정하는 바에 따라 그 도시 · 군계획시설사업에 관한 실시계획(이하 "실시계획"이라 한다)을 작성하여야 한다.

② 도시 · 군계획시설사업의 시행자(국토교통부장관, 시 · 도지사와 대도시 시장은 제외한다)는 실시계획을 작성하면 대통령령으로 정하는 바에 따라 국토교통부장관, 시 · 도지사 또는 대도시 시장의 인가를 받아야 한다.

10.3.2 내용

실시계획(이하 "실시계획"이라 한다)에는 다음 각 호의 사항이 포함되어야 한다.

① 사업의 종류 및 명칭

② 사업의 면적 또는 규모

③ 사업시행자의 성명 및 주소(법인인 경우에는 법인의 명칭 및 소재지와 대표자의 성명 및 주소)

④ 사업의 착수예정일 및 준공예정일

10.3.3 도시 · 군계획시설사업의 이행 담보

① 특별시장 · 광역시장 · 특별자치시장 · 특별자치도지사 · 시장 또는 군수는 기반시설의 설치나 그에 필요한 용지의 확보, 위해 방지, 환경오염 방지, 경관 조성, 조경 등을 위하여 필요하다고 인정되는 경우로서 대통령령으로 정하는 경우에는 그 이행을 담보하기 위하여 도시 · 군계획시설 사업의 시행자에게 이행보증금을 예치하게 할 수 있다.

② 특별시장 · 광역시장 · 특별자치시장 · 특별자치도지사 · 시장 또는 군수는 제88조 제2항에 따른 실시 계획의 인가를 받지 아니하고 도시 · 군계획시설사업을 하거나 그 인가 내용과 다르게 도시 · 군계획 시설사업을 하는 자에게 그 토지의 원상회복을 명할 수 있다.

③ 특별시장 · 광역시장 · 특별자치시장 · 특별자치도지사 · 시장 또는 군수는 원상회복의 명령을 받은 자가 원상회복을 하지 아니하는 경우에는 「행정대집행법」에 따른 행정대집행에 따라 원상회 복을 할 수 있다. 이 경우 행정대집행에 필요한 비용은 제1항에 따라 도시 · 군계획시설사업의 시행 자가 예치한 이행보증금으로 충당할 수 있다.

10.3.4 서류의 열람 및 고시

① 국토교통부장관, 시 · 도지사 또는 대도시 시장은 실시계획을 인가하려면 미리 대통령령으로 정하는 바에 따라 그 사실을 공고하고, 관계 서류의 사본을 14일 이상 일반이 열람할 수 있도록 하여야 한다.

② 국토교통부장관, 시 · 도지사 또는 대도시 시장은 실시계획을 작성하거나 인가한 경우에는 대통령령 으로 정하는 바에 따라 그 내용을 고시하여야 한다.

제11절 비용

··· 11.1 비용부담의 원칙

광역도시계획 및 도시 · 군계획의 수립과 도시 · 군계획시설사업에 관한 비용은 이 법 또는 다른 법률에 특별한 규정이 있는 경우 외에는 국가가 하는 경우에는 국가예산에서, 지방자치단체가 하는 경우에는 해당 지방자치단체가, 행정청이 아닌 자가 하는 경우에는 그 자가 부담함을 원칙으로 한다.

··· 11.2 지방자치단체의 비용 부담

1. 국토교통부장관이나 시 · 도지사는 그가 시행한 도시 · 군계획시설사업으로 현저히 이익을 받는 시 · 도, 시 또는 군이 있으면 대통령령으로 정하는 바에 따라 그 도시 · 군계획시설사업에 든 비용의 일부를 그 이익을 받는 시 · 도, 시 또는 군에 부담시킬 수 있다. 이 경우 국토교통부장관은 시 · 도, 시 또는 군에 비용을 부담시키기 전에 행정자치부장관과 협의하여야 한다.
2. 시 · 도지사는 제1항에 따라 그 시 · 도에 속하지 아니하는 특별시 · 광역시 · 특별자치시 · 특별자치도 · 시 또는 군에 비용을 부담시키려면 해당 지방자치단체의 장과 협의하되, 협의가 성립되지 아니하는 경우에는 행정자치부장관이 결정하는 바에 따른다.
3. 시장이나 군수는 그가 시행한 도시 · 군계획시설사업으로 현저히 이익을 받는 다른 지방자치단체가 있으면 대통령령으로 정하는 바에 따라 그 도시 · 군계획시설사업에 든 비용의 일부를 그 이익을 받는 다른 지방자치단체와 협의하여 그 지방자치단체에 부담시킬 수 있다.
4. 제3항에 따른 협의가 성립되지 아니하는 경우 다른 지방자치단체가 같은 도에 속할 때에는 관할 도지사가 결정하는 바에 따르며, 다른 시 · 도에 속할 때에는 행정자치부장관이 결정하는 바에 따른다.

제12절 도시계획위원회

▪▪ 12.1 중앙도시계획위원회

12.1.1 설치

광역도시계획 · 도시 · 군계획 · 토지거래계약허가구역 등 국토교통부장관의 권한에 속하는 사항과 다른 법률에서 중앙도시계획위원회의 심의를 거치도록 한 사항을 심의하고 도시 · 군계획에 관한 조사 · 연구를 수행하기 위하여 국토교통부에 중앙도시계획위원회를 둔다.

12.1.2 조직

① 중앙도시계획위원회는 위원장 · 부위원장 각 1명을 포함한 25명 이상 30명 이내의 위원으로 구성한다.
② 중앙도시계획위원회의 위원장과 부위원장은 위원 중에서 국토교통부장관이 임명하거나 위촉한다.
③ 위원은 관계 중앙행정기관의 공무원과 토지 이용, 건축, 주택, 교통, 공간정보, 환경, 법률, 복지, 방재, 문화, 농림 등 도시 · 군계획과 관련된 분야에 관한 학식과 경험이 풍부한 자 중에서 국토교통부장관이 임명하거나 위촉한다.
④ 공무원이 아닌 위원의 수는 10명 이상으로 하고, 그 임기는 2년으로 한다.
⑤ 보궐위원의 임기는 전임자 임기의 남은 기간으로 한다.

12.1.3 위원장 등의 직무

① 위원장은 중앙도시계획위원회의 업무를 총괄하며, 중앙도시계획위원회의 의장이 된다.
② 부위원장은 위원장을 보좌하며, 위원장이 부득이한 사유로 그 직무를 수행하지 못할 때에는 그 직무를 대행한다.
③ 위원장과 부위원장이 모두 부득이한 사유로 그 직무를 수행하지 못할 때에는 위원장이 미리 지명한 위원이 그 직무를 대행한다.

12.1.4 회의의 소집 및 의결 정족수

① 중앙도시계획위원회의 회의는 국토교통부장관이나 위원장이 필요하다고 인정하는 경우에 국토교통부장관이나 위원장이 소집한다.

② 중앙도시계획위원회의 회의는 재적위원 과반수의 출석으로 개의(開議)하고, 출석위원 과반수의 찬성으로 의결한다.

12.1.5 전문위원

① 도시 · 군계획 등에 관한 중요 사항을 조사 · 연구하기 위하여 중앙도시계획위원회에 전문위원을 둘 수 있다. 〈개정 2011. 4. 14〉

② 전문위원은 위원장 및 중앙도시계획위원회나 분과위원회의 요구가 있을 때에는 회의에 출석하여 발언할 수 있다.

③ 전문위원은 토지 이용, 건축, 주택, 교통, 공간정보, 환경, 법률, 복지, 방재, 문화, 농림 등 도시 · 군계획과 관련된 분야에 관한 학식과 경험이 풍부한 자 중에서 국토교통부장관이 임명한다.

12.1.6 간사 및 서기

① 중앙도시계획위원회에 간사와 서기를 둔다.

② 간사와 서기는 국토교통부 소속 공무원 중에서 국토교통부장관이 임명한다.

③ 간사는 위원장의 명을 받아 중앙도시계획위원회의 서무를 담당하고, 서기는 간사를 보좌한다.

··12.2 지방도시계획위원회

12.2.1 시 · 도도시계획위원회

다음 각 호의 심의를 하게 하거나 자문에 응하게 하기 위하여 시 · 도에 시 · 도도시계획위원회를 둔다.

1) 시 · 도지사가 결정하는 도시 · 군관리계획의 심의 등 시 · 도지사의 권한에 속하는 사항과 다른 법률에서 시 · 도도시계획위원회의 심의를 거치도록 한 사항의 심의

2) 국토교통부장관의 권한에 속하는 사항 중 중앙도시계획위원회의 심의 대상에 해당하는 사항이 시 · 도지사에게 위임된 경우 그 위임된 사항의 심의

3) 도시 · 군관리계획과 관련하여 시 · 도지사가 자문하는 사항에 대한 조언

4) 그 밖에 대통령령으로 정하는 사항에 관한 심의 또는 조언

12.2.2 시·군·구도시계획위원회

도시·군관리계획과 관련된 다음 각 호의 심의를 하게 하거나 자문에 응하게 하기 위하여 시·군(광역시의 관할 구역에 있는 군을 포함한다. 이하 이 조에서 같다) 또는 구(자치구를 말한다. 이하 같다)에 각각 시·군·구도시계획위원회를 둔다.

1) 대도시 시장이 결정하는 도시·군관리계획의 심의와 국토교통부장관이나 시·도지사의 권한에 속하는 사항 중 시·도도시계획위원회의 심의대상에 해당하는 사항이 시장·군수 또는 구청장(자치구의 구청장을 말한다. 이하 같다)에게 위임되거나 재위임된 경우 그 위임되거나 재위임된 사항의 심의

2) 도시·군관리계획과 관련하여 시장·군수 또는 구청장이 자문하는 사항에 대한 조언

3) 개발행위의 허가 등에 관한 심의

4) 그 밖에 대통령령으로 정하는 사항에 관한 심의 또는 조언

12.2.3 분과위원회

1) 시·도도시계획위원회나 시·군·구도시계획위원회의 심의 사항 중 대통령령으로 정하는 사항을 효율적으로 심의하기 위하여 시·도도시계획위원회나 시·군·구도시계획위원회에 분과위원회를 둘 수 있다.

2) 분과위원회에서 심의하는 사항 중 시·도도시계획위원회나 시·군·구도시계획위원회가 지정하는 사항은 분과위원회의 심의를 시·도도시계획위원회나 시·군·구도시계획위원회의 심의로 본다.

3) 도시·군계획 등에 관한 중요 사항을 조사·연구하기 위하여 지방도시계획위원회에 전문위원을 둘 수 있다.

4) 지방도시계획위원회에 전문위원을 두는 경우에는 "중앙도시계획위원회"는 "지방도시계획위원회"로, "국토교통부장관"은 "해당 지방도시계획위원회가 속한 지방자치단체의 장"으로 본다.

제13절 토지거래의 허가

▪▪ 13.1 허가구역의 지정

국토교통부장관은 국토의 이용 및 관리에 관한 계획의 원활한 수립과 집행, 합리적인 토지 이용 등을 위하여 토지의 투기적인 거래가 성행하거나 지가(地價)가 급격히 상승하는 지역과 그러한 우려가 있는 지역으로서 대통령령으로 정하는 지역에 대하여는 5년 이내의 기간을 정하여 토지거래계약에 관한 허가구역(이하 "허가구역"이라 한다)으로 지정할 수 있다.

▪▪ 13.2 허가구역의 절차

1. 국토교통부장관은 허가구역으로 지정하려면 중앙도시계획위원회의 심의를 거쳐야 한다. 다만, 지정기간이 끝나는 허가구역을 계속하여 다시 허가구역으로 지정하려면 중앙도시계획위원회의 심의 전에 미리 시 · 도지사 및 시장 · 군수 또는 구청장의 의견을 들어야 한다.
2. 국토교통부장관은 제1항에 따라 허가구역으로 지정한 때에는 지체 없이 대통령령으로 정하는 사항을 공고하고, 그 공고 내용을 시 · 도지사에게 통지하여야 한다.
3. 통지를 받은 시 · 도지사는 지체 없이 그 공고 내용을 그 허가구역을 관할하는 등기소의 장과 시장 · 군수 또는 구청장에게 통지하여야 하며, 그 통지를 받은 시장 · 군수 또는 구청장은 지체 없이 그 사실을 7일 이상 공고하고, 그 공고 내용을 15일간 일반이 열람할 수 있도록 하여야 한다.
4. 허가구역의 지정은 제3항에 따라 허가구역의 지정을 공고한 날부터 5일 후에 그 효력이 발생한다.
5. 국토교통부장관은 허가구역의 지정 사유가 없어졌다고 인정되거나 관계 시 · 도지사, 시장 · 군수 또는 구청장으로부터 허가구역의 지정 해제 또는 축소 요청이 이유 있다고 인정되면 지체 없이 허가구역의 지정을 해제하거나 지정된 허가구역의 일부를 축소하여야 한다.

••13.3 토지거래계약에 관한 허가

1. 허가구역에 있는 토지에 관한 소유권 · 지상권(소유권 · 지상권의 취득을 목적으로 하는 권리를 포함한다)을 이전하거나 설정(대가를 받고 이전하거나 설정하는 경우만 해당한다)하는 계약(예약을 포함한다. 이하 "토지거래계약"이라 한다)을 체결하려는 당사자는 공동으로 대통령령으로 정하는 바에 따라 시장 · 군수 또는 구청장의 허가를 받아야 한다. 허가받은 사항을 변경하려는 경우에도 또한 같다.

2. 경제 및 지가의 동향과 거래단위면적 등을 종합적으로 고려하여 대통령령으로 정하는 용도별 면적 이하의 토지에 대한 토지거래계약에 관하여는 제1항에 따른 허가가 필요하지 아니하다.

3. 제1항에 따른 허가를 받으려는 자는 그 허가신청서에 계약내용과 그 토지의 이용계획, 취득자금 조달계획 등을 적어 시장 · 군수 또는 구청장에게 제출하여야 한다. 이 경우 토지이용계획, 취득자금 조달계획 등에 포함되어야 할 사항은 국토교통부령으로 정한다. 다만, 시장 · 군수 또는 구청장에게 제출한 취득자금 조달계획이 변경된 경우에는 취득토지에 대한 등기일까지 시장 · 군수 또는 구청장에게 그 변경 사항을 제출할 수 있다.

4. 시장 · 군수 또는 구청장은 제3항에 따른 허가신청서를 받으면 「민원사무처리에 관한 법률」에 따른 처리기간에 허가 또는 불허가의 처분을 하고, 그 신청인에게 허가증을 발급하거나 불허가처분 사유를 서면으로 알려야 한다. 다만, 제122조에 따라 선매협의(先買協議) 절차가 진행 중인 경우에는 위의 기간 내에 그 사실을 신청인에게 알려야 한다.

5. 제4항에 따른 기간에 허가증의 발급 또는 불허가처분 사유의 통지가 없거나 선매협의 사실의 통지가 없는 경우에는 그 기간이 끝난 날의 다음날에 제1항에 따른 허가가 있는 것으로 본다. 이 경우 시장 · 군수 또는 구청장은 지체 없이 신청인에게 허가증을 발급하여야 한다.

6. 제1항에 따른 허가를 받지 아니하고 체결한 토지거래계약은 그 효력이 발생하지 아니한다.

7. 제2항에 따른 토지의 면적 산정방법에 관하여 필요한 사항은 대통령령으로 정한다.

••13.4 이의신청

1. 처분에 이의가 있는 자는 그 처분을 받은 날부터 1개월 이내에 시장 · 군수 또는 구청장에게 이의를 신청할 수 있다.

2. 이의신청을 받은 시장 · 군수 또는 구청장은 시 · 군 · 구도시계획위원회의 심의를 거쳐 그 결과를 이의신청인에게 알려야 한다.

제14절 벌칙(제140조)

··· 14.1 3년 이하의 징역 또는 3천만 원 이하의 벌금(제140조)

다음 각 호의 어느 하나에 해당하는 자는 3년 이하의 징역 또는 3천만 원 이하의 벌금에 처한다.

1. 제56조 제1항 또는 제2항을 위반하여 허가 또는 변경허가를 받지 아니하거나, 속임수나 그 밖의 부정한 방법으로 허가 또는 변경허가를 받아 개발행위를 한 자

> 제56조(개발행위의 허가) ① 다음 각 호의 어느 하나에 해당하는 행위로서 대통령령으로 정하는 행위(이하 "개발행위"라 한다)를 하려는 자는 특별시장 · 광역시장 · 특별자치시장 · 특별자치도지사 · 시장 또는 군수의 허가(이하 "개발행위허가"라 한다)를 받아야 한다. 다만, 도시 · 군계획사업에 의한 행위는 그러하지 아니하다.
>   1. 건축물의 건축 또는 공작물의 설치
>   2. 토지의 형질 변경(경작을 위한 경우로서 대통령령으로 정하는 토지의 형질 변경은 제외한다)
>   3. 토석의 채취
>   4. 토지 분할(건축물이 있는 대지의 분할은 제외한다)
>   5. 녹지지역 · 관리지역 또는 자연환경보전지역에 물건을 1개월 이상 쌓아놓는 행위
> ② 개발행위허가를 받은 사항을 변경하는 경우에는 제1항을 준용한다. 다만, 대통령령으로 정하는 경미한 사항을 변경하는 경우에는 그러하지 아니하다.

2. 시가화조정구역에서 허가를 받지 아니하고 제81조 제2항 각 호의 어느 하나에 해당하는 행위를 한 자

> 제81조(시가화조정구역에서의 행위 제한 등)
> ② 시가화조정구역에서는 제56조와 제76조에도 불구하고 제1항에 따른 도시 · 군계획사업의 경우 외에는 다음 각 호의 어느 하나에 해당하는 행위에 한정하여 특별시장 · 광역시장 · 특별자치시장 · 특별자치도지사 · 시장 또는 군수의 허가를 받아 그 행위를 할 수 있다.
>   1. 농업 · 임업 또는 어업용의 건축물 중 대통령령으로 정하는 종류와 규모의 건축물이나 그 밖의 시설을 건축하는 행위
>   2. 마을공동시설, 공익시설 · 공공시설, 광공업 등 주민의 생활을 영위하는 데에 필요한 행위로서 대통령령으로 정하는 행위
>   3. 입목의 벌채, 조림, 육림, 토석의 채취, 그 밖에 대통령령으로 정하는 경미한 행위

3. 제140조의2(벌칙) 기반시설설치비용을 면탈 · 경감할 목적 또는 면탈 · 경감하게 할 목적으로 거짓 계약을 체결하거나 거짓 자료를 제출한 자는 3년 이하의 징역 또는 면탈 · 경감하였거나 면탈 · 경감하고자 한 기반시설설치비용의 3배 이하에 상당하는 벌금에 처한다.

••14.2 2년 이하의 징역 또는 2천만 원 이하의 벌금(제141조)

다음 각 호의 어느 하나에 해당하는 자는 2년 이하의 징역 또는 2천만원(제5호에 해당하는 자는 계약 체결 당시의 개별공시지가에 의한 해당 토지가격의 100분의 30에 해당하는 금액) 이하의 벌금에 처한다.

1. 제43조 제1항을 위반하여 도시 · 군관리계획의 결정이 없이 기반시설을 설치한 자

> 제43조(도시 · 군계획시설의 설치 · 관리) ① 지상 · 수상 · 공중 · 수중 또는 지하에 기반시설을 설치하려면 그 시설의 종류 · 명칭 · 위치 · 규모 등을 미리 도시 · 군관리계획으로 결정하여야 한다. 다만, 용도지역 · 기반시설의 특성 등을 고려하여 대통령령으로 정하는 경우에는 그러하지 아니하다.

2. 제44조 제3항을 위반하여 공동구에 수용하여야 하는 시설을 공동구에 수용하지 아니한 자

> 제44조(공동구의 설치) ③ 공동구가 설치된 경우에는 대통령령으로 정하는 바에 따라 공동구에 수용하여야 할 시설이 모두 수용되도록 하여야 한다.

3. 제54조를 위반하여 지구단위계획에 맞지 아니하게 건축물을 건축하거나 용도를 변경한 자

> 제54조(지구단위계획구역에서의 건축 등) 지구단위계획구역에서 건축물을 건축하거나 건축물의 용도를 변경하려면 그 지구단위계획에 맞게 건축하거나 용도를 변경하여야 한다. 다만, 지구단위계획이 수립되어 있지 아니한 경우와 지구단위계획의 범위에서 시차를 두어 단계적으로 건축물을 건축하는 경우에는 그러하지 아니하다.

4. 용도지역 또는 용도지구에서의 건축물이나 그 밖의 시설의 용도 · 종류 및 규모 등의 제한을 위반하여 건축물이나 그 밖의 시설을 건축 또는 설치하거나 그 용도를 변경한 자

··14.3 1년 이하의 징역 또는 1천만 원 이하의 벌금(제142조)

제133조 제1항에 따른 허가 · 인가 등의 취소, 공사의 중지, 공작물 등의 개축 또는 이전 등의 처분 또는 조치명령을 위반한 자는 1년 이하의 징역 또는 1천만 원 이하의 벌금에 처한다.

제133조(법률 등의 위반자에 대한 처분) ① 국토교통부장관, 시 · 도지사, 시장 · 군수 또는 구청장은 다음 각 호의 어느 하나에 해당하는 자에게 이 법에 따른 허가 · 인가 등의 취소, 공사의 중지, 공작물 등의 개축 또는 이전, 그 밖에 필요한 처분을 하거나 조치를 명할 수 있다. 〈개정 2009. 12. 29, 2011. 4. 14〉

1. 제31조 제2항 단서에 따른 신고를 하지 아니하고 사업 또는 공사를 한 자
2. 도시 · 군계획시설을 제43조 제1항에 따른 도시 · 군관리계획의 결정 없이 설치한 자
3. 제44조의3 제2항에 따른 공동구의 점용 또는 사용에 관한 허가를 받지 아니하고 공동구를 점용 또는 사용하거나 같은 조 제3항에 따른 점용료 또는 사용료를 내지 아니한 자
4. 제54조에 따른 지구단위계획구역에서 해당 지구단위계획에 맞지 아니하게 건축물을 건축하거나 용도변경을 한 자
5. 제56조에 따른 개발행위허가 또는 변경허가를 받지 아니하고 개발행위를 한 자
5의2. 제56조에 따라 개발행위허가 또는 변경허가를 받고 그 허가받은 사업기간 동안 개발행위를 완료하지 아니한 자
6. 제60조 제1항에 따른 이행보증금을 예치하지 아니하거나 같은 조 제3항에 따른 토지의 원상회복명령에 따르지 아니한 자
7. 개발행위를 끝낸 후 제62조에 따른 준공검사를 받지 아니한 자
8. 제76조(같은 조 제5항 제2호부터 제4호까지의 규정은 제외한다)에 따른 용도지역 또는 용도지구에서의 건축 제한 등을 위반한 자
9. 제77조에 따른 건폐율을 위반하여 건축한 자
10. 제78조에 따른 용적률을 위반하여 건축한 자
11. 제79조에 따른 용도지역 미지정 또는 미세분 지역에서의 행위 제한 등을 위반한 자
12. 제81조에 따른 시가화조정구역에서의 행위 제한을 위반한 자
13. 제84조에 따른 둘 이상의 용도지역 등에 걸치는 대지의 적용 기준을 위반한 자
14. 제86조 제5항에 따른 도시 · 군계획시설사업시행자 지정을 받지 아니하고 도시 · 군계획시설사업을 시행한 자
15. 제88조에 따른 도시 · 군계획시설사업의 실시계획인가 또는 변경인가를 받지 아니하고 사업을 시행한 자
15의2. 제88조에 따라 도시 · 군계획시설사업의 실시계획인가 또는 변경인가를 받고 그 실시계획에서 정한 사업기간 동안 사업을 완료하지 아니한 자
16. 제89조 제1항에 따른 이행보증금을 예치하지 아니하거나 같은 조 제3항에 따른 토지의 원상회복명령에 따르지 아니한 자
17. 도시 · 군계획시설사업의 공사를 끝낸 후 제98조에 따른 준공검사를 받지 아니한 자
18. 제118조에 따른 토지거래계약에 관한 허가 또는 변경허가를 받지 아니하고 토지거래계약 또는 그 변경계약을 체결한 자
19. 제118조에 따른 토지거래계약에 관한 허가를 받은 자가 그 토지를 허가받은 목적대로 이용하지 아니한 자
20. 제130조를 위반하여 타인의 토지에 출입하거나 그 토지를 일시사용한 자
21. 부정한 방법으로 다음 각 목의 어느 하나에 해당하는 허가 · 인가 · 지정 등을 받은 자
    가. 제56조에 따른 개발행위허가 또는 변경허가
    나. 제62조에 따른 개발행위의 준공검사

다. 제81조에 따른 시가화조정구역에서의 행위허가
라. 제86조에 따른 도시·군계획시설사업의 시행자 지정
마. 제88조에 따른 실시계획의 인가 또는 변경인가
바. 제98조에 따른 도시·군계획시설사업의 준공검사
사. 제118조에 따른 토지거래계약에 관한 허가

22. 사정이 변경되어 개발행위 또는 도시·군계획시설사업을 계속적으로 시행하면 현저히 공익을 해칠 우려
가 있다고 인정되는 경우의 그 개발행위허가를 받은 자 또는 도시·군계획시설사업의 시행자

••14.4 양벌규정(제143조)

법인의 대표자나 법인 또는 개인의 대리인, 사용인, 그 밖의 종업원이 그 법인 또는 개인의 업무에 관하여
제140조(벌칙)부터 제142조(벌칙)까지의 어느 하나에 해당하는 위반행위를 하면 그 행위자를 벌할 뿐만
아니라 그 법인 또는 개인에게도 해당 조문의 벌금형을 과(科)한다. 다만, 법인 또는 개인이 그 위반행위를
방지하기 위하여 해당 업무에 관하여 상당한 주의와 감독을 게을리하지 아니한 경우는 그러하지 아니하다.

••14.5 과태료(제144조)

14.5.1 1천만 원 이하의 과태료

다음 각 호의 어느 하나에 해당하는 자에게는 1천만 원 이하의 과태료를 부과한다.

1. 허가를 받지 아니하고 공동구를 점용하거나 사용한 자
2. 정당한 사유 없이 제130조 제1항에 따른 행위를 방해하거나 거부한 자

> 제130조(토지에의 출입 등) ① 국토교통부장관, 시·도지사, 시장 또는 군수나 도시·군계획시설
> 사업의 시행자는 다음 각 호의 행위를 하기 위하여 필요하면 타인의 토지에 출입하거나 타인의 토
> 지를 재료 적치장 또는 임시통로로 일시 사용할 수 있으며, 특히 필요한 경우에는 나무, 흙, 돌, 그
> 밖의 장애물을 변경하거나 제거할 수 있다.
>   1. 도시·군계획·광역도시·군계획에 관한 기초조사
>   2. 개발밀도관리구역, 기반시설부담구역 및 제67조제4항에 따른 기반시설설치계획에 관한 기
>   초조사
>   3. 지가의 동향 및 토지거래의 상황에 관한 조사
>   4. 도시·군계획시설사업에 관한 조사·측량 또는 시행

3. 제130조 제2항부터 제4항까지의 규정에 따른 허가 또는 동의를 받지 아니하고 같은 조 제1항에 따른 행위를 한 자

> 제130조(토지에의 출입 등) ② 제1항에 따라 타인의 토지에 출입하려는 자는 특별시장·광역시장·특별자치시장·특별자치도지사·시장 또는 군수의 허가를 받아야 하며, 출입하려는 날의 7일 전까지 그 토지의 소유자·점유자 또는 관리인에게 그 일시와 장소를 알려야 한다. 다만, 행정청인 도시·군계획시설사업의 시행자는 허가를 받지 아니하고 타인의 토지에 출입할 수 있다. 〈개정 2011. 4. 14, 2012. 2. 1〉
> ③ 제1항에 따라 타인의 토지를 재료 적치장 또는 임시통로로 일시사용하거나 나무, 흙, 돌, 그 밖의 장애물을 변경 또는 제거하려는 자는 토지의 소유자·점유자 또는 관리인의 동의를 받아야 한다.
> ④ 제3항의 경우 토지나 장애물의 소유자·점유자 또는 관리인이 현장에 없거나 주소 또는 거소가 불분명하여 그 동의를 받을 수 없는 경우에는 행정청인 도시·군계획시설사업의 시행자는 관할 특별시장·광역시장·특별자치시장·특별자치도지사·시장 또는 군수에게 그 사실을 통지하여야 하며, 행정청이 아닌 도시·군계획시설사업의 시행자는 미리 관할 특별시장·광역시장·특별자치시장·특별자치도지사·시장 또는 군수의 허가를 받아야 한다.

4. 제137조 제1항에 따른 검사를 거부·방해하거나 기피한 자

> 제137조(보고 및 검사 등) ① 국토교통부장관(제40조에 따른 수산자원보호구역의 경우 농림수산식품부장관을 말한다), 시·도지사, 시장 또는 군수는 필요하다고 인정되는 경우에는 개발행위허가를 받은 자나 도시·군계획시설사업의 시행자에 대하여 감독상 필요한 보고를 하게 하거나 자료를 제출하도록 명할 수 있으며, 소속 공무원으로 하여금 개발행위에 관한 업무 상황을 검사하게 할 수 있다.

14.5.2 부과징수

제1항과 제2항에 따른 과태료는 대통령령으로 정하는 바에 따라 다음 각 호의 자가 각각 부과·징수한다.

1. 제1항 제2호·제4호 및 제2항 제2호의 경우 : 국토교통부장관(제40조에 따른 수산자원보호구역의 경우 농림수산식품부장관을 말한다), 시·도지사, 시장 또는 군수
2. 제1항 제1호·제3호 및 제2항 제1호의 경우 : 특별시장·광역시장·특별자치시장·특별자치도지사·시장 또는 군수

01 다음 중 국토의 계획 및 이용에 관한 법률에 따른 용도지역에 대한 설명으로 옳지 않은 것은?

12①산

① 도시지역은 인구와 산업이 밀집되어 있거나 밀집이 예상되어 그 지역에 대해 체계적인 개발 · 정비 · 관리 · 보전 등이 필요한 지역을 말한다.
② 관리지역은 도시지역의 인구와 산업을 수용하기 위하여 도시지역에 준하여 체계적으로 관리하거나 농림업의 진흥, 자연환경 또는 산림의 보전을 위하여 필요한 지역을 말한다.
③ 농림지역은 도시지역에 속하지 아니하는 농지법에 따른 농업진흥지역 또는 산지관리법에 따른 보전산지 등으로 농림업을 진흥시키고 산림을 보전하기 위해 필요한 지역을 말한다.
④ 자연녹지보전지역은 자연환경 · 수자원 · 해안 · 생태계 · 상수원 및 문화재의 보전과 수산자원의 보호 · 육성 등을 위하여 필요한 지역이다.

해설

국토의 계획 및 이용에 관한 법률 제6조(국토의 용도 구분)
국토는 토지의 이용실태 및 특성, 장래의 토지 이용 방향, 지역 간 균형발전 등을 고려하여 다음과 같은 용도지역으로 구분한다.
1. 도시지역 : 인구와 산업이 밀집되어 있거나 밀집이 예상되어 그 지역에 대하여 체계적인 개발 · 정비 · 관리 · 보전 등이 필요한 지역
2. 관리지역 : 도시지역의 인구와 산업을 수용하기 위하여 도시지역에 준하여 체계적으로 관리하거나 농림업의 진흥, 자연환경 또는 산림의 보전을 위하여 농림지역 또는 자연환경보전지역에 준하여 관리할 필요가 있는 지역
3. 농림지역 : 도시지역에 속하지 아니하는 「농지법」에 따른 농업진흥지역 또는 「산지관리법」에 따른 보전산지 등으로서 농림업을 진흥시키고 산림을 보전하기 위하여 필요한 지역
4. 자연환경보전지역 : 자연환경 · 수자원 · 해안 · 생태계 · 상수원 및 문화재의 보전과 수산자원의 보호 · 육성 등을 위하여 필요한 지역

02 국토의 계획 및 이용에 관한 법률의 목적으로 가장 옳은 것은?

12②산

① 공공복리의 증신과 국민의 삶의 질 향상
② 환경보전 및 중앙집권체제의 강화
③ 국토 및 해양의 이용질서 확립
④ 고도의 경제 성장 유지

해설

국토의 계획 및 이용에 관한 법률 제1조(목적)
이 법은 국토의 이용 · 개발과 보전을 위한 계획의 수립 및 집행 등에 필요한 사항을 정하여 공공복리를 증진시키고 국민의 삶의 질을 향상시키는 것을 목적으로 한다.

03 도시지역과 그 주변지역의 무질서한 시가화를 방지하고 계획적 · 단계적인 개발을 도모하기 위하여 일정 기간 동안 시가화를 유보할 목적으로 지정하는 것은?

12②산

① 지구단위계획구역   ② 시가화조정구역
③ 개발제한구역   ④ 보존지구

해설

국토의 계획 및 이용에 관한 법률 제39조(시가화조정구역의 지정)
① 시 · 도지사는 직접 또는 관계 행정기관의 장의 요청을 받아 도시지역과 그 주변지역의 무질서한 시가화를 방지하고 계획적 · 단계적인 개발을 도모하기 위하여 대통령령으로 정하는 기간 동안 시가화를 유보할 필요가 있다고 인정되면 시가화조정구역의 지정 또는 변경을 도시 · 군관리계획으로 결정할 수 있다. 다만, 국가계획과 연계하여 시가화조정구역의 지정 또는 변경이 필요한 경우에는 국토교통부장관이 직접 시가화조정구역의 지정 또는 변경을 도시 · 군관리계획으로 결정할 수 있다.
② 시가화조정구역의 지정에 관한 도시 · 군관리계획의 결정은 제1항에 따른 시가화 유보기간이 끝난 날의 다음날부터 그 효력을 잃는다. 이 경우 국토교통부장관 또는 시 · 도지사는 대통령령으로 정하는 바에 따라 그 사실을 고시하여야 한다.

04 국토의 계획 및 이용에 관한 법률상 용도지역에 해당하지 않는 것은? 12②산

① 도시지역
② 자연환경보전지역
③ 취락지역
④ 농림지역

●해설

문제 01번 해설 참고

05 국토의 계획 및 이용에 관한 법률의 정의에 따른 도시 · 군관리계획에 포함되지 않는 것은? 12②산

① 용도지역 · 용도지구의 지정 또는 변경에 관한 계획
② 지구단위계획구역의 지정 또는 변경에 관한 계획
③ 기반시설의 설치 · 정비 또는 개량에 관한 계획
④ 광역계획권의 기본구조와 발전방향에 계획

●해설

국토의 계획 및 이용에 관한 법률 제2조(정의)
이 법에서 사용하는 용어의 뜻은 다음과 같다.
2. "도시 · 군계획"이란 특별시 · 광역시 · 특별자치시 · 특별자치도 · 시 또는 군(광역시의 관할 구역에 있는 군은 제외한다. 이하 같다)의 관할 구역에 대하여 수립하는 공간구조와 발전방향에 대한 계획으로서 도시 · 군기본계획과 도시 · 군관리계획으로 구분한다.
3. "도시 · 군기본계획"이란 특별시 · 광역시 · 특별자치시 · 특별자치도 · 시 또는 군의 관할 구역에 대하여 기본적인 공간구조와 장기발전방향을 제시하는 종합계획으로서 도시 · 군관리계획 수립의 지침이 되는 계획을 말한다.
4. "도시 · 군관리계획"이란 특별시 · 광역시 · 특별자치시 · 특별자치도 · 시 또는 군의 개발 · 정비 및 보전을 위하여 수립하는 토지 이용, 교통, 환경, 경관, 안전, 산업, 정보통신, 보건, 복지, 안보, 문화 등에 관한 다음 각 목의 계획을 말한다.
　가. 용도지역 · 용도지구의 지정 또는 변경에 관한 계획
　나. 개발제한구역, 도시자연공원구역, 시가화조정구역(市街化調整區域), 수산자원보호구역의 지정 또는 변경에 관한 계획
　다. 기반시설의 설치 · 정비 또는 개량에 관한 계획
　라. 도시개발사업이나 정비사업에 관한 계획
　마. 지구단위계획구역의 지정 또는 변경에 관한 계획과 지구단위계획
　바. 입지규제최소구역의 지정 또는 변경에 관한 계획과 입지규제최소구역계획

06 국토의 계획 및 이용에 관한 법률에 따른 용도지역에 대한 설명으로 옳은 것은? 12③산

① 용도지역의 지정은 도시 · 군기본계획으로 결정한다.
② 도시지역은 주거지역, 상업지역, 공업지역, 녹지지역 및 보존지역으로 구분한다.
③ 용도지역은 도시지역, 준도시지역, 농림지역, 그리고 자연환경보전지역으로 구분한다.
④ 자연환경보전지역은 자연환경 · 수자원 · 해안 · 생태계 · 상수원 및 문화재의 보전과 수산자원의 보호 · 육성 등을 위하여 필요한 지역이다.

●해설

국토의 계획 및 이용에 관한 법률 제2조(정의)
15. "용도지역"이란 토지의 이용 및 건축물의 용도, 건폐율(「건축법」 제55조의 건폐율을 말한다. 이하 같다), 용적률(「건축법」 제56조의 용적률을 말한다. 이하 같다), 높이 등을 제한함으로써 토지를 경제적 · 효율적으로 이용하고 공공복리의 증진을 도모하기 위하여 서로 중복되지 아니하게 도시 · 군관리계획으로 결정하는 지역을 말한다.

제7조(용도지역별 관리 의무)

국가나 지방자치단체는 제6조에 따라 정하여진 용도지역의 효율적인 이용 및 관리를 위하여 다음 각 호에서 정하는 바에 따라 그 용도지역에 관한 개발 · 정비 및 보전에 필요한 조치를 마련하여야 한다.
1. 도시지역 : 이 법 또는 관계 법률에서 정하는 바에 따라 그 지역이 체계적이고 효율적으로 개발 · 정비 · 보전될 수 있도록 미리 계획을 수립하고 그 계획을 시행하여야 한다.
2. 관리지역 : 이 법 또는 관계 법률에서 정하는 바에 따라 필요한 보전조치를 취하고 개발이 필요한 지역에 대하여는 계획적인 이용과 개발을 도모하여야 한다.
3. 농림지역 : 이 법 또는 관계 법률에서 정하는 바에 따라 농림업의 진흥과 산림의 보전 · 육성에 필요한 조사와 대책을 마련하여야 한다.
4. 자연환경보전지역 : 이 법 또는 관계 법률에서 정하는 바에 따라 환경오염 방지, 자연환경 · 수질 · 수자원 · 해안 · 생태계 및 문화재의 보전과 수산자원의 보호 · 육성을 위하여 필요한 조사와 대책을 마련하여야 한다.
[전문개정]

07 특별시 · 광역시 · 특별자치시 · 특별자치도 · 시 또는 군의 개발 · 정비 및 보전을 위하여 수립하는 "도시 · 군관리계획"에 포함되지 않는 것은? 13①산

① 도시개발사업이나 정비사업에 관한 계획
② 기반시설의 설치 · 정비 또는 개량에 관한 계획
③ 기본적인 공간구조와 장기적인 발전 방향에 관한 계획
④ 용도지역 용도지구의 지정 또는 변경에 관한 계획

● **해설**

국토의 계획 및 이용에 관한 법률 제2조(정의)

4. "도시 · 군관리계획"이란 특별시 · 광역시 · 특별자치시 · 특별자치도 · 시 또는 군의 개발 · 정비 및 보전을 위하여 수립하는 토지 이용, 교통, 환경, 경관, 안전, 산업, 정보통신, 보건, 복지, 안보, 문화 등에 관한 다음 각 목의 계획을 말한다.
  가. 용도지역 · 용도지구의 지정 또는 변경에 관한 계획
  나. 개발제한구역, 도시자연공원구역, 시가화조정구역(市街化調整區域), 수산자원보호구역의 지정 또는 변경에 관한 계획
  다. 기반시설의 설치 · 정비 또는 개량에 관한 계획
  라. 도시개발사업이나 정비사업에 관한 계획
  마. 지구단위계획구역의 지정 또는 변경에 관한 계획과 지구단위계획

08 국토의 계획 및 이용에 관한 법률에 따른 국토의 용도지역 구분에 해당하지 않는 것은? 13①산

① 자연환경보전지역
② 준도시지역
③ 농림지역
④ 관리지역

● **해설**

국토의 계획 및 이용에 관한 법률 제2조(정의)

15. "용도지역"이란 토지의 이용 및 건축물의 용도, 건폐율(「건축법」 제55조의 건폐율을 말한다. 이하 같다), 용적률(「건축법」 제56조의 용적률을 말한다. 이하 같다), 높이 등을 제한함으로써 토지를 경제적 · 효율적으로 이용하고 공공복리의 증진을 도모하기 위하여 서로 중복되지 아니하게 도시 · 군관리계획으로 결정하는 지역을 말한다.

제6조(국토의 용도 구분)

국토는 토지의 이용실태 및 특성, 장래의 토지 이용 방향 등을 고려하여 다음과 같은 용도지역으로 구분한다.

1. 도시지역 : 인구와 산업이 밀집되어 있거나 밀집이 예상되어 그 지역에 대하여 체계적인 개발 · 정비 · 관리 · 보전 등이 필요한 지역
2. 관리지역 : 도시지역의 인구와 산업을 수용하기 위하여 도시지역에 준하여 체계적으로 관리하거나 농림업의 진흥, 자연환경 또는 산림의 보전을 위하여 농림지역 또는 자연환경보전지역에 준하여 관리할 필요가 있는 지역
3. 농림지역 : 도시지역에 속하지 아니하는 「농지법」에 따른 농업진흥지역 또는 「산지관리법」에 따른 보전산지 등으로서 농림업을 진흥시키고 산림을 보전하기 위하여 필요한 지역
4. 자연환경보전지역 : 자연환경 · 수자원 · 해안 · 생태계 · 상수원 및 문화재의 보전과 수산자원의 보호 · 육성 등을 위하여 필요한 지역

09 국토의 계획 및 이용에 관한 법령에 따라, 지적이 표시된 지형도에 도시 · 군관리계획사항을 명시한 도면을 작성하는 축척 기준으로 옳은 것은?(단, 녹지지역의 경우는 고려하지 않는다.) 13①산

① 1/500 내지 1/1,500
② 1/1,000 내지 1/5,000
③ 1/5,000 내지 1/10,000
④ 1/25,000 내지 1/50,000

● **해설**

국토의 계획 및 이용에 관한 법률 시행령 제27조(지형도면의 작성 · 고시방법)

① 법 제32조 제1항 본문의 규정에 의하여 지적이 표시된 지형도에 도시 · 군관리계획사항을 명시한 도면을 작성할 때에는 축척 500분의 1 내지 1,500분의 1(녹지지역 안의 임야, 관리지역, 농림지역 및 자연환경보전지역은 축척 3,000분의 1 내지 6,000분의 1로 할 수 있다)로 작성하여야 한다. 다만, 고시하고자 하는 토지의 경계가 행정구역의 경계와 일치하는 경우와 도시 · 군계획사업 · 산업단지조성사업 또는 택지개발사업이 완료된 구역인 경우에는 지적도 사본에 도시 · 군관리계획사항을 명시한 도면으로 이에 갈음할 수 있다.

10 도시 · 군관리계획으로 결정하는 주거지역의 분류 및 설명이 옳은 것은? 13②산

① 전용주거지역 : 양호한 주거환경을 보호하기 위하여 필요한 지역
② 일반주거지역 : 주거기능을 위주로 일부 상업기능 및 업무기능을 보완하기 위하여 필요한 지역
③ 준주거지역 : 편리한 주거환경을 조성하기 위하여 필요한 지역
④ 일반준주거지역 : 근린지역에서의 일용품 및 서비스의 공급을 위하여 필요한 지역

● 해설 ●

국토의 계획 및 이용에 관한 법률 시행규칙 제30조(용도지역의 세분)

국토교통부장관, 시 · 도지사 또는 대도시 시장은 법 제36조 제2항에 따라 도시 · 군관리계획결정으로 주거지역 · 상업지역 · 공업지역 및 녹지지역을 다음 각 호와 같이 세분하여 지정할 수 있다. 〈개정 2008. 2. 29, 2009. 8. 5, 2012. 4. 10〉

1. 주거지역
   가. 전용주거지역 : 양호한 주거환경을 보호하기 위하여 필요한 지역
      (1) 제1종 전용주거지역 : 단독주택 중심의 양호한 주거환경을 보호하기 위하여 필요한 지역
      (2) 제2종 전용주거지역 : 공동주택 중심의 양호한 주거환경을 보호하기 위하여 필요한 지역
   나. 일반주거지역 : 편리한 주거환경을 조성하기 위하여 필요한 지역
      (1) 제1종 일반주거지역 : 저층주택을 중심으로 편리한 주거환경을 조성하기 위하여 필요한 지역
      (2) 제2종 일반주거지역 : 중층주택을 중심으로 편리한 주거환경을 조성하기 위하여 필요한 지역
      (3) 제3종 일반주거지역 : 중고층주택을 중심으로 편리한 주거환경을 조성하기 위하여 필요한 지역
   다. 준주거지역 : 주거기능을 위주로 이를 지원하는 일부 상업기능 및 업무기능을 보완하기 위하여 필요한 지역
2. 상업지역
   가. 중심상업지역 : 도심 · 부도심의 상업기능 및 업무기능의 확충을 위하여 필요한 지역
   나. 일반상업지역 : 일반적인 상업기능 및 업무기능을 담당하게 하기 위하여 필요한 지역
   다. 근린상업지역 : 근린지역에서의 일용품 및 서비스의 공급을 위하여 필요한 지역
   라. 유통상업지역 : 도시 내 및 지역 간 유통기능의 증진을

위하여 필요한 지역
3. 공업지역
   가. 전용공업지역 : 주로 중화학공업, 공해성 공업 등을 수용하기 위하여 필요한 지역
   나. 일반공업지역 : 환경을 저해하지 아니하는 공업의 배치를 위하여 필요한 지역
   다. 준공업지역 : 경공업 그 밖의 공업을 수용하되, 주거기능 · 상업기능 및 업무기능의 보완이 필요한 지역
4. 녹지지역
   가. 보전녹지지역 : 도시의 자연환경 · 경관 · 산림 및 녹지공간을 보전할 필요가 있는 지역
   나. 생산녹지지역 : 주로 농업적 생산을 위하여 개발을 유보할 필요가 있는 지역
   다. 자연녹지지역 : 도시의 녹지공간의 확보, 도시확산의 방지, 장래 도시용지의 공급 등을 위하여 보전할 필요가 있는 지역으로서 불가피한 경우에 한하여 제한적인 개발이 허용되는 지역

11 주거기능 보호나 청소년 보호 등의 목적으로 청소년 유해시설 등 특정 시설의 입지를 제한할 필요가 있는 경우 지정하는 용도지구는? 13②산

① 개발진흥지구
② 특정용도제한지구
③ 시설보호지구
④ 보존지구

● 해설 ●

국토의 계획 및 이용에 관한 법률 제37조(용도지구의 지정)

① 국토교통부장관, 시 · 도지사 또는 대도시 시장은 다음 각 호의 어느 하나에 해당하는 용도지구의 지정 또는 변경을 도시 · 군관리계획으로 결정한다. 〈개정 2011. 4. 14〉
   1. 경관지구 : 경관을 보호 · 형성하기 위하여 필요한 지구
   2. 미관지구 : 미관을 유지하기 위하여 필요한 지구
   3. 고도지구 : 쾌적한 환경 조성 및 토지의 효율적 이용을 위하여 건축물 높이의 최저한도 또는 최고한도를 규제할 필요가 있는 지구
   4. 방화지구 : 화재의 위험을 예방하기 위하여 필요한 지구
   5. 방재지구 : 풍수해, 산사태, 지반의 붕괴, 그 밖의 재해를 예방하기 위하여 필요한 지구
   6. 보존지구 : 문화재, 중요 시설물 및 문화적 · 생태적으로 보존가치가 큰 지역의 보호와 보존을 위하여 필요한 지구
   7. 시설보호지구 : 학교시설 · 공용시설 · 항만 또는 공항의 보호, 업무기능의 효율화, 항공기의 안전운항 등을 위하여 필요한 지구

8. 취락지구 : 녹지지역 · 관리지역 · 농림지역 · 자연환경보전지역 · 개발제한구역 또는 도시자연공원구역의 취락을 정비하기 위한 지구

9. 개발진흥지구 : 주거기능 · 상업기능 · 공업기능 · 유통물류기능 · 관광기능 · 휴양기능 등을 집중적으로 개발 · 정비할 필요가 있는 지구

10. 특정용도제한지구 : 주거기능 보호나 청소년 보호 등의 목적으로 청소년 유해시설 등 특정시설의 입지를 제한할 필요가 있는 지구

11. 그 밖에 대통령령으로 정하는 지구

12 도시 · 군관리계획에 관한 지형도면의 고시에 관한 설명이 틀린 것은? 13③산

① 지적이 표시된 지형도에 도시 · 군관리계획사항을 명시한 도면을 작성할 때에는 축척 500분의 1 내지 1,500분의 1로 작성하여야 한다.

② 시장(대도시 시장 제외)이나 군수가 지형도면을 작성하면 도지사의 승인을 받아야 한다.

③ 국토교통부장관은 도시 · 군관리계획을 직접 입안한 경우 관계 특별시장 · 광역시장 · 특별자치시장 · 특별자치도지사 · 시장 또는 군수의 의견을 들어 직접 지형도면을 작성할 수 있다.

④ 대통령령으로 정하는 축척 이상의 지형도를 사용하여 도시 · 군관리계획결정을 고시한 경우 지형도면을 따로 작성하여야 한다.

◀ 해설

국토의 계획 및 이용에 관한 법률 제32조(도시 · 군관리계획에 관한 지형도면의 고시 등)

① 특별시장 · 광역시장 · 특별자치시장 · 특별자치도지사 · 시장 또는 군수는 제30조에 따른 도시 · 군관리계획 결정(이하 "도시 · 군관리계획결정"이라 한다)이 고시되면 대통령령으로 정하는 바에 따라 지적(地籍)이 표시된 지형도에 도시 · 군관리계획사항을 자세히 밝힌 도면을 작성하여야 한다. 다만, 도시지역 외의 지역으로서 해당 토지에 도시 · 군계획시설이 결정되지 아니한 경우 등 대통령령으로 정하는 경우에는 지적이 표시되지 아니한 지형도에 도시 · 군관리계획사항을 자세히 밝힌 도면을 작성할 수 있다. 〈개정 2011.4.14〉

② 시장(대도시 시장은 제외한다)이나 군수는 제1항에 따른 지형도에 도시 · 군관리계획사항을 자세히 밝힌 도면(이하 "지형도면"이라 한다)을 작성하면 도지사의 승인을 받

아야 한다. 이 경우 지형도면의 승인 신청을 받은 도지사는 그 지형도면과 결정 · 고시된 도시 · 군관리계획을 대조하여 착오가 없다고 인정되면 대통령령으로 정하는 기간에 그 지형도면을 승인하여야 한다. 〈개정 2011. 4. 14〉

③ 국토교통부장관(제40조에 따른 수산자원보호구역의 경우 농림수산식품부장관을 말한다. 이하 이 조에서 같다)이나 도지사는 도시 · 군관리계획을 직접 입안한 경우에는 제1항과 제2항에도 불구하고 관계 특별시장 · 광역시장 · 특별자치시장 · 특별자치도지사 · 시장 또는 군수의 의견을 들어 직접 지형도면을 작성할 수 있다. 〈개정 2011.4.14〉

④ 국토교통부장관, 시 · 도지사 또는 대도시 시장은 직접 지형도면을 작성하거나 지형도면을 승인한 경우에는 대통령령으로 정하는 바에 따라 그 사실을 고시하고, 국토교통부장관이나 도지사는 관계 서류를 관계 특별시장 · 광역시장 · 특별자치시장 · 특별자치도지사 · 시장 또는 군수에게 송부하여 일반이 열람할 수 있도록 하여야 하며, 특별시장 · 광역시장 · 특별자치시장 · 특별자치도지사 또는 대도시 시장은 관계 서류를 일반이 열람할 수 있도록 하여야 한다. 〈개정 2011.4.14〉

⑤ 대통령령으로 정하는 축척 이상의 지형도를 사용하여 도시 · 군관리계획결정을 고시한 경우에는 지형도면을 따로 작성하지 아니하고 그 도시 · 군관리계획결정의 고시로써 제4항에 따른 고시를 갈음할 수 있다. 이 경우 도시 · 군관리계획결정의 고시 내용에는 지형도면을 따로 작성하여 고시하지 아니한다는 것을 분명하게 기록하여야 한다.

13 국토의 계획 및 이용에 관한 법률에 따른 국토의 용도 구분 4가지에 해당하지 않는 것은? 14①산

① 보존지역 ② 관리지역
③ 도시지역 ④ 농림지역

◀ 해설

문제 01번 해설 참고

14 국토의 계획 및 이용에 관한 법률에 따른 용도구역에 해당하지 않는 것은? 14①산

① 개발제한구역 ② 도시자연공원구역
③ 개발유도관리구역 ④ 시가화조정구역

◀ 해설

국토의 계획 및 이용에 관한 법률 제38조(개발제한구역의 지정), 제38조의2(도시자연공원구역의 지정), 제39조(시가화조정구역의 지정), 제40조(수산자원보호구역의 지정) 참조

15 다음 중 도시·군관리계획의 입안권자가 아닌 자는? 14①산

① 특별시장 ② 광역시장
③ 군수 ④ 구청장

● 해설

국토의 계획 및 이용에 관한 법률 제25조(도시·군관리계획의 입안)
① 도시·군관리계획은 광역도시계획과 도시·군기본계획에 부합되어야 한다. 〈개정 2011.4.14〉
② 국토교통부장관(제40조에 따른 수산자원보호구역의 경우 해양수산부장관을 말한다. 이하 이 조에서 같다), 시·도지사, 시장 또는 군수는 도시·군관리계획을 입안할 때에는 대통령령으로 정하는 바에 따라 도시·군관리계획도서(계획도와 계획조서를 말한다. 이하 같다)와 이를 보조하는 계획설명서(기초조사결과·재원조달방안 및 경관계획 등을 포함한다. 이하 같다)를 작성하여야 한다.

16 광역도시계획에 관한 설명으로 틀린 것은? 14②산

① 인접한 둘 이상의 특별시·광역시·특별자치시·특별자치도·시 또는 군의 관할 구역 전부 또는 일부를 광역계획권으로 지정할 수 있다.
② 광역계획권의 지정은 국토교통부장관만이 할 수 있다.
③ 국토교통부장관은 시·도지사가 요청하는 경우 관할 시·도지사와 공동으로 광역도시계획을 수립할 수 있다.
④ 광역도시계획에는 경관계획에 관한 사항이 포함되어야 한다.

● 해설

국토의 계획 및 이용에 관한 법률 시행령 제7조(광역계획권의 지정)
① 법 제10조 제1항의 규정에 의한 광역계획권은 인접한 2 이상의 특별시·광역시·특별자치시·특별자치도·시 또는 군의 관할구역 단위로 지정한다.
② 국토교통부장관 또는 도지사는 제1항에도 불구하고 인접한 둘 이상의 특별시·광역시·특별자치시·특별자치도·시 또는 군의 관할구역의 일부를 광역계획권에 포함시키고자 하는 때에는 구·군(광역시의 관할구역안에 있는 군을 말한다)·읍 또는 면의 관할구역 단위로 하여야 한다.

국토의 계획 및 이용에 관한 법률 제10조(광역계획권의 지정)
① 국토교통부장관 또는 도지사는 둘 이상의 특별시·광역시·특별자치시·특별자치도·시 또는 군의 공간구조 및

기능을 상호 연계시키고 환경을 보전하며 광역시설을 체계적으로 정비하기 위하여 필요한 경우에는 다음 각 호의 구분에 따라 인접한 둘 이상의 특별시·광역시·특별자치시·특별자치도·시 또는 군의 관할 구역 전부 또는 일부를 대통령령으로 정하는 바에 따라 광역계획권으로 지정할 수 있다. 〈개정 2011.4.14, 2013.3.23〉
  1. 광역계획권이 둘 이상의 특별시·광역시·특별자치시·도 또는 특별자치도(이하 "시·도"라 한다)의 관할 구역에 걸쳐 있는 경우: 국토교통부장관이 지정
  2. 광역계획권이 도의 관할 구역에 속하여 있는 경우: 도지사가 지정

제11조(광역도시계획의 수립권자)
① 국토교통부장관, 시·도지사, 시장 또는 군수는 다음 각 호의 구분에 따라 광역도시계획을 수립하여야 한다. 〈개정 2013.3.23〉
  1. 광역계획권이 같은 도의 관할 구역에 속하여 있는 경우: 관할 시장 또는 군수가 공동으로 수립
  2. 광역계획권이 둘 이상의 시·도의 관할 구역에 걸쳐 있는 경우: 관할 시·도지사가 공동으로 수립
  3. 광역계획권을 지정한 날부터 3년이 지날 때까지 관할 시장 또는 군수로부터 제16조 제1항에 따른 광역도시계획의 승인 신청이 없는 경우: 관할 도지사가 수립
  4. 국가계획과 관련된 광역도시계획의 수립이 필요한 경우나 광역계획권을 지정한 날부터 3년이 지날 때까지 관할 시·도지사로부터 제16조 제1항에 따른 광역도시계획의 승인 신청이 없는 경우: 국토교통부장관이 수립
② 국토교통부장관은 시·도지사가 요청하는 경우와 그 밖에 필요하다고 인정되는 경우에는 제1항에도 불구하고 관할 시·도지사와 공동으로 광역도시계획을 수립할 수 있다. 〈개정 2013.3.23〉
③ 도지사는 시장 또는 군수가 요청하는 경우와 그 밖에 필요하다고 인정하는 경우에는 제1항에도 불구하고 관할 시장 또는 군수와 공동으로 광역도시계획을 수립할 수 있으며, 시장 또는 군수가 협의를 거쳐 요청하는 경우에는 단독으로 광역도시계획을 수립할 수 있다.

제12조(광역도시계획의 내용)
① 광역도시계획에는 다음 각 호의 사항 중 그 광역계획권의 지정목적을 이루는 데 필요한 사항에 대한 정책 방향이 포함되어야 한다. 〈개정 2011.4.14〉
  1. 광역계획권의 공간 구조와 기능 분담에 관한 사항
  2. 광역계획권의 녹지관리체계와 환경 보전에 관한 사항
  3. 광역시설의 배치·규모·설치에 관한 사항
  4. 경관계획에 관한 사항
  5. 그 밖에 광역계획권에 속하는 특별시·광역시·특별자치시·특별자치도·시 또는 군 상호 간의 기능 연계에 관한 사항으로서 대통령령으로 정하는 사항
② 광역도시계획의 수립기준 등은 대통령령으로 정하는 바에 따라 국토교통부장관이 정한다.

정답 15 ④ 16 ②

17 국토의 계획 및 이용에 관한 법률상 용도지역의 지정목적으로 옳은 것은? 14②산

① 산업과 인구의 과대한 도시 집중을 방지하여 기반 시설의 설치에 필요한 용지 확보
② 도시기능을 증진시키고 미관·경관·안전 등을 도모
③ 시가지의 무질서한 확산 방지로 계획적·단계적인 토지 이용의 도모
④ 토지의 이용 및 건축물의 용도, 건폐율, 용적률, 높이 등을 제한함으로써 토지의 경제적·효율적 이용 도모

●해설

문제 10번 해설 참고

18 용도지역 안에서 건폐율의 최대한도를 20% 이하로 규정하고 있는 지역에 해당되지 않는 것은? 14③산

① 녹지지역
② 보전관리지역
③ 계획관리지역
④ 자연환경보전지역

●해설

용도지역에서 건폐율의 최대한도는 관할 구역의 면적과 인구 규모, 용도지역의 특성 등을 고려하여 다음 각 호의 범위에서 대통령령으로 정하는 기준에 따라 특별시·광역시·특별자치시·특별자치도·시 또는 군의 조례로 정한다.

용도지역		건폐율	용적률
도시 지역	주거지역	70% 이하	500% 이하
	상업지역	90% 이하	1,500% 이하
	공업지역	70% 이하	400% 이하
	녹지지역	20% 이하	100% 이하
관리 지역	보전관리지역	20% 이하	80% 이하
	생산관리지역	20% 이하	80% 이하
	계획관리지역	40% 이하	100% 이하
농림지역		20% 이하	80% 이하
자연환경보전지역		20% 이하	80% 이하

19 다음 중 국토의 계획 및 이용에 관한 법률상 원칙적으로 공동구를 관리하여야 하는 자는? 14③산

① 국토교통부장관
② 안전행정부장관
③ 특별시장
④ 구청장

●해설

국토의 계획 및 이용에 관한 법률 제44조의2(공동구의 관리·운영 등)

① 공동구는 특별시장·광역시장·특별자치시장·특별자치도지사·시장 또는 군수(이하 이 조 및 제44조의3에서 "공동구관리자"라 한다)가 관리한다. 다만, 공동구의 효율적인 관리·운영을 위하여 필요하다고 인정하는 경우에는 대통령령으로 정하는 기관에 그 관리·운영을 위탁할 수 있다.〈개정 2011.4.14〉
1. "공동구"란 전기·가스·수도 등의 공급설비, 통신시설, 하수도시설 등 지하매설물을 공동 수용함으로써 미관의 개선, 도로구조의 보전 및 교통의 원활한 소통을 위하여 지하에 설치하는 시설물을 말한다.

20 다음 지역지구 중 경관지구의 세분화로서 틀린 것은? 15①산

① 자연경관지구
② 수변경관지구
③ 문화경관지구
④ 시가지경관지구

●해설

경관지구
경관을 보호·형성하기 위하여 필요한 지구
• 자연경관지구 : 산지·구릉지 등 자연경관의 보호 또는 도시의 자연풍치를 유지하기 위하여 필요한 지구
• 수변경관지구 : 지역 내 주요 수계의 수변 자연경관을 보호·유지하기 위하여 필요한 지구
• 시가지경관지구 : 주거지역의 양호한 환경조성과 시가지의 도시경관을 보호하기 위하여 필요한 지구

21 국토의 계획 및 이용에 관한 법률에서 허가를 받지 않고 공동구를 점용하거나 사용했을 때 과태료를 부과할 수 있는 자는? 15①산

① 국토교통부장관
② 행정자치부장관
③ 산업통상자원부장관
④ 특별시장

해설

국토의 계획 및 이용에 관한 법률 제144조(과태료)

① 다음 각 호의 어느 하나에 해당하는 자에게는 1천만 원 이하의 과태료를 부과한다. 〈개정 2009.12.29〉

  1. 제44조의3 제2항에 따른 허가를 받지 아니하고 공동구를 점용하거나 사용한 자

  2. 정당한 사유 없이 제130조 제1항에 따른 행위를 방해하거나 거부한 자

  3. 제130조 제2항부터 제4항까지의 규정에 따른 허가 또는 동의를 받지 아니하고 같은 조 제1항에 따른 행위를 한 자

  4. 제137조 제1항에 따른 검사를 거부·방해하거나 기피한 자

② 다음 각 호의 어느 하나에 해당하는 자에게는 500만 원 이하의 과태료를 부과한다.

  1. 제56조 제4항 단서에 따른 신고를 하지 아니한 자

  2. 제137조 제1항에 따른 보고 또는 자료 제출을 하지 아니하거나, 거짓된 보고 또는 자료 제출을 한 자

③ 제1항과 제2항에 따른 과태료는 대통령령으로 정하는 바에 따라 다음 각 호의 자가 각각 부과·징수한다. 〈개정 2011.4.14〉

  1. 제1항 제2호·제4호 및 제2항 제2호의 경우 : 국토교통부장관(제40조에 따른 수산자원보호구역의 경우 농림수산식품부장관을 말한다), 시·도지사, 시장 또는 군수

  2. 제1항 제1호·제3호 및 제2항 제1호의 경우 : 특별시장·광역시장·특별자치시장·특별자치도지사·시장 또는 군수

---

22 국토의 계획 및 이용에 관한 법률에서 도시·군관리 계획에 해당하지 않는 것은?   15②산

① 기반시설의 설치·정비 또는 개량에 관한 계획

② 기본적인 공간구조와 장기발전방향에 대한 계획

③ 도시개발사업이나 정비사업에 관한 계획

④ 용도지역·용도지구의 지정 또는 변경에 관한 계획

해설

국토의 계획 및 이용에 관한 법률 제2조(정의)

이 법에서 사용하는 용어의 뜻은 다음과 같다. 〈개정 2011.4.14, 2012.12.18〉

1. "광역도시계획"이란 제10조에 따라 지정된 광역계획권의 장기발전방향을 제시하는 계획을 말한다.

2. "도시·군계획"이란 특별시·광역시·특별자치시·특별자치도·시 또는 군(광역시의 관할 구역에 있는 군은 제외한다. 이하 같다)의 관할 구역에 대하여 수립하는 공간구조와 발전방향에 대한 계획으로서 도시·군기본계획과 도시·군관리계획으로 구분한다.

3. "도시·군기본계획"이란 특별시·광역시·특별자치시·특별자치도·시 또는 군의 관할 구역에 대하여 기본적인 공간구조와 장기발전방향을 제시하는 종합계획으로서 도시·군관리계획 수립의 지침이 되는 계획을 말한다.

4. "도시·군관리계획"이란 특별시·광역시·특별자치시·특별자치도·시 또는 군의 개발·정비 및 보전을 위하여 수립하는 토지 이용, 교통, 환경, 경관, 안전, 산업, 정보통신, 보건, 복지, 안보, 문화 등에 관한 다음 각 목의 계획을 말한다.

  가. 용도지역·용도지구의 지정 또는 변경에 관한 계획

  나. 개발제한구역, 도시자연공원구역, 시가화조정구역(市街化調整區域), 수산자원보호구역의 지정 또는 변경에 관한 계획

  다. 기반시설의 설치·정비 또는 개량에 관한 계획

  라. 도시개발사업이나 정비사업에 관한 계획

  마. 지구단위계획구역의 지정 또는 변경에 관한 계획과 지구단위계획

---

23 국토의 계획 및 이용에 관한 법률상 토지거래계약에 관한 허가구역의 지정대상이 되는 곳은?   15②산

① 토지의 거래가 성행하는 구역

② 지가가 급격히 상승할 우려가 있는 구역

③ 용도지역의 예정구역

④ 특수한 자연경관을 보호해야 할 구역

해설

국토의 계획 및 이용에 관한 법률 제117조(허가구역의 지정)

① 국토교통부장관은 국토의 이용 및 관리에 관한 계획의 원활한 수립과 집행, 합리적인 토지 이용 등을 위하여 토지의 투기적인 거래가 성행하거나 지가(地價)가 급격히 상승하는 지역과 그러한 우려가 있는 지역으로서 대통령령으로 정하는 지역에 대하여는 5년 이내의 기간을 정하여 제118조 제1항에 따른 토지거래계약에 관한 허가구역(이하 "허가구역"이라 한다)으로 지정할 수 있다.

② 국토교통부장관은 제1항에 따라 허가구역으로 지정하려면 중앙도시계획위원회의 심의를 거쳐야 한다. 다만, 지정 기간이 끝나는 허가구역을 계속하여 다시 허가구역으로

지정하려면 중앙도시계획위원회의 심의 전에 미리 시·도지사 및 시장·군수 또는 구청장의 의견을 들어야 한다.
③ 국토교통부장관은 제1항에 따라 허가구역으로 지정한 때에는 지체 없이 대통령령으로 정하는 사항을 공고하고, 그 공고 내용을 시·도지사에게 통지하여야 한다.

24 국토의 계획 및 이용에 관한 법령상 중층주택을 중심으로 편리한 주거환경을 조성하기 위하여 필요할 때 지정하는 용도지역은? 15②산

① 제1종 전용주거지역
② 제2종 전용주거지역
③ 제1종 일반주거지역
④ 제2종 일반주거지역

● 해설

문제 16번 해설 참고

25 국토의 계획 및 이용에 관한 법률상 광역계획권을 지정한 날부터 3년이 지날 때까지 관할 시장 또는 군수로부터 광역도시계획의 승인 신청이 없는 경우 광역도시계획의 수립권자는? 15②산

① 관할 도지사
② 국토교통부장관
③ 국무총리
④ 대통령

● 해설

국토의 계획 및 이용에 관한 법률 제11조(광역도시계획의 수립권자)
① 국토교통부장관, 시·도지사, 시장 또는 군수는 다음 각 호의 구분에 따라 광역도시계획을 수립하여야 한다.
  1. 광역계획권이 같은 도의 관할 구역에 속하여 있는 경우 : 관할 시장 또는 군수가 공동으로 수립
  2. 광역계획권이 둘 이상의 시·도의 관할 구역에 걸쳐 있는 경우 : 관할 시·도지사가 공동으로 수립
  3. 광역계획권을 지정한 날부터 3년이 지날 때까지 관할 시장 또는 군수로부터 제16조 제1항에 따른 광역도시계획의 승인 신청이 없는 경우 : 관할 도지사가 수립
  4. 국가계획과 관련된 광역도시계획의 수립이 필요한 경우나 광역계획권을 지정한 날부터 3년이 지날 때까지 관할 시·도지사로부터 제16조 제1항에 따른 광역도시계획의 승인 신청이 없는 경우 : 국토교통부장관이 수립

26 국토의 계획 및 이용에 관한 법령상 개발행위허가를 받아야 할 사항은? 15③산

① 사도법에 의한 사도개설 허가를 받아 분할하는 경우
② 토지의 일부가 도시·군계획시설로 지적고시된 경우
③ 토지의 일부를 공공용지 또는 공용지로 하고자 하는 경우
④ 토지의 형질변경을 목적으로 하지 않는 흙·모래·자갈·바위 등의 토석을 채취하는 행위

● 해설

국토의 계획 및 이용에 관한 법률 제56조(개발행위의 허가)
① 다음 각 호의 어느 하나에 해당하는 행위로서 대통령령으로 정하는 행위(이하 "개발행위"라 한다)를 하려는 자는 특별시장·광역시장·특별자치시장·특별자치도지사·시장 또는 군수의 허가(이하 "개발행위허가"라 한다)를 받아야 한다. 다만, 도시·군계획사업에 의한 행위는 그러하지 아니하다.
  1. 건축물의 건축 또는 공작물의 설치
  2. 토지의 형질 변경(경작을 위한 경우로서 대통령령으로 정하는 토지의 형질 변경은 제외한다)
  3. 토석의 채취
  4. 토지 분할(건축물이 있는 대지의 분할은 제외한다)
  5. 녹지지역·관리지역 또는 자연환경보전지역에 물건을 1개월 이상 쌓아 놓는 행위
② 개발행위허가를 받은 사항을 변경하는 경우에는 제1항을 준용한다. 다만, 대통령령으로 정하는 경미한 사항을 변경하는 경우에는 그러하지 아니하다.
③ 제1항에도 불구하고 제1항 제2호 및 제3호의 개발행위 중 도시지역과 계획관리지역의 산림에서의 임도(林道) 설치와 사방사업에 관하여는 「산림자원의 조성 및 관리에 관한 법률」과 「사방사업법」에 따르고, 보전관리지역·생산관리지역·농림지역 및 자연환경보전지역의 산림에서의 제1항 제2호(농업·임업·어업을 목적으로 하는 토지의 형질 변경만 해당한다) 및 제3호의 개발행위에 관하여는 「산지관리법」에 따른다. 〈개정 2011.4.14.〉
④ 다음 각 호의 어느 하나에 해당하는 행위는 제1항에도 불구하고 개발행위허가를 받지 아니하고 할 수 있다. 다만, 제1호의 응급조치를 한 경우에는 1개월 이내에 특별시장·광역시장·특별자치시장·특별자치도지사·시장 또는 군수에게 신고하여야 한다. 〈개정 2011.4.14.〉
  1. 재해복구나 재난수습을 위한 응급조치
  2. 「건축법」에 따라 신고하고 설치할 수 있는 건축물의 개축·증축 또는 재축과 이에 필요한 범위에서의 토지의 형질 변경(도시·군계획시설사업이 시행되지 아니하고 있는 도시·군계획시설의 부지인 경우만 가능하다)
  3. 그 밖에 대통령령으로 정하는 경미한 행위

정답 24 ④ 25 ① 26 ④

27 국토의 계획 및 이용에 관한 법령에 따른 용도 지역의 구분 및 세분을 지정한 것으로 옳지 않은 것은? 15③산

① 도시지역 : 주거지역, 상업지역, 공업지역, 녹지지역
② 공업지역 : 전용공업지역, 일반공업지역, 준공업지역
③ 관리지역 : 보전관리지역, 생산관리지역, 자연환경 보전지역
④ 녹지지역 : 보전녹지지역, 생산녹지지역, 자연녹지지역

해설

국토의 계획 및 이용에 관한 법률 제36조(용도지역의 지정)

1. 용도지역의 종류
   다음 각 목의 어느 하나로 구분하여 지정한다.

도시지역	주거지역	거주의 안녕과 건전한 생활환경의 보호를 위하여 필요한 지역
	상업지역	상업이나 그 밖의 업무의 편익을 증진하기 위하여 필요한 지역
	공업지역	공업의 편익을 증진하기 위하여 필요한 지역
	녹지지역	자연환경·농지 및 산림의 보호, 보건위생, 보안과 도시의 무질서한 확산을 방지하기 위하여 녹지의 보전이 필요한 지역
관리지역	보전관리지역	자연환경 보호, 산림 보호, 수질오염 방지, 녹지공간 확보 및 생태계 보전 등을 위하여 보전이 필요하나, 주변 용도지역과의 관계 등을 고려할 때 자연환경보전지역으로 지정하여 관리하기가 곤란한 지역
	생산관리지역	농업·임업·어업 생산 등을 위하여 관리가 필요하나, 주변 용도지역과의 관계 등을 고려할 때 농림지역으로 지정하여 관리하기가 곤란한 지역
	계획관리지역	도시지역으로의 편입이 예상되는 지역이나 자연환경을 고려하여 제한적인 이용·개발을 하려는 지역으로서 계획적·체계적인 관리가 필요한 지역
농림지역		도시지역에 속하지 아니하는 농업진흥지역 또는 보전산지 등으로서 농림업의 진흥과 산림의 보전을 위한 지역
자연환경 보전지역		자연환경, 수자원, 해안, 생태계, 상수원 및 문화재의 보전과 수산자원의 보호·육성 등을 위하여 필요한 지역

2. 용도지역의 세분
   국토교통부장관, 시·도지사 또는 대도시 시장은 법에 따라 도시·군관리계획결정으로 주거지역·상업지역·공업지역 및 녹지지역을 다음 각 호와 같이 세분하여 지정할 수 있다.

주거지역	전용주거지역	제1종 전용주거지역	단독주택 중심의 양호한 주거환경을 보호하기 위하여 필요한 지역
		제2종 전용주거지역	공동주택 중심의 양호한 주거환경을 보호하기 위하여 필요한 지역
	일반주거지역	제1종 일반주거지역	저층주택을 중심으로 편리한 주거환경을 조성하기 위하여 필요한 지역
		제2종 일반주거지역	중층주택을 중심으로 편리한 주거환경을 조성하기 위하여 필요한 지역
		제3종 일반주거지역	중고층주택을 중심으로 편리한 주거환경을 조성하기 위하여 필요한 지역
	준주거지역		주거기능을 위주로 이를 지원하는 일부 상업기능 및 업무기능을 보완하기 위하여 필요한 지역
상업지역	중심상업지역		도심·부도심의 상업기능 및 업무기능의 확충을 위하여 필요한 지역
	일반상업지역		일반적인 상업기능 및 업무기능을 담당하게 하기 위하여 필요한 지역
	근린상업지역		근린지역에서의 일용품 및 서비스의 공급을 위하여 필요한 지역
	유통상업지역		도시 내 및 지역 간 유통기능의 증진을 위하여 필요한 지역
공업지역	전용공업지역		주로 중화학공업, 공해성 공업 등을 수용하기 위하여 필요한 지역
	일반공업지역		환경을 저해하지 아니하는 공업의 배치를 위하여 필요한 지역
	준공업지역		경공업 그 밖의 공업을 수용하되, 주거기능·상업기능 및 업무기능의 보완이 필요한 지역
녹지지역	보전녹지지역		도시의 자연환경·경관·산림 및 녹지공간을 보전할 필요가 있는 지역
	생산녹지지역		주로 농업적 생산을 위하여 개발을 유보할 필요가 있는 지역
	자연녹지지역		도시의 녹지공간의 확보, 도시확산의 방지, 장래 도시용지의 공급 등을 위하여 보전할 필요가 있는 지역으로서 불가피한 경우에 한하여 제한적인 개발이 허용되는 지역

28 다음 중 국토의 계획 및 이용에 관한 법률에 따른 용도지역에 대한 설명으로 옳지 않은 것은? 16①기

① 도시지역은 인구와 산업이 밀집되어 있거나 밀집이 예상되어 그 지역에 대하여 체계적인 개발·정비·관리·보전 등이 필요한 지역을 말한다.
② 관리지역은 도시지역의 인구와 산업을 수용하기 위하여 도시지역에 준하여 체계적으로 관리하거나 농

림업의 진흥, 자연환경 또는 산림의 보전을 위하여 농림지역 또는 자연환경보전지역에 준하여 관리할 필요가 있는 지역을 말한다.

③ 농림지역은 도시지역에 속하지 아니하는 「농지법」에 따른 농업진흥지역 또는 「산지관리법」에 따른 보전산지 등으로서 농림업을 진흥시키고 산림을 보전하기 위하여 필요한 지역을 말한다.

④ 자연녹지보전지역은 자연환경·수자원·해안·생태계·상수원 및 문화재의 보전과 수산자원의 보호·육성 등을 위하여 필요한 지역을 말한다.

⊙해설

국토의 계획 및 이용에 관한 법률 제6조(국토의 용도 구분)
국토는 토지의 이용실태 및 특성, 장래의 토지 이용 방향, 지역 간 균형발전 등을 고려하여 다음과 같은 용도지역으로 구분한다.

1. 도시지역 : 인구와 산업이 밀집되어 있거나 밀집이 예상되어 그 지역에 대하여 체계적인 개발·정비·관리·보전 등이 필요한 지역
2. 관리지역 : 도시지역의 인구와 산업을 수용하기 위하여 도시지역에 준하여 체계적으로 관리하거나 농림업의 진흥, 자연환경 또는 산림의 보전을 위하여 농림지역 또는 자연환경보전지역에 준하여 관리할 필요가 있는 지역
3. 농림지역 : 도시지역에 속하지 아니하는 「농지법」에 따른 농업진흥지역 또는 「산지관리법」에 따른 보전산지 등으로서 농림업을 진흥시키고 산림을 보전하기 위하여 필요한 지역
4. 자연환경보전지역 : 자연환경·수자원·해안·생태계·상수원 및 문화재의 보전과 수산자원의 보호·육성 등을 위하여 필요한 지역

---

29 국토의 계획 및 이용에 관한 법률 시행령상 개발행위허가기준에 따른 분할제한면적 미만으로 토지를 분할하는 경우에 해당하지 않는 것은? 16①기

① 사설도로를 개설하기 위한 분할
② 녹지지역 안에서의 기존 묘지의 분할
③ 사도법에 의한 사도개설허가를 받아서 하는 분할
④ 사설도로로 사용되고 있는 토지 중 도로로서의 용도가 폐지되는 부분을 인접토지와 합병하기 위하여 하는 분할

⊙해설

국토의 계획 및 이용에 관한 법률 53조(허가를 받지 아니하여도 되는 경미한 행위)
법 제56조 제4항 제3호에서 "대통령령으로 정하는 경미한 행위"란 다음 각 호의 행위를 말한다. 다만, 다음 각 호에 규정된 범위에서 특별시·광역시·특별자치시·특별자치도·시 또는 군의 도시·군계획조례로 따로 정하는 경우에는 그에 따른다.

5. 토지분할
   가. 「사도법」에 의한 사도개설허가를 받은 토지의 분할
   나. 토지의 일부를 공공용지 또는 공용지로 하기 위한 토지의 분할
   다. 행정재산 중 용도폐지되는 부분의 분할 또는 일반재산을 매각·교환 또는 양여하기 위한 분할
   라. 토지의 일부가 도시·군계획시설로 지형도면고시가 된 당해 토지의 분할
   마. 너비 5미터 이하로 이미 분할된 토지의 「건축법」 제57조 제1항에 따른 분할제한면적 이상으로의 분할

---

30 국토의 계획 및 이용에 관한 법률상 토지거래계약의 허가를 받지 않아도 되는 토지의 면적 기준으로 옳지 않은 것은?(단, 국토교통부장관 또는 시·도지사가 허가구역을 지정할 당시 당해 지역에서의 거래실태 등에 비추어 타당하지 아니하다고 인정하여 당해 기준면적의 10퍼센트 이상 300퍼센트 이하의 범위에서 따로 정하여 공고한 경우는 고려하지 않는다.) 16②기

① 주거지역 : 180제곱미터 이하
② 상업지역 : 200제곱미터 이하
③ 녹지지역 : 300제곱미터 이하
④ 공업지역 : 660제곱미터 이하

⊙해설

국토의 계획 및 이용에 관한 법률 시행령 제118조(토지거래계약의 허가를 요하지 아니하는 토지의 면적 등)

① 법 제118조 제2항에 따라 토지거래계약의 허가를 요하지 아니하는 토지의 면적은 다음 각 호와 같다. 다만, 국토교통부장관 또는 시·도지사가 허가구역을 지정할 당시 당해 지역에서의 거래실태 등에 비추어 다음 각호의 면적으로 하는 것이 타당하지 아니하다고 인정하여 당해 기준면적의 10퍼센트 이상 300퍼센트 이하의 범위에서 따로 정

하여 공고한 경우에는 그에 의한다.

1. 주거지역 : 180제곱미터 이하
2. 상업지역 : 200제곱미터 이하
3. 공업지역 : 660제곱미터 이하
4. 녹지지역 : 100제곱미터 이하
5. 도시지역 안에서 제30조 각 호의 규정에 의한 용도지역의 지정이 없는 구역 : 90제곱미터 이하
6. 도시지역 외의 지역 : 250제곱미터 이하. 다만, 농지의 경우는 500제곱미터 이하로 하고, 임야의 경우는 1제곱미터 이하로 한다.

31 특별시·광역시·특별자치시·특별자치도·시 또는 군의 개발·정비 및 보전을 위하여 수립하는 도시·군관리계획에 포함되지 않는 것은? 16②기

① 도시개발사업이나 정비사업에 관한 계획
② 기반시설의 설치·정비 또는 개량에 관한 계획
③ 용도지역·용도지구의 지정 또는 변경에 관한 계획
④ 기본적인 공간구조와 장기발전방향을 제시하는 종합계획

●해설

국토의 계획 및 이용에 관한 법률 제2조(정의)

이 법에서 사용하는 용어의 뜻은 다음과 같다.

1. "광역도시계획"이란 제10조에 따라 지정된 광역계획권의 장기발전방향을 제시하는 계획을 말한다.
2. "도시·군계획"이란 특별시·광역시·특별자치시·특별자치도·시 또는 군(광역시의 관할 구역에 있는 군은 제외한다. 이하 같다)의 관할 구역에 대하여 수립하는 공간구조와 발전방향에 대한 계획으로서 도시·군기본계획과 도시·군관리계획으로 구분한다.
3. "도시·군기본계획"이란 특별시·광역시·특별자치시·특별자치도·시 또는 군의 관할구역에 대하여 기본적인 공간구조와 장기발전방향을 제시하는 종합계획으로서 도시·군관리계획 수립의 지침이 되는 계획을 말한다.
4. "도시·군관리계획"이란 특별시·광역시·특별자치시·특별자치도·시 또는 군의 개발·정비 및 보전을 위하여 수립하는 토지 이용, 교통, 환경, 경관, 안전, 산업, 정보통신, 보건, 복지, 안보, 문화 등에 관한 다음 각 목의 계획을 말한다.
   가. 용도지역·용도지구의 지정 또는 변경에 관한 계획
   나. 개발제한구역, 도시자연공원구역, 시가화조정구역(市街化調整區域), 수산자원보호구역의 지정 또는 변경에 관한 계획
   다. 기반시설의 설치·정비 또는 개량에 관한 계획
   라. 도시개발사업이나 정비사업에 관한 계획
   마. 지구단위계획구역의 지정 또는 변경에 관한 계획과 지구단위계획
   바. 입지규제최소구역의 지정 또는 변경에 관한 계획과 입지규제최소구역계획

32 국토의 계획 및 이용에 관한 법률에서 용도지구의 지정에 관한 설명으로 틀린 것은? 16②기

① 미관지구 : 미관을 유지하기 위하여 필요한 지구
② 경관지구 : 경관을 보호·형성하기 위하여 필요한 지구
③ 시설보호지구 : 문화재, 중요 시설물의 보호와 보존을 위하여 필요한 지구
④ 방재지구 : 풍수해, 산사태, 지반의 붕괴, 그 밖의 재해를 예방하기 위하여 필요한 지구

●해설

국토의 계획 및 이용에 관한 법률 제37조(용도지구의 지정)

① 국토교통부장관, 시·도지사 또는 대도시 시장은 다음 각 호의 어느 하나에 해당하는 용도지구의 지정 또는 변경을 도시·군관리계획으로 결정한다. 〈개정 2011.4.14., 2013.3.23.〉

1. 경관지구 : 경관을 보호·형성하기 위하여 필요한 지구
2. 미관지구 : 미관을 유지하기 위하여 필요한 지구
3. 고도지구 : 쾌적한 환경 조성 및 토지의 효율적 이용을 위하여 건축물 높이의 최저한도 또는 최고한도를 규제할 필요가 있는 지구
4. 방화지구 : 화재의 위험을 예방하기 위하여 필요한 지구
5. 방재지구 : 풍수해, 산사태, 지반의 붕괴, 그 밖의 재해를 예방하기 위하여 필요한 지구
6. 보존지구 : 문화재, 중요 시설물 및 문화적·생태적으로 보존가치가 큰 지역의 보호와 보존을 위하여 필요한 지구
7. 시설보호지구 : 학교시설·공용시설·항만 또는 공항의 보호, 업무기능의 효율화, 항공기의 안전운항 등을 위하여 필요한 지구
8. 취락지구 : 녹지지역·관리지역·농림지역·자연환경보전지역·개발제한구역 또는 도시자연공원구역의 취락을 정비하기 위한 지구
9. 개발진흥지구 : 주거기능·상업기능·공업기능·유통물류기능·관광기능·휴양기능 등을 집중적으로 개발·정비할 필요가 있는 지구
10. 특정용도제한지구 : 주거기능 보호나 청소년 보호 등의 목적으로 청소년 유해시설 등 특정시설의 입지를 제한할 필요가 있는 지구
11. 그 밖에 대통령령으로 정하는 지구

정답 31 ④ 32 ③

33 국토의 계획 및 이용에 관한 법률에 따른 국토의 용도 구분 4가지에 해당하지 않는 것은? 16③기

① 보존지역　　　② 관리지역
③ 도시지역　　　④ 농림지역

◉해설
국토의 계획 및 이용에 관한 법률 제7조(용도지역별 관리 의무)
국가나 지방자치단체는 제6조에 따라 정하여진 용도지역의 효율적인 이용 및 관리를 위하여 다음 각 호에서 정하는 바에 따라 그 용도지역에 관한 개발·정비 및 보전에 필요한 조치를 마련하여야 한다.
1. 도시지역 : 이 법 또는 관계 법률에서 정하는 바에 따라 그 지역이 체계적이고 효율적으로 개발·정비·보전될 수 있도록 미리 계획을 수립하고 그 계획을 시행하여야 한다.
2. 관리지역 : 이 법 또는 관계 법률에서 정하는 바에 따라 필요한 보전조치를 취하고 개발이 필요한 지역에 대하여는 계획적인 이용과 개발을 도모하여야 한다.
3. 농림지역 : 이 법 또는 관계 법률에서 정하는 바에 따라 농림업의 진흥과 산림의 보전·육성에 필요한 조사와 대책을 마련하여야 한다.
4. 자연환경보전지역 : 이 법 또는 관계 법률에서 정하는 바에 따라 환경오염 방지, 자연환경·수질·수자원·해안·생태계 및 문화재의 보전과 수산자원의 보호·육성을 위하여 필요한 조사와 대책을 마련하여야 한다.

34 국토의 계획 및 이용에 관한 법률상 도로에 해당되지 않는 것은? 16③기

① 지방도　　　② 일반도로
③ 지하도로　　　④ 자전거전용도로

◉해설
국토의 계획 및 이용에 관한 법률 제2조(기반시설)
①「국토의 계획 및 이용에 관한 법률」(이하 "법"이라 한다) 제2조 제6호 각 목 외의 부분에서 "대통령령으로 정하는 시설"이란 다음 각 호의 시설(당해 시설 그 자체의 기능 발휘와 이용을 위하여 필요한 부대시설 및 편익시설을 포함한다)을 말한다.
1. 교통시설 : 도로·철도·항만·공항·주차장·자동차정류장·궤도·운하, 자동차 및 건설기계검사시설, 자동차 및 건설기계운전학원
2. 공간시설 : 광장·공원·녹지·유원지·공공공지

3. 유통·공급시설 : 유통업무설비, 수도·전기·가스·열공급설비, 방송·통신시설, 공동구·시장, 유류저장 및 송유설비
4. 공공·문화체육시설 : 학교·운동장·공공청사·문화시설·공공필요성이 인정되는 체육시설·연구시설·사회복지시설·공공직업훈련시설·청소년수련시설
5. 방재시설 : 하천·유수지·저수지·방화설비·방풍설비·방수설비·사방설비·방조설비
6. 보건위생시설 : 화장시설·공동묘지·봉안시설·자연장지·장례식장·도축장·종합의료시설
7. 환경기초시설 : 하수도·폐기물처리시설·수질오염방지시설·폐차장
② 제1항에 따른 기반시설 중 도로·자동차정류장 및 광장은 다음 각 호와 같이 세분할 수 있다.
1. 도로
　가. 일반도로
　나. 자동차전용도로
　다. 보행자전용도로
　라. 보행자우선도로
　마. 자전거전용도로
　바. 고가도로
　사. 지하도로

35 다음 중 도시·군관리계획으로 결정하여야 하는 기반시설은? 16③기

① 도서관　　　② 공공청사
③ 종합의료시설　　　④ 고등학교

◉해설
도시·군 관리계획 수립 지침
1. 공공·문화체육시설계획
　㉠ 일반원칙
　　• 거주자의 일상적 생활을 충족시키기 위해서 그 시설의 입지와 시설체계에 기초하여 시설수·규모·면적을 검토하여 배치한다.
　　• 시설물의 입지를 계획할 때에는 주변의 여건과 시설수요의 변화와 관리방식, 다른 시설과의 관계 등을 검토한다.
　　• 이상의 인접된 간선도로로부터 도보거리 내에 입지시킨다.
　　• 주거지 간선도로 또는 주보행자도로의 결절점에 위치하도록 한다.

- 대중교통수단으로 쉽게 접근이 가능하도록 하여야 하며, 주거지에 분산배치하기보다는 기능이 연계되는 편의시설끼리 서로 인접시켜 집중 배치한다.
2 학교
　㉠ 초등학교·중학교 및 고등학교는 생활권과 연계하여 적정하게 배치하고, 대학은 주변의 토지이용 및 교통수단과의 접근을 고려하여야 한다.
　㉡ 초등학교는 생활권의 중심과 근린생활권 공원과 연접하여 배치함으로써 주민의 생활공간과 함께 활용할 수 있도록 한다.
　㉢ 학교의 구조 및 설치에 관하여는 「유아교육법」·「초·중등교육법」·「고등교육법」이 정하는 바에 따른다.

36 국토의 계획 및 이용에 관한 법률상 도시·군관리계획 결정의 효력은 언제를 기준으로 그 효력이 발생하는가? 　17②기

① 지형도면을 고시한 날부터
② 지형도면 고시가 된 날의 다음 날부터
③ 지형도면 고시가 된 날부터 3일 후부터
④ 지형도면 고시가 된 날부터 5일 후부터

⊙해설

국토의 계획 및 이용에 관한 법률 제31조(도시·군관리계획 결정의 효력)
① 도시·군관리계획 결정의 효력은 제32조 제4항에 따라 지형도면을 고시한 날부터 발생한다. 〈개정 2013.7.16.〉
② 도시·군관리계획 결정 당시 이미 사업이나 공사에 착수한 자(이 법 또는 다른 법률에 따라 허가·인가·승인 등을 받아야 하는 경우에는 그 허가·인가·승인 등을 받아 사업이나 공사에 착수한 자를 말한다)는 그 도시·군관리계획 결정에 관계없이 그 사업이나 공사를 계속할 수 있다. 다만, 시가화조정구역이나 수산자원보호구역의 지정에 관한 도시·군관리계획 결정이 있는 경우에는 대통령령으로 정하는 바에 따라 특별시장·광역시장·특별자치시장·특별자치도지사·시장 또는 군수에게 신고하고 그 사업이나 공사를 계속할 수 있다. 〈개정 2011.4.14.〉
③ 제1항에서 규정한 사항 외에 도시·군관리계획 결정의 효력 발생 및 실효 등에 관하여는 「토지이용규제 기본법」 제8조제3항부터 제5항까지의 규정에 따른다.

37 도시지역과 그 주변지역의 무질서한 시가화를 방지하고 계획적·단계적인 개발을 도모하기 위하여 일정 기간 동안 시가화를 유보할 목적으로 지정하는 것은? 　17②기

① 보존지구　　　　② 개발제한구역
③ 시가화조정구역　④ 지구단위계획구역

⊙해설

국토의 계획 및 이용에 관한 법률 제39조(시가화조정구역의 지정)
① 시·도지사는 직접 또는 관계 행정기관의 장의 요청을 받아 도시지역과 그 주변지역의 무질서한 시가화를 방지하고 계획적·단계적인 개발을 도모하기 위하여 대통령령으로 정하는 기간 동안 시가화를 유보할 필요가 있다고 인정되면 시가화조정구역의 지정 또는 변경을 도시·군관리계획으로 결정할 수 있다. 다만, 국가계획과 연계하여 시가화조정구역의 지정 또는 변경이 필요한 경우에는 국토교통부장관이 직접 시가화조정구역의 지정 또는 변경을 도시·군관리계획으로 결정할 수 있다. 〈개정 2011.4.14., 2013.3.23., 2013.7.16.〉
② 시가화조정구역의 지정에 관한 도시·군관리계획의 결정은 제1항에 따른 시가화 유보기간이 끝난 날의 다음 날부터 그 효력을 잃는다. 이 경우 국토교통부장관 또는 시·도지사는 대통령령으로 정하는 바에 따라 그 사실을 고시하여야 한다.

CHAPTER 03 부동산등기법

제1절 부동산등기법 총론

·· 1.1 총칙

1.1.1 부동산등기제도의 의의 및 목적

의의	부동산등기제도는 등기라는 특수한 방법으로 부동산에 관한 물권을 공시하는 제도로서 부동산에 관한 거래의 안전을 기하기 위해 근대법이 창안한 법기술적 제도이다.
목적	부동산등기제도는 부동산에 관한 물권을 공시하여 부동산 거래의 안전성과 신속성 확보를 목적으로 한다.

1.1.2 부동산등기의 의의 및 기능

의의		부동산등기란 국가기관인 등기관이 법정절차에 따라 등기부라는 공적 장부에 부동산등기법이 정하는 절차에 따라 부동산의 물리적인 현황(사실관계) 또는 소유권 및 소유권 이외의 권리(권리관계)를 기재하는 것 또는 기록 그 자체를 말한다. 등기의 효력 발생 시기는 등기부에 기재된 때이며, 등기의 완료시기는 등기관이 기재하고 날인(교합)한 때이다.
기능	효력 발생 요건	「민법」 제186조는 '부동산에 관한 법률 행위로 인한 물권의 득실변경(得失變更)은 등기하여야 그 효력이 생긴다'고 규정하고 있다. 즉, 물권변동에 있어서 형식주의를 취하고 있다.
	처분 요건	「민법」 제187조는 '상속·공용징수·판결·경매 기타 법률의 규정에 의한 부동산에 관한 물권의 취득은 등기를 요하지 아니한다. 그러나 등기를 하지 아니하면 이를 처분하지 못한다'라고 규정하고 있다.
	대항 요건	신청서상의 임의적 기재사항(특약, 약정, 존속기간, 지료)과 환매권, 임차권, 신탁계약 등은 등기를 하지 않으면 당사자 간의 채권적 효력은 발생하지만 등기를 하면 제3자에게 대항할 수 있다.

1.1.3 용어의 정의

등기부	전산정보처리조직에 의하여 입력·처리된 등기정보자료를 대법원규칙으로 정하는 바에 따라 편성한 것을 말한다.
등기부부본자료 (登記簿副本資料)	등기부와 동일한 내용으로 보조기억장치에 기록된 자료를 말한다.
등기기록	1필의 토지 또는 1개의 건물에 관한 등기정보자료를 말한다.
등기필정보 (登記畢情報)	등기부에 새로운 권리자가 기록되는 경우에 그 권리자를 확인하기 위하여 제11조 제1항에 따른 등기관이 작성한 정보를 말한다.
등록증명서	등록번호를 증명하는 서면을 말한다.
등록관청	등록번호를 부여하고 등록증명서를 발급하는 관청을 말한다.
등록번호화일	등록번호와 관련된 사항을 지적공부등록사항 등을 입력한 주전산기 및 이에 연결된 단말기 기타 주변기기에 체계적으로 수록한 자료의 집합을 말한다.

1.1.4 우리나라 등기제도의 특징

등기사무의 관장	사법부
등기부의 조직	물적 편성주의(원칙 : 1부동산 1등기 기록, 예외 : 구분 건물의 경우 1동건물 전부에 대하여 1등기기록을 둔다.)
등기부와 대장	대장과 등기부가 이원화
등기부	토지, 건물등기부의 이원화
등기신청	신청주의, 출석주의, 서면신청주의, 당사자신청, 공동신청주의
등기관의 심사권	형식적 심사주의
등기사무처리	즉일처분주의
등기의 효력	형식주의(성립요건주의, 효력발생요건주의)
공신력	불인정(우리나라 부동산제도에 있어서 공신력 불인정으로 등기부를 믿고 거래한 자는 보호되지 아니한다.)
등기관의 책임	국가배상책임 인정(국가배상법)

•• 1.2 등기의 종류

1.2.1 등기의 기능에 따른 분류

사실의 등기(표제부의 등기)	권리의 등기
부동산의 현황을 명확히 공시하기 위한 것으로 부동산의 소재, 지번, 지목, 면적 등 부동산의 표시에 관한 사항을 등기용지 중 표제부에 기재하는 등기	부동산에 대한 일정한 권리관계를 공시하는 것으로 등기용지 중 갑구와 을구의 사항란에 기재하는 등기
1. 표제부 2. 표시란 3. 부동산의 물리적 현황 4. 주등기 5. 추정력, 무효등기의 유용, 가등기 등에는 인정되지 아니한다.	1. 갑구, 을구 2. 소유권 및 소유권 이외의 권리에 관한 사항 3. 주등기, 부기등기 4. 보존등기와 권리의 변동등기로 구분

1.2.2 내용에 따른 분류

기입 등기	소유권 보존등기	신축건물과 같은 미등기부동산에 관하여 이미 취득하고 있는 소유권의 존재를 공시하기 위하여 그 소유자의 신청으로 처음으로 행하여지며 등기용지가 개설된다.
	저당권 설정등기	소유권의 보존등기를 기초로 하여 그 후에 행하여지는 소유권 이외의 권리에 대한 등기로서 등기부 을구에 기재된다.
	소유권 이전등기	권리주체가 변경되는 등기로서 소유권뿐만 아니라 소유권 이외의 권리도 이전등기를 할 수 있다.
변경 등기 (광의)	변경등기 (협의)	어떤 등기가 행하여진 후에, 등기된 사항에 변경이 생겨서 후발적으로 등기와 실체관계와의 사이에 불일치가 생긴 경우에 일치시키기 위하여 하는 등기이다.
	경정등기	어떤 등기를 완료한 후 그 절차에 착오 또는 유루가 있어서 원시적으로 등기와 실체관계와의 사이에 불일치가 생긴 경우에 이를 일치시키기 위하여 하는 등기이다.
말소등기		기존의 등기사항의 전부가 실체관계와 불일치하는 경우 기존의 등기사항을 소멸시킬 목적으로 행하여지는 등기이다.
회복 등기	말소 회복등기	등기사항 전부 또는 일부가 부적법하게 말소된 경우에 행하여지는 회복등기이다.
	멸실 회복등기	등기부의 전부 또는 일부가 물리적으로 멸실한 경우에 등기권리자의 신청에 의해 기존의 등기사항을 회복시키는 등기이다.
멸실등기		부동산의 전부가 멸실된 경우 표제부에 하는 사실의 등기이다. 부동산의 일부가 멸실된 경우에는 변동등기를 하여야 한다.

1.2.3 형식에 의한 분류

주등기(독립등기)	부기등기
주등기는 표시란에 등기할 때는 표시번호란에, 갑구나 을구에 등기할 때는 순위번호란에 각각 기존 등기의 표시번호나 순위번호에 이어서 독립된 번호를 사용하는 등기이다. 소유권이전등기 및 소유권을 목적으로 하는 등기가 여기에 해당된다.	주등기와 동일성을 유지하고 주등기의 순위를 그대로 보유하기 위한 등기로서 순위번호를 기록함에는 주등기의 번호를 사용하고 그 번호의 아래에 부기호수를 기록하는 등기를 말한다.
1. 소유권이전등기 2. 소유권 이전등기청구권 가등기 3. 소유권의 처분제한의 등기 4. 소유권을 목적으로 하는 저당권등기 5. 부동산변경등기 6. 부동산표시변경등기 7. 대지권의 변경등기 8. 멸실등기 9. 말소등기 10. 전부말소회복등기 11. 권리의 변경(경정)등기 (첨부 ×) 12. 공유물분할등기 13. 소유권보존등기	1. 소유권 이외의 권리의 이전등기 2. 소유권 이외의 권리의 이전등기청구권의 가등기 3. 소유권 이외의 권리의 처분제한 등기 4. 지상권, 전세권을 목적으로 하는 저당권등기 5. 전전세설정등기 6. 등기명의인 표시변경(경정)등기 7. 권리의 변경 · 경정등기 8. 직권경정등기 9. 일부말소회복등기 10. 환매특약등기 11. 권리질권 12. 건물만의 취지의 등기 13. 공유물불분할 특약 14. 등기실행처분에 대하여 이의신청이 있다는 취지의 등기

1.2.4 효력에 따른 분류

종국등기(본등기)	예비등기(가등기)
등기의 본래의 효력, 즉 물권변동의 효력 등을 발생시키는 등기를 말한다.	부동산물권 및 부동산채권 등 법 제2조의 각 호의 1에 해당하는 권리의 설정, 이전, 변경 또는 소멸의 청구권을 보전하려 할 때와 이들 청구권이 시기부 또는 정지조건부이거나 기타 장래에 있어서 확정될 것인 때에 그 청구권을 보전하기 위하여 하는 등기를 말한다.
① 기입등기　② 변경등기 ③ 경정등기　④ 말소등기 ⑤ 회복등기　⑥ 멸실등기	① 가등기 ② 예고등기

1.2.5 등기절차에 의한 분류

신청에 의한 등기	등기절차는 당사자의 신청에 의하여 개시되는 것이 원칙이다. 공동신청이 원칙이며, 예외적으로 단독신청도 인정되고 있다.
촉탁에 의한 등기	등기절차는 당사자의 신청에 의하는 외에 관공서의 촉탁에 의하여 개시되기도 한다. 촉탁에 의한 등기는 관공서가 권리관계의 당사자로서 또는 공권력행사의 주체로서 등기소에 촉닥함으로써 행하어지는 등기를 말한다.
직권에 의한 등기	등기절차는 당사자의 신청 또는 관공서의 촉탁에 의하여 개시되는 것이 원칙이나, 예외적으로 등기관이 직권으로 등기하여야 하는 경우도 있다.
명령에 의한 등기	등기절차는 등기관의 처분에 대한 이의신청이 있는 경우에 법원의 기재명령, 말소명령 또는 가등기명령 등에 의하여 개시되기도 한다.

•• 1.3 등기의 대상

1.3.1 등기사항

실체법상 등기사항	1. 등기해야만 물권변동, 대항력, 권리추정력 같은 사법상의 일정한 효력이 발생 2. 「민법」 제186조 법률행위로 인한 물권변동 3. 「민법」 제187조 법률규정에 의한 물권변동(시효취득)
절차법상 등기사항	1. 실체법상 등기사항 포함 2. 「민법」 제187조 법률규정에 의한 물권변동 3. 부동산표시(사실)의 등기 4. 등기할 수 있는 권리(임차권과 환매권)
실체법상 등기사항과 절차법상 등기사항의 관계	절차법상의 등기사항에는 실체법상의 등기사항뿐만 아니라 부동산등기법 및 특별법에 의하여 등기할 수 있는 사항도 포함되므로, 실체법상의 등기사항은 모두 절차법상의 등기사항이 된다. 등기할 사항에는 물권, 권리, 권리변동도 있고 가등기도 있다.

1.3.2 등기대상인 물건

등기할 수 있는 물건	등기할 수 없는 물건
1. 하천법상의 하천(국가하천, 지방 1급 하천 포함)	1. 터널 · 교량
2. 도로법상의 도로	2. 방조제의 부속시설물(배수갑문 · 양수기)
3. 유류저장탱크 및 송유관	3. 농지개량시설의 공작물(방수문)
4. 아파트의 지하실	4. 양어장, 옥외수영장
5. 공용주택의 지하주차장	5. 가설건축물(가건물). 견본주택(모델하우스)
6. 농업용 고정식 온실	6. 급유탱크
7. 구분건물의 전유부분, 규약상 공용부분	7. 비닐하우스
8. 공동주택의 지하주차장(전유부분의 부속건물)	8. 구조상 공용부분
9. 사일로	9. 공유수면하의 토지
10. 비각	10. 지하상가 · 시장건물의 복도 · 계단

1.3.3 등기대상인 권리

등기할 수 있는 권리	등기할 수 없는 권리
등기는 부동산의 표시(表示)와 다음 각 호의 어느 하나에 해당하는 권리의 보존, 이전, 설정, 변경, 처분의 제한 또는 소멸에 대하여 한다.	
1. 소유권(所有權)	1. 점유권
2. 지상권(地上權)	2. 유치권
3. 지역권(地役權)	3. 동산질권
4. 전세권(傳貰權)	4. 분묘기지권
5. 저당권(抵當權)	5. 특수지역권
6. 권리질권(權利質權)	
7. 채권담보권(債權擔保權)	
8. 임차권(賃借權)	
부동산물권 변동을 목적으로 하는 채권적 청구권	부동산물권 변동을 목적으로 하는 물권적 청구권

1.3.4 등기할 사항인 권리변동

부동산에 관한 법률행위로 인한 물권의 득실변경은 등기하여야 그 효력이 있다(「민법」 제186조). 이 경우 등기는 그 물권변동의 효력발생요건이며 그 물권변동은 실체법상의 등기사항이다. 부동산등기법상 등기할 수 있는 권리변동에는 소유권, 지상권, 지역권, 전세권, 저당권, 권리질권, 임차권, 채권담보권 등 권리의 설정, 보전, 이전, 변경, 처분제한, 소멸 등이 있다. 이 경우 그 권리변동은 절차법상의 등기사항으로서 「민법」 제186조를 포함하는 넓은 개념이다.

권리의 설정	당사자 간의 약정에 의하여 소유권 이외의 물권(지상권, 지역권, 전세권, 저당권 등) 및 임차권을 처음으로 창설하는 등기를 말한다.
소유권의 보존	보존이라 함은 미등기부동산에 대하여 소유권의 원시취득을 확인하고 이를 공시하기 위해 최초로 하는 등기이며, 소유권보존등기가 이에 해당하며, 소유권 이외의 물권 및 임차권에는 보존등기의 대상이 될 수 없다.
권리의 이전	이전이란 권리의 주체가 변경되는 것으로서 어떤 자의 권리가 다른 자에게 귀속되는 것을 말한다. 법률 행위로 인한 권리의 이전에 있어서는 등기가 그 효력 발생요건이나(민법 제186조) 법률의 규정에 의한 권리의 이전에 있어서는 등기가 그 처분요건이다(민법 제187조).
변경	변경은 실체법상으로는 주로 권리내용의 변경, 즉 권리변경을 의미하며 등기를 하여야 효력을 발생하는 실체법상의 등기사항이다. 변경에는 실체법상, 절차법상의 변경을 포함한다. 실제법상의 변경이라 함은 권리의 변경을 말하며, 절차법상의 변경은 부동산표시의 변경과 등기명의인의 표시변경 등을 말한다.
권리처분의 제한	처분의 제한이란 소유권 기타의 권리가 가지는 권리자의 처분권능을 제한하는 것을 말하며 가압류, 압류, 가처분, 경매신청등기 등이 이에 해당한다. 이러한 처분제한은 반드시 법률에 근거가 있어야 한다.
권리의 소멸	권리의 소멸이란 어떤 부동산에 대한 권리가 원시적 또는 후발적 사유로 인하여 없어지는 것을 말한다. • 등기된 권리가 소멸되는 경우 : 말소등기 • 등기된 부동산이 멸실된 경우 : 멸실등기
취득시효	「민법」 제245조는 '20년간 소유의 의사로 평온·공연하게 부동산을 점유하는 자는 등기함으로써 그 소유권을 취득한다. 부동산의 소유자로 등기한 자는 10년간 소유의 의사로 평온·공연하게 선의이며 과실 없이 그 부동산을 점유한 때에는 소유권을 취득한다'고 규정하였다.

1.3.5 등기하지 않아도 효력이 발생하는 물권변동(「민법」 제187조)

「민법」 제187조는 상속, 공용징수, 판결, 경매 기타 법률규정에 의한 부동산에 관한 물권의 취득은 등기를 요하지 아니한다. 다만 '등기를 하지 아니하며 이를 처분하지 못한다'라고 규정하고 있다.

상속 (포괄승계)	상속의 경우 상속인은 피상속인의 사망(실종선고 포함)으로 상속이 개시된 때 피상속인의 권리의무를 포괄적으로 승계취득한다. 즉, 물권변동은 등기 없이도 피상속인의 재산에 관한 포괄적 권리 · 의무의 승계가 발생한다. 포괄적 유증(「민법」 제1078조)과 회사의 합병(「상법」 제235조)도 이에 해당한다. 다만, 특정 유증의 경우에는 등기하여야 물권변동의 효력이 발생한다. • 상속 : 피상속인의 사망 시(실종선고 포함) • 합병 : 합병등기 시
공용징수 (토지수용)	공용징수라 함은 특정한 공익사업을 법정절차에 따라 타인의 재산권을 강제적으로 취득하는 것을 말하며 토지수용이 가장 대표적이다. 물권변동의 발생시기는 협의수용인 경우 협의에서 정해진 시기, 재결수용인 경우 재결에서 정해진 시기이다. 공용징수(수용)에 의한 물권의 취득은 원시취득이지만 등기방법은 보존등기가 아니라 소유권이전등기 절차에 따르고 있다.
판결 (형성판결)	「민법」 제187조의 판결은 판결 자체에 의하여 부동산물권취득의 효력이 생기는 것을 말하므로 판결 중 형성판결만이 이에 해당한다. 판결에는 확인판결, 이행판결, 형성판결로 구분된다. 형성판결은 등기 없이도 그 판결확정시에 일정한 법률관계의 발생, 변경, 소멸의 효과가 생긴다.
경매 (공경매)	「민법」 제187조의 경매는 국가기관이 행하는 공경매를 말하며, 공경매에는 민소법상의 강제경매와 담보권실행을 위한 경매(임의경매), 국세의 체납처분으로 인한 국세징수법상의 공매가 있다. 경매에는 공경매와 사경매로 구분 되며, 경매의 경우에는 매수인이 매각대금(경락대금)을 완납한 때 등기없이 소유권을 취득한다.

··1.4 등기의 효력

1.4.1 등기의 일반적 효력(본등기의 효력)

물권변동적 효력	부동산에 관한 법률 행위로 인한 물권의 득실변경은 등기하여야 효력이 발생하는데 현행 부동산등기법은 물권행위가 있고 등기관이 그에 부합하는 등기를 마친 경우 그 등기는 그 등기는 접수한 때부터 효력이 발생하는 것으로 규정하고 있다.
대항력	등기하지 않으면 당사자 사이에서 발생하는 채권적 효력만을 가지지만, 등기를 한 때에는 제3자에 대하여도 그 등기된 사항을 가지고 대항할 수 있게 된다.
순위확정적 효력	등기가 실행되면 부여된 순위번호대로 그 등기의 순위가 확정되는 효력을 말한다.
추정력	어떠한 등기가 존재하면 설령 무효인 등기라도 그에 상응하는 실체적 권리관계가 존재하는 것으로 추정되는 효력을 말한다. 등기의 추정력에 관하여는 명문의 규정은 없으나 학설, 판례상 인정되고 있다.
점유적 효력 (시효기간 단축의 효력)	민법 제245조 제2항에 등기부취득시효에 관하여 규정하고 있다. 부동산의 소유자로 등기되어 있는 자가 10년 동안 자주점유를 한 때에는 소유권을 취득한다. 이는 부동산의 일반시효취득의 점유기간이 20년인 데 반하여(민법 제245조 제1항), 등기부시효취득의 점유기간을 10년으로 함으로써 등기가 그 점유기간을 10년이나 단축시키는 효력, 다시 말해 등기가 10년간의 점유를 갈음하는 효과를 갖게 된다는 것이다. 이를 점유적 효력이라 한다.
후등기 저지력	등기가 존재하고 있는 이상은 그것이 비록 실체법상의 효력을 가지지 못한다 하더라도, 즉 그 유·무효를 막론하고 형식상의 효력을 가지는 것이므로 법정의 요건과 절차에 따라 그것을 말소하지 않고서는 그것과 양립할 수 없는 등기는 이를 할 수 없다.
공신력 불인정	우리나라는 등기의 공신력을 인정하지 않는다. 등기를 믿고 거래를 하였다 하더라도 그 등기가 실체관계에 부합하지 아니할 때에는 이를 믿고 거래를 한자는 권리를 취득하지 못한다. 그러나 그 반면 진실한 권리자가 그의 의사에 기하지 않고 권리를 상실하는 일은 없으므로 진실한 권리 관계가 보호된다.

제2절 등기의 기관 및 설비

••2.1 등기소(登記所)

등기소의 의의		등기소는 등기사무에 관한 권한을 가지고 그 사무를 처리하는 국가기관을 말한다. 등기소라는 명칭을 가진 관서·등기사무를 처리하기 위한 지방법원의 지원(支院)의 등기과·지방법원 지원의 등기계도 등기소에 포함된다.
등기소의 관할	원칙	등기할 권리의 목적인 부동산의 소재지를 관할하는 지방법원, 동 지원 또는 등기소에서 관장하는 것이 원칙이다. 각 등기소의 관할 구역은 대체로 행정구역인 시·군·구를 기준으로 해서 정하여져 있다.
	예외 관할 등기소의 지정	1개의 부동산이 수 개의 등기소의 관할구역에 걸쳐 있는 때에는(건물인 경우만 해당) 각 등기소를 관할하는 상급법원의 장(長)이 관할등기소를 지정한다. ① 동일한 지방법원의 관할구역 안 : 지방법원의 장 ② 서로 다른 지방법원의 관할구역에 걸쳐있을 때 : 고등법원의 장 ③ 서로 다른 고등법원의 관할구역에 걸쳐있을 때 : 대법원의 장
	등기사무의 위임	대법원장은 교통사정·등기업무량 등을 고려하여 어느 등기소의 관할에 속하는 사무를 다른 등기소에 위임할 수 있다.
관할의 전속 (관할의 변경)		관할의 변경이란 등기소의 신설·폐지 또는 행정구역 변경 등으로 일정 소재지에 있는 어느 부동산에 대한 관할이 다른 등기소의 관할로 변경되는 것을 말한다. 등기소의 신설, 행정구역의 변경으로 관할구역의 변경된 경우에는 변경된 관할등기소로 등기부와 부속서류 또는 그 등본을 이송하여야 한다.
등기사무의 정지		등기소에서 그 사무를 정지하지 아니할 수 없는 사고(화재, 수해) 등으로 현실적으로 등기사무를 수행할 수 없는 경우에는 대법원장은 기간(3개월 이내)을 정하여 그 정지를 명할 수 있다.

••2.2 등기관(登記官)

의의	등기관은 등기사무를 처리하는 자로서 지방법원, 지원(支院)과 등기소에 근무하는 법원서기관, 등기사무관, 등기주사 또는 등기주사보 중에서 지방법원장이 지정한 자이다.
책임	등기관이 고의·과실로 법령에 위반하는 부당한 처분으로 사인(私人)에게 손해를 줄 경우에 등기관에게 손해배상책임을 지우게 할 규정이 부동산 등기법에는 없으나, 국가배상법에 의하여 국가가 배상책임을 지며, 이 경우 등기관에게 고의 또는 중대한 과실이 있을 때에는 국가는 그 등기관에게 구상권(求償權)을 가진다.
제척 (除斥)	등기관은 자기, 자기와 호적을 같이하는 자, 4촌 이내의 친족 또는 이러한 친족관계에 있었던 자가 등기신청인인 때에는 그 등기소에서 소유권등기를 한 성년자로서 위의 친족관계가 아닌 자 2인 이상의 참여가 없으면 등기를 할 수 없다. 그러나 이를 위반한 등기라도 실체관계와 부합하면 유효하다고 보고 있다.

·· 2.3 등기에 관한 장부

2.3.1 등기부

의의	등기부란 전산정보처리조직에 의하여 입력·처리된 등기정보자료를 대법원 규칙으로 정하는 바에 따라 편성한 것을 말한다.			
종류	① 토지등기부 ② 건물등기부 ③ 현재 시행되고 있는 전산등기부라 함은 지정등기소가 전산정보처리조직에 의하여 등기사무를 처리하는 경우에 있어서 등기사항이 기록된 보조기억장치를 말한다.			
편성	물적 편성주의(1부동산 1등기기록의 원칙) "등기부를 편성할 때에는 1필의 토지 또는 1개의 건물에 대하여 1개의 등기기록을 둔다"고 하여 물적 편성주의를 채택하고 있다.			
구성	표제부	토지 표제부	표시번호, 접수, 소재·지번, 지목, 면적, 등기원인 및 기타 사항	
		건물 표제부	표시번호, 접수, 소재·지번 및 건물번호, 건물내역, 등기원인 및 기타 사항	
		구분 건물 표제부	1동건물 표제부	표시번호란, 접수란, 소재지번, 건물명칭 및 번호란, 건물내역란, 등기원인 및 기타사항
			전유부분 표제부	표시번호란, 접수란, 건물번호란, 건물내역란, 등기원인 및 기타사항
	갑구	소유권에 관한 사항		
	을구	소유권 이외의 권리에 관한 사항		

2.3.2 장부의 보존

영구보존 장부	• 등기부 • 신탁원부 • 매매목록	• 폐쇄등기부 • 도면 • 공동담보(전세)목록
10년 보존 장부	• 기타 문서 접수장 • 이의신청서류 편철장	• 결정원본 편철장 • 사용자등록신청서류 등 편철장
5년 보존 장부	• 부동산등기신청서 접수장 • 신청서 기타 부속서류 송부부	• 신청서 기타 부속서류 편철장
1년 보존 장부	• 각종 통지부 • 제증명신청서류 편철장	• 열람신청서류 편철장
장부의 폐기	보존기간이 종료된 장부 또는 서류는 지방법원장의 인가를 받아 보존기간이 종료되는 연도의 다음 연도 3월 말까지 폐기한다.	

제3절 등기의 일반적 절차

▪▪▪3.1 등기신청의 당사자

3.1.1 신청주의

등기는 당사자의 신청 또는 관공서의 촉탁에 의하여 실행하는 것이 원칙이고 신청주의 예외로 등기관이 직권으로 하는 등기와 법원의 명령에 의한 등기가 있다.

3.1.2 등기신청 적격

등기부상의 등기의무자와 등기권리자가 될 수 있는 자격을 말한다.

등기신청 적격	등기신청 부적격
1. 자연인(미성년자 · 외국인 · 금치산자 · 한정치산자)	1. 태아(정지조건설)
2. 국가 또는 지방자치단체(시 · 군 · 구), 외국정부	2. 읍 · 면
3. 법인(사단법인 · 재단법인)	3. 학교
4. 비법인 사단 · 재단(사찰 · 종중 · 어촌계 명의)	4. 민법상 조합
5. 농협 · 수협(특별법상조합)	5. 서울특별시 사고대책본부
6. 주무관청으로부터 인가취소된 주택조합	6. 대한민국재향경우회지부
7. 한국방송통신대학교 기성회	7. 직장주택조합
8. 아파트입주자대표회의	

3.1.3 등기권리자와 등기의무자

실체법상의 등기권리자 · 등기의무자의 개념과 절차법상의 등기권리자 · 등기의무자의 개념은 대부분 일치하지만 언제나 일치하는 것은 아니다.

구분	등기권리자	등기의무자
절차법	이익(권리취득)	불이익(상실)
실체법	등기청구권을 가지는 자	협력의무를 지는 자
매매	매수인	매도인
환매등기	매도인	매수인
용익물권+임차권설정	○○권자	○○설정자
저당권	저당권자	소유권자, 전세권자, 지상권자
권리질권	권리질권자	저당권자
신탁등기	수탁자	위탁자
전전세등기	전전세권자	전세권자

3.1.4 등기신청권과 등기청구권

등기신청권	등기청구권
1. 공법상 인정되는 공권 2. 공동신청, 단독신청 3. 이의신청방법으로 실현	1. 사법상 인정되는 사권 2. 공동신청 3. 소송의 방법으로 실현

3.1.5 직권에 의한 등기

등기는 당사자의 신청 또는 관공서의 촉탁에 의하여 실행하는 것이 원칙이나 일정한 경우에 등기관은 당사자의 등기신청이 없어도 그 직무상의 권한으로 당연히 등기를 할 수 있다.

경정등기	등기관의 과오로 착오 또는 유루가 발생한 경우
소유권보존등기	미등기부동산에 대한 처분의 제한등기
변경등기	등기의무자의 등기부상의 주소가 신청서상의 주소로 변경된 사실이 명백히 나타나는 때에는 등기명의인 표시변경등기
말소등기	① 원고승소판결에 따른 예고등기의 말소등기 ② 환매권행사에 의한 권리취득 후의 환매특약등기의 말소 ③ 가등기 후 본등기 전에 경료된 본등기에 저촉되는 등기의 말소등기 ④ 토지수용으로 인한 소유권이전등기 후의 말소등기 ⑤ 행정구역 또는 구획의 변경에 따른 지번의 변경등기 ⑥ 장기간 방치된 저당권등기의 말소

말소회복등기		등기관의 과오로 부적법하게 말소된 경우에는 등기관이 직권으로 회복등기를 하여야 한다.
지역권등기		요지역의 지역권 등기

3.1.6 제3자에 의한 등기신청

상속인에 의한 등기		피상속인이 부동산을 매도하였으나 그 이전등기를 하기 전에 사망한 경우 실체법상의 등기권리자 또는 등기의무자로서 피상속인의 지위는 상속인에게 승계되고 등기신청권도 승계된다. 그러므로 상속인은 상속인임을 증명하는 서면을 첨부하여 매수인에게 소유권이전등기를 신청할 수 있다.
	등기의무자가 사망한 경우	갑이 을에게 부동산을 매도하였으나 소유권이전등기를 하기 전에 갑이 사망한 경우 갑의 상속인은 상속등기를 하지 아니하고 매수인 을과 공동으로 을 앞으로의 소유권이전등기를 신청하여야 한다.
	등기권리자가 사망한 경우	갑이 을에게 부동산을 매도하였으나 소유권이전등기를 하기 전에 을이 사망한 경우 을의 상속인은 매도인 갑과 공동으로 을 앞으로의 소유권이전등기를 신청하여야 한다.
대위신청 (代位申請)	**채권자에 의한 대위신청**	채권자는 자기의 채권을 보전하기 위하여 채무자가 가지는 권리를 행사할 수 있다. 따라서 채무자의 등기신청권도 대위할 수 있다.
	구분건물 소유자의 대위신청	① 1동의 건물에 속하는 구분건물 중 일부만에 관하여 소유권보존등기를 신청하는 경우에는 그 나머지 구분건물의 표시에 관한 등기를 동시에 신청하여야 한다. ② 건물의 신축으로 인하여 구분건물이 아닌 건물이 된 경우에 그 신축건물의 소유권보존등기는 다른 건물의 표시에 관한 등기 또는 표시변경등기와 동시에 신청하여야 한다.
	건물의 대지소유자의 대위신청	건물소유자와 대지소유자가 다른 경우에 건물이 멸실되었거나 그 소유자의 등기명의인이 건물의 멸실등기를 1월 이내에 신청하지 않으면 그 건물의 대지소유자가 이를 대위하여 신청할 수 있다.
	신탁등기의 대위신청	신탁재산의 관리처분으로 취득한 재산의 신탁등기는 수탁자가 단독으로 신청할 수 있다.
	토지수용에 의한 대위신청	토지의 수용으로 인한 소유권이전의 등기는 등기권리자 단독으로 신청할 수 있으며, 필요한 경우 기업자는 등기명의인 또는 상속인에 갈음하여 토지의 표시 또는 등기명의인의 표시의 변경·경정등기 또는 상속으로 인한 소유권이전의 등기를 신청할 수 있다.
대리인에 의한 신청		등기는 당사자 또는 대리인이 등기소에 출석하여 이를 신청하여야 한다. 다만 대리인이 변호사 또는 법무사인 경우에는 대법원규칙이 정하는 사무원을 등기소에 출석하게 하여 이를 신청할 수 있다.

대리인에 의한 신청	자기계약·쌍방 대리의 허용	등기신청의 대리에 있어서는 자기계약·쌍방대리의 금지의 원칙 이 적용되지 않는다는 것이 판례의 입장이다.
	무권대리인에 의한 등기신청	무권대리인에 의하여 등기신청을 한 경우에는 등기신청은 각하의 대상이 되나 등기관이 이를 간과하고 등기가 이루어진 경우라도 실체관계에 부합한다면 그 등기를 유효하다.

··3.2 등기신청에 필요한 서면

3.2.1 신청서

가. 1건 1신청주의 원칙

하나의 부동산에 관하여 1개의 등기에 1개의 신청서를 작성·제출하는 것이 원칙이다.

나. 필요적 기재사항

부동산의 표시에 관한 사항	토지	토지의 소재, 지번, 지목, 면적 등을 기재하여야 한다.
	건물	건물의 소재, 지번 및 건물번호, 건물의 종류, 구조, 면적 등
	부속 건물	종류, 구조, 면적을 기재
	구분 건물의 표시	1동건물의 표시 : 소재·지번·건물명칭 및 번호·구조·종류·면적(1동의 건물의 구조·종류·면적은 건물의 표시에 관한 등기나 소 유권보존등기를 신청하는 경우로 한정한다.)
		전유부분의 표시 : 건물번호·구조·면적
		대지권의 표시 : 대지권이 있는 경우 그 권리의 표시
신청인	자연인	성명, 주소, 주민번호등록(등기권리자인 경우)
	법인	명칭, 사무소, 부동산등기용 등록번호
	대리인	성명, 주소(단, 주민등록번호는 기재하지 아니한다.)
	비법인사단, 재단	대표자의 성명, 주소, 주민등록번호와 명칭, 소재지, 부동 산등기용 등록번호(등기권리자인 경우)
	대위신청	대위자와 피대위자의 성명, 주소, 대위원인
	공유인	공유인 경우에는 지분을 기재하고 합유의 경우 지분을 기재 하지 아니하며 합유의 취지를 기재하여야 한다.
등기원인과 그 연월일	1. 소유권보존등기 : 등기원인 및 연월일을 기재(×) 2. 진정명의회복을 원인으로 하는 소유권이전등기 : 연월일(×)	

등기의 목적	신청하는 등기의 내용이나 종류로 소유권보존등기, 소유권이전등기, 전세권설정등기 등을 말한다.
거래가액	매매를 원인으로 소유권이전등기를 신청하는 경우 거래신고필증에 기재된 거래가액을 기재하여야 한다.

다. 임의적 기재사항

임의적 기재사항이 원인서면에 기재되어 있으면 신청서에도 기재가 되어야 한다. 임의적 기재사항은 환매기간, 권리소멸에 관한 약정, 공유물불분할의 약정, 존속기간, 이율 등을 기재한다.

3.2.2 등기원인을 증명하는 서면(등기원인 증명서)

등기원인 정보	등기원인정보가 아닌 것
1. 확정판결정본(화해조서, 인락조서, 조정조서) 2. 아파트 분양계약서 3. 경매개시결정정본 4. 공유물분할계약서 5. 재산분할협의서 6. 변경, 매매, 교환, 설정계약서 7. 규약, 공정증서 8. 협의성립확인서, 재결서, 보상 또는 공탁을 증명하는 서면 9. 해지증서	1. 대장, 주민등록등·초본 2. 유언증서, 사인증여증서 3. 매각허가결정정본 4. 아파트 분양사실증명원 5. 가족관계등록부, 상속재산분할 협의서, 상속포기수리증명원

3.2.3 검인계약서

계약을 원인으로 한 소유권이전 등기	계약을 원인으로 소유권이전등기를 신청할 때에는 다음 사항이 기재된 계약서에 검인신청인을 표시하여 부동산의 소재지를 관할하는 시장·군수·구청장 또는 그 권한의 위임을 받은 자의 검인을 받아 관할등기소에 이를 제출하여야 한다. ① 당사자 ② 목적부동산 ③ 계약연월일 ④ 대금 및 그 지급일자 ⑤ 부동산중개업자 ⑥ 계약의 조건이나 기한이 있을 때에는 그 조건 또는 기한
검인계약서 제출할 필요가 없는 경우	① 국토의 계획 및 이용에 관한 법률에 의한 토지거래계약허가증을 교부받으면 계약서에 검인을 받은 것으로 보게 되므로 계약서에 검인을 받을 필요가 없으나 등기원인증서로 매매계약서는 반드시 제출하여야 한다. ② 토지수용이나 경매·공매로 인하여 소유권이 이전되는 경우와 계약의 일반당사자가 국가나 지방자치단체인 경우에는 검인을 요하지 않는다.
검인을 신청할 수 있는 자	계약서의 검인을 신청할 수 있는 자는 계약을 체결한 당사자 중 1인이나 그 위임을 받은 자, 계약서를 작성한 변호사·법무사·중개업자이다.

3.2.4 등기의무자의 권리에 관한 등기필증

의의	등기의무자의 권리에 관한 등기필증은 등기의무자가 등기할 권리에 관하여 그 권리를 취득할 당시에 등기를 마치고 교부받았던 등기필증을 말한다. 등기를 신청할 때에는 등기의무자의 권리에 관한 등기필증을 제출하여야 한다.
적격성	등기신청 시 제출해야 하는 등기필증은 등기의무자가 적법하게 교부받아 소지하는 것으로서 권리에 관한 능기필증이어야 한다. 1. 등기의무자의 등기필증 　① 소유권이전등기–소유권의 등기의무자(매도인의 등기필증) 　② 저당권의 설정등기–저당권 등의 설정자의 등기필증 　③ 저당권 등의 말소등기–저당권 등의 권리자의 등기필증 　④ 가등기에 의한 본등기–가등기 당시의 의무자의 등기필증 　⑤ 가등기명의인의 가등기 말소등기–가등기명의인의 권리에 관한 등기필증 2. 권리에 관한 등기필증 등기의무자가 권리에 관한 등기를 한 후 교부받은 등기필증이어야 하므로 부동산의 표시의 변경·경정등기 또는 등기명의인 표시의 변경·경정등기에 관한 등기필증은 적격성이 없다.
등기필증의 제출을 요하지 않는 경우	1. 등기의자가 없는 등기 2. 판결에 의한 등기 3. 가등기(가등기의무자의 승낙서를 첨부하거나 가등기가처분명령정본을 첨부하는 경우) 4. 촉탁에 기한 경우(경매, 공매, 수용) 5. 환매특약등기 6. 가등기시
등기필증 멸실한 경우의 등기신청	1. 등기의무자 또는 법정대리인 직접 출석(확인조서 → 기명날인) 2. 대리인의 확인서면 제출(인감증명 제출) 3. 공증서면부본의 제출(인감증명 제출)

3.2.5 제3자의 허가, 동의 또는 승낙을 증명하는 서면

원칙	등기원인에 관하여 제3자의 허가·동의 또는 승낙을 요하는 때에는 신청서에 제3자의 허거·동의 또는 승낙을 증명하는 서면을 첨부하여야 한다. ① 토지거래허가지역에서의 기준면적을 초과하는 토지를 거래하거나 가등기를 신청하는 경우는 시장, 군수, 구청장의 허가서 ② 농지를 취득할 때 농지소재지를 관할하는 시장·군수·구청장·읍장 또는 면장의 농지취득자격증명 ③ 사립학교기본재산의 매매, 담보 제공하는 경우는 관할청의 허가서 ④ 사찰재산의 처분 시는 문화관광부장관의 허가 ⑤ 민법상 재단법인의 재산을 처분하는 경우에는 주무관청의 허가서

원칙	⑥ 공익법인 소유재산을 처분하는 경우는 주무관청의 허가서 ⑦ 무능력자의 부동산 거래시는 법정대리인의 동의 ⑧ 임차권 양도 또는 전대시에는 임대인의 동의 ⑨ 부재자 재산관리인의 부재자 재산처분시에는 법원의 허가
예외	등기원인을 증명하는 서면이 집행력 있는 판결인 때에는 허가 등을 증명하는 서면의 제출은 필요하지 않다. 그러나 행정관처의 허가·동의 또는 승낙이 필요한 경우에는 반드시 허가·동의 또는 승낙을 증명하는 서면을 제출하여야 한다.

3.2.6 대리권한을 증명하는 서면

의의	대리인에 의하여 등기를 신청할 때에는 그 대리인의 권한을 증명하는 서면을 제출하여야 한다.

대리권한을
증명하는
서면의 제출
	① 임의대리인 경우에는 위임장
	② 법정대리인 경우에는 호적등본
	③ 법인의 경우에는 대표의 자격을 증명하는 서면으로 법인등기부등본
	④ 법인 아닌 사단·재단의 대표
	  ㉮ 정관 기타의 규약
	  ㉯ 대표자·관리인을 증명하는 서면
	  ㉰ 사원총회의 결의서
	  ㉱ 대표자·관리인의 주민등록표등본

3.2.7 등기의무자의 인감증명

가. 인감증명서의 제출

인감증명을 제출하여야 하는 경우	1. 소유권의 등기명의인이 등기의무자로서 등기를 신청하는 경우 등기의무자의 인감증명 2. 소유권에 관한 가등기명의인이 가등기를 말소하는 경우 가등기명의인의 인감증명 3. 소유권 이외의 권리의 등기명의인이 등기의무자로서 그 등기필증이 멸실되어 신청서에 대리인의 확인서면 또는 공증서면부본을 첨부하여 신청한 경우 등기의무자의 인감증명 4. 1필지의 토지일부를 분필하는 경우에 용익물권의 등기가 있는 경우에 용익물권자의 인감증명 5. 협의 분할에 의한 상속등기를 신청하는 경우 분할협의서에 날인한 상속인 전원의 인감증명서(공정증서의 경우에는 인감증명의 제출을 요하지 않음) 6. 제3자의 동의서 또는 승낙을 증명하는 정보를 첨부한 경우 7. 합필등기특례에 따라 토지소유자들의 확인서를 첨부하여 토지합필등기를 신청하는 경우 8. 법인 아닌 사단이나 재단의 등기신청에서 대법원예규로 정한 경우

인감증명서의 제출을 요하지 않는 경우	1. 관공서가 등기의무자인 경우(관공서가 등기권리자로서 촉탁하는 경우에는 등기의무자의 인감증명 제출) 2. 환매등기를 신청하는 경우 3. 소유권 이외의 권리의 등기명의인이 등기의무자인 경우

나. 제출하여야 할 인감증명

대표자 등의 인감증명	법인 또는 외국회사
법정대리인의 인감증명	법정대리인
외국인의 인감증명	외국인
본인의 인감증명	자연인
대표자 또는 관리인의 인감증명	비법인 사단·재단

다. 유효기간 및 용도

유효기간	등기신청서에 첨부하는 등기의무자의 인감증명은 발행일로부터 3월 이내의 것
용도	인감증명은 원칙적으로 용도를 기재하지 않으나, 부동산 매도용 인감증명일 경우에는 매수인의 성명 또는 명칭·주소 및 주민등록번호를 기재하여야 한다.

3.2.8 부동산등기용 등록번호를 증명하는 서면

부동산 등기용 등록번호 제출	법인 아닌 사단·재단 또는 외국인이 등기권리자인 때에는 부동산 등기용 등록번호를 증명하는 서면을 제출하여야 한다.
부동산 등기용 등록번호의 부여기관	① 국가·지방자치단체·국제기관·외국정부에 대한 등록번호는 국토교통부장관이 지정·고시한다. ② 재외국민에 대한 등록번호는 대법원 소재지 관할등기소 등기관 ③ 법인에 대한 등록번호는 주된 사무소 소재지 관할등기소 등기관 ④ 법인 아닌 사단·재단에 대한 등록번호는 시장·군수 구청장 ⑤ 외국인에 대한 등록번호는 체류지 관할 출입국관리사무소장 또는 출입국관리출장소장

···3.3 등기신청에 대한 처분

3.3.1 등기신청의 접수

의의 및 효과	등기관은 등기신청이 있는 경우에는 어떠한 경우라도 접수를 거부하여서는 아니 된다. 등기관이 신청서를 받았을 때에는 접수장에 등기의 목적, 신청인의 성명, 접수연월일, 접수번호 기재하여야 한다. 등기신청의 방문신청은 등기관이 등기신청서를 받았을 때 접수효과가 발생하고 전자신청은 전자적으로 기록된 때 발생한다.
등기순서	등기관은 접수번호의 순서에 따라 등기를 하여야 한다.
접수장	1. 부동산등기신청서 접수장에는 접수연월일과 접수번호, 등기의 목적, 신청인의 성명 또는 명칭, 부동산의 개수, 등기신청수수료, 취득세 또는 등록면허세와 국민주택채권매입금액 등의 사항을 적어야 한다. 2. 접수번호는 1년마다 새로 부여하여야 한다. 3. 같은 부동산에 관하여 동시에 여러 개의 등기신청이 있는 경우에는 같은 접수번호를 부여하여야 한다.
동시신청	1. 동시신청을 요하는 경우 　① 신탁등기와 신탁으로 인한 부동산의 소유권이전등기와 동시에 신청하여야 한다. 　② 환매특약의 등기의 신청은 소유권이전등기신청과 별개의 신청서에 의하고 매수인의 권리취득의 등기에 이를 부기한다. 　③ 1동의 건물에 속하는 구분건물 중 일부만에 관하여 소유권보존등기를 신청하는 경우에는 나머지 구분건물의 표시에 관한 등기를 동시에 신청하여야 한다. 　④ 건물의 신축으로 인하여 구분건물이 아닌 건물이 구분 건물로 된 경우에 그 신축물의 소유권보존등기는 다른 건물의 표시에 관한 등기 또는 표시변경등기와 동시에 신청하여야 한다. 2. 각하 　법률상 등기의 동시신청을 요하는 경우에는 반드시 동시에 신청하여야 하며, 동시 신청을 하지 아니한 때에는 사건이 등기할 것이 아닌 때에 의하여 각하하여야 한다.

3.3.2 등기신청에 대한 심사

심사방법	형식적 심사주의
보정	등기관이 신청서를 조사한 결과 등기신청에 흠결이 있으나 그것이 당일 보정할 수 있는 것인 때에는 당사자 또는 그 대리인 본인이 직접 등기소에 출석하여 보정하게 하여야 한다.
취하	등기신청의 취하는 등기신청행위를 철회하는 의사표시로 등기관이 등기부에 등기사항을 기입하고 날인하기 전까지 할 수 있으며 서면으로 하여야 한다.
신청각하 사유	1. 사건이 그 등기소의 관할에 속하지 아니한 때 2. 사건이 등기할 것이 아닌 때 　① 등기능력이 없는 물건

신청각하 사유	② 등기능력이 없는 권리 ③ 등기할 권리변동이 아닌 것 ④ 공유자 중 일부의 공유지분만의 소유권보존등기 ⑤ 저당권을 피담보채권과 분리하여 양도하거나, 피담보채권과 분리하여 다른 채권의 담보로 하는 등기 ⑥ 일부지분에 대한 소유권보존등기 ⑦ 공동상속인 중 일부가 자신의 상속지분만에 대한 상속등기 ⑧ 관공서 또는 법원의 촉탁으로 실행되어야 할 등기 ⑨ 이미 보존등기된 부동산에 대하여 다시 보존등기 ⑩ 그 밖에 신청취지 자체에 의하여 법률상 허용될 수 없음이 명백한 등기 3. 당사자나 그 대리인을 출석하지 아니한 경우 4. 신청할 권한이 없는 자가 신청한 경우 5. 신청정보의 제공이 대법원규칙으로 정한 방식에 맞지 아니한 경우 6. 신청정보의 부동산 또는 등기의 목적인 권리의 표시가 등기기록과 일치하지 아니한 경우 7. 신청정보의 등기의무자의 표시가 등기기록과 일치하지 아니한 경우 8. 신청정보와 등기원인을 증명하는 정보가 일치하지 아니한 경우 9. 등기에 필요한 첨부정보를 제공하지 아니한 경우 　취득세, 등록면허세 또는 수수료를 내지 아니하거나 등기신청과 관련하여 다른 법률에 따라 부과된 의무를 이행하지 아니한 경우 10. 신청정보 또는 등기기록의 부동산의 표시가 토지대장·임야대장 또는 건축물대장과 일치하지 아니한 경우

3.3.3 등기의 실행

가. 의의 및 실행방법

의의	등기신청서를 접수하여 조사한 결과 각하사유에 해당하지 아니하는 때에는 등기관은 그 등기를 실행하여야 한다.
등기의 실행순서	1. 접수번호의 순서 　등기관은 접수번호의 순서에 따라 등기를 하여야 한다. 2. 등기신청사건의 처리기준 　등기관은 신청정보 및 첨부정보가 부동산등기법 등 제한 법령에 부합되는지 여부를 조사한 후 접수번호의 순서대로 교합처리하여야 하며, 지연처리 사건이나 보정을 명한 사건 이외에는 24시간 이내에 등기필증의 송신 및 등기완료사실의 통지를 하여야 한다.
등기의 실행방법	1. 기록방법 　등기관은 등기사무를 전산정보처리조직을 이용하여 등기부에 등기사항을 기록하는 방식으로 처리하여야 한다. 2. 말소하는 표시 　현재 효력 있는 등기사항을 명확히 하기 위하여 등기부에 일정한 사항을 기입하는 외에 이미 등기되어 있는 사항을 붉은 선으로 지우는 것을 말한다.

나. 등기부에 기록할 사항

㉠ 표제부

신청서의 접수연월일		접수번호는 기록하지 않는다.
부동산의 표시에 관한 사항	토지	소재, 지번, 지목, 면적
	통상의 건물	소재, 지번, 종류, 구조, 면적 (건물번호, 부속건물의 종류, 구조, 면적)
구분건물의 표시에 관한사항	1동건물의 표시란	소재, 지번, 종류, 구조, 면적 (건물번호, 건물명칭)
	전유부분의 표시란	번호, 구조, 면적 (소재, 지번은 기재하지 않는다.)
대지권의 등기표시에 관한사항	1동건물의 표시란	대지의 일련번호, 소재, 지번, 지목, 면적, 등기연월일
	전유부분의 표지부용지중 대지권의 표시란	대지의 표시, 대지권의 종류, 비율, 등기원인과 그 연월일, 등기연월일
도면편철장의 책수 · 면수		건물의 소유권보존, 이전등기신청서에 도면을 첨부할 경우
대위신청의 경우		채권자의 성명, 주소, 대위 원인

㉡ 갑구 및 을구

등기의 목적신청서의 접수연월일 · 접수번호		법률행위의 종류 및 발생 연월일	
등기 권리자의 표시	자연인	성명, 조소, 주민등록 번호	
	법인	명칭, 사무소, 부동산등기용 등록번호 (대표기관의 성명 등은 기재하지 않는다.)	
	법인 아닌 사단 · 재단	명칭, 사무소, 부동산등기용 등록번호 (대표기관의 성명 등은 기재한다.)	
기타 등기할 권리에 관한 사항	특약사항 · 금지사항 도면편철장의 책수 · 면수 대위신청의 경우	공유물 불분할 특약 등 용익물권설정등기신청서에 도면을 첨 부한 경우 채권자의 성명, 주소, 대위원인	
대지권인 취지의 등기	토지의 등기용지 중 갑구	소유권	어느 권리가 대지권의 취지 대지권등기를 한 1동 건물의 표시 및 그 연월일
	토지의 등기용지 중 을구	• 지상권 • 전세권 • 임차권	
순위번호 · 횡선 등기관의 날인(교합) 등기연월일		등기연월일 : 신청 · 촉탁등기시별도 기재 안함. 직권등기시 등기실행일을 기재	

3.3.4 등기 완료 후의 절차

가. 등기필 정보의 작성 및 교부

등기가 완료된 경우 등기필정보를 작성하는 경우	① 권리의 보존, 설정, 이전하는 등기 ② 권리의 설정 · 이전청구권보전을 위한 가등기 ③ 권리자를 추가하는 경정 · 변경등기
등기필정보를 작성하지 아니 하는 경우	① 말소등기, 말소회복등기 ② 부동산표시변경 · 경정등기 ③ 등기명의인표시변경 · 경정등기 ④ 채권자대위에 의한 등기 ⑤ 등기관의 직권에 의한 소유권보존등기 ⑥ 승소한 등기의무자에 신청에 의한 등기 ⑦ 관공서가 등기를 촉탁한 등기(단, 관공서가 등기권리자를 위해 소유권보존, 이전등기를 촉탁하는 경우는 등기필정보를 작성하여야 한다.)

나. 등기필정보의 통지

통지방법	① 법정대리인이 등기를 신청한 경우 : 그 법정대리인 ② 법인의 대표자가 신청한 경우 : 그 대표자 ③ 법인 아닌 사단이나 재단의 대표자나 관리인이 신청한 경우 : 그 대표자나 관리인 ④ 전자신청은 전자적 방법으로, 서면신청의 경우에는 서면으로 된 등기필정보를 교부한다.
통지하지 않는 경우	① 등기권리자가 등기필정보의 통지를 원하지 아니하는 경우 ② 국가 또는 지방자치단체가 등기권리자인 경우 ③ 등기필정보를 전산정보처리조직으로 통지받아야 할 자가 수신이 가능한 때부터 3개월 이내에 전산정보처리조직을 이용하여 수신하지 않는 경우 ④ 등기필정보통지서를 수령할 자가 3개월 이내에 그 서면을 수령하지 않은 경우

다. 등기완료의 통지서 작성 및 교부

신청인에 대한 통지	① 공동신청에서 등기필정보를 부여받는 등기권리자 ② 공동신청이지만 등기필정보를 부여받지 않는 등기권리자 ③ 공동신청에서 등기의무자가 원하는 경우 ④ 단독신청에 있어서 신청인 ⑤ 승소한 등기의무자의 등기신청에 있어서 등기의무자 ⑥ 대위채권자의 등기신청에 있어서 대위자
등기명의인에 대한 통지	① 승소한 등기의무자의 등기신청에 있어서 등기권리자 ② 대위채권자의 등기신청에 있어서 피대위자 ③ 등기필정보를 제공하지 않고 확인정보 등을 제공한 등기신청에서 등기의무자 ④ 소유권의 처분제한의 등기촉탁에 있어서 직권 소유권보존등기의 등기명의인 ⑤ 관공서의 등기촉탁에 있어서 그 관공서

라. 소유권 변경사실에 대한 통지 및 과세자료 송부

소유권 변경사실에 대한 통지	① 소유권의 보존등기 ② 소유권이전등기 ③ 소유권말소등기 ④ 소유권말소회복등기 ⑤ 소유권의 변경·경정등기 ⑥ 소유권의 등기명의인 표시의 변경·경정등기
과세자료 송부	① 소유권 보존등기 ② 소유권이전등기(가등기 포함)

제4절 등기권에 대한 등기절차

··· 4.1 소유권에 관한 등기

4.1.1 소유권의 보존등기

의의		소유권보존등기란 아직 등기가 없는 부동산에 대하여 최초로 하는 등기로서 등기부를 새로이 개설하여 표제부에는 부동산의 표시에 관한 사항을, 갑구에는 소유권에 관한 사항을 기재하는 등기를 말한다.
소유권보존 등기의 대상		1. 소유권의 원시취득 2. 직권에 의한 소유권보존등기 3. 규약상 공유부분이라는 뜻의 등기의 말소등기를 하는 경우
소유권보존 등기의 신청	토지	1. 토지대장등본 또는 임야대장등본에 의하여 자기 또는 피상속인 토지대장 또는 임야대장에 소유자로서 등록되어 있는 것을 증명하는 자 2. 판결에 의하여 자기의 소유권을 증명하는 자 3. 수용으로 인하여 소유권을 취득하였음을 증명하는 자
	건물	1. 건축물대장등본에 의하여 자기 또는 피상속인이 건축물대장에 소유자로서 등록되어 있는 것을 증명하는 자 2. 판결 또는 기타 시·구·읍·면의 장의 서면의 의하여 자기의 소유권을 증명하는 자 3. 수용으로 인하여 소유권을 취득하였음을 증명하는 자

첨부정보	1. 소유권을 증명하는 정보(등기원인을 증명하라는 정보) 2. 대장정보 3. 신청인의 주소를 증명하는 정보 4. 건물의 소재도 5. 지분비율을 증명하는 정보 6. 기타 첨부정보
보존등기의 실행	토지소유권보존등기는 새로운 등기부를 개설하여 표제부와 갑구에 등기사항을 기록하는 방법으로 하고 을구는 개설하지 않는다.
소유권보존등기의 완료 후의 절차	1. 등기필정보 및 등기완료 통지 2. 소유권변경사실의 통지 및 과세자료의 제공
직권에 의한 부동산 소유권보존등기	1. 미등기부동산에 대한 소유권처분제한의 등기촉탁이 있는 경우 2. 미등기 주택에 대한 임차권의 등기촉탁이 있는 경우

4.1.2 소유권이전등기

가. 의의 및 종류

의의	부동산의 소유권이전등기는 매매·증여 등의 법률행위 또는 상속·수용 등의 법률규정에 의하여 부동산의 소유권이 이전된 경우에 이를 공시하는 등기
종류	1. 매매로 인한 소유권이전등기 2. 소유권의 일부이전등기 3. 토지수용으로 인한 소유권이전등기 4. 진정명의회복을 원인으로 하는 소유권이전등기 5. 상속으로 인한 소유권이전등기 6. 유증으로 인한 소유권이전등기

나. 매매로 인한 소유권이전등기

등기 신청의무	부동산의 소유권이전을 내용으로 하는 계약을 체결한 자는 쌍무계약의 경우에는 반대급부의 이행 완료일로부터 60일 이내에, 편무계약의 경우에는 그 계약의 효력 발생일로부터 60일 이내에 소유권이전등기를 신청하여야 한다.
등기사항	① 순위번호 　　　　　　　　② 등기의목적 ③ 접수연월일 　　　　　　　④ 접수번호 ⑤ 등기원인 및 그 연월일 　⑥ 권리자 ⑦ 권리자 지분(권리자가 2인 이상인 경우)
첨부정보	① 검인계약서 　　　　　　　② 등기필증 ③ 인감증명 　　　　　　　　④ 토지거래허거증 ⑤ 농지취득자격증명 　　　　⑥ 신청인의 주소를 증명하는 정보 ⑦ 대장등본 　　　　　　　　⑧ 부동산거래계약신고필증과 매매목록

다. 소유권의 일부이전등기

의의	소유권의 일부이전이라 함은 단독소유를 공유로 하거나 공유물의 지분을 이전하는 것을 말한다.
등기의 목적 기재방법	① 공유자인 갑의 지분을 전부 이전하는 경우 : "갑 지분 전부이전"으로 기록 ② 공유자인 갑의 지분을 일부 이전하는 경우 : "갑 지분 ○분의 ○ 중 일부 이전"으로 기록한다.
공유지분 기재방법	공유자의 지분이전등기시 각 공유자의 지분은 이전받는 지분을 기록하되 "공유자지분 ○ 분의 ○"과 같이 부동산 전체에 대한 지분을 기록한다.

라. 토지수용으로 인한 소유권이전등기

의의	토지수용이라 함은 특정한 공익사업을 위하여 법정절차에 따라 토지에 관한 소유권 또는 소유권 이외의 권리를 강제적으로 취득하는 것을 말한다.
토지수용의 효과	사업시행자가 재결 후 수용의 개시일까지 보상금을 지급 또는 공탁하면 사업시행자는 토지의 소용 개시일에 등기 없이 그 소유권을 원시취득하며 그 토지에 관한 다른 권리는 소멸한다.
등기신청인	토지수용으로 인한 소유권이전등기는 등기권리자(사업시행자)만으로 이를 신청할 수 있으며 관공서가 사업시행자인 경우 그 관공서는 소유권이전등기를 촉탁하여야 한다.
신청정보의 내용	등기원인은 "토지수용"으로, 등기원인 일자는 "수용의 개시일"을 신청정보의 내용으로 등기소에 제공하여야 한다.
첨부정보	① 협의성립확인서 ② 재결서등본
다른 권리의 직권말소	① 지상권 ② 지역권 ③ 전세권 ④ 저당권 ⑤ 권리질권 ⑥ 임차권에 관한 등기는 직권말소한다.

마. 진정명의회복을 원인으로 하는 소유권이전등기

의의	진정명의회복을 원인으로 한 소유권이전등기는 등기원인의 무효 등으로 인하여 등기부상의 소유명의인이 무권리자인 경우에 진정한 권리자가 등기명의를 회복하기 위하여 무권리자 명의의 등기를 말소하지 아니하고 무권리자로부터 소유권이전등기를 하는 것을 말한다.
등기신청인	① 진정한 권리자와 현재의 등기명의인의 공동신청 ② 진정한 권리자의 판결에 의한 단독신청
신청정보의 내용	진정명의회복을 원인으로 한 소유권이전등기신청정보에는 등기원인을 "진정명의회복"이라고 기록하나 등기원인일자는 기록할 필요없다.
첨부정보	① 공동으로 신청하는 경우에는 등기원인을 증명하는 정보가 처음부터 존재하지 아니하므로 첨부정보로 등기소에 제공할 수 없다. ② 판결에 의하여 단독으로 신청하는 경우에는 등기원인을 증명하는 정보로서 확정판결정본을 제공하여야 한다.

바. 상속으로 인한 소유권이전등기

의의	상속이란 피상속인의 사망으로 인하여 상속인이 피상속인의 재산상 권리의무를 포괄적으로 승계하는 제도를 말한다. 상속에 있어서는 상속개시 시의 법률이 적용되고 실종선고에 의한 상속의 경우에는 사망한 것으로 간주되는 시기인 실종기간 만료 시가 아니라 실종선고 시의 법률이 적용된다.
신청인	상속으로 인한 등기는 등기권리자만으로 이를 신청할 수 있다.
등기원인과 그 연월일	등기원인은 "상속"이며 상속등기의 등기원인일자는 상속개시일(피상속인의 사망일)이다.
첨부정보	1. 등기원인을 증명하는 정보(상속을 증명하는 정보) 2. 상속재산분할협의서 3. 주소를 증명하는 정보 4. 기타 첨부정보
상속등기의 경정등기	상속으로 인하여 수인이 공동상속등기를 마친 후에 공동상속인 중의 1인 또는 수인에게 재산을 취득하게 하는 취지의 상속재산의 협의분할 또는 재판에 의한 분할을 한 경우에 그 등기의 신청절차는 권리를 취득하는 자가 등기권리자, 권리를 잃는 자가 등기의무자로서 소유권의 경정등기를 신청할 수 있다.

사. 유증으로 인한 소유권이전등기

의의	유증이라 함은 유언에 의하여 무상으로 재산을 증여하는 상대방 없는 단독행위로서 법정방식에 따라서 하여야 하며 원칙적으로 유언자의 사망 시에 그 효력이 생긴다.
등기신청인	유증으로 인한 소유권이전등기는 수증자를 등기권리자로 하고 유언집행자 또는 상속인을 등기의무자로 하여 이들의 공동신청에 의한다.
신청정보의 내용	① 등기의 목적은 "소유권이전"으로 기록한다. ② 등기원인은 "○○○○년 ○○월 ○○일 유증"으로 기록하되 그 연월일은 유증자가 사망한 날을 기록한다.
첨부정보	① 등기원인을 증명하는 정보 ② 유언집행자의 인감증명 ③ 등기필증 ④ 농지취득자격증명
등기 신청방법	유증으로 인한 소유권이전등기는 상속등기를 거치지 않고 유증자로부터 직접 수증자 명의로 등기를 신청하여야 한다.

4.1.3 환매특약에 관한 등기

의의	환매란 매도인이 매매계약과 동시에 환매할 권리를 보류하고, 일정기간 안에 그 영수한 대금 및 매수인이 부담한 매매비용을 반환하고 그 목적물을 다시 사는 것을 말한다.
효력	매매의 목적물이 부동산인 경우 매매에 의한 소유권이전등기와 동시에 환매권의 보류를 등기한 때에는 제3자에 대하여 그 효력이 있다.
신청방법	환매특약의 등기는 환매특약부 매매로 인한 소유권이전등기와 동시에 신청하여야 한다.
신청인	환매특약의 등기는 매도인을 등기권리자로 하고 매수인을 등기의무자로 하여 이들의 공동신청에 의한다.
신청정보의 내용	① 매수인인이 지급한 대금 ② 매매비용 ③ 환매기간(등기원인에 환매기간이 정하여져 있을 때)
첨부정보	① 등기원인을 증명하는 정보 ② 등기필정보 ③ 인감증명
환매특약 등기의 실행	① 소유권이전등기의 등기원인은 "환매특약부 매매" ② 환매특약등기의 등기원인은 "특약"으로 기록한다.
환매권의 변경등기	환매특약의 등기는 동일성이 유지되는 범위 내에서는 변경등기를 할 수 있다.
환매권의 이전등기	환매권의 이전등기는 양도인을 등기의무자로 하고 양수인을 등기권리자로 하여 이들의 공동신청에 의한다.
환매권의 말소등기	① 공동신청에 의한 말소 ② 직권에 의한 말소

4.1.4 신탁법상의 신탁에 관한 등기

의의	신탁등기는 신탁을 원인으로 하는 소유권이전의 등기와 별개의 등기로서 수탁자에게 일정한 목적을 위하여 재산을 관리 · 처분하여야 할 구속적 의미를 갖는 등기이다.
신청인	① 공동신청의 원칙 　수탁자를 등기권리자로 하고 위탁자를 등기의무자로 하여 이들의 공동신청에 의한다. ② 단독신청의 예외 　신탁재산에 속하는 부동산의 신탁등기는 수탁자가 단독으로 신청할 수 있다.
신청방식	신탁으로 인한 부동산의 소유권이전등기의 신청과 동일한 서면으로 신청하여야 한다.

실행절차	① 등기의 목적 : "소유권이전 및 신탁"
	② 등기원인과 그 연월일 : "○○○○년 ○○월 ○○일 신탁"
	③ 신탁의 등기를 하는 때 : 신탁원부의 번호
	④ 신탁에 의한 소유권이전등기와 동일 순위의 사항란에 기록하며, 횡선으로서 두 등기를 구분한다.
수탁자의 변경으로 인한 소유권이전등기	수탁자의 경질 또는 수탁자 중 1인의 임무종료로 인한 신탁재산의 귀속에 따른 변경등기는 종전 수탁자와 새로운 수탁자 또는 다른 수탁자가 공동으로 신청하여야 한다.
말소등기	① 신탁재산의 처분 또는 귀속의 경우
	② 신탁재산이 수탁자의 고유재산이 된 경우

▪▪4.2 소유권 이외의 권리에 관한 등기

4.2.1 지상권에 관한 등기

의의	타인의 토지 위의 건물, 기타 공작물이나 수목을 소유하기 위하여 그 토지를 사용하는 용익물권을 지상권이라 한다.
지상권의 객체	① 1필의 토지의 전부에 대하여 설정하는 것이 보통이지만 1필의 토지의 특정 일부에도 설정할 수 있다.
	② 단독소유 또는 공동소유인 토지의 전부 또는 일부에도 설정할 수 있다.
	③ 지분 또는 공유지분에는 설정할 수 없다.
신청인	등기의무자(지상권설정자)와 등기권리자(지상권자)의 공동신청에 의한다.
신청정보의 내용	**필요적 내용**	① 지상권 설정의 목적 ② 지상권 설정의 범위
	임의적 내용	① 존속기간
		② 지료 · 지료지급시기
		③ 토지의 사용제한
구분지상권 설정등기의 특칙	① 지하 또는 지상의 공간범위는 평균해면 또는 토지의 특정 지점을 포함한 수평면을 기준으로 구체적으로 기록
	② 토지소유자의 사용권을 제한하는 특약을 하고 있는 때에는 그 특약을 기록
	③ 권리에 관한 등기(지상권의 대상이 되는 토지를 사용과 목적으로 하는)가 있는 때에는 그 권리자의 승낙서 첨부
대지권이라는 뜻의 등기를 한 토지에 대한 등기의 금지	토지의 지상권이 대지권인 경우 토지의 등기부에 대지권인 뜻을 등기한 때에는 그 지상권이전등기, 지상권이전가등기, 지상권가압류등기 등을 하지 못한다.

4.2.2 지역권에 관한 등기

의의	토지의 소유자가 설정계약서에 정한 일정한 목적을 위하여 타인의 토지를 자기의 토지의 편익에 이용하는 용익물권을 지역권이라 한다.	
신청인	요역지(편익을 받는 토지) 소유자인 등기권리자와 승역지(편익을 제공하는 토지) 소유자인 등기의무자의 공동신청에 의한다.	
신청정보의 내용	필요적 내용	① 지역권설정의 목적 ② 지역권설정의 범위 ③ 요역지·승역지의 표시
	임의적 내용	① 지역권의 부종성을 배제하는 약정이 있는 경우 ② 용수 승역지의 수량에 관하여 다른 약정이 있는 경우 ③ 승역지 소유자가 자기비용으로 지역권행사를 위하여 공작물의 설치·수선의 의무를 부담하는 약정을 한 경우
등기의 실행	① 승역지의 지역권의 등기 ② 요역지의 지역권의 등기 • 승역지와 요역지가 동일한 등기소의 관할에 속하는 경우 • 승역지와 요역지가 다른 등기소의 관할에 속하는 경우	
지역권의 변경·말소의 등기	지역권의 변경·말소등기를 한 경우에 그 요역지가 다른 등기소의 관할에 속하는 때에는 지체 없이 그 취지를 요역지 관할등기소에 통지하여야 한다.	

4.2.3 전세권에 관한 등기

의의	전세금을 지급하고 타인의 부동산을 점유하여 그 부동산의 용도에 따라 사용·수익하는 용익물권을 전세권이라 한다.	
전세권의 객체	전세권은 1개의 부동산의 전부 또는 일부에 대하여 설정할 수 있다. 공유지분 또는 농경지에는 전세권을 설정할 수 없으며 동일한 부동산에 대하여는 2중의 전세권을 설정할 수 없다.	
신청인	등기의무자(전세권설정자)와 등기권리자(전세권자)의 공동신청	
신청정보의 내용	필요적 내용	① 전세금 ② 전세권설정의 목적 ③ 전세권설정의 범위
	임의적 내용	① 존속기간 ② 위약금 또는 배상금 ③ 전세권의 처분금지특약
등기의 실행	전세권에 관한 등기는 을구에 독립등기로 하여야 하며 전세권의 목적이 부동산의 일부인 때에는 도면편철장의 책수와 면수를 기록하여야 한다.	
전세권에 관한 기타의 등기	① 전세권의 이전등기 ② 전세권의 변경등기 ③ 전세권의 말소등기	

4.2.4 저당권에 관한 등기

의의	채무자 또는 제3자가 채무의 담보로 제공한 부동산 기타 목적물을 채권자가 그 점유를 이전받지 아니하고 담보가치만을 지배하면서 다만 채무의 변제가 없는 때에는 그 목적물로부터 다른 채권자보다 자기채권의 우선 변제를 받는 담보물권을 저당권이라 한다.
저당권의 객체	① 부동산(부동산소유권) ② 지상권 ③ 전세권
저당권의 목적물이 미치는 목적물의 범위	저당 부동산에 부합된 물건과 종물

가. 저당권 설정등기

신청인		저당권자를 등기권리자로 하고 저당권설정자를 등기의무자로 하여 공동신청
신청정보의 내용	필요적 내용	① 채권액 ② 채무자 ③ 권리의 표시
	임의적 내용	① 변제기 ② 이자 및 이자의 발생기 또는 지급시기 ③ 원본 또는 이자의 지급장소 ④ 손해배상에 관한 약정 ⑤ 저당권의 효력이 미치는 부합물·종물에 관한 특약 ⑥ 채권이 조건부인 때의 그 취지의 기재
첨부정보		인감증명(지상권·전세권을 목적으로 하는 저당권설정등기 신청정보에는 등기의자의 인감증명 첨부하지 않음)
등기의 실행		독립등기(지상권·전세권을 목적으로 하는 저당권설정등기는 부등기에 의하여 이를 하여야 함)
등기 완료 후의 절차		등기관은 등기필정보를 작성하여 등기권리자에게 발급
대지권등기가 있는 경우 저당권설정등기의 금지		대지권등기를 한 토지의 등기기록에는 대지권을 목적으로 하는 저당권설정등기를 하지 못한다.

나. 저당권 이전등기

의의	저당권부채권의 양도·대위변제 등으로 인하여 채권이 이전될 때 그에 수반하여 이전되는 저당권의 이전을 공시하는 등기를 저당권이전등기라 한다.
신청인	① 채권양도의 경우 : 양수인과 양도인의 공동신청 ② 대위변제의 경우 : 대위변제자와 대위변제를 받은 자의 공동신청
신청정보의 내용	① 저당권이 채권과 함께 이전한다는 뜻 ② 양도 또는 대위변제의 목적인 채권액 ③ 대지권
등기의 실행	① 채권의 전부 양도 또는 전부 대위변제의 경우 : 종전의 저당권자를 말소 ② 일부 양도 또는 일부대위변제의 경우 : 말소하지 않는다.

다. 저당권 변경등기

의의	① 채무자의 변경이나 채권액, 이자, 변제기, 지급장소 등을 변경하는 경우에는 변경등기를 신청할 수 있다. ② 저당권의 변경등기는 등기상 이해관계인이 없거나 그의 승낙서나 대항할 수 있는 재판의 등본을 첨부한 경우에는 부등기에 의한다.
신청인	저당권자와 저당권설정자가 공동신청
등기의 실행	① 등기상 이해관계에 있는 제3자가 없는 경우와 있는 경우에는 그의 승낙정보 또는 그에 대항할 수 있는 재판이 있음을 증명하는 정보를 첨부한 경우에는 부기등기로써 이를 한다. ② 등기상 이해관계인이 존재는 경우 그의 승낙정보 또는 그에게 대항할 수 있는 재판이 있음을 증명하는 정보를 제공할 수 없는 때에는 주등기에 의한다.

라. 저당권 말소등기

의의		저당권이 목적부동산의 멸실, 토지수용, 피담보채권의 소멸, 경매, 목적인 지상권, 전세권의 소멸 등으로 인하여 소멸하는 경우 저당권의 말소를 공시하기 위하여 하는 등기를 말한다.
신청인	공동신청	등기권리자(저당권설정자)와 등기의무자(저당권자)
	단독신청	• 판결 또는 혼동에 의한 말소 • 등기의무자의 행방불명의 경우 • 등기한 권리가 어느 자의 사망으로 소멸한다는 특약의 등기가 있는 경우
신청정보의 내용		① 등기원인을 증명하는 정보로서 해지증서 ② 승낙정보 또는 이에 대항할 수 있는 재판이 있음을 증명하는 정보 ③ 근저당권 이전등기의 등기필증 ④ 확인서면·공증서면(등기필증 분실 시)
등기의 실행		① 말소할 권리를 목적으로 하는 제3자의 권리에 관한 등기가 있는 때에는 등기관이 그 등기를 직권으로 말소한다. ② 저당권설정등기를 말소할 때에는 주등기에 의하여 말소의 등기를 한 후 말소할 등기를 붉은 선으로 지워야 한다.

마. 공동저당권에 관한 등기

의의	동일한 채권의 담보를 위하여 수 개의 부동산에 관한 권리를 목적으로 하는 저당권을 설정하는 것을 공동저당이라 한다.
창설적 공동저당권의 설정등기에 관한 특칙	① 신청서에 각 부동산에 관한 권리를 표시하고 부동산이 5개 이상인 때에는 공동담보록을 첨부하여야 한다. ② 여러 개의 부동산에 관한 권리에 대하여 저당권설정등기를 하는 때 각 부동산의 등기부 중 해당 구 사항란에 다른 부동산에 관한 권리의 표시를 하고 그 권리가 함께 담보의 목적이라는 뜻을 기록
추가적 공동저당권의 설정등기에 관한 특칙	그 등기와 종전의 등기의 등기부 중 해당 구 사항란에 한 등기의 말미에 다른 부동산에 관한 권리를 표시하고 그 권리가 함께 담보의 목적이라는 뜻을 기록
공동저당의 일부의 소멸 또는 변경의 등기	다른 부동산에 관하여 공동담보의 뜻의 기록에 그 소멸·변경의 뜻을 부기하고 소멸된 사항 또는 변경 전의 사항을 붉은 선으로 지워야 한다.

바. 근저당권에 관한 등기

의의	계속적 거래관계로부터 발생하는 다수의 불특정채권을 장래의 결산기에서 일정한 한도까지 담보하는 저당권을 근저당권이라 한다.
근저당권 설정 등기의 기재사항	① 등기원인이 근저당권설정계약이라는 취지, 채권최고액, 채무자 ② 채권최고액은 반드시 단일하게 기록 ③ 채무자가 수인인 경우 그 수인의 채무자가 연대채무자라 하더라도 등기부에는 단순히 "채무자"로 기록
근저당권 설정 등기의 실행	① 등기의 목적 : "근저당권설정" ② 채권액 : "채권최고액" ③ 권리자 : "근저당권자"로 기록
근저당권 이전등기	① 부기등기 형식에 의한다. ② 계약양도, 확정채권양도, 확정채권대위변제를 원인으로 한 경우는 종전권리자의 표시를 말소 ③ 계약의 일부양도·계약가입·확정채권일부양도·확정채권일부대위변제를 원인으로 한 경우는 종전권리자의 표시를 말소하지 않는다. ④ 확정채권일부양도·확정채권일부대위변제의 경우는 양도, 대위변제한 금액을 기록
근저당권 변경등기	① 채무자의 변경 ② 채권최고액의 변경

4.2.5 권리질권에 관한 등기

의의	재산권을 목적으로 하는 질권을 권리질권이라 한다.
등기할 수 있는 권리질권의 객체	권리질권도 원칙적으로 등기할 수 없으나 권리질권 중 저당권부채권질권은 저당권등기에 부기등기로서 할 수 있다.
신청인	채권질권자를 등기권리자로 하고 저당권자를 등기의무자로 하여 이들의 공동신청에 의한다.
신청정보의 내용	① 일반적인 내용정보 ② 저당권의 표시 ③ 채무자의 표시 ④ 채권액
등기의 실행	저당권부채권질권등기는 저당권등기의 부기등기로 이를 한다.

4.2.6 임차권에 관한 등기

의의		임대차는 당사자 일방이 상대방에게 목적물을 사용·수익하게 할 것을 약정하고 상대방은 이에 대한 대가로서 차임을 지급할 것을 약정함으로써 성립하는 유상, 낙상, 불요식의 채권계약이다.
신청인		등기권리자(임차권자)와 등기의무자(임차권설정자)의 공동신청
신청정보의 내용	필요적 내용	① 차임 ② 처분능력 또는 권한 없는 자라는 취지(단기임대차인 경우)
	임의적 내용	① 존속기간 ② 차임의 선지급 및 지급시기 ③ 임차보증금 ④ 임차권의 양도나 임차물의 전대에 대한 임대인의 동의
임차권의 이전등기 또는 임차물 전대의 등기		① 임차권의 이전등기는 부기등기에 의한다. ② 임차권이전 및 임차물의 전대에 대한 동의의 약정등기가 없으면 임대인의 동의서 첨부 ③ 임대인의 동의 없는 임차권의 양도나 임대물의 전대는 당사자 간에는 효력은 있으나 임대인이나 제3자에게 대항할 수 없다.
임차권등기명령에 기한 촉탁에 의한 임차권등기		주택임대차의 종료 후 보증금을 반환받지 못한 임차인은 임차주택의 소재지를 관할하는 지방법원·동 지원 또는 시·군법원에 임대차등기명령을 신청할 수 있다. 법원은 임차권등기명령의 효력이 발생하면 지체없이 촉탁서에 재판서 등본을 첨부하여 등기관에게 임차권등기의 기입을 촉탁하여야 한다.

4.2.7 구분건물에 관한 등기

구분건물의 요건	객관적	① 구조상 ② 이용상 ③ 독립성
	주관적	소유자의 구분행위가 있어야 한다.
구분소유권의 객체		① 전유부분 ② 공용부분 ③ 대지사용권
대지권의 등기		대지권의 등기란 구분건물의 소유자의 신청에 의하여 구분건물의 소유권보존등기와 동시에 또는 그 후에 건물등기부의 표제부에 대지권을 표시하는 건물의 표시등기의 일종이다.
대지권이라는 뜻의 등기		등기관은 직권으로 대지권의 목적인 토지의 등기기록 중 해당 구 권리자 및 기타 사항란에 대지권이라는 뜻의 등기를 하여야 한다.
별도등기가 있다는 뜻의 등기		소유권보존등기 또는 소유권이전등기 이외의 소유권에 관한 등기 또는 소유권 이외의 권리에 관한 등기가 있는 때에는 등기관은 그 건물의 전유부분 표제부에 토지등기부에 별도의 등기가 있다는 뜻을 기록하여야 한다.

▼ 대지권 및 대지권이라는 뜻의 등기 비교

등기의 종류	실행등기부		실행사유
대지권의 등기	건물등기부	• 1동 건물의 표제부 • 전유부분의 표제부	신청
대지권이라는 뜻의 등기	토지등기부	해당 구 권리자 및 기타 사항란	직권
별도등기가 있다는 뜻의 등기	건물등기부	전유부분의 표제부	직권

전유부분과
대지사용권 처분의
일체성과
이에 반하는
등기의 금지
	① 전유부분과 대지사용권의 처분의 일체성의 원칙
	② 대지권이라는 뜻의 등기를 한 토지 또는 대지권의 등기를 한 건물에 대한 등기의 금지
	  • 이전등기의 금지
	  • 저당권설정등기의 금지
	  • 가등기의 금지
	  • 허용되는 등기		

▼ 금지되는 등기와 허용되는 등기

등기		금지되는 등기	허용되는 등기
소유권이 대지권인 경우	토지 등기부	토지만을 목적으로 하는 소유권 이전등기, 가등기, (가)압류, (근)저당권설정등기	토지만을 목적으로 하는 지상권, 지역권, 전세권, 임차권설정등기
	건물 등기부	건물만을 목적으로 하는 소유권 이전등기, 가등기, (가)압류, (근)저당권설정등기	건물만을 목적으로 하는 전세권, 임차권 설정등기

가. 대지권의 변경, 경정, 소멸의 등기

의의	변경 등기	구분건물의 등기를 한 후 대지권이 새로이 발생한 경우, 등기되어 있던 대지권이 대지권이 아닌 것으로 된 경우, 대지권의 목적인 토지에 변경이 있는 경우 이를 공시하는 등기
	경정 등기	대지권의 등기에 관하여 원시적으로 착오 또는 빠진 사항이 있어 대지권의 등기가 실체관계와 불일치하는 경우에 있어서 대지권의 등기를 하거나 그 등기를 말소 또는 시정하는 등기를 말한다.
	소멸 등기	대지권으로 등기된 지상권 등이 존속기간의 만료, 해지 등으로 인하여 소멸하여 대지권이 소멸한 경우에 이를 공시하는 등기를 말한다.
등기 신청인		① 그 건물 소유권의 명의인이 1월 이내에 신청 ② 등기신청을 게을리한 때에는 5만 원 이하의 과태료에 처한다.
신청정보		① 변경·경정 후의 대지권 ② 소멸한 대지권
등기 신청절차		① 건축물대장 정보 ② 변경·경정·소멸에 관한 규약이나 공정증서 또는 이를 증명하는 정보 ③ 등기기록사항증명서(대지권의 목적인 토지가 다른 등기소 관할에 속할 때)
등기 실행절차		공통적으로 등기부 중 표시란에 변경·경정·소멸의 원인을 기록하고 종전의 표시와 그 번호를 붉은 선으로 지워야 한다.

나. 규약상 공공부분에 관한 등기

공용부분이라는 뜻의 등기	구분소유권의 목적이 되는 전유부분 또는 부속건물이 구분소유자 또는 일부의 공용부분이 되는 경우에 그 전유부분의 표제부에 하는 등기를 공용부분이라는 뜻의 등기라 한다.
신청인	공용부분으로 정한 구분건물 또는 부속건물의 소유권의 등기명의인인 공유자들이 신청하여야 한다.
신청정보의 내용	등기의 목적은 "공용부분이라는 뜻의 등기" 또는 "단지공용부분이라는 뜻의 등기"를 신청정보의 내용으로 한다.
첨부정보	① 그 건물을 공용부분으로 정한 규약 ② 공증증서 ③ 등기명의인의 승낙이 있음을 증명하는 정보 또는 이에 대항할 수 있는 재판이 있음을 증명하는 정보
등기의 실행	전유부분 표제부의 건물의 표시란에 공유부분이라는 뜻의 등기를 하고 전유부분의 갑구·을구에 있는 권리에 관한 등기의 말소 등기를 한다.

▼ 신청서의 기록사항

등기	필요적 내용정보	임의적 내용정보
지상권	지상권의 목적, 범위	• 존속기간, 지로 · 지료지급시기 • 토지사용제한특약(구분건물)
지역권	• 지역권의 목적, 범위 • 요역지, 승역지의 표시	• 부종성배제특약 • 용수승역지의 수량공급을 달리하는 특약 • 승역지 소유자의 수선의무 등 부담특약
전세권	• 전세금 • 전세권의 목적인 범위	• 존속기간, 위약금, 배상금 • 처분금지특약
저당권	• 채권액, 채무자 • 권리(지상권, 전세권)의 표시	• 변제기 • 이자 및 그 발생기, 지급시기 • 원본, 이자의 지급장소 • 채무불이행으로 인한 손해배상에 관한 약정
저당권 이전	저당권이 채권과 함께 이전한다는 뜻	
근저 당권	• 등기원인이 근저당권설정계약이라는 뜻 • 채권최고액, 채무자	• 저당부동산에 부합된 물건과 종물에 저당권 의 효력이 미치지 않는다는 특약 • 조건부채권의 조건 • 취급지점등의 표시
권리 질권	• 저당권의 표시 • 채권액, 채무자	• 변제기 • 이자
임차권	• 차임 • 처분능력, 권한 없는 자라는 뜻(단기임대차)	• 차임의 선지급, 지급시기 • (임차)보증금, 존속기간 • 임차권양도, 임차물전대에 대한 임대인 동 의 임차권의 범위
소유권 보존	신청근거조항	등기원인과 그 연월일을 기록하지 않는다.
환매 특약	매수인이 지급한 매매대금, 매매비용	환매기간

제5절 각종 등기절차

••• 5.1 변경등기

표시란의 변경등기	부동산의 변경등기	부동산의 증감, 지목의 변경과 같이 부동산 자체의 물리적 변경이 있는 경우
	부동산표시의 변경등기	부동산 소재지의 명칭변경, 지번의 변경 등이 있는 경우
	대지권의 변경등기	구분건물과 일체로서만 처분될 수 있는 대지권에 변동이 생긴 경우
사항란의 변경등기	권리의 변경등기	등기되어 있는 권리의 존속기간, 이율변경 등이 있는 경우
	등기명의인 표시의 변경등기	등기명의인의 성명, 주소 등이 등기 후에 변경된 경우

5.1.1 부동산의 변경등기

의의			부동산의 변경등기란 토지의 분합, 멸실, 면적의 증감, 지목의 변경 또는 건물의 분합, 종류, 구조의 변경, 멸실, 면적의 증감, 부속건물의 신축 등 부동산 자체의 물리적 변경을 공시하는 등기를 말한다.
토지의 변경 등기	의의		토지의 변경등기란 토지등기부의 표시란에 기재하는 등기사항이 변경된 경우에 이를 공시하는 등기를 말한다. 토지의 분합에는 토지의 분필, 합필, 분합필 등이 있다.
		분필	1필지를 2필지 이상으로 나누는 것을 말함
		합필	2필지 이상의 토지를 1필지로 합하는 것을 말함
		분합필	1필지 일부를 분할하여 다른 토지에 합필하는 것을 말함
	첨부 정보		토지의 분합, 증감된 면적, 현재의 면적, 새로운 지목을 기록하고 등기원인을 증명하는 정보로서 토지(임야)대장등본을 첨부
	실행		① 토지표시변경등기 ② 토지분필등기 ③ 토지합필등기

건물의 변경 등기	의의	건물의 변경등기란 건물등기부의 표시란에 기재하는 등기사항이 변경된 경우에 이를 공시하는 등기를 말한다. 건물의 분합에는 건물의 분할, 구분, 합병, 분할합병, 구분합병 등이 있다.	
		분할	甲건물의 부속건물을 분할하여 乙건물로 하는 경우를 말함
		합병	甲건물을 乙건물 또는 그 부속건물에 합병하거나, 乙건물의 부속건물로 하는 것을 말함
		구분	甲건물을 구분하여 乙건물로 하는 것을 말함
		분할합병	甲건물로부터 그 부속건물을 분할하여 이를 乙건물의 부속건물로 하는 것을 말함
		구분합병	甲건물을 구분하여 그 일부를 乙건물 또는 그 부속건물에 합병하는 것을 말함
	첨부 정보	분합의 면적, 신종류, 신구조, 증감, 신축한 면적, 현재의 면적을 기재하고, 건물번호의 변경등기와 멸실등기의 경우를 제외하고는 건축물대장등본을 첨부하여야 한다.	

5.1.2 부동산 표시의 변경등기

의의	부동산의 표시변경등기는 등기부에 기재되어 있는 부동산의 표시가 후발적으로 불일치가 생긴 경우에 일치시키기 위하여 하는 등기를 말한다.
행정구역 또는 그 명칭이 변경된 경우	행정구역 또는 그 명칭의 변경이 있을 때에는 등기부에 기재한 행정구역 또는 그 명칭은 당연히 변경된 것으로 본다. 행정구역 아닌 종전의 구획 또는 그 명칭의 변경이 있을 때에도 같다.
행정구역 등의 변경으로 지번이 변경된 경우	행정구역 또는 행정구역 아닌 구획의 변경으로 토지의 지번 또는 건물대지의 지번의 변경이 있는 경우 대장지적소관청은 지체 없이 그 취지를 등기소에 통지하여야 하고, 이 통지를 받은 등기소는 지체 없이 등기부 중 표시란에 직권으로 지번변경등기를 하여야 한다.
건물의 명칭이 변경된 경우	토지·건물표시의 변경등기로는 건물의 명칭이나 번호가 변경된 경우, 면적단위를 환산한 경우 등을 들 수 있다. 건물번호를 변경하는 등기신청의 경우에는 신청서에 건축물대장등본을 첨부할 필요가 없다.

5.1.3 대지권의 변경등기

의의	대지권의 변경등기는 구분건물의 등기를 한 후 대지권이 새로이 발생한 경우, 등기되어 있던 대지권이 대지권 아닌 것으로 된 경우, 대지권의 목적인 토지에 변경이 있는 경우 이를 공시하는 등기를 말한다.
등기 신청인	대지권의 변경·경정·소멸의 등기는 그 건물의 소유권의 등기명의인이 1월 이내에 신청하여야 하고, 그 등기신청을 게을리 한 때에는 50만 원 이하의 과태료에 처한다.
등기 신청절차	신청정보에는 변경·경정 후의 대지권 또는 소멸한 대지권을 기록하여야 한다.
등기 실행절차	대지권의 변경·경정·소멸의 등기를 하는 때에는 공통적으로 등기용지 중 표시란에 변경·경정·소멸의 원인을 기록하고 말소하는 표시를 하여야 한다.

5.1.4 등기명의인 표시의 변경등기

의의	등기명의인의 표시변경등기란 등기명의인의 성명·주소·주민등록번호 등이 변경된 경우에 이를 공시하는 등기를 말한다.
신청인	등기명의인의 표시변경등기는 등기의무자가 존재하지 아니하므로 등기명의인이 단독으로 이를 신청할 수 있으며, 이해관계에 있는 제3자도 존재하지 아니하므로 제3자의 승낙서도 첨부할 필요가 없다.
신청서의 첨부서면	① 그 표시의 변경 또는 경정을 증명하는 기본증명서 ② 주민등록정보 ③ 법인등기사항증명서
등기의 실행	등기명의인의 표시변경등기는 부기등기에 의한다. 등기명의인의 표시변경등기는 기존등기의 일부를 변경하나 권리변동을 초래하지 아니하고 등기된 다른 권리에 영향을 미치지 아니하는 등기이므로 기존 등기와 동일한 순위를 보유케 할 필요가 있기 때문이다.

5.1.5 권리의 변경등기

의의	권리변경등기란 등기부의 권리자 및 기타 사항란에 기록된 권리의 내용의 일부에 후발적으로 변경이 생긴 경우 이를 시정하는 등기를 말한다.
신청인	등기권리자와 등기의무자의 공동신청에 의한다.
첨부정보	① 권리변경계약서 ② 가족관계등록사항별 증명서 ③ 이해관계인의 승낙 ④ 이에 대항할 수 있는 재판이 있음을 증명하는 정보
등기의 실행	권리변경등기는 부기등기로 하는 것이 원칙이다. 즉, 등기상 이해관계에 있는 제3자가 없는 경우에는 언제나 부기등기로 한다.

•• 5.2 경정등기

의의	경정등기란 이미 경료된 등기의 일부에 관하여 당초부터 착오 또는 빠진 사항이 있어 등기가 원시적으로 실체관계와 불일치하는 경우에 등기와 실체관계를 일치시키기 위하여 기존 등기사항의 일부를 시정하는 등기를 말한다.
요건	① 등기에 관하여 착오 또는 빠진 사항이 있을 것 ② 등기사항의 일부에 관한 착오 또는 빠진 사항일 것 ③ 등기와 실체관계의 원시적 불일치일 것 ④ 착오 또는 빠진 사항을 등기의 완료 후에 정정하려는 것일 것 ⑤ 경정 전의 등기와 경정 후의 등기 사이에 동일성이 있을 것
착오 또는 빠진 사항의 통지	부동산표시경정등기나 등기명의인 표시경정등기의 경우에는 성질상 상대방이 없으므로 단독신청이 가능하나 권리의 경정등기의 경우에는 공동으로 신청함이 원칙이다.
신청인	① 권리경정등기는 등기의무자와 등기권리자의 공동신청에 의한다. ② 부동산의 표시경정등기는 소유권의 등기명의인의 단독신청에 의한다. ③ 등기명의인의 표시경정등기는 그 등기명의인의 단독신청에 의한다.
첨부정보	① 권리경정등기의 경우 　착오·빠진 사항을 증명하는 정보로써 등기필정보 ② 등기명의인 표시경정등기의 경우 　• 시·구·읍·면장의 서면 　• 이를 증명함에 충분한 정보와 인감증명을 첨부한 동일인 보증서 ③ 부동산의 표시경정등기의 경우 　• 토지대장등본 　• 임야대장등본

5.2.1 직권경등기

의의	등기관이 등기의 착오나 빠진 부분이 등기관의 잘못으로 인한 것임을 발견한 경우에는 지체 없이 그 등기를 직권으로 경정하여야 한다.
요건	등기의 착오·빠뜨린 사항이 등기관의 잘못으로 인하여 발생했을 것을 요구한다. 따라서 당사자의 신청착오에 의한 경우에는 직권에 의할 수는 없고, 당사자의 경정등기신청에 의해야만 한다.
절차	직권에 의한 경정등기는 착오나 빠뜨린 사항이 등기관의 잘못으로 발생하였고, 등기상 이해관계인의 승낙이 있어야 가능하도록 하였기 때문에 지방법원장의 허가 없이 직권으로 경정절차를 밟을 수 있다.
실행	권리의 등기에 관한 직권경정등기는 등기상 이해관계인의 승낙이 있어야 가능하고 등기형식은 부기등기로 실행하며 경정 전의 등기사항에 대해 말소하는 표시를 하여야 한다.

5.3 말소등기

의의	말소등기란 기존의 등기가 원시적 또는 후발적 사유로 인하여 등기사항의 전부에 관하여 실체관계와 부합하지 않게 된 경우에, 당해 기존 등기 전부를 소멸시킬 목적으로 하는 등기를 말한다.	
요건	① 등기의 전부가 부적법하여야 한다. ② 등기의 부적법의 원인은 원시적이든, 후발적이든 불문한다. ③ 말소에 관하여 이해관계에 있는 제3자가 있는 경우에는 그 제3자의 승낙서 등을 첨부하여야 한다.	
신청인	① 공동신청의 원칙 ② 단독신청의 특칙	
	단독신청에 의한 말소등기	① 판결에 의한 말소등기 ② 소유권보존등기의 말소등기 ③ 가등기명의인 또는 등기상 이해관계인의 가등기에 대한 말소등기 ④ 혼동에 의한 권리의 말소등기 ⑤ 등기의무자의 소재불명으로 인한 말소등기 ⑥ 등기권리가 어떤 자의 사망으로 소멸할 때의 말소등기
	촉탁에 의한 말소등기	① 공매처분으로 인하여 소멸한 권리의 등기에 대한 말소등기 ② 체납처분에 의한 압류등기의 말소등기 ③ 매각대금 완납 후 경매개시결정등기의 말소등기 ④ 관공서가 취득한 부동산에 대한 권리의 말소등기
	직권에 의한 말소등기	① 대지권이라는 뜻의 등기 및 그 말소등기 ② 수용에 의한 소유권이전등기시 소유권 및 소유권 이외의 권리에 관한 말소등기 ③ 동일한 부동산에 대한 이중의 소유권보존등기의 말소등기 ④ 말소등기를 한 경우 말소한 권리를 목적으로 하는 제3자의 권리에 관한 등기의 말소등기 ⑤ 가등기에 기한 본등기를 한 경우 중간처분등기의 말소등기 ⑥ 환매에 의한 권리취득등기를 한 경우의 환매특약등기의 말소등기
실행	① 각하사유를 간과한 등기의 직권말소등기 ② 소유권보존등기의 말소등기 ③ 소유권이전등기의 말소등기	

·· 5.4 말소회복등기

의의	등기의 전부 또는 일부가 부적법한 방법으로 말소된 경우 그것을 회복 내지 재현함으로써 처음부터 그러한 말소가 없었던 것과 같은 효력을 보유하도록 할 목적으로 행하여지는 등기를 말한다.
요건	① 등기가 부적법하게 말소되었을 것 ② 말소된 등기를 회복하려는 것일 것 ③ 말소회복등기로 인하여 제3자에게 불측의 손해를 주지 않을 것
신청인	① 일반원칙에 따라 공동신청에 의하는 것이 원칙이다. ② 다만, 등기관의 직권 또는 법원의 촉탁에 의하여 등기가 말소된 경우에는 말소된 등기의 회복등기는 직권 또는 촉탁에 의하여야 한다. ③ 말소회복등기절차이행을 소구할 이익은 없으며, 그와 같은 법리는 등기관이 착오로 인하여 말소할 수 없는 등기를 말소한 경우에는 동일하게 적용된다.
첨부정보	① 일반적인 첨부서면 ② 등기상 이해관계에 있는 제3자가 있는 경우에는 그의 승낙서 ③ 이에 대항할 수 있는 재판의 등본
등기의 실행	① 전부말소회복 ② 일부말소회복
직권말소 회복등기	① 등기관이 직권으로 말소한 경우에는 그 회복등기도 직권으로 하여야 한다. ② 다만, 등기관이 직권으로 말소회복등기를 하여야 할 경우 등기상 이해관계에 있는 제3자가 있는 때에는 그 승낙서 또는 이에 대항할 수 있는 재판이 있음을 증명할 정보의 제공이 없는 한 그 회복등기를 할 수는 없다.
효력	말소회복등기가 경료되면 회복된 등기는 종전의 등기와 동일한 순위와 효력을 보유하게 된다.

·· 5.5 멸실등기

의의	토지의 함몰·포락 또는 건물의 소실·붕괴 등으로 인하여 1개의 부동산 전부가 물리적으로 소멸하는 경우 표시란에 하는 사실의 등기를 부동산의 멸실등기라 말한다.
등기의 신청	① 도지의 경우 ② 건물의 경우
등기상 이해관계인의 승낙서	부동산의 멸실등기신청시에 그 부동산에 소유권 이외의 등기상 이해관계인이 있더라도 그 자들의 승낙이 있음을 증명하는 정보 또는 이에 대항할 수 있는 재판이 있음을 증명하는 정보를 첨부정보로서 등기소에 제공할 필요는 없다.
건물멸실 통지	멸심등기신청이 있고, 그 등기에 소유권 이외의 권리가 등기되어 있는 건물에 대한 멸실등기의 신청이 있는 경우에 등기관은 소유권 이외의 권리의 등기명의인에게 1개월 이내의 기간을 정하여 그 기간까지 이의를 진술하지 아니하면 멸실등기를 한다는 뜻을 알려야 한다.
등기의 실행	부동산의 멸실의 등기를 하는 때에는 등기기록 중 표제부에 멸실의 뜻과 그 원인 또는 부존재의 뜻을 기록하고 표제부의 등기를 말소하는 표시를 한 후 그 등기기록을 폐쇄하여야 한다.

▼ 각종 등기의 비교

종류	내용	실행방법	이전사항 주말
변경등기	① 후발적 불일치 ② 일부 불일치	부기등기(원칙)	일부 주말 ○
		독립등기(예외)	일부 주말 ×
경정등기	① 원시적 불일치 ② 일부 불일치	부기등기(원칙)	일부 주말 ○
		독립등기(예외)	일부 주말 ×
말소등기	① 원시적 · 후발적 불일치 ② 전부 불일치	독립등기	전부 주말
말소 회복등기	일부 말소 · 전부 말소된 등기의 회복	① 일부말소회복－부기등기 ② 전부말소회복－독립등기	－
멸실등기	부동산의 전부 멸실	독립등기	전부 주말

···5.6 부기등기

의의	부기등기란 기존의 등기에 부기하여 그 일부를 변경하는 새로운 등기로서 구등기를 유기하려는 등기형식이다.	
실행	등기관이 부기등기를 할 때에는 그 부기등기가 어느 등기에 기초한 것인지 알 수 있도록 주등기 또는 부기등기의 순위번호에 가지번호를 붙여서 하여야 한다.	
	주기등기	**부기등기**
주등기 및 부기등기를 하는 경우	① 부동산의 변경등기 ② 부동산을 목적으로 하는 저당권설정등기 ③ 용익물권 · 임차권설정등기 ④ ㉠ 소유권보존등기 　㉡ 소유권이전등기 　㉢ 소유권이전청구권가등기 ⑤ 권리변경등기(이해관계인이 있으나 승낙서 　등을 첨부하지 않은 경우) ⑥ 전부말소회복등기	① 등기명의인표시변경등기 ② 환매특약등기 ③ 소유권 이외의 권리를 목적으로 하는 저당 　권설정등기 ④ ㉠ 소유권 이외의 권리의 이전등기 　㉡ 소유권 이외의 권리의 이전청구권가등기 ⑤ 권리의 변경등기(이해관계인의 승낙서 등을 　첨부한 경우) ⑥ 일부말소회복등기 ⑦ 가등기상의 권리의 이전등기
부기등기의 효력	부기등기의 순위는 주등기의 순위에 의한다. 따라서 주등기가 말소되면 부기등기도 말소된다.	

••5.7 가등기

의의	가등기란 현재로서는 본등기를 할 수 있는 실체법적 요건이 갖추어져 있지 아니한 경우 등에 장래에 할 본등기의 준비로서 하는 예비등기를 말한다.	
대상	**가등기 대상**	**가등기 대상이 아닌 경우**
	① 채권적 청구권 보전을 위한 가등기 ② 환매권이전청구권 가등기 ③ 권리변경등기의 가등기 ④ 시기부·정지조건부 청구권의 가등기 ⑤ 가등기의 가등기 ⑥ 가등기의 이전 ⑦ 가등기된 부동산의 가등기	① 물권적 청구권 보전을 위한 가등기 ② 환매권설정청구권 가등기 ③ 소유권보존등기의 가등기 ④ 종기부·해제조건부 청구권의 가등기 ⑤ 등기명의인표시변경등기의 가등기 ⑥ 부동산표시변경등기의 가등기 ⑦ 말소등기의 가등기 ⑧ 처분제한등기의 가등기
효력	① 본등기 전의 효력(가등기 자체의 효력) ② 본등기 후의 효력(청구권 보존의 효력)	
요건	① 본등기를 할 수 있는 권리에 관한 것이어야 한다. ② 채권적 청구권을 보전하기 위한 것이어야 한다.	
가등기 절차의 개시	① 당사자의 신청 ② 법원의 명령	
첨부정보	① 등기원인을 증명하는 정보 ② 등기원인에 대한 제3자의 허가서 ③ 가등기의무자의 권리에 관한 등기필증 ④ 가등기의무자의 인감증명 ⑤ 등록명허세영수필확인서	
가등기의 실행	① 일반적 등기사항 ② 가등기는 등기기록 중 해당 구 사항란에 기록하되 가등기권리자의 성명과 주민등록번호, 주소 등을 기록한다.	
가등기에 기한 본등기의 실행	가등기를 한 후에 본등기를 할 수 있는 실체법적 요건이 구비된 경우 가등기 아래쪽에 가등기의 순위번호를 사용하여 본등기 사항을 기록하는 것을 가등기에 기한 본등기라 말한다.	
가등기의 말소등기	① 공동신청 ② 단독신청의 특칙	

••• 5.8 촉탁에 의한 등기

의의	촉탁이란 어느 관공서의 직무상 필요한 사무가 다른 관공서의 권한에 속하는 경우에 다른 관공서에 그 사무의 처리를 위임하는 것을 말한다.
관공서가 권리관계의 당사자로서 촉탁하는 경우	관공서가 권리관계의 당사자로서 촉탁하는 경우에는 그의 일방적으로 촉탁에 의한 등기를 허용하고 있다.
관공서가 공권력행사의 주체로서 촉탁하는 경우	1. 체납처분에 관한 등기 　① 압류등기의 촉탁 　② 공매처분으로 인한 이전 말소등기 　③ 압류등기의 말소등기 2. 경매에 관한 등기 　① 경매신청의 등기 　② 경매신청등기의 말소 　③ 경락으로 인한 등기 　④ 제3취득자가 매수인이 된 경우 3. 가압류 · 가처분에 관한 등기 　① 가압류 · 가처분등기의 말소등기 　② 가처분에 저촉되는 등기의 말소등기 4. 기타 　① 임차권 등기 　② 회사정리에 관한 등기 　③ 화의에 관한 등기 　④ 강제관리에 관한 등기 　⑤ 파산에 관한 등기 　⑥ 몰수에 관한 등기

제6절 등기관의 처분에 대한 이의

6.1 이의 신청의 요건

6.1.1 등기관의 결정 또는 처분의 부당

등기관의 결정 또는 처분을 부당하다고 하는 자는 관할지방법원에 이의신청을 할 수 있다. 등기관의 결정 또는 처분의 부당이란 부동산등기법에서 정하고 있는 등기관의 모든 조치를 포함하므로 등기부 등·초본 의 교부나 열람에 관한 처분과 같이 등기가 아닌 처분에 관해서도 당연히 이의신청을 할 수 있다.

6.1.2 결정 또는 처분의 부당

등기 신청에 관한 결정 또는 처분에 관하여는 소극적 부당과 적극적 부당으로 나눌 수 있다.

소극적 부당	신청을 각하하거나 또는 등기의 실행을 해태하는 소극적 부당에 대하여는 등기권리자와 등기의무자만이 이의신청을 할 수 있으며, 일정한 등기의 실행을 구하는 이의신청을 할 수 있다.
적극적 부당	관할 위반 또는 사건이 등기할 것이 아닌 때에는 등기관은 등기신청을 각하하여야 한다. 이것을 간과하고 등기실행을 하였을 때에는 등기상 이해관계에 있는 자가 그 등기를 말소하 라는 이의신청을 할 수 있다.
부당의 판정시기	등기관의 결정 또는 처분이 부당한 자의 여부는 그 결정 또는 처분을 한 시점을 기준으로 판 단하여야 한다. 따라서 새로운 사실이나 새로운 증거방법으로는 이의신청을 할 수 없다.

6.2 이의 신청의 절차 및 효력

6.2.1 이의신청의 절차

이의신청은 당해 등기관을 감독하는 관할지방법원에 하여야 하나, 그 이의신청서는 당해 등기소에 제출한다. 그리고 이의신청은 기간의 제한이 없으므로 언제든지 할 수 있다.

6.2.2 이의신청의 효력

이의는 집행정지의 효력이 없다. 이의신청이 있다고 해서 결정 또는 처분의 집행을 정지하지 않는다.

··· 6.3 이의신청에 대한 조치

6.3.1 등기관의 조치

가. 이의가 이유 없다고 인정한 경우

등기관은 이의가 이유 없다고 인정한 때에는 3일 이내에 의견을 붙여서 사건을 관할지방법원에 송부하여야 한다.

나. 이의가 이유 있다고 인정한 경우

등기관은 이의가 이유 있다고 인정한 때에는 상당한 처분을 하여야 한다.

6.3.2 관할지방법원의 조치

가. 이의에 대한 결정

등기관을 경유해서 이의신청서를 받은 관할지방법원은 이의에 관하여 이유를 붙여서 결정을 하여야 한다. 이 경우에 이의가 이유 있다고 인정한 때에는 등기관에게 상당한 처분을 명하고 그 취지를 이의신청인과 등기상의 이해관계인에게 통지하여야 한다.

나. 처분 전의 가등기 및 부기등기의 명령

관할지방법원은 이의에 대하여 결정하기 전에 등기관에게 가등기 또는 이의가 있다는 취지의 부기등기를 명할 수 있다.

··· 6.4 항고와 재항고

6.4.1 항고

관할지방법원의 결정에 대하여 불복이 있는 경우에는 이의 신청인이 비송사건절차법에 의하여 항고할 수 있다.

6.4.2 재항고

항고법원의 결정에 대하여 재판에 영향을 미친 헌법·법률·명령 또는 규칙의 위반이 있음을 이유로 하는 때에 한하여 대법원에 재항고할 수 있다.

CHAPTER 03 실전문제

01 다음 중 등기원인의 무효나 취소로 인한 등기의 말소 또는 회복의 소가 제기된 경우에 한하여 실시하는 등기는? 12①산

① 가등기
② 예고등기
③ 부기등기
④ 회복등기

해설

예비등기
등기원인의 무효 또는 취소로 인한 등기의 말소 또는 회복의 소가 제기된 경우에 이를 제3자에게 경고하기 위하여 소송이 제기된 법원의 촉탁에 의한 등기를 말한다.

02 다음 중 등기관이 토지에 관한 등기를 하였을 때 지적공부 소관청에 지체 없이 그 사실을 알려야 하는 대상에 해당하지 않는 것은? 12①산

① 소유권의 보존
② 소유권의 등록
③ 소유권의 경정
④ 소유권의 말소

해설

부동산등기법 제62조(소유권변경 사실의 통지)
등기관이 다음 각 호의 등기를 하였을 때에는 지체 없이 그 사실을 토지의 경우에는 지적소관청에, 건물의 경우에는 건축물대장 소관청에 각각 알려야 한다.
1. 소유권의 보존 또는 이전
2. 소유권의 등기명의인표시의 변경 또는 경정
3. 소유권의 변경 또는 경정
4. 소유권의 말소 또는 말소회복

03 다음 중 원칙적으로 등기관을 지정하는 자는? 12①산

① 대법원장
② 고등법원장
③ 지적소관청
④ 지방법원장

해설

부동산등기법 제11조(등기사무의 처리)
① 등기사무는 등기소에 근무하는 법원서기관·등기사무관·등기주사 또는 등기주사보(법원사무관·법원주사 또는 법원주사보 중 2001년 12월 31일 이전에 시행한 채용시험에 합격하여 임용된 사람을 포함한다) 중에서 지방법원장(등기소의 사무를 지원장이 관장하는 경우에는 지원장을 말한다. 이하 같다)이 지정하는 자[이하 "등기관"(登記官)이라 한다]가 처리한다.
② 등기관은 등기사무를 전산정보처리조직을 이용하여 등기부에 등기사항을 기록하는 방식으로 처리하여야 한다.
③ 등기관은 접수번호의 순서에 따라 등기사무를 처리하여야 한다.
④ 등기관이 등기사무를 처리한 때에는 등기사무를 처리한 등기관이 누구인지 알 수 있는 조치를 하여야 한다.

04 등기관이 토지 등기기록의 표제부에 기록하여야 할 사항이 아닌 것은? 12②산

① 지목
② 면적
③ 좌표
④ 등기원인

해설

부동산등기법 제34조(등기사항)
등기관은 토지 등기기록의 표제부에 다음 각 호의 사항을 기록하여야 한다.
1. 표시번호
2. 접수연월일
3. 소재와 지번(地番)
4. 지목(地目)
5. 면적
6. 등기원인

05 부동산등기법상 등기부에 기록된 등기정보자료를 이용하거나 활용하려는 자는 누구의 승인을 받아야 하는가? 12②산

① 법원행정처장
② 관할등기소장
③ 지방법원장
④ 지적소관청

정답 01 ② 02 ② 03 ④ 04 ③ 05 ①

●해설

부동산등기법 제109조(전산정보자료의 교환 등)

① 법원행정처장은 국가기관 또는 지방자치단체로부터 등기 사무처리와 관련된 전산정보자료를 제공받을 수 있다.

② 등기부에 기록된 등기정보자료를 이용하거나 활용하려는 자는 관계 중앙행정기관의 장의 심사를 거쳐 법원행정처장의 승인을 받아야 한다. 다만, 중앙행정기관의 장이 등기정보자료를 이용하거나 활용하려는 경우에는 법원행정처장과 협의하여야 하고, 협의가 성립되는 때에 그 승인을 받은 것으로 본다.

③ 등기정보자료의 이용 또는 활용과 그 사용료 등에 관하여 필요한 사항은 대법원규칙으로 정한다.

06 국제기관 및 외국정부의 부동산등기용 등록번호를 지정 · 고시하는 자는? 12②산

① 행정안전부장관
② 출입국관리사무소장
③ 외교통상부장관
④ 국토교통부장관

●해설

부동산등기법 제49조(등록번호의 부여절차)

① 제48조 제2항에 따른 부동산등기용 등록번호(이하 "등록번호"라 한다)는 다음 각 호의 방법에 따라 부여한다.

1. 국가 · 지방자치단체 · 국제기관 및 외국정부의 등록번호는 국토교통부장관이 지정 · 고시한다.

2. 주민등록번호가 없는 재외국민의 등록번호는 대법원 소재지 관할 등기소의 등기관이 부여하고, 법인의 등록번호는 주된 사무소(회사의 경우에는 본점, 외국법인의 경우에는 국내에 최초로 설치 등기를 한 영업소나 사무소를 말한다) 소재지 관할 등기소의 등기관이 부여한다.

3. 법인 아닌 사단이나 재단 및 국내에 영업소나 사무소의 설치 등기를 하지 아니한 외국법인의 등록번호는 시장(「제주특별자치도 설치 및 국제자유도시 조성을 위한 특별법」 제15조 제2항에 따른 행정시의 시장을 포함하며, 「지방자치법」 제3조 제3항에 따라 자치구가 아닌 구를 두는 시의 시장은 제외한다), 군수 또는 구청장(자치구가 아닌 구의 구청장을 포함한다)이 부여한다.

4. 외국인의 등록번호는 체류지(국내에 체류지가 없는 경우에는 대법원 소재지에 체류지가 있는 것으로 본다)를 관할하는 출입국관리사무소장 또는 출입국관리사무소 출장소장이 부여한다.

② 제1항 제2호에 따른 등록번호의 부여절차는 대법원규칙으로 정하고, 제1항 제3호와 제4호에 따른 등록번호의 부여절차는 대통령령으로 정한다.

07 부동산등기법상 등기관이 토지 등기기록의 표제부에 기록하여야 하는 사항이 아닌 것은? 12③산

① 등기원인
② 접수연월일
③ 도면의 번호
④ 표시번호

●해설

제34조(등기사항)

등기관은 토지 등기기록의 표제부에 다음 각 호의 사항을 기록하여야 한다.

1. 표시번호
2. 접수연월일
3. 소재와 지번(地番)
4. 지목(地目)
5. 면적
6. 등기원인

08 토지 등기기록의 표제부에 기록하는 사항이 아닌 것은? 13①산

① 표시번호
② 소재와 지번
③ 등기원인
④ 도면의 번호

●해설

1. 표제부는 표시란과 표시번호란으로 나누어지며, 표시란에는 부동산의 표시와 그 변경에 관한 사항을, 표시번호란에는 표시란에 등기한 순서를 기재한다. 표시란의 기재에 의하여 목적부동산의 동일성이 표시되고 특정된다.
   • 표제부에서는 부동산의 소재지와 내용을 나타내며 지번, 지목, 면적, 구조가 기록된다.

2. 갑구는 사항란과 순위번호란으로 나누어지며, 사항란에는 소유권에 관한 사항을, 순위번호란에는 사항란에 등기한 순서를 기재한다.
   • 갑구는 소유권에 대한 사항이 기록되며 압류, 가등기, 예고등기, 가처분등기, 경매개시 결정 등이 담겨 있다.

3. 을구는 사항란과 순위번호란으로 나누어지며, 사항란에는 소유권 이외의 권리, 즉 지상권, 지역권, 전세권, 저당권, 권리질권 및 임차권에 관한 사항을, 순위번호란에는 사항란에 등기한 순서를 기재한다.
   • 을구에서는 소유권 이외의 권리에 대한 사항이 기록되고 저당권, 지역권, 전세권, 지상권 등이 표시된다.

09 다음 중 부동산등기법상 미등기의 토지에 관한 소유권 보존등기를 신청할 수 없는 자는? 13①산

① 토지대장에 최초의 소유자로 등록되어 있는 자
② 수용으로 인하여 소유권을 취득하였음을 증명하는 자
③ 확정판결에 의하여 자기의 소유권을 증명하는 자
④ 구청장 또는 면장의 서면에 의하여 자기의 소유권을 증명하는 자

●해설

부동산등기법 제23조(등기신청인)
① 등기는 법률에 다른 규정이 없는 경우에는 등기권리자(登記權利者)와 등기의무자(登記義務者)가 공동으로 신청한다.
② 소유권보존등기(所有權保存登記) 또는 소유권보존등기의 말소등기(抹消登記)는 등기명의인으로 될 자 또는 등기명의인이 단독으로 신청한다.
③ 상속, 법인의 합병, 그 밖에 대법원 규칙으로 정하는 포괄승계에 따른 등기는 등기권리자가 단독으로 신청한다.
④ 판결에 의한 등기는 승소한 등기권리자 또는 등기의무자가 단독으로 신청한다.
⑤ 부동산표시의 변경이나 경정(更正)의 등기는 소유권의 등기명의인이 단독으로 신청한다.
⑥ 등기명의인표시의 변경이나 경정의 등기는 해당 권리의 등기명의인이 단독으로 신청한다.

10 등기절차에 착오 또는 빠진 부분이 있어 원시적인 등기와 실체 관계가 불일치하여 이를 시정하기 위한 등기는? 13②산

① 변경등기 　② 말소등기
③ 주등기 　④ 경정등기

●해설

등기의 내용에 따른 분류
• 기입등기 : 새로운 등기 원인에 기하여 새로이 기입하는 등기이다. 보통 등기라고 하면 기입등기를 말한다. 기입등기에는 보존등기, 설정등기, 이전등기가 있다.
• 경정등기 : 등기를 완료 후에 그 절차에 착오 또는 유루(遺漏)가 있어서 원시적으로 등기와 실체관계와의 사이에 불일치가 생긴 경우 이를 시정하기 위하여 하는 등기가 경정등기이다.
• 변경등기 : 어떤 등기가 행하여진 후에, 등기된 사항이 변경이 생겨서 후발적으로 등기와 실체관계의 사이가 서로 일치하지 않을 때 그 불일치를 시정하기 위하여 하는 등기를 말한다.

• 말소등기 : 등기에 대응하는 실체관계가 없는 경우에 기존 등기의 전부를 말소하는 등기
• 멸실등기 : 기존의 등기된 부동산이 전부 멸실한 경우에 행하여지는 등기이다.
• 회복등기 : 기존의 등기가 부당하게 소멸한 경우에 이를 회복하는 등기이다. 말소회복등기, 멸실회복등기가 있다.

11 부동산등기법상 부동산 등기용 등록번호의 부여절차가 틀린 것은? 13③산

① 국가·지방자치단체·국제기관 및 외국정부의 등록번호는 기획재정부장관이 지정·고시한다.
② 주민등록번호가 없는 재외국인의 등록번호는 대법원 소재지 관할 등기소의 등기관이 부여한다.
③ 법인의 등록번호는 주된 사무소 소재지 관할 등기소의 등기관이 부여한다.
④ 법인 아닌 사단이나 재단의 등록번호는 시장, 군수 또는 구청장이 부여한다.

●해설

부동산등기법 제49조(등록번호의 부여절차)
① 제48조 제2항에 따른 부동산등기용등록번호(이하 "등록번호"라 한다)는 다음 각 호의 방법에 따라 부여한다.
 1. 국가·지방자치단체·국제기관 및 외국정부의 등록번호는 국토교통부장관이 지정·고시한다.
 2. 주민등록번호가 없는 재외국민의 등록번호는 대법원 소재지 관할 등기소의 등기관이 부여하고, 법인의 등록번호는 주된 사무소(회사의 경우에는 본점, 외국법인의 경우에는 국내에 최초로 설치 등기를 한 영업소나 사무소를 말한다) 소재지 관할 등기소의 등기관이 부여한다.
 3. 법인 아닌 사단이나 재단 및 국내에 영업소나 사무소의 설치 등기를 하지 아니한 외국법인의 등록번호는 시장(「제주특별자치도 설치 및 국제자유도시 조성을 위한 특별법」 제15조 제2항에 따른 행정시의 시장을 포함하며, 「지방자치법」 제3조 제3항에 따라 자치구가 아닌 구를 두는 시의 시장은 제외한다), 군수 또는 구청장(자치구가 아닌 구의 구청장을 포함한다)이 부여한다.
 4. 외국인의 등록번호는 체류지(국내에 체류지가 없는 경우에는 대법원 소재지에 체류지가 있는 것으로 본다)를 관할하는 출입국관리사무소장 또는 출입국관리사무소 출장소장이 부여한다.
② 제1항 제2호에 따른 등록번호의 부여절차는 대법원규칙으로 정하고, 제1항 제3호와 제4호에 따른 등록번호의 부여절차는 대통령령으로 정한다.

12 부동산등기법상 미등기의 토지에 관한 소유권 보존등기를 신청할 수 없는 자는? 13③산

① 토지대장에 최초의 소유자로 등록되어 있는 자
② 확정 판결에 의하여 자기의 소유권을 증명하는 자
③ 특별자치도시사, 시장, 군수 또는 구청장의 확인에 의하여 자기의 소유권을 증명하는 자
④ 수용으로 인하여 소유권을 취득하였음을 증명하는 자

해설

부동산등기법 제65조(소유권보존등기의 신청인)
미등기의 토지 또는 건물에 관한 소유권보존등기는 다음 각 호의 어느 하나에 해당하는 자가 신청할 수 있다.
1. 토지대장, 임야대장 또는 건축물대장에 최초의 소유자로 등록되어 있는 자 또는 그 상속인, 그 밖의 포괄승계인
2. 확정판결에 의하여 자기의 소유권을 증명하는 자
3. 수용(收用)으로 인하여 소유권을 취득하였음을 증명하는 자
4. 특별자치도지사, 시장, 군수 또는 구청장(자치구의 구청장을 말한다)의 확인에 의하여 자기의 소유권을 증명하는 자(건물의 경우로 한정한다)

13 이미 완료된 등기에 대해 등기 절차상에 착오 또는 유루(遺漏)가 발생하여 원시적으로 등기사항과 실제사항과의 불일치가 발생되었을 때 이를 시정하기 위해 행하여지는 등기는? 14①산

① 부기등기　　② 경정등기
③ 회복등기　　④ 기입등기

해설

부동산등기법 제32조(등기의 경정)
① 등기관이 등기를 마친 후 그 등기에 착오(錯誤)나 빠진 부분이 있음을 발견하였을 때에는 지체 없이 그 사실을 등기권리자와 등기의무자에게 알려야 하고, 등기권리자와 등기의무자가 없는 경우에는 등기명의인에게 알려야 한다. 다만, 등기권리자, 등기의무자 또는 등기명의인이 각 2인 이상인 경우에는 그중 1인에게 통지하면 된다.
② 등기관이 등기의 착오나 빠진 부분이 등기관의 잘못으로 인한 것임을 발견한 경우에는 지체 없이 그 등기를 직권으로 경정하여야 한다. 다만, 등기상 이해관계 있는 제3자가 있는 경우에는 제3자의 승낙이 있어야 한다.

14 부동산등기법에 따라 등기할 수 있는 권리가 아닌 것은? 14①산

① 소유권　　② 저당권
③ 지상권　　④ 점유권

해설

부동산등기법 제3조(등기할 수 있는 권리 등)
등기는 부동산의 표시(表示)와 다음 각 호의 어느 하나에 해당하는 권리의 보존, 이전, 설정, 변경, 처분의 제한 또는 소멸에 대하여 한다.
1. 소유권(所有權)
2. 지상권(地上權)
3. 지역권(地役權)
4. 전세권(傳貰權)
5. 저당권(抵當權)
6. 권리질권(權利質權)
7. 채권담보권(債權擔保權)
8. 임차권(賃借權)

15 부동산등기법에 따른 용어의 정의가 틀린 것은? 14②산

① "등기부"란 전산정보처리조직에 의하여 입력·처리된 등기정보자료를 대법원규칙으로 정하는 바에 따라 편성한 것을 말한다.
② "등기부부본자료"란 등기부의 멸실 방지를 위하여 전산으로 출력하여 별도의 장소에 보관하는 자료를 말한다.
③ "등기기록"이란 1필의 토지 또는 1개의 건물에 관한 등기정보자료를 말한다.
④ "등기필정보"란 등기부에 새로운 권리자가 기록되는 경우에 그 권리자를 확인하기 위하여 등기관이 작성한 정보를 말한다.

해설

부동산등기법 제2조(정의)
이 법에서 사용하는 용어의 뜻은 다음과 같다.
1. "등기부"란 전산정보처리조직에 의하여 입력·처리된 등기정보자료를 대법원규칙으로 정하는 바에 따라 편성한 것을 말한다.

2. "등기부부본자료(登記簿副本資料)"란 등기부와 동일한 내용으로 보조기억장치에 기록된 자료를 말한다.
3. "등기기록"이란 1필의 토지 또는 1개의 건물에 관한 등기정보자료를 말한다.
4. "등기필정보(登記畢情報)"란 등기부에 새로운 권리자가 기록되는 경우에 그 권리자를 확인하기 위하여 제11조 제1항에 따른 등기관이 작성한 정보를 말한다.

16 토지등기부와 토지대장과의 관계를 바르게 설명한 것은?

14②산

① 토지등기부의 표제부에는 토지대장의 토지표시 사항을 기재한다.
② 토지등기부의 을구에는 토지대장상의 소유자를 기재한다.
③ 토지등기부의 갑구에 표시되는 소유권 이외의 권리관계도 토지대장에 기재한다.
④ 토지대장상의 개별공시지가 사항은 토지등기부의 표제부에 기재한다.

◉ 해설

문제 08번 해설 참고

17 다음 중 등기할 수 있는 권리가 아닌 것은?

14③산

① 저당권   ② 권리질권
③ 임차권   ④ 유치권

◉ 해설

문제 14번 해설 참고

18 다음 중 등기신청서의 기재사항에 해당하지 않은 것은?(단, 대법원 규칙으로 정하는 등기의 경우는 고려하지 않는다.)

14③산

① 부동산의 소재와 지번
② 부동산의 면적과 경계
③ 등기소의 표시
④ 신청인의 성명 또는 명칭과 주소

◉ 해설

부동산 등기규칙 제43조(신청정보의 내용)
① 등기를 신청하는 경우에는 다음 각 호의 사항을 신청정보의 내용으로 등기소에 제공하여야 한다.
  1. 다음 각 목의 구분에 따른 부동산의 표시에 관한 사항
    가. 토지 : 법 제34조 제3호부터 제5호까지의 규정에서 정하고 있는 사항
    나. 건물 : 법 제40조 제1항 제3호와 제4호에서 정하고 있는 사항
    다. 구분건물 : 1동의 건물의 표시로서 소재지번 · 건물명칭 및 번호 · 구조 · 종류 · 면적, 전유부분의 건물의 표시로서 건물번호 · 구조 · 면적, 대지권이 있는 경우 그 권리의 표시. 다만, 1동의 건물의 구조 · 종류 · 면적은 건물의 표시에 관한 등기나 소유권보존등기를 신청하는 경우로 한정한다.
  2. 신청인의 성명(또는 명칭), 주소(또는 사무소 소재지) 및 주민등록번호(또는 부동산등기용등록번호)
  3. 신청인이 법인인 경우에는 그 대표자의 성명과 주소
  4. 대리인에 의하여 등기를 신청하는 경우에는 그 성명과 주소
  5. 등기원인과 그 연월일
  6. 등기의 목적
  7. 등기필정보. 다만, 공동신청 또는 승소한 등기의무자의 단독신청에 의하여 권리에 관한 등기를 신청하는 경우로 한정한다.
  8. 등기소의 표시
  9. 신청연월일
② 법 제26조의 법인 아닌 사단이나 재단이 신청인인 경우에는 그 대표자나 관리인의 성명, 주소 및 주민등록번호를 신청정보의 내용으로 등기소에 제공하여야 한다.

19 다음 중 관할등기소의 정의가 옳은 것은?

15①산

① 매도인의 소재지를 관할하는 지방법원, 그 지원 또는 등기소
② 부동산의 소재지를 관할하는 지방법원, 그 지원 또는 등기소
③ 소유자의 소재지를 관할하는 지방법원, 그 지원 또는 등기소
④ 상급법원의 장이 위임하는 등기소

정답 16 ① 17 ④ 18 ② 19 ②

●**해설**

부동산등기법 제7조(관할등기소)

① 등기사무는 부동산의 소재지를 관할하는 지방법원, 그 지원(支院) 또는 등기소(이하 "등기소"라 한다)에서 담당한다.

② 부동산이 여러 등기소의 관할구역에 걸쳐 있을 때에는 대법원규칙으로 정하는 바에 따라 각 등기소를 관할하는 상급법원의 장이 관할 등기소를 지정한다.

20 부동산등기법상 합필의 등기를 할 수 있는 것은?
15①기

① 소유권 등기가 있는 토지

② 승역지에 하는 지역권의 등기가 있는 토지

③ 전세권 등기가 있는 토지

④ 모든 토지에 대하여 등기원인 및 그 연월일과 접수번호가 동일한 저당권에 관한 등기가 있는 경우

●**해설**

공간정보의 구축 및 관리 등에 관한 법률 제80조(합병 신청)

① 토지소유자는 토지를 합병하려면 대통령령으로 정하는 바에 따라 지적소관청에 합병을 신청하여야 한다.

② 토지소유자는 「주택법」에 따른 공동주택의 부지, 도로, 제방, 하천, 구거, 유지, 그 밖에 대통령령으로 정하는 토지로서 합병하여야 할 토지가 있으면 그 사유가 발생한 날부터 60일 이내에 지적소관청에 합병을 신청하여야 한다.

③ 다음 각 호의 어느 하나에 해당하는 경우에는 합병 신청을 할 수 없다.

1. 합병하려는 토지의 지번부여지역, 지목 또는 소유자가 서로 다른 경우

2. 합병하려는 토지에 다음 각 목의 등기 외의 등기가 있는 경우

   가. 소유권·지상권·전세권 또는 임차권의 등기

   나. 승역지(承役地)에 대한 지역권의 등기

   다. 합병하려는 토지 전부에 대한 등기원인(登記原因) 및 그 연월일과 접수번호가 같은 저당권의 등기

21 등기관이 토지 등기기록의 표제부에 기록하여야 할 사항이 아닌 것은?
15②산

① 지목　　　　　② 면적

③ 좌표　　　　　④ 등기원인

●**해설**

표제부	토지 표제부	표시번호, 접수, 소재·지번, 지목, 면적, 등기원인 및 기타 사항	
	건물 표제부	표시번호, 접수, 소재·지번 및 건물번호, 건물내역, 등기원인 및 기타 사항	
	구분건물 표제부	1동건물 표제부	표시번호란, 접수란, 소재지번, 건물명칭 및 번호란, 건물내역란, 등기원인 및 기타 사항
		전유부분 표제부	표시번호란, 접수란, 건물번호란, 건물내역란, 등기원인 및 기타 사항
갑구	소유권에 관한 사항		
을구	소유권 이외의 권리에 관한 사항		

22 부동산등기법상 등기할 수 없는 권리만으로 연결된 것은?
15②산

① 소유권 – 지역권

② 지상권 – 전세권

③ 유치권 – 점유권

④ 저당권 – 임차권

●**해설**

부동산등기법 제3조(등기할 수 있는 권리 등)

등기는 부동산의 표시(表示)와 다음 각 호의 어느 하나에 해당하는 권리의 보존, 이전, 설정, 변경, 처분의 제한 또는 소멸에 대하여 한다.

(1) 등기할 수 있는 권리

① 소유권(所有權)

② 지상권(地上權)

③ 지역권(地役權)

④ 전세권(傳貰權)

⑤ 저당권(抵當權)

⑥ 권리질권(權利質權)

⑦ 채권담보권(債權擔保權)

⑧ 임차권(賃借權)

(2) 등기할 수 없는 권리

① 점유권

② 유치권

③ 동산질권

④ 분묘기지권

⑤ 특수지역권

정답 20 ④　21 ③　22 ③

23 다음 중 등기신청서에 채권액과 채무자를 기재하여야 하는 설정등기는? 15②⬢

① 지상권　　　　② 지역권
③ 전세권　　　　④ 저당권

해설

등기	필요적 내용정보	임의적 내용정보
지상권	지상권의 목적, 범위	• 존속기간, 지로 · 지료 지급시기 • 토지사용제한특약(구분건물)
지역권	• 지역권의 목적, 범위 • 요역지, 승역지의 표시	• 부종성배제특약 • 용수승역지의 수량공급을 달리하는 특약 • 승역지소유자의 수선의무 등 부담특약
전세권	• 전세금 • 전세권의 목적인 범위	• 존속기간, 위약금, 배상금 • 처분금지특약
저당권	• 채권액, 채무자 • 권리(지상권, 전세권)의 표시	• 변제기 • 이자 및 그 발생기, 지급시기 • 원본, 이자의 지급장소 • 채무불이행으로 인한 손해배상에 관한 약정
저당권 이전	저당권이 채권과 함께 이전한다는 뜻	• 저당부동산에 부합된 물건과 종물에 저당권의 효력이 미치지 않는다는 특약 • 조건부채권의 조건 • 취급지점 등의 표시
근저당권	• 등기원인이 근저당권 설정계약이라는 뜻 • 채권최고액, 채무자	

24 다음 중 등기명의인이 될 수 없는 것은? 15③⬢

① 서초구
② ○○주식회사
③ 권리능력 없는 사단 ○○종중 △△공파
④ 재단법인 ○○학원에서 운영하는 △△고등학교

해설

부동산등기법 제26조(법인 아닌 사단 등의 등기신청)
① 종중(宗中), 문중(門中), 그 밖에 대표자나 관리인이 있는 법인 아닌 사단(社團)이나 재단(財團)에 속하는 부동산의 등기에 관하여는 그 사단이나 재단을 등기권리자 또는 등기의무자로 한다.
② 제1항의 등기는 그 사단이나 재단의 명의로 그 대표자나 관리인이 신청한다.

25 다음 중 등기의무자가 아닌 등기권리자만이 단독으로 등기신청을 할 수 있는 것은? 15③⬢

① 전세등기
② 상속에 의한 등기
③ 등기명의인의 표시의 변경 등기
④ 미등기부동산의 소유권보존등기

해설

부동산등기법 제23조(등기신청인)
① 등기는 법률에 다른 규정이 없는 경우에는 등기권리자(登記權利者)와 등기의무자(登記義務者)가 공동으로 신청한다.
② 소유권보존등기(所有權保存登記) 또는 소유권보존등기의 말소등기(抹消登記)는 등기명의인으로 될 자 또는 등기명의인이 단독으로 신청한다.
③ 상속, 법인의 합병, 그 밖에 대법원규칙으로 정하는 포괄승계에 따른 등기는 등기권리자가 단독으로 신청한다.
④ 판결에 의한 등기는 승소한 등기권리자 또는 등기의무자가 단독으로 신청한다.
⑤ 부동산표시의 변경이나 경정(更正)의 등기는 소유권의 등기명의인이 단독으로 신청한다.
⑥ 등기명의인표시의 변경이나 경정의 등기는 해당 권리의 등기명의인이 단독으로 신청한다.
⑦ 신탁재산에 속하는 부동산의 신탁등기는 수탁자(受託者)가 단독으로 신청한다. 〈신설 2013.5.28.〉
⑧ 수탁자가 「신탁법」 제3조 제5항에 따라 타인에게 신탁재산에 대하여 신탁을 설정하는 경우 해당 신탁재산에 속하는 부동산에 관한 권리이전등기에 대하여는 새로운 신탁의 수탁자를 등기권리자로 하고 원래 신탁의 수탁자를 등기의무자로 한다. 이 경우 해당 신탁재산에 속하는 부동산의 신탁등기는 제7항에 따라 새로운 신탁의 수탁자가 단독으로 신청한다.

26 등기관이 등기를 한 후 지체 없이 그 사실을 지적소관청 또는 건축물대장 소관청에 통지하여야 하는 것이 아닌 것은? 15③산

① 소유권의 보존등기
② 부동산 표시의 변경등기
③ 소유권의 말소회복등기
④ 소유권의 등기명의인 표시의 변경등기

해설

부동산등기법 제62조(소유권변경 사실의 통지)
등기관이 다음 각 호의 등기를 하였을 때에는 지체 없이 그 사실을 토지의 경우에는 지적소관청에, 건물의 경우에는 건축물대장 소관청에 각각 알려야 한다.
1. 소유권의 보존 또는 이전
2. 소유권의 등기명의인표시의 변경 또는 경정
3. 소유권의 변경 또는 경정
4. 소유권의 말소 또는 말소회복

27 부동산등기법상 미등기의 토지에 관한 소유권보존등기를 신청할 수 없는 자는? 16①기

① 토지대장에 최초의 소유자로 등록되어 있는 자
② 확정판결에 의하여 자기의 소유권을 증명하는 자
③ 수용(收用)으로 인하여 소유권을 취득하였음을 증명하는 자
④ 특별자치도지사, 시장, 군수 또는 구청장의 확인에 의하여 토지의 자기 소유권을 증명하는 자

해설

부동산등기법 제65조(소유권보존등기의 신청인)
미등기의 토지 또는 건물에 관한 소유권보존등기는 다음 각 호의 어느 하나에 해당하는 자가 신청할 수 있다.
1. 토지대장, 임야대장 또는 건축물대장에 최초의 소유자로 등록되어 있는 자 또는 그 상속인, 그 밖의 포괄승계인
2. 확정판결에 의하여 자기의 소유권을 증명하는 자
3. 수용(收用)으로 인하여 소유권을 취득하였음을 증명하는 자
4. 특별자치도지사, 시장, 군수 또는 구청장(자치구의 구청장을 말한다)의 확인에 의하여 자기의 소유권을 증명하는 자(건물의 경우로 한정한다)

28 다음 중 승소한 등기권리자 또는 등기의무자가 단독으로 신청하는 등기는? 16①기

① 소유권보존등기
② 교환에 의한 등기
③ 판결에 의한 등기
④ 신탁재산에 속하는 부동산의 신탁등기

해설

부동산등기법 제23조(등기신청인)
① 등기는 법률에 다른 규정이 없는 경우에는 등기권리자(登記權利者)와 등기의무자(登記義務者)가 공동으로 신청한다.
② 소유권보존등기(所有權保存登記) 또는 소유권보존등기의 말소등기(抹消登記)는 등기명의인으로 될 자 또는 등기명의인이 단독으로 신청한다.
③ 상속, 법인의 합병, 그 밖에 대법원규칙으로 정하는 포괄승계에 따른 등기는 등기권리자가 단독으로 신청한다.
④ 판결에 의한 등기는 승소한 등기권리자 또는 등기의무자가 단독으로 신청한다.
⑤ 부동산표시의 변경이나 경정(更正)의 등기는 소유권의 등기명의인이 단독으로 신청한다.
⑥ 등기명의인표시의 변경이나 경정의 등기는 해당 권리의 등기명의인이 단독으로 신청한다.
⑦ 신탁재산에 속하는 부동산의 신탁등기는 수탁자(受託者)가 단독으로 신청한다. 〈신설 2013.5.28.〉
⑧ 수탁자가 「신탁법」 제3조 제5항에 따라 타인에게 신탁재산에 대하여 신탁을 설정하는 경우 해당 신탁재산에 속하는 부동산에 관한 권리이전등기에 대하여는 새로운 신탁의 수탁자를 등기권리자로 하고 원래 신탁의 수탁자를 등기의무자로 한다. 이 경우 해당 신탁재산에 속하는 부동산의 신탁등기는 제7항에 따라 새로운 신탁의 수탁자가 단독으로 신청한다.

29 등기의 말소를 신청하는 경우 그 말소에 대하여 등기상 이해관계가 있는 제3자가 있을 때 필요한 것은? 16①기

① 제3자의 승낙
② 시장의 서면
③ 공동담보목록원부
④ 가등기 명의인의 승낙

●해설

부동산등기법 제57조(이해관계 있는 제3자가 있는 등기의 말소)
① 등기의 말소를 신청하는 경우에 그 말소에 대하여 등기상 이해관계 있는 제3자가 있을 때에는 제3자의 승낙이 있어야 한다.
② 제1항에 따라 등기를 말소할 때에는 등기상 이해관계 있는 제3자 명의의 등기는 등기관이 직권으로 말소한다.

30 다음 중 등기관이 토지에 관한 등기를 하였을 때 지적공부소관청에 지체 없이 그 사실을 알려야 하는 대상에 해당하지 않는 것은? 16②기
① 소유권의 보존 또는 이전
② 소유권의 등록 또는 등록정정
③ 소유권의 변경 또는 경정
④ 소유권의 말소 또는 말소회복

●해설

부동산등기법 제62조(소유권변경 사실의 통지)
등기관이 다음 각 호의 등기를 하였을 때에는 지체 없이 그 사실을 토지의 경우에는 지적소관청에, 건물의 경우에는 건축물대장 소관청에 각각 알려야 한다.
1. 소유권의 보존 또는 이전
2. 소유권의 등기명의인표시의 변경 또는 경정
3. 소유권의 변경 또는 경정
4. 소유권의 말소 또는 말소회복

31 부동산등기법의 수용으로 인한 등기에 관한 내용이다. ( ) 안에 들어갈 내용으로 옳은 것은? 16②기

> 수용으로 인한 소유권이전등기를 하는 경우 그 부동산의 등기기록 중 소유권, 소유권 외의 권리, 그 밖의 처분제한에 관한 등기가 있으면 그 등기를 직권으로 말소하여야 한다. 다만, 그 부동산을 위하여 존재하는 ( )의 등기 또는 토지수용위원회의 재결(裁決)로서 존속(存續)이 인정된 권리의 등기는 그러하지 아니하다.

① 소유권
② 지역권
③ 지상권
④ 저당권

●해설

부동산등기법 제99조(수용으로 인한 등기)
① 수용으로 인한 소유권이전등기는 제23조 제1항에도 불구하고 등기권리자가 단독으로 신청할 수 있다.
② 등기권리자는 제1항의 신청을 하는 경우에 등기명의인이나 상속인, 그 밖의 포괄승계인을 갈음하여 부동산의 표시 또는 등기명의인의 표시의 변경, 경정 또는 상속, 그 밖의 포괄승계로 인한 소유권이전의 등기를 신청할 수 있다.
③ 국가 또는 지방자치단체가 제1항의 등기권리자인 경우에는 국가 또는 지방자치단체는 지체 없이 제1항과 제2항의 등기를 등기소에 촉탁하여야 한다.
④ 등기관이 제1항과 제3항에 따라 수용으로 인한 소유권이전등기를 하는 경우 그 부동산의 등기기록 중 소유권, 소유권 외의 권리, 그 밖의 처분제한에 관한 등기가 있으면 그 등기를 직권으로 말소하여야 한다. 다만, 그 부동산을 위하여 존재하는 지역권의 등기 또는 토지수용위원회의 재결(裁決)로써 존속(存續)이 인정된 권리의 등기는 그러하지 아니하다.
⑤ 부동산에 관한 소유권 외의 권리의 수용으로 인한 권리이전등기에 관하여는 제1항부터 제4항까지의 규정을 준용한다.

32 등기관이 토지 소유권의 이전 등기를 한 경우 지체 없이 그 사실을 누구에게 알려야 하는가? 16③기

① 이해관계인
② 지적소관청
③ 관할 등기소
④ 행정자치부장관

●해설

부동산등기법 제62조(소유권변경 사실의 통지)
등기관이 다음 각 호의 등기를 하였을 때에는 지체 없이 그 사실을 토지의 경우에는 지적소관청에, 건물의 경우에는 건축물대장 소관청에 각각 알려야 한다.
1. 소유권의 보존 또는 이전
2. 소유권의 등기명의인표시의 변경 또는 경정
3. 소유권의 변경 또는 경정
4. 소유권의 말소 또는 말소회복

33 이미 완료된 등기에 대해 등기 절차상에 착오 또는 유루(遺漏)가 발생하여 원시적으로 등기사항과 실제사항의 불일치가 발생되었을 때 이를 시정하기 위해 행하여지는 등기는? 17①기

① 부기등기　　　　② 경정등기
③ 회복등기　　　　④ 기입등기

●해설

부동산등기법 제32조(등기의 경정)
① 등기관이 등기를 마친 후 그 등기에 착오(錯誤)나 빠진 부분이 있음을 발견하였을 때에는 지체 없이 그 사실을 등기권리자와 등기의무자에게 알려야 하고, 등기권리자와 등기의무자가 없는 경우에는 등기명의인에게 알려야 한다. 다만, 등기권리자, 등기의무자 또는 등기명의인이 각 2인 이상인 경우에는 그중 1인에게 통지하면 된다.
② 등기관이 등기의 착오나 빠진 부분이 등기관의 잘못으로 인한 것임을 발견한 경우에는 지체 없이 그 등기를 직권으로 경정하여야 한다. 다만, 등기상 이해관계 있는 제3자가 있는 경우에는 제3자의 승낙이 있어야 한다.
③ 등기관이 제2항에 따라 경정등기를 하였을 때에는 그 사실을 등기권리자, 등기의무자 또는 등기명의인에게 알려야 한다. 이 경우 제1항 단서를 준용한다.
④ 채권자대위권에 의하여 등기가 마쳐진 때에는 제1항 및 제3항의 통지를 그 채권자에게도 하여야 한다. 이 경우 제1항 단서를 준용한다.

34 부동산 표시의 변경등기가 아닌 것은? 17①기

① 건물 번호의 변경
② 소유권의 변경
③ 소재지의 명칭변경
④ 토지지번의 변경

●해설

부동산등기법 제34조(등기사항)
등기관은 토지 등기기록의 표제부에 다음 각 호의 사항을 기록하여야 한다.
1. 표시번호
2. 접수연월일
3. 소재와 지번(地番)
4. 지목(地目)
5. 면적
6. 등기원인

제35조(변경등기의 신청)
토지의 분할, 합병이 있는 경우와 제34조의 등기사항에 변경이 있는 경우에는 그 토지 소유권의 등기명의인은 그 사실이 있는 때부터 1개월 이내에 그 등기를 신청하여야 한다.

제40조(등기사항)
① 등기관은 건물 등기기록의 표제부에 다음 각 호의 사항을 기록하여야 한다.
　1. 표시번호
　2. 접수연월일
　3. 소재, 지번 및 건물번호. 다만, 같은 지번 위에 1개의 건물만 있는 경우에는 건물번호는 기록하지 아니한다.
　4. 건물의 종류, 구조와 면적. 부속건물이 있는 경우에는 부속건물의 종류, 구조와 면적도 함께 기록한다.
　5. 등기원인
　6. 도면의 번호[같은 지번 위에 여러 개의 건물이 있는 경우와 「집합건물의 소유 및 관리에 관한 법률」 제2조 제1호의 구분소유권(區分所有權)의 목적이 되는 건물(이하 "구분건물"이라 한다)인 경우로 한정한다]
② 등기할 건물이 구분건물(區分建物)인 경우에 등기관은 제1항 제3호의 소재, 지번 및 건물번호 대신 1동 건물의 등기기록의 표제부에는 소재와 지번, 건물명칭 및 번호를 기록하고 전유부분의 등기기록의 표제부에는 건물번호를 기록하여야 한다.
③ 구분건물에 「집합건물의 소유 및 관리에 관한 법률」 제2조 제6호의 대지사용권(垈地使用權)으로서 건물과 분리하여 처분할 수 없는 것[이하 "대지권"(垈地權)이라 한다]이 있는 경우에는 등기관은 제2항에 따라 기록하여야 할 사항 외에 1동 건물의 등기기록의 표제부에 대지권의 목적인 토지의 표시에 관한 사항을 기록하고 전유부분의 등기기록의 표제부에는 대지권의 표시에 관한 사항을 기록하여야 한다.
④ 등기관이 제3항에 따라 대지권등기를 하였을 때에는 직권으로 대지권의 목적인 토지의 등기기록에 소유권, 지상권, 전세권 또는 임차권이 대지권이라는 뜻을 기록하여야 한다.

제41조(변경등기의 신청)
① 건물의 분할, 구분, 합병이 있는 경우와 제40조의 등기사항에 변경이 있는 경우에는 그 건물 소유권의 등기명의인은 그 사실이 있는 때부터 1개월 이내에 그 등기를 신청하여야 한다.
② 구분건물로서 표시등기만 있는 건물에 관하여는 제65조 각 호의 어느 하나에 해당하는 자가 제1항의 등기를 신청하여야 한다.
③ 구분건물로서 그 대지권의 변경이나 소멸이 있는 경우에는 구분건물의 소유권의 등기명의인은 1동의 건물에 속하는 다른 구분건물의 소유권의 등기명의인을 대위하여 그

정답　**33** ②　**34** ②

등기를 신청할 수 있다.
④ 건물이 구분건물인 경우에 그 건물의 등기기록 중 1동 표제부에 기록하는 등기사항에 관한 변경등기는 그 구분건물과 같은 1동의 건물에 속하는 다른 구분건물에 대하여도 변경등기로서의 효력이 있다.

35 본등기의 일반적 효력으로 직합하지 않은 것은?

17①기

① 공신력인정　　　　② 순위확정적 효력
③ 점유적 효력　　　　④ 추정적 효력

● 해설

등기의 효력
등기가 유효하기 위하여는 형식적 요건과 실질적 요건을 구비하여야 한다. 형식적 요건으로서는 관할등기소에서 부동산등기법이 정하는 절차에 따라 행하여진 등기가 있어야 한다. 실질적 요건으로서는 물권행위(物權行爲)와 등기가 일치하여야 한다. 중간생략등기(中間省略登記)나 사실과 다른 원인에 의한 등기 또는 등기절차상 하자(瑕疵)가 있는 등기일지라도 실체관계(實體關係)에 부합하는 한 유효이며, 무효등기의 유용은 이해관계 있는 제3자가 없는 한 유효라고 본다.
종국등기는 물권행위와 그에 부합하는 등기가 있게 됨으로써 물권변동이 일어나는 권리변동적 효력, 등기하기 전에는 당사자 사이에서 채권적 효력이 있을 뿐이지만 등기에 의하여 그 사항을 가지고 제3자에 대하여 대항할 수 있게 되는 대항적 효력, 동일한 부동산에 대한 수 개의 권리의 순위는 다른 특별한 규정이 없는 한 등기의 순위에 의하여 결정되는 순위확정적 효력, 부동산의 소유자로 등기되어 있는 자가 10년 동안 자주점유(自主占有)를 한 때에는 소유권을 취득하게 되는 점유적 효력, 등기가 있으면 그에 대응하는 실질적 법률관계가 존재하는 것으로 미루어지는 추정적 효력 등이 있다. 그러나 등기가 실체관계와 일치하지 않더라도 등기를 믿고 거래한 자가 보호되는 공신력은 인정되지 않는다.
(출처 : 네이버 지식백과)

36 등기관이 지적소관청에 통지하여야 하는 토지의 등기사항이 아닌 것은?

17②기

① 소유권의 보존
② 소유권의 이전
③ 토지표시의 변경
④ 소유권의 등기명의인 표시의 변경

● 해설

등기법 제62조(소유권변경 사실의 통지)
등기관이 다음 각 호의 등기를 하였을 때에는 지체 없이 그 사실을 토지의 경우에는 지적소관청에, 건물의 경우에는 건축물대장 소관청에 각각 알려야 한다.
1. 소유권의 보존 또는 이전
2. 소유권의 등기명의인표시의 변경 또는 경정
3. 소유권의 변경 또는 경정
4. 소유권의 말소 또는 말소회복

37 다음 중 등기의 효력이 발생하는 시기는? 17②기

① 등기필증을 교부한 때
② 등기신청서를 접수한 때
③ 관련 기관에 등기필통지를 한 때
④ 등기사항을 등기부에 기재한 때

● 해설

부동산등기법 제6조(등기신청의 접수시기 및 등기의 효력발생시기)
① 등기신청은 대법원규칙으로 정하는 등기신청정보가 전산정보처리조직에 저장된 때 접수된 것으로 본다.
② 제11조 제1항에 따른 등기관이 등기를 마친 경우 그 등기는 접수한 때부터 효력을 발생한다.

38 부동산등기규칙상 토지의 분할, 합병 및 등기사항의 변경이 있어 토지의 표시변경등기를 신청하는 경우에 그 변경을 증명하는 첨부 정보로서 옳은 것은?

17②기

① 지적나 임야도
② 멸실 및 증감확인서
③ 이해관계인의 승낙서
④ 토지대장 정보나 임야대장 정보

● 해설

부동산등기규칙 제72조(토지표시변경등기의 신청)
① 법 제35조에 따라 토지의 표시변경등기를 신청하는 경우에는 그 토지의 변경 전과 변경 후의 표시에 관한 정보를 신청정보의 내용으로 등기소에 제공하여야 한다.
② 제1항의 경우에는 그 변경을 증명하는 토지대장 정보나 임야대장 정보를 첨부정보로서 등기소에 제공하여야 한다.

CHAPTER 04 도로명주소법

법 제1조(목적)

이 법은 도로명주소, 국가기초구역, 국가지점번호 및 사물주소의 표기·사용·관리·활용 등에 관한 사항을 규정함으로써 국민의 생활안전과 편의를 도모하고 관련 산업의 지원을 통하여 국가경쟁력 강화에 이바지함을 목적으로 한다.

법 제2조(정의)

도로	다음 각 목의 어느 하나에 해당하는 것을 말한다. 가. 「도로법」 제2조제1호에 따른 도로(같은 조 제2호에 따른 도로의 부속물은 제외한다) 나. 그 밖에 차량 등 이동수단이나 사람이 통행할 수 있는 통로로서 대통령령으로 정하는 것 「도로법」 제2조 1. "도로"란 차도, 보도(步道), 자전거도로, 측도(側道), 터널, 교량, 육교 등 대통령령으로 정하는 시설로 구성된 것으로서 제10조에 열거된 것을 말하며, 도로의 부속물을 포함한다. 「도로법」 제10조(도로의 종류와 등급) 도로의 종류는 다음 각 호와 같고, 그 등급은 다음 각 호에 열거한 순서와 같다. 1. 고속국도(고속국도의 지선 포함) 2. 일반국도(일반국도의 지선 포함) 3. 특별시도(特別市道)·광역시도(廣域市道) 4. 지방도 5. 시도 6. 군도 7. 구도
도로구간	도로명을 부여하기 위하여 설정하는 도로의 시작지점과 끝지점 사이를 말한다.
도로명	도로구간마다 부여된 이름을 말한다.
기초번호	도로구간에 행정안전부령으로 정하는 간격마다 부여된 번호를 말한다. 제3조(기초번호의 부여 간격) 「도로명주소법」(이하 "법"이라 한다) 제2조제4호에서 "행정안전부령으로 정하는 간격"이란 20미터를 말한다. 다만, 다음 각 호의 도로에 대하여는 다음 각 호의 간격으로 한다. 1. 「도로교통법」 제2조제3호에 따른 고속도로(이하 "고속도로"라 한다) : 2킬로미터

기초번호	2. 건물번호의 가지번호가 두 자리 숫자 이상으로 부여될 수 있는 길 또는 해당 도로구간에서 분기되는 도로구간이 없고, 가지번호를 이용한 건물번호를 부여하기 곤란한 길 : 10미터 3. 가지번호를 이용하여 건물번호를 부여하기 곤란한 종속구간 : 10미터 이하의 일정한 간격 4. 영 제3조제1항제3호에 따른 내부도로 : 20미터 또는 도로명주소 및 사물주소의 부여 개수를 고려하여 정하는 간격
건물번호	다음 각 목의 어느 하나에 해당하는 건축물 또는 구조물(이하 "건물 등"이라 한다)마다 부여된 번호(둘 이상의 건물 등이 하나의 집단을 형성하고 있는 경우로서 대통령령으로 정하는 경우에는 그 건물 등의 전체에 부여된 번호를 말한다)를 말한다. 가. 「건축법」 제2조제1항제2호에 따른 건축물 나. 현실적으로 30일 이상 거주하거나 정착하여 활동하는 데 이용되는 인공구조물 및 자연적으로 형성된 구조물 제4조(건물 등의 건물번호) 법 제2조제5호 각 목 외의 부분에서 "대통령령으로 정하는 경우"란 다음 각 호의 경우를 말한다. 1. 건물 등이 주된 건물 등과 동·식물 관련 시설, 화장실 등 주된 건물에 부속되어 있는 건물 등으로 이뤄진 경우. 다만, 주된 건물 등과 부속된 건물 등이 서로 다른 건축물대장에 등록된 경우는 제외한다. 2. 건물 등이 담장 등으로 둘러싸여 실제 하나의 집단으로 구획되어 있고, 하나의 건축물대장 또는 하나의 집합건축물대장의 총괄표제부에 같이 등록되어 있는 경우 3. 법 제2조제5호나목의 구조물이 담장 등으로 둘러싸여 실제 하나의 집단으로 구획되어 있는 경우
상세주소	건물 등 내부의 독립된 거주·활동 구역을 구분하기 위하여 부여된 동(棟)번호, 층수 또는 호(號)수를 말한다.
도로명주소	도로명, 건물번호 및 상세주소(상세주소가 있는 경우만 해당한다)로 표기하는 주소를 말한다.
국가기초구역	도로명주소를 기반으로 국토를 읍·면·동의 면적보다 작게 경계를 정하여 나눈 구역을 말한다.
국가지점번호	국토 및 이와 인접한 해양을 격자형으로 일정하게 구획한 지점마다 부여된 번호를 말한다.
사물주소	도로명과 기초번호를 활용하여 건물 등에 해당하지 아니하는 시설물의 위치를 특정하는 정보를 말한다.
주소정보	기초번호, 도로명주소, 국가기초구역, 국가지점번호 및 사물주소에 관한 정보를 말한다.
주소정보시설	도로명판, 기초번호판, 건물번호판, 국가지점번호판, 사물주소판 및 주소정보안내판을 말한다.
예비도로명	도로명을 새로 부여하려거나 기존의 도로명을 변경하려는 경우에 임시로 정하는 도로명을 말한다.

유사도로명	특정 도로명을 다른 도로명의 일부로 사용하는 경우 특정 도로명과 다른 도로명 모두를 말한다.
동일도로명	도로구간이 서로 연결되어 있으면서 그 이름이 같은 도로명을 말한다.
종속구간	다음 각 목의 어느 하나에 해당하는 구간으로서 별도로 도로구간으로 설정하지 않고 그 구간에 접해 있는 주된 도로구간에 포함시킨 구간을 말한다. 가. 막다른 구간 나. 2개의 도로를 연결하는 구간
주된구간	하나의 도로구간에서 종속구간을 제외한 도로구간을 말한다.
도로명관할구역	「도로명주소법 시행령」(이하 "영"이라 한다) 제6조제1항제1호 및 제2호에 따른 행정구역을 말한다. 다만, 행정구역이 결정되지 않은 지역에서는 영 제6조제2항제1호가목 및 제2호나목에 따른 사업지역의 명칭을 말한다.
건물 등관할구역	영 제6조제1항제1호부터 제3호까지에 따른 행정구역을 말한다. 다만, 행정구역이 결정되지 않은 지역에서는 영 제6조제2항제1호가목 및 제2호나목에 따른 사업지역의 명칭을 말한다.

💡 법 제3조(도로의 유형 및 통로의 종류)

① 「도로명주소법」(이하 "법"이라 한다) 제2조제1호에 따른 도로는 유형별로 다음 각 호와 같이 구분한다.

    1. 지상도로 : 주변 지대(地帶)와 높낮이가 비슷한 도로(제2호의 입체도로가 지상도로의 일부에 연속되는 경우를 포함한다)로서 다음 각 목의 도로

      가. 「도로교통법」 제2조제3호에 따른 고속도로(이하 "고속도로"라 한다)

      나. 그 밖의 도로

        1) 대로 : 도로의 폭이 40미터 이상이거나 왕복 8차로 이상인 도로

        2) 로 : 도로의 폭이 12미터 이상 40미터 미만이거나 왕복 2차로 이상 8차로 미만인 도로

        3) 길 : 대로와 로 외의 도로

    2. 입체도로 : 공중 또는 지하에 설치된 다음 각 목의 도로 및 통로(제1호에서 지상도로에 포함되는 입체도로는 제외한다)

      가. 고가도로 : 공중에 설치된 도로 및 통로

      나. 지하도로 : 지하에 설치된 도로 및 통로

    3. 내부도로 : 건축물 또는 구조물의 내부에 설치된 다음 각 목의 도로 및 통로

      가. 법 제2조제5호 각 목의 건축물 또는 구조물(이하 "건물 등"이라 한다)의 내부에 설치된 도로 및 통로

      나. 건물 등이 아닌 구조물의 내부에 설치된 도로 및 통로

② 법 제2조제1호나목에서 "대통령령으로 정하는 것"이란 다음 각 호의 도로 등을 말한다.

1. 「건축법」제2조제1항제11호에 따른 도로
2. 「도로교통법」제2조제1호(가목은 제외한다)에 따른 도로
3. 「도시공원 및 녹지 등에 관한 법률」제15조제1항에 따른 도시공원 안 통로
4. 「민법」제219조의 주위토지통행권의 대상인 통로 및 같은 법 제220조의 주위통행권의 대상인 토지
5. 「산림문화·휴양에 관한 법률」제22조의2에 따른 숲길
6. 둘 이상의 건물 등이 하나의 집단을 형성하고 있는 경우로서 제4조 각 호에 해당하는 경우(이하 "건물군"이라 한다) 그 안의 통행을 위한 통로
7. 건물 등 또는 건물 등이 아닌 구조물의 내부에서 사람이나 그 밖의 이동수단이 통행하는 통로
8. 그 밖에 행정안전부장관이 주소정보의 부여 및 관리를 위하여 필요하다고 인정하여 고시하는 통로

영 제5조(주소정보 활용 기본계획 등의 수립·시행)

① 행정안전부장관은 주소정보를 활용하여 국민의 생활안전과 편의를 높이고 관련 산업을 활성화하기 위하여 주소정보 활용 기본계획(이하 "기본계획"이라 한다)을 5년마다 수립·시행하여야 한다.
② 기본계획에는 다음 각 호의 사항이 포함되어야 한다.
　1. 주소정보 관련 국가 정책의 기본 방향
　2. 주소정보의 구축 및 정비 방안
　3. 주소정보를 기반으로 하는 관련 산업의 지원 방안
　4. 주소정보 활용 활성화를 위한 재원 조달 방안
　5. 그 밖에 주소정보 활용 활성화에 관한 사항으로서 대통령령으로 정하는 사항

> ① 법 제5조제2항제5호에서 "대통령령으로 정하는 사항"이란 다음 각 호의 사항을 말한다.
> 　1. 주소정보시설의 설치 및 유지·관리에 관한 사항
> 　2. 법 제28조에 따른 주소정보활용지원센터의 운영에 관한 사항
> 　3. 주소정보의 활용·홍보 및 교육에 관한 사항
> 　4. 그 밖에 행정안전부장관이 필요하다고 인정하는 사항
> ② 중앙행정기관의 장은 법 제5조제3항에 따라 기본계획안에 대한 협의를 요청받은 경우 요청받은 날부터 20일 이내에 기본계획안에 대한 의견을 행정안전부장관에게 제출해야 한다.

③ 행정안전부장관은 기본계획을 수립하거나 변경하려는 경우에는 미리 관계 중앙행정기관의 장과 협의하여야 한다.
④ 행정안전부장관은 기본계획을 수립하거나 변경하려는 경우에는 미리 특별시장·광역시장·특별자치시장·도지사 및 특별자치도지사(이하 "시·도지사"라 한다)의 의견을 들어야 한다.
⑤ 행정안전부장관은 기본계획을 수립하거나 변경하면 관계 중앙행정기관의 장 및 시·도지사에게 그 내

용을 통보하여야 한다.

⑥ 시 · 도지사는 기본계획에 따라 특별시 · 광역시 · 특별자치시 · 도 및 특별자치도(이하 "시 · 도"라 한다)의 연도별 주소정보 활용 집행계획(이하 "집행계획"이라 한다)을 수립 · 시행하여야 한다.

⑦ 특별시장 · 광역시장 · 도지사는 집행계획을 수립하거나 변경하려는 경우에는 미리 시장 · 군수 · 구청장(자치구의 구청장을 말한다. 이하 같다)의 의견을 들어야 한다.

⑧ 시 · 도지사는 집행계획을 수립하거나 변경하면 행정안전부장관 및 시장 · 군수 · 구청장에게 그 내용을 통보하여야 한다.

🔲 제6조(기초조사 등)

① 행정안전부장관, 시 · 도지사 및 시장 · 군수 · 구청장은 기초번호, 도로명주소, 국가기초구역, 국가지점번호 및 사물주소의 부여 · 설정 · 관리 등을 위하여 도로 및 건물 등의 위치에 관한 기초조사를 할 수 있다.

② 「도로법」 제2조제5호에 따른 도로관리청은 같은 법 제25조에 따라 도로구역을 결정 · 변경 또는 폐지한 경우 그 사실을 제7조제2항 각 호의 구분에 따라 행정안전부장관, 시 · 도지사 또는 시장 · 군수 · 구청장에게 통보하여야 한다.

🔲 제4조(기초조사 등)

「도로법」 제2조제5호에 따른 도로관리청은 법 제6조제2항에 따라 도로구역의 결정 · 변경 또는 폐지 사실을 해당 도로구역의 결정 · 변경 또는 폐지를 고시한 날부터 30일 이내에 다음 각 호의 사항을 포함하여 행정안전부장관, 특별시장 · 광역시장 · 특별자치시장 · 도지사 및 특별자치도지사(이하 "시 · 도지사"라 한다) 또는 시장 · 군수 · 구청장(자치구의 구청장을 말한다. 이하 같다)에게 통보해야 한다.

1. 「도로법」 제2조제6호에 따른 도로구역(이하 "도로구역"이라 한다)의 위치도 및 도로계획 평면도
2. 도로구역의 결정 · 변경 또는 폐지 사유
3. 「도로법」 제10조에 따른 도로의 종류, 같은 법 제19조제2항 각 호에 따른 노선번호, 노선명, 기점 · 종점, 주요 통과지
4. 해당 도로구역의 도로공사 사업 수행 기간(도로구역을 폐지하는 경우는 제외한다)

🔲 제7조(도로명 등의 부여)

① 행정안전부장관, 시 · 도지사 및 시장 · 군수 · 구청장은 다음 각 호의 경우에는 도로구간을 설정하고 도로명과 기초번호를 부여할 수 있다.
　1. 제6조제1항에 따른 기초조사 결과 도로명 부여가 필요하다고 판단하는 경우

2. 제6조제2항에 따른 통보를 받은 경우

3. 제3항에 따른 신청을 받은 경우

4. 제4항에 따른 요청을 받은 경우

② 제1항에 따라 도로구간을 설정하고 도로명과 기초번호를 부여할 때에 도로의 구분은 다음 각 호와 같다.

　1. 행정안전부장관 : 둘 이상의 시·도에 걸쳐 있는 도로

　2. 특별시장, 광역시장 및 도지사 : 제1호 외의 도로로서 둘 이상의 시·군·자치구에 걸쳐 있는 도로

　3. 특별자치시장, 특별자치도지사 및 시장·군수·구청장 : 제1호 및 제2호 외의 도로

③ 도로명주소를 사용하기 위하여 도로명이 부여되지 아니한 도로에 도로명이 필요한 자는 도로명의 부여를 제2항 각 호의 구분에 따라 행정안전부장관, 시·도지사 또는 시장·군수·구청장에게 신청할 수 있다.

④ 제2항제1호에 해당하는 도로로서 도로명이 부여되지 아니한 도로를 확인한 시·도지사는 행정안전부장관에게, 제2항제2호에 해당하는 도로로서 도로명이 부여되지 아니한 도로를 확인한 시장·군수·구청장은 특별시장, 광역시장 또는 도지사에게 각각 도로명의 부여를 요청하여야 한다. 이 경우 제2항제1호에 해당하는 도로로서 도로명이 부여되지 아니한 도로를 확인한 시장·군수·구청장은 그 사실을 특별시장, 광역시장 또는 도지사에게 통보하여야 한다.

⑤ 행정안전부장관, 시·도지사 또는 시장·군수·구청장은 제1항에 따라 도로구간을 설정하고 도로명과 기초번호를 부여하려면 대통령령으로 정하는 바에 따라 해당 지역주민과 지방자치단체의 장의 의견을 수렴하고 제29조에 따른 해당 주소정보위원회의 심의를 거쳐야 한다.

⑥ 행정안전부장관, 시·도지사 또는 시장·군수·구청장은 도로구간을 설정하고 도로명과 기초번호를 부여하는 경우에는 그 사실을 고시하고, 제3항에 따른 신청인에게 고지하며, 제19조제2항에 따른 공공기관 중 대통령령으로 정하는 공공기관의 장에게 통보하여야 한다.

⑦ 제1항부터 제6항까지의 규정에 따른 도로구간의 설정 및 도로명과 기초번호의 부여에 관한 기준과 절차 등에 관하여 필요한 사항은 대통령령으로 정한다.

영 제6조(도로명주소의 구성 및 표기 방법)

① 도로명주소는 다음 각 호의 사항을 같은 호의 순서에 따라 구성 및 표기한다.

　1. 특별시·광역시·특별자치시·도 및 특별자치도(이하 "시·도"라 한다)의 이름

　2. 시(「제주특별자치도 설치 및 국제자유도시 조성을 위한 특별법」 제10조제2항에 따른 행정시를 포함한다. 이하 제7호가목 및 나목에서 같다)·군·구의 이름

　3. 행정구(자치구가 아닌 구를 말한다)·읍·면의 이름

　4. 도로명

5. 건물번호

　　6. 상세주소(상세주소가 있는 경우에만 표기한다)

　　7. 참고항목 : 도로명주소의 끝부분에 괄호를 하고 그 괄호 안에 다음 각 목의 구분에 따른 사항을 표기할 수 있다.

　　　가. 특별시 · 광역시 · 특별자치시 및 시의 동(洞) 지역에 있는 건물 등으로서 공동주택이 아닌 건물 등 : 법정동(法定洞)의 이름

　　　나. 특별시 · 광역시 · 특별자치시 및 시의 동 지역에 있는 공동주택 : 법정동의 이름과 건축물대장에 적혀 있는 공동주택의 이름. 이 경우 법정동의 이름과 공동주택의 이름 사이에는 쉼표를 넣어 표기한다.

　　　다. 읍 · 면 지역에 있는 공동주택 : 건축물대장에 적혀 있는 공동주택의 이름

② 제1항에도 불구하고 행정구역이 결정되지 않은 지역의 도로명주소 표기방법은 다음 각 호에서 정하는 바에 따른다.

　　1. 시 · 도가 결정되지 않은 경우에는 다음 각 목의 사항을 같은 목의 순서에 따라 표기할 것

　　　가. 법 제29조제1항에 따른 중앙주소정보위원회(이하 "중앙주소정보위원회"라 한다)의 심의를 거쳐 행정안전부장관이 정하여 고시하는 사업지역의 명칭

　　　나. 제1항제4호부터 제6호까지의 규정에 따른 사항

　　2. 시 · 군 · 구가 결정되지 않은 경우에는 다음 각 목의 사항을 같은 목의 순서에 따라 표기할 것

　　　가. 제1항제1호의 사항

　　　나. 법 제29조제1항에 따른 시 · 도주소정보위원회(이하 "시 · 도주소정보위원회"라 한다)의 심의를 거쳐 특별시장, 광역시장 또는 도지사가 정하여 고시하는 사업지역의 명칭

　　　다. 제1항제4호부터 제6호까지의 규정에 따른 사항

🟢 제7조(도로구간 및 기초번호의 설정 · 부여 기준)

① 법 제7조제1항에 따라 도로구간을 설정하려는 경우 정해야 할 사항은 다음 각 호와 같다.

　　1. 도로구간의 시작지점 및 끝지점

　　2. 도로구간을 나타내는 선형(線形)

　　3. 도로구간의 관할 행정구역[특별시 · 광역시 · 특별자치시 · 도 및 특별자치도(이하 "시 · 도"라 한다) 및 시 · 군 · 구를 말한다]

　　4. 제3조제1항에 따른 도로의 유형

② 법 제7조제1항에 따른 도로구간의 설정 기준은 다음 각 호와 같다.

　　1. 도로망의 구성이 가능하도록 연결된 도로가 있는 경우 도로구간도 연결시킬 것

　　2. 도로의 폭, 방향, 교통 흐름 등 도로의 특성을 고려할 것

　　3. 가급적 직선에 가까울 것

4. 일시적인 도로가 아닐 것. 다만, 하나의 도로구역으로 결정된 도로구간이 공사 등의 사유로 그 도로의 연결이 끊겨져 있는 경우에는 하나의 도로구간으로 설정할 수 있다.

5. 도로의 연속성을 유지하면서 최대한 길게 설정할 것. 다만, 길에 붙이는 도로명에 숫자나 방위를 나타내는 단어가 들어가는 경우에는 짧게 설정할 수 있다.

6. 다음 각 목의 도로를 제외하고는 다른 도로구간과 겹치지 않도록 도로구간을 설정할 것
   가. 입체도로 및 내부도로
   나. 도로의 선형 변경으로 인하여 연결된 측도가 발생하는 도로
   다. 교차로
   라. 종전의 도로구간과 신설되는 도로구간이 한시적으로 함께 사용되는 도로

7. 도로구간의 시작지점 및 끝지점의 설정은 다음 각 목의 기준을 따를 것
   가. 강·하천·바다 등의 땅 모양과 땅 위 물체, 시·군·구의 경계를 고려할 것. 다만, 길의 경우에는 그 길과 연결되는 도로 중 그 지역의 중심이 되는 도로를 시작지점이나 끝지점으로 할 수 있다.
   나. 시작지점부터 끝지점까지 도로가 연결되어 있을 것
   다. 서쪽과 동쪽을 잇는 도로는 서쪽을 시작지점으로, 동쪽을 끝지점으로 설정하고, 남쪽과 북쪽을 잇는 도로는 남쪽을 시작지점으로, 북쪽을 끝지점으로 설정할 것. 다만, 시작지점이 연장될 가능성이 있는 경우 등 행정안전부령으로 정하는 경우에는 달리 정할 수 있다.

③ 행정안전부장관, 시·도지사 및 시장·군수·구청장은 제2항에도 불구하고 다음 각 호의 도로에 대해서는 행정안전부장관이 정하는 바에 따라 도로구간을 달리 설정할 수 있다.
   1. 고속도로
   2. 입체도로
   3. 내부도로

④ 법 제7조제1항에 따른 기초번호는 도로구간의 시작지점에서 끝지점 방향으로 왼쪽에는 홀수번호를, 오른쪽에는 짝수번호를 부여하며, 기초번호 간의 간격(이하 "기초간격"이라 한다)은 행정안전부령으로 정한다.

⑤ 행정안전부장관, 시·도지사 및 시장·군수·구청장은 제3항 각 호의 도로의 경우에는 제4항에도 불구하고 행정안전부장관이 정하는 바에 따라 기초번호를 부여할 수 있다.

🔆 제5조(도로구간 및 기초번호 설정·부여의 세부기준)

① 법 제7조제1항에 따라 도로구간을 설정하려는 경우에는 각 도로구간을 독립된 도로구간으로 설정하는 것을 원칙으로 한다. 다만, 연장될 가능성이 없는 50미터(읍·면 지역은 500미터로 한다) 미만의 도로구간은 별도의 도로구간이 아닌 종속구간으로 설정할 수 있다.

② 영 제7조제2항제7호다목 단서에서 "시작지점이 연장될 가능성이 있는 경우 등 행정안전부령으로 정

하는 경우"란 다음 각 호의 어느 하나에 해당하는 경우를 말한다.

1. 도로의 한쪽 끝이 하천·강·바다 등으로 막혀 있어 연장될 가능성이 없는 경우
2. 길인 도로구간의 시작지점을 지역의 중심축을 이루는 도로의 방향으로 해야 하는 경우
3. 로(路) 또는 길인 도로구간이 연장될 가능성이 있어 분기점을 시작지점으로 설정해야 하는 경우
4. 길인 도로구간을 인근에 있는 제2호 또는 제3호의 도로 방향과 일치시키려는 경우
5. 「섬 발전 촉진법」 제2조에 따른 섬에 위치한 도로의 경우
6. 영 제3조제1항제2호 및 제3호의 입체도로 및 내부도로에 도로명을 부여하기 위하여 도로구간을 설정하는 경우

③ 도로구간은 다음 각 호의 방법에 따라 설정한다.

1. 도로구간의 끝지점에서 새로운 도로구간이 연결되는 경우에는 기초번호가 유지되도록 도로구간의 끝지점을 새로 연결되는 도로구간의 끝지점으로 할 것
2. 도로구간의 시작지점에서 새로운 도로구간이 연결되는 경우에는 기초번호가 유지되도록 다음 각 목의 방법에 따라 설정할 것. 다만, 도로명주소의 안정성을 확보할 필요가 있는 경우에는 연장된 도로구간을 별도의 도로구간으로 설정할 수 있다.
   가. 새로 연결되는 도로구간이 제1항 단서에 해당하는 경우에는 그 도로구간을 종속구간으로 설정할 것
   나. 새로 연결되는 도로구간이 제1항 단서에 해당하지 않는 경우에는 그 도로구간의 시작지점을 새로 연결되는 도로구간의 시작지점으로 설정할 것
3. 도로구간의 시작지점과 끝지점이 아닌 지점에서 도로의 선형(線形)이 변경되는 경우에는 다음 각 목의 방법에 따라 설정할 것. 다만, 도로명주소의 안정성을 확보할 필요가 있는 경우에는 연결된 도로구간을 별도의 도로구간으로 설정할 수 있다.
   가. 새로 연결되는 부분과 도로구간에서 제외되는 부분이 모두 제1항 단서에 해당하는 경우에는 새로 연결되는 부분은 기존 도로구간의 종속구간으로 설정할 것
   나. 새로 연결되는 부분과 도로구간에서 제외되는 부분이 모두 제1항 단서에 해당하지 않는 경우에는 새로 연결되는 도로구간을 기존 도로구간과 연결하여 하나의 도로구간으로 설정하고, 도로구간에서 제외되는 부분은 별도의 도로구간으로 설정할 것
   다. 새로 연결되는 부분이 제1항 단서에 해당하고 도로구간에서 제외되는 부분은 제1항 단서에 해당하지 않는 경우 새로 연결되는 부분은 기존 도로구간의 종속구간으로 설정할 것
   라. 새로 연결되는 부분이 제1항 단서에 해당하지 않고 도로구간에서 제외되는 부분은 제1항 단서에 해당하는 경우에는 새로 연결되는 부분은 기존의 도로구간과 연결하여 하나의 도로구간으로 설정하고, 도로구간에서 제외되는 부분은 종속구간으로 설정할 것
4. 도로구간의 시작지점 또는 끝지점의 도로가 일부 폐지된 경우에는 현행 기초번호가 유지되도록 시작지점 또는 끝지점을 변경할 것

5. 도로구간의 시작지점 또는 끝지점이 아닌 부분에서 도로가 일부 폐지된 경우에는 다음 각 목의 방법에 따라 설정할 것. 다만, 도로명주소의 안정성을 확보할 필요가 있는 경우에는 폐지된 도로를 가상의 도로구간으로 유지하거나 지역적 특성을 고려하여 각 목과 다르게 설정할 수 있다.

    가. 도로구간의 시작지점이 있는 도로 부분은 도로구간의 기초번호가 유지되도록 끝지점을 변경할 것

    나. 도로구간의 끝지점이 있는 도로 부분은 별도의 도로구간으로 설정할 것

6. 고속도로, 「도로교통법」 제2조제2호에 따른 자동차전용도로(이하 "자동차전용도로"라 한다) 등에 설치되는 나들목 및 입체교차로에서 서로 다른 도로로 이동하는 데 사용되는 도로의 연결구간은 주된 도로구간의 종속구간으로 설정할 것. 다만, 해당 도로의 연결구간이 도로시설물 등으로 주된 도로와 분리되지 않는 경우에는 주된구간에 포함할 수 있다.

④ 종속구간의 기초번호는 주된 도로구간의 기초번호에 가지번호를 붙여 부여한다. 이 경우 가지번호는 시작지점부터 차례로 왼쪽 종속구간은 홀수번호를, 오른쪽 종속구간은 짝수번호를 부여한다.

영 제8조(도로명의 부여기준)

① 제7조에 따라 설정된 도로구간에 도로명을 부여할 때에는 하나의 도로구간에 하나의 도로명을 부여한다.

② 도로명은 주된 명사에 제3조제1항에 따른 도로의 유형별로 다음 각 호의 방법으로 부여한다. 이 경우 주된 명사 뒤에 숫자나 방위를 붙일 경우 그 숫자나 방위도 주된 명사의 일부분으로 본다.

  1. 지상도로(고속도로는 제외한다) : 제3항에 따른 주된 명사 뒤에 "대로", "로" 또는 "길"을 붙일 것. 다만, 주소정보 사용의 편리성 등을 고려하여 필요한 경우에는 "대로"와 "로" 또는 "로"와 "길"을 서로 바꾸어 사용할 수 있다.

  2. 고속도로 : 제3항에 따른 주된 명사 뒤에 "고속도로"를 붙일 것

  3. 입체도로 : "고가도로" 또는 "지하도로"를 나타내는 명칭을 붙일 것

  4. 내부도로 : 내부도로가 위치한 장소를 나타내는 명칭을 붙일 것

③ 주된 명사는 다음 각 호의 사항과 해당 지역주민의 의견 등을 종합적으로 고려하여 정한다.

  1. 지역적 특성 또는 지명(地名)

  2. 위치 예측성 및 해당 도로의 영속성

  3. 역사적 인물 또는 사건

  4. 「국가보훈 기본법」 제3조제1호에 따른 희생·공헌자와 관련한 사항

④ 사용 중인 도로명은 같은 시·군·구 내에서 중복하여 사용할 수 없다. 이 경우 도로명의 중복 여부는 주된 명사를 기준으로 한다.

⑤ 제4항에도 불구하고 제2항제2호부터 제4호까지에 따른 도로의 경우에는 주된 명사 뒤에 붙은 도로의 유형이 다를 경우 다른 도로명으로 본다.

⑥ 행정안전부장관, 시·도지사 및 시장·군수·구청장은 도로명을 부여·변경할 때 다음 각 호의 어느 하나에 해당하는 도로명을 사용할 수 없다.

　1. 같은 시·군·구 내에서 변경되었거나 폐지된 날부터 5년이 지나지 않은 도로명(각종 개발사업으로 인하여 도로구간이 폐지된 경우는 제외한다)

　2. 시·군·구를 달리하더라도 해당 도로구간의 반경 5킬로미터 이내에서 사용 중인 도로명(동일도로명은 제외한다)

⑦ 제4항부터 제6항까지의 규정에도 불구하고 시·군·구를 합치거나 관할구역의 경계가 변경되어 도로명이 중복된 경우에는 도로명이 중복된 해당 도로구간의 위치가 행정구 또는 읍·면으로 구분될 경우에 한정하여 도로명을 중복하여 사용할 수 있다.

⑧ 제1항부터 제7항까지에서 규정한 사항 외에 도로명의 부여에 필요한 세부기준은 행정안전부령으로 정한다.

칙 제6조(도로명 부여의 세부기준)

영 제8조제8항에 따른 도로명 부여의 세부기준은 다음 각 호와 같다.

1. 영 제3조제1항제1호나목3)에 따른 길에 영 제8조제2항 각 호 외의 부분 후단에 따른 숫자나 방위를 붙이려는 경우에는 다음 각 목의 어느 하나에 해당하는 방식으로 도로명을 부여할 것

　가. 기초번호방식 : 길의 시작지점이 분기되는 도로구간의 도로명, 길이 분기되는 지점의 기초번호와 '번길'을 차례로 붙여서 도로명을 부여할 것

　나. 일련번호방식 : 길의 시작지점이 분기되는 도로구간의 도로명, 길이 분기되는 지점의 일련번호(도로구간에 일정한 간격 없이 순차적으로 부여하는 번호를 말한다)와 '길'을 차례로 붙여서 도로명을 부여할 것

　다. 복합명사방식 : 주된 명사에 방위 등을 붙여 도로명을 부여할 것

2. 도로구간만 변경된 경우에는 기존의 도로명을 계속 사용할 것

3. 도로명에 숫자를 사용하는 경우 숫자는 한 번만 사용하도록 할 것

4. 도로명은 한글로 표기할 것(숫자와 온점을 포함할 수 있다)

5. 도로명의 로마자 표기는 문화체육관광부장관이 정하여 고시하는 「국어의 로마자 표기법」을 따를 것

6. 영 제3조제1항제1호나목에 따른 도로의 유형을 안내하는 경우 다음 각 목과 같이 표기할 것

　가. 대로(大路) : Blvd

　나. 로(路) : St

　다. 길(街) : Rd

영 제9조(둘 이상의 시·군·구 또는 시·도에 걸쳐 있는 도로명 등의 설정·부여 기준)

① 둘 이상의 시·군·구 또는 시·도에 걸쳐 있는 도로에 대하여 법 제7조제1항에 따라 도로구간, 기초번호 및 도로명(이하 "도로명 등"이라 한다)을 설정·부여하려는 경우에는 제7조 및 제8조와 다음 각 호의 기준에 따른다.

1. 도로구간의 경우 : 시·군·구의 행정구역 경계를 기준으로 설정하며, 도로구간 간에 직진성을 유지하면서 같은 방향으로 연속되도록 할 것
2. 기초번호의 경우 : 같은 방향으로 연속되어 같은 도로명이 부여된 도로구간이면 시·군·구가 달라지더라도 같은 방향으로 연속해서 기초번호를 부여할 것
3. 도로명의 경우 : 같은 방향으로 연속된 도로구간에는 동일도로명을 부여할 것

② 다음 각 호의 어느 하나에 해당하는 경우에는 제1항에도 불구하고 행정안전부령으로 정하는 바에 따라 도로명 등을 설정·부여할 수 있다.

1. 도로구간이 길어 기초번호가 5자리 이상이 되는 경우
2. 특별자치시장·특별자치도지사 및 시장·군수·구청장(이하 "시장 등"이라 한다)이 정하는 도로구간 및 도로명의 부여 방법에 맞게 도로망을 설정할 필요가 있는 경우

칙 제7조(둘 이상의 시·군·구 또는 시·도에 걸쳐 있는 도로명 등의 설정·부여 세부기준)

① 영 제9조제1항에 따라 둘 이상의 시·군·구 또는 시·도에 걸쳐 있는 도로에 시·군·구의 행정구역을 경계로 도로구간을 설정하려는 경우 그 세부기준은 다음 각 호와 같다. 다만, 제5조제1항 단서에 해당하는 도로구간은 행정구역을 경계로 도로구간을 구분하지 않고, 하나의 도로구간으로 설정한다.

1. 시·군·구의 경계가 두 번 이상 교차하는 경우 : 교차하는 구역의 중간 지점에 가까운 도로구간과 행정구역 경계의 교차점을 기준으로 설정할 것
2. 도로를 따라 시·군·구의 행정구역 경계가 나누어진 경우 : 낮은 기초번호의 부여가 예상되는 도로구간과 행정구역 경계의 교차점을 기준으로 설정할 것
3. 두 개의 주된구간을 연결하는 종속구간에 시·군·구 행정구역 경계가 있는 경우 : 해당 행정구역의 경계를 기준으로 설정할 것

② 영 제9조제2항에 따라 도로구간, 기초번호 및 도로명(이하 "도로명 등"이라 한다)을 설정·부여하는 경우에는 다음 각 호의 사항을 도로구간 구분의 기준으로 한다.

1. 하천, 강, 바다, 다리, 그 밖의 자연적 또는 인공적 지형지물
2. 고속도로 및 자동차전용도로의 나들목

3. 특별시 · 광역시 · 도의 행정구역 경계

영 제10조(도로명 등의 설정 · 부여 절차)

① 시장 등은 법 제7조제1항에 따라 도로명 등을 설정 · 부여하려는 경우에는 행정안전부령으로 정하는 사항을 공보, 행정안전부 및 해당 지방자치단체의 인터넷 홈페이지 또는 그 밖에 주민에게 정보를 전달할 수 있는 매체(이하 "공보등"이라 한다)에 14일 이상의 기간을 정하여 공고하고, 해당 지역주민의 의견을 수렴해야 한다. 이 경우 법 제7조제3항에 따른 신청을 받아 도로명을 부여하려는 경우에는 그 신청을 받은 날부터 10일 이내에 공고해야 한다.

② 시장 등은 제1항에 따른 의견 제출 기간이 지난 날부터 30일 이내에 행정안전부령으로 정하는 사항을 법 제29조제1항에 따른 해당 주소정보위원회에 제출하고, 도로명 등의 설정 · 부여에 관하여 심의를 거쳐야 한다.

③ 시장 등은 제2항에 따른 심의를 마친 날부터 10일 이내에 도로명 등을 설정 · 부여해야 한다. 이 경우 행정안전부령으로 정하는 바에 따라 공보 등에 고시하고, 법 제7조제3항에 따른 신청인에게 고지해야 한다.

④ 시장 등은 제2항에 따른 심의 결과 해당 주소정보위원회가 예비도로명과 다른 도로명을 설정 · 부여하기로 한 경우에는 심의를 마친 날부터 10일 이내에 14일 이상의 기간을 정하여 그 다른 예비도로명을 공보 등에 공고하고, 해당 지역주민의 의견을 새로 수렴해야 한다.

⑤ 법 제7조제6항에서 "대통령령으로 정하는 공공기관"이란 다음 각 호의 구분에 따른 기관을 말한다.

　1. 법 제9조제2항 각 호의 지주(支柱) 또는 시설(이하 "지주등"이라 한다)에 도로명과 기초번호를 표기한 공공기관

　2. 소방청

　3. 경찰청

　4. 우정사업본부

　5. 그 밖에 행정안전부장관, 시 · 도지사 또는 시장 · 군수 · 구청장이 필요하다고 인정하는 공공기관

⑥ 도로명주소의 변경을 수반하는 도로명 부여 절차에 관하여는 법 제8조제4항 및 이 영 제15조 및 제16조의 도로명 변경 절차를 준용한다.

칙 제8조(도로명 등의 부여 · 설정 절차)

① 영 제10조제1항 전단에서 "행정안전부령으로 정하는 사항"이란 다음 각 호의 사항을 말한다.

　1. 영 제7조제1항 각 호의 사항

　2. 영 제7조제4항 및 제5항에 따른 도로구간의 시작지점과 끝지점의 기초번호 및 기초간격

　3. 도로의 길이와 폭

    4. 예비도로명과 그 부여 사유

    5. 의견 제출의 기간 및 방법

    6. 도로명의 부여 절차

    7. 그 밖에 특별자치시장·특별자치도지사 및 시장·군수·구청장(이하 "시장등"이라 한다)이 필요하다고 인정하는 사항

② 영 제10조제2항에서 "행정안전부령으로 정하는 사항"이란 다음 각 호의 사항을 말한다.

    1. 제1항제1호부터 제4호까지의 사항

    2. 도로명 부여에 대한 해당 지역주민과 시장 등의 의견

    3. 그 밖에 시장 등이 필요하다고 인정하는 사항

③ 시장 등은 영 제10조제3항 후단에 따라 제12조제1항 각 호의 사항을 고시해야 한다.

📄 제11조(둘 이상의 시·군·구 또는 시·도에 걸쳐 있는 도로명 등의 설정·부여 절차)

① 특별시장, 광역시장 및 도지사는 법 제7조제1항에 따라 둘 이상의 시·군·구에 걸쳐 있는 도로에 대해 도로명 등을 설정·부여하려는 해당 시장·군수·구청장에게 행정안전부령으로 정하는 자료의 제출을 요청할 수 있다.

② 시장·군수·구청장은 제1항에 따른 요청을 받은 날부터 20일 이내에 그 자료를 특별시장, 광역시장 및 도지사에게 제출해야 한다.

③ 특별시장, 광역시장 및 도지사는 제2항에 따른 자료를 제출받은 날부터 20일 이내에 14일 이상의 기간을 정하여 행정안전부령으로 정하는 사항을 공보 등에 공고하고, 해당 지역주민 및 시장·군수·구청장의 의견을 수렴해야 한다. 이 경우 법 제7조제3항에 따른 신청을 받아 도로명을 부여하려는 경우에는 그 신청을 받은 날부터 40일 이내에 공고해야 한다.

④ 특별시장, 광역시장 및 도지사는 제3항에 따른 공고 기간이 지난 날부터 30일 이내에 행정안전부령으로 정하는 사항을 해당 시·도주소정보위원회에 제출하고, 도로명 등의 설정·부여에 관하여 심의를 거쳐야 한다.

⑤ 특별시장, 광역시장 및 도지사는 제4항에 따른 심의를 마친 날부터 10일 이내에 도로명 등을 설정·부여해야 한다. 이 경우 행정안전부령으로 정하는 바에 따라 공보 등에 고시하고, 해당 시장·군수·구청장과 법 제7조제3항에 따른 신청인에게 통보 및 고지해야 한다.

⑥ 특별시장, 광역시장 및 도지사는 제5항에도 불구하고 해당 시·도주소정보위원회 심의 결과 예비도로명과 다른 도로명을 부여하는 것으로 결정한 경우에는 심의를 마친 날부터 10일 이내에 14일 이상의 기간을 정하여 해당 시·도주소정보위원회에서 부여하기로 한 예비도로명을 공보 등에 공고하고, 해당 지역주민의 의견을 새로 수렴해야 한다.

⑦ 행정안전부장관이 법 제7조제1항까지의 규정에 따라 둘 이상의 시·도에 걸쳐 있는 도로명 등을 설

정·부여하려는 경우의 절차에 관하여는 제1항부터 제6항까지를 준용한다. 이 경우 제1항부터 제6항까지 중 "특별시장, 광역시장 및 도지사"는 "행정안전부장관"으로, "시장·군수·구청장"은 "시·도지사 및 시장·군수·구청장"으로 보고, 제2항 중 "20일"은 "30일"로 보며, 제3항 중 "40일"은 "50일"로 보고, 제4항 및 제6항 중 "시·도주소정보위원회"는 "중앙주소정보위원회"로 본다.

🔵 제9조(둘 이상의 시·군·구 또는 시·도에 걸쳐 있는 도로명 등의 설정·부여 절차)

① 영 제11조제1항에서 "행정안전부령으로 정하는 자료"란 다음 각 호의 자료를 말한다.
   1. 영 제7조제1항 각 호의 사항
   2. 예비도로명과 그 부여 사유
   3. 도시개발사업 및 주택재개발사업 등 각종 개발사업에 관한 자료 또는 도로구역의 결정·변경·폐지에 관한 자료
   4. 그 밖에 특별시장, 광역시장 및 도지사가 필요하다고 인정하는 자료

② 영 제11조제3항 전단에서 "행정안전부령으로 정하는 사항"이란 다음 각 호의 사항을 말한다.
   1. 제1항제1호 및 제2호에 관한 사항
   2. 도로의 길이와 폭
   3. 도로구간의 설정, 도로명 및 기초번호의 부여 절차
   4. 의견 제출의 기간 및 방법
   5. 그 밖에 특별시장, 광역시장 및 도지사가 필요하다고 인정하는 사항

③ 영 제11조제4항에서 "행정안전부령으로 정하는 사항"이란 다음 각 호의 사항을 말한다.
   1. 제1항 각 호 및 제2항제2호의 사항
   2. 해당 지역주민 및 시장·군수·구청장의 의견
   3. 그 밖에 특별시장, 광역시장 및 도지사가 필요하다고 인정하는 사항

④ 특별시장, 광역시장 및 도지사는 영 제11조제5항 후단에 따라 제12조제1항 각 호의 사항을 고시해야 한다.

🔵 제12조(도로명 등의 고시 및 고지)

① 행정안전부장관, 시·도지사 및 시장·군수·구청장이 법 제7조제6항에 따라 도로명 등을 설정·부여하는 경우 고시할 사항은 다음 각 호와 같다.
   1. 영 제7조제1항 각 호의 사항
   2. 도로의 길이와 폭
   3. 기초간격과 도로구간의 시작지점 및 끝지점의 기초번호

4. 부여하는 도로명과 그 부여 사유

5. 도로명 등의 설정 또는 부여를 고시하는 날과 그 효력발생일

6. 도로명주소 및 사물주소의 부여·신청에 관한 사항

7. 그 밖에 행정안전부장관, 시·도지사 또는 시장·군수·구청장이 필요하다고 인정하는 사항

② 행정안전부장관, 시·도지사 및 시장·군수·구청장이 법 제8조제5항에 따라 도로명 등을 변경하거나 폐지하는 경우 고시 및 고지할 사항은 다음 각 호의 구분과 같다.

1. 도로명 등을 모두 변경하는 경우 다음 각 목의 사항

　가. 변경 전·후의 제1항제1호부터 제3호까지의 규정에 따른 사항

　나. 변경 전·후의 도로명과 그 부여 사유

　다. 도로명 등의 변경을 고시하는 날과 그 효력발생일

　라. 도로명주소 및 사물주소의 변경 등에 따른 효력에 관한 사항

　마. 도로명 등의 변경 요건 및 절차

　바. 변경 전·후의 도로명주소(상세주소는 제외할 수 있다)와 사물주소

　사. 그 밖에 행정안전부장관, 시·도지사 또는 시장·군수·구청장이 필요하다고 인정하는 사항

2. 도로명만을 변경하는 경우 다음 각 목의 사항

　가. 영 제7조제1항 각 호의 사항

　나. 변경 전·후의 도로명과 그 부여 사유

　다. 도로명의 변경을 고시하는 날과 효력발생일

　라. 도로명주소 및 사물주소의 부여 등에 따른 효력에 관한 사항

　마. 도로명의 변경 요건 및 절차

　바. 변경 전·후의 도로명주소(상세주소는 제외할 수 있다)와 사물주소

　사. 그 밖에 행정안전부장관, 시·도지사 또는 시장·군수·구청장이 필요하다고 인정하는 사항

3. 도로구간만을 변경하는 경우 다음 각 목의 사항

　가. 변경 전·후의 제1항제1호부터 제3호까지의 규정에 따른 사항

　나. 도로구간의 변경을 고시하는 날 및 효력발생일

　다. 도로구간의 변경 사유

　라. 그 밖에 행정안전부장관, 시·도지사 또는 시장·군수·구청장이 필요하다고 인정하는 사항

4. 기초번호만을 변경하는 경우 다음 각 목의 사항

　가. 영 제7조제1항 각 호의 사항

　나. 변경 전·후의 기초간격과 도로구간의 시작지점 및 끝지점의 기초번호

　다. 기초번호의 변경 사유

　라. 기초번호의 변경을 고시하는 날과 그 효력발생일

　마. 도로명주소 및 사물주소의 부여 등에 따른 효력에 관한 사항

바. 변경 전·후의 도로명주소(상세주소는 제외할 수 있다)와 사물주소

사. 그 밖에 행정안전부장관, 시·도지사 또는 시장·군수·구청장이 필요하다고 인정하는 사항

5. 도로구간과 기초번호만 변경하는 경우 다음 각 목의 사항

가. 변경 전·후의 제1항제1호부터 제3호까지의 규정에 따른 사항

나. 변경 전·후의 기초간격과 도로구간의 시작지점 및 끝지점의 기초번호

다. 도로구간 및 기초번호의 변경을 고시하는 날과 그 효력발생일

라. 도로명주소 및 사물주소의 부여 등에 따른 효력에 관한 사항

마. 도로구간 및 기초번호의 변경 사유

바. 변경 전·후의 도로명주소(상세주소는 제외할 수 있다)와 사물주소

사. 그 밖에 행정안전부장관, 시·도지사 또는 시장·군수·구청장이 필요하다고 인정하는 사항

6. 도로구간, 도로명 및 기초번호를 폐지하는 경우 다음 각 목의 사항

가. 폐지하려는 도로구간에 관한 사항

나. 폐지 전 도로명과 그 폐지 사유

다. 도로구간의 폐지를 고시하는 날

라. 그 밖에 행정안전부장관, 시·도지사 또는 시장·군수·구청장이 필요하다고 인정하는 사항

③ 행정안전부장관, 시·도지사 또는 시장·군수·구청장은 다음 각 호의 구분에 따라 제1항 및 제2항에 따른 도로명 등의 설정·부여·변경·폐지의 효력발생일을 정해야 한다.

1. 법 제7조제3항 또는 제8조제2항에 따른 도로명 등의 설정·부여·변경·폐지 신청을 받은 경우 : 고시한 날부터 10일 이내

2. 그 밖의 경우 : 고시한 날부터 90일 이내

제13조(고지 및 고시의 방법)

① 행정안전부장관, 시·도지사 또는 시장·군수·구청장은 도로명주소의 부여·변경·폐지에 따른 고지를 하려면 그 고지 대상자를 방문하여 해당 내용을 알려야 한다. 다만, 다음 각 호의 경우에는 법 제7조제6항·제8조제5항·제11조제3항 및 제12조제5항에 따른 고시일부터 1개월 이내에 서면의 방법으로 고지할 수 있다.

1. 고지 대상자가 해당 특별자치시·특별자치도 및 시·군·구가 아닌 곳에 거주하고 있는 경우

2. 고지 대상자를 방문했으나 고지 대상자를 만나지 못하여 고지를 하지 못한 경우

② 제1항에도 불구하고 다음 각 호의 어느 하나에 해당하는 경우에는 팩스, 전자우편, 문자메시지 등 전자적 방법으로 고지할 수 있다.

1. 고지 대상자가 전자적 방법을 통한 고지를 요청한 경우

2. 행정안전부장관, 시·도지사 또는 시장·군수·구청장이 긴급히 고지할 필요가 있다고 인정하는 경우

③ 제1항 및 제2항에 따른 고지가 이루어지지 못한 경우에는 공시송달의 방법으로 고지해야 한다.

④ 법 제11조제3항 및 제12조제5항에 따른 건물번호의 부여·변경·폐지에 관한 고시는 행정안전부장 관이 정하는 인터넷 홈페이지를 통하여 할 수 있다.

📖 제8조(도로명 등의 변경 및 폐지)

① 행정안전부장관, 시·도지사 및 시장·군수·구청장은 제2항에 따른 신청을 받거나 제3항에 따른 요청을 받은 경우, 그 밖에 도로명주소 관리를 위하여 필요하다고 인정하는 경우에는 제7조제2항 각 호의 구분에 따라 해당 도로에 대하여 도로구간, 도로명 및 기초번호를 변경하거나 폐지할 수 있다.

② 사용하고 있는 도로명의 변경이 필요한 자는 해당 도로명을 주소로 사용하는 자로서 대통령령으로 정하는 자(이하 이 조에서 "도로명주소사용자"라 한다)의 5분의 1 이상의 서면 동의를 받아 제7조제2항 각 호의 구분에 따라 행정안전부장관, 시·도지사 또는 시장·군수·구청장에게 도로명 변경을 신청할 수 있다. 다만, 해당 도로명이 제7조제6항에 따라 고시된 날부터 3년이 지나지 아니한 경우 등 대통령령으로 정하는 경우에는 도로명 변경을 신청할 수 없다.

③ 제7조제2항제1호에 해당하는 도로의 도로구간, 도로명 또는 기초번호의 변경 요인이 발생한 것을 확인한 시·도지사는 행정안전부장관에게, 제7조제2항제2호에 해당하는 도로의 도로구간, 도로명 또는 기초번호의 변경 요인이 발생한 것을 확인한 시장·군수·구청장은 특별시장, 광역시장 또는 도지사에게 각각 도로명의 변경을 요청하여야 한다. 이 경우 제7조제2항제1호에 해당하는 도로의 도로구간, 도로명 또는 기초번호의 변경 요인이 발생한 것을 확인한 시장·군수·구청장은 그 사실을 특별시장, 광역시장 또는 도지사에게 통보하여야 한다.

④ 행정안전부장관, 시·도지사 또는 시장·군수·구청장은 제1항에 따라 도로구간, 도로명 및 기초번호를 변경하려면 대통령령으로 정하는 바에 따라 해당 지역주민과 지방자치단체의 장의 의견을 수렴하고 제29조에 따른 해당 주소정보위원회의 심의를 거친 후 해당 도로명주소사용자 과반수의 서면 동의를 받아야 한다. 다만, 다음 각 호의 어느 하나에 해당하는 경우에는 해당 호의 절차의 전부 또는 일부를 생략할 수 있다.

1. 대통령령으로 정하는 경미한 사항을 변경하려는 경우 : 해당 지역주민의 의견 수렴, 제29조에 따른 해당 주소정보위원회의 심의, 도로명주소사용자의 과반수 서면 동의

2. 해당 도로명주소사용자의 5분의 4 이상이 서면으로 동의하여 도로명 변경을 신청하는 경우로서 건물 등의 명칭과 유사한 명칭으로 도로명 변경을 신청하는 경우 등 대통령령으로 정하는 경우가 아닌 경우 : 제29조에 따른 해당 주소정보위원회의 심의와 도로명주소사용자의 과반수 서면 동의

⑤ 행정안전부장관, 시·도지사 또는 시장·군수·구청장은 도로구간, 도로명 및 기초번호를 변경하거나 폐지하는 경우에는 그 사실을 고시하고, 해당 도로명주소사용자 중 도로명주소가 변경되는 자

에게 고지하며, 제19조제2항에 따른 공공기관 중 대통령령으로 정하는 공공기관의 장에게 통보하여야 한다.

⑥ 제1항부터 제5항까지의 규정에 따른 도로구간, 도로명 및 기초번호의 변경 및 폐지에 관한 기준과 절차 등에 관하여 필요한 사항은 대통령령으로 정한다.

영 제12조(도로명 등의 변경 · 폐지 기준)

① 도로명 등의 변경 기준에 관하여는 제7조부터 제9조까지의 규정을 준용한다.

② 법 제8조제1항에 따른 도로구간의 폐지 기준은 다음 각 호와 같다.

1. 도로구간에 속하는 도로 전체가 폐지되어 사실상 도로로 사용되고 있지 않을 것

2. 도로구간의 도로명을 도로명주소 및 사물주소로 사용하는 건물 등 또는 시설물이 없을 것

영 제13조(도로구간 또는 기초번호의 변경 절차)

① 시장 등은 법 제8조제1항에 따라 도로구간 또는 기초번호를 변경하려는 경우에는 행정안전부령으로 정하는 사항을 14일 이상의 기간을 정하여 공보 등에 공고하고, 해당 지역주민의 의견을 수렴해야 한다.

② 시장 등은 제1항에 따른 의견 제출 기간이 지난 날부터 30일 이내에 행정안전부령으로 정하는 사항을 해당 주소정보위원회에 제출하고, 도로구간 또는 기초번호의 변경에 관하여 심의를 거쳐야 한다.

③ 시장 등은 제2항에 따른 심의를 마친 날부터 10일 이내에 해당 주소정보위원회의 심의 결과 및 향후 변경 절차(제2항에 따른 심의 결과 도로구간 또는 기초번호를 변경하기로 한 경우로 한정한다)를 공보 등에 공고해야 한다. 이 경우 법 제8조제3항 전단에 따른 요청을 받은 경우에는 요청한 자에게 그 사실을 통보해야 한다.

④ 시장 등은 제2항에 따른 심의 결과 도로구간 또는 기초번호를 변경하기로 한 경우에는 제3항에 따른 공고를 한 날부터 30일 이내에 도로명주소 및 사물주소를 변경해야 하는 제18조에 따른 도로명주소사용자(제1항에 따른 공고일을 기준으로 한다. 이하 이 조에서 같다) 과반수의 서면 동의를 받아야 한다. 다만, 시장 등이 인정하는 경우로 한정하여 30일의 범위에서 그 기간을 한 차례 연장할 수 있다.

⑤ 시장 등은 제4항에 따라 서면 동의를 받은 경우에는 서면 동의를 받은 날부터 10일 이내에 행정안전부령으로 정하는 사항을 공보 등에 고시해야 한다.

⑥ 시장 등은 제4항에 따른 도로명주소사용자 과반수의 서면 동의를 받지 못한 경우에는 서면 동의를 종료한 날부터 10일 이내에 그 사실을 공보 등에 공고해야 한다.

⑦ 법 제8조제5항, 제11조제3항 및 제12조제5항에서 "대통령령으로 정하는 공공기관"이란 각각

제10조제5항 각 호의 공공기관과 별표 1 각 호의 공부를 관리하는 공공기관을 말한다.

칙 제14조(도로구간 또는 기초번호의 변경 절차)

① 영 제13조제1항에서 "행정안전부령으로 정하는 사항"이란 다음 각 호의 사항을 말한다.
   1. 변경 전·후의 영 제7조제1항 각 호에 따른 도로구간 설정에 관한 사항
   2. 변경 전·후의 기초번호에 관한 사항
   3. 도로구간 및 기초번호의 변경 사유
   4. 변경하려는 도로구간 또는 기초번호에 해당하는 도로명
   5. 의견 제출의 기간 및 방법
   6. 도로구간 및 기초번호의 변경 절차
   7. 그 밖에 시장 등이 필요하다고 인정하는 사항
② 영 제13조제2항에서 "행정안전부령으로 정하는 사항"이란 다음 각 호의 사항을 말한다.
   1. 제1항제1호부터 제4호까지의 규정에 따른 사항
   2. 도로구간 및 기초번호의 변경으로 변경되는 도로명주소 및 사물주소의 변경 전·후에 관한 사항
   3. 영 제13조제1항에 따라 공고한 날을 기준으로 해당 도로구간 및 기초번호가 변경됨에 따라 주소를 변경해야 하는 영 제18조제1항에 따른 도로명주소사용자(이하 "도로명주소사용자"라 한다)의 현황
   4. 도로구간 및 기초번호의 변경에 따른 주소정보시설의 설치·교체·철거에 관한 사항
   5. 도로구간 및 기초번호의 변경에 대한 해당 지역주민과 시장 등의 의견
   6. 그 밖에 시장 등이 필요하다고 인정하는 사항
③ 시장 등은 영 제13조제5항에 따라 제12조제2항 각 호의 구분에 따른 각 목의 사항을 고시해야 한다.

영 제14조(둘 이상의 시·군·구 또는 시·도에 걸쳐 있는 도로구간 또는 기초번호의 변경 절차)

① 특별시장, 광역시장 및 도지사는 법 제8조제1항에 따라 둘 이상의 시·군·구에 걸쳐 있는 도로구간 또는 기초번호를 변경하려는 경우에는 해당 시장·군수·구청장에게 행정안전부령으로 정하는 자료의 제출을 요청할 수 있다.
② 시장·군수·구청장은 제1항의 요청을 받은 날부터 30일 이내에 그 자료를 특별시장, 광역시장 및 도지사에게 제출해야 한다.
③ 특별시장, 광역시장 및 도지사는 제2항에 따른 자료를 제출받은 날부터 20일 이내에 14일 이상의 기간을 정하여 행정안전부령으로 정하는 사항을 공보 등에 공고하고, 해당 지역주민 및 시장·군수·구

청장의 의견을 수렴해야 한다.

④ 특별시장, 광역시장 및 도지사는 제3항에 따른 의견 제출 기간이 지난 날부터 30일 이내에 행정안전부령으로 정하는 사항을 시·도주소정보위원회에 제출하고, 둘 이상의 시·군·구에 걸쳐 있는 도로구간 또는 기초번호의 변경에 관하여 심의를 거쳐야 한다.

⑤ 특별시장, 광역시장 및 도지사는 제4항에 따른 심의를 마친 날부터 10일 이내에 해당 시·도주소정보위원회의 심의 결과 및 향후 변경 절차(제4항에 따른 심의 결과 도로구간 또는 기초번호를 변경하기로 한 경우로 한정한다)를 공보 등에 공고하고, 해당 시장·군수·구청장에게 통보해야 한다.

⑥ 특별시장, 광역시장 및 도지사는 제4항에 따른 심의 결과 도로구간 또는 기초번호를 변경하기로 한 경우에는 제5항에 따른 공고를 한 날부터 60일 이내에 도로구간 또는 기초번호의 변경으로 도로명주소 및 사물주소를 변경해야 하는 제18조에 따른 도로명주소사용자(제3항에 따른 공고일을 기준으로 한다. 이하 이 조에서 같다) 과반수의 서면 동의를 받아야 한다. 다만, 특별시장, 광역시장 및 도지사가 인정하는 경우로 한정하여 30일의 범위에서 그 기간을 한 차례 연장할 수 있다.

⑦ 특별시장, 광역시장 및 도지사는 제6항에 따라 서면 동의를 받은 경우에는 서면 동의를 받은 날부터 10일 이내에 행정안전부령으로 정하는 사항을 공보 등에 고시하고, 신청인과 해당 시장·군수·구청장에게 각각 고지 및 통보해야 한다.

⑧ 특별시장, 광역시장 및 도지사는 제6항에 따른 도로명주소사용자 과반수 서면 동의를 받지 못한 경우에는 서면 동의를 종료한 날부터 10일 이내에 그 사실을 공보 등에 공고해야 한다.

⑨ 행정안전부장관이 법 제8조제1항에 따라 도로구간 및 기초구간을 변경하려는 경우 그 절차에 관하여는 제1항부터 제8항까지의 규정을 준용한다. 이 경우 제1항부터 제8항까지의 규정 중 "특별시장, 광역시장 및 도지사"는 "행정안전부장관"으로, "시장·군수·구청장"은 "시·도지사 및 시장·군수·구청장"으로 보고, 제2항 중 "30일"은 "40일"로 보며, 제4항 및 제5항 중 "시·도주소정보위원회"는 "중앙주소정보위원회"로 보고, 제6항 중 "60일"은 "90"일로 본다.

📖 제15조(둘 이상의 시·군·구 또는 시·도에 걸쳐 있는 도로구간 또는 기초번호의 변경 절차)

① 영 제14조제1항에서 "행정안전부령으로 정하는 자료"란 다음 각 호의 자료를 말한다.

1. 변경 전·후의 영 제7조제1항 각 호의 도로구간에 관한 사항(도로구간을 변경하려는 경우로 한정한다)

2. 변경 전·후의 기초간격 및 도로구간의 시작지점과 끝지점의 기초번호(기초번호를 변경하려는 경우로 한정한다)

3. 도로구간 및 기초번호의 변경 사유

4. 도로구간 및 기초번호의 변경에 따라 변경해야 하는 도로명주소 및 사물주소의 현황

5. 도로구간 및 기초번호의 변경으로 인하여 주소를 변경해야 하는 도로명주소사용자의 현황

6. 그 밖에 특별시장, 광역시장 및 도지사가 도로구간 및 기초번호의 변경에 필요하다고 인정하는 사항

② 영 제14조제3항에서 "행정안전부령으로 정하는 사항"이란 다음 각 호의 사항을 말한다.

1. 제1항제1호부터 제3호까지의 규정에 따른 사항

2. 의견 제출의 기간 및 방법

3. 도로구간 및 기초번호의 변경 절차

4. 그 밖에 특별시장, 광역시장 및 도지사가 필요하다고 인정하는 사항

③ 영 제14조제4항에서 "행정안전부령으로 정하는 사항"이란 다음 각 호의 사항을 말한다.

1. 제1항 각 호의 사항(같은 항 제5호의 사항은 제외한다)

2. 해당 도로구간에 속하는 변경 전·후의 도로명주소 및 사물주소에 관한 사항

3. 영 제14조제3항에 따라 공고한 날을 기준으로 주소를 변경해야 하는 도로명주소사용자의 현황

4. 도로구간 및 기초번호의 변경에 대한 해당 지역주민, 시장·군수·구청장의 의견

5. 그 밖에 특별시장, 광역시장 및 도지사가 필요하다고 인정하는 사항

④ 특별시장, 광역시장 및 도지사는 영 제14조제7항에 따라 제12조제2항 각 호의 구분에 따른 각 목의 사항을 고시해야 한다.

영 제15조(도로명의 변경 절차)

① 시장 등은 법 제8조제1항에 따라 도로명을 변경하려는 경우에는 행정안전부령으로 정하는 사항을 14일 이상의 기간을 정하여 공보 등에 공고하고, 해당 지역주민의 의견을 수렴해야 한다. 이 경우 법 제8조제2항 본문에 따라 도로명 변경의 신청을 받은 경우에는 그 신청을 받은 날부터 30일 이내에 공고해야 한다.

② 시장 등은 제1항에 따른 의견 제출 기간이 지난 날부터 30일 이내에 행정안전부령으로 정하는 사항을 해당 주소정보위원회에 제출하고, 도로명의 변경에 관하여 심의를 거쳐야 한다.

③ 시장 등은 제2항에 따른 심의를 마친 날부터 10일 이내에 해당 주소정보위원회의 심의 결과 및 향후 변경 절차(제2항에 따른 심의 결과 도로명을 변경하기로 한 경우로 한정한다)를 공보 등에 공고해야 한다. 이 경우 법 제8조제2항에 따른 신청 또는 같은 조 제3항에 따른 요청을 받은 경우에는 신청인 또는 요청한 자에게 그 사실을 통보해야 한다.

④ 시장 등은 제2항에 따른 심의 결과 도로명을 변경하는 것으로 결정한 경우 제3항에 따라 공고한 날부터 30일 이내에 다음 각 호의 날을 기준으로 한 제18조에 따른 도로명주소사용자 과반수의 서면 동의를 받아야 한다. 다만, 시장 등이 인정하는 경우로 한정하여 30일의 범위에서 그 기간을 한 차례 연장할 수 있다.

1. 법 제8조제2항에 따른 신청에 의하여 도로명을 변경하려는 경우 : 같은 항에 따른 신청일

2. 그 밖의 사유로 도로명을 변경하려는 경우 : 제1항에 따른 공고일

⑤ 시장 등은 제4항에 따른 서면 동의를 받거나 법 제8조제4항 각 호에 따라 서면 동의를 생략한 경우에는 그 서면 동의를 받은 날부터 10일(법 제8조제4항에 따라 서면 동의를 생략한 경우에는 생략하기로 한 날부터 10일) 이내에 행정안전부령으로 정하는 사항을 공보 등에 고시해야 한다. 이 경우 법 제8조제2항 본문에 따른 신청을 받은 경우에는 이를 신청인에게도 통보해야 한다.

⑥ 시장 등은 제4항에 따른 서면 동의를 받지 못한 경우에는 서면 동의 절차를 종료한 날부터 10일 이내에 그 사실을 공보 등에 공고해야 한다. 이 경우 법 제8조제2항 본문에 따른 신청을 받은 경우에는 그 사실을 신청인에게도 통보해야 한다.

⑦ 시장 등은 제2항에 따른 심의 결과 당초 제출된 예비도로명과 다른 예비도로명으로 결정된 경우에는 제1항의 절차에 따라 해당 결정을 공고하고, 해당 지역주민의 의견을 새로 수렴해야 한다.

⑧ 제1항부터 제7항까지에서 규정한 사항 외에 도로명의 변경에 필요한 세부사항은 행정안전부령으로 정한다.

제16조(도로명의 변경 절차)

① 영 제15조제1항 전단에서 "행정안전부령으로 정하는 사항"이란 다음 각 호의 사항을 말한다.

1. 영 제7조제1항 각 호의 사항

2. 현재 도로명 및 부여 사유

3. 변경하려는 예비도로명(신청인, 시장 등이 제안한 각각의 예비도로명을 말한다)과 그 변경 사유

4. 도로명의 변경에 대한 의견 제출자의 범위, 의견 제출의 기간 및 방법

5. 그 밖에 시장 등이 필요하다고 인정하는 사항

② 법 제8조제2항에 따른 도로명 변경 신청은 별지 제3호서식의 신청서에 따른다.

③ 영 제15조제2항에서 "행정안전부령으로 정하는 사항"이란 다음 각 호의 사항을 말한다.

1. 제1항제1호부터 제3호까지의 규정에 따른 사항

2. 도로명의 변경 전·후에 도로명주소 및 사물주소에 관한 사항

3. 도로명 변경으로 주소를 변경해야 하는 도로명주소사용자의 현황

4. 도로명의 변경에 따른 주소정보시설의 설치·교체·철거에 관한 사항

5. 도로명의 변경에 관한 해당 지역주민과 시장 등의 의견

6. 그 밖에 시장 등이 필요하다고 인정하는 사항

④ 시장 등은 영 제15조제5항 전단에 따라 제12조제2항 각 호의 구분에 따른 각 목의 사항을 고시해야 한다.

🟢 제16조(둘 이상의 시·군·구 또는 시·도에 걸쳐 있는 도로명 변경 절차)

① 특별시장, 광역시장 및 도지사는 법 제8조제1항에 따라 둘 이상의 시·군·구에 걸쳐 있는 도로명을 변경하려는 경우에는 해당 시장·군수·구청장에게 행정안전부령으로 정하는 자료의 제출을 요청할 수 있다.

② 시장·군수·구청장은 제1항에 따른 요청을 받은 날부터 30일 이내에 그 자료를 해당 특별시장, 광역시장 및 도지사에게 제출해야 한다.

③ 특별시장, 광역시장 및 도지사는 제2항에 따른 자료를 제출받은 날부터 30일 이내에 14일 이상의 기간을 정하여 행정안전부령으로 정하는 사항을 공보 등에 공고하고, 해당 지역주민 및 시장·군수·구청장의 의견을 수렴해야 한다. 이 경우 법 제8조제2항 본문에 따라 도로명 변경 신청을 받은 경우에는 그 신청을 받은 날부터 40일 이내에 공고해야 한다.

④ 특별시장, 광역시장 및 도지사는 제3항에 따른 의견 제출 기간이 지난 날부터 30일 이내에 행정안전부령으로 정하는 사항을 시·도주소정보위원회에 제출하고, 둘 이상의 시·군·구에 걸쳐 있는 도로명의 변경에 관하여 심의를 거쳐야 한다.

⑤ 특별시장, 광역시장 및 도지사는 제4항에 따른 심의를 마친 날부터 10일 이내에 해당 시·도주소정보위원회의 심의 결과 및 향후 변경 절차(제4항에 따른 심의 결과 도로명을 변경하기로 한 경우로 한정한다)를 공보 등에 공고하고, 시장·군수·구청장에게 통보해야 한다. 이 경우 법 제8조제2항 본문에 따라 도로명 변경 신청을 받은 경우에는 그 결과를 신청인에게도 통보해야 한다.

⑥ 특별시장, 광역시장 및 도지사는 제4항에 따른 심의 결과 도로명을 변경하기로 한 경우에는 제5항에 따라 공고한 날부터 60일 이내에 다음 각 호의 날을 기준으로 한 제18조에 따른 도로명주소사용자 과반수의 서면 동의를 받아야 한다. 다만, 특별시장, 광역시장 및 도지사가 인정하는 경우로 한정하여 30일의 범위에서 그 기간을 한 차례 연장할 수 있다.

1. 법 제8조제2항에 따른 신청에 따라 도로명을 변경하려는 경우 : 같은 항에 따른 신청일

2. 그 밖에 사유로 도로명을 변경하려는 경우 : 제3항에 따른 공고일

⑦ 특별시장, 광역시장 및 도지사는 제6항에 따른 서면 동의를 받은 날부터 10일(법 제8조제4항 각 호에 따라 서면 동의를 생략한 경우에는 생략하기로 한 날부터 10일) 이내에 행정안전부령으로 정하는 사항을 공보 등에 고시해야 한다. 이 경우 법 제8조제2항 본문에 따른 신청을 받은 경우에는 이를 신청인에게도 통보해야 한다.

⑧ 특별시장, 광역시장 및 도지사는 제6항에 따른 서면 동의를 받지 못한 경우에는 서면 동의 절차를 종료한 날부터 20일 이내에 그 사실을 공보 등에 공고하고, 해당 시장·군수·구청장에게 통보해야 한다. 이 경우 법 제8조제2항 본문에 따른 신청을 받은 경우에는 그 사실을 신청인에게도 통보해야 한다.

⑨ 특별시장, 광역시장 및 도지사는 제4항에 따른 심의 결과 당초 제출한 예비도로명과 다른 예비도로명으로 결정된 경우에는 제3항의 절차에 따라 그 결과를 공고하고, 해당 지역주민의 의견을 새로 수렴해야 한다.

⑩ 행정안전부장관이 법 제8조제1항에 따라 도로명을 변경하려는 경우 그 절차에 관하여는 제1항부터 제9항까지를 준용한다. 이 경우 제1항부터 제9항까지의 규정 중 "특별시장, 광역시장 및 도지사"는 "행정안전부장관"으로, "시·군수·구청장"은 "시·도지사 및 시·군수·구청장"으로 보고, 제3항 중 "30일"은 "40일"로 보며, 제4항 및 제5항 중 "시·도주소정보위원회"는 "중앙주소정보위원회"로 보고, 제6항 중 "60일"은 "90일"로 본다.

🔖 제17조(둘 이상의 시·군·구 또는 시·도에 걸쳐 있는 도로명의 변경 절차)

① 영 제16조제1항에서 "행정안전부령으로 정하는 자료"란 다음 각 호의 자료를 말한다.

1. 영 제7조제1항 각 호의 도로구간에 관한 사항(도로구간 또는 기초번호를 함께 변경하는 경우에는 변경 전·후의 사항을 포함한다)
2. 부여하려는 예비도로명과 그 부여 사유에 관한 시장·군수·구청장의 의견
3. 도로명주소 및 사물주소의 변경 전·후에 관한 사항
4. 도로명 변경으로 주소를 변경해야 하는 도로명주소사용자의 현황
5. 도로명의 변경에 따른 주소정보시설의 설치·교체·철거에 관한 사항
6. 그 밖에 특별시장, 광역시장 및 도지사가 도로명의 변경에 필요하다고 인정하는 사항

② 영 제16조제3항 전단에서 "행정안전부령으로 정하는 사항"이란 다음 각 호의 사항을 말한다.

1. 제1항제1호의 사항
2. 현재 도로명 및 부여 사유
3. 도로명을 변경하려는 사유
4. 부여하려는 예비도로명(신청인, 특별시장, 광역시장 및 도지사 또는 시장·군수·구청장이 각각 제시한 예비도로명을 말한다)과 사유
5. 의견 제출의 기간 및 방법, 의견 제출자의 범위
6. 그 밖에 특별시장, 광역시장 및 도지사가 필요하다고 인정하는 사항

③ 영 제16조제4항에서 "행정안전부령으로 정하는 사항"이란 다음 각 호의 사항을 말한다.

1. 제1항제3호부터 제5호까지의 규정에 따른 사항
2. 제2항제1호부터 제4호까지의 규정에 따른 사항
3. 해당 지역주민 및 시장·군수·구청장의 의견
4. 특별시장, 광역시장 및 도지사의 의견
5. 그 밖에 특별시장, 광역시장 및 도지사가 필요하다고 인정하는 사항

④ 특별시장, 광역시장 및 도지사는 영 제16조제7항 전단에 따라 제12조제2항 각 호의 구분에 따른 각 목의 사항을 고시해야 한다.

🅐 제17조(도로명 등의 폐지 절차)

① 행정안전부장관, 시 · 도지사 및 시장 · 군수 · 구청장은 법 제8조제1항에 따라 도로명 등을 폐지하려는 경우에는 제12조제2항 각 호의 사항을 확인해야 한다.

② 행정안전부장관, 시 · 도지사 및 시장 · 군수 · 구청장은 제1항에 따른 사항을 확인한 날부터 10일 이내에 도로명 등을 폐지하고, 행정안전부령으로 정하는 사항을 공보 등에 고시해야 한다.

🅒 제18조(도로명 등의 폐지 절차)

영 제17조제2항에서 "행정안전부령으로 정하는 사항"이란 제12조제2항제6호의 사항을 말한다.

🅐 제18조(도로명의 변경 신청 등)

① 법 제8조제2항 본문에서 "대통령령으로 정하는 자"란 다음 각 호의 어느 하나에 해당하면서 해당 도로명을 주소로 사용하는 자(이하 "도로명주소사용자"라 한다)를 말한다. 이 경우 동일인이 각 호 중 여럿에 해당하는 경우에는 하나에만 해당하는 것으로 본다.

1. 「건축법」에 따른 건축물대장상의 건물소유자
2. 「민법」에 따라 등기한 법인의 대표자
3. 「부가가치세법」에 따라 사업자등록을 한 자
4. 「부동산등기법」에 따른 건물 등기부상의 건물소유자
5. 「상법」에 따라 등기한 법인의 대표자
6. 「주민등록법」에 따라 주민등록표에 등록된 세대주(법 제8조제2항 본문 및 제4항에 따른 서면 동의는 19세 이상의 세대원이 대리할 수 있다)
7. 「출입국관리법」에 따라 외국인등록을 한 19세 이상의 외국인(주소가 같은 외국인이 여럿인 경우에는 이를 한 명으로 본다)

② 법 제8조제2항에 따른 도로명의 변경 신청 또는 같은 조 제4항에 따른 도로명을 변경하기 위하여 서면 동의를 받아야 하는 도로명주소사용자의 범위는 다음 각 호의 구분에 따른다. 이 경우 도로명주소사용자의 수는 신청일을 기준으로 한다.

1. 공동으로 포함된 도로명을 변경하려는 경우 : 그 도로명과 해당 도로명의 유사도로명을 주소로 사용하는 자
2. 종속구간의 도로명을 변경하려는 경우 : 그 종속구간의 도로명을 주소로 사용하는 자
3. 동일도로명을 변경하려는 경우 : 동일도로명과 그 도로명의 유사도로명을 주소로 사용하는 자
4. 그 밖의 경우 : 각각의 도로구간의 도로명을 주소로 사용하는 자

③ 법 제8조제2항 단서에서 "해당 도로명이 제7조제6항에 따라 고시된 날부터 3년이 지나지 아니한 경우 등 대통령령으로 정하는 경우"란 다음 각 호의 어느 하나에 해당하는 경우를 말한다. 다만, 종속구간을

별도의 도로구간으로 설정하여 새로운 도로명을 부여하려는 경우는 제외한다.

1. 법 제7조제6항 또는 제8조제5항에 따라 도로명이 고시된 날부터 3년이 지나지 않은 경우
2. 제15조제3항 또는 제16조제5항에 따라 도로명을 변경하지 않기로 결정·공고한 날부터 1년이 지나지 않은 경우
3. 법 제8조제4항에 따른 도로명주소사용자 과반수의 서면 동의를 받지 못하여 도로명을 변경하지 않기로 결정·공고한 날부터 2년이 지나지 않은 경우

④ 제1항부터 제3항까지에서 규정한 사항 외에 도로명 부여의 신청 방법 및 그 밖에 필요한 세부사항은 행정안전부령으로 정한다.

영 제19조(서면 동의 절차의 생략 등)

① 법 제8조제4항제1호에서 "대통령령으로 정하는 경미한 사항을 변경하려는 경우"란 다음 각 호의 어느 하나에 해당하는 경우를 말한다.

1. 고시된 도로명주소 및 사물주소의 변경을 수반하지 않는 경우
2. 행정구역의 경계 변경으로 도로구간 및 기초번호를 변경해야 하는 경우
3. 건물 등 및 시설물에 부여할 기초번호가 없어 기초간격 및 기초번호를 다시 정할 필요가 있는 경우
4. 도시 및 주택개발사업 등 각종 개발사업의 시행으로 그 개발사업 지역과 인접한 도로구간을 변경할 필요가 있는 경우
5. 제3조제1항에 따른 도로의 유형에 적합하도록 도로명을 변경하려는 경우
6. 도로명에 포함된 기초번호를 분기되는 지점의 기초번호와 맞게 정비하려는 경우
7. 제7조 및 제12조제1항에 따른 도로구간의 설정·변경 기준에 적합하도록 도로구간을 정비하려는 경우
8. 각종 공사 등에 따른 도로구간 선형의 변경으로 인하여 기초번호를 변경하려는 경우
9. 도로명주소사용자의 과반수 이상이 도로명의 변경을 신청한 경우로서 해당 주소정보위원회의 심의 결과 신청인이 제출한 예비도로명(예비도로명이 2개 이상인 경우에는 1순위 예비도로명을 말한다)으로 도로명을 변경하려는 경우

② 법 제8조제4항제2호에서 "건물등의 명칭과 유사한 명칭으로 도로명 변경을 신청하는 경우 등 대통령령으로 정하는 경우"란 다음 각 호의 어느 하나에 해당하는 경우를 말한다.

1. 건물 등 또는 건물군의 명칭과 유사한 명칭으로 도로명의 변경을 신청한 경우
2. 둘 이상의 시·군·구 또는 시·도에 걸쳐 있는 도로의 도로명을 변경하는 경우
3. 행정안전부장관, 시·도지사 또는 시장·군수·구청장이 다른 도로명에 영향을 미칠 우려가 있다고 판단하는 경우
4. 제8조 및 제12조제1항에 따른 도로명의 부여·변경 기준에 적합하지 않은 경우

📙 제9조(도로명판과 기초번호판의 설치)

① 특별자치시장, 특별자치도지사 및 시장 · 군수 · 구청장은 도로명주소를 안내하거나 구조 · 구급 활동을 지원하기 위하여 필요한 장소에 도로명판 및 기초번호판을 설치하여야 한다.

② 다음 각 호의 어느 하나에 해당하는 지주(支柱) 또는 시설(이하 "지주 등"이라고 한다)의 설치자 또는 관리자는 도로명이 부여된 도로에 지주 등을 설치하려는 경우에는 해당 특별자치시장, 특별자치도지사 또는 시장 · 군수 · 구청장의 확인을 거쳐 해당 위치에 맞는 도로명과 기초번호를 지주 등에 표기하여야 한다.

　1. 가로등 · 교통신호등 · 도로표지 등이 설치된 지주

　2. 전주 및 도로변 전기 · 통신 관련 시설

③ 특별자치시장, 특별자치도지사 및 시장 · 군수 · 구청장은 지주 등의 본래 용도에 지장을 주지 아니하는 범위에서 도로명판 및 기초번호판을 설치하는 데 지주 등을 사용할 수 있다.

④ 특별자치시장, 특별자치도지사 및 시장 · 군수 · 구청장은 제3항에 따라 지주 등을 사용하려면 미리 그 지주 등의 설치자 또는 관리자와 협의하여야 하며, 협의 요청을 받은 자는 특별한 사유가 없으면 지주 등의 사용에 협조하여야 한다.

⑤ 지주 등의 설치자 또는 관리자는 제3항에 따라 사용되는 지주 등을 교체 · 이전설치 · 철거하려는 경우에는 미리 해당 특별자치시장, 특별자치도지사 또는 시장 · 군수 · 구청장에게 통보하여야 한다.

⑥ 제1항에 따른 도로명판과 기초번호판의 설치장소와 규격, 그 밖에 필요한 사항은 행정안전부령으로 정한다.

📙 제10조(명예도로명)

① 특별자치시장, 특별자치도지사 및 시장 · 군수 · 구청장은 도로명이 부여된 도로구간의 전부 또는 일부에 대하여 기업 유치 또는 국제교류를 목적으로 하는 도로명(이하 "명예도로명"이라 한다)을 추가적으로 부여할 수 있다.

② 특별자치시장, 특별자치도지사 및 시장 · 군수 · 구청장은 명예도로명을 안내하기 위한 시설물을 설치할 수 있다. 다만, 주소정보시설에는 명예도로명을 표기할 수 없다.

③ 제1항 및 제2항에 따른 명예도로명의 부여 기준과 절차 및 안내 시설물의 설치 등에 필요한 사항은 대통령령으로 정한다.

📗 제20조(명예도로명의 부여 기준)

시장 등은 법 제10조에 따른 명예도로명(이하 "명예도로명"이라 한다)을 부여하려는 경우에는 다음 각 호의 기준을 따라야 한다.

1. 명예도로명으로 사용될 사람 등의 도덕성, 사회헌신도 및 공익성 등을 고려할 것

2. 사용 기간은 5년 이내로 할 것

3. 해당 시장 등이 법 제7조제6항 및 제8조제5항에 따라 고시한 도로명이 아닐 것

4. 같은 특별자치시, 특별자치도 및 시·군·구 내에서는 같은 명예도로명이 중복하여 부여되지 않도록 할 것

5. 이미 명예도로명이 부여된 도로구간에 다른 명예도로명이 중복하여 부여되지 않도록 할 것

㈎ 제21조(명예도로명의 부여·폐지 절차 등)

① 시장 등은 법 제10조제1항에 따라 명예도로명을 부여하려는 경우에는 행정안전부령으로 정하는 사항을 14일 이상의 기간을 정하여 공보 등에 공고하고 해당 지역주민의 의견을 수렴해야 한다.

② 시장 등은 제1항에 따른 의견 제출 기간이 지난 날부터 30일 이내에 행정안전부령으로 정하는 사항을 해당 주소정보위원회에 제출하고, 명예도로명의 부여에 관하여 심의를 거쳐야 한다.

③ 시장 등은 제2항에 따른 심의를 마친 날부터 10일 이내에 해당 주소정보위원회의 심의 결과를 공보 등에 공고해야 한다. 이 경우 시장 등은 행정안전부령으로 정하는 바에 따라 그 공고 내용을 기록하고 관리해야 한다.

④ 시장 등은 제1항부터 제3항까지의 규정에도 불구하고 이미 부여된 명예도로명을 계속 사용하려는 경우에는 그 사용 기간 만료일 30일 전에 행정안전부령으로 정하는 사항을 해당 주소정보위원회에 제출하고, 명예도로명 사용 연장 여부에 관하여 심의를 거쳐야 한다. 이 경우 해당 주소정보위원회 심의 결과 명예도로명을 계속 사용하기로 한 경우에는 그 결과를 공보 등에 공고해야 한다.

⑤ 시장 등은 명예도로명의 사용 기간 만료 전이라도 해당 주소정보위원회의 심의를 거쳐 명예도로명을 폐지할 수 있다.

㈎ 제19조(명예도로명의 부여·폐지 절차 등)

① 영 제21조제1항에서 "행정안전부령으로 정하는 사항"이란 다음 각 호의 사항을 말한다.

1. 명예도로명을 부여하려는 도로구간의 시작지점 및 끝지점

2. 부여하려는 명예도로명과 그 부여 사유

3. 명예도로명의 사용 기간

4. 명예도로명을 부여하려는 도로구간의 도로명

5. 의견 제출의 기간 및 방법

6. 그 밖에 시장 등이 필요하다고 인정하는 사항

② 영 제21조제2항에서 "행정안전부령으로 정하는 사항"이란 다음 각 호의 사항을 말한다.

1. 제1항제1호부터 제4호까지의 규정에 따른 사항

2. 영 제21조제1항에 따라 제출된 주민의 의견

3. 부여하려는 명예도로명에 관한 시장 등의 의견

4. 명예도로명을 안내하기 위한 시설물의 설치계획

5. 그 밖에 시장 등이 필요하다고 인정하는 사항

③ 시장 등은 영 제21조제3항 전단에 따라 주소정보위원회의 심의 결과를 공보, 행정안전부 및 해당 지방자치단체의 인터넷 홈페이지 또는 그 밖에 주민에게 정보를 전달할 수 있는 매체(이하 "공보 등"이라 한다)에 공고하는 경우에는 같은 항 후단에 따라 별지 제4호서식의 명예도로명 부여대장에 그 공고 내용을 기록하고 관리해야 한다.

④ 영 제21조제4항 전단에서 "행정안전부령으로 정하는 사항"이란 다음 각 호의 사항을 말한다.

1. 제2항제1호 및 제3호에 관한 사항

2. 그 밖에 시장 등이 필요하다고 인정하는 사항

영 제22조(명예도로명 안내 시설물의 설치 및 철거)

① 시장 등은 법 제10조제2항에 따라 명예도로명을 안내하기 위한 시설물을 설치하려는 경우 법 제9조제1항에 따른 도로명판이 설치된 장소 외의 장소에 해당 시설물을 설치해야 한다.

② 시장 등은 제21조제5항에 따라 명예도로명을 폐지하기로 결정한 경우에는 다음 각 호의 사항을 공보 등에 공고하고, 공고한 날부터 20일 이내에 법 제10조제2항에 따른 시설물을 철거해야 한다.

1. 폐지하려는 명예도로명

2. 폐지하려는 명예도로명의 도로구간 시작지점 및 끝지점

3. 폐지하려는 명예도로명의 폐지일과 폐지 사유

법 제11조(건물번호의 부여)

① 건물 등을 신축 또는 재축하는 자는 건물 등에 대한 「건축법」 제22조에 따른 사용승인(「주택법」 제49조에 따른 사용검사 등 다른 법률에 따라 「건축법」 제22조에 따른 사용승인이 의제되는 경우에는 그 사용검사 등을 말한다) 전까지 특별자치시장, 특별자치도지사 또는 시장·군수·구청장에게 건물번호 부여를 신청하여야 한다. 다만, 제2조제5호나목에 따른 건물 등의 경우 그 소유자 또는 점유자[임차인(무상으로 사용·수익하는 자를 포함한다. 이하 같다)은 제외한다. 이하 같다]는 건물번호 부여를 신청할 수 있다.

② 특별자치시장, 특별자치도지사 및 시장·군수·구청장은 도로명주소가 필요한 경우에는 제1항에 따른 신청이 없는 경우에도 직권으로 건물번호를 부여할 수 있다.

③ 특별자치시장, 특별자치도지사 및 시장·군수·구청장은 건물번호를 부여하는 경우에는 그 사실을 고시하고, 제1항에 따른 신청인 또는 제2항에 따른 건물 등의 소유자·점유자 및 임차인에게 고지하며, 제19조제2항에 따른 공공기관 중 대통령령으로 정하는 공공기관의 장에게 통보하여야 한다.

④ 제1항부터 제3항까지의 규정에 따른 건물번호의 부여 기준 · 절차 · 방법 및 그 밖에 필요한 사항은 대통령령으로 정한다.

🅰 제23조(건물번호의 부여 기준)

① 시장 등은 건물 등(건물군을 포함한다. 이하 이 조에서 같다)의 주된 출입구가 접하는 도로구간의 기초번호를 기준으로 건물번호를 부여한다.

② 시장 등은 건물 등마다 하나씩 건물번호를 부여한다. 다만, 다음 각 호에 해당하는 건물 등에는 각 출입구에 건물번호를 부여할 수 있다.

　1. 법 제2조제1호나목에 해당하는 통로에 도로명이 부여된 경우로서 건물 등 또는 시설물의 내부에서 벽체 등 물리적인 경계로 구분되는 공간인 경우

　2. 하나의 건물 등의 내부에서 서로 연결되지 않는 둘 이상의 출입구가 있는 경우

　3. 하나의 건물 등에서 층 또는 호(戸)의 출입구가 각각 다른 경우

　4. 그 밖에 시장 등이 필요하다고 인정하는 경우

③ 시장 등은 제1항 및 제2항에도 불구하고 건물번호가 부여된 건물군(공동주택은 제외한다) 안 도로에 도로명을 부여한 경우에는 개별 건물 등에 건물번호를 부여할 수 있다.

🅱 제20조(건물번호 부여 · 변경의 세부기준)

영 제23조 및 제25조에 따른 건물번호의 부여 · 변경에 필요한 세부기준은 다음 각 호와 같다.

1. 둘 이상의 법 제2조제5호 각 목의 건축물 또는 구조물(이하 "건물등"이라 한다)이 하나의 기초번호에 포함되는 경우 : 해당 도로구간의 시작지점에서 끝지점 방향으로 건물 등의 주된 출입구의 순서에 따라 두 번째 건물 등부터 가지번호를 붙여 건물번호를 부여 · 변경할 것. 다만, 이미 건물번호가 부여된 건물 등이 분리 또는 통합되거나 주된 출입구의 위치가 변경되는 경우에는 해당 소유자 · 점유자와 협의하여 다르게 부여 · 변경할 수 있다.

2. 둘 이상의 건물 등이 각각 다른 기초번호에 포함되나 각 건축물의 주된 출입구가 하나의 기초번호에 포함되는 경우 : 해당 건축물이 포함되는 기초번호를 건물번호로 부여 · 변경할 것

3. 건물 등의 출입구가 둘 이상의 도로에 접해 있는 경우 : 다음 각 목의 구분에 따른 기초번호를 건물번호로 부여 · 변경할 것. 다만, 해당 소유자 · 점유자가 원하는 경우에는 다르게 부여 · 변경할 수 있다.

　가. 대로 · 로 · 길에 접한 경우에는 대로 · 로 · 길의 순서에 따른 기초번호

　나. 도로의 폭이 넓은 도로의 기초번호

　다. 교통량이 많은 도로의 기초번호

4. 도로 · 하천 등의 위에 설치된 건물 등은 주된 출입구가 인접한 진행방향의 기초번호를 기준으로 건물번호를 부여 · 변경할 것

5. 건물 등이 도로의 왼쪽 또는 오른쪽이 아닌 중앙에 위치하는 경우에는 주된 출입구가 인접하는 진행방향의 기초번호에 가지번호를 붙여 건물번호를 부여할 것

6. 하나의 건물 등이 여러 개의 기초번호에 포함되는 경우로서 건물 등의 출입구가 여러 개인 경우에는 여러 개의 기초번호 중 중간에 해당하는 기초번호 또는 첫 번째 기초번호를 건물번호로 부여하거나 변경할 것

7. 공동주택 등이 도로(단지 내 도로는 제외한다)로 여러 개의 구역으로 나누어진 경우에는 구역별로 주된 출입구가 접한 도로의 기초번호를 건물번호로 부여 · 변경할 것

8. 공동주택 등에 포함된 상가 등을 별개의 건물 등으로 구분해야 할 필요가 있는 경우에는 해당 상가 등을 별개의 건물 등으로 보아 건물 등의 주된 출입구가 접한 도로의 기초번호를 건물번호로 부여 · 변경할 것

9. 도로구간이 설정되어 있지 않은 도로에 있는 건물 등의 경우에는 그 건물 등의 진입도로와 만나는 도로구간의 기초번호를 건물번호로 부여 · 변경할 것. 다만, 건물 등의 신축이 예상되는 지역의 경우에는 가지번호를 붙여 건물번호를 부여 · 변경할 수 있다.

영 제24조(건물번호의 부여 절차)

시장 등은 법 제11조제1항에 따라 건물번호의 부여 신청을 받은 경우에는 그 신청을 받은 날부터 14일 이내에 제23조의 기준에 따라 건물번호를 부여해야 한다.

칙 제21조(건물번호 및 상세주소의 표기 방법)

① 건물번호는 숫자로 표기하며, 건물 등이 지하에 있는 경우에는 건물번호 앞에 '지하'를 붙여서 표기한다.

② 건물번호는 '번'으로 읽되, 필요하면 가지번호를 붙일 수 있고, 주된 번호와 가지번호 사이는 '-' 표시로 연결한다. 가지번호를 붙이면 '-' 표시는 '의'로 읽고, 가지번호 뒤에 '번'을 붙여 읽는다.

③ 상세주소는 도로명주소대장에 등록된 동번호, 층수 또는 호수를 우선하여 표기하되, 도로명주소대장에 등록되지 않은 건물 등의 경우에는 건축물대장에 등록된 동번호, 층수 또는 호수를 표기한다.

④ 제25조제4항에 따라 상세주소에서 층수를 생략하는 경우에는 '동', '호'의 표기를 생략하고 동번호와 호수 사이를 '-'로 연결하여 표기할 수 있다. 이 경우 '-'를 읽지 않고 '동'과 '호'가 표기된 것으로 보고 읽는다.

⑤ 건물번호와 상세주소를 구분하기 위하여 건물번호와 상세주소 사이에 쉼표를 넣어 표기한다.

제22조(건물번호의 부여·변경·폐지 신청)

① 법 제11조제1항 또는 제12조제1항·제3항에 따른 건물번호의 부여 또는 변경·폐지 신청은 별지 제5호서식의 신청서에 따른다.

② 법 제11조제1항 또는 제12조제1항에 따라 건물번호의 부여 또는 변경을 신청하려는 자는 시장 등에게 건물번호판의 교부를 함께 신청할 수 있다.

③ 영 제26조제2항에서 "행정안전부령으로 정하는 사항"이란 다음 각 호의 사항을 말한다.

  1. 변경 전·후의 도로명주소

  2. 변경 사유

  3. 변경 절차와 효력

  4. 의견 제출의 기간 및 방법

  5. 그 밖에 시장 등이 필요하다고 인정하는 사항

④ 법 제16조제1항에 따른 행정구역이 결정되지 않은 지역의 건물번호 부여·변경·폐지 신청은 별지 제6호서식의 신청서에 따른다.

제23조(건물번호의 부여 등에 대한 고시 및 고지)

① 시장 등이 법 제11조제3항에 따라 건물번호를 부여하는 경우 고시 및 고지해야 하는 사항은 다음 각 호의 구분과 같다.

  1. 건물번호의 부여를 고시하는 경우에는 다음 각 목의 사항

    가. 부여하는 도로명주소 및 그 효력발생일

    나. 그 밖에 시장 등이 필요하다고 인정하는 사항

  2. 건물번호의 부여를 고지하는 경우에는 다음 각 목의 사항

    가. 부여하는 도로명주소 및 그 효력발생일

    나. 도로명과 그 부여 사유

    다. 도로명주소의 관련 지번에 관한 사항

    라. 도로명주소의 활용에 관한 사항

    마. 그 밖에 시장 등이 필요하다고 인정하는 사항

② 시장 등이 법 제12조제5항에 따라 건물번호를 변경하는 경우 고시 및 고지해야 하는 사항은 다음 각 호의 구분과 같다.

  1. 건물번호의 변경을 고시하는 경우에는 다음 각 목의 사항

    가. 변경 전·후의 도로명주소 및 그 효력발생일

    나. 그 밖에 시장 등이 필요하다고 인정하는 사항

  2. 건물번호의 변경을 고지하는 경우에는 다음 각 목의 사항

　　가. 변경 전 · 후의 도로명주소 및 그 효력발생일

　　나. 변경 사유

　　다. 도로명주소 관련 지번에 관한 사항

　　라. 도로명주소의 활용에 관한 사항

　　마. 법 제20조에 따른 주소의 일괄정정 신청에 관한 사항

　　바. 그 밖에 시장 등이 필요하다고 인정하는 사항

③ 시장 등이 법 제12조제5항에 따라 건물번호를 폐지하는 경우 고시해야 하는 사항은 다음 각 호와 같다.

　1. 폐지하는 도로명주소와 폐지일

　2. 그 밖에 시장 등이 필요하다고 인정하는 사항

🏛 제12조(건물번호의 변경 등)

① 건물 등의 소유자는 다음 각 호의 어느 하나에 해당하는 경우에는 특별자치시장, 특별자치도지사 또는 시장 · 군수 · 구청장에게 건물번호 변경을 신청할 수 있다. 다만, 제1호의 경우에는 건물번호 변경을 신청하여야 한다.

　1. 건물 등의 증축 · 개축 등으로 건물번호 변경이 필요한 경우

　2. 그 밖에 주소 사용의 편의를 위하여 건물번호 변경이 필요한 경우(도로명 변경이 수반되는 경우를 포함한다)

② 제1항에 따라 건물번호 변경을 신청하는 경우에 해당 건물 등의 소유자가 둘 이상인 경우에는 소유자 과반수의 서면 동의를 받아야 한다.

③ 건물 등의 소유자 또는 점유자는 거주 · 활동의 종료 등으로 인하여 건물번호를 사용할 필요가 없어진 경우에는 특별자치시장, 특별자치도지사 또는 시장 · 군수 · 구청장에게 건물번호 폐지를 신청하여야 한다. 다만, 해당 건물 등에 대한 건축물대장이 말소된 경우에는 그러하지 아니하다.

④ 특별자치시장, 특별자치도지사 및 시장 · 군수 · 구청장은 도로명주소 관리를 위하여 필요한 경우에는 제1항 또는 제3항에 따른 신청이 없는 경우에도 직권으로 건물번호를 변경하거나 폐지할 수 있다.

⑤ 특별자치시장, 특별자치도지사 및 시장 · 군수 · 구청장은 건물번호를 변경하거나 폐지하는 경우에는 그 사실을 고시하고, 건물 등의 소유자 · 점유자 및 임차인에게 고지하며, 제19조제2항에 따른 공공기관 중 대통령령으로 정하는 공공기관의 장에게 통보하여야 한다.

⑥ 제1항부터 제5항까지의 규정에 따른 건물번호의 변경과 폐지의 기준 · 절차 · 방법 및 그 밖에 필요한 사항은 대통령령으로 정한다.

영 제25조(건물번호의 변경 · 폐지 기준)

① 시장 등은 이미 부여된 건물번호가 주된 출입구의 변경 등에 따라 제23조의 기준에 맞지 않게 된 경우에는 건물번호를 변경해야 한다.

② 시장 등은 건물 등이 멸실된 경우에는 건물번호를 폐지해야 한다.

영 제26조(건물번호의 변경 · 폐지 절차)

① 시장 등이 법 제12조제1항에 따라 건물번호의 변경 신청을 받은 경우 그 변경 절차에 관하여는 제24조를 준용한다.

② 시장 등은 법 제12조제4항에 따라 직권으로 건물번호를 변경하려는 경우에는 14일 이상의 기간을 정하여 소유자 · 점유자 및 임차인에게 행정안전부령으로 정하는 사항을 통보하고 건물번호의 변경에 관한 의견을 수렴해야 한다.

③ 시장 등은 제2항에 따른 의견 제출 기간이 종료한 날부터 30일 이내에 제출된 의견을 검토하여 건물번호 변경 여부를 결정해야 한다. 이 경우 건물번호를 변경하기로 한 경우에는 행정안전부령으로 정하는 바에 따라 공보 등에 고시하고, 해당 소유자 · 점유자 및 임차인에게 고지해야 한다.

④ 시장 등은 건물번호를 변경하지 않기로 한 경우에는 의견 제출인(의견 제출인이 없는 경우 해당 소유자 · 점유자 또는 임차인을 말한다)에게 그 사실을 통보해야 한다.

⑤ 시장 등은 법 제12조제3항 전단에 따른 신청을 받았거나 같은 조 제4항에 따라 필요하다고 인정하는 경우에는 건물번호가 부여된 건물 등(건물군을 포함한다)의 멸실(건축물대장에 등록된 건물 등의 경우에는 해당 건축물대장의 말소를 말한다)을 확인해야 한다.

⑥ 시장 등은 제5항에 따른 확인을 한 날부터 14일 이내에 그 확인한 날(건축물대장에 등록된 건물 등의 경우에는 해당 건축물대장이 말소된 날을 말한다)을 폐지일로 하여 폐지하고, 그 사실을 행정안전부령으로 정하는 바에 따라 공보 등에 고시해야 한다.

⑦ 시장 등은 법 제8조제5항에 따른 도로명 등의 변경으로 도로명주소가 변경되는 경우 행정안전부령으로 정하는 사항을 공보 등에 고시하고, 해당 도로명주소사용자에게 고지해야 한다.

법 제13조(건물번호판의 설치 및 관리)

① 건물 등의 소유자 또는 점유자는 제11조제3항 또는 제12조제5항에 따라 특별자치시장, 특별자치도지사 또는 시장 · 군수 · 구청장으로부터 건물번호를 부여받거나 건물번호가 변경된 경우에는 건물번호판을 해당 특별자치시장, 특별자치도지사 또는 시장 · 군수 · 구청장으로부터 교부받거나 직접 제작하여 지체 없이 설치하여야 한다. 이 경우 비용은 해당 건물 등의 소유자 또는 점유자가 부담한다.

② 건물 등의 소유자 또는 점유자는 제1항에 따라 설치된 건물번호판을 관리하여야 하며, 건물번호판이 훼손되거나 없어졌을 때에는 해당 특별자치시장, 특별자치도지사 또는 시장 · 군수 · 구청장으로부터

재교부받거나 직접 제작하여 다시 설치하여야 한다. 이 경우 비용은 해당 건물 등의 소유자 또는 점유자가 부담한다.

③ 제2항 후단에도 불구하고 특별자치시장, 특별자치도지사 또는 시장·군수·구청장은 건물번호판이 훼손되거나 없어진 것에 대하여 건물 등의 소유자 또는 점유자의 귀책사유가 없는 경우로서 건물 등의 소유자 또는 점유자가 재교부 신청을 한 경우에는 건물번호판을 무상으로 재교부하여야 한다.

④ 제1항부터 제3항까지의 규정에 따른 건물번호판의 교부·재교부 신청 설자, 설치장소와 규격 및 그 밖에 필요한 사항은 행정안전부령으로 정한다.

칙 제24조(건물번호판의 교부 신청 등)

① 법 제13조제1항에 따라 직접 제작하는 건물번호판(이하 "자율형건물번호판"이라 한다)을 설치하려는 자는 별지 제7호서식의 자율형건물번호판 설치 신청서에 크기, 모양, 재질, 부착 위치 등이 표기된 설치계획 도면을 첨부하여 시장 등에게 제출해야 한다. 다만, 「건축법」 제2조제1항제14호에 따른 설계도서에 자율형건물번호판의 크기, 모양, 재질, 부착 위치 등을 반영하여 건물 등의 신축·증축 등에 관한 인허가를 신청 및 신고하는 경우에는 자율형건물번호판 설치 신청서 및 건물번호판 설치계획 도면의 제출을 생략할 수 있다.

② 시장 등은 제1항 본문에 따른 자율형건물번호판 설치 신청서를 제출받은 경우에는 제출받은 날부터 7일 이내에 검토 결과를 신청인에게 통보해야 한다.

③ 건물 등의 소유자 또는 점유자는 법 제13조제2항 또는 제3항에 따라 건물번호판의 재교부를 신청하려는 경우 별지 제8호서식의 건물번호판 재교부 신청서를 시장 등에게 제출해야 한다.

④ 시장 등은 제22조제2항 및 이 조 제3항에 따른 신청을 받은 경우 다음 각 호의 날을 기준으로 10일 이내에 건물번호판을 교부해야 한다.

1. 제22조제2항에 따른 신청을 받은 경우 : 건물번호의 부여 또는 변경을 고지하는 날

2. 제3항에 따른 신청을 받은 경우 : 건물번호판의 재교부를 신청한 날

⑤ 시장 등은 제4항에 따라 건물번호판을 교부 또는 재교부하는 경우 별지 제9호서식의 건물번호판 (재)교부대장에 이를 기록하고 관리해야 한다.

⑥ 시장 등이 교부하거나 재교부하는 건물번호판 제작 비용의 산정 및 징수에 관한 사항은 해당 지방자치단체의 조례로 정한다.

법 제14조(상세주소의 부여 등)

① 「주택법」 제2조제3호에 따른 공동주택이 아닌 건물 등 및 같은 조 제19호에 따른 세대구분형 공동주택의 소유자는 해당 건물 등을 구분하여 임대하고 있거나 임대하려는 경우 또는 임차인이 상세주소의 부여 또는 변경을 요청하는 경우에는 특별자치시장, 특별자치도지사 또는 시장·군수·구청장에게

상세주소의 부여 또는 변경을 신청할 수 있다.

② 「주택법」 제2조제3호에 따른 공동주택이 아닌 건물 등 및 같은 조 제19호에 따른 세대구분형 공동주택의 임차인은 다음 각 호의 어느 하나에 해당하는 경우에는 특별자치시장, 특별자치도지사 또는 시장·군수·구청장에게 상세주소의 부여 또는 변경을 신청할 수 있다.

　1. 제1항에 따라 건물 등의 소유자에게 상세주소의 부여 또는 변경을 요청한 경우로서 요청한 날부터 14일이 지났음에도 불구하고 소유자가 특별자치시장, 특별자치도지사 또는 시장·군수·구청장에게 상세주소의 부여 또는 변경을 신청하지 아니한 경우

　2. 건물 등의 소유자가 임차인이 직접 특별자치시장, 특별자치도지사 또는 시장·군수·구청장에게 상세주소 부여 또는 변경을 신청하는 것에 동의한 경우

③ 특별자치시장, 특별자치도지사 및 시장·군수·구청장은 도로명주소 사용의 편의를 위하여 필요한 경우에는 제1항 및 제2항에 따른 신청이 없는 경우에도 해당 건물 등의 소유자 및 임차인의 의견 수렴 및 이의신청 등의 절차를 거쳐 상세주소를 부여하거나 변경할 수 있다.

④ 「주택법」 제2조제3호에 따른 공동주택이 아닌 건물 등 및 같은 조 제19호에 따른 세대구분형 공동주택의 소유자는 해당 건물 등을 더 이상 임대하지 아니하는 등 상세주소를 사용하지 아니하게 된 경우에는 특별자치시장, 특별자치도지사 또는 시장·군수·구청장에게 그 상세주소의 변경 또는 폐지를 신청할 수 있다.

⑤ 특별자치시장, 특별자치도지사 및 시장·군수·구청장은 제1항부터 제4항까지의 규정에 따라 상세주소를 부여·변경 또는 폐지하는 경우에는 해당 건물 등의 소유자 및 임차인에게 고지하여야 한다.

⑥ 제1항부터 제5항까지의 규정에 따른 상세주소 부여·변경·폐지의 기준, 절차 및 그 밖에 필요한 사항은 대통령령으로 정한다.

영 제27조(상세주소의 부여·변경·폐지 기준 등)

① 법 제14조제1항에 따라 상세주소를 부여하려는 경우 다음 각 호의 구분에 따라 상세주소를 부여·변경한다.

　1. 다음 각 목의 구분에 따라 상세주소를 부여·변경할 것

　　가. 동 : 지상으로 돌출된 형태로 구분되는 단위의 건물 등

　　나. 층 : 천장 및 바닥면으로 구획된 공간으로서 두 개의 바닥면(유사한 높이에 있는 바닥면을 말한다. 이하 같다) 사이의 공간 또는 지붕과 바닥면 사이의 공간

　　다. 호 : 하나의 층에서 물리적인 경계로 구분되는 공간

　2. 「주택법」 제2조제3호에 따른 공동주택이 아닌 건물 등의 경우에는 제1호 각 목의 사항과 다음 각 목의 구분에 따라 상세주소를 부여·변경할 것

　　가. 하나의 건물번호가 부여되어 있으나 동이 다른 경우에는 각각의 건물마다 동번호를 부여·변경할 것

나. 외벽에 출입구가 별도로 있는 경우에는 층수 또는 호수를 부여 · 변경할 것

다. 내부에 복도나 계단 등을 통한 출입구가 별도로 있는 경우에는 층수 또는 호수를 부여 · 변경할 것

② 시장 등은 다음 각 호의 어느 하나에 해당하는 경우에는 상세주소를 폐지한다.

1. 건물번호가 폐지된 경우

2. 개축, 재축, 대수선 등으로 인하여 상세주소가 부여된 동 · 층 · 호가 멸실된 경우

3. 상세주소가 부여된 건물 등을 임대하지 않는 등 상세주소를 사용할 필요성이 없는 경우

제25조(상세주소 부여 · 변경의 세부기준)

① 상세주소의 동번호, 층수 및 호수의 부여 · 변경 기준은 다음 각 호와 같다.

1. 동번호 : 숫자를 일련번호로 사용하거나 한글을 사용할 것

2. 층수 : 지표면을 기준으로 지상은 윗방향으로 1부터 일련번호를 부여하고, 지하는 아랫방향으로 1부터 일련번호를 부여하되 일련번호 앞에 '지하'를 붙일 것. 다만, 층수를 생략하고 층수의 의미를 호수에 포함시키려는 경우에는 층수를 나타내는 숫자로 호수가 시작하도록 호수를 부여한다.

3. 호수 : 숫자를 순차적으로 사용할 것. 다만, 하나였던 호를 둘 이상의 호로 나누거나 둘 이상의 호를 하나의 호로 합치는 경우에는 다음 각 목의 구분에 따라 호수를 부여한다.

가. 하나의 호를 둘 이상의 호로 나누는 경우 : 한글의 '가나다라'를 순차적으로 붙일 것

나. 둘 이상의 호를 하나의 호로 합치는 경우 : 둘 이상의 호수 중 가장 낮은 호수(호수가 '가나다라'의 순서로 붙어 있는 경우에는 가장 빠른 호수로 한다)를 붙일 것. 다만, 건물 등의 소유자가 주민등록표 등 관련 공문서에 등록되어 있는 호수대로 부여하기를 원하는 경우에는 해당 공문서에 적힌 내용에 따른다.

② 영 제3조제2항제6호에 따른 건물군(이하 "건물군"이라 한다)에 속한 건물 등의 순서를 구분할 필요가 있는 경우는 동번호에 숫자를 순차적으로 부여한다. 다만, 건물 등의 순서를 구분할 필요가 없는 경우에는 동번호를 한글로 부여할 수 있다.

③ 제1항에 따라 상세주소를 부여하거나 변경하려는 경우에는 동 · 층 · 호의 이동경로를 설정하고 이동경로를 따라 일정한 간격으로 번호를 나누어 부여 · 변경할 수 있다. 이 경우 번호 부여의 방법은 다음 각 호와 같다.

1. 출입구의 진입방향부터 순차성이 있도록 번호를 부여할 것

2. 출입구부터 시계반대방향으로 순차성이 있도록 번호를 부여할 것

3. 제1호 또는 제2호를 적용할 수 없는 경우에는 각 번호 간의 순차성이 유지되도록 부여할 것

④ 상세주소를 부여 · 변경하거나 표기하는 경우 다음 각 호의 구분에 따라 그 일부를 생략할 수 있다.

1. 건물번호로 동이 구분되는 경우 : 동번호

2. 호수에 층수의 의미가 포함된 경우 : 층수

3. 주거를 목적으로 하는 건물 등에서 호수가 중복되지 않는 경우 : 층수

4. 지하가 한 층인 경우 : 층수에 포함된 숫자

영 제28조(신청에 따른 상세주소의 부여ㆍ변경 또는 폐지 절차)

① 시장 등은 법 제14조제1항ㆍ제2항 또는 제4항에 따른 상세주소의 부여ㆍ변경 또는 폐지 신청을 받은 경우에는 신청을 받은 날부터 14일 이내에 행정안전부령으로 정하는 사항을 확인하여 상세주소를 부여ㆍ변경 또는 폐지하고, 다음 각 호의 구분에 따른 자에게 행정안전부령으로 정하는 바에 따라 고지해야 한다.

1. 소유자가 신청한 경우 : 소유자(임차인이 있는 경우에는 임차인을 포함한다. 이하 같다)

2. 임차인이 신청한 경우 : 해당 임차인과 건물 등의 소유자

3. 법 제17조 각 호의 어느 하나에 해당하는 자가 신청한 경우: 신청인과 임차인

② 제1항에 따른 상세주소의 부여ㆍ변경ㆍ폐지에 관한 신청 방법 등은 행정안전부령으로 정한다.

칙 제26조(상세주소 부여ㆍ변경ㆍ폐지의 신청 등)

① 법 제14조제1항ㆍ제2항 및 제4항에 따른 상세주소의 부여ㆍ변경ㆍ폐지 신청은 별지 제10호서식의 신청서에 따른다.

② 영 제28조제1항 각 호 외의 부분에서 "행정안전부령으로 정하는 사항"이란 다음 각 호의 사항을 말한다.

1. 건축물대장에 상세주소가 등록되었는지 여부

2. 영 제27조 및 이 규칙 제25조에 따른 상세주소의 부여ㆍ변경ㆍ폐지 기준 및 세부기준

3. 상세주소를 부여ㆍ변경ㆍ폐지하려는 건물 등의 임대에 관한 사항

4. 상세주소를 부여ㆍ변경하려는 동ㆍ층ㆍ호의 해당 출입구

5. 소유자의 동의 여부(임차인이 신청하는 경우로 한정한다)

③ 법 제16조제1항 각 호의 구분에 따른 행정구역이 결정되지 않은 지역의 상세주소 부여ㆍ변경ㆍ폐지 신청은 별지 제11호서식의 신청서에 따른다.

영 제29조(직권에 의한 상세주소의 부여ㆍ변경 절차)

① 시장 등은 법 제14조제3항에 따라 직권으로 상세주소를 부여ㆍ변경하려는 경우 해당 건물 등의 소유자 및 임차인에게 14일 이상의 기간을 정하여 행정안전부령으로 정하는 사항을 통보하고, 상세주소 부여ㆍ변경에 관한 의견을 수렴해야 한다.

② 시장 등은 제1항에 따른 의견 제출 기간에 제출된 의견이 있는 경우에는 그 기간이 지난 날부터 10일 이내에 제출된 의견에 대한 검토 결과를 의견을 제출한 자에게 통보하고, 14일 이상의 기간을 정하여 이

의신청의 기회를 주어야 한다.

③ 시장 등은 제2항에 따른 이의신청 기간에 제출된 이의가 있는 경우에는 그 기간이 경과한 날부터 30일 이내에 해당 주소정보위원회의 심의를 거쳐 상세주소를 부여·변경하고, 행정안전부령으로 정하는 바에 따라 고지해야 한다. 다만, 주소정보위원회 심의 결과 상세주소를 부여·변경하지 않기로 한 경우에는 해당 건물 등의 소유자에게 그 사실을 통보해야 한다.

④ 시장 등은 제1항 및 제2항에 따른 의견이나 이의가 없는 경우에는 의견 제출 및 이의신청 제출 기간이 종료한 날부터 10일 이내에 상세주소를 부여·변경하고, 행정안전부령으로 정하는 바에 따라 건물 등의 소유자에게 고지해야 한다.

제27조(직권에 의한 상세주소의 부여·변경 절차 등)

① 영 제29조제1항에서 "행정안전부령으로 정하는 사항"이란 다음 각 호의 사항을 말한다.
  1. 제25조제1항에 관한 사항
  2. 상세주소의 부여·변경 절차
  3. 의견 제출의 기간 및 방법
  4. 그 밖에 시장 등이 필요하다고 인정하는 사항

② 시장 등이 상세주소를 부여·변경·폐지하는 경우 고지할 사항은 다음 각 호의 구분과 같다.
  1. 상세주소를 부여하는 경우에는 다음 각 목의 사항
    가. 상세주소를 포함하는 해당 건물 등의 도로명주소
    나. 상세주소 적용 범위와 해당 출입구
    다. 상세주소의 부여일(도로명주소대장에 등록한 날을 말한다)
    라. 상세주소판의 부착 또는 표기에 관한 사항
    마. 법 제20조에 따른 주소의 일괄정정에 관한 사항
    바. 그 밖에 시장 등이 필요하다고 인정하는 사항
  2. 상세주소를 변경하는 경우에는 다음 각 목의 사항
    가. 상세주소를 포함하는 변경 전·후의 도로명주소
    나. 변경 전·후 상세주소 적용 범위와 해당 출입구
    다. 상세주소의 변경일(도로명주소대장에 등록한 날을 말한다)
    라. 상세주소판의 교체 또는 표기에 관한 사항
    마. 법 제20조 및 제21조에 따른 주소의 일괄정정·등기촉탁에 관한 사항
    바. 그 밖에 시장 등이 필요하다고 인정하는 사항
  3. 상세주소를 폐지하는 경우에는 다음 각 목의 사항
    가. 상세주소의 폐지일
    나. 상세주소 폐지 전·후의 도로명주소

다. 상세주소판의 철거에 관한 사항

　　라. 법 제20조 및 제21조에 따른 주소의 일괄정정·등기촉탁에 관한 사항

　　마. 그 밖에 시장 등이 필요하다고 인정하는 사항

📗 제15조(상세주소의 표기)

① 제14조제5항에 따른 고지를 받거나 제2항에 따라 상세주소판을 교부받은 건물 등의 소유자 또는 임차인은 상세주소판을 설치하거나 상세주소의 표기를 하여야 한다.

② 특별자치시장, 특별자치도지사 및 시장·군수·구청장은 제14조제3항에 따라 직권으로 상세주소를 부여하거나 변경한 경우에는 해당 건물 등의 소유자 또는 임차인에게 상세주소판을 교부하여야 한다.

③ 제1항 및 제2항에 따른 상세주소판의 설치 장소, 상세주소의 표기 방법 및 그 밖에 필요한 사항은 행정안전부령으로 정한다.

📘 제28조(상세주소판 등의 교부 및 설치 등)

① 법 제15조제1항에 따른 상세주소판의 설치 또는 상세주소의 표기는 해당 출입문 또는 출입구에 해야 한다.

② 시장 등은 법 제15조제2항에 따라 상세주소판을 교부하려는 경우에는 상세주소를 고지한 날부터 10일 이내에 상세주소판을 교부해야 한다. 이 경우 상세주소판을 교부받은 소유자 또는 임차인은 제1항의 위치에 상세주소판을 설치해야 한다.

📗 제16조(행정구역이 결정되지 아니한 지역의 도로명주소 부여)

① 행정구역이 결정되지 아니한 지역의 도로명주소가 필요한 자는 다음 각 호의 구분에 따라 행정안전부장관 또는 특별시장·광역시장·도지사에게 도로명, 건물번호 또는 상세주소의 부여를 신청할 수 있다.

　　1. 시·도가 결정되지 아니한 경우: 행정안전부장관

　　2. 시·군·자치구가 결정되지 아니한 경우: 특별시장, 광역시장 또는 도지사

② 제1항의 신청에 따른 도로명, 건물번호 또는 상세주소의 부여에 관하여는 제7조제5항부터 제7항까지, 제11조제3항·제4항, 제13조, 제14조제5항·제6항 및 제15조제1항·제3항을 준용한다.

제34조(행정구역이 결정되지 않은 지역에 대한 국가기초구역 등의 설정 및 부여 기준)

① 행정안전부장관, 특별시장 · 광역시장 · 도지사는 시 · 군 · 구의 행정구역이 결정되지 않은 지역에 법 제16조제2항에 따른 도로명주소를 부여하려는 경우 국가기초구역 및 국가기초구역번호(이하 "국가기초구역등"이라 한다)를 함께 설정 및 부여할 수 있다. 이 경우 행정안전부장관, 특별시장 · 광역시장 · 도지사는 제33조제3항에 따른 예비국가기초구역번호를 국가기초구역번호로 부여한다.

② 행정안전부장관, 특별시장 · 광역시장 · 도지사는 제1항에 따라 국가기초구역 등을 설정 및 부여하기 위하여 필요한 경우에는 해당 사업지역 관리청의 장에게 다음 각 호의 자료 제출을 요청할 수 있다.

1. 토지의 이용 및 개발에 관한 사항
2. 해당 지역의 용도지역 · 용도지구 · 용도구역에 관한 사항
3. 단계별 사업추진 계획에 관한 사항
4. 인구의 수용 계획에 관한 사항
5. 그 밖에 행정안전부장관, 특별시장 · 광역시장 · 도지사가 필요하다고 인정하는 사항

제17조(사업시행자 등의 도로명 부여 등 신청)

다음 각 호의 어느 하나에 해당하는 자는 제7조제3항, 제8조제2항, 제11조제1항, 제12조제1항 및 제14조제1항에 따른 신청을 소유자를 대리하여 할 수 있다.

1. 공공사업 등에 따라 도로를 개설하거나 건물 등을 신축하는 경우 : 해당 사업의 사업시행자
2. 「집합건물의 소유 및 관리에 관한 법률」에 따른 구분소유 건물인 경우 : 구분소유자가 선임한 관리인 (관리인이 없는 경우에는 구분소유자가 선임한 대표자를 말한다)
3. 건물 등을 신축 · 증축 · 개축 또는 재축하는 경우 : 「건축법」 제5조제1항에 따른 건축관계자

제18조(도로명주소대장)

① 특별자치시장, 특별자치도지사 및 시장 · 군수 · 구청장은 도로명주소에 관한 사항을 체계적으로 관리하기 위하여 도로명주소대장을 작성 · 관리하여야 한다.

② 제1항에 따른 도로명주소대장의 서식, 기재 내용 · 방법 · 절차 및 그 밖에 필요한 사항은 행정안전부령으로 정한다.

제29조(도로명주소대장의 구분 등)

① 법 제18조제1항에 따른 도로명주소대장(이하 "도로명주소대장"이라 한다)은 다음 각 호에 따라 구분하여 작성·관리해야 한다.
  1. 도로구간 단위로 작성·관리하는 경우 : 별지 제12호서식의 도로명주소 총괄대장(이하 "총괄대장"이라 한다)
  2. 건물번호 단위로 작성·관리하는 경우 : 별지 제13호서식의 도로명주소 개별대장(이하 "개별대장"이라 한다)
② 시장 등은 도로명주소를 폐지하는 경우 별지 제14호서식의 도로명주소 폐지대장에 이를 기록·관리해야 한다.

제30조(총괄대장 및 개별대장의 내용)

① 총괄대장은 다음 각 호의 내용을 포함해야 한다.
  1. 도로명관할구역 및 도로명
  2. 도로구간의 시작지점 및 끝지점의 기초번호 및 기초간격
  3. 별표에 따른 도로명주소의 변경 사유 및 해당 코드번호
  4. 도로구간의 현황도
  5. 동일도로명 현황 및 도로명판 설치현황
② 개별대장은 다음 각 호의 내용을 포함해야 한다.
  1. 건물 등 관할구역
  2. 도로명과 건물번호
  3. 별표에 따른 도로명주소의 변경 사유 및 해당 코드번호
  4. 건물 등의 현황도
  5. 관련 지번 및 건물군 현황
  6. 상세주소의 동·층·호별 현황

제31조(도로명주소대장의 작성 방법)

① 총괄대장은 하나의 도로구간을 단위로 하여 도로구간마다 작성하고, 해당 도로구간에 종속구간이 있는 경우 그 종속구간은 주된구간의 총괄대장에 포함하여 작성해야 한다.
② 개별대장은 하나의 건물번호를 단위로 하여 건물번호마다 작성해야 한다.
③ 시장 등은 총괄대장을 먼저 작성하고, 작성한 총괄대장을 근거로 개별대장을 작성해야 한다.
④ 총괄대장의 고유번호는 행정안전부장관이 부여·관리하고, 개별대장의 고유번호는 시장 등이 부여·관리한다.

⑤ 시장 등은 관할구역에 주된구간이 없고 종속구간만 있어 총괄대장을 작성할 수 없는 경우에는 주된구간을 관할하는 시장 등이 작성한 총괄대장을 근거로 개별대장을 작성해야 한다. 이 경우 해당 주된구간의 총괄대장을 작성·관리하는 시장 등에게 그 종속구간이 주된구간의 총괄대장에 포함되도록 요청해야 한다.

⑥ 제5항에 따른 요청을 받은 시장 등은 주된구간의 총괄대장에 종속구간에 관한 사항을 기록한 후 그 결과를 요청한 시장 등에게 통부해야 한다.

⑦ 제5항 및 제6항에도 불구하고 주된구간에 대한 총괄대장의 작성·관리 주체에 대하여 이견이 있는 경우에는 다음 각 호의 자가 결정한다.

    1. 해당 주된구간 및 종속구간이 동일한 특별시·광역시 또는 도의 관할구역에 속하는 경우 : 관할 특별시장·광역시장 또는 도지사

    2. 해당 주된구간 및 종속구간이 각각 다른 시·도의 관할구역에 속하는 경우 : 행정안전부장관

⑧ 도로명주소대장을 말소(도로구간 또는 도로명주소의 폐지로 인하여 해당 도로명주소대장을 폐지하는 것을 말한다. 이하 같다)하는 경우에는 도로명주소대장 앞면의 제목 오른쪽에 빨간색 글씨로 '폐지'라고 기재해야 한다.

⑨ 시장 등은 제8항에 따라 도로명주소대장을 말소한 경우에는 별지 제14호서식의 도로명주소 폐지대장에 해당 내용을 작성해야 한다.

최 제32조(총괄대장의 변경·말소)

① 시장 등은 다음 각 호의 어느 하나에 해당하는 경우에는 그 고시한 날(행정구역의 변경에 따라 총괄대장을 변경하는 경우에는 그 행정구역의 변경일로 한다)을 기준으로 지체 없이 총괄대장을 변경해야 한다.

    1. 다른 도로구간과의 합병으로 도로구간을 변경하고 이를 고시한 경우

    2. 도로구간의 일부가 폐지되어 이를 고시한 경우

    3. 제1호와 제2호 외의 사유로 도로구간을 변경하고 이를 고시한 경우

    4. 기초번호가 변경되어 이를 고시한 경우

    5. 도로명이 변경되어 이를 고시한 경우

    6. 도로명관할구역이 변경된 경우

    7. 제1호부터 제6호까지 외의 사유로 인하여 총괄대장의 기재사항을 변경하는 경우

② 시장 등은 다음 각 호에 해당하는 경우에는 그 도로구간의 폐지(변경된 도로명주소의 효력발생일을 포함한다)를 고시한 날을 기준으로 지체 없이 총괄대장을 말소해야 한다. 이 경우 총괄대장이 말소되면 개별대장은 모두 말소된 것으로 본다.

    1. 도로구간이 폐지된 경우

    2. 특정 도로구간이 다른 도로구간과 합병된 경우

③ 시장 등은 둘 이상의 시·도 또는 시·군·구에 걸쳐 있는 도로구간이 폐지됨에 따라 해당 총괄대장을 말소하려는 경우 폐지되는 도로구간에 걸쳐 있는 시·군·구를 관할하는 시장 등에게 그 사실을 알려야 한다.

제33조(개별대장의 변경·말소)

① 시장 등은 다음 각 호의 어느 하나에 해당하는 경우에는 그 고시한 날(행정구역의 변경에 따라 개별대장을 변경하는 경우에는 그 행정구역의 변경일로 하고, 상세주소의 부여·변경·폐지에 따라 개별대장을 변경하는 경우에는 그 상세주소의 부여·변경·폐지일로 한다)을 기준으로 지체 없이 개별대장을 변경해야 한다.
  1. 제32조제1항제1호부터 제4호까지의 사유로 건물번호를 변경하고 이를 고시한 경우
  2. 건물 등의 주된 출입구의 변경으로 건물번호를 변경하고 이를 고시한 경우
  3. 도로명이 변경되어 이를 고시한 경우
  4. 건물 등 관할구역이 변경된 경우
  5. 제1호부터 제4호까지 외의 사유로 개별대장의 기재사항을 변경하는 경우
② 시장 등은 건물번호가 폐지되는 경우에는 그 폐지를 고시한 날을 기준으로 지체 없이 개별대장을 말소해야 한다.

제34조(도로명주소대장의 정정)

① 시장 등은 도로명주소대장의 기재내용에 잘못이 있음을 발견한 경우에는 사실관계를 확인한 후 이를 정정해야 한다.
② 도로명주소대장의 기재내용에 잘못이 있음을 확인한 자는 시장 등에게 도로명주소대장의 정정을 신청할 수 있다. 이 경우 신청인은 별지 제15호서식의 도로명주소 기재내용 총괄대장·개별대장 정정 신청서에 도로명주소대장의 기재내용 중 정정할 내용을 증명할 수 있는 서류를 첨부하여 시장 등에게 제출해야 한다.
③ 시장 등은 제2항에 따른 신청을 받은 경우에는 신청 내용이 실제 현황과 일치하는지를 확인한 후 도로명주소대장을 정정해야 한다.
④ 시장 등은 제3항에 따라 도로명주소대장을 정정한 경우에는 신청을 받은 날부터 10일 이내에 그 결과를 신청인에게 통보해야 한다.

제35조(도로명주소대장 등본의 발급 및 열람)

① 도로명주소대장 등본(이하 "등본"이라 한다)을 발급받으려거나 열람하려면 별지 제16호서식의 도로명주소대장 등본발급·열람 신청서를 시장 등에게 제출해야 한다.

② 시장 등은 제1항에 따른 신청인에게 등본을 발급하거나 열람할 수 있도록 해야 한다. 이 경우 신청한 도로명주소대장이 말소된 경우에는 신청인이 그 말소 사실을 확인할 수 있도록 '폐지'라고 기재하여 등본을 발급하거나 열람할 수 있도록 해야 한다.

③ 제1항에 따른 신청인은 다음 각 호에 따른 수수료를 납부해야 한다. 다만, 국가 또는 지방자치단체가 등본의 발급 또는 열람을 신청하는 경우에는 그 수수료를 무료로 할 수 있다.

　1. 등본을 발급받으려는 경우 : 1건당 500원. 이 경우 출력물이 1건당 20장을 초과하면 장당 50원을 가산한다.

　2. 등본을 열람하려는 경우 : 1건당 300원

④ 시장 등은 제3항에도 불구하고 정보통신망을 통하여 등본을 발급받거나 열람하는 경우에는 수수료를 무료로 할 수 있다.

🏛 법 제19조(도로명주소의 사용 등)

① 공법관계에서의 주소는 도로명주소로 한다.

② 공공기관(국가기관, 지방자치단체, 「공공기관의 운영에 관한 법률」에 따른 공공기관, 「지방공기업법」에 따른 지방공기업 및 그 밖에 대통령령으로 정하는 기관을 말한다. 이하 같다)의 장은 다음 각 호의 표기 및 위치 안내를 할 때에는 도로명주소를 사용하여야 한다. 다만, 도로명주소가 없는 경우에는 그러하지 아니하다.

　1. 가족관계등록부, 주민등록표 및 건축물대장 등 각종 공부상의 등록기준지 또는 주소의 표기

　2. 각종 인허가 등 행정처분 시 주소 표기

　3. 공공기관의 주소 표기

　4. 공문서 발송 시 주소 표기

　5. 위치안내표시판의 주소 표기 및 위치 안내

　6. 인터넷 홈페이지의 주소 표기 및 위치 안내

　7. 그 밖에 주소 표기 및 위치 안내와 관련된 사항

③ 공공기관의 장은 제2항 각 호 외의 부분 단서에 해당하는 경우에는 특별자치시장, 특별자치도지사 또는 시장·군수·구청장에게 그 사실을 통지하여야 한다.

④ 행정안전부장관, 시·도지사 및 시장·군수·구청장은 공공기관의 장이 갖추어 두거나 관리하고 있는 각종 공부상의 주소를 도로명주소가 있음에도 불구하고 도로명주소로 표기하지 아니한 경우에는 도로명주소로 표기할 것을 해당 공공기관의 장에게 요청할 수 있다. 이 경우 요청받은 공공기관의 장은 특별한 사유가 없으면 지체 없이 도로명주소로 표기하여야 한다.

⑤ 공공기관이 아닌 자는 그가 보유하고 있는 자료 중 도로명주소로 표기하지 아니한 주소를 도로명주소로 표기를 변경하는 경우에는 해당 건물 등의 소유자·점유자·임차인의 동의를 받아 변경하는 것으로 본다.

⑥ 공공기관의 장은 제7조제6항, 제8조제5항, 제11조제3항 및 제12조제5항에 따라 도로명 및 건물번호의 부여·변경에 대한 통보를 받은 경우 특별한 사유가 없으면 통보를 받은 날부터 30일 이내에 해당 공공기관이 갖추어 두거나 관리하고 있는 공부상의 주소를 정정하여야 한다.

🟢 제30조(도로명주소의 사용)

법 제19조제2항 각 호 외의 부분 본문에서 "대통령령으로 정하는 기관"이란 다음 각 호의 기관을 말한다.
1. 「교육기본법」에 따라 설립된 학교와 사회교육시설
2. 특별법에 따라 설립된 특수법인
3. 「지방자치단체 출자·출연 기관의 운영에 관한 법률」 제2조제1항에 따른 출자기관 및 출연기관
4. 「사회복지사업법」 제42조제1항에 따라 국가나 지방자치단체로부터 보조금을 받는 사회복지법인과 사회복지사업을 하는 비영리법인
5. 제1호부터 제4호까지에서 규정한 기관 외에 「보조금 관리에 관한 법률」 제9조 또는 「지방재정법」 제17조제1항에 따라 국가나 지방자치단체로부터 연간 5천만 원 이상의 보조금을 받는 기관 또는 단체

🔵 제20조(주소의 일괄정정)

① 특별자치시장, 특별자치도지사 및 시장·군수·구청장은 제7조제6항, 제8조제5항, 제11조제3항, 제12조제5항 또는 제14조제5항에 따라 도로명, 건물번호 또는 상세주소가 부여·변경되거나 폐지된 경우에는 해당 건물 등의 소유자·점유자 또는 임차인의 신청을 받아 대통령령으로 정하는 각종 공부상 주소의 정정을 일괄하여 해당 공공기관의 장에게 신청할 수 있다.
② 제1항에 따라 특별자치시장, 특별자치도지사 또는 시장·군수·구청장으로부터 주소의 일괄정정 신청을 받은 공공기관의 장은 해당 건물 등의 소유자·점유자 또는 임차인이 신청한 것으로 보아 처리한다. 이 경우 다른 법령에서 수수료를 정하였더라도 이를 무료로 한다.
③ 제1항 및 제2항에 따른 일괄정정 신청의 방법 및 그 밖에 필요한 사항은 대통령령으로 정한다.

🟢 제31조(주소 일괄정정의 대상 및 신청 절차 등)

① 법 제20조제1항에서 "대통령령으로 정하는 각종 공부상 주소"란 다음 각 호의 주소를 말한다.
1. 「가축 및 축산물 이력관리에 관한 법률」 제19조 및 제20조에 따른 가축및축산물식별대장 및 수입유통식별대장에 기재된 주소
2. 「가축전염병 예방법」 제5조에 따른 외국인 근로자 고용신고 관리대장에 기재된 주소
3. 「관광진흥법」 제4조에 따른 여행업, 관광숙박업, 관광객 이용시설 및 국제회의업의 관광사업 등록증에 기재된 주소

4. 「건설기술 진흥법」 제58조에 따라 국토교통부장관이 공장인증을 하는 경우 그 인증대장에 기재된 주소

5. 「결혼중개업의 관리에 관한 법률」 제4조에 따라 국제결혼중개업 등록관리대장에 기재된 사무소 또는 대표자의 소재지

6. 「계량에 관한 법률」 제7조에 따른 계량기 제조업 등록증에 기재된 사업자대장에 기재된 사업장 또는 공장의 주소

7. 「공인노무사법」 제5조에 따라 공인노무사 자격이 있는 사람이 직무를 시작하기 위하여 한국공인노무사회에 등록하는 경우 그 직무개시 등록부에 기재된 공인노무사의 주소 또는 사무소의 소재지

8. 「부가가치세법」 제8조에 따라 사업자에게 등록번호가 부여된 등록증에 기재된 사업장소재지

9. 「선박법」 제8조에 따른 선박원부(船舶原簿)에 기재된 선박 소유자의 주소

10. 「식품위생법」 제37조에 따른 영업허가증에 기재된 주소

11. 「의료법」에 따른 간호조무사 또는 의료유사업자의 등록대장에 기재된 주소

12. 「주민등록법」 제7조에 따른 개인별 및 세대별 주민등록표에 등록된 주소

13. 제1호부터 제12호까지에서 규정한 주소 외에 행정안전부장관이 관계 중앙행정기관의 장과 협의하여 고시한 공부상의 주소

14. 그 밖에 시·도 및 시·군·구의 조례로 정하는 문서상의 주소

② 시장 등은 법 제20조제1항에 따른 신청을 받은 경우 신청을 받은 날부터 5일 이내에 해당 공공기관의 장에게 주소의 일괄정정을 신청해야 한다.

③ 공공기관의 장은 특별한 사유가 없으면 제2항에 따른 신청을 받은 날부터 14일(다른 법령 또는 조례에 주소정정의 처리 기간에 관한 규정이 있는 경우에는 그 처리 기간을 따른다) 이내에 이를 처리하고, 그 결과를 해당 시장 등에게 통보해야 한다. 이 경우 다른 법령 또는 조례에 따라 해당 공부에 기재된 주소를 정정할 수 없을 때에는 그 사유를 포함하여 통보해야 한다.

④ 시장 등은 제3항에 따른 통보를 받은 날부터 5일 이내에 법 제20조제1항에 따른 신청인에게 그 내용을 알려야 한다.

법 제21조(등기촉탁)

① 특별자치시장, 특별자치도지사 및 시장·군수·구청장은 제7조제6항, 제8조제5항, 제11조제3항 또는 제12조제5항에 따라 도로명 또는 건물번호가 부여·변경되거나 제14조제5항에 따라 상세주소가 부여·변경·폐지된 경우에는 해당 건물 등의 관할 등기소에 등기명의인의 주소에 대한 변경 등기를 촉탁할 수 있다. 이 경우 등기촉탁은 지방자치단체가 자기를 위하여 하는 등기로 본다.

② 제1항에 따른 등기촉탁에 필요한 사항은 행정안전부령으로 정한다.

📘 제37조(등기촉탁)

① 시장 등은 등기명의인 표시변경 또는 주식회사 주소변경에 따른 등기촉탁을 신청하려면 다음 각 호의 구분에 따른 등기촉탁서와 그 각 호에서 정하는 첨부서류를 관할 등기소에 제출해야 한다.

    1. 등기명의인 표시변경을 하려는 경우 : 별지 제20호서식의 등기명의인 표시변경 등기촉탁서와 주민등록표 초본 및 도로명주소대장

    2. 주식회사 주소변경을 하려는 경우 : 별지 제21호서식의 주식회사 주소변경 등기촉탁서와 대표자의 주민등록표 초본 및 도로명주소대장

② 시장 등은 제1항에 따른 등기촉탁을 전자적 방법으로 처리할 수 있는 경우에는 그 방법에 따른다.

③ 시장 등은 법 제21조제1항에 따른 등기촉탁을 신청하는 경우에는 별지 제22호서식의 도로명주소 변경 등기촉탁 관리대장에 그 내용을 기록해야 한다.

📘 제22조(국가기초구역 등의 설정 등)

① 행정안전부장관은 국가기초구역 및 국가기초구역번호(각 국가기초구역마다 부여하는 번호를 말한다. 이하 같다)의 설정 등에 필요한 지침을 작성하여 특별자치시장, 특별자치도지사 및 시장·군수·구청장에게 통보하여야 한다.

② 행정안전부장관은 전국 단위로 국가기초구역번호가 중복되지 아니하도록 하기 위하여 시·도별로 국가기초구역번호의 사용 범위를 배정하여 시·도지사에게 통보하여야 한다.

③ 제2항에 따라 국가기초구역번호의 사용 범위를 통보받은 특별시장, 광역시장 및 도지사는 해당 시·도 단위로 국가기초구역번호가 중복되지 아니하도록 시·군·자치구별로 국가기초구역번호의 사용 범위를 배정하여 해당 시장·군수·구청장에게 통보하여야 한다.

④ 특별자치시장, 특별자치도지사 및 시장·군수·구청장은 제1항에 따른 지침과 제2항 및 제3항에 따라 배정받은 국가기초구역번호의 사용 범위에 따라 국가기초구역을 설정하고 국가기초구역번호를 부여하여야 한다.

⑤ 특별자치시장, 특별자치도지사 및 시장·군수·구청장은 제4항에 따라 국가기초구역을 설정하고 국가기초구역번호를 부여하는 경우에는 그 사실을 고시하고, 시장·군수·구청장은 특별시장·광역시장·도지사에게 통보하여야 하며, 그 통보를 받은 특별시장·광역시장·도지사와 특별자치시장, 특별자치도지사는 행정안전부장관에게 통보하여야 한다. 국가기초구역 또는 국가기초구역번호를 변경하거나 폐지하는 경우에도 또한 같다.

⑥ 제5항에 따라 고시된 국가기초구역 및 국가기초구역번호는 특별한 사유가 없으면 통계구역, 우편구역 및 관할구역 등 다른 법률에 따라 일반에 공표하는 각종 구역의 기본단위로 한다.

⑦ 제1항부터 제5항까지의 규정에 따른 국가기초구역의 설정·변경·폐지 및 국가기초구역번호의 부여·변경·폐지의 기준과 방법, 절차 등에 관하여 필요한 사항은 대통령령으로 정한다.

🕙 제32조(국가기초구역의 설정·변경·폐지 기준 등)

① 법 제22조제4항 및 제5항에 따라 국가기초구역을 설정·변경·폐지하려는 경우에는 다음 각 호의 사항을 고려해야 한다.

1. 법 제22조제3항에 따라 특별자치시, 특별자치도 및 시·군·구별로 배정된 국가기초구역번호의 사용 범위

2. 「통계법」에 따라 공표된 인구수와 사업체 종사자의 수

3. 「주민등록법」에 따라 주민등록표에 등록된 주민의 수

4. 행정안전부령으로 정하는 건물 등의 용도별 분포

5. 「국토의 계획 및 이용에 관한 법률」에 따른 용도지역의 범위

6. 통계구역, 우편구역 및 관할구역 등 다른 법률에 따라 일반에 공표하는 각종 구역의 범위

7. 그 밖에 행정안전부장관이 필요하다고 인정하는 사항

② 국가기초구역의 경계는 다음 각 호의 기준을 고려하여 설정한다.

1. 행정구역 및 「공간정보의 구축 및 관리 등에 관한 법률」에 따른 지번부여지역의 경계

2. 도로·철도·하천의 중심선

3. 「국토의 계획 및 이용에 관한 법률」 제2조제2호에 따른 도시·군계획의 경계

4. 임야의 경우 능선·계곡 또는 필지의 경계

5. 그 밖에 행정안전부장관이 필요하다고 인정하는 사항

③ 시장 등은 다음 각 호의 경우에는 법 제22조제5항 후단에 따라 국가기초구역을 변경할 수 있다.

1. 제2항에 따른 국가기초구역의 경계 기준을 고려할 때 국가기초구역의 변경이 필요한 경우

2. 해당 국가기초구역의 인구수가 해당 특별자치시, 특별자치도 및 시·군·구의 국가기초구역 중 인구수가 가장 많은 구역의 인구수(그 국가기초구역의 고시일을 기준으로 산정한다)의 1.5배 이상이 된 경우

3. 해당 국가기초구역의 사업체 종사자 수가 해당 특별자치시, 특별자치도 및 시·군·구의 국가기초구역 중 사업체 종사자 수가 가장 많은 구역의 사업체 종사자 수(그 국가기초구역의 고시일을 기준으로 산정한다)의 1.5배 이상이 된 경우

4. 통계구역, 우편구역 및 관할구역 등 다른 법률에 따라 일반에 공표하는 각종 구역의 변경을 위하여 필요한 경우

5. 인접하는 국가기초구역을 하나로 합쳐서 그 경계를 변경할 필요가 있는 경우

④ 시장 등은 국가기초구역이 설정되지 않은 토지가 확인되거나, 종전 국가기초구역의 분할로 새로운 국가기초구역의 설정이 필요한 경우 국가기초구역을 새로 설정하거나 변경할 수 있다.

⑤ 시장 등은 다음 각 호의 경우에는 법 제22조제5항 후단에 따라 국가기초구역을 폐지할 수 있다.

1. 둘 이상의 국가기초구역에 걸쳐 있는 하나의 건물 등(건물군을 포함한다)을 신축·재축·증축함에 따라 국가기초구역을 하나로 합쳐야 할 필요가 있는 경우

2. 행정구역의 변경으로 해당 국가기초구역을 다른 국가기초구역으로 통·폐합할 필요가 있는 경우

🔵 제38조(국가기초구역 설정·변경·폐지의 세부기준)

영 제32조제1항제4호에서 "행정안전부령으로 정하는 건물 등의 용도"란 다음 각 호의 용도를 말한다.
1. 주거용
2. 상업용
3. 공업용
4. 그 밖의 용도

🔵 제33조(국가기초구역번호의 부여·변경·폐지 기준 등)

① 국가기초구역번호는 제32조에 따라 국가기초구역을 설정·변경 또는 폐지할 때 함께 부여·변경 또는 폐지한다.
② 법 제22조제4항 및 제5항에 따른 국가기초구역번호(각 국가기초구역마다 부여하는 번호를 말한다. 이하 같다)의 부여·변경 기준은 다음 각 호와 같다.
  1. 하나의 국가기초구역에는 하나의 국가기초구역번호를 부여할 것
  2. 국가기초구역번호는 5자리의 아라비아숫자로 구성하며, 국가기초구역번호로 시·군·구를 구분할 수 있을 것
  3. 국가기초구역번호는 북서방향에서 남동방향으로 순차적으로 부여할 것. 다만, 다음 각 목의 어느 하나에 해당하는 경우는 제외한다.
    가. 제32조제4항에 따라 국가기초구역을 새로 설정하거나 변경하는 경우
    나. 제34조제1항에 따라 행정구역이 결정되지 않은 지역에 국가기초구역을 설정하는 경우
③ 행정안전부, 시·도 및 시·군·구에는 국가기초구역의 설정·변경 또는 폐지로 국가기초구역번호의 순차성이 훼손되지 않도록 예비로 국가기초구역번호를 두어야 한다.
④ 국가기초구역번호는 폐지된 날부터 5년이 지나지 않으면 다시 사용할 수 없다.

🔵 제35조(국가기초구역 등의 설정·부여·변경·폐지 절차)

① 시장 등은 국가기초구역 등을 설정·부여·변경 또는 폐지하려는 경우에는 제2항에 따른 공고 전에 미리 행정안전부장관의 의견을 들어야 한다.
② 시장 등은 국가기초구역 등을 설정·부여·변경 또는 폐지하려는 경우에는 설정·부여·변경 또는 폐지하려는 행정안전부령으로 정하는 사항을 공보 등에 공고하고, 해당 지역주민과 법 제22조제6항에 따른 각종 구역을 소관하는 기관(중앙행정기관은 제외한다)의 장의 의견을 수렴해야 한다.
③ 시장 등은 제2항에 따른 의견 제출 기간이 지난 날부터 30일 이내에 행정안전부령으로 정하는 사항을

시 · 도지사에게 제출해야 한다.

④ 시 · 도지사는 제3항에 따라 제출받은 자료와 해당 국가기초구역 등의 설정 · 부여 · 변경 또는 폐지에 대한 시 · 도지사의 의견을 행정안전부장관에게 제출해야 한다.

⑤ 행정안전부장관은 제4항에 따른 자료와 시 · 도지사의 의견을 제출받은 경우에는 법 제22조제6항에 따른 각종 구역을 소관하는 중앙행정기관의 장의 의견을 들어야 한다.

⑥ 행정안전부장관은 제4항에 따른 자료와 시 · 도지사의 의견을 제출받은 날부터 60일 이내에 제5항에 따른 중앙행정기관의 장의 의견을 종합하여 시 · 도지사 및 시장 · 군수 · 구청장에게 의견을 통보해야 한다.

⑦ 시장 등은 제6항에 따라 시 · 도지사 및 행정안전부장관으로부터 의견을 통보받은 경우에는 그 통보를 받은 날 또는 의견을 들은 날부터 20일 이내에 국가기초구역 등의 설정 · 부여, 변경 또는 폐지 여부를 결정한 후 그 결과를 행정안전부령으로 정하는 바에 따라 공보 등에 고시해야 한다.

칙 제39조(국가기초구역 등의 설정 · 부여 · 변경 · 폐지 절차)

① 영 제35조제2항에서 "행정안전부령으로 정하는 사항"이란 다음 각 호의 구분에 따른 각 목의 사항을 말한다.

  1. 국가기초구역 및 국가기초구역번호(이하 "국가기초구역 등"이라 한다)를 설정 · 부여하려는 경우에는 다음 각 목의 사항

    가. 설정하려는 국가기초구역의 경계에 관한 사항

    나. 부여하려는 국가기초구역번호

    다. 해당 국가기초구역 등의 설정 · 부여 사유

    라. 의견 제출의 기간 및 방법

    마. 그 밖에 시장 등이 필요하다고 인정하는 사항

  2. 국가기초구역 등을 변경하려는 경우에는 다음 각 목의 사항

    가. 변경하려는 국가기초구역의 경계에 관한 사항

    나. 변경 전 · 후의 국가기초구역 등에 관한 사항

    다. 해당 국가기초구역 등의 변경 사유

    라. 의견 제출의 기간 및 방법

    마. 그 밖에 시장 등이 필요하다고 인정하는 사항

  3. 국가기초구역 등을 폐지하려는 경우에는 다음 각 목의 사항

    가. 폐지하려는 국가기초구역 등에 관한 사항

    나. 해당 국가기초구역 등의 폐지 사유

② 영 제35조제3항에서 "행정안전부령으로 정하는 사항"이란 다음 각 호의 사항을 말한다.

  1. 제1항 각 호의 구분에 따른 사항(같은 항 제1호라목 또는 제2호라목은 제외한다)

2. 영 제35조제2항에 따른 지역주민과 법 제22조제6항에 따라 각종 구역을 소관하는 기관(중앙행정기관은 제외한다)의 장의 의견에 대한 시장·군수·구청장의 검토 결과

3. 그 밖에 시장 등이 필요하다고 인정하는 사항

영 제36조(행정구역이 결정되지 않은 지역에 대한 국가기초구역 등의 설정 및 부여 절차)

① 특별시장, 광역시장 및 도지사는 제34조제1항에 따라 시·군·구의 행정구역이 결정되지 않은 지역에 국가기초구역 등을 설정·부여하려는 경우에는 14일 이상의 기간을 정하여 행정안전부령으로 정하는 사항을 공보 등에 공고하고, 해당 지역주민과 법 제22조제6항에 따른 각종 구역을 소관하는 기관(중앙행정기관은 제외한다)의 장의 의견을 수렴해야 한다.

② 특별시장, 광역시장 및 도지사는 제1항에 따른 의견 제출 기간 종료일부터 20일 이내에 행정안전부령으로 정하는 사항을 행정안전부장관에게 제출하고 국가기초구역 등의 설정 및 부여에 관한 사항을 협의해야 한다.

③ 행정안전부장관은 제2항에 따른 협의를 요청받은 경우에는 법 제22조제6항에 따른 각종 구역을 소관하는 중앙행정기관의 장의 의견을 들어야 한다.

④ 행정안전부장관은 제2항에 따른 협의를 요청받은 날부터 80일 이내에 제3항에 따른 중앙행정기관의 장의 의견을 특별시장, 광역시장 및 도지사에게 통보해야 한다.

⑤ 특별시장, 광역시장 및 도지사는 제4항에 따른 의견을 통보받은 날부터 20일 이내에 국가기초구역 등의 설정·부여 여부를 결정하고, 그 결과를 행정안전부령으로 정하는 바에 따라 공보 등에 고시해야 한다.

⑥ 행정구역이 결정되지 않은 지역에 대한 행정구역이 결정되면 시장·군수·구청장은 국가기초구역번호가 인근 지역의 국가기초구역번호와 순차성을 유지하며 배열될 수 있도록 국가기초구역번호를 변경할 수 있다. 이 경우 국가기초구역의 변경 절차에 관하여는 제35조제7항을 준용한다.

⑦ 행정안전부장관이 시·도의 행정구역이 결정되지 않은 지역에 국가기초구역 등을 설정 및 부여하려는 경우 그 절차에 관하여는 제1항, 제3항 및 제5항을 준용한다. 이 경우 제1항 중 "시·군·구의 행정구역"은 "특별시·광역시·도의 행정구역"으로 보고, 제5항 중 "20일"은 "30일"로 본다.

최 제40조(행정구역이 결정되지 않은 지역에 대한 국가기초구역 등의 설정·부여 절차)

① 영 제36조제1항에서 "행정안전부령으로 정하는 사항"이란 다음 각 호의 사항을 말한다.

1. 해당 사업지역의 도로구간 설정 현황

2. 설정하려는 국가기초구역의 경계 및 부여하려는 국가기초번호에 관한 사항

3. 국가기초구역 등의 설정 및 부여 사유

4. 의견 제출의 기간 및 방법

5. 그 밖에 특별시장, 광역시장 및 도지사가 필요하다고 인정하는 사항

② 영 제36조제2항에서 "행정안전부령으로 정하는 사항"이란 다음 각 호의 사항을 말한다.

1. 영 제34조제2항 각 호의 사항

2. 제1항제1호부터 제3호까지 및 제5호의 사항

3. 제출된 의견에 대한 특별시장, 광역시장 및 도지사의 검토 결과 및 의견

4. 그 밖에 특별시장, 광역시장 및 도지사가 필요하다고 인정하는 사항

칙 제41조(국가기초구역 등의 고시 등)

① 시장 등은 법 제22조제5항에 따라 국가기초구역 등을 설정·부여하거나 변경·폐지하려는 경우에는 다음 각 호의 구분에 따른 각 목의 사항을 고시해야 한다.

1. 국가기초구역 등을 설정·부여하려는 경우에는 다음 각 목의 사항

   가. 국가기초구역의 경계 및 국가기초구역번호

   나. 해당 국가기초구역 안의 도로명주소

   다. 해당 국가기초구역에 소재하는 지번(다른 국가기초구역에 걸쳐 있는 필지의 경우에는 '일부'로 표시한다)

   라. 설정·부여하려는 사유

   마. 그 밖에 시장 등이 필요하다고 인정하는 사항

2. 국가기초구역 등을 변경하려는 경우에는 다음 각 목의 사항

   가. 변경 전·후 국가기초구역 등의 제1호가목부터 다목까지에 관한 사항

   나. 변경하려는 사유

   다. 그 밖에 시장 등이 필요하다고 인정하는 사항

3. 국가기초구역 등을 폐지하려는 경우에는 다음 각 목의 사항

   가. 폐지하려는 국가기초구역 등의 제1호가목에 관한 사항

   나. 폐지하려는 사유

② 시장 등은 법 제22조제5항에 따라 국가기초구역 등을 설정·부여하거나 변경·폐지하려는 경우에는 다음 각 호의 구분에 따른 각 목의 사항을 고시 예정일 5일 전까지 같은 조 제6항에 따른 각종 구역을 소관하는 기관의 장(중앙행정기관은 제외한다)에게 통보해야 한다.

1. 국가기초구역 등을 설정·부여하려는 경우에는 다음 각 목의 사항

   가. 제1항제1호 각 목의 사항

   나. 설정·부여 고시 예정일

2. 국가기초구역 등을 변경하려는 경우에는 다음 각 목의 사항

가. 제1항제2호 각 목의 사항

　　나. 변경 고시 예정일

　3. 국가기초구역 등을 폐지하려는 경우에는 다음 각 목의 사항

　　가. 제1항제3호 각 목의 사항

　　나. 폐지 고시 예정일

③ 법 제22조제6항에 따른 각종 구역을 소관하는 기관(중앙행정기관은 제외한다)의 장은 제2항에 따른 통보를 받거나 국가기초구역 등의 고시를 확인한 경우에는 담당하는 구역의 표시를 정비해야 한다.

제42조(국가기초구역 등의 관리 및 안내)

① 행정안전부장관, 시·도지사 및 시장·군수·구청장은 법 제22조제5항 및 영 제36조제5항에 따라 국가기초구역 등의 설정·부여 사실에 대한 이력을 관리해야 한다.

② 시·도지사는 국가기초구역 등의 관리를 위하여 매년 1회 이상 다음 각 호의 사항을 조사해야 한다.

　1. 시·군·구별로 배정된 국가기초구역번호의 사용 현황

　2. 설정·부여되거나 변경·폐지된 국가기초구역 등의 적정성 여부

　3. 법 제22조제6항에 따른 각종 구역을 소관하는 기관의 장이 업무와 관련하여 법령에 따라 일반에 공표하는 각종 구역의 현황

　4. 「국토의 계획 및 이용에 관한 법률」에 따른 용도지역 등의 변경 현황

　5. 그 밖에 시·도지사가 필요하다고 인정하는 사항

③ 특별시장·광역시장 및 도지사는 제2항에 따른 조사 결과 국가기초구역 등의 정비가 필요한 경우에는 그 결과를 해당 시장·군수·구청장에게 통보해야 한다.

④ 특별자치시장, 특별자치도지사 또는 제3항에 따른 통보를 받은 시장·군수·구청장은 정비계획을 수립하여 영 제35조의 국가기초구역 등의 설정·부여·변경·폐지 절차에 따라 정비해야 한다.

제23조(국가지점번호)

① 행정안전부장관은 국토 및 이와 인접한 해양에 대통령령으로 정하는 바에 따라 국가지점번호를 부여하고, 이를 고시하여야 한다.

② 제1항에 따라 고시된 국가지점번호는 구조·구급 활동 등의 위치 표시로 활용한다.

③ 공공기관의 장은 철탑, 수문, 방파제 등 대통령령으로 정하는 시설물을 설치하는 경우에는 국가지점번호를 표기하여야 한다.

④ 공공기관의 장은 구조·구급 및 위치 확인 등을 쉽게 하기 위하여 필요하면 대통령령으로 정하는 장소에 국가지점번호판을 설치할 수 있다.

⑤ 공공기관의 장이 제3항에 따라 시설물에 국가지점번호를 표기하거나 제4항에 따라 국가지점번호판을 설치하려는 경우에는 해당 국가지점번호가 적절한지를 행정안전부장관에게 확인받아야 한다.

⑥ 제1항부터 제5항까지의 규정에 따른 국가지점번호 표기·확인의 방법 및 절차, 국가지점번호판의 설치 절차 및 그 밖에 필요한 사항은 대통령령으로 정한다.

영 제37조(국가지점번호의 부여 기준)

① 행정안전부장관은 법 제23조제1항에 따라 국가지점번호를 부여하려는 경우 그 기준점을 정하고, 가로와 세로의 길이가 각각 10미터인 격자를 기본단위로 하여 국가지점번호를 부여한다.

② 국가지점번호는 제1호의 문자에 제2호의 번호를 연결하여 부여한다.

1. 제1항에 따른 기준점에서 가로와 세로 방향으로 각각 100킬로미터씩 나누어 각각의 방향으로 "가나다라"순으로 부여한 가로방향 문자와 세로방향 문자를 연결한 문자

2. 제1호에 따라 나누어진 지점의 왼쪽 아래 모서리를 기준으로 가로방향은 왼쪽부터 오른쪽으로, 세로방향은 아래쪽부터 위쪽으로 각각 1만으로 나누어 부여한 정수를 연결한 번호. 이 경우 각 정수가 4자리에 미달하는 경우에는 4자리가 될 때까지 그 앞에 "0"을 삽입한다.

③ 법 제19조제2항에 따른 공공기관(이하 "공공기관"이라 한다)의 장은 법 제23조제3항에 따라 시설물에 국가지점번호를 표기하거나 같은 조 제4항에 따라 국가지점번호판을 설치하는 경우 외의 경우에는 제1항에도 불구하고 국가지점번호의 기본단위를 행정안전부령으로 정하는 바에 따라 달리 사용할 수 있다.

칙 제43조(국가지점번호 기본단위 사용의 표기방법)

영 제37조제3항에 따라 국가지점번호의 기본단위를 같은 조 제1항의 기본단위와 달리 사용하려는 경우 그 국가지점번호의 기본단위 및 표기방법은 다음 각 호와 같다.

1. 10킬로미터 단위로 표기하려는 경우 : 영 제37조제2항에 따른 가로와 세로 방향의 네자리 숫자 중 앞 한자리 숫자

2. 1킬로미터 단위로 표기하려는 경우 : 영 제37조제2항에 따른 가로와 세로 방향의 네자리 숫자 중 앞 두자리 숫자

3. 100미터 단위로 표기하려는 경우 : 영 제37조제2항에 따른 가로와 세로 방향의 네자리 숫자 중 앞 세자리 숫자

영 제38조(국가지점번호의 표기 등)

① 법 제23조제3항에서 "철탑, 수문, 방파제 등 대통령령으로 정하는 시설물"이란 제2항에 따른 장소에서 지면 또는 수면으로부터 50센티미터 이상 노출되어 고정된 시설물을 말한다. 다만, 설치한 날부터

1년 이내에 철거가 예정된 시설물은 제외한다.

② 법 제23조제4항에서 "대통령령으로 정하는 장소"란 도로명이 부여된 도로에서 100미터 이상 떨어진 지역으로서 시·도지사가 고시한 지역(이하 "고시지역"이라 한다)을 말한다.

③ 시·도지사는 제2항에 따른 고시지역을 새롭게 설정하거나 변경·폐지하려는 경우에는 20일 이상의 기간을 정하여 행정안전부령으로 정하는 사항을 공보 등에 공고하고, 해당 지역주민과 관련 공공기관의 장의 의견을 수렴해야 한다.

④ 시·도지사는 제3항에 따른 의견 제출 기간이 지난 날부터 30일 이내에 행정안전부령으로 정하는 사항을 행정안전부장관에게 제출하고 국가지점번호 고시지역에 관하여 협의해야 한다.

⑤ 행정안전부장관은 제4항에 따른 협의 요청을 받은 경우에는 협의를 요청받은 날부터 90일 이내에 그 결과를 해당 시·도지사에게 통보해야 한다.

⑥ 시·도지사는 제5항에 따른 통보를 받은 날부터 20일 이내에 그 의견을 종합적으로 고려하여 국가지점번호 고시지역의 설정 또는 변경·폐지 여부를 결정하고, 이를 공보 등에 고시해야 한다.

🔵 제44조(국가지점번호의 고시지역 설정 등의 절차)

① 영 제38조제3항에서 "행정안전부령으로 정하는 사항"이란 다음 각 호의 사항을 말한다.
   1. 영 제38조제3항에 따라 새롭게 설정·변경·폐지하려는 고시지역(이하 이 조에서 "고시지역"이라 한다)의 경계 및 면적
   2. 고시지역 안의 지번에 관한 사항(필지의 일부가 걸쳐 있는 경우에는 "일부"로 표시한다)
   3. 고시지역을 설정하거나 변경·폐지하려는 사유
   4. 의견 제출의 기간 및 방법
   5. 그 밖에 시·도지사가 필요하다고 인정하는 사항

② 영 제38조제4항에서 "행정안전부령으로 정하는 사항"이란 다음 각 호의 사항을 말한다.
   1. 제1항제1호부터 제3호까지 및 제5호의 사항
   2. 의견수렴에 따른 검토 결과
   3. 해당 시·도지사의 의견
   4. 그 밖에 시·도지사가 필요하다고 인정하는 사항

🔵 제39조(국가지점번호판의 설치 등)

① 공공기관의 장은 제38조제1항에 따른 시설물의 일부분에 국가지점번호를 표기해야 한다.

② 공공기관의 장은 법 제23조제4항에 따라 국가지점번호판을 설치하려는 경우에는 지면에서 국가지점번호판 하단까지의 높이가 1.5미터 이상이 되도록 설치해야 한다.

③ 법 제23조제3항 또는 제4항에 따라 국가지점번호를 표기하거나 국가지점번호판을 설치하려는 경우 그 기재 사항과 국가지점번호판의 규격 등은 행정안전부령으로 정한다.

④ 공공기관의 장은 법 제23조제3항 또는 제4항에 따라 국가지점번호를 표기하거나 국가지점번호판을 설치하려는 경우 제1항에 따른 시설물 또는 제2항에 따른 국가지점번호판의 설치 위치를 정하고, 행정 안전부령으로 정하는 바에 따라 행정안전부장관에게 국가지점번호의 확인을 신청해야 한다. 이 경우 공공기관의 장은 행정안전부장관이 정하는 수수료를 납부해야 한다.

⑤ 행정안전부장관은 제4항에 따른 신청을 받은 경우 그 신청을 받은 날부터 20일 이내에 현장조사를 실 시하고, 그 결과를 해당 공공기관의 장에게 통보해야 한다.

⑥ 공공기관의 장은 제5항에 따른 통보를 받은 날부터 30일 이내에 통보 내용에 따라 해당 시설물 또는 전용지주에 국가지점번호를 표기하거나 국가지점번호판을 설치하고, 3일 이내에 그 사실을 행정안전 부장관에게 통보해야 한다.

⑦ 행정안전부장관은 제6항에 따른 통보를 받은 경우 그 결과를 해당 시·도지사 및 시장·군수·구청장 에게 통보해야 한다.

⑧ 시장 등은 제7항에 따른 통보를 받은 경우 해당 국가지점번호를 법 제25조제1항에 따라 주소정보를 종합적으로 수록한 도면(이하 "주소정보기본도"라 한다)에 기록하고 관리해야 한다.

⑨ 제5항부터 제8항까지의 규정에 따른 현장조사의 방법, 확인 결과의 통보 등에 필요한 사항은 행정안전 부령으로 정한다.

칙 제45조(국가지점번호의 확인 신청 등)

① 영 제39조제4항에 따른 국가지점번호의 확인 신청은 별지 제23호서식의 신청서에 따른다.

② 행정안전부장관은 영 제39조제5항 또는 제7항 및 이 규칙 제46조제5항에 따라 별지 제24호서식의 국 가지점번호 확인 결과 통보서에 확인 결과를 작성하여 통보해야 한다.

영 제40조(국가지점번호판의 철거 등)

① 공공기관의 장은 국가지점번호판 또는 국가지점번호를 표기한 시설물을 철거한 경우에는 지체 없이 다음 각 호의 사항을 해당 시장 등에게 통보해야 한다.

1. 국가지점번호판 또는 제38조제1항에 따른 시설물에 표기된 국가지점번호
2. 철거하려는 국가지점번호판 또는 국가지점번호를 표기한 시설물의 변경 전·후 사진
3. 국가지점번호판 또는 시설물을 철거한 일자

② 행정안전부장관은 매년 정기적으로 점검계획을 수립하여 국가지점번호 표기 시설물 및 국가지점번 호판의 설치·관리 현황을 점검해야 한다. 다만, 자연재해 등 긴급한 경우에는 수시로 점검을 할 수 있다.

③ 행정안전부장관은 제2항에 따른 점검 결과 국가지점번호를 정비해야 하는 경우에는 해당 국가지점번호를 표기하거나 국가지점번호판을 설치한 공공기관의 장에게 그 결과를 통보해야 한다.

④ 공공기관의 장은 제3항에 따른 통보를 받은 날부터 90일 이내에 해당 시설물에 표기한 국가지점번호 또는 국가지점번호판을 정비하고, 그 결과를 행정안전부장관에게 통보해야 한다.

⑤ 행정안전부장관은 매년 고시지역에서 다음 각 호의 사항을 조사해야 한다.

    1. 국가지점번호를 표기한 시설물 및 국가지점번호판의 설치 현황

    2. 법 제23조제3항에 따른 시설물의 설치 현황 및 설치 계획

    3. 각종 개발 현황

    4. 각종 안전사고 등의 발생 현황

    5. 그 밖에 국가지점번호의 설치 및 활용과 관련하여 필요한 사항

🎯 제46조(국가지점번호의 세부 확인 방법 등)

① 행정안전부장관은 법 제23조제5항에 따라 국가지점번호가 적절한지를 확인하려는 경우 「공간정보의 구축 및 관리 등에 관한 법률 시행령」 제8조 각 호의 기준점을 사용해야 한다.

② 행정안전부장관은 영 제39조제5항에 따라 현장조사를 실시하는 경우 다음 각 호의 사항을 확인해야 한다.

    1. 해당 위치에 맞는 국가지점번호의 설정 여부

    2. 국가지점번호의 표기 위치 및 국가지점번호판의 설치 위치

    3. 국가지점번호판 설치 예정 위치의 국가지점번호 중복 설치 및 표기 여부

    4. 영 제38조제2항에 따라 시·도지사가 고시한 지역의 적정성 여부

③ 영 제39조에 따라 공공기관의 장이 설정한 국가지점번호와 제2항에 따른 현장조사를 통하여 행정안전부장관이 확인한 국가지점번호 간의 오차 허용 범위는 각 좌푯값의 2미터 이내로 한다.

④ 행정안전부장관은 영 제39조제6항에 따른 통보를 받은 날부터 5일 이내에 서면조사를 통하여 국가지점번호가 적절하게 표기되었는지 등을 확인해야 한다.

⑤ 행정안전부장관은 제4항에 따른 서면조사 결과가 국가지점번호의 표기 또는 국가지점번호판의 설치가 잘못된 경우에는 지체 없이 해당 공공기관의 장에게 그 결과를 통보해야 한다.

⑥ 공공기관의 장은 제5항에 따른 통보를 받은 경우에는 해당 국가지점번호가 보이지 않도록 조치를 하고, 통보를 받은 날부터 20일 이내에 국가지점번호를 수정해야 한다.

⑦ 공공기관의 장은 제6항에 따라 국가지점번호를 수정한 경우 지체 없이 이를 행정안전부장관에게 통보해야 한다.

🏛 제24조(사물주소)

① 특별자치시장, 특별자치도지사 및 시장·군수·구청장은 다음 각 호의 어느 하나에 해당하는 시설물에 대하여 해당 시설물의 설치자 또는 관리자의 신청에 따라 사물주소를 부여할 수 있다. 사물주소를 변경하거나 폐지하는 경우에도 또한 같다.

1. 육교 및 철도 등 옥외시설에 설치된 승강기
2. 옥외 대피 시설
3. 버스 및 택시 정류장
4. 주차장
5. 그 밖에 행정안전부장관이 위치 안내가 필요하다고 인정하여 고시하는 시설물

② 특별자치시장, 특별자치도지사 및 시장·군수·구청장은 시설물의 위치확인 및 관리 등을 위하여 필요한 경우에는 제1항에 따른 신청이 없는 경우에도 직권으로 사물주소를 부여·변경하거나 폐지할 수 있다.

③ 특별자치시장, 특별자치도지사 및 시장·군수·구청장은 제1항 및 제2항에 따라 사물주소를 부여·변경하거나 폐지하는 경우에는 그 사실을 해당 시설물의 설치자 또는 관리자에게 고지하여야 한다.

④ 제3항에 따라 사물주소의 부여 또는 변경을 고지받은 시설물의 설치자 또는 관리자는 대통령령으로 정하는 바에 따라 사물주소판을 설치하고 관리하여야 한다. 이 경우 사물주소판의 제작·설치 및 관리에 드는 비용은 해당 시설물의 설치자 또는 관리자가 부담한다.

⑤ 제4항에 따른 설치자 또는 관리자는 해당 시설물을 철거하거나 위치를 변경하려는 경우에는 특별자치시장, 특별자치도지사 또는 시장·군수·구청장에게 그 사실을 통지하여야 한다.

⑥ 제1항부터 제5항까지의 규정에 따른 사물주소의 부여·변경·폐지 기준 및 절차, 사물주소판의 설치 방법 및 그 밖에 필요한 사항은 대통령령으로 정한다.

🏛 제41조(사물번호의 부여·변경·폐지 기준 등)

① 시장 등은 법 제24조제1항 각 호의 시설물(이하 이 조에서 "시설물"이라 한다)에 하나의 번호(이하 "사물번호"라 한다)를 부여해야 한다. 다만, 하나의 시설물에 사물번호를 부여하기 위하여 기준이 되는 점(이하 "사물번호기준점"이라 한다)이 둘 이상 설정되어 있는 경우에는 각 사물번호기준점에 사물번호를 부여할 수 있다.

② 사물번호의 부여 기준은 다음 각 호의 구분과 같다.

1. 시설물이 건물 등의 외부에 있는 경우 : 해당 시설물의 사물번호기준점이 접하는 도로구간의 기초번호를 사물번호로 부여할 것
2. 시설물이 건물 등의 내부에 있는 경우 : 해당 시설물의 사물번호기준점에 제27조의 상세주소 부여 기준을 준용할 것

③ 시장 등은 사물번호가 제2항의 사물번호 부여 기준에 부합하지 않게 된 경우에는 사물번호를 변경해야 한다.

④ 시장 등은 사물번호가 부여된 시설물이 이전 또는 철거된 경우에는 해당 사물번호를 폐지해야 한다.

⑤ 시설물에 부여하는 사물주소는 다음 각 호의 사항을 같은 호의 순서에 따라 표기한다. 이 경우 제2호에 따른 건물번호와 제3호에 따른 사물번호 사이에는 쉼표를 넣어 표기한다.

1. 제6조제1항제1호부터 제4호까지의 규정에 따른 사항
2. 건물번호(도로명주소가 부여된 건물 등의 내부에 사물주소를 부여하려는 시설물이 있는 경우로 한정한다)
3. 사물번호
4. 시설물 유형의 명칭

🔵 제47조(사물번호 부여 · 변경의 세부기준)

① 법 제24조제1항 각 호의 시설물(이하 "시설물"이라 한다) 중 건물 등의 외부에 있는 시설물에 사물번호를 부여 · 변경하는 경우 그 세부기준에 관하여는 제20조를 준용한다. 이 경우 "주된 출입구"는 "영 제41조제1항 단서에 따른 사물번호기준점(이하 "사물번호기준점"이라 한다)"으로, "건물번호"는 "사물번호"로, "건물 등"은 "시설물"로 본다.

② 건물 등의 내부에 있는 시설물에 사물번호를 부여 · 변경하는 경우 그 세부기준은 다음 각 호와 같다.

1. 사물번호에 층수의 의미를 포함시키려는 경우 그 사물번호는 해당 층수를 나타내는 숫자로 시작하도록 할 것
2. 하나의 기초간격 내에 동일한 유형의 시설물이 둘 이상 있는 경우에는 사물번호를 각각 달리 부여할 것

🔵 제42조(사물주소의 부여 · 변경 · 폐지 절차)

① 시장 등은 법 제24조제1항에 따라 시설물의 설치자 또는 관리자의 신청을 받거나 같은 조 제5항에 따라 통지를 받은 경우에는 그 신청일 또는 통지일부터 14일 이내에 사물주소의 부여 · 변경 또는 폐지 여부를 결정한 후 해당 시설물의 설치자 또는 관리자에게 행정안전부령으로 정하는 사항을 고지해야 한다.

② 시장 등은 법 제24조제2항에 따라 직권으로 사물주소를 부여 · 변경 또는 폐지하려는 경우에는 해당 시설물의 설치자 또는 관리자에게 행정안전부령으로 정하는 사항을 통보하고 14일 이상의 기간을 정하여 의견을 수렴해야 한다.

③ 시장 등은 제2항에 따른 의견 제출 기간이 지난 날부터 10일 이내에 사물주소의 부여 · 변경 또는 폐지 여부를 결정하고 해당 시설물의 설치자 또는 관리자에게 행정안전부령으로 정하는 사항을 고지해야

한다. 다만, 제출된 의견을 검토한 결과 사물주소를 부여 · 변경 또는 폐지하지 않기로 결정한 경우에는 해당 시설물의 설치자 또는 관리자에게 그 사실을 통보해야 한다.

최 제48조(사물주소의 부여 · 변경 · 폐지 절차 등)

① 법 제24조제1항에 따른 사물주소의 부여 또는 변경 · 폐지 신청은 별지 제25호서식의 신청서에 따른다.

② 영 제42조제1항 및 제3항 본문에서 "행정안전부령으로 정하는 사항"이란 각각 다음 각 호의 사항을 말한다.

1. 해당 시설물의 사물주소(사물주소를 변경하려는 경우에는 변경 전 · 후의 사물주소를 말한다)

2. 사물주소를 부여 · 변경 또는 폐지하려는 사유

3. 사물주소의 부여일 · 변경일 또는 폐지일

4. 시설물의 형상 및 사물번호기준점(사물주소를 변경하는 경우에는 변경 전 · 후의 시설물의 형상과 사물번호기준점을 말한다. 이하 같다)

5. 해당 시설물의 설치자 또는 관리자가 조치해야 할 사항(사물주소판의 설치, 변경 또는 철거에 관한 사항을 포함한다)

6. 그 밖에 시장 등이 필요하다고 인정하는 사항

③ 영 제42조제2항에서 "행정안전부령으로 정하는 사항"이란 다음 각 호의 사항을 말한다.

1. 시설물의 형상 및 사물번호기준점(사물주소를 변경하려는 경우에는 변경 전 · 후의 시설물의 형상 및 사물번호기준점을 말한다)

2. 사물주소를 부여 · 변경 또는 폐지하려는 사유

3. 인접한 도로의 현황과 해당 시설물에 부여하려는 사물주소(사물주소를 변경하려는 경우에는 변경 전 · 후의 사물주소를 말한다)

4. 사물주소의 활용 방법(사물주소를 부여하는 경우만 해당한다)

5. 의견 제출의 기간 및 방법

6. 그 밖에 시장 등이 필요하다고 인정하는 사항

최 제49조(사물주소의 관리 등)

① 시장 등은 영 제42조제1항 및 제3항에 따라 사물주소의 부여 · 변경 · 폐지를 고지한 경우에는 별지 제26호서식의 사물주소 관리대장에 이를 기록하고 관리해야 한다.

② 행정구역이 결정되지 않은 지역에 사물주소를 표기하려는 경우에는 영 제6조제2항 각 호의 도로명주소 표기방법을 따른다.

🅮 제43조(사물주소판의 설치 등)

① 법 제24조제3항에 따라 사물주소의 부여 또는 변경을 고지 받은 시설물의 설치자 또는 관리자는 고지를 받은 날부터 30일 이내에 행정안전부령으로 정하는 바에 따라 사물주소판의 교부를 신청하거나 사물주소판을 직접 제작하여 설치해야 한다. 다만, 시설물의 유형, 지역의 여건 및 설치 수량 등을 종합적으로 고려할 때 사물주소판의 설치 기한을 연장할 필요가 있는 경우에는 시장 등의 승인을 받아 그 설치 기간을 연장할 수 있다.

② 시설물의 설치자 또는 관리자는 법 제24조제4항에 따라 사물주소판을 설치하는 경우 지면으로부터 1.6미터 이상의 높이에 사물주소판을 설치해야 한다. 다만, 시설물을 안내하는 표지판 등에 사물주소판을 설치하려는 경우에는 그 시설물의 높이·크기 등을 고려해 설치하는 높이를 달리할 수 있다.

③ 시설물의 설치자 또는 관리자는 제1항에 따라 설치한 사물주소판을 관리해야 하며, 사물주소판이 훼손되거나 없어진 경우에는 해당 시장 등에게 사물주소판을 재교부받아 부착·설치하거나 직접 제작하여 설치해야 한다.

④ 사물주소가 부여된 시설물의 설치자 또는 관리자는 법 제24조제5항에 따라 해당 시설물을 철거하거나 위치를 변경하려는 경우 철거 예정일 또는 위치 변경 예정일의 5일 전까지 해당 시장 등에게 그 사실을 통지해야 한다.

⑤ 제1항 또는 제3항에 따른 사물주소판의 교부 또는 재교부에 필요한 제작비용의 산정 및 징수에 관한 사항은 해당 지방자치단체의 조례로 정한다.

🅬 제50조(사물주소판의 신청 및 교부)

① 법 제24조제1항에 따라 사물주소의 부여 또는 변경을 신청하는 시설물의 설치자 또는 관리자는 시장 등에게 사물주소판의 교부를 함께 신청할 수 있다.

② 시장 등은 제1항에 따른 신청을 받은 경우에는 영 제42조제3항에 따라 사물주소의 부여 또는 변경을 고지한 날부터 14일 이내에 사물주소판을 교부해야 한다.

③ 사물주소가 부여된 시설물의 설치자 또는 관리자는 사물주소판이 훼손된 경우에는 시장 등에게 사물주소판의 재교부를 신청할 수 있다. 이 경우 시장 등은 신청을 받은 날부터 14일 이내에 신청인에게 사물주소판을 재교부해야 한다.

④ 제1항에 따른 사물주소판의 교부 신청 및 제3항에 따른 재교부 신청은 별지 제27호서식의 신청서에 따른다.

⑤ 사물주소를 부여받은 시설물의 설치자 또는 관리자는 영 제43조제1항에 따라 직접 제작한 사물주소판 (이하 "자율형사물주소판"이라 한다)을 설치하려는 경우 별지 제28호서식의 자율형사물주소판 설치 신청서에 크기, 모양, 재질, 부착 위치 등이 표기된 설치계획 도면을 첨부하여 시장 등에게 제출해야 한다. 다만, 개별 법령에 따른 설계도서에 자율형사물주소판의 크기, 모양, 재질 및 설치 위치 등을 반

영한 경우에는 이 항 본문에 따른 신청서 및 첨부서류의 제출을 생략할 수 있다.

⑥ 시장 등은 제2항 또는 제3항에 따라 사물주소판을 교부 또는 재교부하는 경우에는 별지 제29호서식의 사물주소판 (재)교부대장에 이를 기록하고 관리해야 한다.

제25조(주소정보기본도 등의 작성 및 활용 등)

① 행정안전부장관, 시·도지사 및 시장·군수·구청장은 대통령령으로 정하는 바에 따라 지적공부 등을 활용하여 주소정보를 종합적으로 수록한 도면(이하 "주소정보기본도"라 한다)을 작성·관리하여야 한다.

② 행정안전부장관, 시·도지사 또는 시장·군수·구청장은 주소정보의 사용 편의성을 높이기 위하여 주소정보기본도를 이용하여 주소정보를 안내할 목적으로 작성한 지도(이하 "주소정보안내도"라 한다)를 제작·배포하거나 주소정보안내판을 설치할 수 있다.

③ 행정안전부장관, 시·도지사 또는 시장·군수·구청장은 대통령령으로 정하는 바에 따라 주소정보안내도와 주소정보안내판에 광고를 게재할 수 있다. 이 경우 광고는 주소정보안내도 및 주소정보안내판의 기능에 지장을 주지 아니하는 범위에서 하여야 한다.

④ 행정안전부장관, 시·도지사 또는 시장·군수·구청장이 아닌 자는 제3항에 따라 행정안전부장관, 시·도지사 또는 시장·군수·구청장에게 광고의 게재를 신청할 수 있다. 이 경우 행정안전부장관, 시·도지사 또는 시장·군수·구청장은 신청인의 광고를 게재하는 경우 대통령령으로 정하는 바에 따라 신청인에게 광고비용을 부담하게 한다.

⑤ 주소정보를 이용한 제품을 제작하여 판매하거나 그 밖에 다른 용도로 사용하려는 자는 대통령령으로 정하는 바에 따라 행정안전부장관, 시·도지사 또는 시장·군수·구청장에게 주소정보 제공을 요청할 수 있다.

⑥ 행정안전부장관, 시·도지사 또는 시장·군수·구청장은 제5항에 따라 요청받은 주소정보의 내용이 다음 각 호의 어느 하나에 해당하는 경우에는 그 주소정보의 내용을 제외하거나 사용 범위를 제한하여 제공할 수 있다.

1. 국가안보나 그 밖에 국가의 중대한 이익을 해칠 우려가 있다고 인정되는 경우

2. 그 밖에 다른 법령에 따라 비밀로 유지되거나 열람이 제한되는 등 비공개사항인 경우

⑦ 행정안전부장관, 시·도지사 또는 시장·군수·구청장은 제5항에 따라 요청받은 주소정보를 대통령령으로 정하는 바에 따라 유상으로 제공하여야 한다. 다만, 국가나 지방자치단체가 주소정보 안내를 목적으로 요청하거나 그 밖에 공익상 필요하다고 인정되는 경우에는 무상으로 제공할 수 있다.

⑧ 제4항의 광고에 따른 수입 및 제7항의 주소정보 제공에 따른 수입은 주소정보시설의 설치·유지 및 관리에 사용하여야 한다.

⑨ 주소정보기본도, 주소정보안내도 및 주소정보를 이용한 제품은 「공간정보의 구축 및 관리 등에 관한 법률」 제2조제10호에 따른 지도로 보지 아니한다.

⑩ 누구든지 행정안전부장관의 허가 없이「국가공간정보 기본법」에 따라 공개가 제한되는 정보가 포함된 주소정보기본도 및 주소정보안내도를 국외로 반출해서는 아니 된다. 다만, 외국 정부와 주소정보안내도를 서로 교환하는 등 대통령령으로 정하는 경우에는 그러하지 아니하다.

⑪ 행정안전부장관은 제10항 단서에 따라 주소정보기본도 및 주소정보안내도를 국외로 반출하는 경우 국가 안보를 해칠 우려가 있는 정보 및 다른 법령에 따라 비밀로 유지되거나 열람이 제한되는 비공개 사항이 포함되지 아니하도록 하여야 하며, 이를 위하여 국가정보원장에게 보안성 검토를 요청할 수 있다.

⑫ 제2항에 따른 주소정보안내도의 작성 방법, 주소정보안내판의 설치 장소와 규격 및 그 밖에 필요한 사항은 행정안전부령으로 정한다.

칙 제51조(주소정보안내도의 작성 방법)

법 제25조제2항에 따른 주소정보안내도에는 법 제25조제6항 각 호의 내용이 포함되지 않도록 해야 한다.

영 제44조(주소정보기본도의 작성)

① 주소정보기본도는 행정안전부장관이 정하는 전산처리장치에 따라 전산화된 도면으로 작성 · 관리되어야 한다.

② 제1항에 따라 작성 · 관리되는 주소정보기본도에는 다음 각 호의 사항이 포함되어야 한다.
  1. 행정구역의 이름 및 경계
  2. 도로구간, 도로명 및 도로의 실제 폭(터널 및 교량을 포함한다)
  3. 기초간격과 기초번호
  4. 필지 경계 및 지번
  5. 건물 등과 건물번호, 건물군, 동번호 · 층수 · 호수 등 상세주소, 출입구 및 실내 이동경로 등
  6. 국가기초구역, 국가기초구역번호, 국가기초구역 경계, 행정 읍 · 면 · 동 및 행정 통 · 리
  7. 통계구역 · 우편구역 등 다른 법률에 따라 공표하는 각종 구역에 관한 사항
  8. 국가지점번호 격자, 국가지점번호 및 국가지점번호 고시지역
  9. 사물주소 부여 시설물의 위치, 사물번호기준점 및 사물번호
  10. 주소정보시설에 관한 사항
  11. 철도, 호수, 하천, 공원 및 다리의 위치 등에 관한 사항
  12. 그 밖에 주소정보기본도의 품질 향상 및 주소정보의 효율적 관리 · 안내를 위하여 행정안전부장관이 필요하다고 인정하는 사항

③ 제2항에서 규정한 사항 외에 주소정보기본도의 작성 및 관리 등에 필요한 사항은 행정안전부장관이 정한다.

영 제45조(주소정보안내도 등을 활용한 광고 게재)

① 법 제25조제4항에 따라 같은 조 제2항에 따른 주소정보안내도(이하 "주소정보안내도"라 한다) 또는 주소정보안내판(이하 "주소정보안내판"이라 한다)에 광고의 게재를 신청하려는 자는 다음 각 호의 구분에 따라 광고계획서를 제출해야 한다.

1. 행정안전부장관에게 신청해야 하는 경우는 다음 각 목과 같다.

   가. 행정안전부장관이 작성하는 주소정보안내도 또는 주소정보안내판(이하 "주소정보안내도등"이라 한다)에 광고를 게재하려는 경우

   나. 둘 이상의 시·도에 광고를 게재하려는 경우

2. 특별시장, 광역시장 및 도지사에게 신청해야 하는 경우는 다음 각 목과 같다.

   가. 특별시장, 광역시장 및 도지사가 작성하는 주소정보안내도 등에 광고를 게재하려는 경우

   나. 둘 이상의 시·군·구에 광고를 게재하려는 경우

3. 시장 등에게 신청해야 하는 경우는 다음 각 목과 같다.

   가. 시장 등이 작성하는 주소정보안내도 등에 광고를 게재하려는 경우

   나. 해당 지역에 광고를 게재하려는 경우

② 행정안전부장관, 시·도지사 및 시장·군수·구청장은 제1항에 따른 신청을 받은 날부터 50일 이내에 다음 각 호의 사항을 검토하여 광고 게재 여부를 결정하고, 그 결과를 신청인에게 통보해야 한다.

1. 광고의 적합성

2. 법 제25조제3항 후단의 위반 여부

3. 광고계획서의 적정성

4. 광고의 제작·배포에 관한 사항(주소정보안내도로 한정한다)

5. 광고의 설치 및 유지·관리에 관한 사항(주소정보안내판으로 한정한다)

6. 그 밖에 행정안전부장관, 시·도지사 및 시장·군수·구청장이 필요하다고 인정하는 사항

③ 행정안전부장관, 시·도지사 및 시장·군수·구청장은 제2항에 따라 주소정보안내도 등에 광고를 게재하는 것으로 결정한 경우에는 10일 이상의 기간을 정하여 다음 각 호의 사항을 공보 등에 공고해야 한다.

1. 광고의 내용

2. 광고를 게재하려는 주소정보안내도 등의 현황

3. 광고 게재의 방법 및 기간

4. 광고사업자의 성명, 업체명 및 주소

5. 그 밖에 행정안전부장관, 시·도지사 및 시장·군수·구청장이 필요하다고 인정하는 사항

④ 법 제25조제4항 후단에 따른 광고비용(이하 "광고비용"이라 한다)은 주소정보안내도 등의 제작비를 넘지 않는 범위에서 다음 각 호의 구분에 따라 정한다.

1. 제1항제1호의 경우 : 행정안전부장관 고시

2. 제1항제2호 또는 제3호의 경우 : 해당 지방자치단체의 조례

⑤ 제4항에도 불구하고 다음 각 호의 어느 하나에 해당하는 경우에는 광고비용을 무료로 한다.

1. 국가 또는 지방자치단체가 광고를 게재하는 경우

2. 비상업적 공익광고를 게재하는 경우

3. 그 밖에 행정안전부장관, 시 · 도지사 또는 시장 · 군수 · 구청장이 필요하다고 인정하는 경우

⑥ 제1항부터 제3항까지의 규정에 따른 광고의 신청 방법과 광고물 관리 등 그 밖에 필요한 사항은 행정안전부령으로 정한다.

칙 제52조(주소정보안내도 등을 활용한 광고)

① 법 제25조제4항 및 영 제45조제1항에 따른 광고의 신청은 별지 제30호서식의 신청서에 따른다.

② 행정안전부장관, 시 · 도지사 및 시장 · 군수 · 구청장은 영 제45조에 따른 광고 게재 현황 등을 관리하기 위하여 별지 제31호서식의 주소정보안내도 또는 주소정보안내판 광고 관리대장을 작성 · 관리해야 한다.

영 제46조(주소정보의 제공 요청 등)

① 법 제25조제5항에 따라 주소정보를 이용한 제품을 제작하여 판매하거나 그 밖에 다른 용도로 사용하려는 자는 다음 각 호의 구분에 따라 주소정보의 제공을 요청해야 한다.

1. 요청하는 주소정보의 범위가 특별자치시, 특별자치도 및 시 · 군 · 구인 경우: 관할 시장 등

2. 요청하는 주소정보의 범위가 시 · 도 또는 둘 이상의 시 · 군 · 구인 경우: 관할 특별시장 · 광역시장 · 도지사

3. 요청하는 주소정보의 범위가 전국 또는 둘 이상의 시 · 도인 경우: 행정안전부장관

② 제1항에 따라 주소정보의 제공을 요청하는 자는 다음 각 호의 사항을 행정안전부령으로 정하는 바에 따라 행정안전부장관, 시 · 도지사 또는 시장 · 군수 · 구청장에게 제출해야 한다. 이 경우 요청하는 주소정보 제공 방법이 시스템 연계인 경우에는 다음 각 호의 사항을 행정안전부장관에게 제출해야 한다.

1. 요청인의 인적사항

2. 자료의 이용 목적 및 요청 내용

3. 제공받은 자료의 보호 대책 및 보안에 관한 사항

4. 요청하는 주소정보 제공 방법(전산파일 제공 및 시스템 연계 등을 포함한다)

③ 행정안전부장관, 시 · 도지사 또는 시장 · 군수 · 구청장은 제2항에 따라 주소정보의 제공을 요청받은 경우 자료 이용 목적의 적정성 등을 검토하여 요청받은 날부터 10일(제2항 각 호 외의 부분 후단의 경우에는 30일로 한다) 이내에 주소정보 제공 여부를 결정해야 한다. 이 경우 주소정보를 제공하기로 결

정한 경우에는 지체 없이 주소정보를 제공하고, 주소정보를 제공하지 않기로 결정한 경우에는 요청인에게 그 사실을 통보해야 한다.

④ 행정안전부장관, 시·도지사 또는 시장·군수·구청장은 제3항에 따라 주소정보를 제공하는 경우 행정안전부령으로 정하는 바에 따라 그 내용을 기록·관리해야 한다.

⑤ 법 제25조제7항에 따른 주소정보 제공 수수료는 제공하는 주소정보의 양 등을 고려하여 행정안전부장관이 정하여 고시한다.

🟦 제53조(주소정보의 제공 등)

① 법 제25조제5항에 따른 주소정보의 제공 신청은 별지 제32호서식의 신청서에 따른다.

② 행정안전부장관, 시·도지사 또는 시장·군수·구청장은 영 제46조제3항에 따라 주소정보를 제공하는 경우 별지 제33호서식의 주소정보 제공 및 관리대장에 이를 기록하고 관리해야 한다.

③ 행정안전부장관은 주소정보를 국민이 쉽게 이용할 수 있도록 다음 각 호의 구분에 따라 주소정보의 목록을 작성하여 공개할 수 있다. 다만, 해당 주소정보가 법 제25조제6항 각 호에 해당하는 경우는 제외한다.
1. 공개하는 주소정보
2. 제공하는 주소정보
3. 사용자와 사용범위를 제한하여 제공하는 주소정보

🟢 제47조(주소정보기본도 등의 국외 반출)

법 제25조제10항 단서에서 "외국 정부와 주소정보안내도를 서로 교환하는 등 대통령령으로 정하는 경우"란 다음 각 호의 어느 하나에 해당하는 경우를 말한다.
1. 대한민국 정부와 외국 정부 간에 체결된 협정 또는 합의에 따라 주소정보기본도 또는 주소정보안내도(이하 이 조에서 "주소정보기본도 등"이라 한다)를 상호 교환하는 경우
2. 정부를 대표하여 외국 정부와 교섭하거나 국제회의 또는 국제기구에 참석하는 자가 자료로 사용하기 위하여 주소정보기본도 등을 국외로 반출하는 경우
3. 행정안전부장관이 법 제25조제11항에 따라 국가정보원장의 보안성 검토를 거쳐 주소정보기본도 등을 국외로 반출하기로 결정한 경우

🟪 제26조(주소정보시설의 관리)

① 특별자치시장, 특별자치도지사 및 시장·군수·구청장은 연 1회 이상 주소정보시설을 조사하여 훼손되거나 없어진 시설에 대하여 대통령령으로 정하는 바에 따라 교체 또는 철거 등의 적절한 조치를 하여야 한다.

② 건물 등·시설물 또는 토지의 소유자·점유자 및 임차인은 그 건물 등·시설물 또는 토지의 사용에 지장을 주는 경우가 아니면 정당한 사유 없이 주소정보시설의 조사, 설치, 교체 또는 철거 업무의 집행을 거부하거나 방해해서는 아니 된다.

③ 각종 공사나 그 밖의 사유로 주소정보시설을 훼손·제거하거나 기능상 장애를 초래한 자는 해당 주소정보시설을 원상복구하거나 그에 필요한 비용을 부담하여야 한다.

④ 도시개발사업 및 주택재개발사업 등 각종 개발사업의 시행자는 그 사업으로 인하여 주소정보시설의 설치·교체 또는 철거가 필요한 경우에는 대통령령으로 정하는 바에 따라 직접 설치·교체 또는 철거하거나 그 비용을 부담하여야 한다.

⑤ 특별자치시장, 특별자치도지사 및 시장·군수·구청장은 제3항 및 제4항에 따라 비용을 부담하려는 자(이하 이 조에서 "납부의무자"라 한다)에게는 그 비용을 부과하여야 한다.

⑥ 특별자치시장, 특별자치도지사 및 시장·군수·구청장은 납부의무자가 제5항에 따른 비용을 대통령령으로 정하는 납부기한까지 납부하지 아니하는 경우에는 「지방행정제재·부과금의 징수 등에 관한 법률」에 따라 징수할 수 있다.

⑦ 제3항부터 제5항까지의 규정에 따른 비용의 부과절차, 납부 및 징수 방법, 환급사유 등에 관하여 필요한 사항은 대통령령으로 정한다.

🈝 제48조(주소정보시설의 관리)

① 시장 등은 법 제26조제1항에 따라 주소정보시설을 관리하기 위하여 매년 주소정보시설 조사계획을 수립하고, 조사를 실시해야 한다.

② 시장 등은 제1항에 따른 조사 결과에 따라 훼손되거나 없어진 시설에 대한 정비계획을 수립하고 해당 주소정보시설을 교체 또는 철거하는 등 적절한 조치를 해야 한다.

🈝 제49조(주소정보시설 훼손 등에 대한 비용 부담)

① 시장 등은 법 제26조제3항에 따른 주소정보시설의 원상복구에 필요한 비용(이하 "정비비용"이라 한다)을 다음 각 호의 기준에 따라 산정한다.
1. 주소정보시설의 조달단가
2. 종전의 주소정보시설 설치비용

② 시장 등은 주소정보시설을 훼손·제거하거나 기능상 장애를 초래한 자에게 제1항에 따라 산정한 정비비용을 통보하고, 14일 이상의 기간을 정하여 의견을 제출할 수 있도록 해야 한다.

③ 시장 등은 제2항에 따른 의견 제출 기간에 제출된 의견이 없는 경우에는 10일 이상의 납부기한을 정하여 납부의무자에게 정비비용의 납부를 통보해야 한다.

④ 시장 등은 제2항에 따른 의견 제출 기간에 의견이 제출된 경우에는 10일 이내에 제출된 의견을 검토하고 그 검토 결과를 의견을 제출한 자에게 통보해야 한다. 이 경우 검토 결과가 주소정보시설을 훼손·제거하거나 기능상 장애를 초래한 자에게 비용을 부과하는 결정인 경우에는 10일 이상의 납부기한을 정하여 납부의무자에게 정비비용의 납부를 통보해야 한다.

⑤ 시장 등은 제3항 또는 제4항에 따른 납부의무자가 납부기한 내에 비용을 납부하지 않은 경우에는 10일 이상의 납부 연장기한을 정하여 비용 납부를 독촉해야 한다.

⑥ 시장 등은 제5항에 따른 납부 연장기한까지 정비비용을 납부하지 않은 경우에는 법 제26조제6항에 따라 이를 징수할 수 있다.

🔵 제54조(주소정보시설의 비용 부담)

① 법 제26조제3항 및 영 제49조제3항·제4항에 따른 주소정보시설의 원상복구에 필요한 비용의 부과 및 납부 통보는 별지 제34호서식의 납부서에 따른다.

② 개발사업자는 영 제50조제3항에 따라 수정계획서에 대한 이의신청을 하려는 경우에는 별지 제35호서식의 주소정보시설 설치계획 이의신청서에 이의신청 내용을 증명할 수 있는 서류를 첨부하여 시장 등에게 제출해야 한다.

③ 영 제50조제6항에 따른 개발사업지역 주소정보시설 설치비용 납부의 통보는 별지 제36호서식의 납부서에 따른다.

④ 영 제50조제9항에 따른 주소정보시설의 설치이행 통보 및 설치비용 납부의 통보는 별지 제37호서식의 납부서에 따른다.

⑤ 시장 등은 법 제26조제4항에 따른 주소정보시설의 설치 등에 관한 비용을 다음 각 호의 기준에 따라 산정한다.
1. 주소정보시설의 조달단가
2. 종전의 주소정보시설 설치비용

🟢 제50조(각종 개발사업에 따른 주소정보시설의 설치·교체 등)

① 법 제26조제4항에 따른 도시개발사업 및 주택재개발사업 등 각종 개발사업의 시행자(이하 이 조에서 "개발사업시행자"라 한다)는 그 개발사업으로 주소정보시설의 설치·교체 또는 철거가 필요한 경우에는 그 개발사업을 수행하기 위한 인허가 또는 승인을 신청할 때 다음 각 호의 사항이 포함된 주소정보시설 설치계획서를 해당 시장 등에게 제출해야 한다.
1. 개발사업시행자에 관한 사항
2. 개발사업의 사업계획도 및 도로망
3. 주소정보시설 설치 수량 및 설치 위치

4. 예상 설치 비용과 설치 완료 예정일(개발사업시행자가 주소정보시설을 직접 설치하는 경우로 한정한다)

5. 주소정보시설의 설치비용 부담 계획(개발사업시행자가 주소정보시설의 설치비용을 부담하려는 경우로 한정한다)

6. 지주 등 또는 법 제24조제1항에 따른 시설물의 설치에 관한 사항

7. 그 밖에 시장 등에 대한 협조 요청 사항(도로구간의 설정 · 변경 · 폐지, 도로명 · 기초번호 · 건물번호 · 사물주소의 부여 · 변경 · 폐지 및 국가기초구역에 관한 사항을 말한다)

② 시장 등은 제1항에 따른 주소정보시설 설치계획서를 제출받은 날부터 50일 이내에 다음 각 호의 사항을 개발사업시행자에게 통보해야 한다.

1. 시장 등이 제1항제3호부터 제5호까지의 규정에 따른 사항을 수정한 경우 그 수정계획서

2. 도로구간의 설정 · 변경 · 폐지 및 도로명 · 기초번호 · 건물번호 · 사물주소의 부여 · 변경 · 폐지에 관한 계획

3. 설치가 계획된 지주 등에 표기할 도로명 · 기초번호에 관한 사항

4. 그 밖에 시장 등이 주소정보시설 설치에 필요하다고 인정하는 사항

③ 개발사업시행자는 제2항제1호의 수정계획서를 통보받은 경우에는 통보받은 날부터 15일 이내에 행정안전부령으로 정하는 바에 따라 시장 등에게 이의를 제기할 수 있다.

④ 시장 등은 제3항에 따라 이의신청을 받은 경우에는 이의신청을 받은 날부터 30일 이내에 다음 각 호의 사항에 관하여 해당 주소정보위원회의 심의를 거치고 그 결과를 개발사업시행자에게 통보해야 한다.

1. 제1항에 따른 주소정보시설의 설치계획서

2. 제2항제1호에 따른 수정계획서

3. 제3항에 따른 개발사업시행자의 이의신청 내용

4. 그 밖에 시장 등이 필요하다고 인정하는 사항

⑤ 개발사업시행자는 제4항 각 호 외의 부분에 따라 심의 결과를 통보받은 경우에는 그 통보받은 내용을 이행해야 한다. 이 경우 개발사업시행자는 제3항에 따른 이의신청을 하지 않은 경우에는 제2항제1호에 따른 수정계획서의 내용을 이행해야 한다.

⑥ 시장 등은 제2항 또는 제4항에 따라 개발사업시행자가 주소정보시설의 설치비용을 부담하는 경우에는 제1항제5호에 따른 비용 납부 예정일 10일 전까지 행정안전부령으로 정하는 바에 따라 주소정보시설 설치비용 납부서를 개발사업시행자에게 통보해야 한다.

⑦ 시장 등은 설치비용을 부담하는 개발사업시행자가 비용 납부 예정일까지 비용을 납부하지 않은 경우에는 10일 이상의 납부 연장기한을 정하여 비용 납부를 독촉해야 한다.

⑧ 개발사업시행자는 주소정보시설을 직접 설치하기로 한 경우에는 주소정보시설의 설치를 완료한 날부터 5일 이내에 그 결과를 해당 시장 등에게 통보해야 한다.

⑨ 시장 등은 주소정보시설을 직접 설치하기로 한 개발사업시행자가 주소정보시설의 설치 완료 예정일까지 그 시설의 설치를 완료하지 않은 경우에는 설치 완료 예정일부터 10일 이상의 기한을 정하여 주소정보시설의 설치비용 납부서를 개발사업시행자에게 통보해야 한다. 이 경우 설치비용은 제1항의 설치계획서(제2항제1호에 따른 수정계획서를 포함한다)에 적힌 예상 설치비용(제3항에 따라 이의제기를 한 경우에는 제4항의 심의 결과에 따른 예상 설치비용을 말한다)에서 개발사업시행자가 설치 완료 예정일까지 주소정보시설의 설치에 사용한 비용을 제외한 금액으로 한다.

⑩ 개발사업시행자는 제9항 전단에 따라 통보받은 납부서의 납부기한까지 주소정보시설의 설치를 완료하거나 납부서에 기재된 설치비용을 시장 등에게 납부해야 한다.

⑪ 시장 등은 다음 각 호의 어느 하나에 해당하는 경우에는 주소정보시설을 직접 설치해야 한다.
1. 시장 등이 제6항에 따라 개발사업시행자에게 주소정보시설의 설치비용 납부서를 통보한 경우
2. 개발사업시행자가 제9항 전단에 따라 납부서를 통보받고도 그 납부기한까지 주소정보시설의 설치를 완료하지 않은 경우

법 제27조(주소정보 사용 지원)

① 공공기관의 장은 주소정보 사용을 촉진하기 위하여 필요한 지원을 할 수 있다.
② 행정안전부장관, 시·도지사 및 시장·군수·구청장은 주소정보의 사용과 관련된 산업 분야의 진흥을 위하여 필요한 지원을 할 수 있다.
③ 제1항 및 제2항에 따른 지원의 세부 내용은 대통령령으로 정한다.

영 제51조(주소정보 사용의 지원)

① 공공기관의 장은 법 제27조제1항에 따라 주소정보의 사용을 촉진하기 위하여 다음 각 호의 지원을 할 수 있다.
1. 도로명주소를 사용하여 우편물을 다량으로 발송하는 자에 대한 우편요금 등 수수료의 감면
2. 기존의 지번주소를 도로명주소로 전환할 수 있도록 하는 주소검색 전산프로그램의 개발 및 보급
3. 택배회사, 음식점 등 배달 업소에서 사용할 수 있는 주소정보안내도의 제작·보급 또는 주소정보안내도를 출력하기 위한 전산프로그램의 개발·제공
4. 버스·택시 정류장, 지하철 역사(驛舍) 및 승강장, 광장, 지하도, 시장, 관광지, 교통센터, 관광안내센터 등에 설치하려는 안내지도 및 안내표지판의 주소정보 표시 지원
5. 관광호텔, 렌터카, 백화점, 부동산중개업소 등에 갖춰 두는 각종 안내지도의 주소정보 표기 지원
6. 주소정보시설의 설치
7. 그 밖에 주소정보 사용을 촉진하기 위한 사항

② 행정안전부장관은 법 제27조제1항에 따라 주소정보의 사용을 촉진하기 위하여 제1항에서 규정한 사항 외에 다음 각 호의 지원을 할 수 있다.

1. 주소정보의 구축 및 갱신 지원
2. 구역정보의 구축 및 활용 지원
3. 기초번호를 활용한 위치 표시 지원
4. 「공공데이터의 제공 및 이용 활성화에 관한 법률」 제2조제2호에 따른 공공데이터에 포함된 주소정보의 편집·수정 및 가공 등의 지원
5. 주소정보와 그 밖의 정보를 연계한 정보의 제공
6. 주소정보 간 또는 주소정보와 각종 위치 표시 정보와의 관계 확인
7. 국내의 주소를 국외에 등록하고 있는 자에 대한 주소동일성 영문 증명서 발급(영문증명서에 표기하려는 주소는 국어의 로마자표기법을 따른다)
8. 그 밖에 행정안전부장관이 주소정보의 사용 촉진에 필요하다고 인정하는 사항

③ 시·도지사 및 시장·군수·구청장은 법 제27조제1항에 따라 주소정보의 사용을 촉진하기 위하여 제1항에서 규정한 사항 외에 다음 각 호의 지원을 할 수 있다.

1. 제2항제1호부터 제5호까지의 규정에 따른 지원
2. 그 밖에 시·도지사 및 시장·군수·구청장이 주소정보의 사용 촉진을 위하여 필요하다고 인정하는 지원

🅰 제52조(주소정보 산업의 진흥)

행정안전부장관, 시·도지사 및 시장·군수·구청장은 법 제27조제2항에 따라 주소정보의 사용과 관련된 산업분야(이하 "주소정보산업"이라 한다)의 진흥을 위하여 다음 각 호의 구분에 따른 사항을 지원할 수 있다.

1. 주소정보산업의 육성시책 마련을 위한 다음 각 목의 사항
   가. 국내외 주소정보산업에 관한 현황 및 기술 동향 등의 조사 및 공개
   나. 주소정보산업과 관련한 통계의 작성 및 관리
   다. 주소정보의 국제협력 및 국외 진출 지원
   라. 주소정보의 공동이용에 필요한 기술기준 마련 및 산업표준의 제정·개정
2. 주소정보를 기반으로 하는 새로운 산업 유형의 개발 및 지원을 위한 다음 각 목의 사항
   가. 드론, 지능형 로봇, 자율주행자동차의 운용 등
   나. 실내 위치의 안내
   다. 사물인터넷(인터넷을 기반으로 모든 사물을 연결하여 사람과 사물 또는 사물과 사물 간 정보를 상호 공유·소통하는 지능형 기술을 말한다)의 활용

라. 그 밖에 행정안전부장관이 주소정보산업의 진흥을 위하여 필요하다고 인정하는 사항
3. 주소정보산업에서 활용하는 주소정보의 체계적 관리를 위한 다음 각 목의 사항
　가. 주소정보의 편집·가공 및 유통
　나. 산업 분야에서 사용·관리하는 주소정보의 품질인증
　다. 민간부문에서 사용하는 주소정보의 보안성 검토
4. 전문 인력의 양성 및 교육 등
5. 주소정보시설의 유지·관리 지원을 위한 다음 각 목의 사항
　가. 주소정보시설의 설치 또는 유지·관리를 업으로 하는 자에 대한 지원
　나. 주소정보시설에 대한 지도 점검
6. 주소정보와 관련된 사업·연구 등을 위한 협회 설립 및 운영 지원

🟢 제53조(주소정보관리시스템)

① 주소정보를 효율적으로 관리하기 위하여 행정안전부에는 중앙주소정보관리시스템을, 시·도에는 시·도주소정보관리시스템을, 시·군·구에는 시·군·구주소정보관리시스템을 둔다.
② 행정안전부장관, 시·도지사 및 시장·군수·구청장은 각각의 주소정보관리시스템에서 작성·관리하는 주소정보가 상호 공유될 수 있도록 필요한 조치를 해야 한다.
③ 제1항 및 제2항에 따른 주소정보관리시스템의 구축 및 운영 등에 관하여 필요한 사항은 행정안전부장관이 정한다.

🔵 제28조(주소정보활용지원센터)

① 행정안전부장관 및 시·도지사는 주소정보의 관리·활용과 관련 산업의 진흥을 지원하기 위하여 행정안전부 및 시·도에 주소정보활용지원센터를 설치·운영할 수 있다.
② 제1항에 따른 주소정보활용지원센터의 운영, 업무 범위 및 그 밖에 필요한 사항은 대통령령으로 정한다.

🟢 제54조(주소정보활용지원센터의 운영)

① 행정안전부장관 및 시·도지사는 법 제28조제1항에 따른 주소정보활용지원센터의 효율적인 운영을 위하여 5년마다 주소정보활용지원센터 운영계획(이하 "운영계획"이라 한다)을 수립해야 한다.
② 행정안전부장관 및 시·도지사는 운영계획의 수립·시행을 위하여 주소정보의 이용 현황 등 필요한 사항을 조사할 수 있다.

🔘 제55조(주소정보활용지원센터의 업무범위)

① 법 제28조제1항에 따라 행정안전부에 설치하는 주소정보활용지원센터(이하 "중앙주소정보활용지원 센터"라 한다)는 다음 각 호의 업무를 수행한다.

　1. 법 제5조에 따른 주소정보 활용 기본계획의 수립을 위한 조사·연구

　2. 주소정보기본도의 작성·관리 지원

　3. 법 제25조제6항에 따른 주소정보 제공 지원

　4. 제51조제2항제1호부터 제6호까지의 규정에 따른 사항의 지원

　5. 제52조제1호부터 제3호까지의 규정에 따른 사항의 지원

　6. 주소정보를 활용한 창업 공모전 시행 등 주소정보를 활용한 사업의 창업 지원

　7. 외국 주소정보 수집 및 분석

　8. 그 밖에 주소정보의 수집·가공·제공·유통 및 활용 등에 관하여 행정안전부장관이 필요하다고 인정하는 사항

② 법 제28조제1항에 따라 시·도에 설치하는 주소정보활용지원센터(이하 "시·도주소정보활용지원센 터"라 한다)는 다음 각 호의 업무를 수행한다.

　1. 주소정보기본도의 작성·관리 지원

　2. 법 제25조제6항에 따른 주소정보 제공 지원

　3. 제51조제2항제1호부터 제5호까지의 규정에 따른 사항의 지원

　4. 제52조제1호가목부터 다목까지의 규정에 따른 사항의 지원

　5. 제52조제2호가목부터 다목까지의 규정에 따른 사항의 지원

　6. 제52조제3호가목 및 나목에 따른 사항의 지원

　7. 제52조제4호부터 제6호까지의 규정에 따른 사항의 지원

　8. 제1항제7호 및 제8호에 따른 사항의 지원

　9. 그 밖에 주소정보의 활용 등에 관하여 시·도지사가 필요하다고 인정하는 사항의 지원

🔘 제29조(주소정보위원회)

① 주소정보와 관련한 중요 사항을 심의하기 위하여 행정안전부에 중앙주소정보위원회를 두고, 시·도 에 시·도주소정보위원회를 두며, 시·군·자치구에 시·군·구주소정보위원회를 둔다.

② 제1항에 따른 중앙주소정보위원회, 시·도주소정보위원회 및 시·군·구주소정보위원회의 심의사 항과 중앙주소정보위원회의 구성·운영 등에 필요한 사항은 대통령령으로 정하고, 제1항에 따른 시· 도주소정보위원회 및 시·군·구주소정보위원회의 구성·운영 등에 필요한 사항은 각각 해당 지방자 치단체의 조례로 정한다.

🕮 제56조(주소정보위원회의 심의 사항)

① 법 제29조제1항에 따른 중앙주소정보위원회는 다음 각 호의 사항을 심의한다.
  1. 법 제5조에 따른 기본계획의 수립에 관한 사항
  2. 법 제7조 및 제8조에 따른 둘 이상의 시·도에 걸쳐 있는 도로의 도로명(도로구간과 기초번호를 포함한다. 이하 이 조에서 같다) 부여·변경에 관한 사항
  3. 제54조제1항에 따른 운영계획의 수립에 관한 사항
  4. 그 밖에 주소정보 활용에 관한 사항으로서 행정안전부장관이 심의에 부치는 사항
② 법 제29조제1항에 따른 시·도주소정보위원회는 다음 각 호의 사항을 심의한다. 다만, 특별자치시 및 특별자치도의 경우 시·도주소정보위원회에서 제3항에 따른 시·군·구주소정보위원회의 심의사항도 심의한다.
  1. 법 제7조 및 제8조에 따른 둘 이상의 시·군·구에 걸쳐 있는 도로의 도로명 부여·변경에 관한 사항
  2. 법 제16조제1항제2호에 따른 행정구역이 결정되지 않은 지역의 사업지역 명칭 및 도로명의 부여에 관한 사항
  3. 그 밖에 주소정보 활용에 관한 사항으로서 시·도지사가 심의에 부치는 사항
③ 법 제29조제1항에 따른 시·군·구주소정보위원회는 다음 각 호의 사항을 심의한다.
  1. 법 제7조 및 제8조에 따른 도로명의 부여·변경에 관한 사항
  2. 법 제10조에 따른 명예도로명의 부여에 관한 사항
  3. 법 제14조제3항에 따라 직권으로 부여·변경하려는 상세주소의 이의신청에 관한 사항
  4. 제50조제3항에 따른 주소정보시설 설치의 이의신청에 관한 사항
  5. 그 밖에 주소정보 활용에 관한 사항으로서 특별자치시장, 특별자치도지사 및 시장·군수·구청장이 심의에 부치는 사항

🕮 제57조(중앙주소정보위원회의 구성)

① 법 제29조제1항에 따른 중앙주소정보위원회(이하 "위원회"라 한다)는 위원장 1명과 부위원장 1명을 포함하여 10명 이상 20명 이하의 위원으로 구성한다.
② 위원장과 부위원장은 위원 중에서 호선(互選)하며, 그 임기는 2년으로 한다.
③ 위원회의 위원은 다음 각 호의 사람이 된다.
  1. 행정안전부에서 주소정보 관련 업무를 관장하는 고위공무원단에 속하는 공무원 중에서 행정안전부장관이 임명하는 공무원
  2. 주소정보에 관한 학식과 경험이 풍부한 사람 중에서 성별을 고려하여 행정안전부장관이 위촉하는 사람

3. 다음 각 목의 중앙행정기관의 고위공무원단에 속하는 공무원 중에서 소속 기관의 장이 지명하는 사람

　　가. 기획재정부

　　나. 과학기술정보통신부

　　다. 문화체육관광부

　　라. 국토교통부

　　마. 경찰청

　　바. 소방청

　　사. 그 밖에 주소정보 업무와 관련하여 행정안전부장관이 정하는 중앙행정기관

영 제58조(위원의 임기)

제57조제3항제2호에 따른 위원(이하 "위촉위원"이라 한다)의 임기는 2년으로 한다.

영 제59조(위원의 해촉)

행정안전부장관은 위촉위원이 다음 각 호의 어느 하나에 해당하는 경우에는 해당 위원을 해촉(解囑)할 수 있다.

1. 심신장애로 직무를 수행할 수 없게 된 경우

2. 직무와 관련된 비위사실이 있는 경우

3. 직무태만, 품위손상이나 그 밖의 사유로 위원으로 적합하지 않다고 인정되는 경우

4. 위원 스스로 직무를 수행하는 것이 곤란하다고 의사를 밝히는 경우

영 제60조(위원장의 직무)

① 위원장은 위원회를 대표하고, 위원회의 업무를 총괄한다.

② 위원장이 부득이한 사유로 직무를 수행할 수 없을 때에는 부위원장이 그 직무를 대행한다. 이 경우 부위원장이 부득이한 사유로 그 직무를 대행할 수 없을 때에는 위원장이 미리 지명한 위원이 그 직무를 대행한다.

영 제61조(회의)

① 위원장은 위원회의 회의를 소집하고, 그 의장이 된다.

② 위원회의 회의는 재적위원 과반수의 출석으로 개의(開議)하고, 출석위원 과반수의 찬성으로 의결한다.

③ 위원장은 상정된 안건을 논의하기 위하여 필요한 경우에는 안건과 관련된 관계 행정기관·공공단체나 그 밖의 기관·단체의 장 또는 민간 전문가를 회의에 출석시켜 의견을 들을 수 있다.

영 제62조(운영세칙)

이 영에서 규정한 사항 외에 위원회의 구성·운영 등에 필요한 사항은 위원회의 의결을 거쳐 위원장이 정한다.

법 제30조(자료제공의 요청)

① 행정안전부장관, 시·도지사 및 시장·군수·구청장은 국가기관, 지방자치단체 또는「공공기관의 운영에 관한 법률」에 따른 공공기관의 장에게 도로명주소의 부여·변경·폐지, 국가기초구역의 설정·변경·폐지, 국가지점번호의 부여·표기·관리 및 사물주소의 부여·변경·폐지에 관한 업무를 수행하기 위하여 필요한 자료로서 주민등록·가족관계등록·사업자등록·외국인등록·지방세·법인·건물·시설물 등에 관한 자료의 제공을 요청할 수 있다. 이 경우 자료 제공을 요청받은 기관의 장은 특별한 사유가 없으면 요청에 따라야 한다.
② 행정안전부, 시·도 및 시·군·자치구의 소속 공무원 또는 공무원이었던 자는 제1항에 따라 제공받은 자료 또는 그에 따른 정보를 이 법에서 정한 목적 외의 다른 용도로 사용하거나 다른 사람 또는 기관에 제공하거나 누설해서는 아니 된다.
③ 제1항에 따라 요청할 수 있는 자료의 구체적 범위는 대통령령으로 정한다.

영 제63조(자료제공의 요청)

법 제30조제1항에 따라 행정안전부장관, 시·도지사 및 시장·군수·구청장이 국가기관, 지방자치단체 또는「공공기관의 운영에 관한 법률」에 따른 공공기관의 장에게 요청할 수 있는 자료의 구체적 범위는 별표 2와 같다.

법 제31조(조례의 제정)

지방자치단체는 주소정보의 사용을 촉진하기 위하여 필요한 경우에는 주소정보시설의 설치, 유지·관리, 손해배상 공제 가입, 활용 및 홍보 등에 관한 조례를 제정할 수 있다.

법 제32조(지도·감독)

행정안전부장관은 주소정보 체계의 전국적 통일성을 위하여 필요한 경우에는 주소정보의 부여·설정 및 관리에 관한 사항에 대하여 지방자치단체의 장을 지도·감독할 수 있다.

법 제33조(권한 등의 위임 및 위탁)

① 이 법에 따른 행정안전부장관의 권한은 대통령령으로 정하는 바에 따라 그 일부를 시·도지사 또는 시장·군수·구청장에게 위임할 수 있다.

② 이 법에 따른 행정안전부장관의 업무는 대통령령으로 정하는 바에 따라 그 일부를 「국가공간정보 기본법」 제12조에 따른 한국국토정보공사, 「전자정부법」 제72조에 따른 한국지역정보개발원, 그 밖에 대통령령으로 정하는 기관에 위탁할 수 있다.

영 제64조(권한 등의 위임·위탁)

① 행정안전부장관은 법 제33조제1항에 따라 제40조제2항부터 제5항까지의 규정에 따른 국가지점번호판 관리 등에 관한 권한을 시·도지사에게 위임한다.

② 행정안전부장관은 법 제33조제1항에 따라 다음 각 호의 권한을 시장 등에게 위임한다.

  1. 법 제7조제3항 및 제8조제2항에 따른 도로명 부여·변경 신청의 접수

  2. 법 제7조제6항 및 제8조제5항에 따른 공공기관의 장에 대한 통보

  3. 법 제8조제4항에 따른 도로명주소사용자 과반수의 서면 동의에 관한 사항

  4. 법 제8조제5항에 따른 도로명주소가 변경되는 도로명주소사용자에 대한 고지

③ 법 제33조제2항에서 "대통령령으로 정하는 기관"이란 다음 각 호의 기관을 말한다.

  1. 국립해양조사원

  2. 국토지리정보원

  3. 행정안전부장관이 주소정보와 관련하여 설립을 인가한 비영리법인

④ 행정안전부장관은 제39조제4항부터 제7항까지의 규정에 따른 국가지점번호의 표기 및 국가지점번호판의 설치 확인에 관한 업무를 다음 각 호의 기관에 위탁할 수 있다.

  1. 「국가공간정보 기본법」 제12조에 따른 한국국토정보공사(이하 "한국국토정보공사"라 한다)

  2. 국립해양조사원

  3. 국토지리정보원

⑤ 행정안전부장관은 제44조, 제46조제2항부터 제4항까지 및 제53조에 따른 업무를 다음 각 호의 기관에 위탁할 수 있다.

  1. 한국국토정보공사

  2. 「전자정부법」 제72조에 따른 한국지역정보개발원(이하 "한국지역정보개발원"이라 한다)

⑥ 행정안전부장관은 법 제33조제2항에 따라 제51조제1항·제2항, 제52조 및 제54조에 따른 업무를 다음 각 호의 기관에 위탁할 수 있다.

  1. 한국국토정보공사

  2. 한국지역정보개발원

3. 제3항제3호에 따른 비영리법인

⑦ 행정안전부장관은 제4항부터 제6항까지의 규정에 따라 업무를 위탁하는 경우에는 위탁받는 기관 및 위탁업무의 내용을 고시해야 한다.

쮈 제34조(벌칙)

① 제30조제2항(② 행정안전부, 시·도 및 시·군·자치구의 소속 공무원 또는 공무원이었던 자는 제1항에 따라 제공받은 자료 또는 그에 따른 정보를 이 법에서 정한 목적 외의 다른 용도로 사용하거나 다른 사람 또는 기관에 제공하거나 누설해서는 아니 된다)을 위반하여 자료 또는 정보를 사용·제공 또는 누설한 자는 5년 이하의 징역 또는 5천만 원 이하의 벌금에 처한다.

② 제25조제10항(⑩ 누구든지 행정안전부장관의 허가 없이 「국가공간정보 기본법」에 따라 공개가 제한되는 정보가 포함된 주소정보기본도 및 주소정보안내도를 국외로 반출해서는 아니 된다. 다만, 외국 정부와 주소정보안내도를 서로 교환하는 등 대통령령으로 정하는 경우에는 그러하지 아니하다) 본문을 위반하여 공개가 제한되는 정보가 포함된 주소정보기본도 및 주소정보안내도를 국외로 반출한 자는 2년 이하의 징역 또는 2천만 원 이하의 벌금에 처한다.

쮈 제35조(과태료)

① 제26조제2항(② 건물 등·시설물 또는 토지의 소유자·점유자 및 임차인은 그 건물 등·시설물 또는 토지의 사용에 지장을 주는 경우가 아니면 정당한 사유 없이 주소정보시설의 조사, 설치, 교체 또는 철거 업무의 집행을 거부하거나 방해해서는 아니 된다)을 위반하여 정당한 사유 없이 주소정보시설의 조사, 설치, 교체 또는 철거 업무의 집행을 거부하거나 방해한 자에게는 100만 원 이하의 과태료를 부과한다.

② 제13조제2항(② 건물 등의 소유자 또는 점유자는 제1항에 따라 설치된 건물번호판을 관리하여야 하며, 건물번호판이 훼손되거나 없어졌을 때에는 해당 특별자치시장, 특별자치도지사 또는 시장·군수·구청장으로부터 재교부받거나 직접 제작하여 다시 설치하여야 한다. 이 경우 비용은 해당 건물 등의 소유자 또는 점유자가 부담한다)을 위반하여 훼손되거나 없어진 건물번호판을 재교부받거나 직접 제작하여 다시 설치하지 아니한 자에게는 50만 원 이하의 과태료를 부과한다.

③ 제1항 및 제2항에 따른 과태료는 대통령령으로 정하는 바에 따라 특별자치시장, 특별자치도지사 및 시장·군수·구청장이 부과·징수한다.

쮈 제65조(과태료 부과기준)

법 제35조제1항 및 제2항에 따른 과태료의 부과기준은 별표 3과 같다.

■ 도로명주소법 시행령 [별표 3]

과태료의 부과기준(제65조 관련)

1. 일반기준

가. 위반행위의 횟수에 따른 과태료의 부과기준은 최근 1년간 같은 위반행위로 과태료를 부과 받은 경우에 적용한다. 이 경우 위반횟수는 같은 위반행위에 대하여 과태료를 부과 받은 날과 다시 같은 위반행위로 적발된 날을 기준으로 하여 계산한다.

나. 하나의 위반행위가 둘 이상의 과태료 부과기준에 해당하는 경우에는 그중 금액이 큰 과태료 부과기준을 적용한다.

다. 부과권자는 다음의 어느 하나에 해당하는 경우에는 위반행위의 정도, 위반행위의 동기와 그 결과 등을 고려하여 제2호에 따른 과태료 금액의 2분의 1 범위에서 그 금액을 줄일 수 있다. 다만, 과태료를 체납하고 있는 위반행위자에 대해서는 그렇지 않다.

1) 위반행위가 사소한 부주의나 오류로 인한 것으로 인정되는 경우

2) 위반행위자가 법 위반상태를 시정하거나 해소하기 위하여 노력한 것이 인정되는 경우

3) 제2호가목 또는 나목의 위반행위자가 「중소기업기본법」 제2조에 따른 중소기업자인 경우

4) 그 밖에 위반행위의 정도, 위반행위의 동기와 그 결과 등을 고려하여 그 금액을 줄일 필요가 있다고 인정되는 경우

2. 개별기준

위반행위	근거 법조문	과태료 금액(단위: 만원)			
가. 법 제13조제2항을 위반하여 훼손되거나 없어진 건물번호판을 재교부 받아 설치하지 않거나 직접 제작하여 설치하지 않은 경우	법 제35조 제2항	설치하지 않은 기간이 1개월 이하인 경우	설치하지 않은 기간이 3개월 이하인 경우	설치하지 않은 기간이 6개월 이하인 경우	설치하지 않은 기간이 6개월 초과인 경우
		15	25	35	50
나. 법 제26조제2항을 위반하여 정당한 사유 없이 주소정보시설의 조사, 설치, 교체 또는 철거 업무의 집행을 거부하거나 방해한 경우	법 제35조 제1항	1회 위반	2회 위반	3회 이상 위반	
		30	50	100	

01 도로명주소법에서 사용하는 용어의 정의로 옳지 않은 것은?　21③⑦

① "기초번호"란 도로구간에 행정안전부령으로 정하는 간격마다 부여된 번호를 말한다.
② "상세주소"란 건물 등 내부의 독립된 거주·활동 구역을 구분하기 위하여 부여된 동(棟)번호, 층수 또는 호(號)수를 말한다.
③ "도로명주소"란 도로명, 건물번호 및 상세주소(상세주소가 있는 경우만 해당한다)로 표기하는 주소를 말한다.
④ "사물주소"란 도로명과 건물번호를 활용하여 건물 등에 해당하지 아니하는 시설물의 위치를 특정하는 정보를 말한다.

02 도로명주소법상 "도로명주소정보시설"에 해당하지 않는 것은?　21②⑦

① 도로명판
② 건물번호판
③ 지역번호판
④ 국가지점번호판

03 도로명주소법에서 사용하는 용어 중 아래에서 설명하는 것은?　22①⑦

> 도로명과 기초번호를 활용하여 건물 등에 해당하지 아니하는 시설물의 위치를 특정하는 정보를 말한다.

① 사물주소
② 상세주소
③ 지번주소
④ 도로명주소

04 다음 중 도로명주소법에서 사용하는 도로의 유형 및 통로에 대한 설명으로 가장 옳지 않은 것은?

① 도로의 폭이 12미터 이상 40미터 미만이거나 왕복 2차로 이상 8차로 미만인 도로를 로라고 한다.
② 공중에 설치된 도로 및 통로를 고가도로라 한다.
③ 건물 등이 아닌 구조물의 내부에 설치된 도로 및 통로를 입체도로라 한다.
④ 도로의 폭이 40미터 이상이거나 왕복 8차로 이상인 도로를 대로라 한다.

05 도로명주소법상 도로 및 건물 등의 위치에 관한 기초조사의 권한이 부여되지 않은 자는?　22②⑦

① 시·도지사
② 읍·면·동장
③ 행정안전부장관
④ 시장·군수·구청장

06 도로명주소법령상 도로명 부여의 세부기준으로 옳은 것은?　22②⑦

① 도로명은 한글과 영문으로 표기할 것
② 도로구간만 변경된 경우에는 새로운 도로명을 사용할 것
③ 도로명에 숫자를 사용하는 경우 숫자는 한번만 사용하도록 할 것
④ 도로명의 로마자 표기는 행정안전부장관이 고시하는 「국어의 로마자 표기법」을 따를 것

정답　01 ④　02 ③　03 ①　04 ③　05 ②　06 ③

07 도로명주소법령상 국가지점번호 표기 및 국가지점번호판의 표기 대상 시설물에 대한 설명으로 틀린 것은? 22①기

① 국가지점번호는 주소정보기본도에 기록하고 관리하여야 한다.

② 국가지점번호는 가로와 세로의 길이가 각각 10m인 격자를 기본단위로 한다.

③ 국가지점번호의 표기대상 시설물은 지면 또는 수면으로부터 50cm 이상 노출되어 이동이 가능한 시설물로 한정한다.

④ 국가지점번호 표기·확인의 방법 및 절차, 국가지점번호판의 설치 절차 및 그 밖에 필요한 사항은 대통령령으로 정한다.

08 도로명주소법 시행령상 사물번호의 부여·변경·폐지 기준에 대한 설명으로 가장 옳지 않은 것은? 21 서울시 7급

① 시장 등은 사물번호가 부여된 시설물이 이전된 경우에는 해당 사물번호를 폐지해야 한다.

② 도로명주소가 부여된 건물 등의 내부에 사물주소를 부여하려는 시설물이 있는 경우 사물번호와 시설물 유형의 명칭 사이에는 쉼표를 넣어 표기한다.

③ 시설물이 건물 등의 내부에 있는 경우에는 해당 시설물의 사물번호기준점에 상세주소 부여 기준을 준용한다.

④ 시설물이 건물 등의 외부에 있는 경우에는 해당 시설물의 사물번호기준점이 접하는 도로구간의 기초번호를 사물번호로 부여한다.

06

INDUSTRIAL ENGINEER CADASTRAL SURVEYING

과년도
문제해설

본 문제의 해설은 출제자의 의도와 일치되지 않을 수 있으며, 문제 및 해설에 일부 오탈자가 있을 수 있으므로 학습 시 의문사항이 있으면 예문사 또는 저자에게 문의하여 주시기 바랍니다.

Subject 01 지적측량

01 경위의측량방법에 따른 세부측량의 관측 및 계산 기준이 옳은 것은?

① 교회법 또는 도선법에 따른다.
② 관측은 30초독 이상의 경위의를 사용한다.
③ 수평각의 관측은 1대회의 방향각관측법에 따른다.
④ 연직각의 관측은 정반으로 2회 관측하여 그 교차가 5분 이내인 때에는 그 평균치로 한다.

● 해설

지적측량 시행규칙 제18조(세부측량의 기준 및 방법 등)
⑩ 경위의측량방법에 따른 세부측량의 관측 및 계산은 다음 각 호의 기준에 따른다.
　1. 미리 각 경계점에 표지를 설치하여야 한다. 다만, 부득이한 경우에는 그러하지 아니하다.
　2. 도선법 또는 방사법에 따를 것
　3. 관측은 20초독 이상의 경위의를 사용할 것
　4. 수평각의 관측은 1대회의 방향관측법이나 2배각의 배각법에 따를 것. 다만, 방향관측법인 경우에는 1측회의 폐색을 하지 아니할 수 있다.
　5. 연직각의 관측은 정반으로 1회 관측하여 그 교차가 5분 이내일 때에는 그 평균치를 연직각으로 하되, 분단위로 독정(讀定)할 것
　6. 수평각의 측각공차는 다음 표에 따를 것

종별	1방향각	1회 측정각과 2회 측정각의 평균값에 대한 교차
공차	60초 이내	40초 이내

　7. 경계점의 거리측정에 관하여는 제13조 제4호를 준용할 것
　8. 계산방법은 다음 표에 따를 것

종별	각	변의 길이	진수	좌표
단위	초	센티미터	5자리 이상	센티미터

⑪ 전자평판측량은 제1항 제2호부터 제4호까지와 제2항부터 제5항까지 및 제8항을 준용한다.

⑫ 제1항부터 제11항까지에서 규정한 사항 외에 측량방법 및 절차에 관하여 필요한 사항은 국토교통부장관이 정한다.

02 광파기측량방법으로 지적삼각보조점의 점간거리를 5회 측정한 결과 평균치가 2,420m이었다. 이때 평균치를 측정거리로 하기 위한 측정치의 최대치와 최소치의 교차는 얼마 이하이어야 하는가?

① 0.2m
② 0.02m
③ 0.1m
④ 2.4m

● 해설

지적측량 시행규칙 제9조(지적삼각점측량의 관측 및 계산)
① 경위의측량방법에 따른 지적삼각점의 관측과 계산은 다음 각 호의 기준에 따른다.
　1. 관측은 10초독(秒讀) 이상의 경위의를 사용할 것
　2. 수평각 관측은 3대회(대회, 윤곽도는 0도, 60도, 120도로 한다)의 방향관측법에 따를 것
　3. 수평각의 측각공차(測角公差)는 다음 표에 따를 것

종별	1방향각	1측회의 폐색	삼각형 내각관측의 합과 180도의 차	기지각과의 차
공차	30초 이내	±30초 이내	±30초 이내	±40초 이내

② 전파기 또는 광파기측량방법에 따른 지적삼각점의 관측과 계산은 다음 각 호의 기준에 따른다.
　1. 전파 또는 광파측거기(光波測距機)는 표준편차가 ±[5밀리미터+5피피엠(ppm)] 이상인 정밀측거기를 사용할 것
　2. 점간거리는 5회 측정하여 그 측정치의 최대치와 최소치의 교차가 평균치의 10만분의 1 이하일 때에는 그 평균치를 측정거리로 하고, 원점에 투영된 평면거리에 따라 계산할 것
　3. 삼각형의 내각은 세 변의 평면거리에 따라 계산하며, 기지각과의 차(差)에 관하여는 제1항 제3호를 준용할 것

03 지적도근점측량에서 지적도근점을 구성하는 기준 도선에 해당하지 않는 것은?

① 개방도선
② 다각망도선
③ 결합도선
④ 왕복도선

◀해설▶

지적측량 시행규칙 제12조(지적도근점측량)

① 지적도근점측량을 할 때에는 미리 지적도근점표지를 설치하여야 한다.

② 지적도근점의 번호는 영구표지를 설치하는 경우에는 시·군·구별로, 영구표지를 설치하지 아니하는 경우에는 시행지역별로 설치순서에 따라 일련번호를 부여한다. 이 경우 각 도선의 교점은 지적도근점의 번호 앞에 "교"자를 붙인다.

③ 지적도근점측량의 도선은 다음 각 호의 기준에 따라 1등도선과 2등도선으로 구분한다.

　1. 1등도선은 위성기준점, 통합기준점, 삼각점, 지적삼각점 및 지적삼각보조점의 상호 간을 연결하는 도선 또는 다각망도선으로 할 것

　2. 2등도선은 위성기준점, 통합기준점, 삼각점, 지적삼각점 및 지적삼각보조점과 지적도근점을 연결하거나 지적도근점 상호 간을 연결하는 도선으로 할 것

　3. 1등도선은 가·나·다순으로 표기하고, 2등도선은 ㄱ·ㄴ·ㄷ순으로 표기할 것

④ 지적도근점은 결합도선·폐합도선(廢合道線)·왕복도선 및 다각망도선으로 구성하여야 한다.

04 지적도 및 임야도가 갖추어야 할 재질의 특성이 아닌 것은?

① 내구성
② 명료성
③ 신축성
④ 정밀성

◀해설▶

지적도 및 임야도의 재질은 폴리에스터 켄트지 또는 알루미늄 켄트지로 정하고 있으며 신축이 있을 경우 도곽 간 인접 필지 간 경계복원의 영향을 주면 면적의 증감이 생기므로 신축이 없어야 한다.

05 평판측량방법에 따른 세부 측량을 교회법으로 하는 경우 그 기준으로 틀린 것은?(단, 광파조준의 또는 광파측거기를 사용하는 경우는 고려하지 않는다.)

① 전방교회법 또는 측방교회법에 따른다.

② 3방향 이상의 교회에 따른다.

③ 방향각의 교각은 30도 이상 150도 이하로 한다.

④ 방향선의 도상길이는 측판의 방위표정에 사용한 방향선의 도상길이 이하로서 30m 이하로 한다.

◀해설▶

지적측량 시행규칙 제18조(세부측량의 기준 및 방법 등)

③ 평판측량방법에 따른 세부측량을 교회법으로 하는 경우에는 다음 각 호의 기준에 따른다.

　1. 전방교회법 또는 측방교회법에 따를 것

　2. 3방향 이상의 교회에 따를 것

　3. 방향각의 교각은 30도 이상 150도 이하로 할 것

　4. 방향선의 도상길이는 측판의 방위표정(方位標定)에 사용한 방향선의 도상길이 이하로서 10센티미터 이하로 할 것. 다만, 광파조준의(光波照準儀) 또는 광파측거기를 사용하는 경우에는 30센티미터 이하로 할 수 있다.

　5. 측량결과 시오(示誤)삼각형이 생긴 경우 내접원의 지름이 1밀리미터 이하일 때에는 그 중심을 점의 위치로 할 것

06 다각망도선법에 따르는 경우, 지적도근점표지의 점간거리는 평균 얼마 이하로 하여야 하는가?

① 500m
② 300m
③ 100m
④ 50m

◀해설▶

지적측량 시행규칙 제2조(지적기준점표지의 설치·관리 등)

① 「공간정보의 구축 및 관리 등에 관한 법률」(이하 "법"이라 한다) 제8조 제1항에 따른 지적기준점표지의 설치는 다음 각 호의 기준에 따른다. 〈개정 2015.4.23.〉

　1. 지적삼각점표지의 점간거리는 평균 2킬로미터 이상 5킬로미터 이하로 할 것

　2. 지적삼각보조점표지의 점간거리는 평균 1킬로미터 이상 3킬로미터 이하로 할 것. 다만, 다각망도선법(多角網道線法)에 따르는 경우에는 평균 0.5킬로미터 이상 1킬로미터 이하로 한다.

　3. 지적도근점표지의 점간거리는 평균 50미터 이상 300미터 이하로 할 것. 다만, 다각망도선법에 따르는 경우에는 평균 500미터 이하로 한다.

② 지적소관청은 연 1회 이상 지적기준점표지의 이상 유무를 조사하여야 한다. 이 경우 멸실되거나 훼손된 지적기준점표지를 계속 보존할 필요가 없을 때에는 폐기할 수 있다.

정답 03 ① 04 ③ 05 ④ 06 ①

07 다각망도선법에 의하여 지적삼각보조측량을 실시할 경우 도선별 각오차는?

① 기지방위각 – 산출방위각

② 출발방위각 – 도착방위각

③ 평균방위각 – 기지방위각

④ 산출방위각 – 평균방위각

해설

도선별 각오차＝산출방위각 – 평균방위각

08 경위의측량방법으로 세부 측량을 시행할 때 관측 방법으로 옳은 것은?

① 교회법 · 지거법　　② 도선법 · 방사법

③ 방사법 · 교회법　　④ 지거법 · 도선법

해설

문제 01번 해설 참고

09 앨리데이드를 이용하여 측정한 두 점 간의 경사거리가 80m, 경사분획이 ＋15.5일 때, 두 점 간의 수평거리는?

① 약 78.0m　　　② 약 79.1m

③ 약 79.5m　　　④ 약 78.5m

해설

$$D = l \frac{1}{\sqrt{1 + \left(\frac{n}{100}\right)^2}}$$

$$= \frac{80}{\sqrt{1 + \left(\frac{15.5}{100}\right)^2}} = 79.05 \fallingdotseq 79.1\text{m}$$

10 지적측량 중 기초측량에서 사용하는 방법이 아닌 것은?

① 경위의측량방법　　② 평판측량방법

③ 위성측량방법　　　④ 광파기측량방법

해설

지적측량 시행규칙 제7조(지적측량의 방법 등)

① 법 제23조 제2항에 따른 지적측량의 방법은 다음 각 호의 어느 하나에 따른다. 〈개정 2013.3.23.〉

1. 지적삼각점측량 : 위성기준점, 통합기준점, 삼각점 및 지적삼각점을 기초로 하여 경위의측량방법, 전파기 또는 광파기측량방법, 위성측량방법 및 국토교통부장관이 승인한 측량방법에 따르되, 그 계산은 평균계산법이나 망평균계산법에 따를 것

2. 지적삼각보조점측량 : 위성기준점, 통합기준점, 삼각점, 지적삼각점 및 지적삼각보조점을 기초로 하여 경위의측량방법, 전파기 또는 광파기측량방법, 위성측량방법 및 국토교통부장관이 승인한 측량방법에 따르되, 그 계산은 교회법(交會法) 또는 다각망도선법에 따를 것

3. 지적도근점측량 : 위성기준점, 통합기준점, 삼각점 및 지적기준점을 기초로 하여 경위의측량방법, 전파기 또는 광파기측량방법, 위성측량방법 및 국토교통부장관이 승인한 측량방법에 따르되, 그 계산은 도선법, 교회법 및 다각망도선법에 따를 것

4. 세부측량 : 위성기준점, 통합기준점, 지적기준점 및 경계점을 기초로 하여 경위의측량방법, 평판측량방법, 위성측량방법 및 전자평판측량방법에 따를 것

11 지적 세부측량에서 광파조준의를 이용한 교회법을 실시할 경우 도상길이는 얼마이하인가?

① $\frac{1}{10}$ M(M : 축척분모수) ② 5cm

③ 10cm　　　　　④ 30cm

해설

문제 05번 해설 참고

12 교회법으로 측점의 위치를 결정할 때 베셀법은 다음 중 어느 경우에 사용되는가?

① 후방교회 시　　　② 측방교회 시

③ 전방교회 시　　　④ 원호교회 시

정답　07 ④　08 ②　09 ②　10 ②　11 ④　12 ①

해설

평판측량방법
- 전방교회법
  - 3점문제
    - 투사지에 의한 방법
      - 가장 간단하며 현장에서 사용
    - 베셀에 의한 방법
      - 경험 불필요 시간 많이 소요
  - 2점문제
- 측방교회법
  - 자침에 의한 방법
- 후방교회법
  - 후시에 의한 방법
    - 레만에 의한 방법
      - 신속, 정확 경험이 필요

13 구소삼각점인 계양원점의 좌표가 옳은 것은?

① X=200,000m, Y=500,000m

② X=500,000m, Y=200,000m

③ X=20,000m, Y=50,000m

④ X=0m, Y=0m

해설

지적측량에 사용되는 구(舊)소삼각지역의 직각좌표계 원점

망산(間)	126° 22′ 24″.596	37° 43′ 07″.060	경기(강화)
계양(間)	126° 42′ 49″.124	37° 33′ 01″.124	경기(부천, 김포, 인천)
조본(m)	127° 14′ 07″.397	37° 26′ 35″.262	경기(성남, 광주)
가리(間)	126° 51′ 59″.430	37° 25′ 30″.532	경기(안양, 인천, 시흥)
등경(間)	126° 51′ 32″.845	37° 11′ 52″.885	경기(수원, 화성, 평택)
고초(m)	127° 14′ 41″.585	37° 09′ 03″.530	경기(용인, 안성)
율곡(m)	128° 57′ 30″.916	35° 57′ 21″.322	경북(영천, 경산)
현창(m)	128° 46′ 03″.947	35° 51′ 46″.967	경북(경산, 대구)
구암(間)	128° 35′ 46″.186	35° 51′ 30″.878	경북(대구, 달성)
금산(間)	128° 17′ 26″.070	35° 43′ 46″.532	경북(고령)
소라(m)	128° 43′ 36″.841	35° 39′ 58″.199	경북(청도)

※ 가. 조본원점 · 고초원점 · 율곡원점 · 현창원점 및 소라원점의 평면직각종횡선수치의 단위는 미터로 하고, 망산원점 · 계양원점 · 가리원점 · 등경원점 · 구암원점 및 금산원점의 평면직각종횡선수치의 단위는 간(間)으로

한다. 이 경우 각각의 원점에 대한 평면직각종횡선수치는 0으로 한다.

나. 특별소삼각측량지역[전주, 강경, 마산, 진주, 광주(光州), 나주(羅州), 목포, 군산, 울릉도 등]에 분포된 소삼각측량지역은 별도의 원점을 사용할 수 있다.

14 삼각형의 세 변을 측정한바 각 변이 10m, 12m, 14m이었다. 이 토지의 면적은?

① 52.72m²   ② 54.81m²

③ 55.26m²   ④ 58.79m²

해설

$$s = \frac{10+12+14}{2} = 18$$
$$A = \sqrt{s(s-a)(s-b)((s-c)}$$
$$= \sqrt{18(18-10)(18-12)(18-14)} = 58.79m^2$$

15 지적도근점의 설치와 관리에 대한 설명이 틀린 것은?

① 영구표지를 설치한 지적도근점에는 시행지역별로 일련번호를 부여한다.

② 지적도근점에 부여하는 번호는 아라비아 숫자의 일련번호를 사용한다.

③ 지적도근점의 표지는 소관청이 직접 관리하거나 위탁 관리한다.

④ 지적도근점측량을 하는 때에는 미리 지적도근점 표지를 설치하여야 한다.

해설

문제 03번 해설 참고

16 오차의 부호와 크기가 불규칙하게 발생하여 관측자가 아무리 주의하여도 소거할 수 없으며, 오차원인의 방향이 일정하지 않은 것은?

① 착오   ② 정오차

③ 우연오차   ④ 누적오차

해설

성질에 의한 오차의 분류

과실 (착오, 과대오차 ; Blunders, Mistakes)	관측자의 미숙과 부주의에 의해 일어나는 오차로서 눈금 읽기나 야장기입을 잘못한 경우를 포함하며 주의를 하면 방지할 수 있다.
정오차 (계통오차, 누차 ; Constant, Systematic Error)	일정한 관측값이 일정한 조건하에서 같은 크기와 같은 방향으로 발생되는 오차를 말하며 관측횟수에 따라 오차가 누적되므로 누차라고도 한다. 이는 원인과 상태를 알면 제거할 수 있다. • 기계적 오차 : 관측에 사용되는 기계의 불안전성 때문에 생기는 오차 • 물리적 오차 : 관측 중 온도변화, 광선굴절 등 자연현상에 의해 생기는 오차 • 개인적 오차 : 관측자 개인의 시각, 청각, 습관 등에 의해 생기는 오차
부정오차 (우연오차, 상차 ; Random Error)	일어나는 원인이 확실치 않고 관측할 때 조건이 순간적으로 변화하기 때문에 원인을 찾기 힘들거나 알 수 없는 오차를 말한다. 때때로 부정오차는 서로 상쇄되므로 상차라고도 하며, 부정오차는 대체로 확률법칙에 의해 처리되는데 이때 최소제곱법이 널리 이용된다.

17 지적측량 시행규칙에 의한 면적측정의 대상이 아닌 것은?

① 축척변경을 하는 경우
② 지적공부의 복구 및 토지합병을 하는 경우
③ 도시개발사업 등으로 인해 토지의 표시를 새로 결정하는 경우
④ 경계복원측량에 면적측정이 수반되는 경우

해설

경계 또는 좌표와 면적의 결정방법
1. 신규등록 · 등록전환 · 분할 및 경계정정 등
   새로이 측량하여 각 필지의 경계 또는 좌표와 면적을 정한다.
2. 토지합병
   ㉠ 경계 또는 좌표
      합병전의 각 필지의 경계 또는 좌표가 합병으로 인하여 필요 없게 된 부분을 말소하여 정한다.
   ㉡ 면적
      합병 전의 각 필지의 면적을 합산한 것을 합병 후 필지의 면적으로 한다.

18 지적도면의 정리방법으로서 틀린 것은?

① 도곽선은 붉은색
② 도곽선수치는 붉은색
③ 축척변경 시 폐쇄된 지번은 다시 사용 불가능
④ 정정사항은 덮어서 고쳐 정리하지 못함

해설

지적업무처리규정 제63조(지적공부 등의 정리)
① 지적공부 등의 정리에 사용하는 문자 · 기호 및 경계는 따로 규정을 둔 사항을 제외하고 정리사항은 검은색, 도곽선과 그 수치 및 말소는 붉은색으로 한다.
② 지적확정측량 · 축척변경 및 지번변경에 따른 토지이동의 경우를 제외하고는 폐쇄 또는 말소된 지번을 다시 사용할 수 없다.
③ 토지의 이동에 따른 도면정리는 예시 2의 도면정리 예시에 따른다. 이 경우 법 제2조 제19호의 지적공부를 이용하여 지적측량을 한 때에는 측량성과파일에 따라 지적공부를 정리할 수 있다.

19 지적측량성과와 검사성과의 연결교차 허용범위 기준으로 틀린 것은?(단, M은 축척분모이며 경계점좌표등록부 시행지역의 경우는 고려하지 않는다.)

① 지적도근점 : 0.20m 이내
② 지적삼각점 : 0.20m 이내
③ 경계점 : 10분의 3Mmm이내
④ 지적삼각보조점 : 0.25m 이내

해설

지적측량 시행규칙 제27조(지적측량성과의 결정)
① 지적측량성과와 검사성과의 연결교차가 다음 각 호의 허용범위 이내일 때에는 그 지적측량성과에 관하여 다른 입증을 할 수 있는 경우를 제외하고는 그 측량성과로 결정하여야 한다.
   1. 지적삼각점 : 0.20미터
   2. 지적삼각보조점 : 0.25미터
   3. 지적도근점
      가. 경계점좌표등록부 시행지역 : 0.15미터
      나. 그 밖의 지역 : 0.25미터
   4. 경계점
      가. 경계점좌표등록부 시행지역 : 0.10미터
      나. 그 밖의 지역 : 10분의 3M밀리미터(M은 축척분모)
② 지적측량성과를 전자계산기기로 계산하였을 때에는 그 계산성과자료를 측량부 및 면적측정부로 본다.

20 지적기준점측량의 절차를 순서대로 바르게 나열한 것은?

① 계획의 수립 → 준비 및 현지답사 → 선점 및 조표 → 관측 및 계산과 성과표의 작성
② 준비 및 현지답사 → 계획의 수립 → 선점 및 조표 → 관측 및 계산과 성과표의 작성
③ 준비 및 현지답사 → 계획의 수립 → 관측 및 계산과 성과표의 작성 → 선점 및 조표
④ 계획의 수립 → 준비 및 현지답사 → 관측 및 계산과 성과표의 작성 → 선점 및 조표

해설

지적측량 시행규칙 제7조(지적측량의 방법 등)

① 법 제23조 제2항에 따른 지적측량의 방법은 다음 각 호의 어느 하나에 따른다.
③ 법 제23조 제1항 제1호에 따른 지적기준점측량의 절차는 다음 각 호의 순서에 따른다.
  1. 계획의 수립
  2. 준비 및 현지답사
  3. 선점(選點) 및 조표(調標)
  4. 관측 및 계산과 성과표의 작성
④ 지적측량의 계산 및 결과 작성에 사용하는 소프트웨어는 국토교통부장관이 정한다.

Subject 02 응용측량

21 GNSS와 관련이 없는 것은?

① GALILEO ② GPS
③ GLONASS ④ EDM

해설

전 세계 위성항법 시스템 현황

소유국	시스템명	목적	운용연도	운용궤도	위성수
미국	GPS	전지구위성항법	1995	중궤도	31기 운용중
러시아	GLONASS	전지구위성항법	2011	중궤도	24
EU	Galileo	전지구위성항법	2012	중궤도	30

소유국	시스템명	목적	운용연도	운용궤도	위성수
중국	COMPASS (Beidou)	전지구위성항법 (중국 지역위성항법)	2011	중궤도 정지궤도	30 5
일본	QZSS	일본주변 지역위성항법	2010	고타원궤도	3
인도	IRNSS	인도주변 지역위성항법	2010	정지궤도 고타원궤도	3 4

22 등고선의 간격이 가장 큰 것부터 바르게 연결된 것은?

① 주곡선－조곡선－간곡선－계곡선
② 계곡선－주곡선－조곡선－간곡선
③ 주곡선－간곡선－조곡선－계곡선
④ 계곡선－주곡선－간곡선－조곡선

해설

등고선의 간격

등고선 종류	기호	1/5,000	1/10,000	1/25,000	1/50,000
주곡선	가는 실선	5	5	10	20
간곡선	가는 파선	2.5	2.5	5	10
조곡선 (보조곡선)	가는 점선	1.25	1.25	2.5	5
계곡선	굵은 실선	25	25	50	100

23 곡선반지름(R)이 500m, 곡선의 단현길이(l)가 20m일 때 이 단현에 대한 편각은?

① 1°08′45″ ② 1°18′45″
③ 2°08′45″ ④ 2°18′45″

해설

$$\delta = 1718.87' \times \frac{l}{R} = 1718.87' \times \frac{20}{500} = 1°8'45.29''$$

24 GNSS 측량 시 유사거리에 영향을 주는 오차와 거리가 먼 것은?

① 위성시계의 오차   ② 위성궤도의 오차
③ 전리층의 굴절 오차   ④ 지오이드의 변화 오차

◉ 해설

구조적인 오차

종류	특징
위성시계 오차	GPS 위성에 내장되어 있는 시계의 부정확성으로 인해 발생
위성궤도 오차	위성궤도 정보의 부정확성으로 인해 발생
대기권전파 지연	위성신호의 전리층, 대류권 통과 시 전파지연오차(약 2m)
전파적 잡음	수신기 자체에서 발생하며 PRN 코드잡음과 수신기 잡음이 합쳐져서 발생
다중경로 (Multipath)	다중경로오차는 GPS 위성으로 직접 수신된 전파 이외에 부가적으로 주위의 지형, 지물에 의한 반사된 전파로 인해 발생하는 오차로서 측위에 영향을 미친다. • 다중경로는 금속제 건물·구조물과 같은 커다란 반사적 표면이 있을때 일어난다. • 다중경로의 결과로서 수신된 GPS 신호는 처리될 때 GPS 위치의 부정확성을 제공 • 다중경로가 일어나는 경우를 최소화하기 위하여 미션 설정, 수신기, 안테나 설계 시에 고려한다면 다중경로의 영향을 최소화할 수 있다. • GPS 신호시간의 기간을 평균하는 것도 다중경로의 영향을 감소시킨다. • 가장 이상적인 방법은 다중경로의 원인이 되는 장애물에서 멀리 떨어져서 관측하는 방법이다.

25 사진판독 시 과고감에 의하여 지형, 지물을 판독하는 경우에 대한 설명으로 옳지 않은 것은?

① 과고감은 촬영 시 사용한 렌즈의 초점거리와 사진의 중복도에 따라 다르다.
② 낮고 평탄한 지형의 판독에 유용하다.
③ 경사면이나 계곡, 산지 등에서는 오판하기 쉽다.
④ 사진에서의 과고감은 실제보다 기복이 완화되어 나타난다.

◉ 해설

사진판독 요소

요소	분류	특징
주요소	색조	피사체(대상물)가 갖는 빛의 반사에 의한 것으로 수목의 종류를 판독하는 것을 말한다.
	모양	피사체(대상물)의 배열상황에 의하여 판별하는 것으로 사진상에서 볼 수 있는 식생, 지형 또는 지표상의 색조 등을 말한다.
	질감	색조, 형상, 크기, 음영 등의 여러 요소의 조합으로 구성된 조밀, 거칠음, 세밀함 등으로 표현하며 초목 및 식물의 구분을 나타낸다.
	형상	개체나 목표물의 구성, 배치 및 일반적인 형태를 나타낸다.
	크기	어느 피사체(대상물)가 갖는 입체적, 평면적인 넓이와 길이를 나타낸다.
	음영	판독 시 빛의 방향과 촬영 시의 빛의 방향을 일치시키는 것이 입체감을 얻는 데 용이하다.
보조 요소	상호 위치 관계	어떤 사진상이 주위의 사진상과 어떠한 관계가 있는가 파악하는 것으로 주위의 사진상과 연관되어 성립되는 것이 일반적인 경우이다.
	과고감	과고감은 지표면의 기복을 과장하여 나타낸 것으로 낮고 평평한 지역에서의 지형 판독에 도움이 되는 반면 경사면의 경사는 실제보다 급하게 보이므로 오판에 주의해야 한다.

26 경사터널에서의 관측결과가 그림과 같을 때, AB의 고저차는?(단, $a = 0.50$m, $b = 1.30$m, $S = 22.70$m, $\alpha = 30°$)

① 13.91m   ② 12.31m
③ 12.15m   ④ 10.55m

◉ 해설

$$\triangle H = b + S \times \sin 30° - a$$
$$= 1.3 + 22.7 \times \sin 30° - 0.5 = 12.15\text{m}$$

27 항공사진의 특수 3점 중 렌즈 중심으로부터 사진면에 내린 수선의 발은?

① 주점   ② 연직점
③ 등각점   ④ 부점

◉ 해설

항공사진의 특수 3점

특수 3점	특징
주점 (Principal Point)	주점은 사진의 중심점이라고도 한다. 주점은 렌즈 중심으로부터 화면(사진면)에 내린 수선의 발을 말하며 렌즈의 광축과 화면이 교차하는 점이다.
연직점 (Nadir Point)	• 렌즈 중심으로부터 지표면에 내린 수선의 발을 말하고 N을 지상연직점(피사체연직점), 그 선을 연장하여 화면(사진면)과 만나는 점을 화면연직점(n)이라 한다. • 주점에서 연직점까지의 거리(mn)=$f\tan i$
등각점 (Isocenter)	• 주점과 연직점이 이루는 각을 2등분한 점으로 또한 사진면과 지표면에서 교차되는 점을 말한다. • 주점에서 등각점까지의 거리(mn)=$f\tan\dfrac{i}{2}$

28 곡선반지름 $R = 300\text{m}$, 교각 $I = 50°$인 단곡선의 접선길이(T.L)와 곡선길이(C.L)는?

① T.L=126.79m, C.L=261.80m
② T.L=139.89m, C.L=261.80m
③ T.L=126.79m, C.L=361.75m
④ T.L=139.89m, C.L=361.75m

◉ 해설

$$\text{T.L} = R \times \tan\frac{I}{2} = 300 \times \tan\frac{50}{2} = 139.89\text{m}$$

$$\text{C.L} = 0.01745RI = 0.01745 \times 300 \times 50° = 261.75\text{m}$$

29 노선측량의 종·횡단측량과 같이 중간점이 많은 경우에 사용하기 적합한 수준측량의 야장 기입방법은?

① 기고식   ② 고차식
③ 열거식   ④ 승강식

◉ 해설

야장 기입방법

고차식	가장 간단한 방법으로 B.S와 F.S만 있으면 된다.
기고식	가장 많이 사용하며, 중간점이 많을 경우 편리하나 완전한 검산을 할 수 없는 것이 결점이다.
승강식	완전한 검사로 정밀 측량에 적당하나, 중간점이 많으면 계산이 복잡하고, 시간과 비용이 많이 소요된다.

30 높이가 150m인 어떤 굴뚝이 축척 1 : 20,000인 수직사진상에서 연직점으로부터의 거리가 40mm일 때, 비고에 의한 변위량은?

① 1mm   ② 2mm
③ 5mm   ④ 10mm

◉ 해설

$$\Delta r = \frac{h}{H}r = \frac{h}{mf}r$$

$$= \frac{150}{20000 \times 0.15} \times 0.04 = 0.002\text{m} = 2\text{mm}$$

31 터널 양쪽 입구의 두 점 A, B의 수평위치 및 표고가 각각 A(4,370.60, 2,365.70, 465.80) B(4,625.30, 3,074.20, 432.50)일 때 AB 간의 경사거리는?(단, 좌표의 단위 : m)

① 254.73m   ② 708.52m
③ 753.63m   ④ 823.51m

◉ 해설

$$\overline{AB} = \sqrt{\Delta x^2 + \Delta y^2 + \Delta z^2}$$

$$= \sqrt{\begin{array}{c}(4,625.30-4,370.60)^2 + (3,074.20-2,365.70)^2 \\ + (432.50-465.80)^2\end{array}}$$

$$= \sqrt{64,872.09 + 501,972.25 + 1,108.89}$$

$$= 753.63\text{m}$$

정답   **27** ①   **28** ②   **29** ①   **30** ②   **31** ③

32 등경사지 $\overline{AB}$에서 A의 표고가 32.10m, B의 표고가 52.35m, $\overline{AB}$의 도상 길이가 70mm이다. 표고 40m인 지점과 A점과의 도상길이는?

① 20.2mm   ② 27.3mm

③ 32.1mm   ④ 52.3mm

해설

$70 : 20.25 = x : 7.9, \quad x = \dfrac{70 \times 7.9}{20.25} = 27.3 \mathrm{mm}$

33 완화곡선에 해당하지 않는 것은?

① 3차 포물선   ② 복심곡선

③ 클로소이드 곡선   ④ 렘니스케이트

해설

34 지형의 표시방법으로 옳지 않은 것은?

① 음영법   ② 교회법

③ 우모법   ④ 등고선법

해설

지형도에 의한 지형 표시법

자연적 도법	영선법 (우모법) (Hatching)	"게바"라 하는 단선상(短線上)의 선으로 지표의 기본을 나타내는 것으로 게바의 사이, 굵기, 방향 등에 의하여 지표를 표시하는 방법
	음영법 (명암법) (Shading)	태양광선이 서북쪽에서 45°로 비친다고 가정하여 지표의 기복을 도상에서 2~3색 이상으로 채색하여 지형을 표시하는 방법으로 지형의 입체감이 가장 잘 나타나는 방법
부호적 도법	점고법 (Spot height system)	지표면상의 표고 또는 수심의 숫자에 의하여 지표를 나타내는 방법으로 하천, 항만, 해양 등에 주로 이용
	등고선법 (Contour System)	동일 표고의 점을 연결한 것으로 등고선에 의하여 지표를 표시하는 방법으로 토목공사용으로 가장 널리 사용
	채색법 (Layer System)	같은 등고선의 지대를 같은 색으로 높을수록 진하게, 낮을수록 연하게 칠하여 높이의 변화를 나타내며 지리관계의 지도에 주로 사용

35 항공사진측량의 기복변위 계산에 직접적인 영향을 미치는 인자가 아닌 것은?

① 지표면의 고저차

② 사진의 촬영고도

③ 연직점에서의 거리

④ 주점 기선 거리

해설

기복변위

대상물에 기복이 있는 경우 연직으로 촬영하여도 축척은 동일하지 않되, 사진면에서 연직점을 중심으로 방사상의 변위가 발생하는데 이를 기복변위라 한다.

• 변위량 : $\Delta r = \dfrac{h}{H} \cdot r$

• 최대변위량 :

$$\Delta r_{\max} = \dfrac{h}{H} \cdot r_{\max} \left(단, \ r_{\max} = \dfrac{\sqrt{2}}{2} \cdot a \right)$$

정답   32 ②   33 ②   34 ②   35 ④

지표 기준면

수준점 (BM ; Bench Mark)	수준원점을 기점으로 하여 전국 주요 지점에 수준표석을 설치한 점 • 1등 수준점 : 4km마다 설치 • 2등 수준점 : 2 km마다 설치
표고 (Elevation)	국가 수준기준면으로부터 그 점 까지의 연직거리
전시 (Fore sight)	표고를 알고자 하는 점(미지점)에 세운 표척의 읽음 값
후시 (Back sight)	표고를 알고 있는 점(기지점)에 세운 표척의 읽음 값
기계고 (Instrument height)	기준면에서 망원경 시준선까지의 높이
지반고 (Ground height)	기준면으로부터 기준점까지의 높이(표고)
이기점 (Turning point)	기계를 옮길 때 한 점에서 전시와 후시를 함께 취하는 점
중간점 (Intermediate point)	표척을 세운 점의 표고만을 구하고자 전시만 취하는 점

36 수준측량에 관한 용어의 설명으로 틀린 것은?

① 수평면(Level surface)은 정지된 해수면을 육지까지 연장하여 얻은 곡면으로 연직방향에 수직인 곡면이다.

② 이기점(Turning point)은 높이를 알고 있는 지점에 세운 표척을 시준한 점을 말한다.

③ 표고(Elevation)는 기준면으로부터 임의의 지점까지의 연직거리를 의미한다.

④ 수준점(Bench mark)은 수직위치 결정을 보다 편리하게 하기 위하여 정확하게 표고를 관측하여 표시해 둔 점을 말한다.

해설

수평면 (Level surface)	모든 점에서 연직방향과 수직인 면으로 수평면은 곡면이며 회전타원체와 유사하다. 정지하고 있는 해수면 또는 지오이드면은 수평면의 좋은 예이다.
수평선 (Level line)	수평면 안에 있는 하나의 선으로 곡선을 이룬다.
지평면 (Horizontal plane)	어느 점에서 수평면에 접하는 평면 또는 연직선에 직교하는 평면
지평선 (Horizontal Line)	지평면 위에 있는 한 선을 말하며, 지평선은 어느 한 점에서 수평선과 접하는 직선으로 연직선과 직교한다.
기준면 (Datum)	표고의 기준이 되는 수평면을 기준면이라 하며 표고는 0으로 정한다. 기준면은 계산을 위한 가상면이며 평균해면을 기준으로 한다.
평균해면 (Mean sea level)	여러해 동안 관측한 해수면의 평균값

37 등고선의 성질에 대한 설명으로 틀린 것은?

① 등고선이 능선을 횡단할 때 능선과 직교한다.

② 지표의 경사가 완만하면 등고선의 간격은 넓다.

③ 등고선은 어떠한 경우라도 교차하거나 겹치지 않는다.

④ 등고선은 도면 안 또는 밖에서 폐합하는 폐곡선이다.

해설

등고선의 성질

• 동일 등고선상에 있는 모든 점은 같은 높이이다.

• 등고선은 반드시 도면 안이나 밖에서 서로가 폐합한다.

• 지도의 도면 내에서 폐합되면 가장 가운데 부분은 산꼭대기(산정) 또는 凹지(요지)가 된다.

• 등고선은 도중에 없어지거나, 엇갈리거나 합쳐지거나 갈라지지 않는다.

• 높이가 다른 두 등고선은 동굴이나 절벽의 지형이 아닌 곳에서는 교차하지 않는다.

• 등고선은 경사가 급한 곳에서는 간격이 좁고 완만한 경사에서는 넓다.

• 최대경사의 방향은 등고선과 직각으로 교차한다.

• 분수선(능선)과 곡선(유하선)은 등고선과 직각으로 만난다.

• 2쌍의 등고선의 볼록부가 상대할 때는 볼록부를 나타낸다.

• 동등한 경사의 지표에서 양 등고선의 수평거리는 같다.

• 같은 경사의 평면일 때는 나란한 직선이 된다.

• 등고선이 능선을 직각방향으로 횡단한 다음 능선 다른 쪽을 따라 거슬러 올라간다.

• 등고선의 수평거리는 산꼭대기 및 산밑에서는 크고 산중턱에서는 작다.

38 수준측량에서 왕복거리 4km에 대한 허용오차가 20mm이었다면 왕복거리 9km에 대한 허용오차는?

① 45mm ② 40mm

③ 30mm ④ 25mm

해설

직접수준측량의 오차는 노선거리(왕복거리)의 제곱근에 비례한다.

$$E = C\sqrt{L}, \quad C = \frac{E}{\sqrt{L}}$$

여기서, E : 수준측량 오차의 합

C : 1km에 대한 오차

L : 노선거리(km)

$$E = C\sqrt{L} = 20 : \sqrt{4} = C : \sqrt{9}$$

$$C = \frac{\sqrt{9}}{\sqrt{4}} \times 20 = 30\text{mm}$$

39 GNSS 측량에서 지적기준점 측량과 같이 높은 정밀도를 필요로 할 때 사용하는 관측방법은?

① 스태틱(Static) 관측

② 키네마틱(Kinematic) 관측

③ 실시간 키네마틱(Realtime Kinematic) 관측

④ 1점 측위 관측

해설

정지측량

GPS 측량기를 사용하여 기초측량 또는 세부측량을 하고자 하는 때에는 정지측량(Static)방법에 의한다.

정지측량방법은 2개 이상의 수신기를 각 측점에 고정하고 양 측점에서 동시에 4개 이상의 위성으로부터 신호를 30분 이상 수신하는 방식이다.

40 캔트(cant)가 C인 원곡선에서 설계속도와 반지름을 각각 2배씩 증가시키면 새로운 캔트의 크기는?

① $\dfrac{C}{4}$ ② $\dfrac{C}{2}$

③ $2C$ ④ $4C$

해설

$$C = \frac{SV^2}{Rg} = \frac{2^2}{2} = 2$$

V와 R을 2배로 하면 C는 2배 증가한다.

Subject 03 토지정보체계론

41 토털스테이션으로 얻은 자료를 컴퓨터에 입력하는 방법으로 옳은 것은?

① 입력을 디지타이저로 한다.

② 입력을 스캐너로 한다.

③ 관측된 수치자료를 키인(key-in)하거나 메모리 카드에 저장된 자료를 컴퓨터에 전송하여 처리한다.

④ 전산화하는 방법은 존재하지 않는다.

해설

토털스테이션

거리와 연직각 및 수평각을 하나의 기계로 관측할 수 있는 장비로서, 공간의 위치를 구하기 위한 수평각·연직각·사거리를 동시에 관측하며 수치적으로 저장이 가능하여 컴퓨터를 이용하여 대량으로 계산 처리를 하거나 이를 이용하여 지형도 등을 작성할 수 있는 장비이다. 전자시거 측량기(Electronic Tacheometer)라고도 한다.

각도와 거리를 함께 측정할 수 있는 측량기로 전자식 세오돌라이트(Electronictheodolite)와 광파측거기(EDM ; Electro-opticalinstruments)가 하나의 기기로 통합되어 있어 측정한 자료를 빠른 시간 안에 처리하고, 결과를 출력하는 전자식 측거·측각기이다.

42 도형자료의 위상 관계에서 관심 대상의 좌측과 우측에 어떤 사상이 있는지를 정의하는 것은?

① 근접성(proximity) ② 연결성(connectivity)

③ 인접성(adjacency) ④ 위계성(hierarchy)

정답 38 ③ 39 ① 40 ③ 41 ③ 42 ③

해설

위상이란 도형 간의 공간상의 상관관계를 의미하는데 위상은 특정 변화에 의해 불변으로 남는 기하학적 속성을 다루는 수학의 한 분야로 위상모델의 전제조건으로는 모든 선의 연결성과 폐합성이 필요하다.

각 공간객체 사이의 관계가 인접성, 연결성, 포함성 등의 관점에서 묘사되며, 스파게티 모델에 비해 다양한 공간분석이 가능하다.

인접성 (Adjacency)	사용자가 중심으로 하는 개체의 형상 좌우에 어떤 개체가 인접하고 그 존재가 무엇인지를 나타내는 것이며 이러한 인접성으로 인해 지리정보의 중요한 상대적인 거리나 포함 여부를 알 수 있게 된다.
연결성 (Connectivity)	지리정보의 3가지 요소의 하나인 선(Line)이 연결되어 각 개체를 표현할 때 노드(Node)를 중심으로 다른 체인과 어떻게 연결되는지를 표현한다.
포함성 (Containment)	특정한 폴리곤에 또 다른 폴리곤이 존재할 때 이를 어떻게 표현할지는 지리정보의 분석 기능에 중요한 하나이며 특정 지역을 분석할 때, 특정 지역에 포함된 다른 지역을 분석할 때 중요하다.

43 토지대장, 지적도, 경계점좌표등록부 중 하나의 지적공부에만 등록되는 사항으로만 묶인 것은?

① 지목, 면적, 경계, 소유권 지분
② 면적, 경계, 좌표, 소유권 지분
③ 지목, 경계, 좌표
④ 지목, 면적, 좌표, 소유권 지분

해설

구분	토지표시사항	소유권에 관한 사항
토지대장 (土地臺帳, Land Books) & 임야대장 (林野臺帳, Forest Books)	• 토지소재 • 지번 • 지목 • 면적 • 토지의 이동 사유	• 토지소유자 변동일자 • 변동원인 • 주민등록번호 • 성명 또는 명칭 • 주소
	기타	
	• 토지의 고유번호(각 필지를 서로 구별하기 위하여 필지마다 붙이는 고유한 번호를 말한다.) • 지적도 또는 임야도 번호 • 필지별 토지대장 또는 임야대장의 장번호 • 축척 • 토지등급 또는 기준수확량등급과 그 설정·수정 연월일 • 개별공시지가와 그 기준일		

구분	토지표시사항	소유권에 관한 사항
공유지 연명부 (共有地連名簿, Common Land Books)	• 토지소재 • 지번	• 토지소유자 변동일자 • 변동원인 • 주민등록번호 • 성명, 주소 • 소유권 지분
	기타	
	• 토지의 고유번호 • 필지별공유지 연명부의 장번호		

구분	토지표시사항	소유권에 관한 사항
대지권 등록부 (垈地權登錄簿, Building Site Rights Books)	• 토지 소재 • 지번	• 토지소유자가 변동일자 및 변동원인 • 주민등록번호 • 성명 또는 명칭, 주소 • 대지권 비율 • 소유권지분
	기타	
	• 토지의 고유번호 • 집합건물별 대지권등록부의 장번호 • 건물의 명칭 • 전유부분의 건물의 표시		

구분	토지표시사항	기타
경계점좌표 등록부 (境界點座標登錄簿, Boundary Point Coordinate Books)	• 토지 소재 • 지번 • 좌표	• 토지의 고유번호 • 필지별 경계점좌표등록부의 장번호 • 부호 및 부호도 • 지적도면의 번호

구분	토지표시사항	기타
지적도 (地籍圖, Land Books) & 임야도(林野圖, Forest Books)	• 토지 소재 • 지번 • 지목 • 경계 • 좌표에 의하여 계산된 경계점 간의 거리(경계점좌표등록부를 갖추두는 지역으로 한정한다)	• 도면의 색인도 • 도면의 제명 및 축척 • 도곽선과 그 수치 • 삼각점 및 지적기준점의 위치 • 건축물 및 구조물 등의 위치

44 각종 토지 관련 정보시스템의 한글 표기가 틀린 것은?

① KLIS : 한국토지정보시스템
② LIS : 토지정보체계
③ NGIS : 국가지리정보시스템
④ UIS : 교통정보체계

해설

지역정보시스템 (RIS ; Regional Information System)	• 건설공사계획 수립을 위한 지질, 지형자료의 구축 • 각종 토지이용계획의 수립 및 관리에 활용
도시정보체계 (UIS ; Urban Information System)	도시현황 파악, 도시계획, 도시정비, 도시기반시설관리, 도시행정, 도시방재 등의 분야에 활용
토지정보체계 (LIS ; Land Information System)	다목적 국토정보, 토지이용계획 수립, 지형분석 및 경관 정보추출, 토지부동산관리, 지적정보 구축에 활용
교통정보시스템 (TIS ; Transportation Information System)	육상·해상, 항공교통의 관리, 교통계획 및 교통영향평가 등에 활용
수치지도 제작 및 지도정보시스템 (DM/MIS ; Digital Mapping/Map Information System)	• 중소축척 지도 제작 • 각종 주제도 제작에 활용
도면자동화 및 시설물관리시스템 (AM/FM ; Automat ed Mapping and Facility Management)	• 도면작성 자동화 • 상하수도시설관리, 통신시설관리 등에 활용
자원정보시스템 (RIS ; Resource Information System)	농수산자원정보 및 산림자원정보의 관리, 수자원정보, 에너지자원, 광물자원 등을 관리하는 데 활용
국방정보체계 (NDIS ; Nation Defence Information System)	DTM(Digital Terrain Modeling)을 활용한 가시도 분석, 국방행정 관련 정보자료기반, 작전정보 구축 등에 활용

45 다음 객체 간의 공간특성 중 위상관계에 해당하지 않는 것은?

① 연결성
② 인접성
③ 위계성
④ 포함성

해설

문제 42번 해설 참고

46 지도와 지형에 관한 정보에서 사용되는 형식(data format) 중 AutoCAD의 제작자에 의해 제안된 ASCⅡ 형태의 그래픽 자료 파일 형식은?

① DIME
② DXF
③ IGES
④ ISIF

해설

1. CAD 파일 형식
   • Autodesk 사의 Auto CAD 소프트웨어에서는 DWG와 DXF 등의 파일형식을 사용
   • 이 중에서 DXF 파일형식은 수많은 GIS 관련 소프트웨어뿐만 아니라 원격탐사 소프트웨어에서도 사용할 수 있음
   • DXF 파일은 단순한 ASCⅡ File로서 공간객체의 위상관계를 지원하지 않음

2. DXF 파일의 구조
   • 오토캐드용 자료 파일을 다른 그래픽 체계에서 사용될 수 있도록 만든 ASCII 형태의 그래픽 자료 파일 형식이다.
   • 서로 다른 CAD 프로그램 간에 설계도면파일을 교환하는 데 사용하는 파일형식
   • Auto Desk 사에서 제작한 ASCII 코드 형태이다.
   • DXF 파일구성 : 헤더, 섹션, 테이블 섹션, 블록 섹션, 엔티티 섹션
   • 도형자료만의 교환에 있어서는 속성자료와의 연계 없이 점, 선, 면의 형태와 좌표만을 고려하면 되므로 단순한 포맷의 변환이 될 수 있다.

47 스캐너로 지적도를 입력하는 경우 입력한 도형자료의 유형으로 옳은 것은?

① 속성 데이터
② 래스터 데이터
③ 벡터 데이터
④ 위성 데이터

해설

구분	Digitizer(수동방식)	Scanner(자동방식)
정의	전기적으로 민감한 테이블을 사용하여 종이로 제작된 지도자료를 컴퓨터에 의하여 사용할 수 있는 수치자료로 변환하는 데 사용되는 장비로서 도형자료(도표, 그림, 설계도면)를 수치화하거나 수치화하고 난 후 즉시 자료를 검토할 때와 이미 수치화된 자료를 도형적으로 기록 하는 데 쓰이는 장비를 말한다.	위성이나 항공기에서 자료를 직접 기록하거나 지도 및 영상을 수치로 변환시키는 장치로서 사진 등과 같이 종이에 나타나 있는 정보를 그래픽 형태로 읽어들여 컴퓨터에 전달하는 입력장치를 말한다.

구분	Digitizer(수동방식)	Scanner(자동방식)
특징	• 도면이 훼손·마멸 등으로 스캐닝 작업으로 경계의 식별이 곤란할 경우와 도면의 상태가 양호하더라도 도곽 내에 필지 수가 적어 스캐닝 작업이 비효율적인 도면은 디지타이징 방법으로 작업을 할 수 있다. • 디지타이징 작업을 할 경우에는 데이터 취득이 완료될 때까지 도면을 움직이거나 제거하여서는 아니 된다.	• 밀착스캔이 가능한 최선의 스캐너를 선정하여야 한다. • 스캐닝 방법에 의하여 작업할 도면은 보존상태가 양호한 도면을 대상으로 하여야 한다. • 스캐닝 작업을 할 경우에는 스캐너를 충분히 예열하여야 한다. • 벡터라이징 작업을 할 경우에는 경계점 간 연결되는 선의 굵기가 0.1mm가 되도록 환경을 설정하여야 한다. • 벡터라이징은 반드시 수동으로 하여야 하며 경계점을 명확히 구분할 수 있도록 확대한 후 작업을 실시하여야 한다.

48 GIS의 공간데이터에서 필지의 인접성 또는 도로의 연결성 등을 규정하는 것은?

① 위상관계
② 공간관계
③ 상호관계
④ 도형관계

해설

1. 정의

위상이란 도형 간의 공간상의 상관관계를 의미하는데 위상은 특정 변화에 의해 불변으로 남는 기하학적 속성을 다루는 수학의 한 분야로 위상모델의 전제조건으로는 모든 선의 연결성과 폐합성이 필요하다.

2. 특징

• 지리정보시스템에서 매우 유용한 데이터 구조로서 점, 선, 면으로 객체 간의 공간관계를 파악할 수 있다.
• 벡터데이터의 기본적인 구조로 점으로 표현되며 객체들은 점들을 직선으로 연결하여 표현할 수 있다.
• 토폴로지는 폴리곤 토폴로지, 아크 토폴로지, 노드 토폴로지로 구분된다.
• 점, 선, 폴리곤으로 나타낸 객체들이 위상구조를 갖게 되면 주변객체들 간의 공간상에서의 관계를 인식할 수 있다.
• 폴리곤 구조는 형상(Shape)과 인접성(Neighbor-hood), 계급성(Hierarchy)의 세 가지 특성을 지닌다.
• 관계형 데이터베이스를 이용하여 다량의 속성자료를 공간객체와 연결할 수 있으며 용이한 자료의 검색 또한 가능하다.

• 공간객체의 인접성과 연결성에 관한 정보는 많은 분야에서 위상정보를 바탕으로 분석이 이루어진다.

49 각종 행정 업무의 무인 자동화를 위해 가판대와 같이 공공시설, 거리 등에 설치하여 대중들이 쉽게 사용할 수 있도록 한 컴퓨터로 무인자동단말기를 가리키는 용어는?

① Touch Screen
② Kiosk
③ PDA
④ PMP

해설

키오스크(kiosk)

공공장소에 설치된 터치스크린 방식의 정보전달 시스템으로, 본래 옥외에 설치된 대형 천막이나 현관을 뜻하는 터키어(또는 페르시아어)에서 유래된 말로서 간이 판매대·소형 매점을 가리킨다. 정보통신에서는 정보서비스와 업무의 무인자동화를 위하여 대중들이 쉽게 이용할 수 있도록 공공장소에 설치한 무인단말기를 가리킨다. 멀티미디어스테이션(multi-mediastation) 또는 셀프서비스스테이션(selfservicestation)이라고도 하며, 대개 터치스크린 방식을 적용하여 정보를 얻거나 구매·발권·등록 등의 업무를 처리한다.

50 중첩분석에 대한 설명으로 틀린 것은?

① 레이어를 중첩하여 각각의 레이어가 가지고 있는 정보를 합칠 수 있다.
② 각종 주제도를 통합 또는 분산 관리할 수 있다.
③ 각각의 레이어가 서로 다른 좌표계를 사용하는 경우에는 별도의 작업 없이 분석이 가능하다.
④ 사용자가 필요한 정보만을 추출할 수 있어 편리하다.

해설

중첩분석

중첩은 서로 다른 레이어 사이에 좌푯값이 동일한 지역의 정보를 합성하거나 수학적 변환 기능을 이용해 변환하는 과정으로 하나의 레이어를 구성하는 도형정보와 속성정보를 중첩에 의해 다른 레이어의 도형 및 속성정보와 그대로 합성되어 출력레이어에 나타나게 된다.

51 대규모의 공장, 관로망 또는 공공시설물 등에 대한 제반 정보를 처리하는 시스템은?

① 시설물관리시스템
② 교통정보관리시스템
③ 도시정보관리시스템
④ 측량정보관리시스템

해설

문제 44번 해설 참고

52 관계형 데이터 모델의 단점을 보완한 데이터베이스로 CAD, GIS, 사무정보시스템 분야에서 활용하는 데이터베이스는?

① 객체지향형　　② 계층형
③ 관계형　　　　④ 네트워크형

해설

1. 관계형 데이터베이스관리시스템(RDBMS ; Relationship DataBase Management System)
   - 데이터를 표로 정리하는 경우 행은 데이터 묶음이 되고 열은 속성을 나타내는 2차원의 도표로 구성된다. 이와 같이 표현하고자 하는 대상의 속성들을 묶어 하나의 행(row)을 만들고, 행들의 집합으로 데이터를 나타내는 것이 관계형 데이터베이스이다.
   - 각각의 항목과 그 속성이 다른 모든 항목 및 그의 속성과 연결될 수 있도록 구성된 자료구조로 전문적인 자료관리를 위한 데이터 모델로서 현재 가장 보편적으로 많이 쓰는 것이다. 가장 최신의 데이터베이스 형태이며 사용자에게 보다 친숙한 자료 접근방법을 제공하기 위해 개발되었으며, 행과 열로 정렬된 논리적인 데이터 구조이다.

2. 객체지향형 데이터베이스관리체계(OODBMS ; Object Oriented DataBase Management System)
   객체지향(Object Oriented)에 기반을 둔 논리적 구조를 가지고 개발된 관리시스템으로 자료를 다루는 방식을 하나로 묶어 객체(Object)라는 개념을 사용하여 실세계를 표현하고 모델링하는 구조이다. 관계형 데이터 모델의 단점을 보완하여 새로운 데이터 모델로 등장한 객체지향형 데이터모델은 CAD와 GIS, 사무정보시스템, 소프트웨어 엔지니어링 등의 다양한 분야에서 데이터베이스를 구축할 때 주로 사용한다.

53 토지정보시스템에서 필지식별번호의 역할로 옳은 것은?

① 공간정보와 속성정보의 링크
② 공간정보에서 기호의 작성
③ 속성정보의 자료량의 감소
④ 공간정보의 자료량의 감소

해설

측지기본망 (Geodetic reference network)	토지의 경계선과 측지측량이나 그 밖의 토지 및 토지 관련 자료와 지형 간의 상관관계성. 지상에 영구적으로 표시되어 지적도상에 등록된 경계선을 현지에 복원할 수 있는 정확도를 유지할수 있는 기준점 표지의 연결망을 말하는데 서로 관련 있는 모든 지역의 기준점이 단일의 통합된 네트워크여야 한다.
기본도 (Base map)	측지기본망을 기초로하여 작성된 도면으로서 지도 작성에 기본적으로 필요한 정보를 일정한 축척의 도면 위에 등록한 것으로 변동사항과 자료를 수시로 정비하여 최신화시켜 사용될 수 있어야 한다.
지적중첩도 (Cadastral overlay)	측지기본망과 기본도와 연계하여 활용할 수 있고 토지소유권에 관한 현재 상태의 경계를 식별할 수 있도록 일필지 단위로 등록한 지적도, 시설물, 토지이용, 지역구도 등을 결합한 상태의 도면을 말한다.
필지식별번호 (Unique parcel identification number)	각 필지별 등록사항의 조직적인 저장과 수정을 용이하게 각 정보를 인식·선정·식별·조정하는 가변성이 없는 토지의 고유번호를 말하는데 지적도의 등록 사항과 도면의 등록 사항을 연결시켜 자료파일의 검색 등 색인번호의 역할을 한다. 이러한 필지식별번호는 토지평가, 토지의 과세, 토지의 거래, 토지이용계획 등에서 활용되고 있다.
토지자료파일 (Land data file)	토지에 대한 정보검색이나 다른 자료철에 있는 정보를 연결시키기 위한 목적으로 만들어진 각 필지의 식별번호를 포함한 일련의 공부 또는 토지자료철을 말하는데 과세대장, 건축물대장, 천연자원기록, 토지이용, 도로, 시설물대장 등 토지 관련 자료를 등록한 대장을 뜻한다.

54 LIS에서 사용하는 공간자료의 중첩 유형인 UNION과 INTERSECT에 대한 설명으로 틀린 것은?

① UNION : 두 개 이상의 레이어에 대하여 OR 연산자를 적용하여 합병하는 방법이다.

② UNION : 기준이 되는 레이어의 모든 속성정보는 결과 레이어에 포함된다.

③ INTERSECT : 불린(Boolean)의 AND 연산자를 적용한다.

④ INTERSECT : 입력 레이어의 모든 속성정보는 결과 레이어에 포함된다.

● 해설

중첩의 연산 기능에 따른 분류

교차 (Intersect : A and B)	• Intersect는 Boolean 연산의 AND 연산과 유사한 것으로 두 개의 구역이 연산이 될 때 교차되는 구역에 포함되는 입력 구역만이 남게 된다. • 첫 번째 커버리지 A형상에 두 번째 커버리지 B형상을 교차시키는 경우로, 그 결과 커버리지 B형상은 그대로 유지되지만, 커버리지 A형상은 커버리지 B 안에 있는 형상들만 나타나게 된다.
결합 (Union : A or B)	• Union은 Boolean 연산에서의 OR과 유사한 개념으로 두 개 이상의 자료층을 중첩시켜서 새로운 구역을 생성시킨다. • 커버리지 A와 커버리지 B를 결합시키면 두 커버리지 간에 겹치거나 부분적으로 교차하는 모든 형상들이 포함된 산출 커버리지가 생긴다.
동일성 (Identity)	첫 번째 입력 커버리지 A의 모든 형상들은 그대로 유지되지만 커버리지 B의 형상은 커버리지 A 안에 있는 형상들만 나타나게 된다.
자르기(Clip)	두 번째 커버리지 B를 이용하여 첫 번째 커버리지 A를 잘라내는 것이다.
지우기(Erase)	두 번째 커버리지 B를 이용하여 첫 번째 커버리지 A의 일부분을 지우는 것이다.
조각내기(Split)	첫 번째 커버리지 A를 두 번째 커버리지 B를 토대로 하여 작은 구역으로 면적을 분할하여 조각으로 분리하는 것이다.

55 벡터 데이터 모델의 장점이 아닌 것은?

① 다양한 모델링 작업을 쉽게 수행할 수 있다.

② 위상관계 정의 및 분석이 가능하다.

③ 고해상력의 높은 공간적 정확성을 제공한다.

④ 공간 객체에 대한 속성정보의 추출, 일반화, 갱신이 용이하다.

● 해설

구분	벡터 자료	래스터 자료
장점	• 복잡한 현실세계의 묘사가 가능하다. • 보다 압축된 자료구조를 제공하며 따라서 데이터 용량의 축소가 용이하다. • 위상에 관한 정보가 제공되므로 관망분석과 같은 다양한 공간분석이 가능하다. • 그래픽의 정확도가 높다. • 그래픽과 관련된 속성정보의 추출 및 일반화, 갱신 등이 용이하다.	• 자료구조가 단순하다. • 원격탐사자료와의 연계처리가 용이하다. • 여러 레이어의 중첩이나 분석이 용이하다. • 격자의 크기와 형태가 동일한 까닭에 시뮬레이션이 용이하다.
단점	• 자료구조가 복잡하다. • 여러 레이어의 중첩이나 분석에 기술적으로 어려움이 수반된다. • 각각의 그래픽 구성요소는 각기 다른 위상구조를 가지므로 분석에 어려움이 크다. • 그래픽의 정확도가 높은 관계로 도식과 출력에 비싼 장비가 요구된다. • 일반적으로 값비싼 하드웨어와 소프트웨어가 요구되므로 초기비용이 많이 든다.	• 압축된 자료구조를 제공하지 못하며 따라서 그래픽자료의 양이 방대하다. • 격자의 크기를 늘리면 자료의 양은 줄일 수 있으나 상대적으로 정보의 손실을 초래한다. • 격자구조인 만큼 시각적인 효과가 떨어지며 이를 개선하기 위하여 작은 격자를 사용할 때에는 자료의 양이 급격히 늘어나므로 효율적이지 못하다. • 위상정보의 제공이 불가능하므로 관망해석과 같은 분석기능이 이루어질 수 없다. • 좌표변환을 위한 시간이 많이 소요된다.

56 지적정보 전산화에 있어 속성정보를 취득하는 방법으로 옳지 않은 것은?

① 민원인이 직접 조사하는 경우

② 관련 기관의 통보에 의한 경우

③ 민원신청에 의한 경우

④ 담당공무원의 직권에 의한 경우

해설

속성정보 취득방법

취득방법	내용
현지조사에 의한 경우	• 지적공부에 등록할 사항을 수집하기 위하여 담당공무원이나 위임을 받은 자가 신규자료, 변경자료에 대해 현지조사를 실시하여 자료를 수집한다. • 현지조사를 한 사항은 반드시 문서로 남겨서 다른 사람이 이 정보를 사용하고 점검할 수 있도록 하여야 한다.
민원신청에 의한 경우	• 지적공부의 등록사항이 민원신청에 의해 발생하는 경우의 자료로서 담당공무원이 서류상 착오를 확인하고 현지조사가 필요한 사항이면 현지조사를 거쳐 관련 기준에 근거하여 결정함으로써 자료가 추가, 수정된다. • 민원서류를 제출할 때 관련 서류를 첨부하게 하는데 이것은 서류 작성상의 착오를 확인하기 위한 것이다.
관계기관의 통보에 의한 경우	• 지적공부상의 등록사항에 대한 관계기관에서 변경되어야 할 내용을 통보하였을 때 이러한 사항을 확인함으로써 자료가 추가, 수정된다. • 토지매매로 인해 등기부등본상의 소유자가 바뀐 사항을 등기담당기관으로부터 통보받아 수정하는 것이 그 한 예이다.
담당공무원 직권에 의하는 경우	• 지적공부의 등록사항을 담당공무원이 관련 규정에 근거하여 관계자들과의 협의를 거쳐 직권에 의해 자료가 추가, 수정된다. • 담당공무원이 지번 설정을 새로 하기 위해 지번을 새로 부여하는 것이 그 한 예이다.

57 메타데이터의 내용에 해당하지 않는 것은?

① 개체별 위치좌표
② 데이터의 정확도
③ 데이터의 제공 포맷
④ 데이터가 생성된 일자

해설

메타데이터의 기본 요소
• 식별정보(identification information) : 인용, 자료에 대한 묘사, 제작시기, 공간영역, 키워드, 접근 제한, 사용 제한, 연락처 등
• 자료의 품질정보(data quality information) : 속성정보 정확도, 논리적 일관성, 완결성, 위치정보정확도, 계통(lineage) 정보 등

• 공간자료 구성정보(spatial data orgnization information) : 간접공간 참조자료(주소체계), 직접 공간 참조 자료, 점과 벡터 객체정보, 위상관계, 래스터 객체정보 등
• 공간좌표 참조정보(spatial reference information) : 평면 및 수직 좌표계
• 사상(공간)과 속성정보(entity & attribute information) : 사상타입, 속성 등
• 배포(제공)정보(distribution information) : 배포자, 주문방법, 법적 의무, 디지털 자료형태 등
• 메타데이터 참조정보(matsdate reference information) : 메타데이터 작성 시기, 버전, 메타데이터 표준이름, 사용제한, 접근제한 등
• 인용정보(citation information) : 출판일, 출판시기, 원제작자, 제목, 시리즈 정보 등
• 제작시기(시간정보)(time period information) : 일정시점, 다중시점, 일정시기 등
• 연락정보(contact information) : 연락자, 연락기관, 주소 등

58 지적전산화의 목적으로 틀린 것은?

① 업무 처리의 능률 및 정확도 향상
② 신속하고 정확한 지적민원의 처리
③ 토지 관련 정책 자료의 다목적 활용
④ 토지가격의 현황·파악

해설

지적공부전산화의 목적
• 지적공부를 체계적이고 과학적인 토지정책자료와 지적행정의 실현으로 다목적지적에 활용할 수 있도록 한다.(토지정보의 다목적 활용)
• 토지소유자의 현황 파악과 지적민원을 신속하고 정확하게 처리하므로 지방행정전산화 촉진 등에 영향을 미칠 수 있다.(토지소유권의 신속한 파악)
• 전국적으로 획일적인 시스템의 활용으로 각 시·도 분산시스템의 상호 간 또는 중앙시스템 간의 인터페이스를 완전하게 확보 가능하도록 한다.
• 토지기록과 관련하여 변동자료의 온라인 처리로 이동정리 등의 기존에 처리하던 업무의 이중성을 배제할 수 있다.

59 필지중심토지정보시스템(PBLIS)에 관한 설명으로 옳은 것은?

① PBLIS는 지형도를 기반으로 각종 행정업무를 수행하고 관련 부처 및 타 기관에 제공할 정책정보를 생산하는 시스템이다.

② PBLIS를 구축한 후 연계업무를 위해 지적도 전산화 사업을 추진하였다.

③ 필지식별자는 각 필지에 부여되어야 하고 필지의 변동이 있을 경우에는 언제나 변경, 정리가 용이해야 한다.

④ PBLIS의 자료는 속성정보만으로 구성되며, 속성정보에는 과세대장, 상수도대장, 도로대장, 주민등록, 공시지가, 건물대장, 등기부, 토지대장 등이 포함된다.

해설

PBLIS(Parcel Based Land Information System)
필지중심토지정보시스템(PBLIS ; Parcel Based Land Infor-mation System)의 개발은 컴퓨터를 활용하여 일필지를 중심으로 건물, 도시계획 등 형상과 관련된 도면정보(Graphic Information)와 이들과 연결된 각종 속성정보(Nongraphic Information)를 효과적으로 저장·관리·처리할 수 있는 시스템으로 향후 시행될 지적재조사사업의 기반을 조성하는 사업이다.

전산화된 지적도면 수치파일을 데이터베이스화하여 이들 정보를 검색하고 관리하는 업무절차를 전산화함으로써 그간 수작업으로 처리했던 지적도면 정리를 자동화하고 토지 및 관련 정보를 국가 및 대국민에게 복합적이고 신속하게 제공하여 과학적 지적행정을 도모하고자 이에 대한 개발이 추진되었다.

60 지적공부정리 신청이 있을 때에 검토하여 정리하여야 할 사항에 속하지 않는 것은?

① 신청 사항과 지적전산자료의 일치 여부

② 지적측량성과자료의 적정 여부

③ 지적측량 입회의 확인 여부

④ 첨부된 서류의 적정 여부

해설

지적업무처리규정 제51조(지적공부정리 접수 등)
① 지적소관청은 법 제77조부터 제82조까지, 법 제84조, 법 제86조 및 법 제87조에 따른 지적공부정리신청이 있는 때에는 지적업무정리부에 토지이동 종목별로 접수하여야 한다. 이 경우 부동산종합공부시스템에서 부여된 접수번호를 토지의 이동신청서에 기재하여야 한다.

② 제1항에 따라 접수된 신청서는 다음 각 호 사항을 검토하여 정리하여야 한다.
  1. 신청사항과 지적전산자료의 일치 여부
  2. 첨부된 서류의 적정 여부
  3. 지적측량성과자료의 적정 여부
  4. 그 밖에 지적공부정리를 하기 위하여 필요한 사항

③ 제1항에 따라 접수된 지적공부정리신청서를 보완 또는 반려(취하 포함)할 때에는 종목별로 그 처리내용을 정리하여야 한다. 이 경우 반려 또는 취하된 지적공부정리신청서가 다시 접수되었을 때에는 새로 접수하여야 한다.

④ 제1항의 신청에 따라 지적공부가 정리 완료된 때에는 별지 제7호 서식에 따라 지적정리결과를 신청인에게 통지하여야 한다. 다만, 법 제87조에 따라 대위신청에 대한 지적정리결과통지는 달리할 수 있다.

⑤ 법 제87조에 따라 지적공부정리가 완료된 때에는 사업시행자는 분할 목적 및 분할 결과를 토지소유자 등 이해관계인에게 통지하여야 한다.

Subject **04** 지적학

61 현재의 토지대장과 같은 것은?

① 문기(文記) ② 양안(量案)
③ 사표(四標) ④ 입안(立案)

해설

1. 조선시대 양안(量案)
   양안은 고려시대부터 사용된 토지장부로서 오늘날의 지적공부로 토지대장과 지적도 등의 내용을 수록하고 있었으며 '전적'이라고 부르기도 하였다. 토지실태와 징세 파악 및 소유자 확정 등의 토지과세대장으로 경국대전에는 20년에 한번씩 양전을 실시하여 양안을 작성토록 한 기록이 있다.

2. 문기(文記)
   문기는 조선시대의 토지·가옥·노비와 기타 재산의 소유·매매·양도·차용 등 매매계약이 성립하기 위하여 매수인, 매도인 쌍방의 합의 외에 대가의 수수목적물의 인도시에 서면으로 작성한 계약서로 문권(文券)·문계(文契)라고도 한다. 주로 사적인 문서에 문계라는 용어를 쓰고, 공문서는 공문·관문서·문서라고 표현했다. 문권·문·계는 중국·일본에서도 사용한 용어이지만 문기는 우리나라에서만 사용한 독특한 용어이다.

3. 입안(立案)

재산권이나 상속권을 주장하는 데 절대적인 근거가 되었다. 고려시대에도 이 제도가 있었으나 조선시대의 실물이 많이 전하여진다. 「경국대전」에는 토지·가옥·노비는 매매계약 후 100일, 상속 후 1년 이내에 입안을 받도록 되어 있었다. 또 하나의 의미로 황무지 개간에 관한 인허가서를 말한다.

62 토지의 표시사항 중 토지를 특정할 수 있도록 하는 가장 단순하고 명확한 토지식별자는?

① 지번
② 지목
③ 소유자
④ 경계

해설

필지식별자(Parcel Identifier) or 필지식별번호(Unique parcel identification number)

각 필지별 등록사항의 조직적인 저장과 수정을 용이하게 할 수 있도록 각 정보를 인식·선정·식별·조정하는 가변성이 없는 토지의 고유번호를 말하는데 지적도의 등록 사항과 도면의 등록 사항을 연결시켜 자료파일의 검색 등 색인번호의 역할을 한다. 이러한 필지식별번호는 토지평가, 토지의 과세, 토지의 거래, 토지이용계획 등에서 활용되고 있다.

1. 필지식별자의 역할
   - 대장정보와 도면정보의 연결메커니즘 역할
   - 도형정보의 수집, 검색, 조회 등의 키 역할
   - 토지정보의 위치식별 역할
2. 지번을 식별자로 활용하는 사례
   - 등기정보
   - 토지평가정보
   - 토지과세정보
   - 토지거래정보
   - 토지이용정보
   - 주소표기정보 등

63 지적에 관한 설명으로 틀린 것은?

① 일필지 중심의 정보를 등록·관리한다.
② 토지표시사항의 이동사항을 결정한다.
③ 토지의 물리적 현황을 조사·측량·등록·관리·제공한다.
④ 토지와 관련한 모든 권리의 공시를 목적으로 한다.

해설

지적과 등기의 비교

구분	지적(地籍)	등기(登記)
기능	토지표시사항(물리적 현황)을 등록공시	부동산에 대한 소유권 및 기타 권리 관계를 등록공시
근거 법령	공간정보의 구축 및 관리 등에 관한 법	부동산등기법
등록 대상	토지	토지와 건물
등록 사항	토지소재, 지번, 지목, 면적, 경계 또는 좌표 등	소유권, 지상권, 지역권, 전세권, 저당권, 권리질권, 임차권 등
기본 이념	• 국정주의 • 형식주의 • 공개주의 • 직권등록주의	• 사적 자치의 원칙 • 성립요건주의 • 공개주의 • 당사자신청주의
등록 심사	실질적 심사주의	형식적 심사주의
등록 주체	국가(국정주의)	당사자(등기권리자 및 의무자)
신청 방법	단독(소유자) 신청주의	공동(등기권리자 및 의무자) 신청주의
담당 기관	행정부(국토교통부, 시·도, 시·군·구)	사법부(법원행정처, 지방법원, 등기소·지방법원지원)
공신력	불인정	불인정

64 우리나라 법정 지목의 성격으로 옳은 것은?

① 경제지목
② 지형지목
③ 용도지목
④ 토성지목

해설

토지현황

1. 지형지목

   지표면의 형태, 토지의 고저, 수륙의 분포상태 등 땅이 생긴 모양에 따라 지목을 결정하는 것을 지형지목이라 한다. 지형은 주로 그 형성과정에 따라 하식지(河蝕地), 빙하기, 해안지, 분지, 습곡지, 화산지 등으로 구분한다.

2. 토성지목

   토지의 성질(토성, 토질)인 지층이나 암석 또는 토양의 종류 등에 따라 결정한 지목을 토성지목이라고 한다. 토성은 암석지, 조사지(租沙地), 점토(粘土地), 사토지(砂土地), 양토(壤土地), 식토지(植土地) 등으로 구분한다.

3. 용도지목

토지의 용도에 따라 결정하는 지목을 용도지목이라고 한다. 우리나라에서 채택하고 있으며 지형 및 토양 등과 관계없이 토지의 현실적 용도를 주로 하기 때문에 일상생활과 가장 밀접한 관계를 맺게 된다.

65 토지조사사업 당시의 지목 중 비과세지에 해당하는 것은?

① 전   ② 하천
③ 임야   ④ 잡종지

해설

토지조사사업 당시 지목	• 과세지 : 전, 답, 대(垈), 지소(池沼), 임야(林野), 잡종지(雜種地)(6개) • 비과세지 : 도로, 하천, 구거, 제방, 성첩, 철도선로, 수도선로(7개) • 면세지 : 사사지, 분묘지, 공원지, 철도용지, 수도용지(5개)
1918년 지세령 개정 (19개)	지소(池沼) : 지소(池沼), 유지로 세분
1950년 구 지적법 (21개)	잡종지(雜種地) : 잡종지, 염전, 관천으로 세분
1975년 지적법 2차 개정 (24개)	**통합** • 철도용지＋철도선로＝철도용지 • 수도용지＋수도선로＝수도용지 • 유지＋지소＝유지
	신설 과수원, 장용지, 공장용지, 학교용지, 유원지, 운동장(6개)
	명칭변경 • 사사지 → 종교용지 • 성첩 → 사적지 • 분묘지 → 묘지 • 운동자 → 체육용지
2001년 지적법 10차 개정 (28개)	주차장, 주유소용지, 창고용지, 양어장(4개 신설)

66 토지조사사업 시 사정한 경계의 직접적인 사항은?

① 토지과세의 촉구
② 측량 기술의 확인
③ 기초 행정의 확립
④ 등록 단위인 필지 확정

해설

사정(査定)

임시토지조사국은 토지조사법, 토지조사령 등에 의하여 토지조사사업을 시행하고 토지소유자와 경계를 확정하였는데 이를 사정이라 한다. 임시토지조사국장의 사정은 이전의 권리와 무관한 창설적·확정적 효력을 갖는 가장 중요한 업무라 할 수 있다. 임야조사사업에 있어서는 조선임야조사령에 의거 사정을 하였다.

[사정과 재결의 법적 근거]

• 사정은 공시되었고 공시기간 만료 후 60일 이내에 고등토지조사위원회(高等土地調査委員會)에 이의를 제출할 수 있도록 되었다(토지조사령 제11조).

• 토지조사령은 "토지소유자의 권리는 사정의 확정 또는 재결에 의하여 확정한다."고 규정하였다(제15조).

• 그 확정의 효력발생시기는 신고 또는 국유통지의 당일로 소급되었다(제10조).

67 1필지의 특징으로 틀린 것은?

① 자연적 구획인 단위토지이다.
② 폐합다각형으로 구성한다.
③ 토지등록의 기본단위이다.
④ 법률적인 단위구역이다.

해설

필지

필지란 지번부여지역 안의 토지로서 소유자와 용도가 동일하고 지반이 연속된 토지를 기준으로 구획되는 토지의 등록단위를 말한다.

[필지의 특성]

• 토지의 소유권이 미치는 범위와 한계를 나타낸다.

• 지형·지물에 의한 경계가 아니고 토지소유권의 구분에 의하여 인위적으로 구획된 것이다.

• 도면(지적도·임야도)에서는 경계점을 직선으로 연결한 선, 경계점좌표등록부에서는 경계점(평면직각종횡선수치)의 연결로 표시되며 폐합된 다각형으로 구획된다.

• 대장(토지대장·임야대장)에서는 하나의 지번에 의거 작성된 1장의 대장에 의거하여 필지를 구분한다.

정답 65 ② 66 ④ 67 ①

68 양전의 결과로 민간인의 사적 토지 소유권을 증명해 주는 지계를 발행하기 위해 1901년에 설립된 것으로, 탁지부에 소속된 지적사무를 관장하는 독립된 외청 형태의 중앙 행정기관은?

① 양지아문(量地衙門)
② 지계아문(地契衙門)
③ 양지과(量地課)
④ 통감부(統監府)

해설

1. 양지아문(量地衙門)
   양지아문은 광무 2년(1898년) 7월에 칙령 제25호로 양지아문 직원 및 처무규정을 공포하여 비로소 독립관청으로 양전사업을 위하여 설치되었다. 양전사업에 종사하는 실무진(實務陣)으로는 양무감리(量務監理), 양무위원(量務委員), 조사위원(調査委員) 및 기술진(技術陣)은 수기사(首技師 : 미국인 거렴 : Raymand Edward Leo Krumm)와 기수보(技手補) 그리고 견습과정을 마친 학원(學員)이 있었다.

2. 지계아문(地契衙門)
   지계아문의 사업은 성격상 양지아문과 밀접한 관계가 있었고 지계발행사업의 방대함에 비추어 지계아문만이 전국의 지계사업을 전담하기에 벅찼다. 그래서 1902년 3월에 지계아문과 양지아문을 통합하였다. 즉, 지계가 발행되기 위해서는 토지대장에 의한 토지 소유권자의 확인이 필요하여 양전의 시행은 지계의 시행과 병행되어야 했다. 기구의 통합과 업무의 통합도 이루게 되어 지계 발행과 양전을 새 통합기구인 지계아문에서 수행하게 되었다.
   노일전쟁에 의한 일본 군대의 주둔과 제1차 한일 협약을 강요당하게 되어 지계 발행은 물론 양전사업 마저도 중단되고 말았으며, 새로 탁지부에 양지국을 신설하여 양전 업무를 담당시키고 지계 발행업무는 그 업무의 완료와 함께 당해 군으로 인계하여 1904년 4월 19일 지계아문은 폐지되었다.

69 지적의 3요소와 가장 거리가 먼 것은?

① 토지   ② 등록
③ 등기   ④ 공부

해설

협의	토지	지적제도는 토지를 대상으로 성립하며 토지 없이는 등록행위가 이루어질 수 없어 지적제도 성립이 될 수 없다. 지적에서 말하는 토지란 행정적 또는 사법적 목적에 의해 인위적으로 구획된 토지의 단위구역으로서 법적으로는 등록의 객체가 되는 일필지를 의미한다.
	등록	국가통치권이 미치는 모든 영토를 필지단위로 구획하여 시장, 군수, 구청이 강제적으로 등록을 하여야 한다는 이념
	지적공부	토지를 구획하여 일정한 사항을 기록한 장부
광의	소유자	토지를 소유할 수 있는 권리의 주체
	권리	토지를 소유할 수 있는 법적 권리
	필지	법적으로 물권이 미치는 권리의 객체

70 우리나라에서의 토지소유권에 대한 설명으로 옳은 것은?

① 절대적이다.
② 무제한 사용, 수익, 처분할 수 있다.
③ 신성불가침이다.
④ 법률의 범위 내에서 사용, 수익, 처분할 수 있다.

해설

토지소유권(土地所有權)
토지를 사용하거나 처분할 수 있는 권리. 민법에서는 법률의 범위 안에서 그 권리가 지면의 위아래에 다 미치도록 규정하였으나, 광업법의 제한으로 땅속 광물에는 토지소유권의 효력이 미치지 못한다.

71 토지합병의 조건과 무관한 것은?

① 동일 지번지역 내에 있을 것
② 등록된 도면의 축척이 같을 것
③ 경계가 서로 연접되어 있을 것
④ 토지의 용도지역이 같을 것

해설

공간정보의 구축 및 관리 등에 관한 법률 시행령 제66조(합병신청)
① 토지소유자는 법 제80조 제1항 및 제2항에 따라 토지의 합병을 신청할 때에는 합병 사유를 적은 신청서를 지적소

관청에 제출하여야 한다.

② 법 제80조 제2항에서 "대통령령으로 정하는 토지"란 공장용지 · 학교용지 · 철도용지 · 수도용지 · 공원 · 체육용지 등 다른 지목의 토지를 말한다.

③ 법 제80조 제3항 제3호에서 "합병하려는 토지의 지적도 및 임야도의 축척이 서로 다른 경우 등 대통령령으로 정하는 경우"란 다음 각 호의 경우를 말한다.

1. 합병하려는 토지의 시석도 및 임야도의 축척이 서로 다른 경우
2. 합병하려는 각 필지의 지반이 연속되지 아니한 경우
3. 합병하려는 토지가 등기된 토지와 등기되지 아니한 토지인 경우
4. 합병하려는 각 필지의 지목은 같으나 일부 토지의 용도가 다르게 되어 법 제79조 제2항에 따른 분할대상 토지인 경우. 다만, 합병 신청과 동시에 토지의 용도에 따라 분할 신청을 하는 경우는 제외한다.
5. 합병하려는 토지의 소유자별 공유지분이 다르거나 소유자의 주소가 서로 다른 경우
6. 합병하려는 토지가 구획정리, 경지정리 또는 축척변경을 시행하고 있는 지역의 토지와 그 지역 밖의 토지인 경우

72 지적과 등기를 일원화된 조직의 행정업무로 처리하지 않는 국가는?

① 독일
② 네덜란드
③ 일본
④ 대만

● 해설

외국의 지적제도

구분	일본	프랑스	독일
기본법	• 국토조사법 • 부동산등기법	• 민법 • 지적법	측량 및 지적법
창설기간	1876~1888	1807	1870~1900
지적공부	• 지적부 • 지적도 • 토지등기부 • 건물등기부	• 토지대장 • 건물대장 • 지적도 • 도엽기록부 • 색인도	• 부동산지적부 • 부동산지적도 • 수치지적부
지적등기	일원화(1966)	일원화	이원화
담당기구	법무성	재무경제성	내무 : 지방 국지적과
토지대장 편성	물적 편성주의	연대적 편성주의	물적, 인적 편성주의
등록의무	적극적 등록주의	소극적 등록주의	

구분	스위스	네델란드	대만
기본법	지적공부에 의한 법률	• 민법 • 지적법	토지법
창설기간	1911	1811~1832	1897~1914
지적공부	• 부동산등록부 • 소유자별 대장 • 지적도 • 수치지적부	• 위치대장 • 부동산등록부 • 지적도	• 토지등록부 • 건축물개량 등기부 • 지적도
지적등기	일원화	일원화	일원화
담당기구	법무국	주택도시계획 및 환경성	내정부지적국
토지대장 편성	물적, 인적 편성주의	인적 편성주의	물적 편성주의
등록의무	적극적 등록주의	소극적 등록주의	적극적 등록주의

73 경국대전에서 매 20년마다 토지를 개량하여 작성했던 양안의 역할은?

① 가옥 규모 파악
② 세금징수
③ 상시 소유자 변경 등재
④ 토지거래

● 해설

1. 조선시대 양안(量案)

양안은 고려시대부터 사용된 토지장부로서 오늘날의 지적공부로 토지대장과 지적도 등의 내용을 수록하고 있었으며 '전적'이라고 부르기도 하였다. 토지실태와 징세 파악 및 소유자 확정 등의 토지과세대장으로 경국대전에는 20년에 한번씩 양전을 실시하여 양안을 작성토록한 기록이 있다.

〈양안 작성의 근거〉

• 경국대전 호전(戶典) 양전조(量田條)에는 "모든 전지는 6등급으로 구분하고 20년마다 다시 측량하여 장부를 만들어 호조(戶曹)와 그 도(道) 그 읍(邑)에 비치한다."고 기록하고 있다.
• 3부씩 작성하여 호조, 본도, 본읍에 보관

2. 경국대전

「경국대전」에는 모든 토지를 6등급으로 나누어 구분하였다.

• 정전(正田) : 항상 경작하는 토지
• 속전(續田) : 땅이 메말라 계속 농사짓기 어려워 경작할 때만 과세하는 토지
• 강등전(降等田) : 토질이 점점 떨어져 본래의 田品, 즉 등급을 유지하지 못하여 세율을 감해야 하는 토지

- 강속전(降續田) : 강등을 하고도 농사짓지 못하여 경작한 때만 과세하는 토지
- 가경전(加耕田) : 새로 개간하여 세율도 새로 정하여야 하는 토지
- 화전(火田) : 나무를 불태워 경작하는 토지로, 경작지에 포함시키지 않는 토지

위와 같이 구분하여 20년마다 한 번씩 양전을 실시, 그 결과를 양안에 기록하며, 양전을 할 때는 균전사(均田使)를 파견하여 이를 감독하고, 수령·실무자의 위법사례를 적발, 처리하도록 하였다. 그러나 인력·경비 등이 막대하게 소요되는 대사업이라 규정대로는 실시하지 못하여 수십 년, 혹은 백 년이 더 지난 뒤에 실시하기도 하여, 고려 말인 1391년(공양왕 3) 전제개혁(田制改革) 때와 조선의 태종·세종 때에 전국적인 양전이 실시되었고, 성종 때 하삼도(下三道 : 경상·전라·충청)에 부분적으로 실시한 것과 임진왜란 이후 황폐화한 국토를 정리하기 위하여 지역별로 차례로 시행된 일이 있다.

74 등록전환으로 인하여 임야대장 및 임야도에 결번이 생겼을 때의 일반적인 처리방법은?

① 결번을 그대로 둔다.
② 결번에 해당하는 지번을 다른 토지에 붙인다.
③ 결번에 해당하는 임야대장을 빼내어 폐기한다.
④ 지번설정지역을 변경한다.

해설

공간정보의 구축 및 관리 등에 관한 법률 시행규칙 제63조(결번대장의 비치)
지적소관청은 행정구역의 변경, 도시개발사업의 시행, 지번변경, 축척변경, 지번정정 등의 사유로 지번에 결번이 생긴 때에는 지체 없이 그 사유를 별지 제61호 서식의 결번대장에 적어 영구히 보존하여야 한다.

75 지적도에 등록된 경계의 뜻으로서 합당하지 않은 것은?

① 위치만 있고 면적은 없음
② 경계점 간 최단거리 연결
③ 측량방법에 따라 필지 간 2개 존재 가능
④ 필지 간 공통작용

해설

1. 토지경계의 개념
   토지의 경계는 한 지역과 다른 지역을 구분하는 외적 표시이며 토지의 소유권 등 사법상의 권리 범위를 표시하는 구획선이다. 두 인접한 토지를 분할하는 선 또는 경계를 표시하는 가상의 선으로서 지적도에 등록된 것을 법률적으로 유효한 경계로 본다.

2. 경계의 결정원칙

경계국정주의의 원칙	지적공부에 등록하는 경계는 국가가 조사·측량하여 결정한다는 원칙
경계불가분의 원칙	경계는 유일무이한 것으로 이를 분리할 수 없다는 원칙
등록선후의 원칙	동일한 경계가 축척이 서로 다른 도면에 각각 등록되어 있는 경우로서 경계가 상호 일치하지 않는 경우에는 경계에 잘못이 있는 경우를 제외하고 등록시기가 빠른 토지의 경계를 따른다는 원칙
축척종대의 원칙	동일한 경계가 축척이 서로 다른 도면에 각각 등록되어 있는 경우로서 경계가 상호 일치하지 않는 경우에는 경계에 잘못이 있는 경우를 제외하고 축척이 큰 것에 등록된 경계를 따른다는 원칙
경계직선주의	지적공부에 등록하는 경계는 직선으로 한다는 원칙

76 고구려에서 토지측량단위로 면적 계산에 사용한 제도는?

① 결부법   ② 두락제
③ 경무법   ④ 정전제

해설

삼국시대의 지적제도 비교

구분	고구려	백제	신라
길이 단위	척(尺) 단위를 사용하였으며 고구려척	척(尺) 단위를 사용하였으며 백제척, 후한척, 남조척, 당척	척(尺) 단위를 사용하였으며 흥아발주척, 녹아발주척, 백아척, 목척
면적 단위	경무법(頃畝法)	두락제(斗落制)와 결부제(結負制)	결부제(結負制)
토지 장부	봉역도(封域圖) 및 요동성총도(遼東城塚圖)	도적(圖籍) 일본에 전래 (근강국 수소촌 간전도(近江國水沼村 墾田圖))	장적 (방전, 직전, 제전, 규전, 구고전, 원전, 호전, 환전)
측량 방식	구장산술	구장산술	구장산술

구분	고구려	백제	신라
토지담당 (부서·조직)	• 부서 : 주부(主簿) • 실무조직 : 사자(使者)	• 내두좌평(內頭佐平)산학박사 : 지적, 측량 담당 • 화사 : 도면작성 • 산사 : 측량시행	• 조부 : 토지세 수 파악 • 산학박사 : 토지측량 및 면적측정
토지제도	토지국유제 원칙	토지국유제 원칙	토지국유제 원칙

77 지적의 어원을 'katastikhon', 'capitastrum'에서 찾고 있는 견해의 주요 쟁점이 되는 의미는?

① 세금 부과　　② 지적공부
③ 지형도　　④ 토지측량

●해설

지적(地籍 Cadastre)이란 용어가 어떻게 유래되었는지에 대하여는 확실치 않으나 그리스어 카타스티콘(katastikhon)과 라틴어 캐피타스트럼(capitastrum)에서 유래되었다고 하는 두 가지 학설이 지배적이라고 할 수 있다.

• 공통점
이상 지적의 어원에 관한 학자들의 주장을 살펴보았으나 그리스어인 카타스티콘(katastikhon)과 라틴어인 캐피타스트럼(capitastrum) 또는 카타스트럼(catastrum)은 그 내용에 있어서 모두 세금(稅金) 부과(賦課)의 뜻을 내포하고 있는 것이 공통점이라고 할 수 있다. 지적이 무엇인가에 대한 연구는 국내외적으로 매우 활발하게 진행되고 있으며 국가별·학자별로 다양한 이론들이 제기되고 있는 상황이다. 그러나 이러한 기존의 연구에 있어서 지적이 무엇인가에 대한 공통점은 "토지에 대한 기록"이며, "필지를 연구대상으로 한다는 점"이다.

78 우리나라에서 적용하는 지적의 원리가 아닌 것은?

① 적극적 등록주의
② 형식적 심사주의
③ 공개주의
④ 국정주의

●해설

지적(地籍)에 관한 법률(法律)의 기본이념(基本理念)

지적국정주의 (地籍國定主義)	지적공부의 등록사항인 토지표시사항을 국가만이 결정할 수 있는 권한을 가진다는 이념이다.
지적형식주의 (地籍形式主義)	국가가 결정한 토지에 대한 물리적 현황과 법적 권리관계 등을 외부에서 인식할 수 있도록 일정한 법정의 형식을 갖추어 지적공부에 등록하여야만 효력이 발생한다는 이념으로 「지적등록주의」라고도 한다.
지적공개주의 (地籍公開主義)	지적공부에 등록된 사항을 토지소유자나 이해관계인은 물론 일반인에게도 공개한다는 이념이다. 〈공시원칙에 의한 지적공부의 3가지 형식〉 • 지적공부를 직접열람 및 등본으로 알 수 있다. • 현장에 경계복원함으로써 알 수 있다. • 등록된 사항과 현장상황이 틀린 경우 변경등록한다.
실질적심사주의 (實質的審査主義)	토지에 대한 사실관계를 정확하게 지적공부에 등록·공시하기 위하여 토지를 새로이 지적공부에 등록하거나 등록된 사항을 변경 등록하고자 할 경우 소관청은 실질적인 심사를 실시하여야 한다는 이념으로서 「사실심사주의」라고도 한다.
직권등록주의 (職權登錄主義)	국가는 의무적으로 통치권이 미치는 모든 토지에 대한 일정한 사항을 직권으로 조사·측량하여 지적공부에 등록·공시하여야 한다는 이념으로서 「적극적 등록주의」 또는 「등록강제주의」라고도 한다.

79 다음 중 지적의 기능으로 가장 거리가 먼 것은?

① 재산권의 보호　　② 공정과세의 자료
③ 토지관리에 기여　　④ 쾌적한 생활환경의 조성

●해설

토지등기의 기초 (선등록 후등기)	지적공부에 토지표시사항인 토지소재, 지번, 지목, 면적, 경계와 소유자가 등록되면 이를 기초로 토지소유자가 등기소에 소유권보존등기를 신청함으로써 토지등기부가 생성된다. 즉, 토지표시사항은 토지등기부의 표제부에, 소유자는 갑구에 등록한다.
토지평가의 기초 (선등록 후평가)	토지평가는 지적공부에 등록한 토지에 한하여 이루어지며, 평가는 지적공부에 등록된 토지표시사항을 기초자료로 이용하고 있다.

토지과세의 기초 (선등록 후과세)	토지에 대한 각종 국세와 지방세는 지적공부에 등록된 필지를 단위로 면적과 지목 등 기초자료를 이용하여 결정한 개별공시지가(지가공시 및 토지 등의 평가에 관한 법률)를 과세의 기초자료로 하고 있다.
토지거래의 기초 (선등록 후거래)	토지거래는 지적공부에 등록된 필지 단위로 이루어지며, 공부에 등록된 토지표시사항(소재, 지번, 지목, 면적, 경계 등)과 등기부에 등재된 소유권 및 기타 권리관계를 기초로 하여 거래가 이루어지고 있다.
토지이용계획의 기초 (선등록 후계획)	각종 토지이용계획(국토계획, 도시관리계획, 도시개발, 도시재개발 등)은 지적공부에 등록된 토지표시사항을 기초자료로 활용하고 있다.
주소표기의 기초 (선등록 후설정)	민법에서의 주소, 호적법에서의 본적 및 주소, 주민등록법에서의 거주지·지번·본적, 인감증명법에서의 주소와 기타 법령에 의한 주소·거주지·지번은 모두 지적공부에 등록된 토지소재와 지번을 기초로 하고 있다.

80 하천의 연안에 있던 토지가 홍수 등으로 인하여 하천부지로 된 경우 이 토지를 무엇이라 하는가?

① 간석지   ② 포락지
③ 이생지   ④ 개재지

해설

간석지 (干潟地)	간석지(干潟地)는 하천에 의하여 운반된 모래와 흙이 조류의 작용으로 해안에 쌓여, 밀물 때에는 잠기고 썰물 때에는 드러나는 땅을 말한다. 남해안과 서해안에는 곳곳에 간석지가 널리 이루어져 있어 양식장, 염전 등에 이용되고, 간척사업에 의하여 농토로 바뀌고 있다.
포락지 (浦落地)	공유수면 관리법에서 정의하고 있는 '포락지(浦落地)'는 지적공부에 등록된 토지가 물에 침식돼 수면 밑으로 잠긴 토지를 말한다.
이생지 (泥生地)	이생지(泥生地)는 모래 섞인 개흙땅. 흔히 냇가에 있다.

81 토지 등의 출입 등에 따라 손실이 발생하였으나, 협의가 성립되지 아니한 경우 손실을 보상할 자 또는 손실을 받은 자가 재결을 신청할 수 있는 기관은?

① 시·도지사   ② 국토교통부장관
③ 행정자치부장관   ④ 관할 토지수용위원회

해설

공간정보의 구축 및 관리 등에 관한 법률 시행령 제102조(손실보상)

① 법 제102조 제1항에 따른 손실보상은 토지, 건물, 나무, 그 밖의 공작물 등의 임대료·거래가격·수익성 등을 고려한 적정가격으로 하여야 한다.
② 법 제102조 제3항에 따라 재결을 신청하려는 자는 국토교통부령으로 정하는 바에 따라 다음 각 호의 사항을 적은 재결신청서를 관할 토지수용위원회에 제출하여야 한다.
  1. 재결의 신청자와 상대방의 성명 및 주소
  2. 측량의 종류
  3. 손실 발생 사실
  4. 보상받으려는 손실액과 그 명세
  5. 협의의 내용
③ 제2항에 따른 재결에 불복하는 자는 재결서 정본(正本)을 송달받은 날부터 30일 이내에 중앙토지수용위원회에 이의를 신청할 수 있다. 이 경우 그 이의신청은 해당 지방토지수용위원회를 거쳐야 한다.

82 복구측량이 완료되어 지적공부를 복구하려는 경우 복구하려는 토지의 표시 등을 시·군·구 게시판 및 인터넷 홈페이지에 최소 며칠 이상 게시하여야 하는가?

① 7일 이상   ② 10일 이상
③ 15일 이상   ④ 30일 이상

해설

공간정보의 구축 및 관리 등에 관한 법률 시행규칙 제73조(지적공부의 복구절차 등)

① 지적소관청은 법 제74조 및 영 제61조 제1항에 따라 지적공부를 복구하려는 경우에는 제72조 각 호의 복구자료를 조사하여야 한다.
② 지적소관청은 제1항에 따라 조사된 복구자료 중 토지대장·임야대장 및 공유지연명부의 등록 내용을 증명하는

서류 등에 따라 별지 제70호 서식의 지적복구자료 조사서를 작성하고, 지적도면의 등록 내용을 증명하는 서류 등에 따라 복구자료도를 작성하여야 한다.
⑥ 지적소관청은 제1항부터 제5항까지의 규정에 따른 복구 자료의 조사 또는 복구측량 등이 완료되어 지적공부를 복구하려는 경우에는 복구하려는 토지의 표시 등을 시·군·구 게시판 및 인터넷 홈페이지에 15일 이상 게시하여야 한다.

83 지적기준점에 해당하지 않는 것은?

① 위성기준점 ② 지적삼각점
③ 지적도근점 ④ 지적삼각보조점

해설

공간정보의 구축 및 관리 등에 관한 법률 시행령 제8조(측량기준점의 구분)
① 법 제7조 제1항에 따른 측량기준점은 다음 각 호의 구분에 따른다.
　3. 지적기준점
　　가. 지적삼각점(地籍三角點) : 지적측량 시 수평위치 측량의 기준으로 사용하기 위하여 국가기준점을 기준으로 하여 정한 기준점
　　나. 지적삼각보조점 : 지적측량 시 수평위치 측량의 기준으로 사용하기 위하여 국가기준점과 지적삼각점을 기준으로 하여 정한 기준점
　　다. 지적도근점(地籍圖根點) : 지적측량 시 필지에 대한 수평위치 측량 기준으로 사용하기 위하여 국가기준점, 지적삼각점, 지적삼각보조점 및 다른 지적도근점을 기초로 하여 정한 기준점

84 도시개발사업과 관련하여 지적소관청에 제출하는 신고 서류로 옳지 않은 것은?

① 사업인가서 ② 지번별 조서
③ 사업계획도 ④ 환지 설계서

해설

공간정보의 구축 및 관리 등에 관한 법률 시행규칙 제95조(도시개발사업 등의 신고)
① 법 제86조 제1항 및 영 제83조 제2항에 따른 도시개발사업 등의 착수 또는 변경의 신고를 하려는 자는 별지 제81호 서식의 도시개발사업 등의 착수(시행)·변경·완료 신고서에 다음 각 호의 서류를 첨부하여야 한다. 다만, 변경

신고의 경우에는 변경된 부분으로 한정한다.
　1. 사업인가서
　2. 지번별 조서
　3. 사업계획도
② 법 제86조 제1항 및 영 제83조 제2항에 따른 도시개발사업 등의 완료신고를 하려는 자는 별지 제81호 서식의 신청서에 다음 각 호의 서류를 첨부하여야 한다. 이 경우 지적측량수행자가 지적소관청에 측량검사를 의뢰하면서 미리 제출한 서류는 첨부하지 아니할 수 있다.
　1. 확정될 토지의 지번별 조서 및 종전 토지의 지번별 조서
　2. 환지처분과 같은 효력이 있는 고시된 환지계획서. 다만, 환지를 수반하지 아니하는 사업인 경우에는 사업의 완료를 증명하는 서류를 말한다.

85 측량업의 등록을 하려는 자가 신청서에 첨부하여 제출하여야 할 서류가 아닌 것은?

① 보유하고 있는 측량기술자의 명단
② 보유한 인력에 대한 측량기술 경력증명서
③ 보유하고 있는 장비의 명세서
④ 등기부등본

해설

공간정보의 구축 및 관리 등에 관한 법률 시행령 제35조(측량업의 등록 등)
① 법 제44조 제1항 제1호의 측지측량업과 이 영 제34조 제1항 제3호부터 제9호까지의 측량업은 국토교통부장관에게 등록하고, 법 제44조 제1항 제2호의 지적측량업과 이 영 제34조 제1항 제1호 및 제2호의 측량업은 특별시장·광역시장·특별자치시장 또는 도지사에게 등록하여야 한다. 다만, 특별자치도의 경우에는 법 제44조 제1항 제1호 및 제2호와 이 영 제34조 제1항 각 호의 측량업을 특별자치도지사에게 등록하여야 한다.
② 제1항에 따라 측량업의 등록을 하려는 자는 국토교통부령으로 정하는 신청서(전자문서로 된 신청서를 포함한다)에 다음 각 호의 서류(전자문서를 포함한다)를 첨부하여 국토교통부장관 또는 시·도지사에게 제출하여야 한다.〈개정 2013.3.23., 2014.1.17., 2017.1.10.〉
　1. 별표 8에 따른 기술인력을 갖춘 사실을 증명하기 위한 다음 각 목의 서류
　　가. 보유하고 있는 측량기술자의 명단
　　나. 가목의 인력에 대한 측량기술 경력증명서
　2. 별표 8에 따른 장비를 갖춘 사실을 증명하기 위한 다음 각 목의 서류

가. 보유하고 있는 장비의 명세서

나. 가목의 장비의 성능검사서 사본

다. 소유권 또는 사용권을 보유한 사실을 증명할 수 있는 서류

86 지적서고의 설치기준 등에 관한 설명으로 틀린 것은?

① 골조는 철근콘크리트 이상의 강질로 할 것

② 바닥과 벽은 2중으로 하고 영구적인 방수설비를 할 것

③ 전기시설을 설치하는 때에는 단독퓨즈를 설치하고 소화장비를 갖춰 둘 것

④ 열과 습도의 영향을 적게 받도록 내부공간을 좁고 천장을 낮게 설치할 것

해설

공간정보의 구축 및 관리 등에 관한 법률 시행규칙 강제65조(지적서고의 설치기준 등)

① 법 제69조 제1항에 따른 지적서고는 지적사무를 처리하는 사무실과 연접(連接)하여 설치하여야 한다.

② 제1항에 따른 지적서고의 구조는 다음 각 호의 기준에 따라야 한다.

　1. 골조는 철근콘크리트 이상의 강질로 할 것

　2. 지적서고의 면적은 별표 7의 기준면적에 따를 것

　3. 바닥과 벽은 2중으로 하고 영구적인 방수설비를 할 것

　4. 창문과 출입문은 2중으로 하되, 바깥쪽 문은 반드시 철제로 하고 안쪽 문은 곤충·쥐 등의 침입을 막을 수 있도록 철망 등을 설치할 것

　5. 온도 및 습도 자동조절장치를 설치하고, 연중 평균온도는 섭씨 20±5도를, 연중평균습도는 65±5퍼센트를 유지할 것

　6. 전기시설을 설치하는 때에는 단독퓨즈를 설치하고 소화장비를 갖춰 둘 것

　7. 열과 습도의 영향을 받지 아니하도록 내부공간을 넓게 하고 천장을 높게 설치할 것

③ 지적서고는 다음 각 호의 기준에 따라 관리하여야 한다.

　1. 지적서고는 제한구역으로 지정하고, 출입자를 지적사무담당공무원으로 한정할 것

　2. 지적서고에는 인화물질의 반입을 금지하며, 지적공부, 지적 관계 서류 및 지적측량장비만 보관할 것

④ 지적공부 보관상자는 벽으로부터 15센티미터 이상 띄워야 하며, 높이 10센티미터 이상의 깔판 위에 올려놓아야 한다.

87 지적측량업의 등록을 취소해야 하는 경우에 해당되지 않는 것은?

① 거짓이나 그 밖의 부정한 방법으로 지적측량업의 등록을 한 때

② 법인의 임원 중 형의 집행유예 선고를 받고 그 유예기간이 경과된 자가 있는 때

③ 다른 사람에게 자기의 등록증을 빌려준 때

④ 영업정지기간 중에 지적측량업을 영위한 때

해설

공간정보의 구축 및 관리 등에 관한 법률 제52조(측량업의 등록취소 등)

① 국토교통부장관, 해양수산부장관 또는 시·도지사는 측량업자가 다음 각 호의 어느 하나에 해당하는 경우에는 측량업의 등록을 취소하거나 1년 이내의 기간을 정하여 영업의 정지를 명할 수 있다. 다만, 제2호·제4호·제7호·제8호·제11호 또는 제14호에 해당하는 경우에는 측량업의 등록을 취소하여야 한다. 〈개정 2013.3.23., 2014.6.3.〉

　1. 고의 또는 과실로 측량을 부정확하게 한 경우

　2. 거짓이나 그 밖의 부정한 방법으로 측량업의 등록을 한 경우

　3. 정당한 사유 없이 측량업의 등록을 한 날부터 1년 이내에 영업을 시작하지 아니하거나 계속하여 1년 이상 휴업한 경우

　4. 제44조 제2항에 따른 등록기준에 미달하게 된 경우. 다만, 일시적으로 등록기준에 미달되는 등 대통령령으로 정하는 경우는 제외한다.

　5. 제44조 제4항을 위반하여 측량업 등록사항의 변경신고를 하지 아니한 경우

　6. 지적측량업자가 제45조(지적측량업자의 업무 범위)에 따른 업무 범위를 위반하여 지적측량을 한 경우

　7. 제47조(측량업등록의 결격사유) 각 호의 어느 하나에 해당하게 된 경우

　8. 제49조 제1항을 위반하여 다른 사람에게 자기의 측량업등록증 또는 측량업등록수첩을 빌려 주거나 자기의 성명 또는 상호를 사용하여 측량업무를 하게 한 경우

　9. 지적측량업자가 제50조(지적측량수행자의 성실의무 등)를 위반한 경우

　10. 제51조(손해배상책임의 보장)를 위반하여 보험가입 등 필요한 조치를 하지 아니한 경우

　11. 영업정지기간 중에 계속하여 영업을 한 경우

　12. 지적측량업자가 제106조 제2항(수수료 등)에 따른 지적측량수수료를 같은 조 제3항에 따라 고시한 금액보다 과다 또는 과소하게 받은 경우

13. 다른 행정기관이 관계 법령에 따라 등록취소 또는 영업정지를 요구한 경우
14. 「국가기술자격법」 제15조 제2항을 위반하여 측량업자가 측량기술자의 국가기술자격증을 대여 받은 사실이 확인된 경우

② 측량업자의 지위를 승계한 상속인이 제47조에 따른 측량업등록의 결격사유에 해당하는 경우에는 그 결격사유에 해당하게 된 날부터 6개월이 지난 날까지는 제1항 세7호를 적용하지 아니한다.

③ 국토교통부장관, 해양수산부장관 또는 시·도지사는 제1항에 따라 측량업등록을 취소하거나 영업정지의 처분을 하였으면 그 사실을 공고하여야 한다.〈개정 2013.3.23.〉

④ 측량업등록의 취소 및 영업정지 처분에 관한 세부 기준은 국토교통부령 또는 해양수산부령으로 정한다

88 지적도의 등록사항으로 틀린 것은?

① 전유부분의 건물표시
② 도면의 색인도
③ 건물 및 구조물 등의 위치
④ 삼각점 및 지적측량기준점의 위치

● 해설

구분	토지표시사항	소유권에 관한 사항
대지권 등록부 (坌地權 登錄簿, Building Site Rights Books)	• 토지 소재 • 지번	• 토지소유자가 변동일자 및 변동원인 • 주민등록번호 • 성명 또는 명칭, 주소 • 대지권 비율 • 소유권지분
	기타	
	• 토지의 고유번호 • 집합건물별 대지권등록부의 장번호 • 건물의 명칭 • 전유부분의 건물의 표시	
	토지표시사항	기타
지적도 (地籍圖, Land Books) & 임야도(林野 圖, Forest Books)	• 토지 소재 • 지번 • 지목 • 경계 • 좌표에 의하여 계산된 경계점 간의 거리 (경계점좌표등록부를 갖춰두는 지역으로 한정한다)	• 도면의 색인도 • 도면의 제명 및 축척 • 도곽선과 그 수치 • 삼각점 및 지적기준점의 위치 • 건축물 및 구조물 등의 위치

89 토지소유자에게 지적정리사항을 통지하지 않아도 되는 때는?

① 신청의 대위 시
② 직권 등록사항 정정 시
③ 등기촉탁 시
④ 신규등록 시

● 해설

공간정보의 구축 및 관리 등에 관한 법률 제90조(지적정리 등의 통지)

제64조 제2항 단서, 제66조 제2항, 제74조, 제82조 제2항, 제84조 제2항, 제85조 제2항, 제86조 제2항, 제87조 또는 제89조에 따라 지적소관청이 지적공부에 등록하거나 지적공부를 복구 또는 말소하거나 등기촉탁을 하였으면 대통령령으로 정하는 바에 따라 해당 토지소유자에게 통지하여야 한다. 다만, 통지받을 자의 주소나 거소를 알 수 없는 경우에는 국토교통부령으로 정하는 바에 따라 일간신문, 해당 시·군·구의 공보 또는 인터넷홈페이지에 공고하여야 한다.

제64조(토지의 조사·등록 등) 제2항 단서

② 지적공부에 등록하는 지번·지목·면적·경계 또는 좌표는 토지의 이동이 있을 때 토지소유자(법인이 아닌 사단이나 재단의 경우에는 그 대표자나 관리인을 말한다. 이하 같다)의 신청을 받아 지적소관청이 결정한다. 다만, 신청이 없으면 지적소관청이 직권으로 조사·측량하여 결정할 수 있다.

제66조(지번의 부여 등) 제2항

② 지적소관청은 지적공부에 등록된 지번을 변경할 필요가 있다고 인정하면 시·도지사나 대도시 시장의 승인을 받아 지번부여지역 의 전부 또는 일부에 대하여 지번을 새로 부여할 수 있다.

제74조(지적공부의 복구)

지적소관청(제69조 제2항에 따른 지적공부의 경우에는 시·도지사, 시장·군수 또는 구청장)은 지적공부의 전부 또는 일부가 멸실되거나 훼손된 경우에는 대통령령으로 정하는 바에 따라 지체 없이 이를 복구하여야 한다.

제82조(바다로 된 토지의 등록말소 신청) 제2항

② 지적소관청은 제1항에 따른 토지소유자가 통지를 받은 날부터 90일 이내에 등록말소 신청을 하지 아니하면 대통령령으로 정하는 바에 따라 등록을 말소한다.

제84조(등록사항의 정정) 제2항

② 지적소관청은 지적공부의 등록사항에 잘못이 있음을 발견하면 대통령령으로 정하는 바에 따라 직권으로 조사·측량하여 정정할 수 있다.

제85조(행정구역의 명칭변경 등) 제2항

② 지번부여지역의 일부가 행정구역의 개편으로 다른 지번부

여지역에 속하게 되었으면 지적소관청은 새로 속하게 된 지번부여지역의 지번을 부여하여야 한다.

제86조(도시개발사업 등 시행지역의 토지이동 신청에 관한 특례) 제2항

② 제1항에 따른 사업과 관련하여 토지의 이동이 필요한 경우에는 해당 사업의 시행자가 지적소관청에 토지의 이동을 신청하여야 한다.

제87조(신청의 대위)

다음 각 호의 어느 하나에 해당하는 자는 이 법에 따라 토지소유자가 하여야 하는 신청을 대신할 수 있다. 다만, 제84조에 따른 등록사항 정정 대상토지는 제외한다. 〈개정 2014.6.3.〉

1. 공공사업 등에 따라 학교용지·도로·철도용지·제방·하천·구거·유지·수도용지 등의 지목으로 되는 토지인 경우 : 해당 사업의 시행자
2. 국가나 지방자치단체가 취득하는 토지인 경우 : 해당 토지를 관리하는 행정기관의 장 또는 지방자치단체의 장
3. 「주택법」에 따른 공동주택의 부지인 경우 : 「집합건물의 소유 및 관리에 관한 법률」에 따른 관리인(관리인이 없는 경우에는 공유자가 선임한 대표자) 또는 해당 사업의 시행자
4. 「민법」 제404조에 따른 채권자

제89조(등기촉탁)

① 지적소관청은 제64조 제2항(신규등록은 제외한다), 제66조 제2항, 제82조, 제83조 제2항, 제84조 제2항 또는 제85조 제2항에 따른 사유로 토지의 표시 변경에 관한 등기를 할 필요가 있는 경우에는 지체 없이 관할 등기관서에 그 등기를 촉탁하여야 한다. 이 경우 등기촉탁은 국가가 국가를 위하여 하는 등기로 본다.
② 제1항에 따른 등기촉탁에 필요한 사항은 국토교통부령으로 정한다.

90 지적공부의 복구에 관한 관계 자료에 해당하지 않는 것은?

① 지적공부의 등본
② 측량 결과도
③ 토지이용계획확인서
④ 토지이동정리 결의서

●해설

공간정보의 구축 및 관리 등에 관한 법률 시행규칙 제72조(지적공부의 복구자료)
지적공부의 복구에 관한 관계 자료(이하 "복구자료"라 한다)는 다음 각 호와 같다.

1. 지적공부의 등본
2. 측량 결과도
3. 토지이동정리 결의서
4. 부동산등기부 등본 등 등기사실을 증명하는 서류
5. 지적소관청이 작성하거나 발행한 지적공부의 등록내용을 증명하는 서류
6. 법 제69조 제3항에 따라 복제된 지적공부
7. 법원의 확정판결서 정본 또는 사본

91 경계점좌표등록부에 등록하는 지역의 토지 면적 결정(제곱미터)의 기준으로 옳은 것은?

① 소수점 세 자리로 한다.
② 소수점 두 자리로 한다.
③ 소수점 한 자리로 한다.
④ 정수로 한다.

●해설

공간정보의 구축 및 관리 등에 관한 법률 시행령 제60조(면적의 결정 및 측량계산의 끝수처리)

① 면적의 결정은 다음 각 호의 방법에 따른다.
　1. 토지의 면적에 1제곱미터 미만의 끝수가 있는 경우 0.5제곱미터 미만일 때에는 버리고 0.5제곱미터를 초과하는 때에는 올리며, 0.5제곱미터일 때에는 구하려는 끝자리의 숫자가 0 또는 짝수이면 버리고 홀수이면 올린다. 다만, 1필지의 면적이 1제곱미터 미만일 때에는 1제곱미터로 한다.
　2. 지적도의 축척이 600분의 1인 지역과 경계점좌표등록부에 등록하는 지역의 토지 면적은 제1호에도 불구하고 제곱미터 이하 한 자리 단위로 하되, 0.1제곱미터 미만의 끝수가 있는 경우 0.05제곱미터 미만일 때에는 버리고 0.05제곱미터를 초과할 때에는 올리며, 0.05제곱미터일 때에는 구하려는 끝자리의 숫자가 0 또는 짝수이면 버리고 홀수이면 올린다. 다만, 1필지의 면적이 0.1제곱미터 미만일 때에는 0.1제곱미터로 한다.
② 방위각의 각치(角値), 종횡선의 수치 또는 거리를 계산하는 경우 구하려는 끝자리의 다음 숫자가 5 미만일 때에는 버리고 5를 초과할 때에는 올리며, 5일 때에는 구하려는 끝자리의 숫자가 0 또는 짝수이면 버리고 홀수이면 올린다. 다만, 전자계산조직을 이용하여 연산할 때에는 최종수치에만 이를 적용한다.

92 지번 10-1, 10-2, 11, 12번지의 4필지를 합병하는 경우 새로이 설정하는 지번으로 옳은 것은?

① 10-1　　　　　② 10-2
③ 11　　　　　　④ 12

●해설

공간정보의 구축 및 관리 등에 관한 법률 시행령 제66조(지번의 구성 및 부여방법 등)
① 지번(地番)은 아라비아 숫자로 표기하되, 임야대장 및 임야도에 등록하는 토지의 지번은 숫자 앞에 "산" 자를 붙인다.
② 지번은 본번(本番)과 부번(副番)으로 구성하되, 본번과 부번 사이에 "-" 표시로 연결한다. 이 경우 "-" 표시는 "의"라고 읽는다.
③ 법 제66조에 따른 지번의 부여방법은 다음 각 호와 같다. 〈개정 2014.1.17.〉
　1. 지번은 북서에서 남동으로 순차적으로 부여할 것
　2. 신규등록 및 등록전환의 경우에는 그 지번부여지역에서 인접토지의 본번에 부번을 붙여서 지번을 부여할 것. 다만, 다음 각 목의 어느 하나에 해당하는 경우에는 그 지번부여지역의 최종 본번의 다음 순번부터 본번으로 하여 순차적으로 지번을 부여할 수 있다.
　　가. 대상토지가 그 지번부여지역의 최종 지번의 토지에 인접하여 있는 경우
　　나. 대상토지가 이미 등록된 토지와 멀리 떨어져 있어서 등록된 토지의 본번에 부번을 부여하는 것이 불합리한 경우
　　다. 대상토지가 여러 필지로 되어 있는 경우
　3. 분할의 경우에는 분할 후의 필지 중 1필지의 지번은 분할 전의 지번으로 하고, 나머지 필지의 지번은 본번의 최종 부번 다음 순번으로 부번을 부여할 것. 이 경우 주거·사무실 등의 건축물이 있는 필지에 대해서는 분할 전의 지번을 우선하여 부여하여야 한다.
　4. 합병의 경우에는 합병 대상 지번 중 선순위의 지번을 그 지번으로 하되, 본번으로 된 지번이 있을 때에는 본번 중 선순위의 지번을 합병 후의 지번으로 할 것. 이 경우 토지소유자가 합병 전의 필지에 주거·사무실 등의 건축물이 있어서 그 건축물이 위치한 지번을 합병 후 지번으로 신청할 때에는 그 지번을 합병 후의 지번으로 부여하여야 한다.

93 국가가 국가를 위하여 하는 등기로 보는 등기촉탁 사유가 아닌 것은?

① 신규등록　　　　② 지번변경
③ 축척변경　　　　④ 등록사항정정(직권)

●해설

공간정보의 구축 및 관리 등에 관한 법률 제89조(등기촉탁)
① 지적소관청은 제64조 제2항(신규등록은 제외한다), 제66조 제2항, 제82조, 제83조 제2항, 제84조 제2항 또는 제85조 제2항에 따른 사유로 토지의 표시 변경에 관한 등기를 할 필요가 있는 경우에는 지체 없이 관할 등기관서에 그 등기를 촉탁하여야 한다. 이 경우 등기촉탁은 국가가 국가를 위하여 하는 등기로 본다.
　• 지적소관청은 지적공부에 등록하는 지번·지목·면적·경계 또는 좌표는 토지의 이동이 있을 때(제64조 제2항. 단, 신규등록은 제외한다)
　• 지적소관청은 지적공부에 등록된 지번을 변경할 필요가 있을 때(제66조 제2항)
　• 바다로 된 토지의 등록말소 신청(제82조)
　• 축척변경을 한 때(제83조 제2항)
　• 지적소관청은 지적공부의 등록사항에 잘못이 있음을 발견하면 대통령령으로 정하는 바에 따라 직권으로 조사·측량하여 정정할 수 있다.(제84조 제2항)
　• 지번부여지역의 일부가 행정구역의 개편으로 다른 지번부여지역에 속하게 되었으면 지적소관청은 새로 속하게 된 지번부여지역의 지번을 부여하여야 한다.(제85조 제2항)
② 제1항에 따른 등기촉탁에 필요한 사항은 국토교통부령으로 정한다. 〈개정 2013.3.23.〉

94 지적측량 적부심사의결서를 받은 시·도지사는 며칠 이내에 지적측량적부심심사 청구인 및 이해관계인에게 그 의결서를 통지하여야 하는가?

① 5일　　　　　　② 7일
③ 30일　　　　　④ 60일

●해설

공간정보의 구축 및 관리 등에 관한 법률 제29조(지적측량의 적부심사 등)
① 토지소유자, 이해관계인 또는 지적측량수행자는 지적측량성과에 대하여 다툼이 있는 경우에는 대통령령으로 정하는 바에 따라 관할 시·도지사를 거쳐 지방지적위원회에 지적측량 적부심사를 청구할 수 있다. 〈개정 2013.7.17.〉

② 제1항에 따른 지적측량 적부심사청구를 받은 시·도지사는 30일 이내에 다음 각 호의 사항을 조사하여 지방지적위원회에 회부하여야 한다.
1. 다툼이 되는 지적측량의 경위 및 그 성과
2. 해당 토지에 대한 토지이동 및 소유권 변동 연혁
3. 해당 토지 주변의 측량기준점, 경계, 주요 구조물 등 현황 실측도

③ 제2항에 따라 지적측량 적부심사청구를 회부받은 지방지적위원회는 그 심사청구를 회부받은 날부터 60일 이내에 심의·의결하여야 한다. 다만, 부득이한 경우에는 그 심의기간을 해당 지적위원회의 의결을 거쳐 30일 이내에서 한 번만 연장할 수 있다.

④ 지방지적위원회는 지적측량 적부심사를 의결하였으면 대통령령으로 정하는 바에 따라 의결서를 작성하여 시·도지사에게 송부하여야 한다.

⑤ 시·도지사는 제4항에 따라 의결서를 받은 날부터 7일 이내에 지적측량 적부심사 청구인 및 이해관계인에게 그 의결서를 통지하여야 한다.

⑥ 제5항에 따라 의결서를 받은 자가 지방지적위원회의 의결에 불복하는 경우에는 그 의결서를 받은 날부터 90일 이내에 국토교통부장관을 거쳐 중앙지적위원회에 재심사를 청구할 수 있다. 〈개정 2013.3.23., 2013.7.17.〉

95 지적확정측량에 관한 설명으로 틀린 것은?

① 지적확정측량을 하는 경우 필지별 경계점은 위성기준점, 통합기준점, 삼각점, 지적삼각점, 지적삼각보조점 및 지적도근점에 따라 측정하여야 한다.

② 지적확정측량을 할 때에는 미리 사업계획도와 도면을 대조하여 각 필지의 위치 등을 확인하여야 한다.

③ 도시개발사업 등으로 지적확정측량을 하려는 지역에 임야도를 갖춰 두는 지역의 토지가 있는 경우에는 등록전환을 하지 아니할 수 있다.

④ 도시개발사업 등에는 막대한 예산이 소요되기 때문에, 지적확정측량은 지적측량수행자 중에서 전문적인 노하우를 갖춘 한국국토정보공사가 전담한다.

해설

지적측량 시행규칙 제22조(지적확정측량)
① 지적확정측량을 하는 경우 필지별 경계점은 위성기준점, 통합기준점, 삼각점, 지적삼각점, 지적삼각보조점 및 지적도근점에 따라 측정하여야 한다.
② 지적확정측량을 할 때에는 미리 규칙 제95조 제1항 제3호에 따른 사업계획도와 도면을 대조하여 각 필지의 위치 등을 확인하여야 한다.
③ 도시개발사업 등으로 지적확정측량을 하려는 지역에 임야도를 갖춰 두는 지역의 토지가 있는 경우에는 등록전환을 하지 아니할 수 있다.
④ 법 제6조 제1항의 기준에 따른 지적확정측량 방법과 절차에 대해서는 국토교통부장관이 정한다.

96 토지를 지적공부에 1필지로 등록하는 기준으로 옳은 것은?

① 지번부여지역의 토지로서 용도와 관계없이 소유자가 동일하면 1필지로 등록할 수 있다.

② 지번부여지역의 토지로서 소유자와 용도가 같고 지반이 연속된 토지는 1필지로 등록할 수 있다.

③ 행정구역을 달리할지라도 지목과 소유자가 동일하면 1필지로 등록한다.

④ 종된 용도의 토지 면적이 100제곱미터를 초과하면 1필지로 등록한다.

해설

공간정보의 구축 및 관리 등에 관한 법률 시행령 제5조(1필지로 정할 수 있는 기준)
① 법 제2조 제21호에 따라 지번부여지역의 토지로서 소유자와 용도가 같고 지반이 연속된 토지는 1필지로 할 수 있다.
② 제1항에도 불구하고 다음 각 호의 어느 하나에 해당하는 토지는 주된 용도의 토지에 편입하여 1필지로 할 수 있다. 다만, 종된 용도의 토지의 지목(地目)이 "대"(垈)인 경우와 종된 용도의 토지 면적이 주된 용도의 토지 면적의 10퍼센트를 초과하거나 330제곱미터를 초과하는 경우에는 그러하지 아니하다.
1. 주된 용도의 토지의 편의를 위하여 설치된 도로·구거(溝渠: 도랑) 등의 부지
2. 주된 용도의 토지에 접속되거나 주된 용도의 토지로 둘러싸인 토지로서 다른 용도로 사용되고 있는 토지

97 축척 600분의 1 지역에서 1필지의 산출면적이 76.55m²였다면 결정면적은?

① 76m²   ② 76.5m²

③ 76.6m²   ④ 77m²

해설

공간정보의 구축 및 관리 등에 관한 법률 시행령 제60조(면적의 결정 및 측량계산의 끝수처리)

① 면적의 결정은 다음 각 호의 방법에 따른다.
1. 토지의 면적에 1제곱미터 미만의 끝수가 있는 경우 0.5제곱미터 미만일 때에는 버리고 0.5제곱미터를 초과하는 때에는 올리며, 0.5제곱미터일 때에는 구하려는 끝자리의 숫자가 0 또는 짝수이면 버리고 홀수이면 올린다. 다만, 1필지의 면적이 1제곱미터 미만일 때에는 1제곱미터로 한다.
2. 지적도의 축척이 600분의 1인 지역과 경계점좌표등록부에 등록하는 지역의 토지 면적은 제1호에도 불구하고 제곱미터 이하 한 자리 단위로 하되, 0.1제곱미터 미만의 끝수가 있는 경우 0.05제곱미터 미만일 때에는 버리고 0.05제곱미터를 초과할 때에는 올리며, 0.05제곱미터일 때에는 구하려는 끝자리의 숫자가 0 또는 짝수이면 버리고 홀수이면 올린다. 다만, 1필지의 면적이 0.1제곱미터 미만일 때에는 0.1제곱미터로 한다.

② 방위각의 각치(角値), 종횡선의 수치 또는 거리를 계산하는 경우 구하려는 끝자리의 다음 숫자가 5 미만일 때에는 버리고 5를 초과할 때에는 올리며, 5일 때에는 구하려는 끝자리의 숫자가 0 또는 짝수이면 버리고 홀수이면 올린다. 다만, 전자계산조직을 이용하여 연산할 때에는 최종수치에만 이를 적용한다.

98 신규등록 대상 토지가 아닌 것은?

① 공유수면매립 준공 토지

② 도시개발사업 완료 토지

③ 미등록 하천

④ 미등록 공공용 토지

해설

공간정보의 구축 및 관리 등에 관한 법률 제2조(정의)
이 법에서 사용하는 용어의 뜻은 다음과 같다.
20. "토지의 표시"란 지적공부에 토지의 소재·지번(地番)·지목(地目)·면적·경계 또는 좌표를 등록한 것을 말한다.
28. "토지의 이동(異動)"이란 토지의 표시를 새로 정하거나 변경 또는 말소하는 것을 말한다.
29. "신규등록"이란 새로 조성된 토지와 지적공부에 등록되어 있지 아니한 토지를 지적공부에 등록하는 것을 말한다.

99 지적공부에 등록된 토지의 표시사항이 토지의 이동으로 달라지는 경우 이를 결정하는 권한을 가진 자는?

① 지적소관청   ② 시·도지사

③ 토지권리자   ④ 지적측량업자

해설

공간정보 구축 및 관리 등에 관한 법률 제64조(토지의 조사·등록 등)

① 국토교통부장관은 모든 토지에 대하여 필지별로 소재·지번·지목·면적·경계 또는 좌표 등을 조사·측량하여 지적공부에 등록하여야 한다.

② 지적공부에 등록하는 지번·지목·면적·경계 또는 좌표는 토지의 이동이 있을 때 토지소유자(법인이 아닌 사단이나 재단의 경우에는 그 대표자나 관리인을 말한다. 이하 같다)의 신청을 받아 지적소관청이 결정한다. 다만, 신청이 없으면 지적소관청이 직권으로 조사·측량하여 결정할 수 있다.

③ 제2항 단서에 따른 조사·측량의 절차 등에 필요한 사항은 국토교통부령으로 정한다.

100 지적공부의 복구 자료에 해당하지 않는 것은?

① 복제된 지적공부   ② 측량준비도

③ 부동산등기부 등본   ④ 지적공부의 등본

해설

공간정보의 구축 및 관리 등에 관한 법률 제72조(지적공부의 복구자료)

영 제61조 제1항에 따른 지적공부의 복구에 관한 관계 자료(이하 "복구자료"라 한다)는 다음 각 호와 같다.
1. 지적공부의 등본
2. 측량 결과도
3. 토지이동정리 결의서
4. 부동산등기부 등본 등 등기사실을 증명하는 서류
5. 지적소관청이 작성하거나 발행한 지적공부의 등록내용을 증명하는 서류
6. 법 제69조 제3항에 따라 복제된 지적공부
7. 법원의 확정판결서 정본 또는 사본

본 문제의 해설은 출제자의 의도와 일치되지 않을 수 있으며, 문제 및 해설에 일부 오탈자가 있을 수 있으므로 학습 시 의문사항이 있으면 예문사 또는 저자에게 문의하여 주시기 바랍니다.

Subject 01 지적측량

01 경위의측량방법에 따른 세부측량에서 거리측정 단위는?

① 0.1cm
② 1cm
③ 5cm
④ 10cm

해설

지적측량 시행규칙 제18조(세부측량의 기준 및 방법 등)
① 평판측량방법에 따른 세부측량은 다음 각 호의 기준에 따른다.
　1. 거리측정단위는 지적도를 갖춰 두는 지역에서는 5센티미터로 하고, 임야도를 갖춰 두는 지역에서는 50센티미터로 할 것
⑨ 경위의측량방법에 따른 세부측량은 다음 각 호의 기준에 따른다.
　1. 거리측정단위는 1센티미터로 할 것
　2. 측량결과도는 그 토지의 지적도와 동일한 축척으로 작성할 것. 다만, 법 제86조에 따른 도시개발사업 등의 시행지역(농지의 구획정리지역은 제외한다)과 축척변경 시행지역은 500분의 1로 하고, 농지의 구획정리 시행지역은 1천분의 1로 하되, 필요한 경우에는 미리 시·도지사의 승인을 받아 6천분의 1까지 작성할 수 있다.
　3. 토지의 경계가 곡선인 경우에는 가급적 현재 상태와 다르게 되지 아니하도록 경계점을 측정하여 연결할 것. 이 경우 직선으로 연결하는 곡선의 중앙종거(中央縱距)의 길이는 5센티미터 이상 10센티미터 이하로 한다.

02 축척 1 : 600 도면을 기초로 하여 축척 1 : 3,000 도면을 작성할 때 필요한 1 : 600 도면의 매수는?

① 10매
② 15매
③ 20매
④ 25매

해설

$$\left(\frac{1}{600}\right)^2 : \left(\frac{1}{3,000}\right)^2 = \frac{\left(\frac{1}{600}\right)^2}{\left(\frac{1}{3,000}\right)^2} = \frac{3,000^2}{600^2} = 25\text{매}$$

03 축척이 1 : 1,200인 지역에서 전자면적측정기에 따른 면적을 도상에서 2회 측정한 결과가 654.8m², 655.2m²이었을 때 평균치를 측정 면적으로 하기 위하여 교차는 얼마 이하이어야 하는가?

① 16.2m²
② 17.2m²
③ 18.2m²
④ 19.2m²

해설

$$A = 0.023^2 M\sqrt{F}$$
$$= 0.023^2 \times 1,200 \sqrt{\frac{654.8 + 655.2}{2}} = 16.2\text{m}^2$$

04 다음 중 지적측량을 하여야 하는 경우로 옳지 않은 것은?

① 지적측량성과를 검사하는 경우
② 지적기준점을 정하는 경우
③ 분할된 도로의 필지를 합병하는 경우
④ 경계점을 지상에 복원하는 경우

해설

공간정보의 구축 및 관리 등에 관한 법률 제23조(지적측량의 실시 등)
① 다음 각 호의 어느 하나에 해당하는 경우에는 지적측량을 하여야 한다. 〈개정 2013.7.17.〉
　1. 제7조 제1항 제3호에 따른 지적기준점을 정하는 경우
　2. 제25조에 따라 지적측량성과를 검사하는 경우

정답 01 ② 02 ④ 03 ① 04 ③

3. 다음 각 목의 어느 하나에 해당하는 경우로서 측량을 할 필요가 있는 경우
  가. 제74조에 따라 지적공부를 복구하는 경우
  나. 제77조에 따라 토지를 신규등록하는 경우
  다. 제78조에 따라 토지를 등록전환하는 경우
  라. 제79조에 따라 토지를 분할하는 경우
  마. 제82조에 따라 바다가 된 토지의 등록을 말소하는 경우
  바. 제83조에 따라 축척을 변경하는 경우
  사. 제84조에 따라 지적공부의 등록사항을 정정하는 경우
  아. 제86조에 따른 도시개발사업 등의 시행지역에서 토지의 이동이 있는 경우
  자. 「지적재조사에 관한 특별법」에 따른 지적재조사사업에 따라 토지의 이동이 있는 경우
4. 경계점을 지상에 복원하는 경우
5. 그 밖에 대통령령으로 정하는 경우
② 지적측량의 방법 및 절차 등에 필요한 사항은 국토교통부령으로 정한다.

05 평판측량의 오차 중 표정오차에 해당하는 것은?

① 구심오차 ② 외심오차
③ 시준오차 ④ 경사분획 오차

◉해설

평판측량의 오차

기계 오차	• 앨리데이드의 외심오차 : $q=\dfrac{e}{M}$ 　여기서, q : 도상 허용 오차, e : 외심오차, 　　　　　M : 축척의 분모수 • 앨리데이더의 시준오차 : $q=\dfrac{\sqrt{d^2+t^2}}{2s}\times l$ 　여기서, q : 도상 허용 오차, d : 시준공직경, 　　　　　t : 시준사 두께, l : 방향선길이, 　　　　　s : 앨리데이드 길이(양 시준판의 길이)
표정 (정치) 오차	• 평판의 경사에 의한 오차 $e=\dfrac{2a}{r}\cdot\dfrac{n}{100}l=\dfrac{b}{r}\cdot\dfrac{n}{100}l$ 　여기서, q : 도상오차, a : 기포이동눈금수, 　　　　　r : 기포관의 곡률 반경, b : 기포변위량, 　　　　　n : 경사분획, 　　　　　l : 방향선의 길이(시준선 길이), 　　　　　$\dfrac{b}{r}$: 경사허용도, 　　　　　$\dfrac{n}{100}$: 도면상의 위치오차

표정 (정치) 오차	• 구심오차 : $q=\dfrac{2e}{M}$ 　여기서, q : 도상 허용 오차, 　　　　　e : 구심오차(치심오차), 　　　　　M : 축척의 분모수 • 자침오차 : $q=\dfrac{0.2}{S}\cdot L$ 　여기서, q : 도상 허용 오차, 　　　　　S : 자침의 중심에서 첨단까지 길이, 　　　　　l : 방향선 길이(시준선 길이)

06 정오차에 대한 설명으로 틀린 것은?

① 원인과 상태를 알면 일정한 법칙에 따라 보정할 수 있다.
② 수학적 또는 물리적인 법칙에 따라 일정하게 발생한다.
③ 조건과 상태가 변화하면 그 변화량에 따라 오차의 양도 변화하는 계통오차이다.
④ 일반적으로 최소제곱법을 이용하여 조정한다.

◉해설

오차의 종류
1. 정오차(Constant Error : 누적오차, 누차, 고정오차)
  ㉠ 오차 발생 원인이 확실하여 일정한 크기와 일정한 방향으로 생기는 오차
  ㉡ 측량 후 조정이 가능하다.
  ㉢ 정오차는 측정횟수에 비례한다.
  　$E_1=n\cdot\delta$
  　여기서, E_1 : 정오차, δ : 1회 측정 시 누적오차,
  　　　　　n : 측정(관측)횟수
2. 우연오차(Accidental Error : 부정오차, 상차, 우차)
  ㉠ 오차의 발생 원인이 명확하지 않아 소거방법도 어렵다.
  ㉡ 최소제곱법의 원리로 오차를 배분하며 오차론에서 다루는 오차를 우연오차라 한다.
  ㉢ 우연오차는 측정 횟수의 제곱근에 비례한다.
  　$E_2=\pm\delta\sqrt{n}$
  　여기서, E_2 : 우연오차, δ : 우연오차,
  　　　　　n : 측정(관측)횟수
3. 착오(Mistake : 과실)
  ㉠ 관측자의 부주의에 의해서 발생하는 오차
  ㉡ 예 기록 및 계산의 착오, 눈금 읽기의 잘못, 숙련부족 등

07 지적삼각보조점측량 시 기초가 되는 점이 아닌 것은?

① 지적도근점　　　② 위성기준점
③ 지적삼각점　　　④ 지적삼각보조점

● 해설

지적기준점

특별시장·광역시장·특별자치시장·도지사 또는 특별자치도지사(이하 "시·도지사"라 한다)나 지적소관청이 지적측량을 정확하고 효율적으로 시행하기 위하여 국가기준점을 기준으로 하여 따로 정하는 측량기준점

지적삼각점 (地籍三角點)	지적측량 시 수평위치 측량의 기준으로 사용하기 위하여 국가기준점을 기준으로 하여 정한 기준점
지적삼각 보조점	지적측량 시 수평위치 측량의 기준으로 사용하기 위하여 국가기준점과 지적삼각점을 기준으로 하여 정한 기준점
지적도근점 (地籍圖根點)	지적측량 시 필지에 대한 수평위치 측량 기준으로 사용하기 위하여 국가기준점, 지적삼각점, 지적삼각보조점 및 다른 지적도근점을 기초로 하여 정한 기준점

08 지적도의 축척이 1 : 600인 지역에서 0.7m²인 필지의 지적공부 등록면적은?

① 0m²　　　② 0.5m²
③ 0.7m²　　　④ 1m²

● 해설

공간정보의 구축 및 관리 등에 관한 법률 시행령 제60조(면적의 결정 및 측량계산의 끝수처리)
① 면적의 결정은 다음 각 호의 방법에 따른다.
　1. 토지의 면적에 1제곱미터 미만의 끝수가 있는 경우 0.5제곱미터 미만일 때에는 버리고 0.5제곱미터를 초과하는 때에는 올리며, 0.5제곱미터일 때에는 구하려는 끝자리의 숫자가 0 또는 짝수이면 버리고 홀수이면 올린다. 다만, 1필지의 면적이 1제곱미터 미만일 때에는 1제곱미터로 한다.
　2. 지적도의 축척이 600분의 1인 지역과 경계점좌표등록부에 등록하는 지역의 토지 면적은 제1호에도 불구하고 제곱미터 이하 한 자리 단위로 하되, 0.1제곱미터 미만의 끝수가 있는 경우 0.05제곱미터 미만일 때에는 버리고 0.05제곱미터를 초과할 때에는 올리며, 0.05제곱미터일 때에는 구하려는 끝자리의 숫자가 0 또는

짝수이면 버리고 홀수이면 올린다. 다만, 1필지의 면적이 0.1제곱미터 미만일 때에는 0.1제곱미터로 한다.
② 방위각의 각치(角値), 종횡선의 수치 또는 거리를 계산하는 경우 구하려는 끝자리의 다음 숫자가 5 미만일 때에는 버리고 5를 초과할 때에는 올리며, 5일 때에는 구하려는 끝자리의 숫자가 0 또는 짝수이면 버리고 홀수이면 올린다. 다만, 전자계산조직을 이용하여 연산할 때에는 최종수치에만 이를 적용한다.

09 지적도 일람도에서 지방도로 이상을 나타내는 선은?

① 검은색 0.1mm　　　② 남색 0.1mm
③ 검은색 0.2mm　　　④ 붉은색 0.2mm

● 해설

일람도 제도

도곽선	도곽선은 0.1밀리미터의 폭으로, 도곽선의 수치는 도곽선 왼쪽 아랫부분과 오른쪽 윗부분의 종횡선 교차점 바깥쪽에 2밀리미터 크기의 아라비아 숫자로 제도한다.
도면번호	도면번호는 3밀리미터의 크기로 한다.
동·리 명칭	인접 동·리 명칭은 4밀리미터, 그 밖의 행정구역 명칭은 5밀리미터의 크기로 한다.
지방도로	지방도로 이상은 검은색 0.2밀리미터 폭의 2선으로, 그 밖의 도로는 0.1밀리미터의 폭으로 제도한다.
철도용지	철도용지는 붉은색 0.2밀리미터 폭의 2선으로 제도한다.
수도용지	수도용지 중 선로는 남색 0.1밀리미터 폭의 2선으로 제도한다.
하천·구거·유지	하천·구거·유지는 남색 0.1밀리미터의 폭으로 제도하고 그 내부를 남색으로 엷게 채색한다. 다만, 적은 양의 물이 흐르는 하천 및 구거는 남색 선으로 제도한다.
취락지·건물	취락지·건물 등은 0.1밀리미터의 폭으로 제도하고 그 내부를 검은색으로 엷게 채색한다.
삼각점 및 지적기준점	삼각점 및 지적기준점의 제도는 지적도면에서의 삼각점 및 지적기준점의 제도에 관한 방법에 의한다.
도시개발사업·축척변경	도시개발사업·축척변경 등이 완료된 때에는 지구경계를 붉은색 0.1밀리미터의 폭으로 제도한 후 지구 안을 붉은색으로 엷게 채색하고 그 중앙에 사업명 및 사업 연도를 기재한다.

10 배각법에 의한 지적도근측량 결과, 출발방위각이 47°32′52″, 변의 수가 11, 도착방위각이 251°24′20″, 관측값의 합이 2,003°50′40″일 때 측각오차는?

① 38초
② −38초
③ 48초
④ −48초

◀해설▶

$$E = T_1 - T_2 + \sum a - 180(n-1)$$
$$= 47°32′52″ - 251°24′20″ + 2,003°50′40″$$
$$- 180(11-1) = -48″$$
$$E = T_1 - T_2 + \sum a - 180(n-3)$$
$$= 47°32′52″ - 251°24′20″ + 2,003°50′40″$$
$$- 180(11-3) = 359°59′12″$$
$$\therefore 359°59′12″ - 360° = -48″$$

11 경위의측량방법에 따른 지적삼각점의 관측에서 수평각의 측각공차 중 기지각과의 차에 대한 기준은?

① ±30초 이내
② ±40초 이내
③ ±50초 이내
④ ±60초 이내

◀해설▶

지적측량 시행규칙 제9조(지적삼각점측량의 관측 및 계산)
① 경위의측량방법에 따른 지적삼각점의 관측과 계산은 다음 각 호의 기준에 따른다.
　1. 관측은 10초독(秒讀) 이상의 경위의를 사용할 것
　2. 수평각 관측은 3대회(대회, 윤곽도는 0도, 60도, 120도로 한다)의 방향관측법에 따를 것
　3. 수평각의 측각공차(測角公差)는 다음 표에 따를 것

종별	1방향각	1측회(測回)의 폐색(閉塞)	삼각형 내각관측의 합과 180도의 차	기지각(旣知角)과의 차
공차	30초 이내	±30초 이내	±30초 이내	±40초 이내

12 축척 1 : 500인 지역에서 측판측량을 교회법으로 실시할 때 방향선의 지상거리는 최대 얼마 이하로 하여야 하는가?

① 25m
② 50m
③ 75m
④ 100m

◀해설▶

방향선의 지상거리 = 10cm × 500 = 5,000cm = 50m

지적측량 시행규칙 제18조(세부측량의 기준 및 방법 등)
① 평판측량방법에 따른 세부측량은 다음 각 호의 기준에 따른다.
　1. 거리측정단위는 지적도를 갖춰 두는 지역에서는 5센티미터로 하고, 임야도를 깆춰 두는 지역에서는 50센티미터로 할 것
③ 평판측량방법에 따른 세부측량을 교회법으로 하는 경우에는 다음 각 호의 기준에 따른다.
　1. 전방교회법 또는 측방교회법에 따를 것
　2. 3방향 이상의 교회에 따를 것
　3. 방향각의 교각은 30도 이상 150도 이하로 할 것
　4. 방향선의 도상길이는 측판의 방위표정(方位標定)에 사용한 방향선의 도상길이 이하로서 10센티미터 이하로 할 것. 다만, 광파조준의(光波照準儀) 또는 광파측거기를 사용하는 경우에는 30센티미터 이하로 할 수 있다.

13 기지점 A를 측점으로 하고 전방교회법의 요령으로 다른 기지에 의하여 측판을 표정하는 측량방법은?

① 방향선법
② 원호교회법
③ 측방교회법
④ 후방교회법

◀해설▶

교회법

전방교회법	전방교회법은 미지점에 대한 시준은 가능하나 장애물이 있어 직접 거리 측정이 곤란한 경우 2점 이상의 기준점을 측판점으로 하여 미지점의 위치를 결정하는 방법이다. 그러나 지적측량을 교회법에 의하여 시행할 때에는 기지점을 최소한 3개 이상 사용하는 것을 원칙으로 하고 있다.
측방교회법	기지의 두 점 중 한 점에 접근하기 곤란한 경우 기지의 두 점을 이용하여 미지의 한 점을 구하는 방법이다. 측방교회법은 전방교회법과 후방교회법을 혼합한 방법으로 두 점 또는 3점의 기지점 중 한 점의 기지점과 미지점에서만 기계를 세울 수 있을 때 사용하며 주로 소축척의 측량에 사용한다. 측방교회법은 정밀도 면에서 전방교회법보다 못하나 후방교회법보다는 정밀하다.
후방교회법	후방교회법은 구하고자 하는 소구점에 측판을 세우고 기지점의 방향선에 의하여 소구점을 결정하는 방법이다. 후방교회법은 지상의 기지점 어느 것에도 측판을 세울 필요가 없어 작업은 쉬우나 그 정밀도는 전방교회법이나 측방교회법에 따르지 못한다. 후방교회법에는 2점법과 3점법에 의한 방법이 있다.

14 지적측량 시행규칙에 따른 지적측량의 구분으로 옳은 것은?

① 삼각측량과 세부측량
② 경위의측량과 평판측량
③ 삼각측량과 도근측량
④ 기초측량과 세부측량

● 해설

지적측량 시행규칙 제5조(지적측량의 구분 등)
① 지적측량은 「공간정보의 구축 및 관리 등에 관한 법률 시행령」(이하 "영"이라 한다) 제8조 제1항 제3호에 따른 지적기준점을 정하기 위한 기초측량과, 1필지의 경계와 면적을 정하는 세부측량으로 구분한다. 〈개정 2015.4.23.〉
② 지적측량은 평판(平板)측량, 전자평판측량, 경위의(經緯儀)측량, 전파기(電波機) 또는 광파기(光波機)측량, 사진측량 및 위성측량 등의 방법에 따른다.

15 광파기 측량방법과 다각망도선법에 의한 지적삼각보조점의 관측에 있어 도선별 평균방위각과 관측방위각의 폐색오차 한계는?(단, n은 폐색변을 포함한 변의 수를 말한다.)

① $\pm\sqrt{n}$초 이내
② $\pm1.5\sqrt{n}$초 이내
③ $\pm10\sqrt{n}$초 이내
④ $\pm20\sqrt{n}$초 이내

● 해설

지적측량 시행규칙 제11조(지적삼각보조점의 관측 및 계산)
③ 경위의측량방법, 전파기 또는 광파기측량방법과 다각망도선법에 따른 지적삼각보조점의 관측 및 계산은 다음 각 호의 기준에 따른다.
 1. 관측과 계산방법에 관하여는 제1항 제1호부터 제4호까지의 규정을 준용하고, 점간거리 및 연직각의 관측방법에 관하여는 제9조 제2항 및 제3항을 준용할 것. 다만, 다각망도선법에 따른 지적삼각보조점의 수평각관측은 제13조 제3호에 따른 배각법(倍角法)에 따를 수 있으며, 1회 측정각과 3회 측정각의 평균치에 대한 교차는 30초 이내로 한다.
 2. 도선별 평균방위각과 관측방위각의 폐색오차(閉塞誤差)는 $\pm10\sqrt{n}$초 이내로 할 것. 이 경우 n은 폐색변을 포함한 변의 수를 말한다.
 3. 도선별 연결오차는 $0.05\times S$미터 이하로 할 것. 이 경우 S는 도선의 거리를 1천으로 나눈 수를 말한다.

16 경계점좌표등록부 시행지역에서 경계점의 지적측량성과와 검사 성과의 연결교차 허용범위 기준으로 옳은 것은?

① 0.01m 이내
② 0.10m 이내
③ 0.15m 이내
④ 0.20m 이내

● 해설

지적측량 시행규칙 제27조(지적측량성과의 결정)
① 지적측량성과와 검사 성과의 연결교차가 다음 각 호의 허용범위 이내일 때에는 그 지적측량성과에 관하여 다른 입증을 할 수 있는 경우를 제외하고는 그 측량성과로 결정하여야 한다.
 1. 지적삼각점 : 0.20미터
 2. 지적삼각보조점 : 0.25미터
 3. 지적도근점
  가. 경계점좌표등록부 시행지역 : 0.15미터
  나. 그 밖의 지역 : 0.25미터
 4. 경계점
  가. 경계점좌표등록부 시행지역 : 0.10미터
  나. 그 밖의 지역 : 10분의 3M밀리미터(M은 축척분모)
② 지적측량성과를 전자계산기기로 계산하였을 때에는 그 계산성과자료를 측량부 및 면적측정부로 본다.

17 지적도근점측량의 도선 구분으로 옳은 것은?

① 1등도선은 가·나·다 순으로 표기하고, 2등도선은 ㄱ·ㄴ·ㄷ 순으로 표기한다.
② 1등도선은 가·나·다 순으로 표기하고, 2등도선은 (1)·(2)·(3) 순으로 표기한다.
③ 1등도선은 ㄱ·ㄴ·ㄷ 순으로 표기하고, 2등도선은 가·나·다 순으로 표기한다.
④ 1등도선은 (1)·(2)·(3) 순으로 표기하고, 2등도선은 가·나·다 순으로 표기한다.

● 해설

지적측량 시행규칙 제12조(지적도근점측량)
① 지적도근점측량을 할 때에는 미리 지적도근점표지를 설치하여야 한다.
② 지적도근점의 번호는 영구표지를 설치하는 경우에는 시·군·구별로, 영구표지를 설치하지 아니하는 경우에는 시행지역별로 설치순서에 따라 일련번호를 부여한다. 이 경우 각 도선의 교점은 지적도근점의 번호 앞에 "교"자를 붙인다.

정답 **14** ④ **15** ③ **16** ② **17** ①

③ 지적도근점측량의 도선은 다음 각 호의 기준에 따라 1등도선과 2등도선으로 구분한다.
  1. 1등도선은 위성기준점, 통합기준점, 삼각점, 지적삼각점 및 지적삼각보조점의 상호 간을 연결하는 도선 또는 다각망도선으로 할 것
  2. 2등도선은 위성기준점, 통합기준점, 삼각점, 지적삼각점 및 지적삼각보조점과 지적도근점을 연결하거나 지적도근점 상호 간을 연결하는 도선으로 할 것
  3. 1등도선은 가·나·다순으로 표기하고, 2등도선은 ㄱ·ㄴ·ㄷ순으로 표기할 것

18 표고(H)가 5m인 두 지점 간 수평거리를 구하기 위해 평판측량용 조준의로 두 지점 간 경사도를 측정하여 경사분획 +6을 구했다면, 이 두 지점 간 수평거리는?

① 62.5m   ② 63.3m
③ 82.5m   ④ 83.3m

● 해설

$$수평거리(D) = \frac{100}{n} \cdot H = \frac{100}{6} \times 5 = 83.3m$$

19 평판측량방법으로 세부측량을 하는 경우, 축척 1:1,200인 지역에서 도상에 영향을 미치지 않는 지상거리의 허용범위는?

① 5cm   ② 12cm
③ 15cm   ④ 20cm

● 해설

축척별 허용범위는 $\dfrac{M}{10} = \dfrac{1200}{10} = 120mm = 12cm$

지적측량 시행규칙 제18조(세부측량의 기준 및 방법 등)
① 평판측량방법에 따른 세부측량은 다음 각 호의 기준에 따른다.
  1. 거리측정단위는 지적도를 갖춰 두는 지역에서는 5센티미터로 하고, 임야도를 갖춰 두는 지역에서는 50센티미터로 할 것
⑧ 평판측량방법에 있어서 도상에 영향을 미치지 아니하는 지상거리의 축척별 허용범위는 $\dfrac{M}{10}$ 밀리미터로 한다. 이 경우 M은 축척분모를 말한다.

20 다각망도선법으로 지적도근점측량을 실시하는 경우 옳지 않은 것은?

① 3점 이상의 기지점을 포함한 폐합다각방식에 의한다.
② 1도선의 점의 수는 20점 이하로 한다.
③ 경위의측량방법이나 전파기 또는 광파기 측량방법에 의한다.
④ 1도선이란 기지점과 교점 간 또는 교점과 교점 간을 말한다.

● 해설

지적측량 시행규칙 제12조(지적도근점측량)
① 지적도근점측량을 할 때에는 미리 지적도근점표지를 설치하여야 한다.
⑥ 경위의측량방법이나 전파기 또는 광파기측량방법에 따라 다각망도선법으로 지적도근점측량을 할 때에는 다음 각 호의 기준에 따른다. 〈개정 2014.1.17.〉
  1. 3점 이상의 기지점을 포함한 결합다각방식에 따를 것
  2. 1도선의 점의 수는 20점 이하로 할 것
⑦ 지적도근점 성과결정을 위한 관측 및 계산의 과정은 그 내용을 지적도근점측량부에 적어야 한다.

Subject **02** 응용측량

21 교호수준측량을 통해 소거할 수 있는 오차로 옳은 것은?

① 레벨의 불완전 조정으로 인한 오차
② 표척의 이음매 불완전에 의한 오차
③ 관측자의 오독에 의한 오차
④ 표척의 기울기 오차

● 해설

교호수준측량
전시와 후시를 같게 취하는 것이 원칙이나 2점 간에 강·호수·하천 등이 있으면 중앙에 기계를 세울 수 없을 때 양 지점에 세운 표척을 읽어 고저차를 2회 산출하여 평균하며, 높은 정밀도를 필요로 할 경우에 이용된다.

정답   18 ④   19 ②   20 ①   21 ①

1. 교호 수준측량을 할 경우 소거되는 오차
   - 레벨의 기계오차(시준축 오차)
   - 관측자의 읽기오차
   - 지구의 곡률에 의한 오차(구차)
   - 광선의 굴절에 의한 오차(기차)

22 도로에 사용하는 클로소이드(clothoid) 곡선에 대한 설명으로 틀린 것은?

① 완화곡선의 일종이다.
② 일종의 유선형 곡선으로 종단곡선에 주로 사용된다.
③ 곡선길이에 반비례하여 곡률반지름이 감소한다.
④ 차가 일정한 속도로 달리고 그 앞바퀴의 회전속도를 일정하게 유지할 경우의 운동궤적과 같다.

해설

클로소이드(clothoid) 곡선
곡률이 곡선장에 비례하는 곡선을 클로소이드 곡선이라 한다.

1. 클로소이드 공식

매개변수(A)	$A=\sqrt{RL}=l \cdot R=L \cdot r$ $=\dfrac{L}{\sqrt{2\tau}}=\sqrt{2\tau} \cdot R$ $A^2=RL=\dfrac{L^2}{2\tau}=2\tau R^2$
곡률반경(R)	$R=\dfrac{A^2}{L}=\dfrac{A}{l}=\dfrac{L}{2\tau}=\dfrac{A}{2\tau}$
곡선장(L)	$L=\dfrac{A^2}{R}=\dfrac{A}{r}=2\tau R=A\sqrt{2\tau}$
접선각(τ)	$\tau=\dfrac{L}{2R}=\dfrac{L^2}{2A^2}=\dfrac{A^2}{2R^2}$

2. 클로소이드의 성질
   - 클로소이드는 나선의 일종이다.
   - 모든 클로소이드는 닮은꼴이다.(상사성이다.)
   - 단위가 있는 것도 있고 없는 것도 있다.
   - τ는 30°가 적당하다.
   - 확대율을 가지고 있다.
   - τ는 라디안으로 구한다.

23 단일 노선의 폐합수준측량에서 생긴 오차가 허용오차 이하일 때, 폐합오차를 각 측점에 배부하는 방법으로 옳은 것은?

① 출발점에서 그 측점까지의 거리에 비례하여 배부한다.
② 각 측점 간의 관측거리의 제곱근에 반비례하여 배부한다.
③ 관측한 측점 수에 따라 등분배하여 배부한다.
④ 측점 간의 표고에 따라 비례하여 배부한다.

해설

직접수준측량의 오차조정
1. 동일 기지점의 왕복관측 또는 다른 표고기준점에 폐합한 경우
   - 각 측점 간의 거리에 비례하여 배분한다.
   - 각 측점의 조정량
     $$=\frac{\text{조정할 측점까지의 추가거리}}{\text{총 거리}(\Sigma L)} \times \text{폐합오차}$$
   - 각 측점의 최확값=각 측점의 관측값±조정량

‖ 환폐합의 수준측량 ‖

24 내부표정에 대한 설명으로 옳은 것은?

① 입체 모델을 지상 기준점을 이용하여 축척 및 경사 등을 조정하여 대상물의 좌표계와 일치시키는 작업이다.
② 독립적으로 이루어진 입체 모델을 인접 모델과 경사와 축척 등을 일치시키는 작업이다.
③ 동일 대상을 촬영한 후 한 쌍의 좌우 사진 간에 촬영 시와 같게 투영관계를 맞추는 작업을 말한다.
④ 사진 좌표의 정확도를 향상시키기 위해 카메라의 렌즈와 센서에 대한 정확한 제원을 산출하는 과정이다.

해설

내부표정(Inner Orientation)은 사진촬영 당시 빛이 입사한 각을 도화기에 똑같이 재설정하는 것으로 사진의 주점을 투사기의 중심에 맞추고 투사기의 초점거리와 사진의 화면거리를 일치시키는 것을 말한다.

내부표정은 사진주점을 도화기의 촬영 중심에 일치시키고 초점거리를 도화기의 눈금에 맞추는 작업과 상좌표인 사진좌표로 구분되며 화면거리를 조정하고 건판신축, 대기굴절, 지구곡률보정, 렌즈수차를 보정한다.

25 삼각형 세변의 길이가 $a = 30m$, $b = 15m$, $c = 20m$일 때 이 삼각형의 면적은?

① $32.50m^2$
② $133.32m^2$
③ $325.00m^2$
④ $1,333.20m^2$

해설

$$s = \frac{a+b+c}{2} = \frac{30+15+20}{2} = 32.5$$
$$A_0 = \sqrt{s(s-a)(s-b)(s-c)}$$
$$= \sqrt{32.5(32.5-30)(32.5-15)(32.5-20)}$$
$$= 133.32m^2$$

26 도로에서 경사가 5%일 때 높이차 2m에 대한 수평거리는?

① 20m
② 25m
③ 40m
④ 50m

해설

$$경사(i) = \frac{h}{D} \times 100$$
$$D = \frac{h}{i} \times 100 = \frac{2}{5} \times 100 = 40m$$

27 지형측량의 등고선에 대한 설명으로 틀린 것은?

① 주곡선은 기본이 되는 등고선으로 가는 실선으로 표시한다.

② 간곡선의 간격은 조곡선 간격의 1/2로 한다.

③ 조곡선은 주곡선과 간곡선 사이에 짧은 파선으로 표시한다.

④ 계곡선은 주곡선 5개마다 굵은 실선으로 표시한다.

해설

등고선의 종류

주곡선	지형을 표시하는 데 가장 기본이 되는 곡선으로 가는 실선으로 표시
간곡선	주곡선 간격의 $\frac{1}{2}$ 간격으로 그리는 곡선으로 완경사지나 주곡선만으로 지모를 명시하기 곤란한 장소에 가는 파선으로 표시
조곡선	간곡선 간격의 $\frac{1}{2}$ 간격으로 그리는 곡선으로 불규칙한 지형을 표시(주곡선 간격의 $\frac{1}{4}$ 간격으로 그리는 곡선)
계곡선	주곡선 5개마다 1개씩 그리는 곡선으로 표고의 읽음을 쉽게 하고 지모의 상태를 명시하기 위해 굵은 실선으로 표시

28 수준측량의 용어에 대한 설명으로 틀린 것은?

① 전시는 기지점에 세운 표척의 눈금을 읽은 값이다.

② 기계고는 기준면으로부터 망원경의 시준선까지의 높이이다.

③ 기계고는 지반고와 후시의 합으로 구한다.

④ 중간점은 다른 점에 영향을 주지 않는다.

해설

표고 (elevation)	국가 수준기준면으로부터 그 점까지의 연직거리
전시 (fore sight)	표고를 알고자 하는 점(미지점)에 세운 표척의 읽음 값
후시 (back sight)	표고를 알고 있는 점(기지점)에 세운 표척의 읽음 값
기계고 (instrument height)	기준면에서 망원경 시준선까지의 높이
이기점 (turning point)	기계를 옮길 때 한 점에서 전시와 후시를 함께 취하는 점
중간점 (intermediate point)	표척을 세운 점의 표고만을 구하고자 전시만 취하는 점

29 완화곡선의 성질에 대한 설명으로 옳은 것은?

① 완화곡선 시점에서 곡선반지름은 무한대이다.

② 완화곡선의 접선은 시점에서 원호에 접한다.

③ 완화곡선 종점에서 곡선반지름은 0이 된다.

④ 완화곡선의 곡선반지름과 슬랙의 감소율은 같다.

해설

완화곡선의 특징

- 곡선반경은 완화곡선의 시점에서 무한대, 종점에서 원곡선 R로 된다.
- 완화곡선의 접선은 시점에서 직선에, 종점에서 원호에 접한다.
- 완화곡선에 연한 곡선반경의 감소율은 캔트는 같다.
- 완화곡선의 종점의 캔트와 원곡선 시점의 캔트는 같다.
- 완화곡선은 이정의 중앙을 통과한다.

30 항공사진의 입체시에서 나타나는 과고감에 대한 설명으로 옳지 않은 것은?

① 인공적인 입체시에서 과장되어 보이는 정도를 말한다.

② 사진 중심으로부터 멀어질수록 방사상으로 발생된다.

③ 평면축척에 비해 수직축척이 크게 되기 때문이다.

④ 기선 고도비가 커지면 과고감도 커진다.

해설

과고감(Vertical Exaggeration)

- 지표면의 기복을 과장하여 나타낸 것으로 낮고 평평한 지역에서의 지형판독에 도움이 되는 반면 경사면의 경사는 실제보다 급하게 보이므로 오판에 주의해야 한다.
- 인공입체시할 경우 과장되어 보이는 정도를 말하며 항공사진을 입체시할 경우 평면축척보다 수직축척이 크기 때문에 실제 도형보다 높게 보이는 현상을 말한다. 과고감은 촬영높이에 대한 촬영기선 길이와의 비인 기선고도비에 비례하며 일반적으로 사람 눈의 시차각 분해 능력은 10~25도 정도이며 거리는 약 500~1,300미터에 해당한다.

31 그림과 같이 터널 내 수준측량을 하였을 경우 A점의 표고가 156.632m라면 B점의 표고는?

[단위 : m]

① 156.869m　　② 157.233m

③ 157.781m　　④ 158.401m

해설

$$H_B = 156.632 - 0.456 + 0.875 - 0.584 + 0.766$$
$$= 157.233m$$

32 항공삼각측량에서 사진좌표를 기본단위로 공선조건식을 이용하는 방법은?

① 에어로 폴리곤법(aeropolygon triangulation)

② 스트립조정법(strip aerotriangulation)

③ 독립모형법(independent model method)

④ 광속조정법(bundle adjustment)

해설

항공삼각측량에는 조정의 기본단위로서 블록(block), 스트립(strip), 모델(model), 사진(photo)이 있으며 이것을 기본단위로 하는 항공삼각측량 조정방법에는 다항식 조정법, 독립모델법, 광속조정법, DLT법 등이 있다.

1. 다항식 조정법(Polynomial Method)
   촬영경로, 즉 종접합모형(Strip)을 기본단위로 하여 종횡접합모형, 즉 블록을 조정하는 것으로 촬영경로마다 접합표정 또는 개략의 절대표정을 한 후 복수촬영경로에 포함된 기준점과 접합표정을 이용하여 각 촬영경로의 절대표정을 다항식에 의한 최소제곱법으로 결정하는 방법이다.

2. 독립모델조정법(IMT ; Independent Model Triangulation)
   입체모형(Model)을 기본단위로 하여 접합점과 기준점을 이용하여 여러 모델의 좌표를 조정하는 방법에 의하여 절대좌표를 환산하는 방법

3. 광속조정법(Bundle Adjustment)
상좌표를 사진좌표로 변환시킨 다음 사진좌표(photo coor‑dinate)로부터 직접절대좌표(absolute coordinate)를 구하는 것으로 종횡접합모형(block) 내의 각 사진상에 관측된 기준점, 접합점의 사진좌표를 이용하여 최소제곱법으로 각 사진의 외부표정요소 및 접합점의 최확값을 결정하는 방법이다.

4. DTL 방법(DLT ; Direct Linear Transformation)
광속조정법의 변형인 DLT 방법은 상좌표로부터 사진좌표를 거치지 않고 11개의 변수를 이용하여 직접절대좌표를 구할수 있다.

33 축척 1 : 25,000 지형도에서 높이차가 120m 인 두 점 사이의 거리가 2cm라면 경사각은?

① 13° 29′ 45″ ② 13° 53′ 12″
③ 76° 06′ 48″ ④ 76° 30′ 15″

해설

$$경사각(\theta) = \tan^{-1}\frac{H}{D}$$
$$= \tan^{-1}\frac{120}{25000 \times 0.02}$$
$$= \tan^{-1}\frac{120}{500} = 13°\ 29′45″$$

34 원곡선에서 교각 $I = 40°$, 반지름 $R = 150$m, 곡선시점 B.C = No.32 + 40m일 때, 도로 기점으로부터 곡선종점 E.C까지의 거리는?(단, 중심말뚝 간격은 20m)

① 104.7m ② 138.2m
③ 744.7m ④ 748.7m

해설

$CL = 0.01745R$
$\quad = 0.01745 \times 150 \times 40 = 104.7$m
$EC = BC + CL$
$\quad = 644 + 104.7 = 748.7$m

35 터널 내 기준점측량에서 기준점을 보통 천장에 설치하는 이유로 틀린 것은?

① 파손될 염려가 적기 때문에
② 발견하기 쉽게 하기 위하여
③ 터널시공의 조명으로 사용하기 위하여
④ 운빈이나 기타 작업에 장애가 되시 않게 하기 위하여

해설

터널 내 기준점측량에서 기준점을 보통 천장에 설치하는 이유
• 운반이나 기타 작업에 장애가 되지 않게 하기 위하여
• 파손될 염려가 적기 때문에
• 발견하기 쉽게 하기 위하여

36 GNSS의 제어부분에 대한 설명으로 옳은 것은?

① 시스템을 구성하는 위성을 의미하며 위성의 개발, 제조, 발사 등에 관한 업무를 담당한다.
② 결정된 위치를 활용한 다양한 소프트웨어의 개발 등의 응용분야를 의미한다.
③ 위성에 대한 궤도모니터링, 위성의 상태 파악 및 각종 정보의 갱신 등의 업무를 담당한다.
④ 위성으로부터 수신된 신호로부터 수신기 위치를 결정하며, 이를 위한 다양한 장치를 포함한다.

해설

제어부문
제어부문은 위성에 대한 궤도모니터링, 위성의 상태 파악 및 각종 정보의 갱신 등의 업무를 담당한다.
1. 구성
1개의 주제어국, 5개의 추적국 및 3개의 지상안테나(Up Link 안테나 : 전송국)
2. 기능
㉠ 주제어국 : 추적국에서 전송된 정보를 사용하여 궤도요소를 분석한 후 신규궤도요소, 시계보정, 항법메시지 및 컨트롤 명령정보, 전리층 및 대류층의 주기적 모형화 등을 지상안테나를 통해 위성으로 전송함
 • 콜로라도 스프링스(Colorado Springs) – 미국 콜로라도주
㉡ 추적국 : GPS 위성의 신호를 수신하고 위성의 추적 및 작동상태를 감독하여 위성에 대한 정보를 주제어국으로 전송함

정답 33 ① 34 ④ 35 ③ 36 ③

- 어세션(Ascension Is) - 대서양
- 디에고 가르시아(Diego Garcia) - 인도양
- 쿠에제린(Kwajalein Is) - 태평양
- 하와이(Hawaii) - 태평양

© 전송국 : 주관제소에서 계산된 결과치로서 시각보정값, 궤도보정치를 사용자에게 전달할 메시지 등을 위성에 송신하는 역할

- 3개의 지상안테나(전송국) : 갱신자료 송신

37 기존의 여러 수신기로부터 얻어진 GNSS 측량 자료를 후처리하기 위한 표준형식은?

① RTCM - SC   ② NMEA
③ RTCA   ④ RINEX

해설

수신기독립변환형식(RINEX ; Receiver Independent Exchange Format)

수신기독립변환형식은 GPS 데이터의 호환을 위한 표준화된 공통형식으로서 서로 다른 종류의 GPS 수신기를 사용하여 관측하여도 기선해석이 가능하게 하는 자료형식으로 전 세계적인 표준이다.

1. RINEX의 특징
   ㉠ 수신기의 출력형식과 포맷은 제조사에 따라 각각 다르기 때문에 기선해석이 불가능하여 이를 해결하기 위한 공통형식으로 사용되는 것이 RINEX 형식이다.
   ㉡ 공통형식으로 미국의 NGS(National Geodetic Survey) 포맷도 있다.
   ㉢ 최근 일반측량 S/W에도 RINEX 형식의 변환프로그램이 포함되어 시판된다.
   ㉣ 1996년부터 GPS의 공통형식으로 사용하고 있으며 향후에도 RINEX 형식에 의한 데이터 교환이 주류가 될 것이다.

2. RINEX의 구성
   ㉠ 자료처리 및 컴퓨터 관련 기기 간의 통신을 위해 고안된 세계 표준코드인 ASCII(American Standard Code for Information Interchange) 형식으로 구성
   ㉡ 헤더 부분과 데이터 부분으로 구성되며 RINEX 파일의 종류에는 관측데이터, 항법메시지, 기상데이터파일이 있다.
   ㉢ 변환되는 공통자료는 의사거리, 위상자료, 도플러자료 등이다.

38 태양 광선이 서북쪽에서 비친다고 가정하고, 지표의 기복에 대해 명암으로 입체감을 주는 지형 표시 방법은?

① 음영법   ② 단채법
③ 점고법   ④ 등고선법

해설

지형도에 의한 지형표시법

자연적 도법	영선법 (우모법) (Hatching)	"게바"라 하는 단선상(短線上)의 선으로 지표의 기본을 나타내는 것으로 게바의 사이, 굵기, 방향 등에 의하여 지표를 표시하는 방법
	음영법 (명암법) (Shading)	태양광선이 서북쪽에서 45°로 비친다고 가정하여 지표의 기복을 도상에서 2~3색 이상으로 채색하여 지형을 표시하는 방법으로 지형의 입체감이 가장 잘 나타나는 방법
부호적 도법	점고법 (Spot height system)	지표면상의 표고 또는 수심의 숫자에 의하여 지표를 나타내는 방법으로 하천, 항만, 해양 등에 주로 이용
	등고선법 (Contour System)	동일 표고의 점을 연결한 것으로 등고선에 의하여 지표를 표시하는 방법으로 토목공사용으로 가장 널리 사용
	채색법 (Layer System)	같은 등고선의 지대를 같은 색으로 채색하여 높을수록 진하게, 낮을수록 연하게 칠하여 높이의 변화를 나타내며 지리관계의 지도에 주로 사용

39 촬영고도가 2,100m이고 인접 중복사진의 주점기선 길이는 70mm일 때 시차차가 1.6mm인 건물의 높이는?

① 12m   ② 24m
③ 48m   ④ 72m

해설

$$h = \frac{H}{b_o} \cdot \Delta P$$

$$= \frac{2,100}{70} \times 1.6 = 48m$$

40 GNSS 측량에서 기준점측량(지적삼각점) 방식으로 옳은 것은?

① Stop & Go 측량방식
② Kinematic 측량방식
③ RTK 측량방식
④ Static 측량방식

정지측량(Static Surveying)
정지측량은 2대 이상의 GPS 수신기를 이용하여 한 대는 고정점에, 다른 한 대는 미지점에 동시에 설치하여 관측하는 기법이다.

1. 측량방법
   • 3대 이상의 수신기를 이용하여 기지점과 미지점을 동시에 관측한다.(세션 관측)
   • 각 수신기의 데이터 수신시간은 최소 30분 이상 관측한다.
   • 관측된 데이터를 후처리 기법에 의하여 계산하여 미지점에 대한 좌푯값을 구한다.

2. 특징
   • 2개의 기지점이 필요하다.
   • 측량 정밀도가 높아 기준점 측량에 유효하게 활용된다.
   • 비교적 저렴한 비용으로 높은 정도의 좌푯값을 얻을 수 있다.
   • 오차의 크기는 1cm 정도이다.
   • 지적위성측량에 적용 시 기초(삼각)측량, 세부측량에 활용이 가능하다.

Subject 03 토지정보체계론

41 메타데이터의 특징으로 틀린 것은?

① 대용량의 데이터를 구축하는 시간과 비용을 절감할 수 있다.
② 공간정보 유통의 효율성을 제고한다.
③ 시간이 지남에 따라 데이터의 기본 체계를 변경하여 변화된 데이터를 실시간으로 사용자에게 제공한다.
④ 데이터의 공유화를 촉진시킨다.

메타데이터(meta data)
메타데이터란 데이터에 관한 데이터로서 데이터의 구축과 이용 확대에 따른 상호 이해와 호환의 폭을 넓히기 위하여 고안된 개념이다. 메타데이터는 데이터에 관한 다양한 측면을 서술하는 매우 중요한 자료로서 이에 관하여 표준화가 활발히 진행되고 있다.
미국 연방지리정보위원회(FGDC)에서는 디지털 지형공간 메타데이터에 관한 내용표준(Content Standard for Digital Geospatial Metadata)을 정하고 있는데 여기에서는 메타데이터의 논리적 구조와 내용에 관한 표준을 정하고 있다.
• 데이터에 대한 정보로서 데이터의 내용, 품질, 조건 및 기타 특성에 대한 정보를 포함하는 정보의 이력서, 즉 데이터의 이력서라 할 수 있다.
• 메타데이터는 작성한 실무자가 바뀌더라도 변함없는 데이터의 기본 체계를 유지하게 함으로써 시간이 지나도 일관성 있는 데이터를 사용자에게 제공이 가능하다.
• 정보의 공유를 극대화하며 데이터의 원활한 교환을 지원하기 위한 프레임을 제공한다.
• 데이터를 목록화(Indexing)하기 때문에 사용에 편리한 정보를 제공한다.
• 정보공유의 극대화를 도모하며 데이터의 교환을 원활히 지원하기 위한 틀을 제공한다.
• DB 구축과정에 대한 정보를 관리하는 내부 메타데이터와 구축한 DB를 외부에 공개하는 외부 메타데이터로 구분한다.
• 최근에는 데이터에 대한 목록을 체계적이고 표준화된 방식으로 제공함으로써 데이터의 공유화를 촉진한다.
• 대용량의 공간 데이터를 구축하는 데 비용과 시간을 절감할 수 있다.
• 데이터의 특성과 내용을 설명하는 일종의 데이터로서 데이터의 양이 방대하다.
• 데이터의 직접적인 접근이 용이하지 않을 경우 데이터를 참조하기 위한 보조데이터로서 많이 사용된다.

42 다음 중 토지정보시스템의 범주에 포함되지 않는 것은?

① 경영정책자료
② 시설물에 관한 자료
③ 지적 관련 법령자료
④ 토지측량자료

해설

1. 토지정보

   토지정보는 국가 및 공공기관뿐만 아니라 민간분야에서도 토지와 관련된 정책이나 의사결정, 토지거래, 토지개발, 지상·지하에 설치된 각종 구조물과 시설물의 관리에 기초가 되고 있다. 일반적으로 토지정보는 토지에 관련된 각종 정보를 의미하는 것으로서 토지의 경계, 면적, 특성, 이용실태, 가격 등 토지의 물리적 특성에 대한 정보와 등기, 과세정보 등 법률적·행정적 정보를 포괄한다고 볼 수 있다.

2. 토지정보 체계

   토지정보체계는 지형분석, 토지의 이용, 개발, 행정, 다목적지적 등 토지자원에 관련된 문제해결을 위한 정보분석체계이다. 즉 토지정보체계(Land Information System)는 토지(Land), 정보(Information), 그리고 체계(System)라는 개념이 합성된 용어로서 토지정보를 활용하기 위한 시스템의 한 형태이다.

43 벡터데이터 모델과 래스터데이터 모델에 대한 설명으로 틀린 것은?

① 벡터데이터 모델 : 점과 선의 형태로 표현
② 래스터데이터 모델 : 지리적 위치를 X, Y 좌표로 표현
③ 래스터데이터 모델 : 그리드 형태로 표현
④ 벡터데이터 모델 : 셀의 형태로 표현

해설

1. 벡터 자료

   벡터 자료구조는 기호, 도형, 문자 등으로 인식할 수 있는 형태를 말하며 객체들의 지리적 위치를 크기와 방향으로 나타낸다.

   ㉠ 장점
   - 보다 압축된 자료구조를 제공하며 따라서 데이터 용량의 축소가 용이하다.
   - 복잡한 현실세계의 묘사가 가능하다.
   - 위상에 관한 정보가 제공되므로 관망분석과 같은 다양한 공간분석이 가능하다.
   - 그래픽의 정확도가 높다.
   - 그래픽과 관련된 속성정보의 추출 및 일반화, 갱신 등이 용이하다.

   ㉡ 단점
   - 자료구조가 복잡하다.
   - 여러 레이어의 중첩이나 분석에 기술적으로 어려움이 수반된다.
   - 각각의 그래픽 구성요소는 각기 다른 위상구조를 가지므로 분석에 어려움이 크다.
   - 그래픽의 정확도가 높은 관계로 도식과 출력에 비싼 장비가 요구된다.
   - 일반적으로 값비싼 하드웨어와 소프트웨어가 요구되므로 초기비용이 많이 든다.

2. 래스터 자료

   래스터 자료구조는 매우 간단하며 일정한 격자간격의 셀이 데이터의 위치와 그 값을 표현하므로 격자데이터라고도 하며 도면을 스캐닝하여 취득한 자료와 위상영상자료들에 의하여 구성된다. 래스터구조는 구현의 용이성과 단순한 파일구조에도 불구하고 정밀도가 셀의 크기에 따라 좌우되며 해상력을 높이면 자료의 크기가 방대해진다. 각 셀들의 크기에 따라 데이터의 해상도와 저장크기가 달라지게 되는데 셀 크기가 작으면 작을수록 보다 정밀한 공간현상을 잘 표현할 수 있다.

   ㉠ 장점
   - 자료구조가 간단하다.
   - 여러 레이어의 중첩이나 분석이 용이하다.
   - 자료의 조작과정이 매우 효과적이고 수치영상의 질을 향상시키는 데 매우 효과적이다.
   - 수치이미지 조작이 효율적이다.
   - 다양한 공간적 편의가 격자의 크기와 형태가 동일한 까닭에 시뮬레이션이 용이하다.

   ㉡ 단점
   - 압축되어 사용되는 경우가 드물며 지형관계를 나타내기가 훨씬 어렵다.
   - 주로 격자형의 네모난 형태로 가지고 있기 때문에 수작업에 의해서 그려진 완화된 선에 비해서 미관상 매끄럽지 못하다.
   - 위상정보의 제공이 불가능하므로 관망해석과 같은 분석기능이 이루어질 수 없다.
   - 좌표변환을 위한 시간이 많이 소요된다.

44 속성데이터와 공간데이터를 연계하여 통합관리할 때의 장점이 아닌 것은?

① 데이터의 조회가 용이하다.
② 데이터의 오류를 자동 수정할 수 있다.
③ 공간적 상관관계가 있는 자료를 볼 수 있다.
④ 공간자료와 속성자료를 통합한 자료분석, 가공, 자료갱신이 편리하다.

해설

속성데이터와 공간데이터를 연계하여 통합관리할 때의 장점
• 데이터의 조회가 용이하다.
• 공간적 상관관계가 있는 자료를 볼 수 있다.
• 공간자료와 속성자료를 통합한 자료분석, 가공, 자료갱신이 편리하다.

45 데이터 언어에 대한 설명으로 틀린 것은?

① 데이터 제어어(DCL)는 데이터를 보호하고 관리하는 목적으로 사용한다.
② 데이터 조작어(DML)에는 질의어가 있으며, 질의어는 절차적(Procedural) 데이터 언어이다.
③ 데이터 정의어(DDL)는 데이터베이스를 정의하거나 수정할 목적으로 사용한다.
④ 데이터 언어는 사용 목적에 따라 데이터 정의어, 데이터 조작어, 데이터 제어어로 나누어진다.

해설

1. SQL(Structured Query Language)의 특징
   • 사용자가 데이터베이스에 저장된 자료구조와 자료항목 간의 관계를 정의할 수 있도록 지원
   • 사용자로 하여금 응용프로그램이 데이터베이스 내에 저장된 자료를 불러서 사용할 수 있도록 조회기능을 제공한다.
   • 사용자나 응용프로그램이 자료의 추가나 삭제, 수정 등을 통해 데이터베이스를 변경할 수 있는 기능 제공한다.
   • 저장된 자료를 보호하기 위한 자료의 조회, 추가, 수정 등에 관하여 권한을 제한할 수 있는 기능이 있다.
   • SQL은 비절차적 언어로 데이터의 처리 순서와 단계를 구분하여 단계별 처리하는 절차적 언어와 구별된다.
   • SQL은 한꺼번에 질의어를 통해서 집합적으로 처리하여 원하는 결과를 효율적으로 얻을 수 있다.
   • SQL은 개개의 레코드 단위로 처리하기보다는 집합단위로 처리하는 언어이다.
   • SQL은 언어가 쉽게 구성되어 있으면서도 표현력이 우수하다.
   • SQL은 단순 검색으로만 사용되지 않고 데이터를 정의하는 DDL, 데이터를 조작하는 DML, 데이터를 제어하는 DCL로 구성되어 있다.

2. 데이터 언어

DDL (Data Definiton Language)	데이터베이스를 생성하거나 데이터베이스의 구조형태를 수정하기 위해 사용하는 언어로 데이터베이스의 논리적 구조(logical structure)와 물리적 구조(physical structure) 및 데이터베이스 보안과 무결성 규정을 정의할 수 있는 기능을 제공한다. 이것은 데이터베이스 관리자에 의해 사용하는 언어로서 DDD 컴파일러에 의해 컴파일되어 데이터 사전에 수록된다.
DML (Data Manipulation Language)	데이터베이스에 저장되어 있는 정보를 처리하고 조작하기 위해 사용자와 DBMS 간에 인터페이스(interface) 역할을 수행한다. 삽입, 검색, 갱신, 삭제 등의 데이터 조작을 제공하는 언어로서 절차식(사용자가 요구하는 데이터가 무엇이며 요구하는 데이터를 어떻게 구하는지를 나타내는 언어이다.)과 비절차식(사용자가 요구하는 데이터가 무엇인지 나타낼 뿐이며 어떻게 구하는지는 나타내지 않는 언어이다.) 의 형태가 있다.
DCL (Data Control Language)	외부의 사용자로부터 데이터를 안전하게 보호하기 위해 데이터 복구, 보안, 무결성과 병행 제어에 관련된 사항을 기술하는 언어이다.

46 다음의 지적도 종류 중에서 지형과의 부합도가 가장 높은 도면은?

① 개별지적도　　② 연속지적도
③ 편집지적도　　④ 건물지적도

해설

1. 연속지적도
   "연속지적도"란 지적측량을 하지 아니하고 전산화된 지적도 및 임야도 파일을 이용하여, 도면상 경계점들을 연결하여 작성한 도면으로서 측량에 활용할 수 없는 도면을 말한다.
2. 편집지적도
   "편집지적도"란 연속지적도를 수치지형도에 맞춘 지적도를 말한다.

47 수치영상의 복잡도를 감소시키거나 영상 매트릭스의 편차를 줄이는 데 사용하는 격자 기반의 일반화 과정은?

① 필터링　　② 구조의 축소
③ 영상 재배열　　④ 모자이크 변환

■● 해설

자료변환

부호화(Coding)는 각종 도형 자료를 컴퓨터 언어로 변환시켜 컴퓨터가 직접 조정할 수 있는 형태로 바꾼 형태를 의미하는 것으로 벡터 방식의 자료와 격자 방식의 자료가 있다.

1. 벡터화(Vectorization)
   ㉠ 벡터 자료는 선추적 방식이라 부르는 지역 단위의 경계 선을 수치 부호화하여 저장하는 방식으로 래스터 자료 에 비해 정확하게 경계선 설정이 가능하기 때문에 망이 나 등고선과 같은 선형 자료 입력에 주로 이용하는 방 식이다. 격자에서 벡터 구조로 변환하는 것으로 동일 한 수치 값을 갖는 격자들은 하나의 폴리곤을 이루게 되며, 격자가 갖는 수치 값은 해당 폴리곤의 속성으로 저장한다.
   ㉡ 벡터화 과정
   벡터화 과정을 크게 나누면 전처리 단계(Pre Pro-cessing), 벡터화 단계(Raster to Vector Conversion), 후처리 단계(Post Processing)로 나눌 수 있다. 전처리 과정은 불필요한 요소들을 제거하는 필터링 단계 (Filtering)와 격자의 골격을 형성하는 세선화 단계 (Thinning)로 이루어진다.

전처리 단계	• 필터링 필터링이란 격자데이터에 생긴 여러 형태의 잡음 (Noise)을 윈도우(필터)를 이용하여 제거하고, 연속적이지 않은 외곽선을 연속적으로 이어주는 영상처리의 과정이다. • 세선화 세선화란 격자데이터의 형태를 제대로 반영하면 서 대상물의 추출에 별로 영향을 주지 않는 격자를 제거하여 두께가 하나의 격자, 즉 1인 호소로 써 격자데이터의 특징적인 골격을 형성하는 작업을 의미한다. 즉, 이전 단계인 필터링에서 불필요한 격자들과 같은 잡음을 제거한 후 해당 격자의 선형을 가늘고 긴 선과 같은 형상으로 만드는 세선화하는 것을 말한다.
벡터화 단계	세선화 단계를 거친 격자데이터는 벡터화 가능 하게 된다.
후처리 단계	자동적 방법이나 혹은 수동적 방법을 사용하여 벡터화 단계를 마치고 벡터 데이터가 생성되면 모양이 매끄럽지 않고, 과도한 Vertex나 Spike 등의 문제가 발생한다. 혹은 작업자의 실수로 인한 오류들이 발생할 수 있다. 즉, 결과물의 위상(Topology)을 생성하는 과정에서 점, 선, 면의 객체들의 오류를 효율적으로 정리하여야 한다. 불필요한 Vertex나 Node를 삭제하거나 수정하여 정확히 시작점과 끝점을 폐합 처리한다.

2. 격자화(Rasterization)
   래스터 자료는 격자방식 또는 격자방안방식이라 부르고 하나의 셀 또는 격자 내에 자료형태의 상대적인 양을 기록 함으로써 표현하며 각 격자들을 조합하여 자료가 형성되 며 격자의 크기를 작게 하면 세밀하고 효과적인 모델링이 가능하지만 자료의 양은 기하학적으로 증가한다. 벡터에 서 격자구조로 변환하는 것으로 벡터 구조를 일정한 크기 로 나눈 다음, 동일한 폴리곤에 속하는 모든 격자들은 해 당 폴리곤의 속성 값으로 격자에 저장한다.

48 지적도면 전산화의 기대효과로 틀린 것은?

① 지적도면의 효율적 관리
② 토지 관련 정보의 인프라 구축
③ 신속하고 효율적인 대민서비스 제공
④ 지적도면 정보 유통을 통한 이윤 창출

■● 해설

지적도면 전산화의 기대효과
• 지적도면 전산화가 구축되면 국민의 토지소유권(토지 경계) 이 등록된 유일한 공부인 지적 도면을 효율적으로 관리할 수 있다.
• 정보화 사회에 부응하는 다양한 토지 관련 정보 인프라를 구 축할 수 있어 국가 경쟁력이 강화되는 효과가 있다.
• 전국 온라인망에 의하여 신속하고 효율적인 대민 서비스를 제공할 수 있다.
• NGIS와 연계되어 토지와 관련된 모든 분야에서 활용할 수 있다.
• 지적측량업무의 전산화와 공부 정리의 자동화가 가능하게 된다.

49 한국토지정보시스템(KLIS)에서 지적공부관리 시스템의 구성 메뉴에 해당되지 않는 것은?

① 특수업무 관리부
② 측량업무 관리부
③ 지적기준점 관리
④ 토지민원 발급

⊙ 해설

필지 중심 토지정보시스템(PBLIS)의 구성

PBLIS	주요기능
지적공부 관리시스템	• 사용자 권한 관리 • 지적측량검사업무 • 토지이동 관리 • 지적일반업무 관리 • 창구민원업무 • 토지기록자료 조회 및 출력 등
지적측량 시스템	• 지적삼각측량 • 지적삼각보조측량 • 도근측량 • 세부측량 등
지적측량 성과작성 시스템	• 토지이동지 조서 작성 • 측량준비도 • 측량결과도 • 측량성과도 등

50 다음 중 벡터구조의 요소인 선(line)에 대한 설명으로 틀린 것은?

① 지도상에 표현되는 1차원적 요소이다.
② 길이와 방향을 가지고 있다.
③ 일반적으로 면적을 가지고 있다.
④ 노드에서 시작하여 노드에서 끝난다.

⊙ 해설

벡터구조의 기본요소

구분	형태	특징	비고
점	한 쌍의 x, y좌표로, 점은 차원이 존재하지 않으며 대상물의 지점 및 장소를 나타내고 기호를 이용하여 공간형상을 표현한다.	면적이나 길이가 없음	지적기준점, 송전철탑, 맨홀
선	선은 가장 간단한 형태로 1차원 대상물은 두 점을 연결한 직선, 즉 시작점과 끝점을 갖는 일련의 좌표를 의미한다.	면적이 없고 길이와 방향을 가지고 있다.	도로, 하천, 통신, 전력선, 관망, 경계
면	폐합된 선들로 구성된 일련의 좌표군으로 면은 경계선 내의 영역을 정의하고 면적을 가진다.	면적과 경계를 가짐	행정구역, 지적의 필지, 건물, 지정구역, 호수

51 도시정보체계(UIS ; Urban Information System)를 구축할 경우의 기대효과로 옳지 않은 것은?

① 도시행정 업무를 체계적으로 지원할 수 있다.
② 각종 도시계획을 효율적이고 과학적으로 수립 가능하다.
③ 효율적인 도시관리 및 행정서비스 향상의 정보 기반 구축으로 시설물을 입체적으로 관리할 수 있다.
④ 도시 내 건축물의 유지·보수를 위한 재원 확보와 조세 징수를 위해 최적화된 시스템을 이용할 수 있게 한다.

⊙ 해설

도시정보체계(UIS ; Urban Information System)
도시정보체계는 도시계획 및 도시화 현상에서 발생하는 인구, 자원 및 교통관리, 건물면적, 지명, 환경변화 등에 관한 자료를 다루는 체계이다. 도시정보체계란 도시지역의 속성정보와 도형정보를 데이터베이스화하여 통일적으로 관리함으로써, 시(구) 업무를 효율적으로 지원할 수 있는 기능과 소프트웨어를 갖춘 전산체계이다.

[도시정보체계의 기대효과]
도시정보체계는 접근성이 편리하므로 정확한 데이터를 활용하여 종합적이고 시각적인 의사결정을 할 수 있어 상수도업무, 하수도업무, 녹지업무, 도로업무, 도시계획업무 등 유기기관과의 연계가 가능하다.
• 도시행정업무를 총괄적으로 관리할 수 있다.
• 각종 도시계획을 효율적이고 과학적으로 수립 가능하다.
• 효율적인 도시관리 및 행정서비스 향상의 정보기반 구축으로 시설물을 입체적으로 관리할 수 있다.
• 도시행정업무를 체계적으로 지원할 수 있다.

52 다음 중 지적전산자료를 이용 또는 활용하고자 하는 자가 관계 중앙행정기관의 장에게 제출하여야 하는 심사 신청서에 포함시켜야 할 내용으로 틀린 것은?

① 자료의 공익성 여부
② 자료의 보관기관
③ 자료의 안전관리대책
④ 자료의 제공방식

해설

공간정보의 구축 및 관리 등에 관한 법률 시행령 제62조(지적전산자료의 이용 등)

① 법 제76조 제1항에 따라 지적공부에 관한 전산자료(이하 "지적전산자료"라 한다)를 이용하거나 활용하려는 자는 같은 조 제2항에 따라 다음 각 호의 사항을 적은 신청서를 관계 중앙행정기관의 장에게 제출하여 심사를 신청하여야 한다.

   1. 자료의 이용 또는 활용 목적 및 근거
   2. 자료의 범위 및 내용
   3. 자료의 제공 방식, 보관 기관 및 안전관리대책 등

② 제1항에 따른 심사 신청을 받은 관계 중앙행정기관의 장은 다음 각 호의 사항을 심사한 후 그 결과를 신청인에게 통지하여야 한다.

   1. 신청 내용의 타당성, 적합성 및 공익성
   2. 개인의 사생활 침해 여부
   3. 자료의 목적 외 사용 방지 및 안전관리대책

③ 법 제76조 제1항에 따라 지적전산자료의 이용 또는 활용에 관한 승인을 받으려는 자는 승인신청을 할 때에 제2항에 따른 심사 결과를 제출하여야 한다. 다만, 중앙행정기관의 장이 승인을 신청하는 경우에는 제2항에 따른 심사 결과를 제출하지 아니할 수 있다.

④ 제3항에 따른 승인신청을 받은 국토교통부장관, 시ㆍ도지사 또는 지적소관청은 다음 각 호의 사항을 심사하여야 한다. 〈개정 2013.3.23.〉

   1. 제2항 각 호의 사항
   2. 신청한 사항의 처리가 전산정보처리조직으로 가능한지 여부
   3. 신청한 사항의 처리가 지적업무수행에 지장을 주지 않는지 여부

⑤ 국토교통부장관, 시ㆍ도지사 또는 지적소관청은 제4항에 따른 심사를 거쳐 지적전산자료의 이용 또는 활용을 승인하였을 때에는 지적전산자료 이용ㆍ활용 승인대장에 그 내용을 기록ㆍ관리하고 승인한 자료를 제공하여야 한다. 〈개정 2013.3.23.〉

53 데이터의 가공에 대한 설명으로 틀린 것은?

① 데이터의 가공에는 분리, 분할, 합병, 폴리곤 생성, 러버시팅(Rubber Sheeting), 투영법 및 좌표계 변환 등이 있다.

② 분할은 하나의 객체를 두 개 이상으로 나누는 것으로 객체의 분할 전과 후에 도형데이터와 링크된 속성테이블의 구조는 그대로 유지할 수 있다.

③ 합병은 처음에 두 개로 만들어진 인접한 객체를 하나로 만드는 것으로 지적도의 도곽을 접합할 때에도 사용되며 합병할 두 객체와 링크된 속성테이블이 같아야 한다.

④ 러버시팅은 자료의 변형 없이 축척의 크기만 달라지고 모양은 유지하므로 경계복원에 영향을 미치지 않는다.

해설

Rubber Sheeting(고무판 변환)

• 지정된 기준점에 영상의 일부분을 정확히 맞추기 위한 기하학적인 과정으로 물리적으로 왜곡되거나 지도를 기준점에 의거하여 원래 형상과 일치시키는 기법이다.

• 고무판 변환 작업은 수치지도를 정해진 틀에 맞추어 넣는 것으로 지정된 기준점을 중심으로 지도를 잡아 늘이거나 줄이는 것을 의미한다.

• 훼손된 지도의 독취나 디지타이징에 의한 라스터, 벡터지도의 왜곡현상을 보정하기 위해 필수적인 기능이다.

54 지적전산자료의 이용ㆍ활용에 대한 승인권자에 해당하지 않는 자는?

① 국토지리정보원장　　　② 국토교통부장관
③ 시ㆍ도지사　　　　　　④ 지적소관청

해설

공간정보의 구축 및 관리 등에 관한 법률 제76조(지적전산자료의 이용 등)

① 지적공부에 관한 전산자료(연속지적도를 포함하며, 이하 "지적전산자료"라 한다)를 이용하거나 활용하려는 자는 다음 각 호의 구분에 따라 국토교통부장관, 시ㆍ도지사 또는 지적소관청의 승인을 받아야 한다.

   1. 전국 단위의 지적전산자료 : 국토교통부장관, 시ㆍ도지사 또는 지적소관청
   2. 시ㆍ도 단위의 지적전산자료 : 시ㆍ도지사 또는 지적소관청
   3. 시ㆍ군ㆍ구(자치구가 아닌 구를 포함한다) 단위의 지적전산자료 : 지적소관청

② 제1항에 따른 승인을 신청하려는 자는 대통령령으로 정하는 바에 따라 지적전산자료의 이용 또는 활용 목적 등에 관하여 미리 관계 중앙행정기관의 심사를 받아야 한다. 다만, 중앙행정기관의 장, 그 소속 기관의 장 또는 지방자치단체의 장이 승인을 신청하는 경우에는 그러하지 아니하다.

③ 제1항 및 제2항에도 불구하고 토지소유자가 자기 토지에 대한 지적전산자료를 신청하거나, 토지소유자가 사망하여 그 상속인이 피상속인의 토지에 대한 지적전산자료를 신청하는 경우에는 승인 및 심사를 받지 아니할 수 있다. 〈신설 2013.7.17.〉

④ 제1항 및 제3항에 따른 지적전산자료의 이용 또는 활용에 필요한 사항은 대통령령으로 정한다.

55 디지타이저를 이용한 도형자료의 취득에 대한 설명으로 틀린 것은?

① 기존 도면을 입력하는 방법을 사용할 때에는 보관과정에서 발생할 수 있는 불규칙한 신축 등으로 인한 오차를 제거하거나 축소할 수 있으므로 현장측량방법보다 정확도가 높다.

② 디지타이징의 효율성은 작업자의 숙련도에 따라 크게 좌우되며 스캐닝과 비교하여 도면의 보관상태가 좋지 않은 경우에도 입력이 가능하다.

③ 디지타이징을 이용한 입력은 복사된 지적도를 디지타이징하여 벡터 자료파일을 구축하는 것이다.

④ 디지타이징은 디지타이저라는 테이블에 컴퓨터와 연결된 커서를 이용하여 필요한 객체의 형태를 컴퓨터에 입력시키는 것으로, 해당 객체의 형태를 따라서 X, Y좌푯값을 컴퓨터에 입력시키는 방법이다.

해설

구분	Digitizer(수동방식)	Scanner(자동방식)
정의	전기적으로 민감한 테이블을 사용하여 종이로 제작된 지도자료를 컴퓨터에 의하여 사용할 수 있는 수치자료로 변환하는 데 사용되는 장비로서 도형자료(도표, 그림, 설계도면)를 수치화하거나 수치화하고 난 후 즉시 자료를 검토할 때와 이미 수치화된 자료를 도형적으로 기록 하는 데 쓰이는 장비를 말한다.	위성이나 항공기에서 자료를 직접 기록하거나 지도 및 영상을 수치로 변환시키는 장치로서 사진 등과 같이 종이에 나타나 있는 정보를 그래픽 형태로 읽어들여 컴퓨터에 전달하는 입력 장치를 말한다.

구분	Digitizer(수동방식)	Scanner(자동방식)
특징	• 도면이 훼손·마멸 등으로 스캐닝 작업으로 경계의 식별이 곤란할 경우와 도면의 상태가 양호하더라도 도곽 내에 필지수가 적어 스캐닝 작업이 비효율적인 도면은 디지타이징 방법으로 작업을 할 수 있다. • 디지타이징 작업을 할 경우에는 데이터 취득이 완료될 때까지 도면을 움직이거나 제거하여서는 아니 된다.	• 밀착스캔이 가능한 최선의 스캐너를 선정하여야 한다. • 스캐닝 방법에 의하여 작업할 도면은 보존상태가 양호한 도면을 대상으로 하여야 한다. • 스캐닝 작업을 할 경우에는 스캐너를 충분히 예열하여야 한다. • 벡터라이징 작업을 할 경우에는 경계점 간 연결되는 선은 굵기가 0.1mm가 되도록 환경을 설정하여야 한다. • 벡터라이징은 반드시 수동으로 하여야 하며 경계점을 명확히 구분할 수 있도록 확대한 후 작업을 실시하여야 한다.
장점	• 수동식이므로 정확도가 높음 • 필요한 정보를 선택 추출 가능 • 내용이 다소 불분명한 도면이라도 입력 가능	• 작업시간의 단축 • 자동화된 작업과정 • 자동화로 인한 인건비 절감
단점	• 작업 시간이 많이 소요됨 • 인건비 증가로 인한 비용 증대	• 저가의 장비 사용 시 에러 발생 • 벡터구조로의 변환 필수 • 변환 소프트웨어 필요

56 기존의 종이도면을 직접 벡터데이터로 입력할 수 있는 작업으로 헤드업 방법이라고도 하는 것은?

① 스캐닝
② 디지타이징
③ key-in
④ CAD 작업

해설

아날로그 자료의 전산화

1. 스캐닝(래스터 자료생성)과 벡터라이징
   • 스캐닝을 통하여 래스터 자료를 생성한다.
   • 벡터라이징 : 스캐닝을 통하여 생성된 래스터 자료로부터 벡터 자료를 생성하는 방법이다.
2. 디지타이징(벡터 자료 생성)
   • 아날로그 데이터를 디지털 형식으로 변환시키는 장치인 디지타이저를 이용해 자료를 컴퓨터에 입력시키는 방법으로 자료의 입력형태는 벡터 형식이며 작업의 효율성은 작업자의 숙련도에 따라 좌우된다.

- 입력도면을 디지타이저테이블에 고정시키고 디지타이징 명령어를 이용하여 좌표자료를 입력하는 것이다.
- 경비가 저렴하고 사용이 편리하며 기존 자료의 수정 및 유지관리가 용이하다는 장점이 있다.
- 입력하는 점 간의 간격 때문에 입력한 자료의 정밀성이 떨어지고 입력은 수동방식이라 많은 시간이 소요된다.

57 다목적 지적의 3대 기본요소만으로 올바르게 묶여진 것은?

① 보조 중첩도, 기초점, 지적도
② 측지 기준망, 기본도, 지적도
③ 대장, 도면, 수치
④ 지적도, 임야도, 기초점

해설

다목적 지적의 5대구성요소

측지기본망 (Geodetic reference network)	토지의 경계선과 측지측량이나 그 밖의 토지 및 토지 관련 자료와 지형 간의 상관관계형성. 지상에 영구적으로 표시되어 지적도상에 등록된 경계선을 현지에 복원할 수 있는 정확도를 유지할 수 있는 기준점 표지의 연결망을 말하는데 서로 관련 있는 모든 지역의 기준점이 단일의 통합된 네트워크여야 한다.
기본도 (Base map)	측지기본망을 기초로 하여 작성된 도면으로서 지도 작성에 기본적으로 필요한 정보를 일정한 축척의 도면 위에 등록한 것으로 변동사항과 자료를 수시로 정비하여 최신화시켜 사용될 수 있어야 한다.
지적중첩도 (Cadastral overlay)	측지기본망과 기본도와 연계하여 활용할 수 있고 토지소유권에 관한 현재 상태의 경계를 식별할 수 있도록 일필지 단위로 등록한 지적도, 시설물, 토지이용, 지역구도 등을 결합한 상태의 도면을 말한다.
필지식별번호 (Unique parcel identification number)	각 필지별 등록사항의 조직적인 저장과 수정을 용이하게 각 정보를 인식·선정·식별·조정 하는 가변성이 없는 토지의 고유번호를 말하는데 지적도의 등록 사항과 도면의 등록 사항을 연결시켜 자료파일의 검색 등 색인번호의 역할을 한다. 이러한 필지식별번호는 토지평가, 토지의 과세, 토지의 거래, 토지이용계획 등에서 활용되고 있다.
토지자료파일 (Land data file)	토지에 대한 정보검색이나 다른 자료철에 있는 정보를 연결시키기 위한 목적으로 만들어진 각 필지의 식별번호를 포함한 일련의 공부 또는 토지자료철을 말하는데 과세대장, 건축물대장, 천연자원기록, 토지이용, 도로, 시설물대장 등 토지 관련 자료를 등록한 대장을 뜻한다.

58 지적재조사사업의 필요성 및 목적이 아닌 것은?

① 토지의 경계복원능력을 향상시키기 위함이다.
② 지적 불부합지 과다 문제를 해소하기 위함이다.
③ 지적관리 인력의 확충과 기구의 규모 확장을 위함이다.
④ 능률적인 지적관리체제로의 개선을 위함이다.

해설

1. 지적재조사특별법의 목적
   지적재조사특별법은 토지의 실제 현황과 일치하지 아니하는 지적공부(地籍公簿)의 등록사항을 바로잡고 종이에 구현된 지적(地籍)을 디지털 지적으로 전환함으로써 국토를 효율적으로 관리함과 아울러 국민의 재산권 보호에 기여함을 목적으로 한다.

2. 지적재조사의 필요성
   - 전 국토를 동일한 좌표계로 측량하여 지적불부합 해결
   - 수치적 방법으로 재조사하여 국민적 요구에 부응하고 도해지적의 문제점 해결
   - 토지 관련 정보의 종합관리와 계획의 용이성 제공
   - 부처 간 분산 관리되고 있는 기준점의 통일로 업무능률 향상
   - 도면의 신축 등으로 인한 문제점 해결

59 GIS, CAD 자료, 비디오, 영상 등의 다중매체와 같은 복잡한 자료 유형을 지원하는 데 적합한 데이터베이스 방식은?

① 네트워크형 데이터베이스
② 계층형 데이터베이스
③ 관계형 데이터베이스
④ 객체지향형 데이터베이스

해설

1. 관계형 데이터베이스관리시스템(RDBMS ; Relationship DataBase Management System)
   - 데이터를 표로 정리하는 경우 행은 데이터 묶음이 되고 열은 속성을 나타내는 2차원의 도표로 구성된다. 이와 같이 표현하고자 하는 대상의 속성들을 묶어 하나의 행(row)을 만들고, 행들의 집합으로 데이터를 나타내는 것이 관계형 데이터베이스이다.
   - 각각의 항목과 그 속성이 다른 모든 항목 및 그의 속성과 연결될 수 있도록 구성된 자료구조로 전문적인 자료관리

를 위한 데이터 모델로서 현재 가장 보편적으로 많이 쓰는 것이다. 가장 최신의 데이터베이스 형태이며 사용자에게 보다 친숙한 자료 접근방법을 제공하기 위해 개발되었으며, 행과 열로 정렬된 논리적인 데이터 구조이다.

2. 객체지향형 데이터베이스관리체계(OODBMS ; Object Oriented DataBase Management System)

객체지향(Object Oriented)에 기반을 둔 논리적 구조를 가지고 개발된 관리시스템으로 자료를 다루는 방식을 하나로 묶어 객체(Object)라는 개념을 사용하여 실세계를 표현하고 모델링하는 구조이다. 관계형 데이터 모델의 단점을 보완하여 새로운 데이터 모델로 등장한 객체지향형 데이터모델은 CAD와 GIS, 사무정보시스템, 소프트웨어 엔지니어링 등의 다양한 분야에서 데이터베이스를 구축할 때 주로 사용한다.

60 연속적인 면의 단위를 나타내는 2차원 표현 요소로, 래스터데이터를 구성하는 가장 작은 단위는?

① 격자셀　　　　② 선
③ 절점　　　　④ 점

해설

1. 벡터 자료
벡터 자료구조는 기호, 도형, 문자 등으로 인식할 수 있는 형태를 말하며 객체들의 지리적 위치를 크기와 방향으로 나타낸다.

2. 래스터 자료
래스터 자료구조는 매우 간단하며 일정한 격자간격의 셀이 데이터의 위치와 그 값을 표현하므로 격자데이터라고도 하며 도면을 스캐닝 하여 취득한 자료와 위상영상자료들에 의하여 구성된다. 래스터구조는 구현의 용이성과 단순한 파일구조에도 불구하고 정밀도가 셀의 크기에 따라 좌우되며 해상력을 높이면 자료의 크기가 방대해진다. 각 셀들의 크기에 따라 데이터의 해상도와 저장크기가 달라지게 되는데 셀 크기가 작으면 작을수록 보다 정밀한 공간현상을 잘 표현할 수 있다.

61 지목의 부호 표시가 각각 '유'와 '장'인 것은?

① 유지, 공장용지　　　② 유원지, 공원지
③ 유지, 목장용지　　　④ 유원지, 공장용지

해설

지목	부호	지목	부호	지목	부호	지목	부호
전	전	대	대	철도용지	철	공원	공
답	답	공장용지	장	제방	제	체육용지	체
과수원	과	학교용지	학	하천	천	유원지	원
목장용지	목	주차장	차	구거	구	종교용지	종
임야	임	주유소용지	주	유지	유	사적지	사
광천지	광	창고용지	창	양어장	양	묘지	묘
염전	염	도로	도	수도용지	수	잡종지	잡

62 소유권에 대한 설명으로 옳은 것은?

① 소유권은 물건이 아니다.
② 소유권은 제한 물건이다.
③ 소유권에는 존속기간이 있다.
④ 소유권은 소멸시효에 걸리지 않는다.

해설

소유권 소멸시효
권리자가 권리를 행사할 수 있음에도 불구하고 권리를 행사하지 않는 사실상태가 일정기간 계속된 경우에 그 권리의 소멸을 인정하는 제도이다. 취득시효와 함께 널리 시효라고 불린다. 소유권 외의 재산권은 모두 소멸시효에 걸리는 것이 원칙이지만 상린권(常鱗權), 점유권(占有權), 물권적 청구권(物權的 請求權), 담보물권(擔保物權)은 소멸시효에 걸리지 않는다.

소유권
소유권은 재산권(財産權) 중에서 가장 기본이 되는 권리이며, 사유재산제(私有財産制)의 표현이고, 사적자치(私的自治)의 원칙과 밀접하게 관련된다. 소유권은 물건(物件)을 지배할 수 있다는 관념성(觀念性), 물건의 사용가치(使用價値)와 교환가치(交換價値)를 모두 지배하는 전면성(全面性), 물건의 사용(使

用) · 수익(收益) · 처분(處分)에 대한 권능(權能)의 단순한 집합이 아닌 그 권능들의 혼일성(渾一性), 제한물권과 충돌하면 제한물권에 의하여 제한을 받다가 그 제한물권이 소멸되면 다시 본래의 완전한 상태로 되는 탄력성(彈力性), 존속기간의 제한이 없으며 소멸시효(消滅時效)의 대상이 되지 않는 항구성(恒久性)을 가진 권리이다. 소유권의 객체(客體)는 물건에 한한다.

63 지적정리 시 소유자의 신청에 의하지 않고 지적소관청이 직권으로 정리하는 사항은?

① 분할
② 신규등록
③ 지목변경
④ 행정구역 개편

해설

지적업무처리규정 제56조(행정구역경계의 설정)
① 행정관할구역이 변경되거나 새로운 행정구역이 설치되는 경우의 행정관할구역 경계선은 다음 각 호에 따라 등록한다.
  1. 도로, 구거, 하천은 그 중앙
  2. 산악은 분수선(分水線)
  3. 해안은 만조 시에 있어서 해면과 육지의 분계선
② 행정관할구역 경계를 결정할 때 공공시설의 관리 등의 이유로 제1항 각 호를 경계선으로 등록하는 것이 불합리한 경우에는 해당 시 · 군 · 구와 합의하여 행정구역경계를 설정할 수 있다.
③ 행정구역경계를 등록하여야 하는 경우에는 직접측량방법에 따라 등록하여야 한다. 다만, 하천의 중앙 등 직접측량이 곤란한 경우에는 항공정사영상 또는 1/1,000 수치지형도 등을 이용한 간접측량방법에 따라 등록할 수 있다.

지적업무처리규정 제57조(행정구역 변경)
① 행정구역 변경은 다음 각 호의 어느 하나에 해당하는 경우에 할 수 있다.
  1. 행정구역명칭 변경
  2. 행정관할구역 변경
  3. 지번 변경을 수반한 행정관할구역 변경
② 지적소관청은 제1항 제3호에 따른 지번 변경을 수반한 행정관할구역 변경은 시행일 이전에 행정구역 변경 임시자료를 생성하여 시행일 전일에 일일마감을 완료한 후 처리한다.

64 오늘날 지적측량의 방법과 절차에 대하여 엄격한 법률적인 규제를 가하는 이유로 가장 옳은 것은?

① 기술적 변화 대처
② 법률적인 효력 유지
③ 측량기술의 발전
④ 토지등록정보 복원 유지

해설

지적측량의 방법과 절차에 대하여 엄격한 법률적인 규제를 가하는 이유는 법률적인 효력 유지에 있다.

지적측량의 특성

기속측량 (羈屬測量)	지적측량은 토지표시사항 중 경계와 면적을 평면적으로 측정하는 측량으로 측량방법은 법률로서 정하고 법률로 정하여진 규정 속에서 시행하는 행정행위에 속한다.
준사법측량	국가가 토지에 대한 물권이 미치는 범위와 면적 등을 지적측량에 의하여 결정하고 지적공부에 등록, 공시하면 법률적으로 확정된 것과 같은 효력을 지닌다.
측량성과의 영속성 (永續性)	지적측량의 성과는 토지에 대한 물권이 미치는 범위와 면적 등을 결정하여 지적공부에 등록하고 필요시 언제라도 이를 공개 또는 확인할 수 있도록 영구적으로 보존하여야 하는 특성을 지니고 있다.
평면측량 (平面測量)	측량은 대상지역의 넓이 또는 면적과 지구곡률의 고려 여부에 따라 평면측량과 측지측량으로 구분하고 있다. 따라서 지적측량은 지구곡률을 고려하지 않고 측량대상지역이 반경 11km 이내이므로 평면측량으로 구분하고 있다.

65 우리나라에서 사용되는 지번부여방법이 아닌 것은?

① 기우식
② 단지식
③ 사행식
④ 순차식

해설

지번부여방법(地番附與方法)

	진행방법
사행식	필지의 배열이 불규칙한 지역에서 진행순서에 따라 지번을 부여하는 방법으로 농촌지역의 지번부여에 적합하다. 우리나라 토지의 대부분은 사행식에 의해 부여하며 지번 부여가 일정하지 않고 상하좌우로 분산되어 부여되는 결점이 있다.
기우식	도로를 중심으로 한쪽은 홀수인 기수, 다른 쪽은 짝수인 우수로 지번을 부여하는 방법으로 리 · 동 · 도 · 가 등의 시가지 지역의 지번부여방법으로 적합하고 교호식이라고도 한다.
단지식	단지마다 하나의 지번을 부여하고 단지 내 필지마다 부번을 부여하는 방법으로 단지식은 블록식이라고도 하며 도시개발사업 및 농지개량사업 시행지역 등의 지번부여에 적합하다.
절충식	사행식, 기우식, 단지식 등을 적당히 취사선택(取捨選擇)하여 부번(附番)하는 방식이다.

66 다음 중 토지조사사업 당시 확정된 소유자가 서로 다른 토지 간에 사정된 구획선을 무엇이라고 하였는가?

① 경계선 ② 강계선
③ 지역선 ④ 지계선

해설

강계선(疆界線), 지역선(地域線), 경계선(境界線)

강계선은 사정선이라고도 하며 토지조사 당시 확정된 소유자가 다른 토지 간의 사정된 경계선 또는 토지조사령에 의하여 임시토지조사국장의 사정을 거친 경계선을 말하며 강계는 지적도에 등록된 토지의 경계선인 강계선이 대상이었다. 토지조사 당시에는 강계선(사정선)으로 불렸으며 임야조사 당시에는 사정한 선도 경계선이라 불렀다.

강계선 (疆界線)	소유권에 대한 경계를 확정하는 역할을 하며 반드시 사정을 거친 경계선을 말하며 토지소유자 및 지목이 동일하고 지반이 연속된 토지를 1필지로 함을 원칙으로 한다. 강계선과 인접한 토지의 소유자는 반드시 다르다는 원칙이 성립되며 조선임야조사사업 당시 도장관의 사정에 의한 임야도상의 경계는 경계선이라 하였고 강계선의 경우는 분쟁지에 대한 사정으로 생긴 경계선이라 할 수 있다.
지역선 (地域線)	지역선이라 함은 토지조사 당시 사정을 하지 않는 경계선을 말하며 동일인이 소유하는 토지일 경우에도 지반의 고저가 심하여 별필로 하는 경우의 경계선을 말한다. 지역선에 인접하는 토지의 소유자는 동일인일 수도 있고 다를 수도 있다. 지역선은 경계분쟁의 대상에서 제외되었으며 동일인의 소유지라도 지목이 상이하여 별필로 하는 경우의 경계선을 말한다. 즉, 지목이 다른 일필지를 표시하는 것을 말한다.
경계선 (境界線)	• 지적도상의 구획선을 경계라 지칭하고 강계선과 지역선으로 구분하며 강계선은 사정선이라고 하였으며 임야조사 당시의 사정선은 경계선이라고 했다. 최근 경계선의 의미는 강계선이나 지역선에 관계없이 2개의 인접한 토지 사이의 구획선을 말한다. 도해지적에서는 지적도나 임야도에 그려진 토지의 구획선을 말하는데 물론 지상에 있는 논둑, 밭둑, 표항 따위를 말하는 것은 아니다. 경계점좌표시행지역에서 경계선이라고 할 때에는 어떤 점의 좌표(우리나라 지적분야에서는 평면직각종횡선수치)와 그 이웃하는 점의 좌표와의 연결을 말한다. • 경계선의 종류는 시대 및 등록방법에 따라 다르게 부르기도 하였다. 경계는 일반경계, 고정경계, 자연경계, 인공경계 등으로 사용처에 따라 다르게 부르기도 한다.

67 다음 중 도곽선의 역할로 가장 거리가 먼 것은?

① 기초점 전개의 기준
② 지적 원점 결정의 기준
③ 도면 신축량 측정의 기준
④ 인접 도면과 접합의 기준

해설

도곽선의 역할

• 지적기준점 전개
• 도곽신축 보정
• 인접도면접합
• 도북방위선
• 측량결과도와 실지부합

68 지적 이론의 발생설 중 이론적 근거가 다른 것은?

① 나일로미터 ② 둠즈데이북
③ 장적문서 ④ 지세대장

해설

지적의 발생

과세설 (課稅說) (Taxation theory)	국가가 과세를 목적으로 토지에 대한 각종 현상을 기록·관리하는 수단으로부터 출발했다고 보는 설로 공동생활과 집단생활을 형성·유지하기 위해서는 경제적 수단으로 공동체에 제공해야 한다. 정주생활에 따른 과세의 필요성에서 그 유래를 찾아 볼 수 있고, 과세설의 증거자료로는 Domesday Book(영국의 토지대장), 신라의 장적문서(서원경 부근의 4개 촌락의 현·촌명 및 촌락의 영역, 호구(戶口) 수, 우마(牛馬) 수, 토지의 종목 및 면적, 뽕나무, 백자목, 추자목의 수량을 기록) 등이 있다.
치수설 (治水說) (Flood control theory)	국가가 토지를 농업생산 수단으로 이용하기 위하여 관개시설 등을 측량하고 기록, 유지, 관리하는 데서 비롯되었다고 보는 설로 토지측량설(土地測量說 : land survey theory)이라고도 한다. 물을 다스려 보국안민을 이룬다는 데서 유래를 찾아볼 수 있고 주로 4대강 유역이 치수설을 뒷받침하고 있다. 즉 관개시설에 의한 농업적 용도에서 물을 다스릴 수 있는 토목과 측량술의 발달은 농경지의 생산성에 대한 합리적인 과세목적에서 토지기록이 이루어지게 된 것이다.

지배설 (支配說) (Rule theory)	국가가 토지를 다스르기 위한 영토의 본존과 통치수단으로 토지에 대한 각종현황을 관리하는 데서 출발한다고 보는 설로 지배설은 자국영토의 국경을 상징하는 경계표시를 만들어 객관적으로 표시하고 기록하는 과정에서 지적이 발생했다는 이론이다. 이러한 국경의 경계를 객관적으로 표시하고 기록하는 것은 자국민의 생활의 안전을 보장하여 통치의 수단으로서 중요한 역할을 하였다. 국가 경계의 표시 및 기록은 영토보존의 수단이며 통치의 수단으로 백성을 다스리는 근본을 토지에서 찾았던 고대에는 이러한 일련의 행위가 매우 중요하게 평가되었다.
침략설 (侵略說) (Rule theory)	국가가 영토확장 또는 침략상 우의를 확보하기 위해 상대국의 토지 현황을 미리 조사, 분석, 연구하는 데서 비롯되었다는 학설

69 2필지 이상의 토지를 합병하기 위한 조건이라고 볼 수 없는 것은?

① 지반이 연속되어 있어야 한다.
② 지목이 동일하여야 한다.
③ 축척이 달라야 한다.
④ 지번부여지역이 동일하여야 한다.

해설

공간정보의 구축 및 관리 등에 관한 법률 시행령 제66조(합병 신청)
① 토지소유자는 법 제80조 제1항 및 제2항에 따라 토지의 합병을 신청할 때에는 합병 사유를 적은 신청서를 지적소관청에 제출하여야 한다.
② 법 제80조 제2항에서 "대통령령으로 정하는 토지"란 공장용지·학교용지·철도용지·수도용지·공원·체육용지 등 다른 지목의 토지를 말한다.
③ 법 제80조 제3항 제3호에서 "합병하려는 토지의 지적도 및 임야도의 축척이 서로 다른 경우 등 대통령령으로 정하는 경우"란 다음 각 호의 경우를 말한다.
  1. 합병하려는 토지의 지적도 및 임야도의 축척이 서로 다른 경우
  2. 합병하려는 각 필지의 지반이 연속되지 아니한 경우
  3. 합병하려는 토지가 등기된 토지와 등기되지 아니한 토지인 경우
  4. 합병하려는 각 필지의 지목은 같으나 일부 토지의 용도가 다르게 되어 법 제79조 제2항에 따른 분할대상 토지인 경우. 다만, 합병 신청과 동시에 토지의 용도에 따라 분할 신청을 하는 경우는 제외한다.
  5. 합병하려는 토지의 소유자별 공유지분이 다르거나 소유자의 주소가 서로 다른 경우
  6. 합병하려는 토지가 구획정리, 경지정리 또는 축척변경을 시행하고 있는 지역의 토지와 그 지역 밖의 토지인 경우

70 다음 중 지적공부에 등록하는 토지의 물리적 현황과 가장 거리가 먼 것은?

① 지번과 지목
② 등급과 소유자
③ 경계와 좌표
④ 토지소재와 면적

해설

20. "토지의 표시"란 지적공부에 토지의 소재·지번(地番)·지목(地目)·면적·경계 또는 좌표를 등록한 것을 말한다.(물리적현황)

71 근대적인 지적제도의 토지대장이 처음 만들어진 시기는?

① 1910년대
② 1920년대
③ 1950년대
④ 1970년대

해설

토지조사사업
대한제국 정부는 당시의 문란하였던 토지제도를 바로잡자는 취지에서 1898~1903년 사이에 123개 지역의 토지조사사업을 실시하였고 1910년 토지조사국 관제와 토지조사법을 제정·공포하여 토지조사 및 측량에 착수하였으나 한일합방으로 일제는 1910년 10월 조선총독부 산하에 임시토지조사국을 설치하여 본격적인 토지조사사업을 전담토록 하였으며, 1912년 8월 13일 제령 제2호로 토지조사령(土地調査令)과 토지조사령시행규칙(土地調査施行規則 : 조선총독부령 제6호)을 제정 공포하고 전국에 토지조사사업을 위한 측량을 실시하고 1914년 3월 6일 제령 제1호로 지세령(地稅令), 1914년 4월 25일 조선총독부령 제45호 토지대장규칙(土地臺帳規則) 및 1915년 1월 15일 조선총독부령 제1호 토지측량표규칙(土地測量標規則)에 의하여 그 성과인 토지대장과 지적도를 작성함으로써 근대적인 지적제도가 창설되었다.

72 다음 중 토지조사사업 당시 불복신립 및 재결을 행하는 토지소유권의 확정에 관한 최고의 심의기관은?

① 도지사
② 임의토지조사국장
③ 고등토지조사위원회
④ 임야조사위원회

◉ 해설

토지소사사업 업무(소유권 및 지가조사)

준비조사	행정구역인 리(里)·동(洞)의 명칭과 구역/경계의 혼선을 정리하고, 지명의 통일과 강계(疆界)의 조사
일필지조사	토지소유권을 확실히 하기 위해 필지(筆地) 단위로 지주·강계·지목·지번 조사
분쟁지조사	불분명한 국유지와 민유지, 미정리된 역둔토, 소유권이 불확실한 미개간지 정리
지위등급조사	토지의 지목에 따라 수익성의 차이에 근거하여 지력의 우월을 구별
장부조제	토지조사부/토지대장/토지대장집계부/지세명기장(地稅名寄帳)
지방토지조사위원회	토지조사령의 의해 설치된 기관으로 임시토지조사국장의 요구에 대한 소유자 및 강계에 대한 사정에 대한 자문기관
고등토지조사위원회	토지의 사정에 대하여 불복이 있는 경우에는 사정공고기간(30) 만료 후 60일 이내에 불복 신립하거나 재결이 있는 날로부터 3년 이내에 사정의 확정 또는 재결이 체벌 받을 만한 행위에 근거하여 재심의 재결을 하는 토지소유권의 확정에 관한 최고의 심의기관
사정	토지조사부 및 지적도에 의하여 토지소유자 및 그 강계를 확정하는 행정처분으로 사정권자는 임시토지조사국장이 되고 지방토지조사위원회의 자문에 의하여 사정하였다.
이동지정리	토지소유권을 비롯한 강계의 확정에 대하여 토지신고 이후의 각종 변동사항을 정리

73 경계점좌표등록부에 등록되는 좌표는?

① UTM 좌표
② 경위도 좌표
③ 구면직각 좌표
④ 평면직각 좌표

◉ 해설

경계점좌표등록부에 등록되는 좌표는 평면직각 좌표이다.

74 다음 중 지적의 기능으로 옳지 않은 것은?

① 지리적 요소의 결정
② 토지감정평가의 기초
③ 도시 및 국토계획의 원천
④ 토지기록의 법적 효력과 공시

◉ 해설

지적(地籍)에 관한 법률(法律)의 성격(性格)

토지의 등록공시에 관한 기본법	지적에 관한 법률에 의하여 지적공부에 토지 표시사항이 등록·공시되어야 등기부가 창설되므로 토지의 등록공시에 관한 기본법이라 할 수 있다. ※ 토지공시법은 공간정보의 구축 및 관리 등에 관한 법과 부동산등기법이 있다.
사법적 성격을 지닌 토지공법	지적에 관한 법률은 효율적인 토지관리와 소유권 보호에 기여함을 목적으로 하고 있으므로 토지소유권 보호라는 사법적 성격과 효율적인 토지관리를 위한 공법적 성격을 함께 나타내고 있다.
실체법적 성격을 지닌 절차법	지적에 관한 법률은 토지와 관련된 정보를 조사·측량하여 지적공부에 등록·관리하고, 등록된 정보를 제공하는 데 있어 필요한 절차와 방법을 규정하고 있으므로 절차법적 성격을 지니고 있으며, 국가기관의 장인 시장·군수·구청장 및 토지소유자가 하여야 할 행위와 의무 등에 관한 사항도 규정하고 있으므로 실체법적 성격을 지니고 있다.
임의법적 성격을 지닌 강행법	지적에 관한 법률은 토지소유자의 의사에 따라 토지등록 및 토지이동을 신청할 수 있는 임의법적 성격과, 일정한 기한 내에 신청이 없는 경우 국가가 강제적으로 지적공부에 등록·공시하는 강행법적 성격을 지니고 있다.

75 다음 중 토지조사사업 당시 토지대장 정리를 위한 조사 자료에 해당하는 것은?

① 양안 및 지계
② 토지소유권증명
③ 토지 및 건물대장
④ 토지조사부 및 등급조사부

◉ 해설

지적공(장)부

토지조사사업을 통하여 토지의 사정이나 확정의 재결에 의하여 확정된 토지에 대하여 토지조사부, 토지대장, 토지대장집계부, 지세명기장 등의 장부를 조제하였는데 이를 지적장부라 한다. 지적장부를 통하여 전 국토의 파악과 실질적인 납세의무자를 결정하였다.

정답 72 ③ 73 ④ 74 ① 75 ④

1. 토지조사부
   - 토지조사사업을 하면서 모든 토지소유자로 하여금 토지소유권을 신고하게 하여 토지사정원부로 사용되었다.(1911. 11.)
   - 토지조사부에 소유자로 등재되는 것을 사정(원시취득)이라 한다. 토지조사부를 사정부라고도 한다.
   - 1동리마다 지번순으로 지번, 가지번, 지목, 지적, 소유자 주소 및 성명, 신고 또는 통지 연월일, 분쟁과 기타 특수한 사고가 있는 경우 적요란에 그 내용을 기재한다.
   - 책의 말미에 지목별로 지적 및 필수를 집계하고 이를 다시 국유지와 민유지로 구분하여 합계를 냈다.
   - 소유자가 2인인 공유지는 이름을 연기라 하고, 3인 이상의 공유지에 대해서는 연명서를 작성하였다.
   - 토지조사부는 토지조사사업이 완료되어 토지대장이 작성되면서 그 기능을 상실하였다.
   - 2004년 10월부터 일반인에게 공개하였다.
   - 보관기관은 국가기록원, 일부 지역은 해당 시·군·구청에 보관되어 있다.

76 조선시대의 양전법에 따른 전(田)의 형태에서 직각삼각형 형태의 전의 명칭은?

① 방전(方田)
② 제전(梯田)
③ 구고전(句股田)
④ 요고전(요고전)

해설

토지의 형태

조선시대의 토지형태는 5가지 형태로 기록하였는데 광무 2년(1898년)에는 양지아문의 양전사목에 의해 "5형 이외에 원형(圓形), 타원형(橢圓形), 호시형(弧矢形), 삼각형(三角形), 미형(眉形)을 더하고 이 10형에 합당하지 않으면 곧장 변의 모양을 가지고 이름을 정하여 등변, 부등변을 논할 것 없이 4변 5변 변형에서부터 다변형 타협에 이르기까지 명명하다."라고 규정하였다.

방전 (方田)	사각형의 토지로 장(長)과 광(廣)을 측량	長 廣
직전 (直田)	직사각형의 토지로 장(長)과 평(平)을 측량	長 平
구고전 (句股田)	삼각형의 토지로 구(句)와 고(股)를 측량	弦 句 股
규전 (圭田)	이등변삼각형의 토지로 장(長)과 광(廣)을 측량	句 長 廣
제전 (梯田)	사다리꼴의 토지로 장(長)과 동활(東闊), 서활(西闊)을 측량	東闊 長 西闊

77 토지를 등록하는 기술적 행위에 따라 발생하는 효력과 가장 관계가 먼 것은?

① 공정력
② 구속력
③ 추정력
④ 확정력

해설

토지등록(土地登錄)의 효력(效力)

행정처분의 구속력 (拘束力)	행정처분의 구속력은 행정행위가 법정 요건을 갖추어 행하여진 경우에는 그 내용에 따라 상대방과 행정청을 구속하는 효력, 즉 토지등록의 행정처분이 유효하는 한 정당한 절차 없이 그 존재를 부정하거나 효력을 기피할 수 없다는 효력을 말한다.
토지 등록의 공정력 (公正力)	공정력은 토지 등록에 있어서의 행정처분이 유효하게 성립하기 위한 요건을 완전히 갖추지 못하여 하자가 있다고 인정될 때라도 절대 무효인 경우를 제외하고는 그 효력을 부인할 수 없는 것으로서 무하자 추정 또는 적법성이 추정되는 것으로 일단 권한 있는 기관에 의하여 취소되기 전에는 상대방 또는 제3자도 이에 구속되고 그 효력을 부정하지 못함을 의미한다.
토지 등록의 확정력 (確定力)	확정력이란 행정행위의 불가쟁력(不可爭力)이라고도 하는데 확정력은 일단 유효하게 등록된 사항은 일정한 기간이 경과한 뒤에는 그 상대방이나 이해관계인이 그 효력을 다룰 수 없을 뿐만 아니라 소관청 자신도 특별한 사유가 없는 한 그 처분 행위를 다룰 수 없는 것이다.
토지등록의 강제력 (强制力)	강제력은 지적측량이나 토지 등록 사항에 대하여 사법권의 힘을 빌릴 것이 없이 행정청 자체의 명의로써 자력으로 집행할 수 있는 강력한 효력으로 강제집행력(强制執行力)이라고도 한다.

78 지조사사업에서 조사한 내용이 아닌 것은?

① 토지의 가격
② 토지의 지질
③ 토지의 소유권
④ 토지의 외모(外貌)

해설

조선토지조사사업보고서 전문에 따라 토지조사사업의 내용을 크게 나누어 보면 토지소유권의 조사, 토지가격의 조사, 지형·지모의 조사 등 3개 분야로 구분하여 조사하였다.

1. 토지소유권 조사(土地所有權 調査)

　소유권 조사는 측량성과에 의거 토지의 소재, 지번, 지목, 면적과 소유권을 조사하여 토지대장에 등록히고 토지의 일필지에 대한 위치, 형상, 경계를 측정하여 지적도에 등록함으로써 토지의 경계와 소유권을 사정하여 토지 소유권 제도의 확립과 토지등기제도의 설정을 기하도록 하였다.

2. 토지가격 조사(土地價格 調査)

　시가지는 그 지목여하에 불구하고 전부 시가(時價)에 따라 지가를 평정하고, 시가지 이외의 지역은 임대가격을 기초로 하였으며, 전·답, 지소 및 잡종지는 그 수익을 기초로 하여 지가를 결정하였다. 이러한 지가조사로 토지에 대한 과세 기준을 통일함으로써 지세제도를 확립하는 데 유감이 없도록 하였다.

3. 지형·지모 조사(地形·地貌 調査)

　지형·지모의 조사는 지형측량으로 지상에 있는 천위(天爲)·인위(人爲)의 지물을 묘화(描畫)하고 그 고저 분포의 관계를 표시하여 지도상에 등록하도록 하였다. 토지조사사업에서는 측량부문을 삼각측량, 도근측량, 세부측량, 면적계산, 제도, 이동지측량, 지형측량 등 7종으로 나누어 실시하였다. 이러한 측량을 수행하기 위하여 설치한 지적측량 기준점과 토지의 경계점 등을 기초로 세밀한 지형측량을 실시하여 지상의 중요한 지형·지물에 대한 각 도 단위의 50,000분의 1의 지형도가 작성되었다.

79 지적도 작성방법 중 지적도면 자료나 영상자료를 래스터(Raster) 방식으로 입력하여 수치화하는 장비로 옳은 것은?

① 스캐너　　　　② 디지타이저
③ 자동복사기　　④ 키보드

해설

1. Digitizer(수동방식)

　전기적으로 민감한 테이블을 사용하여 종이로 제작된 지도자료를 컴퓨터에 의하여 사용할 수 있는 수치자료로 변환하는 데 사용되는 장비로서 도형자료(도표, 그림, 설계도면)를 수치화하거나 수치화하고 난 후 즉시 자료를 검토할 때와 이미 수치화된 자료를 도형적으로 기록 하는 데 쓰이는 장비를 말한다.

2. Scanner(자동방식)

　위성이나 항공기에서 자료를 직접 기록하거나 지도 및 영상을 수치로 변환시키는 장치로서 사진 등과 같이 종이에 나타나 있는 정보를 그래픽 형태로 읽어들여 컴퓨터에 전달하는 입력장치를 말한다.

80 토지표시 사항의 결정에 있어서 실질적 심사를 원칙으로 하는 가장 중요한 이유는?

① 소유자의 이해
② 결정사항에 대한 이의예방
③ 거래안전의 국가적 책무
④ 조세형평 유지

해설

지적(地籍)에 관한 법률(法律)의 기본이념(基本理念)

지적국정주의 (地籍國定主義)	지적공부의 등록사항인 토지표시사항을 국가만이 결정할 수 있는 권한을 가진다는 이념이다.
지적형식주의 (地籍形式主義)	국가가 결정한 토지에 대한 물리적 현황과 법적 권리관계 등을 외부에서 인식할 수 있도록 일정한 법정 형식을 갖추어 지적공부에 등록하여야만 효력이 발생한다는 이념으로 「지적등록주의」라고도 한다.
지적공개주의 (地籍公開主義)	지적공부에 등록된 사항을 토지소유자나 이해관계인은 물론 일반인에게도 공개한다는 이념이다. 〈공시원칙에 의한 지적공부 3가지 형식〉 • 지적공부를 직접열람 및 등본으로 알 수 있다. • 현장에 경계복원함으로써 알 수 있다. • 등록된 사항과 현장상황이 틀린 경우 변경등록한다.
실질적심사주의 (實質的審査主義)	토지에 대한 사실관계를 정확하게 지적공부에 등록·공시하기 위하여 토지를 새로이 지적공부에 등록하거나 등록된 사항을 변경 등록하고자 할 경우 소관청은 실질적인 심사를 실시하여야 한다는 이념으로서 「사실심사주의」라고도 한다.
직권등록주의 (職權登錄主義)	국가는 의무적으로 통치권이 미치는 모든 토지에 대한 일정한 사항을 직권으로 조사·측량하여 지적공부에 등록·공시하여야 한다는 이념으로서 「적극적 등록주의」또는 「등록강제주의」라고도 한다.

Subject 05 지적관계법규

81 다음 중 지적공부에 등록한 토지를 말소시키는 경우는?

① 토지의 형질을 변경하였을 때
② 화재로 인하여 건물이 소실된 때
③ 수해로 인하여 토지가 유실되었을 때
④ 토지가 바다로 된 경우로서 원상으로 회복될 수 없을 때

▶**해설**

공간정보의 구축 및 관리 등에 관한 법률 제82조(바다로 된 토지의 등록말소 신청)

① 지적소관청은 지적공부에 등록된 토지가 지형의 변화 등으로 바다로 된 경우로서 원상(原狀)으로 회복될 수 없거나 다른 지목의 토지로 될 가능성이 없는 경우에는 지적공부에 등록된 토지소유자에게 지적공부의 등록말소 신청을 하도록 통지하여야 한다.

② 지적소관청은 제1항에 따른 토지소유자가 통지를 받은 날부터 90일 이내에 등록말소 신청을 하지 아니하면 대통령령으로 정하는 바에 따라 등록을 말소한다.

③ 지적소관청은 제2항에 따라 말소한 토지가 지형의 변화 등으로 다시 토지가 된 경우에는 대통령령으로 정하는 바에 따라 토지로 회복등록을 할 수 있다.

82 평판측량방법 또는 전자평판측량방법으로 세부측량 시 측량준비파일에 작성하여야 하는 측량기하적 사항으로 옳지 않은 것은?

① 평판점·측정점 및 방위표정에 사용한 기지점 등에는 방향선을 긋고 실측한 거리를 기재한다.
② 측량자는 평판점 및 측정점을 직경 1.5mm 이상 3mm 이하의 원으로 표시한다.
③ 측량자는 평판점의 결정 및 방위표정에 사용한 기지점을 1변의 길이가 2mm와 3mm인 2중 삼각형으로 표시한다.
④ 측량대상토지에 지상구조물 등이 있는 경우와 새로이 설정하는 경계에 지상건물 등이 걸리는 경우에는 그 위치현황을 표시하여야 한다.

▶**해설**

지적업무처리규정 제24조(측량기하적)

① 평판측량방법 또는 전자평판측량방법으로 세부측량을 하는 때에는 측량준비파일에 측량한 기하적(幾何跡)을 다음 각 호와 같이 작성하여야 하며, 부득이한 경우 지적측량준비도에 연필로 표시할 수 있다.

1. 평판점·측정점 및 방위표정에 사용한 기지점 등에는 방향선을 긋고 실측한 거리를 기재한다. 이 경우 측정점의 방향선 길이는 측정점을 중심으로 약 1센티미터로 표시한다. 다만, 전자측량시스템에 따라 작성할 경우 필지선이 복잡한 때는 방향선과 측정거리를 생략할 수 있다.

2. 평판점 및 측정점은 측량자는 직경 1.5밀리미터 이상 3밀리미터 이하의 원으로 표시하고, 검사자는 1변의 길이가 2밀리미터 이상 4밀리미터 이하의 삼각형으로 표시한다. 이 경우 평판점 옆에 평판이동순서에 따라 不₁, 不₂, …으로 표시한다.

3. 평판점의 결정 및 방위표정에 사용한 기지점은 측량자는 직경 1밀리미터와 2밀리미터의 2중원으로 표시하고, 검사자는 1변의 길이가 2밀리미터와 3밀리미터의 2중 삼각형으로 표시한다.

4. 평판점과 기지점 사이의 도상거리와 실측거리를 방향선상에 다음과 같이 기재한다.

(측량자)　　(검사자)
(도상거리)　△(도상거리)
실측거리　　△실측거리

5. 측량대상토지에 지상구조물 등이 있는 경우와 새로이 설정하는 경계에 지상건물 등이 걸리는 경우에는 그 위치현황을 표시하여야 한다. 다만, 영 제55조 제4항 제2호와 제3호의 규정에 의해 분할하는 경우에는 그러하지 아니하다.

② 경위의측량방법으로 세부측량을 하려면 지상건물 등의 위치현황표시는 제1항 제5호를 준용한다.

③「지적측량 시행규칙」제26조 제1항 제6호 및 같은 조 제2항 제7호에 따른 측량대상토지의 점유현황선은 붉은색 점선으로 표시한다.

④「지적측량 시행규칙」제26조 및 이 규정 제29조에 따른 측량결과도의 문자와 숫자는 레터링 또는 전자측량시스템에 따라 작성한다.

83 지목을 등록할 때 유원지로 설정하는 지목은?

① 경마장　　② 남한산성
③ 장충체육관　④ 올림픽 컨트리클럽

해설

공간정보의 구축 및 관리 등에 관한 법률 제58조(지목의 구분)
법 제67조 제1항에 따른 지목의 구분은 다음 각 호의 기준에
따른다.

22. 공원

    일반 공중의 보건·휴양 및 정서생활에 이용하기 위한 시
    설을 갖춘 토지로서 「국토의 계획 및 이용에 관한 법률」
    에 따라 공원 또는 녹지로 결정·고시된 토지

23. 체육용지

    민의 건강증진 등을 위한 체육활동에 적합한 시설과 형태
    를 갖춘 종합운동장·실내체육관·야구장·골프장·스
    키장·승마장·경륜장 등 체육시설의 토지와 이에 접속
    된 부속시설물의 부지. 다만, 체육시설로서의 영속성과
    독립성이 미흡한 정구장·골프연습장·실내수영장 및
    체육도장, 유수(流水)를 이용한 요트장 및 카누장, 산림
    안의 야영장 등의 토지는 제외한다.

24. 유원지

    일반 공중의 위락·휴양 등에 적합한 시설물을 종합적으
    로 갖춘 수영장·유선장(遊船場)·낚시터·어린이놀이
    터·동물원·식물원·민속촌·경마장 등의 토지와 이
    에 접속된 부속시설물의 부지. 다만, 이들 시설과의 거리
    등으로 보아 독립적인 것으로 인정되는 숙식시설 및 유기
    장(遊技場)의 부지와 하천·구거 또는 유지[공유(公有)
    인 것으로 한정한다]로 분류되는 것은 제외한다.

84 아래는 지적재조사에 관한 특별법에 따른 기본
계획의 수립에 관한 내용이다. ( ) 안에 들어갈 일자
로 옳은 것은?

> 지적소관청은 기본계획안을 송부받은 날부터 (㉠) 이
> 내에 시·도지사에게 의견을 제출하여야 하며, 시·도
> 지사는 기본계획안을 송부받은 날부터 (㉡) 이내에 지
> 적소관청의 의견에 자신의 의견을 첨부하여 국토교통부
> 장관에게 제출하여야 한다. 이 경우 기간 내에 의견을 제
> 출하지 아니하면 의견이 없는 것으로 본다.

① ㉠ 10일, ㉡ 20일
② ㉠ 20일, ㉡ 30일
③ ㉠ 30일, ㉡ 40일
④ ㉠ 40일, ㉡ 50일

해설

지적재조사 특별법 제4조(기본계획의 수립)

① 국토교통부장관은 지적재조사사업을 효율적으로 시행하
기 위하여 다음 각 호의 사항이 포함된 지적재조사사업에
관한 기본계획(이하 "기본계획"이라 한다)을 수립하여야
한다. 〈개정 2013.3.23.〉

1. 지적재조사사업에 관한 기본방향
2. 지적재조사사업의 시행기간 및 규모
3. 지적재조사사업비의 연도별 집행계획
4. 지적재조사사업비의 특별시·광역시·도·특별자치
   도·특별자치시 및 「지방자치법」 제175조에 따른 인구
   50만 이상 대도시(이하 "시·도"라 한다)별 배분 계획
5. 지적재조사사업에 필요한 인력의 확보에 관한 계획
6. 그 밖에 지적재조사사업의 효율적 시행을 위하여 필요
   한 사항으로서 대통령령으로 정하는 사항

② 국토교통부장관은 기본계획을 수립할 때에는 미리 공청회
를 개최하여 관계 전문가 등의 의견을 들어 기본계획안을
작성하고, 특별시장·광역시장·도지사·특별자치도지
사·특별자치시장 및 「지방자치법」 제175조에 따른 인구
50만 이상 대도시의 시장(이하 "시·도지사"라 한다)에게
그 안을 송부하여 의견을 들은 후 제28조에 따른 중앙지적
재조사위원회의 심의를 거쳐야 한다. 〈개정 2013.3.23.〉

③ 시·도지사는 제2항에 따라 기본계획안을 송부 받았을 때
에는 이를 지체 없이 지적소관청에 송부하여 그 의견을 들
어야 한다.

④ 지적소관청은 제3항에 따라 기본계획안을 송부 받은 날부
터 20일 이내에 시·도지사에게 의견을 제출하여야 하며,
시·도지사는 제2항에 따라 기본계획안을 송부받은 날부
터 30일 이내에 지적소관청의 의견에 자신의 의견을 첨부
하여 국토교통부장관에게 제출하여야 한다. 이 경우 기간
내에 의견을 제출하지 아니하면 의견이 없는 것으로 본다.
〈개정 2013.3.23.〉

⑤ 제2항부터 제4항까지의 규정은 기본계획을 변경할 때에
도 적용한다. 다만, 대통령령으로 정하는 경미한 사항을
변경할 때에는 제외한다.

⑥ 국토교통부장관은 기본계획을 수립하거나 변경하였을 때
에는 이를 관보에 고시하고 시·도지사에게 통지하여야
하며, 시·도지사는 이를 지체 없이 지적소관청에 통지하
여야 한다. 〈개정 2013.3.23.〉

⑦ 국토교통부장관은 기본계획이 수립된 날부터 5년이 지나
면 그 타당성을 다시 검토하고 필요하면 이를 변경하여야
한다.

85 지적업무처리규정상 전자평판측량을 이용한 지적측량결과도의 작성방법이 아닌 것은?

① 관측한 측정점의 왼쪽 상단에는 측정거리를 표시하여야 한다.

② 측정점의 표시는 측량자의 경우 붉은색 짧은 십자선(+)으로 표시한다.

③ 측량성과파일에는 측량성과 결정에 관한 모든 사항이 수록되어 있어야 한다.

④ 이미 작성되어 있는 지적측파일을 이용하여 측량할 경우에는 기존 측량파일 코드의 내용·규격·도식은 파란색으로 표시한다.

해설

지적업무처리규정 제24조(측량기하적)

⑤ 전자평판측량을 이용한 지적측량결과도의 작성방법은 다음 각 호와 같다.

1. 관측한 측정점의 오른쪽 상단에는 측정거리를 표시하여야 한다. 다만, 소축척 등으로 식별이 불가능한 때에는 방향선과 측정거리를 생략할 수 있다.

2. 측정점의 표시는 측량자의 경우 붉은색 짧은 십자선(+)으로 표시하고, 검사자는 삼각형(△)으로 표시하며, 각 측정점은 붉은색 점선으로 연결한다.

3. 지적측량결과도 상단 중앙에 "전자평판측량"이라 표기하고, 상단 오른쪽에 측량성과파일명을 표기하여야 하며, 측량성과파일에는 측량성과 결정에 관한 모든 사항이 수록되어 있어야 한다.

4. 측량결과의 파일 형식은 표준화된 공통포맷을 지원할 수 있어야 하며, 측량결과에 대한 측량파일 코드 일람표는 별표 3과 같다.

5. 이미 작성되어 있는 지적측파일을 이용하여 측량할 경우에는 기존 측량파일 코드의 내용·규격·도식은 파란색으로 표시한다.

86 새로 조성된 토지와 지적공부에 등록되어 있지 아니한 토지를 지적공부에 등록하는 것은?

① 등록전환   ② 지목변경

③ 신규등록   ④ 축척변경

해설

공간정보의 구축 및 관리 등에 관한 법률 제2조(정의)

이 법에서 사용하는 용어의 뜻은 다음과 같다.

25. "경계점"이란 필지를 구획하는 선의 굴곡점으로서 지적도나 임야도에 도해(圖解) 형태로 등록하거나 경계점좌표등록부에 좌표 형태로 등록하는 점을 말한다.

26. "경계"란 필지별로 경계점들을 직선으로 연결하여 지적공부에 등록한 선을 말한다.

27. "면적"이란 지적공부에 등록한 필지의 수평면상 넓이를 말한다.

28. "토지의 이동(異動)"이란 토지의 표시를 새로 정하거나 변경 또는 말소하는 것을 말한다.

29. "신규등록"이란 새로 조성된 토지와 지적공부에 등록되어 있지 아니한 토지를 지적공부에 등록하는 것을 말한다.

30. "등록전환"이란 임야대장 및 임야도에 등록된 토지를 토지대장 및 지적도에 옮겨 등록하는 것을 말한다.

33. "지목변경"이란 지적공부에 등록된 지목을 다른 지목으로 바꾸어 등록하는 것을 말한다.

34. "축척변경"이란 지적도에 등록된 경계점의 정밀도를 높이기 위하여 작은 축척을 큰 축척으로 변경하여 등록하는 것을 말한다.

87 축척변경 시 확정공고에 대한 설명으로 옳지 않은 것은?

① 지적공부인 토지대장에 등록하는 때에는 확정공고된 청산금조서에 의한다.

② 확정공고일에 토지의 이동이 있는 것으로 본다.

③ 청산금의 지급이 완료된 때에는 확정공고를 하여야 한다.

④ 확정공고를 하였을 때에는 확정된 사항을 지적공부에 등록한다.

해설

공간정보의 구축 및 관리 등에 관한 법률 시행령 제78조(축척변경의 확정공고)

① 청산금의 납부 및 지급이 완료되었을 때에는 지적소관청은 지체 없이 축척변경의 확정공고를 하여야 한다.

② 지적소관청은 제1항에 따른 확정공고를 하였을 때에는 지체 없이 축척변경에 따라 확정된 사항을 지적공부에 등록하여야 한다.

③ 축척변경 시행지역의 토지는 제1항에 따른 확정공고일에 토지의 이동이 있는 것으로 본다.

88 공간정보의 구축 및 관리 등에 관한 법률상 지적측량을 실시하여야 하는 경우로 옳지 않은 것은?

① 지적측량성과를 검사하는 경우
② 지형 등고선의 위치를 측정하는 경우
③ 경계점을 지상에 복원하는 경우
④ 지적기준점을 정하는 경우

◀해설▶

공간정보의 구축 및 관리 등에 관한 법률 제23조(지적측량의 실시 등)
① 다음 각 호의 어느 하나에 해당하는 경우에는 지적측량을 하여야 한다.〈개정 2013.7.17.〉
  1. 제7조 제1항 제3호에 따른 지적기준점을 정하는 경우
  2. 제25조에 따라 지적측량성과를 검사하는 경우
  3. 다음 각 목의 어느 하나에 해당하는 경우로서 측량을 할 필요가 있는 경우
    가. 제74조에 따라 지적공부를 복구하는 경우
    나. 제77조에 따라 토지를 신규등록하는 경우
    다. 제78조에 따라 토지를 등록전환하는 경우
    라. 제79조에 따라 토지를 분할하는 경우
    마. 제82조에 따라 바다가 된 토지의 등록을 말소하는 경우
    바. 제83조에 따라 축척을 변경하는 경우
    사. 제84조에 따라 지적공부의 등록사항을 정정하는 경우
    아. 제86조에 따른 도시개발사업 등의 시행지역에서 토지의 이동이 있는 경우
    자. 「지적재조사에 관한 특별법」에 따른 지적재조사사업에 따라 토지의 이동이 있는 경우
  4. 경계점을 지상에 복원하는 경우
  5. 그 밖에 대통령령으로 정하는 경우
② 지적측량의 방법 및 절차 등에 필요한 사항은 국토교통부령으로 정한다.

89 다음 중 결번대장의 등재사항이 아닌 것은?

① 결번 사유
② 결번 연월일
③ 결번 해지일
④ 결번된 지번

◀해설▶

공간정보의 구축 및 관리 등에 관한 법률 시행규칙 제63조(결번대장의 비치)
지적소관청은 행정구역의 변경, 도시개발사업의 시행, 지번변경, 축척변경, 지번정정 등의 사유로 지번에 결번이 생긴 때에는 지체 없이 그 사유를 별지 제61호 서식의 결번대장에 적어 영구히 보존하여야 한다.

[별지 제61호 서식]

결 번 대 장

210mm × 297mm(보존용지(2종) 70g/m²)

90 다음 중 지적측량업자의 업무 범위에 속하지 않는 것은?

① 지적측량성과 검사를 위한 지적측량
② 사업지구에서 실시하는 지적재조사측량
③ 경계점좌표등록부가 있는 지역에서의 지적측량
④ 도시개발사업 등이 끝남에 따라 하는 지적확정측량

◀해설▶

공간정보의 구축 및 관리 등에 관한 법률 제45조(지적측량업자의 업무 범위)
제44조 제1항 제2호에 따른 지적측량업의 등록을 한 자(이하 "지적측량업자"라 한다)는 제23조 제1항 제1호 및 제3호부터 제5호까지의 규정에 해당하는 사유로 하는 지적측량 중 다음 각 호의 지적측량과 지적전산자료를 활용한 정보화사업을 할 수 있다.
1. 제73조에 따른 경계점좌표등록부가 있는 지역에서의 지적측량
2. 「지적재조사에 관한 특별법」에 따른 사업지구에서 실시하는 지적재조사측량
3. 제86조에 따른 도시개발사업 등이 끝남에 따라 하는 지적확정측량

공간정보의 구축 및 관리 등에 관한 법률 시행령 제39조(지적전산자료를 활용한 정보화사업 등)
법 제45조에 따른 지적전산자료를 활용한 정보화사업에는 다음 각 호의 사업을 포함한다.
1. 지적도·임야도, 연속지적,도, 도시개발사업 등의 계획을 위한 지적도 등의 정보처리시스템을 통한 기록·저장 업무
2. 토지대장, 임야대장의 전산화 업무

91 지적측량수행자가 손해배상책임을 보장하기 위하여 보증보험에 가입하여 보증설정을 하여야 할 금액의 기준으로 옳은 것은?

① 지적측량업자 : 3천만 원 이상
② 지적측량업자 : 5천만 원 이상
③ 한국국토정보공사 : 20억 원 이상
④ 한국국토정보공사 : 10억 원 이상

◉ 해설

공간정보의 구축 및 관리 등에 관한 법률 시행령 제41조(손해배상책임의 보장)

① 지적측량수행자는 법 제51조 제2항에 따라 손해배상책임을 보장하기 위하여 다음 각 호의 구분에 따라 보증보험에 가입하거나 공간정보산업협회가 운영하는 보증 또는 공제에 가입하는 방법으로 보증설정(이하 "보증설정"이라 한다)을 하여야 한다. 〈개정 2017.1.10.〉
  1. 지적측량업자 : 보장기간 10년 이상 및 보증금액 1억원 이상
  2. 「국가공간정보 기본법」 제12조에 따라 설립된 한국국토정보공사(이하 "한국국토정보공사"라 한다) : 보증금액 20억원 이상
② 지적측량업자는 지적측량업 등록증을 발급받은 날부터 10일 이내에 제1항 제1호의 기준에 따라 보증설정을 하여야 하며, 보증설정을 하였을 때에는 이를 증명하는 서류를 제35조 제1항에 따라 등록한 시·도지사에게 제출하여야 한다. 〈개정 2014.1.17., 2017.1.10.〉

92 지목을 지적도면에 등록하는 부호의 연결이 옳은 것은?

① 공원 – 공
② 하천 – 하
③ 유원지 – 유
④ 주차장 – 주

◉ 해설

문제 61번 해설 참고

93 지적측량의 적부심사를 청구할 수 없는 자는?

① 이해관계인
② 지적소관청
③ 토지소유자
④ 지적측량수행자

◉ 해설

공간정보의 구축 및 관리 등에 관한 법률 제29조(지적측량의 적부심사 등)

① 토지소유자, 이해관계인 또는 지적측량수행자는 지적측량성과에 대하여 다툼이 있는 경우에는 대통령령으로 정하는 바에 따라 관할 시·도지사를 거쳐 지방지적위원회에 지적측량 적부심사를 청구할 수 있다. 〈개정 2013.7.17.〉
② 제1항에 따른 지적측량 적부심사청구를 받은 시·도지사는 30일 이내에 다음 각 호의 사항을 조사하여 지방지적위원회에 회부하여야 한다.
  1. 다툼이 되는 지적측량의 경위 및 그 성과
  2. 해당 토지에 대한 토지이동 및 소유권 변동 연혁
  3. 해당 토지 주변의 측량기준점, 경계, 주요 구조물 등 현황 실측도
③ 제2항에 따라 지적측량 적부심사청구를 회부받은 지방지적위원회는 그 심사청구를 회부받은 날부터 60일 이내에 심의·의결하여야 한다. 다만, 부득이한 경우에는 그 심의기간을 해당 지적위원회의 의결을 거쳐 30일 이내에서 한 번만 연장할 수 있다.
④ 지방지적위원회는 지적측량 적부심사를 의결하였으면 대통령령으로 정하는 바에 따라 의결서를 작성하여 시·도지사에게 송부하여야 한다.
⑤ 시·도지사는 제4항에 따라 의결서를 받은 날부터 7일 이내에 지적측량 적부심사 청구인 및 이해관계인에게 그 의결서를 통지하여야 한다.
⑥ 제5항에 따라 의결서를 받은 자가 지방지적위원회의 의결에 불복하는 경우에는 그 의결서를 받은 날부터 90일 이내에 국토교통부장관을 거쳐 중앙지적위원회에 재심사를 청구할 수 있다.

94 지적업무처리규정상 지적공부 관리방법이 아닌 것은?(단, 부동산종합공부시스템에 따른 방법을 제외한다.)

① 지적공부는 지적업무담당공무원 외에는 취급하지 못한다.
② 지적공부 사용을 완료한 때에는 간이보관상자를 비치한 경우에도 즉시 보관상자에 넣어야 한다.
③ 도면은 항상 보호대에 넣어 취급하되, 말거나 접지 못하며 직사광선을 받으면 아니 된다.
④ 지적공부를 지적서고 밖으로 반출하고자 할 때에는 훼손이 되지 않도록 보관·운반함 등을 사용한다.

해설

지적업무처리규정 제33조(지적공부의 관리)
법 제2조 제19호의 지적공부 관리방법은 부동산종합공부시스템에 따른 방법을 제외하고는 다음 각 호와 같다.
1. 지적공부는 지적업무담당공무원 외에는 취급하지 못한다.
2. 지적공부 사용을 완료한 때에는 즉시 보관상자에 넣어야 한다. 다만, 간이보관상자를 비치한 경우에는 그러하지 아니하다.
3. 지적공부를 지적서고 밖으로 반출하고자 할 때에는 훼손이 되지 않도록 보관·운반함 등을 사용한다.
4. 도면은 항상 보호대에 넣어 취급하되, 말거나 접지 못하며 직사광선을 받게 하거나 건습이 심한 장소에서 취급하지 못한다.

95 다음 중 지적소관청이 토지의 표시 변경에 관한 등기를 할 필요가 있는 경우, 관할 등기관서에 그 등기를 촉탁하여야 하는 대상에 해당하지 않는 것은?

① 분할
② 신규등록
③ 바다로 된 토지의 말소
④ 행정구역 개편에 따른 지번변경

해설

공간정보의 구축 및 관리 등에 관한 법률 제89조(등기촉탁)
① 지적소관청은 제64조 제2항(신규등록은 제외한다), 제66조 제2항, 제82조, 제83조 제2항, 제84조 제2항 또는 제85조 제2항에 따른 사유로 토지의 표시 변경에 관한 등기를 할 필요가 있는 경우에는 지체 없이 관할 등기관서에 그 등기를 촉탁하여야 한다. 이 경우 등기촉탁은 국가가 국가를 위하여 하는 등기로 본다.
• 지적소관청은 지적공부에 등록하는 지번·지목·면적·경계 또는 좌표는 토지의 이동이 있을 때(제64조 제2항. 단, 신규등록은 제외한다)
• 지적소관청은 지적공부에 등록된 지번을 변경할 필요가 있을 때(제66조 제2항)
• 바다로 된 토지의 등록말소 신청(제82조)
• 축척변경을 한 때(제83조 제2항)
• 지적소관청은 지적공부의 등록사항에 잘못이 있음을 발견하면 대통령령으로 정하는 바에 따라 직권으로 조사·측량하여 정정할 수 있다.(제84조 제2항)
• 지번부여지역의 일부가 행정구역의 개편으로 다른 지번부여지역에 속하게 되었으면 지적소관청은 새로 속하게 된 지번부여지역의 지번을 부여하여야 한다.(제85조 제2항)

② 제1항에 따른 등기촉탁에 필요한 사항은 국토교통부령으로 정한다.〈개정 2013.3.23.〉

96 축척변경 시행지역 안에서의 토지이동은 언제 있는 것으로 보는가?

① 촉탁등기 시
② 청산금 교부 시
③ 축척변경 승인 신청 시
④ 축척변경 확정공고일

해설

공간정보의 구축 및 관리 등에 관한 법률 시행령 제78조(축척변경의 확정공고)
① 청산금의 납부 및 지급이 완료되었을 때에는 지적소관청은 지체 없이 축척변경의 확정공고를 하여야 한다.
② 지적소관청은 제1항에 따른 확정공고를 하였을 때에는 지체 없이 축척변경에 따라 확정된 사항을 지적공부에 등록하여야 한다.
③ 축척변경 시행지역의 토지는 제1항에 따른 확정공고일에 토지의 이동이 있는 것으로 본다.

97 지적측량업의 영업 정지 대상이 되는 위반행위가 아닌 것은?

① 고의 또는 과실로 측량을 부정확하게 한 경우
② 정당한 사유없이 측량업의 등록을 한 날부터 계속하여 1년 이상 휴업한 경우
③ 지적측량업자가 법에서 규정한 업무 범위를 위반하여 지적측량을 한 경우
④ 거짓이나 그 밖의 부정한 방법으로 지적측량업의 등록을 한 경우

해설

공간정보의 구축 및 관리 등에 관한 법률 제52조(측량업의 등록취소 등)
① 국토교통부장관, 해양수산부장관 또는 시·도지사는 측량업자가 다음 각 호의 어느 하나에 해당하는 경우에는 측량업의 등록을 취소하거나 1년 이내의 기간을 정하여 영업의 정지를 명할 수 있다. 다만, 제2호·제4호·제7호·제8호·제11호 또는 제14호에 해당하는 경우에는 측량업의 등록을 취소하여야 한다.〈개정 2013.3.23., 2014.6.3.〉
1년 이내의 기간을 정하여 영업의 정지
1. 고의 또는 과실로 측량을 부정확하게 한 경우

3. 정당한 사유 없이 측량업의 등록을 한 날부터 1년 이내에 영업을 시작하지 아니하거나 계속하여 1년 이상 휴업한 경우
5. 제44조 제4항을 위반하여 측량업 등록사항의 변경신고를 하지 아니한 경우
6. 지적측량업자가 제45조(지적측량업자의 업무 범위)에 따른 업무 범위를 위반하여 지적측량을 한 경우
9. 지적측량업자가 제50조(지적측량수행자의 성실의무 등)를 위반한 경우
10. 제51조(손해배상책임의 보장)를 위반하여 보험가입 등 필요한 조치를 하지 아니한 경우
12. 지적측량업자가 제106조 제2항(수수료 등)에 따른 지적측량수수료를 같은 조 제3항에 따라 고시한 금액보다 과다 또는 과소하게 받은 경우
13. 다른 행정기관이 관계 법령에 따라 등록취소 또는 영업정지를 요구한 경우

측량업의 등록을 취소
2. 거짓이나 그 밖의 부정한 방법으로 측량업의 등록을 한 경우
4. 제44조 제2항에 따른 등록기준에 미달하게 된 경우. 다만, 일시적으로 등록기준에 미달되는 등 대통령령으로 정하는 경우는 제외한다.
7. 제47조(측량업등록의 결격사유) 각 호의 어느 하나에 해당하게 된 경우
8. 제49조 제1항을 위반하여 다른 사람에게 자기의 측량업등록증 또는 측량업등록수첩을 빌려 주거나 자기의 성명 또는 상호를 사용하여 측량업무를 하게 한 경우
11. 영업정지기간 중에 계속하여 영업을 한 경우
14. 「국가기술자격법」 제15조 제2항을 위반하여 측량업자가 측량기술자의 국가기술자격증을 대여받은 사실이 확인된 경우
② 측량업자의 지위를 승계한 상속인이 제47조에 따른 측량업등록의 결격사유에 해당하는 경우에는 그 결격사유에 해당하게 된 날부터 6개월이 지난 날까지는 제1항 제7호를 적용하지 아니한다.
③ 국토교통부장관, 해양수산부장관 또는 시·도지사는 제1항에 따라 측량업등록을 취소하거나 영업정지의 처분을 하였으면 그 사실을 공고하여야 한다. 〈개정 2013.3.23.〉
④ 측량업등록의 취소 및 영업정지 처분에 관한 세부 기준은 국토교통부령 또는 해양수산부령으로 정한다. 〈개정 2013.3.23.〉

98 다음 중 기본계획을 통지받은 지적소관청이 지적재조사사업에 관한 실시계획 수립 시 포함해야 하는 사항이 아닌 것은?

① 사업지구의 위치 및 면적
② 지적재조사사업의 시행기간
③ 지적재조사사업비의 추산액
④ 지적재조사사업의 연도별 집행계획

해설

지적재조사 특별법 제6조(실시계획의 수립)
① 지적소관청은 기본계획을 통지받았을 때에는 다음 각 호의 사항이 포함된 지적재조사사업에 관한 실시계획(이하 "실시계획"이라 한다)을 수립하여야 한다.
 1. 지적재조사사업의 시행자
 2. 사업지구의 명칭
 3. 사업지구의 위치 및 면적
 4. 지적재조사사업의 시행시기 및 기간
 5. 지적재조사사업비의 추산액
 6. 일필지조사에 관한 사항
 7. 그 밖에 지적재조사사업의 시행을 위하여 필요한 사항으로서 대통령령으로 정하는 사항
② 실시계획의 작성 기준 및 방법은 국토교통부장관이 정한다.

99 철도, 역사, 차고, 공작창이 집단으로 위치할 경우 그 지목은?

① 철도, 차고는 철도용지이고, 역사는 대지, 공작창은 공장 용지이다.
② 역사만 대지이고, 나머지는 철도용지이다.
③ 공작창만 공장용지이고, 나머지는 철도용지이다.
④ 모두 철도용지이다.

해설

공간정보의 구축 및 관리 등에 관한 법률 제58조(지목의 구분)
법 제67조 제1항에 따른 지목의 구분은 다음 각 호의 기준에 따른다.
15. 철도용지
 교통 운수를 위하여 일정한 궤도 등의 설비와 형태를 갖추어 이용되는 토지와 이에 접속된 역사(驛舍)·차고·발전시설 및 공작창(工作廠) 등 부속시설물의 부지

100 공간정보의 구축 및 관리 등에 관한 법률에 따른 '토지의 표시'에 해당하지 않는 것은?

① 경계   ② 지번

③ 소유자   ④ 면적

해설

제2조(정의)

이 법에서 사용하는 용어의 뜻은 다음과 같다.

20. "토지의 표시"란 지적공부에 토지의 소재 · 지번(地番) · 지목(地目) · 면적 · 경계 또는 좌표를 등록한 것을 말한다.

본 문제의 해설은 출제자의 의도와 일치되지 않을 수 있으며, 문제 및 해설에 일부 오탈자가 있을 수 있으므로 학습 시 의문사항이 있으면 예문사 또는 저자에게 문의하여 주시기 바랍니다.

Subject 01 지적측량

01 지적도근측량에서 측정한 경사거리가 600m, 연직각이 60°일 때 수평거리는?

① 300m
② 370m
③ $300\sqrt{2}$ m
④ $740\sqrt{3}$ m

● 해설

$$\cos 60° = \frac{x}{600}$$

$$x = \cos 60° \times 600 = 300\text{m}$$

02 경위의 측량방법에 따른 지적삼각점의 관측과 계산에 대한 설명으로 옳은 것은?

① 1방향각의 수평각 측각공차는 30초 이내이다.
② 수평각 관측은 2대회의 방향관측법에 의한다.
③ 관측은 5초독(秒讀) 이상의 경위의를 사용한다.
④ 수평각 관측 시 윤곽도는 0도, 60도, 100도로 한다.

● 해설

지적측량 시행규칙 제9조(지적삼각점측량의 관측 및 계산)
① 경위의 측량방법에 따른 지적삼각점의 관측과 계산은 다음 각 호의 기준에 따른다.
  1. 관측은 10초독(秒讀) 이상의 경위의를 사용할 것
  2. 수평각 관측은 3대회(대회, 윤곽도는 0도, 60도, 120도로 한다)의 방향관측법에 따를 것
  3. 수평각의 측각공차(測角公差)는 다음 표에 따를 것

종별	1방향각	1측회(測回)의 폐색(閉塞)	삼각형 내각관측의 합과 180도와의 차	기지각(旣知角) 과의 차
공차	30초 이내	±30초 이내	±30초 이내	±40초 이내

② 전파기 또는 광파기 측량방법에 따른 지적삼각점의 관측과 계산은 다음 각 호의 기준에 따른다.
  1. 전파 또는 광파측거기(光波測距機)는 표준편차가 ±[5밀리미터+5피피엠(ppm)] 이상인 정밀측거기를 사용할 것
  2. 점간거리는 5회 측정하여 그 측정치의 최대치와 최소치의 교차가 평균치의 10만분의 1 이하일 때에는 그 평균치를 측정거리로 하고, 원점에 투영된 평면거리에 따라 계산할 것
  3. 삼각형의 내각은 세 변의 평면거리에 따라 계산하며, 기지각과의 차(差)에 관하여는 제1항 제3호를 준용할 것

03 다음 중 경위의측량방법에 따른 세부측량에서 토지의 경계가 곡선인 경우 직선으로 연결하는 곡선의 중앙종거의 길이 기준으로 옳은 것은?

① 1cm 이상 5cm 이하
② 3cm 이상 5cm 이하
③ 5cm 이상 7cm 이하
④ 5cm 이상 10cm 이하

● 해설

지적측량 시행규칙 제18조(세부측량의 기준 및 방법 등)
① 평판측량방법에 따른 세부측량은 다음 각 호의 기준에 따른다.
  1. 거리측정단위는 지적도를 갖춰 두는 지역에서는 5센티미터로 하고, 임야도를 갖춰 두는 지역에서는 50센티미터로 할 것
  2. 측량결과도는 그 토지가 등록된 도면과 동일한 축척으로 작성할 것
  3. 세부측량의 기준이 되는 위성기준점, 통합기준점, 삼각점, 지적삼각점, 지적삼각보조점, 지적도근점 및 기지점이 부족한 경우에는 측량상 필요한 위치에 보조점을 설치하여 활용할 것
  4. 경계점은 기지점을 기준으로 하여 지상경계선과 도상경계선의 부합 여부를 현형법(現形法)·도상원호(圖上圓弧)교회법·지상원호(地上圓弧) 교회법 또는 거리비교확인법 등으로 확인하여 정할 것

⑨ 경위의 측량방법에 따른 세부측량은 다음 각 호의 기준에 따른다.
1. 거리측정단위는 1센티미터로 할 것
2. 측량결과도는 그 토지의 지적도와 동일한 축척으로 작성할 것. 다만, 법 제86조에 따른 도시개발사업 등의 시행지역(농지의 구획정리지역은 제외한다)과 축척변경 시행지역은 500분의 1로 하고, 농지의 구획정리 시행지역은 1천분의 1로 하되, 필요한 경우에는 미리 시·도지사의 승인을 받아 6천분의 1까지 작성할 수 있다.
3. 토지의 경계가 곡선인 경우에는 가급적 현재 상태와 다르게 되지 아니하도록 경계점을 측정하여 연결할 것. 이 경우 직선으로 연결하는 곡선의 중앙종거(中央縱距)의 길이는 5센티미터 이상 10센티미터 이하로 한다.

04 지적측량의 측량기간 기준으로 옳은 것은?(단, 지적기준점을 설치하여 측량하는 경우는 고려하지 않는다.)

① 4일　② 5일
③ 6일　④ 7일

해설
공간정보의 구축 및 관리 등에 관한 법률 시행규칙 제25조(지적측량 의뢰 등)
① 법 제24조 제1항에 따라 지적측량을 의뢰하려는 자는 별지 제15호 서식의 지적측량 의뢰서(전자문서로 된 의뢰서를 포함한다)에 의뢰 사유를 증명하는 서류(전자문서를 포함한다)를 첨부하여 지적측량수행자에게 제출하여야 한다. 〈개정 2014.1.17.〉
② 지적측량수행자는 제1항에 따른 지적측량 의뢰를 받은 때에는 측량기간, 측량일자 및 측량 수수료 등을 적은 별지 제16호 서식의 지적측량 수행계획서를 그 다음날까지 지적소관청에 제출하여야 한다. 제출한 지적측량 수행계획서를 변경한 경우에도 같다. 〈개정 2014.1.17.〉
③ 지적측량의 측량기간은 5일로 하며, 측량검사기간은 4일로 한다. 다만, 지적기준점을 설치하여 측량 또는 측량검사를 하는 경우 지적기준점이 15점 이하인 경우에는 4일을, 15점을 초과하는 경우에는 4일에 15점을 초과하는 4점마다 1일을 가산한다. 〈개정 2010.6.17.〉
④ 제3항에도 불구하고 지적측량 의뢰인과 지적측량수행자가 서로 합의하여 따로 기간을 정하는 경우에는 그 기간에 따르되, 전체 기간의 4분의 3은 측량기간으로, 전체기간의 4분의 1은 측량검사기간으로 본다.

05 우연오차에 대한 설명으로 옳지 않은 것은?

① 오차의 발생 원인이 명확하지 않다.
② 부정오차(random error)라고도 한다.
③ 확률에 근거하여 통계적으로 오차를 처리한다.
④ 같은 크기의 (+)오차는 (−)오차보다 자주 발생한다.

해설

과실 (착오, 과대오차 ; Blunders, Mistakes)	관측자의 미숙과 부주의에 의해 일어나는 오차로서 눈금일기나 야장기입을 잘못한 경우를 포함하며 주의를 하면 방지할 수 있다.
정오차 (계통오차, 누차 ; Constant, Systematic Error)	일정한 관측값이 일정한 조건하에서 같은 크기와 같은 방향으로 발생되는 오차를 말하며 관측 횟수에 따라 오차가 누적되므로 누차라고도 한다. 이는 원인과 상태를 알면 제거할 수 있다. • 기계적 오차 : 관측에 사용되는 기계의 불안전성 때문에 생기는 오차 • 물리적 오차 : 관측 중 온도변화, 광선굴절 등 자연현상에 의해 생기는 오차 • 개인적 오차 : 관측자 개인의 시각, 청각, 습관 등에 생기는 오차
부정오차 (우연오차, 상차 ; Random Error)	일어나는 원인이 확실치 않고 관측할 때 조건이 순간적으로 변화하기 때문에 원인을 찾기 힘들거나 알 수 없는 오차를 말한다. 때때로 부정오차는 서로 상쇄되므로 상차라고도 하며, 부정오차는 대체로 확률법칙에 의해 처리되는데 최소제곱법이 널리 이용된다.

06 지적측량에 사용되는 구소삼각지역의 직각좌표계 원점이 아닌 것은?

① 가리원점　② 동경원점
③ 망산원점　④ 조본원점

해설
구소삼각측량
서울 및 대구·경북 부근에 부분적으로 소삼각측량을 시행하였으며 이를 구 소삼각측량지역이라 부르고 측량지역은 27개 지역이며 지역 내에 있는 구소삼각원점 11개의 원점이 있으며 토지조사사업이 끝난 후에 일반삼각점과 계산상으로 연결을 하였으며 측량지역은 다음과 같다.

경기도	시흥, 교동, 김포, 양천, 강화 /진위, 안산, 양성, 수원, 용인 / 남양, 통진, 안성, 죽산, 광주 / 인천, 양지, 과천, 부평(19개지역)
경상북도	대구, 고령, 청도, 영천, 현풍, 자인, 하양, 경산(8개 지역)

구소삼각원점

망산(間)	126°22′24″. 596	37°43′07″. 060	경기(강화)
계양(間)	126°42′49″. 124	37°33′01″. 124	경기(부천, 김포, 인천)
조본(m)	127°14′07″. 397	37°26′35″. 262	경기(성남, 광주)
가리(間)	126°51′59″. 430	37°25′30″. 532	경기(안양, 인천, 시흥)
등경(間)	126°51′32″. 845	37°11′52″. 885	경기(수원, 화성, 평택)
고초(m)	127°14′41″. 585	37°09′03″. 530	경기(용인, 안성)
율곡(m)	128°57′30″. 916	35°57′21″. 322	경북(영천, 경산)
현창(m)	128°46′03″. 947	35°51′46″. 967	경북(경산, 대구)
구암(間)	128°35′46″. 186	35°51′30″. 878	경북(대구, 달성)
금산(間)	128°17′26″. 070	35°43′46″. 532	경북(고령)
소라(m)	128°43′36″. 841	35°39′58″. 199	경북(청도)

07 평판측량방법에 따른 세부측량용 도선법으로 하는 경우, 도선의 변의 수 기준은?

① 10개 이하　　　　② 20개 이하
③ 30개 이하　　　　④ 40개 이하

해설

지적측량 시행규칙 제18조(세부측량의 기준 및 방법 등)
④ 평판측량방법에 따른 세부측량을 도선법으로 하는 경우에는 다음 각 호의 기준에 따른다.
　1. 위성기준점, 통합기준점, 삼각점, 지적삼각점, 지적삼각보조점 및 지적도근점, 그 밖에 명확한 기지점 사이를 서로 연결할 것
　2. 도선의 측선장은 도상길이 8센티미터 이하로 할 것. 다만, 광파조준의 또는 광파측거기를 사용할 때에는 30센티미터 이하로 할 수 있다.
　3. 도선의 변은 20개 이하로 할 것
　4. 도선의 폐색오차가 도상길이 $\frac{\sqrt{N}}{3}$ 밀리미터 이하인 경우 그 오차는 다음의 계산식에 따라 이를 각 점에 배분하여 그 점의 위치로 할 것

　$Mn = \frac{e}{N} \times n$

(Mn은 각점에 순서대로 배분할 밀리미터 단위의 도상길이, e는 밀리미터 단위의 오차, N은 변의 수, n은 변의 순서를 말한다.)
⑤ 평판측량방법에 따른 세부측량을 방사법으로 하는 경우에는 1방향선의 도상길이는 10센티미터 이하로 한다. 다만, 광파조준의 또는 광파측거기를 사용할 때에는 30센티미터 이하로 할 수 있다.
⑥ 평판측량방법으로 거리를 측정하는 경우 도곽선의 신축량이 0.5밀리미터 이상일 때에는 다음의 계산식에 따른 보정량을 산출하여 도곽선이 늘어난 경우에는 실측거리에 보정량을 더하고, 줄어든 경우에는 실측거리에서 보정량을 뺀다.

　보정량 $= \frac{\text{신축량}(지상) \times 4}{\text{도곽선 길이 합계}(지상)} \times 실측거리$

08 등록전환측량을 평판측량방법으로 실시할 때 그 방법으로 옳지 않은 것은?

① 교회법　　　　② 도선법
③ 방사법　　　　④ 현형법

해설

지적측량 시행규칙 제18조(세부측량의 기준 및 방법 등)
① 평판측량방법에 따른 세부측량은 다음 각 호의 기준에 따른다.
　1. 거리측정단위는 지적도를 갖춰 두는 지역에서는 5센티미터로 하고, 임야도를 갖춰 두는 지역에서는 50센티미터로 할 것
　2. 측량결과도는 그 토지가 등록된 도면과 동일한 축척으로 작성할 것
　3. 세부측량의 기준이 되는 위성기준점, 통합기준점, 삼각점, 지적삼각점, 지적삼각보조점, 지적도근점 및 기지점이 부족한 경우에는 측량상 필요한 위치에 보조점을 설치하여 활용할 것
　4. 경계점은 기지점을 기준으로 하여 지상경계선과 도상경계선의 부합 여부를 현형법(現形法)·도상원호(圖上圓弧)교회법·지상원호(地上圓弧) 교회법 또는 거리비교확인법 등으로 확인하여 정할 것
② 평판측량방법에 따른 세부측량은 교회법·도선법 및 방사법(放射法)에 따른다.

09 지상 경계를 결정하고자 할 때의 기준으로 옳지 않은 것은?

① 토지가 수면에 접하는 경우 : 최소만조위가 되는 선

② 연접되는 토지 간에 높낮이 차이가 있는 경우 : 그 구조물 등의 하단부

③ 도로 · 구거 등의 토지에 질토(切土)된 부분이 있는 경우 : 그 경사면의 상단부

④ 공유수면매립지의 토지 중 제방 등을 토지에 편입하여 등록하는 경우 : 바깥쪽 어깨부분

●해설

공간정보의 구축 및 관리 등에 관한 법률 시행령 제55조(지상 경계의 결정기준 등)

① 법 제65조 제1항에 따른 지상 경계의 결정기준은 다음 각 호의 구분에 따른다. 〈개정 2014.1.17.〉

1. 연접되는 토지 간에 높낮이 차이가 없는 경우 : 그 구조물 등의 중앙

2. 연접되는 토지 간에 높낮이 차이가 있는 경우 : 그 구조물 등의 하단부

3. 도로 · 구거 등의 토지에 절토(切土)된 부분이 있는 경우 : 그 경사면의 상단부

4. 토지가 해면 또는 수면에 접하는 경우 : 최대만조위 또는 최대만수위가 되는 선

5. 공유수면매립지의 토지 중 제방 등을 토지에 편입하여 등록하는 경우 : 바깥쪽 어깨부분

② 지상 경계의 구획을 형성하는 구조물 등의 소유자가 다른 경우에는 제1항 제1호부터 제3호까지의 규정에도 불구하고 그 소유권에 따라 지상 경계를 결정한다.

③ 다음 각 호의 어느 하나에 해당하는 경우에는 지상 경계점에 법 제65조 제1항에 따른 경계점표지를 설치하여 측량할 수 있다. 〈개정 2012.4.10., 2014.1.17.〉

1. 법 제86조 제1항에 따른 도시개발사업 등의 사업시행자가 사업지구의 경계를 결정하기 위하여 토지를 분할하려는 경우

2. 법 제87조 제1호 및 제2호에 따른 사업시행자와 행정기관의 장 또는 지방자치단체의 장이 토지를 취득하기 위하여 분할하려는 경우

3. '국토의 계획 및 이용에 관한 법률' 제30조 제6항에 따른 도시 · 군관리계획 결정고시와 같은 법 제32조 제4항에 따른 지형도면 고시가 된 지역의 도시 · 군관리계획선에 따라 토지를 분할하려는 경우

4. 제65조 제1항에 따라 토지를 분할하려는 경우

5. 관계 법령에 따라 인가 · 허가 등을 받아 토지를 분할하려는 경우

④ 분할에 따른 지상 경계는 지상건축물을 걸리게 결정해서는 아니 된다. 다만, 다음 각 호의 어느 하나에 해당하는 경우에는 그러하지 아니하다.

1. 법원의 확정판결이 있는 경우

2. 법 제87조 제1호에 해당하는 토지를 분할하는 경우

3. 제3항 제1호 또는 제3호에 따라 토지를 분할하는 경우

⑤ 지적확정측량의 경계는 공사가 완료된 현황대로 결정하되, 공사가 완료된 현황이 사업계획도와 다를 때에는 미리 사업시행자에게 그 사실을 통지하여야 한다.

10 광파기 측량방법에 따른 지적삼각보조점의 점간 거리를 5회 측정한 결과의 평균치가 2435.44m일 때, 이 측정치의 최대치와 최소치의 교차가 최대 얼마 이하이어야 이 평균치를 측정거리로 할 수 있는가?

① 0.01m

② 0.02m

③ 0.04m

④ 0.06m

●해설

$$평균치 = \frac{2435.44}{100,000} = 0.02m$$

제11조(지적삼각보조점의 관측 및 계산)

② 전파기 또는 광파기 측량방법과 교회법에 따른 지적삼각보조점의 관측과 계산은 다음 각 호의 기준에 따른다.

1. 점간거리 및 연직각의 측정방법에 관하여는 제9조 제2항 및 제3항을 준용할 것

2. 기지각과의 차에 관하여는 제1항 제3호를 준용할 것

3. 계산단위 및 2개의 삼각형으로부터 계산한 위치의 연결교차에 관하여는 제1항 제4호 및 제5호를 준용할 것

제9조(지적삼각점측량의 관측 및 계산)

전파기 또는 광파기 측량방법에 따른 지적삼각점의 관측과 계산은 다음 각 호의 기준에 따른다.

1. 전파 또는 광파측거기(光波測距機)는 표준편차가 ±[5밀리미터+5피피엠(ppm)] 이상인 정밀측거기를 사용할 것

2. 점간거리는 5회 측정하여 그 측정치의 최대치와 최소치의 교차가 평균치의 10만분의 1 이하일 때에는 그 평균치를 측정거리로 하고, 원점에 투영된 평면거리에 따라 계산할 것

11 배각법에 의해 도근측량을 실시하여 종선차의 합이 −140.10m, 종선차의 기지값이 −140.30m, 횡선차의 합이 320.20m, 횡선차의 기지값이 320.25m일 때 연결오차는?

① 0.21m   ② 0.30m

③ 0.25m   ④ 0.31m

해설

- 종선오차＝종선차의 합−기지 종선차
  $$=-140.10-(-140.30)=0.20$$
- 횡선오차＝횡선차의 합−기지 횡선차
  $$=320.20-320.25=-0.05$$

$$T=-\frac{e}{L}\times l=-\frac{0.2}{-140.10}\times 140.30=0.20$$

도선	종선 및 횡선차의 배분 산식	배분 기준	종선 또는 횡선의 오차가 매우 작아 배분하기 곤란한 때
배각법	$T=-\dfrac{e}{L}\times l$ 각 측선의 종선차 또는 횡선차에 배분할 센티미터 단위의 수치 e : 종선오차 또는 횡선오차 L : 종선차 또는 횡선차의 절대치의 합계 l : 각 측선의 종선차 또는 횡선차	각 측선의 종선차 또는 횡선차 길이에 비례하여 배분 여기서,	종선차 및 횡선차가 긴 것부터 배분
방위각법	$C=-\dfrac{e}{L}\times l$ 각 측선의 종선차 또는 횡선차에 배분할 센티미터 단위의 수치 e : 종선오차 또는 횡선오차 L : 각 측선장의 총합계 l : 각 측선의 측선장을 말한다.)	각 측선장에 비례하여 배분 여기서,	측선장이 긴 것부터 순차로 배분

12 평면 삼각형 ABC의 측각치 ∠A, ∠B, ∠C의 폐합오차는?(단, 폐합오차는 W로 표시한다.)

① $W=180°-(\angle B+\angle C)$

② $W=\angle A+\angle B+\angle C-180°$

③ $W=\angle A+\angle B+\angle C-360°$

④ $W=360°-(\angle A+\angle B+\angle C)$

해설

폐합오차$(w)=(\angle a+\angle b+\angle c)-180°$

13 지적도근점측량에서 지적도근점을 구성하여야 하는 도선으로 옳지 않은 것은?

① 결합도선   ② 폐합도선

③ 개방도선   ④ 왕복도선

해설

지적측량 시행규칙 제12조(지적도근점측량)

① 지적도근점측량을 할 때에는 미리 지적도근점표지를 설치하여야 한다.

② 지적도근점의 번호는 영구표지를 설치하는 경우에는 시·군·구별로, 영구표지를 설치하지 아니하는 경우에는 시행지역별로 설치순서에 따라 일련번호를 부여한다. 이 경우 각 도선의 교점은 지적도근점의 번호 앞에 "교"자를 붙인다.

③ 지적도근점측량의 도선은 다음 각 호의 기준에 따라 1등도선과 2등도선으로 구분한다.

  1. 1등도선은 위성기준점, 통합기준점, 삼각점, 지적삼각점 및 지적삼각보조점의 상호 간을 연결하는 도선 또는 다각망도선으로 할 것

  2. 2등도선은 위성기준점, 통합기준점, 삼각점, 지적삼각점 및 지적삼각보조점과 지적도근점을 연결하거나 지적도근점 상호 간을 연결하는 도선으로 할 것

  3. 1등도선은 가·나·다 순으로 표기하고, 2등도선은 ㄱ·ㄴ·ㄷ 순으로 표기할 것

④ 지적도근점은 결합도선·폐합도선(廢合道線)·왕복도선 및 다각망도선으로 구성하여야 한다.

정답   11 ①   12 ②   13 ③

14 지적도의 제도에 관한 설명으로 옳지 않은 것은?

① 도곽선은 폭 0.1mm로 제도한다.

② 지번 및 지목은 2mm 이상 3mm 이하의 크기로 제도한다.

③ 지적도근점은 직경 3mm의 원으로 제도한다.

④ 도곽선 수치는 2mm 크기의 아라비아 숫자로 주기한다.

● 해설

제14조(지적측량기준점 등의 제도)

① 삼각점 및 지적측량기준점은 0.2밀리미터 폭의 선으로 다음 각호와 같이 제도한다. 이 경우 영 제43조 제5항의 규정에 의하여 공사가 설치하고 그 지적측량기준점성과를 소관청이 인정한 지적측량기준점을 포함한다.

구분	종류	제도	방법
지적기준점	지적삼각점	3mm	지적삼각점 및 지적삼각보조점은 직경 3밀리미터의 원으로 제도한다. 이 경우 지적삼각점은 원안에 십자선을, 지적삼각보조점은 원 안에 검은색으로 엷게 채색한다.
	지적삼각보조점	3mm	
	지적도근점	2mm	지적도근점은 직경 2밀리미터의 원으로 다음과 같이 제도한다.
	명칭과 번호		지적측량기준점의 윗부분에 명조체의 2밀리미터 내지 3밀리미터의 크기로 제도한다. 다만, 레터링으로 작성하는 경우에는 고딕체로 할 수 있으며 경계에 닿는 경우에는 적당한 위치에 제도할 수 있다.
	폐기 시		도면에 등록된 그 지적측량기준점 표시사항을 말소한다.

15 다음 중 지번과 지목의 제도방법에 대한 설명으로 옳지 않은 것은?

① 지번은 경계에 닿지 않도록 필지의 중앙에 제도한다.

② 1필지의 토지가 형상이 좁고 길게 된 경우 가로쓰기가 되도록 도면을 왼쪽 또는 오른쪽으로 돌려서 제도할 수 있다.

③ 지번은 고딕체, 지목은 명조체로 제도한다.

④ 1필지의 면적이 작은 경우 지번과 지목은 부호를 붙이고, 도곽선 밖에 그 부호·지번 및 지목을 제도할 수 있다.

● 해설

지번과 지목의 제도

① 지번 및 지목은 경계에 닿지 않도록 필지의 중앙에 제도한다. 다만, 1필지의 토지가 형상이 좁고 길어서 필지의 중앙에 제도하기가 곤란한 때에는 가로쓰기가 되도록 도면을 왼쪽 또는 오른쪽으로 돌려서 제도할 수 있다.

② 지번 및 지목을 제도하는 때에는 지번 다음에 지목을 제도한다. 이 경우 명조체의 2mm 내지 3mm의 크기로, 지번의 글자 간격은 글자 크기의 1/4 정도, 지번과 지목의 글자 간격은 글자 크기의 1/2 정도 띄어서 제도한다. 다만, 전산정보처리조직이나 레터링으로 작성하는 경우에는 고딕체로 할 수 있다.

③ 1필지의 면적이 작아서 지번과 지목을 필지의 중앙에 제도할 수 없는 때에는 ㄱ, ㄴ, ㄷ…, ㄱ¹, ㄴ¹, ㄷ¹…, ㄱ², ㄴ², ㄷ²… 등으로 부호를 붙이고, 도곽선 밖에 그 부호·지번 및 지목을 제도한다. 이 경우 부호가 많아서 그 도면의 도곽선 밖에 제도할 수 없는 경우에는 별도로 부호도를 작성할 수 있다.

16 경위의 측량방법과 교회법에 따른 지적삼각보조점측량의 관측 및 계산 기준으로 옳은 것은?

① 1방향각의 공차는 50초 이내이다.

② 수평각 관측은 3배각 관측법에 따른다.

③ 2개의 삼각형으로부터 계산한 위치의 연결교차가 0.30m 이하일 때에는 그 평균치를 지적삼각 보조점의 위치로 한다.

④ 관측은 30초독 이상의 경위의를 사용한다.

지적측량 시행규칙 제11조(지적삼각보조점의 관측 및 계산)

① 경위의 측량방법과 교회법에 따른 지적삼각보조점의 관측 및 계산은 다음 각 호의 기준에 따른다.

1. 관측은 20초독 이상의 경위의를 사용할 것
2. 수평각 관측은 2대회(윤곽도는 0도, 90도로 한다)의 방향관측법에 따를 것
3. 수평각의 측각공차는 다음 표에 따를 것. 이 경우 삼각형 내각의 관측치를 합한 값과 180도와의 차는 내각을 전부 관측한 경우에 적용한다.

종별	1방향각	1측회의 폐색	삼각형 내각관측의 합과 180도와의 차	기지각과의 차
공차	40초 이내	±40초 이내	±50초 이내	±50초 이내

4. 계산단위는 다음 표에 따를 것

종별	각	변의 길이	진수	좌표
공차	초	센티미터	6자리 이상	센티미터

5. 2개의 삼각형으로부터 계산한 위치의 연결교차 ($\sqrt{종선교차^2 + 횡선교차^2}$ $\sqrt{종선교차^2 + 횡선교차^2}$ 을 말한다. 이하 같다)가 0.30미터 이하일 때에는 그 평균치를 지적삼각보조점의 위치로 할 것. 이 경우 기지점과 소구점 사이의 방위각 및 거리는 평균치에 따라 새로 계산하여 정한다.

17 토지조사사업 당시의 측량 조건으로 옳지 않은 것은?

① 일본의 동경원점을 이용하여 대삼각망을 구성하였다.
② 통일된 원점 체계를 전 국토에 적용하였다.
③ 가우스상사이중투영법을 적용하였다.
④ 벳셀(Bessel)타원체를 도입하였다.

구한국 정부에서는 대삼각측량착수 전에 미리 소삼각측량을 경인지역과 대구지역 부근에서 실시 구소삼각점은 지역내 약 5000방리를 1구역으로 하는 중앙부에 위치한 삼각점에서 북극점의 최대이각을 측정하여 진자오선과 방위각을 결정하고 이로부터 경·위도를 산출 삼각점의 X,Y를 0으로 설정하고 단위를 간으로 하여 주변지역의 평면좌표를 계산하였다. 현재 국가기준점체계는 기본적으로 1910년대 토지조사사업의 일환으로 실시된 기준점체계를 이용하였으나 2009년 12월 10일 이후는 세계측지계에 따라 측정한 지리학적 경위도와 높이로 표시한다.

1909년 구한국 정부의 도지부에서 측지사업을 착수하였으나 1910년 8월 한일합방으로 인하여 그 사업이 중단되어 일본 조선총독부 임시토지조사국에 의해 승계되었다.

삼각측량의 역사

• 1910년~1918년 까지 동경원점을 기준으로 하여 삼각점 (1등~4등)의 경위도와 평면직각좌표가 결정되었다.
• 삼각점수는 총 31,994점 설치
• 1950. 6. 25 전쟁으로 인하여 기준점이 망실
• 1960년대 후 복구사업시작
• 6.25동란 후 국립건설연구소 및 국립지리원에서(1974년 창설)에서 실시한 삼각점의 재설 및 복구작업에 신뢰할 수 없어 1975년부터 지적법에 근거하여 국가기준점성과는 별도로 지적삼각점과 지적삼각보조점을 설치함
• 1975년부터 1, 2등 삼각점의 정밀1차 기준점측량을 계획실시
• 1985년부터 3, 4등 삼각점을 대상으로 정밀2차 기준점측량을 계획실시

18 지적확정측량을 시행할 때에 필지별 경계점 측정에 사용되지 않는 점은?

① 위성기준점
② 통합기준점
③ 지적삼각점
④ 지적도근보조점

지적측량 시행규칙 제7조(지적측량의 방법 등)

① 법 제23조 제2항에 따른 지적측량의 방법은 다음 각 호의 어느 하나에 따른다. 〈개정 2013.3.23.〉

1. 지적삼각점측량 : 위성기준점, 통합기준점, 삼각점 및 지적삼각점을 기초로 하여 경위의 측량방법, 전파기 또는 광파기 측량방법, 위성측량방법 및 국토교통부장관이 승인한 측량방법에 따르되, 그 계산은 평균계산법이나 망평균계산법에 따를 것
2. 지적삼각보조점측량 : 위성기준점, 통합기준점, 삼각점, 지적삼각점 및 지적삼각보조점을 기초로 하여 경위의측량방법, 전파기 또는 광파기측량방법, 위성측량방법 및 국토교통부장관이 승인한 측량방법에 따르되, 그 계산은 교회법(交會法) 또는 다각망도선법에 따를 것
3. 지적도근점측량 : 위성기준점, 통합기준점, 삼각점 및 지적기준점을 기초로 하여 경위의 측량방법, 전파기 또는 광파기 측량방법, 위성측량방법 및 국토교통부장관이 승인한 측량방법에 따르되, 그 계산은 도선법, 교회법 및 다각망도선법에 따를 것
4. 세부측량 : 위성기준점, 통합기준점, 지적기준점 및 경계점을 기초로 하여 경위의 측량방법, 평판측량방법, 위성측량방법 및 전자평판측량방법에 따를 것

19 중부원점지역에서 사용하는 축척 1/600 지적도 1도곽에 포용되는 면적은?

① 20,000m² ② 30,000m²
③ 40,000m² ④ 50,000m²

● 해설

구분	축척	포용면적(m²)
토지대장 등록지 (지적도)	1/500	30,000
	1/600	50,000
	1/1,000	120,000
	1/1,200	200,000
	1/2,400	800,000
	1/3,000	1,800,000
	1/6,000	7,200,000
임야대장 등록지 (임야도)	1/3,000	1,800,000
	1/6,000	7,200,000

구분	도상길이(cm)		지상길이(m)	
	종선	횡선	종선	횡선
토지대장 등록지 (지적도)	30	40	150	200
	41.666	33.333	200	250
	30	40	300	400
	41.666	33.333	400	500
	41.666	33.333	800	1,000
	40	50	1,200	1,500
	40	50	2,400	3,000
임야대장 등록지 (임야도)	40	50	1,200	1,500
	40	50	2,400	3,000

20 등록전환 시 임야대장상 말소면적과 토지대장상 등록면적과의 허용오차 산출식은?(단, M은 임야도의 축척분모, F는 등록 전환될 면적이다.)

① $A = 0.026^2 M \cdot \sqrt{F}$
② $A = 0.026 M \cdot F$
③ $A = 0.026^2 M \cdot F$
④ $A = 0.026 M \cdot \sqrt{F}$

● 해설

제19조(등록전환이나 분할에 따른 면적 오차의 허용범위 및 배분 등)

① 법 제26조 제2항에 따른 등록전환이나 분할을 위하여 면적을 정할 때에 발생하는 오차의 허용범위 및 처리방법은 다음 각 호와 같다.

1. 등록전환을 하는 경우
   가. 임야대장의 면적과 등록전환될 면적의 오차 허용범위는 다음의 계산식에 따른다. 이 경우 오차의 허용범위를 계산할 때 축척이 3천분의 1인 지역의 축척분모는 6천으로 한다.

   $$A = 0.026^2 M \sqrt{F}$$

   (A는 오차 허용면적, M은 임야도 축척분모, F는 등록전환될 면적)
   나. 임야대장의 면적과 등록전환될 면적의 차이가 가목의 계산식에 따른 허용범위 이내인 경우에는 등록전환될 면적을 등록전환 면적으로 결정하고, 허용범위를 초과하는 경우에는 임야대장의 면적 또는 임야도의 경계를 지적소관청이 직권으로 정정하여야 한다.

Subject 02 응용측량

21 GPS의 위성신호에서 P코드의 주파수 크기로 옳은 것은?

① 10.23MHz ② 1227.60MHz
③ 1574.42MHz ④ 1785.13MHz

● 해설

GPS 신호

GPS 신호는 C/A코드, P코드 및 항법메시지 등의 측위 계산용 신호가 각기다른 주파수를 가진 L1 및 L2 파의 2개 전파에 실려 지상으로 방송이 되며 L1/L2파는 코드신호 및 항법메시지를 운반한다고 하여 반송파(Carrier Wave)라고 한다.

신호	구분	내용
반송파 (Carrier)	L1	• 주파수 1,575.42MHz(154×10.23 MHz), 파장 19cm • C/A code와 P code 변조 가능
	L2	• 주파수 1,227.60MHz(120×10.23 MHz), 파장 24cm • P code만 변조 가능

정답 **19** ④ **20** ① **21** ①

신호	구분	내용
코드 (Code)	P code	• 반복주기 7일인 PRN code(Pseudo Random Noise code) • 주파수 10.23MHz, 파장 30m(29.3m)
	C/A code	• 반복주기 : 1ms(milli-second)로 1.023 Mbps로 구성된 PPN code • 주파수 1.023MHz, 파장 300m(293m)
Navigation Message		GPS 위성의 궤도, 시간, 기타 System Para-meter들을 포함하는 Data bit
		측위계산에 필요한 정보 • 위성탑재 원자시계 및 전리층 보정을 위한 Parameter 값 • 위성궤도정보 • 타위성의 항법메시지 등을 포함
		위성궤도정보에는 평균근점각, 이심률, 궤도장반경, 승교점적경, 궤도경사각, 근지점인수 등 기본적인량 및 보정항이 포함

22 그림과 같은 사면을 지형도에 표시할 때에 대한 설명으로 옳은 것은?

① 지형도 상의 등고선 간의 거리가 일정한 사면
② 지형도 상에서 상부는 등고선 간의 거리가 넓고 하부에서는 좁은 사면
③ 지형도 상에서 상부는 등고선 간의 거리가 좁고 하부에서는 넓은 사면
④ 지형도 상에서 등고선 간의 거리가 높이에 비례하여 일정하게 증가하는 사면

해설

지형도 상에서 상부는 등고선 간의 거리가 좁고 하부에서는 넓은 사면을 말한다.

23 출발점에 세운표척과 도착점에 세운 표척을 같게 하는 이유는?

① 정준의 불량으로 인한 오차를 소거한다.
② 수직축의 기울어짐으로 인한 오차를 제거한다.
③ 기포관의 감도불량으로 인한 오차를 제거한다.
④ 표척의 상태(마모 등)로 인한 오차를 소거한다.

해설

직접수준측량의 주의사항

1. 수준측량은 반드시 왕복측량을 원칙으로 하며, 노선은 다르게 한다.
2. 정확도를 높이기 위하여 전시와 후시의 거리는 같게 한다.
3. 이기점(T. P)은 1mm까지 그 밖의 점에서는 5mm 또는 1cm 단위까지 읽는 것이 보통이다.
4. 직접수준측량의 시준거리
   • 적당한 시준거리 : 40~60m(60m가 표준)
   • 최단거리는 3m이며, 최장거리 100~180m 정도이다.
5. 눈금오차(영점오차) 발생 시 소거방법
   • 기계를 세운 표척이 짝수가 되도록 한다.
   • 이기점(T. P)이 홀수가 되도록 한다.
   • 출발점에 세운 표척을 도착점에 세운다.

24 그림과 같은 수준망에서 수준점 P의 최확값은?
(단, A점에서의 관측지반고 10.15m, B점에서의 관측지반고 10.16m, C점에서의 관측지반고 10.18m)

① 10.180m ② 10.166m
③ 10.152m ④ 10.170m

해설

경중률은 노선거리에 반비례한다.

$$P_1 : P_2 : P_3 = \frac{1}{S_1} : \frac{1}{S_2} : \frac{1}{S_3} = \frac{1}{3} : \frac{1}{5} : \frac{1}{2}$$
$$= 10 : 6 : 15$$

$$(L_o) = \frac{P_1 H_1 + P_2 H_2 + P_3 H_3}{P_1 + P_2 + P_3}$$

$$= \frac{10 \times 10.15 + 6 \times 10.16 + 15 \times 10.18}{10 + 6 + 15} = 10.166m$$

25 다음 중 터널에서 중심선 측량의 가장 중요한 목적은?

① 터널 단면의 변위 측정
② 인조점의 바른 매설
③ 터널입구 형상의 측정
④ 정확한 방향과 거리 측정

해설

터널의 중심선 측량은 양갱구(兩坑口)의 중심선상에 기준점을 설치하고 이 두 점의 좌표를 구하여 터널을 굴진(掘進)하기 위한 방향을 줌과 동시에 정확한 거리를 찾아내는 것이 목적이다. 터널측량에 있어서 방향과 고저,특히 방향의 오차는 영향이 크므로 되도록 직접 구하여 터널을 굴진하기 위한 방향을 구하는 것과 동시에 정확한 거리를 찾아내는 것이 목적이다.

26 터널 내 두 점의 좌표가 A점(102.34m, 340.26m), B점(145.45m, 423.86m)이고 표고는 A점 53.20m, B점 82.35m일 때 터널의 경사각은?

① 17°12′7″
② 17°13′7″
③ 17°14′7″
④ 17°15′7″

해설

$$\overline{AB} = \sqrt{(145.45-102.34)^2 + (423.86-340.26)^2}$$
$$= 94.06m$$

$$\theta = \tan^{-1}\frac{82.35-53.20}{94.06} = 17°13′7.16″$$

27 단곡선을 설치하기 위해 교각을 관측하여 46° 30′를 얻었다. 곡선 반지름이 200m일 때 교점으로부터 곡선시점까지의 거리는?

① 210.76m
② 105.38m
③ 85.93m
④ 85.51m

해설

$$TL = R\tan\frac{I}{2} = 200 \times \tan\frac{46°30′}{2} = 85.93m$$

28 지적삼각점의 신설을 위해 가장 적합한 GNSS 측량방법은?

① 정지측량방식(static)
② DGPS(Differential GPS)
③ Stop & Go 방식
④ RTK(Real Time Kinematic)

해설

정지측량
GPS 측량기를 사용하여 기초측량 또는 세부측량을 하고자 하는 때에는 정지측량(Static) 방법에 의한다.
정지측량방법은 2개 이상의 수신기를 각측점에 고정하고 양 측점에서 동시에 4개 이상의 위성으로부터 신호를 30분 이상 수신하는 방식이다.

29 지형도의 표시방법에 해당되지 않는 것은?

① 등고선법
② 방사법
③ 점고법
④ 채색법

해설

지형도에 의한 지형표시법

자연적 도법	영선법 (우모법, (Hachuring)	"게바"라 하는 단선상(短線上)의 선으로 지표의 기본을 나타내는 것으로 게바의 사이, 굵기, 방향 등에 의하여 지표를 표시하는 방법
	음영법 (명암법, Shading)	태양광선이 서북 쪽에서 45°로 비친다고 가정하여 지표의 기복을 도상에서 2~3색 이상으로 채색하여 지형을 표시하는 방법으로 지형의 입체감이 가장 잘 나타나는 방법이다.
부호적 도법	점고법 (Spot height system)	지표면상의 표고 또는 수심을 숫자에 의하여 지표를 나타내는 방법으로 하천, 항만, 해양 등에 주로 이용
	등고선법 (Contour System)	동일 표고의 점을 연결한 것으로 등고선에 의하여 지표를 표시하는 방법으로 토목공사용으로 가장 널리 사용
	채색법 (Layer System)	같은 등고선의 지대를 같은 색으로 채색하여 높을수록 진하게 낮을수록 연하게 칠하여 높이의 변화를 나타내며 지리관계의 지도에 주로 사용

정답 25 ④ 26 ② 27 ③ 28 ① 29 ②

30 지형측량의 작업공정으로 옳은 것은?

① 측량계획 → 조사 및 선점 → 세부측량 → 기준점측
량 → 측량원도 작성 → 지도편집

② 측량계획 → 조사 및 선점 → 기준점측량 → 측량원
도 작성 → 세부측량 → 지도편집

③ 측량계획 → 기준점측량 → 조사 및 선점 → 세부측
량 → 측량원도 작성 → 지도편집

④ 측량계획 → 조사 및 선점 → 기준점측량 → 세부측
량 → 측량원도 작성 → 지도편집

◉ 해설

1. 지형측량의 작업순서
측량계획 → 답사 및 선점 → 기준점(골조) 측량 → 세부측
량 → 측량원도 작성 → 지도편집

2. 측량계획, 답사 및 선점 시 유의사항
   • 측량범위, 축척, 도식 등을 결정한다.
   • 지형도 작성을 위해서 가능한 자료를 수집한다.
   • 작업의 용이성, 시간, 비용, 정밀도 등을 고려하여 선점한다.
   • 날씨 등의 외적 조건의 변화를 고려하여 여유있는 작업
   일지를 취한다.
   • 측량의 순서, 측량 지역의 배분 및 연결방법 등에 대해
   작업원 상호의 사전조정을 한다.
   • 가능한 한 초기에 오차를 발견할 수 있는 작업방법과 계
   산방법을 택한다.

31 수치사진측량에서 영상정합의 분류 중, 영상소의 밝기 값을 이용하는 정합은?

① 영역기준 정합   ② 관계형 정합
③ 형상기준 정합   ④ 기호 정합

◉ 해설

1. 영상정합(Image Matching)
입체영상 중 한 영상의 한 위치에 해당하는 실제의 객체가
다른 영상의 어느 위치에 형성되어 있는가를 발견하는 작
업으로서 상응하는 위치를 발견하기 위해 유사성 측정을
하는 것이다.

2. 영상정합의 분류
   ㉠ 영역기준정합(Area-based Matching) : 영상소의 밝
   기값 이용
   • 밝기값상상법(GVC ; Gray Value Correlation)
   • 최소제곱정합법(LSM ; Least Sauare Matching)

㉡ Feature Matching ; 경계정보 이용

㉢ Relation Matching ; 대상물의 점, 선, 밝기 값 등을
이용

32 곡선반지름 115m인 원곡선에서 현의 길이 20m에 대한 편각은?

① 2°51′21″   ② 3°48′29″
③ 4°58′56″   ④ 5°29′38″

◉ 해설

$$\delta = 1718.87' \frac{20}{115} = 4°58'56''$$

33 화각(피사각)이 90°이고 일반도화 판독용으로 사용하는 카메라로 옳은 것은?

① 초광각 카메라   ② 광각 카메라
③ 보통각 카메라   ④ 협각 카메라

◉ 해설

사용 카메라의 의한 분류

종류	렌즈의 화각	화면크기 (cm)	용도	비고
초광각 사진	120°	23×23	소축척 도화용	완전평지에 이용
광각 사진	90°	23×23	일반도화, 사진판독용	경제적 일반도화
보통각 사진	60°	18×18	산림조사용	산악지대 도심지촬영 정면도 제작
협각 사진	약 60° 이하		특수한 대축척 도화용	특수한 평면도 제작

34 노선측량에 사용되는 곡선 중 주요 용도가 다른 것은?

① 2차 포물선   ② 3차 포물선
③ 클로소이드 곡선   ④ 렘니스케이트 곡선

●해설

35 간접수준측량으로 관측한 수평거리가 5km일 때, 지구의 곡률오차는?(단, 지구의 곡률반지름은 6,370km)

① 0.862m
② 1.962m
③ 3.925m
④ 4.862m

●해설

$$h = \frac{S^2}{2R} = \frac{5,000^2}{2 \times 6,370,000} = 1.962\text{m}$$

36 GNSS(Golbal Navigation Satellite System) 측량에서 의사거리 결정에 영향을 주는 오차의 원인으로 가장 거리가 먼 것은?

① 위성의 궤도 오차
② 위성의 시계 오차
③ 안테나의 구심 오차
④ 지상의 기상 오차

●해설

구조적인 오차
1. 위성에서 발생하는 오차
  ㉠ 위성시계오차
  ㉡ 위성궤도오차
2. 대기권 전파지연
  ㉠ 위성신호의 전리층 통과 시 전파 지연 오차
  ㉡ 수신기에서 발생하는 오차

- 수신기 자체의 전파적 잡음에 의한 오차
- 안테나의 구심오차, 높이 오차 등
- 전파의 다중경로(Multipath)에 의한 오차

종류	특징
위성시계 오차	GPS 위성에 내장되어 있는 시계의 부정확성으로 인해 발생
위성궤도 오차	위성궤도 정보의 부정확성으로 인해 발생
대기권 전파 지연	위성신호의 전리층, 대류권 통과 시 전파지연 오차(약 2m)
전파적 잡음	수신기 자체에서 발생하며 PRN코드잡음과 수신기 잡음이 합쳐져서 발생
다중경로 (Multipath)	다중경로오차는 GPS 위성으로 직접 수신된 전파 이외에 부가적으로 주위의 지형, 지물에 의한 반사된 전파로 인해 발생하는 오차로서 측위에 영향을 미친다. • 다중경로는 금속제 건물, 구조물과 같은 커다란 반사적 표면이 있을 때 일어난다. • 다중경로의 결과로서 수신된 GPS신호는 처리될 때 GPS 위치의 부정확성을 제공 • 다중경로가 일어나는 경우를 최소화하기 위하여 미션 설정, 수신기, 안테나 설계 시에 고려한다면 다중경로의 영향을 최소화할 수 있다. • GPS 신호시간의 기간을 평균하는 것도 다중경로의 영향을 감소시킨다. • 가장 이상적인 방법은 다중경로의 원인이 되는 장애물에서 멀리 떨어져서 관측하는 방법이다.

37 항공사진의 특수 3점에 해당되지 않는 것은?

① 부점
② 연직점
③ 등각점
④ 주점

●해설

특수 3점	특징
주점 (Principal Point)	주점은 사진의 중심점이라고도 한다. 주점은 렌즈 중심으로부터 화면(사진면)에 내린 수선의 발을 말하며 렌즈의 광축과 화면이 교차하는 점이다.
연직점 (Nadir Point)	• 렌즈 중심으로부터 지표면에 내린 수선의 발을 말하고 N을 지상연직점(피사체연직점), 그 선을 연장하여 화면(사진면)과 만나는 점을 화면연직점(n)이라 한다. • 주점에서 연직점까지의 거리(mn)$= f\tan i$
등각점 (Isocenter)	• 주점과 연직점이 이루는 각을 2등분한 점으로 또한 사진면과 지표면에서 교차되는 점을 말한다. • 주점에서 등각점까지의 거리(mn)$= f\tan\dfrac{i}{2}$

지표면

N	J	M
지상	지상	지상
연직점	등각점	주점

38 항공사진 판독에 대한 설명으로 틀린 것은?

① 사진 판독은 단시간에 넓은 지역을 판독할 수 있다.
② 근적외선 영상은 식물과 물을 판독하는 데 유용하다.
③ 수목의 종류를 판독하는 주요 요소는 음영이다.
④ 색조, 모양, 입체감 등이 나타나지 않는 지역은 판독에 어려움이 있다.

해설

사진 판독

사진판독은 사진면으로부터 얻어진 여러 가지 피사체(대상물)의 정보 중 특성을 목적에 따라 적절히 해석하는 기술로서 이것을 기초로 하여 대상체를 종합분석함으로써 피사체(대상물) 또는 지표면의 형상, 지질, 식생, 토양 등의 연구수단으로 이용하고 있다.

사진 판독의 요소

요소	분류	특징
주 요소	색조	피사체(대상물)가 갖는 빛의 반사에 의한 것으로 수목의 종류를 판독하는 것을 말한다.
	모양	피사체(대상물)의 배열상황에 의하여 판별하는 것으로 사진상에서 볼 수 있는 식생, 지형 또는 지표상의 색조 등을 말한다.
	질감	색조, 형상, 크기, 음영 등의 여러 요소의 조합으로 구성된 조밀, 거칠음, 세밀함 등으로 표현하며 초목 및 식물의 구분을 나타낸다.
	형상	개체나 목표물의 구성, 배치 및 일반적인 형태를 나타낸다.
	크기	어느 피사체(대상물)가 갖는 입체적, 평면적인 넓이와 길이를 나타낸다.
	음영	판독 시 빛의 방향과 촬영 시의 빛의 방향을 일치시키는 것이 입체감을 얻는 데 용이하다.

요소	분류	특징
보조 요소	상호 위치 관계	어떤 사진상이 주위의 사진상과 어떠한 관계가 있는가 파악하는 것으로 주위의 사진상과 연관되어 성립되는 것이 일반적인 경우이다.
	과고감	과고감은 지표면의 기복을 과장하여 나타낸 것으로 낮고 평평한 지역에서의 지형판독에 도움이 되는 반면 경사면의 경사는 실제보다 급하게 보이므로 오판에 주의해야 한다.

39 등고선에 관한 설명 중 틀린 것은?

① 주곡선은 등고선 간격의 기준이 되는 선이다.
② 간곡선은 주곡선 간격의 1/2마다 표시한다.
③ 조곡선은 간곡선 간격의 1/4마다 표시한다.
④ 계곡선은 주곡선 5개마다 굵게 표시한다.

해설

등고선의 종류

주곡선	지형을 표시하는 데 가장 기본이 되는 곡선으로 가는 실선으로 표시
간곡선	주곡선 간격의 $\frac{1}{2}$ 간격으로 그리는 곡선으로 완경사지나 주곡선만으로 지모를 명시하기 곤란한 장소에 가는 파선으로 표시
조곡선	간곡선 간격의 $\frac{1}{2}$ 간격으로 그리는 곡선으로 불규칙한 지형을 표시(주곡선 간격의 $\frac{1}{4}$ 간격으로 그리는 곡선)
계곡선	주곡선 5개마다 1개씩 그리는 곡선으로 표고의 읽음을 쉽게 하고 지모의 상태를 명시하기 위해 굵은 실선으로 표시

등고선의 간격

등고선종류	기호	축척			
		1/5,000	1/10,000	1/25,000	1/50,000
주곡선	가는 실선	5	5	10	20
간곡선	가는 파선	2.5	2.5	5	10
조곡선 (보조곡선)	가는 점선	1.25	1.25	2.5	5
계곡선	굵은 실선	25	25	50	100

40 단곡선에서 교각 I = 36°20′, 반지름 R = 500m 노선의 기점에서 교점까지의 거리는 6,500m이다. 20m 간격으로 중심말뚝을 설치할 때 종단현의 길이 (l_2)는?

① 7m ② 10m
③ 13m ④ 16m

◉해설

$$TL = R\tan\frac{I}{2} = 500 \times \tan\frac{36°20′}{2} = 164.07\text{m}$$
$$BC = IP - TL = 6,500 - 164.07 = 6,335.93\text{m}$$
$$CL = 0.01745RI = 0.01745 \times 500 \times 36°20′ = 317.01\text{m}$$
$$EC = BC + CL = 6,335.93 + 317.01 = 6,652.94\text{m}$$
$$\therefore l_2 = N_0332 + 12.94\text{m}$$

Subject 03 **토지정보체계론**

41 지적전산화의 목적과 가장 거리가 먼 것은?

① 지방 행정전산화의 촉진
② 국토기본도의 정확한 작성
③ 신속하고 정확한 지적 민원 처리
④ 토지 관련 정책 자료의 다목적 활용

◉해설

지적공부 전산화의 목적
- 지적공부를 체계적이고 과학적인 토지정책자료와 지적행정의 실현으로 다목적지적에 활용할 수 있도록 한다.(토지정보의 다목적 활용)
- 토지소유자의 현황파악과 지적민원을 신속하고 정확하게 처리하므로 지방행정전산화 촉진 등에 영향을 미칠 수 있다.(토지소유권의 신속한 파악)
- 전국적으로 획일적인 시스템의 활용으로 각 시·도 분산시스템의 상호 간 또는 중앙시스템 간의 인터페이스를 완전하게 확보가 가능하도록 한다.
- 토지기록과 관련하여 변동자료를 온라인처리로 이동정리 등의 기존에 처리하던 업무의 이중성을 배제할 수 있다.

42 디지타이징이나 스캐닝에 의해 도형정보파일을 생성할 경우 발생할 수 있는 오차에 대한 설명으로 옳지 않은 것은?

① 도곽의 신축이 있는 도면의 경우 부분적인 오차만 발생하므로 정확한 독취자료를 얻을 수 있다.
② 디지타이저에 의한 도면 녹취 시 작업자의 숙련도에 따라 오차가 발생할 수 있다.
③ 스캐너로 읽은 래스터 자료를 벡터 자료로 변환할 때 오차가 발생한다.
④ 입력도면이 평탄하지 않은 경우 오차 발생을 유발한다.

◉해설

구분	Digitizer(수동방식)	Scanner(자동방식)
정의	전기적으로 민감한 테이블을 사용하여 종이로 제작된 지도자료를 컴퓨터에 의하여 사용할 수 있는 수치자료로 변환하는 데 사용되는 장비로서 도형자료(도표, 그림, 설계도면)를 수치화하거나 수치화하고 난 후 즉시 자료를 검토할 때와 이미 수치화된 자료를 도형적으로 기록 하는 데 쓰이는 장비를 말한다.	위성이나 항공기에서 자료를 직접 기록하거나 지도 및 영상을 수치로 변환시키는 장치로서 사진 등과 같이 종이에 나타나 있는 정보를 그래픽 형태로 읽어들여 컴퓨터에 전달하는 입력장치를 말한다.
특징	• 도면이 훼손·마멸 등으로 스캐닝 작업으로 경계의 식별이 곤란할 경우와 도면의 상태가 양호하더라도 도곽 내에 필지수가 적어 스캐닝 작업이 비효율적인 도면은 디지타이징 방법으로 작업을 할 수 있다. • 디지타이징 작업을 할 경우에는 데이터 취득이 완료될 때까지 도면을 움직이거나 제거하여서는 아니 된다.	• 밀착스캔이 가능한 최선의 스캐너를 선정하여야 한다. • 스캐닝 방법에 의하여 작업할 도면은 보존상태가 양호한 도면을 대상으로 하여야 한다. • 스캐닝 작업을 할 경우 스캐너를 충분히 예열하여야 한다. • 벡터라이징 작업을 할 경우에는 경계점 간 연결되는 선은 굵기가 0.1mm가 되도록 환경을 설정하여야 한다. • 벡터라이징은 반드시 수동으로 하여야 하며 경계점을 명확히 구분할 수 있도록 확대한 후 작업을 실시하여야 한다.

정답 40 ③ 41 ② 42 ①

구분	Digitizer(수동방식)	Scanner(자동방식)
장점	• 수동식이므로 정확도가 높음 • 필요한 정보를 선택 추출 가능 • 내용이 다소 불분명한 도면이라도 입력이 가능	• 작업시간의 단축 • 자동화된 작업과정 • 자동화로 인한 인건비 절감
단점	• 작업 시간이 많이 소요됨 • 인건비 증가로 인한 비용 증대	• 저가의 장비 사용 시 에러 발생 • 벡터구조로의 변환 필수 • 변환 소프트웨어 필요

43 레이어에 대한 설명으로 옳은 것은?

① 레이어 간의 객체이동은 할 수 없다.

② 지형·지물을 기호로 나타내는 규칙이다.

③ 속성테이터를 관리하는 데 사용하는 것이다.

④ 같은 성격을 가지는 공간객체를 같은 층으로 묶어준다.

해설

레이어(Layer, 층)

한 주제를 다루는 데 중첩되는 다양한 자료들로 한 커버리지의 자료파일을 말한다. 이 중첩자료들은 데이터베이스 내에서 공통된 좌표체계를 가지며 보통 하나의 주제를 갖는다. 예를 들어 지형 레이어는 건물, 도로, 등고선 등의 레이어로 구분하며 도로 레이어는 고속도로, 국도, 지방도 등 여러 종류의 도로가 포함된다.

GIS의 구축을 위하여 컴퓨터에 입력된 모든 지리정보는 적절한 출력을 통하여 지도와 동일한 형태 및 특성을 가질 수 있으며 기존 지도의 기능을 할 수 있다. 이렇게 컴퓨터를 이용하여 생성된 지도를 수치지도라 한다. 컴퓨터 내부에서는 모든 정보가 이진법의 수치형태로 표현되고 저장되기 때문에 수치지도라 불린다. 영어로는 digital map, layer , coverage, 혹은 digital layer라고 일컬어지며, 일반적으로 레이어라는 표현이 사용된다. 구체적으로 본다면 도형정보만을 수치로 나타낸 것을 레이어라고 하고 도형정보와 관련 속성정보를 함께 갖는 수치지도를 커버리지라고 한다.

44 데이터베이스의 데이터 언어 중 데이터 조작어가 아닌 것은?

① CREATE문 ② DELETE문

③ SELECT문 ④ UPDATE문

해설

언어	해당 SQL	내용
DDL (Data Definition Language)		데이터의 구조를 정의하며 새로운 테이블을 만들고, 기존의 테이블을 변경/삭제하는 등의 데이터를 정의하는 역할을 한다.
	CREATE	새로운 테이블을 생성한다.
	ALTER	기존의 테이블을 변경(수정)한다.
	DROP	기존의 테이블을 삭제한다.
	RENAME	테이블의 이름을 변경한다.
	TURNCATE	테이블을 잘라낸다.
DML (Data Mainpulation Language)		데이터를 조회하거나 변경하며 새로운 데이터를 삽입/변경/삭제 하는 등의 데이터를 조작하는 역할을 한다.
	SELECT	기존의 데이터를 검색한다.
	INSERT	새로운 데이터를 삽입한다.
	UPDATE	기존의 데이터를 변경(갱신)한다.
	DELETE	기존의 데이터를 삭제한다.
DCL (Data Control Language)		데이터베이스를 제어·관리하기 위하여 데이터를 보호하기 위한 보안, 데이터 무결성, 시스템 장애시 회복, 다중사용자의 동시접근 제어를 통한 트랜잭션 관리 등에 사용되는 SQL이다.
	GRANT	권한을 준다.(권한 부여)
	REVOKE	권한을 제거한다.(권한 해제)
	COMMIT	데이터 변경 완료
	ROLLBACK	데이터 변경 취소

45 현황 참조용 영상자료와 지적도 파일을 중첩하여 지적도의 필지 경계선 조정작업을 할 경우, 정확도 면에서 가장 효율적인 자료는?

① 1 : 5000 축적의 항공사진 정사영상자료

② 소축척 지형도 스캔 영상자료

③ 중저해상도 위성영상자료

④ 소축척의 도로 망도

해설

수치정사영상

• 항공사진 및 위성 영상에 색조 보정을 실시하여 지형지물 및 지명, 각종 경계 선등을 표시한 영상 지도

• 사진 촬영 시 중심 통영에 의한 대상물의 왜곡과 지형의 기복에 따라 발생하는 기복변위를 제거하여 영상 전체의 축적이 일정하도록 작업한 정사 영상을 사용

• 종이 및 수치 지도의 한계와 문제점을 보완하기 위하여 위치 정보와 시각적 정보를 동시에 갖춘 지도

• 영상 지도의 난외주기에는 도엽 명칭, 도엽 번호, 축척, 제작자료, 범례, 행정경계 색인도, 인접 도엽 색인도, 경고문 등이 기록되고 일반 지도와 같은 범례는 없다.

46 점, 선, 면 등의 객체(object)들 간의 공간관계가 설정되지 못한 채 일련의 좌표에 의한 그래픽 형태로 저장되는 구조로, 공간분석에는 비효율적이지만 자료구조가 매우 간단하여 수치지도를 제작하고 갱신하는 경우에는 효율적인 자료구조는?

① 래스터(raster) 구조
② 위상(topology) 구조
③ 스파게티(spaghetti) 구조
④ 체인코드(chain codes) 구조

●해설

스파게티 자료구조

정의	객체들 간에 정보를 갖지 못하고 국수가락처럼 좌표들이 길게 연결되어 있어 스파게티 자료구조라고 하며 비선형 데이터구조라고도 한다.
특징	• 상호 연관성에 관한 정보가 없어 인접한 객체들의 특징과 관련성, 연결성을 파악하기가 힘들다. • 객체가 좌표에 의한 그래픽 형태(점, 선, 면적)로 저장되며 위상관계를 정의하지 않는다. • 경계선을 다각형으로 구축할 경우에는 각각 구분되어 입력되므로 중복되어 기록된다. • 스파게티 자료구조는 하나의 점 (X, Y 좌표)을 기본으로 하고 있어 구조가 간단하다. • 자료구조가 단순하여 파일의 용량이 작은 장점이 있다. • 객체들 간의 공간관계가 설정되지 않아 공간분석에 비효율적이다.

위상구조

정의	위상이란 도형 간의 공간상의 상관관계를 의미하는데 위상은 특정변화에 의해 불변으로 남는 기하학적 속성을 다루는 수학의 한 분야로 위상모델의 전제조건으로는 모든 선의 연결성과 폐합성이 필요하다.
특징	• 지리정보시스템에서 매우 유용한 데이터 구조로서 점, 선, 면으로 객체 간의 공간관계를 파악할 수 있다. • 벡터데이터의 기본적인 구조로 점으로 표현되며 객체들은 점들을 직선으로 연결하여 표현할 수 있다.

특징		• 토폴로지는 폴리곤 토폴로지, 아크 토폴로지, 노드 토폴로지로 구분된다.
	Arc	일련의 점으로 구성된 선형의 도형을 말하며 시작점과 끝점이 노드로 되어 있다.
	Node	둘 이상의 선이 교차하여 만드는 점이나 아크의 시작이나 끝이 되는 특정한 의미를 가진 점을 말한다.
	Topology	인접한 도형들 간의 공간적 위치관계를 수학적으로 표현한 것을 말한다.
		• 점, 선, 폴리곤으로 나타낸 객체들이 위상구조를 갖게 되면 주변객체들 간의 공간상에서의 관계를 인식할 수 있다. • 폴리곤 구조는 형상(Shape)과 인접성(Neighborhood), 계급성(Hierarchy)의 세 가지 특성을 지닌다. • 관계형 데이터베이스를 이용하여 다량의 속성자료를 공간객체와 연결할 수 있으며 용이한 자료의 검색 또한 가능하다. • 공간객체의 인접성과 연결성에 관한 정보는 많은 분야에서 위상정보를 바탕으로 분석이 이루어진다.
분석		각 공간객체 사이의 관계가 인접성, 연결성, 포함성 등의 관점에서 묘사되며, 스파게티 모델에 비해 다양한 공간분석이 가능하다.

47 PBLIS의 개발 내용 중 옳지 않은 것은?

① 지적측량시스템
② 건축물관리시스템
③ 지적공부관리시스템
④ 지적측량성과 작성 시스템

●해설

필지 중심 토지정보시스템(PBLIS) 구성

PBLIS	주요기능
지적공부 관리시스템	• 사용자 권한관리 • 지적측량검사업무 • 토지이동관리 • 지적일반업무관리 • 창구민원업무 • 토지기록자료 조회 및 출력 등
지적측량 시스템	• 지적삼각측량 • 지적삼각보조측량 • 도근측량 • 세부측량 등
지적측량 성과작성 시스템	• 토지이동지 조서작성 • 측량준비도 • 측량결과도 • 측량성과도 등

48 지적데이터의 속성정보라 할 수 없는 것은?

① 지적도
② 토지대장
③ 공유지연명부
④ 대지권등록부

해설

위치 정보	절대 위치 정보	절대위치정보는 지상, 지하, 해양, 공중 등 지구공간 및 우주공간에서의 위치의 기준이 되며, 절대 변하지 않는 실제 공간에서의 위치정보로 경·위도 및 표고 등을 말한다.
	상대 위치 정보	상대위치정보는 모형공간(model space)에서의 위치로 임의의 기준으로부터 결정되는 위치 또는 위상관계를 부여하는 기준으로서 가변성을 지니고 있으며 주변 정세에 따라 변할 수 있는 관계적 위치를 말한다.
특성 정보	공간 (도형) 정보	공간정보는 좌표체계를 기준으로 하여 지형지물의 위치와 모양을 나타내는 정보로 위치정보를 이용하여 대상을 가시화시킨 것으로 지형도상의 수치적 설명으로 특정한 지도요소를 설명하는 정보를 말한다.
	영상 정보	센서(지상 및 항공사진기, 일반사진기, 수치사진기, 스캐너, Radar, 레이저 등)에 의해 얻은 사진 등으로 인공위성에서 직접 취득한 수치영상과 항공사진측량에서 획득한 사진을 디지타이징 또는 스캐닝하여 컴퓨터에 적합하도록 변환된 정보를 말한다.
	속성 정보	도형이나 영상 속에 있는 내용 등으로 대상물의 성격이나 그와 관련된 사항들을 기술하는 자료이며, 지형도상의 특성이나 지질, 지형, 지물의 관계를 말한다. 지적정보에서 필지의 소유자나 지목 등을 말한다.

49 수치화된 지적도의 레이어에 해당하지 않는 것은?

① 지번
② 기준점
③ 도곽선
④ 소유자

해설

GIS의 구축을 위하여 컴퓨터에 입력된 모든 지리정보는 적절한 출력을 통하여 지도와 동일한 형태 및 특성을 가질 수 있으며 기존 지도의 기능을 할 수 있다. 이렇게 컴퓨터를 이용하여 생성된 지도를 수치지도라 한다. 컴퓨터 내부에서는 모든 정보가 이진법의 수치형태로 표현되고 저장되기 때문에 수치지도라 불린다. 영어로는 digital map, layer , coverage, 혹은 digital layer라고 일컬어지며, 일반적으로 레이어라는 표현이 사용된다. 구체적으로 본다면 도형정보만을 수치로 나타낸 것을 레이어라고 하고 도형정보와 관련 속성정보를 함께 갖는 수치지도를 커버리지라고 한다
그러므로 소유자는 지적도의 레이어에 해당하지 않는다.

50 발전단계에 따른 지적제도 중 토지정보체계의 기초로서 가장 적합한 것은?

① 법지적
② 과세지적
③ 소유지적
④ 다목적지적

해설

지적제도의 유형

	발전과정
세지적 (稅地籍)	토지에 대한 조세부과를 주된 목적으로 하는 제도로 과세지적이라고도 한다. 국가의 재정 수입을 토지세에 의존하던 농경사회에서 개발된 제도로 과세의 표준이 되는 농경지는 기준수확량 일반토지는 토지등급을 중시하고 지적공부의 등록사항으로는 면적단위를 중시한 지적제도이다.
법지적 (法地籍)	세지적의 발전된 형태로서 토지에 대한 사유재산권이 인정되면서 생성된 유형으로 소유지적, 경계지적이라고도 한다. 토지소유권 보호를 주된 목적으로 하는 제도로 토지거래의 안전과 토지소유권의 보호를 위한 토지경계를 중시한 지적제도이다.
다목적지적 (多目的地籍)	현대사회에서 추구하고 있는 지적제도로 종합지적, 통합지적, 유사지적, 경제지적, 정보지적이라고도 한다. 토지와 관련한 다양한 정보를 종합적으로 등록·관리하고 이를 이용 또는 활용하고 필요한 자에게 제공해 주는 것을 목적으로 하는 지적제도이다.

51 SQL 언어에 대한 설명으로 옳은 것은?

① order는 보통 질의어에서 처음에 나온다.
② select 다음에는 테이블명이 나온다.
③ where 다음에는 조건식이 나온다.
④ from 다음에는 필드명이 나온다.

해설

테이블에서 정보를 추출할 때 select, from, where, order by 네 개의 기본 키워드가 사용된다. 특히 조회 시에는 select, from은 항상 사용된다. select는 어떤 열을 원하는지, from은 이들 열이 속한 테이블 혹은 테이블의 명칭을 알려준다. 정확하게 입력된 조회문은 거의 영어문장과 같다. 조회문 마지막에는 세미콜론을 붙여서 마치고 where 절에서는 선택하고자 하는 정보를 어떻게 한정할 것인지를 말해 준다.

정답 48 ① 49 ④ 50 ④ 51 ③

SQL 표현의 기본구조

select	열-리스트 : 어떤 열을 원하는지 질의의 결과 속성들을 나열하는 데 사용된다.
from	테이블-리스트 : 질의를 수행하기 위해 접근해야 하는 릴레이션들을 나열한다. 이들 열이 속한 테이블 혹은 테이블의 명칭을 알려준다. 정확하게 입력된 조회문은 거의 영어문장과 같다. 조회문 마지막에는 세미콜론을 붙여서 마친다.
where	조건 : from 절에 있는 릴레이션의 속성들을 포함하는 조건이다. 선택하고자 하는 정보를 어떻게 한정할 것인지를 말해준다. 즉 명시된 조건을 만족하는 from 절의 결과 릴레이션들의 행들만을 가져올 수 있도록 해준다.

52 토지정보시스템(Land Information System)의 데이터의 구성요소와 관련이 없는 것은?

① 도면정보
② 위치정보
③ 속성정보
④ 서비스정보

해설

토지정보의 구성요소

하드웨어 (Hardware)	지형공간정보체계를 운용하는 데 필요한 컴퓨터와 각종 입/출력장치 및 자료관리장치를 말하며 하드웨어의 범주에는 데스크탑 PC, 워크스테이션뿐만 아니라 스캐너, 프린터, 플로터, 디지타이저를 비롯한 각종 주변 장치들을 포함한다.
소프트웨어 (Software)	지리정보체계의 자료를 입력, 출력, 관리하기 위해 프로그램인 소프트웨어가 반드시 필요하며 크게 세 종류로 구분하면 먼저 하드웨어를 구동시키고 각종 주변장치를 제어할 수 있는 운영체계(Operating system : OS), 지리정보체계의 자료구축과 자료 입력 및 검색을 위한 입력 소프트웨어, 지리정보체계의 엔진을 탑재하고 있는 자료처리 및 분석 소프트웨어로 구성된다. 소프트웨어는 각종 정보를 저장/분석/출력할 수 있는 기능을 지원하는 도구로서 정보의 입력 및 중첩 기능, 데이터 베이스 관리기능, 질의 분석, 시각화 기능 등의 주요 기능을 갖는다.
데이터베이스 (Database)	지리정보체계는 많은 자료를 입력하거나 관리하는 것으로 이루어지고 입력된 자료를 활용하여 토지정보체계의 응용시스템을 구축할 수 있으며 이러한 자료들은 속성정보(각종 공부와 대장)와 도형정보(지적도, 임야도, 지하시설물도, 도시계획도 등), 위치정보로 분류된다.

인적 자원 (Man Power)	전문인력은 지리정보체계의 구성요소 중에서 가장 중요한 요소로서 데이터를 구축하고 실제 업무에 활용하는 사람으로, 전문적인 기술을 필요로 하므로 이에 전념할 수 있는 숙련된 전담요원과 기관을 필요로 하며 시스템을 설계하고 관리하는 전문 인력과 일상 업무에 지리정보체계를 활용하는 사용자 모두가 포함된다.
방법 (Application)	특정한 사용사 요구를 지원하기 위해 자료를 처리하고 조작하는 활동, 즉 응용 프로그램들을 총칭하는 것으로 특정 작업을 처리하기 위해 만든 컴퓨터프로그램을 의미한다. 하나의 공간문제를 해결하고 지역 및 공간 관련 계획수립에 대한 솔류션을 제공하기 위한 GIS시스템은 그 목표 및 구체적인 목적에 따라 적용되는 방법론이나 절차, 구성, 내용 등이 달라지게 된다.

53 LIS에서 DBMS의 개념을 적용함에 따른 장점으로 가장 거리가 먼 것은?

① 관련 자료 간의 자동갱신이 가능하다.
② 자료의 표현과 저장방식을 통합하는 것이 가능하다.
③ 도형 및 속성자료 간에 물리적으로 명확한 관계가 정의될 수 있다.
④ 자료의 중앙제어를 통해 데이터 베이스의 신뢰도를 증진시킬 수 있다.

해설

DBMS의 장·단점

DBMS는 자료의 저장·조작·검색·변화를 처리하는 특별한 소프트웨어를 사용하는 컴퓨터 프로그램의 일종으로 정보의 저장과 관리와 같은 정보관리를 목적으로 하는 프로그램으로 파일처리방식의 단점을 보완하기 위해 도입되었으며 자료의 중복을 최소화하여 검색시간을 단축시키며 작업의 효율성을 향상시키게 된다.

1. DBMS의 장점
   ㉠ 중복의 최소화
      파일관리 시스템에서 개별 파일로 관리되던 시스템에서 데이터를 하나의 데이터베이스에 통합하여 관리하므로 중복이 감소된다.
   ㉡ 데이터의 독립성 향상
      데이터를 응용프로그램에서 분리하여 관리하므로 응용프로그램을 수정할 필요성이 감소된다.

정답 52 ④ 53 ②

ⓒ 데이터의 일관성 유지

파일관리시스템에서는 중복데이터가 각각 다른 파일에 관리되어 변경 시 데이터의 일관성을 보장하기 어려웠으나, DBMS는 중앙집중식 통제를 통해 데이터의 일관성을 유지할 수 있다.

ⓔ 데이터의 무결성 유지

제어관리를 통해 다수의 사용자들이 접근 시 무결성이 유지된다.

ⓜ 시스템 개발비용 감소

데이터베이스 구축 시 초기비용이 많이 들 수 있지만 데이터 검색 및 변경 시 프로그램 개발 비용을 절감할 수 있다.

ⓗ 보안 향상

데이터베이스의 중앙집중관리 및 접근제어를 통해 보안이 향상된다.

ⓢ 표준화

데이터 제어기능을 통해 데이터의 형식, 내용, 처리방식, 문서화 양식 등에 표준화를 범기관적으로 쉽게 시행할 수 있다.

2. DBMS의 단점

㉠ 운영비의 증대

컴퓨터 하드웨어와 소프트웨어의 비용이 상대적으로 많이 소요된다.

㉡ 시스템 구성의 복잡성

파일처리방식에 비하여 시스템의 구성이 복잡하므로 이로 인한 자료의 손실가능성이 높다.

㉢ 중앙집약적인 위험 부담

자료의 저장 및 관리가 중앙집약적으로 이루어지므로 자료의 손실이나 시스템의 작동불능이 될 수 있는 중앙집약적인 위험부담이 크다.

㉣ 위험부담을 최소화하기 위해 효율적인 백업과 회복기능을 갖추어야 한다.

54 고유번호 4567891232-20002-0010인 토지에 대한 설명으로 옳지 않은 것은?

① 지번은 2-10이다.
② 32는 리를 타나낸다.
③ 45는 시·도를 나타낸다.
④ 912는 읍·면·동을 나타낸다.

해설

부동산종합공부시스템 운영 및 관리 규정 제19조(코드의 구성)

① 규칙 제68조 제5항에 따른 고유번호는 행정구역코드 10자리(시·도 2, 시·군·구 3, 읍·면·동 3, 리 2), 대장구분 1자리, 본번 4자리, 부번 4자리를 합한 19자리로 구성한다. 지번은 산 2-10이다.

55 NGIS 구축의 단계적 추진에서 3단계 사업이 속하는 단계는?

① GIS 기반조성단계
② GIS 정착단계
③ GIS 수정보완단계
④ GIS 활용확산단계

해설

제1차 NGIS(1995~2000년) : 기반조성단계(국토정보화 기반 마련)

제1단계 사업에서 정부는 GIS 시작이 활성화되지 않아 민간에 의한 GIS 기반 조성이 어려운 점을 감안하여 정부 주도로 투자 및 지원시책을 적극 추진하고 있다. 특히 GIS의 바탕이 되는 공간정보(지상·지하·수상·수중 등 공간상에 존재하는 자연 또는 인공적인 객체에 대한 위치정보 및 이와 관련된 공간적 인지와 의사결정에 필요한 정보를 말한다)가 전혀 구축되지 않은 점을 감안하여 먼저 지형도, 지적도, 주제도, 지하시설물도 등을 전산화하여 초기수요를 창출하는 데 주력하고 있다. 또한 GIS 구축 초기단계에 이루어져야 하는 공간정보의 표준정립, 관련 제도 및 법규의 정비, GIS 기술개발, 전문인력 양성, 지원연구 등을 통해 GIS 기반조성사업을 수행하였다.

제2단계(2001~2005) : GIS 활용확산단계(국가공간정보기반 확충을 위한 디지털국토 실현)

제2단계에서는 지방자치단체와 민간의 참여를 적극 유도하여 GIS 활용을 확산시키고, 제1단계사업에서 구축한 공간정보를 활용한 대국민 응용서비스를 개발하여 국민의 삶을 향상시킬 수 있는 방안을 모색하고 있다.

구축된 공간정보를 수정보완하고 새로운 주제도를 제작하여 국가공간정보데이터베이스를 구축함으로써 GIS 활용을 위한 기반을 마련해야 한다.

또한 공간정보 유통체계를 확립하여 누구나 쉽게 공간정보에 접근할 수 있도록 하고, 차세대를 대상으로 하는 미래지향적 GIS 교육사업을 추진하여 전문인력양성기반을 넓히도록 해야 한다.

민간에서 공간정보를 활용하여 새로운 부가가치를 창출할 수 있도록 관련 법제를 정비하고, GIS 관련 기술개발사업에 민간의 투자확대를 유도해야 한다.

제3단계(2006~2010) : GIS 정착단계(유비쿼터스 국토실현을 위한 기반조성)

제3단계는 언제 어디서나 필요한 공간정보를 편리하게 생산·유통·이용할 수 있는 고도의 GIS 활용단계에 진입하여 GIS 선진국으로 발돋움하는 시기이다.

이 기간 중에 정부와 지자체는 공공기관이 보유한 모든 지도와 공간정보의 전산화사업을 완료하고 유통체계를 통해 민간에 적극 공급하는 한편, 재정적으로도 완전히 자립할 수 있을 것이다.

이 시점에서는 민간의 활력과 창의를 바탕으로 산업부문과 개인생활 등에서 이용자들이 편리하게 이용할 수 있는 GIS 서비스를 극대화하고 GIS 활용의 보편화를 실현할 것으로 전망한다.

또한 축적된 공간정보를 활용한 새로운 부가가치산업이 창출되고, GIS 정보기술을 해외로 수출할 수 있는 수준에 도달할 것이다.

56 파일처리방식과 데이터베이스 관리시스템에 대한 설명으로 옳지 않은 것은?

① 파일처리방식은 데이터의 중복성이 발생한다.
② 파일처리방식은 데이터의 독립성을 지원하지 못한다.
③ 데이터베이스 관리시스템은 운영비용 면에서 경제적이다.
④ 데이터베이스 관리시스템은 데이터의 일관성을 유지하게 한다.

해설

파일처리방식과 DBMS

구분	파일처리방식	DBMS
개념	파일(File)은 기본적으로 유사한 성질이나 관계를 가진 자료의 집합으로 데이터 파일은 Record, Field, Key의 세 가지로 구성된다. 파일처리방식은 파일처리 방식에 의한 데이터베이스와 응용프로그램 간의 연결은 응용프로그램에서 자료에 관한 사항을 직접 관리하기 때문에 자료의 저장 및 관리가 중복적이고 비효율적이며 처리속도가 늦다는 단점이 있다.	DBMS는 자료의 저장, 조작, 검색, 변화를 처리하는 특별한 소프트웨어를 사용하는 컴퓨터 프로그램의 일종으로 정보의 저장과 관리와 같은 정보관리를 목적으로 하는 프로그램으로 파일처리방식의 단점을 보완하기 위해 도입되었으며 자료의 중복을 최소화하여 검색시간을 단축시키며 작업의 효율성을 향상시키게 된다.

구분	파일처리방식	DBMS
장점	• 파일처리방식은 GIS에서 필요한 자료 추출을 위해 각각의 파일에 대하여 자세한 정보가 필요한데 이는 많은 양의 중복작업을 유발시킨다. • 자료에 수정이 이루어질 경우 해당 자료를 필요로 하는 각 응용프로그램에 이를 상기시켜야 한다.	• 중복의 최소화 • 데이터의 독립성 향상 • 데이터의 일관성 유지 • 데이터의 무결성 유지 • 시스템 개발 비용 감소 • 보안향상 • 표준화
단점	• 관련 데이터를 여러 응용프로그램에서 사용할 때 동시 사용을 위한 조정과 자료수정에 관한 전반적인 제어기능이 불가능하다. • 즉 누구에 의하여 어떠한 유형의 자료는 수정이 가능하다는 등의 통제가 데이터베이스에 적용될 수 없다는 단점이 있다.	• 운영비의 증대 • 시스템 구성의 복잡성 • 중앙집약적인 위험 부담 • 위험부담을 최소화하기 위해 효율적인 백업과 회복기능을 갖추어야 한다.

57 데이터베이스 시스템을 집중형과 분산형으로 구분할 때 집중형 데이터베이스의 장점으로 옳은 것은?

① 자료 관리가 경제적이다.
② 자료의 통신비용이 저렴한 편이다.
③ 자료에의 분산형보다 접근 속도가 신속한 편이다.
④ 데이터베이스 사용자를 위한 교육 및 자문이 편리하다.

해설

분산 데이터베이스 시스템

지금까지 컴퓨터나 데이터베이스가 한 곳에 집중되어 있는 집중 시스템에서의 데이터베이스 활용에 관한 사항과 문제점들을 다루었다. 그러나 하드웨어의 가격이 저렴해지고 소프트웨어와 통신 기술의 발달로 데이터베이스를 집중화 할 필요가 없어지고 있다.

1. 분산 데이터베이스 개념
   중앙 집중(centralized)시스템이란 모든 처리기와 기억장치가 한 곳에 모여서 모든 데이터 처리를 중앙 컴퓨터 시스템에서 처리하는 시스템을 말한다.

2. 분산 데이터베이스 장점
   하나의 논리적 데이터베이스를 여러 물리적 장소에 분산시킴으로써 얻을 수 있는 장점은 다음과 같다.
   • 빠른 응답 속도와 통신비용 절감
   • 데이터의 가용성(availability)과 신뢰성 증가
   • 시스템 규모의 적절한 조절

정답 56 ③ 57 ①

[분산 DB와 중앙집중 DB와의 비교]

구분	중앙집중 DB	분산 DB
통제 방식	중앙통제(전역 DBA)	지역 자치성(지역 DBA)
데이터 형태	데이터 독립성 (3층 스키마)	독립성 및 분산, 투명성 강조
데이터 구조	무결성/회복/동시성 제어	• 중복투명성 제공 • 원자적 트랜잭션 보장 필요 • Fault 및 동기화 문제 해결 난이
비밀 및 보안	DBA 중앙 통제 → 정당한 엑세스만 허용	지역적 비밀 및 보안 처리

58 시·군·구 단위의 지적전산자료를 이용하려는 자는 누구에게 승인을 받아야 하는가?

① 관계 중앙행정기관의 장 ② 행정안전부장관

③ 지적소관청 ④ 시·도지사

해설

공간정보의 구축 및 관리 등에 관한 법률 제76조(지적전산자료의 이용 등)

① 지적공부에 관한 전산자료(연속지적도를 포함하며, 이하 "지적전산자료"라 한다)를 이용하거나 활용하려는 자는 다음 각 호의 구분에 따라 국토교통부장관, 시·도지사 또는 지적소관청의 승인을 받아야 한다.
  1. 전국 단위의 지적전산자료 : 국토교통부장관, 시·도지사 또는 지적소관청
  2. 시·도 단위의 지적전산자료 : 시·도지사 또는 지적소관청
  3. 시·군·구(자치구가 아닌 구를 포함한다) 단위의 지적전산자료 : 지적소관청

② 제1항에 따른 승인을 신청하려는 자는 대통령령으로 정하는 바에 따라 지적전산자료의 이용 또는 활용 목적 등에 관하여 미리 관계 중앙행정기관의 심사를 받아야 한다. 다만, 중앙행정기관의 장, 그 소속 기관의 장 또는 지방자치단체의 장이 승인을 신청하는 경우에는 그러하지 아니하다.

③ 제1항 및 제2항에도 불구하고 토지소유자가 자기 토지에 대한 지적전산자료를 신청하거나, 토지소유자가 사망하여 그 상속인이 피상속인의 토지에 대한 지적전산자료를 신청하는 경우에는 승인 및 심사를 받지 아니할 수 있다. 〈신설 2013.7.17.〉

④ 제1항 및 제3항에 따른 지적전산자료의 이용 또는 활용에 필요한 사항은 대통령령으로 정한다.

59 벡터 자료 구조에 있어서 폴리곤 구조의 특성과 관계가 먼 것은?

① 형상 ② 계급성

③ 변환성 ④ 인접성

해설

위상구조

정의		위상이란 도형 간의 공간상의 상관관계를 의미하는데 위상은 특정변화에 의해 불변으로 남는 기하학적 속성을 다루는 수학의 한 분야로 위상모델의 전제조건으로는 모든 선의 연결성과 폐합성이 필요하다.
특징		• 지리정보시스템에서 매우 유용한 데이터 구조로서 점, 선, 면 으로 객체 간의 공간관계를 파악할 수 있다. • 벡터데이터의 기본적인 구조로 점으로 표현되며 객체들은 점들을 직선으로 연결하여 표현할 수 있다. • 토폴로지는 폴리곤 토폴로지, 아크 토폴로지, 노드 토폴로지로 구분된다.
	Arc	일련의 점으로 구성된 선형의 도형을 말하며 시작점과 끝점이 노드로 되어 있다.
	Node	둘 이상의 선이 교차하여 만드는 점이나 아크의 시작이나 끝이 되는 특정한 의미를 가진 점을 말한다.
	Topology	인접한 도형들 간의 공간적 위치관계를 수학적으로 표현한 것을 말한다.
		• 점, 선, 폴리곤으로 나타낸 객체들이 위상구조를 갖게 되면 주변객체들 간의 공간상에서의 관계를 인식할 수 있다. • 폴리곤 구조는 형상(Shape)과 인접성(Neighbor-hood), 계급성(Hierarchy)의 세 가지 특성을 지닌다. • 관계형 데이터베이스를 이용하여 다량의 속성자료를 공간객체와 연결할 수 있으며 용이한 자료의 검색 또한 가능하다. • 공간객체의 인접성과 연결성에 관한 정보는 많은 분야에서 위상정보를 바탕으로 분석이 이루어진다.
분석		각 공간객체 사이의 관계가 인접성, 연결성, 포함성 등의 관점에서 묘사되며, 스파게티 모델에 비해 다양한 공간분석이 가능하다.
	인접성 (Adjacency)	사용자가 중심으로 하는 개체의 형상 좌우에 어떤 개체가 인접하고 그 존재가 무엇인지를 나타내는 것이며 이러한 인접성으로 인해 지리정보의 중요한 상대적인 거리나 포함 여부를 알 수 있게 된다.
	연결성 (Connectivity)	지리정보의 3가지 요소의 하나인 선(Line)이 연결되어 각 개체를 표현할 때 노드(Node)를 중심으로 다른 체인과 어떻게 연결되는지를 표현한다.
	포함성 (Containment)	특정한 폴리곤에 또 다른 폴리곤이 존재할 때 이를 어떻게 표현할지는 지리정보의 분석기능에 중요한 하나이며 특정지역을 분석할 때, 특정지역에 포함된 다른 지역을 분석할 때 중요하다.

60 데이터베이스 디자인의 순서로 옳은 것은?

가. DB 목적 정의	나. 테이블 간의 관계 정의
다. DB 필드 정의	라. DB 테이블 정의

① 가-나-다-라
② 가-다-나-라
③ 가-라-나-다
④ 가-라-다-나

해설

데이터베이스의 디자인 과정
DB 목적 정의→DB 테이블 정의→ DB 필드 정의→테이블 간의 관계 정의

Subject **04** 지적학

61 다음 중 지번의 역할에 해당하지 않는 것은?

① 위치 추정
② 토지이용 구분
③ 필지의 구분
④ 물권 객체 단위

해설

지번(parcel number or lot number)
지번(parcel number or lot number)이라 함은 필지에 부여하여 지적공부에 등록한 번호로서 국가(지적소관청)가 인위적으로 구획된 1필지별로 1지번을 부여하여 지적공부에 등록하는 것으로 토지의 고정성과 개별성을 확보하기 위하여 지적소관청이 지번부여지역인 법정 동·리 단위로 기번하여 필지마다 아라비아 숫자로 순차적으로 연속하여 부여한 번호를 말한다.

1. 지번의 특성
   지번은 특정성, 동질성, 종속성, 불가분성, 연속성을 가지고 있다. 지번부여지역에 속한 필지들은 지번에 의해 개별성을 보장받게 되기 때문에 지번은 특정성을 지니게 되며, 단식지번과 성질상 부번이 없는 단식지번이 복식지번보다 우세한 것 같지만 지번으로서의 역할에는 하등과 우열의 경중이 없으므로 지번은 유형과 크기에 관계없이 동질성을 지니게 된다. 또한 지번은 부여지역 및 이미 설정된 지번 등에 의해 형성되기 때문에 종속성을 지니게 된다. 지번은 물권변동 또는 설정에 따른 각 권리에 의해 분리되지 않는 불가분성을 지니게 된다.

2. 지번의 기능
   ① 필지를 구별하는 개별성과 특정성의 기능을 갖는다.
   ② 거주지 또는 주소표기의 기준으로 이용된다.
   ③ 위치파악의 기준으로 이용된다.
   ④ 각종 토지 관련 정보시스템에서 검색키(식별자·색인키)로서의 기능을 갖는다.

62 다음 중 근대적 등기제도를 확립한 제도는?

① 과전법
② 입안제도
③ 지계제도
④ 수등이척제

해설

지계아문(地契衙門)
지계아문의 사업은 성격상 양지아문과 밀접한 관계가 있었고 지계발행 사업의 방대함에 비추어 지계아문만이 전국의 지계사업을 전담하기에 벅찼다. 그래서 1902년 3월에 지계아문과 양지아문을 통합하였다. 즉 지계가 발행되기 위해서는 토지대장에 의한 토지 소유권자의 확인이 필요하여 양전의 시행은 지계의 시행과 병행되어야 했다. 기구의 통합과 업무의 통합도 이루게 되어 지계발행과 양전을 새 통합기구인 지계아문에서 수행하게 되었다.
노일전쟁에 의한 일본 군대의 주둔과 제1차 한일 협약을 강요당하게 되어 지계 발행은 물론 양전사업마저도 중단되고 말았으며, 새로 탁지부에 양지국을 신설하여 양전 업무를 담당시키고 지계 발행업무는 그 업무의 완료와 함께 당해 군으로 인계하여 1904년 4월 19일 지계아문은 폐지되었다.

1. 목적
   • 국가의 부동산에 대한 관리체계 확립
   • 지가제도 도입
   • 지주납세제 실현
   • 일본인의 토지 잠매 방지

2. 업무
   • 지권(地券)의 발행과 양지 사무를 담당하는 지적중앙관서
   • 관찰사가 지계감독사 겸임
   • 각도에 지계감리를 1명씩 파견하여 지계발행의 모든 사무 관장
   • 1905년 을사조약 체결 이후 "토지가옥 증명규칙"에 의거 실질심사주의를 채택하여 토지가옥의 매매, 교환, 증여시 "토지가옥 증명대장"에 기재하여 공시하였다.
   • 양안을 기본대장으로 사정을 거쳐 관계를 발급했다.

정답 60 ④ 61 ② 62 ③

...Industrial Engineer Cadastral Surveying

Industrial Engineer Cadastral Surveying

63 지번의 진행방향에 따른 부번방식(附番方式)이 아닌 것은?

① 절충식(折衷式) ② 우수식(隅數式)
③ 사행식(蛇行式) ④ 기우식(奇隅式)

해설

진행방향에 따른 부번방식

사행식	필지의 배열이 불규칙한 지역에서 진행순서에 따라 지번을 부여하는 방법으로 농촌지역의 지번부여에 적합하며 우리나라 토지의 대부분은 사행식에 의해 부여하며 지번 부여가 일정하지 않고 상하좌우로 분산되어 부여되는 결점이 있다.
기우식	도로를 중심으로 한쪽은 홀수인 기수, 다른 쪽은 짝수인 우수로 지번을 부여하는 방법으로 리·동·도·가 등의 시가지 지역의 지번부여방법으로 적합하고 교호식이라고도 한다.
단지식	단지마다 하나의 지번을 부여하고 단지 내 필지마다 부번을 부여하는 방법으로 단지식은 블록식이라고도 하며 도시개발사업 및 농지개량사업 시행지역 등의 지번부여에 적합하다.
절충식	사행식, 기우식, 단지식 등을 적당히 취사선택(取捨選擇)하여 부번(附番)하는 방식

64 다음 중 지적의 기본이념으로만 열거된 것은?

① 국정주의, 형식주의, 공개주의
② 형식주의, 민정주의, 직권등록주의
③ 국정주의, 형식적심사주의, 직권등록주의
④ 등록임의주의, 형식적심사주의, 공개주의

해설

지적에 관한 법률의 기본이념

지적국정주의	지적공부의 등록사항인 토지표시사항을 국가만이 결정할 수 있는 권한을 가진다는 이념이다.
지적형식주의	국가가 결정한 토지에 대한 물리적 현황과 법적 권리관계 등을 외부에서 인식할 수 있도록 일정한 법정의 형식을 갖추어 지적공부에 등록하여야만 효력이 발생한다는 이념으로 「지적등록주의」라고도 한다.
지적공개주의	지적공부에 등록된 사항을 토지소유자나 이해관계인은 물론 일반인에게도 공개한다는 이념이다. • 공시원칙에 의한 지적공부 3가지 형식 – 지적공부를 직접열람 및 등본으로 알수 있다. – 현장에 경계복원함으로써 알 수 있다. – 등록된 사항과 현장상황이 틀린 경우 변경등록한다.
실질적심사주의	토지에 대한 사실관계를 정확하게 지적공부에 등록·공시하기 위하여 토지를 새로이 지적공부에 등록하거나 등록된 사항을 변경 등록하고자 할 경우 소관청은 실질적인 심사를 실시하여야 한다는 이념으로서 「사실심사주의」라고도 한다.
직권등록주의	국가는 의무적으로 통치권이 미치는 모든 토지에 대한 일정한 사항을 직권으로 조사·측량하여 지적공부에 등록·공시하여야 한다는 이념으로서 「적극적등록주의」 또는 「등록강제주의」라고도 한다.

65 1720년부터 1723년 사이에 이탈리아 밀라노의 지적도 제작 사업에서 전 영토를 측량하기 위해 사용한 지적도의 축척으로 옳은 것은?

① 1/1000 ② 1/1200
③ 1/2000 ④ 1/3000

해설

1720년부터 1723년 사이에 이탈리아 밀라노의 지적도 제작 사업에서 전 영토를 측량하기 위해 사용한 지적도의 축척은 1/2000이다.

66 토지등록제도에 있어서 권리의 객체로서 모든 토지를 반드시 특정적이면서도 단순하고 명확한 방법에 의하여 인식될 수 있도록 개별화함을 의미하는 토지등록 원칙은?

① 공신의 원칙 ② 등록의 원칙
③ 신청의 원칙 ④ 특정화의 원칙

해설

토지등록의 제 원칙

등록의 원칙 (登錄의 原則)	토지에 관한 모든 표시사항을 지적공부에 반드시 등록하여야 하며 토지의 이동이 이루어지려면 지적공부에 그 변동사항을 등록하여야 한다는 토지등록의 원칙으로 토지표시의 등록주의(登錄主義, book-ing principle)라고 할 수 있다. 적극적 등록제도(positive system)와 법지적(legal cadastre)을 채택하고 있는 나라에서 적용하고 있는 원리로서 토지의 모든 권리의 행사는 토지대장 또는 토지등록부에 등록하지 않고는 모든 법률상의 효력을 갖지 못하는 원칙으로 형식주의(principle of formality) 규정이라고 할 수 있다.
신청의 원칙 (申請의 原則)	토지의 등록은 토지소유자의 신청을 전제로 하되 신청이 없을 때는 직권으로 직접 조사하거나 측량하여 처리하도록 규정하고 있다.
특정화의 원칙 (特定化의 原則)	토지등록제도에 있어서 특정화의 원칙(principle of speciality)은 권리의 객체로서 모든 토지는 반드시 특정적이면서도 단순하며 명확한 방법에 의하여 인식될 수 있도록 개별화함을 의미하는데, 이 원칙이 실제적으로 지적과 등기와의 관련성을 성취시켜 주는 열쇠가 된다.
국정주의 및 직권주의 (國定主義 및 職權主義)	국정주의(principle of national decision)는 지적공부의 등록사항인 토지의 지번, 지목, 경계, 좌표, 면적의 결정은 국가의 공권력에 의하여 국가만이 결정할 수 있는 원칙이다. 직권주의는 모든 필지는 필지단위로 구획하여 국가기관인 소관청이 직권으로 조사·정리하여 지적공부에 등록 공시하여야 한다는 원칙이다.
공시의 원칙, 공개주의 (公示 原則, 公開主義)	토지 등록의 법적 지위에 있어서 토지이동이나 물권의 변동은 반드시 외부에 알려야 한다는 원칙을 공시의 원칙(principle of public notification) 또는 공개주의(principle of publicity)라고 한다. 토지에 관한 등록사항을 지적공부에 등록하여 일반인에게 공시하여 토지소유자는 물론 이해관계자 및 기타 누구나 이용할 수 있도록 하는 것이다.
공신의 원칙 (公信의 原則)	공신의 원칙(principle of public confidence)은 물권의 존재를 추측케 하는 표상, 즉 공시방법을 신뢰하여 거래한 자는 비록 그 공시방법이 진실한 권리관계에 일치하고 있지 않더라도 그 공시된 대로의 권리를 인정하여 이를 보호하여야 한다는 것이 공신의 원칙이다. 즉 공신의 원칙은 선의의 거래자를 보호하여 진실로 그러한 등기 내용과 같은 권리관계가 존재한 것처럼 법률효과를 인정하려는 법률법칙을 말한다.

67 지적불부합으로 인해 발생되는 사회적 측면의 영향이 아닌 것은?

① 토지분쟁의 빈발
② 토지거래질서의 문란
③ 주민의 권리행사 용이
④ 토지표시사항의 확인 곤란

해설

지적불부합 영향

사회적	행정적
• 토지분쟁의 증가 • 토지거래질서의 문란 • 국민권리 행사에 지장 • 권리실체 인정의 부실을 초래함	• 지적행정의 불신 초래 • 토지이동정리의 정지 • 부동산등기의 지장 초래 • 공공사업 수행의 지장 • 소송수행자의 지장

68 토지 1필지의 성립 요건이 될 수 없는 것은?

① 소유자가 같아야 한다.
② 지반이 연속되어 있어야 한다.
③ 지적도의 축척이 같아야 한다.
④ 경계가 되는 지물(地物)이 있어야 한다.

해설

1필지로 정할 수 있는 기준

토지의 등록단위인 1필지를 정하기 위하여는 다음의 기준에 적합하여야 한다.

지번부여 지역의 동일	1필지로 획정하고자 하는 토지는 지번부여지역(행정구역인 법정 동·리 또는 이에 준하는 지역)이 같아야 한다. 따라서 1필지의 토지에 동·리 및 이에 준하는 지역이 다른 경우 1필지로 획정할 수 없다.
토지 소유자 동일	1필지로 획정하고자 하는 토지는 소유자가 동일하여야 한다. 따라서 1필지로 획정하고자 하는 토지의 소유자가 각각 다른 경우에는 1필지로 획정할 수 없다. 또한 소유권 이외의 권리관계까지도 동일하여야 한다.
용도의 동일	1필지로 획정하고자 하는 토지는 지목이 동일하여야 한다. 따라서 1필지 내 토지의 일부가 주된 목적의 사용목적 또는 용도가 다른 경우에는 1필지로 획정할 수 없다. 다만, 주된 토지에 편입할 수 있는 토지의 경우에는 필지 내 토지의 일부가 지목이 다른 경우라도 주지목추정의 원칙에 의하여 1필지로 획정할 수 있다.
지반이 연속	1필지로 획정하고자 하는 토지는 지형·지물(도로, 구거, 하천, 계곡, 능선) 등에 의하여 지반이 끊기지 않고 지반이 연속되어야 한다. 즉 1필지로 하고자 하는 토지는 지반이 연속되지 않은 토지가 있을 경우 별필지로 획정하여야 한다.

69 다목적지적의 3대 구성요소가 아닌 것은?

① 기본도 ② 지적도
③ 측지기준망 ④ 토지이용도

해설

다목적지적의 5대구성요소

측지기본망 (Geodetic reference network)	토지의 경계선과 측지측량이나 그 밖의 토지 및 토지 관련 자료와 지형 간의 상관관계 형성. 지상에 영구적으로 표시되어 지적도상에 등록된 경계선을 현지에 복원할 수 있는 정확도를 유지할 수 있는 기준점 표지의 연결망을 말하는 데 서로 관련 있는 모든 지역의 기준점이 단일의 통합된 네트워크여야 한다.
기본도 (Base map)	측지기본망을 기초로 하여 작성된 도면으로서 지도작성에 기본적으로 필요한 정보를 일정한 축척의 도면 위에 등록한 것으로 변동사항과 자료를 수시로 정비하여 최신화시켜 사용될 수 있어야 한다.
지적중첩도 (Cadastral overlay)	측지기본망과 기본도와 연계하여 활용할 수 있고 토지소유권에 관한 현재 상태의 경계를 식별할 수 있도록 일필지 단위로 등록한 지적도, 시설물, 토지이용, 지역구도 등을 결합한 상태의 도면을 말한다.
필지식별번호 (Unique parcel identification number)	각 필지별 등록사항의 조직적인 저장과 수정을 용이하게 각 정보를 인식·선정·식별·조정하는 가변성이 없는 토지의 고유번호를 말하는데 지적도의 등록사항과 도면의 등록사항을 연결시켜 자료파일의 검색 등 색인번호의 역할을 한다. 이러한 필지식별번호는 토지평가, 토지의 과세, 토지의 거래, 토지이용계획 등에서 활용되고 있다.
토지자료파일 (Land data file)	토지에 대한 정보검색이나 다른 자료철에 있는 정보를 연결시키기 위한 목적으로 만들어진 각 필지의 식별번호를 포함한 일련의 공부 또는 토지자료철을 말하는데 과세대장, 건축물대장, 천연자원기록, 토지이용, 도로, 시설물대장 등 토지관련자료를 등록한 대장을 뜻한다.

70 다음 중 3차원 지적이 아닌 것은?

① 평면지적 ② 지표공간
③ 지중공간 ④ 입체지적

해설

등록방법

2차원 지적	• 토지의 고저에 관계 없이 수편면상의 투영만을 가상하여 각필지의 경계를 공시하는 제도 • 평면지적 • 토지의 경계, 지목 등 지표의 물리적 현황만을 등록하는 제도 • 점선을 지적공부도면에 폐쇄된 다각형의 형태로 등록관리한다.
3차원 지적	• 2차원지적에서 진일보한 지적제도로 선진국에서 활발하게 연구 중이다. • 지상과 지하에 설치한 시설물을 수치형태로 등록공시 • 입체지적 • 3차원 지적은 인력과 시간과 예산이 소요되는 단점 • 지상건축물과 지하의 상수도, 하수도, 전기, 전화선 등 공공시설물을 효율적으로 등록 관리할 수 있는 장점
4차원 지적	3차원지적에서 발전한 형태로 지표·지상·건축물·지하시설물 등을 효율적으로 등록공시하거나 관리 지원할 수 있고 이를 등록사항의 변경내용을 정확하게 유지 관리할 수 있는 다목적지적제도로 전산화한 시스템의 구축이 전제된다.

71 다음 중 지목을 체육용지로 할 수 없는 것은?

① 경마장 ② 경륜장
③ 스키장 ④ 승마장

해설

공원	일반 공중의 보건·휴양 및 정서생활에 이용하기 위한 시설을 갖춘 토지로서 「국토의 계획 및 이용에 관한 법률」에 따라 공원 또는 녹지로 결정·고시된 토지
체육용지	국민의 건강증진 등을 위한 체육활동에 적합한 시설과 형태를 갖춘 종합운동장·실내체육관·야구장·골프장·스키장·승마장·경륜장 등 체육시설의 토지와 이에 접속된 부속시설물의 부지. 다만, 체육시설로서의 영속성과 독립성이 미흡한 정구장·골프연습장·실내수영장 및 체육도장, 유수(流水)를 이용한 요트장 및 카누장, 산림 안의 야영장 등의 토지는 제외한다.
유원지	일반 공중의 위락·휴양 등에 적합한 시설물을 종합적으로 갖춘 수영장·유선장(遊船場)·낚시터·어린이놀이터·동물원·식물원·민속촌·경마장 등의 토지와 이에 접속된 부속시설물의 부지. 다만, 이들 시설과의 거리 등으로 보아 독립적인 것으로 인정되는 숙식시설 및 유기장(遊技場)의 부지와 하천·구거 또는 유지[공유(公有)인 것으로 한정한다]로 분류되는 것은 제외한다.

72 토지조사부의 설명으로 옳지 않은 것은?

① 토지소유권의 사정원부로 사용되었다.

② 토지조사부는 토지대장의 완성과 함께 그 기능을 발휘하였다.

③ 국유지와 민유지로 구분하여 정리하였고, 공유지는 이름을 연기하여 적요란에 표시하였다.

④ 동 · 리마다 지번 순에 따라 지번, 가지번, 지목, 신고연월일, 소유자의 주소 및 성명 등을 기재하였다.

해설

지적공(장)부

토지조사사업을 통하여 토지의 사정이나 확정의 재결에 의하여 확정된 토지에 대하여 토지조사부, 토지대장, 토지대장집계부, 지세명기장 등의 장부를 조제하였는데 이를 지적장부라 한다. 지적장부를 통하여 전국토의 파악과 실질적인 납세의무자를 결정하였다.

1. 토지조사부
   • 토지조사사업을 하면서 모든 토지소유자로 하여금 토지소유권을 신고하게 하여 토지사정원부로 사용되었다. (1911. 11.)
   • 토지조사부에 소유자로 등재되는 것을 사정(원시취득)이라 한다. 토지조사부를 사정부라고도 한다.
   • 1동리마다 지번순으로 지번, 가지번, 지목, 지적, 소유자 주소 및 성명, 신고 또는 통지 연월일, 분쟁과 기타 특수한 사고가 있는 경우 적요란에 그 내용 기재
   • 책의 말미에 지목별로 지적 및 필수를 집계하고 이를 다시 국유지와 민유지로 구분하여 합계를 냈다.
   • 소유자가 2인인 공유지는 이름을 연기라 하고, 3인 이상의 공유지에 대해서는 연명서를 작성하였다.
   • 토지조사부는 토지조사사업이 완료되어 토지대장을 작성으로 그 기능을 상실하였다.
   • 2004년 10월부터 일반인에게 공개하였다.
   • 보관기관은 국가기록원, 일부지역은 해당 시 · 군 · 구청에 보관되어 있다.

73 우리나라 현행 토지대장의 특성으로 옳지 않은 것은?

① 전산파일로도 등록 · 처리한다.

② 물권객체의 공시기능을 갖는다.

③ 물적편성주의를 채택하고 있다.

④ 등록내용은 법률적 효력을 갖지는 않는다.

해설

문제 64번 해설 참고

74 토지조사사업 당시 면적이 10평 이하인 협소한 토지이 면적 측정 방법으로 옳은 것은?

① 삼사법　　② 계적기법

③ 푸라니미터법　　④ 전자면적측정기법

해설

토지조사사업 당시 면적이 10평 이하인 협소한 토지의 면적 측정 방법은 주로 삼사법을 사용하였다.

75 토지의 성질, 즉 지질이나 토질에 따라 지목을 분류하는 것은?

① 단식 지목　　② 용도 지목

③ 지형 지목　　④ 토성 지목

해설

지목의 분류

토지현황	지형지목	지표면의 형태, 토지의 고저, 수륙의 분포상태 등 땅이 생긴 모양에 따라 지목을 결정하는 것을 지형지목이라 한다. 지형은 주로 그 형성과정에 따라 하식지(河蝕地), 빙하기, 해안지, 분지, 습곡지, 화산지 등으로 구분한다.
	토성지목	토지의 성질(토성, 토질)인 지층이나 암석 또는 토양의 종류 등에 따라 결정한 지목을 토성지목이라고 한다. 토성은 암석지, 조사지(租沙地), 점토(粘土地), 사토지(砂土地), 양토(壤土地), 식토지(植土地) 등으로 구분한다.
	용도지목	토지의 용도에 따라 결정하는 지목을 용도지목이라고 한다. 우리나라에서 채택하고 있으며 지형 및 토양 등과 관계없이 토지의 현실적 용도를 주로 하기 때문에 일상생활과 가장 밀접한 관계를 맺게 된다.

76 토지를 등록하는 지적공부의 체계의 토지대장 등록지와 임야대장 등록지를 하게 된 직접적인 원인은?

① 등록정보 구분　　② 조사사업의 상이

③ 토지과세 구분　　④ 토지이용도 구분

정답 72 ② 73 ④ 74 ① 75 ④ 76 ②

해설

1. 토지조사사업

   대한제국 정부는 당시의 문란하였던 토지제도를 바로잡자는 취지에서 1898년~1903년 사이에 123개 지역의 토지조사사업을 실시하였고 1910년 토지조사국 관제와 토지조사법을 제정·공포하여 토지조사 및 측량에 착수하였으나 한일합방으로 일제는 1910년 10월 조선총독부 산하에 임시토지조사국을 설치하여 본격적인 토지조사사업을 전담토록 하였으며, 1912년 8월 13일 제령 제2호로 토지조사령(土地調査令)과 토지조사령 시행규칙(土地調査令施行規則 : 조선총독부령 제6호)을 제정 공포하고 전국에 토지조사사업을 위한 측량을 실시하고 1914년 3월6일 제령 제1호로 지세령(地稅令), 1914년 4월25일 조선총독부령 제45호 토지대장규칙(土地臺帳規則) 및 1915년 1월15일 조선총독부령 제1호 토지측량표규칙(土地測量標規則)에 의하여 그 성과인 토지대장과 지적도를 작성함으로써 근대적인 지적제도가 창설되었다.

2. 임야조사사업

   임야조사사업은 토지조사사업에서 제외된 임야와 임야 및 기 임야에 介在되어 있는 임야 이외의 토지를 조사 대상으로 하였으며, 사업목적으로는 첫째, 국민생활 및 일반경제 거래상 부동산 표시에 필요한 지번의 창설 둘째, 임야의 위치 및 형상을 도면에 묘화하여 경계의 명확화 셋째, 임야의 귀속 및 판명의 결여로 임정의 진흥 저해와 산야의 황폐, 각종 분규 등의 해결을 위한 소유권의 법적 확정 넷째, 토지조사와 함께 전국토에 대한 지적제도 확립 다섯째, 각종 임야 정책의 기초자료 제공 등이다. 한편, 조사 및 측량기관은 부(府)나 면(面)이 되고 사정(査定) 기관은 도지사가 되며 도지사의 산하에 임야심사위원회를 두어 분쟁지에 대한 재결 사무를 관장하게 하였다.

77 물권 설정 측면에서 지적의 3요소로 볼 수 없는 것은?

① 공부   ② 국가

③ 등록   ④ 토지

해설

지적의 구성요소

협의	토지	지적제도는 토지를 대상으로 성립하며 토지 없이는 등록행위가 이루어질 수 없어 지적제도 성립이 될 수 없다. 지적에서 말하는 토지란 행정적 또는 사법적 목적에 의해 인위적으로 구획된 토지의 단위구역으로서 법적으로는 등록의 객체가 되는 일필지를 의미한다.
	등록	국가통치권이 미치는 모든 영토를 필지단위로 구획하여 시장, 군수, 구청이 강제적으로 등록을 하여야 한다는 이념
	지적공부	토지를 구획하여 일정한 사항을 기록한 장부
광의	소유자	토지를 소유할 수 있는 권리의 주체
	권리	토지를 소유할 수 있는 법적 권리
	필지	법적으로 물권이 미치는 권리의 객체

78 정전제(井田制)를 주장한 학자가 아닌 것은?

① 한백겸(韓百謙)   ② 서명응(徐命膺)

③ 이기(李沂)   ④ 세키야(關野貞)

해설

구분	정약용 (丁若鏞)	서유구 (徐有榘)	이기 (李沂)	유길준 (俞吉濬)
양전 방안	결부제 폐지 후 경무법으로 개혁, 양전법안 개정		수등이척제에 대한 개선책으로 망척제를 주장	전 국토를 리 단위로 하는 한전통제(田統制)를 주장
특징	• 어린도 작성 • 정전제 강조 • 전을 정방향으로 구분 • 휴도 : 방량법의 일환으로 어린도의 가장 최소단위로 작성된 지적도	• 어린도 작성 • 구고삼각법에 의한 양전수법십오제를 마련	• 도면의 필요성을 강조 • 정방형의 눈들을 가진 그물눈금을 사용하여 면적 산출(망척제)	• 양전 후 지권을 발행 • 리 단위의 지적도 작성(전통도)
저서	목민심서	의상경계책	해학유서	서유견문

79 토지조사사업 당시 토지의 사정권자로 옳은 것은?

① 도지사   ② 토지조사국

③ 임시토지조사국장   ④ 고등토지조사위원회

정답 77 ② · 78 ③ · 79 ③

해설

구분	토지조사사업	임야조사사업
근거법령	토지조사령 (1912.8.13. 제령 제2호)	조선임야조사령 (1918.5.1. 제령제5호)
조사기간	1910~1918 (8년 10개월)	1916~1924(9개년)
측량기관	임시토지조사국	부(府)와 면(面)
사정기관	임시토지조사국장	도지사
재결기관	고등토지조사위원회	임야심사위원회
조사내용	토지소유권 토지가격 지형·지모	토지소유권 토지가격 지형·지모
조사대상	전국에 걸친 평야부 토지 낙산 임야	토지조사에서 제외된 토지 산림 내 개재지(토지)
도면축척	1/600, 1/1, 200, 1/2, 400	1/3,000, 1/6,000

80 지적공부를 복구할 수 있는 자료가 되지 못하는 것은?

① 지적공부의 등본
② 부동산등기부 등본
③ 법원의 확정판결서 정본
④ 지적공부등록현황 집계표

해설

공간정보 구축 및 관리에 관한 법률 시행규칙 제72조(지적공부의 복구자료)
지적공부의 복구에 관한 관계 자료(이하 "복구자료"라 한다)는 다음 각 호와 같다.
1. 지적공부의 등본
2. 측량 결과도
3. 토지이동정리 결의서
4. 부동산등기부 등본 등 등기사실을 증명하는 서류
5. 지적소관청이 작성하거나 발행한 지적공부의 등록내용을 증명하는 서류
6. 법 제69조 제3항에 따라 복제된 지적공부
7. 법원의 확정판결서 정본 또는 사본

Subject 05 지적관계법규

81 지적업무처리규정상 지적측량성과검사 시 세부 측량의 검사항목으로 옳지 않은 것은?

① 면적측량의 정확 여부
② 관측각 및 거리측정의 정확 여부
③ 기지점과 지상경계와의 부합 여부
④ 측량준비도 및 측량결과도 작성의 적정 여부

해설

지적업무 처리규정 제26조(지적측량성과의 검사항목)
「지적측량 시행규칙」 제28조 제2항에 따른 지적측량성과검사를 할 때에는 다음 각 호의 사항을 검사하여야 한다.
1. 기초측량
   가. 기지점 사용의 적정 여부
   나. 지적기준점설치망 구성의 적정 여부
   다. 관측각 및 거리측정의 정확 여부
   라. 계산의 정확 여부
   마. 지적기준점 선점 및 표지설치의 정확 여부
   바. 지적기준점성과와 기지경계선과의 부합 여부
2. 세부측량
   가. 기지점사용의 적정 여부
   나. 측량준비도 및 측량결과도 작성의 적정 여부
   다. 기지점과 지상경계와의 부합 여부
   라. 경계점 간 계산거리(도상거리)와 실측거리의 부합 여부
   마. 면적측정의 정확 여부
   바. 관계법령의 분할제한 등의 저촉 여부. 다만, 제20조 제3항은 제외한다.

82 다음 중 토지의 이동에 해당하는 것은?

① 신규등록
② 소유권 변경
③ 토지 등급 변경
④ 수확량 등급 변경

해설

공간정보의 구축 및 관리 등에 관한 법률 제2조(정의)
이 법에서 사용하는 용어의 뜻은 다음과 같다.
28. "토지의 이동(異動)"이란 토지의 표시를 새로 정하거나 변경 또는 말소하는 것을 말한다.

정답 80 ④ 81 ② 82 ①

83 도해지적에서 동일한 경계가 축척이 다른 도면에 각각 등록되어 있을 경우 경계의 최우선순위는?

① 평균하여 사용한다.
② 대축척 경계에 따른다.
③ 소관청이 임의로 결정한다.
④ 토지소유자 의견에 따른다.

해설

경계 결정 원칙

경계국정주의 원칙	지적공부에 등록하는 경계는 국가가 조사·측량하여 결정한다는 원칙
경계불가분의 원칙	경계는 유일무이한 것으로 이를 분리할 수 없다는 원칙
등록선후의 원칙	동일한 경계가 축척이 서로 다른 도면에 각각 등록되어 있는 경우로서 경계가 상호 일치하지 않는 경우에는 경계에 잘못이 있는 경우를 제외하고 등록시기가 빠른 토지의 경계를 따른다는 원칙
축척종대의 원칙	동일한 경계가 축척이 서로 다른 도면에 각각 등록되어 있는 경우로서 경계가 상호 일치하지 않는 경우에는 경계에 잘못이 있는 경우를 제외하고 축척이 큰 것에 등록된 경계를 따른다는 원칙
경계직선주의	지적공부에 등록하는 경계는 직선으로 한다는 원칙

84 공간정보의 구축 및 관리 등에 관한 법령상 축척변경 승인신청 시 첨부하여야 하는 서류로 옳지 않은 것은?

① 지번등 명세
② 축척변경의 사유
③ 토지소유자의 동의서
④ 토지수용위원회의 의결서

해설

공간정보의 구축 및 관리 등에 관한 법률 시행령 제70조(축척변경 승인신청)

① 지적소관청은 법 제83조 제2항에 따라 축척변경을 할 때에는 축척변경 사유를 적은 승인신청서에 다음 각 호의 서류를 첨부하여 시·도지사 또는 대도시 시장에게 제출하여야 한다. 이 경우 시·도지사 또는 대도시 시장은 「전자정부법」 제36조 제1항에 따른 행정정보의 공동이용을 통하여 축척변경 대상지역의 지적도를 확인하여야 한다.

1. 축척변경의 사유
2. 삭제 〈2010.11.2.〉
3. 지번등 명세
4. 법 제83조 제3항에 따른 토지소유자의 동의서
5. 법 제83조 제1항에 따른 축척변경위원회(이하 "축척변경위원회"라 한다)의 의결서 사본
6. 그 밖에 축척변경 승인을 위하여 시·도지사 또는 대도시 시장이 필요하다고 인정하는 서류

② 제1항에 따른 신청을 받은 시·도지사 또는 대도시 시장은 축척변경 사유 등을 심사한 후 그 승인 여부를 지적소관청에 통지하여야 한다.

85 지적공부를 복구하려는 경우에는 복구하려는 토지의 표시 등을 시·군·구 게시판 및 인터넷 홈페이지에 며칠 이상 게시하여야 하는가?

① 15일 이상
② 20일 이상
③ 25일 이상
④ 30일 이상

해설

공간정보의 구축 및 관리 등에 관한 법률 시행규칙 제73조(지적공부의 복구절차 등)

① 지적소관청은 법 제74조 및 영 제61조 제1항에 따라 지적공부를 복구하려는 경우에는 제72조 각 호의 복구자료를 조사하여야 한다.

② 지적소관청은 제1항에 따라 조사된 복구자료 중 토지대장·임야대장 및 공유지연명부의 등록 내용을 증명하는 서류 등에 따라 별지 제70호서식의 지적복구자료 조사서를 작성하고, 지적도면의 등록 내용을 증명하는 서류 등에 따라 복구자료도를 작성하여야 한다.

③ 제2항에 따라 작성된 복구자료도에 따라 측정한 면적과 지적복구자료 조사서의 조사된 면적의 증감이 영 제19조 제1항 제2호 가목의 계산식에 따른 허용범위를 초과하거나 복구자료도를 작성할 복구자료가 없는 경우에는 복구측량을 하여야 한다. 이 경우 같은 계산식 중 A는 오차허용면적, M은 축척분모, F는 조사된 면적을 말한다.

④ 제2항에 따라 작성된 지적복구자료 조사서의 조사된 면적이 영 제19조 제1항 제2호 가목의 계산식에 따른 허용범위 이내인 경우에는 그 면적을 복구면적으로 결정하여야 한다.

⑤ 제3항에 따라 복구측량을 한 결과가 복구자료와 부합하지 아니하는 때에는 토지소유자 및 이해관계인의 동의를 받어 경계 또는 면적 등을 조정할 수 있다. 이 경우 경계를 조정한 때에는 제60조 제2항에 따른 경계점표지를 설치하여야 한다.

⑥ 지적소관청은 제1항부터 제5항까지의 규정에 따른 복구 자료의 조사 또는 복구측량 등이 완료되어 지적공부를 복구하려는 경우에는 복구하려는 토지의 표시 등을 시·군·구 게시판 및 인터넷 홈페이지에 15일 이상 게시하여야 한다.

86 공간정보의 구축 및 관리 등에 관한 법령상 지적소관청이 해당 토지소유자에게 지적정리 등의 통지를 하여야 하는 경우가 아닌 것은?

① 지적소관청이 지적공부를 복구하는 경우
② 지적소관청이 측량성과를 검사하는 경우
③ 지적소관청이 지번부여지역의 전부 또는 일부에 대하여 지번을 새로 부여한 경우
④ 지적소관청이 직권으로 조사·측량하여 지적공부의 등록사항을 결정하는 경우

해설

공간정보의 구축 및 관리 등에 관한 법률 제90조(지적정리 등의 통지)
제64조 제2항 단서, 제66조 제2항, 제74조, 제82조 제2항, 제84조 제2항, 제85조 제2항, 제86조 제2항, 제87조 또는 제89조에 따라 지적소관청이 지적공부에 등록하거나 지적공부를 복구 또는 말소하거나 등기촉탁을 하였으면 대통령령으로 정하는 바에 따라 해당 토지소유자에게 통지하여야 한다. 다만, 통지받을 자의 주소나 거소를 알 수 없는 경우에는 국토교통부령으로 정하는 바에 따라 일간신문, 해당 시·군·구의 공보 또는 인터넷 홈페이지에 공고하여야 한다.

제64조(토지의 조사·등록 등)
제2항 단서, ② 지적공부에 등록하는 지번·지목·면적·경계 또는 좌표는 토지의 이동이 있을 때 토지소유자(법인이 아닌 사단이나 재단의 경우에는 그 대표자나 관리인을 말한다. 이하 같다)의 신청을 받아 지적소관청이 결정한다. 다만, 신청이 없으면 지적소관청이 직권으로 조사·측량하여 결정할 수 있다.

제66조(지번의 부여 등)
제2항, ② 지적소관청은 지적공부에 등록된 지번을 변경할 필요가 있다고 인정하면 시·도지사나 대도시 시장의 승인을 받아 지번부여지역 의 전부 또는 일부에 대하여 지번을 새로 부여할 수 있다.

제74조(지적공부의 복구)
지적소관청(제69조 제2항에 따른 지적공부의 경우에는 시·도지사, 시장·군수 또는 구청장)은 지적공부의 전부 또는 일

부가 멸실되거나 훼손된 경우에는 대통령령으로 정하는 바에 따라 지체 없이 이를 복구하여야 한다.

제82조(바다로 된 토지의 등록말소 신청)
제2항, ② 지적소관청은 제1항에 따른 토지소유자가 통지를 받은 날부터 90일 이내에 등록말소 신청을 하지 아니하면 대통령령으로 정하는 바에 따라 등록을 말소한다.

제84조(등록사항의 정정)
제2항, ② 지적소관청은 지적공부의 등록사항에 잘못이 있음을 발견하면 대통령령으로 정하는 바에 따라 직권으로 조사·측량하여 정정할 수 있다.

제85조(행정구역의 명칭변경 등)
제2항, ② 지번부여지역의 일부가 행정구역의 개편으로 다른 지번부여지역에 속하게 되었으면 지적소관청은 새로 속하게 된 지번부여지역의 지번을 부여하여야 한다.

제86조(도시개발사업 등 시행지역의 토지이동 신청에 관한 특례)
제2항, ② 제1항에 따른 사업과 관련하여 토지의 이동이 필요한 경우에는 해당 사업의 시행자가 지적소관청에 토지의 이동을 신청하여야 한다.

제87조(신청의 대위)
다음 각 호의 어느 하나에 해당하는 자는 이 법에 따라 토지소유자가 하여야 하는 신청을 대신할 수 있다. 다만, 제84조에 따른 등록사항 정정 대상토지는 제외한다. 〈개정 2014.6.3.〉
1. 공공사업 등에 따라 학교용지·도로·철도용지·제방·하천·구거·유지·수도용지 등의 지목으로 되는 토지인 경우 : 해당 사업의 시행자
2. 국가나 지방자치단체가 취득하는 토지인 경우 : 해당 토지를 관리하는 행정기관의 장 또는 지방자치단체의 장
3. 「주택법」에 따른 공동주택의 부지인 경우 : 「집합건물의 소유 및 관리에 관한 법률」에 따른 관리인(관리인이 없는 경우에는 공유자가 선임한 대표자) 또는 해당 사업의 시행자
4. 「민법」 제404조에 따른 채권자

제89조(등기촉탁)
① 지적소관청은 제64조 제2항(신규등록은 제외한다), 제66조 제2항, 제82조, 제83조 제2항, 제84조 제2항 또는 제85조 제2항에 따른 사유로 토지의 표시 변경에 관한 등기를 할 필요가 있는 경우에는 지체 없이 관할 등기관서에 그 등기를 촉탁하여야 한다. 이 경우 등기촉탁은 국가가 국가를 위하여 하는 등기로 본다.
② 제1항에 따른 등기촉탁에 필요한 사항은 국토교통부령으로 정한다.

87 지적도에 등록된 경계점의 정밀도를 높이기 위하여 실시하는 것은?

① 경계복원　　　② 등록전환
③ 신규등록　　　④ 축척변경

⊙ 해설

공간정보의 구축 및 관리 등에 관한 법률 제2조(정의)
이 법에서 사용하는 용어의 뜻은 다음과 같다.
34. "축척변경"이란 지적도에 등록된 경계점의 정밀도를 높이기 위하여 작은 축척을 큰 축척으로 변경하여 등록하는 것을 말한다.

88 토지소유자가 신규등록을 신청할 때에 신규등록 사유를 적는 신청서에 첨부하여야 하는 서류에 해당하지 않는 것은?

① 사업인가서와 지번별 조서
② 법원의 확정판결서 정본 또는 사본
③ 소유권을 증명할 수 있는 서류의 사본
④ 공유수면 관리 및 매립에 관한 법률에 따른 준공검사 확인증 사본

⊙ 해설

공간정보의 구축 및 관리 등에 관한 법률 시행규칙 제81조(신규등록 신청)
① 영 제63조에서 "국토교통부령으로 정하는 서류"란 다음 각 호의 어느 하나에 해당하는 서류를 말한다. 〈개정 2010.10.15., 2013.3.23.〉
1. 법원의 확정판결서 정본 또는 사본
2. 「공유수면 관리 및 매립에 관한 법률」에 따른 준공검사 확인증 사본
3. 법률 제6389호 지적법개정법률 부칙 제5조에 따라 도시계획구역의 토지를 그 지방자치단체의 명의로 등록하는 때에는 기획재정부장관과 협의한 문서의 사본
4. 그 밖에 소유권을 증명할 수 있는 서류의 사본
② 제1항 각 호의 어느 하나에 해당하는 서류를 해당 지적소관청이 관리하는 경우에는 지적소관청의 확인으로 그 서류의 제출을 갈음할 수 있다.

89 지적공부(대장)에 등록하는 면적단위는?

① 평 또는 보　　　② 홉 또는 무
③ 제곱미터　　　④ 평 또는 무

⊙ 해설

공간정보의 구축 및 관리 등에 관한 법률 제68조(면적의 단위 등)
① 면적의 단위는 제곱미터로 한다.
② 면적의 결정방법 등에 필요한 사항은 대통령령으로 정한다.

90 지적측량 시행규칙상 경계점좌표등록부에 등록된 지역에서의 필지별 면적측정 방법으로 옳은 것은?

① 도상삼사계산법　　　② 좌표면적계산법
③ 플라니미터기법　　　④ 전자면적측정기법

⊙ 해설

지적측량 시행규칙 제20조(면적측정의 방법 등)
① 좌표면적계산법에 따른 면적측정은 다음 각 호의 기준에 따른다.
1. 경위의측량방법으로 세부측량을 한 지역의 필지별 면적측정은 경계점 좌표에 따를 것
2. 산출면적은 1천분의 1제곱미터까지 계산하여 10분의 1제곱미터 단위로 정할 것
② 전자면적측정기에 따른 면적측정은 다음 각 호의 기준에 따른다.
1. 도상에서 2회 측정하여 그 교차가 다음 계산식에 따른 허용면적 이하일 때에는 그 평균치를 측정면적으로 할 것
$$A = 0.023^2 M\sqrt{F}$$
(A는 허용면적, M은 축척분모, F는 2회 측정한 면적의 합계를 2로 나눈 수)
2. 측정면적은 1천분의 1제곱미터까지 계산하여 10분의 1제곱미터 단위로 정할 것

91 공간정보의 구축 및 관리 등에 관한 법령상 지번부여 방법에 대한 설명으로 옳지 않은 것은?

① 지번은 북서에서 남동으로 순차적으로 부여한다.
② 신규등록 및 등록전환의 경우에는 그 지번 부여지역에서 인접토지의 본번에 부번을 붙여서 지번을 부여한다.

③ 분할의 경우에는 분할 후의 필지 중 1필지의 지번은 분할 전의 지번으로 하고, 나머지 필지의 지번은 본번의 최종 부번 다음 순번으로 부번을 부여한다.

④ 합병의 경우에는 합병 대상 지번 중 후순위 지번을 그 지번으로 하되, 본번으로 된 지번이 있는 때에는 본번 중 후순위이 지번을 합병 후의 지번으로 한다.

해설

공간정보의 구축 및 관리 등에 관한 법률 시행령 제56조(지번의 구성 및 부여방법 등)

① 지번(地番)은 아라비아숫자로 표기하되, 임야대장 및 임야도에 등록하는 토지의 지번은 숫자 앞에 "산"자를 붙인다.

② 지번은 본번(本番)과 부번(副番)으로 구성하되, 본번과 부번 사이에 "−" 표시로 연결한다. 이 경우 "−" 표시는 "의"라고 읽는다.

③ 법 제66조에 따른 지번의 부여방법은 다음 각 호와 같다. 〈개정 2014.1.17.〉

1. 지번은 북서에서 남동으로 순차적으로 부여할 것
2. 신규등록 및 등록전환의 경우에는 그 지번부여지역에서 인접토지의 본번에 부번을 붙여서 지번을 부여할 것. 다만, 다음 각 목의 어느 하나에 해당하는 경우에는 그 지번부여지역의 최종 본번의 다음 순번부터 본번으로 하여 순차적으로 지번을 부여할 수 있다.
   가. 대상토지가 그 지번부여지역의 최종 지번의 토지에 인접하여 있는 경우
   나. 대상토지가 이미 등록된 토지와 멀리 떨어져 있어서 등록된 토지의 본번에 부번을 부여하는 것이 불합리한 경우
   다. 대상토지가 여러 필지로 되어 있는 경우
3. 분할의 경우에는 분할 후의 필지 중 1필지의 지번은 분할 전의 지번으로 하고, 나머지 필지의 지번은 본번의 최종 부번 다음 순번으로 부번을 부여할 것. 이 경우 주거·사무실 등의 건축물이 있는 필지에 대해서는 분할 전의 지번을 우선하여 부여하여야 한다.
4. 합병의 경우에는 합병 대상 지번 중 선순위의 지번을 그 지번으로 하되, 본번으로 된 지번이 있을 때에는 본번 중 선순위의 지번을 합병 후의 지번으로 할 것. 이 경우 토지소유자가 합병 전의 필지에 주거·사무실 등의 건축물이 있어서 그 건축물이 위치한 지번을 합병 후의 지번으로 신청할 때에는 그 지번을 합병 후의 지번으로 부여하여야 한다.

---

92 지적재조사에 관한 특별법령상 지적재조사사업을 위한 지적측량을 고의로 진실에 반하게 측량하거나 지적재조사사업 성과를 거짓으로 등록한 자에게 처하는 벌칙으로 옳은 것은?

① 300만 원 이하의 벌금
② 500만 원 이하의 벌금
③ 1년 이하의 징역 또는 1천만 원 이하의 벌금
④ 2년 이하의 징역 또는 2천만 원 이하의 벌금

해설

벌칙

3년 이하의 징역 또는 3천만 원 이하의 벌금	측량업자나 수로사업자로서 속임수, 위력(威力), 그 밖의 방법으로 측량업 또는 수로사업과 관련된 입찰의 공정성을 해친 자는 3년 이하의 징역 또는 3천만원 이하의 벌금에 처한다.
2년 이하의 징역 또는 2천만 원 이하의 벌금	1. 측량기준점표지를 이전 또는 파손하거나 그 효용을 해치는 행위를 한 자 2. 고의로 측량성과 또는 수로조사성과를 사실과 다르게 한 자 3. 측량성과를 국외로 반출한 자 4. 측량업의 등록을 하지 아니하거나 거짓이나 그 밖의 부정한 방법으로 측량업의 등록을 하고 측량업을 한 자 5. 수로사업의 등록을 하지 아니하거나 거짓이나 그 밖의 부정한 방법으로 수로사업의 등록을 하고 수로사업을 한 자 6. 성능검사를 부정하게 한 성능검사대행자 7. 성능검사대행자의 등록을 하지 아니하거나 거짓이나 그 밖의 부정한 방법으로 성능검사대행자의 등록을 하고 성능검사업무를 한 자
1년 이하의 징역 또는 1천만 원 이하의 벌금	1. 무단으로 측량성과 또는 측량기록을 복제한 자 2. 심사를 받지 아니하고 지도등을 간행하여 판매하거나 배포한 자 3. 해양수산부장관의 승인을 받지 아니하고 수로도서지를 복제하거나 이를 변형하여 수로도서지와 비슷한 제작물을 발행한 자 4. 측량기술자가 아님에도 불구하고 측량을 한 자 5. 업무상 알게 된 비밀을 누설한 측량기술자 또는 수로기술자 6. 둘 이상의 측량업자에게 소속된 측량기술자 또는 수로기술자 7. 다른 사람에게 측량업등록증 또는 측량업등록수첩을 빌려주거나 자기의 성명 또는 상호를 사용하여 측량업무를 하게 한 자

	8. 다른 사람의 측량업등록증 또는 측량업등록수첩을 빌려서 사용하거나 다른 사람의 성명 또는 상호를 사용하여 측량업무를 한 자
	9. 지적측량수수료 외의 대가를 받은 지적측량기술자
1년 이하의 징역 또는 1천만 원 이하의 벌금	10. 거짓으로 다음 각 목의 신청을 한 자 가. 신규등록 신청 나. 등록전환 신청 다. 분할 신청 라. 합병 신청 마. 지목변경 신청 바. 바다로 된 토지의 등록말소 신청 사. 축척변경 신청 아. 등록사항의 정정 신청 자. 도시개발사업 등 시행지역의 토지이동 신청
	11. 다른 사람에게 자기의 성능검사대행자 등록증을 빌려 주거나 자기의 성명 또는 상호를 사용하여 성능검사대행업무를 수행하게 한 자
	12. 다른 사람의 성능검사대행자 등록증을 빌려서 사용하거나 다른 사람의 성명 또는 상호를 사용하여 성능검사대행업무를 수행한 자

93 다음 내용 중 ⊙, ⓛ에 들어갈 말로 모두 옳은 것은?

경계점좌표등록부를 갖춰 두는 지역에 있는 각 필지의 경계점을 측정할 때, 각 필지의 경계점 측점번호는 (⊙)부터 (ⓛ)으로 경계를 따라 일련번호를 부여한다.

① ⊙ : 오른쪽 위에서   ⓛ : 왼쪽

② ⊙ : 오른쪽 아래에서   ⓛ : 왼쪽

③ ⊙ : 왼쪽 위에서   ⓛ : 오른쪽

④ ⊙ : 왼쪽 아래에서   ⓛ : 오른쪽

해설

지적측량 시행규칙 제23조(경계점좌표등록부를 갖춰 두는 지역의 측량)

① 경계점좌표등록부를 갖춰 두는 지역에 있는 각 필지의 경계점을 측정할 때에는 도선법·방사법 또는 교회법에 따라 좌표를 산출하여야 한다. 다만, 필지의 경계점이 지형·지물에 가로막혀 경위의를 사용할 수 없는 경우에는 간접적인 방법으로 경계점의 좌표를 산출할 수 있다.

② 제1항에 따른 각 필지의 경계점 측점번호는 왼쪽 위에서부터 오른쪽으로 경계를 따라 일련번호를 부여한다.

③ 기존의 경계점좌표등록부를 갖춰 두는 지역의 경계점에 접속하여 경위의측량방법 등으로 지적확정측량을 하는 경우 동일한 경계점의 측량성과가 서로 다를 때에는 경계점좌표등록부에 등록된 좌표를 그 경계점의 좌표로 본다. 이 경우 동일한 경계점의 측량성과의 차이는 제27조 제1항 제4호가목의 허용범위 이내여야 한다.

94 지적업무처리규정상 지적측량수행자가 지적측량 정보를 처리할 수 있는 시스템에 측량준비파일을 등록하여 자료를 조사하여야 하는 사항이 아닌 것은?

① 측량연혁   ② 토지의 지목

③ 경계 및 면적   ④ 지적기준점 성과

해설

지적업무처리규정 제19조(지적측량 자료조사)

① 지적측량수행자가 세부측량을 하고자 하는 때에는 별지 제5호 서식의 지적측량자료부를 작성·비치하여야 한다. 다만, 측량성과결정에 지장이 없다고 판단되는 경우에는 그러하지 아니하다.

② 지적측량수행자는 지적측량정보를 처리할 수 있는 시스템에 측량준비파일을 등록하여 다음 각 호의 사항에 대한 자료를 조사하여야 한다.
  1. 경계 및 면적
  2. 지적측량성과의 결정방법
  3. 측량연혁
  4. 지적기준점 성과
  5. 그 밖에 필요한 사항

③ 지적측량자료부를 작성할 경우에는 측량 전에 토지이동측량결과도, 경계복원측량결과도 및 지적공부 등에 따라 측량대상토지의 토지표시 변동사항, 지적측량연혁, 측량성과결정에 사용한 기지점, 측량대상토지 주위의 기지점 및 지적기준점 유무 등을 조사하여 측량 시에 활용하여야 한다.

④ 지적소관청은 지적측량수행자가 지적측량 자료조사를 위하여 지적공부, 지적측량성과(지적측량을 실시하여 작성한 측량부, 측량결과도, 면적측정부 및 측량성과파일에 등재된 측량결과를 말한다) 및 관계자료 등을 항상 조사할 수 있도록 협조하여야 한다.

⑤ 지적소관청은 지적측량 민원처리 등에 필요한 경우에는 지적측량수행자에게 경계복원·지적현황측량결과도 등 관련 자료의 제출을 요구할 수 있다.

95 공간정보의 구축 및 관리 등에 관한 법령상 지적측량수행자의 성실의무에 관한 설명으로 옳지 않은 것은?

① 정당한 사유 없이 지적측량 신청을 거부하여서는 아니 된다.
② 배우자 이외에 직계 존속·비속이 소유한 토지에 대한 지적측량을 할 수 있다.
③ 지적측량 수수료 외에는 어떠한 명목으로도 그 업무와 관련된 대가를 받으면 아니 된다.
④ 지적측량 수행자는 신의와 성실로 공정하게 지적측량을 하여야 한다.

● 해설

공간정보의 구축 및 관리 등에 관한 법률 제50조(지적측량 수행자의 성실의무 등)
① 지적측량 수행자(소속 지적기술자를 포함한다. 이하 이 조에서 같다)는 신의와 성실로써 공정하게 지적측량을 하여야 하며, 정당한 사유 없이 지적측량 신청을 거부하여서는 아니 된다.
② 지적측량수행자는 본인, 배우자 또는 직계 존속·비속이 소유한 토지에 대한 지적측량을 하여서는 아니 된다.
③ 지적측량수행자는 제106조 제2항에 따른 지적측량수수료 외에는 어떠한 명목으로도 그 업무와 관련된 대가를 받으면 아니 된다.

96 공유수면매립지를 신규 등록하는 경우에 신규 등록의 효력이 발생하는 시기로서 타당한 것은?

① 매립준공인가시
② 부동산보존등기한 때
③ 지적공부에 등록한 때
④ 측량성과도의 교부한 때

● 해설

문제 64번 해설 참고

97 측량준비파일 작성 시 붉은색으로 정리하여야 할 사항이 아닌 것은?(단, 따로 규정을 둔 사항은 고려하지 않는다.)

① 경계선
② 도곽선
③ 도곽선 수치
④ 지적기준점 간 거리

● 해설

지적업무처리규정 제18조(측량준비파일의 작성)
① 평판측량방법 또는 전자평판측량방법으로 세부측량을 하고자 할 때에는 측량준비파일을 작성하여야 하며, 부득이한 경우 측량준비도면을 연필로 작성할 수 있다.
② 측량준비파일을 작성하고자 하는 때에는 「지적측량 시행규칙」 제17조 제1항 제1호, 제4호 및 제5호 중 지적기준점 및 그 번호와 좌표는 검은색으로, 「지적측량 시행규칙」 제17조 제1항 제6호, 제7호 및 제5호 중 도곽선 및 그 수치와 지적기준점 간 거리는 붉은색으로, 그 외는 검은색으로 작성한다.
③ 측량대상토지가 도곽에 접합되어 벌어지거나 겹쳐지는 경우와 필지의 경계가 행정구역선에 접하게 되는 경우에는 다른 행정구역선(동·리 경계선)과 벌어지거나 겹치지 아니하도록 측량준비파일을 작성하여야 한다.
④ 지적측량수행자는 측량 전에 측량준비파일 작성의 적정 여부 등을 확인하여 필요한 조치를 하여야 한다.
⑤ 지적측량수행자가 도시·군관리계획선을 측량하기 위해 측량준비파일을 요청한 경우에는 지적소관청은 측량준비파일에 도시·군관리계획선을 포함하여 제공하여야 하며, 지적수행자는 도시·군관리계획선을 측량준비파일에 포함하여 작성한 후 시·군·구 도시계획부서 담당자의 서명 또는 확인을 받아야 한다.
⑥ 경위의측량방법으로 세부측량을 하고자 할 경우 측량준비파일의 작성에 관련된 사항은 제1항부터 제5항까지의 규정을 준용한다. 이 경우 지적기준점 간 거리 및 방위각은 붉은색으로 작성한다.

지적측량 시행규칙 제17조(측량준비 파일의 작성)
① 제18조 제1항에 따라 평판측량방법으로 세부측량을 할 때에는 지적도, 임야도에 따라 다음 각 호의 사항을 포함한 측량준비 파일을 작성하여야 한다. 〈개정 2013.3.23.〉
　1. 측량대상 토지의 경계선·지번 및 지목
　2. 인근 토지의 경계선·지번 및 지목
　3. 임야도를 갖춰 두는 지역에서 인근 지적도의 축척으로 측량을 할 때에는 임야도에 표시된 경계점의 좌표를 구하여 지적도에 전개(展開)한 경계선. 다만, 임야도에 표시된 경계점의 좌표를 구할 수 없거나 그 좌표에 따라 확대하여 그리는 것이 부적당한 경우에는 축척비율에 따라 확대한 경계선을 말한다.

4. 행정구역선과 그 명칭
5. 지적기준점 및 그 번호와 지적기준점 간의 거리, 지적기준점의 좌표, 그 밖에 측량의 기점이 될 수 있는 기지점
6. 도곽선(圖廓線)과 그 수치
7. 도곽선의 신축이 0.5밀리미터 이상일 때에는 그 신축량 및 보정(補正) 계수
8. 그 밖에 국토교통부장관이 정하는 사항

98 다음 중 지적재조사사업에 관한 기본계획 수립 시 포함해야 하는 사항으로 옳지 않은 것은?

① 지적재조사사업의 시행기간
② 지적재조사사업에 관한 기본방향
③ 지적재조사사업비의 특별자치도를 제외한 행정구역별 배분 계획
④ 지적재조사사업에 필요한 인력 확보계획

해설

지적재조사사업 특별법 제4조(기본계획의 수립)
① 국토교통부장관은 지적재조사사업을 효율적으로 시행하기 위하여 다음 각 호의 사항이 포함된 지적재조사사업에 관한 기본계획(이하 "기본계획"이라 한다)을 수립하여야 한다. 〈개정 2013.3.23., 2017.4.18.〉
1. 지적재조사사업에 관한 기본방향
2. 지적재조사사업의 시행기간 및 규모
3. 지적재조사사업비의 연도별 집행계획
4. 지적재조사사업비의 특별시·광역시·도·특별자치도·특별자치시 및 「지방자치법」 제175조에 따른 대도시로서 구(區)를 둔 시(이하 "시·도"라 한다)별 배분 계획
5. 지적재조사사업에 필요한 인력의 확보에 관한 계획
6. 그 밖에 지적재조사사업의 효율적 시행을 위하여 필요한 사항으로서 대통령령으로 정하는 사항
② 국토교통부장관은 기본계획을 수립할 때에는 미리 공청회를 개최하여 관계 전문가 등의 의견을 들어 기본계획안을 작성하고, 특별시장·광역시장·도지사·특별자치도지사·특별자치시장 및 「지방자치법」 제175조에 따른 대도시로서 구를 둔 시의 시장(이하 "시·도지사"라 한다)에게 그 안을 송부하여 의견을 들은 후 제28조에 따른 중앙지적재조사위원회의 심의를 거쳐야 한다. 〈개정 2013.3.23., 2017.4.18.〉
③ 시·도지사는 제2항에 따라 기본계획안을 송부받았을 때에는 이를 지체 없이 지적소관청에 송부하여 그 의견을 들

어야 한다.
④ 지적소관청은 제3항에 따라 기본계획안을 송부받은 날부터 20일 이내에 시·도지사에게 의견을 제출하여야 하며, 시·도지사는 제2항에 따라 기본계획안을 송부받은 날부터 30일 이내에 지적소관청의 의견에 자신의 의견을 첨부하여 국토교통부장관에게 제출하여야 한다. 이 경우 기간 내에 의견을 제출하지 아니하면 의견이 없는 것으로 본다. 〈개정 2013.3.23.〉
⑤ 제2항부터 제4항까지의 규정은 기본계획을 변경할 때에도 적용한다. 다만, 대통령령으로 정하는 경미한 사항을 변경할 때에는 제외한다.
⑥ 국토교통부장관은 기본계획을 수립하거나 변경하였을 때에는 이를 관보에 고시하고 시·도지사에게 통지하여야 하며, 시·도지사는 이를 지체 없이 지적소관청에 통지하여야 한다. 〈개정 2013.3.23.〉
⑦ 국토교통부장관은 기본계획이 수립된 날부터 5년이 지나면 그 타당성을 다시 검토하고 필요하면 이를 변경하여야 한다.

99 공간정보의 구축 및 관리 등에 관한 법령상 축척변경 시행에 따른 청산금의 산정 및 납부고지 등, 이의신청에 관한 설명으로 옳은 것은?

① 청산금의 이의신청은 지적소관청에 하여야 한다.
② 청산금의 초과액은 국가의 수입으로 하고 부족액은 지방자치단체가 부담한다.
③ 지적소관청은 토지소유자에게 수령통지를 한 날부터 9개월 이내에 청산금을 지급하여야 한다.
④ 지적소관청은 청산금의 결정을 공고한 날부터 30일 이내에 토지소유자에게 납부고지 또는 수령통지를 하여야 한다.

해설

공간정보의 구축 및 관리 등에 관한 법률 제75조(청산금의 산정)
① 지적소관청은 축척변경에 관한 측량을 한 결과 측량 전에 비하여 면적의 증감이 있는 경우에는 그 증감면적에 대하여 청산을 하여야 한다. 다만, 다음 각 호의 어느 하나에 해당하는 경우에는 그러하지 아니하다.
1. 필지별 증감면적이 제19조 제1항 제2호 가목에 따른 허용범위 이내인 경우. 다만, 축척변경위원회의 의결이 있는 경우는 제외한다.
2. 토지소유자 전원이 청산하지 아니하기로 합의하여 서면으로 제출한 경우

② 제1항 본문에 따라 청산을 할 때에는 축척변경위원회의 의결을 거쳐 지번별로 제곱미터당 금액(이하 "지번별 제곱미터당 금액"이라 한다)을 정하여야 한다. 이 경우 지적소관청은 시행공고일 현재를 기준으로 그 축척변경 시행지역의 토지에 대하여 지번별 제곱미터당 금액을 미리 조사하여 축척변경위원회에 제출하여야 한다.

③ 청산금은 제73조에 따라 작성된 축척변경 지번별 조서의 필지별 증감면적에 제2항에 따라 결정된 지번별 제곱미터당 금액을 곱하여 산정한다.

④ 지적소관청은 청산금을 산정하였을 때에는 청산금 조서(축척변경 지번별 조서에 필지별 청산금 명세를 적은 것을 말한다)를 작성하고, 청산금이 결정되었다는 뜻을 제71조 제2항의 방법에 따라 15일 이상 공고하여 일반인이 열람할 수 있게 하여야 한다.

⑤ 제3항에 따라 청산금을 산정한 결과 증가된 면적에 대한 청산금의 합계와 감소된 면적에 대한 청산금의 합계에 차액이 생긴 경우 초과액은 그 지방자치단체(「제주특별자치도 설치 및 국제자유도시 조성을 위한 특별법」 제10조 제2항에 따른 행정시의 경우에는 해당 행정시가 속한 특별자치도를 말하고, 「지방자치법」 제3조 제3항에 따른 자치구가 아닌 구의 경우에는 해당 구가 속한 시를 말한다. 이하 이 항에서 같다)의 수입으로 하고, 부족액은 그 지방자치단체가 부담한다. 〈개정 2016.1.22.〉

공간정보의 구축 및 관리 등에 관한 법률 제76조(청산금의 납부고지 등)

① 지적소관청은 제75조 제4항에 따라 청산금의 결정을 공고한 날부터 20일 이내에 토지소유자에게 청산금의 납부고지 또는 수령통지를 하여야 한다.

② 제1항에 따른 납부고지를 받은 자는 그 고지를 받은 날부터 6개월 이내에 청산금을 지적소관청에 내야 한다. 〈개정 2017.1.10.〉

③ 지적소관청은 제1항에 따른 수령통지를 한 날부터 6개월 이내에 청산금을 지급하여야 한다.

④ 지적소관청은 청산금을 지급받을 자가 행방불명 등으로 받을 수 없거나 받기를 거부할 때에는 그 청산금을 공탁할 수 있다.

⑤ 지적소관청은 청산금을 내야 하는 자가 제77조 제1항에 따른 기간 내에 청산금에 관한 이의신청을 하지 아니하고 제2항에 따른 기간 내에 청산금을 내지 아니하면 지방세 체납처분의 예에 따라 징수할 수 있다.

공간정보의 구축 및 관리 등에 관한 법률 제77조(청산금에 관한 이의신청)

① 제76조 제1항에 따라 납부고지되거나 수령통지된 청산금에 관하여 이의가 있는 자는 납부고지 또는 수령통지를 받은 날부터 1개월 이내에 지적소관청에 이의신청을 할 수 있다.

② 제1항에 따른 이의신청을 받은 지적소관청은 1개월 이내에 축척변경위원회의 심의·의결을 거쳐 그 인용(認容) 여부를 결정한 후 지체 없이 그 내용을 이의신청인에게 통지하여야 한다.

100 지적측량 시행규칙상 지적삼각보조점측량에 있어서 그 측량성과를 그대로 결정하기 위한 지적측량성과와 검사성과 간의 연결교차의 허용범위로 옳은 것은?

① 0.10m ② 0.15m

③ 0.20m ④ 0.25m

해설

지적측량 시행규칙 제27조(지적측량성과의 결정)

① 지적측량성과와 검사성과의 연결교차가 다음 각 호의 허용범위 이내일 때에는 그 지적측량성과에 관하여 다른 입증을 할 수 있는 경우를 제외하고는 그 측량성과로 결정하여야 한다.
1. 지적삼각점 : 0.20미터
2. 지적삼각보조점 : 0.25미터
3. 지적도근점
   가. 경계점좌표등록부 시행지역 : 0.15미터
   나. 그 밖의 지역 : 0.25미터
4. 경계점
   가. 경계점좌표등록부 시행지역 : 0.10미터
   나. 그 밖의 지역 : 10분의 3M밀리미터 (M은 축척분모)

② 지적측량성과를 전자계산기기로 계산하였을 때에는 그 계산성과자료를 측량부 및 면적측정부로 본다.

본 문제의 해설은 출제자의 의도와 일치되지 않을 수 있으며, 문제 및 해설에 일부 오탈자가 있을 수 있으므로 학습 시 의문사항이 있으면 예문사 또는 저자에게 문의하여 주시기 바랍니다.

Subject 01 지적측량

01 지번 및 지목을 제도할 때 지번과 지목의 글자 간격은 글자크기의 어느 정도를 띄어서 제도하는가?

① 글자크기의 1/2
② 글자크기의 1/3
③ 글자크기의 1/4
④ 글자크기의 1/5

해설

지적업무처리규정 제42조(지번 및 지목의 제도)
① 지번 및 지목은 경계에 닿지 않도록 필지의 중앙에 제도한다. 다만, 1필지의 토지의 형상이 좁고 길어서 필지의 중앙에 제도하기가 곤란한 때에는 가로쓰기가 되도록 도면을 왼쪽 또는 오른쪽으로 돌려서 제도할 수 있다.
② 지번 및 지목을 제도할 때에는 지번 다음에 지목을 제도한다. 이 경우 2밀리미터 이상 3밀리미터 이하 크기의 명조체로 하고, 지번의 글자 간격은 글자크기의 4분의 1 정도, 지번과 지목의 글자 간격은 글자크기의 2분의 1 정도 띄어서 제도한다. 다만, 부동산종합공부시스템이나 레터링으로 작성할 경우에는 고딕체로 할 수 있다.
③ 1필지의 면적이 작아서 지번과 지목을 필지의 중앙에 제도할 수 없는 때에는 ㄱ, ㄴ, ㄷ, … ㄱ¹, ㄴ¹, ㄷ¹, … ㄱ², ㄴ², ㄷ² … 등으로 부호를 붙이고, 도곽선 밖에 그 부호·지번 및 지목을 제도한다. 이 경우 부호가 많아서 그 도면의 도곽선 밖에 제도할 수 없는 때에는 별도로 부호도를 작성할 수 있다.
④ 부동산종합공부시스템에 따라 지번 및 지목을 제도할 경우에는 제2항 중 글자의 크기에 대한 규정과 제3항을 적용하지 아니할 수 있다.

02 축척 1,200분의 1 지적도 시행지역에서 전자면적측정기로 도상에서 2회 측정한 값이 270.5m², 275.5m²이었을 때 그 교차는 얼마 이하여야 하는가?

① 10.4m²
② 13.4m²
③ 17.3m²
④ 24.3m²

해설

$$A = 0.023^2 M \sqrt{F}$$
$$= 0.023^2 \times 1,200 \sqrt{\frac{270.5 + 275.5}{2}}$$
$$= 10.4m^2$$

지적측량 시행규칙 제20조(면적측정의 방법 등)
① 좌표면적계산법에 따른 면적측정은 다음 각 호의 기준에 따른다.
  1. 경위의측량방법으로 세부측량을 한 지역의 필지별 면적측정은 경계점 좌표에 따를 것
  2. 산출면적은 1천분의 1제곱미터까지 계산하여 10분의 1제곱미터 단위로 정할 것
② 전자면적측정기에 따른 면적측정은 다음 각 호의 기준에 따른다.
  1. 도상에서 2회 측정하여 그 교차가 다음 계산식에 따른 허용면적 이하일 때에는 그 평균치를 측정면적으로 할 것
  $$A = 0.023^2 M \sqrt{F}$$
  (A는 허용면적, M은 축척분모, F는 2회 측정한 면적의 합계를 2로 나눈 수)
  2. 측정면적은 1천분의 1제곱미터까지 계산하여 10분의 1제곱미터 단위로 정할 것

03 평판측량방법에 의하여 망원경조준의(망원경앨리데이드)로 측정한 값이 경사거리가 100m, 연직각이 10°20′30″일 경우 수평거리는?

① 98.28m
② 98.34m
③ 98.38m
④ 98.44m

해설

$$D = L \times \cos a$$
$$= 100 \times \cos 10°20′30″$$
$$= 98.38m$$

04 지적도근점측량을 배각법으로 실시한 결과, 도선의 수평거리 총합계가 3,427.23m인 경우 종선과 횡선오차에 대한 공차는?(단, 축척은 1,200분의 1이며, 1등도선이다.)

① 0.58m   ② 0.65m

③ 0.70m   ④ 0.79m

● 해설 ●

$$1등도선 = M \times \sqrt{n}$$
$$= \frac{1,200}{100} \times \sqrt{\frac{3,427.23}{100}}$$
$$= 70.25\text{cm} = 0.70\text{m}$$

지적측량 시행규칙 제15조(지적도근점측량에서의 연결오차의 허용범위와 종선 및 횡선오차의 배분)

연결오차의 허용범위

도선	연결오차의 허용범위	비 고
1등 도선	해당 지역 축척분모의 $\frac{1}{100}\sqrt{n}$ 센티미터 이하로 할 것	n은 각 측선의 수평거리의 총 합계를 100으로 나눈 수임
2등 도선	해당 지역 축척분모의 $\frac{1.5}{100}\sqrt{n}$ 센티미터 이하로 할 것	

05 EDM(Electromagnetic Distance Measurements)에서 영점보정에 대한 의미로 옳은 것은?

① 지구곡률 보정

② 대기굴절 보정

③ 관측값에 대한 온도 보정

④ 기계중심과 측점 간의 불일치 조정

● 해설 ●

전자기파거리측량기(EDM : Electromagnetic Distance Measurement)

전파 및 광파에 의한 간접거리측량을 할 수 있는 장비를 전자기파거리측량기라 하며 전파에 의한 것을 전파거리측량기, 광파에 의한 것을 광파거리측량기라고 한다.

최근 전자기파를 이용한 최신 측량기기인 토털스테이션은 수평거리뿐만 아니라 수직거리, 경사거리, 수평각, 수직각, 경사각을 동시에 관측할 수 있고 면적을 결정할 수 있어 현지측량에서 널리 사용되고 있다.

1. EDM의 오차

EDM의 오차는 크게 거리에 비례하는 오차와 거리에 비례하지 않는 오차로 구분할 수 있다.

1) 거리에 비례하는 오차

① 광속도오차 : 공기저항에 의한 광속도의 미소오차 (국제적 결정값 : 299,792.5Km±0.4Km)

② 광변조주파수오차

- 거리에 비례하여 증가하는 주파수 오차
- 주파수의 오차는 관측거리에 크게 영향을 준다.

③ 굴절률오차 : 파의 진행 시 통과 매질들상의 속도 비인 굴절률의 대기상태에 따른 변화오차

굴절오차를 Δn이라 하면 $dD = -(\Delta n/n) \cdot D$

2) 거리에 비례하지 않는 오차

① 위상차 관측오차 : 기계 자체가 갖는 분해능, 기계의 분해능에 가해지는 관측자의 오차로 1~2cm 정도이다.

② 영점오차(기계상수, 반사경상수의 오차) : 거리측량기에는 기계상수가 있으나 이 오차의 크기는 2~3mm 정도이다.

③ 편심오차(거리측량기와 반사경의 기준점이 지상점에서 벗어남에 따른 오차) : 일반적으로 수직추를 쓰나 1~2mm 정도의 오차가 있다.

2. EDM의 오차보정

1) 기상보정

① 전자기파거리측량기를 사용하여 거리를 관측할 경우 가장 기본적인 값은 광속도이다.

② 진공 중 광속도 $C_0 = 299,792.5$km이다.

③ 실제 관측할 때의 광속도 $C = C_0/n$

④ 위 식에서 $n =$ 대기의 굴절률이며 기압, 기온, 습도에 의해 결정된다.

⑤ 관측에 필요한 정확도가 수 cm이면 기상의 보정을 전혀 행할 필요가 없다.

⑥ 정확한 거리를 구하기 위해서는 관측 시에 기온, 기압을 관측하여 보정식, 보정표 또는 보정척을 사용하여 거리의 보정값을 관측값에 가한다.

2) 영점보정

① 전자파거리측정기에 의한 거리측량은 기계중심점이나, 반사경의 중심점은 지상의 측점과 통상 일치하지 않으므로 영점오차를 보정해 주어야 한다.

② 영점오차는 광파거리측량기의 경우 2~3mm, 전자파거리측량기의 경위 최대 30mm에 이르기도 한다.

③ 영점오차는 기계마다 그 정확한 값이 주어져 있고 최신기계에서는 대부분 자동적으로 보정되도록 되어 있다.

④ 프리즘 정수 : 프리즘 정수는 장비회사에 따라 출고

당시 정수가 정해져 있으나 수정하여 사용할 수 있다.
- 방법은 장비 자체의 정수를 수정하여 사용하는 방법과 사용하는 프리즘을 재조립하여 사용하는 방법이 있다.
- 일반적으로 프리즘 모양에 따라 0–3cm 정도 차이가 난다.
- 프리즘은 자체의 고유정수를 가지고 있으므로 광파거리측정기구와 맞는 프리즘을 사용하는 것이 좋다.
- 프리즘의 굴절률은 대기보다 높기 때문에 굴절률을 고려하여 결정하여야 한다.
- 프리즘은 빛의 반사성에 있다. 즉 반사된 빛은 반드시 빛의 방향으로 진행되므로 프리즘의 방향을 엄밀히 측정하지 않고도 작업을 용이하게 할 수 있다.

표정 (정치) 오차	자침오차 $q = \dfrac{0.2}{S} \cdot L$ q : 도상 허용 오차 S : 자침의 중심에서 첨단까지 길이 L : 방향선 길이(시준선 길이)

06 평판측량에서 오차 발생의 원인 중 가장 주의를 요하는 것은?

① 구심오차　　　　② 시준오차
③ 외심오차　　　　④ 표정오차

해설

평판측량의 오차

기계 오차	앨리데이드의 외심오차 $q = \dfrac{e}{M}$ q : 도상 허용 오차, e : 외심오차 M : 축척의 분모 수 앨리데이드의 시준오차 $q = \dfrac{\sqrt{d^2+t^2}}{2s} \times l$ q : 도상 허용 오차, d : 시준공직경 t : 시준사두께, l : 방향선 길이 s : 앨리데이드 길이(양시준판의 길이)
표정 (정치) 오차	평판의 경사에 의한 오차 $e = \dfrac{2a}{r} \cdot \dfrac{n}{100} l = \dfrac{b}{r} \cdot \dfrac{n}{100} l$ q : 도상오차, a : 기포이동 눈금 수 r : 기포관의 곡률반경, b : 기포변위량 n : 경사분획, l : 방향선의 길이(시준선 길이) $\dfrac{b}{r}$: 경사허용도, $\dfrac{n}{100}$: 도면상의 위치오차 구심오차 $q = \dfrac{2e}{M}$ q : 도상 허용 오차, e : 구심오차(치심오차) M : 축척의 분모 수

07 다각망도선법에 따른 지적도근점의 각도관측을 할 때, 배각법에 따르는 경우 1등도선의 폐색오차 범위는?(단, 폐색변을 포함한 변의 수는 12이다.)

① ±65초 이내　　　　② ±67초 이내
③ ±69초 이내　　　　④ ±73초 이내

해설

1등도선 $= \pm 20\sqrt{n}$ 초
$\quad\quad\quad = \pm 20\sqrt{12}$
$\quad\quad\quad = \pm 69$초 이내

지적측량 시행규칙 제14조[지적도근점의 각도관측을 할 때의 폐색오차(1도선의 기지방위각 또는 평균방위각과 관측방위각의 폐색오차)의 허용범위 및 측각오차의 배분]

	배각법		방위각법	
폐색오차의 허용범위	1등도선 $\pm 20\sqrt{n}$ (초)	2등도선 $\pm 30\sqrt{n}$ (초)	1등도선 $\pm\sqrt{n}$ (분)	2등도선 $\pm 1.5\sqrt{n}$ (분)
	n은 폐색변을 포함한 변수임			
1회와 3회 측정값 교차	30초 이내			
측각오차의 배분	$K = -\dfrac{e}{R} \times r$ (측선장에 반비례하여 각측선의 관측각에 배분) • K는 각 측선에 배분할 초단위의 각도 • e는 초단위의 오차 • R은 폐색변을 포함한 각 측선장의 반수의 총합계 • r은 각 측선장의 반수. 이 경우 반수는 측선장 1미터에 대하여 1천을 기준으로 한 수를 말한다. $\left(\text{반수} = \dfrac{1,000}{\text{거리}}\right)$		$K_n = -\dfrac{e}{S} \times s$ (변의 수에 비례하여 각 측선의 방위각에 배분) • K_n은 각 측선의 순서대로 배분할 분단위의 각도 • e는 분단위의 오차 • S는 폐색변을 포함한 변의 수 • s는 각 측선의 순서를 말한다.	

08 평판측량방법으로 광파조준의를 사용하여 세부측량을 하는 경우 방향선의 최대 도상길이는?

① 10cm ② 15cm
③ 20cm ④ 30cm

●해설

지적측량 시행규칙 제18조(세부측량의 기준 및 방법 등)
③ 평판측량방법에 따른 세부측량을 교회법으로 하는 경우에는 다음 각 호의 기준에 따른다.
　1. 전방교회법 또는 측방교회법에 따를 것
　2. 3방향 이상의 교회에 따를 것
　3. 방향각의 교각은 30도 이상 150도 이하로 할 것
　4. 방향선의 도상길이는 측판의 방위표정(方位標定)에 사용한 방향선의 도상길이 이하로서 10센티미터 이하로 할 것. 다만, 광파조준의(光波照準儀) 또는 광파측거기를 사용하는 경우에는 30센티미터 이하로 할 수 있다.
　5. 측량결과 시오(示誤)삼각형이 생긴 경우 내접원의 지름이 1밀리미터 이하일 때에는 그 중심을 점의 위치로 할 것
④ 평판측량방법에 따른 세부측량을 도선법으로 하는 경우에는 다음 각 호의 기준에 따른다.
　1. 위성기준점, 통합기준점, 삼각점, 지적삼각점, 지적삼각보조점 및 지적도근점, 그 밖에 명확한 기지점 사이를 서로 연결할 것
　2. 도선의 측선장은 도상길이 8센티미터 이하로 할 것. 다만, 광파조준의 또는 광파측거기를 사용할 때에는 30센티미터 이하로 할 수 있다.
　3. 도선의 변은 20개 이하로 할 것
⑤ 평판측량방법에 따른 세부측량을 방사법으로 하는 경우에는 1방향선의 도상길이는 10센티미터 이하로 한다. 다만, 광파조준의 또는 광파측거기를 사용할 때에는 30센티미터 이하로 할 수 있다.

09 지적삼각점측량 시 구성하는 망으로, 하천 노선 등과 같이 폭이 좁고 거리가 긴 지역에 사용하는 삼각망으로 옳은 것은?

① 사각망 ② 삼각쇄
③ 삽입망 ④ 유심다각망

●해설

지적삼각점은 유심다각망(有心多角網)·삽입망(揷入網)·사각망(四角網)·삼각쇄(三角鎖) 또는 삼변(三邊) 이상의 망으로 구성하여야 한다.

삼각쇄 (단열 삼각망)	• 폭이 좁고 긴 지역에 적합하다. • 노선·하천측량에 주로 이용한다. • 측량이 신속하고 경비가 절감되지만 정밀도가 낮다.
유심다각망 (유심 삼각망)	• 한 점을 중심으로 여러 개의 삼각형을 결합시킨 삼각망이다. • 주로 넓은 지역에 이용한다. • 농지측량 및 평탄한 지역에 사용된다. • 정밀도는 비교적 높은 편이다.
사각망 (사변형 삼각망)	• 사각형의 각 정점을 연결하여 구성한 삼각망이다. • 조건식의 수가 가장 많아 시간과 경비는 많이 소요되나 정밀도가 가장 높다.
삽입망	삼각쇄와 유심다각망의 장점을 결합하여 구성한 삼각망으로, 지적삼각측량에서 가장 흔하게 사용한다.
삼각망	두 개 이상의 기선을 이용하는 삼각망으로, 그 형태에 구애되지 않고 최소제곱법의 원리에 따라 관측값을 정밀하게 조정한다.

10 다각망도선법으로 지적도근점측량을 할 때의 기준으로 옳은 것은?

① 2점 이상의 기지점을 포함한 폐합다각방식에 의한다.
② 2점 이상의 기지점을 포함한 결합다각방식에 의한다.
③ 3점 이상의 기지점을 포함한 폐합다각방식에 의한다.
④ 3점 이상의 기지점을 포함한 결합다각방식에 의한다.

●해설

지적측량 시행규칙 제12조(지적도근점측량)
⑤ 경위의측량방법에 따라 도선법으로 지적도근점측량을 할 때에는 다음 각 호의 기준에 따른다.
　1. 도선은 위성기준점, 통합기준점, 삼각점, 지적삼각점, 지적삼각보조점 및 지적도근점의 상호 간을 연결하는 결합도선에 따를 것. 다만, 지형상 부득이한 경우에는 폐합도선 또는 왕복도선에 따를 수 있다.
　2. 1도선의 점의 수는 40점 이하로 할 것. 다만, 지형상 부득이한 경우에는 50점까지로 할 수 있다.

정답 08 ④ 09 ② 10 ④

⑥ 경위의측량방법이나 전파기 또는 광파기측량방법에 따라 다각망도선법으로 지적도근점측량을 할 때에는 다음 각 호의 기준에 따른다.

1. 3점 이상의 기지점을 포함한 결합다각방식에 따를 것
2. 1도선의 점의 수는 20점 이하로 할 것

11 경위의측량방법에 따른 지적삼각보조점의 수평각 관측 방법으로 옳은 것은?

① 3배각 관측법
② 2대회의 방향관측법
③ 3대회의 방향관측법
④ 방위각에 의한 관측법

해설

지적측량 시행규칙 제11조(지적삼각보조점의 관측 및 계산)

① 경위의측량방법과 교회법에 따른 지적삼각보조점의 관측 및 계산은 다음 각 호의 기준에 따른다.

1. 관측은 20초독 이상의 경위의를 사용할 것
2. 수평각 관측은 2대회(윤곽도는 0도, 90도로 한다)의 방향관측법에 따를 것
3. 수평각의 측각공차는 다음 표에 따를 것. 이 경우 삼각형 내각의 관측치를 합한 값과 180도와의 차는 내각을 전부 관측한 경우에 적용한다.

종별	1방향각	1측회의 폐색	삼각형 내각관측의 합과 180도의 차	기지각과의 차
공차	30초 이내	±30초 이내	±30초 이내	±40초 이내

12 지적측량 계산 시 끝수처리의 원칙을 적용할 수 없는 것은?

① 면적의 결정
② 방위각의 결정
③ 연결교차의 결정
④ 종횡선수치의 결정

해설

공간정보의 구축 및 관리에 관한 법률 시행령 제60조(면적의 결정 및 측량계산의 끝수처리)

① 면적의 결정은 다음 각 호의 방법에 따른다.

1. 토지의 면적에 1제곱미터 미만의 끝수가 있는 경우 0.5제곱미터 미만일 때에는 버리고 0.5제곱미터를 초과하는 때에는 올리며, 0.5제곱미터일 때에는 구하려는 끝자리의 숫자가 0 또는 짝수이면 버리고 홀수이면 올린다. 다만, 1필지의 면적이 1제곱미터 미만일 때에는 1제곱미터로 한다.

2. 지적도의 축척이 600분의 1인 지역과 경계점좌표등록부에 등록하는 지역의 토지 면적은 제1호에도 불구하고 제곱미터 이하 한 자리 단위로 하되, 0.1제곱미터 미만의 끝수가 있는 경우 0.05제곱미터 미만일 때에는 버리고 0.05제곱미터를 초과할 때에는 올리며, 0.05제곱미터일 때에는 구하려는 끝자리의 숫자가 0 또는 짝수이면 버리고 홀수이면 올린다. 다만, 1필지의 면적이 0.1제곱미터 미만일 때에는 0.1제곱미터로 한다.

② 방위각의 각치(角値), 종횡선의 수치 또는 거리를 계산하는 경우 구하려는 끝자리의 다음 숫자가 5 미만일 때에는 버리고 5를 초과할 때에는 올리며, 5일 때에는 구하려는 끝자리의 숫자가 0 또는 짝수이면 버리고 홀수이면 올린다. 다만, 전자계산조직을 이용하여 연산할 때에는 최종수치에만 이를 적용한다.

13 점 $A(X_1, Y_1)$를 지나고 방위각이 α인 직선과 점 $B(X_2, Y_2)$를 지나고 방위각이 β인 직선이 점 P에서 교차하는 경우 $\overline{AP}$의 거리(S)를 구하는 식으로 옳은 것은?

① $S = \dfrac{(Y_2 - Y_1)\sin\beta - (X_2 - X_1)\cos\beta}{\sin(\alpha - \beta)}$

② $S = \dfrac{(Y_2 - Y_1)\sin\beta + (X_2 - X_1)\cos\beta}{\sin(\alpha - \beta)}$

③ $S = \dfrac{(Y_2 - Y_1)\cos\beta - (X_2 - X_1)\sin\beta}{\sin(\alpha - \beta)}$

④ $S = \dfrac{(Y_2 - Y_1)\cos\beta + (X_2 - X_1)\sin\beta}{\sin(\alpha - \beta)}$

해설

$$S_1 = \frac{(Y_2 - Y_1)\cos\beta - (X_2 - X_1)\sin\beta}{\sin(\alpha - \beta)}$$

$$S_2 = \frac{(Y_2 - Y_1)\cos\alpha - (X_2 - X_1)\sin\alpha}{\sin(\alpha - \beta)}$$

정답 11 ② 12 ③ 13 ③

고초(m)	127°14′41″. 585	37°09′03″. 530	경기(용인, 안성)
율곡(m)	128°57′30″. 916	35°57′21″. 322	경북(영천, 경산)
현창(m)	128°46′03″. 947	35°51′46″. 967	경북(경산, 대구)
구암(間)	128°35′46″. 186	35°51′30″. 878	경북(대구, 달성)
금산(間)	128°17′26″. 070	35°43′46″. 532	경북(고령)
소라(m)	128°43′36″. 841	35°39′58″. 199	경북(청도)

14 다음 중 지적측량에 관한 설명으로 옳지 않은 것은?

① 경계점을 지상에 복원하는 경우 지적측량을 하여야 한다.
② 조본원점과 고초원점의 평면직각 종횡선수치의 단위는 간(間)으로 한다.
③ 지적측량의 방법 및 절차 등에 필요한 사항은 국토교통부령으로 정한다.
④ 특별소삼각측량지역에 분포된 소삼각측량지역은 별도의 원점을 사용할 수 있다.

해설

구소삼각측량
서울 및 대구·경북부근에 부분적으로 소삼각측량을 시행하였으며 이를 구소삼각측량지역이라 부른다. 측량지역은 27개 지역이고 지역 내에 있는 구소삼각원점 11개의 원점이 있으며 토지조사사업이 끝난 후에 일반삼각점과 계산상으로 연결을 하였으며 측량지역은 다음과 같다.

경기도	시흥, 교동, 김포, 양천, 강화/진위, 안산, 양성, 수원, 용인/남양, 통진, 안성, 죽산, 광주/인천, 양지, 과천, 부평(19개 지역)
경상북도	대구, 고령, 청도, 영천, 현풍, 자인, 하양, 경산 (8개 지역)

구소삼각원점

망산(間)	126°22′24″. 596	37°43′07″. 060	경기(강화)
계양(間)	126°42′49″. 124	37°33′01″. 124	경기(부천, 김포, 인천)
조본(m)	127°14′07″. 397	37°26′35″. 262	경기(성남, 광주)
가리(間)	126°51′59″. 430	37°25′30″. 532	경기(안양, 인천, 시흥)
등경(間)	126°51′32″. 845	37°11′52″. 885	경기(수원, 화성, 평택)

15 표준길이보다 6cm가 짧은 100m 줄자로 측정한 거리가 650m이었다면 실제거리는?

① 649.0m ② 649.6m
③ 650.4m ④ 651.0m

해설

$$실제거리 = \frac{부정길이}{표준길이} \times 관측길이$$
$$= \frac{99.94}{100} \times 650 = 649.6m$$

16 다음 중 지적확정측량과 직접 관계가 없는 것은?

① 행정구역계 결정
② 건물의 위치 확인
③ 필지별 경계점 측정
④ 지구계 또는 가구계 측정

해설

지적확정측량(地籍確定測量)
"지적확정측량"이란 「도시개발법」에 따른 도시개발사업, 「농어촌정비법」에 따른 농어촌정비사업, 그 밖에 대통령령으로 정하는 토지개발사업이 끝나 토지의 표시를 새로 정하기 위하여 실시하는 지적측량을 말한다.
지적확정측량과 직접관계가 있는 것은
① 지구계 또는 가구계 측정
② 필지별 경계점 측정
③ 행정구역계 결정
지적확정측량에서 건물의 위치 확인은 직접 관계가 없다.

17 방위각법에 의한 지적도근점측량 계산에서 종선 및 횡선오차의 배분 방법은?(단, 연결오차가 허용범위 이내인 경우)

① 측선장에 비례 배분한다.
② 측선장에 역비례 배분한다.
③ 종횡선차에 비례 배분한다.
④ 종횡선차에 역비례 배분한다.

해설

지적측량 시행규칙 제15조(지적도근점측량에서의 연결오차의 허용범위와 종선 및 횡선오차의 배분)

	1등도선	2등도선
연결 오차의 허용범위	당해 지역 축척분의 $\frac{1}{100}\sqrt{n}$ 센티미터 이하	당해 지역 축척분의 $\frac{1.5}{100}\sqrt{n}$ 센티미터 이하
	• n은 각 측선의 수평거리의 총합계를 100으로 나눈 수, 축척분모는 경계점좌표등록부 비치지역은 1/500, 1/6,000 지역은 1/3,000로, 축척이 2 이상인 때는 대축척을 적용한다. • 연결오차가 공차범위를 벗어나면 처음부터 재측정하여야 한다.	

종·횡 선차 배분	종선 및 횡선차의 배분 산식	배분기준	종선 또는 횡선의 오차가 매우 작아 배분하기 곤란한 때
배각법	$T=-\dfrac{e}{L}\times l$ • T는 각 측선의 종선차 또는 횡선차에 배분할 센티미터 단위의 수치 • e는 종선오차 또는 횡선오차 • L은 종선차 또는 횡선차의 절대치의 합계 • l은 각 측선의 종선차 또는 횡선차를 말한다.	각 측선의 종선차 또는 횡선차 길이에 비례하여 배분	종선차 및 횡선차가 긴 것부터 배분
방위각법	$C=-\dfrac{e}{L}\times l$ • C는 각 측선의 종선차 또는 횡선차에 배분할 센티미터 단위의 수치 • e는 종선오차 또는 횡선오차, L은 각 측선장의 총합계 • l은 각 측선의 측선장을 말한다.	각 측선장에 비례하여 배분	측선장이 긴 것부터 순차로 배분

18 다음 중 지적삼각보조점표지의 점간거리는 평균 얼마를 기준으로 하여 설치하여야 하는가?(단, 다각망도선법에 따르는 경우는 고려하지 않는다.)

① 0.5km 이상 1km 이하
② 1km 이상 3km 이하
③ 2km 이상 4km 이하
④ 3km 이상 5km 이하

해설

구분	점간거리	
	지적기준점표지	다각망도선법
1등삼각점	30km	
2등삼각점	10km	
3등삼각점	5km	
4등삼각점	2.5km	
지적삼각점측량	평균 2~5km 이하	
지적삼각보조점 측량	평균 1~3km 이하	평균 0.5~1km 이하
지적도근점측량	평균 50~300m 이하	평균 500m 이하

19 평판측량방법으로 거리를 측정하여 도곽선이 줄어든 경우 실측거리의 보정 방법으로 옳은 것은?

① 실측거리에서 보정량을 뺀다.
② 실측거리에서 보정량을 곱한다.
③ 실측거리에서 보정량을 나눈다.
④ 실측거리에서 보정량을 더한다.

해설

지적측량 시행규칙 제18조(세부측량의 기준 및 방법 등)
⑥ 평판측량방법으로 거리를 측정하는 경우 도곽선의 신축량이 0.5밀리미터 이상일 때에는 다음의 계산식에 따른 보정량을 산출하여 도곽선이 늘어난 경우에는 실측거리에 보정량을 더하고, 줄어든 경우에는 실측거리에서 보정량을 뺀다.

$$보정량 = \frac{신축량(지상)\times 4}{도곽선길이합계(지상)} \times 실측거리$$

20 임야도에 등록하는 도곽선의 폭은?

① 0.1mm   ② 0.2mm

③ 0.3mm   ④ 0.5mm

● 해설

지적업무처리규정 제40조(도곽선의 제도)

① 도면의 위 방향은 항상 북쪽이 되어야 한다.

② 지적도의 도곽 크기는 가로 40센티미터, 세로 30센티미터의 직사각형으로 한다.

③ 도곽의 구획은 영 제7조 제3항 각 호에서 정한 좌표의 원점을 기준으로 하여 정하되, 그 도곽의 종횡선수치는 좌표의 원점으로부터 기산하여 영 제7조 제3항에서 정한 종횡선수치를 각각 가산한다.

④ 이미 사용하고 있는 도면의 도곽크기는 제2항에도 불구하고 종전에 구획되어 있는 도곽과 그 수치로 한다.

⑤ 도면에 등록하는 도곽선은 0.1밀리미터의 폭으로, 도곽선의 수치는 도곽선 왼쪽 아랫부분과 오른쪽 윗부분의 종횡선교차점 바깥쪽에 2밀리미터 크기의 아라비아숫자로 제도한다.

Subject 02 응용측량

21 두 변의 길이가 각각 38m와 42m이고 그 사이각이 50°14′45″인 밑면과 높이 7m인 삼각기둥의 부피(m³)는?

① 3,994.7m³   ② 4,027.7m³

③ 4,119.5m³   ④ 4,294.5m³

● 해설

$$A = \frac{1}{2}ab \times \sin a = \frac{1}{2} \times 38 \times 42 \times \sin 50°14′45″$$
$$= 613.5\text{m}^2$$
$$V = Ah = 613.5 \times 7 = 4,294.5\text{m}^3$$

22 노선의 곡선에서 수평곡선으로 주로 사용되지 않는 곡선은?

① 복심곡선   ② 단곡선

③ 2차곡선   ④ 반향곡선

● 해설

23 항공삼각측량 시 사진을 기본단위로 사용하여 절대좌표를 구하며 정확도가 가장 양호하고 조정 능력이 높은 방법은?

① 광속 조정법   ② 독립 모델 조정법

③ 스트립 조정법   ④ 다항식 조정법

● 해설

항공삼각측량의 조정방법

1. 다항식 조정법(Polynomial method)
   다항식 조정법은 촬영경로, 즉 종접합모형(Strip)을 기본단위로 하여 종횡접합모형, 즉 블록을 조정하는 것으로 촬영경로마다 접합표정 또는 개략의 절대표정을 한 후 복수 촬영경로에 포함된 기준점과 접합표정을 이용하여 각 촬영경로의 절대표정을 다항식에 의한 최소제곱법으로 결정하는 방법이다.

2. 독립 모델 조정법(독립 입체 모형법, Independent Model Triangulation : IMT)
   독립 모델 조정법은 입체모형(Model)을 기본단위로 하여 접합점과 기준점을 이용하여 여러 모델의 좌표를 조정하는 방법에 의하여 절대좌표를 환산하는 방법이다.

3. 광속 조정법(Bundle Adjustment)
   광속 조정법은 상좌표를 사진좌표로 변환시킨 다음 사진좌표(photo coordinate)로부터 직접절대좌표(absolute coordinate)를 구하는 것으로 종횡접합모형(block) 내의 각 사진상에 관측된 기준점, 접합점의 사진좌표를 이용하여 최소제곱법으로 각 사진의 외부표정요소 및 접합점의 최확값을 결정하는 방법이다.

4. DTL 방법(Direct Linear Transformation : DLT)
   광속조정법의 변형인 DLT 방법은 상좌표로부터 사진좌표를 거치지 않고 11개의 변수를 이용하여 직접절대좌표를 구할 수 있다.

정답 20 ①   21 ④   22 ③   23 ①

24 GNSS 측량의 정지측량 방법에 관한 설명으로 옳지 않은 것은?

① 관측시간 중 전원(밧데리)부족에 문제가 없도록 하여야 한다.

② 기선결정을 위한 경우에는 두 측점 간의 시통이 잘 되어야 한다.

③ 충분한 시간 동안 수신이 이루어져야 한다.

④ GNSS 측량 방법 중 후처리 방식에 속한다.

해설

1. 정지측량

GPS 측량기를 사용하여 기초측량 또는 세부측량을 하고자 하는 때에는 정지측량(Static) 방법에 의한다. 정지측량방법은 각 측점에 2개 이상의 수신기를 고정하고 양 측점에서 동시에 4개 이상의 위성으로부터 신호를 30분 이상 수신하는 방식이다.

2. GPS의 특징

① 지구상 어느 곳에서나 이용할 수 있다.

② 기상에 관계없이 위치결정이 가능하다.

③ 측량기법에 따라 수 mm~수십 m까지 다양한 정확도를 가지고 있다.

④ 측량거리에 비하여 상대적으로 높은 정확도를 지니고 있다.

⑤ 하루 24시간 어느 때나 이용이 가능하다.

⑥ 사용자가 무제한 사용할 수 있으며 신호 사용에 따른 부담이 없다.

⑦ 다양한 측량기법이 제공되어 목적에 따라 적당한 기법을 선택할 수 있으므로 경제적이다.

⑧ 3차원 측량을 동시에 할 수 있다.

⑨ 기선 결정의 경우 두 측점 간의 시통에 관계가 없다.

⑩ 세계측지기준계(WGS84) 좌표계를 사용하므로 지역 기준계를 사용할 시에는 다소 번거로움이 있다.

25 터널측량, 노선측량, 하천측량과 같이 폭이 좁고, 거리가 긴 지역의 측량에 적합하며 거리에 비하여 측점 수가 적어 정확도가 낮은 삼각망은?

① 사변형 삼각망
② 유심다각망
③ 단열삼각망
④ 개방삼각망

해설

삼각망의 종류

단열삼각쇄(망) (single chain of tringles)	• 폭이 좁고 길이가 긴 지역에 적합하다. • 노선·하천·터널 측량 등에 이용한다. • 거리에 비해 관측 수가 적다. • 측량이 신속하고 경비가 적게 든다. • 조건식의 수가 적어 정도가 낮다. 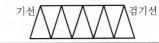
유심삼각쇄(망) (chain of central points)	• 동일 측점에 비해 포함면적이 가장 넓다. • 넓은 지역에 적합하다. • 농지측량 및 평탄한 지역에 사용된다. • 정도는 단열삼각망보다 좋으나 사변형보다 적다.
사변형삼각쇄 (망) (chain of quadrilaterals)	• 조건식의 수가 가장 많아 정밀도가 가장 높다. • 기선삼각망에 이용된다. • 삼각점 수가 많아 측량시간이 많이 걸리며 계산과 조정이 복잡하다.

26 직접수준측량에서 기계고를 구하는 식으로 옳은 것은?

① 기계고＝지반고－후시

② 기계고＝지반고＋후시

③ 기계고＝지반고－전시－후시

④ 기계고＝지반고＋전시－후시

해설

• 기계고＝지반고＋후시
• 지반고＝기계고－전시

27 그림과 같이 터널 내의 천장에 측점이 설치되어 있을 때 두 점의 고저차는?(단, I.H = 1.20m, H.P = 1.82m, 사거리 = 45m, 연직각 α = 15°30′)

① 11.41m   ② 12.65m

③ 13.10m   ④ 15.50m

●해설

$$\triangle H = (\sin a \times l) + H.P - I.H$$
$$= (\sin 15°30′ \times 45) + 1.82 - 1.2$$
$$= 12.65m$$

28 축척 1 : 5,000의 항공사진을 촬영고도 1,000m에서 촬영하였다면 사진의 초점거리는?

① 200mm   ② 210mm

③ 250mm   ④ 500mm

●해설

$\dfrac{1}{m} = \dfrac{f}{H}$ 에서

$$f = \dfrac{H}{m} = \dfrac{1,000}{5,000} = 0.2m = 200mm$$

29 축척 1 : 500 지형도를 이용하여 축척 1 : 3,000의 지형도를 제작하고자 한다. 같은 크기의 축척 1 : 3,000 지형도를 만들기 위해 필요한 1 : 500 지형도의 매수는?

① 36매   ② 38매

③ 40매   ④ 42매

●해설

$$\left(\dfrac{1}{500}\right)^2 : \left(\dfrac{1}{3,000}\right)^2 = \dfrac{\left(\dfrac{1}{500}\right)^2}{\left(\dfrac{1}{3,000}\right)^2} = \left(\dfrac{3,000}{500}\right)^2 = 36\text{매}$$

30 사진측량의 특징에 대한 설명으로 옳지 않은 것은?

① 측량의 정확도가 균일하다.

② 축척변경이 용이하며 시간적 변화를 포함하는 4차원 측량도 가능하다.

③ 정량적, 정성적 해석이 가능하며 접근하기 어려운 대상물도 측정 가능하다.

④ 촬영 대상물에 대한 판독 및 식별이 항상 용이하여 별도의 측량을 필요로 하지 않는다.

●해설

사진측량의 특징

장점	• 정량적 및 정성적 측정이 가능하다. • 정확도가 균일하다. • 동체측정에 의한 현상보존이 가능하다. • 접근하기 어려운 대상물의 측정도 가능하다. • 축척변경도 가능하다. • 분업화로 작업을 능률적으로 할 수 있다. • 경제성이 높다. • 4차원의 측정이 가능하다. • 비지형측량이 가능하다.
단점	• 좁은 지역에서는 비경제적이다. • 기재가 고가이다(시설 비용이 많이 든다). • 피사체 식별이 난해하다(지명, 행정경계 건물명, 음영에 의하여 분별하기 힘든 곳 등의 측정은 현장 작업으로 보충측량이 요구된다).

31 도로의 직선과 원곡선 사이에 곡률을 서서히 증가시켜 넣는 곡선은?

① 복심곡선   ② 반향곡선

③ 완화곡선   ④ 머리핀곡선

●해설

완화곡선(Transition Curve)

완화곡선은 차량의 급격한 회전 시 원심력에 의한 횡방향 힘의 작용으로 인해 발생하는 차량운행의 불안정과 승객의 불쾌감을 줄이는 목적으로 곡률을 0에서 조금씩 증가시켜 일정한 값에 이르게 하기 위해 직선부와 곡선부 사이에 넣는 매끄러운 곡선을 말한다.

32 GNSS 측량을 구성하고 있는 3부분(segment)에 해당되지 않는 것은?

① 사용자 부분
② 궤도 부분
③ 제어 부분
④ 우주 부분

해설

우주 부분
(Space Segment)
- 연속적 다중위치 결정체계
- GPS는 55° 궤도 경사각, 위도 60°의 6개 궤도
- 고도는 20,183km로 약 12시간 주기로 운행
- 3차원 후방교회법으로 위치 결정

제어 부분
(Control Segment)
- 궤도와 시각 결정을 위한 위성의 추적
- 전리층 및 대류층의 주기적 모형화 (방송궤도력)
- 위성시간의 동일화
- 위성으로 자료전송

사용자 부분
(User Segment)
- 위성에서 보낸 전파를 수신해 원하는 위치 또는 두 점 사이의 거리를 계산

33 GNSS 측량에서 위치를 결정하는 기하학적인 원리는?

① 위성에 의한 평균계산법
② 위성기점 무선항법에 의한 후방교회법
③ 수신기에 의하여 처리하는 망평균계산법
④ GPS에 의한 폐합 도선법

해설

GPS의 정의
GPS는 인공위성을 이용한 범세계적 위치결정체계로 정확한 위치를 알고 있는 위성에서 발사한 전파를 수신하여 관측점까지의 소요시간을 관측함으로써 관측점의 위치를 구하는 체계이다. 즉 GPS 측량은 위치가 알려진 다수의 위성을 기지점으로 하여 수신기를 설치한 미지점의 위치를 결정하는 후방교회법(Resection method)에 의한 측량방법이다.

34 경사거리가 50m인 경사터널에서 수평각을 관측한 시준선에서 직각으로 5mm의 시준오차가 생겼다면 각에 미치는 오차는?

① 21″
② 30″
③ 35″
④ 41″

해설

$L : l = \rho'' : \theta''$에서

$$\theta'' = \frac{l}{L} \rho'' = \frac{0.005}{50} \times 206,265'' = 20.6 = 21''$$

35 측량의 기준에서 지오이드에 대한 설명으로 옳은 것은?

① 수준원점과 같은 높이로 가상된 지구타원체를 말한다.
② 육지의 표면으로 지구의 물리적인 형태를 말한다.
③ 육지와 바다 밑까지 포함한 지형의 표면을 말한다.
④ 정지된 평균해수면이 지구를 둘러쌌다고 가상한 곡면을 말한다.

해설

지구의 형상
지구의 형상은 물리적 지표면, 구, 타원체, 지오이드, 수학적 형상으로 대별되며 타원체는 회전, 지구, 준거, 국제타원체로 분류된다.

타원체
지구를 표현하는 수학적 방법으로서 타원체 면의 장축 또는 단축을 중심축으로 회전시켜 얻을 수 있는 모형이며 좌표를 표현하는 데 있어서 수학적 기준이 되는 모델이다.

지오이드
정지된 해수면을 육지까지 연장하여 지구 전체를 둘러쌌다고 가상한 곡면을 지오이드(geoid)라 한다. 지구타원체는 기하학적으로 정의한 데 비하여 지오이드는 중력장 이론에 따라 물리학적으로 정의한다.

36 수준측량에서 전시, 후시를 같게 하여 제거할 수 있는 오차는?

① 기포관축과 시준선이 평행하지 않을 때 생기는 오차
② 관측자의 읽기 착오에 의한 오차
③ 지반의 침하에 의한 오차
④ 표척의 눈금 오차

해설

전시와 후시의 거리를 같게 함으로써 제거되는 오차
(1) 레벨의 조정이 불완전(시준선이 기포관축과 평행하지 않을 때)할 때(시준축오차 : 오차가 가장 크다.)

(2) 지구의 곡률오차(구차)와 빛의 굴절오차(기차)를 제거한다.
(3) 초점나사를 움직이는 오차가 없으므로 그로 인해 생기는 오차를 제거한다.

37 사진측량에서 고저차(h)와 시차차(Δp)의 관계로 옳은 것은?

① 고저차는 시차차에 비례한다.
② 고저차는 시차차에 반비례한다.
③ 고저차는 시차차의 제곱에 비례한다.
④ 고저차는 시차차의 제곱에 반비례한다.

해설

$$h = \frac{H}{P_r} \cdot \Delta P = \frac{H}{bo} \cdot \Delta P$$

$$\therefore \Delta P = \frac{h}{H} \cdot P_r = \frac{h}{H} \cdot bo$$

여기서, H : 비행고도, h : 시차(굴뚝의 높이)
ΔP(시차차) : $P_a - P_r$
P_a : 건물정상의 시차

고저차는 시차차에 비례한다.

38 A점의 지반고가 15.4m, B점의 지반고가 18.9m일 때 A점으로부터 지반고가 17m인 지점까지의 수평거리는?(단, AB 간의 수평거리는 45m이고, 등경사 지형이다.)

① 17.3m
② 18.3m
③ 19.3m
④ 20.6m

해설

$45 : 3.5 = x : 1.6$

$x = \dfrac{45}{3.5} \times 1.6 = 20.6\text{m}$

39 원곡선 설치에서 교각 $I = 70°$, 반지름 $R = 100$m일 때 접선길이는?

① 50.0m
② 70.0m
③ 86.6m
④ 259.8m

해설

$$TL = R\tan\frac{I}{2} = 100 \times \tan\frac{70°}{2} = 70\text{m}$$

40 등고선의 성질에 대한 설명으로 옳지 않은 것은?

① 동일 등고선 위의 모든 점은 기준면으로부터 모두 동일한 높이이다.
② 경사가 같은 지표에서는 등고선의 간격은 동일하며 평행하다.
③ 등고선의 간격이 좁을수록 경사가 완만한 지형을 의미한다.
④ 등고선은 절벽 또는 동굴에서는 교차할 수 있다.

해설

등고선의 성질
• 동일 등고선상에 있는 모든 점은 같은 높이이다.
• 등고선은 반드시 도면 안이나 밖에서 서로 폐합한다.
• 지도의 도면 내에서 폐합되면 가장 가운데 부분은 산꼭대기 (산정) 또는 凹지(요지)가 된다.
• 등고선은 도중에 없어지거나 엇갈리거나 합쳐지거나 갈라지지 않는다.
• 높이가 다른 두 등고선은 동굴이나 절벽의 지형이 아닌 곳에서는 교차하지 않는다.
• 등고선은 경사가 급한 곳에서는 간격이 좁고 완만한 경사에서는 넓다.
• 최대경사의 방향은 등고선과 직각으로 교차한다.
• 분수선(능선)과 곡선(유하선)은 등고선과 직각으로 만난다.
• 2쌍의 등고선의 볼록부가 상대할 때는 볼록부를 나타낸다.
• 동등한 경사의 지표에서 양 등고선의 수평거리는 같다.
• 같은 경사의 평면일 때는 나란한 직선이 된다.
• 등고선이 능선을 직각방향으로 횡단한 다음 능선 다른 쪽을 따라 거슬러 올라간다.
• 등고선의 수평거리는 산꼭대기 및 산밑에서는 크고 산중턱에서는 작다.

Subject 03 토지정보체계론

41 토지관리정보시스템(LMIS)에 관한 설명으로 옳지 않은 것은?

① 과거 건설교통부에서 추진하였던 정보화 사업이다.

② 구축하는 도형자료에는 지형도, 연속 및 편집지적도, 용도지역지구도 등이 있다.

③ 시·군·구에서 생산 관리하는 도형자료와 속성자료 중 도형정보의 질을 제고하기 위한 시스템이다.

④ 자료를 공유하여 업무의 효율성을 높이고, 개인 소유의 토지에 대한 공적 규제사항을 신속·정확하게 알려주기 위하여 구축하였다.

해설

토지관리정보시스템(LMIS : Land Management Information System)

(구)건설교통부는 토지관리업무를 통합·관리하는 체계가 미흡하고, 중앙과 지방 간의 업무연계가 효율적으로 이루어지지 않으며, 토지정책 수립에 필요한 자료를 정확하고 신속하게 수집하기 어려움에 따라 1998년 2월부터 1998년 12월까지 대구광역시 남구를 대상으로 6개 토지관리업무에 대한 응용시스템 개발과 토지관리 데이터베이스를 구축하고, 관련제도정비 방안을 마련하는 등 시범사업을 수행하여 현재 토지관리업무에 활용하고 있다.

1. 토지관리정보체계의 추진 배경
토지와 관련하여 복잡 다양한 행위 제한 내용을 국민에게 모두 알려주지 못하여 국민이 토지를 이용 및 개발함에 있어 시행착오를 겪는 경우가 많으며, 토지 거래 허가·신고, 택지 및 개발 부담금 부과 등의 업무가 수작업으로 처리되어 효율성이 낮다. 이로 인하여 토지이용 규제 내용을 제대로 알지 못하고 있으며, 궁극적으로 토지의 효율적인 내용 및 개발이 이루어지지 못하고 있다. 또한 토지정책의 합리적인 의사결정을 지원하고 정책 효과 분석을 위해서는 각종 정보를 실시간으로 정확하게 파악하여 종합 처리하고, 기존의 개별·법령별로 처리되고 있던 토지업무를 유기적으로 연계할 필요가 있다. 그리고 각 지자체별로 도시정보시스템 사업을 수행하고 있으나 기반이 되는 토지관련 데이터베이스가 구축되지 않아 효율성이 떨어지므로 토지관리정보체계를 추진하게 되었다.

2. 토지관리정보체계(LMIS : Land Management Information System)의 추진 목적
① 토지종합정보화의 지방자치단체 확산 구축

② 전국 온라인 민원 발급의 구현으로 민원 서비스의 획기적 개선

③ 지자체의 다양한 전산환경에도 호환성을 갖도록 개방형 지향

④ 변화된 업무환경에 적합하도록 응용시스템 보완

⑤ 지자체의 다양한 정보시스템 연계 활용

42 지리정보시스템에서 실세계를 추상화시켜 표현하는 과정을 데이터 모델링이라 하며, 이와 같이 실세계의 지리공간을 GIS의 데이터베이스로 구축하는 과정은 추상화 수준에 따라 세 가지 단계로 나누어진다. 이 세 가지 단계에 포함되지 않는 것은?

① 개념적 모델　　② 논리적 모델

③ 물리적 모델　　④ 위상적 모델

해설

데이터 모델이란 실세계를 추상화시켜 표현하는 것으로, 데이터 모델링은 실세계를 추상화시키는 일련의 과정이라고 볼 수 있다. 실세계의 지리공간을 GIS의 데이터베이스로 구축하는 과정은 추상화 수준에 따라 개념적 모델링 → 논리적 모델링 → 물리적 모델링의 세 단계로 나뉜다.

개념적 모델링	개념적 모델이란 실세계에 대한 사람들의 인지를 나타낸 것으로, 이 단계에서 데이터의 추상화란 실세계에 대한 사람들의 인지수준에 관한 정보를 담는 것이다. 개념적 모델링도 데이터베이스 디자인 과정의 일부이지만 컴퓨터에서의 실행 여부와는 관련이 없으며 데이터베이스와도 독립적이다. 개념적 데이터 모델로 가장 공통적으로 사용하는 것의 하나는 실체-관계(E-R : Entity-Relationship) 데이터 모델이다.
논리적 모델링	논리적 모델은 개념적 모델과는 달리 특정한 소프트웨어에 의존적이다. 최근에 논리적 모델의 하나로 등장한 대표적인 모델이 객체-지향모델이다. 논리적 모델은 흔히 데이터베이스 모델 또는 수행모델(implementation model)이라고 불린다.
물리적 모델링	물리적 데이터 모델은 컴퓨터에서 실제로 운영되는 형태의 모델로, 컴퓨터에서 데이터의 물리적 저장을 의미한다. 즉, 데이터가 기록되는 포맷, 기록되는 순서, 접근경로 등을 나타내는 것으로 하드웨어와 소프트웨어에 의존적이다. 따라서 물리적 데이터 모델은 시스템프로그래머나 데이터베이스관리자 들에 의해 의도된다.

43 지적행정시스템의 속성자료와 관련이 없는 것은?

① 토지대장　　　② 임야대장
③ 공유지연명부　④ 국세과세대장

해설

토지정보의 분류

위치정보	설내위치정보 (absolute positional information)	실제공간에서의 위치(예 : 경도, 위도, 좌표, 표고)정보를 말하며 지상, 지하, 해양, 공중 등의 지구공간 또는 우주공간에서의 위치기준이 된다.
	상대위치정보 (relative positional information)	모형공간(model space)에서의 위치(임의의 기준으로부터 결정되는 위치 – 예 : 설계도)정보를 말하는 것으로서 상대적 위치 또는 위상관계를 부여하는 기준이 된다.
특성정보	도형정보 (graphic information)	• 도형정보(圖形情報, graphic information)는 지도에 표현되는 수치적 설명으로 지도의 특정한 지도요소를 의미한다. • GIS에서는 이러한 도형정보를 컴퓨터의 모니터나 종이 등에 나타내는 도면으로 표현하기 위해 사용한다. • 도형정보는 점, 선, 면 등의 형태나 영상소, 격자셀 등의 격자형, 그리고 기호 또는 주석과 같은 형태로 입력되고 표현된다. • 도형정보는 점, 선, 면과 같이 위치, 형태, 크기, 방위 등을 가지고 있는 정보를 말하며 대상물의 거리, 방향, 상대적 위치 등을 파악할 수 있게 되며 객체간의 공간적 위치관계를 설명할 수 있는 공간관계(spatial relationship)를 갖는다. • 지적공부에서 지적도와 임야도를 말하며, 경계점좌표등록부에 등록되는 좌표를 공간정보로 본다.
	영상정보 (image information)	센서(scanner, lidar, laser, 항공사진기 등)에 의해 취득한 사진 등으로 인공위성에서 직접 얻은 수치영상이나 항공기를 통하여 얻은 항공사진상의 정보를 수치화하여 컴퓨터에 입력한 정보를 말한다.
	속성정보 (attribute information)	지도상의 특성이나 질, 지형, 지물의 관계 등을 나타내는 정보로서 문자와 숫자가 조합된 구조로 행렬의 형태로 저장된다.

44 다음 중 LIS(Land Information System)와 관련이 없는 것은?

① UIS(Urban Information System)
② DIS(Defense Information System)
③ GIS(Geographic Information System)
④ EIS(Environmental Information System)

해설

지역정보시스템 : RIS (Regional Information System)	• 건설공사계획수립을 위한 지질, 지형자료의 구축 • 각종 토지이용계획의 수립 및 관리에 활용
도시정보체계 : UIS (Urban Information System)	도시현황파악, 도시계획, 도시정비, 도시기반시설관리, 도시행정, 도시방재 등의 분야에 활용
토지정보체계 : LIS (Land Information System)	다목적 국토정보, 토지이용계획수립, 지형분석 및 경관정보 추출, 토지부동산관리, 지적정보구축에 활용
교통정보시스템 : TIS (Transportation Information System)	육상·해상. 항공교통의 관리, 교통계획 및 교통영향평가 등에 활용
수치지도제작 및 지도정보시스템 : DM/MIS (Digital Mapping/Map Information System)	• 중소축척 지도 제작 • 각종 주제도 제작에 활용
도면자동화 및 시설물관리시스템 : AM/FM (Automated Mapping and Facility Management)	• 도면작성 자동화 • 상하수도시설관리, 통신시설관리 등에 활용
측량정보시스템 : SIS (Surveying Information System)	측지정보, 사진측량정보, 원격탐사정보를 체계화하는 데 활용
환경정보시스템 : EIS (Environmental Information System)	대기오염, 수질, 폐기물 관련 정보 관리에 활용
자원정보시스템 : RIS (Resource Information System)	농수산자원정보, 산림자원정보의 관리, 수자원정보, 에너지자원, 광물자원 등을 관리하는 데 활용
재해정보체계 : DIS (Disaster Information System)	각종 자연재해방제, 대기오염경보 등의 분야에 활용
기상정보시스템 : MIS (Meteorological Information System)	기상변동추적 및 일기예보, 기상정보의 실시간 처리, 태풍경로추적 및 피해예측 등에 활용

국방정보체계 : NDIS (Nation Defence Information System)	DTM(Digital Terrain Modelling)을 활용한 가시도분석, 국방행정 관련정보자료기반, 작전정보구축 등에 활용

45 토지의 고유번호 구성에서 지번의 총자릿수는?

① 6자리
② 8자리
③ 10자리
④ 12자리

해설

부동산종합공부시스템 운영 및 관리규정 제19조(코드의 구성)

① 규칙 제68조 제5항에 따른 고유번호는 행정구역코드 10 자리(시·도 2, 시·군·구 3, 읍·면·동 3, 리 2), 대장 구분 1자리, 본번 4자리, 부번 4자리를 합한 19자리로 구성한다.

② 제1항에 따른 고유번호 이외에 사용하는 코드는 별표 3과 같다.

③ 제1항에 따른 행정구역코드 부여기준은 별표 4와 같다.

대장 구분

코드체계	*	⇐ 숫자 1자리	
코드	내용	코드	내용
1	토지대장	8	토지대장 (폐쇄)
2	임야대장	9	임야대장 (폐쇄)

46 DEM과 TIN에 관한 설명으로 옳은 것은?

① 불규칙한 적응적 추출방법인 DEM은 복잡한 지형에 알맞다.

② 정사사진 생성과 같은 목적을 위해서는 DEM데이터가 훨씬 효과적이다.

③ DEM과 TIN모델은 상호변환이 불가능하므로 처음 구축할 때부터 선택에 신중을 기해야 한다.

④ 항공사진을 해석도화하는 방법으로 수치지형데이터를 획득하는 경우 DEM 생성보다 TIN 생성이 더 쉽다.

해설

수치표고모형 (Digital Elevation Model : DEM)	DEM은 지형의 연속적인 기복변화를 일정한 크기의 격자간격으로 표현한 것으로 공간상의 연속적인 기복변화를 수치적인 행렬의 격자형태로 표현한다. 수치표고모형은 표고데이터의 집합일 뿐만 아니라 임의의 위치에서 표고를 보간할 수 있는 모델을 말한다. 공간상에 나타난 불규칙한 지형의 변화를 수치적으로 표현하는 방법을 수치표고모형이라 한다. DEM은 규칙적인 간격으로 표본지점이 추출된 래스터 형태의 데이터모델이다. DEM은 DTM 중에서 표고를 특화한 모델이다.
수치표면모델 (Digital Surface Model : DSM)	DEM과 유사한 개념의 지형모델로 DSM이 있다. DSM은 일정한 크기의 격자간격으로 연속적인 기복변화를 표현한다는 점에서 DEM과 동일하다. 그러나 DEM은 자연적인 지형의 변화를 표현하는 데 반해 DSM은 건물·수목·인공구조물 등의 높이까지 반영한 연속적인 변화를 표현한다는 점에서 차이가 있다. DSM은 DEM과 중첩해 흔히 건물이나 수목의 높이 추출, 지표변화 관찰 등에 활용이 가능하고, 동일한 좌표에 대한 DSM의 고도값에서 DEM의 고도값을 빼면 간단히 구할 수 있다.
DTM(Digital Terrain Model)	• 지형의 표고뿐만 아니라 지표상의 다른 속성도 포함하며 측량 및 원격탐사와 연관이 깊다. • 지형의 다른 속성까지 포함하므로 자료가 복잡하고 대용량의 정보를 가지고 있으며, 여러 가지 속성을 레이어를 이용하여 다양한 정보제공이 가능하다. • DTM은 표현방법에 따라 DEM과 DSM으로 구별된다. 즉 DTM=DEM+DSM이다.
불규칙삼각망 (不規則三角網, Triangulated Irregular Network : TIN)	불규칙삼각망은 불규칙하게 배치되어 있는 지형점으로부터 삼각망을 생성하여 삼각형 내의 표고를 삼각평면으로부터 보간하는 DEM의 일종이다. 벡터데이터 모델로 위상구조를 가지며 표본 지점들은 X, Y, Z값을 가지고 있으며 다각형 Network를 이루고 있는 순수한 위상구조와 개념적으로 유사하다.

47 토지정보체계의 도형 자료를 컴퓨터에 입력하는 방식과 관련이 없는 것은?

① 스캐닝　　　　② 좌표변환
③ 디지타이징　　④ 항공사진 디지타이징

●해설

Digitizing (수동방식)	디지타이저라는 테이블에 컴퓨터와 연결된 마우스를 이용하여 필요한 주제의 형태를 컴퓨터에 입력시키는 방법으로 수동으로 도면을 입력하는 경우 모든 절점의 좌표가 절대좌표로 입력될 수 있다.
	장점
	• 자료입력 형태는 벡터형식이다. • 레이어별로 나누어 입력할 수 있어 효과적이다. • 불필요한 도형이나 주기를 선별적으로 입력할 수 있다. • 지도의 보관상태에 영향을 적게 받는다. • 작업과정이 간단하고 가격이 저렴하다. • 작업자가 입력내용을 판단할 수 있어 다소 훼손된 도면도 입력할 수 있다.
	단점
	• 수동방식이므로 많은 시간과 노력이 필요하다. • 작업자의 숙련도와 사용되는 소프트웨어의 성능에 좌우된다. • 입력 시 누락이 발생할 수 있다. • 단순도형 입력 시에는 비효율적이다. • 복잡한 도형은 입력하기가 어렵다.
Scanning (자동방식)	레이저 광선을 지도에 주사하고 반사되는 값에 수치값을 부여하여 컴퓨터에 저장함으로써 기존의 지도, 사진 또는 중첩자료 등의 아날로그 자료형식을 컴퓨터에 의해 수치형식(영상)으로 입력하는 방법이다.
	장점
	• 자료입력 형태는 격자형식이다. • 이미지상에서 삭제·수정 등을 할 수 있다. • 스캐너의 성능에 따라 해상도를 조절할 수 있다. • 컬러 필터를 사용하면 컬러 영상을 얻을 수 있다.
	단점
	• 훼손된 도면은 입력이 어렵다. • 격자의 크기가 작아지면 정밀하지만 자료가 방대해진다. • 문자나 그래픽 심볼과 같은 부수적인 정보를 많이 포함한 도면을 입력하는 데 부적합하다.

48 공간 데이터의 질을 평가하는 기준과 가장 거리가 먼 것은?

① 위치 정확성　　② 속성 정확성
③ 논리적 일관성　④ 데이터의 경제성

●해설

성확도 검수

GIS 자료의 정확도를 확보하기 위한 자료의 품질관리는 관리활동의 한 형태로서 계획과 실시, 검토, 조치 등의 체계로 분류할수 있으며, 여기서 검토와 조치의 기능을 수행하는 것을 검수라 한다. 즉 검수란 소비자와 생산자의 입장에서 자료의 정확성과 산출물의 특성을 비교하여 변동사항과 그 원인을 발견하여 결함을 시정한 과정이다.

GIS 자료 검수의 범위

자료 입력과정 및 생성연혁 관리
자료 포맷
위치의 정확성
속성의 정확성
문자 정확성
기하구조의 적합성
자료 최신성
논리적 일관성
완전성
경계정합

49 다음 중 토지정보의 종류로 옳지 않은 것은?

① 위치정보　　② 속성정보
③ 도형정보　　④ 오차정보

●해설

위치 정보	절대위치정보(absolute positional information)
	상대위치정보(relative positional information)
특성 정보	도형정보(graphic information)
	영상정보(image information)
	속성정보(attribute information)

50 국가공간정보정책 기본계획은 몇 년 단위로 수립·시행되는가?

① 1년 ② 3년
③ 5년 ④ 10년

해설

공간정보기본법 제6조(국가공간정보정책 기본계획의 수립)
① 정부는 국가공간정보체계의 구축 및 활용을 촉진하기 위하여 국가공간정보정책 기본계획(이하 "기본계획"이라 한다)을 5년마다 수립하고 시행하여야 한다.
② 기본계획에는 다음 각 호의 사항이 포함되어야 한다.
    1. 국가공간정보체계의 구축 및 공간정보의 활용 촉진을 위한 정책의 기본 방향
    2. 제19조에 따른 기본공간정보의 취득 및 관리
    3. 국가공간정보체계에 관한 연구·개발
    4. 공간정보 관련 전문인력의 양성
    5. 국가공간정보체계의 활용 및 공간정보의 유통
    6. 국가공간정보체계의 구축·관리 및 유통 촉진에 필요한 투자 및 재원조달 계획
    7. 국가공간정보체계와 관련한 국가적 표준의 연구·보급 및 기술기준의 관리
    8. 「공간정보산업 진흥법」 제2조 제1항 제2호에 따른 공간정보산업의 육성에 관한 사항
    9. 그 밖에 국가공간정보정책에 관한 사항
③ 관계 중앙행정기관의 장은 제2항 각 호의 사항 중 소관 업무에 관한 기관별 국가공간정보정책 기본계획(이하 "기관별 기본계획"이라 한다)을 작성하여 대통령령으로 정하는 바에 따라 국토교통부장관에게 제출하여야 한다.
④ 국토교통부장관은 제3항에 따라 관계 중앙행정기관의 장이 제출한 기관별 기본계획을 종합하여 기본계획을 수립하고 위원회의 심의를 거쳐 이를 확정한다.
⑤ 제4항에 따라 확정된 기본계획을 변경하는 경우 그 절차에 관하여는 제4항을 준용한다. 다만, 대통령령으로 정하는 경미한 사항을 변경하는 경우에는 그러하지 아니하다.

51 부동산종합공부시스템 운영기관의 장이 지적 전산자료의 유지·관리 업무를 원활히 수행하기 위하여 지정하는 지적 전산자료관리 책임관은?

① 보수업무 담당부서의 장
② 전산업무 담당부서의 장
③ 지적업무 담당부서의 장
④ 유지·관리업무 담당부서의 장

해설

부동산종합공부시스템 운영 및 관리규정 제7조(전산자료의 유지·관리)
① 운영기관의 장은 전산자료가 멸실 또는 훼손되지 않도록 관계법령의 규정에 따라 전산자료를 유지·관리하여야 한다.
② 운영기관의 장은 제1항에 따른 전산자료의 유지·관리 업무를 원활히 수행하기 위하여 지적업무 담당부서의 장을 전산자료관리 책임관으로 지정한다.

52 지적도 전산화 작업의 목적으로 옳지 않은 것은?

① 수치지형도의 위조 방지
② 대민서비스의 질적 향상 도모
③ 토지정보시스템의 기초 데이터 활용
④ 지적도면의 신축으로 인한 원형 보관 관리의 어려움 해소

해설

지적공부전산화의 목적
• 지적공부를 체계적이고 과학적인 토지정책자료와 지적행정의 실현으로 다목적지적에 활용할 수 있도록 한다.(토지정보의 다목적 활용)
• 토지소유자의 현황파악과 지적민원을 신속하고 정확하게 처리하므로 지방행정전산화 촉진 등에 영향을 미칠 수 있다.(토지소유권의 신속한 파악)
• 전국적으로 획일적인 시스템의 활용으로 각 시·도 분산시스템의 상호 간 또는 중앙시스템 간의 인터페이스를 완전하게 확보하도록 한다.
• 토지기록과 관련된 변동자료를 온라인으로 처리하여 기존에 처리하던 이동 정리 등 업무의 이중성을 배제할 수 있다.

53 래스터데이터 구조에 비하여 벡터데이터 구조가 갖는 단점으로 옳은 것은?

① 자료의 구조가 복잡한 편이다.
② 네트워크분석과 같은 다양한 공간 분석에 제약이 있다.
③ 해상도가 높을 경우 더욱 많은 저장 용량을 필요로 한다.
④ 각 셀이 코드화되기 때문에 많은 저장용량을 필요로 한다.

◉해설

	벡터 자료	래스터 자료
장점	• 보다 압축된 자료구조를 제공하며 따라서 데이터 용량의 축소가 용이하다. • 복잡한 현실세계의 묘사가 가능하다. • 위상에 관한 정보가 제공되므로 관망분석과 같은 다양한 공간분석이 가능하다. • 그래픽의 정확도가 높다. • 그래픽과 관련된 속성정보의 추출 및 일반화, 갱신 등이 용이하다.	• 자료구조가 간단하다. • 여러 레이어의 중첩이나 분석이 용이하다. • 자료의 조작과정이 매우 효과적이고 수치영상의 질을 향상시키는 데 매우 효과적이다. • 수치이미지 조작이 효율적이다. • 다양한 공간적 편의가 격자의 크기와 형태가 동일하므로 시뮬레이션이 용이하다.
단점	• 자료구조가 복잡하다. • 여러 레이어의 중첩이나 분석에 기술적으로 어려움이 수반된다. • 각각의 그래픽 구성요소는 각기 다른 위상구조를 가지므로 분석에 어려움이 크다. • 그래픽의 정확도가 높은 관계로 도식과 출력에 비싼 장비가 요구된다. • 일반적으로 값비싼 하드웨어와 소프트웨어가 요구되므로 초기비용이 많이 든다.	• 압축되어 사용되는 경우가 드물며 지형관계를 나타내기가 훨씬 어렵다. • 주로 격자형의 네모난 형태로 가지고 있기 때문에 수작업에 의해서 그려진 완화된 선에 비해서 미관상 매끄럽지 못하다. • 위상정보의 제공이 불가능하므로 관망해석과 같은 분석기능이 이루어질 수 없다. • 좌표변환을 위한 시간이 많이 소요된다.

54 다음 중 래스터데이터가 갖는 장점으로 옳지 않은 것은?

① 중첩분석이 용이하다.

② 데이터 구조가 단순하다.

③ 위상관계를 나타낼 수 있다.

④ 원격탐사 영상 자료와의 연계가 용이하다.

◉해설

문제 53번 해설 참고

55 디지타이징 방식과 비교하였을 때 스캐닝 방식이 갖는 장점에 대한 설명으로 옳지 않은 것은?

① 일반적으로 작업의 속도가 빠르다.

② 다량의 지도를 입력하는 작업에 유리하다.

③ 하드웨어와 소프트웨어의 구입비용이 덜 소요된다.

④ 작업자의 숙련도가 작업에 미치는 영향이 적은 편이다.

◉해설

구분	Digitizer(수동방식)	Scanner(자동방식)
정의	전기적으로 민감한 테이블을 사용하여 종이로 제작된 지도자료를 컴퓨터에 의하여 사용할 수 있는 수치자료로 변환하는 데 사용되는 장비로서 도형자료(도표, 그림, 설계도면)를 수치화하거나 수치화하고 난 후 즉시 자료를 검토할 때와 이미 수치화된 자료를 도형적으로 기록하는 데 쓰이는 장비를 말한다.	위성이나 항공기에서 자료를 직접 기록하거나 지도 및 영상을 수치로 변환시키는 장치로서 사진 등과 같이 종이에 나타나 있는 정보를 그래픽 형태로 읽어 들여 컴퓨터에 전달하는 입력 장치를 말한다.
특징	• 도면이 훼손·마멸 등으로 스캐닝 작업으로 경계의 식별이 곤란할 경우와 도면의 상태가 양호하더라도 도곽 내에 필지 수가 적어 스캐닝 작업이 비효율적인 도면은 디지타이징 방법으로 작업을 할 수 있다. • 디지타이징 작업을 할 경우에는 데이터 취득이 완료될 때까지 도면을 움직이거나 제거하여서는 아니 된다.	• 밀착스캔이 가능한 최선의 스캐너를 선정하여야 한다. • 스캐닝 방법에 의하여 작업할 도면은 보존상태가 양호한 도면을 대상으로 하여야 한다. • 스캐닝 작업을 할 경우에는 스캐너를 충분히 예열하여야 한다. • 벡터라이징 작업을 할 경우에는 경계점 간 연결되는 선 굵기가 0.1mm가 되도록 환경을 설정하여야 한다. • 벡터라이징은 반드시 수동으로 하여야 하며 경계점을 명확히 구분할 수 있도록 확대한 후 작업을 실시하여야 한다.

56 토지정보를 공간자료와 속성자료로 분류할 때, 공간자료에 해당하는 것으로만 나열된 것은?

① 지적도, 임야도

② 지적도, 토지대장

③ 토지대장, 임야대장

④ 토지대장, 공유지연명부

정답 ▶ 54 ③ 55 ③ 56 ①

해설

특성정보	도형정보 (graphic information)	• 도형정보(圖形情報, graphic information)는 지도에 표현되는 수치적 설명으로 지도의 특정한 지도요소를 의미한다. • GIS에서는 이러한 도형정보를 컴퓨터의 모니터나 종이 등에 나타내는 도면으로 표현하기 위해 사용한다. • 도형정보는 점, 선, 면 등의 형태나 영상소, 격자셀 등의 격자형, 그리고 기호 또는 주석과 같은 형태로 입력되고 표현된다. • 도형정보는 점, 선, 면과 같이 위치, 형태, 크기, 방위 등을 가지고 있는 정보를 말하며 대상물의 거리, 방향, 상대적 위치 등을 파악할수 있게 되며 객체간의 공간적 위치관계를 설명할 수 있는 공간관계(spatial relationship)를 갖는다. • 지적공부에서 지적도와 임야도를 말하며, 경계점좌표등록부에 등록되는 좌표를 공간정보로 본다.
	영상정보 (image information)	센서(scanner, lidar, laser, 항공사진기 등)에 의해 취득한 사진 등으로 인공위성에서 직접 얻은 수치영상이나 항공기를 통하여 얻은 항공사진상의 정보를 수치화하여 컴퓨터에 입력한 정보를 말한다.
	속성정보 (attribute information)	지도상의 특성이나 질, 지형, 지물의 관계 등을 나타내는 정보로서 문자와 숫자가 조합된 구조로 행렬의 형태로 저장된다.

57 지적정보관리시스템의 사용자권한 등록파일에 등록하는 사용자권한으로 옳지 않은 것은?

① 지적통계의 관리
② 종합부동산세 입력 및 수정
③ 토지 관련 정책정보의 관리
④ 개인별 토지소유현황의 조회

해설

사용자권한 구분(등록파일에 등록하는 사용자의 권한)
1. 사용자의 신규등록
2. 사용자 등록의 변경 및 삭제
3. 법인이 아닌 사단·재단 등록번호의 업무관리
4. 법인이 아닌 사단·재단 등록번호의 직권수정
5. 개별공시지가 변동의 관리
6. 지적전산코드의 입력·수정 및 삭제
7. 지적전산코드의 조회
8. 지적전산자료의 조회
9. 지적통계의 관리
10. 토지 관련 정책정보의 관리
11. 토지이동 신청의 접수
12. 토지이동의 정리
13. 토지소유자 변경의 관리
14. 토지등급 및 기준수확량등급 변동의 관리
15. 지적공부의 열람 및 등본 발급의 관리
15의2. 부동산종합공부의 열람 및 부동산종합증명서 발급의 관리
16. 일반 지적업무의 관리
17. 일일마감 관리
18. 지적전산자료의 정비
19. 개인별 토지소유현황의 조회
20. 비밀번호의 변경

58 관계형 데이터베이스에 대한 설명으로 옳은 것은?

① 데이터를 2차원의 테이블 형태로 저장한다.
② 정의된 데이터 테이블의 갱신이 어려운 편이다.
③ 트리(Tree) 형태의 계층 구조로 데이터들을 구성한다.
④ 필요한 정보를 추출하기 위한 질의의 형태에 많은 제한을 받는다.

해설

관계형 데이터베이스 관리시스템(RDBMS : Relationship Data-Base Management System)

개요	• 데이터를 표로 정리하는 경우 행(row)은 데이터 묶음이 되고 열(column)은 속성을 나타내는 2차원의 도표로 구성된다. 이와 같이 표현하고자 하는 대상의 속성들을 묶어 하나의 행을 만들고, 행들의 집합으로 데이터를 나타내는 것이 관계형 데이터베이스이다. • 영역들이 갖는 계층구조를 제거하여 시스템의 유연성을 높이기 위해서 만들어진 구조이다. • 데이터의 무결성, 보안, 권한, 록킹(locking) 등 이전의 응용분야에서 처리해야 했던 많은 기능들을 지원한다. • 관계형 데이터 모델은 모든 데이터들을 테이블과 같은 형태로 나타내며 데이터베이스를 구축하는 가장 전형적인 모델이다. • 관계형 데이터베이스에서는 개체의 속성을 나타내는 필드 모두를 키필드로 지정할 수 있다.

<table>
<tr><td rowspan="1">특
징</td><td>
• 데이터 구조는 릴레이션(relation)으로 표현된다. 릴레이션이란 테이블의 열과 행의 집합을 말한다.
• 테이블에서 열은 속성(attribute), 행은 튜플(tuple)이라 한다.
• 테이블의 각 칸에는 하나의 속성값만 가지며, 이 값은 더 이상 분해될 수 없는 원자값(automic value)이다.
• 하나의 속성이 취할 수 있는 같은 유형의 모든 원자값의 집합을 그 속성의 도메인(domain)이라 하며 정의된 속성값은 도메인으로부터 값을 취해야 한다.
• 튜플을 식별할 수 있는 속성의 집합인 키(key)는 테이블의 각 열을 정의하는 행들의 집합인 기본키(PK : Primary Key)와 같은 테이블이나 다른 테이블의 기본키를 참조하는 외부키(FK : Foreign Key)가 있다.
• 관계형 데이터모델은 구조가 간단하여 이해하기 쉽고 데이터 조작 측면에서도 매우 논리적이고 명확하다는 장점이 있다.
• 상이한 정보 간 검색, 결합, 비교, 자료가감 등이 용이하다.
• 데이터를 2차원의 테이블 형태로 저장한다.
</td></tr>
</table>

59 다음 중 스캐닝(Scanning)에 의하여 도형정보를 입력할 경우의 장점으로 옳지 않은 것은?

① 작업자의 수작업이 최소화된다.
② 이미지상에서 삭제·수정할 수 있다.
③ 원본 도면의 손상된 정도와 상관없이 도면을 정확하게 입력할 수 있다.
④ 복잡한 도면을 입력할 때 작업시간을 단축할 수 있다.

● 해설

문제 55번 해설 참고

60 다음 중 GIS 데이터 교환 표준이 아닌 것은?

① NTF
② SQL
③ SDTS
④ DIGEST

● 해설

SDTS(Spatial Date Transfer Standard, 공간자료교환표준)
공간자료교환표준은 공간자료를 서로 다른 컴퓨터 시스템 간에 정보의 누락 없이 자료를 주고 받을 수 있게 해주는 방법이다. 이는 자료교환표준으로서 공간자료, 속성, 위치체계, 자료의 질, 자료 사전, 기타 메타데이터 등을 모두 포함하는 표준이다. SDTS는 미국 USGS(United States Geological

Survey : 미국지질조사국)를 중심으로 연구가 진행되어 90년대 초에 연방표준국(National Institute of Standard Technology, NIST)에서 표준으로 채택하였다. 중립적인 규정이며 모듈화되어 있고, 지속적인 갱신이 가능하며, 적용에 있어서 매우 탄력적인 일종의 "열린 시스템" 표준이다.

DIGEST(DIgital Geographic Exchange STandard)
SDTS와 더불어 GIS 데이터 교환표준인 DIGEST는 원래 미국의 국방분야 지도제작기관(Defense Mapping Angecy)이 주도적으로 개발한 데이터 교환 포맷(VPF : Vector Product Format)이 발전된 것이다.

Subject 04 지적학

61 현대 지적의 원리로 가장 거리가 먼 것은?

① 능률성
② 문화성
③ 정확성
④ 공기능성

● 해설

지적의 원리(地籍의 原理)

공기능성의 원리 (Publicness)	지적은 국가가 국토에 대한 상황을 다수의 이익을 추구하기 위하여 기록·공시하는 국가의 공공업무이며, 국가고유의 사무이다. 현대지적은 일방적인 관리층의 필요에서 만들어져서는 안 되고, 제도권 내의 사람에게 수평성의 원리에서 공공관계가 이루어져야 한다. 따라서 모든 지적사항은 필요에 의해 공개되어야 한다.
민주성의 원리 (Democracy)	현대지적에서 민주성이란, 제도의 운영주체와 객체가 내적인 면에서 행정의 인간화가 이루어지고, 외적인 면에서 주민의 뜻이 반영되는 지적행정이라 할 수 있다. 아울러 지적의 책임성은 지적법의 규정에 따라 공익을 증진하고 주민의 기대에 부응하도록 하는 데 있다.
능률성의 원리 (Efficency)	실무활동의 능률성은 토지현상을 조사하여 지적공부를 만드는 과정에서의 능률을 의미하고, 이론개발 및 전달과정의 능률성은 주어진 여건과 실행과정의 개선을 의미한다. 지적활동을 능률화한다는 것은 지적문제의 해소를 뜻하며, 나아가서 지적활동의 과학화, 기술화 내지는 합리화, 근대화를 지칭하는 것이다.

정확성의 원리 (Accuracy)	지적활동의 정확도는 크게 토지현황조사, 기록과 도면, 관리와 운영의 정확도를 말한다. 토지현황조사의 정확성은 일필지조사, 기록과 도면의 정확성은 측량의 정확도, 그리고 지적공부를 중심으로 한 관리·운영의 정확성은 지적조직의 업무분화, 정확도와 밀접하게 관련되어 있다. 결국 지적의 정확성은 지적불부합의 반대개념이다.

62 부동산의 증명 제도에 대한 설명으로 옳지 않은 것은?

① 근대적 등기제도에 해당한다.
② 소유권에 한하여 그 계약 내용을 인증해 주는 제도였다.
③ 증명은 대한제국에서 일제 초기에 이르는 부동산등기의 일종이다.
④ 일본인이 우리나라에서 제한거리를 넘어서도 토지를 소유할 수 있는 근거가 되었다.

해설

토지증명제도(土地證明制度)

① 의의

토지증명제도는 근대적인 공시방법인 등기제도에 해당하는 제도로서 토지소유의 한계를 마련하는 근거가 되었다. 즉, 당시 소유할 수 있는 토지는 거류지로부터 4km 이내로 제한하였다. 또한 증명제도는 증명부라는 공부를 작성하여 공시의 기능을 갖게 하였고, 실질적 심사주의 취하여 증명부의 신속도를 높임으로써 등기제도에 근접하게 되었다.

② 증명발급

광무 10년(1906) 시행된 토지가옥증명규칙을 보면 물권변동 중 토지가옥을 매매, 증여, 교환, 전당할 경우에 한하여 그 계약서에 통수, 동장의 인증을 거친 후에 군수 또는 부윤의 증명을 받을 수 있으며 군수 또는 부윤은 토지가옥증명대장에 곧 그 증명을 한 사항을 기재해야 하고 이 대장은 군수, 부윤에게 신청하여 열람할 수 있다. 이의가 있는 자가 지체 없이 그 증명의 취소, 변경을 신청할 수 있으나 이의신청 없이 기간이 지나면 증명된 사항이 확정되었다.

63 지적 공부를 상시 비치하고 누구나 열람할 수 있게 하는 공개주의의 이론적 근거가 되는 것은?

① 공신의 원칙　　② 공시의 원칙
③ 공증의 원칙　　④ 직권등록의 원칙

해설

토지등록의 원칙(土地登錄의 原則)

등록의 원칙 (登錄의 原則)	토지에 관한 모든 표시사항을 지적공부에 반드시 등록하여야 하며 토지의 이동이 이루어지려면 지적공부에 그 변동사항을 등록하여야 한다는 토지등록의 원칙으로 토지표시의 등록주의(登錄主義, booking principle)라고 할 수 있다. 적극적 등록제도(positive system)와 법지적(legal cadastre)을 채택하고 있는 나라에서 적용하고 있는 원리로서 토지의 모든 권리의 행사는 토지대장 또는 토지등록부에 등록하지 않고는 모든 법률상의 효력을 갖지 못하는 원칙으로 형식주의(principle of formality) 규정이라고 할 수 있다.
신청의 원칙 (申請의 原則)	토지의 등록은 토지소유자의 신청을 전제로 하되 신청이 없을 때는 직권으로 직접 조사하거나 측량하여 처리하도록 규정하고 있다.
특정화의 원칙 (特定化의 原則)	토지 등록 제도에서 특정화의 원칙(principle of speciality)은 권리의 객체로서 모든 토지는 반드시 특정적이면서도 단순하며 명확한 방법에 의하여 인식될 수 있도록 개별화함을 의미하는데, 이 원칙이 실제적으로 지적과 등기와의 관련성을 성취시켜 주는 열쇠가 된다.
국정주의 및 직권주의 (國定主義 및 職權主義)	국정주의(principle of national decision)는 지적공부의 등록사항인 토지의 지번, 지목, 경계, 좌표, 면적의 결정은 국가의 공권력에 의하여 국가만이 결정할 수 있는 원칙이다. 직권주의는 모든 필지는 필지단위로 구획하여 국가기관인 소관청이 직권으로 조사·정리하여 지적공부에 등록 공시하여야 한다는 원칙이다.
공시의 원칙, 공개주의 (公示의 原則, 公開主義)	토지 등록의 법적 지위에서 토지이동이나 물권의 변동은 반드시 외부에 알려야 한다는 원칙을 공시의 원칙(principle of public notification) 또는 공개주의(principle of publicity)라고 한다. 토지에 관한 등록사항을 지적공부에 등록하여 일반인에게 공시하여 토지소유자는 물론 이해관계자 및 기타 누구나 이용할 수 있도록 하는 것이다.
공신의 원칙 (公信의 原則)	공신의 원칙(principle of public confidence)은 물권의 존재를 추측하게 하는 표상, 즉 공시방법을 신뢰하여 거래한 자는 비록 그 공시방법이 진실한 권리관계에 일치하고 있지 않더라도 그 공시된 대로의 권리를 인정하여 이를 보호하여야 한다는 원칙이다. 즉, 공신의 원칙은 선의의 거래자를 보호하여 진실로 그러한 등기 내용과 같은 권리관계가 존재한 것처럼 법률효과를 인정하려는 법률법칙을 말한다.

64 다음 중 임야조사사업 당시 사정 기관은?

① 도지사
② 임야심사위원회
③ 임시토지조사국
④ 고등토지조사위원회

● 해설

구분	토지조사사업	임야조사사업
근거법령	토지조사령 (1912.8.13. 제령 제2호)	조선임야조사령 (1918.5.1. 제령 제5호)
조사기간	1910~1918 (8년 10개월)	1916~1924(9개년)
측량기관	임시토지조사국	부(府)와 면(面)
사정기관	임시토지조사국장	도지사
재결기관	고등토지조사위원회	임야심사위원회
조사내용	• 토지소유권 • 토지가격 • 지형·지모	• 토지소유권 • 토지가격 • 지형·지모
조사대상	• 전국에 걸친 평야부 토지 • 낙산 임야	• 토지조사에서 제외된 토지 • 산림 내 개재지(토지)
도면축척	1/600, 1/1,200, 1/2,400	1/3,000, 1/6,000
기선측량	13개소	

65 우리나라 근대적 지적 제도의 확립을 촉진시킨 여건에 해당되지 않는 것은?

① 토지에 대한 문건의 미비
② 토지소유형태의 합리성 결여
③ 토지면적 단위의 통일성 결여
④ 토지가치 판단을 위한 자료 부족

● 해설

토지조사의 목적 및 특징
• 토지사유권 확립과 토지거래는 조선시대부터 이루어지고 있었으나 사유권을 보장하는 지적제도와 등기제도 등 증명 제도가 불충분하므로 이에 대한 제도적 보장을 위한 토지소유의 증명제도를 확립하고
• 당시 토지세가 국가세입의 주종을 이루었으므로 지세수입의 증대를 위하여 은결(隱結) 등을 찾아내고 각 필지의 면적, 경계 등을 정확히 조사하여 세원을 확보하기 위한 조세수입체제를 확립하며
• 18세기 초의 양안에 기초하여 그 이후의 토지소유관계를 무시한 채 역둔토 등을 조사·정리하여 무상으로 국유지를 창

출하고 따라서 조선총독부의 소유지를 확보하는 것이었다.
• 토지에 대한 정량성(定量性)을 지닌 면적 단위의 통일성이 확립되도록 이를 시정하고
• 토지조사사업 이전에 진출한 일본 상업고리대 자본의 토지 점유가 보장되는 법률적 제도를 확립하고
• 각종 관유지와 일부 민유지까지도 조선총독부의 소유로 하여 이를 동양척식주식회사를 비롯한 일본의 식민사회를 통해 일본 이민에게 토지를 불하하여 일본 식민에 대한 제도적 지원 대책을 확립하며
• 조선총독부가 한국 내 미개간권(未開墾權)의 광대한 면적에 착안하고 경작지로 개간 가능한 미개간지를 점유하게 되었다. 특히
• 일본의 식량 부족에 대비하여 식량과 원료, 특히 일본으로 수출하는 미곡량을 증가시키기 위해서 이를 지원할 수 있는 토지이용제도를 정비하고
• 일본의 공업화에 따르는 노동력 부족문제를 한국의 소작농을 임금 노동화함으로써 충당하도록 하는 제도적·구조적 기초를 마련하기 위하여 소작농의 제 권리를 완전히 배제하고 노동인력을 흡수하여 토지소유 형태의 합리화를 꾀할 목적 등을 들 수 있다.
⇨ 따라서 토지사업의 목적을 고려할 때 토지조사사업의 특징
• 일본의 지조개정사업이나 대만에서의 토지조사사업의 경험을 총괄하여 토지조사사업을 시행하였으므로 연속성, 통일성을 기하였고
• 일본의 요구에 부응할 수 있는 특정 지주적인 토지소유의 옹호육성이었으며
• 지가결정의 기준이 되는 수확량의 사정에 있어서 개량농법, 개량품종의 우대조치에서 나타나는 쌀 수출정책으로서의 의의가 있다.
• 또한 국유지 강제적 창출에 따른 토지분쟁의 해결을 사법적 권리에 의하지 않고 행정처분, 즉 사업주체인 토지조사국 및 고등토지조사 위원회의 판단에 위임하여 토지소유자가 명확하게 되지 못하는 사례가 발생하였고
• 일필지 측량방법에 있어서는 완전히 당국이 시행하여 처음부터 비교적 정확도가 높은 도면을 만들도록 하였다.

66 지적 관련 법령의 변천 순서가 옳게 나열된 것은?

① 토지대장법 → 조선지세령 → 토지조사령 → 지세령
② 토지대장법 → 토지조사령 → 조선지세령 → 지세령
③ 토지조사법 → 지세령 → 토지조사령 → 조선지세령
④ 토지조사법 → 토지조사령 → 지세령 → 조선지세령

해설

지적법령 변천과정

① 토지조사법(1910.08.23.)
② 토지조사령(1912.08.13.)
③ 지세령(1914.03.16.)
④ 토지대장규칙(1914.04.25.)
⑤ 조선임야조사령(1918.05.01.)
⑥ 임야대장규칙(1920.08.23.)
⑦ 토지측량규정(1921.06.16.)
⑧ 임야측량규정(1935.06.12.)
⑨ 조선지세령(1943.03.31.)
⑩ 조선임야대장규칙(1943.03.31.)
⑪ 지세법(1950.12.01.)
⑫ 지적법(1950.12.01.)
⑬ 지적법시행령(1951.04.01.)
⑭ 지적측량규정(1954.11.12.)
⑮ 지적측량사규정(1960.12.31.)

67 지적업무의 특성으로 볼 수 없는 것은?

① 전국적으로 획일성을 요하는 기술업무
② 전통성과 영속성을 가진 국가 고유업무
③ 토지소유권을 확정공시하는 준사법적인 행정업무
④ 토지에 대한 권리관계를 등록하는 등기의 보완적 업무

해설

토지등록의 법적 효력과 공시

측량·수로조사 및 지적에 관한 법률에 따라 토지를 지적공부에 등록을 하게 되며, 지적공부에 등록된 내용을 토대로 등기부를 정리하게 된다. 이러한 과정을 통하여 토지등록은 법적 효력을 갖게 되고 공적 확인의 자료가 되는 것이다. 우리나라는 적극적 등록주의를 채택하고 있어 모든 토지를 지적공부에 등록하도록 규정하고 있고, 공부에 등록되는 사항은 일정한 형식에 맞춰 국가의 적극적 공권력에 의하여 결정함으로써 토지표시사항의 공신력과 국민재산권 보호 및 정확한 정보 제공을 기하고 있다.

68 다음 중 지적공부의 성격이 다른 것은?

① 산토지대장
② 갑호토지대장
③ 별책토지대장
④ 을호토지대장

해설

간주지적도

1 간주지적도의 개념
   1) 토지조사령에 의한 조사대상 지목으로서 산림지대에 있는 전, 답, 대 등 지적도에 등록할 토지와 토지조사시 행지역에서 약 200간 이상 떨어져서 기존의 지적도에 등록할 수 없거나 증보도의 작성에 많은 노력과 비용이 소요되고 도면의 매수가 증가되어 그 관리가 불편하게 되므로
   2) 산간벽지와 도서지방의 경우에는 임야대장규칙에 의하여 비치된 임야를 지적도로 간주하여 토지를 지적도에 등록하지 않고 그 지목만 수정한 후 임야도에 등록하였는데 이를 간주지적도라 한다.
2. 간주지적도의 토지대장
   1) 간주지적도에 등록된 토지는 그 대장을 별도로 작성하고 산토지대장이라고 하였다.
   2) 별책토지대장 또는 을호토지대장이라고도 하였다.

69 다음 중 지적제도의 분류 방법이 다른 하나는?

① 세지적
② 법지적
③ 수치지적
④ 다목적지적

해설

지적제도의 유형(地籍制度의 類型)

발전과정	세지적 (稅地籍)	토지에 대한 조세부과를 주된 목적으로 하는 제도로 과세지적이라고도 한다. 국가의 재정수입을 토지세에 의존하던 농경사회에서 개발된 제도로 과세의 표준이 되는 농경지는 기준수확량, 일반 토지는 토지등급을 중시하고 지적공부의 등록사항으로는 면적단위를 중시한 지적제도이다.
	법지적 (法地籍)	세지적이 발전된 형태로서 토지에 대한 사유재산권이 인정되면서 생성된 유형으로 소유지적, 경계지적이라고도 한다. 토지소유권 보호를 주된 목적으로 하는 제도로 토지거래의 안전과 토지소유권의 보호를 위한 토지경계를 중시한 지적제도이다.
	다목적 지적 (多目的 地籍)	현대사회에서 추구하고 있는 지적제도로 종합지적, 통합지적, 유사지적, 경제지적, 정보지적이라고도 한다. 토지와 관련한 다양한 정보를 종합적으로 등록·관리하고 이를 이용 또는 활용하며 필요한 자에게 제공해 주는 것을 목적으로 하는 지적제도이다.

70 지번의 부여방법 중 진행방향에 따른 분류가 아닌 것은?

① 기우식   ② 사행식
③ 오결식   ④ 절충식

해설

지번부여방법(地番附與方法)

진행방법	사행식	필지의 배열이 불규칙한 지역에서 진행순서에 따라 지번을 부여하는 방법으로 농촌지역의 지번부여에 적합하며 우리나라 토지의 대부분은 사행식에 의해 부여하며 지번 부여가 일정하지 않고 상하좌우로 분산되어 부여되는 결점이 있다.
	기우식	도로를 중심으로 한쪽은 홀수인 기수, 다른 쪽은 짝수인 우수로 지번을 부여하는 방법으로 리·동·도·가 등의 시가지 지역의 지번부여방법으로 적합하고 교호식이라고도 한다.
	단지식	단지마다 하나의 지번을 부여하고 단지 내 필지마다 부번을 부여하는 방법으로 단지식은 블록식이라고도 하며 도시개발사업 및 농지개량사업 시행지역 등의 지번부여에 적합하다.
	절충식	사행식, 기우식, 단지식 등을 적당히 취사선택(取捨選擇)하여 부번(附番)하는 방식이다.

71 다음 중 토렌스시스템의 기본원리에 해당되지 않는 것은?

① 거울이론   ② 배상이론
③ 보험이론   ④ 커튼이론

해설

토렌스 시스템(Torrens system)

오스트레일리아 Robert Torrens 경에 의해 창안된 토렌스 시스템은 토지의 권원(權原, title)을 명확히 하고 토지거래에 따른 변동사항 정리를 용이하게 하여 권리증서의 발행을 편리하게 하는 것이 목적이다. 이 제도의 기본원리는 법률적으로 토지의 권리를 확인하는 대신에 토지의 권원을 등록하는 행위이다.

거울이론 (mirror principle)	토지권리증서의 등록은 토지의 거래사실을 완벽하게 반영하는 거울과 같다는 입장의 이론이다. 소유권에 관한 현재의 법적 상태는 오직 등기부에 의해서만 이론의 여지없이 완벽하게 보인다는 원리이며 주 정부에 의하여 적법성을 보장받는다.

커튼이론 (curtain principle)	토지등록 업무가 커튼 뒤에 놓인 공정성과 신빙성에 대하여 관여할 필요도 없고 관여해서도 안 되는 매입신청자를 위한 유일한 정보의 이론이다. 토렌스 제도에 의해 한번 권리증명서가 발급되면 당해 토지의 과거 이해관계에 대하여 모두 무효화시키고 현재의 소유권을 되돌아볼 필요가 없다는 것이다.
보험이론 (insurance principle)	인간의 과실로 인하여 토지등록에 착오가 발생한 경우 피해를 입은 사람은 피해보상에 대하여 법률적으로 선의의 제3자와 동등한 입장이 되어야 한다는 이론으로 권원증명서에 등기된 모든 정보는 정부에 의하여 보장된다는 원리이다.

72 다음 중 지적의 발생설과 관계가 먼 것은?

① 법률설   ② 과세설
③ 치수설   ④ 지배설

해설

지적제도의 기원

과세설 (課税說, Taxation theory)	국가가 과세를 목적으로 토지에 대한 각종 현상을 기록·관리하는 수단으로부터 출발했다고 보는 설로 공동생활과 집단생활을 형성·유지하기 위해서는 경제적 수단으로 공동체에 제공해야 한다. 토지는 과세목적을 위해 측정되고 경계의 확정량에 따른 과세가 이루어졌으며 고대에는 정복한 지역에서 공납물을 징수하는 수단으로 이용되었다. 정주생활에 따른 과세의 필요성에서 그 유래를 찾아볼 수 있고, 과세설의 증거자료로는 Domesday Book(영국의 토지대장), 신라의 장적문서(서원경 부근의 4개 촌락의 현·촌명 및 촌락의 영역, 호구(戸口) 수, 우마(牛馬) 수, 토지의 종목 및 면적, 뽕나무, 백자목, 추자목의 수량을 기록) 등이 있다.
치수설 (治水說, Flood control theory)	국가가 토지를 농업생산 수단으로 이용하기 위하여 관개시설 등을 측량하고 기록, 유지, 관리하는 데서 비롯되었다고 보는 설로 토지측량설(土地測量說, land survey theory)이라고도 한다. 물을 다스려 보국안민을 이룬다는 데서 유래를 찾아볼 수 있고 주로 4대강 유역이 치수설을 뒷받침하고 있다. 즉, 관개시설에 의한 농업적 용도에서 물을 다스릴 수 있는 토목과 측량술의 발달은 농경지의 생산성에 대한 합리적인 과세목적에서 토지기록이 이루어지게 된 것이다.

| 지배설
(支配說,
Rule
theory) | 국가가 토지를 다스리기 위한 영토의 보존과 통치수단으로 토지에 대한 각종현황을 관리하는 데서 출발한다고 보는 설로 지배설은 자국 영토의 국경을 상징하는 경계표시를 만들어 객관적으로 표시하고 기록하는 과정에서 지적이 발생했다는 이론이다. 이러한 국경의 경계를 객관적으로 표시하고 기록하는 것은 자국민의 생활 안전을 보장하여 통치의 수단으로서 중요한 역할을 하였다. 국가 경계의 표시 및 기록은 영토보존의 수단이며 통치의 수단으로 백성을 다스리는 근본을 토지에서 찾았던 고대에는 이러한 일련의 행위가 매우 중요하게 평가되었다. 고대세계의 성립과 발전, 그리고 중세봉건사회와 근대 절대왕정, 그리고 근대시민사회의 성립 등에서 지배설을 뒷받침하고 있다. |
| 침략설
(侵略說,
Aggression
theory) | 국가가 영토확장 또는 침략상 우의를 확보하기 위해 상대국의 토지·현황을 미리 조사, 분석, 연구하는 데서 비롯되었다는 학설이다. |

73 토지대장을 열람하여 얻을 수 있는 정보가 아닌 것은?

① 토지경계
② 토지면적
③ 토지소재
④ 토지지번

해설

토지대장(土地臺帳, Land Books) & 임야대장(林野臺帳, Forest Books)

㉠ 토지표시사항
- 토지소재
- 지번
- 지목
- 면적
- 토지의 이동 사유

㉡ 소유권에 관한 사항
- 토지소유자 변동일자
- 변동원인
- 주민등록번호
- 성명 또는 명칭
- 주소

㉢ 기타
- 토지의 고유번호(각 필지를 서로 구별하기 위하여 필지마다 붙이는 고유한 번호를 말한다.)
- 지적도 또는 임야도 번호
- 필지별 토지대장 또는 임야대장의 장번호

- 축척
- 토지등급 또는 기준수확량등급과 그 설정·수정 연월일
- 개별공시지가와 그 기준일

74 다음 중 축척이 다른 2개의 도면에 동일한 필지의 경계가 각각 등록되어 있을 때 토지의 경계를 결정하는 원칙으로 옳은 것은?

① 축척이 큰 것에 따른다.
② 축척의 평균치에 따른다.
③ 축척이 작은 것에 따른다.
④ 토지소유자에게 유리한 쪽에 따른다.

해설

경계의 결정 원칙

경계국정주의의 원칙	지적공부에 등록하는 경계는 국가가 조사·측량하여 결정한다는 원칙
경계불가분의 원칙	경계는 유일무이한 것으로 이를 분리할 수 없다는 원칙
등록선후의 원칙	동일한 경계가 축척이 서로 다른 도면에 각각 등록되어 있는 경우로서 경계가 상호 일치하지 않는 경우에는 경계에 잘못이 있는 경우를 제외하고 등록시기가 빠른 토지의 경계를 따른다는 원칙
축척종대의 원칙	동일한 경계가 축척이 서로 다른 도면에 각각 등록되어 있는 경우로서 경계가 상호 일치하지 않는 경우에는 경계에 잘못이 있는 경우를 제외하고 축척이 큰 것에 등록된 경계를 따른다는 원칙
경계직선주의	지적공부에 등록하는 경계는 직선으로 한다는 원칙

75 다음 토지이동 항목 중 면적측정 대상에서 제외되는 것은?

① 등록전환
② 신규등록
③ 지목변경
④ 축척 변경

해설

토지이동 항목 중 면적측정 대상에서 제외되는 것
- 지번변경
- 지목변경
- 행정구역변경

76 다음 중 정약용과 서유구가 주장한 양전개정론의 내용이 아닌 것은?

① 경무법 시행
② 결부제 폐지
③ 어린도법 시행
④ 수등이척제 개선

◉해설

구분	정약용 (丁若鏞)	서유구 (徐有榘)	이기 (李沂)	유길준 (俞吉濬)
양전 방안	• 결부제 폐지 후 경무법으로 개혁 • 양전법안 개정	수등이척제에 대한 개선책으로 망척제를 주장	전 국토를 리 단위로 한 田統制(전통제)를 주장
특징	• 어린도 작성 • 정전제 강조 • 전을 정방향으로 구분 • 휴도 : 방량법의 일환으로 어린도의 최소 단위로 작성된 지적도	• 어린도 작성 • 구고삼각법에 의한 양전수법 십오제를 마련	• 도면의 필요성을 강조 • 정방형의 눈들을 가진 그물눈금을 사용하여 면적 산출(망척제)	• 양전 후 지권을 발행 • 리 단위의 지적도 작성(전통도)
저서	목민심서 (牧民心書)	의상경계책 (擬上經界策)	해학유서 (海鶴遺書)	서유견문 (西遊見聞)

77 지번부여지역에 해당하는 것은?

① 군
② 읍
③ 면
④ 동·리

◉해설

공간정보의 구축 및 관리 등에 관한 법률 제2조(정의)
이 법에서 사용하는 용어의 뜻은 다음과 같다.
20. "토지의 표시"란 지적공부에 토지의 소재·지번(地番)·지목(地目)·면적·경계 또는 좌표를 등록한 것을 말한다.
21. "필지"란 대통령령으로 정하는 바에 따라 구획되는 토지의 등록단위를 말한다.
22. "지번"이란 필지에 부여하여 지적공부에 등록한 번호를 말한다.
23. "지번부여지역"이란 지번을 부여하는 단위지역으로서 동·리 또는 이에 준하는 지역을 말한다.
24. "지목"이란 토지의 주된 용도에 따라 토지의 종류를 구분하여 지적공부에 등록한 것을 말한다.

78 지적제도의 발달과정에서 세지적이 표방하는 가장 중요한 특징은?

① 면적 본위
② 위치 본위
③ 소유권 본위
④ 대축척 지적도

◉해설

지적제도의 유형(地籍制度의 類型)

	세지적 (稅地籍)	토지에 대한 조세부과를 주된 목적으로 하는 제도로 과세지적이라고도 한다. 국가의 재정수입을 토지세에 의존하던 농경사회에서 개발된 제도로 과세의 표준이 되는 농경지는 기준수확량, 일반토지는 토지등급을 중시하고 지적공부의 등록사항으로는 면적단위를 중시한 지적제도이다.
발 전 과 정	법지적 (法地籍)	세지적이 발전된 형태로서 토지에 대한 사유재산권이 인정되면서 생성된 유형으로 소유지적, 경계지적이라고도 한다. 토지소유권 보호를 주된 목적으로 하는 제도로 토지거래의 안전과 토지소유권의 보호를 위한 토지경계를 중시한 지적제도이다.
	다목적 지적 (多目的 地籍)	현대사회에서 추구하고 있는 지적제도로 종합지적, 통합지적, 유사지적, 경제지적, 정보지적이라고도 한다. 토지와 관련한 다양한 정보를 종합적으로 등록·관리하고 이를 이용 또는 활용하며 필요한 자에게 제공해 주는 것을 목적으로 하는 지적제도이다.

79 징발된 토지소유권의 주체는?

① 국가
② 국방부
③ 토지소유자
④ 지방자치단체

◉해설

징발된 토지가 소유권 이전이 완료되기 전까지는 토지소유권의 주체는 토지소유자이다.

80 지목설정의 원칙 중 옳지 않은 것은?

① 1필 1목의 원칙
② 용도 경중의 원칙
③ 축척 종대의 원칙
④ 주지목 추종의 원칙

해설

지목부여 원칙(地目附與 原則)

1필 1목의 원칙	1필지의 토지에는 1개의 지목만을 설정하여야 한다는 원칙
주지목 추정의 원칙	주된 토지의 사용목적 또는 용도에 따라 지목을 정하여야 한다는 원칙
등록 선후의 원칙	지목이 서로 중복될 때는 먼저 등록된 토지의 사용목적 또는 용도에 따라 지목을 설정하여야 한다는 원칙
용도 경중의 원칙	지목이 중복될 때는 중요한 토지의 사용목적 또는 용도에 따라 지목을 설정
일시변경 불변의 원칙	임시적이고 일시적인 용도의 변경이 있는 경우에는 등록전환을 하거나 지목변경을 할 수 없다는 원칙
사용목적 추종의 원칙	도시계획사업 등의 완료로 인하여 조성된 토지는 사용목적에 따라 지목을 설정하여야 한다는 원칙

Subject 05 지적관계법규

81 면적을 측정하는 경우 도곽선의 길이에 얼마 이상의 신축이 있을 때에 이를 보정하여야 하는가?

① 0.4mm
② 0.5mm
③ 0.8mm
④ 1.0mm

해설

지적측량 시행규칙 제20조(면적측정의 방법 등)
③ 면적을 측정하는 경우 도곽선의 길이에 0.5밀리미터 이상의 신축이 있을 때에는 이를 보정하여야 한다. 이 경우 도곽선의 신축량 및 보정계수의 계산은 다음 각 호의 계산식에 따른다.
1. 도곽선의 신축량 계산

$$S = \frac{\Delta X_1 + \Delta X_2 + \Delta Y_2 + \Delta Y_2}{4}$$

(S는 신축량, ΔX_1는 왼쪽 종선의 신축된 차, ΔX_2는 오른쪽 종선의 신축된 차, ΔY_1는 위쪽 횡선의 신축된 차, ΔY_2는 아래쪽 횡선의 신축된 차)

이 경우 신축된 차(밀리미터) $= \dfrac{1,000(L-L_o)}{M}$

(L은 신축된 도곽선지상길이, L_o는 도곽선지상길이, M은 축척분모)

2. 도곽선의 보정계수 계산

$$Z = \frac{X \cdot Y}{\Delta X \cdot \Delta Y}$$

(Z는 보정계수, X는 도곽선종선길이, Y는 도곽선횡선길이, ΔX는 신축된 도곽선종선길이의 합/2, ΔY는 신축된 도곽선횡선길이의 합/2을 말한다)

82 신규등록할 토지가 발생한 경우 최대 며칠 이내에 지적소관청에 신규등록을 신청하여야 하는가?

① 15일
② 30일
③ 60일
④ 90일

해설

공간정보의 구축 및 관리 등에 관한 법률 제77조(신규등록 신청)
토지소유자는 신규등록할 토지가 있으면 대통령령으로 정하는 바에 따라 그 사유가 발생한 날부터 60일 이내에 지적소관청에 신규등록을 신청하여야 한다.

83 공간정보의 구축 및 관리 등에 관한 법령상 지적 기준점에 해당하지 않는 것은?

① 위성기준점
② 지적도근점
③ 지적삼각점
④ 지적삼각보조점

해설

공간정보의 구축 및 관리 등에 관한 법률 제7조(측량기준점)
3. 지적기준점 : 특별시장·광역시장·특별자치시장·도지사 또는 특별자치도지사(이하 "시·도지사"라 한다)나 지적소관청이 지적측량을 정확하고 효율적으로 시행하기 위하여 국가기준점을 기준으로 하여 따로 정하는 측량기준점
공간정보의 구축 및 관리 등에 관한 법률 시행령 제8조(측량기준점의 구분)
1. 지적기준점
   가. 지적삼각점(地籍三角點) : 지적측량 시 수평위치 측량의 기준으로 사용하기 위하여 국가기준점을 기준으로 하여 정한 기준점
   나. 지적삼각보조점 : 지적측량 시 수평위치 측량의 기준으로 사용하기 위하여 국가기준점과 지적삼각점을 기준으로 하여 정한 기준점
   다. 지적도근점(地籍圖根點) : 지적측량 시 필지에 대한 수평위치 측량 기준으로 사용하기 위하여 국가기준점, 지적삼각점, 지적삼각보조점 및 다른 지적도근점을 기초로 하여 정한 기준점

84 부동산종합공부시스템 운영 및 관리규정상 토지의 고유번호 코드의 총자릿수는?

① 13자리　　　　　② 15자리
③ 19자리　　　　　④ 22자리

●해설

부동산종합공부시스템 운영 및 관리규정 제19조(코드의 구성)
① 「공간정보의 구축 및 관리 등에 관한 법률 시행규칙」 제68조 제5항에 따른 고유번호는 행정구역코드 10자리(시 · 도 2, 시 · 군 · 구 3, 읍 · 면 · 동 3, 리 2), 대장구분 1자리, 본번 4자리, 부번 4자리를 합한 19자리로 구성한다.

85 다음 토지이동 중 축척의 변경이 수반되는 토지이동은?

① 등록전환　　　　② 신규등록
③ 지목변경　　　　④ 합병

●해설

공간정보의 구축 및 관리 등에 관한 법률 제2조(정의)
이 법에서 사용하는 용어의 뜻은 다음과 같다.
29. "신규등록"이란 새로 조성된 토지와 지적공부에 등록되어 있지 아니한 토지를 지적공부에 등록하는 것을 말한다.
30. "등록전환"이란 임야대장 및 임야도에 등록된 토지를 토지대장 및 지적도에 옮겨 등록하는 것을 말한다.

86 공간정보의 구축 및 관리 등에 관한 법령상 지적측량수수료를 결정하여 고시하는 자는?

① 기획재정부장관　　② 국토교통부장관
③ 행정안전부장관　　④ 한국국토정보공사 사장

●해설

지적측량 수수료 산정기준 등에 관한 규정 제26조(수수료 단가 조정고시)
① 국토교통부장관은 수수료 단가를 노임단가, 현장여비, 기계경비, 재료소모품비 등을 고려하여 산출된 금액으로 고시한다.
② 제1항에도 불구하고 국민의 부담을 경감하기 위하여 산출된 금액을 조정하여 고시할 수 있다.

87 지적측량업의 등록을 위한 기술능력 및 장비의 기준으로 옳지 않은 것은?

① 출력장치 1대 이상
② 중급기술자 2명 이상
③ 토털스테이션 1대 이상
④ 특급기술자 2명 또는 고급기술자 1명 이상

●해설

구 분	기술인력	장 비
지적측량업	1. 특급기술자 1명 또는 고급기술자 2명 이상 2. 중급기술자 2명 이상 3. 초급기술자 1명 이상 4. 지적분야의 초급기능사 1명 이상	1. 토털스테이션 1대 이상 2. 출력장치 1대 이상 • 해상도 : 2,400×1,200DPI • 출력범위 : 600×1,060mm 이상
지적측량업의 업무내용	• 법 제73조에 따른 경계점좌표등록부가 있는 지역에서의 지적측량 • 「지적재조사에 관한 특별법」에 따른 사업지구에서 실시하는 지적재조사측량 • 법 제86조에 따른 도시개발사업 등이 끝남에 따라 하는 지적확정측량 • 지적전산자료를 활용한 정보화사업	

88 공간정보의 구축 및 관리 등에 관한 법률에 따른 '토지의 표시'가 아닌 것은?

① 경계　　　　　② 소유자의 주소
③ 좌표　　　　　④ 토지의 소재

●해설

공간정보의 구축 및 관리 등에 관한 법률 제2조(정의)
이 법에서 사용하는 용어의 뜻은 다음과 같다.
20. "토지의 표시"란 지적공부에 토지의 소재 · 지번(地番) · 지목(地目) · 면적 · 경계 또는 좌표를 등록한 것을 말한다.
21. "필지"란 대통령령으로 정하는 바에 따라 구획되는 토지의 등록단위를 말한다.
22. "지번"이란 필지에 부여하여 지적공부에 등록한 번호를 말한다.
23. "지번부여지역"이란 지번을 부여하는 단위지역으로서 동 · 리 또는 이에 준하는 지역을 말한다.
24. "지목"이란 토지의 주된 용도에 따라 토지의 종류를 구분하여 지적공부에 등록한 것을 말한다.

89 공간정보의 구축 및 관리 등에 관한 법령상 정당한 사유 없이 지적측량을 방해한 자에 대한 벌칙기준으로 옳은 것은?

① 300만 원 이하의 과태료
② 500만 원 이하의 과태료
③ 1년 이하의 징역 또는 1천만 원 이하의 벌금
④ 2년 이하의 장역 또는 2천 만원 이하의 벌금

● 해설 ●

공간정보의 구축 및 관리 등에 관한 법률 제111조(과태료)
① 다음 각 호의 어느 하나에 해당하는 자에게는 300만 원 이하의 과태료를 부과한다.
  1. 정당한 사유 없이 측량을 방해한 자
  2. 제13조 제4항을 위반하여 고시된 측량성과에 어긋나는 측량성과를 사용한 자
  3. 제31조 제2항을 위반하여 수로조사를 하지 아니한 자
  4. 정당한 사유 없이 해양수산부장관이 제32조에 따라 공고한 수로조사를 방해한 자
  5. 정당한 사유 없이 제33조 제1항을 위반하여 수로조사성과를 제출하지 아니한 자
  6. 제35조 제5항을 위반하여 판매가격을 준수하지 아니하고 수로도서지를 판매하거나 최신 항행통보에 따라 수정되지 아니한 수로도서지를 보급한 자
  7. 제40조 제1항(제43조 제3항에 따라 준용되는 경우를 포함한다)을 위반하여 거짓으로 측량기술자 또는 수로기술자의 신고를 한 자
  8. 제44조 제4항을 위반하여 측량업 등록사항의 변경신고를 하지 아니한 자
  9. 제46조 제2항(제54조 제6항에 따라 준용되는 경우를 포함한다)을 위반하여 측량업자 또는 수로사업자의 지위 승계 신고를 하지 아니한 자
  10. 제48조(제54조 제6항에 따라 준용되는 경우를 포함한다)를 위반하여 측량업 또는 수로사업의 휴업 · 폐업 등의 신고를 하지 아니하거나 거짓으로 신고한 자
  11. 제50조 제2항을 위반하여 본인, 배우자 또는 직계 존속 · 비속이 소유한 토지에 대한 지적측량을 한 자
  12. 제54조 제4항을 위반하여 수로사업 등록사항의 변경신고를 하지 아니한 자
  13. 제92조 제1항을 위반하여 측량기기에 대한 성능검사를 받지 아니하거나 부정한 방법으로 성능검사를 받은 자
  14. 제93조 제1항을 위반하여 성능검사대행자의 등록사항 변경을 신고하지 아니한 자

  15. 제93조 제3항을 위반하여 성능검사대행업무의 폐업신고를 하지 아니한 자
  16. 정당한 사유 없이 제99조 제1항에 따른 보고를 하지 아니하거나 거짓으로 보고를 한 자
  17. 정당한 사유 없이 제99조 제1항에 따른 조사를 거부 · 방해 또는 기피한 자
  18. 정당한 사유 없이 제101조 제7항을 위반하여 토지 등에의 출입 등을 방해하거나 거부한 자
② 제1항에 따른 과태료는 대통령령으로 정하는 바에 따라 국토교통부장관, 해양수산부장관, 시 · 도지사 또는 지적소관청이 부과 · 징수한다.

90 공간정보의 구축 및 관리 등에 관한 법령상 「도시 개발법」에 따른 도시개발사업의 착수 · 변경 또는 완료 사실의 신고는 그 사유가 발생한 날부터 최대 며칠 이내에 하여야 하는가?

① 7일 이내   ② 15일 이내
③ 30일 이내   ④ 60일 이내

● 해설 ●

공간정보의 구축 및 관리 등에 관한 법률 시행령 제83조(토지개발사업 등의 범위 및 신고)
① 법 제86조 제1항에서 "대통령령으로 정하는 토지개발사업"이란 다음 각 호의 사업을 말한다.
  1. 「주택법」에 따른 주택건설사업
  2. 「택지개발촉진법」에 따른 택지개발사업
  3. 「산업입지 및 개발에 관한 법률」에 따른 산업단지개발사업
  4. 「도시 및 주거환경정비법」에 따른 정비사업
  5. 「지역 개발 및 지원에 관한 법률」에 따른 지역개발사업
  6. 「체육시설의 설치 · 이용에 관한 법률」에 따른 체육시설 설치를 위한 토지개발사업
② 법 제86조 제1항에 따른 도시개발사업 등의 착수 · 변경 또는 완료 사실의 신고는 그 사유가 발생한 날부터 15일 이내에 하여야 한다.
③ 법 제86조 제2항에 따른 토지의 이동 신청은 그 신청대상 지역이 환지(換地)를 수반하는 경우에는 법 제86조 제1항에 따른 사업완료 신고로써 이를 갈음할 수 있다. 이 경우 사업완료 신고서에 법 제86조 제2항에 따른 토지의 이동 신청을 갈음한다는 뜻을 적어야 한다.
④ 「주택법」에 따른 주택건설사업의 시행자가 파산 등의 이유로 토지의 이동 신청을 할 수 없을 때에는 그 주택의 시공을 보증한 자 또는 입주예정자 등이 신청할 수 있다.

91 지적업무처리규정상 일람도의 제도방법에 대한 설명으로 옳지 않은 것은?

① 철도용지는 붉은색 0.2mm 폭의 2선으로 제도한다.

② 인접 동·리 명칭은 4mm, 그 밖의 행정구역의 명칭은 5mm의 크기로 한다.

③ 취락지·건물 등은 0.1mm의 폭으로 제도하고 그 내부를 검은색으로 엷게 채색한다.

④ 도곽선은 0.1mm의 폭으로, 도곽선 수치는 3mm 크기의 아라비아 숫자로 제도한다.

● 해설

지적업무처리규정 제38조(일람도의 제도)

① 규칙 제69조 제5항에 따라 일람도를 작성할 경우 일람도의 축척은 그 도면축척의 10분의 1로 한다. 다만, 도면의 장수가 많아서 한 장에 작성할 수 없는 경우에는 축척을 줄여서 작성할 수 있으며, 도면의 장수가 4장 미만인 경우에는 일람도의 작성을 하지 아니할 수 있다.

② 제명 및 축척은 일람도 윗부분에 "○○시·도 ○○시·군·구 ○○읍·면 ○○동·리 일람도 축척 ○○○○분의 1"이라 제도한다. 이 경우 경계점좌표등록부시행지역은 제명 중 일람도 다음에 "(좌표)"라 기재하며, 그 제도방법은 다음 각 호와 같다.
1. 글자의 크기는 9밀리미터로 하고 글자사이의 간격은 글자크기의 2분의 1 정도 띄운다.
2. 제명의 일람도와 축척 사이는 20밀리미터를 띄운다.

③ 도면번호는 지번부여지역·축척 및 지적도·임야도·경계점좌표등록부 시행지별로 일련번호를 부여하고 신규 등록 및 등록전환으로 새로 도면을 작성할 경우의 도면번호는 그 지역 마지막 도면번호의 다음 번호로 부여한다. 다만, 제46조 제12항에 따라 도면을 작성할 경우에는 종전 도면번호에 "-1"과 같이 부호를 부여한다.

④ 일람도의 제도방법은 다음 각 호와 같다.
1. 도곽선과 그 수치의 제도는 제40조 제5항(⑤ 도면에 등록하는 도곽선은 0.1밀리미터의 폭으로, 도곽선의 수치는 도곽선 왼쪽 아랫부분과 오른쪽 윗부분의 종횡선교차점 바깥쪽에 2밀리미터 크기의 아라비아숫자로 제도한다.)을 준용한다.
2. 도면번호는 3밀리미터의 크기로 한다.
3. 인접 동·리 명칭은 4밀리미터, 그 밖의 행정구역 명칭은 5밀리미터의 크기로 한다.
4. 지방도로 이상은 검은색 0.2밀리미터 폭의 2선으로, 그 밖의 도로는 0.1밀리미터의 폭으로 제도한다.
5. 철도용지는 붉은색 0.2밀리미터 폭의 2선으로 제도한다.
6. 수도용지 중 선로는 남색 0.1밀리미터 폭의 2선으로 제도한다.
7. 하천·구거(溝渠)·유지(溜池)는 남색 0.1밀리미터의 폭의 2선으로 제도하고, 그 내부를 남색으로 엷게 채색한다. 다만, 적은 양의 물이 흐르는 하천 및 구거는 0.1밀리미터의 남색 선으로 제도한다.
8. 취락지·건물 등은 검은색 0.1밀리미터의 폭으로 제도하고, 그 내부를 검은색으로 엷게 채색한다.
9. 삼각점 및 지적기준점의 제도는 제43조를 준용한다.
10. 도시개발사업·축척변경 등이 완료된 때에는 지구경계를 붉은색 0.1밀리미터 폭의 선으로 제도한 후 지구 안을 붉은색으로 엷게 채색하고, 그 중앙에 사업명 및 사업완료연도를 기재한다.

92 공간정보의 구축 및 관리 등에 관한 법령상 신규등록 신청 시 지적소관청에 제출하여야 하는 첨부서류가 아닌 것은?

① 지적측량성과도

② 법원의 확정판결서 정본 또는 사본

③ 소유권을 증명할 수 있는 서류의 사본

④ 「공유수면 관리 및 매립에 관한 법률」에 따른 준공검사 확인증 사본

● 해설

공간정보의 구축 및 관리 등에 관한 법률 시행규칙 제81조(신규등록 신청)

① 영 제63조에서 "국토교통부령으로 정하는 서류"란 다음 각 호의 어느 하나에 해당하는 서류를 말한다. 〈개정 2010.10.15., 2013. 3.23.〉
1. 법원의 확정판결서 정본 또는 사본
2. 「공유수면 관리 및 매립에 관한 법률」에 따른 준공검사 확인증 사본
3. 법률 제6389호 지적법개정법률 부칙 제5조에 따라 도시계획구역의 토지를 그 지방자치단체의 명의로 등록하는 때에는 기획재정부장관과 협의한 문서의 사본
4. 그 밖에 소유권을 증명할 수 있는 서류의 사본

② 제1항 각 호의 어느 하나에 해당하는 서류를 해당 지적소관청이 관리하는 경우에는 지적소관청의 확인으로 그 서류의 제출을 갈음할 수 있다.

93 공간정보의 구축 및 관리 등에 관한 법령상 지적측량의뢰인이 손해배상금으로 보험금을 지급받고자 하는 경우의 첨부 서류에 해당되는 것은?

① 공정증서　　　② 인낙조서
③ 조정조서　　　④ 화해조서

●해설
공간정보의 구축 및 관리 등에 관한 법률 시행령 제43조(보험금 등의 지급 등)
① 지적측량의뢰인은 법 제51조 제1항에 따른 손해배상으로 보험금·보증금 또는 공제금을 지급받으려면 다음 각 호의 어느 하나에 해당하는 서류를 첨부하여 보험회사 또는 공간정보산업협회에 손해배상금 지급을 청구하여야 한다. 〈개정 2017.1.10.〉
　1. 지적측량의뢰인과 지적측량수행자 간의 손해배상합의서 또는 화해조서
　2. 확정된 법원의 판결문 사본
　3. 제1호 또는 제2호에 준하는 효력이 있는 서류
② 지적측량수행자는 보험금·보증금 또는 공제금으로 손해배상을 하였을 때에는 지체 없이 다시 보증설정을 하고 그 사실을 증명하는 서류를 제35조 제1항에 따라 등록한 시·도지사에게 제출하여야 한다. 〈개정 2017.1.10.〉
③ 지적소관청은 제1항에 따라 지적측량수행자가 지급하는 손해배상금의 일부를 지적소관청의 지적측량성과 검사 과실로 인하여 지급하여야 하는 경우에 대비하여 공제에 가입할 수 있다.

94 공간정보의 구축 및 관리 등에 관한 법령상 지적공부의 열람·발급 시 지적소관청에서 교부하는 등본 대상이 아닌 것은?

① 결번대장　　　② 임야대장
③ 토지대장　　　④ 경계점좌표등록부

●해설
공간정보의 구축 및 관리 등에 관한 법률 제2조(정의)
19. "지적공부"란 토지대장, 임야대장, 공유지연명부, 대지권등록부, 지적도, 임야도 및 경계점좌표등록부 등 지적측량 등을 통하여 조사된 토지의 표시와 해당 토지의 소유자 등을 기록한 대장 및 도면(정보처리시스템을 통하여 기록·저장 된 것을 포함한다)을 말한다.

공간정보의 구축 및 관리 등에 관한 법률 제75조(지적공부의 열람 및 등본 발급)
① 지적공부를 열람하거나 그 등본을 발급받으려는 자는 해당 지적소관청에 그 열람 또는 발급을 신청하여야 한다. 다만, 정보처리시스템을 통하여 기록·저장된 지적공부(지적도 및 임야도는 제외한다)를 열람하거나 그 등본을 발급받으려는 경우에는 특별자치시장, 시장·군수 또는 구청장이나 읍·면·동의 장에게 신청할 수 있다. 〈개정 2012.12.18.〉
② 제1항에 따른 지적공부의 열람 및 등본 발급의 절차 등에 필요한 사항은 국토교통부령으로 정한다.

95 공간정보의 구축 및 관리 등에 관한 법령상 지상 경계점에 경계점표지를 설치한 후 측량할 수 있는 경우가 아닌 것은?

① 관계 법령에 따라 인가·허가 등을 받아 토지를 분할하려는 경우
② 토지 일부에 대한 지상권설정을 목적으로 분할하고자 하려는 경우
③ 토지이용상 불합리한 지상 경계를 시정하기 위하여 토지를 분할하려는 경우
④ 도시개발사업의 사업시행자가 사업지구의 경계를 결정하기 위하여 토지를 분할하려는 경우

●해설
공간정보구축 및 관리에 관한 법률 시행령 제55조(지상 경계의 결정기준 등)
③ 다음 각 호의 어느 하나에 해당하는 경우에는 지상 경계점에 경계점표지를 설치하여 측량할 수 있다. 〈개정 2012.4.10., 2014.1.17.〉
　1. 법 제86조 제1항에 따른 도시개발사업 등의 사업시행자가 사업지구의 경계를 결정하기 위하여 토지를 분할하려는 경우
　2. 법 제87조 제1호 및 제2호에 따른 사업시행자와 행정기관의 장 또는 지방자치단체의 장이 토지를 취득하기 위하여 분할하려는 경우
　3. 「국토의 계획 및 이용에 관한 법률」 제30조 제6항에 따른 도시·군관리계획 결정고시와 같은 법 제32조 제4항에 따른 지형도면 고시가 된 지역의 도시·군관리계획선에 따라 토지를 분할하려는 경우
　4. 영 제65조 제1항에 따라 토지를 분할하려는 경우

5. 관계 법령에 따라 인가·허가 등을 받아 토지를 분할하려는 경우

④ 분할에 따른 지상 경계는 지상건축물을 걸리게 결정해서는 아니 된다. 다만, 다음 각 호의 어느 하나에 해당하는 경우에는 그러하지 아니하다.
1. 법원의 확정판결이 있는 경우
2. 법 제87조 제1호(공공사업 등에 따라 학교용지·도로·철도용지·제방·하천·구거·유지·수도용지 등의 지목으로 되는 토지인 경우)에 해당하는 토지를 분할하는 경우
3. 제3항 제1호(도시개발사업 등의 사업시행자가 사업지구의 경계를 결정하기 위하여) 또는 제3호(「국토의 계획 및 이용에 관한 법률」제30조 제6항에 따른 도시·군관리계획 결정고시와 같은 법 제32조 제4항에 따른 지형도면 고시가 된 지역의 도시·군관리계획선에 따라)에 따라 토지를 분할하는 경우

⑤ 지적확정측량의 경계는 공사가 완료된 현황대로 결정하되, 공사가 완료된 현황이 사업계획도와 다를 때에는 미리 사업시행자에게 그 사실을 통지하여야 한다. 〈개정 2014. 1. 17.〉
[제목개정 2014. 1. 17.]

영 제65조(분할 신청)
① 법 제79조 제1항에 따라 분할을 신청할 수 있는 경우는 다음 각 호와 같다. 〈개정 2014. 1. 17.〉
1. 소유권이전, 매매 등을 위하여 필요한 경우
2. 토지이용상 불합리한 지상 경계를 시정하기 위한 경우
3. 관계 법령에 따라 토지분할이 포함된 개발행위허가 등을 받은 경우

96 국토교통부장관이 기본측량을 실시하기 위하여 필요하다고 인정하는 경우, 토지의 수용 또는 사용에 따른 손실보상에 관하여 적용하는 법률은?

① 부동산등기법
② 국토의 계획 및 이용에 관한 법률
③ 공간정보의 구축 및 관리 등에 관한 법률
④ 공익사업을 위한 토지 등의 취득 및 보상에 관한 법률

● 해설

공간정보구축 및 관리에 관한 법률 제103조(토지의 수용 또는 사용)
① 국토교통부장관 및 해양수산부장관은 기본측량을 실시하기 위하여 필요하다고 인정하는 경우에는 토지, 건물, 나무, 그 밖의 공작물을 수용하거나 사용할 수 있다. 〈개정 2013. 3. 23.〉
② 제1항에 따른 수용 또는 사용 및 이에 따른 손실보상에 관하여는 「공익사업을 위한 토지 등의 취득 및 보상에 관한 법률」을 적용한다.

97 나음 시목의 분류에서 암석지의 지목으로 옳은 것은?

① 유지   ② 임야
③ 잡종지   ④ 전

● 해설

공간정보의 구축 및 관리 등에 관한 법률 시행령 제58조(지목의 구분)
법 제67조 제1항에 따른 지목의 구분은 다음 각 호의 기준에 따른다.
1. 전
물을 상시적으로 이용하지 않고 곡물·원예작물(과수류는 제외한다)·약초·뽕나무·닥나무·묘목·관상수 등의 식물을 주로 재배하는 토지와 식용(食用)으로 죽순을 재배하는 토지
5. 임야
산림 및 원야(原野)를 이루고 있는 수림지(樹林地)·죽림지·암석지·자갈땅·모래땅·습지·황무지 등의 토지
19. 유지(溜池)
물이 고이거나 상시적으로 물을 저장하고 있는 댐·저수지·소류지(沼溜地)·호수·연못 등의 토지와 연·왕골 등이 자생하는 배수가 잘 되지 아니하는 토지
28. 잡종지
다음 각 목의 토지. 다만, 원상회복을 조건으로 돌을 캐내는 곳 또는 흙을 파내는 곳으로 허가된 토지는 제외한다.
가. 갈대밭, 실외에 물건을 쌓아두는 곳, 돌을 캐내는 곳, 흙을 파내는 곳, 야외시장, 비행장, 공동우물
나. 영구적 건축물 중 변전소, 송신소, 수신소, 송유시설, 도축장, 자동차운전학원, 쓰레기 및 오물처리장 등의 부지
다. 다른 지목에 속하지 않는 토지

98 공간정보의 구축 및 관리 등에 관한 법률에서 규정하는 경계에 대한 설명으로 옳지 않은 것은?

① 지적도에 등록한 선
② 임야도에 등록한 선
③ 지상에 설치한 경계표지
④ 필지별로 경계점들을 직선으로 연결하여 지적공부에 등록한 선

◉해설

공간정보의 구축 및 관리 등에 관한 법률 제2조(정의)
이 법에서 사용하는 용어의 뜻은 다음과 같다.
20. "토지의 표시"란 지적공부에 토지의 소재·지번(地番)·지목(地目)·면적·경계 또는 좌표를 등록한 것을 말한다.
21. "필지"란 대통령령으로 정하는 바에 따라 구획되는 토지의 등록단위를 말한다.
22. "지번"이란 필지에 부여하여 지적공부에 등록한 번호를 말한다.
23. "지번부여지역"이란 지번을 부여하는 단위지역으로서 동·리 또는 이에 준하는 지역을 말한다.
24. "지목"이란 토지의 주된 용도에 따라 토지의 종류를 구분하여 지적공부에 등록한 것을 말한다.
25. "경계점"이란 필지를 구획하는 선의 굴곡점으로서 지적도나 임야도에 도해(圖解) 형태로 등록하거나 경계점좌표등록부에 좌표 형태로 등록하는 점을 말한다.
26. "경계"란 필지별로 경계점들을 직선으로 연결하여 지적공부에 등록한 선을 말한다.
27. "면적"이란 지적공부에 등록한 필지의 수평면상 넓이를 말한다.
28. "토지의 이동(異動)"이란 토지의 표시를 새로 정하거나 변경 또는 말소하는 것을 말한다.

99 지적재조사에 관한 특별법령상 지적소관청이 사업지구 지정고시를 한 날부터 토지현황조사 및 지적재조사측량을 시행하여야 하는 기간은?

① 6개월 이내
② 1년 이내
③ 2년 이내
④ 3년 이내

◉해설

지적재조사에 관한 특별법 제9조(사업지구 지정의 효력상실 등)
① 지적소관청은 사업지구 지정고시를 한 날부터 2년 내에 토지현황조사 및 지적재조사를 위한 지적측량(이하 "지적재

조사측량"이라 한다)을 시행하여야 한다. 〈개정 2017. 4.18.〉
② 제1항의 기간 내에 토지현황조사 및 지적재조사측량을 시행하지 아니할 때에는 그 기간의 만료로 사업지구의 지정은 효력이 상실된다. 〈개정 2017.4.18.〉
③ 시·도지사는 제2항에 따라 사업지구 지정의 효력이 상실되었을 때에는 이를 시·도 공보에 고시하고 국토교통부장관에게 보고하여야 한다. 〈개정 2013.3.23.〉

100 공간정보의 구축 및 관리 등에 관한 법령상 지적도면과 경계점 좌표등록부에 공통으로 등록하여야 하는 사항은?(단, 그 밖에 국토교통부령으로 정하는 사항은 제외한다.)

① 경계, 좌표
② 지번, 지목
③ 토지의 소재, 지번
④ 토지의 고유번호, 경계

◉해설

구분	경계점좌표등록부 (境界點座標登錄簿, Boundary Point Coordinate Books)	지적도(地籍圖, Land Books) ·임야도(林野圖, Forest Books)
토 지 표 시 사 항	㉠ 토지 소재 ㉡ 지번 ㉢ 좌표	㉠ 토지 소재 ㉡ 지번 ㉢ 지목 ㉣ 경계 ㉤ 좌표에 의하여 계산된 경계점 간의 거리(경계점좌표등록부를 갖춰두는 지역으로 한정한다.)
기 타	㉠ 토지의 고유번호 ㉡ 필지별 경계점좌표등록부의 장번호 ㉢ 부호 및 부호도 ㉣ 지적도면의 번호	㉠ 도면의 색인도 ㉡ 도면의 제명 및 축척 ㉢ 도곽선과 그 수치 ㉣ 삼각점 및 지적기준점의 위치 ㉤ 건축물 및 구조물 등의 위치

본 문제의 해설은 출제자의 의도와 일치되지 않을 수 있으며, 문제 및 해설에 일부 오탈자가 있을 수 있으므로 학습 시 의문사항이 있으면 예문사 또는 저자에게 문의하여 주시기 바랍니다.

Subject 01 지적측량

01 평판측량방법에 있어서 도상에 영향을 미치지 아니하는 지상거리의 축척별 허용범위 기준은?(단, M은 축척분모를 말한다.)

① $\dfrac{M}{5}$ mm

② $\dfrac{M}{10}$ mm

③ $\dfrac{M}{20}$ mm

④ $\dfrac{M}{30}$ mm

● 해설

지적측량 시행규칙 제18조(세부측량의 기준 및 방법 등)
① 평판측량방법에 따른 세부측량은 다음 각 호의 기준에 따른다.
  1. 거리측정단위는 지적도를 갖춰 두는 지역에서는 5센티미터로 하고, 임야도를 갖춰 두는 지역에서는 50센티미터로 할 것
  2. 측량결과도는 그 토지가 등록된 도면과 동일한 축척으로 작성할 것
  3. 세부측량의 기준이 되는 위성기준점, 통합기준점, 삼각점, 지적삼각점, 지적삼각보조점, 지적도근점 및 기지점이 부족한 경우에는 측량상 필요한 위치에 보조점을 설치하여 활용할 것
  4. 경계점은 기지점을 기준으로 하여 지상경계선과 도상경계선의 부합 여부를 현형법(現形法)·도상원호(圖上圓弧)교회법·지상원호(地上圓弧)교회법 또는 거리비교확인법 등으로 확인하여 정할 것
⑧ 평판측량방법에 있어서 도상에 영향을 미치지 아니하는 지상거리의 축척별 허용범위는 $\dfrac{M}{10}$ 밀리미터로 한다. 이 경우 M은 축척분모를 말한다.
⑨ 경위의측량방법에 따른 세부측량은 다음 각 호의 기준에 따른다.
  1. 거리측정단위는 1센티미터로 할 것
  2. 측량결과도는 그 토지의 지적도와 동일한 축척으로 작성할 것. 다만, 법 제86조에 따른 도시개발사업 등의

시행지역(농지의 구획정리지역은 제외한다)과 축척변경 시행지역은 500분의 1로 하고, 농지의 구획정리 시행지역은 1천분의 1로 하되, 필요한 경우에는 미리 시·도지사의 승인을 받아 6천분의 1까지 작성할 수 있다.
  3. 토지의 경계가 곡선인 경우에는 가급적 현재 상태와 다르게 되지 아니하도록 경계점을 측정하여 연결할 것. 이 경우 직선으로 연결하는 곡선의 중앙종거(中央縱距)의 길이는 5센티미터 이상 10센티미터 이하로 한다.

02 다음 오차의 종류 중 최소제곱법에 의하여 보정할 수 있는 오차는?

① 착오

② 누적오차

③ 부정오차(우연오차)

④ 정오차(계통적 오차)

● 해설

과실(착오, 과대오차 : Blunders, Mistakes)	관측자의 미숙과 부주의에 의해 일어나는 오차로서 눈금일기나 야장기입을 잘못한 경우를 포함하며 주의를 하면 방지할 수 있다.
정오차(계통오차, 누차 : Constant, Systematic Error)	일정한 관측값이 일정한 조건하에서 같은 크기와 같은 방향으로 발생되는 오차를 말하며 관측횟수에 따라 오차가 누적되므로 누차라고도 한다. 이는 원인과 상태를 알면 제거할 수 있다. ① 기계적 오차 : 관측에 사용되는 기계의 불완전성 때문에 생기는 오차 ② 물리적 오차 : 관측 중 온도변화, 광선굴절 등 자연현상에 의해 생기는 오차 ③ 개인적 오차 : 관측자 개인의 시각, 청각, 습관 등에 생기는 오차
부정오차 (우연오차, 상차 : Random Error)	일어나는 원인이 확실치 않고 관측할 때 조건이 순간적으로 변화하기 때문에 원인을 찾기 힘들거나 알 수 없는 오차를 말한다. 때로로 부정오차는 서로 상쇄되므로 상차라고도 하며, 부정오차는 대체로 확률법칙에 의해 처리되는데 최소제곱법이 널리 이용된다.

정답 01 ② 02 ③

03 경위의측량방법과 도선법에 따른 지적도근점의 관측 시 시가지 지역에서 수평각을 관측하는 방법으로 옳은 것은?

① 배각법   ② 편각법

③ 각관측법   ④ 방위각법

● 해설

지적측량 시행규칙 제13조(지적도근점의 관측 및 계산)

경위의측량방법, 전파기 또는 광파기측량방법과 도선법 또는 다각망도선법에 따른 지적도근점의 관측과 계산은 다음 각 호의 기준에 따른다.

1. 수평각의 관측은 시가지 지역, 축척변경지역 및 경계점좌표등록부 시행 지역에 대하여는 배각법에 따르고, 그 밖의 지역에 대하여는 배각법과 방위각법을 혼용할 것
2. 관측은 20초독 이상의 경위의를 사용할 것

04 평판측량방법에 의한 세부측량을 광파조준의를 사용하여 방사법으로 실시할 경우 도상 길이는 최대 얼마 이하로 할 수 있는가?

① 10cm   ② 20cm

③ 30cm   ④ 40cm

● 해설

지적측량 시행규칙 제18조(세부측량의 기준 및 방법 등)

① 평판측량방법에 따른 세부측량은 다음 각 호의 기준에 따른다.
② 평판측량방법에 따른 세부측량은 교회법 · 도선법 및 방사법(放射法)에 따른다.
③ 평판측량방법에 따른 세부측량을 교회법으로 하는 경우에는 다음 각 호의 기준에 따른다.
  1. 전방교회법 또는 측방교회법에 따를 것
  2. 3방향 이상의 교회에 따를 것
  3. 방향각의 교각은 30도 이상 150도 이하로 할 것
  4. 방향선의 도상길이는 측판의 방위표정(方位標定)에 사용한 방향선의 도상길이 이하로서 10센티미터 이하로 할 것. 다만, 광파조준의(光波照準儀) 또는 광파측거기를 사용하는 경우에는 30센티미터 이하로 할 수 있다.
④ 평판측량방법에 따른 세부측량을 도선법으로 하는 경우에는 다음 각 호의 기준에 따른다.
  1. 위성기준점, 통합기준점, 삼각점, 지적삼각점, 지적삼각보조점 및 지적도근점, 그 밖에 명확한 기지점 사이를 서로 연결할 것

  2. 도선의 측선장은 도상길이 8센티미터 이하로 할 것. 다만, 광파조준의 또는 광파측거기를 사용할 때에는 30센티미터 이하로 할 수 있다.
  3. 도선의 변은 20개 이하로 할 것
⑤ 평판측량방법에 따른 세부측량을 방사법으로 하는 경우에는 1방향선의 도상길이는 10센티미터 이하로 한다. 다만, 광파조준의 또는 광파측거기를 사용할 때에는 30센티미터 이하로 할 수 있다.

05 지적삼각점의 연직각을 관측치의 최대치와 최소치의 교차가 몇 초 이내일 때 평균치를 연직각으로 하는가?

① 10초 이내   ② 30초 이내

③ 50초 이내   ④ 60초 이내

● 해설

지적측량 시행규칙 제9조(지적삼각점측량의 관측 및 계산)

① 경위의측량방법에 따른 지적삼각점의 관측과 계산은 다음 각 호의 기준에 따른다.
  1. 관측은 10초독(秒讀) 이상의 경위의를 사용할 것
  2. 수평각 관측은 3대회(대회, 윤곽도는 0도, 60도, 120도로 한다)의 방향관측법에 따를 것
  3. 수평각의 측각공차(測角公差)는 다음 표에 따를 것

종별	1방향각	1측회(測回)의 폐색(閉塞)	삼각형 내각관측의 합과 180도의 차	기지각(旣知角)과의 차
공차	30초 이내	±30초 이내	±30초 이내	±40초 이내

③ 제1항과 제2항에 따라 지적삼각점을 관측하는 경우 연직각(鉛直角)의 관측 및 계산은 다음 각 호의 기준에 따른다. 〈개정 2014.1.17.〉
  1. 각 측점에서 정반(正反)으로 각 2회 관측할 것
  2. 관측치의 최대치와 최소치의 교차가 30초 이내일 때에는 그 평균치를 연직각으로 할 것
  3. 2점의 기지점(旣知點)에서 소구점(所求點)의 표고를 계산한 결과 그 교차가 0.05미터$+0.05(S_1+S_2)$ 이하일 때에는 그 평균치를 표고로 할 것. 이 경우 S_1과 S_2 기지점에서 소구점까지의 평면거리로서 킬로미터 단위로 표시한 수를 말한다.

06 지적측량의뢰인과 지적측량수행자가 서로 합의하여 따로 기간을 정하는 경우 측량기간은 전체 기간의 얼마로 하는가?

① 1/2 ② 2/3
③ 3/4 ④ 4/5

●해설

공간정보의 구축 및 관리 등에 관한 법률 시행규칙 제25조(지적측량 의뢰 등)
① 법 제24조 제1항에 따라 지적측량을 의뢰하려는 자는 별지 제15호서식의 지적측량 의뢰서(전자문서로 된 의뢰서를 포함한다)에 의뢰 사유를 증명하는 서류(전자문서를 포함한다)를 첨부하여 지적측량수행자에게 제출하여야 한다. 〈개정 2014.1.17.〉
② 지적측량수행자는 제1항에 따른 지적측량 의뢰를 받은 때에는 측량기간, 측량일자 및 측량 수수료 등을 적은 별지 제16호서식의 지적측량 수행계획서를 그 다음 날까지 지적소관청에 제출하여야 한다. 제출한 지적측량 수행계획서를 변경한 경우에도 같다. 〈개정 2014.1.17.〉
③ 지적측량의 측량기간은 5일로 하며, 측량검사기간은 4일로 한다. 다만, 지적기준점을 설치하여 측량 또는 측량검사를 하는 경우 지적기준점이 15점 이하인 경우에는 4일을, 15점을 초과하는 경우에는 4일에 15점을 초과하는 4점마다 1일을 가산한다. 〈개정 2010.6.17.〉
④ 제3항에도 불구하고 지적측량 의뢰인과 지적측량수행자가 서로 합의하여 따로 기간을 정하는 경우에는 그 기간에 따르되, 전체 기간의 4분의 3은 측량기간으로, 전체 기간의 4분의 1은 측량검사기간으로 본다.

07 90g(그레이드)는 몇 도(°)인가?

① 81° ② 91°
③ 100° ④ 123°

●해설

$100_g : 90° = 90_g : x°$

$x° = \dfrac{90_g}{100_g} \times 90° = 81°$

08 다음 중 도면에 등록하는 도곽선의 제도 방법 기준에 대한 설명으로 옳지 않은 것은?

① 도곽선은 0.1mm의 폭으로 제도한다.
② 도곽선의 수치는 2mm의 크기로 제도한다.
③ 지적도의 도곽 크기는 가로 30cm, 세로 40cm의 직사각형으로 한다.
④ 도곽선의 수치는 도곽선 왼쪽 아랫부분과 오른쪽 윗부분의 종횡선교차점 바깥쪽에 제도한다.

●해설

지적업무처리규정 제40조(도곽선의 제도)
① 도면의 위 방향은 항상 북쪽이 되어야 한다.
② 지적도의 도곽 크기는 가로 40센티미터, 세로 30센티미터의 직사각형으로 한다.
③ 도곽의 구획은 영 제7조 제3항 각 호에서 정한 좌표의 원점을 기준으로 하여 정하되, 그 도곽의 종횡선수치는 좌표의 원점으로부터 기산하여 영 제7조 제3항에서 정한 종횡선수치를 각각 가산한다.
④ 이미 사용하고 있는 도면의 도곽크기는 제2항에도 불구하고 종전에 구획되어 있는 도곽과 그 수치로 한다.
⑤ 도면에 등록하는 도곽선은 0.1밀리미터의 폭으로, 도곽선의 수치는 도곽선 왼쪽 아랫부분과 오른쪽 윗부분의 종횡선교차점 바깥쪽에 2밀리미터 크기의 아라비아숫자로 제도한다.

09 축척이 1/2,400인 지적도면 1매를 축척이 1/1,200인 지적도면으로 바꾸었을 때의 도면 매수는?

① 2매 ② 4매
③ 6매 ④ 8매

●해설

$$\left(\frac{1}{1,200}\right)^2 : \left(\frac{1}{2,400}\right)^2 = \frac{\left(\frac{1}{1,200}\right)^2}{\left(\frac{1}{2,400}\right)^2} = \left(\frac{2,400}{1,200}\right)^2 = 4$$

10 다음은 광파기측량방법에 따른 지적삼각점 관측 기준에 대한 설명이다. ( ) 안에 들어갈 내용으로 옳은 것은?

정답 **06** ③ **07** ① **08** ③ **09** ② **10** ④

광파측거기는 표준편차가 (　) 이상인 정밀측거기를 사용할 것

① ±[15mm+5ppm]　　② ±[5mm+15ppm]

③ ±[5mm+10ppm]　　④ ±[5mm+5ppm]

해설

지적측량 시행규칙 제9조(지적삼각점측량의 관측 및 계산)

① 경위의측량방법에 따른 지적삼각점의 관측과 계산은 다음 각 호의 기준에 따른다.

1. 관측은 10초독(秒讀) 이상의 경위의를 사용할 것
2. 수평각 관측은 3대회(대회, 윤곽도는 0도, 60도, 120도로 한다)의 방향관측법에 따를 것
3. 수평각의 측각공차(測角公差)는 다음 표에 따를 것

종별	1방향각	1측회(測回)의 폐색(閉塞)	삼각형 내각관측의 합과 180도의 차	기지각(旣知角)과의 차
공차	30초 이내	±30초 이내	±30초 이내	±40초 이내

② 전파기 또는 광파기측량방법에 따른 지적삼각점의 관측과 계산은 다음 각 호의 기준에 따른다.

1. 전파 또는 광파측거기(光波測距機)는 표준편차가 ±[5밀리미터+5피피엠(ppm)] 이상인 정밀측거기를 사용할 것
2. 점간거리는 5회 측정하여 그 측정치의 최대치와 최소치의 교차가 평균치의 10만분의 1 이하일 때에는 그 평균치를 측정거리로 하고, 원점에 투영된 평면거리에 따라 계산할 것
3. 삼각형의 내각은 세 변의 평면거리에 따라 계산하며, 기지각과의 차(差)에 관하여는 제1항 제3호를 준용할 것

11 경위의측량방법으로 세부측량을 하는 경우에 측량대상 토지의 경계점 간 실측거리와 경계점의 좌표에 의해 계산한 거리의 교차가 얼마 이내일 때 그 실측거리를 측량원도에 기재하는가?(단, L은 미터 단위로 표시한 실측거리이다.)

① $\dfrac{3L}{10}$ cm　　② $\dfrac{10}{3L}$ cm

③ $3-\dfrac{L}{10}$ cm　　④ $3+\dfrac{L}{10}$ cm

해설

지적측량 시행규칙 제26조(세부측량성과의 작성)

② 경위의측량방법으로 세부측량을 한 경우 측량결과도 및 측량계산부에 그 성과를 적되, 측량결과도에는 다음 각 호의 사항을 적어야 한다. 〈개정 2014.1.17.〉

1. 제17조 제2항 각 호의 사항
2. 측정점의 위치(측량계산부의 좌표를 전개하여 적는다), 지상에서 측정한 거리 및 방위각
3. 측량대상 토지의 경계점 간 실측거리
4. 측량대상 토지의 토지이동 전의 지번과 지목(2개의 붉은 색으로 말소한다)
5. 측량결과도의 제명 및 번호(연도별로 붙인다)와 지적도의 도면번호
6. 신규등록 또는 등록전환하려는 경계선 및 분할경계선
7. 측량대상 토지의 점유현황선
8. 측량 및 검사의 연월일, 측량자 및 검사자의 성명·소속 및 자격등급 또는 기술등급

③ 제2항 제3호에 따른 측량대상 토지의 경계점 간 실측거리와 경계점의 좌표에 따라 계산한 거리의 교차는 $3+\dfrac{L}{10}$ 센티미터 이내여야 한다. 이 경우 L은 실측거리로서 미터 단위로 표시한 수치를 말한다.

12 지적도근점의 각도관측을 방위각법으로 할 때 2등도선의 폐색오차 허용범위는?(단, n은 폐색변을 포함한 변의 수를 말한다.)

① $±1.5\sqrt{n}$ 분 이내　　② $±2\sqrt{n}$ 분 이내

③ $±2.5\sqrt{n}$ 분 이내　　④ $±3\sqrt{n}$ 분 이내

해설

지적측량 시행규칙 제14조(지적도근점의 각도관측을 할 때의 폐색오차의 허용범위 및 측각오차의 배분)

① 도선법과 다각망도선법에 따른 지적도근점의 각도관측을 할 때의 폐색오차의 허용범위는 다음 각 호의 기준에 따른다. 이 경우 n은 폐색변을 포함한 변의 수를 말한다.

1. 배각법에 따르는 경우 : 1회 측정각과 3회 측정각의 평균값에 대한 교차는 30초 이내로 하고, 1도선의 기지방위각 또는 평균방위각과 관측방위각의 폐색오차는 1등도선은 $±20\sqrt{n}$ 초 이내, 2등도선은 $±30\sqrt{n}$ 초 이내로 할 것
2. 방위각법에 따르는 경우 : 1도선의 폐색오차는 1등도선은 $±\sqrt{n}$ 분 이내, 2등도선은 $±1.5\sqrt{n}$ 분 이내로 할 것

13 $R = 500m$, 중심각(θ)이 60°인 경우 AB의 직선거리는?

① 400m

② 500m

③ 600m

④ 1000m

◆해설

$$소구변장 = \frac{\sin소구변대각}{\sin기지변대각} \times 기지변장$$

$$\overline{AB} = \frac{\sin60°}{\sin60°} \times 500 = 500m$$

14 지적측량에 사용되는 지적기준점 기호 제도방법으로 옳지 않은 것은?

① 2등삼각점 : ◎

② 위성기준점 : ⊕

③ 4등삼각점 : ◎

④ 지적삼각점 : ⊕

◆해설

지적기준점 제도(위성기준점은 제외)						
명칭	제도	크기			비 고	
		3mm	2mm	1mm	십자가	내부 채색
위성기준점	⊕	3	2		십자가	
1등삼각점	◎	3	2	1		채색
2등삼각점	◎	3	2	1		
3등삼각점	⊙		2	1		채색
4등삼각점	◎		2	1		
지적삼각점	⊕	3			십자가	
지적삼각보조점	●	3				채색
지적도근점	○		2			

15 지적도의 축척이 600분의 1인 지역에서 분할필지의 측정면적이 135.65m²일 경우 면적의 결정은 얼마로 하여야 하는가?

① 135m²

② 135.6m²

③ 135.7m²

④ 136m²

◆해설

공간정보의 구축 및 관리 등에 관한 법률 제60조(면적의 결정 및 측량계산의 끝수처리)

① 면적의 결정은 다음 각 호의 방법에 따른다.

   1. 토지의 면적에 1제곱미터 미만의 끝수가 있는 경우 0.5제곱미터 미만일 때에는 버리고 0.5제곱미터를 초과하는 때에는 올리며, 0.5제곱미터일 때에는 구하려는 끝자리의 숫자가 0 또는 짝수이면 버리고 홀수이면 올린다. 다만, 1필지의 면적이 1제곱미터 미만일 때에는 1제곱미터로 한다.

   2. 지적도의 축척이 600분의 1인 지역과 경계점좌표등록부에 등록하는 지역의 토지 면적은 제1호에도 불구하고 제곱미터 이하 한 자리 단위로 하되, 0.1제곱미터 미만의 끝수가 있는 경우 0.05제곱미터 미만일 때에는 버리고 0.05제곱미터를 초과할 때에는 올리며, 0.05제곱미터일 때에는 구하려는 끝자리의 숫자가 0 또는 짝수이면 버리고 홀수이면 올린다. 다만, 1필지의 면적이 0.1제곱미터 미만일 때에는 0.1제곱미터로 한다.

② 방위각의 각치(角値), 종횡선의 수치 또는 거리를 계산하는 경우 구하려는 끝자리의 다음 숫자가 5 미만일 때에는 버리고 5를 초과할 때에는 올리며, 5일 때에는 구하려는 끝자리의 숫자가 0 또는 짝수이면 버리고 홀수이면 올린다. 다만, 전자계산조직을 이용하여 연산할 때에는 최종수치에만 이를 적용한다.

16 다각망도선법에서 도선이 15개이고 교점이 6개일 때 필요한 최소 조건식의 수는?

① 7개

② 8개

③ 9개

④ 10개

◆해설

최소 조건식 수 = 도선 수 - 교점 수

$$= 15 - 6 = 9$$

17 축척 1,200분의 1 지역에서 평판을 구심할 경우 제도 허용 오차를 0.3mm 정도로 할 때 지상의 구심오차(편심 거리)는 몇 cm까지 허용할 수 있는가?

① 3cm 이내
② 9cm 이내
③ 18cm 이내
④ 24cm 이내

● 해설

$$q = \frac{2e}{M}$$

여기서, q : 도상허용오차(제도허용오차)
e : 구심오차(치심오차), M : 축척분모 수

$$e = \frac{qM}{2} = \frac{0.3 \times 1,200}{2} = 180\text{mm} = 18\text{cm}$$

18 경위의측량방법에 따른 세부측량의 관측방법으로 옳지 않은 것은?

① 관측은 교회법에 의한다.
② 연직각은 분단위로 독정한다.
③ 연직각은 정반으로 1회 관측한다.
④ 관측은 20초독 이상의 경위의를 사용한다.

● 해설

지적측량 시행규칙 제18조(세부측량의 기준 및 방법 등)
① 평판측량방법에 따른 세부측량은 다음 각 호의 기준에 따른다.
 1. 거리측정단위는 지적도를 갖춰 두는 지역에서는 5센티미터로 하고, 임야도를 갖춰 두는 지역에서는 50센티미터로 할 것
 2. 측량결과도는 그 토지가 등록된 도면과 동일한 축척으로 작성할 것
 3. 세부측량의 기준이 되는 위성기준점, 통합기준점, 삼각점, 지적삼각점, 지적삼각보조점, 지적도근점 및 기지점이 부족한 경우에는 측량상 필요한 위치에 보조점을 설치하여 활용할 것
 4. 경계점은 기지점을 기준으로 하여 지상경계선과 도상경계선의 부합 여부를 현형법(現形法)·도상원호(圖上圓弧)교회법·지상원호(地上圓弧)교회법 또는 거리비교확인법 등으로 확인하여 정할 것
⑩ 경위의측량방법에 따른 세부측량의 관측 및 계산은 다음 각 호의 기준에 따른다.
 1. 미리 각 경계점에 표지를 설치하여야 한다. 다만, 부득이한 경우에는 그러하지 아니하다.

2. 도선법 또는 방사법에 따를 것
3. 관측은 20초독 이상의 경위의를 사용할 것
4. 수평각의 관측은 1대회의 방향관측법이나 2배각의 배각법에 따를 것 다만, 방향관측법인 경우에는 1측회의 폐색을 하지 아니할 수 있다.
5. 연직각의 관측은 정반으로 1회 관측하여 그 교차가 5분 이내일 때에는 그 평균치를 연직각으로 하되, 분단위로 독정(讀定)할 것
6. 수평각의 측각공차는 다음 표에 따를 것

종별	1방향각	1회 측정각과 2회 측정각의 평균값에 대한 교차
공차	60초 이내	40초 이내

19 지적기준점성과의 관리에 관한 내용으로 옳은 것은?

① 지적삼각점성과는 시·도지사가 관리한다.
② 지적삼각보조점성과는 시·도지사가 관리한다.
③ 지적삼각점성과는 국토교통부장관이 관리한다.
④ 지적삼각보조점성과는 국토교통부장관이 관리한다.

● 해설

지적측량 시행규칙 제3조(지적기준점성과의 관리 등)
법 제27조 제1항에 따른 지적기준점성과의 관리는 다음 각 호에 따른다.
1. 지적삼각점성과는 특별시장·광역시장·도지사 또는 특별자치도지사(이하 "시·도지사"라 한다)가 관리하고, 지적삼각보조점성과 및 지적도근점성과는 지적소관청이 관리할 것
2. 지적소관청이 지적삼각점을 설치하거나 변경하였을 때에는 그 측량성과를 시·도지사에게 통보할 것
3. 지적소관청은 지형·지물 등의 변동으로 인하여 지적삼각점성과가 다르게 된 때에는 지체 없이 그 측량성과를 수정하고 그 내용을 시·도지사에게 통보할 것

20 두 점 간의 실거리 300m를 도상에 6mm로 표시한 도면의 축척은?

① 1/10,000
② 1/20,000
③ 1/25,000
④ 1/50,000

● 해설

$$\frac{1}{m} = \frac{l}{L} = \frac{6}{300,000} = \frac{1}{50,000}$$

Subject 02 응용측량

21 GNSS 측량에서 이동국 수신기를 설치하는 순간 그 지점의 보정 데이터를 기지국에 송신하여 상대적인 방법으로 위치를 결정하는 것은?

① Static 방법
② Kinematic 방법
③ Pseudo-Kinematic 방법
④ Real Time Kinematic 방법

◉**해설**

1. 정지측량
   GPS 측량기를 사용하여 기초측량 또는 세부측량을 하고자 하는 때에는 정지측량(Static) 방법에 의한다. 정지측량 방법은 2개 이상의 수신기를 각 측점에 고정하고 양 측점에서 동시에 4개 이상의 위성으로 부터 신호를 30분 이상 수신하는 방식이다

2. 이동측량(Kinematic)
   GPS 측량기를 사용하여 이동측량(Kinematic) 방법에 의하여 지적도근측량 또는 세부측량을 하고자 하는 경우의 관측은 다음의 기준에 의한다.
   ① 기지점(지적측량기준점)에 기준국을 설치하고 측량성과를 구하고자 하는 지적도근점 등에 GPS 측량기를 순차적으로 이동하며 관측을 실시할 것
   ② 이동 및 관측은 GPS 측량기의 초기화 작업을 한 후 실시하며, 이동 중에 전파수신의 단절 등이 된 때에는 다시 초기화 작업을 한 후 실시할 것

3. 실시간이동측량(Real Time Kinematic) 시에는 위의 규정 외에 다음 사항을 고려하여야 한다.
   ① 후처리에 의한 성과산출 및 점검을 위하여 관측신호를 기록할 수 있도록 GPS 측량기에 기능을 설정할 것
   ② 기준국과 이동관측점 간의 무선데이터 송수신이 원활하도록 설정하고, 관측 중 송수신 상황을 수시로 점검할 것

22 항공사진을 판독할 때 사면의 경사는 실제보다 어떻게 보이는가?

① 사면의 경사는 방향이 반대로 나타난다.
② 실제보다 경사가 완만하게 보인다.
③ 실제보다 경사가 급하게 보인다.
④ 실제와 차이가 없다.

◉**해설**

사진판독은 사진면에서 얻은 여러 가지 피사체(대상물)의 정보 중 특성을 목적에 따라 적절히 해석하는 기술로서 이것을 기초로 하여 대상체를 종합분석함으로써 피사체(대상물) 또는 지표면의 형상, 시질, 식생, 토양 등의 연구수단으로 이용하고 있다.

사진판독 요소

요소	분류	특징
주요소	색조	피사체(대상물)가 갖는 빛의 반사에 의한 것으로 수목의 종류를 판독하는 것을 말한다.
	모양	피사체(대상물)의 배열상황에 의하여 판별하는 것으로 사진상에서 볼 수 있는 식생, 지형 또는 지표상의 색조 등을 말한다.
	질감	색조, 형상, 크기, 음영 등의 여러 요소의 조합으로 구성된 조밀, 거칢, 세밀함 등으로 표현하며 초목 및 식물의 구분을 나타낸다.
	형상	개체나 목표물의 구성, 배치 및 일반적인 형태를 나타낸다.
	크기	어느 피사체(대상물)가 갖는 입체적, 평면적인 넓이와 길이를 나타낸다.
	음영	판독 시 빛의 방향과 촬영 시의 빛의 방향을 일치시키는 것이 입체감을 얻는 데 용이하다.
보조요소	상호위치관계	어떤 사진상이 주위의 사진상과 어떠한 관계가 있는가 파악하는 것으로 주위의 사진상과 연관되어 성립되는 것이 일반적인 경우이다.
	과고감	과고감은 지표면의 기복을 과장하여 나타낸 것으로 낮고 평평한 지역에서의 지형판독에 도움이 되는 반면 경사면의 경사는 실제보다 급하게 보이므로 오판에 주의해야 한다.

23 경사거리가 130m인 터널에서 수평각을 관측할 때 시준방향에서 직각으로 5mm의 시준오차가 발생하였다면 수평각 오차는?

① 5″   ② 8″
③ 10″   ④ 20″

◉**해설**

$\rho'' : \theta'' = 130 : 0.005$

$\theta'' = \dfrac{0.005}{130} \times 206,265'' = 7.9 = 8''$

24 축척 1 : 25,000 지형도에서 간곡선의 간격은?

① 1.25m ② 2.5m

③ 5m ④ 10m

해설

등고선의 간격

등고선 종류	기호	축척			
		1/5,000	1/10,000	1/25,000	1/50,000
주곡선	가는 실선	5	5	10	20
간곡선	가는 파선	2.5	2.5	5	10
조곡선 (보조곡선)	가는 점선	1.25	1.25	2.5	5
계곡선	굵은 실선	25	25	50	100

25 단곡선의 설치에 사용되는 명칭의 표시로 옳지 않은 것은?

① E.C. – 곡선시점 ② C.L. – 곡선장

③ I – 교각 ④ T.L. – 접선장

해설

B.C	곡선시점(Biginning of Curve)
E.C	곡선종점(End of Curve)
S.P	곡선중점(Secant Point)
I.P	교점(Intersection Point)
I	교각(Intersetion angle)
∠AOB	중심각(Central angle) : I
R	곡선반경(Radius of curve)
$\widehat{AB}$	곡선장(Curve Length) : C.L
AB	현장(Long chord) : C
T.L	접선장(Tangent length) : AD, BD
M	중앙종거(Middle ordinate)
E	외할(External secant)
δ	편각(Deflection angle) : ∠VAG

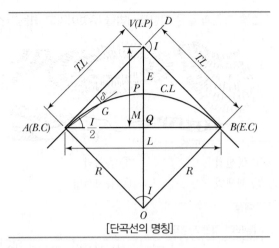

[단곡선의 명칭]

26 사진크기 23cm×23cm, 초점거리 153mm, 촬영고도 750m, 사진주점기선장 10cm인 2장의 인접사진에서 관측한 굴뚝의 시차차가 7.5mm일 때 지상에서의 실제 높이는?

① 45.24m ② 56.25m

③ 62.72m ④ 85.36m

해설

$$\triangle P = \frac{h}{H}b_0$$

$$h = \frac{H}{b_0}\triangle P = \frac{750}{0.1}\times 0.0075 = 56.25\text{m}$$

27 상향경사 4%, 하향경사 4%인 종단곡선 길이 (l)가 50m인 종단곡선에서 끝단의 종거(y)는?(단, 종거 $y=\frac{i}{2l}x^2$)

① 0.5m ② 1m

③ 1.5m ④ 2m

해설

$$y = \frac{i}{2l}x^2 = \frac{0.04 - (-0.04)}{2\times 50}\times 50^2 = 2\text{m}$$

28 그림과 같은 지형표시법을 무엇이라고 하는가?

① 영선법
② 음영법
③ 채색법
④ 등고선법

●해설

지형도에 의한 지형표시법

자연적 도법	영선법 (우모법) (Hatching)	"게바"라 하는 단선상(短線上)의 선으로 지표의 기본을 나타낸다. 게바의 사이, 굵기, 방향 등에 의하여 지표를 표시하는 방법으로 급경사는 굵고 짧게, 완경사는 가늘고 길게 표시한다.
	음영법 (명암법) (Shading)	태양광선이 서북쪽에서 45°로 비친다고 가정하여 도상에서 2~3색 이상으로 지표의 기복을 채색하여 지형을 표시하는 방법으로 지형의 입체감이 가장 잘 나타나는 방법이다.
부호적 도법	점고법 (Spot Height System)	지표면상의 표고 또는 수심의 숫자에 의하여 지표를 나타내는 방법으로 하천, 항만, 해양 등에 주로 이용한다.
	등고선법 (Contour System)	동일 표고의 점을 연결한 것으로 등고선에 의하여 지표를 표시하는 방법으로 토목공사용으로 가장 널리 사용한다.
	채색법 (Layer System)	같은 등고선의 지대를 같은 색으로 채색하여 높을수록 진하게, 낮을수록 연하게 칠하여 높이의 변화를 나타내며 지리관계의 지도에 주로 사용한다.

29 한 개의 깊은 수직터널에서 터널 내외를 연결하는 연결측량방법으로서 가장 적당한 것은?

① 트래버스 측량방법
② 트랜싯과 추선에 의한 방법
③ 삼각측량 방법
④ 측위 망원경에 의한 방법

●해설

갱내외의 연결측량

1. 목적
   ① 공사계획이 부적당할 때 그 계획을 변경하기 위하여
   ② 갱내외의 측점의 위치관계를 명확히 해두기 위해서
   ③ 갱내에서 재변이 일어났을 때 갱외에서 그 위치를 알기 위해서

2. 방법

한 개의 수직갱에 의한 방법	두 개의 수직갱에 의한 방법
1개의 수직갱으로 연결할 경우에는 수직갱에 2개의 추를 매달아서 이것에 의해 연직면을 정하고 그 방위각을 지상에서 관측하여 지하의 측량을 연결한다.	2개의 수갱구에 각각 1개씩 수선 AE를 정한다. 이 A · E를 기정 및 폐합점으로 하고 지상에서는 A, 6, 7, 8, E, 갱내에서는 A, 1, 2, 3, 4, E의 다각측량을 실시한다.

30 지형측량에서 기설 삼각점만으로 세부측량을 실시하기에 부족할 경우 새로운 기준점을 추가적으로 설치하는 점은?

① 경사변환점
② 방향변환점
③ 도근점
④ 이기점

●해설

지형측량에서 기설 삼각점만으로 세부측량을 실시하기에 부족할 경우 새로운 기준점을 추가적으로 설치하는 점은 도근점이다.

31 GNSS 측량에서 제어부문의 주요 임무로 틀린 것은?

① 위성시각의 동기화
② 위성으로의 자료전송
③ 위성의 궤도 모니터링
④ 신호정보를 이용한 위치결정 및 시각비교

◐해설

제어부문	구성	1개의 주제어국, 5개의 추적국 및 3개의 지상안테나(Up Link 안테나 : 전송국)
	기능	• 주제어국 : 추적국에서 전송된 정보를 사용하여 궤도요소를 분석한 후 신규궤도요소, 시계보정, 항법 메시지 및 콘트롤 명령정보, 전리층 및 대류층의 주기적 모형화 등을 지상안테나를 통해 위성으로 전송함 • 추적국 : GPS위성의 신호를 수신하고 위성의 추적 및 작동상태를 감독하여 위성에 대한 정보를 주제어국으로 전송함 • 전송국 : 주 관제소에서 계산된 결과치로서 시각보정값, 궤도보정치를 사용자에게 전달할 메시지 등을 위성에 송신하는 역할을 함
		① 주제어국 : 콜로라도 스프링스(Colorado Springs) – 미국 콜로라도주 ② 추적국 • 어센션(Ascension Is) – 대서양 • 디에고 가르시아(Diego Garcia) – 인도양 • 콰절레인(Kwajalein Is) – 태평양 • 하와이 (Hawaii) – 태평양 ③ 3개의 지상안테나(전송국) : 갱신자료 송신

32 표고가 0m인 해변에서 눈높이가 1.45m인 사람이 볼 수 있는 수평선까지의 거리는?(단, 지구반지름 R = 6,370km, 굴절계수 k = 0.14)

① 4,713.91m ② 4,634.68m
③ 4,298.02m ④ 4,127.47m

◐해설

$$양차(h) = 구차 + 기차 = \frac{S^2}{2R} + \left(-\frac{KS^2}{2R}\right)$$
$$= \frac{S^2}{2R}(1-K)$$
$$S = \sqrt{\frac{2Rh}{1-K}}$$
$$= \sqrt{\frac{2 \times 6,370,000 \times 1.45}{1-0.14}} = 4,634.68m$$

33 수준측량의 왕복거리 2km에 대하여 허용오차가 ±3mm라면 왕복거리 4km에 대한 허용오차는?

① ±4.24mm ② ±6.00mm
③ ±6.93mm ④ ±9.00mm

◐해설

직접 수준측량의 오차는 노선 왕복거리의 평방근에 비례하므로
$$\sqrt{2} : 3 = \sqrt{4} : x$$
$$x = \frac{\sqrt{4}}{\sqrt{2}} \times 3 = \pm 4.24mm$$

34 지구 곡률에 의한 오차인 구차에 대한 설명으로 옳은 것은?

① 구차는 거리제곱에 반비례한다.
② 구차는 곡률반지름의 제곱에 비례한다.
③ 구차는 곡률반지름에 비례한다.
④ 구차는 거리제곱에 비례한다.

◐해설

구차 (h_1)	지구의 곡률에 의한 오차이며 이 오차만큼 높게 조정을 한다.	$h_1 = +\dfrac{S^2}{2R}$
기차 (h_2)	지표면에 가까울수록 대기의 밀도가 커지므로 생기는 오차(굴절오차)를 말하며, 이 오차만큼 낮게 조정한다.	$h_2 = -\dfrac{KS^2}{2R}$
양차	구차와 기차의 합이며 연직각 관측값에서 이 양차를 보정하여 연직각을 구한다.	$양차 = \dfrac{S^2}{2R} + \left(-\dfrac{KS^2}{2R}\right)$ $= \dfrac{S^2}{2R}(1-K)$

여기서, R : 지구의 곡률반경, S : 수평거리
K : 굴절계수(0.12~0.14)

35 노선측량에서 일반국도를 개설하려고 한다. 측량의 순서로 옳은 것은?

① 계획조사측량 → 노선선정 → 실시설계측량 → 세부측량 → 용지측량
② 노선선정 → 계획조사측량 → 실시설계측량 → 세부측량 → 용지측량
③ 노선선정 → 계획조사측량 → 세부측량 → 실시설계측량 → 용지측량
④ 계획조사측량 → 노선선정 → 세부측량 → 실시설계측량 → 용지측량

정답 32 ② 33 ① 34 ④ 35 ②

◯해설

노선측량 세부 작업과정

노선선정 (路線選定)	도상선정	
	종단면도 작성	
	현지답사	
계획조사측량 (計劃調査測量)	지형도 작성	
	비교노선의 선정	
	종단면도 작성	
	횡단면도 작성	
	개략노선의 결정	
실시설계측량 (實施設計測量)	지형도 작성	
	중심선의 선정	
	중심선 설치(도상)	
	다각측량	
	중심선 설치(현지)	
	고저측량	고저측량
		종단면도 작성
세부측량 (細部測量)	구조물 장소의 지형도(축척 종 1/500~1/100)와 종횡단면도(축척 종 1/100, 횡 1/500~1/100)를 작성한다.	
용지측량 (用地測量)	횡단면도에 계획단면을 기입하여 용지 폭을 정하고, 축척 1/500 또는 1/600로 용지도를 작성한다.	
공사측량 (工事測量)	기준점 확인, 중심선 검측, 검사관측	
	인조점 확인 및 복원, 가인조점 등의 설치	

36 단곡선 측량에서 교각이 50°, 반지름이 250m인 경우에 외할(E)은?

① 10.12m ② 15.84m
③ 20.84m ④ 25.84m

◯해설

$$E = R\left(\sec\frac{I}{2} - 1\right) = 250(\sec25° - 1)$$
$$= 250\left(\frac{1}{\cos25°} - 1\right) = 25.84m$$

37 항공사진에서 나타나는 지상 기복물의 왜곡(歪曲)현상에 대한 설명으로 옳지 않은 것은?

① 기복물의 왜곡 정도는 사진중심으로부터의 거리에 비례한다.

② 왜곡 정도를 통해 기복물의 높이를 구할 수 있다.

③ 기복물의 왜곡은 촬영고도가 높을수록 커진다.

④ 기복물의 왜곡은 사진중심에서 방사방향으로 일어난다.

◯해설

입체상의 변화

렌즈의 초점거리 변화에 의한 변화	렌즈의 초점거리가 긴 사진이 짧은 사진보다 더 낮게 보인다.
촬영기선의 변화에 의한 변화	촬영기선이 긴 경우 짧은 때보다 높게 보인다.
촬영고도의 차에 의한 변화	촬영고도가 낮은 사진이 높은 사진보다 더 높게 보인다.
눈을 옆으로 돌렸을 때의 변화	눈을 좌우로 움직여 옆에서 바라볼 때 항공기의 방향선상에서 움직이면 눈이 움직이는 쪽으로 기울어져 보인다
눈의 높이에 따른 변화	눈의 위치가 높아짐에 따라 입체상은 더 높게 보인다.

기복물의 왜곡현상
• 기복물의 왜곡정도는 사진중심으로부터의 거리에 비례한다.
• 왜곡정도를 통해 기복물의 높이를 구할 수 있다.
• 기복물의 왜곡은 사진중심에서 방사방향으로 일어난다.
• 기복물의 왜곡은 촬영고도가 낮을수록 커진다.

38 GNSS 측량에 의한 위치결정 시 최소 4대 이상의 위성에서 동시 관측해야 하는 이유로 옳은 것은?

① 궤도오차를 소거한 3차원 위치를 구하기 위하여
② 다중경로오차를 소거한 3차원 위치를 구하기 위하여
③ 시계오차를 소거한 3차원 위치를 구하기 위하여
④ 전리층오차를 소거한 3차원 위치를 구하기 위하여

◯해설

GNSS 측량에 의한 위치결정 시 최소 4대 이상의 위성에서 동시 관측해야 하는 이유는 시계오차를 소거한 3차원 위치를 구하기 위함이다.

39 다음 중 지성선에 속하지 않는 것은?

① 능선 ② 계곡선
③ 경사변환선 ④ 지질변환선

●해설

지성선(Topographical Line)

지표는 많은 凸선, 凹선, 경사변환선, 최대경사선으로 이루어졌다고 생각할 때 이 평면의 접합부, 즉 접선을 말하며 지세선이라고도 한다.

능선(凸선), 분수선	지표면의 높은 곳을 연결한 선으로 빗물이 이것을 경계로 좌우로 흐르게 되므로 분수선 또는 능선이라 한다.
계곡선(凹선), 합수선	지표면이 낮거나 움푹 팬 점을 연결한 선으로 합수선 또는 합곡선이라 한다.
경사변환선	동일 방향의 경사면에서 경사의 크기가 다른 두 면의 접합선이다(등고선 수평간격이 뚜렷하게 달라지는 경계선).
최대경사선	지표의 임의의 한 점에서 그 경사가 최대로 되는 방향을 표시한 선으로 등고선에 직각으로 교차하며 물이 흐르는 방향이라는 의미에서 유하선이라고도 한다.

40 사진측량에서의 사진 판독 순서로 옳은 것은?

① 촬영계획 및 촬영 ⇨ 판독기준 작성 ⇨ 판독 ⇨ 현지조사 ⇨ 정리

② 촬영계획 및 촬영 ⇨ 판독기준 작성 ⇨ 현지조사 ⇨ 정리 ⇨ 판독

③ 판독기준 작성 ⇨ 촬영계획 및 촬영 ⇨ 판독 ⇨ 현지조사 ⇨ 정리

④ 판독기준 작성 ⇨ 촬영계획 및 촬영 ⇨ 현지조사 ⇨ 판독 ⇨ 정리

●해설

판독의 순서

촬영계획	대상지 선정, 사진 축척의 결정, 사진의 종류, 촬영일시, 범위, 렌즈의 선정 등
촬영과 사진의 작성	항공사진 촬영과 작성
판독기준의 작성	판독 항목의 사진의 특징을 판독요소에 따라 정리
판독	판독기준을 기초로 광역의 판독과 부분적, 중심적인 판독을 행함
현지조사(지리조사)	판독결과의 확인, 보정, 정정 등을 행함
정리	현지조사의 자료를 기초로 하여 다시 판독을 행함

41 한국토지정보체계(KLIS)에서 지적정보관리시스템의 기능에 해당하지 않는 것은?

① 측량결과파일(*.dat)의 생성 기능

② 소유권연혁에 대한 오기정정 기능

③ 개인별 토지소유 현황을 조회하는 기능

④ 토지이동에 따른 변동내역을 조회하는 기능

●해설

측량결과파일(*.dat)의 생성 기능은 지적측량성과작성시스템에서 생성되는 파일이다.

42 벡터파일 포맷 중 DXF파일에 대한 설명으로 옳지 않은 것은?

① 아스키 문서 파일로서 "*.dxf"를 확장자로 가진다.

② 자료의 관리나 사용, 변경이 쉽고 변환효율이 뛰어나다.

③ 일반적인 텍스트 편집기를 통해서도 내용을 읽고 쉽게 편집할 수 있다.

④ 행 단위로 데이터 필드가 이루어져 읽기 어렵고 용량도 작아지는 장점도 있다.

해설

CAD 파일 형식
- Autodesk 사의 Auto CAD 소프트웨어에서는 DWG와 DXF 등의 파일형식을 사용
- 이 중에서 DXF 파일형식은 수많은 GIS 관련 소프트웨어뿐만 아니라 원격탐사 소프트웨어에서도 사용할 수 있음
- DXF 파일은 단순한 ASCⅡ File로서 공간객체의 위상관계를 지원하지 않음

DXF(Drawing Exchange file Format) 파일의 구조
오토캐드용 자료 파일을 다른 그래픽 체계에서 사용될 수 있도록 만든 ASCII(American Standard Code for Information Interchange) 형태의 그래픽 자료 파일 형식이다.
- 서로 다른 CAD 프로그램 간에 설계도면파일을 교환하는 데 사용하는 파일 형식
- Auto Desk사에서 제작한 ASCII 코드 형태이다.
- DXF 파일구성 : 헤더 섹션, 테이블 섹션, 블록 섹션, 엔티티 섹션
- 도형자료만 교환할 때는 속성자료와 연계 없이 점, 선, 면의 형태와 좌표만을 고려하면 되므로 단순한 포맷의 변환이 될 수 있다.
- 자료의 관리나 사용, 변경이 쉽고 변환효율이 뛰어나다.
- 일반적인 텍스터 편집기를 통해서도 내용을 읽고 편집할 수 있다.
- 아스키 문서 파일로서 "dxf"를 확장자로 가진다.

43 지적도를 수치화하기 위한 작성과정으로 옳은 것은?

① 작업계획 수립 → 좌표독취(스캐닝) → 벡터라이징 → 정위치 편집 → 도면작성
② 작업계획 수립 → 벡터라이징 → 좌표독취(스캐닝) → 정위치 편집 → 도면작성
③ 작업계획 수립 → 좌표독취(스캐닝) → 정위치 편집 → 벡터라이징 → 도면작성
④ 작업계획 수립 → 정위치 편집 → 벡터라이징 → 좌표독취(스캐닝) → 도면작성

해설

지적도를 수치화하기 위한 작성과정
작업계획 수립 → 좌표독취(스캐닝) → 벡터라이징 → 정위치 편집 → 도면작성

44 다음 중 지리정보시스템의 자료 구축 시 발생하는 오차가 아닌 것은?

① 자료처리 시 발생하는 오차
② 디지타이징 시 발생하는 오차
③ 좌표투영을 위한 스캐닝 오차
④ 절대위치 자료생성 시 지적측량기준점의 오차

해설

GIS의 오차

입력자료의 품질에 따른 오차	• 위치정확도에 따른 오차 • 속성정확도에 따른 오차 • 논리적 일관성에 따른 오차 • 완결성에 따른 오차 • 자료변천과정에 따른 오차
데이터베이스 구축 시 발생되는 오차	• 절대위치자료 생성 시 기준점의 오차 • 위치자료 생성 시 발생되는 항공사진 및 위성영상의 정확도에 따른 오차 • 점의 조정 시 정확도 불균등에 따른 오차 • 디지타이징 시 발생되는 점양식, 흐름양식에 의해 발생되는 오차 • 좌표변환 시 투영법에 따른 오차 • 항공사진판독 및 위성영상으로 분류되는 속성오차 • 사회자료 부정확성에 따른 오차 • 지형분할을 수행하는 과정에 발생되는 편집오차 • 자료처리 시 발생되는 오차

45 격자구조를 벡터구조로 변환할 때 격자영상에 생긴 잡음(noise)을 제거하고 외곽선을 연속적으로 이어주는 영상처리 과정을 무엇이라고 하는가?

① Noising   ② Filtering
③ Thinning   ④ Conversioning

해설

벡터화 과정
벡터화 과정을 크게 전처리 단계(Pre-Processing), 벡터화 단계(Raster to Vector Conversion), 후처리 단계(Post-Processing)로 나눌 수 있다.
전처리 과정은 불필요한 요소들을 제거하는 필터링 단계(Filtering)와 격자의 골격을 형성하는 세선화 단계(Thinning)로 이루어진다.

정답 43 ① 44 ③ 45 ②

	필터링	필터링이란 격자데이터에 생긴 여러 형태의 잡음(Noise)을 윈도우(필터)를 이용하여 제거하고, 연속적이지 않은 외곽선을 연속적으로 이어주는 영상처리의 과정이다
전처리 단계	세선화	세선화란 격자데이터의 형태를 제대로 반영하면서 대상물의 추출에 별로 영향을 주지 않는 격자를 제거하여 두께가 하나의 격자, 즉 1인 호소로서 격자데이터의 특징적인 골격을 형성하는 작업을 의미한다. 즉, 이전 단계인 필터링에서 불필요한 격자들과 같은 잡음을 제거한 후 해당 격자의 선형을 가늘고 긴 선과 같은 형상으로 만드는 세선화하는 것을 말한다.
벡터화 단계		세선화 단계를 거친 격자데이터는 벡터화가 가능하게 된다.
후처리 단계		자동적 방법이나 혹은 수동적 방법을 사용하여 벡터화 단계를 마치고 벡터 데이터가 생성이 되면 모양이 매끄럽지 않고, 과도한 Vertex나 Spike 등의 문제가 발생한다. 혹은 작업자의 실수로 오류들이 발생할 수 있다. 즉, 결과물의 위상(Topology)을 생성하는 과정에서 점, 선, 면의 객체들의 오류를 효율적으로 정리하여야 한다. 불필요한 Vertex나 Node를 삭제하거나 수정하여 정확히 시작점과 끝점을 폐합 처리한다.

46 다음 중 CNS(Car Navigation System)에서 이용하고 있는 대표적인 지적정보는?

① 지번정보 ② 면적정보
③ 지목정보 ④ 토지소유자정보

해설

CNS에서 이용하고 있는 대표적인 지적정보는 지번정보이다.
[참고]
차량자동항법장치(CNS : Car Navigation System)
운행 중인 자동차에 위치 정보를 제공하여 목적지에 정확하게 유도하는 운행 안내 시스템 또는 운행 유도 시스템이다. 전자수치지도와 GPS 위성을 이용한다. 차량 내 단말기(Vehicle Control Unit)에 전자수치지도, GPS, 항법소프트웨어 등을 혼합한 것으로 전자지도상에 운전자의 현재 위치를 표시해주는 것은 물론 필요할 경우 최단경로, 최적경로로 목적지를 안내해준다. GPS 위성으로부터 전파를 받아 차량 내부의 전자지도상에 차량의 현재 위치 및 진행방향을 표시하고, 목적지까지의 최단경로를 나타내준다. 자동차 운전자의 편의를 위한 이 시스템을 통신망과 연결하면 사고 및 도난차량 감지를 위한 차량위치추적시스템(AVLS : Auto Vehicle Location System)으로도 활용할 수 있다. 또한 물류회사 등에서는 직원들 간의 연락망으로 사용하는 등 사내 자체 통신망으로도 이용할 수 있다. 이 시스템을 이용하면 도로 지도가 불필요하고 목적별로 세밀한 데이터를 지도상에 부가하면 화물 자동차 등에 의한 상품의 배달·운송이나 판매 활동 등 여러 가지 업무에 응용할 수가 있다.

47 토지정보체계의 구축에 있어 벡터 자료(vector data)를 취득하기 위한 장비로 옳은 것은?

```
ㄱ. 스캐너          ㄴ. 디지털 카메라
ㄷ. 디지타이저      ㄹ. 전자평판
```

① ㄱ, ㄴ ② ㄱ, ㄹ
③ ㄴ, ㄷ ④ ㄷ, ㄹ

해설

벡터 자료구조는 기호, 도형, 문자 등으로 인식할 수 있는 형태를 말하며 객체들의 지리적 위치를 크기와 방향으로 나타낸다.
전자평판측량
전자평판측량이란 토털스테이션과 지적측량운영프로그램 등이 설치된 컴퓨터를 연결하여 세부측량을 수행하는 측량을 말한다.
Digitizer(수동방식)
전기적으로 민감한 테이블을 사용하여 종이로 제작된 지도자료를 컴퓨터에 의하여 사용할 수 있는 수치자료로 변환하는 데 사용되는 장비로서 도형자료(도표, 그림, 설계도면)를 수치화하거나 수치화하고 난 후 즉시 자료를 검토할 때와 이미 수치화된 자료를 도형적으로 기록하는 데 쓰이는 장비를 말한다.
Scanner(자동방식)
위성이나 항공기에서 자료를 직접 기록하거나 지도 및 영상을 수치로 변환시키는 장치로서 사진 등과 같이 종이에 나타나 있는 정보를 그래픽 형태로 읽어 들여 컴퓨터에 전달하는 입력 장치를 말한다.

48 래스터 데이터에 해당하지 않는 것은?

① 이미지 데이터 ② 위성영상 데이터
③ 위치좌표 데이터 ④ 항공사진 데이터

해설

벡터 자료	벡터 자료구조는 기호, 도형, 문자 등으로 인식할 수 있는 형태를 말하며 객체들의 지리적 위치를 크기와 방향으로 나타낸다.
래스터 자료	래스터 자료구조는 매우 간단하며 일정한 격자간 격의 셀이 데이터의 위치와 그 값을 표현하므로 격자데이터라고도 하며 도면을 스캐닝하여 취득한 자료와 위상영상자료들에 의하여 구성된다. 래스터구조는 구현의 용이성과 단순한 파일구조에도 불구하고 정밀도가 셀의 크기에 따라 좌우되며 해상력을 높이면 자료의 크기가 방대해진다. 각 셀들의 크기에 따라 데이터의 해상도와 저장크기가 달라지게 되는데 셀 크기가 작으면 작을수록 보다 정밀한 공간현상을 잘 표현할 수 있다.

위치좌표 데이터는 벡터 데이터이다.

49 조직 안에서 다수의 사용자들이 의사결정 지원을 위해 공동으로 사용할 수 있도록 통합 저장되어 있는 자료의 집합을 의미하는 것은?

① 데이터 마이닝
② 데이터 모델링
③ 데이터 웨어하우스
④ 관계형 데이터베이스

해설

데이터 웨어 하우스 (data ware— house)	• 사용자의 의사결정을 지원하기 위해 많은 데이터(Time Variant)를 사용자 관점에서 주제별로(Subject—Oriented) 통합하여 별도의 장소에 저장해 놓은 통합 데이터베이스이다. • 디자인, 원시 데이터 추출 및 로딩, 데이터 스토어, 데이터 이용(OLAP), 웨어하우스 관리와 같은 프로세스를 지원하는 컴포넌트들의 유기적 연동을 통해 의사 결정자에게 회사의 경쟁력을 높일 수 있는 주요한 정보를 적기에 제공하는 전략적 정보시스템이다. • 데이터는 자료(정보)를, 웨어하우스는 창고를 뜻하는 용어로, 데이터 웨어하우스는 회사의 각 사업부문에서 수집된 모든 자료 또는 중요한 자료에 관한 중앙창고라고 할 수 있다. 이처럼 컴퓨터에 조직 전체에 관련된 자료 창고를 만들고 유지해가는 과정을 데이터 웨어하우징이라고 한다.
데이터 웨어 하우징 (data ware— housing)	분산된 방대한 데이터에 쉽게 접근하고 이를 활용할 수 있도록 하는 일련의 과정을 데이터웨어하우징이라고 한다. 즉 데이터 웨어하우징은 의사결정을 지원하고 정보시스템이나 의사결정지원시스템(DSS)의 구축을 위해서 기 구축된 데이터베이스를 분석하여 정보를 추출하는 데이터 웨어하우스시스템을 구축하는 것이다.

빅데이터 (big data)	• 기존 데이터베이스 관리 도구로 데이터를 수집, 저장, 관리, 분석할 수 있는 역량을 넘어서는 대량의 정형 또는 비정형 데이터 집합 및 이러한 데이터로부터 가치를 추출하고 결과를 분석하는 기술을 의미한다. • 빅데이터는 초 대용량(volume), 다양한 형태(variety), 빠른 생성 속도(velocity)와 무한한 가치(Value), 데이터의 진실성(Veracity)의 개념을 의미하는 5V로 정의되며, 최근 위치기반 데이터와 연계되어 신성한 동력산업을 선도할 수 있는 새로운 가치를 창출할 것으로 거래되고 있다.
데이터 마이닝 (Data Mining)	통계학에서 패턴 인식에 이르는 다양한 계량 기법을 사용한다. 데이터 마이닝 기법은 통계학에서 발전한 탐색적 자료분석, 가설 검정, 다변량 분석, 시계열 분석, 일반선형모형 등의 방법론과 데이터베이스에서 발전한 OLAP(온라인 분석 처리, On—Line Analytic Processing), 인공지능 진영에서 발전한 SOM, 신경망, 전문가시스템 등의 기술적인 방법론이 쓰인다. 대용량의 데이터로부터 이들 데이터 내 존재하는 관계, 패턴, 규칙 등을 찾아 모형화함으로써 잠재된 의미정보 및 유용한 지식을 추출하는 일련의 과정을 데이터 마이닝이라 한다. 즉, 많은 데이터 가운데 숨겨져 있는 유용한 상관관계를 발견하여, 미래에 실행 가능한 정보를 추출해내고 의사결정에 이용하는 과정을 말한다.

50 다음 중 실세계에서 기호화된 지형지물의 지도를 이루는 기본적인 지형요소로 공간객체의 단위인 것은?

① Feature
② MDB
③ Pointer
④ Coverage

해설

Feature는 실세계에서 기호화된 지형지물의 지도를 이루는 기본적인 지형요소로 공간객체의 단위이다.

51 경계점좌표등록부 시행지역의 지적도면을 전산화하는 방법으로 가장 적합한 것은?

① 스캐닝 방식
② 좌표입력 방식
③ 항공측량 방식
④ 디지타이징 방식

해설

경계점좌표등록부 시행지역의 지적도면을 전산화하는 방법은 좌표입력 방식으로 한다.

52 다음 중 사진을 구성하는 요소로 영상에서 눈에 보이는 가장 작은 비분할 2차원적 요소는?

① 노드(node)
② 픽셀(pixel)
③ 그리드(grid)
④ 폴리곤(polygon)

해설

화소(畫素) 또는 픽셀(pixel : picture element에서 유래)은 화면을 구성하는 가장 기본이 되는 단위이다.

백터구조의 기본요소

Point	점은 차원이 존재하지 않으며 대상물의 지점 및 장소를 나타내고 기호를 이용하여 공간형상을 표현한다. • 기하학적 위치를 나타내는 0차원 또는 무차원 정보 • 절점(node)은 점의 특수한 형태로 0차원이고 위상적 연결이나 끝점을 나타낸다. • 최근린 방법 : 점 사이의 물리적 거리를 관측한다. • 사지수(quadrat) 방법 : 대상영역의 하부면적에 존재하는 점의 변이를 분석한다.
Line	선(Line)은 가장 간단한 형태로 1차원 대상물은 두 점을 연결한 직선이다. 대축척(면사상), 소축척(선사상)으로 지적도, 임야도의 경계선을 나타내는 데 효과적이다. arc, string, chain이라는 다양한 용어로도 사용된다. • 1차원 표현으로 두 점 사이 최단거리를 의미한다. • 형태 : 문자열(string), 호(arc), 사슬(chain) 등이 있다. • 문자열(string) : 연속적인 line segment(두 점을 연결한 선)를 의미하며 1차원적 요소이다. • 호(arc) : 수학적 함수로 정의되는 곡선을 형성하는 점의 궤적이다. • 사슬(chain) : 각 끝점이나 호가 상관성이 없을 경우 직접적인 연결, 즉 체인은 시작노드와 끝노드에 대한 위상정보를 가지며 자치꼬임이 허용되지 않은 위상기본요소를 의미한다.
Area	면은 경계선 내의 영역을 정의하고 면적을 가지며, 호수, 삼림을 나타내고 지적도의 필지, 행정구역이 대표적이다. • 면(面, area) 또는 면적(面積)은 한정되고 연속적인 2차원적 표현 • 모든 면적은 다각형으로 표현된다.

53 데이터베이스관리시스템이 파일시스템에 비하여 갖는 단점은?

① 자료의 중복성을 피할 수 없다.
② 자료의 일관성이 확보되지 않는다.
③ 일반적으로 시스템 도입비용이 비싸다.
④ 사용자별 자료접근에 대한 권한 부여를 할 수 없다.

해설

	파일처리방식	DBMS
개념	파일(File)은 기본적으로 유사한 성질이나 관계를 가진 자료의 집합으로 데이터 파일은 Record, Field, Key의 세 가지로 구성된다. 파일처리방식에 의한 데이터베이스와 응용프로그램 간의 연결은 응용프로그램에서 자료에 관한 사항을 직접 관리하기 때문에 자료의 저장 및 관리가 중복적이고 비효율적이며 처리속도가 늦다는 단점이 있다.	DBMS는 자료의 저장, 조작, 검색, 변화를 처리하는 특별한 소프트웨어를 사용하는 컴퓨터 프로그램의 일종으로 정보의 저장과 관리와 같은 정보관리를 목적으로 하는 프로그램이다. 파일처리방식의 단점을 보완하기 위해 도입되었으며 자료의 중복을 최소화하여 검색시간을 단축시키며 작업의 효율성을 향상시키게 된다.
장점	파일관리 시스템은 별도로 시스템을 구입하지 않아도 된다.	① 중복의 최소화 ② 데이터의 독립성 향상 ③ 데이터의 일관성 유지 ④ 데이터의 무결성 유지 ⑤ 시스템개발 비용 감소 ⑥ 보안향상 ⑦ 표준화
단점	① 중복데이터와 독립성 문제(데이터의 독립성을 지원하지 못한다.) ② 무결성유지 어려움 ③ 데이터 접근 어려움 ④ 동시성 제어 불가(다수의 사용자 환경을 지원하지 못한다.) ⑤ 보안 문제(사용자 접근을 제어하는 보안체제가 미흡하다.) ⑥ 회복불가	① 운영비의 증대 ② 시스템 구성의 복잡성 ③ 중앙집약적인 위험 부담 ④ 위험부담을 최소화하기 위해 효율적인 백업과 회복기능을 갖추어야 한다.

54 지적전산자료를 이용 또는 활용하고자 하는 자는 누구에게 신청서를 제출하여 심사를 신청하여야 하는가?

① 국무총리
② 시 · 도지사
③ 서울특별시장
④ 관계 중앙행정기관의 장

해설

공간정보의 구축 및 관리 등에 관한 법률 시행령 제62조(지적전산자료의 이용 등)

① 법 제76조 제1항에 따라 지적공부에 관한 전산자료(이하 "지적전산자료"라 한다)를 이용하거나 활용하려는 자는 같은 조 제2항에 따라 다음 각 호의 사항을 적은 신청서를 관계 중앙행정기관의 장에게 제출하여 심사를 신청하여야 한다.
1. 자료의 이용 또는 활용 목적 및 근거
2. 자료의 범위 및 내용
3. 자료의 제공 방식, 보관 기관 및 안전관리대책 등

② 제1항에 따른 심사 신청을 받은 관계 중앙행정기관의 장은 다음 각 호의 사항을 심사한 후 그 결과를 신청인에게 통지하여야 한다.
1. 신청 내용의 타당성, 적합성 및 공익성
2. 개인의 사생활 침해 여부
3. 자료의 목적 외 사용 방지 및 안전관리대책

③ 법 제76조 제1항에 따라 지적전산자료의 이용 또는 활용에 관한 승인을 받으려는 자는 승인신청을 할 때에 제2항에 따른 심사 결과를 제출하여야 한다. 다만, 중앙행정기관의 장이 승인을 신청하는 경우에는 제2항에 따른 심사 결과를 제출하지 아니할 수 있다.

④ 제3항에 따른 승인신청을 받은 국토교통부장관, 시·도지사 또는 지적소관청은 다음 각 호의 사항을 심사하여야 한다. 〈개정 2013.3.23.〉
1. 제2항 각 호의 사항
2. 신청한 사항의 처리가 전산정보처리조직으로 가능한지 여부
3. 신청한 사항의 처리가 지적업무수행에 지장을 주지 않는지 여부

⑤ 국토교통부장관, 시·도지사 또는 지적소관청은 제4항에 따른 심사를 거쳐 지적전산자료의 이용 또는 활용을 승인하였을 때에는 지적전산자료 이용·활용 승인대장에 그 내용을 기록·관리하고 승인한 자료를 제공하여야 한다. 〈개정 2013.3.23.〉

55 국가나 지방자치단체가 지적전산자료를 이용 또는 활용하는 경우의 사용료는?

① 면제한다.
② 현금으로 한다.
③ 수입인지로 한다.
④ 수입증지로 한다.

해설

공간정보의 구축 및 관리 등에 관한 법률 시행령 제62조(지적전산자료의 이용 등)

① 법 제76조 제1항에 따라 지적공부에 관한 전산자료(이하 "지적전산자료"라 한다)를 이용하거나 활용하려는 자는 같은 조 제2항에 따라 다음 각 호의 사항을 적은 신청서를 관계 중앙행정기관의 장에게 제출하여 심사를 신청하여야 한다.
1. 자료의 이용 또는 활용 목적 및 근거
2. 자료의 범위 및 내용
3. 자료의 제공 방식, 보관 기관 및 안전관리대책 등

⑤ 국토교통부장관, 시·도지사 또는 지적소관청은 제4항에 따른 심사를 거쳐 지적전산자료의 이용 또는 활용을 승인하였을 때에는 지적전산자료 이용·활용 승인대장에 그 내용을 기록·관리하고 승인한 자료를 제공하여야 한다. 〈개정 2013.3.23.〉

⑥ 제5항에 따라 지적전산자료의 이용 또는 활용에 관한 승인을 받은 자는 국토교통부령으로 정하는 사용료를 내야 한다. 다만, 국가나 지방자치단체에 대해서는 사용료를 면제한다. 〈개정 2013.3.23.〉

56 위성영상의 기준점 자료를 이용하여 영상소를 재배열하는 보간법이 아닌 것은?

① Bicubic 보간법
② Shape weighted 보간법
③ Nearest neighbor 보간법
④ Inverse distance weighting 보간법

해설

1. 가장 인접한 이웃화소 보간법(Nearest Neighbor interpolation)
   • 출력 화소로 생성된 주소에 가장 가까운 원시 화소를 출력 화소로 할당하는 원리
   • 처리속도가 빠르나, 영상을 바뀌게 하는 커다란 요소가 된다는 단점
   • 새로운 화소값을 계산할 수 없어서 그만큼 입력화소 안에서 찾아야 하므로 오류가 존재
   • 하나의 입력 화소에 대응하는 출력 화소들의 수가 크면 클수록 영상의 질이 저하
2. 양선형 보간법(Bilinear interpolation)
   • 새롭게 생성된 화소의 값이 네 개의 가장 가까운 화소들에 가중치를 곱한 값이 됨

- 가중치는 선형적으로 결정되며, 각각 가중치는 각각의 존재하는 화소로부터의 거리에 정비례
- 가장 인접한 이웃화소 보간법보다 더 매끄러운 영상이 생성
- 3개에 이르는 화소 보간법이라는 계산시간 때문에 가장 인접한 이웃화소 보간법보다는 상당히 많은 계산 요구

3. 3차 회선 보간법(cubic – interpolation)
   - 4×4의 이웃화소를 참조하여 보간하는 방법
   - 양선형 보간법보다 화질은 더 좋아지나 계산시간이 더 소요

4. B−스플라인 보간법(B−Spline interpolation)
   - 이상적인 보간함수는 저주파 통과필터이고, B−스플라인 함수는 상당히 좋은 저주파 통과필터이다.
   - 보간 함수들의 가장 스무딩한 것을 산출

57 토지 및 임야대장에 등록하는 각 필지를 식별하기 위한 토지의 고유번호는 총 몇 자리로 구성하는가?

① 10자리   ② 15자리

③ 19자리   ④ 21자리

> **해설**
>
> 부동산종합공부시스템 운영 및 관리규정 제19조(코드의 구성)
> ① 규칙 제68조 제5항에 따른 고유번호는 행정구역코드 10자리(시·도 2, 시·군·구 3, 읍·면·동 3, 리 2), 대장구분 1자리, 본번 4자리, 부번 4자리를 합한 19자리로 구성한다.
> ② 제1항에 따른 고유번호 이외에 사용하는 코드는 별표 3과 같다.
> ③ 제1항에 따른 행정구역코드 부여기준은 별표 4와 같다.

대장 구분

코드체계	*	⇐	숫자 1자리	
코드	내용		코드	내용
1	토지대장		8	토지대장 (폐쇄)
2	임야대장		9	임야대장 (폐쇄)

58 다음 중 토지정보시스템(LIS)과 가장 관련이 깊은 것은?

① 법지적   ② 세지적

③ 소유지적   ④ 다목적지적

> **해설**
>
> 다목적지적의 구성요소
> 다목적지적이라 함은 필지단위로 토지와 관련된 기본적인 정보를 집중 관리하고 계속하여 즉시 이용이 가능하도록 토지정보를 종합적으로 제공하여 주는 기본 골격이라 할 수 있으며 종합지적, 통합지적이라고도 한다. 다목적지적은 지리학적 위치측정의 기초이며, 토지와 관련된 기술적, 법률적, 재정 및 경제적 정보의 기본이다.

구성요소	특징
측지기본망 (Geodetic reference network)	토지의 경계선과 측지측량이나 그 밖의 토지 및 토지 관련 자료와 지형 간의 상관관계를 형성한다. 지상에 영구적으로 표시되어 지적도 상에 등록된 경계선을 현지에 복원할 수 있는 정확도를 유지할 수 있는 기준점 표지의 연결망을 말하는데 서로 관련 있는 모든 지역의 기준점이 단일의 통합된 네트워크여야 한다.
기본도 (Base map)	측지기본망을 기초로 하여 작성된 도면으로서 지도 작성에 기본적으로 필요한 정보를 일정한 축척의 도면 위에 등록한 것이다. 변동사항과 자료를 수시로 정비하여 최신 자료로 사용될 수 있어야 한다.
지적중첩도 (Cadastral overlay)	측지기본망과 기본도와 연계하여 활용할 수 있고 토지소유권에 관한 현재 상태의 경계를 식별할 수 있도록 일필지 단위로 등록한 지적도, 시설물, 토지이용, 지역구도 등을 결합한 상태의 도면을 말한다.
필지식별번호 (Unique parcel identification number)	각 필지별 등록사항의 조직적인 저장과 수정을 용이하게 각 정보를 인식·선정·식별·조정하는 가변성이 없는 토지의 고유번호를 말하는데 지적도의 등록 사항과 도면의 등록 사항을 연결시켜 자료파일의 검색 등 색인번호의 역할을 한다. 이러한 필지식별번호는 토지평가, 토지의 과세, 토지의 거래, 토지이용 계획 등에서 활용되고 있다.
토지자료파일 (Land data file)	토지에 대한 정보검색이나 다른 자료철에 있는 정보를 연결시키기 위한 목적으로 만들어진 각 필지의 식별번호를 포함한 일련의 공부 또는 토지자료철을 말하는데 과세대장, 건축물대장, 천연자원기록, 토지이용, 도로, 시설물대장 등 토지 관련 자료를 등록한 대장을 뜻한다.

59 지번주소체계와 도로명주소체계에 대한 설명으로 가장 거리가 먼 것은?

① 지번주소는 토지 중심으로 구성된다.

② 도로명주소는 주소(건물번호)를 표시하는 것을 주목적으로 한다.

③ 대부분 OECD 국가들이 지번주소체계를 채택하고 있다.

④ 지번주소는 토지표시와 주소를 함께 사용함으로써 재산권 보호가 용이하다.

해설

도로명주소는 지번을 기준으로 한 기존 주소와 달리 도로에는 도로명을, 건물에는 건물번호를 부여하는 새로운 방식의 주소 체계다.

- 도로명 : 지방자치단체가 주민 의견을 반영해 폭에 따라 '대로(大路)'(40m 이상), '로(路)'(12~40m), '길'(기타 도로) 등으로 구분해 정했다.
- 건물번호 : 국민이 길을 쉽게 찾을 수 있도록 도로의 시작점에서 종점 방향으로 왼쪽은 홀수, 오른쪽은 짝수 번호가 20m 간격으로 부여됐다.
- 새 주소 : 종전 지번 주소와 시·군·구, 읍·면까지는 같지만 리(里)와 지번 대신 도로명과 건물 번호를 사용한다. 동(洞) 이름과 아파트명은 괄호에 넣어 함께 사용할 수 있다.

지번주소와 도로명주소체계의 특징
① 지번주소는 토지 중심으로 구성된다.
② 도로명주소는 주소(건물번호)를 표시하는 것을 주목적으로 한다.
③ 지번주소는 토지표시와 주소를 함께 사용함으로써 재산권 보호가 용이하다.

60 위상구조에 사용되는 것이 아닌 것은?

① 노드
② 링크
③ 체인
④ 밴드

해설

위상구조분석	각 공간객체 사이의 관계가 인접성, 연결성, 포함성 등의 관점에서 묘사되며, 스파게티 모델에 비해 다양한 공간분석이 가능하다.	
	인접성 (Adjacency)	사용자가 중심으로 하는 개체의 형상 좌우에 어떤 개체가 인접하고 그 존재가 무엇인지를 나타내는 것이며 이러한 인접성으로 인해 지리정보의 중요한 상대적인 거리나 포함 여부를 알 수 있게 된다.
	연결성 (Connectivity)	지리정보의 3가지 요소의 하나인 선(Line)이 연결되어 각 개체를 표현할 때 노드(Node)를 중심으로 다른 체인과 어떻게 연결되는지를 표현한다.
	포함성 (Containment)	특정한 폴리곤에 또 다른 폴리곤이 존재할 때 이를 어떻게 표현할지는 지리정보의 분석기능에 중요한 하나이며, 특정지역과 특정지역에 포함된 다른 지역을 분석할 때 중요하다.

61 다음 중 1필지에 대한 설명으로 옳지 않은 것은?

① 법률적 토지 단위
② 토지의 등록 단위
③ 인위적인 토지 단위
④ 지형학적 토지 단위

해설

필지
필지란 지번부여지역 안의 토지로서 소유자와 용도가 동일하고 지반이 연속된 토지를 기준으로 구획되는 토지의 등록 단위를 말한다.

필지의 특성
① 토지의 소유권이 미치는 범위와 한계를 나타낸다.
② 지형·지물에 의한 경계가 아니고 토지소유권의 구분에 의하여 인위적으로 구획된 것이다.
③ 도면(지적도·임야도)에서는 경계점을 직선으로 연결한 선, 경계점좌표등록부에서는 경계점(평면직각종횡선수치)의 연결로 표시되며 폐합된 다각형으로 구획된다.
④ 대장(토지대장·임야대장)에서는 하나의 지번에 따라 작성된 1장의 대장에 따른 필지를 구분한다.

공간정보의 구축 및 관리 등에 관한 법률 제2조(정의)
이 법에서 사용하는 용어의 뜻은 다음과 같다.
20. "토지의 표시"란 지적공부에 토지의 소재·지번(地番)·지목(地目)·면적·경계 또는 좌표를 등록한 것을 말한다.
21. "필지"란 대통령령으로 정하는 바에 따라 구획되는 토지의 등록단위를 말한다.
22. "지번"이란 필지에 부여하여 지적공부에 등록한 번호를 말한다.

62 토지 표시 사항 중 물권객체를 구분하여 표상(表象)할 수 있는 역할을 하는 것은?

① 경계
② 지목
③ 지번
④ 소유자

해설

지번
지번(parcel number or lot number)이라 함은 필지에 부여하여 지적공부에 등록한 번호로서 국가(지적소관청)가 인위적으로 구획된 1필지별로 1지번을 부여하여 지적공부에 등록하는 것으로 토지의 고정성과 개별성을 확보하기 위하여 지적소관청이 지번부여지역인 법정 동·리 단위로 기번하여 필지마다 아라비아 숫자로 순차적으로 연속하여 부여한 번호를 말한다.

1. 지번의 특성

지번은 특정성, 동질성, 종속성, 불가분성, 연속성을 가지고 있다. 지번부여지역에 속한 필지들은 지번에 의해 개별성을 보장받게 되기 때문에 지번은 특정성을 지니게 되며, 단식지번과 성질상 부번이 없는 단식지번이 복식지번보다 우세한 것 같지만 지번으로서의 역할에는 하등과 우열의 경중이 없으므로 지번은 유형과 크기에 관계없이 동질성을 지니게 된다. 또한 지번은 부여지역 및 이미 설정된 지번 등에 의해 형성되기 때문에 종속성을 지니게 된다. 지번은 물권변동 또는 설정에 따른 각 권리에 의해 분리되지 않는 불가분성을 지니게 된다.

2. 지번의 기능

① 필지를 구별하는 개별성과 특정성의 기능을 갖는다.
② 거주지 또는 주소표기의 기준으로 이용된다.
③ 위치파악의 기준으로 이용된다.
④ 각종 토지관련 정보시스템에서 검색키(식별자·색인키)로서의 기능을 갖는다.

공간정보의 구축 및 관리 등에 관한 법률 제2조(정의)

이 법에서 사용하는 용어의 뜻은 다음과 같다.

20. "토지의 표시"란 지적공부에 토지의 소재·지번(地番)·지목(地目)·면적·경계 또는 좌표를 등록한 것을 말한다.
21. "필지"란 대통령령으로 정하는 바에 따라 구획되는 토지의 등록단위를 말한다.
22. "지번"이란 필지에 부여하여 지적공부에 등록한 번호를 말한다.

63 다음 중 지적이론의 발생설로 가장 지배적인 것으로 아래의 기록들이 근거가 되는 학설은?

- 3세기 말 디오클레티안(Diocletian) 황제의 로마제국 토지측량
- 모세의 탈무드법에 규정된 십일조(tithe)
- 영국의 둠즈데이북(Domesday Book)

① 과세설　　　　② 지배설
③ 치수설　　　　④ 통치설

정답 63 ①

해설

지적의 발생

과세설(課稅說) (Taxation theory)	국가가 과세를 목적으로 토지에 대한 각종 현상을 기록·관리하는 수단으로부터 출발했다고 보는 설로 공동생활과 집단생활을 형성·유지하기 위해서는 경제적 수단으로 공동체에 제공해야 한다. 토지는 과세목적을 위해 측정되고 경계의 확정량에 따른 과세가 이루어졌고 고대에는 정복한 지역에서 공납물을 징수하는 수단으로 이용되었다. 정주생활에 따른 과세의 필요성에서 그 유래를 찾아 볼 수 있고, 과세설의 증거자료로는 Domesday Book(영국의 토지대장), 신라의 장적문서(서원경 부근의 4개 촌락의 현·촌명 및 촌락의 영역, 호구(戶口) 수, 우마(牛馬) 수, 토지의 종목 및 면적, 뽕나무, 백자목, 추자목의 수량 기록) 등이 있다.
치수설(治水說) (Flood control theory)	국가가 토지를 농업생산 수단으로 이용하기 위하여 관개시설 등을 측량하고 기록, 유지, 관리하는 데서 비롯되었다고 보는 설로 토지측량설(土地測量說 : land survey theory)이라고도 한다. 물을 다스려 보국안민을 이룬다는 데서 유래를 찾아볼 수 있고 주로 4대강 유역이 치수설을 뒷받침하고 있다. 즉 관개시설에 의한 농업적 용도에서 물을 다스릴 수 있는 토목과 측량술의 발달은 농경지의 생산성에 대한 합리적인 과세목적에서 토지기록이 이루어지게 된 것이다.
지배설(支配說) (Rule theory)	국가가 토지를 다스리기 위한 영토의 보존과 통치수단으로 토지에 대한 각종 현황을 관리하는 데서 출발한다고 보는 설로 지배설은 자국영토의 국경을 상징하는 경계표시를 만들어 객관적으로 표시하고 기록하는 과정에서 지적이 발생했다는 이론이다. 이러한 국경의 경계를 객관적으로 표시하고 기록하는 것은 자국민의 생활의 안전을 보장하여 통치의 수단으로서 중요한 역할을 하였다. 국가경계의 표시 및 기록은 영토보존의 수단이며 통치의 수단으로 백성을 다스리는 근본을 토지에서 찾았던 고대에는 이러한 일련의 행위가 매우 중요하게 평가되었다. 고대세계의 성립과 발전, 그리고 중세봉건사회와 근대 절대왕정, 그리고 근대시민사회의 성립 등에서 지배설을 뒷받침하고 있다.
침략설(侵略說) (Aggression theory)	국가가 영토확장 또는 침략상 우의를 확보하기 위해 상대국의 토지·현황을 미리 조사, 분석, 연구하는 데서 비롯되었다는 학설이다.

64 임야조사사업 당시 토지의 사정기관은?

① 면장 ② 도지사
③ 임야조사위원회 ④ 임시토지조사국장

해설

구분	토지조사사업	임야조사사업
근거법령	토지조사령 (1912.8.13. 제령 제2호)	조선임야조사령 (1918.5.1. 제령 제5호)
조사기간	1910~1918 (8년 10개월)	1916~1924(9개년)
측량기관	임시토지조사국	부(府)와 면(面)
사정기관	임시토지조사국장	도지사
재결기관	고등토지조사위원회	임야심사위원회
조사내용	• 토지소유권 • 토지가격 • 지형 · 지모	• 토지소유권 • 토지가격 • 지형 · 지모
조사대상	• 전국에 걸친 평야부 토지 • 낙산 임야	• 토지조사에서 제외된 토지 • 산림 내 개재지(토지)
도면축척	1/600, 1/1,200, 1/2,400	1/3,000, 1/6,000
기선측량	13개소	

65 경계의 특징에 대한 설명으로 옳지 않은 것은?

① 필지 사이에는 1개의 경계가 존재한다.
② 경계는 크기가 없는 기하학적인 의미를 갖는다.
③ 경계는 경계점 사이를 직선으로 연결한 것이다.
④ 경계는 면적을 갖고 있으므로 분할이 가능하다.

해설

경계결정 원칙(境界決定 原則)

경계국정주의 원칙	지적공부에 등록하는 경계는 국가가 조사 · 측량하여 결정한다는 원칙
경계불가분의 원칙	경계는 유일무이한 것으로 이를 분리할 수 없다는 원칙 • 필지 간 경계는 1개만 존재 • 경계는 인접 토지에 공통으로 작용 • 경계는 폭이 없는 기하학적인 선의 의미와 동일
등록선후의 원칙	동일한 경계가 축척이 서로 다른 도면에 각각 등록되어 있는 경우로서 경계가 상호 일치하지 않는 경우에는 경계에 잘못이 있는 경우를 제외하고 등록시기가 빠른 토지의 경계를 따른다는 원칙
축척종대의 원칙	동일한 경계가 축척이 서로 다른 도면에 각각 등록되어 있는 경우로서 경계가 상호 일치하지 않는 경우에는 경계에 잘못이 있는 경우를 제외하고 축척이 큰 것에 등록된 경계를 따른다는 원칙
경계직선주의	지적공부에 등록하는 경계는 직선으로 한다는 원칙

66 지적공부정리를 위한 토지이동의 신청을 하는 경우 지적측량을 요하지 않는 토지이동은?

① 분할 ② 합병
③ 등록전환 ④ 축척변경

해설

토지이동신청을 하는 경우 지적측량을 요하지 않는 토지이동
• 지목 변경
• 합병
• 행정구역 변경

67 지적소관청에서 지적공부 등본을 발급하는 것과 관계있는 지적의 기본이념은?

① 지적공개주의 ② 지적국정주의
③ 지적신청주의 ④ 지적형식주의

해설

지적법의 기본이념
지적국정주의, 지적형식주의, 지적공개주의를 3개 기본이념이라 하고, 실질적 심사주의와 직권등록주의를 더하여 5대 이념이라 한다.

지적국정주의	지적공부의 등록사항인 토지소재, 지번, 지목, 경계 또는 좌표와 면적 등은 국가의 공권력에 의하여 국가만이 이를 결정할 수 있는 권한을 가진다는 이념
지적형식주의	국가의 통치권이 미치는 모든 토지를 필지 단위로 구획하여 지번, 지목 경계 또는 좌표와 면적을 정하여 국가기관인 소관청이 비치하고 있는 지적공부에 등록 공시하여야만 공식적인 효력이 인정되는 이념
지적공개주의	지적공부에 등록된 사항은 이를 토지소유자나 이해관계인 등 국민에게 신속 정확하게 공개하여 정당하게 이용할 수 있도록 하는 이념

실질적 심사주의 (사실심사주의)	지적공부에 새로이 등록하는 사항이나 이미 등록된 사항의 변경등록은 국가기관인 소관청이 지적법령에 정한 절차상의 적법성뿐만 아니라 실체법상 사실관계의 부합 여부를 심사하여 지적공부에 등록하여야 한다는 이념
직권등록주의 (강제등록주의)	모든 필지는 필지 단위로 구획하여 국가기관인 소관청이 강제적으로 지적공부에 등록 공시하여야 한다는 이념

68 우리나라 지적제도의 원칙과 가장 관계가 없는 것은?

① 공시의 원칙
② 인적 편성주의
③ 실질적 심사주의
④ 적극적 등록주의

◎ 해설

토지등록(土地登錄)의 원칙(原則)

등록의 원칙 (登錄의 原則)	토지에 관한 모든 표시사항을 지적공부에 반드시 등록하여야 하며 토지의 이동이 이루어지려면 지적공부에 그 변동사항을 등록하여야 한다는 토지등록의 원칙으로 토지표시의 등록주의(登錄主義, book-ing principle)라고 할 수 있다. 적극적 등록제도(positive system)와 법지적(legal cadastre)을 채택하고 있는 나라에서 적용하고 있는 원리로서 토지의 모든 권리의 행사는 토지대장 또는 토지등록부에 등록하지 않고는 모든 법률상의 효력을 갖지 못하는 원칙으로 형식주의(principle of formality) 규정이라고 할 수 있다.
신청의 원칙 (申請의 原則)	토지의 등록은 토지소유자의 신청을 전제로 하되 신청이 없을 때는 직권으로 직접 조사하거나 측량하여 처리하도록 규정하고 있다.
특정화의 원칙 (特定化의 原則)	토지등록제도에서 특정화의 원칙(prin-ciple of speciality)은 권리의 객체로서 모든 토지는 반드시 특정적이면서도 단순하며 명확한 방법에 의하여 인식될 수 있도록 개별화함을 의미하는데, 이 원칙이 실제적으로 지적과 등기와의 관련성을 성취시켜 주는 열쇠가 된다.
국정주의 및 직권주의 (國定主義 및 職權主義)	국정주의(principle of national decision)는 지적공부의 등록사항인 토지의 지번, 지목, 경계, 좌표, 면적의 결정은 국가의 공권력에 의하여 국가만이 결정할 수 있는 원칙이다. 직권주의는 모든 필지는 필지단위로 구획하여 국가기관인 소관청이 직권으로 조사·정리하여 지적공부에 등록 공시하여야 한다는 원칙이다.

공시의 원칙, 공개주의 (公示 原則, 公開主義)	토지 등록의 법적 지위에서 토지이동이나 물권의 변동은 반드시 외부에 알려야 한다는 원칙을 공시의 원칙(principle of public notification) 또는 공개주의(principle of publicity)라고 한다. 토지에 관한 등록사항을 지적공부에 등록하여 일반인에게 공시하여 토지소유자는 물론 이해관계자 및 기타 누구나 이용할 수 있도록 하는 것이다.
공신의 원칙 (公信의 原則)	공신의 원칙(principle of public confidence)은 물권의 존재를 추측하게 하는 표상, 즉 공시방법을 신뢰하여 거래한 자는 비록 그 공시방법이 진실한 권리관계에 일치하고 있지 않더라도 그 공시된 대로의 권리를 인정하여 이를 보호하여야 한다는 원칙이다. 즉 공신의 원칙은 선의의 거래자를 보호하여 진실로 그러한 등기 내용과 같은 권리관계가 존재한 것처럼 법률효과를 인정하려는 법률 법칙을 말한다.

토지등록제도(土地登錄制度)의 유형(類型)

날인증서 등록제도 (捺印證書 登錄制度)	토지의 이익에 영향을 미치는 문서의 공적 등기를 보전하는 것을 날인증서등록제도(registration of deed)라고 한다. 기본적인 원칙은 등록된 문서가 등록되지 않은 문서 또는 뒤늦게 등록된 서류보다 우선권을 갖는다. 즉 특정한 거래가 발생했다는 것은 나타나지만 그 관계자들이 법적으로 그 관계를 수행할 권리가 주어졌다는 것을 입증하지 못하므로 거래의 유효성을 증명하지 못한다. 그러므로 토지거래를 하려는 자는 매도인 등의 토지에 대한 권원(title) 조사가 필요하다.
권원등록 제도 (權原登錄 制度)	권원등록(registration of title)제도는 공적 기관에서 보존되는 특정한 사람에게 귀속된 명확히 한정된 단위의 토지에 대한 권리와 그러한 권리들이 존속되는 한계에 대한 권위 있는 등록이다. 소유권 등록은 언제나 최후의 권리이며 정부는 등록한 이후에 이루어지는 거래의 유효성에 대해 책임을 진다.
소극적 등록제도 (消極的 登錄制度)	소극적 등록제도(negative system)는 기본적으로 거래와 그에 관한 거래증서의 변경기록을 수행하는 것이며, 일필지의 소유권이 거래되면서 발생되는 거래증서를 변경 등록하는 것이다. 네덜란드, 영국, 프랑스, 이탈리아, 미국의 일부 주 및 캐나다 등에서 시행되고 있다.
적극적 등록제도 (積極的 登錄制度)	적극적 등록제도(positive system)하에서의 토지등록은 일필지의 개념으로 법적인 권리보장이 인증되고 정부에 의해서 그러한 합법성과 효력이 발생한다. 이 제도의 기본원칙은 지적공부에 등록되지 아니한 토지는 그 토지에 대한 어떠한 권리도 인정될 수 없고 등록은 강제되고 의무적이며 공적인 지적측량이 시행되지 않는 한 토지등기도 허가되지 않는다는 이론이 지배적이다. 적극적 등록제도의 발달된 형태는 토렌스시스템이다.

토렌스 시스템 (Torrens system)	오스트레일리아 Robert Torrens 경에 의해 창안된 토렌스 시스템은 토지의 權原(title)을 명확히 하고 토지거래에 따른 변동사항 정리를 용이하게 하여 권리증서의 발행을 편리하게 하는 것이 목적이다. 이 제도의 기본원리는 법률적으로 토지의 권리를 확인하는 대신에 토지의 권원을 등록하는 행위이다.

69 지번의 부여 단위에 따른 분류 중 해당 지번설정지역의 면적이 비교적 넓고 지적도의 매수가 많을 때 흔히 채택하는 방법은?

① 기우단위법
② 단지단위법
③ 도엽단위법
④ 지역단위법

● 해설

부여단위	지역 단위법	1개의 지번부여지역 전체를 대상으로 순차적으로 부여하고 지역이 작거나 지적도나 임야도의 장수가 많지 않은 지역의 지번 부여에 적합하다. 토지의 구획이 잘된 시가지 등에서 노선의 권장이 비교적 긴 지역에 적합하다.
	도엽 단위법	1개의 지번부여지역을 지적도 또는 임야도의 도엽단위로 세분하여 도엽의 순서에 따라 순차적으로 지번을 부여하는 방법으로 지번부여지역이 넓거나 지적도 또는 임야도의 장수가 많은 지역에 적합하다.
	단지 단위법	1개의 지번부여지역을 단지단위로 세분하여 단지의 순서에 따라 순차적으로 지번을 부여하는 방법으로 토지의 위치를 쉽고 편리하게 이용하는 데 가장 큰 목적이 있다. 특히 소규모 단지로 구성된 토지구획정리 및 농지개량사업 시행지역 등에 적합하다.

70 토지조사사업 당시의 지목 중 비과세지에 해당하지 않는 것은?

① 구거
② 도로
③ 제방
④ 지소

● 해설

지목의 표기방법

토지조사사업 당시 지목	• 과세지 : 전, 답, 대(垈), 지소(池沼), 임야(林野), 잡종지(雜種地)(6개) • 비과세지 : 도로, 하천, 구거, 제방, 성첩, 철도선로, 수도선로(7개) • 면세지 : 사사지, 분묘지, 공원지, 철도용지, 수도용지(5개)
1918년 지세령 개정 (19개)	지소(池沼) : 지소(池沼), 유지로 세분
1950년 구 지적법 (21개)	잡종지(雜種地) : 잡종지, 염전, 광천지로 세분
1975년 지적법 2차 개정 (24개)	**통합** • 철도용지＋철도선로＝철도용지 • 수도용지＋수도선로＝수도용지 • 유지＋지소＝유지 **신설** 과수원, 장용지, 공장용지, 학교용지, 유원지, 운동장(6개) **명칭변경** • 사사지 → 종교용지 • 성첩 → 사적지 • 분묘지 → 묘지 • 운동장 → 체육용지
2001년 지적법 10차 개정 (28개)	주차장, 주유소용지, 창고용지, 양어장(4개 신설)

지목	부호	지목	부호
전	전	대	대
답	답	공장용지	장
과수원	과	학교용지	학
목장용지	목	주차장	차
임야	임	주유소용지	주
광천지	광	창고용지	창
염전	염	도로	도
지목	**부호**	**지목**	**부호**
철도용지	철	공원	공
제방	제	체육용지	체
하천	천	유원지	원
구거	구	종교용지	종
유지	유	사적지	사
양어장	양	묘지	묘
수도용지	수	잡종지	잡

(현행(28개))

정답 ◀ 69 ③ 70 ④

71 토지를 지적공부에 등록하여 외부에서 인식할 수 있도록 하는 제도의 이론적 근거는?

① 공개제도　② 공시제도
③ 공증제도　④ 증명제도

● 해설

공시의 원칙, 공개주의(公示 原則, 公開主義)
• 토지 등록의 법적 지위에 있어서 토지이동이나 물권의 변동은 반드시 외부에 알려야 한다는 원칙을 공시의 원칙(principle of public notification) 또는 공개주의(principle of publicity)라고 한다.
• 지적공부에 토지에 관한 등록사항을 등록하여 일반인에게 공시하여 토지소유자는 물론 이해관계자 및 기타 누구나 이용할 수 있도록 하는 것이다.

공신의 원칙(公信의 原則)
• 공신의 원칙(principle of public confidence)은 물권의 존재를 추측게 하는 표상, 즉 공시방법을 신뢰하여 거래한 자는 비록 그 공시방법이 진실한 권리관계에 일치하고 있지 않더라도 그 공시된 대로의 권리를 인정하여 이를 보호하여야 한다는 것이 공신의 원칙이다.
• 공신의 원칙은 선의의 거래자를 보호하여 진실로 그러한 등기 내용과 같은 권리관계가 존재한 것처럼 법률효과를 인정하려는 법률법칙을 말한다.

72 집 울타리 안에 꽃동산이 있을 때 지목으로 옳은 것은?

① 대　② 공원
③ 임야　④ 유원지

● 해설

공간정보의 구축 및 관리 등에 관한 법률 시행령 제58조(지목의 구분)
법 제67조 제1항에 따른 지목의 구분은 다음 각 호의 기준에 따른다.

5. 임야
산림 및 원야(原野)를 이루고 있는 수림지(樹林地)·죽림지·암석지·자갈땅·모래땅·습지·황무지 등의 토지
8. 대
가. 영구적 건축물 중 주거·사무실·점포와 박물관·극장·미술관 등 문화시설과 이에 접속된 정원 및 부속시설물의 부지
나. 「국토의 계획 및 이용에 관한 법률」 등 관계 법령에 따른 택지조성공사가 준공된 토지

22. 공원
일반 공중의 보건·휴양 및 정서생활에 이용하기 위한 시설을 갖춘 토지로서 「국토의 계획 및 이용에 관한 법률」에 따라 공원 또는 녹지로 결정·고시된 토지
24. 유원지
일반 공중의 위락·휴양 등에 적합한 시설물을 종합적으로 갖춘 수영장·유선장(遊船場)·낚시터·어린이놀이터·동물원·식물원·민속촌·경마장 등의 토지와 이에 접속된 부속시설물의 부지. 다만, 이들 시설과의 거리 등으로 보아 독립적인 것으로 인정되는 숙식시설 및 유기장(遊技場)의 부지와 하천·구거 또는 유지[공유(公有)인 것으로 한정한다]로 분류되는 것은 제외한다.

73 근대적 세지적의 완성과 소유권제도의 확립을 위한 지적제도 성립의 전환점으로 평가되는 역사적인 사건은?

① 솔리만 1세의 오스만제국 토지법 시행
② 윌리엄 1세의 영국 둠즈데이 측량 시행
③ 나폴레옹 1세의 프랑스 토지관리법 시행
④ 디오클레시안 황제의 로마제국 토지 측량 시행

● 해설

나폴레옹 지적
프랑스는 근대적인 지적제도의 발생 국가로서 오랜 역사와 전통을 자랑하고 있다. 특히 근대 지적제도의 출발점이라 할 수 있는 나폴레옹 지적이 발생한 나라로 나폴레옹 지적은 둠즈데이북 등과 세지적의 근거로 제시되고 있다. 현재 프랑스는 중앙정부, 시·도, 시·군 단위의 3단계 계층구조로 지적제도를 운영하고 있으며 1900년대 중반 지적재조사사업을 실시하였고 지적 전산화가 비교적 잘 이루어진 나라이다.
1) 프랑스 지적제도의 창설
① 창설 주체 : 자국
② 창설 연대 : 1808~1850
③ 제도수립 소요기간 : 약 40년
④ 지적의 역사 : 약 200년
⑤ 창설 목적 : 토지에 대한 과세목적
2) 나폴레옹 지적
① 시민혁명 후 초대황제로 등극한 나폴레옹에 의해 1807년 나폴레옹 지적법이 제정되었다.
② 1808~1850년까지 군인과 측량사를 동원하여 전국에 걸쳐 실시한 지적측량 성과에 의해 완성되었다.
③ 나폴레옹은 측량위원회를 발족시켜 전 국토에 대한 필지별 측량을 실시하고 생산량과 소유자를 조사하여 지

적도와 지적부를 작성하여 근대적인 지적제도를 창설하였다(측량위원회 위원장 : Delambre – 수학자이자 미터법의 창안자)

④ 세금 부과를 목적으로 하였다.

⑤ 이후 나폴레옹의 영토 확장으로 유럽 전역의 지적제도의 창설에 직접적인 영향을 미쳤다.

⑥ 도해적인 방법으로 이루어졌다.

74 아래에서 설명하는 토렌스 시스템의 기본 이론은?

> 토지 등록이 토지의 권리를 아주 정확하게 반영하는 것으로 인간의 과실로 착오가 발생하는 경우에 피해를 입은 사람은 누구나 피해보상에 관한 한 법률적으로 선의의 제3자와 동등한 입장에 놓여야만 된다.

① 공개이론
② 거울이론
③ 보험이론
④ 커튼이론

◀해설▶

토렌스 시스템 (Torrens system)	오스트레일리아 Robert Torrens 경에 의해 창안된 토렌스 시스템은 토지의 權原(title)을 명확히 하고 토지거래에 따른 변동사항 정리를 용이하게 하여 권리증서의 발행을 편리하게 하는 것이 토렌스 시스템의 목적이다. 이 제도의 기본원리는 법률적으로 토지의 권리를 확인하는 대신에 토지의 권원을 등록하는 행위이다.
	거울이론 (mirror principle)	토지권리증서의 등록은 토지의 거래사실을 완벽하게 반영하는 거울과 같다는 입장의 이론이다. 소유권에 관한 현재의 법적 상태는 오직 등기부에 의해서만 이론의 여지없이 완벽하게 보인다는 원리이며 주 정부에 의하여 적법성을 보장받는다.
	커튼이론 (curtain principle)	토지등록 업무가 커튼 뒤에 놓인 공정성과 신빙성에 대하여 관여할 필요도 없고 관여해서도 안 되는 매입신청자를 위한 유일한 정보의 이론이다. 토렌스제도에 의해 한번 권리증명서가 발급되면 당해 토지의 과거 이해관계에 대하여 모두 무효화시키고 현재의 소유권을 되돌아볼 필요가 없다는 것이다.
	보험이론 (insurance principle)	인간의 과실로 인하여 토지등록에 착오가 발생한 경우 피해를 입은 사람은 피해보상에 대하여 법률적으로 선의의 제3자와 동등한 입장이 되어야 한다는 이론으로 권원증명서에 등기된 모든 정보는 정부에 의하여 보장된다는 원리이다.

75 지적공부에 등록하는 면적에 이동이 있을 때 지적공부의 등록 결정권자는?

① 도지사
② 지적소관청
③ 토지소유자
④ 한국국토정보공사

◀해설▶

공간정보의 구축 및 관리 등에 관한 법률 제64조(토지의 조사 · 등록 등)

① 국토교통부장관은 모든 토지에 대하여 필지별로 소재 · 지번 · 지목 · 면적 · 경계 또는 좌표 등을 조사 · 측량하여 지적공부에 등록하여야 한다. 〈개정 2013.3.23.〉

② 지적공부에 등록하는 지번 · 지목 · 면적 · 경계 또는 좌표는 토지의 이동이 있을 때 토지소유자(법인이 아닌 사단이나 재단의 경우에는 그 대표자나 관리인을 말한다. 이하 같다)의 신청을 받아 지적소관청이 결정한다. 다만, 신청이 없으면 지적소관청이 직권으로 조사 · 측량하여 결정할 수 있다.

③ 제2항 단서에 따른 조사 · 측량의 절차 등에 필요한 사항은 국토교통부령으로 정한다. 〈개정 2013.3.23.〉

76 다목적지적의 3대 구성요소가 아닌 것은?

① 기본도
② 경계표지
③ 지적중첩도
④ 측지기준망

◀해설▶

다목적지적의 5대 구성요소

구성요소	특징
측지기본망 (Geodetic reference network)	토지의 경계선과 측지측량이나 그 밖의 토지 및 토지관련 자료와 지형 간의 상관관계를 형성한다. 지상에 영구적으로 표시되어 지적도상에 등록된 경계선을 현지에 복원할 수 있는 정확도를 유지할 수 있는 기준점 표지의 연결망을 말하는데 서로 관련 있는 모든지역의 기준점이 단일의 통합된 네트워크여야 한다.
기본도 (Base map)	측지기본망을 기초로 하여 작성된 도면으로서 지도작성에 기본적으로 필요한 정보를 일정한 축척의 도면 위에 등록한 것이다. 변동사항과 자료를 수시로 정비하여 최신 자료로 사용될 수 있어야 한다.
지적중첩도 (Cadastral overlay)	측지기본망과 기본도와 연계하여 활용할 수 있고 토지소유권에 관한 현재 상태의 경계를 식별할 수 있도록 일필지 단위로 등록한 지적도, 시설물, 토지이용, 지역구도 등을 결합한 상태의 도면을 말한다.

필지식별번호 (Unique parcel identification number)	각 필지별 등록사항의 조직적인 저장과 수정을 용이하게 각 정보를 인식·선정·식별·조정하는 가변성이 없는 토지의 고유번호를 말하는데 지적도의 등록 사항과 도면의 등록 사항을 연결시켜 자료파일의 검색 등 색인번호의 역할을 한다. 이러한 필지식별번호는 토지평가, 토지의 과세, 토지의 거래, 토지이용계획 등에서 활용되고 있다.
토지자료파일 (Land data file)	토지에 대한 정보검색이나 다른 자료철에 있는 정보를 연결시키기 위한 목적으로 만들어진 각 필지의 식별번호를 포함한 일련의 공부 또는 토지자료철을 말하는데 과세대장, 건축물대장, 천연자원기록, 토지이용, 도로, 시설물대장 등 토지관련자료를 등록한 대장을 뜻한다.

일반적	자유부번 (Free Numbering System)	237번지, 238번지, 239번지로 표시되고 인접지에 등록전환이나 신규등록이 발생되어 지번을 부여할 경우 최종지번이 240번지이면 241번지로 표시된다. 분할하여 새로이 발생되는 241번지, 242번지로 표시된다. 새로운 경계를 부여하기까지의 모든 절차상의 번호가 영원히 소멸하고 토지등록구역에서 사용되지 않는 최종지번 다음 번호로 바뀐다. 분할 후에는 종전지번을 사용하지 않고 지번부여구역 내 최종지번의 다음 지번으로 부여하는 제도로, 부번이 없기 때문에 지번을 표기하는 데 용이하며 분할의 유래를 파악하기 위해서는 별도의 보고장부나 전산화가 필요하다. 그러나 지번을 주소로 사용할 수 없는 단점이 있다.

77 다음 중 일반적으로 지번을 부여하는 방법이 아닌 것은?

① 기번식
② 문장식
③ 분수식
④ 자유부번식

해설

일반적	분수식 지번제도 (Fraction System)	본번을 분자로, 부번을 분모로 한 분수형태의 지번을 부여하는 제도로 본번을 변경하지 않고 부여하는 방법이다. 분할 후의 지번이 어느 지번에서 파생되었는지 그 유래 파악이 곤란하고 지번을 주소로 활용할 수 없다는 단점이 있다. 예를 들면 237번지가 3필지로 분할되면 237/1, 237/2, 237/3, 237/4로 표시된다. 그리고 최종 부번이 237의 5번지이고 237/2를 2필지로 분할할 경우 237/2번지는 소멸되고 237/6, 237/7로 표시된다.
	기번제도 (Filiation System)	237번지를 4필지로 분할할 때 분할지번은 237a, 237b, 237c, 237d로 표시한다. 다시 237c를 3필지로 분할할 경우는 237c1, 237c2, 237c3으로 표시한다. 인접지번 또는 지번의 자릿수와 함께 본번의 번호로 구성되어 지번의 발생근거를 쉽게 파악할 수 있으며 사정지번이 본번호로 편철 보존될 수 있다. 또한 지번 이동내역의 연혁을 파악하기 쉽고 여러 차례 분할될 경우 지번배열이 혼잡할 수 있다. 벨기에 등에서 채택하고 있다.

78 다음 중 토지조사사업에서 소유권 조사와 관계되는 사항에 해당하지 않는 것은?

① 준비 조사
② 분쟁지 조사
③ 이동지 조사
④ 일필지 조사

해설

토지조사사업 업무

	준비 조사	행정구역인 리(里)·동(洞)의 명칭과 구역/경계의 혼선을 정리하고, 지명의 통일과 강계(疆界)의 조사
소유권 및 지가 조사	일필지 조사	토지소유권을 확실히 하기 위해 필지(筆地) 단위로 지주·강계·지목·지번 조사
	분쟁지 조사	불분명한 국유지와 민유지, 미정리된 역둔토, 소유권이 불확실한 미개간지 정리
	지위등급 조사	토지의 지목에 따라 수익성의 차이에 근거하여 지력의 우월을 구별
	장부조제	토지조사부/토지대장/토지대장집계부/지세명기장(地稅名寄帳)
	지방토지 조사 위원회	토지조사령에 의해 설치된 기관으로 임시토지조사국장의 요구에 대한 소유자 및 강계에 대한 사정에 대한 자문기관
	고등토지 조사 위원회	토지의 사정에 대하여 불복이 있는 경우에는 사정공고기간(30) 만료 후 60일 이내에 불복 신립하거나 재결이 있는 날로부터 3년 이내에 사정의 확정 또는 재결이 체벌 받을 만한 행위에 근거하여 재심의 재결을 하는 토지소유권의 확정에 관한 최고의 심의기관

소유권 및 지가 조사	사정	토지조사부 및 지적도에 의하여 토지소유자 및 그 강계를 확정하는 행정처분으로 사정권자는 임시토지조사국장이 되고 지방토지조사위원회의 자문에 의하여 사정
	이동지 정리	토지소유권을 비롯한 강계의 확정에 대하여 토지신고 이후의 각종 변동사항을 정리
측량		삼각측량, 도근측량, 세부측량, 면적측량, 지적도작성, 이동지측량, 지형측량

79 토지조사사업 당시 확정된 소유자가 다른 토지 간 사정된 경계선의 명칭으로 옳은 것은?

① 강계선
② 지역선
③ 지계선
④ 구역선

● 해설

강계선 (疆界線)	소유권에 대한 경계를 확정하는 역할을 하며 반드시 사정을 거친 경계선으로 토지소유자 및 지목이 동일하고 지반이 연속된 토지를 1필지로 함을 원칙으로 한다. 강계선과 인접한 토지의 소유자는 반드시 다르다는 원칙이 성립되며 조선임야조사사업 당시 도장관의 사정에 의한 임야도면상의 경계는 경계선이라 하였고 강계선의 경우는 분쟁지에 대한 사정으로 생긴 경계선이라 할 수 있다.
지역선 (地域線)	지역선이라 함은 토지조사 당시 사정을 하지 않는 경계선을 말하며 동일인이 소유하는 토지일 경우에도 지반의 고저가 심하여 별필로 하는 경우의 경계선을 말한다. 지역선에 인접하는 토지의 소유자는 동일인일 수도 있고 다를 수도 있다. 지목이 다른 일필지를 표시하는 것이며 소유자가 같은 토지와의 구획선 또는 소유자를 알 수 없는 토지와의 구획선 및 토지조사사업의 시행지와 미시행지와의 지계선을 의미한다.
경계선 (境界線)	지적도상의 구획선을 경계라 지칭하고 강계선과 지역선으로 구분하며 강계선은 사정선이라고 하였으며 임야조사 당시의 사정선은 경계선이라고 했다. 최근 경계선의 의미는 강계선이나 지역선에 관계없이 2개의 인접한 토지 사이의 구획선을 말한다. 도해지적에서는 지적도나 임야도에 그려진 토지의 구획선을 말하는데 물론 지상에 있는 논둑, 밭둑, 표항 따위를 말하는 것은 아니다. 경계점좌표 시행지역에서 경계선이라고 할 때에는 어떤 점의 좌표(우리나라 지적분야에서는 평면직각종횡선수치와 그 이웃하는 점의 좌표와의 연결을 말한다.) 경계선의 종류에는 시대 및 등록방법에 따라 다르게 부르기도 하였다. 경계는 일반경계, 고정경계, 자연경계, 인공경계 등으로 사용처에 따라 다르게 부르기도 한다.

80 지적제도의 기능 및 역할로 옳지 않은 것은?

① 토지거래의 기준
② 토지등기의 기초
③ 토지소유제한의 기준
④ 토지에 대한 과세의 기준

● 해설

지적의 실제적 기능

토지등기의 기초 (선등록 후등기)	지적공부에 토지표시사항인 토지소재, 지번, 지목, 면적, 경계와 소유자가 등록되면 이를 기초로 토지소유자가 등기소에 소유권보존등기를 신청함으로써 토지등기부가 생성된다. 즉, 토지표시사항은 토지등기부의 표제부에, 소유자는 갑구에 등록한다.
토지평가의 기초 (선등록 후평가)	토지평가는 지적공부에 등록한 토지에 한하여 이루어지며, 평가는 지적공부에 등록된 토지표시사항을 기초자료로 이용하고 있다.
토지과세의 기초 (선등록 후과세)	토지에 대한 각종 국세와 지방세는 지적공부에 등록된 필지를 단위로 면적과 지목 등 기초자료를 이용하여 결정한 개별공시지가(지가공시 및 토지 등의 평가에 관한 법률)를 과세의 기초자료로 하고 있다.
토지거래의 기초 (선등록 후거래)	토지거래는 지적공부에 등록된 필지 단위로 이루어지며, 공부에 등록된 토지표시사항(소재, 지번, 지목, 면적, 경계 등)과 등기부에 등재된 소유권 및 기타 권리관계를 기초로 하여 거래가 이루어지고 있다.
토지이용계획의 기초 (선등록 후계획)	각종 토지이용계획(국토계획, 도시관리계획, 도시개발, 도시재개발 등)은 지적공부에 등록된 토지표시사항을 기초자료로 활용하고 있다.
주소표기의 기초 (선등록 후설정)	민법에서의 주소, 주민등록법에서의 거주지·지번·본적, 인감증명법에서의 주소와 기타 법령에 의한 주소·거주지·지번은 모두 지적공부에 등록된 토지소재와 지번을 기초로 하고 있다.

81 사업시행자가 토지이동에 관하여 대위신청을 할 수 있는 토지의 지목이 아닌 것은?

① 유지, 제방
② 과수원, 유원지
③ 철도용지, 하천
④ 수도용지, 학교용지

● 해설

공간정보의 구축 및 관리 등에 관한 법률 제87조(신청의 대위)
다음 각 호의 어느 하나에 해당하는 자는 이 법에 따라 토지소유자가 하여야 하는 신청을 대신할 수 있다. 다만, 제84조에 따른 등록사항 정정 대상토지는 제외한다. 〈개정 2014.6.3.〉
1. 공공사업 등에 따라 학교용지·도로·철도용지·제방·하천·구거·유지·수도용지 등의 지목으로 되는 토지인 경우 : 해당 사업의 시행자
2. 국가나 지방자치단체가 취득하는 토지인 경우 : 해당 토지를 관리하는 행정기관의 장 또는 지방자치단체의 장
3. 「주택법」에 따른 공동주택의 부지인 경우 : 「집합건물의 소유 및 관리에 관한 법률」에 따른 관리인(관리인이 없는 경우에는 공유자가 선임한 대표자) 또는 해당 사업의 시행자
4. 「민법」 제404조에 따른 채권자

82 다음 축척변경에 대한 설명 중 옳지 않은 것은?

① 지적도에서 임야도로 변경하여 등록하는 것이다.
② 지적도에 등록된 경계점의 정밀도를 높이기 위한 것을 말한다.
③ 지적도의 작은 축척을 큰 축척으로 변경하여 등록하는 것을 말한다.
④ 하나의 지번부여지역에 서로 다른 축척의 지적도가 있는 경우 축척변경 할 수 있다.

● 해설

공간정보의 구축 및 관리 등에 관한 법률 제2조(정의)
이 법에서 사용하는 용어의 뜻은 다음과 같다.
34. "축척변경"이란 지적도에 등록된 경계점의 정밀도를 높이기 위하여 작은 축척을 큰 축척으로 변경하여 등록하는 것을 말한다.

공간정보의 구축 및 관리 등에 관한 법률 제83조(축척변경)
① 축척변경에 관한 사항을 심의·의결하기 위하여 지적소관청에 축척변경위원회를 둔다.

② 지적소관청은 지적도가 다음 각 호의 어느 하나에 해당하는 경우에는 토지소유자의 신청 또는 지적소관청의 직권으로 일정한 지역을 정하여 그 지역의 축척을 변경할 수 있다.
1. 잦은 토지의 이동으로 1필지의 규모가 작아서 소축척으로는 지적측량성과의 결정이나 토지의 이동에 따른 정리를 하기가 곤란한 경우
2. 하나의 지번부여지역에 서로 다른 축척의 지적도가 있는 경우
3. 그 밖에 지적공부를 관리하기 위하여 필요하다고 인정되는 경우
③ 지적소관청은 제2항에 따라 축척변경을 하려면 축척변경 시행지역의 토지소유자 3분의 2 이상의 동의를 받아 제1항에 따른 축척변경위원회의 의결을 거친 후 시·도지사 또는 대도시 시장의 승인을 받아야 한다. 다만, 다음 각 호의 어느 하나에 해당하는 경우에는 축척변경위원회의 의결 및 시·도지사 또는 대도시 시장의 승인 없이 축척변경을 할 수 있다.
1. 합병하려는 토지가 축척이 다른 지적도에 각각 등록되어 있어 축척변경을 하는 경우
2. 제86조에 따른 도시개발사업 등의 시행지역에 있는 토지로서 그 사업 시행에서 제외된 토지의 축척변경을 하는 경우
④ 축척변경의 절차, 축척변경으로 인한 면적 증감의 처리, 축척변경 결과에 대한 이의신청 및 축척변경위원회의 구성·운영 등에 필요한 사항은 대통령령으로 정한다.

83 지적재조사에 관한 특별법령상 조정금을 받을 권리나 징수할 권리를 몇 년간 행사하지 아니하면 시효의 완성으로 소멸하는가?

① 1년
② 2년
③ 3년
④ 5년

● 해설

지적재조사에 관한 특별법 제22조(조정금의 소멸시효)
조정금을 받을 권리나 징수할 권리는 5년간 행사하지 아니하면 시효의 완성으로 소멸한다.

84 지적서고의 설치기준 등에 관한 아래 내용 중 ⊙과 ⓒ에 들어갈 수치로 모두 옳은 것은?

> 지적공부 보관상자는 벽으로부터 (⊙) 이상 띄워야 하며, 높이 (ⓒ) 이상의 깔판 위에 올려놓아야 한다.

① ⊙ : 10cm, ⓒ : 10cm

② ⊙ : 10cm, ⓒ : 15cm

③ ⊙ : 15cm, ⓒ : 10cm

④ ⊙ : 15cm, ⓒ : 15cm

해설

공간정보의 구축 및 관리 등에 관한 법률 시행규칙 제65조(지적서고의 설치기준 등)

① 법 제69조 제1항에 따른 지적서고는 지적사무를 처리하는 사무실과 연접(連接)하여 설치하여야 한다.

② 제1항에 따른 지적서고의 구조는 다음 각 호의 기준에 따라야 한다.

1. 골조는 철근콘크리트 이상의 강질로 할 것
2. 지적서고의 면적은 별표 7의 기준면적에 따를 것
3. 바닥과 벽은 2중으로 하고 영구적인 방수설비를 할 것
4. 창문과 출입문은 2중으로 하되, 바깥쪽 문은 반드시 철제로 하고 안쪽 문은 곤충·쥐 등의 침입을 막을 수 있도록 철망 등을 설치할 것
5. 온도 및 습도 자동조절장치를 설치하고, 연중 평균온도는 섭씨 20±5도를, 연중평균습도는 65±5퍼센트를 유지할 것
6. 전기시설을 설치하는 때에는 단독퓨즈를 설치하고 소화장비를 갖춰 둘 것
7. 열과 습도의 영향을 받지 아니하도록 내부공간을 넓게 하고 천장을 높게 설치할 것

③ 지적서고는 다음 각 호의 기준에 따라 관리하여야 한다.

1. 지적서고는 제한구역으로 지정하고, 출입자를 지적사무담당공무원으로 한정할 것
2. 지적서고에는 인화물질의 반입을 금지하며, 지적공부, 지적 관계 서류 및 지적측량장비만 보관할 것

④ 지적공부 보관상자는 벽으로부터 15센티미터 이상 띄워야 하며, 높이 10센티미터 이상의 깔판 위에 올려놓아야 한다.

85 지적공부의 등록을 말소시켜야 하는 경우는?

① 대규모 화재로 건물이 전소한 경우

② 토지에 형질변경의 사유가 생길 경우

③ 홍수로 인하여 하천이 범람하여 토지가 매몰된 경우

④ 토지가 지형의 변화 등으로 바다로 된 경우로서 원상회복이 불가능한 경우

해설

공간정보의 구축 및 관리 등에 관한 법률 제82조(바다로 된 토지의 등록말소 신청)

① 지적소관청은 지적공부에 등록된 토지가 지형의 변화 등으로 바다로 된 경우로서 원상(原狀)으로 회복될 수 없거나 다른 지목의 토지로 될 가능성이 없는 경우에는 지적공부에 등록된 토지소유자에게 지적공부의 등록말소 신청을 하도록 통지하여야 한다.

② 지적소관청은 제1항에 따른 토지소유자가 통지를 받은 날부터 90일 이내에 등록말소 신청을 하지 아니하면 대통령령으로 정하는 바에 따라 등록을 말소한다.

③ 지적소관청은 제2항에 따라 말소한 토지가 지형의 변화 등으로 다시 토지가 된 경우에는 대통령령으로 정하는 바에 따라 토지로 회복등록을 할 수 있다.

86 지적측량 시행규칙상 면적측정의 대상으로 옳지 않은 것은?

① 신규등록 ② 등록전환

③ 토지분할 ④ 토지합병

해설

지적측량 시행규칙 제19조(면적측정의 대상)

① 세부측량을 하는 경우 다음 각 호의 어느 하나에 해당하면 필지마다 면적을 측정하여야 한다.

1. 지적공부의 복구·신규등록·등록전환·분할 및 축척변경을 하는 경우
2. 법 제84조에 따라 면적 또는 경계를 정정하는 경우
3. 법 제86조에 따른 도시개발사업 등으로 인한 토지의 이동에 따라 토지의 표시를 새로 결정하는 경우
4. 경계복원측량 및 지적현황측량에 면적측정이 수반되는 경우

② 제1항에도 불구하고 법 제23조 제1항 제4호의 경계복원측량과 영 제18조의 지적현황측량을 하는 경우에는 필지마다 면적을 측정하지 아니한다.

87 토지의 분할을 신청할 수 있는 경우에 대한 설명으로 옳지 않은 것은?

① 토지의 소유자가 변경된 경우

② 토지소유자가 매매를 위하여 필요로 하는 경우

③ 토지이용상 불합리한 지상 경계를 시정하기 위한 경우

④ 1필지의 일부가 형질변경 등으로 용도가 변경된 경우

해설

공간정보의 구축 및 관리 등에 관한 법률 제79조(분할 신청)

① 토지소유자는 토지를 분할하려면 대통령령으로 정하는 바에 따라 지적소관청에 분할을 신청하여야 한다.

② 토지소유자는 지적공부에 등록된 1필지의 일부가 형질변경 등으로 용도가 변경된 경우에는 대통령령으로 정하는 바에 따라 용도가 변경된 날부터 60일 이내에 지적소관청에 토지의 분할을 신청하여야 한다.

공간정보의 구축 및 관리 등에 관한 법률 시행령 제65조(분할 신청)

① 법 제79조 제1항에 따라 분할을 신청할 수 있는 경우는 다음 각 호와 같다. 〈개정 2014.1.17.〉

1. 소유권이전, 매매 등을 위하여 필요한 경우
2. 토지이용상 불합리한 지상 경계를 시정하기 위한 경우
3. 관계 법령에 따라 토지분할이 포함된 개발행위허가 등을 받은 경우

② 토지소유자는 법 제79조에 따라 토지의 분할을 신청할 때에는 분할 사유를 적은 신청서에 국토교통부령으로 정하는 서류를 첨부하여 지적소관청에 제출하여야 한다. 이 경우 법 제79조 제2항에 따라 1필지의 일부가 형질변경 등으로 용도가 변경되어 분할을 신청할 때에는 제67조 제2항에 따른 지목변경 신청서를 함께 제출하여야 한다.

공간정보의 구축 및 관리 등에 관한 법률 시행규칙 제83조(분할 신청)

① 영 제65조 제2항에서 "국토교통부령으로 정하는 서류"란 분할 허가 대상인 토지의 경우 그 허가서 사본을 말한다. 〈개정 2011.10.10., 2013.3.23.〉

② 제1항에 따른 서류를 해당 지적소관청이 관리하는 경우에는 지적소관청의 확인으로 그 서류의 제출을 갈음할 수 있다. 〈개정 2011.10.10.〉

88 지적업무처리규정상 지적측량성과의 검사항목 중 기초측량과 세부측량에서 공통으로 검사하는 항목은?

① 계산의 정확여부

② 기지점사용의 적정여부

③ 기지점과 지상경계와의 부합여부

④ 지적기준점설치망 구성의 적정여부

해설

지적업무처리규정 제26조(지적측량성과의 검사항목)

「지적측량 시행규칙」 제28조 제2항에 따른 지적측량성과검사를 할 때에는 다음 각 호의 사항을 검사하여야 한다.

1. 기초측량

가. 기지점사용의 적정여부

나. 지적기준점설치망 구성의 적정여부

다. 관측각 및 거리측정의 정확여부

라. 계산의 정확여부

마. 지적기준점 선점 및 표지설치의 정확여부

바. 지적기준점성과와 기지경계선과의 부합여부

2. 세부측량

가. 기지점사용의 적정여부

나. 측량준비도 및 측량결과도 작성의 적정여부

다. 기지점과 지상경계와의 부합여부

라. 경계점 간 계산거리(도상거리)와 실측거리의 부합여부

마. 면적측정의 정확여부

바. 관계법령의 분할제한 등의 저촉 여부. 다만, 제20조 제3항(③ 각종 인가·허가 등의 내용과 다르게 토지의 형질이 변경되었을 경우에는 그 변경된 토지의 현황대로 측량성과를 결정하여야 한다.)은 제외한다.

89 지적업무처리규정에서 사용하는 용어의 뜻이 옳지 않은 것은?

① "지적측량파일"이란 측량현형파일 및 측량성과파일을 말한다.

② "측량준비파일"이란 부동산종합공부시스템에서 지적측량 업무를 수행하기 위하여 도면 및 대장속성 정보를 추출한 파일을 말한다.

③ "측량현형파일"이란 전자평판측량 및 위성측량방법으로 관측한 데이터 및 지적측량에 필요한 각종 정보가 들어 있는 파일을 말한다.

④ "측량성과파일"이란 전자평판측량 및 위성측량방법으로 관측 후 지적측량정보를 처리할 수 있는 시스템에 따라 작성된 측량결과도파일과 토지이동정리를 위한 지번, 지목 및 경계점의 좌표가 포함된 파일을 말한다.

해설

지적업무처리규정 제3조(정의)

이 규정에서 사용하는 용어의 뜻은 다음 각 호와 같다.

5. "지적측량파일"이란 측량준비파일, 측량현형파일 및 측량성과파일을 말한다.
6. "측량준비파일"이란 부동산종합공부시스템에서 지적측량 업무를 수행하기 위하여 도면 및 대장속성 정보를 추출한 파일을 말한다.
7. "측량현형(現形)파일"이란 전자평판측량 및 위성측량방법으로 관측한 데이터 및 지적측량에 필요한 각종 정보가 들어 있는 파일을 말한다.
8. "측량성과파일"이란 전자평판측량 및 위성측량방법으로 관측 후 지적측량정보를 처리할 수 있는 시스템에 따라 작성된 측량결과도파일과 토지이동정리를 위한 지번, 지목 및 경계점의 좌표가 포함된 파일을 말한다.
9. "측량부"란 기초측량 또는 세부측량성과를 결정하기 위하여 사용한 관측부 · 계산부 등 이에 수반되는 기록을 말한다.

90 공간정보의 구축 및 관리 등에 관한 법률상 "지번을 부여하는 단위지역으로서 동 · 리 또는 이에 준하는 지역"을 말하는 용어는?

① 지목
② 필지
③ 지번지역
④ 지번부여지역

해설

공간정보의 구축 및 관리 등에 관한 법률 제2조(정의)

이 법에서 사용하는 용어의 뜻은 다음과 같다.

20. "토지의 표시"란 지적공부에 토지의 소재 · 지번(地番) · 지목(地目) · 면적 · 경계 또는 좌표를 등록한 것을 말한다.
21. "필지"란 대통령령으로 정하는 바에 따라 구획되는 토지의 등록단위를 말한다.
22. "지번"이란 필지에 부여하여 지적공부에 등록한 번호를 말한다.
23. "지번부여지역"이란 지번을 부여하는 단위지역으로서 동 · 리 또는 이에 준하는 지역을 말한다.
24. "지목"이란 토지의 주된 용도에 따라 토지의 종류를 구분하여 지적공부에 등록한 것을 말한다.

91 지목의 구분 중 '답'에 대한 설명으로 옳은 것은?

① 물을 상시적으로 이용하지 않고 곡물 등의 식물을 주로 재배하는 토지

② 물이 고이거나 상시적으로 물을 저장하고 있는 댐 · 저수지 등의 토지

③ 물을 상시적으로 직접 이용하여 벼 · 연(蓮) · 미나리 · 왕골 등의 식물을 주로 재배하는 토지

④ 용수(用水) 또는 배수(排水)를 위하여 일정한 형태를 갖춘 인공적인 수로 · 둑 및 그 부속시설물의 부지와 자연의 유수(流水)가 있거나 있을 것으로 예상되는 소규모 수로부지

해설

공간정보의 구축 및 관리 등에 관한 법률 시행령 제58조(지목의 구분)

법 제67조 제1항에 따른 지목의 구분은 다음 각 호의 기준에 따른다.

1. 전
   물을 상시적으로 이용하지 않고 곡물 · 원예작물(과수류는 제외한다) · 약초 · 뽕나무 · 닥나무 · 묘목 · 관상수 등의 식물을 주로 재배하는 토지와 식용(食用)으로 죽순을 재배하는 토지

2. 답
   물을 상시적으로 직접 이용하여 벼 · 연(蓮) · 미나리 · 왕골 등의 식물을 주로 재배하는 토지

18. 구거
    용수(用水) 또는 배수(排水)를 위하여 일정한 형태를 갖춘 인공적인 수로 · 둑 및 그 부속시설물의 부지와 자연의 유수(流水)가 있거나 있을 것으로 예상되는 소규모 수로부지

19. 유지(溜池)
    물이 고이거나 상시적으로 물을 저장하고 있는 댐 · 저수지 · 소류지(沼溜地) · 호수 · 연못 등의 토지와 연 · 왕골 등이 자생하는 배수가 잘 되지 아니하는 토지

92 지적측량 시행규칙상 지적도근점의 관측 및 계산의 기준으로 옳지 않은 것은?

① 관측은 20초독 이상의 경위의를 사용할 것

② 배각법으로 관측 시 측정 횟수는 3회로 할 것

③ 수평각의 관측은 배각법과 방위각법을 혼용할 것

④ 점간거리를 측정하는 경우에는 2회 측정하여 그 측정치의 교차가 평균치의 3천분의 1이하일 때에는 그 평균치를 점검거리로 할 것

해설

지적측량 시행규칙 제13조(지적도근점의 관측 및 계산)

경위의측량방법, 전파기 또는 광파기측량방법과 도선법 또는 다각망도선법에 따른 지적도근점의 관측과 계산은 다음 각 호의 기준에 따른다.

1. 수평각의 관측은 시가지 지역, 축척변경지역 및 경계점좌표등록부 시행 지역에 대하여는 배각법에 따르고, 그 밖의 지역에 대하여는 배각법과 방위각법을 혼용할 것
2. 관측은 20초독 이상의 경위의를 사용할 것
3. 관측과 계산은 다음 표에 따를 것

종별	각	측정 횟수	거리	진수	좌표
배각법	초	3회	센티미터	5자리 이상	센티미터
방위각법	분	1회	센티미터	5자리 이상	센티미터

4. 점간거리를 측정하는 경우에는 2회 측정하여 그 측정치의 교차가 평균치의 3천분의 1 이하일 때에는 그 평균치를 점간거리로 할 것. 이 경우 점간거리가 경사(傾斜)거리일 때에는 수평거리로 계산하여야 한다.
5. 연직각을 관측하는 경우에는 올려본 각과 내려본 각을 관측하여 그 교차가 90초 이내일 때에는 그 평균치를 연직각으로 할 것

93 지적업무처리규정상 평판측량방법으로 세부측량을 하는 때에 작성하여야 할 측량기하적으로 옳지 않은 것은?

① 측정점의 방향선 길이는 측정점을 중심으로 약 1cm로 표시한다.
② 평판점 옆에 평판이동순서에 따라 점₁, 점₂ ---으로 표시한다.
③ 측량자는 평판점을 직경 1.5mm 이상 3mm 이하의 검은색 원으로 표시한다.
④ 측량자는 평판점의 결정 및 방위표정에 사용한 기지점을 직경 1mm와 2mm의 2중원으로 표시한다.

해설

지적업무처리규정 제24조(측량기하적)

① 평판측량방법 또는 전자평판측량방법으로 세부측량을 하는 때에는 측량준비파일에 측량한 기하적(幾何跡)을 다음 각 호와 같이 작성하여야 하며, 부득이한 경우 지적측량준비도에 연필로 표시할 수 있다.

1. 평판점·측정점 및 방위표정에 사용한 기지점 등에는 방향선을 긋고 실측한 거리를 기재한다. 이 경우 측정점의 방향선 길이는 측정점을 중심으로 약 1센티미터로 표시한다. 다만, 전자측량시스템에 따라 작성할 경우 필지선이 복잡한 때는 방향선과 측정거리를 생략할 수 있다.
2. 평판점은 측량자는 직경 1.5밀리미터 이상 3밀리미터 이하의 파란색원으로 표시하고, 검사자는 1변의 길이가 2밀리미터 이상 4밀리미터 이하의 삼각형으로 표시한다. 이 경우 평판점 옆에 평판이동순서에 따라 부₁, 부₂---으로 표시한다.
3. 평판점의 결정 및 방위표정에 사용한 기지점은 측량자는 직경 1밀리미터와 2밀리미터의 2중원으로 표시하고, 검사자는 1변의 길이가 2밀리미터와 3밀리미터의 2중 삼각형으로 표시한다.
4. 평판점과 기지점사이의 도상거리와 실측거리를 방향선상에 다음과 같이 기재한다.

(측 량 자)　　　　(검 사 자)
(도상거리)　　△(도상거리)
실측거리　　　△실측거리

94 지적재조사에 관한 특별법령상 사업지구의 경미한 변경에 해당하지 않는 사항은?

① 사업지구 명칭의 변경
② 면적의 100분의 20 이내의 증감
③ 필지의 100분의 30 이내의 증감
④ 1년 이내의 범위에서의 지적재조사사업기간의 조정

해설

지적재조사에 관한 특별법 제7조(사업지구의 지정)

① 지적소관청은 실시계획을 수립하여 시·도지사에게 사업지구 지정 신청을 하여야 한다.
② 지적소관청이 시·도지사에게 사업지구 지정을 신청하고자 할 때에는 다음 각 호의 사항을 고려하여 사업지구 토지소유자(국유지·공유지의 경우에는 그 재산관리청을 말한다. 이하 같다) 총수의 3분의 2 이상과 토지면적 3분의 2 이상에 해당하는 토지소유자의 동의를 받아야 한다.
〈개정 2017.4.18.〉

1. 지적공부의 등록사항과 토지의 실제 현황이 다른 정도가 심하여 주민의 불편이 많은 지역인지 여부
2. 사업시행이 용이한지 여부
3. 사업시행의 효과 여부

정답 93 ② 94 ③

③ 제2항에도 불구하고 지적소관청은 사업지구에 제13조에 따른 토지소유자협의회(이하 "토지소유자협의회"라 한다)가 구성되어 있고 토지소유자 총수의 4분의 3 이상의 동의가 있는 지구에 대하여는 우선하여 사업지구로 지정을 신청할 수 있다.

④ 지적소관청은 사업지구 지정을 신청하고자 할 때에는 실시계획 수립 내용을 주민에게 서면으로 통보한 후 주민설명회를 개최하고 실시계획을 30일 이상 주민에게 공람하여야 한다.

⑤ 사업지구에 있는 토지소유자와 이해관계인은 제4항에 따른 공람기간 안에 지적소관청에 의견을 제출할 수 있으며, 지적소관청은 제출된 의견이 타당하다고 인정할 때에는 이를 반영하여야 한다.

⑥ 시·도지사는 사업지구를 지정할 때에는 대통령령으로 정하는 바에 따라 제29조에 따른 시·도 지적재조사위원회의 심의를 거쳐야 한다.

⑦ 제1항부터 제6항까지의 규정은 사업지구를 변경할 때에도 적용한다. 다만, 대통령령으로 정하는 경미한 사항을 변경할 때에는 제외한다.

지적재조사특별법 시행령 제8조(사업지구의 경미한 변경)
법 제7조 제7항 단서에서 "대통령령으로 정하는 경미한 사항"이란 다음 각 호의 어느 하나에 해당하는 사항을 말한다. 〈개정 2017.10.17.〉
1. 사업지구 명칭의 변경
2. 1년 이내의 범위에서의 지적재조사사업기간의 조정
3. 다음 각 목의 요건을 모두 충족하는 지적재조사사업 대상 토지의 증감
    가. 필지의 100분의 20 이내의 증감
    나. 면적의 100분의 20 이내의 증감

95 주된 용도의 토지에 편입하여 1필지로 할 수 있는 경우는?

① 종된 용도의 토지의 지목(地目)이 "대"(垈)인 경우
② 종된 용도의 토지 면적이 330m²를 초과하는 경우
③ 주된 용도의 토지의 편의를 위하여 설치된 구거 등의 부지인 경우
④ 종된 용도의 토지 면적이 주된 용도의 토지면적의 10퍼센트를 초과하는 경우

해설

공간정보의 구축 및 관리 등에 관한 법률 시행령 제5조(1필지로 정할 수 있는 기준)
① 법 제2조 제21호에 따라 지번부여지역의 토지로서 소유자와 용도가 같고 지반이 연속된 토지는 1필지로 할 수 있다.
② 제1항에도 불구하고 다음 각 호의 어느 하나에 해당하는 토지는 주된 용도의 토지에 편입하여 1필지로 할 수 있다. 다만, 종된 용도의 토지의 지목(地目)이 "대"(垈)인 경우와 종된 용도의 토지 면적이 주된 용도의 토지 면적의 10퍼센트를 초과하거나 330제곱미터를 초과하는 경우에는 그러하지 아니하다.
    1. 주된 용도의 토지의 편의를 위하여 설치된 도로·구거(溝渠: 도랑) 등의 부지
    2. 주된 용도의 토지에 접속되거나 주된 용도의 토지로 둘러싸인 토지로서 다른 용도로 사용되고 있는 토지

96 지적전산자료를 이용·활용하고자 하는 자의 심사신청을 받은 관계 중앙행정기관의 장이 심사하여야 할 사항에 해당하지 않는 것은?

① 신청 내용의 공익성 ② 신청 내용의 비용성
③ 신청 내용의 적합성 ④ 신청 내용의 타당성

해설

공간정보의 구축 및 관리 등에 관한 법률 시행령 제62조(지적전산자료의 이용 등)
① 법 제76조 제1항에 따라 지적공부에 관한 전산자료(이하 "지적전산자료"라 한다)를 이용하거나 활용하려는 자는 같은 조 제2항에 따라 다음 각 호의 사항을 적은 신청서를 관계 중앙행정기관의 장에게 제출하여 심사를 신청하여야 한다.
    1. 자료의 이용 또는 활용 목적 및 근거
    2. 자료의 범위 및 내용
    3. 자료의 제공 방식, 보관 기관 및 안전관리대책 등
② 제1항에 따른 심사 신청을 받은 관계 중앙행정기관의 장은 다음 각 호의 사항을 심사한 후 그 결과를 신청인에게 통지하여야 한다.
    1. 신청 내용의 타당성, 적합성 및 공익성
    2. 개인의 사생활 침해 여부
    3. 자료의 목적 외 사용 방지 및 안전관리대책
③ 법 제76조 제1항에 따라 지적전산자료의 이용 또는 활용에 관한 승인을 받으려는 자는 승인신청을 할 때에 제2항에 따른 심사 결과를 제출하여야 한다. 다만, 중앙행정기관의 장이 승인을 신청하는 경우에는 제2항에 따른 심사

결과를 제출하지 아니할 수 있다.

④ 제3항에 따른 승인신청을 받은 국토교통부장관, 시·도지사 또는 지적소관청은 다음 각 호의 사항을 심사하여야 한다. 〈개정 2013.3.23.〉

1. 제2항 각 호의 사항
2. 신청한 사항의 처리가 전산정보처리조직으로 가능한지 여부
3. 신청한 사항의 처리가 지적업무수행에 지장을 주지 않는지 여부

⑤ 국토교통부장관, 시·도지사 또는 지적소관청은 제4항에 따른 심사를 거쳐 지적전산자료의 이용 또는 활용을 승인하였을 때에는 지적전산자료 이용·활용 승인대장에 그 내용을 기록·관리하고 승인한 자료를 제공하여야 한다. 〈개정 2013.3.23.〉

⑥ 제5항에 따라 지적전산자료의 이용 또는 활용에 관한 승인을 받은 자는 국토교통부령으로 정하는 사용료를 내야 한다. 다만, 국가나 지방자치단체에 대해서는 사용료를 면제한다. 〈개정 2013.3.23.〉

97 다음 중 지적공부의 복구에 관한 관계 자료로 옳지 않은 것은?

① 매매계약서　② 측량 결과도
③ 지적공부의 등본　④ 토지이동정리 결의서

해설

공간정보의 구축 및 관리 등에 관한 법률 제74조(지적공부의 복구)
지적소관청(제69조 제2항에 따른 지적공부의 경우에는 시·도지사, 시장·군수 또는 구청장)은 지적공부의 전부 또는 일부가 멸실되거나 훼손된 경우에는 대통령령으로 정하는 바에 따라 지체 없이 이를 복구하여야 한다.

공간정보의 구축 및 관리 등에 관한 법률 시행령 제61조(지적공부의 복구)
① 지적소관청이 법 제74조에 따라 지적공부를 복구할 때에는 멸실·훼손 당시의 지적공부와 가장 부합된다고 인정되는 관계 자료에 따라 토지의 표시에 관한 사항을 복구하여야 한다. 다만, 소유자에 관한 사항은 부동산등기부나 법원의 확정판결에 따라 복구하여야 한다.
② 제1항에 따른 지적공부의 복구에 관한 관계 자료 및 복구절차 등에 관하여 필요한 사항은 국토교통부령으로 정한다.

공간정보의 구축 및 관리 등에 관한 법률 시행규칙 제72조(지적공부의 복구자료)
영 제61조 제1항에 따른 지적공부의 복구에 관한 관계 자료(이하 "복구자료"라 한다)는 다음 각 호와 같다.

1. 지적공부의 등본
2. 측량 결과도
3. 토지이동정리 결의서
4. 부동산등기부 등본 등 등기사실을 증명하는 서류
5. 지적소관청이 작성하거나 발행한 지적공부의 등록내용을 증명하는 서류
6. 법 제69조 제3항에 따라 복제된 지적공부
7. 법원의 확정판결서 정본 또는 사본

98 공간정보의 구축 및 관리 등에 관한 법률에서 규정하는 내용이 아닌 것은?

① 부동산등기에 관한 사항
② 지적공부의 작성 및 관리에 관한 사항
③ 부동산종합공부의 작성 및 관리에 관한 사항
④ 측량 및 수로조사의 기준 및 절차에 관한 사항

해설

공간정보의 구축 및 관리 등에 관한 법률 제1조(목적)
이 법은 측량 및 수로조사의 기준 및 절차와 지적공부(地籍公簿)·부동산종합공부(不動産綜合公簿)의 작성 및 관리 등에 관한 사항을 규정함으로써 국토의 효율적 관리와 해상교통의 안전 및 국민의 소유권 보호에 기여함을 목적으로 한다.

99 축척변경위원회의 심의의결사항에 해당하지 않는 것은?

① 측량성과 검사에 관한 사항
② 청산금의 이의신청에 관한 사항
③ 축척변경 시행계획에 관한 사항
④ 지번별 제곱미터당 금액의 결정과 청산금의 산정에 관한 사항

해설

공간정보의 구축 및 관리 등에 관한 법률 시행령 제80조(축척변경위원회의 기능)
축척변경위원회는 지적소관청이 회부하는 다음 각 호의 사항을 심의·의결한다.

1. 축척변경 시행계획에 관한 사항
2. 지번별 제곱미터당 금액의 결정과 청산금의 산정에 관한 사항
3. 청산금의 이의신청에 관한 사항

정답 97 ① 98 ① 99 ①

4. 그 밖에 축척변경과 관련하여 지적소관청이 회의에 부치는 사항

100 다음 중 토지의 합병 신청을 할 수 있는 것은?

① 소유자의 주소가 서로 다른 경우
② 지적도의 축척이 서로 다른 경우
③ 소유자별 공유지분이 서로 다른 경우
④ 「주택법」에 따른 공동주택의 부지로서 합병하여야 할 토지가 있는 경우

해설

공간정보의 구축 및 관리 등에 관한 법률 제80조(합병 신청)
① 토지소유자는 토지를 합병하려면 대통령령으로 정하는 바에 따라 지적소관청에 합병을 신청하여야 한다.
② 토지소유자는 「주택법」에 따른 공동주택의 부지, 도로, 제방, 하천, 구거, 유지, 그 밖에 대통령령으로 정하는 토지로서 합병하여야 할 토지가 있으면 그 사유가 발생한 날부터 60일 이내에 지적소관청에 합병을 신청하여야 한다.
③ 다음 각 호의 어느 하나에 해당하는 경우에는 합병 신청을 할 수 없다.
   1. 합병하려는 토지의 지번부여지역, 지목 또는 소유자가 서로 다른 경우
   2. 합병하려는 토지에 다음 각 목의 등기 외의 등기가 있는 경우
      가. 소유권·지상권·전세권 또는 임차권의 등기
      나. 승역지(承役地)에 대한 지역권의 등기
      다. 합병하려는 토지 전부에 대한 등기원인(登記原因) 및 그 연월일과 접수번호가 같은 저당권의 등기
   3. 그 밖에 합병하려는 토지의 지적도 및 임야도의 축척이 서로 다른 경우 등 대통령령으로 정하는 경우

공간정보의 구축 및 관리 등에 관한 법률 시행령 제66조(합병 신청)
① 토지소유자는 법 제80조 제1항 및 제2항에 따라 토지의 합병을 신청할 때에는 합병 사유를 적은 신청서를 지적소관청에 제출하여야 한다.
② 법 제80조 제2항에서 "대통령령으로 정하는 토지"란 공장용지·학교용지·철도용지·수도용지·공원·체육용지 등 다른 지목의 토지를 말한다.
③ 법 제80조 제3항 제3호에서 "합병하려는 토지의 지적도 및 임야도의 축척이 서로 다른 경우 등 대통령령으로 정하는 경우"란 다음 각 호의 경우를 말한다.
   1. 합병하려는 토지의 지적도 및 임야도의 축척이 서로 다른 경우
   2. 합병하려는 각 필지의 지반이 연속되지 아니한 경우

   3. 합병하려는 토지가 등기된 토지와 등기되지 아니한 토지인 경우
   4. 합병하려는 각 필지의 지목은 같으나 일부 토지의 용도가 다르게 되어 법 제79조 제2항에 따른 분할대상 토지인 경우. 다만, 합병 신청과 동시에 토지의 용도에 따라 분할 신청을 하는 경우는 제외한다.
   5. 합병하려는 토지의 소유자별 공유지분이 다르거나 소유자의 주소가 서로 다른 경우
   6. 합병하려는 토지가 구획정리, 경지정리 또는 축척변경을 시행하고 있는 지역의 토지와 그 지역 밖의 토지인 경우

Subject 01 지적측량

01 평판측량방법에 따른 세부측량을 시행하는 경우의 기준으로 옳지 않은 것은?

① 지적도를 갖춰 두는 지역의 거리측정단위는 10cm로 한다.

② 임야도를 갖춰 두는 지역의 거리측정단위는 50cm로 한다.

③ 경계점은 기지점을 기준으로 하여 지상경계선과 도상경계선의 부합 여부를 현형법 등으로 확인한다.

④ 세부측량의 기준이 되는 기지점이 부족한 경우에는 측량상 필요한 위치에 보조점을 설치할 수 있다.

● 해설

지적측량 시행규칙 제18조(세부측량의 기준 및 방법 등)

① 평판측량방법에 따른 세부측량은 다음 각 호의 기준에 따른다.

1. 거리측정단위는 지적도를 갖춰 두는 지역에서는 5센티미터로 하고, 임야도를 갖춰 두는 지역에서는 50센티미터로 할 것

2. 측량결과도는 그 토지가 등록된 도면과 동일한 축척으로 작성할 것

3. 세부측량의 기준이 되는 위성기준점, 통합기준점, 삼각점, 지적삼각점, 지적삼각보조점, 지적도근점 및 기지점이 부족한 경우에는 측량상 필요한 위치에 보조점을 설치하여 활용할 것

4. 경계점은 기지점을 기준으로 하여 지상경계선과 도상경계선의 부합 여부를 현형법(現形法) · 도상원호(圖上圓弧)교회법 · 지상원호(地上圓弧)교회법 또는 거리비교확인법 등으로 확인하여 정할 것

02 다각망도선법에 따른 지적삼각보조점측량의 관측 및 계산에 대한 설명으로 옳지 않은 것은?

① 1도선의 거리는 4km 이하로 한다.

② 3점 이상의 교점을 포함한 결합다각방식에 따른다.

③ 1도선은 기지점과 교점 간 또는 교점과 교점 간을 말한다.

④ 1도선의 점의 수는 기지점과 교점을 포함하여 5점 이하로 한다.

● 해설

지적측량 시행규칙 제10조(지적삼각보조점측량)

① 지적삼각보조점측량을 할 때에 필요한 경우에는 미리 지적삼각보조점표지를 설치하여야 한다.

⑤ 전파기 또는 광파기측량방법에 따라 다각망도선법으로 지적삼각보조점측량을 할 때에는 다음 각 호의 기준에 따른다. 〈개정 2014.1.17.〉

1. 3점 이상의 기지점을 포함한 결합다각방식에 따를 것

2. 1도선(기지점과 교점 간 또는 교점과 교점 간을 말한다)의 점의 수는 기지점과 교점을 포함하여 5점 이하로 할 것

3. 1도선의 거리(기지점과 교점 또는 교점과 교점 간의 점간거리의 총합계를 말한다)는 4킬로미터 이하로 할 것

⑥ 지적삼각보조점성과 결정을 위한 관측 및 계산의 과정은 지적삼각보조점측량부에 적어야 한다.

03 다각망도선법에 따른 지적삼각보조점의 관측 및 계산에서 도선별 평균방위각과 관측방위각과 관측방위각과의 폐색오차는 얼마 이내로 하여야 하는가?(단, n은 폐색변을 포함한 변의 수를 말한다.)

① $\pm 10\sqrt{n}$ 초 이내   ② $\pm 20\sqrt{n}$ 초 이내

③ $\pm 30\sqrt{n}$ 초 이내   ④ $\pm 40\sqrt{n}$ 초 이내

●해설

지적측량 시행규칙 제11조(지적삼각보조점의 관측 및 계산)

③ 경위의측량방법, 전파기 또는 광파기측량방법과 다각망 도선법에 따른 지적삼각보조점의 관측 및 계산은 다음 각 호의 기준에 따른다.

1. 관측과 계산방법에 관하여는 제1항 제1호부터 제4호 까지의 규정을 준용하고, 점간거리 및 연직각의 관측 빙법에 관하여는 세9조 제2항 및 제3항을 준용할 것. 다만, 다각망도선법에 따른 지적삼각보조점의 수평각 관측은 제13조 제3호에 따른 배각법(倍角法)에 따를 수 있으며, 1회 측정각과 3회 측정각의 평균치에 대한 교차는 30초 이내로 한다.

2. 도선별 평균방위각과 관측방위각의 폐색오차(閉塞誤 差)는 $\pm 10\sqrt{n}$ 초 이내로 할 것. 이 경우 n은 폐색변 을 포함한 변의 수를 말한다.

3. 도선별 연결오차는 $0.05 \times S$미터 이하로 할 것. 이 경 우 S는 도선의 거리를 1천으로 나눈 수를 말한다.

04 지적도근삼각측량에서 도선의 표기 방법으로 옳은 것은?

① 2등도선은 1, 2, 3 순으로 표기한다.
② 1등도선은 A, B, C 순으로 표기한다.
③ 1등도선은 가, 나, 다 순으로 표기한다.
④ 2등도선은 (1), (2), (3) 순으로 표기한다.

●해설

지적측량 시행규칙 제12조(지적도근점측량)

① 지적도근점측량을 할 때에는 미리 지적근점점표지를 설치 하여야 한다.

③ 지적도근점측량의 도선은 다음 각 호의 기준에 따라 1등도 선과 2등도선으로 구분한다.

1. 1등도선은 위성기준점, 통합기준점, 삼각점, 지적삼각 점 및 지적삼각보조점의 상호 간을 연결하는 도선 또는 다각망도선으로 할 것

2. 2등도선은 위성기준점, 통합기준점, 삼각점, 지적삼각 점 및 지적삼각보조점과 지적도근점을 연결하거나 지 적도근점 상호 간을 연결하는 도선으로 할 것

3. 1등도선은 가·나·다 순으로 표기하고, 2등도선은 ㄱ·ㄴ·ㄷ 순으로 표기할 것

05 축척 1000분의 1인 지적도에서 도곽선의 신축 량이 각각 $\triangle X = -2\text{mm}$, $\triangle Y = -2\text{mm}$일 때 도곽선의 보정계수로 옳은 것은?

① 0.0145
② 0.9884
③ 1.0045
④ 1.0118

●해설

1. 지상길이로 계산

$$Z = \frac{X \cdot Y}{\Delta X \cdot \Delta Y} = \frac{300 \times 400}{(300-2) \times (400-2)} = 1.0018$$

지상거리로 환산

$$축척 = \frac{도상거리}{실제거리}$$

$$\frac{1}{1,000} = \frac{2}{실제거리}$$

∴ 실제거리 $= 2 \times 1,000 = 2000\text{mm} = 2\text{m}$

2. 도상거리로 계산

$$Z = \frac{X \cdot Y}{\Delta X \cdot \Delta Y} = \frac{300 \times 400}{(300-2) \times (400-2)} = 1.0018$$

구분	축척	도상길이(mm)		지상길이(m)	
		종선	횡선	종선	횡선
토지대장 등록지 (지적도)	1/500	30	40	150	200
	1/600	41.666	33.333	200	250
	1/1000	30	40	300	400
	1/1200	41.666	33.333	400	500
	1/2400	41.666	33.333	800	1,000
임야대장 등록지 (임야도)	1/3000	40	50	1,200	1,500
	1/6000	40	50	2,400	3,000

06 경위의측량방법에 따른 세부측량의 관측 및 계 산에서 1방향각에 대한 수평각의 측각공차 기준으로 옳은 것은?

① 30초 이내
② 40초 이내
③ 50초 이내
④ 60초 이내

●해설

지적측량 시행규칙 제18조(세부측량의 기준 및 방법 등)

⑩ 경위의측량방법에 따른 세부측량의 관측 및 계산은 다음 각 호의 기준에 따른다.

1. 미리 각 경계점에 표지를 설치하여야 한다. 다만, 부득 이한 경우에는 그러하지 아니하다.

2. 도선법 또는 방사법에 따를 것
3. 관측은 20초독 이상의 경위의를 사용할 것
4. 수평각의 관측은 1대회의 방향관측법이나 2배각의 배각법에 따를 것 다만, 방향관측법인 경우에는 1측회의 폐색을 하지 아니할 수 있다.
5. 연직각의 관측은 정반으로 1회 관측하여 그 교차가 5분 이내일 때에는 그 평균치를 연직각으로 하되, 분단위로 독정(讀定)할 것
6. 수평각의 측각공차는 다음 표에 따를 것

종별	1방향각	1회 측정각과 2회 측정각의 평균값에 대한 교차
공차	60초 이내	40초 이내

07 지적측량에 대한 설명으로 옳지 않은 것은?

① 지적측량은 기속측량이다.
② 지적측량은 지적측량을 목적으로 한다.
③ 지적측량은 측량의 정확성과 명확성을 중시한다.
④ 지적측량의 성과는 영구적으로 보존·활용한다.

해설

지적측량	"지적측량"이란 토지를 지적공부에 등록하거나 지적공부에 등록된 경계점을 지상에 복원하기 위하여 필지(대통령령으로 정하는 바에 따라 구획되는 토지의 등록단위)의 경계 또는 좌표와 면적을 정하는 측량을 말하며 효율적인 토지 관리와 소유권 보호에 이바지함을 목적으로 한다.
기속측량 (羈屬測量)	지적측량은 토지표시사항 중 경계와 면적을 평면적으로 측정하는 측량으로 측량방법은 법률로서 정하고 법률로 정하여진 규정 속에서 국가가 시행하는 행정행위에 속한다.
준사법측량	국가가 토지에 대한 물권이 미치는 범위와 면적 등을 지적측량에 의하여 결정하고 지적공부에 등록, 공시하면 법률적으로 확정된 것과 같은 효력을 지닌다.
측량성과의 영속성 (永續性)	지적측량의 성과는 토지에 대한 물권이 미치는 범위와 면적 등을 결정하여 지적공부에 등록하고 필요 시 언제라도 이를 공개 또는 확인할 수 있도록 영구적으로 보존하여야 하는 특성을 지니고 있다.
평면측량 (平面測量)	측량은 대상지역의 넓이 또는 면적과 지구곡률의 고려 여부에 따라 평면측량과 측지측량으로 구분하고 있다. 따라서 지적측량은 지구곡률을 고려하지 않고 측량대상지역이 반경11km 이내이므로 평면측량으로 구분하고 있다.

08 경위의측량방법으로 세부측량을 한 경우 측량결과도의 기재사항으로 옳지 않은 것은?

① 측정점의 위치
② 측량대상 토지의 점유현황선
③ 도상에서의 측정한 거리와 방향각
④ 측량대상 토지의 경계점 간 실측거리

해설

지적측량 시행규칙 제17조(측량준비 파일의 작성)
② 제18조 제9항에 따라 경위의측량방법으로 세부측량을 할 때에는 경계점좌표등록부와 지적도에 따라 다음 각 호의 사항을 포함한 측량준비 파일을 작성하여야 한다. 〈개정 2013.3.23.〉
  1. 측량대상 토지의 경계와 경계점의 좌표 및 부호도·지번·지목
  2. 인근 토지의 경계와 경계점의 좌표 및 부호도·지번·지목
  3. 행정구역선과 그 명칭
  4. 지적기준점 및 그 번호와 지적기준점 간의 방위각 및 그 거리
  5. 경계점 간 계산거리
  6. 도곽선과 그 수치
  7. 그 밖에 국토교통부장관이 정하는 사항
③ 지적측량수행자는 제1항 및 제2항의 측량준비 파일로 지적측량성과를 결정할 수 없는 경우에는 지적소관청에 지적측량성과의 연혁 자료를 요청할 수 있다.

지적측량 시행규칙 제26조(세부측량성과의 작성)
② 경위의측량방법으로 세부측량을 한 경우 측량결과도 및 측량계산부에 그 성과를 적되, 측량결과도에는 다음 각 호의 사항을 적어야 한다. 〈개정 2014.1.17.〉
  1. 제17조 제2항 각 호의 사항
  2. 측정점의 위치(측량계산부의 좌표를 전개하여 적는다), 지상에서 측정한 거리 및 방위각
  3. 측량대상 토지의 경계점 간 실측거리
  4. 측량대상 토지의 토지이동 전의 지번과 지목(2개의 붉은 색으로 말소한다)
  5. 측량결과도의 제명 및 번호(연도별로 붙인다)와 지적도의 도면번호
  6. 신규등록 또는 등록전환하려는 경계선 및 분할경계선
  7. 측량대상 토지의 점유현황선
  8. 측량 및 검사의 연월일, 측량자 및 검사자의 성명·소속 및 자격등급 또는 기술등급

09 다음 중 지번과 지목의 글자 간격은 얼마를 기준으로 띄어서 제도하여야 하는가?

① 글자크기의 2분의 1 정도
② 글자크기의 4분의 1 정도
③ 글자크기의 5분의 1 정도
④ 글자크기의 10분의 1 정도

◉해설

지적업무처리규정 제42조(지번 및 지목의 제도)
① 지번 및 지목은 경계에 닿지 않도록 필지의 중앙에 제도한다. 다만, 1필지의 토지의 형상이 좁고 길어서 필지의 중앙에 제도하기가 곤란한 때에는 가로쓰기가 되도록 도면을 왼쪽 또는 오른쪽으로 돌려서 제도할 수 있다.
② 지번 및 지목을 제도할 때에는 지번 다음에 지목을 제도한다. 이 경우 2밀리미터 이상 3밀리미터 이하 크기의 명조체로 하고, 지번의 글자 간격은 글자크기의 4분의 1 정도, 지번과 지목의 글자 간격은 글자크기의 2분의 1 정도 띄어서 제도한다. 다만, 부동산종합공부시스템이나 레터링으로 작성할 경우에는 고딕체로 할 수 있다.
③ 1필지의 면적이 작아서 지번과 지목을 필지의 중앙에 제도할 수 없는 때에는 ㄱ, ㄴ, ㄷ, … ㄱ¹, ㄴ¹, ㄷ¹, … ㄱ², ㄴ², ㄷ² … 등으로 부호를 붙이고, 도곽선 밖에 그 부호·지번 및 지목을 제도한다. 이 경우 부호가 많아서 그 도면의 도곽선 밖에 제도할 수 없는 때에는 별도로 부호도를 작성할 수 있다.
④ 부동산종합공부시스템에 따라 지번 및 지목을 제도할 경우에는 제2항 중 글자의 크기에 대한 규정과 제3항을 적용하지 아니할 수 있다.

10 지적도근점측량을 실시하던 중 $\overline{AB}$의 거리가 130m인 A 점에서 내각을 관측한 결과 B 점에서 40″의 시준오차가 생겼다면 B 점에서의 편심거리는?

① 2.2cm
② 2.5cm
③ 2.9cm
④ 3.5cm

◉해설

$$l = \frac{\theta''}{\rho''} \times L$$
$$= \frac{40''}{206265''} \times 130\text{m} = 0.025\text{m} = 2.5\text{cm}$$

11 지적도에 직경 3mm의 원으로 제도하고 그 원 안에 십자선(+)을 표시하는 지적기준점은?

① 1등 삼각점
② 지적삼각점
③ 지적도근점
④ 지적삼각보조점

◉해설

지적업무처리규정 제43조(지적기준점 등의 제도)
① 삼각점 및 지적기준점(제4조에 따라 지적측량 수행자가 설치하고, 그 지적기준점성과를 지적소관청이 인정한 지적기준점을 포함한다.)은 0.2밀리미터 폭의 선으로 다음 각 호와 같이 제도한다.
  1. 위성기준점은 직경 2밀리미터 및 3밀리미터의 2중 원 안에 십자선을 표시하여 제도한다.

구분	종류	제도	방법
국가기준점	위성기준점	3mm / 2mm 십자원	지적위성기준점은 직경 2밀리미터, 3밀리미터의 2중 원 안에 십자선을 표시하여 제도한다.
	1등 삼각점	3mm / 2mm / 1mm 3중원	1등 및 2등 삼각점은 직경 1밀리미터, 2밀리미터 및 3밀리미터의 3중 원으로 제도한다. 이 경우 1등삼각점은 그 중심 원 내부를 검은색으로 엷게 채색한다.
	2등 삼각점	3mm / 2mm / 1mm 3중원	
	3등 삼각점	2mm / 1mm 2중원	3등 및 4등 삼각점은 직경 1밀리미터, 2밀리미터의 2중 원으로 제도한다. 이 경우 3등삼각점은 그 중심원 내부를 검은색으로 엷게 채색한다.
	4등 삼각점	2mm / 1mm 2중원	

구분	종류	제도	방법
지적 기준 점	지적 삼각점	3mm ⊕	지적삼각점 및 지적삼각보조점은 직경 3밀리미터의 원으로 제도한다. 이 경우 지적삼각점은 원 안에 십자선을, 지적삼각보조점은 원 안에 검은색으로 엷게 채색한다.
	지적 삼각 보조점	3mm ●	
	지적 도근점	2mm ○	지적도근점은 직경 2밀리미터의 원으로 다음과 같이 제도한다.
	명칭과 번호		지적측량기준점의 명칭과 번호는 그 지적측량기준점의 윗부분에 명조체의 2mm 내지 3mm의 크기로 제도한다. 다만, 레터링으로 작성하는 경우에는 고딕체로 할 수 있으며 경계에 닿는 경우에는 적당한 위치에 제도할 수 있다.

12 다음 중 지적기준점성과의 관리 등에 관한 내용으로 옳은 것은?

① 지적삼각점성과는 지적소관청이 관리하여야 한다.
② 지적도근점성과는 시·도지사가 관리하여야 한다.
③ 지적삼각보조점성과는 지적소관청이 관리하여야 한다.
④ 지적삼각점을 설치하거나 변경하였을 때에는 그 측량성과를 국토교통부장관에게 통보하여야 한다.

해설

지적측량 시행규칙 제3조(지적기준점성과의 관리 등)
법 제27조 제1항에 따른 지적기준점성과의 관리는 다음 각 호에 따른다.

1. 지적삼각점성과는 특별시장·광역시장·도지사 또는 특별자치도지사(이하 "시·도지사"라 한다)가 관리하고, 지적삼각보조점성과 및 지적도근점성과는 지적소관청이 관리할 것
2. 지적소관청이 지적삼각점을 설치하거나 변경하였을 때에는 그 측량성과를 시·도지사에게 통보할 것
3. 지적소관청은 지형·지물 등의 변동으로 인하여 지적삼각점성과가 다르게 된 때에는 지체 없이 그 측량성과를 수정하고 그 내용을 시·도지사에게 통보할 것

13 두 점 간의 거리를 2회 측정하여 다음과 같은 측정값을 얻었다면, 그 정밀도는?(1회 : 63.18m, 2회 : 63.20m)

① 약 $\dfrac{1}{5200}$ ② 약 $\dfrac{1}{4200}$

③ 약 $\dfrac{1}{3200}$ ④ 약 $\dfrac{1}{2200}$

해설

$$정밀도 = \frac{오차}{평균거리}$$
$$= \frac{63.18 - 63.2}{\dfrac{63.18 + 63.2}{2}} = \frac{0.02}{63.19} = \frac{1}{3159.5} ≒ \frac{1}{3200}$$

14 평판측량의 앨리데이드로 비탈진 거리를 관측하는 경우, 전후 시준판 안쪽에 새겨진 한 눈금의 간격은 전후 시준판 간격의 얼마 정도인가?

① 1/50   ② 1/100
③ 1/150   ④ 1/200

해설

앨리데이드는 전후 시준판 안쪽에 새겨진 한 눈금의 간격은 전후 시준판 간격의 $\dfrac{1}{100}$이다.

15 지적세부측량의 방법 및 실시 대상으로 옳지 않은 것은?

① 지적기준점 설치   ② 경계복원측량
③ 평판측량방법   ④ 경위의측량방법

해설

지적측량 시행규칙 제7조(지적측량의 방법 등)
① 법 제23조 제2항에 따른 지적측량의 방법은 다음 각 호의 어느 하나에 따른다. 〈개정 2013.3.23.〉
  1. 지적삼각점측량 : 위성기준점, 통합기준점, 삼각점 및 지적삼각점을 기초로 하여 경위의측량방법, 전파기 또는 광파기측량방법, 위성측량방법 및 국토교통부장관이 승인한 측량방법에 따르되, 그 계산은 평균계산법이나 망평균계산법에 따를 것

2. 지적삼각보조점측량 : 위성기준점, 통합기준점, 삼각점, 지적삼각점 및 지적삼각보조점을 기초로 하여 경위의측량방법, 전파기 또는 광파기측량방법, 위성측량방법 및 국토교통부장관이 승인한 측량방법에 따르되, 그 계산은 교회법(交會法) 또는 다각망도선법에 따를 것

3. 지적도근점측량 : 위성기준점, 통합기준점, 삼각점 및 지적기준점을 기초로 하여 경위의측량방법, 전파기 또는 광파기측량방법, 위성측량방법 및 국토교통부장관이 승인한 측량방법에 따르되, 그 계산은 도선법, 교회법 및 다각망도선법에 따를 것

4. 세부측량 : 위성기준점, 통합기준점, 지적기준점 및 경계점을 기초로 하여 경위의측량방법, 평판측량방법, 위성측량방법 및 전자평판측량방법에 따를 것

16 축척 600분의 1 임야도에서 분할토지의 원면적이 1700m²일 때 오차허용면적은?

① 13.1m²　　　　　② 14.8m²
③ 16.7m²　　　　　④ 18.4m²

● 해설

$A = 0.026^2 M \sqrt{F}$
$= 0.026^2 \times 600 \sqrt{1700} = 16.7\text{m}^2$

17 축척 600분의 1 지역에서 어느 지적도근점의 종선좌표가 $X = 447315.54$m일 때 이 점이 위치하는 지적도 도곽선의 종선수치를 올바르게 나열한 것은?

① 445400m, 445200m　② 447400m, 447200m
③ 448500m, 448300m　④ 449450m, 449250m

● 해설

종선좌표 (X)	① 원점의 종선좌표(500,000)로부터 얼마나 떨어져 있는지를 확인 　　$500,0000 - 447,315.54 = 52,684.46$m ② 원점으로부터의 거리를 이용하여 몇 도곽이 되는지를 계산 　　$52,684.46 \div 200 = 263.4$도곽 　　∴ 263도곽선에 좌표를 구하여야 함 ③ 원점에서 도곽선까지를 도곽거리로 환산 　　$263 \times 200 = 52,600$m ④ 원점좌표로부터 도곽선까지의 거리를 계산하여 도곽선 상부종선좌표 산출 　　$500,000 - 52,600 = 447,400$m ⑤ 상부종선좌표를 이용하여 하부종선좌표 산출 　　$447,400 - 200 = 447,200$m

18 지적기준점측량의 순서가 옳게 나열된 것은?

㉠ 계획의 수립
㉡ 준비 및 현지답사
㉢ 선점(選點) 및 조표(調標)
㉣ 관측 및 계산과 성과표의 작성

① ㉡ → ㉠ → ㉣ → ㉢
② ㉠ → ㉡ → ㉣ → ㉢
③ ㉡ → ㉠ → ㉢ → ㉣
④ ㉠ → ㉡ → ㉢ → ㉣

● 해설

지적기준점측량 과정
계획 → 답사 → 선점 → 조표 → 관측 → 계산

19 각측정 기계의 기계오차 소거방법에서 망원경을 정·반으로 관측하여 소거할 수 없는 오차는?

① 수평축 오차
② 시준축 오차
③ 연직축 오차
④ 시준축 편심오차

● 해설

각측량의 오차보정
1. 조정이 완전하지 않기 때문에 생기는 오차

오차의 종류	원인	처리 방법
시준축 오차	시준축과 수평축이 직교하지 않기 때문에 생기는 오차	망원경을 정·반위로 관측하여 평균을 취한다.
수평축 오차	수평축이 연직축에 직교하지 않기 때문에 생기는 오차	망원경을 정·반위로 관측하여 평균을 취한다.
연직축 오차	연직축이 연직이 되지 않기 때문에 생기는 오차	소거 불능

2. 기계의 구조상 결함에 따른 오차

오차의 종류	원인	처리 방법
회전축의 편심오차 (내심오차)	기계의 수평회전축과 수평분원의 중심이 불일치	180° 차이가 있는 2개(A, B)의 버니어의 읽음값을 평균한다.
시준선의 편심오차 (외심오차)	시준선이 기계의 중심을 통과하지 않기 때문에 생기는 오차	망원경을 정·반위로 관측하여 평균을 취한다.
분도원의 눈금오차	눈금 간격이 균일하지 않기 때문에 생기는 오차	버니어의 0의 위치를 $\frac{180°}{n}$씩 옮겨가면서 대회관측을 한다.

20 도시개발사업 등의 공사를 완료하고 새로이 지적공부를 등록하기 위하여 실시하는 측량은?

① 등록전환측량
② 신규등록측량
③ 지적확정측량
④ 축척변경측량

● 해설

지적측량		"지적측량"이란 토지를 지적공부에 등록하거나 지적공부에 등록된 경계점을 지상에 복원하기 위하여 필지(대통령령으로 정하는 바에 따라 구획되는 토지의 등록단위)의 경계 또는 좌표와 면적을 정하는 측량을 말하며, 지적확정측량 및 지적재조사측량을 포함한다.
	지적확정측량	"지적확정측량"이란 「도시개발법」에 따른 도시개발사업, 「농어촌정비법」에 따른 농어촌정비사업, 그밖에 대통령령으로 정하는 토지개발사업이 끝나 토지의 표시를 새로 정하기 위하여 실시하는 지적측량을 말한다.
	지적재조사측량	"지적재조사측량"이란 「지적재조사에 관한 특별법」에 따른 지적재조사사업에 따라 토지의 표시를 새로 정하기 위하여 실시하는 지적측량을 말한다.

21 축척 1 : 10,000으로 평지를 촬영한 연직사진의 사진크기 23cm×23cm 종중복도 60%일 때 촬영기선장은?

① 1,380m
② 1,180m
③ 1,020m
④ 920m

● 해설

$$B = ma\left(1 - \frac{p}{100}\right)$$
$$= 10,000 \times 0.23(1 - 0.6) = 920m$$

22 GNSS 측량에서 지적기준점 측량과 같이 높은 정밀도를 필요로 할 때 사용하는 관측방법은?

① 실시간 키네마틱(realtime kinematic) 관측
② 키네마틱(realtime kinematic) 측량
③ 스태틱(static) 측량
④ 1점 측위관측

● 해설

정지측량

GPS 측량기를 사용하여 기초측량 또는 세부측량을 하고자 하는 때에는 정지측량(Static) 방법에 의한다.

정지측량방법은 2개 이상의 수신기를 각 측점에 고정하고 양측점에서 동시에 4개 이상의 위성으로부터 신호를 30분 이상 수신하는 방식이다.

23 NNSS(Navy Navigation Satellite System)에 대한 설명으로 옳지 않은 것은?

① 미해군 항행위성시스템으로 개발되었다.
② 처음부터 WGS-84를 채택하였다.
③ Doppler 효과를 이용한다.
④ 세계 좌표계를 이용한다.

● 해설

1. GPS의 정의

   GPS는 인공위성을 이용한 범세계적 위치결정체계로 정확한 위치를 알고 있는 위성에서 발사한 전파를 수신하여 관측점까지의 소요시간을 관측함으로써 관측점의 위치를 구하는 체계이다. 즉 GPS측량은 위치가 알려진 다수의 위성을 기지점으로 하여 수신기를 설치한 미지점의 위치를 결정하는 후방교회법(Resection methoid)에 의한 측량방법이다.

2. GPS의 특징

   ① 지구상 어느 곳에서나 이용할 수 있다.
   ② 기상에 관계없이 위치결정이 가능하다.
   ③ 측량기법에 따라 수 mm~수십 m까지 다양한 정확도를 가지고 있다.
   ④ 측량거리에 비하여 상대적으로 높은 정확도를 지니고 있다.
   ⑤ 하루 24시간 어느 시간에서나 이용이 가능하다.
   ⑥ 사용자가 무제한 사용할 수 있으며 신호 사용에 따른 부담이 없다.
   ⑦ 다양한 측량기법이 제공되어 목적에 따라 적당한 기법을 선택할 수 있으므로 경제적이다.
   ⑧ 3차원 측량을 동시에 할 수 있다.
   ⑨ 기선 결정의 경우 두 측점 간의 시통에 관계가 없다.
   ⑩ 세계측지기준계(WGS84) 좌표계를 사용하므로 지역기준계를 사용할 시에는 다소 번거로움이 있다.

24 지형이 고르지 않은 지역에서 연장이 긴 터널의 중심선 설치에 대한 설명으로 옳지 않은 것은?

① 삼각점 등을 이용하여 기준점 위치를 정한다.
② 예비측량을 시행하여 2점의 T.P점을 설치한다.
③ 2점의 T.P점을 연결하여 터널 입구에 필요한 기준점을 측설한다.
④ 기준점은 평판측량에 의하여 기준점망을 구성하여 결정한다.

● 해설

지표 중심선 측량

직접측설법	거리가 짧고 장애물이 없는 곳에서 pole 또는 트랜싯으로 중심선을 측설한 후 Steel Tape에 의해 직접 재는 방법
트래버스에 의한법	장애물이 있을 때 갱 내의 양단의 점을 연결하는 Traverse를 만들어 좌표를 구하고, 좌표로부터 거리 및 방향을 계산하는 방법 ㉮ $\overline{AB}$거리 $= \sqrt{(\Sigma L)^2 + (\Sigma D)^2}$ 또는 $\overline{AB} = \sqrt{(X_B - X_A)^2 + (Y_B - Y_A)^2}$ ㉯ AB방위각$(\theta) = \tan^{-1} \dfrac{\Sigma D}{\Sigma L}$ 또는 $\tan^{-1} \dfrac{Y_B - Y_A}{X_B - X_A}$
삼각측량에 의한 법	터널길이가 길 때, 장애물로 인하여 위의 방법이 불가능할 때 사용

25 수평거리가 24.9m 떨어져 있는 등경사 지형의 두 측점 사이에 1m 간격의 등고선을 삽입할 때, 등고선의 개수는?(단, 낮은 측점의 표고 = 46.8m, 경사 = 15%)

① 2
② 4
③ 6
④ 8

● 해설

경사도$(i) = \dfrac{H}{D} \times 100$

$H = \dfrac{24.9}{100} \times 15 = 3.735m$

$\therefore B = 46.8 + 3.735 = 50.535m$

A점과 B점 사이의 1m 등고선 개수

47, 48, 49, 50m(4개이다.)

26 클로소이드 곡선에 대한 설명으로 틀린 것은?

① 곡률이 곡선의 길이에 반비례한다.

② 형식에는 기본형, 복합형, S자형 등이 있다.

③ 설치법에는 주접선에서 직교좌표에 의해 설치하는 방법이 있다.

④ 단위 클로소이드란 클로소이드의 매개변수 $A = 1$, 즉 $R \cdot L = 1$의 관계에 있는 경우를 말한다.

해설

클로소이드(clothoid) 곡선
곡률이 곡선장에 비례하는 곡선을 말한다.

클로소이드 성질	• 클로소이드는 나선의 일종이다. • 모든 클로소이드는 닮은꼴이다.(상사성이다.) • 단위가 있는 것도 있고 없는 것도 있다. • τ는 30°가 적당하다. • 확대율을 가지고 있다. • τ는 라디안으로 구한다.

27 축척 1 : 10000의 항공사진에서 건물의 시차를 측정하니 상단이 21.51mm, 하단이 16.21mm이었다. 건물의 높이는?(단, 촬영고도는 1000m, 촬영기선길이 850m이다.)

① 61.55m ② 62.35m

③ 62.55m ④ 63.35m

해설

$$h = \frac{H}{b_0}\Delta p = \frac{1000}{850} \times 53 = 62.35\text{m}$$

여기서, $10,000 \times 21.51 = 215,100\text{mm} = 215.1\text{m}$
$10,000 \times 16.21 = 162100\text{mm} = 162.1\text{m}$
$\Delta p = 215.1 - 162.1 = 53\text{m}$

28 노선측량의 작업과정으로 몇 개의 후보 노선 중 가장 좋은 노선을 결정하고 공사비를 개산(概算)할 목적으로 실시하는 것은?

① 답사 ② 예측

③ 실측 ④ 공사측량

해설

노선측량 작업과정

도상계획	지형도상에서 한두 개의 계획노선을 선정한다.
현장답사	도상계획노선에 따라 현장 답사를 한다.
예측	답사에 의하여 유망한 노선이 결정되면 그 노선을 더욱 자세히 조사하기 위하여 트래버스측량과 주변에 대한 측량을 실시한다.
도상 선정	예측이 끝나면 노선의 기울기, 곡선, 토공량, 터널과 같은 구조물의 위치와 크기, 공사비 등을 고려하여 가장 바람직한 노선을 지형도 위에 기입하는 단계이다.
현장 실측	도상에서 선정된 최저 노선을 지상에 측설하는 것이다.

29 위성을 이용한 원격탐사의 특징에 대한 설명으로 옳지 않은 것은?

① 관측이 좁은 시야각으로 얻어진 영상은 중심투영에 가깝다.

② 회전주기가 일정한 위성의 경우에 원하는 시기에 원하는 지점을 관측하기 어렵다.

③ 탐사된 자료는 재해, 환경문제 해결에 편리하게 이용할 수 있다.

④ 짧은 시간에 넓은 지역을 동시에 측정할 수 있으며 반복측정이 가능하다.

해설

원격탐측(Remote sensing)
원격탐측이란 지상이나 항공기 및 인공위성 등의 탑재기(Platform)에 설치된 탐측기(Sensor)를 이용하여 지표, 지상, 지하, 대기권 및 우주공간의 대상들에서 반사 혹은 방사되는 전자기파를 탐지하고 이들 자료로부터 토지, 환경 및 자원에 대한 정보를 얻어 이를 해석하는 기법이다.

원격탐측의 특징
① 짧은 시간에 넓은 지역을 동시에 측정할 수 있으며 반복측정이 가능하다.
② 다중파장대에 의한 지구표면 정보 획득이 용이하며 측정 자료가 기록되어 판독이 자동적이고 정량화가 가능하다.
③ 회전주기가 일정하므로 원하는 지점 및 시기에 관측하기가 어렵다.
④ 관측이 좁은 시야각으로 얻어진 영상은 정사투영에 가깝다.

⑤ 탐사된 자료가 즉시 이용될 수 있으므로 재해, 환경문제 해결에 편리하다.

30 어느 지역에 다목적 댐을 건설하여 댐의 저수 용량을 산정하려고 할 때에 사용되는 방법으로 가장 적합한 것은?

① 점고법　　　　② 삼사법
③ 중앙단면법　　④ 등고선법

해설

지형도에 의한 지형표시법

자연적 도법	영선법 (우모법, Hatching)	"게바"라 하는 단선상(短線上)의 선으로 지표의 기본을 나타내는 것으로 게바의 사이, 굵기, 방향 등에 의하여 지표를 표시하는 방법
	음영법 (명암법, Shading)	태양광선이 서북쪽에서 45°로 비친다고 가정하여 지표의 기복을 도상에서 2~3색 이상으로 채색하여 지형을 표시하는 방법으로 지형의 입체감이 가장 잘 나타나는 방법이다.
부호적 도법	점고법 (Spot height system)	지표면 상의 표고 또는 수심을 숫자에 의하여 지표를 나타내는 방법으로 하천, 항만, 해양 등에 주로 이용
	등고선법 (Contour System)	동일 표고의 점을 연결한 것으로 등고선에 의하여 지표를 표시하는 방법으로 토목공사용으로 가장 널리 사용
	채색법 (Layer System)	같은 등고선의 지대를 같은 색으로 채색하여 높을수록 진하게, 낮을수록 연하게 칠하여 높이의 변화를 나타내며 지리관계의 지도에 주로 사용

31 그림과 같은 등고선도에서 가장 급경사인 곳은?(단, A점은 산 정상이다.)

① AB　　　　② AC
③ AD　　　　④ AE

해설

등고선의 성질
• 동일 등고선 상에 있는 모든 점은 같은 높이이다.
• 등고선은 반드시 도면 안이나 밖에서 서로가 폐합한다.
• 지도의 도면 내에서 폐합되면 가장 가운데 부분을 산꼭대기 (산정) 또는 凹지(요지)가 된다.
• 등고선은 도중에 없어지거나 엇갈리거나 합쳐지거나 갈라지지 않는다.
• 높이가 다른 두 등고선은 동굴이나 절벽의 지형이 아닌 곳에서는 교차하지 않는다.
• 등고선은 경사가 급한 곳에서는 간격이 좁고 완만한 경사에서는 넓다.
• 최대경사의 방향은 등고선과 직각으로 교차한다.
• 분수선(능선)과 곡선(유하선)은 등고선과 직각으로 만난다.
• 2쌍의 등고선의 볼록부가 상대할 때는 볼록부를 나타낸다.
• 동등한 경사의 지표에서 양 등고선의 수평거리는 같다.
• 같은 경사의 평면일 때는 나란한 직선이 된다.
• 등고선이 능선을 직각방향으로 횡단한 다음 능선 다른 쪽을 따라 거슬러 올라간다.
• 등고선의 수평거리는 산꼭대기 및 산밑에서는 크고 산중턱에서는 작다.

32 도로 기점으로부터 I.P(교점)까지의 거리가 418.25m, 곡률반지름 300m, 교각 38°08'인 단곡선을 편각법에 의해 설치하려고 할 때에 시단현의 거리는?

① 20.000m　　　② 14.561m
③ 5.439m　　　　④ 14.227m

해설

$$TL = R \cdot \tan\frac{I}{2}$$
$$= 300 \times \tan\frac{38°08'}{2} = 103.689m$$

$$BC = IP - TL = 418.25 - 103.689 = 314.561m$$
$$l = 320 - 314.561 = 5.439m$$

33 터널측량의 구분 중 터널 외 측량의 작업공정으로 틀린 것은?

① 두 터널 입구 부근의 수준점 설치
② 두 터널 입구 부근의 지형측량

③ 지표중심선 측량

④ 줄자에 의한 수직 터널의 심도측정

해설

갱외(지상) 측량

(1) 지표중심선 측량

직접측설법	거리가 짧고 장애물이 없는 곳에서 pole 또는 트랜싯으로 중심선을 측설한 후 Steel Tape에 의해 직접 재는 방법
트래버스에 의한 법	장애물이 있을 때 갱 내의 양단의 점을 연결하는 Traverse를 만들어 좌표를 구하고, 좌표로부터 거리 및 방향을 계산하는 방법 ㉮ $\overline{AB}$거리 $= \sqrt{(\Sigma L)^2 + (\Sigma D)^2}$ 또는 $\overline{AB} = \sqrt{(X_B - X_A)^2 + (Y_B - Y_A)^2}$ ㉯ AB방위각(θ) $= \tan^{-1}\dfrac{\Sigma D}{\Sigma L}$ 또는 $\tan^{-1}\dfrac{Y_B - Y_A}{X_B - X_A}$
삼각측량에 의한 법	터널길이가 길 때, 장애물로 인하여 위의 방법이 불가능할 때 사용

터널 외 기준점 측량

① 터널 입구 부근에 인조점(引照點)을 설치한다.

② 측량의 정확도를 높이기 위해 가능한 후시를 길게 잡는다.

③ 고저측량용 기준점은 터널 입구 부근과 떨어진 곳에 2개소 이상 설치하는 것이 좋다.

④ 기준점을 서로 관련시키기 위해 기준점이 시통되는 곳에 보조삼각점을 설치한다.

34 등고선의 성질에 대한 설명으로 틀린 것은?

① 등경사지에서 등고선의 간격은 일정하다.

② 높이가 다른 등고선은 절대로 서로 만나지 않는다.

③ 동일 등고선 상에 있는 모든 점은 같은 높이이다.

④ 등고선은 최대경사선, 유선, 분수선과 직각으로 만난다.

해설

문제 31번 해설 참고

35 철도, 도로 등의 단곡선 설치에서 접선과 현이 이루는 각을 이용하여 곡선을 설치하는 방법은?

① 편각법

② 중앙종거법

③ 접선편거법

④ 접선지거법

해설

단곡선(Simple curve) 설치방법

(1) 편각 설치법

원곡선 설치법 중에서 가장 정밀한 결과를 얻을 수 있으나 계산이 복잡하고 시간이 많이 걸린다. 철도, 도로 등의 곡선 설치에 가장 일반적인 방법이며, 다른 방법에 비해 정확하나 반경이 적을 때 오차가 많이 발생한다.

(2) 접선편거 및 현편거법에 의한 원곡선 설치법

트랜싯을 사용하지 못할 때 폴과 테이프로 설치하는 방법으로 지방도로에 이용되며 정밀도는 편각법보다 떨어지나 설치가 간단하여 많이 사용한다.

(3) 지거법에 의한 단곡선 설치

① 접선지거법(接線支距法)

양접선에 지거를 내려 곡선을 설치하는 방법으로 터널 내의 곡선 설치와 산림지에서 벌채량을 줄일 경우에 적당한 방법이다.

② 중앙종거법(中央縱距法)

폴과 줄자만을 가지고 설치하는데 곡선반경이 작은 도심지 곡선설치에 유리하며 기설곡선의 검사나 검정에 편리하다. 일반적으로 1/4법이라고도 한다. 중앙종거법은 최초에 중앙종거 M_1을 구하고 다음에 M_2, M_3…로 하여 작은 중앙종거를 구하여 적당한 간격마다 곡선의 중심말뚝을 박는 방법이다.

③ 장현지거법(長弦支距法)

곡선반경이 짧은 곳에 많이 이용되는 방법으로 곡선시점에서 곡선종점을 연결한 선을 횡축으로 하고 F점에서 AB에 그은 수선을 종축이라 하면 곡선상의 P의 좌표를 식에 의해 구한다.

36 레벨(level)의 중심에서 40m 떨어진 지점에 표척을 세우고 기포가 중앙에 있을 때 1.248m, 기포가 2눈금 움직였을 때 1.223m를 각각 읽은 경우, 이 레벨의 기포관 곡률반지름은?(단, 기포관 1눈금 간격은 2mm이다.)

① 5.0m

② 5.7m

③ 6.4m

④ 8.0m

해설

$(1.248 - 1.223) : 40 = 0.004 : R$

$R = \dfrac{40 \times 0.004}{1.248 - 1.223} = 6.4\text{m}$

1눈금간격2mm
2눈금×2 = 4mm = 0.004m

37 야장기입 방법 중 종단 및 횡단 수준측량에서 중간점이 많은 경우에 편리한 것은?

① 승강식   ② 고차식

③ 기고식   ④ 교호식

해설

야장기입 방법

고차식	가장 간단한 방법으로 B.S와 F.S만 있으면 된다.
기고식	가장 많이 사용하며, 중간점이 많을 경우 편리하나 완전한 검산을 할 수 없는 것이 결점이다.
승강식	완전한 검사로 정밀측량에 적당하나 중간점이 많으면 계산이 복잡하고, 시간과 비용이 많이 소요된다.

38 수준측량에서 발생할 수 있는 정오차인 것은?

① 전시와 후시를 바꿔 기입하는 오차

② 관측자의 습관에 따른 수평 조정 오차

③ 표척 눈금의 부정확으로 인한 오차

④ 관측 중 기상 상태 변화에 의한 오차

해설

정오차	부정오차
• 표척눈금 부정에 의한 오차 • 지구곡률에 의한 오차(구차) • 광선굴절에 의한 오차(기차) • 레벨 및 표척의 침하에 의한 오차 • 표척의 영눈금(0점) 오차 • 온도 변화에 대한 표척의 신축 • 표척의 기울기에 의한 오차	• 레벨 조정 불완전 (표척의 읽음오차) • 시차에 의한 오차 • 기상 변화에 의한 오차 • 기포관의 둔감 • 기포관의 곡률의 부등 • 진동, 지진에 의한 오차 • 대물경의 출입에 의한 오차

39 촬영고도가 1500m인 비행기에서 표고 1000m의 지형을 촬영했을 때 이 지형의 사진 축척은 약 얼마인가?(단, 초점거리는 150mm)

① 1 : 3300   ② 1 : 6600

③ 1 : 10000   ④ 1 : 12500

해설

$$\frac{1}{m} = \frac{f}{H-h} = \frac{0.15}{1500-1000} = \frac{1}{3,300}$$

40 GNSS 측량의 관측 시 주의사항으로 거리가 먼 것은?

① 측정점 주위에 수신을 방해하는 장애물이 없도록 하여야 한다.

② 충분한 시간 동안 수신이 이루어져야 한다.

③ 안테나 높이, 수신시간과 마침시간 등을 기록한다.

④ 온도의 영향을 많이 받으므로 5℃ 이하에서는 관측을 중단한다.

해설

관측 시 위성의 조건과 주의사항

위성의 조건	• 관측점으로부터 위성에 대한 고도각이 15° 이상에 위치할 것 • 위성의 작동상태가 정상일 것 • 관측점에서 동시에 수신 가능한 위성 수는 정지측량에 의하는 경우에는 4개 이상, 이동측량에 의하는 경우에는 5개 이상일 것
주의사항	• 안테나 주위의 10미터 이내에는 자동차 등의 접근을 피할 것 • 관측 중에는 무전기 등 전파발신기의 사용을 금한다. 다만, 부득이한 경우에는 안테나로부터 100미터 이상의 거리에서 사용할 것 • 발전기를 사용하는 경우에는 안테나로부터 20미터 이상 떨어진 곳에서 사용할 것 • 관측 중에는 수신기 표시장치 등을 통하여 관측상태를 수시로 확인하고 이상 발생 시에는 재관측을 실시할 것

Subject 03 토지정보체계론

41 토지대장 전산화를 위하여 실시한 준비사항이 아닌 것은?

① 지적 관련 법령의 정비
② 토지·임야대장의 카드화
③ 면적 표시의 평(坪)단위 통일
④ 소유권 주체의 고유번호 코드화

해설

토지기록전산화 기반조성
지적법 제2차 개정(1975년 12월)
⇨ 토지·임야대장의 카드식 전환
⇨ 면적 등록단위 미터법의 전환
⇨ 토지소유자의 주민등록번호 등록 등 전산화를 위한 기반을 마련
⇨ 1975년부터 1978년까지 전국의 토지·임야대장 및 공유지연명부, 수치지적부의 카드식 대장전환
　① 토지대장과 임야대장의 카드식 전환
　② 대장등록사항의 코드번호 개발 등록
　③ 소유자 주민등록번호 및 법인등록번호 등록
　④ 재외국민등록번호 등록
　⑤ 면적단위 미터법 전환
　⑥ 수치측량방법의 전환(수치지적부(1975년) ⇨ 경계점좌표등록부(2002.1.27.시행)

42 전국 단위의 지적전산자료를 이용하려고 할 때 지적전산자료를 신청하여야 하는 대상이 아닌 것은?

① 시·도지사
② 지적 소관청
③ 국토교통부장관
④ 한국국토정보공사장

해설

공간정보의 구축 및 관리 등에 관한 법률 제76조(지적전산자료의 이용 등)
① 지적공부에 관한 전산자료(연속지적도를 포함하며, 이하 "지적전산자료"라 한다)를 이용하거나 활용하려는 자는 다음 각 호의 구분에 따라 국토교통부장관, 시·도지사 또는 지적소관청에 지적전산자료를 신청하여야 한다. 〈개정 2013.3.23., 2013.7.17., 2017.10.24.〉

1. 전국 단위의 지적전산자료: 국토교통부장관, 시·도지사 또는 지적소관청
2. 시·도 단위의 지적전산자료: 시·도지사 또는 지적소관청
3. 시·군·구(자치구가 아닌 구를 포함한다) 단위의 지적전산자료: 지적소관청

43 "부동산종합공부시스템에서 지적측량 업무를 수행하기 위하여 도면 및 대장 속성정보를 추출한 파일"을 정의하는 용어는?

① 측량계획파일
② 측량전산파일
③ 측량준비파일
④ 측량현형파일

해설

지적측량파일	측량준비파일, 측량현형파일 및 측량성과파일을 말한다.
측량준비파일	부동산종합공부시스템에서 지적측량업무를 수행하기 위하여 도면 및 대장속성 정보를 추출한 파일을 말한다.
측량현형(現形)파일	전자평판측량 및 위성측량방법으로 관측한 데이터 및 지적측량에 필요한 각종 정보가 들어있는 파일을 말한다.
측량성과파일	전자평판측량 및 위성측량방법으로 관측 후 지적측량정보를 처리할 수 있는 시스템에 따라 작성된 측량결과도 파일과 토지이동정리를 위한 지번, 지목 및 경계점의 좌표가 포함된 파일을 말한다.

44 래스터 자료의 특성으로 옳지 않은 것은?

① 정밀도는 격자의 간격에 의존한다.
② 점, 선, 면을 이용하여 도형을 처리한다.
③ 벡터 자료에 비하여 데이터 구조가 간단하다.
④ 해상도를 높이면 자료의 크기가 방대해진다.

● 해설

구분	벡터 자료	래스터 자료
장점	• 보다 압축된 자료구조를 제공하며 따라서 데이터 용량의 축소가 용이하다. • 복잡한 현실세계의 묘사가 가능하다. • 위상에 관한 정보가 제공되므로 관망분석과 같은 다양한 공간분석이 가능하다. • 그래픽의 정확도가 높다. • 그래픽과 관련된 속성정보의 추출 및 일반화, 갱신 등이 용이하다.	• 자료구조가 간단하다. • 여러 레이어의 중첩이나 분석이 용이하다. • 자료의 조작과정이 매우 효과적이고 수치영상의 질을 향상시키는 네 매우 효과적이다. • 수치이미지 조작이 효율적이다. • 다양한 공간적 편의가 격자의 크기와 형태가 동일한 까닭에 시뮬레이션이 용이하다.
단점	• 자료구조가 복잡하다. • 여러 레이어의 중첩이나 분석에 기술적으로 어려움이 수반된다. • 각각의 그래픽 구성요소는 각기 다른 위상구조를 가지므로 분석에 어려움이 크다. • 그래픽의 정확도가 높은 관계로 도식과 출력에 비싼 장비가 요구된다. • 일반적으로 값비싼 하드웨어와 소프트웨어가 요구되므로 초기비용이 많이 든다.	• 압축되어 사용되는 경우가 드물며 지형관계를 나타내기가 훨씬 어렵다. • 주로 격자형의 네모난 형태로 가지고 있기 때문에 수작업에 의해서 그려진 완화된 선에 비해서 미관상 매끄럽지 못하다. • 위상정보의 제공이 불가능하므로 관망해석과 같은 분석기능이 이루어질 수 없다. • 좌표변환을 위한 시간이 많이 소요된다.

45 국토교통부장관이 시·군·구 자료를 취합하여 지적통계를 작성하는 주기로 옳은 것은?

① 매일
② 매주
③ 매월
④ 매년

● 해설

부동산종합공부시스템 운영 및 관리 규정 제18조(지적통계 작성)
① 지적소관청에서는 지적통계를 작성하기 위한 일일 마감, 월 마감, 연 마감을 하여야 한다.
② 국토교통부장관은 매년 시·군·구 자료를 취합하여 지적통계를 작성한다.
③ 부동산종합공부시스템에서 출력할 수 있는 통계의 종류는 별표 2와 같다.

46 지적정보에 대한 설명으로 옳지 않은 것은?

① 속성정보는 주로 대장자료를 말하며, 도형정보는 주로 도면자료를 말한다.
② 토지의 경계·면적 등의 물리적인 형상을 표시한 지적에 대한 자료를 포함한다.
③ 도형정보와 속성정보는 서로 성격이 다르므로 별개로 존재하며, 별도로 분리하여 관리하여야 한다.
④ 토지에 대한 법적 권리 관계 등을 등록·관리하기 위해 기록하는 등기에 대한 자료를 포함한다.

● 해설

지적정보의 종류
지적정보란 "필지를 기반으로 한 토지의 모든 정보"라고 말할 수 있으며 국가의 통치권이 미치는 모든 영토를 필지단위로 구획하여, 토지에 대한 물리적 현황과 법적 권리관계 등을 등록·공시하고, 영속적으로 등록관리하기 위해 기록되는 공적 장부 및 그 내용을 말한다.
지적정보의 종류에는 절대적 위치정보, 속성정보, 도형정보 등이 있다.

지적공부

지적공부

	↓

가시적 지적공부	불가시적 지적공부

대장	도면	경계점좌표등록부	정보처리시스템

토지대장	임야대장	공유지연명부	대지권등록부	지적도	임야도		

토지의 물리적 현황과 법적 관계	물권이 미치는 범위와 규모

등기부

【표제부】 (토지의 표시)

표시 번호	접수	소재 지번	지목	면적	등기원인 및 기타사항
1	2008년 10월 4일	서울특별시 송파구 잠실동 200	대	210m²	

【갑 구】 (소유권에 관한 사항)

순위 번호	등기목적	접수	등기 원인	권리자 및 기타사항
1	소유권 보존	2008년 10월 4일 (제 2006호)		소유자 장 ○ ○ ○○○○○○○ – ○○○○○○○

【을 구】 (소유권 이외의 권리에 관한 사항)

순위 번호	등기 목적	접수	등기 원인	권리자 및 기타사항
1	저당권 설정	2008년 10월 4일 (제 2007호)	2008년 3월 15일 설정계약	채권액 금 10,000,000원 변제기 2006년 3월 15일 이자 연 5푼 이하 생략

47 도형정보의 자료구조에 관한 설명으로 옳지 않은 것은?

① 벡터구조는 자료구조가 복잡하다.
② 격자구조는 자료구조가 단순하다.
③ 벡터구조는 그래픽의 정확도가 높다.
④ 격자구조는 그래픽 자료의 양이 적다.

◢ 해설

	벡터 자료	래스터 자료
장 점	• 보다 압축된 자료구조를 제공하며 따라서 데이터 용량의 축소가 용이하다. • 복잡한 현실세계의 묘사가 가능하다. • 위상에 관한 정보가 제공되므로 관망분석과 같은 다양한 공간분석이 가능하다. • 그래픽의 정확도가 높다. • 그래픽과 관련된 속성정보의 추출 및 일반화, 갱신 등이 용이하다.	• 자료구조가 간단하다. • 여러 레이어의 중첩이나 분석이 용이하다. • 자료의 조작과정이 매우 효과적이고 수치영상의 질을 향상시키는 데 매우 효과적이다. • 수치이미지 조작이 효율적이다. • 다양한 공간적 편의가 격자의 크기와 형태가 동일한 까닭에 시뮬레이션이 용이하다.

	벡터 자료	래스터 자료
단 점	• 자료구조가 복잡하다. • 여러 레이어의 중첩이나 분석에 기술적으로 어려움이 수반된다. • 각각의 그래픽 구성요소는 각기 다른 위상구조를 가지므로 분석에 어려움이 크다. • 그래픽의 정확도가 높은 관계로 도식과 출력에 비싼 장비가 요구된다. • 일반적으로 값비싼 하드웨어와 소프트웨어가 요구되므로 초기비용이 많이 든다.	• 압축되어 사용되는 경우가 드물며 지형관계를 나타내기가 훨씬 어렵다. • 주로 격자형의 네모난 형태로 가지고 있기 때문에 수작업에 의해서 그려진 완화된 선에 비해서 미관상 매끄럽지 못하다. • 위상정보의 제공이 불가능하므로 관망해석과 같은 분석기능이 이루어질 수 없다. • 좌표변환을 위한 시간이 많이 소요된다.

48 벡터 자료에 대한 설명으로 옳지 않은 것은?

① 자료의 구조는 그리드와 셀로 구성된다.
② 공간정보는 좌표계를 이용하여 기록한다.
③ 객체들의 지리적인 위치를 방향과 크기로 나타낸다.
④ 지적도면의 수치화에 벡터 방식이 주로 사용된다.

◢ 해설

벡터 자료의 구조
벡터 자료의 구조는 기호, 도형, 문자 등으로 인식할 수 있는 형태를 말하며 객체들의 지리적 위치를 크기와 방향으로 나타낸다.

49 캐드용 자료 파일을 다른 그래픽 체계에서 사용될 수 있도록 만든 ASCⅡ 형태의 그래픽 자료 파일형식은?

① DXF
② IGES
③ NSDI
④ TIGER

◢ 해설

CAD 파일형식
• Autodesk 사의 Auto CAD 소프트웨어에서는 DWG와 DXF 등의 파일형식을 사용
• 이중에서 DXF 파일형식은 수많은 GIS 관련 소프트웨어뿐만 아니라 원격탐사 소프트웨어에서도 사용할 수 있음
• DXF 파일은 단순한 ASCⅡ File로서 공간객체의 위상관계를 지원하지 않음

정답 47 ④ 48 ① 49 ①

DXF(Drawing Exchange file Format) 파일의 구조
오토캐드용 자료 파일을 다른 그래픽 체계에서 사용될 수 있도
록 만든 ASCII(American Standard Code for Information
Interchange) 형태의 그래픽 자료 파일형식이다.

- 서로 다른 CAD 프로그램 간에 설계도면 파일을 교환하는
  데 사용하는 파일형식
- Auto Desk사에서 제작한 ASCII 코드 형태이다.
- DXF 파일 구성 : 헤더 섹션, 테이블 섹션, 블록 섹션, 엔티
  티 섹션
- 도형자료만의 교환에 있어서는 속성자료와 연계 없이 점,
  선, 면의 형태와 좌표만을 고려하면 되므로 단순한 포맷의
  변환이 될 수 있다.

50 사용자로 하여금 데이터베이스에 접근하여 데이터를 처리할 수 있도록 검색, 삽입, 삭제 갱신 등의 역할을 하는 데이터 언어는?

① DCL
② DDL
③ DML
④ DNL

◉**해설**

언어	해당 SQL	내용
DDL ; Data Definition Language)		데이터의 구조를 정의하며 새로운 테이블을 만들고, 기존의 테이블을 변경/삭제하는 등의 데이터를 정의하는 역할을 한다.
	CREATE	새로운 테이블을 생성한다.
	ALTER	기존의 테이블을 변경(수정)한다.
	DROP	기존의 테이블을 삭제한다.
	RENAME	테이블의 이름을 변경한다.
	TURNCATE	테이블을 잘라낸다.
DML ; Data Mainpulation Language)		데이터를 조회하거나 변경하며 새로운 데이터를 삽입/변경/삭제하는 등의 데이터를 조작하는 역할을 한다.
	SELECT	기존의 데이터를 검색한다.
	INSERT	새로운 데이터를 삽입한다.
	UPDATE	기존의 데이터를 변경(갱신)한다.
	DELETE	기존의 데이터를 삭제한다.
DCL ; Data Control Language)		데이터베이스를 제어 · 관리하기 위하여 데이터를 보호하기 위한 보안, 데이터 무결성, 시스템 장애 시 복구, 다중사용자의 동시 접근 제어를 통한 트랜젝션 관리 등에 사용되는 SQL이다.
	GRANT	권한을 준다.(권한 부여)
	REVOKE	권한을 제거한다.(권한 해제)
	COMMIT	데이터 변경 완료
	ROLLBACK	데이터 변경 취소

51 토지정보시스템의 공간분석 작업 중 성격이 다른 하나는?

① 속성분석
② 인접분석
③ 중첩분석
④ 버퍼링분석

◉**해설**

중첩분석 (Overlay Analysis)	• GIS가 일반화되기 이전의 중첩분서 : 많은 기준을 동시에 만족시키는 장소를 찾기 위해 불이 비치는 탁자 위에 투명한 중첩 지도를 겹치는 작업을 통해 수행 • 중첩을 통해 다양한 자료원을 통합하는 것은 GIS의 중요한 분석능력으로 주로 적지 선정에 이용된다. • 이러한 중첩분석은 벡터 자료뿐 아니라 래스터 자료도 이용할 수 있는데, 일반적으로 벡터 자료를 이용한 중첩분석은 면형 자료를 기반으로 수행 • 다양한 공간객체를 표현하고 있는 레이어를 중첩하기 위해서는 좌표체계의 동일성이 전제되어야 함
버퍼분석 (Buffer Analysis)	• 버퍼분석(Buffer Analysis)은 공간적 근접성 (Spatial Proximity)을 정의할 때 이용되는 것으로서 점, 선, 면 또는 면 주변에 지정된 범위의 면사상으로 구성 • 버퍼분석을 위해서는 먼저 버퍼 존(Buffer Zone)의 정의가 필요 • 버퍼 존은 입력사상과 버퍼를 위한 거리(Buffer Distance)를 지정한 이후 생성 • 일반적으로 거리는 단순한 직선거리인 유클리디언 거리(Euclidian Distance) 이용
네트워크 분석 (Network Analysis)	• 현실세계에는 사람, 에너지, 물자, 정보 등의 흐름을 가능하게 하는 도로, 케이블, 파이프라인 등의 하부구조(Infrastructure)가 존재하는데, 이러한 하부구조는 GIS 분석과정에서 네트워크(Network)로 모델링 가능 • 네트워크형 벡터 자료는 특정 사물의 이동성 또는 흐름의 방향성(Flow Direction)을 제공 • 대부분의 GIS 시스템은 위상모델로 표현된 벡터 자료의 연결된 선사상인 네트워크 분석을 지원 • 네트워크 분석을 통해 - 최단경로(Shortest Route) : 주어진 기원지와 목적지를 잇는 최단거리의 경로 분석 - 최소비용경로(Least Cost Route) : 기원지와 목적지를 연결하는 네트워크상에서 최소의 비용으로 이동하기 위한 경로를 탐색할 수 있다.

52 도시개발사업에 따른 지구계 분할을 하고자 할 때, 지구계 구분코드 입력사항으로 옳은 것은?

① 지구 내 0, 지구 외 2
② 지구 내 0, 지구 외 1
③ 지구 내 1, 지구 외 0
④ 지구 내 2, 지구 외 0

> **해설**

지적업무처리규정 제59조(도시개발사업 등의 정리)

① 지적소관청은 규칙 제95조 제1항에 따른 도시개발사업 등의 착수(시행) 또는 변경신고서를 접수할 때에는 사업시행지별로 등록하고, 접수 순으로 사업시행지 번호를 부여받아야 한다.

② 제1항에 따라 사업시행지 번호를 부여받은 때에는 지체 없이 사업시행지 번호별로 도시개발사업 등의 임시파일을 생성한 후 지번별 조서를 출력하여 임시파일이 정확하게 생성되었는지 여부를 확인하여야 한다.

③ 지구계 분할을 하고자 하는 경우에는 부동산종합공부시스템에 시행지 번호와 지구계 구분코드(지구 내 0, 지구 외 1)를 입력하여야 한다.

53 데이터의 연혁, 품질 정보 및 공간 참조 정보 등을 담고 있는 세부적인 정보 데이터 용어는?

① 공간데이터 　　② 메타데이터
③ 속성데이터 　　④ 참조데이터

> **해설**

메타데이터(Meta Data)

수록된 데이터의 내용, 품질, 조건 및 특징 등을 저장한 데이터로서 데이터에 관한 데이터, 즉 데이터의 이력서라 할 수 있다. 메타데이터는 작성한 실무자가 바뀌더라도 변함없는 데이터의 기본체계를 유지하게 함으로써 시간이 지나도 일관성 있는 데이터를 사용자에게 제공 가능하도록 하며, 데이터를 목록화하기 때문에 사용상의 편리성을 도모한다. 따라서 메타데이터는 정보의 공유를 극대화하며 데이터의 원활한 교환을 지원하기 위한 프레임을 제공한다. 현재 메타데이터의 표준으로 사용되고 있는 것은 미국의 FGDC(Federal Geographic Data Committe)표준, ISO/TC211표준(International Organization for Standard)/Technical Committe 211 : 국제표준기구 GIS표준기술위원회), CEN/TC287(유럽표준화기구) 표준 등을 들 수 있다.

54 지적전산자료를 활용한 정보화사업인 "정보처리시스템을 통한 도형자료의 기록 · 저장 업무나 속성자료의 전산화 업무"에서의 대상자료가 아닌 것은?

① 지적도
② 토지대장
③ 연속지적도
④ 부동산등기부

> **해설**

지적공부에 관한 전산자료(연속지적도를 포함하며, 이하 "지적전산자료"라 한다)

19. "지적공부"란 토지대장, 임야대장, 공유지연명부, 대지권등록부, 지적도, 임야도 및 경계점좌표등록부 등 지적측량 등을 통하여 조사된 토지의 표시와 해당 토지의 소유자 등을 기록한 대장 및 도면(정보처리시스템을 통하여 기록 · 저장된 것을 포함한다)을 말한다.

19의2. "연속지적도"란 지적측량을 하지 아니하고 전산화된 지적도 및 임야도 파일을 이용하여, 도면상 경계점들을 연결하여 작성한 도면으로서 측량에 활용할 수 없는 도면을 말한다.

19의3. "부동산종합공부"란 토지의 표시와 소유자에 관한 사항, 건축물의 표시와 소유자에 관한 사항, 토지의 이용 및 규제에 관한 사항, 부동산의 가격에 관한 사항 등 부동산에 관한 종합정보를 정보관리체계를 통하여 기록 · 저장한 것을 말한다.

55 토지정보체계의 필요성에 대한 설명으로 옳지 않은 것은?

① 토지 관련 정보의 보안 강화
② 여러 대장과 도면의 효율적 관리
③ 토지권리에 대한 분석과 정보 제공
④ 토지 관련 변동자료의 신속 · 정확한 처리

해설

토지정보체계의 필요성과 구축효과

필요성	구축효과
• 토지정책자료의 다목적 활용 • 수작업 오류방지 • 토지 관련 과세자료로 이용 • 공공기관 간의 토지정보 공유 • 지적민원의 신속정확한 처리 • 도면과 대장의 통합관리 • 지방행정 전산화의 획기적 계기 • 지적공부의 노후화	• 지적통계와 정책의 정확성과 신속성 • 지적서고 평창 방지 • 지적업무의 이중성 배제 • 체계적이고 과학적인 지적 실현 • 지적업무처리의 능률성과 정확도 향상 • 민원인의 편의 증진 • 시스템 간의 인터페이스 확보 • 지적도면 관리의 전산화 기초 확립

56 지적소관청이 대장전산자료에 오류가 발생하여 이를 정비한 경우, 그 정비내역은 몇 년간 보존하여야 하는가?

① 1년　　　　　② 3년
③ 5년　　　　　④ 영구

해설

부동산종합공부시스템 운영 및 관리규정 제8조(전산자료 장애·오류의 정비)

① 운영기관의 장은 전산자료의 구축이나 관리과정에서 장애 또는 오류가 발생한 때에는 지체 없이 이를 정비하여야 한다.
② 운영기관의 장은 제1항에 따른 장애 또는 오류가 발생한 경우에는 이를 국토교통부장관에게 보고하고, 그에 따른 필요한 조치를 요청할 수 있다.
③ 제2항에 따라 보고를 받은 국토교통부장관은 장애 또는 오류가 정비될 수 있도록 필요한 조치를 하여야 한다.
④ 운영기관의 장은 제1항에 따라 전산자료를 정비한 때에는 그 정비내역을 3년간 보존하여야 한다.

57 필지중심토지정보시스템의 구성체계 중 주로 시·군·구 행정종합정보화시스템과 연계를 통한 통합베이스를 구축하여 지적업무의 효율성과 정확도 향상 및 지적정보의 응용·가공으로 신속한 정책정보를 제공하는 시스템은?

① 지적측량시스템
② 토지행정시스템
③ 지적공부관리시스템
④ 지적측량성과작성시스템

해설

PBLIS(Parcel Based Land Information System)

필지중심토지정보시스템(PBLIS ; Parcel Based Land Information System)의 개발은 컴퓨터를 활용하여 일필지를 중심으로 건물, 도시계획 등 형상과 관련된 도면정보(Graphic Information)와 이들과 연결된 각종 속성정보(Nongraphic Information)를 효과적으로 저장·관리·처리할 수 있는 시스템으로 향후 시행될 지적재조사사업의 기반을 조성하는 사업이다.

전산화된 지적도면 수치파일을 데이터베이스화하여 이들 정보를 검색하고 관리하는 업무절차를 전산화함으로써 그간 수작업으로 처리했던 지적도면 정리를 자동화하고 토지 및 관련 정보를 국가 및 대국민에게 복합적이고 신속하게 제공하여 과학적 지적행정을 도모하고자 이에 대한 개발이 추진되었다.

58 메타데이터(Metadata)의 기본적인 요소가 아닌 것은?

① 공간참조　　　　② 자료의 내용
③ 정보획득 방법　　④ 공간자료의 구성

해설

메타데이터의 기본요소

제1장	식별정보 (identification information)	인용, 자료에 대한 묘사, 제작 시기, 공간영역, 키워드, 접근제한, 사용제한, 연락처 등
제2장	자료의 질 정보 (data quality information)	속성정보 정확도, 논리적 일관성, 완결성, 위치정보 정확도, 계통(lineage) 정보 등
제3장	공간자료 구성정보 (spatial data organization information)	간접 공간참조자료(주소체계), 직접 공간참조자료, 점과 벡터 객체정보, 위상관계, 래스터 객체정보 등
제4장	공간좌표정보 (spatial reference information)	평면 및 수직 좌표계
제5장	사상과 속성정보 (entity & attribute information)	사상타입, 속성 등
제6장	배포정보(distribution information)	배포자, 주문방법, 법적 의무, 디지털 자료형태 등

정답 56 ②　57 ③　58 ②

제7장	메타데이터 참조정보 (metadata reference information)	메타데이터 작성 시기, 버전, 메타데이터 표준이름, 사용 제한, 접근 제한 등
제8장	인용정보(citation information)	출판일, 출판시기, 원제작자, 제목, 시리즈 정보 등
제9장	제작시기(time period information)	일정시점, 다중시점, 일정 시기 등
제10장	연락처(contact information)	연락자, 연락기관, 주소 등

59 토지정보시스템의 주된 구성요소로 옳지 않은 것은?

① 하드웨어 ② 조사·측량
③ 소프트웨어 ④ 조직과 인력

◀해설▶

하드웨어 (Hardware)	지형공간정보체계를 운용하는 데 필요한 컴퓨터와 각종 입/출력장치 및 자료관리장치를 말하며 하드웨어의 범주에는 데스크탑 PC, 워크스테이션뿐만 아니라 스캐너, 프린터, 플로터, 디지타이저를 비롯한 각종 주변 장치들을 포함한다.
소프트웨어 (Software)	지리정보체계의 자료를 입력, 출력, 관리하기 위해 프로그램인 소프트웨어가 반드시 필요하며 크게 세 종류로 구분하면 먼저 하드웨어를 구동시키고 각종 주변장치를 제어할 수 있는 운영체계(OS ; Operating system), 지리정보체계의 자료구축과 자료입력 및 검색을 위한 입력 소프트웨어, 지리정보체계의 엔진을 탑재하고 있는 자료처리 및 분석 소프트웨어로 구성된다. 소프트웨어는 각종 정보를 저장/분석/출력할 수 있는 기능을 지원하는 도구로서 정보의 입력 및 중첩기능, 데이터베이스 관리기능, 질의 분석, 시각화 기능 등의 주요기능을 갖는다.
데이터베이스 (Database)	지리정보체계는 많은 자료를 입력하거나 관리하는 것으로 이루어지고 입력된 자료를 활용하여 토지정보체계의 응용시스템을 구축할 수 있으며 이러한 자료들은 속성정보(각종 공부와 대장)와 도형정보(지적도, 임야도, 지하시설물도, 도시계획도 등)로 분류된다.
인적 자원 (Man Power)	전문인력은 지리정보체계의 구성요소 중에서 가장 중요한 요소로서 데이터(data)를 구축하고 실제 업무에 활용하는 사람으로, 전문적인 기술을 필요로 하므로 이에 전념할 수 있는 숙련된 전담요원과 기관을 필요로 하며 시스템을 설계하고 관리하는 전문인력과 일상 업무에 지리정보체계를 활용하는 사용자 모두가 포함된다.

방법 (Application)	특정한 사용자 요구를 지원하기 위해 자료를 처리하고 조작하는 활동, 즉 응용 프로그램들을 총칭하는 것으로 특정 작업을 처리하기 위해 만든 컴퓨터프로그램을 의미한다. 하나의 공간문제를 해결하고 지역 및 공간 관련 계획 수립에 대한 솔루션을 제공하기 위한 GIS시스템은 그 목표 및 구체적인 목적에 따라 적용되는 방법론이나 절차, 구성, 내용 등이 달라지게 된다.

60 도면에서 공간자료를 입력하는 데 많이 쓰이는 점(point) 입력방식의 장비는?

① 스캐너 ② 프린터
③ 플로터 ④ 디지타이저

◀해설▶

구분	Digitizer(수동방식)	Scanner(자동방식)
정의	전기적으로 민감한 테이블을 사용하여 종이로 제작된 지도자료를 컴퓨터에 의하여 사용할 수 있는 수치자료로 변환하는 데 사용되는 장비로서 도형자료(도표, 그림, 설계도면)를 수치화하거나 수치화하고 난 후 즉시 자료를 검토할 때와 이미 수치화된 자료를 도형적으로 기록하는 데 쓰이는 장비를 말한다.	위성이나 항공기에서 자료를 직접 기록하거나 지도 및 영상을 수치로 변환시키는 장치로서 사진 등과 같이 종이에 나타나 있는 정보를 그래픽 형태로 읽어들여 컴퓨터에 전달하는 입력장치를 말한다.

Subject 04 지적학

61 지목의 부호 표기방법으로 옳지 않은 것은?

① 하천은 '천'으로 한다.
② 유원지는 '원'으로 한다.
③ 종교용지는 '교'로 한다.
④ 공장용지는 '장'으로 한다.

◎해설

지목	부호	지목	부호	지목	부호	지목	부호
전	전	대	대	철도용지	철	공원	공
답	답	공장용지	장	제방	제	체육용지	체
과수원	과	학교용지	학	하천	천	유원지	원
목장용지	목	주차장	차	구거	구	종교용지	종
임야	임	주유소용지	주	유지	유	사적지	사
광천지	광	창고용지	창	양어장	양	묘지	묘
염전	염	도로	도	수도용지	수	잡종지	잡

62 지적도에 건물을 등록하여 사용하는 국가는?

① 일본
② 대만
③ 한국
④ 프랑스

◎해설

외국의 지적제도

구분	일본	프랑스	독일
기본법	국토조사법, 부동산등기법	민법, 지적법	측량 및 지적법
창설기간	1876~1888	1807	1870~1900
지적공부	지적부, 지적도, 토지등기부, 건물등기부	토지대장, 건물대장, 지적도, 도엽기록부, 색인도	부동산지적부, 부동산지적도, 수치지적부
지적·등기	일원화(1966)	일원화	이원화
담당기구	법무성	재무경제성	내무성: 지방국 지적과
토지대장 편성	물적 편성주의	연대적 편성주의	물적·인적 편성주의
등록의무	적극적 등록주의	소극적 등록주의	

구분	스위스	네덜란드	대만
기본법	지적공부에 의한 법률	민법 지적법	토지법
창설기간	1911	1811~1832	1897~1914
지적공부	• 부동산등록부 • 소유자별 대장 • 지적도 • 수치지적부	• 위치대장 • 부동산등록부 • 지적도	• 토지등록부 • 건축물 개량 등기부 • 지적도
지적·등기	일원화	일원화	일원화
담당기구	법무국	주택도시계획 및 환경성	내정부 지적국
토지대장 편성	물적·인적 편성주의	인적 편성주의	물적 편성주의
등록의무	적극적 등록주의	소극적 등록주의	적극적 등록주의

63 다음 중 경계점좌표등록부를 비치하는 지역의 측량 시행에 대한 가장 특징적인 토지표시사항은?

① 면적
② 좌표
③ 지목
④ 지번

◎해설

경계점좌표등록부를 비치하는 지역의 측량시행은 좌표에 의하여 토지표시를 한다.

64 지압조사(地押調査)에 대한 설명으로 가장 적합한 것은?

① 토지소유자를 입회시키는 일체의 토지검사이다.
② 도면에 의하여 측량 성과를 확인하는 토지검사이다.
③ 신고가 없는 이동지를 조사·발견할 목적으로 국가가 자진하여 현지조사를 하는 것이다.
④ 지목 변경의 신청이 있을 때에 그를 확인하고자 지적소관청이 현지조사를 시행하는 것이다.

◎해설

지압조사(地押調査)

토지검사는 토지이동 사실 여부 확인을 위한 지압조사와 과세징수를 목적으로 한 토지검사로 분류되며 매년 6~9월 사이에 하는 것을 원칙으로 하였고 필요한 경우 임시로 할 수 있게 하였다. 지세관계법령의 규정에 따라 세무관리는 토지의 검사를 할 수 있도록 지세관계법령에 규정하였다.

[지압조사방법]

① 지압조사는 지적약도 및 임야도를 현장에 휴대하여 정, 리, 동의 단위로 시행하였다.

② 지압조사 대상지역의 지적(임야)약도에 대하여 미리 이동정리 적부를 조사하여 누락된 부분은 보완조치하였다.

③ 지적소관청은 지압조사에 의하여 무신고 이동지의 조사를 위해서는 그 집행계획서를 미리 수리조합과 지적협회 등에 통지하여 협력을 요구하였다.

④ 무신고 이동지정리부에 조사결과 발견된 무신고 이동토지를 등재함으로써 정리의 만전을 기하였다.

⑤ 지번의 순서에 따라 실지와 도면의 대조를 통하여 이동의 유무를 조사하는 것을 원칙으로 하였다.

⑥ 업무의 통일, 직원의 훈련 등에 필요할 경우는 본조사 전에 모범조사를 실시하도록 하였다.

65 토지과세 및 토지거래의 안전을 도모하며 토지소유권의 보호를 주요 목적으로 하는 지적제도는?

① 법지적 ② 경제지적

③ 과세지적 ④ 유사지적

◉해설

발전단계별 분류

세지적 (Fiscal Cadastre)	세지적이라 함은 토지에 대한 조세 부과 시 그 세액을 결정함이 가장 큰 목적인 지적제도로서 일명 과세지적이라고도 한다. 세지적은 국가 재정세입의 대부분을 토지세에 의존하던 농경시대에 개발된 최초의 지적제도로서, 각 필지에 대한 세액을 정확하게 산정하기 위하여 면적 단위로 운영되는 지적제도이다. 따라서 각 필지의 측지학적 위치보다는 재산가치를 판단할 수 있는 면적을 정확하게 결정하여 등록하는 데 주력하였다. 세지적에서 지적공부의 등록사항은 필지에 대한 면적·규모·위치·사용권·규제사항 등에 관한 정보를 기입함으로써 토지에 대한 가치를 평가하기 위한 기초자료를 제공할 뿐만 아니라, 토지개량에 대한 정확하고 공평한 평가를 할 수 있는 수단을 제공해 주고 있다. 따라서 대부분의 국가에서 지적제도는 세지적에서 출발하였다는 것이 정설이다.
법지적 (Legal Cadastre)	법지적이라 함은 세지적에서 발달한 지적제도로서 토지에 대한 사유권이 인정되면서 토지과세는 물론 토지거래의 안전을 도모하고, 국민의 토지소유권을 보호할 목적으로 개발된 지적제도로 소유지적이라고도 한다. 이러한 법지적은 프랑스혁명 이전까지 토지의 소유가 인정되지 않았던 일반시민도 토지소유가 가능해졌기

때문에, 권리보호의 필요성에서 세지적 목적 이외에 토지소유권 보호라는 새로운 목적이 추가된 지적제도이다. 이것이 현대에서는 가장 일반적인 지적의 개념으로 소유지적 또는 경계지적으로도 불리고 있다.

다목적지적 (Multi- purpose Cadastre)	다목적지적이라 함은 1필지 단위로 토지와 관련된 기본적인 정보를 집중 관리하고, 계속하여 즉시 이용이 가능하도록 토지정보를 종합적으로 제공하여 주는 지적제도라 할 수 있다. 이러한 다목적지적제도는 종합지적, 통합지적, 유사지적, 경제지적, 정보지적이라고도 한다. 다목적지적제도는 1필지를 단위로 토지 관련 정보를 종합적으로 등록하고, 그 변경사항을 항상 최신화하여 신속·정확하게 지속적으로 토지정보를 제공하는 데 주력하고 있다. 따라서 다목적지적은 일반적으로 토지에 관한 물리적 현황은 물론 법적·재정적·경제적 정보를 포괄하는 것으로 등록정보를 기준으로 하여 토지평가, 과세, 토지이용계획, 상·하수도, 전기, 전화, 가스 등 토지와 관련된 다양한 정보를 집중 관리하거나 상호 연계하여 토지 관련 정보를 신속 정확하게 공동으로 활용하기 위하여 최근에 개발된 이상적인 지적제도라고 할 수 있다.

66 토지소유권에 관한 설명으로 옳은 것은?

① 무제한 사용, 수익할 수 있다.

② 존속기간이 있고 소멸시효에 걸린다.

③ 법률의 범위 내에서 사용, 수익, 처분할 수 있다.

④ 토지소유권은 토지를 일시 지배하는 제한물권이다.

◉해설

토지소유권[土地所有權]

토지소유권이란 토지를 사용하고 수익하고 처분할 수 있는 권리를 말한다. 토지 소유권을 인정 하지 않고 있는 몇몇 국가의 경우 토지를 사용, 수익할 수 있으나 매각 처분할 수 없다. 소유권이 없다고 하여 권리가 제한되므로 가치가 낮은 것은 아니다.

67 토지의 소유권을 규제할 수 있는 근거로 가장 타당한 것은?

① 토지가 갖는 가역성, 경제성

② 토지가 갖는 공공성, 사회성

③ 토지가 갖는 사회성, 적법성

④ 토지가 갖는 경제성, 절대성

해설

지적의 일반석 기능

기능	주요내용
토지등록의 법적 효력과 공시	지적은 지번, 지목, 면적, 경계, 좌표, 지형, 토지 등급의 원천으로서 법적 효력과 공시기능을 갖게 되며, 등기는 토지의 소유권과 순위, 소유권 이외의 권리인 지상권, 지역권, 전세권, 저당권, 임차권 등 사법상 제 권리관계의 법적 효력과 공시의 기능을 갖는다.
도시 및 국토계획의 원천	토지이용계획은 지역별로 지적사항을 기초로 하며, 토지이용계획을 위한 외생변수를 고려하여 개발가능지역과 개발가능지역의 토지자원의 재평가, 도시기본구조 구상과 도시기능 배분구상, 토지이용배분 등은 현장 확인과 지적 공부를 토대로 한다.
지방행정의 자료	지방행정이 일정지역, 즉 토지를 기반으로 하는 지역사회의 공공복지 목적을 실현하는 작용이라는 점과 이러한 목적달성을 위해서 다양한 행정수요에 부응하며 많은 제원이 필요하다는 점에서 지적공부는 자료로서의 역할을 한다.
토지감정 평가의 기초	토지평가에서 중요한 것은 지목, 면적, 입지, 형상, 경계, 좌표 등이 공부의 표시와 동일하며 이러한 것을 토대로 평가가 이루어진다.
토지유통의 매개체	토지의 유통은 수요의 공급의 시장원리에 의하여 나타나는 현상으로 매매, 교환, 임대차가 있으며, 이러한 현상은 지적공부의 열람과 실물 확인에 의하여 이루어진다.
토지관리의 지침	다목적지적은 계획을 위한 토지이용 가능성, 가치, 점유관계, 통계 등을 제공하고 있으며, 토지관리를 위한 정보의 수집, 보관, 공급의 완벽한 토지정보 시스템을 현대지적이 추구하는 이상이다.

68 토지조사사업 당시 필지를 구분함에 있어 일필지의 강계(疆界)를 설정할 때, 별필로 하였던 경우가 아닌 것은?

① 특히 면적이 협소한 것
② 지반의 고저가 심하게 차이 있는 것
③ 심히 형상이 구부러지거나 협장한 것
④ 도로, 하천, 구거, 제방, 성곽 등에 의하여 자연으로 구획을 이룬 것

해설

일필지의 강계(疆界)

일필지의 강계는 지목을 구별하고 소유권의 분계를 확정하기 위한 것으로서 토지의 소유자 및 지목이 동일하고 연속된 토지를 1필로 함을 원칙으로 하였다.

1. 별필로 하는 경우
   ① 도로, 하천, 구거, 제방, 성곽 등에 의하여 자연으로 구획을 이룬 것
   ② 특히 면적이 광대한 것
   ③ 심히 형상이 만곡(彎曲)하거나 협장(狹長)한 것
   ④ 지방 기타의 상황이 현저히 상이한 것
   ⑤ 지반의 고저가 심하게 차이가 있는 것
   ⑥ 시가지로서 연와병(煉瓦塀)·석원(石垣) 기타 영구적 건축물로서 구획된 지역
   ⑦ 분쟁에 걸린 것
   ⑧ 잡종지 중의 염전 및 광천지로서 그 구역이 명확한 것
   ⑨ 전당권 설정의 증명이 있는 것은 그 증명마다 별필로 취급할 것
   ⑩ 소유권 증명을 거친 것은 그 증명번호마다 별필로 할 것
   ⑪ 국도 부근 면 또는 조선총독부가 지정한 공공단체의 소유에 속한 공용 또는 공공의용에 공하는 토지

69 물권 객체로서의 토지 내용을 외부에서 인식할 수 있도록 하는 물권법상의 일반 원칙은?

① 공신의 원칙
② 공시의 원칙
③ 통지의 원칙
④ 증명의 원칙

해설

토지등록의 제원칙(土地登錄의 制原則)

등록의 원칙 (登錄의 原則)	토지에 관한 모든 표시사항을 지적공부에 반드시 등록하여야 하며 토지의 이동이 이루어지려면 지적공부에 그 변동사항을 등록하여야 한다는 토지등록의 원칙으로 토지표시의 등록주의(登錄主義, booking principle)라고 할 수 있다. 적극적 등록제도(positive system)와 법지적(legal cadastre)을 채택하고 있는 나라에서 적용하고 있는 원리로서 토지의 모든 권리의 행사는 토지대장 또는 토지등록부에 등록하지 않고는 모든 법률상의 효력을 갖지 못하는 원칙으로 형식주의(principle of formality) 규정이라고 할 수 있다.
신청의 원칙 (申請의 原則)	토지의 등록은 토지소유자의 신청을 전제로 하되 신청이 없을 때는 직권으로 직접 조사하거나 측량하여 처리하도록 규정하고 있다.

특정화의 원칙 (特定化의 原則)	토지등록제도에 있어서 특정화의 원칙(principle of speciality)은 권리의 객체로서 모든 토지는 반드시 특정적이면서도 단순하며 명확한 방법에 의하여 인식될 수 있도록 개별화함을 의미하는데 이 원칙이 실제적으로 지적과 등기와의 관련성을 성취시켜 주는 열쇠가 된다.
국정주의 및 직권주의 (國定主義 및 職權主義)	국정주의(principle of national decision)는 지적공부의 등록사항인 토지의 지번, 지목, 경계, 좌표, 면적의 결정은 국가의 공권력에 의하여 국가만이 결정할 수 있는 원칙이다. 직권주의는 모든 필지는 필지단위로 구획하여 국가기관인 소관청이 직권으로 조사·정리하여 지적공부에 등록 공시하여야 한다는 원칙이다.
공시의 원칙, 공개주의 (公示의 原則, 公開主義)	토지등록의 법적 지위에 있어서 토지 이동이나 물권의 변동은 반드시 외부에 알려야 한다는 원칙을 공시의 원칙(principle of public notification) 또는 공개주의(principle of publicity)라고 한다. 토지에 관한 등록사항을 지적공부에 등록하여 일반인에게 공시하여 토지소유자는 물론 이해관계자 및 기타 누구나 이용할 수 있도록 하는 것이다.
공신의 원칙 (公信의 原則)	공신의 원칙(principle of public confidence)은 물권의 존재를 추측케 하는 표상, 즉 공시방법을 신뢰하여 거래한 자는 비록 그 공시방법이 진실한 권리관계에 일치하고 있지 않더라도 그 공시된 대로의 권리를 인정하여 이를 보호하여야 한다는 것이 공신의 원칙이다. 즉, 공신의 원칙은 선의의 거래자를 보호하여 진실로 그러한 등기 내용과 같은 권리관계가 존재한 것처럼 법률효과를 인정하려는 법률법칙을 말한다.

70 토지의 사정(査定)에 해당되는 것은?

① 재결 ② 법원판결
③ 사법처분 ④ 행정처분

◀해설▶

사정(査定)

사정이란 토지조사부와 지적도에 의하여 토지의 소유자 및 그 강계를 확정하는 행정처분으로서 사정권자는 지방토지조사위원회의 자문을 받아 당시 임시토지조사국장이 사정하였다. 임시토지조사국은 토지조사법, 토지조사령 등에 의하여 토지조사사업을 시행하고 토지소유자와 경계를 확정하였는데 이를 사정이라 한다. 임시토지조사국장의 사정은 이전의 권리와 무관한 창설적, 확정적 효력을 갖는 가장 중요한 업무라 할 수 있다. 임야조사사업에 있어서는 조선임야조사령에 의거 사정을 하였다.

1. 査定과 裁決의 법적 근거
   ① 사정은 공시되었고 공시기간 만료 후 60일 이내에 고

등토지조사위원회(高等土地調査委員會)에 이의를 제출할 수 있도록 되었다(토지조사령 제11조).
② 토지조사령은 "토지소유자의 권리는 사정의 확정 또는 재결에 의하여 확정한다."고 규정하였다.
③ 그 확정의 효력 발생 시기는 신고 또는 국유통지의 당일로 소급되었다(제10조).

71 다음 중 적극적 등록제도에 대한 설명으로 옳지 않은 것은?

① 토지 등록을 의무로 하지 않는다.
② 적극적 등록제도의 발달된 형태로 토렌스시스템이 있다.
③ 선의의 제3자에 대하여 토지 등록상의 피해는 법적으로 보장된다.
④ 지적공부에 등록되지 않은 토지에는 어떠한 권리도 인정되지 않는다.

◀해설▶

토지등록제도의 유형

날인증서 등록제도 (捺印證書 登錄制度)	토지의 이익에 영향을 미치는 문서의 공적 등기를 보전하는 것을 날인증서등록제도(registration of deed)라고 한다. 기본적인 원칙은 등록된 문서가 등록되지 않은 문서 또는 뒤늦게 등록된 서류 보다 우선권을 갖는다. 즉 특정한 거래가 발생했다는 것은 나타나지만 그 관계자들이 법적으로 그 거래를 수행할 권리가 주어졌다는 것을 입증하지 못하므로 거래의 유효성을 증명하지 못한다. 그러므로 토지거래를 하려는 자는 매도인 등의 토지에 대한 권원(title) 조사가 필요하다.
권원등록 제도 (權原登錄 制度)	권원등록(registration of title)제도는 공적 기관에서 보존되는 특정한 사람에게 귀속된 명확히 한정된 단위의 토지에 대한 권리와 그러한 권리들이 존속되는 한계에 대한 권위 있는 등록이다. 소유권 등록은 언제나 최후의 권리이며 정부는 등록한 이후에 이루어지는 거래의 유효성에 대해 책임을 진다.
소극적 등록제도 (消極的 登錄制度)	소극적 등록제도(negative system)는 기본적으로 거래와 그에 관한 거래증서의 변경기록을 수행하는 것이며, 일필지의 소유권이 거래되면서 발생되는 거래증서를 변경 등록하는 것이다. 네덜란드, 영국, 프랑스, 이탈리아, 미국의 일부 주 및 캐나다 등에서 시행되고 있다.

적극적 등록제도 (積極的 登錄制度)	적극적 등록제도(positive system)하에서의 토지등록은 일필지의 개념으로 법적인 권리보장이 인증되고 정부에 의해서 그러한 합법성과 효력이 발생한다. 이 제도의 기본원칙은 지적공부에 등록되지 아니한 토지는 그 토지에 대한 어떠한 권리도 인정될 수 없고 등록은 강제되고 의무적이며 공적인 지적측량이 시행되지 않는 한 토지등기도 허가되지 않는다는 이론이 지배적이다. 적극적 등록제도의 발달된 형태는 토렌스 시스템이나.
토렌스 시스템 (Torrens system)	오스트레일리아 Robert Torrens 경에 의해 창안된 토렌스 시스템은 토지의 權原(title)을 명확히 하고 토지거래에 따른 변동사항 정리를 용이하게 하여 권리증서의 발행을 편리하게 하는 것이 토렌스 시스템의 목적이다. 이 제도의 기본원리는 법률적으로 토지의 권리를 확인하는 대신에 토지의 권원을 등록하는 행위이다.

72 토지가옥의 매매계약이 성립되기 위하여 매수인과 매도인 쌍방의 합의 외에 대가의 수수목적물의 인도 시에 서면으로 작성한 계약서는?

① 문기 ② 양전
③ 입안 ④ 전안

해설

입안	토지매매를 증명하는 문서로 재산권이나 상속권을 주장하는 데 절대적인 근거가 되었다. 고려시대에도 이 제도가 있었으나 조선시대의 실물이 많이 전하여진다. ㉠ "경국대전"에는 토지, 가옥, 노비는 매매 계약 후 100일, 상속 후 1년 이내에 입안을 받도록 되어 있었다. 또 하나의 의미로 황무지 개간에 관한 인·허가서를 말한다. ㉡ 입안 : 입안은 토지가옥의 매매를 국가에서 증명하는 제도로서, 현재의 등기권리증과 같다.
문기	문기란 토지가옥의 매매 시에 매도인과 매수인의 합의 외에도 대가의 수수, 목적물 인도 시에 서면으로 작성하는 계약서로서, 문기 또는 명문문권이라 한다.
양안	양안은 고려시대부터 사용된 토지장부이며 오늘날의 지적공부로 토지대장과 지적도 등의 내용을 사록하고 있었으며 전적이라고 부르기도 하였다.

73 지적도에서 도곽선(圖郭線)의 역할로 옳지 않은 것은?

① 다른 도면과의 접합 기준선이 된다.
② 도면 신축량 측정의 기준선이 된다.

③ 도곽에 걸친 큰 필지의 분할 기준선이 된다.
④ 도곽 내 모든 필지의 관계 위치를 명확히 하는 기준선이 된다.

해설

도곽선의 역할
• 지적측량기준점의 전개
• 인접도면과의 집합
• 도곽의 신축보정 등의 경우 기준선의 역할
• 도곽선의 신축량이 0.5mm 이상인 경우에는 도면을 재작성한다.
• 도곽선의 역할은 인접 도면과의 접합기준선, 도북방위선의 표시, 기초점 전개의 기준선, 도면 신축량 측정의 기준선으로서 거리 및 면적보정, 소도와 실지의 부합 여부 확인 기준 등이다.

74 우리나라의 지번 부여 방법이 아닌 것은?

① 종서의 원칙 ② 1필지 1지번 원칙
③ 북서기번의 원칙 ④ 아라비아숫자 표기원칙

해설

공간정보 구축 및 관리 등에 관한 법률 제66조(지번의 부여 등)
① 지번은 지적소관청이 지번부여지역별로 차례대로 부여한다.
② 지적소관청은 지적공부에 등록된 지번을 변경할 필요가 있다고 인정하면 시·도지사나 대도시 시장의 승인을 받아 지번부여지역의 전부 또는 일부에 대하여 지번을 새로 부여할 수 있다.
③ 제1항과 제2항에 따른 지번의 부여방법 및 부여절차 등에 필요한 사항은 대통령령으로 정한다.

공간정보 구축 및 관리 등에 관한 법률 시행령 제56조(지번의 구성 및 부여방법 등)
① 지번(地番)은 아라비아숫자로 표기하되, 임야대장 및 임야도에 등록하는 토지의 지번은 숫자 앞에 "산"자를 붙인다.
② 지번은 본번(本番)과 부번(副番)으로 구성하되, 본번과 부번 사이에 "-" 표시로 연결한다. 이 경우 "-" 표시는 "의"라고 읽는다.
③ 법 제66조에 따른 지번의 부여방법은 다음 각 호와 같다.
  1. 지번은 북서에서 남동으로 순차적으로 부여할 것

75 토지에 대한 세를 부과함에 있어 과세자료로 이용하기 위한 목적의 지적제도는?

① 법지적
② 세지적
③ 경제지적
④ 다목적지적

해설

세지적 (Fiscal Cadastre)	세지적이라 함은 토지에 대한 조세부과시 그 세액을 결정함이 가장 큰 목적인 지적제도로서 일명 과세지적이라고도 한다. 세지적은 국가 재정세입의 대부분을 토지세에 의존하던 농경시대에 개발된 최초의 지적제도로서, 각 필지에 대한 세액을 정확하게 산정하기 위하여 면적단위로 운영되는 지적제도이다. 따라서 각 필지의 측지학적 위치보다는 재산가치를 판단할 수 있는 면적을 정확하게 결정하여 등록하는 데 주력하였다. 세지적에서 지적공부의 등록사항은 필지에 대한 면적·규모·위치·사용권·규제사항 등에 관한 정보를 기입함으로써 토지에 대한 가치를 평가하기 위한 기초자료를 제공할 뿐만 아니라, 토지개량에 대한 정확하고 공평한 평가를 할 수 있는 수단을 제공해 주고 있다. 따라서 대부분의 국가에서 지적제도는 세지적에서 출발하였다는 것이 정설이다.

76 우리나라에서 채용하는 토지경계표시방식은?

① 방형측량방식
② 입체기하적 방식
③ 도상경계표시방식
④ 입체기하적 방식과 방형측량방식의 절충방식

해설

우리나라에서 채용하는 토지경계 표시방식은 도상경계 표시방식이다.

77 조선시대 양안에 기재된 사항 중 성격이 다른 하나는?

① 기주(起主)
② 시작(時作)
③ 시주(時主)
④ 전주(田主)

해설

기주 (起主)	기주는 조선시대 때 토지소유자를 말한다. 조선시대 이미 경작되고 있는 토지인 기경전(起耕田)의 전주를 이르는 말이다. 이에 반해 경작되고 있지 않은 토지인 진전(陳田)의 전주를 진주(陳主)라 하였다.
시주 (時主)	토지의 소유자 대한제국(조선)의 고종 황제가 1897년 광무 연호를 선포한 뒤 시행한 근대적 개혁을 말한다. 토지개혁도 부분적으로 진행했다. 이를 흔히 광무양전이라고 부른다. 일부 지역에서 토지소유증서인 지계가 발급되고 토지의 소유주를 기재하였다. 토지의 소유주를 시주(時主)라고 부르고 이 사용범례를 칙령으로 반포하여 규정하였다.
전주 (田主)	전주전객제는 수조권적 지배체제에서 형성된 관계입니다. 전주는 수조권을 받은 양반 관료 등이고 전객은 실제 농사를 짓는 농민이죠. 반대로 지주전호제는 소유권적 토지지배에서 형성된 관계입니다. 지주는 실제로 땅을 소유한 사람이고 전호는 소작농을 말하죠. 조선 중기에 직전법이 폐지되고 관리에게 수조권을 주는 시스템이 사라지기 전까지는 일단 법적으로 모든 토지는 왕토사상에 입각해서 나라의 소유였습니다. 극단적으로 말해서 세금이라는 것 자체가 왕의 땅에서 농사를 지어 먹고 사는 백성들이 토지의 사용료로 지불하는 것이라고 볼 수 있는 것이죠. 전주(田主)라는 용어가 바로 이런 사상을 담고 있습니다. 농경지의 주인은 왕(나라)이고 나라에서는 관리들에게 주인으로서 사용료를 받을 권리를 빌려줌으로써 전주가 되게 한 것이죠. 반대로 전객(佃客)이나 전호(佃戶)는 모두 이 땅에서 농사를 실제로 짓는 농민을 말합니다. 객은 손님이라는 뜻이니 땅을 빌려 농사를 짓는 사람이라는 뜻이죠.
시작 (時作)	조선 때 양전할 시기에 땅을 부치던 사람 즉 소작인

78 고구려에서 작성된 평면도로서 도로, 하천, 건축물 등이 그려진 도면이며 우리나라에 실물로 현재하는 도시 평면도로서 가장 오래된 것은?

① 방위도
② 어린도
③ 지안도
④ 요동성총도

◉해설

구분	고구려	백제	신라
길이 단위	척(尺) 단위를 사용하였으며 고구려척	척(尺) 단위를 사용하였으며 백제척, 후한척, 남조척, 당척	척(尺) 단위를 사용하였으며 흥아발주척, 녹아발주척, 백아척, 목척
면적 단위	경무법(頃畝法)	두락제(斗落制)와 결부제(結負制)	결부제(結負制)
토지 장부	봉역도(封域圖) 및 요동성총도(遼東城塚圖)	도적(圖籍) 일본에 전래 (근강국 수소촌 간전도(近江國水沼村 墾田圖))	장적 (방전, 직전, 제전, 규전, 구고전, 원전, 호전, 환전)
측량 방식	구장산술		
토지 담당 (부서·조직)	• 부서 : 주부(主簿) • 실무조직 : 사자(使者)	• 내두좌평(內頭佐平)산학박사 : 지적, 측량 담당 • 화사 : 도면작성 • 산사 : 측량시행	• 조부 : 토지세수 파악 • 산학박사 : 토지측량 및 면적측정
토지 제도	토지국유제 원칙		

79 1910~1918년에 시행한 토지조사사업에서 조사한 내용이 아닌 것은?

① 토지의 지질조사
② 토지의 가격조사
③ 토지의 소유권조사
④ 토지의 외모(外貌)조사

◉해설

구분	토지조사사업	임야조사사업
근거법령	토지조사령 (1912.8.13. 제령 제2호)	조선임야조사령 (1918.5.1. 제령 제5호)
조사기간	1910~1918 (8년 10개월)	1916~1924(9개년)
측량기관	임시토지조사국	부(府)와 면(面)
사정기관	임시토지조사국장	도지사
재결기관	고등토지조사위원회	임야심사위원회
조사내용	• 토지소유권 • 토지가격 • 지형·지모	• 토지소유권 • 토지가격 • 지형·지모

구분	토지조사사업	임야조사사업
조사대상	• 전국에 걸친 평야부 토지 • 낙산 임야	• 토지조사에서 제외된 토지 • 산림 내 개재지(토지)
도면축척	1/600, 1/1,200, 1/2,400	1/3,000, 1/6,000
기선측량	13개소	

80 토지조사사업 당시 사정 사항에 불복하여 재결을 받은 때의 효력 발생일은?

① 재결 신청일
② 재결 접수일
③ 사정일
④ 사정 후 30일

◉해설

사정(査定)

임시토지조사국은 토지조사법, 토지조사령 등에 의하여 토지조사사업을 시행하고 토지소유자와 경계를 확정하였는데 이를 사정이라 한다. 임시토지조사국장의 사정은 이전의 권리와 무관한 창설적, 확정적 효력을 갖는 가장 중요한 업무라 할 수 있다. 임야조사사업에 있어서는 조선임야조사령에 의거 사정을 하였다.

1. 査定과 裁決의 법적 근거
   ① 사정은 공시되었고 공시기간 만료 후 60일 이내에 고등토지조사위원회(高等土地調査委員會)에 이의를 제출할 수 있도록 되었다(토지조사령 제11조).
   ② 토지조사령은 "토지소유자의 권리는 사정의 확정 또는 재결에 의하여 확정한다."고 규정하였다.
   ③ 그 확정의 효력 발생 시기는 신고 또는 국유통지의 당일로 소급되었다(제10조).

Subject 05 **지적관계법규**

81 지적도 축척 1200분의 1 지역의 토지대장에 등록하는 최소 면적 단위는?

① 1m²
② 0.5m²
③ 0.1m²
④ 0.01m²

◎해설

공간정보의 구축 및 관리등에 관한 법률 시행령 제60조(면적의 결정 및 측량계산의 끝수처리)

① 면적의 결정은 다음 각 호의 방법에 따른다.

1. 토지의 면적에 1제곱미터 미만의 끝수가 있는 경우 0.5제곱미터 미만일 때에는 버리고 0.5제곱미터를 초과하는 때에는 올리며, 0.5제곱미터일 때에는 구하려는 끝자리의 숫자가 0 또는 짝수이면 버리고 홀수이면 올린다. 다만, 1필지의 면적이 1제곱미터 미만일 때에는 1제곱미터로 한다.

2. 지적도의 축척이 600분의 1인 지역과 경계점좌표등록부에 등록하는 지역의 토지면적은 제1호에도 불구하고 제곱미터 이하 한 자리 단위로 하되, 0.1제곱미터 미만의 끝수가 있는 경우 0.05제곱미터 미만일 때에는 버리고 0.05제곱미터를 초과할 때에는 올리며, 0.05제곱미터일 때에는 구하려는 끝자리의 숫자가 0 또는 짝수이면 버리고 홀수이면 올린다. 다만, 1필지의 면적이 0.1제곱미터 미만일 때에는 0.1제곱미터로 한다.

② 방위각의 각치(角値), 종횡선의 수치 또는 거리를 계산하는 경우 구하려는 끝자리의 다음 숫자가 5 미만일 때에는 버리고 5를 초과할 때에는 올리며, 5일 때에는 구하려는 끝자리의 숫자가 0 또는 짝수이면 버리고 홀수이면 올린다. 다만, 전자계산조직을 이용하여 연산할 때에는 최종수치에만 이를 적용한다.

82 토지대장의 소유자 변동일자의 정리기준에 대한 설명으로 옳지 않은 것은?

① 신규등록의 경우 : 매립준공일자

② 미등기토지의 경우 : 소유자정리결의일자

③ 등기부등본·초본에 의하는 경우 : 등기원인일자

④ 등기전산정보자료에 의하는 경우 : 등기접수일자

◎해설

지적업무 처리규정 제60조(소유자 정리)

① 대장의 소유자 변동일자는 등기필통지서, 등기필증, 등기부 등본·초본 또는 등기관서에서 제공한 등기전산정보자료의 경우에는 등기접수일자로, 법 제84조 제4항 단서의 미등기토지 소유자에 관한 정정신청의 경우와 법 제88조 제2항에 따른 소유자등록신청의 경우에는 소유자정리결의일자로, 공유수면 매립준공에 따른 신규 등록의 경우에는 매립준공일자로 정리한다.

② 주소·성명·명칭의 변경 또는 경정 및 소유권 이전 등이 같은 날짜에 등기가 된 경우의 지적공부정리는 등기접수

순서에 따라 모두 정리하여야 한다.

③ 소유자의 주소가 토지소재지와 같은 경우에도 등기부와 일치하게 정리한다. 다만, 등기관서에서 제공한 등기전산정보자료에 따라 정리하는 경우에는 등기전산정보자료에 따른다.

83 다음 합병 신청에 대한 내용 중 합병 신청이 가능한 경우는?

① 합병하려는 토지의 지목이 서로 다른 경우

② 합병하려는 토지에 승역지에 대한 지역권의 등기가 있는 경우

③ 합병하려는 토지의 지적도 및 임야도의 축척이 서로 다른 경우

④ 합병하려는 토지가 등기된 토지와 등기되지 아니한 토지인 경우

◎해설

공간정보의 구축 및 관리 등에 관한 법률 제80조(합병 신청)

① 토지소유자는 토지를 합병하려면 대통령령으로 정하는 바에 따라 지적소관청에 합병을 신청하여야 한다.

② 토지소유자는 「주택법」에 따른 공동주택의 부지, 도로, 제방, 하천, 구거, 유지, 그 밖에 대통령령으로 정하는 토지로서 합병하여야 할 토지가 있으면 그 사유가 발생한 날부터 60일 이내에 지적소관청에 합병을 신청하여야 한다.

③ 다음 각 호의 어느 하나에 해당하는 경우에는 합병 신청을 할 수 없다.

1. 합병하려는 토지의 지번부여지역, 지목 또는 소유자가 서로 다른 경우

2. 합병하려는 토지에 다음 각 목의 등기 외의 등기가 있는 경우

가. 소유권·지상권·전세권 또는 임차권의 등기

나. 승역지(承役地)에 대한 지역권의 등기

다. 합병하려는 토지 전부에 대한 등기원인(登記原因) 및 그 연월일과 접수번호가 같은 저당권의 등기

3. 그 밖에 합병하려는 토지의 지적도 및 임야도의 축척이 서로 다른 경우 등 대통령령으로 정하는 경우

공간정보의 구축 및 관리 등에 관한 법률 시행령 제66조(합병 신청)

① 토지소유자는 법 제80조 제1항 및 제2항에 따라 토지의 합병을 신청할 때에는 합병 사유를 적은 신청서를 지적소관청에 제출하여야 한다.

② 법 제80조 제2항에서 "대통령령으로 정하는 토지"란 공장용지·학교용지·철도용지·수도용지·공원·체육용지

등 다른 지목의 토지를 말한다.
③ 법 제80조 제3항 제3호에서 "합병하려는 토지의 지적도 및 임야도의 축척이 서로 다른 경우 등 대통령령으로 정하는 경우"란 다음 각 호의 경우를 말한다.
  1. 합병하려는 토지의 지적도 및 임야도의 축척이 서로 다른 경우
  2. 합병하려는 각 필지의 지반이 연속되지 아니한 경우
  3. 합병하려는 토지가 등기된 토지와 등기되지 아니한 토지인 경우
  4. 합병하려는 각 필지의 지목은 같으나 일부 토지의 용도가 다르게 되어 법 제79조 제2항에 따른 분할대상 토지인 경우. 다만, 합병 신청과 동시에 토지의 용도에 따라 분할 신청을 하는 경우는 제외한다.
  5. 합병하려는 토지의 소유자별 공유지분이 다르거나 소유자의 주소가 서로 다른 경우
  6. 합병하려는 토지가 구획정리, 경지정리 또는 축척변경을 시행하고 있는 지역의 토지와 그 지역 밖의 토지인 경우

84 측량업자가 보유한 측량기기의 성능검사주기 기준이 옳은 것은?(단, 한국국토정보공사의 경우는 고려하지 않는다.)

① 거리측정기 : 3년
② 토털스테이션 : 2년
③ 트랜싯(데오도라이트) : 2년
④ 지피에스(GPS) 수신기 : 1년

해설

공간정보구축 및 관리에 관한 법률 시행령 제97조(성능검사의 대상 및 주기 등)
① 법 제92조 제1항에 따라 성능검사를 받아야 하는 측량기기와 검사주기는 다음 각 호와 같다.
  1. 트랜싯(데오도라이트) : 3년
  2. 레벨 : 3년
  3. 거리측정기 : 3년
  4. 토털스테이션 : 3년
  5. 지피에스(GPS) 수신기 : 3년
  6. 금속관로 탐지기 : 3년
② 법 제92조 제1항에 따른 성능검사(신규 성능검사는 제외한다)는 제1항에 따른 성능검사 유효기간 만료일 2개월 전부터 유효기간 만료일까지의 기간에 받아야 한다. 〈개정 2015.6.1.〉
③ 법 제92조 제1항에 따른 성능검사의 유효기간은 종전 유

효기간 만료일의 다음 날부터 기산(起算)한다. 다만, 제2항에 따른 기간 외의 기간에 성능검사를 받은 경우에는 그 검사를 받은 날의 다음 날부터 기산한다.

85 지적도의 축척이 600분의 1인 지역에 1필지의 측정면적이 123.45m²인 경우 지적공부에 등록할 면적은?

① 123m²
② 123.4m²
③ 123.5m²
④ 123.45m²

해설

공간정보의 구축 및 관리등에 관한 법률 시행령 제60조(면적의 결정 및 측량계산의 끝수처리)
① 면적의 결정은 다음 각 호의 방법에 따른다.
  1. 토지의 면적에 1제곱미터 미만의 끝수가 있는 경우 0.5제곱미터 미만일 때에는 버리고 0.5제곱미터를 초과하는 때에는 올리며, 0.5제곱미터일 때에는 구하려는 끝자리의 숫자가 0 또는 짝수이면 버리고 홀수이면 올린다. 다만, 1필지의 면적이 1제곱미터 미만일 때에는 1제곱미터로 한다.
  2. 지적도의 축척이 600분의 1인 지역과 경계점좌표등록부에 등록하는 지역의 토지면적은 제1호에도 불구하고 제곱미터 이하 한 자리 단위로 하되, 0.1제곱미터 미만의 끝수가 있는 경우 0.05제곱미터 미만일 때에는 버리고 0.05제곱미터를 초과할 때에는 올리며, 0.05제곱미터일 때에는 구하려는 끝자리의 숫자가 0 또는 짝수이면 버리고 홀수이면 올린다. 다만, 1필지의 면적이 0.1제곱미터 미만일 때에는 0.1제곱미터로 한다.

86 지적측량 시행규칙상 면적 측정의 대상이 아닌 것은?

① 경계를 정정하는 경우
② 축척변경을 하는 경우
③ 토지를 합병하는 경우
④ 필지분할을 하는 경우

해설

공간정보의 구축 및 관리등에 관한 법률 제26조(토지의 이동에 따른 면적 등의 결정방법)
① 합병에 따른 경계·좌표 또는 면적은 따로 지적측량을 하지 아니하고 다음 각 호의 구분에 따라 결정한다.
  1. 합병 후 필지의 경계 또는 좌표 : 합병 전 각 필지의 경계 또는 좌표 중 합병으로 필요 없게 된 부분을 말소하

여 결정

2. 합병 후 필지의 면적 : 합병 전 각 필지의 면적을 합산하여 결정

② 등록전환이나 분할에 따른 면적을 정할 때 오차가 발생하는 경우 그 오차의 허용범위 및 처리방법 등에 필요한 사항은 대통령령으로 정한다.

87 공간정보의 구축 및 관리 등에 관한 법률상 규정하고 있는 용어로 옳지 않은 것은?

① 경계점 ② 토지의 이동
③ 지번설정지역 ④ 지적측량수행자

● 해설

공간정보의 구축 및 관리 등에 관한 법 제2조(정의)
이 법에서 사용하는 용어의 뜻은 다음과 같다.

20. "토지의 표시"란 지적공부에 토지의 소재·지번(地番)·지목(地目)·면적·경계 또는 좌표를 등록한 것을 말한다.
21. "필지"란 대통령령으로 정하는 바에 따라 구획되는 토지의 등록단위를 말한다.
22. "지번"이란 필지에 부여하여 지적공부에 등록한 번호를 말한다.
23. "지번부여지역"이란 지번을 부여하는 단위지역으로서 동·리 또는 이에 준하는 지역을 말한다.
24. "지목"이란 토지의 주된 용도에 따라 토지의 종류를 구분하여 지적공부에 등록한 것을 말한다.
25. "경계점"이란 필지를 구획하는 선의 굴곡점으로서 지적도나 임야도에 도해(圖解) 형태로 등록하거나 경계점좌표등록부에 좌표 형태로 등록하는 점을 말한다.
26. "경계"란 필지별로 경계점들을 직선으로 연결하여 지적공부에 등록한 선을 말한다.
27. "면적"이란 지적공부에 등록한 필지의 수평면상 넓이를 말한다.
28. "토지의 이동(異動)"이란 토지의 표시를 새로 정하거나 변경 또는 말소하는 것을 말한다.

88 공간정보의 구축 및 관리 등에 관한 법령에서 구분하고 있는 28개의 지목에 해당하는 것은?

① 나대지 ② 선하지
③ 양어장 ④ 납골용지

● 해설

지목의 부호표기

지목	부호	지목	부호	지목	부호	지목	부호
전	전	대	대	철도용지	철	공원	공
답	답	공장용지	장	제방	제	체육용지	체
과수원	과	학교용지	학	하천	천	유원지	원
목장용지	목	주차장	차	구거	구	종교용지	종
임야	임	주유소용지	주	유지	유	사적지	사
광천지	광	창고용지	창	양어장	양	묘지	묘
염전	염	도로	도	수도용지	수	잡종지	잡

89 측량업의 등록을 하지 아니하고 지적측량업을 할 수 있는 자는?

① 지적측량업자
② 측지측량업자
③ 한국국토정보공사
④ 한국해양조사협회

● 해설

공간정보 기본법 제12조(한국국토정보공사의 설립)
① 공간정보체계의 구축 지원, 공간정보와 지적제도에 관한 연구, 기술 개발 및 지적측량 등을 수행하기 위하여 한국국토정보공사(이하 이 장에서 "공사"라 한다)를 설립한다.
② 공사는 법인으로 한다.
③ 공사는 그 주된 사무소의 소재지에서 설립등기를 함으로써 성립한다.
④ 공사의 설립등기에 필요한 사항은 대통령령으로 정한다.

90 다음 중 지목이 '잡종지'에 해당되지 않는 것은?

① 자갈땅 ② 비행장
③ 공동우물 ④ 야외시장

해설

공간정보의 구축 및 관리 등에 관한 법 제58조(지목의 구분)
법 제67조 제1항에 따른 지목의 구분은 다음 각 호의 기준에 따른다.

8. 대
   가. 영구적 건축물 중 주거·사무실·점포와 박물관·극장·미술관 등 문화시설과 이에 접속된 정원 및 부속시설물의 부지
   나. 「국토의 계획 및 이용에 관한 법률」 등 관계 법령에 따른 택지조성공사가 준공된 토지

28. 잡종지
   다음 각 목의 토지. 다만, 원상회복을 조건으로 돌을 캐내는 곳 또는 흙을 파내는 곳으로 허가된 토지는 제외한다.
   가. 갈대밭, 실외에 물건을 쌓아두는 곳, 돌을 캐내는 곳, 흙을 파내는 곳, 야외시장, 비행장, 공동우물
   나. 영구적 건축물 중 변전소, 송신소, 수신소, 송유시설, 도축장, 자동차운전학원, 쓰레기 및 오물처리장 등의 부지
   다. 다른 지목에 속하지 않는 토지

91 지적삼각점성과표의 기록·관리 사항이 아닌 것은?

① 연직선 편차
② 경도 및 위도
③ 좌표 및 표고
④ 방위각 및 거리

해설

지적측량 시행규칙 제4조(지적기준점성과표의 기록·관리 등)
① 제3조에 따라 시·도지사가 지적삼각점성과를 관리할 때에는 다음 각 호의 사항을 지적삼각점성과표에 기록·관리하여야 한다.
② 제3조에 따라 지적소관청이 지적삼각보조점성과 및 지적도근점성과를 관리할 때에는 다음 각 호의 사항을 지적삼각보조점성과표 및 지적도근점성과표에 기록·관리하여야 한다.
③ 제2항 제10호에 따른 조사 내용은 지적삼각보조점 및 지적도근점표지의 멸실 유무, 사고 원인, 경계의 부합 여부 등을 적는다. 이 경우 경계와 부합되지 아니할 때에는 그 사유를 적는다.

지적삼각점성과표	지적삼각보조점성과 및 지적도근점성과
1. 지적삼각점의 명칭과 기준 원점명	1. 번호 및 위치의 약도
2. 좌표 및 표고	2. 좌표와 직각좌표계 원점명
3. 경도 및 위도(필요한 경우로 한정한다)	3. 경도와 위도(필요한 경우로 한정한다)
4. 자오선수차(子午線收差)	4. 표고(필요한 경우로 한정한다)
5. 시준점(視準點)의 명칭, 방위각 및 거리	5. 소재지와 측량연월일
6. 소재지와 측량연월일	6. 도선등급 및 도선명
7. 그 밖의 참고사항	7. 표지의 재질
	8. 도면번호
	9. 설치기관
	10. 조사연월일, 조사자의 직위·성명 및 조사 내용

92 축척변경위원회의 심의사항이 아닌 것은?

① 청산금의 산정에 관한 사항
② 축척변경 확정공고에 관한 사항
③ 축척변경 시행계획에 관한 사항
④ 지번별 제곱미터당 금액의 결정에 관한 사항

해설

공간정보의 구축 및 관리에 관한 법률 제83조(축척변경)
① 축척변경에 관한 사항을 심의·의결하기 위하여 지적소관청에 축척변경위원회를 둔다.

공간정보의 구축 및 관리에 관한 법률 시행령 제80조(축척변경위원회의 기능)
축척변경위원회는 지적소관청이 회부하는 다음 각 호의 사항을 심의·의결한다.
1. 축척변경 시행계획에 관한 사항
2. 지번별 제곱미터당 금액의 결정과 청산금의 산정에 관한 사항
3. 청산금의 이의신청에 관한 사항
4. 그 밖에 축척변경과 관련하여 지적소관청이 회의에 부치는 사항

93 경계점좌표측량부에 포함되지 않는 것은?

① 경계점 관측부
② 수평각 관측부
③ 좌표면적 계산부
④ 교차점 계산부

◀해설▶

경계점좌표측량부
- 경계점 관측부
- 좌표면적 및 경계점 간 거리 계산부
- 교차점 계산부
- 면적측정부

94 과수원으로 이용되고 있는 1000m² 면적의 토지에 지목이 대(垈)인 30m² 면적의 토지가 포함되어 있을 경우, 필지의 결정방법으로 옳은 것은?(단, 토지의 소유자는 동일하다.)

① 1필지로 하거나 필지를 달리하여도 무방하다.
② 종된 용도의 토지의 지목이 대(垈)이므로 1필지로 할 수 없다.
③ 지목이 대(垈)인 토지의 지가가 더 높으므로 전체를 1필지로 한다.
④ 종된 용도의 토지면적이 주된 용도의 토지면적의 10% 미만이므로 전체를 1필지로 한다.

◀해설▶

공간정보 구축 및 관리에 관한 법률 시행령 제5조(1필지로 정할 수 있는 기준)
① 법 제2조 제21호에 따라 지번부여지역의 토지로서 소유자와 용도가 같고 지반이 연속된 토지는 1필지로 할 수 있다.
② 제1항에도 불구하고 다음 각 호의 어느 하나에 해당하는 토지는 주된 용도의 토지에 편입하여 1필지로 할 수 있다. 다만, 종된 용도의 토지의 지목(地目)이 "대"(垈)인 경우와 종된 용도의 토지면적이 주된 용도의 토지면적의 10퍼센트를 초과하거나 330제곱미터를 초과하는 경우에는 그러하지 아니하다.
 1. 주된 용도의 토지의 편의를 위하여 설치된 도로 · 구거(溝渠 : 도랑) 등의 부지
 2. 주된 용도의 토지에 접속되거나 주된 용도의 토지로 둘러싸인 토지로서 다른 용도로 사용되고 있는 토지

1. 주된 용도의 토지에 편입할 수 있는 토지(양입지) 지번부여지역 및 소유자 용도가 동일하고 지반이 연속된 경우 등 1필지로 정할 수 있는 기준에 적합하나 토지의 일부분의 용도가 다른 경우 주지목추종의 원칙에 의하여 주된 용도의 토지에 편입하여 1필지로 정할 수 있다.

대상토지	① 주된 용도의 토지 편의를 위하여 설치된 도로·구거(溝渠 : 도랑) 등의 부지 ② 주된 용도의 토지에 접속하거나 주된 용도의 토지로 둘러싸인 토지로서 다른 용도로 사용되고 있는 토지
주된 용도의 토지에 편입할 수 없는 토지	① 종된 토지의 지목이 대인 경우 ② 종된 용도의 토지면적이 주된 용도의 토지면적의 10%를 초과하는 경우 ③ 종된 용도의 토지면적이 330제곱미터를 초과하는 경우

95 다음 중 300만 원 이하의 과태료 처분을 받는 경우에 해당되지 않는 자는?

① 거짓으로 등록전환 신청을 한 자
② 정당한 사유 없이 측량을 방해한 자
③ 측량업의 휴업 · 폐업 등의 신고를 하지 아니한 자
④ 본인, 배우자 또는 직계 존속 · 비속이 소유한 토지에 대한 지적측량을 한 자

◀해설▶

공간정보의 구축 및 관리 등에 관한 법률 제109조(벌칙)
다음 각 호의 어느 하나에 해당하는 자는 1년 이하의 징역 또는 1천만원 이하의 벌금에 처한다. 〈개정 2013.3.23.〉
10. 거짓으로 다음 각 목의 신청을 한 자
 가. 제77조에 따른 신규등록 신청
 나. 제78조에 따른 등록전환 신청
 다. 제79조에 따른 분할 신청
 라. 제80조에 따른 합병 신청
 마. 제81조에 따른 지목변경 신청
 바. 제82조에 따른 바다로 된 토지의 등록말소 신청
 사. 제83조에 따른 축척변경 신청
 아. 제84조에 따른 등록사항의 정정 신청
 자. 제86조에 따른 도시개발사업 등 시행지역의 토지이동 신청

공간정보의 구축 및 관리 등에 관한 법률 제111조(과태료)

① 다음 각 호의 어느 하나에 해당하는 자에게는 300만원 이하의 과태료를 부과한다. 〈개정 2013.3.23.〉

1. 정당한 사유 없이 측량을 방해한 자
2. 제13조 제4항을 위반하여 고시된 측량성과에 어긋나는 측량성과를 사용한 자
6. 제35조 제5항을 위반하여 판매가격을 준수하지 아니하고 수로도서지를 판매하거나 최신 항행통보에 따라 수정되지 아니한 수로도서지를 보급한 자
7. 제40조 제1항(제43조 제3항에 따라 준용되는 경우를 포함한다)을 위반하여 거짓으로 측량기술자 또는 수로기술자의 신고를 한 자
8. 제44조 제4항을 위반하여 측량업 등록사항의 변경신고를 하지 아니한 자
9. 제46조 제2항(제54조 제6항에 따라 준용되는 경우를 포함한다)을 위반하여 측량업자 또는 수로사업자의 지위 승계 신고를 하지 아니한 자
10. 제48조(제54조 제6항에 따라 준용되는 경우를 포함한다)를 위반하여 측량업 또는 수로사업의 휴업·폐업 등의 신고를 하지 아니하거나 거짓으로 신고한 자
11. 제50조 제2항을 위반하여 본인, 배우자 또는 직계 존속·비속이 소유한 토지에 대한 지적측량을 한 자

96 지적소관청이 사업지구 지정을 신청하고자 할 때 주민에게 실시계획을 공람해야 하는 기간은?

① 7일 이상
② 15일 이상
③ 20일 이상
④ 30일 이상

● 해설

지적재조사에 관한 특별법 제7조(사업지구의 지정)

④ 지적소관청은 사업지구 지정을 신청하고자 할 때에는 실시계획 수립 내용을 주민에게 서면으로 통보한 후 주민설명회를 개최하고 실시계획을 30일 이상 주민에게 공람하여야 한다.

97 다음 중 지적측량 적부심사청구서를 받은 시·도지사가 지방지적위원회에 회부하여야 하는 사항이 아닌 것은?

① 다툼이 되는 지적측량의 경위
② 해당 토지에 대한 토지 이동 연혁

③ 해당 토지에 대한 소유권 변동 연혁
④ 지적측량업자가 작성한 조사측량성과

● 해설

공간정보의 구축 및 관리 등에 관한 법률 제29조(지적측량의 적부심사 등)

① 토지소유자, 이해관계인 또는 지적측량수행자는 지적측량성과에 대하여 다툼이 있는 경우에는 대통령령으로 정하는 바에 따라 관할 시·도지사를 거쳐 지방지적위원회에 지적측량 적부심사를 청구할 수 있다. 〈개정 2013.7.17.〉

② 제1항에 따른 지적측량 적부심사청구를 받은 시·도지사는 30일 이내에 다음 각 호의 사항을 조사하여 지방지적위원회에 회부하여야 한다.

1. 다툼이 되는 지적측량의 경위 및 그 성과
2. 해당 토지에 대한 토지이동 및 소유권 변동 연혁
3. 해당 토지 주변의 측량기준점, 경계, 주요 구조물 등 현황 실측도

98 지적전산자료를 인쇄물로 제공하는 경우 1필지당 수수료는?

① 20원
② 30원
③ 50원
④ 100원

● 해설

지적공부의 열람 및 등본발급 수수료(법률 제106조 및 규칙 제115조)

[별표 12] 〈개정 2017. 1. 31.〉 [시행일 : 2017.3.1] 제1호, 제2호, 제11호 및 제12호의 개정규정

업무 종류에 따른 수수료의 금액(제115조 제1항 관련)

13. 지적전산자료의 이용 또는 활용 신청 가. 자료를 인쇄물로 제공하는 경우 나. 자료를 자기디스크 등 전산매체로 제공하는 경우	1필지당 1필지당	30원 20원	법 제106조 제1항 제14호
14. 부동산종합공부의 인터넷 열람 신청	1필지당	무료	법 제106조 제1항 제14호의2

99 지적공부에 신규등록하는 토지의 소유자의 정리로 옳은 것은?

① 모두 국가의 소유로 한다.
② 등기부초본이나 확정판결에 의한다.
③ 현재 점유하고 있는 자의 소유로 한다.
④ 지적소관청이 직접 조사하여 등록한다.

해설

공간정보의 구축 및 관리 등에 관한 법률 제88조(토지소유자의 정리)

① 지적공부에 등록된 토지소유자의 변경사항은 등기관서에서 등기한 것을 증명하는 등기필증, 등기완료통지서, 등기사항증명서 또는 등기관서에서 제공한 등기전산정보자료에 따라 정리한다. 다만, 신규등록하는 토지의 소유자는 지적소관청이 직접 조사하여 등록한다. 〈개정 2011.4.12.〉

② 「국유재산법」 제2조 제10호에 따른 총괄청이나 같은 조 제11호에 따른 중앙관서의 장이 같은 법 제12조 제3항에 따라 소유자 없는 부동산에 대한 소유자 등록을 신청하는 경우 지적소관청은 지적공부에 해당 토지의 소유자가 등록되지 아니한 경우에만 등록할 수 있다. 〈개정 2011.3.30.〉

③ 등기부에 적혀 있는 토지의 표시가 지적공부와 일치하지 아니하면 제1항에 따라 토지소유자를 정리할 수 없다. 이 경우 토지의 표시와 지적공부가 일치하지 아니하다는 사실을 관할 등기관서에 통지하여야 한다.

④ 지적소관청은 필요하다고 인정하는 경우에는 관할 등기관서의 등기부를 열람하여 지적공부와 부동산등기부가 일치하는지 여부를 조사·확인하여야 하며, 일치하지 아니하는 사항을 발견하면 등기사항증명서 또는 등기관서에서 제공한 등기전산정보자료에 따라 지적공부를 직권으로 정리하거나, 토지소유자나 그 밖의 이해관계인에게 그 지적공부와 부동산등기부가 일치하게 하는 데에 필요한 신청 등을 하도록 요구할 수 있다. 〈개정 2011.4.12.〉

⑤ 지적소관청 소속 공무원이 지적공부와 부동산등기부의 부합 여부를 확인하기 위하여 등기부를 열람하거나, 등기사항증명서의 발급을 신청하거나, 등기전산정보자료의 제공을 요청하는 경우 그 수수료는 무료로 한다.

100 다음 중 "토지의 이동"과 관련이 없는 것은?

① 경계
② 좌표
③ 소유자
④ 토지의 소재

해설

공간정보의 구축 및 관리 등에 관한 법률 제2조(정의)
이 법에서 사용하는 용어의 뜻은 다음과 같다.

20. "토지의 표시"란 지적공부에 토지의 소재·지번(地番)·지목(地目)·면적·경계 또는 좌표를 등록한 것을 말한다.

21. "필지"란 대통령령으로 정하는 바에 따라 구획되는 토지의 등록단위를 말한다.

22. "지번"이란 필지에 부여하여 지적공부에 등록한 번호를 말한다.

23. "지번부여지역"이란 지번을 부여하는 단위지역으로서 동·리 또는 이에 준하는 지역을 말한다.

24. "지목"이란 토지의 주된 용도에 따라 토지의 종류를 구분하여 지적공부에 등록한 것을 말한다.

25. "경계점"이란 필지를 구획하는 선의 굴곡점으로서 지적도나 임야도에 도해(圖解) 형태로 등록하거나 경계점좌표등록부에 좌표 형태로 등록하는 점을 말한다.

26. "경계"란 필지별로 경계점들을 직선으로 연결하여 지적공부에 등록한 선을 말한다.

27. "면적"이란 지적공부에 등록한 필지의 수평면상 넓이를 말한다.

28. "토지의 이동(異動)"이란 토지의 표시를 새로 정하거나 변경 또는 말소하는 것을 말한다.

본 문제의 해설은 출제자의 의도와 일치되지 않을 수 있으며, 문제 및 해설에 일부 오탈자가 있을 수 있으므로 학습 시 의문사항이 있으면 예문사 또는 저자에게 문의하여 주시기 바랍니다.

Subject 01 지적측량

01 전자면적측정기에 따른 면적측정은 도상에서 몇 회 측정하여야 하는가?

① 1회 ② 2회
③ 3회 ④ 5회

해설

지적측량 시행규칙 제20조(면적측정의 방법 등)
① 좌표면적계산법에 따른 면적측정은 다음 각 호의 기준에 따른다.
  1. 경위의측량방법으로 세부측량을 한 지역의 필지별 면적측정은 경계점 좌표에 따를 것
  2. 산출면적은 1천분의 1제곱미터까지 계산하여 10분의 1제곱미터 단위로 정할 것
② 전자면적측정기에 따른 면적측정은 다음 각 호의 기준에 따른다.
  1. 도상에서 2회 측정하여 그 교차가 다음 계산식에 따른 허용면적 이하일 때에는 그 평균치를 측정면적으로 할 것
$$A = 0.023^2 M\sqrt{F}$$
  (A는 허용면적, M은 축척분모, F는 2회 측정한 면적의 합계를 2로 나눈 수)
  2. 측정면적은 1천분의 1제곱미터까지 계산하여 10분의 1제곱미터 단위로 정할 것

02 좌표가 X = 2,907.36m, Y = 3,321.24m인 지적도근점에서 거리가 23.25m, 방위각이 179°20′33″일 경우, 필계점의 좌표는?

① X = 2,879.15m, Y = 3,317.20m
② X = 2,879.15m, Y = 3,321.51m
③ X = 2,884.11m, Y = 3,315.47m
④ X = 2,884.11m, Y = 3,321.51m

해설

$X = 2,907.36 + 23.25 \times \cos 179°20′33″ = 2,884.11m$
$Y = 3,321.24 + 23.25 \times \sin 179°20′33″ = 3,321.51m$

03 지적도근점의 각도관측 시 배각법을 따르는 경우 오차의 배분 방법으로 옳은 것은?

① 측선장에 비례하여 각 측선의 관측각에 배분한다.
② 변의 수에 비례하여 각 측선의 관측각에 배분한다.
③ 측선장에 반비례하여 각 측선의 관측각에 배분한다.
④ 변의 수에 반비례하여 각 측선의 관측각에 배분한다.

해설

지적측량 시행규칙 제14조(지적도근점의 각도관측을 할 때의 폐색오차(1도선의 기지방위각 또는 평균방위각과 관측방위각의 폐색오차)의 허용범위 및 측각오차의 배분)

	배각법		방위각법	
	1등도선	2등도선	1등도선	2등도선
폐색오차의 허용범위	$\pm 20\sqrt{n}$ (초)	$\pm 30\sqrt{n}$ (초)	$\pm \sqrt{n}$ (분)	$\pm 1.5\sqrt{n}$ (분)
	n은 폐색변을 포함한 변수임			
1회와 3회 측정값 교차	30초 이내		-	
측각오차의 배분	$K = -\dfrac{e}{R} \times r$ (측선장에 반비례하여 각 측선의 관측각에 배분)		$K_n = -\dfrac{e}{S} \times s$ (변의 수에 비례하여 각 측선의 방위각에 배분)	

• K : 각 측선에 배분할 초단위의 각도
• e : 초단위의 오차
• R : 폐색변을 포함한 각 측선장의 반수의 총합계
• r : 각 측선장의 반수. 이 경우 반수는 측선장 1미터에 대하여 1천을 기준으로 한 수
$$\left(반수 = \frac{1000}{거리}\right)$$

• K_n : 각 측선의 순서대로 배분할 분단위의 각도
• e : 분단위의 오차
• S : 폐색변을 포함한 변의 수
• s : 각 측선의 순서

정답 01 ② 02 ④ 03 ③

04 지적도 축척 600분의 1인 지역의 평판측량방법에 있어서 도상에 영향을 미치지 아니하는 지상거리의 허용범위로 옳은 것은?

① 60mm 이내   ② 100mm 이내

③ 120mm 이내   ④ 240mm 이내

해설

지적측량 시행규칙 제18조(세부측량의 기준 및 방법 등)

① 평판측량방법에 따른 세부측량은 다음 각 호의 기준에 따른다.

1. 거리측정단위는 지적도를 갖춰 두는 지역에서는 5센티미터로 하고, 임야도를 갖춰 두는 지역에서는 50센티미터로 할 것
2. 측량결과도는 그 토지가 등록된 도면과 동일한 축척으로 작성할 것
3. 세부측량의 기준이 되는 위성기준점, 통합기준점, 삼각점, 지적삼각점, 지적삼각보조점, 지적도근점 및 기지점이 부족한 경우에는 측량상 필요한 위치에 보조점을 설치하여 활용할 것
4. 경계점은 기지점을 기준으로 하여 지상경계선과 도상 경계선의 부합 여부를 현형법(現形法)·도상원호(圖上圓弧)교회법·지상원호(地上圓弧)교회법 또는 거리비교확인법 등으로 확인하여 정할 것

② 평판측량방법에 따른 세부측량은 교회법·도선법 및 방사법(放射法)에 따른다.

⑧ 평판측량방법에 있어서 도상에 영향을 미치지 아니하는 지상거리의 축척별 허용범위는 $\dfrac{M}{10}$ 밀리미터로 한다. 이 경우 M은 축척분모를 말한다.

05 평면직각 좌표상의 두 점 $A(X_A, Y_A)$와 $B(X_B, Y_B)$를 연결하는 $\overline{AB}$를 2등분하는 점 P의 좌표(X_P, Y_P)를 구하는 식은?

① $X_P = \sqrt{X_B X_A}$, $Y_P = \sqrt{Y_B Y_A}$

② $X_P = \dfrac{X_B + X_A}{2}$, $Y_P = \dfrac{Y_B + Y_A}{2}$

③ $X_P = \dfrac{X_B - X_A}{2}$, $Y_P = \dfrac{Y_B - Y_A}{2}$

④ $X_P = \sqrt{X_B^2 + X_A^2}$, $Y_P = \sqrt{Y_B^2 + Y_A^2}$

해설

• $X_P = \dfrac{X_B + X_A}{2}$

• $Y_P = \dfrac{Y_B + Y_A}{2}$

06 일람도의 제도에 있어서 도시개발사업·축척변경 등이 완료된 때에는 지구경계선을 제도한 후 지구 안을 어느 색으로 엷게 채색하는가?

① 남색   ② 청색

③ 검은색   ④ 붉은색

해설

지적업무처리규정 제38조(일람도의 제도)

① 규칙 제69조 제5항에 따라 일람도를 작성할 경우 일람도의 축척은 그 도면축척의 10분의 1로 한다. 다만, 도면의 장수가 많아서 한 장에 작성할 수 없는 경우에는 축척을 줄여서 작성할 수 있으며, 도면의 장수가 4장 미만인 경우에는 일람도의 작성을 하지 아니할 수 있다.

② 제명 및 축척은 일람도 윗부분에 "○○시·도 ○○시·군·구 ○○읍·면 ○○동·리 일람도 축척 ○○○○분의 1"이라 제도한다. 이 경우 경계점좌표등록부시행지역은 제명 중 일람도 다음에 "(좌표)"라 기재하며, 그 제도방법은 다음 각 호와 같다.

1. 글자의 크기는 9밀리미터로 하고 글자 사이의 간격은 글자크기의 2분의 1정도 띄운다.
2. 제명의 일람도와 축척사이는 20밀리미터를 띄운다.

③ 도면번호는 지번부여지역·축척 및 지적도·임야도·경계점좌표등록부 시행지별로 일련번호를 부여하고 이 경우 신규 등록 및 등록전환으로 새로 도면을 작성할 경우의 도면번호는 그 지역 마지막 도면번호의 다음 번호로 부여한다. 다만, 제46조 제12항에 따라 도면을 작성할 경우에는 종전 도면번호에 "-1"과 같이 부호를 부여한다.

④ 일람도의 제도방법은 다음 각 호와 같다.

1. 도곽선과 그 수치의 제도는 제40조 제5항을 준용한다.
2. 도면번호는 3밀리미터의 크기로 한다.
3. 인접 동·리 명칭은 4밀리미터, 그 밖의 행정구역 명칭은 5밀리미터의 크기로 한다.
4. 지방도로 이상은 검은색 0.2밀리미터 폭의 2선으로, 그 밖의 도로는 0.1밀리미터의 폭으로 제도한다.
5. 철도용지는 붉은색 0.2밀리미터 폭의 2선으로 제도한다.
6. 수도용지 중 선로는 남색 0.1밀리미터 폭의 2선으로 제도한다.

정답   04 ①   05 ②   06 ④

7. 하천 · 구거(溝渠) · 유지(溜池)는 남색 0.1밀리미터의 폭의 2선으로 제도하고, 그 내부를 남색으로 엷게 채색한다. 다만, 적은 양의 물이 흐르는 하천 및 구거는 0.1밀리미터의 남색 선으로 제도한다.

8. 취락지 · 건물 등은 검은색 0.1밀리미터의 폭으로 제도하고, 그 내부를 검은색으로 엷게 채색한다.

9. 삼각점 및 지적기준점의 제도는 제43조를 준용한다.

10. 도시개발사업 · 축척변경 등이 완료된 때에는 지구경계를 붉은색 0.1밀리미터 폭의 선으로 제도한 후 지구 안을 붉은색으로 엷게 채색하고, 그 중앙에 사업명 및 사업완료연도를 기재한다.

07 수치지역 내의 P점과 Q점의 좌표가 아래와 같을 때 QP의 방위각은?

| $P(3,625.48, 2,105.25)$ $Q(5,218.48, 3,945.18)$ |

① 49°06′51″
② 139°06′51″
③ 229°06′51″
④ 319°06′51″

◉해설

$\triangle x = P_x - Q_x = 3,625.48 - 5,218.48 = -1,593.00$
$\triangle y = P_y - Q_y = 2,105.25 - 3,945.18 = -1,839.93$
$\theta = \tan^{-1}\dfrac{\triangle y}{\triangle x}$
$= \tan^{-1}\dfrac{1,839.93}{1,593.00} = 49°06′51″ (3상한)$
$V_q^p = 180° + 49°06′51″ = 229°06′51″$

08 평판측량방법으로 세부측량을 한 경우 측량결과도 기재사항으로 옳지 않은 것은?

① 측량결과도의 제명 및 번호
② 측량대상 토지의 점유현황선
③ 인근 토지의 경계선 · 지번 및 지목
④ 측량기하적 및 도상에서 측정한 거리

◉해설

지적측량 시행규칙 제17조(측량준비 파일의 작성)
① 제18조 제1항에 따라 평판측량방법으로 세부측량을 할 때에는 지적도, 임야도에 따라 다음 각 호의 사항을 포함한 측량준비 파일을 작성하여야 한다. 〈개정 2013. 3. 23.〉

1. 측량대상 토지의 경계선 · 지번 및 지목
2. 인근 토지의 경계선 · 지번 및 지목
3. 임야도를 갖춰 두는 지역에서 인근 지적도의 축척으로 측량을 할 때에는 임야도에 표시된 경계점의 좌표를 구하여 지적도에 전개(展開)한 경계선. 다만, 임야도에 표시된 경계점의 좌표를 구할 수 없거나 그 좌표에 따라 확대하여 그리는 것이 부적당한 경우에는 축척비율에 따라 확대한 경계선을 말한다.
4. 행정구역선과 그 명칭
5. 지적기준점 및 그 번호와 지적기준점 간의 거리, 지적기준점의 좌표, 그 밖에 측량의 기점이 될 수 있는 기지점
6. 도곽선(圖廓線)과 그 수치
7. 도곽선의 신축이 0.5밀리미터 이상일 때에는 그 신축량 및 보정(補正) 계수
8. 그 밖에 국토교통부장관이 정하는 사항

지적측량 시행규칙 제26조(세부측량성과의 작성)
① 평판측량방법으로 세부측량을 한 경우 측량결과도에 다음 각 호의 사항을 적어야 한다. 다만, 1년 이내에 작성된 경계복원측량 또는 지적현황측량결과도와 지적도, 임야도의 도곽신축 차이가 0.5밀리미터 이하인 경우에는 종전의 측량결과도에 함께 작성할 수 있다. 〈개정 2014. 1. 17.〉

1. 제17조 제1항 각 호의 사항
2. 측점점의 위치, 측량기하적 및 지상에서 측정한 거리
3. 측량대상 토지의 토지이동 전의 지번과 지목(2개의 붉은 선으로 말소한다)
4. 측량결과도의 제명 및 번호(연도별로 붙인다)와 도면번호
5. 신규등록 또는 등록전환하려는 경계선 및 분할경계선
6. 측량대상 토지의 점유현황선
7. 측량 및 검사의 연월일, 측량자 및 검사자의 성명 · 소속 및 자격등급 또는 기술등급

09 지적측량성과와 검사 성과의 연결오차 한계에 대한 설명으로 옳지 않은 것은?

① 지적삼각점은 0.20m 이내
② 지적삼각보조점은 0.25m 이내
③ 경계점좌표등록부 시행지역에서의 지적도근점은 0.20m 이내
④ 경계점좌표등록부 시행지역에서의 경계점은 0.10m 이내

해설

지적측량 시행규칙 제27조(지적측량성과의 결정)

① 지적측량성과와 검사 성과의 연결교차가 다음 각 호의 허용범위 이내일 때에는 그 지적측량성과에 관하여 다른 입증을 할 수 있는 경우를 제외하고는 그 측량성과로 결정하여야 한다.

  1. 지적삼각점 : 0.20미터

  2. 지적삼각보조점 : 0.25미터

  3. 지적도근점

    가. 경계점좌표등록부 시행지역 : 0.15미터

    나. 그 밖의 지역 : 0.25미터

  4. 경계점

    가. 경계점좌표등록부 시행지역 : 0.10미터

    나. 그 밖의 지역 : 10분의 $3M$밀리미터(M은 축척분모)

② 지적측량성과를 전자계산기기로 계산하였을 때에는 그 계산성과자료를 측량부 및 면적측정부로 본다.

10 지적측량성과의 검사방법에 대한 설명으로 틀린 것은?

① 면적측정검사는 필지별로 한다.

② 지적삼각점측량은 신설된 점을 검사한다.

③ 지적도근점측량은 주요 도선별로 지적도근점을 검사한다.

④ 측량성과를 검사하는 때에는 측량자가 실시한 측량방법과 같은 방법으로 한다.

해설

지적업무처리규정 제27조(지적측량성과의 검사방법 등)

① 지적측량수행자가 지적측량 성과검사를 요청하는 경우와 지적소관청이 지적측량 성과검사 결과를 통보하는 경우에는 정보시스템을 이용하여 처리할 수 있다.

② 세부측량(지적공부를 정리하지 아니하는 세부측량을 포함한다)을 하기 전에 기초측량을 한 경우에는 미리 지적기준점성과에 대한 검사를 받은 후에 세부측량을 하여야 한다. 다만, 지적소관청과 사전 협의를 한 경우에는 지적기준점성과와 세부측량성과(지적공부를 정리하지 아니하는 세부측량은 제외한다)를 동시에 검사할 수 있다.

⑤ 「지적측량 시행규칙」 제28조에 따른 측량성과의 검사방법은 다음 각 호와 같다.

  1. 측량성과를 검사하는 때에는 측량자가 실시한 측량방법과 다른 방법으로 한다. 다만, 부득이한 경우에는 그러하지 아니한다.

  2. 지적삼각점측량 및 지적삼각보조점측량은 신설된 점을, 지적도근점측량은 주요도선별로 지적도근점을 검사한다. 이 경우 후방교회법으로 검사할 수 있다. 다만, 구하고자 하는 지적기준점이 기지점과 같은 원주상에 있는 경우에는 그러하지 아니하다.

  3. 세부측량결과를 검사할 때에는 새로 결정된 경계를 검사한다. 이 경우 측량성과 검사 시에 확인된 지역으로서 측량결과도만으로 그 측량성과가 정확하다고 인정되는 경우에는 현지측량검사를 하지 아니할 수 있다.

  4. 면적측정검사는 필지별로 한다.

  5. 측량성과 파일의 검사는 부동산종합공부시스템으로 한다.

  6. 지적측량수행자와 동일한 전자측량시스템을 이용하여 세부측량시 측량성과의 정확성을 검사할 수 있다.

11 좌표면적계산법에 따른 면적측정에서 산출면적은 얼마의 단위까지 계산하여야 하는가?

① 10분의 $1m^2$

② 100분의 $1m^2$

③ 1,000분의 $1m^2$

④ 10,000분의 $1m^2$

해설

지적측량 시행규칙 제20조(면적측정의 방법 등)

① 좌표면적계산법에 따른 면적측정은 다음 각 호의 기준에 따른다.

  1. 경위의측량방법으로 세부측량을 한 지역의 필지별 면적측정은 경계점 좌표에 따를 것

  2. 산출면적은 1천분의 1제곱미터까지 계산하여 10분의 1제곱미터 단위로 정할 것

② 전자면적측정기에 따른 면적측정은 다음 각 호의 기준에 따른다.

  1. 도상에서 2회 측정하여 그 교차가 다음 계산식에 따른 허용면적 이하일 때에는 그 평균치를 측정면적으로 할 것

$$A = 0.023^2 M\sqrt{F}$$

    (A는 허용면적, M은 축척분모, F는 2회 측정한 면적의 합계를 2로 나눈 수)

  2. 측정면적은 1천분의 1제곱미터까지 계산하여 10분의 1제곱미터 단위로 정할 것

12 지적측량 시행규칙상 지적삼각보조점 측량의 기준으로 옳지 않은 것은?(단, 지형상 부득이한 경우는 고려하지 않는다.)

① 지적삼각보조점은 교회망 또는 교점다각망으로 구성하여야 한다.

② 광파기 측량방법에 따라 교회법으로 지적삼각보조점 측량을 하는 경우 3방향의 교회에 따른다.

③ 경위의 측량방법과 교회법에 따른 지적삼각보조점의 수평각 관측은 3대회의 방향관측법에 따른다.

④ 전파기 측량방법에 따라 다각망도선법으로 지적삼각보조점 측량을 하는 경우 3점 이상의 기지점을 포함한 결합다각방식에 따른다.

● 해설

지적측량 시행규칙 제10조(지적삼각보조점측량)

① 지적삼각보조점측량을 할 때에 필요한 경우에는 미리 지적삼각보조점표지를 설치하여야 한다.

② 지적삼각보조점은 측량지역별로 설치순서에 따라 일련번호를 부여하되, 영구표지를 설치하는 경우에는 시·군·구별로 일련번호를 부여한다. 이 경우 지적삼각보조점의 일련번호 앞에 "보"자를 붙인다.

③ 지적삼각보조점은 교회망 또는 교점다각망(交點多角網)으로 구성하여야 한다.

④ 경위의측량방법과 전파기 또는 광파기측량방법에 따라 교회법으로 지적삼각보조점측량을 할 때에는 다음 각 호의 기준에 따른다.

　1. 3방향의 교회에 따를 것. 다만, 지형상 부득이 하여 2방향의 교회에 의하여 결정하려는 경우에는 각 내각을 관측하여 각 내각의 관측치의 합계와 180도와의 차가 ±40초 이내일 때에는 이를 각 내각에 고르게 배분하여 사용할 수 있다.

　2. 삼각형의 각 내각은 30도 이상 120도 이하로 할 것

⑤ 전파기 또는 광파기측량방법에 따라 다각망도선법으로 지적삼각보조점측량을 할 때에는 다음 각 호의 기준에 따른다. 〈개정 2014. 1. 17.〉

　1. 3점 이상의 기지점을 포함한 결합다각방식에 따를 것

　2. 1도선(기지점과 교점 간 또는 교점과 교점 간을 말한다)의 점의 수는 기지점과 교점을 포함하여 5점 이하로 할 것

　3. 1도선의 거리(기지점과 교점 또는 교점과 교점 간의 점 간 거리의 총합계를 말한다)는 4킬로미터 이하로 할 것

⑥ 지적삼각보조점성과 결정을 위한 관측 및 계산의 과정은 지적삼각보조점측량부에 적어야 한다.

지적측량 시행규칙 제11조(지적삼각보조점의 관측 및 계산)

① 경위의측량방법과 교회법에 따른 지적삼각보조점의 관측 및 계산은 다음 각 호의 기준에 따른다.

　1. 관측은 20초독 이상의 경위의를 사용할 것

　2. 수평각 관측은 2대회(윤곽도는 0도, 90도로 한다)의 방향관측법에 따를 것

　3. 수평각의 측각공차는 다음 표에 따를 것. 이 경우 삼각형 내각의 관측치를 합한 값과 180도와의 차는 내각을 전부 관측한 경우에 적용한다.

종별	1방향각	1측회의 폐색	삼각형 내각관측의 합과 180도와의 차	기지각과의 차
공차	40초 이내	±40초 이내	±50초 이내	±50초 이내

13 지적측량이 수반되는 토지이동 사항으로 모두 올바르게 짝지어진 것은?

① 분할, 합병, 등록전환

② 등록전환, 신규등록, 분할

③ 분할, 합병, 신규등록, 등록전환

④ 지목변경, 등록전환, 분할, 합병

● 해설

공간정보의 구축 및 관리 등에 관한 법률 제26조(토지의 이동에 따른 면적 등의 결정방법)

① 합병에 따른 경계·좌표 또는 면적은 따로 지적측량을 하지 아니하고 다음 각 호의 구분에 따라 결정한다.

　1. 합병 후 필지의 경계 또는 좌표 : 합병 전 각 필지의 경계 또는 좌표 중 합병으로 필요 없게 된 부분을 말소하여 결정

　2. 합병 후 필지의 면적 : 합병 전 각 필지의 면적을 합산하여 결정

② 등록전환이나 분할에 따른 면적을 정할 때 오차가 발생하는 경우 그 오차의 허용 범위 및 처리방법 등에 필요한 사항은 대통령령으로 정한다.

공간정보의 구축 및 관리 등에 관한 법률 시행령 제67조(지목변경 신청)

① 법 제81조에 따라 지목변경을 신청할 수 있는 경우는 다음 각 호와 같다.

　1. 「국토의 계획 및 이용에 관한 법률」 등 관계 법령에 따른 토지의 형질변경 등의 공사가 준공된 경우

　2. 토지나 건축물의 용도가 변경된 경우

3. 법 제86조에 따른 도시개발사업 등의 원활한 추진을 위하여 사업시행자가 공사 준공 전에 토지의 합병을 신청하는 경우

② 토지소유자는 법 제81조에 따라 지목변경을 신청할 때에는 지목변경 사유를 적은 신청서에 국토교통부령으로 정하는 서류를 첨부하여 지적소관청에 제출하여야 한다.

14 다음 그림에서 BP 의 거리를 구하는 공식으로 옳은 것은?

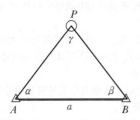

① $BP = \dfrac{a\sin\alpha}{\sin\gamma}$

② $BP = \dfrac{a\sin\alpha}{\sin\beta}$

③ $BP = \dfrac{a\sin\beta}{\sin\gamma}$

④ $BP = \dfrac{a\sin\gamma}{\sin\alpha}$

◉ 해설

소구변장 $= \dfrac{\sin\text{소구변대각}}{\sin\text{기지변대각}} \times \text{기지변장}$

$BP = \dfrac{\sin\alpha}{\sin\gamma} \times a$

15 트랜싯 조작에서 시준선이란?

① 접안렌즈의 중심선

② 눈으로 내다보는 선

③ 십자선의 교점과 대물렌즈의 광심을 연결하는 선

④ 접안렌즈의 중심과 대물렌즈의 광심을 연결하는 선

◉ 해설

시준선
십자선의 교점과 대물렌즈의 광심을 연결하는 선이다.

[레벨의 구조]

1. 망원경

대물렌즈	목표물의 상은 망원경 통 속에 맺어야 하고, 합성렌즈를 사용하여 구면수차와 색수차를 제거한다. • 구면수차 : 광선의 굴절 때문에 광선이 한 점에서 만나지 않아 상이 선명하게 되지 않는 현상 • 색수차 : 조준할 때 조정에 따라 여러 색(청색, 적색)이 나타나는 현상
접안렌즈	십자선 위에 와 있는 물체의 상을 확대하여 측정자의 눈에 선명하게 보이게 하는 역할을 한다.
망원경 배율	배율(확대율) $= \dfrac{\text{대물렌즈의 초점거리}}{\text{접안렌즈의 초점거리}}$ (망원경의 배율은 20~30배)

2. 기포관

기포관의 구조	알코올이나 에테르와 같은 액체를 넣어서 기포를 남기고 양단을 막은 것
기포관의 감도	감도란 기포 한 눈금(2mm)이 움직이는 데 대한 중심각을 말하며, 중심각이 작을수록 감도가 좋다.
기포관이 구비해야 할 조건	• 곡률반지름이 클 것 • 관의 곡률이 일정하며, 관의 내면이 매끈할 것 • 액체의 점성 및 표면장력이 작을 것 • 기포의 길이가 길 것

16 5cm 늘어난 상태의 30m 줄자로 두 점의 거리를 측정한 값이 75.45m일 때 실제거리는?

① 75.53m

② 75.58m

③ 76.53m

④ 76.58m

◉ 해설

실제거리 $= \dfrac{\text{부정거리}}{\text{표준거리}} \times \text{관측거리}$

$\quad\quad = \dfrac{30.05}{30} \times 75.45$

$\quad\quad = 75.58\text{m}$

17 광파측거기의 특성에 관한 설명으로 옳지 않은 것은?

① 관측장비는 측거기와 반사경으로 구성되어 있다.

② 송전선 등에 의한 주변 전파의 간섭을 받지 않는다.

③ 전파측거기보다 중량이 가볍고 조작이 간편하다.

④ 시통이 안 되는 두 지점 간의 거리 측정이 가능하다.

정답 14 ① 15 ③ 16 ② 17 ④

해설

EDM(전자기파 거리 측정기)

가시광선, 적외선, 레이저광선 및 극초단파 등의 전자기파를 이용하여 거리를 관측하는 방법이다.

Geodimeter와 Tellurometer의 비교

구 분	광파거리 측량기	전파거리 측량기
정 의	측점에서 세운 기계로부터 빛을 발사하여 이것을 목표점의 반사경에 반사하여 돌아오는 반사파의 위상을 이용하여 거리를 구하는 기계	측점에 세운 주국에서 극초단파를 발사하고 목표점의 종국에서는 이를 수신하여 변조고주파로 반사하여 각각의 위상차이로 거리를 구하는 기계
정확도	±(5mm+5ppm)	±(15mm+5ppm)
대표기종	Geodimeter	Tellurometer
장 점	• 정확도가 높다. • 데오돌라이트나 트랜싯에 부착하여 사용 가능하며, 무게가 가볍고 조작이 간편하고 신속하다. • 움직이는 장애물의 영향을 받지 않는다.	• 안개, 비, 눈 등 기상조건의 영향을 받지 않는다. • 장거리 측정에 적합하다.
단 점	안개, 비, 눈 등 기상조건의 영향을 받는다.	• 단거리 관측 시 정확도가 비교적 낮다. • 움직이는 장애물, 지면의 반사파 등의 영향을 받는다.
최소조작 인원	1명(목표점에 반사경을 설치했을 경우)	2명(주국, 종국 각 1명)
관측 가능거리	• 단거리용 : 5km 이내 • 중거리용 : 60km 이내	장거리용 : 30~150km
조작시간	한 변 10~20분	한 변 20~30분

18 9개의 도선을 3개의 교점으로 연결한 복합형 다각망의 오차방정식을 편성하기 위한 최소조건식의 수는?

① 3개
② 4개
③ 5개
④ 6개

해설

최소 조건식 수＝도선수 − 교점 수
　　　　　＝9−3=6개

19 평판측량방법에 따른 세부측량을 교회법으로 하는 경우 방향각의 교각 기준은?

① 45° 이상 90° 이하
② 0° 이상 180° 이하
③ 30° 이상 120° 이하
④ 30° 이상 150° 이하

해설

지적측량 시행규칙 제18조(세부측량의 기준 및 방법 등)

① 평판측량방법에 따른 세부측량은 다음 각 호의 기준에 따른다.

　1. 거리측정단위는 지적도를 갖춰 두는 지역에서는 5센티미터로 하고, 임야도를 갖춰 두는 지역에서는 50센티미터로 할 것

　2. 측량결과도는 그 토지가 등록된 도면과 동일한 축척으로 작성할 것

　3. 세부측량의 기준이 되는 위성기준점, 통합기준점, 삼각점, 지적삼각점, 지적삼각보조점, 지적도근점 및 기지점이 부족한 경우에는 측량상 필요한 위치에 보조점을 설치하여 활용할 것

　4. 경계점은 기지점을 기준으로 하여 지상경계선과 도상경계선의 부합 여부를 현형법(現形法) · 도상원호(圖上圓弧)교회법 · 지상원호(地上圓弧)교회법 또는 거리비교확인법 등으로 확인하여 정할 것

② 평판측량방법에 따른 세부측량은 교회법 · 도선법 및 방사법(放射法)에 따른다.

③ 평판측량방법에 따른 세부측량을 교회법으로 하는 경우에는 다음 각 호의 기준에 따른다.

　1. 전방교회법 또는 측방교회법에 따를 것

　2. 3방향 이상의 교회에 따를 것

　3. 방향각의 교각은 30도 이상 150도 이하로 할 것

　4. 방향선의 도상길이는 측판의 방위표정(方位標定)에 사용한 방향선의 도상길이 이하로서 10센티미터 이하로 할 것. 다만, 광파조준의(光波照準儀) 또는 광파측거기를 사용하는 경우에는 30센티미터 이하로 할 수 있다.

　5. 측량결과 시오(示誤)삼각형이 생긴 경우 내접원의 지름이 1밀리미터 이하일 때에는 그 중심을 점의 위치로 할 것

20 일람도의 제도 방법으로 옳지 않은 것은?

① 도면번호는 3mm의 크기로 한다.
② 철도용지는 검은색 0.2mm의 폭의 선으로 제도한다.
③ 수도용지 중 선로는 남색 0.1mm 폭의 2선으로 제도한다.
④ 건물은 검은색 0.1mm의 폭으로 제도하고 그 내부를 검은색으로 옅게 채색한다.

●해설

지적업무처리규정 제38조(일람도의 제도)
① 규칙 제69조 제5항에 따라 일람도를 작성할 경우 일람도의 축척은 그 도면축척의 10분의 1로 한다. 다만, 도면의 장수가 많아서 한 장에 작성할 수 없는 경우에는 축척을 줄여서 작성할 수 있으며, 도면의 장수가 4장 미만인 경우에는 일람도의 작성을 하지 아니할 수 있다.
② 제명 및 축척은 일람도 윗부분에 "○○시·도 ○○시·군·구 ○○읍·면 ○○동·리 일람도 축척 ○○○○분의 1"이라 제도한다. 이 경우 경계점좌표등록부시행지역은 제명 중 일람도 다음에 "(좌표)"라 기재하며, 그 제도방법은 다음 각 호와 같다.
  1. 글자의 크기는 9밀리미터로 하고 글자 사이의 간격은 글자크기의 2분의 1 정도 띄운다.
  2. 제명의 일람도와 축척사이는 20밀리미터를 띄운다.
③ 도면번호는 지번부여지역·축척 및 지적도·임야도·경계점좌표등록부 시행지별로 일련번호를 부여하고 이 경우 신규 등록 및 등록전환으로 새로 도면을 작성할 경우의 도면번호는 그 지역 마지막 도면번호의 다음 번호로 부여한다. 다만, 제46조 제12항에 따라 도면을 작성할 경우에는 종전 도면번호에 "－1"과 같이 부호를 부여한다.
④ 일람도의 제도방법은 다음 각 호와 같다.
  1. 도곽선과 그 수치의 제도는 제40조 제5항을 준용한다.
  2. 도면번호는 3밀리미터의 크기로 한다.
  3. 인접 동·리 명칭은 4밀리미터, 그 밖의 행정구역 명칭은 5밀리미터의 크기로 한다.
  4. 지방도로 이상은 검은색 0.2밀리미터 폭의 2선으로, 그 밖의 도로는 0.1밀리미터의 폭으로 제도한다.
  5. 철도용지는 붉은색 0.2밀리미터 폭의 2선으로 제도한다.
  6. 수도용지 중 선로는 남색 0.1밀리미터 폭의 2선으로 제도한다.
  7. 하천·구거(溝渠)·유지(溜池)는 남색 0.1밀리미터의 폭의 2선으로 제도하고, 그 내부를 남색으로 옅게 채색한다. 다만, 적은 양의 물이 흐르는 하천 및 구거는 0.1밀리미터의 남색 선으로 제도한다.
  8. 취락지·건물 등은 검은색 0.1밀리미터의 폭으로 제도하고, 그 내부를 검은색으로 옅게 채색한다.
  9. 삼각점 및 지적기준점의 제도는 제43조를 준용한다.
  10. 도시개발사업·축척변경 등이 완료된 때에는 지구경계를 붉은색 0.1밀리미터 폭의 선으로 제도한 후 지구 안을 붉은색으로 옅게 채색하고, 그 중앙에 사업명 및 사업완료연도를 기재한다.

Subject 02 응용측량

21 완화곡선의 성질에 대한 설명으로 옳지 않은 것은?

① 완화곡선의 반지름은 시점에서 무한대이다.
② 완화곡선의 반지름은 종점에서 원곡선의 반지름과 같다.
③ 완화곡선의 접선은 시점과 종점에서 직선에 접한다.
④ 곡선반지름의 감소율은 캔트의 증가율과 같다.

●해설

완화곡선의 특징
① 곡선반경은 완화곡선의 시점에서 무한대, 종점에서 원곡선 R로 된다.
② 완화곡선의 접선은 시점에서 직선에 종점에서 원호에 접한다.
③ 완화곡선에 연한 곡선반경의 감소율은 캔트는 같다.
④ 완화곡선의 종점의 캔트와 원곡선 시점의 캔트는 같다.
⑤ 완화곡선은 이정의 중앙을 통과한다.
⑥ 완화곡선의 곡률은 시점에서 0, 종점에서 $\frac{1}{R}$이다.

22 노선측량에서 그림과 같이 교점에 장애물이 있어 $\angle ACD = 150°$, $\angle CDB = 90°$를 측정하였다. 교각(I)은?

① 30°
② 90°
③ 120°
④ 240°

◀해설▶

$I = 30° + 90° = 120°$

23 수준측량에서 전시와 후시의 시준거리를 같게 관측할 때 완전히 소거되는 오차는?

① 지구의 곡률오차
② 시차에 의한 오차
③ 수준척이 연직이 아니어서 발생되는 오차
④ 수준척의 눈금이 정확하지 않기 때문에 발생되는 오차

◀해설▶

전시와 후시의 거리를 같게 함으로써 제거되는 오차
• 레벨의 조정이 불완전(시준선이 기포관축과 평행하지 않을 때)할 때(시준축오차 : 오차가 가장 크다.)
• 지구의 곡률오차(구차)와 빛의 굴절오차(기차)를 제거한다.
• 초점나사를 움직이는 오차가 없으므로 그로 인해 생기는 오차를 제거한다.

24 절대표정에 대한 설명으로 틀린 것은?

① 사진의 축척을 결정한다.
② 주점의 위치를 결정한다.
③ 모델당 7개의 표정인자가 필요하다.
④ 최소한 3개의 표정점이 필요하다.

◀해설▶

표정의 종류

내부표정	도화기의 투영기에 촬영 당시와 똑같은 상태로 양화건판을 정착시키는 작업이다. • 주점의 위치 결정 • 화면거리(f)의 조정 • 건판의 신축측정, 대기굴절, 지구곡률보정, 렌즈수차 보정
상호표정	지상과의 관계는 고려하지 않고 좌우사진의 양 투영기에서 나오는 광속이 촬영 당시 촬영면에서 이루어지는 종시차(ϕ)를 소거하여 목표 지형물의 상대위치를 맞추는 작업이다. • 비행기의 수평회전을 재현해 주는(κ, b_y) • 비행기의 전후 기울기를 재현해 주는(ϕ, b_z) • 비행기의 좌우 기울기를 재현해 주는(ω) • 과잉수정계수(o, c, f) $= \frac{1}{2}\left(\frac{h^2}{d^2}-1\right)$ • 상호표정인자 : $\left(\kappa, \phi, \omega, b_y, b_z\right)$
절대표정	상호표정이 끝난 입체모델을 지상 기준점(피사체 기준점)을 이용하여 지상좌표에(피사체좌표계)와 일치하도록 하는 작업이다. • 축척의 결정 • 수준면(표고, 경사)의 결정 • 위치(방위)의 결정 • 절대표정인자 : $\lambda, \phi, \omega, \kappa, b_x, b_y, b_z$(7개의 인자로 구성)
접합표정	한쌍의 입체사진 내에서 한쪽의 표정인자는 전혀 움직이지 않고 다른 한쪽만을 움직여 그 다른 쪽에 접합시키는 표정법을 말하며, 삼각측정에 사용한다. • 7개의 표정인자 결정($\lambda, \kappa, \omega, \phi, c_x, c_y, c_z$) • 모델 간, 스트립 간의 접합요소 결정(축척, 미소변위, 위치 및 방위)

25 도로설계 시에 등경사 노선을 결정하려고 한다. 축척 1 : 5,000인 지형도에서 등고선의 간격이 5m일 때, 경사를 4%로 하려고 하면 등고선 간의 도상거리는?

① 25mm
② 33mm
③ 45mm
④ 53mm

◀해설▶

경사$(i) = \dfrac{h}{D}$에서

$D = \dfrac{h}{i} = \dfrac{5}{0.04} = 125\text{m}$

$$\frac{1}{m} = \frac{l(\text{도상거리})}{L(\text{실제거리})}$$

$$l = \frac{L}{m} = \frac{125}{5000} = 0.025\text{m} = 25\text{mm}$$

26 GNSS를 이용하는 지적기준점(지적삼각점) 측량에서 가장 일반적으로 사용하는 방법은?

① 정지측량
② 이동측량
③ 실시간 이동측량
④ 도근점측량

해설

정지측량

2개 이상의 수신기를 각 측점에 고정하고 양 측점에서 동시에 4개 이상의 위성으로부터 신호를 30분 이상 수신하는 방식이다. GPS 측량기를 사용하여 기초측량 또는 세부측량을 하고자 하는 때에는 정지측량(Static)방법에 의한다.

27 등고선에 직각이며 물이 흐르는 방향이 되므로 유하선이라고도 하는 지성선은?

① 분수선
② 합수선
③ 경사변환선
④ 최대경사선

해설

지성선(Topographical Line)

지표는 많은 凸선, 凹선, 경사변환선, 최대경사선으로 이루어졌다고 생각할 때 이 평면의 접합부, 즉 접선을 말하며 지세선이라고도 한다.

능선(凸선), 분수선	지표면의 높은 곳을 연결한 선으로 빗물이 이것을 경계로 좌우로 흐르게 되므로 분수선 또는 능선이라 한다.
계곡선(凹선), 합수선	지표면이 낮거나 움푹 파인 점을 연결한 선으로 합수선 또는 합곡선이라 한다.
경사변환선	동일 방향의 경사면에서 경사의 크기가 다른 두 면의 접합선이다(등고선 수평간격이 뚜렷하게 달라지는 경계선).
최대경사선	지표의 임의의 한 점에서 그 경사가 최대로 되는 방향을 표시한 선으로 등고선에 직각으로 교차하며 물이 흐르는 방향이라는 의미에서 유하선이라고도 한다.

28 우리나라 1 : 50,000 지형도의 간곡선 간격으로 옳은 것은?

① 5m
② 10m
③ 20m
④ 25m

해설

등고선의 간격

축척 등고선 종류	기호	1/5,000	1/10,000	1/25,000	1/50,000
주곡선	가는 실선	5	5	10	20
간곡선	가는 파선	2.5	2.5	5	10
조곡선 (보조곡선)	가는 점선	1.25	1.25	2.5	5
계곡선	굵은 실선	25	25	50	100

29 그림과 같이 2개의 수준점 A, B를 기준으로 임의의 점 P의 표고를 측량한 결과 A점 기준 42.375m, B점 기준 42.363m를 관측하였다면 P점의 표고는?

① 42.367m
② 42.369m
③ 42.371m
④ 42.373m

해설

경중률은 노선거리에 반비례한다.

$$P_1 : P_2 = \frac{1}{1} : \frac{1}{2} = 2 : 1$$

$$L_0 = 42.3 + \frac{2 \times 0.075 + 1 \times 0.063}{2+1}$$

$$= 42.371\text{m}$$

30 정확한 위치에 기준국을 두고 GNSS 위성 신호를 받아 기준국 주위에서 움직이는 사용자에게 위성 신호를 넘겨주어 정확한 위치를 계산하는 방법은?

① DGNSS   ② DOP

③ SPS   ④ S/A

●**해설**

DGPS(Differential GPS)

DGPS는 상대측위 방식의 GPS 측량기법으로서 이미 알고 있는 기지점 좌표를 이용하여 오차를 최대한 줄여서 이용하기 위한 위치결정방식이다. 기지점에 기준국용 GPS 수신기를 설치하며 위성을 관측하여 각 위성의 의사거리 보정값을 구한 뒤 이를 이용하여 이동국용 GPS 수신기의 위치결정오차를 개선하는 위치결정형태이다.

31 터널 내 측량에 대한 설명으로 옳은 것은?

① 지상측량보다 작업이 용이하다.

② 터널 내의 기준점은 터널 외의 기준점과 연결될 필요가 없다.

③ 기준점은 보통 천장에 설치한다.

④ 지상측량에 비하여 터널 내에서는 시통이 좋아서 측점 간의 거리를 멀리한다.

●**해설**

터널 내 측량

터널 측량이란 도로, 철도 및 수로 등을 지형 및 경제적 조건에 따라 산악의 지하나 수저를 관통시키고자 터널의 위치선정 및 시공을 하기 위한 측량을 말하며 갱외 측량과 갱내 측량으로 구분한다.

터널 내 측량에서 기준점은 보통 천장에 설치한다.

[터널측량용 트랜싯의 구비조건]

① 이심장치를 가지고 있고 상·하 어느 측점에도 빠르게 구심시킬 수 있을 것

② 연직분도원은 전원일 것

③ 상반·하반 고정나사의 모양을 바꾸어 어두운 갱내에서도 촉감으로 구별할 수 있을 것

④ 주망원경의 위 또는 옆에 보조망원경(정위망원경, 측위망원경)을 달 수 있도록 되어 있을 것

⑤ 수평분도원은 0°~360°까지 한 방향으로 명확하게 새겨져 있을 것

32 그림과 같이 직선 AB상의 점 B'에서 $B'C$ = 10m인 수직선을 세워 ∠CAB = 60°가 되도록 측설 하려고 할 때, AB'의 거리는?

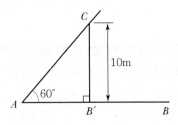

① 5.05m   ② 5.77m

③ 8.66m   ④ 17.3m

●**해설**

$$AB' = \frac{\sin 30°}{\sin 60°} \times 10 = 5.77\text{m}$$

33 항공사진측량용 카메라에 대한 설명으로 틀린 것은?

① 초광각 카메라의 피사각은 60°, 보통각 카메라의 피사각은 120°이다.

② 일반 카메라보다 렌즈 왜곡이 작으며 왜곡의 보정이 가능하다.

③ 일반 카메라와 비교하여 피사각이 크다.

④ 일반 카메라보다 해상력과 선명도가 좋다.

●**해설**

사용 카메라에 의한 분류

종류	렌즈에 화각	초점 거리 (mm)	화면 크기 (cm)	필름의 길이 (m)	용도	비고
초광각 사진	120°	88	23×23	80	소축척 도화용	완전 평지에 이용
광각 사진	90°	152~153	23×23	120	일반도화, 사진판독용	경제적 일반도화
보통각 사진	60°	210	18×18	120	산림조사용	산악지대 도심지 촬영 정면도 제작
협각 사진	약 60° 이하				특수한 대축척 도화용	특수한 평면도 제작

정답 **30** ①   **31** ③   **32** ②   **33** ①

측량용 사진기의 특징	• 초점길이가 길다. • 화각이 크다. • 렌즈지름이 크다. • 거대하고 중량이 크다. • 해상력과 선명도가 높다. • 셔터의 속도는 1/100~1/1,000초이다. • 파인더로 사진의 중복도를 조정한다. • 수차가 극히 적으며 왜곡수차가 있더라도 보정판을 이용하여 수차를 제거한다.

34 그림과 같이 △ABC를 AD로 면적을 △ABD : △ABC = 1 : 3으로 분할하려고 할 때, BD의 거리는?(단, BC = 42.6m)

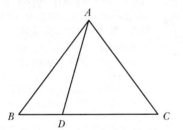

① 2.66m ② 4.73m
③ 10.65m ④ 14.20m

해설

$$BD = \frac{m}{m+n} \cdot BC$$
$$= \frac{1}{1+2} \times 42.6 = 14.2m$$

35 그림과 같이 교호수준측량을 실시하여 구한 B점의 표고는?(단, H_A = 20m이다)

① 19.34m ② 20.65m
③ 20.67m ④ 20.75m

해설

$$h = \frac{(1.87 + 0.74) - (1.24 + 0.07)}{2} = 0.65$$
$$H_B = H_A + h = 20 + 0.65 = 20.65m$$

36 노선측량의 단곡선 설치에서 반지름이 200m, 교각이 67°42′일 때, 접선길이($T.L.$)와 곡선길이($C.L.$)는?

① $T.L. = 134.14m$, $C.L. = 234.37m$
② $T.L. = 134.14m$, $C.L. = 236.32m$
③ $T.L. = 136.14m$, $C.L. = 234.37m$
④ $T.L. = 136.14m$, $C.L. = 236.32m$

해설

• $T.L = R \cdot \tan\dfrac{I}{2}$
  $= 200 \times \tan\dfrac{67°42'}{2}$
  $= 134.14m$
• $C.L = 0.0174533RI$
  $= 0.0174533 \times 200 \times 67°42'$
  $= 236.32m$

37 고속도로의 건설을 위한 노선측량을 하고자 한다. 각 단계별 작업이 다음과 같을 때, 노선측량의 순서로 옳은 것은?

㉠ 실시설계측량	㉡ 용지측량
㉢ 계획조사측량	㉣ 세부측량
㉤ 공사측량	㉥ 도상선정

① ㉥ → ㉠ → ㉢ → ㉣ → ㉤ → ㉡
② ㉥ → ㉢ → ㉠ → ㉣ → ㉡ → ㉤
③ ㉥ → ㉤ → ㉢ → ㉠ → ㉣ → ㉡
④ ㉥ → ㉤ → ㉠ → ㉢ → ㉡ → ㉣

해설

노선측량 세부 작업과정

노선선정 (路線選定)	• 도상선정 • 종단면도 작성 • 현지답사
계획조사측량 (計劃調査測量)	• 지형도 작성 • 비교노선의 선정 • 종단면도 작성 • 횡단면도 작성 • 개략노선의 결정
실시설계측량 (實施設計測量)	• 지형도 작성 • 중심선의 선정 • 중심선 설치(도상) • 다각측량 • 중심선설치(현지)
	고저 측량	• 고저측량 • 종단면도 작성
세부측량 (細部測量)	구조물의 장소에 대해서, 지형도(축척 종 1/500 ~1/100)와 종횡단면도(축척 종 1/100, 횡 1/500~1/100)를 작성한다.
용지측량 (用地測量)	횡단면도에 계획단면을 기입하여 용지 폭을 정하고, 축척 1/500 또는 1/600로 용지도 를 작성한다.
공사측량 (工事測量)	기준점 확인, 중심선 검측, 검사관측
	인조점 확인 및 복원, 가인조점 등의 설치

38 GPS의 우주 부문에 대한 설명으로 옳지 않은 것은?

① 각 궤도는 4개의 위성과 예비 위성으로 운영된다.
② 위성은 0.5항성일 주기로 지구주위를 돌고 있다.
③ 위성은 모두 6개의 궤도로 구성되어 있다.
④ 위성은 고도 약 1,000km의 상공에 있다.

해설

우주 부문	구성	31개의 GPS 위성
	기능	측위용 전파 상시 방송, 위성궤도정보, 시각 신호 등 측위계산에 필요한 정보 방송 • 궤도형상 : 원궤도 • 궤도면수 : 6면 • 위성수 : 24개(1궤도면에 4개×6)+보조위 성 7개=31개 • 궤도경사각 : 55° • 궤도고도 : 20,183km • 사용좌표계 : WGS84

제어 부문		• 회전주기 : 11시간 58분(0.5 항성일) ※ 1항성일 : 23시간 56분 4초 • 궤도 간 이격 : 60도 • 기준발진기 : 10.23MHz(세슘원자시계 2 대, 루비듐원자시계 2대)
	구성	1개의 주제어국, 5개의 추적국 및 3개의 지 상안테나(Up Link 안테나 : 전송국)
	기능	주제어국 : 추적국에서 전송된 정보를 사용 하여 궤도요소를 분석한 후 신규궤노요소, 시계보정, 항법메시지 및 컨트롤 명령정보, 전리층 및 대류층의 주기적 모형화 등을 지 상안테나를 통해 위성으로 전송
		추적국 : GPS위성의 신호를 수신하고 위성 의 추적 및 작동상태를 감독하여 위성에 대 한 정보를 주제어국으로 전송
		전송국 : 주관제소에서 계산된 결과치로서 시각보정값, 궤도보정치를 사용자에게 전달 할 메시지 등을 위성으로 송신
		① 주제어국 : 콜로라도 스프링스(Colorado Springs) – 미국 콜로라도주 ② 추적국 • 어세션(Ascension) – 대서양 • 디에고 가르시아(Diego Garcia) – 인 도양 • 쿠에제린(Kwajalein) – 태평양 • 하와이 (Hawaii) – 태평양 ③ 3개의 지상안테나(전송국) : 갱신자료 송신

39 항공사진의 특수 3점이 아닌 것은?

① 주점　　　　② 연직점
③ 등각점　　　④ 중심점

해설

특수 3점

주점 (Principal Point)	주점은 사진의 중심점이라고도 한다. 주점 은 렌즈 중심으로부터 화면(사진면)에 내 린 수선의 발을 말하며 렌즈의 광축과 화면 이 교차하는 점이다.
연직점 (Nadir Point)	• 렌즈 중심으로부터 지표면에 내린 수선의 발을 말하고 N을 지상연직점(피사체연 직점), 그 선을 연장하여 화면(사진면)과 만나는 점을 화면연직점(n)이라 한다. • 주점에서 연직점까지의 거리(mn) $=f\tan i$

등각점 (Isocenter)	• 주점과 연직점이 이루는 각을 2등분한 점으로 사진면과 지표면에서 교차되는 점을 말한다. • 주점에서 등각점까지의 거리(mn) $= f\tan\dfrac{i}{2}$

40 항공사진측량의 특성에 대한 설명으로 옳지 않은 것은?

① 측량의 정확도가 균일하다.

② 정량적 및 정성적 해석이 가능하다.

③ 축척이 크고, 면적이 작을수록 경제적이다.

④ 동적인 대상물 및 접근하기 어려운 대상물의 측량이 가능하다.

해설

사진측량의 장단점

장점	단점

① 정량적 및 정성적 측정이 가능하다.
② 정확도가 균일하다.
 • 평면(X, Y) 정도 :
  $(10\sim30)\mu\times$촬영축척의 분모수(m)
 • 높이(H) 정도 :
  $\left(\dfrac{1}{10,000}\sim\dfrac{1}{15,000}\right)$
  $\times$촬영고도(H)
 여기서,
  $1\mu=\dfrac{1}{1,000}(\text{mm})$
  m : 촬영축척의 분모수
  H : 촬영고도
③ 동체측정에 의한 현상보존이 가능하다.
④ 접근하기 어려운 대상물의 측정도 가능하다.
⑤ 축척변경도 가능하다.
⑥ 분업화로 작업을 능률적으로 할 수 있다.
⑦ 경제성이 높다.
⑧ 4차원의 측정이 가능하다.
⑨ 비지형측량이 가능하다.
	① 좁은 지역에서는 비경제적이다.
	② 기자재가 고가이다(시설 비용이 많이 든다).
	③ 피사체 식별이 난해한 경우가 있다(지명, 행정경제 건물명, 음영에 의하여 분별하기 힘든 곳 등의 측정은 현장 작업으로 보충측량이 필요하다).
	④ 기상조건 및 태양고도 등의 영향을 받는다.

Subject 03 토지정보체계론

41 벡터 데이터 편집 시 다음과 같은 상태가 발생하는 오류의 유형으로 옳은 것은?

> 하나의 선으로 연결되어야 할 곳에서 두 개의 선으로 어긋나게 입력되어 불필요한 폴리곤을 형성한 상태

① 스파이크(Spike)

② 언더슈트(Undershoot)

③ 오버래핑(Overlapping)

④ 슬리버 폴리곤(Sliver Polygon)

해설

Digitizer 입력에 따른 오차

구분	내용	소거
Undershoot (못 미침)	교차점이 만나지 못하고 선이 끝나는 것	Extend 명령어를 이용
Overshoot (튀어나옴)	교차점을 지나 선이 끝나는 것	Trim 명령어를 이용
Spike (스파이크)	교차점에서 두 개의 선분이 만나는 과정에서 생기는 것	잘못 입력된 좌표 입력
Sliver Polygon (슬리버 폴리곤)	두 개 이상의 Coverage에 대한 오버레이로 인해 Polygon의 경계에 흔히 생기는 작은 영역의 Feature	불필요한 경계선 제거
Overlapping (점, 선의 중복)	점, 선이 이중으로 입력되어 있는 상태	중복된 점, 선을 삭제함으로써 수정이 가능하다.
Dangling Node (매달림, 연결선)	한쪽 끝이 다른 연결점이나 절점에 완전히 연결되지 않은 상태의 연결선	

42 실세계의 표현을 위한 기본적인 요소로 가장 거리가 먼 것은?

① 시간 데이터(Time Data)

② 메타 데이터(Meta Data)

③ 공간 데이터(Spatial Data)

④ 속성 데이터(Attribute Data)

해설

실세계의 표현을 위한 기본적인 요소

• time data
• spatial data
• attribute data

43 다음 공간 데이터의 품질과 관련된 내용 중 무결성에 대한 설명으로 옳은 것은?

① 공간 데이터의 관계 간 충실성을 나타낸다.
② 지도제작과 관련된 선택기준, 정의, 규칙 등 정보를 제공한다.
③ 유효값의 검사, 특정 위상구조 검사, 그래픽자료에 대한 일반 검사를 수행한다.
④ 공간 데이터의 생성에서 현재까지의 자료기술, 처리과정, 날짜 등을 기록한다.

해설

데이터 무결성

데이터의 정확성, 유효성, 일관성, 신뢰성을 위해 무효갱신으로부터 데이터를 보호하여 데이터 값을 정확히 유지하기 위한 기법을 말한다.

[데이터 무결성의 종류]
데이터 무결성에는 개체 무결성, 참조 무결성, 속성 무결성, 사용자 정의 무결성이 있다.

개체 무결성	개체의 데이터는 중복 없이 유일하게 식별될 수 있어야 한다. 이를 위하여 식별자가 반드시 필요하고 데이터를 식별 가능하게 하여 데이터의 모순을 배제한다.
참조 무결성	개체와 개체를 참조하는 관계에 있는 개체는 참조할 수 없는 외래 식별자를 지정하여 참조 데이터를 찾을 수 없도록 해서는 안된다. 데이터베이스는 참조할 수 없는 관계를 배제하여 개체 간의 데이터 관계 무결성을 보장한다.
속성 무결성	개체 무결성과 참조 무결성을 만족하더라도 타입, 필수데이터 여부, 속성별 제약사항 등 업무 제약을 벗어나는 데이터는 실효성이 없으므로 데이터베이스는 이를 제약한다.
사용자 정의 무결성	모든 데이터는 요구되는 업무규칙(Business Rule)의 제약이 필요한 경우를 위하여 데이터베이스에 제약기능을 제공한다.

44 우리나라의 토지대장과 임야대장의 전산화 및 전국 온라인화를 수행했던 정보화사업은?

① 지적도면 전산화
② 토지기록 전산화
③ 토지관리 정보체계
④ 토지행정정보 전산화

해설

토지기록 전산화 추진과정

토지기록 (지적업무) 전산화 기반조성	• 지적법 제2차 개정(1975년 12월)으로 토지·임야대장의 카드식 전환, 대장등록사항의 코드번호개발 등록, 면적 등록단위 미터법의 전환, 토지소유자의 주민등록번호등록, 법인등록번호 등록, 재외국민등록번호 등록, 수치측량방법 전환 등 지적업무전산화를 위한 기반 마련 • 1975년부터 1978년까지 전국의 토지·임야대장 및 공유지연명부, 수치적부의 카드식 대장으로의 전환이 이루어짐

⇩

토지기록 전산화 및 지적정보화 계획수립	준비단계		1975 ~1978	토지(임야)대장 카드화
				대장등록사항의 코드번호개발 등록
			1979 ~1980	소유자 주민등록번호 등재 정리
				법인등록번호 등록
				재외 국민등록번호 등록
				면적표시단위와 미터법 환산 정리
				기존자료 정비
				수치측량방법 전환
	구 축 단 계	1단계	1982 ~1984	시·도 및 중앙전산기 도입
				토지(임야)대장 3,200만 필 입력
		2단계	1985 ~1990	전산 조직 확보
				전산통신망 구축
				S/W 개발 및 자료 정비
	응 용 단 계	1단계	1990 ~1998	전국 온라인 운영
				토지(임야)대장 카드 정리 폐지
				신규 프로그램 작성과 운용 S/W 기능 보완
		2단계	1999 ~현재	주 전산기 교체(타이콤 → 국산 주전산기4)
				시·군·구 행정종합전산망에 따라 대장자료 시·군·구 설치
				시·군·구 자료변환 (C-ISAM → RDBMS)

45 경계점좌표등록부의 수치 파일화 순서로 옳은 것은?

① 좌표 및 속성 입력 → 좌표 및 속성 검사 → 좌표와 속성 결합 → 폴리곤 형성

② 좌표 및 속성 입력 → 좌표 및 속성 검사 → 폴리곤 형성 → 좌표와 속성 결합

③ 좌표 및 속성 검사 → 좌표 및 속성 입력 → 좌표와 속성 결합 → 폴리곤 형성

④ 좌표 및 속성 검사 → 좌표 및 속성 입력 → 폴리곤 형성 → 좌표와 속성 결합

해설

경계점좌표등록부 수치 파일화 과정
좌표 및 속성 입력 → 좌표 및 속성 검사 → 폴리곤 형성 → 좌표와 속성 결합

46 지적도면 전산화에 따른 기대효과로 옳지 않은 것은?

① 지적도면의 효율적 관리

② 지적도면 관리업무의 자동화

③ 신속하고 효율적인 대민서비스 제공

④ 정부 사이버테러에 대비한 보안성 강화

해설

지적도면 전산화의 기대효과

① 지적도면전산화가 구축되면 국민의 토지소유권(토지 경계)이 등록된 유일한 공부인 지적 도면을 효율적으로 관리할 수 있다.

② 정보화 사회에 부응하는 다양한 토지관련정보 인프라를 구축할 수 있어 국가 경쟁력이 강화되는 효과가 있다.

③ 전국 온라인망에 의하여 신속하고 효율적인 대민서비스를 제공할 수 있다.

④ NGIS와 연계되어 토지와 관련된 모든 분야에서 활용할 수 있다.

⑤ 지적측량업무의 전산화와 공부 정리의 자동화가 가능하게 된다.

⑥ 토지대장과 지적도면을 통합한 대민서비스의 질적 향상을 도모할 수 있다.

⑦ 공간정보 분야의 다양한 주제도와 융합을 통해 새로운 콘텐츠를 생성할 수 있다.

47 데이터베이스의 특징 중 "같은 데이터가 원칙적으로 중복되어 있지 않다."는 내용에 해당하는 것은?

① 저장 데이터(Stored Data)

② 공용 데이터(Shared Data)

③ 통합 데이터(Integrated Data)

④ 운영 데이터(Operational Data)

해설

Data의 정의
여러 응용시스템들의 통합된 정보들을 저장하여 공유하고 운영할 수 있는 데이터의 집합을 말한다. 데이터의 양이 방대하고 증대되면서 데이터의 체계적인 관리가 요구되고 조직의 데이터를 통합하고 저장하여 공용으로 사용 가능하게 함으로써 조직의 여러 시스템들을 공유할 수 있도록 통합·저장·운영하는 데이터의 집합체를 데이터베이스라고 한다

DB의 특징

통합성 (Integrated Data)	중복의 최소화 통합 데이터
저장성 (Stored Data)	접근 가능한 형태의 시스템에 저장
공유성 (Shared Data)	데이터의 여러 시스템 간 공유 가능
운영성 (Operational Data)	조직 시스템의 기능 수행

48 다음 중 필지식별자로서 가장 적합한 것은?

① 지목

② 토지의 소재지

③ 필지의 고유번호

④ 토지소유자의 성명

해설

필지식별자로서 가장 적합한 것은 필지의 고유번호이다.

49 래스터 데이터의 압축방법이 아닌 것은?

① 사지수형(Quadtree)

② 블록코드(Block Code) 기법

③ 스틸코드(Steel Code) 기법

④ 체인코드(Chain Code) 기법

해설

압축방법

Run-length 코드 기법	• 각 행마다 왼쪽에서 오른쪽으로 진행하면서 동일한 수치를 갖는 셀들을 묶어 압축하는 방법이다. • Run이란 하나의 행에서 동일한 속성값을 갖는 격자를 말한다. • 동일한 속성값을 개별적으로 저장하는 대신 하나의 Run에 해당되는 속성값이 한 번만 저장되고 Run의 길이와 위치가 저장되는 방식이다.
사지수형 (Quadtree) 기법	• 사지수형(Quadtree) 기법은 Run-length 코드기법과 함께 많이 쓰이는 자료압축기법이다. • 크기가 다른 정사각형을 이용하여 Run-length 코드보다 더 많은 자료의 압축이 가능하다. • 전체 대상지역에 대하여 하나 이상의 속성이 존재할 경우 전체 지도는 4개의 동일한 면적으로 나누어지는데 이를 Quadrant라 한다.
블록코드 (Block Code) 기법	• Run-length 코드기법에 기반을 둔 것으로 정사각형으로 전체 객체의 형상을 나누어 데이터를 구축하는 방법이다. • 자료구조는 원점으로부터의 좌표 및 정사각형의 한 변의 길이로 구성되는 세 개의 숫자만으로 표시가 가능하다.
체인코드 (Chain Code) 기법	• 대상지역에 해당하는 격자들의 연속적인 연결상태를 파악하여 동일한 지역의 정보를 제공하는 방법이다. • 자료의 시작점에서 동서남북으로 방향을 이동하는 단위거리를 통해서 표현한다. • 각 방향은 동쪽이 0, 북쪽이 1, 서쪽이 2, 남쪽이 3 등 숫자로 방향을 정의한다. • 픽셀의 수는 상첨자로 표시한다. • 압축효율은 높으나 객체 간의 경계부분이 이중으로 입력되어야 하는 단점이 있다.

50 토지정보 전산화의 목적에 해당하지 않는 것은?

① 지적서고의 확장을 방지할 수 있다.
② 지적공부를 토지소유자와 실시간으로 공유할 수 있다.
③ 지적정보의 정확성을 높이고 업무의 신속성을 확보할 수 있다.
④ 체계적이고 과학적인 토지 관련 정책자료와 지적행정을 실현할 수 있다.

해설

지적전산화의 목적
• 국가지리정보사업에 기본정보로 관련 기관의 다목적 활용을 위한 기반조성
• 지적도면의 신축으로 인한 원형보관, 관리의 어려움 해소
• 지적관련 민원 사항의 신속·정확한 처리
• 토지소유권 등 변동자료의 신속한 파악과 관리
• 토지관련 정책 자료의 다목적 활용
• 지적공부를 체계적이고 과학적인 토지정책자료와 지적행정의 실현으로 다목적지적에 활용할 수 있도록 한다.(토지정보의 다목적 활용)
• 토지소유자의 현황파악과 지적민원을 신속하고 정확하게 처리하므로 지방행정전산화 촉진 등에 영향을 미칠 수 있다.(토지소유권의 신속한 파악)
• 전국적으로 획일적인 시스템의 활용으로 각 시·도 분산시스템의 상호 간 또는 중앙시스템 간의 인터페이스를 완전하게 확보가 가능하도록 한다.
• 토지기록과 관련하여 변동자료를 온라인처리로 이동정리 등의 기존에 처리하던 업무의 이중성을 배제할 수 있다.

51 KLIS에서 공시지가정보검색 및 개발부담금관리를 위한 시스템으로 옳은 것은?

① 지적공부관리시스템
② 토지민원발급시스템
③ 토지행정지원시스템
④ 용도지역지구관리시스템

해설

52 중첩의 유형에 해당하지 않는 것은?

① 선과 점의 중첩
② 점과 폴리곤의 중첩
③ 선과 폴리곤의 중첩
④ 폴리곤과 폴리곤의 중첩

해설

중첩의 유형

점과 폴리곤의 중첩	점과 폴리곤의 중첩기능을 통해 특정한 새가 특정 유형의 식생을 선호하는지에 대한 정보를 파악할 수 있다. 야생 생물학자는 갈색 머리를 가진 특정한 새가 서식하는 특정 식생이 있는지 파악할 때 식생을 분류한 폴리곤 커버리지 위에 새들의 서식지를 위치화한다.
선 형상과 폴리곤의 중첩	간선도로(철도와 고속도로, 도로망 등)와의 중첩 후에는 교통네트워크와 시가지 확장의 강한 공간적 관계를 파악하게 되는데, 이와 같이 선과 폴리곤의 중첩을 통해 시가지 확장 패턴과 관련된 가설을 수립할 수 있다.
폴리곤과 폴리곤의 중첩	중첩에 대한 전통적인 접근은 폴리곤으로 표현된 하나의 커버리지 위에 또 다른 커버리지의 폴리곤을 중첩시키는 것이다. 일례로 증가하는 인구를 수용하면서도 가능한 한 농업을 위해 최고의 토양 질을 보존하도록 단지 계획과 토지이용계획을 수립하는 경우를 들 수 있다.

53 지표면을 3차원으로 표현할 수 있는 수치표고자료의 유형은?

① DEM 또는 TIN
② JPG 또는 GIF
③ SHF 또는 DBF
④ RFM 또는 GUM

해설

수치표고자료의 유형

수치표고모형 (DEM : Digital Elevation Model)	DEM은 지형의 연속적인 기복변화를 일정한 크기의 격자간격으로 표현한 것으로 공간상의 연속적인 기복변화를 수치적인 행렬의 격자형태로 표현한다. 수치표고모형은 표고데이터의 집합일 뿐만 아니라 임의의 위치에서 표고를 보간할 수 있는 모델을 말한다. 공간상에 나타난 불규칙한 지형의 변화를 수치적으로 표현하는 방법을 수치표고모형이라 한다. DEM은 규칙적인 간격으로 표본지점이 추출된 래스터 형태의 데이터모델이며 DTM 중에서 표고를 특화한 모델이다. • 도로의 부지 및 댐의 위치 선정 • 수문 정보체계 구축 • 등고선도와 시선도 • 절토량과 성토량의 산정

	• 조경설계 및 계획을 위한 입체적인 표현 • 지형의 통계적 분석과 비교 • 경사도, 사면방향도, 경사 및 단면의 계산과 음영기복도 제작 • 경관 또는 지형형성과정의 영상모의 관측 • 수치지형도 작성에 필요한 표고정보와 지형정보를 다 이루는 속성 • 군사적 목적의 3차원 표현
불규칙삼각망 (TIN : 不規則三角網, Triangulated Irregular Network)	불규칙삼각망은 불규칙하게 배치되어 있는 지형점으로부터 삼각망을 생성하여 삼각형 내의 표고를 삼각평면으로부터 보간하는 DEM의 일종이다. 벡터 데이터 모델로 위상구조를 가지며 표본 지점들은 X, Y, Z값을 가지고 있으며 다각형 Network를 이루고 있는 순수한 위상구조와 개념적으로 유사하다. • 기복의 변화가 작은 지역에서 절점수를 적게 함 • 기복의 변화가 심한 지역에서 절점수를 증가시킴 • 자료량 조절이 용이 • 중요한 위상형태를 필요한 정확도에 따라 해석 • 경사가 급한 지역에 적당하고 선형 침식이 많은 하천지형의 적용에 특히 유용 • TIN을 활용하여 방향, 경사도 분석, 3차원 입체지형생성 등 다양한 분석 수행 • 격자형 자료의 단점인 해상력 저하, 해상력 조절, 중요한 정보 상실 가능성 해소

54 토지정보시스템 구축의 목적으로 가장 거리가 먼 것은?

① 토지 관련 과세 자료의 이용
② 지적민원사항의 신속한 처리
③ 토지 관계 정책 자료의 다목적 활용
④ 전산자원 및 지적도 DB 단독 활용

해설

토지정보시스템의 구축 목적

필요성	구축효과
• 토지정책자료의 다목적활용 • 수작업 오류 방지 • 토지 관련 과세 자료로 이용 • 공공기관 간의 토지정보공유 • 지적민원의 신속 정확한 처리 • 도면과 대장의 통합 관리 • 지방행정 전산화의 획기적 계기 • 지적공부의 노후화	• 지적통계와 정책의 정확성과 신속성 • 지적서고 팽창 방지 • 지적업무의 이중성 배제 • 체계적이고 과학적인 지적실현 • 지적업무 처리의 능률성과 정확도 향상 • 민원인의 편의 증진 • 시스템 간의 인터페이스 확보 • 지적도면 관리의 전산화 기초 확립

55 지적전산용 네트워크 기본 장비와 가장 거리가 먼 것은?

① 교환 장비
② 전송 장비
③ 보안 장비
④ DLT 장비

◉해설

지적전산용 네트워크 기본장비
• 교환 장비
• 전송 장비
• 보안 장비

56 다음과 같은 특징을 갖는 도형자료의 입력장치는?

> • 필요한 주제의 형태에 따라 작업자가 좌표를 독취하는 방법이다.
> • 일반적으로 많이 사용되는 방법으로, 간단하고 소요 비용이 저렴한 편이다.
> • 작업자의 숙련도가 작업의 효율성에 큰 영향을 준다.

① 프린터
② 플로터
③ DLT 장비
④ 디지타이저

◉해설

자료입력방식

구분	Digitizer(수동방식)	Scanner(자동방식)
정의	전기적으로 민감한 테이블을 사용하여 종이로 제작된 지도자료를 컴퓨터에 의하여 사용할 수 있는 수치자료로 변환하는 데 사용되는 장비이다. 도형자료(도표, 그림, 설계도면)를 수치화하거나 수치화하고 난 후 즉시 자료를 검토할 때와 이미 수치화된 자료를 도형적으로 기록하는 데 쓰인다.	위성이나 항공기에서 자료를 직접 기록하거나 지도 및 영상을 수치로 변환하는 장치로서 사진 등과 같이 종이에 나타나 있는 정보를 그래픽 형태로 읽어 들여 컴퓨터에 전달하는 입력 장치를 말한다.

특징	• 도면이 훼손·마멸 등으로 스캐닝 작업으로 경계의 식별이 곤란할 경우와 도면의 상태가 양호하더라도 도곽 내에 필지수가 적어 스캐닝 작업이 비효율적인 도면은 디지타이징 방법으로 작업을 할 수 있다. • 디지타이징 작업을 할 경우에는 데이터 취득이 완료될 때까지 도면을 움직이거나 제거하여서는 안 된다.	• 밀착스캔이 가능한 최선의 스캐너를 선정하여야 한다. • 스캐닝 방법에 의하여 작업할 도면은 보존상태가 양호한 도면을 대상으로 하여야 한다. • 스캐닝 작업을 할 경우에는 스캐너를 충분히 예열하여야 한다. • 벡터라이징 작업을 할 경우에는 경계점 간 연결되는 선은 굵기가 0.1mm가 되도록 환경을 설정하여야 한다. • 벡터라이징은 반드시 수동으로 하여야 하며 경계점을 명확히 구분할 수 있도록 확대한 후 작업을 실시하여야 한다.

57 데이터의 표준화를 위해서 선행되어야 할 요건이 아닌 것은?

① 원격탐사
② 형상의 분류
③ 대상물의 표현
④ 자료의 질에 대한 분류

◉해설

표준화

표준이란 개별적으로 얻을 수 없는 것들을 공통적인 특성을 바탕으로 일반화하여 다수의 동의를 얻어 규정하는 것으로 GIS 표준은 다양하게 변화하는 GIS 데이터를 정의하고 만들거나 응용하는데 발생되는 문제점을 해결하기 위해 정의되었다. GIS 표준화는 다음의 7가지 영역으로 분류할 수 있다.

[표준화 요소]

내적요소	Data Model의 표준화	공간데이터의 개념적이고 논리적인 틀이 정의된다.
	Data Content의 표준화	다양한 공간 현상에 대하여 데이터 교환에 대해 필요한 데이터를 얻기 위한 공간 현상과 관련 속성 자료들이 정의된다.
	Meta data의 표준화	사용되는 공간 데이터의 의미, 맥락, 내외부적 관계 등에 대한 정보로 정의된다.

외적요소	Data Quality의 표준화	만들어진 공간데이터가 얼마나 유용하고 정확한지, 의미가 있는지에 대한 검증 과정으로 정의된다.
	Data Collection의 표준화	공간데이터를 수집하기 위한 방법이 정의된다.
	Location Reference의 표준화	공간데이터의 정확성, 의미, 공간적 관계 등이 객관적인 기준(좌표 체계, 투영법, 기준점 등)에 의해 정의된다.
	Data Exchange의 표준화	만들어진 공간데이터가 Exchange 또는 Transfer 되기 위한 데이터 모델구조, 전환방식 등으로 정의된다.

Area	면은 경계선 내의 영역을 정의하고 면적을 가지며, 호수, 삼림을 나타낸다. 지적도의 필지, 행정구역이 대표적이다. • 면(面, area) 또는 면적(面積)은 한정되고 연속적인 2차원적 표현이다. • 모든 면적은 다각형으로 표현된다.

58 공간 데이터의 표현 형태 중 폴리곤에 대한 설명으로 옳지 않은 것은?

① 이차원의 면적을 갖는다.
② 점, 선, 면의 데이터 중 가장 복잡한 형태를 갖는다.
③ 경계를 형성하는 연속된 선들로 형태가 이루어진다.
④ 폴리곤 간의 공간적인 관계를 계량화하는 것이 매우 쉽다.

해설

벡터구조의 기본요소

구분	내용
Point	점은 차원이 존재하지 않으며 대상물의 지점 및 장소를 나타내고 기호를 이용하여 공간형상을 표현한다. • 기하학적 위치를 나타내는 0차원 또는 무차원 정보이다. • 절점(node)은 점의 특수한 형태로 0차원이고 위상적 연결이나 끝점을 나타낸다. • 최근린방법 : 점 사이의 물리적 거리를 관측한다. • 사지수(quadrat)방법 : 대상영역의 하부면적에 존재하는 점의 변이를 분석한다.
Line	선은 가장 간단한 형태로 1차원 대상물은 두 점을 연결한 직선이다. 대축척(면사상), 소축척(선사상)으로 지적도, 임야도의 경계선을 나타내는 데 효과적이다. ① 1차원표현으로 두 점 사이의 최단거리를 의미한다. ② 형태 : 문자열(string), 호(arc), 사슬(chain) 등이 있다. • 문자열(string) : 연속적인 line segment(두 점을 연결한 선)를 의미하며 1차원적 요소이다. • 호(arc) : 수학적 함수로 정의되는 곡선을 형성하는 점의 궤적이다. • 사슬(chain) : 각 끝점이나 호가 상관성이 없을 경우 직접적인 연결, 즉 체인은 시작 노드와 끝 노드에 대한 위상정보를 가지며 자치꼬임이 허용되지 않는 위상기본요소를 의미한다.

59 부동산종합공부시스템의 관리내용으로 옳지 않은 것은?

① 부동산종합공부시스템의 사용 시 발견된 프로그램의 문제점이나 개선사항은 국토교통부장관에게 요청해야 한다.
② 사용기관이 필요시 부동산종합공부시스템의 원시프로그램이나 조작 도구를 개발·설치할 수 있다.
③ 국토교통부장관은 부동산종합공부시스템이 단일 버전의 프로그램으로 설치·운영되도록 총괄·조정하여 배포해야 한다.
④ 국토교통부장관은 부동산종합공부시스템 프로그램의 추가·변경 또는 폐기 등의 변동사항이 발생한 때에는 그 세부내역을 작성·관리해야 한다.

해설

부동산종합공부시스템 운영 및 관리규정 제13조(정보시스템 관리)

① 국토교통부장관은 부동산종합공부시스템에 사용되는 프로그램의 목록을 작성하여 관리하고, 프로그램의 추가·변경 또는 폐기 등의 변동사항이 발생한 때에는 그에 관한 세부내역을 작성·관리하여야 한다.
② 국토교통부장관은 부동산종합공부시스템이 단일한 버전의 프로그램으로 설치 및 운영되도록 총괄적으로 조정하여 이를 운영기관의 장에 배포하여야 한다.
③ 부동산종합공부시스템에는 국토교통부장관의 승인을 받지 아니한 어떠한 형태의 원시프로그램과 이를 조작할 수 있는 도구 등을 개발·제작·저장·설치할 수 없다.
④ 운영기관에서 부동산종합공부시스템을 사용 또는 유지관리 하던 중 발견된 프로그램의 문제점이나 개선사항에 대한 프로그램개발·개선·변경요청은 별지 제6호 서식에 따라 국토교통부장관에게 요청하여야 한다.

60 네트워크를 통하여 정보를 공유하고자 하는 온라인 활용분야에서 사용되는 공통어는?

① 메타 데이터   ② 속성 데이터
③ 위성 데이터   ④ 데이터 표준화

해설

메타 데이터(Meta Data)

수록된 데이터의 내용, 품질, 조건 및 특징 등을 저장한 데이터로서 데이터에 관한 데이터, 즉 데이터의 이력서라 할 수 있다. 메타데이터는 작성한 실무자가 바뀌더라도 변함없는 데이터의 기본체계를 유지하게 함으로써 시간이 지나도 일관성 있는 데이터를 사용자에게 제공 가능하도록 하며, 데이터를 목록화하기 때문에 사용상의 편리성을 도모한다. 따라서 메타데이터는 정보의 공유를 극대화하며 데이터의 원활한 교환을 지원하기 위한 프레임을 제공한다.

현재 메타데이터의 표준으로 사용되고 있는 것은 미국의 FGDC(Federal Geographic Data Committee) 표준, ISO /TC211 표준(International Organization for Standard) /Technical Committee 211 : 국제표준기구 GIS 표준기술위원회), CEN/TC287(유럽표준화기구) 표준 등을 들 수 있다.

Subject 04 지적학

61 다음 중 토렌스 시스템의 기본 이론에 해당되지 않는 것은?

① 거울이론   ② 보상이론
③ 보험이론   ④ 커튼이론

해설

토렌스 시스템

오스트레일리아 Robert Torrens 경에 의해 창안된 토렌스 시스템은 토지의 권원(權原, title)을 명확히 하고 토지거래에 따른 변동사항 정리를 용이하게 하여 권리증서의 발행을 편리하게 하는 것이 목적이다. 이 제도의 기본원리는 법률적으로 토지의 권리를 확인하는 대신에 토지의 권원을 등록하는 행위이다.

[토렌스 시스템의 3대 기본원칙]

거울이론 (mirror principle)	• 소유권에 관한 현재의 법적 상태는 오직 등기부에 의해서만 이론의 여지 없이 완벽하게 보인다는 원리이다. • 토지권리증서의 등록은 토지거래의 사실을 이론의 여지없이 완벽하게 반영하는 거울과 같다는 이론이다. • 소유권증서와 관련된 모든 현재의 사실이 소유권의 원본에 확실히 반영된다는 원칙이다.
커튼이론 (curtain principle)	• 소유권의 법적 상태와 관련한 확실성을 보장하기 위하여 단지 현재의 등기부에 등기된 사항만 논의되어야 한다는 이론이다. • 현재의 소유권증서는 완전한 것이며 이전의 증서나 왕실 증여를 추적할 필요가 없다는 것이다. • 토렌스제도에 의해 한번 권리증명서가 발급되면 당해 토지에 대한 이전의 모든 이해관계는 무효가 되며 현재의 소유권을 되돌아볼 필요가 없다는 것이다.
보험이론 (insurance principle)	• 권원증명서에 등기된 모든 정보는 정부에 의하여 보장된다는 원리이다. • 토지등록이 토지의 권리를 아주 정확하게 반영한 것이나 인간의 과실로 인하여 착오가 발생하는 경우에 피해를 입은 사람은 누구나 피해보상에 관한 한 법률적으로 선의의 제3자와 동등한 입장에 놓여야만 된다는 이론이다. • 토지의 등록을 뒷받침하며 어떠한 경로로 인한 소유자의 손실을 방지하기 위하여 수정될 수 있다는 이론이다. • 금전적 보상을 위한 이론이며 손실된 토지의 복구를 의미하는 것은 아니다.

62 다음 중 고대 바빌로니아의 지적 관련 사료가 아닌 것은?

① 미쇼(Michaux)의 돌
② 테라코타(Terra Cotta) 서판
③ 누지(Nuzi)의 점토판 지도(Clay tablet)
④ 메나 무덤(Tomb of Menna)의 고분벽화

해설

고대 바빌로니아의 지적 관련 사료

바빌로니아 누지(Nuzi)의 점토판 지도	이라크 북동부 지역의 누지(Nuzi)에서 고대 바빌로니아에서 사용된 B.C 2500년경의 점토판 지도 발견
바빌로니아의 지적도	B.C 2300년경의 바빌로니아 지적도로서 소유경계와 재배작물 및 가축 등을 표시하여 과세목적으로 사용
경계비석 미쇼 (Michaux)의 돌	• 수메르인들은 최초의 문자를 발명하고 점토판에 새겨진 지도를 제작 • 홍수예방과 관개를 위하여 운하 · 저수지 · 제방과 같은 수리체계 완성 • 토지분쟁을 사전에 예방하기 위해 토지경계를 측량하고 토지 양도 서식을 담아서 "미쇼의 돌"이라는 경계비석을 세움
테라코타(Terra Cotta) 서판	이라크 남부지역의 움마시(Ummah)에서 양질의 점토를 구워서 만든 B.C 2100년경의 서판 발견(토지경계와 면적이 기록됨)

※ 이집트 테베지역

메나 무덤(Tomb of Menna)의 고분벽화	• 지적측량과 지적제도의 기원 • 인류문명의 발생지인 티그리스 · 유프라테스 · 나일강의 농경정착지에서 찾아볼 수 있음

63 다음 중 토지조사사업 당시 일필지조사와 관련이 가장 적은 것은?

① 경계조사　　　② 지목조사

③ 지주조사　　　④ 지형조사

해설

일필지 조사	실지조사에 의해 각 필지의 지주 · 경계 · 지목 · 지번을 조사한 것이다. ① 지주의 조사 • 민유지는 토지신고서, 국유지는 소속 관청의 국유지통지서에 의거함을 원칙으로 한다. • 특별한 이유가 없는 한 신고자를 지주로 인정하는 신고주의 원칙을 채택한다. • 1필지에 대하여 2명 이상이 토지신고서를 제출하게 되면 분쟁지로 처리하였으며 화해를 통해 해결할 것을 원칙으로 하고, 화해가 이루어지지 않을 경우 분쟁지조사를 실시하였다.

② 경계 및 지역의 조사
③ 지목의 조사
  • 지목 : 총 18종
  • 과세대상 : 전 · 답 · 대(垈) · 지소(池沼) · 임야 · 잡종지
  • 면세지 : 사사지 · 분묘지 · 공원지 · 철도용지, 수도용지
  • 비과세지 : 도로 · 하천 · 구거 · 제방 · 성첩 · 철도선로 · 수도선로
④ 지번의 조사
⑤ 특별조사(증명 및 등기필지의 조사)

64 토지의 분할 후 면적 합계는 분할 전 면적과 어떻게 되도록 처리하는가?

① $1m^2$까지 적어지는 것은 허용한다.

② $1m^2$까지 많아지는 것은 허용한다.

③ $1m^2$까지는 많아지거나 적어지거나 모두 좋다.

④ 분할 전 면적에 증감이 없도록 하여야 한다.

해설

토지 분할 후의 면적 합계는 분할 전 면적에 증감이 없도록 하여야 한다.

65 토지에 관한 권리객체의 공시역할을 하고 있는 지적의 가장 중요한 역할이라 할 수 있는 것은?

① 필지 확정　　　② 지목 결정

③ 면적 결정　　　④ 소유자 등록

해설

필지의 특성
• 토지의 소유권이 미치는 범위와 한계를 나타낸다.
• 지형 · 지물에 의한 경계가 아니고 토지소유권의 구분에 의하여 인위적으로 구획된 것이다.
• 도면(지적도 · 임야도)에서는 경계점을 직선으로 연결한 선, 경계점좌표등록부에서는 경계점(평면직각종횡선수치)의 연결로 표시되며 폐합된 다각형으로 구획된다.
• 대장(토지대장 · 임야대장)에서는 하나의 지번에 의거하여 작성된 1장의 대장에 의거 필지를 구분한다.

66 진행방향에 따른 지번 부여방법의 분류에 해당하는 것은?

① 자유식   ② 분수식

③ 사행식   ④ 도엽단위식

●해설

진행 방법	사행식	필지의 배열이 불규칙한 지역에서 진행순서에 따라 지번을 부여하는 방법으로 농촌지역의 지번부여에 적합하다. 우리나라 토지의 대부분은 사행식에 의해 부여하며 지번 부여가 일정하지 않고 상하좌우로 분산되어 부여되는 결점이 있다.
	기우식	도로를 중심으로 한쪽은 홀수인 기수, 다른 쪽은 짝수인 우수로 지번을 부여하는 방법으로 리·동·도·가 등의 시가지 지역의 지번부여방법으로 적합하고 교호식이라고도 한다.
	단지식	단지마다 하나의 지번을 부여하고 단지 내 필지마다 부번을 부여하는 방법으로 단지식은 블록식이라고도 하며 도시개발사업 및 농지개량사업 시행지역 등의 지번부여에 적합하다.
	절충식	사행식·기우식·단지식 등을 적당히 취사선택(取捨選擇)하여 부번하는 방식이다.

67 우리나라 임야조사사업 당시의 재결기관으로 옳은 것은?

① 도지사   ② 임야조사위원회

③ 고등토지조사위원회   ④ 세부측량검사위원회

●해설

구분	토지조사사업	임야조사사업
근거법령	토지조사령 (1912.8.13. 제령 제2호)	조선임야조사령 (1918.5.1. 제령 제5호)
조사기간	1910~1918 (8년 10개월)	1916~1924(9개년)
측량기관	임시토지조사국	부(府)와 면(面)
사정기관	임시토지조사국장	도지사
재결기관	고등토지조사위원회	임야심사위원회
조사내용	• 토지소유권 • 토지가격 • 지형·지모	• 토지소유권 • 토지가격 • 지형·지모

조사대상	• 전국에 걸친 평야부 토지 • 낙산 임야	• 토지조사에서 제외된 토지 • 산림 내 개재지(토지)
도면축척	1/600, 1/1,200, 1/2,400	1/3,000, 1/6,000
기선측량	13개소	

68 1필지에 대한 설명으로 가장 거리가 먼 것은?

① 토지의 거래 단위가 되고 있다.

② 논둑이나 밭둑으로 구획된 단위 지역이다.

③ 토지에 대한 물권의 효력이 미치는 범위이다.

④ 하나의 지번이 부여되는 토지의 등록 단위이다.

●해설

1. 필지의 특성
   - 토지의 소유권이 미치는 범위와 한계를 나타낸다.
   - 지형·지물에 의한 경계가 아니고 토지소유권의 구분에 의하여 인위적으로 구획된 것이다.
   - 도면(지적도·임야도)에서는 경계점을 직선으로 연결한 선, 경계점좌표등록부에서는 경계점(평면직각종횡선수치)의 연결로 표시되며 폐합된 다각형으로 구획된다.
   - 대장(토지대장·임야대장)에서는 하나의 지번에 의거하여 작성된 1장의 대장을 근거로 하여 필지를 구분한다.

2. 1필지로 정할 수 있는 기준
   토지의 등록단위인 1필지를 정하기 위하여는 다음의 기준에 적합하여야 한다.

지번부여지역의 동일	1필지로 확정하고자 하는 토지는 지번부여지역(행정구역인 법정 동·리 또는 이에 준하는 지역)이 같아야 한다. 따라서 1필지의 토지에 동·리 및 이에 준하는 지역이 다른 경우 1필지로 확정할 수 없다.
토지소유자 동일	1필지로 확정하고자 하는 토지는 소유자가 동일하여야 한다. 따라서 1필지로 확정하고자 하는 토지의 소유자가 각각 다른 경우에는 1필지로 확정할 수 없다. 또한 소유권이 외의 권리관계까지도 동일하여야 한다.
용도의 동일	1필지로 확정하고자 하는 토지는 지목이 동일하여야 한다. 따라서 1필지 내 토지의 일부가 주된 목적의 사용목적 또는 용도가 다른 경우에는 1필지로 확정할 수 없다. 다만, 주된 토지에 편입할 수 있는 토지의 경우에는 필지 내 토지의 일부가 지목이 다른 경우라도 주지목추정의 원칙에 의하여 1필지로 확정할 수 있다.

지반의 연속	1필지로 획정하고자 하는 토지는 지형 · 지물(도로, 구거, 하천, 계곡, 능선) 등에 의하여 지반이 끊기지 않고 연속되어야 한다. 즉 1필지로 하려는 토지에 지반이 연속되지 않은 토지가 있을 경우 별필지로 획정하여야 한다.

69 지번의 설정 이유 및 역할로 가장 거리가 먼 것은?

① 토지의 개별화   ② 토지의 특정화

③ 토지의 위치 확인   ④ 토지이용의 효율화

해설

지번

1. 지번의 특성

   지번은 특정성, 동질성, 종속성, 불가분성, 연속성을 가지고 있다. 지번부여지역에 속한 필지들은 지번에 의해 개별성을 보장받게 되기 때문에 지번은 특정성을 지니게 되며, 단식지번과 성질상 부번이 없는 단식지번이 복식지번보다 우세한 것 같지만 지번으로서의 역할에는 하등과 우열의 경중이 없으므로 지번은 유형과 크기에 관계없이 동질성을 지니게 된다. 또한 지번은 부여지역 및 이미 설정된 지번 등에 의해 형성되기 때문에 종속성을 지니게 된다. 지번은 물권변동 또는 설정에 따른 각 권리에 의해 분리되지 않는 불가분성을 지니게 된다.

2. 지번의 기능
   - 필지를 구별하는 개별성과 특정성의 기능을 갖는다.
   - 거주지 또는 주소표기의 기준으로 이용된다.
   - 위치파악의 기준으로 이용된다.
   - 각종 토지관련 정보시스템에서 검색키(식별자 · 색인키)로서의 기능을 갖는다.

70 지적공부에 등록하지 아니하는 것은?

① 해면   ② 국유림

③ 암석지   ④ 황무지

해설

공간정보의 구축 및 관리 등에 관한 법률 제6조(측량기준)

① 측량의 기준은 다음 각 호와 같다.

   1. 위치는 세계측지계(世界測地系)에 따라 측정한 지리학적 경위도와 높이(평균해수면으로부터의 높이를 말한다. 이하 이 항에서 같다)로 표시한다. 다만, 지도 제작

등을 위하여 필요한 경우에는 직각좌표와 높이, 극좌표와 높이, 지구중심 직교좌표 및 그 밖의 다른 좌표로 표시할 수 있다.

   2. 측량의 원점은 대한민국 경위도원점(經緯度原點) 및 수준원점(水準原點)으로 한다. 다만, 섬 등 대통령령으로 정하는 지역에 대하여는 국토교통부장관이 따로 정하여 고시하는 원점을 사용할 수 있다.

   3. 수로조사에서 간출지(干出地)의 높이와 수심은 기본수준면(일정 기간 조석을 관측하여 분석한 결과 가장 낮은 해수면)을 기준으로 측량한다.

   4. 해안선은 해수면이 약최고고조면(略最高高潮面 : 일정 기간 조석을 관측하여 분석한 결과 가장 높은 해수면)에 이르렀을 때의 육지와 해수면과의 경계로 표시한다.

② 해양수산부장관은 수로조사와 관련된 평균해수면, 기본수준면 및 약최고고조면에 관한 사항을 정하여 고시하여야 한다. 〈개정 2013. 3. 23.〉

③ 제1항에 따른 세계측지계, 측량의 원점 값의 결정 및 직각좌표의 기준 등에 필요한 사항은 대통령령으로 정한다.

공간정보의 구축 및 관리 등에 관한 법률 시행령 제58조(지목의 구분)

법 제67조 제1항에 따른 지목의 구분은 다음 각 호의 기준에 따른다.

   5. 임야

      산림 및 원야(原野)를 이루고 있는 수림지(樹林地) · 죽림지 · 암석지 · 자갈땅 · 모래땅 · 습지 · 황무지 등의 토지

71 지적도 축척에 관한 설명으로 옳지 않은 것은?

① 일반적으로 축척이 크면 도면의 정밀도가 크다.

② 지도상에서의 거리와 지표상에서의 거리와의 관계를 나타내는 것이다.

③ 축척의 표현방법에는 분수식, 서술식, 그래프식 방법 등이 있다.

④ 축척이 분수로 표현될 때에 분자가 같으면 분모가 큰 것이 축척이 크다.

해설

지적도의 축척은 분자가 같으면 분모가 작은 것이 대축척이다.

72 1910년 대한제국의 탁지부에서 근대적인 지적제도를 창설하기 위하여 전 국토에 대한 토지조사사업을 추진할 목적으로 제정·공포한 것은?

① 지세령　　　　　② 토지조사령
③ 토지조사법　　　④ 토지측량규칙

◉해설
지적법의 연혁

토지조사법 (土地調査法)	현행과 같은 근대적 지적에 관한 법률의 체제는 1910년 8월 23일(대한제국시대) 법률 제7호로 제정·공포된 토지조사법에서 그 기원을 찾아 볼 수 있으나, 1910년 8월 29일 한일 합방에 의한 국권피탈로 대한제국이 멸망한 이후 실질적인 효력이 상실되었다. 우리나라에서 토지조사에 관련된 최초의 법령은 구한국 정부의 토지조사법(1910년)이며 이후 이 법은 토지조사령으로 계승되었다.
토지조사령 (土地調査令)	그 후 대한제국을 강점한 일본은 토지소유권 제도의 확립이라는 명분하에 토지 찬탈과 토지과세를 위하여 토지조사사업을 실시하였으며 이를 위하여 토지조사령(1912.8.13. 제령 제2호)을 공포·시행하였다.
지세령(地稅令)	1914년에 지세령(1914.3.6. 제령 제1호)과 토지대장규칙(1914.4.25. 조선총독부령 제45호) 및 토지측량표규칙(1915.1.15. 조선총독부령 제1호)을 제정하여 토지조사사업의 성과를 담은 토지대장과 지적도의 등록사항과 변경·정리방법 등을 규정하였다.
토지대장규칙 (土地臺帳規則)	1914년 4월 25일 조선총독부령 제45호로 전문 8조로 구성되어 있으며 이는 1914년 3월 16일 제령 제1호로 공포된 지세령 제5항에 규정된 토지대장에 관한 사항을 규정하는 데 목적이 있었다.
조선임야조사령 (朝鮮林野調査令)	1918년 5월 조선임야조사령(1918.5.1. 제령 제5호)을 제정·공포하여 임야조사사업을 전국적으로 확대 실시하게 되었으며, 1920년 8월 임야대장규칙(1920.8.23. 조선총독부령 제113호)을 제정 공포하고 이 규칙에 의하여 임야조사사업의 성과를 담은 임야대장과 임야도의 등록사항과 변경정리방법 등을 규정하였다.

73 지적제도에서 채택하고 있는 토지등록의 일반 원칙이 아닌 것은?

① 등록의 직권주의　　② 실질적 심사주의
③ 심사의 형식주의　　④ 적극적 등록주의

◉해설
토지등록의 원칙

등록의 원칙 (登錄의 原則)	토지에 관한 모든 표시사항을 지적공부에 반드시 등록하여야 하며 토지의 이동이 이루어지려면 지적공부에 그 변동사항을 등록하여야 한다는 토지등록의 원칙으로 토지표시의 등록주의(登錄主義, Booking Principle)라고 할 수 있다. 적극적 등록제도(Positive System)와 법지적(Legal Cadastre)을 채택하고 있는 나라에서 적용하고 있는 원리로서 토지의 모든 권리의 행사는 토지대장 또는 토지등록부에 등록하지 않고는 모든 법률상의 효력을 갖지 못하는 원칙으로 형식주의(Principle of Formality) 규정이라고 할 수 있다.
신청의 원칙 (申請의 原則)	토지의 등록은 토지소유자의 신청을 전제로 하되 신청이 없을 때는 직권으로 직접 조사하거나 측량하여 처리하도록 규정하고 있다.
특정화의 원칙 (特定化의 原則)	토지등록제도에서 특정화의 원칙(Principle of Speciality)은 권리의 객체로서 모든 토지는 반드시 특정적이면서도 단순하며 명확한 방법에 의하여 인식될 수 있도록 개별화함을 의미하는데, 이 원칙이 실제적으로 지적과 등기의 관련성을 성취시켜 주는 열쇠가 된다.
국정주의 및 직권주의 (國定主義 및 職權主義)	• 국정주의(Principle of National Decision) : 지적공부의 등록사항인 토지의 지번, 지목, 경계, 좌표, 면적의 결정은 국가의 공권력에 의하여 국가만이 결정할 수 있는 원칙이다. • 직권주의 : 모든 필지는 필지 단위로 구획하여 국가기관인 소관청이 직권으로 조사·정리하여 지적공부에 등록·공시하여야 한다는 원칙이다.
공시의 원칙, 공개주의 (公示 原則, 公開主義)	토지등록의 법적 지위에 있어서 토지이동이나 물권의 변동은 반드시 외부에 알려야 한다는 원칙을 공시의 원칙(Principle of Public Notification) 또는 공개주의(Principle of Publicity)라고 한다. 토지에 관한 등록사항을 지적공부에 등록하여 일반인에게 공시하여 토지소유자는 물론 이해관계자 및 기타 누구나 이용할 수 있도록 하는 것이다.

공신의 원칙 (公信의 原則)	공신의 원칙(Principle of Public Confidence)은 물권의 존재를 추측하게 하는 표상, 즉 공시 방법을 신뢰하여 거래한 자는 비록 그 공시 방법이 진실한 권리관계에 일치하고 있지 않더라도 그 공시된 대로의 권리를 인정하여 이를 보호하여야 한다는 것이다. 즉, 공신의 원칙은 선의의 거래자를 보호하여 진실로 그러한 등기 내용과 같은 권리관계가 존재한 것처럼 법률 효과를 인정하려는 법률 법칙을 말한다.

74 다음 표에서 설명하는 내용의 의미로 옳은 것은?

지번, 지목, 경계 및 면적은 국가가 비치하는 지적공부에 등록해야만 공식적 효력이 있다.

① 지적공개주의 ② 지적국정주의
③ 지적비밀주의 ④ 지적형식주의

해설

지적에 관한 법률의 기본이념

지적국정주의 (地籍國定主義)	지적공부의 등록사항인 토지표시사항을 국가만이 결정할 수 있는 권한을 가진다는 이념이다.
지적형식주의 (地籍形式主義)	국가가 결정한 토지에 대한 물리적 현황과 법적 권리관계 등을 외부에서 인식할 수 있도록 일정한 법정의 형식을 갖추어 지적공부에 등록하여야만 효력이 발생한다는 이념으로 '지적등록주의'라고도 한다.
지적공개주의 (地籍公開主義)	지적공부에 등록된 사항을 토지소유자나 이해관계인은 물론 일반인에게도 공개한다는 이념이다. [공시원칙에 의한 지적공부의 3가지 형식] • 지적공부를 직접 열람 및 등본으로 알 수 있다. • 현장에 경계복원함으로써 알 수 있다. • 등록된 사항과 현장 상황이 다른 경우 변경등록한다.
실질적 심사주의 (實質的 審査主義)	토지에 대한 사실관계를 정확하게 지적공부에 등록·공시하기 위하여 토지를 새로이 지적공부에 등록하거나 등록된 사항을 변경등록하고자 할 경우 소관청은 실질적인 심사를 실시하여야 한다는 이념으로서 '사실심사주의'라고도 한다.
직권등록주의 (職權登錄主義)	국가는 의무적으로 통치권이 미치는 모든 토지에 대한 일정한 사항을 직권으로 조사·측량하여 지적공부에 등록·공시하여야 한다는 이념으로서 '적극적 등록주의' 또는 '등록강제주의'라고도 한다.

75 조선시대에 정약용이 주장한 '양전개정론'의 내용에 해당하지 않는 것은?

① 경무법 ② 망척제
③ 정전제 ④ 방량법과 어린도법

해설

양전개정론(量田改正論)

구분	정약용 (丁若鏞)	서유구 (徐有榘)	이기 (李沂)	유길준 (俞吉濬)
양전 방안	• 결부제 폐지, 경무법으로 개혁 • 양전법안 개정		수등이척제에 대한 개선책으로 망척제 주장	전 국토를 리 단위로 한 전통제(田統制)를 주장
특징	• 어린도 작성 • 정전제 강조 • 전을 정방향으로 구분 • 휴도 : 방량법의 일환으로 어린도의 가장 최소단위로 작성된 지적도	• 어린도 작성 • 구고삼각법에 의한 양전수법 십오제 마련	• 도면의 필요성강조 • 정방형의 눈을 가진 그물눈금을 사용하여 면적 산출(망척제)	• 양전 후 지권을 발행 • 리 단위의 지적도작성 (전통도)
저서	목민심서 (牧民心書)	의상경계책 (擬上經界策)	해학유서 (海鶴遺書)	서유견문 (西遊見聞)

76 적극적 토지등록제도의 기본원칙이라고 할 수 없는 것은?

① 토지등록은 국가공권력에 의해 성립된다.
② 토지등록은 형식심사에 의해 이루어진다.
③ 등록내용의 유효성은 법률적으로 보장된다.
④ 토지에 대한 권리는 등록에 의해서만 인정된다.

해설

적극적 등록제도(積極的登錄制度)

• 등록은 일필지의 개념으로 법적인 권리보장이 인증되고 정부에 의해서 그러한 합법성과 효력이 발생
• 지적공부에 등록되지 않는 토지는 어떠한 권리도 인정될 수 없고 등록은 강제되고 의무적이며 공적인 지적측량이 시행되지 않는 한 토지등기도 허가되지 않는다는 이론이 지배적이다.

정답 74 ④ 75 ② 76 ②

• 적극적 등록제도의 발달된 형태로 유명한 것은 토렌스 시스템이 있다.

77 합병한 토지의 면적 결정방법으로 옳은 것은?

① 새로이 삼사법으로 측정한다.
② 새로이 전자면적기로 측정한다.
③ 합병 전의 각 필지의 면적을 합산한 것으로 한다.
④ 합병 전의 각 필지의 면적을 합산하여 나머지는 사사오입한다.

해설

합병한 토지의 면적 결정방법은 합병 전의 각 필지의 면적을 합산한 것으로 한다.

78 우리나라의 지목 결정 원칙과 가장 거리가 먼 것은?

① 일필일목의 원칙
② 용도 경중의 원칙
③ 지형지목의 원칙
④ 주지목 추종의 원칙

해설

지목부여 원칙

일필일지목의 원칙	일필지의 토지에는 1개의 지목만을 설정하여야 한다는 원칙
주지목 추정의 원칙	주된 토지의 사용 목적 또는 용도에 따라 지목을 정하여야 한다는 원칙
등록 선후의 원칙	지목이 서로 중복될 때는 먼저 등록된 토지의 사용 목적 또는 용도에 따라 지목을 설정하여야 한다는 원칙
용도 경중의 원칙	지목이 중복될 때는 중요한 토지의 사용 목적 또는 용도에 따라 지목을 설정하여야 한다는 원칙
일시변경 불변의 원칙	임시적이고 일시적인 용도의 변경이 있는 경우에는 등록전환을 하거나 지목변경을 할 수 없다는 원칙
사용목적 추종의 원칙	도시계획사업 등의 완료로 인하여 조성된 토지는 사용 목적에 따라 지목을 설정하여야 한다는 원칙

79 각 시대별 지적제도의 연결이 옳지 않은 것은?

① 고려 – 수등이척제
② 조선 – 수등이척제
③ 고구려 – 두락제(斗落制)
④ 대한제국 – 지계아문(地契衙門)

해설

삼국시대의 지적제도 비교

구분	고구려	백제	신라
길이단위	척(尺) 단위를 사용하였으며 고구려척	척(尺) 단위를 사용하였으며 백제척, 후한척, 남조척, 당척	척(尺) 단위를 사용하였으며 흥아발주척, 녹아발주척, 백아척, 목척
면적단위	경무법(頃畝法)	두락제(斗落制)와 결부제(結負制)	결부제(結負制)
토지장부	봉역도(封域圖) 및 요동성총도(遼東城塚圖)	도적(圖籍)일본에 전래(근강국 수소촌 간전도, 近江國 水沼村 墾田圖)	장적(방전, 직전, 제전, 규전, 구고전, 원전, 호전, 환전)
측량방식	구장산술		
토지담당(부서조직)	• 부서 : 주부(主簿) • 실무조직 : 사자(使者)	• 내두좌평(內頭佐平) 산학박사 : 지적·측량 담당 • 화사 : 도면 작성 • 산사 : 측량 시행	• 조부 : 토지세수 파악 • 산학박사 : 토지측량 및 면적 측정
토지제도	토지국유제 원칙		

고려 초·말의 지적제도 비교

구분	고려 초	고려 말
길이단위	척(尺)	상중하 수등이척제 실시
면적단위	경무법	두락제, 결부제
담당조직	호부(戶部)	판도사(版圖司)
토지제도	• 태조 : 당나라 제도 모방 • 경종 : 전제개혁(田制改革) 착수 • 문종 : 전지측량(田地測量) 단행	• 과전법 실시 • 자호제도 창설 : 조선시대 일자오결제도의 계기가 됨
토지기록부	도전장(都田帳), 양전도장(量田都帳), 양전장적(量田帳籍), 도전정(都田丁), 전적(田籍), 전안(田案)	
측량방식	구장산술(九章算術)	

양전척	• 문종 23년(1069)에 규정 • 전(田) 1결의 면적을 방(方) 33보로 정함 6촌＝1분, 10분＝1척, 6척＝1보
토지등록부	양안은 없으나 그 형식과 기재내용은 정인사 석 탑조성기에 나타나 있음
전지형태	방전, 직전, 제전, 규전, 구고전

80 조선시대 경국대전 호전(戶典)에 의한 양전은 몇 년마다 실시되었는가?

① 5년   ② 10년
③ 15년   ④ 20년

◯해설

경국대전 호전(戶典)

경국대전
「경국대전」에는 모든 토지를 다음과 같이 6등급으로 구분하였다. ① 정전(正田) : 항상 경작하는 토지 ② 속전(續田) : 땅이 메말라 계속 농사짓기 어려워 경작할 때만 과세하는 토지 ③ 강등전(降等田) : 토질이 점점 떨어져 본래의 田品, 즉 등급을 유지하지 못하여 세율을 감해야 하는 토지 ④ 강속전(降續田) : 강등을 하고도 농사짓지 못하여 경작한 때만 과세하는 토지 ⑤ 가경전(加耕田) : 새로 개간하여 세율도 새로 정하여야 하는 토지 ⑥ 화전(火田) : 나무를 불태워 경작하는 토지로, 경작지에 포함하지 않는 토지 위와 같이 구분하여 20년마다 한 번씩 양전을 실시, 그 결과를 양안에 기록하며, 양전을 할 때는 균전사(均田使)를 파견하여 이를 감독하고, 수령·실무자의 위법사례를 적발 처리하도록 하였다. 그러나 인력·경비 등이 막대하게 소요되는 대사업이라 규정대로는 실시하지 못하여 수십 년, 혹은 백 년이 더 지난 뒤에 실시하기도 하여, 고려 말인 1391년(공양왕 3년) 전제개혁(田制改革) 때와 조선의 태종·세종 때에 전국적인 양전이 실시되었고, 성종 때 하삼도(下三道 : 경상·전라·충청)에 부분적으로 실시한 것과 임진왜란 이후 황폐화한 국토를 정리하기 위하여 지역별로 차례로 시행된 일이 있다.

Subject 05 지적관계법규

81 세부측량을 하는 경우 필지마다 면적을 측정하여야 하는 대상으로 옳지 않은 것은?

① 면적 또는 경계를 정정하는 경우
② 지적공부의 신규등록을 하는 경우
③ 경계복원측량 및 지적현황측량에 면적측정이 수반되는 경우
④ 지상건축물 등의 현황을 지적도 및 임야도에 등록된 경계와 대비하여 표시하는 데 필요한 경우

◯해설

지적측량 시행규칙 제19조(면적측정의 대상)
① 세부측량을 하는 경우 다음 각 호의 어느 하나에 해당하면 필지마다 면적을 측정하여야 한다.
  1. 지적공부의 복구·신규등록·등록전환·분할 및 축척변경을 하는 경우
  2. 법 제84조에 따라 면적 또는 경계를 정정하는 경우
  3. 법 제86조에 따른 도시개발사업 등으로 인한 토지의 이동에 따라 토지의 표시를 새로 결정하는 경우
  4. 경계복원측량 및 지적현황측량에 면적측정이 수반되는 경우
② 제1항에도 불구하고 법 제23조 제1항 제4호의 경계복원측량과 영 제18조의 지적현황측량을 하는 경우에는 필지마다 면적을 측정하지 아니한다.

82 다음 중 지적공부에 해당하지 않는 것은?

① 지적도   ② 지적약도
③ 임야대장   ④ 경계점좌표등록부

◯해설

공간정보의 구축 및 관리 등에 관한 법률 제2조(정의)
이 법에서 사용하는 용어의 뜻은 다음과 같다.
19. "지적공부"란 토지대장, 임야대장, 공유지연명부, 대지권등록부, 지적도, 임야도 및 경계점좌표등록부 등 지적측량 등을 통하여 조사된 토지의 표시와 해당 토지의 소유자 등을 기록한 대장 및 도면(정보처리시스템을 통하여 기록·저장된 것을 포함한다)을 말한다.

19의2. "연속지적도"란 지적측량을 하지 아니하고 전산화된 지적도 및 임야도 파일을 이용하여, 도면상 경계점들을 연결하여 작성한 도면으로서 측량에 활용할 수 없는 도면을 말한다.

19의3. "부동산종합공부"란 토지의 표시와 소유자에 관한 사항, 건축물의 표시와 소유자에 관한 사항, 토지의 이용 및 규제에 관한 사항, 부동산의 가격에 관한 사항 등 부동산에 관한 종합정보를 정보관리체계를 통하여 기록·저장한 것을 말한다.

83 1필지의 일부가 형질변경 등으로 용도가 변경되어 분할을 신청하는 경우 함께 제출할 신청서로 옳은 것은?

① 신규등록 신청서
② 용도전용 신청서
③ 지목변경 신청서
④ 토지합병 신청서

◉ 해설

공간정보의 구축 및 관리 등에 관한 법률 시행령 제65조(분할 신청)

① 법 제79조 제1항에 따라 분할을 신청할 수 있는 경우는 다음 각 호와 같다.

1. 소유권이전, 매매 등을 위하여 필요한 경우
2. 토지이용상 불합리한 지상 경계를 시정하기 위한 경우
3. 관계 법령에 따라 토지분할이 포함된 개발행위허가 등을 받은 경우

② 토지소유자는 법 제79조에 따라 토지의 분할을 신청할 때에는 분할 사유를 적은 신청서에 국토교통부령으로 정하는 서류를 첨부하여 지적소관청에 제출하여야 한다. 이 경우 법 제79조 제2항에 따라 1필지의 일부가 형질변경 등으로 용도가 변경되어 분할을 신청할 때에는 제67조 제2항에 따른 지목변경 신청서를 함께 제출하여야 한다.

84 다음 중 지목변경 없이 등록전환을 신청할 수 있는 경우가 아닌 것은?

① 산지관리법에 따라 토지의 형질이 변경되는 경우
② 도시·군관리계획선에 따라 토지를 분할하는 경우
③ 임야도에 등록된 토지가 사실상 형질변경되었으나 지목변경을 할 수 없는 경우
④ 대부분의 토지가 등록전환되어 나머지 토지를 임야도에 계속 존치하는 것이 불합리한 경우

◉ 해설

공간정보의 구축 및 관리 등에 관한 법률 시행령 제64조(등록전환 신청)

① 법 제78조에 따라 등록전환을 신청할 수 있는 토지는 「산지관리법」, 「건축법」 등 관계 법령에 따른 토지의 형질변경 또는 건축물의 사용승인 등으로 인하여 지목을 변경하여야 할 토지로 한다.

② 다음 각 호의 어느 하나에 해당하는 경우에는 제1항에도 불구하고 지목변경 없이 등록전환을 신청할 수 있다. 〈개정 2012. 4. 10.〉

1. 대부분의 토지가 등록전환되어 나머지 토지를 임야도에 계속 존치하는 것이 불합리한 경우
2. 임야도에 등록된 토지가 사실상 형질변경되었으나 지목변경을 할 수 없는 경우
3. 도시·군관리계획선에 따라 토지를 분할하는 경우

③ 토지소유자는 법 제78조에 따라 등록전환을 신청할 때에는 등록전환 사유를 적은 신청서에 국토교통부령으로 정하는 서류를 첨부하여 지적소관청에 제출하여야 한다.

85 다른 사람에게 측량업등록증 또는 측량업등록수첩을 빌려주거나 자기의 성명 또는 상호를 사용하여 측량업무를 하게 한 자에 대한 벌칙 기준으로 옳은 것은?

① 300만 원 이하의 과태료를 부과한다.
② 1년 이하의 징역 또는 1천만 원 이하의 벌금에 처한다.
③ 2년 이하의 징역 또는 2천만 원 이하의 벌금에 처한다.
④ 3년 이하의 징역 또는 3천만 원 이하의 벌금에 처한다.

◉ 해설

벌칙

제107조 3년 이하의 징역 또는 3천만 원 이하의 벌금	측량업자나 수로사업자로서 속임수, 위력(威力), 그 밖의 방법으로 측량업 또는 수로사업과 관련된 입찰의 공정성을 해친 자는 3년 이하의 징역 또는 3천만 원 이하의 벌금에 처한다.
제108조 2년 이하의 징역 또는 2천만 원 이하의 벌금 (거부 등 외표성검)	1. 측량업의 등록을 하지 아니하거나 거짓이나 그 밖의 부정한 방법으로 측량업의 등록을 하고 측량업을 한 자 2. 성능검사대행자의 등록을 하지 아니하거나 거짓이나 그 밖의 부정한 방법으로 성능검사대행자의 등록을 하고 성능검사업무를 한 자 3. 수로사업의 등록을 하지 아니하거나 거짓이나 그 밖의 부정한 방법으로 수로사

	업의 등록을 하고 수로사업을 한 자 4. 측량성과를 국외로 반출한 자 5. 측량기준점표지를 이전 또는 파손하거 나 그 효용을 해치는 행위를 한 자 6. 고의로 측량성과 또는 수로조사성과를 사실과 다르게 한 자 7. 성능검사를 부정하게 한 성능검사대행자
제109조 1년 이하의 징역 또는 1천만 원 이하의 벌금 (둘비허불 대판대복)	1. 둘 이상의 측량업자에게 소속된 측량기 술자 또는 수로기술자 2. 업무상 알게 된 비밀을 누설한 측량기술 자 또는 수로기술자 3. 거짓(허위)으로 다음 각 목의 신청을 한 자 　가. 신규등록 신청 　나. 등록전환 신청 　다. 분할 신청 　라. 합병 신청 　마. 지목변경 신청 　바. 바다로 된 토지의 등록말소 신청 　사. 축척변경 신청 　아. 등록사항의 정정 신청 　자. 도시개발사업 등 시행지역의 토지 　　이동 신청 4. 측량기술자가 아님에도 불구하고 측량 을 한 자 5. 지적측량수수료 외의 대가를 받은 지적 측량기술자 6. 심사를 받지 아니하고 지도 등을 간행하 여 판매하거나 배포한 자 7. 다른 사람에게 측량업등록증 또는 측량 업등록수첩을 빌려주거나 자기의 성명 또는 상호를 사용하여 측량업무를 하게 한 자 8. 다른 사람의 측량업등록증 또는 측량업 등록수첩을 빌려서 사용하거나 다른 사 람의 성명 또는 상호를 사용하여 측량업 무를 한 자 9. 다른 사람에게 자기의 성능검사대행자 등록증을 빌려 주거나 자기의 성명 또는 상호를 사용하여 성능검사대행업무를 수행하게 한 자 10. 다른 사람의 성능검사대행자 등록증을 빌려서 사용하거나 다른 사람의 성명 또는 상호를 사용하여 성능검사대행업 무를 수행한 자 11. 무단으로 측량성과 또는 측량기록을 복제한 자 12. 해양수산부장관의 승인을 받지 아니하 고 수로도서지를 복제하거나 이를 변 형하여 수로도서지와 비슷한 제작물을 발행한 자

86 일람도의 등록사항이 아닌 것은?

① 도면의 제명 및 축척

② 지번부여지역의 경계

③ 지번 · 도면번호 및 결번

④ 주요 지형 · 지물의 표시

●해설

지적업무처리규정 제37조(일람도 및 지번색인표의 등재사항)
규칙 제69조 제5항에 따른 일람도 및 지번색인표에는 다음 각
호의 사항을 등재하여야 한다.

1. 일람도
　가. 지번부여지역의 경계 및 인접지역의 행정구역명칭
　나. 도면의 제명 및 축척
　다. 도곽선과 그 수치
　라. 도면번호
　마. 도로 · 철도 · 하천 · 구거 · 유지 · 취락 등 주요 지
　　형 · 지물의 표시
2. 지번색인표
　가. 제명
　나. 지번 · 도면번호 및 결번

87 공간정보의 구축 및 관리 등에 관한 법령상 용어에 대한 설명으로 옳지 않은 것은?

① "면적"이란 지적공부에 등록한 필지의 수평면상 넓이를 말한다.

② "토지의 이동"이란 토지의 표시를 새로 정하거나 변경 또는 말소하는 것을 말한다.

③ "지번부여지역"이란 지번을 부여하는 단위지역으로서 동 · 리 또는 이에 준하는 지역을 말한다.

④ "축척변경"이란 지적도에 등록된 경계점의 정밀도를 높이기 위하여 큰 축척을 작은 축척으로 변경하여 등록하는 것을 말한다.

●해설

공간정보의 구축 및 관리 등에 관한 법률 제2조(정의)
이 법에서 사용하는 용어의 뜻은 다음과 같다.
27. "면적"이란 지적공부에 등록한 필지의 수평면상 넓이를
말한다.
28. "토지의 이동(異動)"이란 토지의 표시를 새로 정하거나
변경 또는 말소하는 것을 말한다.

29. "신규등록"이란 새로 조성된 토지와 지적공부에 등록되어 있지 아니한 토지를 지적공부에 등록하는 것을 말한다.
30. "등록전환"이란 임야대장 및 임야도에 등록된 토지를 토지대장 및 지적도에 옮겨 등록하는 것을 말한다.
31. "분할"이란 지적공부에 등록된 1필지를 2필지 이상으로 나누어 등록하는 것을 말한다.
32. "합병"이란 지적공부에 등록된 2필지 이상을 1필지로 합하여 등록하는 것을 말한다.
33. "지목변경"이란 지적공부에 등록된 지목을 다른 지목으로 바꾸어 등록하는 것을 말한다.
34. "축척변경"이란 지적도에 등록된 경계점의 정밀도를 높이기 위하여 작은 축척을 큰 축척으로 변경하여 등록하는 것을 말한다.

88 지적측량 시행규칙상 지적도근점측량을 시행하는 경우, 지적도근점을 구성하는 도선이 아닌 것은?

① 개방도선　　② 결합도선
③ 왕복도선　　④ 폐합도선

해설

지적측량 시행규칙 제12조(지적도근점측량)
① 지적도근점측량을 할 때에는 미리 지적도근점표지를 설치하여야 한다.
② 지적도근점의 번호는 영구표지를 설치하는 경우에는 시·군·구별로, 영구표지를 설치하지 아니하는 경우에는 시행지역별로 설치순서에 따라 일련번호를 부여한다. 이 경우 각 도선의 교점은 지적도근점의 번호 앞에 "교"자를 붙인다.
③ 지적도근점측량의 도선은 다음 각 호의 기준에 따라 1등도선과 2등도선으로 구분한다.
　1. 1등도선은 위성기준점, 통합기준점, 삼각점, 지적삼각점 및 지적삼각보조점의 상호간을 연결하는 도선 또는 다각망도선으로 할 것
　2. 2등도선은 위성기준점, 통합기준점, 삼각점, 지적삼각점 및 지적삼각보조점과 지적도근점을 연결하거나 지적도근점 상호간을 연결하는 도선으로 할 것
　3. 1등도선은 가·나·다 순으로 표기하고, 2등도선은 ㄱ·ㄴ·ㄷ 순으로 표기할 것
④ 지적도근점은 결합도선·폐합도선(廢合道線)·왕복도선 및 다각망도선으로 구성하여야 한다.
⑤ 경위의측량방법에 따라 도선법으로 지적도근점측량을 할 때에는 다음 각 호의 기준에 따른다.
　1. 도선은 위성기준점, 통합기준점, 삼각점, 지적삼각점, 지적삼각보조점 및 지적도근점의 상호 간을 연결하는

결합도선에 따를 것. 다만, 지형상 부득이한 경우에는 폐합도선 또는 왕복도선에 따를 수 있다.
　2. 1도선의 점의 수는 40점 이하로 할 것. 다만, 지형상 부득이한 경우에는 50점까지로 할 수 있다.

89 지적측량업자가 손해배상책임을 보장하기 위하여 가입하여야 하는 보증보험의 보증금액 기준으로 옳은 것은?

① 1억 원 이상　　② 5억 원 이상
③ 10억 원 이상　　④ 20억 원 이상

해설

공간정보의 구축 및 관리 등에 관한 법률 시행령 제41조(손해배상책임의 보장)
① 지적측량수행자는 법 제51조 제2항에 따라 손해배상책임을 보장하기 위하여 다음 각 호의 구분에 따라 보증보험에 가입하거나 공간정보산업협회가 운영하는 보증 또는 공제에 가입하는 방법으로 보증설정(이하 "보증설정"이라 한다)을 하여야 한다. 〈개정 2017. 1. 10.〉
　1. 지적측량업자 : 보장기간 10년 이상 및 보증금액 1억 원 이상
　2. 「국가공간정보 기본법」 제12조에 따라 설립된 한국국토정보공사(이하 "한국국토정보공사"라 한다) : 보증금액 20억 원 이상
② 지적측량업자는 지적측량업 등록증을 발급받은 날부터 10일 이내에 제1항 제1호의 기준에 따라 보증설정을 하여야 하며, 보증설정을 하였을 때에는 이를 증명하는 서류를 제35조 제1항에 따라 등록한 시·도지사에게 제출하여야 한다.

90 공간정보의 구축 및 관리 등에 관한 법률상 지적측량을 하여야 하는 경우가 아닌 것은?

① 토지를 합병하는 경우
② 축척을 변경하는 경우
③ 지적공부를 복구하는 경우
④ 토지를 등록전환하는 경우

해설

공간정보의 구축 및 관리 등에 관한 법률 제23조(지적측량의 실시 등)
① 다음 각 호의 어느 하나에 해당하는 경우에는 지적측량을 하여야 한다. 〈개정 2013. 7. 17.〉

1. 제7조 제1항 제3호에 따른 지적기준점을 정하는 경우
2. 제25조에 따라 지적측량성과를 검사하는 경우
3. 다음 각 목의 어느 하나에 해당하는 경우로서 측량을 할 필요가 있는 경우
   가. 제74조에 따라 지적공부를 복구하는 경우
   나. 제77조에 따라 토지를 신규등록하는 경우
   다. 제78조에 따라 토지를 등록전환하는 경우
   라. 제79조에 따라 토지를 분할하는 경우
   마. 제82조에 따라 바다가 된 토지의 등록을 말소하는 경우
   바. 제83조에 따라 축척을 변경하는 경우
   사. 제84조에 따라 지적공부의 등록사항을 정정하는 경우
   아. 제86조에 따른 도시개발사업 등의 시행지역에서 토지의 이동이 있는 경우
   자. 「지적재조사에 관한 특별법」에 따른 지적재조사사업에 따라 토지의 이동이 있는 경우
4. 경계점을 지상에 복원하는 경우
5. 그 밖에 대통령령으로 정하는 경우
② 지적측량의 방법 및 절차 등에 필요한 사항은 국토교통부령으로 정한다.

91 공간정보의 구축 및 관리 등에 관한 법률상 국유재산법에 따른 총괄청이 소유자 없는 부동산에 대한 소유자 등록을 신청하는 경우의 소유자변동일자는?

① 등기신청일　　　　② 등기접수일자
③ 신규등록신청일　　④ 소유자정리결의일자

해설

지적업무처리규정 제60조(소유자정리)
① 대장의 소유자변동일자는 등기필통지서, 등기필증, 등기부 등본·초본 또는 등기관서에서 제공한 등기전산정보자료의 경우에는 등기접수일자로, 법 제84조 제4항 단서의 미등기토지 소유자에 관한 정정신청의 경우와 법 제88조 제2항에 따른 소유자등록신청의 경우에는 소유자정리결의일자로, 공유수면 매립준공에 따른 신규 등록의 경우에는 매립준공일자로 정리한다.
② 주소·성명·명칭의 변경 또는 경정 및 소유권이전 등이 같은 날짜에 등기가 된 경우의 지적공부정리는 등기접수 순서에 따라 모두 정리하여야 한다.
③ 소유자의 주소가 토지소재지와 같은 경우에도 등기부와 일치하게 정리한다. 다만, 등기관서에서 제공한 등기전산정보자료에 따라 정리하는 경우에는 등기전산정보자료에 따른다.

④ 법 제88조 제4항에 따라 지적소관청이 소유자에 관한 사항이 대장과 부합되지 아니하는 토지소유자를 정리할 때에는 제1항부터 제3항까지와 제65조 제2항을 준용하며, 토지소유자 등 이해관계인이 등기부 등본·초본 등에 따라 소유자정정을 신청하는 경우에는 별지 제9호 서식의 소유자정정 신청서를 제출하여야 한다.
⑤ 국토교통부장관은 등기관서로부터 법인 또는 재외국민의 부동산등기용등록번호 정정통보가 있는 때에는 정정 전 등록번호에 따라 토지소재를 조사하여 시·도지사에게 그 내용을 통지하여야 한다. 이 경우 시·도지사는 지체 없이 그 내용을 해당 지적소관청에 통지하여야 한다.
⑥ 소유자등록사항 중 토지이동과 함께 소유자가 결정되는 신규 등록, 도시개발사업 등의 환지 등록 시에는 토지이동 업무 처리와 동시에 소유자를 정리하여야 한다.

공간정보의 구축 및 관리 등에 관한 법률 제88조(토지소유자의 정리)
① 지적공부에 등록된 토지소유자의 변경사항은 등기관서에서 등기한 것을 증명하는 등기필증, 등기완료통지서, 등기사항증명서 또는 등기관서에서 제공한 등기전산정보자료에 따라 정리한다. 다만, 신규등록하는 토지의 소유자는 지적소관청이 직접 조사하여 등록한다. 〈개정 2011. 4. 12.〉
② 「국유재산법」 제2조 제10호에 따른 총괄청이나 같은 조 제11호에 따른 중앙관서의 장이 같은 법 제12조 제3항에 따라 소유자 없는 부동산에 대한 소유자 등록을 신청하는 경우 지적소관청은 지적공부에 해당 토지의 소유자가 등록되지 아니한 경우에만 등록할 수 있다. 〈개정 2011. 3. 30.〉
③ 등기부에 적혀 있는 토지의 표시가 지적공부와 일치하지 아니하면 제1항에 따라 토지소유자를 정리할 수 없다. 이 경우 토지의 표시와 지적공부가 일치하지 아니하다는 사실을 관할 등기관서에 통지하여야 한다.

92 공간정보의 구축 및 관리 등에 관한 법률상 지상 경계의 결정기준 등에 관한 내용으로 옳지 않은 것은?

① 연접되는 토지 간에 높낮이 차이가 없는 경우에는 그 구조물 등의 중앙
② 도로·구거 등의 토지에 절토된 부분이 있는 경우에는 그 경사면의 상단부
③ 토지가 해면 또는 수면에 접하는 경우에는 최대 만조위 또는 최대 만수위가 되는 선
④ 공유수면매립지의 토지 중 제방 등을 토지에 편입하여 등록하는 경우에는 안쪽 어깨 부분

해설

공간정보의 구축 및 관리 등에 관한 법률 시행령 제55조(지상 경계의 결정기준 등)

① 법 제65조 제1항에 따른 지상 경계의 결정기준은 다음 각 호의 구분에 따른다. 〈개정 2014. 1. 17.〉

1. 연접되는 토지 간에 높낮이 차이가 없는 경우 : 그 구조물 등의 중앙
2. 연접되는 토지 간에 높낮이 차이가 있는 경우 : 그 구조물 등의 하단부
3. 도로·구거 등의 토지에 절토(切土)된 부분이 있는 경우 : 그 경사면의 상단부
4. 토지가 해면 또는 수면에 접하는 경우 : 최대 만조위 또는 최대 만수위가 되는 선
5. 공유수면매립지의 토지 중 제방 등을 토지에 편입하여 등록하는 경우 : 바깥쪽 어깨 부분

② 지상 경계의 구획을 형성하는 구조물 등의 소유자가 다른 경우에는 제1항 제1호부터 제3호까지의 규정에도 불구하고 그 소유권에 따라 지상 경계를 결정한다.

93 다음 중 합병 신청을 할 수 있는 것은?

① 합병하려는 토지의 소유 형태가 공동소유인 경우
② 합병하려는 각 필지의 지반이 연속되지 아니한 경우
③ 합병하려는 토지의 지적도 및 임야도의 축척이 서로 다른 경우
④ 합병하려는 토지가 축척변경을 시행하고 있는 지역의 토지와 그 지역 밖의 토지인 경우

해설

공간정보의 구축 및 관리 등에 관한 법률 제80조(합병 신청)

① 토지소유자는 토지를 합병하려면 대통령령으로 정하는 바에 따라 지적소관청에 합병을 신청하여야 한다.

② 토지소유자는 「주택법」에 따른 공동주택의 부지, 도로, 제방, 하천, 구거, 유지, 그 밖에 대통령령으로 정하는 토지로서 합병하여야 할 토지가 있으면 그 사유가 발생한 날부터 60일 이내에 지적소관청에 합병을 신청하여야 한다.

③ 다음 각 호의 어느 하나에 해당하는 경우에는 합병 신청을 할 수 없다.

1. 합병하려는 토지의 지번부여지역, 지목 또는 소유자가 서로 다른 경우
2. 합병하려는 토지에 다음 각목의 등기 외의 등기가 있는 경우
   가. 소유권·지상권·전세권 또는 임차권의 등기
   나. 승역지(承役地)에 대한 지역권의 등기

다. 합병하려는 토지 전부에 대한 등기원인(登記原因) 및 그 연월일과 접수번호가 같은 저당권의 등기

3. 그 밖에 합병하려는 토지의 지적도 및 임야도의 축척이 서로 다른 경우 등 대통령령으로 정하는 경우

공간정보의 구축 및 관리 등에 관한 법률 시행령 제66조(합병 신청)

① 토지소유자는 법 제80조 제1항 및 제2항에 따라 토지의 합병을 신청할 때에는 합병 사유를 적은 신청서를 지적소관청에 제출하여야 한다.

② 법 제80조 제2항에서 "대통령령으로 정하는 토지"란 공장용지·학교용지·철도용지·수도용지·공원·체육용지 등 다른 지목의 토지를 말한다.

③ 법 제80조 제3항 제3호에서 "합병하려는 토지의 지적도 및 임야도의 축척이 서로 다른 경우 등 대통령령으로 정하는 경우"란 다음 각 호의 경우를 말한다.

1. 합병하려는 토지의 지적도 및 임야도의 축척이 서로 다른 경우
2. 합병하려는 각 필지의 지반이 연속되지 아니한 경우
3. 합병하려는 토지가 등기된 토지와 등기되지 아니한 토지인 경우
4. 합병하려는 각 필지의 지목은 같으나 일부 토지의 용도가 다르게 되어 법 제79조 제2항에 따른 분할대상 토지인 경우. 다만, 합병 신청과 동시에 토지의 용도에 따라 분할 신청을 하는 경우는 제외한다.
5. 합병하려는 토지의 소유자별 공유지분이 다르거나 소유자의 주소가 서로 다른 경우
6. 합병하려는 토지가 구획정리, 경지정리 또는 축척변경을 시행하고 있는 지역의 토지와 그 지역 밖의 토지인 경우

94 지적소관청이 관할등기소에 토지의 표시변경에 관한 등기를 할 필요가 있는 사유가 아닌 것은?

① 토지소유자의 신청을 받아 지적소관청이 신규등록한 경우
② 지적소관청이 지적공부의 등록사항에 잘못이 있음을 발견하여 이를 직권으로 조사·측량하여 정정한 경우
③ 지적공부를 관리하기 위하여 필요하다고 인정되어 지적소관청이 직권으로 일정한 지역을 정하여 그 지역의 축척을 변경한 경우
④ 지번부여지역의 일부가 행정구역의 개편으로 다른 지번부여지역에 속하게 되어 지적소관청이 새로 속하게 된 지번부여지역의 지번을 부여한 경우

해설

공간정보의 구축 및 관리 등에 관한 법률 제64조(토지의 조사·등록 등)

① 국토교통부장관은 모든 토지에 대하여 필지별로 소재·지번·지목·면적·경계 또는 좌표 등을 조사·측량하여 지적공부에 등록하여야 한다. 〈개정 2013. 3. 23.〉

② 지적공부에 등록하는 지번·지목·면적·경계 또는 좌표는 토지의 이동이 있을 때 토지소유자(법인이 아닌 사단이나 재단의 경우에는 그 대표자나 관리인을 말한다. 이하 같다)의 신청을 받아 지적소관청이 결정한다. 다만, 신청이 없으면 지적소관청이 직권으로 조사·측량하여 결정할 수 있다.

③ 제2항 단서에 따른 조사·측량의 절차 등에 필요한 사항은 국토교통부령으로 정한다

공간정보의 구축 및 관리 등에 관한 법률 제89조(등기촉탁)

① 지적소관청은 제64조 제2항(신규등록은 제외한다), 제66조 제2항, 제82조, 제83조 제2항, 제84조 제2항 또는 제85조 제2항에 따른 사유로 토지의 표시 변경에 관한 등기를 할 필요가 있는 경우에는 지체 없이 관할 등기관서에 그 등기를 촉탁하여야 한다. 이 경우 등기촉탁은 국가가 국가를 위하여 하는 등기로 본다.

② 제1항에 따른 등기촉탁에 필요한 사항은 국토교통부령으로 정한다.

95 지적재조사측량에 따른 경계설정 기준으로 옳은 것은?

① 지상경계에 대하여 다툼이 있는 경우 현재의 지적공부상 경계

② 지상경계에 대하여 다툼이 없는 경우 등록할 때의 측량기록을 조사한 경계

③ 지상경계에 대하여 다툼이 있는 경우 토지소유자가 점유하는 토지의 현실경계

④ 지상경계에 대하여 다툼이 없는 경우 토지소유자가 점유하는 토지의 현실경계

해설

지적재조사에 관한 특별법 제14조(경계설정의 기준)

① 지적소관청은 다음 각 호의 순위로 지적재조사를 위한 경계를 설정하여야 한다.
1. 지상경계에 대하여 다툼이 없는 경우 토지소유자가 점유하는 토지의 현실경계

2. 지상경계에 대하여 다툼이 있는 경우 등록할 때의 측량기록을 조사한 경계
3. 지방관습에 의한 경계

② 지적소관청은 제1항 각 호의 방법에 따라 지적재조사를 위한 경계설정을 하는 것이 불합리하다고 인정하는 경우에는 토지소유자들이 합의한 경계를 기준으로 지적재조사를 위한 경계를 설정할 수 있다. 〈개정 2017. 4. 18.〉

③ 지적소관청은 제1항과 제2항에 따라 지적재조사를 위한 경계를 설정할 때에는 「도로법」, 「하천법」 등 관계 법령에 따라 고시되어 설치된 공공용지의 경계가 변경되지 아니하도록 하여야 한다. 다만, 해당 토지소유자들 간에 합의한 경우에는 그러하지 아니하다.

96 다음 중 '체육용지'로 지목 설정을 할 수 있는 것은?

① 공원 ② 골프장
③ 경마장 ④ 유선장

해설

공간정보의 구축 및 관리 등에 관한 법률 시행령 제58조(지목의 구분)

법 제67조 제1항에 따른 지목의 구분은 다음 각 호의 기준에 따른다.

22. 공원
일반 공중의 보건·휴양 및 정서생활에 이용하기 위한 시설을 갖춘 토지로서 「국토의 계획 및 이용에 관한 법률」에 따라 공원 또는 녹지로 결정·고시된 토지

23. 체육용지
국민의 건강증진 등을 위한 체육활동에 적합한 시설과 형태를 갖춘 종합운동장·실내체육관·야구장·골프장·스키장·승마장·경륜장 등 체육시설의 토지와 이에 접속된 부속시설물의 부지. 다만, 체육시설로서의 영속성과 독립성이 미흡한 정구장·골프연습장·실내수영장 및 체육도장, 유수(流水)를 이용한 요트장 및 카누장, 산림 안의 야영장 등의 토지는 제외한다.

24. 유원지
일반 공중의 위락·휴양 등에 적합한 시설물을 종합적으로 갖춘 수영장·유선장(遊船場)·낚시터·어린이놀이터·동물원·식물원·민속촌·경마장 등의 토지와 이에 접속된 부속시설물의 부지. 다만, 이들 시설과의 거리 등으로 보아 독립적인 것으로 인정되는 숙식시설 및 유기장(遊技場)의 부지와 하천·구거 또는 유지[공유(公有)인 것으로 한정한다]로 분류되는 것은 제외한다.

97 토지이동과 관련하여 지적공부에 등록하는 시기로 옳은 것은?

① 신규등록 : 공유수면 매립 인가일
② 축척변경 : 축척변경 확정 공고일
③ 도시개발사업 : 사업의 완료 신고일
④ 지목변경 : 토지형질변경 공사 허가일

해설

공간정보의 구축 및 관리 등에 관한 법률 시행령 제78조(축척변경의 확정공고)
① 청산금의 납부 및 지급이 완료되었을 때에는 지적소관청은 지체 없이 축척변경의 확정공고를 하여야 한다.
② 지적소관청은 제1항에 따른 확정공고를 하였을 때에는 지체 없이 축척변경에 따라 확정된 사항을 지적공부에 등록하여야 한다.
③ 축척변경 시행지역의 토지는 제1항에 따른 확정공고일에 토지의 이동이 있는 것으로 본다.

공간정보의 구축 및 관리 등에 관한 법률 시행령 제67조(지목변경 신청)
① 법 제81조에 따라 지목변경을 신청할 수 있는 경우는 다음 각 호와 같다.
　1. 「국토의 계획 및 이용에 관한 법률」 등 관계 법령에 따른 토지의 형질변경 등의 공사가 준공된 경우
　2. 토지나 건축물의 용도가 변경된 경우
　3. 법 제86조에 따른 도시개발사업 등의 원활한 추진을 위하여 사업시행자가 공사 준공 전에 토지의 합병을 신청하는 경우
② 토지소유자는 법 제81조에 따라 지목변경을 신청할 때에는 지목변경 사유를 적은 신청서에 국토교통부령으로 정하는 서류를 첨부하여 지적소관청에 제출하여야 한다

공간정보의 구축 및 관리 등에 관한 법률 제77조(신규등록 신청)
토지소유자는 신규등록할 토지가 있으면 대통령령으로 정하는 바에 따라 그 사유가 발생한 날부터 60일 이내에 지적소관청에 신규등록을 신청하여야 한다.

공간정보의 구축 및 관리 등에 관한 법률 시행령 제63조(신규등록 신청)
토지소유자는 법 제77조에 따라 신규등록을 신청할 때에는 신규등록 사유를 적은 신청서에 국토교통부령으로 정하는 서류를 첨부하여 지적소관청에 제출하여야 한다

공간정보의 구축 및 관리 등에 관한 법률 시행규칙 제81조(신규등록 신청)
① 영 제63조에서 "국토교통부령으로 정하는 서류"란 다음 각 호의 어느 하나에 해당하는 서류를 말한다. 〈개정 2010. 10. 15., 2013. 3. 23.〉

1. 법원의 확정판결서 정본 또는 사본
2. 「공유수면 관리 및 매립에 관한 법률」에 따른 준공검사 확인증 사본
3. 법률 제6389호 지적법개정법률 부칙 제5조에 따라 도시계획구역의 토지를 그 지방자치단체의 명의로 등록하는 때에는 기획재정부장관과 협의한 문서의 사본
4. 그 밖에 소유권을 증명할 수 있는 서류의 사본
② 제1항 각 호의 이느 하나에 해당하는 서류를 해당 지석소관청이 관리하는 경우에는 지적소관청의 확인으로 그 서류의 제출을 갈음할 수 있다.

98 지적업무처리규정상 측량결과에 대한 측량파일 코드에 관한 내용으로 옳은 것은?

① 분할선은 검은색 점선으로 제도한다.
② 현황선은 붉은색 점선으로 제도한다.
③ 지적경계선은 파란색 실선으로 제도한다.
④ 방위표정 방향선은 검은색 실선 화살표로 제도한다.

해설

지적업무처리규정 제28조(측량성과도의 작성방법)
① 「지적측량 시행규칙」 제28조 제2항 제3호에 따른 측량성과도(측량결과도에 따라 작성한 측량성과도면을 말한다)의 문자와 숫자는 레터링 또는 전자측량시스템에 따라 작성하여야 한다.
② 측량성과도의 명칭은 신규 등록, 등록전환, 분할, 지적확정, 경계복원, 지적현황, 지적복구 또는 등록사항정정측량 성과도로 한다. 이 경우 경계점좌표로 등록된 지역인 경우에는 명칭 앞에 "(좌표)"라 기재한다.
③ 경계점좌표로 등록된 지역의 측량성과도에는 경계점 간 계산거리를 기재하여야 한다.
④ 분할측량성과도를 작성하는 때에는 측량대상토지의 분할선은 붉은색 실선으로, 점유현황선은 붉은색 점선으로 표시하여야 한다. 다만, 경계와 점유현황선이 같을 경우에는 그러하지 아니하다.
⑤ 제20조 제3항에 따라 분할측량성과 등을 결정하였을 때에는 "인·허가 내용을 변경하여야 지적공부정리가 가능함"이라고 붉은색으로 표시하여야 한다.
⑥ 경계복원측량성과도를 작성하는 때에는 복원된 경계점은 직경 2밀리미터 이상 3밀리미터 이하의 붉은색 원으로 표시하고, 측량대상토지의 점유현황선은 붉은색 점선으로 표시하여야 한다. 다만, 필지가 작아 식별하기 곤란한 경우에는 복원된 경계점을 직경 1밀리미터 이상 1.5밀리미터 이하의 붉은색 원으로 표시할 수 있다.

⑦ 복원된 경계점과 측량 대상토지의 점유현황선이 일치할 경우에는 제6항에 따른 점유현황선의 표시를 생략하고, 경계복원측량성과도를 현장에서 작성하여 지적측량 의뢰인에게 발급 할 수 있다.

⑧ 지적현황측량성과도를 작성하는 때에는 별표 5의 도시방법에 따라 현황구조물의 위치 등을 판별할 수 있도록 표시하여야 한다.

99 면적측정의 방법에 관한 내용으로 옳은 것은?

① 좌표면적계산법에 따른 산출면적은 1,000분의 1m² 까지 계산하여 100분의 1m² 단위로 정해야 한다.

② 전자면적측정기에 따른 측정면적은 100분의 1m² 까지 계산하여 10분의 1m² 단위로 정해야 한다.

③ 경위의측량방법으로 세부측량을 한 지역의 필지별 면적측정은 경계점 좌표에 따라야 한다.

④ 면적을 측정하는 경우 도곽선의 길이에 1mm 이상의 신축이 있을 때에는 이를 보정하여야 한다.

해설

지적측량 시행규칙 제20조(면적측정의 방법 등)

① 좌표면적계산법에 따른 면적측정은 다음 각 호의 기준에 따른다.

　1. 경위의측량방법으로 세부측량을 한 지역의 필지별 면적측정은 경계점 좌표에 따를 것

　2. 산출면적은 1천분의 1제곱미터까지 계산하여 10분의 1제곱미터 단위로 정할 것

② 전자면적측정기에 따른 면적측정은 다음 각 호의 기준에 따른다.

　1. 도상에서 2회 측정하여 그 교차가 다음 계산식에 따른 허용면적 이하일 때에는 그 평균치를 측정면적으로 할 것

$$A = 0.023^2 M\sqrt{F}$$

　　(A는 허용면적, M은 축척분모, F는 2회 측정한 면적의 합계를 2로 나눈 수)

　2. 측정면적은 1천분의 1제곱미터까지 계산하여 10분의 1제곱미터 단위로 정할 것

100 지적재조사에 관한 특별법상 조정금의 산정에 관한 내용으로 옳지 않은 것은?

① 조정금은 경계가 확정된 시점을 기준으로 감정평가액으로 산정한다.

② 국가 또는 지방자치단체 소유의 국유지·공유지 행정재산의 조정금은 징수하거나 지급하지 아니한다.

③ 토지소유자협의회가 요청하는 경우 시·군·구 지적재조사위원회의 심의를 거쳐 개별공시지가로 조정금을 산정할 수 있다.

④ 지적소관청은 경계 확정으로 지적공부상의 면적이 증감된 경우에는 필지별 면적 증감내역을 기준으로 조정금을 산정하여 징수하거나 지급한다.

해설

지적재조사에 관한 특별법 제20조(조정금의 산정)

① 지적소관청은 제18조에 따른 경계 확정으로 지적공부상의 면적이 증감된 경우에는 필지별 면적 증감내역을 기준으로 조정금을 산정하여 징수하거나 지급한다.

② 제1항에도 불구하고 국가 또는 지방자치단체 소유의 국유지·공유지 행정재산의 조정금은 징수하거나 지급하지 아니한다.

③ 조정금은 제18조에 따라 경계가 확정된 시점을 기준으로 「감정평가 및 감정평가사에 관한 법률」에 따른 감정평가업자가 평가한 감정평가액으로 산정한다. 다만, 토지소유자협의회가 요청하는 경우에는 제30조에 따른 시·군·구 지적재조사위원회의 심의를 거쳐 「부동산 가격공시에 관한 법률」에 따른 개별공시지가로 산정할 수 있다. 〈개정 2017. 4. 18.〉

④ 지적소관청은 제3항에 따라 조정금을 산정하고자 할 때에는 제30조에 따른 시·군·구 지적재조사위원회의 심의를 거쳐야 한다.

⑤ 제2항부터 제4항까지에 규정된 것 외에 조정금의 산정에 필요한 사항은 대통령령으로 정한다.

EXERCISES
기출문제

2019년 2회 산업기사

본 문제의 해설은 출제자의 의도와 일치되지 않을 수 있으며, 문제 및 해설에 일부 오탈자가 있을 수 있으므로 학습 시 의문사항이 있으면 예문사 또는 저자에게 문의하여 주시기 바랍니다.

Subject 01 **지적측량**

01 지적측량에서 측량계산의 끝수처리가 잘못된 것은?

① 12.6m²는 13m²
② 22.5m²는 22m²
③ 13.5m²는 14m²
④ 10.5m²는 11m²

해설

공간정보의 구축 및 관리 등에 관한 법률 시행령 제60조(면적의 결정 및 측량계산의 끝수처리)

① 면적의 결정은 다음 각 호의 방법에 따른다.
　　1. 토지의 면적에 1제곱미터 미만의 끝수가 있는 경우 0.5 제곱미터 미만일 때에는 버리고 0.5제곱미터를 초과하는 때에는 올리며, 0.5제곱미터일 때에는 구하려는 끝자리의 숫자가 0 또는 짝수이면 버리고 홀수이면 올린다. 다만, 1필지의 면적이 1제곱미터 미만일 때에는 1 제곱미터로 한다.
　　2. 지적도의 축척이 600분의 1인 지역과 경계점좌표등록부에 등록하는 지역의 토지 면적은 제1호에도 불구하고 제곱미터 이하 한 자리 단위로 하되, 0.1제곱미터 미만의 끝수가 있는 경우 0.05제곱미터 미만일 때에는 버리고 0.05제곱미터를 초과할 때에는 올리며, 0.05제곱미터일 때에는 구하려는 끝자리의 숫자가 0 또는 짝수이면 버리고 홀수이면 올린다. 다만, 1필지의 면적이 0.1제곱미터 미만일 때에는 0.1제곱미터로 한다.

② 방위각의 각치(角値), 종횡선의 수치 또는 거리를 계산하는 경우 구하려는 끝자리의 다음 숫자가 5 미만일 때에는 버리고 5를 초과할 때에는 올리며, 5일 때에는 구하려는 끝자리의 숫자가 0 또는 짝수이면 버리고 홀수이면 올린다. 다만, 전자계산조직을 이용하여 연산할 때에는 최종수치에만 이를 적용한다.

02 삼각점과 지적기준점 등의 제도방법으로 옳지 않은 것은?

① 지적도근점은 직경 2mm의 원으로 제도한다.
② 삼각점 및 지적기준점은 0.2mm 폭의 선으로 제도한다.
③ 2등삼각점은 직경 1mm 및 2mm의 2중원으로 제도한다.
④ 지적삼각점은 직경 3mm의 원으로 제도하고 원 안에 십자선으로 표시한다.

해설

지적기준점제도(위성기준점은 제외)

명칭	제도	크기(mm)			비 고	
		3	2	1	십자선	내부 채색
위성기준점	⊕	3	2		십자선	
1등삼각점	◎	3	2	1		채색
2등삼각점	◎	3	2	1		
3등삼각점	◉		2	1		채색
4등삼각점	◎		2	1		
지적삼각점	⊕	3			십자선	
지적삼각보조점	●	3				채색
지적도근점	○		2			

03 지적측량의 법률적 효력으로 옳지 않은 것은?

① 강제력
② 공정력
③ 구인력
④ 확정력

해설

지적측량의 법률적 효력

구속력 (拘束力)	소관청, 소유자 및 이해관계인을 기속하는 효력으로 • 모든 지적측량은 완료와 동시에 구속력이 발생 • 지적측량결과가 유효하게 존재하는 한 그 내용에 대해 존중하고 복종하여야 함 • 정당한 절차 없이 그 존재를 부정하거나 그 효력을 기피할 수 없음
공정력 (公正力)	권한 있는 기관에 의하여 쟁송 또는 직권에 의하여 그 내용이 취소되기까지는 적법성을 추정받고 그 누구도 부인하지 못하는 효력으로 • 공정력은 당사자, 소관청, 국가기관, 제3자에 대해서도 발생 • 지적측량에 하자가 있더라도 인정 • 예외의 경우로서 지적측량의 효력이 절대 무효인 경우가 있음
확정력 (確定力)	일단 유효하게 성립된 지적측량은 상대방과 이해관계인이 그 효력을 다툴 수 없고, 소관청 자신도 특별한 사유가 없는 한 그 성과를 변경할 수 없어 효력으로 불가쟁력(형식적 확정력)과 불가변력(관습적 확정력)이 발생
강제력 (强制力)	행정청 자체의 자격으로 집행할 수 있는 강력한 효력으로 • 사법권의 힘을 빌릴 것 없이 행정행위를 실현할 수 있는 자력집행력 • 경계복원측량 이외에는 소원법의 적용이 배제되고 지적위원회가 적부심사를 맡아 처리함

04 지적삼각점성과표에 기록·관리하여야 하는 사항이 아닌 것은?

① 경계점좌표

② 자오선수차

③ 소재지와 측량연월일

④ 지적삼각점의 명칭과 기준 원점명

해설

지적측량 시행규칙 제4조(지적기준점성과표의 기록·관리 등)

① 제3조에 따라 시·도지사가 지적삼각점성과를 관리할 때에는 다음 각 호의 사항을 지적삼각점성과표에 기록·관리하여야 한다.

② 제3조에 따라 지적소관청이 지적삼각보조점성과 및 지적도근점성과를 관리할 때에는 다음 각 호의 사항을 지적삼각보조점성과표 및 지적도근점성과표에 기록·관리하여야 한다.

③ 제2항 제10호에 따른 조사 내용은 지적삼각보조점 및 지적도근점표지의 멸실 유무, 사고 원인, 경계의 부합 여부 등을 적는다. 이 경우 경계와 부합되지 아니할 때에는 그 사유를 적는다.

지적삼각점성과표	지적삼각보조점성과 및 지적도근점성과
1. 지적삼각점의 명칭과 기준 원점명 2. 좌표 및 표고 3. 경도 및 위도(필요한 경우로 한정한다) 4. 자오선수차(子午線收差) 5. 시준점(視準點)의 명칭, 방위각 및 거리 6. 소재지와 측량연월일 7. 그 밖의 참고사항	1. 번호 및 위치의 약도 2. 좌표와 직각좌표계 원점명 3. 경도와 위도(필요한 경우로 한정한다) 4. 표고(필요한 경우로 한정한다) 5. 소재지와 측량연월일 6. 도선등급 및 도선명 7. 표지의 재질 8. 도면번호 9. 설치기관 10. 조사연월일, 조사자의 직위·성명 및 조사 내용

05 평판측량에서 경사거리 l과 경사분획 n을 측정할 때 수평거리 L을 산출하는 공식은?

① $L = l\dfrac{100}{\sqrt{1 + \left(\dfrac{n}{100}\right)^2}}$

② $L = l\dfrac{1}{\sqrt{1 + \left(\dfrac{n}{100}\right)^2}}$

③ $L = l\dfrac{1}{\sqrt{1 - \left(\dfrac{n}{100}\right)^2}}$

④ $L = l\dfrac{1}{\sqrt{100^2 + n^2}}$

해설

수평거리 계산

$D : l = 100 : \sqrt{100^2 + n^2}$

$\therefore D = \dfrac{100l}{\sqrt{100^2 + n^2}} = \dfrac{1}{\sqrt{1 + \left(\dfrac{n}{100}\right)^2}} \times l$

여기서, D : 수평거리

l : 경사거리

n : 시준판의 눈금(경사분획수)

06 일반지역에서 축척이 6,000분의 1인 임야도의 지상 도곽선 규격(종선×횡선)으로 옳은 것은?

① 500m×400m
② 1,200m×1,000m
③ 1,250m×1,500m
④ 2,400m×3,000m

● 해설

도면의 도곽크기

도면	축척	도상거리		지상거리		포용면적 (m²)
		세로 (cm)	가로 (cm)	세로 (m)	가로 (m)	
지적도	1/500	30	40	150	200	30,000
	1/1,000	30	40	300	400	120,000
	1/600	33.3333	41.6667	200	250	50,000
	1/1,200	33.3333	41.6667	400	500	200,000
	1/2,400	33.3333	41.6667	800	1000	800,000
	1/3,000	40	50	1,200	1,500	1,800,000
	1/6,000	40	50	2,400	3,000	7,200,000
임야도	1/3,000	40	50	1,200	1,500	1,800,000
	1/6,000	40	50	2,400	3,000	7,200,000

07 미지점에 평판을 설치하여 그 점의 위치를 결정하기 위한 측량방법은?

① 전방교회법
② 측방교회법
③ 후방교회법
④ 측방과 전방교회법의 혼용

● 해설

교회법

전방교회법	미지점에 대한 시준은 가능하나 장애물이 있어 직접 거리측정이 곤란한 경우 2점 이상의 기준점을 측판점으로 하여 미지점의 위치를 결정하는 방법이다. 그러나 지적측량을 교회법에 의하여 시행할 때에는 기지점을 최소한 3개 이상 사용하는 것을 원칙으로 하고 있다. 그 이유는 두 방향선이 평행이 아니면 만나게 되므로 만나는 점을 구할 수 있으나 오차를 쉽게 발견하기 어렵기 때문이다.\n전방교회법은 교회법 중에서 가장 정확한 결과를 얻을 수 있는 방법이다.

측방교회법	기지의 두 점 중 한점에 접근하기 곤란한 경우 기지의 한점과 미지의 한점에 평판을 세워 미지의 한점을 구하는 방법이다. 측방교회법은 전방교회법과 후방교회법을 혼합한 방법으로 2점 또는 3점의 기지점 중 한점의 기지점과 미지점에서만 기계를 세울 수 있을 때 사용하며 주로 소축척의 측량에 사용한다.\n측방교회법은 정밀도면에서 전방교회법보다 못하나 후방교회법보다는 정밀하다.
후방교회법	구하고자 하는 소구점에 평판을 세우고 기지점의 방향선에 의하여 소구점을 결정하는 방법이다. 지상의 기지점 어느 것에도 평판을 세울 필요가 없어 작업은 쉬우나 그 정밀도는 전방교회법이나 측방교회법에 따르지 못한다.\n후방교회법에는 2점법과 3점법에 의한 방법이 있다.

08 다각망도선법에 의한 지적삼각보조점측량 및 지적도근점측량을 시행하는 경우, 기지점 간 직선상의 외부에 두는 지적삼각보조점 및 지적도근점의 선점은 기지점 직선과의 사이각을 얼마 이내로 하도록 규정하고 있는가?

① 10° 이내
② 20° 이내
③ 30° 이내
④ 30° 이내

● 해설

지적업무처리규정 제10조(지적기준점의 확인 및 선점 등)
① 지적삼각점측량 및 지적삼각보조점측량을 할 때에는 미리 사용하고자 하는 삼각점·지적삼각점 및 지적삼각보조점의 변동유무를 확인하여야 한다. 이 경우 확인결과 기지각과의 오차가 ±40초 이내인 경우에는 그 삼각점·지적삼각점 및 지적삼각보조점에 변동이 없는 것으로 본다.
② 지적기준점을 선점할 때에는 다음 각 호에 따른다.
  1. 후속측량에 편리하고 영구적으로 보존할 수 있는 위치이어야 한다.
  2. 지적도근점을 선점할 때에는 되도록이면 지적도근점 간의 거리를 동일하게 하되 측량대상지역의 후속측량에 지장이 없도록 하여야 한다.
  3. 「지적측량 시행규칙」 제11조 제3항 및 제12조 제6항에 따라 다각망도선법으로 지적삼각보조점측량 및 지적도근점측량을 할 경우에 기지점 간 직선상의 외부에 두는 지적삼각보조점 및 지적도근점과 기지점 직선과의 사이각은 30도 이내로 한다.

③ 암석·석재구조물·콘크리트구조물·맨홀 및 건축물 등 견고한 고정물에 지적기준점을 설치할 필요가 있는 경우에는 그 고정물에 각인하거나, 그 구조물에 고정하여 설치할 수 있다.

④ 지적삼각보조점의 규격과 재질은 규칙 제3조 제1항에 따른 지적기준점표지의 규격과 재질을 준용한다.

09 다음 그림에서 측선 CD의 방위각(V_C^D)은?

① 146°
② 214°
③ 266°
④ 326°

해설

$V_b^c = 45° - 180° + 214° = 79°$
$V_c^d = 79° - 180° + 315° = 214°$
또는
$V_b^c = 45° + 18° + 214° - 360° = 79°$
$V_c^d = 79° + 180° + 315° - 360° = 214°$

10 경위의측량방법에 따른 세부측량을 행하는 경우에 수평각의 측정공차는 1회 측정각과 2회 측정각의 평균값에 대한 교차를 얼마까지 허용하는가?

① 10초 이내
② 20초 이내
③ 30초 이내
④ 40초 이내

해설

지적측량 시행규칙 제18조(세부측량의 기준 및 방법 등)
① 평판측량방법에 따른 세부측량은 다음 각 호의 기준에 따른다.
  6. 수평각의 측각공차는 다음 표에 따를 것

종별	1방향각	1회 측정값과 2회 측정값의 평균값에 대한 교차
공차	60초 이내	40초 이내

11 교회법에 따른 지적삼각보조점의 관측 및 계산에 대한 기준으로 틀린 것은?

① 1방향각의 측각공차는 40초 이내로 한다.
② 관측은 10초독 이상의 경위의를 사용한다.
③ 수평각 관측은 2대회의 방향관측법에 따른다.
④ 1측회의 폐색 측각공차는 ±40초 이내로 한다.

해설

지적측량 시행규칙 제11조(지적삼각보조점의 관측 및 계산)
① 경위의 측량방법과 교회법에 따른 지적삼각보조점의 관측 및 계산은 다음 각 호의 기준에 따른다.
  1. 관측은 20초독 이상의 경위의를 사용할 것
  2. 수평각 관측은 2대회(윤곽도는 0도, 90도로 한다)의 방향관측법에 따를 것
  3. 수평각의 측각공차는 다음 표에 따를 것. 이 경우 삼각형 내각의 관측치를 합한 값과 180도와의 차는 내각을 전부 관측한 경우에 적용한다.

종별	1방향각	1측회의 폐색	삼각형 내각관측의 합과 180도와의 차	기지각과의 차
공차	40초 이내	±40초 이내	±50초 이내	±50초 이내

12 축척 1,200분의 1 지역에서 평판측량을 도선법으로 하는 경우 일반적인 도선의 거리제한으로 옳은 것은?

① 68m 이내
② 86m 이내
③ 96m 이내
④ 100m 이내

해설

도선의 거리 = 1,200 × 0.08 = 96m

지적측량 시행규칙 제18조(세부측량의 기준 및 방법 등)
① 평판측량방법에 따른 세부측량은 다음 각 호의 기준에 따른다.
④ 평판측량방법에 따른 세부측량을 도선법으로 하는 경우에는 다음 각 호의 기준에 따른다.
  1. 위성기준점, 통합기준점, 삼각점, 지적삼각점, 지적삼각보조점 및 지적도근점, 그 밖에 명확한 기지점 사이를 서로 연결할 것

정답 09 ② 10 ④ 11 ② 12 ③

2. 도선의 측선장은 도상길이 8센티미터 이하로 할 것. 다만, 광파조준의 또는 광파측거기를 사용할 때에는 30센티미터 이하로 할 수 있다.

3. 도선의 변은 20개 이하로 할 것

13 지적기준점 표지설치의 점간거리 기준으로 옳은 것은?

① 지적삼각점 : 평균 2km 이상 5km 이하

② 지적도근점 : 평균 40m 이상 300m 이하

③ 지적삼각보조점 : 평균 1km 이상 2km 이하

④ 지적삼각보조점 : 다각망도선법에 따르는 경우 평균 2km 이하

● 해설

점간거리

구분	지적기준점표지	다각망도선법
1등삼각점	30km	
2등삼각점	10km	
3등삼각점	5km	
4등삼각점	2.5km	
지적삼각점측량	평균 2~5km 이하	
지적삼각보조점측량	평균 1~3km 이하	평균 0.5~1km 이하
지적도근점측량	평균 50~300m 이하	평균 500m 이하

14 지적도근점성과표에 기록·관리하여야 할 사항에 해당하지 않는 것은?

① 좌표   ② 도선 등급

③ 자오선수차   ④ 표지의 재질

● 해설

지적측량 시행규칙 제4조(지적기준점성과표의 기록·관리 등)

① 제3조에 따라 시·도지사가 지적삼각점성과를 관리할 때에는 다음 각 호의 사항을 지적삼각점성과표에 기록·관리하여야 한다.

② 제3조에 따라 지적소관청이 지적삼각보조점성과 및 지적도근점성과를 관리할 때에는 다음 각 호의 사항을 지적삼각보조점성과표 및 지적도근점성과표에 기록·관리하여야 한다.

③ 제2항 제10호에 따른 조사 내용은 지적삼각보조점 및 지적도근점표지의 멸실 유무, 사고 원인, 경계의 부합 여부 등을 적는다. 이 경우 경계와 부합되지 아니할 때에는 그 사유를 적는다.

지적삼각점성과표	지적삼각보조점성과 및 지적도근점성과
1. 지적삼각점의 명칭과 기준 원점명 2. 좌표 및 표고 3. 경도 및 위도(필요한 경우로 한정한다) 4. 자오선수차(子午線收差) 5. 시준점(視準點)의 명칭, 방위각 및 거리 6. 소재지와 측량연월일 7. 그 밖의 참고사항	1. 번호 및 위치의 약도 2. 좌표와 식각좌표계 원점명 3. 경도와 위도(필요한 경우로 한정한다) 4. 표고(필요한 경우로 한정한다) 5. 소재지와 측량연월일 6. 도선등급 및 도선명 7. 표지의 재질 8. 도면번호 9. 설치기관 10. 조사연월일, 조사자의 직위·성명 및 조사 내용

15 필지의 면적측정 방법에 대한 설명으로 적합하지 않은 것은?

① 필지별 면적측정은 지상경계 및 도상좌표에 의한다.

② 전자면적측정기로 면적을 측정하는 경우 도상에서 2회 측정한다.

③ 경계점좌표등록부 시행지역은 좌표면적계산법으로 면적을 측정한다.

④ 측정면적은 1천분의 1제곱미터까지 계산하여 10분의 1제곱미터 단위로 정한다.

● 해설

지적측량 시행규칙 제20조(면적측정의 방법 등)

① 좌표면적계산법에 따른 면적측정은 다음 각 호의 기준에 따른다.

　1. 경위의측량방법으로 세부측량을 한 지역의 필지별 면적측정은 경계점 좌표에 따를 것

　2. 산출면적은 1천분의 1제곱미터까지 계산하여 10분의 1제곱미터 단위로 정할 것

② 전자면적측정기에 따른 면적측정은 다음 각 호의 기준에 따른다.

　1. 도상에서 2회 측정하여 그 교차가 다음 계산식에 따른 허용면적 이하일 때에는 그 평균치를 측정면적으로 할 것

$$A = 0.023^2 M\sqrt{F}$$

(A는 허용면적, M은 축척분모, F는 2회 측정한 면적의 합계를 2로 나눈 수)

2. 측정면적은 1천분의 1제곱미터까지 계산하여 10분의 1제곱미터 단위로 정할 것

③ 면적을 측정하는 경우 도곽선의 길이에 0.5밀리미터 이상의 신축이 있을 때에는 이를 보정하여야 한다. 이 경우 도곽선의 신축량 및 보정계수의 계산은 다음 각 호의 계산식에 따른다.

1. 도곽선의 신축량계산

$$S = \frac{\triangle X_1 + \triangle X_2 + \triangle Y_1 + \triangle Y_2}{4}$$

(S는 신축량, $\triangle X_1$는 왼쪽 종선의 신축된 차, $\triangle X_2$는 오른쪽 종선의 신축된 차, $\triangle Y_1$는 위쪽 횡선의 신축된 차, $\triangle Y_2$는 아래쪽 횡선의 신축된 차)

이 경우 신축된 차(밀리미터) $= \dfrac{1,000(L-L_o)}{M}$

(L은 신축된 도곽선지상길이, L_o는 도곽선지상길이, M은 축척분모)

2. 도곽선의 보정계수계산

$$Z = \frac{X \cdot Y}{\triangle X \cdot \triangle Y}$$

(Z는 보정계수, X는 도곽선종선길이, Y는 도곽선횡선길이, $\triangle X$는 신축된 도곽선종선길이의 합/2, $\triangle Y$는 신축된 도곽선횡선길이의 합/2을 말한다)

16 지적도의 도곽선 수치는 원점으로부터 각각 얼마를 가산하여 사용할 수 있는가?(단, 제주도지역은 제외한다.)

① 종선 50만 m, 횡선 20만 m
② 종선 55만 m, 횡선 20만 m
③ 종선 20만 m, 횡선 50만 m
④ 종선 20만 m, 횡선 55만 m

해설

평면직각좌표원점
① 남북을 X축(X^N), 동서를 Y축(Y^E)으로 하고 있다.

② 평면직각좌표의 원점

명칭	경도	위도	투영원점의 가산수치	원점의 축척계수
서부원점	동경 125°	북위 38°		
중부원점	동경 127°	북위 38°	X^N : 600,000m	1.0000
동부원점	동경 129°	북위 38°	Y^E : 200,000m	
동해원점	동경 131°	북위 38°		

③ 각 좌표에서의 직각좌표는 다음 조건에 따라 T.M(Transvers Mercator) 방법으로 표시한다.

• X축은 좌표계원점의 자오선에 일치하여야 하고 진북방향을 정(+)으로 표시하고 Y축은 X축에 직교하는 축으로서 진동방향을 정(+)으로 표시한다.

• 세계측지계에 따르지 아니하는 지적측량의 경우에는 가우스 상사 이중투영법으로 표시하되 직각좌표계 투영원점의 가산(可算)수치를 각각 종축좌표 X값을 38°N 이하에서도 음(-)의 값이 되지 않도록 하기 위해서 500,000m(제주도는 550,000m) 횡축좌표 Y값에는 200,000m로 하여 사용할 수 있다.

17 다음 중 지적측량을 실시하지 않아도 되는 경우는?

① 지적기준점을 정하는 경우
② 지적측량성과를 검사하는 경우
③ 경계점을 지상에 복원하는 경우
④ 토지를 합병하고 면적을 결정하는 경우

해설

토지를 합병하고 면적은 지적측량을 수반하지 않고 공부상면적을 합산하여 결정한다.

18 다음 평판측량에 의한 오차 중 기계적 오차에 해당하는 것은?

① 평판의 경사에 의한 오차
② 방향선의 변위에 의한 오차
③ 시준선의 경사에 의한 오차
④ 평판의 방향 표정 불완전에 의한 오차

정답 16 ① 17 ④ 18 ③

해설

평판측량의 오차

기계적 오차	• 외심오차 • 시준오차
세울 때 오차	• 정준오차 • 구심오차 • 표정오차
측정할 때 오차	• 빈사법 오차 • 도선법 오차 • 교회법 오차
제도할 때 오차 (측점의 위치오차)	도상에서 식별할 수 있는 최소거리가 0.1mm이며, 측침 끝부분의 지름을 0.1mm 이내로 할 때 도면 위의 제도 허용오차(측점의 위치오차)는 일반적으로 0.2mm 이내로 규정하고 있다.

19 지적삼각보조점측량에 관한 설명으로 옳지 않은 것은?

① 영구표지를 설치하는 경우에는 시·군·구별로 일련번호를 부여한다.

② 지적삼각보조점은 측량지역별로 설치순서에 따라 일련번호를 부여한다.

③ 지적삼각보조점은 교회망 또는 교점다각망으로 구성하여야 한다.

④ 전파기 또는 광파기측량방법에 따라 다각망도선법으로 지적삼각보조점측량을 할 때에는 5점 이상의 기지점을 포함한 결합다각방식에 따른다.

해설

지적측량 시행규칙 제10조(지적삼각보조점측량)

① 지적삼각보조점측량을 할 때에 필요한 경우에는 미리 지적삼각보조점표지를 설치하여야 한다.

② 지적삼각보조점은 측량지역별로 설치순서에 따라 일련번호를 부여하되, 영구표지를 설치하는 경우에는 시·군·구별로 일련번호를 부여한다. 이 경우 지적삼각보조점의 일련번호 앞에 "보"자를 붙인다.

③ 지적삼각보조점은 교회망 또는 교점다각망(交點多角網)으로 구성하여야 한다.

④ 경위의측량방법과 전파기 또는 광파기측량방법에 따라 교회법으로 지적삼각보조점측량을 할 때에는 다음 각 호의 기준에 따른다.

1. 3방향의 교회에 따를 것. 다만, 지형상 부득이하여 2방향의 교회에 의하여 결정하려는 경우에는 각 내각을 관측하여 각 내각의 관측치의 합계와 180도와의 차가 ±40초 이내일 때에는 이를 각 내각에 고르게 배분하여 사용할 수 있다.

2. 삼각형의 각 내각은 30도 이상 120도 이하로 할 것

⑤ 전파기 또는 광파기측량방법에 따라 다각망도선법으로 지적삼각보조점측량을 할 때에는 다음 각 호의 기준에 따른다. 〈개정 2014. 1. 17.〉

1. 3점 이상의 기지점을 포함한 결합다각방식에 따를 것

2. 1도선(기지점과 교점 간 또는 교점과 교점 간을 말한다)의 점의 수는 기지점과 교점을 포함하여 5점 이하로 할 것

3. 1도선의 거리(기지점과 교점 또는 교점과 교점 간의 점 간거리의 총합계를 말한다)는 4킬로미터 이하로 할 것

20 평판측량방법에 의한 세부측량 시 일반적인 방향선 또는 측선장의 도상길이로 옳지 않은 것은?

① 교회법은 10센티미터 이하

② 도선법은 10센티미터 이하

③ 광파조준의에 의한 도선법은 30센티미터 이하

④ 광파조준의에 의한 교회법은 30센티미터 이하

해설

세부측량

기초(기지)점		위성기준점, 통합기준점, 삼각점, 지적삼각점, 지적삼각보조점, 도근점, 경계점			
측량	방법	경위의측량법		평판측량법	
	계산방법	도선법	방사법	교회법	도선법	방사법
	관측	20초독 이상의 경위의		측판		
거리측정단위		1cm		• 지적도를 비치하는 지역 : 5cm • 임야도를 비치하는 지역 : 50cm		
측량결과도 작성				• 측량대상토지가 등록된 도면과 동일한 축척 • 도시개발·축척변경 시행지역 : 축척 1/500 (단, 농지의 구획정리 지역은 1/1,000로 하되, 시도지사의 승인을 받아서 1/6,000까지 가능)		
경계점 부합 여부 확인				현형법, 도상·지상원호교회법, 거리비교확인법		
방향선의 도상길이 도선의 측선장 (도선법)				10cm 이하, 광파 30cm 이하	8cm 이하, 광파 30cm 이하	10cm 이하, 광파 30cm 이하

^{Subject}02 **응용측량**

21 GNSS를 이용하여 위치를 결정할 때 발생하는 중요한 오차요인이 아닌 것은?

① 위성의 배치상태와 관련된 오차

② 자료호환과 관련된 오차

③ 신호전달과 관련된 오차

④ 수신기에 관련된 오차

● 해설

구조적인 오차

종류	특징
위성시계오차	GPS 위성에 내장되어 있는 시계의 부정확성으로 인해 발생
위성궤도오차	위성궤도정보의 부정확성으로 인해 발생
대기권전파지연	위성신호의 전리층, 대류권 통과 시 전파지연오차(약 2m)
전파적 잡음	수신기 자체에서 발생하며 PRN 코드잡음과 수신기 잡음이 합쳐져서 발생
다중경로 (Multipath)	다중경로오차는 GPS 위성으로 직접 수신된 전파 이외에 부가적으로 주위의 지형, 지물에 의한 반사된 전파로 인해 발생하는 오차로서 측위에 영향을 미친다. • 다중경로는 금속제 건물, 구조물과 같은 커다란 반사적 표면이 있을 때 일어난다. • 다중경로의 결과로서 수신된 GPS 신호는 처리될 때 GPS 위치의 부정확성을 제공 • 다중경로가 일어나는 경우를 최소화하기 위하여 미션 설정, 수신기, 안테나 설계시에 고려한다면 다중경로의 영향을 최소화할 수 있다. • GPS 신호시간의 기간을 평균하는 것도 다중경로의 영향을 감소시킨다. • 가장 이상적인 방법은 다중경로의 원인이 되는 장애물에서 멀리 떨어져서 관측하는 방법이다. • 다중경로에 따른 영향은 위상측정방식보다 코드측정방식에서 더 크다.

위성의 배치상태에 따른 오차
[정밀도 저하율(DOP : Dilution of Precision)]
GPS 관측지역의 상공을 지나는 위성의 기하학적 배치상태에 따라 측위의 정확도가 달라지는데 이를 DOP라고 한다.

종류	특징
• GDOP : 기하학적 정밀도 저하율 • PDOP : 위치 정밀도 저하율 • HDOP : 수평 정밀도 저하율 • VDOP : 수직 정밀도 저하율 • RDOP : 상대 정밀도 저하율 • TDOP : 시간 정밀도 저하율	• 3차원위치의 정확도는 PDOP에 따라 달라지는데 PDOP은 4개의 관측위성들이 이루는 사면체의 체적이 최대일때 가장 정확도가 좋으며 이때는 관측자의 머리 위에 다른 3개의 위성이 각각 120°를 이룰 때이다. • DOP는 값이 작을수록 정확하며 1이 가장 정확하고 5까지는 실용상 지장이 없다.

22 그림과 같이 지표면에서 성토하여 도로폭 $b = 6$의 도로면을 단면으로 개설하고자 한다. 성토높이 $h = 5.0m$, 성토기울기를 1 : 1로 한다면 용지폭($2x$)은?(단, a : 여유폭 = 1m)

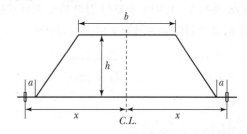

① 10.0m

② 14.0m

③ 18.0m

④ 22.0m

● 해설

용지폭 $= a + 1 \times 5 + b + 1 \times 5 + a$
$= 1 + 5 + 6 + 5 + 1$
$= 18m$

23 GNSS 시스템의 구성요소에 해당하지 않는 것은?

① 위성에 대한 우주 부문

② 지상 관제소의 제어 부문

③ 경영활동을 위한 영업 부문

④ 수신기에 대한 사용자 부문

해설

GNSS 시스템의 구성요소

1. 우주 부문(Space Segment)
   - 연속적 다중위치 결정체계
   - GPS는 55° 궤도 경사각, 위도 60°의 6개 궤도
   - 고도 20,183km, 약 12시간 주기로 운행
   - 3차원 후방 교회법으로 위치 결정

2. 제어 부문(Control Segment)
   - 궤도와 시각 결정을 위한 위성의 추척
   - 전리층 및 대류층의 주기적 모형화(방송궤도력)
   - 위성시간의 동일화
   - 위성으로의 자료전송

3. 사용자 부문(User Segment)
   - 위성에서 보낸 전파를 수신하여 원하는 위치
   - 또는 두 점 사이의 거리를 계산

24 축척 1 : 1,000, 등고선 간격 2m, 경사 5%일 때 등고선 간의 수평거리 L의 도상길이는?

① 1.2cm   ② 2.7cm

③ 3.1cm   ④ 4.0cm

해설

$$경사(i) = \frac{고저차(h)}{수평거리(D)}$$

$$D = \frac{h}{i} = \frac{200cm}{0.05} = 4,000cm$$

$$\frac{1}{m} = \frac{도상거리}{실제거리}$$

$$도상거리 = \frac{실제거리}{m} = \frac{4,000}{1,000} = 4cm$$

25 촬영고도 10,000m에서 축척 1 : 5,000의 편위수정 사진에서 지상연직점으로부터 400m 떨어진 곳의 비고 100m인 산악 지역의 사진상 기복변위는?

① 0.008mm   ② 0.8mm

③ 8mm   ④ 80mm

해설

$$\triangle r = \frac{h}{H}r$$

$$= \frac{100}{10,000} \times 80 = 0.8mm$$

$$\frac{1}{m} = \frac{l}{L}$$

$$l = \frac{L}{m} = \frac{400}{5,000} = 0.08m = 80mm$$

26 경사가 일정한 터널에서 두 점 AB 간의 경사거리가 150m이고 고저차가 15m일 때 AB 간의 수평거리는?

① 149.2m   ② 148.5m

③ 147.2m   ④ 146.5m

해설

$$D = \sqrt{L^2 - h^2}$$

$$= \sqrt{150^2 - 15^2}$$

$$= 149.2m$$

27 그림과 같은 수준측량에서 B점의 지반고는? [단, $\alpha = 13°20'30''$, A점의 지반고 = 27.30m, $I.H$ (기계고) = 1.54m, 표척 읽음값 = 1.20m, AB의 수평거리 = 50.13m이다.]

① 38.53m   ② 38.98m

③ 39.40m   ④ 39.53m

해설

$$H_B = H_A + i + \tan\alpha \times D - 1.2$$

$$= 27.3 + 1.54 + \tan13°20'30'' \times 50.13 - 1.2$$

$$= 39.53m$$

28 터널측량에 관한 설명 중 틀린 것은?

① 터널측량은 터널 외 측량, 터널 내 측량, 터널 내·외 연결측량으로 구분할 수 있다.

② 터널 굴착이 끝난 구간에는 기준점을 주로 바닥의 중심선에 설치한다.

③ 터널 내 측량에서는 기계의 십자선 및 표척 등에 조명이 필요하다.

④ 터널의 길이방향측량은 삼각 또는 트래버스 측량으로 한다.

◀해설▶

터널 내 기준점측량에서 기준점을 천장에 설치하는 이유
• 운반이나 기타 작업에 장애가 되지 않게 하기 위하여
• 발견하기 쉽게 하기 위하여
• 파손될 염려가 적기 때문에

29 사진판독에 사용하는 주요 요소가 아닌 것은?

① 음영(shadow)

② 형상(shape)

③ 질감(texture)

④ 촬영고도(flight height)

◀해설▶

사진판독 요소

주요소	색조 (Tone Color)	피사체(대상물)가 갖는 빛의 반사에 의한 것으로 수목의 종류를 판독하는 것을 말한다.
	모양 (Pattern)	피사체(대상물)의 배열상황에 의하여 판별하는 것으로 사진상에서 볼 수 있는 식생, 지형 또는 지표상의 색조 등을 말한다.
	질감 (Texture)	색조, 형상, 크기, 음영 등의 여러 요소의 조합으로 구성된 조밀, 거칢, 세밀함 등으로 표현하며 초목 및 식물의 구분을 나타낸다.
	형상 (Shape)	개체나 목표물의 구성, 배치 및 일반적인 형태를 나타낸다.
	크기 (Size)	어느 피사체(대상물)가 갖는 입체적, 평면적인 넓이와 길이를 나타낸다.
	음영 (Shadow)	판독 시 빛의 방향과 촬영 시의 빛의 방향을 일치시키는 것이 입체감을 얻는 데 용이하다.

보조요소	상호 위치 관계 (Location)	어떤 사진상이 주위의 사진상과 어떤 관계가 있는가 파악하는 것으로 주위의 사진상과 연관되어 성립되는 것이 일반적인 경우이다.
	과고감 (Vertical Exaggeration)	과고감은 지표면의 기복을 과장하여 나타낸 것으로 낮고 평평한 지역에서의 지형판독에 도움이 되는 반면 경사면의 경사는 실제보다 급하게 보이므로 오판에 주의해야 한다.

30 초광각 카메라의 특징으로 옳지 않은 것은?

① 같은 축척으로 촬영할 경우 다른 사진에 비하여 촬영고도가 낮다.

② 동일한 고도에서 촬영된 사진 1장의 포괄면적이 크다.

③ 사각부분이 많이 발생된다.

④ 표고 측정의 정확도가 높다.

◀해설▶

사용 카메라에 의한 분류

종류	렌즈의 화각	화면크기 (cm)	용도	비고
초광각 사진	120°	23×23	소축척 도화용	완전 평지에 이용
광각 사진	90°	23×23	일반도화, 사진판독용	경제적 일반도화
보통각 사진	60°	18×18	산림조사용	• 산악지대 · 도심지 촬영 • 정면도 제작
협각 사진	약 60° 이하		특수한 대축척 도화용	특수한 평면도 제작

카메론효과와 과고감

카메론효과 (Cameron Effect)	항공사진으로 도로변 상공 위의 항공기에서 주행 중인 차량을 연속하여 촬영하여 이것을 입체화시켜 볼 때 차량이 비행방향과 동일방향으로 주행하고 있다면 가라앉아 보이고, 반대방향으로 주행하고 있다면 부상(浮上 : 물 위로 떠오름)하여 보인다. 또한 뜨거나 가라앉는 높이는 차량의 속도에 비례하고 있다. 이와 같이 이동하는 피사체가 뜨거나 가라앉아 보이는 현상을 카메론효과라고 한다.

과고감 (Vertical Exaggeration)	항공사진을 입체시하는 경우 산의 높이 등이 실제보다 과장되어 보이는 현상을 말한다. 평면축척에 대하여 수직축척이 크게 되기 때문에 실제 도형보다 산이 더 높게 보인다. • 항공사진은 평면축척에 비해 수직축척이 크므로 다소 과장되어 나타난다. • 대상물의 고도, 경사율 등을 반드시 고려해야 한다. • 과고감은 필요에 따라 사진판독요소로 사용될 수 있다. • 과고감은 사진의 기선고도비와 이에 상응하는 입체시의 기선고도비의 불일치에 의해서 발생한다. • 과고감은 촬영고도 H에 대한 촬영기선 길이 B와의 비인 기선고도비 B/H에 비례한다.

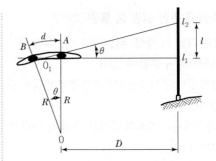

여기서, D : 수평거리
d : 기포 한 눈금의 크기(2mm)
R : 기포관의 곡률반경
ρ'' : 1라디안초수(206,265″)
θ'' : 감도(측각오차)
l : 위치오차($l_2 - l_1$)
n : 기포의 이동눈금수
m : 축척의 분모수

31 레벨에서 기포관의 한 눈금의 길이가 4mm이고, 기포가 한 눈금 움직일 때의 중심각 변화가 10″라 하면 이 기포관의 곡률반지름은?

① 80.2m
② 81.5m
③ 82.5m
④ 84.2m

●해설

$$R = \frac{d}{\theta''}\rho''$$
$$= \frac{0.004}{10''} \times 206,265''$$
$$= 82.5\text{m}$$

감도측정

$$\theta'' = \frac{l}{nD}\rho''$$
$$l = \frac{\theta'' enD}{\rho''}$$
$$R = \frac{d}{\theta''}\rho''$$

32 철도의 캔트양을 결정하는 데 고려하지 않아도 되는 사항은?

① 확폭
② 설계속도
③ 레일간격
④ 곡선반지름

●해설

캔트 : $C = \dfrac{SV^2}{Rg}$
　　여기서, C : 캔트
　　　　　　S : 궤간
　　　　　　V : 차량속도
　　　　　　R : 곡선반경
　　　　　　g : 중력가속도

슬랙 : $\varepsilon = \dfrac{L^2}{2R}$
　　여기서, ε : 확폭량
　　　　　　L : 차량앞바퀴에서 뒷바퀴까지의 거리
　　　　　　R : 차선 중심선의 반경

33 사진측량의 특징에 대한 설명으로 틀린 것은?

① 현장 측량이 불필요하므로 경제적이고 신속하다.

② 동일 모델 내에서는 정확도가 균일하다.

③ 작업단계가 분업화되어 있으므로 능률적이다.

④ 접근하기 어려운 대상물의 관측이 가능하다.

해설

사진측량의 장단점

장점	단점
① 정량적 및 정성적 측정이 가능하다. ② 정확도가 균일하다. • 평면(X, Y) 정도 : $(10 \sim 30)\mu \times$ 촬영축척의 분모수(m) • 높이(H) 정도 : $\left(\dfrac{1}{10,000} \sim \dfrac{1}{15,000}\right)$ $\times$촬영고도(H) 여기서, $1\mu = \dfrac{1}{1,000}$(mm) m : 촬영축척의 분모수 H : 촬영고도 ③ 동체측정에 의한 현상보존이 가능하다. ④ 접근하기 어려운 대상물의 측정도 가능하다. ⑤ 축척변경도 가능하다. ⑥ 분업화로 작업을 능률적으로 할 수 있다. ⑦ 경제성이 높다. ⑧ 4차원의 측정이 가능하다. ⑨ 비지형측량이 가능하다.	① 좁은 지역에서는 비경제적이다. ② 기자재가 고가이다(시설 비용이 많이 든다). ③ 피사체 식별이 난해한 경우가 있다(지명, 행정경제 건물명, 음영에 의하여 분별하기 힘든 곳 등의 측정은 현장 작업으로 보충측량이 필요하다. ④ 기상조건 및 태양고도 등의 영향을 받는다.

34 일반적으로 GNSS 측위 정밀도가 가장 높은 방법은?

① 단독측위

② DGPS

③ 후처리 상대측위

④ 실시간 이동측위(Real Time Kinematic)

해설

일반적으로 GNSS 측위 정밀도가 가장 높은 방법은 후처리 상대측위방법이다.

35 축척 1 : 50,000 지형도 1매에 해당되는 지역을 동일한 크기의 축척 1 : 5,000 지형도로 확대 제작할 경우에 새로 제작되는 해당 지역의 지형도 총 매수는?

① 10매

② 20매

③ 50매

④ 100매

해설

$$\frac{50,000}{5,000} = 10$$

면적비는 축척 $\left(\dfrac{1}{m}\right)^2$ 에 비례한다.

$$\therefore \ 10^2 = 100매$$

또는

$$면적비 = \left(\frac{50,000}{5,000}\right)^2 = 100매$$

36 수준측량 야장기입법 중 중간점이 많은 경우에 편리한 방법은?

① 고차식

② 기고식

③ 승강식

④ 약도식

해설

야장기입방법

고차식	가장 간단한 방법으로 B.S와 F.S만 있으면 된다.
기고식	가장 많이 사용하며, 중간점이 많을 경우 편리하나 완전한 검산을 할 수 없는 것이 결점이다.
승강식	완전한 검사로 정밀 측량에 적당하나, 중간점이 많으면 계산이 복잡하고, 시간과 비용이 많이 소요된다.

37 곡선길이 및 횡거 등에 의해 캔트를 직선적으로 체감하는 완화곡선이 아닌 것은?

① 3차 포물선

② 반파장 정현 곡선

③ 클로소이드 곡선

④ 렘니스케이트 곡선

해설

완화곡선의 종류

• 클로소이드 : 고속도로

• 렘니스케이트 : 시가지 철도

• 3차 포물선 : 철도
• sine 체감곡선 : 고속철도

38 지형도의 이용에 관한 설명으로 틀린 것은?

① 토량의 결정
② 저수량의 결정
③ 하천유역면적의 결정
④ 지적 일필지 면적의 결정

해설

지형도의 이용
① 방향결정
② 위치결정
③ 경사결정(구배계산)
  • 경사$(i) = \dfrac{H}{D} \times 100(\%)$
  • 경사각$(\theta) = \tan^{-1}\dfrac{H}{D}$
④ 거리결정
⑤ 단면도제작
⑥ 면적 계산
⑦ 체적계산(토공량산정)

39 단곡선에서 반지름이 300m이고 교각이 80°일 경우에 접선길이(TL)와 곡선길이(CL)는?

① $TL = 251.73$m, $CL = 418.88$m
② $TL = 251.73$m, $CL = 209.44$m
③ $TL = 192.84$m, $CL = 418.88$m
④ $TL = 192.84$m, $CL = 209.44$m

해설

$$TL = R\tan\frac{I}{2}$$
$$= 300 \times \tan 40°$$
$$= 251.73\text{m}$$
$$CL = 0.0174533RI$$
$$= 0.0174533 \times 300 \times 80°$$
$$= 418.88\text{m}$$

40 축척 1 : 50,000 지형도에서 표고 317.6m로부터 521.4m까지 사이에 주곡선 간격의 등고선 개수는?

① 5개
② 9개
③ 11개
④ 21개

해설

$$\text{등고선 개수} = \frac{520 - 320}{20} + 1 = 11\text{개}$$

등고선의 간격

축척 등고선 종류	기호	1/5,000	1/10,000	1/25,000	1/50,000
주곡선	가는 실선	5	5	10	20
간곡선	가는 파선	2.5	2.5	5	10
조곡선 (보조곡선)	가는 점선	1.25	1.25	2.5	5
계곡선	굵은 실선	25	25	50	100

Subject 03 토지정보체계론

41 지적측량수행자는 지적측량파일을 얼마의 주기로 데이터를 백업하여 보관하여야 하는가?

① 월 1회 이상
② 연 1회 이상
③ 분기 1회 이상
④ 반기 1회 이상

정답 38 ④ 39 ① 40 ③ 41 ①

해설

지적업무처리규정 제25조(지적측량결과도의 작성 등)

① 「지적측량 시행규칙」 제26조에 따른 측량결과도(세부측량을 실시한 결과를 작성한 측량도면을 말한다)는 도면용지 또는 전자측량시스템을 사용하여 예시 1의 지적측량결과도 작성 예시에 따라 작성하고, 측량결과도를 파일로 작성한 때에는 데이터베이스에 저장하여 관리할 수 있다. 다만, 경위의측량방법으로 실시한 지적측량결과를 별표 제7호 또는 제8호 서식으로 작성할 경우에는 다음 각 호의 사항을 별도 작성·관리·검사요청 하여야 한다.

1. 경계점(지적측량기준점) 좌표
2. 기지점 계산
3. 경계점(보조점) 관측 및 좌표 계산
4. 교차점 계산
5. 면적 지정분할 계산
6. 좌표면적 및 점간거리
7. 면적측정부

② 지적측량수행자 및 지적측량검사자는 지적측량결과도상의 측량준비도, 측량결과도, 측량성과도작성, 도면 등의 작성, 확인 및 검사란에 날인 또는 서명을 하여야 한다. 이 경우 서명은 정자(正字)로 하여야 한다.

③ 측량결과도의 보관은 지적소관청은 연도별, 측량종목별, 지적공부정리 일자별, 동·리별로, 지적측량수행자는 연도별, 동·리별로, 지번 순으로 편철하여 보관하여야 한다.

④ 지적측량업자가 폐업하는 경우에는 보관 중인 측량결과도 원본(전자측량시스템으로 작성한 전산파일을 포함한다)과 지적측량 프로그램을 시·도지사에게 제출하여야 하며, 시·도지사는 해당 지적소관청에 측량결과도 원본을 보내주어야 한다.

⑤ 지적측량수행자는 전자평판측량으로 측량을 하여 작성된 지적측량파일을 데이터베이스에 저장하여 후속 측량자료 및 민원업무에 활용할 수 있도록 관리하여야 하며, 지적측량파일은 월 1회 이상 데이터를 백업하여 보관하여야 한다.

---

42 사용자의 필요에 따라 일정한 기준에 맞추어 자료를 나누는 것을 무엇이라 하는가?

① 질의(Query)
② 세선화(Thinning)
③ 분류(Classification)
④ 일반화(Generalization)

해설

속성자료분석

질의 (Query)	질의기능은 작업자가 부여하는 조건에 따라 속성데이터베이스에서 정보를 추출하는 것이다.
분류 (Classification)	사용자의 필요에 따라서 일정 기준에 맞추어 GIS 자료를 나누는 것으로 모든 GIS 자료는 어떤 형태로든 분류가 가능하다.
일반화 (Generalization)	GIS에서 일반화(Generalization)란 수치지도에서 동일 특성을 갖는 지역의 결합을 의미하는 것으로서 일정 기준에 의하여 유사한 분류명을 갖는 폴리곤끼리 합침으로써 분류의 정도를 낮추는 것이다. 이러한 일반화는 기본이 되는 패턴을 보다 확실하게 인식하기 위하여 패턴의 단순화, 즉 분류계층의 수를 줄이는 데 사용된다. 일반화는 나누어진 항목을 합쳐서 분류항목을 줄이는 것이고, 반대로 나누어진 분류를 필요에 따라 보다 세분하는 것을 세분화(Specification)라고 한다.

---

43 런 렝스(Run-length) 코드 압축방법에 대한 설명으로 옳지 않은 것은?

① 격자들의 연속적인 연결 상태를 파악하여 압축하는 방법이다.
② 런(run)은 하나의 행에서 동일한 속성값을 갖는 격자를 의미한다.
③ Quadtree 방법과 함께 많이 쓰이는 격자자료 압축 방법이다.
④ 동일한 속성값을 개별적으로 저장하는 대신 하나의 런(run)에 해당하는 속성값이 한 번 저장된다.

해설

압축방법

Run-length 코드 기법	• 각 행마다 왼쪽에서 오른쪽으로 진행하면서 동일한 수치를 갖는 셀들을 묶어 압축하는 방법이다. • Run이란 하나의 행에서 동일한 속성값을 갖는 격자를 말한다. • 동일한 속성값을 개별적으로 저장하는 대신 하나의 Run에 해당되는 속성값이 한 번만 저장되고 Run의 길이와 위치가 저장되는 방식이다.

사지수형 (Quadtree) 기법	• 사지수형(Quadtree) 기법은 Run-length 코드기법과 함께 많이 쓰이는 자료압축기법이다. • 크기가 다른 정사각형을 이용하여 Run-length 코드보다 더 많은 자료의 압축이 가능하다. • 전체 대상지역에 대하여 하나 이상의 속성이 존재할 경우 전체 지도는 4개의 동일한 면적으로 나누어지는데 이를 Quadrant라 한다.
블록코드 (Block Code) 기법	• Run-length 코드기법에 기반을 둔 것으로 정사각형으로 전체 객체의 형상을 나누어 데이터를 구축하는 방법이다. • 자료구조는 원점으로부터의 좌표 및 정사각형의 한 변의 길이로 구성되는 세 개의 숫자만으로 표시가 가능하다.
체인코드 (Chain Code) 기법	• 대상지역에 해당하는 격자들의 연속적인 연결상태를 파악하여 동일한 지역의 정보를 제공하는 방법이다. • 자료의 시작점에서 동서남북으로 방향을 이동하는 단위거리를 통해서 표현한다. • 각 방향은 동쪽이 0, 북쪽이 1, 서쪽이 2, 남쪽이 3등 숫자로 방향을 정의한다. • 픽셀의 수는 상첨자로 표시한다. • 압축효율은 높으나 객체 간의 경계부분이 이중으로 입력되어야 하는 단점이 있다.

44 다음의 위상정보 중 하나의 지점에서 또 다른 지점으로 이동 시 경로 선정이나 자원의 배분 등과 가장 밀접한 것은?

① 중첩성(Overlay)
② 연결성(Connectivity)
③ 계급성(Hierarchy or Containment)
④ 인접성(Neighborhood or Adjacency)

●해설

위상 구조 분석	각 공간객체 사이의 관계가 인접성, 연결성, 포함성 등의 관점에서 묘사되며, 스파게티 모델에 비해 다양한 공간분석이 가능하다.	
	인접성 (Adjacency)	사용자 중심으로 하는 개체의 형상 좌우에 어떤 개체가 인접하고 그 존재가 무엇인지 나타내는 것이며, 이러한 인접성으로 인해 지리정보의 중요한 상대적인 거리나 포함 여부를 알 수 있게 된다.

연결성 (Connectivity)	지리정보의 3가지 요소의 하나인 선(Line)이 연결되어 각 개체를 표현할 때 노드(Node)를 중심으로 다른 체인과 어떻게 연결되는지 표현한다.
포함성 (Containment)	특정한 폴리곤에 또 다른 폴리곤이 존재할 때 이를 어떻게 표현할지가 지리정보의 분석 기능에서 중요하며 특정지역을 분석할 때, 특정지역에 포함된 다른 지역을 분석할 때 중요하다.

45 토지정보시스템의 기본적인 구성요소와 가장 거리가 먼 것은?

① 하드웨어
② 소프트웨어
③ 보안시스템
④ 데이터베이스

●해설

토지정보시스템의 구성요소

하드웨어 (Hardware)	지형공간정보체계를 운용하는 데 필요한 컴퓨터와 각종 입·출력장치 및 자료관리 장치를 말하며 하드웨어의 범주에는 데스크탑 PC, 워크스테이션뿐만 아니라 스캐너, 프린터, 플로터, 디지타이저를 비롯한 각종 주변 장치들을 포함한다.
소프트웨어 (Software)	지리정보체계의 자료를 입력, 출력, 관리하기 위해 프로그램인 소프트웨어가 반드시 필요하며, 크게 세 종류로 구분하면 먼저 하드웨어를 구동하고 각종 주변 장치를 제어할 수 있는 운영체계(OS : Operating System), 지리정보체계의 자료구축과 자료 입력 및 검색을 위한 입력 소프트웨어, 지리정보체계의 엔진을 탑재하고 있는 자료처리 및 분석 소프트웨어로 구성된다. 소프트웨어는 각종 정보를 저장·분석·출력할 수 있는 기능을 지원하는 도구로서 정보의 입력 및 중첩기능, 데이터베이스 관리기능, 질의 분석, 시각화 기능 등의 주요 기능을 갖는다.
데이터베이스 (Database)	지리정보체계는 많은 자료를 입력하거나 관리하는 것으로 이루어지고 입력된 자료를 활용하여 토지정보체계의 응용시스템을 구축할 수 있으며 이러한 자료들은 속성정보(각종 공부와 대장)와 도형정보(지적도, 임야도, 지하시설물도, 도시계획도 등)로 분류된다.

인적 자원 (Man Power)	전문 인력은 지리정보체계의 구성요소 중에서 가장 중요한 요소로서 데이터를 구축하고 실제 업무에 활용하는 사람으로, 전문적인 기술을 갖춘 전담요원과 기관이 필요하며 시스템을 설계하고 관리하는 전문 인력과 일상 업무에 지리정보체계를 활용하는 사용자 모두가 포함된다.
Application (방법)	특정한 사용자 요구를 지원하기 위해 자료를 처리하고 조작하는 활동, 즉 응용 프로그램들을 총칭하는 것으로 특정 작업을 처리하기 위해 만든 컴퓨터프로그램을 의미한다. 하나의 공간문제를 해결하고 지역 및 공간관련 계획수립에 대한 솔루션을 제공하기 위한 GIS 시스템은 목표 및 구체적인 목적에 따라 적용되는 방법론이나 절차, 구성, 내용 등이 달라지게 된다.

46 테이블 형태로 데이터베이스를 구축하는 전형적인 모델로 두 개 이상의 테이블을 공통의 키필드에 의해 효율적인 자료관리가 가능한 데이터 모델은?

① 계층형 데이터 모델
② 관계형 데이터 모델
③ 객체지향형 데이터 모델
④ 네트워크형 데이터 모델

● 해설

관계형 데이터베이스관리시스템(RDBMS : Relationship DataBase Management System)

개요	① 데이터를 표로 정리하는 경우 행(row)은 데이터 묶음이 되고, 열(Column)은 속성을 나타내는 2차원의 도표로 구성된다. 이와 같이 표현하고자 하는 대상의 속성들을 묶어 하나의 행(row)을 만들고, 행들의 집합으로 데이터를 나타내는 것이 관계형 데이터베이스이다. ② 영역들이 갖는 계층구조를 제거하여 시스템의 유연성을 높이기 위해서 만들어진 구조이다. ③ 데이터의 무결성, 보안, 권한, 로킹(Locking) 등 이전의 응용분야에서 처리해야 했던 많은 기능들을 지원한다. ④ 관계형 데이터모델은 모든 데이터를 테이블과 같은 형태로 나타내며 데이터베이스를 구축하는 가장 전형적인 모델이다. ⑤ 관계형 데이터베이스에서는 개체의 속성을 나타내는 필드 모두를 키필드로 지정할 수 있다.

특징	① 데이터 구조는 릴레이션(relation)으로 표현된다. ※ 릴레이션 : 테이블의 열(Column)과 행(row)의 집합을 말한다. ② 테이블에서 열(Column)은 속성(attribute), 행(row)은 튜플(tuple)이라 한다. [파일처리방식에서 행(row)은 레코드(record), 열(Column)은 필드(field)라 한다] ③ 테이블의 각 칸에는 하나의 속성값만 가지며, 이 값은 더 이상 분해될수 없는 원자값(automic value)이다. ④ 하나의 속성이 취할 수 있는 같은 유형의 모든 원자값의 집합을 그 속성의 도메인(domain)이라 하며 정의된 속성값은 도메인으로부터 값을 취해야 한다. ⑤ 튜플을 식별할 수 있는 속성의 집합인 키(key)는 테이블의 각 열을 정의하는 행들의 집합인 기본키(PK : Primary Key)와 같은 테이블이나 다른 테이블의 기본키를 참조하는 외부키(FK : Foreign Key)가 있다 ⑥ 관계형 데이터모델은 구조가 간단하여 이해하기 쉽고 데이터 조작적 측면에서도 매우 논리적이고 명확하다. ⑦ 상이한 정보 간 검색, 결합, 비교, 자료가감 등이 용이하다.

47 시·군·구(지자체가 아닌 구 포함) 단위의 지적공부에 관한 지적전산자료의 이용 및 활용에 관한 승인권자로 옳은 것은?

① 광역시장
② 시·도지사
③ 지적소관청
④ 국토교통부장관

● 해설

공간정보의 구축 및 관리 등에 관한 법률 제76조(지적전산자료의 이용 등)

① 지적공부에 관한 전산자료(연속지적도를 포함하며, 이하 "지적전산자료"라 한다)를 이용하거나 활용하려는 자는 다음 각 호의 구분에 따라 국토교통부장관, 시·도지사 또는 지적소관청에 지적전산자료를 신청하여야 한다.

1. 전국 단위의 지적전산자료 : 국토교통부장관, 시·도지사 또는 지적소관청

2. 시·도 단위의 지적전산자료 : 시·도지사 또는 지적소관청

3. 시·군·구(자치구가 아닌 구를 포함한다) 단위의 지적전산자료 : 지적소관청

② 제1항에 따라 지적전산자료를 신청하려는 자는 대통령령으로 정하는 바에 따라 지적전산자료의 이용 또는 활용 목적 등에 관하여 미리 관계 중앙행정기관의 심사를 받아야

한다. 다만, 중앙행정기관의 장, 그 소속 기관의 장 또는 지방자치단체의 장이 신청하는 경우에는 그러하지 아니하다. 〈개정 2017. 10. 24.〉

③ 제2항에도 불구하고 다음 각 호의 어느 하나에 해당하는 경우에는 관계 중앙행정기관의 심사를 받지 아니할 수 있다. 〈개정 2017. 10. 24.〉
1. 토지소유자가 자기 토지에 대한 지적전산자료를 신청하는 경우
2. 토지소유자가 사망하여 그 상속인이 피상속인의 토지에 대한 지적전산자료를 신청하는 경우
3. 「개인정보 보호법」 제2조 제1호에 따른 개인정보를 제외한 지적전산자료를 신청하는 경우

④ 제1항 및 제3항에 따른 지적전산자료의 이용 또는 활용에 필요한 사항은 대통령령으로 정한다.

48 토지정보시스템에 사용되는 지도투영법에 대한 설명으로 옳은 것은?

① 우리나라 지적도의 투영에 사용된 지도투영법은 램버트 등각투영법이다.
② 어떤 지도투영법으로 만들어진 자료를 다른 투영법의 자료로 변환하지는 못한다.
③ 지구타원체의 형상을 평면직각좌표로 표현할 때에는 비틀림이 발생한다.
④ 토지정보시스템에서 지도투영법은 속성데이터를 표현하는 데 사용되는 것이다.

해설

투영법
우리나라는 토지조사사업의 일환으로 1910년대에 조선총독부에서 계획하고 시행한 삼각점의 경위도를 평면직각좌표로 변환하는 계산에서 Bessel 지구타원체와 가우스상사 이중투영법(Gauss Conformal Double Projection)을 이용하였으며 1950년대 이후 1/50,000, 1/25,000 지형도 등을 Gauss Kruger 도법으로, 지적도는 가우스상사 이중투영법으로 제작하였다.

49 다음 중 2차원 표현의 내용이 아닌 것은?

① 선(Line)
② 면적(Area)
③ 영상소(Pixel)
④ 격자셀(Grid Cell)

해설

벡터구조의 기본요소

구분	내용
Point	점은 차원이 존재하지 않으며 대상물의 지점 및 장소를 나타내고 기호를 이용하여 공간형상을 표현한다. • 기하학적 위치를 나타내는 0차원 또는 무차원 정보이다. • 절점(node)은 점의 특수한 형태로 0차원이고 위상적 연결이나 끝점을 나타낸다. • 최근린방법 : 점 사이의 물리적 거리를 관측한다. • 사지수(quadrat)방법 : 대상영역의 하부면적에 존재하는 점의 변이를 분석한다.
Line	선은 가장 간단한 형태로 1차원 대상물은 두 점을 연결한 직선이다. 대축척(면사상), 소축척(선사상)으로 지적도, 임야도의 경계선을 나타내는 데 효과적이다. ① 1차원 표현으로 두 점 사이의 최단거리를 의미한다. ② 형태 : 문자열(string), 호(arc), 사슬(chain) 등이 있다. • 문자열(string) : 연속적인 line segment(두 점을 연결한 선)를 의미하며 1차원적 요소이다. • 호(arc) : 수학적 함수로 정의되는 곡선을 형성하는 점의 궤적 • 사슬(chain) : 각 끝점이나 호가 상관성이 없을 경우 직접적인 연결, 즉 체인은 시작 노드와 끝 노드에 대한 위상정보를 가지며 자치꼬임이 허용되지 않는 위상기본요소를 의미한다.
Area	면은 경계선 내의 영역을 정의하고 면적을 가지며, 호수, 삼림을 나타낸다. 지적도의 필지, 행정구역이 대표적이다. • 면(面, area) 또는 면적(面積)은 한정되고 연속적인 2차원적 표현이다. • 모든 면적은 다각형으로 표현된다.

50 부동산종합공부시스템의 전산자료에 대한 구축·관리자로 옳은 것은?

① 업무 담당자
② 업무 부서장
③ 국토교통부장관
④ 지방자치단체장

해설

부동산종합공부시스템 운영 및 관리규정 제6조(전산자료의 관리책임)
부동산종합공부시스템의 전산자료는 다음 각 호의 자(이하 "부서장"이라 한다)가 구축·관리한다.
1. 지적공부 및 부동산종합공부는 지적업무를 처리하는 부서장
2. 연속지적도는 지적도면의 변동사항을 정리하는 부서장

3. 용도지역 · 지구도 등은 해당 용도지역 · 지구 등을 입안 · 결정 및 관리하는 부서장(다만, 관리부서가 없는 경우에는 도시계획을 입안 · 결정 및 관리하는 부서장)

4. 개별공시지가 및 개별주택가격정보 등의 자료는 해당업무를 수행하는 부서장

5. 그 밖의 건물통합정보 및 통계는 그 자료를 관리하는 부서장

51 한국토지정보시스템의 구축에 따른 기대 효과로 가장 거리가 먼 것은?

① 다양하고 입체적인 토지정보를 제공할 수 있다.

② 건축물의 유지 및 보수 현황의 관리가 용이해진다.

③ 민원처리 기간을 단축하고 온라인으로 서비스를 제공할 수 있다.

④ 각 부서 간의 다양한 토지 관련 정보를 공동으로 활용하여 업무의 효율을 높일 수 있다.

◉해설

KLIS의 기대효과

• (구)행정자치부의 필지중심토지정보시스템과 (구)건설교통부의 토지관리체계 등 양 시스템에서 정리하고 있는 토지이동 관련 업무의 통합으로 중복된 업무 탈피

• 사용자의 능률성 배가 및 사용자 편리성을 지향하여 토지이동 관련업무 담당자의 업무처리시간 단축

• 통합시스템을 통한 업무의 능률성 향상

• 3-Tire 개념을 적용한 아키텍처 구현으로 시스템 확장성 향상

• 지적도 DB의 통합으로 데이터의 무결성을 확보하여 대민 서비스 개선

• 민원처리 절차 간소화

• 지적측량 처리 단계를 전산화함으로써 정확성을 확보하여 민원을 획기적으로 감소

• 종이도면의 신축 및 측량자의 주관적 판단에 의존하던 방법을 개량화하여 좀 더 객관적인 방법으로 성과를 결정할 수 있도록 개선

• 지적도면에 건축물 및 구조물 등록에 관한 사항을 등록 관리하도록 개발

• 지형도상에 등록된 도로 · 하천 및 도시계획사항 등을 동시 등록 관리하여 지적 도시계획업무 담당자 등 일선업무에 많은 변화 예고

52 데이터베이스에 대한 설명으로 옳지 않은 것은?

① 파일 내 레코드는 검색, 생성, 삭제할 수 있다.

② 데이터베이스의 데이터들은 레코드 단위로 저장된다.

③ 파일에서 레코드는 색인(index)을 통해서 효율적으로 검색할 수 있다.

④ 효율적인 탐색을 위해 B-tree 방법을 개선한 것이 역파일(inverted File) 방식이다.

◉해설

파일처리방식

파일은 기본적으로 유사한 성질이나 관계를 가진 자료의 집합으로 데이터 파일은 Record, Field, Key의 세 가지로 구성된다. 파일처리방식에 의한 데이터베이스와 응용프로그램 간의 연결은 응용프로그램에서 자료에 관한 사항을 직접 관리하기 때문에 자료의 저장 및 관리가 중복적이고 비효율적이며 처리속도가 늦다는 단점이 있다.

기록 (Record)	하나의 주제에 관한 자료를 저장한다. 기록은 아래 표에서 행(row)이라고 하며 학생 개개인에 관한 정보를 보여주고 성명, 학년, 전공, 학점의 네 개 필드로 구성되어 있다.
필드 (Field)	레코드를 구성하는 각각의 항목에 관한 것을 의미한다. 필드는 성명, 학년, 전공, 학점의 네 개 필드로 구성되어 있다.
키(Key)	파일에서 정보를 추출할 때 쓰이는 필드로서 키로써 사용되는 필드를 키필드라 한다. 표에서는 이름을 검색자로 볼 수 있으며 그 외의 영역들은 속성영역(Attribute field)이라고 한다.

구분	필드 1	필드 2	필드 3	필드 4
	↓	↓	↓	↓
	성명	학년	전공	학점
레코드 1	김영찬	2	지적 부동산학	3.5
레코드 2	이해창	3	측지 정보과	4.3
레코드 3	최영창	1	지적 정보과	3.9
레코드 4	박동규	4	부동산학	4.1

T-Tree
B-Tree에서 진화된 형태로, 물리적인 주소의 논리적인 변환 없이 빠르게 접근 가능한 자료구조로, 효과적인 탐색을 위해 B-tree 방법을 개선한 방식이다.

53 한 픽셀에 대해 8bit를 사용하면 서로 다른 값을 표현할 수 있는 가지 수는?

① 8가지
② 64가지
③ 128가지
④ 256가지

◗해설

비트(bit)
① 비트(bit)는 이진법으로 나타내는 수를 뜻하는 binary digit의 줄임말로, 컴퓨터가 "정보를 처리하는 데이터의 최소 단위"를 말하는 것이다.
② 전기가 나간 상태, 즉 off 상태일 때를 '0', 전기가 들어온 상태, 즉 on 상태일 때를 '1'이라고 하면, 컴퓨터는 '0'과 '1'로써 모든 정보를 처리하여 나타내게 된다.
③ 이때 '켜짐(on)'이나 '꺼짐(off)', '0'이나 '1'로 표현되는 단위를 비트(bit)라고 하는 것이고, '0'과 '1'만을 사용하기 때문에 컴퓨터는 2진법을 사용한다는 것이다.
④ 1개의 bit는 2^1, 즉 2개의 정보를,
2개의 bit는 $2^2(=2\times2)$, 즉 4개의 정보를,
3개의 bit는 $2^3(=2\times2\times2)$, 즉 8개의 정보를
⋮
8bit로는 모두 $2^8(=2\times2\times2\times2\times2\times2\times2\times2)$, 모두 256가지의 정보를 나타낼 수 있는 것이다.

54 위상구조에 대한 설명으로 옳은 것은?

① 노드는 3차원의 위상 기본요소이다.
② 위상구조는 래스터 데이터에 적합하다.
③ 최단경로탐색은 영역형 위상구조를 활용하는 예이다.
④ 체인은 시작노드와 끝노드에 대한 위상정보를 가진다.

◗해설

위상구조

정의	위상이란 도형 간의 공간상의 상관관계를 의미하는데 위상은 특정변화에 의해 불변으로 남는 기하학적 속성을 다루는 수학의 한 분야로 위상모델의 전제조건으로는 모든 선의 연결성과 폐합성이 필요하다.

특징		
	• 지리정보시스템에서 매우 유용한 데이터 구조로서 점, 선, 면으로 객체 간의 공간관계를 파악할 수 있다. • 벡터 데이터의 기본적인 구조로 점으로 표현되며 객체들은 점들을 직선으로 연결하여 표현할 수 있다. • 토폴로지는 폴리곤 토폴로지, 아크 토폴로지, 노드 토폴로지로 구분된다.	
	Arc	일련의 점으로 구성된 선형의 도형을 말하며 시작점과 끝점이 노드로 되어 있다.
	Node	둘 이상의 선이 교차하여 만드는 점이나 아크의 시작이나 끝이 되는 특정한 의미를 가진 점을 말한다. 절점(node)은 점의 특수한 형태로 0차원이고 위상적 연결이나 끝점을 나타낸다.
	Topology	인접한 도형들 간의 공간적 위치관계를 수학적으로 표현한 것을 말한다.
	• 점, 선, 폴리곤으로 나타낸 객체들이 위상구조를 갖게 되면 주변 객체들 간의 공간상에서의 관계를 인식할 수 있다. • 폴리곤 구조는 형상(shape)과 인접성(Neighborhood), 계급성(Hierarchy)의 세 가지 특성을 지닌다.	
	shape	형상이란 폴리곤이 지닌 공간적 형태를 의미하며, 주어진 형상에서 폴리곤의 면적과 주변 길이를 계산할 수 있다.
	Neighbor-hood	인접성이란 서로 이웃하여 있는 폴리곤 간의 관계를 의미한다. 하나의 폴리곤의 정확한 인접성 파악을 위해서는 해당 폴리곤에 속하는 점이나 선을 공유하는 폴리곤에 관한 세부사항이 파악되어야 한다.
	Hierarchy	계급성이란 폴리곤 간의 포함관계를 나타낸다. 예로서 호수 위의 작은 섬들을 생각하면 호수를 나타내는 폴리곤은 작은 섬을 표현하는 폴리곤들을 포함하게 된다. 이러한 폴리곤 간의 포함 여부를 나타내는 것을 계급성이라 한다.
	• 관계형 데이터베이스를 이용하여 다량의 속성자료를 공간객체와 연결할 수 있으며 용이한 자료의 검색 또한 가능하다. • 공간객체의 인접성과 연결성에 관한 정보는 많은 분야에서 위상정보를 바탕으로 분석이 이루어진다.	

55 벡터 데이터에 대한 설명이 옳지 않은 것은?

① 디지타이징에 의해 입력된 자료가 해당된다.

② 지도와 비슷하고 시각적 효과가 높으며 실세계의 묘사가 가능하다.

③ 위상에 관한 정보가 제공되므로 관망분석과 같은 다양한 공간분석이 가능하다.

④ 상대적으로 자료구조가 단순하며 체인코드, 블록코드 등 방법에 의한 자료의 압축효율이 우수하다.

● 해설

벡터 자료와 래스터 자료 비교

구분	벡터 자료	래스터 자료
정의	벡터 자료구조는 기호, 도형, 문자 등으로 인식할 수 있는 형태를 말하며 객체들의 지리적 위치를 크기와 방향으로 나타낸다.	래스터 자료구조는 매우 간단하며 일정한 격자간격의 셀이 데이터의 위치와 그 값을 표현하므로 격자 데이터라고도 하며 도면을 스캐닝하여 취득한 자료와 위상영상자료들에 의하여 구성된다. 래스터 구조는 구현의 용이성과 단순한 파일구조에도 불구하고 정밀도가 셀의 크기에 따라 좌우되며 해상력을 높이면 자료의 크기가 방대해진다. 각 셀의 크기에 따라 데이터의 해상도와 저장크기가 달라지게 되는데, 셀 크기가 작을수록 보다 정밀한 공간현상을 표현할 수 있다.
장점	• 보다 압축된 자료구조를 제공하므로 데이터 용량의 축소가 용이하다. • 복잡한 현실세계의 묘사가 가능하다. • 위상에 관한 정보가 제공되므로 관망분석과 같은 다양한 공간분석이 가능하다. • 그래픽의 정확도가 높다. • 그래픽과 관련된 속성정보의 추출 및 일반화, 갱신 등이 용이하다.	• 자료구조가 간단하다. • 여러 레이어의 중첩이나 분석이 용이하다. • 자료의 조작과정이 매우 효과적이고 수치영상의 질을 향상시키는 데 매우 효과적이다. • 수치이미지 조작이 효율적이다. • 다양한 공간적 편의가 격자의 크기와 형태가 동일하므로 시뮬레이션이 용이하다.
단점	• 자료구조가 복잡하다. • 여러 레이어의 중첩이나 분석에 기술적으로 어려움이 수반된다. • 각각의 그래픽 구성요소는 각기 다른 위상구조를 가지므로 분석에 어려움이 크다. • 그래픽의 정확도가 높아 도식과 출력에 비싼 장비가 요구된다. • 일반적으로 값비싼 하드웨어와 소프트웨어가 요구되므로 초기비용이 많이 든다.	• 압축되어 사용되는 경우가 드물며 지형관계를 나타내기가 훨씬 어렵다. • 주로 격자형의 네모난 형태로 가지고 있기 때문에 수작업으로 그린 완화된 선에 비해서 미관상 매끄럽지 못하다. • 위상정보의 제공이 불가능하므로 관망해석과 같은 분석기능이 이루어질 수 없다. • 좌표변환을 위한 시간이 많이 소요된다.

56 다음에서 설명하는 용어는?

> 토지의 표시와 소유자에 관한 사항, 건축물의 표시와 소유자에 관한 사항, 토지 이용 및 규제에 관한 사항, 부동산 가격에 관한 사항 등 부동산에 관한 종합정보들을 정보관리체계를 통하여 기록·저장한 것을 말한다.

① 지적공부
② 공시지가
③ 부동산종합공부
④ 토지이용계획확인서

● 해설

공간정보의 구축 및 관리 등에 관한 법률 제2조(정의)
이 법에서 사용하는 용어의 뜻은 다음과 같다.
19. "지적공부"란 토지대장, 임야대장, 공유지연명부, 대지권등록부, 지적도, 임야도 및 경계점좌표등록부 등 지적측량 등을 통하여 조사된 토지의 표시와 해당 토지의 소유자 등을 기록한 대장 및 도면(정보처리시스템을 통하여 기록·저장된 것을 포함한다)을 말한다.
19의2. "연속지적도"란 지적측량을 하지 아니하고 전산화된 지적도 및 임야도 파일을 이용하여, 도면상 경계점들을 연결하여 작성한 도면으로서 측량에 활용할 수 없는 도면을 말한다.
19의3. "부동산종합공부"란 토지의 표시와 소유자에 관한 사항, 건축물의 표시와 소유자에 관한 사항, 토지의 이용 및 규제에 관한 사항, 부동산의 가격에 관한 사항 등 부동산에 관한 종합정보를 정보관리체계를 통하여 기록·저장한 것을 말한다.

57 지적행정시스템에서 지적공부 오기정정을 실시하는 자료수정 방법이 아닌 것은?

① 갱신　　　　　② 복구
③ 삭제　　　　　④ 추가

● 해설

복구는 지적공부가 전부 혹은 일부가 멸실되거나 훼손되었을 때 하는 것이다.

58 지적도와 시·군·구 대장 정보를 기반으로 하는 지적행정시스템과의 연계를 통해 각종 지적업무를 수행할 수 있도록 만들어진 정보시스템은?

① 지리정보시스템
② 시설물관리시스템
③ 도시계획정보시스템
④ 필지중심토지정보시스템

● 해설

PBLIS(Parcel Based Land Information System)
필지중심토지정보시스템은 컴퓨터를 활용하여 일필지를 중심으로 건물, 도시계획 등 형상과 관련된 도면정보(Graphic Information)와 이들과 연결된 각종 속성정보(Nongraphic Information)를 효과적으로 저장·관리·처리할 수 있는 시스템으로 향후 시행될 지적재조사사업의 기반을 조성하는 사업이다. 전산화된 지적도면 수치파일을 데이터베이스화하여 이들 정보를 검색하고 관리하는 업무절차를 전산화함으로써 그간 수작업으로 처리했던 지적도면 정리를 자동화하고 토지 및 관련 정보를 국가 및 국민에게 복합적이고 신속하게 제공하여 과학적 지적행정을 도모하고자 이에 대한 개발이 추진되었다.

59 토지대장 전산화 과정에 대한 설명으로 옳지 않은 것은?

① 1975년 지적법 전문개정으로 대장의 카드화
② 1976년부터 1978년까지 척관법에서 미터법으로 환산등록
③ 1982년부터 1984년까지 토지대장 및 임야대장 전산입력
④ 1989년 1월부터 온라인 서비스 최초 실시

● 해설

토지기록 전산화 추진과정

토지기록 (지적업무) 전산화 기반조성				• 지적법 제2차 개정 1975년 12월)으로 토지·임야대장의 카드식 전환, 대장등록사항의 코드번호개발 등록, 면적 등록단위 미터법의 전환, 토지소유자의 주민등록번호등록, 법인등록번호 등록, 재외국민등록번호 등록, 수치측량방법 전환 등 지적업무전산화를 위한 기반 마련 • 1975년부터 1978년까지 전국의 토지·임야대장 및 공유지연명부, 수치적부의 카드식 대장으로의 전환이 이루어짐

⇩

토지기록 전산화 및 지적정보화 계획수립	준비단계		1975 ~1978	토지(임야)대장 카드화
				대장등록사항의 코드번호개발 등록
			1979 ~1980	소유자 주민등록번호 등재 정리
				법인등록번호 등록
				재외 국민등록번호 등록
				면적표시단위와 미터법 환산 정리
				기존자료 정비
				수치측량방법 전환
	구축단계	1단계	1982 ~1984	시·도 및 중앙전산기 도입
				토지(임야)대장 3,200만 필 입력
		2단계	1985 ~1990	전산 조직 확보
				전산통신망 구축
				S/W 개발 및 자료 정비
	응용단계	1단계	1990 ~1998	전국 온라인 운영
				토지(임야)대장 카드 정리 폐지
				신규 프로그램 작성과 운용 S/W 기능 보완
		2단계	1999 ~현재	주 전산기 교체(타이콤 →국산주전산기4)
				시·군·구 행정종합전산망에 따라 대장자료 시·군·구 설치
				시·군·구 자료변환 (C–ISAM → RDBMS)

⇩

지적전산 관리 전산통신망 구축	• 1990년 4월부터 대민서비스 개시 • 1991년 2월부터 전국온라인 운영

60 다음 중 중첩(Overlay)의 기능으로 옳지 않은 것은?

① 도형자료와 속성자료를 입력할 수 있게 한다.
② 각종 주제도를 통합 또는 분산 관리할 수 있다.
③ 다양한 데이터베이스로부터 필요한 정보를 추출할 수 있다.
④ 새로운 가설이나 시뮬레이션을 통한 모델링 작업을 수행할 수 있게 한다.

● 해설

중첩분석(Overlay Analysis)

① GIS가 일반화되기 이전의 중첩분석 : 많은 기준을 동시에 만족시키는 장소를 찾기 위해 불이 비치는 탁자 위에 투명한 중첩 지도를 겹치는 작업을 통해 수행하였다.
② 중첩을 통해 다양한 자료원을 통합하는 것은 GIS의 중요한 분석 능력으로 주로 적지선정에 이용된다.
③ 이러한 중첩분석은 벡터 자료뿐 아니라 래스터 자료도 이용할 수 있는데, 일반적으로 벡터 자료를 이용한 중첩분석은 면형자료를 기반으로 수행한다.
④ 다양한 공간객체를 표현하고 있는 레이어를 중첩하기 위해서는 좌표체계의 동일성이 전제되어야 한다.

Subject **04** 지적학

61 현대 지적의 성격으로 가장 거리가 먼 것은?

① 역사성과 영구성　　② 전문성과 기술성
③ 서비스성과 윤리성　　④ 일시적 민원성과 개별성

● 해설

지적의 성격

역사성, 영구성	• 지적의 발생에 대해서는 여러 가지 설이 있으나 역사적으로 가장 일반적 이론은 합리적인 과세 부과이며, 토지는 측정에 의해 경계가 정해졌다. • 중농주의 학자들에 의해서 토지는 국가 및 지역에서 부를 축적하는 원천이며, 수입은 과세함으로써 처리되었고 토지의 용도 및 수확량에 따라 토지세가 차등 부과되었다. 이러한 사실은 과거의 양안이나 기타 기록물을 통해서도 알 수 있다.
반복적 민원성	지적 업무는 필요에 따라 반복되는 특징을 가지고 있으며 실제로 시, 군, 구의 소관청에서 행해지는 대부분의 지적 업무는 지적공부의 열람, 등본 및 공부의 소유권 토지이동의 신청접수 및 정리, 등록사항 정정 및 정리 등의 업무가 일반적이다.
전문성, 기술성	• 자신이 소유한 토지에 대해 정확한 자료의 기록과 이를 도면상에서 볼 수 있는 체계적인 기술이 필요하며 이는 전문기술인에 의해서 운영·유지되고 있다. • 부의 축적 수단과 삶의 터전인 토지는 재산 가치에 대한 높은 인식이 크므로 법지적 기반 위에서 확실성이 요구된다. • 지적인은 기술뿐만 아니라 국민의 재산 지킴이로서 사명감이 있어야 한다. • 일반 측량에 비해 지적측량은 토지관계의 효율화와 소유권 보호가 우선이므로 전문기술에 의한 기술진의 중요도가 필요하다. • 지적측량을 통해 토지에 대한 여러 가지 자료를 결합시켜 종합정보를 제공하는 정보 제공의 기초 수단이다.
서비스성, 윤리성	• 소관청의 민원 업무 중에서 지적 업무의 민원이 큰 비중을 차지하고 있어 다른 행정 업무보다 서비스 제공에 각별히 관심을 가져야 한다. • 지적민원은 지적과 등기가 포함된 행정서비스로 개인의 토지재산권과 관련되는 중요한 사항으로서 윤리성을 갖지 않고 행정서비스를 제공한다면 커다란 사회적 혼란 내지는 국가적 손실을 초래할 수 있어 다른 어떤 행정보다 공익적인 측면에서 서비스와 윤리성이 강조된다. • 지적행정 업무는 매 필지마다 경계, 지목, 면적, 소유권 등에서 이해관계가 있기 때문에 지적측량성과, 토지이동정리, 경계복원 등에서 객관적이고 공정한 의식이 요구된다.
정보원	• 지적은 광의적인 의미의 지리정보체계에 포함되며 협의적으로는 토지와 관련된 지적종합시스템이다. • GIS는 지형공간의 의사결정과 분석을 위해 토지에 대한 자료를 수집, 처리, 제공하며 지적분야도 이와 같은 범주에 포함되도록 체계가 운영된다. • 토지는 국가적, 개인적으로 중요한 자원이며 이들 토지의 이동상황이나 활동 등에 대한 기초적인 자료로서 지적정보가 활용된다.

62 토지의 표시사항은 지적공부에 등록, 공시하여야만 효력이 인정된다는 토지등록의 원칙은?

① 공신주의　　② 신청주의
③ 직권주의　　④ 형식주의

● 해설

지적에 관한 법률의 기본이념

지적국정주의 (地籍國定主義)	지적공부의 등록사항인 토지표시사항을 국가만이 결정할 수 있는 권한을 가진다는 이념이다.
지적형식주의 (地籍形式主義)	국가가 결정한 토지에 대한 물리적 현황과 법적 권리관계 등을 외부에서 인식할 수 있도록 일정한 법정의 형식을 갖추어 지적공부에 등록하여야만 효력이 발생한다는 이념으로 '지적등록주의'라고도 한다.
지적공개주의 (地籍公開主義)	지적공부에 등록된 사항을 토지소유자나 이해관계인은 물론 일반인에게도 공개한다는 이념이다. [공시원칙에 의한 지적공부의 3가지 형식] • 지적공부를 직접 열람 및 등본으로 알 수 있다. • 현장에 경계복원함으로써 알 수 있다. • 등록된 사항과 현장 상황이 다른 경우 변경등록한다.
실질적 심사주의 (實質的 審査主義)	토지에 대한 사실관계를 정확하게 지적공부에 등록·공시하기 위하여 토지를 새로이 지적공부에 등록하거나 등록된 사항을 변경등록하고자 할 경우 소관청은 실질적인 심사를 실시하여야 한다는 이념으로서 '사실심사주의'라고도 한다.
직권등록주의 (職權登錄主義)	국가는 의무적으로 통치권이 미치는 모든 토지에 대한 일정한 사항을 직권으로 조사·측량하여 지적공부에 등록·공시하여야 한다는 이념으로서 '적극적 등록주의' 또는 '등록강제주의'라고도 한다.

63 지적공부에 토지등록을 하는 경우에 채택하고 있는 기본원칙에 해당하지 않는 것은?

① 등록주의 ② 직권주의
③ 임의 신청주의 ④ 실질적 심사주의

● 해설

토지등록의 원칙

등록의 원칙 (登錄의 原則)	토지에 관한 모든 표시사항을 지적공부에 반드시 등록하여야 하며 토지의 이동이 이루어지려면 지적공부에 그 변동사항을 등록하여야 한다는 토지등록의 원칙으로 토지표시의 등록주의(登錄主義, Booking Principle)라고 할 수 있다. 적극적 등록제도(Positive System)와 법지적(Legal Cadastre)을 채택하고 있는 나라에서 적용하고 있는 원리로서 토지의 모든 권리의 행사는 토지대장 또는 토지등록부에 등

록하지 않고는 모든 법률상의 효력을 갖지 못하는 원칙으로 형식주의(Principle of Formality) 규정이라고 할 수 있다.

신청의 원칙 (申請의 原則)	토지의 등록은 토지소유자의 신청을 전제로 하되 신청이 없을 때는 직권으로 직접 조사하거나 측량하여 처리하도록 규정하고 있다.
특정화의 원칙 (特定化의 原則)	토지등록제도에서 특정화의 원칙(Principle of Speciality)은 권리의 객체로서 모든 토지는 반드시 특정적이면서도 단순하며 명확한 방법에 의하여 인식될 수 있도록 개별화함을 의미하는데, 이 원칙이 실제적으로 지적과 등기의 관련성을 성취시켜 주는 열쇠가 된다.
국정주의 및 직권주의 (國定主義 및 職權主義)	• 국정주의(Principle of National Decision) : 지적공부의 등록사항인 토지의 지번, 지목, 경계, 좌표, 면적의 결정은 국가의 공권력에 의하여 국가만이 결정할 수 있는 원칙이다. • 직권주의 : 모든 필지는 필지 단위로 구획하여 국가기관인 소관청이 직권으로 조사·정리하여 지적공부에 등록·공시하여야 한다는 원칙이다.
공시의 원칙, 공개주의 (公示 原則, 公開主義)	토지등록의 법적 지위에 있어서 토지이동이나 물권의 변동은 반드시 외부에 알려야 한다는 원칙을 공시의 원칙(Principle of Public Notification) 또는 공개주의(Principle of Publicity)라고 한다. 토지에 관한 등록사항을 지적공부에 등록하여 일반인에게 공시하여 토지소유자는 물론 이해관계자 및 기타 누구나 이용할 수 있도록 하는 것이다.
공신의 원칙 (公信의 原則)	공신의 원칙(Principle of Public Confidence)은 물권의 존재를 추측하게 하는 표상, 즉 공시 방법을 신뢰하여 거래한 자는 비록 그 공시 방법이 진실한 권리관계에 일치하고 있지 않더라도 그 공시된 대로의 권리를 인정하여 이를 보호하여야 한다는 것이다. 즉, 공신의 원칙은 선의의 거래자를 보호하여 진실로 그러한 등기 내용과 같은 권리관계가 존재한 것처럼 법률 효과를 인정하려는 법률 법칙을 말한다.

64 행정구역제도로 국도를 중심으로 영토를 사방으로 구획하는 '사출도'란 토지구획방법을 시행하였던 나라는?

① 고구려 ② 부여
③ 백제 ④ 조선

해설

우리나라 지적의 기원

상고시대	고조선(古朝鮮)	균형 있는 촌락의 설치와 토지 분급(分給) 및 수확량의 파악을 위해 정전제(井田制)가 시행되었다.
	부여(扶餘)	행정구역제도로서 국도(國都)를 중심으로 영토를 사방으로 구획하는 사출도(四出道)란 토지구획방법을 시행하였다.
	예(濊)	각 읍락(邑落) 사이에 토지의 구분소유 법속(法俗)이 행하고 있었다.
	삼한(三韓)	부락공동체의 토지소유 형태를 취하여 공동경작과 공동분배가 행하여지고 산림과 제지(提池) 등도 공동소유에 속하였다.
삼국시대	고구려(高句麗)	• 길이의 단위로 고구려의 자 • 면적의 단위로 경무법(頃畝法) • 면적측량법으로 구장산술(九章算術)
	백제(百濟)	국가재정은 내두좌평이 맡고 관할 아래 산학박사(算學博士)가 지적과 측량을, 관리 면적계산은 두락제(斗落制)와 결부제(結負制)를 사용하였으며 도적(圖籍)에 기록되었다.
	신라(新羅)	• 토지세수는 6부 중 조부(調部)에서 파악 • 국학(國學)에 산학박사를 두어 토지측량과 면적측량 종사, 면적계산은 결부제

65 다음과 같은 지적의 어원이 지닌 공통적인 의미는?

Katastikhon, Capitastrum, Catastrum

① 지형도 　② 조세부과
③ 지적공부 　④ 토지측량

해설

지적의 어원

지적(地籍, Cadastre)이란 용어가 어디서 유래되었는지는 확실하지 않으나, 그리스어 카타스티콘(katastikhon)과 라틴어 캐피타스트럼(capitastrum)에서 유래되었다고 하는 두 가지 학설이 지배적이다.

[어원의 공통점]
학자들의 주장에 차이는 있으나 그리스어인 카타스티콘(katastikhon)과 라틴어인 캐피타스트럼(capitastrum) 또는 카타스트럼(catastrum)은 모두 세금부과의 뜻을 내포하고 있는 것이 공통점이라고 할 수 있다.

지적이 무엇인가에 대한 연구는 국내외적으로 매우 활발하게 진행되고 있으며 국가별, 학자별로 다양한 이론들이 제기되고 있는 상황이다. 그러나 이러한 기존의 연구에 있어서 지적이 무엇인가에 대한 공통점은 "토지에 대한 기록"이며, "필지를 연구대상으로 한다"는 것이다.

66 다음 중 도로·철도·하천·제방 등의 지목이 서로 중복되는 경우 지목을 결정하기 위하여 고려하는 사항으로 가장 거리가 먼 것은?

① 용도의 경중 　② 등록지가의 고저
③ 등록시기의 선후 　④ 일필일목의 원칙

해설

지목부여의 원칙

일필일지목의 원칙	일필지의 토지에는 1개의 지목만을 설정하여야 한다는 원칙
주지목 추정의 원칙	주된 토지의 사용 목적 또는 용도에 따라 지목을 정하여야 한다는 원칙
등록 선후의 원칙	지목이 서로 중복될 때는 먼저 등록된 토지의 사용 목적 또는 용도에 따라 지목을 설정하여야 한다는 원칙
용도 경중의 원칙	지목이 중복될 때는 중요한 토지의 사용 목적 또는 용도에 따라 지목을 설정하여야 한다는 원칙
일시변경 불변의 원칙	임시적이고 일시적인 용도의 변경이 있는 경우에는 등록전환을 하거나 지목변경을 할 수 없다는 원칙
사용목적 추종의 원칙	도시계획사업 등의 완료로 인하여 조성된 토지는 사용 목적에 따라 지목을 설정하여야 한다는 원칙

67 우리나라의 근대적인 지적제도가 이루어진 연대는?

① 1710년대 　② 1810년대
③ 1850년대 　④ 1910년대

해설

토지조사사업

대한제국 정부는 당시의 문란하였던 토지제도를 바로잡자는 취지에서 1898~1903년 사이에 123개 지역의 토지조사사업을 실시하였다. 1910년 토지조사국 관제와 토지조사법을 제정·공포하여 토지조사 및 측량에 착수하였으나 한일합방으

정답 65 ② 66 ② 67 ④

로 일제는 1910년 10월 조선총독부 산하에 임시토지조사국을 설치하여 본격적인 토지조사사업을 전담하게 하였다. 또한 1912년 8월 13일 제령 제2호로 토지조사령(土地調査令)과 토지조사령시행규칙(土地調査令施行規則 : 조선총독부령 제6호)을 제정 공포하고 전국에 토지조사사업을 위한 측량을 실시하고 1914년 3월 6일 제령 제1호로 지세령(地稅令), 1914년 4월 25일 조선총독부령 제45호 토지대장규칙(土地臺帳規則) 및 1915년 1월 15일 조선총독부령 제1호 토지측량표규칙(土地測量標規則)에 의하여 그 성과인 토지대장과 지적도를 작성함으로써 근대적인 지적제도가 창설되었다.

68 토지소유권 보호가 주목적이며, 토지거래의 안전을 보장하기 위해 만들어진 지적제도로서 토지의 평가보다 소유권의 한계설정과 경계복원의 가능성을 중요시하는 것은?

① 법지적 ② 세지적
③ 경제지적 ④ 유사지적

◉**해설**

지적제도의 발전과정

발전과정	세지적 (稅地籍)	토지에 대한 조세 부과를 주된 목적으로 하는 제도로 과세지적이라고도 한다. 국가의 재정 수입을 토지세에 의존하던 농경사회에서 개발된 제도로 과세의 표준이 되는 농경지는 기준수확량, 일반 토지는 토지등급을 중시하고 지적공부의 등록사항으로는 면적 단위를 중시한 지적제도이다.
	법지적 (法地籍)	세지적이 발전된 형태로서 토지에 대한 사유재산권이 인정되면서 생성된 유형으로 소유지적, 경계지적이라고도 한다. 토지소유권 보호를 주된 목적으로 하는 제도로 토지 거래의 안전과 토지 소유권의 보호를 위한 토지 경계를 중시한 지적제도이다.
	다목적 지적 (多目的 地籍)	현대사회에서 추구하고 있는 지적제도로 종합지적, 통합지적, 유사지적, 경제지적, 정보지적이라고도 한다. 토지와 관련한 다양한 정보를 종합적으로 등록·관리하고 이를 이용 또는 활용하며, 필요한 자에게 제공해 주는 것을 목적으로 하는 지적제도이다.

69 법지적 제도 운영을 위한 토지 등록에서 일반적인 필지 획정의 기준은?

① 개발단위 ② 거래단위
③ 경작단위 ④ 소유단위

◉**해설**

문제 68번 해설 참고

70 지번의 역할 및 기능으로 가장 거리가 먼 것은?

① 토지 용도의 식별 ② 토지 위치의 추측
③ 토지의 특정성 보장 ④ 토지의 필지별 개별화

◉**해설**

지번의 기능
① 필지를 구별하는 개별성과 특정성의 기능을 갖는다.
② 거주지 또는 주소표기의 기준으로 이용된다.
③ 위치파악의 기준으로 이용된다.
④ 각종 토지관련 정보시스템에서 검색키(식별자·색인키)로서의 기능을 갖는다.

71 밤나무 숲을 측량한 지적도로 탁지부 임시재산정리국 측량과에서 실시한 측량원도의 명칭으로 옳은 것은?

① 산록도 ② 관저원도
③ 궁채전도 ④ 율림기지원도

◉**해설**

대한제국시대의 도면
1908년 임시재산정리국에 측량과를 두어 토지와 건물에 대한 업무를 보게 하여 측량한 지적도가 규장각이나 부산 정부기록보존소에 있다. 산록도, 전원도, 건물원도, 가옥원도, 궁채전도, 관리원도 등 주제에 따라 제작한 지적도가 다수 존재한다.

율림기지원도 (栗林基地原圖)	탁지부 임시재산정리국 측량과에서 1908년도에 세부측량을 한 측량원도가 서울대학교 규장각에 한양 9점, 밀양 3점이 남아 있다. 밀양 영남루 남천강(南川江)의 건너편 수월비동의 밤나무 숲을 측량한 지적도로 기지원도(基址原圖)라고 표기하여 군사기지라고도 생각할 수 있으나 지적도상에 '소율연'(小栗烟 : 작은 밤나무 밭)이라고 쓴 것으로 보아 밤나무 숲으로 추측된다.

산록도 (山麓圖)	융희 2년(1908) 3~6월 사이에 정리국 측량과에서 제작한 산록도가 서울대학규장각에 6매 보존되어 있다. 산록도란 주로 구한말 동(洞)의 뒷산을 실측한 지도이다. 지도명인 동부숭신방신설계동후산록지도(東部崇信坊新設契洞後山麓之圖)는 "동부 숭신방 신설동의 뒤쪽에 있는 산록지도"란 뜻이다.
전원도 (田原圖)	서울대 규장각에 서서용산방(西署龍山坊) 청파4계동(靑坡四契洞) 소재 전원도(田原圖)가 있다. 전원도란 일종의 농경지만을 나타낸 지적도이다.
건물원도 (建物原圖)	1908년 제실재산관리국에서 측량기사를 동원하여 황실 소유의 토지를 측량하고 구한말 주요 건물의 위치와 평면적 크기를 도면상에 나타낸 지도이다.
가옥원도 (家屋原圖)	호(戶) 단위로 가옥의 위치와 평면적 크기를 나타낸 구한말 실측도 가운데 축척이 가장 큰 대축척(1 : 100) 지도이다.
궁채전도 (宮菜田圖)	내수사(內需司) 등 7궁 소속의 토지 가운데 채소밭을 실측한 지도이다.
관저원도 (官邸原圖)	대한제국기 고위관리의 관저를 실측한 원도이다.

72 토지의 등록 사항 중 경계의 역할로 옳지 않은 것은?

① 토지의 용도 결정 ② 토지의 위치 결정
③ 필지의 형상 결정 ④ 소유권의 범위 결정

●해설

경계의 기능
① 토지에 대한 소유권이 미치는 범위를 나타낸다.
② 면적측정의 기준이 된다.
③ 경계복원측량의 기준이 된다.
④ 지적공부에 등록되는 토지의 경계는 인위적으로 구획된다.
⑤ 토지표시사항에 대한 공시 내용 중 공시효력이 가장 크게 나타난다.

73 단식지번과 복식지번에 대한 설명으로 옳지 않은 것은?

① 단식지번이란 본번만으로 구성된 지번을 말한다.
② 단식지번은 협소한 토지의 부번(附番)에 적합하다.

③ 복식지번이란 본번에 부번을 붙여서 구성하는 지번을 말한다.
④ 복식지번은 일반적인 신규등록지, 분할지에는 물론 단지단위법 등에 의한 부번에 적합하다.

●해설

지번
1. 지번의 정의
   지번이라 함은 필지에 부여하여 지적공부에 등록한 번호를 말한다. 구체적으로는 각각 구획된 토지를 구별할 수 있도록 하기 위하여 하나의 필지마다 붙이는 숫자(번호)라고 할 수 있다.
2. 지번의 분류
   ① 본번과 부번
      본번이란 부호나 다른 숫자를 수반하지 않는 지번을 말한다. 이에 대해 부번이란 본번의 다음에 수반되는 부호나 숫자를 일컫는 말이다. 지번은 본번만으로 표기할 수는 있으나 부번만으로 표기할 수 없다.
   ② 단식지번과 복식지번
      단식지번이란 본번만으로 구성된 지번을 말하며, 복식지번이란 본번에 부번을 붙여 구성되는 지번을 말한다.

단식지번	복식지번
10, 100, 산10, 산100	10-1, 100-1, 산10-1, 산100-1

3. 지번의 기능
   ① 토지의 특정성을 확보한다.
   ② 토지의 개별성을 부여한다.
   ③ 위치파악이 용이하다.
   ④ 행정주소 등의 표기에 사용된다.
   ⑤ 다목적 지적이나 토지관계자료의 연결매체의 역할을 담당한다.

74 다음 중 지적의 구성요소로 가장 거리가 먼 것은?

① 토지 이용에 의한 활동
② 토지 정보에 대한 등록
③ 기록의 대상인 지적공부
④ 일필지를 의미하는 토지

해설

지적의 구성요소

토지	지적제도는 토지를 대상으로 성립하며 토지 없이는 등록행위가 이루어질 수 없어 지적제도가 성립될 수 없다. 지적에서 말하는 토지란 행정적 또는 사법적 목적에 의해 인위적으로 구획된 토지의 단위 구역으로서 법적으로는 등록의 객체가 되는 일필지를 의미한다.
등록	국가 통치권이 미치는 모든 영토를 필지 단위로 구획하여 시장, 군수, 구청장이 강제적으로 등록을 하여야 한다는 이념이다.
지적공부	토지를 구획하여 일정한 사항을 기록한 장부이다.

75 다음 중 토지조사사업 당시 작성된 지형도의 종류가 아닌 것은?

① 축척 1/5,000 도면
② 축척 1/10,000 도면
③ 축척 1/25,000 도면
④ 축척 1/50,000 도면

해설

토지조사사업 당시 작성된 지형도의 종류
① 특수지형도
② 축척 1/10,000 도면
③ 축척 1/25,000 도면
④ 축척 1/50,000 도면

76 다음 중 고려시대의 토지 소유 제도와 관계가 없는 것은?

① 과전(科田)　　② 전시과(田柴科)
③ 정전(丁田)　　④ 투화전(投化田)

해설

고려시대의 토지제도

역분전 (役分田)	고려 개국에 공을 세운 조신(朝臣), 군사(軍士)에게 관계(官階, 직급)를 논하지 않고 공신에게 선악과 공로의 대소에 따라 토지를 지급하였다.

전시과	시정전시과 (始定田柴科)	관계와 인품을 고려하여 개별적 관료들에 대한 수조지급여(收租地給與)는 감소시키고 각종 관료성원들에 대한 수조지분권(收租地分權)을 확보하기 위한 제도이다.
	개정전시과 (改定田柴科)	전시급여자의 관등을 18과로 나누어 전시수급액을 규정하여 지급하고 인품이라는 기준은 지양하고 관직에 따라 토지를 분급하였다.
	경정전시과 (更定田柴科)	18등급에 따라 현직문무양반관료(現職文武兩班官僚)들에 대한 수조지 분급량을 줄이고 개별적 문무산관(文武散官)들에 대한 수조지(收租地)를 격감시켰다. 다른 편으로는 마군(馬軍), 보군(步軍) 등 군인의 수조지를 증가시켰다.
녹과전 (祿科田)		전민변정사업과 전시과체제에서 수급자의 편리와 토지겸병의 토지를 보호하려는 것과 문무 관리의 봉록에 충당하는 토지제도이다.
과전법 (科田法)		대규모의 토지를 권문세족들이 소유하고 있으면서 세금을 내지 않아 국고가 부족하여 만든 과전법은 사전과 공전으로 구분하여 사전은 경기도에 한하여 현직, 전직관리의 고하에 따라 토지를 지급하였다.

고려시대 토지의 분류

사전 (私田)	양반전 (兩班田)	문무양반에 재직 중(在職中)인 관료(官僚)에게 지급한 토지
	공음전 (功蔭田)	공훈(功勳)을 세운 자에게 수여하는 토지(전시 : 田柴). 수조의 특권과 상속 허용
	궁원전 (宮院田)	궁전(宮殿)에 부속된 토지, 궁원 등 왕의 기번이 지배하는 토지
	사원전 (寺院田)	불교사원(佛敎寺院)에 소속되는 전장 기타의 토지
	한인전 (閑人田)	6품(六品) 이하 하급양반 자손의 경제적 생활의 안정 도모를 위해 지급한 토지
	구분전 (口分田)	자손이 없는 하급관리, 군인유가족에게 지급한 토지
	향리전 (鄕吏田)	지방향리(地方鄕吏)에게 지급한 토지
	군인전 (軍人田)	경군(京軍) 소속의 군인에게 지급한 토지
	투화전 (投化田)	고려에 내투(來投) 귀화한 외국인으로서 사회적 계층에 따라 상층 관료에게 지급한 토지
	등과전 (登科田)	과거제도에 응시자가 적어 이를 장려하기 위하여 급제자에게 전지를 비롯하여 여러 가지 상을 하사

77 일본의 국토에 대한 기초조사로 실시한 국토조사사업에 해당되지 않는 것은?

① 지적조사
② 임야수종조사
③ 토지분류조사
④ 수조사(水調査)

해설

일본에서 실시하는 국토조사사업은 토지분류조사, 수조사, 기본조사를 말한다.

1. 토지분류 조사
   토지의 이용 현황, 토성, 기타 토양의 물리적·화학적 성질, 침식의 상황, 그 밖의 주요한 자연적 요소 및 그 생산력에 관한 조사를 행하고, 그 결과를 도면이나 장부에 작성하는 것을 말한다.

2. 수조사
   치수 및 이수에 이바지할 목적으로 기상, 내륙의 유량, 수질 및 모래의 흐름 상황 및 취수량, 용수량, 배수량 및 수리관행 등을 조사하여 지도 및 장부에 기록하는 것을 말한다.

3. 기본조사
   토지분류조사, 수 조사 및 지적조사의 기초로 하기 위해 실시하는 토지 및 수면의 측량과 토지분류조사 및 수조사의 기준을 설정하기 위해 조사를 실시하고, 그 결과로 지도나 장부를 작성하는 것을 말한다.

78 다음의 지적제도 중 토지정보시스템과 가장 밀접한 관계가 있는 것은?

① 법지적
② 세지적
③ 경계지적
④ 다목적지적

해설

지적제도의 발전과정

세지적 (稅地籍)	토지에 대한 조세 부과를 주된 목적으로 하는 제도로 과세지적이라고도 한다. 국가의 재정 수입을 토지세에 의존하던 농경사회에서 개발된 제도로 과세의 표준이 되는 농경지는 기준수확량, 일반 토지는 토지 등급을 중시하고 지적공부의 등록사항으로는 면적 단위를 중시한 지적제도이다.
법지적 (法地籍)	세지적이 발전된 형태로서 토지에 대한 사유재산권이 인정되면서 생성된 유형으로 소유지적, 경계지적이라고도 한다. 토지소유권 보호를 주된 목적으로 하는 제도로 토지 거래의 안전과 토지소유권의 보호를 위한 토지 경계를 중시한 지적제도이다.
다목적 지적 (多目的 地籍)	현대사회에서 추구하고 있는 지적제도로 종합지적, 통합지적, 유사지적, 경제지적, 정보지적이라고도 한다. 토지와 관련한 다양한 정보를 종합적으로 등록·관리하고 이를 이용 또는 활용하며, 필요한 자에게 제공해 주는 것을 목적으로 하는 지적제도이다.

79 토지를 지적공부에 등록함으로써 발생하는 효력이 아닌 것은?

① 공증의 효력
② 대항적 효력
③ 추정의 효력
④ 형성의 효력

해설

지적공부의 효력

창설적 효력	신규등록이란 새로이 조성된 토지 및 등록이 누락되어 있는 토지를 지적공부에 등록하는 것으로, 이 경우 발생되는 효력을 창설적 효력이라 한다.
대항적 효력	토지의 표시란 토지의 소재, 지번, 지목, 면적, 경계, 좌표를 말한다. 즉 지적공부에 등록된 토지의 표시사항은 제3자에게 대항할 수 있다.
형성적 효력	분할이란 지적공부에 등록된 1필지를 2필지 이상으로 나누어 등록하는 것을 말하며, 합병이란 지적공부에 등록된 2필지 이상을 1필지로 합하여 등록하는 것을 말한다. 이러한 분할·합병 등에 의하여 새로운 권리가 형성된다.
공증적 효력	지적공부에 등록되는 사항, 즉 토지의 표시에 관한 사항, 소유자에 관한 사항, 기타 등을 공증하는 효력을 가진다.
공시적 효력	토지의 표시를 법적으로 공개, 표시하는 효력을 말한다.
보고적 효력	지적공부에 등록하기 전에 지적공부의 신뢰성을 확보하기 위하여 지적공부정리결의서를 작성하여 보고하여야 하는 효력을 말한다.

80 다음 중 지적에서의 '경계'에 대한 설명으로 옳지 않은 것은?

① 경계불가분의 원칙을 적용한다.
② 지상의 말뚝, 울타리와 같은 목표물로 구획된 선을 말한다.
③ 지적공부에 등록된 경계에 의하여 토지소유권의 범위가 확정된다.
④ 필지별로 경계점들을 직선으로 연결하여 지적공부에 등록한 선을 말한다.

해설

경계

경계란 필지별로 경계점 간을 직선으로 연결하여 지적공부에 등록한 선을 말하며, 경계점 및 좌표는 지적측량에 의하여 결정한다. 다만, 합병을 위한 경계점 및 좌표는 그러하지 아니하다.

경계결정 원칙

구 분	내 용
경계국정주의의 원칙	지적공부에 등록하는 경계는 국가가 조사·측량하여 결정한다는 원칙
경계불가분의 원칙	경계는 유일무이한 것으로 이를 분리할 수 없다는 원칙
등록선후의 원칙	동일한 경계가 축척이 서로 다른 도면에 각각 등록되어 있는 경우로서 경계가 상호 일치하지 않는 경우에는 경계에 잘못이 있는 경우를 제외하고 등록시기가 빠른 토지의 경계를 따른다는 원칙
축척종대의 원칙	동일한 경계가 축척이 서로 다른 도면에 각각 등록되어 있는 경우로서 경계가 상호 일치하지 않는 경우에는 경계에 잘못이 있는 경우를 제외하고 축척이 큰 것에 등록된 경계를 따른다는 원칙
경계직선주의	지적공부에 등록하는 경계는 직선으로 한다는 원칙

Subject 05 지적관계법규

81 다음 중 지목을 부호로 표기하는 지적공부는?

① 지적도 ② 임야대장
③ 토지대장 ④ 경계점좌표등록부

해설

지목의 부호표기

지 목	부 호	지 목	부 호	지 목	부 호	지 목	부 호
전	전	대	대	철도용지	철	공원	공
답	답	공장용지	장	제방	제	체육용지	체
과수원	과	학교용지	학	하천	천	유원지	원
목장용지	목	주차장	차	구거	구	종교용지	종
임야	임	주유소용지	주	유지	유	사적지	사
광천지	광	창고용지	창	양어장	양	묘지	묘
염전	염	도로	도	수도용지	수	잡종지	잡

82 도시계획구역의 토지를 그 지방자치단체의 명의로 신규등록을 신청할 때 신청서에 첨부해야 할 서류로 옳은 것은?

① 국토교통부장관과 협의한 문서의 사본
② 기획재정부장관과 협의한 문서의 사본
③ 행정안전부장관과 협의한 문서의 사본
④ 공정거래위원회위원장과 협의한 문서의 사본

해설

공간정보의 구축 및 관리 등에 관한 법률 시행령 제63조(신규등록 신청)

토지소유자는 법 제77조에 따라 신규등록을 신청할 때에는 신규등록 사유를 적은 신청서에 국토교통부령으로 정하는 서류를 첨부하여 지적소관청에 제출하여야 한다

공간정보의 구축 및 관리 등에 관한 법률 시행규칙 제81조(신규등록 신청)

① 영 제63조에서 "국토교통부령으로 정하는 서류"란 다음 각 호의 어느 하나에 해당하는 서류를 말한다.
  1. 법원의 확정판결서 정본 또는 사본
  2. 「공유수면 관리 및 매립에 관한 법률」에 따른 준공검사 확인증 사본
  3. 법률 제6389호 지적법개정법률 부칙 제5조에 따라 도시계획구역의 토지를 그 지방자치단체의 명의로 등록하는 때에는 기획재정부장관과 협의한 문서의 사본

4. 그 밖에 소유권을 증명할 수 있는 서류의 사본

② 제1항 각 호의 어느 하나에 해당하는 서류를 해당 지적소관청이 관리하는 경우에는 지적소관청의 확인으로 그 서류의 제출을 갈음할 수 있다.

83 공유수면 매립으로 신규등록을 할 경우 지번부여방법으로 옳지 않은 것은?

① 종전 지번의 수에서 결번을 찾아서 새로이 부여한다.

② 그 지번부여지역에서 인접토지의 본번에 부번을 붙여서 지번을 부여한다.

③ 최종 지번의 토지에 인접하여 있는 경우는 최종 본번의 다음 순번부터 본번으로 하여 순차적으로 지번을 부여할 수 있다.

④ 신규등록 토지가 여러 필지로 되어 있는 경우는 최종 본번의 다음 순번부터 본번으로 하여 순차적으로 지번을 부여할 수 있다.

◉해설

공간정보의 구축 및 관리 등에 관한 법률 시행령 제56조(지번의 구성 및 부여방법 등)

① 지번(地番)은 아라비아숫자로 표기하되, 임야대장 및 임야도에 등록하는 토지의 지번은 숫자 앞에 "산"자를 붙인다.

② 지번은 본번(本番)과 부번(副番)으로 구성하되, 본번과 부번 사이에 "-" 표시로 연결한다. 이 경우 "-" 표시는 "의"라고 읽는다.

③ 법 제66조에 따른 지번의 부여방법은 다음 각 호와 같다. 〈개정 2014. 1. 17.〉

　1. 지번은 북서에서 남동으로 순차적으로 부여할 것

　2. 신규등록 및 등록전환의 경우에는 그 지번부여지역에서 인접토지의 본번에 부번을 붙여서 지번을 부여할 것. 다만, 다음 각 목의 어느 하나에 해당하는 경우에는 그 지번부여지역의 최종 본번의 다음 순번부터 본번으로 하여 순차적으로 지번을 부여할 수 있다.

　　가. 대상토지가 그 지번부여지역의 최종 지번의 토지에 인접하여 있는 경우

　　나. 대상토지가 이미 등록된 토지와 멀리 떨어져 있어서 등록된 토지의 본번에 부번을 부여하는 것이 불합리한 경우

　　다. 대상토지가 여러 필지로 되어 있는 경우

84 지적업무처리규정에 따른 측량성과도의 작성방법에 관한 설명으로 옳지 않은 것은?

① 측량성과도의 문자와 숫자는 레터링 또는 전자측량시스템에 따라 작성하여야 한다.

② 경계점좌표로 등록된 지역의 측량성과도에는 경계점 간 계산거리를 기재하여야 한다.

③ 복원된 경계점과 측량대상토지의 점유현황선이 일치하더라도 점유현황선을 표시하여야 한다.

④ 분할측량성과 등을 결정하였을 때에는 "인·허가 내용을 변경하여야 지적공부가 가능함"이라고 붉은색으로 표시하여야 한다.

◉해설

지적업무처리규정 제28조(측량성과도의 작성방법)

① 「지적측량 시행규칙」 제28조 제2항 제3호에 따른 측량성과도(측량결과도에 따라 작성한 측량성과도면을 말한다)의 문자와 숫자는 레터링 또는 전자측량시스템에 따라 작성하여야 한다.

② 측량성과도의 명칭은 신규 등록, 등록전환, 분할, 지적확정, 경계복원, 지적현황, 지적복구 또는 등록사항정정측량 성과도로 한다. 이 경우 경계점좌표로 등록된 지역인 경우에는 명칭 앞에 "(좌표)"라 기재한다.

③ 경계점좌표로 등록된 지역의 측량성과도에는 경계점 간 계산거리를 기재하여야 한다.

④ 분할측량성과도를 작성하는 때에는 측량대상토지의 분할선은 붉은색 실선으로, 점유현황선은 붉은색 점선으로 표시하여야 한다. 다만, 경계와 점유현황선이 같을 경우에는 그러하지 아니하다.

⑤ 제20조 제3항에 따라 분할측량성과 등을 결정하였을 때에는 "인·허가 내용을 변경하여야 지적공부정리가 가능함"이라고 붉은색으로 표시하여야 한다.

⑥ 경계복원측량성과도를 작성하는 때에는 복원된 경계점은 직경 2밀리미터 이상 3밀리미터 이하의 붉은색 원으로 표시하고, 측량대상토지의 점유현황선은 붉은색 점선으로 표시하여야 한다. 다만, 필지가 작아 식별하기 곤란한 경우에는 복원된 경계점을 직경 1밀리미터 이상 1.5밀리미터 이하의 붉은색 원으로 표시할 수 있다.

⑦ 복원된 경계점과 측량 대상토지의 점유현황선이 일치할 경우에는 제6항에 따른 점유현황선의 표시를 생략하고, 경계복원측량성과도를 현장에서 작성하여 지적측량 의뢰인에게 발급할 수 있다.

⑧ 지적현황측량성과도를 작성하는 때에는 별표 5의 도시방법에 따라 현황구조물의 위치 등을 판별할 수 있도록 표시하여야 한다.

85 경위의측량방법으로 세부측량을 한 경우 측량결과도에 적어야 하는 사항으로 옳지 않은 것은?

① 측량기하적
② 측정점의 위치
③ 측량대상 토지의 점유현황선
④ 측량대상 토지의 경계점 간 실측거리

◉해설

지적측량 시행규칙 제17조(측량준비 파일의 작성)

① 제18조 제1항에 따라 평판측량방법으로 세부측량을 할 때에는 지적도, 임야도에 따라 다음 각 호의 사항을 포함한 측량준비 파일을 작성하여야 한다.

② 제18조 제9항에 따라 경위의측량방법으로 세부측량을 할 때에는 경계점좌표등록부와 지적도에 따라 다음 각 호의 사항을 포함한 측량준비 파일을 작성하여야 한다.

1. 측량대상 토지의 경계와 경계점의 좌표 및 부호도·지번·지목
2. 인근 토지의 경계와 경계점의 좌표 및 부호도·지번·지목
3. 행정구역선과 그 명칭
4. 지적기준점 및 그 번호와 지적기준점 간의 방위각 및 그 거리
5. 경계점 간 계산거리
6. 도곽선과 그 수치
7. 그 밖에 국토교통부장관이 정하는 사항

② 경위의측량방법으로 세부측량을 한 경우 측량결과도 및 측량계산부에 그 성과를 적되, 측량결과도에는 다음 각 호의 사항을 적어야 한다.

1. 제17조 제2항 각 호의 사항
2. 측정점의 위치(측량계산부의 좌표를 전개하여 적는다), 지상에서 측정한 거리 및 방위각
3. 측량대상 토지의 경계점 간 실측거리
4. 측량대상 토지의 토지이동 전의 지번과 지목(2개의 붉은색으로 말소한다)
5. 측량결과도의 제명 및 번호(연도별로 붙인다)와 지적도의 도면번호
6. 신규등록 또는 등록전환하려는 경계선 및 분할경계선
7. 측량대상 토지의 점유현황선

8. 측량 및 검사의 연월일, 측량자 및 검사자의 성명·소속 및 자격등급 또는 기술등급

86 닥나무, 묘목, 관상수 등의 식물을 주로 재배하는 토지의 지목은?

① 전　　　　② 답
③ 임야　　　④ 잡종지

◉해설

지목의 구분

전	물을 상시적으로 이용하지 않고 곡물·원예작물(과수류는 제외한다)·약초·뽕나무·닥나무·묘목·관상수 등의 식물을 주로 재배하는 토지와 식용(食用)으로 죽순을 재배하는 토지
답	물을 상시적으로 직접 이용하여 벼·연(蓮)·미나리·왕골 등의 식물을 주로 재배하는 토지
과수원	사과·배·밤·호두·귤나무 등 과수류를 집단적으로 재배하는 토지와 이에 접속된 저장고 등 부속시설물의 부지. 다만, 주거용 건축물의 부지는 "대"로 한다.
목장용지	다음 각 목의 토지. 다만, 주거용 건축물의 부지는 "대"로 한다. 가. 축산업 및 낙농업을 하기 위하여 초지를 조성한 토지 나. 「축산법」 제2조 제1호에 따른 가축을 사육하는 축사 등의 부지 다. 가목 및 나목의 토지와 접속된 부속시설물의 부지
임야	산림 및 원야(原野)를 이루고 있는 수림지(樹林地)·죽림지·암석지·자갈땅·모래땅·습지·황무지 등의 토지
잡종지	다음 각 목의 토지. 다만, 원상회복을 조건으로 돌을 캐내는 곳 또는 흙을 파내는 곳으로 허가된 토지는 제외한다. 가. 갈대밭, 실외에 물건을 쌓아두는 곳, 돌을 캐내는 곳, 흙을 파내는 곳, 야외시장, 비행장, 공동우물 나. 영구적 건축물 중 변전소, 송신소, 수신소, 송유시설, 도축장, 자동차운전학원, 쓰레기 및 오물처리장 등의 부지 다. 다른 지목에 속하지 않는 토지

87 공간정보의 구축 및 관리 등에 관한 법령상 도시개발사업 등의 신고에 관한 설명으로 옳지 않은 것은?

① 도시개발사업의 변경 신고 시 첨부서류에는 지번별 조서도 포함된다.
② 도시개발사업의 완료 신고 시에는 지번별 조서와 사업계획도와의 부합여부를 확인하여야 한다.
③ 도시개발사업의 착수·변경 또는 완료 사실의 신고는 그 사유가 발생한 날로부터 15일 이내에 하여야 한다.
④ 도시개발사업의 완료 신고 시에는 확정될 토지의 지번별 조서 및 종전 토지의 지번별 조서를 첨부하여야 한다.

해설

공간정보의 구축 및 관리 등에 관한 법률 시행령 제83조(토지개발사업 등의 범위 및 신고)
① 법 제86조 제1항에서 "대통령령으로 정하는 토지개발사업"이란 다음 각 호의 사업을 말한다.
　1. 「주택법」에 따른 주택건설사업
　2. 「택지개발촉진법」에 따른 택지개발사업
② 법 제86조 제1항에 따른 도시개발사업 등의 착수·변경 또는 완료 사실의 신고는 그 사유가 발생한 날부터 15일 이내에 하여야 한다.
③ 법 제86조 제2항에 따른 토지의 이동 신청은 그 신청대상지역이 환지(換地)를 수반하는 경우에는 법 제86조 제1항에 따른 사업완료 신고로써 이를 갈음할 수 있다. 이 경우 사업완료 신고서에 법 제86조 제2항에 따른 토지의 이동 신청을 갈음한다는 뜻을 적어야 한다.
④ 「주택법」에 따른 주택건설사업의 시행자가 파산 등의 이유로 토지의 이동 신청을 할 수 없을 때에는 그 주택의 시공을 보증한 자 또는 입주예정자 등이 신청할 수 있다.

공간정보의 구축 및 관리 등에 관한 법률 시행규칙 제95조(도시개발사업 등의 신고)
① 법 제86조 제1항 및 영 제83조 제2항에 따른 도시개발사업 등의 착수 또는 변경의 신고를 하려는 자는 별지 제81호서식의 도시개발사업 등의 착수(시행)·변경·완료 신고서에 다음 각 호의 서류를 첨부하여야 한다. 다만, 변경 신고의 경우에는 변경된 부분으로 한정한다.
　1. 사업인가서
　2. 지번별 조서
　3. 사업계획도

② 법 제86조 제1항 및 영 제83조 제2항에 따른 도시개발사업 등의 완료신고를 하려는 자는 별지 제81호서식의 신청서에 다음 각 호의 서류를 첨부하여야 한다. 이 경우 지적측량수행자가 지적소관청에 측량검사를 의뢰하면서 미리 제출한 서류는 첨부하지 아니할 수 있다.
　1. 확정될 토지의 지번별 조서 및 종전 토지의 지번별 조서
　2. 환지처분과 같은 효력이 있는 고시된 환지계획서. 다만, 환지를 수반하지 아니하는 사업인 경우에는 사업의 완료를 증명하는 서류를 말한다.

88 다음 중 지목을 지적도면에 등록하는 때의 부호 표기가 옳지 않은 것은?

① 광천지 → 광　　② 유원지 → 유
③ 공장용지 → 장　④ 목장용지 → 목

해설

지목의 부호표기

지목	부호	지목	부호	지목	부호	지목	부호
전	전	대	대	철도용지	철	공원	공
답	답	공장용지	장	제방	제	체육용지	체
과수원	과	학교용지	학	하천	천	유원지	원
목장용지	목	주차장	차	구거	구	종교용지	종
임야	임	주유소용지	주	유지	유	사적지	사
광천지	광	창고용지	창	양어장	양	묘지	묘
염전	염	도로	도	수도용지	수	잡종지	잡

89 축척변경위원회의 구성에 관한 설명으로 옳은 것은?

① 위원장은 위원 중에서 선출한다.
② 10명 이상 15명 이하의 위원으로 구성한다.
③ 위원의 3분의 1 이상을 토지소유자로 하여야 한다.
④ 토지소유자가 5명 이하일 때에는 토지소유자 전원을 위원으로 위촉하여야 한다.

해설

공간정보의 구축 및 관리 등에 관한 법률 시행령 제79조(축척변경위원회의 구성 등)

① 축척변경위원회는 5명 이상 10명 이하의 위원으로 구성하되, 위원의 2분의 1 이상을 토지소유자로 하여야 한다. 이 경우 그 축척변경 시행지역의 토지소유자가 5명 이하일 때에는 토지소유자 전원을 위원으로 위촉하여야 한다.

② 위원장은 위원 중에서 지적소관청이 지명한다.

③ 위원은 다음 각 호의 사람 중에서 지적소관청이 위촉한다.
　　1. 해당 축척변경 시행지역의 토지소유자로서 지역 사정에 정통한 사람
　　2. 지적에 관하여 전문지식을 가진 사람

④ 축척변경위원회의 위원에게는 예산의 범위에서 출석수당과 여비, 그 밖의 실비를 지급할 수 있다. 다만, 공무원인 위원이 그 소관 업무와 직접적으로 관련되어 출석하는 경우에는 그러하지 아니하다.

90 공간정보의 구축 및 관리 등에 관한 법령에 따른 지목설정의 원칙이 아닌 것은?

① 1필1지목의 원칙
② 자연지목의 원칙
③ 주지목 추종의 원칙
④ 임시적 변경 불변의 원칙

해설

지목설정 원칙

일필일지목의 원칙	일필지의 토지에는 1개의 지목만을 설정하여야 한다는 원칙
주지목 추정의 원칙	주된 토지의 사용 목적 또는 용도에 따라 지목을 정하여야 한다는 원칙
등록 선후의 원칙	지목이 서로 중복될 때는 먼저 등록된 토지의 사용 목적 또는 용도에 따라 지목을 설정하여야 한다는 원칙
용도 경중의 원칙	지목이 중복될 때는 중요한 토지의 사용 목적 또는 용도에 따라 지목을 설정하여야 한다는 원칙
일시변경 불변의 원칙	임시적이고 일시적인 용도의 변경이 있는 경우에는 등록전환을 하거나 지목변경을 할 수 없다는 원칙
사용목적 추종의 원칙	도시계획사업 등의 완료로 인하여 조성된 토지는 사용 목적에 따라 지목을 설정하여야 한다는 원칙

91 지적공부 등록 필지수가 20만 필지 초과 30만 필지 이하일 때 지적서고의 기준면적은?

① 80m² 　　② 110m²
③ 130m² 　　④ 150m²

해설

공간정보의 구축 및 관리 등에 관한 법률 시행규칙 [별표 7]

지적서고의 기준면적(제65조 제2항 제2호 관련)

지적공부 등록 필지 수	지적서고의 기준면적
10만 필지 이하	80제곱미터
10만 필지 초과 20만 필지 이하	110제곱미터
20만 필지 초과 30만 필지 이하	130제곱미터
30만 필지 초과 40만 필지 이하	150제곱미터
40만 필지 초과 50만 필지 이하	165제곱미터
50만 필지 초과	180제곱미터에 60만 필지를 초과하는 10만 필지마다 10제곱미터를 가산한 면적

92 다음의 조정금에 관한 이의신청에 대한 내용 중 ( ) 안에 들어갈 알맞은 일자는?

- 수령통지 또는 납부고지된 조정금에 이의가 있는 토지소유자는 수령통지 또는 납부 고지를 받은 날부터 (㉠) 이내에 지적소관청에 이의신청을 할 수 있다.
- 지적소관청은 이의신청을 받은 날부터 (㉡) 이내에 시·군·구 지적재조사위원회의 심의·의결을 거쳐 이의신청에 대한 결과를 신청인에게 서면으로 알려야 한다.

① ㉠ : 30일, ㉡ : 30일 　　② ㉠ : 30일, ㉡ : 60일
③ ㉠ : 60일, ㉡ : 30일 　　④ ㉠ : 60일, ㉡ : 60일

해설

지적재조사에 관한 특별법 제21조의2(조정금에 관한 이의신청)

① 제21조 제3항에 따라 수령통지 또는 납부고지된 조정금에 이의가 있는 토지소유자는 수령통지 또는 납부고지를 받은 날부터 60일 이내에 지적소관청에 이의신청을 할 수 있다.

정답 90 ② 91 ③ 92 ③

② 지적소관청은 제1항에 따른 이의신청을 받은 날부터 30일 이내에 제30조에 따른 시·군·구 지적재조사위원회의 심의·의결을 거쳐 이의신청에 대한 결과를 신청인에게 서면으로 알려야 한다.

93 지적재조사에 관한 특별법령상 사업지구의 경미한 변경에 해당하는 사항으로 옳지 않은 것은?

① 사업지구 명칭의 변경
② 1년 이내의 범위에서의 지적재조사사업기간의 조정
③ 지적재조사사업 총사업비의 처음 계획 대비 100분의 20 이내의 증감
④ 지적재조사사업 대상 필지의 100분의 20 이내 및 면적의 100분의 20 이내의 증감

● 해설

지적재조사에 관한 특별법 제8조(사업지구의 경미한 변경)
법 제7조 제7항 단서에서 "대통령령으로 정하는 경미한 사항"이란 다음 각 호의 어느 하나에 해당하는 사항을 말한다. 〈개정 2017. 10. 17.〉
1. 사업지구 명칭의 변경
2. 1년 이내의 범위에서의 지적재조사사업기간의 조정
3. 다음 각 목의 요건을 모두 충족하는 지적재조사사업 대상 토지의 증감
    가. 필지의 100분의 20 이내의 증감
    나. 면적의 100분의 20 이내의 증감

94 공간정보의 구축 및 관리 등에 관한 법률상 축척변경위원회의 구성 등에 관한 설명 중 (   ) 안에 들어갈 숫자로 옳은 것은?

> 축척변경위원회는 (㉠)명 이상 (㉡)명 이하의 위원으로 구성하되, 위원의 2분의 1 이상을 토지소유자로 하여야 한다.

① ㉠ : 5,   ㉡ : 10
② ㉠ : 10, ㉡ : 15
③ ㉠ : 15, ㉡ : 25
④ ㉠ : 25, ㉡ : 30

● 해설

공간정보의 구축 및 관리 등에 관한 법률 시행령 제79조(축척변경위원회의 구성 등)
① 축척변경위원회는 5명 이상 10명 이하의 위원으로 구성하되, 위원의 2분의 1 이상을 토지소유자로 하여야 한다. 이 경우 그 축척변경 시행지역의 토지소유자가 5명 이하일 때에는 토지소유자 전원을 위원으로 위촉하여야 한다.
② 위원장은 위원 중에서 지적소관청이 지명한다.
③ 위원은 다음 각 호의 사람 중에서 지적소관청이 위촉한다.
    1. 해당 축척변경 시행지역의 토지소유자로서 지역 사정에 정통한 사람
    2. 지적에 관하여 전문지식을 가진 사람
④ 축척변경위원회의 위원에게는 예산의 범위에서 출석수당과 여비, 그 밖의 실비를 지급할 수 있다. 다만, 공무원인 위원이 그 소관 업무와 직접적으로 관련되어 출석하는 경우에는 그러하지 아니하다.

95 다음 중 지적공부의 복구자료에 해당하지 않는 것은?

① 측량 결과도
② 지적측량신청서
③ 토지이동정리 결의서
④ 부동산등기부 등본 등 등기사실을 증명하는 서류

● 해설

공간정보의 구축 및 관리 등에 관한 법률 시행규칙 제72조(지적공부의 복구자료)
영 제61조 제1항에 따른 지적공부의 복구에 관한 관계 자료(이하 "복구자료"라 한다)는 다음 각 호와 같다.
1. 지적공부의 등본
2. 측량 결과도
3. 토지이동정리 결의서
4. 부동산등기부 등본 등 등기사실을 증명하는 서류
5. 지적소관청이 작성하거나 발행한 지적공부의 등록내용을 증명하는 서류
6. 법 제69조 제3항에 따라 복제된 지적공부
7. 법원의 확정판결서 정본 또는 사본

96 지적소관청의 측량결과도 보관 방법으로 옳은 것은?

① 동·리별, 측량종목별로 지번순으로 편철하여 보관하여야 한다.
② 연도별, 동·리별로 지번순으로 편철하여야 한다.
③ 동·리별, 지적측량수행자별로 지번순으로 편철하여야 한다.
④ 연도별, 측량종목별, 지적공부정리 일자별, 동·리별로 지번순으로 편철하여 보관하여야 한다.

●해설

지적업무처리규정 제25조(지적측량결과도의 작성 등)
① 「지적측량 시행규칙」 제26조에 따른 측량결과도(세부측량을 실시한 결과를 작성한 측량도면을 말한다)는 도면용지 또는 전자측량시스템을 사용하여 예시 1의 지적측량결과도 작성 예시에 따라 작성하고, 측량결과도를 파일로 작성한 때에는 데이터베이스에 저장하여 관리할 수 있다. 다만, 경위의측량방법으로 실시한 지적측량결과를 별표 제7호 또는 제8호 서식으로 작성할 경우에는 다음 각 호의 사항을 별도 작성·관리·검사요청하여야 한다.
1. 경계점(지적측량기준점) 좌표
2. 기지점 계산
3. 경계점(보조점) 관측 및 좌표 계산
4. 교차점 계산
5. 면적 지정분할 계산
6. 좌표면적 및 점간거리
7. 면적측정부
② 지적측량수행자 및 지적측량검사자는 지적측량결과도상의 측량준비도, 측량결과도, 측량성과도작성, 도면 등의 작성, 확인 및 검사란에 날인 또는 서명을 하여야 한다. 이 경우 서명은 정자(正字)로 하여야 한다.
③ 측량결과도의 보관은 지적소관청은 연도별, 측량종목별, 지적공부정리 일자별, 동·리별로, 지적측량수행자는 연도별, 동·리별로, 지번순으로 편철하여 보관하여야 한다.
④ 지적측량업자가 폐업하는 경우에는 보관 중인 측량결과도 원본(전자측량시스템으로 작성한 전산파일을 포함한다)과 지적측량 프로그램을 시·도지사에게 제출하여야 하며, 시·도지사는 해당 지적소관청에 측량결과도 원본을 보내주어야 한다.
⑤ 지적측량수행자는 전자평판측량으로 측량을 하여 작성된 지적측량파일을 데이터베이스에 저장하여 후속 측량자료 및 민원업무에 활용할 수 있도록 관리하여야 하며, 지적측량파일은 월 1회 이상 데이터를 백업하여 보관하여야 한다.

97 다음 중 축척변경위원회의 심의·의결사항에 해당하는 것은?

① 지적측량 적부심사에 관한 사항
② 지적기술자의 징계에 관한 사항
③ 지적기술자의 양성방안에 관한 사항
④ 지번별 제곱미터당 금액의 결정에 관한 사항

●해설

공간정보의 구축 및 관리 등에 관한 법률 시행령 제80조(축척변경위원회의 기능)
축척변경위원회는 지적소관청이 회부하는 다음 각 호의 사항을 심의·의결한다.
1. 축척변경 시행계획에 관한 사항
2. 지번별 제곱미터당 금액의 결정과 청산금의 산정에 관한 사항
3. 청산금의 이의신청에 관한 사항
4. 그 밖에 축척변경과 관련하여 지적소관청이 회의에 부치는 사항

98 공간정보의 구축 및 관리 등에 관한 법규상 지적공부를 복구하는 경우 참고자료에 해당되지 않는 것은?

① 측량 결과도
② 토지이동정리 결의서
③ 지적공부등록현황 집계표
④ 법원의 확정판결서 정본 또는 사본

●해설

공간정보의 구축 및 관리 등에 관한 법률 시행규칙 제72조(지적공부의 복구자료)
영 제61조 제1항에 따른 지적공부의 복구에 관한 관계 자료(이하 "복구자료"라 한다)는 다음 각 호와 같다.
1. 지적공부의 등본
2. 측량 결과도
3. 토지이동정리 결의서
4. 부동산등기부 등본 등 등기사실을 증명하는 서류
5. 지적소관청이 작성하거나 발행한 지적공부의 등록내용을 증명하는 서류
6. 법 제69조 제3항에 따라 복제된 지적공부
7. 법원의 확정판결서 정본 또는 사본

99 지적업무처리규정상 대장등본을 복사하여 작성 발급할 때, 대장등본의 규격으로 옳은 것은?

① 가로 10cm, 세로 2cm

② 가로 10cm, 세로 4cm

③ 가로 13cm, 세로 2cm

④ 가로 13cm, 세로 4cm

해설

지적업무처리규정 제48조(지적공부의 열람 및 등본작성 방법 등)

① 지적공부의 열람 및 등본발급 신청은 신청자가 대상토지의 지번을 제시한 경우에만 할 수 있다.

② 지적소관청은 지적공부의 열람신청이 있는 때에는 신청필지수와 수수료금액을 확인하여 신청서에 첨부된 수입증지를 소인한 후 컴퓨터 화면 등에 따라 담당공무원의 참여하에 지적공부를 열람시킨다.

③ 열람자가 보기 쉬운 장소에 다음 각 호와 같이 열람 시의 유의사항을 게시하고 알려주어야 한다.

　1. 지정한 장소에서 열람하여 주십시오.

　2. 화재의 위험이 있거나 지적공부를 훼손할 수 있는 물건을 휴대해서는 안 됩니다.

　3. 열람 시 개인정보 등이 포함된 사항은 기록, 촬영하여서는 안 됩니다.

④ 지적공부의 등본은 지적공부를 복사·제도하여 작성하거나 부동산종합공부시스템으로 작성한다. 이 경우 대장등본은 작성일 현재의 최종사유를 기준으로 작성한다. 다만, 신청인의 요구가 있는 때에는 그러하지 아니하다.

⑤ 도면등본을 복사에 따라 작성 발급하는 때에는 윗부분과 아랫부분에 다음과 같이 날인하고, 축척은 규칙 제69조 제6항에 따른다. 다만, 부동산종합공부시스템으로 발급하는 경우에는 신청인이 원하는 축척과 범위를 지정하여 발급할 수 있다.

(도면등본 날인문안 및 규격)
(윗 부 분)

⑥ 제4항에 따라 작성한 등본에는 수입증지를 첨부하여 소인한 후 지적소관청의 직인을 날인하여야 한다. 이 경우 등본이 1장을 초과할 경우에는 첫 장에만 직인을 날인하고 다음 장부터는 천공 또는 간인하여 발급한다.

⑦ 대장등본을 복사하여 작성 발급하는 때에는 대장의 앞면과 뒷면을 각각 복사하여 기재사항 끝부분에 다음과 같이 날인한다.

(아 래 부 분)

(대장등본 날인문안 및 규격)

⑧ 법 제106조에 따라 등본 발급의 수수료는 유료와 무료로 구분하여 처리하되, 무료로 발급할 경우에는 등본 앞면 여백에 붉은색으로 "무료"라 기재한다.

⑨ 폐쇄 또는 말소된 지적공부의 등본을 작성할 때에는 "폐쇄 또는 말소된 ○○○○에 따라 작성한 등본입니다"라고 붉은색으로 기재한다.

⑩ 부동산종합공부시스템으로 지적공부를 열람하는 경우 열람용 등본을 발급할 수 있으며, 이때에는 아랫부분에 "본토지(임야)대장은 열람용이므로 출력하신 토지(임야)대장은 법적인 효력이 없습니다."라고 기재한다.

⑪ 등본은 공용으로 발급할 수 있으며, 이때 등본의 아래 부분에 "본토지(임야)대장은 공용이므로 출력하신 토지(임야)대장은 민원용으로 사용할 수 없습니다."라고 기재한다.

100 다음 중 경계점표지의 규격과 재질에 대한 설명으로 옳은 것은?

① 목제는 아스팔트 포장지역에 설치한다.
② 철못 1호는 콘크리트 포장지역에 설치한다.
③ 철못 2호는 콘크리트 구조물 · 담장 · 벽에 설치한다.
④ 표석은 소유자의 요구가 있는 경우 설치한다.

해설

공간정보의 구축 및 관리 등에 관한 법률 시행규칙 [별표 6] 〈개정 2014.1.17〉

경계점표지의 규격과 재질(제60조 제2항 관련)

[비고]

1. 목제는 비포장지역에 설치한다.
2. 철못 1호는 아스팔트 포장지역에 설치한다.
3. 철못 2호는 콘크리트 포장지역에 설치한다.
4. 철못 3호는 콘크리트 구조물 · 담장 · 벽에 설치한다.
5. 표석은 소유자의 요구가 있는 경우 설치한다.

본 문제의 해설은 출제자의 의도와 일치되지 않을 수 있으며, 문제 및 해설에 일부 오탈자가 있을 수 있으므로 학습 시 의문사항이 있으면 예문사 또는 저자에게 문의하여 주시기 바랍니다.

Subject 01 지적측량

01 좌표면적계산법에 따른 면적측정에서 산출면적은 얼마의 단위까지 계산하여야 하는가?

① $1m^2$까지 계산

② $\frac{1}{10} m^2$까지 계산

③ $\frac{1}{100} m^2$까지 계산

④ $\frac{1}{1,000} m^2$까지 계산

● 해설

지적측량 시행규칙 제20조(면적측정의 방법 등)
① 좌표면적계산법에 따른 면적측정은 다음 각 호의 기준에 따른다.
　1. 경위의측량방법으로 세부측량을 한 지역의 필지별 면적측정은 경계점 좌표에 따를 것
　2. 산출면적은 1천분의 1제곱미터까지 계산하여 10분의 1제곱미터 단위로 정할 것
② 전자면적측정기에 따른 면적측정은 다음 각 호의 기준에 따른다.
　1. 도상에서 2회 측정하여 그 교차가 다음 계산식에 따른 허용면적 이하일 때에는 그 평균치를 측정면적으로 할 것
$$A = 0.023^2 M\sqrt{F}$$
　　(A는 허용면적, M은 축척분모, F는 2회 측정한 면적의 합계를 2로 나눈 수)
　2. 측정면적은 1천분의 1제곱미터까지 계산하여 10분의 1제곱미터 단위로 정할 것

02 지적도를 제도하는 경계의 폭(㉠) 및 행정구역선의 폭(㉡) 기준으로 옳은 것은?(단, 동·리의 행정구역선의 경우는 제외한다.)

① ㉠ : 0.1mm, ㉡ : 0.4mm

② ㉠ : 0.15mm, ㉡ : 0.5mm

③ ㉠ : 0.2mm, ㉡ : 0.5mm

④ ㉠ : 0.25mm, ㉡ : 0.4mm

● 해설

지적업무처리규정 제41조(경계의 제도)
① 경계는 0.1밀리미터 폭의 선으로 제도한다.
② 1필지의 경계가 도곽선에 걸쳐 등록되어 있으면 도곽선 밖의 여백에 경계를 제도하거나, 도곽선을 기준으로 다른 도면에 나머지 경계를 제도한다. 이 경우 다른 도면에 경계를 제도할 때에는 지번 및 지목은 붉은색으로 표시한다.
③ 규칙 제69조 제2항 제4호에 따른 경계점좌표등록부 등록지역의 도면(경계점 간 거리등록을 하지 아니한 도면을 제외한다)에 등록할 경계점 간 거리는 검은색의 1.0~1.5밀리미터 크기의 아라비아숫자로 제도한다. 다만, 경계점 간 거리가 짧거나 경계가 원을 이루는 경우에는 거리를 등록하지 아니할 수 있다.
④ 지적기준점 등이 매설된 토지를 분할할 경우 그 토지가 작아서 제도하기가 곤란한 때에는 그 도면의 여백에 그 축척의 10배로 확대하여 제도할 수 있다.

지적업무처리규정 제44조(행정구역선의 제도)
① 도면에 등록할 행정구역선은 0.4밀리미터 폭으로 다음 각 호와 같이 제도한다. 다만, 동·리의 행정구역선은 0.2밀리미터 폭으로 한다.

03 지적측량성과와 검사성과의 연결교차 허용범위 기준으로 옳지 않은 것은?(단, M은 축척분모이며 경계점좌표등록부 시행지역의 경우는 고려하지 않는다.)

① 지적도근점 : 0.2m 이내

② 지적삼각점 : 0.2m 이내

③ 경계점 : 10분의 3Mmm 이내

④ 지적삼각보조점 : 0.25m 이내

◉해설

지적측량 시행규칙 제27조(지적측량성과의 결정)

① 지적측량성과와 검사성과의 연결교차가 다음 각 호의 허용범위 이내일 때에는 그 지적측량성과에 관하여 다른 입증을 할 수 있는 경우를 제외하고는 그 측량성과로 결정하여야 한다.

1. 지적삼각점 : 0.20미터
2. 지적삼각보조점 : 0.25미터
3. 지적도근점
   가. 경계점좌표등록부 시행지역 : 0.15미터
   나. 그 밖의 지역 : 0.25미터
4. 경계점
   가. 경계점좌표등록부 시행지역 : 0.10미터
   나. 그 밖의 지역 : 10분의 3M밀리미터(M은 축척분모)

② 지적측량성과를 전자계산기기로 계산하였을 때에는 그 계산성과자료를 측량부 및 면적측정부로 본다.

---

04 무한히 확산되는 평면전자기파가 1/299,792,458초 동안 진공 중을 진행하는 길이로 표시되는 단위는?

① 1미터(m)　　　　② 1칸델라(cd)
③ 1피피엠(ppm)　　④ 1스테라디안(sr)

◉해설

미터

미터(영어 : metre, meter, 프랑스어 : mètre, 기호 m)는 길이나 거리의 SI단위이다. 이 단위는 현재 진공에서 빛이 1/299,792,458초 동안 진행한 거리로 정의되어 있다. 이러한 정의는 최근에 측정 기술이 길이와 단위를 매우 높은 정확도로 재현할 수 있게 되면서 제안된 것으로, 시간의 경우에는 10^{13}의 정확도로 재현할 수 있다.

역사

미터를 정의하는 방법은 다음과 같이 바뀌었다.

• 1793년 : 극과 적도 사이의 거리의 1/10,000,000
• 1795년 : 황동으로 된 임시 미터 원기의 길이
• 1799년 : 백금으로 된 표준 미터 원기의 길이
• 1889년 : 단면이 X자이며, 백금-이리듐 합금으로 된 국제 미터 원기 원형의 길이
• 1960년 : 진공에서 크립톤-86 원자의 2p$_{10}$과 5d$_5$ 준위 사이의 전이에 해당하는 복사 파장의 1,650,763.73배
• 1983년 : 진공에서 빛이 1/299,792,458초 동안 진행한 거리

---

05 지적삼각보조점성과표의 기록·관리 등에 관한 내용으로 옳은 것은?

① 표지의 재질을 기록·관리할 것
② 자오선수차(子午線收差)를 기록·관리할 것
③ 지적삼각보조점성과는 시·도지사가 관리할 것
④ 시준점(視準點)의 명칭, 방위각 및 거리를 기록·관리할 것

◉해설

지적측량 시행규칙 제4조(지적기준점성과의 기록·관리 등)

① 제3조에 따라 시·도지사가 지적삼각점성과를 관리할 때에는 다음 각 호의 사항을 지적삼각점성과표에 기록·관리하여야 한다.

1. 지적삼각점의 명칭과 기준 원점명
2. 좌표 및 표고
3. 경도 및 위도(필요한 경우로 한정한다)
4. 자오선수차(子午線收差)
5. 시준점(視準點)의 명칭, 방위각 및 거리
6. 소재지와 측량연월일
7. 그 밖의 참고사항

② 제3조에 따라 지적소관청이 지적삼각보조점성과 및 지적도근점성과를 관리할 때에는 다음 각 호의 사항을 지적삼각보조점성과표 및 지적도근점성과표에 기록·관리하여야 한다.

1. 번호 및 위치의 약도
2. 좌표와 직각좌표계 원점명
3. 경도와 위도(필요한 경우로 한정한다)
4. 표고(필요한 경우로 한정한다)
5. 소재지와 측량연월일
6. 도선등급 및 도선명
7. 표지의 재질
8. 도면번호
9. 설치기관
10. 조사연월일, 조사자의 직위·성명 및 조사 내용

③ 제2항 제10호에 따른 조사 내용은 지적삼각보조점 및 지적도근점표지의 멸실 유무, 사고 원인, 경계의 부합 여부 등을 적는다. 이 경우 경계와 부합되지 아니할 때에는 그 사유를 적는다.

---

06 평판측량방법에 따른 세부측량을 도선법으로 하는 경우에 대한 설명으로 옳지 않은 것은?

① 도선의 변은 20개 이하로 한다.

② 지적측량기준점 간을 서로 연결한다.

③ 도선의 측선장은 도상길이 12센티미터 이하로 한다.

④ 도선의 폐색오차가 도상길이 $\frac{\sqrt{n}}{3}$ 밀리미터 이하인 경우, 계산식에 따라 이를 각 점에 배부하여 그 점의 위치로 한다.

●해설

지적측량 시행규칙 제18조(세부측량의 기준 및 방법 등)
③ 평판측량방법에 따른 세부측량을 교회법으로 하는 경우에는 다음 각 호의 기준에 따른다.
　1. 전방교회법 또는 측방교회법에 따를 것
　2. 3방향 이상의 교회에 따를 것
　3. 방향각의 교각은 30도 이상 150도 이하로 할 것
　4. 방향선의 도상길이는 측판의 방위표정(方位標定)에 사용한 방향선의 도상길이 이하로서 10센티미터 이하로 할 것. 다만, 광파조준의(光波照準儀) 또는 광파측거기를 사용하는 경우에는 30센티미터 이하로 할 수 있다.
　5. 측량결과 시오(示誤)삼각형이 생긴 경우 내접원의 지름이 1밀리미터 이하일 때에는 그 중심을 점의 위치로 할 것
④ 평판측량방법에 따른 세부측량을 도선법으로 하는 경우에는 다음 각 호의 기준에 따른다.
　1. 위성기준점, 통합기준점, 삼각점, 지적삼각점, 지적삼각보조점 및 지적도근점, 그 밖에 명확한 기지점 사이를 서로 연결할 것
　2. 도선의 측선장은 도상길이 8센티미터 이하로 할 것. 다만, 광파조준의 또는 광파측거기를 사용할 때에는 30센티미터 이하로 할 수 있다.
　3. 도선의 변은 20개 이하로 할 것
　4. 도선의 폐색오차가 도상길이 $\frac{\sqrt{n}}{3}$ 밀리미터 이하인 경우 그 오차는 다음의 계산식에 따라 이를 각 점에 배분하여 그 점의 위치로 할 것

$$M_n = \frac{e}{N} \times n$$

（M_n은 각 점에 순서대로 배분할 밀리미터 단위의 도상길이, e는 밀리미터 단위의 오차, N은 변의 수, n은 변의 순서를 말한다）

⑤ 평판측량방법에 따른 세부측량을 방사법으로 하는 경우에는 1방향선의 도상길이는 10센티미터 이하로 한다. 다만, 광파조준의 또는 광파측거기를 사용할 때에는 30센티미터 이하로 할 수 있다.

07 축척 500분의 1에서 지적도근점측량 시 도선의 총길이가 3,318.55m일 때 2등도선인 경우 연결오차의 허용범위는?

① 0.29m 이하　　② 0.34m 이하
③ 0.43m 이하　　④ 0.92m 이하

●해설

$$연결오차 허용범위 = M \times \frac{1.5}{100}\sqrt{\frac{3,318.55}{100}}$$
$$= 500 \times \frac{1.5}{100}\sqrt{\frac{3,318.55}{100}}$$
$$= 43.2cm = 0.43m$$

지적측량 시행규칙 제15조(지적도근점측량에서의 연결오차의 허용범위와 종선 및 횡선오차의 배분)
① 지적도근점측량에서 연결오차의 허용범위는 다음 각 호의 기준에 따른다. 이 경우 n은 각 측선의 수평거리의 총합계를 100으로 나눈 수를 말한다.
　1. 1등도선은 해당 지역 축척분모의 $\frac{1}{100}\sqrt{n}$ 센티미터 이하로 할 것
　2. 2등도선은 해당 지역 축척분모의 $\frac{1.5}{100}\sqrt{n}$ 센티미터 이하로 할 것
　3. 제1호 및 제2호를 적용하는 경우 경계점좌표등록부를 갖춰 두는 지역의 축척분모는 500으로 하고, 축척이 6천분의 1인 지역의 축척분모는 3천으로 할 것. 이 경우 하나의 도선에 속하여 있는 지역의 축척이 2 이상일 때에는 대축척의 축척분모에 따른다.

08 지적도근점측량의 1등도선으로 할 수 없는 것은?

① 삼각점의 상호 간 연결
② 지적삼각점의 상호 간 연결
③ 지적삼각보조점의 상호 간 연결
④ 지적도근점의 상호 간 연결

해설

지적측량 시행규칙 제12조(지적도근점측량)
① 지적도근점측량을 할 때에는 미리 지적도근점표지를 설치하여야 한다.
② 지적도근점의 번호는 영구표지를 설치하는 경우에는 시·군·구별로, 영구표지를 설치하지 아니하는 경우에는 시행지역별로 설치순서에 따라 일련번호를 부여한다. 이 경우 각 도선의 교점은 지적도근점의 번호 앞에 "교"자를 붙인다.
③ 지적도근점측량의 도선은 다음 각 호의 기준에 따라 1등도선과 2등도선으로 구분한다.
  1. 1등도선은 위성기준점, 통합기준점, 삼각점, 지적삼각점 및 지적삼각보조점의 상호 간을 연결하는 도선 또는 다각망도선으로 할 것
  2. 2등도선은 위성기준점, 통합기준점, 삼각점, 지적삼각점 및 지적삼각보조점과 지적도근점을 연결하거나 지적도근점 상호간을 연결하는 도선으로 할 것
  3. 1등도선은 가·나·다 순으로 표기하고, 2등도선은 ㄱ·ㄴ·ㄷ 순으로 표기할 것
④ 지적도근점은 결합도선·폐합도선(廢合道線)·왕복도선 및 다각망도선으로 구성하여야 한다.

09 평판측량방법에 따른 세부측량을 시행할 때 경계위치는 기지점을 기준으로 하여 지상경계선과 도상경계선의 부합여부를 확인하여야 하는데 이를 확인하는 방법이 아닌 것은?

① 현형법
② 거리비례확인법
③ 도상원호교회법
④ 지상원호교회법

해설

지적측량 시행규칙 제18조(세부측량의 기준 및 방법 등)
① 평판측량방법에 따른 세부측량은 다음 각 호의 기준에 따른다.
  1. 거리측정단위는 지적도를 갖춰 두는 지역에서는 5센티미터로 하고, 임야도를 갖춰 두는 지역에서는 50센티미터로 할 것
  2. 측량결과도는 그 토지가 등록된 도면과 동일한 축척으로 작성할 것
  3. 세부측량의 기준이 되는 위성기준점, 통합기준점, 삼각점, 지적삼각점, 지적삼각보조점, 지적도근점 및 기지점이 부족한 경우에는 측량상 필요한 위치에 보조점을 설치하여 활용할 것

4. 경계점은 기지점을 기준으로 하여 지상경계선과 도상경계선의 부합 여부를 현형법(現形法)·도상원호(圖上圓弧)교회법·지상원호(地上圓弧)교회법 또는 거리비교확인법 등으로 확인하여 정할 것

10 기초측량 및 세부측량을 위하여 실시하는 지적측량의 방법이 아닌 것은?

① 사진측량
② 수준측량
③ 위성측량
④ 경위의측량

해설

지적측량 시행규칙 제7조(지적측량의 방법 등)
① 법 제23조 제2항에 따른 지적측량의 방법은 다음 각 호의 어느 하나에 따른다. 〈개정 2013. 3. 23.〉
  1. 지적삼각점측량 : 위성기준점, 통합기준점, 삼각점 및 지적삼각점을 기초로 하여 경위의측량방법, 전파기 또는 광파기측량방법, 위성측량방법 및 국토교통부장관이 승인한 측량방법에 따르되, 그 계산은 평균계산법이나 망평균계산법에 따를 것
  2. 지적삼각보조점측량 : 위성기준점, 통합기준점, 삼각점, 지적삼각점 및 지적삼각보조점을 기초로 하여 경위의측량방법, 전파기 또는 광파기측량방법, 위성측량방법 및 국토교통부장관이 승인한 측량방법에 따르되, 그 계산은 교회법(交會法) 또는 다각망도선법에 따를 것
  3. 지적도근점측량 : 위성기준점, 통합기준점, 삼각점 및 지적기준점을 기초로 하여 경위의측량방법, 전파기 또는 광파기측량방법, 위성측량방법 및 국토교통부장관이 승인한 측량방법에 따르되, 그 계산은 도선법, 교회법 및 다각망도선법에 따를 것
  4. 세부측량 : 위성기준점, 통합기준점, 지적기준점 및 경계점을 기초로 하여 경위의측량방법, 평판측량방법, 위성측량방법 및 전자평판측량방법에 따를 것
② 위성측량의 방법 및 절차 등에 관하여 필요한 사항은 국토교통부장관이 따로 정한다.

정답 **09** ② **10** ②

11 평판측량방법에 따른 세부측량을 도선법으로 시행한 결과 변의 수(N)가 20, 도상오차(e)가 1.0mm 발생하였다면 16번째 변(n)에 배부하여야 할 도상길이(M_n)는?

① 0.5mm   ② 0.6mm

③ 0.7mm   ④ 0.8mm

◀ 해설 ▶

$$M_n = \frac{e}{N} \times n = \frac{1}{20} \times 16 = 0.8\text{mm}$$

지적측량 시행규칙 제18조(세부측량의 기준 및 방법 등)

④ 평판측량방법에 따른 세부측량을 도선법으로 하는 경우에는 다음 각 호의 기준에 따른다.

1. 위성기준점, 통합기준점, 삼각점, 지적삼각점, 지적삼각보조점 및 지적도근점, 그 밖에 명확한 기지점 사이를 서로 연결할 것
2. 도선의 측선장은 도상길이 8센티미터 이하로 할 것. 다만, 광파조준의 또는 광파측거기를 사용할 때에는 30센티미터 이하로 할 수 있다.
3. 도선의 변은 20개 이하로 할 것
4. 도선의 폐색오차가 도상길이 $\frac{\sqrt{n}}{3}$ 밀리미터 이하인 경우 그 오차는 다음의 계산식에 따라 이를 각 점에 배분하여 그 점의 위치로 할 것

$$M_n = \frac{e}{N} \times n$$

(M_n은 각 점에 순서대로 배분할 밀리미터 단위의 도상길이, e는 밀리미터 단위의 오차, N은 변의 수, n은 변의 순서를 말한다)

12 전자면적측정기에 따른 면적측정 기준으로 옳지 않은 것은?

① 도상에서 2회 측정한다.
② 측정면적은 100분의 1제곱미터까지 계산한다.
③ 측정면적은 10분의 1제곱미터 단위로 정한다.
④ 교차가 허용면적 이하일 때에는 그 평균치를 측정면적으로 한다.

◀ 해설 ▶

지적측량 시행규칙 제20조(면적측정의 방법 등)

① 좌표면적계산법에 따른 면적측정은 다음 각 호의 기준에 따른다.
1. 경위의측량방법으로 세부측량을 한 지역의 필지별 면적측정은 경계점 좌표에 따를 것
2. 산출면적은 1천분의 1제곱미터까지 계산하여 10분의 1제곱미터 단위로 정할 것

② 전자면적측정기에 따른 면적측정은 다음 각 호의 기준에 따른다.
1. 도상에서 2회 측정하여 그 교차가 다음 계산식에 따른 허용면적 이하일 때에는 그 평균치를 측정면적으로 할 것

$$A = 0.023^2 M \sqrt{F}$$

(A는 허용면적, M은 축척분모, F는 2회 측정한 면적의 합계를 2로 나눈 수)

2. 측정면적은 1천분의 1제곱미터까지 계산하여 10분의 1제곱미터 단위로 정할 것

13 어떤 두 점 간의 거리를 같은 측정방법으로 n회 측정하였다. 그 참값을 L, 최확값을 L_0라 할 때 참오차(E)를 구하는 방법으로 옳은 것은?

① $E = L \div L_0$ ② $E = L \times L_0$

③ $E = L - L_0$ ④ $E = L + L_0$

◀ 해설 ▶

참오차(Ture Error)	$\varepsilon = x - \tau$(관측값 − 참값)
잔차(Residual Error)	$v = x - \mu$(관측값 − 최확값)
편의(Bias)	$\beta = \mu - \tau$(최확값 − 참값)

14 지적삼각보조점측량을 2방향의 교회에 의하여 결정하려는 경우의 처리방법은?(단, 각 내각의 관측치의 합계와 180도와의 차가 ±40초 이내일 때이다.)

① 각 내각에 고르게 배부한다.

② 각 내각의 크기에 비례하여 배부한다.

③ 각 내각의 크기에 반비례하여 배부한다.

④ 허용오차이므로 관측내각에 배부할 필요가 없다.

● 해설

지적측량 시행규칙 제10조(지적삼각보조점측량)

① 지적삼각보조점측량을 할 때에 필요한 경우에는 미리 지적삼각보조점표지를 설치하여야 한다.

② 지적삼각보조점은 측량지역별로 설치순서에 따라 일련번호를 부여하되, 영구표지를 설치하는 경우에는 시·군·구별로 일련번호를 부여한다. 이 경우 지적삼각보조점의 일련번호 앞에 "보"자를 붙인다.

③ 지적삼각보조점은 교회망 또는 교점다각망(交點多角網)으로 구성하여야 한다.

④ 경위의측량방법과 전파기 또는 광파기측량방법에 따라 교회법으로 지적삼각보조점측량을 할 때에는 다음 각 호의 기준에 따른다.

   1. 3방향의 교회에 따를 것. 다만, 지형상 부득이하여 2방향의 교회에 의하여 결정하려는 경우에는 각 내각을 관측하여 각 내각의 관측치의 합계와 180도와의 차가 ±40초 이내일 때에는 이를 각 내각에 고르게 배분하여 사용할 수 있다.

   2. 삼각형의 각 내각은 30도 이상 120도 이하로 할 것

15 다음 중 지적도근점측량을 필요로 하지 않는 경우는?

① 축척변경을 위한 측량을 하는 경우

② 대단위 합병을 위한 측량을 하는 경우

③ 도시개발사업 등으로 인하여 지적확정측량을 하는 경우

④ 측량지역의 면적이 해당 지적도 1장에 해당하는 면적 이상인 경우

● 해설

지적측량 시행규칙 제6조(지적측량의 실시기준)

① 지적삼각점측량·지적삼각보조점측량은 다음 각 호의 어느 하나에 해당하는 경우에 실시한다.

   1. 측량지역의 지형상 지적삼각점이나 지적삼각보조점의 설치 또는 재설치가 필요한 경우

   2. 지적도근점의 설치 또는 재설치를 위하여 지적삼각점이나 지적삼각보조점의 설치가 필요한 경우

   3. 세부측량을 하기 위하여 지적삼각점 또는 지적삼각보조점의 설치가 필요한 경우

② 지적도근점측량은 다음 각 호의 어느 하나에 해당하는 경우에 실시한다.

   1. 법 제83조에 따라 축척변경을 위한 측량을 하는 경우

   2. 법 제86조에 따른 도시개발사업 등으로 인하여 지적확정측량을 하는 경우

   3. 「국토의 계획 및 이용에 관한 법률」 제7조 제1호의 도시지역에서 세부측량을 하는 경우

   4. 측량지역의 면적이 해당 지적도 1장에 해당하는 면적 이상인 경우

   5. 세부측량을 하기 위하여 특히 필요한 경우

16 직접 거리측정에 따른 오차 중 그 성질이 부(−)인 것은?

① 줄자의 처짐으로 인한 오차

② 측정 시 장력의 과다로 인한 오차

③ 측선이 수평이 안 됨으로써 나타난 오차

④ 측선이 일직선이 안 됨으로써 나타난 오차

● 해설

정오차의 보정

정오차의 보정	보정량	정확한 길이 (실제길이)	기호설명
1. 줄자의 길이가 표준길이와 다를 경우 (테이프의 특성값)	$C_n = \pm L \times \dfrac{\Delta l}{l}$	$L_0 = L \pm C_n$ $= L \pm \left(L \times \dfrac{\Delta l}{l} \right)$	L : 관측길이 l : Tape의 길이 Δl : Tape의 특성값 [Tape의 증가 (+)와 감소(−) 량]
2. 온도에 대한 보정	$C_t = L \cdot a(t - t_0)$	$L_0 = L \pm C_t$	L : 관측길이 a : Tape의 팽창계수 t_0 : 표준온도 (15℃) t : 관측 시의 온도
3. 경사에 대한 보정	$C_i = \dfrac{h^2}{2L}$	$L_0 = L \pm C_i$ $= L - \dfrac{h^2}{2L}$	L : 관측길이 h : 고저차
4. 평균해수면에 대한 보정(표고 보정)	$C_k = \dfrac{L \cdot H}{R}$	$L_0 = L - C_k$	R : 지구의 곡률 반경 H : 표고 L : 관측길이

5. 장력에 대한 보정	$C_p = \pm \dfrac{L}{A \cdot E}(P - P_o)$	$L_0 = L \pm C_P$	L : 관측길이 A : 테이프 단면적 (cm²) P : 관측 시의 장력 P_0 : 표준장력 (10kg) E : 탄성계수 (kg/cm²)
6. 처짐에 대한 보정	$C_s = -\dfrac{L}{24}\left(\dfrac{Wl}{P}\right)^2$	$L_0 = L - C_s$	L : 관측길이 W : 테이프의 자중 (cm²) P : 장력(kg) l : 등간격 길이

• 스틸테이프를 장력 10kg으로 기선을 측정하여 120m를 얻었다. 이때 보정량은?(단, 표준장력은 15kg, 단면적은 0.04 cm², 탄성계수는 2.1×10^6 kg/cm²이다.)

[해설]

$$보정량 = \frac{L}{A.E}(P - P_0)$$
$$= \frac{12,000}{0.04 \times (2.1 \times 10^6)}(10 - 15)$$
$$= -0.71\text{cm}$$

17 망원경조준의(망원경 앨리데이드)로 측정한 경사거리가 150.23m, 연직각이 +3°50′25″일 때 수평거리는?

① 138.56m ② 140.25m

③ 145.69m ④ 149.89m

◉해설

$D = \cos 3°50′25″ \times 150.23 = 149.89\text{m}$

18 지적측량 시 광파거리 측량기를 이용하여 3km 거리를 5회 관측하였을 때 허용되는 평균교차는?

① 3cm ② 5cm

③ 6cm ④ 10cm

◉해설

$$평균교차 = \frac{300,000\text{cm}}{100,000} = 3\text{cm}$$

지적측량 시행규칙 제9조(지적삼각점측량의 관측 및 계산)
② 전파기 또는 광파기측량방법에 따른 지적삼각점의 관측과 계산은 다음 각 호의 기준에 따른다.

1. 전파 또는 광파측거기(光波測距機)는 표준편차가 ±[5밀리미터+5피피엠(ppm)] 이상인 정밀측거기를 사용할 것
2. 점간거리는 5회 측정하여 그 측정치의 최대치와 최소치의 교차가 평균치의 10만분의 1 이하일 때에는 그 평균치를 측정거리로 하고, 원점에 투영된 평면거리에 따라 계산할 것
3. 삼각형의 내각은 세 변의 평면거리에 따라 계산하며, 기지각과의 차(差)에 관하여는 제1항 제3호를 준용할 것

19 평판측량에 의한 세부측량 시, 도상의 위치오차를 0.1mm까지 허용할 때 구심오차의 허용범위는?(단, 축척은 1,200분의 1이다.)

① 1cm 이하 ② 3cm 이하

③ 6cm 이하 ④ 12cm 이하

◉해설

$$구심오차(e) = \frac{축척분모(M)}{2} \times 도상위치오차(q)$$
$$= \frac{1,200}{2} \times 0.1 = 60\text{mm} = 6\text{cm}$$

20 지번 및 지목의 제도방법에 대한 설명으로 옳지 않은 것은?

① 지번 및 지목은 2mm 이상 3mm 이하의 크기로 제도한다.
② 지번의 글자 간격은 글자크기의 4분의 1 정도 띄어서 제도한다.
③ 지번 및 지목은 경계에 닿지 않도록 필지의 중앙에 제도한다.
④ 지번과 지목의 글자 간격은 글자크기의 3분의 1 정도 띄어서 제도한다.

◉해설

지적업무처리규정 제42조(지번 및 지목의 제도)
① 지번 및 지목은 경계에 닿지 않도록 필지의 중앙에 제도한다. 다만, 1필지의 토지의 형상이 좁고 길어서 필지의 중앙에 제도하기가 곤란한 때에는 가로쓰기가 되도록 도면을 왼쪽 또는 오른쪽으로 돌려서 제도할 수 있다.
② 지번 및 지목을 제도할 때에는 지번 다음에 지목을 제도한

다. 이 경우 2밀리미터 이상 3밀리미터 이하 크기의 명조체로 하고, 지번의 글자 간격은 글자크기의 4분의 1 정도, 지번과 지목의 글자 간격은 글자크기의 2분의 1 정도 띄어서 제도한다. 다만, 부동산종합공부시스템이나 레터링으로 작성할 경우에는 고딕체로 할 수 있다.

③ 1필지의 면적이 작아서 지번과 지목을 필지의 중앙에 제도할 수 없는 때에는 ㄱ, ㄴ, ㄷ, … ㄱ¹, ㄴ¹, ㄷ¹, … ㄱ², ㄴ², ㄷ² … 등으로 부호를 붙이고, 도곽선 밖에 그 부호·지번 및 지목을 제도한다. 이 경우 부호가 많아서 그 도면의 도곽선 밖에 제도할 수 없는 때에는 별도로 부호도를 작성할 수 있다.

④ 부동산종합공부시스템에 따라 지번 및 지목을 제도할 경우에는 제2항 중 글자의 크기에 대한 규정과 제3항을 적용하지 아니할 수 있다.

Subject 02 응용측량

21 GNSS측량에서 GDOP에 관한 설명으로 옳은 것은?

① 위성의 수치적인 평면의 함수 값이다.
② 수신기의 기하학적인 높이의 함수 값이다.
③ 위성의 신호 강도와 관련된 오차로서 그 값이 크면 정밀도가 낮다.
④ 위성의 기하학적인 배열과 관련된 함수 값이다.

> **해설**

정밀도 저하율(DOP : Dilution of Precision)
GPS관측지역의 상공을 지나는 위성의 기하학적 배치상태에 따라 측위의 정확도가 달라지는데 이를 DOP라고 한다.

종류	특징
① GDOP : 기하학적 정밀도 저하율 ② PDOP : 위치 정밀도 저하율 ③ HDOP : 수평 정밀도 저하율 ④ VDOP : 수직 정밀도 저하율 ⑤ RDOP : 상대 정밀도 저하율 ⑥ TDOP : 시간 정밀도 저하율	① 3차원위치의 정확도는 PDOP에 따라 달라지는데 PDOP은 4개의 관측위성들이 이루는 사면체의 체적이 최대일 때 가장 정확도가 좋으며 이때는 관측자의 머리 위에 다른 3개의 위성이 각각 120°를 이룰 때이다. ② DOP는 값이 작을수록 정확하며 1이 가장 정확하고 5까지는 실용상 지장이 없다.

22 GPS에서 채택하고 있는 타원체는?

① Hayford
② WGS84
③ Bessel1841
④ 지오이드

> **해설**

우주부문	구성	31개의 GPS 위성
	기능	측위용 전파 상시 방송, 위성궤도정보, 시각 신호 등 측위계산에 필요한 정보 방송 ① 궤도형상 : 원궤도 ② 궤도면수 : 6개면 ③ 위성수 : 24개(1궤도면에 4개×6)+보조위성 7개=31개 ④ 궤도경사각 : 55° ⑤ 궤도고도 : 20,183km ⑥ 사용좌표계 : WGS84 ⑦ 회전주기 : 11시간 58분(0.5 항성일) 　※ 1항성일 : 23시간 56분 4초 ⑧ 궤도 간 이격 : 60도 ⑨ 기준발진기 : 10.23MHz(세슘원자시계 2대, 루비듐원자시계 2대)

23 측량의 구분에서 노선측량과 가장 거리가 먼 것은?

① 철도의 노선설계를 위한 측량
② 지형, 지물 등을 조사하는 측량
③ 상하수도의 도수관 부설을 위한 측량
④ 도로의 계획조사를 위한 측량

> **해설**

지물(地物)	지표면 위의 인공적인 시설물. 즉 교량, 도로, 철도, 하천, 호수, 건축물 등
지모(地貌)	지표면 위의 자연적인 토지의 기복상태. 즉 산정, 구릉, 계곡, 평야 등

24 터널 내에서 차량 등에 의하여 파손되지 않도록 콘크리트 등을 이용하여 일반적으로 천장에 설치하는 중심말뚝을 무엇이라 하는가?

① 도갱　　　　　② 자이로(gyro)
③ 레벨(level)　　④ 다보(dowel)

정답 ◁ 21 ④　22 ②　23 ②　24 ④

◁해설▷

도벨(dowel) 설치

① 갱내에서의 중심말뚝은 차량 등에 의하여 파괴되지 않도록 견고하게 만들어야 한다.

② 보통 도벨이라 하는 기준점을 설치한다.

③ 도벨은 노반을 사방 30cm, 깊이 30~40cm 정도 파내어 그 안에 콘크리트를 넣어 목괴를 묻어서 만든다.

25 노선측량에서 원곡선 설치에 대한 설명으로 틀린 것은?

① 철도, 도로 등에는 차량의 운전에 편리하도록 단곡선보다는 복심곡선을 많이 설치하는 것이 좋다.

② 교통안전의 관점에서 반향곡선은 가능하면 사용하지 않는 것이 좋고 불가피한 경우에는 두 곡선 사이에 충분한 길이의 완화곡선을 설치한다.

③ 두 원의 중심이 같은 쪽에 있고 반지름이 각기 다른 두 개의 원곡선을 설치하는 경우에는 완화곡선을 넣어 곡선이 점차로 변하도록 해야 한다.

④ 고속주행 차량의 통과를 위하여 직선부와 원곡선 사이나 큰 원과 작은 원 사이에는 곡률반지름이 점차 변화하는 곡선부를 설치하는 것이 좋다.

◁해설▷

철도, 도로 등에는 차량의 운전에 편리하도록 단곡선을 많이 설치하는 것이 좋다.

26 노선측량에서 단곡선의 교각이 75°, 곡선반지름이 100m, 노선 시작점에서 교점까지의 추가거리가 250.73m일 때 시단현의 편각은?(단, 중심말뚝의 거리는 20m이다.)

① 4°00′39″
② 1°43′08″
③ 0°56′12″
④ 4°47′34″

◁해설▷

$$TL = R \tan\frac{I}{2} = 100 \times \tan\frac{75}{2} = 76.73\text{m}$$

$$BC = IP - TL$$
$$= 250.73 - 76.73 = 174\text{m}$$

$$l_1 = 180 - 174 = 6\text{m}$$

$$\delta_1 = 1,718.87' \times \frac{l_1}{R} = 1,718.87' \times \frac{6}{100} = 1°43'08''$$

27 2km를 왕복 직접수준측량하여 ±10mm 오차를 허용한다면 동일한 정확도로 측량하여 4km를 왕복 직접수준측량할 때 허용오차는?

① ±8mm
② ±14mm
③ ±20mm
④ ±24mm

◁해설▷

직접수준측량의 오차는 노선 왕복거리(S)의 제곱근($\sqrt{S}$)에 비례하므로

$$\sqrt{2 \times 2} : 10 = \sqrt{4 \times 2} : x$$

$$x = \frac{\sqrt{8}}{\sqrt{4}} \times 10 = 14.14 = \pm 14\text{mm}$$

28 축척 1 : 500 지형도를 이용하여 1 : 1,000 지형도를 만들고자 할 때 1 : 1,000 지형도 1장을 완성하려면 1 : 500 지형도 몇 매가 필요한가?

① 16매
② 8매
③ 4매
④ 2매

◁해설▷

$$\left(\frac{1}{500}\right)^2 : \left(\frac{1}{1,000}\right)^2 = \frac{\left(\frac{1}{500}\right)^2}{\left(\frac{1}{1,000}\right)^2} = \frac{1,000^2}{500^2} = 4\text{매}$$

29 지형도의 등고선 간격을 결정하는 데 고려하지 않아도 되는 사항은?

① 지형
② 축척
③ 측량목적
④ 측정거리

● 해설

등고선 간격 결정 시 고려사항
① 지형의 형태
② 지도축척
③ 측량목적
④ 지형도 사용 목적
⑤ 측량시간과 경비
⑥ 세부 지형지물의 표현 가능 정도

30 터널측량에 관한 설명으로 옳지 않은 것은?

① 터널 내에서의 곡선설치는 지상의 측량방법과 동일하게 한다.
② 터널 내의 측량기기에는 조명이 필요하다.
③ 터널 내의 측점은 천장에 설치하는 것이 좋다.
④ 터널측량은 터널 내 측량, 터널 외 측량, 터널 내외 측량으로 구분할 수 있다.

● 해설

곡선 설치는 일반적으로 지상에서 편각법, 중앙종거법 등을 사용하지만, 갱내의 곡선 설치는 경내가 협소하여 지거법, 접선편거, 현편거방법 등으로 이용한다.

31 클로소이드 곡선에서 매개변수 $A = 400$m, 곡선반지름 $R = 150$m일 때 곡선의 길이 L은?

① 560.2m
② 898.4m
③ 1,066.7m
④ 2,066.7m

● 해설

$$A^2 = RL$$
$$L = \frac{A^2}{R} = \frac{400^2}{150} = 1,066.7\text{m}$$

32 항공사진의 촬영고도 6,000m, 초점거리 150mm, 사진크기 18cm×18cm에 포함되는 실면적은?

① 48.7km^2
② 50.6km^2
③ 51.8km^2
④ 52.4km^2

● 해설

$$\frac{1}{m} = \frac{f}{H} = \frac{0.15}{6,000} = \frac{1}{40,000}$$
$$A = (ma)^2$$
$$= (40,000 \times 0.18)^2$$
$$= 51,840,000\text{m}^2 = 51.8\text{km}^2$$

33 항공사진에서 기복변위량을 구하는 데 필요한 요소가 아닌 것은?

① 지형의 비고
② 촬영고도
③ 사진의 크기
④ 연직점으로부터의 거리

● 해설

기복변위
대상물에 기복이 있는 경우 연직으로 촬영하여도 축척은 동일하지 않되, 사진면에서 연직점을 중심으로 방사상의 변위가 발생하는데 이를 기복변위라 한다.

• 변위량 $\Delta r = \dfrac{h}{H} r$

• 최대변위량

$$\Delta r_{\max} = \frac{h}{H} \cdot r_{\max}$$

단, $r_{\max} = \dfrac{\sqrt{2}}{2} \cdot a$

지표 기준면

34 두 개 이상의 표고 기지점에서 미지점의 표고를 측정하는 경우에 경중률과 관측거리의 관계를 설명한 것으로 옳은 것은?

① 관측값의 경중률은 관측거리의 제곱근에 비례한다.
② 관측값의 경중률은 관측거리의 제곱근에 반비례한다.
③ 관측값의 경중률은 관측거리에 비례한다.
④ 관측값의 경중률은 관측거리에 반비례한다.

● 해설

경중률(무게 : P)

1. 정의
   경중률이란 관측값의 신뢰 정도를 표시하는 값으로 관측방법, 관측 횟수, 관측거리 등에 따른 가중치를 말한다.
2. 특징
   ① 경중률은 관측횟수(n)에 비례한다.
   $$(P_1 : P_2 : P_3 = n_1 : n_2 : n_3)$$
   ② 경중률은 평균제곱오차(m)의 제곱에 반비례한다.
   $$\left(P_1 : P_2 : P_3 = \frac{1}{m_1^2} : \frac{1}{m_2^2} : \frac{1}{m_3^2}\right)$$
   ③ 경중률은 정밀도(R)의 제곱에 비례한다.
   $$(P_1 : P_2 : P_3 = R_1^2 : R_2^2 : R_3^2)$$
   ④ 직접수준측량에서 오차는 노선거리(S)의 제곱근($\sqrt{S}$)에 비례한다.
   $$(m_1 : m_2 : m_3 = \sqrt{S_1} : \sqrt{S_2} : \sqrt{S_3})$$
   ⑤ 직접수준측량에서 경중률은 노선거리(S)에 반비례한다.
   $$\left(P_1 : P_2 : P_3 = \frac{1}{S_1} : \frac{1}{S_2} : \frac{1}{S_3}\right)$$
   ⑥ 간접수준측량에서 오차는 노선거리(S)에 비례한다.
   $$(m_1 : m_2 : m_3 = S_1 : S_2 : S_3)$$
   ⑦ 간접수준측량에서 경중률은 노선거리(S)의 제곱에 반비례한다.
   $$\left(P_1 : P_2 : P_3 = \frac{1}{S_1^2} : \frac{1}{S_2^2} : \frac{1}{S_3^2}\right)$$

35 그림과 같이 지성선 방향이나 주요한 방향의 여러 개 관측선에 대하여 A로부터의 거리와 높이를 관측하여 등고선을 삽입하는 방법은?

① 직접법
② 횡단점법
③ 종단점법(기준점법)
④ 좌표점법(사각형 분할법)

● 해설

기지점의 표고를 이용한 계산법

기지점의 표고를 이용한 계산법	$D : H = d_1 : h_1 \quad \therefore d_1 = \frac{D}{H} \times h_1$ $D : H = d_2 : h_2 \quad \therefore d_2 = \frac{D}{H} \times h_2$ $D : H = d_3 : h_3 \quad \therefore d_3 = \frac{D}{H} \times h_3$
목측에 의한 방법	현장에서 목측에 의해 점의 위치를 대충 결정하여 그리는 방법으로 1/10,000 이하의 소축척의 지형측량에 이용되며 많은 경험이 필요하다.
방안법 (좌표 점고법)	각 교점의 표고를 측정하고 그 결과로부터 등고선을 그리는 방법으로 지형이 복잡한 곳에 이용한다.
종단점법	지형상 중요한 시성선 위의 여러 개의 측선에 대하여 거리와 표고를 측정하여 등고선을 그리는 방법으로 비교적 소축척의 산지 등의 측량에 이용한다.
횡단점법	노선측량의 평면도에 등고선을 삽입할 경우에 이용되며 횡단측량의 결과를 이용하여 등고선을 그리는 방법이다.

36 항공사진을 판독할 때 미리 알아두어야 할 조건이 아닌 것은?

① 카메라의 초점거리

② 촬영고도

③ 촬영 연월일 및 촬영시각

④ 도식기호

해설

항공사진의 보조자료

종류	특징
촬영고도	사진측량의 정확한 축척결정에 이용한다.
초점거리	축척결정이나 도화에 중요한 요소로 이용한다.
고도차	앞 고도와의 차를 기록한다.
수준기	촬영 시 카메라의 경사상태를 알아보기 위해 부착한다.
지표	여러 형태로 표시되어 있으며 필름 신축 보정 시 이용한다.
촬영시간	셔터를 누르는 순간 시각을 표시한다.
사진번호	촬영순서를 구분하는 데 이용한다.

37 사진면에 직교하는 광선과 연직선이 이루는 각을 2등분하는 광선이 사진면과 만나는 점은?

① 등각점

② 주점

③ 연직점

④ 수평점

해설

항공사진의 특수 3점

구분	특징
주점 (Principal Point)	주점은 사진의 중심점이라고도 한다. 주점은 렌즈중심으로부터 화면(사진면)에 내린 수선의 발을 말하며 렌즈의 광축과 화면이 교차하는 점이다.
연직점 (Nadir Point)	① 렌즈 중심으로부터 지표면에 내린 수선의 발을 말하고 N을 지상연직점(피사체연직점), 그 선을 연장하여 화면(사진면)과 만나는 점을 화면연직점(n)이라 한다. ② 주점에서 연직점까지의 거리(mn)$= f\tan i$
등각점 (Isocenter)	① 주점과 연직점이 이루는 각을 2등분한 점으로 사진면과 지표면에서 교차되는 점을 말한다. ② 주점에서 등각점까지의 거리(mn)$= f\tan\dfrac{i}{2}$

38 GNSS 오차 중 송신된 신호를 동기화하는 데 발생하는 시계오차와 전기적 잡음에 의한 오차는?

① 수신기 오차

② 위성의 시계 오차

③ 다중 전파경로에 의한 오차

④ 대기조건에 의한 오차

해설

구조적인 오차

1. 위성에서 발생하는 오차
   ① 위성시계오차
   ② 위성궤도오차
2. 대기권 전파지연
   ① 위성신호의 전리층 통과 시 전파 지연 오차
   ② 수신기에서 발생하는 오차
      • 수신기 자체의 전파적 잡음에 의한 오차
      • 안테나의 구심오차, 높이 오차 등
      • 전파의 다중경로(Multipath)에 의한 오차

종류	특징
위성시계오차	GPS 위성에 내장되어 있는 시계의 부정확성으로 인해 발생
위성궤도오차	위성궤도정보의 부정확성으로 인해 발생
대기권전파지연	위성신호의 전리층, 대류권 통과 시 전파지연오차(약 2m)
전파적 잡음	수신기 자체에서 발생하며 PRN 코드잡음과 수신기 잡음이 합쳐져서 발생

다중경로 (Multipath)	다중경로오차는 GPS 위성으로 직접수신된 전파 이외에 부가적으로 주위의 지형, 지물에 반사된 전파로 인해 발생하는 오차로서 측위에 영향을 미친다. ① 다중경로는 금속제건물·구조물과 같은 커다란 반사적 표면이 있을 때 일어난다. ② 다중경로의 결과로서 수신된 GPS 신호는 처리될 때 GPS 위치의 부정확성을 제공한다. ③ 다중경로가 일어나는 경우를 최소화하기 위하여 미션설정, 수신기, 안테나 설계 시에 고려한다면 다중경로의 영향을 최소화할 수 있다. ④ GPS 신호시간의 기간을 평균하는 것도 다중경로의 영향을 감소시킨다. ⑤ 가장 이상적인 방법은 다중경로의 원인이 되는 장애물에서 멀리 떨어져서 관측하는 방법이다.

39 지형도의 등고선에 대한 설명으로 옳지 않은 것은?

① 등고선의 표고수치는 평균해수면을 기준으로 한다.
② 한 장의 지형도에서 주곡선의 높이간격은 일정하다.
③ 등고선은 수준점 높이와 같은 정도의 정밀도가 있어야 한다.
④ 계곡선은 도면의 안팎에서 반드시 폐합한다.

해설

등고선의 성질
① 동일 등고선상에 있는 모든 점은 같은 높이이다.
② 등고선은 반드시 도면 안이나 밖에서 서로가 폐합한다.
③ 지도의 도면 내에서 폐합되면 가장 가운데 부분을 산꼭대기(산정) 또는 凹지(요지)가 된다.
④ 등고선은 도중에 없어지거나, 엇갈리거나 합쳐지거나 갈라지지 않는다.
⑤ 높이가 다른 두 등고선은 동굴이나 절벽의 지형이 아닌 곳에서는 교차하지 않는다.
⑥ 등고선은 경사가 급한 곳에서는 간격이 좁고 완만한 경사에서는 넓다.
⑦ 최대경사의 방향은 등고선과 직각으로 교차한다.
⑧ 분수선(능선)과 곡선(유하선)은 등고선과 직각으로 만난다.
⑨ 2쌍의 등고선의 볼록부가 상대할 때는 볼록부를 나타낸다.
⑩ 동등한 경사의 지표에서 양 등고선의 수평거리는 같다.
⑪ 같은 경사의 평면일 때는 나란한 직선이 된다.
⑫ 등고선이 능선을 직각방향으로 횡단한 다음 능선 다른 쪽을 따라 거슬러 올라간다.
⑬ 등고선의 수평거리는 산꼭대기 및 산밑에서는 크고 산중턱에서는 작다.

40 수준면(level surface)에 대한 설명으로 옳은 것은?

① 레벨의 시준면으로 고저각을 잴 때 기준이 되는 평면
② 지구상 어떤 점에서 지구의 중심 방향에 수직인 평면
③ 지구상 모든 점에서 중력의 방향에 직각인 곡면
④ 지구상 어떤 점에서 수평면에 접하는 평면

해설

수준측량 관련 용어

수직선 (vertical line)	지표 위 어느 점으로부터 지구의 중심에 이르는 선, 즉 타원체면에 수직한 선으로 삼각(트래버스)측량에 이용된다.
연직선 (plumb line)	천체 측량에 의한 측지좌표의 결정은 지오이드면에 수직한 연직선을 기준으로 하여 얻는다.
수평면 (Level surface)	• 모든 점에서 연직방향과 수직인 면으로 수평면은 곡면이며 회전타원체와 유사하다. • 정지하고 있는 해수면 또는 지오이드면은 수평면의 좋은 예이다.
수평선 (Level line)	수평면 안에 있는 하나의 선으로 곡선을 이룬다.
지평면 (Horizontal plane)	어느 점에서 수평면에 접하는 평면 또는 연직선에 직교하는 평면이다.
지평선 (Horizontal Line)	지평면 위에 있는 한 선을 말하며 지평선은 어느 한 점에서 수평선과 접하는 직선이며 연직선과 직교한다.
기준면 (datum)	표고의 기준이 되는 수평면을 기준면이라 하며 표고는 0으로 정한다. 기준면은 계산을 위한 가상면이며 평균해면을 기준면으로 한다.
평균해면 (mean sea level)	여러 해 동안 관측한 해수면의 평균값이다.
지오이드 (Geoid)	평균해수면으로 전 지구를 덮었다고 가정한 곡면이다.
수준원점 (OBM : Original Bench Mark)	수준측량의 기준이 되는 기준면으로부터 정확한 높이를 측정하여 기준이 되는 점이다.

Subject 03 토지정보체계론

41 SQL의 특징에 대한 설명으로 옳지 않은 것은?

① 상호 대화식 언어이다.
② 집합단위로 연산하는 언어이다.
③ ISO 8211에 근거한 정보처리체계와 코딩규칙을 갖는다.
④ 관계형 DBMS에서 자료를 만들고 조회할 수 있는 도구이다.

●해설

SQL(Structured Query Language)
데이터베이스로부터 정보를 얻거나 갱신하기 위한 표준대화식 프로그래밍 언어를 말하며 SQL이라는 이름은 "Structured Query Language"의 약자이며 "sequel(시퀄)"이라고 발음한다.

[SQL의 장점]
① 제품으로부터 독립적이다.
② 컴퓨터시스템 간의 이식성이 높아 SQL을 지원하는 DBMS는 퍼스널 컴퓨터부터 워크스테이션 및 대형컴퓨터에 이르기까지 모든 컴퓨터 시스템에서 운용이 가능하다.
③ 미국표준협회(ANSI : American National Standards Institute)와 국제표준화기구(ISO : International Organization for Standardization)에서 표준으로 인정받고 있다.
④ SQL의 문장 구조는 영어 같은 일반 언어와 구조가 유사하여 배우고 이해하기 용이하다.
⑤ SQL은 상호 대화형 언어이면서 저장된 자료를 조회할수 있는 기능도 있다.
⑥ 자료 조회 시 다중의 뷰(view) 제공기능을 갖기 때문에 데이터베이스의 내용물과 구조를 여러 사용자에게 서로 다른 뷰로서 보여 줄 수 있다.
⑦ 동적(dynamic)의 데이터 정의가 가능하여 SQL을 사용하면 사용자가 데이터베이스를 조회하고 있는 동안에도 데이터베이스의 구조를 변경하거나 확장할 수 있다.

42 지적도면 전산화 사업으로 생성된 지적도면 파일을 이용하여 지적업무를 수행할 경우의 장점으로 옳지 않은 것은?

① 지적측량성과의 효율적인 전산관리가 가능하다.
② 지적도면에서 신축에 따른 지적도의 변형이나 훼손 등의 오류를 제거할 수 있다.
③ 공간정보 분야의 다양한 주제도와 융합하여 새로운 콘텐츠를 생성할 수 있다.
④ 원시 지적도면의 정확도가 한층 높아져 지적측량성과의 정확도 향상을 기할 수 있다.

●해설

지적도면 전산화의 기대효과
① 지적도면 전산화가 구축되면 국민의 토지소유권(토지 경계)이 등록된 유일한 공부인 지적 도면을 효율적으로 관리할 수 있다.
② 정보화 사회에 부응하는 다양한 토지관련정보 인프라를 구축할 수 있어 국가 경쟁력이 강화되는 효과가 있다.
③ 전국 온라인망에 의하여 신속하고 효율적인 대민 서비스를 제공할 수 있다.
④ NGIS와 연계되어 토지와 관련된 모든 분야에서 활용할 수 있다.
⑤ 지적측량업무의 전산화와 공부 정리의 자동화가 가능하게 된다.
⑥ 지적도면에서 신축에 따른 지적도의 변형이나 훼손 등의 오류를 제거할 수 있다.
⑦ 공간정보 분야의 다양한 주제도와 융합하여 새로운 콘텐츠를 생성할 수 있다.

43 공간질의에 이용되는 연산방법 중 일반적인 분류에 포함되지 않는 것은?

① 공간연산   ② 논리연산
③ 산술연산   ④ 통계연산

●해설

공간질의에 이용되는 연산은 일반적으로 논리연산, 산술연산, 기하연산, 통계연산 등으로 범주화가 가능하다.

정답 ❹1 ③ ❹2 ④ ❹3 ①

구분	내용
논리연산 (Logic Operation)	① 논리적 연산은 개체 사이의 크기나 관계를 비교하는 연산으로서 일반적으로 논리연산자 또는 불리언연산자를 통해 처리 ② 논리연산자 : 개체 사이의 크기를 비교할 수 있는 연산자로 '=', '>', '<', '≥', '≤' 등이 있음 ③ 불리언연산자 : 개체 사이의 관계를 비교하여 참과 거짓의 결과를 도출하는 연산자로서 'AND', 'OR', 'NOR', 'NOT' 등이 있음
산술연산 (Arithmetic Operation)	① 산술연산은 속성자료뿐 아니라 위치자료에도 적용 가능 ② 산술연산자에는 일반적인 사칙연산자, 즉 '+', '−', '*', '/' 등과 지수승, 삼각함수 연산자 등이 있음
기하연산 (Geometric Operation)	위치자료에 기반하여 거리, 면적, 부피, 방향, 면형 객체의 중심점(Centroid) 등을 계산하는 연산
통계연산 (Statistical Operation)	① 주로 속성자료를 이용하여 수행되는 연산 ② 통계연산자 : 합(Sum), 최댓값(Maximum Value), 최솟값(Minimum Value), 평균(Average), 표준편차(Standard Deviation) 등의 일반적인 통계치를 산출

44 메타 데이터(meta data)에 대한 설명으로 옳은 것은?

① 수학적으로 데이터의 모형을 정의하는 데 필요한 구성요소다.

② 여러 변수 사이에 함수 관계를 설정하기 위하여 사용되는 매개 데이터를 말한다.

③ 데이터의 내용, 논리적 관계, 기초자료의 정확도, 경계 등 자료의 특성을 설명하는 정보의 이력서이다.

④ 토지정보시스템에 사용되는 GPS, 사진측량 등으로 얻은 위치자료를 데이터베이스화한 자료를 말한다.

▶ 해설

메타 데이터(meta data)

메타 데이터(meta data)란 데이터에 관한 데이터로서 데이터의 구축과 이용 확대에 따른 상호 이해와 호환의 폭을 넓히기 위하여 고안된 개념이다. 메타 데이터는 데이터에 관한 다양한 측면을 서술하는 매우 중요한 자료로서 이에 관하여 표준화가 활발히 진행되고 있다.
미국 연방지리정보위원회(FGDC : Federal Geographic Data Committee)에서는 디지털 지형공간 메타데이터에 관한 내

용표준(Content Standard for Digital Geospatial Metadata)을 정하고 있는데 여기에서는 메타데이터의 논리적 구조와 내용에 관한 표준을 정하고 있다.

메타 데이터의 특징

① 데이터에 대한 정보로서 데이터의 내용, 품질, 조건 및 기타 특성에 대한 정보를 포함하는 정보의 이력서, 즉 데이터의 이력서라 할 수 있다.

② 메타 데이터는 작성한 실무자가 바뀌더라도 변함없는 데이터의 기본 체계를 유지하게 함으로써 시간이 지나도 일관성(consistency) 있는 데이터를 사용자에게 제공한다.

③ 정보의 공유를 극대화하며 데이터의 원활한 교환을 지원하기 위한 프레임을 제공한다.

④ 데이터를 목록화(Indexing)하기 때문에 사용에 편리한 정보를 제공한다.

⑤ 정보공유의 극대화를 도모하며 데이터의 교환을 원활히 지원하기 위한 틀을 제공한다.

⑥ DB구축과정에 대한 정보를 관리하는 내부 메타 데이터와 구축한 DB를 외부에 공개하는 외부 메타데이터로 구분한다.

⑦ 최근에는 데이터에 대한 목록을 체계적이고 표준화된 방식으로 제공함으로써 데이터의 공유화를 촉진한다.

⑧ 대용량의 공간 데이터를 구축하는 데 비용과 시간을 절감할 수 있다.

⑨ 데이터의 특성과 내용을 설명하는 일종의 데이터로서 데이터의 양이 방대하다.

⑩ 데이터의 직접적인 접근이 용이하지 않을 경우 데이터를 참조하기 위한 보조 데이터로서 많이 사용된다.

45 속성데이터에 해당하지 않는 것은?

① 지적도　　　　　　② 토지대장

③ 공유지연명부　　　④ 대지권등록부

▶ 해설

토지정보의 분류

위치 정보	절대위치정보 (absolute positional information)	실제공간에서의 위치(예 경도, 위도, 좌표, 표고)정보를 말하며 지상, 지하, 해양, 공중 등의 지구공간 또는 우주공간에서의 위치기준이 된다.
	상대위치정보 (relative positional information)	모형공간(model space)에서의 위치(임의의 기준으로부터 결정되는 위치 예 설계도)정보를 말하는 것으로서 상대적 위치 또는 위상관계를 부여하는 기준이 된다.

특성 정보	도형정보 (graphic information)	도형정보는 지도에 표현되는 수치적 설명으로 지도의 특정한 지도요소를 의미한다. GIS에서는 이러한 도형정보를 컴퓨터의 모니터나 종이 등에 나타내는 도면으로 표현하기 위해 사용한다. 도형정보는 점, 선, 면 등의 형태나 영상소, 격자셀 등의 격자형 그리고 기호 또는 주석과 같은 형태로 입력되고 표현된다.
	영상정보 (image information)	센서(scanner, Lidar, laser, 항공사진기 등)에 의해 취득된 사진 등으로 인공위성에서 직접 얻은 수치영상이나 항공기를 통하여 얻은 항공사진상의 정보를 수치화하여 컴퓨터에 입력한 정보를 말한다.
	속성정보 (attribute information)	지도상의 특성이나 질, 지형·지물의 관계 등을 나타내는 정보로서 문자와 숫자가 조합된 구조로 행렬의 형태로 저장된다.

46 속성자료의 관리에 대한 설명으로 옳지 않은 것은?

① 속성테이블은 대표적으로 파일시스템과 데이터베이스 관리시스템으로 관리한다.

② 토지대장, 임야대장, 경계점좌표등록부 등과 같이 문자와 수치로 된 자료는 키보드를 사용하기 쉽고 편리하게 입력할 수 있다.

③ 데이터베이스 관리시스템으로 관리하는 것은 시스템이 비교적 간단하고 데이터베이스가 소규모일 때 사용하는 방법이다.

④ 속성자료를 입력할 때 입력자의 착오로 인한 오류가 발생할 수 있으므로 입력한 자료를 출력하여 재검토한 후 오류가 발견되면 수정하여야 한다.

● 해설

파일처리방식과 DBMS 비교

구분	파일처리방식	DBMS
개념	파일(File)은 기본적으로 유사한 성질이나 관계를 가진 자료의 집합으로 데이터 파일은 Record, Field , Key의 세 가지로 구성된다. 파일처리방식에 의한 데이터베이스와 응용프로그램 간의 연결은 응용프로그램에서 자료에 관한 사항을 직접 관리 하기 때문에 자료의 저장 및 관리가 중복적이고 비효율적이며 처리속도가 늦다는 단점이 있다.	DBMS는 자료의 저장, 조작, 검색, 변화를 처리하는 특별한 소프트웨어를 사용하는 컴퓨터 프로그램의 일종으로 정보의 저장과 관리와 같은 정보관리를 목적으로 한다. 프로그램으로 파일처리방식의 단점을 보완하기 위해 도입되었으며 자료의 중복을 최소화하여 검색시간을 단축시키며 작업의 효율성을 향상시키게 된다.
장점	시스템을 별도로 구입하지 않아도 된다.	• 시스템개발 비용 감소 • 보안 향상 • 표준화 • 중복의 최소화 • 데이터의 독립성 향상 • 데이터의 무결성 유지 • 데이터의 일관성 유지
단점	• 무결성 유지 어려움 • 중복데이터와 독립성 문제(데이터의 독립성을 지원하지 못한다) • 데이터 접근이 어려움 • 동시성 제어 불가(다수의 사용자 환경을 지원하지 못한다) • 보안 문제(사용자 접근을 제어하는 보안체제가 미흡하다) • 회복 불가	• 위험부담을 최소화하기 위해 효율적인 백업과 회복기능을 갖추어야 한다. • 중앙 집약적인 위험 부담 • 시스템 구성의 복잡성 • 운영비의 증대

47 지적도 재작성 사업을 시행하여 지적도 독취자료를 이용하는 도면전산화의 추진연도는?

① 1975년 ② 1978년

③ 1984년 ④ 1990년

● 해설

도면전산화

① 도면전산화 추진연도 : 1978년 10월~2000년

② 도면전산화 추진실적 : 지적·임야도면 수치파일 구축, 14,768도엽 완료

정답 46 ③ 47 ②

48 경위도 좌표계에 대한 설명으로 옳지 않은 것은?

① 지구타원체의 회전에 기반을 둔 3차원 구형좌표계이다.

② 횡측 메르카토르 투영을 이용한 2차원 평면좌표계이다.

③ 위도는 한 점에서 기준타원체의 수직선과 적도평면이 이루는 각으로 정의된다.

④ 본초자오선 면이 이루는 각으로 정의된다.

● 해설

지리좌표(geographic coordinates)

지표 위에 있는 어떤 점을 기준타원체면으로 투영하고 역으로 기준타원체면 위의 점을 이에 대응되는 지표상의 위치로 역투영하여 할 경우가 많이 있다. 이와 같이 기준타원체면으로 투영된 어느 점의 위치를 경도, 위도, 높이(평균해면으로부터)로 표시하는 방법을 지리좌표(地理座標 : geographic coordinates) 또는 측지좌표(測地座標 : geodetic coordinates)라 한다. 이 방법은 헬머트에 의해 고안되었으며 현재까지 가장 보편적으로 사용되는 좌표계이다.

그림에서 점 P'는 지표상의 한 점 P가 기준타원체면으로 투영된 점이고 선분 $PP'N$은 점 P를 통하여 기준타원체면에 수직인 선으로 N에서 Z축과 만난다. 연직거리 $PP'(h)$는 타원체고(ellipsoidal height)를 나타낸다.

① 타원체의 중심을 통과하여 회전축(Z축)에 직각인 평면을 적도면이라 할 때 타원체의 수직인 선 $PP'N$과 적도면과의 낀 각을 점 P의 측지위도(geodetic latitude) 또는 타원체위도(ellipsoidal latitude)라 하고 ϕ로 표기한다.

② 그리니치 천문대를 통과하는 기준자오면(Greenwich meridian plane)으로부터 점 P를 통과하는 자오면까지의 낀 각을 적도면에서 시계방향으로 잰 각을 점 P의 측지경도 또는 타원체경도(Geodetic longitute or ellipsoidal longitude)라 하며 λ로 표시한다.

③ 따라서 점 P의 타원체 좌표는 (λ, ϕ)로 표시하며 P의 위치는 (λ, ϕ, h)로 표시한다.

④ 위도 ϕ는 적도를 0°로 하여 남극, 북극까지 각각 ±90° 까지 표시하며 경도 λ는 기준자오면을 0°로 하여 동·서 각각 ±180°로 구분된다.

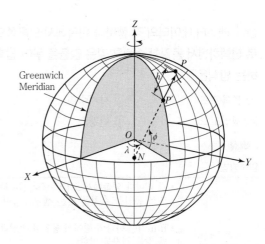

49 지적전산자료의 이용 또는 활용 시 사용료를 면제할 수 있는 자는?

① 학생

② 공기업

③ 민간기업

④ 지방자치단체

● 해설

공간정보의 구축 및 관리등에 관한 법률 시행령 제62조(지적전산자료의 이용 등)

① 법 제76조 제1항에 따라 지적공부에 관한 전산자료(이하 "지적전산자료"라 한다)를 이용하거나 활용하려는 자는 같은 조 제2항에 따라 다음 각 호의 사항을 적은 신청서를 관계 중앙행정기관의 장에게 제출하여 심사를 신청하여야 한다.

1. 자료의 이용 또는 활용 목적 및 근거

2. 자료의 범위 및 내용

3. 자료의 제공 방식, 보관 기관 및 안전관리대책 등

⑤ 국토교통부장관, 시·도지사 또는 지적소관청은 제4항에 따른 심사를 거쳐 지적전산자료의 이용 또는 활용을 승인하였을 때에는 지적전산자료 이용·활용 승인대장에 그 내용을 기록·관리하고 승인한 자료를 제공하여야 한다. 〈개정 2013. 3. 23.〉

⑥ 제5항에 따라 지적전산자료의 이용 또는 활용에 관한 승인을 받은 자는 국토교통부령으로 정하는 사용료를 내야 한다. 다만, 국가나 지방자치단체에 대해서는 사용료를 면제한다.

50 래스터 데이터의 각 행마다 왼쪽에서 오른쪽으로 진행하면서 동일한 수치를 갖은 값들을 묶어 압축하는 방식은?

① 블록코드　　　② 사지수형
③ 체인코드　　　④ 런렝스코드

●해설

압축방법

Run-length 코드 기법	• 각 행마다 왼쪽에서 오른쪽으로 진행하면서 동일한 수치를 갖는 셀들을 묶어 압축하는 방법이다. • Run이란 하나의 행에서 동일한 속성값을 갖는 격자를 말한다. • 동일한 속성값을 개별적으로 저장하는 대신 하나의 Run에 해당되는 속성값이 한 번만 저장되고 Run의 길이와 위치가 저장되는 방식이다.
사지수형 (Quadtree) 기법	• 사지수형(Quadtree) 기법은 Run-length 코드기법과 함께 많이 쓰이는 자료압축기법이다. • 크기가 다른 정사각형을 이용하여 Run-length 코드보다 더 많은 자료의 압축이 가능하다. • 전체 대상지역에 대하여 하나 이상의 속성이 존재할 경우 전체 지도는 4개의 동일한 면적으로 나누어지는데 이를 Quadrant라 한다.
블록코드 (Block Code) 기법	• Run-length 코드기법에 기반을 둔 것으로 정사각형으로 전체 객체의 형상을 나누어 데이터를 구축하는 방법이다. • 자료구조는 원점으로부터의 좌표 및 정사각형의 한 변의 길이로 구성되는 세 개의 숫자만으로 표시가 가능하다.
체인코드 (Chain Code) 기법	• 대상지역에 해당하는 격자들의 연속적인 연결상태를 파악하여 동일한 지역의 정보를 제공하는 방법이다. • 자료의 시작점에서 동서남북으로 방향을 이동하는 단위거리를 통해서 표현한다. • 각 방향은 동쪽은 0, 북쪽은 1, 서쪽은 2, 남쪽은 3 등 숫자로 방향을 정의한다. • 픽셀의 수는 상첨자로 표시한다. • 압축효율은 높으나 객체 간의 경계부분이 이중으로 입력되어야 하는 단점이 있다.

51 디지타이징과 비교하여 스캐닝 작업이 갖는 특징에 대한 설명으로 옳은 것은?

① 스캐너는 장치운영 방법이 복잡하여 위상에 관한 정보가 제공된다.
② 스캐너로 읽은 자료는 디지털카메라로 촬영하여 얻은 자료와 유사하나.
③ 스캐너로 입력한 자료는 벡터자료로서 벡터라이징 작업이 필요하지 않다.
④ 디지타이징은 스캐닝 방법에 비해 자동으로 작업할 수 있으므로 작업속도가 빠르다.

●해설

자료입력방식

구분	Digitizer(수동방식)	Scanner(자동방식)
정의	전기적으로 민감한 테이블을 사용하여 종이로 제작된 지도자료를 컴퓨터에 의하여 사용할 수 있는 수치자료로 변환하는 데 사용되는 장비이다. 도형자료(도표, 그림, 설계도면)를 수치화하거나 수치화하고 난 후 즉시 자료를 검토할 때와 이미 수치화된 자료를 도형적으로 기록하는 데 쓰인다.	위성이나 항공기에서 자료를 직접 기록하거나 지도 및 영상을 수치로 변환하는 장치로서 사진 등과 같이 종이에 나타나 있는 정보를 그래픽 형태로 읽어 들여 컴퓨터에 전달하는 입력 장치를 말한다.
특징	• 도면이 훼손·마멸 등으로 스캐닝 작업으로 경계의 식별이 곤란할 경우와 도면의 상태가 양호하더라도 도곽 내에 필지수가 적어 스캐닝 작업이 비효율적인 도면은 디지타이징 방법으로 작업을 할 수 있다. • 디지타이징 작업을 할 경우에는 데이터 취득이 완료될 때까지 도면을 움직이거나 제거하여서는 안 된다.	• 밀착스캔이 가능한 최선의 스캐너를 선정하여야 한다. • 스캐닝 방법에 의하여 작업할 도면은 보존상태가 양호한 도면을 대상으로 하여야 한다. • 스캐닝 작업을 할 경우에는 스캐너를 충분히 예열하여야 한다. • 벡터라이징 작업을 할 경우에는 경계점 간 연결되는 선은 굵기가 0.1mm가 되도록 환경을 설정하여야 한다. • 벡터라이징은 반드시 수동으로 하여야 하며 경계점을 명확히 구분할 수 있도록 확대한 후 작업을 실시하여야 한다.

52 다음 ( ) 안에 들어갈 용어로 옳은 것은?

> ( )이란 국토교통부장관이 지적공부 및 부동산종합공부 정보를 전국 단위로 통합하여 관리·운영하는 시스템을 말한다.

① 국토정보시스템 　② 지적행정시스템

③ 한국토지정보시스템 　④ 부동산종합공부시스템

해설

부동산종합공부시스템 운영 및 관리규정 제2조(정의)

이 규정에서 사용하는 용어의 정의는 다음과 같다.

1. "정보관리체계"란 지적공부 및 부동산종합공부의 관리업무를 전자적으로 처리할 수 있도록 설치된 정보시스템으로서, 국토교통부가 운영하는 "국토정보시스템"과 지방자치단체가 운영하는 "부동산종합공부시스템"으로 구성된다.
2. "국토정보시스템"이란 국토교통부장관이 지적공부 및 부동산종합공부 정보를 전국 단위로 통합하여 관리·운영하는 시스템을 말한다.
3. "부동산종합공부시스템"이란 지방자치단체가 지적공부 및 부동산종합공부 정보를 전자적으로 관리·운영하는 시스템을 말한다.
4. "운영기관"이란 부동산종합공부시스템이 설치되어 이를 운영하고 유지관리의 책임을 지는 지방자치단체를 말하며, 영문표기는 "Korea Real estate Administration intelligence System"로 "KRAS"로 약칭한다.
5. "사용자"란 부동산종합공부시스템을 이용하여 업무를 처리하는 업무담당자로서 부동산종합공부시스템에 사용자로 등록된 자를 말한다.
6. "운영지침서"란 국토교통부장관이 부동산종합공부시스템을 통한 업무처리의 절차 및 방법에 대하여 체계적으로 정한 지침으로서 '운영자 전산처리지침서'와 '사용자 업무처리지침서'를 말한다.

53 토지정보시스템(Land Information System) 운용에서 역점을 두어야 할 측면은?

① 민주성과 기술성 　② 사회성과 기술성

③ 자율성과 경제성 　④ 정확성과 신속성

해설

토지정보체계의 필요성과 구축 효과

필요성	구축 효과
• 토지정책자료의 다목적 활용 • 수작업 오류 방지 • 토지관련 과세자료로 이용 • 공공기관 간의 토지정보 공유 • 지적민원의 신속 정확한 처리 • 도면과 대장의 통합 관리 • 지방행정전산화의 획기적 계기 • 지적공부의 노후화	• 지적통계와 정책의 정확성과 신속성 • 지적서고 팽창 방지 • 지적업무의 이중성 배제 • 체계적이고 과학적인 지적 실현 • 지적업무처리의 능률성과 정확도 향상 • 민원인의 편의 증진 • 시스템 간의 인터페이스 확보 • 지적도면관리의 전산화 기초 확립

54 제6차 국가공간정보정책 기본계획의 계획기간으로 옳은 것은?

① 2010년~2015년 　② 2013년~2017년

③ 2014년~2019년 　④ 2018년~2022년

해설

구축과정	추진연도	주요사업
제1차 NGIS	1995 ~2000	기반조성단계(국토정보화기반 마련) 국가기본도 및 지적도 등 지리정보 구축, 표준제정, 기술개발 등 추진
제2차 NGIS	2001 ~2005	GIS 활용확산단계(국가공간정보 기반확충을 위한 디지털 국토실현) 공간정보구축 확대 및 토지·지하·환경·농림 등 부문별 GIS 시스템 구축
제3차 NGIS	2006 ~2009	GIS 정착단계(유비쿼터스 국토 실현을 위한 기반조성) 기관별로 구축된 데이터와 GIS 시스템을 연계하여 효과적 활용 도모
제4차 국가공간정보정책	2010 ~2012	공간정보시스템 간 연계통합 강화 및 융복합정책 추진기반 마련
제5차 국가공간정보정책 기본계획	2013 ~2017	스마트폰 등 ICT 융합기술의 급속한 발전, 창조경제와 정부 3.0으로의 국정운영 패러다임 전환 등 변화된 정책환경에 적극 대응 필요

제6차 국가공간정보정책 기본계획(안)	2018 ~2022	제4차 산업혁명에 대비하고, 신산업 발전을 지원하기 위한 공간정보정책 방향을 제시하는 기본계획 수립 착수('17. 2)

55 래스터 데이터의 설명으로 옳지 않은 것은?

① 데이터 구조가 간단하다.

② 격자로 표현하기 때문에 데이터 표출에 한계가 있다.

③ 데이터가 위상구조로 되어 있어 공간적인 상관성 분석에 유리하다.

④ 공간해상도를 높일 수 있으나 데이터의 양이 방대해지는 단점이 있다.

◁해설▷

벡터 자료와 래스터 자료 비교

	벡터 자료	래스터 자료
정의	벡터 자료구조는 기호, 도형, 문자 등으로 인식할 수 있는 형태를 말하며 객체들의 지리적 위치를 크기와 방향으로 나타낸다.	래스터 자료구조는 매우 간단하며 일정한 격자간격의 셀이 데이터의 위치와 그 값을 표현하므로 격자 데이터라고도 하며 도면을 스캐닝하여 취득한 자료와 위상영상자료들에 의하여 구성된다. 래스터 구조는 구현의 용이성과 단순한 파일구조에도 불구하고 정밀도가 셀의 크기에 따라 좌우되며 해상력을 높이면 자료의 크기가 방대해진다. 각 셀의 크기에 따라 데이터의 해상도와 저장크기가 달라지게 되는데, 셀 크기가 작을수록 보다 정밀한 공간현상을 표현할 수 있다.
장점	• 보다 압축된 자료구조를 제공하므로 데이터 용량의 축소가 용이하다. • 복잡한 현실세계의 묘사가 가능하다. • 위상에 관한 정보가 제공되므로 관망분석과 같은 다양한 공간분석이 가능하다.	• 자료구조가 간단하다. • 여러 레이어의 중첩이나 분석이 용이하다. • 자료의 조작과정이 매우 효과적이고 수치영상의 질을 향상시키는 데 매우 효과적이다. • 수치이미지 조작이 효율적이다.

	• 그래픽의 정확도가 높다. • 그래픽과 관련된 속성정보의 추출 및 일반화, 갱신 등이 용이하다.	• 다양한 공간적 편의가 격자의 크기와 형태가 동일하므로 시뮬레이션이 용이하다.
단점	• 자료구조가 복잡하다. • 여러 레이어의 중첩이나 분석에 기술적으로 어려움이 수반된다. • 각각의 그래픽 구성요소는 각기 다른 위상구조를 가지므로 분석에 어려움이 크다. • 그래픽의 정확도가 높아 도식과 출력에 비싼 장비가 요구된다. • 일반적으로 값비싼 하드웨어와 소프트웨어가 요구되므로 초기비용이 많이 든다.	• 압축되어 사용되는 경우가 드물며 지형관계를 나타내기가 훨씬 어렵다. • 주로 격자형의 네모난 형태로 가지고 있기 때문에 수작업으로 그린 완화된 선에 비해서 미관상 매끄럽지 못하다. • 위상정보의 제공이 불가능하므로 관망해석과 같은 분석기능이 이루어질 수 없다. • 좌표변환을 위한 시간이 많이 소요된다.

56 시·군·구 단위의 지적전산자료를 활용하려는 자가 지적전산자료를 신청하여야 하는 곳은?(단, 자치구가 아닌 구를 포함한다.)

① 도지사

② 지적소관청

③ 국토교통부장관

④ 행정안전부장관

◁해설▷

공간정보의 구축 및 관리 등에 관한 법률 제76조(지적전산자료의 이용 등)

① 지적공부에 관한 전산자료(연속지적도를 포함하며, 이하 "지적전산자료"라 한다)를 이용하거나 활용하려는 자는 다음 각 호의 구분에 따라 국토교통부장관, 시·도지사 또는 지적소관청에 지적전산자료를 신청하여야 한다.

　1. 전국 단위의 지적전산자료 : 국토교통부장관, 시·도지사 또는 지적소관청

　2. 시·도 단위의 지적전산자료 : 시·도지사 또는 지적소관청

　3. 시·군·구(자치구가 아닌 구를 포함한다) 단위의 지적전산자료 : 지적소관청

② 제1항에 따라 지적전산자료를 신청하려는 자는 대통령령으로 정하는 바에 따라 지적전산자료의 이용 또는 활용 목적 등에 관하여 미리 관계 중앙행정기관의 심사를 받아야 한다. 다만, 중앙행정기관의 장, 그 소속 기관의 장 또는 지방자치단체의 장이 신청하는 경우에는 그러하지 아니하다.

57 데이터베이스의 장점으로 옳지 않은 것은?

① 자료의 독립성 유지

② 여러 사용자의 동시 사용 가능

③ 초기 구축비용과 유지비가 저렴

④ 표준화되고 구조적인 자료 저장 가능

해설

DBMS의 장단점

장점	시스템개발 비용 감소	데이터베이스 구축 시 초기비용이 많이 들 수 있지만 데이터 검색 및 변경 시 프로그램 개발비용을 절감할 수 있다.
	보안향상	데이터베이스의 중앙집중관리 및 접근제어를 통해 보안이 향상된다.
	표준화	데이터 제어기능을 통해 데이터의 형식, 내용, 처리방식, 문서화 양식 등에 표준화를 범기관적으로 쉽게 시행할 수 있다.
	중복의 최소화	개별 파일로 관리되던 시스템에서 데이터를 하나의 데이터베이스에 통합하여 관리하므로 중복이 감소된다
	데이터의 독립성 향상	데이터를 응용프로그램에서 분리하여 관리하므로 응용프로그램을 수정할 필요성이 감소된다.
	데이터의 무결성 유지	제어관리를 통해 다수의 사용자들이 접근 시 무결성이 유지된다.
	데이터의 일관성 유지	파일관리시스템에서는 중복데이터가 각각 다른 파일에 관리되어 변경 시 데이터의 일관성을 보장하기 어려웠으나, DBMS는 중앙집중식 통제를 통해 데이터의 일관성을 유지할 수 있다.
단점	백업과 회복 기능	위험부담을 최소화하기 위해 효율적인 백업과 회복기능을 갖추어야 한다.
	중앙집약적인 위험 부담	자료의 저장 및 관리가 중앙집약적으로 이루어지므로 자료의 손실이나 시스템의 작동 불능이 될 수 있는 중앙집약적인 위험부담이 크다.
	시스템 구성의 복잡성	파일처리 방식에 비하여 시스템의 구성이 복잡하므로 이로 인한 자료의 손실 가능성이 높다.
	운영비의 증대	컴퓨터 하드웨어와 소프트웨어의 비용이 상대적으로 많이 소요된다.

58 다음 중 필지중심 토지정보시스템(PBLIS)의 구성 체계에 해당되지 않는 것은?

① 지적측량시스템

② 지적공부관리시스템

③ 토지거래관리시스템

④ 지적측량성과작성시스템

해설

필지중심 토지정보시스템(PBLIS) 구성

구분	주요기능
지적공부 관리시스템	• 사용자권한관리 • 지적측량검사업무 • 토지이동관리 • 지적일반업무관리 • 창구민원업무 • 토지기록자료조회 및 출력 등
지적측량 시스템	• 지적삼각측량 • 지적삼각보조측량 • 도근측량 • 세부측량 등
지적측량 성과작성 시스템	• 토지이동지 조서작성 • 측량준비도 • 측량결과도 • 측량성과도 등

59 1970년대에 우리나라 정부가 지정한 지적전산화 업무의 최초 시행지역은?

① 서울

② 대전

③ 대구

④ 부산

해설

대전광역시 2개구에서 지적전산화업무의 시범사업으로 대장전산화업무를 시행하였으며, 입력사항은 토지표시사항, 소유권표시사항, 기타사항 등이 있다.

60 래스터 데이터에 해당하는 파일은?

① TIF 파일

② SHP 파일

③ DGN 파일

④ DWG 파일

정답 57 ③ 58 ③ 59 ② 60 ①

해설

래스터 자료 파일 형식

TIFF(Tagged Image File Format)	• 태그(꼬리표)가 붙은 화상 파일 형식이라는 뜻이다. • 미국의 앨더스사(현재의 어도비 시스템사에 흡수 합병)와 마이크로소프트사가 공동 개발한 래스터 화상 파일 형식이다. • TIFF는 흑백 또는 중간 계조의 정지 화상을 주사(走査, Scane)하여 저장하거나 교환하는 데 널리 사용되는 표준 파일 형식이다. • 화상 데이터의 속성을 태그 정보로서 규정한다.
GeoTiff	• 파일헤더에 거리참조를 가지고 있는 TIFF파일의 확장포맷이다. • TIFF의 래스터지리데이터를 플랫폼 공동이용 표준과 공동이용을 제공하기 위해 데이터사용자, 상업용 데이터 공급자, GIS 소프트웨어 개발자가 합의하여 개발되고 유지된다.
BIIF	BIIF는 FGDC(Federal Geographic Data Committee)에서 발행한 국제표준영상처리와 영상데이터 표준이다. 이 포맷은 미국의 국무부에 의하여 개발되고 NATO에 의해 재택된 NITFS(National Imagery Transmission Format Standard)를 기초로 제작되었다.
JPEG(Joint Photographic Experts Group)	JPEG는 컬러 이미지를 위한 국제적인 압축표준으로 국제전신전화자문(CCITT : Consultative Committee International Telegraph and Telephone)과 ISO에서 인정하고 있다.
GIF(Graphics Interchange Format)	• 미국의 컴퓨서브(Compuserve)사가 1987년에 개발한 화상 파일 형식이다. • GIF는 인터넷에서 래스터 화상을 전송하는 데 널리 사용되는 파일 형식이다. • 최대 256가지 색이 사용될 수 있는데 실제로 사용되는 색의 수에 따라 파일의 크기가 결정된다.
PCX	• PCX는 ZSoft가 자사의 초기 DOS 기반의 그래픽 프로그램 PC 페인터 브러시 용으로 개발한 그래픽 포맷이다. • 윈도 이전까지 사실상 비트맵 그래픽의 표준이었다. • PCX는 그래픽 압축 시 런-렝스 코드(Run-Length Code)를 쓰기 때문에 디스크 공간 활용이 윈도 표준 BMP보다 효율적이다.
BMP(Microsoft Windows Device Independent Bitmap)	• 윈도우 또는 OS/2 환경에서 사용되는 비트맵 데이터를 표현하기 위하여 마이크로소프트에서 정의하고 있는 비트맵 그래픽 파일이다. • 그래픽 파일 저장 형식 중에 가장 단순한 구조를 가지고 있다. • 압축 알고리즘이 원시적이어서 같은 이미지를 저장할 때 다른 형식으로 저장하는 경우에 비해 파일 크기가 매우 크다.
PNG(Portable Network Graphic)	독립적인 GIF 포맷을 대치할 목적의 특허가 없는 자유로운 래스터 포맷이다.

Subject 04 지적학

61 공훈의 차등에 따라 공신들에게 일정한 면적의 토지를 나누어 준 것으로, 고려시대 토지제도 정비의 효시가 된 것은?

① 정전　　　　　　② 공신전
③ 관료전　　　　　④ 역분전

해설

고려시대의 토지제도

역분전 (役分田)		고려 개국에 공을 세운 조신(朝臣), 군사(軍士)에게 관계(官階, 직급)를 논하지 않고 공신에게 선악과 공로의 대소에 따라 토지를 지급하였다.
전시과	시정전시과 (始定田柴科)	관계와 인품을 고려하여 개별적 관료들에 대한 수조지급여(收租地給與)는 감소시키고 각종 관료성원들에 대하여 수조지분권(收租地分權)을 확보하기위한 제도
	개정전시과 (改定田柴科)	전시급여자의 관등을 18과로 나누어 전시수급액을 규정하여 지급하고 인품이라는 기준은 지양하고 관직에 따라 토지를 분급하였다.
	경정전시과 (更定田柴科)	18등급에 따라 현직문무양반관료(現職文武兩班官僚)들에 대한 수조지 분급량을 줄이고 개별적 문무산관(文武散官)들에 대한 수조지(收租地)를 격감시켰다. 다른 편으로는 마군(馬軍), 보군(步軍) 등 군인의 수조지를 증가 시켰다.

녹과전 (祿科田)	전민변정사업과 전시과체제에서 수급자의 편리와 토지겸병의 토지를 보호하려는 것과 문무 관리의 봉록에 충당하는 토지제도이다.
과전법 (科田法)	대규모의 토지를 권문세족들이 소유하고 있으면서 세금을 내지 않아 국고가 부족하여 만든 과전법은 사전과 공전으로 구분하여 사전은 경기도에 한하여 현직, 전직관리의 고하에 따라 토지를 지급하였다.

62 우리나라의 현행 지적제도에서 채택하고 있는 지목설정 기준은?

① 용도지목
② 자연지목
③ 지형지목
④ 토성지목

해설

토지현황

지형지목	지표면의 형태, 토지의 고저, 수륙의 분포상태 등 땅이 생긴 모양에 따라 지목을 결정하는 것을 지형지목이라 한다. 지형은 주로 그 형성과정에 따라 하식지(河蝕地), 빙하기, 해안지, 분지, 습곡지, 화산지 등으로 구분한다.
토성지목	토지의 성질(토성, 토질)인 지층이나 암석 또는 토양의 종류 등에 따라 결정한 지목을 토성지목이라고 한다. 토성은 암석지, 조사지(租沙地), 점토(粘土地), 사토지(砂土地), 양토(壤土地), 식토지(植土地) 등으로 구분한다.
용도지목	토지의 용도에 따라 결정하는 지목을 용도지목이라고 한다. 우리나라에서 채택하고 있으며 지형 및 토양 등과 관계없이 토지의 현실적 용도를 주로 하기 때문에 일상생활과 가장 밀접한 관계를 맺게 된다.

63 오늘날 지적측량의 방법과 절차에 대하여 엄격한 법률적인 규제를 가하는 이유로 가장 옳은 것은?

① 측량기술의 발전
② 기술적 변화 대처
③ 법률적인 효력 유지
④ 토지등록정보 복원유지

해설

지적측량의 법률적 효력

지적측량의 행정주체인 국가가 법 아래서 구체적 사실에 관하여 법의 집행으로서 행하는 공법행위 중 권력적, 단독적 행위인 행정행위로서 지적측량은 행정행위가 성립되면 구속력, 공정력, 확정력, 강제력이 발생한다.

구속력	행정행위가 법정요건을 갖추어 행하여진 경우에는 그 내용에 따라 소관청, 소유자 및 이해관계인을 기속하는 효력으로 • 모든 지적측량은 완료와 동시에 구속력이 발생 • 지적측량결과가 유효하게 존재하는 한 그 내용에 대해 존중하고 복종하여야 함 • 정당한 절차 없이 그 존재를 부정하거나 그 효력을 기피할 수 없음
공정력	권한 있는 기관에 의하여 쟁송 또는 직권에 의하여 그 내용이 취소되기까지는 적법성을 추정받고 그 누구도 부인하지 못하는 효력으로 • 공정력은 당사자, 소관청, 국가기관, 제3자에 대해서도 발생 • 지적측량에 하자가 있더라도 인정 • 예외의 경우로서 지적측량의 효력이 절대 무효인 경우가 있음
확정력	일단 유효하게 성립된 지적측량은 상대방과 이해관계인이 그 효력을 다툴 수 없고, 소관청 자신도 특별한 사유가 없는 한 그 성과를 변경할 수 없어 효력으로 불가쟁력(형식적 확정력)과 불가변력(관습적 확정력)이 발생
강제력	행정청 자체의 자격으로 집행할 수 있는 강력한 효력으로 • 사법권의 힘을 빌릴 것 없이 행정행위를 실현할 수 있는 자력집행력 • 경계복원측량 이외는 소원법의 적용이 배제되고 지적위원회가 적부심사를 맡아 처리함

지적측량의 특성

기속측량 (羈束測量)	지적측량은 토지표시사항 중 경계와 면적을 평면적으로 측정하는 측량으로 측량방법은 법률로서 정하고 법률로 정해진 규정 속에서 국가가 시행하는 행정행위에 속한다.
준사법측량	국가가 토지에 대한 물권이 미치는 범위와 면적 등을 지적측량에 의하여 결정하고 지적공부에 등록, 공시하면 법률적으로 확정된 것과 같은 효력을 지닌다.
측량성과의 영속성	지적측량의 성과는 토지에 대한 물권이 미치는 범위와 면적 등을 결정하여 지적공부에 등록하고 필요시 언제라도 이를 공개 또는 확인할 수 있도록 영구적으로 보존하여야 하는 특성을 지니고 있다.
평면측량	측량은 대상지역의 넓이 또는 면적과 지구곡률의 고려 여부에 따라 평면측량과 측지측량으로 구분하고 있다. 따라서 지적측량은 지구곡률을 고려하지 않고 측량대상지역이 반경 11km 이내이므로 평면측량으로 구분하고 있다.

64 초기에 부여된 지목명칭을 변경한 것으로 잘못된 것은?

① 공원지 → 공원
② 분묘지 → 묘지
③ 사사지 → 사적지
④ 운동장 → 체육용지

해설

지목명칭

토지조사사업 당시 지목	• 과세지 : 전, 답, 대(垈), 지소(池沼), 임야(林野), 잡종지(雜種地)(6개) • 비과세지 : 도로, 하천, 구거, 제방, 성첩, 철도선로, 수도선로(7개) • 면세지 : 사사지, 분묘지, 공원지, 철도용지, 수도용지(5개)
1918년 지세령 개정 (19개)	지소 : 지소(池沼), 유지로 세분
1950년 구 지적법 (21개)	잡종지 : 잡종지, 염전, 광천지로 세분
1975년 지적법 2차 개정 (24개)	**통합** 철도용지+철도선로=철도용지 • 수도용지+수도선로=수도용지 • 유지+지소=유지
	신설 과수원, 목장용지, 공장용지, 학교용지, 유원지, 운동장(6개)
	명칭 변경 • 공원지 → 공원 • 사사지 → 종교용지 • 성첩 → 사적지 • 분묘지 → 묘지 • 운동장 → 체육용지
2001년 지적법 10차 개정 (28개)	주차장, 주유소용지, 창고용지, 양어장 (4개 신설)

65 다음 중 임야조사사업 당시 도지사가 사정한 경계 및 소유자에 대해 불복이 있을 경우 사정 내용을 번복하기 위해 필요하였던 처분은?

① 임야심사위원회의 재결
② 관할 고등법원의 확정판결
③ 고등토지조사위원회의 재결
④ 임시토지조사국장의 재사정

해설

구분	토지조사사업	임야조사사업
근거법령	토지조사령 (1912.8.13. 제령 제2호)	조선임야조사령 (1918.5.1. 제령 제5호)
조사기간	1910~1918 (8년 10개월)	1916~1924(9개년)
측량기관	임시토지조사국	부(府)와 면(面)
사정기관	임시토지조사국장	도지사
재결기관	고등토지조사위원회	임야심사위원회
조사내용	• 토지소유권 • 토지가격 • 지형·지모	• 토지소유권 • 토지가격 • 지형·지모
조사대상	• 전국에 걸친 평야부 토지 • 낙산 임야	• 토지조사에서 제외된 토지 • 산림 내 개재지(토지)
도면축척	1/600, 1/1,200, 1/2,400	1/3,000, 1/6,000
기선측량	13개소	

66 토렌스 시스템(Torrens System)이 창안된 국가는?

① 영국
② 프랑스
③ 네덜란드
④ 오스트레일리아

해설

토렌스 시스템 (Torrens system)		오스트레일리아 Robert Torrens경에 의해 창안된 토렌스 시스템은 토지의 권원(title)을 명확히 하고 토지거래에 따른 변동사항 정리를 용이하게 하여 권리증서의 발행을 편리하게 하는 것이 목적이다. 이 제도의 기본원리는 법률적으로 토지의 권리를 확인하는 대신에 토지의 권원을 등록하는 행위이다.
	거울이론 (mirror principle)	토지권리증서의 등록은 토지의 거래사실을 완벽하게 반영하는 거울과 같다는 이론이다. 소유권에 관한 현재의 법적 상태는 오직 등기부에 의해서만 이론의 여지없이 완벽하게 보인다는 원리이며 주 정부에 의하여 적법성을 보장받는다.

커튼이론 (curtain principle)	토지등록 업무가 커튼 뒤에 놓인 공정성과 신빙성에 대하여 관여할 필요도 없고 관여해서도 안 되는 매입신청자를 위한 유일한 정보의 이론이다. 토렌스 제도의 의해 한번 권리증명서가 발급되면 당해 토지의 과거 이해관계에 대하여 모두 무효화시키고 현재의 소유권을 되돌아볼 필요가 없다는 것이다.
보험이론 (insurance principle)	토지등록이 인간의 과실로 인하여 착오가 발생한 경우 피해를 입은 사람은 피해보상에 대하여 법률적으로 선의의 제3자와 동등한 입장이 되어야 한다는 이론으로 권원증명서에 등기된 모든 정보는 정부에 의하여 보장된다는 원리이다.

67 다음 토지경계를 설명한 것으로 옳지 않은 것은?

① 토지경계에는 불가분의 원칙이 적용된다.
② 공부에 등록된 경계는 말소가 불가능하다.
③ 토지경계는 국가기관인 소관청이 결정한다.
④ 지적공부에 등록된 필지의 구획선을 말한다.

◀ 해설 ▶

토지경계의 개념
토지의 경계는 한 지역과 다른 지역을 구분하는 외적표시이며 토지의 소유권 등 사법상의 권리의 범위를 표시하는 구획선이다. 두 인접한 토지를 분할하는 선 또는 경계를 표시하는 가상의 선으로서 지적도에 등록된 것을 법률적으로 유효한 경계로 본다.

경계의 결정 원칙

경계국정주의의 원칙	지적공부에 등록하는 경계는 국가가 조사 측량하여 결정한다는 원칙
경계불가분의 원칙	경계는 유일무이한 것으로 이를 분리할 수 없다는 원칙 • 필지 간 경계는 1개만 존재한다. • 경계는 인접 토지에 공통으로 작용한다. • 경계는 폭이 없는 기하학적인 선의 의미와 동일하다.
등록선후의 원칙	동일한 경계가 축척이 서로 다른 도면에 각각 등록되어 있는 경우로서 경계가 상호 일치하지 않는 경우에는 경계에 잘못이 있는 경우를 제외하고 등록시기가 빠른 토지의 경계를 따른다는 원칙
축척종대의 원칙	동일한 경계가 축척이 서로 다른 도면에 각각 등록되어 있는 경우로서 경계가 상호 일치하지 않는 경우에는 경계에 잘못이 있는 경우를 제외하고 축척이 큰 것에 등록된 경계를 따른다는 원칙
경계직선주의	지적공부에 등록하는 경계는 직선으로 한다는 원칙

68 1필지로 정할 수 있는 기준에 해당하지 않는 것은?

① 지번부여지역의 토지로서 용도가 동일한 토지
② 지번부여지역의 토지로서 지가가 동일한 토지
③ 지번부여지역의 토지로서 지반이 동일한 토지
④ 지번부여지역의 토지로서 소유자가 동일한 토지

◀ 해설 ▶

공간정보의 구축 및 관리 등에 관한 법률 시행령 제5조(1필지로 정할 수 있는 기준)

① 법 제2조 제21호에 따라 지번부여지역의 토지로서 소유자와 용도가 같고 지반이 연속된 토지는 1필지로 할 수 있다.

② 제1항에도 불구하고 다음 각 호의 어느 하나에 해당하는 토지는 주된 용도의 토지에 편입하여 1필지로 할 수 있다. 다만, 종된 용도의 토지의 지목(地目)이 "대"(垈)인 경우와 종된 용도의 토지 면적이 주된 용도의 토지 면적의 10퍼센트를 초과하거나 330제곱미터를 초과하는 경우에는 그러하지 아니하다.

1. 주된 용도의 토지의 편의를 위하여 설치된 도로·구거(溝渠 : 도랑) 등의 부지
2. 주된 용도의 토지에 접속되거나 주된 용도의 토지로 둘러싸인 토지로서 다른 용도로 사용되고 있는 토지

69 지적의 실체를 구체화시키기 위한 법률행위를 담당하는 토지등록의 주체는?

① 지적소관청
② 지적측량업자
③ 행정안전부장관
④ 한국국토정보공사장

●해설

공간정보의 구축 및 관리 등에 관한 법률 제64조(토지의 조사·등록 등)

① 국토교통부장관은 모든 토지에 대하여 필지별로 소재·지번·지목·면적·경계 또는 좌표 등을 조사·측량하여 지적공부에 등록하여야 한다.

② 지적공부에 등록하는 지번·지목·면적·경계 또는 좌표는 토지의 이동이 있을 때 토지소유자(법인이 아닌 사단이나 재단의 경우에는 그 대표자나 관리인을 말한다. 이하 같다)의 신청을 받아 지적소관청이 결정한다. 다만, 신청이 없으면 지적소관청이 직권으로 조사·측량하여 결정할 수 있다.

③ 제2항 단서에 따른 조사·측량의 절차 등에 필요한 사항은 국토교통부령으로 정한다.

> "지적소관청"이란 지적공부를 관리하는 특별자치시장, 시장(「제주특별자치도 설치 및 국제자유도시 조성을 위한 특별법」 제10조 제2항에 따른 행정시의 시장을 포함하며, 「지방자치법」 제3조 제3항에 따라 자치구가 아닌 구를 두는 시의 시장은 제외한다)·군수 또는 구청장(자치구가 아닌 구의 구청장을 포함한다)을 말한다.

70 토지조사사업 당시 도로, 하천, 구거, 제방, 성첩, 철도선로, 수도선로를 조사 대상에서 제외한 주된 이유는?

① 측량작업의 난이　　② 소유자 확인 불명
③ 강계선 구분 불가능　④ 경제적 가치의 희소

●해설

지번조사는 동리별, 필지별로 지번을 부여하는 작업으로 동리 단위로 일필지마다 차례로 부여하고 동북에서 차례대로 지번을 부여하였으나, 도로·구거, 하천 등은 경제적 가치의 희소로 지번을 부여하지 않았다.

토지조사사업 당시 지목	• 과세지 : 전·답·대(垈), 지소(池沼)·임야(林野)·잡종지(雜種地)(6개) • 비과세지 : 도로, 하천, 구거, 제방, 성첩, 철도선로, 수도선로(7개) • 면세지 : 사사지, 분묘지, 공원지, 철도용지, 수도용지(5개)

71 다음 중 지적제도의 발전단계별 분류상 가장 먼저 발생한 것으로 원시적인 지적제도라고 할 수 있는 것은?

① 법지적　　　　　② 세지적
③ 정보지적　　　　④ 다목적지적

●해설

발전과정에 따른 분류

세지적 (稅地籍)	토지에 대한 조세 부과를 주된 목적으로 하는 제도로 과세지적이라고도 한다. 국가의 재정 수입을 토지세에 의존하던 농경사회에서 개발된 제도로 과세의 표준이 되는 농경지는 기준수확량, 일반 토지는 토지 등급을 중시하고 지적공부의 등록사항으로는 면적 단위를 중시한 지적제도이다.
법지적 (法地籍)	세지적이 발전된 형태로서 토지에 대한 사유 재산권이 인정되면서 생성된 유형으로 소유지적, 경계지적이라고도 한다. 토지소유권 보호를 주된 목적으로 하는 제도로 토지 거래의 안전과 토지 소유권의 보호를 위한 토지 경계를 중시한 지적제도이다.
다목적 지적 (多目的地籍)	현대사회에서 추구하고 있는 지적제도로 종합지적, 통합지적, 유사지적, 경제지적, 정보지적이라고도 한다. 토지와 관련한 다양한 정보를 종합적으로 등록·관리하고 이를 이용 또는 활용하고, 필요한 자에게 제공해 주는 것을 목적으로 하는 지적제도이다.

72 지적의 3요소와 가장 거리가 먼 것은?

① 공부　　　　　　② 등기
③ 등록　　　　　　④ 토지

●해설

지적의 구성요소

외부 요소	지리적 요소	지적측량에 있어서 지형, 식생, 토지 이용 등 형태 결정에 영향을 미친다.
	법률적 요소	효율적인 토지 관리와 소유권 보호를 목적으로 공시하기 위한 제도로서 등록이 강제되고 있다.
	사회적 요소	토지소유권제도는 사회적 요소들이 신중하게 평가되어야 하는데, 사회적으로 그 제도가 받아들여져야 한다는 점과 사람들에게 신뢰성이 있어야 하기 때문이다.

협의	토지	지적제도는 토지를 대상으로 성립하며 토지 없이는 등록행위가 이루어질 수 없어 지적제도 성립이 될 수 없다. 지적에서 말하는 토지란 행정적 또는 사법적 목적에 의해 인위적으로 구획된 토지의 단위 구역으로서 법적으로는 등록의 객체가 되는 일필지를 의미한다.
	등록	국가 통치권이 미치는 모든 영토를 필지단위로 구획하여 시장, 군수, 구청장이 강제적으로 등록을 하여야 한다는 이념이다.
	지적공부	토지를 구획하여 일정한 사항을 기록한 장부이다.
광의	소유자	토지를 소유할 수 있는 권리의 주체이다.
	권리	토지를 소유할 수 있는 법적 권리이다.
	필지	법적으로 물권이 미치는 권리의 객체이다.

73 경계점 표지의 특성이 아닌 것은?

① 명확성 　　② 안전성
③ 영구성 　　④ 유동성

해설

경계점 표지는 지적측량에 의해 결정하여 표시하는 것으로 이동이 아니라 고정되어야 하므로 유동성이 아니다.

74 1916년부터 1924년까지 실시한 임야조사사업에서 사정한 임야의 구획선은?

① 강계선(疆界線) 　　② 경계선(境界線)
③ 지계선(地界線) 　　④ 지역선(地域線)

해설

강계선, 지역선, 경계선

| 강계선
(疆界線) | 소유권에 대한 경계를 확정하는 역할을 하며 반드시 사정을 거친 경계선을 말하며 토지소유자 및 지목이 동일하고 지반이 연속된 토지를 1필지로 함을 원칙으로 한다.
강계선과 인접한 토지의 소유자는 반드시 다르다는 원칙이 성립되며 조선임야조사사업 당시 도장관의 사정에 의한 임야도면상의 경계는 경계선이라 하였고 강계선의 경우는 분쟁지에 대한 사정으로 생긴 경계선이라 할 수 있다. |

| 지역선
(地域線) | 지역선이란 토지조사 당시 사정을 하지 않는 경계선을 말하며 동일인이 소유하는 토지일 경우에도 지반의 고저가 심하여 별필로 하는 경우의 경계선을 말한다. 지역선에 인접하는 토지의 소유자는 동일인일 수도 있고 다를 수도 있다. 지역선은 경계분쟁의 대상에서 제외되었으며 동일인의 소유지라도 지목이 상이하여 별필로 하는 경우의 경계선을 말한다. 지목이 다른 일필지를 표시하는 것을 말한다.
소유자가 같은 토지와의 구획선 또는 소유자를 알 수 없는 토지와의 구획선 및 토지조사사업의 시행지와 미시행지와의 지계선을 지역선이라 한다. |
| 경계선
(境界線) | 지적도상의 구획선을 경계라 지칭하고 강계선과 지역선으로 구분하며 강계선은 사정선이라고 하였으며 임야조사 당시의 사정선은 경계선이라고 하였다. 최근 경계선의 의미는 강계선이나 지역선에 관계없이 2개의 인접한 토지 사이의 구획선을 말한다.
도해지적에서는 지적도나 임야도에 그려진 토지의 구획선을 말하는데 물론 지상에 있는 논둑, 밭둑, 표항 따위를 말하는 것은 아니다. 경계점좌표시행지역에서 경계선이라고 할 때에는 어떤 점의 좌표(우리나라 지적분야에서는 평면직각종횡선수치와 그 이웃하는 점의 좌표와의 연결을 말한다.)
경계선은 시대 및 등록방법에 따라 다르게 부르기도 하였고, 경계는 일반경계, 고정경계, 자연경계, 인공경계 등으로 사용처에 따라 다르게 부르기도 한다. |

75 미등기 토지를 등기부에 개설하는 보존등기를 할 경우에 소유권에 관하여 특별한 증빙서로 하고 있는 것은?

① 공증증서 　　② 토지대장
③ 토지조사부 　　④ 등기공무원의 조사서

해설

부동산등기법 제65조(소유권보존등기의 신청인)
미등기의 토지 또는 건물에 관한 소유권보존등기는 다음 각호의 어느 하나에 해당하는 자가 신청할 수 있다.
1. 토지대장, 임야대장 또는 건축물대장에 최초의 소유자로 등록되어 있는 자 또는 그 상속인, 그 밖의 포괄승계인
2. 확정판결에 의하여 자기의 소유권을 증명하는 자
3. 수용(收用)으로 인하여 소유권을 취득하였음을 증명하는 자
4. 특별자치도지사, 시장, 군수 또는 구청장(자치구의 구청장을 말한다)의 확인에 의하여 자기의 소유권을 증명하는 자(건물의 경우로 한정한다)

76 토지의 물권설정을 위해서는 물권객체의 설정이 필요하다. 물권객체 설정을 위한 지적의 가장 중요한 역할은?

① 면적측정
② 지번설정
③ 필지획정
④ 소유권 조사

해설

토지의 물권객체 설정을 위한 지적의 가장 중요한 역할은 필지획정이다.

77 지적의 원리 중 지적활동의 정확성을 설명한 것으로 옳지 않은 것은?

① 서비스의 정확성 – 기술의 정확도
② 토지현황조사의 정확성 – 일필지 조사
③ 기록과 도면의 정확성 – 측량의 정확도
④ 관리 · 운영의 정확성 – 지적조직의 업무분화 정확도

해설

지적의 원리

공기능성의 원리 (Publicness)	지적은 국가가 국토에 대한 상황을 다수의 이익을 추구하기 위하여 기록 · 공시하는 국가의 공공 업무이며, 국가 고유의 사무이다. 현대 지적은 일방적인 관리층의 필요에서 만들어져서는 안 되고, 제도권 내의 사람에게 수평성의 원리에서 공공관계가 이루어져야 한다. 따라서 모든 지적사항은 필요에 의해 공개되어야 한다.
민주성의 원리 (Democracy)	현대 지적에서 민주성이란 제도의 운영 주체와 객체가 내적인 면에서 행정의 인간화가 이루어지고, 외적인 면에서 주민의 뜻이 반영되는 지적행정이라 할 수 있다. 아울러 지적의 책임성은 지적법의 규정에 따라 공익을 증진하고, 주민의 기대에 부응하는 데 있다.
능률성의 원리 (Efficiency)	실무 활동의 능률성은 토지 현상을 조사하여 지적공부를 만드는 과정에서의 능률을 의미하고, 이론 개발 및 전달 과정의 능률성은 주어진 여건과 실행 과정의 개선을 의미한다. 지적활동을 능률화한다는 것은 지적 문제의 해소를 뜻하며, 나아가 지적활동의 과학화, 기술화 내지는 합리화, 근대화를 지칭하는 것이다.

정확성의 원리 (Accuracy)	지적활동의 정확도는 크게 토지현황조사, 기록과 도면, 관리와 운영의 정확도를 말한다. 토지현황조사의 정확성은 일필지조사, 기록과 도면의 정확성은 측량의 정확도, 그리고 지적공부를 중심으로 한 관리 · 운영의 정확성은 지적조직의 업무 분화와 정확도에 관련됨이 크다. 결국 지적의 정확성은 지적 불부합의 반대 개념이다.

78 적극적 지적제도의 특징이 아닌 것은?

① 토지의 등록은 의무화되어 있지 않다.
② 토지등록의 효력은 정부에 의하여 보장된다.
③ 토지등록상 문제로 인한 피해는 법적으로 보장된다.
④ 등록되지 않은 토지에는 어떤 권리도 인정될 수 없다.

해설

토지등록제도의 유형

소극적 등록제도 (消極的 登錄制度, Negative System)	소극적 등록제도는 기본적으로 거래와 그에 관한 거래증서의 변경 기록을 수행하는 것이며, 일필지의 소유권이 거래되면서 발생되는 거래증서를 변경 등록하는 것이다. 네덜란드, 영국, 프랑스, 이탈리아, 미국의 일부 주 및 캐나다 등에서 시행되고 있다.
적극적 등록제도 (積極的 登錄制度, Positive System)	적극적 등록제도하에서의 토지등록은 일필지의 개념으로 법적인 권리 보장이 인증되고 정부에 의해서 그러한 합법성과 효력이 발생한다. 이 제도의 기본원칙은 지적공부에 등록되지 아니한 토지는 그 토지에 대한 어떠한 권리도 인정될 수 없고, 등록은 강제되고 의무적이며, 공적인 지적측량이 시행되지 않는 한 토지등기도 허가되지 않는다는 이론이 지배적이다. 적극적 등록제도가 발달된 형태는 토렌스 시스템이다.

79 토지의 소유권 객체를 확정하기 위하여 채택한 근대적인 기술은?

① 지적측량
② 지질분석
③ 지형조사
④ 토지가격평가

해설

공간정보의 구축 및 관리등에 관한 법률 제2조(정의)

이 법에서 사용하는 용어의 뜻은 다음과 같다.

4. "지적측량"이란 토지를 지적공부에 등록하거나 지적공부에 등록된 경계점을 지상에 복원하기 위하여 제21호에 따른 필지의 경계 또는 좌표와 면적을 정하는 측량을 말하며, 지적확정측량 및 지적재조사측량을 포함한다.

4의2. "지적확정측량"이란 제86조 제1항에 따른 사업이 끝나 토지의 표시를 새로 정하기 위하여 실시하는 지적측량을 말한다.

4의3. "지적재조사측량"이란 「지적재조사에 관한 특별법」에 따른 지적재조사사업에 따라 토지의 표시를 새로 정하기 위하여 실시하는 지적측량을 말한다.

80 조선시대 양전의 개혁을 주장한 학자가 아닌 사람은?

① 이기   ② 김응원

③ 서유구   ④ 정약용

해설

양전개정론(量田改正論)

구분	정약용 (丁若鏞)	서유구 (徐有榘)	이기 (李沂)	유길준 (兪吉濬)
양전 방안	• 결부제 폐지, 경무법으로 개혁 • 양전법안 개정		수등이척제에 대한 개선책으로 망척제 주장	전 국토를 리 단위로 한 전통제(田統制)를 주장
특징	• 어린도 작성 • 정전제 강조 • 전을 정방향으로구분 • 휴도 : 방량법의 일환으로 어린도의 가장 최소단위로 작성된 지적도	• 어린도 작성 • 구고삼각법에 의한 양전수법 십오제마련	• 도면의 필요성을 강조 • 정방형의 눈을 가진 그물 눈금을 사용하여 면적 산출(망척제)	• 양전 후 지권을 발행 • 리 단위의 지적도 작성 (전통도)
저서	목민심서 (牧民心書)	의상경계책 (擬上經界策)	해학유서 (海鶴遺書)	서유견문 (西遊見聞)

Subject 05 지적관계법규

81 지적측량수행자가 손해배상책임을 보장하기 위하여 보증보험에 가입하여야 하는 금액 기준으로 옳은 것은?

① 지적측량업자 : 5천만 원 이상, 한국국토정보공사 : 5억 원 이상

② 지적측량업자 : 5천만 원 이상, 한국국토정보공사 : 10억 원 이상

③ 지적측량업자 : 1억 원 이상, 한국국토정보공사 : 10억 원 이상

④ 지적측량업자 : 1억 원 이상, 한국국토정보공사 : 20억 원 이상

해설

공간정보의 구축 및 관리 등에 관한 법률 시행령 제41조(손해배상책임의 보장)

① 지적측량수행자는 법 제51조 제2항에 따라 손해배상책임을 보장하기 위하여 다음 각 호의 구분에 따라 보증보험에 가입하거나 공간정보산업협회가 운영하는 보증 또는 공제에 가입하는 방법으로 보증설정(이하 "보증설정"이라 한다)을 하여야 한다. 〈개정 2017. 1. 10.〉

1. 지적측량업자 : 보장기간 10년 이상 및 보증금액 1억 원 이상

2. 「국가공간정보 기본법」 제12조에 따라 설립된 한국국토정보공사(이하 "한국국토정보공사"라 한다) : 보증금액 20억 원 이상

② 지적측량업자는 지적측량업 등록증을 발급받은 날부터 10일 이내에 제1항 제1호의 기준에 따라 보증설정을 하여야 하며, 보증설정을 하였을 때에는 이를 증명하는 서류를 제35조 제1항에 따라 등록한 시·도지사에게 제출하여야 한다.

82 아래 내용 중 ( ) 안에 공통으로 들어갈 용어로 옳은 것은?

• ( )을 하는 경우 필지별 경계점은 지적기준점에 따라 측정하여야 한다.

• 도시개발사업 등으로 ( )을 하려는 지역에 임야도를 갖춰 두는 지역의 토지가 있는 경우에는 등록전환을 하지 아니할 수 있다.

① 등록전환측량　　② 신규등록측량
③ 지적확정측량　　④ 축척변경측량

해설

지적측량 시행규칙 제22조(지적확정측량)
① 지적확정측량을 하는 경우 필지별 경계점은 위성기준점, 통합기준점, 삼각점, 지적삼각점, 지적삼각보조점 및 지적도근점에 따라 측정하여야 한다.
② 지적확정측량을 할 때에는 미리 규칙 제95조 제1항 제3호에 따른 사업계획도와 도면을 대조하여 각 필지의 위치 등을 확인하여야 한다.
③ 도시개발사업 등으로 지적확정측량을 하려는 지역에 임야도를 갖춰 두는 지역의 토지가 있는 경우에는 등록전환을 하지 아니할 수 있다.
④ 법 제6조 제1항의 기준에 따른 지적확정측량 방법과 절차에 대해서는 국토교통부장관이 정한다. 〈개정 2013. 3. 23.〉

83 공간정보의 구축 및 관리 등에 관한 법률에서 정하는 지목의 종류에 해당하지 않는 것은?

① 광장　　　　　② 주차장
③ 철도용지　　　④ 주유소용지

해설

지목의 부호표기

지목	부호	지목	부호	지목	부호	지목	부호
전	전	대	대	철도용지	철	공원	공
답	답	공장용지	장	제방	제	체육용지	체
과수원	과	학교용지	학	하천	천	유원지	원
목장용지	목	주차장	차	구거	구	종교용지	종
임야	임	주유소용지	주	유지	유	사적지	사
광천지	광	창고용지	창	양어장	양	묘지	묘
염전	염	도로	도	수도용지	수	잡종지	잡

84 지적전산자료를 이용하고자 하는 자가 신청서에 기재할 사항이 아닌 것은?

① 자료의 이용 시기
② 자료의 범위 및 내용
③ 자료의 이용목적 및 근거
④ 자료의 보관기관 및 안전관리내책

해설

공간정보의 구축 및 관리 등에 관한 법률 시행령 제62조(지적전산자료의 이용 등)
① 법 제76조 제1항에 따라 지적공부에 관한 전산자료(이하 "지적전산자료"라 한다)를 이용하거나 활용하려는 자는 같은 조 제2항에 따라 다음 각 호의 사항을 적은 신청서를 관계 중앙행정기관의 장에게 제출하여 심사를 신청하여야 한다.
　1. 자료의 이용 또는 활용 목적 및 근거
　2. 자료의 범위 및 내용
　3. 자료의 제공 방식, 보관 기관 및 안전관리대책 등
② 제1항에 따른 심사 신청을 받은 관계 중앙행정기관의 장은 다음 각 호의 사항을 심사한 후 그 결과를 신청인에게 통지하여야 한다.
　1. 신청 내용의 타당성, 적합성 및 공익성
　2. 개인의 사생활 침해 여부
　3. 자료의 목적 외 사용 방지 및 안전관리대책
③ 법 제76조 제1항에 따라 지적전산자료의 이용 또는 활용에 관한 승인을 받으려는 자는 승인신청을 할 때에 제2항에 따른 심사 결과를 제출하여야 한다. 다만, 중앙행정기관의 장이 승인을 신청하는 경우에는 제2항에 따른 심사 결과를 제출하지 아니할 수 있다.
④ 제3항에 따른 승인신청을 받은 국토교통부장관, 시·도지사 또는 지적소관청은 다음 각 호의 사항을 심사하여야 한다. 〈개정 2013. 3. 23.〉
　1. 제2항 각 호의 사항
　2. 신청한 사항의 처리가 전산정보처리조직으로 가능한지 여부
　3. 신청한 사항의 처리가 지적업무수행에 지장을 주지 않는지 여부

85 면적측정의 대상 및 방법 등에 대한 설명으로 옳지 않은 것은?

① 지적공부의 복구 및 축척변경을 하는 경우 필지마다 면적을 측정하여야 한다.

② 좌표면적계산법에 의한 산출면적은 1,000분의 $1m^2$까지 계산하여 $1m^2$ 단위로 정한다.

③ 지적공부의 등록사항에 잘못이 있어 면적 또는 경계를 정정하는 경우 필지마다 면적을 측정하여야 한다.

④ 도시개발사업 등으로 인한 토지의 이동에 따라 토지의 표시를 새로이 결정하는 경우 필지마다 면적을 측정하여야 한다.

● 해설

지적측량 시행규칙 제19조(면적측정의 대상)

① 세부측량을 하는 경우 다음 각 호의 어느 하나에 해당하면 필지마다 면적을 측정하여야 한다.

1. 지적공부의 복구 · 신규등록 · 등록전환 · 분할 및 축척변경을 하는 경우
2. 법 제84조에 따라 면적 또는 경계를 정정하는 경우
3. 법 제86조에 따른 도시개발사업 등으로 인한 토지의 이동에 따라 토지의 표시를 새로 결정하는 경우
4. 경계복원측량 및 지적현황측량에 면적측정이 수반되는 경우

② 제1항에도 불구하고 법 제23조 제1항 제4호의 경계복원측량과 영 제18조의 지적현황측량을 하는 경우에는 필지마다 면적을 측정하지 아니한다.

지적측량 시행규칙 제20조(면적측정의 방법 등)

① 좌표면적계산법에 따른 면적측정은 다음 각 호의 기준에 따른다.

1. 경위의측량방법으로 세부측량을 한 지역의 필지별 면적측정은 경계점 좌표에 따를 것
2. 산출면적은 1천분의 1제곱미터까지 계산하여 10분의 1제곱미터 단위로 정할 것

86 지적측량수행자가 지적소관청으로부터 측량성과에 대한 검사를 받지 아니하는 것으로만 나열된 것은?(단, 지적공부를 정리하지 아니하는 측량으로서 국토교통부령으로 정하는 측량의 경우를 말한다.)

① 등록전환측량, 분할측량

② 경계복원측량, 지적현황측량

③ 신규등록측량, 지적확정측량

④ 축척변경측량, 등록사항정정측량

● 해설

공간정보의 구축 및 관리 등에 관한 법률 제25조(지적측량성과의 검사)

① 지적측량수행자가 제23조에 따라 지적측량을 하였으면 시 · 도지사, 대도시 시장(「지방자치법」 제175조에 따라 서울특별시 · 광역시 및 특별자치시를 제외한 인구 50만 이상의 시의 시장을 말한다. 이하 같다) 또는 지적소관청으로부터 측량성과에 대한 검사를 받아야 한다. 다만, 지적공부를 정리하지 아니하는 측량으로서 국토교통부령으로 정하는 측량의 경우에는 그러하지 아니하다. 〈개정 2012. 12. 18., 2013. 3. 23.〉

② 제1항에 따른 지적측량성과의 검사방법 및 검사절차 등에 필요한 사항은 국토교통부령으로 정한다.

지적측량 시행규칙 제28조(지적측량성과의 검사방법 등)

① 법 제25조 제1항 단서에서 "국토교통부령으로 정하는 측량의 경우"란 경계복원측량 및 지적현황측량을 하는 경우를 말한다. 〈개정 2013. 3. 23.〉

87 경계점좌표등록부에 등록된 토지의 면적이 $110.55m^2$로 산출되었다면 토지대장상 결정면적은?

① $110m^2$

② $110.5m^2$

③ $111m^2$

④ $110.6m^2$

● 해설

공간정보의 구축 및 관리 등에 관한 법률 제60조(면적의 결정 및 측량계산의 끝수처리)

① 면적의 결정은 다음 각 호의 방법에 따른다.

1. 토지의 면적에 1제곱미터 미만의 끝수가 있는 경우 0.5제곱미터 미만일 때에는 버리고 0.5제곱미터를 초과하는 때에는 올리며, 0.5제곱미터일 때에는 구하려는 끝자리의 숫자가 0 또는 짝수이면 버리고 홀수이면 올린다. 다만, 1필지의 면적이 1제곱미터 미만일 때에는 1제곱미터로 한다.

2. 지적도의 축척이 600분의 1인 지역과 경계점좌표등록부에 등록하는 지역의 토지 면적은 제1호에도 불구하고 제곱미터 이하 한 자리 단위로 하되, 0.1제곱미터 미만의 끝수가 있는 경우 0.05제곱미터 미만일 때에는 버리고 0.05제곱미터를 초과할 때에는 올리며, 0.05제곱미터일 때에는 구하려는 끝자리의 숫자가 0 또는 짝수이면 버리고 홀수이면 올린다. 다만, 1필지의 면적이 0.1제곱미터 미만일 때에는 0.1제곱미터로 한다.

정답 85 ② 86 ② 87 ④

② 방위각의 각치(角値), 종횡선의 수치 또는 거리를 계산하는 경우 구하려는 끝자리의 다음 숫자가 5 미만일 때에는 버리고 5를 초과할 때에는 올리며, 5일 때에는 구하려는 끝자리의 숫자가 0 또는 짝수이면 버리고 홀수이면 올린다. 다만, 전자계산조직을 이용하여 연산할 때에는 최종수치에만 이를 적용한다.

88 일람도 및 지번색인표의 등재사항 중 공통으로 등재해야 하는 사항은?

① 도면번호
② 도곽선 수치
③ 도면의 축척
④ 주요 지형·지물의 표시

● 해설

지적업무처리규정 제37조(일람도 및 지번색인표의 등재사항)
규칙 제69조 제5항에 따른 일람도 및 지번색인표에는 다음 각 호의 사항을 등재하여야 한다.
1. 일람도
가. 지번부여지역의 경계 및 인접지역의 행정구역명칭
나. 도면의 제명 및 축척
다. 도곽선과 그 수치
라. 도면번호
마. 도로·철도·하천·구거·유지·취락 등 주요 지형·지물의 표시
2. 지번색인표
가. 제명
나. 지번·도면번호 및 결번

89 지적공부의 등록사항 중 토지소유자에 관한 사항을 정정할 경우 다음 중 어느 것을 근거로 정정하여야 하는가?

① 토지대장
② 등기신청서
③ 매매계약서
④ 등기사항증명서

● 해설

공간정보의 구축 및 관리 등에 관한 법률 제88조(토지소유자의 정리)
① 지적공부에 등록된 토지소유자의 변경사항은 등기관서에서 등기한 것을 증명하는 등기필증, 등기완료통지서, 등기사항증명서 또는 등기관서에서 제공한 등기전산정보자료에 따라 정리한다. 다만, 신규등록하는 토지의 소유자는 지적소관청이 직접 조사하여 등록한다. 〈개정 2011. 4. 12.〉

② 「국유재산법」 제2조 제10호에 따른 총괄청이나 같은 조 제11호에 따른 중앙관서의 장이 같은 법 제12조 제3항에 따라 소유자 없는 부동산에 대한 소유자 등록을 신청하는 경우 지적소관청은 지적공부에 해당 토지의 소유자가 등록되지 아니한 경우에만 등록할 수 있다. 〈개정 2011. 3. 30.〉
③ 등기부에 적혀 있는 토지의 표시가 지적공부와 일치하지 아니하면 제1항에 따라 토지소유자를 정리할 수 없다. 이 경우 토지의 표시와 지적공부가 일치하지 아니하다는 사실을 관할 등기관서에 통지하여야 한다.
④ 지적소관청은 필요하다고 인정하는 경우에는 관할 등기관서의 등기부를 열람하여 지적공부와 부동산등기부가 일치하는지 여부를 조사·확인하여야 하며, 일치하지 아니하는 사항을 발견하면 등기사항증명서 또는 등기관서에서 제공한 등기전산정보자료에 따라 지적공부를 직권으로 정리하거나, 토지소유자나 그 밖의 이해관계인에게 그 지적공부와 부동산등기부가 일치하게 하는 데에 필요한 신청 등을 하도록 요구할 수 있다. 〈개정 2011. 4. 12.〉
⑤ 지적소관청 소속 공무원이 지적공부와 부동산등기부의 부합 여부를 확인하기 위하여 등기부를 열람하거나, 등기사항증명서의 발급을 신청하거나, 등기전산정보자료의 제공을 요청하는 경우 그 수수료는 무료로 한다.

90 다음 토지소유자협의회에 대한 설명으로 옳지 않은 것은?

① 토지소유자협의회에서는 경계결정위원회 위원의 추천도 할 수 있다.
② 토지소유자협의회는 위원장을 포함한 5명 이상 20명 이하의 위원으로 구성한다.
③ 토지소유자협의회 위원은 그 사업지구에 주소를 두고 있는 토지의 소유자이어야 한다.
④ 사업지구의 토지소유자 총수의 2분의 1 이상과 토지면적 2분의 1 이상에 해당하는 토지소유자의 동의를 받아 구성할 수 있다.

● 해설

지적재조사에 관한 특별법 제13조(토지소유자협의회)
① 사업지구의 토지소유자는 토지소유자 총수의 2분의 1 이상과 토지면적 2분의 1 이상에 해당하는 토지소유자의 동의를 받아 토지소유자협의회를 구성할 수 있다. 〈개정 2017. 4. 18.〉
② 토지소유자협의회는 위원장을 포함한 5명 이상 20명 이하의 위원으로 구성한다. 토지소유자협의회의 위원은 그 사

정답 88 ① 89 ④ 90 ③

업지구에 있는 토지의 소유자이어야 하며, 위원장은 위원 중에서 호선한다.

③ 토지소유자협의회의 기능은 다음 각 호와 같다. 〈개정 2017. 4. 18.〉

　1. 지적소관청에 대한 우선사업지구의 신청

　2. 토지현황조사에 대한 입회

　3. 임시경계점표지 및 경계점표지의 설치에 대한 입회

　4. 삭제 〈2017. 4. 18.〉

　5. 제20조 제3항에 따른 조정금 산정기준에 대한 의견 제출

　6. 제31조에 따른 경계결정위원회(이하 "경계결정위원회"라 한다) 위원의 추천

④ 제1항에 따른 동의자 수의 산정방법 및 동의절차, 토지소유자협의회의 구성 및 운영, 그 밖에 필요한 사항은 대통령령으로 정한다.

91 지적재조사 경계설정의 기준으로 옳은 것은?

① 지방관습에 의한 경계로 설정한다.

② 지상경계에 대하여 다툼이 있는 경우 토지소유자가 점유하는 토지의 현실경계로 설정한다.

③ 지상경계에 대하여 다툼이 없는 경우 등록할 때의 측량기록을 조사한 경계로 설정한다.

④ 관계 법령에 따라 고시되어 설치된 공공용지의 경계는 현실경계에 따라 변경한다.

◁ 해설 ▷

지적재조사에 관한 특별법 제14조(경계설정의 기준)

① 지적소관청은 다음 각 호의 순서로 지적재조사를 위한 경계를 설정하여야 한다.

　1. 지상경계에 대하여 다툼이 없는 경우 토지소유자가 점유하는 토지의 현실경계

　2. 지상경계에 대하여 다툼이 있는 경우 등록할 때의 측량기록을 조사한 경계

　3. 지방관습에 의한 경계

② 지적소관청은 제1항 각 호의 방법에 따라 지적재조사를 위한 경계설정을 하는 것이 불합리하다고 인정하는 경우에는 토지소유자들이 합의한 경계를 기준으로 지적재조사를 위한 경계를 설정할 수 있다. 〈개정 2017. 4. 18.〉

③ 지적소관청은 제1항과 제2항에 따라 지적재조사를 위한 경계를 설정할 때에는 「도로법」, 「하천법」 등 관계 법령에 따라 고시되어 설치된 공공용지의 경계가 변경되지 아니하도록 하여야 한다. 다만, 해당 토지소유자들 간에 합의한 경우에는 그러하지 아니하다

92 다음 중 지목변경 대상 토지가 아닌 것은?

① 토지의 용도가 변경된 토지

② 건축물의 용도가 변경된 토지

③ 공유수면 매립 후 신규등록할 토지

④ 토지의 형질변경 등 공사가 준공된 토지

◁ 해설 ▷

공간정보의 구축 및 관리 등에 관한 법률 시행령 제67조(지목변경 신청)

① 법 제81조에 따라 지목변경을 신청할 수 있는 경우는 다음 각 호와 같다.

　1. 「국토의 계획 및 이용에 관한 법률」 등 관계 법령에 따른 토지의 형질변경 등의 공사가 준공된 경우

　2. 토지나 건축물의 용도가 변경된 경우

　3. 법 제86조에 따른 도시개발사업 등의 원활한 추진을 위하여 사업시행자가 공사 준공 전에 토지의 합병을 신청하는 경우

② 토지소유자는 법 제81조에 따라 지목변경을 신청할 때에는 지목변경 사유를 적은 신청서에 국토교통부령으로 정하는 서류를 첨부하여 지적소관청에 제출하여야 한다.

93 공간정보의 구축 및 관리 등에 관한 법령상 지적측량업의 등록을 하려는 자가 신청서에 첨부하여 제출하여야 하는 서류에 해당하지 않는 것은?

① 보유하고 있는 자산 내역서

② 보유하고 있는 장비의 명세서

③ 보유하고 있는 장비의 성능검사서 사본

④ 보유하고 있는 인력에 대한 기량기술경력증명서

◁ 해설 ▷

공간정보의 구축 및 관리 등에 관한 법률 시행령 제35조(측량업의 등록 등)

① 법 제44조 제1항 제1호의 측지측량업과 이 영 제34조 제1항 제3호부터 제9호까지의 측량업은 국토교통부장관에게 등록하고, 법 제44조 제1항 제2호의 지적측량업과 이 영 제34조 제1항 제1호 및 제2호의 측량업은 특별시장·광역시장·특별자치시장 또는 도지사에게 등록하여야 한다. 다만, 특별자치도의 경우에는 법 제44조 제1항 제1호 및 제2호와 이 영 제34조 제1항 각 호의 측량업을 특별자치도지사에게 등록하여야 한다. 〈개정 2013. 3. 23., 2013. 6. 11.〉

② 제1항에 따라 측량업의 등록을 하려는 자는 국토교통부령으로 정하는 신청서(전자문서로 된 신청서를 포함한다)에 다음 각 호의 서류(전자문서를 포함한다)를 첨부하여 국토교통부장관 또는 시·도지사에게 제출하여야 한다. 〈개정 2013. 3. 23., 2014. 1. 17., 2017. 1. 10.〉

　1. 별표 8에 따른 기술인력을 갖춘 사실을 증명하기 위한 다음 각 목의 서류

　　가. 보유하고 있는 측량기술자의 명단

　　나. 가목의 인력에 대한 측량기술 경력증명서

　2. 별표 8에 따른 장비를 갖춘 사실을 증명하기 위한 다음 각 목의 서류

　　가. 보유하고 있는 장비의 명세서

　　나. 가목의 장비의 성능검사서 사본

　　다. 소유권 또는 사용권을 보유한 사실을 증명할 수 있는 서류

③ 제1항에 따른 등록신청을 받은 국토교통부장관 또는 시·도지사는 「전자정부법」 제36조 제1항에 따른 행정정보의 공동이용을 통하여 다음 각 호의 행정정보를 확인하여야 한다. 다만, 사업자등록증 및 제2호의 서류에 대해서는 신청인으로부터 확인에 대한 동의를 받고, 신청인이 확인에 동의하지 아니하는 경우에는 해당 서류의 사본을 첨부하도록 하여야 한다.

　1. 사업자등록증 또는 법인등기부 등본(법인인 경우만 해당한다)

　2. 「국가기술자격법」에 따른 국가기술자격(정보처리기사의 경우만 해당한다)

④ 제2항에 따른 측량업의 등록신청을 받은 국토교통부장관 또는 시·도지사는 신청받은 날부터 10일 이내에 법 제44조에 따른 등록기준에 적합한지와 법 제47조 각 호의 결격사유가 없는지를 심사한 후 적합하다고 인정할 때에는 측량업등록부에 기록하고, 측량업등록증과 측량업등록수첩을 발급하여야 한다. 〈개정 2013. 3. 23., 2017. 1. 10.〉

⑤ 국토교통부장관 또는 시·도지사는 제2항에 따른 측량업의 등록신청이 등록기준에 적합하지 아니하다고 인정할 때에는 신청인에게 그 뜻을 통지하여야 한다. 〈개정 2013. 3. 23.〉

⑥ 국토교통부장관 또는 시·도지사는 법 제44조 제2항에 따라 등록을 하였을 때에는 이를 해당 기관의 게시판이나 인터넷 홈페이지에 10일 이상 공고하여야 한다.

94 중앙지적위원회의 구성에 대한 설명으로 옳은 것은?

① 위원장 및 부위원장을 포함한 모든 위원의 임기는 2년으로 한다.

② 위원은 지적에 관한 학식과 경험이 풍부한 공무원으로 임명 또는 위촉한다.

③ 위원장 및 부위원장 각 1명을 포함하여 5명 이상 20명 이내의 위원으로 구성한다.

④ 중앙지적위원회의 간사는 국토교통부의 지적업무 담당 공무원 중에서 국토교통부장관이 임명한다.

해설

공간정보의 구축 및 관리 등에 관한 법률 시행령 제20조(중앙지적위원회의 구성 등)

① 법 제28조 제1항에 따른 중앙지적위원회(이하 "중앙지적위원회"라 한다)는 위원장 1명과 부위원장 1명을 포함하여 5명 이상 10명 이하의 위원으로 구성한다. 〈개정 2012. 7. 4.〉

② 위원장은 국토교통부의 지적업무 담당 국장이, 부위원장은 국토교통부의 지적업무 담당 과장이 된다. 〈개정 2013. 3. 23.〉

③ 위원은 지적에 관한 학식과 경험이 풍부한 사람 중에서 국토교통부장관이 임명하거나 위촉한다. 〈개정 2013. 3. 23.〉

④ 위원장 및 부위원장을 제외한 위원의 임기는 2년으로 한다.

⑤ 중앙지적위원회의 간사는 국토교통부의 지적업무 담당 공무원 중에서 국토교통부장관이 임명하며, 회의 준비, 회의록 작성 및 회의 결과에 따른 업무 등 중앙지적위원회의 서무를 담당한다. 〈개정 2013. 3. 23.〉

⑥ 중앙지적위원회의 위원에게는 예산의 범위에서 출석수당과 여비, 그 밖의 실비를 지급할 수 있다. 다만, 공무원인 위원이 그 소관 업무와 직접적으로 관련되어 출석하는 경우에는 그러하지 아니하다.

95 첫 문자를 지목의 부호로 정하지 않는 것으로만 구성된 것은?

① 공장용지, 주차장, 하천, 유원지

② 주유소용지, 하천, 유원지, 공원

③ 유지, 공원, 주유소용지, 학교용지

④ 학교용지, 공장용지, 수도용지, 주차장

정답 94 ④ 95 ①

해설

지목의 부호표기

지목	부호	지목	부호	지목	부호	지목	부호
전	전	대	대	철도용지	철	공원	공
답	답	공장용지	장	제방	제	체육용지	체
과수원	과	학교용지	학	하천	천	유원지	원
목장용지	목	주차장	차	구거	구	종교용지	종
임야	임	주유소용지	주	유지	유	사적지	사
광천지	광	창고용지	창	양어장	양	묘지	묘
염전	염	도로	도	수도용지	수	잡종지	잡

96 토지 등의 출입 등에 따른 손실이 발생하였으나 협의가 성립되지 아니한 경우, 손실을 보상할 자 또는 손실을 받은 자가 재결을 신청할 수 있는 주체는?

① 시 · 도지사
② 국토교통부장관
③ 행정안전부장관
④ 관할 토지수용위원회

해설

공간정보의 구축 및 관리 등에 관한 법률 제102조(토지등의 출입 등에 따른 손실보상)

① 제101조 제1항에 따른 행위로 손실을 받은 자가 있으면 그 행위를 한 자는 그 손실을 보상하여야 한다.
② 제1항에 따른 손실보상에 관하여는 손실을 보상할 자와 손실을 받은 자가 협의하여야 한다.
③ 손실을 보상할 자 또는 손실을 받은 자는 제2항에 따른 협의가 성립되지 아니하거나 협의를 할 수 없는 경우에는 관할 토지수용위원회에 재결(裁決)을 신청할 수 있다.
④ 관할 토지수용위원회의 재결에 관하여는 「공익사업을 위한 토지 등의 취득 및 보상에 관한 법률」 제84조부터 제88조까지의 규정을 준용한다.

97 공간정보의 구축 및 관리 등에 관한 법률상 지적측량업자의 지위를 승계한 자는 그 승계 사유가 발생한 날부터 며칠 이내에 대통령령으로 정하는 바에 따라 신고하여야 하는가?

① 10일
② 20일
③ 30일
④ 60일

해설

공간정보의 구축 및 관리 등에 관한 법률 제46조(측량업자의 지위 승계)

① 측량업자가 그 사업을 양도하거나 사망한 경우 또는 법인인 측량업자의 합병이 있는 경우에는 그 사업의 양수인 · 상속인 또는 합병 후 존속하는 법인이나 합병에 따라 설립된 법인은 종전의 측량업자의 지위를 승계한다.
② 제1항에 따라 측량업자의 지위를 승계한 자는 그 승계 사유가 발생한 날부터 30일 이내에 대통령령으로 정하는 바에 따라 국토교통부장관, 해양수산부장관 또는 시 · 도지사에게 신고하여야 한다.

98 도시개발사업 등의 지번부여 방법과 동일하게 준용하여 지번을 부여하는 때가 아닌 것은?

① 지번부여지역의 지번을 변경할 때
② 등록전환에 의해 지번을 부여할 때
③ 축척변경 시행지역의 필지에 지번을 부여할 때
④ 행정구역 개편에 따라 새로 지번을 부여할 때

해설

공간정보 구축 및 관리 등에 관한 법률 시행령 제56조(지번의 구성 및 부여방법 등)

③ 법 제66조에 따른 지번의 부여방법은 다음 각 호와 같다.
  1. 지번은 북서에서 남동으로 순차적으로 부여할 것
  2. 신규등록 및 등록전환의 경우에는 그 지번부여지역에서 인접토지의 본번에 부번을 붙여서 지번을 부여할 것. 다만, 다음 각 목의 어느 하나에 해당하는 경우에는 그 지번부여지역의 최종 본번의 다음 순번부터 본번으로 하여 순차적으로 지번을 부여할 수 있다.
    가. 대상토지가 그 지번부여지역의 최종 지번의 토지에 인접하여 있는 경우
    나. 대상토지가 이미 등록된 토지와 멀리 떨어져 있어서 등록된 토지의 본번에 부번을 부여하는 것이 불합리한 경우
    다. 대상토지가 여러 필지로 되어 있는 경우

3. 분할의 경우에는 분할 후의 필지 중 1필지의 지번은 분할 전의 지번으로 하고, 나머지 필지의 지번은 본번의 최종 부번 다음 순번으로 부번을 부여할 것. 이 경우 주거·사무실 등의 건축물이 있는 필지에 대해서는 분할 전의 지번을 우선하여 부여하여야 한다.

4. 합병의 경우에는 합병 대상 지번 중 선순위의 지번을 그 지번으로 하되, 본번으로 된 지번이 있을 때에는 본번 중 선순위의 지번을 합병 후의 지번으로 할 것. 이 경우 토지소유자가 합병 전의 필지에 주거·사무실 등의 건축물이 있어서 그 건축물이 위치한 지번을 합병 후의 지번으로 신청할 때에는 그 지번을 합병 후의 지번으로 부여하여야 한다.

5. 지적확정측량을 실시한 지역의 각 필지에 지번을 새로 부여하는 경우에는 다음 각 목의 지번을 제외한 본번으로 부여할 것. 다만, 부여할 수 있는 종전 지번의 수가 새로 부여할 지번의 수보다 적을 때에는 블록 단위로 하나의 본번을 부여한 후 필지별로 부번을 부여하거나, 그 지번부여지역의 최종 본번 다음 순번부터 본번으로 하여 차례로 지번을 부여할 수 있다.

가. 지적확정측량을 실시한 지역의 종전의 지번과 지적확정측량을 실시한 지역 밖에 있는 본번이 같은 지번이 있을 때에는 그 지번

나. 지적확정측량을 실시한 지역의 경계에 걸쳐 있는 지번

6. 다음 각 목의 어느 하나에 해당할 때에는 제5호를 준용하여 지번을 부여할 것

가. 법 제66조 제2항에 따라 지번부여지역의 지번을 변경할 때

나. 법 제85조 제2항에 따른 행정구역 개편에 따라 새로 지번을 부여할 때

다. 제72조제1항에 따라 축척변경 시행지역의 필지에 지번을 부여할 때

> **법률 제66조(지번의 부여 등)**
> ① 지번은 지적소관청이 지번부여지역별로 차례대로 부여한다.
> ② 지적소관청은 지적공부에 등록된 지번을 변경할 필요가 있다고 인정하면 시·도지사나 대도시 시장의 승인을 받아 지번부여지역 의 전부 또는 일부에 대하여 지번을 새로 부여할 수 있다.
>
> **시행령 제72조(토지의 표시 등)**
> ① 지적소관청은 축척변경 시행지역의 각 필지별 지번·지목·면적·경계 또는 좌표를 새로 정하여야 한다.

> **법률 제85조(행정구역의 명칭변경 등)**
> ① 행정구역의 명칭이 변경되었으면 지적공부에 등록된 토지의 소재는 새로운 행정구역의 명칭으로 변경된 것으로 본다.
> ② 지번부여지역의 일부가 행정구역의 개편으로 다른 지번부여지역에 속하게 되었으면 지적소관청은 새로 속하게 된 지번부여지역의 지번을 부여하여야 한다.

④ 법 제86조에 따른 도시개발사업 등이 준공되기 전에 사업시행자가 지번부여 신청을 하면 국토교통부령으로 정하는 바에 따라 지번을 부여할 수 있다. 〈개정 2013.3.23.〉

99 지적업무처리규정에 따른 도곽선의 제도 방법으로 옳지 않은 것은?

① 도면의 위 방향은 항상 북쪽이 되어야 한다.
② 도면에 등록하는 도곽선은 0.1mm의 폭으로 제도한다.
③ 지적도의 도곽크기는 가로 30cm, 세로 40cm의 직사각형으로 한다.
④ 이미 사용하고 있는 도면의 도곽크기는 종전에 구획되어 있는 도곽과 그 수치로 한다.

●해설

지적업무처리규정 제40조(도곽선의 제도)
① 도면의 위 방향은 항상 북쪽이 되어야 한다.
② 지적도의 도곽 크기는 가로 40센티미터, 세로 30센티미터의 직사각형으로 한다.
③ 도곽의 구획은 영 제7조 제3항 각 호에서 정한 좌표의 원점을 기준으로 하여 정하되, 그 도곽의 종횡선수치는 좌표의 원점으로부터 기산하여 영 제7조 제3항에서 정한 종횡선 수치를 각각 가산한다.
④ 이미 사용하고 있는 도면의 도곽크기는 제2항에도 불구하고 종전에 구획되어 있는 도곽과 그 수치로 한다.
⑤ 도면에 등록하는 도곽선은 0.1밀리미터의 폭으로, 도곽선의 수치는 도곽선 왼쪽 아랫부분과 오른쪽 윗부분의 종횡선교차점 바깥쪽에 2밀리미터 크기의 아라비아숫자로 제도한다.

100 지적업무처리규정상 지적측량성과검사 시 기초측량의 검사항목으로 옳지 않은 것은?

① 기지점사용의 적정여부
② 관측각 및 거리측정의 정확여부
③ 관계법령의 분할제한 등의 저촉 여부
④ 지적기준점성과와 기지경계선과의 부합여부

● 해설

지적업무처리규정 제26조(지적측량성과의 검사항목)
「지적측량 시행규칙」 제28조 제2항에 따른 지적측량성과검사를 할 때에는 다음 각 호의 사항을 검사하여야 한다.
1. 기초측량
   가. 기지점사용의 적정여부
   나. 지적기준점설치망 구성의 적정여부
   다. 관측각 및 거리측정의 정확여부
   라. 계산의 정확여부
   마. 지적기준점 선점 및 표지설치의 정확여부
   바. 지적기준점성과와 기지경계선과의 부합여부
2. 세부측량
   가. 기지점사용의 적정여부
   나. 측량준비도 및 측량결과도 작성의 적정여부
   다. 기지점과 지상경계와의 부합여부
   라. 경계점 간 계산거리(도상거리)와 실측거리의 부합 여부
   마. 면적측정의 정확여부
   바. 관계법령의 분할제한 등의 저촉 여부. 다만, 제20조 제3항은 제외한다.

EXERCISES
기출문제

2020년 통합 1·2회 산업기사

본 문제의 해설은 출제자의 의도와 일치되지 않을 수 있으며, 문제 및 해설에 일부 오탈자가 있을 수 있으므로 학습 시 의문사항이 있으면 예문사 또는 저자에게 문의하여 주시기 바랍니다.

Subject 01 지적측량

01 다음 중 지적공부를 정리할 때에 검은색으로 제도하여야 하는 것은?

① 경계의 말소선
② 일람도의 철도용지
③ 일람도의 지방도로
④ 도곽선 및 도곽선 수치

해설

지적업무처리규정 제4장(지적공부의 작성 및 관리)

일람도 의제도	제명 및 축척 – 축척 : 1/10(도면의 장수가 많으면 줄여서 작성 가능) 제명 옆에 20mm, 글자크기 9mm, 간격 1/2
	도면번호 : 지번부여지역·축척·지적도·임야도·경계점좌표등록지별로 일련번호부여
	도면번호 : 신규·등록전환일 경우 마지막 번호 다음 도면번호부터 새로이 부여, 단 도시개발사업 시 종전 도면번호 – 1과 같이 부여
	도면번호 3mm, 인접 동리 명칭 4mm, 그 밖의 행정구역 명칭 5mm
	지방도로 이상 0.2mm, 폭 2선, 그 밖의 도로 0.1mm 폭 – 검은색
	철도 0.2mm 폭 2선 – 붉은색, 수도용지 0.1mm 폭 2선 – 남색
	0.1mm 폭 1선 – 하천구거유지(내부 남색 – 선만으로도 가능) 취락지건물 등(내부 검은색) 도시개발사업·축척(내부 붉은색, 사업명, 완료연도)
지번 색인표	제명 9mm
도곽선 의제도	0.1mm – 도곽선의 폭, 경계의 폭(경계가 넘어가면 다른 도면에 제도하는 지번지목은 붉은색으로)
	1.5mm 경계점 간 거리(짧거나 원을 이루면 생략 가능), 2mm 도곽선 수치
	지적측량기준점 등이 토지를 분할하는 경우 여백에 그 축척의 10배로 확대하여 제도 가능

토지 이동에 따른 제도	가로쓰기, 경계말소, 붉은색 짧은 교차선 3cm 간격(좁히는거가능) 다시 등록 시에는 직경 2~3mm 붉은색원으로 것 제도(칼 가능)
	신규, 등록사항정정, 등록전환(경계, 지번, 지목) – 이미 비치된 도면에 제도(새로이 도면작성 가능)
	등록전환된 곳 : 지번·지목말소 내부 붉은색 채색
	분할·합병 – 지번·지목 말소, 단 중앙에 있는 경우 예외
	지번·지목 변경 시 윗부분에 제도. 곤란한 때에는 오른쪽과 아래쪽에 제도 가능
	도시개발사업, 축척변경 – 축척이 같고 일부가 편입된 경우 이미 비치된 도면에 제도, 단, 확정측량결과도의 도곽선 차이가 0.5mm 이상 나는 경우 확정측량결과도에 의하여 새로이 도면작성, 종전 도면 붉은색 채색(사업명, 사업완료연도)

02 지적측량성과와 검사성과의 연결교차의 허용범위 기준으로 옳은 것은?

① 지적삼각점 : 0.10m 이내
② 지적삼각보조점 : 0.20m 이내
③ 지적도근점(경계점좌표등록부 시행지역) : 0.20m 이내
④ 경계점(경계점좌표등록부 시행지역) : 0.10m 이내

해설

지적측량 시행규칙 제27조(지적측량성과의 결정)

① 지적측량성과와 검사 성과의 연결교차가 다음 각 호의 허용범위 이내일 때에는 그 지적측량성과에 관하여 다른 입증을 할 수 있는 경우를 제외하고는 그 측량성과로 결정하여야 한다.
1. 지적삼각점 : 0.20미터
2. 지적삼각보조점 : 0.25미터
3. 지적도근점
가. 경계점좌표등록부 시행지역 : 0.15미터
나. 그 밖의 지역 : 0.25미터
4. 경계점
가. 경계점좌표등록부 시행지역 : 0.10미터
나. 그 밖의 지역 : 10분의 $3M$밀리미터 (M은 축척분모)

정답 01 ③   02 ④

② 지적측량성과를 전자계산기기로 계산하였을 때에는 그 계산성과자료를 측량부 및 면적측정부로 본다.

03 지상 경계를 결정하는 기준에 관한 설명으로 옳지 않은 것은?

① 토지가 해면 또는 수면에 접하는 경우 : 평균해수면

② 연접되는 토지 간에 높낮이 차이가 있는 경우 : 그 구조물 등의 하단부

③ 도로·구거 등의 토지에 절토(切土)된 부분이 있는 경우 : 그 경사면의 상단부

④ 공유수면매립지의 토지 중 제방 등을 토지에 편입하여 등록하는 경우 : 바깥쪽 어깨부분

해설

공간정보의 구축 및 관리 등에 관한 법률 시행령 제55조(지상 경계의 결정기준 등)
① 법 제65조제1항에 따른 지상 경계의 결정기준은 다음 각 호의 구분에 따른다. 〈개정 2014. 1. 17.〉
　1. 연접되는 토지 간에 높낮이 차이가 없는 경우 : 그 구조물 등의 중앙
　2. 연접되는 토지 간에 높낮이 차이가 있는 경우 : 그 구조물 등의 하단부
　3. 도로·구거 등의 토지에 절토(切土)된 부분이 있는 경우 : 그 경사면의 상단부
　4. 토지가 해면 또는 수면에 접하는 경우 : 최대만조위 또는 최대만수위가 되는 선
　5. 공유수면매립지의 토지 중 제방 등을 토지에 편입하여 등록하는 경우 : 바깥쪽 어깨부분
② 지상 경계의 구획을 형성하는 구조물 등의 소유자가 다른 경우에는 제1항제1호부터 제3호까지의 규정에도 불구하고 그 소유권에 따라 지상 경계를 결정한다.

04 지적도근점측량에서 배각법으로 다음과 같이 관측하였을 때 교차각은?

① 20°31′10″ ② 79°49′50″
③ 100°10′10″ ④ 280°10′10″

해설

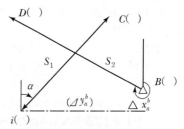

교차각$(\alpha - \beta)$ = 출발방위각 − 도착방위각
　　　　　= $50°10′30″ + 360° − 330°20′40″ = 79°49′50″$

05 평판측량방법으로 세부측량을 하는 때에 측량기하적의 표시사항으로 옳지 않은 것은?

① 측정점의 방향선 길이는 측정점을 중심으로 약 1cm로 표시한다.

② 방위표정에 사용한 기지점 등에는 방향선을 긋고 실측한 거리를 기재한다.

③ 측량자는 직경 1.5mm 이상 3mm 이하의 검은색 원으로 평판점을 표시한다.

④ 방위표정에 사용한 기지점의 표시에 있어 검사자는 1변의 길이가 2~4mm인 삼각형으로 표시한다.

해설

지적업무처리규정 제24조(측량기하적)
① 평판측량방법 또는 전자평판측량방법으로 세부측량을 하는 때에는 측량준비파일에 측량한 기하적(幾何跡)을 다음 각 호와 같이 작성하여야 하며, 부득이한 경우 지적측량준비도에 연필로 표시할 수 있다.
　1. 평판점·측정점 및 방위표정에 사용한 기지점 등에는 방향선을 긋고 실측한 거리를 기재한다. 이 경우 측정점의 방향선 길이는 측정점을 중심으로 약 1센티미터로 표시한다. 다만, 전자측량시스템에 따라 작성할 경우 필지선이 복잡한 때는 방향선과 측정거리를 생략할 수 있다.
　2. 평판점은 측량자는 직경 1.5밀리미터 이상 3밀리미터 이하의 검은색 원으로 표시하고, 검사자는 1변의 길이가 2밀리미터 이상 4밀리미터 이하의 삼각형으로 표시한다. 이 경우 평판점 옆에 평판이동순서에 따라 부$_1$, 부$_2$----으로 표시한다.

3. 평판점의 결정 및 방위표정에 사용한 기지점은 측량자는 직경 1밀리미터와 2밀리미터의 2중원으로 표시하고, 검사자는 1변의 길이가 2밀리미터와 3밀리미터의 2중 삼각형으로 표시한다.
4. 평판점과 기지점 사이의 도상거리와 실측거리를 방향선상에 다음과 같이 기재한다.

측량자

$$\frac{(도상거리)}{실측거리}$$

검사자

$$\frac{\triangle(도상거리)}{\triangle 실측거리}$$

5. 측량대상토지에 지상구조물 등이 있는 경우와 새로이 설정하는 경계에 지상건물 등이 걸리는 경우에는 그 위치현황을 표시하여야 한다. 다만, 영 제55조제4항제2호와 제3호의 규정에 의해 분할하는 경우에는 그러하지 아니하다.

06 다음과 같은 삼각형 모양 토지의 면적(F)은?

① 200m²
② 250m²
③ 450m²
④ 500m²

해설

$$A = \frac{1}{2}absin\alpha$$
$$= \frac{1}{2} \times 40 \times 25 \times \sin 30°$$
$$= 250\text{m}^2$$

07 지적측량 시행규칙에 따른 지적측량의 방법으로 옳지 않은 것은?

① 세부측량
② 일반측량
③ 지적도근점측량
④ 지적삼각점측량

해설

지적측량 시행규칙 제5조(지적측량의 구분 등)
① 지적측량은 「공간정보의 구축 및 관리 등에 관한 법률 시행령」(이하 "영"이라 한다) 제8조제1항제3호에 따른 지적

기준점을 정하기 위한 기초측량과, 1필지의 경계와 면적을 정하는 세부측량으로 구분한다. 〈개정 2015. 4. 23.〉
② 지적측량은 평판(平板)측량, 전자평판측량, 경위의(經緯儀)측량, 전파기(電波機) 또는 광파기(光波機)측량, 사진측량 및 위성측량 등의 방법에 따른다.

08 경위의측량방법에 의한 지적도근점의 연직각을 관측하는 경우에 올려본 각과 내려본 각을 관측하여 그 교차가 최대 얼마 이내인 때에 그 평균치를 연직각으로 하는가?

① 30초
② 60초
③ 90초
④ 120초

해설

지적측량 시행규칙 제13조(지적도근점의 관측 및 계산)
경위의측량방법, 전파기 또는 광파기측량방법과 도선법 또는 다각망도선법에 따른 지적도근점의 관측과 계산은 다음 각 호의 기준에 따른다.
1. 수평각의 관측은 시가지 지역, 축척변경지역 및 경계점좌표등록부 시행 지역에 대하여는 배각법에 따르고, 그 밖의 지역에 대하여는 배각법과 방위각법을 혼용할 것
2. 관측은 20초독 이상의 경위의를 사용할 것
3. 관측과 계산은 다음 표에 따를 것

종별	각	측정 횟수	거리	진수	좌표
배각법	초	3회	센티미터	5자리 이상	센티미터
방위각법	분	1회	센티미터	5자리 이상	센티미터

4. 점간거리를 측정하는 경우에는 2회 측정하여 그 측정치의 교차가 평균치의 3천분의 1 이하일 때에는 그 평균치를 점간거리로 할 것. 이 경우 점간거리가 경사(傾斜)거리일 때에는 수평거리로 계산하여야 한다.
5. 연직각을 관측하는 경우에는 올려본 각과 내려본 각을 관측하여 그 교차가 90초 이내일 때에는 그 평균치를 연직각으로 할 것

09 축척 600분의 1 지적도를 기초로 도곽의 규격이 동일한 축척 3000분의 1의 새로운 지적도 1매를 제작하기 위해서 필요한 축척 600분의 1 지적도의 매수는?

① 5매 ② 10매

③ 20매 ④ 25매

● 해설

$$\left(\frac{1}{600}\right)^2 : \left(\frac{1}{3000}\right)^2 = \cdot \frac{\left(\frac{1}{600}\right)^2}{\left(\frac{1}{3000}\right)^2} = \frac{3000^2}{600^2} = 25$$

10 다음 그림에서 DC 방위각은?

① 120° ② 300°

③ 340° ④ 350°

● 해설

$V_b^c = 80° + 180° - 100° = 160°$

$V_c^d = 160° - 180° + 140° = 120°$

$V_d^c = 120° + 180° = 300°$

11 교회법에 의한 지적삼각보조점측량에서 2개의 삼각형으로부터 계산한 위치의 연결교차 값의 한계는?

① 0.30m 이하 ② 0.40m 이하

③ 0.50m 이하 ④ 0.60m 이하

● 해설

지적측량 시행규칙 제11조(지적삼각보조점의 관측 및 계산)

① 경위의측량방법과 교회법에 따른 지적삼각보조점의 관측 및 계산은 다음 각 호의 기준에 따른다.

　1. 관측은 20초독 이상의 경위의를 사용할 것

　2. 수평각 관측은 2대회(윤곽도는 0도, 90도로 한다)의 방향관측법에 따를 것

　3. 수평각의 측각공차는 다음 표에 따를 것. 이 경우 삼각형 내각의 관측치를 합한 값과 180도와의 차는 내각을 전부 관측한 경우에 적용한다.

종별	1방향각	1측회의 폐색	삼각형 내각관측의 합과 180도의 차	기지각과의 차
공차	40초 이내	±40초 이내	±50초 이내	±50초 이내

4. 계산단위는 다음 표에 따를 것

종별	각	변의 길이	진수	좌표
공차	초	센티미터	6자리 이상	센티미터

5. 2개의 삼각형으로부터 계산한 위치의 연결교차 $\sqrt{종선교차^2 + 횡선교차^2}$ 을 말한다. 이하 같다)가 0.30미터 이하일 때에는 그 평균치를 지적삼각보조점의 위치로 할 것. 이 경우 기지점과 소구점 사이의 방위각 및 거리는 평균치에 따라 새로 계산하여 정한다.

12 두 점의 좌표가 아래와 같을 때 AB방위각 V_A^B의 크기는?

점명	종선좌표(m)	횡선좌표(m)
A	395674.32	192899.25
B	397845.01	190256.39

① 50°36′08″ ② 61°36′08″

③ 309°23′52″ ④ 328°23′52″

● 해설

$\triangle X = 7,845.01 - 5,674.32 = 2,170.69$

$\triangle Y = 256.39 - 2,899.25 = -2,642.86$

$\theta = \tan^{-1}\frac{\triangle y}{\triangle x} = \tan^{-1}\frac{2,642.86}{2,170.69} = 50°36′8.37″ (4상한)$

$V_a^b = 360° - 50°36′8.37″ = 309°23′51.6″$

13 배각법에 의한 지적도근점측량에서 도근점 간 거리가 102.37m일 때 각관측치 오차조정에 필요한 변장 반수는?

① 0.1 ② 0.9

③ 1.8 ④ 9.8

● 해설

$반수 = \frac{1,000}{거리} = \frac{1,000}{102.37} = 9.77 = 9.8$

지적측량 시행규칙 제14조(지적도근점의 각도관측을 할 때의 폐색오차의 허용범위 및 측각오차의 배분)

	배각법		방위각법	
	1등도선	2등도선	1등도선	2등도선
폐색오차의 허용범위	$\pm 20\sqrt{n}$ (초)	$\pm 30\sqrt{n}$ (초)	$\pm\sqrt{n}$ (분)	$\pm 1.5\sqrt{n}$ (분)
	n은 폐색변을 포함한 변수임			
1회와 3회 측정값 교차	30초 이내		–	
측각오차의 배분	$K=-\dfrac{e}{R}\times r$ (측선장에 반비례하여 각 측선의 관측각에 배분)		$K_n=-\dfrac{e}{S}\times s$ (변의 수에 비례하여 각 측선의 방위각에 배분)	
	• K : 각 측선에 배분할 초단위의 각도 • e : 초단위의 오차 • R : 폐색변을 포함한 각 측선장의 반수의 총합계 • r : 각 측선장의 반수. 이 경우 반수는 측선장 1미터에 대하여 1천을 기준으로 한 수 $\left(\text{반수}=\dfrac{1,000}{\text{거리}}\right)$		• K_n : 각 측선의 순서대로 배분할 분단위의 각도 • e : 분단위의 오차 • S : 폐색변을 포함한 변의 수 • s : 각 측선의 순서	

14 축척 1/1200 지역에서 도곽선의 지상거리를 측정한 결과 각각 399.5m, 399.5m, 499.4m, 499.9m일 때 도곽선의 보정계수는 얼마인가?

① 1.0020 ② 1.0018
③ 1.0030 ④ 1.0025

⊙해설

$$Z=\frac{X\cdot Y}{\triangle X\cdot \triangle Y}$$

$$=\frac{400\times 500}{\dfrac{399.5+399.5}{2}\times\dfrac{499.4+499.9}{2}}=1.0020$$

15 지적삼각점의 계산을 진수를 사용하여 계산할 때 진수의 계산단위에 대한 기준으로 옳은 것은?

① 4자리 이상 ② 5자리 이상
③ 6자리 이상 ④ 7자리 이상

⊙해설

지적측량 시행규칙 제9조(지적삼각점측량의 관측 및 계산)
④ 지적삼각점의 계산은 진수(眞數)를 사용하여 각규약(角規約)과 변규약(邊規約)에 따른 평균계산법 또는 망평균계산법에 따르며, 계산단위는 다음 표에 따른다.

각	변장	진수	좌표 · 표고	경위도	자오선수차
초	cm	6자리 이상	cm	초 아래 3자리	초 아래 1자리

16 전파기측량방법에 따라 다각망도선법으로 지적삼각보조점측량을 할 때에 "1도선"의 의미를 가장 올바르게 설명한 것은?

① 교점과 교점 간만을 말한다.
② 기지점과 교점 간만을 말한다.
③ 기지점과 기지점 간만을 말한다.
④ 기지점과 교점 간 또는 교점과 교점 간을 말한다.

⊙해설

지적측량 시행규칙 제10조(지적삼각보조점측량)
⑤ 전파기 또는 광파기측량방법에 따라 다각망도선법으로 지적삼각보조점측량을 할 때에는 다음 각 호의 기준에 따른다. 〈개정 2014. 1. 17.〉
1. 3점 이상의 기지점을 포함한 결합다각방식에 따를 것
2. 1도선(기지점과 교점 간 또는 교점과 교점 간을 말한다)의 점의 수는 기지점과 교점을 포함하여 5점 이하로 할 것
3. 1도선의 거리(기지점과 교점 또는 교점과 교점 간의 점 간거리의 총합계를 말한다)는 4킬로미터 이하로 할 것

17 가구 정점 P의 좌표를 구하기 위한 길이 l은?
(단, $\overline{AP}=\overline{BP}$, $L=10$m, $\theta=68°$)

① 5.39m ② 6.03m
③ 8.94m ④ 13.35m

◉ 해설

전제장(l)

$$\sin\frac{\theta}{2} = \frac{\dfrac{L}{2}}{l} \text{ 에서, } L = 2l\sin\frac{\theta}{2}$$

$$\therefore \ l = \frac{L}{2\cdot\sin\dfrac{\theta}{2}} = \frac{L}{2}\cos ec\frac{\theta}{2}$$

$$l = \frac{L}{2\cdot\sin\dfrac{\theta}{2}} = \frac{10}{2\times\sin\dfrac{68°}{2}} = 8.94m$$

18 다음 중 지적세부측량의 시행 대상이 아닌 것은?

① 경계복원　　　　② 신규등록
③ 지목변경　　　　④ 토지분할

◉ 해설

공간정보의 구축 및 관리 등에 관한 법률 제23조(지적측량의 실시 등)

① 다음 각 호의 어느 하나에 해당하는 경우에는 지적측량을 하여야 한다. 〈개정 2013. 7. 17.〉
　1. 제7조제1항제3호에 따른 지적기준점을 정하는 경우
　2. 제25조에 따라 지적측량성과를 검사하는 경우
　3. 다음 각 목의 어느 하나에 해당하는 경우로서 측량을 할 필요가 있는 경우
　　가. 제74조에 따라 지적공부를 복구하는 경우
　　나. 제77조에 따라 토지를 신규등록하는 경우
　　다. 제78조에 따라 토지를 등록전환하는 경우
　　라. 제79조에 따라 토지를 분할하는 경우
　　마. 제82조에 따라 바다가 된 토지의 등록을 말소하는 경우
　　바. 제83조에 따라 축척을 변경하는 경우
　　사. 제84조에 따라 지적공부의 등록사항을 정정하는 경우
　　아. 제86조에 따른 도시개발사업 등의 시행지역에서 토지의 이동이 있는 경우
　　자. 「지적재조사에 관한 특별법」에 따른 지적재조사사업에 따라 토지의 이동이 있는 경우
　4. 경계점을 지상에 복원하는 경우
　5. 그 밖에 대통령령으로 정하는 경우

19 지적기준점의 제도방법으로 옳지 않은 것은?

① 지적도근점 및 지적도근보조점은 직경 1mm의 원으로 제도한다.
② 1등 및 2등 삼각점은 직경 1mm, 2mm 및 3mm의 3중원으로 제도한다. 이 경우 1등삼각점은 그 중심원 내부를 검은색으로 엷게 채색한다.
③ 3등 및 4등삼각점은 직경 1mm, 2mm의 2중원으로 제도한다. 이 경우 3등삼각점은 그 중심원 내부를 검은색으로 엷게 채색한다.
④ 지적삼각점 및 지적삼각보조점은 직경 3mm의 원으로 제도한다. 이 경우 지적삼각점은 원 안에 십자선을 표시하고, 지적삼각보조점은 원 안에 검은색으로 엷게 채색한다.

◉ 해설

지적기준점의 제도방법

명칭		제도	크기(mm)			비 고	
			3	2	1	십자선	내부채색
국가기준점	위성기준점	⊕	3	2		십자선	
	1등삼각점	◉	3	2	1		채색
	2등삼각점	◎	3	2	1		
	3등삼각점	◉		2	1		채색
	4등삼각점	◎		2	1		
지적기준점	지적삼각점	⊕	3			십자선	
	지적삼각보조점	●	3				채색
	지적도근점	○		2			

20 강재 권척이 기온의 상승으로 늘어났을 때 측정한 거리는 어떻게 보정해야 하는가?

① 가해도 좋고 감해도 좋다.
② 보정을 필요로 하지 않는다.
③ 측정치보다 많아지도록 보정한다.
④ 측정치보다 적어지도록 보정한다.

◉ 해설

강재 권척이 기온의 상승으로 늘어났을 때 측정한 거리는 측정치보다 많아지도록 보정한다.

Subject 02 응용측량

21 곡선반지름이 500m인 원곡선 위를 60km/h로 주행할 때에 필요한 캔트는?(단, 궤간은 1,067mm이다.)

① 6.05mm
② 7.84mm
③ 60.5mm
④ 78.4mm

●해설

캔트 $C = \dfrac{SV^2}{Rg}$

$$= \dfrac{1,067 \times (60 \times 10^6 \times \dfrac{1}{3,600})^2}{500,000 \times 9,810}$$

$$= 60.426\text{mm} ≒ 60.5\text{mm}$$

22 항공사진판독의 요소와 거리가 먼 것은?

① 음영(Shadow)과 색조(Tone)
② 질감(Texture)과 모양(Pattern)
③ 크기(Size)와 형상(Shape)
④ 축척(Scale)과 초점거리(Focal Distance)

●해설

사진판독 요소

주 요 소	색조 (Tone Color)	피사체(대상물)가 갖는 빛의 반사에 의한 것으로 수목의 종류를 판독하는 것을 말한다.
	모양 (Pattern)	피사체(대상물)의 배열상황에 의하여 판별하는 것으로 사진상에서 볼 수 있는 식생, 지형 또는 지표상의 색조 등을 말한다.
	질감 (Texture)	색조, 형상, 크기, 음영 등의 여러 요소의 조합으로 구성된 조밀, 거칢, 세밀함 등으로 표현하며 초목 및 식물의 구분을 나타낸다.
	형상 (Shape)	개체나 목표물의 구성, 배치 및 일반적인 형태를 나타낸다.
	크기 (Size)	어느 피사체(대상물)가 갖는 입체적, 평면적인 넓이와 길이를 나타낸다.
	음영 (Shadow)	판독 시 빛의 방향과 촬영 시의 빛의 방향을 일치시키는 것이 입체감을 얻는 데 용이하다.

보조 요소	상호 위치 관계 (Location)	어떤 사진상이 주위의 사진상과 어떠한 관계가 있는가 파악하는 것으로 주위의 사진상과 연관되어 성립되는 것이 일반적인 경우이다.
	과고감 (Vertical Exaggeration)	과고감은 지표면의 기복을 과장하여 나타낸 것으로 낮고 평평한 지역에서의 지형판독에 도움이 되는 반면 경사면의 경사는 실제보다 급하게 보이므로 오판에 주의해야 한다.

23 GNSS 측량에서 발생하는 오차가 아닌 것은?

① 위성시계오차
② 위성궤도오차
③ 대기권굴절오차
④ 시차(時差)

●해설

구조적인 오차

종류	특징
위성시계오차	GPS 위성에 내장되어 있는 시계의 부정확성으로 인해 발생한다.
위성궤도오차	위성궤도정보의 부정확성으로 인해 발생한다.
대기권전파지연	위성신호의 전리층, 대류권 통과 시 전파지연오차(약 2m)
전파적 잡음	수신기 자체에서 발생하며 PRN 코드잡음과 수신기 잡음이 합쳐져서 발생한다.
다중경로 (Multipath)	다중경로오차는 GPS 위성으로 직접 수신된 전파 이외에 부가적으로 주위의 지형, 지물에 의한 반사된 전파로 인해 발생하는 오차로서 측위에 영향을 미친다. • 다중경로는 금속제 건물, 구조물과 같은 커다란 반사적 표면이 있을 때 일어난다. • 다중경로의 결과로서 수신된 GPS 신호는 처리될 때 GPS 위치의 부정확성을 제공한다. • 다중경로가 일어나는 경우를 최소화하기 위하여 미션 설정, 수신기, 안테나 설계 시에 고려한다면 다중경로의 영향을 최소화할 수 있다. • GPS 신호시간의 기간을 평균하는 것도 다중경로의 영향을 감소시킨다. • 가장 이상적인 방법은 다중경로의 원인이 되는 장애물에서 멀리 떨어져서 관측하는 방법이다. • 다중경로에 따른 영향은 위상측정방식보다 코드측정방식에서 더 크다.

24 1:25000 지형도의 주곡선 간격은?

① 5m ② 10m
③ 15m ④ 20m

해설

등고선의 간격

등고선 종류	기호	1/5,000	1/10,000	1/25,000	1/50,000
주곡선	가는 실선	5	5	10	20
간곡선	가는 파선	2.5	2.5	5	10
조곡선 (보조곡선)	가는 점선	1.25	1.25	2.5	5
계곡선	굵은 실선	25	25	50	100

25 지형측량에 의거하고 지표의 지형·지물을 도면에 표현하는 기호의 형태와 선의 종류 등을 결정하는 데 필요한 도식과 기호의 조건으로 가장 거리가 먼 것은?

① 도식과 기호는 될 수 있는 대로 그리기 용이하고 간단하여야 한다.
② 도식과 기호는 표현하려는 지형·지물이 쉽게 연상할 수 있는 것이어야 한다.
③ 도식과 기호는 표현하려는 물체의 성질과 중요성에 따라 식별을 쉽게 하여야 한다.
④ 지형·지물의 표현을 도상에서는 문자를 제외한 기호로서만 표현하여야 한다.

해설

지도도식규칙 제3조(정의)
이 규칙에서 사용하는 용어의 정의는 다음과 같다.
1. "지도"라 함은 지표면·지하·수중 및 공간의 위치와 지형·지물·지명 및 행정구역경계 등의 각종 지형공간정보를 일정한 축척에 의하여 기호나 문자 등으로 표시한 도면을 말한다.
2. "도식"이라 함은 지도에 표기하는 지형·지물 및 지명 등을 나타내는 상징적인 기호나 문자 등의 크기·모양·색상 및 그 배열방식 등을 말한다.

3. "도곽"이라 함은 지도의 내용을 둘러싸고 있는 2중의 구획선을 말한다.
지도도식규칙 제4조(기호 및 선의 종류)
① 지물의 실제형상 또는 상징물의 표현은 선 또는 기호로 한다.
② 선은 실선과 파선으로 구분한다.
③ 기호 및 선의 굵기는 국립지리원장(이하 "지리원장"이라 한다)이 정한다.

26 초점거리 20cm의 카메라로 표고 150m의 촬영기준면을 사진축척 1:10000으로 촬영한 연직사진상에서 표고 200m인 구릉지의 사진축척은?

① 1:9000 ② 1:9250
③ 1:9500 ④ 1:9750

해설

- $\dfrac{1}{m} = \dfrac{f}{H \pm h}$
- $H = mf + h$
  $= 10,000 \times 0.2 + 150$
  $= 2,150\text{m}$
- $\dfrac{1}{m} = \dfrac{f}{H \pm h}$
  $= \dfrac{0.2}{2,150 - 200} = \dfrac{1}{9,750}$

27 고속차량이 직선부에서 곡선부로 진입할 때 발생하는 횡방향 힘을 제거하여, 안전하고 원활히 통과할 수 있도록 곡선부와 직선부 사이에 설치하는 선은?

① 단곡선 ② 접선
③ 절선 ④ 완화곡선

해설

완화곡선(Transition Curve)
완화곡선은 차량의 급격한 회전 시 원심력에 의한 횡방향 힘의 작용으로 인해 발생하는 차량운행의 불안정과 승객의 불쾌감을 줄이는 목적으로 곡률을 0에서 조금씩 증가시켜 일정한 값에 이르게 하기 위해 직선부와 곡선부 사이에 넣는 매끄러운 곡선을 말한다.

정답 24 ② 25 ④ 26 ④ 27 ④

완화곡선의 특징

① 곡선반경은 완화곡선의 시점에서 무한대, 종점에서 원곡선 R로 된다.

② 완화곡선의 접선은 시점에서 직선에, 종점에서 원호에 접한다.

③ 완화곡선에 연한 곡선반경의 감소율은 캔트의 증가율과 같다.

④ 완화곡선이 종점이 캔트와 원곡선 시점이 캔트는 같다.

⑤ 완화곡선은 이정의 중앙을 통과한다.

⑥ 완화곡선의 곡률은 시점에서 0, 종점에서 $\dfrac{1}{R}$이다.

28 축척 1:30000으로 촬영한 카메라의 초점거리가 15cm, 사진크기는 18cm×18cm, 종중복도 60%일 때 이 사진의 기선고도비는?

① 0.21   ② 0.32

③ 0.48   ④ 0.72

> **해설**

기선고도비

$$\frac{B}{H} = \frac{ma\left(1 - \dfrac{p}{100}\right)}{mf}$$

$$= \frac{0.18\left(1 - \dfrac{60}{100}\right)}{0.15} = 0.48$$

29 원곡선 중 단곡선을 설치할 때 접선장(TL)을 구하는 공식은?(단, R : 곡선반지름, I : 교각)

① $TL = R\cos\dfrac{I}{2}$

② $TL = R\tan\dfrac{I}{2}$

③ $TL = R\cos\mathrm{ec}\dfrac{I}{2}$

④ $TL = R\sin\dfrac{I}{2}$

> **해설**

접선장 (Tangent Length)	$TL = R \cdot \tan\dfrac{I}{2}$
곡선장 (Curve Length)	$CL = \dfrac{\pi}{180°} \cdot R \cdot I$ $= 0.01745 RI$
외할 (External Secant)	$E = R\left(\sec\dfrac{I}{2} - 1\right)$
중앙종거 (Middle Ordinate)	$M = R\left(1 - \cos\dfrac{I}{2}\right)$

30 GNSS 항법메시지에 포함되는 내용이 아닌 것은?

① 지구의 자전속도   ② 위성의 상태정보

③ 전리층 보정계수   ④ 위성시계 보정계수

> **해설**

GPS 신호

반송파 (Carrier)	L_1	• 주파수 1,575.42MHz(154×10.23MHz), 파장 19cm • C/A code와 P code 변조 가능
	L_2	• 주파수 1,227.60MHz(120×10.23MHz), 파장 24cm • P code만 변조 가능
코드 (Code)	P Code	• 반복주기 7일인 PRN code(Pseudo Random Noise Code) • 주파수 10.23MHz, 파장 30m(29.3m)
	C/A Code	• 반복주기 : 1ms(milli-second)로 1.023 Mbps로 구성된 PPN Code • 주파수 1.023MHz, 파장 300m(293m)
Navigation Message		1. GPS 위성의 궤도, 시간, 기타 System Parameter들을 포함하는 Data bit 2. 측위계산에 필요한 정보 　• 위성탑재 원자시계 및 전리층 보정을 위한 Parameter 값 　• 위성궤도정보 　• 타 위성의 항법메시지 등 포함 3. 위성궤도정보에는 평균근점각, 이심률, 궤도 장반경, 승교점적경, 궤도경사각, 근지점인수 등 기본적인량 및 보정항 포함

31 등고선에 대한 설명으로 틀린 것은?

① 주곡선은 지형을 표시하는 데 기본이 되는 선이다.
② 계곡선은 주곡선 10개마다 굵게 표시한다.
③ 간곡선은 주곡선 간격의 1/2이다.
④ 조곡선은 간곡선 간격의 1/2이다.

해설

등고선의 종류

주곡선	지형을 표시하는 데 가장 기본이 되는 곡선으로 가는 실선으로 표시
간곡선	주곡선 간격의 $\frac{1}{2}$ 간격으로 그리는 곡선으로 완경사지나 주곡선만으로 지모를 명시하기 곤란한 장소에 가는 파선으로 표시
조곡선	간곡선 간격의 $\frac{1}{2}$ 간격으로 그리는 곡선으로 불규칙한 지형을 표시(주곡선 간격의 $\frac{1}{4}$ 간격으로 그리는 곡선)
계곡선	주곡선 5개마다 1개씩 그리는 곡선으로 표고의 읽음을 쉽게 하고 지모의 상태를 명시하기 위해 굵은 실선으로 표시

등고선의 간격

등고선 종류 〳 축척	기호	1/5,000	1/10,000	1/25,000	1/50,000
주곡선	가는 실선	5	5	10	20
간곡선	가는 파선	2.5	2.5	5	10
조곡선 (보조곡선)	가는 점선	1.25	1.25	2.5	5
계곡선	굵은 실선	25	25	50	100

32 노선의 결정에 고려하여야 할 사항으로 옳지 않은 것은?

① 절토의 운반거리가 짧을 것
② 가능한 한 경사가 완만할 것
③ 가능한 한 곡선으로 할 것
④ 배수가 완전할 것

해설

노선조건
• 가능한 한 직선으로 할 것
• 가능한 한 경사가 완만할 것
• 토공량이 적고 절토와 성토가 짧은 구간에서 균형을 이룰 것
• 절토의 운반거리가 짧을 것
• 배수가 완전할 것

33 GNSS 측량의 특성에 대한 설명으로 틀린 것은?

① 측점 간 시통이 요구된다.
② 야간관측이 가능하다.
③ 날씨에 영향을 거의 받지 않는다.
④ 전리층 영향에 대한 보정이 필요하다.

해설

GPS의 특징
• 지구상 어느 곳에서나 이용할 수 있다.
• 기상에 관계없이 위치결정이 가능하다.
• 측량기법에 따라 수 mm~수십 m까지 다양한 정확도를 가지고 있다.
• 측량거리에 비하여 상대적으로 높은 정확도를 지니고 있다.
• 하루 24시간 어느 시간에서나 이용이 가능하다.
• 사용자가 무제한 사용할 수 있으며 신호 사용에 따른 부담이 없다.
• 다양한 측량기법이 제공되어 목적에 따라 적당한 기법을 선택할 수 있으므로 경제적이다.
• 3차원 측량을 동시에 할 수 있다.
• 기선 결정의 경우 두 측점 간의 시통에 관계가 없다.
• 세계측지기준계(WGS84)좌표계를 사용하므로 지역기준계를 사용할 시에는 다소 번거로움이 있다.

34 촬영고도 750m에서 촬영한 사진상에 철탑의 상단이 주점으로부터 70mm 떨어져 나타나 있으며, 철탑의 기복변위가 6.15mm일 때 철탑의 높이는?

① 57.15m   ② 63.12m
③ 65.89m   ④ 67.03m

◉해설

$$h = \frac{H}{r} \cdot \Delta r$$
$$= \frac{750}{0.07} \times 0.00615 = 65.89\text{m}$$

35 교호수준측량의 성과가 그림과 같을 때 B점의 표고는?(단, A점의 표고는 70m, $a_1 = 0.87\text{m}$, $a_2 = 1.74\text{m}$, $b_1 = 0.24\text{m}$, $b_2 = 1.07\text{m}$)

① 50.65m
② 50.85m
③ 70.65m
④ 70.85m

◉해설

$$h = \frac{1}{2}(a_1 + a_2) - (b_1 + b_2)$$
$$= \frac{(0.87 + 1.74) - (0.24 + 1.07)}{2} = 0.65$$
$$H_B = H_A + h = 70 + 0.65 = 70.65\text{m}$$

36 지표면에서의 500m 떨어져 있는 두 지점에서 수직터널을 모두 지구 중심방향으로 800m 굴착하였다고 하면 두 수직터널 간 지표면에서의 거리와 깊이 800m에서의 거리에 대한 차는?(단, 지구는 반지름이 6,370km인 구로 가정한다.)

① 6.3cm
② 7.3cm
③ 8.3cm
④ 9.3cm

◉해설

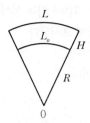

여기서, R : 지구의 곡률반경
H : 표고
L : 관측길이

$$C_k = -\frac{LH}{R}$$
$$= -\frac{500 \times 800}{6,370,000}$$
$$= 0.0627\text{m} = 6.27\text{cm}$$

37 수준측량에서 시점의 지반고가 100m이고, 전시의 총합은 107m, 후시의 총합은 125m일 때 종점의 지반고는?

① 82m
② 118m
③ 232m
④ 332m

◉해설

$$GH = 100 + (125 - 107) = 118\text{m}$$

38 터널측량에서 지상의 측량좌표와 지하의 측량좌표를 일치시키는 측량은?

① 터널 내외 연결측량
② 지상(터널 외)측량
③ 지하(터널 내)측량
④ 지하 관통측량

◉해설

갱내외 연결측량의 목적
• 공사계획이 부적당할 때 그 계획을 변경하기 위하여
• 갱내외의 측점의 위치관계를 명확히 해두기 위해서
• 갱내에서 재변이 일어났을 때 갱외에서 그 위치를 알기 위해서

39
삼각점 A에서 B점의 표고값을 구하기 위해 양방향 삼각수준측량을 시행하여 고저각 $\alpha_A = +2°30'$와 $\alpha_B = -2°13'$, A점의 기계높이가 $i_A = 1.4m$, B점의 기계높이 $i_B = 1.4m$, 측표의 높이 $h_A = 4.20m$, $h_B = 4.20m$를 취득하였다. 이때의 B점의 표고값은?(단, A점의 높이 = 325.63m, A점과 B점 간의 수평거리는 1,580m이다.)

① 325.700m
② 390.700m
③ 419.490m
④ 425.490m

● 해설

$$h = \frac{1}{2}\left[(i_A - i_B) + (h_A - h_B) + (D.\tan\alpha_A - D.\tan\alpha_B)\right]$$

$$= \frac{1}{2}\left[(1.4 - 1.4) + (4.2 - 4.2) + \left(\begin{matrix}1,580 \times \tan2°30' - \\ (-1,580 \times \tan2°13')\end{matrix}\right)\right]$$

$$= 65.07$$

$$H_B = H_A + h = 325.63 + 65.07 = 390.70m$$

40
지형의 표시법 중 급경사는 굵고 짧게, 완경사는 가늘고 길게 표시하는 방법은?

① 음영법
② 영선법
③ 채색법
④ 등고선법

● 해설

지형도에 의한 지형표시법

자연적 도법	영선법 (우모법, Hatching)	"게바"라고 하는 단선상(短線上)의 선으로 지표의 기본을 나타내는 것으로 게바의 사이, 굵기, 방향 등에 의하여 지표를 표시하는 방법이다.

자연적 도법	음영법 (명암법, Shading)	태양광선이 서북쪽에서 45°로 비친다고 가정하여 지표의 기복을 도상에서 2~3색 이상으로 채색하여 지형을 표시하는 방법으로 지형의 입체감이 가장 잘 나타나는 방법이다.
부호적 도법	점고법 (Spot Height System)	지표면상의 표고 또는 수심의 숫자에 의하여 지표를 나타내는 방법으로 하천, 항만, 해양 등에 주로 이용한다.
	등고선법 (Contour System)	동일 표고의 점을 연결한 것으로 등고선에 의하여 지표를 표시하는 방법으로 토목공사용으로 가장 널리 사용한다.
	채색법 (Layer System)	같은 등고선의 지대를 같은 색으로 채색하여 높을수록 진하게, 낮을수록 연하게 칠하여 높이의 변화를 나타내며 지리관계의 지도에 주로 사용한다.

Subject 03 **토지정보체계론**

41
인접성(Neighborhood)에 대한 설명으로 옳지 않은 것은?

① 폴리곤이나 객체들의 포함 관계를 말한다.
② 서로 이웃하여 있는 폴리곤 간의 관계를 말한다.
③ 공간객체 간 상호 인접성에 기반을 둔 분석에 필요하다.
④ 정확한 파악을 위해서는 상, 하, 좌, 우와 같은 상대적 위치성도 파악하여야 한다.

● 해설

위상 구조 분석	각 공간객체 사이의 관계가 인접성, 연결성, 포함성 등의 관점에서 묘사되며, 스파게티 모델에 비해 다양한 공간분석이 가능하다.	
	인접성 (Adjacency)	사용자가 중심으로 하는 개체의 형상 좌우에 어떤 개체가 인접하고 그 존재가 무엇인지 나타내는 것이며, 이러한 인접성으로 인해 지리정보의 중요한 상대적인 거리나 포함 여부를 알 수 있게 된다.
	연결성 (Connectivity)	지리정보의 3가지 요소의 하나인 선 (Line)이 연결되어 각 개체를 표현할 때 노드(Node)를 중심으로 다른 체인과 어떻게 연결되는지 표현한다.

위상 구조 분석	포함성 (Containment)	특정한 폴리곤에 또 다른 폴리곤이 존재할 때 이를 어떻게 표현할지가 지리정보의 분석 기능에서 중요하며 특정지역을 분석할 때, 특정지역에 포함된 다른 지역을 분석할 때 중요하다.

42 데이터베이스관리시스템의 장단점으로 옳지 않은 것은?

① 운용비용 부담이 가중된다.
② 중앙집약적 구조의 위험성이 높다.
③ 데이터의 보안성을 유지할 수 없다.
④ 시스템이 복잡하여 데이터의 손실 가능성이 높다.

해설

DBMS의 장단점

장점	단점
• 시스템개발 비용 감소 • 보안 향상 • 표준화 • 중복의 최소화 • 데이터의 독립성 향상 • 데이터의 무결성 유지 • 데이터의 일관성 유지	• 위험부담을 최소화하기 위해 효율적인 백업과 회복기능을 갖추어야 한다 • 중앙집약적인 위험 부담 • 시스템 구성의 복잡성 • 운영비의 증대

43 지적도 전산화 작업의 목적으로 옳지 않은 것은?

① 대민서비스의 질적 향상 도모
② 지적측량 위치정확도 향상 도모
③ 토지정보시스템의 기초 데이터 활용
④ 지적도면의 신축으로 인한 원형 보관 관리의 어려움 해소

해설

지적도 전산화의 목적
• 국가지리정보사업에 기본정보로 관련 기관의 다목적 활용을 위한 기반 조성
• 지적도면의 신축으로 인한 원형 보관, 관리의 어려움 해소
• 지적관련 민원사항의 신속·정확한 처리
• 토지소유권 등 변동자료의 신속한 파악과 관리
• 토지 관련 정책자료의 다목적 활용

44 데이터베이스의 구축과정으로 옳은 것은?

① 계획 → 저장 → 관리·조작 → 데이터베이스 정의
② 데이터베이스 정의 → 계획 → 저장 → 관리·조작
③ 저장 → 데이터베이스 정의 → 계획 → 관리·조작
④ 관리·조작 → 저장 → 계획 → 데이터베이스 정의

해설

데이터베이스 구축과정
데이터베이스 정의 → 계획 → 저장 → 관리·조작

45 오버슈트(Overshoot), 언더슈트(Undershoot), 스파이크(Spike), 슬리버(Sliver) 등의 발생원인은?

① 기계적인 오차
② 속성자료를 입력할 때의 오차
③ 입력도면의 평탄성 오차
④ 디지타이징할 때의 오차

해설

디지타이징 입력에 따른 오류 유형
벡터데이터의 편집과정에서 발생하는 오류에는 오버슈터, 언더슈터, 슬리버, 노드의 부재, 선의 중복, 불필요한 노드 등이 있다.

Overshoot (기준선 초과 오류)	교차점을 지나서 연결선이나 절점이 끝나기 때문에 발생하는 오류로, 이런 경우 편집소프트웨어에서 Trim과 같이 튀어나온 부분을 삭제하는 명령을 사용하여 수정한다.
Undershoot (기준선 미달 오류)	교차점을 미치지 못하는 연결선이나 절점으로 발생하는 오류로, 이런 경우 편집소프트웨어에서 Extend와 같은 완전연결을 해주는 명령을 사용하여 수정한다.
Spike (스파이크)	교차점에서 두 개의 선분이 만나는 과정에서 잘못된 좌표가 입력되어 발생하는 오차로, 이런 경우 엉뚱한 좌표가 입력된 점을 제거하고 적절한 좌푯값을 가진 점을 입력한다.
Sliver Polygon (슬리버 폴리곤)	하나의 선으로 입력되어야 할 곳에 두 개의 선으로 약간 어긋나게 입력되어 가늘고 긴 불편한 폴리곤을 형성한 상태의 오차(선 사이의 틈)로, 폴리곤 생성을 부정확하게 만든 선을 제거하여 폴리곤 생성을 새로 한다.
Overlapping (점·선 중복)	주로 영역의 경계선에서 점·선이 이중으로 입력되어 발생하는 오차로, 중복된 점·선을 제거함으로써 수정할 수 있다.
Dangling Node (매달림, 연결선)	매달린 노드의 형태로 발생하는 오류로, 오버슈트나 언더슈트와 같은 형태로 한쪽 끝이 다른 연결선이나 절점에 연결되지 않은 상태의 오차이다. 이것은 폴리곤이 폐합되어야 할 곳에서 Undershoot되어 발생하는 것이므로 이런 부분을 찾아서 수정해 주어야 한다.

46 다음 중 토지정보시스템 구성을 위한 내용에 포함될 수 없는 것은?

① 법률자료

② 토지측량자료

③ 경영합리화에 관한 자료

④ 기술적 시설물에 관한 자료

● 해설

LIS와 GIS 의 비교

LIS	구분	GIS
지적도를 기반으로 소유권, 이해관계, 토지이용, 과세자료 등 지적정보를 대상으로 하는 위치참조체계	개념	지형도를 기반으로 하는 자원, 교통, 환경 등 공간상에 분포하고 있는 제반요소에 대한 위치참조체계
필지(Parcel)	공간 기본 단위	지역 · 구역
대축척 · 지적도	축척 및 기본도	소축척 · 지형도 (지형 · 지물)
높다. (cm, dm(1/10m), mm)	정확도	낮다. (축척에 따라 높을 수 있음)
즉시(Real-time)	정보의 갱신	비정규적(2~5년)
토지이용의 최소단위(필지)	세분 정도	보편적(지역범위)
정확한 관청의 과업을 수행하기 위한 관공서의 중요한 영구자료	자료 수집의 목적	대규모 사업설계도/ 도시 및 지역계획 수립 등에 의사결정 자료 확보
영구보존	자료의 수명	사업 종료 시 (필요에 따라 영구히 보존 가능)
도형자료(래스터 · 벡터), 속성자료(대장)	자료 구조	도형자료(래스터 · 벡터), 속성자료
필지중심 자료 • 토지소재, 지번, 지목, 경계, 면적 • 권리관계(지적/등기) • 가치정보 (개별공시지가)	정보 내용	지형 중심 자료 • 지형, 경사, 고도 • 환경, 토양, 토지이용 • 도로, 구조물 등
자료관리 · 제공 (법적 · 제도적 토대)	시스템 장점	자료분석

47 4개의 타일(Tile)로 분활된 지적도 레이어를 하나의 레이어로 편집하기 위해서 이용하여야 하는 기능은?

① Map Join

② Map Loading

③ Map Overlay

④ Map Filtering

● 해설

중첩을 통한 레이어 편집

클립(Clip)	클립은 레이어에서 필요한 지역만을 추출하는 것으로 원래의 입력레이어는 클립레이어에 의하여 정의된 지역에 대한 도형 및 속성정보만을 추출해 새로운 출력레이어를 만드는 과정이다.
이레이즈 (Erase)	클립레이어의 반대되는 과정으로 레이어가 나타내는 지역 중 임의 지역을 삭제하는 과정으로 전체 레이어에서 분석할 필요가 없는 지역이 지리적으로 정의된 경우에는 그러한 지역을 사전에 삭제해서 제반분석에 효율성을 기할 수 있다.
업데이트 (Update)	업데이트는 레이어의 어느 한 부분에 대하여 갱신된 자료 또는 편집된 자료로 교체하는 것으로 전체 레이어에 대한 도형정보와 속성정보를 지닌 전체 데이터베이스를 갱신하지 않고 일부 데이터만을 수정 · 갱신할 수 있어서 매우 효율적이다.
스플릿 (Split)	스플릿은 하나의 레이어를 여러 개의 레이어로 분할하는 과정으로 도형정보와 속성정보로 이루어진 하나의 데이터베이스를 나름대로의 기준에 따라 여러 개의 파일이나 데이터베이스로 분리하는 데 사용된다.
맵조인과 어펜드 (Mapjoin and Append)	맵조인과 어펜드는 스플릿과 반대되는 개념으로 여러 개의 레이어를 하나의 레이어로 합치는 과정이다. 맵조인은 여러 개의 레이어가 하나의 레이어로 합쳐지면서 도형정보와 속성정보가 합쳐지고 위상정보도 재정리되는 것이 특징이고, 어펜드는 도형과 속성정보가 합쳐지기는 하지만 위상정보가 재정리되지는 않는다. 그러므로 어펜드는 공간객체의 경우 연결성이나 인접성 등이 재정리되지 않고 위상구조를 가지지 못하므로 선의 길이나 폴리곤의 면적 등 제반 분석이 불가능하다.
디졸브 (Dissolve)	디졸브는 맵조인이나 제반레이어를 합치는 과정에서 발생한 불필요한 폴리곤의 경계선을 제거하여 폴리곤의 숫자를 축소해서 보다 효율적인 공간자료와 위상구조를 가질 수 있도록 만드는 과정이며 동일한 속성값을 갖는 폴리곤에 대해 이름을 다시 부여하는 데 사용되기도 한다.

엘리미네이트 (Eliminate)	여러 개의 레이어를 중첩하거나 맵조인 등에 의하여 서로 다른 레이어가 합쳐지는 경우에 슬리버와 같은 작고 가느다란 형태의 불필요한 폴리곤들이 형성 되는 경우에 엘리미네이트 과정을 통하여 불필요한 슬리버를 제거하는 과정을 말한다.
마스크 (Mask)	레이어에서 필요한 지역만을 투명하게 만들고 나머지 지역은 불투명하게 추출하는 데 사용된다.
리플레이스 (Replace)	하나의 레이어에 있는 모든 지점이 다른 레이어에서 필요할 때 사용된다.
모자이크 (Mosaic)	서로 인접한 레이어들의 인접부분을 일치시켜 여러 개의 레이어를 하나로 합치는 데 유용하다.

48 다음 중 점 · 선 · 면으로 나타난 도형(객체) 간의 공간상의 상관관계를 의미하는 것은?

① 레이어(Layer)
② 속성(Attribute)
③ 위상(Topology)
④ 커버리지(Coverage)

해설

위상 구조 분석	각 공간객체 사이의 관계가 인접성, 연결성, 포함성 등의 관점에서 묘사되며, 스파게티 모델에 비해 다양한 공간분석이 가능하다.	
	인접성 (Adjacency)	사용자가 중심으로 하는 개체의 형상 좌우에 어떤 개체가 인접하고 그 존재가 무엇인지 나타내는 것이며, 이러한 인접성으로 인해 지리정보의 중요한 상대적인 거리나 포함 여부를 알 수 있게 된다.
	연결성 (Connectivity)	지리정보의 3가지 요소의 하나인 선(Line)이 연결되어 각 개체를 표현할 때 노드(Node)를 중심으로 다른 체인과 어떻게 연결되는지 표현한다.
	포함성 (Containment)	특정한 폴리곤에 또 다른 폴리곤이 존재할 때 이를 어떻게 표현할지가 지리정보의 분석 기능에서 중요하며 특정지역을 분석할 때, 특정지역에 포함된 다른 지역을 분석할 때 중요하다.

49 공간분석을 위해 여러 지도요소를 겹칠 때 그 지도요소 하나하나를 가리키는 것으로, 그 하나의 독립된 지도가 될 수 있고 완성된 지도의 한 부분이 될 수도 있는 것은?

① 점(point)
② 필드(field)
③ 이미지(image)
④ 커버리지(coverage)

해설

Layer(레이어, 층)

한 주제를 다루는 데 중첩되는 다양한 자료들로 한 커버리지의 자료파일을 말한다. 이 중첩자료들은 데이터베이스 내에서 공통된 좌표체계를 가지며 보통 하나의 주제를 갖는다. 예를 들어 지형레이어는 건물, 도로, 등고선 등의 레이어로 구분하여 도로레이어는 고속도로, 국도, 지방도 등 여러 종류의 도로가 포함된다.

GIS의 구축을 위하여 컴퓨터에 입력된 모든 지리정보는 적절한 출력을 통하여 지도와 동일한 형태 및 특성을 가질 수 있으며 기존 지도의 기능을 할 수 있다. 이렇게 컴퓨터를 이용하여 생성된 지도를 수치지도라 한다. 컴퓨터 내부에서는 모든 정보가 이진법의 수치형태로 표현되고 저장되기 때문에 수치지도라 불린다. 영어로는 Digital Map, Layer, Coverage 혹은 Digital Layer라고 불리며, 일반적으로 레이어라는 표현이 사용된다. 구체적으로 본다면 도형정보만을 수치로 나타낸 것을 레이어라고 하고 도형정보와 관련 속성정보를 함께 갖는 수치지도를 커버리지라고 한다.

50 다음 지도의 유형들 중 관계가 다른 것은?

① 해도
② 지적도
③ 지형도
④ 토지이용현황도

해설

공간정보의 구축 및 관리 등에 관한 법률 제2조 및 시행령 제4조

지도 (地圖)	측량 결과에 따라 공간상의 위치와 지형 및 지명 등 여러 공간정보를 일정한 축척에 따라 기호나 문자 등으로 표시한 것을 말하며, 정보처리시스템을 이용하여 분석, 편집 및 입력 · 출력할 수 있도록 제작된 수치지형도[항공기나 인공위성 등을 통하여 얻은 영상정보를 이용하여 제작하는 정사영상지도(正射映像地圖)를 포함한다]와 이를 이용하여 특정한 주제에 관하여 제작된 지하시설물도 · 토지이용현황도 등 대통령령으로 정하는 수치주제도(數値主題圖)를 포함한다.

수치 주제도 (數値主 題圖)	토지이용 현황도	지하 시설물도	도시 계획도	
	국토이용 계획도	토지 적성도	도로망도	
	지하 수맥도	하천 현황도	수계도	산림이용 기본도
	자연공원 현황도	생태· 자연도	지질도	
	관광지도	풍수해 보험 관리지도	재해지도	행정구역도
	토양도	임상도	토지피복 지도	식생도
	위에 규정된 것과 유사한 수치주제도 중 관련 법령 상 정보유통 및 활용을 위하여 정확도의 확보가 필 수적이거나 공공목적상 정확도의 확보가 필수적인 것으로서 국토교통부장관이 정하여 고시하는 수치 주제도			

51 DXF(Drawing Exchange Format) 파일에 대한 설명으로 옳지 않은 것은?

① ASCⅡ 코드형태이다.
② 도형표현의 효율성과 자료생성의 용이성을 가진다.
③ 대부분의 GIS 소프트웨어에서 변환이 불가능하다.
④ CAD 자료를 다른 그래픽 체계로 변환한 자료파일
이다.

◁해설▷

CAD 파일형식
• Autodesk 사의 Auto CAD 소프트웨어에서는 DWG와
  DXF 등의 파일형식을 사용한다.
• 이 중에서 DXF 파일형식은 수많은 GIS 관련 소프트웨어뿐
  만 아니라 원격탐사 소프트웨어에서도 사용할 수 있다.
• DXF 파일은 단순한 ASCⅡ File로서 공간객체의 위상관계
  를 지원하지 않는다.

DXF(Drawing Exchange file Format) 파일의 구조
오토캐드용 자료 파일을 다른 그래픽 체계에서 사용할 수 있도록
만든 ASCII(American Standard Code for Information
Interchange) 형태의 그래픽 자료 파일형식이다.
• 서로 다른 CAD 프로그램 간에 설계도면파일을 교환하는 데
  사용하는 파일형식이다.
• Auto Desk 사에서 제작한 ASCII 코드 형태이다.
• DXF 파일구성 : 헤더 섹션, 테이블 섹션, 블록 섹션, 엔티
  티 섹션

• 도형자료만의 교환에 있어서는 속성자료와 연계 없이 점,
  선, 면의 형태와 좌표만을 고려하면 되므로 단순한 포맷의
  변환이 될 수 있다.
• 자료의 관리나 사용, 변경이 쉽고 변환효율이 뛰어나다
• 일반적인 텍스터 편집기를 통해서도 내용을 읽고 편집할 수
  있다
• 아스키 문서 파일로서 "dxf"를 확장자로 가진다

52 다음 중 가장 높은 위치 정확도로 공간자료를 취득할 수 있는 방법은?

① 원격탐사
② 평판측량
③ 항공사진측량
④ 토털스테이션 측량

◁해설▷

토털스테이션(Total Station)
1. 토털스테이션의 정의
   토털스테이션은 관측된 데이터를 직접 휴대용 컴퓨터기기
   (전자평판)에 저장하고 처리할 수 있으며 3차원 지형정보
   획득 및 데이터베이스의 구축, 지형도 제작까지 일괄적으
   로 처리할수 있는 측량기계이다.
2. 토털스테이션의 특징
   • 거리, 수평각 및 연직각을 동시에 관측할 수 있다.
   • 관측된 데이터가 전자평판에 자동 저장되고 직접 처리가
     가능하다.
   • 시간과 비용을 줄일 수 있고 정확도를 높일 수 있다.
   • 지형도 제작이 가능하다.
   • 수치데이터를 얻을 수 있으므로 관측자료 계산 및 다양
     한 분야에 활용할 수 있다.

53 지적전산자료의 이용·활용에 대한 승인권자에 해당하지 않는 자는?

① 시·도지사
② 지적소관청
③ 국토교통부장관
④ 국토지리정보원장

◁해설▷

공간정보의 구축 및 관리 등에 관한 법률 제76조(지적전산자료
의 이용 등)
① 지적공부에 관한 전산자료(연속지적도를 포함하며, 이하
   "지적전산자료"라 한다)를 이용하거나 활용하려는 자는 다
   음 각 호의 구분에 따라 국토교통부장관, 시·도지사 또는
   지적소관청에 지적전산자료를 신청하여야 한다.

1. 전국 단위의 지적전산자료 : 국토교통부장관, 시·도 지사 또는 지적소관청
2. 시·도 단위의 지적전산자료 : 시·도지사 또는 지적소관청
3. 시·군·구(자치구가 아닌 구를 포함한다) 단위의 지적전산자료 : 지적소관청

54 래스터 데이터의 압축기법에 해당하지 않는 것은?

① 사지수형(Quadtree)
② 스파게티(Spaghetti)
③ 체인코드(Chain Codes)
④ 런랭스코드(Run−Length Codes)

● 해설

래스터 데이터의 압축방법

런랭스코드 (Run−Length Code) 기법	• 각 행마다 왼쪽에서 오른쪽으로 진행하면서 동일한 수치를 갖는 셀들을 묶어 압축하는 방법이다. • Run이란 하나의 행에서 동일한 속성값을 갖는 격자를 말한다. • 동일한 속성값을 개별적으로 저장하는 대신 하나의 Run에 해당되는 속성값이 한 번만 저장되고 Run의 길이와 위치가 저장되는 방식이다.
사지수형 (Quadtree) 기법	• 사지수형(Quadtree) 기법은 Run−length 코드기법과 함께 많이 쓰이는 자료압축기법이다. • 크기가 다른 정사각형을 이용하여 Run−length 코드보다 더 많은 자료의 압축이 가능하다. • 전체 대상지역에 대하여 하나 이상의 속성이 존재할 경우 전체 지도는 4개의 동일한 면적으로 나누어지는데 이를 Quadrant라 한다.
블록코드 (Block Code) 기법	• Run−length 코드기법에 기반을 둔 것으로 정사각형으로 전체 객체의 형상을 나누어 데이터를 구축하는 방법이다. • 자료구조는 원점으로부터의 좌표 및 정사각형의 한 변의 길이로 구성되는 세 개의 숫자만으로 표시가 가능하다.
체인코드 (Chain Code) 기법	• 대상지역에 해당하는 격자들의 연속적인 연결상태를 파악하여 동일한 지역의 정보를 제공하는 방법이다. • 자료의 시작점에서 동서남북으로 방향을 이동하는 단위거리를 통해서 표현한다.

55 중첩(Overlay)분석에 대한 설명으로 옳지 않은 것은?

① 중첩분석을 발전시키는 데 가장 큰 공헌을 한 존 스노(John Snow)는 지역의 환경적 민감성을 평가하기 위해 지도를 중첩하였다.
② 각각 다른 주제도를 중첩하여 두 도면 간의 관계를 분석하고 이를 지도학적으로 표현하는 것이다.
③ 미국 독립전쟁에서 뉴욕타운 지도 위에 군대의 이동경로를 하나의 레이어로 중첩시킨 것이 최초이다.
④ 영국 런던 브로드가 지역에서 발생한 콜레라 사망자의 거주지와 우물의 위치를 지도에 중첩하여 관계성을 분석하였다.

● 해설

중첩기능의 발달

• GIS의 분석기능에서 가장 중요한 기능 가운데 하나는 다른 주제도 위에 또 다른 주제도를 이용하여 두 주제 간의 관계를 분석하고 이를 지도학적으로 표현하는 중첩기능이다.
• 최초 적용은 1781년 뉴욕타운에서 벌어진 미국독립전쟁에서 뉴욕타운 지도 위에 군대의 이동경로를 하나의 레이어로 중첩시켜서 나타낸 것이다.
• 중첩을 통해 미국과 영국군대의 상대적 위치에 대한 정보와 이를 토대로 한 군대의 이동경로를 결정하는 데 활용하였다.
• 1854년 영국 스노(Snow) 교수는 런던의 중심부 지역을 대상으로 하여 콜레라로 사망한 사람들의 위치를 지도화하고, 콜레라의 근원지로서 오염된 우물의 위치를 지도화한 후 중첩시키는 일종의 공간분석 기법을 적용하였다.
• 중첩기능을 발전시키는 데 가장 큰 공헌을 이룬 사람은 맥하그(McHarg)이다.
• 흑백으로 표현된 지도에서 보다 어둡게 표현된 지역은 더 높은 민감성을 나타낸다(아날로그 방식).
• 다양한 환경현상에 대한 민감도를 나타낸 도엽들이 여러 장 중첩되어 쌓이게 되면 높은 환경적 민감성을 나타내는 지역은 점점 더 어둡게 나타나게 된다.
• 이렇게 중첩되어 나타난 최종결과를 재지도화하여 표현하면 민감도가 더 높은 곳으로부터 낮은 곳으로 등급화되어 나타나는데 이 최종결과를 토대로 의사결정자는 대안을 평가한다.

56 메타데이터에 대한 설명으로 옳지 않은 것은?

① 사용자들 간의 이해와 데이터 공유를 위해 데이터에 대한 항목을 정의한다.

② 데이터에 대한 정보로서 데이터의 내용 품질, 조건 및 기타 특성에 대한 정보를 포함한다.

③ 시간과 관계없이 일관성 있는 데이터를 제공할 수 있으나, 메타데이터를 작성한 실무자가 바뀌면 메타데이터를 재작성한다.

④ 기본적으로 포함하여야 할 요소는 데이터에 대한 개요 및 자료소개, 자료품질, 공간참조, 형상·속성정보, 정보획득 방법, 참조정보에 관한 항목 등이다.

◀해설

메타데이터(Metadata)

• 데이터에 대한 정보로서 데이터의 내용, 품질, 조건 및 기타 특성에 대한 정보를 포함하는 정보의 이력서, 즉 데이터의 이력서라 할 수 있다.

• 메타데이터는 작성한 실무자가 바뀌더라도 변함없는 데이터의 기본체계를 유지하게 함으로써 시간이 지나도 일관성(Consistency) 있는 데이터를 사용자에게 제공할 수 있다.

• 데이터를 목록화(Indexing)하기 때문에 사용에 편리한 정보를 제공한다.

• 정보공유의 극대화를 도모하며 데이터의 교환을 원활히 지원하기 위한 틀을 제공한다.

• DB 구축과정에 대한 정보를 관리하는 내부 메타데이터와 구축한 DB를 외부에 공개하는 외부 메타데이터로 구분한다.

• 최근에는 데이터에 대한 목록을 체계적이고 표준화된 방식으로 제공함으로써 데이터의 공유화를 촉진한다.

• 대용량의 공간 데이터를 구축하는 데 비용과 시간을 절감할 수 있다.

• 데이터의 특성과 내용을 설명하는 일종의 데이터로서 데이터의 양이 방대하다.

• 데이터의 직접적인 접근이 용이하지 않을 경우 데이터를 참조하기 위한 보조데이터로서 많이 사용된다.

57 토지정보시스템에서 필지식별번호의 역할로 옳은 것은?

① 공간정보에서 기호의 작성

② 공간정보의 자료량의 감소

③ 속성정보의 자료량의 감소

④ 공간정보와 속성정보의 링크

◀해설

다목적지적의 5대 구성요소

측지기본망 (Geodetic Reference Network)	토지의 경계선과 측지측량이나 그 밖의 토지 및 토지 관련 자료와 지형 간의 상관관계를 형성한다. 지상에 영구적으로 표시되어 지적도상에 등록된 경계선을 현지에 복원할 수 있는 정확도를 유지할 수 있는 기준점 표지의 연결망을 말하는데 서로 관련 있는 모든 지역의 기준점이 단일의 통합된 네트워크여야 한다.
기본도 (Base Map)	측지기본망을 기초로 하여 작성된 도면으로서 지도 작성에 기본적으로 필요한 정보를 일정한 축척의 도면 위에 등록한 것으로 변동사항과 자료를 수시로 정비하여 최신화시켜 사용될 수 있어야 한다.
지적중첩도 (Cadastral Overlay)	측지기본망과 기본도와 연계하여 활용할 수 있고 토지소유권에 관한 현재 상태의 경계를 식별할 수 있도록 일필지 단위로 등록한 지적도, 시설물, 토지이용, 지역구도 등을 결합한 상태의 도면을 말한다.
필지식별번호 (Unique Parcel Identification Number)	각 필지별 등록사항의 조직적인 저장과 수정을 용이하게 각 정보를 인식·선정·식별·조정하는 가변성이 없는 토지의 고유번호를 말하는데 지적도의 등록사항과 도면의 등록사항을 연결시켜 자료파일의 검색 등 색인번호의 역할을 한다. 이러한 필지식별번호는 토지평가, 토지의 과세, 토지의 거래, 토지이용계획 등에서 활용되고 있다.
토지자료파일 (Land Data File)	토지에 대한 정보검색이나 다른 자료철에 있는 정보를 연결시키기 위한 목적으로 만들어진 각 필지의 식별번호를 포함한 일련의 공부 또는 토지자료철을 말하는데 과세대장, 건축물대장, 천연자원기록, 토지이용, 도로, 시설물대장 등 토지 관련 자료를 등록한 대장을 뜻한다.

58 PBLIS의 개발내용 중 옳지 않은 것은?

① 지적측량시스템

② 건축물관리시스템

③ 지적공부관리시스템

④ 지적측량성과작성시스템

◉해설

필지중심토지정보시스템(PBLIS) 구성

구분	주요 기능
지적공부관리 시스템	• 사용자권한관리 • 지적측량검사업무 • 토지이동관리 • 지적일반업무관리 • 창구민원업무 • 토지기록자료조회 및 출력 등
지적측량 시스템	• 지적삼각측량 • 지적삼각보조측량 • 도근측량 • 세부측량 등
지적측량성과작성 시스템	• 토지이동지 조서작성 • 측량준비도 • 측량결과도 • 측량성과도 등

59 고유번호에서 행정구역코드는 몇 자리로 구성하는가?

① 2자리   ② 4자리
③ 10자리   ④ 19자리

◉해설

부동산종합공부시스템 운영 및 관리규정 제19조(코드의 구성)
① 「공간정보의 구축 및 관리 등에 관한 법률 시행규칙」 제68조 제5항에 따른 고유번호는 행정구역코드 10자리(시·도 2, 시·군·구 3, 읍·면·동 3, 리 2), 대장구분 1자리, 본번 4자리, 부번 4자리를 합한 19자리로 구성한다.

부동산종합공부시스템 운영 및 관리규정 제20조(행정구역코드의 변경)
① 행정구역의 명칭이 변경된 때에는 지적소관청은 시·도지사를 경유하여 국토교통부장관에게 행정구역변경일 10일 전까지 행정구역의 코드변경을 요청하여야 한다.

60 국가공간정보정책 기본계획은 몇 년 단위로 수립·시행하여야 하는가?

① 매년   ② 3년
③ 5년   ④ 10년

◉해설

구축과정	추진연도	주요사업
제1차 NGIS	1995 ~2000	기반조성단계(국토정보화기반 마련) 국가기본도 및 지적도 등 지리정보 구축, 표준제정, 기술개발 등 추진
제2차 NGIS	2001 ~2005	GIS 활용확산단계(국가공간정보 기반확충을 위한 디지털 국토실현) 공간정보구축 확대 및 토지·지하·환경·농림 등 부문별 GIS 시스템 구축
제3차 NGIS	2006 ~2009	GIS 정착단계(유비쿼터스 국토실현을 위한 기반조성) 기관별로 구축된 데이터와 GIS 시스템을 연계하여 효과적 활용 도모
제4차 국가공간정보정책	2010 ~2012	공간정보시스템 간 연계통합 강화 및 융복합정책 추진기반 마련
제5차 국가공간정보정책 기본계획	2013 ~2017	스마트폰 등 ICT 융합기술의 급속한 발전, 창조경제와 정부 3.0으로의 국정운영 패러다임 전환 등 변화된 정책환경에 적극 대응 필요
제6차 국가공간정보정책 기본계획(안)	2018 ~2022	제4차 산업혁명에 대비하고, 신산업 발전을 지원하기 위한 공간정보정책 방향을 제시하는 기본계획 수립 착수('17. 2)

Subject 04 지적학

61 지적불부합지로 인해 야기될 수 있는 사회적 문제점으로 보기 어려운 것은?

① 빈번한 토지분쟁
② 토지거래 질서의 문란
③ 주민의 권리 행사 지장
④ 확정 측량의 불가피한 급속 진행

◉ 해설

지적불합 영향

사회적	행정적
• 토지분쟁의 증가 • 토지거래질서의 문란 • 국민권리 행사에 지장 • 권리실체 인정의 부실 초래	• 지적행정의 불신 초래 • 토지이동정리의 정지 • 부동산등기의 지장 초래 • 공공사업 수행의 지장 • 소송수행자의 지장

62 다음의 토지 표시사항 중 지목의 역할과 가장 관계가 없는 것은?

① 사용 목적의 추측
② 토지 형질변경의 규제
③ 사용 현황의 표상(表象)
④ 구획정리지의 토지용도 유지

◉ 해설

지목의 결정원칙

구분	내용
지목국정주의 원칙	토지의 주된 용도를 조사하여 지목을 결정하는 것이 국가라는 원칙, 즉 국가만이 지목을 정할 수 있다는 원칙
지목법정주의 원칙	지목의 종류 및 명칭을 법률로 규정한다는 원칙
1필지 1지목 원칙	1필지에는 하나의 지목을 설정한다는 원칙
주지목 추종의 원칙	주된 토지의 편익을 위해 설치된 소면적의 도로, 구거 등의 지목은 이를 따로 정하지 않고 주된 토지의 사용목적 및 용도에 따라 지목을 설정한다는 원칙
등록선후의 원칙	도로, 철도용지, 하천, 제방, 구거, 수도용지 등의 지목이 중복되는 경우에는 먼저 등록된 토지의 사용목적, 용도에 따라 지번을 설정한다는 원칙
용도경중의 원칙	1필지의 일부가 용도가 다른 용도로 사용되는 경우로서 주된 용도의 토지에 편입할 수 있는 토지는 주된 토지의 용도에 따라 지목을 설정한다는 원칙
일시변경 불변의 원칙	토지의 주된 용도의 변경이 아닌, 임시적이고 일시적인 변경은 지목변경을 할 수 없다는 원칙
사용목적 추종의 원칙	도시계획사업, 토지구획정리사업, 농지개량사업 등의 완료에 따라 조성된 토지는 사용목적에 따라 지목을 설정하여야 한다는 원칙

63 다음 중 토렌스 시스템에 대한 설명으로 옳은 것은?

① 미국의 토렌스 지방에서 처음 시행되었다.
② 피해자가 발생하여도 국가가 보상할 책임이 없다.
③ 기본이론으로 거울이론, 커튼이론, 보험이론이 있다.
④ 실질적 심사에 의한 권원조사를 하지만 공신력은 없다.

◉ 해설

토렌스 시스템(Torrens system)

오스트레일리아 Robert Torrens경에 의해 창안된 토렌스 시스템은 토지의 권원(Title)을 명확히 하고 토지거래에 따른 변동사항 정리를 용이하게 하여 권리증서의 발행을 편리하게 하는 것이 목적이다. 이 제도의 기본원리는 법률적으로 토지의 권리를 확인하는 대신에 토지의 권원을 등록하는 행위이다.

거울이론 (Mirror Principle)	토지권리증서의 등록은 토지의 거래사실을 완벽하게 반영하는 거울과 같다는 입장의 이론이다. 소유권에 관한 현재의 법적 상태는 오직 등기부에 의해서만 이론의 여지없이 완벽하게 보여진다는 원리이며 주 정부에 의하여 적법성을 보장받는다.
커튼이론 (Curtain Principle)	토지등록 업무가 커튼 뒤에 놓인 공정성과 신빙성에 대하여 관여할 필요도 없고 관여해서도 안 되는 매입신청자를 위한 유일한 정보의 이론이다. 토렌스 제도의 의해 한번 권리증명서가 발급되면 당해 토지의 과거 이해관계에 대하여 모두 무효화시키고 현재의 소유권을 되돌아볼 필요가 없다는 것이다.
보험이론 (Insurance Principle)	토지등록이 인간의 과실로 인하여 착오가 발생한 경우 피해를 입은 사람은 피해보상에 대하여 법률적으로 선의의 제3자와 동등한 입장이 되어야 한다는 이론으로 권원증명서에 등기된 모든 정보는 정부에 의하여 보장된다는 원리이다.

64 지적제도에 대한 설명으로 가장 거리가 먼 것은?

① 국가적 필요에 의한 제도이다.
② 개인의 권리 보호를 위한 제도이다.
③ 토지에 대한 물리적 현황의 등록 · 공시제도이다.
④ 효율적인 토지관리와 소유권 보호를 목적으로 한다.

해설

지적제도의 특징

전통성(傳統性)과 영속성(永續性)	인류문명의 시작에서부터 오늘날까지 관리주체가 다양한 목적에 의거 토지에 관한 일정한 사항을 등록·공시하고 지속적으로 유지·관리되고 있다.
이면성(裏面性)과 내재성(內在性)	토지에 대한 등록·공시 사항은 국가에 있어서는 토지관련 업무의 기초정보이며 토지소유자에게 있어서는 재산권을 공시하고 보호하는 중요한 사항이다. 이는 이용자가 국가나 토지소유자와 이해관계인에게 국한되어 있어 일반인에게는 잘 드러나지 않고 내부적으로 행위가 이루어진다.
전문성(傳門性)과 기술성(技術性)	토지에 관한 물리적 현황과 법적인 권리관계 등을 조사·측량하여 지적공부에 등록하고 관리하기 위하여는 법률적인 전문성과 전문기술을 습득하여야 한다.
준사법성과 (準司法性)과 기속성(羈屬性)	토지에 대한 물권이 미치는 범위와 면적을 국가가 실질적인 심사방법에 의하여 결정하고 등록·공시하면 법률적으로 확정하는 것과 같은 준사법적인 성격을 지니며, 이에 관한 모든 결정과 절차에 관한 사항을 법률로 규정하여 이에 따르도록 함으로써 기속적인 특성을 갖는다.
통일성(統一性)과 획일성(劃一性)	토지에 관한 일정한 사항을 등록함에 있어 전 국토에 동일한 기준을 적용함으로써 통일성을 지녀야 한다. 이를 위해서는 등록기준과 업무처리절차 등을 동일하게 정하는 획일성의 특성을 지닌다.

---

65 일필지의 경계와 위치를 정확하게 등록하고 소유권의 한계를 밝히기 위한 지적제도는?

① 법지적   ② 세지적

③ 유사지적   ④ 다목적지적

해설

지적제도의 발전과정

세지적 (稅地籍)	토지에 대한 조세부과를 주된 목적으로 하는 제도로 과세지적이라고도 한다. 국가의 재정수입을 토지세에 의존하던 농경사회에서 개발된 제도로 과세의 표준이 되는 농경지는 기준수확량 일반토지는 토지등급을 중시하고 지적공부의 등록사항으로는 면적단위를 중시한 지적제도이다.

법지적 (法地籍)	세지적이 발전된 형태로서 토지에 대한 사유재산권이 인정되면서 생성된 유형으로 소유지적, 경계지적이라고도 한다. 토지소유권 보호를 주된 목적으로 하는 제도로 토지거래의 안전과 토지소유권의 보호를 위한 토지경계를 중시한 지적제도이다.
다목적지직 (多目的地籍)	현대사회에서 추구하고 있는 지적제도로 종합적, 통합적, 유사지적, 경제지적, 정보지직이라고도 한다. 토지와 관련한 다양한 정보를 종합적으로 등록·관리하고 이를 이용 또는 활용하고 필요한 자에게 제공해 주는 것을 목적으로 하는 지적제도이다.

---

66 지적공부에 공시하는 토지의 등록사항에 대하여 공시의 원칙에 따라 채택해야 할 지적의 원리로 옳은 것은?

① 공개주의   ② 국정주의

③ 직권주의   ④ 형식주의

해설

지적에 관한 법률의 기본이념

지적국정주의 (地籍國定主義)	지적공부의 등록사항인 토지표시사항을 국가만이 결정할 수 있는 권한을 가진다는 이념이다.
지적형식주의 (地籍形式主義)	국가가 결정한 토지에 대한 물리적 현황과 법적 권리관계 등을 외부에서 인식할 수 있도록 일정한 법정의 형식을 갖추어 지적공부에 등록하여야만 효력이 발생한다는 이념으로 「지적등록주의」라고도 한다.
지적공개주의 (地籍公開主義)	지적공부에 등록된 사항을 토지소유자나 이해관계인은 물론 일반인에게도 공개한다는 이념이다. 〈공시원칙에 의한 지적공부의 3가지 형식〉 • 지적공부를 직접 열람 및 등본으로 알 수 있다. • 현장에 경계복원함으로써 알 수 있다. • 등록된 사항과 현장상황이 다른 경우 변경등록한다.
실질적 심사주의 (實質的審査主義)	토지에 대한 사실관계를 정확하게 지적공부에 등록·공시하기 위하여 토지를 새로이 지적공부에 등록하거나 등록된 사항을 변경 등록하고자 할 경우 소관청은 실질적인 심사를 실시하여야 한다는 이념으로서 「사실심사주의」라고도 한다.

직권등록주의 (職權登錄主義)	국가는 의무적으로 통치권이 미치는 모든 토지에 대한 일정한 사항을 직권으로 조사 · 측량하여 지적공부에 등록 · 공시하여야 한다는 이념으로서 「적극적 등록주의」 또는 「등록강제주의」라고도 한다.

67 고려시대의 토지대장 중 타량성책(打量成册)의 초안 또는 각 관아에 비치된 결세대장에 해당하는 것은?

① 전적(田籍)
② 도전장(都田帳)
③ 준행장(遵行帳)
④ 양전장적(量田帳籍)

해설

고려시대 양안(토지장부)의 명칭

삼국유사 보양이목조	청도군도전장(淸道郡都田帳)
가락국기	양전도장(量田都帳)
남부여 전백제 북부여조	양전장적(量田帳籍)
정두사오층석탑 조성형지기	도행(導行), 작(作)
고려사	도전정(導田丁), 전적(田籍), 전부(田簿), 적(籍), 안(案), 원적(元籍)

고려시대의 양안은 완전한 형태로 지금까지 남아 있는 것은 없으나 고려 초기 사원이 소유한 토지의 기재 내용은 "정두사석탑조성기(淨兜寺石塔造成期)"에 나타나 있다.

도행장(導行帳, 준행장)	타량성책(打量成册)의 초안 또는 각 관아에 비치된 결세대장
작(作)	관아의 양안
도전장(都田帳)	전적(田籍), 전안(田案)으로 토지등록 장부
갑인주안(甲寅柱案)	1314년(충숙왕 원년) 실시한 양전으로 작성된 장부

68 기본도로서 지적도가 갖추어야 할 요건으로 옳지 않은 것은?

① 일정한 축척의 도면 위에 등록해야 한다.
② 기본정보는 변동 없이 항상 일정해야 한다.
③ 기본적으로 필요한 정보가 수록되어야 한다.
④ 특정자료를 추가하여 수록할 수 있어야 한다.

해설

다목적지적의 5대 구성요소

구성요소	특징
측지기본망 (Geodetic Reference Network)	토지의 경계선과 측지측량이나 그 밖의 토지 및 토지 관련 자료와 지형 간의 상관관계형성, 지상에 영구적으로 표시되어 지적도상에 등록된 경계선을 현지에 복원할 수 있는 정확도를 유지할 수 있는 기준점 표지의 연결망을 말하는데, 서로 관련 있는 모든 지역의 기준점이 단일의 통합된 네트워크여야 한다.
기본도 (Base Map)	측지기본망을 기초로 하여 작성된 도면으로서 지도작성에 기본적으로 필요한 정보를 일정한 축척의 도면 위에 등록한 것으로 변동사항과 자료를 수시로 정비하여 최신화시켜 사용될 수 있어야 한다.
지적중첩도 (Cadastral Overlay)	측지기본망과 기본도와 연계하여 활용할 수 있고 토지소유권에 관한 현재 상태의 경계를 식별할 수 있도록 일필지 단위로 등록한 지적도, 시설물, 토지이용, 지역구도 등을 결합한 상태의 도면을 말한다.
필지식별번호 (Unique Parcel Identification Number)	각 필지별 등록사항의 조직적인 저장과 수정을 용이하게 각 정보를 인식 · 선정 · 식별 · 조정하는 가변성이 없는 토지의 고유번호를 말하는데, 지적도의 등록 사항과 도면의 등록 사항을 연결시켜 자료파일의 검색 등 색인번호의 역할을 한다. 이러한 필지식별번호는 토지평가, 토지의 과세, 토지의 거래, 토지이용계획 등에서 활용되고 있다.
토지자료파일 (Land Data File)	토지에 대한 정보검색이나 다른 자료철에 있는 정보를 연결시키기 위한 목적으로 만들어진 각 필지의 식별번호를 포함한 일련의 공부 또는 토지자료철을 말하는데 과세대장, 건축물대장, 천연자원기록, 토지이용, 도로, 시설물대장 등 토지 관련 자료를 등록한 대장을 뜻한다.

69 지목에 대한 설명으로 옳지 않은 것은?

① 지목의 결정은 지적소관청이 한다.
② 지목의 결정은 행정처분에 속하는 것이다.
③ 토지소유자의 신청이 없어도 지목을 결정할 수 있다.
④ 토지소유자의 신청이 있어야만 지목을 결정할 수 있다.

해설

지목의 결정원칙

구분	내용
지목국정주의 원칙	토지의 주된 용도를 조사하여 지목을 결정하는 것이 국가라는 원칙, 즉 국가만이 지목을 정할 수 있다는 원칙
지목법정주의 원칙	지목의 종류 및 명칭을 법률로 규정한다는 원칙
1필지 1지목 원칙	1필지에는 하나의 지목을 설정한다는 원칙
주지목 추종의 원칙	주된 토지의 편익을 위해 설치된 소면적의 도로, 구거 등의 지목은 이를 따로 정하지 않고 주된 토지의 사용목적 및 용도에 따라 지목을 설정한다는 원칙
등록선후의 원칙	도로, 철도용지, 하천, 제방, 구거, 수도용지 등의 지목이 중복되는 경우에는 먼저 등록된 토지의 사용목적, 용도에 따라 지번을 설정한다는 원칙
용도경중의 원칙	1필지의 일부가 용도가 다른 용도로 사용되는 경우로서 주된 용도의 토지에 편입할 수 있는 토지는 주된 토지의 용도에 따라 지목을 설정한다는 원칙
일시변경 불변의 원칙	토지의 주된 용도의 변경이 아닌, 임시적이고 일시적인 변경은 지목변경을 할 수 없다는 원칙
사용목적 추종의 원칙	도시계획사업, 토지구획정리사업, 농지개량사업 등의 완료에 따라 조성된 토지는 사용목적에 따라 지목을 설정하여야 한다는 원칙

70 '소유권은 신성불가침이며 국가의 권력에 의해서 구속이나 제약을 받지 않는다.'는 원칙은?

① 소유권 보장원칙 ② 소유권 자유원칙
③ 소유권 절대원칙 ④ 소유권 제한원칙

해설

근대 민법의 3대 원칙
근대 민법은 자유와 평등이라고 하는 그 이념의 표현으로서 다음과 같은 3대 원칙을 제창하여 왔다.

소유권 절대의 원칙	민법은 각 인격에게 명확한 이익범위를 보장한다. 이것이 곧 권리이다. 따라서 권리는 근대 사법에서 가장 기초를 이루는 개념이며, 근대 사법은 권리의 체계로서 구성되어 있다. 그리고 권리 중에서 가장 대표적인 것이 소유권이므로 사적 소유권의 독점적 배타성을 '소유권 자유의 원칙' 또는 '절대(絶對)의 사소유권(私所有權) 원칙'이라고 부른다.

사적 자치의 원칙	자유로운 인격(人格)인 각 개인은 그 자유로운 의사에 의하여 권리를 취득하고 상실한다. 이와 같이 자기의 권리·의무가 자기의 의사에 의하여 취득·상실된다는 원칙을 '사적 자치(私的 自治)의 원칙'이라고 부르며, '개인 의사 자치의 원칙'·'법률행위 자유의 원칙'이라고도 부른다. 그리고 법률행위 중에서 가장 대표적인 것이 계약이기 때문에 이 원칙을 흔히 '계약 자유의 원칙'이라고도 부른다.
자기 책임의 원칙 (과실책임 주의)	그러나 이러한 자유도 이른바 시민사회 내에서의 자유인 것이며 따라서 무제한의 자유일 수는 없다. 그것은 타인의 자유와 조화될 수 있는, 즉 타인의 재산을 존중하고 약속을 지키고, 타인의 생활권에 부당하게 간섭하지 않는 범위 내에서만 인정될 수 있는 자유이다. 스스로 이 조화를 깨뜨리는 자는 타인에게 가한 손해를 배상하지 않으면 안 된다. 그러나 책임을 지는 것은 자기에게 책임 있는 사유(고의 또는 과실)로 인한 행위에 의하여 손해가 생긴 경우에 한하고, 그렇지 않을 경우에는 책임을 지지 않는 것이 원칙이다.

71 토지등록에 있어 직권등록주의에 관한 설명으로 옳은 것은?

① 신규등록은 지적소관청이 직권으로만 등록이 가능하다.
② 토지이동 정리는 소유자 신청주의이기 때문에 신청에 의해서만 가능하다.
③ 토지의 이동이 있을 때에는 지적소관청이 직권으로 조사 또는 측량하여 결정한다.
④ 토지의 이동이 있을 때에는 토지소유자의 신청에 의하여 지적소관청이 이를 결정한다. 다만, 신청이 없을 때에는 지적소관청이 직권으로 이를 조사·측량하여 결정할 수 있다.

해설

지적에 관한 법률의 기본이념

지적국정주의 (地籍國定主義)	지적공부의 등록사항인 토지표시사항을 국가만이 결정할 수 있는 권한을 가진다는 이념이다.
지적형식주의 (地籍形式主義)	국가가 결정한 토지에 대한 물리적 현황과 법적 권리관계 등을 외부에서 인식할 수 있도록 일정한 법정의 형식을 갖추어 지적공부에 등록하여야만 효력이 발생한다는 이념으로 「지적등록주의」라고도 한다.

지적공개주의 (地籍公開主義)	지적공부에 등록된 사항을 토지소유자나 이해관계인은 물론 일반인에게도 공개한다는 이념이다. 〈공시원칙에 의한 지적공부의 3가지 형식〉 • 지적공부를 직접 열람 및 등본으로 알 수 있다. • 현장에 경계복원함으로써 알 수 있다. • 등록된 사항과 현장상황이 다른 경우 변경등록한다.
실질적 심사주의 (實質的審査 主義)	토지에 대한 사실관계를 정확하게 지적공부에 등록 · 공시하기 위하여 토지를 새로이 지적공부에 등록하거나 등록된 사항을 변경 등록하고자 할 경우 소관청은 실질적인 심사를 실시하여야 한다는 이념으로서 「사실심사주의」라고도 한다.
직권등록주의 (職權登錄主義)	국가는 의무적으로 통치권이 미치는 모든 토지에 대한 일정한 사항을 직권으로 조사 · 측량하여 지적공부에 등록 · 공시하여야 한다는 이념으로서 「적극적 등록주의」 또는 「등록강제주의」라고도 한다.

72 다음 중 증보도는 어느 것에 해당되는가?

① 지적도이다.　　　　② 지적 약도이다.
③ 지적도 부본이다.　　④ 지적도의 부속품이다.

해설

증보도

1. 지적도
   • 세부측량원도를 점사법, 직접자사법으로 작성한 후 활판 인쇄하였다.
   • 지번 및 지목은 번호기를 사용하였으며 한지를 매접하였다.
   • 지적도의 도곽은 남북으로 1척 1촌(33.33cm) 동서로 1척 3촌 7분 5리(41.67cm)로 구획하였다.
   • 초기에는 등고선을 표시하였으며 분할선은 양홍으로 정리하였다.

2. 임야도
   • 임야도 중 지적도 시행지역은 담홍색으로 표시하였다.
   • 하천은 청색, 임야도 내 미등록 도로는 홍색으로 등록하였다.
   • 임야도의 도곽은 남북으로 1척 3촌 2리(40cm) 동서로 1척 6촌 5리(50cm)로 구획하였다.
   • 아주 넓은 국유임야 등에 대해서는 1/50000 지형도에 등록하여 임야도로 간주하여 사용하였다.

3. 증보도
   • 새로이 토지대장에 등록할 토지가 기존 지적도의 지역

밖에 있을 경우에 새로 지적도를 조제하여 이를 등재하되 이 새로된 지적도를 증보도라 하였다.
• 증보도에는 도면번호 위에 「증보」라고 기재하였는데 지적도를 새로 조제하거나 이동정리를 할 경우 측량 원도지에 지상 약 3촌 이상의 신축이 있을 때에는 이를 교정하도록 하였다.

73 실제적으로 지적과 등기의 관련성을 성취시켜 주는 토지등록의 원칙은?

① 공시의 원칙　　　　② 공신의 원칙
③ 등록의 원칙　　　　④ 특정화의 원칙

해설

토지등록의 원칙

등록의 원칙 (登錄의 原則)	토지에 관한 모든 표시사항을 지적공부에 반드시 등록하여야 하며 토지의 이동이 이루어 지려면 지적공부에 그 변동사항을 등록하여야 한다는 토지등록의 원칙으로 토지표시의 등록주의(登錄主義, Booking Principle)라고 할 수 있다. 적극적 등록제도(Positive System)와 법지적(Legal Cadastre)을 채택하고 있는 나라에서 적용하고 있는 원리로서 토지의 모든 권리의 행사는 토지대장 또는 토지등록부에 등록하지 않고는 모든 법률상의 효력을 갖지 못하는 원칙으로 형식주의(Principle of Formality) 규정이라고 할 수 있다.
신청의 원칙 (申請의 原則)	토지의 등록은 토지소유자의 신청을 전제로 하되 신청이 없을 때는 직권으로 직접 조사하거나 측량하여 처리하도록 규정하고 있다.
특정화의 원칙 (特定化의 原則)	토지등록제도에 있어서 특정화의 원칙(Principle of Speciality)은 권리의 객체로서 모든 토지는 반드시 특정적이면서도 단순하며 명확한 방법에 의하여 인식될 수 있도록 개별화함을 의미하는데, 이 원칙이 실제적으로 지적과 등기와의 관련성을 성취시켜 주는 열쇠가 된다.
국정주의 및 직권주의 (國定主義 및 職權主義)	국정주의(Principle of National Decision)는 지적공부의 등록사항인 토지의 지번, 지목, 경계, 좌표, 면적의 결정은 국가의 공권력에 의하여 국가만이 결정할 수 있는 원칙이다. 직권주의는 모든 필지는 필지단위로 구획하여 국가기관인 소관청이 직권으로 조사 · 정리하여 지적공부에 등록 · 공시하여야 한다는 원칙이다.

공시의 원칙, 공개주의 (公示의 原則, 公開主義)	토지 등록의 법적 지위에 있어서 토지이동이나 물권의 변동은 반드시 외부에 알려야 한다는 원칙을 공시의 원칙(Principle of Public Notification) 또는 공개주의(Principle of Publicity)라고 한다. 토지에 관한 등록사항을 지적공부에 등록하여 일반인에게 공시하여 토지소유자는 물론 이해관계자 및 기타 누구나 이용할 수 있도록 하는 것이다.
공신의 원칙 (公信의 原則)	공신의 원칙(Principle of Public Confidence)은 물권의 존재를 추측케 하는 표상, 즉 공시방법을 신뢰하여 거래한 자는 비록 그 공시방법이 진실한 권리관계에 일치하고 있지 않더라도 그 공시된 대로의 권리를 인정하여 이를 보호하여야 한다는 원칙이다. 즉, 공신의 원칙은 선의의 거래자를 보호하여 진실로 그러한 등기내용과 같은 권리관계가 존재한 것처럼 법률효과를 인정하려는 법률법칙을 말한다.

구분	스위스	네덜란드	대만
기본법	지적공부에 의한 법률	• 민법 • 지적법	토지법
창설기간	1911	1811~1832	1897~1914
지적공부	• 부동산등록부 • 소유자별 대장 • 지적도 • 수치지적부	• 위치대장 • 부동산등록부 • 지적도	• 토지등록부 • 건축물 개량 등기부 • 지적도
지적등기	일원화	일원화	일원화
담당기구	법무국	주택도시계획 및 환경성	내정부 지적국
토지대장 편성	물적, 인적 편성주의	인적 편성주의	물적 편성주의
등록의무	적극적 등록주의	소극적 등록주의	적극적 등록주의
대행체제	대행체제	국가직영	국가직영

74 지적제도와 등기제도를 서로 다른 기관에서 분리하여 운영하고 있는 국가는?

① 독일
② 대만
③ 일본
④ 프랑스

◉해설

외국의 지적제도

구분	일본	프랑스	독일
기본법	• 국토조사법 • 부동산등기법	• 민법 • 지적법	측량 및 지적법
창설기간	1876~1888	1807	1870~1900
지적공부	• 지적부 • 지적도 • 토지등기부 • 건물등기부	• 토지대장 • 건물대장 • 지적도 • 도엽기록부 • 색인도	• 부동산지적부 • 부동산지적도 • 수치지적부
지적등기	일원화(1966)	일원화	이원화
담당기구	법무성	재무경제성	내무성 : 지방 국지적과
토지대장 편성	물적 편성주의	연대적 편성주의	물적, 인적 편성주의
등록의무	적극적 등록주의	소극적 등록주의	
대행체제	대행체제	대행체제	대행체제

75 임야조사사업 당시의 재결기관은?

① 도지사
② 임야심사위원회
③ 임시토지조사국
④ 고등토지조사위원회

◉해설

토지조사사업과 임야조사사업의 비교

구분	토지조사사업	임야조사사업
기간	1910~1918 (8년 10개월)	1916~1924(9개년)
소요 경비	20,406,489원(圓)	3,862,000 (圓)
총 종사 인원 수	7,113명	4,670명
사정 기관	임시토지조사국장 (臨時土地調査局長)	도지사 [권업과(勸業課) 또는 산림과(山林課)]
재결 기관	고등토지조사위원회 (高等土地調査委員會)	임야조사위원회 (1919~1935)
조사 측량 기관	임시토지조사국 (臨時土地調査局)	부(府)와 면(面)
조사 대상	• 전국에 걸친평야부(平野部)의 토지 • 낙산 임야	• 토지조사에서 제외된 임야 • 산림 내 개재지(토지)
도면 축척	1/600, 1/1,200, 1/2,400	1/3,000, 1/6,000

정답 74 ① 75 ②

지적공부	• 토지대장[109,188권(卷)] • 지적도[812,093매(枚)]	• 임야대장[22.2.2권(卷)] • 임야도[116,984매(枚)]
필수	19,107,520필	3,479,915필
면적	14,613,214,028평(坪)	16,302,429정(町) 0129
분쟁지	33,937건(件)에 99,455필(筆)	17,925건(件)에 28,015필
지형측량	50,000분도(分圖) 620매(枚)를 위시하여 지형도 925매(枚)	

76 다음 중 가장 원시적인 지적제도는?

① 법지적(法地籍)

② 세지적(稅地籍)

③ 경계지적(境界地籍)

④ 소유지적(所有地籍)

◉ 해설

지적제도의 발전과정

세지적 (稅地籍)	토지에 대한 조세 부과를 주된 목적으로 하는 제도로 과세지적이라고도 한다. 국가의 재정 수입을 토지세에 의존하던 농경사회에서 개발된 제도로 과세의 표준이 되는 농경지는 기준수확량, 일반 토지는 토지 등급을 중시하고 지적공부의 등록사항으로는 면적 단위를 중시한 지적제도이다.
법지적 (法地籍)	세지적이 발전된 형태로서 토지에 대한 사유재산권이 인정되면서 생성된 유형으로 소유지적, 경계지적이라고도 한다. 토지소유권 보호를 주된 목적으로 하는 제도로 토지 거래의 안전과 토지소유권의 보호를 위한 토지 경계를 중시한 지적제도이다.
다목적 지적 (多目的 地籍)	현대사회에서 추구하고 있는 지적제도로 종합지적, 통합지적, 유사지적, 경제지적, 정보지적이라고도 한다. 토지와 관련한 다양한 정보를 종합적으로 등록·관리하고 이를 이용 또는 활용하며, 필요한 자에게 제공해 주는 것을 목적으로 하는 지적제도이다.

77 토지표시사항이 변경된 경우 등기촉탁규정을 최초로 규정한 연도는?

① 1950년   ② 1975년

③ 1991년   ④ 1995년

◉ 해설

지적법 제2차 전문개정(1975.12.31 법률 제2801호)

규정	• 지적법의 입법목적 규정 • 지적공부·소관청·필지·지번·지번지역·지목 등 지적에 관한 용어의 정의 규정 • 시·군·구에 토지대장, 지적도, 임야대장, 임야도 및 수치지적부를 비치·관리하도록 하고 그 등록사항 규정 • 시의 동과 군의 읍면에 토지대장 부본 및 지적약도와 임야대장 부본 및 임야약도를 작성·비치하도록 규정 • 토지(임야)대장에 토지소유자의 등록번호를 등록하도록 규정 • 경계복원측량·현황측량 등을 지적측량으로 규정 • 지적측량업무의 일부를 지적측량을 주된 업무로 하여 설립된 비영리법인에 대행시킬 수 있도록 규정
규정 삭제	토지대장의 등록사항 중 지상권자의 주소·성명·명칭 등의 등록규정 삭제
개정	• 면적단위를 척관법의 「평(坪)」과 「무(畝)」에서 미터법의 「평방미터」로 개정 • 지적측량기술자격을 기술계와 기능계로 구분하도록 개정 • 토지(임야)대장 서식을 「한지부책식(韓紙簿册式)」에서 「카드식」으로 개정
제도 신설	• 소관청은 연 1회 이상 등기부를 열람하여 지적공부와 부합되지 않을 때에는 부합에 필요한 조치를 할 수 있도록 제도 신설 • 소관청이 직권으로 조사 또는 측량하여 지적공부를 정리한 경우와 지번경정·축척변경·행정구역변경·등록사항정정 등을 한 경우에는 관할 등기소에 토지표시 변경등기를 촉탁하도록 제도 신설 • 지적위원회를 설치하여 지적측량적부심사청구사안 등을 심의·의결하도록 제도 신설 • 지적도의 축척을 변경할 수 있도록 제도 신설 • 지적측량을 사진측량과 수치측량방법으로 실시할 수 있도록 제도 신설 • 지목을 21개 종목에서 24개 종목으로 통·폐합 및 신설
시행	이 법은 공포 후 3월이 경과한 날부터 시행한다.

78 토지에 지번을 부여하는 이유가 아닌 것은?

① 토지의 특정화

② 물권객체의 구분

③ 토지의 위치 추정

④ 토지이용 현황 파악

해설

지번

1. **지번의 정의**

   필지에 부여하여 지적공부에 등록한 번호로서 국가(지적소관청)가 인위적으로 구획된 1필지별로 1지번을 부여하여 지적공부에 등록하는 것으로 토지의 고정성과 개별성을 확보하기 위하여 지적소관청이 지번부여지역인 법정동·리 단위로 기번하여 필지마다 아라비아숫자로 순차적으로 연속하여 부여한 번호를 말한다.

2. **지번의 기능**

   ① 필지를 구별하는 개별성과 특정성의 기능을 갖는다.

   ② 거주지 또는 주소표기의 기준으로 이용된다.

   ③ 위치파악의 기준으로 이용된다.

   ④ 각종 토지 관련 정보시스템에서 검색키(식별자·색인키)로서의 기능을 갖는다.

3. **지번의 구성**

   ① 지번(地番)은 아라비아숫자로 표기하되, 임야대장 및 임야도에 등록하는 토지의 지번은 숫자 앞에 "산"자를 붙인다.

   ② 지번은 본번(本番)과 부번(副番)으로 구성하되, 본번과 부번 사이에 "−" 표시로 연결한다. 이 경우 "−" 표시는 "의"라고 읽는다.

---

79 통일신라시대의 신라장적에 기록된 지목과 관계없는 것은?

① 답
② 전
③ 수전
④ 마전

해설

장적문서(帳籍文書)

장적문서는 1933년 일본에서 처음 발견되어 현재 일본에 보관 중에 있으며, 발견 당시부터 명칭이 기재되어 있지 않아 학자에 따라 문서의 명칭이 장적문서, 민정문서, 촌락문서, 향토장적, 장적 등 다양하게 불리고 있다. 신라장적에는 다음 사항이 기록되어 있다.

• 촌락명 및 촌락의 영역

• 토지종류[토지에 대해서는 4개 촌에서 모두 답(畓)·전(田)·마전(麻田)의 세 종류로 나누어져 기록] 및 면적

• 호구 수 및 우마 수

• 뽕나무, 백자목, 추자목(호도나무)의 수량

• 호구, 우마, 수목의 감소 등

또한 3년간의 사망, 이동 등의 변동내역이 기록되어 있어 신라의 율령정치와 사회구조를 구성하는 데 귀중한 자료이다.

---

80 다음 지목 중 잡종지에서 분리된 지목에 해당하는 것은?

① 공원
② 염전
③ 유지
④ 지소

해설

토지조사사업 당시 지목	• 과세지 : 전, 답, 대(垈), 지소(池沼), 임야(林野), 잡종지(雜種地)(6개) • 비과세지 : 도로, 하천, 구거, 제방, 성첩(城堞), 철도선로, 수도선로(7개) • 면세지 : 사사지, 분묘지, 공원지, 철도용지, 수도용지(5개)
1918년 지세령 개정 (19개)	지소(池沼) : 지소, 유지로 세분
1950년 구 지적법 (21개)	잡종지(雜種地) : 잡종지, 염전, 광천지로 세분
1975년 지적법 2차 개정 (24개)	**통합** • 철도용지+철도선로=철도용지 • 수도용지+수도선로=수도용지 • 유지+지소=유지
	신설 과수원, 장용지, 공장용지, 학교용지, 유원지, 운동장(6개)
	명칭변경 • 공원지 → 공원 • 사사지 → 종교용지 • 성첩(城堞) → 사적지(史蹟地) • 분묘지 → 묘지 • 운동장 → 체육용지
2001년 지적법 10차 개정 (28개)	주차장, 주유소용지, 창고용지, 양어장 (4개 신설)

Subject **05** 지적관계법규

81 축척변경에 따른 청산금을 산정한 결과 증가된 면적에 대한 청산금의 합계와 감소된 면적에 대한 청산금의 합계에 차액이 생긴 경우 이에 대한 처리방법으로 옳은 것은?

① 그 측량업체의 부담 또는 수입으로 한다.

② 그 토지소유자의 부담 또는 수입으로 한다.

③ 그 지방자치단체의 부담 또는 수입으로 한다.

④ 그 행정안전부장관의 부담 또는 수입으로 한다.

해설

공간정보의 구축 및 관리 등에 관한 법률 시행령 제75조(청산금의 산정)

① 지적소관청은 축척변경에 관한 측량을 한 결과 측량 전에 비하여 면적의 증감이 있는 경우에는 그 증감면적에 대하여 청산을 하여야 한다. 다만, 다음 각 호의 어느 하나에 해당하는 경우에는 그러하지 아니하다.

　1. 필지별 증감면적이 제19조 제1항 제2호 가목에 따른 허용범위 이내인 경우. 다만, 축척변경위원회의 의결이 있는 경우는 제외한다.

　2. 토지소유자 전원이 청산하지 아니하기로 합의하여 서면으로 제출한 경우

② 제1항 본문에 따라 청산을 할 때에는 축척변경위원회의 의결을 거쳐 지번별로 제곱미터당 금액(이하 "지번별 제곱미터당 금액"이라 한다)을 정하여야 한다. 이 경우 지적소관청은 시행공고일 현재를 기준으로 그 축척변경 시행지역의 토지에 대하여 지번별 제곱미터당 금액을 미리 조사하여 축척변경위원회에 제출하여야 한다.

③ 청산금은 제73조에 따라 작성된 축척변경 지번별 조서의 필지별 증감면적에 제2항에 따라 결정된 지번별 제곱미터당 금액을 곱하여 산정한다.

④ 지적소관청은 청산금을 산정하였을 때에는 청산금 조서(축척변경 지번별 조서에 필지별 청산금 명세를 적은 것을 말한다)를 작성하고, 청산금이 결정되었다는 뜻을 제71조 제2항의 방법에 따라 15일 이상 공고하여 일반인이 열람할 수 있게 하여야 한다.

⑤ 제3항에 따라 청산금을 산정한 결과 증가된 면적에 대한 청산금의 합계와 감소된 면적에 대한 청산금의 합계에 차액이 생긴 경우 초과액은 그 지방자치단체(「제주특별자치도 설치 및 국제자유도시 조성을 위한 특별법」 제10조 제2항에 따른 행정시의 경우에는 해당 행정시가 속한 특별자치도를 말하고, 「지방자치법」 제3조 제3항에 따른 자치구가 아닌 구의 경우에는 해당 구가 속한 시를 말한다. 이하 이 항에서 같다)의 수입으로 하고, 부족액은 그 지방자치단체가 부담한다.

82 과수류를 집단적으로 재배하는 토지 내의 주거용 건축물 부지의 지목으로 옳은 것은?

① 전　　　　　　　② 대
③ 과수원　　　　　④ 창고용지

해설

공간정보의 구축 및 관리 등에 관한 법률 시행령 제58조(지목의 구분)

법 제67조 제1항에 따른 지목의 구분은 다음 각 호의 기준에 따른다

전	물을 상시적으로 이용하지 않고 곡물·원예작물(과수류는 제외한다)·약초·뽕나무·닥나무·묘목·관상수 등의 식물을 주로 재배하는 토지와 식용(食用)으로 죽순을 재배하는 토지
답	물을 상시적으로 직접 이용하여 벼·연(蓮)·미나리·왕골 등의 식물을 주로 재배하는 토지
과수원	사과·배·밤·호두·귤나무 등 과수류를 집단적으로 재배하는 토지와 이에 접속된 저장고 등 부속시설물의 부지. 다만, 주거용 건축물의 부지는 "대"로 한다.
목장용지	다음 각 목의 토지. 다만, 주거용 건축물의 부지는 "대"로 한다. 가. 축산업 및 낙농업을 하기 위하여 초지를 조성한 토지 나. 「축산법」 제2조 제1호에 따른 가축을 사육하는 축사 등의 부지 다. 가목 및 나목의 토지와 접속된 부속시설물의 부지
임야	산림 및 원야(原野)를 이루고 있는 수림지(樹林地)·죽림지·암석지·자갈땅·모래땅·습지·황무지 등의 토지

83 평판측량방법에 따른 세부측량을 할 경우 거리측정단위로 옳은 것은?

① 지적도를 갖춰 두는 지역 : 1센티미터
　임야도를 갖춰 두는 지역 : 10센티미터

② 지적도를 갖춰 두는 지역 : 1센티미터
　임야도를 갖춰 두는 지역 : 50센티미터

③ 지적도를 갖춰 두는 지역 : 5센티미터
　임야도를 갖춰 두는 지역 : 10센티미터

④ 지적도를 갖춰 두는 지역 : 5센티미터
　임야도를 갖춰 두는 지역 : 50센티미터

해설

지적측량 시행규칙 제18조(세부측량의 기준 및 방법 등)

① 평판측량방법에 따른 세부측량은 다음 각 호의 기준에 따른다.

　1. 거리측정단위는 지적도를 갖춰 두는 지역에서는 5센티미터로 하고, 임야도를 갖춰 두는 지역에서는 50센티미

터로 할 것

2. 측량결과도는 그 토지가 등록된 도면과 동일한 축척으로 작성할 것

3. 세부측량의 기준이 되는 위성기준점, 통합기준점, 삼각점, 지적삼각점, 지적삼각보조점, 지적도근점 및 기지점이 부족한 경우에는 측량상 필요한 위치에 보조점을 설치하여 활용할 것

4. 경계점은 기지점을 기준으로 하여 지상경계선과 도상경계선의 부합 여부를 현형법(現形法) · 도상원호(圖上圓弧)교회법 · 지상원호(地上圓弧)교회법 또는 거리비교확인법 등으로 확인하여 정할 것

② 평판측량방법에 따른 세부측량은 교회법 · 도선법 및 방사법(放射法)에 따른다.

84 지적재조사측량에 따른 경계 확정으로 지적공부상의 면적이 증감된 경우 징수하거나 지급해야 할 금액은?

① 조정금
② 청산금
③ 감정평가금
④ 손실보상금

해설

지적재조사에 관한 특별법 제20조(조정금의 산정)

① 지적소관청은 제18조에 따른 경계 확정으로 지적공부상의 면적이 증감된 경우에는 필지별 면적 증감내역을 기준으로 조정금을 산정하여 징수하거나 지급한다.

② 제1항에도 불구하고 국가 또는 지방자치단체 소유의 국유지 · 공유지 행정재산의 조정금은 징수하거나 지급하지 아니한다.

③ 조정금은 제18조에 따라 경계가 확정된 시점을 기준으로 「감정평가 및 감정평가사에 관한 법률」에 따른 감정평가법인등이 평가한 감정평가액으로 산정한다. 다만, 토지소유자협의회가 요청하는 경우에는 제30조에 따른 시 · 군 · 구 지적재조사위원회의 심의를 거쳐 「부동산 가격공시에 관한 법률」에 따른 개별공시지가로 산정할 수 있다. 〈개정 2017. 4. 18., 2020. 4. 7.〉

④ 지적소관청은 제3항에 따라 조정금을 산정하고자 할 때에는 제30조에 따른 시 · 군 · 구 지적재조사위원회의 심의를 거쳐야 한다.

⑤ 제2항부터 제4항까지에 규정된 것 외에 조정금의 산정에 필요한 사항은 대통령령으로 정한다.

85 지적업무처리규정에서 정의한 용어의 설명으로 틀린 것은?

① "지적측량파일"이란 측량준비파일, 측량현형파일 및 측량성과파일을 말한다.

② "기지경계선(既知境界線)"이란 세부측량성과를 결정하는 기준이 되는 기지점을 필지별로 직선으로 연결한 선을 말한다.

③ "전자평판측량"이란 토털스테이션과 지적측량 운영프로그램 등이 설치된 컴퓨터를 연결하여 기초측량을 수행하는 측량을 말한다.

④ "측량현형(現形)파일"이란 전자평판측량 및 위성측량방법으로 관측한 데이터 및 지적측량에 필요한 각종 정보가 들어 있는 파일을 말한다.

해설

지적업무처리규정 제3조(정의)

이 규정에서 사용하는 용어의 뜻은 다음 각 호와 같다.

1. "기지점(既知點)"이란 기초측량에서는 국가기준점 또는 지적기준점을 말하고, 세부측량에서는 지적기준점 또는 지적도면상 필지를 구획하는 선의 경계점과 상호 부합되는 지상의 경계점을 말한다.

2. "기지경계선(既知境界線)"이란 세부측량성과를 결정하는 기준이 되는 기지점을 필지별로 직선으로 연결한 선을 말한다.

3. "전자평판측량"이란 토털스테이션과 지적측량 운영프로그램 등이 설치된 컴퓨터를 연결하여 세부측량을 수행하는 측량을 말한다.

4. "토탈스테이션"이란 경위의측량방법에 따른 기초측량 및 세부측량에 사용되는 장비를 말한다.

5. "지적측량파일"이란 측량준비파일, 측량현형파일 및 측량성과파일을 말한다.

6. "측량준비파일"이란 부동산종합공부시스템에서 지적측량업무를 수행하기 위하여 도면 및 대장속성 정보를 추출한 파일을 말한다.

7. "측량현형(現形)파일"이란 전자평판측량 및 위성측량방법으로 관측한 데이터 및 지적측량에 필요한 각종 정보가 들어 있는 파일을 말한다.

8. "측량성과파일"이란 전자평판측량 및 위성측량방법으로 관측 후 지적측량정보를 처리할 수 있는 시스템에 따라 작성된 측량결과도파일과 토지이동정리를 위한 지번, 지목 및 경계점의 좌표가 포함된 파일을 말한다.

9. "측량부"란 기초측량 또는 세부측량성과를 결정하기 위하여 사용한 관측부 · 계산부 등 이에 수반되는 기록을 말한다.

86 지적공부에 등록된 사항을 지적소관청이 직권으로 정정할 수 없는 것은?

① 지적측량성과와 다르게 정리된 경우
② 토지이동정리 결의서의 내용과 다르게 정리된 경우
③ 지적공부의 작성 또는 재작성 당시 잘못 정리된 경우
④ 지적도 및 임야도에 등록된 필지가 위치의 이동이 없이 면적의 증감만 있는 경우

◁해설▷

공간정보의 구축 및 관리 등에 관한 법률 시행령 제82조(등록사항의 직권정정 등)

① 지적소관청이 법 제84조 제2항에 따라 지적공부의 등록사항에 잘못이 있는지를 직권으로 조사·측량하여 정정할 수 있는 경우는 다음 각 호와 같다. 〈개정 2015. 6. 1., 2017. 1. 10.〉
   1. 제84조 제2항에 따른 토지이동정리 결의서의 내용과 다르게 정리된 경우
   2. 지적도 및 임야도에 등록된 필지가 면적의 증감 없이 경계의 위치만 잘못된 경우
   3. 1필지가 각각 다른 지적도나 임야도에 등록되어 있는 경우로서 지적공부에 등록된 면적과 측량한 실제면적은 일치하지만 지적도나 임야도에 등록된 경계가 서로 접합되지 않아 지적도나 임야도에 등록된 경계를 지상의 경계에 맞추어 정정하여야 하는 토지가 발견된 경우
   4. 지적공부의 작성 또는 재작성 당시 잘못 정리된 경우
   5. 지적측량성과와 다르게 정리된 경우
   6. 법 제29조 제10항에 따라 지적공부의 등록사항을 정정하여야 하는 경우
   7. 지적공부의 등록사항이 잘못 입력된 경우
   8. 「부동산등기법」 제37조 제2항에 따른 통지가 있는 경우(지적소관청의 착오로 잘못 합병한 경우만 해당한다)
   9. 법률 제2801호 지적법개정법률 부칙 제3조에 따른 면적 환산이 잘못된 경우
② 지적소관청은 제1항 각 호의 어느 하나에 해당하는 토지가 있을 때에는 지체 없이 관계 서류에 따라 지적공부의 등록사항을 정정하여야 한다.
③ 지적공부의 등록사항 중 경계나 면적 등 측량을 수반하는 토지의 표시가 잘못된 경우에는 지적소관청은 그 정정이 완료될 때까지 지적측량을 정지시킬 수 있다. 다만, 잘못 표시된 사항의 정정을 위한 지적측량은 그러하지 아니하다.

87 공간정보의 구축 및 관리 등에 관한 법령상 부지(또는 토지)에 따른 지목의 구분이 올바르게 연결된 것은?

① 철도역사 → 철도용지
② 갈대밭과 황무지 → 잡종지
③ 경마장과 경륜장 → 유원지
④ 대학교 운동장 → 체육용지

◁해설▷

공간정보의 구축 및 관리 등에 관한 법률 시행령 제58조(지목의 구분)

체육용지	국민의 건강증진 등을 위한 체육활동에 적합한 시설과 형태를 갖춘 종합운동장·실내체육관·야구장·골프장·스키장·승마장·경륜장 등 체육시설의 토지와 이에 접속된 부속시설물의 부지. 다만, 체육시설로서의 영속성과 독립성이 미흡한 정구장·골프연습장·실내수영장 및 체육도장, 유수(流水)를 이용한 요트장 및 카누장 등의 토지는 제외한다.
유원지	일반 공중의 위락·휴양 등에 적합한 시설물을 종합적으로 갖춘 수영장·유선장(遊船場)·낚시터·어린이놀이터·동물원·식물원·민속촌·경마장·야영장 등의 토지와 이에 접속된 부속시설물의 부지. 다만, 이들 시설과의 거리 등으로 보아 독립적인 것으로 인정되는 숙식시설 및 유기장(遊技場)의 부지와 하천·구거 또는 유지[공유(公有)인 것으로 한정한다]로 분류되는 것은 제외한다.
종교용지	일반 공중의 종교의식을 위하여 예배·법요·설교·제사 등을 하기 위한 교회·사찰·향교 등 건축물의 부지와 이에 접속된 부속시설물의 부지
사적지	문화재로 지정된 역사적인 유적·고적·기념물 등을 보존하기 위하여 구획된 토지. 다만, 학교용지·공원·종교용지 등 다른 지목으로 된 토지에 있는 유적·고적·기념물 등을 보호하기 위하여 구획된 토지는 제외한다.
철도용지	교통 운수를 위하여 일정한 궤도 등의 설비와 형태를 갖추어 이용되는 토지와 이에 접속된 역사(驛舍)·차고·발전시설 및 공작창(工作廠) 등 부속시설물의 부지
잡종지	다음 각 목의 토지. 다만, 원상회복을 조건으로 돌을 캐내는 곳 또는 흙을 파내는 곳으로 허가된 토지는 제외한다. 가. 갈대밭, 실외에 물건을 쌓아두는 곳, 돌을 캐내는 곳, 흙을 파내는 곳, 야외시장 및 공동우물 나. 변전소, 송신소, 수신소 및 송유시설 등의 부지 다. 여객자동차터미널, 자동차운전학원 및 폐차장 등 자동차와 관련된 독립적인 시설물을 갖춘 부지 라. 공항시설 및 항만시설 부지 마. 도축장, 쓰레기처리장 및 오물처리장 등의 부지 바. 그 밖에 다른 지목에 속하지 않는 토지

88 지적도의 등록사항으로 틀린 것은?

① 지적도면의 색인도
② 전유부분의 건물표시
③ 건축물 및 구조물 등의 위치
④ 삼각점 및 지적기준점의 위치

해설

공간정보의 구축 및 관리 등에 관한 법률 제72조(지적도 등의 등록사항)

지적도 및 임야도에는 다음 각 호의 사항을 등록하여야 한다. 〈개정 2013. 3. 23.〉

1. 토지의 소재
2. 지번
3. 지목
4. 경계
5. 그 밖에 국토교통부령으로 정하는 사항

공간정보의 구축 및 관리 등에 관한 법률 시행규칙 제69조(지적도면 등의 등록사항 등)

① 법 제72조에 따른 지적도 및 임야도는 각각 별지 제67호서식 및 별지 제68호서식과 같다.

② 법 제72조 제5호에서 "그 밖에 국토교통부령으로 정하는 사항"이란 다음 각 호의 사항을 말한다. 〈개정 2013. 3. 23.〉

1. 지적도면의 색인도(인접도면의 연결 순서를 표시하기 위하여 기재한 도표와 번호를 말한다)
2. 지적도면의 제명 및 축척
3. 도곽선(圖廓線)과 그 수치
4. 좌표에 의하여 계산된 경계점 간의 거리(경계점좌표등록부를 갖춰 두는 지역으로 한정한다)
5. 삼각점 및 지적기준점의 위치
6. 건축물 및 구조물 등의 위치

89 지적공부의 복구자료에 해당하지 않는 것은?

① 측량 결과도
② 지적공부의 등본
③ 토지이용계획 확인서
④ 토지이동정리 결의서

해설

공간정보의 구축 및 관리 등에 관한 법률 시행규칙 제72조(지적공부의 복구자료)

영 제61조 제1항에 따른 지적공부의 복구에 관한 관계 자료(이하 "복구자료"라 한다)는 다음 각 호와 같다.

1. 부동산등기부 등본 등 등기사실을 증명하는 서류

2. 지적공부의 등본
3. 법 제69조 제3항에 따라 복제된 지적공부
4. 지적소관청이 작성하거나 발행한 지적공부의 등록내용을 증명하는 서류
5. 측량 결과도
6. 토지이동정리 결의서
7. 법원의 확정판결서 정본 또는 사본

90 지적도근점측량에서 연결오차의 허용범위기준으로 옳지 않은 것은?(단, n은 각 측선의 수평거리의 총합계를 100으로 나눈 수를 말한다.)

① 1등도선은 해당 지역 축척분모의 $\frac{1}{100}\sqrt{n}$ 센티미터 이하로 한다.

② 2등도선은 해당 지역 축척분모의 $\frac{1.5}{100}\sqrt{n}$ 센티미터 이하로 한다.

③ 1등도선 및 2등도선의 허용기준에 있어서의 축척이 6000분의 1인 지역의 축척분모는 3000으로 한다.

④ 1등도선 및 2등도선의 허용기준에 있어서의 경계점좌표등록부를 갖춰 두는 지역의 축척분모는 600으로 한다.

해설

지적측량 시행규칙 제15조(지적도근점측량에서의 연결오차의 허용범위와 종선 및 횡선오차의 배분)

	1등도선	2등도선
연결 오차 의 허용 범위	당해 지역 축척분모의 $\frac{1}{100}\sqrt{n}$ 센티미터 이하	당해 지역 축척분모의 $\frac{1.5}{100}\sqrt{n}$ 센티미터 이하
	n은 각 측선의 수평거리의 총합계를 100으로 나눈 수이다. 축척분모는 경계점좌표등록부 비치지역은 1/500, 1/6,000 지역은 1/3,000으로, 축척이 2 이상인 때는 대축척을 적용한다. 연결오차가 공차범위를 벗어나면 처음부터 재측정하여야 된다.	

지적도근점측량에 따라 계산된 연결오차가 위의 허용범위 이내인 경우 그 오차의 배분은 다음 기준에 따른다.

도선	종선 및 횡선차의 배분 산식	배분기준	종선 또는 횡선의 오차가 매우 작아 배분하기 곤란한 때
배각법	$T = -\dfrac{e}{L} \times l$ • T : 각 측선의 종선차 또는 횡선차에 배분할 센티미터 단위의 수치 • e : 종선오차 또는 횡선오차 • L : 종선차 또는 횡선차의 절대치의 합계 • l : 각 측선의 종선차 또는 횡선차	각 측선의 종선차 또는 횡선차 길이에 비례하여 배분	종선차 및 횡선차가 긴 것부터 배분
방위각법	$C = -\dfrac{e}{L} \times l$ • C : 각 측선의 종선차 또는 횡선차에 배분할 센티미터 단위의 수치 • e : 종선오차 또는 횡선오차 • L : 각 측선장의 총합계 • l : 각 측선의 측선장	각 측선장에 비례하여 배분	측선장이 긴 것부터 순차로 배분

91 토지소유자에 관한 등록사항의 정정은 무엇에 의하여 정리하여야 하는가?

① 임야대장 또는 임야도
② 토지대장 또는 지적도
③ 법원의 확정판결서 정본
④ 등기필증 또는 등기완료통지서

◉해설

공간정보의 구축 및 관리 등에 관한 법률 제84조(등록사항의 정정)
① 토지소유자는 지적공부의 등록사항에 잘못이 있음을 발견하면 지적소관청에 그 정정을 신청할 수 있다.
② 지적소관청은 지적공부의 등록사항에 잘못이 있음을 발견하면 대통령령으로 정하는 바에 따라 직권으로 조사·측량하여 정정할 수 있다.
③ 제1항에 따른 정정으로 인접 토지의 경계가 변경되는 경우에는 다음 각 호의 어느 하나에 해당하는 서류를 지적소관청에 제출하여야 한다.
   1. 인접 토지소유자의 승낙서
   2. 인접 토지소유자가 승낙하지 아니하는 경우에는 이에 대항할 수 있는 확정판결서 정본(正本)
④ 지적소관청이 제1항 또는 제2항에 따라 등록사항을 정정할 때 그 정정사항이 토지소유자에 관한 사항인 경우에는 등기필증, 등기완료통지서, 등기사항증명서 또는 등기관서에서 제공한 등기전산정보자료에 따라 정정하여야 한

다. 다만, 제1항에 따라 미등기 토지에 대하여 토지소유자의 성명 또는 명칭, 주민등록번호, 주소 등에 관한 사항의 정정을 신청한 경우로서 그 등록사항이 명백히 잘못된 경우에는 가족관계 기록사항에 관한 증명서에 따라 정정하여야 한다.

92 토지이동에 따른 지적공부 정리를 통하여 폐쇄 또는 말소된 지번을 다시 사용할 수 있는 경우는?

① 분할에 따른 토지이동의 경우
② 등록전환에 따른 토지이동의 경우
③ 축척변경에 따른 토지이동의 경우
④ 지적공부에 등록된 토지가 바다가 됨에 따른 토지이동의 경우

◉해설

지적업무처리규정 제63조(지적공부 등의 정리)
① 지적공부 등의 정리에 사용하는 문자·기호 및 경계는 따로 규정을 둔 사항을 제외하고 정리사항은 검은색, 도곽선과 그 수치 및 말소는 붉은색으로 한다.
② 지적확정측량·축척변경 및 지번변경에 따른 토지이동의 경우를 제외하고는 폐쇄 또는 말소된 지번을 다시 사용할 수 없다.
③ 토지의 이동에 따른 도면정리는 예시 2의 도면정리 예시에 따른다. 이 경우 법 제2조제19호의 지적공부를 이용하여 지적측량을 한 때에는 측량성과파일에 따라 지적공부를 정리할 수 있다.

93 토지소유자는 토지를 합병하려면 대통령령으로 정하는 바에 따라 지적소관청에 합병을 신청하여야 한다. 다음 중 토지의 합병을 신청할 수 있는 조건이 아닌 것은?

① 합병하려는 토지의 지목이 같은 경우
② 합병하려는 토지의 지번부여지역이 같은 경우
③ 합병하려는 토지의 소유자가 서로 같은 경우
④ 합병하려는 토지의 지적도의 축척이 서로 다른 경우

해설

공간정보의 구축 및 관리 등에 관한 법률 시행령 제66조(합병 신청)
① 토지소유자는 법 제80조 제1항 및 제2항에 따라 토지의 합병을 신청할 때에는 합병 사유를 적은 신청서를 지적소관청에 제출하여야 한다.
② 법 제80조 제2항에서 "대통령령으로 정하는 토지"란 공장용지·학교용지·철도용지·수도용지·공원·체육용지 등 다른 지목의 토지를 말한다.
③ 법 제80조 제3항 제3호에서 "합병하려는 토지의 지적도 및 임야도의 축척이 서로 다른 경우 등 대통령령으로 정하는 경우"란 다음 각 호의 경우를 말한다. 〈개정 2020. 6. 9.〉
  1. 합병하려는 토지의 지적도 및 임야도의 축척이 서로 다른 경우
  2. 합병하려는 각 필지가 서로 연접하지 않은 경우
  3. 합병하려는 토지가 등기된 토지와 등기되지 아니한 토지인 경우
  4. 합병하려는 각 필지의 지목은 같으나 일부 토지의 용도가 다르게 되어 법 제79조 제2항에 따른 분할대상 토지인 경우. 다만, 합병 신청과 동시에 토지의 용도에 따라 분할 신청을 하는 경우는 제외한다.
  5. 합병하려는 토지의 소유자별 공유지분이 다르거나 소유자의 주소가 서로 다른 경우
  6. 합병하려는 토지가 구획정리, 경지정리 또는 축척변경을 시행하고 있는 지역의 토지와 그 지역 밖의 토지인 경우

94 공간정보의 구축 및 관리 등에 관한 법률상 용어 정의로서 토지의 표시사항에 해당하지 않는 것은?

① 면적　　② 좌표
③ 토지소유자　　④ 토지의 소재

해설

공간정보의 구축 및 관리 등에 관한 법률 제2조(정의)
이 법에서 사용하는 용어의 뜻은 다음과 같다
20. "토지의 표시"란 지적공부에 토지의 소재·지번(地番)·지목(地目)·면적·경계 또는 좌표를 등록한 것을 말한다.
21. "필지"란 대통령령으로 정하는 바에 따라 구획되는 토지의 등록단위를 말한다.
22. "지번"이란 필지에 부여하여 지적공부에 등록한 번호를 말한다.
23. "지번부여지역"이란 지번을 부여하는 단위지역으로서 동·리 또는 이에 준하는 지역을 말한다.
24. "지목"이란 토지의 주된 용도에 따라 토지의 종류를 구분

하여 지적공부에 등록한 것을 말한다.
25. "경계점"이란 필지를 구획하는 선의 굴곡점으로서 지적도나 임야도에 도해(圖解) 형태로 등록하거나 경계점좌표등록부에 좌표 형태로 등록하는 점을 말한다.
26. "경계"란 필지별로 경계점들을 직선으로 연결하여 지적공부에 등록한 선을 말한다.
27. "면적"이란 지적공부에 등록한 필지의 수평면상 넓이를 말한다.
28. "토지의 이동(異動)"이란 토지의 표시를 새로 정하거나 변경 또는 말소하는 것을 말한다.

95 지적전산자료의 수수료에 대한 설명으로 옳지 않은 것은?(단, 정보통신망을 이용하여 전자화폐·전자결제 등의 방법으로 납부하게 하는 경우는 고려하지 않는다.)

① 지적전산자료를 인쇄물로 제공하는 경우의 수수료는 1필지당 30원이다.
② 공간정보산업협회 등에 위탁된 업무의 수수료는 현금으로 내야 한다.
③ 지적전산자료를 시·도지사 또는 지적소관청이 제공하는 경우에는 현금으로만 납부해야 한다.
④ 지적전산자료를 자기디스크 등 전산매체로 제공하는 경우의 수수료는 1필지당 20원이다.

해설

공간정보의 구축 및 관리 등에 관한 법률 시행령 제62조(지적전산자료의 이용 등)
⑤ 국토교통부장관, 시·도지사 또는 지적소관청은 제4항에 따른 심사를 거쳐 지적전산자료의 이용 또는 활용을 승인하였을 때에는 지적전산자료 이용·활용 승인대장에 그 내용을 기록·관리하고 승인한 자료를 제공하여야 한다. 〈개정 2013. 3. 23.〉
⑥ 제5항에 따라 지적전산자료의 이용 또는 활용에 관한 승인을 받은 자는 국토교통부령으로 정하는 사용료를 내야 한다. 다만, 국가 나 지방자치단체에 대해서는 사용료를 면제한다.

공간정보의 구축 및 관리 등에 관한 법률 시행규칙 제115조(수수료)
① 법 제106조 제1항 제1호부터 제4호까지, 제6호, 제9호부터 제14호까지, 제14호의2, 제15호, 제17호 및 제18호에 따른 수수료는 별표 12와 같다. 〈개정 2014. 1. 17.〉

⑥ 제1항부터 제5항까지의 수수료는 수입인지, 수입증지 또는 현금으로 내야 한다. 다만, 법 제93조 제1항에 따라 등록한 성능검사대행자가 하는 성능검사 수수료와 법 제105조 제2항에 따라 공간정보산업협회 등에 위탁된 업무의 수수료는 현금으로 내야 한다. 〈개정 2015. 6. 4.〉

⑦ 국토교통부장관 또는 해양수산부장관, 국토지리정보원장, 국립해양조사원장, 시·도지사 및 지적소관청은 제6항에도 불구하고 정보통신망을 이용하여 전자화폐·전자결제 등의 방법으로 수수료를 내게 할 수 있다.

공간정보의 구축 및 관리 등에 관한 법률 시행규칙 [별표 12]
〈개정 2019. 2. 25.〉

업무 종류에 따른 수수료의 금액(제115조 제1항 관련)

13. 지적전산자료의 이용 또는 활용 신청			법 제106조 제1항 제14호
가. 자료를 인쇄물로 제공하는 경우	1필지당	30원	
나. 자료를 자기디스크 등 전산매체로 제공하는 경우	1필지당	20원	
14. 부동산종합공부의 인터넷 열람 신청	1필지당	무료	법 제106조 제1항 제14호의2

96 동일한 지번부여지역 내 지번이 100, 100-1, 100-2, 100-3으로 되어 있고 100번지의 토지를 2필지로 분할하고자 할 경우 지번 결정으로 옳은 것은?

① 100, 101
② 100, 100-4
③ 100-1, 100-4
④ 100-4, 100-5

해설

공간정보의 구축 및 관리 등에 관한 법률 시행령 제56조(지번의 구성 및 부여방법)

토지이동 종류	구분	지번의 부여방법
부여방법		• 지번(地番)은 아라비아숫자로 표기하되, 임야대장 및 임야도에 등록하는 토지의 지번은 숫자 앞에 "산"자를 붙인다. • 지번은 본번(本番)과 부번(副番)으로 구성하되, 본번과 부번 사이에 "–" 표시로 연결한다. 이 경우 "–" 표시는 "의"라고 읽는다. • 법 제66조에 따른 지번의 부여방법은 다음 각 호와 같다. 　1. 지번은 북서에서 남동으로 순차적으로 부여할 것

토지이동 종류	구분	지번의 부여방법
신규등록·등록전환	원칙	지번부여지역에서 인접토지의 본번에 부번을 붙여서 지번을 부여한다.
	예외	다음의 경우에는 그 지번부여지역의 최종 본번의 다음 순번부터 본번으로 하여 순차적으로 지번을 부여할 수 있다. • 대상 토지가 그 지번부여지역의 최종 지번의 토지에 인접하여 있는 경우 • 대상 토지가 이미 등록된 토지와 멀리 떨어져 있어서 등록된 토지의 본번에 부번을 부여하는 것이 불합리한 경우 • 대상 토지가 여러 필지로 되어 있는 경우
분할	원칙	분할 후의 필지 중 1필지의 지번은 분할 전의 지번으로 하고, 나머지 필지의 지번은 본번의 최종 부번 다음 순번으로 부번을 부여한다.
	예외	주거·사무실 등의 건축물이 있는 필지에 대해서는 분할 전의 지번을 우선하여 부여하여야 한다.

97 지적측량의 방법의 설명으로 틀린 것은?

① 위성측량의 방법 및 절차 등에 관하여 필요한 사항은 시·도지사가 따로 정한다.

② 지적삼각점측량은 위성기준점, 통합기준점, 삼각점 및 지적삼각점을 기초로 하여 경위의측량방법, 전파기 또는 광파기측량방법, 위성측량방법 및 국토교통부장관이 승인한 측량방법에 따르되, 그 계산은 평균계산법이나 망평균계산법에 따른다.

③ 세부측량은 위성기준점, 통합기준점, 지적기준점 및 경계점을 기초로 하여 경위의측량방법, 평판측량방법, 위성측량방법 및 전자평판측량방법에 따른다.

④ 지적도근점측량은 위성기준점, 통합기준점, 삼각점 및 지적기준점을 기초로 하여 경위의측량방법, 전파기 또는 광파기측량방법, 위성측량방법 및 국토교통부장관이 승인한 측량방법에 따르되, 그 계산은 도선법, 교회법 및 다각망도선법에 따른다.

해설

지적측량 시행규칙 제7조(지적측량의 방법 등)

① 법 제23조 제2항에 따른 지적측량의 방법은 다음 각 호의 어느 하나에 따른다. 〈개정 2013. 3. 23.〉

　1. 지적삼각점측량 : 위성기준점, 통합기준점, 삼각점 및

지적삼각점을 기초로 하여 경위의측량방법, 전파기 또는 광파기측량방법, 위성측량방법 및 국토교통부장관이 승인한 측량방법에 따르되, 그 계산은 평균계산법이나 망평균계산법에 따를 것

2. 지적삼각보조점측량 : 위성기준점, 통합기준점, 삼각점, 지적삼각점 및 지적삼각보조점을 기초로 하여 경위의측량방법, 전파기 또는 광파기측량방법, 위성측량방법 및 국토교통부장관이 승인한 측량방법에 따르되, 그 계산은 교회법(交會法) 또는 다각망도선법에 따를 것

3. 지적도근점측량 : 위성기준점, 통합기준점, 삼각점 및 지적기준점을 기초로 하여 경위의측량방법, 전파기 또는 광파기측량방법, 위성측량방법 및 국토교통부장관이 승인한 측량방법에 따르되, 그 계산은 도선법, 교회법 및 다각망도선법에 따를 것

4. 세부측량 : 위성기준점, 통합기준점, 지적기준점 및 경계점을 기초로 하여 경위의측량방법, 평판측량방법, 위성측량방법 및 전자평판측량방법에 따를 것

② 위성측량의 방법 및 절차 등에 관하여 필요한 사항은 국토교통부장관이 따로 정한다.

98 지적재조사사업에 따라 지적공부를 새로 작성할 경우 토지이동일은?

① 경계확정일
② 사업완료 공고일
③ 사업지구 지정일
④ 토지소유자 동의서 징구일

해설

지적재조사에 관한 특별법 제23조(사업완료 공고 및 공람 등)
① 지적소관청은 지적재조사지구에 있는 모든 토지에 대하여 제18조에 따른 경계 확정이 있었을 때에는 지체 없이 대통령령으로 정하는 바에 따라 사업완료 공고를 하고 관계 서류를 일반인이 공람하게 하여야 한다. 〈개정 2019. 12. 10.〉
② 제16조 제3항 또는 제17조 제4항에 따른 경계결정위원회의 결정에 불복하여 경계가 확정되지 아니한 토지가 있는 경우 그 면적이 지적재조사지구 전체 토지면적의 10분의 1 이하이거나, 토지소유자의 수가 지적재조사지구 전체 토지소유자 수의 10분의 1 이하인 경우에는 제1항에도 불구하고 사업완료 공고를 할 수 있다.

지적재조사에 관한 특별법 제24조(새로운 지적공부의 작성)
① 지적소관청은 제23조에 따른 사업완료 공고가 있었을 때에는 기존의 지적공부를 폐쇄하고 새로운 지적공부를 작성하여야 한다. 이 경우 그 토지는 제23조 제1항에 따른

사업완료 공고일에 토지의 이동이 있는 것으로 본다.
② 제1항에 따라 새로이 작성하는 지적공부에는 다음 각 호의 사항을 등록하여야 한다.
1. 토지의 소재
2. 지번
3. 지목
4. 면적
5. 경계점좌표
6. 소유자의 성명 또는 명칭, 주소 및 주민등록번호(국가, 지방자치단체, 법인, 법인 아닌 사단이나 재단 및 외국인의 경우에는 「부동산등기법」 제49조에 따라 부여된 등록번호를 말한다. 이하 같다)
7. 소유권지분
8. 대지권비율
9. 지상건축물 및 지하건축물의 위치
10. 그 밖에 국토교통부령으로 정하는 사항
③ 제23조 제2항에 따라 경계가 확정되지 아니하고 사업완료 공고가 된 토지에 대하여는 대통령령으로 정하는 바에 따라 "경계미확정 토지"라고 기재하고 지적공부를 정리할 수 있으며, 경계가 확정될 때까지 지적측량을 정지시킬 수 있다.

99 지적공부의 등록사항에 잘못이 있어 이를 정정함으로 인해 인접 토지의 경계가 변경되는 경우 토지소유자가 정정을 신청할 때 지적소관청에 제출하여야 하는 것은?

① 등기부등본
② 확정판결서 정본
③ 측량성과도 및 지적도
④ 제출서류 없이 지적소관청 직권으로 결정

해설

공간정보의 구축 및 관리 등에 관한 법률 제84조(등록사항의 정정)
① 토지소유자는 지적공부의 등록사항에 잘못이 있음을 발견하면 지적소관청에 그 정정을 신청할 수 있다.
② 지적소관청은 지적공부의 등록사항에 잘못이 있음을 발견하면 대통령령으로 정하는 바에 따라 직권으로 조사·측량하여 정정할 수 있다.
③ 제1항에 따른 정정으로 인접 토지의 경계가 변경되는 경우에는 다음 각 호의 어느 하나에 해당하는 서류를 지적소관청에 제출하여야 한다.
1. 인접 토지소유자의 승낙서
2. 인접 토지소유자가 승낙하지 아니하는 경우에는 이에 대항할 수 있는 확정판결서 정본(正本)

④ 지적소관청이 제1항 또는 제2항에 따라 등록사항을 정정할 때 그 정정사항이 토지소유자에 관한 사항인 경우에는 등기필증, 등기완료통지서, 등기사항증명서 또는 등기관서에서 제공한 등기전산정보자료에 따라 정정하여야 한다. 다만, 제1항에 따라 미등기 토지에 대하여 토지소유자의 성명 또는 명칭, 주민등록번호, 주소 등에 관한 사항의 정정을 신청한 경우로서 그 등록사항이 명백히 잘못된 경우에는 가족관계 기록사항에 관한 증명서에 따라 정정하여야 한다.

100 축척변경위원회에 관한 설명으로 틀린 것은?

① 5명 이상 10명 이하의 위원으로 구성한다.
② 위원의 2분의 1 이상을 토지소유자로 하여야 한다.
③ 청산금의 이의신청에 관한 사항을 심의·의결한다.
④ 위원장은 위원 중에서 시·도지사가 임명한다.

●해설

공간정보의 구축 및 관리 등에 관한 법률 시행령 제78조(축척변경의 확정공고)
① 청산금의 납부 및 지급이 완료되었을 때에는 지적소관청은 지체 없이 축척변경의 확정공고를 하여야 한다.
② 지적소관청은 제1항에 따른 확정공고를 하였을 때에는 지체 없이 축척변경에 따라 확정된 사항을 지적공부에 등록하여야 한다.
③ 축척변경 시행지역의 토지는 제1항에 따른 확정공고일에 토지의 이동이 있는 것으로 본다.

공간정보의 구축 및 관리 등에 관한 법률 시행령 제79조(축척변경위원회의 구성 등)
① 축척변경위원회는 5명 이상 10명 이하의 위원으로 구성하되, 위원의 2분의 1 이상을 토지소유자로 하여야 한다. 이 경우 그 축척변경 시행지역의 토지소유자가 5명 이하일 때에는 토지소유자 전원을 위원으로 위촉하여야 한다.
② 위원장은 위원 중에서 지적소관청이 지명한다.
③ 위원은 다음 각 호의 사람 중에서 지적소관청이 위촉한다.
  1. 해당 축척변경 시행지역의 토지소유자로서 지역 사정에 정통한 사람
  2. 지적에 관하여 전문지식을 가진 사람
④ 축척변경위원회의 위원에게는 예산의 범위에서 출석수당과 여비, 그 밖의 실비를 지급할 수 있다. 다만, 공무원인 위원이 그 소관 업무와 직접적으로 관련되어 출석하는 경우에는 그러하지 아니하다.

정답 100 ④

2020년 3회 산업기사

본 문제의 해설은 출제자의 의도와 일치되지 않을 수 있으며, 문제 및 해설에 일부 오탈자가 있을 수 있으므로 학습 시 의문사항이 있으면 예문사 또는 저자에게 문의하여 주시기 바랍니다.

Subject 01 지적측량

01 상한과 종 · 횡선차의 부호에 대한 설명으로 옳은 것은?(단, Δx : 종선차, Δy : 횡선차)

① 1상한에서 Δx는 (−), Δy는 (+)이다.
② 2상한에서 Δx는 (+), Δy는 (−)이다.
③ 3상한에서 Δx는 (−), Δy는 (−)이다.
④ 4상한에서 Δx는 (+), Δy는 (+)이다.

● 해설

상한	종 · 횡선차 부호		방위각 계산
	Δx	Δy	
1상한	+	+	$V=\theta$
2상한	−	+	$V=180-\theta$
3상한	−	−	$V=\theta+180$
4상한	+	−	$V=360-\theta$

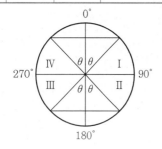

02 경위의측량방법에 따른 세부측량의 관측 및 계산 방법으로 옳은 것은?

① 교회법 · 지거법
② 도선법 · 방사법
③ 방사법 · 교회법
④ 지거법 · 도선법

● 해설

지적측량 시행규칙 제18조(세부측량의 기준 및 방법 등)
⑩ 경위의측량방법에 따른 세부측량의 관측 및 계산은 다음 각 호의 기준에 따른다.
　1. 미리 각 경계점에 표지를 설치하여야 한다. 다만, 부득이한 경우에는 그러하지 아니하다.
　2. 도선법 또는 방사법에 따를 것
　3. 관측은 20초독 이상의 경위의를 사용할 것
　4. 수평각의 관측은 1대회의 방향관측법이나 2배각의 배각법에 따를 것 다만, 방향관측법인 경우에는 1측회의 폐색을 하지 아니할 수 있다.
　5. 연직각의 관측은 정반으로 1회 관측하여 그 교차가 5분 이내일 때에는 그 평균치를 연직각으로 하되, 분단위로 독정(讀定)할 것
　6. 수평각의 측각공차는 다음 표에 따를 것

종별	1방향각	1회 측정각과 2회 측정각의 평균값에 대한 교차
공차	60초 이내	40초 이내

03 경위의측량방법에 따른 지적삼각점의 관측과 계산의 기준에 대한 설명으로 옳은 것은?

① 1방향각의 수평각 측각공차는 30초 이내이다.
② 수평각 관측은 2대회의 방향관측법에 의한다.
③ 관측은 5초독(秒讀) 이상의 경위의를 사용한다.
④ 수평각 관측 시 윤곽도는 0도, 60도, 100도로 한다.

● 해설

지적측량 시행규칙 제9조(지적삼각점측량의 관측 및 계산)
① 경위의측량방법에 따른 지적삼각점의 관측과 계산은 다음 각 호의 기준에 따른다.
　1. 관측은 10초독(秒讀) 이상의 경위의를 사용할 것
　2. 수평각 관측은 3대회(大回, 윤곽도는 0도, 60도, 120도로 한다)의 방향관측법에 따를 것
　3. 수평각의 측각공차(測角公差)는 다음 표에 따를 것

종별	1방향각	1측회의 폐색	삼각형 내각관측의 합과 180도와의 차	기지각과의 차
공차	30초 이내	±30초 이내	±30초 이내	±40초 이내

04 지적측량의 측량검사기간 기준으로 옳은 것은?(단, 지적기준점을 설치하여 측량검사를 하는 경우는 고려하지 않는다.)

① 4일
② 5일
③ 6일
④ 7일

해설

공간정보의 구축 및 관리 등에 관한 법률 시행규칙 제25조(지적측량 의뢰 등)

① 법 제24조제1항에 따라 지적측량을 의뢰하려는 자는 별지 제15호서식의 지적측량 의뢰서(전자문서로 된 의뢰서를 포함한다)에 의뢰 사유를 증명하는 서류(전자문서를 포함한다)를 첨부하여 지적측량수행자에게 제출하여야 한다. 〈개정 2014. 1. 17.〉

② 지적측량수행자는 제1항에 따른 지적측량 의뢰를 받은 때에는 측량기간, 측량일자 및 측량 수수료 등을 적은 별지 제16호서식의 지적측량 수행계획서를 그 다음 날까지 지적소관청에 제출하여야 한다. 제출한 지적측량 수행계획서를 변경한 경우에도 같다. 〈개정 2014. 1. 17.〉

③ 지적측량의 측량기간은 5일로 하며, 측량검사기간은 4일로 한다. 다만, 지적기준점을 설치하여 측량 또는 측량검사를 하는 경우 지적기준점이 15점 이하인 경우에는 4일을, 15점을 초과하는 경우에는 4일에 15점을 초과하는 4점마다 1일을 가산한다. 〈개정 2010. 6. 17.〉

④ 제3항에도 불구하고 지적측량 의뢰인과 지적측량수행자가 서로 합의하여 따로 기간을 정하는 경우에는 그 기간에 따르되, 전체 기간의 4분의 3은 측량기간으로, 전체 기간의 4분의 1은 측량검사기간으로 본다.

05 평판측량방법에 따른 세부측량을 실시할 때 지상경계선과 도상경계선의 부합 여부를 확인하는 방법은?

① 교회법
② 도선법
③ 방사법
④ 현형법

해설

지적측량 시행규칙 제18조(세부측량의 기준 및 방법 등)

① 평판측량방법에 따른 세부측량은 다음 각 호의 기준에 따른다.

1. 거리측정단위는 지적도를 갖춰 두는 지역에서는 5센티미터로 하고, 임야도를 갖춰 두는 지역에서는 50센티미터로 할 것

2. 측량결과도는 그 토지가 등록된 도면과 동일한 축척으로 작성할 것

3. 세부측량의 기준이 되는 위성기준점, 통합기준점, 삼각점, 지적삼각점, 지적삼각보조점, 지적도근점 및 기지점이 부족한 경우에는 측량상 필요한 위치에 보조점을 설치하여 활용할 것

4. 경계점은 기지점을 기준으로 하여 지상경계선과 도상경계선의 부합 여부를 현형법(現形法)·도상원호(圖上圓弧)교회법·지상원호(地上圓弧)교회법 또는 거리비교확인법 등으로 확인하여 정할 것

② 평판측량방법에 따른 세부측량은 교회법·도선법 및 방사법(放射法)에 따른다.

06 기지점 A를 측점으로 하고 전방교회법으로 다른 기지에 의하여 평판을 표정하는 측량방법은?

① 방향선법
② 원호교회법
③ 측방교회법
④ 후방교회법

해설

교회법(Method of Intersection)

전방 교회법	전방에 장애물이 있어 직접 거리를 측정할 수 없을 때 편리하며, 알고 있는 기지점에 평판을 세워서 미지점을 구하는 방법이다.	
측방 교회법	기지의 두 점을 이용하여 미지의 한 점을 구하는 방법으로 도로 및 하천변의 여러 점의 위치를 측정 할 때 편리한 방법이다.	

후방 교회법	도면상에 기재되어 있지 않는 미지점에 평판을 세워 기지의 2점 또는 3점을 이용하여 현재 평판이 세워져 있는 평판의 위치(미지점)를 도면상에서 구하는 방법	

07 다음 중 지적측량의 구분으로 옳은 것은?

① 기초측량, 세부측량
② 확정측량, 세부측량
③ 기초측량, 삼각측량
④ 세부측량, 삼각측량

● 해설

지적측량 시행규칙 제5조(지적측량의 구분 등)
① 지적측량은 「공간정보의 구축 및 관리 등에 관한 법률 시행령」(이하 "영"이라 한다) 제8조 제1항 제3호에 따른 지적기준점을 정하기 위한 기초측량과, 1필지의 경계와 면적을 정하는 세부측량으로 구분한다. 〈개정 2015. 4. 23.〉
② 지적측량은 평판(平板)측량, 전자평판측량, 경위의(經緯儀)측량, 전파기(電波機) 또는 광파기(光波機)측량, 사진측량 및 위성측량 등의 방법에 따른다.

08 그림과 같은 트래버스에서 V_A^B이 52°40′일 때, BC의 방위각은?

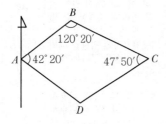

① 67°40′
② 112°20′
③ 202°20′
④ 292°20′

● 해설

$V_B^C = 52°40′ + 180° - 120°20′ = 112°20′$

09 행정구역선의 제도방법에 대한 설명으로 옳은 것은?

① 시·군의 행정구역선은 0.2mm의 폭으로 제도한다.
② 동·리의 행정구역선은 0.1mm의 폭으로 제도한다.
③ 행정구역선은 경계에서 약간 띄어서 그 외부에 제도한다.
④ 행정구역선이 2종 이상 겹치는 경우에는 약간 띄어서 모두 제도한다.

● 해설

행정구역선의 제도

구분	제도	설명
국계	4 3 0.3　　1	# 4·3·사선·점2 국계는 실선 4밀리미터와 허선 3밀리미터로 연결하고 실선 중앙에 1밀리미터로 교차하며, 허선에 직경 0.3밀리미터의 점 2개를 제도한다.
시·도계	4 2 0.3　　1	# 4·2·사선·점1 시·도계는 실선 4밀리미터와 허선 2밀리미터로 연결하고 실선 중앙에 1밀리미터로 교차하며, 허선에 직경 0.3밀리미터의 점 1개를 제도한다.
시·군계	3 3 0.3	# 3·3·점2 시·군계는 실선과 허선을 각각 3밀리미터로 연결하고, 허선에 0.3밀리미터의 점 2개를 제도한다.
읍·면·구계	3 2 0.3	# 3·2·점1 읍·면·구계는 실선 3밀리미터와 허선 2밀리미터로 연결하고, 허선에 0.3밀리미터의 점 1개를 제도한다.
동·리계	3 1	# 3·1 동·리계는 실선 3밀리미터와 허선 1밀리미터로 연결하여 제도한다.
기타		• 행정구역선이 2종류 이상 겹치는 경우에는 최상급 행정구역선만 제도한다. • 행정구역선은 경계에서 약간 띄워서 그 외부에 제도한다. • 행정구역선의 제도(행정구역선은 0.4mm의 폭으로 제도, 다만 동·리의 행정구역선은 0.2mm의 폭으로 제도) ─행정구역의 명칭은 같은 간격으로 띄워서 제도

10 지적기준점표의 설치·관리 및 지적기준점성과의 관리 등에 관한 설명으로 옳은 것은?

① 지적기준점표지의 설치권자는 국토지리정보원장이다.
② 지적도근점표지의 관리는 토지소유자가 하여야 한다.
③ 지적삼각보조점성과는 지적소관청이 관리하여야 한다.
④ 지적소관청은 지적삼각성과가 다르게 된 때에는 그 내용을 국토교통부장관에게 통보하여야 한다.

⊙해설

지적측량 시행규칙 제3조(지적기준점성과의 관리 등)
법 제27조 제1항에 따른 지적기준점성과의 관리는 다음 각 호에 따른다.
1. 지적삼각점성과는 특별시장·광역시장·도지사 또는 특별자치도지사(이하 "시·도지사"라 한다)가 관리하고, 지적삼각보조점성과 및 지적도근점성과는 지적소관청이 관리할 것
2. 지적소관청이 지적삼각점을 설치하거나 변경하였을 때에는 그 측량성과를 시·도지사에게 통보할 것
3. 지적소관청은 지형·지물 등의 변동으로 인하여 지적삼각점성과가 다르게 된 때에는 지체 없이 그 측량성과를 수정하고 그 내용을 시·도지사에게 통보할 것

11 지적도근점표지의 점간거리는 평균 얼마 이하로 하여야 하는가?(단, 다각망도선법에 따르는 경우)

① 50m
② 100m
③ 300m
④ 500m

⊙해설

지적측량 시행규칙 제2조(지적기준점표지의 설치·관리 등)
① 「공간정보의 구축 및 관리 등에 관한 법률」(이하 "법"이라 한다) 제8조 제1항에 따른 지적기준점표지의 설치는 다음 각 호의 기준에 따른다.
1. 지적삼각점표지의 점간거리는 평균 2킬로미터 이상 5킬로미터 이하로 할 것
2. 지적삼각보조점표지의 점간거리는 평균 1킬로미터 이상 3킬로미터 이하로 할 것. 다만, 다각망도선법(多角網道線法)에 따르는 경우에는 평균 0.5킬로미터 이상 1킬로미터 이하로 한다.
3. 지적도근점표지의 점간거리는 평균 50미터 이상 300미터 이하로 할 것. 다만, 다각망도선법에 따르는 경우

에는 평균 500미터 이하로 한다.
② 지적소관청은 연 1회 이상 지적기준점표지의 이상 유무를 조사하여야 한다. 이 경우 멸실되거나 훼손된 지적기준점표지를 계속 보존할 필요가 없을 때에는 폐기할 수 있다.
③ 지적소관청이 관리하는 지적기준점표지가 멸실되거나 훼손되었을 때에는 지적소관청은 다시 설치하거나 보수하여야 한다.

12 지적측량 시행규칙상 지적삼각보조점측량 시 기초로 하는 점이 아닌 것은?

① 위성기준점
② 지적도근점
③ 지적삼각점
④ 지적삼각보조점

⊙해설

지적측량 시행규칙 제7조(지적측량의 방법 등)
① 법 제23조 제2항에 따른 지적측량의 방법은 다음 각 호의 어느 하나에 따른다. 〈개정 2013. 3. 23.〉
1. 지적삼각점측량 : 위성기준점, 통합기준점, 삼각점 및 지적삼각점을 기초로 하여 경위의측량방법, 전파기 또는 광파기측량방법, 위성측량방법 및 국토교통부장관이 승인한 측량방법에 따르되, 그 계산은 평균계산법이나 망평균계산법에 따를 것
2. 지적삼각보조점측량 : 위성기준점, 통합기준점, 삼각점, 지적삼각점 및 지적삼각보조점을 기초로 하여 경위의측량방법, 전파기 또는 광파기측량방법, 위성측량방법 및 국토교통부장관이 승인한 측량방법에 따르되, 그 계산은 교회법(交會法) 또는 다각망도선법에 따를 것
3. 지적도근점측량 : 위성기준점, 통합기준점, 삼각점 및 지적기준점을 기초로 하여 경위의측량방법, 전파기 또는 광파기측량방법, 위성측량방법 및 국토교통부장관이 승인한 측량방법에 따르되, 그 계산은 도선법, 교회법 및 다각망도선법에 따를 것
4. 세부측량 : 위성기준점, 통합기준점, 지적기준점 및 경계점을 기초로 하여 경위의측량방법, 평판측량방법, 위성측량방법 및 전자평판측량방법에 따를 것

13 오차의 종류 중 아래와 같은 특징을 갖는 것은?

- 오차의 부호와 크기가 불규칙하게 발생한다.
- 오차의 발생원인이 명확하지 않다.
- 오차의 조정은 최소제곱법의 이론으로 접근하여 조정한다.

① 정오차　　　　　② 과대오차

③ 우연오차　　　　④ 허용오차

◤해설

오차의 종류

과실 (착오, 과대오차 : Blunders, Mistakes)	관측자의 미숙과 부주의에 의해 일어나는 오차로서 눈금 읽기나 야장기입을 잘못한 경우를 포함하며 주의를 하면 방지할 수 있다.
정오차 (계통오차, 누차 : Constant, Systematic Error)	일정한 관측값이 일정한 조건하에서 같은 크기와 같은 방향으로 발생되는 오차를 말하며 관측횟수에 따라 오차가 누적되므로 누차라고도 한다. 이는 원인과 상태를 알면 제거할 수 있다. • 기계적 오차 : 관측에 사용되는 기계의 불안전성 때문에 생기는 오차 • 물리적 오차 : 관측 중 온도변화, 광선굴절 등 자연현상에 의해 생기는 오차 • 개인적 오차 : 관측자 개인의 시각, 청각, 습관 등에 의해 생기는 오차
부정오차 (우연오차, 상차 : Random Error)	일어나는 원인이 확실치 않고 관측할 때 조건이 순간적으로 변화하기 때문에 원인을 찾기 힘들거나 알 수 없는 오차를 말한다. 때때로 부정오차는 서로 상쇄되므로 상차라고도 하며, 부정오차는 대체로 확률법칙에 의해 처리되는데 이때 최소제곱법이 널리 이용된다.

14 경위의측량방법에 따른 세부측량의 관측 및 계산 기준으로 옳은 것은?

① 교회법 또는 도선법에 따른다.

② 관측은 30초독 이상의 경위의를 사용한다.

③ 수평각의 관측은 1대회의 방향관측법에 따른다.

④ 연직각의 관측은 정반으로 2회 관측하여 그 교차가 5분 이내인 때에는 그 평균치로 한다.

◤해설

지적측량 시행규칙 제18조(세부측량의 기준 및 방법 등)

⑩ 경위의측량방법에 따른 세부측량의 관측 및 계산은 다음 각 호의 기준에 따른다.

　1. 미리 각 경계점에 표지를 설치하여야 한다. 다만, 부득이한 경우에는 그러하지 아니하다.

　2. 도선법 또는 방사법에 따를 것

　3. 관측은 20초독 이상의 경위의를 사용할 것

　4. 수평각의 관측은 1대회의 방향관측법이나 2배각의 배각법에 따를 것 다만, 방향관측법인 경우에는 1측회의

폐색을 하지 아니할 수 있다.

　5. 연직각의 관측은 정반으로 1회 관측하여 그 교차가 5분 이내일 때에는 그 평균치를 연직각으로 하되, 분단위로 독정(讀定)할 것

　6. 수평각의 측각공차는 다음 표에 따를 것

종별	1방향각	1회 측정각과 2회 측정각의 평균값에 대한 교차
공차	60초 이내	40초 이내

15 등록전환 시 임야대장상 말소면적과 토지대장상 등록면적과의 허용오차 산출식은?(단, M은 임야도의 축척분모, F는 등록전환될 면적이다.)

① $A = 0.026MF$

② $A = 0.026^2 MF$

③ $A = 0.026M\sqrt{F}$

④ $A = 0.026^2 M\sqrt{F}$

◤해설

공간정보의 구축 및 관리 등에 관한 법률 시행령 제19조(등록전환이나 분할에 따른 면적 오차의 허용범위 및 배분 등)

① 법 제26조제2항에 따른 등록전환이나 분할을 위하여 면적을 정할 때에 발생하는 오차의 허용범위 및 처리방법은 다음 각 호와 같다.

　1. 등록전환을 하는 경우

　　가. 임야대장의 면적과 등록전환될 면적의 오차 허용범위는 다음의 계산식에 따른다. 이 경우 오차의 허용범위를 계산할 때 축척이 3천분의 1인 지역의 축척분모는 6천으로 한다.

$$A = 0.026^2 M\sqrt{F}$$

　　　(A는 오차 허용면적, M은 임야도 축척분모, F는 등록전환될 면적)

　　나. 임야대장의 면적과 등록전환될 면적의 차이가 가목의 계산식에 따른 허용범위 이내인 경우에는 등록전환될 면적을 등록전환 면적으로 결정하고, 허용범위를 초과하는 경우에는 임야대장의 면적 또는 임야도의 경계를 지적소관청이 직권으로 정정하여야 한다.

　2. 토지를 분할하는 경우

　　가. 분할 후의 각 필지의 면적의 합계와 분할 전 면적과의 오차의 허용범위는 제1호가목의 계산식에 따른다. 이 경우 A는 오차 허용면적, M은 축척분모, F는 원면

적으로 하되, 축척이 3천분의 1인 지역의 축척분모는 6천으로 한다.

나. 분할 전후 면적의 차이가 가목의 계산식에 따른 허용범위 이내인 경우에는 그 오차를 분할 후의 각 필지의 면적에 따라 나누고, 허용범위를 초과하는 경우에는 지적공부(地籍公簿)상의 면적 또는 경계를 정정하여야 한다.

다. 분할 전후 면적의 차이를 배분한 산출면적은 다음의 계산식에 따라 필요한 자리까지 계산하고, 결정면적은 원면적과 일치하도록 산출면적의 구하려는 끝자리의 다음 숫자가 큰 것부터 순차로 올려서 정하되, 구하려는 끝자리의 다음 숫자가 서로 같을 때에는 산출면적이 큰 것을 올려서 정한다.

$$r = \frac{F}{A} \times a$$

(r은 각 필지의 산출면적, F는 원면적, A는 측정면적 합계 또는 보정면적 합계, a는 각 필지의 측정면적 또는 보정면적)

16 폐각다각형의 외각을 각각 측정하여 다음 결과를 얻었을 때 측각오차는?

측점	관측 평균
No.1	292°07′05″
No.2	295°42′30″
No.3	234°29′15″
No.4	257°40′35″

① −15″
② +15″
③ −35″
④ +35″

해설

$E = [a] - 180(n+2)$
$= 1079°59′25″ - 180(4+2)$
$= -35″$

17 교회법에 따른 지적삼각보조점측량에 관한 설명으로 옳지 않은 것은?

① 3방향의 교회에 따른다.
② 수평각 관측은 2대회의 방향관측법에 따른다.
③ 관측은 20초독 이상의 경위의를 사용한다.

④ 삼각형의 각 내각은 30도 이상 150도 이하로 한다.

해설

지적측량 시행규칙 제10조(지적삼각보조점측량)
① 지적삼각보조점측량을 할때에 필요한 경우에는 미리 지적삼각보조점표지를 설치하여야 한다.
② 지적삼각보조점은 측량지역별로 설치순서에 따라 일련번호를 부여하되, 영구표지를 설치하는 경우에는 시·군·구별로 일련번호를 부여한다. 이 경우 지적삼각보조점의 일련번호 앞에 "보"자를 붙인다.
③ 지적삼각보조점은 교회망 또는 교점다각망(交點多角網)으로 구성하여야 한다.
④ 경위의측량방법과 전파기 또는 광파기측량방법에 따라 교회법으로 지적삼각보조점측량을 할 때에는 다음 각 호의 기준에 따른다.
　1. 3방향의 교회에 따를 것. 다만, 지형상 부득이 하여 2방향의 교회에 의하여 결정하려는 경우에는 각 내각을 관측하여 각 내각의 관측치의 합계와 180도와의 차가 ±40초 이내일 때에는 이를 각 내각에 고르게 배분하여 사용할 수 있다.
　2. 삼각형의 각 내각은 30도 이상 120도 이하로 할 것

지적측량 시행규칙 제11조(지적삼각보조점의 관측 및 계산)
① 경위의측량방법과 교회법에 따른 지적삼각보조점의 관측 및 계산은 다음 각 호의 기준에 따른다.
　1. 관측은 20초독 이상의 경위의를 사용할 것
　2. 수평각 관측은 2대회(윤곽도는 0도, 90도로 한다)의 방향관측법에 따를 것
　3. 수평각의 측각공차는 다음 표에 따를 것. 이 경우 삼각형 내각의 관측치를 합한 값과 180도와의 차는 내각을 전부 관측한 경우에 적용한다.

종별	1방향각	1측회의 폐색	삼각형 내각관측의 합과 180도와의 차	기지각과의 차
공차	40초 이내	±40초 이내	±50초 이내	±50초 이내

18 도로의 분할측량을 평판측량방법으로 시행할 경우에 가장 알맞은 보조점의 측정방식은?

① 교회법
② 도선법
③ 방사법
④ 비례법

해설

평판측량방법

방사법 (Method of Radiation : 사출법)	측량구역 안에 장애물이 없고 비교적 좁은 구역에 적합하며 한 측점에 평판을 세워 그 점 주위에 목표점의 방향과 거리를 측정하 는 방법(60m 이내)
전진법 (Method of Traversing : 도선법, 절측법)	측량구역에 장애물이 중앙에 있어 시준이 곤란할 때 사용하는 방법으로 측량구역이 길고 좁을 때 측점마다 평판을 세워가며 측 량하는 방법

19 평판측량으로 지적세부측량 시 측량준비 파일의 작성에 포함되지 않는 것은?

① 도곽선 수치
② 경계점 간 거리
③ 대상토지의 경계선
④ 지적기준점 간 거리

해설

지적측량 시행규칙 제17조(측량준비 파일의 작성)

① 제18조제1항에 따라 평판측량방법으로 세부측량을 할 때에는 지적도, 임야도에 따라 다음 각 호의 사항을 포함한 측량준비 파일을 작성하여야 한다. 〈개정 2013. 3. 23.〉
  가. 측량 대상 토지의 경계선·지번 및 지목
  나. 인근 토지의 경계선·지번 및 지목
  다. 임야도를 갖춰 두는 지역에서 인근 지적도의 축척으로 측량을 할 때에는 임야도에 표시된 경계점의 좌표를 구하여 지적도에 전개(展開)한 경계선. 다만, 임야도에 표시된 경계점의 좌표를 구할 수 없거나 그 좌표에 따라 확대하여 그리는 것이 부적당한 경우에는 축척비율에 따라 확대한 경계선을 말한다.
  라. 행정구역선과 그 명칭
  마. 지적기준점 및 그 번호와 지적기준점 간의 거리, 지적기준점의 좌표, 그 밖에 측량의 기점이 될 수 있는 기지점
  바. 도곽선(圖廓線)과 그 수치
  사. 도곽선의 신축이 0.5mm 이상일 때에는 그 신축량 및 보정(補正) 계수
  아. 그 밖에 국토교통부장관이 정하는 사항
② 제18조 제9항에 따라 경위의측량방법으로 세부측량을 할 때에는 경계점좌표등록부와 지적도에 따라 다음 각 호의 사항을 포함한 측량준비 파일을 작성하여야 한다. 〈개정 2013. 3. 23.〉
  가. 측량 대상 토지의 경계와 경계점의 좌표 및 부호도·지번·지목
  나. 인근 토지의 경계와 경계점의 좌표 및 부호도·지번·지목
  다. 행정구역선과 그 명칭

라. 지적기준점 및 그 번호와 지적기준점 간의 방위각 및 그 거리
마. 경계점 간 계산거리
바. 도곽선(圖廓線)과 그 수치
사. 그 밖에 국토교통부장관이 정하는 사항

20 평판측량방법에 따라 측정한 경사거리가 30m, 앨리데이드의 경사분획이 +150이었다면 수평거리는?

① 28.0m
② 29.7m
③ 30.6m
④ 31.6m

해설

$$D = \frac{l}{\sqrt{1+(\frac{n}{100})^2}}$$

$$= \frac{30}{\sqrt{1+(\frac{15}{100})^2}} = 29.7m$$

Subject 02 응용측량

21 상호표정이 끝났을 때 사진모델과 실제 지형모델의 관계로 옳은 것은?

① 상사
② 대칭
③ 합동
④ 일치

해설

상호표정
• 상호표정은 양 투영기에서 나오는 광속이 촬영 당시 촬영면에 이루어지는 종시차를 소거하여 목표지형물의 상대위치를 맞추는 작업으로 종시차는 종접합점을 기준으로 제거한다.
• 상호표정은 내부표정에서 얻은 사진좌표를 이용하여 모델좌표를 얻기 위한 과정이다. 그러므로 입체도화기에 의한 표정 작업에서 일반적으로 오차의 파급효과가 가장 큰 것은 상호표정이다.
• 상호표정이 끝났을 때 사진모델과 실제 지형모델의 관계는 상사 관계이다.

22 클로소이드에 관한 설명으로 옳지 않은 것은? (단, A : 클로소이드의 매개변수)

① 클로소이드는 매개변수(A)가 변함에 따라 형태는 변하나 크기는 변하지 않는다.

② 클로소이드는 나선의 일종이다.

③ 클로소이드의 매개변수(A)는 길이 단위를 갖는다.

④ 클로소이드의 결정을 위해 단위클로소이드에 A 배 할 때, 길이의 단위가 없는 요소는 A 배하지 않는다.

해설

클로소이드의 성질
- 클로소이드는 나선의 일종이다.
- 모든 클로소이드는 닮은꼴이다(상사성이다).
- 단위가 있는 것도 있고 없는 것도 있다.
- τ는 30°가 적당하다.
- 확대율을 가지고 있다.
- τ는 라디안으로 구한다.

23 터널 양쪽 입구에 위치한 점 A, B의 평면직각 좌표(x, y)가 각각 A(827.48m, 327.56m), B(263.27m, 724.35m)일 때 이 두 점을 연결하는 터널 중심선 $\overline{AB}$의 방위각은?

① 144°52′57″

② 125°07′03″

③ 54°52′57″

④ 35°07′03″

해설

$$\theta = \tan^{-1}\frac{\triangle y}{\triangle x}$$
$$= \tan^{-1}\frac{724.35 - 327.56}{263.27 - 827.48}$$
$$= \tan^{-1}\frac{+396.79}{-564.21} = 35°7'2.77''(2상한)$$
$$\therefore V_a^b = 180° - 35°7'2.77'' = 144°52'57''$$

24 GNSS의 구성요소에 해당되지 않는 것은?

① 우주 부분(Space Segment)

② 관리 부분(Manage Segment)

③ 제어 부분(Control Segment)

④ 사용자 부분(User Segment)

해설

우주 부분 (Space Segment)	┌연속적 다중위치 결정체계 ├GPS는 55° 궤도 경사각, 위도 60°의 6개 궤도 ├고도는 20,183km로 약 12시간 주기로 운행 └3차원 후방교회법으로 위치 결정
제어 부분 (Control Segment)	┌궤도와 시각 결정을 위한 위성의 추적 ├전리층 및 대류층의 주기적 모형화 │(방송궤도력) ├위성시간의 동일화 └위성으로 자료전송
사용자 부분 (User Segment)	위성에서 보낸 전파를 수신하여 원하는 위치 또는 두 점 사이의 거리 계산

25 지형측량에서의 지형의 표현에 대한 설명으로 틀린 것은?

① 지모의 골격이 되는 선을 지성선이라 한다.

② 경사변환선은 물이 흐르는 방향을 의미한다.

③ 등고선과 지성선은 매우 밀접한 관계에 있다.

④ 능선은 빗물이 이 선을 경계로 좌우로 흘러 분수선이라고도 한다.

해설

지성선(Topographical Line)
지표는 많은 凸선, 凹선, 경사변환선, 최대경사선으로 이루어졌다고 생각할 때 이 평면의 접합부, 즉 접선을 말하며 지세선이라고도 한다.

능선(凸선), 분수선	지표면의 높은 곳을 연결한 선으로 빗물이 이것을 경계로 좌우로 흐르게 되므로 분수선 또는 능선이라 한다.
계곡선(凹선), 합수선	지표면이 낮거나 움푹 파인 점을 연결한 선으로 합수선 또는 합곡선이라 한다.
경사변환선	동일 방향의 경사면에서 경사의 크기가 다른 두 면의 접합선이다(등고선 수평간격이 뚜렷하게 달라지는 경계선).
최대경사선	지표의 임의의 한 점에서 그 경사가 최대로 되는 방향을 표시한 선으로 등고선에 직각으로 교차하며 물이 흐르는 방향이라는 의미에서 유하선이라고도 한다.

정답 22 ① 23 ① 24 ② 25 ②

26 어느 지역의 지반고를 측량한 결과가 그림과 같을 때 토공량은?

① 52.5m³ ② 62.0m³
③ 72.5m³ ④ 78.0m³

● 해설

$$V = \frac{A}{4}(\sum h_1 + 2\sum h_2 + 3\sum h_3)$$
$$= \frac{3 \times 4}{4}[1.0 + 2.0 + 3.0 + 3.0 + 2.5 + 2(1.5 + 2.0)$$
$$+ 3(2.5)]$$
$$= 78m^3$$

27 GNSS 측량 시 의사거리(Pseudo – Range)에 영향을 주는 오차와 거리가 먼 것은?

① 위성시계의 오차 ② 위성궤도의 오차
③ 전리층의 굴절 오차 ④ 지오이드의 변화 오차

● 해설

구조적인 오차

종류	특징
위성시계 오차	GPS 위성에 내장되어 있는 시계의 부정확성으로 인해 발생한다.
위성궤도 오차	위성궤도 정보의 부정확성으로 인해 발생한다.
대기권전파 지연	위성신호의 전리층, 대류권 통과 시 전파지연오차(약 2m)
전파적 잡음	수신기 자체에서 발생하며 PRN 코드잡음과 수신기 잡음이 합쳐져서 발생한다.
다중경로 (Multipath)	다중경로오차는 GPS 위성으로 직접 수신된 전파 이외에 부가적으로 주위의 지형, 지물에 의한 반사된 전파로 인해 발생하는 오차로서 측위에 영향을 미친다. • 다중경로는 금속제 건물·구조물과 같은 커다란 반사적 표면이 있을 때 일어난다. • 다중경로의 결과로서 수신된 GPS 신호는 처리될 때 GPS 위치의 부정확성을 제공한다.

종류	특징
다중경로 (Multipath)	• 다중경로가 일어나는 경우를 최소화하기 위하여 미션 설정, 수신기, 안테나 설계 시에 고려한다면 다중경로의 영향을 최소화할 수 있다. • GPS 신호시간의 기간을 평균하는 것도 다중경로의 영향을 감소시킨다. • 가장 이상적인 방법은 다중경로의 원인이 되는 장애물에서 멀리 떨어져서 관측하는 방법이다. • 다중경로에 따른 영향은 위상측정방식보다 코드측정방식에서 더 크다.

28 항공사진측량의 3차원 항공삼각측량방법 중에서 공선 조건식을 이용하는 해석법은?

① 블록조정법 ② 평균해수면
③ 번들조정법 ④ 독립모델법

● 해설

광속조정법(Bundle Adjustment)

광속조정법은 상좌표를 사진좌표로 변환시킨 다음 사진좌표(Photo Coordinate)로부터 직접절대좌표(Absolute Coordinate)를 구하는 것으로 종횡접합모형(Block) 내의 각 사진상에 관측된 기준점, 접합점의 사진좌표를 이용하여 최소제곱법으로 각 사진의 외부표정요소 및 접합점의 최확값을 결정하는 방법이다.

• 광속법은 사진(Photo)을 기본단위로 사용하여 다수의 광속(Bundle)을 공선조건에 따라 표정한다.
• 각 점의 사진좌표가 관측값으로 이용되며, 이 방법은 세 가지 방법 중 가장 조정능력이 높은 방법이다.
• 각 사진의 6개 외부표정요소(X_o, Y_o, Z_o, ω, ϕ, κ)가 미지수가 된다.
• 외부표정요소뿐만 아니라 주점거리, 주점위치변위, 렌즈 왜곡 및 필름 신축 등에 관련된 내부표정요소를 미지수로 조정하는 방법을 자체검정에 의한 광속법 또는 증가변수에 의한 광속법이라 한다.
• 자체검정을 한 광속법은 독립입체모형법보다 높은 정확도를 얻을 수 있다.

29 수직 터널에서 지하와 지상을 연결하는 측량은 수직 터널 추선 측량에 의한 방법으로 한다. 한 개의 수직 터널로 연결할 경우에 대한 설명으로 옳지 않은 것은?

정답 26 ④ 27 ④ 28 ③ 29 ①

① 수직 터널은 통풍이 잘되게 하여 추선의 흔들림을 일정량 이상 유지하여야 한다.

② 수직 터널 밑에 물이나 기름을 담은 물통을 설치하고 그 속에 추를 넣어 진동하는 것을 방지한다.

③ 깊은 수직 터널에서는 피아노선으로 하되 추의 중량을 50~60kg으로 한다.

④ 얕은 수직 터널에서는 보통 철선, 황동선, 동선을 이용하고 추의 중량은 5kg 이하로 할 수 있다.

해설

갱내외의 연결측량

1. 목적
① 공사계획이 부적당할 때 그 계획을 변경하기 위하여
② 갱내외의 측점의 위치관계를 명확히 해두기 위해서
③ 갱내에서 재변이 일어났을 때 갱외에서 그 위치를 알기 위해서

2. 방법

한 개의 수직갱에 의한 방법	두 개의 수직갱에 의한 방법
1개의 수직갱으로 연결할 경우에는 수직갱에 2개의 추를 매달아서 이것에 의해 연직면을 정하고 그 방위각을 지상에서 관측하여 지하의 측량을 연결한다.	2개의 수갱구에 각각 1개씩 수선 AE를 정한다. 이 A·E를 기정 및 폐합점으로 하고 지상에서는 A, 6, 7, 8, E, 갱내에서는 A, 1, 2, 3, 4, E의 다각측량을 실시한다.

깊은 수갱	얕은 수갱
• 피아노선(강선) • 추의 중량 : 50~60kg	• 철선, 동선, 황동선 • 추의 중량 : 5kg

• 수갱 밑에 물 또는 기름을 넣은 탱크를 설치하고 그 속에 추를 넣어 진동하는 것을 막는다.
• 추가 진동하므로 직각방향으로 수선 진동의 위치를 10회 이상 관측해서 평균값을 정지점으로 한다.
• 하나의 수갱(Shuft)에서 두 개의 추를 달아 이것에 의하여 연직면을 결정하고 그 방위각을 지상에서 측정하여 지하의 측량에 연결하는 것이다.

30 수준측량에서 우리나라가 채택하고 있는 기준면으로 옳은 것은?

① 평균고조면
② 평균해수면
③ 최조조위면
④ 최고조위면

해설

공간정보의 구축 및 관리 등에 관한 법률 시행령 제7조(세계측지계 등)
대한민국 수준원점
가. 지점 : 인천광역시 남구 인하로 100(인하공업전문대학에 있는 원점표석 수정판의 영 눈금선 중앙점
나. 수치 : 인천만 평균해수면상의 높이로부터 26.6871미터 높이

31 수치사진측량에서 수치영상을 취득하는 방법과 거리가 먼 것은?

① 항공사진 디지타이징
② 디지털센서의 이용
③ 항곡사진필름 제작
④ 항공사진 스캐닝

해설

수치사진측량에서 수치영상을 취득하는 방법
• 항공사진 디지타이징
• 디지털센서의 이용
• 항공사진 스캐닝

32 캔트(Cant)의 크기가 C인 원곡선에서 곡선반지름만을 2배 증가시켰을 때, 캔트의 크기는?

① $4C$
② $2C$
③ $0.5C$
④ $0.25C$

해설

$$C = \frac{S \cdot V^2}{g \cdot R}$$

$$= \frac{SV^2}{2gR} = \frac{SV^2}{2gR} = 0.5$$

여기서, C : 캔트
S : 제간
V : 차량속도
R : 곡선반경
g : 중력가속도

∴ $0.5C$가 된다.

33 GPS 측량을 위해 위성에서 발사하는 신호가 아닌 것은?

① SA(Selective Availability)
② 반송파(carrier)
③ C/A-코드
④ P-코드

▶ 해설

GPS 신호

GPS 신호는 C/A코드, P코드 및 항법메시지 등의 측위 계산용 신호가 각기 다른 주파수를 가진 L_1 및 L_2 파의 2개 전파에 실려 지상으로 방송이 되며 L_1/L_2파는 코드신호 및 항법메시지를 운반한다고 하여 반송파(Carrier Wave)라고 한다.

신호	구분	내용
반송파 (Carrier)	L_1	• 주파수 1,575.42MHz(154×10.23 MHz), 파장 19cm • C/A code와 P code 변조 가능
	L_2	• 주파수 1,227.60MHz(120×10.23 MHz), 파장 24cm • P code만 변조 가능
코드 (Code)	P Code	• 반복주기 7일인 PRN code(Pseudo Random Noise Code) • 주파수 10.23MHz, 파장 30m(29.3m)
	C/A Code	• 반복주기 : 1ms(milli-second)로 1.023 Mbps로 구성된 PPN code • 주파수 1.023MHz, 파장 300m(293m)
Navigation Message		GPS 위성의 궤도, 시간, 기타 System Para-meter들을 포함하는 Data bit
		측위계산에 필요한 정보 • 위성탑재 원자시계 및 전리층 보정을 위한 Parameter 값 • 위성궤도정보 • 타위성의 항법메시지 등 포함
		위성궤도정보에는 평균근점각, 이심률, 궤도장반경, 승교점적경, 궤도경사각, 근지점인수 등 기본적인량 및 보정항 포함

34 노선측량에서 곡선시점에 대한 접선길이가 80m, 교각이 60°일 때 원곡선의 곡선길이는?

① 41.60m
② 95.91m
③ 145.10m
④ 150.374m

▶ 해설

$TL = R\tan\frac{I}{2}$에서

$R = \dfrac{TL}{\tan30°} = \dfrac{80}{\tan30°} = 138.56m$

$CL = 0.0174533RI$
$= 0.0174533 \times 138.56 \times 60$
$= 145.10m$

35 측량장비에 사용되는 기포관의 구비조건으로 옳지 않은 것은?

① 기포의 움직임이 적당히 민감해야 한다.
② 유리관이 변질되지 않아야 한다.
③ 액체의 점성 및 표면장력이 커야 한다.
④ 관의 곡률이 일정하고, 내면이 매끈해야 한다.

▶ 해설

기포관

기포관의 구조	알코올이나 에테르와 같은 액체를 넣어서 기포를 남기고 양단을 막은 것
기포관의 감도	감도란 기포 한 눈금(2mm)이 움직이는 데 대한 중심각을 말하며, 중심각이 작을수록 감도가 좋다.
기포관이 구비해야 할 조건	• 곡률반지름이 클 것 • 관의 곡률이 일정하며, 관의 내면이 매끈할 것 • 액체의 점성 및 표면장력이 작을 것 • 기포의 길이가 길 것

36 완화곡선의 성질에 대한 설명 중 틀린 것은?

① 완화곡선의 반지름은 시점에서 무한대이다.
② 완화곡선은 시점에서는 직선에 접하고 종점에서는 원호에 접한다.
③ 완화곡선에 연한 곡선반지름의 감소율은 캔트의 증가율과 같다.
④ 완화곡선 시점의 캔트는 원곡선의 캔트와 같다.

◎해설

완화곡선의 특징

• 곡선반지름은 완화곡선의 시점에서 무한대, 종점에서 원곡선 R로 된다.
• 완화곡선의 접선은 시점에서 직선에, 종점에서 원호에 접한다.
• 완화곡선에 연한 곡선반지름의 감소율은 캔트의 증가율과 같다.
• 완화곡선의 종점의 캔트와 원곡선 시점의 캔트는 같다.
• 완화곡선은 이정의 중앙을 통과한다.
• 완화곡선의 곡률은 시점에서 0, 종점에서 $\dfrac{1}{R}$이다.

37 폭이 100m이고 양안(兩岸)의 고저차가 1m인 하천을 횡단하여 수준측량을 실시하는 방법으로 가장 적합한 것은?

① 시거측량으로 구한다.
② 교호수준측량으로 구한다.
③ 기압수준측량으로 구한다.
④ 양안의 수면으로부터의 높이로 구한다.

◎해설

교호수준측량

1. 교호수준측량방법
   전시와 후시를 같게 취하는 것이 원칙이나 2점 간에 강·호수·하천 등이 있으면 중앙에 기계를 세울 수 없을 때 양지점에 세운 표척을 읽어 고저차를 2회 산출하여 평균하며 높은 정밀도를 필요로 할 경우에 이용된다.

2. 교호수준측량을 할 경우 소거되는 오차
   • 레벨의 기계오차(시준축 오차)
   • 관측자의 읽기오차
   • 지구의 곡률에 의한 오차(구차)
   • 광선의 굴절에 의한 오차(기차)

38 축척 1:25000 지형도상의 표고 368m인 A점과 표고 282m인 B점 사이의 주곡선 간격의 등고선 개수는?

① 3개   ② 4개
③ 7개   ④ 8개

◎해설

등고선의 간격

등고선 종류	기호	축척			
		1/5,000	1/10,000	1/25,000	1/50,000
주곡선	가는 실선	5	5	10	20
간곡선	가는 파선	2.5	2.5	5	10
조곡선 (보조곡선)	가는 점선	1.25	1.25	2.5	5
계곡선	굵은 실선	25	25	50	100

등고선 개수 = $\dfrac{360-290}{10}+1=8$개

39 초점거리가 153mm인 카메라로 축척 1:37000의 항공사진을 촬영하기 위한 촬영고도는?

① 2,418m   ② 3,700m
③ 5,061m   ④ 5,661m

◎해설

$\dfrac{1}{m}=\dfrac{f}{H}$에서

$H = mf = 37,000 \times 0.153 = 5,661$m

40 등고선의 성질에 대한 설명으로 틀린 것은?

① 높이가 다른 등고선은 서로 교차하거나 만나지 않는다.
② 동일한 등고선상의 모든 점의 높이는 같다.
③ 등고선은 반드시 폐합하는 폐곡선이다.
④ 등고선과 분수선은 직각으로 교차한다.

◎해설

등고선의 성질

• 동일 등고선상에 있는 모든 점은 같은 높이이다.
• 등고선은 반드시 도면 안이나 밖에서 서로가 폐합한다.
• 지도의 도면 내에서 폐합되면 가장 가운데 부분은 산꼭대기(山頂, 산정) 또는 凹지(凹地, 요지)가 된다.
• 등고선은 도중에 없어지거나 엇갈리거나 합쳐지거나 갈라지지 않는다.

정답 37 ② 38 ④ 39 ④ 40 ①

- 높이가 다른 두 등고선은 동굴이나 절벽의 지형이 아닌 곳에 서는 교차하지 않는다.
- 등고선은 경사가 급한 곳에서는 간격이 좁고 완만한 경사에 서는 넓다.
- 최대경사의 방향은 등고선과 직각으로 교차한다.
- 분수선(능선)과 곡선(유하선)은 등고선과 직각으로 만난다.
- 2쌍의 등고선의 볼록부가 상대할 때는 볼록부를 나타낸다.
- 동등한 경사의 지표에서 양 등고선의 수평거리는 같다.
- 같은 경사의 평면일 때는 나란한 직선이 된다.
- 등고선이 능선을 직각방향으로 횡단한 다음 능선 다른 쪽을 따라 거슬러 올라간다.
- 등고선의 수평거리는 산꼭대기 및 산 밑에서는 크고 산중턱 에서는 작다.

Subject 03 토지정보체계론

41 지적정보관리체계에서 사용자 비밀번호의 기준으로 옳은 것은?

① 사용자가 3자리부터 6자리까지의 범위에서 정하여 사용한다.

② 사용자가 6자리부터 16자리까지의 범위에서 정하여 사용한다.

③ 사용자가 영문을 포함하여 4자리부터 8자리까지의 범위에서 정하여 사용한다.

④ 사용자가 영문을 포함하여 5자리부터 10자리까지의 범위에서 정하여 사용한다.

해설

공간정보의 구축 및 관리 등에 관한 법률 시행규칙 제77조(사용자번호 및 비밀번호 등)

① 사용자권한 등록파일에 등록하는 사용자번호는 사용자권한 등록관리청별로 일련번호로 부여하여야 하며, 한번 부여된 사용자번호는 변경할 수 없다.

② 사용자권한 등록관리청은 사용자가 다른 사용자권한 등록관리청으로 소속이 변경되거나 퇴직 등을 한 경우에는 사용자번호를 따로 관리하여 사용자의 책임을 명백히 할 수 있도록 하여야 한다.

③ 사용자의 비밀번호는 6자리부터 16자리까지의 범위에서 사용자가 정하여 사용한다.

④ 제3항에 따른 사용자의 비밀번호는 다른 사람에게 누설하여서는 아니 되며, 사용자는 비밀번호가 누설되거나 누설될 우려가 있는 때에는 즉시 이를 변경하여야 한다.

42 필지중심토지정보시스템(PBLIS)에 관한 설명으로 옳은 것은?

① 구축한 후 연계업무를 위해 지적도 전산화사업을 추진하였다.

② 필지식별자는 각 필지에 부여되어야 하고 필지의 변동이 있을 경우에는 언제나 변경, 정리가 용이해야 한다.

③ PBLIS는 지형도를 기반으로 각종 행정업무를 수행하고 관련 부처 및 타 기관에 제공할 정책정보를 생산하는 시스템이다.

④ PBLIS의 자료는 속성정보만으로 구성되며, 속성정보에는 과세대장, 상수도대장, 도로대장, 주민등록, 공시지가, 건물대장, 등기부, 토지대장 등이 포함된다.

해설

PBLIS(Parcel Based Land Information System)

필지중심토지정보시스템은 컴퓨터를 활용하여 일필지를 중심으로 건물, 도시계획 등 형상과 관련된 도면정보(Graphic Information)와 이들과 연결된 각종 속성정보(Nongraphic Information)를 효과적으로 저장 · 관리 · 처리할 수 있는 시스템으로 향후 시행될 지적재조사사업의 기반을 조성하는 사업이다. 전산화된 지적도면 수치파일을 데이터베이스화하여 이들 정보를 검색하고 관리하는 업무절차를 전산화함으로써 그간 수작업으로 처리했던 지적도면 정리를 자동화하고 토지 및 관련 정보를 국가 및 국민에게 복합적이고 신속하게 제공하여 과학적 지적행정을 도모하고자 이에 대한 개발이 추진되었다.

다목적지적의 구성요소

측지기본망 (Geodetic Reference network)	토지의 경계선과 측지측량이나 그 밖의 토지 및 토지 관련 자료와 지형 간의 상관관계를 형성한다. 지상에 영구적으로 표시되어 지적도상에 등록된 경계선을 현지에 복원할 수 있는 정확도를 유지할 수 있는 기준점 표지의 연결망을 말하는데 서로 관련 있는 모든 지역의 기준점이 단일의 통합된 네트워크여야 한다.
기본도 (Base Map)	측지기본망을 기초로 하여 작성된 도면으로서 지도 작성에 기본적으로 필요한 정보를 일정한 축적의 도면 위에 등록한 것으로 변동사항과 자료를 수시로 정비하여 최신화시켜 사용될 수 있어야 한다.

지적중첩도 (Cadastral Overlay)	측지기본망과 기본도와 연계하여 활용할 수 있고 토지소유권에 관한 현재 상태의 경계를 식별할 수 있도록 일필지 단위로 등록한 지적도, 시설물, 토지이용, 지역구도 등을 결합한 상태의 도면을 말한다.
필지식별번호 (Unique Parcel Identification Number)	각 필지별 등록사항의 조직적인 저장과 수정을 용이하게 각 정보를 인식·선정·식별·조정하는 가변성이 없는 토지의 고유번호를 말하는데 지적도의 등록사항과 도면의 등록사항을 연결시켜 자료파일의 검색 등 색인번호의 역할을 한다. 이러한 필지식별번호는 토지평가, 토지의 과세, 토지의 거래, 토지이용계획 등에서 활용되고 있다.
토지자료파일 (Land Data File)	토지에 대한 정보검색이나 다른 자료철에 있는 정보를 연결시키기 위한 목적으로 만들어진 각 필지의 식별번호를 포함한 일련의 공부 또는 토지자료철을 말하는데 과세대장, 건축물대장, 천연자원기록, 토지이용, 도로, 시설물대장 등 토지 관련 자료를 등록한 대장을 뜻한다.

43 지방자치단체가 도형정보와 속성정보인 지적공부 및 부동산종합공부 정보를 전자적으로 관리·운영하는 시스템은?

① 국토정보시스템
② 국가공간정보시스템
③ 한국토지정보시스템
④ 부동산종합공부시스템

해설

부동산종합공부시스템 운영 및 관리규정 제2조(정의)
이 규정에서 사용하는 용어의 정의는 다음과 같다.
1. "정보관리체계"란 지적공부 및 부동산종합공부의 관리업무를 전자적으로 처리할 수 있도록 설치된 정보시스템으로서, 국토교통부가 운영하는 "국토정보시스템"과 지방자치단체가 운영하는 "부동산종합공부시스템"으로 구성된다.
2. "국토정보시스템"이란 국토교통부장관이 지적공부 및 부동산종합공부 정보를 전국 단위로 통합하여 관리·운영하는 시스템을 말한다.
3. "부동산종합공부시스템"이란 지방자치단체가 지적공부 및 부동산종합공부 정보를 전자적으로 관리·운영하는 시스템을 말한다.
4. "운영기관"이란 부동산종합공부시스템이 설치되어 이를 운영하고 유지관리의 책임을 지는 지방자치단체를 말하며, 영문표기는 "Korea Real estate Administration intelligence System"으로 "KRAS"로 약칭한다.

5. "사용자"란 부동산종합공부시스템을 이용하여 업무를 처리하는 업무담당자로서 부동산종합공부시스템에 사용자로 등록된 자를 말한다.
6. "운영지침서"란 국토교통부장관이 부동산종합공부시스템을 통한 업무처리의 절차 및 방법에 대하여 체계적으로 정한 지침으로서 '운영자 전산처리지침서'와 '사용자 업무처리지침서'를 말한다.

44 파일처리시스템에 비해 데이터베이스관리시스템(DBMS)이 갖는 장점이 아닌 것은?

① 중앙 제어 가능
② 시스템의 간단성
③ 데이터 공유 가능
④ 데이터의 중복 제거

해설

DBMS의 장단점

장점	단점
• 시스템개발 비용 감소 • 보안향상 • 표준화 • 중복의 최소화 • 데이터의 독립성 향상 • 데이터의 무결성 유지 • 데이터의 일관성 유지	• 위험부담을 최소화하기 위해 효율적인 백업과 회복기능을 갖추어야 함 • 중앙집약적인 위험 부담 • 시스템 구성의 복잡성 • 운영비의 증대

45 공간상에 알려진 표고값이나 속성값을 이용하여 표고나 속성값이 알려지지 않은 지점에 대한 값을 추정하는 것을 무엇이라 하는가?

① 일반화
② 동형화
③ 공간보간
④ 지역분석

해설

공간보간법(Spatial Interpolation)
구하고자 하는 지점의 높이값을 관측을 통해 얻은 주변지점의 관측값으로부터 보간함수를 적용하여 추정하는 것으로 실측되지 않은 지점의 값을 합리적으로 어림짐작하는 계산법이라고 할 수 있다. 공간보간법은 토블러(Tobler)의 공간적 자기상관의 개념을 토대로 하고 있다(즉, 공간상에서 근접해 있는 지점들일수록 멀리 떨어져 있는 지점들보다 유사한 값을 가지는 강한 긍정적 자기상관성에 따라 보간법을 통해 실측되지 않은 지점의 값을 추정하는 것이다).

정답 43 ④ 44 ② 45 ③

46 래스터 자료와 비교하여 벡터 자료가 갖는 특성으로 틀린 것은?

① 위상관계를 나타낼 수 있다.
② 복잡한 자료를 최소한의 공간에 저장시킬 수 있다.
③ 공간 연산이 상대적으로 어렵고 시간이 많이 소요된다.
④ 래스터 자료에 비해서 시뮬레이션 작업을 손쉽게 생성할 수 있다.

● 해설

백터 자료와 래스터 자료의 비교

	벡터 자료	래스터 자료
정의	벡터 자료구조는 기호, 도형, 문자 등으로 인식할 수 있는 형태를 말하며 객체들의 지리적 위치를 크기와 방향으로 나타낸다.	래스터 자료구조는 매우 간단하며 일정한 격자간격의 셀이 데이터의 위치와 그 값을 표현하므로 격자 데이터라고도 하며 도면을 스캐닝하여 취득한 자료와 위상영상자료들에 의하여 구성된다. 래스터 구조는 구현의 용이성과 단순한 파일구조에도 불구하고 정밀도가 셀의 크기에 따라 좌우되며 해상력을 높이면 자료의 크기가 방대해진다. 각 셀의 크기에 따라 데이터의 해상도와 저장크기가 달라지게 되는데, 셀크기가 작을수록 보다 정밀한 공간현상을 잘 표현할 수 있다.
장점	• 보다 압축된 자료구조를 제공하므로 데이터 용량의 축소가 용이하다. • 복잡한 현실세계의 묘사가 가능하다. • 위상에 관한 정보가 제공되므로 관망분석과 같은 다양한 공간분석이 가능하다. • 그래픽의 정확도가 높다. • 그래픽과 관련된 속성정보의 추출 및 일반화, 갱신 등이 용이하다.	• 자료구조가 간단하다. • 여러 레이어의 중첩이나 분석이 용이하다. • 자료의 조작과정이 매우 효과적이고 수치영상의 질을 향상시키는 데 매우 효과적이다. • 수치이미지 조작이 효율적이다. • 다양한 공간적 편의가 격자의 크기와 형태가 동일하므로 시뮬레이션이 용이하다.

	벡터 자료	래스터 자료
단점	• 자료구조가 복잡하다. • 여러 레이어의 중첩이나 분석에 기술적으로 어려움이 수반된다. • 각각의 그래픽 구성요소는 각기 다른 위상구조를 가지므로 분석에 어려움이 크다. • 그래픽의 정확도가 높아 도식과 출력에 비싼 장비가 요구된다. • 일반적으로 값비싼 하드웨어와 소프트웨어가 요구되므로 초기비용이 많이 든다.	• 압축되어 사용되는 경우가 드물며 지형관계를 나타내기가 훨씬 어렵다. • 주로 격자형의 네모난 형태로 가지고 있기 때문에 수작업으로 그린 완화된 선에 비해서 미관상 매끄럽지 못하다. • 위상정보의 제공이 불가능하므로 관망해석과 같은 분석기능이 이루어질 수 없다. • 좌표변환을 위한 시간이 많이 소요된다.

47 정보에 대한 설명으로 옳은 것은?

① 어떤 사실의 집합
② 정보 그 자체로는 의미가 없음
③ 있는 그대로의 현상 또는 그것을 숫자로 표현해 놓은 것
④ 특정 목적을 달성하도록 데이터를 일정한 형태로 처리·가공한 결과

● 해설

정보와 체계

1. 정보(情報 : Information)
   자료를 처리하여 사용자에게 의미 있는 가치를 부여하는 것이다.

위치자료 (Positional Information)	절대위치	실제 공간위치(예 경도, 위도, 좌표, 표고)
	상대위치	model 공간 위치(임의의 기준으로부터 결정되는 위치 예 설계도)
특성자료 (Descriptive Information)	도형자료 (Graphic Data)	위치자료를 이용한 대상의 가시화
	영상자료 (Image Data)	센서(Scanner, Lidar, Laser, 항공사진기 등)에 의해 취득된 사진
	속성자료 (Attributive Data)	도형이나 영상 속의 내용

2. 체계(體系 : System)
   다양한 정보, 상관관계 규정, 여러 종류의 정보들에 대한 연결을 시도하고 이에 대한 자체적인 제어능력을 가진 개별 요소들의 집합체를 말한다.

3. 정보체계(情報體系 : Information System)

　다양한 자료를 이용하기 편리하도록 자료기반(DB)을 구축하고 목적에 부합하는 의미와 기능을 갖는 정보를 생산하며 이들 자료와 정보를 효율적으로 결합·운영하여 통합된 기능을 발휘할수 있도록 하는 체계이다.

48 특정 공간데이터를 중심으로 특정한 폭을 가지는 구역에 무엇이 존재하는가를 분석하는 방법은?

① 버퍼분석
② 통계분석
③ 네트워크분석
④ 불규칙삼각망분석

◆해설

공간분석기법

중첩분석 (Overlay Analysis)	• GIS가 일반화되기 이전의 중첩분석 : 많은 기준을 동시에 만족시키는 장소를 찾기 위해 불이 비치는 탁자 위에 투명한 중첩 지도를 겹치는 작업을 통해 수행 • 중첩을 통해 다양한 자료원을 통합하는 것은 GIS의 중요한 분석능력으로 주로 적지 선정에 이용된다. • 이러한 중첩분석은 벡터 자료뿐만 아니라 래스터 자료도 이용할 수 있는데, 일반적으로 벡터 자료를 이용한 중첩분석은 면형 자료를 기반으로 수행 • 다양한 공간객체를 표현하고 있는 레이어를 중첩하기 위해서는 좌표체계의 동일성이 전제되어야 함
버퍼분석 (Buffer Analysis)	• 버퍼분석은 공간적 근접성(Spatial Proximity)을 정의할 때 이용되는 것으로서 점, 선, 면 또는 면 주변에 지정된 범위의 면사상으로 구성 • 버퍼분석을 위해서는 먼저 버퍼 존(Buffer Zone)의 정의가 필요 • 버퍼 존은 입력사상과 버퍼를 위한 거리(Buffer Distance)를 지정한 이후 생성 • 일반적으로 거리는 단순한 직선거리인 유클리디언 거리(Euclidian Distance) 이용
네트워크 분석 (Network Analysis)	• 현실세계에는 사람, 에너지, 물자, 정보 등의 흐름을 가능하게 하는 도로, 케이블, 파이프라인 등의 하부구조(Infrastructure)가 존재하는데, 이러한 하부구조는 GIS 분석과정에서 네트워크(Network)로 모델링 가능 • 네트워크형 벡터 자료는 특정 사물의 이동성 또는 흐름의 방향성(Flow Direction) 제공 • 대부분의 GIS 시스템은 위상모델로 표현된 벡터 자료의 연결된 선사상인 네트워크 분석 지원 • 네트워크 분석을 통해 　- 최단경로(Shortest Route) : 주어진 기원지와 목적지를 잇는 최단거리의 경로 분석 　- 최소비용경로(Least Cost Route) : 기원지와 목적지를 연결하는 네트워크상에서 최소의 비용으로 이동하기 위한 경로를 탐색할 수 있다.

49 도형정보에 위상을 부여할 경우 기대할 수 있는 특성이 아닌 것은?

① 저장용량을 절약할 수 있다.
② 저장된 위상정보는 빠르고 용이하게 분석할 수 있다.
③ 입력된 도형정보는 위상과 관련되는 정보를 정리하여 공간 DB에 저장하여 둔다.
④ 공간적인 관계를 구현하는 데 필요한 처리시간을 최대한 단축시킬 수 있다.

◆해설

위상(Topology)

1. 위상의 정의

　위상이란 도형 간의 공간상의 상관관계를 의미하는데 위상은 특정변화에 의해 불변으로 남는 기하학적 속성을 다루는 수학의 한 분야로 위상모델의 전제조건으로는 모든 선의 연결성과 폐합성이 필요하다.

2. 위상구조의 장단점

장점	• 좌표 데이터를 사용하지 않고도 인접성, 연결성 분석과 같은 공간분석이 가능하다. • 공간적인 관계를 구현하는 데 필요한 처리시간을 줄일 수 있다. • 입력된 도형정보에 대하여 일단 위상과 관련되는 정보를 정리하여 공간 데이터베이스에 저장하여 둔다. • 저장된 위상정보는 추후 위상을 필요로 하는 많은 분석이 빠르고 용이하게 이루어지도록 할 수 있다.
단점	• 컴퓨터 같은 장비구입비용이 많이 소요된다. • 위상을 구축하는 과정이 반복되므로 컴퓨터 프로그램의 사용이 필수적이다. • 컴퓨터 프로그램이나 하드웨어의 성능에 따라서 소요되는 시간에는 많은 차이가 있다. • 위상을 정립하는 과정은 기본적으로 선의 연결이 끊어지지 않도록 하고 폐합된 도형의 형태를 갖도록 하는 시간이 많이 소요되는 편집과정이 선행되어야 한다.

50 지적도에서 일필지의 경계를 디지타이저로 독취한 자료는?

① 벡터데이터
② 속성데이터
③ 픽셀데이터
④ 래스터데이터

●해설

백터 자료와 래스터 자료의 비교

	벡터 자료	래스터 자료
정의	벡터 자료구조는 기호, 도형, 문자 등으로 인식할 수 있는 형태를 말하며 객체들의 지리적 위치를 크기와 빙향으로 나타낸다.	래스터 자료구조는 매우 간단하며 일정한 격자간격의 셀이 데이터의 위치와 그 값을 표현하므로 격자 네이터라고노 하며 도면을 스캐닝하여 취득한 자료와 위상영상자료들에 의하여 구성된다. 래스터구조는 구현의 용이성과 단순한 파일구조에도 불구하고 정밀도가 셀의 크기에 따라 좌우되며 해상력을 높이면 자료의 크기가 방대해진다. 각 셀들의 크기에 따라 데이터의 해상도와 저장크기가 달라지게 되는데 셀 크기가 작을수록 보다 정밀한 공간현상을 잘 표현할 수 있다.
장점	• 보다 압축된 자료구조를 제공하므로 데이터 용량의 축소가 용이하다. • 복잡한 현실세계의 묘사가 가능하다. • 위상에 관한 정보가 제공되므로 관망분석과 같은 다양한 공간분석이 가능하다. • 그래픽의 정확도가 높다. • 그래픽과 관련된 속성정보의 추출 및 일반화, 갱신 등이 용이하다.	• 자료구조가 간단하다. • 여러 레이어의 중첩이나 분석이 용이하다. • 자료의 조작과정이 매우 효과적이고 수치영상의 질을 향상시키는 데 매우 효과적이다. • 수치이미지 조작이 효율적이다. • 다양한 공간적 편의가 격자의 크기와 형태가 동일하므로 시뮬레이션이 용이하다.
단점	• 자료구조가 복잡하다. • 여러 레이어의 중첩이나 분석에 기술적으로 어려움이 수반된다. • 각각의 그래픽 구성요소는 각기 다른 위상구조를 가지므로 분석에 어려움이 크다. • 그래픽의 정확도가 높은 관계로 도식과 출력에 비싼 장비가 요구된다. • 일반적으로 값비싼 하드웨어와 소프트웨어가 요구되므로 초기비용이 많이 든다.	• 압축되어 사용되는 경우가 드물며 지형관계를 나타내기가 훨씬 어렵다. • 주로 격자형의 네모난 형태로 가지고 있기 때문에 수작업에 의해서 그려진 완화된 선에 비해서 미관상 매끄럽지 못하다. • 위상정보의 제공이 불가능하므로 관망해석과 같은 분석기능이 이루어질 수 없다. • 좌표변환을 위한 시간이 많이 소요된다.

51 지적소관청이 지번변경, 행정구역변경, 구획정리, 경지정리, 축척변경, 토지개발사업을 하고자 하는 때에 생성하여야 하는 것은?

① 임시파일
② 정지파일
③ 지적파일
④ 토지파일

●해설

지적업무처리규정 제52조(임시파일 생성)
① 지적소관청이 지번변경, 행정구역변경, 구획정리, 경지정리, 축척변경, 토지개발사업을 하고자 하는 때에는 임시파일을 생성하여야 한다.
② 제1항에 따라 임시파일이 생성되면 지번별 조서를 출력하여 임시파일이 정확하게 생성되었는지 여부를 확인하여야 한다.

52 토지기록 전산화사업의 목적으로 옳지 않은 것은?

① 지적 관련 민원의 신속한 처리
② 신속한 토지소유자의 현황 파악
③ 전산화를 통한 중앙 통제권 강화
④ 토지 관련 정책자료의 다목적 활용

●해설

지적전산화의 목적
• 국가지리정보사업에 기본정보로 관련 기관의 다목적 활용을 위한 기반 조성
• 지적도면의 신축으로 인한 원형보관, 관리의 어려움 해소
• 지적관련 민원사항의 신속 · 정확한 처리
• 토지소유권 등 변동자료의 신속한 파악과 관리
• 토지 관련 정책자료의 다목적 활용
• 지적공부를 체계적이고 과학적인 토지정책자료와 지적행정의 실현으로 다목적지적에 활용할 수 있도록 한다(토지정보의 다목적 활용).
• 토지소유자의 현황파악과 지적민원을 신속하고 정확하게 처리하므로 지방행정전산화 촉진 등에 영향을 미칠 수 있다(토지소유권의 신속한 파악).
• 전국적으로 획일적인 시스템의 활용으로 각 시 · 도 분산시스템의 상호 간 또는 중앙시스템 간의 인터페이스를 완전하게 확보가 가능하도록 한다.
• 토지기록과 관련하여 변동자료를 온라인처리로 이동정리 등의 기존에 처리하던 업무의 이중성을 배제할 수 있다.

53 토지정보체계의 데이터 모델 생성과 관련된 개체(Entity)와 객체(Object)에 대한 설명으로 틀린 것은?

① 객체는 컴퓨터에 입력된 이후 개체로 불린다.

② 개체는 서로 다른 개체들과의 관계성을 가지고 구성된다.

③ 개체는 데이터 모델을 이용하여 보다 정량적인 정보를 갖게 된다.

④ 객체는 도형과 속성정보 이외에도 위상정보를 갖게 된다.

● 해설

객체와 개체

1. 객체(object)
   - 현실 세계에 존재하는 대상체를 GIS에서 표현하기 위해서 공간적 또는 비공간적 요소로 표현하는 대상체를 말한다.
   - 객체지향 프로그래밍언어에서 사용되는 개념으로 클래스(class)로 정의되는 대상과 동작들로 구성된 기본단위이다. 최근의 프로그래밍은 예전의 구조적 방식에서 탈피하여 '객체지향적 프로그래밍(OOP : Object Oriented Programming)'이 주를 이루고 있다.

   여기에는 최근에 인기를 끄는 Visual C++, C#, Java 언어 등이 대표적이다. 즉, 객체지향 언어는 모듈(하나의 작은 단위)을 객체 단위로 하여 작성하기 쉽도록 하여, 객체 간의 인터페이스와 상속 기능을 통하여 객체 단위를 효율적으로 재사용 할 수 있는 체계를 제공한다. 객체지향 프로그래밍에서 객체는, 프로그램 설계단계에서 최초로 생각해야 할 부분이다. 각각의 객체는 특정 클래스 또는 그 클래스의 자체 메소드나 프로시저, 데이터 변수를 가지고 있는 서브클래스가 실제로 구현된 것으로 '인스턴스(Instance)'가 된다. 결과적으로 객체(object)는 실제로 컴퓨터 내에서 수행되는 모든 것을 의미한다.

2. 개체(entity)

   관계형 데이터베이스에서 개체는 표현하려는 유형, 무형의 실체로서 서로 구별되는 것을 의미한다.

   하나의 개체는 하나 이상의 속성(Attribute)으로 구성되고 각 속성은 그 개체의 특성이나 상태를 설명한다. 학생 테이블을 살펴보자.

- 관계형 데이터베이스에서는 테이블의 관계를 릴레이션(Relation)이라 한다.
- 속성은 데이터의 가장 작은 논리적인 단위로 학번, 이름, 학년, 전공이 해당하고 개체가 가질 수 있는 특성을 나타내며 필드(Field)라고도 한다. 또한 레코드는 튜플(Tuple)이라 한다.
- 학생 테이블에서 가질 수 있는 실질적인 값을 개체 인스턴스(Entity Instance)라고 하고 이것들의 집합을 개체 집합(Entity Set)이라 한다.

54 DXF 파일의 저장형식은?

① OGIS

② SPARC

③ ASCⅡ

④ KSC-5601

● 해설

DXF(Drawing Exchange file Format) 파일의 구조

오토캐드용 자료 파일을 다른 그래픽 체계에서 사용될 수 있도록 만든 ASCII(American Standard Code for Information Interchange) 형태의 그래픽 자료 파일형식이다.

- 서로 다른 CAD 프로그램 간에 설계도면파일을 교환하는 데 사용하는 파일형식이다.
- Auto Desk 사에서 제작한 ASCII 코드 형태이다.
- DXF 파일구성 : 헤더 섹션, 테이블 섹션, 블록 섹션, 엔티티 섹션
- 도형자료만의 교환에 있어서는 속성자료와 연계 없이 점, 선, 면의 형태와 좌표만을 고려하면 되므로 단순한 포맷의 변환이 될 수 있다.

55 지적도면 수치파일 작업에 대한 설명으로 옳은 것은?

① 벡터라이징 작업 시 선의 굵기를 0.2mm로 지정

② 벡터라이징은 반드시 수동으로 작업하며, 자동작업 금지

③ 작업수행기관에서는 작업과정에서 생성되는 파일을

3년간 보관 후 지적소관청과 협의하여 폐기

④ 검사자는 최종성과물과 도면을 육안대조하여 필지 경계선에 0.2mm 이상의 편차가 있으면 재작업

해설

지적원도 데이터베이스 구축 작업기준 제11조(좌표독취)

① 지적원도의 좌표독취는 제10조제6항에 따라 저장된 이미지파일을 내상으로 좌표독취기 또는 쇄표녹취 응용프로그램을 활용하여 다음 각 호의 사항을 레이어별로 입력하여야 한다.
1. 도곽선
2. 필지경계선
3. 행정구역선
4. 지적측량기준점
5. 기타 선형 등
② 제1항에 따라 입력되는 좌표는 해당 도면 좌하단점의 도곽선수치를 기준으로 가산한다.
③ 경계점간 연결되는 선은 굵기가 0.1mm 이하가 되도록 하여야 한다.
④ 좌표독취는 반드시 수동방식의 취득방법으로 하여야 하며, 경계점을 명확히 구분할 수 있도록 확대한 후 작업을 실시하여야 한다.
⑤ 좌표독취는 밀리미터(mm)단위로 하되, 소수점 이하 2자리 이상 취득하여 미터(m)단위로 소수점 이하 3자리까지 결정하여야 한다.
⑥ 필지의 경계는 중복되지 않아야 하며 경계가 만나는 지점의 좌표는 동일하여야 하고, 경계에 이어지는 다른 필지의 경계는 그 경계를 벗어나서는 아니된다.
⑦ 도곽선은 좌하단, 좌상단, 우상단, 우하단 방향으로 4점의 도곽점을 연결한 선형으로 입력하여야 한다
⑧ 행정구역선은 지적원도에 표시된 유형별 선형(도계, 부·군계 등)으로 입력하며, 지적원도에 행정구역선이 없는 경우 위성영상 등을 활용하여 입력하여야 한다.
⑨ 지적원도에 표시된 지형·지물은 기타로 입력하거나 레이어를 추가하여 입력하여야 한다.

지적원도 데이터베이스 구축 작업기준 제16조(지적원도 수치파일 성과검사)

① 검사자는 제15조에 따라 출력된 검사용 트레싱지를 지적원도에 중첩하여 도곽선을 일치시킨 후, 필지경계점의 부합여부를 육안으로 대조하여 도곽선 및 필지경계선에 0.1mm 이상의 편차가 있는 경우에는 재작업토록 하여야 한다.
② 필지경계선의 미달(Under Shoot) 및 초과(Over Shoot) 입력여부를 검사하여야 한다.
③ 지번·지목·소유자 등 각종 속성정보를 정확하게 입력하

였는지 여부를 검사하여야 하며, 필지가 작아 육안으로 입력정보의 확인이 곤란한 경우 컴퓨터를 이용하여 수치파일을 확대한 상태에서 확인하여야 한다.
④ 자체 성과검사 결과 잘못 입력된 필지경계점과 속성정보는 검사용 트레싱지에 적색 필기구로 표기하고, 그 내용을 별지 제4호서식의 지적원도 수치파일 검사대장에 기록한다.
⑤ 자체 성과검사가 완료되면 검사자는 트레싱지와 검사대장에 시명과 날인한다.

56 벡터데이터의 기본요소로 보기 어려운 것은?

① 점(point) ② 선(line)
③ 행렬(matrix) ④ 폴리곤(polygon)

해설

벡터 데이터 모델의 기본요소
1. 점(Point)
점은 차원이 존재하지 않으며 대상물의 지점 및 장소를 나타내고 기호를 이용하여 공간형상을 표현한다.
2. 선(Line)
선은 가장 간단한 형태로 1차원 대상물은 두 점을 연결한 직선이다. 대축척(면사상), 소축척(선사상)으로 지적도, 임야도의 경계선을 나타내는 데 효과적이다. Arc, String, Chain이라는 다양한 용어로도 사용된다.
• Arc : 곡선을 형상하는 점들의 자치를 의미한다.
• String : 연속적인 Line segments를 의미한다.
• Chain : 시작노드와 끝노드에 대한 위상정보를 가지며 자치꼬임이 허용되지 않은 위상기본요소를 의미한다.
3. 면(Polygon)
면은 경계선 내의 영역을 정의하고 면적을 가지며, 호수, 삼림을 나타내고 지적도의 필지, 행정구역이 대표적이다.

57 KLIS와 관련이 없는 것은?

① 고딕, SDE, ZEUS
② 지적도면수치파일화
③ 3계층 클라이언트/서버 아키텍처
④ PBLIS와 LMIS를 하나의 시스템으로 통합

해설

한국토지정보시스템(KLIS)
한국토지정보시스템(KLIS)은 행정자치부(현, 행정안전부)의 필지중심토지정보시스템(PBLIS)과 국토교통부의 토지관리

정보체계(LMIS)를 보완하여 하나의 시스템으로 통합 구축하고, 토지대장의 문자(속성)정보를 연계 활용하여 토지와 관련한 각종 공간·속성·법률자료 등의 체계적 통합·관리의 목적을 가진 종합적 정보체계로 2006년 4월 전국 구축이 완료되었다.

1. 추진 배경

행정자치부(구)의 '필지중심토지정보시스템(PBLIS)과 건설교통부(구)의 토지종합정보망(LMIS)을 보완하여 하나의 시스템으로 통합 구축하고, 토지대장의 문자(속성)정보를 연계 활용하는 방안을 강구'하라는 감사원 감사결과(2000년)에 따라 3계층 클라이언트/서버(3-Tiered client/server) 아키텍처를 기본구조로 개발하기로 합의하였다. 따라서 국가적인 정보화 사업을 효율적으로 추진하기 위해 양 시스템을 연계 통합한 한국토지정보시스템의 개발업무를 수행하였다.

2. 추진 목적

- NGIS 2000년 국책사업 감사원 감사 시 PBLIS와 LMIS가 중복사업으로 지적
- 두 시스템을 하나의 시스템으로 통합 권고
- PBLIS와 LMIS의 기능을 모두 포함하는 통합시스템 개발
- 통합시스템은 3계층 구조로 구축(3Tier System)
- 도형 DB 엔진 전면수용 개발(고딕, SDE, ZEUS 등)
- 지적측량, 지적측량 성과작성 업무도 포함
- 실시간 민원처리 업무가 가능하도록 구축

58 메타데이터의 기본적인 요소가 아닌 것은?

① 공간참조
② 자료의 내용
③ 정보 획득 방법
④ 공간자료의 구성

해설

메타데이터(Meta Data)

1. 정의

메타데이터란 데이터에 관한 데이터로서 데이터의 구축과 이용 확대에 따른 상호 이해와 호환의 폭을 넓히기 위하여 고안된 개념이다. 메타데이터는 데이터에 관한 다양한 측면을 서술하는 매우 중요한 자료로서 이에 관하여 표준화가 활발히 진행되고 있다.

미국 연방지리정보위원회(FGDC)에서는 디지털 지형공간 메타데이터에 관한 내용표준(Content Standard for Digital Geospatial Metadata)을 정하고 있는데, 여기에서는 메타데이터의 논리적 구조와 내용에 관한 표준을 정하고 있다. 현재 메타데이터의 표준으로 사용되고 있는 것은 미국의 FGDC(Federal Geographic Data Committe)표준, ISO/TC211 표준(International Organization for Standard)/Techn-ical Committe 211 : 국제표준기구 GIS표준기술위원회), CEN/TC287(유럽표준화기구) 표준 등을 들 수 있다.

2. 메타데이터의 기본요소

개요 및 자료 소개	데이터의 명칭, 개발자, 지리적 영역 및 내용 등
자료품질	위치 및 속성의 정확도, 완전성, 일관성 등
자료의 구성	자료를 코드화하기 위하여 이용된 래스터 및 벡터와 같은 모델
공간참조를 위한 정보	사용된 지도 투영법, 변수, 좌표계 등
형상 및 속성 정보	지리정보와 수록 방식
정보를 얻는 방법	관련된 기관, 획득형태, 정보의 가격 등
참조정보	작성자, 일시 등

제1장	식별정보 (Identification Information)	인용, 자료에 대한 묘사, 제작 시기, 공간영역, 키워드, 접근제한, 사용제한, 연락처 등
제2장	자료의 질 정보 (Data Quality Information)	속성정보 정확도, 논리적 일관성, 완결성, 위치정보 정확도, 계통(lineage) 정보 등
제3장	공간자료 구성정보 (Spatial Data Organization Information)	간접 공간참조자료(주소체계), 직접 공간참조자료, 점과 벡터 객체정보, 위상관계, 래스터 객체정보 등
제4장	공간좌표정보 (Spatial Reference Information)	평면 및 수직 좌표계
제5장	사상과 속성정보 (Entity & Attribute Information)	사상타입, 속성 등
제6장	배포정보(Distribution Information)	배포자, 주문방법, 법적 의무, 디지털 자료형태 등
제7장	메타데이터 참조정보 (Meta Data Reference Information)	메타데이터 작성 시기, 버전, 메타데이터 표준이름, 사용 제한, 접근 제한 등
제8장	인용정보 (Citation Information)	출판일, 출판시기, 원제작자, 제목, 시리즈 정보 등
제9장	제작시기(Time Period Information)	일정시점, 다중시점, 일정시기 등
제10장	연락처 (Contact Information)	연락자, 연락기관, 주소 등

59 ISO/TC211에 대한 설명으로 틀린 것은?

① 지리정보 분야의 유일한 국제표준화기구이다.
② 조직은 총 5개의 기술실무위원회로 이루어져 있다.
③ 주로 공공기관과 민간기관들로 구성되어 있다.
④ 정식 명칭으로 Geographic Information/ Geomatics 를 사용하고 있다.

정답 58 ② 59 ③

해설

ISO TC 211

국제표준기구(International Organization for Standard) 는 1994년에 GIS 표준 기술위원회(Technical Committee 211)를 구성하여 표준작업을 진행하고 있다.

공식명칭은 Geographic Information/Geometics이며 TC211 위원회는 수치화된 지리정보 분야의 표준화를 위한 기술위원회이며 지구의 지리적 위치와 직 간접적으로 관계가 있는 객체나 현상에 대한 정보 표준 규격을 수립함에 그 목적을 두고 있다.

ISO TC 211은 5개의 작업그룹(Working Group)으로 구성되어 있다.

- Framework and reference model(WG1) : 업무구조 및 참조모델 담당
- Geospatial data models and operators(WG2) : 지리공간 데이터모델과 운영자 담당
- Geospatial data administration(WG3) : 지리공간데이터 담당
- Geospatial services(WG4) : 지리공간서비스 담당
- Profiles and functional standards(WG5) : 프로파일 및 기능에 관한 제반 표준 담당

60 자료교환을 위한 소프트웨어를 만드는 데 기본계획이 필요하고 이를 위한 세 가지의 처리방안이 있다. 다음 중 여기에 속하지 않는 것은?

① 직접적인 변환
② 스위치 야드 변환
③ 중립형식을 이용한 이동
④ 내부 표준을 기본으로 한 이동

해설

자료교환을 위한 소프트웨어를 만드는 데 기본계획이 필요하고 이를 위한 세 가지 처리방안

- 직접적인 변환
- 중립형식을 이용한 이동
- 내부 표준을 기본으로 한 이동

Subject 04 지적학

61 지적공개주의의 이념과 관련이 없는 것은?

① 토지경계복원측량
② 지적공부 등본 발급
③ 토지경계와 면적 결정
④ 토지이동 신고 및 신청

해설

지적(地籍)에 관한 법률(法律)의 기본이념(基本理念)

지적국정주의 (地籍國定主義)	지적공부의 등록사항인 토지표시사항을 국가만이 결정할 수 있는 권한을 가진다는 이념이다.
지적형식주의 (地籍形式主義)	국가가 결정한 토지에 대한 물리적 현황과 법적 권리관계 등을 외부에서 인식할 수 있도록 일정한 법정의 형식을 갖추어 지적공부에 등록하여야만 효력이 발생한다는 이념으로 「지적등록주의」라고도 한다.
지적공개주의 (地籍公開主義)	지적공부에 등록된 사항을 토지소유자나 이해관계인은 물론 일반인에게도 공개한다는 이념이다. 〈공시원칙에 의한 지적공부의 3가지 형식〉 • 지적공부를 직접 열람 및 등본으로 알 수 있다. • 현장에 경계복원함으로써 알 수 있다. • 등록된 사항과 현장상황이 틀린 경우 변경등록한다.
실질적 심사주의 (實質的審查主義)	토지에 대한 사실관계를 정확하게 지적공부에 등록·공시하기 위하여 토지를 새로이 지적공부에 등록하거나 등록된 사항을 변경 등록하고자 할 경우 소관청은 실질적인 심사를 실시하여야 한다는 이념으로서 「사실심사주의」라고도 한다.
직권등록주의 (職權登錄主義)	국가는 의무적으로 통치권이 미치는 모든 토지에 대한 일정한 사항을 직권으로 조사·측량하여 지적공부에 등록·공시하여야 한다는 이념으로서 「적극적 등록주의」 또는 「등록강제주의」라고도 한다.

62 도해지적에 대한 설명으로 옳은 것은?

① 지적의 자동화가 용이하다.
② 지적의 정보화가 용이하다.
③ 측량 성과의 정확성이 높다.
④ 위치나 형태를 파악하기 쉽다.

해설

측량방법

도해지적 (圖解地籍)	• 토지의 경계를 도면위에 표시하는 지적제도 • 세지적, 법지적은 토지경계표시를 도해지적에 의존 • 측량에 소요되는 비용이 비교적 저렴함 • 고도의 기술이 필요 없음 ※ 도해지적의 단점 • 축척크기에 따라 허용오차가 다름 • 도면의 신축방지와 보관관리가 어려움 • 인위적, 기계적, 자연적 오차가 유발되기 쉬움 • 지적측량에 신뢰성이 저하됨
수치지적 (數値地籍 : Numerical Cadastre)	• 수학적인 좌표로 표시하는 지적제도 • 다목적 지적제도 하에서는 토지경계를 수치지적에 의존 • 필지 경계점이 수치좌표로 등록됨 • 경비와 인력이 비교적 많이 소요됨 • 고도의 전문적인 기술이 필요
계산지적 (計算地籍)	계산지적은 경계점의 정확한 위치결정이 용이하도록 측량기준점과 연결하여 관측하는 지적제도를 말한다. 계산지적은 국가의 통일된 기준좌표계에 의하여 각 경계상의 굴곡점을 좌표로 표시하는 지적제도이다.

63 다음 중 등록방법에 따른 지적의 분류에 해당하는 것은?

① 법지적　　　　　② 입체지적
③ 수치지적　　　　④ 적극적 지적

해설

등록방법

2차원 지적	• 토지의 고저에 관계 없이 수편면상의 투영만을 가상하여 각 필지의 경계를 공시하는 제도 • 평면지적 • 토지의 경계, 지목 등 지표의 물리적 현황만을 등록하는 제도 • 점선을 지적공부도면에 폐쇄된 다각형의 형태로 등록 · 관리한다.
3차원 지적	• 2차원 지적에서 진일보한 지적제도로 선진국에서 활발하게 연구 중이다. • 지상과 지하에 설치한 시설물을 수치형태로 등록 · 공시 • 입체지적 • 3차원 지적은 인력과 시간과 예산이 소요되는 단점 • 지상건축물과 지하의 상수도, 하수도, 전기, 전화선 등 공공시설물을 효율적으로 등록 · 관리할 수 있는 장점

4차원 지적	3차원 지적에서 발전한 형태로 지표 · 지상 · 건축물 · 지하시설물 등을 효율적으로 등록 · 공시하거나 관리 · 지원할 수 있고 이를 등록사항의 변경내용을 정확하게 유지 · 관리할 수 있는 다목적지적제도로 전산화한 시스템의 구축이 전제된다.

64 토지검사에 해당하지 않는 것은?

① 지압 조사　　　　② 측량 확인
③ 토지 조사　　　　④ 이동지 검사

해설

토지검사(土地檢査)

토지검사는 토지이동 사실 여부 확인을 위한 지압조사와 과세징수를 목적으로 한 토지검사로 분류되며 매년 6~9월 사이에 하는 것을 원칙으로 하였고 필요한 경우 임시로 할 수 있게 하였다. 지세관계법령의 규정에 따라 세무 관리는 토지의 검사를 할 수 있도록 지세관계법령에 규정하였다.

토지검사 대상	• 비과세지 • 분할지의 지위품 등이 동일하지 않은 경우 • 각종 면세연기, 감세연기 또는 연기 · 연장하는 경우 • 지목 및 임대가격의 설정 또는 수정하는 경우 • 지적오류정정 등이 있었을 때 • 재해지면세지 및 사립확보용지 면세	
토지검사 특징	• 매년 6월에서 9월 사이에 실시하였으며 일반적으로 세무관서가 담당하였다. • 필요시에는 수시로 할 수 있게 하였다. • 주목적은 무신고 이동지 발견이다. • 기록사항은 토지검사수첩에 등재하였다.	
토지검사의 생략	실지조사를 통하지 않고도 지목 및 임대가격이 도면이나 기타의 자료에 의해 적당하다고 인정되는 것	
토지검사 (광의적)	토지검사	토지검사(이동신고, 신청의 확인)
		지압조사(무신고지 이동지의 발견)
	측량확인	
토지검사 (협의적)	토지검사(이동신고, 신청의 확인)	
	지압조사(무신고지 이동지의 발견)	

65 토지조사사업 당시의 지목 중 비과세지에 해당하는 것은?

① 전　　　　　　　② 임야
③ 하천　　　　　　④ 잡종지

해설

지목의 명칭

토지조사사업 당시 지목	• 과세지 : 전, 답, 대(垈), 지소(池沼), 임야(林野), 잡종지(雜種地)(6개) • 비과세지 : 도로, 하천, 구거, 제방, 성첩(城堞), 철도선로, 수도선로(7개) • 면세지 : 사사지, 분묘지, 공원지, 철도용지, 수도용지(5개)		
1918년 지세령 개정 (19개)	지소(池沼) : 유지로 세분		
1950년 구 지적법 (21개)	잡종지(雜種地) : 잡종지, 염전, 광천지로 세분		
1975년 지적법 2차 개정 (24개)	통합	• 철도용지+철도선로=철도용지 • 수도용지+수도선로=수도용지 • 유지+지소=유지	
	신설	과수원, 장용지, 공장용지, 학교용지, 유원지, 운동장(6개)	
	명칭변경	• 공원지 → 공원 • 사사지 → 종교용지 • 성첩(城堞) → 사적지(史蹟地) • 분묘지 → 묘지 • 운동장 → 체육용지	
2001년 지적법 10차 개정 (28개)	주차장, 주유소용지, 창고용지, 양어장(4개 신설)		

66 지적제도가 공시제도로서 가장 중요한 기능이라 할 수 있는 것은?

① 토지거래의 기준 ② 토지등기의 기초
③ 토지과세의 기준 ④ 토지평가의 기초

해설

지적제도의 기능

토지등기의 기초 (선등록 후등기)	지적공부에 토지표시사항인 토지소재, 지번, 지목, 면적, 경계와 소유자가 등록되면 이를 기초로 토지소유자가 등기소에 소유권보존등기를 신청함으로써 토지등기부가 생성된다. 즉, 토지표시사항은 토지등기부의 표제부에, 소유자는 갑구에 등록한다.
토지평가의 기초 (선등록 후평가)	토지평가는 지적공부에 등록한 토지에 한하여 이루어지며, 평가는 지적공부에 등록된 토지표시사항을 기초자료로 이용하고 있다.

토지과세의 기초 (선등록 후과세)	토지에 대한 각종 국세와 지방세는 지적공부에 등록된 필지를 단위로 면적과 지목 등 기초자료를 이용하여 결정한 개별공시지가(부동산 가격공시에 관한 법률)를 과세의 기초자료로 하고 있다.
토지거래의 기초 (선등록 후거래)	토지거래는 지적공부에 등록된 필지 단위로 이루어지며, 공부에 등록된 토지표시사항(소재, 지번, 지목, 면적, 경계 등)과 등기부에 등재된 소유권 및 기타 권리관계를 기초로 하여 거래가 이루어지고 있다.
토지이용계획의 기초 (선등록 후계획)	각종 토지이용계획(국토계획, 도시관리계획, 도시개발, 도시재개발 등)은 지적공부에 등록된 토지표시사항을 기초자료로 활용하고 있다.
주소표기의 기초 (선등록 후설정)	민법에서의 주소, 가족관계의 등록 등에 관한 법률에서의 본적 및 주소, 주민등록법에서의 거주지·지번·본적, 인감증명법에서의 주소와 기타 법령에 의한 주소·거주지·지번은 모두 지적공부에 등록된 토지소재와 지번을 기초로 하고 있다.

67 왕이나 왕족의 사냥터 보호, 군사훈련지역 등 일정한 지역을 보호할 목적으로 자연암석·나무·비석 등에 경계를 표시하여 세운 것은?

① 금표(禁標) ② 사표(四標)
③ 이정표(里程標) ④ 장생표(長栍標)

해설

금표(禁標)

조선시대 연산군이 사냥 등의 유흥을 위해 도성 외곽 경기도 일원에 민간인 통제구역을 설정하고 그 경계에 세운 통행금지 표지를 말한다. 이 구역을 금한(禁限)이라고 하고, 동금표(東禁標)·서금표·남금표 등 경계의 요소요소에 금표비(禁標碑)를 세우고 무단통행자를 사형 등의 극형에 처하였다. 〈연산군일기〉에 따르면 "도성 사방에 100리를 한계로 모두 금표를 세워 그 안에 있는 주현과 군읍을 폐지하고 주민을 철거시킨 다음 사냥터로 삼음으로써 기전(畿甸) 수백 리를 풀밭으로 만들어 금수(禽獸)를 기르는 마당으로 삼았고, 여기에 들어가는 자는 목을 베었다"고 한다.

68 세지적(稅地籍)에 대한 설명으로 옳지 않은 것은?

① 면적본위로 운영되는 지적제도다.
② 과세자료로 이용하기 위한 목적의 지적제도다.

③ 토지 관련 자료의 최신 정보 제공 기능을 갖고 있다.

④ 가장 오랜 역사를 가지고 있는 최초의 지적제도다.

해설

지적제도의 발전과정

세지적 (稅地籍)	토지에 대한 조세부과를 주된 목적으로 하는 제도로 과세지적이라고도 한다. 국가의 재정수입을 토지세에 의존하던 농경사회에서 개발된 제도로 과세의 표준이 되는 농경지는 기준수확량 일반토지는 토지등급을 중시하고 지적공부의 등록사항으로는 면적단위를 중시한 지적제도이다.
법지적 (法地籍)	세지적의 발전된 형태로서 토지에 대한 사유재산권이 인정되면서 생성된 유형으로 소유지적, 경계지적이라고도 한다. 토지소유권 보호를 주된 목적으로 하는 제도로 토지거래의 안전과 토지소유권의 보호를 위한 토지경계를 중시한 지적제도이다.
다목적지적 (多目的地籍)	현대사회에서 추구하고 있는 지적제도로 종합적, 통합적, 유사지적, 경제지적, 정보지적이라고도 한다. 토지와 관련한 다양한 정보를 종합적으로 등록·관리하고 이를 이용 또는 활용하고 필요한 자에게 제공해 주는 것을 목적으로 하는 지적제도이다.

69 필지의 정의로 옳지 않은 것은?

① 토지소유권 객체단위를 말한다.

② 국가의 권력으로 결정하는 자연적인 토지단위이다.

③ 하나의 지번이 부여되는 토지의 등록단위를 말한다.

④ 지적공부에 등록하는 토지의 법률적인 단위를 말한다.

해설

공간정보의 구축 및 관리 등에 관한 법률 제2조(정의)

이 법에서 사용하는 용어의 뜻은 다음과 같다.

21. "필지"란 대통령령으로 정하는 바에 따라 구획되는 토지의 등록단위를 말한다.

공간정보의 구축 및 관리 등에 관한 법률 시행령 제5조(1필지로 정할 수 있는 기준)

① 법 제2조제21호에 따라 지번부여지역의 토지로서 소유자와 용도가 같고 지반이 연속된 토지는 1필지로 할 수 있다.

② 제1항에도 불구하고 다음 각 호의 어느 하나에 해당하는 토지는 주된 용도의 토지에 편입하여 1필지로 할 수 있다. 다만, 종된 용도의 토지의 지목(地目)이 "대"(垈)인 경우와 종된 용도의 토지 면적이 주된 용도의 토지 면적의 10퍼센트를 초과하거나 330제곱미터를 초과하는 경우에는 그러하지 아니하다.

1. 주된 용도의 토지의 편의를 위하여 설치된 도로·구거(溝渠 : 도랑) 등의 부지

2. 주된 용도의 토지에 접속되거나 주된 용도의 토지로 둘러싸인 토지로서 다른 용도로 사용되고 있는 토지

70 지적공부의 기능이라고 할 수 없는 것은?

① 도시계획의 기초

② 용지보상의 근거

③ 토지거래의 매개체

④ 소유권 변동의 공시

해설

지적제도의 기능

토지등기의 기초 (선등록 후등기)	지적공부에 토지표시사항인 토지소재, 지번, 지목, 면적, 경계와 소유자가 등록되면 이를 기초로 토지소유자가 등기소에 소유권보존등기를 신청함으로써 토지등기부가 생성된다. 즉, 토지표시사항은 토지등기부의 표제부에, 소유자는 갑구에 등록한다.
토지평가의 기초 (선등록 후평가)	토지평가는 지적공부에 등록한 토지에 한하여 이루어지며, 평가는 지적공부에 등록된 토지표시사항을 기초자료로 이용하고 있다.
토지과세의 기초 (선등록 후과세)	토지에 대한 각종 국세와 지방세는 지적공부에 등록된 필지를 단위로 면적과 지목 등 기초자료를 이용하여 결정한 개별공시지가(부동산 가격공시에 관한 법률)를 과세의 기초자료로 하고 있다.
토지거래의 기초 (선등록 후거래)	토지거래는 지적공부에 등록된 필지 단위로 이루어지며, 공부에 등록된 토지표시사항(소재, 지번, 지목, 면적, 경계 등)과 등기부에 등재된 소유권 및 기타 권리관계를 기초로 하여 거래가 이루어지고 있다.
토지이용계획의 기초 (선등록 후계획)	각종 토지이용계획(국토계획, 도시관리계획, 도시개발, 도시재개발 등)은 지적공부에 등록된 토지표시사항을 기초자료로 활용하고 있다.
주소표기의 기초 (선등록 후설정)	민법에서의 주소, 가족관계의 등록 등에 관한 법률에서의 본적 및 주소, 주민등록법에서의 거주지·지번·본적, 인감증명법에서의 주소와 기타 법령에 의한 주소·거주지·지번은 모두 지적공부에 등록된 토지소재와 지번을 기초로 하고 있다.

정답 69 ② 70 ④

2020년 3회 산업기사 • 1399

71 지번의 진행방향에 따른 부번방식(附番方式)이 아닌 것은?

① 기우식(奇遇式)

② 사행식(蛇行式)

③ 우수식(隅數式)

④ 절충식(折衷式)

해설

지번부여의 진행방법

사행식	필지의 배열이 불규칙한 지역에서 진행순서에 따라 지번을 부여하는 방법으로 농촌지역의 지번부여에 적합하다. 우리나라 토지의 대부분은 사행식에 의해 부여하며 지번 부여가 일정하지 않고 상하좌우로 분산되어 부여되는 결점이 있다.
기우식	도로를 중심으로 한쪽은 홀수인 기수, 다른 쪽은 짝수인 우수로 지번을 부여하는 방법으로 리·동·도·가 등의 시가지 지역의 지번부여방법으로 적합하고 교호식이라고도 한다.
단지식	단지마다 하나의 지번을 부여하고 단지 내 필지마다 부번을 부여하는 방법으로 단지식은 블록식이라고도 하며 도시개발사업 및 농지개량사업 시행지역 등의 지번부여에 적합하다.
절충식	사행식, 기우식, 단지식 등을 적당히 취사선택(取捨選擇)하여 부번(附番)하는 방식이다.

72 경계불가분의 원칙에 대한 설명으로 옳은 것은?

① 토지의 경계는 1필지에만 전속한다.

② 토지의 경계는 작은 말뚝으로 표시한다.

③ 토지의 경계는 인접 토지에 공통으로 작용한다.

④ 토지의 경계를 결정할 때에는 측량을 하여야 한다.

해설

경계의 결정원칙

경계국정주의의 원칙	지적공부에 등록하는 경계는 국가가 조사·측량하여 결정한다는 원칙
경계불가분의 원칙	경계는 유일무이한 것으로 이를 분리할 수 없다는 원칙
등록선후의 원칙	동일한 경계가 축척이 서로 다른 도면에 각각 등록되어 있는 경우로서 경계가 상호 일치하지 않는 경우에는 경계에 잘못이 있는 경우를 제외하고 등록시기가 빠른 토지의 경계를 따른다는 원칙
축척종대의 원칙	동일한 경계가 축척이 서로 다른 도면에 각각 등록되어 있는 경우로서 경계가 상호 일치하지 않는 경우에는 경계에 잘못이 있는 경우를 제외하고 축척이 큰 것에 등록된 경계를 따른다는 원칙
경계직선주의	지적공부에 등록하는 경계는 직선으로 한다는 원칙

73 토지의 표시사항 중 면적을 결정하기 위하여 먼저 결정되어야 할 사항은?

① 경계　　　　② 지목

③ 지번　　　　④ 토지소재

해설

공간정보의 구축 및 관리 등에 관한 법률 제2조(정의)

이 법에서 사용하는 용어의 뜻은 다음과 같다.

20. "토지의 표시"란 지적공부에 토지의 소재·지번(地番)·지목(地目)·면적·경계 또는 좌표를 등록한 것을 말한다.

21. "필지"란 대통령령으로 정하는 바에 따라 구획되는 토지의 등록단위를 말한다.

22. "지번"이란 필지에 부여하여 지적공부에 등록한 번호를 말한다.

23. "지번부여지역"이란 지번을 부여하는 단위지역으로서 동·리 또는 이에 준하는 지역을 말한다.

24. "지목"이란 토지의 주된 용도에 따라 토지의 종류를 구분하여 지적공부에 등록한 것을 말한다.

25. "경계점"이란 필지를 구획하는 선의 굴곡점으로서 지적도나 임야도에 도해(圖解) 형태로 등록하거나 경계점좌표등록부에 좌표 형태로 등록하는 점을 말한다.

26. "경계"란 필지별로 경계점들을 직선으로 연결하여 지적공부에 등록한 선을 말한다

27. "면적"이란 지적공부에 등록한 필지의 수평면상 넓이를 말한다.

74 토지의 성질, 즉 지질이나 토질에 따라 지목을 분류하는 것은?

① 단식지목

② 용도지목

③ 지형지목

④ 토성지목

해설

토지현황

지형지목	지표면의 형태, 토지의 고저, 수륙의 분포상태 등 땅이 생긴 모양에 따라 지목을 결정하는 것을 지형지목이라 한다. 지형은 주로 그 형성과정에 따라 하식지(河蝕地), 빙하기, 해안지, 분지, 습곡지, 화산지 등으로 구분한다.
토성지목	토지의 성질(토성, 토질)인 지층이나 암석 또는 토양의 종류 등에 따라 결정한 지목을 토성지목이라고 한다. 토성은 암석지, 조사지(租沙地), 점토(粘土地), 사토지(砂土地), 양토(壤土地), 식토지(植土地) 등으로 구분한다.
용도지목	토지의 용도에 따라 결정하는 지목을 용도지목이라고 한다. 우리나라에서 채택하고 있으며 지형 및 토양 등과 관계없이 토지의 현실적 용도를 주로 하기 때문에 일상생활과 가장 밀접한 관계를 맺게 된다.

75 간주임야도에 대한 설명으로 옳지 않은 것은?

① 간주임야도에 등록된 소유권은 국유지와 도유지였다.
② 전라북도 남원군, 진안군, 임실군 지역을 대상으로 시행되었다.
③ 임야도를 작성하지 않고 1/50000 또는 1/25000 지형도에 작성되었다.
④ 지리적 위치 및 형상이 고산지대로 조사측량이 곤란한 지역이 대상이었다.

해설

1. 간주지적도/산토지대장
토지조사지역 밖인 산림지대(임야)에도 전·답·대 등과 세지가 있더라도 지적도에 신규등록 할 것 없이 그 지목 간을 수정하여 임야도에 존치하도록 하되 그에 대한 대장은 일반적인 토지대장과는 별도로 작성하여 '별책토지대장', '을호토지대장', '산토지대장'으로 불렀으며 이와 같이 지적도로 간주하는 임야도를 '간주지적도'라 하였다.

ⓐ 간주지적도의 필요성
- 조사지역 밖의 산림지대에 지적도에 올려야 할 토지가 있는 경우 신규측량 한 후 지적도에 등록하여야 하나 이러한 토지는 대략 토지조사 시행지역에서 200간 떨어진 곳에 위치하여 기존의 지적도에 등록할 수 없는 경우가 대부분이었으며
- 그렇다고 증보도를 만들 경우 많은 노력과 경비가 소요되고
- 도면의 매수가 늘어나서 취급이 불편하여 간주 지적도를 필요로 하게 되었다.

ⓑ 간주지적도 지역
- 임야도로서 지적도로 간주하는 지역을 '간주지적도 지역'이라 하며
- 원칙적으로 토지조사령에 의하여 조사를 한 최종지역선에서 거리가 약 200간을 넘는 지역으로 정하였다.
- 조선총독부가 1924년 4월 1일 간주지적도 지역을 고시하기 시작하여 그 후 15차에 걸쳐 고시를 추가 하였는데
- 우리나라의 산간벽지와 도서지방은 대부분 이 지역에 포함되었다.

2. 간주임야도
임야의 필지가 너무 커서 임야도로 조제하기 어려운 국유, 임야 등에 대하여 1/50000 지형도를 임야도로 간주하여 사용하였는데 이를 '간주임야도'라 하였다.
[간주임야도 지역]
- 덕유산
- 일월산, 만원산
- 지리산

3. 산토지대장(山土地臺將)
- 임야도를 지적도로 간주하는 것을 간주지적도라 하였고 간주지적도에 등록하는 토지에 관한 대장은 별도 작성하여 "별책토지대장, 을호토지대장, 산토지대장이라 하였다.
- 토지조사법에 의한 토지조사로 산림지대를 제외하였기 때문에 지적도에는 산림지대의 토지로 등록하지 않았다.
- 면적단위는 30평 단위로 등록하였다.
- 산토지대장은 1975년 토지대장카드화 작업으로 제곱미터(㎡)단위로 환산하여 등록하였다.

76 토지의 지리적 위치의 고정성과 개별성을 확보하고 필지의 개별적 구분을 해 주는 토지표시 사항은?

① 면적
② 지목
③ 지번
④ 소유자

해설

공간정보의 구축 및 관리 등에 관한 법률 제2조(정의)
이 법에서 사용하는 용어의 뜻은 다음과 같다.
20. "토지의 표시"란 지적공부에 토지의 소재·지번(地番)·지목(地目)·면적·경계 또는 좌표를 등록한 것을 말한다.
21. "필지"란 대통령령으로 정하는 바에 따라 구획되는 토지의 등록단위를 말한다.
22. "지번"이란 필지에 부여하여 지적공부에 등록한 번호를 말한다.
23. "지번부여지역"이란 지번을 부여하는 단위지역으로서 동·

리 또는 이에 준하는 지역을 말한다.

24. "지목"이란 토지의 주된 용도에 따라 토지의 종류를 구분하여 지적공부에 등록한 것을 말한다.

25. "경계점"이란 필지를 구획하는 선의 굴곡점으로서 지적도나 임야도에 도해(圖解) 형태로 등록하거나 경계점좌표등록부에 좌표 형태로 등록하는 점을 말한다.

26. "경계"란 필지별로 경계점들을 직선으로 연결하여 지적공부에 등록한 선을 말한다

27. "면적"이란 지적공부에 등록한 필지의 수평면상 넓이를 말한다.

77 소유권의 개념에 대하여 1789년에 '소유권은 신성불가침'이라고 밝힌 것은?

① 미국의 독립선언
② 영국의 산업혁명
③ 프랑스의 인권선언
④ 독일의 바이마르 헌법

해설

프랑스 인권선언

"모든 인간은 평등한 권리를 갖는다[Declaration of the Rights of Man and of the Citizen]."

프랑스 인권선언은 프랑스 혁명이 진행되고 있던 1789년 8월 26일, 국민의회가 국민으로서 누려야 할 권리에 대해 <인간과 시민의 권리 선언>이라는 명칭으로 선포한 선언이다.

1789년 제3신분회의 국민의회 선언으로 시작된 프랑스 혁명은 루이 16세가 재정상의 어려움을 타개하고자 삼부회를 소집했고, 구체제의 폐정에 분노한 평민회가 프랑스 전체를 대표하는 국민의회를 구성한 다음에 이 선언을 채택했다.

프랑스 인권선언은 근세의 자연법과 계몽사상을 통해 자라난 인간 해방의 이념을 담고 있으며, 근대 시민 사회의 정치이념을 명확히 표현하고 있다. '인간은 자유롭고 평등한 권리를 가지고 태어났다.'는 것을 제1조로, 종교의 자유와 언론의 자유는 법률로 보호되었고, 소유권은 신성불가침한 지위를 부여받았으며, 공직과 지위는 중산층에도 개방되었다.

라파예트 등이 기초한 이 선언은 구체제의 모순에 대한 시민 계급의 자유선언이면서, 헌법 제정을 위한 강령으로서의 성격을 띠고 있다. 1791년 프랑스 헌법의 전문으로 채택된 프랑스 인권선언은 세계 각국의 헌법과 정치에 커다란 영향을 미쳤다.

78 토지조사사업 당시 토지에 대한 사정(査定)사항은?

① 경계
② 면적
③ 지목
④ 지번

해설

사정(査定)

1. 정의

임시토지조사국은 토지조사법, 토지조사령 등에 의하여 토지조사사업을 시행하고 토지소유자와 경계를 확정하였는데 이를 사정이라 한다. 임시토지조사국장의 사정은 이전의 권리와 무관한 창설적·확정적 효력을 갖는 가중 중요한 업무라 할 수 있다. 임야조사사업에 있어서는 조선임야조사령에 따라 사정을 하였다.

2. 사정방법

토지 소유자 사정	• 토지의 소유자는 국가, 지방자치단체, 각종 법인, 법인에 유사한 단체, 개인 등 • 지주가 사망하고 상속자가 정해지지 않은 경우에는 사망자의 명으로 사정하였다. • 신사, 사원, 교회 등의 종교단체는 법인에 준하여 사정하였다. • 종중, 기타 단체명의로 신고되었으나 법인 자격이 없는 것은 공유명의 또는 단체명의로 등록하였다.
강계 사정	• 강계라 함은 지적도상에 제도된 소유자가 다른 경계선을 말한다. • 지적도에 제도되어 있어도 지역선은 사정하지 않는다. • 사정선인 강계선은 불복신립이 인정되었다.
사정 불복	• 토지사정에 불복이 있는 경우 사정 공시 만료 후 60일 이내에 불복신청 • 사정, 재결이 있는 날로부터 3년 이내에 재결을 받을 만한 행위에 근거한 재판소의 판결확정

79 대나무가 집단으로 자생하는 부지의 지목으로 옳은 것은?

① 공원
② 임야
③ 유원지
④ 잡종지

해설

공간정보의 구축 및 관리 등에 관한 법률 시행령 제58조(지목의 구분)

법 제67조제1항에 따른 지목의 구분은 다음 각 호의 기준에 따른다. 〈개정 2020. 6. 9.〉

5. 임야

   산림 및 원야(原野)를 이루고 있는 수림지(樹林地)·죽림지·암석지·자갈땅·모래땅·습지·황무지 등의 토지

22. 공원

   일반 공중의 보건·휴양 및 정서생활에 이용하기 위한 시설을 갖춘 토지로서 「국토의 계획 및 이용에 관한 법률」에 따라 공원 또는 녹지로 결정·고시된 토지

24. 유원지

   일반 공중의 위락·휴양 등에 적합한 시설물을 종합적으로 갖춘 수영장·유선장(遊船場)·낚시터·어린이놀이터·동물원·식물원·민속촌·경마장·야영장 등의 토지와 이에 접속된 부속시설물의 부지. 다만, 이들 시설과의 거리 등으로 보아 독립적인 것으로 인정되는 숙식시설 및 유기장(遊技場)의 부지와 하천·구거 또는 유지[공유(公有)인 것으로 한정한다]로 분류되는 것은 제외한다.

28. 잡종지

   다음 각 목의 토지. 다만, 원상회복을 조건으로 돌을 캐내는 곳 또는 흙을 파내는 곳으로 허가된 토지는 제외한다.

   가. 갈대밭, 실외에 물건을 쌓아두는 곳, 돌을 캐내는 곳, 흙을 파내는 곳, 야외시장 및 공동우물

   나. 변전소, 송신소, 수신소 및 송유시설 등의 부지

   다. 여객자동차터미널, 자동차운전학원 및 폐차장 등 자동차와 관련된 독립적인 시설물을 갖춘 부지

   라. 공항시설 및 항만시설 부지

   마. 도축장, 쓰레기처리장 및 오물처리장 등의 부지

   바. 그 밖에 다른 지목에 속하지 않는 토지

80 다음 중 현존하는 우리나라의 지적기록으로 가장 오래된 신라시대의 자료는?

① 경국대전   ② 경세유표

③ 장적문서   ④ 해학유서

해설

신라의 장적문서(帳籍文書)

신라 말기의 것으로 추정되는 신라장적에는 일정한 지방 촌단위의 경지 결부수와 함께 호구(戶口) 및 마전, 뽕나무, 잣나무, 호두나무 등 특산물의 통계가 들어 있는 지금의 청주 지방인 신라 서원경(西原京) 부근 4개 촌락의 장부문서로 신라장적(新羅帳籍) 또는 민정문서(民政文書), 촌락문서(村落文書)라고도 불리며, 우리나라의 지적기록 중 가장 오랜 자료이다. 그 내용은 현재의 청주지방인 신라 서원경(西原京)부근의 4개 촌락에 대해

• 현·촌명 및 촌락의 영역

• 호구 수(戶口數)

• 가축(소와 말) 수(牛·馬數)

• 토지의 종목(용도)·면적

• 뽕나무·栢子木·秋子木의 수량 등이 잘 기록되어 있다.

이것은 1950년대에 일본 황실의 창고인 쇼소인(정창원, 正倉院) 소장의 유물을 정리하다가 화엄경론(華嚴經論)의 질(帙) 속에서 발견되었으며, 현재는 일본의 쇼오인(正倉院)에 보관되어 있다.

Subject 05 지적관계법규

81 지적공부의 복구자료가 아닌 것은?

① 토지이동정리 결의서 사본

② 법원의 확정판결서 정본 또는 사본

③ 부동산등기부 등본 등 등기사실을 증명하는 서류

④ 지적소관청이 작성하거나 발행한 지적공부의 등록내용을 증명하는 서류

해설

공간정보의 구축 및 관리 등에 관한 법률 시행규칙 제72조(지적공부의 복구자료)

영 제61조제1항에 따른 지적공부의 복구에 관한 관계 자료(이하 "복구자료"라 한다)는 다음 각 호와 같다.

1. 지적공부의 등본

2. 측량 결과도

3. 토지이동정리 결의서

4. 부동산등기부 등본 등 등기사실을 증명하는 서류

5. 지적소관청이 작성하거나 발행한 지적공부의 등록내용을 증명하는 서류

6. 법 제69조제3항에 따라 복제된 지적공부

7. 법원의 확정판결서 정본 또는 사본

82 지적측량 시행규칙에서 정하고 있는 지적삼각보조점성과표 및 지적도근점성과표에 기록·관리하는 사항으로 틀린 것은?

① 자오선수차

② 표지의 재질

③ 도선등급 및 도선명

④ 번호 및 위치의 약도

해설

구분	성과고시 (공보 또는 인터넷 홈페이지에 게재)	성과표의 기록·관리
지적삼각점 성과표	• 기준점의 명칭 및 번호 • 직각좌표계의 원점명(시석기 준섬에 한정한다) • 좌표 및 표고 • 경도와 위도 • 설치일, 소재지 및 표지의 재질 • 측량성과 보관 장소	• 지적삼각점의 명칭과 기준 원점명 • 좌표 및 표고 • 경도 및 위도(필요한 경우로 한정한다) • 자오선수차(子午線收差) • 시준점(視準點)의 명칭, 방위각 및 거리 • 소재지와 측량연월일 • 그 밖의 참고사항
지적삼각보조점 성과표 및 지적도근점 성과표		• 번호 및 위치의 약도 • 좌표와 직각좌표계 원점명 • 경도와 위도(필요한 경우로 한정한다) • 표고(필요한 경우로 한정한다) • 소재지와 측량연월일 • 도선 등급 및 도선명 • 표지의 재질 • 도면번호 • 설치기관 • 조사연월일, 조사자의 직위·성명 및 조사 내용
지적삼각점 명칭	측량지역이 소재하고 있는 특별시·광역시·도 명칭 중 2자를 채택하고 시·도단위로 일련번호를 붙여 정함	
지적삼각보조점 명칭	측량지역별로 설치순서에 따라 부여하되, 영구표지를 설치하는 경우에는 시·군·구별로 일련번호 부여한다. 이 경우 일련번호 앞에는 "보"자를 붙인다.	
지적도근점의 번호	**영구표지를 설치한 경우**: 시·군·구별로 설치순서에 따라 일련번호 이 경우 각도선의 교점은 지적도근점 번호 앞에 "교"자를 붙인다.	**영구표지를 설치하지 않은 경우**: 시행지역별로 설치순서에 따라 일련번호

83 지적재조사에 관한 특별법에 따른 조정금의 소멸시효는?

① 1년　　② 3년
③ 5년　　④ 10년

해설

지적재조사에 관한 특별법 제20조(조정금의 산정)

① 지적소관청은 제18조에 따른 경계 확정으로 지적공부상의 면적이 증감된 경우에는 필지별 면적 증감내역을 기준으로 조정금을 산정하여 징수하거나 지급한다.
② 제1항에도 불구하고 국가 또는 지방자치단체 소유의 국유지·공유지 행정재산의 조정금은 징수하거나 지급하지 아니한다.
③ 조정금은 제18조에 따라 경계가 확정된 시점을 기준으로 「감정평가 및 감정평가사에 관한 법률」에 따른 감정평가법인 등이 평가한 감정평가액으로 산정한다. 다만, 토지소유자협의회가 요청하는 경우에는 제30조에 따른 시·군·구 지적재조사위원회의 심의를 거쳐 「부동산 가격공시에 관한 법률」에 따른 개별공시지가로 산정할 수 있다. 〈개정 2017. 4. 18., 2020. 4. 7.〉
④ 지적소관청은 제3항에 따라 조정금을 산정하고자 할 때에는 제30조에 따른 시·군·구 지적재조사위원회의 심의를 거쳐야 한다.
⑤ 제2항부터 제4항까지에 규정된 것 외에 조정금의 산정에 필요한 사항은 대통령령으로 정한다.

지적재조사에 관한 특별법 제22조(조정금의 소멸시효)
조정금을 받을 권리나 징수할 권리는 5년간 행사하지 아니하면 시효의 완성으로 소멸한다.

84 공간정보의 구축 및 관리 등에 관한 법률상 축척변경의 목적으로 옳은 것은?

① 등록 전환　　② 소유권 보호
③ 정밀도 제고　　④ 행정구역 변경

해설

공간정보의 구축 및 관리 등에 관한 법률 제2조(정의)
이 법에서 사용하는 용어의 뜻은 다음과 같다
28. "토지의 이동(異動)"이란 토지의 표시를 새로 정하거나 변경 또는 말소하는 것을 말한다.
29. "신규등록"이란 새로 조성된 토지와 지적공부에 등록되어 있지 아니한 토지를 지적공부에 등록하는 것을 말한다.
30. "등록전환"이란 임야대장 및 임야도에 등록된 토지를 토지대장 및 지적도에 옮겨 등록하는 것을 말한다.
31. "분할"이란 지적공부에 등록된 1필지를 2필지 이상으로 나누어 등록하는 것을 말한다.
32. "합병"이란 지적공부에 등록된 2필지 이상을 1필지로 합하여 등록하는 것을 말한다.
33. "지목변경"이란 지적공부에 등록된 지목을 다른 지목으로

바꾸어 등록하는 것을 말한다.

34. "축척변경"이란 지적도에 등록된 경계점의 정밀도를 높이기 위하여 작은 축척을 큰 축척으로 변경하여 등록하는 것을 말한다.

85 성능검사대행자의 등록을 반드시 취소하여야 하는 경우로 옳은 것은?

① 등록기준에 미달하게 된 경우
② 등록사항 변경신고를 하지 아니한 경우
③ 거짓이나 부정한 방법으로 성능검사를 한 경우
④ 정당한 사유 없이 성능검사를 거부하거나 기피한 경우

◉ 해설

공간정보의 구축 및 관리 등에 관한 법률 제96조(성능검사대행자의 등록취소 등)

① 시·도지사는 성능검사대행자가 다음 각 호의 어느 하나에 해당하는 경우에는 성능검사대행자의 등록을 취소하거나 1년 이내의 기간을 정하여 업무정지 처분을 할 수 있다. 다만, 제1호·제4호·제6호 또는 제7호에 해당하는 경우에는 성능검사대행자의 등록을 취소하여야 한다. 〈개정 2020. 4. 7.〉

1. 거짓이나 그 밖의 부정한 방법으로 등록을 한 경우
1의2. 제92조제5항에 따른 시정명령을 따르지 아니한 경우
2. 제93조제1항의 등록기준에 미달하게 된 경우. 다만, 일시적으로 등록기준에 미달하는 등 대통령령으로 정하는 경우는 제외한다.
3. 제93조제1항에 따른 등록사항 변경신고를 하지 아니한 경우
4. 제95조를 위반하여 다른 사람에게 자기의 성능검사대행자 등록증을 빌려 주거나 자기의 성명 또는 상호를 사용하여 성능검사대행업무를 수행하게 한 경우
5. 정당한 사유 없이 성능검사를 거부하거나 기피한 경우
6. 거짓이나 부정한 방법으로 성능검사를 한 경우
7. 업무정지기간 중에 계속하여 성능검사대행업무를 한 경우
8. 다른 행정기관이 관계 법령에 따라 등록취소 또는 업무정지를 요구한 경우

② 시·도지사는 제1항에 따라 성능검사대행자의 등록을 취소하였으면 취소 사실을 공고한 후 국토교통부장관에게 통지하여야 한다. 〈개정 2013. 3. 23.〉

③ 성능검사대행자의 등록취소 및 업무정지 처분에 관한 기준은 국토교통부령으로 정한다.

86 공간정보의 구축 및 관리 등에 관한 법령상 국가지명위원회에 대한 내용으로 옳은 것은?

① 부위원장은 국토지리정보원장 및 국토정보교육원장이 된다.
② 위원장 1명과 부위원장 1명을 포함한 20명 이내의 위원으로 구성한다.
③ 위원장은 조항에 따라 위촉된 위원 중 공무원인 위원 중에서 호선(互選)한다.
④ 위원이 심신장애로 인하여 직무를 수행할 수 없게 된 경우 해당 위원을 해촉(解囑)할 수 있다.

◉ 해설

공간정보의 구축 및 관리 등에 관한 법률 시행령 제87조(국가지명위원회의 구성)

① 법 제91조에 따른 국가지명위원회는 위원장 1명과 부위원장 2명을 포함한 30명 이내의 위원으로 구성한다.

② 국가지명위원회의 위원장은 제3항에 따라 위촉된 위원 중 공무원이 아닌 위원 중에서 호선(互選)하고, 부위원장은 국토지리정보원장 및 국립해양조사원장이 된다.

③ 부위원장을 제외한 위원은 다음 각 호의 어느 하나에 해당하는 사람으로서 국토교통부장관 또는 해양수산부장관이 위촉하는 사람이 된다. 〈개정 2013. 3. 23., 2014. 11. 19., 2018. 4. 24.〉

1. 국토교통부 또는 해양수산부의 4급 이상 공무원으로서 측량·지적 또는 수로에 관한 사무를 담당하는 사람 3명
2. 외교부, 국방부 및 행정자치부의 4급 이상 공무원으로서 소속 장관이 추천하는 사람 각 1명
3. 교육부의 교과용 도서 편찬에 관한 사무를 담당하는 4급 이상 공무원 또는 장학관으로서 교육부장관이 추천하는 사람 1명
4. 문화체육관광부의 문화재 관리 또는 국어정책에 관한 사무를 담당하는 4급 이상 공무원으로서 문화체육관광부장관이 추천하는 사람 1명
5. 국사편찬위원회의 교육연구관 중 국사편찬위원회 위원장이 추천하는 사람 1명
6. 지명에 관한 학식과 경험이 풍부한 사람 중에서 국토교통부장관 또는 해양수산부장관이 임명하거나 위촉하는 다음 각 목의 어느 하나에 해당하는 사람 19명 이내
   가. 5년 이상 지리, 해양, 국문학 등 지명 관련 분야에 근무한 경력이 있는 사람으로서 「고등교육법」 제2조에 따른 학교의 부교수 이상인 사람
   나. 지리, 해양, 국문학 등 지명 관련 연구기관에서 5년 이상 근무한 경력이 있는 연구원

다. 그 밖에 지리, 해양, 국문학 등 지명 관련 분야에 관한 연구 실적 또는 경력 등이 가목 및 나목의 기준에 상당하다고 인정되는 사람으로서 「비영리민간단체 지원법」 제2조의 비영리민간단체로부터 추천을 받은 사람

④ 제3항제6호의 위원의 임기는 3년으로 하며, 보궐위원의 임기는 전임자 임기의 남은 기간으로 한다.

⑤ 위원장은 국가지명위원회의 원활한 운영을 위하여 필요한 경우 소위원회를 구성·운영할 수 있다.

공간정보의 구축 및 관리 등에 관한 법률 시행령 제87조의2(위원의 해촉)

국토교통부장관 또는 해양수산부장관은 제87조제3항제6호에 따른 위원이 다음 각 호의 어느 하나에 해당하는 경우에는 해당 위원을 해촉(解囑)할 수 있다.

1. 심신장애로 인하여 직무를 수행할 수 없게 된 경우
2. 직무와 관련된 비위사실이 있는 경우
3. 직무태만, 품위손상이나 그 밖의 사유로 인하여 위원으로 적합하지 아니하다고 인정되는 경우
4. 위원 스스로 직무를 수행하는 것이 곤란하다고 의사를 밝히는 경우

87 토지의 지목을 지적도에 등록할 때 지목과 부호의 연결이 옳은 것은?

① 하천 → 하 ② 과수원 → 과
③ 사적지 → 적 ④ 공장용지 → 공

해설

지목의 부호

지목	부호	지목	부호	지목	부호	지목	부호
전	전	대	대	철도용지	철	공원	공
답	답	공장용지	장	제방	제	체육용지	체
과수원	과	학교용지	학	하천	천	유원지	원
목장용지	목	주차장	차	구거	구	종교용지	종
임야	임	주유소용지	주	유지	유	사적지	사
광천지	광	창고용지	창	양어장	양	묘지	묘
염전	염	도로	도	수도용지	수	잡종지	잡

88 지적공부를 열람하고자 할 때 열람수수료 면제 대상에 해당하지 않는 것은?

① 일반인이 측량업무와 관련하여 열람하는 경우
② 지적측량업무에 종사하는 지적측량수행자가 그 업무와 관련하여 지적공부를 열람하는 경우
③ 지적측량업무에 종사하는 지적측량수행자가 그 업무와 관련하여 지적공부를 등사하기 위하여 열람하는 경우
④ 국가 또는 지방자치단체가 업무수행상 필요에 의하여 지적공부의 열람 및 등본교부를 신청하는 경우

해설

공간정보의 구축 및 관리 등에 관한 법률 제106조(수수료 등)

① 다음 각 호의 어느 하나에 해당하는 신청 등을 하는 자는 국토교통부령으로 정하는 바에 따라 수수료를 내야 한다. 〈개정 2013. 3. 23., 2013. 7. 17., 2020. 2. 18.〉

1. 제14조제2항 및 제19조제2항에 따른 측량성과 등의 복제 또는 사본의 발급 신청
2. 제15조에 따른 기본측량성과·기본측량기록 또는 같은 조 제1항에 따라 간행한 지도 등의 활용 신청
3. 제15조제3항에 따른 지도등 간행의 심사 신청
4. 제16조 또는 제21조에 따른 측량성과의 국외 반출 허가 신청
5. 제18조에 따른 공공측량성과의 심사 요청
6. 제27조에 따른 지적기준점성과의 열람 또는 그 등본의 발급 신청
7. 삭제 〈2020. 2. 18.〉
8. 삭제 〈2020. 2. 18.〉
9. 제44조제2항에 따른 측량업의 등록 신청
10. 제44조제3항에 따른 측량업등록증 및 측량업등록수첩의 재발급 신청
11. 삭제 〈2020. 2. 18.〉
12. 삭제 〈2020. 2. 18.〉
13. 제75조에 따른 지적공부의 열람 및 등본 발급 신청
14. 제76조에 따른 지적전산자료의 이용 또는 활용 신청
14의2. 제76조의4에 따른 부동산종합공부의 열람 및 부동산종합증명서 발급 신청
15. 제77조에 따른 신규등록 신청, 제78조에 따른 등록전환 신청, 제79조에 따른 분할 신청, 제80조에 따른 합병 신청, 제81조에 따른 지목변경 신청, 제82조에 따른 바다로 된 토지의 등록말소 신청, 제83조에 따른 축척변경 신청, 제84조에 따른 등록사항의 정정 신청 또는 제86조에 따른 도시개발사업 등 시행지역의 토

지이동 신청

16. 제92조제1항에 따른 측량기기의 성능검사 신청
17. 제93조제1항에 따른 성능검사대행자의 등록 신청
18. 제93조제2항에 따른 성능검사대행자 등록증의 재발급 신청

② 제24조제1항에 따라 지적측량을 의뢰하는 자는 국토교통부령으로 정하는 바에 따라 지적측량수행자에게 지적측량수수료를 내야 한다. 〈개정 2013. 3. 23.〉

③ 제2항에 따른 지적측량수수료는 국토교통부장관이 매년 12월 31일까지 고시하여야 한다. 〈개정 2013. 3. 23., 2020. 6. 9.〉

④ 지적소관청이 제64조제2항 단서에 따라 직권으로 조사·측량하여 지적공부를 정리한 경우에는 그 조사·측량에 들어간 비용을 제2항에 준하여 토지소유자로부터 징수한다. 다만, 제82조에 따라 지적공부를 등록말소한 경우에는 그러하지 아니하다.

⑤ 제1항에도 불구하고 다음 각 호의 경우에는 수수료를 면제할 수 있다. 〈개정 2012. 12. 18., 2013. 7. 17., 2020. 2. 18.〉

1. 제1항제1호 또는 제2호의 신청자가 공공측량시행자인 경우
2. 삭제 〈2020. 2. 18.〉
3. 삭제 〈2020. 2. 18.〉
4. 제1항제13호의 신청자가 국가, 지방자치단체 또는 지적측량수행자인 경우
5. 제1항제14호의2 및 제15호의 신청자가 국가 또는 지방자치단체인 경우

⑥ 제1항 및 제4항에 따른 수수료를 국토교통부령으로 정하는 기간 내에 내지 아니하면 국세 또는 지방세 체납처분의 예에 따라 징수한다

20. "토지의 표시"란 지적공부에 토지의 소재·지번(地番)·지목(地目)·면적·경계 또는 좌표를 등록한 것을 말한다.
21. "필지"란 대통령령으로 정하는 바에 따라 구획되는 토지의 등록단위를 말한다.
22. "지번"이란 필지에 부여하여 지적공부에 등록한 번호를 말한다.
23. "지번부여지역"이란 지번을 부여하는 단위지역으로서 동·리 또는 이에 준하는 지역을 말한다.
24. "지목"이란 토지의 주된 용도에 따라 토지의 종류를 구분하여 지적공부에 등록한 것을 말한다.
25. "경계점"이란 필지를 구획하는 선의 굴곡점으로서 지적도나 임야도에 도해(圖解) 형태로 등록하거나 경계점좌표등록부에 좌표 형태로 등록하는 점을 말한다.
26. "경계"란 필지별로 경계점들을 직선으로 연결하여 지적공부에 등록한 선을 말한다.
27. "면적"이란 지적공부에 등록한 필지의 수평면상 넓이를 말한다.
28. "토지의 이동(異動)"이란 토지의 표시를 새로 정하거나 변경 또는 말소하는 것을 말한다.

90 등기관서의 등기전산정보자료 등의 증명자료 없이 토지소유자의 변경사항을 지적소관청이 직접 조사·등록할 수 있는 경우는?

① 상속으로 인하여 소유권을 변경할 때
② 신규등록할 토지의 소유자를 등록할 때
③ 주식회사 또는 법인의 명칭을 변경하였을 때
④ 국가에서 지방자치단체로 소유권을 변경하였을 때

○ 해설

공간정보의 구축 및 관리 등에 관한 법률 제88조(토지소유자의 정리)

① 지적공부에 등록된 토지소유자의 변경사항은 등기관서에서 등기한 것을 증명하는 등기필증, 등기완료통지서, 등기사항증명서 또는 등기관서에서 제공한 등기전산정보자료에 따라 정리한다. 다만, 신규등록하는 토지의 소유자는 지적소관청이 직접 조사하여 등록한다.

② 「국유재산법」 제2조제10호에 따른 총괄청이나 같은 조 제11호에 따른 중앙관서의 장이 같은 법 제12조제3항에 따라 소유자 없는 부동산에 대한 소유자 등록을 신청하는 경우 지적소관청은 지적공부에 해당 토지의 소유자가 등록되지 아니한 경우에만 등록할 수 있다.

③ 등기부에 적혀 있는 토지의 표시가 지적공부와 일치하지 아니하면 제1항에 따라 토지소유자를 정리할 수 없다. 이

89 공간정보의 구축 및 관리 등에 관한 법률상 "토지의 표시"의 정의가 아래와 같을 때 (   )에 들어갈 내용으로 옳지 않은 것은?

"토지의 표시"란 지적공부에 토지의 (   )을(를) 등록한 것을 말한다.

① 면적   ② 지가
③ 지목   ④ 지번

○ 해설

공간정보의 구축 및 관리 등에 관한 법률 제2조(정의)
이 법에서 사용하는 용어의 뜻은 다음과 같다

경우 토지의 표시와 지적공부가 일치하지 아니하다는 사실을 관할 등기관서에 통지하여야 한다.

④ 지적소관청은 필요하다고 인정하는 경우에는 관할 등기관서의 등기부를 열람하여 지적공부와 부동산등기부가 일치하는지 여부를 조사·확인하여야 하며, 일치하지 아니하는 사항을 발견하면 등기사항증명서 또는 등기관서에서 제공한 등기전산정보자료에 따라 지적공부를 직권으로 정리하거나, 토지소유자나 그 밖의 이해관계인에게 그 지적공부와 부동산등기부가 일치하게 하는 데에 필요한 신청 등을 하도록 요구할 수 있다. 〈개정 2011. 4. 12.〉

⑤ 지적소관청 소속 공무원이 지적공부와 부동산등기부의 부합 여부를 확인하기 위하여 등기부를 열람하거나, 등기사항증명서의 발급을 신청하거나, 등기전산정보자료의 제공을 요청하는 경우 그 수수료는 무료로 한다.

91 지적확정예정조서 작성 시 포함하는 사항으로 옳은 것은?

① 토지의 경계점 간 거리
② 중앙위원회 위원의 성명과 주소
③ 측량에 사용한 지적기준점의 명칭
④ 토지소유자의 성명 또는 명칭 및 주소

● 해설

지적재조사에 관한 특별법 시행령 제11조(지적확정예정조서의 작성)

지적소관청은 법 제15조제2항에 따른 지적확정예정조서에 다음 각 호의 사항을 포함하여야 한다. 〈개정 2013. 3. 23., 2017. 10. 17.〉

1. 토지의 소재지
2. 종전 토지의 지번, 지목 및 면적
3. 산정된 토지의 지번, 지목 및 면적
4. 토지소유자의 성명 또는 명칭 및 주소
5. 그 밖에 국토교통부장관이 지적확정예정조서 작성에 필요하다고 인정하여 고시하는 사항

92 다음 중 1필지의 경계와 면적을 정하는 지적측량은?

① 공공측량
② 기초측량
③ 기본측량
④ 세부측량

● 해설

세부측량

위성기준점, 통합기준점, 지적기준점 및 경계점을 기초로 하여 경위의측량방법, 평판측량방법, 위성측량방법 및 전자평판측량방법에 의하여 1필지의 경계와 행정 구역선 등을 지적공부에 등록하기 위하여 실시하는 측량을 말한다. 이러한 세부측량은 "세밀한부분의 측량"이라는 뜻을 지니고 있으며, 이 말을 줄여 세부측량이라고 하고, 일필지별로 세밀한 사항을 측정한다고 하여 "일필지측량"이라고도 한다.

93 지적업무처리규정상 지적측량성과검사 시 세부측량의 검사항목으로 옳지 않은 것은?

① 면적측정의 정확 여부
② 관측각 및 거리측정의 정확 여부
③ 기지점과 지상경계와의 부합 여부
④ 측량준비도 및 측량결과도 작성의 적정 여부

● 해설

지적측량성과의 검사항목

기초측량	• 기지점사용의 적정 여부 • 지적기준점설치망 구성의 적정 여부 • 관측각 및 거리측정의 정확 여부 • 계산의 정확 여부 • 지적기준점 선점 및 표지설치의 정확 여부 • 지적기준점성과와 기지경계선과의 부합 여부
세부측량	• 기지점사용의 적정 여부 • 측량준비도 및 측량결과도 작성의 적정 여부 • 기지점과 지상경계와의 부합 여부 • 경계점 간 계산거리(도상거리)와 실측거리의 부합 여부 • 면적측정의 정확 여부 • 관계법령의 분할제한 등의 저촉 여부. 다만, 제20조제3항(각종 인가·허가 등의 내용과 다르게 토지의 형질이 변경되었을 경우에는 그 변경된 토지의 현황대로 측량성과를 결정하여야 한다)은 제외한다.

94 측량을 하기 위하여 타인의 토지 등에 출입하기 위한 방법으로 옳은 것은?

① 무조건 출입하여도 관계없다.
② 권한을 표시하는 증표만 있으면 된다.
③ 반드시 소유자의 허가를 받아야 한다.
④ 소유자 또는 점유자에게 그 일시와 장소를 통지하고, 권한을 표시하는 증표를 제시하고 출입한다.

● 해설

공간정보의 구축 및 관리 등에 관한 법률 제101조(토지 등에의 출입 등)

① 이 법에 따라 측량을 하거나, 측량기준점을 설치하거나, 토지의 이동을 조사하는 자는 그 측량 또는 조사 등에 필요한 경우에는 타인의 토지·건물·공유수면 등(이하 "토지 등"이라 한다)에 출입하거나 일시 사용할 수 있으며, 특히 필요한 경우에는 나무, 흙, 돌, 그 밖의 장애물(이하 "장애물"이라 한다)을 변경하거나 제거할 수 있다. 〈개정 2020. 2. 18.〉

② 제1항에 따라 타인의 토지 등에 출입하려는 자는 관할 특별자치시장, 특별자치도지사, 시장·군수 또는 구청장의 허가를 받아야 하며, 출입하려는 날의 3일 전까지 해당 토지 등의 소유자·점유자 또는 관리인에게 그 일시와 장소를 통지하여야 한다. 다만, 행정청인 자는 허가를 받지 아니하고 타인의 토지 등에 출입할 수 있다. 〈개정 2012. 12. 18.〉

③ 제1항에 따라 타인의 토지 등을 일시 사용하거나 장애물을 변경 또는 제거하려는 자는 그 소유자·점유자 또는 관리인의 동의를 받아야 한다. 다만, 소유자·점유자 또는 관리인의 동의를 받을 수 없는 경우 행정청인 자는 관할 특별자치시장, 특별자치도지사, 시장·군수 또는 구청장에게 그 사실을 통지하여야 하며, 행정청이 아닌 자는 미리 관할 특별자치시장, 특별자치도지사, 시장·군수 또는 구청장의 허가를 받아야 한다. 〈개정 2012. 12. 18.〉

④ 특별자치시장, 특별자치도지사, 시장·군수 또는 구청장은 제3항 단서에 따라 허가를 하려면 미리 그 소유자·점유자 또는 관리인의 의견을 들어야 한다. 〈개정 2012. 12. 18.〉

⑤ 제3항에 따라 토지 등을 일시 사용하거나 장애물을 변경 또는 제거하려는 자는 토지 등을 사용하려는 날이나 장애물을 변경 또는 제거하려는 날의 3일 전까지 그 소유자·점유자 또는 관리인에게 통지하여야 한다. 다만, 토지 등의 소유자·점유자 또는 관리인이 현장에 없거나 주소 또는 거소가 분명하지 아니할 때에는 관할 특별자치시장, 특별자치도지사, 시장·군수 또는 구청장에게 통지하여야 한다. 〈개정 2012. 12. 18.〉

⑥ 해 뜨기 전이나 해가 진 후에는 그 토지 등의 점유자의 승낙 없이 택지나 담장 또는 울타리로 둘러싸인 타인의 토지에 출입할 수 없다.

⑦ 토지등의 점유자는 정당한 사유 없이 제1항에 따른 행위를 방해하거나 거부하지 못한다.

⑧ 제1항에 따른 행위를 하려는 자는 그 권한을 표시하는 허가증을 지니고 관계인에게 이를 내보여야 한다. 〈개정 2012. 12. 18.〉

⑨ 제8항에 따른 허가증에 관하여 필요한 사항은 국토교통부령으로 정한다.

95 지적확정측량에 관한 설명으로 틀린 것은?

① 지적확정측량을 할 때에는 미리 사업계획도와 도면을 대조하여 각 필지의 위치 등을 확인하여야 한다.

② 도시개발사업 등으로 지적확정측량을 하려는 지역에 임야도를 갖춰 두는 지역의 토지가 있는 경우에는 등록전환을 하지 아니할 수 있다.

③ 지적확정측량을 하는 경우 필지별 경계점은 위성기준점, 통합기준점, 삼각점, 지적삼각점, 지적삼각보조점 및 지적도근점에 따라 측정하여야 한다.

④ 도시개발사업 등에는 막대한 예산이 소요되기 때문에, 지적확정측량은 지적측량수행자중에서 전문적인 노하우를 갖춘 한국국토정보공사가 전담한다.

● 해설

지적측량 시행규칙 제22조(지적확정측량)

① 지적확정측량을 하는 경우 필지별 경계점은 위성기준점, 통합기준점, 삼각점, 지적삼각점, 지적삼각보조점 및 지적도근점에 따라 측정하여야 한다.

② 지적확정측량을 할 때에는 미리 규칙 제95조제1항제3호에 따른 사업계획도와 도면을 대조하여 각 필지의 위치 등을 확인하여야 한다.

③ 도시개발사업 등으로 지적확정측량을 하려는 지역에 임야도를 갖춰 두는 지역의 토지가 있는 경우에는 등록전환을 하지 아니할 수 있다.

④ 법 제6조제1항의 기준에 따른 지적확정측량 방법과 절차에 대해서는 국토교통부장관이 정한다.

공간정보의 구축 및 관리 등에 관한 법률 제45조(지적측량업자의 업무 범위)

제44조제1항제2호에 따른 지적측량업의 등록을 한 자(이하 "지적측량업자"라 한다)는 제23조제1항제1호 및 제3호부터 제5호까지의 규정에 해당하는 사유로 하는 지적측량 중 다음 각 호의 지적측량과 지적전산자료를 활용한 정보화사업을 할 수 있다. 〈개정 2019. 12. 10.〉

1. 제73조에 따른 경계점좌표등록부가 있는 지역에서의 지적측량

2. 「지적재조사에 관한 특별법」에 따른 지적재조사지구에서 실시하는 지적재조사측량

3. 제86조에 따른 도시개발사업 등이 끝남에 따라 하는 지적확정측량

96 지목변경 및 합병을 하여야 하는 토지가 발생하는 경우 확인 · 조사하여야 할 사항이 아닌 것은?

① 조사자의 의견　　　② 토지의 이용현황
③ 관계법령의 저촉 여부　④ 지적측량의 적부 여부

●해설

지적업무처리규정 제50조(지적공부정리신청의 조사)

① 지적소관청은 법 제77조부터 제82조까지, 법 제84조, 법 제86조 및 법 제87조에 따른 지적공부정리신청이 있는 때에는 다음 각 호의 사항을 확인 · 조사하여 처리한다.
　1. 신청서의 기재사항과 지적공부등록사항과의 부합 여부
　2. 관계법령의 저촉 여부
　3. 대위신청에 관하여는 그 권한대위의 적법 여부
　4. 구비서류 및 수입증지의 첨부 여부
　5. 신청인의 신청권한 적법 여부
　6. 토지의 이동사유
　7. 그 밖에 필요하다고 인정되는 사항
② 접수된 서류를 보완 또는 반려한 때에는 지적업무정리부의 비고란에 그 사유를 붉은색으로 기재한다.
③ 지목변경 및 합병을 하여야 하는 토지가 있을 때와 등록전환에 따라 지목이 바뀔 때에는 다음 각 호의 사항을 확인 · 조사하여 별지 제6호 서식에 따른 현지조사서를 작성하여야 한다.
　1. 토지의 이용현황
　2. 관계법령의 저촉 여부
　3. 조사자의 의견, 조사연월일 및 조사자 직 · 성명
④ 분할 및 등록전환 측량성과도가 발급된 지 1년이 경과한 후 지적공부정리 신청이 있는 때에는 지적소관청은 다음 각 호의 사항을 확인 · 조사하여야 한다.
　1. 측량성과와 현지경계의 부합 여부
　2. 관계법령의 저촉 여부

97 중앙지적위원회는 토지등록의 업무의 개선 및 지적측량기술의 연구 · 개발 등의 장기계획안 등의 안건이 접수된 때에는 위원회의 회의를 소집하여 안건 접수일로부터 며칠 이내에 심의 · 의결하고, 그 의결 결과를 지체 없이 국토교통부장관에게 송부하여야 하는가?

① 14일 이내　　　② 30일 이내
③ 60일 이내　　　④ 90일 이내

●해설

지적업무처리규정 제32조(중앙지적위원회의 의안제출)

① 국토교통부장관, 시 · 도지사, 지적소관청은 토지등록업무의 개선 및 지적측량기술의 연구 · 개발 등의 장기계획안을 중앙지적위원회에 제출할 수 있다.
② 공사에 소속된 지적측량기술자는 공사 사장에게, 공간정보산업협회에 소속된 지적측량기술자는 공간정보산업협회장에게 제1항에 따른 중 · 단기 계획안을 제출할 수 있다.
③ 국토교통부장관은 제2항에 따른 안건이 접수된 때에는 그 계획안을 검토하여 중앙지적위원회에 회부하여야 한다.
④ 중앙지적위원회는 제1항 및 제3항에 따른 안건이 접수된 때에는 영 제21조에 따라 위원회의 회의를 소집하여 안건 접수일로부터 30일 이내에 심의 · 의결하고, 그 의결 결과를 지체 없이 국토교통부장관에게 송부하여야 한다.
⑤ 국토교통부장관은 제4항에 따라 의결된 결과를 송부 받은 때에는 이를 시행하기 위하여 필요한 조치를 하여야 하고, 중 · 단기 계획 제출자에게는 그 의결 결과를 통지하여야 한다.

98 지적측량업의 등록을 취소해야 하는 경우에 해당되지 않는 것은?

① 다른 사람에게 자기의 등록증을 빌려주어 측량업무를 하게 한 경우
② 영업정지기간 중에 계속하여 지적측량 영업을 한 경우
③ 거짓이나 그 밖의 부정한 방법으로 지적측량업의 등록을 한 경우
④ 법인의 임원 중 형의 집행유예 선고를 받고 그 유예기간이 경과된 자가 있는 경우

●해설

측량업의 등록취소 등(공간정보관리법 제52조)

① 국토교통부장관, 해양수산부장관, 시 · 도지사 또는 대도시 시장은 측량업자가 다음 각 호의 어느 하나에 해당하는 경우에는 측량업의 등록을 취소하거나 1년 이내의 기간을 정하여 영업의 정지를 명할 수 있다. 다만, 제2호 · 제4호 · 제7호 · 제8호 · 제11호 또는 제15호에 해당하는 경우에는 측량업의 등록을 취소하여야 한다. 〈개정 2020. 6. 9.〉

[측량업 영업의 정지]
1. 고의 또는 과실로 측량을 부정확하게 한 경우
13. 지적측량업자가 제106조제2항에 따른 지적측량수수료를 같은 조 제3항에 따라 고시한 금액보다 과다 또는 과소하게 받은 경우
14. 다른 행정기관이 관계 법령에 따라 영업정지를 요구한 경우

6. 지적측량업자가 제45조에 따른 업무 범위를 위반하여 지적측량을 한 경우

10. 제51조를 위반하여 보험가입 등 필요한 조치를 하지 아니한 경우

9. 지적측량업자가 제50조(성실의무)를 위반한 경우

3. 정당한 사유 없이 측량업의 등록을 한 날부터 1년 이내에 영업을 시작하지 아니하거나 계속하여 1년 이상 휴업한 경우

5. 제44조제4항을 위반하여 측량업 등록사항의 변경신고를 하지 아니한 경우

12. 제52조제3항에 따른 임원의 직무정지 명령을 이행하지 아니한 경우

[측량업 등록취소]

11. 영업정지기간 중에 계속하여 영업을 한 경우

4. 제44조제2항에 따른 등록기준에 미달하게 된 경우. 다만, 일시적으로 등록기준에 미달되는 등 대통령령으로 정하는 경우는 제외한다.

15. 「국가기술자격법」 제15조제2항을 위반하여 측량업자가 측량기술자의 국가기술자격증을 대여 받은 사실이 확인된 경우

8. 제49조제1항을 위반하여 다른 사람에게 자기의 측량업등록증 또는 측량업등록수첩을 빌려주거나 자기의 성명 또는 상호를 사용하여 측량업무를 하게 한 경우

7. 제47조(측량업등록의 결격사유) 각 호의 어느 하나에 해당하게 된 경우. 다만, 측량업자가 같은 조 제5호에 해당하게 된 경우로서 그 사유가 발생한 날부터 3개월 이내에 그 사유를 해소한 경우는 제외한다.

법 제47조(측량업등록의 결격사유)
다음 각 호의 어느 하나에 해당하는 자는 측량업의 등록을 할 수 없다. 〈개정 2013. 7. 17., 2015. 12. 29.〉 1. 피성년후견인 또는 피한정후견인 2. 이 법이나 「국가보안법」 또는 「형법」 제87조부터 제104조까지의 규정을 위반하여 금고 이상의 실형을 선고받고 그 집행이 끝나거나(집행이 끝난 것으로 보는 경우를 포함한다) 집행이 면제된 날부터 2년이 지나지 아니한 자 3. 이 법이나 「국가보안법」 또는 「형법」 제87조부터 제104조까지의 규정을 위반하여 금고 이상의 형의 집행유예를 선고받고 그 집행유예기간 중에 있는 자 4. 제52조에 따라 측량업의 등록이 취소(제47조제1호에 해당하여 등록이 취소된 경우는 제외한다)된 후 2년이 지나지 아니한 자 5. 임원 중에 제1호부터 제4호까지의 어느 하나에 해당하는 자가 있는 법인

2. 거짓이나 그 밖의 부정한 방법으로 측량업의 등록을 한 경우

14. 다른 행정기관이 관계 법령에 따라 등록취소를 요구한 경우

② 측량업자의 지위를 승계한 상속인이 제47조에 따른 측량업등록의 결격사유에 해당하는 경우에는 그 결격사유에 해당하게 된 날부터 6개월이 지난 날까지는 제1항제7호를 적용하지 아니한다.

③ 국토교통부장관, 해양수산부장관, 시·도지사, 또는 대도시 시장은 측량업자가 제47조제5호에 해당하게 된 경우에는 같은 조 제1호부터 제4호까지의 어느 하나에 해당하는 임원의 직무를 정지하도록 해당 측량업자에게 명할 수 있다. 〈개정 2020. 2. 18.〉

④ 국토교통부장관, 해양수산부장관, 시·도지사는 제1항에 따라 측량업등록을 취소하거나 영업정지의 처분을 하였으면 그 사실을 공고하여야 한다. 〈개정 2013. 3. 23., 2018. 4. 17.〉

⑤ 측량업등록의 취소 및 영업정지 처분에 관한 세부 기준은 국토교통부령으로 정한다. 〈개정 2013. 3. 23., 2018. 4. 17.〉

99 경사가 심한 토지에서 지적공부에 등록하는 면적으로 옳은 것은?

① 경사면적   ② 수평면적

③ 입체면적   ④ 표면면적

해설

공간정보의 구축 및 관리 등에 관한 법률 제2조(정의)

이 법에서 사용하는 용어의 뜻은 다음과 같다

20. "토지의 표시"란 지적공부에 토지의 소재·지번(地番)·지목(地目)·면적·경계 또는 좌표를 등록한 것을 말한다.

21. "필지"란 대통령령으로 정하는 바에 따라 구획되는 토지의 등록단위를 말한다.

22. "지번"이란 필지에 부여하여 지적공부에 등록한 번호를 말한다.

23. "지번부여지역"이란 지번을 부여하는 단위지역으로서 동·리 또는 이에 준하는 지역을 말한다.

24. "지목"이란 토지의 주된 용도에 따라 토지의 종류를 구분하여 지적공부에 등록한 것을 말한다.

25. "경계점"이란 필지를 구획하는 선의 굴곡점으로서 지적도나 임야도에 도해(圖解) 형태로 등록하거나 경계점좌표등록부에 좌표 형태로 등록하는 점을 말한다.

26. "경계"란 필지별로 경계점들을 직선으로 연결하여 지적공부에 등록한 선을 말한다.

27. "면적"이란 지적공부에 등록한 필지의 수평면상 넓이를 말한다.

28. "토지의 이동(異動)"이란 토지의 표시를 새로 정하거나 변경 또는 말소하는 것을 말한다.

100 다음 중 지적도의 축척에 해당하지 않는 것은?

① 1/1000
② 1/1500
③ 1/3000
④ 1/6000

●해설

공간정보의 구축 및 관리 등에 관한 법률 시행규칙 제69조(지적도면 등의 등록사항 등)
⑥ 지적도면의 축척은 다음 각 호의 구분에 따른다.
1. 지적도 : 1/500, 1/600, 1/1000, 1/1200, 1/2400, 1/3000, 1/6000
2. 임야도 : 1/3000, 1/6000

EXERCISES
모의고사

지적산업기사 1회

본 문제의 해설은 출제자의 의도와 일치되지 않을 수 있으며, 문제 및 해설에 일부 오탈자가 있을 수 있으므로 학습 시 의문사항이 있으면 예문사 또는 저자에게 문의하여 주시기 바랍니다.

Subject 01 지적측량

01 지적도근점측량에서 지적도근점을 구성하는 기준 도선에 해당하지 않는 것은? 17①산

① 개방도선   ② 다각망도선

③ 결합도선   ④ 왕복도선

해설

지적측량 시행규칙 제12조(지적도근점측량)

① 지적도근점측량을 할 때에는 미리 지적도근점표지를 설치하여야 한다.

② 지적도근점의 번호는 영구표지를 설치하는 경우에는 시·군·구별로, 영구표지를 설치하지 아니하는 경우에는 시행지역별로 설치순서에 따라 일련번호를 부여한다. 이 경우 각 도선의 교점은 지적도근점의 번호 앞에 "교" 자를 붙인다.

③ 지적도근점측량의 도선은 다음 각 호의 기준에 따라 1등도선과 2등도선으로 구분한다.

  1. 1등도선은 위성기준점, 통합기준점, 삼각점, 지적삼각점 및 지적삼각보조점의 상호 간을 연결하는 도선 또는 다각망도선으로 할 것

  2. 2등도선은 위성기준점, 통합기준점, 삼각점, 지적삼각점 및 지적삼각보조점과 지적도근점을 연결하거나 지적도근점 상호 간을 연결하는 도선으로 할 것

  3. 1등도선은 가·나·다순으로 표기하고, 2등도선은 ㄱ·ㄴ·ㄷ순으로 표기할 것

④ 지적도근점은 결합도선·폐합도선(廢合道線) 및 다각망도선으로 구성하여야 한다.

02 다음 중 지적도근점측량을 필요로 하지 않는 경우는? 19③산

① 축척변경을 위한 측량을 하는 경우

② 대단위 합병을 위한 측량을 하는 경우

③ 도시개발사업 등으로 인하여 지적확정측량을 하는 경우

④ 측량지역의 면적이 해당 지적도 1장에 해당하는 면적 이상인 경우

해설

지적측량 시행규칙 제6조(지적측량의 실시기준)

① 지적삼각점측량·지적삼각보조점측량은 다음 각 호의 어느 하나에 해당하는 경우에 실시한다.

  1. 측량지역의 지형상 지적삼각점이나 지적삼각보조점의 설치 또는 재설치가 필요한 경우

  2. 지적도근점의 설치 또는 재설치를 위하여 지적삼각점이나 지적삼각보조점의 설치가 필요한 경우

  3. 세부측량을 하기 위하여 지적삼각점 또는 지적삼각보조점의 설치가 필요한 경우

② 지적도근점측량은 다음 각 호의 어느 하나에 해당하는 경우에 실시한다.

  1. 법 제83조에 따라 축척변경을 위한 측량을 하는 경우

  2. 법 제86조에 따른 도시개발사업 등으로 인하여 지적확정측량을 하는 경우

  3. 「국토의 계획 및 이용에 관한 법률」 제7조 제1호의 도시지역에서 세부측량을 하는 경우

  4. 측량지역의 면적이 해당 지적도 1장에 해당하는 면적 이상인 경우

  5. 세부측량을 하기 위하여 특히 필요한 경우

03 지적삼각점 O점에 기계를 세우고 지적삼각점 A, B점을 시준하여 수평각 $\angle AOB$를 측정할 경우 측각의 최대오차를 30″까지 하려면 O점에서 편심거리는 최대 얼마까지 허용하는가?(단, $\overline{AO} = \overline{BO} = $ 2km이다.)

22①기

① 27.1cm 정도　　② 28.9cm 정도

③ 29.1cm 정도　　④ 30.9cm 정도

해설

$$L : l = \rho'' : \theta''$$

$$l = \frac{\theta''}{\rho''} L = \frac{30}{206,265} \times 200,000 = 29.1\text{cm}$$

04 경위의측량방법에 따른 지적삼각보조점의 수평각 관측방법으로 옳은 것은?

18①산

① 3배각 관측법

② 2대회의 방향관측법

③ 3대회의 방향관측법

④ 방위각에 의한 관측법

해설

지적측량 시행규칙 제11조(지적삼각보조점의 관측 및 계산)

① 경위의측량방법과 교회법에 따른 지적삼각보조점의 관측 및 계산은 다음 각 호의 기준에 따른다.

　1. 관측은 20초독 이상의 경위의를 사용할 것

　2. 수평각 관측은 2대회(윤곽도는 0도, 90도로 한다)의 방향관측법에 따를 것

　3. 수평각의 측각공차는 다음 표에 따를 것. 이 경우 삼각형 내각의 관측치를 합한 값과 180도와의 차는 내각을 전부 관측한 경우에 적용한다.

종별	1방향각	1측회의 폐색	삼각형 내각관측의 합과 180도의 차	기지각 과의 차
공차	40초 이내	±40초 이내	±50초 이내	±50초 이내

05 일반지역에서 축척이 6,000분의 1인 임야도의 지상 도곽선 규격(종선×횡선)으로 옳은 것은?

19②산

① 500m×400m

② 1,200m×1,000m

③ 1,250m×1,500m

④ 2,400m×3,000m

해설

도면의 도곽크기

도면	축척	도상거리 세로 (cm)	도상거리 가로 (cm)	지상거리 세로 (m)	지상거리 가로 (m)	포용면적 (m²)
지적도	1/500	30	40	150	200	30,000
	1/1,000	30	40	300	400	120,000
	1/600	33.3333	41.6667	200	250	50,000
	1/1,200	33.3333	41.6667	400	500	200,000
	1/2,400	33.3333	41.6667	800	1,000	800,000
	1/3,000	40	50	1,200	1,500	1,800,000
	1/6,000	40	50	2,400	3,000	7,200,000
임야도	1/3,000	40	50	1,200	1,500	1,800,000
	1/6,000	40	50	2,400	3,000	7,200,000

06 상한과 종·횡선차의 부호에 대한 설명으로 옳은 것은?(단, Δx : 종선차, Δy : 횡선차)

20③산

① 1상한에서 Δx는 (−), Δy는 (+)이다.

② 2상한에서 Δx는 (+), Δy는 (−)이다.

③ 3상한에서 Δx는 (−), Δy는 (−)이다.

④ 4상한에서 Δx는 (+), Δy는 (+)이다.

해설

상한	종·횡선차 부호 Δx	종·횡선차 부호 Δy	방위각 계산
1상한	+	+	$V = \theta$
2상한	−	+	$V = 180 - \theta$
3상한	−	−	$V = \theta + 180$
4상한	+	−	$V = 360 - \theta$

정답 04 ②　05 ④　06 ③

07 평판측량방법으로 광파조준의를 사용하여 세부측량을 하는 경우 방향선의 최대 도상길이는?

18①산

① 10cm
② 15cm
③ 20cm
④ 30cm

● 해설

지적측량 시행규칙 제18조(세부측량의 기준 및 방법 등)

③ 평판측량방법에 따른 세부측량을 교회법으로 하는 경우에는 다음 각 호의 기준에 따른다.
  1. 전방교회법 또는 측방교회법에 따를 것
  2. 3방향 이상의 교회에 따를 것
  3. 방향각의 교각은 30도 이상 150도 이하로 할 것
  4. 방향선의 도상길이는 측판의 방위표정(方位標定)에 사용한 방향선의 도상길이 이하로서 10센티미터 이하로 할 것. 다만, 광파조준의(光波照準儀) 또는 광파측거기를 사용하는 경우에는 30센티미터 이하로 할 수 있다.
  5. 측량결과 시오(示誤)삼각형이 생긴 경우 내접원의 지름이 1밀리미터 이하일 때에는 그 중심을 점의 위치로 할 것

④ 평판측량방법에 따른 세부측량을 도선법으로 하는 경우에는 다음 각 호의 기준에 따른다.
  1. 위성기준점, 통합기준점, 삼각점, 지적삼각점, 지적삼각보조점 및 지적도근점, 그 밖에 명확한 기지점 사이를 서로 연결할 것
  2. 도선의 측선장은 도상길이가 8센티미터 이하로 할 것. 다만, 광파조준의 또는 광파측거기를 사용할 때에는 30센티미터 이하로 할 수 있다.
  3. 도선의 변은 20개 이하로 할 것
  4. 도선의 폐색오차가 도상길이 $\frac{\sqrt{N}}{3}$ 밀리미터 이하인 경우 그 오차는 다음의 계산식에 따라 이를 각 점에 배분하여 그 점의 위치로 할 것

  $M_n = \frac{e}{N} \times n$ (M_n은 각점에 순서대로 배분할 밀리미터 단위의 도상길이, e는 밀리미터 단위의 오차, N은 변의 수, n은 변의 순서를 말한다)

⑤ 평판측량방법에 따른 세부측량을 방사법으로 하는 경우에는 1방향선의 도상길이는 10센티미터 이하로 한다. 다만, 광파조준의 또는 광파측거기를 사용할 때에는 30센티미터 이하로 할 수 있다.

08 다음 중 지적삼각보조점표지의 점간거리는 평균 얼마를 기준으로 하여 설치하여야 하는가?(단, 다각망도선법에 따르는 경우는 고려하지 않는다.)

18①산

① 0.5km 이상 1km 이하
② 1km 이상 3km 이하
③ 2km 이상 4km 이하
④ 3km 이상 5km 이하

● 해설

구분	점간거리	
	지적기준점표지	다각망도선법
1등삼각점	30km	
2등삼각점	10km	
3등삼각점	5km	
4등삼각점	2.5km	
지적삼각점측량	평균 2~5km 이하	
지적삼각보조점측량	평균 1~3km 이하	평균 0.5~1km 이하
지적도근점측량	평균 50~300m 이하	평균 500m 이하

09 지적도근측량을 교회법으로 시행하는 경우에 따른 설명으로서 타당하지 않은 것은? 16③산

① 방위각법으로 시행할 때는 분위(分位)까지 독정한다.
② 시가지에서는 보통 배각법으로 실시한다.
③ 지적도근점은 기준으로 하지 못한다.
④ 삼각점, 지적삼각점, 지적삼각보조점 등을 기준으로 한다.

● 해설

지적도근측량

기초 (기지)점	위성기준점, 통합기준점, 삼각점, 지적삼각점, 지적삼각보조점, 도근점
측량방법	경위의측량방법 · 전파기 또는 광파기 측량방법
계산방법	도선법 · 교회법 · 다각망도선법

지적도 근점의 번호	영구표지를 설치한 경우	영구표지를 설치하지 않은 경우
	시 · 군 · 구별로 설치순서에 따라 일련번호 부여	시행지역별로 설치순서에 따라 일련번호 부여
	이 경우 각도선의 교점은 지적도근점 번호 앞에 "교" 자를 붙인다.	

지적도 근점 간 거리	평균 50미터 내지 300미터 이하, 다각망도선법에 의한 경우 500미터 이하

지적도 근점의 구성	결합도선 · 폐합도선 · 왕복도선 · 다각망도선

측량 및 계산 방법	구분	경위의측량방법에 의한 도선법	경위의측량방법 · 전파기 또는 광파기측량방법에 의한 다각망도선법
	도선 구성	결합도선 (지형상 부득이한 경우 폐합도선 · 왕복도선)	3점 이상의 기지점을 포함한 결합다각방식
	1도 선의 점의 수	40점 이하(지형상 부득이한 경우 50점)	20점 이하

수 평 각	구분	시가지 · 축척변경 · 경계점좌표등록부 시행지역	그 밖의 지역
	방법	배각법	배각법과 방위각법 혼용
	관측	20초독 이상의 경위의 사용	

관측과 계산의 기준	종별	각	측정 횟수	거리	진수	좌표
	배각법	초	3회	cm	5자리 이상	cm
	방위각법	분	1회	cm	5자리 이상	cm

점간거리 의 측정	2회 측정(교차는 평균치의 3천분의 1이하, 경사거리인 경우 수평거리로 계산)

연직각의 관측	올려본각과 내려본각을 관측, 교차가 90초 이내인 경우 평균치를 연직각으로 함

폐색 오차의 허용범위	배각법		방위각법	
	1등도선	2등도선	1등도선	2등도선
	$\pm 20\sqrt{n}$ (초)	$\pm 30\sqrt{n}$ (초)	$\pm\sqrt{n}$ (분)	$\pm 1.5\sqrt{n}$ (분)
	n은 폐색변을 포함한 변수임			

10 다음의 평판측량 오차 중 평판이 수평이 되지 않고 경사질 때 발생하는 오차는? 15①산

① 정준오차 ② 시준오차
③ 구심오차 ④ 표정오차

●해설

정준	조준의를 기포관을 이용하여 측판 위에 올려놓고 측판을 수평으로 맞추는 작업을 말한다. 즉, 측판 위에 조준의를 상하, 좌우 두 방향으로 위치하게 하여 조준의의 기포관 내에 있는 기포를 중앙에 위치시키는 작업
구심 (치심)	구심기와 추를 이용하여 측판 위에 있는 도상의 점과 지상에 있는 점을 동일 연직선상에 있도록 하는 작업
표정 (정향)	정심과 구심작업 완료 후 측판의 방향과 방위를 맞추는 작업

11 평판측량에서 발생하는 오차 중 도상에 가장 큰 영향을 주는 오차는? 16①산

① 소축척 지도의 구심오차
② 방향선의 제도오차
③ 표정오차
④ 한 눈금의 수평오차

●해설

정준 (Leveling Up)	평판을 수평으로 맞추는 작업(수평 맞추기)
구심 (Centering)	평판상의 측점과 지상의 측점을 일치시키는 작업(중심 맞추기)
표정 (Orientation)	평판을 일정한 방향으로 고정시키는 작업으로 평판측량의 오차 중 가장 크다.(방향 맞추기)

12 축척이 1/500 지역에서 1등도선으로 지적도 근점측량을 실시할 경우 연결오차에 대한 허용범위는?(단, 도선의 수평거리의 총합계는 800m이다.) 15①산

① 24cm 이하 ② 14cm 이하
③ 22cm 이하 ④ 12cm 이하

해설

연결오차의 허용범위

$$M \times \frac{1}{100}\sqrt{n} = 500 \times \frac{1}{100}\sqrt{\frac{800}{100}} = 14.14\text{cm}$$

1등도선	2등도선
당해 지역 축척분모의 $\frac{1}{100}\sqrt{n}$ 센티미터 이하	당해 지역 축척분모의 $\frac{1.5}{100}\sqrt{n}$ 센티미터 이하

n은 각 측선의 수평거리의 총합계를 100으로 나눈 수, 축척분모는 경계점좌표등록부 비치지역은 1/500, 1/6,000 지역은 1/3,000로, 축척이 2 이상인 때는 대축척

---

13 우리나라 토지조사사업 당시 대삼각본점측량의 방법으로 틀린 것은? 20④기

① 전국 13개소에 기선을 설치하였다.

② 관측은 기선망에서 12대회의 방향관측을 실시하였다.

③ 대삼각점은 평균 점간거리 30km로 23개의 삼각망으로 구분하였다.

④ 대삼각점은 위도 20′, 경도 15′의 방안 내에 10점이 배치되도록 하였다.

해설

대삼각본점측량 (평균변장 30km)	• 1910년 경상남도를 시작으로 총 400점을 측정하였으며 본점망의 배치는 최종확대변을 기초로 하여 경도 20분, 위도 15분의 방안 내 1개점이 배치되도록 전국을 23개 삼각망으로 나누어 작업을 실시하였다. • 당초 구상으로는 경위도원점을 한국의 중앙부에 설치하려고 하였으나 시간과 경비 문제로 대마도의 유명산(有明山)과 어령(御嶺)의 1등 삼각점과 대한민국남단의 거제도(巨濟島)와 절영도(絶影島)를 연결하여 자연적으로 남에서 북으로 삼각망 계산이 진행되게 되었다. • 평균 점간거리 : 30km
	기선망 : 기선을 1변으로 배치하는 망
	대회수 : 12대회 내각과의 폐색차 ±2초 이내
	대삼각 본점 : • 거제도와 절영도 • 대회수 6대회 내각과의 폐색차 5초 이내 구과량을 계산하였다.

대삼각본점측량 (평균변장 30km)	측량과정	• 선점 • 조표 • 수평각 관측(6대회 : 0°, 30°, 60°, 90°, 120°, 150°) • 기선망 및 본점삼각망 계산 • 쓰시마연락망 계산 • 측량의 3대 원점 • 성과표 작성

---

14 지적삼각점의 관측계산에서 자오선 수차의 계산단위 기준은? 22②기

① 초 아래 1자리

② 초 아래 2자리

③ 초 아래 3자리

④ 초 아래 4자리

해설

지적측량 시행규칙 제9조(지적삼각점측량의 관측 및 계산)

④ 지적삼각점의 계산은 진수(眞數)를 사용하여 각규약(角規約)과 변규약(邊規約)에 따른 평균계산법 또는 망평균계산법에 따르며, 계산단위는 다음 표에 따른다.

종별	각	변의 길이	진수	좌표 또는 표고	경위도	자오선 수차
단위	초	센티미터	6자리 이상	센티미터	초 아래 3자리	초 아래 1자리

---

15 두 점 간의 거리가 222m이고, 두 점 간의 방위각이 33°33′33″일 때 횡선차는? 22①기

① 122.72m

② 145.26m

③ 185.00m

④ 201.56m

해설

$X = 222 \times \cos 33°33′33″ = 185.00\text{m}$

$Y = 222 \times \sin 33°33′33″ = 122.72\text{m}$

16 거리측량을 할 때 발생하는 오차 중 우연오차의 원인이 아닌 것은? 21②기

① 테이프의 길이가 표준 길이와 다를 때
② 온도가 측정 중 시시각각으로 변할 때
③ 눈금의 끝수를 정확히 읽을 수 없을 때
④ 측정 중 장력을 일정하게 유지하지 못하였을 때

◉ 해설

오차의 원인

구분	내용
정오차의 원인	• 테이프의 길이가 표준 길이와 다를 때(줄자의 특성값 보정) • 측정시의 온도가 표준 온도와 다를 때(온도 보정) • 측정시의 장력이 표준 장력과 다를 때(장력 보정) • 강철 테이프를 사용할 경우, 측점과 측점 사이의 간격이 너무 멀어서 자중으로 처질 때(처짐 보정) • 줄자가 기준면상의 길이로 되어 있지 않을 경우(표고 보정) • 경사지를 측정할 때에 테이프가 수평이 되지 않을 때(경사 보정) • 테이프가 바람이나 초목에 걸려서 일직선이 되도록 당겨지지 못했을 때
우연오차의 원인	• 테이프의 눈금을 정확히 읽지 못하거나, 전수가 테이프의 눈금을 정확히 지상에 옮기지 못하였을 때(특히, 경사에서 오차가 크다.) • 온도가 측정 중에 자주 변할 때 • 측정 중 장력을 일정하게 유지하지 못했을 때 • 눈금의 끝수를 정확히 읽을 수 없을 때
참오차의 원인	착오는 오독, 오기, 누락 등에 의하여 크기와 방향이 일정치 않고 예측이 불가하므로 신중한 업무 수행과 확인 작업으로 소거하여야 한다. • 측침의 이동 • 눈금의 오독 • 측정 횟수의 오차

17 지적측량의 측량검사기간 기준으로 옳은 것은?(단, 지적기준점을 설치하여 측량검사를 하는 경우는 고려하지 않는다.) 20③산

① 4일
② 5일
③ 6일
④ 7일

◉ 해설

공간정보의 구축 및 관리 등에 관한 법률 시행규칙 제25조(지적측량 의뢰 등)
① 법 제24조 제1항에 따라 지적측량을 의뢰하려는 자는 별지 제15호서식의 지적측량 의뢰서(전자문서로 된 의뢰서

를 포함한다)에 의뢰 사유를 증명하는 서류(전자문서를 포함한다)를 첨부하여 지적측량수행자에게 제출하여야 한다. 〈개정 2014. 1. 17.〉
② 지적측량수행자는 제1항에 따른 지적측량 의뢰를 받은 때에는 측량기간, 측량일자 및 측량 수수료 등을 적은 별지 제16호서식의 지적측량 수행계획서를 그 다음 날까지 지적소관청에 제출하여야 한다. 제출한 지적측량 수행계획서를 변경한 경우에도 같다. 〈개정 2014. 1. 17.〉
③ 지적측량의 측량기간은 5일로 하며, 측량검사기간은 4일로 한다. 다만, 지적기준점을 설치하여 측량 또는 측량검사를 하는 경우 지적기준점이 15점 이하인 경우에는 4일을, 15점을 초과하는 경우에는 4일에 15점을 초과하는 4점마다 1일을 가산한다. 〈개정 2010. 6. 17.〉
④ 제3항에도 불구하고 지적측량 의뢰인과 지적측량수행자가 서로 합의하여 따로 기간을 정하는 경우에는 그 기간에 따르되, 전체 기간의 4분의 3은 측량기간으로, 전체 기간의 4분의 1은 측량검사기간으로 본다.

18 다각망도선법에 따른 지적도근점의 각도관측을 할 때, 배각법에 따르는 경우 1등도선의 폐색오차 범위는?(단, 폐색변을 포함한 변의 수는 12이다.) 18①산

① ±65초 이내
② ±67초 이내
③ ±69초 이내
④ ±73초 이내

◉ 해설

$$1등도선 = \pm 20\sqrt{n}\,초$$
$$= \pm 20\sqrt{12}$$
$$= \pm 69초\,이내$$

지적측량 시행규칙 제14조[지적도근점의 각도관측을 할 때의 폐색오차(1도선의 기지방위각 또는 평균방위각과 관측방위각의 폐색오차)의 허용범위 및 측각오차의 배분]

	배각법		방위각법	
폐색오차의 허용범위	1등도선	2등도선	1등도선	2등도선
	$\pm 20\sqrt{n}$ (초)	$\pm 30\sqrt{n}$ (초)	$\pm\sqrt{n}$ (분)	$\pm 1.5\sqrt{n}$ (분)
	n은 폐색변을 포함한 변수임			
1회와 3회 측정값 교차	30초 이내			

	배각법	방위각법
	$K = -\dfrac{e}{R} \times r$	$K_n = -\dfrac{e}{S} \times s$
	(측선장에 반비례하여 각측선의 관측각에 배분)	(변의 수에 비례하여 각 측선의 방위각에 배분)
측각오차의 배분	• K는 각 측선에 배분할 초단위의 각도 • e는 초단위의 오차 • R은 폐색변을 포함한 각 측선장의 반수의 총합계 • r은 각 측선장의 반수. 이 경우 반수는 측선장 1미터에 대하여 1천을 기준으로 한 수 $\left(반수 = \dfrac{1,000}{거리}\right)$	• K_n은 각 측선의 순서대로 배분할 분단위의 각도 • e는 분단위의 오차 • S는 폐색변을 포함한 변의 수 • s는 각 측선의 순서

19 측선 AB의 방위가 $N\,50°E$일 때 측선 BC의 방위는?(단, $\angle ABC = 120°$이다.)   16③산

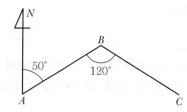

① $N\,70°E$

② $S\,70°E$

③ $S\,60°W$

④ $N\,60°E$

◎**해설**

$V_b^c = V_a^b + 180° - 120°$

$\quad = 50° + 180° - 120°$

$\quad = 110°(2상환)$

BC의 방위는 $180° - 110° = 70°$

$\therefore\ S\,70°E$

20 지적도 축척 600분의 1인 지역의 평판측량방법에 있어서 도상에 영향을 미치지 아니하는 지상거리의 허용범위로 옳은 것은?   19①산

① 60mm 이내

② 100mm 이내

③ 120mm 이내

④ 240mm 이내

◎**해설**

지적측량 시행규칙 제18조(세부측량의 기준 및 방법 등)

① 평판측량방법에 따른 세부측량은 다음 각 호의 기준에 따른다.

　1. 거리측정단위는 지적도를 갖춰 두는 지역에서는 5센티미터로 하고, 임야도를 갖춰 두는 지역에서는 50센티미터로 할 것

　2. 측량결과도는 그 토지가 등록된 도면과 동일한 축척으로 작성할 것

　3. 세부측량의 기준이 되는 위성기준점, 통합기준점, 삼각점, 지적삼각점, 지적삼각보조점, 지적도근점 및 기지점이 부족한 경우에는 측량상 필요한 위치에 보조점을 설치하여 활용할 것

　4. 경계점은 기지점을 기준으로 하여 지상경계선과 도상경계선의 부합 여부를 현형법(現形法)·도상원호(圖上圓弧)교회법·지상원호(地上圓弧)교회법 또는 거리비교확인법 등으로 확인하여 정할 것

② 평판측량방법에 따른 세부측량은 교회법·도선법 및 방사법(放射法)에 따른다.

⑧ 평판측량방법에 있어서 도상에 영향을 미치지 아니하는 지상거리의 축척별 허용범위는 $\dfrac{M}{10}$ 밀리미터로 한다. 이 경우 M은 축척분모를 말한다.

Subject 02 응용측량

21 1 : 50,000 지형도에서 A점은 140m 등고선 위에, B점은 180m 등고선 위에 있다. 두 점 사이의 경사가 15%일 때 수평거리는? 15②산

① 255.56m ② 266.67m
③ 277.78m ④ 288.89m

[해설]

$i = \dfrac{h}{D} \cdot 100$에서

$D = \dfrac{100}{i}h = \dfrac{100}{15} \times 40$

$= 266.67\text{m}$

22 지물과 지모의 대상으로 짝지어진 것으로 옳은 것은? 21②기

① 지물 : 산정, 평야, 구릉, 계곡
② 지모 : 수로, 계곡, 평야, 도로
③ 지물 : 교량, 평야, 수로, 도로
④ 지모 : 산정, 구릉, 계곡, 평야

[해설]

지형의 구분

지물(地物)	지표면 위의 인공적인 시설물, 즉 교량, 도로, 철도, 하천, 호수, 건축물 등
지모(地貌)	지표면 위의 자연적인 토지의 기복상태, 즉 산정, 구릉, 계곡, 평야 등

23 등고선의 성질에 대한 설명으로 틀린 것은? 20④산

① 등고선의 최대경사선과 직교한다.
② 동일 등고선상에 있는 모든 점은 높이가 같다.
③ 등고선은 절벽이나 동굴의 지형을 제외하고는 교차하지 않는다.
④ 등고선은 폭포와 같이 도면 내외 어느 곳에서도 폐합되지 않는 경우가 있다.

[해설]

등고선의 성질
• 동일 등고선상에 있는 모든 점은 같은 높이이다.
• 등고선은 반드시 도면 안이나 밖에서 서로가 폐합한다.
• 지도의 도면 내에서 폐합되면 가장 가운데 부분이 산꼭대기(산정) 또는 凹지(요지)가 된다.
• 등고선은 도중에 없어지거나, 엇갈리거나 합쳐지거나 갈라지지 않는다.
• 높이가 다른 두 등고선은 동굴이나 절벽의 지형이 아닌 곳에서는 교차하지 않는다.
• 등고선은 경사가 급한 곳에서는 간격이 좁고 완만한 경사에서는 넓다.
• 최대경사의 방향은 등고선과 직각으로 교차한다.
• 분수선(능선)과 곡선(유하선)은 등고선과 직각으로 만난다.
• 2쌍의 등고선의 볼록부가 상대할 때는 볼록부를 나타낸다.
• 동등한 경사의 지표에서 양 등고선의 수평거리는 같다.
• 같은 경사의 평면일 때는 나란한 직선이 된다.
• 등고선이 능선을 직각방향으로 횡단한 다음 능선 다른 쪽을 따라 거슬러 올라간다.
• 등고선의 수평거리는 산꼭대기 및 산밑에서는 크고 산중턱에서는 작다.

24 캔트(Cant)의 크기가 C인 원곡선에서 곡선반지름만을 2배 증가시켰을 때, 캔트의 크기는? 20③산

① $4C$ ② $2C$
③ $0.5C$ ④ $0.25C$

[해설]

$C = \dfrac{S \cdot V^2}{g \cdot R}$

$= \dfrac{SV^2}{2gR} = 0.5$

여기서, C : 캔트
S : 제간
V : 차량속도
R : 곡선반경
g : 중력가속도

$\therefore 0.5C$가 된다.

25 축척 1 : 500 지형도를 이용하여 1 : 1,000 지형도를 만들고자 할 때 1 : 1,000 지형도 1장을 완성하려면 1 : 500 지형도 몇 매가 필요한가? 19③산

① 16매   ② 8매
③ 4매   ④ 2매

● 해설

$$\left(\frac{1}{500}\right)^2 : \left(\frac{1}{1,000}\right)^2 = \frac{\left(\frac{1}{500}\right)^2}{\left(\frac{1}{1,000}\right)^2} = \frac{1,000^2}{500^2} = 4 \text{매}$$

26 촬영고도 10,000m에서 축척 1 : 5,000의 편위수정 사진에서 지상연직점으로부터 400m 떨어진 곳의 비고 100m인 산악 지역의 사진상 기복변위는? 19②산

① 0.008mm   ② 0.8mm
③ 8mm   ④ 80mm

● 해설

$$\triangle r = \frac{h}{H}r$$
$$= \frac{100}{10,000} \times 80 = 0.8\text{mm}$$
$$\frac{1}{m} = \frac{l}{L}$$
$$l = \frac{L}{m} = \frac{400}{5,000} = 0.08\text{m} = 80\text{mm}$$

27 사진의 특수 3점은 주점, 등각점, 연직점을 말하는데, 이 특수 3점이 일치하는 사진은? 21③기

① 수평사진   ② 저각도경사사진
③ 고각도경사사진   ④ 엄밀수직사진

● 해설

항공사진의 종류는 촬영각도, 촬영카메라의 화면각, 렌즈의 종류 등에 의하여 구분할 수 있으나 일반적으로 촬영각도에 의하여 분류한다. 항공사진을 촬영각도에 의하여 구분하면 수직사진과 경사사진, 수평사진 등으로 구분된다.

1. 수직사진(垂直寫眞, Vertical Photography)
   ㉠ 수직사진은 카메라의 중심축이 지표면과 직교되는 상태에서 촬영된 사진이다.
   ㉡ 엄밀수직사진 : 카메라의 축이 연직선과 일치하도록 촬영한 사진이다.
   ㉢ 근사수직사진
   • 카메라의 축을 연직선과 일치시켜 촬영하는 것은 현실적으로 불가능하다. 따라서 일반적으로 ±I 5grade 이내의 사진을 의미한다.
   • 항공사진 측량에 의한 지형도 제작 시에는 보통 근사수직사진에 의한 촬영이다.

2. 경사사진(傾斜寫眞, Oblique Photography)
   • 경사사진은 촬영 시 카메라의 중심축이 직교하지 않고 경사된 상태에서 촬영된 사진이다.
   • 광축이 연직선 또는 수평선에 경사지도록 촬영한 경사각 3° 이상의 사진으로 지평선이 사진에 나타나는 고각도 경사사진과 사진이 나타나지 않는 저각도 경사사진이 있다.
   • 저각도 경사사진 : 카메라의 중심축이 지면과 이루는 각이 60°보다 큰 상태에서 촬영한 사진이다.
   • 고각도 경사사진 : 60°보다 큰 상태에서 촬영한 사진이다.

3. 수평사진(水平寫眞, Horizontal Photography) : 수평사진측량은 광축이 수평선에 거의 일치하도록 지상에서 촬영한 사진이다.

28 자침편차가 동편 3°20′인 터널 내에서 어느 측선의 방위 S24°30′W를 관측했을 경우 이 측선의 진북방위각은? 16①산

① 152°10′   ② 158°50′
③ 201°10′   ④ 207°50′

● 해설

$$S24°30'W = 180° + 24°30' = 204°30'$$
$$a = 204°30' + 3°20' = 207°50'$$
자침편차는 진북방향을 기준으로 한 자북방향의 편차를 나타내는 것으로 자북이 동편일 때는 + 값을, 서편일 때는 − 값을 가지며 우리나라에서는 일반적으로 4~9° W 이다.
진북방위각(a) =자북방위각(a_m) +자침편차($\pm \Delta$)

29 터널측량에서 지상의 측량좌표와 지하의 측량 좌표를 일치시키는 측량은? 20①,②산

① 터널 내외 연결측량

② 지상(터널 외)측량

③ 지하(터널 내)측량

④ 지하 관통측량

● 해설

갱내외 연결측량의 목적

• 공사계획이 부적당할 때 그 계획을 변경하기 위해서

• 갱내외의 측점의 위치관계를 명확히 해두기 위해서

• 갱내에서 재변이 일어났을 때 갱외에서 그 위치를 알기 위해서

30 사이클슬립(Cycle Slip)이나 멀티패스(Multipath) 의 오차를 줄일 목적으로 낮은 위성의 고도각을 제한하기도 한다. 일반적으로 제한하는 위성의 고도각 범위로 옳은 것은? 22①산

① 10° 이상 　　② 15° 이상

③ 30° 이상 　　④ 40° 이상

● 해설

GNSS에 의한 지적측량규정 제6조(관측)

① 관측 시 위성의 조건은 다음 각 호의 기준에 의한다.

　1. 관측점으로부터 위성에 대한 고도각이 15° 이상에 위치할 것

　2. 위성의 작동상태가 정상일 것

　3. 관측점에서 동시에 수신 가능한 위성 수는 정지측량에 의하는 경우에는 4개 이상, 이동측량에 의하는 경우에는 5개 이상일 것

② GNSS 측량기에 입력하는 안테나의 높이 등에 관하여는 GNSS 측량기에서 정해진 방법에 따라 측정하고, 관측 후 확인한다.

③ 관측 시 주의사항은 다음 각 호와 같다.

　1. 안테나 주위의 10미터 이내에는 자동차 등의 접근을 피할 것

　2. 관측 중에는 무전기 등 전파발신기의 사용을 금한다. 다만, 부득이한 경우에는 안테나로부터 100미터 이상의 거리에서 사용할 것

　3. 발전기를 사용하는 경우에는 안테나로부터 20미터 이상 떨어진 곳에서 사용할 것

　4. 관측 중에는 수신기 표시장치 등을 통하여 관측상태를 수시로 확인하고 이상 발생 시에는 재관측을 실시할 것

④ 관측 완료 후 점검결과 제1항 내지 제3항의 관측조건에 맞지 아니한 경우에는 다시 관측을 하여야 한다.

⑤ 지적위성측량을 실시하는 경우에는 지적위성측량관측부를 작성하여야 한다.

31 측량의 기준에서 지오이드에 대한 설명으로 옳은 것은? 18①산

① 수준원점과 같은 높이로 가상된 지구타원체를 말한다.

② 육지의 표면으로 지구의 물리적인 형태를 말한다.

③ 육지와 바다 밑까지 포함한 지형의 표면을 말한다.

④ 정지된 평균해수면이 지구를 둘러쌌다고 가상한 곡면을 말한다.

● 해설

지구의 형상

지구의 형상은 물리적 지표면, 구, 타원체, 지오이드, 수학적 형상으로 대별되며 타원체는 회전, 지구, 준거, 국제타원체로 분류된다.

타원체

지구를 표현하는 수학적 방법으로서 타원체 면의 장축 또는 단축을 중심축으로 회전시켜 얻을 수 있는 모형이며 좌표를 표현하는 데 있어서 수학적 기준이 되는 모델이다.

지오이드

정지된 해수면을 육지까지 연장하여 지구 전체를 둘러쌌다고 가상한 곡면을 지오이드(Geoid)라 한다. 지구타원체는 기하학적으로 정의한 데 비하여 지오이드는 중력장 이론에 따라 물리학적으로 정의한다.

32 그림에서 $\overline{BC}$와 평행한 $\overline{xy}$로 면적을 $m : n = 1 : 4$의 비율로 분할하고자 한다. $\overline{AB} = 75\text{m}$일 때 $\overline{Ax}$의 거리는? 21①기

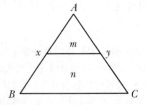

① 15.0m　　　② 18.8m

③ 33.5m　　　④ 37.5m

● 해설

$$AB^2 : Ax^2 = m + n : m$$

$$Ax = AB\sqrt{\frac{m}{m+n}} = 75\sqrt{\frac{1}{5}} = 33.5\text{m}$$

33 레벨(Level)의 중심에서 40m 떨어진 지점에 표척을 세우고 기포가 중앙에 있을 때 1.248m, 기포가 2눈금 움직였을 때 1.223m를 각각 읽은 경우, 이 레벨의 기포관 곡률반지름은?(단, 기포관 1눈금 간격은 2mm이다.)　　18③산

① 5.0m　　　② 5.7m

③ 6.4m　　　④ 8.0m

● 해설

$$(1.248 - 1.223) : 40 = 0.004 : R$$

$$R = \frac{40 \times 0.004}{1.248 - 1.223} = 6.4\text{m}$$

1눈금 간격 = 2mm

2눈금 × 2 = 4mm = 0.004m

34 일반적으로 GNSS 측위 정밀도가 가장 높은 방법은?　　19②산

① 단독측위

② DGPS

③ 후처리 상대측위

④ 실시간 이동측위(Real Time Kinematic)

● 해설

일반적으로 GNSS 측위 정밀도가 가장 높은 방법은 후처리 상대측위방법이다.

35 A, B 두 개의 수준점에서 P점을 관측한 결과가 표와 같을 때 P점의 최확값은?　　21②기

구분	관측값	거리
$A \rightarrow P$	80.258m	4km
$B \rightarrow P$	80.218m	3km

① 80.235m

② 80.238m

③ 80.240m

④ 80.258m

● 해설

경중률(P)은 거리에 반비례한다.

$$P_1 : P_2 = \frac{1}{S_1} : \frac{1}{S_2} = \frac{1}{4} : \frac{1}{3} = 3 : 4$$

$$L_0 = 80 + \frac{3 \times 0.258 + 4 \times 0.218}{3 + 4} = 80.235\text{m}$$

36 비행고도 3,000m인 항공기에서 초점거리 150mm인 카메라로 촬영한 실제길이 50m 교량의 수직사진에서의 길이는?　　22①기

① 1.0mm

② 1.5mm

③ 2.0mm

④ 2.5mm

● 해설

$$\frac{1}{m} = \frac{f}{H} = \frac{0.15}{3,000} = \frac{1}{20,000}$$

$$\frac{1}{m} = \frac{l}{L}$$

$$l = \frac{L}{m} = \frac{50}{20,000} = 0.0025\text{m} = 2.5\text{mm}$$

37 다음 중 원곡선이 아닌 것은?　　15②산

① 단곡선

② 복합곡선

③ 반향곡선

④ 클로소이드곡선

●해설

●●

```
                    ┌ 단곡선
                    │ 복심곡선
          ┌ 원곡선 ─┤
          │         │ 반향곡선
          │         └ 배향곡선
 수평곡선 ─┤
          │         ┌ 클로소이드 : 도로
          │         │ 렘니스케이트 : 시가지지하철
          └ 완화곡선 ─┤
 곡선 ─┤              │ 3차 포물선 : 철도
       │              └ sin 체감곡선 : 고속철도
       │
       └ 종곡선 ─┬ 원곡선 : 철도
                 └ 2차 포물선 : 도로
```

[단곡선의 명칭]

38 단곡선의 설치에 사용되는 명칭의 표시로 옳지 않은 것은? 18②산

① E.C. – 곡선시점 ② C.L. – 곡선장
③ I – 교각 ④ T.L. – 접선장

●해설

B.C	곡선시점(Biginning of Curve)
E.C	곡선종점(End of Curve)
S.P	곡선중점(Secant Point)
I.P	교점(Intersection Point)
I	교각(Intersetion Angle)
∠AOB	중심각(Central Angle) : I
R	곡선반경(Radius of Curve)
$\widehat{AB}$	곡선장(Curve Length) : C.L
AB	현장(Long Chord) : C
T.L	접선장(Tangent Length) : AD, BD
M	중앙종거(Middle Ordinate)
E	외할(External Secant)
δ	편각(Deflection Angle) : ∠VAG

39 GNSS(위성측위) 관측 시 주의할 사항으로 거리가 먼 것은? 16①산

① 측정점 주위에 수신을 방해하는 장애물이 없도록 하여야 한다.
② 충분한 시간 동안 수신이 이루어져야 한다.
③ 안테나 높이, 수신시간과 마침시간 등을 기록한다.
④ 온도의 영향을 많이 받으므로 너무 춥거나 더우면 관측을 중단한다.

●해설

1. 위성의 조건
   • 관측점으로부터 위성에 대한 고도각이 15° 이상에 위치할 것
   • 위성의 작동상태가 정상일 것
   • 관측점에서 동시에 수신 가능한 위성수는 정지측량에 의하는 경우에는 4개 이상, 이동측량에 의하는 경우에는 5개 이상일 것

2. 주의사항
   • 안테나 주위의 10미터 이내에는 자동차 등의 접근을 피할 것
   • 관측 중에는 무전기 등 전파발신기의 사용을 금한다. 다만, 부득이한 경우에는 안테나로부터 100미터 이상의 거리에서 사용할 것
   • 발전기를 사용하는 경우에는 안테나로부터 20미터 이상 떨어진 곳에서 사용할 것
   • 관측 중에는 수신기 표시장치 등을 통하여 관측상태를 수시로 확인하고 이상 발생 시에는 재관측을 실시할 것

40 도로 기점으로부터 I.P(교점)까지의 거리가 418.25m, 곡률반지름 300m, 교각 38°08′인 단곡선을 편각법에 의해 설치하려고 할 때에 시단현의 거리는? 18③산

① 20.000m

② 14.561m

③ 5.439m

④ 14.227m

● **해설**

$$TL = R \cdot \tan\frac{I}{2}$$
$$= 300 \times \tan\frac{38°08′}{2} = 103.689\text{m}$$
$$BC = IP - TL = 418.25 - 103.689 = 314.561\text{m}$$
$$l = 320 - 314.561 = 5.439\text{m}$$

Subject 03 토지정보체계론

41 디지타이징과 비교하여 스캐닝 작업이 갖는 특징에 대한 설명으로 옳은 것은? 19③산

① 스캐너는 장치운영 방법이 복잡하며 위상에 관한 정보가 제공된다.

② 스캐너로 읽은 자료는 디지털카메라로 촬영하여 얻은 자료와 유사하다.

③ 스캐너로 입력한 자료는 벡터자료로서 벡터라이징 작업이 필요하지 않다.

④ 디지타이징은 스캐닝 방법에 비해 자동으로 작업할 수 있으므로 작업속도가 빠르다.

● **해설**

자료입력방식

구분	Digitizer(수동방식)	Scanner(자동방식)
정의	전기적으로 민감한 테이블을 사용하여 종이로 제작된 지도자료를 컴퓨터에 의하여 사용할 수 있는 수치자료로 변환하는 데 사용되는 장비이다. 도형자료(도표, 그림, 설계도면)를 수치화하거나 수치화하고 난 후 즉시 자료를 검토할 때와 이미 수치화된 자료를 도형적으로 기록하는 데 쓰인다.	위성이나 항공기에서 자료를 직접 기록하거나 지도 및 영상을 수치로 변환하는 장치로서 사진 등과 같이 종이에 나타나 있는 정보를 그래픽 형태로 읽어 들여 컴퓨터에 전달하는 입력 장치를 말한다.
특징	• 도면이 훼손·마멸 등으로 스캐닝 작업으로 경계의 식별이 곤란할 경우와 도면의 상태가 양호하더라도 도곽 내에 필지수가 적어 스캐닝 작업이 비효율적인 도면은 디지타이징 방법으로 작업을 할 수 있다. • 디지타이징 작업을 할 경우에는 데이터 취득이 완료될 때까지 도면을 움직이거나 제거하여서는 안 된다.	• 밀착스캔이 가능한 최선의 스캐너를 선정하여야 한다. • 스캐닝 방법에 의하여 작업할 도면은 보존상태가 양호한 도면을 대상으로 하여야 한다. • 스캐닝 작업을 할 경우에는 스캐너를 충분히 예열하여야 한다. • 벡터라이징 작업을 할 경우에는 경계점 간 연결되는 선은 굵기가 0.1mm가 되도록 환경을 설정하여야 한다. • 벡터라이징은 반드시 수동으로 하여야 하며 경계점을 명확히 구분할 수 있도록 확대한 후 작업을 실시하여야 한다.

42 다음 중 토지정보시스템(LIS)의 질의어(Query Language)에 대한 설명으로 옳지 않은 것은? 16③산

① SQL은 비절차 언어이다.

② 질의어란 사용자가 필요한 정보를 데이터베이스에서 추출하는 데 사용되는 언어를 말한다.

③ 질의를 위하여 사용자가 데이터베이스의 구조를 알아야 하는 언어를 과정 질의어라 한다.

④ 계급형(Hierarchical)과 관계형(Relational) 데이터베이스 모형은 사용하는 질의를 위해 데이터베이스의 구조를 알아야 한다.

해설

SQL(Structured Query Language)

1. 정의

데이터베이스로부터 정보를 얻거나 갱신하기 위한 표준대화식 프로그래밍 언어를 말하며 SQL이라는 이름은 "Structured Query Language"의 약자로 "sequel(시퀄)"이라고 발음한다.

2. 개요
- 1986년 미국표준협회(ANSI ; American National Standards Institute)가 IBM에서 개발한 SQL을 표준으로 채택하면서 SQL(Structured Query Language) 활성화의 기반 구축
- 1992년 관계형 데이터베이스의 데이터구조를 정의할 수 있는 SQL-92(SQL2)를 정의함
- 1999년 객체지향데이터를 질의할 수 있도록 SQL-99(SQL3)로 발전
- 2003년에 XML데이터를 관리할 수 있도록 기능이 추가되어 SQL4의 표준으로 발전
- SQL4는 2006년에 XML을 조작할 수 있는 XQuery와 결합하여 XML의 활용도를 더 넓힘
- SQL은 관계형 데이터와 객체지향 데이터, XML 데이터까지 수용할 수 있는 단계로 발전

3. 특징
- 사용자가 데이터베이스에 저장된 자료구조와 자료항목 간의 관계를 정의할 수 있도록 지원한다.
- 사용자로 하여금 응용프로그램이 데이터베이스 내에 저장된 자료를 불러서 사용할 수 있도록 조회기능을 제공한다.
- 사용자나 응용프로그램이 자료의 추가나 삭제, 수정 등을 통해 데이터베이스를 변경할 수 있는 기능을 제공한다.
- 저장된 자료를 보호하기 위하여 자료의 조회, 추가, 수정 등에 관하여 권한을 제한할 수 있는 기능이 있다.
- SQL은 비절차적 언어로 데이터의 처리 순서와 단계를 구분하여 단계별로 처리하는 절차적 언어와 구별된다.
- SQL은 한꺼번에 질의어를 통해서 집합적으로 처리하여 원하는 결과를 효율적으로 얻을 수 있다.
- SQL은 언어가 쉽게 구성되어 있으면서도 표현력이 우수하다.
- SQL은 단순 검색으로만 사용되지 않고 데이터를 정의하는 DDL, 데이터를 조작하는 DML, 데이터를 제어하는 DCL로 구성되어 있다.

43 공간 데이터의 질을 평가하는 기준과 가장 거리가 먼 것은? 18①산

① 위치의 정확성 ② 속성의 정확성
③ 논리적 일관성 ④ 데이터의 경제성

해설

정확도 검수

GIS 자료의 정확도를 확보하기 위한 자료의 품질관리는 관리 활동의 한 형태로서 계획과 실시, 검토, 조치 등의 체계로 분류할 수 있으며, 여기서 검토와 조치의 기능을 수행하는 것을 검수라 한다. 즉, 검수란 소비자와 생산자의 입장에서 자료의 정확성과 산출물의 특성을 비교하여 변동사항과 그 원인을 발견하여 결함을 시정한 과정이다.

GIS 자료 검수의 범위

자료 입력과정 및 생성연혁 관리
자료 포맷
위치의 정확성
속성의 정확성
문자 정확성
기하구조의 적합성
자료 최신성
논리적 일관성
완전성
경계정합

44 지도 형상이 일정한 격자구조로 정의되는 특성정보로 옳은 것은? 15②산

① 상대적 위치정보 ② 위상정보
③ 영상정보 ④ 속성정보

해설

래스터 자료구조는 매우 간단하며 일정한 격자간격의 셀이 데이터의 위치와 그 값을 표현하므로 격자데이터라고도 한다. 도면을 스캐닝하여 취득한 자료와 위상영상자료들에 의하여 구성된다. 래스터구조는 구현의 용이성과 단순한 파일구조에도 불구하고 정밀도가 셀의 크기에 따라 좌우되며 해상력을 높이면 자료의 크기가 방대해진다. 각 셀들의 크기에 따라 데이터의 해상도와 저장크기가 달라지게 되는데 셀 크기가 작으면 작을수록 보다 정밀한 공간 현상을 잘 표현할 수 있다.

45 토지정보시스템(Land Information System) 운용에서 역점을 두어야 할 측면은? 19③산

① 민주성과 기술성
② 사회성과 기술성
③ 자율성과 경제성
④ 정확성과 신속성

해설

토지정보체계의 필요성과 구축 효과

필요성	구축 효과
• 토지정책자료의 다목적 활용 • 수작업 오류 방지 • 토지 관련 과세자료로 이용 • 공공기관 간의 토지정보 공유 • 지적민원의 신속 정확한 처리 • 도면과 대장의 통합 관리 • 지방행정전산화의 획기적 계기 • 지적공부의 노후화	• 지적통계와 정책의 정확성과 신속성 • 지적서고 팽창 방지 • 지적업무의 이중성 배제 • 체계적이고 과학적인 지적 실현 • 지적업무처리의 능률성과 정확도 향상 • 민원인의 편의 증진 • 시스템 간의 인터페이스 확보 • 지적도면관리의 전산화 기초 확립

46 토지의 고유번호는 총 몇 자리로 구성하는가? 16①산

① 10자리
② 12자리
③ 15자리
④ 19자리

해설

부동산종합공부시스템 관리 및 운영의 규정 제19조(코드의 구성)
① 「공간정보 구축 및 관리 등에 관한 법률 시행규칙」 제68조 제5항에 따른 고유번호는 행정구역코드 10자리(시·도 2, 시·군·구 3, 읍·면·동 3, 리 2), 대장구분 1자리, 본번 4자리, 부번 4자리를 합한 19자리로 구성한다.

47 데이터베이스관리시스템이 파일시스템에 비하여 갖는 단점은? 18②산

① 자료의 중복성을 피할 수 없다.
② 자료의 일관성이 확보되지 않는다.
③ 일반적으로 시스템 도입비용이 비싸다.
④ 사용자별 자료접근에 대한 권한 부여를 할 수 없다.

해설

	파일처리방식	DBMS
개념	파일(File)은 기본적으로 유사한 성질이나 관계를 가진 자료의 집합으로 데이터 파일은 Record, Field, Key 의 세 가지로 구성된다. 파일처리방식에 의한 데이터베이스와 응용프로그램 간의 연결은 응용프로그램에서 자료에 관한 사항을 직접 관리하기 때문에 자료의 저장 및 관리가 중복적이고 비효율적이며 처리속도가 늦다는 단점이 있다.	DBMS는 자료의 저장, 조작, 검색, 변화를 처리하는 특별한 소프트웨어를 사용하는 컴퓨터 프로그램의 일종으로 정보의 저장과 관리와 같은 정보관리를 목적으로 하는 프로그램이다. 파일처리방식의 단점을 보완하기 위해 도입되었으며 자료의 중복을 최소화하여 검색시간을 단축시키며 작업의 효율성을 향상시키게 된다.
장점	파일관리 시스템은 별도로 시스템을 구입하지 않아도 된다.	• 중복의 최소화 • 데이터의 독립성 향상 • 데이터의 일관성 유지 • 데이터의 무결성 유지 • 시스템개발 비용 감소 • 보안향상 • 표준화
단점	• 중복데이터와 독립성 문제(데이터의 독립성을 지원하지 못한다.) • 무결성유지 어려움 • 데이터 접근 어려움 • 동시성 제어 불가(다수의 사용자 환경을 지원하지 못한다.) • 보안 문제(사용자 접근을 제어하는 보안체제가 미흡하다.) • 회복불가	• 운영비의 증대 • 시스템 구성의 복잡성 • 중앙집약적인 위험부담(위험부담을 최소화하기 위해 효율적인 백업과 회복기능을 갖추어야 한다.)

48 토지대장, 지적도, 경계점좌표등록부, 대지권등록부 중 하나의 지적공부에만 등록되는 사항으로만 묶인 것은? 17①산

① 지목, 면적, 경계, 소유권 지분
② 면적, 경계, 좌표, 소유권 지분
③ 지목, 경계, 좌표
④ 지목, 면적, 좌표, 소유권 지분

● 해설

구분	토지표시사항	소유권에 관한 사항
토지대장 (土地臺帳, Land Books) & 임야대장 (林野臺帳, Forest Books)	• 토지소재 • 지번 • 지목 • 면적 • 토지의 이동 사유	• 토지소유자 변동일자 • 변동원인 • 주민등록번호 • 성명 또는 명칭 • 주소
	기타	
	• 토지의 고유번호(각 필지를 서로 구별하기 위하여 필지마다 붙이는 고유한 번호를 말한다.) • 지적도 또는 임야도 번호 • 필지별 토지대장 또는 임야대장의 장번호 • 축척 • 토지등급 또는 기준수확량등급과 그 설정 · 수정 연월일 • 개별공시지가와 그 기준일	

구분	토지표시사항	소유권에 관한 사항
공유지 연명부 (共有地 連名簿, Common Land Books)	• 토지소재 • 지번	• 토지소유자 변동일자 • 변동원인 • 주민등록번호 • 성명, 주소 • 소유권 지분
	기타	
	• 토지의 고유번호 • 필지별공유지 연명부의 장번호	

구분	토지표시사항	소유권에 관한 사항
대지권 등록부 (垈地權 登錄簿, Building Site Rights Books)	• 토지소재 • 지번	• 토지소유자가 변동일 자 및 변동원인 • 주민등록번호 • 성명 또는 명칭, 주소 • 대지권 비율 • 소유권 지분
	기타	
	• 토지의 고유번호 • 집합건물별 대지권등록부의 장번호 • 건물의 명칭 • 전유부분의 건물의 표시	

구분	토지표시사항	기타
경계점좌표 등록부 (境界點座標 登錄簿, Boundary Point Coordinate Books)	• 토지소재 • 지번 • 좌표	• 토지의 고유번호 • 필지별 경계점좌표등록부의 장번호 • 부호 및 부호도 • 지적도면의 번호

구분	토지표시사항	기타
지적도 (地籍圖, Land Books) & 임야도(林野 圖, Forest Books)	• 토지소재 • 지번 • 지목 • 경계 • 좌표에 의하여 계산된 경계점 간의 거리 (경계점좌표등록부를 깆춰두는 지역으로 한정한다.)	• 도면의 색인도 • 도면의 제명 및 축척 • 도곽선과 그 수치 • 삼각점 및 지적기준점의 위치 • 건축물 및 구조물 등의 위치

49 속성데이터에서 동영상은 다음 중 어느 유형의 자료로 처리되어 관리될 수 있는가? 16③산

① 숫자형 ② 문자형
③ 날짜형 ④ 이진형

● 해설

1. 비트(bit)
   • 비트는 이진법으로 나타내는 수를 뜻하는 binary digit의 줄임말로, 컴퓨터가 "정보를 처리하는 데이터의 최소 단위"를 말하는 것이다.
   • 전기가 나간 상태, 즉 off 상태일 때를 '0', 전기가 들어온 상태, 즉 on 상태일 때를 '1'이라고 하면, 컴퓨터는 '0'과 '1'로써 모든 정보를 처리하여 나타내게 된다.
   • 이때 '켜짐(on)'이나 '꺼짐(off)', '0'이나 '1'로 표현되는 단위를 비트(bit)라고 하는 것이고, '0'과 '1'만을 사용하기 때문에 컴퓨터는 2진법을 사용한다는 것이다.
   • 1개의 bit는 2^1, 즉 2개의 정보를,
     2개의 bit는 $2^2(=2\times2)$, 즉 4개의 정보를,
     3개의 bit는 $2^3(=2\times2\times2)$, 즉 8개의 정보를,
     ⋮
     8bit로는 모두 $2^8(=2\times2\times2\times2\times2\times2\times2\times2)$, 즉 256가지의 정보를 나타낼 수 있는 것이다.
2. 바이트(byte)
   • 여러 개의 비트를 묶어 정보를 표시하게 되는데 이렇게 일정한 단위로 묶은 비트의 모임을 바이트(byte)라고 하는 것이다.
   • bit가 8개 모인 묶음 하나를 1byte라고 한다. 즉, 8bit = 1byte이다.
   • 영문자 또는 숫자 한 개는 1byte, 공란(Space) 한 칸도 1byte로 기억하며, 한글 및 한자는 한 글자가 2byte(= 16bit)이다.
   • 주소와 문자 표현의 최소 단위이다.

정답 49 ④

50 토지정보체계의 구성요소에 해당하지 않는 것은? 16①산

① 기준점
② 데이터베이스
③ 소프트웨어
④ 조직과 인력

해설

토지정보체계의 구성요소
- 하드웨어
- 데이터베이스
- 소프트웨어
- 조직과 인력

51 데이터베이스의 특징 중 "같은 데이터가 원칙적으로 중복되어 있지 않다."는 내용에 해당하는 것은?

19①산

① 저장 데이터(Stored Data)
② 공용 데이터(Shared Data)
③ 통합 데이터(Integrated Data)
④ 운영 데이터(Operational Data)

해설

Data의 정의

여러 응용시스템들의 통합된 정보들을 저장하여 공유하고 운영할 수 있는 데이터의 집합을 말한다. 데이터의 양이 방대하고 증대되면서 데이터의 체계적인 관리가 요구되고 조직의 데이터를 통합하고 저장하여 공용으로 사용 가능하게 함으로써 조직의 여러 시스템들을 공유할 수 있도록 통합 · 저장 · 운영하는 데이터의 집합체를 데이터베이스라고 한다.

DB의 특징

통합성 (Integrated Data)	중복의 최소화 통합 데이터
저장성 (Stored Data)	접근 가능한 형태의 시스템에 저장
공유성 (Shared Data)	데이터의 여러 시스템 간 공유 가능
운영성 (Operational Data)	조직 시스템의 기능 수행

52 지적정보관리시스템의 사용자권한 등록파일에 등록하는 사용자권한으로 옳지 않은 것은? 18①산

① 지적통계의 관리
② 종합부동산세 입력 및 수정
③ 토지 관련 정책정보의 관리
④ 개인별 토지소유현황의 조회

해설

사용자권한 구분(등록파일에 등록하는 사용자의 권한)
1. 사용자의 신규등록
2. 사용자 등록의 변경 및 삭제
3. 법인이 아닌 사단 · 재단 등록번호의 업무관리
4. 법인이 아닌 사단 · 재단 등록번호의 직권수정
5. 개별공시지가 변동의 관리
6. 지적전산코드의 입력 · 수정 및 삭제
7. 지적전산코드의 조회
8. 지적전산자료의 조회
9. 지적통계의 관리
10. 토지 관련 정책정보의 관리
11. 토지이동 신청의 접수
12. 토지이동의 정리
13. 토지소유자 변경의 관리
14. 토지등급 및 기준수확량등급 변동의 관리
15. 지적공부의 열람 및 등본 발급의 관리
15의2. 부동산종합공부의 열람 및 부동산종합증명서 발급의 관리
16. 일반 지적업무의 관리
17. 일일마감 관리
18. 지적전산자료의 정비
19. 개인별 토지소유현황의 조회
20. 비밀번호의 변경

53 지적도면 수치파일 작업에 대한 설명으로 옳은 것은? 20③산

① 벡터라이징 작업 시 선의 굵기를 0.2mm로 지정
② 벡터라이징은 반드시 수동으로 작업하며, 자동작업 금지
③ 작업수행기관에서는 작업과정에서 생성되는 파일을 3년간 보관 후 지적소관청과 협의하여 폐기
④ 검사자는 최종성과물과 도면을 육안대조하여 필지 경계선에 0.2mm 이상의 편차가 있으면 재작업

해설

지적원도 데이터베이스 구축 작업기준 제11조(좌표독취)

① 지적원도의 좌표독취는 제10조 제6항에 따라 저장된 이미지파일을 대상으로 좌표독취기 또는 좌표독취 응용프로그램을 활용하여 다음 각 호의 사항을 레이어별로 입력하여야 한다.
   1. 도곽선
   2. 필지경계선
   3. 행정구역선
   4. 지적측량기준점
   5. 기타 선형 등
② 제1항에 따라 입력되는 좌표는 해당 도면 좌하단점의 도곽선수치를 기준으로 가산한다.
③ 경계점 간 연결되는 선은 굵기가 0.1mm 이하가 되도록 하여야 한다.
④ 좌표독취는 반드시 수동방식의 취득방법으로 하여야 하며, 경계점을 명확히 구분할 수 있도록 확대한 후 작업을 실시하여야 한다.
⑤ 좌표독취는 밀리미터(mm)단위로 하되, 소수점 이하 2자리 이상 취득하여 미터(m)단위로 소수점 이하 3자리까지 결정하여야 한다.
⑥ 필지의 경계는 중복되지 않아야 하며 경계가 만나는 지점의 좌표는 동일하여야 하고, 경계에 이어지는 다른 필지의 경계는 그 경계를 벗어나서는 아니 된다.
⑦ 도곽선은 좌하단, 좌상단, 우상단, 우하단 방향으로 4점의 도곽점을 연결한 선형으로 입력하여야 한다.
⑧ 행정구역선은 지적원도에 표시된 유형별 선형(도계, 부·군계 등)으로 입력하며, 지적원도에 행정구역선이 없는 경우 위성영상 등을 활용하여 입력하여야 한다.
⑨ 지적원도에 표시된 지형·지물은 기타로 입력하거나 레이어를 추가하여 입력하여야 한다.

지적원도 데이터베이스 구축 작업기준 제16조(지적원도 수치파일 성과검사)

① 검사자는 제15조에 따라 출력된 검사용 트레싱지를 지적원도에 중첩하여 도곽선을 일치시킨 후, 필지경계점의 부합여부를 육안으로 대조하여 도곽선 및 필지경계선에 0.1mm 이상의 편차가 있는 경우에는 재작업토록 하여야 한다.
② 필지경계선의 미달(Under Shoot) 및 초과(Over Shoot) 입력여부를 검사하여야 한다.
③ 지번·지목·소유자 등 각종 속성정보를 정확하게 입력하였는지 여부를 검사하여야 하며, 필지가 작아 육안으로 입력정보의 확인이 곤란한 경우 컴퓨터를 이용하여 수치파일을 확대한 상태에서 확인하여야 한다.
④ 자체 성과검사 결과 잘못 입력된 필지경계점과 속성정보는 검사용 트레싱지에 적색 필기구로 표기하고, 그 내용을 별지 제4호 서식의 지적원도 수치파일 검사대장에 기록한다.
⑤ 자체 성과검사가 완료되면 검사자는 트레싱지와 검사대장에 서명과 날인한다.

54 벡터지도의 오류 유형 및 이에 대한 설명으로 틀린 것은? 21③산

① Overshoot : 어떤 선분까지 그려야 하는데 그 선분을 지나쳐 그려진 경우
② Undershoot : 어떤 선분이 아래에서 위로 그려져야 하는데 수평으로 그려진 경우
③ 레이블 입력 오류 : 지번 등이 다르게 기입되는 경우 또는 없거나 2개가 존재하는 경우
④ Sliver Polygon : 지적필지를 표현할 때 필지가 아닌데도 경계불일치로 조그만 폴리곤이 생겨 필지로 인식되는 오류

해설

Digitizer 입력에 따른 오차

종류	설명
Overshoot (기준선 초과 오류)	교차점을 지나서 연결선이나 절점이 끝나기 때문에 발생하는 오류. 이런 경우 편집 소프트웨어에서 Trim과 같이 튀어나온 부분을 삭제하는 명령을 사용하여 수정한다.
Undershoot (기준선 미달 오류)	교차점을 미치지 못하는 연결선이나 절점으로 발생하는 오류. 이런 경우 편집 소프트웨어에서 Extend와 같은 완전연결을 해주는 명령을 사용하여 수정한다.
Spike (스파이크)	교차점에서 두 개의 선분이 만나는 과정에서 잘못된 좌표가 입력되어 발생하는 오차. 이런 경우 엉뚱한 좌표가 입력된 점을 제거하고 적절한 좌푯값을 가진 점을 입력한다.
Sliver Polygon (슬리버 폴리곤)	하나의 선으로 입력되어야 할 곳에 두 개의 선으로 약간 어긋나게 입력되어 가늘고 긴 불편한 폴리곤을 형성한 상태의 오차(선 사이의 틈). 폴리곤 생성을 부정확하게 만든 선을 제거하여 폴리곤 생성을 새로 한다.
Overlapping (점, 선 중복)	주로 영역의 경계선에서 점, 선이 이중으로 입력되어 발생하는 중복된 점, 선을 제거함으로써 수정할 수 있다.

Dangle (댕글)	매달린 노드의 형태로 발생하는 오류로 오버슈트나 언더슈트와 같은 형태로 한쪽 끝이 다른 연결선이나 절점에 연결되지 않은 상태의 오차. 이것은 폴리곤이 폐합되어야 할 곳에서 Undershoot 되어 발생하는 것이므로 이런 부분을 찾아서 수정해 주어야 한다.

55 필지중심토지정보시스템 중 지적소관청에서 일반적으로 많이 사용하는 시스템은? 21①기

① 지적측량시스템

② 지적행정시스템

③ 지적공부관리시스템

④ 지적측량성과작성시스템

해설

PBLIS	주요기능
지적공부관리 시스템 (160여 종)	• 시·군·구 행정종합 정보화시스템과 연계를 통한 통합데이터베이스 구축 • 지적업무의 완벽한 전산화로 작업의 효율성과 정확도 향상, 지적정보의 응용 및 가공으로 신속한 정책정보의 제공 • 정보통신 인프라를 기반으로 한 질 좋은 대국민 서비스 실현 • ㉠용자권한관리 • ㉢적측량검사업무 • ㉤지이동관리 • ㉢적일반업무관리 • 창㉠민원업무 • 토㉢기록자료조회 및 출력 등
지적측량 시스템 (170여 종)	• 지적측량방법 개선 • 사용자 편의 위주의 응용소프트웨어 개발 • 지적측량업무의 능률성 향상 • ㉢적삼각측량 • 지㉤삼각보조측량 • 도근㉢량 • 세부측㉤ 등
지적측량성과작성 시스템 (90여 종)	• 측량 준비도, 결과도, 성과도 작성을 완전 자동화 • 수작업에 의한 오류 방지 • 정확하고 신속한 지적측량성과 제공 • ㉤지이동지 조서작성 • 측㉤준비도 • 측㉤과도 • 측량성㉤도 등

56 지리정보의 유형을 도형정보와 속성정보로 구분할 때 도형정보에 포함되지 않는 것은? 16②산

① 필지

② 교통사고지점

③ 행정구역경계선

④ 도로준공날짜

해설

도형자료 (Graphic Data)	위치자료를 이용한 대상의 가시화
영상자료 (Image Data)	센서(Scanner, Lidar, Laser, 항공 사진기 등)에 의해 취득된 사진
속성자료 (Attributive Data)	도형이나 영상 속의 내용 (도로준공날짜 등)

57 우리나라의 토지대장과 임야대장의 전산화 및 전국 온라인화를 수행했던 정보화 사업은? 19①산

① 지적도면 전산화

② 토지기록 전산화

③ 토지관리 정보체계

④ 토지행정정보 전산화

해설

토지기록 전산화 추진과정

토지기록 (지적업무) 전산화 기반조성		• 지적법 제2차 개정(1975년 12월)으로 토지·임야대장의 카드식 전환, 대장등록사항의 코드번호개발 등록, 면적 등록단위 미터법의 전환, 토지소유자의 주민등록번호등록, 법인등록번호 등록, 재외국민등록번호 등록, 수치측량방법 전환 등 지적업무전산화를 위한 기반 마련 • 1975년부터 1978년까지 전국의 토지·임야대장 및 공유지연명부, 수치적부의 카드식 대장으로의 전환이 이루어짐	
⇩			
토지기록 전산화 및 지적정보화 계획수립	준비단계	1975 ~1978	토지(임야)대장 카드화
			대장등록사항의 코드번호개발 등록
		1979 ~1980	소유자 주민등록번호 등재 정리
			법인등록번호 등록
			재외 국민등록번호 등록
			면적표시단위와 미터법 환산 정리
			기존자료 정비
			수치측량방법 전환

토지기록 전산화 및 지적정보화 계획수립	구축 단계	1단계	1982 ~1984	시·도 및 중앙전산기 도입
				토지(임야)대장 3,200만 필 입력
		2단계	1985 ~1990	전산 조직 확보
				전산통신망 구축
				S/W 개발 및 자료 정비
	응용 단계	1단계	1990 ~1998	전국 온라인 운영
				토지(임야)대장 카드 정리 폐지
				신규 프로그램 작성과 운용 S/W 기능 보완
		2단계	1999 ~현재	주 전산기 교체(타이콤 → 국산 주전산기4)
				시·군·구 행정종합전산망에 따 라 대장자료 시·군·구 설치
				시·군·구 자료변환 (C-ISAM → RDBMS)

58 국가공간정보정책 기본계획은 몇 년 단위로 수립·시행하여야 하는가?　20①,②🔷

① 매년
② 3년
③ 5년
④ 10년

◐ 해설

구축과정	추진연도	주요사업
제1차 NGIS	1995 ~2000	• 기반조성단계(국토정보화기반 마련) • 국가기본도 및 지적도 등 지리 정보 구축, 표준제정, 기술개 발 등 추진
제2차 NGIS	2001 ~2005	• GIS 활용확산단계(국가공간정 보 기반확충을 위한 디지털 국 토실현) • 공간정보구축 확대 및 토지· 지하·환경·농림 등 부문별 GIS 시스템 구축
제3차 NGIS	2006 ~2009	• GIS 정착단계(유비쿼터스 국 토실현을 위한 기반조성) • 기관별로 구축된 데이터와 GIS 시스템을 연계하여 효과적 활 용 도모
제4차 국가공간정보정책	2010 ~2012	공간정보시스템 간 연계통합 강화 및 융복합정책 추진기반 마련

제5차 국가공간정보정책 기본계획	2013 ~2017	스마트폰 등 ICT 융합기술의 급속한 발전, 창조경제와 정부 3.0으로의 국정운영 패러다임 전환 등 변화된 정책환경에 적 극 대응 필요
제6차 국가공간정보정책 기본계획(안)	2018 ~2022	제4차 산업혁명에 대비하고, 신산업 발전을 지원하기 위한 공간정보정책 방향을 제시하는 기본계획 수립 착수('17. 2)

59 현재 우리나라 수치지도의 기준이 되는 타원체는 무엇인가?　15①🔷

① Bessel 타원체
② WGS84 타원체
③ GRS80 타원체
④ Hayford 타원체

◐ 해설

측지학적 위치는 ITRF2000 좌표계와 GRS80 타원체를 채용하고 있다.

60 GIS의 필요성과 관계가 없는 것은?　16①🔷

① 전문부서 간의 업무의 유기적 관계를 갖기 위하여
② 정보의 신뢰도를 높이기 위하여
③ 자료의 중복 조사 방지를 위하여
④ 행정환경 변화에 수동적 대응을 하기 위하여

◐ 해설

GIS

특징	기대효과
• 대량의 정보를 저장하고 관 리할 수 있어 복잡한 정보 분석에 유용하다. • 원하는 정보를 쉽게 찾아볼 수 있으며 복잡한 정보의 분류에 유용하다. • 새로운 정보의 추가와 수정 이 용이하다. • 지도의 축소 및 확대가 자 유롭다. • 자료의 중첩을 통하여 종합 적 정보의 획득이 용이하다. • 적합한 입지 선정이 용이하다.	• 정책 일관성 확보 • 최신정보 이용 및 과학적 정책결정 • 업무의 신속성 및 비용 절감 • 합리적 도시계획 • 일상 업무 지원

정답　58 ③　59 ③　60 ④

Subject 04 지적학

61 토지표시 사항의 결정에 있어서 실질적 심사를 원칙으로 하는 가장 중요한 이유는? 17②산

① 소유자의 이해
② 결정사항에 대한 이의예방
③ 거래안전의 국가적 책무
④ 조세형평 유지

◉ 해설

지적(地籍)에 관한 법률(法律)의 기본이념(基本理念)

지적국정주의 (地籍國定主義)	지적공부의 등록사항인 토지표시사항을 국가만이 결정할 수 있는 권한을 가진다는 이념이다.
지적형식주의 (地籍形式主義)	국가가 결정한 토지에 대한 물리적 현황과 법적 권리관계 등을 외부에서 인식할 수 있도록 일정한 법정 형식을 갖추어 지적공부에 등록하여야만 효력이 발생한다는 이념으로 「지적등록주의」라고도 한다.
지적공개주의 (地籍公開主義)	지적공부에 등록된 사항을 토지소유자나 이해관계인은 물론 일반인에게도 공개한다는 이념이다. 〈공시원칙에 의한 지적공부 3가지 형식〉 • 지적공부를 직접열람 및 등본으로 알 수 있다. • 현장에 경계복원함으로써 알 수 있다. • 등록된 사항과 현장상황이 틀린 경우 변경등록한다.
실질적심사 주의 (實質的審査 主義)	토지에 대한 사실관계를 정확하게 지적공부에 등록·공시하기 위하여 토지를 새로이 지적공부에 등록하거나 등록된 사항을 변경 등록하고자 할 경우 소관청은 실질적인 심사를 실시하여야 한다는 이념으로서 「사실심사주의」라고도 한다.
직권등록주의 (職權登錄主義)	국가는 의무적으로 통치권이 미치는 모든 토지에 대한 일정한 사항을 직권으로 조사·측량하여 지적공부에 등록·공시하여야 한다는 이념으로서 「적극적 등록주의」또는 「등록강제주의」라고도 한다.

62 지적재조사사업의 사업내용으로 옳은 것은? 22②기

① 지가 조사
② 소유권 조사
③ 토지현황조사
④ 지형·지모 조사

◉ 해설

지적재조사에 관한 특별법 제10조(토지현황조사)

① 지적소관청은 제6조에 따른 실시계획을 수립한 때에는 지적재조사예정지구임이 지적공부에 등록된 토지를 대상으로 토지현황조사를 하여야 하며, 토지현황조사는 지적재조사측량과 병행하여 실시할 수 있다. 〈개정 2020. 12. 22.〉

② 토지현황조사를 할 때에는 소유자, 지번, 지목, 경계 또는 좌표, 지상건축물 및 지하건축물의 위치, 개별공시지가 등을 기재한 토지현황조사서를 작성하여야 한다. 〈개정 2017. 4. 18.〉

③ 토지현황조사에 따른 조사 범위·대상·항목과 토지현황조사서 기재·작성 방법에 관련된 사항은 국토교통부령으로 정한다. 〈개정 2017. 4. 18.〉

63 다음 중 지적과 등기를 비교하여 설명한 내용으로 옳지 않은 것은? 16①산

① 지적은 실질적 심사주의를 채택하고 등기는 형식적 심사주의를 채택한다.

② 등기는 토지의 표시에 관하여는 지적을 기초로 하고 지적의 소유자 표시는 등기를 기초로 한다.

③ 지적과 등기는 국정주의와 직권등록주의를 채택한다.

④ 지적은 토지에 대한 사실관계를 공시하고 등기는 토지에 대한 권리관계를 공시한다.

◉ 해설

구분	지적제도	등기제도
기능	토지표시사항 (물리적 현황)을 등록공시	부동산에 대한 소유권 및 기타 법적 권리관계를 등록공시
모법	지적법 (1950.12.1. 법률 제165호)	부동산등기법 (1960.1.1. 법률 제536호)
등록 대상	토지 • 대장 : 고유번호·토지소재·지번·지목·면적·소유자 성명 또는 명칭·등록번호·주소·토지등급 • 도면 : 토지소재·지번·지목·경계 등	토지와 건물 • 표제부 : 토지소재·지번·지목·면적 등 • 갑구 : 소유권에 관한 사항(소유자 성명 또는 명칭·등록번호·주소 등) • 을구 : 소유권 이외의 권리에 관한 사항(지상권·지역권·전세권·저당권·임차권 등)

구분	지적제도	등기제도
등록사항	토지소재, 지번, 지목, 면적, 경계 또는 좌표 등	소유권, 지상권, 지역권, 전세권, 저당권, 권리질권, 임차권 등
기본이념	• 국정주의 • 형식주의 • 공개주의 • 사실심사주의 • 직권등록주의	• 성립요건주의 • 형식적 심사주의 • 공개주의 • 당사자신청주의 (소극적 등록주의)
등록심사	실질적 심사주의	형식적 심사주의
등록주체	국가(국정주의)	당사자 (등기권리자 및 의무자)
신청방법	단독(소유자) 신청주의	공동 (등기권리자 및 의무자) 신청주의
담당기관	국토교통부 (시, 도, 시, 군, 구)	사법부 (대법원 법원행정처, 지방법원, 기소·지방법원지원)

64 1807년에 나폴레옹이 지적법을 발효시키고 대단지 내의 필지에 대한 조사를 위하여 발족된 위원회에서 프랑스 전 국토에 대하여 시행한 세부 사업에 해당하지 않는 것은?　21③기

① 소유자 조사
② 필지측량 실시
③ 필지별 생산량 조사
④ 축척 1/5000 지형도 작성

◉해설

나폴레옹 지적
프랑스는 근대적인 지적제도의 발생 국가로서 오랜 역사와 전통을 자랑하고 있다. 특히, 근대 지적도의 출발점이라 할 수 있는 나폴레옹 지적이 발생한 나라로 나폴레옹 지적은 둠즈데이북 등과 세지적의 근거로 제시되고 있다.

1. 프랑스 지적제도의 창설
   • 창설주체 : 자국
   • 창설 연대 : 1808~1850년
   • 제도수립 소요기간 : 약 40년
   • 지적의 역사 : 약 200년
   • 창설목적 : 토지에 대한 과세목적

2. 나폴레옹 지적
   • 시민혁명 후 초대황제로 등극한 나폴레옹이 1807년 나폴레옹 지적법 제정
   • 1808~1850년까지 군인과 측량사를 동원하여 전국에 걸쳐 실시한 지적측량 성과에 의해 완성
   • 나폴레옹은 측량위원회를 발족시켜 전 국토에 대한 필지별 측량을 실시하고 생산량과 소유자를 조사하여 지적도와 지적부를 작성하여 근대적인 지적제도를 창설함[측량위원회 위원장 : Delambre(수학자이자 미터법의 창시자)]
   • 세금 부과를 목적으로 함
   • 이후 나폴레옹의 영토확장으로 유럽 전역의 지적제도의 창설에 직접적인 영향을 미침
   • 도해적인 방법으로 이루어짐

65 지적제도가 공시제도로서 가장 중요한 기능이라 할 수 있는 것은?　20③산

① 토지거래의 기준　② 토지등기의 기초
③ 토지과세의 기준　④ 토지평가의 기초

◉해설

지적제도의 기능

토지등기의 기초 (선등록 후등기)	지적공부에 토지표시사항인 토지소재, 지번, 지목, 면적, 경계와 소유자가 등록되면 이를 기초로 토지소유자가 등기소에 소유권보존등기를 신청함으로써 토지등기부가 생성된다. 즉, 토지표시사항은 토지등기부의 표제부에, 소유자는 갑구에 등록한다.
토지평가의 기초 (선등록 후평가)	토지평가는 지적공부에 등록한 토지에 한하여 이루어지며, 평가는 지적공부에 등록된 토지표시사항을 기초자료로 이용하고 있다.
토지과세의 기초 (선등록 후과세)	토지에 대한 각종 국세와 지방세는 지적공부에 등록된 필지를 단위로 면적과 지목 등 기초자료를 이용하여 결정한 개별공시지가(부동산 가격공시에 관한 법률)를 과세의 기초자료로 하고 있다.
토지거래의 기초 (선등록 후거래)	토지거래는 지적공부에 등록된 필지 단위로 이루어지며, 공부에 등록된 토지표시사항(소재, 지번, 지목, 면적, 경계 등)과 등기부에 등재된 소유권 및 기타 권리관계를 기초로 하여 거래가 이루어지고 있다.

토지이용계획의 기초 (선등록 후계획)	각종 토지이용계획(국토계획, 도시관리계획, 도시개발, 도시재개발 등)은 지적공부에 등록된 토지표시사항을 기초자료로 활용하고 있다.
주소표기의 기초 (선등록 후설정)	민법에서의 주소, 가족관계의 등록 등에 관한 법률에서의 본적 및 주소, 주민등록법에서의 거주지·지번·본적, 인감증명법에서의 주소와 기타 법령에 의한 주소·거주지·지번은 모두 지적공부에 등록된 토지소재와 지번을 기초로 하고 있다.

토지 자료파일 (Land Data File)	토지에 대한 정보검색이나 다른 자료철에 있는 정보를 연결시키기 위한 목적으로 만들어진 필지식별번호가 포함된 공부 및 토지 자료철을 말하는데 과세대장, 건축물대장, 천연자원기록, 토지이용, 도로·시설물 대장 등 토지관련자료를 등록한 대장을 뜻한다.
다목적 지적제도 3대 구성요소	측지기본망·지적중첩도·기본도

66 다음 중 다목적지적제도의 구성요소에 해당하지 않는 것은?

16①산

① 측지기준망 ② 행정조직도
③ 지적중첩도 ④ 필지식별번호

해설

다목적지적의 5대 구성요소

다목적지적이라 함은 필지단위로 토지와 관련된 기본적인 정보를 집중 관리하고 계속하여 즉시 이용이 가능하도록 토지정보를 종합적으로 제공하여 주는 기본 골격이라 할 수 있으며 종합지적, 통합지적이라고도 한다.

측지기본망 (Geodetic Reference Network)	토지의 경계선과 관련 자료 및 지형 간에 상관관계를 맺어주고 지적도에 등록된 경계선을 현지에 복원할 수 있도록 정확도를 유지할 수 있는 기준점 표지의 연결망을 말하는데 서로 관련 있는 모든 지역의 기준점이 단일의 통합된 네트워크여야 한다.
기본도 (Base Map)	측지기본망을 기초로 하여 작성된 지형도로서 지도 작성에 필요한 기본적인 정보를 일정한 축척의 지도에 등록한 도면을 말하는데 변동사항과 자료를 수시로 정비하여 최신화시켜 사용될 수 있어야 한다.
지적 중첩도 (Cadastral Overlay)	측지기본망과 기본도와 연계하여 활용할 수 있고 토지소유권에 대한 경계를 식별할 수 있도록 토지의 등록 단위인 필지를 확정하여 등록한 지적도와 시설물, 토지이용, 지역지구도 등을 결합한 상태의 도면을 말한다.
필지 식별 번호 (Parcel Identification Number)	필지 등록사항의 저장, 수정, 검색 등을 용이하게 처리할 수 있는 가변성이 없는 고유번호를 말하는데 지적도의 등록사항과 도면의 등록사항을 연결시켜 자료파일의 검색 등 색인번호의 역할을 한다. 이러한 필지식별번호는 토지평가, 토지의 과세, 토지의 거래, 토지이용계획 등에서 활용되고 있다.

67 지적재조사사업의 목적으로 옳지 않은 것은?

22①기

① 경계복원능력의 향상
② 지적불부합지의 해소
③ 토지거래질서의 확립
④ 능률적인 지적관리체제 개선

해설

지적재조사에 관한 특별법 제1조(목적)

이 법은 토지의 실제 현황과 일치하지 아니하는 지적공부(地籍公簿)의 등록사항을 바로 잡고 종이에 구현된 지적(地籍)을 디지털 지적으로 전환함으로써 국토를 효율적으로 관리함과 아울러 국민의 재산권 보호에 기여함을 목적으로 한다.

지적재조사의 목적

• 지적불부합지를 해소하고, 국민의 재산권을 보호한다.
• 지적불부합지를 해소하고, 지적행정의 신뢰를 증진한다.
• 디지털 지적으로 전환하여 국토의 효율적 관리를 달성한다.
• 디지털 지적으로 전환하여 지적제도의 효율화를 증진한다.
• 경계복원능력을 향상시킨다.
• 능률적인 지적관리체제를 개선한다.

지적재조사의 필요성 및 기대효과

• 전 국토를 동일한 좌표계로 측량하여 지적불부합지를 해소한다.
• 지적불부합지를 해소하고, 지적행정의 신뢰를 증진한다.
• 디지털 지적으로 전환하여 국토의 효율적 관리를 달성한다.
• 디지털 지적으로 전환하여 지적제도의 효율화를 증진한다.
• 지적불부합지를 해소하고, 국민의 재산권을 보호한다.
• 수치적 방법으로 재조사하여 국민적 요구에 부응하고 도해 지적의 문제점을 해결한다.
• 토지관련정보의 종합관리와 계획의 용이성을 제공한다.
• 부처 간 분산 관리되고 있는 기준점의 통일로 업무능률 향상시킨다.
• 도면의 신축 등으로 인한 문제점을 해결한다.

68 토지조사사업 당시 재결한 경계의 효력발생 시기는?

21②가

① 재결일
② 재결확정일
③ 재결서 접수일
④ 사정일에 소급

해설

사정의 효력

• 사정은 30일간 공시하고 불복하는 자는 60일 이내 고등토지조사위원회(高等土地調査委員會)에 재결을 요청한다. 이때 사정 사항에 불복하여 재결을 받은 때의 효력 발생은 사정일로 소급한다.
• 토지의 소유자는 자연인 또는 법인이나 이와 유사한 법령상 또는 관습상의 명의로서 서원이나 종중 등을 인정한다.
• 토지의 강계는 지적도에 등록된 토지의 경계선인 강계선이 대상이고 지역선에 대하여는 사정하지 않았기 때문에 이는 이의 신청의 대상이 되지 않는다.

69 통일신라시대의 신라장적에 기록된 지목과 관계없는 것은?

20①,②산

① 답
② 전
③ 수전
④ 마전

해설

장적문서(帳籍文書)

장적문서는 1933년 일본에서 처음 발견되어 현재 일본에 보관 중에 있으며, 발견 당시부터 명칭이 기재되어 있지 않아 학자에 따라 문서의 명칭이 장적문서, 민정문서, 촌락문서, 향토장적, 장적 등 다양하게 불리고 있다. 신라장적에는 다음 사항이 기록되어 있다.

• 촌락명 및 촌락의 영역
• 토지종목[토지에 대해서는 4개 촌에서 모두 답(畓)·전(田)·마전(麻田)의 세 종류로 나누어져 기록] 및 면적
• 호구 수 및 우마 수
• 뽕나무, 백자목, 추자목(호도나무)의 수량
• 호구, 우마, 수목의 감소 등을 기록

또한 3년간의 사망, 이동 등의 변동내역이 기록되어 있어 신라의 율령정치와 사회구조를 구성하는 데 귀중한 자료이다.

70 다음 중 가장 원시적인 지적제도는?

20①,②산

① 법지적(法地籍)
② 세지적(稅地籍)
③ 경계지적(境界地籍)
④ 소유지직(所有地籍)

해설

발전과정에 따른 분류

세지적 (稅地籍)	토지에 대한 조세 부과를 주된 목적으로 하는 제도로 과세지적이라고도 한다. 국가의 재정 수입을 토지세에 의존하던 농경사회에서 개발된 제도로 과세의 표준이 되는 농경지는 기준수확량, 일반 토지는 토지 등급을 중시하고 지적공부의 등록사항으로는 면적 단위를 중시한 지적제도이다.
법지적 (法地籍)	세지적이 발전된 형태로서 토지에 대한 사유재산권이 인정되면서 생성된 유형으로 소유지적, 경계지적이라고도 한다. 토지소유권 보호를 주된 목적으로 하는 제도로 토지 거래의 안전과 토지소유권의 보호를 위한 토지 경계를 중시한 지적제도이다.
다목적 지적 (多目的 地籍)	현대사회에서 추구하고 있는 지적제도로 종합지적, 통합지적, 유사지적, 경제지적, 정보지적이라고도 한다. 토지와 관련한 다양한 정보를 종합적으로 등록·관리하고 이를 이용 또는 활용하며, 필요한 자에게 제공해 주는 것을 목적으로 하는 지적제도이다.

71 간주임야도에 대한 설명으로 옳지 않은 것은?

20③산

① 간주임야도에 등록된 소유권은 국유지와 도유지였다.
② 전라북도 남원군, 진안군, 임실군 지역을 대상으로 시행되었다.
③ 임야도를 작성하지 않고 1/50,000 또는 1/25,000 지형도에 작성되었다.
④ 지리적 위치 및 형상이 고산지대로 조사측량이 곤란한 지역이 대상이었다.

해설

1. 간주지적도

토지조사지역 밖인 산림지대(임야)에도 전·답·대 등 과세지가 있더라도 지적도에 신규등록 할 것 없이 그 지목 간을 수정하여 임야도에 존치하도록 하되 그에 대한 대장은 일반적인 토지대장과는 별도로 작성하여 '별책토지대장',

'을호토지대장', '산토지대장'으로 불렀으며 이와 같이 지적도로 간주하는 임야도를 '간주지적도'라 하였다.

㉠ 간주지적도의 필요성
  • 조사지역 밖의 산림지대에 지적도에 올려야 할 토지가 있는 경우 신규측량 한 후 지적도에 등록하여야 하나 이러한 토지는 대략 토지조사 시행지역에서 200간 떨어진 곳에 위치하여 기존의 지적도에 등록할 수 없는 경우가 대부분이었다.
  • 증보도를 만들 경우 많은 노력과 경비가 소요되고, 도면의 매수가 늘어나서 취급이 불편하여 간주지적도를 필요로 하게 되었다.

㉡ 간주지적도 지역
  • 임야도로서 지적도로 간주하는 지역을 '간주지적도 지역'이라 한다.
  • 원칙적으로 토지조사령에 의하여 조사를 한 최종지역선에서 거리가 약 200간을 넘는 지역으로 정하였다.
  • 조선총독부가 1924년 4월 1일 간주지적도 지역을 고시하기 시작하여 그 후 15차에 걸쳐 고시를 추가 하였는데, 우리나라의 산간벽지와 도서지방은 대부분이 지역에 포함되었다.

2. 간주임야도

임야의 필지가 너무 커서 임야도로 조제하기 어려운 국유, 임야 등에 대하여 1/50,000 지형도를 임야도로 간주하여 사용하였는데 이를 '간주임야도'라 하였다.

[간주임야도 지역]
  • 덕유산
  • 일월산, 만원산
  • 지리산

3. 산토지대장(山土地臺將)
  • 임야도를 지적도로 간주하는 것을 간주지적도라 하였고 간주지적도에 등록하는 토지에 관한 대장은 별도 작성하여 "별책토지대장, 을호토지대장, 산토지대장이라 하였다.
  • 토지조사법에 의한 토지조사로 산림지대를 제외하였기 때문에 지적도에는 산림지대의 토지로 등록하지 않았다.
  • 면적단위는 30평 단위로 등록하였다.
  • 산토지대장은 1975년 토지대장카드화 작업으로 제곱미터(㎡)단위로 환산하여 등록하였다.

72 경계의 특징에 대한 설명으로 옳지 않은 것은?

18②산

① 필지 사이에는 1개의 경계가 존재한다.
② 경계는 크기가 없는 기하학적인 의미를 갖는다.
③ 경계는 경계점 사이를 직선으로 연결한 것이다.
④ 경계는 면적을 갖고 있으므로 분할이 가능하다.

해설

경계결정 원칙(境界決定 原則)

경계국정주의 원칙	지적공부에 등록하는 경계는 국가가 조사·측량하여 결정한다는 원칙
경계불가분의 원칙	경계는 유일무이한 것으로 이를 분리할 수 없다는 원칙 • 필지 간 경계는 1개만 존재 • 경계는 인접 토지에 공통으로 작용 • 경계는 폭이 없는 기하학적인 선의 의미와 동일
등록선후의 원칙	동일한 경계가 축척이 서로 다른 도면에 각각 등록되어 있는 경우로서 경계가 상호 일치하지 않는 경우에는 경계에 잘못이 있는 경우를 제외하고 등록시기가 빠른 토지의 경계를 따른다는 원칙
축척종대의 원칙	동일한 경계가 축척이 서로 다른 도면에 각각 등록되어 있는 경우로서 경계가 상호 일치하지 않는 경우에는 경계에 잘못이 있는 경우를 제외하고 축척이 큰 것에 등록된 경계를 따른다는 원칙
경계직선주의	지적공부에 등록하는 경계는 직선으로 한다는 원칙

73 적극적 토지등록제도의 기본원칙이라고 할 수 없는 것은?

19①산

① 토지등록은 국가공권력에 의해 성립된다.
② 토지등록은 형식심사에 의해 이루어진다.
③ 등록내용의 유효성은 법률적으로 보장된다.
④ 토지에 대한 권리는 등록에 의해서만 인정된다.

해설

적극적 등록제도(積極的登錄制度)

적극적 등록제도(Positive system)하에서의 토지등록은 일필지의 개념으로 법적인 권리보장이 인증되고 정부에 의해서 그러한 합법성과 효력이 발생한다. 이 제도의 기본원칙은 지적공부에 등록되지 아니한 토지는 그 토지에 대한 어떠한 권리도 인정될 수 없고 등록은 강제되고 의무적이며 공적인 지적측량이 시행되지 않는 한 토지등기도 허가되지 않는다는 이론이 지배적이다. 적극적 등록제도의 발달된 형태는 토렌스 시스템이다.

74 우리나라 지적제도의 원칙과 가장 관계가 없는 것은?

18②산

① 공시의 원칙
② 인적 편성주의
③ 실질적 심사주의
④ 적극적 등록주의

해설

토지등록(土地登錄)의 원칙(原則)

등록의 원칙 (登錄의 原則)	토지에 관한 모든 표시사항을 지적공부에 반드시 등록하여야 하며 토지의 이동이 이루어지려면 지적공부에 그 변동사항을 등록하여야 한다는 토지등록의 원칙으로 토지표시의 등록주의(登錄主義, Booking Principle)라고 할 수 있다. 적극적 등록제도(Positive System)와 법지적(Legal Cadastre)을 채택하고 있는 나라에서 적용하고 있는 원리로서 토지의 모든 권리의 행사는 토지대장 또는 토지등록부에 등록하지 않고는 모든 법률상의 효력을 갖지 못하는 원칙으로 형식주의(Principle of Formality) 규정이라고 할 수 있다.
신청의 원칙 (申請의 原則)	토지의 등록은 토지소유자의 신청을 전제로 하되 신청이 없을 때는 직권으로 직접 조사하거나 측량하여 처리하도록 규정하고 있다.
특정화의 원칙 (特定化의 原則)	토지등록제도에서 특정화의 원칙(Principle of Speciality)은 권리의 객체로서 모든 토지는 반드시 특정적이면서도 단순하며 명확한 방법에 의하여 인식될 수 있도록 개별화함을 의미하는데, 이 원칙이 실제적으로 지적과 등기와의 관련성을 성취시켜 주는 열쇠가 된다.
국정주의 및 직권주의 (國定主義 및 職權主義)	국정주의(Principle of National Decision)는 지적공부의 등록사항인 토지의 지번, 지목, 경계, 좌표, 면적의 결정은 국가의 공권력에 의하여 국가만이 결정할 수 있는 원칙이다. 직권주의는 모든 필지는 필지단위로 구획하여 국가기관인 소관청이 직권으로 조사·정리하여 지적공부에 등록 공시하여야 한다는 원칙이다.
공시의 원칙, 공개주의 (公示 原則, 公開主義)	토지 등록의 법적 지위에서 토지이동이나 물권의 변동은 반드시 외부에 알려야 한다는 원칙을 공시의 원칙(Principle of Public Notification) 또는 공개주의(Principle of Publicity)라고 한다. 토지에 관한 등록사항을 지적공부에 등록하여 일반인에게 공시하여 토지소유자는 물론 이해관계자 및 기타 누구나 이용할 수 있도록 하는 것이다.
공신의 원칙 (公信의 原則)	공신의 원칙(Principle of Public Confidence)은 물권의 존재를 추측하게 하는 표상, 즉 공시방법을 신뢰하여 거래한 자는 비록 그 공시방법이 진실한 권리관계에 일치하고 있지 않더라도 그 공시된 대로의 권리를 인정하여 이를 보호하여야 한다는 원칙이다. 즉, 공신의 원칙은 선의의 거래자를 보호하여 진실로 그러한 등기 내용과 같은 권리관계가 존재한 것처럼 법률효괴를 인정하려는 법률법칙을 말한다.

토지등록제도(土地登錄制度)의 유형(類型)

날인증서 등록제도 (捺印證書 登錄制度)	토지의 이익에 영향을 미치는 문서의 공적 등기를 보전하는 것을 날인증서등록제도(Registration of Deed)라고 한다. 기본적인 원칙은 등록된 문서가 등록되지 않은 문서 또는 뒤늦게 등록된 서류보다 우선권을 갖는다. 즉, 특정한 거래가 발생했다는 것은 나타나지만 그 관계자들이 법적으로 그 거래를 수행할 권리가 주어졌다는 것을 입증하지 못하므로 거래의 유효성을 증명하지 못한다. 그러므로 토지거래를 하려는 자는 매도인 등의 토지에 대한 권원(Title) 조사가 필요하다.
권원등록 제도 (權原登錄 制度)	권원등록(Registration of Title)제도는 공적 기관에서 보존되는 특정한 사람에게 귀속된 명확히 한정된 단위의 토지에 대한 권리와 그러한 권리들이 존속되는 한계에 대한 권위 있는 등록이다. 소유권 등록은 언제나 최후의 권리이며 정부는 등록한 이후에 이루어지는 거래의 유효성에 대해 책임을 진다.
소극적 등록제도 (消極的 登錄制度)	소극적 등록제도(Negative System)는 기본적으로 거래와 그에 관한 거래증서의 변경기록을 수행하는 것이며, 일필지의 소유권이 거래되면서 발생되는 거래증서를 변경 등록하는 것이다. 네덜란드, 영국, 프랑스, 이탈리아, 미국의 일부 주 및 캐나다 등에서 시행되고 있다.
적극적 등록제도 (積極的 登錄制度)	적극적 등록제도(Positive System)하에서의 토지등록은 일필지의 개념으로 법적인 권리보장이 인증되고 정부에 의해서 그러한 합법성과 효력이 발생한다. 이 제도의 기본원칙은 지적공부에 등록되지 아니한 토지는 그 토지에 대한 어떠한 권리도 인정될 수 없고 등록은 강제되고 의무적이며 공적인 지적측량이 시행되지 않는 한 토지등기도 허가되지 않는다는 이론이 지배적이다. 적극적 등록제도의 발달된 형태는 토렌스 시스템이다.
토렌스 시스템 (Torrens system)	오스트레일리아 Robert Torrens 경에 의해 창안된 토렌스 시스템은 토지의 권원(Title)을 명확히 하고 토지거래에 따른 변동사항 정리를 용이하게 하여 권리증서의 발행을 편리하게 하는 것이 목적이다. 이 제도의 기본원리는 법률적으로 토지의 권리를 확인하는 대신에 토지의 권원을 등록하는 행위이다.

75 부동산의 증명제도에 대한 설명으로 옳지 않은 것은?
18①산

① 근대적 등기제도에 해당한다.
② 소유권에 한하여 그 계약 내용을 인증해 주는 제도였다.
③ 증명은 대한제국에서 일제 초기에 이르는 부동산등기의 일종이다.
④ 일본인이 우리나라에서 제한거리를 넘어서도 토지를 소유할 수 있는 근거가 되었다.

● 해설

토지증명제도(土地證明制度)
1. 의의
   토지증명제도는 근대적인 공시방법인 등기제도에 해당하는 제도로서 토지소유의 한계를 마련하는 근거가 되었다. 즉, 당시 소유할 수 있는 토지는 거류지로부터 4km 이내로 제한하였다. 또한 증명제도는 증명부라는 공부를 작성하여 공시의 기능을 갖게 하였고, 실질적 심사주의 취하여 증명부의 신속도를 높임으로써 등기제도에 근접하게 되었다.
2. 증명발급
   광무 10년(1906) 시행된 토지가옥증명규칙을 보면 물권변동 중 토지가옥을 매매, 증여, 교환, 전당할 경우에 한하여 그 계약서에 통수, 동장의 인증을 거친 후에 군수 또는 부윤의 증명을 받을 수 있으며 군수 또는 부윤은 토지가옥증명대장에 곧 그 증명을 한 사항을 기재해야 하고 이 대장은 군수, 부윤에게 신청하여 열람할 수 있다. 이의가 있는 자가 지체 없이 그 증명의 취소, 변경을 신청할 수 있으나 이의신청 없이 기간이 지나면 증명된 사항이 확정되었다.

76 다음 중 토지조사사업 당시 불복신립 및 재결을 행하는 토지소유권의 확정에 관한 최고의 심의기관은?
17②산

① 도지사　　② 임의토지조사국장
③ 고등토지조사위원회　　④ 임야조사위원회

● 해설

토지조사사업 업무(소유권 및 지가조사)

준비조사	행정구역인 리(里)·동(洞)의 명칭과 구역/경계의 혼선을 정리하고, 지명의 통일과 강계(疆界)의 조사
일필지조사	토지소유권을 확실히 하기 위해 필지(筆地) 단위로 지주·강계·지목·지번 조사
분쟁지조사	불분명한 국유지와 민유지, 미정리된 역둔토, 소유권이 불확실한 미개간지 정리

지위등급조사	토지의 지목에 따라 수익성의 차이에 근거하여 지력의 우월을 구별
장부조제	토지조사부/토지대장/토지대장집계부/지세명기장(地稅名寄帳)
지방토지조사위원회	토지조사령의 의해 설치된 기관으로 임시토지조사국장의 요구에 대한 소유자 및 강계에 대한 사정에 대한 자문기관
고등토지조사위원회	토지의 사정에 대하여 불복이 있는 경우에는 사정공고기간(30) 만료 후 60일 이내에 불복 신립하거나 재결이 있는 날로부터 3년 이내에 사정의 확정 또는 재결이 체벌 받을 만한 행위에 근거하여 재심의 재결을 하는 토지소유권의 확정에 관한 최고의 심의기관
사정	토지조사부 및 지적도에 의하여 토지소유자 및 그 강계를 확정하는 행정처분으로 사정권자는 임시토지조사국장이 되고 지방토지조사위원회의 자문에 의하여 사정하였다.
이동지정리	토지소유권을 비롯한 강계의 확정에 대하여 토지신고 이후의 각종 변동사항을 정리

77 지목의 설정원칙으로 옳지 않은 것은?
21②산

① 용도경중의 원칙
② 일시변경의 원칙
③ 주지목추종의 원칙
④ 사용목적추종의 원칙

● 해설

지목의 결정원칙

구분	내용
지목국정주의 원칙	토지의 주된 용도를 조사하여 지목을 결정하는 것이 국가라는 원칙, 즉 국가만이 지목을 정할 수 있다는 원칙
지목법정주의 원칙	지목의 종류 및 명칭을 법률로 규정한다는 원칙
1필지 1지목 원칙	1필지에는 하나의 지목을 설정한다는 원칙
주지목추종의 원칙	주된 토지의 편익을 위해 설치된 소면적의 도로, 구거 등의 지목은 이를 따로 정하지 않고 주된 토지의 사용목적 및 용도에 따라 지목을 설정하는 원칙
등록선후의 원칙	도로, 철도용지, 하천, 제방, 구거, 수도용지 등의 지목이 중복되는 경우에는 먼저 등록된 토지의 사용목적, 용도에 따라 지번을 설정하는 원칙

용도경중의 원칙		1필지의 일부가 용도가 다른 용도로 사용되는 경우로서 주된 용도의 토지에 편입할 수 있는 토지는 주된 토지의 용도에 따라 지목을 설정한다는 원칙
일시변경불변의 원칙		토지의 주된 용도의 변경이 아닌, 임시적이고 일시적인 변경은 지목변경을 할 수 없다는 원칙
사용목적추종의 원칙		도시계획사업, 토지구획정리사업, 농지개량사업 등의 완료에 따라 조성된 토지는 사용 목적에 따라 지목을 설정하여야 한다는 원칙

78 다음 경계 중 정밀지적측량이 수행되고 지적소관청으로부터 사정의 행정처리가 완료된 것은?

21①기

① 고정경계
② 보증경계
③ 일반경계
④ 특정경계

해설

경계특성	일반경계	일반경계(General Boundary 또는 Unfixed Boundary)라 함은 특정 토지에 대한 소유권이 오랜 기간 동안 존속하였기 때문에 담장·울타리·구거·제방·도로 등 자연적 또는 인위적 형태의 지형·지물을 필지별 경계로 인식하는 것이다.
	고정경계	고정경계(Fixed Boundary)라 함은 특정 토지에 대한 경계점의 지상에 석주·철주·말뚝 등의 경계표지를 설치하거나 또는 이를 정확하게 측량하여 지적도상에 등록 관리하는 경계이다.
	보증경계	지적측량사에 의하여 정밀 지적측량이 행해지고 지적 관리청의 사정(査定)에 의하여 행정처리가 완료되어 측정된 토지경계를 의미한다.

79 다음 중 도관선의 역할로 가장 거리가 먼 것은?

17②산

① 기초점 전개의 기준
② 지적 원점 결정의 기준
③ 도면 신축량 측정의 기준
④ 인접 도면과 접합의 기준

해설

도곽선의 역할

• 지적기준점 전개
• 도곽신축 보정
• 인접도면접합
• 도북방위선
• 측량결과도와 실지부합

80 상고시대 촌락의 설치와 토지분급 및 수확량의 파악을 위하여 시행하였던 제도는?

22②기

① 정전제(井田制)
② 결부제(結負制)
③ 두락제(斗落制)
④ 경무법(頃畝法)

해설

고조선

우리나라의 지적제도의 기원은 상고시대에서부터 찾아볼 수 있다. 고조선시대의 정전제(井田制)는 균형 있는 촌락의 설치와 토지분급 및 수확량 파악을 위해 시행되었던 지적제도로서 백성들에게 농사일에 힘쓰도록 독려했으며 납세의 의무를 지게 하여 소득의 9분의 1을 조공으로 바치게 하였다. 또한 수장격인 풍백(風伯)의 지휘를 받아 봉가(鳳加)가 지적을 담당하였고 측량실무는 오경박사가 시행하여 국토와 산야를 측량하여 조세율을 개정했으며 한편 오경박사(五經博士) 우문충(宇文忠)이 토지를 측량하고 지도를 제작하였으며 유성설(遊星說)을 저술하였다.

단군조선의 지적적 방식은 측량술에 의하여 실시된 듯하다. 『단기고사』에는 제14대 고불(古弗) 58년 전토와 산야를 측량하여 조세율을 개정했다 하고, 제36대 매륵(買勒) 25년에 오경박사(五經博士) 우문충(宇文忠)이 토지를 측량하여 지도를 제작하였다고 한다.

정전법을 시행했다는 내용으로는 『단기고사』에 제1대 서여 원년에 미서(微西)를 명하여 정전법을 열고 백성으로 하여금 납세의 의무를 알게 하여 소득의 9분의 1을 받았다는 내용이 있다. 이 기록에서 미서란 자의 직이 토지의 정전제와 납세사무를 주관하는 직책임을 알 수 있는데, 그의 직의 구체적 명칭이나 관직의 지위 등에 대하여는 자세하지 않다.

Subject 05 지적관계법규

81 토지의 이동에 따른 면적 결정방법으로 옳지 않은 것은?
16②산

① 합병 후 필지의 면적은 개별적인 측정을 통하여 결정한다.
② 합병 후 필지의 경계는 합병 전 각 필지의 경계 중 합병으로 필요 없게 된 부분을 말소하여 결정한다.
③ 합병 후 필지의 좌표는 합병 전 각 필지의 좌표 중 합병으로 필요 없게 된 부분을 말소하여 결정한다.
④ 등록전환이나 분할에 따른 면적을 정할 때 오차가 발생하는 경우 그 오차의 허용 범위 및 처리방법 등에 필요한 사항은 대통령령으로 정한다.

해설

공간정보의 구축 및 관리 등에 관한 법률 제26조(토지의 이동에 따른 면적 등의 결정방법)
① 합병에 따른 경계·좌표 또는 면적은 따로 지적측량을 하지 아니하고 다음 각 호의 구분에 따라 결정한다.
  1. 합병 후 필지의 경계 또는 좌표 : 합병 전 각 필지의 경계 또는 좌표 중 합병으로 필요 없게 된 부분을 말소하여 결정
  2. 합병 후 필지의 면적 : 합병 전 각 필지의 면적을 합산하여 결정
② 등록전환이나 분할에 따른 면적을 정할 때 오차가 발생하는 경우 그 오차의 허용 범위 및 처리방법 등에 필요한 사항은 대통령령으로 정한다.

82 아래는 지적재조사에 관한 특별법에 따른 기본계획의 수립에 관한 내용이다. ( ) 안에 들어갈 일자로 옳은 것은?
17②산

> 지적소관청은 기본계획안을 송부받은 날부터 (㉠) 이내에 시·도지사에게 의견을 제출하여야 하며, 시·도지사는 기본계획안을 송부받은 날부터 (㉡) 이내에 지적소관청의 의견에 자신의 의견을 첨부하여 국토교통부장관에게 제출하여야 한다. 이 경우 기간 내에 의견을 제출하지 아니하면 의견이 없는 것으로 본다.

① ㉠ 10일, ㉡ 20일   ② ㉠ 20일, ㉡ 30일
③ ㉠ 30일, ㉡ 40일   ④ ㉠ 40일, ㉡ 50일

해설

지적재조사 특별법 제4조(기본계획의 수립)
① 국토교통부장관은 지적재조사사업을 효율적으로 시행하기 위하여 다음 각 호의 사항이 포함된 지적재조사사업에 관한 기본계획(이하 "기본계획"이라 한다)을 수립하여야 한다. 〈개정 2013.3.23.〉
  1. 지적재조사사업에 관한 기본방향
  2. 지적재조사사업의 시행기간 및 규모
  3. 지적재조사사업비의 연도별 집행계획
  4. 지적재조사사업비의 특별시·광역시·도·특별자치도·특별자치시 및 「지방자치법」 제175조에 따른 인구 50만 이상 대도시(이하 "시·도"라 한다)별 배분 계획
  5. 지적재조사사업에 필요한 인력의 확보에 관한 계획
  6. 그 밖에 지적재조사사업의 효율적 시행을 위하여 필요한 사항으로서 대통령령으로 정하는 사항
② 국토교통부장관은 기본계획을 수립할 때에는 미리 공청회를 개최하여 관계 전문가 등의 의견을 들어 기본계획안을 작성하고, 특별시장·광역시장·도지사·특별자치도지사·특별자치시장 및 「지방자치법」 제175조에 따른 인구 50만 이상 대도시의 시장(이하 "시·도지사"라 한다)에게 그 안을 송부하여 의견을 들은 후 제28조에 따른 중앙지적재조사위원회의 심의를 거쳐야 한다. 〈개정 2013.3.23.〉
③ 시·도지사는 제2항에 따라 기본계획안을 송부 받았을 때에는 이를 지체 없이 지적소관청에 송부하여 그 의견을 들어야 한다.
④ 지적소관청은 제3항에 따라 기본계획안을 송부 받은 날부터 20일 이내에 시·도지사에게 의견을 제출하여야 하며, 시·도지사는 제2항에 따라 기본계획안을 송부받은 날부터 30일 이내에 지적소관청의 의견에 자신의 의견을 첨부하여 국토교통부장관에게 제출하여야 한다. 이 경우 기간 내에 의견을 제출하지 아니하면 의견이 없는 것으로 본다. 〈개정 2013.3.23.〉
⑤ 제2항부터 제4항까지의 규정은 기본계획을 변경할 때에도 적용한다. 다만, 대통령령으로 정하는 경미한 사항을 변경할 때에는 제외한다.
⑥ 국토교통부장관은 기본계획을 수립하거나 변경하였을 때에는 이를 관보에 고시하고 시·도지사에게 통지하여야 하며, 시·도지사는 이를 지체 없이 지적소관청에 통지하여야 한다. 〈개정 2013.3.23.〉
⑦ 국토교통부장관은 기본계획이 수립된 날부터 5년이 지나면 그 타당성을 다시 검토하고 필요하면 이를 변경하여야 한다.

83 공간정보의 구축 및 관리 등에 관한 법률상 규정하고 있는 용어로 옳지 않은 것은? 18③산

① 경계점
② 토지의 이동
③ 지번설정지역
④ 지적측량수행자

● 해설

공간정보의 구축 및 관리 등에 관한 법률 제2조(정의)
이 법에서 사용하는 용어의 뜻은 다음과 같다.
20. "토지의 표시"란 지적공부에 토지의 소재·지번(地番)·지목(地目)·면적·경계 또는 좌표를 등록한 것을 말한다.
21. "필지"란 대통령령으로 정하는 바에 따라 구획되는 토지의 등록단위를 말한다.
22. "지번"이란 필지에 부여하여 지적공부에 등록한 번호를 말한다.
23. "지번부여지역"이란 지번을 부여하는 단위지역으로서 동·리 또는 이에 준하는 지역을 말한다.
24. "지목"이란 토지의 주된 용도에 따라 토지의 종류를 구분하여 지적공부에 등록한 것을 말한다.
25. "경계점"이란 필지를 구획하는 선의 굴곡점으로서 지적도나 임야도에 도해(圖解) 형태로 등록하거나 경계점좌표등록부에 좌표 형태로 등록하는 점을 말한다.
26. "경계"란 필지별로 경계점들을 직선으로 연결하여 지적공부에 등록한 선을 말한다.
27. "면적"이란 지적공부에 등록한 필지의 수평면상 넓이를 말한다.
28. "토지의 이동(異動)"이란 토지의 표시를 새로 정하거나 변경 또는 말소하는 것을 말한다.

84 지적업무처리규정에서 사용하는 용어의 뜻이 옳지 않은 것은? 18②산

① "지적측량파일"이란 측량현형파일 및 측량성과파일을 말한다.
② "측량준비파일"이란 부동산종합공부시스템에서 지적측량 업무를 수행하기 위하여 도면 및 대장속성 정보를 추출한 파일을 말한다.
③ "측량현형파일"이란 전자평판측량 및 위성측량방법으로 관측한 데이터 및 지적측량에 필요한 각종 정보가 들어 있는 파일을 말한다.
④ "측량성과파일"이란 전자평판측량 및 위성측량방법으로 관측 후 지적측량정보를 처리할 수 있는 시스템에 따라 작성된 측량결과도파일과 토지이동정리를 위한 지번, 지목 및 경계점의 좌표가 포함된 파일을 말한다.

● 해설

지적업무처리규정 제3조(정의)
이 규정에서 사용하는 용어의 뜻은 다음 각 호와 같다.
1. "기지점(旣知點)"이란 기초측량에서는 국가기준점 또는 지적기준점을 말하고, 세부측량에서는 지적기준점 또는 지적도면상 필지를 구획하는 선의 경계점과 상호 부합되는 지상의 경계점을 말한다.
2. "기지경계선(旣知境界線)"이란 세부측량성과를 결정하는 기준이 되는 기지점을 필지별로 직선으로 연결한 선을 말한다.
3. "전자평판측량"이란 토탈스테이션과 지적측량 운영프로그램 등이 설치된 컴퓨터를 연결하여 세부측량을 수행하는 측량을 말한다.
4. "토탈스테이션"이란 경위의측량방법에 따른 기초측량 및 세부측량에 사용되는 장비를 말한다.
5. "지적측량파일"이란 측량준비파일, 측량현형파일 및 측량성과파일을 말한다.
6. "측량준비파일"이란 부동산종합공부시스템에서 지적측량 업무를 수행하기 위하여 도면 및 대장속성 정보를 추출한 파일을 말한다.
7. "측량현형(現形)파일"이란 전자평판측량 및 위성측량방법으로 관측한 데이터 및 지적측량에 필요한 각종 정보가 들어 있는 파일을 말한다.
8. "측량성과파일"이란 전자평판측량 및 위성측량방법으로 관측 후 지적측량정보를 처리할 수 있는 시스템에 따라 작성된 측량결과도파일과 토지이동정리를 위한 지번, 지목 및 경계점의 좌표가 포함된 파일을 말한다.
9. "측량부"란 기초측량 또는 세부측량성과를 결정하기 위하여 사용한 관측부·계산부 등 이에 수반되는 기록을 말한다.

85 전파기 또는 광파기측량방법에 따른 지적삼각점의 관측과 계산 기준으로 틀린 것은? 21①기

① 표준편차가 ±(5mm+5ppm) 이상인 정밀측거기를 사용한다.
② 삼각형의 내각계산은 기지각과의 차가 ±40초 이내이어야 한다.
③ 점간거리는 3회 측정하고, 원점에 투영된 수평거리고 계산하여야 한다.
④ 측정치의 최대치와 최소치의 교차가 평균치의 10만분의 1 이하일 때는 그 평균치를 측정거리로 한다.

해설

지적측량 시행규칙 제9조(지적삼각점측량의 관측 및 계산)

① 경위의측량방법에 따른 지적삼각점의 관측과 계산은 다음 각 호의 기준에 따른다.
  1. 관측은 10초독(秒讀) 이상의 경위의를 사용할 것
  2. 수평각 관측은 3대회(大回, 윤곽도는 0도, 60도, 120도로 한다)의 방향관측법에 따를 것
  3. 수평각의 측각공차(測角公差)는 다음 표에 따를 것

종별	1방향각	1측회(測回)의 폐색(閉塞)	삼각형 내각관측의 합과 180도와의 차	기지각(旣知角)과의 차
공차	30초 이내	±30초 이내	±30초 이내	±40초 이내

② 전파기 또는 광파기측량방법에 따른 지적삼각점의 관측과 계산은 다음 각 호의 기준에 따른다.
  1. 전파 또는 광파측거기(光波測距機)는 표준편차가 ±[5밀리미터+5피피엠(ppm)] 이상인 정밀측거기를 사용할 것
  2. 점간거리는 5회 측정하여 그 측정치의 최대치와 최소치의 교차가 평균치의 10만분의 1 이하일 때에는 그 평균치를 측정거리로 하고, 원점에 투영된 평면거리에 따라 계산할 것
  3. 삼각형의 내각은 세 변의 평면거리에 따라 계산하며, 기지각과의 차(差)에 관하여는 제1항제3호를 준용할 것

86 기존의 경계점좌표등록부를 갖춰 두는 지역의 경계점에 접속하여 경위의측량방법 등으로 지적확정측량을 하는 경우 동일한 경계점의 측량성과가 서로 다를 경우에는 어떻게 하여야 하는가? 21②기

① 경계점의 측량성가 차이가 0.15m 이내이면 확정측량성과에 따른다.
② 경계점의 측량성과 차이가 0.15m 초과이면 확정측량성과에 따른다.
③ 경계점의 측량성과 차이가 0.10m 이내이면 경계점좌표등록부에 따른다.
④ 경계점의 측량성과 차이가 0.10m 초과이면 경계점좌표등록부에 따른다.

해설

지적측량 시행규칙 제23조(경계점좌표등록부를 갖춰 두는 지역의 측량)

① 경계점좌표등록부를 갖춰 두는 지역에 있는 각 필지의 경계점을 측정할 때에는 도선법·방사법 또는 교회법에 따라 좌표를 산출하여야 한다. 다만, 필지의 경계점이 지형·지물에 가로막혀 경위의를 사용할 수 없는 경우에는 간접적인 방법으로 경계점의 좌표를 산출할 수 있다.

② 제1항에 따른 각 필지의 경계점 측점번호는 왼쪽 위에서부터 오른쪽으로 경계를 따라 일련번호를 부여한다.

③ 기존의 경계점좌표등록부를 갖춰 두는 지역의 경계점에 접속하여 경위의측량방법 등으로 지적확정측량을 하는 경우 동일한 경계점의 측량성과가 서로 다를 때에는 경계점좌표등록부에 등록된 좌표를 그 경계점의 좌표로 본다. 이 경우 동일한 경계점의 측량성과의 차이는 제27조 제1항 제4호 가목의 허용범위 이내여야 한다.

> 제27조(지적측량성과의 결정) ① 지적측량성과와 검사 성과의 연결교차가 다음 각 호의 허용범위 이내일 때에는 그 지적측량성과에 관하여 다른 입증을 할 수 있는 경우를 제외하고는 그 측량성과로 결정하여야 한다.
> 1. 지적삼각점 : 0.20미터
> 2. 지적삼각보조점 : 0.25미터
> 3. 지적도근점
>   가. 경계점좌표등록부 시행지역 : 0.15미터
>   나. 그 밖의 지역 : 0.25미터
> 4. 경계점
>   가. 경계점좌표등록부 시행지역 : 0.10미터
>   나. 그 밖의 지역 : 10분의 3M밀리미터(M은 축척분모)

87 측량업의 등록을 하려는 자가 신청서에 첨부하여 제출하여야 할 서류가 아닌 것은? 17①산

① 보유하고 있는 측량기술자의 명단
② 보유한 인력에 대한 측량기술 경력증명서
③ 보유하고 있는 장비의 명세서
④ 등기부등본

해설

공간정보의 구축 및 관리 등에 관한 법률 시행령 제35조(측량업의 등록 등)

① 법 제44조 제1항 제1호의 측지측량업과 이 영 제34조 제1항 제3호부터 제9호까지의 측량업은 국토교통부장관에게 등록하고, 법 제44조 제1항 제2호의 지적측량업과 이 영 제34조 제1항 제1호 및 제2호의 측량업은 특별시장·광역시장·특별자치시장 또는 도지사에게 등록하여야 한다. 다만, 특별자치도의 경우에는 법 제44조 제1항 제1호 및 제2호와 이 영 제34조 제1항 각 호의 측량업을 특별자치도지사에게 등록하여야 한다.

② 제1항에 따라 측량업의 등록을 하려는 자는 국토교통부령으로 정하는 신청서(전자문서로 된 신청서를 포함한다)에

다음 각 호의 서류(전자문서를 포함한다)를 첨부하여 국토교통부장관 또는 시 · 도지사에게 제출하여야 한다. 〈개정 2013.3.23., 2014.1.17., 2017.1.10.〉
1. 별표 8에 따른 기술인력을 갖춘 사실을 증명하기 위한 다음 각 목의 서류
   가. 보유하고 있는 측량기술자의 명단
   나. 가목의 인력에 대한 측량기술 경력증명서
2. 별표 8에 따른 장비를 갖춘 사실을 증명하기 위한 다음 각 목의 서류
   가. 보유하고 있는 장비의 명세서
   나. 가목의 장비의 성능검사서 사본
   다. 소유권 또는 사용권을 보유한 사실을 증명할 수 있는 서류

88 다음 중 1필지를 정함에 있어 주된 용도의 토지에 편입하여 1필지로 할 수 없는 종된 용도의 토지의 지목은?

16①산

① 대
② 전
③ 구거
④ 도로

● 해설

공간정보의 구축 및 관리 등에 관한 법률 시행령 제5조(1필지로 정할 수 있는 기준)
① 법 제2조 제21호에 따라 지번부여지역의 토지로서 소유자와 용도가 같고 지반이 연속된 토지는 1필지로 할 수 있다.
② 제1항에도 불구하고 다음 각 호의 어느 하나에 해당하는 토지는 주된 용도의 토지에 편입하여 1필지로 할 수 있다. 다만, 종된 용도의 토지의 지목(地目)이 "대(垈)"인 경우와 종된 용도의 토지 면적이 주된 용도의 토지 면적의 10퍼센트를 초과하거나 330제곱미터를 초과하는 경우에는 그러하지 아니하다.
   1. 주된 용도의 토지의 편의를 위하여 설치된 도로 · 구거 (도랑) 등의 부지
   2. 주된 용도의 토지에 접속되거나 주된 용도의 토지로 둘러싸인 토지로서 다른 용도로 사용되고 있는 토지

89 도로명주소법에서 사용하는 용어 중 아래에서 설명하는 것은?

22①기

도로명과 기초번호를 활용하여 건물 등에 해당하지 아니하는 시설물의 위치를 특정하는 정보를 말한다.

① 사물주소
② 상세주소
③ 지번주소
④ 도로명주소

● 해설

도로명주소법 제2조(정의)
이 법에서 사용하는 용어의 뜻은 다음과 같다.
1. "도로"란 다음 각 목의 어느 하나에 해당하는 것을 말한다.
   가. 「도로법」 제2조 제1호에 따른 도로(같은 조 제2호에 따른 도로의 부속물은 제외한다)
   나. 그 밖에 차량 등 이동수단이나 사람이 통행할 수 있는 통로로서 대통령령으로 정하는 것

> 제2조 제1호 "도로"란 차도, 보도(步道), 자전거도로, 측도(側道), 터널, 교량, 육교 등 대통령령으로 정하는 시설로 구성된 것으로서 제10조에 열거된 것을 말하며, 도로의 부속물을 포함한다.
>
> 제10조(도로의 종류와 등급) 도로의 종류는 다음 각 호와 같고, 그 등급은 다음 각 호에 열거한 순서와 같다.
> 1. 고속국도(고속국도의 지선 포함)
> 2. 일반국도(일반국도의 지선 포함)
> 3. 특별시도(特別市道) · 광역시도(廣域市道)
> 4. 지방도 5. 시도 6. 군도 7. 구도

2. "도로구간"이란 도로명을 부여하기 위하여 설정하는 도로의 시작 지점과 끝 지점 사이를 말한다.
3. "도로명"이란 도로구간마다 부여된 이름을 말한다.
4. "기초번호"란 도로구간에 행정안전부령으로 정하는 간격마다 부여된 번호를 말한다.
5. "건물번호"란 다음 각 목의 어느 하나에 해당하는 건축물 또는 구조물(이하 "건물 등"이라 한다)마다 부여된 번호(둘 이상의 건물 등이 하나의 집단을 형성하고 있는 경우로서 대통령령으로 정하는 경우에는 그 건물 등의 전체에 부여된 번호를 말한다)를 말한다.
   가. 「건축법」 제2조제1항제2호에 따른 건축물
   나. 현실적으로 30일 이상 거주하거나 정착하여 활동하는 데 이용되는 인공구조물 및 자연적으로 형성된 구조물
6. "상세주소"란 건물 등 내부의 독립된 거주 · 활동 구역을 구분하기 위하여 부여된 동(棟)번호, 층수 또는 호(號)수를 말한다.
7. "도로명주소"란 도로명, 건물번호 및 상세주소(상세주소가 있는 경우만 해당한다)로 표기하는 주소를 말한다.
8. "국가기초구역"이란 도로명주소를 기반으로 국토를 읍 · 면 · 동의 면적보다 작게 경계를 정하여 나눈 구역을 말한다.
9. "국가지점번호"란 국토 및 이와 인접한 해양을 격자형으로 일정하게 구획한 지점마다 부여된 번호를 말한다.
10. "사물주소"란 도로명과 기초번호를 활용하여 건물 등에 해당하지 아니하는 시설물의 위치를 특정하는 정보를 말한다.

11. "주소정보"란 기초번호, 도로명주소, 국가기초구역, 국가지점번호 및 사물주소에 관한 정보를 말한다.

12. "주소정보시설"이란 도로명판, 기초번호판, 건물번호판, 국가지점번호판, 사물주소판 및 주소정보안내판을 말한다.

90 공간정보의 구축 및 관리 등에 관한 법률상 지적측량업자의 지위를 승계한 자는 그 승계 사유가 발생한 날부터 며칠 이내에 대통령령으로 정하는 바에 따라 신고하여야 하는가? 19③산

① 10일　　　　　② 20일
③ 30일　　　　　④ 60일

●해설

공간정보의 구축 및 관리 등에 관한 법률 제46조(측량업자의 지위 승계)

① 측량업자가 그 사업을 양도하거나 사망한 경우 또는 법인인 측량업자의 합병이 있는 경우에는 그 사업의 양수인·상속인 또는 합병 후 존속하는 법인이나 합병에 따라 설립된 법인은 종전의 측량업자의 지위를 승계한다.

② 제1항에 따라 측량업자의 지위를 승계한 자는 그 승계 사유가 발생한 날부터 30일 이내에 대통령령으로 정하는 바에 따라 국토교통부장관, 해양수산부장관 또는 시·도지사에게 신고하여야 한다.

91 토지이동을 수반하지 않고 토지대장을 정리하는 경우는? 21③기

① 등록전환정리　　　② 토지분할정리
③ 토지합병정리　　　④ 소유권변경정리

●해설

지적업무처리규정 제51조(지적공부정리 접수 등)

① 지적소관청은 법 제77조(신규등록 신청), 제78조(등록전환 신청), 제79조(분할 신청), 제80조(합병 신청), 제81조(지목변경 신청), 제82조(바다가 된 토지의 등록말소 신청), 법 제84조(등록사항의 정정 신청), 법 제86조(도시개발사업 등시행지역의 토지이동 신청에 관한 조례) 및 법 제87조(신청의 대위)에 따른 지적공부정리신청이 있는 때에는 지적업무정리부에 토지이동 종목별로 접수하여야 한다. 이 경우 부동산종합공부시스템에서 부여된 접수번호를 토지의 이동신청서에 기재하여야 한다.

② 제1항에 따라 접수된 신청서는 다음 각 호 사항을 검토하여 정리하여야 한다.

> 1. 신청사항과 지적전산자료의 일치여부
> 2. 첨부된 서류의 적정여부
> 3. 지적측량성과자료의 적정여부
> 4. 그 밖에 지적공부정리를 하기 위하여 필요한 사항

공간정보의 구축 및 관리 등에 관한 법률 시행규칙 제80조(신규등록 등 신청서)

법 제77조부터 제84조까지의 규정에 따른 신규등록 신청, 등록전환 신청, 분할 신청, 합병 신청, 지목변경 신청, 바다가 된 토지의 등록말소 신청, 축척변경 신청 및 등록사항의 정정 신청은 별지 제75호서식에 따른다.

92 토지 및 임야대장의 등록사항으로 틀린 것은? 15①산

① 토지의 소재　　　② 소유자의 주소
③ 도곽선과 그 수치　④ 지번과 지목

●해설

토지 및 임야대장의 등록사항
• 토지 소재
• 지번
• 지목
• 면적
• 토지의 이동사유
• 소유자가 변경된 날과 그 원인
• 성명
• 주소
• 주민등록번호
• 토지등급사항
• 고유번호
• 필지별 대장의 장번호
• 도면번호
• 필지별 장번호
• 축척
• 직인
• 직인날인 번호
• 개별공시지가와 그 기준일

93 지적측량수행자가 손해배상책을 보장하기 위하여 보증보험에 가입하여야 하는 금액 기준으로 옳은 것은? 21③기

① 지적측량업자 : 1억 원 이상
② 지적측량업자 : 5천만 원 이상
③ 한국국토정보공사 : 5억 원 이상
④ 한국국토정보공사 : 10억 원 이상

●해설

공간정보의 구축 및 관리 등에 관한 법률 시행령 제41조(손해배상책임의 보장)
① 지적측량수행자는 법 제51조 제2항에 따라 손해배상책임을 보장하기 위하여 다음 각 호의 구분에 따라 보증보험에 가입하거나 공간정보산업협회가 운영하는 보증 또는 공제에 가입하는 방법으로 보증설정(이하 "보증설정"이라 한다)을 하여야 한다.
　1. 지적측량업자 : 보장기간 10년 이상 및 보증금액 1억 원 이상
　2. 「국가공간정보 기본법」 제12조에 따라 설립된 한국국토정보공사(이하 "한국국토정보공사"라 한다) : 보증금액 20억 원 이상
② 지적측량업자는 지적측량업 등록증을 발급받은 날부터 10일 이내에 제1항 제1호의 기준에 따라 보증설정을 해야 하며, 보증설정을 했을 때에는 이를 증명하는 서류를 제35조 제1항에 따라 등록한 시·도지사 또는 대도시 시장에게 제출해야 한다.

94 지적측량을 하여야 하는 경우가 아닌 것은? 16②산

① 토지를 합병하는 경우
② 축척을 변경하는 경우
③ 지적공부를 복구하는 경우
④ 토지를 등록전환하는 경우

●해설

공간정보의 구축 및 관리 등에 관한 법률 제23조(지적측량의 실시 등)
① 다음 각 호의 어느 하나에 해당하는 경우에는 지적측량을 하여야 한다. 〈개정 2013.7.17.〉
　1. 제7조 제1항 제3호에 따른 지적기준점을 정하는 경우
　2. 제25조에 따라 지적측량성과를 검사하는 경우

　3. 다음 각 목의 어느 하나에 해당하는 경우로서 측량을 할 필요가 있는 경우
　　가. 제74조에 따라 지적공부를 복구하는 경우
　　나. 제77조에 따라 토지를 신규등록하는 경우
　　다. 제78조에 따라 토지를 등록전환하는 경우
　　라. 제79조에 따라 토지를 분할하는 경우
　　마. 제82조에 따라 바다가 된 토지의 등록을 말소하는 경우
　　바. 제83조에 따라 축척을 변경하는 경우
　　사. 제84조에 따라 지적공부의 등록사항을 정정하는 경우
　　아. 제86조에 따른 도시개발사업 등의 시행지역에서 토지의 이동이 있는 경우
　　자. 「지적재조사에 관한 특별법」에 따른 지적재조사사업에 따라 토지의 이동이 있는 경우
　4. 경계점을 지상에 복원하는 경우
　5. 그 밖에 대통령령으로 정하는 경우
② 지적측량의 방법 및 절차 등에 필요한 사항은 국토교통부령으로 정한다.

95 지적업무처리규정상 지적측량성과의 검사항목 중 기초측량과 세부측량에서 공통으로 검사하는 항목은? 18②산

① 계산의 정확여부
② 기지점사용의 적정여부
③ 기지점과 지상경계와의 부합여부
④ 지적기준점설치망 구성의 적정여부

●해설

지적업무처리규정 제26조(지적측량성과의 검사항목)
「지적측량 시행규칙」 제28조 제2항에 따른 지적측량성과검사를 할 때에는 다음 각 호의 사항을 검사하여야 한다.
1. 기초측량
　가. 기지점사용의 적정여부
　나. 지적기준점설치망 구성의 적정여부
　다. 관측각 및 거리측정의 정확여부
　라. 계산의 정확여부
　마. 지적기준점 선점 및 표지설치의 정확여부
　바. 지적기준점성과와 기지경계선과의 부합여부
2. 세부측량
　가. 기지점사용의 적정여부
　나. 측량준비도 및 측량결과도 작성의 적정여부
　다. 기지점과 지상경계와의 부합여부

라. 경계점 간 계산거리(도상거리)와 실측거리의 부합여부
마. 면적측정의 정확여부
바. 관계법령의 분할제한 등의 저촉 여부. 다만, 제20조 제3항(③ 각종 인가ㆍ허가 등의 내용과 다르게 토지의 형질이 변경되었을 경우에는 그 변경된 토지의 현황대로 측량성과를 결정하여야 한다.)은 제외한다.

96 지목을 지적도면에 등록하는 부호의 연결이 옳은 것은? 17②산

① 공원－공
② 하천－하
③ 유원지－유
④ 주차장－주

● 해설

지목	부호	지목	부호	지목	부호	지목	부호
전	전	대	대	철도용지	철	공원	공
답	답	공장용지	장	제방	제	체육용지	체
과수원	과	학교용지	학	하천	천	유원지	원
목장용지	목	주차장	차	구거	구	종교용지	종
임야	임	주유소용지	주	유지	유	사적지	사
광천지	광	창고용지	창	양어장	양	묘지	묘
염전	염	도로	도	수도용지	수	잡종지	잡

97 지적도의 등록사항으로 틀린 것은? 20①,②산

① 지적도면의 색인도
② 전유부분의 건물표시
③ 건축물 및 구조물 등의 위치
④ 삼각점 및 지적기준점의 위치

● 해설

공간정보의 구축 및 관리 등에 관한 법률 제72조(지적도 등의 등록사항)
지적도 및 임야도에는 다음 각 호의 사항을 등록하여야 한다. 〈개정 2013. 3. 23.〉
1. 토지의 소재
2. 지번
3. 지목

4. 경계
5. 그 밖에 국토교통부령으로 정하는 사항

공간정보의 구축 및 관리 등에 관한 법률 시행규칙 제69조(지적도면 등의 등록사항 등)
① 법 제72조에 따른 지적도 및 임야도는 각각 별지 제67호서식 및 별지 제68호서식과 같다.
② 법 제72조 제5호에서 "그 밖에 국토교통부령으로 정하는 사항"이란 다음 각 호의 사항을 말한다. 〈개정 2013. 3. 23.〉
  1. 지적도면의 색인도(인접도면의 연결 순서를 표시하기 위하여 기재한 도표와 번호를 말한다)
  2. 지적도면의 제명 및 축척
  3. 도곽선(圖廓線)과 그 수치
  4. 좌표에 의하여 계산된 경계점 간의 거리(경계점좌표등록부를 갖춰 두는 지역으로 한정한다)
  5. 삼각점 및 지적기준점의 위치
  6. 건축물 및 구조물 등의 위치

98 세부측량을 하는 경우 필지마다 면적을 측정하여야 하는 대상으로 옳지 않은 것은? 19①산

① 면적 또는 경계를 정정하는 경우
② 지적공부의 신규등록을 하는 경우
③ 경계복원측량 및 지적현황측량에 면적측정이 수반되는 경우
④ 지상건축물 등의 현황을 지적도 및 임야도에 등록된 경계와 대비하여 표시하는 데 필요한 경우

● 해설

지적측량 시행규칙 제19조(면적측정의 대상)
① 세부측량을 하는 경우 다음 각 호의 어느 하나에 해당하면 필지마다 면적을 측정하여야 한다.
  1. 지적공부의 복구ㆍ신규등록ㆍ등록전환ㆍ분할 및 축척변경을 하는 경우
  2. 법 제84조에 따라 면적 또는 경계를 정정하는 경우
  3. 법 제86조에 따른 도시개발사업 등으로 인한 토지의 이동에 따라 토지의 표시를 새로 결정하는 경우
  4. 경계복원측량 및 지적현황측량에 면적측정이 수반되는 경우
② 제1항에도 불구하고 법 제23조 제1항 제4호의 경계복원측량과 영 제18조의 지적현황측량을 하는 경우에는 필지마다 면적을 측정하지 아니한다.

99 등기관서의 등기전산정보자료 등의 증명자료 없이 토지소유자의 변경사항을 지적소관청이 직접 조사·등록할 수 있는 경우는? 20③산

① 상속으로 인하여 소유권을 변경할 때
② 신규등록할 토지의 소유자를 등록할 때
③ 주식회사 또는 법인의 명칭을 변경하였을 때
④ 국가에서 지방자치단체로 소유권을 변경하였을 때

해설

공간정보의 구축 및 관리 등에 관한 법률 제88조(토지소유자의 정리)
① 지적공부에 등록된 토지소유자의 변경사항은 등기관서에서 등기한 것을 증명하는 등기필증, 등기완료통지서, 등기사항증명서 또는 등기관서에서 제공한 등기전산정보자료에 따라 정리한다. 다만, 신규등록하는 토지의 소유자는 지적소관청이 직접 조사하여 등록한다.
② 「국유재산법」 제2조 제10호에 따른 총괄청이나 같은 조 제11호에 따른 중앙관서의 장이 같은 법 제12조제3항에 따라 소유자 없는 부동산에 대한 소유자 등록을 신청하는 경우 지적소관청은 지적공부에 해당 토지의 소유자가 등록되지 아니한 경우에만 등록할 수 있다.
③ 등기부에 적혀 있는 토지의 표시가 지적공부와 일치하지 아니하면 제1항에 따라 토지소유자를 정리할 수 없다. 이 경우 토지의 표시와 지적공부가 일치하지 아니하다는 사실을 관할 등기관서에 통지하여야 한다.
④ 지적소관청은 필요하다고 인정하는 경우에는 관할 등기관서의 등기부를 열람하여 지적공부와 부동산등기부가 일치하는지 여부를 조사·확인하여야 하며, 일치하지 아니하는 사항을 발견하면 등기사항증명서 또는 등기관서에서 제공한 등기전산정보자료에 따라 지적공부를 직권으로 정리하거나, 토지소유자나 그 밖의 이해관계인에게 그 지적공부와 부동산등기부가 일치하게 하는 데에 필요한 신청 등을 하도록 요구할 수 있다. 〈개정 2011. 4. 12.〉
⑤ 지적소관청 소속 공무원이 지적공부와 부동산등기부의 부합 여부를 확인하기 위하여 등기부를 열람하거나, 등기사항증명서의 발급을 신청하거나, 등기전산정보자료의 제공을 요청하는 경우 그 수수료는 무료로 한다.

100 지목변경 및 합병을 하여야 하는 토지가 발생하는 경우 확인·조사하여야 할 사항이 아닌 것은? 20③산

① 조사자의 의견
② 토지의 이용현황
③ 관계법령의 저촉 여부
④ 지적측량의 적부 여부

해설

지적업무처리규정 제50조(지적공부정리신청의 조사)
① 지적소관청은 법 제77조부터 제82조까지, 법 제84조, 법 제86조 및 법 제87조에 따른 지적공부정리신청이 있는 때에는 다음 각 호의 사항을 확인·조사하여 처리한다.
  1. 신청서의 기재사항과 지적공부등록사항과의 부합 여부
  2. 관계법령의 저촉 여부
  3. 대위신청에 관하여는 그 권한대위의 적법 여부
  4. 구비서류 및 수입증지의 첨부 여부
  5. 신청인의 신청권한 적법 여부
  6. 토지의 이동사유
  7. 그 밖에 필요하다고 인정되는 사항
② 접수된 서류를 보완 또는 반려한 때에는 지적업무정리부의 비고란에 그 사유를 붉은색으로 기재한다.
③ 지목변경 및 합병을 하여야 하는 토지가 있을 때와 등록전환에 따라 지목이 바뀔 때에는 다음 각 호의 사항을 확인·조사하여 별지 제6호 서식에 따른 현지조사서를 작성하여야 한다.
  1. 토지의 이용현황
  2. 관계법령의 저촉 여부
  3. 조사자의 의견, 조사연월일 및 조사자 직·성명
④ 분할 및 등록전환 측량성과도가 발급된 지 1년이 경과한 후 지적공부정리 신청이 있는 때에는 지적소관청은 다음 각 호의 사항을 확인·조사하여야 한다.
  1. 측량성과와 현지경계의 부합 여부
  2. 관계법령의 저촉 여부

본 문제의 해설은 출제자의 의도와 일치되지 않을 수 있으며, 문제 및 해설에 일부 오탈자가 있을 수 있으므로 학습 시 의문사항이 있으면 예문사 또는 저자에게 문의하여 주시기 바랍니다.

Subject 01 지적측량

01 축척 1/600 지역에서 지적도근측량 계산 시 각 측선의 수평거리의 총 합계가 2210.52m일 때 2등도선일 경우 연결오차의 허용한계는? 16①산

① 약 0.62m
② 약 0.42m
③ 약 0.22m
④ 약 0.02m

해설

연결오차의 허용범위(공차)

• 1등도선 : $M \times \dfrac{1}{100} \sqrt{n}\,\mathrm{cm}$ 이내

• 2등도선 : $M \times \dfrac{1.5}{100} \sqrt{n}\,\mathrm{cm}$ 이내

여기서, M : 축척분모
n : 수평거리의 합을 100으로 나눈 수

$$2등도선 = M \times \frac{1.5}{100} \sqrt{n}\,\mathrm{cm}$$
$$= 600 \times \frac{1.5}{100} \sqrt{\frac{2210.52}{100}}$$
$$= 42.31\mathrm{cm} ≒ 0.42\mathrm{m}$$

02 지적세부측량의 방법 및 실시 대상으로 옳지 않은 것은? 18③산

① 지적기준점 설치
② 경계복원측량
③ 평판측량방법
④ 경위의측량방법

해설

지적측량 시행규칙 제7조(지적측량의 방법 등)

① 법 제23조 제2항에 따른 지적측량의 방법은 다음 각 호의 어느 하나에 따른다. 〈개정 2013.3.23.〉

1. 지적삼각점측량 : 위성기준점, 통합기준점, 삼각점 및 지적삼각점을 기초로 하여 경위의측량방법, 전파기 또는 광파기측량방법, 위성측량방법 및 국토교통부장관이 승인한 측량방법에 따르되, 그 계산은 평균계산법이나 망평균계산법에 따를 것

2. 지적삼각보조점측량 : 위성기준점, 통합기준점, 삼각점, 지적삼각점 및 지적삼각보조점을 기초로 하여 경위의측량방법, 전파기 또는 광파기측량방법, 위성측량방법 및 국토교통부장관이 승인한 측량방법에 따르되, 그 계산은 교회법(交會法) 또는 다각망도선법에 따를 것

3. 지적도근점측량 : 위성기준점, 통합기준점, 삼각점 및 지적기준점을 기초로 하여 경위의측량방법, 전파기 또는 광파기측량방법, 위성측량방법 및 국토교통부장관이 승인한 측량방법에 따르되, 그 계산은 도선법, 교회법 및 다각망도선법에 따를 것

4. 세부측량 : 위성기준점, 통합기준점, 지적기준점 및 경계점을 기초로 하여 경위의측량방법, 평판측량방법, 위성측량방법 및 전자평판측량방법에 따를 것

03 지적기준점 표지설치의 점간거리 기준으로 옳은 것은? 15②산

① 지적삼각점 : 평균 2킬로미터 이상 5킬로미터 이하
② 지적삼각보조점 : 평균 1킬로미터 이상 2킬로미터 이하
③ 지적삼각보조점 : 다각망도선법에 따르는 경우 평균 2킬로미터 이하
④ 지적도근점 : 평균 40미터 이상 300미터 이하

◐해설

구분	지적삼각측량					
계산 단위	각	변장	진수	좌표& 표고	경위도	자오선 수차
	초	cm	6자리 이상	cm	초 아래 3자리	초 아래 1자리
종류	경위의측량방법			전파(광파)측량법		
삼각형 각 내각	30~120°					
점간 거리 측정				5회 측정. 최대치와 최소치의 교차(허용교차) 1/10만 이내		
연직각 관측	정·반 2회 관측 ±30초 이내					
경위의 정밀도	10초독 이상			표준편차 ±(5mm+5ppm) 이상의 정밀기기		
점간 거리	2~5km					

구분	지적삼각보조측량			
계산 단위	각	변장	진수	좌표
	초	cm	6자리 이상	cm
종류	경위의측량방법, 교회법		전파(광파)기 측량방법, 교회법	경위의측량 방법, 전파 (광파)기 측량방법, 다각망 도선법
삼각형 각 내각	30~120°			
점간 거리 측정			5회 측정 최대치와 최소치의 차(허용교차) 1/10만 이내	
연직각 관측			정·반 2회 관측 ±30초 이내	
경위의 정밀도	20초독 이상			20초독 이상
점간 거리	1~3km			0.5~1km 이하 1도선 거리 4km 이하

구분	도근측량					
계산 단위	종별	각	측정 횟수	거리	진수	좌표
	배각법	초	3회	cm	5자리 이상	cm
	방위각 법	분	1회	cm	5자리 이상	cm
종류	경위측량방법에 의한 도선법			경위의 측량방법· 전파기 또는 광파기측량방법에 의한 다각망도 선법		
삼각형 각 내각	2회 측정 허용교차 1/3,000m					
점간 거리 측정	올려본 각과 내려본 각을 관측하여 그 교차가 90초 이내					
경위의 정밀도	20초독 이상					
점간 거리	50~300m			평균 500m 이하		

04 광파기측량방법에 따라 다각망도선법으로 지적삼각보조점측량을 할 때의 기준으로 옳은 것은?

16①산

① 1도선의 거리는 8킬로미터 이하로 할 것
② 1도선의 거리는 6킬로미터 이하로 할 것
③ 1도선의 점의 수는 기지점과 교점을 포함하여 7점 이하로 할 것
④ 1도선의 점의 수는 기지점과 교점을 포함하여 5점 이하로 할 것

◐해설

지적측량 시행규칙 제10조(지적삼각보조점측량)
① 지적삼각보조점측량을 할 때에 필요한 경우에는 미리 지적삼각보조점표지를 설치하여야 한다.
② 지적삼각보조점은 측량지역별로 설치순서에 따라 일련번호를 부여하되, 영구표지를 설치하는 경우에는 시·군·구별로 일련번호를 부여한다. 이 경우 지적삼각보조점의 일련번호 앞에 "보" 자를 붙인다.
③ 지적삼각보조점은 교회망 또는 교점다각망(交點多角網)으로 구성하여야 한다.
④ 경위의측량방법과 전파기 또는 광파기측량방법에 따라 교회법으로 지적삼각보조점측량을 할 때에는 다음 각 호의 기준에 따른다.

1. 3방향의 교회에 따를 것. 다만, 지형상 부득이 하여 2방향의 교회에 의하여 결정하려는 경우에는 각 내각을 관측하여 각 내각의 관측치의 합계와 180도의 차가 ±40초 이내일 때에는 이를 각 내각에 고르게 배분하여 사용할 수 있다.

2. 삼각형의 각 내각은 30도 이상 120도 이하로 할 것

⑤ 전파기 또는 광파기측량방법에 따라 다각망도선법으로 지적삼각보조점측량을 할 때에는 다음 각 호의 기준에 따른다. 〈개정 2014.1.17.〉

1. 3점 이상의 기지점을 포함한 결합다각방식에 따를 것

2. 1도선(기지점과 교점 간 또는 교점과 교점 간을 말한다)의 점의 수는 기지점과 교점을 포함하여 5점 이하로 할 것

3. 1도선의 거리(기지점과 교점 또는 교점과 교점 간의 점 간거리의 총합계를 말한다)는 4킬로미터 이하로 할 것

⑥ 지적삼각보조점성과 결정을 위한 관측 및 계산의 과정은 지적삼각보조점측량부에 적어야 한다.

05 정오차에 대한 설명으로 틀린 것은? 17②산

① 원인과 상태를 알면 일정한 법칙에 따라 보정할 수 있다.

② 수학적 또는 물리적인 법칙에 따라 일정하게 발생한다.

③ 조건과 상태가 변화하면 그 변화량에 따라 오차의 양도 변화하는 계통오차이다.

④ 일반적으로 최소제곱법을 이용하여 조정한다.

해설

오차의 종류

1. 정오차(Constant Error : 누적오차, 누차, 고정오차)
   ㉠ 오차 발생 원인이 확실하여 일정한 크기와 일정한 방향으로 생기는 오차
   ㉡ 측량 후 조정이 가능하다.
   ㉢ 정오차는 측정횟수에 비례한다.
   $$E_1 = n \cdot \delta$$
   여기서, E_1 : 정오차, δ : 1회 측정 시 누적오차,
   n : 측정(관측)횟수

2. 우연오차(Accidental Error : 부정오차, 상차, 우차)
   ㉠ 오차의 발생 원인이 명확하지 않아 소거방법도 어렵다.
   ㉡ 최소제곱법의 원리로 오차를 배분하며 오차론에서 다루는 오차를 우연오차라 한다.

㉢ 우연오차는 측정 횟수의 제곱근에 비례한다.
$$E_2 = \pm \delta \sqrt{n}$$
여기서, E_2 : 우연오차, δ : 우연오차,
n : 측정(관측)횟수

3. 착오(Mistake : 과실)
   ㉠ 관측자의 부주의에 의해서 발생하는 오차
   예 기록 및 계산의 착오, 눈금 읽기의 잘못, 숙련부족 등
   $= 60.4 \text{m}^2$

06 지적측량에서 사용하는 구소삼각 원점 중 가장 남쪽에 위치한 원점은? 22②기

① 가리원점　　　　　② 구암원점

③ 망산원점　　　　　④ 소라원점

해설

구소삼각지역의 직각좌표계 원점

명칭	경도	위도	평면직각 종횡선수 치의 단위
망산원점	동경 126°22′ 24.596″	북위 37°43′ 07.060″	간(間)
계양원점	동경 126°42′ 49.685″	북위 37°33′ 01.124″	간(間)
조본원점	동경 127°14′ 07.397″	북위 37°26′ 35.262″	m
가리원점	동경 126°51′ 59.430″	북위 37°25′ 30.532″	간(間)
등경원점	동경 126°51′ 32.845″	북위 37°11′ 52.885″	간(間)
고초원점	동경 127°14′ 41.585″	북위 37°09′ 03.530″	m
율곡원점	동경 128°57′ 30.916″	북위 35°57′ 21.322″	m
현창원점	동경 128°46′ 03.947″	북위 35°51′ 46.967″	m
구암원점	동경 128°35′ 46.186″	북위 35°51′ 30.878″	간(間)
금산원점	동경 128°17′ 26.070″	북위 35°43′ 46.532″	간(間)
소라원점	동경 128°43′ 36.841″	북위 35°39′ 58.199″	m

07 좌표면적계산법에 의한 산출면적은 $1/1,000\text{m}^2$ 까지 계산해 ( ) 단위로 정한다. ( ) 안에 들어갈 면적단위는? 15①산

① $1/1,000\text{m}^2$　　② $1/100\text{m}^2$
③ $1/10\text{m}^2$　　④ 1m^2

해설

좌표에 의한 방법

대상 지역	경위의측량방법으로 세부측량을 실시한 경우, 즉 경계점좌표등록부가 비치된 지역에서의 면적은 필지의 좌표를 이용하여 면적을 측정하여야 한다.
필지별 면적측정	경계점 좌표에 따를 것
산출면적 단위	산출면적은 $\dfrac{1}{1,000}\text{m}^2$까지 계산하여 $\dfrac{1}{10}\text{m}^2$ 단위로 정한다.

08 전자면적측정기에 따른 면적측정은 도상에서 몇 회 측정하여야 하는가? 19①산

① 1회　　② 2회
③ 3회　　④ 5회

해설

지적측량 시행규칙 제20조(면적측정의 방법 등)
① 좌표면적계산법에 따른 면적측정은 다음 각 호의 기준에 따른다.
　1. 경위의측량방법으로 세부측량을 한 지역의 필지별 면적측정은 경계점 좌표에 따를 것
　2. 산출면적은 1천분의 1제곱미터까지 계산하여 10분의 1제곱미터 단위로 정할 것
② 전자면적측정기에 따른 면적측정은 다음 각 호의 기준에 따른다.
　1. 도상에서 2회 측정하여 그 교차가 다음 계산식에 따른 허용면적 이하일 때에는 그 평균치를 측정면적으로 할 것
$$A = 0.023^2 M\sqrt{F}$$
　　(A는 허용면적, M은 축척분모, F는 2회 측정한 면적의 합계를 2로 나눈 수)
　2. 측정면적은 1천분의 1제곱미터까지 계산하여 10분의 1제곱미터 단위로 정할 것

09 다각망도선법으로 지적도근점측량을 할 때의 기준으로 옳은 것은? 18①산

① 2점 이상의 기지점을 포함한 폐합다각방식에 의한다.
② 2점 이상의 기지점을 포함한 결합다각방식에 의한다.
③ 3점 이상의 기지점을 포함한 폐합다각방식에 의한다.
④ 3점 이상의 기지점을 포함한 결합다각방식에 의한다.

해설

지적측량 시행규칙 제12조(지적도근점측량)
⑤ 경위의측량방법에 따라 도선법으로 지적도근점측량을 할 때에는 다음 각 호의 기준에 따른다.
　1. 도선은 위성기준점, 통합기준점, 삼각점, 지적삼각점, 지적삼각보조점 및 지적도근점의 상호 간을 연결하는 결합도선에 따를 것. 다만, 지형상 부득이한 경우에는 폐합도선 또는 왕복도선에 따를 수 있다.
　2. 1도선의 점의 수는 40점 이하로 할 것. 다만, 지형상 부득이한 경우에는 50점까지로 할 수 있다.
⑥ 경위의측량방법이나 전파기 또는 광파기측량방법에 따라 다각망도선법으로 지적도근점측량을 할 때에는 다음 각 호의 기준에 따른다.
　1. 3점 이상의 기지점을 포함한 결합다각방식에 따를 것
　2. 1도선의 점의 수는 20점 이하로 할 것

10 다각망도선법에 의하여 지적삼각보조측량을 실시할 경우 도선별 각오차는? 17①산

① 기지방위각－산출방위각
② 출발방위각－도착방위각
③ 평균방위각－기지방위각
④ 산출방위각－평균방위각

해설

도선별 각오차＝산출방위각－평균방위각

11 기지점 A를 측점으로 하고 전방교회법으로 다른 기지에 의하여 평판을 표정하는 측량방법은? 20③산

① 방향선법　　② 원호교회법
③ 측방교회법　　④ 후방교회법

해설

교회법(Method of Intersection)

전방 교회법	전방에 장애물이 있어 직접 거리를 측정할 수 없을 때 편리하며, 알고 있는 기지점에 평판을 세워서 미지점을 구하는 방법이다.	
측방 교회법	기지의 두 점을 이용하여 미지의 한 점을 구하는 방법으로 도로 및 하천변의 여러 점의 위치를 측정할 때 편리한 방법이다.	
후방 교회법	도면상에 기재되어 있지 않는 미지점에 평판을 세워 기지의 2점 또는 3점을 이용하여 현재 평판이 세워져 있는 평판의 위치(미지점)를 도면상에서 구하는 방법이다.	

12 평판측량으로 지적세부측량 시 측량준비 파일의 작성에 포함되지 않는 것은? 20③산

① 도곽선 수치
② 경계점 간 거리
③ 대상토지의 경계선
④ 지적기준점 간 거리

해설

지적측량 시행규칙 제17조(측량준비 파일의 작성)
① 제18조 제1항에 따라 평판측량방법으로 세부측량을 할 때에는 지적도, 임야도에 따라 다음 각 호의 사항을 포함한 측량준비 파일을 작성하여야 한다. 〈개정 2013. 3. 23.〉
가. 측량 대상 토지의 경계선 · 지번 및 지목
나. 인근 토지의 경계선 · 지번 및 지목
다. 임야도를 갖춰 두는 지역에서 인근 지적도의 축척으로 측량을 할 때에는 임야도에 표시된 경계점의 좌표를 구하여 지적도에 전개(展開)한 경계선. 다만, 임야도에 표시된 경계점의 좌표를 구할 수 없거나 그 좌표에 따라 확대하여 그리는 것이 부적당한 경우에는 축척비율에 따라 확대한 경계선을 말한다.
라. 행정구역선과 그 명칭
마. 지적기준점 및 그 번호와 지적기준점 간의 거리, 지적기준점의 좌표, 그 밖에 측량의 기점이 될 수 있는 기지점
바. 도곽선(圖廓線)과 그 수치
사. 도곽선의 신축이 0.5mm 이상일 때에는 그 신축량 및 보정(補正) 계수
아. 그 밖에 국토교통부장관이 정하는 사항

② 제18조 제9항에 따라 경위의측량방법으로 세부측량을 할 때에는 경계점좌표등록부와 지적도에 따라 다음 각 호의 사항을 포함한 측량준비 파일을 작성하여야 한다. 〈개정 2013. 3. 23.〉
가. 측량 대상 토지의 경계와 경계점의 좌표 및 부호도 · 지번 · 지목
나. 인근 토지의 경계와 경계점의 좌표 및 부호도 · 지번 · 지목
다. 행정구역선과 그 명칭
라. 지적기준점 및 그 번호와 지적기준점 간의 방위각 및 그 거리
마. 경계점 간 계산거리
바. 도곽선(圖廓線)과 그 수치
사. 그 밖에 국토교통부장관이 정하는 사항

13 측판측량방법에 의하여 작성된 도면에서 경사거리 90m인 지점을 경사분획(n) 25인 경사각에 표시하고자 한다. 이때의 수평거리는?(단, 앨리데이드를 사용한 경우) 16③산

① 80.89m
② 83.78m
③ 85.64m
④ 87.31m

해설

지적측량 시행규칙 제18조(세부측량의 기준 및 방법)
⑦ 평판측량방법에 따라 경사거리를 측정하는 경우의 수평거리의 계산은 다음 각 호의 기준에 따른다.
1. 조준의[앨리데이드(Alidade)]를 사용한 경우
$$D = l \frac{1}{\sqrt{1+\left(\dfrac{n}{100}\right)^2}}$$
   여기서, D : 수평거리
   l : 경사거리
   n : 경사분획
2. 망원경 조준의(망원경 앨리데이드)를 사용한 경우
$$D = l\cos\theta \text{ 또는 } l\sin\alpha$$
   여기서, D : 수평거리
   l : 경사거리
   θ : 연직각
   α : 천정각 또는 천저각
$$D = l \frac{1}{\sqrt{1+\left(\dfrac{n}{100}\right)^2}}$$
$$= \frac{90}{\sqrt{1+\left(\dfrac{25}{100}\right)^2}}$$
$$= 87.31\text{m}$$

정답 12 ② 13 ④

14 세부측량의 기준 및 방법에 대한 내용으로 옳지 않은 것은?

16①산

① 평판측량방법에 있어서 도상에 영향을 미치지 아니하는 지상거리의 축척별 허용범위는 $\frac{M}{20}$ 밀리미터로 한다.(M=축척분모)

② 평판측량방법에 따른 세부측량을 교회법으로 하는 경우, 3방향 이상의 교회에 따른다.

③ 평판측량방법에 따른 세부측량에서 측량결과도는 그 토지가 등록된 도면과 동일한 축척으로 작성한다.

④ 평판측량방법에 따른 세부측량을 도선법으로 하는 경우, 도선의 변은 20개 이하로 한다.

해설

지적측량 시행규칙 제18조(세부측량의 기준 및 방법 등)
① 평판측량방법에 따른 세부측량은 다음 각 호의 기준에 따른다.
1. 거리측정단위는 지적도를 갖춰 두는 지역에서는 5센티미터로 하고, 임야도를 갖춰 두는 지역에서는 50센티미터로 할 것
2. 측량결과도는 그 토지가 등록된 도면과 동일한 축척으로 작성할 것
3. 세부측량의 기준이 되는 위성기준점, 통합기준점, 삼각점, 지적삼각점, 지적삼각보조점, 지적도근점 및 기지점이 부족한 경우에는 측량상 필요한 위치에 보조점을 설치하여 활용할 것
4. 경계점은 기지점을 기준으로 하여 지상경계선과 도상경계선의 부합 여부를 현형법(現形法)·도상원호(圖上圓弧)교회법·지상원호(地上圓弧)교회법 또는 거리비교확인법 등으로 확인하여 정할 것
② 평판측량방법에 따른 세부측량은 교회법·도선법 및 방사법(放射法)에 따른다.
③ 평판측량방법에 따른 세부측량을 교회법으로 하는 경우에는 다음 각 호의 기준에 따른다.
1. 전방교회법 또는 측방교회법에 따를 것
2. 3방향 이상의 교회에 따를 것
3. 방향각의 교각은 30도 이상 150도 이하로 할 것
4. 방향선의 도상길이는 측판의 방위표정(方位標定)에 사용한 방향선의 도상길이 이하로서 10센티미터 이하로 할 것. 다만, 광파조준의(光波照準儀) 또는 광파측거기를 사용하는 경우에는 30센티미터 이하로 할 수 있다.

5. 측량결과 시오(示誤)삼각형이 생긴 경우 내접원의 지름이 1밀리미터 이하일 때에는 그 중심을 점의 위치로 할 것
④ 평판측량방법에 따른 세부측량을 도선법으로 하는 경우에는 다음 각 호의 기준에 따른다.
1. 위성기준점, 통합기준점, 삼각점, 지적삼각점, 지적삼각보조점 및 지적도근점, 그 밖에 명확한 기지점 사이를 서로 연결할 것
2. 도선의 측선장은 도상길이 8센티미터 이하로 할 것. 다만, 광파조준의 또는 광파측거기를 사용할 때에는 30센티미터 이하로 할 수 있다.
3. 도선의 변은 20개 이하로 할 것
4. 도선의 폐색오차가 도상길이 $\frac{\sqrt{n}}{3}$ 밀리미터 이하인 경우 그 오차는 다음의 계산식에 따라 이를 각 점에 배분하여 그 점의 위치로 할 것

$$M_n = \frac{e}{N} \times n$$

여기서, M_n : 각 점에 순서대로 배분할 밀리미터 단위의 도상길이
e : 밀리미터 단위의 오차
N : 변의 수
n : 변의 순서
⑤ 평판측량방법에 따른 세부측량을 방사법으로 하는 경우에는 1방향선의 도상길이는 10센티미터 이하로 한다. 다만, 광파조준의 또는 광파측거기를 사용할 때에는 30센티미터 이하로 할 수 있다.
⑥ 평판측량방법으로 거리를 측정하는 경우 도곽선의 신축량이 0.5밀리미터 이상일 때에는 다음의 계산식에 따른 보정량을 산출하여 도곽선이 늘어난 경우에는 실측거리에 보정량을 더하고, 줄어든 경우에는 실측거리에서 보정량을 뺀다.

$$보정량 = \frac{신축량(지상) \times 4}{도곽선 \ 길이 \ 합계(지상)} \times 실측거리$$

⑦ 평판측량방법에 따라 경사거리를 측정하는 경우의 수평거리의 계산은 다음 각 호의 기준에 따른다.
1. 조준의[앨리데이드(Alidade)]를 사용한 경우

$$D = l\frac{1}{\sqrt{1 + \left(\frac{n}{100}\right)^2}}$$

여기서, D : 수평거리
l : 경사거리
n : 경사분획
2. 망원경조준의(망원경 앨리데이드)를 사용한 경우
$$D = l\cos\theta \ 또는 \ l\sin\alpha$$

여기서, D : 수평거리

l : 경사거리

θ : 연직각

α : 천정각 또는 천저각

⑧ 평판측량방법에 있어서 도상에 영향을 미치지 아니하는 지상거리의 축척별 허용범위는 $\frac{M}{10}$밀리미터로 한다. 이 경우 M은 축척분모를 말한다.

15 경위의측량방법에 따른 지적삼각점의 관측에서 수평각의 측각공차 중 기지각과의 차에 대한 기준은?

17②산

① ±30초 이내

② ±40초 이내

③ ±50초 이내

④ ±60초 이내

해설

지적측량 시행규칙 제9조(지적삼각점측량의 관측 및 계산)

① 경위의측량방법에 따른 지적삼각점의 관측과 계산은 다음 각 호의 기준에 따른다.

1. 관측은 10초독(秒讀) 이상의 경위의를 사용할 것
2. 수평각 관측은 3대회(대회, 윤곽도는 0도, 60도, 120도로 한다)의 방향관측법에 따를 것
3. 수평각의 측각공차(測角公差)는 다음 표에 따를 것

종별	1방향각	1측회 (測回)의 폐색(閉塞)	삼각형 내각관측의 합과 180도의 차	기지각 (旣知角) 과의 차
공차	30초 이내	±30초 이내	±30초 이내	±40초 이내

16 구 소삼각점인 계양원점의 좌표가 옳은 것은?

17①산

① X=200,000m, Y=500,000m

② X=500,000m, Y=200,000m

③ X=20,000m, Y=50,000m

④ X=0m, Y=0m

해설

지적측량에 사용되는 구(舊) 소삼각지역의 직각좌표계 원점

망산(間)	126° 22′ 24″.596	37° 43′ 07″.060	경기(강화)
계양(間)	126° 42′ 49″.124	37° 33′ 01″.124	경기(부천, 김포, 인천)
조본(m)	127° 14′ 07″.397	37° 26′ 35″.262	경기(성남, 광주)
가리(間)	126° 51′ 59″.430	37° 25′ 30″.532	경기(안양, 인천, 시흥)
등경(間)	126° 51′ 32″.845	37° 11′ 52″.885	경기(수원, 화성, 평택)
고초(m)	127° 14′ 41″.585	37° 09′ 03″.530	경기(용인, 안성)
율곡(m)	128° 57′ 30″.916	35° 57′ 21″.322	경북(영천, 경산)
현창(m)	128° 46′ 03″.947	35° 51′ 46″.967	경북(경산, 대구)
구암(間)	128° 35′ 46″.186	35° 51′ 30″.878	경북(대구, 달성)
금산(間)	128° 17′ 26″.070	35° 43′ 46″.532	경북(고령)
소라(m)	128° 43′ 36″.841	35° 39′ 58″.199	경북(청도)

※ 가. 조본원점·고초원점·율곡원점·현창원점 및 소라원점의 평면직각종횡선수치의 단위는 미터로 하고, 망산원점·계양원점·가리원점·등경원점·구암원점 및 금산원점의 평면직각종횡선수치의 단위는 간(間)으로 한다. 이 경우 각각의 원점에 대한 평면직각종횡선수치는 0으로 한다.

나. 특별소삼각측량지역[전주, 강경, 마산, 진주, 광주(光州), 나주(羅州), 목포, 군산, 울릉도 등]에 분포된 소삼각측량지역은 별도의 원점을 사용할 수 있다.

17 평판측량에 의한 세부측량 시, 도상의 위치오차를 0.1mm까지 허용할 때 구심오차의 허용범위는?(단, 축척은 1,200분의 1이다.)

19③산

① 1cm 이하

② 3cm 이하

③ 6cm 이하

④ 12cm 이하

해설

$$구심오차(e) = \frac{축척분모(M)}{2} \times 도상위치오차(q)$$

$$= \frac{1,200}{2} \times 0.1 = 60mm = 6cm$$

18 행정구역선의 제도방법에 대한 설명으로 옳은 것은? 20③산

① 시 · 군의 행정구역선은 0.2mm의 폭으로 제도한다.
② 동 · 리의 행정구역선은 0.1mm의 폭으로 제도한다.
③ 행정구역선은 경계에서 약간 띄워서 그 외부에 제도한다.
④ 행정구역선이 2종 이상 겹치는 경우에는 약간 띄워서 모두 제도한다.

◉**해설**

행정구역선의 제도

구분	제도	설명
국계	4 3 / 0.3 / 1칸	# 4 · 3 · 사선 · 점2 국계는 실선 4밀리미터와 허선 3밀리미터로 연결하고 실선 중앙에 1밀리미터로 교차하며, 허선에 직경 0.3밀리미터의 점 2개를 제도한다.
시 · 도계	4 2 / 0.3 / 1칸	# 4 · 2 · 사선 · 점1 시 · 도계는 실선 4밀리미터와 허선 2밀리미터로 연결하고 실선 중앙에 1밀리미터로 교차하며, 허선에 직경 0.3밀리미터의 점 1개를 제도한다.
시 · 군계	3 3 / 0.3	# 3 · 3 · 점2 시 · 군계는 실선과 허선을 각각 3밀리미터로 연결하고, 허선에 0.3밀리미터의 점 2개를 제도한다.
읍 · 면 · 구계	3 2 / 0.3	# 3 · 2 · 점1 읍 · 면 · 구계는 실선 3밀리미터와 허선 2밀리미터로 연결하고, 허선에 0.3밀리미터의 점 1개를 제도한다.
동 · 리계	3 1	# 3 · 1 동 · 리계는 실선 3밀리미터와 허선 1밀리미터로 연결하여 제도한다.
기타		• 행정구역선이 2종류 이상 겹치는 경우에는 최상급 행정구역선만 제도한다. • 행정구역선은 경계에서 약간 띄워서 그 외부에 제도한다. • 행정구역선은 0.4mm의 폭으로 제도하고, 다만 동 · 리의 행정구역선은 0.2mm의 폭으로 제도한다. • 행정구역의 명칭은 같은 간격으로 띄워서 제도한다.

19 평판측량방법에 따른 세부측량을 시행할 때 경계위치는 기지점을 기준으로 하여 지상경계선과 도상경계선의 부합여부를 확인하여야 하는데 이를 확인하는 방법이 아닌 것은? 19③산

① 현형법 ② 거리비례확인법
③ 도상원호교회법 ④ 지상원호교회법

◉**해설**

지적측량 시행규칙 제18조(세부측량의 기준 및 방법 등)
① 평판측량방법에 따른 세부측량은 다음 각 호의 기준에 따른다.
　　1. 거리측정단위는 지적도를 갖춰 두는 지역에서는 5센티미터로 하고, 임야도를 갖춰 두는 지역에서는 50센티미터로 할 것
　　2. 측량결과도는 그 토지가 등록된 도면과 동일한 축척으로 작성할 것
　　3. 세부측량의 기준이 되는 위성기준점, 통합기준점, 삼각점, 지적삼각점, 지적삼각보조점, 지적도근점 및 기지점이 부족한 경우에는 측량상 필요한 위치에 보조점을 설치하여 활용할 것
　　4. 경계점은 기지점을 기준으로 하여 지상경계선과 도상경계선의 부합 여부를 현형법(現形法) · 도상원호(圖上圓弧)교회법 · 지상원호(地上圓弧)교회법 또는 거리비교확인법 등으로 확인하여 정할 것

20 평판측량방법에 따른 세부측량용 도선법으로 하는 경우, 도선의 변의 수 기준은? 17③산

① 10개 이하 ② 20개 이하
③ 30개 이하 ④ 40개 이하

◉**해설**

지적측량 시행규칙 제18조(세부측량의 기준 및 방법 등)
④ 평판측량방법에 따른 세부측량을 도선법으로 하는 경우에는 다음 각 호의 기준에 따른다.
　　1. 위성기준점, 통합기준점, 삼각점, 지적삼각점, 지적삼각보조점 및 지적도근점, 그 밖에 명확한 기지점 사이를 서로 연결할 것
　　2. 도선의 측선장은 도상길이 8센티미터 이하로 할 것. 다만, 광파조준의 또는 광파측거기를 사용할 때에는 30센티미터 이하로 할 수 있다.
　　3. 도선의 변은 20개 이하로 할 것

정답 18 ③ 19 ② 20 ②

4. 도선의 폐색오차가 도상길이 $\dfrac{\sqrt{N}}{3}$ 밀리미터 이하인 경우 그 오차는 다음의 계산식에 따라 이를 각 점에 배분하여 그 점의 위치로 할 것

$$M_n = \frac{e}{N} \times n$$

(M_n은 각점에 순서대로 배분할 밀리미터 단위의 도상길이, e는 밀리미터 단위의 오차, N은 변의 수, n은 변의 순서를 말한다.)

⑤ 평판측량방법에 따른 세부측량을 방사법으로 하는 경우에는 1방향선의 도상길이는 10센티미터 이하로 한다. 다만, 광파조준의 또는 광파측거기를 사용할 때에는 30센티미터 이하로 할 수 있다.

⑥ 평판측량방법으로 거리를 측정하는 경우 도곽선의 신축량이 0.5밀리미터 이상일 때에는 다음의 계산식에 따른 보정량을 산출하여 도곽선이 늘어난 경우에는 실측거리에 보정량을 더하고, 줄어든 경우에는 실측거리에서 보정량을 뺀다.

$$보정량 = \frac{신축량(지상) \times 4}{도곽선 길이 합계(지상)} \times 실측거리$$

Subject 02 응용측량

21 어느 지역에 다목적 댐을 건설하여 댐의 저수용량을 산정하려고 할 때에 사용되는 방법으로 가장 적합한 것은?
18③산

① 점고법
② 삼사법
③ 중앙단면법
④ 등고선법

해설

지형도에 의한 지형표시법

자연적 도법	영선법 (우모법, Hatching)	"게바"라 하는 단선상(短線上)의 선으로 지표의 기본을 나타내는 것으로 게바의 사이, 굵기, 방향 등에 의하여 지표를 표시하는 방법
	음영법 (명암법, Shading)	태양광선이 서북쪽에서 45°로 비친다고 가정하여 지표의 기복을 도상에서 2~3색 이상으로 채색하여 지형을 표시하는 방법으로 지형의 입체감이 가장 잘 나타나는 방법이다.

부호적 도법	점고법 (Spot height system)	지표면상의 표고 또는 수심을 숫자에 의하여 지표를 나타내는 방법으로 하천, 항만, 해양 등에 주로 이용
	등고선법 (Contour System)	동일 표고의 점을 연결한 것으로 등고선에 의하여 지표를 표시하는 방법으로 토목공사용으로 가장 널리 사용
	채색법 (Layer System)	같은 등고선의 지대를 같은 색으로 채색하여 높을수록 진하게, 낮을수록 연하게 칠하여 높이의 변화를 나타내며 지리관계의 지도에 주로 사용

22 항공사진의 특수 3점 중 렌즈 중심으로부터 사진면에 내린 수선의 발은?
17①산

① 주점
② 연직점
③ 등각점
④ 부점

해설

항공사진의 특수 3점

특수 3점	특징
주점 (Principal Point)	주점은 사진의 중심점이라고도 한다. 주점은 렌즈 중심으로부터 화면(사진면)에 내린 수선의 발을 말하며 렌즈의 광축과 화면이 교차하는 점이다.
연직점 (Nadir Point)	• 렌즈 중심으로부터 지표면에 내린 수선의 발을 말하고 N을 지상연직점(피사체연직점), 그 선을 연장하여 화면(사진면)과 만나는 점을 화면연직점(n)이라 한다. • 주점에서 연직점까지의 거리(mn)=$f\tan i$
등각점 (Isocenter)	• 주점과 연직점이 이루는 각을 2등분한 점으로 또한 사진면과 지표면에서 교차되는 점을 말한다. • 주점에서 등각점까지의 거리(mn)=$f\tan\dfrac{i}{2}$

23 항공사진을 판독할 때 미리 알아두어야 할 조건이 아닌 것은? 19③산

① 카메라의 초점거리   ② 촬영고도
③ 촬영 연월일 및 촬영시각   ④ 도식기호

●해설

항공사진의 보조자료

종류	특징
촬영고도	사진측량의 정확한 축척결정에 이용한다.
초점거리	축척결정이나 도화에 중요한 요소로 이용한다.
고도차	앞 고도와의 차를 기록한다.
수준기	촬영 시 카메라의 경사상태를 알아보기 위해 부착한다.
지표	여러 형태로 표시되어 있으며 필름 신축 보정 시 이용한다.
촬영시간	셔터를 누르는 순간 시각을 표시한다.
사진번호	촬영순서를 구분하는 데 이용한다.

24 GNSS 측량에서 발생하는 오차가 아닌 것은? 20①,②산

① 위성시계오차   ② 위성궤도오차
③ 대기권굴절오차   ④ 시차(時差)

●해설

구조적인 오차

종류	특징
위성시계오차	GPS 위성에 내장되어 있는 시계의 부정확성으로 인해 발생한다.
위성궤도오차	위성궤도정보의 부정확성으로 인해 발생한다.
대기권전파지연	위성신호의 전리층, 대류권 통과 시 전파지연오차(약 2m)
전파적 잡음	수신기 자체에서 발생하며 PRN 코드잡음과 수신기 잡음이 합쳐져서 발생한다.
다중경로 (Multipath)	다중경로오차는 GPS 위성으로 직접 수신된 전파 이외에 부가적으로 주위의 지형, 지물에 의한 반사된 전파로 인해 발생하는 오차로서 측위에 영향을 미친다. • 다중경로는 금속제 건물, 구조물과 같은 커다란 반사적 표면이 있을 때 일어난다. • 다중경로의 결과로서 수신된 GPS 신호는 처리될 때 GPS 위치의 부정확성을 제공한다.
다중경로 (Multipath)	• 다중경로가 일어나는 경우를 최소화하기 위하여 미션 설정, 수신기, 안테나 설계 시에 고려한다면 다중경로의 영향을 최소화할 수 있다. • GPS 신호시간의 기간을 평균하는 것도 다중경로의 영향을 감소시킨다. • 가장 이상적인 방법은 다중경로의 원인이 되는 장애물에서 멀리 떨어져서 관측하는 방법이다. • 다중경로에 따른 영향은 위상측정방식보다 코드측정방식에서 더 크다.

25 기존의 여러 수신기로부터 얻어진 GNSS 측량자료를 후처리하기 위한 표준형식은? 17②산

① RTCM−SC   ② NMEA
③ RTCA   ④ RINEX

●해설

수신기독립변환형식(RINEX ; Receiver Independent Exchange Format)
수신기독립변환형식은 GPS 데이터의 호환을 위한 표준화된 공통형식으로서 서로 다른 종류의 GPS 수신기를 사용하여 관측하여도 기선해석이 가능하게 하는 자료형식으로 전 세계적인 표준이다.

1. RINEX의 특징
   ㉠ 수신기의 출력형식과 포맷은 제조사에 따라 각각 다르기 때문에 기선해석이 불가능하여 이를 해결하기 위한 공통형식으로 사용되는 것이 RINEX 형식이다.
   ㉡ 공통형식으로 미국의 NGS(National Geodetic Survey) 포맷도 있다.
   ㉢ 최근 일반측량 S/W에도 RINEX 형식의 변환프로그램이 포함되어 시판된다.
   ㉣ 1996년부터 GPS의 공통형식으로 사용하고 있으며 향후에도 RINEX 형식에 의한 데이터 교환이 주류가 될 것이다.

2. RINEX의 구성
   ㉠ 자료처리 및 컴퓨터 관련 기기 간의 통신을 위해 고안된 세계 표준코드인 ASCII(American Standard Code for Information Interchange) 형식으로 구성
   ㉡ 헤더 부분과 데이터 부분으로 구성되며 RINEX 파일의 종류에는 관측데이터, 항법메시지, 기상데이터파일이 있다.
   ㉢ 변환되는 공통자료는 의사거리, 위상자료, 도플러자료 등이다.

정답 23 ④   24 ④   25 ④

26 삼각형의 세 꼭짓점의 좌표가 $A(3, 4)$, $B(6, 7)$, $C(7, 1)$일 때에 삼각형의 면적은?(단, 좌표의 단위는 m이다.) 21③기

① 12.5m^2
② 11.5m^2
③ 10.5m^2
④ 9.5m^2

● 해설

구분	A	B	C
y	4	7	1
x	3	6	7

$2A = (4 \times 6 + 7 \times 7 + 1 \times 3) - (7 \times 3 + 1 \times 6 + 4 \times 7)$
$\quad = 76 - 55 = 21$
$A = \dfrac{21}{2} = 10.5\text{m}^2$

27 수준측량의 왕복거리 2km에 대하여 허용오차가 ±3mm라면 왕복거리 4km에 대한 허용오차는? 18②산

① ±4.24mm
② ±6.00mm
③ ±6.93mm
④ ±9.00mm

● 해설

직접 수준측량의 오차는 노선 왕복거리의 평방근에 비례하므로
$\sqrt{2} : 3 = \sqrt{4} : x$
$x = \dfrac{\sqrt{4}}{\sqrt{2}} \times 3 = \pm 4.24\text{mm}$

28 삼각점 A에서 B점의 표고값을 구하기 위해 양방향 삼각수준측량을 시행하여 고저각 $\alpha_A = +2°30'$와 $\alpha_B = -2°13'$, A점의 기계높이가 $i_A = 1.4\text{m}$, B점의 기계높이 $i_B = 1.4\text{m}$, 측표의 높이 $h_A = 4.20\text{m}$, $h_B = 4.20\text{m}$를 취득하였다. 이때 B점의 표고값은?(단, A점의 높이 = 325.63m, A점과 B점 간의 수평거리는 1,580m이다.) 20①,②산

① 325.700m
② 390.700m
③ 419.490m
④ 425.490m

● 해설

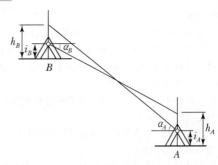

$h = \dfrac{1}{2}[(i_A - i_B) + (h_A - h_B) + (D.\tan\alpha_A - D.\tan\alpha_B)]$
$\quad = \dfrac{1}{2}[(1.4 - 1.4) + (4.2 - 4.2)$
$\qquad + \begin{pmatrix} 1{,}580 \times \tan 2°30' - \\ (-1{,}580 \times \tan 2°13') \end{pmatrix}]$
$\quad = 65.07$
$H_B = H_A + h = 325.63 + 65.07 = 390.70\text{m}$

29 촬영고도 1,500m에서 촬영된 항공사진에 나타난 굴뚝 정상의 시차가 17.32mm이고, 굴뚝 밑 부분의 시차는 15.85mm이었다면 이 굴뚝의 높이는? 22①기

① 103.7m
② 113.3m
③ 123.7m
④ 127.3m

● 해설

$h = \dfrac{H}{P_r + P_\triangle} P_\triangle$ 에서
$h = \dfrac{1{,}500}{15.85 + (17.32 - 15.85)} \times (17.32 - 15.85) = 127.3\text{m}$

30 등고선의 성질에 대한 설명으로 틀린 것은? 17①산

① 등고선이 능선을 횡단할 때 능선과 직교한다.
② 지표의 경사가 완만하면 등고선의 간격은 넓다.
③ 등고선은 어떠한 경우라도 교차하거나 겹치지 않는다.
④ 등고선은 도면 안 또는 밖에서 폐합하는 폐곡선이다.

정답 26 ③ 27 ① 28 ② 29 ④ 30 ③

◦ 해설

등고선의 성질
• 동일 등고선상에 있는 모든 점은 같은 높이이다.
• 등고선은 반드시 도면 안이나 밖에서 서로가 폐합한다.
• 지도의 도면 내에서 폐합되면 가장 가운데 부분은 산꼭대기 (산정) 또는 凹지(요지)가 된다.
• 등고선은 도중에 없어지거나, 엇갈리거나 합쳐지거나 갈라지지 않는다.
• 높이가 다른 두 등고선은 동굴이나 절벽의 지형이 아닌 곳에서는 교차하지 않는다.
• 등고선은 경사가 급한 곳에서는 간격이 좁고 완만한 경사에서는 넓다.
• 최대경사의 방향은 등고선과 직각으로 교차한다.
• 분수선(능선)과 곡선(유하선)은 등고선과 직각으로 만난다.
• 2쌍의 등고선의 볼록부가 상대할 때는 볼록부를 나타낸다.
• 동등한 경사의 지표에서 양 등고선의 수평거리는 같다.
• 같은 경사의 평면일 때는 나란한 직선이 된다.
• 등고선이 능선을 직각방향으로 횡단한 다음 능선 다른 쪽을 따라 거슬러 올라간다.
• 등고선의 수평거리는 산꼭대기 및 산밑에서는 크고 산중턱에서는 작다.

31 터널측량에 관한 설명 중 틀린 것은? 19②산

① 터널측량은 터널 외 측량, 터널 내 측량, 터널 내·외 연결측량으로 구분할 수 있다.
② 터널 굴착이 끝난 구간에는 기준점을 주로 바닥의 중심선에 설치한다.
③ 터널 내 측량에서는 기계의 십자선 및 표척 등에 조명이 필요하다.
④ 터널의 길이방향측량은 삼각 또는 트래버스 측량으로 한다.

◦ 해설

터널 내 기준점측량에서 기준점을 천장에 설치하는 이유
• 운반이나 기타 작업에 장애가 되지 않게 하기 위하여
• 발견하기 쉽게 하기 위하여
• 파손될 염려가 적기 때문에

32 초점거리가 153mm인 카메라로 축척 1:37,000의 항공사진을 촬영하기 위한 촬영고도는? 20③산

① 2,418m
② 3,700m
③ 5,061m
④ 5,661m

◦ 해설

$\dfrac{1}{m} = \dfrac{f}{H}$ 에서

$H = mf = 37,000 \times 0.153 = 5,661\text{m}$

33 다음 중 완화곡선에 사용되지 않는 것은? 16②산

① 클로소이드
② 2차 포물선
③ 렘니스케이트
④ 3차 포물선

◦ 해설

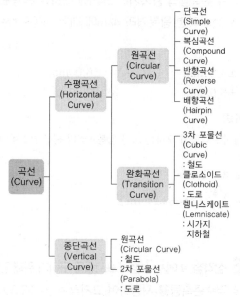

34 측량의 구분에서 노선측량이 아닌 것은? 15①산

① 철도의 노선설계를 위한 측량
② 지형, 지물 등을 조사하는 측량
③ 상하수도의 도수관 부설을 위한 측량
④ 도로의 계획조사를 위한 측량

◀해설▶

지형측량(Topographic Surverying)은 지표면상의 자연 및 인공적인 지물·지모의 형태와 수평·수직의 위치관계를 측정하여 일정한 축척과 도식으로 표현한 지도를 지형도(Topo-graphic Map)라 하며 지형도를 작성하기 위한 측량을 말한다.

35 초점거리 20cm의 카메라로 표고 150m의 촬영기준면을 사진축척 1:10,000으로 촬영한 연직사진상에서 표고 200m인 구릉지의 사진축척은?

20①,②산

① 1:9,000 ② 1:9,250
③ 1:9,500 ④ 1:9,750

◀해설▶

- $\dfrac{1}{m} = \dfrac{f}{H \pm h}$
- $H = mf + h$
  $= 10,000 \times 0.2 + 150$
  $= 2,150\text{m}$
- $\dfrac{1}{m} = \dfrac{f}{H \pm h}$
  $= \dfrac{0.2}{2,150 - 200} = \dfrac{1}{9,750}$

36 수준측량에 관한 용어의 설명으로 틀린 것은?

17①산

① 수평면(Level Surface)은 정지된 해수면을 육지까지 연장하여 얻은 곡면으로 연직방향에 수직인 곡면이다.
② 이기점(Turning Point)은 높이를 알고 있는 지점에 세운 표척을 시준한 점을 말한다.
③ 표고(Elevation)는 기준면으로부터 임의의 지점까지의 연직거리를 의미한다.
④ 수준점(Bench Mark)은 수직위치 결정을 보다 편리하게 하기 위하여 정확하게 표고를 관측하여 표시해 둔 점을 말한다.

◀해설▶

수평면 (Level Surface)	모든 점에서 연직방향과 수직인 면으로 수평면은 곡면이며 회전타원체와 유사하다. 정지하고 있는 해수면 또는 지오이드면은 수평면의 좋은 예이다.
수평선 (Level Line)	수평면 안에 있는 하나의 선으로 곡선을 이룬다.
지평면 (Horizontal Plane)	어느 점에서 수평면에 접하는 평면 또는 연직선에 직교하는 평면
지평선 (Horizontal Line)	지평면 위에 있는 한 선을 말하며, 지평선은 어느 한 점에서 수평선과 접하는 직선으로 연직선과 직교한다.
기준면 (Datum)	표고의 기준이 되는 수평면을 기준면이라 하며 표고는 0으로 정한다. 기준면은 계산을 위한 가상면이며 평균해면을 기준면으로 한다.
평균해면 (Mean Sea Level)	여러해 동안 관측한 해수면의 평균값
수준점 (BM ; Bench Mark)	수준원점을 기점으로 하여 전국 주요 지점에 수준표석을 설치한 점 • 1등 수준점 : 4km마다 설치 • 2등 수준점 : 2km마다 설치
표고 (Elevation)	국가 수준기준면으로부터 그 점 까지의 연직거리
전시 (Fore Sight)	표고를 알고자 하는 점(미지점)에 세운 표척의 읽음 값
후시 (Back Sight)	표고를 알고 있는 점(기지점)에 세운 표척의 읽음 값
기계고 (Instrument Height)	기준면에서 망원경 시준선까지의 높이
지반고 (Ground Height)	기준면으로부터 기준점까지의 높이(표고)
이기점 (Turning Point)	기계를 옮길 때 한 점에서 전시와 후시를 함께 취하는 점
중간점 (Intermediate Point)	표척을 세운 점의 표고만을 구하고자 전시만 취하는 점

37 항공사진측량용 카메라에 대한 설명으로 틀린 것은?

19①산

① 초광각 카메라의 피사각은 60°, 보통각 카메라의 피사각은 120°이다.
② 일반 카메라보다 렌즈 왜곡이 작으며 왜곡의 보정이 가능하다.
③ 일반 카메라와 비교하여 피사각이 크다.
④ 일반 카메라보다 해상력과 선명도가 좋다.

◀해설▶

사용 카메라에 의한 분류

종류	렌즈의 화각	초점 거리 (mm)	화면 크기 (cm)	필름의 길이 (m)	용도	비고
초광각 사진	120°	88	23 ×23	80	소축척 도화용	완전 평지에 이용
광각 사진	90°	152 ~153	23 ×23	120	일반도화, 사진판독용	경제적 일반도화
보통각 사진	60°	210	18 ×18	120	산림조사용	산악지대, 도심지 촬영 정면도 제작
협각 사진	약 60° 이하				특수한 대축척 도화용	특수한 평면도 제작
측량용 사진기 의 특징	• 초점길이가 길다. • 화각이 크다. • 렌즈지름이 크다. • 거대하고 중량이 크다. • 해상력과 선명도가 높다. • 셔터의 속도는 1/100~1/1,000초이다. • 파인더로 사진의 중복도를 조정한다. • 수차가 극히 적으며 왜곡수차가 있더라도 보정판을 이용하여 수차를 제거한다.					

38 카메라의 초점거리가 153mm, 촬영 경사각이 4.5°로 평지를 촬영한 항공사진이 있다. 이 사진에서 등각점과 주점의 거리는? *21②기*

① 5.4mm   ② 5.2mm
③ 6.0mm   ④ 3.6mm

◀해설▶

주점, 등각점의 거리 $= f \cdot \tan\dfrac{i}{2}$

$$= 153 \times \tan\dfrac{4.5°}{2}$$

$$= 6\text{mm}$$

39 수준측량에서 왕복거리 4km에 대한 허용오차가 20mm이었다면 왕복거리 9km에 대한 허용오차는? *17①산*

① 45mm   ② 40mm
③ 30mm   ④ 25mm

◀해설▶

직접수준측량의 오차는 노선거리(왕복거리)의 제곱근에 비례한다.

$$E = C\sqrt{L}, \quad C = \dfrac{E}{\sqrt{L}}$$

여기서, E : 수준측량 오차의 합
C : 1km에 대한 오차
L : 노선거리(km)

$E = C\sqrt{L} = 20 : \sqrt{4} = C : \sqrt{9}$

$C = \dfrac{\sqrt{9}}{\sqrt{4}} \times 20 = 30\text{mm}$

40 축적 1 : 25,000 지형도에서 A, B 지점 간의 경사각은?(단, AB 간의 도상거리는 4cm이다.) *16②산*

① 0°01′41″   ② 1°08′45″
③ 1°43′06″   ④ 2°12′26″

◀해설▶

경사$(i) = \dfrac{h}{D} = \dfrac{(40-20)}{ml}$

$$= \dfrac{20}{25,000 \times 0.04}$$

$$= \dfrac{1}{50}$$

$\theta = \tan^{-1}\dfrac{20}{1,000} = 1°8′44.75″$

Subject 03 토지정보체계론

41 파일처리시스템에 비하여 데이터베이스 관리
시스템(DBMS)이 갖는 특징으로 옳지 않은 것은?

21③기

① 시스템의 구성이 단순하여 자료의 손실 가능성이 낮다.
② 다른 사용자와 함께 자료호환을 자유롭게 할 수 있어 효율적이다.
③ DBMS에서 제공되는 서비스 기능을 이용하여 새로운 응용프로그램의 개발이 용이하다.
④ 직접적으로 사용자와의 연계를 위한 기능을 제공하여 복잡하고 높은 수준의 분석이 가능하다.

해설

DBMS의 장단점 ⑳⑳⑳⑳⑳⑳⑳ ⑳⑳⑳⑳
DBMS는 자료의 저장·조작·검색·변화를 처리하는 특별한 소프트웨어를 사용하는 컴퓨터 프로그램의 일종으로, 정보의 저장과 관리와 같은 정보관리를 목적으로 하는 프로그램으로 파일처리방식의 단점을 보완하기 위해 도입되었으며 자료의 중복을 최소화하여 검색시간을 단축시키며 작업의 효율성을 향상시킨다.

장점	시스템⑳발 비용 감소	데이터베이스 구축 시 초기비용이 많이 들 수 있지만 데이터 검색 및 변경 시 프로그램 개발 비용을 절감할 수 있다.
	⑳안향상	데이터베이스의 중앙집중관리 및 접근제어를 통해 보안이 향상된다.
	표준⑳	데이터 제어기능을 통해 데이터의 형식, 내용, 처리방식, 문서화 양식 등에 표준화를 범기관적으로 쉽게 시행할 수 있다.
	⑳복의 최소화	파일관리 시스템에서 개별 파일로 관리되던 시스템에서 데이터를 하나의 데이터베이스에 통합하여 관리하므로 중복이 감소된다.
	데이터의 ⑳립성 향상	데이터를 응용프로그램에서 분리하여 관리하므로 응용프로그램을 수정할 필요성이 감소된다.
	데이터의 ⑳결성 유지	제어관리를 통해 다수의 사용자들이 접근 시 무결성이 유지된다.
	데이터의 일관성 유지	파일관리시스템에서는 중복데이터가 각각 다른 파일에 관리되어 변경 시 데이터의 일관성을 보장하기 어려웠으나, DBMS는 중앙집중식 통제를 통해 데이터의 일관성을 유지할 수 있다.
단점	⑳업과 회복 기능	위험부담을 최소화하기 위해 효율적인 백업과 회복기능을 갖추어야 한다.
	⑳앙집약적인 위험 부담	자료의 저장 및 관리가 중앙집약적으로 이루어지므로 자료의 손실이나 시스템의 작동불능이 될 수 있는 중앙집약적인 위험부담이 크다.
	⑳스템 구성의 복잡성	파일처리 방식에 비하여 시스템의 구성이 복잡하므로 이로 인한 자료의 손실가능성이 높다.
	운영⑳의 증대	컴퓨터 하드웨어와 소프트웨어의 비용이 상대적으로 많이 소요된다.

42 아래 내용의 ㉠, ㉡에 들어갈 용어가 올바르게 나열된 것은?

22①기

> 수치지도는 영어로 Digital Map으로 일컬어진다. 좀 더 명확한 의미에서는 도형자료만을 수치로 나타낸 것을 (㉠)라 하고, 도형자료와 관련 속성을 함께 지닌 수치지도를 (㉡)라고 칭한다.

① ㉠ : Legend ㉡ : Layer
② ㉠ : Coverage ㉡ : Layer
③ ㉠ : Layer ㉡ : Coverage
④ ㉠ : Legend ㉡ : Coverage

해설

㉠ 레이어(Layer)
레이어는 한 주제를 다루는 데 중첩되는 다양한 자료들로 한 커버리지의 자료파일을 말한다. 레이어와 커버리지 모두 수치화된 지도 형태를 갖지만 수치화된 도형자료만을 나타낸 것이 레이어이고 도형자료와 관련된 속성 데이터를 함께 갖는 수치지도를 커버리지라고 한다. 커버리지는 점, 선, 면, 주기(Annotation)로 구성되어 있다.
㉡ 커버리지(Coverage)
컴퓨터 내부에서는 모든 정보가 이진법의 수치 형태로 표현되고 저장되기 때문에 수치지도라 불리는데 그 명칭을 Digital Map, Layer 또는 Digital Layer라고도 하며 커버리지 또한 지도를 Digital화한 형태의 컴퓨터상의 지도를 말한다.

43 지적도를 수치화하기 위한 작성과정으로 옳은

18②산

① 작업계획 수립 → 좌표독취(스캐닝) → 벡터라이징
　→ 정위치 편집 → 도면작성
② 작업계획 수립 → 벡터라이징 → 좌표독취(스캐닝)
　→ 정위치 편집 → 도면작성
③ 작업계획 수립 → 좌표독취(스캐닝) → 정위치 편집
　→ 벡터라이징 → 도면작성
④ 작업계획 수립 → 정위치 편집 → 벡터라이징 → 좌
　표독취(스캐닝) → 도면작성

해설

지적도를 수치화하기 위한 작성과정
작업계획 수립 → 좌표독취(스캐닝) → 벡터라이징 → 정위치
편집 → 도면작성

44 GIS, CAD 자료, 비디오, 영상 등의 다중매체와

같은 복잡한 자료 유형을 지원하는 데 적합한 데이터
베이스 방식은?

17②산

① 네트워크형 데이터베이스
② 계층형 데이터베이스
③ 관계형 데이터베이스
④ 객체지향형 데이터베이스

해설

1. 관계형 데이터베이스관리시스템(RDBMS ; Relationship
　DataBase Management System)
　• 데이터를 표로 정리하는 경우 행은 데이터 묶음이 되고
　　열은 속성을 나타내는 2차원의 도표로 구성된다. 이와
　　같이 표현하고자 하는 대상의 속성들을 묶어 하나의 행
　　(Row)을 만들고, 행들의 집합으로 데이터를 나타내는 것
　　이 관계형 데이터베이스이다.
　• 각각의 항목과 그 속성이 다른 모든 항목 및 그의 속성과
　　연결될 수 있도록 구성된 자료구조로 전문적인 자료관리
　　를 위한 데이터 모델로서 현재 가장 보편적으로 많이 쓰
　　는 것이다. 가장 최신의 데이터베이스 형태이며 사용자
　　에게 보다 친숙한 자료 접근방법을 제공하기 위해 개발
　　되었으며, 행과 열로 정렬된 논리적인 데이터 구조이다.
2. 객체지향형 데이터베이스관리체계(OODBMS ; Object
　Oriented DataBase Management System)

객체지향(Object Oriented)에 기반을 둔 논리적 구조를
가지고 개발된 관리시스템으로 자료를 다루는 방식을 하
나로 묶어 객체(Object)라는 개념을 사용하여 실세계를
표현하고 모델링하는 구조이다. 관계형 데이터 모델의 단
점을 보완하여 새로운 데이터 모델로 등장한 객체지향형
데이터모델은 CAD와 GIS, 사무정보시스템, 소프트웨어
엔지니어링 등의 다양한 분야에서 데이터베이스를 구축할
때 주로 사용한디.

45 SQL 언어에 대한 설명으로 옳은 것은? 17③산

① order는 보통 질의어에서 처음에 나온다.
② select 다음에는 테이블명이 나온다.
③ where 다음에는 조건식이 나온다.
④ from 다음에는 필드명이 나온다.

해설

테이블에서 정보를 추출할 때 select, from, where, order by
네 개의 기본 키워드가 사용된다. 특히 조회 시에는 select, from
은 항상 사용된다.

SQL 표현의 기본구조

select	열-리스트 : 어떤 열을 원하는지 질의의 결과 속성들을 나열하는 데 사용된다.
from	테이블-리스트 : 질의를 수행하기 위해 접근해야 하는 릴레이션들을 나열한다. 이들 열이 속한 테이블 혹은 테이블의 명칭을 알려준다. 정확하게 입력된 조회문은 거의 영어문장과 같다. 조회문 마지막에는 세미콜론을 붙여서 마친다.
where	조건 : from 절에 있는 릴레이션의 속성들을 포함하는 조건이다. 선택하고자 하는 정보를 어떻게 한정할 것인지를 말해준다. 즉, 명시된 조건을 만족하는 from 절의 결과 릴레이션들의 행들만을 가져올수 있도록 해준다.

SQL 표현의 부가적인 기본연산

Re-name 연산	as	as 절은 릴레이션을 재명명할 때 사용한다.
문자열 연산	퍼센트(%)	% 문자는 어떠한 부분 문자열과도 일치한다.
	밑줄(-)	(-) 문자는 어떠한 한 문자와도 일치한다.
Select 절에서의 속성지정	별표 "*"	별표 "*"는 select 절에서 "모든 속성"을 가리키기 위해 사용된다.

투플 출력의 순서	order by	오름차순으로 항목을 나열한다. 정렬순서를 명시하기 위해서는 desc, 오름차순을 위해서는 acs를 명시한다. 즉, 순서를 명시하는 검색이다.
Where 절의 조건문	between	where 절에서 어떤 값보다 작거나 같고 어떤 값보다는 크거나 같은 값을 간단히 명시하기 위해 between 비교 연산자를 제공한다.

46 토지의 고유번호 구성에서 지번의 총자릿수는?

18①산

① 6자리   ② 8자리
③ 10자리   ④ 12자리

해설

부동산종합공부시스템 운영 및 관리규정 제19조(코드의 구성)
① 규칙 제68조 제5항에 따른 고유번호는 행정구역코드 10자리(시·도 2, 시·군·구 3, 읍·면·동 3, 리 2), 대장구분 1자리, 본번 4자리, 부번 4자리를 합한 19자리로 구성한다.
② 제1항에 따른 고유번호 이외에 사용하는 코드는 별표 3과 같다.
③ 제1항에 따른 행정구역코드 부여기준은 별표 4와 같다.

47 KLIS와 관련이 없는 것은?

20③산

① 고딕, SDE, ZEUS
② 지적도면수치파일화
③ 3계층 클라이언트/서버 아키텍처
④ PBLIS와 LMIS를 하나의 시스템으로 통합

해설

한국토지정보시스템(KLIS)
한국토지정보시스템(KLIS)은 행정자치부(현 행정안전부)의 필지중심토지정보시스템(PBLIS)과 국토교통부의 토지관리정보체계(LMIS)를 보완하여 하나의 시스템으로 통합 구축하고, 토지대장의 문자(속성)정보를 연계 활용하여 토지와 관련한 각종 공간·속성·법률자료 등의 체계적 통합·관리의 목적을 가진 종합적 정보체계로 2006년 4월 전국 구축이 완료되었다.

1. 추진 배경
행정자치부(구)의 '필지중심토지정보시스템(PBLIS)과 건설교통부(구)의 토지종합정보망(LMIS)을 보완하여 하나의 시스템으로 통합 구축하고, 토지대장의 문자(속성)정보를 연계 활용하는 방안을 강구'하라는 감사원 감사결과(2000년)에 따라 3계층 클라이언트/서버(3-Tiered client/server) 아키텍처를 기본구조로 개발하기로 합의하였다. 따라서 국가적인 정보화 사업을 효율적으로 추진하기 위해 양 시스템을 연계 통합한 한국토지정보시스템의 개발업무를 수행하였다.

2. 추진 목적
- NGIS 2000년 국책사업 감사원 감사 시 PBLIS와 LMIS가 중복사업으로 지적
- 두 시스템을 하나의 시스템으로 통합 권고
- PBLIS와 LMIS의 기능을 모두 포함하는 통합시스템 개발
- 통합시스템은 3계층 구조로 구축(3Tier System)
- 도형 DB 엔진 전면수용 개발(고딕, SDE, ZEUS 등)
- 지적측량, 지적측량 성과작성 업무도 포함
- 실시간 민원처리 업무가 가능하도록 구축

48 토지정보체계의 데이터 모델 생성과 관련된 개체(Entity)와 객체(Object)에 대한 설명이 틀린 것은?

15②산

① 개체는 서로 다른 개체들과의 관계성을 가지고 구성된다.
② 개체는 데이터 모델을 이용하여 정량적인 정보를 갖게 된다.
③ 객체는 컴퓨터에 입력된 이후 개체로 불린다.
④ 객체는 도형과 속성정보 이외에도 위상정보를 갖게 된다.

해설

- 객체(Object) : 최근의 프로그래밍은 예전의 구조적 방식에서 탈피하여 '객체 지향적 프로그래밍(OOP ; Object Oriented Programming)'이 주를 이루고 있다. 여기에는 최근에 인기를 끄는 Visual C^{++}, C$^{\#}$, Java 언어 등이 대표적이다. 즉, 객체지향 언어는 모듈(하나의 작은 단위)을 객체 단위로 하여 작성하기 쉽도록 하며, 객체 간의 인터페이스와 상속 기능을 통하여 객체 단위를 효율적으로 재사용할 수 있는 체계를 제공한다. 객체지향 프로그래밍에서 객체는, 프로그램 설계 단계에서 최초로 생각해야 할 부분이다.
각각의 객체는 특정 클래스 또는 그 클래스의 자체 메소드나 프로시저, 데이터 변수를 가지고 있는 서브클래스가 실제로 구현된 것으로 '인스턴스(Instance)'가 된다. 결과적으로 객체(Object)는 실제로 컴퓨터 내에서 수행되는 모든 것을 의미한다.

• 개체(Entity) : 관계형 데이터베이스에서 개체(Entity)는 표현하려는 유형, 무형의 실체로서 서로 구별되는 것을 의미한다. 하나의 개체는 하나 이상의 속성(Attribute)으로 구성되고 각 속성은 그 개체의 특성이나 상태를 설명한다. 학생(Student) 테이블을 살펴보자.

Attribute

학번 (SNO)	이름 (SNAME)	학년 (YEAR)	학과 (MAJOR)
100	가나다	2	컴퓨터
200	이그림	3	그래픽
300	박통해	1	통신
400	김자바	4	컴퓨터
500	정보인	3	인터넷

Entity Type
Entity Set
Entity Instance

관계형 데이터베이스에서는 테이블의 관계를 릴레이션(Relation)이라 한다.
속성(Attribute)은 데이터의 가장 작은 논리적인 단위로 학번, 이름, 학년, 전공이 해당하고 개체가 가질 수 있는 특성을 나타내며 필드(Field)라고도 한다. 또한 레코드는 튜플(Tuple)이라 한다.
학생 테이블에서 가질 수 있는 실질적인 값을 개체 인스턴스(Entity Instance)라고 하고 이것들의 집합을 개체 집합(Entity Set)이라 한다.

49 다음을 Run-length 코드 방식으로 표현하면 어떻게 되는가?
22②기

A	A	A	B
B	B	B	B
B	C	C	A
A	A	B	B

① 3A6B2C3A2B
② 1B3A4B1A2C3B2A
③ 1A2B2A1B1C2A1B1C3B1A1B
④ 2B1A1B1A1B1C1B1A1B1C2A2B1A

Run-length 코드기법	• 각 행마다 왼쪽에서 오른쪽으로 진행하면서 동일한 수치를 갖는 셀들을 묶어 압축시키는 방법이다. • Run이란 하나의 행에서 동일한 속성값을 갖는 격자를 말한다. • 동일한 속성값을 개별적으로 저장하는 대신 하나의 Run에 해당되는 속성값이 한 번만 저장되고 Run의 길이와 위치가 저장되는 방식이다.
사지수형 (Quadtree) 기법	• Run-length 코드기법과 함께 많이 쓰이는 자료압축기법이다. • 크기가 다른 정사각형을 이용하여 Run-length 코드보다 더 많은 자료의 압축이 가능하다. • 전체 대상지역에 대하여 하나 이상의 속성이 존재할 경우 전체 지도는 4개의 동일한 면적으로 나누어지는데 이를 Quadrant라 한다.
블록코드 (Block Code) 기법	• Run-length 코드기법에 기반을 둔 것으로 정사각형으로 전체 객체의 형상을 나누어 데이터를 구축하는 방법이다. • 자료구조는 원점으로부터의 좌표 및 정사각형의 한 변의 길이로 구성되는 세 개의 숫자만으로 표시가 가능하다.
체인코드 (Chain Code) 기법	• 대상지역에 해당하는 격자들의 연속적인 연결상태를 파악하여 동일한 지역의 정보를 제공하는 방법이다. • 자료의 시작점에서 동서남북으로 방향을 이동하는 단위거리를 통해서 표현한다.

50 벡터자료를 래스터자료로 자료 변환하는 것은?
20④기

① 섹션화　　　　② 필터링
③ 벡터라이징　　④ 래스터라이징

래스터화(Rasterization)방법
벡터구조를 동일면적의 격자로 나눈 후 격자의 중심에 해당하는 폴리곤의 속성값을 각각의 격자에 부여한다.

벡터화(Vectorization)방법

각각의 격자가 가지는 속성을 확인하여 동일한 속성을 갖는 격자들로서 폴리곤을 형성한 다음 해당 폴리곤에 속성값을 부여한다.

※ 래스터데이터를 벡터데이터 구조로 변환하는 과정인 벡터라이징이 반대로 벡터데이터를 래스터데이터 구조로 변환하는 래스터라이징보다 정확도가 더 좋다.

51 지적행정시스템의 개발목표와 거리가 먼 것은?

15①산

① 지적전산처리절차의 개선
② 업무편리성 및 행정효율성 제고
③ 궁극적으로 유관기관과의 시스템 분리
④ 부동산종합정보관리체계의 기반 구축

해설

지적행정시스템은 지적정보의 공동활용으로 인한 지적정보연계, 지적전산처리절차의 개선, 유관기관시스템과의 전산화로 인한 연계기반 구축을 목표로 하여 개발되었으며, 지적행정시스템에서 관리하는 지적공부는 토지(임야)대장, 공유지연명부, 대지권등록부로 규정할 수 있다. 해당 지적공부를 필지단위로 연속성 있게 관리하며, 토지의 이동사항과 소유권의 변경사항을 지적공부에 등록함으로써 토지(임야)대장에 대한 재산권을 행사할 수 있으며, 토지(임야)대장 등본/열람, 대지권등록부등본/열람 등의 민원서비스를 제공하는 시스템이다.

52 토지정보체계와 지리정보체계에 대한 설명으로 옳지 않은 것은?

16①산

① 토지정보체계의 공간정보단위는 필지다.
② 지리정보체계의 축척은 소축척이다.
③ 토지정보체계의 기본도는 지형도이다.
④ 지리정보체계는 경사, 고도, 환경, 토양, 도로 등이 기반 정보로 운영된다.

해설

LIS와 GIS의 비교

LIS	구분	GIS
지적도를 기반으로 소유권, 이해관계, 토지이용, 과세자료 등 지적정보를 대상으로 하는 위치참조체계	개념	지형도를 기반으로 하는 자원, 교통, 환경 등 공간상에 분포하고 있는 제반요소에 대한 위치참조체계
필지(Parcel)	공간 기본 단위	지역 · 구역
대축척 · 지적도	축척 및 기본도	소축척 · 지형도 (지형 · 지물)
높다. (cm, dm(1/10m), mm)	정확도	낮다. (축척에 따라 높을 수 있음)
즉시(Real-time)	정보의 갱신	비정규적(2~5년)
토지이용의 최소단위(필지)	세분 정도	보편적(지역범위)
정확한 관청의 과업을 수행하기 위한 관공서의 중요한 영구자료	자료 수집의 목적	대규모 사업설계도/ 도시 및 지역계획 수립 등에 의사결정 자료 확보
영구보존	자료의 수명	사업 종료 시 (필요에 따라 영구히 보존 가능)
도형자료(래스터 · 벡터), 속성자료(대장)	자료 구조	도형자료(래스터 · 벡터), 속성자료
필지중심 자료 • 토지소재, 지번, 지목, 경계, 면적 • 권리관계(지적/등기) • 가치정보 (개별공시지가)	정보 내용	지형중심 자료 • 지형, 경사, 고도 • 환경, 토양, 토지이용 • 도로, 구조물 등
자료관리 · 제공 (법적 · 제도적 토대)	시스템 장점	자료분석

53 OGC(Open GIS Consortium 또는 Open Geodata Consortium)에 대한 설명으로 틀린 것은?

21①기

① 지리정보를 객체지향적으로 정의하기 위한 명세서라 할 수 있다.
② 지리정보와 관련된 여러 처리방식에 대하여 개방형 시스템적인 접근을 시도하였다.
③ 지리정보를 활용하고 관련 응용분야를 주요 업무로 하고 있는 공공기관 및 민간기관으로 구성된 컨소시엄이다.
④ OGIS(Open GIS)를 개발하고 추진하는 데 필요한 합의된 절차를 정립할 목적으로 비영리의 협회형태로 설립되었다.

해설

OGC(Open GIS Consortium)
세계 각국의 산업계, 정부 및 학계가 주축이 되어 1994년 8월 지리정보를 상호 운용이 가능하게 하기 위해 기술적, 상업적 접근을 촉진하기 위해 조직된 비영리 단체이다.

1. 비영리 단체
1994년 8월 설립되었으며, GIS 관련 기관과 업체를 중심으로 하는 비영리 단체이다.

• Principal(영리기관)
• Associate(비영리기관)
• Strategic(전략기관)
• Technical(기술기관)
• University(대학기관) 회원으로 구분된다.

대부분의 GIS 관련 소프트웨어, 하드웨어 업계와 다수의 대학이 참여하고 있다.
예 ORACLE, SUN, ESRI, Microsoft, USGS, NIMA 등

2. 실무 조직 구성
기술위원회(Technical Committee)에

• Core Task Force(주업무)
• Domain Task Force(도메인업무)
• Revision Task Force(개정업무) 등 3개의 테스크 포스(Task Force)가 있다.

이 곳에서 Open GIS 추상명세와 구현명세의 RFP 개발 및 검토 그리고 최종명세서 개발작업을 담당하고 있다.

3. OGC의 표준화
① 개방형 지리자료 상호운용성 사양(OGIS : Open Geodata Interoperability Specification)을 통해 각각 다른 GIS시스템 간의 연계가 이루어져 상호 운용될 수 있는 표준화된 모듈개발을 목적으로 하고 있다.

② 서로 다른 환경에서 만들어져 분산·저장되어 있는 다양한 지리정보에 사용자들이 접근하여 자료를 처리할 수 있도록 하는 기술개발에 초점을 두고 있다.
③ OGIS에서 핵심을 둔 부분은 개방적 분산환경에서 운용되는 GIS 소프트웨어의 기본 구조를 개발하고, 개방형 GIS 컴포넌트 인터페이스 사양표준을 재정하려는 것이다.
④ 상호 운용이 가능한 컴포넌트를 개발할 수 있도록 개방형 인터페이스 사양을 제공한다.
⑤ GIS 산업계의 표준으로서 표준적인 명세를 통해 이기종 간 상호 운용성 확보와 GIS 업계의 표준을 지향한다.

• 개방형 지리자료모델 : 지구와 지표면의 현상을 수학적, 개념적으로 수치화
• GIS 서비스 모델 : 지리자료에 대한 관리, 조작, 접근, 표현 등의 공통사양모델 작성
• 정보 커뮤니티 모델 : 기술적, 제도적 상호 불운용성을 해결하기 위한 개방형 지리자료 모델과 OGIS 서비스 모델

⑥ OGC의 표준화 사양
• 추상사양
• 구현사양

54 토지정보시스템에서 필지식별번호의 역할로 옳은 것은?

20①,②산

① 공간정보에서 기호의 작성
② 공간정보의 자료량의 감소
③ 속성정보의 자료량의 감소
④ 공간정보와 속성정보의 링크

해설

다목적지적의 5대 구성요소

측지기본망 (Geodetic Reference Network)	토지의 경계선과 측지측량이나 그 밖의 토지 및 토지 관련 자료와 지형 간의 상관관계를 형성한다. 지상에 영구적으로 표시되어 지적도상에 등록된 경계선을 현지에 복원할 수 있는 정확도를 유지할 수 있는 기준점 표지의 연결망을 말하는데 서로 관련 있는 모든 지역의 기준점이 단일의 통합된 네트워크여야 한다.
기본도 (Base Map)	측지기본망을 기초로 하여 작성된 도면으로서 지도 작성에 기본적으로 필요한 정보를 일정한 축척의 도면 위에 등록한 것으로 변동사항과 자료를 수시로 정비하여 최신화시켜 사용될 수 있어야 한다.

지적중첩도 (Cadastral Overlay)	측지기본망과 기본도와 연계하여 활용할 수 있고 토지소유권에 관한 현재 상태의 경계를 식별할 수 있도록 일필지 단위로 등록한 지적도, 시설물, 토지이용, 지역구도 등을 결합한 상태의 도면을 말한다.
필지식별번호 (Unique Parcel Identification Number)	각 필지별 등록사항의 조직적인 저장과 수정을 용이하게 각 정보를 인식·선정·식별·조정하는 가변성이 없는 토지의 고유번호를 말하는데 지적도의 등록사항과 도면의 등록사항을 연결시켜 자료파일의 검색 등 색인번호의 역할을 한다. 이러한 필지식별번호는 토지평가, 토지의 과세, 토지의 거래, 토지이용계획 등에서 활용되고 있다.
토지자료파일 (Land Data File)	토지에 대한 정보검색이나 다른 자료철에 있는 정보를 연결시키기 위한 목적으로 만들어진 각 필지의 식별번호를 포함한 일련의 공부 또는 토지자료철을 말하는데 과세대장, 건축물대장, 천연자원기록, 토지이용, 도로, 시설물대장 등 토지 관련 자료를 등록한 대장을 뜻한다.

55 지적도 전산화 작업의 목적으로 옳지 않은 것은?

20①,②산

① 대민서비스의 질적 향상 도모
② 지적측량 위치정확도 향상 도모
③ 토지정보시스템의 기초 데이터 활용
④ 지적도면의 신축으로 인한 원형 보관 관리의 어려움 해소

◉해설

지적도 전산화의 목적
• 국가지리정보사업에 기본정보로 관련 기관의 다목적 활용을 위한 기반 조성
• 지적도면의 신축으로 인한 원형 보관, 관리의 어려움 해소
• 지적관련 민원사항의 신속·정확한 처리
• 토지소유권 등 변동자료의 신속한 파악과 관리
• 토지 관련 정책자료의 다목적 활용

56 벡터 데이터의 기본요소와 거리가 먼 것은?

16③산

① 면 ② 높이
③ 점 ④ 선

◉해설

벡터 구조의 기본요소
• 점(Point) : 점은 차원이 존재하지 않으며 대상물의 지점 및 장소를 나타내고 기호를 이용하여 공간형상을 표현한다.
• 선(Line) : 선은 가장 간단한 형태로 1차원 대상물은 두 점을 연결한 직선이다. 대축척(면사상), 소축척(선사상)으로 지적도, 임야도의 경계선을 나타내는 데 효과적이다. Arc, String, Chain이라는 다양한 용어로도 사용된다.
• 면(Area) : 면은 경계선 내의 영역을 정의하고 면적을 가지며 호수, 삼림을 나타내고 지적도의 필지, 행정구역이 대표적이다.

구분	내용
Point	• 기하학적 위치를 나타내는 0차원 또는 무차원 정보이다. • 절점(Node)은 점의 특수한 형태로 0차원이고 위상적 연결이나 끝점을 나타낸다. • 최근린방법 : 점 사이의 물리적 거리를 관측한다. • 사지수(Quadrat)방법 : 대상영역의 하부 면적에 존재하는 점의 변이를 분석한다.
Line	• 1차원 표현으로 두 점 사이 최단거리를 의미한다. • 형태 : 문자열(String), 호(Arc), 사슬(Chain) 등이 있다. • 문자열(String) : 연속적인 Line Segment(두 점을 연결한 선)를 의미하며 1차원적 요소이다. • 호(Arc) : 수학적 함수로 정의되는 곡선을 형성하는 점의 궤적이다. • 사슬(Chain) : 각 끝점이나 호가 상관성이 없을 경우 직접적인 연결, 즉 체인은 시작노드와 끝노드에 대한 위상정보를 가지며 자치꼬임이 허용되지 않는 위상기본요소를 의미한다.
Area	• 면(面, Area) 또는 면적(面積)은 한정되고 연속적인 2차원적 표현이다. • 모든 면적은 다각형으로 표현한다.

57 시·군·구(지자체가 아닌 구 포함) 단위의 지적공부에 관한 지적전산자료의 이용 및 활용에 관한 승인권자로 옳은 것은?

19②산

① 광역시장 ② 시·도지사
③ 지적소관청 ④ 국토교통부장관

◉해설

공간정보의 구축 및 관리 등에 관한 법률 제76조(지적전산자료의 이용 등)
① 지적공부에 관한 전산자료(연속지적도를 포함하며, 이하 "지적전산자료"라 한다)를 이용하거나 활용하려는 자는 다음 각 호의 구분에 따라 국토교통부장관, 시·도지사 또는 지적소관청에 지적전산자료를 신청하여야 한다.

1. 전국 단위의 지적전산자료 : 국토교통부장관, 시 · 도 지사 또는 지적소관청
2. 시 · 도 단위의 지적전산자료 : 시 · 도지사 또는 지적소관청
3. 시 · 군 · 구(자치구가 아닌 구를 포함한다) 단위의 지적전산자료 : 지적소관청

② 제1항에 따라 지적전산자료를 신청하려는 자는 대통령령으로 정하는 바에 따라 지적전산자료의 이용 또는 활용 목적 등에 관하여 미리 관계 중앙행정기관의 심사를 받아야 한다. 다만, 중앙행정기관의 장, 그 소속 기관의 장 또는 지방자치단체의 장이 신청하는 경우에는 그러하지 아니하다. 〈개정 2017. 10. 24.〉

③ 제2항에도 불구하고 다음 각 호의 어느 하나에 해당하는 경우에는 관계 중앙행정기관의 심사를 받지 아니할 수 있다. 〈개정 2017. 10. 24.〉

1. 토지소유자가 자기 토지에 대한 지적전산자료를 신청하는 경우
2. 토지소유자가 사망하여 그 상속인이 피상속인의 토지에 대한 지적전산자료를 신청하는 경우
3. 「개인정보 보호법」 제2조 제1호에 따른 개인정보를 제외한 지적전산자료를 신청하는 경우

④ 제1항 및 제3항에 따른 지적전산자료의 이용 또는 활용에 필요한 사항은 대통령령으로 정한다.

58 위성영상의 기준점 자료를 이용하여 영상소를 재배열하는 보간법이 아닌 것은? 18②산

① Bicubic 보간법
② Shape Weighted 보간법
③ Nearest Neighbor 보간법
④ Inverse Distance Weighting 보간법

◉해설

1. 가장 인접한 이웃화소 보간법(Nearest Neighbor Inter-polation)
   • 출력 화소로 생성된 주소에 가장 가까운 원시 화소를 출력 화소로 할당하는 원리
   • 처리속도가 빠르나, 영상을 바뀌게 하는 커다란 요소가 된다는 단점
   • 새로운 화소값을 계산할 수 없어서 그만큼 입력화소 안에서 찾아야 하므로 오류가 존재
   • 하나의 입력 화소에 대응하는 출력 화소들의 수가 크면 클수록 영상의 질이 저하

2. 양선형 보간법(Bilinear Interpolation)
   • 새롭게 생성된 화소의 값이 네 개의 가장 가까운 화소들에 가중치를 곱한 값이 됨
   • 가중치는 선형적으로 결정되며, 각각 가중치는 각각의 존재하는 화소로부터의 거리에 정비례
   • 가장 인접한 이웃화소 보간법보다 더 매끄러운 영상이 생성
   • 3개에 이르는 화소 보간법이라는 계산시간 때문에 가장 인접한 이웃화소 보간법보다는 상당히 많은 계산 요구

3. 3차 회선 보간법(Cubic Interpolation)
   • 4×4의 이웃화소를 참조하여 보간하는 방법
   • 양선형 보간법보다 화질은 더 좋아지나 계산시간이 더 소요

4. B-스플라인 보간법(B-Spline Interpolation)
   • 이상적인 보간함수는 저주파 통과필터이고, B-스플라인 함수는 상당히 좋은 저주파 통과필터임
   • 보간 함수들의 가장 스무딩한 것을 산출

59 1970년대에 우리나라 정부가 지정한 지적전산화 업무의 최초 시행지역은? 19③산

① 서울
② 대전
③ 대구
④ 부산

◉해설

대전광역시 2개구에서 지적전산화업무의 시범사업으로 대장 전산화업무를 시행하였으며, 입력사항은 토지표시사항, 소유권표시사항, 기타사항 등이 있다.

60 GIS 데이터의 표준화 유형에 해당하지 않는 것은? 22②기

① 데이터 모형(Data Model)의 표준화
② 데이터 내용(Data Content)의 표준화
③ 데이터 정책(Data Institute)의 표준화
④ 위치 참조(Location Reference)의 표준화

◉해설

표준화
표준이란 개별적으로 얻어질 수 없는 것들을 공통적인 특성을 바탕으로 일반화하여 다수의 동의를 얻어 규정하는 것으로 GIS 표준은 다양하게 변화하는 GIS 데이터를 정의하고 만들거나 응용하는 데 있어서 발생되는 문제점을 해결하기 위해 정의되었다. GIS 표준화는 보통 다음의 7가지 영역으로 분류될 수 있다.

표준화 요소 ⓜⓞⓣ ⓠⓦⓢⓙ

내적 요소	Data Model의 표준화	공간데이터의 개념적이고 논리적인 틀이 정의된다.
	Data Content의 표준화	다양한 공간 현상에 대하여 데이터 교환에 대해 필요한 데이터를 얻기 위한 공간 현상과 관련 속성 자료들이 정의된다.
	Metadata의 표준화	사용되는 공간데이터의 의미, 맥락, 내외부적 관계 등에 대한 정보로 정의된다.
외적 요소	Data Quality의 표준화	만들어진 공간데이터가 얼마나 유용하고 정확한지, 의미가 있는지에 대한 검증 과정으로 정의된다.
	Location Reference의 표준화	공간데이터의 정확성, 의미, 공간적 관계 등을 객관적인 기준(좌표체계, 투영법, 기준점 등)에 의해 정의된다.
	Data Collection의 표준화	공간데이터를 수집하기 위한 방법을 정의한다.
	Data Exchange의 표준화	만들어진 공간데이터가 Exchange 또는 Transfer 되기 위한 데이터 모델구조, 전환방식 등으로 정의된다.

Subject 04 지적학

61 지적제도에서 채택하고 있는 토지등록의 일반 원칙이 아닌 것은? 19①산

① 등록의 직권주의
② 실질적 심사주의
③ 심사의 형식주의
④ 적극적 등록주의

● 해설

토지등록의 원칙

등록의 원칙 (登錄의 原則)	토지에 관한 모든 표시사항을 지적공부에 반드시 등록하여야 하며 토지의 이동이 이루어지려면 지적공부에 그 변동사항을 등록하여야 한다는 토지등록의 원칙으로 토지표시의 등록주의(登錄主義, Booking Principle)라고 할 수 있다. 적극적 등록제도(Positive System)와 법지적(Legal Cadastre)을 채택하고 있는 나라에서 적용하고 있는 원리로서 토지의 모든 권리의 행사는 토지대장 또는 토지등록부에 등록하지 않고는 모든 법률상의 효력을 갖지 못하는 원칙으로 형식주의(Principle of Formality) 규정이라고 할 수 있다.
신청의 원칙 (申請의 原則)	토지의 등록은 토지소유자의 신청을 전제로 하되 신청이 없을 때는 직권으로 직접 조사하거나 측량하여 처리하도록 규정하고 있다.
특정화의 원칙 (特定化의 原則)	토지등록제도에서 특정화의 원칙(Principle of Speciality)은 권리의 객체로서 모든 토지는 반드시 특정적이면서도 단순하며 명확한 방법에 의하여 인식될 수 있도록 개별화함을 의미하는데, 이 원칙이 실제적으로 지적과 등기의 관련성을 성취시켜 주는 열쇠가 된다.
국정주의 및 직권주의 (國定主義 및 職權主義)	• 국정주의(Principle of National Decision) : 지적공부의 등록사항인 토지의 지번, 지목, 경계, 좌표, 면적의 결정은 국가의 공권력에 의하여 국가만이 결정할 수 있는 원칙이다. • 직권주의 : 모든 필지는 필지 단위로 구획하여 국가기관인 소관청이 직권으로 조사·정리하여 지적공부에 등록·공시하여야 한다는 원칙이다.
공시의 원칙, 공개주의 (公示 原則, 公開主義)	토지등록의 법적 지위에 있어서 토지이동이나 물권의 변동은 반드시 외부에 알려야 한다는 원칙을 공시의 원칙(Principle of Public Notification) 또는 공개주의(Principle of Publicity)라고 한다. 토지에 관한 등록사항을 지적공부에 등록하여 일반인에게 공시하여 토지소유자는 물론 이해관계자 및 기타 누구나 이용할 수 있도록 하는 것이다.
공신의 원칙 (公信의 原則)	공신의 원칙(Principle of Public Confidence)은 물권의 존재를 추측하게 하는 표상, 즉 공시 방법을 신뢰하여 거래한 자는 비록 그 공시 방법이 진실한 권리관계에 일치하고 있지 않더라도 그 공시된 대로의 권리를 인정하여 이를 보호하여야 한다는 것이다. 즉, 공신의 원칙은 선의의 거래자를 보호하여 진실로 그러한 등기 내용과 같은 권리관계가 존재한 것처럼 법률 효과를 인정하려는 법률 법칙을 말한다.

62 근대적 세지적의 완성과 소유권제도의 확립을 위한 지적제도 성립의 전환점으로 평가되는 역사적인 사건은? 18②산

① 솔리만 1세의 오스만제국 토지법 시행
② 윌리엄 1세의 영국 둠즈데이 측량 시행
③ 나폴레옹 1세의 프랑스 토지관리법 시행
④ 디오클레시안 황제의 로마제국 토지 측량 시행

■ 해설

나폴레옹 지적

프랑스는 근대적인 지적제도의 발생 국가로서 오랜 역사와 전통을 자랑하고 있다. 특히 근대 지적제도의 출발점이라 할 수 있는 나폴레옹 지적이 발생한 나라로 나폴레옹 지적은 둠즈데이북 등과 세지적의 근거로 제시되고 있다. 현재 프랑스는 중앙정부, 시·도, 시·군 단위의 3단계 계층구조로 지적제도를 운영하고 있으며 1900년대 중반 지적재조사사업을 실시하였고 지적 전산화가 비교적 잘 이루어진 나라이다.

1. 프랑스 지적제도의 창설
   • 창설 주체 : 자국
   • 창설 연대 : 1808~1850
   • 제도수립 소요기간 : 약 40년
   • 지적의 역사 : 약 200년
   • 창설 목적 : 토지에 대한 과세목적

2. 나폴레옹 지적
   • 시민혁명 후 초대황제로 등극한 나폴레옹에 의해 1807년 나폴레옹 지적법이 제정되었다.
   • 1808~1850년까지 군인과 측량사를 동원하여 전국에 걸쳐 실시한 지적측량 성과에 의해 완성되었다.
   • 나폴레옹은 측량위원회를 발족시켜 전 국토에 대한 필지별 측량을 실시하고 생산량과 소유자를 조사하여 지적도와 지적부를 작성하여 근대적인 지적제도를 창설하였다.(측량위원회 위원장 : Delambre - 수학자이자 미터법의 창안자)
   • 세금 부과를 목적으로 하였다.
   • 이후 나폴레옹의 영토 확장으로 유럽 전역의 지적제도의 창설에 직접적인 영향을 미쳤다.
   • 도해적인 방법으로 이루어졌다.

63 토지조사사업 당시 분쟁지 조사를 하였던 분쟁의 원인으로 가장 거리가 먼 것은? 15①산

① 토지 소속의 불명확   ② 권리증명의 불분명
③ 역둔토 정리의 미비   ④ 지적측량의 미숙

■ 해설

분쟁지 조사

조선 후기 양반이나 권문세족의 수탈을 피하기 위하여 궁방토에 투탁하는 경우가 많았는데 이로 인하여 역둔토조사나 토지조사사업 당시 국유지에 대한 소유권 분쟁과 민유지에 대하여도 권문세족과의 분쟁이 빈번하였다. 또한 토지의 경계에 대하여도 명확한 지형지물이 없는 경우 분쟁이 있었다. 토지소유권에 관한 다툼이 있을 경우 일단 화해를 유도하고, 화해가 이루어지지 않은 경우에는 분쟁지로 처리하여 분쟁지 심사위원회에서 그 소유권을 결정하였다.
• 외업조사, 내업조사, 분쟁지심사위원회 심사

64 우리나라 지적제도에 토지대장과 임야대장이 2원적(二元的)으로 있게 된 가장 큰 이유는? 21②기

① 측량기술이 보급되지 않았기 때문이다.
② 삼각측량에 시일이 너무 많이 소요되었기 때문이다.
③ 토지나 임야의 소유권 제도가 확립되지 않았기 때문이다.
④ 우리나라의 지적제도가 조사사업별 구분에 의하여 하였기 때문이다.

■ 해설

구분	토지조사사업	임야조사사업
근거법령	토지조사령 (1912.8.13. 제령 제2호)	조선임야조사령 (1918.5.1. 제령제5호)
조사기간	1910~1918(8년 10개월)	1916~1924(9개년)
측량기관	임시토지조사국	부(府)와 면(面)
사정기관	임시토지조사국장	도지사
재결기관	고등토지조사위원회	임야심사위원회
조사내용	토지소유권 토지가격 지형, 지모	토지소유권 토지가격 지형, 지모
조사대상	전국에 걸친 평야부 토지 낙산 임야	토지조사에서 제외된 토지 산림 내 개재지(토지)
도면축척	1/600, 1/1,200, 1/2,400	1/3,000, 1/6,000
기선측량	13개소	

65 우리나라의 지적에 수치지적이 시행되기 시작한 연대는? 15②산

① 1950년
② 1976년
③ 1980년
④ 1986년

해설

1. 지적법 제정(1950.12.1 법률 제165호)
2. 지적법 제1차 개정(1961.12.8 법률 제829호)

개정	• 지적공부를 비치기관을 「세무서」에서 「서울특별시 또는 시·군」으로 개정 • 「토지에 대한 지세」를 「재산세, 농지세」로 개정
삭제	토지대장의 등록사항 중 「질권자의 주소·성명·명칭 등」의 등록규정을 삭제
시행	이 법은 1962년 1월 1일부터 시행한다.

3. 지적법 제2차 전문개정(1975.12.31 법률 제2801호)

규정	• 지적법의 입법목적을 규정 • 지적공부·소관청·필지·지번·지번지역·지목 등 지적에 관한 용어의 정의를 규정 • 시·군·구에 토지대장, 지적도, 임야대장, 임야도 및 수치지적도를 비치 관리하도록 하고 그 등록사항을 규정 • 동과 군의 읍·면에 토지대장 부본 및 지적약도와 임야대장 부본 및 임야약도를 작성·비치하도록 규정 • 토지소유자의 등록번호를 등록하도록 규정 • 경계복원측량·현황측량 등을 지적측량으로 규정 • 지적측량업무의 일부를 지적측량을 주된 업무로 하여 설립된 비영리법인에게 대행시킬 수 있도록 규정

66 토지를 등록하는 기술적 행위에 따라 발생하는 효력과 가장 관계가 먼 것은? 17②산

① 공정력
② 구속력
③ 추정력
④ 확정력

해설

토지등록(土地登錄)의 효력(效力)

행정 처분의 구속력 (拘束力)	행정처분의 구속력은 행정행위가 법정 요건을 갖추어 행하여진 경우에는 그 내용에 따라 상대방과 행정청을 구속하는 효력, 즉 토지등록의 행정처분이 유효하는 한 정당한 절차 없이 그 존재를 부정하거나 효력을 기피할 수 없다는 효력을 말한다.

토지 등록의 공정력 (公正力)	공정력은 토지 등록에 있어서의 행정처분이 유효하게 성립하기 위한 요건을 완전히 갖추지 못하여 하자가 있다고 인정될 때라도 절대 무효인 경우를 제외하고는 그 효력을 부인할 수 없는 것으로서 무효자 추정 또는 적법성이 추정되는 것으로 일단 권한 있는 기관에 의하여 취소되기 전에는 상대방 또는 제3자도 이에 구속되고 그 효력을 부정하지 못함을 의미한다.
토지 등록의 확정력 (確定力)	확정력이란 행정행위의 불가쟁력(不可爭力)이라고도 하는데 확정력은 일단 유효하게 등록된 사항은 일정한 기간이 경과한 뒤에는 그 상대방이나 이해관계인은 그 효력을 다툴 수 없을 뿐만 아니라 소관청 자신도 특별한 사유가 없는 한 그 처분 행위를 다룰 수 없는 것이다.
토지 등록의 강제력 (強制力)	강제력은 지적측량이나 토지 등록 사항에 대하여 사법권의 힘을 빌릴 것이 없이 행정청 자체의 명의로서 자력으로 집행할 수 있는 강력한 효력으로 강제집행력(強制執行力)이라고도 한다.

67 지적을 아래와 같이 정의한 학자는? 21②기

> 지적은 과세의 기초자료를 제공하기 위하여 한 나라의 부동산의 규모와 가치 및 소유권을 등록하는 제도이다.

① A. Toffler
② G. McEntyre
③ S. R. Simpson
④ Henssen, J. L. G.

해설

학자	지적 정의
원영희 (1979)	국토의 전반에 걸쳐 일정한 사항을 국가 또는 국가의 위임을 받은 기관이 등록하여 이를 국가 또는 국가가 지정하는 기관에 비치하는 기록
강태석 (1984)	지표면·공간 또는 지하를 막론하고 재산적 가치가 있는 모든 부동산에 대한 물건을 지적측량에 의하여 체계적으로 등록하고 계속적으로 유지·관리하기 위한 국가의 관리행위
최용규 (1990)	자기영토의 토지 현상을 공적으로 조사하여 체계적으로 등록한 데이터로 모든 토지 활동의 계획 관리에 이용되는 토지정보원
유병찬 (2002)	토지에 대한 물리적 현황과 법적 권리관계, 제한사항 및 의무사항 등을 등록공시하는 필지중심의 토지정보시스템
J. L. G. Henssen (1974)	국내의 모든 부동산에 관한 자료를 체계적으로 정리하여 등록하는 것으로 어떤 국가나 지역에 있어서 소유권과 관계된 부동산에 관한 데이터를 체계적으로 정리하여 등록하는 것
S. R. Simpson (1976)	과세의 기초로 제공하기 위하여 한 국가 내의 부동산의 면적이나 소유권 및 그 가격을 등록하는 공부

J. G. Mc Entyre (1985)	토지에 대한 법률상 용어로서 세부과를 위한 부동산의 양·가치 및 소유권의 공적 등록
P. Dale (1988)	법적 측면에서는 필지에 대한 소유권의 등록이고, 조세 측면에서는 필지의 가치에 대한 재산권의 등록이며, 다목적 측면에서는 필지의 특성에 대한 등록
來璋 (1981)	토지의 위치, 경계, 종류, 면적, 권리상태 및 사용상태 등을 기재한 두책(圖册)

68 토지 표시사항 중 물권객체를 구분하여 표상(表象)할 수 있는 역할을 하는 것은? 18②산

① 경계 ② 지목
③ 지번 ④ 소유자

● 해설

지번

지번(parcel number or lot number)이라 함은 필지에 부여하여 지적공부에 등록한 번호로서 국가(지적소관청)가 인위적으로 구획된 1필지별로 1지번을 부여하여 지적공부에 등록하는 것으로 토지의 고정성과 개별성을 확보하기 위하여 지적소관청이 지번부여지역인 법정 동·리 단위로 기번하여 필지마다 아라비아 숫자로 순차적으로 연속하여 부여한 번호를 말한다.

1. 지번의 특성
   지번은 특정성, 동질성, 종속성, 불가분성, 연속성을 가지고 있다. 지번부여지역에 속한 필지들은 지번에 의해 개별성을 보장받게 되기 때문에 지번은 특정성을 지니게 되며, 단식지번과 성질상 부번이 없는 단식지번이 복식지번보다 우세한 것 같지만 지번으로서의 역할에는 하등과 우열의 경중이 없으므로 지번은 유형과 크기에 관계없이 동질성을 지니게 된다. 또한 지번은 부여지역 및 이미 설정된 지번 등에 의해 형성되기 때문에 종속성을 지니게 된다. 지번은 물권변동 또는 설정에 따른 각 권리에 의해 분리되지 않는 불가분성을 지니게 된다.
2. 지번의 기능
   ① 필지를 구별하는 개별성과 특정성의 기능을 갖는다.
   ② 거주지 또는 주소표기의 기준으로 이용된다.
   ③ 위치파악의 기준으로 이용된다.
   ④ 각종 토지관련 정보시스템에서 검색키(식별자·색인키)로서의 기능을 갖는다.

공간정보의 구축 및 관리 등에 관한 법률 제2조(정의)
이 법에서 사용하는 용어의 뜻은 다음과 같다.

20. "토지의 표시"란 지적공부에 토지의 소재·지번(地番)·지목(地目)·면적·경계 또는 좌표를 등록한 것을 말한다.
21. "필지"란 대통령령으로 정하는 바에 따라 구획되는 토지의 등록단위를 말한다.
22. "지번"이란 필지에 부여하여 지적공부에 등록한 번호를 말한다.

69 지계 발행 및 양전사업의 전담기구인 지계아문을 설치한 연도로 옳은 것은? 16③산

① 1895년 ② 1901년
③ 1907년 ④ 1910년

● 해설

지계아문(地契衙門)

1901년 고종 때 지계아문 직원 및 처무규정에 의해 설치된 지적중앙관서로 관장업무는 지권(地券)의 발행, 양지 사무이다. 지계아문의 사업은 성격상 양지아문과 밀접한 관계가 있었고 지계발행사업의 방대함에 비추어 지계아문만이 전국의 지계사업을 전담하기에 벅찼다. 그래서 1902년 3월에 지계아문과 양지아문을 통합하였다. 즉, 지계가 발행되기 위해서는 토지대장에 의한 토지 소유권자의 확인이 필요하여 양전의 시행은 지계의 시행과 병행되어야 했다. 기구의 통합과 업무의 통합도 이루게 되어 지계발행과 양전을 새 통합기구인 지계아문에서 수행하게 되었다.
노일전쟁에 의한 일본 군대의 주둔과 제1차 한일 협약을 강요당하게 되어 지계 발행은 물론 양전사업 마저도 중단되고 말았으며, 새로 탁지부에 양지국을 신설하여 양전 업무를 담당시키고 지계 발행업무는 그 업무의 완료와 함께 당해 군으로 인계하여 1904년 4월 19일 지계아문은 폐지되었다.

70 대한제국 정부에서 문란한 토지제도를 바로잡기 위하여 시행하였던 근대적 공시제도의 과도기적 제도는? 22①기

① 등기제도 ② 양안제도
③ 입안제도 ④ 지계제도

● 해설

지계제도(地契制度)

지계는 전답의 소유에 대한 관의 인증으로 입안의 근대화로 볼 수 있으며 1901년 대한제국에서 과도기적으로 시행한 제도로 지계아문을 설치하고 각도에 지계감리를 두어 "대한제국전답관계(大韓帝國畓官契)"라는 지계를 발급하였다.
- 1883년 〈인천항 일본거류지 차입약서〉에 지권을 교부토록 하였으니 이것이 지계의 효시이다.
- 지계아문에서 토지의 측량과 지계를 발급하였다.
- 지계는 과거 입안과 같은 공증제도로 전답의 소유에 대한 관의 인증을 실시하였다.
- 지계발급의 3단계

제1단계	양전사업
제2단계	양전 당시 양안에 게재된 소유자와 현재 실소유자와 일치 확인과정(사정)
제3단계	사정의 내용에 기초하여 관계 발급

- 지계에는 양면이 모두 인쇄되고 8개항 규칙이 기록되어 있다.

71 필지의 정의로 옳지 않은 것은? 20③산

① 토지소유권 객체단위를 말한다.
② 국가의 권력으로 결정하는 자연적인 토지단위이다.
③ 하나의 지번이 부여되는 토지의 등록단위를 말한다.
④ 지적공부에 등록하는 토지의 법률적인 단위를 말한다.

◉해설

공간정보의 구축 및 관리 등에 관한 법률 제2조(정의)
이 법에서 사용하는 용어의 뜻은 다음과 같다.
21. "필지"란 대통령령으로 정하는 바에 따라 구획되는 토지의 등록단위를 말한다.
공간정보의 구축 및 관리 등에 관한 법률 시행령 제5조(1필지로 정할 수 있는 기준)
① 법 제2조 제21호에 따라 지번부여지역의 토지로서 소유자와 용도가 같고 지반이 연속된 토지는 1필지로 할 수 있다.
② 제1항에도 불구하고 다음 각 호의 어느 하나에 해당하는 토지는 주된 용도의 토지에 편입하여 1필지로 할 수 있다. 다만, 종된 용도의 토지의 지목(地目)이 "대"(垈)인 경우와 종된 용도의 토지 면적이 주된 용도의 토지 면적의 10퍼센트를 초과하거나 330제곱미터를 초과하는 경우에는 그러하지 아니하다.
  1. 주된 용도의 토지의 편의를 위하여 설치된 도로·구거(溝渠 : 도랑) 등의 부지
  2. 주된 용도의 토지에 접속되거나 주된 용도의 토지로 둘러싸인 토지로서 다른 용도로 사용되고 있는 토지

72 부동산의 증명제도에 대한 설명으로 옳지 않은 것은? 18①산

① 근대적 등기제도에 해당한다.
② 소유권에 한하여 그 계약 내용을 인증해 주는 제도였다.
③ 증명은 대한제국에서 일제 초기에 이르는 부동산등기의 일종이다.
④ 일본인이 우리나라에서 제한거리를 넘어서도 토지를 소유할 수 있는 근거가 되었다.

◉해설

토지증명제도(土地證明制度)
1. 의의
토지증명제도는 근대적인 공시방법인 등기제도에 해당하는 제도로서 토지소유의 한계를 마련하는 근거가 되었다. 즉, 당시 소유할 수 있는 토지는 거류지로부터 4km 이내로 제한하였다. 또한 증명제도는 증명부라는 공부를 작성하여 공시의 기능을 갖게 하였고, 실질적 심사주의 취하여 증명부의 신속도를 높임으로써 등기제도에 근접하게 되었다.
2. 증명발급
광무 10년(1906) 시행된 토지가옥증명규칙을 보면 물권변동 중 토지가옥을 매매, 증여, 교환, 전당할 경우에 한하여 그 계약서에 통수, 동장의 인증을 거친 후에 군수 또는 부윤의 증명을 받을 수 있으며 군수 또는 부윤은 토지가옥증명대장에 곧 그 증명을 한 사항을 기재해야 하고 이 대장은 군수, 부윤에게 신청하여 열람할 수 있다. 이의가 있는 자가 지체 없이 그 증명의 취소, 변경을 신청할 수 있으나 이의신청 없이 기간이 지나면 증명된 사항이 확정되었다.

73 다음 지목 중 잡종지에서 분리된 지목에 해당하는 것은? 20①,②산

① 공원
② 염전
③ 유지
④ 지소

◉해설

토지조사사업 당시 지목	• 과세지 : 전, 답, 대(垈), 지소(池沼), 임야(林野), 잡종지(雜種地)(6개) • 비과세지 : 도로, 하천, 구거, 제방, 성첩(城堞), 철도선로, 수도선로(7개) • 면세지 : 사사지, 분묘지, 공원지, 철도용지, 수도용지(5개)
1918년 지세령 개정 (19개)	지소(池沼) : 지소, 유지로 세분
1950년 구 지적법 (21개)	잡종지(雜種地) : 잡종지, 염전, 광천지로 세분

	통합	• 철도용지 + 철도선로 = 철도용지 • 수도용지 + 수도선로 = 수도용지 • 유지 + 지소 = 유지
1975년 지적법 2차 개정 (24개)	신설	과수원, 장용지, 공장용지, 학교용지, 유원지, 운동장(6개)
	명칭 변경	• 공원지 → 공원 • 사사지 → 종교용지 • 성첩(城堞) → 사적지(史蹟地) • 분묘지 → 묘지 • 운동장 → 체육용지
2001년 지적법 10차 개정 (28개)		주차장, 주유소용지, 창고용지, 양어장 (4개 신설)

74 다음 중 지적공부의 성격이 다른 것은? 18①산

① 산토지대장　② 갑호토지대장
③ 별책토지대장　④ 을호토지대장

해설

간주지적도
1. 간주지적도의 개념
   • 토지조사령에 의한 조사대상 지목으로서 산림지대에 있는 전, 답, 대 등 지적도에 등록할 토지와 토지조사시행지역에서 약 200간 이상 떨어져서 기존의 지적도에 등록할 수 없거나 증보도의 작성에 많은 노력과 비용이 소요되고 도면의 매수가 증가되어 그 관리가 불편하다.
   • 산간벽지와 도서지방의 경우에는 임야대장규칙에 의하여 비치된 임야도를 지적도로 간주하여 토지를 지적도에 등록하지 않고 그 지목만 수정한 후 임야도에 등록하였는데 이를 간주지적도라 한다.
2. 간주지적도의 토지대장
   • 간주지적도에 등록된 토지는 그 대장을 별도로 작성하고 산토지대장이라고 하였다.
   • 별책토지대장 또는 을호토지대장이라고도 하였다.

75 행정구역제도로 국도를 중심으로 영토를 사방으로 구획하는 사출도란 토지구획방법을 시행하였던 나라는? 15①산

① 고구려　② 부여
③ 백제　④ 조선

해설

부여(夫餘)(남북 부족국가시대)
부여에는 수렵·목축과 아울러 일찍이 농업이 성행하였으며, 독특하게 영토를 구획하고 있었다. 국도(國都)를 중심으로 영토를 사방으로 구획하여 이를 사출도(四出道)라고 하였다. 국왕은 중앙에서 사출도를 각각 맡은 4가(加)를 통솔하고 제가(馬, 牛, 猪, 狗加)는 일종의 행정구역인 사출도를 관할하였다. 부여에는 최고통치자로서 왕이 있고 그 아래로 육축관명(六畜官名)의 귀족관료와 대사(大使), 대사자(大使者), 사자(使者) 등의 직이 왕을 보좌하고 있었다. 그래서 이들 행정관료들은 부여 사회의 각 읍락공동체를 통치하였다.

76 다음 중 일반적으로 지번을 부여하는 방법이 아닌 것은? 18②산

① 기번식　② 문장식
③ 분수식　④ 자유부번식

해설

	분수식 지번제도 (Fraction System)	본번을 분자로, 부번을 분모로 한 분수형태의 지번을 부여하는 제도로 본번을 변경하지 않고 부여하는 방법이다. 분할 후의 지번이 어느 지번에서 파생되었는지 그 유래 파악이 곤란하고 지번을 주소로 활용할 수 없다는 단점이 있다. 예를 들면 237번지가 3필지로 분할되면 237/1, 237/2, 237/3, 237/4로 표시된다. 그리고 최종부번이 237의 5번지이고 237/2를 2필지로 분할할 경우 237/2번지는 소멸되고 237/6, 237/7로 표시된다.
일 반 적	기번제도 (Filiation System)	237번지를 4필지로 분할할 때 분할지번은 237a, 237b, 237c, 237d로 표시한다. 다시 237c를 3필지로 분할할 경우는 237c1, 237c2, 237c3으로 표시한다. 인접지번 또는 지번의 자릿수와 함께 본번의 번호로 구성되어 지번의 발생근거를 쉽게 파악할 수 있으며 사정지번이 본번지로 편철 보존될 수 있다. 또한 지번 이동내역의 연혁을 파악하기 쉽고 여러 차례 분할될 경우 지번배열이 혼잡할 수 있다. 벨기에 등에서 채택하고 있다.
	자유부번 (Free Numbering System)	237번지, 238번지, 239번지로 표시되고 인접지에 등록전환이나 신규등록이 발생되어 지번을 부여할 경우 최종지번이 240번지이면 241번지로 표시된다. 분할하여 새로이 발생되는 241번지, 242번지로 표시된다. 새로운 경계를 부여하기까지의 모든 절차상의 번호가 영원히 소멸하고 토지등록구역에서 사용되지 않는 최종지번 다음 번호로 바뀐다. 분할 후에는 종전지번을 사용하지 않고 지번부여구역 내 최종지번의 다음 지번으로 부여하는 제도로, 부번이 없기 때문에 지번을 표기하는 데 용이하며 분할의 유래를 파악하기 위해서는 별도의 보고장부나 전산화가 필요하다. 그러나 지번을 주소로 사용할 수 없는 단점이 있다.

77 지목설정의 원칙 중 옳지 않은 것은? 18①산

① 1필 1목의 원칙 ② 용도경중의 원칙
③ 축척종대의 원칙 ④ 주지목추종의 원칙

● 해설

지목부여 원칙(地目附與 原則)

1필 1목의 원칙	1필지의 토지에는 1개의 지목만을 설정하여야 한다는 원칙
주지목추정의 원칙	주된 토지의 사용목적 또는 용도에 따라 지목을 정하여야 한다는 원칙
등록선후의 원칙	지목이 서로 중복될 때는 먼저 등록된 토지의 사용목적 또는 용도에 따라 지목을 설정하여야 한다는 원칙
용도경중의 원칙	지목이 중복될 때는 중요한 토지의 사용목적 또는 용도에 따라 지목을 설정
일시변경 불변의 원칙	임시적이고 일시적인 용도의 변경이 있는 경우에는 등록전환을 하거나 지목변경을 할 수 없다는 원칙
사용목적 추종의 원칙	도시계획사업 등의 완료로 인하여 조성된 토지는 사용목적에 따라 지목을 설정하여야 한다는 원칙

78 다목적 지적제도에서의 토지등록 사항으로 보기 어려운 것은? 21②기

① 지하시설물 ② 지상 건축물
③ 토지의 위치 ④ 당해 토지의 상속권

● 해설

정보지적

정보지적은 필지를 중심으로 당해 토지의 물리적 현황(토지의 소재, 지번, 지목, 면적, 경계, 좌표)은 물론 법적·경제적·사회적 측면에서의 모든 정보를 수집하여 집중 관리하거나 상호 연계하여 토지 관련정보를 신속 정확하게 공유할 수 있는 시스템으로서 가장 이상적인 지적의 형태라 할 수 있다. 정보지적은 국가가 다양한 토지의 정보를 활용하고 제공해주는 것을 주된 목적으로 하는 지적제도이다. 다목적 지적이라고도 하며 필지 단위로 토지와 관련된 기본정보를 집약하고 그 지속적 이용·관리를 통해 토지정보를 종합적으로 제공하여 주는 것이다.

다목적 지적제도에서의 토지등록 사항
① 토지의 위치
② 지상 건축물
③ 지하시설물

79 다음 중 지적과 등기를 비교하여 설명한 내용으로 옳지 않은 것은? 16①산

① 지적은 실질적 심사주의를 채택하고 등기는 형식적 심사주의를 채택한다.
② 등기는 토지의 표시에 관하여는 지적을 기초로 하고 지적의 소유자 표시는 등기를 기초로 한다.
③ 지적과 등기는 국정주의와 직권등록주의를 채택한다.
④ 지적은 토지에 대한 사실관계를 공시하고 등기는 토지에 대한 권리관계를 공시한다.

● 해설

구분	지적제도	등기제도
기능	토지표시사항 (물리적 현황)을 등록공시	부동산에 대한 소유권 및 기타 법적 권리관계를 등록공시
모법	지적법 (1950.12.1. 법률 제165호)	부동산등기법 (1960.1.1. 법률 제536호)
등록대상	토지 • 대장 : 고유번호·토지소재·지번·지목·면적·소유자 성명 또는 명칭 • 등록번호·주소·토지등급 • 도면 : 토지소재·지번·지목·경계 등	토지와 건물 • 표제부 : 토지소재·지번·지목·면적 등 • 갑구 : 소유권에 관한 사항(소유자 성명 또는 명칭·등록번호·주소 등) • 을구 : 소유권 이외의 권리에 관한 사항(지상권·지역권·전세권·저당권·임차권 등)
등록사항	토지소재, 지번, 지목, 면적, 경계 또는 좌표 등	소유권, 지상권, 지역권, 전세권, 저당권, 권리질권, 임차권 등
기본이념	• 국정주의 • 형식주의 • 공개주의 • 사실심사주의 • 직권등록주의	• 성립요건주의 • 형식적 심사주의 • 공개주의 • 당사자신청주의 (소극적 등록주의)
등록심사	실질적 심사주의	형식적 심사주의
등록주체	국가(국정주의)	당사자 (등기권리자 및 의무자)
신청방법	단독(소유자) 신청주의	공동 (등기권리자 및 의무자) 신청주의
담당기관	국토교통부 (시, 도, 시, 군, 구)	사법부 (대법원 법원행정처, 지방법원, 기소·지방법원지원)

80 다음 중 지적의 요건으로 볼 수 없는 것은?

21①기

① 안전성   ② 정확성
③ 창조성   ④ 효율성

● 해설

지적의 요건

안전성 (Security)	안전성(安全性)은 소유권 등록체계의 근본이며 토지의 소유자, 그로부터 토지를 사거나 임대받은 자, 토지를 담보로 그에게 돈을 빌려준 자, 주위 토지통행권 또는 전기수도 등의 시설권을 가진 인접 토지소유자, 토지를 통과하거나 그것에 배수로를 뚫을 권리를 지닌 이웃하는 토지소유자 등 모두가 안전하다. 그들의 권리는 일단 등록되면 불가침의 영역이다.
간편성 (Simplicity)	간편성(簡便性)은 그 본질의 효율적 작용을 위해서만이 아니라 초기적 수용을 위해서 효과적이다. 소유권 등록은 단순한 형태로 사용되어야 하며 절차는 명확하고 확실해야 한다.
정확성 (Accuracy)	정확성(正確性)은 어떤 체계가 효과적이기 위해서 필요하다. 정확성에 대해서는 논할 필요가 없다. 왜냐하면 부정확한 등록은 유용하지 않다기보다는 해로울 것이기 때문이다.
신속성 (Expedition)	신속성(迅速性)은 신속함 또는 역으로 지연됨은 그 자체가 중요한 것으로 인식되지는 않는다. 다만, 등록이 너무 오래 걸린다는 불평이 정당화되고 그 체계에 대해 평판이 나빠지게 되면 그때 중요하게 인식된다.
저렴성 (Cheapness)	저렴성(低廉性)은 상대적인 것이고 다른 대안으로서 비교되어야만 평가할 수 있는 것이지만 효율적인 소유권 등록에 의해서 소유권을 입증하는 것보다 더 저렴한 방법은 없다. 왜냐하면 이것은 소급해서 권원(Title)을 조사할 필요가 없기 때문이다.
적합성 (Suitability)	적합성(適合性)은 지금 존재하는 것과 미래에 발생할 것에 기초를 둔다. 그러나 상황이 어떻든 간에 결정적인 요소는 적당해야 할 것이며 이것은 비용, 인력, 전문적인 기술에 유용해야 한다.
등록의 완전성 (Completeness of The Record)	등록의 완전성(完全性)은 두 가지 방식으로 해석된다. 우선적으로 등록이란 모든 토지에 대하여 완전해야 된다. 그 이유는 등록이 완전해질 때까지 등록되지 않은 구획토지는 등록된 토지와 중복되고 또 각각 적용되는 법률도 다르므로 소유권 행사에 여러 가지 제약을 받기 때문이다. 그 다음은 각각의 개별적인 구획토지의 등록은 실직적인 최근의 상황을 반영할 수 있도록 그 자체가 완전해야 한다.

81 다음 지목의 분류에서 암석지의 지목으로 옳은 것은?

18①산

① 유지   ② 임야
③ 잡종지   ④ 전

● 해설

공간정보의 구축 및 관리 등에 관한 법률 시행령 제58조(지목의 구분)

법 제67조 제1항에 따른 지목의 구분은 다음 각 호의 기준에 따른다.

1. 전

물을 상시적으로 이용하지 않고 곡물·원예작물(과수류는 제외한다)·약초·뽕나무·닥나무·묘목·관상수 등의 식물을 주로 재배하는 토지와 식용(食用)으로 죽순을 재배하는 토지

5. 임야

산림 및 원야(原野)를 이루고 있는 수림지(樹林地)·죽림지·암석지·자갈땅·모래땅·습지·황무지 등의 토지

19. 유지(溜池)

물이 고이거나 상시적으로 물을 저장하고 있는 댐·저수지·소류지(沼溜地)·호수·연못 등의 토지와 연·왕골 등이 자생하는 배수가 잘 되지 아니하는 토지

28. 잡종지

다음 각 목의 토지. 다만, 원상회복을 조건으로 돌을 캐내는 곳 또는 흙을 파내는 곳으로 허가된 토지는 제외한다.
가. 갈대밭, 실외에 물건을 쌓아두는 곳, 돌을 캐내는 곳, 흙을 파내는 곳, 야외시장, 비행장, 공동우물
나. 영구적 건축물 중 변전소, 송신소, 수신소, 송유시설, 도축장, 자동차운전학원, 쓰레기 및 오물처리장 등의 부지
다. 다른 지목에 속하지 않는 토지

82 주된 용도의 토지에 편입하여 1필지로 할 수 있는 종된 토지로 옳은 것은?

20④기

① 주된 지목의 토지 면적이 1,148m²인 토지로 종된 지목의 토지 면적이 116m²인 토지

② 주된 지목의 토지 면적이 2,230m²인 토지로 종된 지목의 토지 면적이 231m²인 토지

③ 주된 지목의 토지 면적이 3,125m²인 토지로 종된 지목의 토지 면적이 228m²인 토지

④ 주된 지목의 토지 면적이 3,350m²인 토지로 종된 지목의 토지 면적이 332m²인 토지

해설

공간정보의 구축 및 관리 등에 관한 법률 시행령 제5조(1필지로 정할 수 있는 기준)

① 법 제2조 제21호에 따라 지번부여지역의 토지로서 소유자와 용도가 같고 지반이 연속된 토지는 1필지로 할 수 있다.

② 제1항에도 불구하고 다음 각 호의 어느 하나에 해당하는 토지는 주된 용도의 토지에 편입하여 1필지로 할 수 있다. 다만, 종된 용도의 토지의 지목(地目)이 "대"(垈)인 경우와 종된 용도의 토지 면적이 주된 용도의 토지 면적의 10퍼센트를 초과하거나 330제곱미터를 초과하는 경우에는 그러하지 아니하다.

  1. 주된 용도의 토지의 편의를 위하여 설치된 도로 · 구거(溝渠 : 도랑) 등의 부지

  2. 주된 용도의 토지에 접속되거나 주된 용도의 토지로 둘러싸인 토지로서 다른 용도로 사용되고 있는 토지

83 지적삼각점성과표에 기록 · 관리하여야 하는 사항 중 필요한 경우로 한정하여 기재하는 것은?

20④기

① 자오선수차   ② 경도 및 위도

③ 좌표 및 표고   ④ 시준점의 명칭

해설

지적기준점 성과표

지적삼각점 성과표 성과고시	• 기준점의 명칭 및 번호 • 직각좌표계의 원점명(지적기준점에 한정한다) • 좌표 및 표고 • 경도와 위도 • 설치일, 소재지 및 표지의 재질 • 측량성과 보관 장소
지적삼각점 성과표 기록 · 관리	• 지적삼각점의 명칭과 기준 원점명 • 좌표 및 표고 • 경도 및 위도(필요한 경우로 한정한다) • 자오선수차(子午線收差) • 시준점(視準點)의 명칭, 방위각 및 거리 • 소재지와 측량연월일 • 그 밖의 참고사항
지적삼각보조점 및 지적도근점 성과표	• 번호 및 위치의 약도 • 좌표와 직각좌표계 원점명 • 경도와 위도(필요한 경우로 한정한다) • 표고(필요한 경우로 한정한다) • 소재지와 측량연월일 • 도선 등급 및 도선명 • 표지의 재질 • 도면번호 • 설치기관 • 조사연월일, 조사자의 직위 · 성명 및 조사내용

84 국토의 계획 및 이용에 관한 법률의 정의에 따른 도시 · 군관리계획에 포함되지 않는 것은?

22②기

① 기반시설의 설치 · 정비 또는 개량에 관한 계획

② 광역계획권의 기본구조와 발전방향에 관한 계획

③ 지구단위계획구역의 지정 또는 변경에 관한 계획

④ 용도지역 · 용도지구의 지정 또는 변경에 관한 계획

해설

국토의 계획 및 이용에 관한 법률 제2조(정의)

4. "도시 · 군관리계획"이란 특별시 · 광역시 · 특별자치시 · 특별자치도 · 시 또는 군의 개발 · 정비 및 보전을 위하여 수립하는 토지 이용, 교통, 환경, 경관, 안전, 산업, 정보통신, 보건, 복지, 안보, 문화 등에 관한 다음 각 목의 계획을 말한다.

  가. 용도지역 · 용도지구의 지정 또는 변경에 관한 계획

  나. 개발제한구역, 도시자연공원구역, 시가화조정구역(市街化調整區域), 수산자원보호구역의 지정 또는 변경에 관한 계획

  다. 기반시설의 설치 · 정비 또는 개량에 관한 계획

  라. 도시개발사업이나 정비사업에 관한 계획

  마. 지구단위계획구역의 지정 또는 변경에 관한 계획과 지구단위계획

  바. 입지규제최소구역의 지정 또는 변경에 관한 계획과 입지규제최소구역계획

85 다음 중 지적측량 적부심사청구서를 받은 시 · 도지사가 지방지적위원회에 회부하여야 하는 사항이 아닌 것은?

18③산

① 다툼이 되는 지적측량의 경위
② 해당 토지에 대한 토지 이동 연혁
③ 해당 토지에 대한 소유권 변동 연혁
④ 지적측량업자가 작성한 조사측량성과

해설

공간정보의 구축 및 관리 등에 관한 법률 제29조(지적측량의 적부심사 등)
① 토지소유자, 이해관계인 또는 지적측량수행자는 지적측량 성과에 대하여 다툼이 있는 경우에는 대통령령으로 정하는 바에 따라 관할 시·도지사를 거쳐 지방지적위원회에 지적 측량 적부심사를 청구할 수 있다. 〈개정 2013.7.17.〉
② 제1항에 따른 지적측량 적부심사청구를 받은 시·도지사는 30일 이내에 다음 각 호의 사항을 조사하여 지방지적위원회에 회부하여야 한다.
　1. 다툼이 되는 지적측량의 경위 및 그 성과
　2. 해당 토지에 대한 토지이동 및 소유권 변동 연혁
　3. 해당 토지 주변의 측량기준점, 경계, 주요 구조물 등 현황 실측도

86 측량준비파일 작성 시 붉은색으로 정리하여야 할 사항이 아닌 것은?(단, 따로 규정을 둔 사항은 고려하지 않는다.) 　　　17③산

① 경계선
② 도곽선
③ 도곽선 수치
④ 지적기준점 간 거리

해설

지적업무처리규정 제18조(측량준비파일의 작성)
① 평판측량방법 또는 전자평판측량방법으로 세부측량을 하고자 할 때에는 측량준비파일을 작성하여야 하며, 부득이한 경우 측량준비도면을 연필로 작성할 수 있다.
② 측량준비파일을 작성하고자 하는 때에는 「지적측량 시행규칙」 제17조 제1항 제1호, 제4호 및 제5호 중 지적기준점 및 그 번호와 좌표는 검은색으로, 「지적측량 시행규칙」 제17조 제1항 제6호, 제7호 및 제5호 중 도곽선 및 그 수치와 지적기준점 간 거리는 붉은색으로, 그 외는 검은색으로 작성한다.
③ 측량대상토지가 도곽에 접합되어 벌어지거나 겹쳐지는 경우와 필지의 경계가 행정구역선에 접하게 되는 경우에는 다른 행정구역선(동·리 경계선)과 벌어지거나 겹치지 아니하도록 측량준비파일을 작성하여야 한다.
④ 지적측량수행자는 측량 전에 측량준비파일 작성의 적정 여부 등을 확인하여 필요한 조치를 하여야 한다.

⑤ 지적측량수행자가 도시·군관리계획선을 측량하기 위해 측량준비파일을 요청한 경우에는 지적소관청은 측량준비파일에 도시·군관리계획선을 포함하여 제공하여야 하며, 지적수행자는 도시·군관리계획선을 측량준비파일에 포함하여 작성한 후 시·군·구 도시계획부서 담당자의 서명 또는 확인을 받아야 한다.
⑥ 경위의측량방법으로 세부측량을 하고자 할 경우 측량준비파일의 작성에 관련된 사항은 제1항부터 제5항까지의 규정을 준용한다. 이 경우 지적기준점 간 거리 및 방위각은 붉은색으로 작성한다.

지적측량 시행규칙 제17조(측량준비 파일의 작성)
① 제18조 제1항에 따라 평판측량방법으로 세부측량을 할 때에는 지적도, 임야도에 따라 다음 각 호의 사항을 포함한 측량준비 파일을 작성하여야 한다. 〈개정 2013.3.23.〉
　1. 측량대상 토지의 경계선·지번 및 지목
　2. 인근 토지의 경계선·지번 및 지목
　3. 임야도를 갖춰 두는 지역에서 인근 지적도의 축척으로 측량을 할 때에는 임야도에 표시된 경계점의 좌표를 구하여 지적도에 전개(展開)한 경계선. 다만, 임야도에 표시된 경계점의 좌표를 구할 수 없거나 그 좌표에 따라 확대하여 그리는 것이 부적당한 경우에는 축척비율에 따라 확대한 경계선을 말한다.
　4. 행정구역선과 그 명칭
　5. 지적기준점 및 그 번호와 지적기준점 간의 거리, 지적기준점의 좌표, 그 밖에 측량의 기점이 될 수 있는 기지점
　6. 도곽선(圖廓線)과 그 수치
　7. 도곽선의 신축이 0.5밀리미터 이상일 때에는 그 신축량 및 보정(補正) 계수
　8. 그 밖에 국토교통부장관이 정하는 사항

87 지적측량수행자가 지적소관청으로부터 측량성과에 대한 검사를 받지 아니하는 것으로만 나열된 것은?(단, 지적공부를 정리하지 아니하는 측량으로서 국토교통부령으로 정하는 측량의 경우를 말한다.) 　　19③산

① 등록전환측량, 분할측량
② 경계복원측량, 지적현황측량
③ 신규등록측량, 지적확정측량
④ 축척변경측량, 등록사항정정측량

해설

공간정보의 구축 및 관리 등에 관한 법률 제25조(지적측량성과의 검사)

① 지적측량수행자가 제23조에 따라 지적측량을 하였으면 시·도지사, 대도시 시장(「지방자치법」 제175조에 따라 서울특별시·광역시 및 특별자치시를 제외한 인구 50만 이상의 시의 시장을 말한다. 이하 같다) 또는 지적소관청 으로부터 측량성과에 대한 검사를 받아야 한다. 다만, 지적공부를 정리하지 아니하는 측량으로서 국토교통부령으로 정하는 측량의 경우에는 그러하지 아니하다. 〈개정 2012. 12. 18., 2013. 3. 23.〉

② 제1항에 따른 지적측량성과의 검사방법 및 검사절차 등에 필요한 사항은 국토교통부령으로 정한다.

지적측량 시행규칙 제28조(지적측량성과의 검사방법 등)

① 법 제25조 제1항 단서에서 "국토교통부령으로 정하는 측량의 경우"란 경계복원측량 및 지적현황측량을 하는 경우를 말한다. 〈개정 2013. 3. 23.〉

88 지적소관청의 측량결과도 보관 방법으로 옳은 것은? 19②산

① 동·리별, 측량종목별로 지번순으로 편철하여 보관하여야 한다.

② 연도별, 동·리별로 지번순으로 편철하여야 한다.

③ 동·리별, 지적측량수행자별로 지번순으로 편철하여야 한다.

④ 연도별, 측량종목별, 지적공부정리 일자별, 동·리별로 지번순으로 편철하여 보관하여야 한다.

해설

지적업무처리규정 제25조(지적측량결과도의 작성 등)

① 「지적측량 시행규칙」 제26조에 따른 측량결과도(세부측량을 실시한 결과를 작성한 측량도면을 말한다)는 도면용지 또는 전자측량시스템을 사용하여 예시 1의 지적측량결과도 작성 예시에 따라 작성하고, 측량결과도를 파일로 작성한 때에는 데이터베이스에 저장하여 관리할 수 있다. 다만, 경위의측량방법으로 실시한 지적측량결과를 별표 제7호 또는 제8호서식으로 작성할 경우에는 다음 각 호의 사항을 별도 작성·관리·검사요청하여야 한다.

1. 경계점(지적측량기준점) 좌표
2. 기지점 계산
3. 경계점(보조점) 관측 및 좌표 계산
4. 교차점 계산

5. 면적 지정분할 계산
6. 좌표면적 및 점간거리
7. 면적측정부

② 지적측량수행자 및 지적측량검사자는 지적측량결과도상의 측량준비도, 측량결과도, 측량성과도작성, 도면 등의 작성, 확인 및 검사란에 날인 또는 서명을 하여야 한다. 이 경우 서명은 정자(正字)로 하여야 한다.

③ 측량결과도의 보관은 지적소관청은 연도별, 측량종목별, 지적공부정리 일자별, 동·리별로, 지적측량수행자는 연도별, 동·리별로, 지번순으로 편철하여 보관하여야 한다.

④ 지적측량업자가 폐업하는 경우에는 보관 중인 측량결과도 원본(전자측량시스템으로 작성한 전산파일을 포함한다)과 지적측량 프로그램을 시·도지사에게 제출하여야 하며, 시·도지사는 해당 지적소관청에 측량결과도 원본을 보내주어야 한다.

⑤ 지적측량수행자는 전자평판측량으로 측량을 하여 작성된 지적측량파일을 데이터베이스에 저장하여 후속 측량자료 및 민원업무에 활용할 수 있도록 관리하여야 하며, 지적측량파일은 월 1회 이상 데이터를 백업하여 보관하여야 한다.

89 경위의 측량방법에 따른 지적삼각점의 관측과 계산 기준으로 틀린 것은? 21②기

① 관측은 10초독 이상의 경위의를 사용한다.

② 수평각 관측은 3대회의 방향관측법에 따른다.

③ 수평각의 측각공차에서 1방향각의 공차는 40초 이내로 한다.

④ 수평각의 측각공차에서 1측회의 폐색공차는 ±30초 이내로 한다.

해설

지적측량 시행규칙 제9조(지적삼각점측량의 관측 및 계산)

① 경위의측량방법에 따른 지적삼각점의 관측과 계산은 다음 각 호의 기준에 따른다.

1. 관측은 10초독(秒讀) 이상의 경위의를 사용할 것
2. 수평각 관측은 3대회(大回, 윤곽도는 0도, 60도, 120도로 한다)의 방향관측법에 따를 것
3. 수평각의 측각공차(測角公差)는 다음 표에 따를 것

종별	1방향각	1측회(測回)의 폐색(閉塞)	삼각형 내각관측의 합과 180도와의 차	기지각(旣知角)과의 차
공차	30초 이내	±30초 이내	±30초 이내	±40초 이내

90 다음 중 지적공부에 등록한 토지를 말소시키는 경우는?

17②산

① 토지의 형질을 변경하였을 때
② 화재로 인하여 건물이 소실된 때
③ 수해로 인하여 토지가 유실되었을 때
④ 토지가 바다로 된 경우로서 원상으로 회복될 수 없을 때

● 해설

공간정보의 구축 및 관리 등에 관한 법률 제82조(바다로 된 토지의 등록말소 신청)

① 지적소관청은 지적공부에 등록된 토지가 지형의 변화 등으로 바다로 된 경우로서 원상(原狀)으로 회복될 수 없거나 다른 지목의 토지로 될 가능성이 없는 경우에는 지적공부에 등록된 토지소유자에게 지적공부의 등록말소 신청을 하도록 통지하여야 한다.
② 지적소관청은 제1항에 따른 토지소유자가 통지를 받은 날부터 90일 이내에 등록말소 신청을 하지 아니하면 대통령령으로 정하는 바에 따라 등록을 말소한다.
③ 지적소관청은 제2항에 따라 말소한 토지가 지형의 변화 등으로 다시 토지가 된 경우에는 대통령령으로 정하는 바에 따라 토지로 회복등록을 할 수 있다.

91 도로명주소법상 "주소정보시설"에 해당하지 않는 것은?

21②기

① 도로명판
② 건물번호판
③ 지역번호판
④ 국가지점번호판

● 해설

도로명주소법 제2조(정의)

이 법에서 사용하는 용어의 뜻은 다음과 같다. 〈개정 2021. 6. 9.〉

1. "도로"란 다음 각 목의 어느 하나에 해당하는 것을 말한다.
   가. 「도로법」 제2조 제1호에 따른 도로(같은 조 제2호에 따른 도로의 부속물은 제외한다.)
   나. 그 밖에 차량 등 이동수단이나 사람이 통행할 수 있는 통로로서 대통령령으로 정하는 것
2. "도로구간"이란 도로명을 부여하기 위하여 설정하는 도로의 시작지점과 끝지점 사이를 말한다.
3. "도로명"이란 도로구간마다 부여된 이름을 말한다.
4. "기초번호"란 행정안전부령으로 정하는 간격마다 부여된 번호를 말한다. 제3조(기초번호의 부여 간격)「도로명주소법」(이하 "법"이라 한다) 제2조 제4호에서 "행정안전부

령으로 정하는 간격"이란 20미터를 말한다. 다만, 다음 각 호의 도로에 대하여는 다음 각 호의 간격으로 한다.
   가. 「도로교통법」 제2조 제3호에 따른 고속도로(이하 "고속도로"라 한다) : 2킬로미터
   나. 건물번호의 가지번호가 두 자리 숫자 이상으로 부여될 수 있는 길 또는 해당 도로구간에서 분기되는 도로구간이 없고, 가지번호를 이용한 건물번호를 부여하기 곤란한 길 : 10미터
   다. 가지번호를 이용하여 건물번호를 부여하기 곤란한 종속구간 : 10미터 이하의 일정한 간격
   라. 영 제3조 제1항 제3호에 따른 내부도로 : 20미터 또는 도로명주소 및 사물주소의 부여 개수를 고려하여 정하는 간격
5. "건물번호"란 다음 각 목의 어느 하나에 해당하는 건축물 또는 구조물(이하 "건물 등"이라 한다)마다 부여된 번호(둘 이상의 건물등이 하나의 집단을 형성하고 있는 경우로서 대통령령으로 정하는 경우에는 그 건물 등의 전체에 부여된 번호를 말한다)를 말한다.
   가. 「건축법」 제2조 제1항 제2호에 따른 건축물
   나. 현실적으로 30일 이상 거주하거나 정착하여 활동하는 데 이용되는 인공구조물 및 자연적으로 형성된 구조물
6. "상세주소"란 건물 등 내부의 독립된 거주·활동 구역을 구분하기 위하여 부여된 동(棟)번호, 층수 또는 호(號)수를 말한다.
7. "도로명주소"란 도로명, 건물번호 및 상세주소(상세주소가 있는 경우만 해당한다)로 표기하는 주소를 말한다.
8. "국가기초구역"이란 도로명주소를 기반으로 국토를 읍·면·동의 면적보다 작게 경계를 정하여 나눈 구역을 말한다.
9. "국가지점번호"란 국토 및 이와 인접한 해양을 격자형으로 일정하게 구획한 지점마다 부여된 번호를 말한다.
10. "사물주소"란 도로명과 기초번호를 활용하여 건물 등에 해당하지 아니하는 시설물의 위치를 특정하는 정보를 말한다.
11. "주소정보"란 기초번호, 도로명주소, 국가기초구역, 국가지점번호 및 사물주소에 관한 정보를 말한다.
12. "도로명주소안내시설"이란 도로명판, 건물번호판, 지역안내판 및 기초번호판을 말한다.
13. "주소정보시설"이란 도로명판, 기초번호판, 건물번호판, 국가지점번호판, 사물주소판 및 주소정보안내판을 말한다.
14. "예비도로명"이란 도로명을 새로 부여하려거나 기존의 도로명을 변경하려는 경우에 임시로 정하는 도로명을 말한다.
15. "유사도로명"이란 특정 도로명을 다른 도로명의 일부로 사용하는 경우 특정 도로명과 다른 도로명 모두를 말한다.
16. "동일도로명"이란 도로구간이 서로 연결되어 있으면서 그 이름이 같은 도로명을 말한다.

17. "종속구간"이란 다음 각 목의 어느 하나에 해당하는 구간으로서 별도로 도로구간으로 설정하지 않고 그 구간에 접해 있는 주된 도로구간에 포함시킨 구간을 말한다.
   가. 막다른 구간
   나. 2개의 도로를 연결하는 구간
18. "주된구간"이란 하나의 도로구간에서 종속구간을 제외한 도로구간을 말한다.
19. "도로명관할구역"이란 「도로명주소법 시행령」(이하 "영"이라 한다) 제6조 제1항 제1호 및 제2호에 따른 행정구역을 말한다. 다만, 행정구역이 결정되지 않은 지역에서는 영 제6조 제2항 제1호 가목 및 제2호 나목에 따른 사업지역의 명칭을 말한다.
20. "건물등관할구역"이란 영 제6조 제1항 제1호부터 제3호까지에 따른 행정구역을 말한다. 다만, 행정구역이 결정되지 않은 지역에서는 영 제6조 제2항 제1호가목 및 제2호 나목에 따른 사업지역의 명칭을 말한다.

92 공간정보의 구축 및 관리 등에 관한 법률에 따른 지적측량을 수행 시 타인의 토지 등에의 출입에 관한 설명으로 옳은 것은? 21②기

① 급한 경우에는 소유자에게 통지 없이 출입할 수 있다.
② 토지 등의 점유자는 정당한 사유 없이 업무집행을 거부하지 못한다.
③ 토지 등의 소유자·관리자를 알 수 없을 경우에도 관리인에게 미리 통지 하여야 한다.
④ 타인의 토지 등의 출입 시 권한을 표시하는 허가증을 지니고 있으면 통지 없이 출입할 수 있다.

◉해설

공간정보의 구축 및 관리 등에 관한 법률 제101조(토지 등에의 출입 등)
① 이 법에 따라 측량을 하거나, 측량기준점을 설치하거나, 토지의 이동을 조사하는 자는 그 측량 또는 조사 등에 필요한 경우에는 타인의 토지·건물·공유수면 등(이하 "토지 등"이라 한다)에 출입하거나 일시 사용할 수 있으며, 특히 필요한 경우에는 나무, 흙, 돌, 그 밖의 장애물(이하 "장애물"이라 한다)을 변경하거나 제거할 수 있다. 〈개정 2020. 2. 18.〉
② 제1항에 따라 타인의 토지 등에 출입하려는 자는 관할 특별자치시장, 특별자치도지사, 시장·군수 또는 구청장의 허가를 받아야 하며, 출입하려는 날의 3일 전까지 해당 토지 등의 소유자·점유자 또는 관리인에게 그 일시와 장소를 통지하여야 한다. 다만, 행정청인 자는 허가를 받지 아니하고 타인의

토지 등에 출입할 수 있다. 〈개정 2012. 12. 18.〉
③ 제1항에 따라 타인의 토지 등을 일시 사용하거나 장애물을 변경 또는 제거하려는 자는 그 소유자·점유자 또는 관리인의 동의를 받아야 한다. 다만, 소유자·점유자 또는 관리인의 동의를 받을 수 없는 경우 행정청인 자는 관할 특별자치시장, 특별자치도지사, 시장·군수 또는 구청장에게 그 사실을 통지하여야 하며, 행정청이 아닌 자는 미리 관할 특별자치시장, 특별자치도지사, 시장·군수 또는 구청장의 허가를 받아야 한다. 〈개정 2012. 12. 18.〉
④ 특별자치시장, 특별자치도지사, 시장·군수 또는 구청장은 제3항 단서에 따라 허가를 하려면 미리 그 소유자·점유자 또는 관리인의 의견을 들어야 한다. 〈개정 2012. 12. 18.〉
⑤ 제3항에 따라 토지 등을 일시 사용하거나 장애물을 변경 또는 제거하려는 자는 토지 등을 사용하려는 날이나 장애물을 변경 또는 제거하려는 날의 3일 전까지 그 소유자·점유자 또는 관리인에게 통지하여야 한다. 다만, 토지 등의 소유자·점유자 또는 관리인이 현장에 없거나 주소 또는 거소가 분명하지 아니할 때에는 관할 특별자치시장, 특별자치도지사, 시장·군수 또는 구청장에게 통지하여야 한다. 〈개정 2012. 12. 18.〉
⑥ 해 뜨기 전이나 해가 진 후에는 그 토지 등의 점유자의 승낙 없이 택지나 담장 또는 울타리로 둘러싸인 타인의 토지에 출입할 수 없다.
⑦ 토지 등의 점유자는 정당한 사유 없이 제1항에 따른 행위를 방해하거나 거부하지 못한다.
⑧ 제1항에 따른 행위를 하려는 자는 그 권한을 표시하는 허가증을 지니고 관계인에게 이를 내보여야 한다. 〈개정 2012. 12. 18.〉
⑨ 제8항에 따른 허가증에 관하여 필요한 사항은 국토교통부령으로 정한다. 〈개정 2020. 2. 18.〉

93 지적전산자료를 인쇄물로 제공하는 경우 1필지당 수수료는? 18③산

① 20원
② 30원
③ 50원
④ 100원

◉해설

지적공부의 열람 및 등본발급 수수료(법률 제106조 및 규칙 제115조)

[별표 12] 〈개정 2017. 1. 31.〉 [시행일 : 2017.3.1] 제1호, 제2호, 제11호 및 제12호의 개정규정

업무 종류에 따른 수수료의 금액(제115조 제1항 관련)

13. 지적전산자료의 이용 또는 활용 신청			법 제106조 제1항 제14호
가. 자료를 인쇄물로 제공하는 경우	1필지당	30원	
나. 자료를 자기디스크 등 전산매체로 제공하는 경우	1필지당	20원	
14. 부동산종합공부의 인터넷 열람 신청	1필지당	무료	법 제106조 제1항 제14호의2

94 도시개발사업과 관련하여 지적소관청에 제출하는 신고 서류로 옳지 않은 것은? 17①산

① 사업인가서
② 지번별 조서
③ 사업계획도
④ 환지 설계서

● 해설 ●

공간정보의 구축 및 관리 등에 관한 법률 시행규칙 제95조(도시개발사업 등의 신고)

① 법 제86조 제1항 및 영 제83조 제2항에 따른 도시개발사업 등의 착수 또는 변경의 신고를 하려는 자는 별지 제81호 서식의 도시개발사업 등의 착수(시행)·변경·완료 신고서에 다음 각 호의 서류를 첨부하여야 한다. 다만, 변경신고의 경우에는 변경된 부분으로 한정한다.

1. 사업인가서
2. 지번별 조서
3. 사업계획도

② 법 제86조 제1항 및 영 제83조 제2항에 따른 도시개발사업 등의 완료신고를 하려는 자는 별지 제81호서식의 신청서에 다음 각 호의 서류를 첨부하여야 한다. 이 경우 지적측량수행자가 지적소관청에 측량검사를 의뢰하면서 미리 제출한 서류는 첨부하지 아니할 수 있다.

1. 확정될 토지의 지번별 조서 및 종전 토지의 지번별 조서
2. 환지처분과 같은 효력이 있는 고시된 환지계획서. 다만, 환지를 수반하지 아니하는 사업인 경우에는 사업의 완료를 증명하는 서류를 말한다.

95 측량업자가 보유한 측량기기의 성능검사주기 기준이 옳은 것은?(단, 한국국토정보공사의 경우는 고려하지 않는다.) 18③산

① 거리측정기 : 3년
② 토털스테이션 : 2년
③ 트랜싯(데오도라이트) : 2년
④ 지피에스(GPS) 수신기 : 1년

● 해설 ●

공간정보구축 및 관리에 관한 법률 시행령 제97조(성능검사의 대상 및 주기 등)

① 법 제92조 제1항에 따라 성능검사를 받아야 하는 측량기기와 검사주기는 다음 각 호와 같다.

1. 트랜싯(데오도라이트) : 3년
2. 레벨 : 3년
3. 거리측정기 : 3년
4. 토털스테이션 : 3년
5. 지피에스(GPS) 수신기 : 3년
6. 금속관로 탐지기 : 3년

② 법 제92조 제1항에 따른 성능검사(신규 성능검사는 제외한다)는 제1항에 따른 성능검사 유효기간 만료일 2개월 전부터 유효기간 만료일까지의 기간에 받아야 한다. 〈개정 2015.6.1.〉

③ 법 제92조 제1항에 따른 성능검사의 유효기간은 종전 유효기간 만료일의 다음 날부터 기산(起算)한다. 다만, 제2항에 따른 기간 외의 기간에 성능검사를 받은 경우에는 그 검사를 받은 날의 다음 날부터 기산한다.

96 토지소유자가 신규등록을 신청할 때에 신규등록 사유를 적는 신청서에 첨부하여야 하는 서류에 해당하지 않는 것은? 17③산

① 사업인가서와 지번별 조서
② 법원의 확정판결서 정본 또는 사본
③ 소유권을 증명할 수 있는 서류의 사본
④ 공유수면 관리 및 매립에 관한 법률에 따른 준공검사 확인증 사본

◎해설

공간정보의 구축 및 관리 등에 관한 법률 시행규칙 제81조(신규등록 신청)

① 영 제63조에서 "국토교통부령으로 정하는 서류"란 다음 각 호의 어느 하나에 해당하는 서류를 말한다. 〈개정 2010.10.15., 2013.3.23.〉

1. 법원의 확정판결서 정본 또는 사본
2. 「공유수면 관리 및 매립에 관한 법률」에 따른 준공검사 확인증 사본
3. 법률 제6389호 지적법개정법률 부칙 제5조에 따라 도시계획구역의 토지를 그 지방자치단체의 명의로 등록하는 때에는 기획재정부장관과 협의한 문서의 사본
4. 그 밖에 소유권을 증명할 수 있는 서류의 사본

② 제1항 각 호의 어느 하나에 해당하는 서류를 해당 지적소관청이 관리하는 경우에는 지적소관청의 확인으로 그 서류의 제출을 갈음할 수 있다.

97 도로명주소법상 도로 및 건물 등의 위치에 관한 기초조사의 권한이 부여되지 않은 자는? 22②기

① 시 · 도지사
② 읍 · 면 · 동장
③ 행정안전부장관
④ 시장 · 군수 · 구청장

◎해설

도로명주소법 제6조(기초조사 등)

① 행정안전부장관, 시 · 도지사 및 시장 · 군수 · 구청장은 기초번호, 도로명주소, 국가기초구역, 국가지점번호 및 사물주소의 부여 · 설정 · 관리 등을 위하여 도로 및 건물 등의 위치에 관한 기초조사를 할 수 있다.

② 「도로법」제2조 제5호에 따른 도로관리청은 같은 법 제25조에 따라 도로구역을 결정 · 변경 또는 폐지한 경우 그 사실을 제7조 제2항 각 호의 구분에 따라 행정안전부장관, 시 · 도지사 또는 시장 · 군수 · 구청장에게 통보하여야 한다.

98 공간정보의 구축 및 관리 등에 관한 법률에서 규정하는 경계에 대한 설명으로 옳지 않은 것은? 18①산

① 지적도에 등록한 선
② 임야도에 등록한 선
③ 지상에 설치한 경계표지
④ 필지별로 경계점들을 직선으로 연결하여 지적공부에 등록한 선

◎해설

공간정보의 구축 및 관리 등에 관한 법률 제2조(정의)

이 법에서 사용하는 용어의 뜻은 다음과 같다.

20. "토지의 표시"란 지적공부에 토지의 소재 · 지번(地番) · 지목(地目) · 면적 · 경계 또는 좌표를 등록한 것을 말한다.
21. "필지"란 대통령령으로 정하는 바에 따라 구획되는 토지의 등록단위를 말한다.
22. "지번"이란 필지에 부여하여 지적공부에 등록한 번호를 말한다.
23. "지번부여지역"이란 지번을 부여하는 단위지역으로서 동 · 리 또는 이에 준하는 지역을 말한다.
24. "지목"이란 토지의 주된 용도에 따라 토지의 종류를 구분하여 지적공부에 등록한 것을 말한다.
25. "경계점"이란 필지를 구획하는 선의 굴곡점으로서 지적도나 임야도에 도해(圖解) 형태로 등록하거나 경계점좌표등록부에 좌표 형태로 등록하는 점을 말한다.
26. "경계"란 필지별로 경계점들을 직선으로 연결하여 지적공부에 등록한 선을 말한다.
27. "면적"이란 지적공부에 등록한 필지의 수평면상 넓이를 말한다.
28. "토지의 이동(異動)"이란 토지의 표시를 새로 정하거나 변경 또는 말소하는 것을 말한다.

99 지적삼각보조점측량에서 다각망도선법에 의한 측량 시 1도선의 점의 수는 최대 몇 개까지로 할 수 있는가?(단, 기지점과 교점을 포함한 점의 수) 22②기

① 3개
② 5개
③ 7개
④ 9개

◎해설

지적측량 시행규칙 제10조(지적삼각보조점측량)

① 지적삼각보조점측량을 할 때에 필요한 경우에는 미리 지적삼각보조점표지를 설치하여야 한다.

② 지적삼각보조점은 측량지역별로 설치순서에 따라 일련번호를 부여하되, 영구표지를 설치하는 경우에는 시 · 군 · 구별로 일련번호를 부여한다. 이 경우 지적삼각보조점의 일련번호 앞에 "보" 자를 붙인다.

③ 지적삼각보조점은 교회망 또는 교점다각망(交點多角網)으로 구성하여야 한다.

④ 경위의측량방법과 전파기 또는 광파기측량방법에 따라 교회법으로 지적삼각보조점측량을 할 때에는 다음 각 호의 기준에 따른다.

> 1. 3방향의 교회에 따를 것. 다만, 지형상 부득이하여 2방향의 교회에 의하여 결정하려는 경우에는 각 내각을 관측하여 각 내각의 관측치의 합계와 180도와의 차가 ±40초 이내일 때에는 이를 각 내각에 고르게 배분하여 사용할 수 있다.
> 2. 삼각형의 각 내각은 30도 이상 120도 이하로 할 것

⑤ 전파기 또는 광파기측량방법에 따라 다각망도선법으로 지적삼각보조점측량을 할 때에는 다음 각 호의 기준에 따른다.

> 1. 3점 이상의 기지점을 포함한 결합다각방식에 따를 것
> 2. 1도선(기지점과 교점 간 또는 교점과 교점 간을 말한다)의 점의 수는 기지점과 교점을 포함하여 5점 이하로 할 것
> 3. 1도선의 거리(기지점과 교점 또는 교점과 교점 간의 점 간거리의 총합계를 말한다)는 4킬로미터 이하로 할 것

⑥ 지적삼각보조점성과 결정을 위한 관측 및 계산의 과정은 지적삼각보조점측량부에 적어야 한다.

100 지적도의 축척이 600분의 1인 지역에 1필지의 측정면적이 123.45m²인 경우 지적공부에 등록할 면적은? 18③산

① 123m²   ② 123.4m²

③ 123.5m²   ④ 123.45m²

◗ **해설**

공간정보의 구축 및 관리 등에 관한 법률 시행령 제60조(면적의 결정 및 측량계산의 끝수처리)

① 면적의 결정은 다음 각 호의 방법에 따른다.

1. 토지의 면적에 1제곱미터 미만의 끝수가 있는 경우 0.5제곱미터 미만일 때에는 버리고 0.5제곱미터를 초과하는 때에는 올리며, 0.5제곱미터일 때에는 구하려는 끝자리의 숫자가 0 또는 짝수이면 버리고 홀수이면 올린다. 다만, 1필지의 면적이 1제곱미터 미만일 때에는 1제곱미터로 한다.

2. 지적도의 축척이 600분의 1인 지역과 경계점좌표등록부에 등록하는 지역의 토지면적은 제1호에도 불구하고 제곱미터 이하 한 자리 단위로 하되, 0.1제곱미터 미만의 끝수가 있는 경우 0.05제곱미터 미만일 때에는 버리고 0.05제곱미터를 초과할 때에는 올리며, 0.05제곱미터일 때에는 구하려는 끝자리의 숫자가 0 또는 짝수이면 버리고 홀수이면 올린다. 다만, 1필지의 면적이 0.1제곱미터 미만일 때에는 0.1제곱미터로 한다.

	지 적 삼 각 측 량						지적삼각보조측량			
계산 단위	각	변장	진수	좌표&표고	경위도	자오선수차	각	변장	진수	좌표
	초	cm	6자리 이상	cm	초 아래 3자리	초 아래 1자리	초	cm	6자리 이상	cm
종류	경위의 측량방법			전파(광파)측량법			경위의 측량방법, 교회법	전파(광파)기 측량방법, 교회법		경위의 측량방법, 전파(광파)기 측량방법 다각망도선법
삼각형 각 내각	30°∼120°						30°∼120°			
점간거리 측정				5회 측정. 최대치와 최소치의 교차(허용교차) 1/10만 이내			5회 측정. 최대치와 최소치의 교차(허용교차) 1/10만 이내			
연직각 관측	정·반 2회 관측 ±30초 이내						정·반 2회 관측 ±30초 이내			
경위의의 정밀도	10초득 이상			표준편차 ±(5mm+5ppm) 이상의 정밀기기			20초득 이상			20초득 이상
점간 거리	2∼5km						1∼3km			0.5∼1km 이하 1도선 거리 4km 이하
측량 방식							3방향 교회(단, 2방향 교회에 의한 경우 내각관측치의 합과 180°와의 차 : ±40초 이내)			3점 이상을 포함한 결합다각방식

수평각의 측각공차

	지 적 삼 각 측 량						지적삼각보조측량			
1 방 향 각	30초 이내						40초 이내			40초 이내
1 측 회 폐 색	±30초 이내						±40초 이내			±40초 이내
삼각형 내각 관측 시의 합과 180°와의 차	±30초 이내						±50초 이내			±50초 이내
기지각과의 차	±40초 이내			±40초 이내			±50초 이내			±50초 이내
1도선 점의 수										5점 이하 (기지점과 교점 포함)

	지 적 삼 각 측 량	지적삼각보조측량
수평각 관측	3대회의 방향관측법 (0°, 60°, 120°)	2대회의 방향관측법
기지점 수	삼각형의 내각계산 / 3면의 평면거리에 의하여 계산	3점 이상
위치의 연결교차		$\sqrt{종선교차^2 + 횡선교차^2} = 0.30$ 이하
1배각과 3배각의 교차		
폐색오차 제한 (도선별 평균방위각과 관측방위각의 오차)		$\pm 10\sqrt{n}$ 초 이내 (n : 폐색변을 포함한 변수)
측각오차 배부 (폐색)	□ 지적삼각점 계산 : 진수를 사용하여 각 규약과 변규약에 의한 평균계산법 또는 망평균계산법에 의한다. □ 표고 : 2개의 기지점에서 소구점의 표고계산 결과 그 교차가 0.05m+0.05×(S₁+S₂)m 이하인 때의 평균치(S₁, S₂=기지점에서 소구점까지의 평면거리 km 단위)	※ 측선장에 반비례 $K=-\dfrac{e}{R}\times n$ e : 초단위 오차 R : 폐색변을 포함한 각 측선장 변수의 총 합계
연결오차의 제한 (공차)	※ 3축의 조건 • 시준축 ⊥ 수평축 • 기포관축 ⊥ 시준축 • 수평축 ⊥ 연직축 • 시준축 ⊥ 수준기축 • 연직축 ⊥ 기포관축 • 수준기축 ⊥ 연직축 • 시준축 ∥ 연직축 • 수준기축 ∥ 수평축 ∥ 기포관축	0.05× S미터 이하 (S : 점간거리의 총합계÷1,000)
연결오차의 배부 (종·횡선 오차)		※ 종선차 or 횡선차 길이에 비례 $T=-\dfrac{e}{L}\times l$ e : 종선오차 or 횡선오차 L : 종선오차 or 횡선오차 절대치의 합 l : 각 측선의 종선오차 or 횡선오차

도표

도근측량 · 세부측량

도근측량						계산 단위 / 구분	세부측량				

계산 단위

종별	각	측정횟수	거리	진수	좌표
배각법	초	3회	cm	5자리 이상	cm
방위각법	분	1회	cm	5자리 이상	cm

(계산 단위)	각	변장	진수	좌표
	초	cm	5자리 이상	cm

종류

도근측량 : 경위측량방법에 의한 도선법 / 경위의측량방법·전파기또는 광파기측량방법에 의한 다각망도선법

세부측량 :
경위의 측량방법		측판 측량방법		
도선법	방사법	교회법	도선법	방사법

- **삼각형 각 내각** : (교회법) 30°~150°
- **점간거리 측정**
  - 도근 : 2회 측정, 허용교차 1/3,000m
  - 세부 : 2회 측정. (교차는 평균치의 1/3,000m 경사거리인 경우 수평거리로 계산)
- **연직각 관측**
  - 도근 : 올려본 각과 내려본 각을 관측하여 그 교차가 90초 이내
  - 세부 : 정·반1회관측 허용교차 5′(분)
- **경위의의 정밀도**
  - 도근 : 20초득 이상
  - 세부 : 20초득
- **점간거리**
  - 도근 : 50~300 / 평균 500m 이하
- **측량방식**
  - 도근 : 결합도선(지형상 부득이한 경우 : 왕복·폐합도선) / 3점 이상을 포함한 결합다각방식
  - 세부 : 전방3측량교회법 3방향 이상의 교회

수평각의 측각공차

1 방향각	60초 이내
1측 회폐색	
삼각형 내각 관측시의 합과 180°와의 차	1회측정각과 2회측정각의 평균값의 교차 40초
기지각과의 차	
1도선 점의 수	40점 이하 (부득이한 경우 50점까지 가능) / 20점 이하

- **수평각관측**
  - 도근 : 시가지 지역·축척변경 시행지역·경계점좌표등록부지역은 배각법 / 기타 지역은 방위각·배각법을 혼용할 수 있다.
  - 세부 : 1대회의 방향관측법 (1측회폐색 불필요) 또는 2배각법
- **변수** : 20

방향선 길이

도근 : 30초 이내

교회법	도선법	방사법
10cm 이하, 광파조준사용 시 30cm 이하	8cm 이하, 광파조준사용 시 30cm 이하	10cm 이하, 광파조준사용 시 30cm 이하

배각법	1등	$\pm 20\sqrt{n}$ (초)
	2등	$\pm 30\sqrt{n}$ (초)

폐색 오차

방위각법	1등	$\pm \sqrt{n}$ (분)
	2등	$\pm 1.5\sqrt{n}$ (분)

세부 : $\dfrac{\sqrt{n}}{3}$ mm

오차 배부

- 배각법 : $K = -\dfrac{e}{R} \times n$ (측선장에 반비례)
- 세부 : $Mn = \dfrac{e}{N} \times n$

측정점 선정

- 방위각법 : $Kn = -\dfrac{e}{S} \times n$ (변수에 비례)

거리 측정 단위

- 도근 : 1cm
  - 1등 $= \dfrac{1}{100} \times \mu \times \sqrt{n}$ cm 이하
  - 2등 $= \dfrac{1.5}{100} \times \mu \times \sqrt{n}$ cm 이하
  - (n : 수평거리 합계를 100으로 나눈 수)
  - □ 경계점좌표등록부 비치지역 축척은 1/500, 축척이 1/3,000 이하인 지적은 1/3,000, 축척이 2 이상인 때는 대축척
- 세부 : 지적도비치지역 : 5cm / 임야도비치지역 : 50cm

측량 결과도

도근측량
- 배각법 : ※ 종·횡선오차 길이에 비례 $T = -\dfrac{e}{L} \times l$
- 방위각법 : ※ 각 측선장에 비례하여 배분 $C = -\dfrac{e}{L} \times l$

세부측량
- 당해 토지의 지적도와 동일한 축척으로 작성
  - 도시개발사업시행지역과 축척변경시행지역 1/500
  - 농지구획정리사업 : 1/1,000
  - 필요한 경우 미리 시도지사의 승인을 얻어 : 1/6,000
  - ⇒ 직선으로 연결하는 부분에 해당하는 곡선의 중앙종거의 길이 : 5~10cm로 한다.
- 당해 토지의 지적도 또는 임야도와 동일한 축척으로 작성

□ 측량대상토지의 경계점 간 실측거리와 경계점의 좌표에 의한 계산거리의 교차 : $3 + \dfrac{L}{10}$ cm 이내

□ 경계위치는 기지점을 기준으로 하여 지상경계선과 도상경계선의 부합 여부 확인
☞ 방법 : 현행법, 도상원호교회법, 지상원호교회법, 거리비확인법 등
□ 도상에 영향을 받지 않는 지상거리의 축척법 한계 : $\dfrac{1}{10} M$ mm

寅山 이영수

leeys@kcsc.co.kr

■ 약력
- 지적 기술사
- 측량 및 지형공간정보 기술사
- 명지대학교 산업대학원 지적 GIS학과 졸업(공학석사)
- (전)대구과학대학교 측지정보과 교수
- (전)신흥대학 강사
- (현)공단기 지적직공무원 지적측량 · 지적전산학 강의
- (현)주경야독 인터넷 동영상 강사
- (현)지적기술사 동영상 강의
- (현)측량 및 지형공간정보 기술사 동영상 강의
- (현)지적기사(산업)기사 이론 및 실기 동영상 강의
- (현)측량 및 지형공간정보기사(산업)기사 이론 및 실기 동영상 강의
- (현)토목기사 측량학 동영상 강의
- (현)(특성화고 토목직공무원) 측량학 동영상 강의
- (현)지적기능사 동영상 강의
- (현)측량기능사 동영상 강의
- (현)측량학 · 응용측량 동영상 강의

■ 저서
[지적 분야]
- 지적기술사 해설 예문사
- 지적기술사 과년도문제 해설 예문사
- 지적기사 이론 및 문제해설 예문사
- 지적산업기사 이론 및 문제해설 예문사
- 지적기사 과년도 문제해설 세진사
- 지적산업기사 과년도 문제해설 세진사
- 지적기사/산업기사 실기 문제해설 세진사
- 지적측량실무 세진사
- 지적측량학 세진사
- 지적전산학 세진사
- 지적직공무원 지적측량 적중예상문제 세진사
- 지적직공무원 지적전산학 적중예상문제 세진사
- 지적법 해설 예문사
- 지적학 해설 예문사
- 지적기능사 세진사

[측량 및 지형공간정보 분야]
- 측량 및 지형공간정보기술사 예문사
- 측량 및 지형공간정보기사 이론 및 문제해설 구민사
- 측량 및 지형공간정보산업기사 이론 및 문제해설 구민사
- 측량 및 지형공간정보기사 과년도 문제해설 구민사
- 측량 및 지형공간정보산업기사 과년도 문제해설 구민사
- 측량 및 지형공간정보 실기문제해설 세진사
- 측량 및 지형공간정보 실무 세진사
- 측량학 예문사
- 응용측량 예문사
- 사진측량 해설 예문사
- 측량기능사 예문사

이영욱

■ 약력
- 대구과학대학교 측저정보과 교수
- 경상북도 공무원 연수원 외래교수
- 산업인력관리공단 측지기사 국가자격출제위원
- 대구광역시 남구 건축위원
- 부산광역시 지적심의위원
- 대한측량협회 기술자 대의원
- 대구광역시, 경상북도 지적심의위원
- 산학협력선도전문대학사업(LINC) 단장

■ 저서
- 지적직공무원 지적측량 기초입문서 세진사
- 지적직공무원 지적전산학 기본서 세진사
- 측량 및 지형공간정보 실무 세진사
- GPS측량
- 위성측량
- 측량학

박원창

weonchangpark@hanmail.net

■ 약력
- 지적기사
- 명지대학교 산업대학원 지적 GIS학과 졸업(공학박사)
- 한국국토정보공사 지적연수원장 역임
- 대한지적공사 부산, 대전충남본부장 역임
- (현)한국지적정보학회 이사
- (현)명지전문대학 지적학과 겸임교수

■ 저서
- 지적기사/산업기사 이론 및 문제해설 예문사

김도균

cividokun@hanmail.net

■ 약력
- 영남대학교 일반대학원 토목공학과 졸업(공학석사)
- 영남대학교 일반대학원 토목공학과 졸업(공학박사)
- (현)경북도립대학교 토목과 교수
- 측량 및 지형공간정보 기사
- 토목기사

■ 저서
- 실용 GPS 일일사
- 기본측량학 일일사
- 응용측량 일일사
- 지적학 해설 예문사
- 측량학 예문사
- 측지학 예문사
- 지리정보학 예문사

지적산업기사 필기 이론 및 문제해설

발행일 | 2008. 5. 30 초판발행
　　　　　2009. 4. 10 개정 1판1쇄
　　　　　2011. 1. 10 개정 2판1쇄
　　　　　2012. 2. 20 개정 3판1쇄
　　　　　2013. 1. 10 개정 4판1쇄
　　　　　2014. 1. 30 개정 5판1쇄
　　　　　2015. 1. 15 개정 6판1쇄
　　　　　2015. 3. 20 개정 7판1쇄
　　　　　2016. 1. 15 개정 8판1쇄
　　　　　2017. 1. 20 개정 9판1쇄
　　　　　2018. 1. 20 개정 10판1쇄
　　　　　2019. 1. 10 개정 11판1쇄
　　　　　2020. 1. 10 개정 12판1쇄
　　　　　2021. 1. 15 개정 13판1쇄
　　　　　2022. 2. 20 개정 14판1쇄
　　　　　2023. 3. 10 개정 15판1쇄

저 자 | 寅山 이영수·이영욱·박원창·김도균
발행인 | 정용수
발행처 | 예문사

주 소 | 경기도 파주시 직지길 460(출판도시) 도서출판 예문사
TEL | 031) 955-0550
FAX | 031) 955-0660
등록번호 | 11-76호

정가 : 42,000원

ISBN 978-89-274-4996-6 13530

CHAPTER 01 측량의 기초

1. 타원체 종류 [암기] 회지준국

지구를 표현하는 수학적 방법, 단축 또는 장축을 중심축으로 회전시켜 얻는다.

㉦전타원체	한 타원의 **지축을 중심**으로 회전하여 생기는 입체타원체
㉧구타원체	부피와 모양이 실제의 **지구와 가장 가까운** 회전타원체를 지구의 형으로 규정한 타원체
㉨거타원체	어느 지역의 **대지측량계의 기준**이 되는 지구타원체
㉩제타원체	전 세계적으로 대지측량계의 통일을 위해 IUGG(International Union of Geodesy and Geophysics : 국제측지학 및 지구물리학연합)에서 제정한 지구타원체

2. 타원체와 지오이드의 비교

타원체	지오이드
① 기하학적 타원체이므로 굴곡이 없는 매끈한 면	① 지오이드면은 평균해수면과 일치하는 등퍼텐셜면으로 일종의 수면이다.
② 지구의 **반경, 면적, 표면적, 부피, 삼각측량**, 경위도 결정, 지도제작 등의 기준	② 지오이드면은 대륙에서는 지각의 인력 때문에 지구타원체보다 높고 해양에서는 **낮**다.
③ 타원체의 크기는 삼각측량 등의 실측이나 **중력**측정값을 클레로 정리로 이용	③ 고저측량은 **지**오이드면을 표고 0으로 하여 관측한다.
④ 지구타원체의 크기는 세계 각 나라별로 다르며 우리나라는 종래에는 Bessel의 타원체를 사용하였으나 최근 공간정보의 구축 및 관리 등에 관한 법 제6조의 개정에 따라 GRS80 타원체로 그 값이 변경되었다.	④ 타원체의 법선과 지오이드 연직선의 불일치로 **연직선 편차**가 생긴다.
⑤ 지구의 형태는 극을 연결하는 직경이 적도방향의 직경보다 약 42.6km가 짧은 회전타원체로 되어 있다.	⑤ 지형의 영향 또는 지각내부밀도의 불균일로 인하여 타원체에 비하여 다소의 기복이 있는 불규칙한 면이다.
⑥ 지구타원체는 지구를 표현하는 수학적 방법으로서 타원체면의 장축 또는 단축을 중심으로 회전시켜 얻을 수 있는 모형이다.	⑥ 지오이드는 어느 점에서나 표면을 통과하는 연직선은 **중력**방향에 수직이다.
	⑦ 지오이드는 **타원체면**에 대하여 다소 기복이 있는 **불규칙**한 면을 갖는다.
	⑧ 높이가 0이므로 위치에너지도 0이다.
	⑨ 지오이드면은 불규칙한 곡면으로 준거타원체와 거의 일치한다.

3. 측지학의 분류 암기 ⓩⓢ해서 결정지어라 면천위해사를 형긍지열대양은 지중지탄이라

기하학적 측지학	물리학적 측지학
점들 간의 상호 위치관계 산정	지구 내부의 특성, 지구의 형상 및 운동을 결정
측지학적 3차원위치 결정	지구의 형상 해석
길이 및 시간의 결정	지구의 긍운동 및 자전운동
수평위치 결정	지각변동 및 균형
높이의 결정	지구의 열 측정
지도제작	대류의 부동
면적 및 체적의 산정	해양의 조류
천문측량	지구의 조석 측량
위성측량	중력측량
해양측량	지자기측량
사진측량	탄성파측량

4. 측지측량과 평면측량

측지측량 (geodetic surveying)	① 지구의 곡률을 고려한 정밀한 측량으로서 지구의 형상과 크기를 구하는 측량 ② 측량정밀도가 1/1,000,000일 경우 ③ 지구의 곡률반경이 11km 이상인 지역 ④ 면적이 약 400km^2 이상인 지역 ⊙ 기하학적 측지학 : 지구표면상에 있는 모든 점들 간의 상호 위치관계를 결정하는 것 ⓛ 물리학적 측지학 : 지구 내부의 특성, 지구의 형상 및 크기를 결정하는 것
평면측량 (plane surveying)	① 지구의 곡률을 고려하지 않은 측량 ② 거리측량의 허용정밀도가 1/1,000,000 이내인 범위 ③ 지구의 곡률반경이 11km 이내인 지역 ④ 면적이 약 400km^2 이내인 지역 ⊙ 거리허용오차$(d-D) = \dfrac{D^3}{12 \cdot R^2}$ ⓛ 허용정밀도$\left(\dfrac{d-D}{D}\right) = \dfrac{D^2}{12 \cdot R^2} = \dfrac{1}{m} = M$ ⓒ 평면으로 간주할 수 있는 범위$(D) = \sqrt{\dfrac{12 \cdot R^2}{m}}$

5. 표고 기준과 높이의 종류

표고의 기준	내용
육지표고기준	평균해수면(중등조위면, Mean Sea Level : MSL)
해저수심, 간출암의 높이, 저조선	평균최저간조면(Mean Lowest Low Water Level : MLLW)
해안선	해면이 평균최고고조면(Mean Highest High Water Level : MHHW)에 달하였을 때 육지와 해면의 경계로 표시한다.

6. 측량기준점

<table>
<tr><td rowspan="10">국
가
기
준
점</td><td colspan="2">측량의 정확도를 확보하고 효율성을 높이기 위하여 국토교통부장관 및 해양수산부장관이 전 국토를 대상으로 주요 지점마다 정한 측량의 기본이 되는 측량기준점</td></tr>
<tr><td>㉾주측지
기준점</td><td>국가측지기준계를 정립하기 위하여 전 세계 초장거리간섭계와 연결하여 정한 기준점</td></tr>
<tr><td>㉱성기준점</td><td>지리학적 경위도, 직각좌표 및 지구중심 직교좌표의 측정기준으로 사용하기 위하여 대한민국 경위도원점을 기초로 정한 기준점</td></tr>
<tr><td>㉵합기준점</td><td>지리학적 경위도, 직각좌표, 지구중심 직교좌표, 높이 및 중력 측정의 기준으로 사용하기 위하여 위성기준점, 수준점 및 중력점을 기초로 정한 기준점</td></tr>
<tr><td>㉵력점</td><td>중력 측정의 기준으로 사용하기 위하여 정한 기준점</td></tr>
<tr><td>㉯자기점</td><td>지구자기 측정의 기준으로 사용하기 위하여 정한 기준점</td></tr>
<tr><td>㉱준점</td><td>높이 측정의 기준으로 사용하기 위하여 대한민국 수준원점을 기초로 정한 기준점</td></tr>
<tr><td>㉵해기준점</td><td>우리나라의 영해를 획정하기 위하여 정한 기준점</td></tr>
<tr><td>㉵로기준점</td><td>수로 조사 시 해양에서의 수평위치와 높이, 수심 측정 및 해안선 결정기준으로 사용하기 위하여 위성기준점과 법 제6조제1항제3호의 기본수준면을 기초로 정한 기준점으로서 ㉵로측량기준점, ㉰본수준점, ㉵안선기준점으로 구분한다. |
<tr><td>㉱각점</td><td>지리학적 경위도, 직각좌표 및 지구중심 직교좌표 측정의 기준으로 사용하기 위하여 위성기준점 및 통합기준점을 기초로 정한 기준점</td></tr>
<tr><td rowspan="3">공
공
기
준
점</td><td colspan="2">공공측량시행자가 공공측량을 정확하고 효율적으로 시행하기 위하여 국가기준점을 기준으로 하여 따로 정하는 측량기준점</td></tr>
<tr><td>공공삼각점</td><td>공공측량 시 수평위치의 기준으로 사용하기 위하여 국가기준점을 기초로 하여 정한 기준점</td></tr>
<tr><td>공공수준점</td><td>공공측량 시 높이의 기준으로 사용하기 위하여 국가기준점을 기초로 하여 정한 기준점</td></tr>
</table>

지 적 기 준 점		특별시장·광역시장·특별자치시장·도지사 또는 특별자치도지사(이하 "시·도지사"라 한다) 나 지적소관청이 지적측량을 정확하고 효율적으로 시행하기 위하여 국가기준점을 기준으로 하여 따로 정하는 측량기준점	
	지적삼각점	지적측량 시 수평위치측량의 기준으로 사용하기 위하여 국가기준 점을 기준으로 하여 정한 기준점	⊕ 3mm
	지적삼각 보조점	지적측량 시 수평위치측량의 기준으로 사용하기 위하여 국가기준 점과 지적삼각점을 기준으로 하여 정한 기준점	◯ 3mm
	지적도근점	지적측량 시 필지에 대한 수평위치측량 기준으로 사용하기 위하 여 국가기준점, 지적삼각점, 지적삼각보조점 및 다른 지적도근점 을 기초로 하여 정한 기준점	◯ 2mm

7. 측량의 원점

1) 평면지각좌표원점

명칭	경도	위도	투영원점의 가상수치	원점의 축척계수
서부원점	동경 125°	북위 38°	X^N : 600,000m Y^E : 200,000m	1.0000
중부원점	동경 127°	북위 38°		
동부원점	동경 129°	북위 38°		
동해원점	동경 131°	북위 38°		

2) 경위도원점

구분	동경	북위	원방위각	원방위각 위치
현재	127°03′14″.8913	37°16′33″.3659	165°03′44.538″	원점으로부터 진북을 기준으로 오른쪽 방향으로 측정한 우주측지관측센터에 있는 위성기준점 안테나 참조점 중앙
원점 소재지	국토지리정보원 내[경기도 수원시 영통구 월드컵로 92(원천동)]			
내용	① 1981년 8월~1985년 10월까지 정밀천문측량을 실시하여 완료 ② 경기도 수원시 영통구 월드컵로 92(원천동) 국토지리정보원 내에 설치 ③ 최근에 설치된 경위도 원점은 2002년 1월 1일 관측하여 2003년 1월 1일 고시 ④ 원방위각은 진북을 기준하여 우회로 측정한 원방위기준점에 이르는 방위각이다.			

3) 수준원점(1963년에 인천에 설치)

험조장	청진, 원산, 진남포, 목포, 인천
위치	인천직할시 남구 용현동 253번지(인하대학교 내)
표고	인천만의 평균해수면으로부터 26.6871m이다.

4) 구소삼각원점

경기도	시흥, 교동, 김포, 양천, 강화, 진위, 안산, 양성, 수원, 용인, 남양, 통진, 안성, 죽산, 광주, 인천, 양지, 과천, 부평(19개 지역)
경상북도	㉳구, ㉤령, ㉱도, 영㉲, ㉴풍, ㉻인, ㉴산, ㉮양 (8개 지역)

구소삼각원점	망산(間)	126°22′24″.596	37°43′07″.060	경기(강화)
	계양(間)	126°42′49″.124	37°33′01″.124	경기(부천, 김포, 인천)
	조본(m)	127°14′07″.397	37°26′35″.262	경기(성남, 광주)
	가리(間)	126°51′59″.430	37°25′30″.532	경기(안양, 인천, 시흥)
	등경(間)	126°51′32″.845	37°11′52″.885	경기(수원, 화성, 평택)
	고초(m)	127°14′41″.585	37°09′03″.530	경기(용인, 안성)
	율곡(m)	128°57′30″.916	35°57′21″.322	경북(영천, 경산)
	현창(m)	128°46′03″.947	35°51′46″.967	경북(경산, 대구)
	구암(間)	128°35′46″.186	35°51′30″.878	경북(대구, 달성)
	금산(間)	128°17′26″.070	35°43′46″.532	경북(고령)
	소라(m)	128°43′36″.841	35°39′58″.199	경북(청도)

미터	조본원점 · 고초원점 · 율곡원점 · 현창원점 · 소라원점
간	망산원점 · 계양원점 · 가리원점 · 등경원점 · 구암원점 · 금산원점
평면직각종횡선수치	원점에 대한 평면직각종횡선수치는 0으로 한다.

5) 특별소삼각원점

목적	1910~1912년 임시토지조사국에서 시가지 지세를 급히 징수하여 재정수요를 충당할 목적으로 실시
실시지역	마산, 나주, 전주, 진주, 광주, 강경, 청진, 회령, 진남포, 함흥, 평양, 신의주, 의주, 목포, 군산, 나남, 경성, 원산이며 지형상 대삼각측량으로 연결할 수 없는 울릉도에 독립된 원점을 정하였다.
원점	특별소삼각점의 원점은 그 측량지역 서남단의 삼각점
수치	종횡선 수치의 종선에 1만 m, 횡선에 3만 m로 가정

8. 지구좌표계

1) 평면직각좌표(Plane Rectangular Coordinate System)

<table>
<tr><td>

비교적 소규모 측량에서 널리 이용된다. 측량지역의 1점을 택하여 좌표원점을 정하고 그 평면상에서 원점을 지나는 자오선을 X축, 동서 방향을 Y축으로 한다.
① 각 지점의 위치는 직각좌푯값(x, y)으로 표시되며 경거, 위거라 한다.
② 원점에서 동서로 멀어질수록 자오선과 원점을 지나는 X^N(진북)과 평행한 $X^{N'}$(도북)이 서로 일치하지 않아 자오선수차(r)가 발생한다.

$P_x = r\cos\theta, \quad P_r = r\sin\theta$

</td><td>

[평면직각좌표]

</td></tr>
</table>

2) 경위도좌표(지리좌표)

경도	경도는 본초자오선과 적도의 교점을 원점(0, 0)으로 한다. 경도는 본초자오선으로부터 적도를 따라 그 지점의 자오선까지 잰 최소 각거리로 동서쪽으로 0~180°까지 나타내며, 측지경도와 천문경도로 구분한다.
	㳚지경도 본초자오선과 타원체상의 임의 자오선이 이루는 적도상 각거리를 말한다.
	㳂문경도 본초자오선과 지오이드상의 임의 자오선이 이루는 적도상 각거리를 말한다.
위도	위도(φ)란 지표면상의 한 점에서 세운 법선이 적도면을 0°로 하여 이루는 각으로서 남북위 0°~90°로 표시한다. 위도는 자오선을 따라 적도에서 어느 지점까지 관측한 최소 각거리로서 어느 지점의 연직선 또는 타원체의 법선이 적도면과 이루는 각으로 정의되고, 0~90°까지 관측하며, 경도 1°에 대한 적도상 거리, 즉 위도 0°의 거리는 약 111km, 1′은 1.85km, 1″는 30.88m이다.
	㳚지위도 지구상 한 점에서 회전타원체의 법선이 적도면과 이루는 각으로 측지분야에서 많이 사용한다.
	㳂문위도 지구상 한 점에서 지오이드의 연직선(중력방향선)이 적도면과 이루는 각을 말한다.
	㰑심위도 지구상 한 점과 지구중심을 맺는 직선이 적도면과 이루는 각을 말한다.
	㳑성위도 지구중심으로부터 장반경(a)을 반경으로 하는 원과 지구상 한 점을 지나는 종선의 연장선을 지구중심을 연결한 직선이 적도면과 이루는 각을 말한다.

3) UTM 좌표(Universal Transverse Mercator Coordinate)

UTM 좌표는 국제횡메르카토르 투영법에 의하여 표현되는 좌표계이다. 적도를 횡축, 자오선을 종축으로 한다. 투영방식, 좌표변환식은 TM과 동일하나 원점에서 축척계수를 0.9996으로 하여 적용범위를 넓혔다.

① 지구 전체를 경도 6°씩 60개 구역으로 나누고, 각 종대의 중앙자오선과 적도의 교점을 원점으로 하여 원통도법인 횡메르카토르 투영법으로 등각투영한다.

② 각 종대는 180°W 자오선에서 동쪽으로 6° 간격으로 1~60까지 번호를 붙인다.

③ 중앙자오선에서의 축척계수는 0.9996m이다. $\left(\text{축척계수} = \dfrac{\text{평면거리}}{\text{구면거리}} = \dfrac{s}{S} = 0.9996\right)$

④ 종대에서 위도는 남북 80°까지만 포함시킨다.

⑤ 횡대는 8°씩 20개 구역으로 나누어 C(80°S~72°S)~X(72°N~80°N)까지(단, I, O 는 제외) 20개의 알파벳 문자로 표현한다.

⑥ 결국 종대 및 횡대는 경도 6°×위도 8°의 구형 구역으로 구분된다.

⑦ 우리나라는 51~52 종대와 S~T 횡대에 속한다.

51 : 120°~126° E (중앙자오선 123° E)	S : 32°~40° N
52 : 126°~132° E (중앙자오선 129° E)	T : 40°~48° N

⑧ UTM 좌표에서 거리좌표는 m 단위로 표시하며 종좌표는 N, 횡좌표는 E를 붙인다.

⑨ 각 종대 좌표원점의 값

북반구	횡좌표	500,000mE				
	종좌표	0mN	적도	0mN	80°N	10,000,000mN
남반구	종좌표	10,000,000mN	적도	10,000,000mN	80°S	0mN
	횡좌표	500,000mE				

※ 80°S에서 적도까지의 거리는 10,000,000m로 나타난다.

4) UPS 좌표(Universal Polar Stereographic Coordinate)

위도 80° 이상의 양극지역 좌표를 표시하는 데 이용한다. UPS 좌표는 국제극심입체투영법에 의한 것이며 UTM 좌표의 상사투영법과 같은 특성을 지닌다.

① 양극을 원점으로 평면직각좌표계를 사용하며 거리좌표는 m로 표시한다.

② 종축은 경도 0° 및 180°인 자오선, 횡축은 90°E인 자오선이다.

③ 원점의 좌푯값은 '횡좌표 2,000,000mN, 종좌표 2,000,000mN'이다.

④ 도북은 북극을 지나는 180° 자오선(남극에서는 0° 자오선)과 일치한다.

5) WGS84 좌표계

WGS84는 지구의 질량중심에 위치한 좌표원점과 X, Y, Z축으로 정의되는 좌표계이며, 주로 위성측량(GPS, SPOT)에서 사용된다.

① 원점은 해양 및 대기를 포함한 지구의 전 질량의 중심
② Z축은 지구자전축과 평행을 이룬다.
③ X축은 본초자오선과 평행한 평면이 지구 적도면과 교차하는 선이다.
④ Y축은 X축과 Z축이 이루는 평면에 동쪽으로 수직인 방향으로 정의된다.
⑤ WGS84 타원체의 편평률(flattening)은 $\dfrac{1}{298.257}$ 이다.

6) ITRF 좌표계

ITRF는 IERS에서 추천하는 통일좌표계로서 현재 각종 우주측지좌표계로부터 ITRF계로
의 변환 파라미터가 주어지고 있다. 국제시보국(BIH)에서 1984년에 국제지구자전관측
사업(IERS)의 결과로서 새로운 BTS를 도입하게 되었고, BTS는 ITRF(지구기준좌표계)로
승계되었다.
① 원점은 지구의 질량 중심이다.
② Z축은 1984년 국제시보국(BIH)에서 채택한 자전축과 평행한 방향이다.
③ X축은 적도면과 그리니치 자오선이 교차하는 방향이다.
④ Y축은 Z축과 X축이 이루는 평면에 동쪽으로 수직인 방향이다.
⑤ CTP 방향선에 직교하고 지구중심을 지나는 면이 적도면이다.
⑥ 오른손 좌표계이다.
⑦ 지구중심좌표계의 기준이다.
⑧ 상대론을 고려한 SI(국제단위계) 축척이 기준이다.
⑨ BIH(1984)는 지구기준좌표계의 기준이다.
⑩ 지각에 상대적인 좌표계의 회전과 변위가 없다는 조건이다.

9. 시(time)

시는 지구의 자전 및 공전운동 때문에 관측자의 지구상 절대적 위치가 주기적으로 변화함
을 표시하는 것으로 원래 하루의 길이는 지구의 자전, 1년은 지구의 공전, 한 주나 한 달은
달의 공전으로부터 정의된다. 시와 경도 사이에는 1시간은 15도의 관계가 있다.

TIME	내용
항성시 (Local Sidereal Time : LST)	항성일은 춘분점이 연속해서 같은 자오선을 두 번 통과하는 데 걸리는 시간이다(23시간 56분 4초). 이 항성일을 24등분하면 항성시가 된다. 즉 춘분점을 기준으로 관측된 시간을 항성시라 한다. LST = 춘분점의 시간각 = 적경 + 시간각

TIME		내용
태양시 (Solar Time)	시태양시	춘분점 대신 시태양을 사용한 항성시이며 태양의 시간각에 12시간을 더한 것으로 하루의 기점은 자정이 된다. 시태양시 = 시태양의 시간각 + 12^h
	평균 태양시	시태양시의 불편을 없애기 위하여 천구적도상을 1년간 일정한 평균 각속도로 동쪽으로 운행하는 가상적인 태양, 즉 평균 태양의 시간각으로 평균 태양시를 정의하며 이것이 우리가 쓰는 상용시이다. 평균 태양시 = 평균 태양의 시간각 + 12^h
	균시차	시태양시와 평균 태양시 사이의 차를 균시차라 한다. 균시차 = 시태양시 - 평균 태양시
세계시 (Universal Time : UT)	표준시	지방시를 직접 사용하면 불편하므로 이러한 곤란을 해결하기 위하여 경도 15도 간격으로 전 세계에 24개의 시간대를 정하고 각 경도대 내의 모든 지점을 동일한 시간을 사용하도록 하는데 이를 표준시라 한다. 우리나라의 표준시는 동경 135도를 기준으로 하고 있다
	세계시	표준시의 세계적인 표준시간대는 경도 0도인 영국의 그리니치를 중심으로 하며 그리니치 자오선에 대한 평균 태양시를 세계시(世界時)라 한다. • 그리니치 자오선에 대한 평균 태양시 $UT = LST - a_{m.s} + \lambda + 12^h$ (여기서, $a_{m.s}$: 평균 태양의 적경, λ : 서경) • UT_0 : 이들 영향을 고려하지 않는 세계시, 전 세계가 같은 시각이다. • UT_1 : 극운동을 고려한 세계시, 전 세계가 다른 시각이다. • UT_2 : UT_1에 계절 변화를 고려한 것으로 전 세계가 다른 시각이다.
역표시 (Ephemeris Time : ET)		지구는 자전운동뿐만 아니라 공전운동도 불균일하므로 이러한 영향 T를 고려하여 균일하게 만들어 사용한 것을 역표시라 한다. 자전운동, 공전운동의 불균일을 고려한 것이다. $ET = UT_2 + \Delta\lambda$

02 거리측량

1. 광파측거기와 전파측거기 비교

광파측거기	구분	전파측거기
적외선, 레이저광선, 가시광선	반송파	극초단파
기계, 반사경	장치구성	주국, 종국
$(1 \sim 2) \pm 2 \times 10^{-6} D(\text{cm})$	정밀도 (D : 관측거리)	$(3 \sim 5) \pm 4 \times 10^{-6} D(\text{cm})$
1명(목표점에 반사경 설치)	최소조작인원	2명(주, 종국 각 1명)
짧다.(근거리용 1m ~ 1km)	측정 가능 거리	길다.
안개, 비, 눈 기타의 기후에 영향 받음	기상조건	기후에 영향을 받지 않음
짧다.(10 ~ 20분)	한 변 조작시간	길다.(20 ~ 30분)
Geodimeter	대표기종	Tellurometer
• 정확도가 높다. • 경량, 작업이 신속하다. • 지형이나 측점 부근의 장애물의 영향을 받지 않는다.	장점	• 장거리 관측에 적합하다. • 기상(안개, 가벼운 비)이나 지형의 시통성에 영향을 크게 받지 않는다.
기상(안개, 비 등)이나 지형의 시통성에 영향을 받는다.	단점	• 단거리 관측 시 정확도가 비교적 낮다. • 움직이는 장애물, 송전선 부근, 지면의 반사파 등의 간섭을 받는다.

2. 정오차의 보정

정오차의 보정	보정량	정확한 길이 (실제길이)	기호설명
1. 줄자의 길이가 표준 길이와 다를 경우 (테이프의 특성값)	$C_u = \pm L \times \dfrac{\Delta l}{l}$	$\begin{aligned} L_0 &= L \pm C_u \\ &= L \pm \left(L \times \dfrac{\Delta l}{l} \right) \end{aligned}$	L : 관측길이 l : 테이프의 길이 Δl : 테이프의 특성값 [테이프의 증가(+), 감소(−)량]
2. 온도에 대한 보정	$C_t = L \times a(t - t_0)$	$L_0 = L \pm C_t$	L : 관측길이 a : 테이프의 팽창계수 t_0 : 표준온도(15℃) t : 관측 시의 온도

정오차의 보정	보정량	정확한 길이 (실제길이)	기호설명
3. 경사에 대한 보정	$C_i = -\dfrac{h^2}{2L}$	$L_0 = L \pm C_i$ $= L - \dfrac{h^2}{2L}$	L : 관측길이 h : 고저차
4. 평균해수면에 대한 보정(표고보정)	$C_k = -\dfrac{L \times H}{R}$	$L_0 = L - C_k$	R : 지구의 곡률반경 H : 표고 L : 관측길이
5. 장력에 대한 보정	$C_p = \pm \dfrac{L}{A \times E}(P - P_0)$	$L_0 = L \pm C_p$	L : 관측길이 A : 테이프 단면적(cm^2) P : 관측 시의 장력 P_0 : 표준장력(10kg) E : 탄성계수(kg/cm^2)
6. 처짐에 대한 보정	$C_g = -\dfrac{L}{24}\left(\dfrac{W}{P}\right)^2$	$L_0 = L - C_s$	L : 관측길이 W : 테이프 단면적(cm^2) P : 장력(kg) l : 등간격 길이

3. 축척, 거리, 면적 관계

실제거리와 축척	축척 $= \dfrac{1}{m} = \dfrac{도상거리}{실제거리} = \dfrac{l}{L}$ (m : 축척분모수)
실제면적과 축척	$(축척)^2 = \left(\dfrac{1}{m}\right)^2 = \left(\dfrac{도상거리}{실제거리}\right)^2 = \dfrac{도상면적(a)}{실제면적(A)}$
부정길이가 있을 경우	실제면적 $=$ 관측면적 $\times \dfrac{(부정길이)^2}{(표준길이)^2}$
축척과 단위면적	$A_2 = \left(\dfrac{m_2}{m_1}\right)^2 \times A_1$ 여기서, A_1 : 주어진 단위면적, A_2 : 구하고자 하는 단위면적 $\quad\quad m_1$: 주어진 단위면적의 축척분모 $\quad\quad m_2$: 구하고자 하는 단위면적의 축척분모
면적이 줄었을 때	실제면적 $=$ 측정면적 $\times (1 + \varepsilon)^2$, 여기서, ε : 신축된 양
면적이 늘었을 때	실제면적 $=$ 측정면적 $\times (1 - \varepsilon)^2$
축척과 정도	• 대축척 : 축척의 분모수가 작은 것 • 소축척 : 축척의 분모수가 큰 것 • 정도가 좋다 : 축척의 분모수가 큰 것 • 정도가 나쁘다 : 축척의 분모수가 작은 것

CHAPTER 03 각측량

1. 수평각 관측에 의한 오차

1) 단측법 및 방향각법의 각관측오차

단측법에 의한 각관측오차	$m_s = \pm \sqrt{\alpha^2 + \alpha^2 + \beta^2 + \beta^2} = \pm \sqrt{2(\alpha^2 + \beta^2)}$ 여기서, α : 시준오차, β : 읽음오차
일방향에 생기는 오차	$m_1 = \pm \sqrt{\alpha^2 + \beta^2}$
n회 관측평균치의 오차	$M = \dfrac{\sqrt{m_s^2 + m_s^2 + \cdots + m_2^2}}{n}$ $= \pm \dfrac{\sqrt{n \cdot m_s^2}}{n}$ $= \pm \sqrt{\dfrac{2(\alpha^2 + \beta^2)}{n}}$

2) 배각법의 각관측오차

n배각 관측에 의한 일각에 포함되는 시준오차	$m_1 = \dfrac{\sqrt{2n} \cdot \alpha}{n} = \sqrt{\dfrac{2\alpha^2}{n}}$
n배각 관측에 의한 일각에 포함되는 읽음오차	$m_2 = \dfrac{\sqrt{2} \cdot \beta}{n} = \sqrt{\dfrac{2\beta^2}{n^2}}$
n배각 관측 시 일각에 생기는 배각법의 오차	$M = \pm \sqrt{m_1^2 + m_2^2} = \pm \sqrt{\dfrac{2}{n}\left(\alpha^2 + \dfrac{\beta^2}{n}\right)}$

배각법	방향각법
n배각 관측에 의한 일각에 포함되는 시준오차 $$m_1 = \frac{\sqrt{2n} \cdot \alpha}{n} = \sqrt{\frac{2\alpha^2}{n}}$$	단측법에 의한 각관측오차 $$m_s = \pm \sqrt{\alpha^2 + \alpha^2 + \beta^2 + \beta^2} = \pm \sqrt{2(\alpha^2 + \beta^2)}$$ 여기서, α: 시준오차, β: 읽음오차
n배각 관측에 의한 일각에 포함되는 읽음오차 $$m_2 = \frac{\sqrt{2} \cdot \beta}{n} = \sqrt{\frac{2\beta^2}{n^2}}$$	일방향에 생기는 오차 $$m_1 = \pm \sqrt{\alpha^2 + \beta^2}$$
n배각 관측 시 일각에 생기는 배각법의 오차 $$M = \pm \sqrt{m_1^2 + m_2^2} = \pm \sqrt{\frac{2}{n}\left(\alpha^2 + \frac{\beta^2}{n}\right)}$$	n회 관측 평균치의 오차 $$M = \frac{\sqrt{m_s^2 + m_s^2 + \cdots + m_s^2}}{n}$$ $$= \pm \frac{\sqrt{n \cdot m_s^2}}{n} = \pm \sqrt{\frac{2}{n}(\alpha^2 + \beta^2)}$$

2. 트랜싯의 조정

1) 조정이 완전하지 않기 때문에 생기는 오차

오차의 종류	원인	처리방법
시준축오차	시준축과 수평축이 직교하지 않기 때문에 생기는 오차	망원경의 정·반 관측을 평균을 취한다.
수평축오차	수평축이 연직축에 직교하지 않기 때문에 생기는 오차	망원경의 정·반 관측을 평균을 취한다.
연진축오차	연직축이 연직이 되지 않기 때문에 생기는 오차	소거 불능

2) 기계의 구조상 결점에 따른 오차

오차의 종류	원인	처리방법
회전축의 편심오차 (내심오차)	기계의 수평회전축과 수평분도원의 중심이 불일치	180도° 차이가 있는 2개(A, B)의 버니어의 읽음값을 평균한다.
시준선의 편심오차 (외심오차)	시준선의 기계의 중심을 통과하지 않기 때문에 생기는 오차	망원경을 정반위로 관측하여 평균을 취한다.
분도원의 눈금오차	눈금 간격이 균일하지 않기 때문에 생기는 오차	버니어의 0의 위치를 $\frac{180°}{n}$씩 옮겨가면서 대회관측을 한다.

3) 트랜싯의 6조정

수 평 각 조 정	제1조정 (평반기포관의 조정 : 연직축오차)	평반기포관축은 연직축에 직교해야 한다.	
		원인	연직축이 연직이 되지 않기 때문에 생기는 오차
		처리방법	소거 불능
	제2조정 (십자종선의 조정 : 시준축오차)	십자종선은 수평축에 직교해야 한다.	
		원인	시준축과 수평축이 직교하지 않기 때문에 생기는 오차
		처리방법	망원경을 정·반위로 관측하여 평균을 취한다.
	제3조정 (수평축의 조정 : 수평축오차)	수평축은 연직축에 직교해야 한다.	
		원인	수평축이 연직축에 직교하지 않기 때문에 생기는 오차
		처리방법	망원경을 정·반위로 관측하여 평균을 취한다.
연 직 각 조 정	제4조정 : 회전축의 편심오차 : 내심오차 (십자횡선의 조정)	십자선의 교점은 정확하게 망원경의 중심(광축)과 일치하고 십자횡선은 수평축과 평행해야 한다.	
		원인	기계의 수평회전축과 수평분도원의 중심이 불일치
		처리방법	180° 차이가 있는 2개(A, B)의 버니어의 읽음값을 평균한다.
	제5조정 : 시준선의 편심오차 : 외심오차 (망원경기포관의 조정)	망원경에 장치된 기포관축(수준기)과 시준선은 평행해야 한다.	
		원인	시준선이 기계의 중심을 통과하지 않기 때문에 생기는 오차
		처리방법	망원경을 정·반위로 관측하여 평균을 취한다.
	제6조정 : 분도원의 눈금오차 (연직분도원 버니어 조정)	시준선은 수평(기포관의 기포가 중앙)일 때 연직분도원의 0°가 버니어의 0과 일치해야 한다.	
		원인	눈금 간격이 균일하지 않기 때문에 생기는 오차
		처리방법	버니어의 0의 위치를 $\dfrac{180°}{n}$ 씩 옮겨가면서 대회관측을 한다.

CHAPTER 04 지적삼각측량

1. 지적삼각측량 규정

지적삼각측량		
기초(기지)점	위성기준점, 통합기준점, 삼각점, 지적삼각점	
측량방법	경위의 측량방법	전파기 또는 광파기 측량방법
계산방법	평균계산법 또는 망평균계산법	
지적삼각점 명칭	측량지역이 소재하고 있는 특별시·광역시·도 명칭 중 2자를 채택하고 시·도단위로 일련번호를 붙여 정함	
지적삼각점 간 거리	2~5km	
지적삼각점의 망구성	유심다각망, 삽입망, 사각망, 삼각쇄, 삼각망	
삼각형 내각	각내각은 30°~120°이하(망평균계산법에 의한 경우 제외)	
관측	10초독 이상의 경위의	표준편차 ±(5mm+5ppm) 이상의 정밀측거기
수평각관측	3대회 방향관측법(0°, 60°, 120°)	
수평각의 측각공차 · 1방향각	30초 이내	
1측회 폐색	±30초 이내	
삼각형 내각 관측치의 합과 180도와의 차	±30초 이내	
기지각과의 차	±40초 이내	
점간거리 계산		5회 측정, 허용교차는 평균치의 1/10만 이하
삼각형 · 내각		세 변의 평면거리에 의하여 계산
기지각과의 차		기지각과의 차는 ±40초 이내
연직각 · 관측	각 측점에서 정·반으로 2회 관측, 허용교차가 30초 이내인 경우 평균치를 연직각	
표고	2개 기지점에서 소구점의 표고를 계산하여 교차가 0.05미터+0.05(S_1+S_2) 미터 이하인 때에 평균치를 표고로 한다. (S_1, S_2 : 기지점에서 소구점까지의 평면거리로서 km 단위)	

계산단위	각	변장	진수	좌표·표고	경위도	자오선 수차
	초	cm	6자리 이상	cm	초 아래 3자리	초 아래 1자리

지적삼각측량	
삼각점의 설치차수 한계	지적삼각점만을 기지점으로 하여 지적삼각점을 다시 설치하는 때에는 1차에 한하되 가급적 다른 삼각점에 폐색하여 그 측량 성과를 확인
측량성과와 검사성과의 연결 교차	0.20m 이내
측량 및 측량성과의 검사	지적기사 이상 자격 소지자

2. 지적삼각측량 규정 원본

지적삼각측량							
기초(기지)점							
측량방법							
계산방법							
지적삼각점 명칭							
지적삼각점 간 거리							
지적삼각점의 망구성							
삼각형 내각							
관측							
수평각관측							
수평각의 측각공차	1방향각						
	1측회 폐색						
	삼각형 내각 관측치의 합과 180도와의 차						
	기지각과의 차						
점간거리 계산							
삼각형	내각						
	기지각과의 차						
연직각	관측						
	표고						
계산단위							
삼각점의 설치차수 한계							
측량성과와 검사성과의 연결 교차							
측량 및 측량성과의 검사							

05 지적삼각보조점측량

1. 지적삼각보조측량 규정

지적삼각보조측량			
기초(기지)점	위성기준점, 통합기준점, 삼각점, 지적삼각점, 지적삼각보조점		
측량방법	경위의 측량방법		전파기 또는 광파기 측량방법
계산방법	교회법, 다각망도선법		
지적삼각보조점 명칭	측량지역별로 설치순서에 따라 부여하되, 영구표지를 설치하는 경우에는 시·군·구별로 일련번호를 부여한다. 이 경우 일련번호 앞에는 "보"자를 붙인다.		
지적삼각보조점 간 거리	1~3km(다각망도선법에 의하여 하는 때에는 0.5~1km 이하)		
지적삼각보조점 망구성	교회망, 교점다각망		
삼각형의 각 내각	30°~120°이하		
관측	20초독 이상의 경위의	표준편차 ±(5mm+5ppm) 이상의 정밀측거기	20초독 이상의 경위의
수평각관측	2대회의 방향관측법 (윤곽도 0°, 90°)		2대회의 방향관측법 (윤곽도 0°, 90°)
수평각의측각공차 1방향각	40초 이내	40초 이내	40초 이내
1측회 폐색	±40초 이내	±40초 이내	±40초 이내
삼각형 내각 관측치의 합과 180도와의 차	±50초 이내 (2방향±40초)	±50초 이내	±50초 이내
기지각과의 차	±50초 이내		
점간거리 계산		5회 측정, 허용교차는 평균치의 1/10만 이하	5회 측정, 허용교차는 평균치의 1/10만 이하
삼각형 내각		세 변의 평면거리에 의하여 계산	세 변의 평면거리에 의하여 계산
기지각과의 차		±50초 이내	±50초 이내

지적삼각보조측량				
연직각	관측	각측점에서 정·반으로 2회 관측, 허용교차가 30초 이내인 경우 평균치를 연직각			
	표고	2개 기지점에서 소구점의 표고를 계산하여 교차가 0.05미터+0.05(S_1+S_2) 미터 이하인 때에 평균치를 표고로 한다. (S_1, S_2 : 기지점에서 소구점까지의 평면거리로서 km 단위)			
계산단위		각	변장	진수	좌표
		초	cm	6자리 이상	cm
위치의 연결교차		0.30m 이하	0.30m 이하		
측량 및 계산방법의 구분		경위의 측량방법과 교회법	전·광파기 측량방법과 교회법	경위의 및 전·광파기 측량방법과 다각망도선법	
측량방법		3방향 교회, 부득이한 경우 2방향 교회 이 경우 각 내각을 관측하여 각 내각의 관측치의 합계와 180도의 차가 ±40초 이내인 때 이를 각 내각에 배분하여 사용		3점 이상의 기지점을 포함한 결합다각방식	
1도선의 점의 수				기지점과 교점을 포함하여 5개 이하	
1도선의 거리				4km 이하	
폐색오차				±10$\sqrt{n}$초 이내 (n : 폐색변을 포함한 변수)	
측각오차 배부				$K=-\dfrac{e}{R}\times r$ (측선장에 반비례)	
연결오차				0.05×S 미터 이하 (S : 도선거리/1,000)	
종·횡선오차의 배분				$T=-\dfrac{e}{L}\times l$ (종·횡선차 길이에 비례)	
측량성과와 검사성과의 연결교차		0.25m 이내			

2. 지적삼각보조측량 규정 원본

지적삼각보조측량				
기초(기지)점				
측량방법				
계산방법				
지적삼각보조점 명칭				
지적삼각보조점 간 거리				
지적삼각보조점 망구성				
삼각형의 각 내각				
관측				
수평각관측				
수평각의 측각공차	1방향각			
	1측회 폐색			
	삼각형 내각 관측치의 합과 180도와의 차			
	기지각과의 차			
점간거리 계산				
삼각형	내각			
	기지각과의 차			
연직각	관측			
	표고			
계산단위				
위치의 연결교차				
측량 및 계산방법의 구분				
측량방법				
1도선의 점의 수				
1도선의 거리				
폐색오차				
측각오차 배부				
연결오차				
종·횡선오차의 배분				
측량성과와 검사성과의 연결교차				

CHAPTER
06 지적도근측량

1. 지적도근측량 규정

지적도근측량		
기초(기지)점	위성기준점, 통합기준점, 삼각점, 지적삼각점, 지적삼각보조점, 도근점	
측량방법	경위의측량방법, 전파기 또는 광파기 측량방법, 위성측량방법, 국토교통부장관이 승인한 측량방법	
계산방법	도선법, 교회법, 다각망도선법	
지적도근점의 번호	영구표지를 설치한 경우	영구표지를 설치하지 않은 경우
	시·군·구별로 설치순서에 따라 일련번호	시행지역별로 설치순서에 따라 일련번호
	이 경우 각도선의 교점은 지적도근점 번호 앞에 "교"자를 붙인다.	
지적도근점 간 거리	평균 50미터 내지 300미터 이하, 다각망도선법에 의한 경우 500미터 이하	
지적도근점의 구성	결합도선, 폐합도선, 왕복도선, 다각망도선	

측량 및 계산방법	구분	경위의측량방법에 의한 도선법	경위의측량방법, 전파기 또는 광파기 측량방법에 의한 다각망도선법
	도선구성	결합도선(지형상 부득이한 경우 폐합도선·왕복도선)	3점 이상의 기지점을 포함한 결합다각방식
	1도선의 점의 수	40점 이하 (지형상 부득이한 경우 50점)	20점 이하

수평각	구분	시가지·축척변경·경계점좌표등록 부시행지역	그 밖의 지역
	방법	배각법	배각법과 방위각법 혼용
	관측	20초독 이상의 경위의 사용	

관측과 계산의 기준	종별	각	측정횟수	거리	진수	좌표
	배각법	초	3회	cm	5자리 이상	cm
	방위각법	분	1회	cm	5자리 이상	cm
점간거리의 측정	2회 측정(교차는 평균치의 3천 분의 1 이하, 경사거리인 경우 수평거리로 계산)					
연직각의 관측	올려본각과 내려본각을 관측, 교차가 90초 이내인 경우 평균치를 연직각					

지적도근측량				
패색오차의 허용범위	배각법		방위각법	
	1등도선	2등도선	1등도선	2등도선
	$\pm20\sqrt{n}$ (초)	$\pm30\sqrt{n}$ (초)	$\pm\sqrt{n}$ (분)	$\pm1.5\sqrt{n}$ (분)
	n은 폐색변을 포함한 변수임			
1회와 3회 측정값 교차	30초 이내			
측각오차의 배분	$K=-\dfrac{e}{R}\times r$ (측선장에 반비례하여 각 측선의 관측각에 배분)		$Kn=-\dfrac{e}{S}\times s$ (변의 수에 비례하여 각 측선의 방위각에 배분)	
연결오차의 허용범위	1등도선		2등도선	
	당해 지역 축척분모의 $\dfrac{1}{100}\sqrt{n}$ 센티미터 이하		당해 지역 축척분모의 $\dfrac{1.5}{100}\sqrt{n}$ 센티미터 이하	
	n은 각 측선의 수평거리의 총합계를 100으로 나눈 수, 축척분모는 경계점좌표등록부 비치 지역은 1/500, 1/6,000 지역은 1/3,000로, 축척이 2 이상인 때는 대축척			
종·횡선오차의 배부	$T=-\dfrac{e}{L}\times l$ (길이에 비례배분)		$C=-\dfrac{e}{L}\times l$ (측선장에 비례배분)	
	종선 또는 횡선의 오차가 매우 작아 배분하기 곤란한 때 - 배각법에서는 종선차 및 횡선차가 긴 것부터 배분하고 - 방위각법에서는 측선장이 긴 것부터 순차로 배분하여 종선 및 횡선의 수치를 결정한다.			
측량성과와 검사성과의 연결교차	경계점좌표등록부 시행지역		그 밖의 지역	
	0.15m 이내		0.25m 이내	

2. 지적도근측량 규정 원본

지적도근측량					
기초(기지)점					
측량방법					
계산방법					
지적도근점의 번호					
지적도근점 간 거리					
지적도근점의 구성					
측량 및 계산방법	구분				
	도선구성				
	1도선의 점의 수				
수평각	구분				
	방법				
	관측				
관측과 계산의 기준					
점간거리의 측정					
연직각의 관측					
폐색오차의 허용범위					
1회와 3회 측정값 교차					
측각오차의 배분					
연결오차의 허용범위					
종 · 횡선오차의 배부					
측량성과와 검사성과의 연결교차					

07 지적세부측량

1. 세부측량 규정

세부측량					
기초(기지)점	위성기준점, 통합기준점, 삼각점, 지적삼각점, 지적삼각보조점, 도근점, 경계점				
측량	방법	경위의측량법		평판측량법		
	계산방법	도선법	방사법	교회법	도선법	방사법
	관측	20초독 이상의 경위의		측판		
거리측정단위		1cm		• 지적도를 비치하는 지역 : 5cm • 임야도를 비치하는 지역 : 50cm		
측량결과도 작성				측량대상토지가 등록된 도면과 동일한 축척 도시개발 · 축척변지역 : 1/500 단. 농지의구획정리 지역 : 1/1,000 시도지사의 승인을 받아서 1/6,000까지 가능		
경계점부합여부 확인				현형법, 도상 & 지상원호교회법 · 거리비교확인법		
성과산출			전방교회법 또는 측방교회법	지적측량 기준점 · 기지점 상호 연결		
방향선의 교각			30~150° 이하			
방향선의 도상길이 도선의 측선장(도선법)			10cm 이하, 광파 30cm 이하	8cm 이하, 광파 30cm 이하	10cm 이하, 광파 30cm 이하	
도선의 변수				20변 이하		
도선의 폐색오차				$\dfrac{\sqrt{N}}{3}$ 이하		
폐색오차 배분				$M_n = -\dfrac{e}{N} \times n$		
시오삼각형			내접원지름 1mm 이하			

세부측량				
점간거리 측정	2회, 1/3,000 이하 경사거리인 경우 수평거리로 계산			
수평각 관측	1대회 방향관측법(폐색 불요) 또는 2배각의 배각법			
연직각 관측	정·반 1회, 허용교차 5분, 분단위 독정			
수평각의 측각공차 — 1방향각	60초 이내			
수평각의 측각공차 — 1회 측정값과 2회 측정값의 평균값에 대한 교차	40초 이내			
계산단위	각	변장	진수	좌표
	초	cm	5자리 이상	cm
측량성과와 검사성과의 연결교차	경계점좌표등록부시행지역	그 밖의 지역		
	0.10m 이내	$\frac{3}{10}M$ 이내		

2. 세부측량 규정 원본

세부측량						
기초(기지)점						
측량	방법					
	계산방법					
	관측					
거리측정단위						
측량결과도 작성						
경계점부합여부 확인						
성과산출						
방향선의 교각						
방향선의 도상길이 도선의 측선장(도선법)						
도선의 변수						
도선의 폐색오차						
폐색오차 배분						
시오삼각형						
점간거리 측정						
수평각관측						
연직각 관측						
수평각의 측각공차	1 방향각					
	1회 측정값과 2회 측정값의 평균값에 대한 교차					
계산단위						
측량성과와 검사성과의 연결교차						

02

응용측량

CHAPTER 01 사진측량

1. 사진측량의 장단점

장점	단점
① 정량적·정성적 해석 ② 정확도 균일 ③ 대규모 지역 → 경제적(소축척) ④ 4차원 ⑤ 축척 변경 용이 ⑥ 분업화 ⑦ 접근 어려운 대상물도 측정 ⑧ 하천의 흐름, 구조물 변경, 교통사고, 화재상황 보존 ⑨ 동체 측정	① 소규모 지역 → 비경제적(대축척) ② 피사체식별 난해 ③ 기상 영향 ④ 태양고도 영향 ⑤ 기자재가 고가

2. 사진촬영 계획

※ 사진촬영 순서

촬영계획 → 촬영과 사진작성 → 판독기준의 작성 → 판독 → 지리조사 → 정리

1) 사진축척

① $\dfrac{1}{m} = \dfrac{f}{H}$, 비고 : $\dfrac{1}{m} = \dfrac{f}{H \pm h}$

 (f : 초점거리, H : 비행고도, h : 비고)

② 렌즈의 초점거리에 대한 촬영고도의 비

③ 지표면 고저차 : 낮은 곳 → 소축척, 높은 곳 → 대축척

2) 중복도

① 중복도

 ㉠ 종중복도 : 진행방향 60% 중복 최소 50%

 ㉡ 횡중복도 : 진행방향 직각 30% 중복 최소 5%

② 특성
　⊙ 종중복도 60% 중복 이유 : 인접사진(이웃사진)에 주점을 찍히게 하기 위해
　ⓒ 산악지역(비고차가 비행고도의 10% 이상), 고층빌딩 밀집 시가지 → 10~20% 중
　　복도 높인다.(사각 발생을 막기 위해서 2단촬영을 한다.)
③ 계산

[중복도]

$$종중복도(P) = \frac{P_1 m_1 + m_1 m_2 + P_2 m_2}{a} \times 100$$

$$P_1 m_1 = P_2 m_2 = \frac{a}{2} - m_1 m_2$$

3) 촬영기선장
　하나의 촬영점(셔터를 누른 점)으로부터 다음 촬영점까지의 거리를 촬영기선장이라
　한다.

주점기선장	$b_0 = a\left(1 - \dfrac{P}{100}\right)$
촬영종기선길이	$B = ma\left(1 - \dfrac{P}{100}\right)$
촬영횡기선길이	$C = ma\left(1 - \dfrac{q}{100}\right)$

4) 촬영고도 및 촬영코스 등

촬영 고도	$H = C \cdot \triangle h$ (C : 도화기에 따른 상수, $\triangle h$: 등고선 간격)
촬영 코스	• 촬영코스는 촬영지역을 완전히 덮고 코스 사이의 중복도를 고려하여 결정 • 일반적으로 넓은 지역을 촬영 시 동서 방향으로 계획 • 도로, 하천과 같은 선형 물체를 촬영할 때에는 선형 물체를 따라 촬영 • 지역이 남북으로 긴 경우 남북으로 촬영코스를 계획 • 1개 촬영경로는 보통 30km 이내로 한다.
표정점 배치	• 대지표정(절대표정) → 삼각점(x, y) : 2점, 수준점(z) : 3점 • 항공삼각측량 → 삼각점수(최초 : 3점, 중간 : 2점, 최후 : 2점) • 표정점수 $= \dfrac{n}{2} + 2$ (n : 모델수)
촬영 일시	• 오전 10시부터 오후 2시 • 늦가을부터 초봄까지가 최적기 • 우리나라 연평균 쾌청일수 : 80일
촬영 계획도 작성	• 소축척 지도 $\left(일반적으로 \dfrac{1}{50,000}\right)$ → 촬영계획도 작성 • 축척은 촬영축척의 1/2 지형도로 택한다.

5) 면적

① 실제면적 $A = (m \times a)(m \times a) = m^2 a^2 = (ma)^2$

② 유효면적(A_0)

㉠ 단코스 $A_0 = A\left(1 - \dfrac{P}{100}\right)$

㉡ 복코스 $A_0 = A\left(1 - \dfrac{P}{100}\right)\left(1 - \dfrac{q}{100}\right)$

6) 사진의 매수 및 지상기준점측량의 작업량

① 촬영지역 면적에 의한 사진매수(N)

㉠ $N = \dfrac{F}{A_0}$

㉡ 안전율 고려 시 : $N = \dfrac{F}{A_0} \times (1 + 안전율)$

② 모델수

㉠ 종모델수 $= \dfrac{코스길이}{종기선길이} = \dfrac{S_1}{ma\left(1 - \dfrac{P}{100}\right)}$, 횡모델수 $= \dfrac{코스길이}{종기선길이} = \dfrac{S_2}{ma\left(1 - \dfrac{q}{100}\right)}$

㉡ 총모델수 = 종모델수 × 횡모델수

㉢ 사진매수 = (종모델수 + 1) × 횡모델수

㉣ 삼각점수 = 총모델수 × 2

3. 사진의 특성

1) 중심투영과 정사투영

① 항공사진 : 중심투영

② 지도 : 정사투영

2) 항공사진 특수3점

[항공사진의 특수 3점]

주점	① 사진의 중심점, 렌즈의 중심점으로부터 화면에 내린 수선의 길이 ② 렌즈의 광축과 화면이 교차하는 점 ③ 주점은 거의 수직사진에는 연직점과 일치 　※ 경사사진에서는 주점과 연직점이 일치하지 않는다. ④ 주점은 거의 수직 사진에 이용된다.
연직점	① 중력선이 사진면과 마주치는 점 ② 지표면과 수직이다. ③ 렌즈중심으로부터 지표면에 내린 수선의 발 ④ 고저차가 큰 지형의 수직 및 경사사진
등각점	① 2등분 ② 평탄한 지역

3) 기복변위

대상물에 기복이 있는 경우 연직으로 촬영하여도 축척은 동일하지 않되, 사진면에서 연직점을 중심으로 변위가 발생하는데 이를 기복변위라 한다.

1. $\triangle r = \dfrac{h}{H} \cdot r$

2. 최대변위량

$\triangle r_{max} = \dfrac{h}{H} \cdot r_{max}$

$r_{max} = \dfrac{\sqrt{2}}{2} \cdot a$

[기복변위]

4) 과고감

항공사진을 입체시하는 경우 실제보다 과장되어 보이는 현상을 말한다.

① 평면축척에 비해 수직축척이 크므로 다소 과장되어 나타난다.

② 눈의 위치가 높아짐에 따라 더 높게 보인다.

③ 기선고도비 $= \dfrac{B}{H}$

㉠ 기선고도비가 클수록 높게 보인다.

㉡ 촬영기선장이 클수록 높게 보인다.

㉢ 고도가 높으면 낮게 보인다.

㉣ 초점거리가 길면 낮게 보인다.

5) 시차

연속된 두 장의 사진에서 발생하는 동일 지점의 사진상의 변위를 시차라 한다.

$h : H = \triangle P : P_a, \quad h = \dfrac{H}{P_a} \triangle P, \quad \triangle P = \dfrac{h}{H} P_a$

여기서, h : 비고, H : 촬영고도, $\triangle P$(시차차) : $P_a - P_r$,

P_a : 정상의 시차, 주점기선장 $= a\left(1 - \dfrac{P}{100}\right)$, P_r : 기준면시차

3. 표정

※ 표정의 순서 : 내부표정 → 상호표정 → 절대표정(=대지표정) → 접합표정

구분	특징
내부 표정	도화기의 투영기에 촬영 당시와 똑같은 상태로 양화건판을 정착시키는 작업 • 건판의 신축 측정 • 대기굴절 • 주점의 위치 결정 • 화면거리 조정 • 지구곡률 보정 • 렌즈수차 보정
상호 표정	① 종시차를 소거하여 입체모형 자체를 완전입체시 하는 작업 ② 상호표정 후에도 횡시차는 남는다. ③ 5개의 표정인자
절대 표정	사진상의 좌표를 지상좌표계와 일치시키는 작업 • 위치(방향) 결정 • 수준면(표고, 경사)의 결정 • 축척의 결정
접합 표정	한쪽의 표정인자는 전혀 움직이지 않고 다른 한쪽만을 움직여 다른 쪽에 결합 (모델 간, 스트립 간 접합요소 결정)

4. 사진판독의 요소

요소	분류	특징
주요소	색조	피사체(대상물)가 갖는 빛의 반사에 의한 것으로 수목의 종류를 판독하는 것을 말한다.
	모양	피사체(대상물)의 배열상황에 의하여 판별하는 것으로 사진상에서 볼 수 있는 식생, 지형 또는 지표상의 색조 등을 말한다.
	질감	색조, 형상, 크기, 음영 등의 여러 요소의 조합으로 구성되고 조밀, 거칢, 세밀함 등으로 표현하며 초목 및 식물의 구분을 나타낸다.
	형상	개체나 목표물의 구성, 배치 및 일반적인 형태를 나타낸다.
	크기	어느 피사체(대상물)가 갖는 입체적, 평면적인 넓이와 길이를 나타낸다.
	음영	판독 시 빛의 방향과 촬영 시의 빛의 방향을 일치시키는 것이 입체감을 얻는 데 용이하다.
보조 요소	상호위치관계	어떤 사진상이 주위의 사진상과 어떠한 관계가 있는가 파악하는 것으로 주위의 사진상과 연관되어 성립되는 것이 일반적인 경우이다.
	과고감	과고감은 지표면의 기복을 과장하여 나타낸 것으로 낮고 평평한 지역에서의 지형판독에 도움이 되는 반면 경사면의 경사는 실제보다 급하게 보이므로 오판에 주의해야 한다.

CHAPTER

02 GNSS

1. 장단점

장점	단점
① 고정밀 측량 가능	① 위성의 궤도정보 필요
② 장거리를 신속하게 측량	② 전리층 및 대류권 정보 필요
③ 관측점 간의 시통 필요 ×	③ 우리나라 좌표계에 맞게 변환
④ 기상조건 ×, 야간관측 ○	④ 고압선 등의 전파에 영향받음
⑤ XYZ(3차원) 측정 가능	⑤ 시야각이 15° 이상 개방되어야 장애 없음
⑥ 움직이는 대상 측정 가능	⑥ 장비가 고가
⑦ 1인 측량 가능하며(인력 적게 소요) 측량작업 간단 ≠XY 결정에 이용	⑦ 장비사에 따라 소프트웨어 호환이 잘 안 됨

2. GPS의 구성요소

우주부문	구성	31개의 GPS 위성
	기능	측위용 전파 상시 방송, 위성궤도정보 · 시각신호 등 측위 계산에 필요한 정보 방송 ① 궤도형상 : 원궤도 ② 궤도면수 : 6개 면 ③ 위성수 : 1궤도면에 4개 위성(24개)+보조위성 7개=31개 ④ 궤도경사각 : 55° ⑤ 궤도고도 : 20,183km ⑥ 사용 좌표계 : WGS84 ⑦ 회전주기 : 11시간 58분(0.5항성일) : 1항성일은 23시간 56분 4초 ⑧ 궤도 간 이격 : 60도 ⑨ 기준 발진기 : 10.23MHz(세슘 원자시계 2대, 루비듐 원자시계 2대)
제어부문	구성	1개의 주제어국, 5개의 추적국 및 3개의 지상안테나(Up Link 안테나 : 전송국)
	기능	주제어국 : 추적국에서 전송된 정보를 사용하여 궤도요소를 분석한 후 **신규궤도요소, 시계보정, 항법메시지** 및 **콘트롤명령정보, 전리층 및 대류층의 주기적 모형화** 등을 지상안테나를 통해 위성으로 전송함
		추적국 : GPS 위성의 신호를 수신하고 **위성의 추적** 및 **작동상태**를 감독하여 위성에 대한 **정보**를 **주제어국**으로 전송함

		전송국 : 주 관제소에서 계산된 결과치로서 **시각보정값, 궤도보정치** 등 사용자에게 전달할 메시지를 **위성**에 송신하는 역할
제어부문	기능	① 주제어국 : 콜로라도 스프링스(Colorad Springs) - 미국 콜로라도주 ② 추적국 • 어센션(Ascension Is) - 대서양 • 디에고 가르시아(Diego Garcia) - 인도양 • 콰잘레인(Kwajalein Is) - 태평양 • 하와이(Hawaii) - 태평양 ③ 3개의 지상안테나(전송국) : 갱신자료 송신

3. GPS신호

① 위성에서 송신되는 신호는 대기의 상태에 따라 전파의 속도가 달라지는 것을 보정하기 위하여 파장이 다른 두 가지의 전파(L1, L2)를 동시에 수신한다.

② 2개의 반송파 사용 이유 : 위성까지의 거리 계산에서 "전리층지연시간"을 계산할 수 있도록 하기 위해

신호	구분	내용
반송파	L1	• 주파수 1,575.42MHz (154×10.23) • C/A code, P code 변조 가능
	L2	• 주파수 1,227.60MHz (120×10.23) • P code만 변조 가능
코드	P 코드	• 10.23MHz • 군용(정밀) • 파장 : 30m
	C/A 코드	• 1.023MHz • 민간용 • 파장 : 300m

※ C/A 코드는 P 코드 주파수의 1/10 크기

4. GPS의 오차

1) 구조적인 오차

① 대류층오차

② 전리층오차

③ 궤도오차 및 시계오차

④ 다중경로오차(멀티패스) : 주로 지형지물에 의해 반사된 전파로 발생하는 오차

2) 사이클슬립(주파단절)

① 반송파 위상치 값 → 순간적으로 놓침
② 주위의 지형지물에 의한 신호 단절
③ 높은 신호잡음 및 낮은 신호강도
④ 정밀위치측정 분야(정지측량)에 매우 큰 영향 ≠ 이동측량
⑤ 낮은 위성의 고도각
⑥ 기선해석 소프트웨어에서 자동 처리할 수 있다.

3) DOP

① 위성과 수신기들 간의 기하학적 배치에 따른 오차
② DOP 수치는 위성의 배치형태에 따라서 변한다.

종류	특징
• GDOP : 기하학적 • PDOP : 위치 • HDOP : 수평 • VDOP : 수직 • RDOP : 상대 • TDOP : 시간	• 위성의 기하학적 배치상태가 정확도에 어떻게 영향을 주는가를 측정하는 척도 • 정확도를 나타내는 계수 → 수치 • 수치가 작을수록 정밀 • 가장 배치상태가 좋은 DOP 수치 → 1 • 위성의 위치, 높이, 시간에 대한 함수관계 • DOP 수치는 5 이상은 좋지 않다.

03 수준측량

1. 용어

수직선 (vertical line)	지표 위 어느 점으로부터 지구의 중심에 이르는 선, 즉 타원체면에 수직한 선으로 삼각(트래버스)측량에 이용된다.
연직선 (plumb line)	천체측량에 의한 측지좌표의 결정은 지오이드면에 수직한 연직선을 기준으로 하여 얻어진다.
수평면 (level surface)	모든 점에서 연직방향과 수직인 면으로 수평면은 곡면이며 회전타원체와 유사하다. 정지하고 있는 해수면 또는 지오이드면은 수평면의 좋은 예이다.
수평선(level line)	수평면 안에 있는 하나의 선으로 곡선을 이룬다.
지평면(horizontal plane)	어느 점에서 수평면에 접하는 평면 또는 연직선에 직교하는 평면
지평선(horizontal line)	지평면 위에 있는 한 선을 말하며 지평선은 어느 한 점에서 수평선과 접하는 직선이며 연직선과 직교한다.
기준면(datum)	표고의 기준이 되는 수평면을 기준면이라 하며 표고는 0으로 정한다. 기준면은 계산을 위한 가상면이며 평균해면을 기준면으로 한다.
평균해면 (mean sea level)	여러 해 동안 관측한 해수면의 평균값
지오이드(geoid)	평균해수면으로 전 지구를 덮었다고 가정한 곡면
수준원점(Original Bench Mark, OBM)	수준측량의 기준이 되는 기준면으로부터 정확한 높이를 측정하여 기준이 되는 점
수준점 (Bench Mark, BM)	수준원점을 기점으로 하여 전국 주요 지점에 수준표석을 설치한 점 • 1등 수준점 : 4km마다 설치 • 2등 수준점 : 2km마다 설치
표고(elevation)	국가 수준 기준면으로부터 그 점까지의 연직거리
전시(fore sight)	표고를 알고자 하는 점(미지점)에 세운 표척의 읽음 값
후시(back sight)	표고를 알고 있는 점(기지점)에 세운 표척의 읽음 값
기계고(instrument height)	기준면에서 망원경 시준선까지의 높이
이기점(turning point)	기계를 옮길 때 한 점에서 전시와 후시를 함께 취하는 점
중간점(intermediate point)	표척을 세운 점의 표고만을 구하고자 전시만 취하는 점

2. 직접수준측량

1) 수준측량방법

기계고(*IH*)	$IH = GH + BS$	
지반고(*GH*)	$GH = IH - FS$	
고저차 (*H*)	고차식	$H = \Sigma BS - \Sigma FS$
	기고식 승강식	$H = \Sigma BS - \Sigma TP$

[직접수준측량의 원리]

2) 야장기입방법

고차식	가장 간단한 방법으로 BS와 FS만 있으면 된다.
기고식	가장 많이 사용하며, 중간점이 많을 경우 편리하나 완전한 검산을 할 수 없는 것이 결점이다.
승강식	완전한 검사로 정밀 측량에 적당하나, 중간점이 많으면 계산이 복잡하고, 시간과 비용이 많이 소요된다.

3) 전시와 후시의 거리를 같게 함으로써 제거되는 오차

① 레벨의 조정이 불완전(시준선이 기포관축과 평행하지 않을 때)할 때
   (시준축오차 : 오차가 가장 크다.)
② 지구의 곡률오차(구차)와 빛의 굴절오차(기차)를 제거한다.
③ 초점나사를 움직이는 오차가 없으므로 그로 인해 생기는 오차를 제거한다.

4) 직접수준측량의 주의사항

① 수준측량은 반드시 왕복측량을 원칙으로 하며, 노선은 다르게 한다.
② 정확도를 높이기 위하여 전시와 후시의 거리는 같게 한다.
③ 이기점(TP)은 1mm까지 그 밖의 점에서는 5mm 또는 1cm 단위까지 읽는 것이 보통이다.
④ 직접수준측량의 시준거리
   ㉠ 적당한 시준거리 : 40~60m(60m가 표준)
   ㉡ 최단거리는 3m이며, 최장거리 100~180m 정도이다.
⑤ 눈금오차(영점오차) 발생 시 소거방법.
   ㉠ 기계를 세운 표척이 짝수가 되도록 한다.
   ㉡ 이기점(TP)이 홀수가 되도록 한다.
   ㉢ 출발점에 세운 표척을 도착점에 세운다.

5) 수준척을 사용할 때 주의해야 할 사항

① 수준척은 연직으로 세워야 한다.

② 관측자가 수준척의 눈금을 읽을 때에는 표척수로 하여금 수준척이 기계를 향하여 앞뒤로 조금씩 움직이게 하여 제일 작은 눈금을 읽어야 한다.

③ 표척수는 수준척의 밑바닥에 흙이 묻지 않도록 하여야 하며 수준척이 이음으로 되어 있을 경우에는 측량 도중 이음매에서 오차가 발생하지 않도록 주의하여야 한다.

④ 정밀한 수준측량에서나 또는 다른 측량에 중대한 영향을 줄 수 있는 중요한 점에 수준척을 세울 때는 지반의 침하 여부에 주의하여야 하며 침하하기 쉬운 곳에는 표척대를 놓고 그 위에 수준척을 세워야 한다.

3. 간접수준측량

1) 앨리데이드에 의한 수준측량

H_A : A점의 표고

H_B : B점의 표고

H : $\dfrac{n}{100}D$

I : 기계고

h : 시준고

[앨리데이드에 의한 수준측량]

① $H_B = H_A + I + H - h$ (전시인 경우)

② 두 지점의 고저차$(H_B - H_A) = I + H - h$ (전시인 경우)

2) 교호수준측량

전시와 후시를 같게 취하는 것이 원칙이나 2점 간에 강·호수·하천 등이 있으면 중앙에 기계를 세울 수 없을 때 양 지점에 세운 표척을 읽어 고저차를 2회 산출하여 평균하며 높은 정밀도를 필요로 할 경우에 이용된다.

교호수준측량을 할 경우 소거되는 오차	① 레벨의 기계오차(시준축 오차) ② 관측자의 읽기오차 ③ 지구의 곡률에 의한 오차(구차) ④ 광선의 굴절에 의한 오차(기차)

두 점의 고저차 H

$$= \frac{(a_1 - b_1) + (a_2 - b_2)}{2}$$

$$= \frac{(a_1 - b_2) + (a_1 - b_2)}{2}$$

[교호수준측량]

CHAPTER

04 지형측량

1. 지형의 표시법

자연적 도법	영선법 (우모법) (hachuring)	"게바"라 하는 단선상의 선으로 지표의 기본을 나타내는 것으로 게바의 사이, 굵기, 방향 등에 의하여 지표를 표시하는 방법
	음영법 (명암법) (shading)	태양광선이 서북쪽에서 45°로 비친다고 가정하여 지표의 기복을 도상에서 2~3색 이상으로 채색하여 지형을 표시하는 방법으로 지형의 입체감이 가장 잘 나타나는 방법이다
부호적 도법	점고법 (spot height system)	지표면상의 표고 또는 수심을 숫자에 의하여 지표를 나타내는 방법으로 하천, 항만, 해양 등에 주로 이용
	등고선법 (contour system)	동일 표고의 점을 연결한 것으로 등고선에 의하여 지표를 표시하는 방법으로 토목공사용으로 가장 널리 사용
	채색법 (layer system)	같은 등고선의 지대를 같은 색으로 채색하여 높을수록 진하게 낮을수록 연하게 칠하여 높이의 변화를 나타내며 지리관계의 지도에 주로 사용

2. 등고선

1) 등고선의 종류

주곡선	지형을 표시하는 데 가장 기본이 되는 곡선으로 가는 실선으로 표시
간곡선	주곡선 간격의 $\frac{1}{2}$ 간격으로 그리는 곡선으로 완경사지나 주곡선만으로 지모를 명시하기 곤란한 장소에 가는 파선으로 표시
조곡선	간곡선 간격의 $\frac{1}{2}$ 간격으로 그리는 곡선으로 불규칙한 지형을 표시 (주곡선 간격의 $\frac{1}{4}$ 간격으로 그리는 곡선)
계곡선	주곡선 5개마다 1개씩 그리는 곡선으로 표고의 읽음을 쉽게 하고 지모의 상태를 명시하기 위해 굵은 실선으로 표시

2) 등고선의 간격

등고선 종류 \ 축척	기호	1/5,000	1/10,000	1/25,000	1/50,000
주곡선	가는 실선	5	5	10	20
간곡선	가는 파선	2.5	2.5	5	10
조곡선(보조곡선)	가는 점선	1.25	1.25	2.5	5
계곡선	굵은 실선	25	25	50	100

3) 등고선의 성질

① 동일 등고선상에 있는 모든 점은 같은 높이이다.
② 등고선은 반드시 도면 안이나 밖에서 서로가 폐합한다.
③ 지도의 도면 내에서 폐합되면 가장 가운데 부분이 산꼭대기(산정) 또는 요지(凹지)가 된다.
④ 등고선은 도중에 없어지거나, 엇갈리거나 합쳐지거나 갈라지지 않는다.
⑤ 높이가 다른 두 등고선은 동굴이나 절벽의 지형이 아닌 곳에서는 교차하지 않는다.
⑥ 등고선은 경사가 급한 곳에서는 간격이 좁고 완만한 경사에서는 넓다.
⑦ 최대경사의 방향은 등고선과 직각으로 교차한다.
⑧ 분수선(능선)과 곡선(유하선)은 등고선과 직각으로 만난다.
⑨ 2쌍의 등고선의 볼록부가 상대할 때는 볼록부를 나타낸다.
⑩ 동등한 경사의 지표에서 양 등고선의 수평거리는 같다.
⑪ 같은 경사의 평면일 때는 나란한 직선이 된다.
⑫ 등고선이 능선을 직각 방향으로 횡단한 다음 능선 다른 쪽을 따라 거슬러 올라간다.
⑬ 등고선의 수평거리는 산꼭대기 및 산 밑에서는 크고 산 중턱에서는 작다.

3. 지성선(topographical line)

능선(凸선), 분수선	지표면의 높은 곳을 연결한 선으로 빗물이 이것을 경계로 좌우로 흐르게 되므로 분수선 또는 능선이라 한다.
계곡선(凹선), 합수선	지표면이 낮거나 움푹 패인 점을 연결한 선으로 합수선 또는 합곡선이라 한다.
경사변환선	동일 방향의 경사면에서 경사의 크기가 다른 두 면의 접합선 (등고선 수평간격이 뚜렷하게 달라지는 경계선)
최대경사선	지표의 임의의 한 점에 있어서 그 경사가 최대로 되는 방향을 표시한 선으로 등고선에 직각으로 교차하며 물이 흐르는 방향이라는 의미에서 유하선이라고 도 한다.

CHAPTER 05 노선측량

1. 분류

2. 단곡선의 각부 명칭 및 공식

1) 단곡선의 각부 명칭

B.C	곡선시점(biginning of curve)
E.C	곡선종점(end of curve)
S.P	곡선중점(secant point)
I.P	교점(intersection point)
I	교각(intersection angle)
∠AOB	중심각(central angle) : I
R	곡선반경(radius of curve)
$\widehat{AB}$	곡선장(curve length) : C.L
AB	현장(long chord) : C
T.L	접선장(tangent length) : AD, BD
M	중앙종거(middle ordinate)
E	외할(external secant)
δ	편각(deflection angle) : ∠VAG

[단곡선의 명칭]

2) 공식

접선장 **(tangent length)**	$\tan\dfrac{I}{2}=\dfrac{TL}{R}$ 에서 $TL = R \cdot \tan\dfrac{I}{2}$ $R=\dfrac{TL}{\tan\dfrac{I}{2}} = TL \cdot \cot\dfrac{I}{2}$	
곡선장 **(curve length)**	• 원둘레 : $2\pi R$ • 중심각 $I°$ 에 대한 원둘레의 길이 : $\dfrac{2\pi R}{360°}$ • $2\pi R : CL = 360° : I°$ $\therefore\ CL = \dfrac{\pi}{180°}\cdot R \cdot I°$ $\qquad = 0.0174533 RI°$ $\therefore\ CL = \dfrac{\pi}{180°\times 60'}RI'$ $\qquad = 0.0002909 RI'$	
외할 또는 외거 **(external secant)**	$\sec\dfrac{I}{2}=\dfrac{OP}{R}$ 에서 $OP = R \cdot \sec\dfrac{I}{2}$ $E(S \cdot L) = OP - R$ $\qquad = R \cdot \sec\dfrac{I}{2} - R$ $\qquad = R\left(\sec\dfrac{I}{2}-1\right)$	
중앙종거 **(middle ordinate)**	$\cos\dfrac{I}{2}=\dfrac{OD}{R}$ 에서 $OD = R \cdot \cos\dfrac{I}{2}$ $M = R - OD$ $\qquad = R - R \cdot \cos\dfrac{I}{2}$ $\qquad = R\left(1 - \cos\dfrac{I}{2}\right)$	

현장 (long chord)	$\sin\dfrac{I}{2}=\dfrac{\dfrac{C}{2}}{R}=\dfrac{C}{2R}$ $\therefore C=2R\cdot\sin\dfrac{I}{2}$	
편각 (deflection angle)	$\overline{AP}\fallingdotseq\overparen{AP}=l$이라면 $l=R2\delta$ $\delta=\dfrac{l}{2R}$ 라디안 $=\dfrac{l}{2R}\left(\dfrac{180°\times60'}{\pi}\right)$ $=\dfrac{l}{2R}3437.75'$ $\therefore \delta=1718.87'\dfrac{l}{R}$	
호(장)길이(CL)와 현(장)길이(L)의 차	$L=CL-\dfrac{L^3}{24R^2}$ $CL-L=\dfrac{CL^3}{24R^2}$	
중앙종거와 곡률반경의 관계	$R^2-\left(\dfrac{L}{2}\right)^2=(R-M)^2$ $\therefore R=\dfrac{L^2}{8M}+\dfrac{M}{2}$ (여기서, M 값이 L 값에 비해 작으면 $\dfrac{M}{2}$은 무시한다.)	
교각(I)=중심각	$\angle AOB+\angle BPA=180°$ $\angle I+\angle BPA=180°$ $\therefore \angle I=\angle AOB$	
곡선시점	$B\cdot C=I\cdot P-T\cdot L$	
곡선종점	$E\cdot C=B\cdot C+C\cdot L$	

시단현	$l_1 = B \cdot C$ 점부터 $B \cdot C$ 다음 말뚝까지의 거리
종단현	$l_2 = E \cdot C$ 점부터 $E \cdot C$ 바로 앞 말뚝까지의 거리

3. 복심곡선 및 반향곡선

복심곡선 (compound curve)	반경이 다른 2개의 원곡선이 1개의 공통접선을 갖고 접선의 같은 쪽에서 연결하는 곡선을 말한다. 복심곡선을 사용하면 그 접속점에서 곡률이 급격히 변화하므로 될 수 있는 한 피하는 것이 좋다.
반향곡선 (reverse curve)	반경이 같지 않은 2개의 원곡선이 1개의 공통접선의 양쪽에 서로 곡선중심을 가지고 연결한 곡선이다. 반향곡선을 사용하면 접속점에서 핸들의 급격한 회전이 생기므로 가급적 피하는 것이 좋다.
배향곡선 (hairpin curve)	반향곡선을 연속시켜 머리핀 같은 형태의 곡선으로 된 것을 말한다. 산지에서 기울기를 낮추기 위해 쓰이므로 철도에서 switch back에 적합하여 산허리를 누비듯이 나아가는 노선에 적용한다.

[복심곡선]

[반향곡선]

4. 완화곡선

완화곡선의 특징	① 곡선반경은 완화곡선의 시점에서 무한대, 종점에서 원곡선 R로 된다. ② 완화곡선의 접선은 시점에서 직선에. 종점에서 원호에 접한다. ③ 완화곡선에 연한 곡선반경의 감소율은 캔트의 증가율과 같다. ④ 완화곡선의 종점의 캔트와 원곡선 시점의 캔트는 같다. ⑤ 완화곡선은 이정의 중앙을 통과한다.
완화곡선의 길이 (L)	$L = \dfrac{N}{1,000} \cdot C = \dfrac{N}{1,000} \cdot \dfrac{SV^2}{gR}$ 여기서, C : Cant, $\quad$ g : 중력가속도, $\quad\quad\quad$ S : 궤간 거리, $\quad$ N : 완화곡선과 캔트의 비, $\quad\quad\quad$ V : 열차의 속도
이정(f)	$f = \dfrac{L^2}{24R}$

완화곡선의 접선길이	$TL = \dfrac{L}{2} + (R+f)\tan\dfrac{I}{2}$
완화곡선의 종류	① 클로소이드 : 고속도로 ② 렘니스케이트 : 시가지 철도 ③ 3차 포물선 : 철도 ④ sine 체감곡선 : 고속철도 [완화곡선의 종류]

5. 클로소이드(clothoid) 곡선

곡률이 곡선장에 비례하는 곡선을 클로소이드 곡선이라 한다.

1) 클로소이드 공식

매개변수(A)	$A = \sqrt{RL} = l \cdot R = L \cdot r = \dfrac{L}{\sqrt{2\tau}} = \sqrt{2\tau} \cdot R$ $A^2 = RL = \dfrac{L^2}{2\tau} = 2\tau R^2$
곡률반경(R)	$R = \dfrac{A^2}{L} = \dfrac{A}{l} = \dfrac{L}{2\tau} = \dfrac{A}{2\tau}$
곡선장(L)	$L = \dfrac{A^2}{R} = \dfrac{A}{r} = 2\tau R = A\sqrt{2\tau}$
접선각(τ)	$\tau = \dfrac{L}{2R} = \dfrac{L^2}{2A^2} = \dfrac{A^2}{2R^2}$

2) 클로소이드 성질

클로소이드 성질	① 클로소이드는 나선의 일종이다. ② 모든 클로소이드는 닮은꼴이다.(상사성이다.) ③ 단위가 있는 것도 있고 없는 것도 있다. ④ τ는 30°가 적당하다. ⑤ 확대율을 가지고 있다. ⑥ τ는 라디안으로 구한다.

CHAPTER

06 면적 및 체적 측량

1. 경계선이 직선으로 된 경우의 면적 계산

삼사법	밑변과 높이를 관측하여 면적을 구하는 방법	$A = \dfrac{1}{2}ah$	
이변법	두변의 길이와 그 사잇각(협각)을 관측하여 면적을 구하는 방법	$A = \dfrac{1}{2}ab\sin\gamma$ $= \dfrac{1}{2}ac\sin\beta$ $= \dfrac{1}{2}bc\sin\alpha$	
삼변법	삼각변의 3변 a, b, c를 관측하여 면적을 구하는 방법	$A = \sqrt{S(S-a)(S-b)(S-c)}$ $S = \dfrac{1}{2}(a+b+c)$	

좌표법	합위거 (x)	합경거 (y)	$(X_{i+1} - x_{i-1}) \times y$	배면적	
	X_1	Y_1	$(x_2 - x_4) \times y_1 =$		
	X_2	Y_2	$(x_3 - x_1) \times y_2 =$		
	X_3	Y_3	$(x_4 - x_2) \times y_3 =$		
	X_4	Y_4	$(x_1 - x_3) \times y_4 =$		
	$A = \dfrac{1}{2}\sum y_i(x_{i+1} - x_{i-1}) = \dfrac{1}{2}\sum x_i(y_{i+1} - y_{i-1})$				[좌표에 의한 면적 계산]

2. 면적 분할법

1) 1변에 평행한 직선에 따른 분할

$\triangle ADE : DBCE = m : n$ 으로 분할

$$\frac{\triangle ADE}{\triangle ABC} = \frac{m}{m+n} = \left(\frac{DE}{BC}\right)^2 = \left(\frac{AD}{AB}\right)^2 = \left(\frac{AE}{AC}\right)^2$$

$$\therefore AD = AB\sqrt{\frac{m}{m+n}}$$

$$\therefore AE = AC\sqrt{\frac{m}{m+n}}$$

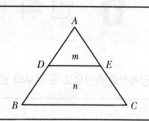

2) 변상의 정점을 통하는 분할

$\triangle ABC : \triangle ADP = (m+n) : m$ 으로 분할

$$\frac{\triangle ADP}{\triangle ABC} = \frac{m}{m+n} = \frac{AP \times AD}{AB \times AC}$$

$$\therefore AD = \frac{AB \times AC}{AP} \cdot \frac{m}{m+n}$$

3) 삼각형이 정점(꼭지점)을 통하는 분할

$\triangle ABC : \triangle ABP = (m+n) : m$ 으로 분할

$$\frac{\triangle ABP}{\triangle ABC} = \frac{m}{m+n} = \frac{BP}{BC}$$

$$\therefore BP = \frac{m}{m+n} \cdot BC$$

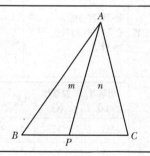

4) 사변형의 분할(밑변의 평행분할)

$$EF = \sqrt{\frac{mAD^2 + nBC^2}{m+n}}$$

$$\therefore AE = AB \cdot \frac{AD - EF}{AD - BC}$$

3. 체적측량

1) 토공량 산정의 기본식

양단면평균법 (End area formula)	$V = \frac{1}{2}(A_1 + A_2) \cdot l$ 여기서, A_1, A_2 : 양끝단면적 A_m : 중앙단면적 l : A_1에서 A_2까지의 길이	
중앙단면법 (Middle area formula)	$V = A_m \cdot l$	
각주공식 (Prismoidal formula)	$V = \frac{l}{6}(A_1 + 4A_m + A_2)$	[단면법]

2) 점고법

직사각형으로 분할하는 경우	① 토량 $V = \frac{A}{4}(\sum h_1 + 2\sum h_2 + 3\sum h_3 + 4\sum h_4)$ (단, $A = a \times b$) ② 계획고 $h = \frac{V_0}{nA}$ (단, n : 사각형의 분할개수)	[점고법(직사각형)]

| 삼각형으로 분할하는 경우 | ① 토량 $$V_0 = \frac{A}{3}(\sum h_1 + 2\sum h_2 + 3\sum h_3$$ $$+ 4\sum h_4 + 5\sum h_5 + 6\sum h_6 + 7\sum h_7$$ $$+ 8\sum h8)$$ $$\left(\text{단, } A = \frac{1}{2}a \times b\right)$$ ② 계획고 $$h = \frac{V_0}{nA}$$ | 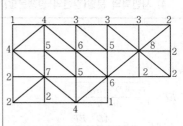 [점고법(삼각형)] |

3) 등고선법

토량 산정, 댐 · 저수지의 저수량 산정

$$V_0 = \frac{h}{3}\{A_0 + A_n + 4(A_1 + A_3) + 2(A_2 + A_4)\}$$

여기서, A_0, A_1, $A_2 \cdots$: 각 등고선 높이에 따른 면적

n : 등고선 간격

[등고선법]

4. 관측면적 및 체적의 정확도

1) 관측면적의 정확도

① 거리관측이 동일한 정도가 아닌 경우
- 면적 $A = x \cdot y$
- 면적오차 $dA = y \cdot dx + x \cdot dy$
- 면적의 정도 $\dfrac{dA}{A} = \dfrac{y \cdot dx + x \cdot dy}{x \cdot y}$

$$= \frac{dx}{x} + \frac{dy}{y}$$

(면적의 정도는 거리 정도의 합이다.)

② 거리관측이 동일한 경우(정방형)

$\dfrac{dx}{x} = \dfrac{dy}{y} = \dfrac{dl}{l}$ 일 때

면적의 정도 $\dfrac{dA}{A} = 2 \cdot \dfrac{dl}{l}$

(면적의 정도는 거리 관측정도 2배이다.)

2) 체적의 정확도

① $\dfrac{dv}{V}=\dfrac{dz}{Z}+\dfrac{dy}{Y}+\dfrac{dx}{X}$

$\left(\text{단, }\dfrac{dz}{Z}=\dfrac{dy}{Y}=\dfrac{dx}{X}=\dfrac{dl}{L}\text{ 이라고 할 때}\right)$

② 체적의 정도 $\dfrac{dV}{V}=3\cdot\dfrac{dl}{l}$

여기서, V : 체적

$\quad\quad\quad dV$: 체적오차

$\quad\quad\dfrac{dl}{l}$: 거리관측 허용 정확도

(체적의 정도는 거리관측 정도의 3배가 된다.)

[체적의 정확도]

07 경관측량

1. 경관의 분류

1) 인식대상의 주체에 관한 분류

자연경관 (natural viewscape)	인공이 가해지지 않은 경치로서 산, 하천, 바다, 자연녹지 등
인공경관 (artificial viewscape)	① **조경** : 인공요소를 가한 경치(정원, 공원, 인공녹지, 도시경관, 시설물경관 등) ② **장식경** : 대상물에 미의식을 강조시켜 생활공간을 미화하는 실내외 장식
생태경관 (ecological viewscape)	① **생태경** : 자연생태 그대로의 경관 ② **관상경** : 인공적 요소를 더한 경관(관상수, 관상견)

2) 경관구성요소에 의한 분류

대상계	인식의 대상이 되는 사물로서 사물의 규모, 상태, 형상, 배치 등
경관장계	대상을 둘러싼 환경으로 전경, 중경, 배경에 의한 규모와 상태
시점계	인식의 주체가 되는 것으로 생육환경, 건강상태, 연령 및 직업에 관한 시점의 성격
상호성계	대상계, 경관장계 및 시점계를 구성하는 요인과 성격에 관한 상호성을 규명하는 것

3) 시각적인 요소에 의한 분류

위치	고저, 원근, 방향
크기	대소
색과 색감	명암, 흑백, 적청
형태	생김새
선	곡선 및 직선
질감	거칢, 섬세하고 아름다움
농담	투명과 불투명

4) 개성적 요소에 의한 분류

천연적 경관	산속의 기암절벽
파노라믹한 경관	넓은 초원이나 바다의 풍경
포위된 경관	수목으로 둘러싸인 호수나 들
초점적 경관	계곡, 도로 및 강물
터널적 경관	하늘을 가린 가로수 도로
세부적 경관	대상물의 부분적인 것으로 나뭇잎, 꽃잎의 생김새
순간적 경관	안개, 아침이나 저녁노을 등

2. 경관 평가요인의 정량화

1) 관점과 주시대상물의 위치관계에 기인하는 요인

① 수평시각(θ_H)에 의한 방법

$0° \le \theta_H \le 10°$	주위 환경과 일체가 되고 경관의 주체로서 대상에서 벗어난다.
$10° < \theta_H \le 30°$	시설물의 전체 형상을 인식할 수 있고 경관의 주체로서 적당하다.
$30° < \theta_H \le 60°$	시설물의 시계 중에 차지하는 비율은 크고 강조된 경관을 얻는다.
$60° < \theta_H$	시설물 자체가 시야의 대부분을 차지하게 되고 시설물에 대한 압박감을 느끼기 시작한다.

② 수직시각(θ_v)에 의한 방법

$0° \le \theta_v \le 15°$	시설물이 경관의 주제가 되고 쾌적한 경관으로 인식된다.
$15° < \theta_v$	압박감을 느끼고 쾌적한 경관으로 인식되지 못한다.

③ 시설물 1점을 시준할 때 시준축과 시설물축선이 이루는 각(α)에 의한 방법

$0° \le \alpha \le 10°$	특이한 시설물 경관을 얻고 시점이 높아진다.
$10° < \alpha \le 30°$	입체감이 있는 계획이 잘된 경관이 된다.
$30° < \alpha \le 90°$	입체감이 없는 평면적인 경관이 된다.

④ 기준점에 대한 시점의 높이에 의한 방법

시점의 위치가 낮은 경우	활동적인 인상을 받는다.
시점의 위치가 높은 경우	정적인 인상이 강하게 된다.

⑤ 시설물과 시점 사이의 거리에 의한 방법

시점이 시설물에 가까울 경우	상세하게 인식되지만 경관의 주제는 시설물의 국부적인 구성부재가 되어 시설물 전체의 형상은 영향이 없다.
시점이 멀어질 경우	시설물 전체가 경관의 주제가 된다.

CHAPTER
08 하천측량

1. 평면측량 범위

유제부	제외지 범위 전부와 제내지의 300m 이내
무제부	홍수가 영향을 주는 구역보다 약간 넓게 측량한다. (홍수 시 물이 흐르는 바로 옆에서 100m까지)
홍수방지공사가 목적인 하천공사	하구에서부터 상류의 홍수피해가 미치는 지점까지
사방공사	수원지까지
선박 운행을 위한 하천 개수가 목적일 때	하류는 하구까지

[유제부의 측량 구역(하천의 단면도)]

2. 수위관측

1) 하천의 수위

최고수위(HWL), 최저수위(LWL)	어떤 기간에 있어서 최고, 최저 수위로 연 단위 혹은 월 단위의 최고, 최저로 구한다.
평균최고수위(NHWL), 평균최저수위(NLWL)	연과 월에 있어서의 최고, 최저의 평균수위로, 평균최고수위는 제방, 교량, 배수 등의 치수 목적에 사용하며 평균최저수위는 수운, 선항, 수력발전의 수리 목적에 사용한다.

평균수위(MWL)	어떤 기간의 관측수위의 총합을 관측횟수로 나누어 평균치를 구한 수위
평균고수위(MHWL), 평균저수위(MLWL)	어떤 기간의 평균수위 이상 수위들의 평균수위 및 어떤 기간의 평균수위 이하 수위들의 평균수위
최다수위 (Most Frequent Water Level)	일정 기간 중 제일 많이 발생한 수위
평수위(OWL)	어느 기간의 수위 중 이보다 높은 수위와 낮은 수위의 관측수가 똑같은 수위로 일반적으로 평균수위보다 약간 낮은 수위. 1년을 통해 185일은 이보다 저하하지 않는 수위
저수위	1년을 통해 275일은 이보다 저하하지 않는 수위
갈수위	1년을 통해 355일은 이보다 저하하지 않는 수위
고수위	2~3회 이상 이보다 낮아지지 않는 수위
지정수위	홍수 시에 매시 관측하는 수위
통보수위	지정된 통보를 개시하는 수위
경계수위	수방 요원의 출동을 필요로 하는 수위

2) 수위관측소와 양수표 설치장소

수위관측소 및 양수표 (water guage) 설치장소	① 하안(河岸)과 하상(河床)이 안전하고 세굴되거나 퇴적되지 않은 장소 ② 상하류의 길이 약 100m 정도의 직선이어야 한다. ③ 유속의 변화가 크지 않아야 한다. ④ 수위가 교각이나 기타 구조물에 영향을 받지 않는 장소 ⑤ 홍수 때 관측소가 유실, 이동 및 파손될 염려가 없는 장소 ⑥ 평시에 홍수 때보다 수위표를 쉽게 읽을 수 있는 장소 ⑦ 지천의 합류점 및 분류점으로 수위의 변화가 생기지 않는 장소 ⑧ 양수표의 영점 위치는 최저수위 밑에 있고, 양수표 눈금의 최고위는 최고홍수위보다 높아야 한다. ⑨ 양수표는 평균해수면의 표고를 측정해 둔다. ⑩ 어떠한 갈수 시에도 양수표가 노출되지 않는 장소 ⑪ 수위가 급변하지 않는 장소 ⑫ 양수표는 하천에 연하여 5~10km마다 배치한다.

3. 평균유속을 구하는 방법

1점법	수면으로부터 수심 $0.6H$ 되는 곳의 유속 $V_m = V_{0.6}$
2점법	수심 $0.2H$, $0.8H$ 되는 곳의 유속 $V_m - \dfrac{1}{2}(V_{0.2} + V_{0.38})$
3점법	수심 $0.2H$, $0.6H$, $0.8H$ 되는 곳의 유속 $V_m = \dfrac{1}{4}(V_{0.2} + 2V_{0.6} + V_{0.8})$
4점법	수심 1.0m 내외의 장소에서 적당하다. $V_m = \dfrac{1}{5}\left\{(V_{0.2} + V_{0.4} + V_{0.6} + V_{0.8})\right.$ $\left. + \dfrac{1}{2}\left(V_{0.2} + \dfrac{V_{0.8}}{2}\right)\right\}$

CHAPTER

09 지하시설물측량

1. 지하시설물 탐사작업의 순서

```
작업계획의 수립
        ↓
자료의 수집 및 편집
        ↓
지표면상에 노출된 지하시설물에 대한 조사
        ↓
관로조사 등 지하시설물에 대한 탐사
        ↓
지하시설물 원도의 작성
        ↓
작업조서의 작성
```

2. 지하시설물측량기법

전자유도측량	지표로부터 매설된 금속관로 및 케이블 관측과 탐침을 이용하여 공관로나 비금속관로를 관측할 수 있는 방법으로, 장비가 저렴하고 조작이 용이하며 운반이 간편하여 지하시설물측량기법 중 가장 널리 이용되는 방법이다.
지중레이더측량	지중레이더측량기법은 전자파의 반사 성질을 이용하여 지하시설물을 측량하는 방법이다.
음파측량	전자유도측량방법으로 측량이 불가능한 비금속 지하시설물에 이용하는 방법으로 물이 흐르는 관 내부에 음파 신호를 보내 관 내부에 음파가 발생하면 수신기를 이용하여 발생한 음파를 측량하는 기법이다.

3. 지하시설물 탐사의 정확도

금속관로의 경우	매설깊이가 3.0m 이하인 경우에 한하여 평면위치 20cm, 깊이 30cm 이내이어야 하며, 매설 깊이가 3.0m를 초과하는 경우에는 별도로 정하여 사용할 수 있다.
비금속관로의 경우	매설깊이가 3.0m 이하인 경우에 한하여 평면위치 20cm, 깊이 40cm 이내이어야 하며, 매설 깊이가 3.0m를 초과하는 경우에는 별도로 정하여 사용할 수 있다.

CHAPTER 10 터널측량

1. 터널측량의 작업

답사	미리 실내에서 개략적인 계획을 세우고 현장 부근의 지형이나 지질을 조사하여 터널의 위치를 예정한다.
예측	답사 결과에 따라 터널위치를 약측하여 지표에 중심선을 미리 표시하고 다시 도면 상에 터널을 설치할 위치를 검토한다.
지표설치	예측으로 정한 중심선을 현지의 지표에 정확히 설정하며, 이때 갱문이나 수갱의 위치를 결정하고 터널의 연장도 정밀히 관측한다.
지하설치	지표에 설치된 중심선을 기준으로 하고 갱문에서 굴삭을 시작하고 굴삭을 진행함에 따라 갱내의 중심선을 설정하는 작업을 한다.

2. 터널측량의 세분

지형측량	항공사진측량, 기준점측량, 평판측량 등으로 터널의 노선 선정이나 지형의 경사 등을 조사하는 측량
갱외기준점측량	삼각측량 또는 다각측량 및 수준측량에 의해 굴삭을 위한 측량의 기준점 및 중심선 방향을 설치하는 측량
세부측량	평판측량과 수준측량으로 갱구 및 터널 가설계에 필요한 상세한 지형도 작성을 위한 측량
갱내측량	다각측량과 수준측량에 의해 설계중심선의 갱내 설정 및 굴삭, 지보공(支保工), 형틀 설치 등을 위한 측량
작업갱측량	갱내 기준점 설치를 위한 측량
준공측량	도로, 철도, 수로 등 터널 사용 목적에 따라 터널 형상을 제작하기 위한 측량

03

토지정보체계론

CHAPTER

01 총론

1. LIS 구성요소

하드웨어 (hardware)	• 컴퓨터와 각종 입/출력장치 및 자료관리장치 • 데스크톱 PC, 워크스테이션. 스캐너, 프린터, 플로터, 디지타이저 등 주변 장치들			
	입력장치	디지타이저, 스캐너, 키보드		
	저장장치	자기디스크, 자기테이프, 개인용 컴퓨터, 워크스테이션		
	출력장치	플로터, 프린터, 모니터		
소프트웨어 (software)	종류	① 운영체계(Operating system : OS) : 하드웨어를 구동시키고 각종 주변 장치를 제어		
		② 입력 소프트웨어 : 지리정보체계의 자료구축과 자료입력 및 검색		
		③ 자료 처리 및 분석 소프트웨어 : 지리정보체계의 엔진을 탑재		
	GIS software	GIS software	• ESRI(Environmental System Research Institute)의 ArcGIS • 인터그래프의 MGE(Modular GIS Environment)와 GeoMedia	
		CAD 관련 software	• AutoDesk의 AutoCAD • Bentley의 MicroStation	
		DB 관련 software	• 오라클의 Oracle • Informix Software의 Informix	
	운영체계	MS - DOS, Windows 2000, Windows XP, Windows NT, UNIX 등		
데이터베이스 (database)	• 많은 자료를 입력 관리하는 것으로 이루어지고 입력자료를 활용하여 토지정보체계의 응용시스템을 구축 • 속성정보(각종 공부와 대장) • 도형정보(지적도, 임야도, 지하시설물도, 도시계획도 등)			
인적 자원 (man power)	• 전문 인력으로, 지리정보체계의 구성요소 중 중요한 요소 • 데이터(data)를 구축, 실제 업무에 활용하는 사람 • 전문적인 기술에 전념할 수 있는 숙련된 전담요원과 기관을 필요로 하며 시스템을 설계하고 관리하는 전문 인력 • 일상 업무에 지리정보체계를 활용하는 사용자 모두			
application (방법)	• 특정한 사용자 요구를 지원하기 위해 자료를 처리하고 조작하는 활동 • 응용 프로그램들을 총칭하는 것으로 특정 작업을 처리하기 위해 만든 컴퓨터 프로그램을 의미 • 하나의 공간 문제를 해결하고 지역 및 공간 관련 계획 수립에 대한 솔루션을 제공하기 위한 GIS 시스템은 그 목표 및 구체적인 목적에 따라, 적용되는 방법론이나 절차, 구성, 내용 등이 달라지게 된다.			

2. 토지기록전산화 기반 조성

1) 지적법 제2차 개정(1975년 12월)

⇨ 토지·임야대장의 카드식 전환
⇨ 면적 등록단위 미터법의 전환
⇨ 토지소유자의 주민등록번호등록 등 전산화를 위한 기반 마련
⇨ 1975년부터 1978년까지 전국의 토지·임야대장 및 공유지연명부, 수치지적부의 카드식 대장 전환

① 토지대장과 임야대장의 카드식 전환
② 대장등록사항의 코드번호 개발 등록
③ 소유자 주민등록번호 및 법인등록번호 등록
④ 재외국민등록번호 등록
⑤ 면적단위 미터법 전환
⑥ 수치측량방법의 전환(수치지적부(1975년) ⇨ 경계점좌표등록부(2002.1.27. 시행)

2) 토지기록전산화 추진과정

준비단계	1975~1978		토지(임야)대장 카드화
	1979~1980		소유자 주민등록번호 등재 정리
			면적표시단위와 미터법 환산 정리
			기존 자료 정비
구축단계	1단계	1982~1984	시·도 및 중앙전산기 도입
			토지(임야)대장 3,200만 필 입력
	2단계	1985~1990	전산조직 확보
			전산통신망 구축
			S/W 개발 및 자료정비
응용단계	1단계	1990~1998	전국 온라인 운영
			토지(임야)대장 카드 정리 폐지
			신규 프로그램 작성과 응용 S/W 기능 보완
	2단계	1990~현재	주 전산기 교체(타이콤 → 국산 주 전산기 4)
			시·군·구 행정종합전산망에 따라 대장자료 시·군·구 설치
			시·군·구 자료변환(C → ISAM → RDBMS)

3) 대장전산화 시범사업

시범사업	기간	1978. 2 ~ 1981
	대상	충청남북도 내 11개 시·군
전국사업	기간	1982 ~ 1984
	대상	전국 14개 시·도, 226개 시·군·구
전국 온라인 통신망	기간	1987 ~ 1990
	내용	① 시·도별 지역 전산본부 설치 ② 시·군·구별 work station 도입 ③ **1990년 제4차 지적법 개정**으로 전산정보처리 조직에 의한 전산 등록 파일을 **국가공부로 인정**
국가정보센터설립		토지의 가격안정 및 토지 관련 자료의 효율적인 관리·활용을 위해 설립되었으며 현재는 지적정보관리센터로 개정되었다.

4) 토지기록전산화 기대효과

관리적 효과	정책적 효과
① **토**지정보관리의 과학화 　• 정확한 토지정보관리 　• 토지정보의 신속처리 ② **주**민편익 위주의 민원쇄신 　• 민원의 신속 정확 처리 　• 대정부 신뢰성 향상 ③ **지**방행정전산화 기반 조성 　• 전산요원 양성 및 기술 축적 　• 지방행정 정보관리 능력제고	① **토**지정책정보의 공동이용 　• 토지정책정보의 신속 제공 　• 정책정보의 다목적 활용 ② **건**전한 토지거래질서 확립 　• 토지투기방지 효과 보완 　• 세무행정의 공정성 확보 ③ **국**토의 효율적 이용관리 　• 국토이용현황의 정확 파악 　• 국·공유재산의 효율적 관리

5) GIS의 정보

위치 정보	절대위치정보 (absolute positional information)	• 실제공간에서의 위치(경도, 위도, 좌표, 표고 등)정보를 말한다. • 지상, 지하, 해양, 공중 등의 지구공간 또는 우주공간에서의 위치기준이 된다.
	상대위치정보 (relative positional information)	• 모형공간(model space)에서의 위치(임의의 기준으로부터 결정되는 위치 : 설계도 등)정보를 말한다. • 상대적 위치 또는 위상관계를 부여하는 기준이 된다.
특성 정보	도형정보 (graphic information)	• 도형정보는 지도에 표현되는 수치적 설명으로 지도의 특정한 지도요소를 의미한다. • GIS에서는 이러한 도형정보를 컴퓨터의 모니터나 종이 등에 나타내는 도면으로 표현하기 위해 사용한다. • 도형정보는 점, 선, 면 등의 형태나 영상소, 격자 셀 등의 격자형 그리고 기호 또는 주석과 같은 형태로 입력되고 표현된다.
	영상정보 (image information)	센서(scanner, lidar, laser, 항공사진기 등)에 의해 취득한 사진 등으로 인공위성에서 직접 얻은 수치영상이나 항공기를 통하여 얻은 항공사진상의 정보를 수치화하여 컴퓨터에 입력한 정보를 말한다.
	속성정보 (attribute information)	지도상의 특성이나 질, 지형·지물의 관계 등을 나타내는 정보로서 문자와 숫자가 조합된 구조로 행렬의 형태로 저장된다.

CHAPTER
02 데이터의 생성

1. 지적도면전산화 기대효과

① **지적도면전산화에 의해 작성되는 수치 파일** : 지적공부로서 효용을 가지게 된다.
② **수치 파일**
  • 열람 및 등본 교부
  • 지적측량
  • 다른 부처 사업 등에 이용·활용될 뿐만 아니라
  • 지적측량에 활용함으로써 지적측량 방법의 현대화를 촉진하는 계기가 된다
③ **기대효과**
  • 지적도면전산화가 구축되면 국민의 토지소유권(토지 경계)이 등록된 유일한 공부인 **지적 도면을 효율적으로 관리**할 수 있다.
  • 정보화 사회에 부응하는 다양한 토지관련정보 인프라를 구축할 수 있어 **국가 경쟁력이 강화**되는 효과가 있다.
  • 전국 온라인망에 의하여 신속하고 효율적인 **대민 서비스를 제공**할 수 있다.
  • NGIS와 연계되어 토지와 관련된 **모든 분야에서 활용**할 수 있다.
  • 지적측량업무의 전산화와 공부 정리의 **자동화가** 가능하게 된다.

2. 지적도면수치화 방법

1) 도면의 스캐닝

스캐너 **(scanner)**	이미지를 디지털화하기 위한 장치로 내장된 이미지 센서인 고체촬상소자(CCD : charge coupled device)로 사진, 그림, 일러스트 등의 이미지를 읽어 들여 컴퓨터용 파일로 만드는 장치이다. 평판스캐너와 드럼스캐너가 있다 ① 밀착 스캔이 가능한 최선의 스캐너를 선정 ② 스캐닝 작업할 도면은 보존상태가 양호한 도면을 대상으로 함 ③ 스캐닝 작업을 할 경우에는 스캐너를 충분히 예열 ④ 벡터라이징 작업을 할 경우에는 경계점 간 연결되는 선은 굵기가 0.1mm가 되도록 환경을 설정 ⑤ 벡터라이징은 반드시 수동으로 하여야 하며 경계점을 명확히 구분할 수 있도록 확대한 후 작업을 실시
디지타이저 **(digitizer)**	아날로그 비디오 신호를 디지털 형식으로 바꿈으로써 시각 이미지의 컴퓨터에 의한 입력, 저장, 출력 및 조작이 가능한 장치, 즉 아날로그 데이터를 X, Y의 디지털 형식으로 변환시키는 장치이다. ① X, Y의 위치를 입력할 수 있는 장치이며, 사용자가 펜이나 커서를 움직이면 그 좌표 정보를 밑판이 읽어 자동으로 컴퓨터 시스템의 화면 기억장소로 전달하고, 특정 위치에서 펜을 누르거나 커서의 버튼을 누르면 그에 해당되는 명령을 수행 ② 사진의 영상이나 활자의 선 등을 전자 비트로 분해하여 컴퓨터에 기억 · 저장시키고 필요할 때 재생하여 본래의 영상을 재현 ③ 컴퓨터에 도형 데이터를 입력하거나 그래픽 디스플레이 화면상의 도형을 수정하는 경우 등에 사용 ④ 수동식에는 로터리 인코더(rotary encoder)나 리너어 스케일(linear scale)로 위치를 판독하는 건트리 방식과 커서로 읽어내는 프리커서 방식이 있음 ⑤ 도면의 훼손 · 마멸 등으로 스캐닝 작업으로 경계의 식별이 곤란할 경우와 도면의 상태가 양호하더라도 도곽 내에 필지수가 적어 스캐닝 작업이 비효율적인 경우는 디지타이징 방법으로 작업 가능 ⑥ 디지타이징 작업을 할 경우에는 데이터 취득이 완료될 때까지 도면을 움직이거나 제거하여서는 안 됨

2) 벡터라이징

구분		특징
자동 입력 방식	내용	① 스캐닝과 자동 벡터라이징에 의해 이루어짐 ② 도면을 스캐닝하여 컴퓨터에 입력하고 벡터라이징 소프트웨어를 이용해 벡터 자료 추출 ③ 정확도의 불안정성을 고려하여 완전 자동보다는 반자동 벡터라이징 방식이 많이 사용됨 ④ 디지타이징을 통해 작성한 벡터 자료는 상당한 오류 수정작업을 필요로 하며 자동 디지타이징에 의한 자료는 더욱 세심한 관찰과 수정을 요구 ⑤ 자동입력방식 사용을 위해서는 컴퓨터에 입력할 원본 데이터에 대하여 수정 및 보완 필요
	순서	래스터 정보 취득(스캔) ➡ 컴퓨터에 정보 입력 ➡ 세선화 등 취득대상 보정 ➡ 선추적 방식의 전체 자동 디지타이징 ➡ 벡터데이터 생성
반자동 입력 방식	내용	① 간단한 직선이나 확실한 굴곡 등은 컴퓨터가 인식하여 자동 수행 ② 복잡한 부분 및 부정확한 자료(심한 굴곡, 잡영에 의한 왜곡 지역, 대상물의 중첩 지역 등)는 사용자가 지속적으로 개입하여 처리 ③ 속도와 정확도의 확보가 가능하며, 효과적인 정보 취득 가능
	순서	래스터 정보 취득 (스캔) ➡ 컴퓨터에 정보 입력 ➡ 세선화 등 취득대상 보정 ➡ 자동취득 제외 부분을 수동으로 정보 취득 ➡ 벡터데이터 생성
수동 입력 방식	내용	① 좌표독취기를 이용하여 대상물의 X, Y 좌표를 취득 ② 작업자의 성격, 숙련도, 주변 환경에 따라 결과의 차이 발생 ③ 좌표취득 원본의 변질, 변형 등에 따라 결과 값이 상이 ④ 데이터 취득에 많은 시간과 비용 소요(소규모 정보 취득에 효과적)
	순서	정보 취득 대상 확인 및 압착 ➡ 좌표독취기를 이용한 정보 취득 ➡ 생성정보 컴퓨터 등 입력장치에 입력 ➡ 취득정보 점검 및 확인 ➡ 벡터데이터 생성
스크린 디지 타이징	내용	① 수동입력방식 중의 하나 ② 스캐닝한 원본 데이터(래스터)를 컴퓨터에 입력하고 화면에 띄워 놓고 마우스나 전자펜 등으로 벡터의 특이점을 표시하는 방식 ③ 원본 데이터의 변형이 없으며, 원본 데이터의 품질에 따라 작업량 증감 발생 ④ 데이터 취득에 많은 시간과 비용 소요(소규모 정보 취득에 효과적) ⑤ 작업자의 성격, 숙련도, 주변 환경에 따라 결과의 차이 발생
	순서	래스터 정보 취득 (스캔) ➡ 컴퓨터에 정보 입력 ➡ 세선화 등 취득대상 보정 ➡ 수동 디지타이징 (스크린, S/W) ➡ 벡터데이터 생성

CHAPTER 03 데이터의 구조

1. 백터자료구조

1) 백터구조의 기본요소

Point	① 기하학적 위치를 나타내는 0차원 또는 무차원 정보 ② 절점(node)은 점의 특수한 형태로 0차원이고 위상적 연결이나 끝점을 나타낸다. ③ 최근린방법 : 점 사이의 물리적 거리를 관측 ④ 사지수(quadrat)방법 : 대상 영역의 하부면적에 존재하는 점의 변이를 분석
Line	① 1차원 표현으로 두 점 사이 최단거리를 의미 ② 형태 : 라인(line), 라인 세그먼트(line segment), 스트링(string), 호(arc), 링크(link), 사슬(chain) 등이 있다. ③ 라인(line) : 일반적으로 1차원의 객체를 표시한다. ④ 라인 세그먼트(line segment) : 두 점으로 이루어진 선을 의미한다. ⑤ 문자열(string) : 연속적인 라인 세그먼트를 의미하며 1차원 요소이다. 스트링은 노드나 노드의 식별자(ID), 또는 좌우측에 존재하는 객체에 대한 식별자를 갖지 않는 선의 구간들이 연속된 것으로 서로 교차할 수 있다. ⑥ 호(arc) : 수학적 함수로 정의되는 곡선을 형성하는 점의 궤적(집합) ⑦ 링크(link) : 링크는 2개의 노드 사이를 연결하는 일차원의 객체로서 edge라고도 한다. 방향이 명시된 2개의 노드를 연결하는 링크를 방향성 링크(directed link)라 한다. ⑧ 사슬(chain) : 각 끝점이나 호가 상관성이 없을 경우 직접적인 연결·체인은 교차되지 않은 라인 세그먼트 또는 양단이 노드로 연결된 아크들의 연결로 방향이 주어진 것을 의미한다.
Area	① 면(面, area) 또는 면적(面積)은 한정되고 연속적인 2차원적 표현 ② 모든 면적은 다각형으로 표현

2) 저장방법

스파게티 자료구조	정의	객체들 간에 정보를 갖지 못하고 국수 가락처럼 좌표들이 길게 연결되어 있어 스파게티 자료구조라고 한다.
	특징	① 상호 연관성에 관한 정보가 없어 인접한 객체들의 특징과 관련성, 연결성을 파악하기가 힘들다. ② 객체가 좌표에 의한 그래픽 형태(점, 선, 면적)로 저장되며 위상관계를 정의하지 않는다. ③ 경계선을 다각형으로 구축할 경우에는 각각 구분되어 입력되므로 중복되어 기록된다. ④ 스파게티 자료구조는 하나의 점(X, Y 좌표)을 기본으로 하고 있어 구조가 간단하다. ⑤ 자료구조가 단순하여 파일의 용량이 작은 장점이 있다. ⑥ 객체들 간의 공간관계가 설정되지 않아 공간분석에 비효율적이다.
위상구조	정의	위상이란 도형 간의 공간상 상관관계를 의미한다. 위상은 특정 변화에 의해 불변으로 남는 기하학적 속성을 다루는 수학의 한 분야로 위상모델의 전제조건으로는 모든 선의 연결성과 폐합성이 필요하다.
	특징	① 지리정보시스템에서 매우 유용한 데이터 구조로서 점, 선, 면으로 객체 간의 공간관계를 파악할 수 있다. ② 벡터데이터의 기본적인 구조로 점으로 표현되며 객체들은 점들을 직선으로 연결하여 표현할 수 있다. ③ 토폴로지는 폴리곤 토폴로지, 아크 토폴로지, 노드 토폴로지로 구분된다. **Arc**: 일련의 점으로 구성된 선형의 도형을 말하며 시작점과 끝점이 노드로 되어 있다. **Node**: 둘 이상의 선이 교차하여 만드는 점, 또는 아크의 시작이나 끝이 되는 특정한 의미를 가진 점을 말한다. **Topology**: 인접한 도형들 간의 공간적 위치관계를 수학적으로 표현한 것을 말한다. ④ 점, 선, 폴리곤으로 나타낸 객체들이 위상구조를 가지면 주변 객체들 간의 공간상 관계를 인식할 수 있다. ⑤ 폴리곤 구조는 형상, 인접성, 계급성의 세 가지 특성을 지닌다. ⑥ 관계형 데이터베이스를 이용하여 다량의 속성자료를 공간객체와 연결할 수 있으며 용이한 자료의 검색 또한 가능하다. ⑦ 공간객체의 인접성과 연결성에 관한 정보는 많은 분야에서 위상정보를 바탕으로 분석이 이루어진다.
	분석	각 공간객체 사이의 관계가 인접성, 연결성, 포함성 등의 관점에서 묘사되며, 스파게티 모델에 비해 다양한 공간분석이 가능하다. **인접성 (Adjacency)**: 관심 대상 사상의 좌측과 우측에 어떤 사상이 있는지를 정의하고 두 개의 객체가 서로 인접하는지를 판단한다. **연결성 (Connectivity)**: 특정 사상이 어떤 사상과 연결되어 있는지를 정의하고 두 개 이상의 객체가 연결되어 있는지를 파악한다. **포함성 (Containment)**: 특정 사상이 다른 사상의 내부에 포함되느냐 혹은 다른 사상을 포함하느냐를 정의한다.

3) 벡터자료의 파일형식

TIGER 파일 형식	① Topologically Integrated Geographic Encoding and Referencing System의 약자 ② U. S. Census Bureau에서 1990년 인구조사를 위해 개발한 벡터형 파일 형식
VPF 파일 형식	① Vector Product Format의 약자 ② 미 국방성의 NIMA(National Imagery and Mapping Agency)에서 개발한 군사적 목적의 벡터형 파일 형식

Shape 파일 형식

① ESRI사의 Arcview에서 사용되는 자료 형식
② Shape 파일은 비위상적 위치정보와 속성정보를 포함
③ 메인 파일과 인덱스 파일, 그리고 데이터베이스 테이블의 3개 파일에 의해 지리적으로 참조된 객체의 기하와 속성을 정의한 ArcView GIS의 데이터 포맷

파일유형	기능
.shp	지리요소의 공간정보 점, 선, 면 등을 저장하는 파일
.shx	지리요소의 공간정보 인덱스를 저장하는 파일
.dbf	지리요소의 속성정보를 저장하는 파일
.sbn .sbx	• 지리요소의 공간 인덱스를 저장하는 파일 • spatial join 등의 기능 수행 • them의 'shape' 필드에 대한 인덱스 생성 시 필요
.ain .aih	• 속성테이블에서 활성화된 필드의 속성 인덱스를 저장하는 파일 • 테이블 간의 링크 수행 시 생성

Coverage 파일 형식	① ESRI사의 Arc/Info에서 사용되는 자료 형식 ② Coverage 파일은 위상모델을 적용하여 각 사상 간 관계를 적용하는 구조임 ③ 공간관계를 명확히 정의한 위상구조를 사용하여 벡터 도형 데이터를 저장한다.
CAD 파일 형식	① Autodesk사의 AutoCAD 소프트웨어에서는 DWG와 DXF 등의 파일 형식을 사용 ② DXF 파일 형식은 GIS 관련 소프트웨어뿐만 아니라 원격탐사 소프트웨어에서도 사용할 수 있음 ③ 사실상, 산업표준이 된 AutoCAD와 AutoCAD Map의 파일 포맷 중의 하나로 많은 GIS에서 익스포트(export) 포맷으로 널리 사용된다.
DLG 파일 형식	① Digital Line Graph의 약자로서 U. S. Geological Survey에서 지도학적 정보를 표현하기 위해 고안한 디지털 벡터 파일 형식 ② DLG는 ASCII 문자형식으로 구성
ArcInfo E00	ArcInfo의 익스포트 포맷
CGM 파일 형식	① Computer Graphics Metafile의 약자 ② PC 기반의 컴퓨터그래픽 응용 분야에 사용되는 벡터데이터 포맷의 ISO 표준

2. 래스터 자료구조

1) 래스터 자료의 장단점

래스터 자료	장점	① 간단한 자료구조를 가지고 있으며 중첩에 대한 조작이 용이하여 매우 효과적이다. ② 수치 이미지 조작이 효율적이다. ③ 자료의 조작과정이 매우 효과적이고 수치 영상의 질을 향상시키는 데 매우 효과적이다. ④ 다양한 공간적 편의가 격자형태로 나타난다.
	단점	① 위상적인 관계 설정이 어렵다. ② 주로 격자형의 네모난 형태를 가지고 있기 때문에 수작업에 의해서 그려진 완화된 선에 비해서 미관상 매끄럽지 못하다. ③ 데이터의 용량이 크다. ④ 압축되어 사용되는 경우가 드물며 지형관계를 나타내기가 훨씬 어렵다.

2) 압축방법

Run-length 코드 기법(연속분할부호)

① 각 행마다 왼쪽에서 오른쪽으로 진행하면서 동일한 수치를 갖는 셀들을 묶어 압축시키는 방법
② Run이란 하나의 행에서 동일한 속성값을 갖는 격자를 말한다.
③ 동일한 속성값을 개별적으로 저장하는 대신 하나의 Run에 해당되는 속성값이 한 번만 저장되고 Run의 길이와 위치가 저장되는 방식이다.
④ 각 행에 대해서 왼쪽에서 오른쪽으로 시작 셀과 끝 셀을 표시한다.

Quadtree 기법(사지수형)

① Quadtree 기법은 Run-length 코드 기법과 함께 많이 쓰이는 자료압축기법이다.
② 크기가 다른 정사각형을 이용하여 Run-length 코드보다 더 많은 자료의 압축이 가능하다.
③ 전체 대상지역에 대하여 하나 이상의 속성이 존재할 경우 전체 지도는 4개의 동일한 면적으로 나눠지는데 이를 quadrant라 한다.
④ $2^n \times 2^n$ 점의 전체 배열은 사지수의 중심절점(root node)이고 나무의 최대 높이는 n단계이다.
⑤ 각 절점은 NW(북서), NE(북동), SW(남서), SE(남동) 4개의 가지를 갖는다.
⑥ 잎절점(loaf node)은 더 이상 작게 분할할 수 없는 4분할을 가리킨다.
⑦ 각절점은 2비터로 표현하는데 이것은 끝이 안(↑↓)인지 밖(↓↑)인지 혹은 현재 위치의 절점이 안(↑↓)인지 혹은 밖(↓↑)인지를 정의한다.

Block 코드 기법

① Run-length 코드 기법에 기반을 둔 것으로 정사각형으로 전체 객체의 형상을 나누어 데이터를 구축하는 방법이다.
② 자료구조는 원점으로부터의 좌표 및 정사각형의 한 변의 길이로 구성되는 3개의 숫자만으로 표시가 가능하다.
③ 원점(중심부나 좌측하단)의 XY좌표와 정사각형의 기준거리로 표시한다.
④ 그림에 나타난 영역은 16단위의 셀 한 개로 이루어진 정사각형과 9개의 4단위 정사각형, 17개의 1단위 정사각형으로 저장된다.

Chain 코드 기법(사슬부호)
① Chain 코드 기법은 대상 지역에 해당하는 격자들의 연속적인 연결상태를 파악하여 동일한 지역의 정보를 제공하는 방법이다.
② 자료의 시작점에서 동서남북으로 방향을 이동하는 단위 거리를 통해서 표현하는 기법이다.
③ 각 방향은 동쪽은 0, 북쪽은 1, 서쪽은 2, 남쪽은 3 등 숫자로 방향을 정의한다.
④ 픽셀 수는 상첨자로 표시한다.

3) 래스터 자료 포맷 방법

BIL **(Band Interleaved by Line)** **: 라인별 영상**	한 개 라인 속에 한 밴드의 분광값을 나열한 것을 밴드순으로 정렬하고 그것을 전체 라인에 대해 반복하며{((픽셀번호순), 밴드순), 라인번호순} 주어진 선에 대한 모든 자료의 파장대를 연속적으로 파일 내에 저장하는 형식이다. BIL 형식에 있어 파일 내의 각 기록은 단일 파장대에 대해 열의 형태인 자료의 격자형 입력선을 포함하고 있다.
BSQ **(Band SeQuential)** **: 밴드별 영상**	밴드별로 2차원 영상 데이터를 나열한 것으로{((픽셀(화소)번호순), 라인번호순), 밴드순} 각 파장대는 분리된 파일을 포함하여 단일 파장대가 쉽게 읽히고 보일 수 있으며 다중 파장대는 목적에 따라 불러올 수 있다.
BIP **(Band Interleaved by Pixel)** **: 픽셀별 영상**	한 개 라인 중의 하나의 화소 분광값을 나열한 것을 그 라인의 전체 화소에 대해 정렬하고 그것을 전체 라인에 대해 반복하며{((밴드순, 픽셀번호순), 라인번호순} 각 파장대의 값들이 주어진 영상소 내에서 순서적으로 배열되며 영상소는 저장장치에 연속적으로 배열된다. 구형이므로 거의 사용되지 않는다.

4) 래스터 자료의 파일 형식

TIFF (Tagged Image File Format)	① 태그(꼬리표) 붙은 화상 파일 형식이라는 뜻이다. ② 미국의 앨더스사(현재의 어도비 시스템스사에 흡수 합병)와 마이크로소프트사가 공동 개발한 래스터 화상 파일 형식이다. ③ TIFF는 흑백 또는 중간 계조의 정지 화상을 주사(scan)하여 저장하거나 교환하는 데 널리 사용되는 표준 파일 형식이다. ④ 화상 데이터의 속성을 태그 정보로서 규정하고 있는 것이 특징이다.
GeoTiff	① 파일 헤더에 거리참조를 가지고 있는 TIFF 파일의 확장 포맷이다. ② TIFF의 래스터 지리 데이터를 플랫폼 공동이용 표준과 공동이용을 제공하기 위해 데이터 사용자, 상업용 데이터 공급자, GIS 소프트웨어 개발자가 합의하여 개발되고 유지됨
BIIF	BIIF는 FGDC(Federal Geographic Data Committee)에서 발행한 국제표준 영상처리와 영상데이터표준이다. 이 포맷은 미국의 국방성에 의하여 개발되고 NATO에 의해 채택된 NITFS(National Imagery Transmission Format Standard)를 기초로 제작되었다.
JPEG (Joint Photographic Experts Group)	① Joint Photographic Experts Group의 준말이다. ② JPEG는 컬러 이미지를 위한 국제적인 압축표준으로 CCITT(International Telegraph and Telephone Consultative Committee : 국제 전신 전화 자문)와 ISO에서 인정하고 있다.
GIF (Graphics Interchange Format)	① 미국의 컴퓨서브(Compuserve)사가 1987년에 개발한 화상 파일 형식이다. ② GIF는 인터넷에서 래스터 화상을 전송하는 데 널리 사용되는 파일 형식이다. ③ 최대 256가지 색이 사용될 수 있는데 실제로 사용되는 색의 수에 따라 파일의 크기가 결정된다.
PCX	① PCX는 ZSoft가 자사의 초기 DOS 기반의 그래픽 프로그램 PC 페인터 브러시용으로 개발한 그래픽 포맷이다. ② 윈도 이전까지 사실상 비트맵 그래픽의 표준이었다. ③ PCX는 그래픽 압축 시 런-길이 코드(run-length code)를 쓰기 때문에 디스크 공간 활용에 있어서 윈도 표준 BMP보다 효율적이다.
BMP (Microsoft Windows Device Independent Bitmap)	① 윈도 또는 OS/2 환경에서 사용되는 비트맵 데이터를 표현하기 위하여 마이크로소프트에서 정의하고 있는 비트맵 그래픽 파일이다. ② 그래픽 파일 저장 형식 중 가장 단순한 구조를 가지고 있다. ③ 압축 알고리즘이 원시적이어서 같은 이미지를 저장할 때, 다른 형식으로 저장하는 경우에 비해 파일 크기가 매우 크다.
PNG(Portable Network Graphic)	독립적인 GIF 포맷을 대치할 목적의 특허가 없는 자유로운 래스터 포맷

5) 벡터와 래스터 자료의 비교

구분	벡터 자료	래스터 자료
장점	• 복잡한 현실세계의 묘사가 가능하다. • 보다 압축된 자료구조를 제공하며 따라서 데이터 용량의 축소가 용이하다. • 위상에 관한 정보가 제공되므로 관망분석과 같은 다양한 공간분석이 가능하다. • 그래픽의 정확도가 높다. • 그래픽과 관련된 속성정보의 추출 및 일반화, 갱신 등이 용이하다.	• 자료구조가 단순하다. • 원격탐사자료와의 연계처리가 용이하다. • 여러 레이어의 중첩이나 분석이 용이하다. • 격자의 크기와 형태가 동일하므로 시뮬레이션이 용이하다.
단점	• 자료구조가 복잡하다. • 여러 레이어의 중첩이나 분석에 기술적으로 어려움이 수반된다. • 각각의 그래픽 구성요소는 각기 다른 위상구조를 가지므로 분석에 어려움이 크다. • 그래픽의 정확도가 높은 관계로 도식과 출력에 비싼 장비가 요구된다. • 일반적으로 값비싼 하드웨어와 소프트웨어가 요구되므로 초기비용이 많이 든다.	• 압축된 자료구조를 제공하지 못하므로 그래픽 자료의 양이 방대하다. • 격자의 크기를 늘리면 자료의 양은 줄일 수 있으나 상대적으로 정보의 손실을 초래한다. • 격자구조인 만큼 시각적인 효과가 떨어지며 이를 개선하기 위하여 작은 격자를 사용할 때에는 자료의 양이 급격히 늘어나므로 효율적이지 못하다. • 위상정보의 제공이 불가능하므로 관망해석과 같은 분석기능이 이루어질 수 없다. • 좌표변환을 위한 시간이 많이 소요된다.

6) 공간분석 기법

구분	특징
중첩분석	① GIS가 일반화되기 이전의 중첩분석 : 많은 기준을 동시에 만족시키는 장소를 찾기 위해 불이 비치는 탁자 위에 투명한 중첩 지도를 겹치는 작업을 통해 수행 ② 중첩을 통해 다양한 자료원을 통합하는 것은 GIS의 중요한 분석 능력 ③ 이러한 중첩분석은 벡터 자료뿐 아니라 래스터 자료도 이용할 수 있는데, 일반적으로 벡터 자료를 이용한 중첩분석은 면형 자료를 기반으로 수행 ④ 다양한 공간객체를 표현하고 있는 레이어를 중첩하기 위해서는 좌표체계의 동일성이 전제되어야 함
버퍼분석	① 버퍼분석(buffer analysis)은 공간적 근접성(spatial proximity)을 정의할 때 이용되는 것으로서 점, 선, 면 또는 면 주변에 지정된 범위의 면사상으로 구성 ② 버퍼분석을 위해서는 먼저 버퍼 존(buffer zone)의 정의가 필요 ③ 버퍼 존은 입력사상과 버퍼를 위한 거리(buffer distance)를 지정한 이후 생성 ④ 일반적으로 거리는 단순한 직선거리인 유클리디언 거리(Euclidian distance) 이용 ⑤ 즉, 입력된 자료의 점으로부터 직선거리를 계산하여 이를 버퍼 존으로 표현하는데, 다음과 같은 유클리디언 거리 계산 공식에 의해 버퍼 존 형성 두 점 사이의 거리 $= \sqrt{(x_1-x_2)^2+(y_1-y_2)^2}$ ⑥ 버퍼 존은 입력사상별로 원형, 선형, 면형 등 다양한 형태로 표현 가능 • 점사상 주변에 버퍼 존을 형성하는 경우 점사상의 중심에서부터 동일한 거리에 있는 지역을 버퍼 존으로 설정 • 면사상 주변에 버퍼 존을 형성하는 경우 면사상의 중심이 아니라 면사상의 경계에서부터 지정된 거리에 있는 지점을 면형으로 연결하여 버퍼 존으로 설정
네트워크 분석	① 현실세계에는 사람, 에너지, 물자, 정보 등의 흐름을 가능하게 하는 도로, 케이블, 파이프라인 등의 하부구조(infrastructure)가 존재하는데, 이러한 하부구조는 GIS 분석과정에서 네트워크(network)로 모델링 가능 ② 네트워크형 벡터자료는 특정 사물의 이동성 또는 흐름의 방향성(Flow Direction)을 제공 ③ 대부분의 GIS 시스템은 위상모델로 표현된 벡터자료의 연결된 선사상인 네트워크 분석을 지원 ④ 이러한 네트워크 분석은 크게 시설물 네트워크(utility network)와 교통 네트워크(transportation network)로 구분 가능 ⑤ 일반적으로 네트워크는 점사상인 노드와 선사상인 링크로 구성 • 노드에는 도로의 교차점, 퓨즈, 스위치, 하천의 합류점 등이 포함될 수 있음 • 링크에는 도로, 전송라인(transmission line), 파이프, 하천 등이 포함될 수 있음 ⑥ 경로와 비용의 최소화 • 최단경로(shortest route) : 주어진 기원지와 목적지를 잇는 최단거리의 경로분석 가능 • 최소비용경로(least cost route) : 기원지와 목적지를 연결하는 네트워크상에서 최소의 비용으로 이동하기 위한 경로 탐색 가능 ⑦ 차량경로 탐색과 교통량 할당(Traffic Allocation) 문제 등 다양한 분야에서 이용될 수 있음

CHAPTER
04 데이터 관리

1. 데이터 파일의 구성요소

기록 (record)	하나의 주제에 관한 자료를 저장한다. 기록은 행(row)이라고 하며 학생 개개인에 관한 정보를 보여주고 성명, 학년, 전공, 학점의 네 개 필드로 구성되어 있다.
필드 (field)	레코드를 구성하는 각각의 항목에 관한 것을 의미한다. 필드는 성명, 학년, 전공, 학점의 네 개 필드로 구성되어 있다.
키(key)	파일에서 정보를 추출할 때 쓰이는 필드로서, 키로 사용되는 필드를 키필드라 한다. 표에서는 이름을 검색자로 볼수 있으며 그 외의 영역들은 속성영역(attribute field)이라고 한다.

2. DBMS의 장단점

장점	시스템 개발 비용 감소	데이터베이스 구축 시 초기비용이 많이 들 수 있지만 데이터 검색 및 변경 시 프로그램 개발 비용을 절감할 수 있다.
	보안 향상	데이터베이스의 중앙집중관리 및 접근제어를 통해 보안이 향상된다.
	표준화	데이터 제어기능을 통해 데이터의 형식, 내용, 처리방식, 문서화 양식 등의 표준화를 범기관적으로 쉽게 시행할 수 있다.
	중복의 최소화	파일관리 시스템에서 개별 파일로 관리되던 시스템에서 데이터를 하나의 데이터베이스에 통합하여 관리하므로 중복이 감소된다.
	데이터의 독립성 향상	데이터를 응용프로그램에서 분리하여 관리하므로 응용프로그램을 수정할 필요성이 감소된다.
	데이터의 일관성 유지	파일관리 시스템에서는 중복 데이터가 각각 다른 파일에 관리되어 변경 시 데이터의 일관성을 보장하기 어려웠으나, DBMS는 중앙 집중식 통제를 통해 데이터의 일관성을 유지할 수 있다.
	데이터의 무결성 유지	제어관리를 통해 다수의 사용자들이 접근 시 무결성이 유지된다.
단점	위험부담	위험부담을 최소화하기 위해 효율적인 백업과 회복기능을 갖추어야 한다.
	중앙집약적인 위험 부담	자료의 저장 및 관리가 중앙 집약적으로 이루어지므로 자료의 손실이나 시스템의 작동불능이 될 수 있는 중앙집약적인 위험부담이 크다.
	시스템 구성의 복잡성	파일 처리 방식에 비하여 시스템의 구성이 복잡하므로 이로 인한 자료의 손실 가능성이 높다
	운영비의 증대	컴퓨터 하드웨어와 소프트웨어의 비용이 상대적으로 많이 소요된다.

3. 3층(단계) 스키마(schema)

외부스키마 (external schema)	① 데이터베이스의 개개 사용자나 응용프로그래머가 접근하는 데이터베이스를 정의한 것으로 개인적 데이터베이스 구조에 관한 것이다. ② 개인이나 특정 응용에 한정된 논리적 데이터 구조이고 시스템의 입장에서는 데이터베이스의 외적인 한 면을 표현한 것이기 때문에 외부 스키마라 한다. ③ 데이터베이스 전체의 한 논리적 부분이 되기 때문에 서브 스키마(sub schema)라고도 한다. ④ 즉 외부 스키마는 주로 외부의 응용프로그램에 위치하는 데이터 추상화 작업의 첫 번째 단계로서 전체적인 데이터베이스의 부분적인 기술이다. ⑤ 하나의 외부 스키마를 몇 개의 응용프로그램이나 사용자가 공용할 수 있다.
개념 스키마 (conceptual schema)	① 개념 스키마는 외부 사용자 그룹으로부터 요구되는 전체적인 데이터베이스 구조를 기술하는 것이다 ② 데이터베이스의 물리적 저장구조 기술을 피하고, 개체(entity), 데이터 유형, 관계, 사용자 연산, 제약조건 등의 기술에 집중한다. ③ 즉 여러 개의 외부 스키마를 통합한 논리적인 데이터 베이스의 전체 구조로서 데이터베이스 파일에 저장되어 있는 데이터 형태를 그림으로 나타낸 도표라고 할 수 있다. ④ 하나의 데이터베이스 시스템에는 하나의 개념 스키마만 존재하고 각 사용자나 프로그램은 개념 스키마의 일부를 사용하게 된다. ⑤ 즉 개념 스키마로부터 모든 외부 스키마가 생성되고 지원되는 것이다. ⑥ 개념적(conceptual)의 의미는 추상적이 아니라 전체적이고 종합적이란 뜻이다.
내부 스키마 (internal schema)	① 내부 스키마는 물리적 저장장치에서의 전체적인 데이터베이스 구조를 기술한 것이다. ② 내부 스키마는 개념 스키마에 대한 저장구조를 정의한 것이다. ③ 데이터베이스 정의어(DDL)에 의한 실질적인 데이터베이스의 자료 저장 구조(자료구조와 크기)이자 접근 경로의 완전하고 상세한 표현이다. ④ 내부 스키마는 시스템 프로그래머나 시스템 설계자가 바라는 데이터베이스 관점이므로, 시스템의 효율성을 고려한 데이터의 저장위치, 자료구조, 보안대책 등을 결정한다.

4. 데이터 언어

데이터 정의어 (DDL : Data Definiton Language)	데이터베이스를 생성하거나 데이터베이스의 구조 형태를 수정하기 위해 사용하는 언어로 데이터베이스의 논리적 구조(logical structure)와 물리적 구조(physical structure) 및 데이터베이스 보안과 무결성 규정을 정의할 수 있는 기능을 제공한다. 이것은 데이터베이스 관리자에 의해 사용되는 언어로서 DDD 컴파일러에 의해 컴파일되어 데이터 사전에 수록된다.	
	CREATE	새로운 테이블을 생성한다.
	ALTER	기존의 테이블을 변경한다.
	DROP	기존의 테이블을 삭제한다.
	RENAME	테이블의 이름을 변경한다.
	TRUNCATE	테이블을 잘라낸다.
데이터 조작어 (DML : Data Manipulation Language)	데이터베이스에 저장되어 있는 정보를 처리하고 조작하기 위해 사용자와 DBMS 간에 인터페이스(interface) 역할을 수행한다. 삽입, 검색, 갱신, 삭제 등의 데이터 조작을 제공하는 언어로서 절차식(사용자가 요구하는 데이터가 무엇이며 요구하는 데이터를 어떻게 구하는지를 나타내는 언어이다.)과 비절차식(사용자가 요구하는 데이터가 무엇인지 나타내줄 뿐이며 어떻게 구하는지는 나타내지 않는 언어이다.)의 형태가 있다.	
	SELECT	기존의 데이터를 검색한다.
	INSERT	새로운 데이터를 삽입한다.
	UPDATE	기존의 데이터를 갱신한다.
	DELETE	기존의 데이터를 삭제한다.
데이터 제어어 (DCL : Data Control Language)	외부의 사용자로부터 데이터를 안전하게 보호하기 위해 데이터 복구, 보안, 무결성과 병행 제어에 관련된 사항을 기술하는 언어이다.	
	GRANT	권한을 준다.(권한 부여)
	REVOKE	권한을 제거한다.(권한 해제)
	COMMIT	데이터 변경 완료
	ROLLBACK	데이터 변경 취소

5. 데이터베이스 관리 시스템의 필수 기능

정의(definition)기능	여러 응용프로그램(application program)과 데이터베이스가 요구하는 여러 가지 다양한 형태의 자료를 지원 가능하게 하기 위해 데이터베이스의 구조 및 특성을 정의하는 기능이다.
조작(manipulation)기능	사용자들의 요청을 받아 데이터베이스에서 사용자들이 원하는 자료에 접근(access)할 수 있는 기능이다.
제어(control)기능	데이터베이스에 저장되어 있는 정보가 유용할 수 있게 항상 데이터베이스에 저장되어 있는 정보들이 중복되지 않고 정확하게 유지 가능하도록 제어하는 기능이다.

6. DBMS 모형의 종류

H-DBMS (Hierachical-DBMS) : 계급형 DBMS	트리 구조의 모형으로서 가장 위의 계급을 root(근원)라 하며 root 역시 레코드 형태를 가지며 모든 레코드는 1 : 1 또는 1 : n의 관계를 갖는다.	
	장점	단점
	• 이해와 갱신이 쉽다. • 다량의 자료에서 필요한 정보를 신속하게 추출할 수 있다.	• 각각의 객체는 단 하나만의 근본 레코드를 갖는다. • 키필드가 아닌 필드에서는 검색이 불가능하다.
R-DBMS (Relation-DBMS) : 관계형 DBMS	각각의 항목과 그 속성이 다른 모든 항목 및 그의 속성과 연결될 수 있도록 구성된 자료구조로 전문적인 자료관리를 위한 데이터 모델로서 현재 가장 보편적으로 많이 쓰는 것이다.	
	장점	단점
	• 테이블 내의 자료구성에 제한을 막지 않는다. • 수학적으로 안정된다. • 수학적 논리성이 적용된다. • 모형의 구성이 단순하다.	• 기술적 난해도가 높다. • 레코드 간의 관계 정립 시 시간이 많이 소요된다. • 전반적인 시스템의 처리속도가 늦다.
OO-DBMS (Object Orientation-DBMS) : 객체지향형 DBMS	각각의 데이터를 유형별로 모듈화하여 복잡한 데이터를 쉽게 처리하는 최초의 자료기반 관리체계	
	장점	단점
	복잡한 데이터를 쉽게 처리 가능	자료 간의 관계성 처리능력 감소
OR-DBMS (Object Relation-DBMS) : 객체지향관계형 DBMS	관계형 자료기반은 자료 간의 복잡한 관계를 잘 정리해주긴 하지만 멀티미디어 자료를 처리하는 데 어려움이 있는 반면에 객체지향 자료기반은 복잡한 자료를 쉽게 처리해주는 대신 자료 간의 관계처리에 있어서는 단점을 가지고 있다. 따라서 각각이 갖는 단점을 보완하고 장점을 부각시킨 자료기반이 필요하게 되는데 이러한 자료기반 즉 객체지향 자료기반과 관계형 자료기반을 통합한 차세대 자료기반을 OR - DBMS라 한다.	

05 토지정보체계의 운용 및 활용
: NGIS(National Geographic Information System)

1. NGIS의 개념과 추진과정

개념	국가지리정보체계는 **국가경쟁력** 강화와 **행정생산성** 제고 등에 기반이 되는 **사회간접자본**이라는 전제하에 국가 차원에서 **국가표준**을 설정하고, **기본공간정보**(국토교통부장관은 **지형·해안선·행정경계·도로 또는 철도의 경계·하천경계·지적, 건물** 등 인공구조물의 공간정보, 그 밖에 대통령령으로 정하는 주요 공간정보를 기본공간정보로 선정하여 관계 중앙행정기관의 장과 협의한 후 이를 관보에 고시하여야 한다.) **데이터베이스**를 구축하며, **GIS 관련 기술개발**을 지원하여 GIS **활용기반**과 여건을 성숙시켜 **국토공간관리**, 재해관리, 대민서비스 등 **국가정책** 및 행정 그리고 **공공분야**에서의 **활용**을 **목적**으로 한다.
계획의 필요성	① 급변하는 정보기술 발전과 지리정보 활용 여건 변화에 부응하는 새로운 **전략 모색** ② NGIS 추진 실적을 평가하여 **문제점 도출** 후, 국가지리정보의 구축 및 활용 촉진을 위한 **정책방향 제시** ③ 공공기관 간 지리정보 구축의 **중복투자 방지** ④ 상호 연계를 통한 국가지리정보 **활용가치 극대화**
추진 과정	① 제1단계(1995~2000) : GIS 기반조성단계(**국토정보화 기반 마련**) ② 제2단계(2001~2005) : GIS 활용확산 단계(**국가공간정보기반 확충을 위한 디지털국토실현**) ③ 제3단계(2006~2010) : GIS 정착단계(**유비쿼터스 국토실현을 위한 기반조성**) ④ 디지털 국토 실현

2. 제1단계

1) 제1차 국가지리정보체계 구축사업 추진체계

2) 분과별 추진사업

분과	추진사업
총괄분과	① GIS 구축사업 지원 연구 ② 공공부문의 GIS 활용체계 개발 ③ 지하시설물 관리체계 시범사업
기술개발 분과	① GIS 전문인력 교육 및 양성 지원 ② GIS 관련 핵심기술의 도입 및 개발
표준화분과	공간정보 데이터베이스 구축을 위한 표준화사업 수행
지리정보 분과	① 지형도 수치화 사업 　수치지도(digital map)은 컴퓨터 그래픽 기법을 이용하여 수치지도 작성 작업규칙에 　따라 지도요소를 항목별로 구분하여 데이터베이스화하고 이용 목적에 따라 지도를 　자유로이 변경해서 사용할 수 있도록 전산화한 지도이다. ② 6개 주제도 전산화 사업 　공공기관 및 민간에서 활용도가 높은 각종 주제도를 전산화함으로써 GIS를 일선 　업무에서 쉽게 활용할 수 있도록 기반을 마련하는 사업 　(**토**지이용현황도, **지**형지번도, **도**시계획도, **국**토이용계획도, **도**로망도, **행**정구역도) ③ 7개 지하시설물도 수치지도화 사업 　7개 시설물에 대한 매설현황과 속성정보(관경, 재질, 시공일자 등)를 전산화하여 　통합 관리할 수 있는 시스템을 구축하는 사업 　(**상**수도, **하**수도, **가**스, 통신, 전력, **송**유관, **난**방열관)

분과	추진사업
토지정보 분과	지적도전산화 사업 • 행정자치부 주관의 토지정보분과 사업으로 활용도가 가장 높은 지적도면을 전산화함으로써 토지정보 기반을 구축하여 토지 관련 정책 및 대민원 서비스 제공을 실현하기 위한 사업이다. • 1996년과 1997년에 걸쳐 대전시 유성구를 대상으로 지적정보통합시스템과 데이터베이스 구축을 위한 지적도면전산화 시범사업을 실시하였다. • 지적도전산화 시범사업 결과에 따라 1998년부터 도시지역을 우선적으로 전국의 총 72만 매에 이르는 기존 지적도의 전산화사업을 추진하였으며, 전 국토에 대한 지적정보를 효율적으로 저장·관리할 수 있는 필지중심토지정보시스템(PBLIS)을 개발함으로써 그 많은 노력들이 성과로 드러났다. • PBLIS 개발은 대한지적공사에서 수행하였다.

3. 제2단계(2001~2005) : GIS 활용 확산단계(국가공간정보기반 확충을 위한 디지털 국토 실현)

1) 제2차 국가지리정보체계 구축사업 추진체계

2) 분과별 주요 추진사업

분과	추진사업
총괄조정분과위	① 지원연구사업 추진 ② 불합리한 제도의 개선 및 보완
지리정보분과위	① 국가지리정보 수요자가 광범위하고 다양하게 GIS를 활용할 수 있도록 가장 기본이 되고 공통적으로 사용되는 기본 지리정보 구축·제공 ② 그 범위 및 대상은 「국가지리정보체계의 구축 및 활용 등에 관한 법률 시행령」에서 행정구역·교통·해양 및 수자원, 지적·측량기준점·지형·시설물·위성영상 및 항공사진으로 정하고 있다. ③ 2차 국가 GIS 계획에서 기본지리정보 구축을 위한 중점 추진 과제로는 국가기준점 체계 정비, 기본지리정보 구축 시범사업, 기본지리정보 데이터베이스 구축이다.
지적정보분과위	① 전국 지적도면에 대한 전산화사업을 지속적으로 추진 ② 대장·도면 통합 DB 구축 및 통합 형태의 민원 발급 ③ 지적정보의 실시간 제공 ④ 한국토지정보시스템 개발 추진 및 통합운영 등을 담당
기술분과위	① 지리정보의 수집·처리·유통·활용 등과 관련된 다양한 분야 핵심 기반기술을 단계적으로 개발 ② GIS 기술센터를 설립하고 센터와 연계된 산학연 합동의 브레인풀을 구성하여 분야별 공동기술 개발 및 국가기술정보망을 구축·활용 ③ 국가 차원의 GIS 기술개발에 대한 지속적인 투자로 국가 GIS 사업의 성공과 해외기술 수출 원천을 제공
활용유통분과위	① 중앙부처와 지자체, 투자기관 등 공공기관에서 활용도가 높은 지하시설물, 지하자원, 환경, 농림, 수산, 해양, 통계 등 GIS 활용체계 구축 ② 구축된 지리정보를 인터넷 등 전자적 환경으로 수요자에게 신속·정확·편리하게 유통하는 21세기형 선진유통체계 구축
인력양성분과위	① GIS 교육 전문인력 양성 기관의 다원화 및 GIS 교육 대상자의 특성에 맞는 교육 실시 ② 산·학·연 협동의 GIS 교육 네트워크를 통한 원격교육체계 구축 ③ 대국민 홍보 강화로 일상생활에서 GIS의 이해와 활용을 촉진하고 생활의 정보수준을 제고
산업육성분과위	국토정보의 디지털화라는 국가 GIS 기본계획의 비전과 목표에 상응하는 GIS 산업의 육성
표준화분과위	① 자료·기술의 표준과 함께 지리정보생산, 업무절차 및 지자체 GIS 활용 공통모델 개발 및 표준화단계 추진 ② ISO, OGS 등 국제표준활동의 지속적 참여로 국제표준화 동향을 모니터링하고 국제표준을 국내표준에 반영

4. 제3단계(2006-2010) : GIS 정착단계(유비쿼터스 국토 실현을 위한 기반 조성)

1) 국가GIS의 비전 및 목표

2) 국가 GIS의 추진전략

국가 GIS 기반 확대 및 내실화	① 기본지리정보, 표준, 기술 등 국가 GIS 기반을 여건 변화에 맞게 지속적으로 개발·확충 ② 국제적인 변화와 기술수준에 맞도록 국가 GIS 기반을 고도화하고 국가표준 체계 확립 등 내실화
국가 GIS 활용가치 극대화	① 데이터 간 또는 시스템 간 연계·통합을 통한 국가지리정보체계 활용의 가치를 창출 ② 단순한 업무지원기능에서 정책과 의사결정을 지원할 수 있도록 시스템을 고도화 ③ 공공에서 구축된 지리정보를 누구나 쉽게 접근·활용할 수 있도록 하여 GIS 활용을 촉진
수요자 중심의 국가공간정보 구축	① 공공, 시민, 민간기업 등 수요자 입장에서 국가공간정보를 구축하여 지리정보의 활용도를 제고 ② 지리정보의 품질과 수준을 이용자에 적합하게 구축
국가정보화사업과의 협력적 추진	① IT839 전략(정보통신부), 전자정부사업·시군구행정정보화사업(행정자치부) 등 각 부처에서 추진하는 국가정보화사업과 협력 및 역할분담 ② 정보통신기술, GPS 기술, 센서기술 등 지리정보체계와 관련이 있는 유관기술과의 융합 발전

3) 국가GIS의 중점추진과제

지리정보 구축 확대 및 내실화	① 2010년까지 기본지리정보 100% 구축 완료 ② 기본지리정보의 갱신사업 실시 및 품질기준 마련
GIS의 활용 극대화	① GIS 응용시스템의 구축 확대 및 연계·통합 추진 ② GIS 활용 촉진 및 원스톱 통합 포털 구축
GIS 핵심기술 개발 추진	① u-GIS를 선도하는 차세대 핵심기술 개발 추진 ② 기술개발을 통한 GIS 활용 고도화 및 부가가치 창출
국가GIS 표준체계 확립	① 2010년까지 국가 GIS 기반 표준의 확립 추진 ② GIS 표준의 제도화 및 홍보 강화로 상호운용성(interoperability) 확보
GIS정책의 선진화	① GIS 산업·인력 육성을 위한 지원 강화 ② GIS 홍보 강화 및 평가·조정체계 내실화

5. 제4차 국가공간정보정책

1) 기본계획

제4차 국가공간정보정책 기본계획은 '**녹색성장을 위한 그린공간정보사회 실현**'을 비전으로 하고, 3대 목표를 지닌다.

2) 추진방향

상호 협력적 거버넌스	① 공간자료 공유 및 플랫폼으로서의 공간정보인프라 구축(공간자료, 인적 자원, 　네트워크, 정책 및 제도) ② 정부 주도에서 민·관 협력적 거버넌스로 진행 ③ 정책지원연구를 통한 거버넌스 체계 확립과 공간정보인프라 지원
쉽고 편리한 공간정보 접근	① 개방적 공간정보 공유가 가능한 유통체계 구현 ② 공간정보 보급·활용을 촉진할 수 있는 정책 추진 ③ 공간정보의 원활한 유통을 위한 국가공간정보센터의 위상 정립
공간정보 상호운용	① 공간정보표준 시험·인증체계 운영으로 사업 간 연계 보장 ② 공간정보표준을 기반으로 첨단 공간정보기술의 해외 경쟁력 강화
공간정보기반 통합	① 현실성 있고 활용도 높은 기본공간정보 구축 및 갱신기반 확보·구축 ② 수요자 중심의 서비스 인프라 구축
공간정보기술 지능화	① 공간정보기술 지능화의 세계적 선도 ② 지능형 공간정보 활용의 범용화 모색 및 유용성 검증 ③ 공간정보 지능화의 기반이 되는 DB에 대한 지속적인 연구개발

3) 구성

국가공간정보정책의 구성은 국가공간정보기반(NSDI)과 이를 활용하기 위한 공공부문과
민간부문의 활용체계 및 공간 정보산업으로 구성되어 있다.

4) 추진체계

[국가공간정보위원회 구성]

5) 기대효과

① 국가공간정보 유통 통합포털서비스로 시공간에 구애 없이 네트워크로 공간정보 활용
② 녹색성장의 기본적인 실내외 공간정보 생산으로 U‑Eco City 등 고부가가치 지식산
업 구조로 전환
  • 온실가스 감축 등 국제 환경규제에서 글로벌 경쟁력 제고
  • 공간정보산업, 측량부문 등의 상호연계로 국가정보 활용가치의 극대화

6. 제5차 국가공간정보정책

1) 기본계획

국정비전	희망의 새 시대

비전	공간정보로 실현하는 국민행복과 국가발전

목표	공간정보 융복합을 통한 창조경제 활성화	공간정보의 공유·개방을 통한 정부 3.0 실현
	국가공간정보기반 고도화	

7대 전략	❶ 고품질 공간정보 구축 및 개방 확대
	❷ 공간정보 융복합산업 활성화
	❸ 공간 빅데이터 기반 플랫폼서비스 강화
	❹ 공간정보 융합기술 R&D 추진
	❺ 협력적 공간정보체계고도화 및 활용 확대
	❻ 공간정보 창의인재 양성
	❼ 융복합 공간정보정책 추진체계 확립

2) 7대 추진전략 및 추진과제

전략	추진과제
고품질 ㉓간정보 구축 및 ㉙방 확대	① 공간정보 품질 확보 및 관리체계 확립 ② 지적재조사 추진 ③ 공간정보 개방 확대 및 활용 활성화를 위한 유통체계 확립 ④ 융복합 촉진을 위한 국제 수준 공간정보표준체계 확립
공간정보 ㉨복합 산업 활성㉲	① 공간정보 기반 창업 및 기업역량강화 지원 ② 공간정보 융복합산업 지원체계 구축 ③ 공간정보기업 해외 진출 지원
공간 ㉫데이터 기반 ㉤랫폼서비스 강화	① 공간 빅데이터 체계 구축 ② 공간 빅데이터 기반 국가정책 지원 플랫폼 구축
공간정보 ㉨㉮기술 R&D 추진	① 공간정보기술 R&D 실용성 확보를 위한 관리체계 개선 ② 산업지원 공간정보 가공 및 융복합 활용기술 개발 ③ 생활편리 공간정보기술 및 제품 개발 ④ 생활안전 공간정보기술 개발 ⑤ 신성장동력 공간정보기술 개발 ⑥ 남북 교류 확대에 대비한 국토정보 및 북극 공간정보 구축
협력적 공간정보체계 ㉡도화 및 활㉧ 확대	① 클라우드 기반 공간정보체계 구축계획 수립 및 제도기반 마련 ② 정합성 확보를 위한 공간정보 갱신 ③ 클라우드체계 활용 서비스 구축 ④ 기관별 공간정보체계 고도화 ⑤ 정책 시너지 창출을 위한 협업과제
공간정보 ㉲의인재 양성	① 창의인재 양성을 위한 공간정보 융합교육 도입 ② 산업 맞춤형 공간정보 인력 양성 ③ 참여형 공간정보 교육 플랫폼 구축
융복합 ㉓간정보 정책 추진체계 확립	① 범정부협력체계 구축 ② 공간정보정책 피드백 강화 ③ 공간정보 융복합 활성화를 위한 기반 조성 ④ 공간정보 정책연구 강화

7. 제6차 국가공간정보정책

비 전	공간정보 융복합 르네상스로 살기 좋고 풍요로운 스마트 코리아 실현
목 표	데이터 활용 : 국민 누구나 편리하게 사용 가능한 공간정보 생산과 개방 신산업 육성 : 개방형 공간정보 융합 생태계 조성으로 양질의 일자리 창출 국가경영 혁신 : 공간정보가 융합된 정책 결정으로 스마트한 국가경영 실현

추진전략	중점 추진과제
㉮반전략 : 가치를 창출하는 공간정보 생산	① 공간정보 생산체계 혁신 ② 고품질 공간정보 생산기반 마련 ③ 지적 정보의 정확성 및 신뢰성 제고
융�ㅂ전략 : 혁신을 공유하는 공간 정보 플랫폼 활성화	① 수요자 중심의 공간정보 전면 개방 ② 양방향 소통하는 공간정보 공유 및 관리 효율화 추진 ③ 공간정보의 적극적 활용을 통한 공공부문 정책 혁신 견인
성㉯전략 : 일자리 중심 공간정보산업 육성	① 인적 자원 개발 및 일자리 매칭 기능 강화 ② 창업지원 및 대·중소기업 상생을 통한 공간정보산업 육성 ③ 4차 산업혁명 시대의 혁신성장 지원 및 기반기술 개발 ④ 공간정보 기업의 글로벌 경쟁력 강화 및 해외 진출 지원
협㉰전략 : 참여하여 상생하는 정책환경 조성	① 공간정보 혁신성장을 위한 제도기반 정비 ② 협력적 공간정보 거버넌스 체계 구축

8. GIS의 표준화

1) SDTS(Spatial Date Transfer Standard : 공간자료교환표준)

(1) SDTS의 구성요소(components)

SDTS는 기본규정(base specification) 1~3 부문과 다중 프로파일(multiple profiles) 4~7 부문으로 구성되어 있다. 기본규정은 공간자료의 교환을 위한 컨텐츠, 구조, 형식(format) 등에 관한 개념적 모델과 구체적인 규정들을 정하고 있고 다중 프로파일은 SDTS를 특정 타입의 자료에 적용하기 위한 특정 규칙(rules)과 형식들을 정하고 있다.

제1부문 (Part 1)	논리적 규정 (logical specification)	세 개의 주요 장(section)으로 구성되어 있으며 SDTS의 개념적 모델과 SDTS 공간객체 타입, 자료의 질에 관한 보고서에서 담아야 할 구성요소, SDTS 전체 모듈에 대한 설계(layout)를 담고 있다.
제2부문 (Part 2)	공간적 객체들 (spatial features)	공간객체들에 관한 카탈로그와 관련된 속성에 관한 내용을 담고 있다. 범용 공간객체에 관한 용어정의를 포함하는데 이는 자료의 교환 시 적합성(compatibility)을 향상시키기 위한 것이다. 내용은 주로 중·소 축척의 지형도 및 수자원도에서 통상 이용되는 공간객체에 국한되어 있다.
제3부문 (Part 3)	ISO 8211 코딩화 (ISO 8211 encoding)	일반 목적의 파일 교환표준(ISO 8211) 이용에 대한 설명을 하고 있다. 이는 교환을 위한 SDTS 파일세트(file sets)의 생성에 이용된다.
제4부문 (Part 4)	위상벡터 프로파일 (topological vector profile, TVP)	TVP는 SDTS 프로파일 중에서 가장 처음 고안된 것으로서 기본규정(1~3 부문)이 어떻게 특정 타입의 데이터에 적용되는지를 정하고 있다. 위상학적 구조를 갖는 선형(linear)/면형(area) 자료의 이용에 국한되어 있다.
제5부문 (Part 5)	래스터 프로파일 및 추가형식 (raster profile & extensions, RP)	RP는 2차원의 래스터 형식 영상과 그리드 자료에 이용된다. ISO의 BIIF(Basic Image Interchange Format), GeoTIFF (Georeferenced Tagged Information File Format) 형식과 같은 또 다른 이미지 파일 포맷도 수용한다.
제6부문 (Part 6)	점 프로파일 (point profile, PP)	PP는 지리학적 점 자료에 관한 규정을 제공한다. 이는 제4부문 TVP를 일부 수정하여 적용한 것으로서 TVP의 규정과 유사하다.
제7부문 (Part 7)	CAD 및 드래프트 프로파일 (CAD and draft profiles)	CADD는 벡터 기반의 지리자료가 CAD 소프트웨어에서 표현될 때 사용하는 규정이다. CADD와 GIS 간 자료의 호환 시 자료의 손실을 막기 위하여 고안된 규정이다. 가장 최근에 추가된 프로파일이다.

(2) SDTS의 특징
① 3개의 부분으로 구성(공간자료교환, 정의모형 제공, 일반적인 자료교환표준)
② 모든 유형의 지형공간자료가 교환, 전환이 가능하도록 구성
③ SDTS는 서로 다른 체계 간의 자료공유를 위하여 최상위 레벨의 개념적 모형화에서 최하위 레벨의 구체적인 물리적 인코딩까지 표준화하고 있음
④ 1996년 6월 NGIS 공통데이터 교환포맷표준으로 채택
⑤ 한국의 좌표체계와 표준자료 정의
⑥ 물리적인 구성요소를 정의하여 위상벡터자료를 전환

2) 메타데이터(meta data)
(1) 기본요소

제1장	식별정보 (identification information)	인용, 자료에 대한 묘사, 제작시기, 공간영역, 키워드, 접근제한, 사용제한, 연락처 등
제2장	자료의 질 정보 (data quality information)	속성정보 정확도, 논리적 일관성, 완결성, 위치정보 정확도, 계통(lineage) 정보 등
제3장	공간자료 구성정보 (spatial data organization information)	간접 공간참조자료(주소체계), 직접 공간참조자료, 점과 벡터 객체 정보, 위상관계, 래스터 객체 정보 등
제4장	공간좌표정보 (spatial reference information)	평면 및 수직 좌표계
제5장	사상과 속성정보 (entity & attribute information)	사상타입, 속성 등
제6장	배포정보 (distribution information)	배포자, 주문방법, 법적 의무, 디지털 자료형태 등
제7장	메타데이터 참조정보 (metadata reference information)	메타데이타 작성시기, 버전, 메타데이터 표준이름, 사용제한, 접근제한 등
제8장	인용정보(citation)	출판일, 출판시기, 원제작자, 제목, 시리즈 정보 등
제9장	제작시기(time period)	일정시점, 다중시점, 일정시기 등
제10장	연락처(contact)	연락자, 연락기관, 주소 등

(2) 특징
① 공간데이터 전반에 대한 목록과 색인 제공
② 데이터베이스, 레이어, 속성공간현상과 관련된 정보 제공
③ 일반사용자가 GIS 자료를 사용 및 이용하는 접근정보 제공
(자료의 종류, 용도, 보유기관, 자료의 품질, 저장방식, 자료구축시기, 자료구축범위 등)
④ 데이터의 표준화(metadata content standard) 및 메타데이터베이스 갱신

(3) 중요성

① 공간데이터의 목록화(index)로 사용자가 원하는 정보의 취득 및 사용이 체계적이다.

② 공간데이터들의 양, 질(quality)의 파악이 용이하므로 특정 업무 수행을 위해 적합한 자료의 확인이 용이하다.

③ 자료의 종류·용도·보유기관·품질·저장방식, 자료구축시기·자료구축범위 등의 기록으로 데이터 활용을 위한 중요한 요소가 된다.

④ 공간정보를 활용하기 위해 중복성이 배제되고 효율성을 높인다.

3) 표준화 기구 : ISO TC 211

① 국제표준기구(International Organization for Standard)는 1994년에 GIS 표준기술위원회(Technical Committee 211)를 구성하여 표준작업을 진행하고 있다.

② 공식명칭은 Geographic Information/Geometics로서 TC211 위원회(이하 ISO/TC 211)는 수치화된 지리정보 분야의 표준화를 위한 기술위원회이며 지구의 지리적 위치와 직간접적으로 관계가 있는 객체나 현상에 대한 정보표준규격을 수립함에 그 목적을 두고 있다.

③ 5개의 작업그룹(working group)으로 구성

- framework and reference model(WG1) : 업무구조 및 참조모델 담당
- geospatial data models and operators(WG2) : 지리공간 데이터 모델과 운영자 담당
- geospatial data administration(WG3) : 지리공간 데이터를 담당
- geospatial services(WG4) : 지리공간 서비스를 담당
- profiles and functional standards(WG5) : 프로파일 및 기능에 관한 제반 표준 담당

CHAPTER 06 PBLIS

1. 개발시스템 구성

PBLIS	주요 기능
지적공부관리 시스템(160여 종)	① 시·군·구 행정종합정보화시스템과 연계를 통한 통합 데이터베이스 구축 ② 지적업무의 완벽한 전산화로 작업의 효율성과 정확도 향상, 지적정보의 응용 및 가공으로 신속한 정책정보의 제공 ③ 정보통신 인프라를 기반으로 한 질 좋은 대국민 서비스 실현 • **사용**자권한관리 • **지적**측량검사업무 • **토**이이동관리 • **지적**일반업무관리 • **창구**민원업무 • 토**지**기록자료조회 및 출력 등
지적측량 시스템(170여 종)	① 지적측량방법 개선 ② 사용자 편의 위주의 응용소프트웨어 개발 ③ 지적측량업무의 능률성 향상 • **지적**삼각측량 • 지**적**삼각보조측량 • 도근**측량** • 세부**측량** 등
지적측량성과작성 시스템(90여 종)	① 측량 준비도, 결과도, 성과도 작성을 완전 자동화 ② 수작업에 의한 오류 방지 ③ 정확하고 신속한 지적측량성과 제공 • **토**지이동지 조서 작성 • **측량**준비도 • 측량**결**과도 • 측량성**과**도 등

2. 다목적지적의 구성요소

구성요소	특징
측지기본망 (geodetic reference network)	토지의 경계선과 측지측량이나 그 밖의 토지 및 토지 관련 자료와 지형 간의 상관관계 형성, 지상에 영구적으로 표시되어 지적도상에 등록된 경계선을 현지에 복원할 수 있는 정확도를 유지할 수 있는 기준점 표지의 연결망을 말하는데 서로 관련 있는 모든 지역의 기준점이 단일의 통합된 네트워크여야 한다.
기본도 (base map)	측지기본망을 기초로 하여 작성된 도면으로서 지도 작성에 기본적으로 필요한 정보를 일정한 축척의 도면 위에 등록한 것으로 변동사항과 자료를 수시로 정비하여 최신화하여 사용될 수 있어야 한다.
지적중첩도 (cadastral overlay)	측지기본망과 기본도와 연계하여 활용할 수 있고 토지소유권에 관한 현재 상태의 경계를 식별할 수 있도록 일필지 단위로 등록한 지적도, 시설물, 토지이용, 지역구도 등을 결합한 상태의 도면을 말한다.
필지식별번호 (unique parcel identification number)	각 필지별 등록사항의 조직적인 저장과 수정을 용이하게 각 정보를 인식·선정·식별·조정하는 가변성이 없는 토지의 고유번호를 말하는데 지적도의 등록사항과 도면의 등록사항을 연결시켜 자료 파일의 검색 등 색인번호의 역할을 한다. 이러한 필지식별번호는 토지평가, 토지의 과세, 토지의 거래, 토지이용계획 등에서 활용되고 있다.
토지자료파일 (land data file)	토지에 대한 정보검색이나 다른 자료철에 있는 정보를 연결시키기 위한 목적으로 만들어진 각 필지의 식별번호를 포함한 일련의 공부 또는 토지자료철을 말하는데 과세대장, 건축물대장, 천연자원기록, 토지이용, 도로·시설물대장 등 토지 관련 자료를 등록한 대장을 뜻한다

CHAPTER 07 LMIS

1. PBLIS와 LMIS의 비교

항목 \ 사업	PBLIS	LMIS
사업 명칭	필지 중심 토지정보시스템	토지관리정보체계
사업 목적	지적도와 시·군·구의 대장 정보를 기반으로 하는 지적행정시스템과의 연계를 통한 각종 지적행정업무를 수행	시·군·구의 지형도 및 지적도와 토지대장정보를 기반으로 각종 토지행정 업무를 수행
사업 추진 체계	• 행정자치부→지적공사→쌍용정보통신(시·군·구 행정종합정보시스템) • 행정자치부→시·군·구→삼성 SDS	건설교통부→국토연구원→SK C&C
주요 업무 내용	① 지적공부관리 ② 지적측량업무관리 ③ 지적측량성과관리 (3개 분야 430개 세부업무)	① 토지거래관리 ② 개발부담금관리 ③ 부동산중개업관리 ④ 공시지가관리 ⑤ 용도지역지구관리 ⑥ 외국인토지관리 (6개 분야 17개 업무, 90개 세부업무)
사업 수행기간	1996년 8월부터 6년	1998년 2월부터 8년
사용 도면	지적도·임야도·수치지적부	지형지적도
사용 D/B	① 도형 : 지적(임야)도, 수치지적부 ② 속성 : 토지(임야)대장	① 연속·편집 지적도 ② 국토이용계획도 ③ 용도지역지구도 ④ 지형프레임워크(건물·도로 등)
지적측량업무 활용	직접 활용	활용할 수 없음(약도 가능)
데이터 갱신 비용	① 지적측량으로 실시간 갱신 ② 추가 투자비용 없음	① 지적정보 제공에 의한 주기적 필요에 따른 갱신 ② 갱신비용이 필요함
D/B 사용 문제점	정확하게 구축된 도형 D/B 사용으로 민원발생 저하	지적도를 편집 사용함에 따른 민원 소지가 있음
특징	① 지적측량에서부터 변동자료처리, 유지관리 등 현행 지적업무처리의 일체회된 전산화 ② 관계법령을 준수하고 정확, 신속한 대민 서비스가 최우선 목표 ③ 최소한의 예산 투입으로 효과 극대화 추진방법 채택	① 기본 지적도 데이터를 편집하여 사용 ② 지적측량에 활용할 수 없는 지적도 데이터베이스를 기반으로 응용시스템 개발 ③ 신속·정확한 대민 서비스보다는 개방형 구조로 개발

CHAPTER

08 KLIS

[한국토지정보시스템 기능구성도]

CHAPTER 09 부동산종합공부시스템

1. 역할분담

1) **국토교통부장관**은 정보관리체계의 총괄 책임자로서 부동산종합공부시스템의 원활한 운영·관리를 위하여 다음 각 호의 역할을 수행하여야 한다.
   ① 부동산종합공부시스템의 응용프로그램 관리
   ② 부동산종합공부시스템의 운영·관리에 관한 교육 및 지도·감독
   ③ 그 밖에 정보관리체계 운영·관리의 개선을 위하여 필요한 조치

2) **운영기관의 장**은 부동산종합공부시스템의 원활한 운영·관리를 위하여 다음 각 호의 역할을 수행하여야 한다.
   ① 부동산종합공부시스템 전산자료의 입력·수정·갱신 및 백업
   ② 부동산종합공부시스템 전산장비의 증설·교체
   ③ 부동산종합공부시스템의 지속적인 유지·보수
   ④ 부동산종합공부시스템의 장애사항에 대한 조치 및 보고

2. 부동산종합공부시스템 운영 및 관리규정[별표 제1호]

1) 사용자 권한 부여 기준

순번	권한 구분	권한부여대상	세부업무내용
4	지적전산코드의 입력·수정 및 삭제	국토교통부 지적업무담당자	각종 코드의 신규입력, 변경, 삭제
1	사용자의 권한 관리	시·도, 시·군·구 업무담당과장	사용자별 부동산종합공부시스템 권한 부여 및 말소 관리
9	토지 관련 정책정보의 관리	시·도, 시·군·구 7급 이상 지적업무담당자 또는 담당부서장이 지정한 지적업무담당자	국유재산현황 등 타 부서와 관련된 각종 정책정보 처리

순번	권한 구분	권한부여대상	세부업무내용
14	토지등급 및 기준수확량 등급 관리	시·군·구 7급 이상 지적업무담당자 또는 담당부서장이 지정한 지적업무 담당자	토지등급, 기준수확량등급 등에 관한 정정
18	지적전산자료의 정비		오기정정, 지적전산자료정비, 변동자료정비, 지적도 객체편집, 지적도 객체속성편집
8	지적통계의 관리	시·도, 시·군·구 지적업무담당자	지적공부등록현황 등 각종 지적통계의 처리
5	지적전산코드의 조회		각종 코드의 자료조회
6	지적전산자료의 조회·추출		지적공부 등 각종 자료 조회·추출
7	지적기본사항의 조회	시·도, 시·군·구 업무담당자	토지(임야)대장 등 지적공부 등재사항 조회
21	부동산종합공부 조회·추출		부동산종합공부 전산자료 조회·추출
24	용도지역지구 기본사항의 조회		토지이용계획확인서 등재사항 조회
25	용도지역지구 통계 조회		용도지역지구 관련 통계 조회
27	부동산가격 기본사항의 조회		부동산공시가격 및 주택가격 확인서 등재사항 조회
28	부동산가격 전산자료의 조회·추출		부동산공시가격 및 주택가격 자료 조회·추출
29	부동산가격 통계 조회		부동산공시가격 및 주택가격 관련 통계 조회
30	건축물 기본사항의 조회		건축물대장 등재사항 조회
2	법인 아닌 사단·재단 등록번호의 업무관리	시·군·구 지적업무담당자	비법인 등록번호 조회·부여, 변동사항 정리, 증명서 발급, 일일처리현황·직권수정 등의 처리
10	토지이동신청의 접수		신규등록, 분할, 합병 등의 토지이동 등에 관한 업무의 접수
11	토지이동의 정리		토지이동의 기접수 사항의 정리
12	토지소유자 변경의 관리		소유권 이전, 보존 등 소유자 변경에 관한 사항
13	측량업무 관리		측량준비도 추출 및 토지이동 성과 관리
16	일반 지적업무의 관리		지적정리결과 통보서, 결재선관리, 섬 관리 등의 일반적인 업무사항 처리
17	일일마감 관리		일일업무처리에 관한 결과의 정리 및 출력

순번	권한 구분	권한부여대상	세부업무내용
3	부동산등기용등록번호, 등록증명서 발급	시·군·구 업무담당자	부동산등기용 등록번호, 등록증명서 발급
15	지적공부의 열람 및 등본발급의 관리		등본, 열람, 민원처리현황 등 창구민원 처리
19	비밀번호의 변경		개인비밀번호 수정
20	부동산종합증명서 열람 및 발급		증명서 열람 및 발급, 부동산종합공부 정보관리 등
22	연속지적도 관리		토지이동업무 발생 시 정보관리, 지적도 등 변동사항 발생 시 정보관리
23	용도지역지구도 관리		토지이용계획에 관한 신규 및 변동 사항에 대한 정보관리
26	개별공시지가 및 주택가격정보 관리		부동산 공시가격 및 주택가격 변동사항 관리
31	GIS 건물통합정보 관리		건축 인허가 및 사용승인 시 건물 배치도를 기준으로 건물형상정보 갱신

10 토지관련정보체계
: Geospatial Information System

국가주소정보시스템 (KAIS ; Korea Address Information System)	① 도로명주소 생성, 변경, 폐지 등 자치단체 주소 업무 지원을 위한 국가주소정보시스템 운영 ② 도로명주소 검색, 주소전환 등 대국민 서비스 제공을 위한 안내 홈페이지 및 주소찾아(앱) 운영
지역정보시스템 (RIS ; Regional Information System)	① 건설공사계획 수립을 위한 지질, 지형 자료의 구축 ② 각종 토지이용계획의 수립 및 관리에 활용
교통정보시스템 (TIS ; Transportation Information System)	육상·해상·항공 교통의 관리, 교통계획 및 교통 영향평가 등에 활용
수치지도제작 및 지도정보시스템 (DM/MIS ; Digital Mapping/ Map Information System)	① 중·소축척 지도 제작 ② 각종 주제도 제작에 활용
도면자동화 및 시설물관리시스템 (AM/FM ; Automated Mapping and Facility Management)	① 도면작성 자동화 ② 상하수도시설 관리, 통신시설 관리 등에 활용
측량정보시스템 (SIS ; Surveying Information System)	측지정보, 사진측량정보, 원격탐사정보를 체계화 하는 데 활용
도형 및 영상정보체계 (GIS ; Graphic / Image Information System)	수치영상처리, 전산도형해석, 전산지원설계, 모의 관측 분야 등에 활용
환경정보시스템 (EIS ; Environmental Information System)	대기오염, 수질, 폐기물 관련 정보 관리에 활용
자원정보시스템 (RIS ; Resource Information System)	농수산자원정보·산림자원정보의 관리, 수자원정 보·에너지자원·광물자원 등을 관리하는 데 활용
조경 및 경관정보시스템 (LIS/VIS ; Landscape and Viewscape Information System)	조경설계, 각종 경관분석, 자원경관과 경관개선대 책의 수립 등에 활용

재해정보체계 (DIS ; Disaster Information system)	각종 자연재해 방제, 대기오염 경보 등의 분야에 활용
해양정보체계 (MIS ; Marine Information System)	해저영상 수집, 해저지형정보 · 해저지질정보 · 해양에너지 조사에 활용
기상정보시스템 (MIS ; Meteorological Information System)	기상변동추적 및 일기예보, 기상정보의 실시간 처리, 태풍경로추적 및 피해예측 등에 활용
국방정보체계 (NDIS ; Nation Defence Information System)	DTM(Digital Terrain Modeling)을 활용한 가시도 분석, 국방행정 관련 정보자료 기반, 작전정보 구축 등에 활용
토지정보체계 (LIS ; Land Information System)	다목적 국토정보, 토지이용계획 수립, 지형 분석 및 경관정보 추출, 토지부동산 관리, 지적정보 구축에 활용
도시정보체계 (UIS ; Urban Information System)	도시 현황 파악, 도시계획, 도시정비, 도시기반시설관리, 도시행정, 도시방재 등의 분야에 활용
도시계획정보체계 (UPIS ; Urban Planning Information System)	국민의 재산권과 밀접히 관련된 도시 내 토지의 필지별 도시계획정보(도로 · 공원 지정 등)를 입안 · 결정 · 집행 등의 과정별로 전산화해 인터넷으로 투명하게 제공하고 행정기관의 도시계획과 관련한 의사결정을 지원하는 시스템이다. 이를 통해 국민은 자기 소유 토지에 도로 · 공원 등이 들어서는지 등을 시 · 군 · 구청에 가지 않고도 인터넷을 통해 알 수 있게 된다.

04

지적학

CHAPTER

01 기초이론

1. 지적학 요약(암기사항)

발생설	과세설	둠즈데이북	**토지 등록 제 원칙**	등록의 원칙		**법률 효력**	지적법상		
		신라장적문서		신청의 원칙		**경계 분류**	민법상		
	치수설			특정화의 원칙			형법상		
	지배설	영토보존수단		국정·직권주의		**현지 경계 결정 방법**	점유설		
		통치수단		공시의 원칙			평분설		
	침략설			공신의 원칙			보완설		
지적 제도 분류	발전과정	세지적	**토지 등록 제도 유형**	날인증서등록		**경계 결정 원칙**	경계국정주의 원칙		
		법지적		권원등록			등록선후의 원칙		
		다목적지적		소극적			축척종대의 원칙		
	측량방법	도해지적		적극적			경계불가분의 원칙		
		수치지적		토렌스 시스템	거울이론		경계직선주의		
		계산지적			커튼이론	**재조사 위원회**	중앙지적재조사 위원회		
	등록방법	2차원 지적			보험이론		시·도		
		3차원 지적	**토지 대장 편성 주의**	물적 편성주의			시·군·구		
		4차원 지적		인적 편성주의			경계결정위원회		
다목적 지적 5대 요소	측지기준망			연대적 편성		**토지소유자협의회**			
	기본도			물적·인적편성		**축척변경위원회**			
	지적중첩도		**지적 공부등록 방법**	고립형 지적도	분산등록	**지적 위원회**	중앙지적위원회		
	필지식별번호			연속형 지적도	일괄등록		지방지적위원회		
	토지자료파일		**부여 방법**	진행방향	사행식				
지적 제도 특징	전통성, 영속성				기우식				
	이면성, 내재성				단지식				
	전문성, 기술성			부여단위	지역 단위				
	준사법성, 기속성				도엽 단위				
	통일성, 획일성				단지 단위				

제도 기능	등기의 기초	평가의 기초
	과세 기초	거래 기초
	이용계획 기초	주소표기 기초
법 성격	기본법	
	토지공법	
	절차법	
	강행법	
기본 이념	국정주의	
	형식주의	
	공개주의	
	실직적 심사	
	직권 등록	
제도 특징	안전성	간편성
	정확성	신속성
	저렴성, 적합성	등록완전성
지적의 3대 요소	외부 요소	지리적 요소
		법률적 요소
		사회적 요소
	광의	소유자
		관리
		필지
	협의	토지
		등록
		공부
지적 성격	역사성, 연구성	반복적 민원성
	전문성, 기술성	서비스성, 윤리성
	정보원	
토지 등록 법률적 효력	구속력	
	공정력	
	확정력	
	강제력	

부여 방법	기번 위치	북동 부여
		북서 부여
	일반적 방법	분수식
		기번식
		자유부번
지목 분류	토지 현황	지형지목
		토성지목
		용도지목
	소재 지역	농촌형 지목
		도시형 지목
	산업별	1차산업형 지목
		2차산업형 지목
		3차산업형 지목
	국가 발전	후진국형 지목
		선진국형 지목
	구성 내용	단식지목
		복식지목
지목 설정 원칙	일필일지목	
	주지목추정	
	등록선후	
	용도경중	
	일시변경불변	
	사용목적추정	
경계 종류	경계특성 분류	일반경계
		보증경계
		고정경계
	물리적 경계	자연적 경계
		인공적 경계
	법률적 경계	민법상 경계
		형법상 경계
		지적법상 경계

2. 지적총론

1) 지적의 정의

① 토지의 표면이나 공중 또는 지하를 막론한 모든 부동산을 지적행정과 측량에 의하여 체계적으로 등록하고 운용하는 국가의 관리행위

② 세부적으로는 토지의 일정한 단위에 대하여 필요 사항인 토지소재, 지번, 지목, 면적, 소유자주소, 성명 등을 국가적 입장에서 행정적 또는 사법적으로 조사하여 대장 및 도면에 등록하는 행위

③ 우리나라 현행 지적법은 토지의 일정 사항만을 효율적인 토지관리와 소유권보호를 위해 국가가 공권력에 의하여 국가공부에 등록하고 관리한다는 협의의 의미

2) 지적의 특징(요건)

안전성 (security)	안전성은 소유권 등록체계의 근본이며 토지의 소유자, 그로부터 토지를 사거나 임대받은 자, 토지를 담보로 그에게 돈을 빌려준 자, 주위 토지통행권 또는 전기수도 등의 시설권을 가진 인접토지소유자, 토지를 통과하거나 그것에 배수로를 뚫을 권리를 지닌 이웃하는 토지소유자 등이 모두 안전하다는 것이다. 그들의 권리는 일단 등록되면 불가침의 영역이다.
간편성 (simplicity)	간편성은 그 본질의 효율적 작용을 위해서만이 아니라 초기적 수용을 위해서 효과적이다. 소유권 등록은 단순한 형태로 사용되어야 하며 절차는 명확하고 확실해야 한다.
정확성 (accuracy)	정확성은 어떤 체계가 효과적이기 위해서 필요하다. 정확성에 대해서는 논할 필요가 없다. 왜냐하면 부정확한 등록은 유용하기 않다기보다는 해로울 것이기 때문이다.
신속성 (expedition)	신속성은 신속함 또는 역으로 지연됨은 그 자체가 중요한 것으로 인식되지는 않는다. 다만, 등록이 너무 오래 걸린다는 불평이 정당화되고 그 체계에 대해 평판이 나빠지면 그때 중요하게 인식된다.
저렴성 (cheapness)	저렴성은 상대적인 것이고 다른 대안으로서 비교되어야만 평가할 수 있는 것이지만 효율적인 소유권 등록에 의해서 소유권을 입증하는 것보다 더 저렴한 방법은 없다. 왜냐하면 이것은 소급해서 권원(title)을 조사할 필요가 없기 때문이다.
적합성 (suitability)	적합성은 지금 존재하는 것과 미래에 발생할 것에 기초를 둔다. 그러나 상황이 어떻든 간에 결정적인 요소는 적당해야 할 것이며 이것은 비용, 인력, 전문적인 기술에 유용해야 한다.
등록의 완전성 (completeness of the record)	등록의 완전성은 두 가지 방식으로 해석된다. 우선적으로 등록은 모든 토지에 대하여 완전해야 한다. 그 이유는 등록이 완전해질 때까지 등록되지 않은 구획토지는 등록된 토지와 중복되고 또 각각 적용되는 법률도 다르므로 소유권 행사에 여러 가지 제약을 받기 때문이다. 그 다음, 각각의 개별적인 구획토지의 등록은 실직적인 최근의 상황을 반영할 수 있도록 그 자체가 완전해야 한다.

3) 지적제도의 기능

토지등기의 기초 (선등록 후등기)	지적공부에 토지 표시사항인 토지 소재, 지번, 지목, 면적, 경계, 소유자가 등록되 면 이를 기초로 토지소유자가 등기소에 소유권보존등기를 신청함으로써 토지등기 부가 생긴다. 즉, 토지표시사항은 토지등기부의 표제부에, 소유자는 갑구에 등록 한다.
토지평가의 기초 (선등록 후평가)	토지평가는 지적공부에 등록한 토지에 한하여 이루어지며 평가는 지적공부에 등록된 토지표시사항을 기초 자료로 이용하고 있다.
토지과세의 기초 (선등록 후과세)	토지에 대한 각종 국세와 지방세는 지적공부에 등록된 필지를 단위로 면적과 지목 등 기초 자료를 결정한 개별공시지가(지가공시 및 토지 등의 평가에 관한 법률)를 과세의 기초 자료로 하고 있다.
토지거래의 기초 (선등록 후거래)	토지거래는 지적공부에 등록된 필지 단위로 이루어지며, 지적공부에 등록된 토지 표시사항(소재, 지번, 지목, 면적, 경계 등)과 등기부에 등재된 소유권 및 기타 권리 관계를 기초로 하여 거래가 이루어지고 있다.
토지이용계획의 기초 (선등록 후계획)	각종 토지이용계획(국토건설종합계획, 국토이용계획, 도시계획, 도시개발, 도시 재개발 등)은 지적공부에 등록된 토지표시사항을 기초 자료로 활용하고 있다.
주소표기의 기초 (선등록 후설정)	민법에서의 주소, 호적법에서의 본적 및 주소, 주민등록법에서의 거주지·지번· 본적·인감증명법에서의 주소와 기타 법령에 의한 주소·거주지·지번은 모두 지적공부에 등록된 토지 소재와 지번을 기초로 하고 있다.

4) 지적에 관한 법률의 성격

토지의 등록공시에 관한 기본법	지적에 관한 법률에 의하여 지적공부에 토지표시사항이 등록·공시되어야 등기부 가 창설되므로 토지의 등록공시에 관한 기본법이라 할 수 있다. 토지공시법에는 「공간정보의 구축 및 관리 등에 관한 법률」과 「부동산등기법」이 있다.
사법적 성격을 지닌 토지공법	지적에 관한 법률은 효율적인 토지 관리와 소유권 보호에 기여함을 목적으로 하고 있으므로 토지소유권 보호라는 사법적 성격과 효율적인 토지 관리를 위한 공법적 성격을 함께 나타내고 있다.
실체법적 성격을 지닌 절차법	지적에 관한 법률은 토지와 관련된 정보를 조사·측량하여 지적공부에 등록하여 관리하고, 등록된 정보를 제공하는 데 있어 필요한 절차와 방법을 규정하고 있으므 로 절차법적 성격을 지니고 있다. 국가기관의 장인 시장·군수·구청장 및 토지소 유자가 하여야 할 행위와 의무 등에 관한 사항도 규정하고 있으므로 실체법적 성격을 지니고 있다.
임의법적 성격을 지닌 강행법	지적에 관한 법률은 토지소유자의 의사에 따라 토지등록 및 토지이동을 신청할 수 있는 임의법적 성격과 일정한 기한 내 신청이 없는 경우 국가가 강제적으로 지적공부에 등록·공시하는 강행법적 성격을 지니고 있다.

5) 지적의 발생설(지적제도의 기원)

과세설 **(taxation theory)**	국가가 과세를 목적으로 토지에 대한 각종 현상을 기록·관리하는 수단으로부터 출발했다고 보는 설이다. 공동생활과 집단생활을 형성·유지하기 위해서는 경제적 수단으로 공동체에 제공해야 한다. 토지가 과세 목적을 위해 측정되고 경계의 확정에 따른 과세가 이루어졌으며, 고대에는 정복한 지역에서 공납물을 징수하는 수단으로 이용되었다. 정주생활에 따른 과세의 필요성에서 그 유래를 찾아볼 수 있고, 과세설의 증거 자료로는 Domesday Book(영국의 토지대장), 신라의 장적문서(서원경 부근의 4개 촌락의 현·촌명 및 촌락의 영역, 호구(戶口) 수, 우마(牛馬) 수, 토지의 종목 및 면적, 뽕나무, 백자목, 추자목의 수량을 기록) 등이 있다.
치수설 **(flood control** **theory)**	국가가 토지를 농업 생산 수단으로 이용하기 위하여 관개시설 등을 측량하고 기록, 유지, 관리하는 데서 비롯되었다고 보는 설로, 토지측량설(Land Survey Theory)이라고도 한다. 물을 다스려 보국안민을 이룬다는 데서 유래를 찾아볼 수 있고, 주로 4대 강 유역이 치수설을 뒷받침하고 있다. 즉, 관개시설에 의한 농업적 용도에서 물을 다스릴 수 있는 토목과 측량술이 발달하였고, 농경지의 생산성에 대한 합리적인 과세를 목적으로 토지 기록이 이루어지게 된 것으로 본다.
지배설 **(rule theory)**	국가가 토지를 다스리기 위한 영토의 보존과 통치 수단으로 토지에 대한 각종 현황을 관리하는 데서 출발했다고 보는 설로, 자국 영토의 국경을 상징하는 경계 표시를 만들어 객관적으로 표시하고 기록하는 과정에서 지적이 발생했다는 이론이다. 이러한 국경의 경계를 객관적으로 표시하고 기록하는 것은 자국민의 생활의 안전을 보장하여 통치의 수단으로서 중요한 역할을 하였다. 국가 경계의 표시 및 기록은 영토 보존의 수단이며 통치의 수단으로 백성을 다스리는 근본을 토지에서 찾았던 고대에는 이러한 일련의 행위가 매우 중요하게 평가되었다. 고대 세계의 성립과 발전, 중세 봉건사회와 근대 절대왕정, 근대 시민사회의 성립 등이 지배설을 뒷받침하고 있다.
침략설 **(rule theory)**	국가가 영토 확장 또는 침략상 우위 확보를 위해 상대국의 토지 현황을 미리 조사, 분석, 연구하는 데서 비롯되었다는 학설이다.

6) 지적제도의 기능

토지등기의 기초 **(선등록 후등기)**	지적공부에 토지표시사항인 토지소재, 지번, 지목, 면적, 경계, 소유자가 등록되면 이를 기초로 토지소유자가 등기소에 소유권보존등기를 신청함으로서 토지등기부가 생성된다. 즉 토지표시사항은 토지등기부의 표제부에, 소유자는 갑구에 등록한다.
토지평가의 기초 **(선등록 후평가)**	토지평가는 지적공부에 등록한 토지에 한하여 이루어지며, 평가는 지적공부에 등록된 토지표시사항을 기초자료로 이용하고 있다.
토지과세의 기초 **(선등록 후과세)**	토지에 대한 각종 국세와 지방세는 지적공부에 등록된 필지를 단위로 면적과 지목 등 기초자료를 이용하여 결정한 개별공시지가(지가공시 및 토지 등의 평가에 관한 법률)를 과세의 기초자료로 하고 있다.

토지거래의 기초 (선등록 후거래)	토지거래는 지적공부에 등록된 필지 단위로 이루어지며, 공부에 등록된 토지표시사항(소재, 지번, 지목, 면적, 경계등)과 등기부에 등재된 소유권 및 기타 권리관계를 기초로 하여 거래가 이루어지고 있다.
토지이용계획의 기초 (선등록후계획)	각종 토지이용계획(국토계획, 도시관리계획, 도시개발, 도시재개발 등)은 지적공부에 등록된 토지표시사항을 기초자료로 활용하고 있다.
주소표기의 기초 (선등록 후설정)	민법에서의 주소, 호적법에서의 본적 및 주소, 주민등록법에서의 거주지·지번·본적, 인감증명법에서의 주소와 기타 법령에 의한 주소·거주지·지번은 모두 지적공부에 등록된 토지소재와 지번을 기초로 하고 있다

7) 지적의 원리

공기능성의 원리 (publicness)	지적은 국가가 국토에 대한 상황을 다수의 이익을 추구하기 위하여 기록·공시하는 국가의 공공 업무이며, 국가 고유의 사무이다. 현대 지적은 일방적으로 관리층의 필요에 의해 만들어져서는 안 되고, 제도권 내 사람들의 수평적 공공관계가 이루어져야 한다. 따라서 모든 지적사항은 필요에 의해 공개되어야 한다.
민주성의 원리 (democracy)	현대 지적에서 민주성이란 제도의 운영 주체와 객체 간에 내적인 면에서 행정의 인간화가 이루어지고, 외적인 면에서 주민의 뜻이 반영되는 지적행정이라 할 수 있다. 아울러 지적의 책임성은 지적법의 규정에 따라 공익을 증진하고, 주민의 기대에 부응하도록 하는 것이다.
능률성의 원리 (efficiency)	실무 활동의 능률성은 토지 현상을 조사하여 지적공부를 만드는 과정에서의 능률을 의미하고, 이론 개발 및 전달 과정의 능률성은 주어진 여건과 실행 과정의 개선을 의미한다. 지적활동을 능률화한다는 것은 지적 문제의 해소를 뜻하며, 나아가서 지적활동의 과학화, 기술화 내지는 합리화, 근대화를 지칭하는 것이다.
정확성의 원리 (accuracy)	지적활동의 정확도는 크게 토지현황조사, 기록과 도면, 관리와 운영의 정확도를 말한다. **토지현황조사의 정확성은 일필지조사, 기록과 도면의 정확성은 측량의 정확도, 그리고 지적공부를 중심으로 한 관리·운영의 정확성은 지적조직의 업무 분화와 정확도**에 크게 관련된다. 결국 지적의 정확성은 지적 불부합의 반대 개념이다.

8) 지적공부의 효력

창설적 효력	신규등록이란 새로이 조성된 토지 및 등록이 누락되어 있는 토지를 지적공부에 등록하는 것으로 이 경우 발생되는 효력을 창설적 효력이라 한다.
대항적 효력	토지의 표시란 토지의 소재, 지번, 지목, 면적, 경계, 좌표를 말한다. 즉 지적공부에 등록된 토지의 표시사항은 제3자에게 대항할 수 있다.
형성적 효력	분할이란 지적공부에 등록된 1필지를 2필지 이상으로 나누어 등록하는 것을 말하며 합병이란 지적공부에 등록된 2필지 이상을 1필지로 합하여 등록하는 것을 말한다. 이러한 분할·합병 등에 의하여 새로운 권리가 형성된다.

공증적 효력	지적공부에 등록되는 사항, 즉 토지의 표시에 관한 사항, 소유자에 관한 사항, 기타 등을 공증하는 효력을 가진다.
공시적 효력	토지의 표시를 법적으로 공개, 표시하는 효력을 공시적 효력이라 한다.
보고적 효력	지적공부에 등록하기 전에 지적공부의 신뢰성을 확보하기 위하여 지적공부정리결의서를 작성하여 보고하여야 하는 효력을 보고적 효력이라 한다.

9) 지적사무의 특성

① 전통적이고 영속적인 사무
② 양면적이고 내면적인 사무
③ 준사법적이고 기속적인 사무
④ 기술적이고 전문적인 사무
⑤ 통일적이고 획일적인 국가사무

10) 지적의 구성요소

(1) 외부요소

지리적 요소	지적측량에 있어서 지형, 식생, 토지이용 등 형태결정에 영향
법률적 요소	효율적인 토지관리와 소유권보호를 목적으로 공시하기 위한 제도로서 등록이 강제되고 있다.
사회적 요소	토지소유권 제도는 사회적 요소들이 신중하게 평가되어야 하며 사회적으로 그 제도가 받아들여지고 신뢰성이 있어야 한다.

(2) 내부요소

협의	토지	지적제도는 토지를 대상으로 성립하며 토지 없이는 등록행위가 이루어질 수 없어 지적제도가 성립될 수 없다. 지적에서 말하는 토지란 행정적 또는 사법적 목적에 의해 인위적으로 구획된 토지의 단위 구역으로서 법적으로는 **등록의 객체**가 되는 일필지를 의미
	등록	국가통치권이 미치는 모든 영토를 필지 단위로 구획하여 시장, 군수, 구청장이 강제적으로 등록해야 한다는 개념
	지적공부	토지를 구획하여 일정한 사항을 기록한 장부
광의	소유자	토지를 소유할 수 있는 권리의 주체
	권리	토지를 소유할 수 있는 법적 권리
	필지	법적으로 물권이 미치는 권리의 객체

(3) 다목적 지적제도의 5대 구성요소

측지기본망 (geodetic reference network)	토지의 경계선과 측지측량이나 그 밖의 토지 및 토지 관련 자료와 지형 간의 상관관계 형성. 지상에 영구적으로 표시되어 지적도상에 등록된 경계 선을 현지에 복원할 수 있는 정확도를 유지할 수 있는 기준점 표지의 연결망 을 말하는데 서로 관련 있는 모든 지역의 기준점이 단일의 통합된 네트워크 여야 한다.
기본도 (base map)	측지기본망을 기초로 하여 작성된 도면으로서 지도작성에 기본적으로 필요 한 정보를 일정한 축척의 도면 위에 등록한 것으로 변동사항과 자료를 수시 로 정비하여 최신화하여 사용할 수 있어야 한다.
지적중첩도 (cadastral overlay)	측지기본망과 기본도와 연계하여 활용할 수 있고 토지소유권에 관한 현재 상태의 경계를 식별할 수 있도록 일필지 단위로 등록한 지적도, 시설물, 토지이용, 지역구도 등을 결합한 상태의 도면을 말한다.
필지식별번호 (unique parcel identification number)	각 필지별 등록사항의 조직적인 저장과 수정이 용이하도록 각 정보를 인식 · 선정 · 식별 · 조정하는 가변성이 없는 토지의 고유번호를 말하며, 지적도의 등록사항과 도면의 등록사항을 연결하여 자료 파일의 검색 등에서 색인번호 의 역할을 한다. 토지평가, 토지의 과세, 토지의 거래, 토지이용계획 등에서 활용되고 있다.
토지자료파일 (land data file)	토지에 대한 정보검색이나 다른 자료철에 있는 정보를 연결시키기 위한 목적으로 만들어진 각 필지의 식별번호를 포함한 일련의 공부 또는 토지자료 철을 말하는데 과세대장, 건축물대장, 천연자원기록, 토지이용, 도로 · 시설 물대장 등 토지 관련 자료를 등록한 대장을 뜻한다.

11) 지적법의 기본이념

- 지적법은 국가의 통치권이 미치는 모든 영토에 대한 물리적인 현황과 법적 권리관계 등을 등록 공시하기 위한 기본법, 토지공법, 절차법, 강행법의 성격을 갖고 있다.
- 공법적 특성 : 적합성, 공정력, 자력집행력, 손해배상의 특수성, 쟁송절차의 특수성

(1) 지적제도

기본이념	국정주의, 형식주의, 공개주의
등록방법	직권등록주의, 단독신청주의
심사방법	실질적 심사주의
공신력	신뢰성
편제방법	물적 편성주의

(2) 지적법의 기본이념

국정주의	지적공부의 등록사항인 토지의 지번, 지목, 경계, 좌표, 면적 등은 국가공권력에 의하여 국가만이 이를 결정할 수 있는 권한을 가진다는 이념
형식주의	국가의 통치권이 미치는 모든 영토를 필지 단위로 구획하여 지목, 지번, 경계선 좌표와 면적 등을 결정하여 지적공부에 등록 공시해야만 공신적인 효력이 인정된다는 이념
공개주의	등록사항을 토지소유자나 이해관계인 등에게 신속 정확하게 공개하여 이를 이용할 수 있도록 하여야 한다는 이념 ※ 공시원칙에 의한 지적공부의 3가지 형식 • 지적공부의 직접 열람 또는 등본으로 알 수 있다. • 현장에 경계복원 함으로써 알 수 있다. • 등록된 사항과 현장상황이 틀린 경우 변경 등록한다.
사실심사주의	실체법상 사실관계의 부합 여부를 실사하여 자적공부에 등록하여야 한다는 이념
직권등록주의	국가통치권이 미치는 모든 영토를 필지 단위로 구획하여 시장, 군수, 구청장이 강제적으로 등록 공시하여야 한다는 이념

12) 지적의 분류

(1) 발전과정

세지적	① 재정에 필요한 세액을 결정 ② 세 징수를 가장 큰 목적으로 하여 개발된 지적제도로서 과세지적이라 한다. ③ 국가재정세입의 대부분을 토지세에 의존한 농경시대에 개발된 최초의 지적제도 ④ 각 필지의 세액을 정확하게 산정하기 위해 면적본위로 운영하는 지적제도
법지적	① 세지적에서 진일보한 제도 ② 토지소유권 보호가 주목적인 지적제도 ③ 소유지적 · 경계지적 ④ 소유권이 인정되기 시작한 산업화 시대에 개발한 지적제도 ⑤ 위치본위로 운영되는 지적제도
다목적 지적	① 토지와 관련된 정보를 종합적으로 제공하여 주는 제도 ② 종합지적, 통합지적 ③ 토지관련 정보를 종합적으로 등록하도 항상 최신화하여 신속 정확하게 토지를 제공하는 제도

(2) 측량방법에 따른 분류

도해지적	좌표지적(수치지적, 계산지적)
① 토지의 경계를 도면 위에 표시하는 지적제도 ② 세지적, 법지적은 토지경계표시를 도해지적에 의존 ③ 측량에 소요되는 비용이 비교적 저렴함 ④ 고도의 기술이 필요 없음 ⑤ 도해지적의 단점 　• 축척 크기에 따라 허용오차 다름 　• 도면의 신축방지와 보관관리가 어렵다. 　• 인위적, 기계적, 자연적 오차가 유발되기 쉽다. 　• 지적측량에 신뢰성이 저하됨	① 수학적인 좌표로 표시하는 지적제도 ② 다목적 지적제도하에서는 토지경계를 수치지적에 의존 ③ 필지 경계점이 수치좌표로 등록됨 ④ 경비와 인력이 비교적 많이 소요됨 ⑤ 고도의 전문적인 기술이 필요

(3) 등록방법에 따른 분류

2차원 지적	① 토지의 고저에 관계없이 수면면상의 투영만을 가상하여 각 필지의 경계를 공시하는 제도 ② 평면지적 ③ 토지의 경계, 지목 등 지표의 물리적 현황만을 등록하는 제도 ④ 점선을 지적공부도면에 폐쇄된 다각형의 형태로 등록 관리한다.
3차원 지적	① 2차원 지적에서 진일보한 지적제도로 선진국에서 활발하게 연구 중이다. ② 지상과 지하에 설치한 시설물을 수치 형태로 등록 공시 ③ 입체지적 ④ 인력과 시간과 예산이 소요되는 단점 ⑤ 지상건축물과 지하의 상수도, 하수도, 전기, 전화선 등 공공시설물을 효율적으로 등록 관리할 수 있는 장점
4차원 지적	3차원 지적에서 발전한 형태이며 지표, 지상, 건축물, 지하시설물 등을 효율적으로 등록 공시하거나 관리 지원할 수 있고 이들 등록사항의 변경 내용을 정확하게 유지 관리할 수 있는 다목적 지적제도로, 전산화한 시스템의 구축이 전제된다.

(4) 성질에 따른 분류

소극적 지적	적극적 지적
기본적으로 거래와 그에 관한 거래증서변경기록을 수행하는 것이며 일필지의 소유권이 거래되면서 발생되는 거래증서를 변경 등록하는 것	일필지 개념으로 법적인 권리보장이 인증되는 토지등록은 강제되고 의무적이며 공적인 지적측량이 시행되지 않는 한 토지등기도 허가되지 않는다는 이론

3. 토지등록

1) 토지등록제도의 장점

개인에 대한 장점	정부나 사회에 대한 장점
① 토지보유권의 안전성 증진 ② 토지에 대한 투자의욕 고취 및 재산 증식 ③ 사인 간 토지거래의 용이성과 경비 절감 ④ 토지분쟁 시 경비 및 시간이 절감	① 토지의 평가나 과세자료의 확인 가능 ② 토지개혁이나 개량을 통한 토지 이용의 효율화 ③ 토지의 규제 혹은 공개념을 실현 ④ 공공계획 등에 이용 ⑤ 여러 유형의 지적 제작의 기초 ⑥ 통계 및 자료에 대한 활용으로 주민생활 등에 유용한 기초정보로서 활용

2) 토지등록의 효력

행정처분의 구속력	행정처분의 구속력은 행정행위가 법정 요건을 갖추어 행하여진 경우에는 그 내용에 따라 상대방과 행정청을 구속하는 효력이다. 즉, 토지등록의 행정처분이 유효할 경우 정당한 절차 없이 그 존재를 부정하거나 효력을 기피할 수 없다는 의미이다.
토지등록의 공정력	공정력은 토지등록에 있어서의 행정처분이 유효하게 성립하기 위한 요건을 완전히 갖추지 못하여 하자가 있다고 인정될 때라도 절대 무효인 경우를 제외하고는 그 효력을 부인할 수 없다는 것으로서, 무하자 추정 또는 적법성이 추정되는 것이다. 일단 권한 있는 기관에 의하여 취소되기 전에는 상대방 또는 제3자도 이에 구속되고 그 효력을 부정하지 못함을 의미한다.
토지등록의 확정력	확정력이란 행정행위의 불가쟁력이라고도 하는데 확정력은 일단 유효하게 등록된 사항은 일정한 기간이 경과한 뒤에는 그 상대방이나 이해관계인이 그 효력을 다툴 수 없을 뿐만 아니라 소관청 자체도 특별한 사유가 없는 한 그 처분행위를 다툴 수 없다는 것이다.
토지등록의 강제력	강제력은 지적측량이나 토지등록사항에 대하여 사법권의 힘을 빌릴 것 없이 행정청 자체의 명에 의해 자력으로 집행할 수 있는 강력한 효력으로 강제집행력이라고도 한다.

3) 토지등록의 제 원칙

토지는 물리적으로 연속하여 전개되는 영구성을 가진 지표로서 토지를 물권의 객체로 하기 위해서는 인위적으로 일정한 구획의 기준을 정하여 등록단위를 정하고 필요한 사항을 등록하는 법률행위가 있어야 한다. 인위적으로 구획한 토지의 등록단위를 필지라 하고 필지마다 소재지, 지번, 지목, 경계, 면적, 소유자 등 일정한 사항을 지적공부에 기록하는 행위가 등록이다. 지적공부에 등록된 필지는 독립성, 개별성이 인정되어 비로소 물권거래의 객체가 될 수 있다. 또한 토지의 등록행위는 등록내용의 공정성과 통일성이 보장되어야 하므로 국가기관에 의한 국가 업무로서 시행된다.

등록의 원칙	토지에 관한 모든 표시사항을 지적공부에 반드시 등록하여야 하며 토지의 이동이 이루어지려면 지적공부에 그 변동사항을 등록하여야 한다는 토지등록의 원칙으로 토지표시의 등록주의(booking principle)라고 할 수 있다. 적극적 등록제도(positive system)와 법지적(legal cadastre)을 채택하고 있는 나라에서 적용하고 있는 원리로서 토지의 모든 권리의 행사는 토지대장 또는 토지등록부에 등록하지 않고는 모든 법률상 효력을 갖지 못한다는 원칙으로 형식주의(principle of formality) 규정이라고 할 수 있다.
신청의 원칙	토지의 등록은 토지소유자의 신청을 전제로 하되 신청이 없을 때는 직권으로 직접 조사하거나 측량하여 처리하도록 규정하고 있다.
특정화의 원칙	토지등록제도에 있어서 특정화의 원칙(principle of speciality)은 권리의 객체로서 모든 토지는 반드시 특정적이면서도 단순하고 명확한 방법에 의하여 인식될 수 있도록 개별화함을 의미하는데 이 원칙이 실제적으로 지적과 등기와의 관련성을 높이는 역할을 한다.
국정주의 및 직권주의	국정주의(principle of national decision)는 지적공부의 등록사항인 토지의 지번, 지목, 경계, 좌표, 면적의 결정은 국가의 공권력에 의하여 국가만이 결정할 수 있다는 원칙이다. 직권주의는 모든 필지는 필지 단위로 구획하여 국가기관인 소관청이 직권으로 조사·정리하여 지적공부에 등록 공시하여야 한다는 원칙이다.
공시의 원칙, 공개주의	토지등록의 법적 지위로서의 토지이동이나 물권의 변동은 반드시 외부에 알려야 한다는 원칙을 공시의 원칙(principle of public notification) 또는 공개주의 (principle of publicity)라고 한다. 토지에 관한 등록사항을 지적공부에 등록하여 일반인에게 공시하여 토지소유자는 물론 이해관계자 및 기타 누구나 이용할 수 있도록 하는 것이다.
공신의 원칙	공신의 원칙(principle of public confidence)은 물권의 존재를 추측케 하는 표상, 즉 공시방법을 신뢰하여 거래한 자는 비록 그 공시방법이 진실한 권리관계와 일치하고 있지 않더라도 그 공시된 대로의 권리를 인정하여 이를 보호하여야 한다는 원칙이다. 즉 선의의 거래자를 보호하여 진실로 그러한 등기 내용과 같은 권리관계가 존재한 것처럼 법률효과를 인정하려는 법률 법칙을 말한다.

4) 토지대장 편성주의

토지등록부의 편성은 우리나라의 토지대장과 같이 지번별 순서에 따라 공부에 정리하는 것만 있는 것이 아니고 방법에 따라 물적 편성주의, 인적 편성주의, 연대적 편성주의가 있으며 물적, 인적인 관계를 혼용하여 사용하는 방법이 있다.

물적 편성주의	물적 편성주의(system des realfoliums)란 개개의 토지를 중심으로 등록부를 편성하는 것으로서 1 토지에 1 용지를 두는 경우이다. 등록객체인 토지를 필지로 구획하고 이를 등록단위로 하므로 토지의 이용, 관리, 개발 측면에서는 편리하나 권리주체인 소유자별 파악이 곤란하다.

인적 편성주의	인적 편성주의(system des personalfoliums)란 개개의 토지 소유자를 중심으로 등록부를 편성하는 것으로 토지대장이나 등기부를 소유자별로 작성하여 동일 소유자에 속하는 모든 토지는 당해 소유자의 대장에 기록하는 방식이다.
연대적 편성주의	연대적 편성주의(chronologisches system)란 당사자 신청의 순서에 따라 순차로 등록부에 기록하는 것으로 프랑스의 등기부와 미국에서 일부 사용되는 리코딩 시스템(recoding system)이 이에 속한다. 등기부의 편성방법으로서는 유효하나 공시의 작용을 하지 못하는 단점이 있다.
물적 · 인적편성주의	물적 · 인적 편성주의(system der real personalfolien)란 물적 편성주의를 기본으로 등록부를 편성하되 인적 편성주의의 요소를 가미한 것이다. 즉 소유자별 토지등록부를 동시에 설치함으로써 효과적인 토지행정을 수행하는 방법이다.

5) 토지등록제도의 유형

토지의 등록(land registration)이란 주권이 미치는 국토를 공적 장부에 기록 보관 공시하는 것을 말하는 것으로 세계 지적학적 관점으로 볼 때는 지적과 등기를 모두 포함하는 개념이나 우리나라에서는 지적만을 의미한다고 할 수 있다. 이러한 토지제도는 각 나라마다 적합한 제도를 채택하고 있으며 우리나라는 적극적 등록제도를 채택, 운영하고 있다.

날인증서등록제도	토지의 이익에 영향을 미치는 문서의 공적 등기를 보전하는 것을 날인증서등록제도(registration of deed)라고 한다. 기본적인 원칙은 등록된 문서가 등록되지 않은 문서 또는 뒤늦게 등록된 서류보다 우선권을 갖는다는 것이다. 즉 특정한 거래가 발생했다는 것은 나타나지만 그 관계자들이 법적으로 그 거래를 수행할 권리가 주어졌다는 것을 입증하지 못하므로 거래의 유효성을 증명하지 못한다. 그러므로 토지거래를 하려는 자는 매도인 등의 토지에 대한 권원(title) 조사가 필요하다.
권원등록제도	권원등록(registration of title)제도는 공적 기관에서 보존되는 특정한 사람에게 귀속된 명확히 한정된 단위의 토지에 대한 권리와 그러한 권리들이 존속되는 한계에 대한 권위 있는 등록이다. 소유권 등록은 언제나 최후의 권리이며 정부는 등록한 이후에 이루어지는 거래의 유효성에 대해 책임을 진다.
소극적 등록제도	소극적 등록제도(negative system)는 기본적으로 거래와 그에 관한 거래증서의 변경기록을 수행하는 것이며, 일필지의 소유권이 거래되면서 발생되는 거래증서를 변경 등록하는 것이다. 네덜란드, 영국, 프랑스, 이탈리아, 미국의 일부 주 및 캐나다 등에서 시행되고 있다.
적극적 등록제도	적극적 등록제도(positive system)하에서의 토지등록은 일필지의 개념으로 법적인 권리보장이 인증되고 정부에 의해서 그러한 합법성과 효력이 발생한다. 이 제도의 기본원칙은 지적공부에 등록되지 아니한 토지는 그 토지에 대한 어떠한 권리도 인정될 수 없고, 등록은 강제되고 의무적이며, 공적인 지적측량이 시행되지 않는 한 토지등기도 허가되지 않는다는 것이다. 적극적 등록제도의 발달된 형태는 토렌스 시스템이다.

토렌스 시스템 **(Torrens** **system)**	\multicolumn{2}{l|}{오스트레일리아 Robert Torrens 경에 의해 창안된 토렌스 시스템은 토지의 권원 (title)을 명확히 하고 토지거래에 따른 변동사항 정리를 용이하게 하여 권리증서의 발행을 편리하게 하는 것이 목적이다. 이 제도의 기본원리는 법률적으로 토지의 권리를 확인하는 대신에 토지의 권원을 등록하는 행위이다.}	
	거울이론 (mirror principle)	토지권리증서의 등록은 토지의 거래사실을 완벽하게 반영하는 거울 과 같다는 입장의 이론이다. 소유권에 관한 현재의 법적 상태는 오직 등기부에 의해서만 이론의 여지없이 완벽하게 보여진다는 원리이며 주정부에 의하여 적법성을 보장받는다.
	커튼이론 (curtain principle)	토지등록업무가 커튼 뒤에 놓인 공정성과 신빙성에 대하여 관여할 필요도 없고 관여해서도 안 된다는 매입신청자를 위한 유일한 정보라 는 이론이다. 토렌스 제도에 의해 한번 권리증명서가 발급되면 당해 토지의 과거 이해관계에 대하여 모두 무효화시키고 현재의 소유권을 되돌아볼 필요가 없다는 것이다.
	보험이론 (insurance principle)	토지등록이 인간의 과실로 인하여 착오가 발생한 경우 피해를 입은 사람은 피해보상에 대하여 법률적으로 선의의 제3자와 동등한 입장이 되어야 한다는 이론으로 권원증명서에 등기된 모든 정보는 정부에 의하여 보장된다는 원리이다.

6) 지적공부의 등록방법

토지소유자의 신청여부 또는 등록시점에 따라 분산등록제도와 일괄등록제도로 구분하고 있다.

분산등록제도 **(sporadic** **system)**	지적공부 등록방법에 따른 분류로 토지의 매매가 이루어지거나 소유자가 등록을 요구하는 경우 필요시에 한하여 토지를 지적공부에 등록하는 제도를 말한다. ① 국토면적이 넓으나 비교적 인구가 적고 도시지역에 집중하여 거주하고 있는 국가에서 채택(미국, 호주) ② 국토관리를 지형도에 의존하는 경향이 있으며 전국적인 지적도가 작성되어 있지 아니하기 때문에 지형도를 기본도(base map)로 활용한다. ③ 토지의 등록이 점진적으로 이루어지며 도시지역만 지적도를 작성하고 산간, 사막지역은 지적도를 작성하지 않는다. ④ 일시에 많은 예산이 소요되지 않는 장점이 있지만 지적공부 등록에 대한 예측이 불가능해진다.
일괄등록제도 **(systematic** **system)**	지적공부 등록방법에 따른 분류로 일정 지역 내의 모든 필지를 일시에 체계적으로 조사 측량하여 한꺼번에 지적공부에 등록하는 제도를 말한다. ① 비교적 국토 면적이 좁고 인구가 많은 국가에서 채택하며 동시에 지적공부에 등록하여 관리한다. ② 초기에 많은 예산이 소요되나 분산등록제도에 비해 소유권의 안전한 보호와 국토의 체계적 이용 관리가 가능하다. ③ 지형도보다 상대적으로 정확도가 높은 지적도를 기본도(base map)로 사용하여 국토관리를 하고 있으며 우리나라와 대만에서 채택하고 있다.

7) 지적공부의 등록사항

등록사항	지적공부	대장				도면		경계점 좌표 등록부
		토지대장	임야대장	공유지연명부	대지권등록부	지적도	임야도	
토지표시사항	토지소재	O	O	O	O	O	O	O
	지번	O	O	O	O	O	O	O
	지목	O	O	×	×	O	O	×
	면적	O	O	×	×	×	×	×
	토지이동사유	O	O	×	×	×	×	×
	경계	×	×	×	×	O	O	×
	좌표	×	×	×	×	×	×	O
	경계점 간 거리	×	×	×	×	O(좌표)	×	×
소유권표시사항	소유자가 변경된 날과 그 원인	O	O	O	O	×	×	×
	성명	O	O	O	O	×	×	×
	주소	O	O	O	O	×	×	×
	주민등록번호	O	O	O	O	×	×	×
	소유권지분	×	×	O	O	×	×	×
	대지권비율	×	×	×	O	×	×	×
	건물의 명칭	×	×	×	O	×	×	×
	전유부분의 건물표시	×	×	×	O	×	×	×
기타표시사항	토지등급사항	O	O	×	×	×	×	×
	개별공시지가와 그 기준일	O	O	×	×	×	×	×
	고유번호	O	O	O	O	×	×	O
	필지별 대장의 장번호	O	O	O	O	×	×	×
	도면의 제명	×	×	×	×	O	O	×
	도면번호	O	O	×	×	O	O	×
	도면의 색인도	×	×	×	×	O	O	×
	필비별 장번호	O	O	×	×	×	×	×
	축척	O	O	×	×	O	O	×
	도곽선 및 수치	×	×	×	×	O	O	×
	부호도	×	×	×	×	×	×	O
	삼각점 및 지적측량기준점 위치	×	×	×	×	O	O	×
	건축물 및 구조물의 위치	×	×	×	×	O	O	×
	직인	O	O	×	×	O	O	O
	직인날인번호	O	O	×	×	×	×	O

구분		소재	지번	지목=축척	면적	경계	좌표	소유자	도면번호	고유번호	소유권(지분)	대지권비율	기타 등록사항
대장	토지, 임야 대장	●	●	천●	연●			소●	도●	고●			토지이동사유 개별공시지가 기준수확량등급
	공유지 연명부	●	●					공●		고●	지●		
	대지권 등록부	●	●					대●		대●	대●	비●	건물의 명칭 전유건물표시
경계점좌표 등록부		●	●			경●			경●	경●			부호, 부호도
도면	지적도, 임야도	●	●	도●		도●				도●			색인도 지적기준점 위치 도곽선과 수치 건축물의 위치 좌표에 의한 계산거리

암기
소,지는 공통이고, 목장도=축장도, 면장, 경도는, 좌경이요
소경도, 도공대의 고도가 없고, 소대장, 지문은 공, 대에만 있다.

구분	토지표시사항	소유권에 관한사항	기타
토지대장 (land books) 임야대장 (forest books)	① 토지소재 ② 지번 ③ 지목 ④ 면적 ⑤ 토지의 이동 사유	① 토지소유자 변동일자 ② 변동원인 ③ 주민등록번호 ④ 성명 또는 명칭 ⑤ 주소	① 토지의 고유번호(각 필지를 서로 구별하기 위하여 필지마다 붙이는 고유한 번호를 말한다.) ② 지적도 또는 임야도 번호 ③ 필지별 토지대장 또는 임야대장의 장번호 ④ 축척 ⑤ 토지등급 또는 기준수확량등급과 그 설정·수정 연월일 ⑥ 개별공시지가와 그 기준일
공유지연명부 (common land books)	① 토지소재 ② 지번	① 토지소유자 변동일자 ② 변동원인 ③ 주민등록번호 ④ 성명·주소 ⑤ 소유권 지분	① 토지의 고유번호 ② 필지별 공유지연명부의 장번호

구분	토지표시사항	소유권에 관한사항	기타
대지권등록부 (building site rights books)	① **토지**소재 ② **지번**	① 토지소유자 **변동**일자 및 **변동**원인 ② **주**민등록번호 ③ **성명 또는 명칭**·주소 ④ 대**지권** 비율 ⑤ 소유**권**지분	① 토지의 **고유**번호 ② 집합건물별 대지권등록부의 **장번호** ③ **건물**의 명칭 ④ **전**유부분의 건물의 표시
경계점좌표등록부 (boundary point coordinate books)	① **토지**소재 ② **지번** ③ **좌표**		① 토지의 **고유**번호 ② 필지별 경계점좌표등록부의 **장번호** ③ **부호** 및 부호도 ④ 지적**도면**의 번호
지적도 (land books) 임야도 (forest books)	① **토지**소재 ② **지번** ③ **지목** ④ **경계** ⑤ 좌표에 의하여 계산된 경계**점** 간의 거리(경계점좌표등록부를 갖춰두는 지역으로 한정한다.)		① **도**면의 색인도 ② 도면의 제명 및 축척 ③ 도곽**선**과 그 수치 ④ 삼**각**점 및 **지적**기준점의 위치 ⑤ 건축**물** 및 구조물 등의 위치
일람도	① **지번**부여지역의 경계 및 인접지역의 행정구역 명칭 ② **도**면의 제명 및 축척 ③ 도곽**선**과 그 수치 ④ **도**면번호 ⑤ 도로, 철도, 하천, 구거, 유지, 취락 등 주요 지형지물의 **표시**		
지번색인표	① 제명 ② 지번, 도면번호 및 결번		

4. 토지등록의 정보

1) 지번(parcel number)

지번이란 토지의 특정화를 위해 지번부여지역별로 기번하여 필지마다 하나씩 붙이는 번호로서, 토지의 고정성·개별성을 확보하기 위해 소관청이 지번부여지역인 법정 리, 동 단위로 기번하여 필지마다 아라비아숫자 1, 2, 3.... 등 순차적으로 연속하여 부여한 번호를 말한다.

(1) 지번부여지역

① 리, 동 또는 이에 준하는 지역으로서 지번을 설정하는 단위지역

② 리, 동이란 법적 리, 동을 뜻함

③ 리, 동에 준하는 지역이란 낙도로서, 토지조사사업 당시 도서는 별개의 지번설정지
역으로 하였다가 1975년 지적법 전문 개정 시 리, 동 단위로 지번 변경을 완료함
④ 토지조사사업 당시에는 기번지역, 제2차 지적법 개정 시 지번지역, 제7차 지적법
개정시 지번설정지역, 제10차 때는 지번부여지역으로 함

(2) 지번부여방법
① 지번은 아라비아숫자로 표기하되, 임야대장 및 임야도에 등록하는 토지의 지번은
숫자 앞에 "산" 자를 붙인다.
② 지번은 본번과 부번으로 구성하되, 본번과 부번 사이에 "-" 표시로 연결한다. 이
경우 "-" 표시는 "의"라고 읽는다.
③ 법 제66조에 따른 지번의 부여방법은 다음과 같다.
지번은 북서에서 남동으로 순차적으로 부여할 것

진행방법	사행식	필지의 배열이 불규칙한 지역에서 진행순서에 따라 지번을 부여하는 방법으로 농촌지역의 지번부여에 적합하며 우리나라 토지의 대부분은 사행식에 의해 부여하며 지번부여가 일정하지 않고 상하좌우로 분산되어 부여되는 결점이 있다.
	기우식	도로를 중심으로 한쪽은 홀수인 기수, 다른 쪽은 짝수인 우수로 지번을 부여하는 방법으로 리·동·도·가 등의 시가지 지역의 지번부여방법으로 적합하고 교호식 이라고도 한다.
	단지식	단지마다 하나의 지번을 부여하고 단지 내 필지마다 부번을 부여하는 방법으로 단지식은 블록식이라고도 하며 도시개발사업 및 농지개량사업 시행지역 등의 지번부여에 적합하다.
	절충식	사행식, 기우식, 단지식 등을 적당히 취사선택하여 부번하는 방식
부여단위	지역단위법	1개의 지번부여지역 전체를 대상으로 순차적으로 부여하고 지역이 작거나 지적도 나 임야도의 장수가 많지 않은 지역의 지번부여에 적합하다. 토지의 구획이 잘된 시가지 등에서 노선의 권장이 비교적 긴 지역에 적합하다.
	도엽단위법	1개의 지번부여지역을 지적도 또는 임야도의 도엽 단위로 세분하여 도엽의 순서에 따라 순차적으로 지번을 부여하는 방법으로 지번부여지역이 넓거나 지적도 또는 임야도의 장수가 많은 지역에 적합하다.
	단지단위법	1개의 지번부여지역을 단지 단위로 세분하여 단지의 순서에 따라 순차적으로 지번을 부여하는 방법으로 토지의 위치를 쉽고 편리하게 이용하는 데 가장 큰 목적이 있다. 특히 소규모 단지로 구성된 토지구획정리 및 농지개량사업 시행지역 등에 적합하다
기번위치	북동기번법	북동쪽에서 기번하여 남서쪽으로 순차적으로 지번을 부여하는 방법으로 한자로 지번을 부여하는 지역에 적합하다.
	북서기번법	북서쪽에서 기번하여 남동쪽으로 순차적으로 지번을 부여하는 방법으로 아라비아 숫자로 지번을 부여하는 지역에 적합하다.

일반적	분수식 지번제도 (fraction system)	본번을 분자로 부번을 분모로 한 분수 형태의 지번을 부여하는 제도로 본번을 변경하지 않고 부여하는 방법이다. 분할 후의 지번이 어느 지번에서 파생되었는지 그 유래 파악이 곤란하고 지번을 주소로 활용할 수 없다는 단점이 있다. 예를 들면 237번지가 3필지로 분할되면 237/1, 237/2, 237/3, 237/4로 표시된다. 그리고 최종 부번이 237의 5번지이고 237/2을 2필지로 분할할 경우 237/2번지는 소멸되고 237/6, 237/7로 표시된다.
	기번제도 (filiation system)	237번지를 4필지로 분할할 때 분할지번은 237a, 237b, 237c, 237d로 표시한다. 다시 237c를 3필지로 분할할 경우는 237c1, 237c2, 237c3으로 표시한다. 인접지번 또는 지번의 자릿수와 함께 본번의 번호로 구성되어 지번의 발생근거를 쉽게 파악할 수 있으며 사정지번이 본 번호로 편철 보존될 수 있다. 또한 지번의 이동내역의 연혁을 파악하기 용이하고 여러 차례 분할될 경우 지번배열이 혼잡할 수 있다. 벨기에 등에서 채택하고 있다.
	자유부번 (free numbering system)	237번지, 238번지, 239번지로 표시되고 인접지에 등록전환이나 신규등록이 발생되어 지번을 부여할 경우 최종지번이 240번지이면 241번지로 표시된다. 또, 분할하여 새로이 발생되면 241번지, 242번지로 표시된다. 새로운 경계를 부여하기까지의 모든 절차상의 번호가 영원히 소멸하고 토지등록구역에서 사용되지 않는 최종지번 다음 번호로 바뀐다. 분할 후에는 종전 지번을 사용하지 않고 지번부여구역 내 최종지번의 다음 지번으로 부여하는 제도로 부번이 없기 때문에 지번을 표기하는 데 용이하며 분할의 유래를 파악하기 위해서는 별도의 보고장부나 전산화가 필요하다. 그러나 지번을 주소로 사용할 수 없는 단점이 있다.

(3) 토지이동에 따른 지번의 부여방법

토지이동종류	구분	지번의 부여방법
신규등록 · 등록전환	원칙	지번부여지역에서 인접 토지의 본번에 부번을 붙여서 지번을 부여한다.
	예외	다음의 경우에는 그 지번부여지역의 최종 본번의 다음 순번부터 본번으로 하여 순차적으로 지번을 부여할 수 있다. ① 대상 토지가 그 지번부여지역의 최종 지번의 토지에 인접하여 있는 경우 ② 대상 토지가 이미 등록된 토지와 멀리 떨어져 있어서 등록된 토지의 본번에 부번을 부여하는 것이 불합리한 경우 ③ 대상 토지가 여러 필지로 되어 있는 경우
분할	원칙	분할 후의 필지 중 1필지의 지번은 분할 전의 지번으로 하고, 나머지 필지의 지번은 본번의 최종 부번 다음 순번으로 부번을 부여한다.
	예외	주거·사무실 등의 건축물이 있는 필지에 대해서는 분할 전의 지번을 우선하여 부여하여야 한다.
합병	원칙	합병 대상 지번 중 선순위의 지번을 그 지번으로 하되, 본번으로 된 지번이 있을 때에는 본번 중 선순위의 지번을 합병 후의 지번으로 한다.
	예외	토지소유자가 합병 전의 필지에 주거·사무실 등의 건축물이 있어서 그 건축물이 위치한 지번을 합병 후의 지번으로 신청할 때에는 그 지번을 합병 후의 지번으로 부여하여야 한다.

지적확정 측량을 실시한 지역의 각 필지에 지번을 새로 부여하는 경우	원칙	다음 각 목의 지번을 제외한 본번으로 부여한다. ① 지적확정측량을 실시한 지역 안에 종전의 지번과 지적확정측량을 실시한 　지역 밖에 있는 본번이 같은 지번이 있을 때 그 지번 ② 지적확정측량을 실시한 지역의 경계에 걸쳐 있는 지번
	예외	부여할 수 있는 종전 지번의 수가 새로 부여할 지번의 수보다 적을 때에는 블록 단위로 하나의 본번을 부여한 후 필지별로 부번을 부여하거나, 그 지번부여 지역의 최종 본번 다음 순번부터 본번으로 하여 차례로 지번을 부여할 수 있다.
지적확정 측량에 준용		가. **법 제66조제2항**(② 지적소관청은 지적공부에 등록된 지번을 변경할 필요가 　있다고 인정하면 시·도지사나 대도시 시장의 승인을 받아 **지번부여지역의** 　**전부 또는 일부에 대하여 지번을 새로 부여**할 수 있다.)에 따라 지번부여지역의 　지번을 변경할 때 나. **법 제85조제2항**(② 지번부여지역의 일부가 행정구역의 개편으로 다른 지번 　부여지역에 속하게 되었으면 지적소관청은 새로 속하게 된 지번부여지역의 　지번을 부여하여야 한다.)에 따른 행정구역 개편에 따라 새로 지번을 부여 　할 때 다. **제72조제1항**(① 지적소관청은 축척변경 시행지역의 각 필지별 지번·지목· 　면적·경계 또는 좌표를 새로 정하여야 한다.)에 따라 축척변경 시행지역의 　필지에 지번을 부여할 때
도시개발사업 등의 준공 전		도시개발사업 등이 준공되기 전에 사업시행자가 지번부여를 신청하는 경우에는 국토교통부령으로 정하는 바에 따라 지번을 부여할 수 있다. 지적소관청은 도시개발사업 등이 준공되기 전에 지번을 부여하는 때에는 **사업계** **획도**에 따르되, **지적확정측량을 실시한 지역의 각 필지에 지번을 새로 부여하는** **경우**의 지번부여방식에 따라 지번을 부여하여야 한다.

2) 지목

지목(land category)은 토지의 주된 사용목적 또는 용도에 따라 토지의 종류를 구분하여 표시하는 명칭으로서 토지의 소재, 지번, 경계 또는 좌표 및 면적 등과 함께 필지구성의 중요 요소다. 또한 지목변경이란 지적공부에 등록된 지목을 관계법령에 의한 각종 인허가 및 준공 등에 의하여 토지의 주된 사용목적 및 용도가 변경됨에 따라 다른 지목으로 바꾸어 등록하는 것을 말한다.

(1) 지목의 연혁

① 토지조사사업 이후~지적법시행 이전(1910~1950년)

토지조사령에 의거 전, 답, 대, 지소, 임야, 잡종지, 사사지, 분묘지, 공원지, 철도용지, 수도용지, 도로, 하천, 구거, 제방, 성첩, 철도선로, 수도선로 등 18개 지목으로 구분

② 지적법 시행 이후~지적법 전문 개정 전(1950~1975년)

• 구지적법에 의거 21개 지목으로 구분

• 3개 지목 신설(지소 → 지소·유지, 잡종지 → 잡종지·염전·광천지)

③ 지적법 전문 개정 이후~현재(1976년~현재)
- 28개 지목으로 구분
- 10개 지목 신설(과수원, 목장용지, 공장용지, 학교용지, 운동장, 유원지, 주차장, 주유소용지, 창고용지, 양어장)
- 6개 지목을 3개 지목으로 통합(철도용지＋철도선로 → 철도용지, 수도용지＋수도선로 → 수도용지, 유지＋지소 → 유지)
- 지목 명칭 변경 : 공원지 → 공원, 사사지 → 종교용지, 성첩 → 사적지, 분묘지 → 묘지
- 1991년 지적법 5차 개정 시 운동장을 체육용지로 명칭 변경
- 2002년 1월 4개 지목 신설(주차장, 주유소용지, 창고용지, 양어장)

(2) 지목의 분류

토지현황	지형지목	지표면의 형태, 토지의 고저, 수륙의 분포상태 등 땅이 생긴 모양에 따라 지목을 결정하는 것을 지형지목이라 한다. 지형은 주로 그 형성과정에 따라 하식지, 빙하기, 해안지, 분지, 습곡지, 화산지 등으로 구분한다.
	토성지목	토지의 성질(토성, 토질)인 지층이나 암석 또는 토양의 종류 등에 따라 결정한 지목을 토성지목이라고 한다. 토성은 암석지, 조사지, 점토지, 사토지, 양토지, 식토지 등으로 구분한다.
	용도지목	토지의 용도에 따라 결정하는 지목을 용도지목이라고 한다. 우리나라에서 채택하고 있으며 지형 및 토양 등과 관계없이 토지의 현실적 용도를 주로 하기 때문에 일상생활과 가장 밀접한 관계를 맺게 된다.
소재지역	농촌형 지목	농어촌 소재에 형성된 지목을 농촌형 지목이라고 한다. 임야, 전, 답, 과수원, 목장용지 등을 말한다.
	도시형 지목	도시지역에 형성된 지목을 도시형 지목이라고 한다. 대, 공장용지, 수도용지, 학교용지, 도로, 공원, 체육용지 등
산업별	1차 산업형 지목	농업 및 어업 위주의 용도로 이용되고 있는 지목을 말한다.
	2차 산업형 지목	토지의 용도가 제조업 중심으로 이용되고 있는 지목을 말한다.
	3차 산업형 지목	토지의 용도가 서비스 산업 위주로 이용되는 것으로 도시형 지목이 해당된다.
국가발전	후진국형 지목	토지이용이 1차 산업의 핵심과 농·어업으로 주로 이용되는 지목을 말한다.
	선진국형 지목	3차 산업, 서비스업 형태의 토지이용에 관련된 지목을 말한다.
구성내용	단식 지목	하나의 필지에 하나의 기준으로 분류한 지목을 단식지목이라 한다. 토지의 현황은 지형, 토성, 용도별로 분류할 수 있기 때문에 지목도 이들 기준으로 분류할 수 있다. 우리나라에서 채택하고 있다.
	복식 지목	일필지 토지에 둘 이상의 기준에 따라 분류하는 지목을 복식지목이라 한다. 복식지목은 토지의 이용이 다목적인 지역에 적합하며, 독일의 영구녹지대 중 녹지대라는 것은 용도지목이면서 다른 기준인 토성까지 더하여 표시하기 때문에 복식지목의 유형에 속한다.

(3) 지목부여의 원칙

일필일지목의 원칙	일필지의 토지에는 1개의 지목만을 설정하여야 한다는 원칙
주지목추정의 원칙	주된 토지의 사용목적 또는 용도에 따라 지목을 정하여야 한다는 원칙
등록선후의 원칙	지목이 서로 중복될 때는 먼저 등록된 토지의 사용목적 또는 용도에 따라 지목을 설정하여야 한다는 원칙
용도경중의 원칙	지목이 중복될 때는 중요한 토지의 사용목적 또는 용도에 따라 지목을 설정
일시변경불변의 원칙	임시적이고 일시적인 용도의 변경이 있는 경우에는 등록전환을 하거나 지목변경을 할 수 없다.
사용목적추종의 원칙	도시계획사업 등의 완료로 인하여 조성된 토지는 사용목적에 따라 지목을 설정하여야 한다는 원칙

(4) 지목의 기능

관리적 기능	경제적 기능	사회적 기능
① 토지관리 ② 지방행정의 기초자료 ③ 도시 및 국토개발의 원칙	① 토지평가의 기초 ② 배별공시지가산정의 근거 ③ 토지유통의 자료	① 토지이용의 공공성 ② 토지투기의 방지 ③ 도시성쇠의 요인 ④ 인구이동의 변수 ⑤ 주택건설의 정보 등

(5) 지목의 구분

우리나라의 현행 지적도, 임야도의 도면에는 부호로 지목을 표기하며 토지대장과 임야대장에는 지목 명칭 전체를 표시하고 있다. 따라서 같은 필지의 표현방법이 대장과 도면이 불일치하여 혼란이 오는 경우도 있다. 또한 지목의 표현방법 중 지목 명칭의 첫 번째 문자를 지목 표기의 부호로 사용하는 두문자 표기 지목은 「전, 답, 과, 목, 임, 광, 염, 대, 학, 주, 창, 도, 철, 제, 구, 유, 양, 수, 공, 체, 종, 사, 묘, 잡」 등 24개 지목이며 지목 명칭의 두 번째 문자를 지목 표기의 부호로 사용하는 차문자 표기 지목은 「장, 차, 천, 원」 등이다.

지목	부호	지목	부호	지목	부호	지목	부호
전	전	대	대	철도용지	철	공원	공
답	답	공장용지	장	제방	제	체육용지	체
과수원	과	학교용지	학	하천	천	유원지	원
목장용지	목	주차장	차	구거	구	종교용지	종
임야	임	주유소용지	주	유지	유	사적지	사
광천지	광	창고용지	창	양어장	양	묘지	묘
염전	염	도로	도	수도용지	수	잡종지	잡

3) 면적

일반적으로 면적(Area)은 수평면상의 면적, 구면상의 면적, 경사면상의 면적으로 구분되는데 현행 지적법에서는 면적을 지적측량에 의하여 지적공부상에 등록된 토지의 수평면적이라고 규정하고 있다.

면적은 토지조사사업 이후부터 1975년 지적법 전문 개정 전까지는 척관법에 따라 평(枰)과 보(步)를 단위로 한 지적(地積)이라 부르다가 지적(地籍)과 혼동되어 제2차 지적법 개정 시 면적(面積)으로 개정하여 지금에 이르고 있다.

(1) 면적측정의 대상

① 지적공부를 복구하는 경우
② 신규등록을 하는 경우
③ 등록전환을 하는 경우
④ 분할을 하는 경우
⑤ 토지구획정리 등으로 새로운 경계를 확정하는 경우
⑥ 축척변경을 하는 경우
⑦ 면적 또는 경계를 정정하는 경우
⑧ 현황측량 등에 의하여 면적측정을 필요로 하는 경우

(2) 면적의 종류

① 측정위치에 따른 분류

지상면적	현장에서 측량기기를 이용하여 산출한 면적
도상면적	실제의 토지를 축척에 따라 축소 또는 확대하여 작성된 도면에 의하여 산출한 면적

② 성질에 따른 분류

경사면적	종·횡단면도에 계획선을 넣은 경우 절토, 성토 부분 경사면의 면적 등이 포함되며 공사비 등 소요경비 등을 계산할 때 쓰인다.
수평면적	토지를 수평면상에 투영시켰을 때의 면적
평균해수면상의 면적	토지경계선을 평균해수면상에 투영시켰을 때의 면적

(3) 면적의 측정

① 면적측정의 절차

- 세부측량 시 필지마다 면적측정 실시
- 필지별 면적측정은 좌표면적계산법, 전자면적계산법에 의함
- 도곽선 길이에 0.5mm 이상의 신축 발생 시 이를 보정하여야 함
- 토지가 둘 이상 도곽에 걸치고 분할 전 면적이 5,000m^2 이상으로서 분할 후 1필의 면적이 2할 미만일 경우 그 필지의 면적을 측정한 다음 분할 전 면적에서 그 측정된 면적을 뺀 나머지를 다른 필지의 면적으로 할 수 있다.(차인법)

② 면적측정의 방법

좌표면적계산법	• 경위의 측량 방법으로 세부측량을 한 지역에서 적용한다. • 경계점좌표에 의해 1/1,000m²까지 계산하여 1/10m² 단위로 결정한다.
전자면적계산법	• 도상 2회 측정 후 그 교차가 $A = 0.023^2 M\sqrt{F}$ 식에 의한 허용면적 이하인 때에는 그 평균치를 측정치로 한다.(A : 허용면적, M : 축척분모, F : 측정면적) • 산출면적은 1/1,000m²까지 계산하여 1/10m² 단위로 결정한다.

(4) 면적의 등록

① 면적의 등록 단위

척관법	• 토지조사사업 당시 토지조사령에 의거 지적의 단위로 坪(평) 또는 步(보)를 사용 • 구지적법에 의거 토지대장 등록지의 지적은 평 단위로 정하며, 등록의 최소단위는 합(合, 10합=1평)으로 함 • 구지적법에 의거 임야대장 등록지의 지적은 무(畝) 단위로 정하며, 등록의 최소단위는 보(步, 1보=1평)로 함 • 산토지대장의 면적은 30평(=1무) 단위로 등록함 • 기본단위 : 1평 ⇒ 6
미터법	• 1975. 12. 31. 지적법 전문 개정으로 미터법을 도입하여 토지대장 및 임야대장에 등록하는 면적의 단위를 평방미터(m²)로 정함 • 1976~1980년 척관법에 의한 등록면적을 m² 단위로 환산등록 완료(등기단위도 m²로 일원화)
척관법의 미터법 환산기준	평×(400÷121) = m² (1평=3.30578m², 1m²=0.3025평)

② 면적의 결정방법

오사오입의 원칙(방위각, 종횡선 좌표, 거리, 면적에 적용되는 원칙)	면적의 최소등록단위
• 경계점등록부 지역 및 축척 1/600 지역 : 구하려는 끝자리의 다음 숫자가 0.05m² 초과 시 올리고 미만 시 버리며, 0.05m²인 경우 끝자리 숫자가 0 또는 짝수면 버리고 홀수면 올림 • 축척 1/1,000~1/6,000 지역 : 0.5m² 미만은 버리고 초과는 올림, 0.5m²인 경우는 위와 같음	• 도곽선 길이에 0.5mm 이상의 신축 시 측정면적을 보정하여야 한다. • 도곽선의 신축량 계산 $$S = \frac{\Delta X_1 + \Delta X_2 + \Delta Y_1 + \Delta Y_2}{4}$$ (S : 신축량, ΔX_1, ΔX_2 : 종선신축차, ΔY_1, ΔY_2 : 횡선신축차) $$신축차(mm) = \frac{1,000(L-L_o)}{M}$$ (L : 신축된 도곽선의 지상길이, L_o : 도곽선의 지상길이, M : 축척분) • 도곽선의 보정계수 계산 $$Z = \frac{X \cdot Y}{\Delta X \cdot \Delta Y}$$ (Z : 보정계수, X, Y : 도곽선의 종횡선 길이, ΔX, ΔY : 신축된 도곽선의 종횡선 길이의 합÷2)

(5) 면적환산

① 평 또는 보 → 제곱미터(m^2)

$$평(坪) \text{ 또는 } 보(步) \times \frac{400}{121} = 제곱미터(m^2)$$

② 제곱미터(m^2) → 평

$$제곱미터(m^2) \times \frac{121}{400} = 평(坪) \text{ 또는 } 보(步)$$

③ 면적환산의 근거(평 → m^2)

지적법시행규칙(1976년 5월 7일, 내무부령 제208호) 부칙 제3항에 "영부칙 제4조의 규정에 의하여 면적단위를 환산 등록하는 경우의 환산기준은 다음에 의한다."라고 규정되어 있으며, 이 공식의 산출근거는 다음과 같다.

1평 = 1보, 1m = 0.55간, 2m = 1.1간, 20m = 11간

| 20m | m^2 | = | 11간 | 평(坪) |

400m^2 =   121평

※ **척관법의 면적단위**
- 기본단위 : 1평(坪) = 6척 × 6척 = 1간×1간
- 1합(合)(합 또는 홉) = 1/10평
- 1보(步) = 1평 = 10홉
- 1무(畝)(무 또는 묘) = 30평
- 1단(段) = 300坪 = 10畝
- 1정(町) = 3,000坪 = 100무(畝) = 10단(段)

4) 경계

경계는 지역을 구분하여 표시하는 선으로서 일반적으로 토지소유권의 범위를 표시하는 구획선을 의미하며, 지적법상 경계는 "지적도나 임야도 위에 지적측량에 의하여 지번별로 등록한 선 또는 경계점좌표등록부에 등록된 좌표의 연결"이라 규정되어 있다.

또한 경계는 소유권의 범위와 면적을 정하는 기준이 되며 위치와 거리만 있고 면적과 넓이는 없는 특징을 지닌다.

한편 경계선이란 경계를 나타내는 점들의 연결선으로 정의된다.

(1) 경계의 연혁

① 지적제도가 발달되기 전에는 휴반, 애안 등의 현지 경계를 토지의 경계로 봄
② 집터의 경계는 가기(家基, 담장을 뜻함), 묘지의 경계는 지류계라 하였다.
③ 1910년 이후 토지조사사업 시행으로, 경계는 지적공부상의 등록선으로 인식됨
④ 1975년 지적법 전문이 개정되면서 경계점좌표등록부상 좌표의 연결선을 토지의 경계로 규정하였다.

(2) 경계의 기능과 특성

경계의 기능	경계의 특성
① 소유권의 범위 결정 ② 필지의 양태 결정 ③ 면적의 결정	① 인접한 필지 간에 성립한다. ② 각종 공사 등에서 거리를 재는 기준선이 된다. ③ 필지 간의 이질성을 구분하는 구분선의 역할을 한다. ④ 인위적으로 만든 인공선이다. ⑤ 위치와 길이는 있으나 면적과 넓이는 없다.

(3) 경계의 분류

경계특성	일반경계	일반경계(general boundary 또는 unfixed boundary)라 함은 특정 토지에 대한 소유권이 오랜 기간 동안 존속하였기 때문에 담장 · 울타리 · 구거 · 제방 · 도로 등 자연적 또는 인위적 형태의 지형 · 지물을 필지별 경계로 인식하는 것이다.
	고정경계	고정경계(fixed boundary)라 함은 특정 토지에 대한 경계점의 지상에 석주 · 철주 · 말뚝 등의 경계표지를 설치하거나 또는 이를 정확하게 측량하여 지적도상에 등록 관리하는 경계이다.
	보증경계	지적측량사에 의하여 정밀 지적측량이 행해지고 지적 관리청의 사정에 의하여 행정처리가 완료되어 측정된 토지경계를 의미한다.
물리적	자연적 경계	자연적 경계란 토지의 경계가 지상에서 계곡, 산등선, 하천, 호수, 해안, 구거 등 자연적 지형 · 지물에 의하여 경계로 인식될 수 있는 경계로서 지상경계이며 관습법상 인정되는 경계를 말한다.
	인공적 경계	인공적 경계란 담장, 울타리, 철조망, 운하, 철도선로, 경계석, 경계표지 등을 이용하여 인위적으로 설정된 경계로 지상경계이며 사람에 의해 설정된 경계를 말한다.

법률적	공간정보의 구축 및 관리 등에 관한 법률상 경계	① 지적공부에 등록된 경계를 의미하는 것으로 지적도나 임야도 위에 지적측량에 의하여 지번별로 확정하여 등록한 선 또는 경계점좌표등록부에 등록된 좌표의 연결을 말한다. ② 도상경계이며 합병을 제외하고는 반드시 지적측량에 의해 경계가 결정된다. ③ 공간정보의 구축 및 관리 등에 관한 법률상 경계란 소관청이 자연적 또는 인위적인 사유로 항상 변하고 있는 지표상의 경계를 지적측량을 실시하여 소유권이 미치는 범위와 면적 등을 정하여 지적도 또는 임야도에 등록·공시한 구획선 또는 경계점좌표등록부에 등록된 좌표의 연결을 말한다.
	민법상 경계	① 토지에 대한 소유권이 미치는 범위를 경계로 본다. ② 민법 제237조는 "인접 토지소유자는 공동 비용으로 경계표나 담을 설치"(제1항)하고, "비용은 쌍방이 절반하여 부담하고 측량비용은 면적에 비례하여 부담한다"고 규정하고 있다. ③ 실제 설치되어 있는 울타리·담장·둑·구거 등의 현지경계로서 지상경계를 인정한다. ④ 민법상의 경계란 실제 토지 위에 설치한 담장이나 전·답 등의 구획된 둑 또는 주요 지형, 지형에 의하여 구획된 구거 등을 말하는 것으로 일반적으로 지표상의 경계를 말한다.(민법 제237조·제239조)
	형법상 경계	① 형법상 경계라 함은 소유권 등 권리의 장소적 한계를 드러내는 지표를 말하므로 비록 지적공부상의 경계선과 부합하지 않더라고 그것이 종전부터 일반적으로 승인되어 왔다거나 이해관계인들의 명시적·묵시적 합의에 의하여 정해진 것이라면 일필지 상호 간의 계표에 해당하고 이 계표에 형법상 법률관계가 존재하므로 이를 인식불능의 상태로까지 훼손할 경우는 형법의 경계표훼손죄가 성립한다.(형법 제366조, 제370조) ② 형법상의 경계란 소유권·지상권·임차권 등 토지에 관한 사법상의 권리의 범위를 표시하는 지상의 경계(권리의 장소적 한계를 나타내는 지표)뿐만 아니라 도·시·군·읍·면·동·리의 경계 등 공법상의 관계에 있는 토지의 지상경계도 포함된다.(형법 제370조)
일반적	지상경계	지상경계란 도상경계를 지상에 복원한 경계를 말한다.
	도상경계	도상경계란 지적도나 임야도의 도면상에 표시된 경계이며 공부상 경계라고도 한다.
	법정경계	법정경계란 측량·수로 및 지적에 관한 법상 도상경계와 법원이 인정하는 경계확정의 판결에 의한 경계를 말한다.
	사실경계	사실경계란 사실상·현실상의 경계이며 인접한 필지의 소유자 간에 존재하는 경계를 말한다.

(4) 현지 경계의 결정 방법

점유설	현재 점유하고 있는 구획선이 하나일 경우에는 그를 양지의 경계로 결정하는 방법이다. 토지소유권의 경계는 불명하지만 양지의 소유자가 각자 점유하는 지역이 명확한 하나의 선으로서 구분되어 있을 때에는 이 하나의 선을 소유지의 경계로 하여야 할 것이다. 우리나라 민법에도 "점유자는 소유의 의사로 선의·평온·공연하게 점유한 것으로 추정한다"라고 명백히 규정하고 있다.(민법 제197조)
평분설	점유상태를 확정할 수 없을 경우에 분쟁지를 이등분하여 각각 양지에 소속시키는 방법이다. 경계가 불명하고 또 점유상태까지 확정할 수 없는 경우에는 분쟁지를 물리적으로 평분하여 쌍방 토지에 소속시켜야 할 것이다. 이는 분쟁 당사자가 대등한 입장에서 자기의 점유 경계선을 상대방과는 다르게 주장하기 때문에 이에 대한 해결로서 평등 배분하는 것이 합리적이기 때문이다.
보완설	새로이 결정한 경계가 다른 확정한 자료에 비추어 볼 때 형평 타당하지 못할 때에는 상당한 보완을 하여 경계를 경정하는 방법이다. 현 점유설에 의하거나 혹은 평분하여 경계를 결정하고자 할 때 그 새로이 결정되는 경계가 이미 조사된 신빙성 있는 다른 자료와 일치하지 않을 경우에는 이 자료를 감안하여 공평하고도 적당한 방법에 따라 그 경계를 보완하여야 할 것이다.

(5) 경계의 결정 원칙

경계국정주의의 원칙	지적공부에 등록하는 경계는 국가가 조사·측량하여 결정한다는 원칙
경계불가분의 원칙	경계는 유일무이한 것으로 이를 분리할 수 없다는 원칙
등록선후의 원칙	동일한 경계가 축척이 서로 다른 도면에 각각 등록되어 있는 경우로서 경계가 상호 일치하지 않는 경우에는 경계에 잘못이 있는 경우를 제외하고 등록시기가 빠른 토지의 경계를 따른다는 원칙
축척종대의 원칙	동일한 경계가 축척이 서로 다른 도면에 각각 등록되어 있는 경우로서 경계가 상호 일치하지 않는 경우에는 경계에 잘못이 있는 경우를 제외하고 축척이 큰 것에 등록된 경계를 따른다는 원칙
경계직선주의	지적공부에 등록하는 경계는 직선으로 한다는 원칙

(6) 지적법상 경계설정의 기준

① 연접한 토지에 고저가 없는 경우에는 그 지물 또는 구조물의 중앙
② 연접한 토지에 고저가 있는 경우에는 그 지물 또는 구조물의 하단
③ 토지가 해면 또는 수면에 접한 경우에는 최대만조위, 최대만수위가 되는 선
④ 도로, 구거 등의 토지에 절토된 부분이 있을 경우에는 그 경사면의 상단부
⑤ 공유수면매립지의 토지 중 제방 등을 토지에 편입하여 등록하는 경우에는 바깥쪽 어깨부분

(7) 분쟁지의 경우 경계의 확정방법

소관청에 의한 방법	지적공부에 등록하는 토지표시사항은 국정주의 원칙에 따라 소관청이 결정한다.
경계복원측량에 의한 방법	대행법인이 실시하는 도상경계를 지상경계로 복원하는 측량이다.
법원에 의한 측량	법원의 경계감정측량에 의거하여 법원에 의해 확정판결을 받아 경계를 결정한다.
분쟁당사자에 의한 방법	분쟁당사자 또는 제3자 개입으로 화해와 조정으로 사실경계, 도상경계, 지상경계 중 일정한 경계로 합의하여 법정 경계화

05

지적관계법규

법위치	공법적 위치		지목설 · 원	일시변경불변	
	사법적 위치			사용목적추정	
법성격	기본법		차지목	공장용지	
	토지공법			주차장	
	절차법			하천	
	강행법			유원지	
기본 이념	국정주의		지적공부	대장	토지
	형식주의				임야
	공개주의				공유지연명부
	실질적 심사				대지권등록부
	직권등록			도면	지적도
부여 방법	진행방향	사행식			임야도
		기우식		경계점좌표 등	
		단지식		파일	
	부여단위	지역단위	제도 특징	안전성	간편성
		도엽단위		정확성	신속성
		단지단위		저렴성	적합성
	기번위치	북동부여	제도기능	등기의 기초	평가의 기초
		북서부여		과세기초	거래기초
	일반적 방법	분수식		이용계획기초	주소표기 기초
		기번식	일반기능	사회적 기능	
		자유부번		법률적 기능	사법적 · 공법적
지도 작성	고립형 지적도	분산등록		행정적 기능	
	연속형 지적도	일괄등록	지적 성격	역사성 연구성	반복적 민원성
경계 설정	지목별			전문성 기술성	서비스성 윤리성
	지적법			정보원	
	관계법령		발생설	과세설	둠즈데이북
	기타지역				신라장적문서
경계 종류	물리적 경계	자연적 경계		치수설	
		인공적 경계		지배설	영토보존수단
	법률적 경계	민법상 경계			통치수단
		형법상 경계	3대 요소	광의	소유자
		지적법상 경계			권리
현지 경계	점유설				필지
	평분설			협의	토지
	보완설				등록
경계결 · 원	축척종대				공부
	경계불가분		다목적 지적 5대 요소	측지기준망	
지목설 · 원	일필일지목			기본도	
	주지목추정			지적중첩도	
	등록선후			필지식별번호	
	용도경중			토지자료파일	

토지등록 제도 유형	날인증서등록	
	권원등록	
	소극적	
	적극적	
	토렌스시스템	거울이론
		커튼이론
		보험이론
토지등록 제 원칙	등록의 원칙	
	신청의 원칙	
	특정화의 원칙	
	국정·직권주의	
	공시의 원칙	
	공신의 원칙	
지적제도 분류	발전과정	세지적
		법지적
		다목적 지적
	측량방법	도해 지적
		수치 지적
		계산 지적
	등록방법	2차원 지적
		3차원 지적
		4차원 지적
법률적 효력	구속력	
	공정력	
	확정력	
	강제력	
지적측량 책임	형사책임	
	민사책임	
	징계책임	
	도의적 기능적	
지적측량 성격	기속측량	
	사법측량	
LIS 구성 요소	데이터베이스	
	하드웨어	
	소프트웨어	
	전문인력	
	방법	
자료 분류	도형정보	
	속성정보	

자료 구조	지형공간정보	위치정보
		특성정보
	전산화관련	파일구조
		DB 구조
	자료구조	DBMS
		DMSS
		전문가체계
	도형 및 영상정보자료구조	벡터자료
		래스터자료
	자료형태	서류
		지도
		항공사진
		위성영상자료
		통계자료
		설문자료
DB 방식	파일처리방식	
	DBMS 방식	
DBMS 종류	DBMS	
	RDBMS	
	OODBMS	
	ORDBMS	
메타 데이터	특징	
	기본요소	
	필요성	
KLIS	PBLIS	
	LMIS	
	KLIS	
NGIS	1차 사업	
	2차 사업	
	3차 사업	
	4차 사업	
GIS	OGIS	
	IGIS	
	Web GIS	
	U - GIS	
	Mobile GIS	
	래스터 GIS	
	비즈니스 GIS	
	가상 GIS	
	3차원 GIS	
	컴포넌트 GIS	
	엔터프라이즈 GIS	

CHAPTER

01 총론

1. 지적법의 변천 연혁

토지조사법	현행과 같은 근대적 지적에 관한 법률의 체제는 **1910년 8월 23일(대한제국시대) 법률 제7호**로 제정 공포된 토지조사법에서 그 기원을 찾아볼 수 있으나, 1910년 8월 29일 경술국치에 의한 국권피탈로 대한제국이 멸망한 이후 실질적인 효력이 상실되었다. 우리나라에서 토지조사에 관련된 최초의 법령은 구한국 정부의 토지조사법 (1910년)이며 이후 이 법은 토지조사령으로 계승되었다.
토지조사령	그 후 대한제국을 강점한 일본은 토지소유권 제도의 확립이라는 명분하에 토지 찬탈과 토지과세를 위하여 토지조사사업을 실시하였으며 이를 위하여 토지조사령(**1912. 8. 13. 제령 제2호**)을 공포하고 시행하였다.
지세령	1914년에 지세령(**1914. 3. 6. 제령 제1호**)과 토지대장규칙(1914. 4. 25. 조선총독부령 제45호) 및 토지측량표규칙(1915. 1. 15. 조선총독부령 제1호)을 제정하여 토지조사사업의 성과를 담은 토지대장과 지적도의 등록사항과 변경·정리 방법 등을 규정하였다.
토지대장규칙	**1914년 4월 25일 조선총독부령 제45호**로 전문 8조로 구성되어 있으며 이는 1914년 3월 16일 제령 제1호로 공포된 지세령 제5항에 규정된 토지대장에 관한 사항을 규정하는 데 그 목적이 있었다.
조선임야조사령	**1918년 5월 조선임야조사령(1918. 5. 1. 제령 제5호)**을 제정 공포하여 임야조사사 업을 전국적으로 확대 실시하게 되었으며 1920년 8월 임야대장규칙(1920. 8. 23. 조선총독부령 제113호)을 제정 공포하고 이 규칙에 의하여 임야조사사업의 성과를 담은 임야대장과 임야도의 등록사항과 변경 정리 방법 등을 규정하였다.
임야대장규칙	**1920년 8월 23일 조선총독부령 제113호**로 전문 6조의 임야대장규칙을 제정하여 임야관계지적공부를 부(府), 군(郡), 도(島)에 비치하는 근거를 마련하였으며 임야 대장등록지의 면적은 무(畝)를 단위로 하였다.
토지측량규정	**1921년 3월 18일 조선총독부훈령 제10호**로 전문 62조의 토지측량규정을 제정하 였다. 이 규정에는 새로이 토지대장에 등록할 토지 또는 토지대장에 등록한 토지 의 측량, 면적 산정 및 지적도 정리에 관한 사항을 규정하였다.
임야측량규정	**1935년 6월 12일 조선총독부훈령 제27호**로 전문 26조의 임야측량규정을 제정하 였다. 이 규정에는 새로이 임야대장에 등록할 토지 및 등록한 토지의 측량, 면적 산정, 임야도 정리에 관한 사항을 규정하였으며 1954년 11월12일 지적측량규정 을 제정·시행함에 동시에 본 규정은 폐지되었다.

조선지세령	1943년 3월 조선총독부는 지적에 관한 사항과 지세에 관한 사항을 동시에 규정한 조선지세령(1943. 3. 31. 제령 제6호)을 공포하였다. 조선지세령은 지적사무와 지세사무에 서로 다른 규정을 두어 이질적인 내용이 혼합되어 당시의 지적행정수행에 지장을 많이 초래하여 독자적인 지적법 제정에 이르게 하였다.
조선임야대장규칙	**1943년 3월 31일 조선총독부령 제69호**로 전문 22조의 조선임야대장규칙을 제정하였다. 이로써 1920년 8월 23일 제정되어 사용되어온 임야대장규칙은 폐지되었다.
구지적법	구지적법은 대한제국에서 근대적인 지적제도를 창설하기 위하여 1910년 8월에 토지조사법을 제정한 후 약 40년 후인 1950년 12월 1일 법률 제165호, 41개 조문으로 제정된 최초의 지적에 관한 독립 법령이다. 구지적법은 이전까지 시행해오던 조선지세령, 동법시행규칙, 조선임야대장규칙 중에서 지적에 관한 사항을 분리하여 제정하였으며, 지세에 관한 사항은 지세법(1950. 12. 1.)으로 제정하였다. 이어서 1951년 4월 1일 지적법시행령을 제정 시행하였으며, 지적측량에 관한 사항은 토지측량규정(1921. 3. 18.)과 임야측량규정(1935. 6. 12.)을 통합하여 1954년 11월 12일 지적측량규정으로 제정하고 그 이후 1960년 12월 31일 지적측량을 할 수 있는 자격과 지적측량사시험 등을 규정한 지적측량사규정을 제정하여 법률적인 정비를 완료하였다. 그 이후 지금까지 15차에 거친 법 개정을 통하여 법·령·규칙으로 체계화하였다.

2. 공간정보의 구축 및 관리 등에 관한 법

공간정보의 구축 및 관리 등에 관한 법의 목적	이 법은 측량 및 수로조사의 기준 및 절차와 **지적공부·부동산종합공부**의 작성 및 관리 등에 관한 사항을 규정함으로써 국토의 효율적 관리(**공법적 성격**)와 해상교통의 안전 및 국민의 소유권 보호(**사법적 성격**)에 기여함을 목적으로 한다.
지적공부	"지적공부"란 토지대장, 임야대장, 공유지연명부, 대지권등록부, 지적도, 임야도 및 경계점좌표등록부 등 지적측량 등을 통하여 조사된 토지의 표시와 해당 토지의 소유자 등을 기록한 대장 및 도면(정보처리시스템을 통하여 기록·저장된 것을 포함한다)을 말한다.

3. 공간정보의 구축 및 관리 등에 관한 법

부동산종합공부	"부동산종합공부"란 토지의 표시와 소유자에 관한 사항, 건축물의 표시와 소유자에 관한 사항, 토지의 이용 및 규제에 관한 사항, 부동산의 가격에 관한 사항 등 부동산에 관한 종합정보를 정보관리체계를 통하여 기록 · 저장한 것을 말한다.	
토지의 표시	**"토지의 표시"**란 지적공부에 토지의 소재 · 지번 · 지목 · 면적 · 경계 또는 좌표를 등록한 것을 말한다.	
	지번	"지번"이란 필지(대통령령으로 정하는 바에 따라 구획되는 토지의 등록단위)에 부여하여 지적공부에 등록한 번호를 말한다.
	지목	"지목"이란 토지의 주된 용도에 따라 토지의 종류를 구분하여 지적공부에 등록한 것을 말한다.
	면적	"면적"이란 지적공부에 등록한 필지의 수평면상 넓이를 말한다.
	경계	"경계"란 필지별로 경계점들을 직선으로 연결하여 지적공부에 등록한 선을 말한다.
	좌표	"좌표"란 지적측량기준점 또는 경계점의 위치를 평면직각종횡선수치로 표시한 것을 말한다
토지의 이동	"토지의 이동"이란 토지의 표시를 새로 정하거나 변경 또는 말소하는 것을 말한다.	
	신규등록	"신규등록"이란 새로 조성된 토지와 지적공부에 등록되어 있지 아니한 토지를 지적공부에 등록하는 것을 말한다.
	등록전환	"등록전환"이란 임야대장 및 임야도에 등록된 토지를 토지대장 및 지적도에 옮겨 등록하는 것을 말한다.
	분할	"분할"이란 지적공부에 등록된 1필지를 2필지 이상으로 나누어 등록하는 것을 말한다.
	합병	"합병"이란 지적공부에 등록된 2필지 이상을 1필지로 합하여 등록하는 것을 말한다.
	지목변경	"지목변경"이란 지적공부에 등록된 지목을 다른 지목으로 바꾸어 등록하는 것을 말한다.
	축척변경	"축척변경"이란 지적도에 등록된 경계점의 정밀도를 높이기 위하여 작은 축척을 큰 축척으로 변경하여 등록하는 것을 말한다.

02 토지이동

토지조사사업 당시 지목(18개)	**과세지** : 전, 답, 대, 지소, 임야, 잡종지(6개) **비과세지** : 도로, 하천, 구거, 제방, 성첩, 철도선로, 수도선로(7개) **면세지** : 사사지, 분묘지, 공원지, 철도용지, 수도용지(5개)						
1918년 지세령 개정(19개)	**지소** : 지소, 유지로 세분						
1950년 구지적법 (21개)	**잡종지** : 잡종지, 염전, 광천지으로 세분						
1975년 지적법 2차 개정 (24개)	**통합**	철도용지＋철도선로＝철도용지 수도용지＋수도선로＝수도용지 유지＋지소＝유지					
	신설	**과수원, 목장용지, 공장용지, 학교용지, 유원지, 운동장(6개)**					
	명칭 변경	공원지 ⇒ 공원 사사지 ⇒ 종교용지 성첩 ⇒ 사적지 분묘지 ⇒ 묘지 운동장 ⇒ 체육용지					
2001년 지적법 10차 개정(28개)	주차장, 주유소용지, 창고용지, 양어장(4개 신설)						
현행(28개)	지목	부호	지목	부호	지목	부호	지목	부호

지목	부호	지목	부호	지목	부호	지목	부호
전	전	대	대	철도용지	철	공원	공
답	답	**공장용지**	**장**	제방	제	체육용지	체
과수원	과	학교용지	학	**하천**	**천**	**유원지**	**원**
목장용지	목	**주차장**	**차**	구거	구	종교용지	종
임야	임	주유소용지	주	유지	유	사적지	사
광천지	광	창고용지	창	양어장	양	묘지	묘
염전	염	도로	도	수도용지	수	잡종지	잡

지목	
전	물을 상시적으로 이용하지 않고 곡물 · 원예작물(과수류는 제외한다) · 약초 · 뽕나무 · 닥나무 · 묘목 · 관상수 등의 식물을 주로 재배하는 토지와 식용으로 죽순을 재배하는 토지
답	물을 상시적으로 직접 이용하여 벼 · 연 · 미나리 · 왕골 등의 식물을 주로 재배하는 토지
과수원	사과 · 배 · 밤 · 호두 · 귤나무 등 과수류를 집단적으로 재배하는 토지와 이에 접속된 저장고 등 부속시설물의 부지. 다만, 주거용 건축물의 부지는 "대"로 한다.
목장용지	다음 각 목의 토지. 다만, 주거용 건축물의 부지는 "대"로 한다. 가. 축산업 및 낙농업을 하기 위하여 초지를 조성한 토지 나. 「축산법」 제2조제1호에 따른 가축을 사육하는 축사 등의 부지 다. 가목 및 나목의 토지와 접속된 부속시설물의 부지
임야	산림 및 원야를 이루고 있는 수림지 · 죽림지 · 암석지 · 자갈땅 · 모래땅 · 습지 · 황무지 등의 토지
광천지	지하에서 온수 · 약수 · 석유류 등이 용출되는 용출구와 그 유지에 사용되는 부지. 다만, 온수 · 약수 · 석유류 등을 일정한 장소로 운송하는 송수관 · 송유관 및 저장시설의 부지는 제외한다.
염전	바닷물을 끌어들여 소금을 채취하기 위하여 조성된 토지와 이에 접속된 제염장 등 부속시설물의 부지. 다만, 천일제염 방식으로 하지 아니하고 동력으로 바닷물을 끌어들여 소금을 제조하는 공장시설물의 부지는 제외한다.
대	가. 영구적 건축물 중 주거 · 사무실 · 점포와 박물관 · 극장 · 미술관 등 문화시설과 이에 접속된 정원 및 부속시설물의 부지 나. 「국토의 계획 및 이용에 관한 법률」 등 관계 법령에 따른 택지조성공사가 준공된 토지
공장용지	가. 제조업을 하고 있는 공장시설물의 부지 나. 「산업집적활성화 및 공장설립에 관한 법률」 등 관계 법령에 따른 공장부지 조성공사가 준공된 토지 다. 가목 및 나목의 토지와 같은 구역에 있는 의료시설 등 부속시설물의 부지
학교용지	학교의 교사와 이에 접속된 체육장 등 부속시설물의 부지
주차장	자동차 등의 주차에 필요한 독립적인 시설을 갖춘 부지와 주차전용 건축물 및 이에 접속된 부속시설물의 부지. 다만, 다음 각 목의 어느 하나에 해당하는 시설의 부지는 제외한다. 가. 「주차장법」 제2조제1호 가목 및 다목에 따른 노상주차장 및 부설주차장(「주차장법」 제19조제4항에 따라 시설물의 부지 인근에 설치된 부설주차장은 제외한다) 나. 자동차 등의 판매 목적으로 설치된 물류장 및 야외전시장
주유소용지	다음 각 목의 토지. 다만, 자동차 · 선박 · 기차 등의 제작 또는 정비공장 안에 설치된 급유 · 송유시설 등의 부지는 제외한다. 가. 석유 · 석유제품 또는 액화석유가스 · 전기 또는 수소 등의 판매를 위하여 일정한 설비를 갖춘 시설물의 부지 나. 저유소 및 원유저장소의 부지와 이에 접속된 부속시설물의 부지

지목	
창고용지	물건 등을 보관하거나 저장하기 위하여 독립적으로 설치된 보관시설물의 부지와 이에 접속된 부속시설물의 부지
도로	다음 각 목의 토지. 다만, 아파트·공장 등 단일 용도의 일정한 단지 안에 설치된 통로 등은 제외한다. 가. 일반 공중의 교통 운수를 위하여 보행이나 차량운행에 필요한 일정한 설비 또는 형태를 갖추어 이용되는 토지 나. 「도로법」 등 관계 법령에 따라 도로로 개설된 토지 다. 고속도로의 휴게소 부지 라. 2필지 이상에 진입하는 통로로 이용되는 토지
철도용지	교통 운수를 위하여 일정한 궤도 등의 설비와 형태를 갖추어 이용되는 토지와 이에 접속된 역사·차고·발전시설 및 공작창 등 부속시설물의 부지
제방	조수·자연유수·모래·바람 등을 막기 위하여 설치된 방조제·방수제·방사제·방파제 등의 부지
하천	자연의 유수가 있거나 있을 것으로 예상되는 토지
구거	용수 또는 배수를 위하여 일정한 형태를 갖춘 인공적인 수로·둑 및 그 부속시설물의 부지와 자연의 유수가 있거나 있을 것으로 예상되는 소규모 수로부지
유지	물이 고이거나 상시적으로 물을 저장하고 있는 댐·저수지·소류지·호수·연못 등의 토지와 연·왕골 등이 자생하는 배수가 잘 되지 아니하는 토지
양어장	육상에 인공으로 조성된 수산생물의 번식 또는 양식을 위한 시설을 갖춘 부지와 이에 접속된 부속시설물의 부지
수도용지	물을 정수하여 공급하기 위한 취수(강이나 저수지에서 필요한 물을 끌어옴)·저수(물을 인공적으로 모음)·도수(정수장을 연결하는 물길이 새롭게 뚫림. 도수터널)·정수·송수(정수된 물을 배수지로 보내는 시설) 및 배수 시설(정수장에서 정화처리된 청정수를 소요 수압으로 소요 수량을 배수관을 통하여 급수지역에 보내는 것)의 부지 및 이에 접속된 부속시설물의 부지
공원	일반 공중의 보건·휴양 및 정서생활에 이용하기 위한 시설을 갖춘 토지로서 「국토의 계획 및 이용에 관한 법률」에 따라 공원 또는 녹지로 결정·고시된 토지
체육용지	국민의 건강증진 등을 위한 체육활동에 적합한 시설과 형태를 갖춘 종합운동장·실내체육관·야구장·골프장·스키장·승마장·경륜장 등 체육시설의 토지와 이에 접속된 부속시설물의 부지. 다만, 체육시설로서의 영속성과 독립성이 미흡한 정구장·골프연습장·실내수영장 및 체육도장, 유수를 이용한 요트장 및 카누장 등의 토지는 제외한다.
유원지	일반 공중의 위락·휴양 등에 적합한 시설물을 종합적으로 갖춘 수영장·유선장·낚시터·어린이놀이터·동물원·식물원·민속촌·경마장, 야영장 등의 토지와 이에 접속된 부속시설물의 부지. 다만, 이들 시설과의 거리 등으로 보아 독립적인 것으로 인정되는 숙식시설 및 유기장의 부지와 하천·구거 또는 유지(공유인 것으로 한정한다)로 분류되는 것은 제외한다.
종교용지	일반 공중의 종교의식을 위하여 예배·법요·설교·제사 등을 하기 위한 교회·사찰·향교 등 건축물의 부지와 이에 접속된 부속시설물의 부지

지목	
사적지	문화재로 지정된 역사적인 유적·고적·기념물 등을 보존하기 위하여 구획된 토지. 다만, 학교용지·공원·종교용지 등 다른 지목으로 된 토지에 있는 유적·고적·기념물 등을 보호하기 위하여 구획된 토지는 제외한다.
묘지	사람의 시체나 유골이 매장된 토지, 「도시공원 및 녹지 등에 관한 법률」에 따른 묘지공원으로 결정·고시된 토지 및 「장사 등에 관한 법률」 제2조제9호에 따른 봉안시설과 이에 접속된 부속시설물의 부지. 다만, 묘지의 관리를 위한 건축물의 부지는 "대"로 한다.
잡종지	다음 각 목의 토지. 다만, 원상회복을 조건으로 돌을 캐내는 곳 또는 흙을 파내는 곳으로 허가된 토지는 제외한다. 가. 갈대밭, 실외에 물건을 쌓아두는 곳, 돌을 캐내는 곳, 흙을 파내는 곳, 야외시장 및 공동우물 나. 변전소, 송신소, 수신소 및 송유시설 등의 부지 다. 여객자동차터미널, 자동차운전학원 및 폐차장 등 자동차와 관련된 독립적인 시설물을 갖춘 부지 라. 공항시설 및 항만시설 부지 마. 도축장, 쓰레기처리장 및 오물처리장 등의 부지 바. 그 밖에 다른 지목에 속하지 않는 토지

지목에서 제외되는 부분	
과수원	사과·배·밤·호두·귤나무 등 과수류를 집단적으로 재배하는 토지와 이에 접속된 저장고 등 부속시설물의 부지. 다만, 주거용 건축물의 부지는 "대"로 한다.
목장용지	다음 각 목의 토지. 다만, 주거용 건축물의 부지는 "대"로 한다. 가. 축산업 및 낙농업을 하기 위하여 초지를 조성한 토지 나. 「축산법」 제2조제1호에 따른 가축을 사육하는 축사 등의 부지 다. 가목 및 나목의 토지와 접속된 부속시설물의 부지
광천지	지하에서 온수·약수·석유류 등이 용출되는 용출구와 그 유지에 사용되는 부지. 다만, 온수·약수·석유류 등을 일정한 장소로 운송하는 송수관·송유관 및 저장시설의 부지는 제외한다.
염전	바닷물을 끌어들여 소금을 채취하기 위하여 조성된 토지와 이에 접속된 제염장 등 부속시설물의 부지. 다만, 천일제염 방식으로 하지 아니하고 동력으로 바닷물을 끌어들여 소금을 제조하는 공장시설물의 부지는 제외한다.
주차장	자동차 등의 주차에 필요한 독립적인 시설을 갖춘 부지와 주차전용 건축물 및 이에 접속된 부속시설물의 부지. 다만, 다음 각 목의 어느 하나에 해당하는 시설의 부지는 제외한다. 가. 「주차장법」 제2조제1호가목 및 다목에 따른 노상주차장 및 부설주차장(「주차장법」 제19조제4항에 따라 시설물의 부지 인근에 설치된 부설주차장은 제외한다) 나. 자동차 등의 판매 목적으로 설치된 물류장 및 야외전시장

지목에서 제외되는 부분
주유소용지	다음 각 목의 토지. **다만, 자동차·선박·기차 등의 제작 또는 정비공장 안에 설치된 급유·송유시설 등의 부지는 제외한다.** 가. 석유·석유제품 또는 액화석유가스·**전기 또는 수소** 등의 판매를 위하여 일정한 설비를 갖춘 시설물의 부지 나. 저유소 및 원유저장소의 부지와 이에 접속된 부속시설물의 부지
도로	다음 각 목의 토지. **다만, 아파트·공장 등 단일 용도의 일정한 단지 안에 설치된 통로 등은 제외한다.** 가. 일반 공중의 교통 운수를 위하여 보행이나 차량운행에 필요한 일정한 설비 또는 형태를 갖추어 이용되는 토지 나. 「도로법」 등 관계 법령에 따라 도로로 개설된 토지 다. 고속도로의 휴게소 부지 라. 2필지 이상에 진입하는 통로로 이용되는 토지
체육용지	국민의 건강증진 등을 위한 체육활동에 적합한 시설과 형태를 갖춘 종합운동장·실내체육관·야구장·골프장·스키장·승마장·경륜장 등 체육시설의 토지와 이에 접속된 부속시설물의 부지. **다만, 체육시설로서의 영속성과 독립성이 미흡한 정구장·골프연습장·실내수영장 및 체육도장, 유수를 이용한 요트장 및 카누장 등의 토지는 제외한다.**
유원지	일반 공중의 위락·휴양 등에 적합한 시설물을 종합적으로 갖춘 수영장·유선장·낚시터·어린이놀이터·동물원·식물원·민속촌·경마장, 야영장 등의 토지와 이에 접속된 부속시설물의 부지. **다만, 이들 시설과의 거리 등으로 보아 독립적인 것으로 인정되는 숙식시설 및 유기장의 부지와 하천·구거 또는 유지(공유인 것으로 한정한다)로 분류되는 것은 제외한다.**
사적지	문화재로 지정된 역사적인 유적·고적·기념물 등을 보존하기 위하여 구획된 토지. **다만, 학교용지·공원·종교용지 등 다른 지목으로 된 토지에 있는 유적·고적·기념물 등을 보호하기 위하여 구획된 토지는 제외한다.**

CHAPTER 03 벌칙

1. 벌칙 · 과태료의 부과

1) 벌칙

3년 이하의 징역 또는 3천만 원 이하의 벌금 (암위공)	측량업자로서 **속임수, 위력**, 그 밖의 방법으로 측량업 또는 수로사업과 관련된 입찰의 **공정성을 해친 자**는 3년 이하의 징역 또는 3천만 원 이하의 벌금에 처한다.
2년 이하의 징역 또는 2천만 원 이하의 벌금 (거우등 외표성검)	1. 측량업의 등록을 하지 아니하거나 **거짓**이나 그 밖의 **부정**한 방법으로 측량업의 **등록**을 하고 측량업을 한 자 2. 성능검사대행자의 등록을 하지 아니하거나 **거짓**이나 그 밖의 **부정**한 방법으로 성능검사대행자의 **등록**을 하고 성능검사업무를 한 자 3. 수로사업의 등록을 하지 아니하거나 **거짓**이나 그 밖의 **부정**한 방법으로 수로사업의 **등록**을 하고 수로사업을 한 자 4. 측량성과를 국**외**로 반출한 자 5. 측량기준점**표**지를 이전 또는 파손하거나 그 효용을 해치는 행위를 한 자 6. 고의로 측량**성**과를 사실과 다르게 한 자 7. 성능**검**사를 부정하게 한 성능검사대행자
1년 이하의 징역 또는 1천만 원 이하의 벌금 (둘비하불 대판대목)	1. **둘** 이상의 측량업자에게 소속된 측량기술자 2. 업무상 알게 된 **비**밀을 누설한 측량기술자 3. **거짓(허위)**으로 다음 각 목의 신청을 한 자 　가. 신규등록신청　　　　　나. 등록전환신청 　다. 분할신청　　　　　　　라. 합병신청 　마. 지목변경신청　　　　　바. 바다로 된 토지의 등록말소신청 　사. 축척변경신청　　　　　아. 등록사항의 정정신청 　자. 도시개발사업 등 시행지역의 토지이동신청 4. 측량기술자가 아님에도 **불**구하고 측량을 한 자 5. 지적측량수수료 외의 **대**가를 받은 지적측량기술자 6. 심사를 받지 아니하고 지도 등을 간행하여 **판매**하거나 **배포**한 자 7. 다른 사람에게 측량업등록증 또는 측량업등록수첩을 **빌려주거나** 자기의 성명 또는 상호를 사용하여 측량업무를 하게 한 자 8. 다른 사람의 측량업등록증 또는 측량업등록수첩을 **빌려서** 사용하거나 다른 사람의 성명 또는 상호를 사용하여 측량업무를 한 자 9. 다른 사람에게 자기의 성능검사대행자 등록증을 **빌려주거나** 자기의 성명 또는 상호를 사용하여 성능검사대행업무를 수행하게 한 자

1년 이하의 징역 또는 1천만 원 이하의 벌금 (둘비하물 대판대목)	10. 다른 사람의 성능검사대행자 등록증을 **빌려서** 사용하거나 다른 사람의 성명 또는 상호를 사용하여 성능검사대행업무를 수행한 자 11. 무단으로 측량성과 또는 측량기록을 **복제**한 자
양벌규정	법인의 대표자나 법인 또는 개인의 대리인, 사용인, 그 밖의 종업원이 그 법인 또는 개인의 업무에 관하여 제107조부터 제109조까지의 어느 하나에 해당하는 위반행위를 하면 그 행위자를 벌하는 외에 그 법인 또는 개인에게도 해당 조문의 벌금형을 과한다. 다만, 법인 또는 개인이 그 위반행위를 방지하 기 위하여 해당 업무에 관하여 상당한 주의와 감독을 게을리하지 아니한 경우에는 그러하지 아니하다.

2) 과태료

| 300만 원
이하의 과태료
(정업검성착거)
성 : 측출보조
업 : 등폐승
검 : 등폐검 | 1. **정**당한 사유 없이 **측량**을 방해한 자
2. 정당한 사유 없이 제101조제7항을 위반하여 토지 등에의 **출입** 등을
방해하거나 거부한 자
3. 정당한 사유 없이 제99조제1항에 따른 **보고**를 하지 아니하거나 거짓으
로 보고를 한 자
4. 정당한 사유 없이 제99조제1항에 따른 **조**사를 거부 · 방해 또는 기피
한 자
5. 제44조제4항을 위반하여 측량**업** 등록사항의 변경신고를 하지 아니
한 자
6. 제48조(제54조제6항에 따라 준용되는 경우를 포함한다)를 위반하여 측
량업의 휴업 · **폐**업 등의 신고를 하지 아니하거나 거짓으로 신고한 자
7. 제46조제2항(제54조제6항에 따라 준용되는 경우를 포함한다)을 위반하
여 측량업자의 지위 **승**계 신고를 하지 아니한 자
8. 제93조제1항을 위반하여 성능검사대행자의 **등록**사항 변경을 신고하지
아니한 자
9. 제93조제3항을 위반하여 성능검사대행업무의 **폐**업신고를 하지 아니
한 자
10. 제92조제1항을 위반하여 측량기기에 대한 성능**검**사를 받지 아니하거나
부정한 방법으로 성능검사를 받은 자
11. 제13조제4항을 위반하여 고시된 측량**성**과에 어긋나는 측량성과를 사용
한 자
12. 제50조제2항을 위반하여 본인, 배우자 또는 **직**계 존속 · 비속이 소유한
토지에 대한 지적측량을 한 자
13. 제40조제1항(제43조제3항에 따라 준용되는 경우를 포함한다)을 위반하
여 **거짓**으로 측량기술자의 신고를 한 자
※ 위의 과태료는 대통령령으로 정하는 바에 따라 국토교통부장관, 시 · 도지
사 또는 지적소관청이 부과 · 징수한다. |

2. 벌칙 · 과태료의 부과기준

1) 공간정보의 구축 및 관리 등에 관한 법률

(1) 시행령 [별표 13]〈개정 2016. 12. 30.〉

과태료의 부과기준(제105조 관련)

1. 일반기준

　가. 위반행위의 횟수에 따른 과태료의 부과기준은 최근 5년간 같은 위반행위로 과태료를 부과받은 경우에 적용한다. 이 경우 위반횟수는 같은 위반행위에 대하여 과태료를 부과받은 날과 다시 같은 위반행위로 적발된 날을 기준으로 하여 계산한다.

　나. 하나의 위반행위가 둘 이상의 과태료 부과기준에 해당하는 경우에는 그 중 금액이 큰 과태료 부과기준을 적용한다.

　다. 부과권자는 다음의 어느 하나에 해당하는 경우에는 위반행위의 정도, 위반행위의 동기와 그 결과 등을 고려하여 제2호에 따른 과태료 금액의 2분의 1의 범위에서 그 금액을 줄일 수 있다. 다만, 과태료를 체납하고 있는 위반행위자에 대해서는 그러하지 아니하다.

　　1) 위반행위자가 「질서위반행위규제법 시행령」 제2조의2제1항 각 호의 어느 하나에 해당하는 경우

　　2) 위반행위가 사소한 부주의나 오류로 인한 것으로 인정되는 경우

　　3) 위반행위자가 법 위반상태를 시정하거나 해소하기 위하여 노력한 것이 인정되는 경우

　　4) 그 밖에 위반행위의 정도, 위반행위의 동기와 그 결과 등을 고려하여 그 금액을 줄일 필요가 있다고 인정되는 경우

　라. 부과권자는 다음의 어느 하나에 해당하는 경우에는 제2호에 따른 과태료 금액의 2분의 1 범위에서 그 금액을 늘릴 수 있다. 다만, 늘리는 경우에도 과태료의 총액은 법 제111조제1항에 따른 과태료 금액의 상한을 넘을 수 없다.

　　1) 위반의 내용·정도가 중대하여 이해관계인 등에게 미치는 피해가 크다고 인정되는 경우

　　2) 법 위반상태의 기간이 6개월 이상인 경우

2. 개별기준　　　　　　　　　　　　　　　　　　　　　　　　　　　　　　(단위 : 만원)

위반행위	근거 법조문	과태료 금액		
		1차 위반	2차 위반	3차 이상 위반
가. **정당**한 사유 없이 **측량**을 방해한 경우	법 제111조 제1항제1호	25	50	100
나. 정당한 사유 없이 법 제101조제7항을 위반하여 토지 등에의 **출입** 등을 방해하거나 거부한 경우	법 제111조 제1항제18호	25	50	100
다. 정당한 사유 없이 법 제99조제1항에 따른 **보고**를 하지 않거나 거짓으로 보고를 한 경우	법 제111조 제1항제16호	25	50	100
라. 정당한 사유 없이 법 제99조제1항에 따른 **조**사를 거부·방해 또는 기피한 경우	법 제111조 제1항제17호	25	50	100
마. 법 제44조제4항을 위반하여 측량**업** 등록사항의 변경 신고를 하지 않은 경우	법 제111조 제1항제8호	7	15	30
바. 법 제48조(법 제54조제6항에 따라 준용되는 경우를 포함한다)를 위반하여 측량업의 휴업·**폐업** 등의 신고를 하지 않거나 거짓으로 신고한 경우	법 제111조 제1항제10호	30		
사. 법 제46조제2항(법 제54조제6항에 따라 준용되는 경우를 포함한다)을 위반하여 측량업의 지위 **승**계 신고를 하지 않은 경우	법 제111조 제1항제9호	50		
아. 법 제93조제1항을 위반하여 성능**검**사대행자의 **등록**사항 변경을 신고하지 않은 경우	법 제111조 제1항제14호	6	12	25
자. 법 제93조제3항을 위반하여 성능검사대행업무의 **폐**업신고를 하지 않은 경우	법 제111조 제1항제15호	25		
자. 법 제92조제1항을 위반하여 측량기기에 대한 성능검사를 받지 않거나 부정한 방법으로 성능**검**사를 받은 경우	법 제111조 제1항제13호	25	50	100
아. 법 제13조제4항을 위반하여 고시된 측량**성**과에 어긋나는 측량성과를 사용한 경우	법 제111조 제1항제2호	37	75	150
차. 법 제50조제2항을 위반하여 본인, 배우자 또는 **직계**존속·비속이 소유한 토지에 대한 지적측량을 한 경우	법 제111조 제1항제11호	10	20	40
사. 법 제40조제1항(법 제43조제3항에 따라 준용되는 경우를 포함한다)을 위반하여 **거짓**으로 측량기술자의 신고를 한 경우	법 제111조 제1항제7호	6	12	25

(2) 시행규칙 [별표 3의2]〈개정 2007. 1. 31.〉

지적기술자의 업무정지 기준(제44조제3항 관련)

1. 일반기준
   국토교통부장관은 다음 각 목의 구분에 따라 업무정지의 기간을 줄일 수 있다.
   가. 위반행위가 있은 날 이전 최근 2년 이내에 업무정지 처분을 받은 사실이 없는 경우 : 4분의 1 경감
   나. 해당 위반행위가 과실 또는 상당한 이유에 의한 것으로서 보완이 가능한 경우 : 4분의 1 경감
   다. 가목과 나목 모두에 해당하는 경우 : 2분의 1 경감

2. 개별기준 **암기** 거대 신성범 과금별손거

위반사항	해당법조문	행정처분기준
가. 법 제40조제1항에 따른 근무처 및 경력 등의 신고 또는 변경신고를 **거짓**으로 한 경우	법 제42조 제1항제1호	1년
나. 법 제41조제4항을 위반하여 다른 사람에게 측량기술경력증을 **빌려**주거나 자기의 성명을 사용하여 측량업무를 수행하게 한 경우	법 제42조 제1항제2호	1년
다. 법 제50조제1항을 위반하여 **신**의와 성실로써 공정하게 지적측량을 하지 아니한 경우		
1) 지적측량수행자 소속 지적기술자가 영업**정**지기간 중에 이를 알고도 지적측량업무를 행한 경우	법 제42조 제1항제3호	2년
2) 지적측량수행자 소속 지적기술자가 법 제45조에 따른 업무**범**위를 위반하여 지적측량을 한 경우		2년
라. 고의 또는 중**과실**로 지적측량을 잘못하여 다른 사람에게 손해를 입힌 경우		
1) 다른 사람에게 손해를 입혀 **금**고 이상의 형을 선고받고 그 형이 확정된 경우	법 제42조 제1항제3호	2년
2) 다른 사람에게 손해를 입혀 **별**금 이하의 형을 선고받고 그 형이 확정된 경우		1년 6개월
3) 그 밖에 고의 또는 중대한 과실로 지적측량을 잘못하여 다른 사람에게 **손**해를 입힌 경우		1년
마. 지적기술자가 법 제50조제1항을 위반하여 정당한 사유 없이 지적측량 신청을 **거**부한 경우	법 제42조 제1항제4호	3개월

(3) 시행규칙 [별표 4]〈개정 2010.6.17.〉

측량업의 등록취소 또는 영업정지 처분의 기준(제53조 관련)

1. 일반 기준

가. 위반행위의 횟수에 따른 행정처분의 기준은 최근 3년간 같은 위반행위로 행정처분을 받은 경우에 적용한다. 이 경우 행정처분의 기준 적용은 같은 위반행위에 대한 행정처분일과 그 처분 후의 재적발일을 기준으로 한다.

나. 위반행위가 둘 이상인 경우로서 그에 해당하는 각각의 처분기준이 다른 경우에는 그 중 무거운 처분기준에 따른다. 다만, 둘 이상의 처분기준이 모두 영업정지인 경우에는 각 처분기준을 합산한 기간을 넘지 아니하는 범위에서 무거운 처분기준의 2분의 1의 범위까지 가중하되, 그 가중한 기간을 합산한 기간은 6개월을 초과할 수 없다.

다. 가목 및 나목에 따른 행정처분이 영업정지인 경우에는 고의나 중대한 과실 여부 또는 공중에 미치는 피해의 규모 등 위반행위의 동기·내용 및 위반의 정도 등을 고려하여 그 처분기준의 2분의 1의 범위에서 가중하거나 감경할 수 있다. 이 경우 그 가중한 기간을 합산한 기간은 6개월을 초과할 수 없다.

2. 개별 기준 `암기` 고과 수요업 보성휴변취

위반행위	해당 법조문	행정처분기준		
		1차 위반	2차 위반	3차 위반
가. **고의**로 측량을 부정확하게 한 경우	법 제52조제1항제1호	등록취소		
나. **과실**로 측량을 부정확하게 한 경우	법 제52조제1항제1호	영업정지 4개월	등록취소	
아. 지적측량업자가 법 제106조제2항에 따른 지적측량**수**료를 같은 조 제3항에 따라 고시한 금액보다 과다 또는 과소하게 받은 경우	법 제52조제1항제12호	영업정지 3개월	영업정지 6개월	등록취소
자. 다른 행정기관이 관계 법령에 따라 영업정지를 **요**구한 경우	법 제52조제1항제13호	영업정지 3개월	영업정지 6개월	등록취소
사. 지적측량업자가 법 제45조의 **업**무범위를 위반하여 지적측량을 한 경우	법 제52조제1항제6호	영업정지 3개월	영업정지 6개월	등록취소
바. 법 제51조를 위반해서 **보**험가입 등 필요한 조치를 하지 않은 경우	법 제52조제1항제10호	영업정지 2개월	영업정지 6개월	등록취소
마. 지적측량업자가 법 제50조에 따른 **성**실 의무를 위반한 경우	법 제52조제1항제9호	영업정지 1개월	영업정지 3개월	영업정지 6개월 또는 등록취소
라. 정당한 사유 없이 측량업의 등록을 한 날부터 1년 이내에 영업을 시작하지 아니하거나 계속하여 1년 이상 **휴**업한 경우	법 제52조제1항제3호	경고	영업정지 6개월	등록취소

위반행위	해당 법조문	행정처분기준		
		1차 위반	2차 위반	3차 위반
다. 법 제44조제4항을 위반해서 측량업 등록사항의 **변**경신고를 하지 아니한 경우	법 제52조제1항제5호	경고	영업정지 3개월	등록취소
차. 다른 행정기관이 관계 법령에 따라 등록 **취소**를 요구한 경우	법 제52조제1항제13호	등록취소		

(4) 법 제52조

측량업의 등록취소

① 국토교통부장관, 해양수산부장관 또는 시 · 도지사는 측량업자가 다음 각 호의 어느 하나에 해당하는 경우에는 측량업의 등록을 취소하거나 1년 이내의 기간을 정하여 영업의 정지를 명할 수 있다. 다만, 제2호 · 제4호 · 제7호 · 제8호 · 제11호 또는 제15호에 해당하는 경우에는 측량업의 등록을 취소하여야 한다.〈개정 2013. 3. 23., 2014. 6. 3., 2018. 4. 17.〉

측량업 영업의 정지(고과수요업 보성휴변)
  1. **고**의 또는 **과**실로 측량을 부정확하게 한 경우
 13. 지적측량업자가 제106조제2항에 따른 지적측량**수**수료를 같은 조 제3항에 따라 **고시한** 금액보다 과다 또는 과소하게 받은 경우
 14. 다른 행정기관이 관계 법령에 따라 영업정지를 **요**구한 경우
  6. 지적측량업자가 제45조에 따른 **업**무 범위를 위반하여 지적측량을 한 경우
 10. 제51조를 위반하여 **보**험가입 등 필요한 조치를 하지 아니한 경우
  9. 지적측량업자가 제50조(**성**실의무)를 위반한 경우
  3. 정당한 사유 없이 측량업의 등록을 한 날부터 1년 이내에 영업을 시작하지 아니하거나 계속하여 1년 이상 **휴**업한 경우
  5. 제44조제4항을 위반하여 측량업 등록사항의 **변**경신고를 하지 아니한 경우
 12. 제52조제3항에 따른 임원의 직무정지 명령을 이행하지 아니한 경우

측량업 등록 취소(영미대결 거부취)
 11. **영**업정지기간 중에 계속하여 영업을 한 경우
  4. 제44조제2항에 따른 등록기준에 **미**달하게 된 경우. 다만, 일시적으로 등록기준에 미달되는 등 **대**통령령으로 정하는 경우는 제외한다.
 15. 「국가기술자격법」 제15조제2항을 위반하여 측량업자가 측량기술자의 국가기술자격증을 **대여** 받은 사실이 확인된 경우
  8. 제49조제1항을 위반하여 다른 사람에게 자기의 측량업등록증 또는 측량업등록수첩을 **빌려** 주거나 자기의 성명 또는 상호를 사용하여 측량업무를 하게 한 경우
  7. 제47조(측량업등록의 **결**격사유) 각 호의 어느 하나에 해당하게 된 경우. 다만, 측량업자가 같은 조 제5호에 해당하게 된 경우로서 그 사유가 발생한 날부터 3개월 이내에 그 사유를 해소한 경우는 제외한다.

측량업의 등록취소

제47조(측량업등록의 결격사유) 다음 각 호의 어느 하나에 해당하는 자는 측량업의 등록을 할 수 없다.〈개정 2013. 7. 17., 2015. 12. 29.〉
1. 피성년후견인 또는 피한정후견인
2. 이 법이나 「국가보안법」 또는 「형법」 제87조부터 제104조까지의 규정을 위반하여 금고 이상의 실형을 선고받고 그 집행이 끝나거나(집행이 끝난 것으로 보는 경우를 포함한다) 집행이 면제된 날부터 2년이 지나지 아니한 자
3. 이 법이나 「국가보안법」 또는 「형법」 제87조부터 제104조까지의 규정을 위반하여 금고 이상의 형의 집행유예를 선고받고 그 집행유예기간 중에 있는 자
4. 제52조에 따라 측량업의 등록이 취소(제47조제1호에 해당하여 등록이 취소된 경우는 제외한다)된 후 2년이 지나지 아니한 자
5. 임원 중에 제1호부터 제4호까지의 어느 하나에 해당하는 자가 있는 법인

2. 거짓이나 그 밖의 부정한 방법으로 측량업의 등록을 한 경우
14. 다른 행정기관이 관계 법령에 따라 등록취소를 요구한 경우
② 측량업자의 지위를 승계한 상속인이 제47조에 따른 측량업등록의 결격사유에 해당하는 경우에는 그 결격사유에 해당하게 된 날부터 6개월이 지난 날까지는 제1항제7호를 적용하지 아니한다.
③ 국토교통부장관, 시·도지사는 측량업자가 제47조제5호에 해당하게 된 경우에는 같은 조 제1호부터 제4호까지의 어느 하나에 해당하는 임원의 직무를 정지하도록 해당 측량업자에게 명할 수 있다.〈신설 2018. 4. 17.〉
④ 국토교통부장관, 시·도지사는 제1항에 따라 측량업등록을 취소하거나 영업정지의 처분을 하였으면 그 사실을 공고하여야 한다.〈개정 2013. 3. 23., 2018. 4. 17.〉
⑤ 측량업등록의 취소 및 영업정지 처분에 관한 세부 기준은 국토교통부령으로 정한다.〈개정 2013. 3. 23., 2018. 4. 17.〉

(5) 법 제96조

성능검사대행자의 등록취소

① 시·도지사는 성능검사대행자가 다음 각 호의 어느 하나에 해당하는 경우에는 성능검사대행자의 등록을 취소하거나 1년 이내의 기간을 정하여 업무정지 처분을 할 수 있다. 다만, 제1호·제4호·제6호 또는 제7호에 해당하는 경우에는 성능검사대행자의 등록을 취소하여야 한다.

업무정지
2. 제93조제1항의 등록기준에 미달하게 된 경우. 다만, 일시적으로 등록기준에 미달하는 등 대통령령으로 정하는 경우는 제외한다.
3. 제93조제1항에 따른 등록사항 변경신고를 하지 아니한 경우
5. 정당한 사유 없이 성능검사를 거부하거나 기피한 경우
8. 다른 행정기관이 관계 법령에 따라 등록취소 또는 업무정지를 요구한 경우

등록을 취소
1. 거짓이나 그 밖의 부정한 방법으로 등록을 한 경우
6. 거짓이나 부정한 방법으로 성능검사를 한 경우
4. 제95조를 위반하여 다른 사람에게 자기의 성능검사대행자 등록증을 빌려 주거나 자기의 성명

성능검사대행자의 등록취소
또는 상호를 사용하여 성능검사대행업무를 수행하게 한 경우

7. 업무**정지**기간 중에 계속하여 성능검사대행업무를 한 경우
② 시·도지사는 제1항에 따라 성능검사대행자의 등록을 취소하였으면 취소 사실을 공고한 후 국토교통부장관에게 통지하여야 한다.〈개정 2013. 3. 23.〉
③ 성능검사대행자의 등록취소 및 업무정지 처분에 관한 기준은 국토교통부령으로 정한다.〈개정 2013. 3. 23.〉

(6) 시행규칙 [별표 11]〈개정 2010.6.17.〉

측량기기 성능검사대행자의 등록취소 또는 업무정지의 처분기준(제108조 관련)

1. 일반 기준
   가. 위반행위의 횟수에 따른 행정처분의 기준은 최근 3년간 같은 위반행위로 행정처분을 받은 경우에 적용한다. 이 경우 행정처분 기준의 적용은 같은 위반행위에 대한 행정처분일과 그 처분 후의 재적발일을 기준으로 한다.
   나. 위반행위가 둘 이상인 경우로서 그에 해당하는 각각의 처분기준이 다른 경우에는 그 중 무거운 처분기준에 따른다. 다만, 둘 이상의 처분기준이 모두 업무정지인 경우에는 각 처분기준을 합산한 기간을 넘지 아니하는 범위에서 무거운 처분기준의 2분의 1의 범위까지 가중할 수 있되, 그 가중한 기간을 합산한 기간은 6개월을 초과할 수 없다.
   다. 가목 및 나목에 따른 행정처분이 업무정지인 경우에는 고의나 중대한 과실 여부 또는 공중에 미치는 피해의 규모 등 위반행위의 동기·내용 및 위반의 정도 등을 고려하여 그 처분기준의 2분의 1의 범위에서 가중하거나 감경할 수 있다. 이 경우 그 가중한 기간을 합산한 기간은 6개월을 초과할 수 없다.

2. 개별 기준 **암기** **미변감요취**

위반행위	해당법조문	행정처분기준		
		1차 위반	2차 위반	3차 위반
가. 법 제93조제1항에 따른 등록기준에 **미**달하게 된 경우	법 제96조제1항제2호	업무정지 2개월	등록취소	
나. 법 제93조제1항에 따른 성능검사대행자 등록사항의 **변**경신고를 하지 아니한 경우	법 제96조제1항제3호	경고	업무정지 2개월	업무정지 2개월
다. 정당한 사유 없이 성능**검**사를 거부하거나 또는 기피한 경우	법 제96조제1항제5호	업무정지 6개월		
라. 다른 행정기관이 관계 법령에 따라 **업무정지**를 요구한 경우	법 제96조제1항제8호	업무정지 3개월	업무정지 6개월	등록취소
마. 다른 행정기관이 관계 법령에 따라 **등록취소**를 요구한 경우	법 제96조제1항제8호	등록취소		

2) 지적재조사에 관한 특별법

(1) 법 제43~45조

벌칙	① 지적재조사사업을 위한 지적측량을 고의로 진실에 ⑭하게 측량하거나 지적재조사사업 ⑭과를 거짓으로 등록을 한 자는 2년 이하의 징역 또는 2천만 원 이하의 벌금에 처한다. ② 제41조를 위반하여 지적재조사사업 중에 알게 된 타인의 ⑭밀을 ⑭설하거나 사용한 자는 1년 이하의 징역 또는 1천만 원 이하의 벌금에 처한다.
양벌규정	법인의 대표자나 법인 또는 개인의 대리인, 사용인, 그 밖의 종업원이 그 법인 또는 개인의 업무에 관하여 제43조의 위반행위를 하면 그 행위자를 벌하는 외에 그 법인 또는 개인에게 도 해당 조문의 벌금형을 과한다. 다만, 법인 또는 개인이 그 위반행위를 방지하기 위하여 해당 업무에 관하여 상당한 주의와 감독을 게을리하지 아니한 경우에는 그러하지 아니하다.
과태료	① 다음 각 호의 어느 하나에 해당하는 자에게는 300만 원 이하의 과태료를 부과한다. 　　1. 제15조제4항 또는 제18조제3항을 위반하여 임시경계점표지 또는 경계점표지를 이전 또는 파손하거나 그 효용을 해치는 행위를 한 자 　　2. 지적재조사사업을 정당한 이유 없이 방해한 자 ② 제1항에 따른 과태료는 대통령령으로 정하는 바에 따라 국토교통부장관, 시·도지사 또는 지적소관청이 부과·징수한다.〈개정 2013.3.23.〉

(2) 시행령 [별표]〈개정 2020. 1. 23.〉

<u>**과태료의 부과기준**</u>(시행령 제29조 관련)

1. 일반기준
   가. 위반행위의 횟수에 따른 행정처분의 기준은 최근 3년간 같은 위반행위로 과태료를 부과받은 경우에 적용한다. 이 경우 위반횟수는 같은 위반행위에 대하여 과태료를 부과받은 날과 다시 같은 위반행위로 적발된 날을 기준으로 한다.
   나. 부과권자는 다음의 어느 하나에 해당하는 경우에는 제2호의 개별기준에 따른 과태료 금액의 2분의 1의 범위에서 그 금액을 줄일 수 있다. 다만, 과태료를 체납하고 있는 위반행위자의 경우에는 그러하지 아니하다.
      1) 위반행위자가 「질서위반행위규제법 시행령」 제2조의2제1항 각 호의 어느 하나에 해당하는 경우
      2) 위반행위가 사소한 부주의나 오류로 인한 것으로 인정되는 경우
      3) 위반행위자가 위반행위를 바로 정정하거나 시정하여 법 위반상태를 해소한 경우
      4) 그 밖에 위반행위의 정도, 위반행위의 동기와 그 결과 등을 고려하여 과태료 금액을 줄일 필요가 있다고 인정되는 경우
   다. 부과권자는 다음의 어느 하나에 해당하는 경우에는 제2호의 개별기준에 따른 과태료 금액의 2분의 1의 범위에서 그 금액을 늘릴 수 있다. 다만, 법 제45조제1항에 따른 과태료 금액의 상한을 넘을 수 없다.
      1) 위반의 내용·정도가 중대하여 이해관계인 등에게 미치는 피해가 크다고 인정되는 경우
      2) 법 위반상태의 기간이 6개월 이상인 경우
      3) 그 밖에 위반행위의 정도, 위반행위의 동기와 그 결과 등을 고려하여 과태료 금액을 늘릴 필요가 있다고 인정되는 경우

2. 개별기준 암기 임경방

위반행위	근거 법조문	과태료 금액		
		1차 위반	2차 위반	3차 이상 위반
가. 법 제15조제4항 또는 제18조제3항을 위반하여 **임**시경계점표지를 이전 또는 파손하거나 그 효용을 해치는 행위를 한 경우	법 제45조 제1항제1호	50만 원	100만 원	200만 원
나. 법 제15조제4항 또는 제18조제3항을 위반하여 **경**계점표지를 이전 또는 파손하거나 그 효용을 해치는 행위를 한 경우	법 제45조 제1항제1호	100만 원	200만 원	300만 원
다. 지적재조사사업을 정당한 이유 없이 **방**해한 경우	법 제45조 제1항제2호	30만 원	50만 원	100만 원

공식모음

1. 측량학개론

거리허용오차	$\left(\dfrac{d-D}{D}\right)=\dfrac{1}{12}\left(\dfrac{D}{r}\right)^2=\dfrac{1}{m}$, $r=6,370\text{km}$
평면거리	$D=\sqrt{\dfrac{12r^2}{m}}$
거리오차	$(d-D)=\dfrac{D^3}{12r^2}$
지자기측량의 3요소	편각, 복각, 수평분력
탄성파측량 (지진파측량) 지표면이 낮은 곳	굴절법
지표면이 깊은 곳	반사법
지구의 형상('구'로 간주 시)	$R=\dfrac{a+a+b}{3}=\dfrac{2a+b}{3}$
지구의 형상('회전타원체')	$\dfrac{x^2}{a^2}+\dfrac{y^2}{b^2}=1$, $P=\dfrac{a-b}{a}=1-\sqrt{1-e^2}$, $e=\sqrt{\dfrac{a^2-b^2}{a^2}}$ (p : 편평률, e : 이심률)
구과량	$\varepsilon''=\dfrac{F\cdot\rho''}{r^2}$, $F=\dfrac{1}{2}ab\sin\alpha$, $\rho''=206265''$, $r=6,370\text{km}$
측량원점 서부도원점	38°N, 125°E
중부도원점	38°N, 127°E
동부도원점	38°N, 129°E
동해도원점	38°N, 131°E
축척, 축척²	축척 $=\dfrac{\text{도상거리}}{\text{실제거리}}$, 축척² $=\dfrac{\text{도상면적}}{\text{실제면적}}$

2. 거리측량

누차	$n\delta$ $\left[n : 관측횟수\left(=\dfrac{L}{l},\ L : 관측길이,\ l : 줄자길이\right),\ \delta : 1회 관측오차\right]$
우차	$\pm\delta\sqrt{n}$
정오차와 우연오차가 공존할 경우 평균제곱오차	$M_0 = \sqrt{정오차^2 + 우연오차^2}$
줄자에 대한 보정	$C = n\delta,\ L_0 = L \pm C$
온도보정	$C = L \cdot \alpha(t-15),\ L_0 = L \pm C$ (α : 팽창계수, t : 측정 시 온도)
경사보정	$C = -\dfrac{h^2}{2L},\ L_0 = L - \dfrac{h^2}{2L}$
평균해수면상에 대한 보정	$C = -\dfrac{LH}{R},\ L_0 = L - \dfrac{LH}{R}$
장력에 대한 보정	$C = \dfrac{PL}{EA} = \dfrac{(P_0 - P_s)L}{EA},\ L_0 = L \pm C$
처짐에 대한 보정	$C = -\dfrac{L}{24}\left(\dfrac{Wl}{P_0}\right)^2,\ L_0 = L - \dfrac{L}{24}\left(\dfrac{Wl}{P_0}\right)^2$
거리측정의 최확치	$\dfrac{\sum l}{n}$
경중률이 다를 때의 최확치	$L_0 = \dfrac{\sum P_i l_i}{\sum P_i} = \dfrac{P_1 l_1 + P_2 l_2 + \cdots + P_n l_n}{P_1 + P_2 + \cdots + P_n}$
중등오차(평균제곱오차)	$M_0 = \pm\sqrt{\dfrac{\sum V^2}{n(n-1)}}$, 1회 측정 시 : $M_0 = \pm\sqrt{\dfrac{\sum V^2}{n-1}}$
확률오차	$r_0 = \pm 0.6745\sqrt{\dfrac{\sum V^2}{n(n-1)}}$, 1회 측정 시 : $r_0 = \pm 0.6745\sqrt{\dfrac{\sum V^2}{n-1}}$
정도	$\dfrac{r_0}{L_0}$
경중률의 관계	$P_1 : P_2 : P_3 = \dfrac{1}{m_1^2} : \dfrac{1}{m_2^2} : \dfrac{1}{m_3^2}$ $P_1 : P_2 : P_3 = \dfrac{1}{L_1} : \dfrac{1}{L_2} : \dfrac{1}{L_3} = n_1 : n_2 : n_3$
오차전파법칙	$M_0 = \pm\sqrt{m_1^2 + m_2^2 + m_3^2 + \cdots + m_n^2}$
면적의 평균제곱오차	$x = l_x \pm m_x,\ y = l_y \pm m_y,\ M_0 = \pm\sqrt{(1_y m_x)^2 + (l_x m_y)^2}$
면적의 보정	$A_0 = A(1+\varepsilon)^2$

3. 평판측량

평판측량의 3요소	정준, 구심, 표정	
외심오차(표정오차)	$e = qm$, $q = 0.2\text{mm}$	
구심오차	$e = \dfrac{qm}{2}$	
정준오차 (평판경사에 의한 오차)	$e = \dfrac{2a}{r} \cdot \dfrac{n}{100} \cdot l = \dfrac{b}{r} \cdot \dfrac{n}{100} \cdot l$ [a : 기포이동 눈금수, r : 기포관의 곡률반경, b : 기포변위량, n : 경사분획, l : 방향선의 길이(시준선 길이), $\dfrac{b}{r}$: 경사허용도]	
시준공, 시준사에 의한 오차	$q = \dfrac{\sqrt{d^2 + t^2}}{2s} \times l$ (d : 시준공 직경, t : 시준사 두께, l : 방향선 길이, s : 앨리데이드 길이)	
전진법에 의한 오차	$e = \pm 0.3\sqrt{n}\,(\text{mm})$ (n : 측선수)	
교회법에 의한 오차	$e = \pm \sqrt{2} \cdot \dfrac{0.2}{\sin\phi}\,(\text{mm})$	
평판측량의 정도 (허용오차)	평지	$\dfrac{1}{1,000}$
	경사지	$\dfrac{1}{1,000} \sim \dfrac{1}{500}$
	산지	$\dfrac{1}{500} \sim \dfrac{1}{300}$
앨리데이드를 이용한 수평거리 관측	경사거리 l을 알 때	$D : 100 = l : \sqrt{100^2 + n^2}$
	시준판의 눈금과 pole의 높이를 알 때	$D : 100 = h : (n_1 - n_2)$

4. 수준측량(고저측량)

전후 시거리를 같게 함으로써 제거되는 오차	① 시준축오차(전후 시거리를 같게 하는 가장 큰 이유) ② 지구의 곡률오차 ③ 빛의 굴절오차 ④ 초점나사로 인한 오차	
교호수준측량	고저차	$H = \dfrac{1}{2}[(a_1 - b_1) + (a_2 - b_2)]$
	지반고	$H_B = H_A \pm H$

기포관의 감도	$\alpha'' = \dfrac{\rho''l}{nD} = \dfrac{s\rho''}{R}$ (l : 기포가 수평일 때와 움직였을 때의 높이차, n : 이동 눈금수, s : 2mm, D : 수평거리, R : 기포관의 곡률반경)
망원경의 배율	$\dfrac{\text{대물렌즈 초점거리}}{\text{접안렌즈 초점거리}}$
직접수준측량에서 오차의 비례관계	오차는 노선거리의 평방근에 비례 $e_1 : e_2 = \sqrt{L_1} : \sqrt{L_2}$

5. 각측량

호도법		$\theta'' = \dfrac{\rho''l}{S}$ [θ'' : 사잇각(각오차), S : 수평거리, l : 위치오차, $\dfrac{l}{S}$: 정도]
버니어(유표)	최소눈금	$\dfrac{s}{n}$ (s : 주척의 한 눈금, n : 버니어 한 눈금)
	순버니어	주척의 $(n-1)$ 눈금을 유표로 n 등분
	역버니어	주척의 $(n+1)$ 눈금을 유표로 n 등분
1각에 생기는 배각법 오차		$M = \pm \sqrt{\dfrac{2}{n}\left(\alpha^2 + \dfrac{\beta^2}{n}\right)}$ (α : 시준오차, β : 읽기오차)
방향각법	1방향에 생기는 오차	$m_1 = \pm \sqrt{\alpha^2 + \beta^2}$
	2방향에 생기는 오차 (각 관측오차)	$m_2 = \pm \sqrt{2(\alpha^2 + \beta^2)}$
	n회 관측한 평균값에 대한 오차	$M = \pm \sqrt{\dfrac{2}{n}(\alpha^2 + \beta^2)}$
측각해야 할 각의 수		$\dfrac{1}{2}n(n-1)$ (n : 측선수)
n대회 관측각		$\dfrac{180°}{n}$

각오차 처리방법	시준축오차	망원경을 정, 반으로 취하여 평균값
	수평축오차	망원경을 정, 반으로 취하여 평균값
	외심오차	망원경을 정, 반으로 취하여 평균값
	연직축오차	연직축과 수평기포축과의 직교조정(정, 반으로 불가)
	내심오차	180°의 차이가 있는 2개의 버니어를 읽어 평균
	분도원 눈금오차	분도원의 위치변화를 무수히 한다.
	측점 또는 시준축 편심에 의한 오차	편심 보정
관측시기	수평각	'조석'이 적당
	연직각	'정오'가 적당

6. 다각측량(트래버스 측량)

각 관측값의 오차		$e = \pm \delta \sqrt{n}$ (n : 측각수)
결합 트래버스의 오차조정	L, M 점이 자오선 밖에 있을 경우	$\Delta \alpha = \Sigma \alpha + w_a - w_b - 180(n+1)$
	L, M 점이 한 점만 자오선 밖에 있을 경우	$\Delta \alpha = \Sigma \alpha + w_a - w_b - 180(n-1)$
	L, M 점이 둘 다 자오선 안에 있을 경우	$\Delta \alpha = \Sigma \alpha + w_a - w_b - 180(n-3)$
폐합 트래버스의 오차조정	내각관측 시	내각의 합이 '180°$(n-2)$'인지 확인
	외각관측 시	외각의 합이 '180°$(n+2)$'인지 확인
	편각관측 시	편각의 합이 360°인지 확인
폐합오차		$e = \sqrt{위거오차^2 + 경거오차^2}$
폐합비(정도)		$R = \dfrac{e}{\Sigma l}$
폐합오차의 조정방법	트랜싯 법칙	각측정정도 > 거리측정정도
	컴퍼스 법칙	각측정정도 = 거리측정정도
다각측량의 정도(허용오차)	시가지	$20\sqrt{n} \sim 30\sqrt{n}$ (초)
	평지	$30\sqrt{n} \sim 60\sqrt{n}$ (초)
	산지, 들	$90\sqrt{n}$ (초)

배횡거에 의한 면적계산	배횡거	• 배횡거 = 전측선의 배횡거 + 전측선의 경거 + 그 측선의 경거 • 제1측선의 경거 = 제1측선의 배횡거
	배면적	• 배면적 = 배횡거 × 위거 • 실면적 = 배면적의 1/2
다각측량 시 기준점과 기준점을 연결시키는 가장 이상적인 방법		삼각점에서 다른 삼각점에 연결시킨다.

7. 시거측량(스타디아 측량)

수평시준일 경우 수평거리		$D = Kl + C$ $[K : 곱정수, \ C : 가정수, \ l : 협장(상시거 - 하시거)]$
경사시준일 경우	수평거리	$D = Kl \cos^2 \alpha + C \cos \alpha$
	고저차	$H = \dfrac{1}{2} Kl \sin 2\alpha + C \sin \alpha$
시거선의 읽음오차		$dl = 0.2 + 0.05 \sqrt{S}\,(\mathrm{cm}), \ S = 시준거리(\mathrm{m})$
거리오차(C = 0인 경우)		$dD = Kdl \cos^2 \alpha$
고저차의 오차(C = 0인 경우)		$dH = \dfrac{1}{2} Kdl \sin 2\alpha$
시거정수가 거리에 미치는 영향		$dD = dK \cdot l \cos^2 \alpha$
시거측량에서 가장 중요한 오차		협장오차
시거선의 상하간격 결정기준		대물렌즈의 초점거리
시거측량 시 시준고와 기계고를 같게 하는 이유		계산을 간단히 하기 위해

8. 삼각측량

삼각망의 종류 및 용도	단열삼각망 : 폭이 좁고 거리가 먼 지역 측량(노선 및 하천측량)
	유심삼각망 : 넓은 지역 측량
	사변형 삼각형 : 정도가 가장 좋다. 시간, 비용이 많이 든다.(기선삼각망에 이용)

삼각점의 등급	삼각점	평균변장	내각	비고
	1등 삼각본점	30km	약 60°	
	1등 삼각보점	10km	30~120°	
	3등 삼각점	5km	25~130°	1/50,000 지형도 제작 시 사용
	4등 삼각점	2.5km	15° 이상	1/10,000 지형도 제작 시 사용
	지적삼각점	2~5km	30~120°	
	지적삼각보조점	1~3km (0.5~1km)	30~120°	
	지적도근점	50~300m (500m)		

조건식	각 조건식 수	$s-p+1$ (s : 측점할 변의 수, p : 측점수)
	변 조건식 수	기선의 수(검기선 제외)
	측점 조건식 수	유심삼각망일 경우만 생기면 보통 '1'이다.
	조건식 총수	각+변+측점 조건식의 수

구차 (지구곡률에 의한 오차)	$e_1 = +\dfrac{S^2}{2R}$ (S : 두 점 간의 구면거리)

기차 (빛의 굴절에 의한 오차)	$e_2 = +\dfrac{KS^2}{2R}$ (K : 굴절계수)

양차	공식	$e = e_1 + e_2 = \dfrac{S^2}{2R} + \left(-\dfrac{KS^2}{2R}\right) = \dfrac{S^2}{2R}(1-K)$
	조정 방법	구차는 높게, 기차는 낮게 조정한다.

진북방향각은 측점의 위치가 원점의 서쪽에 있을 경우 (+), 동쪽에 있으면 (−)이다.	

삼각측량에서 얻어진 거리	평균해수면상에 투영된 거리

우리나라의 검기선	검기선 수	13개
	가장 긴 것	평양기선
	가장 짧은 것	안동기선

9. 지형측량

등고선의 종류	표시방법	등고선의 간격		
		1/10,000 지형도	1/25,000지형도	1/50,000지형도
주곡선	가는 실선	5m	10m	20m
간곡선	가는 파선	2.5m	5m	10m
보조곡선(조곡선)	가는 점선	1.25m	2.5m	5m
계곡선	굵은 실선	25m	50m	100m

경사	$i = \dfrac{H}{D}$	

10. 면적 및 체적

삼변법	$A = \sqrt{s(s-a)(s-b)(s-c)}$, $\ s = \dfrac{1}{2}(a+b+c)$
Simpson의 제1법칙	$A = \dfrac{d}{3}[y_0 + y_n + 4(y_1 + y_3 + y_5) + 2(y_2 + y_4 + y_6)]$
Simpson의 제2법칙	$A = \dfrac{3}{8}d[y_0 + y_n + 3(y_1 + y_3 + y_4 + y_5 + \cdots) + 2(y_3 + y_6 + \cdots)]$
구적기에 의한 면적계산	$A = (\alpha_2 - \alpha_1) \cdot C \left(\dfrac{M}{m}\right)^2$, $\ A = (\alpha_2 - \alpha_1) \cdot C \left(\dfrac{M_1 \times M_2}{m^2}\right)$ (M : 도면의 축척분모수, m : 구적기의 축척분모수, C : 구적기 계수, 단위 면적)
축척과 단위 면적과의 관계	$a_2 = \left(\dfrac{m_2}{m_1}\right)^2 \cdot a_1$
세 점의 높이가 다른 횡단면적	$A = \dfrac{c}{2}(d_1 + d_2) + \dfrac{w}{4}(h_1 + h_2)$
각주공식	$V = \dfrac{A_1 + 4A_m + A_2}{6} \cdot l$
양단면 평균법	$V = \dfrac{A_1 + A_2}{2} \cdot l$
중앙단면법	$V = A_m \cdot l$
사각형으로 나누었을 때	$V = \dfrac{A}{4}(h_1 + h_2 + h_3 + h_4)$

삼각형으로 나누었을 때		$V = \dfrac{A}{6}(h_1 + h_2 + h_3)$
등고선법		$V = \dfrac{h}{3}[A_0 + A_n + 4(A_1 + A_3 + A_5 + \cdots) + 2(A_2 + A_4 + \cdots)]$ (h : 등고선 간격)
토지분할법	한 변에 평행한 직선에 따른 분할	$x^2 : (\overline{AB})^2 = m : (m+n)$
	변상의 정점을 통하는 분할	$(x \times \overline{AE}) : (\overline{AB} \times \overline{AC}) = m : (m+n)$
	삼각형의 정점을 통하는 분할	$x : \overline{BC} = m : (m+n)$

11. 노선측량

접선길이	$TL = R\tan\dfrac{I}{2}$
곡선길이	$C = \dfrac{\pi}{180}RI$
외할	$E = R\left(\sec\dfrac{I}{2} - 1\right) = R\left(\dfrac{1}{\cos\dfrac{I}{2}} - 1\right)$
중앙종거	$M = R\left(1 - \cos\dfrac{I}{2}\right)$
편각	$\delta = 1,718.87'\dfrac{l}{R}$
호길이와 현길이의 차	$C - L = \dfrac{C^3}{24R^2}$
M과 R의 관계	$R = \dfrac{L^2}{8M} + \dfrac{M}{2}$
종거	$y = \dfrac{1}{2L}(m-n)x^2$
종단곡선상의 표고계산	$H_1' = H_0 + mx, \quad \therefore H_1 = H_1' - y$
종곡선장	$l = \dfrac{R}{2}(m-n)$
원곡선일 경우 종거	$y = \dfrac{x^2}{2R}$
캔트(cant)	$c = \dfrac{SV^2}{gR}$ (S : 궤간, V : 열차속도, R : 곡선반경)

확폭(slack)	$\varepsilon = \dfrac{L^2}{2R}$ (L: 차량 전면에서 뒷바퀴까지의 거리, R: 차선중심반경)
완화곡선의 길이	$L = \dfrac{N}{100} \cdot c$ ($N = 300 \sim 800$)
이정	$f = \dfrac{L^2}{24R}$
완화곡선의 접선길이	$TL = \dfrac{L}{2} + (R+f)\tan\dfrac{I}{2}$
완화곡선의 성질	곡선반경	완화곡선의 시작점은 무한대이고, 종점은 원곡선 R 이다.
	접선	시점은 직선에 접하고 종점은 원호에 접한다.
	완화곡선에 연한 곡선반경의 감소율은 캔트의 가동률과 동률(다른 부호)로 된다.	
클로소이드 곡선	$A^2 = RL$ (L: 곡선장, R: 곡률반경)
최급구배	$\sqrt{횡구배^2 + 종구배^2}$

12. 하천측량

구분		평균유속 산정 공식
1점법		$V_m = V_{0.6}$
2점법		$V_m = \dfrac{1}{2}(V_{0.2} + V_{0.8})$
3점법		$V_m = \dfrac{1}{4}(V_{0.2} + 2V_{0.6} + V_{0.8})$
하천의 수위	최고, 최저수위	어떤 기간에 있어서의 최고, 최저수위
	평수위	185일 이상 이보다 저하되지 않는 수위
	저수위	275일 이상 이보다 저하되지 않는 수위
	갈수위	355일 이상 이보다 저하되지 않는 수위
	지정수위	홍수 시 매시 수위를 관측하는 수위
	통보수위	지정된 통보를 개시하는 수위
	경계수위	수방요원의 출동을 필요로 하는 수위
건설부 하천측량 종단면도 축척규정	종	1/1,000~1/10,000
	횡	1/100~1/200

13. 터널측량

고저차	

$$H = l\sin\alpha + h - H_i$$

14. 사진측량

평면오차	$\left(\dfrac{10}{1,000} \sim \dfrac{30}{1,000}\right) \times m(\mathrm{mm})$
고도오차	$\left(\dfrac{1}{10,000} \sim \dfrac{2}{10,000}\right) \times H$
사진축척	$M = \dfrac{1}{m} = \dfrac{f}{H} = \dfrac{l}{S}$ (H : 고도, f : 초점거리(화면거리), l : 화면상의 두 점 간 거리, S : 실제지상거리)
촬영고도	$H = C \cdot \Delta h$ (Δh : 등고선 간격)
촬영기선길이 (주점간의 실제길이)	$B = mb = ma\left(1 - \dfrac{p}{100}\right)$ (b : 주점기선 길이, a : 화면의 크기, p : 종중복도)
유효면적 계산	단코스(strip)	$A_0 = (ma)^2\left(1 - \dfrac{p}{100}\right)$
	복코스(block)	$A_0 = (ma)^2\left(1 - \dfrac{p}{100}\right)\left(1 - \dfrac{q}{100}\right)$ (q : 횡중복도)
사진매수		$\dfrac{F}{A_0} \times (1 + 안전율)$ (F : 촬영대상지역의 전체면적)
노출시간	최장노출시간	$T_l = \dfrac{\Delta s \cdot m}{V}$ (Δs흔들림 양, V : 항공기의 초속)
	최소노출시간	$T_s = \dfrac{B}{V}$

비고에 의한 변위량	$\Delta r = \dfrac{h}{H} \cdot r$ (h : 비고, r : 화면 연직점에서의 거리)		
최대변위량	$\Delta r_{max} = \dfrac{h}{H} \cdot \dfrac{\sqrt{2}}{2} \cdot a$ (a : 화면상의 거리)		
시차차	$\Delta P = \dfrac{h}{H} \cdot P_r = \dfrac{h}{H} \cdot b$ $\left[b = a\left(1 - \dfrac{P}{100}\right), \ P_r : 기준면시차\left(\dfrac{I+H}{2}\right) \right]$		
사진기의 종류	초광각사진기 : 소축척도화용, 렌즈의 피사각 120°		
	광각사진기 : 일반도화용, 렌즈의 피사각 90°		
	보통각사진기 : 삼림조사용, 렌즈의 피사각 60°(과고감이 가장 크다.)		
	협각사진기 : 특수한 대축척도화용		
표정	내부표정	양화필름을 정착시키는 작업	
	상호표정	종시차를 소거하여 1모델 전체가 완전 입체시가 되도록 하는 작업	
	절대표정(대지표정)	축척결정, 수준면결정, 위치결정으로 세분된다.	
	접합표정	모델 간 스트립 간의 접합요소 결정	